Die Alternative zu Bodenaustausch und Pfahlgründung

Bodenstabilisierung
nach dem
CSV - Verfahren

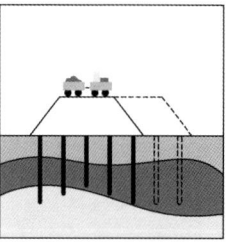

Setzungssicherung von Straßen-, Bahn- und Hochwasserdämmen

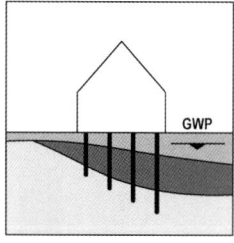

Stabilisierung der Bodenplatte

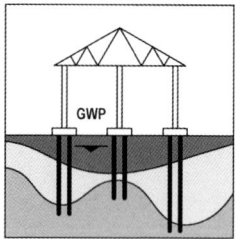

Stabilisierung von Einzelstützen

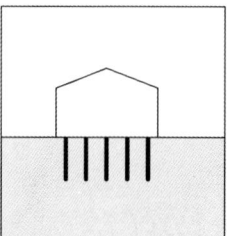

schwimmende Gründung, z.B. Seetone, die bis ca. 150 m Tiefe reichen können

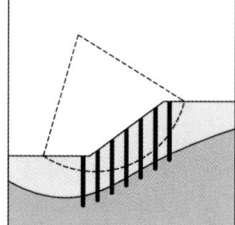

Sicherung von Böschungen

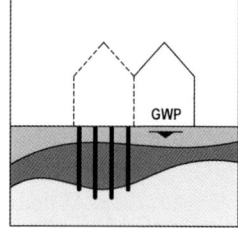

Vermeidung von Mitnahmesetzungen bei Anbauten

Intelligent, kostengünstig, gezielt einsetzbar.

- keine Grundwasserabsenkung erforderlich
- kein anfallendes Bohrgut
- Sauberkeitsschicht kann sofort aufgebracht werden
- Qualitätsnachweis durch Probebelastung

Laumer GmbH & Co. CSV Bodenstabilisierung KG
Bahnhofstraße 8 I 84323 Massing I Tel. 0049 (0) 8724 / 88-0 I Fax 0049 (0) 8724 / 88-500
e_mail: info@Laumer.de I www.Laumer.de

Unser Spezialwissen für Sie europaweit vor Ort:

Ortbetonrammpfähle
Teilverdrängungsbohrpfähle
Vollverdrängungsbohrpfähle
Verbau
Bodenaustausch

Fredrich – auf gutem Grund.

FREDRÍCH
SPEZIALTIEFBAU

Kurt Fredrich Spezialtiefbau GmbH

Postfach 10 11 09
27511 Bremerhaven

Hausanschrift
Zur Siedewurt 2
27612 Loxstedt/Bremerhaven

Tel.: +49 471 97447-0
Fax: +49 471 97447-44
eMail: info@kurt-fredrich.de
web: www.kurt-fredrich.de

BUCHEMPFEHLUNG

Arbeitsausschuß „Ufereinfassungen"
der HTG e. V. / Deutsche Gesellschaft
für Geotechnik e.V. (Hrsg.)
**Empfehlungen des Arbeitsausschusses
„Ufereinfassungen"
Häfen und Wasserstraßen EAU 2004**
10. Auflage - 2004.
664 S., 250 Abb., 43 Tab.
ISBN: 978-3-433-02852-0
€ 119,-* / sFr 188,-

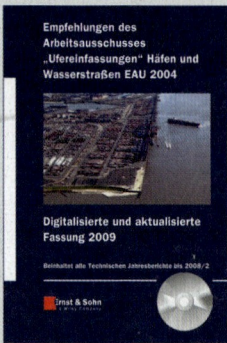

Arbeitsausschuss „Ufereinfassungen"
der HTG e.V. (Hrsg.)
**Empfehlungen des Arbeitsausschusses
„Ufereinfassungen"
Häfen und Wasserstraßen EAU 2004
digitalisierte und aktualisierte
Fassung 2009**
ISBN: 978-3-433-02915-2
€ 119,-* / sFr 188,-

EAU print und digital

In der 10. Auflage der „EAU 2004" ist bereits das Sicherheitskonzept von EC 7 und DIN 1054:2005 vollständig umgesetzt. Die EAU macht allerdings in Einzelfällen von der Möglichkeit Gebrauch, auf Erfahrungsgrundlage von DIN 1054 abweichende Teilsicherheitsbeiwerte zu empfehlen. Damit wird sichergestellt, dass die bisherige Sicherheit und Wirtschaftlichkeit von Spundwandkonstruktionen auch im Rahmen der Nachweisführung nach DIN 1054 erhalten bleibt. Die Empfehlungen haben weiterhin den Anspruch, bei Planung, Entwurf, Ausschreibung, Vergabe, Baudurchführung und Überwachung sowie Abnahme und Abrechnung von Ufereinfassungen an Häfen und Wasserstraßen im nationalen und internationalen Bereich den Stand der Technik zu definieren. Gegenüber der gedruckten Fassung der EAU 2004 sind in der hiermit erstmals vorgelegten elektronischen Ausgabe die seit 2005 durch die Technischen Jahresberichte eingeführten Änderungen eingearbeitet. Die Empfehlungen und die in den Technischen Jahresberichten eingeführten Änderungen sind durch die EU-Kommission notifiziert und vom Bundesministerium für Verkehr, Bau und Stadtentwicklung als Technische Baubestimmung eingeführt.
Der Arbeitsausschuss „Ufereinfassungen" arbeitet auf ehrenamtlicher Basis seit dem Jahre 1949 als Ausschuss der Hafenbautechnischen Gesellschaft e. V., Hamburg (HTG) und seit 1951 zugleich als Arbeitskreis 2.2 der Deutschen Gesellschaft für Geotechnik e. V., Essen (DGGT). Seine Bezeichnung lautet „Ausschuss zur Vereinfachung und Vereinheitlichung der Berechnung und Gestaltung von Ufereinfassungen", womit zugleich treffend der Nutzen des vorliegenden Werkes für Beratende Ingenieure, Hafenverwaltungen und Baufirmen beschrieben ist.

Kaufer der Printausgabe erhalten die digitale Version zum verguenstigten Sonderpreis von € 70,- * / sFr 112,-

* Der €-Preis gilt ausschließlich für Deutschland.
Irrtum und Änderung vorbehalten.
006654116_my

www.ernst-und-sohn.de

Ernst & Sohn Verlag für Architektur und technische Wissenschaften GmbH & Co. KG
Für Bestellungen und Kundenservice: Verlag Wiley-VCH, Boschstraße 12, D-69469 Weinheim
Tel.: +49(0)6201 606-400, Fax: +49(0)6201 606-184, E-Mail: service@wiley-vch.de

HANNOVER _ WELTWEIT

www.ein-grund-mehr.de

SCHICHT
WECHSEL

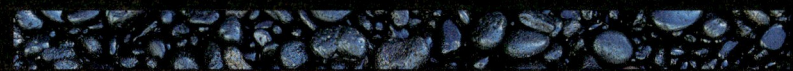

Drucksondiertechnik

Consulting

Ingenieure & Geologen

Ist es nicht schön zu wissen, was Sie bekommen?

Wir von der GTC Nord wissen, was Sie wissen müssen, wenn es um Ihre Bodenverhältnisse geht. Wir sind die Spezialisten für Drucksondiertechnik und gehen Schicht für Schicht Ihren Anforderungen auf den Grund. Das tun wir mit der modernsten Technik, die zur Zeit auf dem Markt ist.

- 200 kN Sondierfahrzeuge (MAN-LKW)
- 150 kN zerleg- und tragbares Penetrometer
- 200 kN Sondierraupenfahrzeug
- Aquablock (nearshore Bereich, Häfen)
- Tri-axiales seismisches „add-on" System
- Profound VIBRA-System
  (Schwingungs- und Erschütterungsmessungen)

Ihr Kontakt zum Erfolg
GTC Ground-Testing-Consulting Nord GmbH & Co. KG
Ein Grund mehr
T +49 [0] 511. 6 06 40 57-0 _ F +49 [0] 511. 6 06 40 57-9
Hans-Böckler-Allee 26 _ 30173 Hannover
kontakt@gtc-nord.de _ www.gtc-nord.de

BRÜCKNER GRUNDBAU GMBH
Am Lichtbogen 8, 45141 Essen
Tel.: 0201/3108-0
www.brueckner-grundbau.de

Flughafen Berlin BBI: Baugrubensicherungen für die Schienenanbindung und Gründung der Terminalgebäude

Wir führen aus:

- Schlitzwände mit optionaler Geothermie, Dichtwände, Bohrpfahlwände, Spritzbetonwände, Berliner Verbau, Spundwände
- Bohrpfähle mit optionaler Geothermie, Schraubbohrpfähle, Verdrängungsbohrpfähle, Verpresspfähle
- DSV-Sohlen mit oder ohne Auftriebssicherung, Unterwasserbetonsohlen, Weichgelsohlen
- Temporär- und Daueranker, rückbaubare Anker, Temporär- und Dauernägel
- Unterfangungen, Düsenstrahlverfahren, Mikropfähle
- Bodenverbesserung, Injektionen, Rüttelstopfverdichtung, dynamische Tiefenverdichtung
- Umwelttechnik, Einkapselungen, Austauschbohrungen
- Wasserhaltungen, Horizontaldränung, Grundwasserreinigung
- Eignungsprüfungen, Probebelastungen, Geotechnische Meßtechnik

Berlin, Dresden, Essen, Hamburg, München, Warschau, Wien

Wir schaffen die Basis.

7. Auflage

GRUNDBAU-TASCHENBUCH
Teil 3: Gründungen und geotechnische Bauwerke

Karl Josef Witt (Hrsg.)

7. Auflage

GRUNDBAU-TASCHENBUCH
Teil 3: Gründungen und geotechnische Bauwerke

Karl Josef Witt (Hrsg.)

Herausgeber und Schriftleiter:
Univ.-Prof. Dr.-Ing. Karl Josef Witt
Bauhaus-Universität Weimar
Professur Grundbau
Coudraystraße 11 C
99421 Weimar

Umschlagbild:
Entkernung und Nachgründung des Kaispeichers A beim Bau der Elbphilharmonie,
GKT Spezialtiefbau GmbH, Hamburg; © www.scymanska.com

Bibliografische Information Der Deutschen Nationalbibliothek
Die Deutsche Nationalbibliothek verzeichnet diese Publikation in der Deutschen Nationalbibliografie;
detaillierte bibliografische Daten sind im Internet über http://dnb.d-nb.de abrufbar.

© 2009 Ernst & Sohn
Verlag für Architektur und technische Wissenschaften GmbH & Co. KG, Berlin

Alle Rechte, insbesondere die der Übersetzung in andere Sprachen, vorbehalten. Kein Teil dieses Buches darf ohne schriftliche Genehmigung des Verlages in irgendeiner Form – durch Fotokopie, Mikrofilm oder irgendein anderes Verfahren – reproduziert oder in eine von Maschinen, insbesondere von Datenverarbeitungsmaschinen, verwendbare Sprache übertragen oder übersetzt werden.

Die Wiedergabe von Warenbezeichnungen, Handelsnamen oder sonstigen Kennzeichen in diesem Buch berechtigt nicht zu der Annahme, dass diese von jedermann frei benutzt werden dürfen. Vielmehr kann es sich auch dann um eingetragene Warenzeichen oder sonstige gesetzlich geschützte Kennzeichen handeln, wenn sie als solche nicht eigens markiert sind.

Umschlaggestaltung: Sonja Frank, Berlin
Satz: Dörr + Schiller GmbH, Stuttgart
Druck und Bindung: Scheel Print-Medien GmbH, Waiblingen-Hohenacker

Printed in Germany

ISBN 978-3-433-01846-0

Vorwort

Es gibt wenige Fachbücher auf dem Gebiet des Bauingenieurwesens, die über ein halbes Jahrhundert hinweg eine so konsequente Entwicklung und eine so weite Verbreitung gefunden haben, wie das Grundbau-Taschenbuch, das nunmehr in der 7. Auflage in drei Bänden vollständig vorliegt. Das in der ersten Auflage 1955 von Dipl.-Ing. H. Schröder formulierte Ziel, das Fachwissen auf dem Gebiet des Erd- und Grundbaus aus vielfältigen Veröffentlichungen in einem umfassenden Kompendium für die Ingenieurpraxis zusammenzutragen, wurde von Prof. Ulrich Smoltczyk als Herausgeber weitergeführt und mit außerordentlich großem Erfolg bis zur 6. Auflage umgesetzt. Aus dem ursprünglich handlichen zweibändigen Taschenbuch wurde ab der 5. Auflage ein dreibändiges „Akten-Taschen-Buch", was auch den Wissenszuwachs und die Bedeutung der Geotechnik im Baugeschehen widerspiegelt. Es ist mir als Herausgeber eine besondere Ehre, aber auch eine Verpflichtung, dieses Standardwerk der Geotechnik in seiner Aktualität weiterzuentwickeln, neue Erkenntnisse, Bauverfahren und Berechnungsmethoden mit den Erfahrungen der Praxis zu vereinen.

Teil 3 dieser Auflage des Grundbau-Taschenbuchs behandelt auch in dieser 7. Auflage die Gründungen und die geotechnischen Bauwerke mit den zugehörigen Bemessungs- und Nachweismethoden. Auch in diesem Band wurden die meisten Beiträge von neuen Autoren oder Koautoren verfasst. Die grundlegenden Kapitel der letzten Auflagen wurden vor dem Hintergrund neuer Regelwerke aktualisiert, teils auch durch neue Schwerpunkte ergänzt. Einige traditionelle Kapitel zu weniger innovativen Themen sind in dieser Auflage aus Platzgründen nicht enthalten, ohne dass deren Wert und Gültigkeit damit in Frage gestellt werden soll.

Die Hauptbeiträge *Flachgründungen, Pfahlgründungen, Spundwände, Pfahl-, Schlitz- und Dichtwände* und *Baugruben* wurden grundlegend überarbeitet, meist unter der Hauptverantwortung der Obmänner der entsprechenden nationalen Ausschüsse, unterstützt durch kompetente Koautoren. Die europäischen Normen wie auch die neusten nationalen Regelungen und Empfehlungen der Arbeitsausschüsse und Arbeitskreise sind dabei eingeflossen. Im Kapitel *Gründungen im offenen Wasser* wurden die Offshore-Windenergie-Anlagen mit aufgenommen. Die *Senkkästen* wurden dagegen nicht neu publiziert. Hier wird auf die früheren Auflagen des Grundbau-Taschenbuchs verwiesen. Die für die letzte Auflage neu ausgearbeiteten Kapitel *Gründung in Bergbaugebieten* sowie *Stützbauwerke und konstruktive Hangsicherung* wurden durch interessante Beispiele und neue Erkenntnisse ergänzt. Ein neuer Autor legte den in seinen Grundaussagen immer noch gültigen früheren Beitrag *Maschinenfundamente* breiter an. Dieses Kapitel behandelt nun allgemein den *Erschütterungsschutz* von Bauwerken aus geotechnischer Sicht und baut auf den theoretischen Grundlagen der in Teil 1 publizierten *Bodendynamik* auf.

Alle Autoren haben mit sehr großem Engagement ihr Expertenwissen und ihre Erfahrung zusammengetragen und so zur Qualität dieses umfassenden Werkes beigetragen. Ihnen allen, wie auch dem Verlag Ernst & Sohn und der Lektorin, Frau Dipl.-Ing. R. Herrmann, gilt mein besonderer Dank. Den Lesern und Nutzern wäre ich für Anregungen zur Fortentwicklung und für Verbesserungsvorschläge dankbar.

Weimar, August 2009   *Karl Josef Witt*

BUCHEMPFEHLUNG

Baudynamik

Helmut Kramer
Angewandte Baudynamik
Grundlagen und Praxisbeispiele
Reihe: Bauingenieur-Praxis
2006. 250 S., 160 Abb. 13 Tab. Br.
€ 59,–* / sFr 94,–
ISBN 978-3-433-01823-1

Schwingungsprobleme treten in der Praxis zunehmend auf und müssen bei der Planung beachtet werden. Das Buch weckt das Grundverständnis für die Begrifflichkeiten der Dynamik und die den Theorien zugrunde liegenden Modellvorstellungen. Die wichtigsten Kenngrößen werden beschrieben und mit Beispielen verdeutlicht. Darauf baut der anwendungsbezogene Teil mit den Problemen der Baudynamik anhand von Beispielen auf. Mit diesem Rüstzeug kann sich der Nutzer in spezielle Fälle wie Glockentürme, dynamische Windlasten oder erdbebensicheres Bauen einarbeiten.

Ernst & Sohn
Verlag für Architektur und technische Wissenschaften GmbH & Co. KG

Für Bestellungen und Kundenservice:
Verlag Wiley-VCH
Boschstraße 12
69469 Weinheim
Telefon: +49(0) 6201 / 606-400
Telefax: +49(0) 6201 / 606-184
E-Mail: service@wiley-vch.de

www.ernst-und-sohn.de

* Der € Preise gelten ausschließlich für Deutschland. Irrtum und Änderungen vorbehalten.

CDM

- **Baugrunduntersuchung**
- **Flach- und Tiefgründungen**
- **Stützbauwerke und Hangsicherung**
- **Baugrubenplanung**
- **Sonderbauwerke**

CDM Consult GmbH
www.cdm-ag.de
info@cdm-ag.de

das ingenieur unternehmen

umwelt   wasser   infrastruktur   geotechnik

- WASSERSTANDSMESSUNG
- PENDELLOTANLAGEN
- TEMPERATURMESSUNG
- DEHNUNGSMESSSTREIFEN
- KONVERGENZMESSUNG
- ANKERKRAFTMESSDOSEN
- PIEZOMETER
- TILTMETER
- RISSMETER
- FISSUROMETER
- DRUCKMESSDOSEN
- SETZUNGSMESSUNG

- INKLINOMETER
- EXTENSOMETER
- INKREX
- ARGUS MONITORING
- DATENLOGGER
- DRAHTLOSE SENSOREN

GEOMESSTECHNIK & ÜBERWACHUNGSSYSTEME

INTERFELS GmbH

Am Bahndamm 1,
D- 48455 Bad Bentheim
Deutschland

Tel: +49 5922 99417 - 0
Fax: +49 5922 99417 - 29

e-mail: info@interfels.de
web: www.interfels.com

Besuchen Sie unsere Webseite
www.interfels.com

Katalog erhältlich

BUCHEMPFEHLUNG

Schmidt, H. G.

Opa, was macht ein Bauschinör?
Die Geschichte von einer alten Brücke

Haben Sie schon einmal versucht, mit einfachen Worten zu erklären, was Statik ist? Eine phantasievolle Antwort gibt Heinz Günter Schmidt in dem vorliegenden Buch.

Der Bauingenieur erzählt seinen Enkeln und allen technisch interessierten Kindern (und Erwachsenen!) die Geschichte von einer Brücke: Die alte ist baufällig geworden, und nun muss eine neue geplant werden.

Was in der Planungs- und Bauzeit geschieht, hat H. G. Schmidt festgehalten und durch zahlreiche Zeichnungen und Fotos dokumentiert.

Sein Bautagebuch beantwortet in 13 Kapiteln von der Bodenuntersuchung und Baustelleneinrichtung über die Konstruktion, die Statik, den neuen Überbau bis zum Abbau der alten Brücke alle nur denkbaren Fragen.

Ob Sondierung oder Spannbeton, Schneidbrenner, Kabelschutzstein oder Zementmilch – der Autor erläutert Fachbegriffe und Verfahrensweisen so anschaulich, dass Kinderfragen beantwortet werden, Laien ein Bild vom Beruf des Bauingenieurs vermittelt bekommen und die „alten Hasen" ihren Spaß daran haben werden.

2. neu gest. Auflage
2009. ca. 126 Seiten
ca. 220 Abb. in Farbe
24 × 20 cm, Br.
ca. € 19,90* / sFr 32,–
ISBN: 978-3-433-02946-6
Erscheint August 2009

www.ernst-und-sohn.de

Ernst & Sohn
Verlag für Architektur und
technische Wissenschaften
GmbH & Co. KG

Für Bestellungen und Kundenservice:
Verlag Wiley-VCH, Boschstraße 12, 69469 Weinheim
Telefon: +49(0) 6201 / 606-400,
Telefax: +49(0) 6201 / 606-184,
E-Mail: service@wiley-vch.de

* € Preise gelten ausschließlich für Deutschland. Irrtum und Änderungen vorbehalten.

SCHALUNGSSYSTEME
VERBAUSYSTEME
GEOTECHNIK

Gebohrte Bodennägel TITAN für die Sicherung von Geländesprüngen

Absenken einer Richtungsfahrbahn beim
Ausbau der A1 bei Remscheid.

Zul.-Nr. Z-34.14-209

FRIEDR. ISCHEBECK GMBH
POSTFACH 1341 · DE-58242 ENNEPETAL · TEL. (02333) 8305-0 · FAX (02333) 8305-55
E-MAIL: verkauf@ischebeck.de · INTERNET: http://www.ischebeck.de

Geotechnical engineering Handbook

Editor: Ulrich Smoltczyk

Volume 1: Fundamentals

2002.
829 pages, 616 fig.
Hardcover.
€ 179,-*/ sFr 283,-
ISBN 978-3-433-01449-3

This is the English version of the Grundbau-Taschenbuch - a reference book for geotechnical engineering. The first of three volumes contains all information about the basics on the field of geotechnical engineering. The book is written by authors from Germany, Belgium, Sweden, the Czech Republic, Australia, Italy, U.K., and Switzerland.

Volume 2: Procedures

2002.
679 pages, 558 fig.
Hardcover.
€ 179,-*/ sFr 283,-
ISBN 978-3-433-01450-9

Volume 2 of the Geotechnical Engineering Handbook covers the geotechnical procedures used in manufacturing anchors and piles as well as for improving or underpinning the foundations, securing existing constructions, controlling ground water, excavating rocks and earthworks. It also treats such specialist areas as the use of geotextiles and seeding.

**Volume 3:
Elements and structure**

2002.
646 pages, 500 fig.
Hardcover.
€ 179,-*/ sFr 283,-
ISBN 978-3-433-01451-6

Volume 3 of the Geotechnical Engineering Handbook deals with foundations. It presents spread foundations starting with basic designs right up the necessary proofs. There is comprehensive coverage of the possibilities for stabilizing excavations, together with the relevant area of application, while another section is devoted to the useful application of trench walls. The entire book is an indispensable aid in the planning and execution of all types of foundations found in practice, whether for academics or practitioners.

Ernst & Sohn
Verlag für Architektur und
technische Wissenschaften GmbH & Co. KG

Für Bestellungen und Kundenservice:
Verlag Wiley-VCH
Boschstraße 12
69469 Weinheim
Telefon: +49(0) 6201 / 606-400
Telefax: +49(0) 6201 / 606-184
E-Mail: service@wiley-vch.de

**Special Set Price
(three volumes)
€ 499,-* / sFr 788,-
ISBN 3-433-01452-3**

Ernst & Sohn
A Wiley Company
www.ernst-und-sohn.de

* €-price is valid in Germany only.
001415066..my Prices are subject to change without notice.

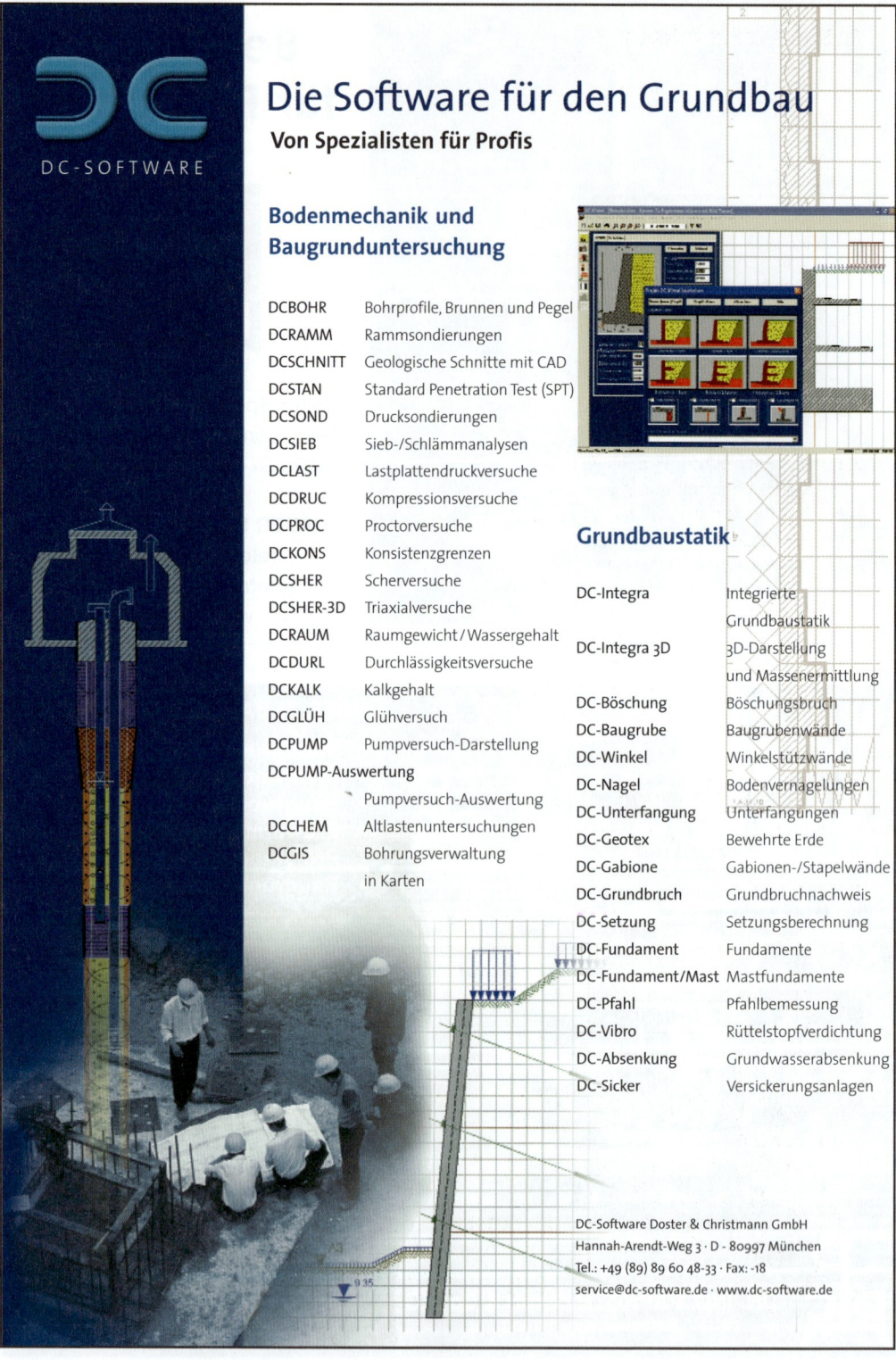

Inhaltsverzeichnis

3.1 Flachgründungen
Ulrich Smoltczyk und Norbert Vogt

1	Begriffe	1
2	Entwurfsgrundlagen	2
3	Einzelfundamente	4
3.1	Allgemeine Planung	4
3.2	Geotechnische Nachweise	15
3.3	Konstruktive Hinweise	48
4	Flächengründungen	50
4.1	Allgemeines	50
4.2	Vertikale Interaktion	51
4.3	Horizontale Interaktion	65
5	Membrangründungen (Tankgründungen)	66
6	Zugfundamente	66
7	Literatur, Programmhinweise, Deutsche Normen (DIN)	67
7.1	Literatur	67
7.2	Programme und Benutzerhandbücher	70
7.3	Deutsche geotechnische Normen (Stand 2009)	71

3.2 Pfahlgründungen
Hans-Georg Kempfert

1	Einleitung	73
1.1	Anwendungsbereich	73
1.2	Maßgebliche Vorschriften und Sicherheitskonzept	73
1.3	Voruntersuchungen bei Pfahlgründungen	74
1.4	Begriffe	74
2	Pfahlarten und Ausführungsformen	77
2.1	Einordnung der Pfahlsysteme	77
2.2	Verdrängungspfähle	79
2.3	Bohrpfähle	94
2.4	Mikropfähle	104
2.5	Maßnahmen zur Erhöhung der Pfahlwiderstände	114
2.6	Qualitätssicherung und Qualitätskontrolle	116
3	Axiales Tragverhalten von Einzelpfählen	117
3.1	Allgemeines	117
3.2	Hinweise zum Bruchwert des Spitzendrucks	121
3.3	Verfahren zur Ermittlung von Pfahlwiderständen aus der Literatur	123
3.4	Veränderung der Pfahltragfähigkeit mit der Zeit	142
3.5	Ermittlung von Pfahlwiderständen aus Probebelastungen	146

3.6	Empirische Ableitung von Pfahlwiderständen und Einbindung als Erfahrungswerte in die EA-Pfähle.	147
3.7	Pfahlwiderstände bei Mantel- und Fußverpressungen	161
3.8	Pfahlwiderstände bei Fels und felsähnlichen Böden	164
3.9	Einfluss der Einbringart auf die Tragfähigkeit von Verdrängungspfählen	165
4	Pfahltragverhalten quer zur Pfahlachse und infolge Momenteinwirkungen	165
4.1	Allgemeines	165
4.2	Bettungswiderstände bei biegeweichen Pfählen	166
4.3	Vorgehensweise nach dem p-y-Verfahren	169
4.4	Querwiderstände bei kurzen starren Pfählen	170
5	Tragfähigkeits- und Gebrauchstauglichkeitsnachweise unter Berücksichtigung der neuen Normung	172
5.1	Allgemeines	172
5.2	Einwirkungen und Bemessungssituation	172
5.3	Grenzzustandsgleichungen	173
5.4	Bisherige nationale Regelungen und Verfahren des EC 7-1 zur Ableitung von axialen Pfahlwiderständen für Tragfähigkeitsnachweise	173
5.5	Festlegung von Teilsicherheitsbeiwerten für Pfahlwiderstände aufgrund von Erfahrungswerten	180
5.6	Ergebnisse von Vergleichsberechnungen mit national angepassten Streuungsfaktoren	181
5.7	Bestimmung von Pfahlwiderständen nach EC 7-2 (Holländisches Verfahren)	188
5.8	Weitere Hinweise zu Nachweisen der Tragfähigkeit von Pfählen	192
5.9	Nachweis der Gebrauchstauglichkeit	193
6	Einwirkungen auf Pfähle aus dem Baugrund	194
6.1	Negative Mantelreibung	194
6.2	Seitendruck	201
6.3	Zusatzbeanspruchung von Schrägpfählen aus Baugrundverformung	207
6.4	Gründungspfähle in Böschungen und an Geländesprüngen	208
7	Probebelastungen und Prüfungen von Pfählen	208
7.1	Allgemeines	208
7.2	Statische axiale Probebelastungen	209
7.3	Statische horizontale Pfahlprobebelastungen (quer zur Pfahlachse)	215
7.4	Dynamische Pfahlprüfung	219
8	Pfahlgruppen und kombinierte Pfahl-Plattengründungen	228
8.1	Druckpfahlgruppen	228
8.2	Zugpfahlgruppen	237
8.3	Querwiderstände bei Pfahlgruppen	239
8.4	Kombinierte Pfahl-Plattengründung	240
9	Verhalten von Pfählen bei nicht ruhenden Einwirkungen	253
9.1	Allgemeines	253
9.2	Pfahlverhalten bei zyklisch axialen Einwirkungen	254
9.3	Pfahltragverhalten bei dynamisch axialen Einwirkungen	262
9.4	Pfahltragverhalten bei zyklisch horizontalen Einwirkungen	262
9.5	Pfahltragverhalten bei stoßartig horizontalen Einwirkungen	269
10	Literatur	270

3.3 Spundwände
Werner Richwien, Hans-Uwe Kalle, Karl-Heinz Lambertz, Karl Morgen und Hans-Werner Vollstedt

1	Spundwandbauwerke	279
1.1	Allgemeines	279
1.2	Baustoffe für Spundwandbauwerke	280
2	Regelwerke zu Spundwandbauwerken	281
2.1	DIN EN 12063, Spundwandkonstruktionen	281
2.2	DIN EN 10248 und DIN EN 10249, Warmgewalzte Spundbohlen und kaltgeformte Spundbohlen	281
2.3	DIN EN 1993-5, Pfähle und Spundwände	282
2.4	Empfehlungen des Arbeitsausschusses „Ufereinfassungen" Häfen und Wasserstraßen, EAU 2004	282
2.5	Empfehlungen des Arbeitskreises „Baugruben", EAB	283
2.6	Sonstige Vorschriften und Handbücher	283
3	Spundwandprofile, Stahlsorten	283
3.1	Spundwandprofile	283
3.2	Stahlsorten	286
3.3	Gütevorschriften für Spundwandstähle	287
4	Grundlagen der Spundwandnachweise	287
4.1	Sicherheitskonzept, Teilsicherheitsbeiwerte	287
4.2	Einwirkungen und Widerstände	289
4.3	Lastfälle	291
4.4	Grenzzustände	291
4.5	Geotechnische Kategorien	293
5	Berechnung von Spundwandbauwerken	293
5.1	Allgemeine Hinweise	293
5.2	Nachweis von Spundwänden nach den Empfehlungen des Arbeitsausschusses „Ufereinfassungen", EAU 2004	294
5.3	Sonderfälle der Spundwandberechnung	308
5.4	Bauteilnachweis „Stahlspundwand"	310
6	Nachweis der Spundwandverankerungen und der Zubehörteile	312
6.1	Allgemeines zu Ankern und Ankerpfählen, Gurtung, Bolzen- und Ankerkopfplatten	312
6.2	Nachweis der Verankerungselemente	312
6.3	Gestaltung von Ankerwänden und -platten sowie Ankeranschlüssen	321
6.4	Beispiele für Holmausbildungen aus Stahl und Stahlbeton	325
6.5	Gestaltung von Ankerpfahlanschlüssen	328
7	Empfehlungen zu Konstruktion und Bauausführung	333
7.1	Rammtiefe	333
7.2	Spundwandneigung	333
7.3	Profil und Baustoff	333
7.4	Stahlsorte	334
7.5	Hinweise zu wellenförmigen Spundwänden	334
7.6	Hinweis zu kombinierten Spundwänden	335
7.7	Gepanzerte Spundwände	336
7.8	Einbringen von Spundbohlen und Toleranzen	336
8	Ausführungsbeispiele von Uferwänden in Stahlspundwandbauweise	337
8.1	Allgemeines	337

8.2	Containerkaje Bremerhaven	337
8.3	Containerterminal Altenwerder, Hamburg	339
8.4	Seehafen Rostock, Pier II	339
8.5	Hafenbecken C, Duisburg-Ruhrort	342
8.6	Containerterminal Burchardkai, Hamburg	342
8.7	Holz- und Fabrikenhafen, Bremen	345
8.8	Seehafen Wismar, Liegeplätze 13 bis 15	346
8.9	Hafenkanal, Duisburg-Ruhrort	346
9	Korrosion und Korrosionsschutz	349
9.1	Allgemeines	349
9.2	Korrosionserwartung bei Stahlspundwänden	349
9.3	Korrosionsschutz von Stahlspundwänden	349
10	Literatur	352

3.4 Gründungen im offenen Wasser
Jacob Gerrit de Gijt und Kerstin Lesny

1	Allgemeines	355
1.1	Verwendbare Planungsunterlagen	357
1.2	Belastungsannahmen	358
1.3	Bemessung und Herstellung	360
2	Geräte für das Bauen auf See	362
2.1	Wichtigste Geräte	362
2.2	Hubinsel	364
3	Gründungen in offener Baugrube	365
4	Schwimmkastengründungen	368
4.1	Vorbereiten der Sohle	368
4.2	Bau der Schwimmkästen	369
4.3	Schlepptransport	372
4.4	Absenken	375
4.5	Schwimmkästen als Ufereinfassungen	375
4.6	Schwimmkästen für Molen und Wellenbrecher	376
4.7	Schwimmkästen für Leuchttürme, Offshore-Plattformen und Behälter	381
4.8	Schwimmkästen für Unterwassertunnel	386
5	Senkkastengründungen	393
5.1	Leuchtturm „Alte Weser" (1960/63)	395
5.2	Leuchtturm „Großer Vogelsand" (1973/74)	397
6	Pfahlgründungen	399
6.1	Köhlbrand-Hochbrücke, Hamburg (1971–75)	400
6.2	Leuchtturm Goerée, Niederlande (1971)	401
6.3	Bohrplattform Cognac, USA (1978)	403
6.4	Saugpfahlmethode	404
7	Gründungen für Offshore-Windenergieanlagen	407
7.1	Stand der Nutzung der Offshore-Windenergie in Europa und Planungsrandbedingungen	407
7.2	Baugrunderkundungen	412
7.3	Gründungskonzepte	415
7.4	Kolkschutz	421
7.5	Ausblick	422
8	Literatur	422

3.5 Baugrubensicherung
Anton Weißenbach und Achim Hettler

1	Konstruktive Maßnahmen zur Sicherung von Baugruben und Leitungsgräben	427
1.1	Nicht verbaute Baugruben und Gräben	427
1.2	Grabenverbau	429
1.3	Spundwandverbau	436
1.4	Trägerbohlwände	438
1.5	Massive Verbauarten	443
1.6	Mixed-in-Place-Wände	446
2	Berechnungsgrundlagen	449
2.1	Lastannahmen	449
2.2	Erddruck bei nicht gestützten, im Boden eingespannten Baugrubenwänden	450
2.3	Erddruck bei einmal gestützten Baugrubenwänden	452
2.4	Erddruck bei mehrmals gestützten Baugrubenwänden	455
2.5	Erddruck infolge von Baugeräten und Schwerlastfahrzeugen	459
2.6	Erddruck in Rückbauzuständen	463
2.7	Ansatz des Erdwiderstands	464
3	Verfahren zur Ermittlung von Schnittgrößen und Einbindetiefen	467
3.1	Teilsicherheitskonzept nach DIN 1054:2005-01	467
3.2	Statisch bestimmte Systeme	469
3.3	Statisch unbestimmte Systeme	476
3.4	Bettungsmodulverfahren	479
3.5	Berechnung mit dem Traglastverfahren	488
3.6	Finite-Elemente-Methode	489
4	Nachweis der Gleichgewichtsbedingungen	496
4.1	Aufnahme des Erddrucks unterhalb der Baugrubensohle bei Trägerbohlwänden	496
4.2	Nachweis der Vertikalkomponente des mobilisierten Erdwiderstands	498
4.3	Abtragung von Vertikalkräften in den Untergrund	501
4.4	Sicherheit gegen Aufbruch der Baugrubensohle	504
5	Untersuchung besonderer Baugrubenkonstruktionen	506
5.1	Baugruben mit besonders großen Abmessungen	506
5.2	Baugruben mit besonderem Grundriss	510
5.3	Baugruben mit unregelmäßigem Querschnitt	517
5.4	Zur Baugrubensohle abgestützte Baugrubenwände	522
5.5	Verankerte Baugrubenwände	524
5.6	Bewegungsarme Baugrubenwände neben Bauwerken	529
5.7	Baugruben im Wasser	535
5.8	Baugruben in felsartigen Böden	546
5.9	Baugruben in weichen Böden	549
6	Bemessung der Einzelteile	559
6.1	Bohlen, Brusthölzer und Gurte aus Holz	559
6.2	Bohlträger, Spundbohlen und Kanaldielen aus Stahl	561
6.3	Gurte, Auswechslungen und Verbandstäbe aus Stahl	563
6.4	Steifen	564
6.5	Verbauteile aus Beton und Stahlbeton	566
6.6	Erdanker und Zugpfähle	567
6.7	Verbände, Anschlüsse und Verbindungsmittel	571
7	Literatur	571

3.6 Pfahlwände, Schlitzwände, Dichtwände
Hans-Gerd Haugwitz und Matthias Pulsfort

1	Pfahlwände	579
1.1	Anwendungsbereich	579
1.2	Vorteile	580
1.3	Nachteile	581
1.4	Vorschriften und Empfehlungen	581
1.5	Zweck und Wandarten	581
1.6	Herstellung	584
1.7	Qualitätssicherung	585
2	Schlitzwände	586
2.1	Anwendungsbereich	586
2.2	Vorteile	587
2.3	Nachteile	587
2.4	Vorschriften und Empfehlungen	588
2.5	Zweck	588
2.6	Wandarten	588
2.7	Herstellung	593
2.8	Baustoffe	600
2.9	Eigenschaften	602
2.10	Qualitätssicherung	603
3	Mixed-in-Place-Wände	603
3.1	Anwendungsbereich	603
3.2	Vorteile	605
3.3	Nachteile	606
3.4	Vorschriften und Empfehlungen	606
3.5	Wandarten	606
3.6	Art des Lösens und Durchmischen des Bodens	608
3.7	Herstellung	613
3.8	Baustoffe	619
3.9	Eigenschaften	620
3.10	Qualitätssicherung	620
4	Schmalwände	621
4.1	Anwendungsbereich	621
4.2	Vorteile	622
4.3	Nachteile	622
4.4	Vorschriften und Empfehlungen	622
4.5	Zweck und Wandarten	623
4.6	Herstellung der Rüttel-Schmalwand	623
4.7	Baustoffe	624
4.8	Eigenschaften	624
4.9	Qualitätssicherung	625
5	Die Flüssigkeitsstützung von Erdwänden	625
5.1	Stützflüssigkeiten	625
5.2	Stützkraft einer Flüssigkeit und Standsicherheitsnachweise	626
5.3	Mechanismen der Übertragung der Flüssigkeitsdruckdifferenz auf das Korngerüst	627
5.4	Nachweis der „inneren" Standsicherheit	630
5.5	Nachweis der „äußeren" Standsicherheit	633
5.6	Bauliche Anlagen neben suspensionsgestützten Erdwänden	637

6	Wasserdichtigkeit von massiven Stützwänden	640
6.1	Anforderungen	640
6.2	Nachweis der Dichtigkeit	642
6.3	Ausführung und Auswertung eines Pumpversuches	642
7	Vorschriften und Empfehlungen	644
7.1	Vorschriften	644
7.2	Empfehlungen und Richtlinien	644
8	Literatur	645

3.7 Gründungen in Bergbaugebieten
Dietmar Placzek

1	Einleitung	649
2	Bodenbewegungen	651
2.1	Bodenbewegungen bei untertägigen Abbauen	651
2.2	Bodenbewegungen bei Tagebauen	656
3	Einfluss der Bewegungsvorgänge auf die Gründung der Bauwerke	657
3.1	Einfluss einer Senkung	657
3.2	Einfluss einer Schieflage	657
3.3	Einfluss einer Krümmung	659
3.4	Einfluss einer Längenänderung	659
3.5	Einfluss der Bodenbewegungen bei tagesnahen Abbauen	660
3.6	Einfluss konzentrierter Bodenbewegungen	661
3.7	Einfluss von durch Bergbau induzierten Erschütterungen	661
4	Bauliche Maßnahmen bei Abbauen in größerer Teufe	662
4.1	Arten der Sicherung	662
4.2	Grundsätzliches zur Anordnung und Ausbildung der Bauwerke	662
4.3	Tragfähigkeit und Gebrauchsfähigkeit bei Einwirkungen des Bergbaus	663
4.4	Maßnahmen gegen Schieflagen	664
4.5	Maßnahmen gegen Krümmungen	664
4.6	Maßnahmen gegen Längungen (Zerrungen)	667
4.7	Maßnahmen gegen Kürzungen (Pressungen)	670
4.8	Maßnahmen bei konzentrierten Bodenbewegungen	672
5	Bauliche Maßnahmen bei tagesnahen Abbauen	672
5.1	Arten der Sicherung	672
5.2	Sicherung der Bauwerke	673
5.3	Stabilisierung des Untergrundes durch Einpressungen	675
6	Maßnahmen bei Tunneln	679
6.1	Allgemeines	679
6.2	Ausführungsmöglichkeiten	679
7	Maßnahmen bei vorhandener Bebauung	680
7.1	Vorbemerkung	680
7.2	Maßnahmen gegen Senkungen	680
7.3	Maßnahmen gegen überwiegend vertikale, ungleichmäßige Bodenbewegungen	681
7.4	Maßnahmen gegen überwiegend horizontale Bodenbewegungen	682
8	Folgewirkungen stillgelegten Bergbaus	684
8.1	Grubenwasserspiegelanstieg	684
8.2	Ausgasung	685
9	Pseudobergschäden	686
9.1	Vorbemerkung	686

9.2	Geländesenkungen durch Grundwasserspiegelabsenkung	686
9.3	Geländesenkungen durch Trocknung (Schwinden)	686
9.4	Geländesenkungen infolge chemischer und/oder biologischer Zersetzung (Schrumpfen)	686
9.5	Geländesenkungen infolge Bewuchses (meteorologische und vegetative Ursachen)	688
10	Literatur	689

3.8 Erschütterungsschutz
Christos Vrettos

1	Allgemeines, Begriffsbestimmungen	691
2	Beurteilung von Erschütterungseinwirkungen	693
2.1	Einwirkung von Erschütterungen auf Menschen	693
2.2	Einwirkung von sekundärem Luftschall auf Menschen	695
2.3	Einwirkung von Erschütterungen auf Gebäude	698
3	Messung von Erschütterungen	705
4	Prognose von Erschütterungen	707
4.1	Erschütterungen infolge von Schienenverkehr	707
4.2	Erschütterungen infolge von Baubetrieb	721
5	Reduktion von Erschütterungen	728
5.1	Allgemeines	728
5.2	Maßnahmen an der Quelle	728
5.3	Maßnahmen auf dem Übertragungsweg im Boden	735
5.4	Maßnahmen am Gebäude	737
6	Literatur	738

3.9 Stützbauwerke und konstruktive Hangsicherungen
Heinz Brandl

1	Einleitung	747
2	Entwurfs- und Dimensionierungsmethoden	748
2.1	Allgemeines	748
2.2	Konventionelle Methode	748
2.3	Semi-empirische Methode	749
3	Stützwände	751
3.1	Pfahlwände	752
3.2	Brunnenwände	774
3.3	Schlitzwände	780
3.4	Düsenstrahlwände	782
3.5	Rippenwände	784
3.6	Ankerwände („Elementwände")	787
3.7	Futtermauern	795
4	Stützmauern nach dem Verbundprinzip (stützmauerartige Verbundkonstruktionen)	798
4.1	Allgemeines	798
4.2	Raumgitter-Stützmauern	800
4.3	In sich verankerte Mauern	815
4.4	Bewehrte Erde	820

4.5	Geokunststoffbewehrte Stützkonstruktionen	830
4.6	Stützmauern aus Gabionen	845
4.7	Stützbauwerke aus verfestigtem oder verpacktem Boden	847
5	Bodenvernagelungen und Bodenverdübelungen	848
5.1	Nagelwände	849
5.2	Injektionsvernagelungen, Injektionsverdübelungen	856
5.3	Stabwände	861
5.4	Dübelwände, Hangverdübelungen	865
6	Aufgelöste Stützkonstruktionen	882
7	Sonstige Stützkonstruktionen	885
7.1	Sonderformen, Kombinationen	885
7.2	Galerien	886
7.3	Sicherung von Hangbrücken	887
8	Begleitende Maßnahmen	894
8.1	Bermen	894
8.2	Entwässerungen	895
9	Literatur	897

Stichwortverzeichnis ... 903

Inserentenverzeichnis ... 917

Autoren-Kurzbiografien

Heinz Brandl, Jahrgang 1940, studierte Bauingenieurwesen an der Technischen Universität Wien. Nach Promotion und Habilitation war er ab 1971 als Privatdozent freiberuflich tätig. 1977 reihte ihn die TU Graz an erster Stelle als Ordinarius für Grundbau, Boden- und Felsmechanik ein, 1981 wechselte er von Graz an die TU Wien als Vorstand des von K. Terzaghi gegründeten Institutes für Grundbau und Bodenmechanik. Mehrere Ehrendoktorwürden, etwa 460 wissenschaftliche Publikationen (z. T. in 18 Sprachen), nahezu 500 Fachvorträge in allen Kontinenten und etwa 4000 Ingenieurprojekte unterstreichen seine wissenschaftlichen Verdienste und die Verbindung von Forschung, Theorie und Praxis. In nationalen und internationalen Fachgremien war und ist er in leitenden Funktionen engagiert, etwa als Vice-President der ISSMGE. Seine berufliche Tätigkeit umfasst Straßen, Autobahnen, Eisenbahnen, Stützbauwerke, Rutschungen und Hangsicherungen, tiefe Einschnitte und Baugruben, Bauwerksunterfangungen, Tunnel, U-Bahnbauten, Brücken, hohe Dämme, Kraftwerke, Hochwasserschutzanlagen, Lawinen- und Murengalerien, Pipelines, Industrieanlagen, Büro-, Wohn- und Industriegebäude, Hochhäuser usw. Weitere Schwerpunkte bilden Geokunststoffe, Umwelt-Geotechnik und Geothermie.

Jacob Gerrit de Gijt studierte Bauingenieurwesen an der Technischen Universität Delft. Von 1975 bis 1987 bearbeitete er als geotechnischer Experte bei FUGRO planend und beratend anspruchsvolle Projekte von Gründungen auf dem Festland und im Wasser, aber auch Projekte der Hydrologie und Umweltgeotechnik. Seit 1987 betreut er als Projektingenieur bei der Rotterdam Public Works die gesamte Palette der Hafenbauprojekte wie Ufermauern, Schiffsanleger, Plattformen, Pipelines, Sanierungsmaßnahmen, Gewinnung und Verbringung von Baggergut u. a. m. Seit 2006 ist er Mitglied des technischen Managements der Hafenverwaltung Rotterdam und bringt seine umfangreiche Erfahrung an der TU Delft, Departement Hydraulic Engineering and Probabilistic Design, als Ass. Professor in den Masterstudiengängen Port Infrastructures ein. Er ist Mitglied zahlreicher nationaler und internationaler Ausschüsse wie PIANC, EAU, CUR, HTG, KIVINIRIA. Neben seinen über 70 Publikationen in Fachzeitschriften und Büchern schließt er in Kürze eine Promotion an der TU Delft ab.

Hans-Gerd Haugwitz, Jahrgang 1955, studierte an der technischen Hochschule Darmstadt Bauingenieurwesen mit der Vertiefungsrichtung Bodenmechanik und Grundbau. Nach dem Studium begann er seine berufliche Laufbahn 1980 bei der Bauer Spezialtiefbau GmbH und ist dort heute noch tätig. Er war zunächst als Bauleiter bei verschiedenen Projekten im Rhein-Main-Gebiet eingesetzt und übernahm dann in den Folgejahren in mehreren Bereichen in Deutschland die jeweilige Niederlassungs- und Hauptniederlassungsleitung. Seit 2008 leitet er den für Deutschland zuständigen Bereich „Projekte" und befasst sich dabei besonders mit großen Infrastruktur-Projekten. Er ist als Obmann des Arbeitsausschusses ATV DIN 18303 wie auch im GAEB tätig und ist Mitautor des Beck'schen VOB- und Vergaberechtskommentars VOB Teil C. Seine Hauptschwerpunkte liegen in den Komplexen tiefe Baugruben, Gründungen und Dichtwände.

Achim Hettler, Jahrgang 1953, leitet seit 1994 als Nachfolger von Prof. Weißenbach den Lehrstuhl für Baugrund-Grundbau an der Technischen Universität Dortmund. Er ist Mitglied in zahlreichen Normenausschüssen und Obmann des Arbeitskreises Baugruben. Forschungsschwerpunkte sind u. a. Themen zu Baugruben und Erddruckfragen. Nach dem Studium des Bauingenieurwesens in Karlsruhe und in Lyon promovierte und habilitierte er am Institut für Bodenmechanik und Felsmechanik bei Prof. Gudehus in Karlsruhe. Seitdem erwarb er über 20 Jahre praktische Erfahrung u. a. bei einem großen Baukonzern im Spezialtiefbau, bei einem überregionalen Planungsbüro in der Geotechnik und bei der Sanierung von großen Altstandorten. In den letzten Jahren war er verstärkt als Sachverständiger für Schäden im Grundbau und für Altlasten tätig. Achim Hettler ist Autor des Buches „Gründung von Hochbauten" und Koautor des Buches „Der Bausachverständige vor Gericht".

Hans-Uwe Kalle, Jahrgang 1956, leitet das Technische Büro der ArcelorMittal Commercial RPS Spundwand GmbH in Hagen. Nach Abitur und Wehrdienst folgte die Ausbildung zum Bauhandwerker des Betonbaus, an die sich dann das Studium des Konstruktiven Ingenieurbaus an der Universität Dortmund anschloss. Nach 18-jähriger Tätigkeit im technischen Büro der Hoesch Stahlspundwand und Profil GmbH und als Vertriebsleiter für die Vermarktung von Stahltiefbauprodukten folgte im Jahr 2003 der Wechsel ins technische Büro der Arcelor Spundwand Deutschland GmbH. Hans-Uwe Kalle ist sowohl Mitglied im Arbeitsausschuss Ufereinfassung EAU als auch im Arbeitskreis „Baugruben" EAB. Neben diesen Tätigkeiten ist er Mitglied des deutschen Spiegelausschusses der DIN EN 1993-5 und der DIN EN 10248.

Hans-Georg Kempfert, Jahrgang 1945, ist Leiter des Fachgebietes Geotechnik an der Universität Kassel. Er ist Mitglied in mehreren nationalen und internationalen Fach- und Normenausschüssen und Obmann des Normenausschusses NA 005-05-07 Pfähle (gleichzeitig AK 2.1 „Pfähle" der DGGT). Neben den Forschungsschwerpunkten Pfahlgründungen, weiche Böden, Bewehrung mit Geokunststoffen und Geotechnik im Verkehrswegebau betätigt er sich langjährig beratend bei zahlreichen Projekten als Partner im Ingenieurbüro Kempfert + Partner Geotechnik. Er ist Autor (mit jeweils einem Koautor) der Bücher „Excavation and Foundation in Soft Soils" sowie „Bodenmechanik und Grundbau" (Teil 1 und 2) sowie als Prüfsachverständiger, öffentlich bestellter und vereidigter Sachverständiger und als Sachverständiger für Geotechnik im Eisenbahnbau anerkannt.

Karl-Heinz Lambertz, Jahrgang 1950, studierte Bauingenieurwesen mit Vertieferrichtung „Konstruktiver Ingenieurbau" an der RWTH Aachen. Nach dem Studium war er 15 Jahre bei einer großen deutschen Baufirma tätig mit Schwerpunkt im Grund- und Wasserbau. Seit 1990 leitet er im Duisburger Hafen als Prokurist die Abteilung „Technik und Umwelt". Er ist seit 2002 Mitglied des Arbeitsausschusses „Ufereinfassungen" (EAU) der Hafenbautechnischen Gesellschaft und der Deutschen Gesellschaft für Geotechnik.

Kerstin Lesny, Jahrgang 1968**,** studierte Bauingenieurwesen an der Universität Essen. Im Rahmen ihrer Tätigkeit als wissenschaftliche Mitarbeiterin am Institut für Grundbau und Bodenmechanik dieser Universität promovierte sie 2001 mit einer Arbeit über ein konsistentes Versagensmodell zum Nachweis der Standsicherheit von Flachgründungen. Seit 2002 ist sie dort als Oberingenieurin tätig und erlangte Anfang 2008 die Venia Legendi für ihre Habilitation zum Thema Gründungen für Offshore-Windenergieanlagen. In dieser Arbeit beschäftigte sie sich u. a. mit der Auslegung und Bemessung geeigneter Gründungskonzepte und der Analyse des Langzeitverhaltens. Zu ihren weiteren Forschungsschwerpunkten gehören das Verhalten von Flachgründungen unter komplexer Belastung sowie probabilistische Sicherheits- und Zuverlässigkeitsbetrachtungen. Sie ist wissenschaftliche

Leiterin des Bodenmechanischen Labors und Mitglied in verschiedenen Berufsvereinigungen und Gremien, u. a. im TC 23 der ISSMGE (Limit State Design in Geotechnical Engineering) und im ASF30 des amerikanischen Transportation Research Boards (Foundations of Bridges and Other Structures).

Karl Morgen, Jahrgang 1952, studierte an der Technischen Universität Karlsruhe Bauingenieurwesen mit der Vertiefungsrichtung Konstruktiver Ingenieurbau. Er promovierte dort mit einer Arbeit über die nichtlineare Berechnung orthotroper Platten. Nach kurzer Tätigkeit in einem Karlsruher Ingenieurbüro wechselte er als Bauleiter zur Fa. Dyckerhoff & Widmann AG in Hamburg. In dieser Zeit arbeitete er auf einer Taktschiebebrückenbaustelle und leitete anschießend die Baustelle für eine Kaianlage. Es folgte eine Tätigkeit als Planungsingenieur bei Lockwood Greene Architects and Engineers in New York. Seit 1988 ist er Geschäftsführer und Gesellschafter der WTM ENGINEERS GmbH (vormals Windels Timm Morgen) und verantwortlich für die zahlreichen Planungsaufgaben dieses Ingenieurbüros. Er ist als Prüfingenieur für Bautechnik und als Prüfingenieur beim Eisenbahnbundesamt anerkannt. Dr. Morgen arbeitet aktiv in diversen Fachgremien und Normenausschüssen mit, u. a. im DAfStb – Deutschen Ausschuss für Stahlbeton, NABau – Normenausschuss Bauwesen, Pfahlausschuss, in der STUVA – Studiengesellschaft für unterirdische Verkehrsanlagen e. V. und ist Mitglied des Fachausschusses Ufereinfassungen der HTG – Hafentechnische Gesellschaft e. V.

Dietmar Placzek, Jahrgang 1951, studierte Konstruktiven Ingenieurbau an der Ruhr-Universität Bochum. Nach kurzer Tätigkeit im ELE Erdbaulaboratorium Essen promovierte er am Institut für Grundbau und Bodenmechanik, Felsmechanik und Tunnelbau der Universität Essen mit einer Arbeit über das Schwindverhalten bindiger Böden. Danach wechselte er ins ELE zurück, war hier in unterschiedlichsten Funktionen tätig und ist dort seit 1994 Geschäftsführer und Gesellschafter. Er ist seit vielen Jahren u. a. öffentlich bestellter und vereidigter Sachverständiger z. B. für Bergbauliche Einwirkungen auf die Tagesoberfläche, staatlich anerkannter Sachverständiger gemäß Landesbauordnung und seit 2000 Honorarprofessor an der Universität Duisburg-Essen. Seine Tätigkeitsschwerpunkte sind Erd-, Grund- und Felsbau, Spezialtiefbau, Tunnelbau und Bergbau. Er gehört verschiedenen Ausschüssen und Arbeitskreisen technisch wissenschaftlicher Gesellschaften und der Ingenieurkammern an und ist daneben wissenschaftlicher Beirat für die Zeitschrift „Markscheidewesen".

Matthias Pulsfort, Jahrgang 1955, studierte Bauingenieurwesen an der Technischen Universität Berlin mit der Vertiefungsrichtung Konstruktiver Ingenieurbau. Anschließend promovierte er als wissenschaftlicher Mitarbeiter an der Bergischen Universität Wuppertal bei Prof. Walz mit einer Arbeit zur Standsicherheit von suspensionsgestützten Schlitzen neben Einzelfundamenten. Als Beratender Ingenieur war er zunächst in einem Ingenieurbüro tätig, anschließend als geschäftsführender Gesellschafter der Ingenieurgesellschaft für Geotechnik, mit der er inzwischen über 20 Jahre lang überregional und international herausragende Projekte bearbeitete. An die Bergische Universität Wuppertal wurde er für das Fachgebiet Grundbau, Bodenmechanik und Felsmechanik berufen. Seit 2004 leitet er dort das zusammengefasste Lehr- und Forschungsgebiet Geotechnik mit dem angegliederten Erdbaulaboratorium Wuppertal. Seine Forschungsschwerpunkte sind räumlicher Erddruck, tiefe Baugruben, Schlitzwand- und Dichtwandtechnologie, Rohrvortriebstechnik sowie Spezialgebiete des Tunnelbaus.

Werner Richwien, Jahrgang 1944, leitet seit 1994 den Lehrstuhl für Grundbau, Bodenmechanik, Felsmechanik und Tunnelbau der Universität Duisburg-Essen. Nach dem Studium des Bauingenieurwesens mit Vertiefungsrichtung Konstruktiver Ingenieurbau an der Technischen Hochschule Hannover folgte eine kurze Tätigkeit im Stahlbau, bevor er als wissenschaftlicher Mitarbeiter von Prof. Lackner an die Technische Hochschule Hannover zurückkehrte. Aus verschiedenen Forschungsvorhaben zu bodenmechanischen Fragen im See- und Hafenbau entstand eine Promotion im Fachgebiet Grundbau und Bodenmechanik der Universität Hannover und schließlich die Habilitation mit Erlangung der Lehrbefugnis für Grundbau und Bodenmechanik. In seiner wissenschaftlichen Arbeit beschäftigte sich Universitätsprofessor Richwien mit dem Spannungs-Verformungs-Verhalten von Böden bei nicht monotonen Beanspruchungen, wie sie im See- und Hafenbau als Wellenbelastungen auftreten und mit den bodenmechanischen Grundlagen der Bemessung von See- und Ästuardeichen. Seit 2005 leitet Richwien den Arbeitsausschuss Ufereinfassungen EAU.

Ulrich Smoltczyk, Jahrgang 1928, war von 1969 bis zu seiner Emeritierung o. Professor für Grundbau und Bodenmechanik der Universität Stuttgart. Er studierte Bauingenieurwesen an der Technischen Universität Berlin. Nach Promotion und Habilitation wurde er 1965 apl. Professor für Theoretische Bodenmechanik. Von 1961 bis 1969 war er Grundbauingenieur bei der Philipp Holzmann AG in Hamburg. Prof. Smoltczyk war und ist bis heute in vielen nationalen und internationalen Fachgremien engagiert. 1970 übernahm er die Leitung der Fachsektion Bodenmechanik der DGEG. Von 1978 bis 1990 prägte er als Vorsitzender die Deutsche Gesellschaft für Erd- und Grundbau (heute DGGT) und war Begründer der Zeitschrift „Geotechnik". Er war Vizepräsident Europa der Int. Gesellschaft für Bodenmechanik und Grundbau (ISSMFE) und als Leiter der Projektgruppe Mitverfasser des Eurocodes 7. Für seine wissenschaftlichen Verdienste erhielt er 1994 die Ehrendoktorwürde der Technischen Universität Dresden. Seine Nähe zur Ingenieurpraxis unterstrich er 1976 mit der Gründung des Ingenieurbüros Smoltczyk & Partner, Stuttgart. Der Name Smoltczyk ist eng verbunden mit dem Grundbau-Taschenbuch. 1980 übernahm er mit der 3. Auflage die Schriftleitung und entwickelte das Grundbau-Taschenbuch zum Standardwerk der Geotechnik bis zur 6. Auflage und bis zur englischsprachigen Ausgabe als Herausgeber weiter.

Norbert Vogt, Jahrgang 1953, studierte Bauingenieurwesen an den Universitäten in Braunschweig und Stuttgart mit Vertiefungen Geotechnik, Massivbau und Statik. Seine Promotion in Stuttgart behandelte das Thema Erdwiderstandsmobilisierung bei wiederholten Wandbewegungen in Sand und entstand auf der Grundlage von großmaßstäblichen Versuchen, Messungen an Schleusen, speziellen Laborversuchen in Hannover und Karlsruhe sowie Finite-Elemente-Modellierungen. Nach 18 Jahren als geotechnischer Berater und Geschäftsführer der Smoltczyk & Partner GmbH und Mitwirkung an vielen herausfordernden Grundbauprojekten wurde er 2001 an den Lehrstuhl für Grundbau, Bodenmechanik, Felsmechanik und Tunnelbau an der Technischen Universität München berufen. Sein spezielles Interesse betrifft die Baugrund-Bauwerks-Interaktion. Universitätsprofessor Vogt ist Obmann der Düsenstrahl-Norm DIN 4093 und bei der neuen DIN 1054 zuständig für Gründungen. Er wirkt als deutscher Delegierter im Scientific Committee 7 am EC 7 mit.

Hans-Werner Vollstedt, Jahrgang 1949, studierte Bauingenieurwesen mit Vertiefungsrichtung Konstruktiver Ingenieurbau an der Technischen Universität Braunschweig. Die Promotion erfolgte anschließend dort am Institut für Statik. Die ersten 10 Berufsjahre verbrachte er bei der Philipp Holzmann AG an wechselnden Einsatzstellen. Ende 1987 wechselte er nach Bremerhaven zum Hansestadt Bremischen Hafenamt, das 2002 in die bremenports GmbH & Co. überging. Dort ist er jetzt Leiter des Geschäftsbereiches Hafenbau, der sowohl die Bremischen Hafenbauprojekte plant und umsetzt als auch nationale und internationale Planungs- und Beratungsaufgaben wahrnimmt. Alle großen Bremerhavener Hafenbauprojekte der vergangenen 20 Jahre wurden im Wesentlichen unter seiner Leitung ausgeführt. Dazu gehören u. a. die Bauabschnitte 3, 3a und 4 der Containerkaje sowie die Neubauten der Fischereihafen-Doppelschleuse und der Kaiserschleuse.

Christos Vrettos, Jahrgang 1960, studierte Bauingenieurwesen an der Universität Karlsruhe. Als wissenschaftlicher Mitarbeiter am Institut für Boden- und Felsmechanik promovierte er dort im Jahr 1988. An der Universität Kyoto in Japan und am M. I. T. in Boston war er Postdoktorand. Anschließend bis 1996 arbeitete er als Oberingenieur am Grundbauinstitut der Technischen Universität Berlin, wo er habilitierte. Umfangreiche praktische Erfahrung durch die nachfolgende Tätigkeit in einem Technischen Büro eines Baukonzerns und in einem großen geotechnischen Planungsbüro. Seit 2004 leitet er den Lehrstuhl für Bodenmechanik und Grundbau an der Technischen Universität Kaiserslautern. Er ist Berater für bedeutende Projekte im In- und Ausland. Seine Forschungsschwerpunkte umfassen die dynamische Boden-Bauwerk-Interaktion, die experimentelle Bodendynamik, die Modellierung von Gründungen und geotechnischen Bauwerken sowie das mechanische Verhalten teilgesättigter Böden.

Anton Weißenbach, Jahrgang 1929, studierte von 1948 bis 1954, mehrmals unterbrochen durch Erwerbstätigkeit, Bauingenieurwesen an der Technischen Hochschule München, war dann ein Jahr als Bauführer im Hochbau, vier Jahre als Gruppenleiter im Konstruktionsbüro einer Großbaufirma und 23 Jahre in zunehmend verantwortlichen Funktionen im Dienste der Baubehörde Hamburg beim U-Bahn- und S-Bahn-Bau tätig. 1962 promovierte er an der Technischen Hochschule Hannover, 1970 folgte die Habilitation. 1982 übernahm er den neu geschaffenen Lehrstuhl „Baugrund-Grundbau" an der Universität Dortmund. 2001 ehrte ihn die Universität Kassel mit der Ehrenpromotion. Mehrere Jahrzehnte, auch noch nach seinem altersbedingten Ausscheiden aus der Tätigkeit an der Universität Dortmund im Jahr 1994, war er ehrenamtlich bei der Erarbeitung von Normen und Empfehlungen für den Grundbau tätig. Er ist Obmann der Normenausschüsse DIN 4123 „Unterfangungen", DIN 4124 „Baugruben und Gräben" und DIN 1055-2 „Bodenkenngrößen", außerdem war er Leiter der Arbeitsgruppe, die im Wesentlichen die neue DIN 1054:2005 erarbeitet hat. Seine Tätigkeit als Obmann des Arbeitskreises „Baugruben" der DGGT gab er nach 40 Jahren im Juni 2006 ab. Bekannt wurde er auch durch zahlreiche Veröffentlichungen und Vorträge.

Karl Josef Witt ist seit 1997 Universitäts-Professor am Lehrstuhl für Grundbau an der Bauhaus-Universität Weimar und leitet den Fachbereich Geotechnik der angegliederten Materialforschungs- und Prüfanstalt Weimar (MFPA-Weimar). Seine Forschungsschwerpunkte decken den Bereich Bodenstrukturen, Sicherheit von geotechnischen Bauwerken und Umweltgeotechnik ab. Er ist Mitglied zahlreicher Ausschüsse und Arbeitsgruppen, daneben Sachverständiger bei komplexen Schadens- und Streitfällen sowie Prüfingenieur für Erd- und Grundbau. Er studierte an der Universität Karlsruhe Bauingenieurwesen und promovierte am Institut für Grundbau Bodenmechanik und Felsmechanik mit einer Arbeit über Filtrationseigenschaften weitgestufter Erdstoffe. Die über 20-jährige praktische Erfahrung und die Nähe zu Projekten des Erd- und Grundbaus im Schnittbereich zwischen Ingenieurpraxis und Wissenschaft hat er sich zunächst in einem wasserbaulichen Planungsbüro und schließlich als selbstständiger Beratender Ingenieur in einem geotechnischen Planungsbüro erworben.

Verzeichnis der Autoren

o. Univ.-Prof. Dipl.-Ing. Dr. techn.
Dr. h. c. mult. Heinz Brandl
Technische Universität Wien
Institut für Geotechnik
Karlsplatz 13
1040 Wien
Österreich
(3.9 Stützbauwerke und konstruktive Hangsicherungen)

Jacob Gerrit de Gijt
Gemeentewerken Rotterdam
Galvanistraat 15
3029 AD Rotterdam
Niederlande
(3.4 Gründungen im offenen Wasser)

Dipl.-Ing. Hans-Gerd Haugwitz
Bauer Spezialtiefbau GmbH
Wittelsbacher Straße 5
86529 Schrobenhausen
(3.6 Pfahlwände, Schlitzwände, Dichtwände)

Univ.-Prof. Dr.-Ing. habil. Achim Hettler
Universität Dortmund
Fakultät Bauingenieurwesen
Fachgebiet Baugrund-Grundbau
August-Schmidt-Straße 6
44227 Dortmund
(3.5 Baugrubensicherung)

Dipl.-Ing. Hans-Uwe Kalle
ArcelorMittal Commercial RPS
Deutschland GmbH
Spundwand / Technisches Büro Hagen
Eilpener Straße 71–75
58091 Hagen
(3.3 Spundwände)

Univ.-Prof. Dr.-Ing. Hans-Georg Kempfert
Universität Kassel
Institut für Geotechnik und Geohydraulik
Mönchebergstraße 7
34125 Kassel
(3.2 Pfahlgründungen)

Dipl.-Ing. Karl-Heinz Lambertz
Duisburger Hafen AG
Alte Ruhrorter Straße 42–45
47119 Duisburg
(3.3 Spundwände)

PD Dr.-Ing. habil. Kerstin Lesny
Universität Duisburg-Essen
Institut für Grundbau und Bodenmechanik
Universitätsstraße 15
45117 Essen
(3.4 Gründungen im offenen Wasser)

Dr.-Ing. Karl Morgen
WTM Engineers GmbH
Ballindamm 17
20095 Hamburg
(3.3 Spundwände)

Prof. Dr.-Ing. Dietmar Placzek
ELE Beratende Ingenieure GmbH
Erdbaulaboratorium Essen
Susannastraße 31
45136 Essen
(3.7 Gründungen in Bergbaugebieten)

Prof. Dr.-Ing. Matthias Pulsfort
Bergische Universität Wuppertal
Fachbereich D, Abt. Bauingenieurwesen
Lehr- und Forschungsgebiet Geotechnik
Pauluskirchstraße 7
42285 Wuppertal
(3.6 Pfahlwände, Schlitzwände, Dichtwände)

Prof. Dr.-Ing. Werner Richwien
Universität Essen
Institut für Grundbau und Bodenmechanik
Universitätsstraße 15
45117 Essen
(3.3 Spundwände)

em. Prof. Dr.-Ing. habil.
Ulrich Smoltczyk
Adlerstraße 63
71032 Böblingen
(3.1 Flachgründungen)

Prof. Dr.-Ing. Norbert Vogt
Technische Universität München
Zentrum Geotechnik
Baumbachstraße 7
81245 München
(3.1 Flachgründungen)

Dr.-Ing. Hans-Werner Vollstedt
bremenports GmbH & Co. KG
Am Strom 2
27568 Bremerhaven
(3.3 Spundwände)

Univ.-Prof. Dr.-Ing. habil. Christos Vrettos
Technische Universität Kaiserslautern
Lehrstuhl für Bodenmechanik
und Grundbau
Erwin-Schrödinger-Straße
67663 Kaiserslautern
(3.8 Erschütterungsschutz)

Univ.-Prof. Dr.-Ing. habil. Dr.-Ing. E. h.
Anton Weißenbach
Am Gehölz 14
22844 Norderstedt
(3.5 Baugrubensicherung)

3.1 Flachgründungen

Ulrich Smoltczyk und Norbert Vogt

1 Begriffe

Als *Flächengründungen* werden Gründungskörper bezeichnet, die äußere Lasten ausschließlich über horizontale oder wenig geneigte Sohlflächen in den Baugrund einleiten. Dies verursacht flächenhaft verteilte, überwiegend vertikale (Sohlnormalspannungen), aber auch horizontale Bodenreaktionen (Sohlschubspannungen). Mit zunehmender Einbindetiefe treten unter exzentrischen Vertikallasten sowie unter Horizontallasten auch Erdwiderstände an den Fundament-Stirnseiten auf, woraus sich eine Einspannwirkung im Baugrund entwickeln kann. Bei entsprechend großer Einbindetiefe kennzeichnet die kombinierte Lastabtragung über Gründungssohle und Fundament-Stirnseiten Tiefgründungen (Pfeiler-, und Senkkastengründungen). Sofern deren Stirnseiten ohne Kontakt zum Baugrund sind, wirken auch derartige Tiefgründungen als Flächengründungen. Flächengründungen mit geringer Einbindetiefe werden als *Flachgründungen* bezeichnet, wenn keine nennenswerte Einspannung besteht bzw. diese nicht angesetzt wird.

Zu den Flachgründungen gehören Einzelfundamente, Streifenfundamente und Sohlplatten sowie Kombinationen dieser Grundformen. Bei Sohlplatten spricht man dann von Gründungs- oder Fundamentplatten, wenn diese der planmäßigen Abtragung der Bauwerkslasten auf den Baugrund dienen. Wenn Stützen und Wände auf Einzel- und Streifenfundamenten gegründet sind, stellen Bodenplatten zunächst nur einen Raumabschluss dar. Sie haben jedoch für direkt auf sie einwirkende Nutzlasten wie Stapel-, Regallasten und Fahrzeuglasten sowie gegebenenfalls zur Aufnahme von Wasserdruck auch statische Funktionen. Solche Bodenplatten können durch Setzungen der mit ihnen verbundenen Fundamente auch Zwangsbeanspruchungen erhalten und sich dabei unplanmäßig an der vertikalen Bauwerkslastabtragung beteiligen.

Auch flach oder steil geneigte Kegelschalen, z. B. im Behälterbau, sind den Flachgründungen zuzurechnen.

Flächen- und Flachgründungen leiten Bauwerkslasten in den Baugrund ein, wobei die Verformungen von Gründung und Baugrund gekoppelt sind. Dabei darf der Grenzzustand der Tragfähigkeit weder für die Gründung noch für den Baugrund erreicht werden und die Verformungen müssen verträglich bleiben, wozu der Nachweis des Grenzzustandes der Gebrauchstauglichkeit zu führen ist.

Stand der Normung

- DIN 1054:2005-01: Baugrund – Sicherheitsnachweise im Erd- und Grundbau.
- DIN EN 1997-1:2005-10: Eurocode 7: Entwurf, Berechnung und Bemessung in der Geotechnik – Teil 1: Allgemeine Regeln.
  E DIN EN 1997 1 / NA:2009 02 Nationaler Anhang; National festgelegte Parameter – Eurocode 7: Entwurf, Berechnung und Bemessung in der Geotechnik – Teil 1: Allgemeine Regeln.

– E DIN 1054-10: 2009-02: Sicherheitsnachweise im Erd- und Grundbau. Ergänzende Regeln zu DIN EN 1997-1.

Als zusammenfassende Darstellung der drei letztgenannten Normen dient ein DIN-Normenhandbuch „Entwurf, Berechnung und Bemessung in der Geotechnik". Dort wird auch auf die ergänzenden nationalen Normen und Empfehlungen der Geotechnik Bezug genommen.

2 Entwurfsgrundlagen

Zu den Entwurfsgrundlagen gehören Angaben zu Art und Form des Bauwerks, die Belastung seiner tragenden Teile (Tragwerk) und ein geotechnischer Bericht mit den Ergebnissen der Baugrunderkundung und einer gründungstechnischen Stellungnahme. Da die Wahl der Gründungsart das Bauwerk konstruktiv nachhaltig beeinflussen kann, stellt man in der ersten Planungsphase einen Vorentwurf auf, der bei fortschreitendem Kenntnisgewinn modifiziert werden kann, zumal die eigentliche Baugrunderkundung oft parallel zur Planung des Bauwerks durchgeführt wird und der geotechnische Bericht zu Beginn der Planung noch nicht vorliegt. Für die Bearbeitung muss geklärt sein, in welche geotechnische Kategorie die erforderlichen geotechnischen Maßnahmen gemäß DIN 1054 und DIN 4020 voraussichtlich einzuordnen sein werden, denn davon hängt der Umfang der Baugrunduntersuchungen und die Art zu erstellender geotechnischer Berichte ab. Zur Einordnung in eine geotechnische Kategorie ist eine Vorkenntnis der allgemeinen Baugrundbeschaffenheit und der Grundwasserstände erforderlich. Unabhängig von der geotechnischen Kategorie wird für die geotechnische Bearbeitung benötigt:

– eine Darstellung des Bauwerks in Lageplan, Grundrissen und Schnitten, sodass die räumliche Einordnung des Bauwerks als Ganzes möglich ist, der innere Kräftefluss erkennbar wird und bei Gebäuden die gewünschten Nutzungen in den untersten Geschossen entnommen werden können;
– eine Zusammenstellung der in den Boden einzuleitenden Lasten;
– eine Bestandsaufnahme der von der Baumaßnahme möglicherweise betroffenen Nachbarbebauung, Versorgungsleitungen und Verkehrsflächen;
– die Klärung von Rechtsansprüchen, die für die geplante Gründungsmaßnahme entscheidend sein können (z. B. Ankerung auf Nachbargrundstücken, Erschütterungsbegrenzung, Rutschgefährdung);
– geometrische Zwangspunkte;
– spätere Erweiterungswünsche;
– Anschluss an vorhandene Bauten bzw. deren Einbeziehung;
– Terminwünsche des Bauherrn bzw. Terminzwänge aus dem Bauzeitenplan;
– absehbare Behinderungen durch andere Bauvorgänge, laufenden Verkehr oder Betrieb und vorhandene Versorgungsleitungen.

Für die geotechnische Kategorie 2 und, umso mehr, für Kategorie 3 sind darüber hinaus erforderlich:

– Grenzmaße für Setzungen und Horizontalverschiebungen;
– bei hohen Grundwasserständen: Festlegung, welches Restrisiko bei der Festlegung des Bemessungswasserstandes im Hinblick auf Auftriebsicherheit des Bauwerks und Wasserdichtigkeit unterirdischer Bauteile eingegangen werden kann;
– Temperatureinflüsse;
– die Festlegung von zu berücksichtigenden Unfall-Szenarien;
– chemische Merkmale des Bodens und des Grundwassers;

3.1 Flachgründungen

- geologische und hydrogeologische Merkmale des Baugeländes (Gesteinslöslichkeit; Störzonen; unterirdische Hohlräume; registrierte Erdfälle, Rutschungen, unterirdische Verschiebungen usw.);
- Gründungsarten und -tiefen angrenzender Bauten;
- absehbare Gefährdungen durch spätere Aufgrabungen oder Kolke;
- absehbare Gefährdungen durch langfristige Güteminderungen der Baustoffe (z. B. Korrosion, Entfestigung von Beton, s. EN 1992-1-1, Tab. 4.1, usw.) oder des Baugrundes (Auslaugung, klimatische oder chemische Einflüsse);
- Gefährdung durch Abspülen und Fortreißen des Baugrunds in Uferbereichen oder Küstennähe;
- absehbare Gefährdungen durch pflanzliche und tierische Einflüsse;
- Erdbebengefährdung und Daten dazu, s. auch Kapitel 1.8 und 3.8;
- Bergschädengefährdung und Daten dazu, s. auch Kapitel 3.9.

Für geotechnische Vorberechnungen sind überschlägige Angaben zu charakteristischen Werten der ständigen und veränderlichen Lasten erforderlich und ausreichend, siehe dazu die Zahlenwerte in den folgenden künftigen Eurocodes bzw. aktuell den entsprechenden Teilen von DIN 1055 – Einwirkungen auf Tragwerke:

- DIN EN 1991-1-1:2002-10: Wichten, Eigengewichte und Nutzlastenim Hochbau;
  DIN 1055-1:2002-06: Wichten und Flächenlasten von Baustoffen, Bauteilen und Lagerstoffen, DIN 1055-3:2006-03: Eigen- und Nutzlasten für Hochbauten
- DIN EN 1991-1-2:2003-09: Brandeinwirkungen
- DIN EN 1991-1-3:2004-09: Schneelasten;
  DIN 1055-5:2005-07: Schnee- und Eislasten
- DIN EN 1991-1-4: 2005-07: Windlasten;
  DIN 1055-4:2005-03: Windlasten
- DIN EN 1991-1-5:2004-07: Temperatureinwirkungen;
  DIN 1055-7:2002-11: Temperatureinwirkungen
- DIN EN 1991-1-6:2005-09: Einwirkungen während der Bauausführung;
  DIN 1055-8:2003-01: Einwirkungen während der Bauausführung
- DIN EN 1991-1-7:2007-02: Außergewöhnliche Einwirkungen;
  DIN 1055-9:2003-08: Außergewöhnliche Einwirkungen
- DIN EN 1991-2:2004-05: Verkehrslasten auf Brücken
- DIN EN 1991-3:2007-03: Einwirkungen infolge von Kranen und Maschinen;
  DIN 1055-10:2004-07: Einwirkungen infolge Krane und Maschinen
- DIN EN 1991-4:2006-12: Einwirkungen auf Silos und Flüssigkeitsbehälter;
  DIN 1055-6:2005-03: Einwirkungen auf Silos und Flüssigkeitsbehälter

Zum Eisdruck siehe DIN 1055-5 und [26].

Zu beachten ist, dass in der Bauwerksstatik ständige und nichtständige Lasten auf charakteristischem Niveau für geotechnische Nachweise bis zur Gründung getrennt verfolgbar bleiben sollten. Man teilt die nichtständigen Lasten weiter nach ihrer Einwirkungsdauer auf, um zu entscheiden, welche Einwirkungen in Abhängigkeit von der Bodenart setzungswirksam sind (Bild 1).

Bei mehrgeschossigen Gebäuden kann eine Abminderung der Verkehrslasten über die nach DIN 1055 für alle Geschosse außer den drei höchstbelasteten anzusetzenden hinaus durchaus zweckmäßig sein (Keller = Geschoss; Satteldach = $1/2$ Geschoss; ohne Fundamente), siehe [40, 57].

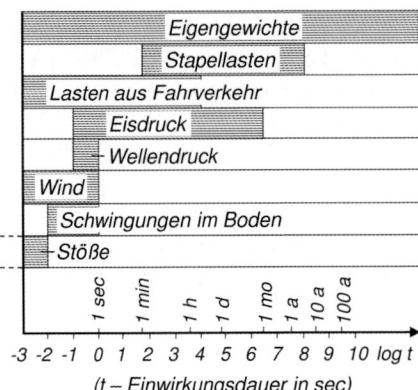

Bild 1. Aufgliederung von Fundamentlasten nach ihrer möglichen Einwirkungsdauer (schematisch)

3 Einzelfundamente

3.1 Allgemeine Planung

3.1.1 Gesichtspunkte für die Wahl einer einfachen Flachgründung

In der Regel wird man bei der Wahl des Gründungsverfahrens zunächst prüfen, ob eine einfache Flachgründung mit Einzel- und Streifenfundamenten in frostsicherer Tiefe technisch und wirtschaftlich vertretbar ist, bevor zusätzlich Bodenverbesserungsverfahren (s. Kapitel 2.2) oder alternativ eine Flächengründung oder Tiefgründung (s. Kapitel 3.2) in Betracht gezogen werden. Dazu werden mit überschlägigen Lasten und mithilfe erster Grundbruch- und Setzungsnachweise die erforderlichen Fundamentabmessungen abgeschätzt, um die Machbarkeit und Wirtschaftlichkeit einer Flachgründung zu prüfen. Bei einfachen Baugrund- und Gründungsverhältnissen können zur Ermittlung der erforderlichen Fundamentgrößen auch die Tabellenwerte der DIN 1054 für sicher aufnehmbare Sohldruckspannungen Anwendung finden.

Schon bei dieser Vorbemessung sollten die in Abschnitt 2 aufgezählten besonderen Gesichtspunkte qualitativ weitgehend beachtet werden, da sie oft die Gründung stärker beeinflussen als die reine Statik.

Bei Bauwerken der geotechnischen Kategorien 2 und 3 sollte schon bei der Vorbemessung eine Schätzung der Setzungsunterschiede infolge langfristiger Einwirkungen vorgenommen werden, da bei Flachfundamenten meist eher das Setzungsverhalten (Grenzzustand der Gebrauchstauglichkeit) als die Grundbruchsicherheit (Grenzzustand der Tragfähigkeit) die Abmessung bestimmt. Es genügt meist, eingrenzend Schätzwerte für die Steifemodulen der kompressiblen Schichten anzusetzen, um zu beurteilen, ob

– die Größenordnung der absoluten Setzungen überhaupt Einzelfundamente ermöglicht;
– die rechnerischen oder zu erwartenden Setzungsunterschiede, bezogen auf die Feldweiten, unzulässig groß werden;
– eine Änderung der Einbindetiefe die Situation entscheidend verbessert – insbesondere bei geschichtetem Baugrund und geringer tragfähigen Deckschichten;
– die Auswirkungen der Setzungen durch eine geschickte zeitliche Baufolge abgeschwächt werden können, indem maßgebende Bauwerksfugen möglichst spät geschlossen oder die Verfestigung des Baugrunds während der Aufbringung der Rohbaulasten ausgenutzt werden.

3.1 Flachgründungen

Zu Grenzwerten von Baugrundverformungen werden in DIN EN 1997-1 unter 2.4.9 und im Anhang H Hinweise gegeben. Allerdings müssen die dort genannten Werte bei hoher Setzungsempfindlichkeit, wie sie z.B. bei Maschinenfundamenten gegeben sein kann, deutlich reduziert werden. Man sollte stets davon ausgehen, dass das Setzungsverhalten meistens nur recht grob im Voraus eingeschätzt werden kann und dass prognostizierte Setzungen auch deutlich von Berechnungen abweichend eintreten können.

Einfache Flachgründungen können oft im Zusammenhang mit Fundamenttieferführungen durch zuoberst gering tragfähige Böden hindurch oder mit Bodenaustausch oder oberflächennaher zusätzlicher Verdichtung technisch und wirtschaftlich günstig realisiert werden. Oft ist eine auf den Fundamentgrundriss beschränkte Fundamenttieferführung mit unbewehrtem Beton wirtschaftlicher als ein Bodenaustauch, in dem eine Lastausbreitung und der Einsatz von Verdichtungsgeräten berücksichtigt werden müssen.

Technisch gibt es auch die Möglichkeit, Zeitsetzungen durch Ballastieren vorwegzunehmen oder Setzungsunterschiede durch hydraulische Druckkissen [87] oder Pressen auszugleichen.

Bei der wirtschaftlichen Untersuchung einer einfachen Flachgründung sind folgende Kostenfaktoren zu beachten:

– Möglichkeit, gegen den anstehenden Boden zu betonieren oder muss geschalt werden;
– Prüfung, ob bei unbewehrten Fundamenttieferführungen die erforderliche Standzeit des Bodens ausreicht, um die erforderliche Grube ohne ein Betreten auszubetonieren;
– die Massen für Aushub und Wiederverfüllung bzw. Abfuhr und Deponie;
– Zufahrtmöglichkeiten;
– gegebenenfalls erforderliche zusätzliche Leistungen (Bodenverdichtung, Austausch, Räumung von Hindernissen usw.);
– Einfluss des Fundamentaushubs auf die Baugrubenwände und die Wasserhaltung (Böschungsneigung, Verbau, Art der Wasserhaltung, Aussperren von Grundwasser);
– bei geringen Fundamentabständen Prüfung, ob eine durchgehende Platte wirtschaftlicher ist und dann Kosten für Fugenkonstruktionen eingerechnet werden müssen;
– erhöhte Aufwendungen für die Sicherung von Nachbarbauten oder Leitungen gegenüber anderen Lösungen;
– aus klimatischen Gründen tiefer einbindende Fundamente als statisch erforderlich;
– Möglichkeit einer Vernässung der Sohlfugen.

Auch der Aufwand für Stahl und Beton spielt eine gewisse, aber in der Regel nicht die entscheidende Rolle bei diesem Vergleich. Die Wirtschaftlichkeit der Einzelfundamente nimmt meist ab, je tiefer die Gründungssohle gelegt werden muss.

3.1.2 Gestaltung

Grundriss und Querschnitt eines Fundaments ergeben sich zunächst aus seiner Lagerfunktion. Aus dem später zu führenden Nachweis der begrenzten klaffenden Fuge ergibt sich, dass extrem ausmittige Lasteinleitungen vermieden werden müssen. Für die Grundrisse sollte möglichst eine doppelt-symmetrische Form gewählt werden, die Bilder 2a und 2b sind die Regelformen, die man „abmagern" kann (Formen c und d), wenn der Schalungs- und Bewehrungsaufwand dadurch nicht unangemessen steigt. Der Vorteil der aufgelösten Formen ist ihr großes Trägheitsmoment bei begrenztem Materialverbrauch, wodurch eine klaffende Fuge vermieden werden kann. Der fehlende Bodenkontakt im Fundamentzentrum verhindert, dass ein Turmfundament auf seinem Zentralbereich reiten kann und dadurch wacklig wird. Der gleiche Effekt lässt sich durch die Anordnung plastisch nachgiebiger Platten (z.B. Styrodur) im Mittelbereich der Fundamente erzielen.

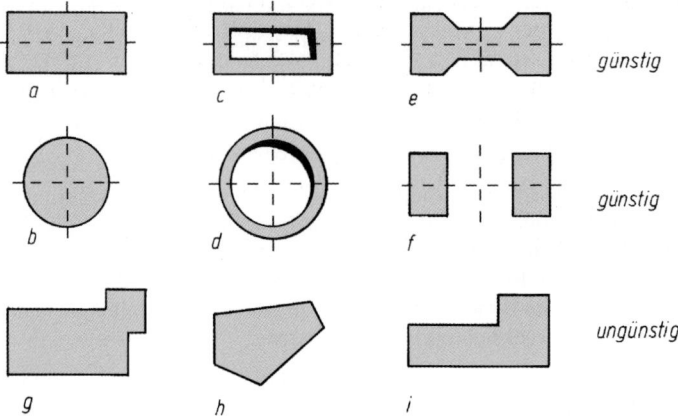

Bild 2. Bewertung von Fundament-Grundrissformen

Bei Turmfundamenten in Erdbebengebieten sollen sich nach [27] tief in den Baugrund eingebundene und weit gespreizte Fundamentformen bewährt haben.

Die Formen (e) und (f) empfehlen sich bei maßgebender Momentenbeanspruchung um nur eine Achse (z. B. Brückenpfeiler). Dagegen sind bei den Formen (g, h, i) auch bei homogenem Baugrund Verkantungen zu erwarten. Anbauteile sollten nicht wie bei (g) auf einen Plattenvorsprung gesetzt, sondern frei auskragend an das Hauptbauwerk angehängt werden. Andernfalls kommt es infolge der Tendenz zur Setzungsmulde zu einem unplanmäßig großen Lastabtrag im Anbaubereich.

Bei eng benachbarten, sehr unterschiedlich großen Stützenlasten ist zu beachten, dass das größere Fundament Mitnahmesetzungen beim kleineren und damit schwer zu erfassende Zwangsbeanspruchungen verursachen kann. Wenn keine nennenswerte Zeitsetzung zu erwarten ist und der Bauablauf dies zulässt, kann das vermieden werden, indem das größere Fundament zuerst, das kleinere danach hergestellt wird, wenn das große unter seiner Belastung zur Ruhe gekommen ist. Wenn dagegen mit nachhaltigen Zeitsetzungen zu rechnen ist, kann es zweckmäßiger sein, beide Stützenlasten zu einer Resultierenden zusammengefasst mittig auf ein gemeinsames Fundament abzusetzen, dessen Tendenz, eine Setzungsmulde auszubilden, zu einer üblichen Fundamentbeanspruchung führt.

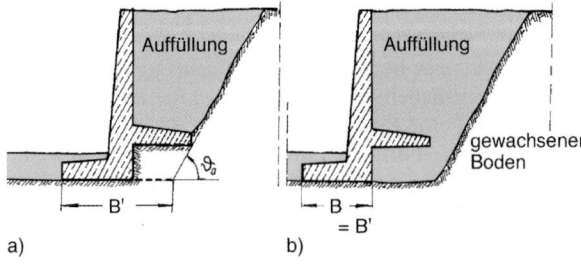

Bild 3. Einfluss eines hochgesetzten Fundamentteils (Bergsporn) auf die effektive Fundamentbreite B'; a) Sporn auf gewachsenem, b) auf aufgefülltem Boden

3.1 Flachgründungen

Eine Besonderheit ergibt sich, wenn z. B. bei Stützmauern zur Erfüllung der Forderung nach Einhaltung einer nur begrenzt klaffenden Fuge die in Bild 3 dargestellte Form mit bergseitig hochgesetzter Fundament-Teilfläche konstruiert wird. Hier entsteht eine gewisse Unsicherheit bei der Festlegung der maßgebenden Sohlflächenbreite B': Inwieweit wirkt der hochgesetzte Teil noch als „Fundament" mit?

Im Fall a kann man B' näherungsweise durch Ansatz des Gleitflächenwinkels ϑ_a (s. dazu Kapitel 1.6) festlegen. Wenn dagegen, Fall b, der Boden unter dem Sporn im Bauzustand entfernt und nachher wieder hinterfüllt wird, ist nur die kurze Breite B für die geotechnischen Nachweise maßgebend, denn die beiden Flächen können erst nach einer gewissen Setzung des Sporns gemeinschaftlich den Bodenwiderstand mobilisieren. Maßgebend ist hierbei die Verformbarkeit des Bodens unter dem Bergsporn.

3.1.3 Sohldruckverteilung

Streng genommen ergibt sich die Sohldruckverteilung aus der statischen Wechselwirkung zwischen dem Halbraum als Baugrund sowie der gemeinsamen Biegesteifigkeit des Fundaments und des Tragwerks, siehe Abschnitt 4. Mit großer Fundament-Steifigkeit treten Druckspannungsspitzen an den Kanten auf (Kerbwirkung), die sich auch in der Praxis nachweisen lassen (Bild 4).

Mit zunehmender Belastung mobilisiert der Baugrund einhergehend mit einer Plastifizierung der Randzonen die im zentralen Bereich noch vorhandenen Traglastreserven, die anfangs nach innen gerichteten, stützenden Schubspannungen werden durch nach außen gerichtete Gleitungen abgebaut und gehen in nach außen gerichtete über, und die Sohldruckverteilung nimmt in der Nähe des Grundbruchs schließlich eine mehr oder weniger parabolische Form an (Bild 5).

Bei der inneren Bemessung von Einzelfundamenten geht man in der Praxis vereinfachend von dem statisch bestimmten Spannungstrapez, -dreieck oder -rechteck aus, wie es auch in DIN EN 1997-1, 6.8 (2) als Anwendungsregel angegeben ist, sofern nicht „durch genauere Untersuchungen der Wechselwirkung zwischen Baugrund und Tragwerk eine wirtschaftlichere Bemessung begründet" wird.

Die lineare Spannungsverteilung trifft hier streng genommen nie zu, weil bei etwa zentrischer Lasteinleitung in das Fundament das Biegemoment in Fundamentmitte im Zustand der Gebrauchstauglichkeit wegen der Berücksichtigung der erhöhten Randspannung immer größer ist als nach der einfachen Annahme linearer Verteilung. Dass die möglicherweise

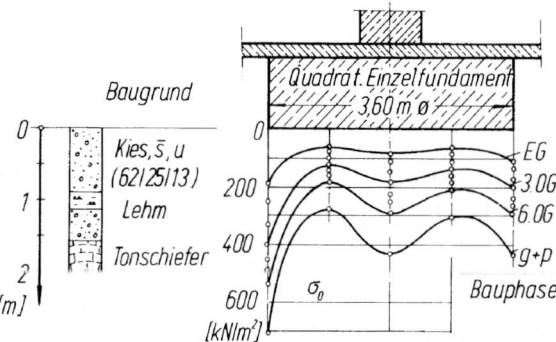

Bild 4. Beispiel einer gemessenen Sohldruckverteilung [23]

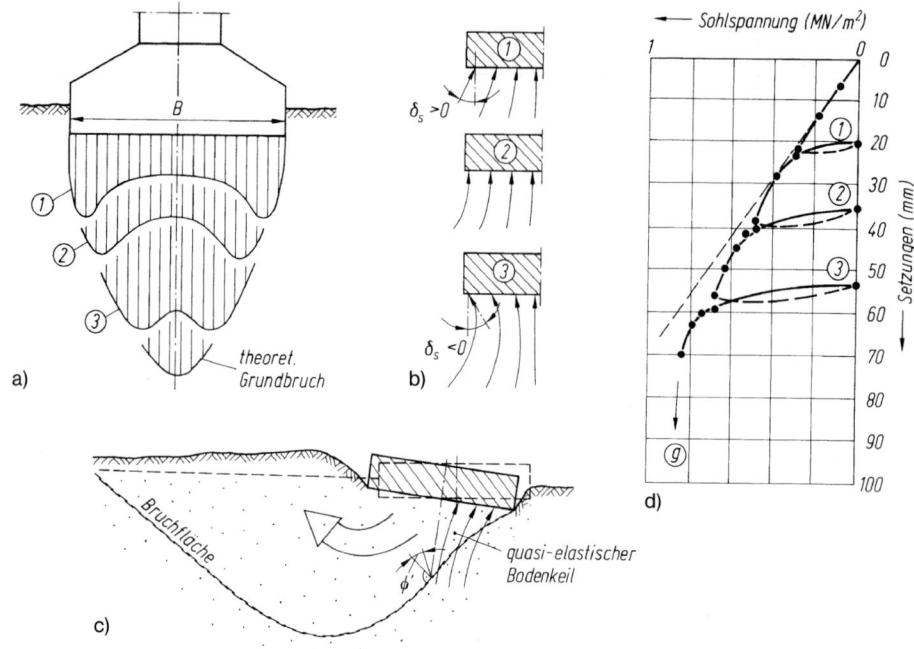

Bild 5. Bodenreaktion unter einem Fundament bei Annäherung an den Grenzzustand (Grundbruch);
a) Sohldruckverteilung, b) Trajektorien, c) Bruchfigur, d) Arbeitsdiagramm eines Versuchs [50]

etwas zu günstige Fundamentbemessung im Allgemeinen hingenommen werden kann, liegt daran, dass

– die Bemessungslast eine Teilsicherheit gegenüber der charakteristischen Last enthält;
– das Fundament im gerissenen Zustand weicher wird und sich der Verlagerung der Bodenreaktion zum Rand hin teilweise entzieht;
– auch ein etwas überbeanspruchtes Fundament seine Funktion noch erfüllt und ohnehin
– im Grenzzustand der Tragfähigkeit eine geänderte Sohlspannungsverteilung entsteht.

Sohldruckverteilung ohne klaffende Fuge (Sohlfläche ganz unter Druckspannung)

Solange entweder durch Begrenzung der Lastexzentrizität oder durch Überlagerung einer Eigenspannung des Baugrunds Zugspannungen in der Sohle vermieden sind, errechnet sich die aus einer Vertikallast V mit Exzentrizitäten e_x und e_y unter einer beliebig geformten Sohlfläche (Bild 6) verursachte lineare Sohlspannung σ_0 aus der Gleichung (programmiert z. B. in [105]):

$$\sigma_0 = \frac{V}{A} + \frac{M_y I_x - M_x I_{xy}}{I_x I_y - I_{xy}^2} \cdot x + \frac{M_x I_y - M_y I_{xy}}{I_x I_y - I_{xy}^2} \cdot y \qquad (1)$$

wenn das Bezugssystem {x;y} in den Schwerpunkt S der Sohlfläche gelegt wird, und $M_x = V \cdot e_y$ und $M_y = V \cdot e_x$ die äußeren Momente und I_x ; I_y ; I_{xy} die Flächenträgheitsmomente sind.

3.1 Flachgründungen

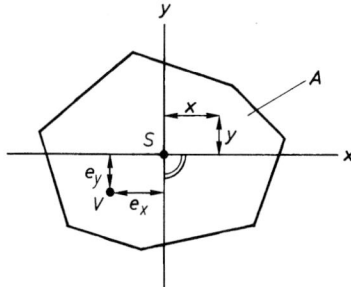

Bild 6. Sohlfläche A mit den Bezeichnungen der Gl. (1)

Falls die Koordinatenachsen {x;y} auch Hauptträgheitsachsen der Fläche A sind, wird $I_{xy} = 0$. Als „Kern" der Fläche A wird der innere Teilbereich bezeichnet, innerhalb dessen eine resultierende Kraft V für die gesamte Fundamentfläche nur Druckspannungen erzeugt („1. Kernweite"). Beim Rechteckfundament hat dieser Kern die Form einer Raute mit den Achsabschnitten gleich 1/6 der Seitenlängen (s. Bild 7). Entsprechend DIN 1054 darf infolge ständiger Einwirkungen auf nachgiebigem Untergrund keine klaffende Fuge auftreten. Diese Regel dient der Verformungsbegrenzung.

Sohldruckverteilung mit klaffender Fuge

Nach deutscher Vorschrift (DIN 1054) ist bei charakteristischen Lasten unter Einschluss der veränderlichen Einwirkungen eine klaffende Fuge bis zum Schwerpunkt S zulässig. Mit dieser Regel wird – in Verbindung mit ausreichender Grundbruchsicherheit – ein Kippen ausgeschlossen, ohne dass eine Kippkante definiert werden muss. DIN EN 1997-1 verlangt in 6.5.4 (1)P bei einer Exzentrizität der Bemessungseinwirkungen über 1/3 der zugehörigen Fundamentbreite besondere Vorsichtsmaßnahmen bei der Festlegung der Einwirkungen und empfiehlt die Berücksichtigung einer Ausführungstoleranz von 0,10 m. Die genannte Regel für die klaffende Fuge schließt nicht aus, dass unter Bemessungseinwirkungen, bei denen die Teilsicherheitswerte für vorübergehende Lasten größer sind als diejenigen für ständige Lasten, auch größere als für diesen Nachweis zulässige Exzentrizitäten entstehen können. Diese müssen bei Nachweisen des Massivbaus für das Fundament berücksichtigt werden. Um denkbare Inkonsistenzen auszuschließen, wird in der neuen DIN 1054:2009 ein Kippsicherheitsnachweis um die maßgebende Fundamentaußenkante unter Bemessungslasten gefordert, auch wenn geotechnisch eine solche Kippkante unrealistisch ist.

Dieser Kippsicherheitsnachweis als Grenzzustand der Lagesicherheit kann deshalb auch auf Stahlbetonfundamente beschränkt bleiben, für Konstruktionen z. B. aus Gabionen reicht es aus Sicht der Autoren aus, den Nachweis der begrenzten klaffenden Fuge unter charakteristischen Einwirkungen sowie den Grundbruchnachweis zu führen.

Bei beliebiger Sohlflächenform würde die Ableitung der Sohldruckverteilung aus den Gleichgewichtsbedingungen die Lösung von drei gekoppelten Integralgleichungen für V; M_x; M_y erfordern, was nur mit numerischen Rechenprogrammen machbar ist [36]. Das gilt selbst für den einfachen Rechteckquerschnitt [19], doch lässt sich die 2. Kernweite hierfür mit 4%iger Genauigkeit (zur sicheren Seite) durch eine Ellipse {x_e ; y_e} angenähert beschreiben (Bild 7):

$$\left(\frac{x_e}{b_x}\right)^2 + \left(\frac{y_e}{b_y}\right)^2 = \frac{1}{9} \qquad (2)$$

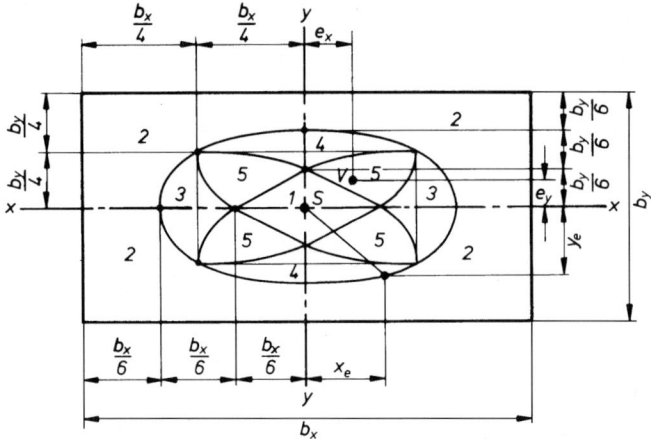

Bild 7. Rechteckige Sohlfläche mit 5 Zonen für den Angriffspunkt der Lastresultierenden [19]

Innerhalb der Ellipse sind drei Zonen 3, 4 und 5 zu unterscheiden je nachdem, ob die Nulllinie nur einen der beiden Ränder oder beide schneidet. Die Zone 1 entspricht wieder der 1. Kernweite; die Restfläche 2 ist die nach deutscher Auffassung für die Resultierende der charakteristischen Lasten zu meidende Zone.

Wenn V in den Zonen 3 oder 4 steht, ist die gedrückte Fläche viereckig (Bild 8 a und b). Ihre Nulllinie und die größte Eckspannung ergeben sich aus folgenden Formeln

Zone 3 (Bild 8 a):

$$s = \frac{b_y}{12} \cdot \left(\frac{b_y}{e_y} + \sqrt{\frac{b_y^2}{e_y^2} - 12} \right)$$

$$\tan \alpha = \frac{3}{2} \cdot \frac{b_x - 2e_x}{s + e_y}$$

$$\max \sigma_0 = \frac{12V}{b_y \cdot \tan \alpha} \cdot \frac{b_y + 2s}{b_y^2 + 12s^2} \tag{3}$$

Zone 4 (Bild 8 b):

$$s = \frac{b_x}{12} \cdot \left(\frac{b_x}{e_x} + \sqrt{\frac{b_x^2}{e_x^2} - 12} \right)$$

$$\tan \beta = \frac{3}{2} \cdot \frac{b_y - 2e_y}{t + e_x}$$

$$\max \sigma_0 = \frac{12V}{b_x \cdot \tan \beta} \cdot \frac{b_x + 2t}{b_x^2 + 12t^2} \tag{4}$$

Wenn V auf einer der Hauptachsen steht, gelingt der Übergang zum einfachen einachsigen Fall nicht, da in den Gln. (3) und (4) die Lage der Nulllinie und die Größe von max σ_0

3.1 Flachgründungen

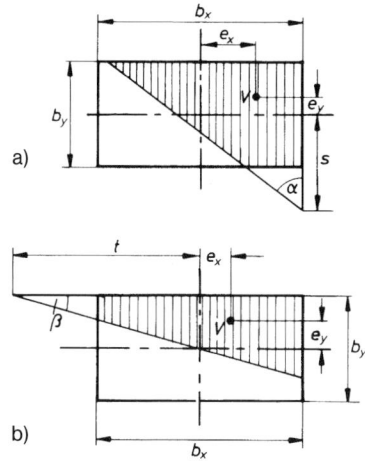

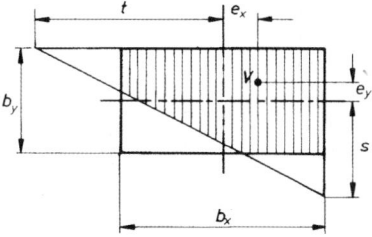

Bild 8. Sohldruck-Verteilungen nach Gln. (3) und (4)   **Bild 9.** Sohldruckverteilung nach Gl. (5)

unbestimmt werden: die Nulllinie verläuft parallel zu einer Kante. Deren Lage und der dann dreiecksförmige Sohldruck mit max σ_0 entlang b_x bzw. b_y folgt für diesen Fall aus einer einfachen Gleichgewichtsbetrachtung.

Zone 5 (Bild 9):

In diesem Bereich ist die Sohldruckfläche fünfeckig. Geschlossene Formeln für die Parameter s und t der Nulllinie lassen sich nicht aufstellen. Die iterative Ermittlung wurde von *Kany* [36] programmiert. Für die maximale Eckspannung gilt näherungsweise (Fehler etwa ± 0,5 %):

$$\max \sigma_0 = \frac{V}{b_x \cdot b_y} \cdot \kappa \cdot [12 - 3,9\,(6\kappa - 1)(1 - 2\kappa)(2,3 - 2\kappa)] \qquad (5)$$

mit $\kappa = e_x/b_x + e_y/b_y$, wobei die Exzentrizitäten immer positiv einzusetzen sind.

Für beliebige Stellungen von V mit e_x/b_x und $e_y/b_y < 1/3$ lässt sich aus dem Nomogramm in Bild 10 die maximale Eckdruckspannung abgreifen [35, 66], wobei die Ablesegerade die Grenzlinie nicht schneiden darf, wenn die klaffende Fuge den Schwerpunkt nicht überschreiten soll.

Für Fundamente mit kreis- oder kreisringförmiger Sohlfläche errechnen sich mit $r' = r_i/r_a$ die Kernweiten wie folgt (Bild 12):

1. Kernweite: $r_{e1} = \dfrac{r_a}{4} \cdot (1 + r'^2)$ (nur Druckspannungen)   (6)

2. Kernweite: $r_{e2} = 0,59\, r_a \cdot \dfrac{1 - r'^4}{1 - r'^3}$ (Klaffung bis zum Schwerpunkt)   (7)

Wenn V innerhalb der 1. Kernweite bleibt, ergeben sich die größten und kleinsten Randdruckspannungen

$$\frac{\max}{\min}\,\sigma_0 = \frac{V}{r_a^2} \cdot \frac{1}{\pi \cdot (1 - r'^2)} \cdot \left(1 \pm \frac{e}{r_{e1}}\right) = \frac{V}{r_a^2} \cdot \beta_1 \qquad (8)$$

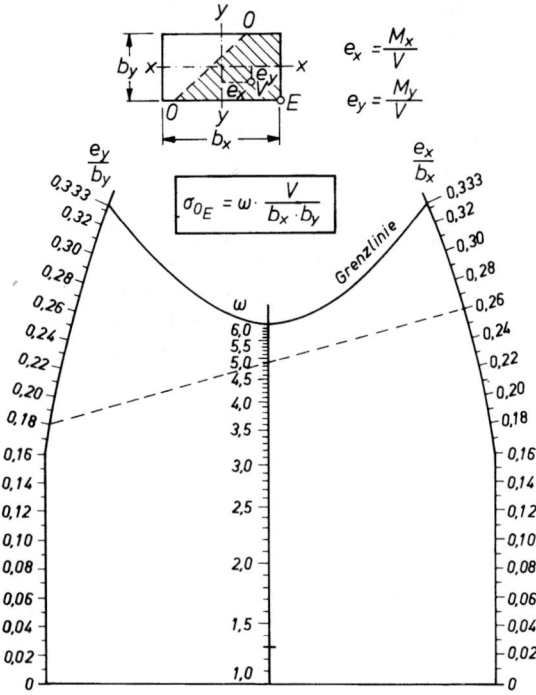

Bild 10. Nomogramm zur Bestimmung des maximalen Eckdrucks $\sigma_{0;E}$ eines ausmittig belasteten Rechteckfundaments [35]

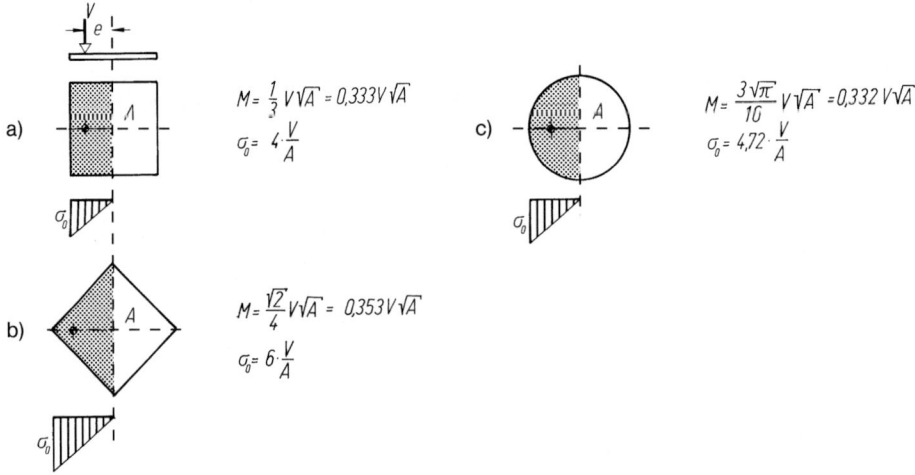

Bild 11. Wirkung der bis zum Schwerpunkt klaffenden Fuge bei unterschiedlicher Fundament-Grundrissform

3.1 Flachgründungen

Bei klaffender Fuge kann die maximale Randdruckspannung angenähert (Fehler ± 1%) mit folgender Interpolationsformel berechnet werden:

$$\max \sigma_0 = \frac{V}{r_a^2} \cdot \frac{2}{\pi \cdot (1 - r'^2)} \cdot \frac{e}{r_{e1}} \cdot \left[1 - 0{,}7\left(\frac{e}{r_{e1}} - 1\right)\left(1 - \frac{e}{r_{e2}}\right)(1 + r')\right] = \frac{V}{r_a^2} \cdot \beta_2 \quad (9)$$

wo β_1, β_2 und c/r_a dem Bild 12 a zu entnehmen sind.

Bei beliebigen Sohlflächenformen mit klaffender Fuge bis maximal zum Schwerpunkt ist die Ermittlung der Kernweiten und der maximalen Randspannung sehr aufwendig. Für bestimmte, häufig vorkommende T-förmige Fundamentflächen, die in der Symmetrieachse ausmittig belastet sind, haben [37] und [56] Formeln und Diagramme für max σ_0 und die Breite der klaffenden Fuge abgeleitet. Mit aktuellen Computer-Programmen, wie z.B. dem GEOTEC-Programm [102] ELPLA, lässt sich unter anderem die lineare Sohldruckverteilung von Fundamenten mit beliebiger Form und Belastung bestimmen.

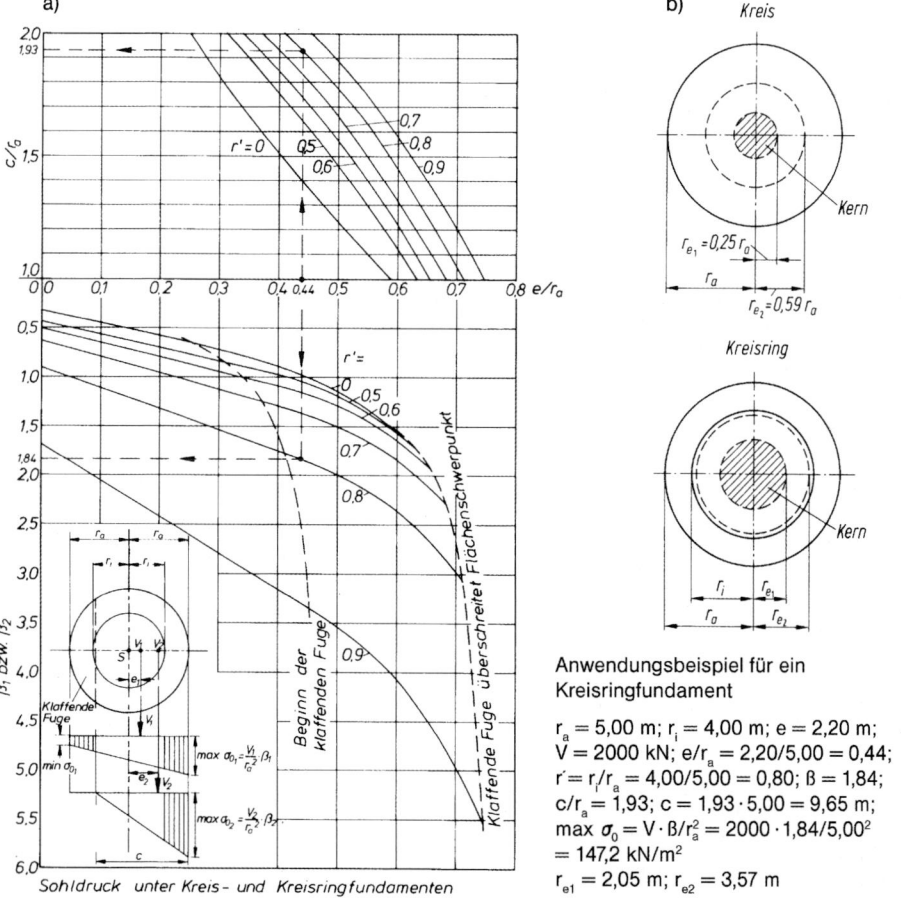

Bild 12. a) Diagramm zur Bestimmung der Sohldruckverteilung bei ausmittiger Belastung von kreis- und kreisringförmigen Sohlflächen, b) 1. und 2. Kernweiten für Kreis- und Kreisringquerschnitte

3.1.4 Inanspruchnahme des Erdwiderstands

Nach EN 1997-1, 6.5.2.1(3)P wird der gegen horizontale Einwirkungen mobilisierbare Anteil des Erdwiderstands oberhalb der Fundamentsohle als günstige Einwirkung angesetzt. Zur Berechnung des Erdwiderstands siehe Kapitel 1.6. Dabei ist jedoch Folgendes zu beachten:

- Bei nichtbindigem, relativ homogenem Boden sollte die von der Lagerungsdichte abhängige Verschiebungsgröße berücksichtigt werden.
- Bei bindigem Boden mit einer Konsistenzzahl $I_c < 0{,}75$ ist wegen Kriechverhaltens kein Erdwiderstand ansetzbar.
- Bei bindigem Boden mit mindestens steifer Konsistenz: bei erstbelastetem Boden mit effektiver Kohäsion und Reibung Ansatz wie bei a),
  – bei erstbelastetem Boden mit hohem Tongehalt: ständige horizontale Einwirkungen nur über Sohlschub, dynamische H-Kräfte über die undränierte Scherfestigkeit c_u durch Erdwiderstand abtragen, wobei vorauszusetzen ist, dass der charakteristische Wert von c_u die große Varianz der undränierten Scherfestigkeit berücksichtigt;
  – bei vorbelastetem, ungestörtem Boden, in dem das Fundament gegen den natürlichen Boden betoniert wird, kann der mit effektiven Scherparametern berechnete Erdwiderstand bis zum vollen charakteristischen Wert ausgenutzt werden, da die Verformungen sehr klein sind.

Natürlich ist vorauszusetzen, dass der in Anspruch genommene Erdwiderstand nicht durch spätere Abgrabungen außer Kraft gesetzt wird.

3.1.5 Hinweise zur Ausführung

Einzelfundamente werden in Beton hergestellt, der unbewehrt, schlaff bewehrt oder in seltenen Fällen auch vorgespannt sein kann. Wegen der Betongüten wird auf DIN EN 1992-1 verwiesen, wegen der Überdeckungsmaße auf DIN EN 1992-3, 4.1.3.3. Die Herstellung erfolgt in der Regel in Ortbeton, in seltenen Fällen kommen vorgefertigte Ausführungen infrage.

Bild 13 zeigt einige geometrische Formen von bewehrten und unbewehrten Fundamenten im üblichen Hochbau. Im Fall großer Abmessungen wurden früher zur Einsparung von Betonmassen und Bewehrung oft abgetreppte (Beispiele b und c) oder sich nach oben verjüngende (Beispiele d und e) Formen gewählt, während sich aktuell eher schlanke bewehrte Fundamente als wirtschaftlicher erweisen.

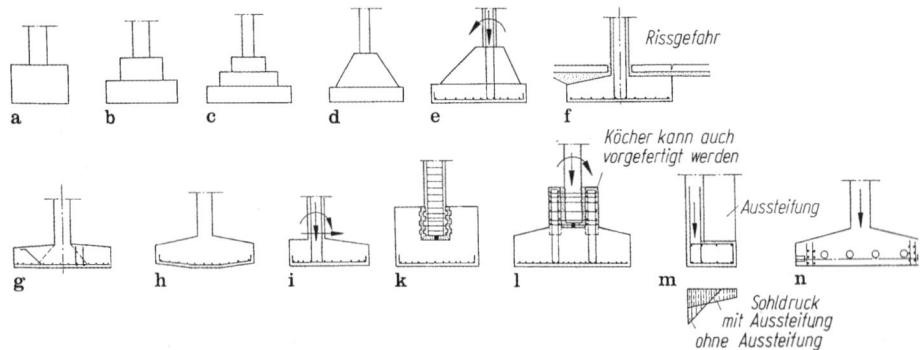

Bild 13. Beispiele für bewehrte und unbewehrte Flachfundamente

3.1 Flachgründungen

Wenn geschalt wird, ist darauf zu achten, dass die Schalung gegen Aufschwimmen durch die Auftriebskräfte des Frischbetons gesichert wird.

Eine Abschrägung der oberen Fundamentfläche kann bis etwa 25° ohne obere Schalung vorgenommen werden. Mit der Abschrägung erreicht man auch eine weichere kontinuierliche Auflagerung der anschließenden Bodenplatte, die sonst auf den Fundamentkanten reitet und dort leicht Rissbildungen verursacht (Beispiel f). Durch Querschnittsformen mit Vouten und zur Stütze hin zunehmender Steifigkeit kann auf den Verlauf der Biegemomente reagiert werden.

Die Beispiele k und l zeigen die beiden grundsätzlichen Lösungen von Ortbetonfundamenten für vorgefertigte Stützen, wobei l vorwiegend bei schlechtem Baugrund und daher großer Fundamentfläche angewendet wird. Beispiel k wird als Blockfundament mit ausgespartem Köcher, l als Becher-, Hülsen- oder Köcherfundament bezeichnet. Um eine günstige Kraftübertragung von der Stütze auf den Köcher zu erreichen, werden die Kontaktflächen des Köchers und der Stütze profiliert (Profiltiefe $\geq 1{,}5$ cm). Der Vergussbeton muss die gleiche Güte haben wie der Fundamentbeton. Über eine schmale, scheibenförmige Form eines Köcher-Fundaments wird aus Russland berichtet [1].

Bei ständig exzentrischer Beanspruchung, wie das bei Grenzbebauungen (Beispiel m) unvermeidlich ist, muss zur Begrenzung der klaffenden Fuge ein gegendrehendes Moment bereitgestellt werden. Dies kann durch eine Aussteifung geschehen oder es wird ein zentrierendes Moment in der Wand oder Bodenplatte angesetzt. Beispiel n stellt ein vorgespanntes Fundament dar, das infrage kommen kann, wenn sich eine unsinnig große schlaffe Bewehrung ergibt oder wegen stark aggressiven Grundwassers besonderer Wert auf Rissefreiheit gelegt wird.

Horizontalkräfte an der Fundamentoberkante sollten möglichst in die Bodenplatte eingeleitet werden, um eine daraus in der Sohlfuge resultierende Exzentrizität zu vermeiden.

3.2 Geotechnische Nachweise

3.2.1 Die drei Nachweisverfahren in der Geotechnik nach DIN EN 1990 in Verbindung mit DIN EN 1997-1

Der Entwicklungsprozess der DIN EN 1997 hat dazu geführt, dass in der Geotechnik drei Nachweisverfahren (englisch Design Approach, DA) zugelassen sind und jede Nation darüber entscheiden kann, welche Nachweisverfahren bei den verschiedenen Grenzzustandsnachweisen anzuwenden sind. Sie unterscheiden sich darin, ob die Teilsicherheitsbeiwerte auf die Einwirkungen oder auf ihre Auswirkungen anzuwenden sind, und darin, wie die Bemessungswerte der Widerstände – durch Anwendung von Teilsicherheitsbeiwerten auf die charakteristischen Werte der Widerstände oder auf die Materialeigenschaften – ermittelt werden, siehe auch Kapitel 1.1. Die drei Verfahren sind in EN 1990 als übergeordneter Norm verankert.

- Verfahren 1, DA 1
  Es werden zwei getrennte Nachweise geführt, um einmal die Unsicherheiten bei den Einwirkungen und zum andern die Unsicherheiten in den Materialkennwerten mithilfe von Teilsicherheitsbeiwerten zu erfassen. Dieses Verfahren wird z. B. in Großbritannien vorgeschrieben. In Deutschland kommt es nicht zur Anwendung.

- Verfahren 2, DA 2 und DA 2*
  DA 2*: Es werden Teilsicherheitsbeiwerte sowohl auf die Auswirkungen der Einwirkungen, also die Beanspruchungen (und das am Ende der statischen Berechnungen, die

durchgängig mit charakteristischen Werten durchgeführt werden), als auch auf die Widerstände, die zunächst als charakteristische Werte ermittelt werden, angesetzt. Das Produkt der Teilsicherheitsbeiwerte auf der Einwirkungsseite und auf der Widerstandsseite entspricht dann einem Globalsicherheitswert. In der Geotechnik wurden die Teilsicherheitsbeiwerte für die Widerstände mit den tradierten Globalsicherheiten und den übergeordnet festgelegten Teilsicherheitsbeiwerten für die Einwirkungen kalibriert. Das Verfahren 2* ist in Deutschland das Regelverfahren und wird auch für den Gleitsicherheits- und Grundbruchnachweis angewendet. Beim Verfahren DA 2 werden anstelle der Beanspruchungen die Einwirkungen mit Teilsicherheitsbeiwerten belegt, was in nichtlinearen Systemen zu Unterschieden führt.

- Verfahren 3
Hier werden Teilsicherheitsbeiwerte > 1 auf veränderliche Einwirkungen und vor allem bei den Materialparametern zum Ansatz gebracht. Dieses Verfahren ist in Deutschland für die Nachweise der Gesamtstandsicherheit vorgesehen. Hier werden im Wesentlichen die charakteristischen Scherparameter auf Bemessungswerte abgemindert und nachgewiesen, dass mit diesen Bemessungswerten der Scherparameter ein Gleichgewicht möglich ist. Die Einwirkungen (abgesehen von den Eigenlasten) werden mithilfe von Teilsicherheitsbeiwerten auf Bemessungswerte erhöht. In der Regel wird ein Ausnutzungsgrad im Vergleich zum Grenzzustand ermittelt.

3.2.2 Hydraulische Nachweise

Die hydraulischen Nachweise (DIN EN 1997-1, 2.4.7.4 und 2.4.7.5) betreffen zunächst die Sicherheit gegen Aufschwimmen, was bei Einzelfundamenten keine Rolle spielt. Bei der Gründung von Hohlkörpern sind die erforderlichen geotechnischen Nachweise gegen Aufschwimmen in [109], Abschnitt 10.2, ausreichend beschrieben, auch für Fälle, bei denen außer den Eigengewichts- und Auftriebskräften auch Wirkungen aus Reibung an Bauwerkswänden und im Boden sowie aus Verankerungen angesetzt werden können. Hinweise und Beispiele zur Bemessung von Bodenplatten, die Auftriebskräften ausgesetzt sind und für die die Teilsicherheitsbeiwerte für den Auftriebsnachweis anders angesetzt werden müssen als für die Nachweise der Bauteilquerschnitte, finden sich in [22].

Nachweise zur Vermeidung eines hydraulischen Grundbruchs betreffen bei Einzelfundamenten nur Bauzustände, vor allem wenn in bindigem Baugrund so tief gegründet wird, dass die Sperrwirkung gegen eine gespanntes Wasser führende durchlässige tiefere Schicht versagen könnte. Hier handelt es sich um ein Baugrubenproblem und es wird auf Kapitel 3.5 verwiesen. Besonders bei eng begrenzten Gruben lohnt es sich, über den einfachen Nachweis „Auflast gegen Wasserdruck" hinaus einen Nachweis unter Heranziehung der Scherfestigkeit c_u des undränierten bindigen Bodens zu führen (s. [109], A 10.2.2).

Bei einer Durchsickerung des Bodens zur Sohle einer Fundamentgrube wird der hydraulische Grundbruch im nichtbindigen Boden durch die innere Erosion des Baugrundes eingeleitet. In solchen Fällen kann der Nachweis ausreichender Sicherheit auch durch die Ermittlung des kritischen Gradienten i_c erfolgen (DIN EN 1997-1, 2.4.7 und 10). i_c wird im Laborversuch ermittelt. Bei bindigen Bodenarten ergeben sich dabei infolge der Zugfestigkeit des Korngerüsts sehr hohe Werte, die nur mit großer Vorsicht zu verwenden sind [5, 101].

3.2.3 Gleitsicherheit (DIN EN 1997-1, 6.5.3)

Es ist zweckmäßig, die ausreichende Gleitsicherheit vor dem Nachweis der ausreichenden Grundbruchsicherheit zu ermitteln.

3.1 Flachgründungen

Bei üblichen Fundamenten mit waagerechter Sohlfläche ist nach dem Berechnungsverfahren DA 2* als Grenzzustandsnachweis der Tragfähigkeit nachzuweisen, dass der Bemessungswert H_d der Horizontalkomponente der Resultierenden der Beanspruchung in der Gründungsfuge (ermittelt mit verschiedenen, von der Bemessungssituation abhängigen Teilsicherheitsbeiwerten für ständige und für veränderliche charakteristische Beanspruchungen) kleiner ist als die Summe der Bemessungswiderstände R_d aus Sohlschub und $E_{p;d}$ aus mobilisierbarem Erdwiderstand. In nicht waagerechten Gründungsfugen oder auch anderen, hinsichtlich eines Gleitens zu untersuchenden Flächen, sind Bemessungswerte der Beanspruchungen in tangentialer Richtung mit zugehörigen Widerständen zu vergleichen.

Bei bindigem Baugrund müssen – auch bei nichtbindiger Drän- oder Sauberkeitsschicht – sowohl der unkonsolidierte Anfangszustand ($R_d = A' \cdot c_{u;d}$; A' – Sohldruckfläche) als auch der konsolidierte Zustand ($R_d = V_d' \cdot \tan \delta_d$; δ – Sohlreibungswinkel) nachgewiesen werden, wobei eine effektive Kohäsion wegen der unvermeidlichen Störung der Oberfläche des bindigen Bodens nicht angesetzt werden darf.

Beim Nachweisverfahren DA 2* wird der Widerstand gegen Sohlschub R_d unter Zugrundelegung des charakteristischen Wertes der Normalkraft $V_d' = 1,00 \cdot V_k'$ ermittelt.

Bei anderen Nachweisverfahren ist beim Nachweis des konsolidierten Zustands zu unterscheiden, ob der veränderliche Anteil der effektiven Vertikalkomponente V' der Einwirkungs-Resultierenden an den veränderlichen Anteil der Horizontalkomponente H gekoppelt ist oder nicht. Da V' hier als günstige Einwirkung auftritt, ist das für den Teilsicherheitswert entscheidend: wenn die variablen Anteile von H und V' gekoppelt sind, werden beide mit dem gleichen Teilsicherheitswert belegt. Ist das nicht der Fall, dann ist auch hier auf der Widerstandsseite $V_d = 1,0 \cdot V_k'$. Der Wert 1,0 ist dabei der „untere" Teilsicherheitsbeiwert für ständige Einwirkungen $\gamma_{G,inf}$.

Beim Verfahren DA 3 und bei einem der Nachweise von DA 1 – beide werden beim Gleitnachweis in Deutschland nicht angewendet – wird der Teilsicherheitsbeiwert zur Ermittlung von R_d in die Bemessungswerte von $\tan \delta$ und $\tan \varphi$ eingerechnet, beim Verfahren 2 und 2* in R_d selbst, siehe das Rechenbeispiel in Abschnitt 3.2.8.

Sonderfälle

1. H wirkt schräg zu den Kanten eines Rechteckfundaments:
   Man setzt $H^2 = H_x^2 + H_y^2$, wenn x und y die horizontalen Kantenrichtungen sind.
2. H wirkt exzentrisch:
   Analog zum Grundbruchnachweis wird nur der Teil A' der Sohlfläche angesetzt, durch dessen Schwerpunkt die Kraftrichtung von H geht. Entsprechend ist dann für V' nur die in A' wirksame Vertikallast anzusetzen. Man beachte, dass dieser Fall ein Reaktionsmoment erfordert, das von der aufgehenden Konstruktion aufzunehmen ist, da die Schubspannungsverteilung für einen solchen Fall schwierig zu quantifizieren ist. Dieser Fall der tordierenden Fundamentbeanspruchung ist in [39] mithilfe von Modellversuchen und FE-Berechnungen untersucht worden.
3. Abrutschen von Fundamenten direkt auf wassergesättigtem bindigem Boden:
   Nach DIN EN 1997-1, 6.5.3(12)P ist, besonders bei sehr leichten Fundamenten und klaffender Fuge, eine Art von Aquaplaning möglich, wenn keine Dränschicht vorgesehen ist und Wasser in die Fuge zwischen Fundament und Boden eindringt. In diesem Fall muss $R_d \leq 0,4 \, V_d$ begrenzt werden. Problematisch ist allerdings dort die Anwendungsregel (13), wonach man auf diesen Nachweis verzichten darf, wenn die klaffende Fuge durch Saugwirkung zwischen Fundament und Boden verhindert wird. Andererseits dürfte diese Form

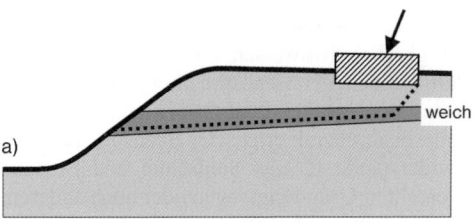

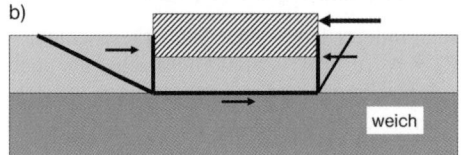

Bild 14. Zusätzliches Gleitsicherheits-Risiko für ein Fundament; a) neben einer Böschung, b) oberhalb einer Weichschicht

des Versagens schon bei geringer Einbindetiefe des Fundaments unwahrscheinlich sein, weil im wassergesättigten bindigen Boden der Erdwiderstand schon mit sehr geringen Verschiebungen geweckt werden kann.

4. Schräge Sohlfläche:
   Bei ständig einseitig wirkendem Horizontalschub, wie er z. B. bei Stützmauern oder bei den Widerlagern von Bogenbrücken auftritt, lässt sich die Gleitsicherheit in der Gründungssohle stets dadurch nachweisen, dass man die Sohlfläche durch Tieferlegen der lastzugewandten Fundamentseite ausreichend steil geneigt anordnet. In diesem Fall wird ein zweiter Nachweis in einer horizontalen Fuge im Boden erforderlich. In dieser Fuge kann auch die Kohäsion zum Ansatz gebracht werden und der Beitrag des Erdwiderstandes vergrößert sich aufgrund der größeren zugehörigen Tiefe.
   Eine geneigte Sohle ist in diesem Fall besser als der Einbau einer Nocke in der Sohle oder einer Wandschürze: beide Elemente müssten so bemessen werden, dass sie gegebenenfalls den Horizontalschub auch allein aufnehmen können. Bei großen Baukörpern mit starker Horizontalbelastung stellen jedoch Nocken eine leistungsfähige Lösung zur Horizontalkraftableitung dar [95].

5. Tiefliegende Gleitschicht:
   Besondere Vorsicht ist bei geschichtetem Baugrund geboten, wenn unterhalb des Fundaments noch Schichten geringerer Scherfestigkeit anstehen und der Erdwiderstand der Deckschicht statisch genutzt wird (Bilder 14 a und b). Im ersten dargestellten Fall können in den weicheren Schichten größere Gleitungen auftreten als in der Deckschicht, sodass sich die vorgesehene Stützwirkung gar nicht einstellt: der Erdwiderstand „kriecht" weg. Erdstatisch gehört die Untersuchung dieses Risikos eher zum Geländebruchnachweis. Bei der Überprüfung des Verschiebungszustandes der tieferen Schicht können deswegen auch beide effektiven Scherparameter angesetzt werden. Im zweiten dargestellten Fall kann eine Gleitebene unterhalb der Deckschicht maßgebend werden.

3.2.4 Grundbruchsicherheit

Der Nachweis der Grundbruchsicherheit eines Flachfundamentes erfolgt

(a) analytisch (DIN EN 1997-1, 6.5.2.2) nach DIN 4017:2005 mit der dreigliedrigen Grundbruchgleichung, die von *Terzaghi* [92] für ideal-plastisches Material und den ebenen Verformungszustand entwickelt wurde:

3.1 Flachgründungen

Grundbruchwiderstand R =   (10)
    Beitrag R_c der Kohäsion
+ Beitrag R_q der seitlichen Auflast q bei einer Einbindetiefe D
+ Beitrag R_γ der Wichte in Abhängigkeit von der Fundamentbreite

mit Tragfähigkeitsbeiwerten N und mit Anpassungsfaktoren zur Berücksichtigung der Fundamentform, der Lastneigung, der Geländeneigung und der Sohlflächenneigung; oder
(b) analytisch über einen Nachweis der Gesamtstandsicherheit (s. DIN 4084); oder
(c) numerisch mit der Methode der finiten Elemente; oder
(d) halbempirisch (DIN EN 1997-1, 6.5.2.3) aufgrund von Feldversuchen wie Pressiometer-Sondierungen.

Wahl der Methode

Das analytische Verfahren (a) wird in Deutschland bevorzugt angewendet und fand deswegen seit 1979 Eingang in die Normung der Berechnungsverfahren. Bei Situationen, die durch sehr heterogene Baugrundverhältnisse und Abweichungen von der Geometrie des genormten Falles gekennzeichnet sind, hilft das Verfahren (b) weiter. Die FE-Methode (c) wurde in der Geotechnik bisher vorwiegend für wissenschaftliche Vergleichsrechnungen, etwa zur Überprüfung empirisch gefundener Beiwerte, angewendet. Eine neuere Untersuchung ist die von *Hintner* [34], der einen großmaßstäblichen Fundamentversuch mit dem FE-Programm *PLAXIS 3D Foundations* nachrechnete und eine gute Übereinstimmung erzielte. Da die Ergebnisse von der Art des eingesetzten Stoffgesetzes und von der Netzkonfiguration abhängen, fehlen für die Baupraxis hier zurzeit noch allgemein anerkannte Regeln.

Während die analytischen Verfahren von dem Grundfall des Streifenfundaments auf homogenem Baugrund ausgehen, ist der Referenzfall bei dem in den USA weiter entwickelten Pressiometerverfahren (d) die Druck-Radialverschiebungs-Messkurve des selbstbohrenden Pressiometers, die aufgrund von großformatigen Modellversuchen und begleitenden FE-Analysen in eine normalisierte Last-Setzungs-Kurve eines mittig belasteten Quadratfundaments transformiert wird. Formeinfluss, Lastexzentrizität, Lastneigung etc. werden dann wie bei dem analytischen Verfahren (a) durch Korrekturfaktoren berücksichtigt [4]. Allerdings wird keine Bruchlast als bestimmter Wert definiert, sondern ein Zustand großer Setzungen. Die Normalisierung besteht darin, dass die Setzung auf die Fundamentbreite und die Drucklast auf q bezogen werden. Dabei sollen sich von q fast unabhängige Kurven ergeben haben. Entsprechende Erfahrungen in Deutschland sind uns nicht bekannt, doch sollte ein solcher Ansatz auch bei uns näher verfolgt werden.

Ansatz der Scherparameter

Nach der allgemeinen Gleichung (10) nimmt die Tragfähigkeit des Bodens linear mit der Einbindetiefe und mit der Fundamentbreite zu. Wie neuere Untersuchungen zeigen [65], kann man davon nur ausgehen, solange die Dilatanz des Bodens noch keine Rolle spielt, d. h. zum Beispiel bei kohäsionslosen Böden bis etwa zur mitteldichten Lagerung. Der Grund dafür ist, dass sich ein Grundbruch progressiv entwickelt, sodass der Spitzenwert der Scherfestigkeit nur im Frontbereich der sich fortschreitend entwickelnden Scherfuge vorhanden ist, während in den Bereichen dahinter wegen der relativ großen Verschiebungen, die dort bereits stattgefunden haben, ein Versagen nach Maßgabe der Restscherfestigkeit vorherrscht. Daher rechnet man bei sehr dicht gelagerten Sanden besser mit dem Scherwinkel bei Volumenkonstanz, also nach Überschreiten des Spitzenwertes.

Nach eigener Auffassung trifft diese Einschränkung jedoch nicht zu, wenn das Versagen durch einen Sprödbruch ohne größeren Scherweg gekennzeichnet ist, wie das bei stark vorbelasteten bindigen Böden der Fall ist, denn hier ist nicht der Reibungswinkel maßgebend, sondern die effektive Kohäsion.

Tragfähigkeitsbeiwerte

Für den Grundfall des Streifenfundaments auf einem „gewichtslosen" Halbraum lassen sich die Tragfähigkeitsbeiwerte N_d (Einfluss der Einbindetiefe) und N_c (Einfluss der Kohäsion) exakt angeben. Dagegen ist R_γ das Produkt aus der Fundamentbreite und einem Tragfähigkeitsbeiwert N_b für den Einfluss der Bodenwichte, der nur mit numerischen Methoden theoretisch ermittelt werden kann, da die sog. Charakteristiken, die strahlenförmig von der Fundamentkante ausgehen, keine Geraden mehr sind (s. Bild 20). Da die Tragfähigkeitsbeiwerte begrifflich nur vom Winkel φ der Scherfestigkeit abhängen, kann N_b sowohl experimentell als auch theoretisch am auf Sand gegründeten Fundament ermittelt werden. In der Zeit vor Einsatz der EDV gab es N_b-Werte für einzelne Werte von φ, die z. B. aus den großmaßstäblichen Modellversuchen der DEGEBO in Berlin [58] durch Rückrechnung abgeleitet wurden, oder durch iterative Lösung der plastizitätstheoretischen Grundgleichungen [9, 16, 24, 51, 53, 81, 86] erhalten wurden.

Bild 15 zeigt einige Ergebnisse im Vergleich zu Werten der in DIN 4017 angegebenen sowie der in England und Irland mit einem Faktor 0,8 verwendeten Näherungsformel, die sowohl für charakteristische Werte von φ als auch für daraus abgeleitete Bemessungswerte φ_d eingetragen sind. Die halblogarithmische Darstellung zeigt, dass die Versuchsdaten trotz ihrer Streuung grundsätzlich über den statischen Lösungswerten liegen (die übrigens mit den hier nicht mit eingetragenen Werten *Meyerhofs* harmonieren, die er für die Gleitflächenform einer logarithmischen Spirale bestimmte). Durch den in DIN EN 1997-1 geforderten

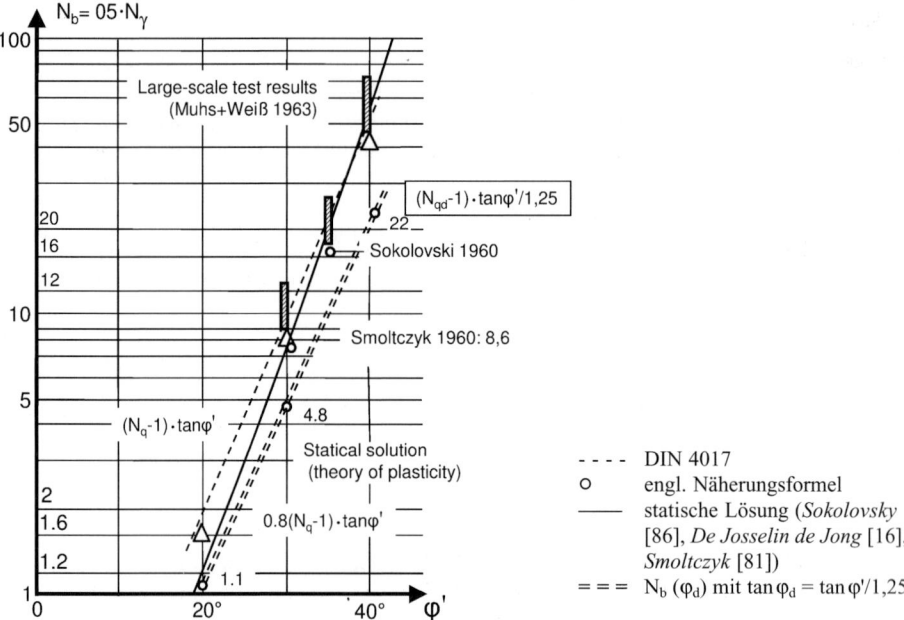

Bild 15. Experimentell ermittelte Tragfähigkeitsbeiwerte N_b (φ') im Vergleich zu rechnerischen Werten und daraus abgeleiteten Bemessungswerten

3.1 Flachgründungen

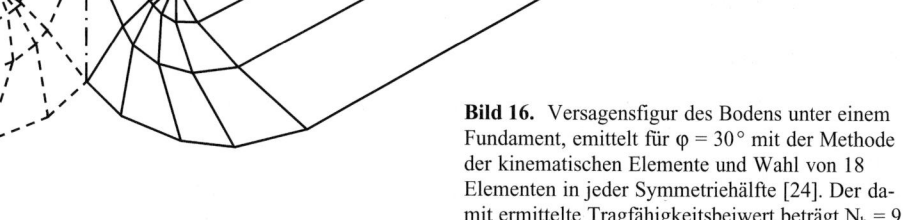

Bild 16. Versagensfigur des Bodens unter einem Fundament, ermittelt für φ = 30° mit der Methode der kinematischen Elemente und Wahl von 18 Elementen in jeder Symmetriehälfte [24]. Der damit ermittelte Tragfähigkeitsbeiwert beträgt N_b = 9

Teilsicherheitsbeiwert 1,25 fällt N_b bei φ = 30° beispielsweise auf weniger als die Hälfte ab, hat also immer noch eine 1,8-fache Sicherheit gegenüber der statischen Lösung. Das ist deswegen wichtig, weil mit der jetzt verfügbaren EDV die Möglichkeit gegeben ist, die älteren Werte noch einmal gegenzurechnen. So hat *Gussmann* [24] mit seinem Verfahren kinematischer Elemente beispielsweise für φ = 30° den Tragfähigkeitsbeiwert N_b = 9 bestätigt, Bild 16. Ein Gegenbeispiel ist die Arbeit von *Martin* [52], der einen Wert N_b = 0,5 · $N_γ$ = 7,5 erhält (raue Sohle vorausgesetzt) und diesen Wert als „exakt" ansieht. Diese Lösung ist als unterer statischer Schrankenwert wohl exakt, aber nur in Abhängigkeit von der kinematisch problematischen Formulierung der Randbedingung an der Fundamentkante [68]. Selbst wenn man seine Lösung als Richtwert ansähe, verbliebe auch hier immer noch eine 1,5-fache Teilsicherheit des Bemessungswertes von N_b. Angesichts der geringeren Bedeutung, die der Grundbruchnachweis im Vergleich zum Setzungsnachweis in der Praxis hat, besteht also kein Grund, die in DIN 4017 genannten Werte als nicht hinreichend sicher zu bewerten.

Exzentrische Einwirkung

Die Berücksichtigung von Ausmittigkeiten des Vektors der resultierenden Beanspruchung in der Fundamentsohlfläche durch eine rechnerisch reduzierte Fläche mit mittiger Resultierender, wie DIN 4017 es für Rechteckfundamente vorsieht, dürfte auf *Meyerhof* [54] zurückgehen. Dieser Ansatz, bei dem ein Teil der Sohlfläche unbelastet bleibt, ist nur für den geotechnischen Nachweis gültig; für die Fundamentbemessung bleibt es bei den in Abschnitt 3.1.3 genannten Sohldruckverteilungen.

Für Kreisflächen macht die DIN 4017:2001 Angaben. Wie im Teil 3 der 6. Auflage des Grundbau-Taschenbuches (S. 20) erläutert, gibt es verschiedene Möglichkeiten, eine Ersatzfläche A' zu definieren. Die Flächengröße ergibt sich aus der Kreisfläche bzw. bei klaffender Fuge dem beanspruchten Teil davon, und für die Form der Ersatzfläche ist das Quadrat die für die Praxis einfachste Form statt der von *Sekiguchi/Kobayashi* [77] gewählten Kreisform.

Für Fundamente mit unregelmäßigen Grundrissen sind den Verfassern keine wissenschaftlichen Untersuchungen bekannt – wohl auch, weil man solche Formen in der Praxis vermeidet. Wir übernehmen deswegen die in [83] vorgeschlagenen Ersatzflächen-Formen zur Berücksichtigung der Exzentrizität (Bild 17):

a) Trotz einspringender Kante bleiben A* und B* die den Grundbruch auslösenden singulären Punkte: Ansatz von b_1 als maßgebende Breite deswegen zu ungünstig. Empfehlung: Fundamentfläche A unter Beibehaltung der Länge a in ein flächengleiches Rechteck mit der Ersatzbreite b' = A/a umwandeln.
b) Aus den 3 Teilflächen A_1 + $2A_2$ – A entwickelt man unter Beibehaltung der Länge a ein flächengleiches Rechteck mit b' = A/a.
c) Aus den 3 Teilflächen entwickelt man wie in Bild 17b eine Ersatzfläche A' = a · b'.

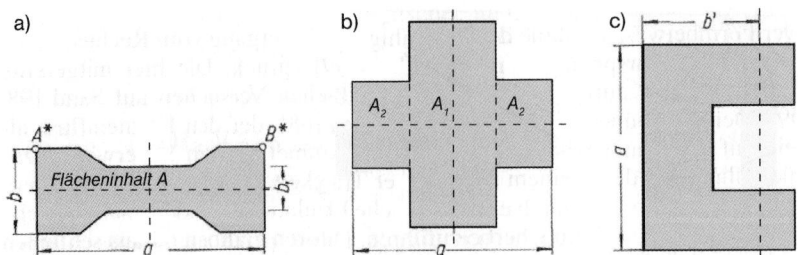

Bild 17. Zum Grundbruchnachweis bei unregelmäßig geformten Sohlflächen

Bei beliebig unregelmäßiger Sohlflächenform sei der Fundamentgrundriss durch einen Polygonzug definiert, dessen Eckpunkte auf ein Koordinatensystem $\{\bar{x}; \bar{y}\}$ bezogen werden. Man

– berechnet den Schwerpunkt S der Fläche A,
– verlegt den Ursprung des Bezugssystems nach S,
– ermittelt die 3 ebenen Flächenträgheitsmomente J_{xx}, J_{xy}, J_{yy} und die Richtung der Hauptträgheitsachsen $\tan 2\alpha = 2J_{xy}/(J_{yy} - J_{xx})$,
– wandelt A in eine flächengleiche Rechteckfläche mit den Seiten

$$b' = \sqrt{A \cdot \sqrt{J_1/J_2}} \qquad a' = A/b' \qquad (11)$$

um, wobei $J_{1,2}$ die Hauptträgheitsmomente sind, die in bekannter Weise aus J_{xx}, J_{xy}, J_{yy} ermittelt werden.

Die sich ergebende Ersatzfläche ist für das in Bild 18 skizzierte Beispiel gestrichelt eingetragen. Das Verfahren liegt programmiert vor [102].

In DIN EN 1997-1, 6.5.4 wird auf die Notwendigkeit besonderer Vorkehrungen bei stark exzentrischer Belastung hingewiesen, sobald die nachgewiesene Ausmittigkeit Werte überschreitet, die dort für Rechteck- und Kreisfundamente zahlenmäßig genannt werden, de facto eine Klaffung der Sohlfuge über den Schwerpunkt hinaus bewirken würden. Bei der Vorbereitung der ergänzenden Regeln hierzu (DIN 1054:2009) wurde kontrovers diskutiert, wie für den Grenzzustand der Tragfähigkeit die zu den Bemessungswerten der Einwirkungen gehörigen Bodenreaktionen anzusetzen seien. Die jetzt vereinbarte Methode sieht vor, den mit charakteristischen Werten ermittelten Angriffspunkt der Bodenreaktionskraft und auch

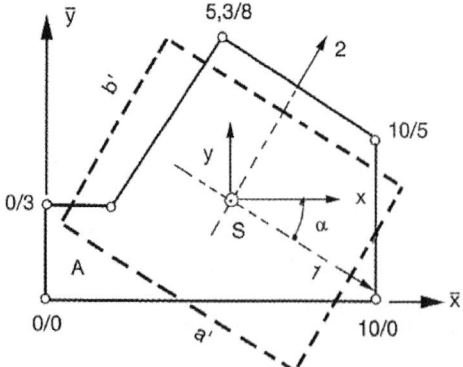

Bild 18. Zum Grundbruchnachweis bei beliebig unregelmäßiger Sohlflächenform

die zugehörige charakteristische Lastneigung für die Berechnung des charakteristischen Grundbruchwiderstandes zu verwenden. Der daraus ermittelte Bemessungswert des Grundbruchwiderstandes wird mit der Vertikalkomponente der Bemessungsbeanspruchung verglichen. Damit werden die Grenzzustandsbetrachtungen nicht mehr an einem durchgängig konsistenten System vorgenommen, ein Kompromiss infolge der Festlegung auf das Nachweisverfahren 2 der DIN EN 1997-1, 2.4.7.3.4.3 in Zusammenhang mit der Anwendung der Gleichungen (2.6 b) in 2.4.7.3.2, (2.7 b) in 2.4.7.3.3 sowie B.3(6), was als Nachweisverfahren 2* bezeichnet wird. Hiermit wird ein fiktives Rechenmodell verfolgt, welches die ungewöhnlich große Abminderung der Traglast umgeht, die sich zwangsläufig ergäbe, wenn man das Teilsicherheitskonzept unbeirrt von der extrem nichtlinearen Abhängigkeit von den N- und i-Werten sowie der Exzentrizität anwenden würde. Es führt mit den entsprechend kalibrierten Teilsicherheitsbeiwerten zu denselben Abmessungen wie der frühere Nachweis mit globaler Sicherheit. Unberücksichtigt bleibt dabei ein Versatzmoment $V_d \cdot (e_d - e_k)$ und eine Abminderung des Grundbruchwiderstandes infolge einer Vergrößerung der Lastneigung unter Bemessungsbeanspruchungen gegenüber charakteristischen Beanspruchungen.

Lastneigungsbeiwerte

Die Festlegung von Neigungsbeiwerten hat eine lange Geschichte, die am Beispiel des Faktors i_b verdeutlicht werden kann. Für das Streifenfundament auf nichtbindigem Boden als Referenzfall zeigt Bild 19 für $\varphi = 40°$ die theoretischen Ergebnisse von *Meyerhof* [54], *Pregl* [69], und *Steenfelt* [89], die Normierungen in Dänemark, Irland und Deutschland sowie die experimentellen und rechnerischen Ergebnisse von *Muhs* und *Weiß* [59].

Die Formel der früheren wie der jetzigen DIN 4017 mittelt ausreichend genau, während die dänische Formel zu sehr auf der sicheren Seite ist. Daher wurde in die europäische Norm $i_b = (1 - \tan \delta)^3$ übernommen, wobei lediglich nach einem schwedischen Vorschlag der

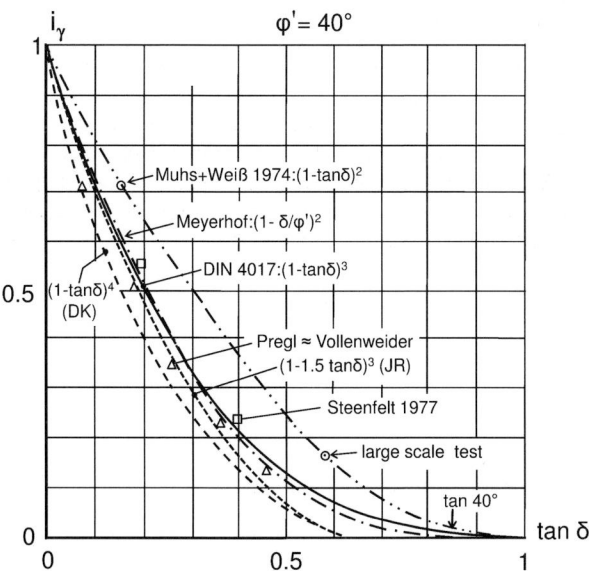

Bild 19. Lastneigungsbeiwert i_b für $\varphi = 40°$ in Abhängigkeit vom Lastneigungswinkel δ nach verschiedenen Autoren und nationalen Regeln (Dänemark, Irland, Deutschland)

Exponent m + 1 statt 3 genommen wurde, um auch Fälle zu erfassen, in denen die Horizontalkraft nicht parallel zur kürzeren Fundamentbreite wirkt. Für das Streifenfundament ergibt sich aber unverändert der Exponent 3.

Die von *Weiss* [97] mit dem Charakteristikenverfahren berechneten Bruchkörperformen zeigt Bild 20 a. Die Bilder 20 b und c stellen die aus den großmaßstäblichen Fundamentversuchen der DEGEBO gewonnenen Gleitflächen dar, die die Rechenergebnisse bestätigen.

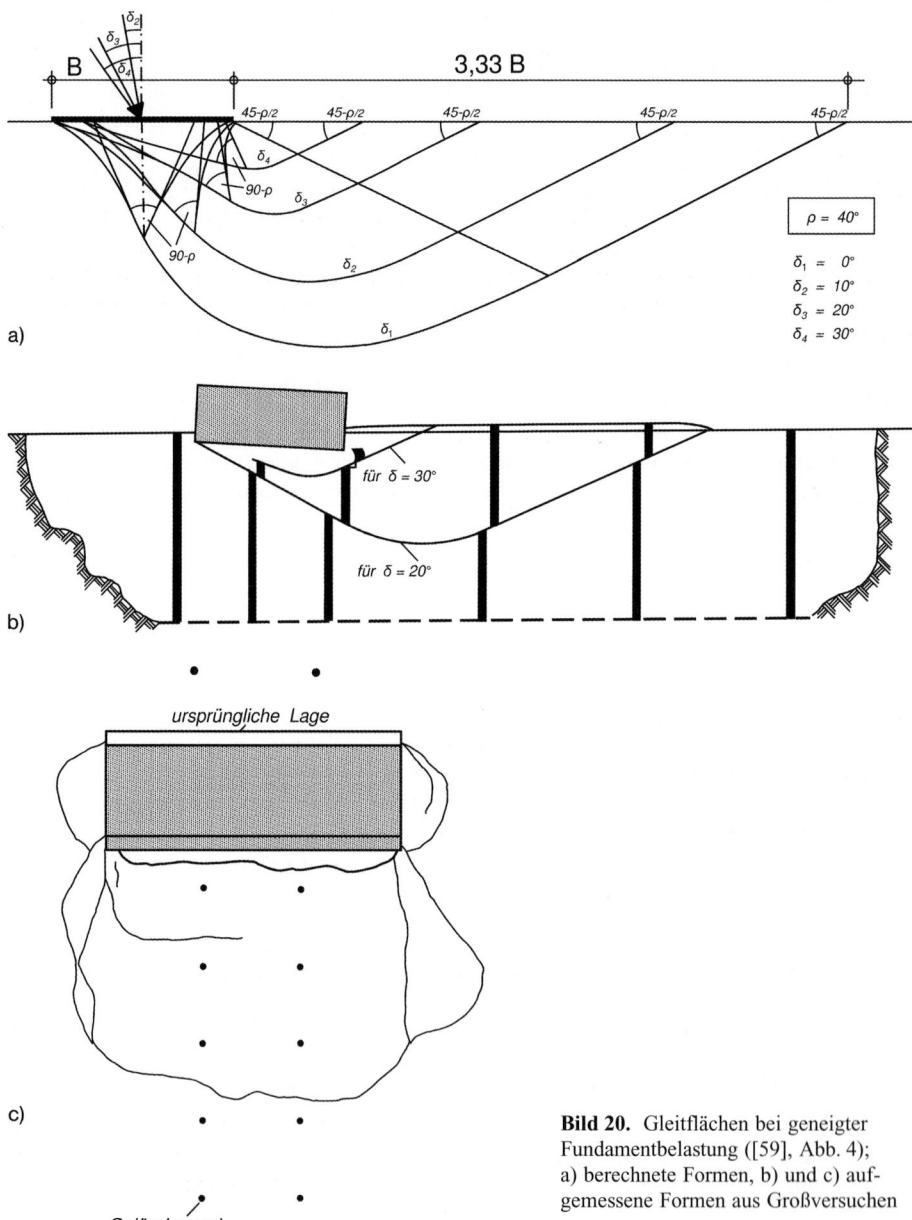

Bild 20. Gleitflächen bei geneigter Fundamentbelastung ([59], Abb. 4); a) berechnete Formen, b) und c) aufgemessene Formen aus Großversuchen

3.1 Flachgründungen

Allerdings wurden in der DIN 4017:2001 gegenüber der früheren Fassung von 1979 einige Änderungen vorgenommen, auf die hinzuweisen ist. So wurde in der Formel für den Einfluss der Einbindetiefe i_d die 30%ige Abminderung von $\tan \delta$ aufgegeben und dafür der Exponent um 1 verringert. Das wirkt sich erst bei Lastneigungen über 20° stärker aus, z.B. als Reduktion um 16% bei $\delta = 30°$. Eine grundsätzliche Änderung ist aber die Streichung des Nennersummanden $A' \cdot c \cdot \cot \varphi$ in den Formeln von i_d und i_b. Man geht davon aus, dass die Form des Bruchkörpers (s. Bild 20) bei allen Lastneigungswinkeln δ nur von der inneren Reibung, also dem Winkel φ, abhängt; der stabilisierende Einfluss der Kohäsion wird durch den Tragfähigkeitsbeiwert N_c erfasst. Der fiktive Lastneigungswinkel $\tan \delta_f = H/(V + A' \cdot c \cdot \cot \varphi)$ der früheren Fassung geht zurück auf die Nullpunktverschiebung von σ in der Spannungsebene τ/σ nach dem Theorem von *Caquot* [10], die als „Binnendruck" häufig im geotechnischen Schrifttum bezeichnet wird und dazu dient, die Ableitungen für $\varphi > 0$, $c = 0$ auch auf bindige Böden zu übertragen [13, 86]. Mit dem Lastneigungswinkel δ der Einwirkungen H; V hat das nichts zu tun; der Ansatz $\delta_f < \delta$ lässt sich bodenmechanisch allenfalls so deuten, dass die Reaktionskraft im Boden infolge der Kohäsion weniger geneigt ist als die Lastresultierende. Das widerspricht den Gleichgewichtsbedingungen. Der Einfluss der Kohäsion auf die Aufnahme der H-Kraft im Boden kann nur dadurch berücksichtigt werden, dass ein Teil dieser Einwirkung – oder, wie im Fall $\varphi = 0$, die ganze – durch eine von der Kohäsion abhängige Reaktionskraft aufgenommen wird. Das kann eine Sohlschubkraft $A' \cdot c$ oder ein Erdwiderstand sein. Bei ausreichend tief einbindenden Fundamenten in mindestens steifen bindigen Bodenarten können horizontale Einwirkungen stets durch Erdwiderstand aufgenommen werden.

Der Neigungsbeiwert i_c im Fall $\varphi = 0$ lässt sich exakt mit der Plastizitätstheorie berechnen ([86], s. auch [13]). Die in DIN 4017:2005 angegebene Formel ist eine Näherung, die auf *Bent Hansen* [29] zurückgeht.

Eine Studie zur Auswirkung der geänderten Lastneigungswerte auf den Grundbruchwiderstand von Streifenfundamenten anhand von FE-Berechnungen (PLAXIS) veröffentlichten *Schick/Unold* [74] für variable Exponenten m und Reibungswinkel φ sowie positive und negative Lastneigungswinkel δ. Ungünstige Abweichungen zu den nach DIN 4017:2005 errechneten Werten ergaben sich dabei für $\delta < 0$.

Formbeiwerte

Die Einführung eines Formbeiwertes $s_c = 1 + 0,2 \cdot (b'/a')$ für die Gesamttragfähigkeit eines Tonbodens geht auf *Skempton* [80] zurück, der aus Modellversuchsergebnissen auf eine Zunahme der Tragfähigkeit beim Übergang vom Streifen zum Quadrat schloss. Dieses Ergebnis wurde von *Meyerhof* [55] mit der Anwendung auf nichtbindige Böden verallgemeinert, da er den Formeinfluss allein auf den Unterschied zwischen den Scherwinkeln des ebenen und des axialsymmetrischen Verformungszustandes zurückführte. Die Erkenntnis, dass die Einbindetiefe und die Fundamentbreite sich unterschiedlich auf die Formgebung auswirken und man deswegen unterschiedliche Formbeiwerte hierfür benötige, verdankt man *De Beer* [14]: Die Einbindetiefe wirkt sich beim Rechteck günstiger aus als beim Streifenfundament, aber weniger als beim Quadrat, während die Breite die Tragfähigkeit des Rechteckfundaments zwar im Vergleich zum Streifen vermindert, aber weniger als das beim Quadrat der Fall ist. Diese Auffassung kommt in den unveränderten Formbeiwerten der DIN 4017 zum Ausdruck und wurde vor allem bestätigt durch die Auswertung der großmaßstäblichen DEGEBO-Versuche auf Berliner Sand (*Weiß* [97, 98]).

Japanische Autoren [77] schlossen aus den Ergebnissen kleinmaßstäblicher Sandversuche und der Nachrechnung mit einer räumlichen FE-Simulation, dass beim Übergang vom Streifen zum Quadrat zunächst ein Anstieg, später eine leichte Abnahme erfolge, sodass sogar ein optimales Seitenverhältnis existiere. Da ihre Versuchs- und Rechenergebnisse ziemlich weit auseinanderklaffen, sind diese Folgerungen mit großer Vorsicht zu beurteilen.

Zur Beurteilung des Formbeiwertes s_c (DIN-Bezeichnung: v_c) liegt aus Australien eine ausführliche räumliche FE-Studie für Fundamente mit Einwirkungen H, V und M von *Gourvenec* [20] vor. Ihr Ergebnis ist ein Formbeiwert $s_c = 1 + 0{,}214 \cdot (b/a) - 0{,}067 \cdot (b/a)^2$ für das Rechteck, wenn die Einwirkung eine geringe Exzentrizität hat, d.h. 15% Tragfähigkeitszunahme des Quadrats im Vergleich zum Streifen (statt 20% nach DIN 4017) sowie 18% für das Kreisfundament. Wenn dagegen die M-Einwirkung dominiert, ändert sich s_c erheblich mit der Folge, dass das Rechteck wirtschaftlicher wird als das Quadrat. Wenn in zutreffender Weise Zugspannungen ausgeschlossen werden, sinkt nach dieser Studie der Beiwert auf $s_c = 1 + 0{,}07 \cdot (b/a)$.

Kisse [39] hat für Fundamente auf Sand Modellversuche ausgewertet und dreidimensionale Finite-Element-Berechnungen mit hypoplastischem Stoffgesetz durchgeführt, bei denen neben der Lastneigung auch die Exzentrizität und tordierende Momente in weiten Grenzen variiert wurden. Hier wurden Last-Verformungs-Pfade bis zum Erreichen der jeweiligen Grundbruchlast verfolgt und festgestellt, dass zusätzlich zur Lastneigung auch die Momentenbeanspruchungen das Tragverhalten stark beeinflussen und die Auswirkungen der verschiedenen Beanspruchungen deutlich aneinander gekoppelt sind.

Sonderfälle

1. Einfluss benachbarter Fundamente

Die allgemeine Grundbruchgleichung (1) in DIN 4017:2006-03 geht von einem freien Rand neben dem Fundament aus. Nachbarfundamente, die innerhalb des Bruchkörpers stehen, behindern das Ausweichen. Dabei sind 3 Fälle für den Grenzzustand zu unterscheiden (Bild 21):

a) 2 gleichartig belastete, durch den Überbau miteinander verbundene Fundamente mit gleicher Einbindetiefe werden so belastet, dass der Grundbruch unter beiden gleichzeitig auftritt (hypothetischer Fall, Bild 22 a), sodass beide gleichermaßen senkrecht absinken;
b) von 2 benachbarten Fundamenten eines Bauwerks wird in einer bestimmten Bemessungs-Situation nur das eine auf Druck bis zum Grenzzustand der Tragfähigkeit belastet;
c) Fundamente verschiedener Bauwerke und mit unterschiedlicher Einbindetiefe und Breite.

Die dem Diagramm in Bild 22 zugrunde liegenden Versuche wurden mit wechselnden Einbindetiefen D und Achsabständen L mit Streifenfundamenten auf Sand ausgeführt [90, 99]. Bei der Auswertung wurden die Tragfähigkeitsbeiwerte N_γ und N_q durch Einführung

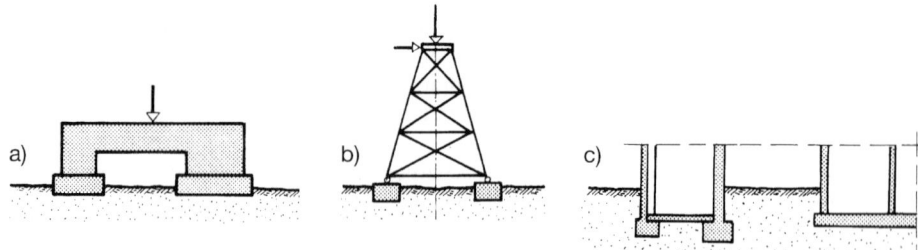

Bild 21. Zur Wechselwirkung benachbarter Fundamente: mögliche Fälle a) bis c)

3.1 Flachgründungen

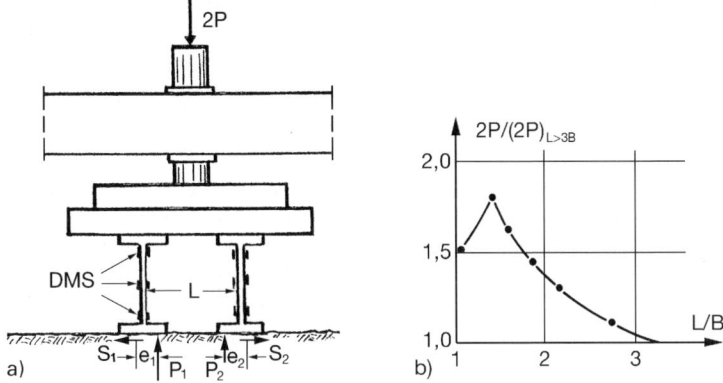

Bild 22. Erhöhung der Traglast bei eng benachbarten Fundamenten (nach [90]); a) Versuchsaufbau, b) Beispiel für ein Versuchsergebnis mit D/B = 0,5

eines Längenverhältnisses D/B zu einem einzigen, von D/B abhängigen Beiwert $N_{\gamma q}$ kombiniert. Das Diagramm bezieht sich auf den Fall D/B = 0,5. Sowohl nach Berechnung wie bei den Versuchen zeigte sich für die Grenztragfähigkeit der beiden Fundamente (Ausweichen des Bodens nach außen), bezogen auf den Wert nach Gleichung (1) in DIN 4017:2006-03 für die allein stehenden Fundamente, für einen bestimmten Abstand L ein ausgeprägtes Maximum, wobei es zu einer nach innen gerichteten Neigung und einer Exzentrizität der beiden Resultierenden kommt [90].

Das Ausweichen des Bodens erfolgt zur freien Oberfläche hin, also nach außen.

Für die Fälle b und c aus Bild 21, die in der Praxis auftreten, kann man näherungsweise in der Grundbruchgleichung (1) in DIN 4017:2006-03 statt mit einer gleichmäßigen seitlichen Auflast q = D · γ mit einer erhöhten Auflast q + Δq rechnen (Bild 23 a), wobei sich Δq im ebenen Fall dadurch ergibt, dass die stabilisierenden Einwirkungen wie Q_1, P_2, Q_2 auf die Länge L_f (Länge des Bruchkörpers ab Fundamentkante) in eine gleichförmige Zusatzlast Δq umgerechnet werden. Die Länge L_f kann dem Diagramm in Bild 23 b entnommen werden,

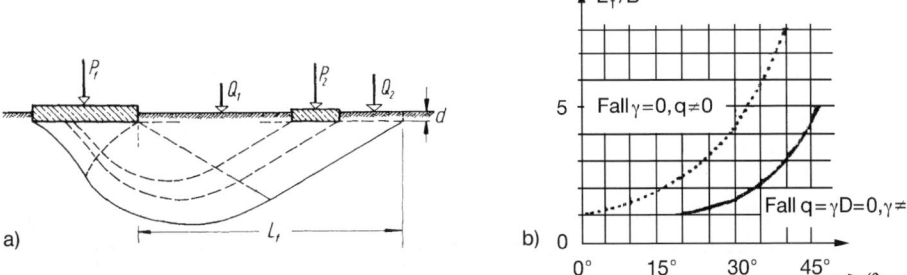

Bild 23. Zur Ermittlung der Bruchkörperlänge L_f im Reibungsboden; a) Bruchmechanismus, b) Bruchkörperlänge

das die beiden Grenzfälle zeigt: punktiert den des Rechenmodells mit D > 0 und Vernachlässigung des Eigengewichtsanteils in Gleichung (1) in DIN 4017:2006-03, ausgezogen den für eine Einbindetiefe von 0 unter Berücksichtigung des Einflusses aus der Fundamentbreite und dem Eigengewicht des Bodens [59]. Man beachte den erheblichen Unterschied. Die wirklichen Fälle liegen dazwischen, doch wird empfohlen, zur Vorsicht nur die kleineren Werte L_f anzuwenden, wenn D nur klein ist, also etwa nur der frostfreien Tiefe entspricht.

Die genannte Näherung für Δq müsste im räumlichen Fall neben einem Einzelfundament auch noch auf die (variable) Breite der Bruchmuschel bezogen werden, hilfsweise auf die doppelte Fundamentbreite quer zur Bruchrichtung.

Die Grundbruchsicherheit im Bereich zwischen zwei Fundamenten mit geringer Einbindetiefe D kann auch durch eine biegesteif an die Fundamente angeschlossene Bodenplatte erhöht werden, wenn man diese für die fehlende Gleichlast Δq (aufwärts gerichtet als Einwirkung auf die Bodenplatte) bemisst.

2. Grenzfundament

Bei einem Fundament, das für ein Gebäude unmittelbar an der Grundstücksgrenze herzustellen ist (Grenzfundament), ist zunächst zu prüfen, ob ein Grundbruch überhaupt bei den gegebenen Randbedingungen möglich ist, bzw. durch eine größere Einbindetiefe vermieden werden kann. Wenn das nicht zum Ziel führt, bleibt die Möglichkeit, die effektive Breite B′ durch ein äußeres rückdrehendes Moment M_r zu vergrößern, sodass $B' = B - 2 \cdot (e - \Delta e)$ mit $\Delta e = M_r/V$ ist (V – Vertikallast). Beiträge zu diesem Thema siehe auch in [29].

3. Bemessung bei Anprallasten

Bei den Flachgründungen von z. B. Brückenpfeilern kann der Katastrophenfall infolge einer Anprallast wegen der Begrenzung der klaffenden Fuge für die Bemessung maßgebend sein. Man sollte dann prüfen, ob solche besonderen Zusatzlasten mithilfe einer die Vertikalbeanspruchungen erhöhenden Dauerverankerung wirtschaftlicher aufgenommen werden können als durch die sonst notwendige Vergrößerung des Fundaments mit dem u. U. erheblich größeren Aufwand für die Herstellung und Sicherung der Baugrube. Eine weitere Alternative ist die Erstellung eines unabhängig gegründeten Anprallschutzes, der von der Pfeilergründung ganz entkoppelt wird.

4. Abgestufter Querschnitt

Bei abgestuften Querschnitten in der Art von Bild 24 a und b lassen sich die allgemeinen Grundbruchgleichungen nur bedingt anwenden. Solange es wie in Bild 24 a nur um eine leichte Anschrägung der Kanten geht, wird der Bruchmechanismus davon unberührt bleiben. Deutlich abweichendes Tragverhalten ist aber bei der Querschnittsform von Bild 24 b zu erwarten, wie sich bei der Untersuchung der Anteile N_γ und N_q kohäsionsloser Bodenarten unter keilförmigen Querschnitten gezeigt hat [70]. Mindestens bis zu einem Keilwinkel β von 90° nehmen sie auf ungefähr die Hälfte ab, bezogen auf eine konstante Fundamentbreite, Bild 24 links.

Erst bei noch spitzeren Winkeln β steigt der Wert wieder an, weil sich dann zunehmend der Einfluss der Einbindetiefe der Keilspitze günstig auswirkt. Für abgestufte Querschnitte ergibt sich nach Ansicht der Verfasser als vorsichtige Schätzung die in Bild 24 b gestrichelt eingezeichnete umschließende Keilform mit entsprechend reduzierten Werten $N_{\gamma\beta}$ bzw. $N_{q\beta}$, andernfalls müsste z. B. eine Berechnung mit geeigneten kinematischen Elementen (KEM) vorgenommen werden.

3.1 Flachgründungen

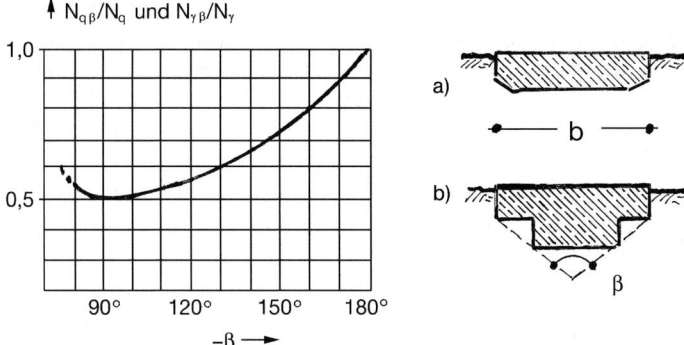

Bild 24. Empfohlene Minderung der Tragfähigkeitsbeiwerte bei abgestuftem Fundament

5. Geschichteter Baugrund

Da sich die mit der Plastizitätstheorie ermittelten Grundbruchgleichungen auf einen relativ homogenen Baugrund beziehen, muss man bei Baugrund mit Schichten unterschiedlicher Scherfestigkeit (mehr als 5° Unterschied im Reibungswinkel nach deutscher Norm DIN 4017) folgende Fälle unterscheiden:

– Die oberste Bodenschicht hat eine deutlich geringere Scherfestigkeit als die darunter anstehenden Schichten: für den Nachweis der Grundbruchsicherheit müssen die Kenngrößen der obersten Schicht zugrunde gelegt werden.
– Die Scherfestigkeiten der für den Grundbruch relevanten Bodenschichten weichen nur begrenzt voneinander ab, sodass die in DIN 4017, 6.2 genannte Mittelbildung vertretbar ist.
– Die feste Deckschicht wird von einer weichen Schicht unterlagert, sodass der Nachweis auf Durchstanzen der Deckschicht erforderlich ist. Hierzu gibt DIN 4017 im Anhang B eine Formel an, die auf [21] beruht.

6. Schräge Fundamentsohlfläche

Wie in Abschnitt 3.1.5 angesprochen, kann es sich bei ständig einseitiger Horizontaleinwirkung empfehlen, dem Fundament eine angeschrägte Sohlfläche zu geben. DIN 4017:2005 gibt dafür Sohlneigungsbeiwerte an, die *Pregl/Kristöfl* [69] mit der Plastizitätstheorie berechneten. Die Werte für den konsolidierten Zustand sind um einige Prozent niedriger als die Sohlneigungsbeiwerte aus DIN EN 1997-1, Anhang D, die auf *Brinch Hansen* [31] zurückgehen (NB: Der Sohlneigungswinkel α ist dort in Radian, während er in den Formeln der DIN 4017 in Grad einzusetzen ist). Der Sohlneigungsbeiwert für den unkonsolidierten Zustand stimmt in DIN EN 1997-1 und DIN 4017 überein.

7. Geneigtes Gelände und Bermen

Auch für diesen Fall haben *Pregl/Kristöfl* [69] Beiwerte für die Grundbruchgleichung errechnet, die in die DIN 4017 aufgenommen wurden. Sie haben allerdings den Nachteil, dass sie sich auf den eher seltenen Fall beziehen, wo Untergrund und ansteigendes (oder abfallendes) Gelände aus dem gleichen homogenen Boden bestehen. Da die hier vorgenommene begriffliche Unterscheidung von Geländebruch und Grundbruch akademisch ist (es gibt nur eine maßgebende Gleitlinie), wird man in der Praxis in solchen komplexen Situationen besser von den Verfahren der DIN 4084 Gebrauch machen.

3.2.5 Geländebruchsicherheit (Gesamtstandsicherheit)

Bei Flachgründungen in oder in der Nähe von Böschungen oder bei Geländesprüngen sind nach DIN EN1997-1, Abschnitt 11, alle infrage kommenden Bruchmechanismen zu prüfen (s. auch Kapitel 1.9). Damit entfällt aus mechanischer Sicht die Unterscheidung zwischen einem Grundbruch neben einer Böschung (mit einer logarithmischen Spirale als Versagensform im Querschnitt) und einem Böschungsbruch, wie das z. B. in DIN 4017:2005 geschieht. Allerdings sind bei diesen beiden genannten Verfahren verschiedene Nachweisverfahren und Sicherheitsdefinitionen anzuwenden. Es wird auf die Besonderheiten des geschichteten Baugrunds (DIN EN 1997-1,11.5.1(6)) hingewiesen, die es erfordern können, zusammengesetzte und geradlinig begrenzte Formen einzuschließen.

Das Teilsicherheitskonzept unterscheidet sich beim Geländebruchnachweis nur wenig vom früheren Globalsicherheitskonzept: die Sicherheit ($\gamma_{cu} = 1,4$) wird für den unkonsolidierten Anfangszustand bei bindigen Böden auf die totale Scherfestigkeit c_u bzw. für den konsolidierten Zustand auf die effektiven Scherparameter $\tan \varphi'$ und c' ($\gamma_\varphi = \gamma_c = 1,25$) bezogen. Zusätzlich ist ein Teilsicherheitsbeiwert auf veränderliche Lasten anzuwenden.

Wie in [82] näher ausgeführt, hängt der Bruchmechanismus wesentlich davon ab, ob die Steifigkeit des Bauwerks ausreicht, einen Böschungsbruch unter der Sohle zu verhindern (Bild 25) oder ob das Bauwerk erdstatisch als „schlaffes Lastbündel" anzusehen ist.

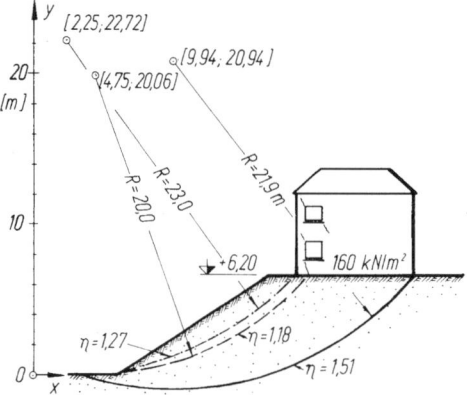

Bild 25. Gebäude an einer Böschung: Bedeutung der Bauwerkssteifigkeit für den Verlauf der Gleitlinie (η – globale Sicherheit)

3.2.6 Stabilitätskontrolle bei turmartigen Bauten [15, 25]

Bei flach gegründeten hohen Türmen auf kompressiblem Untergrund gibt es auch bei lotrechter, mittiger Last und homogenem, waagerecht geschichtetem Baugrund eine kritische Schwerpunkthöhe h_s, für die das Gleichgewicht indifferent wird. Dies entsteht dann, wenn bei einer kleinen Auslenkung des Turmschwerpunkts und nachgiebigem Baugrund die Rückstellkräfte im Boden nicht mehr ausreichen, um Gleichgewicht herzustellen. Mit den Bezeichnungen in Bild 26 verursacht das Eigengewicht G bei einer kleinen Schiefstellung $\tan \delta \approx \delta$ ein Moment $M_a = G \cdot h_s \cdot \delta$, das durch einen Widerstand des Baugrunds in Form eines Reaktionsmoments $M_r > M_a$ aufzunehmen ist. Wenn man vereinfachend eine konstante elastische Bettung mit dem Bettungsmodul k_s annimmt, ist dieses Moment

$$M_r = \frac{B}{2} \cdot \delta \cdot k_s \cdot W \tag{12}$$

3.1 Flachgründungen

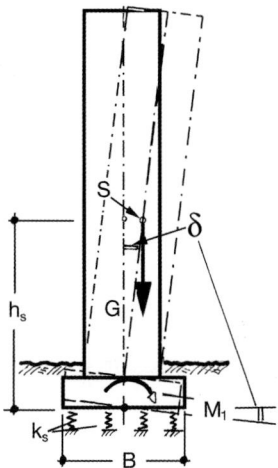

Bild 26. Stabilitätsnachweis bei hohen Türmen; Bezeichnungen

wo W das Widerstandsmoment der Fundamentsohlfläche ist. Allgemein ergibt sich die kritische Höhe des Schwerpunkts zu

$$h_s = \frac{k_s \cdot I}{G} \qquad (13)$$

wo I das Trägheitsmoment der Sohlfläche ist.

Wenn infolge einer Exzentrizität von G oder durch Horizontalkräfte von vornherein ein Moment M_a vorhanden ist, berechnet man iterativ zunächst die dadurch verursachte Verkantung (s. Abschn. 3.2.10) und dann im Sinne der Theorie 2. Ordnung das daraus resultierende Zusatzmoment und die zusätzliche Verkantung. Das System ist instabil, wenn die aus den Momentenzuwächsen resultierenden Verkantungen nicht konvergieren.

3.2.7 Einspannung im Baugrund

Bild 27 stellt für die seitliche Stützung den Übergang von der Flachgründung (Fall a) über die Pfeilergründung (Fall b) zur Pfahlgründung (Fall c) schematisch dar. Mit zunehmender Einbindetiefe wird das äußere Moment zunehmend durch beidseitige Erdwiderstands-Mobilisierung aufgenommen, während das Moment infolge exzentrischer Sohlwiderstandskraft vernachlässigt werden kann (Bild 28). Beim Pfeiler wird starres Verhalten und eine Drehung um einen tief liegenden Punkt angenommen, während bei schlanken Pfählen die Biegung das Bettungsverhalten beeinflussen wird.

Für den Grenzzustand der Tragfähigkeit kann man sich dann vereinfacht auf die Erfüllung der Gleichgewichtsbedingungen beschränken und wie folgt vorgehen (B – Pfeilerbreite):

– Annahme eines Drehpunktes in der Tiefe 0,75 t (t – Einbindetiefe);
– oberhalb des Drehpunkts Annahme einer parabolischen Erddruck-Verteilung mit einem maximal möglichen Erdwiderstand $E_1 = (3/32) \cdot K_{ph} \cdot \gamma \cdot B \cdot t^2$;
– unterhalb des Drehpunkts Annahme einer linearen Verteilung mit einem maximal möglichen Erdwiderstand $E_2 = (1/8) \cdot K_{ph} \cdot \gamma \cdot B \cdot t^2$;
– überschlägige Zusammenfassung von E_2 und $S = V \cdot \mu$ ($\mu = \tan \varphi'$ – Sohlreibung) zu einer Resultierenden in der Sohle;

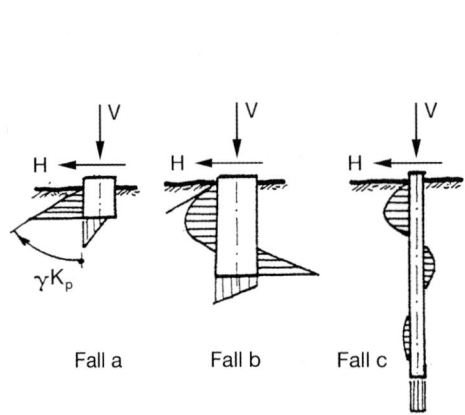 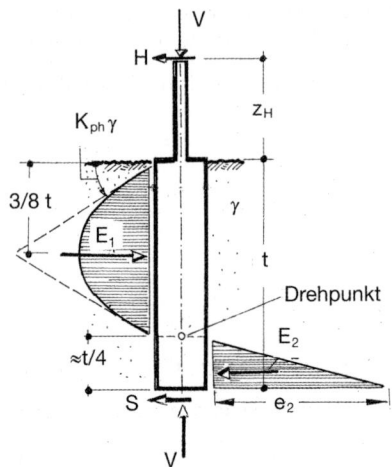

Bild 27. Zur Entwicklung der Einspannung im Baugrund

Bild 28. Einfaches Rechenmodell für die Einspannung eines starren Pfeilers

- Vernachlässigung der Exzentrizität von V in der Sohlfuge;
- Vernachlässigung des aktiven Erddrucks (bzw. Einrechnung in E_1 und E_2).

Um die beiden Gleichgewichtsbedingungen $\Sigma M = 0$ und $\Sigma H = 0$ bei gegebenen Werten von H und z_H und einem gewählten Wert von t eindeutig zu erfüllen, müssen die maximal möglichen Erdwiderstandskräfte E_1 und E_2 mit Mobilisierungsgraden α_1 und α_2 angesetzt werden. Damit lauten die Gleichgewichtsbedingungen:

$$\sum M = 0 : H \cdot (z_H + t) = \alpha_1 \cdot E_1 \cdot \frac{5}{8} \cdot t \qquad (14\,a)$$

$$\sum H = 0 : H - \alpha_1 \cdot E_1 + \alpha_2 \cdot E_2 + \mu \cdot V = 0 \qquad (14\,b)$$

Aus diesen beiden Gleichungen können die erforderlichen Mobilisierungsgrade α_1 und α_2 bestimmt werden, wobei sich Werte > 0 und ≤ 1 ergeben müssen. Aus diesen Bedingungen für den mobilisierbaren Erdwiderstand lassen sich folgende Beschränkungen ableiten:

$$\frac{8H}{5E_1}\left(\frac{z_H}{t} + 1\right) \leq 1 \qquad (14\,c)$$

$$\frac{8z_H}{5t} + \frac{3}{5} - \frac{E_2}{H} \leq \frac{\mu V}{H} < \frac{8z_H}{5t} + \frac{3}{5} \qquad (14\,d)$$

Wenn auch nur eine dieser Schranken-Gleichungen nicht einzuhalten ist, ist bei den gewählten Abmessungen B und t auch kein Gleichgewicht möglich, sodass B und/oder t vergrößert werden müssen. Da die angesetzte Erdwiderstandskraft E_1 bereits sehr viel kleiner ist als ein über die Tiefe voll mobilisierter Erdwiderstand, ist eine weitere Abminderung aus Verformungsgründen in diesem Fall nicht erforderlich, d. h. $\alpha_1 = 1$ ist zulässig.

Zur Annahme des Drehpunktes: Die beiden Gleichgewichtsbedingungen lassen sich bei diesem Rechenmodell nur erfüllen, wenn der Drehpunkt nicht höher liegt als im unteren

3.1 Flachgründungen

Drittelpunkt, und zwar liegt er um so tiefer, je größer die Sohlschubkraft S im Vergleich zu E_2 ist. Insofern ist die obige Annahme plausibel.

Zur Annahme des Erdwiderstandes: die genaue Druckverteilung ist für das Ergebnis von untergeordneter Bedeutung. Dagegen lässt sich eine Verbesserung noch dadurch erreichen, dass man die räumliche Entwicklung des Erdwiderstandes in den Rechenlauf einbezieht.

3.2.8 Rechenbeispiele für den Grenzzustand der Tragfähigkeit

Beispiel 1 (Bild 29)

Quadratisches Fundament, 0,8 m Einbindetiefe, kein Grundwasser

Bemessungssituation: Lastfall 1 nach DIN 1054:2005 bzw.
BS-P nach Entwurf DIN 1054:2008, 2.2, A(4)

Baugrund: Geschiebemergel (γ = 22 kN/m³, φ'_k = 32°, c'_k = 20 kPa)

Charakteristische Werte der Einwirkungen:

- ständig, vertikal: 900 kN + Fundamentgewicht
- ständig, horizontal: 0
- veränderlich, vertikal: 1200 kN, hier als Q_{k1}
- veränderlich, horizontal: 300 kN, hier als Q_{k2}

Die veränderlichen Einwirkungen treten unabhängig voneinander auf. Aufgrund der Einwirkungsart wird ihnen ein Kombinationswert $\psi_0 = 0{,}7$ nach DIN EN 1990, A 1.2.2 zugeordnet.

Der Nachweis wird für eine geschätzte erforderliche Breite B = 2,35 m mit den Nachweisverfahren 1, 2, 2* und 3 nach DIN EN 1997-1 geführt. Der Erdwiderstand, als zugelassene günstige Einwirkung, wird in diesem Rechenbeispiel nicht angesetzt, um den Einfluss der veränderlichen Horizontalkraft zu verdeutlichen.

Fundamentgewicht: $2{,}35^2 \cdot 0{,}8 \cdot 24{,}5 = 108$ kN

Bei den Grundbruchberechnungen werden die Bezeichnungen der DIN EN 1997-1, Anhang D verwendet. Bei den Lastneigungswerten werden im folgenden Beispiel die Formeln der DIN 4017:2005 verwendet. Sie unterscheiden sich von denjenigen in DIN EN 1997-1 insofern, als in der deutschen Norm anders als in der europäischen eine Auswirkung der Kohäsion nicht angesetzt wird (siehe die Hinweise zu den Lastneigungsbeiwerten in Abschnitt 3.2.4).

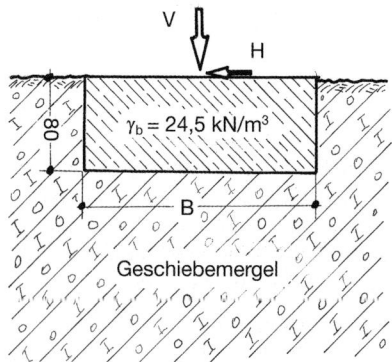

Bild 29. Fundamentbeispiel

Verfahren 1 nach DIN EN 1997-1, 2.4.7.3.4.2

Bei diesem Nachweisverfahren sind zwei Datensätze von Teilsicherheitsbeiwerten zugrunde zu legen. Einmal werden Teilsicherheitsbeiwerte > 1,00 auf die Einwirkungen bezogen, im anderen Fall werden Teilsicherheitsbeiwerte ≠ 1,00 in erster Linie auf der Widerstandsseite in die Scherparameter eingerechnet. Die zwei Datensätze sind:

(1) $\gamma_G = 1{,}35$ für ständige ungünstige Einwirkungen; $\gamma_Q = 1{,}50$ für variable ungünstige Einwirkungen; Materialparameter mit Teilsicherheitsbeiwerten $\gamma = 1$; dies führt zu Berechnungen mit charakteristischen Werten $\tan \varphi'_k$; c'_k.

(2) $\gamma_\varphi = 1{,}25 = \gamma_c$ für die Scherparameter $\tan \varphi'$ und c'; $\gamma_G = 1{,}00$ für ständige ungünstige Einwirkungen; $\gamma_Q = 1{,}30$ für veränderliche ungünstige Einwirkungen.

Mit den zwei Datensätzen der Teilsicherheitsbeiwerte ergibt sich:

(1) $V_d = 1{,}35 \cdot (900 + 108) + 1{,}50 \cdot 1200 = 3161$ kN

Horizontaleinwirkung unter Berücksichtigung von ψ_0: $H_d = 0{,}7 \cdot 1{,}50 \cdot 300 = 315$ kN

Versatzmoment auf der Sohle: $M_d = 0{,}8 \cdot 315 = 252$ kNm

damit die Exzentrizität: $e = 252/3161 = 0{,}08$ m

effektive Fundamentbreite in der Richtung der Horizontallast: $B' = 2{,}19$ m

effektive Sohlfläche: $A' = 2{,}35 \cdot 2{,}19 = 5{,}15$ m²

Beiwerte der Grundbruchgleichung:

Tragfähigkeitsbeiwerte: $N_q = 23$; $N_\gamma = 28$; $N_c = (23 - 1) \cdot 1{,}60 = 35$

Formbeiwerte: $s_q = 1 + (2{,}19/2{,}35) \cdot \sin 32° = 1{,}49$; $s_\gamma = 1 - 0{,}3 \cdot (2{,}19/2{,}35) = 0{,}72$;
$s_c = (1{,}49 \cdot 23 - 1) / (23 - 1) = 1{,}52$

Lastneigungswerte: $m = (2 + 2{,}19/2{,}35) / (1 + 2{,}19/2{,}35) = 1{,}52$

$i_q = (1 - 315/3161)^{1{,}52} = 0{,}853$; $i_\gamma = (1 - 315/3161)^{(1+1{,}52)} = 0{,}768$;
$i_c = 0{,}853 - (1 - 0{,}853) / (35 \cdot \tan 32°) = 0{,}846$

Daraus ergibt sich der Bemessungswert des Grundbruchwiderstands zu

$R_d = A' \cdot \{c' \cdot N_c \cdot s_c \cdot i_c + t \cdot \gamma \cdot N_q \cdot s_q \cdot i_q + 0{,}5 \cdot \gamma \cdot B' \cdot N_\gamma \cdot s_\gamma \cdot i_\gamma\}$

$R_d = 5{,}15 \cdot \{20 \cdot 35 \cdot 1{,}52 \cdot 0{,}846 + 0{,}8 \cdot 22 \cdot 23 \cdot 1{,}49 \cdot 0{,}853$
$\quad + 0{,}5 \cdot 22 \cdot 2{,}19 \cdot 28 \cdot 0{,}72 \cdot 0{,}768\} = 9199$ kN $> V_d = 3161$ kN

Dieser Rechengang ist also nicht maßgebend. Das gilt auch für den Nachweis der Gleitsicherheit.

(2) $V_d = 900 + 108 + 1{,}30 \cdot 1200 = 2568$ kN

Horizontaleinwirkung unter Berücksichtigung von ψ_0: $H_d = 0{,}7 \cdot 1{,}30 \cdot 300 = 273$ kN

$M_d = 0{,}80 \cdot 273 = 218$ kNm; $e = 218/2568 = 0{,}09$ m

Bemessungswerte der Scherparameter: $c'_d = 20/1{,}25 = 16$ kPa;
$\tan \varphi'_d = \tan 32°/1{,}25 = 0{,}50$; $\varphi'_d = 26{,}5°$

3.1 Flachgründungen

Grundbruchsicherheit:

B' = 2,18 m; A' = 5,12 m²

N_q = 12,5; N_γ = 11,5; N_c = 23

s_q = 1 + (2,18/2,35) · sin 26,5° = 1,41; s_γ = 0,72; s_c = 1,45

m = 1,52

i_q = (1 − 273/2568)^{1,54} = 0,843; i_γ = (1 − 273/2568)^{2,54} = 0,753;
i_c = 0,843 − (1 − 0,843) / (23 · tan 26,5°) = 0,829

Daraus ergibt sich der Bemessungswert des Grundbruchwiderstands zu

R_d = 5,12 · {16 · 23 · 1,45 · 0,829 + 0,8 · 22 · 12,5 · 1,41 · 0,843
 + 0,5 · 22 · 2,18 · 11,5 · 0,72 · 0,753} = 4379 kN > V_d = 2568 kN
 − entsprechend einer Ausnutzung von 59%

Der Rechengang mit dem Datensatz (2) ist also maßgebend. Mit einer Breite von B = 1,85 m ergäbe sich eine Ausnutzung von 100%.

Gleitsicherheit:

In diesem Fall ist H_k = Q_{1k} = 300 kN die maßgebende veränderliche Einwirkung, d. h. H_d = 1,30 · 300 = 390 kN. Die Vertikallast V_k = 900 + 108 = 1008 kN ist zur Berechnung des Gleitwiderstandes als günstige ständige Einwirkung mit dem Teilsicherheitsbeiwert 1,00 zu multiplizieren, also V_d = 1,00 · V_k = 1008 kN.

Daraus ergibt sich der Gleitwiderstand: R_d = 1008 · tan 26,5° = 503 kN > H_d.

Verfahren 2 nach DIN EN 1997-1, 2.4.7.3.4.3

V_d = 1,35 · (900 + 108) + 1,50 · 1200 = 3161 kN

Horizontaleinwirkung unter Berücksichtigung von ψ_0: H_d = 0,7 · 1,50 · 300 = 315 kN

Lastneigung 315 / 3161 = 0,100

Versatzmoment auf der Sohle: M_d = 0,8 · 315 = 252 kNm

damit die Exzentrizität: e = 252/3161 = 0,080 m

effektive Fundamentbreite in der Richtung der Horizontallast: B' = 2,19 m

effektive Sohlfläche: A' = 2,35 · 2,19 = 5,15 m²

Grundbruchsicherheit:

Bei diesem Nachweisverfahren wird der Grundbruchwiderstand R_k mit charakteristischen Werten der Scherfestigkeit und mit Bemessungswerten der Einwirkungen ermittelt. Daraus wird mit einem Teilsicherheitswert γ_R = 1,40 der Bemessungswert des Grundbruchwiderstandes R_d berechnet, welcher mit dem Bemessungswert der vertikalen Einwirkungen V_d zu vergleichen ist:

Beiwerte der Grundbruchgleichung:

N_q = 23; N_γ = 28; N_c = (23 − 1) · 1,60 = 35

s_q = 1 + (2,19/2,35) · sin 32° = 1,49; s_γ = 1 − 0,3 · (2,19/2,35) = 0,72;
s_c = (1,49 · 23 − 1) / (23 − 1) = 1,52

$m = (2 + 2{,}19/2{,}35) / (1 + 2{,}19/2{,}35) = 1{,}52$

$i_q = (1 - 315/3161)^{1,52} = 0{,}852;\ i_\gamma = (1 - 315/3161)^{2,52} = 0{,}768;$
$i_c = 0{,}852 - (1 - 0{,}852) / (35 \cdot \tan 32°) = 0{,}846$

Daraus ergibt sich der charakteristische Wert des Grundbruchwiderstands zu

$R_k = 5{,}15 \cdot \{20 \cdot 35 \cdot 1{,}52 \cdot 0{,}846 + 0{,}8 \cdot 22 \cdot 23 \cdot 1{,}49 \cdot 0{,}852$
$\quad + 0{,}5 \cdot 22 \cdot 2{,}19 \cdot 28 \cdot 0{,}72 \cdot 0{,}768\} = 9198\ \text{kN}$

und der Bemessungswert zu $R_d = 9198 / 1{,}4 = 6570\ \text{kN} > V_d = 3161\ \text{kN}$.

Der Ausnutzungsgrad beträgt in diesem Fall 48%. Für 100% ergäbe sich hier B = 1,70 m.

Gleitsicherheit:

Der charakteristische Gleitwiderstand wird mit charakteristischen Werten der Scherfestigkeit errechnet. Durch Division durch den Teilsicherheitsbeiwert $\gamma_{R,h} = 1{,}1$ ergibt sich der Bemessungswert des Gleitwiderstandes.

$H_k = Q_{1k} = 300\ \text{kN}$ ist die maßgebende veränderliche Einwirkung, d.h. $H_d = 1{,}50 \cdot 300 = 450\ \text{kN}$. Die Vertikallast $V_k = 900 + 108 = 1008\ \text{kN}$ ist zur Berechnung des Gleitwiderstandes als günstige ständige Einwirkung mit dem Teilsicherheitsbeiwert 1,00 zu multiplizieren, also $V_d = 1{,}00 \cdot V_k = 1008\ \text{kN}$.

Daraus ergibt sich der Gleitwiderstand: $R_d = 1008 \cdot \tan 32° / 1{,}1 = 573\ \text{kN} > H_d$.

Verfahren 2*; das ist Verfahren 2 nach DIN EN 1997-1, 2.4.7.3.4.3 im Zusammenhang mit 2.4.7.3.3, Anmerkung zu (1), und ist das in Deutschland eingeführte Verfahren

Das Verfahren entspricht dem o.g. Nachweisverfahren 2 mit dem Unterschied, dass der Grundbruchwiderstand R_k mit charakteristischen Werten der Einwirkungen ermittelt wird, was sich günstig auf die in die Grundbruchgleichung eingehende Exzentrizität und Lastneigung auswirkt.

Charakteristische Beanspruchungen: $V_k = 900 + 108 + 1200 = 2208\ \text{kN}$

Horizontaleinwirkung unter Berücksichtigung von ψ_0: $H_k = 0{,}7 \cdot 300 = 210\ \text{kN}$

Lastneigung $210 / 2208 = 0{,}095$

Versatzmoment: $M_k = 0{,}8 \cdot 210 = 168\ \text{kNm}$; Exzentrizität $168/2208 = 0{,}076\ \text{m}$

$B' = 2{,}20\ \text{m};\ A' = 5{,}16\ \text{m}^2$

$N_q = 23;\ N_\gamma = 28;\ N_c = 35$

$s_q = 1 + (2{,}20/2{,}35) \cdot \sin 32° = 1{,}50;\ s_\gamma = 1 - 0{,}3 \cdot (2{,}20/2{,}35) = 0{,}72;$
$s_c = (1{,}50 \cdot 23 - 1) / (23 - 1) = 1{,}52$

$m = (2 + 2{,}20/2{,}35) / (1 + 2{,}20/2{,}35) = 1{,}52$

$i_q = (1 - 210/2208)^{1,52} = 0{,}859;\ i_\gamma = (1 - 210/2208)^{2,52} = 0{,}778;$
$i_c = 0{,}859 - (1 - 0{,}859) / (35 \cdot \tan 32°) = 0{,}853$

Daraus ergibt sich der charakteristische Wert des Grundbruchwiderstands zu

$R_k = 5{,}16 \cdot \{20 \cdot 35 \cdot 1{,}52 \cdot 0{,}853 + 0{,}8 \cdot 22 \cdot 23 \cdot 1{,}50 \cdot 0{,}859$
$\quad + 0{,}5 \cdot 22 \cdot 2{,}20 \cdot 28 \cdot 0{,}72 \cdot 0{,}778\} = 9324\ \text{kN}$

3.1 Flachgründungen

und der Bemessungswert zu $R_d = 9324 / 1,4 = 6660$ kN $> V_d = 3161$ kN. Der Ausnutzungsgrad beträgt in diesem Fall 47%. Für 100% ergäbe sich hier B = 1,69 m.

Gleitsicherheit:
Gegenüber dem Nachweisverfahren 2 ändert sich die Berechnung des Gleitwiderstandes nicht, da die in ihre Berechnung eingehende Normalkraft in der Fundamentsohle in beiden Fällen nicht durch einen Teilsicherheitsbeiwert ≠ 1 verändert wird.

Vergleich der Verfahren 2 und 2*:
Die Änderung gegenüber dem Ergebnis nach dem Verfahren 2 ist im vorgestellten Fall gering. Eine größere Auswirkung beim Grundbruchnachweis ergibt sich, wenn man die Verfahren 2 und 2* bei Fundamenten vergleicht, die eine deutliche exzentrische Belastung aufweisen. Wird beim untersuchten Beispiel zusätzlich berücksichtigt, dass die Horizontallast in 5 m Höhe angreift, ergibt sich aus der folgenden Tabelle.

	Verfahren 2	Verfahren 2*
Vertikale Beanspruchung V	$V_k = 900 + 108 + 1200 = 2208$ kN $V_d = 1,35 \cdot (900 + 108) + 1,50 \cdot 1200 = 3161$ kN	
Horizontale Beanspr. bei Berücksichtigung von ψ_0	$H_k = 0,7 \cdot 300 = 210$ kN $H_d = 210 \cdot 1,50 = 315$ kN	
Lastneigung	$315 / 3161 = 0,100$	$210 / 2208 = 0,095$
Moment in Fundamentsohle	$M_k = 5,8 \cdot 210 = 1218$ kNm $M_d = 5,8 \cdot 315 = 1827$ kNm	
Exzentrizität	$1827 / 3161 = 0,578$ m	$1218 / 2208 = 0,552$ m
Ersatzbreite, Ersatzfläche	$B' = 2,35 - 2 \cdot 0,578 = 1,194$ m $A' = 2,81$ m²	$B' = 2,35 - 2 \cdot 0,552 = 1,246$ m $A' = 2,93$ m²
Tragfähigkeitsbeiwerte	$N_q = 23; N_\gamma = 28; N_c = 35$	
Formbeiwerte	$s_q = 1 + (1,194/2,35) \cdot \sin 32° = 1,27$ $s_\gamma = 1 - 0,3 \cdot (1,194/2,35) = 0,84$ $s_c = (1,27 \cdot 23 - 1)/(23 - 1) = 1,28$	$s_q = 1 + (1,246/2,35) \cdot \sin 32° = 1,28$ $s_\gamma = 1 - 0,3 \cdot (1,246/2,35) = 0,84$ $s_c = (1,28 \cdot 23 - 1)/(23 - 1) = 1,29$
Neigungsbeiwerte	$m = (2 + 1,19/2,35)/(1 + 1,19/2,35)$ $= 1,66$ $i_q = (1 - 315/3161)^{1,66} = 0,840$ $i_\gamma = (1 - 315/3161)^{2,66} = 0,756$ $i_c = 0,840 - (1 - 0,840)/$ $(35 \cdot \tan 32°) = 0,833$	$m = (2 + 1,25/2,35)/(1 + 1,25/2,35)$ $= 1,65$ $i_q = (1 - 210/2208)^{1,65} = 0,848$ $i_\gamma = (1 - 210/2208)^{2,65} = 0,767$ $i_c = 0,848 - (1 - 0,848)/$ $(35 \cdot \tan 32°) = 0,841$
Grundbruchwiderstand	$R_k = 2,81 \cdot \{20 \cdot 35 \cdot 1,28 \cdot 0,833$ $+ 0,8 \cdot 22 \cdot 23 \cdot 1,27 \cdot 0,840$ $+ 0,5 \cdot 22 \cdot 1,19 \cdot 28 \cdot 0,84$ $\cdot 0,756\} = 3967$ kN $R_d = 3967 / 1,4 = 2834$ kN	$R_k = 2,93 \cdot \{20 \cdot 35 \cdot 1,29 \cdot 0,841$ $+ 0,8 \cdot 22 \cdot 23 \cdot 1,28 \cdot 0,848$ $+ 0,5 \cdot 22 \cdot 1,25 \cdot 28 \cdot 0,84$ $\cdot 0,767\} = 4237$ kN $R_d = 4235 / 1,4 = 3026$ kN
Ausnutzungsgrad	$\mu = 3161 / 2834 = 112\%$	$\mu = 3161 / 3026 = 104\%$

Verfahren 3 nach DIN EN 1997-1, 2.4.7.3.4.4

Grundbruchsicherheit:

Bei diesem Nachweisverfahren wird der Grundbruchwiderstand mit den Bemessungswerten der Scherparameter berechnet, d.h. – aufgrund gleicher Teilsicherheitsbeiwerte – mit den Werten von Verfahren 1 (2). In der Berechnung der Neigungsbeiwerte i werden auch die Einwirkungen mit ihren Bemessungswerten berücksichtigt, für die dieselben Teilsicherheitsbeiwerte gelten wie bei den Verfahren 1 (1) und 2. Die Abweichungen der Grundbruchbeiwerte gegenüber den in 1 (2) ermittelten sind vernachlässigbar gering, sodass $R_d = 4379$ kN von dort übernommen werden kann.

Auch hier ist $R_d > V_d = 3161$ kN (siehe 1, (1)). Der Ausnutzungsgrad beträgt 72 %. Eine Fundamentabmessung von 2,01 m würde zu einer vollen Auslastung führen.

Gleitsicherheit:

$H_d = 1{,}50 \cdot 300 = 450$ kN $< (900 + 108) \cdot \tan 26{,}5° = 504$ kN $= R_d$

d.h. die Gleitsicherheit ist nicht maßgebend.

Beispiel 2

Um den Einfluss der Kohäsion zu verdeutlichen, wird das Fundamentbeispiel (B = 2,35 m) für das Nachweisverfahren 2* nochmals mit $c' = 0$, $\varphi'_k = 32°$ durchgerechnet.

Verfahren 2*

Grundbruchsicherheit:

$V_k = 900 + 108 + 1200 = 2208$ kN; $\psi_0 \cdot H_k = 210$ kN; $M_k = 0{,}80 \cdot 210 = 168$ kNm

$e = 168/2208 = 0{,}08$ m; $B' = 2{,}20$ m; $A' = 5{,}16$ m²

$N_q = 23$; $N_\gamma = 28$; $s_q = 1{,}49$; $s_\gamma = 0{,}72$; $i_q = 0{,}859$; $i_\gamma = 0{,}777$

$R_d = (1/1{,}4) \cdot 5{,}16 \cdot \{0{,}8 \cdot 22 \cdot 23 \cdot 1{,}49 \cdot 0{,}859 + 0{,}5 \cdot 22 \cdot 2{,}20 \cdot 28 \cdot 0{,}72 \cdot 0{,}777\}$
$= 3317$ kN

$V_d = 1{,}35 \cdot (900 + 108) + 1{,}50 \cdot 1200 = 3161$ kN $< R_d$

Ausnutzungsgrad: 95 %. Bei 100 % Ausnutzung wäre B = 2,30 m.

Gleitsicherheit:

Sie wird durch die fehlende Kohäsion nicht beeinflusst.

Schlussfolgerung

Das Verfahren 2* führt bei den europaweit vorgeschlagenen und für Deutschland verbindlich festgesetzten Teilsicherheitswerten in der Regel zu den wirtschaftlichsten Fundamentabmessungen. Die Unterschiede zu den Berechnungsergebnissen mit anderen Verfahren, vor allem mit den Verfahren 1 und 3 sind erheblich. Die für Europa einheitliche EN 1997-1 führt damit selbst bei gleichartigen Baugrundrandbedingungen keinesfalls zu einheitlichen Fundamentabmessungen und die nationalen Anhänge, in denen die Nachweisverfahren und die Teilsicherheitsbeiwerte jeweils national festgelegt werden, sind unbedingt zu beachten.

3.1 Flachgründungen

3.2.9 Setzungen

Nach DIN EN 1997-1, 6.6.1, sind sowohl die sofortigen Anfangssetzungen s_0 als auch die zeitlich verzögerten Setzungen nachzuweisen, die infolge der Konsolidierung bindiger Bodenschichten (s_1) als auch durch Kriechverformungen (s_2) entstehen können. Im Anhang F der DIN EN 1997-1 werden für die Ermittlung von s_0 und s_1 die traditionellen Berechnungsmethoden empfohlen (s. auch DIN 4019):

(1) Berechnung der vertikalen, von der Querkontraktion unabhängigen Druckspannungen im elastisch isotropen Halbraum [67] infolge linearer Sohldruckverteilung unter dem Fundament, dann Ermittlung der Setzungsanteile anhand der Drucksetzungslinien der infrage kommenden kompressiblen Schichten bis zu einer Grenztiefe, in der die effektive lotrechte Spannungszunahme aus der Fundamentlast nur noch 20 % der Vorspannung aus dem Eigengewicht des Bodens ausmacht (indirekte Setzungsberechnung).
(2) Direkte Setzungsberechnung mit einer aus der Elastizitätslehre abgeleiteten Formel für die Vertikalverschiebung, in der die Setzung linear mit dem Sohldruck zunimmt und umgekehrt proportional zu einem konstanten Steifemodul E_s oder einem konstanten Elastizitätsmodul E ist.

In der Praxis wird (1) sowohl für Handrechnungen mithilfe von Diagrammen als auch für Computer-Programmrechnungen bevorzugt, wobei der Modul schichtweise als konstanter Wert eingesetzt wird. Im Literaturverzeichnis sind Beispiele einschlägiger Programme zu finden.

Unter biegesteifen Fundamenten, bei denen nicht mit einer linearen Sohlspannungsverteilung gerechnet werden kann, wird häufig die Berechnung im kennzeichnenden Punkt vorgenommen, an dem ein starres und ein schlaffes Fundament die gleiche Setzung aufweisen. Die Setzung eines starren Fundaments lässt sich aber auch ohne Bezugnahme auf einen „kennzeichnenden Punkt" ausreichend genau angeben, indem man entweder die zentrische Setzung für das als biegeweich („schlaff") angenommene Fundament auf 75 % reduziert, um die Steifigkeit zu berücksichtigen, oder die entsprechende rechnerische Ecksetzung um 50 % erhöht [96].

Für den Setzungsanteil einer kompressiblen Schicht in der Tiefe z und mit der Dicke Δz infolge einer zentrischen Fundamentlast P können die Diagramme in Bild 30 verwendet werden. Darin ist a die größere und b die kleinere Fundamentabmessung.

Die Tatsache, dass sich die Anwendung der klassischen Elastizitätstheorie unangefochten bei Setzungsberechnungen erhalten hat, hängt damit zusammen, dass das Rechenmodell 1 auf vertikalen Druckspannungen σ_{zz} basiert, die nach dieser Theorie unabhängig vom Stoffgesetz, also statisch bestimmt, sind. Da dieses Rechenmodell auch auf geschichteten Boden angewendet wird, muss damit gerechnet werden, dass sich bei extrem unterschiedlicher Scherfestigkeit unter Umständen eine von der Querkontraktion abhängige und möglicherweise nicht zu vernachlässigende Änderung der vertikalen Druckspannung ergibt. Es gibt Rechenprogramme, die die Spannungsabhängigkeit des Steifemoduls und die Auswirkung der Schichtung auf die Spannungsausbreitung berücksichtigen (z.B. [102–104, 108]), ohne dass sich allerdings die Genauigkeit der Setzungsprognose nennenswert steigern ließe, weil die Eingabedaten zu sehr mit Unsicherheiten behaftet sind. Deswegen wird empfohlen, die Berechnungen mit unteren und oberen charakteristischen Werten, bzw. Verläufen für den Modul bzw. die Druck-Setzungslinie auszuführen.

Auch wenn die Berechnungsmethoden für Setzungsberechnungen auf der Elastizitätstheorie fußen, ist der Setzungsvorgang an sich im Wesentlichen ein plastischer irreversibler Vor-

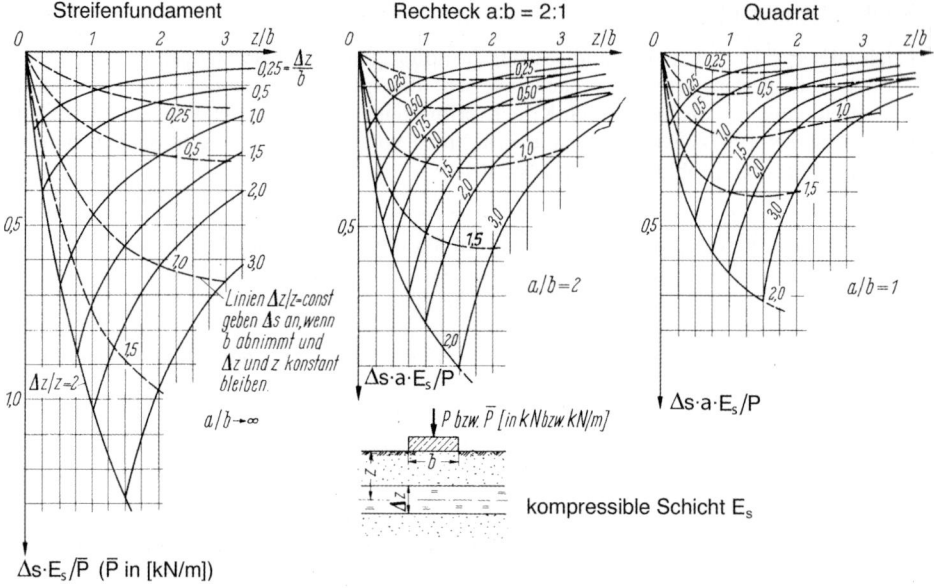

Bild 30. Setzungsanteil Δs einer kompressiblen Schicht unter mittig belasteten Fundamenten, berechnet für den kennzeichnenden Punkt. E_s – Steifemodul der kompressiblen Schicht

gang, bei dem der Porenraum des Bodens durch Umlagerung der Feststoffpartikel verkleinert wird. Elastische Vorgänge sind beschränkt auf Ent- und Wiederbelastungen mit geringen Spannungsänderungen. Für Berechnungen statisch unbestimmter Systeme werden häufig Federsteifigkeiten als Verhältnis zwischen Laständerungen und zugehörigen Verformungen zur vereinfachten Modellierung des Untergrundes verwendet. Dies ist jedoch nicht mit einem elastischen Verhalten des Untergrundes gleichzusetzen.

Bei Setzungsberechnungen ist der zeitliche Verlauf der Lastaufbringung im Vergleich zur zeitlichen Entwicklung der Bauwerkssteifigkeit zu berücksichtigen. Beispielsweise führen Sofortsetzungen bei der Herstellung einer Beton-Bodenplatte nicht zu Beanspruchungen im Beton.

Bei vorübergehenden Einwirkungen ist die Wahrscheinlichkeit ihres Auftretens in voller Größe und über einen Zeitraum, der die Konsolidations- und Kriechsetzungen wirklich entstehen lässt, zu berücksichtigen. Hier helfen die formalen Regelungen der DIN EN 1990, bei denen seltene, häufige und quasi ständige Situationen mithilfe der Kombinationsbeiwerte ψ_0, ψ_1 und ψ_2 für veränderliche Einwirkungen unterschieden werden. Bei Erfordernis und entsprechender Begründung kann es auch sinnvoll sein, geeignete Kombinationsbeiwerte projektspezifisch festzulegen, um die Häufigkeit und Dauer von veränderlichen Lasten angemessen zu wichten.

Die Werte ψ_0 gelten für *seltene Situationen* und werden im Regelfall für Setzungsberechnungen nicht anzuwenden sein:

$$E_{d,rare} = E\left\{\sum_{j\geq 1} G_{k,j} \text{ "+" } P_k \text{ "+" } Q_{k,1} \text{ "+" } \sum_{i>1} \psi_{0,i} \cdot Q_{k,i}\right\} \tag{15}$$

3.1 Flachgründungen

In dieser symbolischen Gleichung stehen G für die ständigen Einwirkungen, P für Vorspann-Einwirkungen und Q für veränderliche Einwirkungen, wobei Q_1 die dominierende veränderliche Einwirkung ist. Der Index k bezeichnet die charakteristischen Werte.

Häufige Situationen werden unter Berücksichtigung von ψ_1 und ψ_2 beschrieben und können bei Böden, die nach der Lastaufbringung zu kaum zeitverzögerten Setzungen führen, maßgebend werden. Ihre Auswirkungen werden dargestellt durch:

$$E_{d,frequ} = E\left\{\sum_{j\geq 1} G_{k,j} \text{"+"} P_k \text{"+"} \psi_{1,1} \text{"+"} Q_{k,1} \text{"+"} \sum_{i>1} \psi_{2,i} \cdot Q_{k,i}\right\} \quad (16)$$

Die Auswirkungen *quasi-ständiger Situationen* mit Langzeitauswirkungen auf das Tragwerk $E_{d,perm}$ werden mithilfe von ψ_2 beschrieben durch:

$$E_{d,perm} = E\left\{\sum_{j\geq 1} G_{k,j} \text{"+"} P_k \text{"+"} \sum_{i\geq 1} \psi_{2,i} \cdot Q_{k,i}\right\} \quad (17)$$

Bei veränderlichen Lasten geht man davon aus, dass sie bei ihrem ersten Auftreten Setzungen erzeugen und bei wiederholtem Auftreten die Ent- und Wiederbelastungen nur zu geringen elastischen, also reversibel auftretenden Verformungen führen. Bei sehr hohen Lastwechselzahlen und sehr empfindlichen Bauwerken kann es aber erforderlich sein, auch die Akkumulation kleinster Verformungen zu berücksichtigen [94]. Zu Verformungen von Sand bei wiederholter bzw. zyklischer Belastung wird auch auf die Untersuchungen [32, 33, 46] verwiesen.

Weiterhin ist zu beachten:

a) Die Zuverlässigkeit von Setzungsprognosen nimmt bei geringer Größe der Absolutsetzungen rasch ab: Setzungsbeträge von weniger als 5 mm sind nicht mehr sicher. Aber auch bei rechnerischen Setzungen um 1 cm kann es vorkommen, dass sie gar nicht eintreten.
b) Regionale Erfahrungen aufgrund beobachteter Setzungen, die in allen dicht bebauten Gebieten vorhanden sind, sollten durch Rückrechnungen genutzt werden, da die aus Laborversuchen abgeleiteten Kompressionsparameter bei erstbelasteten Lockergesteinen meistens zu große rechnerische Setzungen ergeben. Um Unterschiede zwischen Kompressionsparametern, wie sie im Labor ermittelt werden, und solchen, die sich aus regionaler Erfahrung rückrechnen lassen, zu berücksichtigen, wurden in DIN 4019:1979 Reduktionsfaktoren α eingeführt. Die dort mit Blick auf homogene einfache Böden genannten Werte können von den Autoren jedoch nicht allgemein bestätigt werden.
Allerdings setzen derartige Rückrechnungen voraus, dass
  – der Setzungsverlauf des Bestandsbauwerkes einigermaßen vollständig gemessen vorliegt,
  – die wirklichen ständigen Lasten bekannt sind,
  – das angewendete Rechenmodell die unterschiedlichen Randbedingungen räumlich erfasst.
Da diese Voraussetzungen selten erfüllt sind, sollte man Setzungserfahrungen aus der Umgebung eher als qualitatives Vergleichsmaterial benutzen, im Übrigen aber die wirkliche Baugrundsteifigkeit durch Feldversuche im Vergleich mit Laborwerten zu bestimmen suchen.
c) Große Baumassen verursachen auch auf setzungsunempfindlichem Untergrund Verformungen, deren Größe leicht unterschätzt wird. Sie können bedeutungslos sein, wenn es sich dabei um einen einmaligen Belastungsvorgang mit großen Eigengewichten und

geringen Verkehrslasten handelt. Dagegen können sie entscheidend sein, wenn das Bauwerk in Blöcken hergestellt wird (Fugenkonstruktionen) oder, wie bei großen Behältern, die Lasten aus der Füllung dominieren und überdies oft wechseln (s. auch Schleusenkammern, Docks, Kranbahnstützen usw.).

3.2.10 Verkantungen

Setzungsunterschiede und daraus resultierende Verkantungen treten oft – in der Größenordnung von etwa der halben Absolutsetzung – auch dann auf, wenn weder die Baugrundverhältnisse noch die Belastung das rechnerisch erwarten lassen. Der Grund ist nicht nur eine bei der Erkundung nicht festzustellende Heterogenität des wirklichen Baugrundes, sondern auch die stillschweigende Annahme einer völlig symmetrischen Verformung in der konventionellen Setzungsberechnung, während in Wirklichkeit die „freien Ränder" neben dem Fundament unterschiedlich bebaut oder vorbelastet sind und damit auch eine unterschiedliche horizontale Stützwirkung im Druckbereich unter dem Fundament verursachen können (Bild 31).

Bei sehr hohen Bauwerken müssen rechnerisch nicht zuverlässig erfassbare Verkantungen entweder konstruktiv oder durch Nachstelleinrichtungen verhütet werden (Bild 32).

Zur Berechnung von Verkantungen kann bei vereinfachter Annahme über die Sohlspannungen mit trapezförmiger Sohlspannungsverteilung nach dem Superpositionsprinzip eine Zerlegung in konstante und im Querschnitt dreieckförmig verteilte Spannungen vorgenommen werden. Zur Berechnung der Verkantung derart belasteter Fundamente sind die Tafeln von *Schaak* [71] geeignet. Bild 33a zeigt daraus die Graphen für die Berechnung von Setzungsunterschieden Δs. Hierbei wird analog zum charakteristischen Punkt bei der Setzungsberechnung ein charakteristischer Querschnitt verwendet, in dem das Berechnungsergebnis unter Annahme starrer und schlaffer Lasten identisch sein sollte und der näherungs-

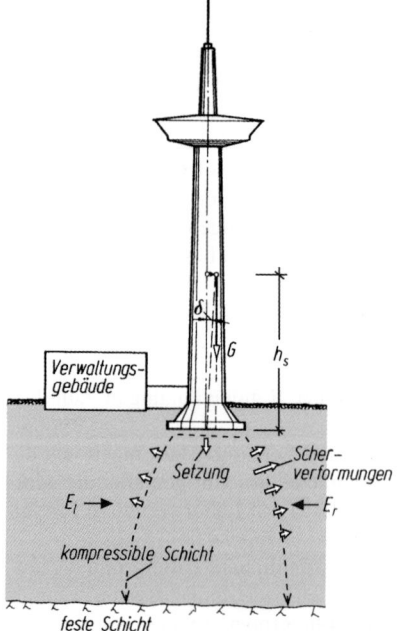

Bild 31. Unsymmetrische Bodenverdrängung bei einseitiger Randbelastung

3.1 Flachgründungen

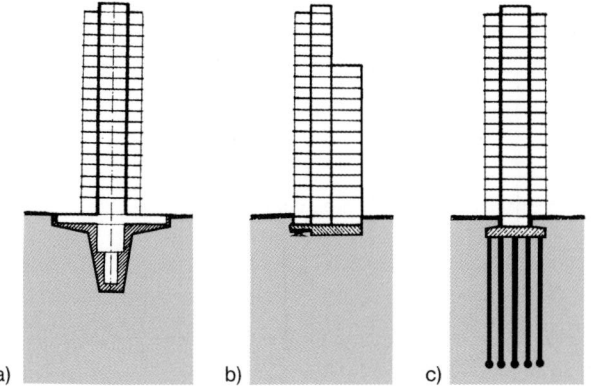

Bild 32. Verhütung von Verkantungen hoher Bauwerke durch
a) Pilzfundament,
b) Nachstellvorrichtung [87],
c) Pfahlplattengründung

weise bei 0,74 · a/2 angesetzt wird. Tatsächlich existiert ein derartiger geradliniger charakteristischer Querschnitt nicht, was zu ungenauen Ergebnissen führt (*Gussmann/Buchmaier* und *Vogt* in [84, 85]).

Eine analytische Lösung des Beiwerts f_α für die Verkantung

$$\tan\alpha = \frac{\Delta s}{B_x} = \frac{M}{B_y \cdot B_x^2 \cdot E_s} \cdot f_\alpha \qquad (18)$$

gibt es für den unendlich langen Streifen auf dem elastisch-isotropen Halbraum. Dort ist M das auf 1 m Länge bezogene Moment und $B_y = 1$ m. Für den Streifen muss $f_\alpha = 16/\pi = 5{,}09$ sein [2]. Zum Vergleich siehe Bilder 33 b und c.

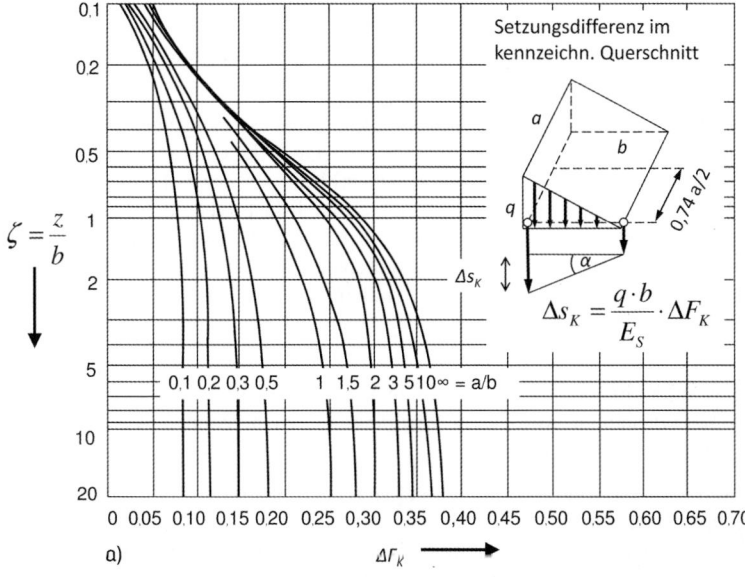

Bild 33a. Setzungsdifferenz eines Rechteckfundamentes bei Dreiecklast [71]

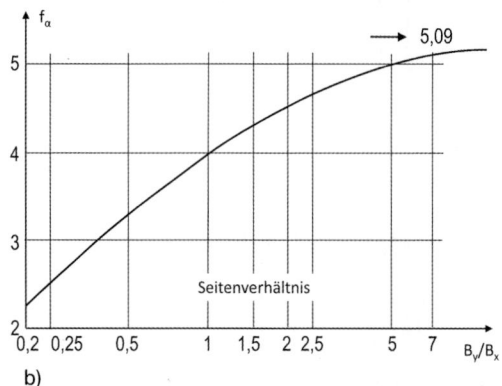
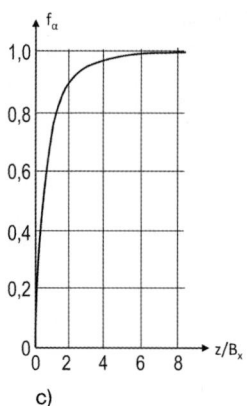

Bild 33b. Verkantungsfaktor f_α für das starre Rechteck [78]

Bild 33c. f_α für den starren Streifen bei variabler Schichtdicke z [84, 85]

Der Beiwert ΔF_k nach *Schaak* ist über den Faktor 1/12 mit dem Beiwert fα verknüpft. Bei $z/b = \infty$ und $a/b = \infty$ ergibt sich $\Delta F_k = 0{,}38$ und daraus $f_\alpha = 4{,}6$ statt 5,09.

Eine numerische Ermittlung für f_α bei Rechteckfundamenten findet sich bei *Sheriff/König*, Bild 33 b. Sie gilt für den Halbraum (z unbegrenzt). Für den Streifen sind in [84, 85] Werte von $f_\alpha(z)$ bei begrenzter Schichtdicke z angegeben, Bild 33 c. Durch Kopplung der beiden Diagramme lässt sich dann näherungsweise f_α auch für Rechteckfundamente und eine endliche Dicke der kompressiblen Schicht z ermitteln.

3.2.11 Anfangssetzung

Die Anfangssetzung s_0 kommt bei wassergesättigten bindigen Böden volumenkonstant durch seitliche Bodenverdrängung infolge einer Scherverformung zustande und kann deswegen nicht mit den eindimensionalen Setzungsformeln berechnet werden.

DIN EN 1997-1, 6.6.2 (16) empfiehlt, die Notwendigkeit einer Setzungsberechnung vom Ausnutzungsgrad der Scherfestigkeit c_u des undränierten Zustands der Gebrauchstauglichkeit in Bezug zur Sohlspannung abhängig zu machen. Überflüssig sei der Setzungsnachweis, wenn $V_k \leq R_k/3$ bleibt, d. h. die Beanspruchungen im Gebrauchslastniveau deutlich geringer sind als der Grundbruchwiderstand. Bei einem Sicherheitsabstand zwischen 1 und 2 wird empfohlen, die Nichtlinearität des Verformungsverhaltens zu berücksichtigen. Maßgebend ist hierbei nicht der Steifemodul, sondern der Elastizitätsmodul E_u aus einem Druckversuch mit unbehinderter Seitenausdehnung, der mit dem Ausnutzungsgrad der Scherfestigkeit monoton abnimmt.

Bei Teilsättigung besteht s_0 aus einem Anteil infolge Volumenänderung, zu berechnen wie s_1, und einem volumenkonstanten Anteil aus Verdrängung, zu berechnen wie bei voller Sättigung.

Ein neueres Verfahren wurde in England entwickelt [3]. Es beruht auf der Beobachtung, dass das Last-Verformungs-Diagramm des Bodens bei zunehmender Fundamentsetzung die gleiche Form hat wie die Stauchung einer Triaxialprobe im CU- oder UU-Versuch. Bild 34 stellt den Sachverhalt in normierter Form dar: die Setzung s wird auf die Fundamentbreite B bezogen, der nichtlinear von den Stauchungen abhängige Modul E auf den Anfangswert E_0

3.1 Flachgründungen

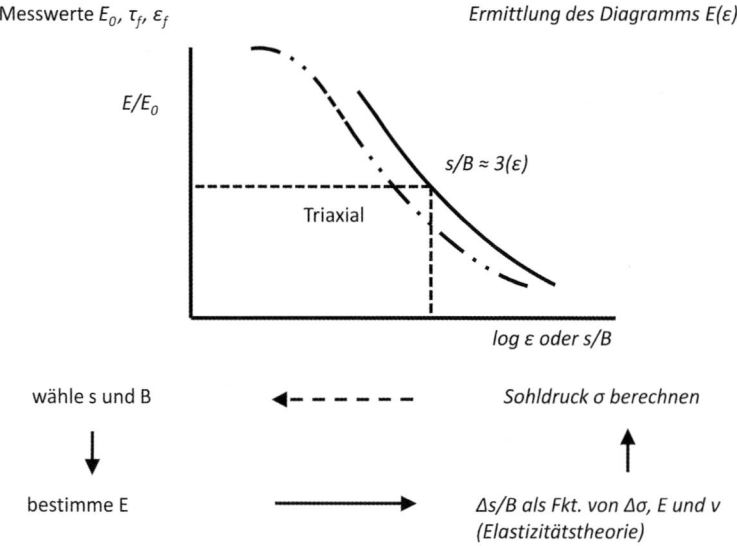

Bild 34. Schema der Setzungsberechnung (nach [3])

bei sehr kleinen Verformungen (elastischer Bereich) und Schubspannung und Stauchung auf die durch den Index f gekennzeichneten Grenzwerte beim Bruch. Die mehrjährige Erprobung des Verfahrens an ausgeführten Bauwerken hat zu einem Modellfaktor 3 geführt, um aus der qualitativen Erfahrung zu einem quantitativen Rechenmodus zu kommen.

Inzwischen ist dieses Verfahren auf den allgemeinen Fall einer Fundamentbelastung durch Vertikal-, Horizontal- und Momenteneinwirkungen erweitert worden [64], scheint jedoch noch keinen Eingang in die englische Praxis gefunden zu haben, in der wohl das konventionelle Vorgehen als ausreichend angesehen wird.

3.2.12 Zulässige Setzungen und Verkantungen

Für die Festlegung zulässiger Setzungen sind in der Regel nicht die absoluten Setzungen, sondern die Setzungsunterschiede maßgebend. Die in DIN EN 1997-1, 2.4.9 (7) und Annex H genannten absoluten Setzungsbeträge sind daher nicht hilfreich. Stattdessen haben sich bei Setzungsmulden die von *Bjerrum* [6] zusammengestellten Schadenskriterien in Form von kritischen Winkelverdrehungen bewährt, die für Muldenlagerung gelten und bei Sattellagerung eines auf Einzelfundamenten gegründeten Bauwerks zu halbieren sind (Bild 35).

Für die maximal hinnehmbaren Winkelverdrehungen werden in DIN EN 1997-1, Anhang H, Werte zwischen 1:2000 und 1:300 empfohlen. Der erstere Wert erscheint für den Regelfall als unbegründet sicher und unwirtschaftlich. Man sollte auch bedenken, dass ein großer Anteil von s_1 während der Rohbauzeit eintritt, in der sich alle Konstruktionen den Verformungen des Baugrunds in begrenztem Maß anpassen können. Deswegen kommt man in der Praxis nach langjähriger Erfahrung gut damit aus, wenn man mit den rechnerisch ermittelten Winkelverdrehungen unter 1:300 bleibt. Zu berücksichtigen ist auch, dass im normalen Hochbau übliche Setzungsdifferenzen von richtig konstruierten, duktilen Stahlbeton-Konstruktionen im Tragwerk schadlos aufgenommen werden. Dagegen können sich z. B.

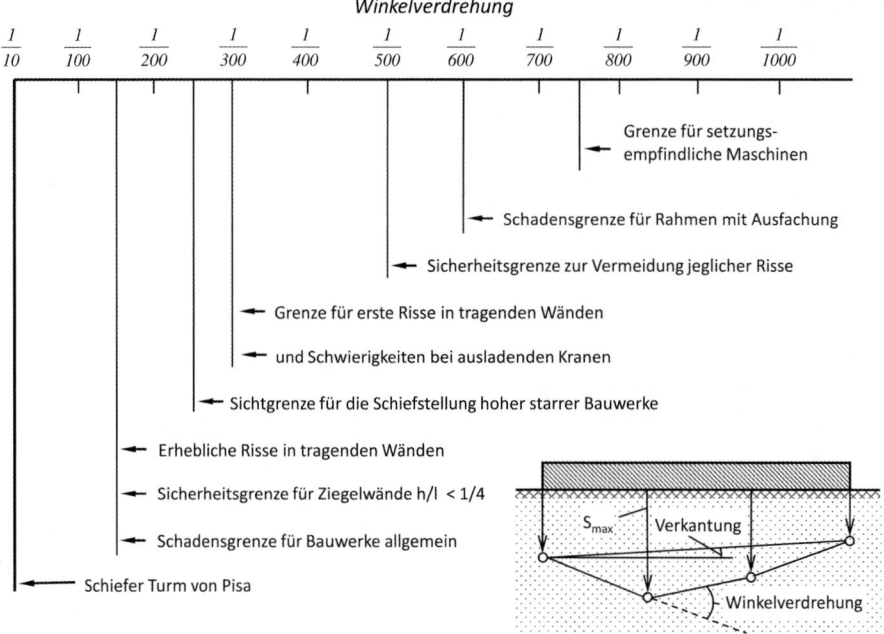

Bild 35. Schadenskriterien für Winkelverdrehungen (nach [6])

durch Verzerrungen einzelner Felder in Fassadenelementen, Mauerwerks-Ausfachungen und Verglasungen Schäden ergeben, die aber keinen Grenzzustand der Tragfähigkeit verursachen.

Dagegen hängt das für Winkelverdrehungen zulässige Maß davon ab, ob die Konstruktion frei steht oder – wie z. B. bei Brückenpfeilern – Teil eines komplexen statischen Systems ist.

Außer der Winkelverdrehung kann der vom Abstand Δl zwischen Gründungselementen mit den Setzungen s_1 bis s_3 abhängige Krümmungsradius R einer Setzungsmulde oder eines Sattels

$$R = \Delta l^2 / (s_1 - 2 \cdot s_2 + s_3) \tag{19}$$

für Beurteilungen möglicher Schädigungen herangezogen werden, denn der Krümmungsradius ist unmittelbar mit dem Moment in verbindenden Decken, Trägern oder Wandscheiben verknüpft, die durch die Baugrundverformungen unter Zwang geraten. In Stahlbetonbauwerken kann dabei die Relaxation günstig und den Zwang abbauend Berücksichtigung finden. Zwischen einer Beanspruchung, die zum Versagen eines Stahlbetonquerschnittes führt, und der Summe der planmäßigen Beanspruchungen wird entsprechend bautechnischer Regeln stets ein Sicherheitsabstand eingehalten. Diese Sicherheitsreserve dient auch dazu, bei einfachen Hochbauten planmäßig im Regelfall nicht erfasste Beanspruchungen, wie sie aus Setzungsunterschieden entstehen, aufzunehmen. Es erscheint den Autoren angemessen, bis zu 50 % der angesprochenen Reserve ggf. für Zwang aus Baugrundverformungen auch planmäßig auszunutzen.

Bild 36 stellt typische Rissbilder an Bauwerken schematisch dar.

3.1 Flachgründungen

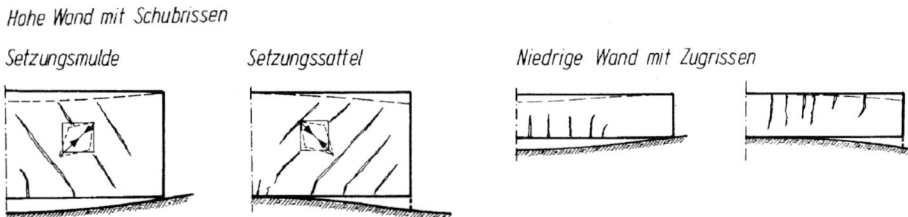

Bild 36. Setzungsrisse in Abhängigkeit von der Lagerungsart

Ob und in welchem Umfang Risse in Kauf genommen werden können, hängt zudem von der Nutzung des Bauwerks und der Toleranz der Nutzer ab. Zur geotechnischen Problematik historischer Bauwerke siehe die Empfehlungen des Arbeitskreises 4.9 der DGGT [17].

3.2.13 Zeitsetzung

Die Zeitsetzung eines Bodens besteht je nach Konsistenz und Tongehalt aus einem zeitlich begrenzten Anteil durch Verdrängen des ungebundenen Porenwassers („Primärsetzung") und einem langfristigen viskosen Anteil durch Umlagerungen der aus Festsubstanz und gebundenem Wasser bestehenden Tonteilchen, der als Kriechen („sekundäre Setzung") bezeichnet wird.

Primärsetzung s_1

Die Vorausberechnung des zeitlichen Verlaufs von s_1 allein als Konsolidierungsvorgang ist in einfachen Fällen durch Anwendung des auf *Terzaghi* zurückgehenden Rechenmodells möglich, siehe dazu [67]. Wir beschränken uns hier auf einige Hinweise für die Praxis.

Die Diagramme in [67] beschränken sich absichtlich auf bezogene Zeiten $T_v < 1$ bzw. 2, weil sich erfahrungsgemäß danach keine Zeitsetzungen mit nennenswertem Anteil mehr ergeben. Davon abgesehen, ist die Brauchbarkeit dieses eindimensionalen Rechenmodells auch sonst sehr begrenzt, denn:

– Wie die Definition der dimensionslosen Zeit T_v zeigt, ergibt sich ein Modellgesetz, wonach die Konsolidationszeit quadratisch mit der Schichtdicke H ansteigt. Überträgt man dieses Modellgesetz von den Ergebnissen eines Oedometerversuchs auf eine Schichtdicke in der Natur, dann erhält man bei dicken Schichten Zeiten, die weit über den tatsächlich zu beobachtenden liegen. Grund dafür ist die in der Natur räumliche Dränung bei den in Wirklichkeit begrenzt ausgedehnten Oberflächenbelastungen sowie die Tatsache, dass die horizontale Durchlässigkeit meist größer ist als die vertikale. Dies wird durch eine vergleichende Untersuchung an süddeutschen See- und Beckentonen bestätigt [88].
– Das Rechenmodell arbeitet mit konstanten Koeffizienten, während sich in Wirklichkeit sowohl der Durchlässigkeitsbeiwert k als auch der Steifemodul E_s durch die Konsolidierung ändern: der Boden wird fester und weniger durchlässig.
– Wenn die Steifigkeit des Bodens mit der Tiefe zunimmt, verkürzt sich die Endsetzungszeit erheblich, weil der längere Sickerweg in den tieferen Schichten, der bei konstantem Steifemodul die lange Konsolidierungszeit verursacht, in seinem Einfluss teilweise kompensiert wird.
– bei Tonen mit großer Aktivitätszahl I_A (s. Grundbau-Taschenbuch, Teil 1, Kap. 1.3, S. 145) setzt die Strömung des freien Porenwassers erst nach Erreichen eines Anfangs-

gefälles i_0 ein („Stagnationsgradient"). Diese Erscheinung hat *Hansbo* [28] durch Modifizierung des im o. g. Rechenmodell verwendeten Darcy'schen Filtergesetzes in der Form $v = k \cdot i^n$ zu erfassen versucht. Bei Exponenten $n > 1$ erhält man eine endliche Konsolidationszeit und eine Verkürzung des Vorgangs.

Inzwischen stehen Rechenprogramme zur Verfügung, die diese Einschränkungen nicht haben, siehe z. B. [106].

Für die einfachen Fälle eines Streifenfundaments und eines kreisförmigen Fundaments haben *Davis* und *Poulos* [11] Lösungen veröffentlicht, die die Einschränkungen der eindimensionalen Theorie überwinden und den Verfestigungsgrad U in Abhängigkeit von der Fundament- und Schichtungsgeometrie sowie der dimensionslosen Zeit darstellen.

Sekundäre Setzung s_2

Bei sensitiven und wenig vorkonsolidierten tonigen Bodenarten bewirkt eine Spannungsänderung auch im gebundenen Porenwasser, das bei der Konsolidation nicht ausgetrieben wird, Lageveränderungen der Bodenteilchen zur Verbesserung der inneren Kraftübertragung, die solange anhalten („säkulare Setzung" [8]), bis die in den deformierten Wasserhüllen der Partikel verursachten Schubspannungen genügend weit abgebaut sind (Relaxation). Dieser Setzungsvorgang erfolgt ohne messbaren Porenwasserüberdruck; die Setzung ist in der Regel linear von log t abhängig [48] und sehr langfristig: die Setzungsgeschwindigkeit scheint außer vom Spannungsniveau im Wesentlichen nur von mineralogischer Beschaffenheit des Tons, Temperatur und Wassergehalt abzuhängen, nicht aber von geometrischen Bedingungen. Man kann deswegen das in einem Oedometer gemessene Sekundärsetzungs-Verhalten im eindimensionalen Fall auch auf ein Bauwerk übertragen, erhält aber wegen der in der Praxis geringeren Verformungsgeschwindigkeit als im Versuch überhöhte Werte [49]. Zur experimentellen Bestimmung und Analyse des Kriechsetzens wird auf die Untersuchungen von [42] hingewiesen. Nach *Soumanaya/Kempfert* [88] ist der Anteil der Sekundärsetzung bei den süddeutschen See- und Beckentonen $7 \pm 2\%$ der Gesamtsetzung.

Eine Prognose des zu erwartenden Setzungsbetrags ist zwar mit einem geeigneten Stoffgesetz grundsätzlich möglich, erfordert aber eine Kalibrierung durch Objektmessungen für einen Zeitabschnitt der Baugeschichte nach der Konsolidierung. Zur Diskussion der damit verbundenen Probleme und die Anwendung auf das bekannte Problem des Pisa-Turms sei auf [60] verwiesen.

Es gibt Böden, die allein unter Eigengewicht auch noch in der geologischen Gegenwart einen derartigen Verfestigungsprozess durchlaufen und deshalb als „unterkonsolidiert" bezeichnet werden. Die Setzungsbeträge müssen dann durch Messbeobachtungen im unbelasteten Gelände erfasst werden.

3.3 Konstruktive Hinweise

3.3.1 Schutz gegen Bodenfrost (DIN EN ISO 13793)

Die für deutsche Verhältnisse traditionelle und auch in DIN 1054 verankerte Forderung, als Frostschutz eine Gründungstiefe von mindestens 80 cm einzuhalten, beruht auf dem Bemessungswert F_d des Frostindexes F (Bild 37), das ist die Summe der Differenzen zwischen 0 °C und den Tagesmitteln der Außentemperatur, die in der Frostperiode täglich einmal gemessen werden, bezogen auf langjährige Beobachtungen (DIN EN ISO 13793, 6.1). Diese Forderung hat in frostempfindlichen Böden einen höheren Stellenwert als in Böden, die durch Frost keine Volumenänderungen erfahren. Für Zwecke des Straßenbaus sind in der

3.1 Flachgründungen

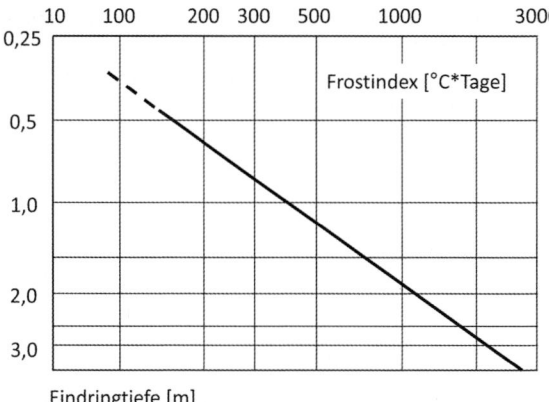

Bild 37. Eindringtiefe von Frost [7]

RStO 01 Frosteinwirkungszonen I bis III für das Gebiet der BRD abgegrenzt. Je nach Lage eines Baugrundstücks sollten mindestens 0,8 m (Zone I), 1,0 m (Zone II) oder 1,2 m (Zone III) als möglicher Weise frostbeeinflusste Tiefe angesehen werden.

Bei der Herstellung von Untergeschossen ist die Frostsicherheit von Fundamenten zumeist ohne Zusatzmaßnahmen sichergestellt. In Einfahrtsbereichen von Tiefgaragen ist aber auch hier eine Frosteinwirkung möglich.

Entlang der Peripherie von nicht unterkellerten Bauwerken, die nicht ohnehin umlaufende Streifenfundamente erhalten, ist es üblich, sogenannte Frostschürzen anzuordnen, die im Zusammenwirken mit einer Wärmedämmung das Eindringen von Frost unter die Bodenplatte verhindern.

Bei großen fugenlosen Bodenplatten ist zu beachten, dass sie sich durch Kälteeinwirkung ebenso wie durch Schwinden zusammenziehen. Dabei entsteht Reibung zwischen Bodenplatte und Untergrund, die sich mit zunehmender Entfernung vom Plattenrand zu großen Zugkräften aufsummieren und ein Aufreißen der Platte bewirken kann.

Bei Unterschreitung der Frostschutztiefe ist nach DIN EN ISO 13793-4 und dort Bild 1, eine Rand- und eine Erdbodendämmung (*Perimeterdämmung*) nebst rechnerischem Nachweis der Unbedenklichkeit erforderlich, wobei der charakteristische Wert der Wärmeleitfähigkeit der deutschen Norm DIN 4108-4, Tabelle 1, entnommen werden kann. Dabei ist auch der Fall vorgesehen, dass die Wärmeverluste des Bauwerks genutzt werden, um den Baugrund unter dem Fundament vor Frost zu schützen.

Bei der Planung der Gründung ist auch zu prüfen, ob die Bauzeit über die Kälteperiode geht und der Rohbau unbeheizt dem Frost ausgesetzt sein kann.

3.3.2 Schutz vor Hebungen (DIN EN 1997-1, 6.6.3) und Senkungen

Bei Gründungen auf bindigem Baugrund, vor allem ausgeprägt plastischen Tonen, ist deren Schrumpf- und Quellpotenzial zu beachten. Jedes Prozent Wassergehaltsänderung kann eine entsprechende Volumenänderung bewirken. Schrumpfen und Quellen können in der Folge zu deutlichen Fundamenthebungen und -senkungen führen, oft auch erst nach langer Zeit nach Bauwerksherstellung (geheizte Kellerräume, Wurzeln langfristig gewachsener Bäume, deren Wurzelungs-Durchmesser etwa dem Kronendurchmesser entspricht). Den Maximalwert der Volumenvergrößerung durch Wasseraufnahme ermittelt man im Labor (s. Kap. 1.3,

Abschn. 5.7); sie klingt mit der Tiefe ab. Die Volumenverringerung ist durch die Schrumpfgrenze des Bodens begrenzt. Rechnerisch schwierig zu ermitteln ist die zur Vermeidung von Hebungs- und Senkungsschäden erforderliche Gründungstiefe. Hier sollte von regionaler Erfahrung ausgegangen werden. Die Einhaltung einer erfahrungsgemäß unkritischen Tiefe schützt vor einer Sohlhebung. Zu beachten ist aber auch der durch die Verformung des seitlich anstehenden Bodens verursachte Mitnahmeeffekt durch Reibung, der durch eine seitliche Dämmschicht vermieden werden kann.

Daneben werden in DIN EN 1997-1, 6.6.3 auch mechanisch verursachte Hebungen erwähnt, die z. B. durch die Setzung von Nachbarbauten oder durch die Hebung einer benachbarten tiefen Baugrube zustande kommen können. Wenn solche Effekte zu gewärtigen sind, können sie mit Finite-Elemente-Berechnungen abgeschätzt werden.

Nicht berechenbar sind Hebungen durch Baumwurzeln, die unter einem Fundament anwachsen. Hier hilft nur ein Sicherheitsabstand (Kronendurchmesser entspricht ungefähr auch dem Wurzelungs-Durchmesser), zumal z. B. eine Ringdränage ein bevorzugtes Ziel für das Wurzelwachstum darstellt.

3.3.3 Ausbildung von Streifen- und Einzelfundamenten

Hinsichtlich der Ausbildung unbewehrter und bewehrter Streifen- und Einzelfundamente wird auf die Abschnitte 3.3.3 und 3.3.4 in Kapitel 3.1 der 6. Auflage des Grundbau-Taschenbuches, Teil 3 verwiesen.

4 Flächengründungen

4.1 Allgemeines [61, 72]

Die im Folgenden behandelten Flächengründungen umfassen sowohl zweiachsig beanspruchte Platten mit Stützen und Wänden als auch einachsig beanspruchte, durch Wände in einer Richtung ausgesteifte Platten (Querwand-Typ). Den Letzteren entsprechen aus statischer Sicht auch *Fundamentbalken*, die deswegen hier mit einbezogen werden können. Bei Flächengründungen dient immer die Steifigkeit des Bauteils der Lastverteilung und -vergleichmäßigung auf dem Baugrund. Sie lässt zu, dass lokale Bereiche des Baugrunds stärker nachgeben und weniger zur Lastabtragung beitragen als Nachbarbereiche, indem sie Lastumlagerungen auf tragfähigere Bereiche ermöglicht und begünstigt.

Die Aussagen in diesem Abschnitt beziehen sich nicht allein auf Flächengründungen mit klassischen Bodenplatten. Auch ein Trägerrost, also z.B. ein Untergeschoss mit steifen, untereinander und mit Kellerdecke und Kellerfußboden schubfest verbundenen Wänden bildet in diesem Sinne eine Flächengründung, welche die Bauwerkslasten in der Fläche verteilt. Daraus resultieren nahtlose Übergänge zu Gründungen mit Einzel- und Streifenfundamenten, die bei Hochbauten häufig zu einem Rost miteinander verbunden sind. Auch unter Verwendung von Pfählen können Flächengründungen ausgebildet werden, indem sie planmäßig unter Beteiligung einer Pfahlkopfplatte ein Gesamttragwerk bilden (Kombinierte Pfahl-Platten-Gründung).

Ganz allgemein soll unter *vertikaler Interaktion* die Abtragung vertikaler Bauwerkslasten über das Zusammenspiel zwischen dem Tragwerk mit seiner Gründung und dem Baugrund mit den daraus resultierenden Verformungen und Sohlnormalspannungen verstanden werden. Die hierbei zusätzlich auftretenden Sohlschubspannungen sind im Allgemeinen klein

3.1 Flachgründungen

und werden daher in der Regel vernachlässigt. Ihnen kommt aber dann mehr Bedeutung zu, wenn axiale Längenänderungen der Gründung aus Temperatureinfluss, Betonschwinden oder gegebenenfalls aus Vorspannung durch die Bodenreaktion behindert werden, was eine *horizontale Interaktion* bedingt. Diese spielt bei der Rissesicherung von Bodenplatten eine besondere Rolle, wenn sie wasserundurchlässig sein sollen.

Schließlich ist noch darauf hinzuweisen, dass die Abtragung größerer Horizontallasten eines Gebäudes mit zugehörigen Versatzmomenten z. B. aus Wind, Erdbeben oder einseitigem Erddruck sowohl über Normalspannungen als auch Schubspannungen in der Sohlfläche erfolgt.

Folgende Gründe können für die Wahl einer Plattengründung sprechen:
- Vorteile für den Bauablauf (maschinell einfach zu bearbeitendes Planum);
- wenn große Einzelfundamente mit nur noch geringen Zwischenräumen erforderlich sind, wird eine Platte mit einfacherem Aushub, ersparten Schalungskosten und konstruktiv einfacher, flächiger Bewehrung wirtschaftlicher;
- Überbrückung eventueller Fehlstellen im Baugrund;
- kleinere Setzungsunterschiede als bei Einzelfundamenten [62];
- günstige Ableitung größerer Horizontalkräfte über flächige Sohlreibungskräfte;
- bei Grundwasserdruck Abdichtung mit Folien oder als Weiße Wanne möglich;
- hohe Grundbruchsicherheit und geringere Setzungen als bei einzelnen Fundamenten.

Aufgabe bei der Berechnung einer Flächengründung ist die gekoppelte Berechnung eines biegesteifen Bauwerks mit dem Untergrund. Dabei werden sowohl das Bauwerk (z. B. mit Stäben, Scheiben und Platten) und der Baugrund (z. B. als einfaches Federmodell, geschichteter elastisch isotroper Halbraum oder durch Finite Elemente bei Berücksichtigung des Bodens mit geeigneten Stoffmodellen) modelliert. Mit dem Fortschritt der Rechentechnik können dabei immer komplexere und stärker verfeinerte Modelle erfasst werden.

4.2 Vertikale Interaktion

4.2.1 Allgemeines

Aus DIN EN 1997-1 (s. 6.8(4)P) ergibt sich, dass die Gebrauchstauglichkeit von Flächengründungen mit repräsentativen Werten der Einwirkungen unter Berücksichtigung des gemeinsamen Verformungsverhaltens von Untergrund und Gründung nachzuweisen ist. Ein Grenzzustand der Tragfähigkeit im Baugrund ist normalerweise bei Plattengründungen nicht maßgebend. Dagegen ist nach DIN EN 1992-1-1 in der Platte der Grenzzustand der Tragfähigkeit mit den Bemessungswerten der Einwirkungen nachzuweisen. Das bedeutet, dass zunächst die Sohldruckverteilung mit repräsentativen Einwirkungen auf die Platte berechnet werden soll. Alle Kräfte und Spannungen in der Gleichgewichtsgruppe aus Einwirkungen auf der Plattenoberseite und zugehörigen Sohldruckreaktionen werden dann mit Teilsicherheitswerten γ_F erhöht und die daraus resultierenden Bemessungsbeanspruchungen mit den Bemessungswiderständen des Bauteils verglichen. Entsprechende Beispiele, die außerdem einen Sohlwasserdruck berücksichtigen, sind in [22] dargestellt.

4.2.2 Der Bettungsmodul als kennzeichnende Größe für die Interaktion

Bei einer zusätzlichen vertikalen Beanspruchung einer Plattengründung kommt es stets zu einer Änderung der Sohldruckspannungen und der vertikalen Verformungen. An jeder Stelle x, y unterhalb der Platte lässt sich der Quotient aus Spannungsänderung $\Delta\sigma$ (z. B. in kN/m^2) und Setzungsänderung Δs (z. B. in mm) ermitteln. Er wird als Bettungsmodul k_s (MN/m^3)

bezeichnet, der vom Ort und von der Belastungssituation abhängig ist, $k_s = f(x, y, \sigma)$. Der Bettungsmodul repräsentiert eine Flächenfeder [100]. Statische Berechnungen von Gründungsplatten können vergleichsweise einfach und mit einer Vielzahl dazu verfügbarer Rechenprogramme durchgeführt werden, wenn der Baugrund als nachgiebiges Auflager für die Platte mit derartigen Flächenfedern beschrieben wird.

Bei genauer Betrachtung zeigt sich, dass dieser Modul eine sehr variable Größe und auf keinen Fall ein Bodenkennwert ist. So ist z. B. bei Gründungen Folgendes zu bedenken:

- Für ein kleines starres Fundament, im Grundriss z. B. 1,5 m × 1,5 m groß, mit einer Sohldruckspannung von 200 kN/m^2 belastet, auf einem tragfähigen Untergrund, z. B. Sand, großer Mächtigkeit, dessen Verformbarkeit vereinfacht durch einen mittleren Steifemodul von 50 MN/m^2 beschrieben werden kann, errechnet sich eine Setzung von 4,1 mm. Aus dem Verhältnis der Sohldruckspannung zur Setzung, also 200 kN/m^2 / 4,1 mm, ergibt sich ein Bettungsmodul von 49 MN/m^3.
- Auf dem gleichen Baugrund erfährt ein ebenso mit 200 kN/m^2 belastetes größeres Fundament mit Grundrissabmessungen von 4 m mal 5 m eine rechnerische Setzung von 10,6 mm. Damit reduziert sich der Bettungsmodul auf 19 MN/m^3. Er ist also von der Größe der Lastfläche abhängig.
- Entsprechend der als 20%-Kriterium festgelegten Grenztiefe, siehe Abschnitt 3.2.8, resultiert bei einer Wichte des Sandes von 18 kN/m^3 die Setzung im letzten Beispiel aus der Zusammendrückung der obersten 7,2 m. Wird die Fundamentlast auf 400 kN/m^2 verdoppelt, so erhöht sich die rechnerische Setzung auf 23,2 mm, also auf mehr als das Doppelte, da die Setzungseinflusstiefe jetzt auf 9,6 m angewachsen ist. Der Bettungsmodul ergibt sich nunmehr zu 17 MN/m^3, ist also auch von der Größe der Last abhängig.
- Zuletzt war die Abhängigkeit des Bettungsmoduls von der Lastgröße durch die Ausbreitung der Spannungen im Untergrund bedingt. Eine weitere Abhängigkeit ergibt sich, wenn plastische Verformungsanteile eine Rolle spielen: Nähert sich die Fundamentlast der Grundbruchlast, dann steigen die Verformungen überproportional an und der Bettungsmodul fällt ebenso rasch ab.
- Andererseits steigt mit zunehmendem Beanspruchungsniveau der Steifemodul des Bodens an, was unter bestimmten Randbedingungen (z. B. begrenzte Dicke der kompressiblen Schicht) auch zu einem Anstieg des Bettungsmoduls bei steigender Belastung führen kann. Unter Beachtung der letztgenannten Aspekte hat das Superpositionsprinzip keine Gültigkeit.
- Wird auf demselben Baugrund ein großer Tank mit 30 m Durchmesser gebaut und mit 20 m Wassersäule, also wiederum mit 200 kN/m^2 belastet, so führt diese schlaffe Last zu rechnerisch 20 mm Setzung am Rand und 50 mm Setzung in der Mitte der Lastfläche. Daraus ergeben sich Bettungsmoduln von nur noch 10 MN/m^3 am Rand und gar nur 4 MN/m^3 in der Mitte des Tanks. Der Bettungsmodul ist also auch ortsabhängig.
- Nicht einmal zeitliche Konstanz kann dem Bettungsmodul zugeordnet werden: Wenn unter den Lastflächen wassergesättigter bindiger Boden ansteht, wird durch die Belastung das Porenwasser ausgepresst. Die Konsolidation führt zu Zeitsetzungen, bei unveränderten Einwirkungen also zu zunehmenden Verformungen, gleichbedeutend mit einem abnehmenden Bettungsmodul.
- Wenn der Baugrund unter einer belasteten Fläche nachgibt, ohne dass die Belastung des Bauwerks dazu beiträgt, z. B. durch Änderungen des Grundwasserspiegels, durch Eigensetzungen (Sackungen) eines aufgefüllten Bodens, durch Verrottung von Torf, durch bergbauliche Aktionen, Auslaugung von Kalken, Salzen oder Sulfaten oder im Extremfall durch einen Erdfall ist ein Bettungsmodul nicht geeignet, die Interaktion zwischen Bauwerk und Baugrund zu beschreiben.

3.1 Flachgründungen

Das häufige Bestreben, die Interaktion zwischen Baugrund und Bauwerk durch (möglichst auch noch linear elastische und über große Bereiche konstante) Federn zu beschreiben, ist entsprechend der genannten einfachen Beispiele nur sehr eingeschränkt erfüllbar. Festlegung und Nutzung von Bettungsmoduln muss daher unter genauer Kenntnis der einschränkenden Randbedingungen und des speziellen Gültigkeitsbereiches geschehen.

4.2.3 Bettungsmodulverfahren, Steifemodulverfahren und Finite-Elemente-Modelle des Baugrund-Bauwerk-Systems

Für die Berechnung von Flächengründungen wird entsprechend gängiger Praxis regelmäßig die Bodenplatte eines Bauwerks unter Berücksichtigung der Steifigkeit aufgehender Bauteile mithilfe der Methode der Finiten Elemente berechnet, wobei als Auflagerbedingung für die Plattenelemente der Untergrund durch eine quasi-elastische Bettung berücksichtigt wird (Programme beispielsweise [103, 105, 107]). Dabei kann das Bauteil der Bodenplatte als komplexe Struktur mit Höhensprüngen, versteifenden Wänden und wechselnden Plattenstärken erfasst werden. Die Repräsentierung des Untergrunds geschieht hierbei in der Regel mit Bettungsmoduln, also einfachen, linearen und nicht miteinander gekoppelten Flächenfedern. Es ist möglich, für verschiedene Plattenbereiche und lastfallabhängig differenzierte Bettungsmoduln vorzugeben. Zentrale Aufgabe ist, zutreffende Bettungsmoduln festzulegen. Hierzu kann das Steifemodulverfahren hilfreich sein. Grundsätzlich ist es auch möglich, den Untergrund in das Finite-Elemente-Modell einzubeziehen und die Bauwerks-Baugrund-Interaktion in einem gekoppelten Gesamtmodell zu erfassen.

Die Finite-Elemente-Methode ist aber nur bei ebenen Verformungsproblemen ein praktikables Instrument, um die Interaktion zu studieren und daraus Bettungsmoduln abzuleiten. Der Untergrund kann in seiner Schichtung geometrisch zutreffend berücksichtigt, der Bauablauf mit seinen Systemänderungen am Bauwerk sowie Ent- und Wiederbelastungen des Untergrundes simuliert und die Spannungs-Dehnungs-Beziehungen der beteiligten Böden können mit geeigneten Stoffmodellen erfasst werden. Bei typischen Randbedingungen des Hochbaus ist die Gründung jedoch geometrisch begrenzt und in ebenen Berechnungen kaum zutreffend erfassbar. Hier wären dreidimensionale Finite-Elemente-Berechnungen erforderlich, die aufgrund des hohen Aufwands in allen Modellierungs- und Berechnungsphasen nur in Sondersituationen angemessen erscheinen.

Beim deutlich einfacheren Steifemodulverfahren (auch Halbraumverfahren), welches ebenfalls gut numerisch aufbereitet werden kann (s. Abschn. 4.2.4), wird der Baugrund als Halbraum idealisiert und die Eingangsparameter sind Größen wie Steifemoduln und Schichtdicken, die durch Untersuchungen in Feld und Labor zu bestimmen sind. In der Regel wird ein geschichteter Halbraum mit elastischen Schichtparametern und Vereinfachungen hinsichtlich des Querdehnverhaltens an den Schichtübergängen berücksichtigt. Mit dem Steifemodulverfahren kann erfasst werden, dass die Belastung des Halbraums an einer Stelle zu Verschiebungen und Spannungen im gesamten Halbraum führt, welche sich aus dem Abstand zum belasteten Punkt und den Elastizitätsparametern ergeben. Unter einer konstanten Flächenlast auf einer beliebig begrenzten Lastfläche ergibt sich dadurch eine Setzungsmulde (Bild 38), unter einer starren Lastfläche eine nicht konstante Spannungsverteilung, wie sie *Boussinesq* (1885) und *Borowicka* [2] ermittelt haben (Bild 39).

Beim Bettungsmodulverfahren wird dagegen eine lineare Abhängigkeit zwischen den Spannungen unter einer Lastfläche und den daraus resultierenden Verformungen angenommen. Eine Untergrundbelastung an einer Stelle führt dann rechnerisch nur zu Verformungen an dieser Stelle, nicht aber in der Nachbarschaft. Eine Setzungsmulde lässt sich mit diesem Verfahren nicht darstellen. Unter einer konstanten Flächenlast ergibt sich bei konstantem

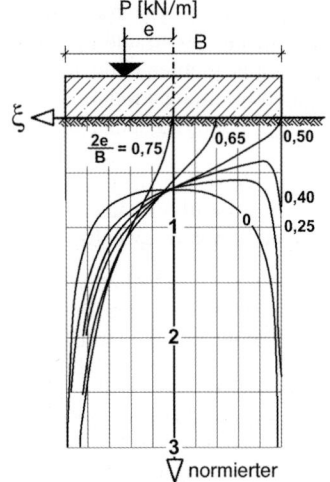

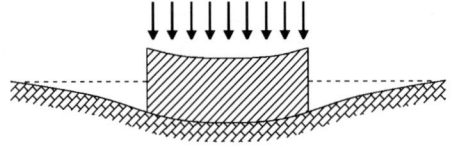

Bild 38. Setzungsmulde unter einer schlaffen Last

Bild 39. Sohlspannungsverteilung unter einem starren Fundament mit Breite B

Bettungsmodul eine gleichmäßige, „starre" Verschiebung. Der Bettungsmodul ist, wie die eingangs dargestellten Argumente belegt haben, selbst in grober Näherung keine Baugrundkonstante, sondern unter anderem von der Größe der belasteten Fläche und der Größe der Last abhängig (Druckzwiebel, Setzungseinflusstiefe). Unter einer Lastfläche ist der Bettungsmodul zudem nicht konstant: Unter einer starren Platte bei gleichmäßiger Verschiebung entspricht die Verteilung des Bettungsmoduls der Spannungsverteilung nach *Boussinesq*.

Der Vorteil des Bettungsmodulverfahrens gegenüber dem Steifemodulverfahren bei numerischen Berechnungen ergibt sich aus den entkoppelten Verformungen im Baugrund, was zu wesentlich geringer besetzten Matrizen der zu lösenden Gleichungssysteme führt. Für eine gegebene Geometrie, Steifigkeit sowie Basis- und Zusatz-Belastung gibt es jedoch stets eine Bettungsmodulverteilung, die zu denselben Ergebnissen führt wie das Steifemodulverfahren. Sie ergibt sich aus dem Quotienten zwischen den bei der Zusatzbelastung entstehenden zusätzlichen Sohldruckspannungen und Verformungen.

4.2.4 Zur Größe und Verteilung von Bettungsmoduln

Die letztgenannte Feststellung führt zur Strategie, Berechnungen mit dem Steifemodulverfahren an vereinfachten Systemen durchzuführen und die daraus ermittelten Bettungsmoduln bei komplexeren Modellen des Tragwerks zu verwenden. Hierzu gilt:

- Im Mittel muss der Bettungsmodul dem Verhältnis zwischen der mittleren Spannung unter der Bodenplatte und ihrer mittleren Setzung entsprechen. Für ein Bauwerk mit einer Grundrissabmessung von 30 m × 60 m, im Kiessand gegründet, dem ein Steifemodul von 100 MN/m^2 zugeordnet wird, und welches nach Berücksichtigung von Auftriebskräften im Mittel 60 kN/m^2 an effektiven Spannungen im Untergrund erzeugt, errechnet sich eine Setzung in einer Größenordnung von etwa 6 mm. Damit muss der mittlere Bettungsmodul bei etwa 10 MN/m^3 liegen.
- In der Mitte einer in grober Näherung gleichmäßig belasteten Bauwerksfläche muss der Bettungsmodul kleiner sein als an seiner Peripherie, denn in der Mitte wirken sich aufgrund

3.1 Flachgründungen

der Lastausbreitung in alle Richtungen ringsherum benachbart eingeleitete Lasten durch Verformungen aus. Am Rand sind Auswirkungen von Nachbarlasten dagegen vergleichsweise nur in etwa halbem Umfang vorhanden, in den Ecken in noch geringerem Maße.
– Ein weiteres Argument für vergleichsweise höhere Bettungsmoduln am Bauwerksrand sind Spannungskonzentrationen, die sich hier aufgrund der Theorie des elastisch isotropen Halbraums unter (näherungsweise) starren Fundamenten ergeben. Hier wirkt auch der nicht unmittelbar belastete Baugrund seitlich der Gründung an einer Lastabtragung mit.
– Direkt unter einer eingeleiteten Last ist der Bettungsmodul – sofern nicht andere Einflüsse durchschlagen – höher als unter Nachbarbereichen, in denen Kontaktspannungen und Verformungen eher über „Mitnahmeeffekte" entstehen.
– Die Bettungsmodulverteilung muss von der Steifigkeit einer Gründung und von der Laststellung abhängig sein, wie folgende Grenzbetrachtung zeigt. Wenn eine dünne Folie auf dem Halbraum durch kleinflächige Lasten beansprucht wird, dann entstehen Sohldruckspannungen nur in den unmittelbaren Lastbereichen. In diesen Bereichen lassen sich übliche Bettungsmoduln ermitteln. In unbelasteten Zwischenbereichen entstehen aufgrund der weiträumigen Setzungsmulde im nur lokal belasteten Halbraum zwar Verformungen, aber wegen der geringen Steifigkeit der Folie keine Sohldruckspannungen. In derartigen Zwischenbereichen ist der Bettungsmodul gleich null oder nicht sachgerecht ermittelbar.

Um die Größe und Verteilung des Bettungsmoduls unter einer Platte konkret zu ermitteln, sollte zunächst eine vereinfachte Berechnung des Systems mithilfe des Steifemodulverfahrens vorgenommen werden. Dabei wird der Baugrund mit seiner Schichtung und den Steifigkeitsparametern der Schichten möglichst zutreffend beschrieben. Andererseits wird auf eine feine Diskretisierung im Plattengrundriss verzichtet. Außerdem ist es zweckmäßig, die Belastung und die Geometrie zu vereinfachen. Das Ergebnis dieser ersten Berechnung sind über den Grundriss verteilte Sohlspannungen und Verformungen, die sowohl das Verhalten des geschichteten elastisch isotropen Halbraums als auch die Biegung der Platte näherungsweise erfassen. Aus dem Verhältnis von Spannung und Verformung an jedem Plattenelement ergibt sich eine die wesentlichen Randbedingungen erfassende Verteilung des Bettungsmoduls. Sie kommt bei weiteren Berechnungen mit dem Bettungsmodulverfahren zum Ansatz, bei denen Geometrie, Diskretisierung und Lasten mit der gebotenen Genauigkeit erfasst werden. Die Ergebnisse dieser Berechnungen werden anschließend mit Postprozessoren bis hin zu fertigen Bewehrungsplänen weiterverarbeitet.

4.2.5 Steifemodulverfahren für eine biegedrillweiche Platte

Nachfolgend werden die Grundlagen dargestellt, mit denen eine vereinfachte Programmberechnung einer einfachen Rechteckplatte (bei Vernachlässigung der Biegedrillsteifigkeit) nach dem Steifemodulverfahren möglich ist.

Gedanklich wird eine rechteckige Platte mit den Achsen x und y in einzelne rechteckige Elemente zerlegt, die sowohl in x-Richtung als auch in y-Richtung Teilstücke von Biegebalken sind. Im Zentrum eines jeden Plattenelementes befindet sich eine Stütze, die auf einem Einzelfundament auf dem Halbraum steht. Das Programm verteilt die an der Oberseite der Platte angreifenden Kräfte derart, dass

- Beanspruchung und Biegung der Plattenstreifen
  – in x-Richtung und
  – in y-Richtung
  nach den Gleichungen von Durchlaufträgern auf nachgiebigen Stützen und
- die Setzungen aller Einzelfundamente unter ihrer Last entsprechend der Halbraumtheorie

in Einklang miteinander stehen (Bild 40).

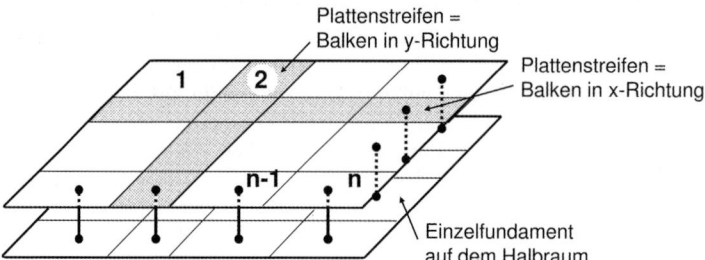

Bild 40. Gedankenmodell für die Kopplung einer biegedrillweichen Platte mit dem Halbraum

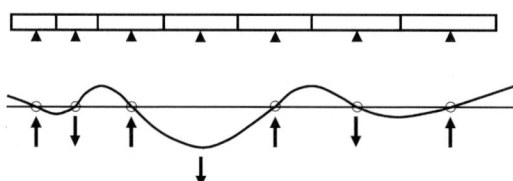

Bild 41. Biegelinie und Stützkräfte eines Balkens bei Stützenverschiebung um 1 bei einer Stütze

Zunächst wird die Plattenmatrix $\underline{A}_{n,n}$ mit den Elementen a_{ij} ($a_{ij} = a_{ji}$) (kN/m) ermittelt. Darin ist a_{ij} die Kraft in der Stütze j, wenn das Element i die Stützenverschiebung 1 erfährt und alle anderen Elemente festgehalten werden. Sie setzt sich zusammen aus Anteilen beider auf der Stütze j aufliegenden orthogonalen Balken (Bild 41).

Wenn die Stützen i und j nicht über Balken miteinander verbunden sind, ist die Kraft $a_{ij} = 0$. n ist die Gesamtzahl aller Plattenelemente. Die Stützkräfte der einzelnen Balken werden nach dem Kraftgrößenverfahren ermittelt. Dazu werden die einzelnen Balken als Durchlaufträger berechnet, wobei die Stützmomente als primäre Unbekannte eingeführt werden.

Als Nächstes wird die Bodenmatrix $\underline{B}_{n,n}$ mit den Elementen $b_{ij} \cdot (b_{ij} = b_{ji})$ [m/kN] ermittelt. Darin ist b_{ij} die Verschiebung am Fundament j, wenn das Fundament i mit der Last 1 belastet wird. Da beim Bettungsmodulverfahren die Belastung des Fundamentes i sich nur am Fundament i, nicht aber an allen anderen Fundamenten j = i auswirkt, wäre beim Bettungsmodulverfahren nur die Hauptdiagonale dieser Matrix besetzt.

Die Setzungsberechnungen werden unter der Annahme konstanter Spannung unter dem belasteten Fundament und jeweils im Mittelpunkt der einzelnen Plattenelemente durchgeführt.

Alle äußeren Belastungen werden im Lastvektor $\underline{q}_n$ zusammengefasst, dessen Elemente q_i [kN] die angreifenden Belastungen auf dem Plattenelement i enthalten.

Unbekannt sind der Vektor $\underline{p}_n$ mit den Elementen p_i [kN], der die Stützkräfte aller Stützen zwischen Platte und Halbraum enthält, sowie der Vektor $\underline{v}_n$ mit den Elementen v_i [m] mit den Verschiebungen aller einzelnen Stützen.

Die Vorzeichen sind wie folgt definiert:

v_i Setzungen positiv
p_i Druckkräfte in den Stützen positiv
q_i von oben nach unten wirkende Lasten positiv

3.1 Flachgründungen

Es gilt die Gleichgewichtsbedingung bei einem Schnitt durch alle Stützen:

$$\underline{p} = \underline{q} + \underline{\underline{A}} \cdot \underline{v} \tag{20}$$

Außerdem sind die Verschiebungen der Stützen identisch mit der Setzungsmulde des Halbraums:

$$\underline{v} = \underline{\underline{B}} \cdot \underline{p} \tag{21}$$

Durch Einsetzen von Gl. (21) in Gl. (20) ergibt sich

$$\underline{p} = \underline{q} + \underline{\underline{A}} \cdot \underline{\underline{B}} \cdot \underline{p}, \text{ umgestellt zu}$$

$$\left(\underline{\underline{A}} \cdot \underline{\underline{B}} - \underline{\underline{1}}\right) \cdot \underline{p} = -\underline{q}$$

also ein lineares Gleichungssystem für die Stützenlasten p. Nach Auflösung lassen sich die Verschiebungen v über Gl. (21) ermitteln.

4.2.6 Auswirkungen von Plattendicke, Untergrundsteifigkeit und Laststellung auf den Bettungsmodul

Mithilfe eines EDV-Programms, welches auf dem in Abschnitt 4.2.5 beschriebenen Verfahren beruht, wurden die folgenden Beispiele berechnet, die einige Einflüsse auf die Interaktion zwischen Baugrund und Bauwerk aufzeigen (Bild 42).

Referenzbeispiel ist eine 5 m × 5 m große, 30 cm dicke Stahlbetonplatte mit einem E-Modul von 30.000 MN/m^2, die in 11 × 11 Elemente eingeteilt ist. Sie ist im Zentrum auf einer Fläche von 1,36 m × 1,36 m (9 Elemente) gleichmäßig mit 1000 kN/m^2 belastet. Der Boden besteht aus einem halbfesten Lehm bis in 10 m Tiefe mit einem Steifemodul von 10 MN/m^2.

Bild 43 zeigt den Einfluss der Plattendicke auf die Biegelinie, die Sohldruckspannungen, den Bettungsmodul und die Momente in einem Schnitt durch die Plattenmitte für Plattendicken von 0,15 m, 0,3 m, 0,6 m und 1 m. Zwischen den Berechnungsergebnissen mit 0,15 m und 0,3 m Dicke zeigt sich dabei ein signifikanter qualitativer Unterschied. Die weichere Platte hebt an den Rändern und– vor allem an den Ecken (im Bild nicht dargestellt) – vom Untergrund ab.

Bei den größeren Plattendicken ist die Plattensteifigkeit so groß, dass sich an den Plattenrändern der „Boussinesq-Effekt" zeigt, also deutliche Spannungskonzentrationen bei recht

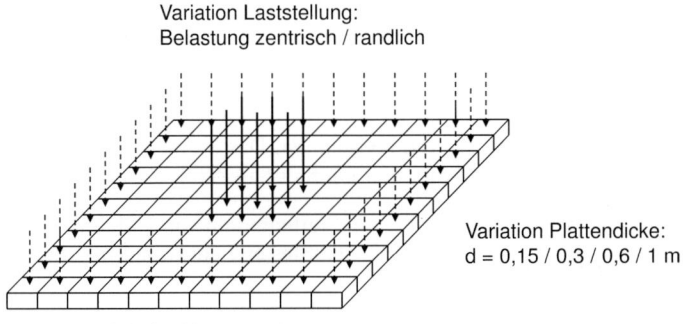

Bild 42. Berechnungsbeispiel

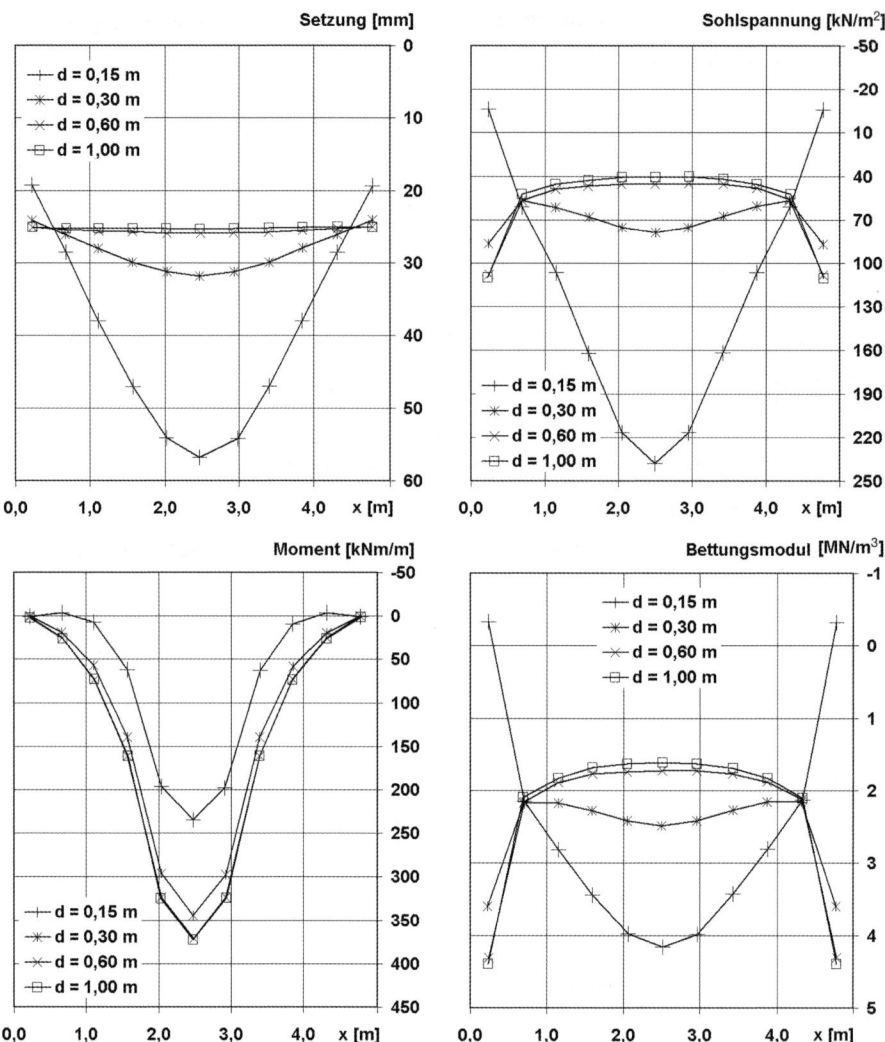

Bild 43. Auswirkungen einer variierten Plattendicke auf Sohldruck, Verformungen, Biegemomente und Bettungsmodul bei einer 5 m × 5 m großen, zentrisch belasteten Platte auf halbfestem Lehm

gleichmäßigen Setzungen errechnet werden. Dies hat signifikante Auswirkungen auf die Bettungsmodulverteilung, die auch nicht annähernd konstant ist. Das Moment in Feldmitte variiert infolge der durchgeführten Steifigkeitsvariation um mehr als 50 %.

Bild 44 zeigt den Einfluss der Baugrundsteifigkeit, die mit Steifemoduln von 1 MN/m² (z. B. Torf), 5 MN/m² (z. B. weicher Lehm), 10 MN/m² (z. B. halbfester Lehm) und 50 MN/m² (z. B. mitteldicht gelagerter Sand) variiert wurde.

Auch hier ist ein Qualitätssprung in den Ergebnissen zu erkennen, wenn die Steifigkeit des Baugrunds im Vergleich zur Steifigkeit der Platte deutlich ansteigt. Eine im Vergleich zum

3.1 Flachgründungen

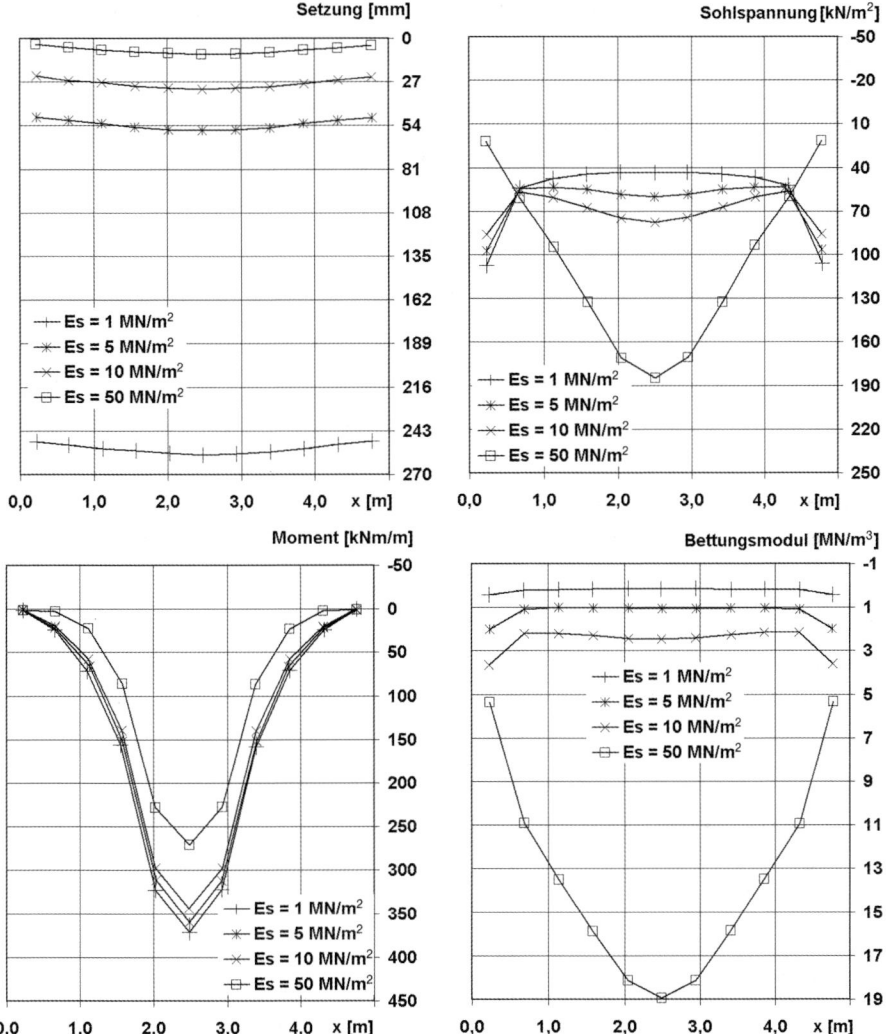

Bild 44. Auswirkungen einer variierten Baugrundsteifigkeit auf Sohldruck, Verformungen, Biegemomente und Bettungsmodul bei einer 5 m × 5 m großen, 30 cm dicken zentrisch belasteten Stahlbetonplatte

Untergrund weiche Platte hebt bei der hier betrachteten mittigen Belastung an den Rändern fast ab, was gleichzeitig erhebliche Einflüsse auf den Bettungsmodulverlauf hat. Bei noch deutlicheren Steifigkeitsunterschieden kann es dabei auch zu rechnerischen Zugspannungen und in Teilbereichen auch zu rechnerisch negativen Bettungsmoduln kommen. Das ist dann der Fall, wenn sich aus der Gesamtsetzungsmulde noch Setzungen, also positive Verformungen ergeben, zur formtreuen Kopplung zwischen Platte und Baugrund jedoch Zugspannungen erforderlich sind.

Wirklichkeitsnäher müsste in derartigen Fällen ein Klaffen zwischen Platte und Boden berücksichtigt werden.

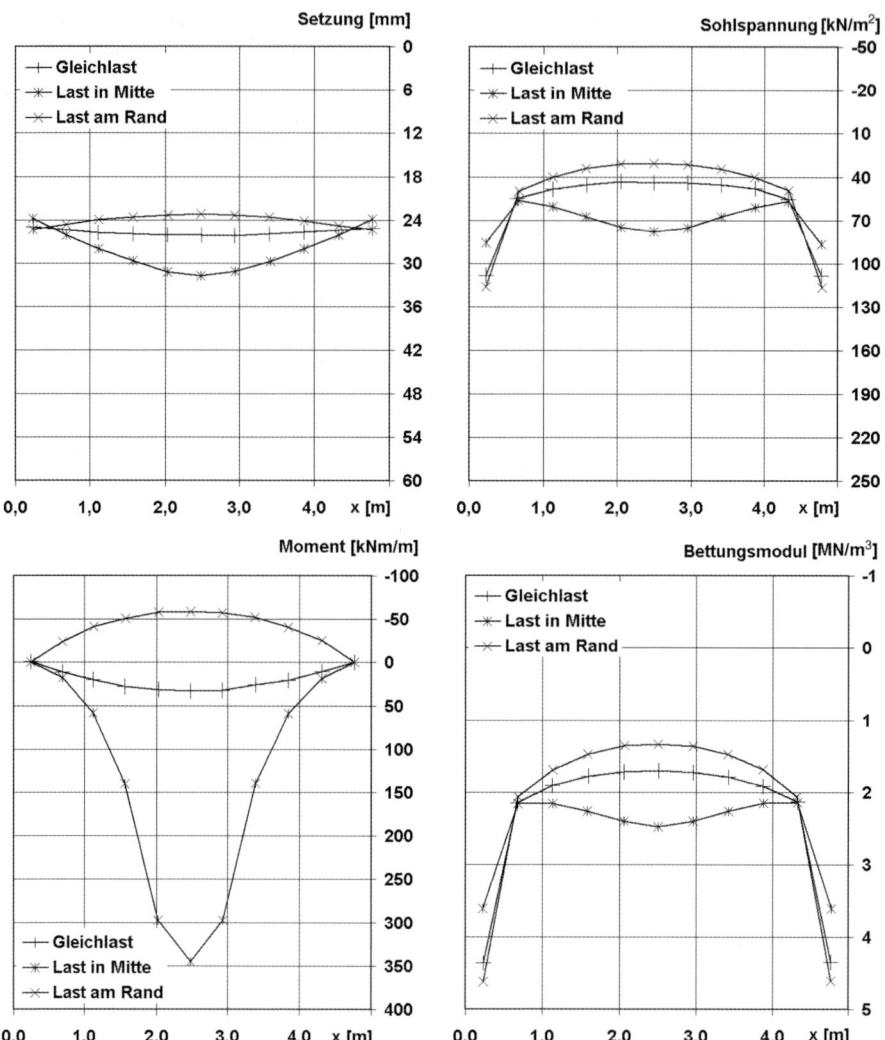

Bild 45. Auswirkungen einer variierten Laststellung auf Sohldruck, Verformungen, Biegemomente und Bettungsmodul bei einer 5 m mal 5 m großen, 30 cm dicken Stahlbetonplatte auf einem halbfesten Lehmuntergrund

Bild 45 zeigt den Einfluss der Laststellung bei unveränderter Gesamtlast von 1000 kN, die im Referenzbeispiel im Zentrum (9 von 121 Elementen) wirkt. Zum Vergleich ist sie einmal gleichmäßig und in einem anderen Fall auf 40 Elemente entlang des Plattenrandes verteilt.

Die Ergebnisse zeigen, dass der Bettungsmodul trotz unveränderter Steifigkeit der Platte und des Baugrunds deutlich von der Laststellung abhängig ist. Zwar tritt in allen Fällen eine Bettungserhöhung am Plattenrand auf, in Plattenmitte variiert das Verhältnis von Sohldruckspannungen zu Verformungen zwischen den verschiedenen Laststellungen aber etwa um den Faktor 2.

4.2.7 Auswirkung der Größe des Bettungsmoduls und der Wahl des Berechnungsverfahrens auf die Biegebeanspruchung einer Bodenplatte

Bild 46 zeigt den Verfahrenseinfluss aus der Wahl des Steifemodulverfahrens (Referenzbeispiel) bzw. des Bettungsmodulverfahrens, wobei der Bettungsmodul einmal konstant mit einem aus dem Referenzbeispiel abgeleiteten unteren Wert von 2 MN/m³ und einem oberen Wert von 4 MN/m³ angesetzt wurde. Außerdem ist einmal eine Bettungsmodulverteilung gewählt, bei der ein mittlerer Bettungsmodul von 3 MN/m³ angesetzt, aber für einen Randstreifen von 45 cm Breite auf den doppelten Wert erhöht wurde. Der Vollständigkeit halber

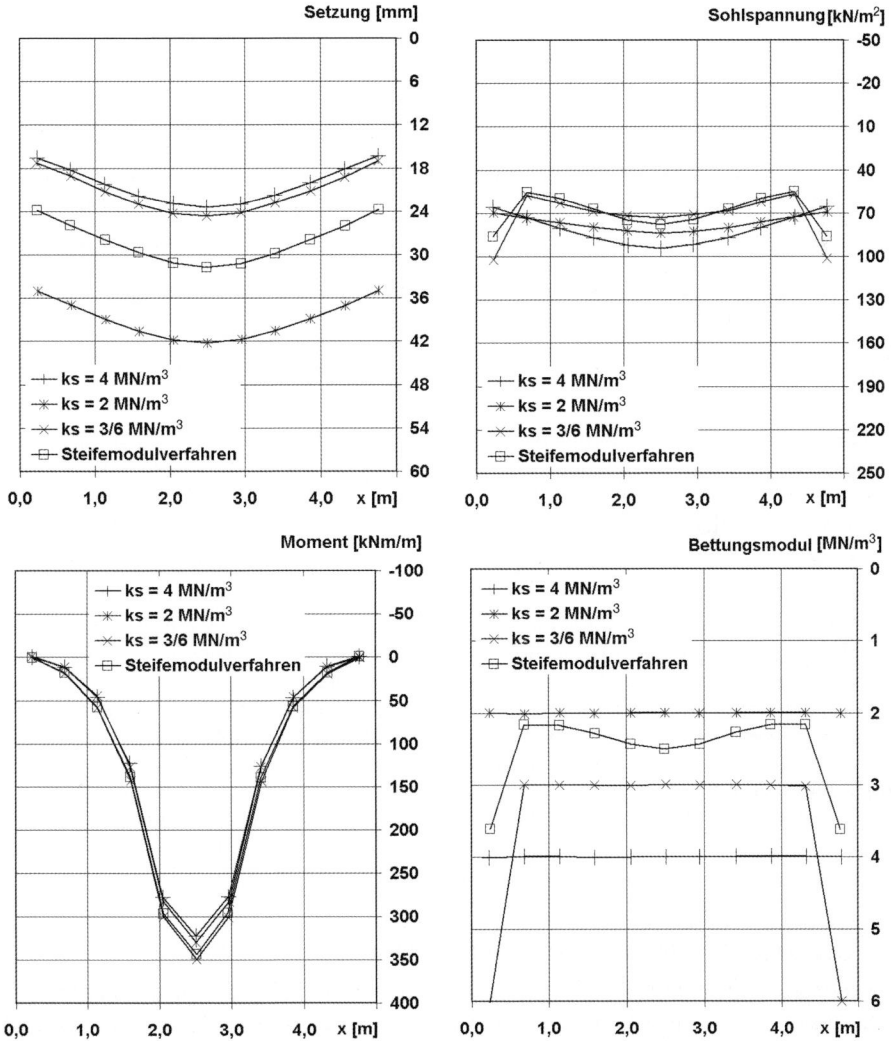

Bild 46. Auswirkungen verschiedener Berechnungsverfahren und Bettungsmodulverteilungen auf Sohldruck, Verformungen und Biegemomente bei einer 5 m × 5 m großen, 30 cm dicken, zentrisch belasteten Stahlbetonplatte auf einem halbfesten Lehmuntergrund

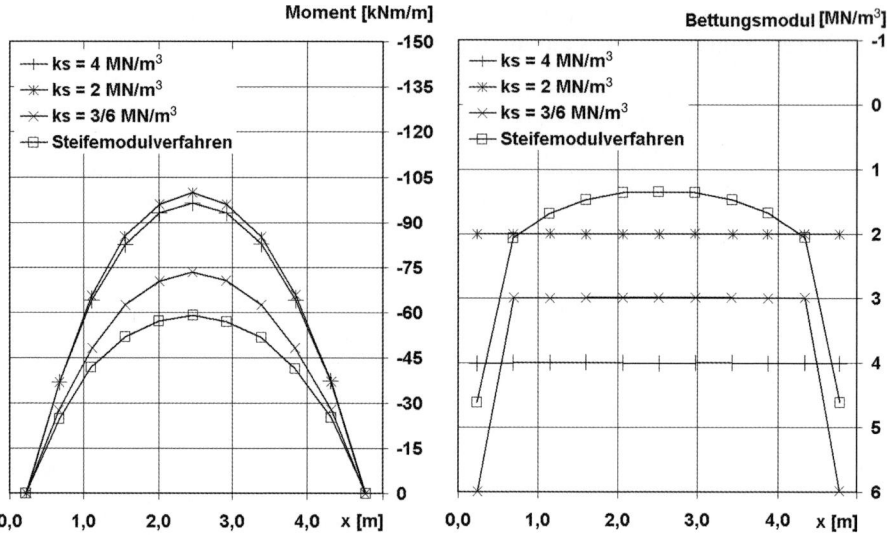

Bild 47. Auswirkungen verschiedener Berechnungsverfahren und Bettungsmodulverteilungen auf die Biegemomente bei einer 5 m × 5 m großen, 30 cm dicken Stahlbetonplatte auf einem halbfesten Lehmuntergrund, die umlaufend am Plattenrand belastet ist

sei erwähnt, dass mit dem Bettungsmodulverfahren selbstverständlich exakt dieselben Ergebnisse wie mit dem Steifemodulverfahren erzielt werden können, wenn als Verteilung für die Bettungsmoduln unterhalb der Platte die Bettungsmoduln angesetzt werden, die sich aus der Steifemodulberechnung mit gleicher Laststellung und gleicher Plattensteifigkeit ergeben.

Hier zeigt sich, dass hinsichtlich des für die Bemessung der Platte wichtigen Momentenverlaufs die Wahl des Bettungsmodulansatzes in den hier gewählten Grenzen und bei der hier behandelten Laststellung keine bedeutende Auswirkung hat. Dies gilt jedoch nicht allgemein: Laststellungen mit Lasten an den Plattenrändern, wie sie bei Bauwerken mit Außenwänden charakteristisch sind, profitieren vom „Boussinesq-Effekt". Bild 47 zeigt dies bei gleicher Variation der Berechnungsansätze und gleichen Steifigkeitsverhältnissen für eine Laststellung mit Belastung am Plattenrand. Hier führt der Ansatz einer konstanten Bettungsmodulverteilung zu Momenten, die um etwa 70 % höher liegen, als wenn die Platte nach dem Steifemodulverfahren berechnet wird. Wird die sich aus dem Steifemodulverfahren ergebende erhöhte Bettung in der gewählten einfachen Art am Plattenrand angesetzt, dann wird eine wesentlich günstigere Momentenverteilung bewirkt.

4.2.8 Verteilung des Bettungsmoduls in der Fläche

Die bisher gezeigten Grafiken haben die Bettungsmodulverteilung, wie sie aus Berechnungen nach dem Steifemodulverfahren ermittelt werden können, stets nur im Schnitt durch die Mittelachse des Fundamentes dargestellt. In Bild 48 wird die Bettungsmodulverteilung für das Referenzbeispiel in Form von Isolinien als flächenbezogene Information gezeigt. Daraus wird deutlich, dass die Interaktion zwischen Baugrund und Bauwerk in den Ecken der Platte bei gegebener Verschiebung die größten Kraftübertragungen zulässt.

3.1 Flachgründungen

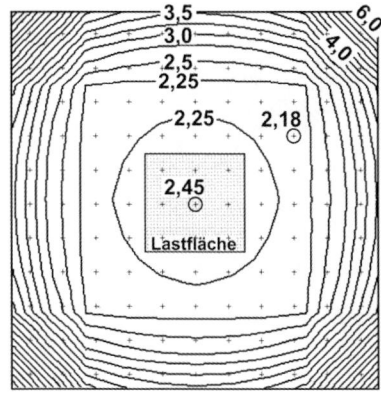

Bild 48. Mithilfe des Steifemodulverfahrens ermittelte Bettungsmodulverteilung für das Referenzbeispiel einer 30 cm starken, 5 m × 5 m großen Stahlbetonplatte auf einem halbfesten Lehmboden, die in der Mitte (1,36 m × 1,36 m) belastet ist (Bettungsmoduln in MN/m^3)

Bei Gründungsplatten hängt die Kopplung zwischen Baugrund und Bauwerk also deutlich von den Steifigkeitsverhältnissen beider beteiligter Systeme ab, aber auch die Laststellung und die Lastgröße müssen differenziert berücksichtigt werden, um zutreffende Vereinfachungen in Form einer Bettungsmodulverteilung machen zu können, welche die Interaktion zutreffend wiedergibt.

In der Praxis wird es oft zweckmäßig sein, eine gewisse Variation der Größe und der Verteilung des Bettungsmoduls in mehreren Berechnungen eingrenzend vorzunehmen, um die tatsächlich unbekannte Beanspruchung von Bodenplatten – auch im Hinblick auf Umlagerungen zwischen Stützen- und Feldbereichen – hinreichend abzudecken.

4.2.9 Auswirkung von Zeitsetzungen auf die Beanspruchung von Bodenplatten

Wenn der beanspruchte Baugrund langfristige Zeitsetzungen erfährt, muss mit Umlagerungen der Sohldruckspannungen und daraus resultierenden Beanspruchungsänderungen gerechnet werden. Typischerweise kommt es zu einer Umlagerung des Sohldrucks von den Lastpunkten weg, wodurch sich die Biegebeanspruchung der Platte erhöht. Die Umlagerung wird dabei derart entstehen, dass sich die Scherbeanspruchungen im Boden möglichst weit abbauen. Im Grenzfall eines stark kriechenden Bodens „schwimmt" das Bauwerk am Ende im Baugrund, d.h. die Sohldruckverteilung linearisiert sich vollständig unter Erfüllung der globalen Gleichgewichtsbedingungen.

4.2.10 Interaktion bei Bodenplatten, die Hohlräume überbrücken und Spannungsbegrenzung am Rand von Bodenplatten

Bodenplatten – möglichst gekoppelt mit schubfest verbundenen steifen Untergeschosswänden – sind ein geeignetes Gründungselement bei Untergrundsituationen, die wechselnde Steifigkeitseigenschaften aufweisen. Sie dienen dann der Überbrückung von Schwachstellen oder sogar von vorhandenen oder sich bildenden Hohlformen. Als Beispiele seien genannt: Bauwerke oberhalb nicht exakt lokalisierbarer möglicherweise einsturzgefährdeter Hohlräume im Untergrund wie Bergbaustollen, Karsthohlräume oder Luftschutzstollen; Schleppplatten über hinterfüllten Arbeitsräumen; Bauwerke auf verfüllten Tagebaukippen, für die ungleichmäßige Eigensetzungen zu erwarten sind.

Nach Definition der Größe möglicherweise oder konkret zu überbrückender Hohlformen ist die Bodenplatte so zu dimensionieren, dass sie den Hohlraum zu überbrücken vermag. Dabei

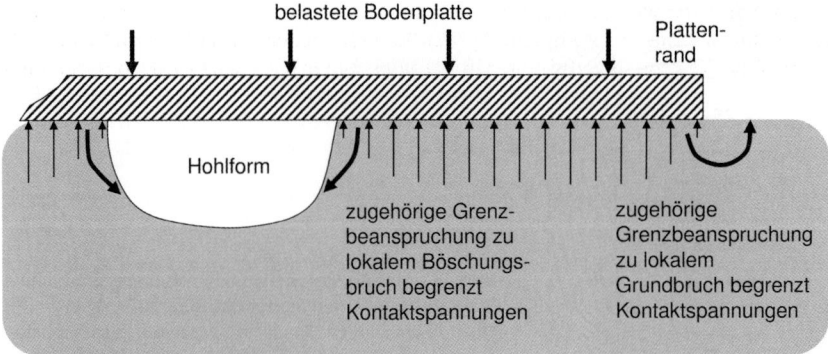

Bild 49. Begrenzung von Kontaktspannungen zwischen Bodenplatte und Baugrund neben Hohlräumen unter der Platte und am Plattenrand

stellt sich das Problem, dass die Bodenauflager am Rand des Hohlraums nur begrenzt tragfähig sind, was gegenüber der Grundrissabmessung des Hohlraums zu einer Vergrößerung der Spannweiten führt.

Die genannte Begrenzung der Tragfähigkeit ergibt sich aus einem Böschungsbruch in die Hohlform hinein (Bild 49), wenn der Boden am seitlichen Rand des Hohlraums zu hoch belastet wird. In der Realität wird sich an einem derartigen Rand gerade die Spannung einstellen, die zur Plastifizierung des Bodens führt. Dann gibt der Boden so weit nach, dass er sich einer weiteren Belastung entzieht.

Auch am Rand von Bodenplatten können nicht beliebig hohe Spannungen auftreten. Hier ergibt sich eine Begrenzung der Spannungen aus lokalen Grundbrucherscheinungen.

Bei praktischen Berechnungen – sofern dazu keine Finite-Elemente-Berechnung zur unmittelbaren Erfassung aller Einflüsse durchgeführt wird – wird man in derartigen Fällen in ausreichender Näherung wie folgt vorgehen:

- Mithilfe des Steifemodulverfahrens wird ohne Berücksichtigung der Hohlform bzw. des Randeinflusses eine Bettungsmodulverteilung ermittelt, die die Verhältnisse der Laststellung, Lastgrößen, Plattensteifigkeit und Baugrundsteifigkeit berücksichtigt.
- Im Bereich der Hohlform wird ein Bettungsmodul von $k_s = 0$ angesetzt.
- Die Grenzspannungen am Plattenrand bzw. am Rand des Hohlraums werden ermittelt. Das sind die vertikalen Spannungen an der Oberfläche des Bodens, die gerade noch aufgenommen werden können, ohne dass der Boden in den Hohlraum hinein einbricht. Sie nehmen mit steigendem Randabstand zu. Zur Berechnung werden die charakteristischen Bodenkennwerte verwendet. Teilsicherheitswerte sind nicht zur Anwendung zu bringen. Man kann beispielsweise wie folgt vorgehen:
  – Es wird die Grenzspannung σ_{20} für einen 20 cm breiten Randstreifen ermittelt.
  – Es wird die Grenzspannung σ_{40} für einen 40 cm breiten Randstreifen ermittelt.
   Die Grenzspannung für den Bereich zwischen 20 und 40 cm ergibt sich dann zu
   $\sigma_{20-40} = (\sigma_{40} \cdot 0{,}4 - \sigma_{20} \cdot 0{,}2)/0{,}2$.
  – Mit entsprechenden Grenzspannungen σ_{60}, σ_{80}, σ_{100} für Randstreifen von 60, 80 bzw. 100 cm etc. ergeben sich entsprechend Grenzspannungen für den Streifen zwischen 40 und 60 cm $\sigma_{40-60} = (\sigma_{60} \cdot 0{,}6 - \sigma_{40} \cdot 0{,}4)/0{,}2$ usw.

3.1 Flachgründungen

- Es werden iterativ Berechnungen mit dem Bettungsmodulverfahren durchgeführt. Dabei wird der Bettungsmodul in zunehmend breiten Randbereichen auf null gesetzt und stattdessen von unten wirkend die ermittelte Grenzspannung als plastische Reaktionsspannung eingesetzt. Die Iteration mit zunehmend breiten plastifizierten Randbereichen wird so lange fortgesetzt, bis unter dem äußersten elastisch gebetteten Randelement eine Spannung errechnet wird, die geringer ist als die für diesen Bereich geltende Grenzspannung.

Es wird darauf hingewiesen, das die Angabe und Überprüfung zulässiger Sohlspannungen unter Bodenplatten als Gesamtes in der Regel (Ausnahme vielleicht ein hochbelastetes Silo) nicht notwendig bzw. nicht systemangemessen ist. Bei den typischen großen Abmessungen ergeben sich aus Grundbruchberechnungen für eine Gesamtbodenplatte sehr große Grundbruchwiderstände. Die Verformungen werden unmittelbar aus den genannten Interaktionsberechnungen ermittelt und es ist selbstverständlich zu prüfen, ob sie bauwerksverträglich sind.

Plastifizierungen am Plattenrand oder am Rand von Hohlformen stellen kein Standsicherheitsproblem dar. Ihre empfohlene Berücksichtigung mit Grenzwerten dient allein einer zutreffenden Erfassung von Umlagerungen aus der Interaktion in derartigen Bereichen. Im Übrigen ist bei größeren Einbindetiefen die Grundbruchspannung für streifenförmige Bereiche am Plattenrand im Vergleich zu typischen Sohlspannungen unter Bodenplatten ausreichend hoch.

4.2.11 Weiteres

Der Beitrag zu Gründungen in der 6. Auflage des Grundbautaschenbuches enthält weitere Hinweise und Ergebnisse qualitativer Art, die aus einer Vielzahl von ebenen Berechnungen vor allem mit dem Steifemodulverfahren gewonnen worden sind. Auf diesen wird verwiesen. Folgende Punkte sind dort besonders behandelt:

– Intervallteilung bei der Diskretisierung der Gründungsplatte,
– Wirkung der Überbausteifigkeit,
– Hinweise zur Stahlbeton-Bemessung der Bodenplatte und aufgehender Wände,
– Hinweise zum Betonkriechen und Rissbildungen (Zustand II) im Stahlbeton,
– konstruktive Regeln bei der Biege- und Schub-Bemessung,
– Hinweise zur Bauausführung von Stahlbeton-Bodenplatten,
– Angaben zur Fugen-Gestaltung,
– Beispiel zur Beeinflussung einer Gebäudegründung durch Senkung der Sohlfläche bei einer Untertunnelung.

Außerdem findet sich dort eine allgemeine Einführung in das Bettungsmodulverfahren und das Steifemodulverfahren. Im Hinblick auf das Steifemodulverfahren werden Hinweise zur Festlegung von Steifemoduln gegeben.

4.3 Horizontale Interaktion

Auch hier wird auf die 6. Auflage des Grundbau-Taschenbuchs verwiesen, in der Hinweise zu Berechnungen von Zwangswirkungen gegeben sind, wie sie bei einer reibungsbedingten Behinderung horizontaler Verformungen infolge von Temperatur und Schwinden in Bodenplatten entstehen [41].

5 Membrangründungen (Tankgründungen)

Lange Zeit war es üblich, Behälter wie Öltanks selbst bei weicher Konsistenz des anstehenden Bodens unmittelbar auf den unveränderten Baugrund aufzusetzen. Der Stahlboden des Tanks kann die Verformungen in der Regel problemlos als Membran mitmachen. Für den Tankmantel, der nicht stark ovalisieren oder gar beulen darf, wird ein Ringbankett bzw. -fundament angeordnet, um Grundbruch auszuschließen und unterschiedliche Verformungen gering zu halten. Wenn nach ohnehin erforderlichen Probebelastungen mit Wasser zu große unterschiedliche Verformungen erkennbar wurden, kamen Techniken zum Ausrichten der fertigen Tanks zum Einsatz.

Der Beitrag 3.1 in der 6. Auflage des Grundbau-Taschenbuchs beschäftigt sich mit diesen Themen. Eine aktuelle Recherche ergab, dass heute bei Tankgründungen auf weichem Untergrund eher Baugrundverbesserungen vorgesehen werden, um die Verformungen von vornherein zu begrenzen und spätere Nacharbeiten zu vermeiden. Die infrage kommenden geotechnischen Verfahren sind die gleichen wie für andere Bauwerksarten und werden in den Kapiteln 2.2 (Baugrundverbesserung) und 3.2 (Pfahlgründungen) der aktuellen Auflage behandelt.

6 Zugfundamente

Als Flachfundamente bestehen Zugfundamente aus einem Fundamentblock, der wie ein Ankerstein kraft seines Eigengewichts imstande ist, Zuglasten aufzunehmen (Bild 50 a). Der Block kann aus Beton und dem unterschnittenen Füllbodengewicht bestehen oder aus einer Bodenauflast, die auf einer Ankerplatte oder einem Stahlgrill ruht (Bild 50 b).

Als Grenzzustände (s. auch DIN EN 1997-1, 2.7.4.5) kommen infrage:

- Grenzzustand der Tragfähigkeit für den Bemessungswert der Zuglast – Nachweis des Gleichgewichts EQU mit stabilisierenden und destabilisierenden Einwirkungen.
- Bei Leitungsmasten: Berücksichtigung der Bemessungssituation beim einseitigen Reißen der Leitung.
- Grenzzustand der Gebrauchstauglichkeit mit Begrenzung des Hebungs- und Verkantungsmaßes, wobei bei Abspannmasten die ständige einseitige Beanspruchung maßgebend ist.

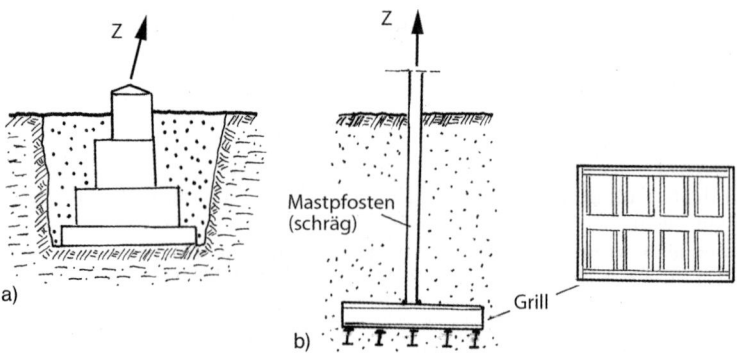

Bild 50. Einfache Zugfundamente; a) Betonblock, b) Bodenblock auf einem Grill [52]

Bei tief gelegten Gründungskörpern kommt auch eine Berücksichtigung der seitlichen effektiven Bodenreaktionen infrage – allerdings ohne Kohäsion anzusetzen, da diese in der Kontaktfläche zwischen gewachsenem und wieder verfüllten Boden nicht mehr vorhanden ist.

Für das Problem der Fundamenthebung wird auf [43, 44, 91] verwiesen.

7 Literatur, Programmhinweise, Deutsche Normen (DIN)

7.1 Literatur

[1] Aleynikov, S. M.: Calculation of slotted foundations in spatial stress-strain state of soil base. Proc. 14th ICSMFE (1997), I, 629–632.
[2] Borowicka, H.: Über ausmittig belastete, starre Platten auf elastisch-isotropem Baugrund. Ingenieurarchiv 14 (1943), 1–8.
[3] Bolton, M. D.: Design Methods. Proc. Wroth Memorial (1993), S. 50–52. London: Thomas Telford.
[4] Briaud, J.-L.: Spread Footings in Sand: Load Settlement Curve Approach ASCE J.GE 133 (2007), 905–920.
[5] Brinkmann, C.: Untersuchungen zum Verhalten von Dichtungsübergängen im Staudammbau. Mitteilung 43 (1998), Institut für Geotechnik Stuttgart.
[6] Bjerrum, L.: Allowable settlements of structures. Norwegian Geotechn. Inst. Mitt. Nr. 98 (1973).
[7] Brown, W. G.: Difficulties associated with predicting depth of freeze or thaw. Can. Geot. J. 1 (1964), 215–226.
[8] Buisman, A. S. K.: Results of long duration settlement tests. Proc. 1st ICSMFE (1936), I, 103–105.
[9] Buisman, A. S. K.: Grondmechanika. Delft: Waltman 1940.
[10] Caquot, A., Kérisel, J.: Traité de mécanique des sols. Paris: Dunod 1956, S. 203/204.
[11] Davis, E. H., Poulos, H. G.: Rate of settlement under two- and three-dimensional conditions. Géotechnique 22 (1972), S. 95–114.
[12] Davisson, M. T., Salley, J. R.: Settlement histories of four large tanks on sand. Symposium Performance of Earth and Earth-Supported Structures (1972). Purdue Univ. 1–2, 981–995.
[13] De Beer, E. E.: Grundbruchberechnungen schräg und ausmittig belasteter Flachgründungen. Ingenieurwissen 7, Bodenmechanik II. VDI–Verlag Düsseldorf 1964, S. 41–132.
[14] De Beer, E. E.: Experimental determination of shape factors and the bearing capacity factors of sand. Géotechnique 20 (1970), 387–411.
[15] De Beer, E. E.: Summary Report TC 11. ASCE-IABSE Int. Conf. (1972), Lehigh Univ., S. 1047.
[16] De Josselin de Jong, G.: Statics and kinematics in the failable zone of a granular material. Delft: Waltman 1959.
[17] Deutsche Gesellschaft für Geotechnik: Empfehlungen 1–3 des Arbeitskreises „Geotechnik historischer Bauwerke und Naturdenkmäler". Bautechnik 74 (1997), 467–470; 81 (2004), 17–24; 760–765.
[18] Eisenmann, J., Leykauf, G.: Verkehrsflächen aus Beton. Beton-Kalender 1, 2007, S. 93–263. Ernst & Sohn, Berlin.
[19] Fuchssteiner, W.: Gründungen. Beton-Kalender II, 1957, S. 421. Ernst & Sohn, Berlin.
[20] Gourvenec, S.: Shape effects on the capacity of rectangular footings under general loading. Géotechnique 57 (2007), 637–646.
[21] Graf, B., Gudehus, G., Vardoulakis, I.: Grundbruchlast von Rechteckfundamenten auf einem geschichteten Boden. Bauingenieur 60 (1985), 29–37.
[22] Grünberg, J., Vogt, N.: Interaktion Bauwerk – Baugrund. In: Beton-Kalender 2009. Ernst & Sohn, Berlin.
[23] Gruhle, H.-D.: Setzungen eines Stützenfundamentes und Sohlnormalspannungen, Meßergebnisse und Vergleich mit berechneten Werten. Bautechnik 54 (1977), 274–281.
[24] Gussmann, P., Schad, H., Smith, I.: Numerische Verfahren. In: Grundbau-Taschenbuch, Teil 1, 6. Auflage, S. 431–476. Ernst & Sohn, Berlin 2001.

[25] Habib, P., Puyo, A.: Stabilité des fondations des constructions de grande hauteur. Annales Inst. Techn. Bâtiment Travaux Publics 275 (1970), 119–124.
[26] Hager, M.: Eisdruck. In: Grundbau-Taschenbuch, Teil 1, 6. Auflage. Ernst & Sohn, Berlin 2001.
[27] Hanna, A., Abd El-Rahman, M.: Ultimate Bearing Capacity of Triangular Shell Strip Footings on Sand. ASCE J. GE 116 (1990), 1851–1863.
[28] Hansbo, S.: Consolidation of Clay, With special Reference to Influence of Vertical Sand Drains. Swedish Geot. Institute Mitt. 18, Stockholm 1960.
[29] Hansen, Brinch J., Hansen, Bent: Foundations of Structures. Proc. 4th ISSMFE, Bd. 2, S. 441–447, London 1957.
[30] Hansen, Brinch J.: A General Formula for Bearing Capacity. Danish Geot. Inst., Heft 11, Kopenhagen 1961.
[31] Hansen, Brinch J.: A revised and extended formula for bearing capacity. Danish Geot. Inst., Heft 28, Kopenhagen 1970.
[32] Heller, H. J.: Setzungen von Kranbahnstützen infolge von Lastwechseln bei sandigem Untergrund. Bautechnik 72 (1995), 11–19.
[33] Hettler, A.: Verschiebungen starrer und elastischer Gründungskörper in Sand bei monotoner und zyklischer Belastung. Veröff. 90 Inst. Bodenmech. Felsmech. Univ. Karlsruhe (1981).
[34] Hintner, J.: Analyse der Fundamentverschiebungen infolge vertikaler und geneigter Belastung. Mitt. 57, Institut für Geotechnik, Universität Stuttgart, 2008.
[35] Hülsdünker, A.: Maximale Bodenpressung unter rechteckigen Fundamenten bei Belastung mit Momenten in beiden Achsrichtungen. Bautechnik 41 (1964), 269.
[36] Kany, M.: Computergerechte Bestimmung der Nulllinie und der Eckspannungen für die Zone 5 von Rechteckfundamenten (unveröff. Manuskript, 1988).
[37] Kany, M., El Gendy: Analysis of system of footing resting on irregular soil. Proc. 14th ICSMFE (1997), II, 995–998.
[38] Kirschbaum, P.: Nochmals: Ausmittig belastete T-förmige Fundamente. Bautechnik 47 (1970), 214–215.
[39] Kisse, A.: Entwicklung eines Systemgesetzes zur Beschreibung der Boden-Bauwerk-Interaktion flachgegründeter Fundamente auf Sand, Heft 34 (2008) Institut für Grundbau und Bodenmechanik, Universität Duisburg–Essen.
[40] König, G.: Nutzlasten in Bürogebäuden. Beton- u. Stahlbetonbau 72 (1977), 165–170.
[41] Kolb, H.: Ermittlung der Sohlreibung von Gründungskörpern unter horizontalem kinematischem Zwang. Mitt. 28 Baugrundinstitut Stuttgart, 1988.
[42] Krieg, S.: Viskoses Bodenverhalten von Mudden, Seeton und Klei. Mitt. 150 Inst. Bodenmech. u. Felsmechanik, Univ. Karlsruhe (2000).
[43] Kulhawy, F. H., Trautmann, C. N., Nicolaides, C. N.: Spread foundations in uplift. ASCE GSP 8 (1987), 96–109, New York.
[44] Kulhawy, F. H, Stewart, H. E.: On uplift capacity of aged grillage foundations. Proc. 14th ICSMFE (1997), II, 999–1002.
[45] Larsen, P., Krebs Ovesen, N.: Bearing capacity of square footings on sand. Danish Geot. Institute Kopenhagen, s. auch Heft 36 (1985).
[46] Laue, J.: Settlements of shallow foundations subjected to combined static and repeated loadings. Proc. 14th ICSMFE (1997), II, 1003–1007.
[47] Laumans, Q., Schad, H.: Calculations of Raft Foundations on Clayey Silts. ASCE Symp. Numerical Methods in Geomechanics, Blacksburg (1976), 1, 475–488.
[48] Leinenkugel, H. J.: Deformations- und Festigkeitsverhalten bindiger Erdstoffe. Veröff. 66 Inst. Bodenmech. Felsmech., Univ. Karlsruhe, 1976.
[49] Leroueil,S. et al.: Stress-strain-strain rate relation for the compressibility of sensitive natural clays. Géotechnique 35 (1985), S. 159–180.
[50] Leussink, H., Blinde, A., Abel, P.-G.: Versuche über die Sohldruckverteilung unter starren Gründungskörpern auf kohäsionslosem Sand. Veröff. 22 Inst. Bodenmech. Felsmech., TH Karlsruhe, 1966.
[51] Lundgren, H., Mortensen, K.: Determination by the theory of plasticity of the bearing capacity of continuous footings on sand. Proc. 3rd ICSSMFE Zürich 1953, Bd. 1.
[52] Martin, C. M.: Exact bearing capacity calculations using the method of characteristics. 11th Int. Conf. of IACMAG, Vol. 4, S. 441–450, Turin 2005.

3.1 Flachgründungen

[53] Meyerhof, G. G.: The Ultimate Bearing Capacity of Foundations. Géotechnique 2 (1951), 301.
[54] Meyerhof, G. G.: The Bearing Capacity of Foundations under Eccentric and Inclined Loads. Proc. 3rd ICSMFE Zürich 1953, Bd. 1, 440–445.
[55] Meyerhof, G. G.: Some recent research on the bearing capacity of foundations. Can. Geot. J. 1 (1963), 16–26.
[56] Miklos, E.: Ausmittig gedrückte symmetrische Trapez- und T-Querschnitte bei Ausschluss von Zugspannungen. Bautechnik 41 (1964), 343–347.
[57] Mitchell, J., Woodgate, R. W.: A Survey of Floor Loadings in Office Buildings. Report 50 (1970), Construction Industry Research and Information Association, London.
[58] Muhs, H., Weiss, K.: Der Einfluss der Lastneigung auf die Grenztragfähigkeit flachgegründeter Einzelfundamente. Berichte aus der Bauforschung, Heft 62, S. 69–131. Ernst & Sohn, Berlin 1969.
[59] Muhs, H., Weiß, K.: Die Grenztragfähigkeit von flach gegründeten Streifenfundamenten unter geneigter Belastung nach Theorie und Versuch. Bericht 101 a. d. Bauforschung. Ernst & Sohn, Berlin 1975.
[60] Neher, H. P.: Zeitabhängiges Materialverhalten und Anisotropie von weichen Böden – Theorie und Anwendung. Mitt. 60 Institut für Geotechnik, Stuttgart 2008.
[61] Netzel, D.: Beitrag zur wirklichkeitsnahen Berechnung und Bemessung einachsig ausgesteifter, schlanker Gründungsplatten. Bautechnik 52 (1972), 209–213 und 337–343.
[62] Neuber, H.: Setzungen von Bauwerken und ihre Vorhersage. Bericht 19 a. d. Bauforschung. Ernst & Sohn, Berlin 1961.
[63] Ohde, J.: Berechnung der Sohldruckverteilung unter Gründungskörpern. Der Bauingenieur 23 (1942), 99–107 und 122–127.
[64] Osman, A. S. et al.: Simple prediction of the undrained displacement of a circular surface foundation on non-linear soil. Géotechnique 57 (2007), 729–737.
[65] Perkins, S. W., Madsen, C. R.: A dilatancy approach for the bearing capacity of sands. Proc. 14th ICSMFE (1997), II, 1189–1192.
[66] Pohl, K.: Zahlentafeln zur Bestimmung der Nullinie und der größten Eckpressung im Rechteckquerschnitt bei Lastangriff außerhalb des Kerns und Ausschluss von Zugspannungen. Beton-Kalender I , 1964, S. 194. Ernst & Sohn, Berlin.
[67] Poulos,H.: Spannungen und Setzungen im Boden. Grundbau-Taschenbuch, Teil 1, 6. Auflage. Ernst & Sohn, Berlin 2001.
[68] Prager, W.: Probleme der Plastizitätstheorie. Verlag Birkhäuser, Basel 1955.
[69] Pregl, O.: Determination of stability characteristics. Proc. 11th ICSMFE, San Francisco, 1983, Vol. 4, 2227–2230.
[70] Salden, D.: Der Einfluss der Sohlenform auf die Traglast von Fundamenten. Mitt. 12 Baugrundinstitut Stuttgart, 1980.
[71] Schaak, H.: Setzung eines Gründungskörpers unter dreiecksförmiger Belastung mit konstanter, bzw. schichtweise konstanter Steifezahl E_s. Bauingenieur 47 (1972), 220–221.
[72] Schad, H., Netzel, D.: Anwendung analytischer Lösungen für die praktische Berechnung von Gründungsplatten. Vorträge Baugrundtagung Berlin (1996), 553–560.
[73] Schanz, T., Gussmann, P., Smoltczyk, U.: Study of bearing capacity of strip footing on layered subsoil with the Kinematical Element Method. Proc. 14th ICSMFE (1997), I, 727–730.
[74] Schick, P., Unold, F.: Grundbruch von Flachgründungen nach E DIN 4017:2000 und numerischen Berechnungen – Einfluss der Lastneigung. Bautechnik 79 (2002), 625–631.
[75] Schmidt, J. D., Westmann, R. A.: Consolidation of Porous Media with Non-Darcy Flow. ASCE J. EM 99 (1973), 1201–1216.
[76] Schultze, E., Horn, A.: Der Zugwiderstand von Hängebrücken-Widerlagern. Vorträge Baugrundtagung München, 1966, S. 125–186,
[77] Sekiguchi, H./ Kobayashi, S.: Limit analysis of bearing capacity for a circular footing subjected to eccentric loads. Proc.14th ICSMFE (1997), II, 1029–1032.
[78] Sherif, G., König, G.: Platten und Balken auf nachgiebigem Untergrund. Springer-Verlag, Berlin, Göttingen, Heidelberg 1975.
[79] Siddiquee, M. S. A., Tatsuoka, F., Tanaka, T.: Effect of the shape of footing on bearing capacity. Proc. 14th ICSMFE (1997), II, 891–894.
[80] Skempton, A. W.: The bearing capacity of clays. Proc. Building and Research Congress, London 1951, Bd. 1, S. 180–189.

[81] Smoltczyk, H.-U.: Ermittlung eingeschränkt plastischer Verformungen im Sand unter Flachfundamenten. Ernst & Sohn, Berlin 1960.
[82] Smoltczyk, U.: Anmerkungen zum Gleitkreisverfahren. Festschrift Prof. Lorenz, Inst. Grundbau Bodenmech. TU Berlin (1975), 203–218.
[83] Smoltczyk, U.: Sonderfragen beim Standsicherheitsnachweis von Flachfundamenten. Mitt. 32 DEGEBO Berlin (1976), 111–118.
[84] Smoltczyk, U.: Verkantung von Pfeilern und Türmen infolge Baugrundnachgiebigkeit. DFG Abschlussbericht Sm 3/18, 1981 (Manuskript).
[85] Smoltczyk, U.: Verkantung von Brückenpfeilern infolge Baugrund-Elastizität. 10. Konferenz Grundbau, Brno, 1982, S. 408–415.
[86] Sokolovsky, V. V.: Statics of soil media. Butterworths Scientific Publications London 1960, s. auch die deutsche Fassung: VEB Verlag Technik, Berlin 1955.
[87] Sommer, H.: Messungen, Berechnungen und Konstruktives bei der Gründung Frankfurter Hochhäuser. Bauingenieur 53 (1978), 205–211.
[88] Soumaya, B., Kempfert, H.-G.: Bewertung von Setzungsmessungen flachgegründeter Gebäude in weichen Böden. Bautechnik 83 (2006), 181–185.
[89] Steenfelt, J. S.: Scale effects on bearing capacity factor N_γ. Proc. 9th ICSMFE Rotterdam 1977, Band 1, 749–752.
[90] Stuart, J. G.: Interference between foundations, with special reference to surface footings in sand. Géotechnique 12 (1962), 15–22.
[91] Sweeney, M., Craig, H. A., Lambson, M. D.: Zuschrift zu [14]. ASCE J. GE 115 (1989), 1443–1446.
[92] Terzaghi, K.: Theoretische Bodenmechanik. Springer-Verlag, Berlin 1943.
[93] Trautmann, C. H., Kulhawy, F. H.: Uplift load-displacement behavior of spread foundations. ASCE J. GE 114 (1988), 168–184.
[94] Wichtmann, T., Niemunis, A., Triantafyllidis, Th.: FE- Prognose der Setzungen von Flachgründungen auf Sand unter zyklischer Belastung, Bautechnik 82 (2005), Heft 12, 902–911.
[95] Vogt, N., Winkler, B: Hangtunnel Bad Ems – Einschnitt und Beobachtungsmethode – Horizontallasten und Schubnocken. Tiefbau 12/2004, S. 772–778.
[96] Vrettos, C.: Zur nichtlinear-elastischen Berechnung von Fundamentsetzungen bei Böden mit Schichtung und druckabhängiger Steifigkeit. Geotechnik 31 (2008), 53–66.
[97] Weiß, K.: Der Einfluss der Fundamentform auf die Grenztragfähigkeit flach gegründeter Fundamente. Bericht 65 a. d. Bauforschung, Ernst & Sohn, Berlin 1970.
[98] Weiß, K.: Die Formbeiwerte in der Grundbruchgleichung für nichtbindige Böden. Mitt. 29 DEGEBO, Berlin 1973.
[99] West, J. M., Stuart, J. G.: Oblique Loading Resulting from Interference between Surface Footings on Sand. 6th ICSMFE (1965), II, 214–217.
[100] Winkler, E.: Die Lehre von der Elastizität und Festigkeit. Verlag Dominicus, Prag 1867.
[101] Witt, K. J./Wudtke, R.-B.:Versagensmechanismen des Hydraulischen Grundbruchs an einer Baugrubenwand. 22. Christian Veder Kolloquium, Graz 2007, S. 229–242. Hrsg.: Gruppe Geotechnik Graz, Heft 30.

7.2 Programme und Benutzerhandbücher

Anmerkung: Im Folgenden werden nur die Programme aufgelistet, mit denen die Autoren selbst Erfahrungen sammeln konnten. Im Übrigen wird auf die einschlägigen Informationen in der Zeitschrift GEOTECHNIK der DGGT verwiesen.

[102] Kany, M.: Berechnung von Systemen elastischer Fundamentplatten auf beliebig geschichtetem Baugrund (Programm ELPLA). Grundbauinstitut der LGA Bayern (1976).
[103] Kany, M.: Berechnung der Sohldrücke und Setzungen von Systemen starrer Sohlplatten nach dem Steifemodulverfahren von Kany (Programm STAPLA). Grundbauinstitut der LGA Bayern (1976).
[104] Kany, M.: Programmsystem GEOTEC und Benutzerhandbücher für SETZ, FUND, ELBAL, ELPLA-W7.2(D+E), KREBI, JANBU, GRUWA, EROSION, FELD, LABOR, PFAHL, BOHR-W (1996–2000).
[105] Kany, M.: Programm QUERSCHN, Programmgruppe GEOTEC-L, Zirndorf 2000.

3.1 Flachgründungen

[106] Netzel, D.: Rechenprogram PLANET für elastisch gebettete ebene Gesamtsysteme, Stuttgart (1975–1995).
[107] Vermeer, P., Brinkgreve, R.: Programmsystem PLAXIS und Benutzerhandbuch, Delft 2000.
[108] Smoltczyk & Partner: Programme BOESCH.S&P, PLATTE.S&P, SETZUNG.S&P, FUDIM.S&P (1979).
[109] Normenhandbuch zu DIN EN 1997-1 und DIN 1054:2008. Deutsches Institut für Normung.

7.3 Deutsche geotechnische Normen (Stand 2009)

DIN EN 1997-1: Einwirkungen auf Tragwerke; Teile 1 bis 7.
DIN 1054:2008: Baugrund; Sicherheitsnachweise im Erd- und Grundbau.
DIN 4017:2006: Baugrund; Berechnung des Grundbruchwiderstands von Flachgründungen.
DIN V 4019-100:1996: Baugrund; Setzungsberechnungen; Teil 100: Berechnung nach dem Konzept mit Teilsicherheitsbeiwerten.
DIN 4084:2009: Baugrund; Geländebruchberechnungen.
DIN 4085:2007: Berechnung des Erddrucks.

Was wäre die Welt ohne sichere Fundamente?

Vermutlich wäre die Welt um einige Kuriositäten reicher (wenn sie nicht längst schon wieder eingestürzt wären). Ganz gleich welcher baulichen Anlage Sie ein sicheres Fundament geben möchten – vom Einfamilienhaus über Industriebauten bis hin zu verkehrstechnischen Anlagen – wir setzen Ihre Anforderungen präzise und zuverlässig um. Kernkompetenz von JACBO sind Bohrpfahlgründungen für alle Traglasten, mit Pfahllängen bis 30 m und Pfahldurchmessern bis 1 m. Bei unseren Kunden besonders beliebt – weil zeitsparend und erschütterungsfrei – ist die Teilverdränger-Schneckenbohrtechnik.

JACBO PFAHLGRÜNDUNGEN
AUS GUTEM GRUND

JACBO Pfahlgründungen GmbH

> Niederlassung Schüttorf
Telefon: 0 59 23/96 97-0
E-Mail: schuettorf@jacbo.de

> Niederlassung Köln
Telefon: 02 21/80 19 18-0
E-Mail: koeln@jacbo.de

> Niederlassung Schwerin
Telefon: 03 85/207 45 55
E-Mail: schwerin@jacbo.de

> Niederlassung Augsburg
Telefon: 08 21/45 54 07-0
E-Mail: augsburg@jacbo.de

Können wir für Sie tätig werden?

www.jacbo.de

3.2 Pfahlgründungen

Hans-Georg Kempfert

1 Einleitung

1.1 Anwendungsbereich

Pfahlgründungen stellen eine wesentliche Ausführungsform der Tiefgründungen dar. Pfähle werden in der Regel verwendet, um Bauwerkslasten in axialer Richtung durch Bodenschichten geringer Festigkeit oder durch freies Wasser in den festeren Untergrund zu übertragen. Dabei kommen zur Anwendung:

- Einzelpfahlgründungen mit einer punktförmigen Lasteintragung,
- Pfahlgruppengründungen mit flächenartiger Lasteintragung und
- kombinierte Pfahlplattengründungen als ein Sonderfall der Pfahlgruppengründungen mit einer zusätzlichen Aktivierung der Tragwirkung der Bodenschichten zwischen den Pfählen über die Sohl- bzw. Pfahlkopfplatte.

Oftmals ist eine Pfahlgründung auch bei oberflächennah anstehendem tragfähigem Baugrund gegenüber einer Flachgründung aus wirtschaftlichen oder ausführungstechnischen Gründen günstiger.

Die Anforderungen, die im Einzelfall an einen Pfahl bzw. an eine Pfahlgründung gestellt werden, ergeben sich hauptsächlich aus der Bauwerksart, den Herstellungsbedingungen und der Baugrundbeschaffenheit. Pfahlähnliche Gründungselemente, wie z. B. Betonrüttelsäulen, Schlitzwandelemente, Brunnengründungen oder im Düsenstrahlverfahren hergestellte Säulen, werden in diesem Kapitel nicht behandelt. Pfahlwände finden sich im Kapitel 3.6.

1.2 Maßgebliche Vorschriften und Sicherheitskonzept

In Deutschland besteht eine langjährige Tradition bezüglich der Anwendung von Normen für die einzelnen Pfahlarten zur Herstellung und Bemessung. Im Einzelnen sind dies:

DIN 4014:1990-03:	Bohrpfähle; Herstellung, Bemessung und Tragverhalten.
DIN 4026:1975-08:	Rammpfähle; Herstellung, Bemessung und zulässige Belastung.
DIN 4128:1983-03:	Verpresspfähle (Ortbeton- und Verbundpfähle) mit kleinem Durchmesser; Herstellung, Bemessung und zulässige Belastung.
DIN 1054:1976-11:	Zulässige Belastungen des Baugrunds.

Die jetzt zur Anwendung kommenden und teilweise bereits bauaufsichtlich eingeführten neuen Normen auf der Grundlage des Teilsicherheitskonzepts sind für Pfahlgründungen:

DIN EN 1536:1999-06:	Ausführung von besonderen geotechnischen Arbeiten (Spezialtiefbau); Bohrpfähle.
DIN EN 12699:2001-05:	Ausführung spezieller geotechnischer Arbeiten (Spezialtiefbau); Verdrängungspfähle.

Grundbau-Taschenbuch, Teil 3: Gründungen und geotechnische Bauwerke
Herausgegeben von Karl Josef Witt
Copyright © 2009 Ernst & Sohn, Berlin
ISBN: 978-3-433-01846-0

DIN EN 14199:2005-05: Ausführung von besonderen geotechnischen Arbeiten (Spezialtiefbau); Pfähle mit kleinen Durchmessern (Mikropfähle).
DIN EN 12794:2007-08: Betonfertigteile; Gründungspfähle.
DIN 1054:2005-01: Baugrund; Sicherheitsnachweise im Erd- und Grundbau.
DIN EN 1997-1:2008-10: Eurocode 7: Entwurf, Berechnung und Bemessung in der Geotechnik, Teil 1: Allgemeine Regeln; im Zusammenhang mit dem Normenhandbuch zu DIN EN 1997-1 und DIN 1054, ergänzende Regelungen zu DIN EN 1997-1 (Normenhandbuch EC 7-1/DIN 1054).

Die bauaufsichtlich eingeführte Norm DIN 1054:2005-01 wird zeitversetzt zurückgezogen, wenn das Normenhandbuch EC 7-1/DIN 1054 bzw. die Einzelnormen bauaufsichtlich eingeführt sind (voraussichtlich nach 2010).

Weiterhin sind für Pfahlgründungen von Bedeutung:

- EA-Pfähle: Empfehlungen des Arbeitskreises „Pfähle", Verlag Ernst & Sohn.
- DIBt-DGGT-DAfStB: Richtlinie für den Entwurf, die Bemessung und den Bau von Kombinierten Pfahl-Plattengründungen (KPP-Richtlinie).
- BMV-ZTV–ING: Zusätzliche technische Vertragsbedingungen und Richtlinien für Ingenieurbauwerke, Teil 2.

Den folgenden Ausführungen sind überwiegend die Bezeichnungen aus dem Normenhandbuch EC 7-1/DIN 1054 [123] zugrunde gelegt worden, auch wenn dieses noch nicht bauaufsichtlich eingeführt ist. Dies wird damit begründet, dass voraussichtlich nach 2010 oder etwas später die Nachweise nur noch nach DIN EN 1997-1 (EC 7-1) bzw. Normenhandbuch EC 7-1/DIN 1054 [123] geführt werden dürfen.

1.3 Voruntersuchungen bei Pfahlgründungen

Die für Pfahlgründungen erforderlichen Voruntersuchungen sind in DIN 4020 und ergänzend in [39] pfahlspezifisch aufgeführt. Besonders hervorzuheben ist die Einstufung von bestimmten Pfahlgründungsformen in geotechnische Kategorien nach DIN 1054 bzw. [123] und dem damit teilweise verbundenen erhöhten Aufwand für die Voruntersuchungen.

1.4 Begriffe

Wie in Abschnitt 1.2 ausgeführt, haben sich in der neuen Normgeneration die Begriffsbezeichnungen und Abkürzungen für Pfahlgründungen wesentlich verändert. In den nachfolgenden Abschnitten werden diese neuen Bezeichnungen verwendet. In Tabelle 1 ist dazu eine Auswahl zusammengestellt.

WWW.CENTRUM.DE

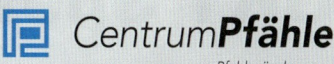

CentrumPfähle
Pfahlgründungen

Europaweit führen wir Pfahlgründungen mit Stahlbetonfertigpfählen aus und stehen Ihnen als kompetenter Partner für Beratung, Planung und Ausführung von Tiefgründungen zur Seite.

Unser Leistungsprofil:
- Stahlbetonfertigpfähle
- Injektionspfähle
- Energiepfähle

CentrumPfähle GmbH

Hauptsitz Hamburg
Friedrich-Ebert-Damm 111
22047 Hamburg
Telefon 040.**69 672 0**
Telefax 040.69 672 222
info@centrum.de

Niederlassung Karlsruhe
Hauptstraße 33
76344 Eggenstein
Telefon 0721.**78 15 711**
Telefax 0721.78 15 714
infosued@centrum.de

Niederlassung Leipzig
Klostergasse 5
04109 Leipzig
Telefon 0341.**46 26 26 232**
Telefax 0341.46 26 26 233
infoost@centrum.de

Niederlassung München
Kronstadter Straße 4
81677 München
Telefon 089.**20 80 26 511**
Telefax 089.20 80 26 600
infosuedost@centrum.de

Niederlassung Oberhausen
Eimersweg 34
46147 Oberhausen
Telefon 0208.**62 93 763**
Telefax 0208.62 93 764
infowest@centrum.de

GKT Spezialtiefbau GmbH

Kaispeicher Hamburg - Elbphilharmonie

TIEFGRÜNDUNGEN

- Ortbetonrammpfähle
  (auch mit ausgerammtem Fuß)
- Teilverdrängungsbohrpfähle
- Vollverdrängungsbohrpfähle
- Großbohrpfähle
- Kleinverpresspfähle

KOMPLETTBAUGRUBEN

- Bohrpfahlwände
- Berliner und Essener Verbau
- Spundwände
- Dichtwände in Schlitzwandbauweise

Winsbergring 3 b • 22525 Hamburg
Telefon: (040) 853 254–0 • Telefax: (040) 853 254–40
e-mail: info@gktspezi.de • internet: www.gktspezi.de

BUCHEMPFEHLUNG

Hrsg.: Frank Fingerloos
Historische technische Regelwerke für den Beton-, Stahlbeton- und Spannbetonbau
2009. 13260 Seiten.
€ 59,– / sFr 94,–
ISBN: 978-3-433-02925-1

Ergänzung für Ihren Bestand alter Normen – unerlässlich für das Bauen im Bestand

Das Buch enthält die technischen Regelwerke für die Vorbereitung, Konstruktion und Bemessung und Ausführung von Bauteilen aus Beton, Eisenbeton, Stahlbeton und Spannbeton von 1904 bis 2004 im Original.
Dies sind:

- die Bestimmungen des Deutschen Ausschusses für Eisenbeton ab 1916,
- die DIN-Normen 1045, 4225, 4227, 4229 und
- die TGL 0-1045, 0-1046, 0-1047 0-4225, 11422, 33402, 33403, 33404, 33405

sowie ergänzende Richtlinien und Bestimmungen.

Fortsetzungsbezieher des Beton-Kalenders erhalten diesen Titel zum Sonderpreis!

www.ernst-und-sohn.de
010048096_my

Ernst & Sohn Verlag für Architektur und technische Wissenschaften GmbH & Co. KG
Für Bestellungen und Kundenservice: Verlag Wiley-VCH, Boschstraße 12, D-69469 Weinheim
Tel.: +49(0)6201 606-400, Fax: +49(0)6201 606-184, E-Mail: service@wiley-vch.de
* Der €-Preis gilt ausschließlich für Deutschland. Irrtum und Änderung vorbehalten.

3.2 Pfahlgründungen

Tabelle 1. Im vorliegenden Beitrag verwendete Bezeichnungen nach [123] im Vergleich zu DIN 1054:2005-01

Bezeichnung [123]	DIN 1054:2005-01	Einheit	Definition
R	R	MN, kN	Pfahlwiderstand eines Einzelpfahls
$R_{ult} = R_g$	$R_1 = R_g$	MN, kN	Pfahlwiderstand im Bruch-/Grenzzustand
R_b	R_b	MN, kN	Pfahlfußwiderstand eines Einzelpfahls
R_s	R_s	MN, kN	Pfahlmantelwiderstand eines Einzelpfahls
R_c	R_1	MN, kN	Pfahldruckwiderstand im Bruchzustand
R_t	R_1	MN, kN	Pfahlzugwiderstand im Bruchzustand
q_b	q_b	MN/m², kN/m²	Spitzendruck bzw. Pfahlspitzendruck
q_s	q_s	MN/m², kN/m²	Mantelreibung bzw. Pfahlmantelreibung
τ_n	τ_n	MN/m², kN/m²	Wert der negativen Mantelreibung
s	s	cm	axiale Pfahlkopfverschiebung, Pfahlkopfsetzung
s_{ult}	s_1	cm	Setzung im Grenzzustand der Tragfähigkeit (ULS)
s_g	s_g	cm	Grenzsetzung bzw. Bruchsetzung
s_{sg}	s_{sg}	cm	Grenzsetzung für den setzungsabhängigen charakteristischen Pfahlmantelwiderstand
D_s	D_s	m	Pfahlschaftdurchmesser
D_b	D_b	m	Pfahlfußdurchmesser
A_b	A_b	m²	Nennwert der Pfahlfußfläche
A_s	A_s	m²	Nennwert der Pfahlmantelfläche
d		m	Pfahleinbindetiefe in den tragfähigen Baugrund
a_s	a_s	m	Seitenlänge eines Pfahls mit quadratischem Querschnitt
k_s	k_s	MN/m³, kN/m³	Bettungsmodul quer zur Pfahlachse
a		m	Pfahlachsabstand zwischen den Pfählen einer Gruppe
$A_{s,i}$	$A_{s,i}$	m²	Nennwert der Einzelpfahlmantelfläche in der Schicht i
L		m	Pfahllänge
q_u	q_u	MN/m², kN/m²	einaxiale Druckfestigkeit
q_c	q_c	MN/m², kN/m²	Spitzenwiderstand der Drucksonde
ξ	ξ	–	Streuungsfaktor zur Bewertung von Pfahlprobebelastungen
σ_n	σ_n	MN/m², kN/m²	horizontale Bettungsspannungen vor dem Pfahl
ULS	Index 1 (GZ1)	–	Grenzzustand der Tragfähigkeit, Bruchzustand, Ultimate Limit State
SLS	Index 2 (GZ2)	–	Grenzzustand der Gebrauchstauglichkeit, Serviceability Limit State
Index k	Index k	–	charakteristischer Wert
Index d	Index d	–	Bemessungswert
Index ult bzw. g	Index 1 (GZ1)	–	Grenzzustand der Tragfähigkeit, Bruchwert

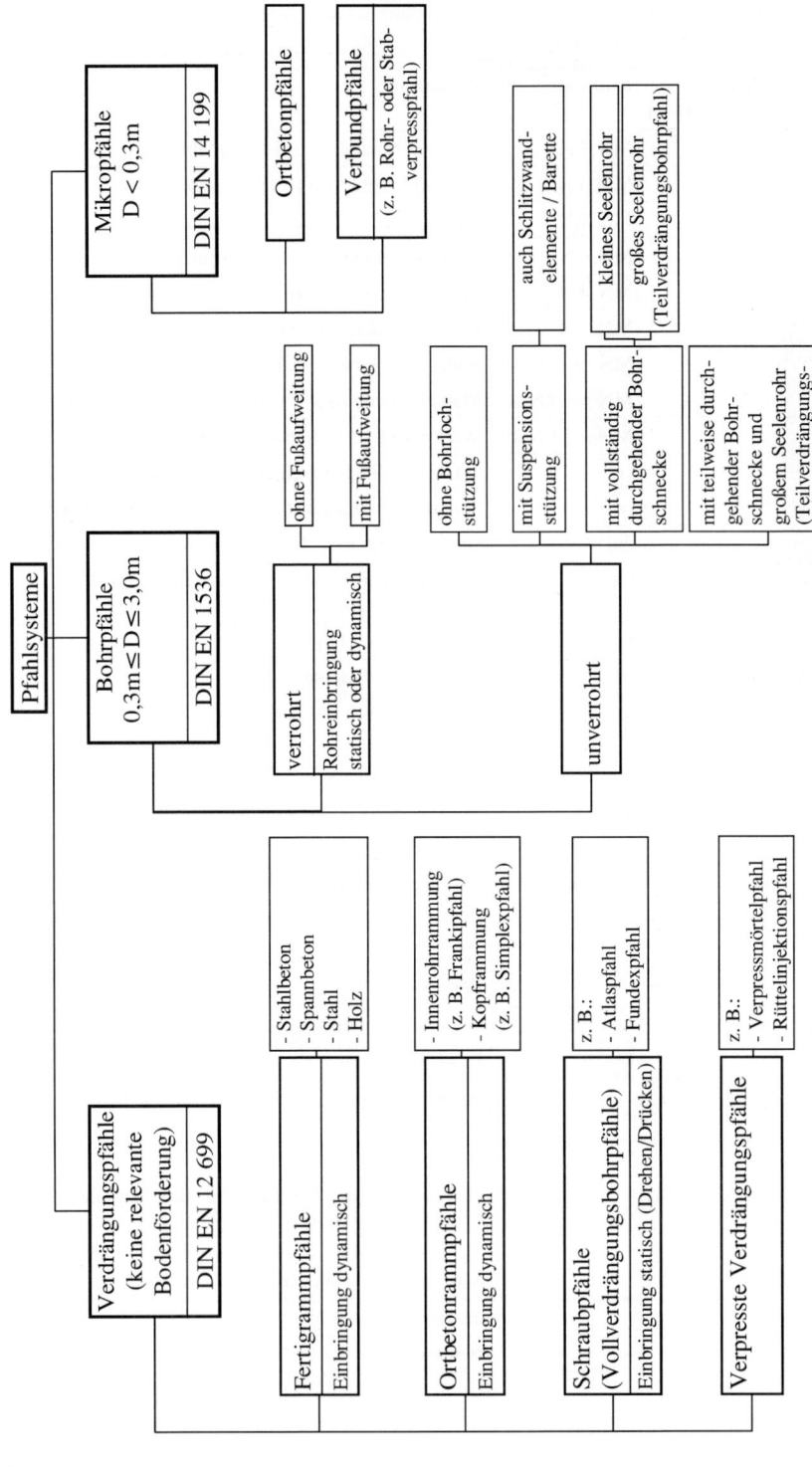

Bild 1. Übersicht über die nach den Herstellungsnormen DIN EN 1536, DIN EN 12699 und DIN EN 14199 genormten Pfahlsysteme (aus [39])

SPEZIAL-TIEFBAU

- Ortbetonrammpfähle System VIBREX 34 bis 61 cm Durchmesser und System SUPER VIBREX mit ausgerammtem Fuß
- Ortbetonbohrpfähle als Vollverdrängungspfähle System FUNDEX 38 und 44 cm Durchmesser
- Bohrpfähle nach DIN 4014 bis 60 cm Durchmesser
- Beton-Fertigpfähle
- Stahlrohrpfähle
- Baugrubenverbau als "Berliner Verbau" oder mit Spundwänden
- HDI-Unterfangungen
- Statische und dynamische Probebelastungen
- Zugversuche

König GmbH
Stader Elbstraße 4
21683 Stade
Telefon (0 41 41) 49 19 0
Telefax (0 41 41) 49 19 44
www.pfahlkoenig.de
info@pfahlkoenig.de

Über 100 Jahre Erfahrung ...

- Bohrpfähle bis Ø 200 cm
- Verdrängungsbohrpfähle
- Bohrpfahlwände / Trägerbohlwände
- Bohrpfähle mit Mantel- und Fußverpressung
- Pfahlfußaufweitungen
- Pfähle unter beschränkter Arbeitshöhe
- Verpressanker / Kleinverpresspfähle
- Dichtwände / Schlitzwände

MAST GRUNDBAU GMBH
Siemensstraße 3
40764 Langenfeld

Telefon 02173/8501-0
Telefax 02173/8501-50
E-Mail: info@mast-grundbau.de
www.mast-grundbau.de

Ihr Partner im Spezialtiefbau

BOOK RECOMMENDATION

Deutsche Gesellschaft für Geotechnik e.V. (ed.)
Recommendations on Excavations – EAB
2nd revised edition
2008. 300 pg., 19 Tab., Hardcover.
EUR 69.–
ISBN: 978-3-433-01855-2

€ Prices are valid in Germany, exclusively, and subject to alterations. Prices incl. VAT. Books excl. shipping.
008358016_my

Recommendations on Excavations EAB

The aim of these recommendations is to harmonize and further develop the methods, according to which excavations are prepared, calculated and carried out.
Since 1968, these have been worked out by the TC "Excavations" at the German Geotechnical Society (DGGT) and published since 1980 in four German editions under the name EAB. The recommendations are similar to a set of standards.
They help to simplify analysis of excavation enclosures, to unify load approaches and analysis procedures, to guarantee the stability and serviceability of the excavation structure and its individual components, and to find out an economic design of the excavation structure.
For this new edition, all recommendations have been reworked in accordance with EN 1997-1 (Eurocode 7) and DIN 1054-1. In addition, new recommendations on the use of the modulus of subgrade reaction method and the finite element method (FEM), as well as a new chapter on excavations in soft soils, have been added.

www.ernst-und-sohn.de

Ernst & Sohn Verlag für Architektur und technische Wissenschaften GmbH & Co. KG
Für Bestellungen und Kundenservice: Verlag Wiley-VCH, Boschstraße 12, D-69469 Weinheim
Tel.: +49(0)6201 606-400, Fax: +49(0)6201 606-184, E-Mail: service@wiley-vch.de

2 Pfahlarten und Ausführungsformen

2.1 Einordnung der Pfahlsysteme

In Abschnitt 1.2 sind die zwischenzeitlich vorliegenden europäischen drei Pfahlherstellungsnormen aufgelistet, nach denen in der Baupraxis Pfähle auszuführen sind. Alle drei Normen werden national bauaufsichtlich eingeführt, wobei Ergänzungen in einem jeweils zugehörigen DIN-Fachbericht/Vornorm vorgenommen sind. Bild 1 zeigt ein Übersichtsdiagramm zur systematischen Einordnung der Pfähle entsprechend den zugehörigen Ausführungsnormen.

Grundlegendes Unterscheidungsmerkmal zwischen Bohrpfählen nach DIN EN 1536 und Verdrängungspfählen nach DIN EN 12699 ist, dass bei Letzteren kein Boden und Ersteren Boden während der Pfahlherstellung gefördert wird. Allerdings ist durch die Verwendung von sehr unterschiedlich ausgebildeten (Bohr-)Schnecken bei beiden Pfahlarten eine eindeutige Zuordnung zur jeweiligen Norm oftmals schwierig. Insbesondere auch deswegen, weil bei einigen Schnecken- bzw. Pfahlsystemen der Boden teilweise verdrängt und teilweise gefördert wird.

Tabelle 2 enthält eine Zusammenstellung von Vor- und Nachteilen einiger Pfahlarten bei der Ausführung. Die Auswahl der Pfahlart richtet sich neben wirtschaftlichen Kriterien auch nach den anstehenden Baugrund- und Grundwasserverhältnissen, Bauwerkslasten, Platzverhältnissen, der Nachbarbebauung und der Setzungsempfindlichkeit des Bauwerks.

Tabelle 2. Vor- und Nachteile verschiedener Pfahlarten

Pfahlart	Vorteile	Nachteile
Verdrängungspfähle		
Holzpfahl	Gute Rammfähigkeit, hohe Elastizität, leicht zu behandeln und abzuschneiden, hohe Lebensdauer unter Wasser, relativ preiswert	Schnelle Zerstörung durch Fäulnis bei Luftzutritt, in schwerem Boden nicht rammbar, Tragfähigkeit und Länge begrenzt
Stahlpfahl	Hohe Materialfestigkeit und Elastizität, große Auswahl an verschiedenen Profilen, Unempfindlichkeit beim Transport; Verlängerung leicht möglich, Fußverstärkung durch Flügel möglich; gute Rammeigenschaften, geringe Rammerschütterung, gute Verbindungsmöglichkeit; Schrägneigung bis 1:1; Länge je nach Rammwiderstand	Relativ hohe Materialkosten, Gefahr von Korrosion, Gefahr von Sandschliff, I-Profile können beim Rammen aus der Achse laufen bzw. sich verdrehen
Stahlbetonpfahl	Herstellung in praktisch jeder erforderlichen Länge und Stärke; widerstandsfähig auch im Seewasser; gute Bodenverdichtung beim Rammen; gute Verbindungsmöglichkeiten mit dem Bauwerk; hohe Tragfähigkeit; Schrägneigung bis 1:1	Schwer und unhandlich, empfindlich gegen Biegung, z. B. bei Transport, Aufnehmen und Einbau Gefahr von Rissen; schweres Rammgerät erforderlich; Probleme bei Rammhindernissen; stärkere Erschütterungen und ggf. Lärmbelästigung beim Rammen
Spannbetonpfahl	Wie bei Stahlbetonpfählen; große Knick- und Biegesteifigkeit, hohe Tragfähigkeit; Schrägneigung wie Stahlbetonpfahl	Wie bei Stahlbetonpfählen

Tabelle 2. (Fortsetzung)

Pfahlart	Vorteile	Nachteile
Ortbeton-verdrängungs-pfähle	Gute Verdichtung des umliegenden Bodens und damit hohe Tragfähigkeit, geringe Setzungen, Verbreiterung des Pfahlfußes möglich; Länge kann den Erfordernissen angepasst werden	Erschütterung und ggf. Lärm (je nach Rammverfahren) beim Rammen; Gefahr der Beschädigung frischer Nachbarpfähle; Schrägstellung begrenzt, Probleme bei Rammhindernissen; Empfindlich gegen Querkräfte; Qualität hängt von der Mannschaft ab, insbesondere bei hohem Grundwasserüberdruck in grobkörnigen Böden; Längen bis ca. 25 m; Schrägneigung bis ca. 4:1
Vollverdrängungs-bohrpfahl	Hohe Tragfähigkeit durch Verdrängung und Verdichtung des umgebenden Bodens; hohe Mantelreibung durch rauen oder spiralförmigen Pfahlschaft; geringe Bodenförderung und Setzungsgefahr für Nachbarbebauung; lärm- und erschütterungsarme Herstellung	Hohes Drehmoment erforderlich, Herstellungsprobleme ähnlich wie bei Bohrpfählen, Probleme bei Bohrhindernissen (kein Meißeln möglich); Schrägneigung begrenzt auf ca. 4:1
Bohrpfähle		
Bohrpfahl	Weitgehend erschütterungs- und lärmarme Herstellung; beim Bohren Überprüfung der Baugrunderkundung und damit optimale Längenanpassung möglich; auch bei geringer Arbeitshöhe (z. B. unter Brücken oder Decken) herstellbar; große Tiefen mit großen Durchmessern möglich, Bohrhindernisse können z. B. durch Meißeln überwunden werden, Fußverbreiterung möglich; normale Längen (abhängig vom Bohrverfahren) bis etwa 30 m, Überlängen mit teleskopierten Bohrungen möglich	Durchfahrene Bodenschichten werden evtl. aufgelockert, Qualität sehr vom Herstellungsverfahren und Bedienungspersonal abhängig; mögliche Probleme bzw. Gefahren: • Unterwasserbetonieren (Kontraktorverfahren) insbesondere bei kleinen Querschnitten schwierig; • beim Ziehen der Verrohrung kann es zu Erschütterungen oder Hochziehen der Bewehrung kommen; • hydraulischer Grundbruch möglich, falls Außenwasserspiegel höher als im Bohrrohr; • beim Bohren ohne Verrohrung (in nicht standfesten Böden mit Suspensionsstützung) Gefahr des Nachbruchs aus der Bohrwandung; Schrägneigung begrenzt auf ca. 4:1
Mikropfähle		
Je nach Mikropfahltyp	I. d. R. erschütterungsarme Herstellung, sehr anpassungsfähig, beliebige Neigung, bei GEWI-Pfählen leicht verlängerbar durch Muffenverbindungen; relativ hohe Tragfähigkeit durch Nachverpressung	Keine Aufnahme von Biegung, bei weichen Böden Knickgefahr

Im Folgenden sind die gängigen Pfahlarten beschrieben.

2.2 Verdrängungspfähle

2.2.1 Allgemeines

Das Grundprinzip von Verdrängungspfählen (früher Rammpfählen) ist eine Bodenverdrängung durch den Pfahl oder das Rammrohr, welches insbesondere zu einer Erhöhung der Tragfähigkeit im umgebenden Boden führt. Dies bewirkt in der Regel

– bei nichtbindigen Böden und nicht wassergesättigten bindigen Böden eine Verdichtung sowie ggf. eine Verspannung und
– bei wassergesättigten bindigen Böden einen Porenwasserüberdruck.

Allgemeine Grundsätze für Verdrängungspfähle finden sich in DIN EN 12699.

Holzpfähle (Bild 2) werden heute in der Regel nur noch für untergeordnete Bauwerke oder für Bauhilfsmaßnahmen eingesetzt, z.B. Lehrgerüst- und Krangründungen usw.

Bild 2. Ausführung einer schwimmenden Holzpfahlgründung im seenahen Bereich für eine kleinere Industriehalle

2.2.2 Fertigpfähle aus Stahl

2.2.2.1 Stahlpfähle allgemein

Stahlpfähle sind entweder in ihrer ursprünglichen Profilform gelieferte Walzwerkerzeugnisse oder aus solchen zusammengesetzt. Man unterscheidet Trägerpfähle, Kasten- und Rohrpfähle sowie aus Spundwandprofilen zusammengesetzte Pfähle ohne oder mit geschlossenem Pfahlfuß. Wegen der zulässigen Abmessungen beim Bahn- oder Straßentransport sind die Pfahllängen auf ca. 20 m begrenzt. Stahlpfähle lassen sich jedoch beliebig verlängern. Die Stöße werden heute üblicherweise verschweißt und müssen die gleiche Druck-, Zug- und Biegefestigkeit wie der Pfahlquerschnitt selbst haben.

Werden Stahlpfähle zur Verbesserung der Lastabtragung am Fuß oder am Schaft mit Verstärkungen (Flügeln) ausgerüstet, so sind diese symmetrisch anzuordnen. Solche Verstärkungen werden angeschweißt, wobei die Schweißnaht so kräftig auszubilden ist, dass die

Bild 3. Trägerpfahl als Verankerung einer Kaimauer; hier gerammt mit Hydraulikbär

absprengende Wirkung des entstehenden Bodenpfropfens auch bei schwerer Rammung aufgenommen werden kann. Die Pfropfenbildung bei Fußverstärkungen muss durch eine entsprechende konstruktive Ausbildung sichergestellt werden. In [34] finden sich Hinweise zur konstruktiven Ausbildung von Verstärkungen im Pfahlfußbereich abgeleitet aus Versuchen. Bei nichtbindigen Böden lassen sich durch solche Verstärkungen Tragfähigkeitserhöhungen von über 100 % erzielen. In festen Tonböden sollten die Fußverstärkungen weniger auf die Erhöhung des Pfahlspitzenwiderstands, sondern auf mehr Mantelreibung ausgerichtet sein, d. h. es sollten offene Profile mit einer größeren Reibungsfläche gewählt werden. Insgesamt sind aber in der heutigen Zeit in der Regel etwas längere Pfähle aus einfachen Profilen wirtschaftlicher als solche mit konstruktiv sehr aufwendigen Fußverstärkungen.

Bei der Anwendung von Stahlpfählen in aggressiven Böden und Wässern ist mit erhöhter Korrosion zu rechnen. Schutzanstriche und Zugabe von Legierungszusätzen können den Korrosionsbeginn verzögern.

Durch die hohe Materialfestigkeit von Stahlpfählen treten Schäden nur bei sehr hohen Beanspruchungen z. B. beim Rammen durch harte oder mit Rammhindernissen durchsetzte Bodenschichten auf, wie Geröllablagerungen, Findlinge usw. Leichte Profile können dabei im Boden aufgerollt oder längstordiert werden.

Je nach Untergrundverhältnissen und Querschnitt liegen die charakteristischen Pfahlwiderstände im Gebrauchszustand (zulässige Pfahllasten) etwa zwischen 0,5 und 2 MN.

2.2.2.2 Stahlrohrpfähle Typ Franki

In jüngerer Zeit werden auch Stahlrohrpfähle ausgeführt, die mit geringen Lärmentwicklungen und Erschütterungen in Anlehnung an das Franki-Ortbetonrammpfahl-Verfahren eingebracht werden. Dabei wird der Stahlrohrpfahl in Rohrschüssen vorwiegend durch Innenrammung mit einem Freifallbär geringer Abmessung eingerammt. Nach Erreichen der Solltiefe kann der Pfahl sofort belastet werden, da die Rohre im Boden bleiben. Sofern es statisch erforderlich ist, kann der Pfahl auch bewehrt und ausbetoniert werden (Bild 4).

3.2 Pfahlgründungen 81

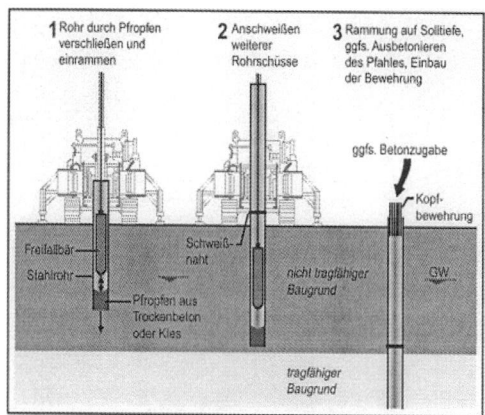 

Bild 4. Herstellungsschema eines Stahlrohrpfahls Typ Franki (nach Firmenprospekt) und Ausführungsbeispiel bei begrenzter Bauhöhe

Die Stahlrohrpfähle können mit kleinen Spezialgeräten hergestellt werden, die den Einsatz unter beschränkten Platzverhältnissen ermöglichen. Bei eingeschränkter Höhe in Gebäuden wird der Pfahl aus mehreren aufeinander geschweißten Rohrschüssen hergestellt. Ebenso ist bei geeigneten Baugrundverhältnissen eine Fußausrammung zur Erhöhung der Pfahltragfähigkeit möglich.

Die Größenordnungen der Pfahlwiderstände im Gebrauchszustand (zulässige Pfahllasten) liegen für die Einbindung von 4 m in den tragfähigen nichtbindigen Baugrund bei einem Durchmesser von etwa 0,27 m zwischen 250 und 300 kN, bei etwa 0,36 m von 450 bis 480 kN.

2.2.3 Vorgefertigte Pfähle aus Beton

2.2.3.1 Stahlbetonfertigpfähle

Stahlbetonfertigpfähle werden sowohl mit massivem als auch mit hohlem Querschnitt hergestellt. Der Querschnitt kann quadratisch, rechteckig, vieleckig oder kreisförmig sein und mit schlaffer Bewehrung oder mit Vorspannung ausgeführt werden. In Deutschland werden in der Regel quadratische Pfähle mit Seitenlängen a_s von 20 bis 45 cm (in 5 cm Schritten) eingesetzt.

Nach DIN EN 12794 ist bezüglich der Bewehrung Folgendes vorzusehen:

- Die Längsbewehrung sollte einen Nenndurchmesser von mindestens 8 mm aufweisen. Bei Pfahlschäften mit rechteckigem Querschnitt ist in jeder Ecke mindestens ein Stab einzubringen, bei Pfahlschäften mit kreisförmigem Querschnitt darf die Anzahl der auf dem Kreisumfang verteilten Stäbe nicht weniger als sechs betragen.
- Im Pfahlkopfbereich ist über eine Länge von mindestens 750 mm eine Querbewehrung einzubringen; die Anzahl der Bügel sollte mindestens neun betragen. Im Pfahlfußbereich ist eine Querbewehrung über eine Länge von mindestens 200 mm einzubringen und die Anzahl der Bügel sollte mindestens fünf betragen. Im übrigen Bereich des Pfahlschafts ist eine gleichmäßig verteilte Querbewehrung mit einem Abstand der Bügel von 30 cm einzubringen.

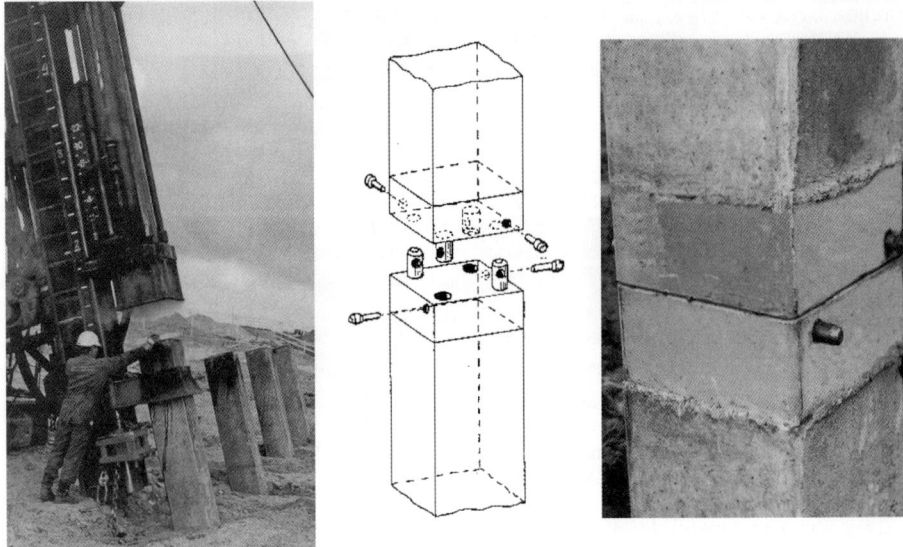

Bild 5. Schrägrammung von Stahlbetonfertigpfählen mit Hydrobär (links; Foto: Centrum Pfähle); Kupplung System Centrum Pfähle (rechts)

Zur besseren Anpassung der Pfahllängen an die örtlichen Gegebenheiten sind verschiedene Kupplungssysteme ausführbar, mit deren Hilfe einzelne, unterschiedlich lange, vorgefertigte Pfahlabschnitte auf der Baustelle unter der Ramme zusammengefügt werden können. Bild 5 zeigt beispielhaft ein System. Die Kupplungen sind für die gleiche Beanspruchung wie der übrige Pfahlschaft dimensioniert. Diese Pfähle eignen sich besonders für kleine Baustellen und überall dort, wo die Pfahllängen sich nicht genau vorausbestimmen lassen. Ein weiterer wesentlicher Vorteil ist, dass keine hohe Ramme erforderlich ist, sodass diese Pfähle auch bei beschränkter Bauhöhe anwendbar sind.

Die charakteristischen Pfahlwiderstände im Gebrauchszustand (zulässige Pfahllasten) liegen etwa zwischen 0,5 und 1,5 MN.

2.2.3.2 Spannbeton- und Schleuderbetonpfähle

In den Niederlanden werden überwiegend Spannbetonpfähle hergestellt. Dementsprechend hat es dort eine schnellere Entwicklung dieser Pfahlart, im Vergleich zu Deutschland, gegeben. Nach DIN EN 12794 darf die Querschnittsfläche des Spannstahls nicht weniger als 0,1% der Querschnittsfläche des Pfahlschafts bei einer Pfahllänge bis 5 m und nicht weniger als 0,2% bei einer Pfahllänge > 10 m sein. Gebündelte Spannglieder sind nicht zulässig. Die Abstände zwischen den Spanngliedern müssen so gewählt werden, dass das Einbringen und Verdichten des Betons zufriedenstellend durchgeführt werden kann und zwischen Beton und Spanngliedern ein guter Verbund erzielt wird.

Schleuderbetonpfähle werden mit einem Hohlraum im Zentrum hergestellt. Gleichzeitig werden das überschüssige Wasser und zu viel Feinstkorn gegen das Zentrum verdrängt. Dadurch ist außen, d. h. im tragenden Querschnitt, ein besonders guter Kornaufbau gegeben. Je nach Verwendungsart werden konische oder zylindrische Pfahltypen mit den Außendurchmessern von 24, 35, 45 und 60 cm in verschiedenen Längen hergestellt. Alle Pfähle sind i.d.R. mit Schweißkupplungen kuppelbar. Durch Spiegeln des fertiggestellten oder eingebrachten Pfahls im inneren Hohlraum kann eine gute optische Qualitätskontrolle erreicht werden.

2.2.3.3 Schäden

Das höchste Schadensrisiko an vorgefertigten Gründungspfählen besteht während des Transports und während der Rammung. Bei unsachgemäßer Handhabung können Querrisse und Haarrisse entstehen. Dabei können Querrisse augenscheinlich auf der Baustelle noch erkannt und die Pfähle aussortiert werden. Bei Haarrissen ist das nicht möglich. Durch den Einbau der Pfähle können sich die Risse noch vergrößern, und durch das Wasser im Untergrund kann es an der Bewehrung zu Korrosion und zu Abplatzungen des Betons kommen. Nach [172] können bei schweren Pfählen, gerammt mit leichten Bären, besonders bei Rammhauben mit hartem Futter und Durchrammung von weichen Schichten infolge Reflexionen erhebliche Zugkräfte im Pfahl auftreten, die Zugrisse bewirken können.

2.2.4 Verpresste Verdrängungspfähle

2.2.4.1 Verpressmörtelpfähle (VM-Pfahl)

Ein Verpressmörtelpfahl (VM-Pfahl) ist ein Verdrängungspfahl, der früher auch mit dem Namen Mantelverpresspfahl (MV-Pfahl) oder Rammverpresspfahl (RV-Pfahl) bezeichnet wurde. Der Pfahlschaft kann aus unterschiedlichen Stahlprofilen wie z.B. Rundstahl, H-Profile, Doppel-U-Profile, rechteckige oder quadratische Hohlprofile bestehen. Der Pfahlschuh besteht aus einer rechteckigen oder quadratischen Pfahlspitze, die an den Pfahlschaft angeschweißt ist, siehe Bild 6. Während der Pfahlschuh in Bild 6a spitz zulaufend ausgeführt worden ist, wurden bisher auch gute Erfahrungen mit flachen Kopfplatten gesammelt, siehe Bild 6b. Dabei wird von einer Bodenkeilausbildung unter dem Pfahlschuh ausgegangen.

Der Pfahlschuh ist im Vergleich zum Pfahlschaft vergrößert und hinterlässt beim Einrammen einen Hohlraum, der rammbegleitend mit einem Zementmörtel (Verpressmörtel) verpresst

a)  b)

Bild 6. a) VM-Pfahl mit rechteckigem, spitzen Pfahlschuh (Foto: HPA); b) VM-Pfahl mit rechteckigem Pfahlschuh und flacher Kopfplatte (Foto: Fa. F+Z)

bzw. eher verfüllt wird. Die Verpressschläuche werden im Profil nach unten geführt und treten erst an der Verbindung zwischen Pfahlschuh und Pfahlschaft aus. Der ausgehärtete Verpressmörtel wirkt als Verbindungsmedium zwischen Pfahlschaft und anstehendem Boden.

Das Verpressgut wird unter hydrostatischem Druck eingebaut, da der Hohlraum nach oben offen ist. Er kann allerdings auch durch einen Stampfbetonpfropfen und einer anschließenden Stahlabdichtglocke verschlossen und mit ca. 5 bis 15 bar verpresst werden. Der dadurch auftretende Mehraufwand ist aber häufig unwirtschaftlich im Vergleich zu der damit zu erzielenden Tragfähigkeitserhöhung.

VM-Pfähle werden häufig als Zug- und Druckpfähle sowie als wechselbelastete Pfähle im Hafen- und Offshorebereich, bei Mastgründungen oder als Auftriebssicherung bei Bauwerken im Grundwasser eingesetzt. Sie können bis zu einer Neigung von 1:1 eingebaut werden.

Die charakteristischen Pfahlwiderstände im Gebrauchszustand (zulässige Pfahllasten) liegen etwa zwischen 1,0 und 2,5 MN.

2.2.4.2 Rüttelinjektionspfähle (RI-Pfahl)

Der Rüttelinjektionspfahl (RI-Pfahl) ist ein abgewandelter VM-Pfahl, bei dem das Tragglied aus einem HEB- oder HEA-Profil besteht. Im Vergleich zum VM-Pfahl wird am Pfahlfuß kein großvolumiger Verdrängungskörper angeordnet, sondern lediglich eine Aufdoppelung durch aufgeschweißte Bleche auf den Steg und Flansche, wodurch ein deutlich geringerer Hohlraum erzeugt wird. Dieser Hohlraum wird kontinuierlich mit einer Zementsuspension verfüllt. Dazu verläuft eine außen am Pfahlschaft angebrachte Leitung Richtung Pfahlspitze bis zur Aufdoppelung. Durch Bohrungen im Steg und den Flanschen wird die Zementsuspension gleichmäßig verteilt. In Bild 7 ist ein RI-Pfahl-Fußbereich vor Einbringung und ausgegraben im erhärteten Zustand dargestellt.

Bei der Zementsuspension wird im Vergleich zum Verpressmörtel eines VM-Pfahls kein Sand hinzugegeben.

Der Eindringwiderstand ist durch die Aufdoppelung im Pfahlfußbereich im Vergleich zum VM-Pfahl mit Pfahlschuh deutlich geringer und der Pfahl kann im Rüttelverfahren eingebaut werden. Dies hat auch Vorteile bei Bauvorhaben in Gebieten mit Schallbegrenzung. Die Einsatzgrenzen in geologischer Hinsicht sind die bekannten Anwendungsgrenzen der Vi-

a)    b)

Bild 7. a) RI-Pfahl mit Aufdoppelung, Bohrungen und Leitung zur Einbringung der Zementsuspension; b) ausgebauter RI-Pfahl mit erhärteter Zementsuspension (Fotos: Fa. F+Z)

brationsverfahren, wie z.B. steinige und felsige Böden oder Böden mit hoher Lagerungsdichte. Weitere Hinweise siehe Abschnitt 2.2.6.1. Der Pfahl sollte auf den ersten zwei Metern mit maximaler Energie und geringer Suspensionszufuhr eingebracht werden. Dadurch umschließt der verdrängte Boden wieder den Pfahlschaft und dichtet den Suspensionskörper nach oben ab. Dieses ist notwendig, um einen hohen Verpressdruck bei der Endverpressung zu erhalten. Wenn diese Dichtung nicht vorhanden wäre, könnte nur mit einem geringen Verpressdruck gearbeitet werden, der maximal dem hydrostatischen Druck der Suspensionssäule entsprechen würde. Der Endverpressdruck beträgt ca. 20 bis 25 bar, je nach Förderdruck der Silomischpumpe.

Der Anwendungsbereich von RI-Pfählen ist ähnlich dem eines VM-Pfahls. Die Auswahlkriterien richten sich nach dem anstehenden Boden, den Emissionen und der zu erreichenden Tragfähigkeit, die im Vergleich zum VM-Pfahl beim RI-Pfahl geringer ist, wobei die charakteristischen Pfahlwiderstände im Gebrauchszustand (zulässige Pfahllasten) etwa zwischen 0,5 und 1,5 MN liegen. RI-Pfähle können bis zu einer Neigung von 1:1 hergestellt werden. Bei großen Neigungen kann der Wirkungsgrad des Rüttelvorgangs jedoch stark abfallen, da die Rüttelenergie vor Erreichen der Pfahlspitze in den Baugrund abgestrahlt wird. In [40] wird daher empfohlen, schräg einzubringende RI-Pfähle mit ca. 100 kN Längsdruckkraft vorzuspannen, um somit einen kraftschlüssigen Kontakt zwischen Pfahl und Baugrund zu erreichen und einen höheren Wirkungsgrad zu erzielen.

2.2.4.3 Rohrverpresspfähle

Wenn die Rohrverpresspfähle einen kleineren Durchmesser als 30 cm aufweisen, gehören sie zur Gruppe der Mikropfähle (s. Abschn. 2.4.3). Aber auch größere Durchmesser kommen vor. Der Rohrverpresspfahl ist ein Verbundpfahl, bei dem eine Schaft- und Fußverpressung mit einer Zementsuspension stattfindet. Der Pfahl kann sowohl im Bohr- (Bohrverpresspfahl) als auch im Rammverfahren (Rammverpresspfahl) eingebracht werden.

Der Bohrverpresspfahl wird schussweise im Drehspülverfahren mit Außenspülung eingebracht. Das an der Bohrspitze austretende aus einer Zementsuspension bestehende Spülmittel löst den Boden, welcher über den Ringraum zwischen Pfahlschaft und Bohrlochwandung gefördert wird. Zur besseren Haftung zwischen Verpressmörtel und Pfahlschaft ist dieser mit einem aufgewalzten Gewinde versehen. Es sind Neigungen bis 1:1 möglich.

Durch entsprechende technische Vorkehrungen, wie z.B. Nachverpressröhren oder Manschettenrohre, kann eine Nachverpressung stattfinden. Zu den charakteristischen Tragfähigkeiten siehe [39].

2.2.5 Ortbetonrammpfähle

Für Ortbetonrammpfähle liegen im Wesentlichen zwei Ausführungsformen vor:

– Pfahltyp mit Innenrohrrammung („Franki-Pfahl"),
– Pfahltyp mit Kopframmung („Simplex-Pfahl").

Bild 8 zeigt für beide Pfahltypen das Herstellungsschema.

Beim Franki-Pfahl wird das stählerne Vortreibrohr durch einen Beton- oder Kiespfropfen verschlossen. Der Durchmesser der Vortreibrohre liegt zwischen 335 und 610 mm. Das Einbringverfahren ist eine Freifallrammung. Beim Simplex-Pfahl wird durch Kopframmung auf eine Rammhaube ein dickwandiges Stahlrohr mäklergeführt in den Baugrund geschlagen. Das Rammrohr, dessen Durchmesser zwischen 340 und 720 mm liegt, ist unten mit einer verlorenen Fußplatte wasserdicht verschlossen. Für den Franki-Pfahl ist der Regelfall eine gezielte Fußausrammung (s. Abschn. 2.5.2). Auch beim Simplex-Pfahl kann eine

a)

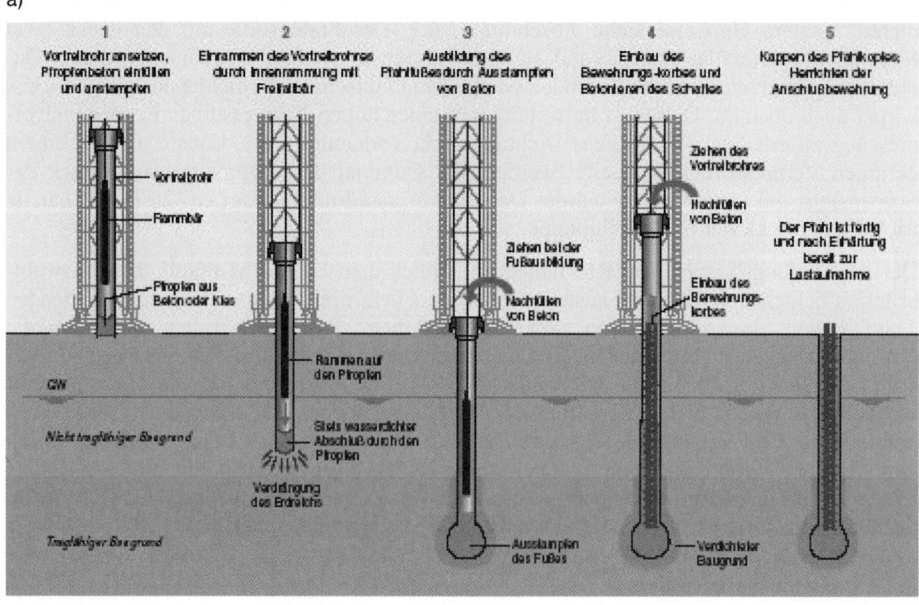

b)

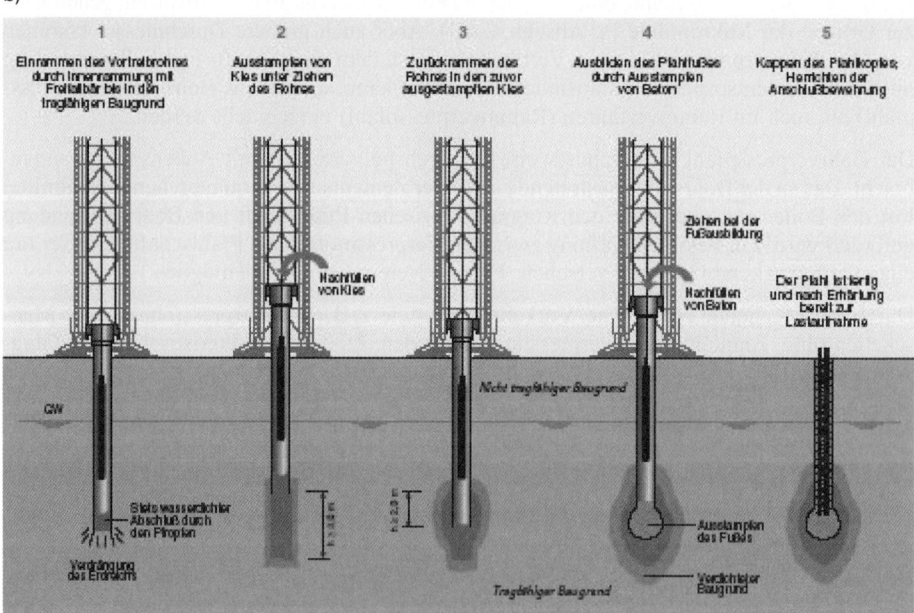

Bild 8. Herstellungsschema Ortbetonrammpfähle (aus Firmenprospekt Franki Grundbau); a) normaler Frankipfahl mit Innenrohrrammung, b) Frankipfahl mit Kiesvorverdichtung

3.2 Pfahlgründungen

c)

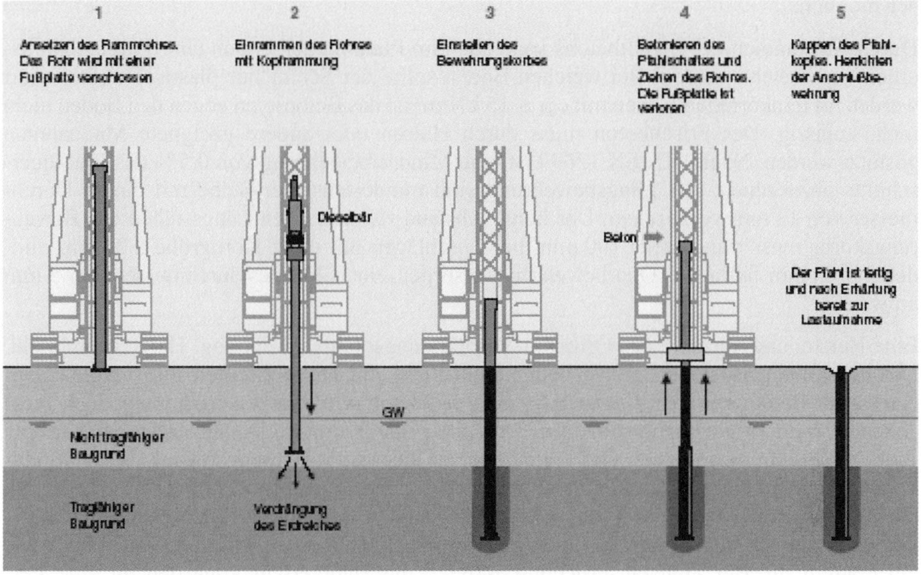

Bild 8. Herstellungsschema Ortbetonrammpfähle; c) Simplexpfahl mit Kopframmung

Bild 9. Herstellung von Simplex-Pfählen
(Foto: Franki Grundbau)

Teilfußausrammung vorgenommen werden. Für beide Pfahlsysteme sind Schrägpfähle bis zu 4:1 möglich.

Durch Ausrammen des Schaftbetons kann auch im Pfahlmantelbereich eine Tragfähigkeitserhöhung erreicht werden. Bei weichen Böden sollte der Schaft nur plastisch aufbetoniert werden. In feinkörnigen Böden mit $c_{u,k} \leq 15$ kN/m² ist das Betonieren gegen den Boden nicht mehr zulässig. Der Frischbeton muss durch Hülsen oder andere geeignete Maßnahmen gestützt werden. Nach DIN EN 12699 ist eine Mindestbewehrung von 0,5 % des Pfahlquerschnitts anzuordnen. Als Längsbewehrung sind mindestens vier Stäbe mit einem Durchmesser von 12 mm vorzusehen. Der lichte Abstand zwischen den Längsstäben des Bewehrungskorbs muss mindestens 100 mm, bei Zuschlägen mit einer Korngröße ≤ 20 mm mindestens 80 mm betragen. Querbewehrungen sollten einen Mindestdurchmesser von 5 mm aufweisen.

Eine Herstellungsvariante des Ortbeton-Verdrängungspfahls ist der sog. Haftverbundpfahl. Die Herstellung ist zunächst mit dem Franki-Pfahl mit ausgerammten Fuß vergleichbar. Nach dem Betonieren des Pfahlschafts mit Fließbeton wird das Vortreibrohr jedoch nicht gezogen, sondern ein Stahlprofil in den frischen Beton eingestellt und durch den fertigen Betonfuß bis auf die erforderliche Tiefe gerammt. Dieses Profil dient sowohl als Stahlpfahlverlängerung im dicht gelagerten Sand wie auch gleichzeitig als Bewehrung im Betonschaft. Die Betondeckung wird durch die Wanddicke des Vortreibrohrs gewährleistet. Der Haftverbundpfahl verhält sich durch seinen Betonanteil gegenüber Einwirkungen auf Druck wie ein Frankipfahl. Bei Zugbeanspruchung aktiviert die Stahlverlängerung den für eine Verankerung oftmals notwendigen zusätzlichen Bodenkörper.

Ortbeton-Verdrängunspfähle sind empfindlich gegen Ausführungsfehler, siehe z. B. Bild 10. Eine Schadensursache kann sein, wenn der Beton zu spät eingebracht wird oder das Ziehen der Vortreibrohre verzögert erfolgt. Schäden treten dann an der Wandung des Pfahlschafts auf, da der nicht mehr plastische Beton bereits so steif geworden ist, dass er beim Rohrziehen im Bereich der Wandung durch Mantelreibung mitgehoben wird, ohne aber wieder zusammenzufließen. Wegen der Risse und der teilweisen Zerstörung an der Pfahlwandung ist, abgesehen von der Druckfestigkeit der Pfähle, der Korrosionsschutz der Bewehrung dann nicht mehr gewährleistet [63].

Bild 10. Schäden im Schaftbereich einer Ortbeton-Rammpfahlgruppe für eine Pfeilergründung

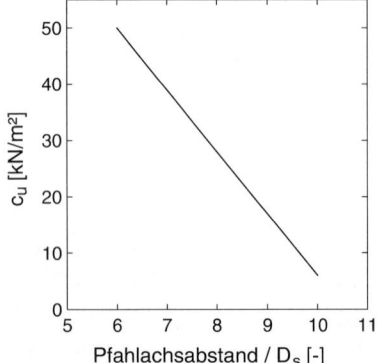

Bild 11. Mindestabstand von frisch hergestellten Ortbeton-Verdrängungspfählen ohne bleibende Verrohrung nach DIN EN 12699

3.2 Pfahlgründungen

Weitere Schadensursachen können sein:

- Fehlerhafte Betonkonsistenz, z. B. nicht ausreichend fließfähiger Beton.
- Bodennachfall und Einschnürungen während des Betonierens, weil die Betonsäule zu gering war. Der benötigte Überdruck zum Stützen des Bodens war nicht vorhanden.
- Hoher Grundwasserüberdruck von etwa 20 m in Grobsand und Kiesböden, der einen hydraulischen Grundbruch im Betonpfropfen in das Vortreibrohr hinein verursachen kann [49].
- Ein zu geringer Abstand benachbarter Pfähle. Durch die Verdichtungs- und Verdrängungswirkung beim Rammen kann frischer Beton geschädigt werden oder bereits fertig gestellte Pfähle können angehoben werden. Die Reihenfolge der Rammung ist so zu wählen, dass vorher hergestellte Pfähle nicht beschädigt werden (siehe z. B. Bild 11).
- Beschädigung des Bewehrungskorbs beim Verdichten des eingebrachten Betons durch Rammschläge. Dabei kann die Bewehrung durch die Innenrammung nach außen bis in den Boden gedrückt werden [63].

Eine Variante zum Simplexpfahl ist der Ortbeton-Vibrationspfahl, bei dem die Einbringung der durchgehenden Verrohrung nicht durch eine Kopframmung, sondern durch einen Vibrationsbären erfolgt.

2.2.6 Einbringen von Verdrängungspfählen

2.2.6.1 Allgemeine Hinweise

Verdrängungspfähle können durch Rammen, Rütteln, Eindrücken oder Drehen eingebracht werden, wobei der Boden vollständig verdrängt wird. Für die rammtechnische Einordnung sind die Querschnittsform, die Länge und die Materialart des Rammguts und der Baugrund von besonderer Bedeutung. Angaben zu den Verfahren und Geräten finden sich in Kapitel 2.9, Teil 2 des Grundbau-Taschenbuches. Eine weitere Optimierung der Einbringung lässt sich durch rammbegleitende dynamische Prüfungen erreichen (s. Abschn. 7.4).

Bei der Pfahleinbringung sollte die Freifallrammung und die Einbringung mit Hydraulikbären bevorzugt verwendet werden, da mit diesen Verfahren die Rammarbeit eindeutig definiert ist. Dies ist von besonderer Bedeutung, wenn z. B. aus Pfahlprobebelastungen Rammkriterien abgeleitet werden.

Die Pfahlabstände müssen so groß und die Reihenfolge des Rammens der Pfähle muss derart gewählt werden, dass durch die Verdichtungs- oder Verdrängungswirkung beim Rammen keine schädlichen Rückwirkungen auf benachbarte Pfähle oder Bauten auftreten können. Nach DIN 4026 sind als Mindestabstände für Verdrängungspfähle ohne Fuß $\geq 3 \cdot D_s$ und mit Fußverstärkung $\geq 2 \cdot D_b$, mindestens aber 1 m, einzuhalten. Für Ortbeton-Verdrängungspfähle sollten nach DIN EN 12699 benachbarte Pfähle mit einem Abstand unter dem sechsfachen Schaftdurchmesser nicht ohne bleibende Verrohrung hergestellt werden, solange der Beton keine ausreichende Festigkeit erreicht hat, wenn keine anderen Baustellenerfahrungen vorliegen. Sofern der Baugrund im Pfahlschaftbereich $c_{u,k} \leq 50$ kN/m² aufweist, sollte der Abstand zwischen zeitweilig verrohrten frisch hergestellten Pfählen nach Bild 11 vergrößert werden. Bei Verwendung von trockenem, verdichtetem Beton für die Pfahlschäfte dürfen die in Bild 11 angegebenen Abstände bis auf die Hälfte verringert werden.

Für die Einbringung von Fertigpfählen können auch Vibrationsbären bei Kiesen und Sanden mit runder Kornform verwendet werden. Wenig geeignet ist das Verfahren in Kiesböden und Sanden mit kantiger Kornform oder in trockenen und stark bindigen Böden sowie Böden, die sich beim Vibrieren nur wenig umlagern. Beim Einrütteln kann sich der Boden, insbesondere bei ungleichförmiger Körnung, am Fuß des Rammguts soweit verdichten, dass die Vibration abgebrochen werden muss. Bei der Vibrationsmethode wirkt sich ein hoher Wassergehalt des Bodens vorteilhaft aus. Für eine erschütterungsarme Vibration sollten Hochfrequenz-Vibratoren mit einer Frequenz von 30 bis 50 Hz verwendet werden. Dadurch wird die Gefahr, schadensverursachende Gebäuderesonanzen hervorzurufen, deutlich reduziert. Beim An- und Auslaufen eines Vibrationsbären treten maximale Amplituden auf, die durch Geräte mit regelbaren Fliehkräften vermieden werden können.

Zur Tragfähigkeitsbeeinflussung einvibrierter Pfähle siehe Abschnitt 3.9.

2.2.6.2 Einbringungshilfen

Dichte bis sehr dichte Lagerung nichtbindiger Böden und halbfeste bis feste Konsistenz bindiger Böden reduzieren die Einbringgeschwindigkeit von Pfählen bzw. machen sie oftmals ohne Einbringhilfen unmöglich. Tabelle 3 enthält eine Übersicht.

Dazu einige Hinweise [38]:

(a) Spülen

Beim Spülen wird der Boden aufgelockert und umlagerungsfähig gemacht, wodurch der Eindringwiderstand am Fuß des Rammgutes verringert wird. Beim Niederdruckspülen sollte das Spülwasser am Lanzenaustritt einen Druck von rund 10 bis 20 bar haben. Je nach Druck und Lanzendurchmesser (etwa 25 bis 40 mm) wird eine Wassermenge von 200 bis 500 l/min je Lanze in den Baugrund gepumpt. Das Niederdruckspülen wird hauptsächlich in dicht gelagerten, nichtbindigen Böden eingesetzt. Beim Hochdruckspülen wird demgegenüber mit Drücken von 350 bis 500 bar gearbeitet, sodass geringere Wassermengen ausreichen (ca. 10 bis 50 l/min). Durch den Hochgeschwindigkeitsstrahl wird der Boden vorgeschnitten und umgelagert, wobei die Mantelreibung vermindert wird. Hochdruckspülen kann in Böden mit sehr dichter Lagerung wirksam sein. Als Spülhilfe kann auch Druckluft in nichtbindigen Böden infrage kommen. Durch Spülhilfen kann aber die Pfahltragfähigkeit deutlich verringert werden (siehe z. B. Bild 12).

Tabelle 3. Geeignete Rammhilfen bei unterschiedlichen Bodenarten (nach [180])

Rammhilfen	Bodenarten	Werkzeuge
Druckluftspülen	Sand	Spüllanzen
Wasserspülen		
Niederdruck 10–50 bar	Sand, Kies	
Mitteldruck 50–200 bar	Schluff, Lehm	Spülrohre
Hochdruck 200–500 bar	Ton, Mergel	
Bohren		
Entlasten $\varnothing < 150$ mm	Sand, Kies	Bohrschnecke
Entspannen $\varnothing < 400$ mm	Sand, Kies	
Sprengen		
Lockern	Fels, Mergel	Bohrstangen
Bodenaustausch		
Schlitzen	Steinige Böden	Greifer, Tieflöffel

3.2 Pfahlgründungen

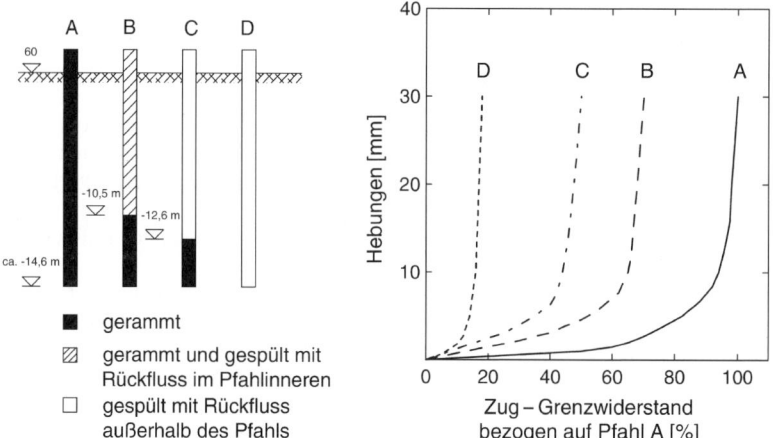

Bild 12. Vergleichende Widerstands-Hebungs-Linien von gerammten Stahlrohrpfählen beim Zugversuch, ohne und mit unterschiedlicher Spülhilfe (nach [111])

(b) Lockerungsbohrungen

Beim Rammen von Stahlträgern entsteht am Fuß des Rammgutes ein verdichteter Pfropfen, der die Pfahleinbringung unter Umständen behindert. In solchen Fällen und bei schwer zu rammenden Böden, wie z. B. halbfeste bis feste Tonböden, Schiefer, Mergelgestein, Sandstein oder Kalkstein sowie bei Rammhindernissen, hat sich das Vorbohren bewährt, wodurch der Boden aufgelockert bzw. rammfähig wird. Die Bohrungen sollten möglichst 1 m oberhalb des Fußes enden, damit die notwendige Einbindetiefe gewährleistet bleibt.

(c) Lockerungssprengungen

Bei stark überverdichteten Böden, Tonstein, Felsbänken aus Kalk- oder Sandstein, können Pfähle oftmals nur durch Lockerungssprengungen in den Untergrund eingebracht werden. Die Sprengung lockert den Fels nur auf und entfernt ihn nicht. Es entsteht eine aufgelockerte Zone mit Felsbrocken, in der gerammt werden kann. Es empfiehlt sich, möglichst bald nach der Sprengung zu rammen, da der Fels sich sonst ggf. wieder verfestigt.

2.2.7 Vollverdrängungsbohrpfähle

2.2.7.1 Allgemeines

Vollverdrängungsbohrpfähle sind überwiegend Schraubpfähle, die durch Eindrehen und Eindrücken eines Stahlrohrs hergestellt werden und bei denen kein Boden zur Geländeoberkante gefördert werden sollte. Durch ein spezielles Vortreibrohr, das am Fuß mit einer Pfahlspitze wasserdicht verschlossen ist, erfolgt die Verdrängung des Bodens. Die Pfahlspitze kann z. B. aus einer verlorenen Fußplatte mit Schraubengängen oder einem Schneidkopf bestehen. Dieser Schneidkopf zwischen Rohr und Pfahlspitze dient zur Herstellung eines Pfahlschafts mit einem außen verlaufenden Spiralwulst. Dabei formt der fest mit dem Rohr verbundene Schneidkranz den Wulst bei gleichmäßigem Ziehen und Drehen des Rohrs. Das Rohr kann auch an seinem unteren Ende als umlaufende Manschette mit wenigen Schraubengängen und einem Verdrängungskörper ausgebildet sein. Nach Erreichen der Solltiefe wird soweit erforderlich ein Bewehrungskorb eingestellt, das Rohr mit Beton gefüllt und gezogen. Schraubpfähle dürfen einen Außendurchmesser von 30 cm nicht unterschreiten. Die Vortreibrohre dürfen entsprechend der vorgesehenen Pfahllänge gekuppelt werden.

Folgende Randbedingungen sind bei der Herstellung zu beachten:

- Eine Eindringung in sehr dicht gelagerte Sande und Kiese und/oder halbfeste bis feste bindige Böden oder in verwitterten Fels ist nicht bzw. nur mit einer begrenzten Einbindung möglich. Eingelagerte Zwischenschichten größerer Dicke und hoher Lagerungsdichte oder Festigkeit lassen sich nur schwer durchbohren.
- Vorhandene Hindernisse, wie z. B. alte Gründungen oder grober Bauschutt, müssen im Vorfeld beseitigt werden.
- Wegen der vollständigen Bodenverdrängung ist mit Hebungen in der Nachbarschaft zu rechnen. Dieser Effekt muss besonders in Böden mit weicher Konsistenz beachtet werden, wenn Pfähle unmittelbar neben frisch betonierten Pfählen herzustellen sind.
- Das Einsetzen des Bewehrungskorbs in das Bohrrohr bedingt einen entsprechend kleinen Bewehrungskorbdurchmesser, sodass bei biegebeanspruchten Pfählen für die Aufnahme des Biegemoments nur ein verhältnismäßig kleiner innerer Hebelarm zur Verfügung steht.

Die auf dem Markt befindlichen Systeme unterscheiden sich in der Ausbildung des Schneidwerkzeugs, im Pfahldurchmesser und in der Drehrichtung beim Bohren und Ziehen des Rohrs. Nachfolgend sind zwei Verfahren näher erläutert.

2.2.7.2 Atlaspfahl

Atlaspfähle werden sowohl in Deutschland, seit den 1980er-Jahren als auch in anderen europäischen Staaten sowie in Australien hergestellt. Bei der Herstellung des Atlaspfahls (Bild 13), wird ein Stahlrohr, das am unteren Ende einen Schneidkopf mit einem eingängigen Schraubenflügel besitzt, mit einem leistungsstarken Drehbohrantrieb bei gleichzeitig ver-

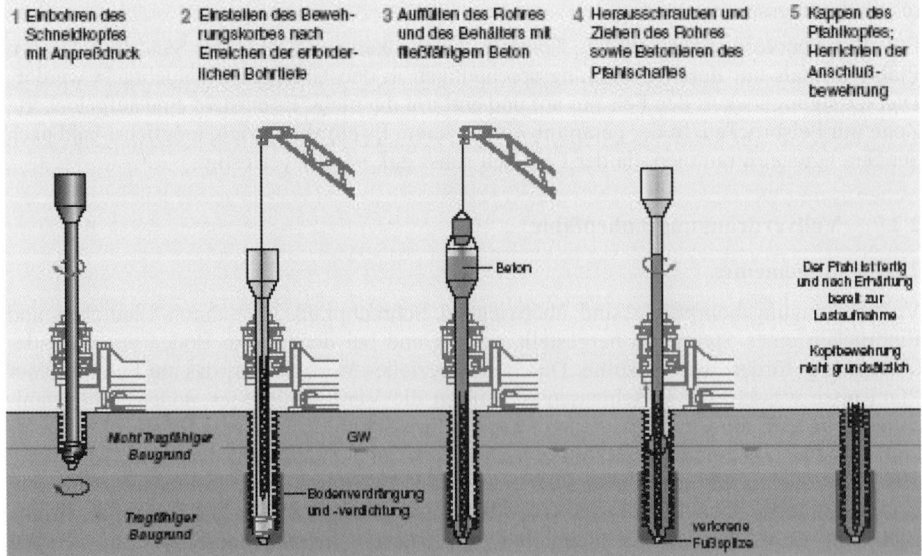

Bild 13. Herstellungsprinzip des Atlaspfahls (aus [18])

3.2 Pfahlgründungen

Schneidkopf mit verlorener Spitze

Ausgegrabener Atlaspfahl

Bild 14. Atlaspfahl; Schneidkopf und freigelegter Pfahlschaft (aus [18])

tikalem Anpressdruck in den Boden gedreht. Der Schneidkopf ist unten durch eine verlorene Fußspitze wasserdicht verschlossen [17].

Das aufgebrachte Drehmoment und der Anpressdruck können gemessen und mit den Baugrundaufschlüssen (Sondierungen) verglichen werden. Nach dem Erreichen der Solltiefe wird der Bewehrungskorb eingesetzt. Das Rohr und der oben aufgesetzte Vorratsbehälter werden mit weichem KR-Beton, Größtkorn < 16 mm, gefüllt. Durch rückwärtiges Drehen und Ziehen des Rohrs löst sich die Fußspitze und der austretende Beton füllt den vom Schneidkopf geformten Hohlraum. Bedingt durch den eingängigen Schraubenflügel am Schneidkopf erhält der fertige Pfahlschaft einen umlaufenden, wendelförmigen, ca. 5 cm starken Betonwulst, sodass das Aussehen des fertigen Pfahls dem einer Holzschraube gleicht (Bild 14).

Der Durchmesser des Pfahlschafts ist abhängig von der Größe des austauschbaren Schneidkopfes. Das Eindrehen des Schneidkopfes in den Boden erfordert wegen der damit verbundenen Verdrängung und Verdichtung des Bodenmaterials sehr große Drehmomente. Da der Atlaspfahl weitgehend erschütterungsfrei und geräuscharm hergestellt wird, kann dieses Pfahlsystem auch unmittelbar neben bestehenden Bauwerken oder erschütterungsempfindlichen Anlagen eingesetzt werden. Der Mindestabstand von vorhandener Bebauung bis zur Pfahlachse beträgt etwa 80 cm. Seine Tragwirkung wird im Wesentlichen durch die Mantelreibung gekennzeichnet, was die äußere Form des Pfahls verdeutlicht.

Die charakteristischen Pfahlwiderstände im Gebrauchszustand (zulässige Pfahllasten) liegen etwa zwischen 0,5 und 1,7 MN.

2.2.7.3 Fundexpfahl

Bei der Herstellung des Fundexpfahls wird ein Vortreibrohr mit glatter Außenfläche durch eine verlorene gusseiserne Pfahlspitze am Fuß verschlossen. Hierbei handelt es sich um eine Bohrspitze, die gegenüber dem nachlaufenden, wiedergewinnbaren Bohrrohr einen Überstand je nach Pfahldurchmesser von bis zu 6 cm hat. Die Spitze erleichtert das Eindringen und Verdrängen des Bodens. Aufgrund der spiralenartigen Schraubengänge der Pfahlspitze wird der Baugrund beim Einschrauben seitlich bzw. nach unten verdrängt. Fundexpfähle werden mit Durchmessern von 38 und 44 cm ausgeführt.

Das Eindrehen des Rohrs erfolgt mit einem Drehmoment von etwa 120 bis 360 kNm. Über den Bohrtisch wird das Bohrrohr hydraulisch arretiert und mit einem Hub von ca. 1 m schubweise unter Aktivierung des Eigengewichts des schweren Trägergerätes in den Boden eingedreht. Dabei kann die Leistungsaufnahme des Bohrtisches bzw. der Betriebsdruck als Messgröße zur Überprüfung der anstehenden Bodenschichten herangezogen werden. Hat das Rohr die notwendige Tiefe erreicht, werden der Bewehrungskorb und der Beton für die gesamte Pfahllänge in einem Zuge in das Bohrrohr eingebracht. Das Bohrrohr wird mit Drehbewegungen gezogen, wobei sich die Spitze löst und als verbreiterter Fuß im Boden verbleibt. Der Ziehvorgang des Rohrs wird im Einbindebereich mehrfach unterbrochen, um den Beton durch Zurückdrücken des Rohrs zu verdichten. So entsteht eine profilierte Außenfläche des Pfahls. Die Herstellung der Fundexpfähle erfolgt ebenfalls weitgehend erschütterungsfrei und mit geringem Lärmpegel.

Die charakteristischen Pfahlwiderstände im Gebrauchszustand (zulässige Pfahllasten) liegen etwa zwischen 0,5 und 1,5 MN.

2.2.7.4 Probleme und Schäden

Bei den als Ortbetonpfahl hergestellten Vollverdrängern können ergänzend zu den in Abschnitt 2.2.5 erwähnten noch weitere Probleme und Schäden auftreten:

- Bei einer zu langen Bohrschnecke treten die Verdichtungseffekte nicht bis zum Fuß auf, der Boden wird aufgelockert und es kann zu Bodeneinfall in den Hohlraum kommen.
- Bei zu langen Bohrzeiten in sehr dicht gelagerten Sanden muss mit unzulässig hohen Erwärmungen der Bohrwerkzeuge gerechnet werden. Durch die hohen Temperaturen ist die Herstellung eines ordnungsgemäßen Betons gefährdet.
- Bei großen Eindringwiderständen in nichtbindigen Bodenschichten mit größerer Lagerungsdichte bzw. in bindigen Bodenschichten mit hoher Konsistenz sind Beschädigungen der Pfahlspitzen möglich.

Bei Verdrängungsbohrpfählen ohne Verrohrung mit einem verdickten Verdrängerbohrkopf kann die Bewehrung nur eingerüttelt werden, was aufgrund der geometrischen Randbedingungen nur bis zu begrenzten Tiefen möglich ist.

2.3 Bohrpfähle

2.3.1 Grundlagen zur Herstellung

Bei der Herstellung von Bohrpfählen wird der Boden in der Regel im Schutz einer Verrohrung, die der Aushubtiefe vorauseilen soll, gelöst und gefördert. Eine Verdichtung des den Pfahl umgebenden Bodens oder unter der Pfahlaufstandsfläche ist nicht zu erwarten, da keine Bodenverdrängung erfolgt und wesentliche dynamische Beanspruchungen des Bodens nicht auftreten. Bei einem Rohr mit gleichmäßigem Durchmesser und ohne wesentliche Bewegungen wird der in horizontaler Richtung vorhandene Spannungszustand bei korrekter Pfahlherstellung kaum gestört. Wird mit einem Schneidkranzüberstand am unteren Ende der Verrohrung gearbeitet, so bewirkt dies einen Ringraum, der bei bindigen Böden offen stehen bleiben kann, bei rolligen Böden kann er sich mit lockerem Material füllen. In beiden Fällen führt der Ringraum zu einer Abminderung der im Primärzustand des Bodens vorhandenen Horizontalspannung und möglicherweise zu einer Auflockerung des umgebenden Bodens. Der Horizontalspannungszustand nach dem Ziehen der Verrohrung wird bei den Bohrpfahlsystemen durch den Frischbetondruck geprägt. Am Pfahlfuß wird der Boden in vertikaler Richtung entspannt, was aber bei sorgfältiger Ausräumung nicht zu einer nennenswerten Auflockerung des Bodens unter der Pfahlaufstandsfläche führen muss.

3.2 Pfahlgründungen

Bei in bindigen Böden unverrohrt hergestellten Pfählen kann es während der Herstellung zu Verformungen und damit zu Veränderungen der bodenmechanischen Eigenschaften kommen, die sich ungünstig auf das Tragverhalten auswirken können. Der Frischbetondruck ist nicht in der Lage, diese Effekte zu kompensieren. Bei Verwendung einer Stützflüssigkeit kann dies durch den Suspensionsdruck teilweise kompensiert werden.

Bei der Herstellung von Pfählen mit Endlosschnecken wird der umgebende Boden durch den in der Schnecke vorhandenen Boden gestützt. Eine, wenn auch geringe, Verdrängung des Bodens zur Seite in der Größenordnung des Volumens des Seelenrohrs kann erwartet werden, sodass mit wesentlichen Auflockerungen des Bodens nicht gerechnet werden muss. Bei Pfahlherstellungsverfahren, bei denen das Bohrrohr in den Boden eingerüttelt wird, wird ein verdichtungsfähiger Boden durch die eingetragene Energie verdichtet. Das kann zu einer Verbesserung der Tragfähigkeit des Pfahls führen.

Eine unsachgemäße Ausführung, z.B. wenn der Aushub des Bodenmaterials in größerer Tiefe erfolgt als die Verrohrung reicht, führt dazu, dass in rolligen Böden Auflockerungen im Boden hervorgerufen werden. Diese führen nicht nur zu einer Reduzierung der Tragfähigkeit des Pfahls und größeren Pfahlsetzungen unter Belastung, sondern auch zu Setzungen des umgebenden Bodens. Des Weiteren können durch hydraulische Effekte, z.B. bei zu geringem Wasserstand im Bohrloch oder durch zu schnelles Heraufziehen des Aushubgerätes, Auflockerungen entstehen. Bild 15 gibt eine Übersicht zu den Bohrwerkzeugen. Weitere Hinweise siehe [103] und DIN EN 1536.

2.3.2 Herstellungsverfahren bei Bohrpfählen

In Kapitel 2.7, Teil 2 des Grundbau-Taschenbuches sind die zurzeit in der Praxis vorwiegend eingesetzten Bohrpfahlherstellungsverfahren und deren Einsatzgebiete dargestellt. Diese sind:

(a) Standardpfahlverfahren mit Kelly-Drehbohren
  – mit verrohrter Bohrung,
  – durch Suspension gestützte Bohrung;
(b) Greiferbohrverfahren mit Verrohrungsmaschine;
(c) Schneckenbohrpfahl (SOB-Pfahl).

Weitere Herstellungsmerkmale bei verrohrt hergestellten Bohrpfählen sind:

- Die Verrohrung der Bohrung soll Auflockerungen in der Umgebung des Bohrpfahls beim Bohren einschränken, wobei die Neigung der Bohrpfähle nicht flacher sein darf als 4:1. Um unter die Bohrungen reichende Auflockerungen zu verhindern, muss die Verrohrung dem Bohrfortschritt voreilen. In weichen bindigen und in nichtbindigen Böden, besonders in Feinsand und Schluff unter dem Grundwasserspiegel, ist i.Allg. ein Voreilmaß bis zu einem halben Rohrdurchmesser erforderlich. Wenn Sohleintrieb zu befürchten ist, muss das Voreilmaß größer gewählt werden, ebenso bei breiigen bis flüssigen Böden.
- Beim Bohren unter dem Grundwasserspiegel und bei gespanntem Grundwasser ist im Bohrrohr ein Überdruck aus Wasser oder einer anderen Flüssigkeit (i.Allg. eine Tonsuspension) ständig aufrechtzuerhalten, um einen hydraulischen Grundbruch des Bodens zu verhindern. Jedes Eintreiben von Bodenteilchen mit nach der Bohrung zusickerndem Grundwasser (Sohleintrieb) ist auszuschließen.
- Ist die Solltiefe der Bohrung erreicht, muss der Boden bis zur Unterkante der Verrohrung ausgeräumt werden, damit im Boden unter dem Pfahlfuß keine Auflockerungen entstehen. Der Pfahl muss unmittelbar nach dem Ausräumen des Bodens betoniert werden. Des Weiteren sollen Bohrpfähle am selben Tag gebohrt und betoniert werden.
- Der Schneidkranzüberstand an der Unterkante des Bohrrohrs sollte so klein wie möglich gehalten werden, um Auflockerungen in der Pfahlumgebung zu vermeiden.

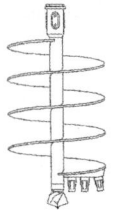 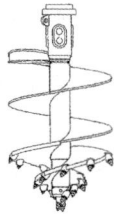  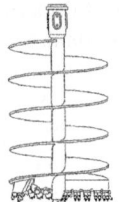

Schneckenbohrer SB Sand, Ton Auger SB sand, clay	Progressivschnecke SBF-P Fels Tapered Auger SBF-P rock	Schneckenbohrer SBF (ohne Pilot) Fels Auger SBF rock	Schneckenbohrer SBF-2 (zweischneidig) Fels Auger SBF-2 (double flight) rock

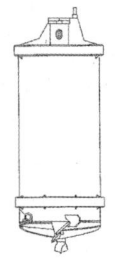 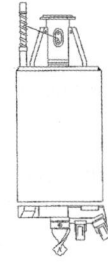 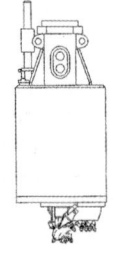 

Kastenbohrer KB-2 mit Drehklappboden zweischneidig Drill bucket with hinged bottom double cutting	Kastenbohrer KB mit Drehklappboden Drill bucket with revolving bottom gate	Kastenbohrer KBF mit drehklappboden Fels Drill bucket with revolving bottom gate rock	Kastenbohrer KBP dichter Sand, Ton Drill bucket KBP compakt sand, clay

Kernbohrrohr KR Schneidring Z Core barrel Cutting ring Z	Kernbohrrohr KR Schneidring S Core barrel Cutting ring S	Kernbohrrohr KR Schneidring AS Core barrel Cutting ring AS	Kernbohrrohr KBR mit Räumerleiste Drill bucket with reamer

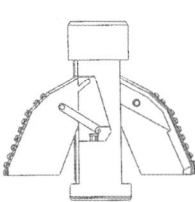 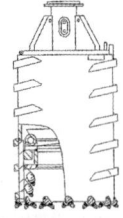 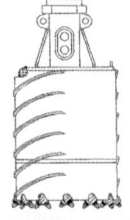 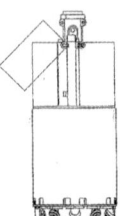

Pfahlfußaufschneider Belling bucket	Kernbohrrohr KRRK mit Kernfänger Core barrel KRRK with core catcher	Kernbohrrohr KRR mit Rundschsftmeißel Core barrel KRR with roundshank chisels	Kernbohrrohr KRRM mit Rollenmeißel Core barrel KRRM with roller bits

Bild 15. Drehbohrwerkzeuge für die Bohrpfahlherstellung (aus Firmenprospekt Bauer)

3.2 Pfahlgründungen

Unverrohrte, flüssigkeitsgestützte Bohrpfähle gewinnen besonders bei großen Pfahldurchmessern an Bedeutung. Herstellungsmerkmale sind:

- Als stützende Flüssigkeit wird i. Allg. eine Suspension aus Bentonit und Wasser und ggf. weiteren Zusatzstoffen verwendet.
- Für die Herstellung von suspensionsgestützten Bohrpfählen kommen für den Aushub des Bodens Bohrschnecken oder Bohrgreifer oder das Saug- und Lufthebebohrverfahren mit Rollen- oder Flügelmeißel zum Einsatz.
- In weichen bindigen Böden mit $c_{u,k} \leq 15$ kN/m² dürfen Bohrpfähle nicht unverrohrt hergestellt werden.

Beim Schneckenbohrpfahl erfolgt die Stützung der Bohrlochwandung durch die durchgehende mit Boden gefüllte Bohrschnecke. Es sind zwei Verfahren bei der Herstellung von Schneckenbohrpfählen zu unterscheiden, die Herstellung mit kleinem und jene mit großem Seelenrohr, die auch als Teilverdrängungsbohrpfahl bezeichnet wird (s. Abschn. 2.3.4). Bei der Bohrpfahlherstellung mit kleinem Seelenrohr hat die Schnecke einen Durchmesser von 40 bis 100 cm, die ein kleines Seelenrohr von 10 bis 15 cm enthält. Die Bohrschnecke wird korkenzieherartig in den Boden gedreht, wobei der auf den Bohrschneckenwindungen befindliche Boden die Bohrungswand stützt. Nach Erreichen der Endtiefe wird über das Seelenrohr beim Ziehen der Schnecke Beton über eine Betonpumpe eingepumpt. Die Ziehgeschwindigkeit der Bohrschnecke muss gering gehalten werden, damit unter der Bohrschnecke nicht ein Sog entsteht, der zu Auflockerungen führen kann. Ein Bewehrungskorb kann unmittelbar nach dem Betonieren unter Einsatz von Rüttlern und einem Führungsträger in den Frischbeton eingerüttelt werden. Das geförderte Bohrgutvolumen ist abhängig

- vom Durchmesser des zentralen Seelenrohrs: je größer das Seelenrohr, desto weniger Boden wird gefördert und desto mehr Boden wird verdrängt und verdichtet;
- von der Kontinuität der Bohrgeschwindigkeit.

Weiterhin ist zu beachten:

- In gleichförmigen kohäsionslosen Böden mit einer Ungleichförmigkeitszahl U < 1,5 unter dem Grundwasserspiegel bei einer lockeren Lagerung (Lagerungsdichte < 0,3) und in bindigen Böden mit $c_{u,k} \leq 15$ kN/m² darf das Verfahren nicht angewandt werden. Nach [39] liegen die Erfahrungen bezüglich der nationalen Anwendungsgrenzen bisher i. d. R. bei einem höheren Ungleichförmigkeitsgrad um $U \geq 3$.
- Die Herstelltiefen werden durch die Mäklerhöhe und Schneckenlänge begrenzt.
- Das Herstellen muss kontinuierlich durch Messung überwacht werden.
- Der am Fuß der Bohrschnecke austretende Beton muss unter einem Überdruck stehen, der sicherstellt, dass der beim Ziehen der Bohrschnecke freigegebene Raum sofort mit Frischbeton verfüllt wird.

Aus der Kombination des verrohrten Bohrens und des Bohrens mit Endlosschnecke ist das Doppelkopfbohren im Vor-der-Wand-System (VdW-System) entstanden. Dabei besteht der Drehantrieb aus zwei voneinander unabhängigen Antrieben für Verrohrung und Bohrschnecke und ist so schlank ausgebildet, dass er nicht über das Bohrrohr hinaussteht. Das bedeutet, dass mit diesem Bohrverfahren Pfähle unmittelbar vor der Wand eines bestehenden Bauwerks niedergebracht werden können. Dadurch können innerstädtische Baulücken optimal genutzt werden. Die Bohrtiefe des Verfahrens ist durch die Mäklerhöhe beschränkt. Die Bohrdurchmesser liegen zwischen 20 und 50 cm.

2.3.3 Fußverbreiterungen bei Bohrpfählen

In ausreichend standfesten Böden dürfen Hohlräume hergestellt werden, die einen erweiterten Pfahlfuß aufnehmen. Ausgenommen sind Kiese mit Steinen sowie Böden mit Geröllagen. Das Fußanschneidegerät muss eine konzentrische Fußherstellung sicherstellen. Die Spreizung des Geräts über den Pfahlschaftdurchmesser hinaus muss ablesbar und kontrollierbar sein. Um sicherzustellen, dass keinerlei Veränderungen durch Nachbruch, Sohleintrieb oder Sedimentation eintreten, ist die Bohrsohle durch wiederholtes Abloten unmittelbar vor dem Betonieren zu prüfen. Werden Pfahlfußverbreiterungen unter dem Grundwasserspiegel ausgeführt, so muss der Fußhohlraum bis zum Betonieren durch Flüssigkeitsüberdruck in der Bohrung gestützt werden. Der Überstand einer Pfahlfußverbreiterung bleibt bei Druckpfählen unbewehrt. Weitere Hinweise siehe DIN EN 1536 und [103].

2.3.4 Teilverdrängungsbohrpfähle

In der Gruppe der Teilverdrängungsbohrpfähle sind sehr unterschiedliche Merkmale bei der Pfahlherstellung vorhanden. Im Wesentlichen wird beim Herunterbohren der Boden nicht vollständig verdrängt (Vollverdrängungsbohrpfähle nach Abschn. 2.2.7), sondern zu einem Teil gefördert bzw. aus den tragfähigen in darüber liegende weniger tragfähige Schichten umgelagert [39]. Zu diesem Pfahlsystem gehören sowohl Pfähle mit nur teilweise durchgehender wie auch mit einer durchgehenden Bohrschnecke. Dabei ist der Grad der Bodenverdrängung bzw. -förderung abhängig von zahlreichen Faktoren, u. a. vom Durchmesser des Seelenrohrs D_i im Verhältnis zum Außendurchmesser der Schnecke D_a sowie von der Ausbildungsform der Bohrschnecke.

2.3.5 Hinweise zu Bewehrungs- und Betonierarbeiten

Für Bohrpfähle ist im Regelfall ein Beton von fließfähiger Konsistenz, d. h. mit einem Ausbreitmaß von 50 bis 60 cm, zu verwenden, jedoch abweichend von DIN 1045 i. d. R. ohne Zugabe eines Fließmittels. Beim Betonieren in einer Tonsuspension ist ein Ausbreitmaß zwischen 55 und 60 cm zu wählen. Die Betondeckung der Bewehrung darf 50 mm nicht unterschreiten (s. auch DIN EN 1536). Wird unter Verwendung einer Tonsuspension als stützende Flüssigkeit gebohrt, so ist zur Sicherung der Betondeckung zwischen Bewehrung und Bohrungswand eine lichte Durchflussweite von 70 mm vorzusehen. Damit sollen Einschlüsse von Tonsuspension vermieden werden. Beim Einbringen des Betons ist sicherzustellen, dass

– der Beton in der vorgesehenen Zusammensetzung und Konsistenz bis zur Bohrsohle gelangt,
– der Beton nicht entmischt und verunreinigt wird,
– die Betonsäule weder unterbrochen noch eingeschnürt wird.

Es ist mit Schüttrohr, Pumprohr oder Schläuchen zu betonieren, die zu Beginn des Betoniervorgangs bis zur Bohrungssohle reichen und während des Betonierens stets in den Frischbeton eintauchen müssen. Im Grundwasser bzw. in einer Tonsuspension muss der Beton im Kontraktorverfahren eingebracht werden. Das Schüttrohr darf beim Betonieren erst gezogen werden, wenn es mindestens 3 m in den eingebauten Beton hineinreicht.

In feinkörnigen Böden $c_{u,k} \leq 15$ kN/m² ist das Betonieren gegen den Boden nicht mehr zulässig. Der Frischbetondruck muss durch Hülsen gestützt werden.

Beim Ziehen der Verrohrung ist darauf zu achten, dass die Betonsäule weder abreißt noch eingeschnürt wird. Die Frischbetonsäule muss so hoch in das Bohrrohr hinaufreichen, dass

3.2 Pfahlgründungen

ein ausreichender Überdruck des Betons gegen Grundwasser und seitlich nachdringenden Boden vorhanden ist. Der Überdruck reicht aus, wenn nachgewiesen werden kann, dass Gleichgewicht zwischen den horizontalen Drücken für den ebenen Fall besteht.

Nach DIN EN 1536 muss die Festigkeitsklasse des Betons für Bohrpfähle zwischen C 20/25 und C 30/37 liegen. Ebenso sind nach DIN EN 1536 geringfügig andere Ausbreitmaße gegenüber den o. g. nach DIN 4014 angegebenen vorhanden. Ähnliches gilt bei der Betondeckung. Vor dem Betonieren ist die Sauberkeit des Bohrlochs zu prüfen. Das Einbringen von Beton muss so lange fortgesetzt werden, bis der gesamte verunreinigte Beton in den oberen Bereich der Betonsäule über die zu kappende Höhe aufgestiegen ist. Bei Betonierbeginn mit einem Kontraktorrohr hat ein Stopfen aus geeignetem Material die Vermischung des Betons im Kontraktorrohr mit Flüssigkeit zu verhindern. Als erste Charge sollte eine Mischung mit erhöhtem Zementgehalt oder eine Füllung Zementmörtel verwendet werden, um das Kontraktorrohr gleitfähig zu machen.

Für Bohrpfähle, die eine Längsbewehrung aus Betonstahl erhalten, ist Betonrippenstahl mit einem Mindestdurchmesser von 16 mm (nach DIN EN 1536 von 12 mm) zu wählen. Es ist ein lichter Mindestabstand der Bewehrungsstäbe vom 2-fachen Größtkorndurchmesser der Zuschlagstoffe einzuhalten. Die Querbewehrung ist in Form von Bügeln oder Wendeln anzuordnen. Die Stabdurchmesser dürfen nicht kleiner als 6 mm und die Abstände bzw. Ganghöhen nicht größer als 25 cm sein. Schrägpfähle sind stets zu bewehren. Bei Zugpfählen ist die Zugbewehrung unvermindert über die ganze Länge des Bohrpfahls zu führen. Der Bewehrungskorb ist so auszusteifen und aufzuhängen, dass er beim Transport, beim Einbau und beim Betonieren nicht bleibend deformiert wird. Um sicherzustellen, dass der Bewehrungskorb beim Betonieren und beim Ziehen des Bohrrohrs in seiner vorgesehenen Lage bleibt, ist z. B. der Einbau eines Kreuzes aus Flachstahl am unteren Ende der Bewehrung erforderlich. Die nachträgliche Einführung der Bewehrung, gegebenenfalls mit Unterstützung durch leichte Vibration, ist zulässig, wenn die Betonüberdeckung und die planmäßige Lage der Bewehrung sichergestellt werden. Der Bewehrungskorb ist in diesem Fall unmittelbar nach dem Betonieren einzuführen.

2.3.6 Probleme und Schäden

In den Abschnitten 2.3.1 und 2.3.2 sind bereits einige Schadensursachen bei Bohr- bzw. Ortbetonpfählen angesprochen. Nachfolgend dazu weitere Ergänzungen.

2.3.6.1 Verrohrte Bohrpfähle

Wie ausgeführt, soll die Verrohrung dem Bohrfortschritt vorauseilen, um Auflockerungen unter der Bohrung während des Bohrvorgangs zu verhindern. Wird dies nicht eingehalten, kann es bei entsprechenden Boden- und Grundwasserverhältnissen zu Nachbrüchen kommen (Bild 16a). Dabei kann sich während des Abbohrens außerhalb der Verrohrung Wasser ansammeln. Beim Ziehen der Bohrrohre im Zuge des Betoniervorgangs führen derartige Wasseransammlungen zu Pfahleinschnürungen und Pfahlerweiterungen [63].

Eine weitere Schadensursache bei Bohrpfählen, aber auch bei anderen Ortbetonpfählen, kann der hydraulische Grundbruch besonders im Pfahlfußbereich sein. Beim Greifer- und Drehbohrverfahren kommt es im Grundwasser während des Hochziehens unterhalb der Schneidwerkzeuge zu Unterdrücken. Diese sind abhängig von der Durchflussfläche, Ziehgeschwindigkeit, Form und Rauigkeit der Oberfläche und können durch Einsaugen von Bodenteilchen zu Auflockerungen im umliegenden Bodenbereich führen. Bei großen Unterdrücken können dabei, auch bei ausreichendem Voreilmaß der Verrohrung, hydraulische

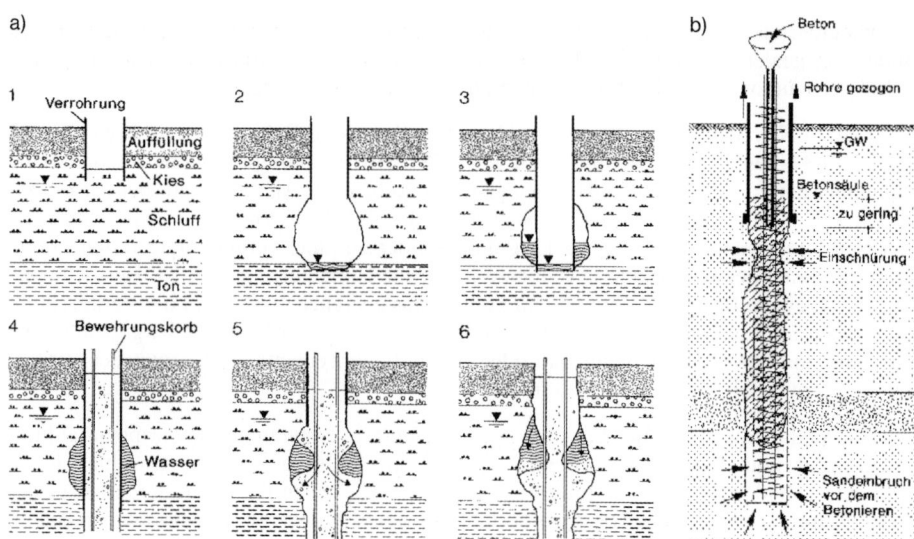

Bild 16. Gefahr von Schäden an Bohrpfählen; a) dem Bohrfortschritt nachlaufende Verrohrung, b) Pfahleinschnürungen und Einbrüche im Fußbereich (aus [63])

Grundbrüche entstehen, die die Auflockerungen weiter verstärken. In [52] sind zu diesem Thema Modellversuchsergebnisse beschrieben, die zusammenfassend ergeben haben:

- Die Durchflussfläche verhält sich exponential zum Unterdruck, sodass die Größe des Spalts zwischen Rohr und Bohrwerkzeug entscheidend ist. Je größer der Spalt, desto kleiner der Unterdruck. Einen vernachlässigbaren Einfluss hat dagegen die Form des Werkzeugs.
- Die Ziehgeschwindigkeit ist entscheidend, da sie hat einen quadratischen Einfluss auf den Unterdruck hat. Zum Beispiel steigt bei einer Verdreifachung der Ziehgeschwindigkeit der Unterdruck auf den 9-fachen Wert.
- Ist die Entlastungsöffnung durch Steine, Lehm, usw. verstopft, ergibt sich etwa eine Verdreifachung des Unterdrucks.
- Beim Säubern des Bohrlochs ist das Voreilmaß null, und die Gefahr des hydraulischen Grundbruchs ist besonders hoch.

Durch entsprechende Unterdrücke bei der Pfahlherstellung ist es vorgekommen, dass Pfähle zu kurz waren, obwohl die Leerbohrungen auf Solltiefe niedergebracht wurden. Im Fußbereich der Pfähle fand sich sandiges Material, wie es ca. 2 m über dem Pfahlfuß anstand. Vermutlich wurde das Material durch den entstandenen Unterdruck beim Ziehen der Werkzeuge um die Verrohrung herum in den Pfahl eingezogen. Es kam zu Auflockerungen über die gesamte Pfahllänge, mit Reduzierung der Tragfähigkeit und entsprechend großen Setzungen (s. auch Bild 16 b).

In DIN 4014 Teil 2, Ausgabe 1977, wurde seinerzeit noch angeführt, dass zur Vermeidung von Kolbenwirkungen das Durchmesserverhältnis vom gefüllten Bohrwerkzeug zum Rohrinnendurchmesser nicht größer als 0,8 sein sollte. Nach den heutigen Drehbohrwerkzeugen gemäß Bild 15 ist dies in der Regel nicht immer mehr gegeben, daher darf bezweifelt werden, ob die Druckentlastungsöffnungen diese Kolbenwirkung bei allen Baugrundrandbedingungen in ausreichendem Maß entlasten.

3.2 Pfahlgründungen

Einschnürungen oder Fehlstellen im Pfahlschaftbereich sind bei fließfähigem Beton meist auf eine zu geringe Höhe der Betonsäule innerhalb der während des Betonierens gezogenen Bohrrohre oder auf eine Unterbrechung der Betonzufuhr zurückzuführen [63].

2.3.6.2 Unverrohrte, flüssigkeitsgestützte Bohrpfähle

Um Bentonit- oder Bentonit-Bodeneinschlüssen im Pfahlbeton vorzubeugen, sollte die Bentonitsuspension vor dem Betonieren auf stärkere Verunreinigungen, mit entsprechender Zunahme der Suspensionsdichte, überprüft und eventuell ausgetauscht werden. Des Weiteren können Schäden an der Bohrwandung durch nachträgliche Einbringung eines Bewehrungskorbs entstehen und zu Wandausbrüchen führen.

2.3.6.3 Unverrohrte Schneckenbohrpfähle und Teilverdrängungsbohrpfähle

Hohlräume und Einschnürungen im Pfahl können entstehen, wenn der Beton nicht mit höherem Druck als dem hydrostatischen Betondruck eingebaut und die Ziehgeschwindigkeit der Schnecke nicht genau der Betoniergeschwindigkeit angepasst wird.

Beim Bohren durch Hindernisse oder festere Sandschichten kann sich die Bohrschnecke nur mit geringer Eindringung drehen. Der Boden auf den Gängen der Schnecke wird zur Oberfläche gefördert und fehlt zur Stützung der Bohrwandung. Noch ungünstiger wirkt sich diese Rotation ohne Eindringung bei Sand unter dem Grundwasserspiegel und in weichen Bodenschichten dadurch aus, dass der Boden der Pfahlumgebung der Bohrschnecke zufließt, nach oben gefördert wird und somit der Baugrund der Pfahlumgebung aufgelockert wird [63]. Das kann Pfahlsetzungen und Setzungen des umgebenden Bodens bewirken.

2.3.6.4 Loch- und Riefenbildung am Pfahlmantel

Vereinzelt konnten trotz normenmäßiger Bohrpfahlherstellung mit Verrohrung nach dem Stand der Technik in überwiegend bindigen Böden bei freigelegten Pfählen Löcher und Riefen in cm-Tiefe festgestellt werden (Bild 17).

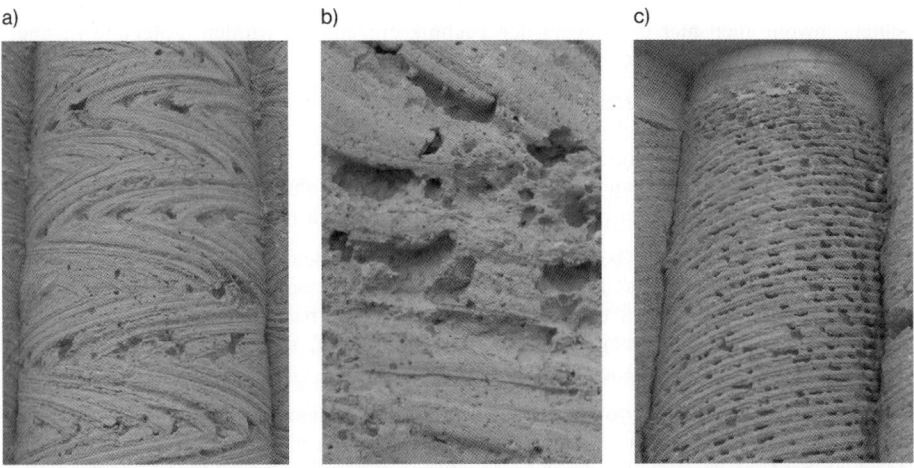

Bild 17. a) Schadensbild bei schockierend gezogener Verrohrung, b) Detail, c) Schadensbild bei kontinuierlich gezogener Verrohrung

Aufgrund der Verteilung und des augenscheinlichen Schadensbildes muss gefolgert werden, dass die beobachteten überwiegend regelmäßig angeordneten Löcher durch von außen in den noch weichen Pfahlbeton eingedrungenes, bindiges Bodenmaterial entstanden sind und im ursächlichen Zusammenhang mit den vorliegenden Bodenarten stehen.

Folgende Punkte sind ein wahrscheinliches Erklärungsmodell für die Schadensursache:

- Der Schneidschuh mit Stollenbesatz hat einen etwas größeren Durchmesser als das Bohrrohr. Der Stollenbesatz schneidet aufgrund seines Überstandes einen Ringraum frei (Freischnitt). Dieser bleibt normalerweise frei oder füllt sich allenfalls mit lockerem oder aufgeweichtem Bodenmaterial. Im vorliegenden Fall muss davon ausgegangen werden, dass der entstandene Freischnitt im Bereich vorbelasteter bindiger Böden nicht offen blieb, sondern durch nachdrückendes Bodenmaterial wieder geschlossen wurde.
- Sofern aufgelockertes oder aufgeweichtes Bodenmaterial in den Freischnitt eindringt, wird dieses normalerweise beim Ziehen der Verrohrung von den Schneidstollen und dem Frischbetonüberdruck wieder nach außen verdrängt.
- Im vorliegenden Fall ließ sich das Bodenmaterial offensichtlich nicht nach außen verdrängen, sondern es wurde beim drehenden Ziehen von den Stollen aus der Bohrlochwandung abgeschält und dabei zwischen die Schneidrollen (in Drehrichtung vor die Schneidrollen) gefördert.
- Beim schockierend drehendem Ziehen sind die tiefsten Einschlüsse jeweils am Umkehrpunkt der Drehung zu finden. Das abgeschälte, vor dem Schneidstollen aufgestaute Material blieb bei jeder Richtungsänderung liegen. Neues Material musste dann erst wieder in der neuen Drehrichtung abgeschält und aufgestaut werden.
- Beim kontinuierlich drehendem Ziehen sind die Löcher relativ gleichmäßig über die Stollenspur verteilt. Dies lässt sich wie zuvor bei den unterwegs verlorenen Bodenteilchen dadurch erklären, dass die Menge der abgeschälten Bodenteile so groß wurde, dass sie nicht mehr vor dem Schneidstollen hergeschoben werden konnten.

Die genannten Effekte führen zu einer geringeren Betondeckung.

2.3.6.5 Mängel in der Betonqualität durch Ausspülungen

Bei der Herstellung von Bohrpfählen wurden vereinzelt Qualitätsmängel im Beton beobachtet, obwohl auch hier die Regeln der Technik eingehalten wurden. Folgende Erscheinungen mangelnder Betonqualität wurden festgestellt:

– Ausbluten und Sedimentieren am Pfahlkopf,
– Aussanden am Pfahlmantel,
– Kiesnester im Pfahlfußbereich,
– vertikale Entwässerungskanäle nahezu über die volle Bohrkernhöhe in Bohrpfahlmitte oder – bevorzugt – an oder parallel zur vertikalen Bewehrung.

Die Erscheinungen wurden bei im Kontraktorverfahren betonierten Pfählen beobachtet, wobei nach dem Beenden des Betoniervorgangs zuerst Zementleim, danach klares Wasser in größeren Mengen ähnlich einem artesischen Brunnen nach oben aus dem Pfahlkopf herausfloss (Bild 18 a). Schneidet man den Pfahlkopf auf, so sind durch Ausspülungen von Zementleim Sand- und Kiesnester erkennbar.

Ursache dieser Erscheinung können die Einflüsse beim Betonieren mit dem Kontraktorverfahren nach Bild 19 sein. Abweichend vom Betonierverfahren im Hochbau wird der Bohrpfahlbeton nicht zusätzlich durch Innenrüttler entlüftet. Die beim Mischen, während des Transports und bei der Verarbeitung in den Beton eingetragene Luft kann nur zu einem geringen Anteil entweichen und verbleibt als Luftporen im Beton. Die Verdichtung erfolgt

3.2 Pfahlgründungen

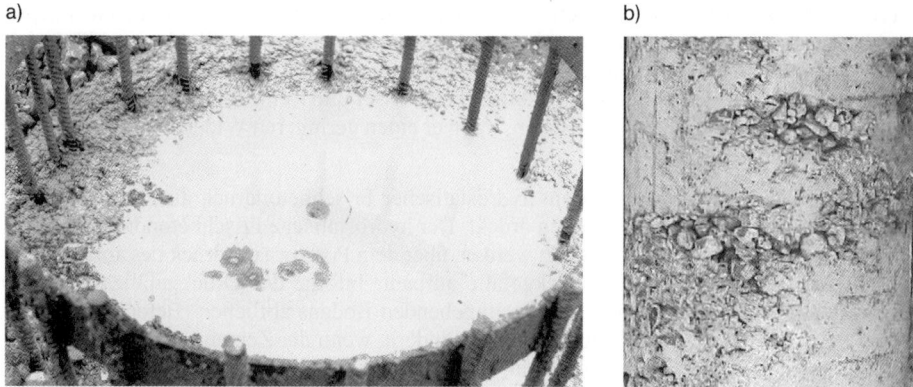

Bild 18. a) Beispiel für das Austreten von Wasser und Feinkorn an der Pfahloberfläche (Foto: M. Schmidt); b) Kiesnester am Pfahlmantel

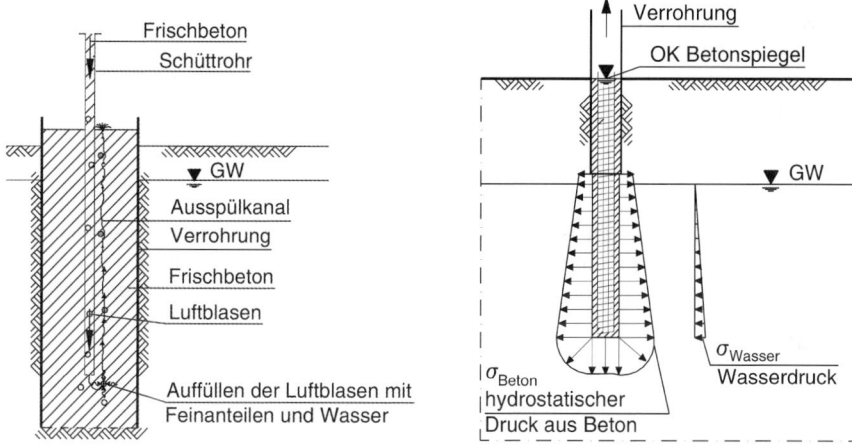

Bild 19. Aufbau der Luftporen beim Betonieren

Bild 20. Hydrostatische Druckausbildung beim Ziehen der Verrohrung

lediglich infolge des zunehmenden Füllstandes des frischen Betons, der sich zu diesem Zeitpunkt wie eine von Festkörpern mit Luftporen durchsetzte zähe Flüssigkeit verhält. Dabei können sich die Luftporen mit Wasser füllen, das der Beton selbst absondert. Sind sie vollständig gefüllt, gerät das Wasser in den Poren unter Druck und es entweicht entweder zur Seite in den benachbarten Boden oder durch den ganzen Pfahl hindurch bis zur Betonoberfläche. Dabei entstehen kleine Kanäle als Wasseradern, die sich bis zur Oberfläche des Betons ausbilden können. Bei diesem Vorgang wird der zuvor beschriebene Effekt an der Oberfläche sichtbar, indem dort zunächst Zement- und feinstoffreicher Leim fontainenartig austritt. Mit zunehmendem Wasseranteil färbt sich das aufsteigende Wasser heller und es entstehen im Beton sehr poröse, zementleimfreie, entfestigte Sand- und Kiesnester. Der Mechanismus wird in Bild 19 schematisch dargestellt.

Vereinzelt wurden auch an Bohrkernen aus dem unteren Bereich eines Pfahlmantels Sand- und Kiesnester festgestellt. Die Ursache des Zementleimverlustes am Pfahlmantel lässt sich auf ähnliche Strömungsvorgänge zurückführen wie sie bereits für den Bereich des Pfahlkopfes erläutert wurden. Allerdings strömen hier Wasser und Zementleim auf kurzem Wege in den umgebenden durchlässigen Boden, wenn er einen geringeren Widerstand bietet als der darüber stehende Frischbeton.

Nach dem Betonieren bildet sich ein hydrostatischer Frischbetondruck aus, der mit seiner Wichte gegen den anstehenden Boden drückt. Der hydrostatische Frischbetondruck liegt bei Pfählen, die im Grundwasser betoniert werden, über dem Porenwasserdruck des anstehenden Grundwassers, sodass sich ein Druckgefälle aufbaut. Infolge des Druckgefälles kann der Zementleim des Betons in Richtung des umgebenden Bodens abfließen (Betonbluten). Der Beton neigt besonders dazu Zementleim abzusondern, wenn der Zementleim ungehindert in den anstehenden Boden eindringen kann, wie z. B. bei grobkörnigen oder sandigen Böden.

Das Betonieren im Kontraktorverfahren erfolgt im Schutz der Verrohrung. Beim Ziehen der Verrohrung wirkt der hydrostatische Frischbetondruck auf den umgebenden Boden und das Grundwasser. Bild 20 zeigt die hydrostatischen Spannungen von Frischbeton und Grundwasser unmittelbar nach dem Betonieren. Am Pfahlfuß erreichen die hydrostatischen Spannungen ihr Maximum und auch ihre größte Druckdifferenz. Durch die Differenz des hydrostatischen Porenwasserdrucks im Beton und dem Grundwasser bildet sich ein Druckgefälle aus, das einen Strömungsvorgang zur Folge hat. Im natürlich gelagerten Boden herrscht i. d. R. in horizontaler Richtung eine größere Durchlässigkeit als in vertikaler Richtung, was zu überwiegend horizontalen Strömungsvorgängen führt. Eine Ursache für die Bildung von Kiesnestern am Pfahlfußbereich resultiert ebenfalls aus den Strömungserscheinungen infolge von Porenwasserüberdrücken, wie sie oben beschrieben wurden. Bild 20 zeigt, dass die größten Druckunterschiede am Pfahlfuß herrschen.

Auch in [66] wird darauf hingewiesen, dass der Frischbeton in Abhängigkeit von seinem Wassergehalt und seiner Sedimentationsneigung unter dem Frischbetondruck der aufstehenden Betonsäule entwässern kann, sofern er nicht vollständig entlüftet ist und größere Verdichtungsporen aufweist.

2.4 Mikropfähle

2.4.1 Herstellungsmerkmale

Nach DIN EN 14199 sind Mikropfähle Bohrpfähle mit einem Durchmesser < 0,3 m und Verdrängungspfähle mit einem Durchmesser < 0,15 m. Es gehören hierzu die seit Jahrzehnten bekannten Wurzelpfähle, wie auch die in neuer Zeit überwiegend verwendeten Einstab-, Rohr- und Stahlhülsenpfähle. Ihre Vorteile liegen darin, dass sie bei beengten Platzverhältnissen hergestellt werden können und dass die Herstellung weitgehend lärm- und erschütterungsarm ist.

In Deutschland eingeführt wurden die Mikropfähle über die DIN 4128 und sind dort noch als Verpresspfähle mit kleinem Durchmesser bezeichnet. Die Kraftübertragung zum umgebenden Baugrund wird durch Verpressen mit Beton oder Zementmörtel erreicht. Dabei wird unterschieden zwischen:

- Ortbetonpfahl, der eine durchgehende Längsbewehrung aus Betonstahl aufweist. Er kann mit Beton oder mit Zementmörtel hergestellt werden. Hierbei beträgt der erforderliche Mindestschaftdurchmesser 150 mm, die Betondeckung beträgt 30 bis 45 mm, in Abhängigkeit vom Angriffsgrad des Baugrundes oder des Grundwassers.

- Verbundpfahl, der durch ein Tragglied aus Stahlbeton oder Stahl, mit einem erforderlichen Mindestschaftdurchmesser von 100 mm gekennzeichnet ist. Das Tragglied wird entweder in einen gebohrten Hohlraum im Baugrund eingestellt oder mithilfe eines gegenüber dem Tragglied vergrößerten Fußes, z.B. als Rammverpresspfahl, in den Boden eingebracht. Bereits vor dem Einbringen des Traggliedes kann der Hohlraum gefüllt sein.

Die Einordnung der Mikropfähle unter den Begriff „Pfähle" ist historisch zu sehen und erfasst nur einen Teil von deren Eigenschaften, vor allem bei den am häufigsten verwendeten Bauarten, den Verbund-Mikropfählen. Mit ihren durchgehenden Traggliedern haben sie viele Ähnlichkeiten mit den Verpressankern nach DIN EN 1537, z.B. bei Lastabtragung über Mantelreibung entlang des Pfahlschafts, Bohren mit kompakten und anpassungsfähigen Bohrgeräten, Einbau, Verpressung und Nachverpressung, einfache Prüfmöglichkeiten auf Zug.

Zur Herstellung des Hohlraums für den Mikropfahl eignen sich Bohr- und Verdrängungsverfahren (Ramm- und Rüttelverfahren). Zur Förderung des Bohrguts darf mit Innen- und Außenspülung gearbeitet werden. Lösen des Bodens allein mit Spülverfahren ist nicht zulässig. Beim Bohren unter dem Grundwasserspiegel muss durch Überdruck der Spül- oder Stützflüssigkeiten verhindert werden, dass der Boden aufgelockert wird oder in den Hohlraum eindringt. Das Bohrloch sollte von Bohrrückständen gesäubert werden. Die herstellungsbedingten Maßabweichungen für die Lagegenauigkeit des Bohrlochs (Ansatzpunkt und Neigung) müssen vorher vereinbart werden.

Mit „Verpressen" wird der Vorgang bezeichnet, bei dem das Verpressgut unter einem höheren als dem hydrostatischen Druck eingebracht wird. Dazu werden Verpressmörtel, Zementmörtel oder Feinkornbetone verwendet. Der Druck kann durch Pumpendruck, in seltenen Fällen auch durch Luftdruck auf das Verpressgut aufgebracht werden. Beim

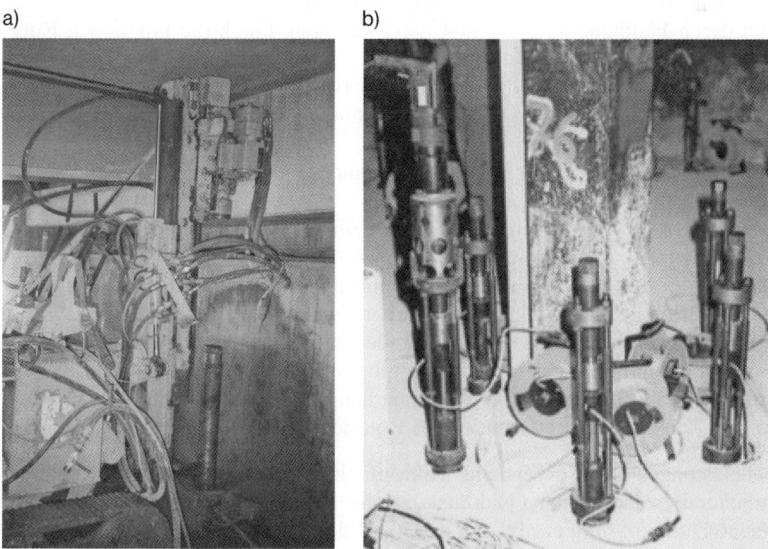

Bild 21. a) Mikropfahlherstellung im beengten Arbeitsraum (Foto: Fa. B & B); b) Pressenanordnung zum Vorpressen oder Heben mit Mikropfählen (Foto: Fa. Bauer)

Herstellen des Schaftes ist ein Verpressdruck aufzubringen, der im Bereich der Krafteintragungslänge mindestens 5 bar betragen soll.

Unter „Nachverpressen" ist der Vorgang zu verstehen, bei dem eine ein- oder mehrmalige Verpressung nach dem Abbinden oder dem Aushärten der ersten Verpressung oder Verfüllung durchgeführt wird. Nachverpressgut, -drücke und -mengen sind dem Baugrund und den örtlichen Verhältnissen anzupassen. Das Nachverpressgut ist so zusammenzusetzen, dass Aufsprengungen wieder ausgefüllt werden. Unter Last stehende Pfähle dürfen nicht nachverpresst werden. Das Nachverpressen wird i. d. R. über Manschettenrohre oder kleine Verpressschläuche vorgenommen und kann bei Drücken bis zu etwa 50 bis 60 bar liegen.

2.4.2 Anwendungsgebiete

Der Mikropfahl wurde im Zuge seiner Entwicklung auf eine Vielzahl von Anwendungsgebieten ausgedehnt, wo seine spezifischen Vorteile besonders zum Tragen kommen bzw. wo er überhaupt erst technisch und wirtschaftlich vertretbare Lösungen ermöglicht. Das sind:

- hohe Tragfähigkeit bei kleinem Durchmesser, die je nach Baugrund über 1 MN charakteristischer Pfahlwiderstand betragen kann, die stärksten Tragglieder erreichen sogar Lasten an der Streckgrenze der Bewehrung knapp unter 3 MN;
- Belastung auf Zug und Druck und Wechselbelastung durch die Kraftübertragung in den Baugrund über Mantelreibung. Als Zugverankerungen werden Mikropfähle besonders häufig und in großer Zahl bei Auftriebssicherungen eingesetzt;
- meist einfache Anschlusselemente an das aufgehenden Bauwerk z. B. durch verschraubte Ankerköpfe;
- fast beliebige Neigung der Mikropfähle dank der Eigenschaften der Bohrgeräte und durch die Verpresstechnik. Pfahlroste mit vielen geneigten Pfählen lassen sich dadurch besonders einfach herstellen z. B. in Erdbebenzonen und zur Bildung von Trag- oder Stützkörpern und Netzwerken;
- Durchbohrung von weichen und harten Böden bis zum Fels auch bei wechselnder Lagerung, und durch Fundamente z. B. für Unterfangungen, durch die möglichen Rotations- und Schlagbohrverfahren der vollhydraulischen Bohrmaschinen;
- Arbeiten unter räumlich beengten Bedingungen unter Brücken, unter Bahnoberleitungen, in Hallen, sogar in Kellern (Bild 21 a) z. B. für Unterfangungen und Nachgründungen zur Setzungsverminderung und Traglasterhöhung;
- Anhebung von Fundamenten mit speziellen Pressenanordnungen und Mikropfahlköpfen (Bild 21 b);
- Arbeiten im Gebirge, z. B. für Seilbahn- und Hochspannungsleitungsmasten, Böschungssicherungen und Lawinen- und Steinschlagverbau, wo Antransport und Bohrplattform für die Bohrgeräte eine besondere Herausforderung sind und wo Helikoptertransport oft in Bohrlafette und Antrieb geteilte Bohrgeräte erfordert;
- Arbeiten bei schwierigen und wechselnden Geländebedingungen, z. B. in Moorgebieten, wo leichte Bohrgeräte und geringer Materialtransport von Vorteil sind;
- geringe Umweltbelastung durch geringe oder überhaupt keine Aushubmengen, geringe Belastung durch Lärm und Erschütterungen bei Rotationsbohrgeräten.

Statische Probebelastungen an Vorversuchs-Mikropfählen oder Bauwerks-Mikropfählen sind ein wesentlicher Bestandteil der Qualitätskontrolle zur Lastabtragung in den Boden. Die relativ einfache Durchführung ergibt sich dabei aus dem meist einfacher handhabbaren niedrigen Kräfteniveau bei Mikropfählen im Vergleich zu anderen Pfahlsysteme sowie der Erleichterung Mantelreibungswerte auf Druck näherungsweise auch aus Zugversuchen ableiten zu dürfen (DIN 1054).

2.4.3 Mikropfahlsysteme

2.4.3.1 Systemübersicht

Die in Deutschland gebräuchlichsten Mikropfahlsysteme sind in Tabelle 4 zusammengestellt, die nach dem gleichen Prinzip jedoch in unterschiedlichen Ausführungen von verschiedenen Herstellern beim Deutschen Institut für Bautechnik zugelassen sind. Die aufgeführten Mikropfähle haben eine ähnliche Ausführung mit einer Bewehrung aus Beton- oder GEWI-Stahl, nur der Wurzelpfahl unterscheidet sich durch einen Bewehrungskorb aus Betonstabstahl mit Bügel- oder Spiralbewehrung.

Die dabei verwendeten Verpress- und Nachverpresssysteme zeigt schematisch Bild 22.

International existiert eine große Vielfalt von Mikropfahlsystemen mit unterschiedlichen Herstellungsverfahren, die sich besonders in den Betonier- und Verpressverfahren deutlich unterscheiden. Nach [20] können Mikropfähle in vier verschiedene Konstruktionstypen A (Verdichtung des Betons nur unter Eigengewicht ohne Nachverpressung) bis D (Herstellung mit hohen Verdichtungsdrücken und sehr hohen einfach bis mehrfach aufgebrachten Verpressdrücken) unterteilt werden, die nach dem Betonier- und Verpressverfahren gegliedert

Tabelle 4. Standard-Mikropfahlsysteme in Deutschland

System	Tragglied	Verpresssystem
Dywidag GEWI-Pfahl, System Dywidag	Betonstabstahl o. GEWI-Einstab oder Mehrstab, 1–3 Stäbe $\varnothing_{außen}$ 32 bis 63 mm, gekoppelt durch Muffenverbindung	a) Erstverpressung mit Abschlusskappe b) Nachverpressung über Verpressventile oder c) Verpresslanzen
Einstabpfahl, System Bilfinger + Berger	Betonstabstahl $\varnothing$ 28 mm o. GEWI-Einzelstab, S555/700, $\varnothing_{außen}$ 40 oder 50 mm, gekoppelt durch Muffenverbindung, am erdseitigen Ende wird HDPE-Kappe mit Hüllrohr verbunden	a) Erstverpressung mit Abschlusskappe b) Nachverpressung über Nachinjektionsrohre oder c) Manschettenrohre
Stabverpresspfahl mit einem Tragglied aus Stabstahl, System Bauer	Betonstabstahl o. GEWI-Einstab S555/700 mit $\varnothing_{außen}$ 63,5 mm, gekoppelt durch Muffenverbindung	a) Erstverpressung mit Abschlusskappe b) Nachverpresslanzen mit Ventilen
Verbundpfahl, System Stump	Betonstabstahl o. GEWI-Einstab, BSt 500S, $\varnothing_{außen}$ 20 bis 50 mm, gekoppelt durch Muffenverbindung	a) Erstverpressung mit Abschlusskappe b) Nachverpressung über Nachinjektionsrohre oder c) Manschettenrohre
Rohrpfahl, System Stump	Rohrbewehrung $\varnothing_{außen}$ 60,3 bis 106,5 mm, kombiniert mit GEWI-Stab im Pfahlkopfbereich	a) Nachverpressung über Nachinjektionsrohre mit Ventilen b) Ausbildung des Stahltraggliedes als Manschettenrohr, Verpressung mit Doppel- oder Einfachpacker
Wurzelpfahl	Bewehrungskorb aus Betonstabstahl als Ring- oder Spiralbewehrung	Injektionsschläuche mit/ohne Packer

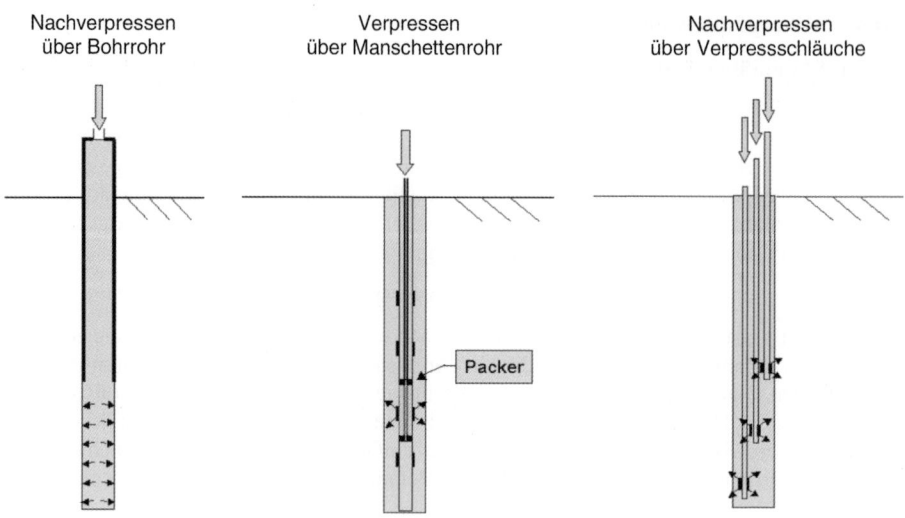

Bild 22. Verpress- und Nachverpresssysteme bei Mikropfählen

sind. Die in den Tabellen 5 und 6 zu den einzelnen Kategorien zugehörigen Zahlen von 1 bis 3 beschreiben die Art der Bewehrung. Die Zahl „1" steht für Einzelstäbe, die Zahlen „2" und „3" für eine Pfahlbewehrung, bei der die Verrohrung im Boden teilweise bzw. vollständig über die gesamte Pfahllänge im Untergrund verbleibt. Neben der Art und Herstellung der Verpresskörper unterscheiden sich die Mikropfähle auch in der Anordnung der Bewehrung. Während die Verrohrung im europäischen Raum nach dem Bohr- und Betoniervorgang üblicherweise wiedergewonnen wird, verbleibt hingegen in den USA die Verrohrung in der Regel als Längs- und Biegebewehrung im Pfahl. Tabelle 5 zeigt die unterschiedlichen Pfahltypen.

Der Typ A entspricht dem von Lizzi ursprünglich entwickelten „palo radice" (Wurzelpfähle bzw. „root piles"), bei dem der Beton über ein Schüttrohr nur unter hydrostatischem Druck des Eigengewichts eingebracht oder mit einem geringen Druck beim Ziehen der Verrohrung verpresst wird, um die Tragfähigkeit zu steigern. In Deutschland wird dieses System als Wurzelpfahl bezeichnet.

Weitere detaillierte Systemübersichten finden sich in [58] und [59].

2.4.3.2 Lebensdauer und Korrosionsschutz

Da die Tragglieder und Bewehrungen der Mikropfähle im Wesentlichen aus Stählen bestehen, hängt die Lebensdauer dieser wesentlichen Bestandteile von den korrodierenden Einflüssen von Baugrund und Grundwasser und den getroffenen Korrosionsschutzmaßnahmen ab. Hierauf gehen die Zulassungen besonders ein, da die DIN EN 14199 sich nicht sehr präzise äußert. Eine Unterteilung in Kurzzeit- (temporäre, vorübergehende) Anwendungen von bis zu 2 Jahren und Daueranwendungen von mehr als 2 Jahren hat sich etabliert und es wurden mit den dafür konzipierten Korrosionsschutzmaßnahmen positive Erfahrungen gesammelt.

Davon profitieren auch die zugelassenen Mikropfähle. Hierbei sind bei reiner Druckbelastung die Anforderungen geringer und vielfach genügt eine ausreichende Zementstein- oder

3.2 Pfahlgründungen

Tabelle 5. Mikropfahlsysteme Typ A und Typ B (nach [20])

	Unter-gruppe	Verrohrung	Bewehrung	Beton	Vergleich mit anderen Typen oder Klassifikationen
Typ A	A1	temporär oder unverrohrt (offenes Bohrloch oder Schneckenbohrung)	ohne, Einzelstab, Bewehrungskorb, Rohr	Sand/Zement-Gemisch oder Beton wird zunächst in das Bohrloch unter Eigengewicht eingefüllt (oder Verrohrung), ohne zusätzlichen Druck	• ursprünglicher Wurzelpfahl • GEWI-Pfahl • Franz. Typ I und II (Franz. Norm DTU)
	A2	über ganze Länge	Verrohrung		• Typ S2 und R2
	A3	dauerhaft, nur im oberen Schaftbereich	Verrohrung im oberen Bereich, Bewehrungsstab/-stäbe oder Rohr im unteren Bereich (oder über ganze Länge möglich)		• Typ S1 und S2
Typ B	B1	temporär oder vollständig verpresst	Einzelstab oder Rohr (dünne Bewehrung wegen der geringen Tragfähigkeit)	Beton/Zementmörtel, wird zunächst in das Bohrrohr eingefüllt; zusätzlicher Druck wird beim Ziehen der Verrohrung beaufschlagt (üblicherweise mit 10 bar)	• modifizierter Wurzelpfahl • Französischer Typ I, (Franz. Norm DTU 13.2) • Italienischer „Stahl Pfahl" • GEWI-Pfahl
	B2	über ganze Länge	Verrohrung		• Typ S2 und R2
	B3	dauerhaft, nur im oberen Schaftbereich	Verrohrung im oberen Bereich, Bewehrungsstab/-stäbe oder Rohr im unteren Bereich (oder über ganze Länge)		• Typ S1 und R2

Tabelle 6. Mikropfahlsysteme Typ C und Typ D (nach [20])

	Unter-gruppe	Verrohrung	Bewehrung	Beton	Vergleich mit anderen Typen oder Klassifikationen
Typ C	C1	temporär oder unverrohrt (offene Bohrloch- oder Schneckenbohrung)	Gewindestahl oder Bewehrungskorb (dünne Bewehrung wegen des geringen Hohlraums)	Beton/Zementmörtel wird zunächst in das Bohrloch (oder Verrohrung) eingefüllt. Nach 15–25 Min. Nachverpressung vom Kopf aus oder über Injektionsschlauch (oder Verpressröhrchen), Druck größer als 10 bar	• Französischer Typ III
	C2	nicht möglich	–		–
	C3	nicht ausgeführt	–		–
Typ D	D1	temporär oder unverrohrt (offene Bohrloch- oder Schneckenbohrung)	Gewindestahl oder Bewehrungskorb (dünne Bewehrung wegen des geringen Hohlraums)	Beton/Zementmörtel wird in das Bohrloch eingebracht (oder Verrohrung). Einige Stunden später Nachverpressung über Injektionsschläuche / Tragglied (oder Verpressleitungen) über Packer; Nachverpressung so oft wie erforderlich	• Französischer Typ IV • I.M. Pile • Tubfix • GEWI-Pfahl
	D2	nicht möglich	–		–
	D3	dauerhaft, nur im oberen Schaftbereich	–		• Typ S1 • GEWI-Pfahl • Österreichischer Typ „gebohrter Injektionspfahl"

Bild 23. GEWI-Pfahl mit Schraubverankerungskopf und Kunststoff-Ripprohr für dauerhafte Zugbeanspruchung und bei aggressivem Boden und Grundwasser (Foto: Fa. DSI)

Betonüberdeckung. Bei auf Zug beanspruchten Mikropfählen müssen bei Daueranwendung und/oder aggressiven Boden- und Grundwasserbedingungen eigene Korrosionsschutzsysteme vorgesehen werden. Beispielhaft wird bei Stabtraggliedern ein konzentrisches, diffusionsdichtes Kunststoffhüllrohr vorgesehen. Alle Korrosionsschutzmaßnahmen müssen lückenlos über die ganze Traggliedlänge verlaufen.

2.4.3.3 Anschluss an das aufgehende Bauwerk und Vorbelastung

Die verschiedenen Mikropfahlbauarten bieten eine Variation an günstigen Anschlussmöglichkeiten zum verbindenden Bauwerk an. Die Tragglieder der Verbundmikropfähle erlauben häufig einen Schraubanschluss direkt an Stahlkonstruktionen oder über Ankerkopf und Ankerplatte an Stahlbeton. Besondere planerische Aufmerksamkeit ist bei der Verbindung mit bestehenden Betonplatten und Fundamentmauern erforderlich, die durchbohrt werden, damit die Kräfte sicher über Haftverbund oder kleine Druckkörper und kleine Plattenverankerungen übertragen werden können. Besondere Kopfausbildungen erlauben sogar eine Vorbelastung der Mikropfähle um Setzungen zu vermindern. Meist lassen sich damit auch abgesackte Fundamente wieder anheben.

2.4.3.4 GEWI-Pfahl

Der GEWI-Pfahl ist ein Verbundpfahl, der in Deutschland sehr häufig ausgeführt wird, mit den Herstellungsschritten:

- Ausführung einer verrohrten Bohrung, oftmals als Spülbohrung;
- Einbau des Einstab-GEWI-Stahls, wenn nötig in Teillängen mit Muffenverbindungen, in das mit Zementmörtel verfüllte Bohrloch;
- Ziehen des Bohrrohrs und Primärverpressung;
- Ein- oder mehrfache Nachverpressung (überwiegend in bindigen Böden).

Die Bilder 24 und 25 zeigen die Pfahlsysteme.

In bindigen und nichtbindigen Böden wird der Zementmörtel in der Regel über das Bohrrohr verpresst. Für den Einsatz in bindigen Böden kann eine Nachverpressung vorgesehen werden, indem an den Stellen der Verpressventile der Zementstein aufgesprengt wird (Bild 26). Durch das Nachverpresssystem ist ein mehrmaliges Nachverpressen möglich. Der Standard-Korrosionsschutz besteht aus einer mindestens 20 mm starken Zementsteinschicht, die den Stahl umgibt. Bei dem doppelten Korrosionsschutz wird zusätzlich zu dem Zementmörtel ein Ripprohr angeordnet (Bild 25 b). Seine maßgebliche Eigenschaft, die Kraftübertragung über die Gewinderippen entlang des Pfahlschafts durch Haftverbund, verliert er dadurch nicht [58].

Eine Variante des GEWI-Pfahls ist der SOILJET-GEWI, eine Kombination von Düsenstrahlverfahren mit dem GEWI-Pfahl-Prinzip. Dabei befindet sich der einfach bzw. doppelt korrosionsgeschützte GEWI-Stab in reinem Zementstein und bildet mit dem umgebenden vermörtelten Bodenkörper ein sehr gutes Trag- und Verformungsverhalten.

3.2 Pfahlgründungen

Bild 24. Fertige GEWI-Pfähle mit Nachverpressschläuchen

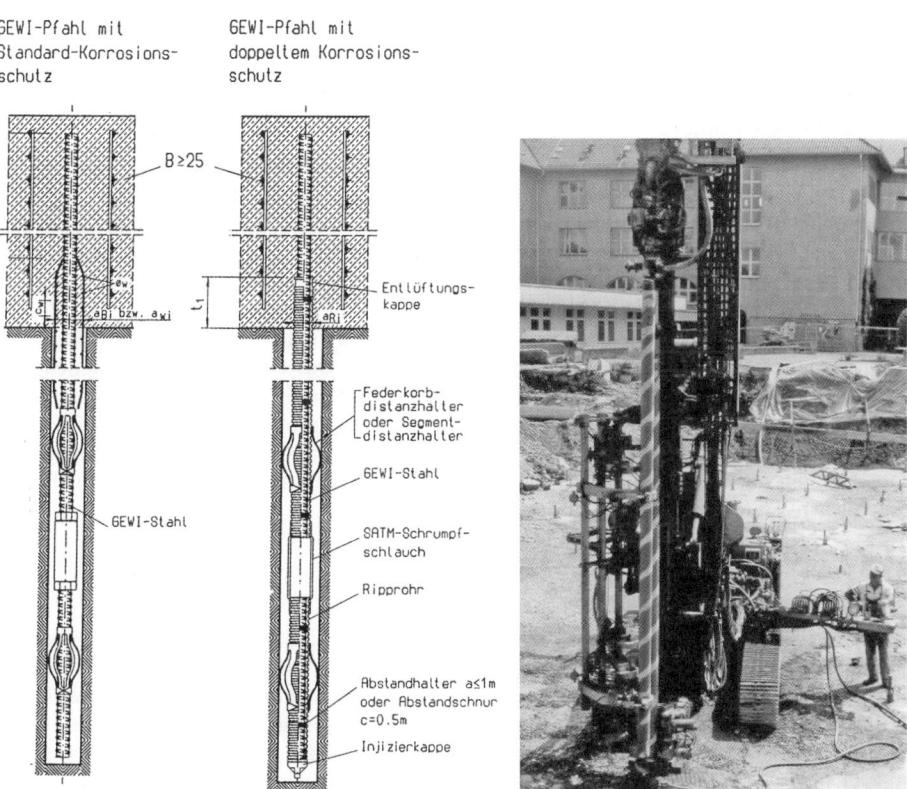

Bild 25. GEWI-Pfahl; einfacher Korrosionsschutz (links), doppelter Korrosionsschutz (Mitte), Herstellungsbohrung (rechts)

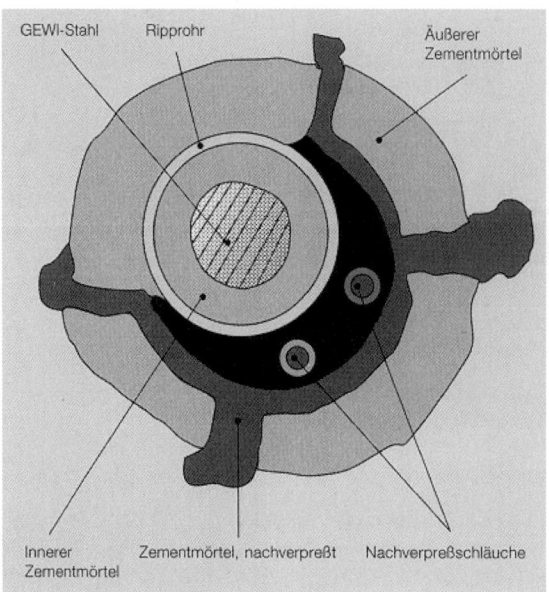

Bild 26. Schnitt durch einen nachverpressten GEWI-Pfahl (aus Firmenprospekt DYWIDAG)

2.4.3.5 TITAN-Pfahl

Der TITAN-Pfahl besteht aus einem zentralen Bewehrungsstab (Gewinderohr) als tragendem Stahlquerschnitt und einem Verpresskörper aus Zement, der Druck- und Zugkräfte im Wesentlichen über Mantelreibung vom Bewehrungsstab über den Verpresskörper in den Boden überträgt. Durch Abstandhalter vor jeder Kupplungsmutter wird für eine gleichmäßige Zementsteinüberdeckung von 20 mm gesorgt. Ankerpfähle TITAN werden in einer einheitlichen Verfahrenstechnik mit drehschlagenden Bohrhämmern und mit Zementdickspülung als Stützflüssigkeit unverrohrt gebohrt. Das Gewinderohr ist gleichermaßen verlorene Bohrstange, Bewehrungsstab und Injektionsrohr. Das Grobgewinde ermöglicht die Schraubbarkeit: die Endverankerung mit Platten und Muttern, das Koppeln und Kürzen auf der Baustelle und das Aufschrauben bodenangepasster Bohrkronen. Durch das Bohren mit Zementdickspülung, die einen Wasser-Zement-Wert von ca. 0,7 hat, und Anwendung von Drücken von ca. 20 bar, kommt es zu einem guten Verbund mit dem umgebenden Boden. Auch Nachverpressungen sind bei diesem System möglich.

2.4.3.6 Duktilpfähle

Das Fertigpfahlrammsystem aus duktilen Gusseisenrohren ist gekennzeichnet durch einen widerstandsfähigen Pfahlwerkstoff, der sich gut rammen lässt und eine hohe Korrosionsbeständigkeit hat. Durch die einfache, konische Muffenverbindung ist eine Herstellung in nahezu beliebiger Länge möglich, und es entsteht beim Rammvorgang eine starre, kraftschlüssige Verbindung, die die gleiche Zug- und Druckfestigkeit aufweist wie das Rohr selbst. Die Pfahleinbringung kann aufgrund der geringen Masse der Schleudergusseisenrohre mit leichten wendigen Geräten erfolgen. Dadurch ist eine nahezu erschütterungsfreie Einbringung der Pfähle möglich [62].

Gusseisen hat eine hohe chemische und mechanische Beständigkeit und weist noch günstigere Eigenschaften als normaler Stahl auf. Das duktile Verhalten erklärt sich durch die

3.2 Pfahlgründungen

Kugelform des Graphits, die einen weitaus gleichmäßigeren Verlauf der Kraftlinien erlaubt als lamellarer Graphit bei Grauguss. So wird aus einem spröden und wenig schlagfesten Material ein Werkstoff, der hohe Kräfte aufnehmen kann.

Die übliche Länge der einzelnen Rohrschüsse beträgt ca. 5 m. Es sind aber auch kürzere Elemente für Arbeiten bei geringer Arbeitshöhe lieferbar. Es besteht die Möglichkeit, die fertig gerammten Pfähle mit Beton aufzufüllen. Zur Erhöhung der Tragfähigkeit kann um den Pfahl herum mit Zementsuspension ein Verpresskörper hergestellt werden. Im Gebrauchszustand können Pfahlwiderstände von 300 bis 700 kN (verpresst) bei einem Durchmesser von D = 118 mm und Lasten bis zu 1300 kN (verpresst) bei D = 170 mm aufgenommen werden. Die Pfähle eignen sich auch als Zugglieder, wenn sie ausbetoniert und mit einer Zugbewehrung versehen werden.

Die duktilen Gussrammpfähle werden in der Regel in folgenden Ausführungsformen und Untergrundverhältnissen eingesetzt:

(a) ohne Mantelverpressung:

Dabei ist der Rammschuh des Anfängerrohrs bündig mit dem Gussrohrdurchmesser. Der unverpresste Pfahl wird in der Regel als Aufstandspfahl in sehr festem Untergrund ausgeführt, z. B. veränderlich feste Felshorizonte oder Fels.

(b) mit Mantelverpressung:

Dabei wird ein Pfahlschuh verwendet, der umlaufend ca. 4 cm über den Rohraußendurchmesser übersteht. Das Anfängerrohr wird an einer Stelle eingeflext und dem Hydraulikhammer ein Schlagstück mit Betonieranschluss eingesetzt, sodass während des Rammvorgangs permanent ein Betonmörtel durch das Pfahlinnere zum Pfahlfuß gepumpt werden kann. Der Betonmörtel tritt in dem Bereich des ausgeflexten Rohteils aus, füllt den durch den über-

Bild 27. Duktile Gussrammpfähle; a) Einrammen mit Hydraulikbär, b) Rammschuh und Gussrohr für mantelverpressten Pfahl, c) freigelegter mantelverpresster Pfahl (Fotos: Fa. Motz)

stehenden Pfahlschuh erzeugten Rammschatten aus und ummantelt im fertiggestellten Zustand den Gusspfahl auf die gesamte Länge. Obwohl die Pfahlschuhe nur 200 bzw. 250 mm im Durchmesser betragen, wurden bei ausgegrabenen Pfählen in mitteldicht bis teilweise dicht gelagerten Kiesböden Pfahldurchmesser von ca. 40–45 cm gemessen. Der mantelverpresste Gussrammpfahl wird in der Regel in nichtbindigen und bindigen Lockergesteinen verwendet (Bild 27).

2.5 Maßnahmen zur Erhöhung der Pfahlwiderstände

2.5.1 Allgemeines

Bei der Ermittlung der Pfahlwiderstände (s. Abschn. 3), ist insbesondere bei Pfählen mit größerem Durchmesser häufig nicht der Nachweis des Grenzzustands der Tragfähigkeit, sondern der Gebrauchstauglichkeitsnachweis maßgebend. Dieser bezieht sich im Wesentlichen auf die Pfahlsetzungen. Daher können die Pfahlwiderstände im Grenzzustand erhöht werden, wenn es gelingt, die Setzungen zu reduzieren. Dieses Ziel kann auf mehreren Wegen erreicht werden, die entweder einzeln eingesetzt oder miteinander kombiniert werden können:

– Pfahlfußausrammung und Pfahlfußerweiterung,
– Pfahlfußverpressung,
– Pfahlmantelverpressung,
– Gebirgs- bzw. Untergrundinjektionen.

2.5.2 Pfahlfußausrammung und Pfahlfußerweiterungen

Die Pfahlfußausrammung wird überwiegend beim Ortbetonverdrängungspfahl, insbesondere beim Frankipfahl und beim Stahlrohrpfahl, angewandt. Bei der Fußausbildung wird der Betonpfropfen, der das Vortreibrohr wasserdicht abschließt, ausgestampft (s. Bild 8), und damit der Boden am Pfahlfuß gut verdichtet.

Noch höhere Tragfähigkeit kann durch eine Kiesvorverdichtung erzielt werden. Hierbei wird, nach dem Einrammen des Vortreibrohrs bis in den tragfähigen Baugrund, eine Verdichtung des Baugrundes durch Nachfüllen und Ausrammen von Kies erreicht. Dabei bildet sich um den eigentlichen Pfahlfuß ein Bereich mit ausgestampftem Kies und ein Bereich mit vorverdichtetem Baugrund. Durch diese Maßnahmen können ggf. kürzere Pfähle bei gleicher Tragfähigkeit erreicht werden.

Pfahlfußerweiterungen können überwiegend bei Bohrpfählen, insbesondere beim Aushub im Drehbohrverfahren, angewendet werden. Die Ausführung ist allerdings nur unter bestimmten Voraussetzungen zu empfehlen, z. B.:

– wenn der Boden auch bei Unterschneidung standfest ist und
– wenn es sich überwiegend um einen Aufstandspfahl handelt und wenig Mantelreibung zu erwarten ist.

Pfahlfußerweiterungen lohnen sich nicht immer, da z. B. die Erfahrungswerte für den Pfahlspitzendruck nach [39] nur zu 75 % angesetzt werden dürfen.

2.5.3 Pfahlfuß- und Pfahlmantelverpressung

Pfahlfuß- und Pfahlmantelverpressungen können bei Fertigbetonpfählen, die in verrohrte Bohrungen eingestellt und bei Ortbetonpfählen, die verrohrt oder unverrohrt (Schneckenbohrpfähle) hergestellt werden, zur Anwendung kommen [151]. In DIN EN 1536 sind Herstellungsanforderungen für die Fuß- und Mantelverpressung enthalten. Mantel- und/oder

3.2 Pfahlgründungen 115

Bild 28. Fuß- und Mantelverpressungen bei Bohrpfählen (links); Detail Mantelverpressung (rechts) (Foto: M. Stocker)

Fußverpressungen dürfen bei Ortbetonpfählen erst ausgeführt werden, wenn der Beton abgebunden hat. Erlaubt sind nur verbleibende Verpressrohre, deren Anordnung den zu verpressenden Bereichen und dem Baugrund anzupassen sind. Eine Fußverpressung kann durchgeführt werden:

– mithilfe einer flexiblen Zelle, die mit der Bewehrung eingebracht wird und die Ausbreitung des Injektionsgutes über die ganze Aufstandsfläche ermöglicht oder
– mit Manschettenrohren, die am Pfahlfuß angeordnet sind (s. DIN EN 1536).

Mantelverpressungen sind mit Verpressrohren auszuführen, die entweder am Bewehrungskorb, am Bewehrungsrohr oder am Betonfertigteil befestigt sind. Wenn Fuß- und Mantelverpressungen an einem Pfahl ausgeführt werden, ist in der Regel die Mantelverpressung zuerst auszuführen.

Vorbelastungen am Pfahlfuß können mit dehnbaren Druckblasen oder mit starren Zylindern mit beweglichen Kolben (sog. Drucktöpfen) verschiedener Bauart ausgeführt werden. Sie werden zusammen mit dem Pfahlbewehrungskorb in die Bohrung eingebaut und nach dem Betonieren der Pfähle durch Einpumpen von Zementsuspension auseinandergepresst. Die nach unten gerichteten Reaktionskräfte führen zur Vorbelastung der Pfahlsohle. Die nach oben gerichteten Reaktionskräfte werden durch den Pfahlschaft über Mantelreibung abgetragen, wobei die Fußunterpressung spätestens dann abgebrochen wird, sobald eine Hebung des Pfahlkopfes von wenigen Millimetern (< 2 mm) gemessen wird. Zur Kontrolle der Fußverpressung dienen außerdem die eingepresste Zementsuspensionsmenge und der Verpressdruck. Anstelle von Druckblasen oder Drucktöpfen werden auch Auspressrohre mit Manschetten-Ventilen im Bereich der Pfahlsohle verwendet.

Bekanntlich liefert die Mantelreibung besonders bei größerer Einbindelänge einen ganz wesentlichen Beitrag zum Pfahlwiderstand. Insofern bringt eine Erhöhung der von der Horizontalspannung bzw. den Lagerungsverhältnissen abhängigen Mantelreibung durch eine Pfahlmantelverpressung eine wesentliche Tragfähigkeitsverbesserung.

Die Mantelverpressung wird über dünne Kunststoffrohre mit Manschettenventilen durchgeführt, die am Bewehrungskorb befestigt sind. Dabei hat jede Verpressstelle ihre eigene Zuleitung [150]. Hierbei richtet sich die Zahl der Verpressventile nach den Baugrundverhältnissen und der angestrebten Verbesserung der Tragfähigkeit. Häufig werden je 2 Ventile in einer Ebene gegenüberliegend und die Ventile der benachbarten Verpressebenen um 90° verschwenkt angeordnet. Ein grober Anhaltswert für die Abstände ist ein Ventil auf 4 m² Mantelfläche. Wenn der Pfahlbeton zu erhärten beginnt, wird die Betondeckung der Ventile mit Wasser unter hohem Druck aufgesprengt, wobei der richtige Zeitpunkt von Bedeutung ist. Danach wird mit Zementleim verpresst, der dann durch die Risse des Pfahlbetons austritt.

Maximaler Druck und Menge des Verpressgutes sowie Wasser-Zement-Wert (< 0,7) und Verpressrate (l/min) müssen aufgrund von Erfahrungen den örtlichen Randbedingungen und der jeweiligen Zielsetzung angepasst werden. Als grober Anhaltswert kann ein Verpressdruck von 20 bar und eine Feststoffmenge von 100 kg je Ventil angesehen werden.

An freigelegten Bohrpfählen ließ sich Folgendes ableiten [150]:

- Die Betondeckung des Bewehrungskorbs war auf einer Fläche von 1 bis 2 m² abgesprengt und gegen den Boden verschoben, der Zwischenraum durch Zementstein verheilt, sodass für den Stahl keine Korrosionsgefahr bestand.
- Im Allgemeinen hatte sich der Zementleim zwischen Pfahloberfläche und Boden ausgebreitet und Sand- und Kieskörner mit dem Pfahlschaft verkittet. Die so entstandene Schalendicke betrug etwa 2 cm.
- Bänder von sandfreien Kiesen waren injiziert und bis zu einem Abstand von 2 m zu einer etwa 10 cm dicken Platte vermörtelt worden.

Die meisten in der Natur vorkommenden Sande und Sand-Kies-Gemische können bekanntlich mit Zementsuspension nicht injiziert werden. Daher kommt es in diesen Böden zu einer Ausbreitung des Zementleims auf der Pfahloberfläche, wodurch sich die Kontaktpressung zwischen Pfahl und Boden erhöht. Eine Injektion ist in bindigen Böden ganz ausgeschlossen. Die Verpressung führt hier zu einer Verdrängung des Bodens durch „Cracken". Im Fels ist eine Mantelverpressung kaum möglich, aber auch nicht nötig, weil der Mantelwiderstand eher einer Verzahnung denn einer Reibung gleicht.

Ergänzende Hinweise siehe auch [128] und Abschnitt 3.7.

2.5.4 Gebirgs- und Untergrundinjektionen

Zur Aufnahme von hohen Pfahllasten können vorlaufende Gebirgs- und Untergrundinjektionen besonders bei zerklüfteten Felsstrukturen zweckmäßig sein.

2.6 Qualitätssicherung und Qualitätskontrolle

Besonders bei den gebohrten Pfählen werden hochentwickelte technische Geräte eingesetzt, von deren Ausführungsqualität die Pfähle und ihre Tragfähigkeit stark abhängig sind. Auch umweltrelevante Fragen bei der Pfahlherstellung bzw. -einbringung, wie Lärm, Erschütterungen, Beeinträchtigungen von benachbarten baulichen Anlagen sowie Arbeiten auf und in kontaminierten Böden, sind von Bedeutung. Wird dieses bei der Pfahlausführung berücksichtigt, kann sich daraus ein Wettbewerbsvorteil ergeben. Untersuchungen im allgemeinen Tiefbau haben ergeben, dass nur ca. 15% aller Schäden bzw. Qualitätsmängel unvorhersehbar waren und der Rest hätte vermieden werden können. Dies kann näherungsweise auch auf Pfahlarbeiten übertragen werden. Die Verantwortungsbereiche für Qualitätsmängel lassen sich grob einteilen in:

40% Planungsfehler,
40% Ausführungsfehler,
10% Materialfehler,
10% sonstige Fehler.

3.2 Pfahlgründungen

Zur Reduzierung von Schäden und Mängeln bei der Pfahlherstellung sollte ein Qualitätsmanagementsystem (QMS) in Anlehnung an DIN EN 9000 bis 9004 gefordert werden [52]. Dazu sind die Herstellung zu strukturieren sowie Zuständigkeiten und Arbeitsabläufe überprüfbar zu gliedern und auszuführen. Der Qualitätssicherung dienen besonders auch die in den Vorschriften geforderten Ramm- und Bohrprotokolle.

Ein Element der Qualitätssicherung von Pfählen kann die Integritätsprüfung an ausgewählten Pfählen (s. Abschn. 7.4.4) sein. Weitere Hinweise zur Qualitätssicherung und Bauausführung finden sich in [39].

3 Axiales Tragverhalten von Einzelpfählen

3.1 Allgemeines

Bei dem Pfahltragverhalten und den axialen Pfahlwiderständen sind zwei Anteile zu unterscheiden:

- Innerer Pfahlwiderstand: Der Pfahlbaustoff muss die Beanspruchungen aus den Schnittgrößen und der Pfahlherstellung bzw. -einbringung ohne Schäden aufnehmen können. Dies ist nach den werkstoffspezifischen Normen nachzuweisen und wird nachfolgend nicht weiter behandelt.
- Äußerer Pfahlwiderstand: Der Baugrund (Boden und Fels) in der Pfahlumgebung muss Festigkeits- und Verformungseigenschaften aufweisen, sodass die vom Einzelpfahl auf den Baugrund abzutragenden Einwirkungen aus dem Bauwerk ohne unzulässig große Setzungen oder Bruchzustände aufgenommen werden können.

Der äußere Widerstand des Einzeldruckpfahls in axialer Richtung enthält die Anteile Fußwiderstand (base resistance) $R_b(s)$ und Mantelwiderstand (shaft resistance) $R_s(s)$. Weitere Bezeichnungen finden sich in Tabelle 1.

Dabei ist der Pfahlwiderstand abhängig von der Pfahlsetzung s und sollte über den gesamten Widerstandsbereich durch eine Widerstands-Setzungslinie (WSL) beschrieben werden. Bild 29 a zeigt, dass die Form der WSL des Pfahlspitzendrucks q_b und der Pfahlmantelreibung q_s unterschiedlich ist. q_b verläuft etwa parabolisch, q_s kann durch einen bilinear

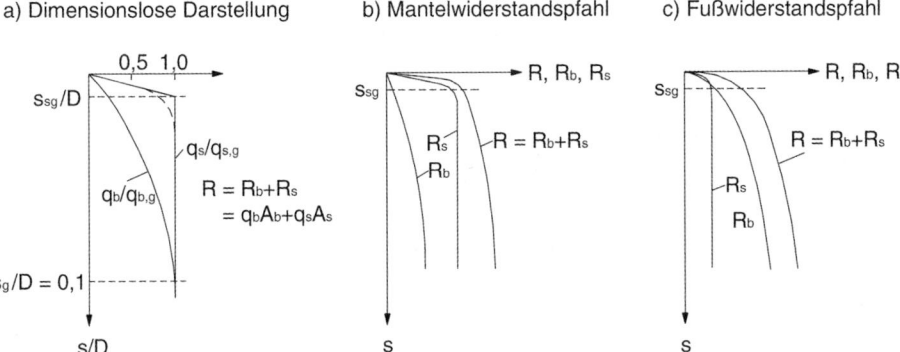

Bild 29. Qualitativer Verlauf der Widerstands-Setzungslinien von Pfahlfußwiderstand und Mantelwiderstand sowie von Mantelwiderstands- und Fußwiderstandspfählen

elastisch-plastischen Verlauf gut angenähert werden. Insofern wird nur bei einem Mantelreibungspfahl ein echter Bruchzustand in dem Sinne erreicht, dass keine Laststeigerung mehr möglich ist.

Es gilt

$$R = R_b(s) + R_s(s) \tag{1}$$

und im Grenzzustand der Tragfähigkeit (ULS)

$$R = R_{ult} = R_g = R_b + R_s = q_b \cdot A_b + \sum_i q_{s,i} \cdot A_{s,i} \tag{2}$$

Je mehr Fußwiderstandsanteil vorhanden ist, umso weniger kann ein Bruchzustand der beschriebenen Art zustande kommen (Bild 29 c). Um dennoch Widerstände für den Grenzzustand der Tragfähigkeit (ULS) angeben zu können, wird als Hilfskriterium häufig eine Grenzsetzung von

$$s_{ult} = s_g = 0{,}1 \cdot D \tag{3}$$

angenommen.

In der Literatur finden sich zahlreiche Hinweise auf theoretische Ansätze zur Vorausberechnung des äußeren Pfahlwiderstandes. Dabei liegen Anwendungen der Elastizitätstheorie auf der Grundlage der Mindlin-Formeln sowie von numerischen Methoden mit nicht-linearen Stoffgesetzen vor. Hinweise zur Kritik an den älteren starr-plastischen und bilinear-elastisch-plastischen Ansätzen finden sich in [49].

In neuerer Zeit wurden zur Ermittlung von Pfahlwiderständen verbesserte numerische Verfahren angewendet, deren Zuverlässigkeit aber noch Einschränkungen unterliegen (s. Abschn. 3.3.6).

Die Schwierigkeit bei der analytischen und numerischen Modellierung zum Pfahltragverhalten liegt primär bei der Erfassung der sich durch den Pfahleinbringungsvorgang, z.B. Rammen, Bohren, Vibration usw., gegenüber dem Primärzustand veränderten Bodeneigenschaften. Folgende Punkte sind ergänzend zu beachten:

(a) Die Pfahlbelastung bewirkt im Boden Veränderungen, die mit den für Flachgründungen eingeführten Berechnungsmethoden nicht erfassbar sind. Aufgrund der im Pfahlfußbereich vorhandenen wesentlich höheren Überlagerungsspannungen sind Pfahlspitzendrücke von 1 bis 2 MN/m² und mehr vorhanden, bei denen die Bodenzusammendrückbarkeit in Sanden und Kiesen schon durch Kornbruch verstärkt wird, siehe z.B. [102, 176].

(b) Die Pfahlbelastung bewirkt eine Bodenverspannung gemäß Bild 30 als Folge der Wechselwirkung zwischen Spitzendruck q_b und Mantelreibung q_s, wobei man eine nach [168, 174] mit Falltüreffekt bezeichnete Bodenzusammendrückung unter dem Pfahlfuß annehmen kann, durch die Gewölbewirkungen in der Pfahlumgebung entstehen. Dies kann je nach Verhältnis zwischen Spitzendruck und Mantelreibung zur Abnahme der Mantelreibung im Pfahlfußbereich führen.

(c) Demgegenüber ist dieser Effekt bei Mantelreibung von Zugpfählen im Pfahlfußbereich nicht gegeben. Dafür ist aber insgesamt mit etwas niedrigeren Mantelreibungen infolge der sich durch die Lastabtragung im Boden (Bild 30 c) vermindernden Vertikalspannung zu rechnen.

(d) In Übereinstimmung mit den qualitativen Betrachtungen von Bild 30 ist bei Probebelastungen auch quantitativ wiederholt festgestellt worden, dass sich etwa die parabolischen Mantelreibungsverteilungen von Bild 31 für Ton und Bild 32 für Sand, in beiden

3.2 Pfahlgründungen

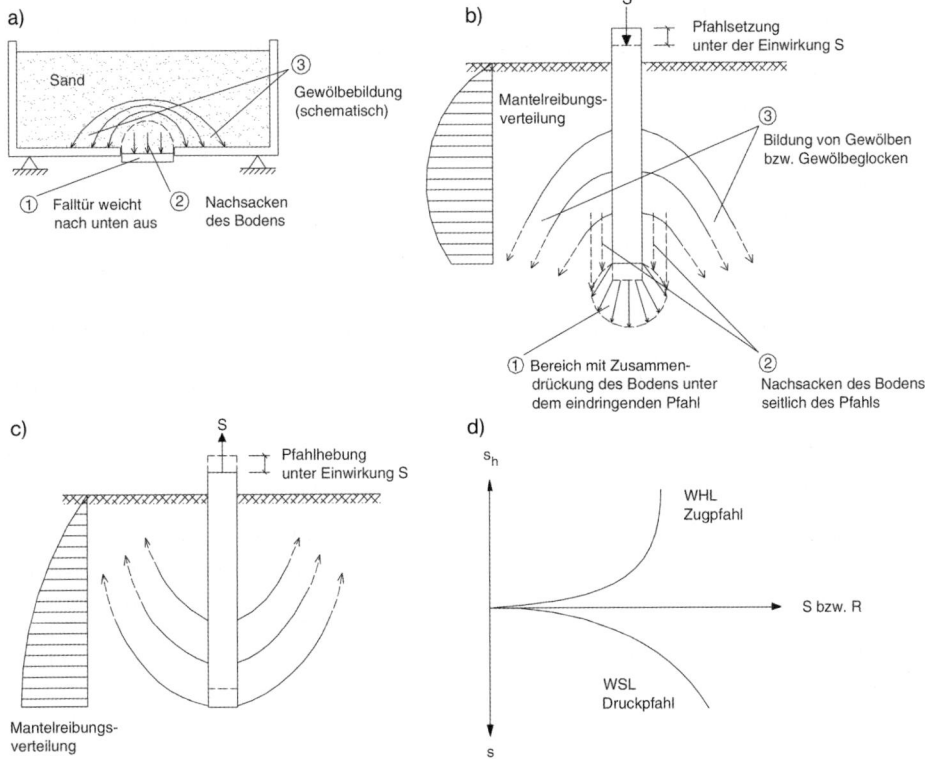

Bild 30. Tragmodelle bei Druck- und Zugpfählen (teilweise nach [49]); a) Analogie von Spitzendruck und Mantelreibung zum Falltür- und Gewölbemodell, b) Druckpfahl, c) Zugpfahl, d) Widerstands-Setzungs-Linie (WSL) beim Druckpfahl und Widerstands-Hebungs-Linie (WHL) beim Zugpfahl

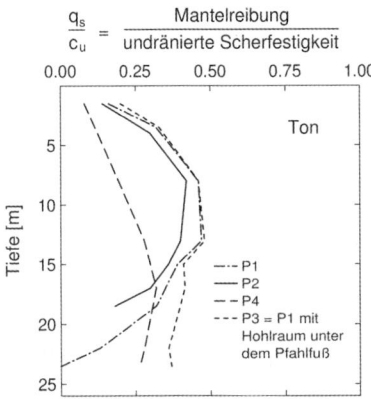

Bild 31. Gemessene Mantelreibungsverteilung bei Bohrpfählen in Ton; dabei nimmt q_s für den Pfahl P3 wegen fehlendem Kraftschluss unter dem Pfahlfuß nur wenig ab (nach [124])

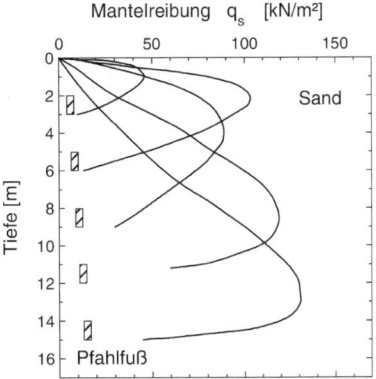

Bild 32. Gemessene Mantelreibung in Sand bei Verdrängungspfählen (nach [175])

Fällen mit dem charakteristischen Rückgang in der Nähe des Pfahlfußes, ergeben. Das gilt gleichermaßen für Ramm- und Bohrpfähle in Ton und in Sand. Einzelheiten über das Zusammenwirken von Zusammendrückungs- und Auflockerungsvorgängen in der Pfahlfußumgebung finden sich z. B. in [102, 175].

(e) Als bedeutsam sind sog. residuale Spannungen erkannt worden [175], die in Verdrängungspfählen schon nach dem Einbringen, bei allen Pfahlarten aber nach einer Entlastung als eine Art Druckvorspannung im Pfahl „eingesperrt" verbleiben und über negative Mantelreibung am oberen Pfahlteil in einer entsprechenden Zugbelastung des Bodens bzw. einer Entlastung der Überlagerungsspannungen σ_z in der Pfahlumgebung im Sinne von $\Sigma V = 0$ ihr Widerlager finden. Dieser Effekt stellt sich bei Verdrängungspfählen stärker ein als bei anderen Pfahlarten, und zwar umso mehr, je länger und elastisch-schlanker die Pfähle sind. Er wirkt der Gewölbebildung nach b) entgegen.

(f) Im Gegensatz zu den Hypothesen nach Bild 30 und Punkten b) bis d) wird in [41] ein genereller Verlauf von Spitzendruck und Mantelreibung entsprechend Bild 33 vertreten.

Die vorstehend genannten Punkte haben u. a. insgesamt in den nationalen Pfahlnormen dazu geführt, dass die Ermittlung der axialen Pfahlwiderstände mit erdstatisch-theoretischen und auch mit empirischen Berechnungsverfahren i. Allg. nicht zulässig ist. Dagegen lässt DIN EN 1997-1 (EC 7-1) die Pfahlbemessung aufgrund von Sondierungen (semi-empirisches Verfahren) zu, wie das im Ausland häufig geschieht. Als hinreichend zuverlässig gelten danach in Deutschland wegen seiner sehr unterschiedlichen geologischen Verhältnisse nur Probebelastungen, mit denen die besonderen örtlichen Verhältnisse erfasst werden, sowohl hinsichtlich der verwendeten Pfahlart als auch der Baugrundbeschaffenheit. Da der Durchführung solcher Probebelastungen im Entwurfsstadium häufig Abschätzungen zum Pfahltragverhalten vorausgehen müssen, bei Gründungen mit nur ganz wenigen Pfählen eine Probebelastung unwirtschaftlich wäre und beispielsweise bei Offshore-Gründungen die Möglichkeit von Probebelastungen oft gar nicht gegeben ist, kommt der rechnerischen Abschätzung von Pfahlwiderständen und insbesondere der Ermittlung von Erfahrungswerten eine besondere praktische Bedeutung zu.

Im vorliegenden Abschnitt wird das axiale Tragverhalten von Einzelpfählen unter Berücksichtigung vergleichender nationaler und internationaler Kenntnisse zusammengestellt. Da-

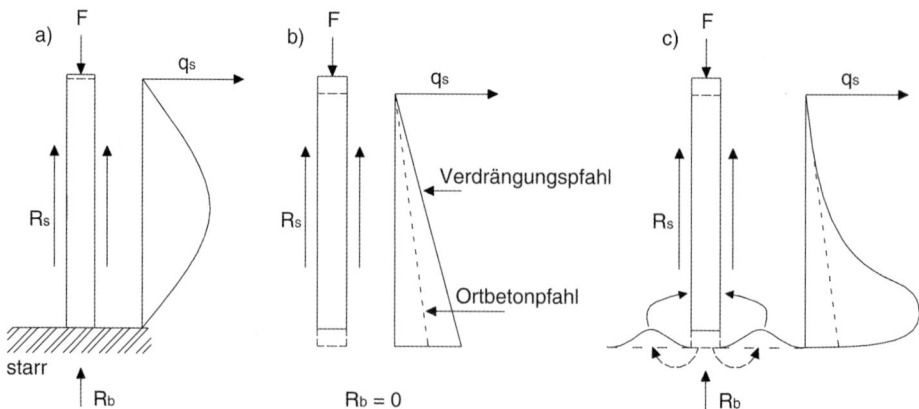

Bild 33. Mantel- und Fußwiderstand abhängig von der relativen Verschiebung zwischen dem Pfahl und dem Baugrund; a) starres Fußauflager, elastischer Pfahl $R_b > R_s$; b) schwebender Pfahl, kein Fußwiderstand $F = R_s$; c) Mantel- und Fußwiderstand im elasto-plastischen Boden $R_s = f(R_b)$

3.2 Pfahlgründungen

bei sind unabhängig von den zuvor genannten nationalen Regelungen auch die Berechnungsverfahren zum Pfahltragverhalten mit behandelt, da diese insbesondere zu Vergleichszwecken und bei internationalen Projekten von Bedeutung sind.

3.2 Hinweise zum Bruchwert des Spitzendrucks

3.2.1 Tiefenabhängigkeit

Mit der Modellvorstellung über die Tragfähigkeit von in den Baugrund einbindenden Flachgründungen erhält man bei der Übertragung auf Pfähle eine nahezu lineare Zunahme des Pfahlspitzendrucks q_b mit der Pfahleinbindetiefe d, siehe z. B. [160, 175], sodass sich mit φ = const und der Überlagerungsspannung die bekannte Beziehung

$$\sigma = \gamma \cdot d \qquad \text{bzw.} \qquad \sigma = \sum_0^d \gamma \cdot \Delta z \quad \Rightarrow \quad q_{b,ult} = \sigma \cdot N_d + c \cdot N_c \qquad (4)$$

ergibt, wobei N_d und N_c Tragfähigkeitsbeiwerte ähnlich zu DIN 4017 sind, die hier lediglich den Einfluss der i. Allg. runden oder quadratischen Form des Pfahlquerschnitts bereits enthalten sollen.

Aus zahlreichen Probebelastungen und Modellversuchen ist bekannt, dass die mit diesen Theorien [175] erhaltene lineare oder doch unrealistisch große Zunahme des Pfahlspitzendrucks mit der Tiefe in Wirklichkeit nicht eintritt. Das Ergebnis aller dieser Untersuchungen ist schematisch in Bild 34 dargestellt, wobei zunächst nur der Bruchzustand $q_b \approx q_{b,ult}$ betrachtet wird. Wie das Bild zeigt, bleibt der Spitzendruck q_b von einer bestimmten, auf die Pfahlabmessung b bezogenen sog. kritischen Einbindetiefe $(d/b)_{kr}$ bzw. d_{kr} an praktisch konstant; die geringe weitere Zunahme mit der Tiefe kann vernachlässigt werden. Ist $(d/b)_{kr}$ bzw. d_{kr} überschritten, so bewegt sich der Fließbereich am Pfahlfuß ohne wesentliche Veränderung mit diesem in die Tiefe; eine „Versinkungsgrenze" ist erreicht. Beim Eindringen kürzerer Pfähle ist q_b dagegen mit sich vergrößernden Fließbereichen noch steigerungsfähig, wie der Bereich oberhalb $(d/b)_{kr}$ zeigt. Insgesamt kann $(d/b)_k \approx 15$ angenommen werden.

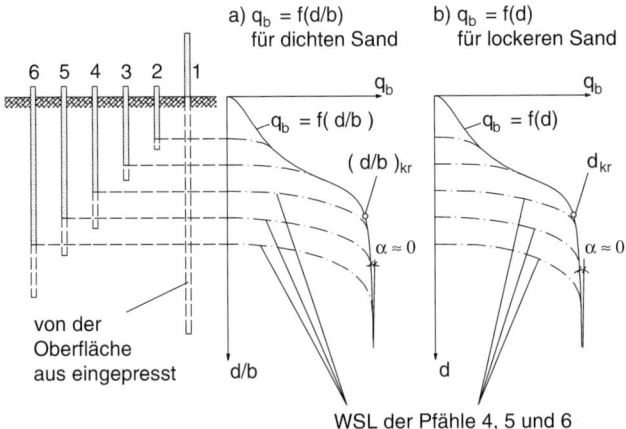

Bild 34. Pfahlspitzendruck im Bruchzustand abhängig von der Tiefe und Definition der kritischen Tiefe d_{kr}, ermittelt entweder durch Einpressen von Pfahl 1 oder als Hüllkurve der Widerstands-Setzungs-Linien der Pfähle 2 bis 6

3.2.2 Durchmesserabhängigkeit

Es kann davon ausgegangen werden, dass besonders in dicht gelagerten nichtbindigen Böden für Pfähle mit verschiedenen Pfahlfußdurchmessern D_b bei zugrunde gelegten gleichen Setzungen s zur Ermittlung des Pfahlspitzendrucks q_b die Hyperbelgleichung

$$q_b \cdot D_b = \text{const.} \tag{5}$$

gilt.

Im lockeren nichtbindigen Boden ist dagegen nur eine geringe Durchmesserabhängigkeit bei gleicher Setzung vorhanden. Zur Durchmesserabhängigkeit des Pfahlspitzendrucks ist weiterhin zu beachten:

(a) Bild 35a macht quantitativ deutlich, dass die Durchmesserabhängigkeit von q_b mit abnehmenden Setzungen s abnimmt.
(b) Bild 35b zeigt empirische Angaben nach [121], die zwar nur für einen einzigen Setzungsbetrag s = 2 cm gemacht wurden, aber dafür für eine unterschiedliche Baugrundfestigkeit, ausgedrückt durch den Sondierwiderstand q_c. Dadurch wird bestätigt, dass die Durchmesserabhängigkeit von q_b auch mit der Baugrundfestigkeit stark abnimmt.
(c) In Bild 36 wird anhand einer Reihe von Probebelastungsergebnissen gezeigt, inwieweit die hyperbolische Durchmesserabhängigkeit

$$q_b \cdot D_b = \text{const} \quad \text{bzw.} \quad \log q_b = \log(\text{const}) - \log D_b$$

die dort unter 45° von rechts unten nach links oben verlaufen müsste, tatsächlich eintritt; man erkennt, dass zwischen der 45°-Linie und der die Durchmesserunabhängigkeit anzeigenden Horizontalen alle Möglichkeiten auftreten.
(d) Die Durchmesserabhängigkeit des Pfahlspitzendrucks wird bei der rechnerischen Ermittlung von Pfahlwiderständen auf der Grundlage von Erfahrungswerten ansatzweise nach Abschnitt 3.6 bzw. [39] dadurch berücksichtigt, dass eine Normierung der Tabellenwerte auf die Setzungsgröße s/D vorgenommen wird.

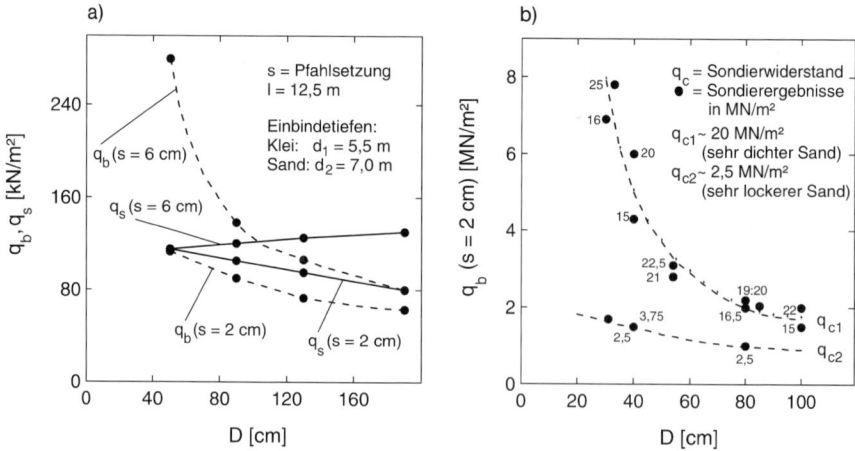

Bild 35. Durchmesserabhängigkeit des Pfahlspitzendrucks q_b nach:
a) Ergebnissen aus Berechnungen mit der FEM (aus [113]) für Pfähle in Sand bei Setzungen s = 2 cm und s = 6 cm, wobei die Mantelreibung nur untergeordnet durchmesserabhängig ist;
b) Probebelastungsergebnissen von Bohrpfählen im Sand (nach [121]) bezogen auf Setzungen s = 2 cm aber unterschiedliche Baugrundfestigkeit

3.2 Pfahlgründungen

Nr.	Quelle	Pfahlart	Setzung i. M.
1a	[121]	Bohrpfähle	2 cm
1b	[121]	Bohrpfähle mit Fußverbreiterung	2 cm
2	[85]	eingedrückte Pfähle	sehr groß
3a, 3b, 3c	[85]	eingedrückte Pfähle	sehr groß
4a	[49]	Franki-Pfähle	2–3 cm
4b	[49]	Franki-Pfähle ohne Fußverbreiterung	2–3 cm
4c	[49]	Sondierungen	sehr groß
5	[49]	Rammpfähle aus Stahlbeton und Stahlrohre	≈ 5 mm
6	[49]	eingegrabene Pfähle	3,8 cm
7a	[49]	Großbohrpfähle ohne Fuß	10 cm
7b	[49]	Großbohrpfähle mit Fuß	10 cm
8a	[85]	Pfähle vom Maracaibo-Typ	7 cm
8b	[85]	wie 8a, mit Spitzenverpressung	7 cm

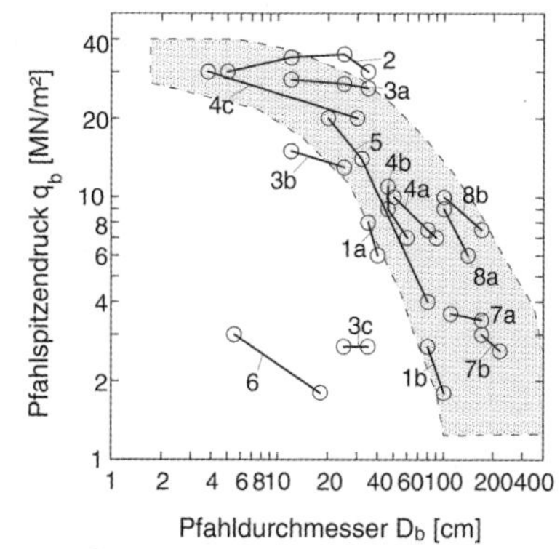

Bild 36. Zusammenfassende Darstellung der Durchmesserabhängigkeit gemessener Pfahlspitzendrücke

3.3 Verfahren zur Ermittlung von Pfahlwiderständen aus der Literatur

3.3.1 Allgemeines

In der Literatur liegen eine Vielzahl von Verfahren zur Berechnung der Pfahlwiderstände, besonders im Bruchzustand (Grenzzustand der Tragfähigkeit) von Verdrängungspfählen, vor, die ausgewählt nachfolgend zusammengestellt sind, wobei teilweise Darstellungen aus *Witzel* [190] übernommen wurden.

Nach [130] lassen sich die im Folgenden vorgestellten Berechnungsverfahren in drei Kategorien unterteilen. Die erste Kategorie beinhaltet empirische Verfahren, die auf bodenmechanischen Feld- und Laboruntersuchungen basieren. Diese Verfahren werden international am häufigsten in der Praxis angewendet. Die Methoden der zweiten Kategorie haben eine höhere theoretische Grundlage, wenngleich diese i. d. R. vereinfacht werden. Bei den Verfahren der dritten Kategorie handelt es sich um numerische Berechnungsverfahren.

Eine Zuordnung verschiedener nachfolgend vorgestellter Berechnungsverfahren zu den o. g. Kategorien ist Tabelle 7 zu entnehmen. Eine noch weitergehende Darstellung der Verfahren findet sich auch in [190].

3.3.2 Empirische Verfahren

3.3.2.1 Kalibrierung an Drucksondierungen (CPT) in nichtbindigen Böden

Das empirische Verfahren zur Prognose der Grenztragfähigkeit von Pfählen aus dem Ergebnis von Drucksondierungen ist am weitesten verbreitet. Oftmals wird dieses Verfahren nur für Pfahlgründungen in nichtbindigen Böden verwendet. Besonders in nordeuropäischen Ländern wie den Niederlanden, Belgien und Norwegen sind Verfahren dieser Art verbreitet

Tabelle 7. Einordnung der verschiedenen Verfahren zur Ermittlung des axialen Pfahlwiderstands (nach [130])

Kategorie	Verfahren	
1	empirische Verfahren	aus in situ Tests, aus CPT, SPT, PMT
		Labor- und Feldversuchen: c_u (α-Methode), I_D, D, I_c
2a	erdstatische Verfahren	Methode mit effektiven Spannungen (β-Methode)
2b		Methode mit effektiven Spannungen unter Berücksichtigung der Hohlraumaufweitung unterhalb des Pfahlfußes
3	numerische Verfahren	Finite-Elemente-Methode (FEM)
		Randelementmethode: Boundary Element Method (BEM)

und zum Teil in die dort gültigen Normen eingeflossen. Dabei beziehen sich die Verfahren schwerpunktmäßig auf Verdrängungspfähle. Eine nationale Auswertung bzw. Korrelation für alle Pfahltypen findet sich in Abschnitt 3.6.

Im Folgenden beziehen sich die Angaben über Pfahlspitzendruck und Mantelreibung immer auf die Bruchwerte.

(a) Pfahlspitzendruck

Für die Ermittlung des Pfahlspitzendrucks wird in den meisten Fällen der mittlere charakteristische Sondierwiderstand der Drucksonde q_c in Höhe des Pfahlfußes, siehe z. B. [24, 114, 153, 154] oder in einem definierten Bereich um den Pfahlfuß [107] verwendet und mit einem empirischen Faktor ω_b abgemindert. Dieser Faktor ω_b berücksichtigt global die verschiedenen Einflüsse auf den Spitzendruck des Verdrängungspfahls.

$$q_b = \omega_b \cdot q_c \tag{6}$$

Tabelle 8 stellt einige der gebräuchlichen Faktoren zur Abminderung des gemittelten Drucksondierergebnisses vergleichend dar, die nochmals in Bild 37 wiedergegeben sind.

Besondere Bedeutung bei der Übertragung von q_c der Drucksonde auf den Spitzendruck q_b des Verdrängungspfahls haben nach [92] die Unterschiede der Spitzenform und der Eindringgeschwindigkeit, sowie der Maßstabseffekt zwischen der Drucksonde und dem Pfahl.

(b) Pfahlmantelreibung

Die Verfahren zur Ermittlung der charakteristischen Pfahlmantelreibung auf der Grundlage von Drucksondierungsergebnissen können in zwei Gruppen unterteilt werden. Die erste Gruppe nutzt als Eingangsgröße für die Berechnung den gemittelten charakteristischen Sondierwiderstand q_c, die Verfahren der zweiten Gruppe legen die gemessene lokale Mantelreibung f_s der Sonde zugrunde. In beiden Fällen werden die Ergebnisse der Drucksondierung entsprechend Gl. (7 a) und (7 b) mit empirischen Faktoren $\omega_{s,f}$ bzw. $\omega_{s,q}$ abgemindert.

$$q_s = \omega_{s,q} \cdot q_c \tag{7 a}$$

$$q_s = \omega_{s,f} \cdot f_s \tag{7 b}$$

3.2 Pfahlgründungen

Tabelle 8. Zusammenstellung des Faktors ω_b zur Ermittlung des Pfahlspitzendrucks aus der Literatur

Literatur	Schram Simonsen / Athanasiu [153]	Bartolomey et al. [5]	Kraft et al. [92]	Mets et al. [114]	Bustamante / Frank [23] Fascicule 62-V			Mandolini et al. [107]	DeBeer et al. [32]	Schröder et al. [154]
Bodenart	–	–	nbB	–	T, U	G, S	Krst	nbB	rollig	nbB
Pfahltyp	–	–	Stahl-rohr	–	–	–	–	–	–	Stahl-beton
q_c [MN/m²]	1)	2)	1)	1)	1)			3)	4)	1)
≤ 1	0,50	0,90								
2,5	0,53	0,80	0,60					0,30		
5	0,59	0,65								$q_b = 1/50 \cdot (6 \cdot q_c + 0{,}8 \cdot q_c^2)$
7,5	0,64	0,55	0,55							
10	0,70	0,45		0,20	0,55	0,50		1,00	1,00	
12	0,76									
15	0,85	0,35					0,45			
20	1,00	0,30	0,50							
25										
> 30		0,20								

1) Mittelwert von q_c in Höhe Pfahlfuß
2) Mittelwert von q_c im Bereich von $1 \cdot D_b$ oberhalb und $4 \cdot D_b$ unterhalb des Pfahlfußes
3) Mittelwert von q_c im Bereich von $4 \cdot D_b$ oberhalb und $1 \cdot D_b$ unterhalb des Pfahlfußes
4) Mittelwert von q_c im Bereich von $8 \cdot D_b$ oberhalb und $3{,}75 \cdot D_b$ unterhalb des Pfahlfußes

Abkürzungen der Bodenarten:
T = Ton, U = Schluff, G = Kies, S = Sand, Krst = Kreidestein, nbB = nichtbindige Böden, bB = bindige Böden

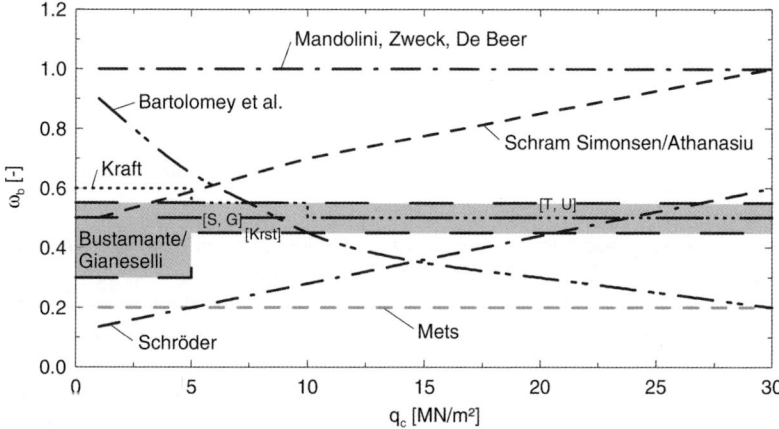

Bild 37. Zusammenstellung des Faktors ω_b zur Ermittlung des Pfahlspitzendrucks aus der Literatur

In den Tabellen 9 und 10 sind einige der gebräuchlichen Faktoren $\omega_{s,q}$ zur Ermittlung der Pfahlmantelreibung vergleichend dargestellt, die nochmals in Bild 38 wiedergegeben sind.

Faktor $\omega_{s,f}$ zur Bestimmung der Mantelreibung q_s aus der lokalen Mantelreibung der Drucksonde f_s wird in [115] zu 1,0 und in [114] zu 0,8 angegeben.

(c) Pfahlwiderstandskraft

Nach [142] lassen sich in Summe der Pfahlfußwiderstand R_b und der Pfahlmantelwiderstand R_s als Pfahlwiderstandskraft R_{ult} ebenfalls aus Drucksondierungen ableiten.

Tabelle 9. Zusammenstellung des Faktors $\omega_{s,q}$ zur Prognose der Pfahlmantelreibung mit Ergebnissen des gemittelten Sondierwiderstand q_c entlang des Pfahlmantels

Literatur	Schram Simonsen/ Athanasiu [153]	Mandolini [107]	Heijnen [54], Schröder [154]	DIN V ENV 1997-3:1999-10	
Bodenart	–	nbB	nbB	nbB	
Pfahltyp	–	–	Stahlbeton	Stahlbeton	Stahlträgerprofil
q_c [MN/m²]				1)	
1	0,010	0,020			
2		0,015			
5					
10	0,007	0,012	0,010	0,010 S/ S,g	0,0075
15				0,005 gS	
20	0,005	0,009		0,005 G	
25					
30		0,007			

[1]) Wenn über ein durchgehendes Tiefenintervall von ≥ 1 m der Sondierwiderstand der Drucksonde $q_c ≥ 15$ MN/m² ist, dann ist $q_c ≤ 15$ MN/m² für dieses Intervall.
Wenn das Tiefenintervall mit $q_c ≥ 12$ MN/m² weniger als 1 m beträgt, dann ist $q_c ≤ 12$ MN/m² für dieses Intervall.

Tabelle 10. Faktor $\omega_{s,q}$ zur Ermittlung der Pfahlmantelreibung mit gemitteltem Sondierwiderstand q_c entlang des Pfahlmantels und maximale Pfahlmantelreibung (nach [23])

Pfahltyp	Bodenart	Ton und Schluff			Sand und Kies		
	q_c [MN/m²]	< 3	3–6	> 6	< 5	8–15	>20
geschlossenes Stahlrohr	$\omega_{s,q}$	–	1/120	1/150	1/300	1/300	1/300
	$q_{s,max}$ [kN/m²]	15	40	80	–	–	120
gerammter Betonfertigteilpfahl	$\omega_{s,q}$	–	1/75	–	1/150	1/150	1/150
	$q_{s,max}$ [kN/m²]	15	80	80	–	–	120

3.2 Pfahlgründungen

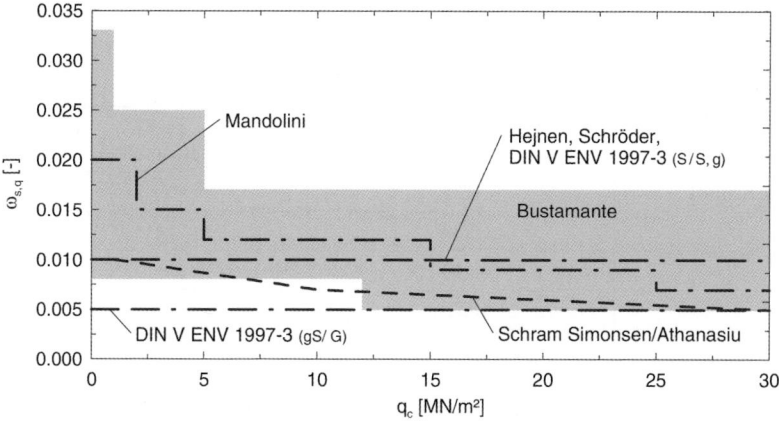

Bild 38. Zusammenstellung des Faktors $\omega_{s,q}$ zur Prognose der Pfahlmantelreibung aus der Literatur

3.3.2.2 Kalibrierung an Standard Penetration Tests

Auch diese Verfahren beziehen sich schwerpunktmäßig auf Verdrängungspfähle.

(a) Pfahlspitzendruck

Analog zu Drucksondierungen lässt sich über das Ergebnis der Bohrlochrammsondierung BDP (ältere Bezeichnung Standard Penetration Test SPT) die Grenztragfähigkeit von Verdrängungspfählen abschätzen. Zur Prognose des Pfahlspitzendrucks wird das gemittelte Ergebnis der SPT (BDP) in Höhe der Pfahlfußsohle verwendet und mit einem empirischen Faktor K (Tabelle 11) abgemindert.

$$q_b = K \cdot N_{30} \qquad (8)$$

(b) Pfahlmantelreibung

Aus der schichtweise entlang des Pfahlschafts gemittelten Schlagzahl der SPT (BDP) kann nach Gl. (9) die Pfahlmantelreibung abgeschätzt werden.

$$q_s = A + B \cdot N_{30} \qquad (9)$$

Gebräuchliche Werte für A und B sind Tabelle 12 zu entnehmen.

3.3.2.3 Kalibrierung an Pressiometerversuch (PMT)

Die französische Norm Fascicule 62-V enthält ein Verfahren zur Berechnung der Tragfähigkeit von Pfählen basierend auf dem Grenzdruck p_{LM} (MPa) aus dem Pressiometerversuch.

3.3.2.4 Kalibrierung an c_u-Werten in bindigen Böden

Die Ermittlung von Spitzendruck und Mantelreibung für bindige Böden auf der Grundlage der Scherfestigkeit des undränierten Bodens c_u (α-Methode) ist international von Bedeutung. Bei der α-Methode handelt es sich um ein semi-empirisches Verfahren, dass auf der Grundlage der totalen Scherparameter des undränierten, bindigen Bodens. Bei dieser Me-

Tabelle 11. Faktor K zur Abschätzung des Pfahlspitzendrucks aus N_{30}

Bodenart	K [MN/m²]	Literatur
Sand	0,45	*Martin* et al. [108] (nur Stahlbetonpfähle)
Schluff, sandiger Schluff	0,35	
Ton	0,20	
Sand	0,40	*Décourt / Niyama* [35]
sandiger Schluff	0,25	
toniger Schluff	0,20	
Ton	0,12	
Kies, sandiger Kies	0,60	*Mandolini* [107]
kiesiger Sand	0,50	
Sand, schluffiger Sand	0,35	
Schluff, sandiger Schluff	0,20	
alle Böden	$0,1 + 0,4 \cdot d/D \leq 0,30$ (geschlossene Pfähle)	*Shioi / Fukui* [159]
	$0,06 \cdot d/D \leq 0,30$ (offene Stahlrohrpfähle)	
Sand	0,40	*Meyerhof* [116]
Schluff	0,30	

Tabelle 12. Parameter A und B zur Abschätzung der Pfahlmantelreibung aus N_{30}

Bodenart	A [kN/m²]	B [kN/m²]	Literatur
alle Böden	10	3,3	*Décourt / Niyama* [35]
kohäsionslose Böden	0	2,0	*Meyerhof* [115, 116] *Martin* [108] *Mandolini* [107]
kohäsive Böden	0	10,0	*Shioi / Fukui* [159]
kohäsionslose Böden	0	2,0	

thode ist der Einfluss der Zeit von entscheidender Bedeutung, da nach [167] zum einen die Tragfähigkeit eines Verdrängungspfahls in weichen bindigen Böden durch Konsolidierungsvorgänge nach der Rammung erhöht wird, jedoch auch beobachtet werden konnte, dass die Tragfähigkeit in steifen bindigen Böden mit der Zeit abnimmt (vgl. Abschn. 3.4). Dabei wird dieses Verfahren verwendet, um die Anfangstragfähigkeit (Kurzzeittragfähigkeit) eines Pfahls in bindigen Böden zu bestimmen, wobei es dann zur Vorhersage der Langzeittragfähigkeit i. d. R. auf der sicheren Seite liegt.

3.2 Pfahlgründungen

(a) Pfahlspitzendruck

Nach dem Ansatz von [161] kann der Pfahlspitzendruck eines Verdrängungspfahls im Grenzzustand der Tragfähigkeit nach Gl. (10)

$$q_b = \alpha_b \cdot c_u = 9 \cdot c_u \tag{10}$$

für Pfähle mit $d/D \geq 3$ (d = Einbindetiefe in die tragfähige Schicht) bestimmt werden.

Für Pfähle mit einem geringeren Verhältnis zwischen Einbindelänge und Pfahldurchmesser ($d/D_b < 3$) werden in [133] Werte für α_b nach Tabelle 13 angegeben. Auch in [48] ist eine Reduzierung des Faktors α_b für Einbindelängen in die tragfähige Tonschicht zwischen $0 \leq d/D_b \leq 3$ vorgesehen.

Tabelle 13. Werte von α_b für verschiedene Verhältnisse von Pfahleinbindelänge zu Pfahldurchmesser

α_b	d/D_b				
	0	1	2	3	≥4
Prakash/Sharma [133]	6,2	7,8	8,5	8,8	9,0
Fleming et al. [48]	6,0	7,0	8,0	9,0	9,0

Weiterhin enthält die Literatur [133] den Ansatz nach Gl. (11)

$$\alpha_b = 6 \cdot \left(1 + 0,2 \frac{d}{D_b}\right) \quad \text{für } \alpha_b \leq 9 \text{ und } q_b \leq 3,8 \text{ MN/m}^2 \tag{11}$$

In [16] findet sich Gl. (12)

$$q_b = 9 \cdot \left(\frac{10 \cdot 60}{0,13}\right)^n c_u \tag{12}$$

Dieser Ansatz liefert Werte für α_b, die von 10,7 für n = 0,02 (steifer Ton) bis 21,0 für n = 0,10 (weicher Ton) reichen.

(b) Pfahlmantelreibung

Die Pfahlmantelreibung wird nach Gl. (13) über den Adhäsionskoeffizienten α_s direkt mit der Scherfestigkeit des undränierten Bodens korreliert.

$$q_s = \alpha_s \cdot c_u \tag{13}$$

Gebräuchliche Werte für den Adhäsionskoeffizienten α_s sind in Tabelle 14 und Bild 39 dargestellt.

Adhäsionskoeffizienten für Pfähle mit konischem Fuß finden sich, in Abhängigkeit der Einbindetiefe in die tragfähige Tonschicht und des die Tonschicht überlagernden Bodenmaterials, bei [167].

Nach [157] wird der Adhäsionskoeffizient α_s in Abhängigkeit des Verhältnisses Einbindelänge zu Pfahldurchmesser und des Spannungsverhältnisses zwischen Scherfestigkeit des undränierten Bodens und effektiver vertikaler Spannung bestimmt (Bild 40).

Tabelle 14. Gebräuchliche Werte für den Adhäsionskoeffizienten α_s

α_s	Bemerkung	Literatur
m · r	m = 0,8–1,0 für Beton, abhängig von der Oberfläche m = 0,7 für Stahl r = 0,4	Skov [162]
0,4 1,0	c_u > 100 kN/m² c_u < 30 kN/m²	Lehane [96]
1,0 1,00 – 0,011 · (c_u – 25) 0,5	$c_u \leq$ 25 kN/m² 25 kN/m² < c_u < 70 kN/m² $c_u \geq$ 70 kN/m²	Mandolini [107]
0,6–0,8	überkonsolidierter Seeton	Findlay et al. [47]
1,0 0,5	$c_u \leq$ 35 kN/m² $c_u \geq$ 80 kN/m² lineare Interpolation zwischen den Werten; für L/D > 50	Poulos [130]
1,5 · tan δ′	Langzeittragfähigkeit mit: δ′ = effektiver Mantelreibungswinkel	Clark/Meyerhof [28]
0,8 0,5	Stahlbeton (3 Monate nach der Rammung und $c_u \leq$ 50 kN/m²) Stahl (6 Monate nach der Rammung und $c_u \leq$ 50 kN/m²)	Broms [19]

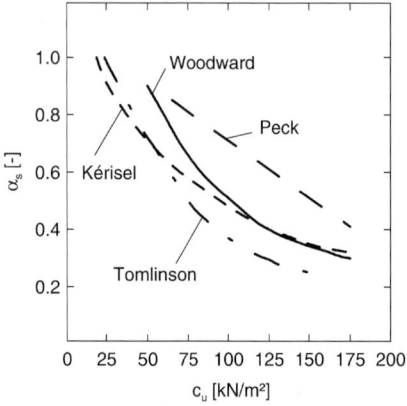

Bild 39. Adhäsionskoeffizient α_s (nach [111])

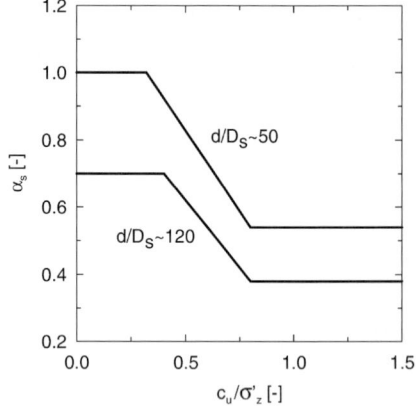

Bild 40. Adhäsionskoeffizient α_s (nach [157])

Das in [3] empfohlene Verfahren berücksichtigt ebenfalls eine Abhängigkeit zwischen dem Verhältnis der Scherfestigkeit des undränierten Bodens und der effektiven Vertikalspannung für die Ermittlung von α_s, wobei der Adhäsionsfaktor nach Gln. (14 a) und (14 b) ermittelt wird.

$$\alpha_s = 0,5 \cdot \left(\frac{c_u}{\sigma'_z}\right)^{-0,5} \quad \text{für:} \left(\frac{c_u}{\sigma'_z}\right) \leq 1,0 \quad \quad (14\,\text{a})$$

$$\alpha_s = 0,5 \cdot \left(\frac{c_u}{\sigma'_z}\right)^{-0,25} \quad \text{für:} \left(\frac{c_u}{\sigma'_z}\right) > 1,0 \quad \quad (14\,\text{b})$$

3.2 Pfahlgründungen

Dieses Verfahren ist zunächst nur für offene Stahlrohrpfähle abgesichert.

In [48] wird ausgeführt, dass die Mantelreibung eines Pfahls nicht ausschließlich von der Scherfestigkeit des Bodens abhängt, sondern ebenso von der Belastungsgeschichte des Bodens und dem Überkonsolidierungsgrad (OCR). Ausgehend davon, dass $\alpha_s = 1{,}0$ für normal konsolidierten Ton ist, konnten aus Versuchen die folgenden Zusammenhänge für den Faktor α_s entwickelt werden:

$$\alpha_s = \left(\frac{c_u}{\sigma'_z}\right)_{nc}^{0,5} \cdot \left(\frac{c_u}{\sigma'_z}\right)^{-0,5} \quad \text{für:} \left(\frac{c_u}{\sigma'_z}\right) \leq 1{,}0 \tag{15a}$$

$$\alpha_s = \left(\frac{c_u}{\sigma'_z}\right)_{nc}^{0,5} \cdot \left(\frac{c_u}{\sigma'_z}\right)^{-0,25} \quad \text{für:} \left(\frac{c_u}{\sigma'_z}\right) > 1{,}0 \tag{15b}$$

Der Index nc kennzeichnet hier den normal konsolidierten Zustand des Bodens.

Demgegenüber wird in [137] aufgrund von numerischen Analysen mit Berücksichtigung der Auswirkung der Pfahlrammung festgestellt, dass die Spannungsänderung bezogen auf die Anfangsscherfestigkeit unabhängig vom Überkonsolidierungsgrad ist. Dies bedeutet für die totale Spannungsanalyse wiederum, dass α unabhängig von OCR ist.

Eine vergleichende Übersicht der für Rammpfähle üblichen Ansätze zeigt Bild 41 a. Zusammenfassend lässt sich aus den verschiedenen Verfahren der in Bild 41 b dargestellte Bereich für den Adhäsionskoeffizienten α_s der Mantelreibung festlegen.

Dabei werden für Pfähle mit einem Verhältnis Einbindelänge zu Pfahlspitzendurchmesser $d/D_b > 3$ in der Literatur einheitlich der Spitzendruck q_b mit dem neunfachen Wert der Scherfestigkeit des undränierten Bodens in Höhe des Pfahlfußes angegeben. Ähnliche Festlegungen werden auch z. B. in der französischen Norm Fascicule 62-V und in [35] getroffen. Nur wenige Verfahren schätzen den Spitzendruckbeiwert $\alpha_b > 9$ ein.

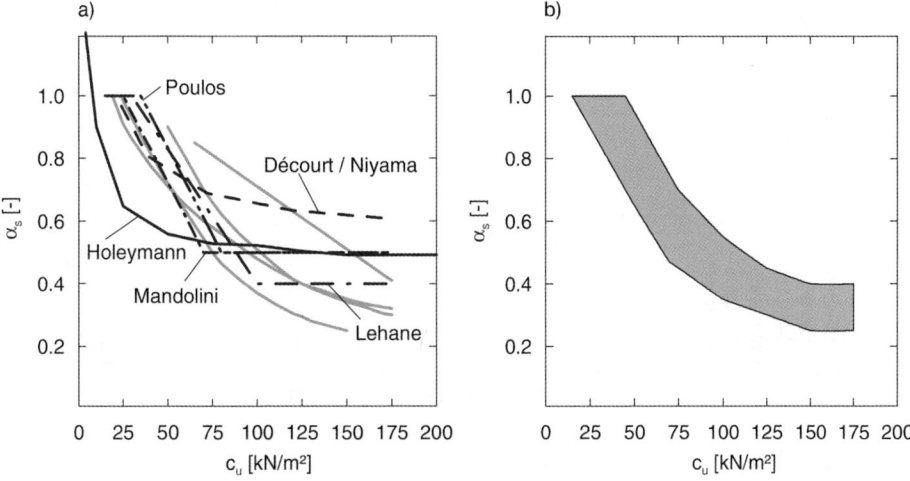

Bild 41. Zusammenhang zwischen dem Adhäsionskoeffizienten α_s und der Scherfestigkeit des undränierten Bodens c_u

3.3.2.5 Verfahren nach Schenck [148]

Im norddeutschen Raum wurden in der Vergangenheit häufig die in [148] angegebenen Werte für q_b und q_s gemäß Tabelle 15 verwendet.

Tabelle 15. Pfahlspitzendruck und Pfahlmantelreibung von gerammten Verdrängungspfählen für den Grenzzustand der Tragfähigkeit (Bruchwerte) (nach [148])

Bodenart	Bereich unter Oberfläche der tragfähigen Schicht[1] in m	Mittlere Pfahlmantelreibung (für abgewickelten Umfang) q_s in kN/m²				Pfahlspitzendruck (umrissener Umfang des Pfahlfußes) q_b in MN/m²			
		Holzpfähle	Stahlbetonpfähle	Stahlrohrpfähle, Kastenpfähle offen	Stahlträgerprofile	Holzpfähle	Stahlbetonpfähle	Stahlrohrpfähle[2], Kastenpfähle offen[3]	Stahlträgerprofile[4]
Nichtbindige Böden[7]	≤ 5,0	20–45	20–45	20–35	20–30	2,0–3,5	2,0–5,0	1,5–4,0	1,5–3,0
	5,0–10,0	40–65	40–65	35–55	30–50	3,0–7,5	3,5–6,5	3,0–6,0	2,5–5,0
	> 10,0		60	50–75	40–75		4,0–8,0	3,5–7,5	3,0–6,0
Bindige Böden [5] I_C = 0,50–0,75 [5] I_C = 0,75–1,00			5–20 20–45				– 0–2		
Geschiebemergel, halbfest bis fest [6]	bis 5,0		50– 80	40– 70	30–50		2,0– 6,0	1,5– 5,0	1,5–4,0
	5,0–10,0		80–100	60– 90	40–70		5,0– 9,0	4,0– 9,0	3,0–7,5
	> 10,0			80–100	50–80		8,0–10,0	8,0–10,0	6,0–9,0

[1] Für q_s ist das die Pfahllänge, für q_b die Einbindetiefe in die tragfähige Schicht.
[2] Für Stahlkastenprofile mit geschlossenem Fuß siehe Stahlbetonpfähle.
[3] Für Kastenweiten oder Rohrdurchmesser ≤ 500 mm.
[4] Für Profilweiten ≤ 350 mm; bei höheren Profilen Stege einschweißen.
[5] Konsistenzzahl I_C nach DIN 18122-1.
[6] Sofern für Geschiebemergel die Konsistenzzahl I_C wegen zu hohem Überkornanteils nicht mehr nach DIN 18122-1 und DIN 4022-1 bestimmt werden kann, ist sie auf der Grundlage örtlicher Erfahrungen einzuschätzen.
[7] Voraussetzung: Sondierwiderstand der Drucksonde q_c ≈ 7,5 MN/m² für die unteren und q_c ≈ 15 MN/m² für die oberen Tabellenwerte.

3.3.3 Erdstatische und halbempirische Verfahren mit effektiven Spannungen

3.3.3.1 Pfahlspitzendruck

Eine Abschätzung des Pfahlspitzendrucks wird häufig nach der modifizierten Grundbruchtheorie mithilfe von Gl. (16) vorgenommen, wobei das Breitenglied der Grundbruchformel wegen der im Verhältnis zur Pfahleinbindetiefe geringen Pfahlbreite vernachlässigt wird.

$$q_{b,k} = N_q \cdot \sigma'_v + N_c \cdot c \tag{16}$$

mit N_q, N_c = Tragfähigkeitsbeiwerte nach Tabelle 16 (σ'_v = effektive Vertikalspannung im Boden in Höhe des Pfahlfußes, δ = Reibung zwischen Pfahl und Boden).

Dieses Verfahren ist in der Literatur vorwiegend für Pfähle in nichtbindigen Böden anzuwenden, da für Pfähle in bindigen Böden die in Abschnitt 3.3.2.4 beschriebene α-Methode bevorzugt wird. Trotzdem sollen in diesem Abschnitt der Vollständigkeit halber auch einige Ansätze zum Tragfähigkeitsfaktor N_c zusammengestellt werden.

Die direkte Übertragung der für die klassische Grundbruchformel geltenden Tragfähigkeitswerte N_q und N_c ist nach [89] aus zwei Gründen nicht möglich:

- Der Spitzendruck im Grenzzustand der Tragfähigkeit wächst nicht, wie es die Grundbruchformel voraussetzt, uneingeschränkt mit der Einbindetiefe des Pfahls an. Ab einer bestimmten Tiefe bleibt der Spitzendruck nahezu konstant, vgl. [2, 111, 115].
- Mit der Pfahleinbringung wird der Reibungswinkel im Bereich der Pfahlspitze durch den hohen Spannungszustand verändert. Die Tragfähigkeitswerte N_q der klassischen Grundbruchformel in Abhängigkeit des vor der Pfahleinbringung herrschenden Reibungswinkels φ' können nicht unmittelbar auf Pfähle übertragen werden.

Tabelle 16. Tragfähigkeitsfaktor N_q und N_c für Verdrängungspfähle aus der Literatur

N_q, N_c	Bild/Tabelle	Literatur
$N_q = f\{\varphi'; d/D_b\}$	Bild 42 und Tabelle 17	*Berezantzev* et al. [7]
N_q, $N_c = f\{\varphi'; d/D_b\}$	Bild 42	*Meyerhof* [115]
$N_q = f\{\varphi'\}$	Bild 42	*Schramm Simonsen/Athanasiu* [153]
$N_q = f\{\text{Bodenart}; \delta\}$	Tabelle 19	*McClelland* [111]
$N_q = f\{\text{Bodenart}; \delta\}$	Tabelle 19	API RP A2 [3]

Die Faktoren N_q und N_c stehen über Gl. (17) in direktem Verhältnis zueinander:

$$N_c = (N_q - 1) \cdot \cot \varphi' \tag{17}$$

Ein häufig verwendeter Ansatz zur Abschätzung des Tragfähigkeitsfaktors N_q von Pfählen ist der in [7] dargestellte Zusammenhang zwischen dem Reibungswinkel des Bodens φ', dem Verhältnis Pfahleinbindelänge zu Pfahldurchmesser d/D_b und dem Tragfähigkeitsfaktor N_q. Die in Bild 42 dargestellten Werte für N_q müssen in Abhängigkeit des Verhältnisses Einbindelänge zu Durchmesser (Tabelle 17) abgemindert werden.

Entscheidend bei der Ermittlung von N_q ist die zutreffende Annahme des durch die Pfahleinbringung beeinflussten effektiven Reibungswinkels, da die Tragfähigkeitswerte N_q sehr empfindlich auf den Reibungswinkel φ' reagieren. Kleine Änderungen von φ' können bereits zu großen Veränderungen des Tragfähigkeitsfaktors führen.

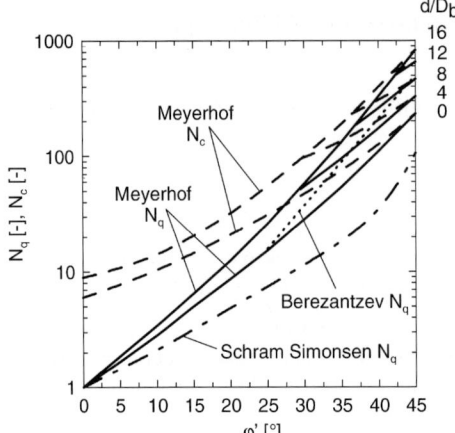

Bild 42. Werte für N_q und N_c für Verdrängungspfähle

Tabelle 17. Korrekturwerte für den Tragfähigkeitsbeiwert N_q in Abhängigkeit von d/D_b (nach [7])

d/D_b	φ'				
	26°	30°	34°	37°	40°
5	0,75	0,77	0,81	0,83	0,85
10	0,62	0,67	0,73	0,76	0,79
15	0,55	0,61	0,68	0,73	0,77
20	0,49	0,57	0,65	0,71	0,75
25	0,44	0,53	0,63	0,70	0,74

Nach [132] soll für die Ermittlung des Tragfähigkeitsfaktors N_q der effektive Reibungswinkel φ' nach der Pfahleinbringung entsprechend Gl. (18) mit dem effektiven Reibungswinkel vor der Pfahlinstallation φ'_1 angesetzt werden:

$$\varphi' = \frac{\varphi'_1 + 40}{2} \tag{18}$$

3.3.3.2 Pfahlmantelreibung

Die Ermittlung der Pfahlmantelreibung mit erdstatischen Verfahren geht ursprünglich von einem Festigkeitsansatz (Reibung δ und Adhäsion c_a) in der Fuge Pfahl-Boden aus, mit der Normalspannung $\sigma'_x = K \cdot \sigma'_z$.

$$q_s = \sigma'_x \cdot \tan \delta + c_a = K \cdot \sigma'_z \cdot \tan \delta + c_a \tag{19}$$

Ein vereinfachter Ansatz, der sowohl in Sand als auch in Tonböden angewendet wird, lautet

$$q_s = \gamma \cdot z \cdot \tan \varphi' \cdot K = \gamma \cdot z \cdot \beta \tag{20}$$

Dabei wird häufig wegen der geringen Abhängigkeit der Gl. (20) von φ'

$$\beta = K \cdot \tan \varphi' = K_0 \cdot \tan \varphi' = (1 - \sin \varphi) \cdot \tan \varphi' \approx 0,25 \tag{21}$$

für nichtbindige und normalkonsolidierte bindige Böden verwendet.

3.2 Pfahlgründungen

Tabelle 18. Zusammenstellung von β-Werten für bindige Böden aus der Literatur

Bindiger Boden	K	β	Pfahlart	Literatur
normalkonsolidiert, bis ca. $I_C = 0{,}75$	$1 - \sin\varphi$	i. M. 0,25 0,3 bei $l = 15$ m 0,15 bei $l = 60$ m	schlanke Pfähle	*Burland* [22] *Meyerhof* [115] *Meyerhof* [115]
überkonsolidiert, ab ca. $I_C = 0{,}75$ ($c_u = 50$ bis 120 kN/m²)	$(1 - \sin\varphi) \cdot \sqrt{OCR}$	0,5 bis 2,5 0,5 bis 1,5	Verdrängungs- pfähle Bohrpfähle	*Meyerhof* [115] *Meyerhof* [115]
Londoner Ton ($I_P \approx 0{,}5$; $I_C \approx 1{,}0$) $K_0 \approx 3$	$(1 \text{ bis } 2) \cdot K_0$ $(0{,}7 \text{ bis } 1{,}2) \cdot K_0$	1 bis 2 0,7 bis 1,4	Verdrängungs- pfähle Bohrpfähle	*Burland* [22] *Burland* [22]

Bei nichtbindigen Böden kann von einer weitgehend konstanten Pfahlmantelreibung ab einer bezogenen kritischen Tiefe (d/b) ≈ 15 analog zum Pfahlspitzendruck ausgegangen werden (s. Abschn. 3.2.1). Dabei liegen für diese Böden keine pauschalen β-Werte vor. K kann ggf. auf Erfahrungsgrundlage in Abhängigkeit vom Ruhedruckbeiwert K_0, der Pfahlart und -größe und der Zusammendrückbarkeit des Bodens abgeschätzt werden, wobei vor allem die Abnahme der Mantelreibung in der Nähe des Pfahlfußes durch die Spannungsumverteilung im Boden beeinflusst wird (s. Bilder 31 und 32). Das Maximum von K kann für Bohrpfähle kleiner als K_0 sein; für Verdrängungspfähle in dichtem Sand können in Oberflächennähe die Werte zwischen $4 \cdot K_0$ bis $K_p = \tan^2(45° + \varphi'/2)$ liegen. Wegen der höheren Bodenverdrängung bewirken Pfähle mit Vollquerschnitt deutlich höhere K-Werte als Träger-Verdrängungspfähle.

Für bindige Böden finden sich in der Literatur β-Werte nach Tabelle 18.

3.3.4 Ermittlung der Tragfähigkeit von offenen Stahlrohrpfählen unter Berücksichtigung der Pfropfenbildung

3.3.4.1 Allgemeines

Bei der Einbringung von offenen Stahlrohrpfählen kann im Fußbereich zwischen den inneren Mantelflächen eine Verspannung des Bodens eintreten. Diese Verspannung wird als Pfropfenbildung bezeichnet, die in Abhängigkeit unterschiedlicher Randbedingungen in der Lage ist einen Spitzendruck abzuleiten, wodurch eine deutliche Erhöhung der Tragfähigkeit möglich ist, siehe [86]. Die Tragfähigkeit eines offenen Stahlrohrpfahls kann bis zu 80% derjenigen eines vergleichbaren geschlossenen Profils betragen [55]. Bei einem offenen Pfahl sind zur Mobilisierung des gleichen Widerstands größere Setzungen erforderlich [126]. In Bild 43 ist eine Prinzipskizze zum Lastabtrag dargestellt. Auch bei anderen Profilformen wie z. B. H- und Spundwandprofilen kann eine Pfropfenbildung auftreten.

3.3.4.2 Einflussfaktoren auf eine Pfropfenbildung

Die Pfropfenbildung wird beeinflusst von Pfahlgeometrie, Bodenart, Oberflächeneigenschaft des Pfahls sowie der Einbringmethode.

Nach [148] können durch nachträglich am Pfahlschaft angeschweißte Flügel und in den Pfahl eingeschweißte Zellen gezielt eine Pfropfenbildung herbeigeführt werden. In Tabelle 19 sind

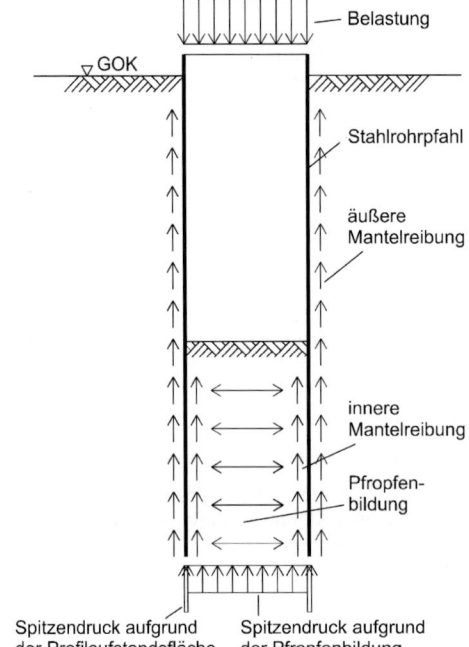

Bild 43. Prinzipskizze zum Lastabtrag eines offenen Stahlrohrpfahls

Tabelle 19. Maximale Zellengrößen aus Erfahrungswerten

Literatur	Maximale Zellenweite/Zellengröße
Schenk [148]	0,35 m
Fedders [44]	0,4 m
Franke [49]	0,1 m^2
EAU [40]	0,3 bis 0,4 m

Erfahrungswerte zur maximalen Zellengröße dargestellt, bei der eine Pfropfenbildung sichergestellt werden konnte, wobei diese Methode heutzutage selten verwendet wird.

Zur Absenkung des Pfropfens und somit zur Ermittlung der Tragfähigkeit wurde nach [21] der Kennwert IFR (Incremental Filling Ratio) nach Gl. (22) und von [125] der Kennwert PLR (Plug Length Ratio) nach Gl. (23) eingeführt, mit denen das inkrementelle bzw. absolute Verhältnis der Pfropfenhöhe h_P zur Pfahleinbindetiefe d_e beschrieben wird.

$$\text{IFR} = \Delta h_P / \Delta d_e \tag{22}$$

$$\text{PLR} = h_P / d_e \tag{23}$$

Während der PLR nur einmalig nach Pfahleinbringung gemessen wird, wird der IFR rammbegleitend in vorab festgelegten Intervallen ermittelt. Bei einem IFR = 0 sitzt der Pfropfen fest im Rohr, während bei einem IFR = 1 keine Pfropfenbildung stattfindet und das Rohr

3.2 Pfahlgründungen

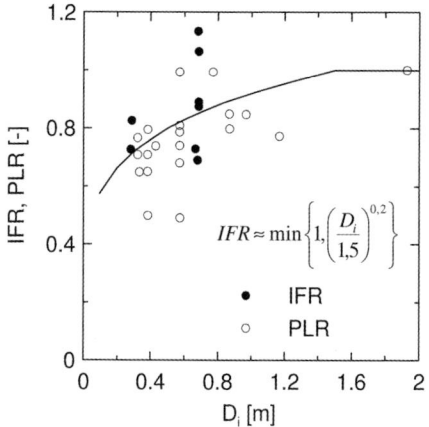

Bild 44. Abhängigkeit der Kennwerte IFR und PLR vom inneren Pfahldurchmesser D_i (nach [99])

durch den Boden schneidet. In [99] ist ein Zusammenhang zwischen diesen Kennwerten und dem Pfahldurchmesser in nichtbindigen Böden hergestellt (Bild 44). Nach [99] ist mit einer Pfropfenbildung bis zu einem Durchmesser von 1,5 m zu rechnen.

Nach [186] hat die Festigkeit des Pfropfens eine Auswirkung auf die Verteilung der Radialspannung σ'_R auf den Pfahlschaft und somit auch auf die äußere Mantelreibung. Die größte Radialspannung tritt bei einem geschlossenen Profil (IFR = 0) auf, da der Boden seitlich komplett verdrängt werden muss. Mit zunehmendem IFR verringert sich σ'_R und u_r. Bei einem offenen Profil ohne Pfropfenbildung kann eine Mantelreibung mobilisiert werden, die lediglich ca. 40% im Vergleich zu einem vergleichbaren geschlossenen Profil beträgt [186].

Nach Untersuchungen von [97] und [170] hat der Dilatanzwinkel ψ und der Wandreibungswinkel δ einen entscheidenden Einfluss auf die Pfropfenbildung. Der Reibungswinkel φ ist dagegen vernachlässigbar.

Bei bindigen Böden ist zwar ebenfalls mit einer Pfropfenbildung zu rechnen, der Anteil am Gesamttragverhalten ist aber deutlich geringer und wird von [69] mit ca. 20% angegeben.

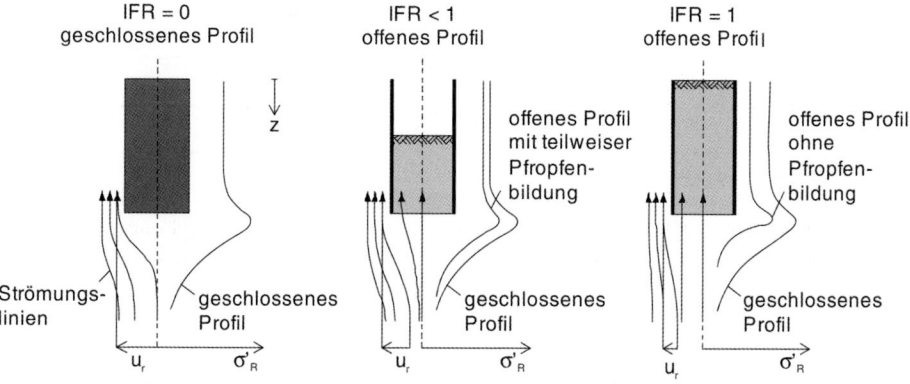

Bild 45. Prinzipielle Verteilung der Radialspannung σ'_R und der radialen Verschiebung u_r eines Bodenelements in Abhängigkeit unterschiedlicher IFR Kennwerte (nach [186])

Der Einbringvorgang scheint ebenfalls die Pfropfenbildung zu beeinflussen. In [95] konnte bei einvibrierten Stahlrohrpfählen keine Pfropfenbildung festgestellt werden. Trotzdem kann bei einer anschließenden statischen Belastung durch die Lasten des Bauwerks eine Verspannung im Pfropfen stattfinden. Des Weiteren wurde eine Pfropfenbildung bei einvibrierten Pfählen beobachtet, wenn der Pfahl auf den letzten 8 bis $10 \cdot D_s$ gerammt wurde [25].

Mögliche Modellvorstellungen zur Entwicklung des Pfropfens während der Pfahleindringung können aus [127] und [140] entnommen werden. Ein geschlossener bodenmechanischer Ansatz (z. B. in Abhängigkeit vom inneren Pfahldurchmesser) ist jedoch nicht vorhanden.

3.3.4.3 Berechnung der Pfahltragfähigkeit unter Berücksichtigung der Pfropfenbildung

Die Tragfähigkeit des Pfropfens bleibt bei der Dimensionierung von Stahlrohrpfählen teilweise unbeachtet oder wird über empirisch hergeleitete Abminderungsfaktoren berücksichtigt.

In der Normung und den technischen Empfehlungen finden sich unterschiedliche Erfahrungswerte zur Dimensionierung von Stahlrohrpfählen in Abhängigkeit ihrer geometrischen Form, Einbindelänge und Bodenart. Ab einem Grenzdurchmesser wird der Spitzendruck nur auf die Profilaufstandsfläche und nicht mehr auf die gesamte Fußumrissfläche bezogen, sowie über die Höhe des in das Profil eingetretenen Bodens eine innere Mantelreibung zum Lastabtrag mit angesetzt, unabhängig davon, ob eine Pfropfenbildung auftritt.

Erdstatische Berechnungsverfahren sind u. a. in [69] und [99] zu finden.

Tabelle 20. Entwurfsparameter für die Tragfähigkeit von Stahlrohrverdrängungspfählen in Sand für Pfahlspitzendruck und Pfahlmantelreibung

Lagerung	Bodenart	API [2]	McClelland [111]	Verbundparameter zwischen Pfahl und Boden	API [2]	McClelland [111]	API [2]	McClelland [111]
		$q_{s,max}$ [MN/m²]		δ [°]	N_q [–]		$q_{b,max}$ [MN/m²]	
sehr locker locker mitteldicht	S SU U	0,0478	0,0538	15	8	8	1,9	2,2
locker mitteldicht dicht	S SU U	0,0670	0,0753	20	12	12	2,9	3,2
mitteldicht dicht	S SU	0,0813	0,0915	25	20	20	4,8	5,4
dicht sehr dicht	S SU	0,0957	0,1076	30	40	40	9,6	10,8
dicht sehr dicht	G S	0,1148	–	35	50	–	12,0	–

3.2 Pfahlgründungen

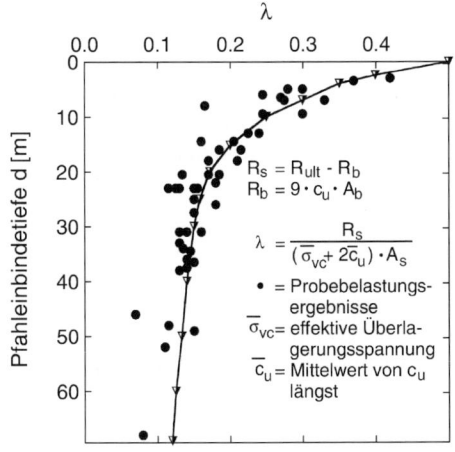

Bild 46. Empirische Werte zur Berechnung der Mantelreibung von Stahlpfählen in Ton

Für sehr lange offene Stahlrohrpfähle (Offshore Stahlrohrpfähle) werden in [2] und [111] die Entwurfsparameter nach Tabelle 20 angegeben. Hierbei kann für den Fall, dass sich im Pfahl ein fester Bodenpfropfen bildet, die gesamte Kreisfläche des Stahlrohrs als Spitzendruckfläche angesetzt werden.

3.3.5 Verfahren mit totalen Spannungen

3.3.5.1 Pfahlspitzendruck

In wassergesättigten bindigen Böden kann der Bruchwert des Pfahlspitzendrucks z. B. nach [161] mit

$$q_b = N_c \cdot c_u = 9 \cdot c_u \qquad (24)$$

abgeschätzt werden.

3.3.5.2 Pfahlmantelreibung

Neben den Angaben in Abschnitt 3.3.3.2 findet sich in [2] für gerammte Stahlrohrpfähle speziell von Offshore-Gründungen eine Beziehung nach Bild 46, die auf Probebelastungen an 47 Stahlrohrpfählen in Ton von 3 bis über 100 m Länge und von 20 bis 75 cm Durchmesser beruht. Der Pfahlspitzendruck, der in Tonböden ohnehin gegenüber der Mantelreibung zurücktritt, wurde gemäß Gl. (24) abgeschätzt. Der sich damit ergebende Pfahlfußwiderstand R_b wurde von der Grenzlast abgezogen.

3.3.6 Ermittlung der Pfahltragfähigkeit und des Verschiebungsverhaltens mit numerischen Verfahren

3.3.6.1 Allgemeines

Numerische Methoden wie die Finite-Elemente-Methode (FEM) oder die Randelemente-Methode (Boundary Elemente Methode, BEM) sind in den letzten Jahren bei der Berechnung der Pfahltragfähigkeit und der Ermittlung der Widerstands-Setzungs-Linie erfolgreich angewendet worden und sind ebenfalls in die entsprechenden Richtlinien eingegangen, z. B. [39]. Die Auswahl des Stoffgesetzes und die Modellierung des Pfahles sind für die Berechnung jedoch von entscheidender Bedeutung.

3.3.6.2 Auswahl des Stoffgesetzes

Stoffgesetze können nach [147] in folgende Kategorien eingeteilt werden:

- linear-elastisch ideal-plastisch (z. B. Mohr-Coulomb (MC) oder Drucker-Prager),
- elastoplastisch (z. B. Hardening-Soil-Modell (HS) oder Cam-Clay Modell) und
- komplex (z. B. elastoplastische Stoffmodelle mit anisotroper Verfestigung oder hypoplastische Stoffmodelle).

Das HS-Modell hat sich bei vielen Berechnungen bereits bewährt. Es zeichnet sich im Vergleich zum MC-Modell durch eine Unterscheidung im Erst- und Wiederbelastungspfad aus, wobei der Erstbelastungspfad einen hyperbolischen und der Wiederbelastungspfad einen rein elastischen Verlauf aufweist, siehe [181]. Hypoplastische Stoffgesetze eignen sich dagegen besonders für zyklische Beanspruchungen, da hiermit komplizierte Belastungspfade abgebildet werden können, [147]. Weitere Informationen zur Hypoplastizität sind [60] und [191] zu entnehmen.

Generell beschreibt ein höherwertiges Stoffgesetz das Verhalten des Bodens wirklichkeitsnäher. Es sollte aber beachtet werden, dass ein derartiges Stoffgesetz die Kenntnis vieler bodenmechanischer Parameter erfordert, die häufig nicht bei einer normalen projektbezogenen Baugrunduntersuchung ermittelt werden. Falls Schätzungen dieser unbekannten Parameter erfolgen, können dadurch hohe Ergebnisverfälschungen eintreten.

Der Pfahlbaustoff kann hinreichend genau mit einem linear-elastischen Stoffgesetz simuliert werden.

Weitere Hinweise zu den allgemein in der Geotechnik verwendeten Stoffgesetzen siehe Kapitel 1.9, Teil 1 des Grundbau-Taschenbuches.

3.3.6.3 Modellierung des Pfahls

Erfahrungsgemäß zeigt sich, dass die numerische Berechnung von Bohrpfählen am besten gelingt, da bei einem Bohrpfahl die Störzone im benachbarten Boden im Vergleich zu einem Verdrängungspfahl geringer ist und besser modelliert werden kann.

Für die numerische Berechnung des Einzelpfahls empfiehlt es sich ein rotationssymmetrisches Modell zu verwenden. Sowohl der Pfahl als auch der Boden werden mit Kontinuumselementen abgebildet. Der Kontaktbereich zwischen Pfahl und Boden und somit die Dicke der Scherfuge kann mit Kontaktelementen nachgebildet werden. Weitere Hinweise zur Erstellung des Modells, der Modellabmessungen und zur Diskretisierung können [112] entnommen werden.

Bei der Simulation von Bohrpfählen ist allgemein zu beachten, dass die Dilatanz einen entscheidenden Einfluss auf die Größe des Mantelwiderstandes hat, siehe [181]. Durch das dilatante Verhalten des Untergrundes erhöht sich bei zunehmender Scherung die auf den Pfahlschaft gerichtete Spannung, wodurch es zu einer deutlichen Überschätzung der Mantelreibung kommen kann. Im HS-Modell kann eine Begrenzung der Dilatanz erfolgen, welches über die Lagerungsdichte und die Porenzahl gesteuert werden kann. Ebenfalls hat sich nach [181] eine Schicht unterhalb des Pfahlfußes mit geringerer Steifigkeit bewährt, die die Auflockerungszone unterhalb des Bohrpfahls simuliert.

Weitere Informationen zur numerischen Modellierung von Bohrpfählen sind [181] und [189] zu entnehmen.

Als Beispiel ist in Bild 47 ein Vergleich zwischen einer numerischen Berechnung mit den Stoffgesetzen Mohr-Coulomb und Hardening-Soil mit einer statischen Pfahlprobebelastung an einem Bohrpfahl nach [181] dargestellt.

3.2 Pfahlgründungen 141

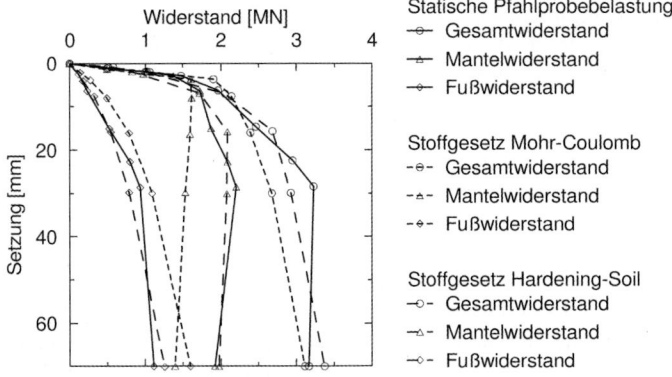

Bild 47. Vergleich einer numerischen Berechnung mit einer statischen Pfahlprobebelastung an einem Bohrpfahl (nach [181])

Eine hohe undränierte Kohäsion kann bei der Pfahlherstellung im Übergangsbereich Pfahl-Boden deutlich abnehmen. In [15] wird daher empfohlen, eine eingrenzende Betrachtung mit 50 und 100% der in der Erkundung festgestellten Kohäsionswerte durchzuführen.

Zur realitätsnahen Simulation eines Verdrängungspfahls ist es zwingend notwendig, den Einbringprozess des Pfahls und die daraus resultierende Änderung der Zustandsgrößen mit abzubilden. Da viele Programmsysteme dazu aber noch nicht in der Lage sind, wird in [37] vorgeschlagen, die Spannungsänderung im Boden aufgrund der Pfahleindringung über Volumendehnungen in Höhe von ca. 50% in den an den Pfahl angrenzenden Elementen zu simulieren oder den Boden seitlich über vorgegebene Verschiebungen zu verdrängen und dann den Pfahl zu aktivieren.

In [56] und [106] ist der Prozess der Pfahleindringung mit einer kinematischen Kontaktformulierung nachgebildet. Der Pfahl wird dabei über eine bereits im Boden befindliche Imperfektion (z. B. eine Röhre) geschoben, wobei die Knotenpunkte des Bodens im „Reißverschlussprinzip" sich von der Imperfektion lösen und auf den Pfahl überspringen. In Bild 48 ist die Modellierungstechnik der Pfahleindringung dargestellt. Damit können bereits

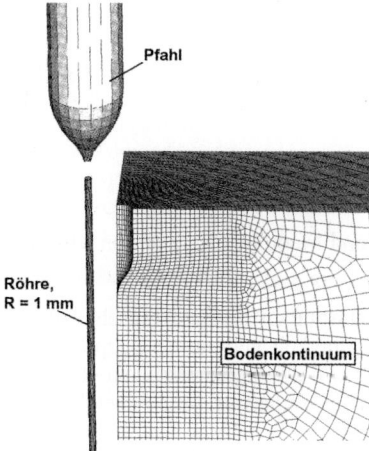

Bild 48. Modellierungstechnik der Pfahleindringung in ein Bodenkontinuum (nach [56])

unterschiedliche Pfahleinbringungsmethoden wie Rammen oder Vibrieren nachgebildet werden. Des Weiteren sind mit dieser Methode auch der Einfluss der Pfahlrammung auf andere, benachbarte Bauteile möglich, siehe [56]. Ebenso ist die numerische Simulation einer Pfropfenbildung bei unterschiedlichen Profilformen (wie z. B. Rohr- oder Spundwandprofilen) möglich, siehe dazu [57].

In [173] sind weitere Angaben zur numerischen Modellierung von Schraubpfählen gegeben.

3.3.6.4 Zusammenfassende Bewertung

Die Ermittlung der Pfahltragfähigkeit und des Verschiebungsverhaltens mit numerischen Methoden ist prinzipiell möglich. Es sollte jedoch beachtet werden, dass eine numerische Berechnung durch eine Validierung an einer Pfahlprobebelastung verifiziert werden sollte. Zusätzlich empfiehlt sich eine Plausibilitätskontrolle mit einer Berechnung der Pfahlwiderstände anhand von Erfahrungswerten, was z. B. auch in [39] gefordert wird.

3.4 Veränderung der Pfahltragfähigkeit mit der Zeit

Es ist allgemein bekannt, dass sich die Tragfähigkeit besonders bei Verdrängungspfählen mit der Standzeit im Boden vergrößert. In der Vergangenheit konnten bereits Zunahmen des Mantelwiderstandes um bis zu 250 % beobachtet werden.

In [27] wurden Probebelastungsergebnisse von verschiedenen Stahl-, Stahlbeton- und Holzpfählen in gesättigten, ungesättigten und karbonatfreien Sanden analysiert. Hierbei stellte sich heraus, dass die Mantelreibung mit der Zeit ansteigt, wohingegen der Spitzendruck nahezu gleich bleibt. Zur Erklärung dieses Effekts werden drei Hypothesen geäußert, wobei die dritte Hypothese als die plausibelste Erklärung der Zunahme gilt.

1. Chemische Prozesse, insbesondere Korrosion der Stahlpfähle.
2. Änderungen der Sandeigenschaften resultierend aus der Alterung des Sandes.
3. Langzeitzunahme der Horizontalspannung im Boden σ'_h (Radialspannung um den Pfahl).

Für die ersten fünf Jahre nach der Pfahlinstallation konnte in [27] eine Regelmäßigkeit in der Zunahme der Tragfähigkeit der Pfähle beobachtet werden. Die Beträge des Mantelwiderstandes folgen mit zunehmender Zeit nach der Installation einer semi-logarithmischen Linie. Der Quotient $R_s(t) / R_s(t = 1d)$ nimmt, wie in Gl. (25) dargestellt, mit jedem logarithmischen Zeitzyklus zwischen 25 und 75 % zu.

$$\frac{R_s(t)}{R_s(t = 1d)} = 1 + A \cdot \log\left(\frac{t}{t = 1d}\right) \tag{25}$$

mit

A empirischer Faktor, durchschnittlich 0,5 (± 0,25)

Dieser Zusammenhang ist in Bild 49 für den Gesamt- und Mantelwiderstand von Verdrängungspfählen in nichtbindigen Böden dargestellt.

Durch die Auswertung verschiedener Zugpfahlprobebelastungen im norddeutschen Raum konnte von [8] der Einfluss der Standzeit auf die Tragfähigkeit gerammter Zugpfähle mit einem Zeitfaktor $Z(t)$ quantifiziert werden. Der Zuwachs der Tragfähigkeit innerhalb der ersten 14 Tage der Standzeit soll unberücksichtigt bleiben, sodass sich die Mantelreibung nach Gl. (26) ermitteln lässt.

3.2 Pfahlgründungen

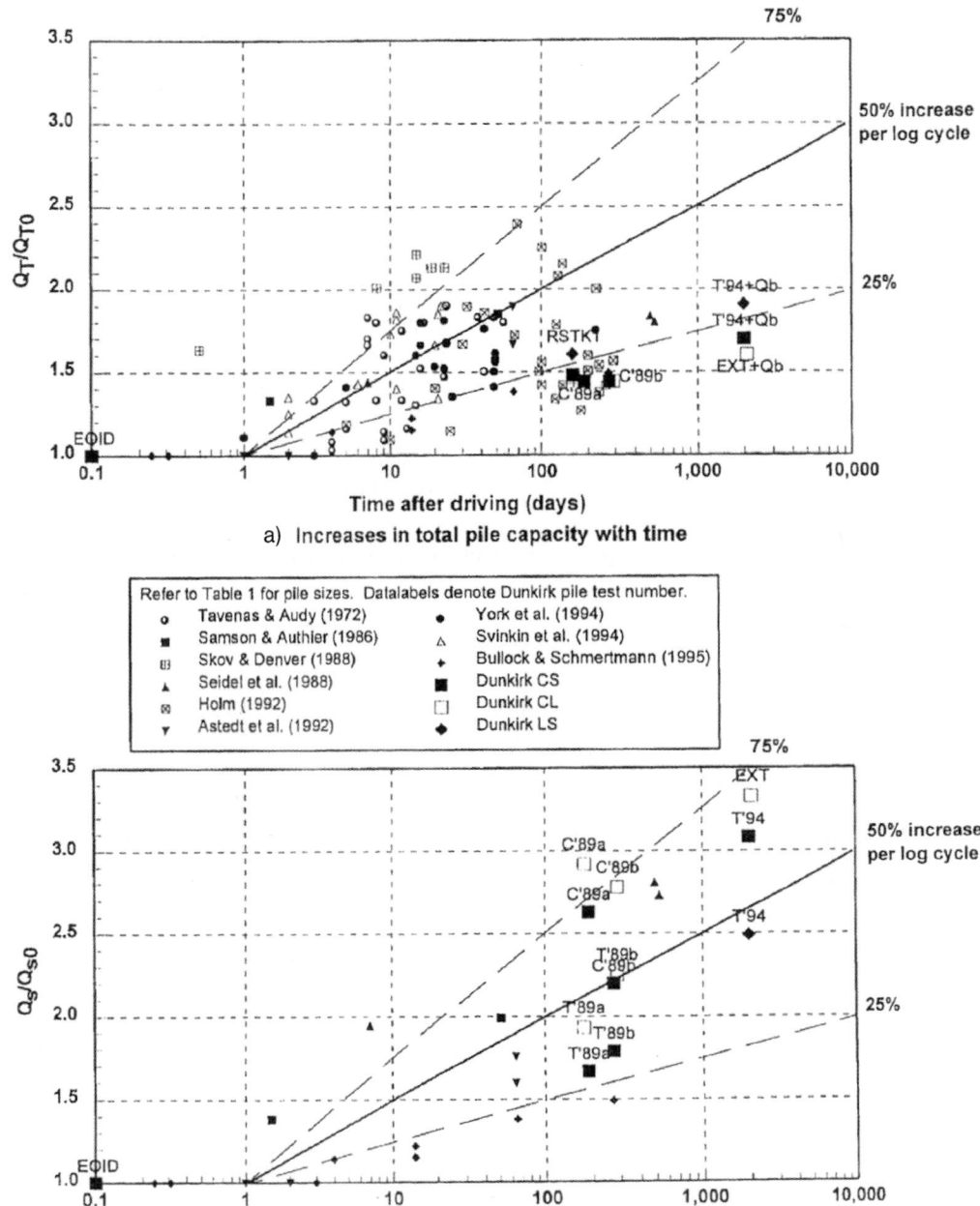

Bild 49. Zunahme des Widerstandes bei Verdrängungspfählen in nichtbindigen Böden mit der Zeit (aus [27]); a) Zunahme des Gesamtwiderstandes ($Q_T = R = R_{ult} = R_g$) mit der Zeit, b) Zunahme des Mantelwiderstandes ($Q_S = R_s$) mit der Zeit

$$R_s(t) = R_s \cdot (Z(t) - 0,82) \leq 1,32 \cdot R_s \tag{26}$$

mit

$R_s(t)$ Grenzmantelreibung zum Zeitpunkt t
R_s Rechenwert der Grenzmantelreibung
$Z(t)$ Zeitfaktor nach Gl. (27)

$$Z(t) = C \frac{(e^{\alpha t} - e^{-\alpha t})}{e^{\alpha t} + 0,5 e^{-\alpha t}} \tag{27}$$

mit

C   Konstante (C = 0,5)
α Konstante (α = 1/45)
t   Anzahl der Tage nach der Rammung

In Abschnitt 3.3.2.4 wurde bereits angesprochen, dass für Pfähle in bindigen Böden der Mantelwiderstand im Anfangszustand am besten mit der Scherfestigkeit des undränierten Bodens c_u (α-Methode) erfasst werden kann. Nach längerer Zeit hingegen scheinen die effektiven Scherparameter φ' und c' (β-Methode) das Reibungsverhalten am Mantel besser zu beschreiben.

Nach [68] und [175] wird die Zunahme des Mantelwiderstandes durch den dimensionslosen Zeitfaktor T kontrolliert.

$$T = (4 \cdot c_h \cdot t)/D^2 \tag{28}$$

mit

c_h horizontaler Konsolidationsbeiwert des Bodens
t   Zeit nach der Pfahlinstallation
D   Pfahldurchmesser

In [68] konnte beobachtet werden, dass bei einem Zeitfaktor T = 10 geschlossene Stahlpfähle und Stahlpfähle mit einem festen Bodenpfropfen in etwa 70% ihrer maximal beobachteten Tragfähigkeit aktivieren konnten. Die Tragfähigkeitszunahme war in etwa bei T ≈ 100 abgeschlossen.

Nach [167] ist ein Tragfähigkeitszuwachs nur in weichen bindigen Böden zu beobachten, für steife bindige Böden kann es nach längeren Standzeiten sogar zu einer Abnahme der Tragfähigkeit kommen (vgl. Tabelle 21).

Tabelle 21. Abnahme der Tragfähigkeit von Verdrängungspfählen in steifem Ton (nach [167])

Pfahltyp	Bodenart	Abnahme der Tragfähigkeit[1]
Stahlbetonpfahl, vorgefertigt gerammt	Londoner Ton	10–20% 9 Monate nach der ersten Probebelastung
	Aarhus (Septarian) Ton	10–20% 3 Monate nach der ersten Probebelastung
Stahlrohr, gerammt	Londoner Ton	4–25% 12 Monate nach der ersten Probebelastung

[1] Erste Probebelastung jeweils einen Monat nach Rammung des Pfahls.

3.2 Pfahlgründungen

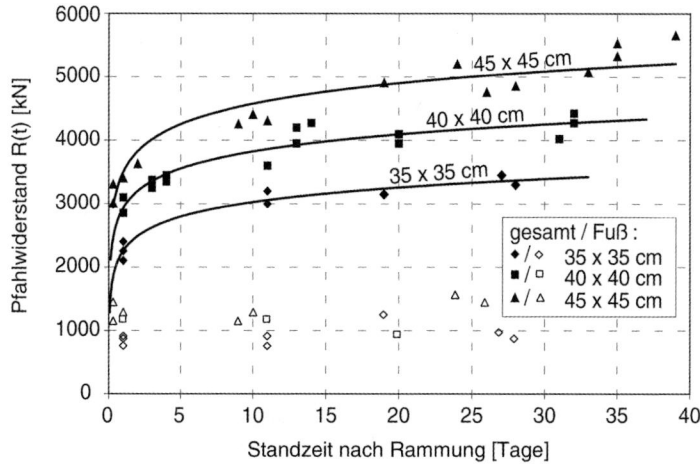

Bild 50. Entwicklung der Pfahlwiderstände über die Standzeit bei Betonfertigpfählen (aus [51])

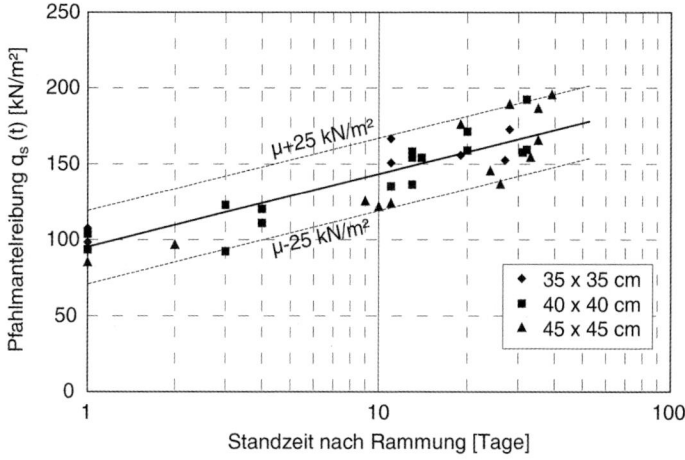

Bild 51. Entwicklung der Mantelreibung über die Standzeit bei Betonfertigpfählen (aus [51])

Auch in [51] sind die vorstehend genannten Zeiteffekte mit der Tragfähigkeitszunahme durch neue Probebelastungen an Betonfertigrammpfählen bestätigt worden (Bilder 50 und 51).

Auch hierbei wird deutlich, dass sich die Zeiteffekte nur auf die Pfahlmantelreibung beziehen. Dabei wird der Lastzuwachs über die Zeit primär auch mit dem vorstehend genannten Punkt 3 als zeitabhängigen Abbau (Relaxation) der radialen Gewölbespannung um den Pfahl bzw. in bindigen Böden durch einen sich noch überlagernden Konsolidationsvorgang begründet.

Auch in [190] wurde in Modellversuchen während der Einrammung einen Spannungsabfall im Nahbereich des Pfahls gemessen, der auf die Gewölbebildung im Boden um den Pfahlschaft durch den Verdrängungseffekt hindeutet.

3.5 Ermittlung von Pfahlwiderständen aus Probebelastungen

3.5.1 Grundsätzliches Vorgehen

Die Pfahltragfähigkeit sollte in der Regel aus Pfahlprobebelastungen abgeleitet werden. Je nach Aufwand, Verfahren und Messtechnik ergeben sich die Pfahlwiderstände als Bruchwert $R_g = R_{ult}$ oder auch als eine vollständige Widerstands-Setzungs- (WSL) bzw. -Hebungs-Linie (WHL). Gegenüber früherer Praxis wird beim neuen Teilsicherheitskonzept nach DIN 1054 bzw. EC 7-1 das Ergebnis der Pfahlprobebelastung zunächst als Messwert R_m eingestuft. Aus den Messwerten R_m sind dann die charakteristische WSL bzw. WHL oder nur der Wert $R_{g,k} = R_{ult,k}$ abzuleiten. Die allgemeine Vorgehensweise kann durch Gl. (29) ausgedrückt werden.

$$R_k = R_m / \xi \tag{29}$$

Dabei stellt ξ ein Streuungsfaktor dar, der im Wesentlichen Pfahlherstellungseinflüsse und Baugrundunregelmäßigkeiten abdecken soll und den Messwert bei der Überführung in charakteristische Widerstände angemessen abmindert.

Der Zahlenwert des Streuungsfaktors ξ ist abhängig von der Art und Anzahl der Pfahlprobebelastungen. Nähere Hinweise dazu finden sich im Abschnitt 5.4.3.

3.5.2 Statische Pfahlprobebelastungen

3.5.2.1 Allgemeines

Wie im Abschnitt 3.5.1 ausgeführt, ist das Ziel von Pfahlprobebelastungen die Ermittlung einer charakteristischen Widerstands-Setzungs- bzw. -Hebungs-Linie, um daraus die Pfahlwiderstandsgrößen R_k für die Nachweise der Grenzzustände der Tragfähigkeit und der Gebrauchstauglichkeit ableiten zu können. Die Versuchsdurchführung ist im Abschnitt 7 behandelt.

Bei der Ableitung der charakteristischen WSL bzw. WHL sind zwei Bereiche zu unterscheiden:

- charakteristische Pfahlwiderstände im Grenzzustand der Tragfähigkeit
  (s. Abschn. 3.5.2.2),
- charakteristische Pfahlwiderstände im Grenzzustand der Gebrauchstauglichkeit
  (s. Abschn. 3.5.2.3).

Beispiele zur Bestimmung der charakteristischen Pfahlwiderstände und Ableitung der charakteristischen Widerstands-Setzungs-Linien aus Messwerten von Pfahlprobebelastungen finden sich in [39].

Neben den auf dem Baufeld durchzuführenden Pfahlprobebelastungen dürfen bei der Festlegung der charakteristischen Widerstands-Setzungs- bzw. -Hebungs-Linie auch vergleichbare Probebelastungsergebnisse verwendet werden. Es sei darauf hingewiesen, dass bezüglich der Übertragbarkeit und Vergleichbarkeit folgende Bedingungen einzuhalten sind:

- gleicher Pfahltyp sowie ähnliche Querschnittsabmessungen und Einbindelängen in den tragfähigen Baugrund;
- ähnliche Baugrundverhältnisse, besonders für die tragfähigen Bodenschichten im Hinblick auf Bodenart und mittlere Festigkeit (Sondierergebnisse).

3.5.2.2 Charakteristische Pfahlwiderstände im Grenzzustand der Tragfähigkeit

Für die Pfahlwiderstände im Grenzzustand der Tragfähigkeit (ULS) aus gemessenen Werten $R_{gm,i}$ muss wie bereits ausgeführt nach DIN 1054 bzw. EC 7-1 ein Streuungsfaktor ξ eingeführt werden. Es sei darauf hingewiesen, dass die Zahlenwerte und das Verfahren zur Bestimmung der Streuungsfaktoren ξ derzeit zwischen DIN 1054:2005-01 und EC 7-1/ DIN 1054:2009 voneinander abweichen.

Geht aus der Form der WSL der Grenzwiderstand nicht eindeutig hervor, dann gilt für die Grenzsetzung Gl. (3).

3.5.2.3 Charakteristische Pfahlwiderstände im Grenzzustand der Gebrauchstauglichkeit

Aus den Messwerten der Pfahlprobebelastungen sollte für Nachweise im Grenzzustand der Gebrauchstauglichkeit (SLS) eine charakteristische WSL bzw. WHL bestimmt werden. Je nach Randbedingungen kann es auch erforderlich sein, aus den Messwerten der Pfahlprobebelastungen obere und untere Grenzwerte der charakteristischen WSL (HSL) für den Nachweis der Gebrauchstauglichkeit abzuleiten.

Bei Verwendung von Pfahlsystemen, die im Gebrauchslastbereich nur geringe Setzungen aufweisen, z.B. einige Verdrängungspfahlsysteme im gut tragfähigen Baugrund, ist der Nachweis der Gebrauchstauglichkeit oftmals pauschal mit erbracht, wenn die Pfähle im Grenzzustand der Tragfähigkeit ausreichend sicher sind.

3.5.3 Dynamische Pfahlprobebelastungen

Nach DIN 1054 und EC 7-1 dürfen unter bestimmten Voraussetzungen die Pfahlwiderstände auch aus dynamischen Pfahlprobebelastungen nach Abschnitt 7.4.2 abgeleitet werden. Dabei sind die Streuungsfaktoren ξ nach DIN 1054 bzw. EC 7-1 ebenfalls zu berücksichtigen, wobei je nach Vorinformationen aus vergleichbaren statischen Probebelastungen und gewählten Verfahren die Anzahl der dynamischen Pfahlprobebelastungen bzw. auch die ξ-Faktoren zu erhöhen sind (s. Abschn. 5.4.3 und 5.6.2.3). Diese sind auch abhängig von der Art der Kalibrierung der dynamischen Probebelastungen an statischen Probebelastungen.

Die Verfahrensschritte, wie aus dem dynamischen Messwert der charakteristische Pfahlwiderstand abzuleiten ist, finden sich detailliert in [39].

3.6 Empirische Ableitung von Pfahlwiderständen und Einbindung als Erfahrungswerte in die EA-Pfähle

3.6.1 Grundlagen

Wie bereits ausgeführt, dürfen in Deutschland für die Ermittlung von Pfahlwiderständen nach DIN 1054 erdstatische Verfahren i.d.R. nicht verwendet werden. Demgegenüber ist das Pfahltragverhalten entsprechend Abschnitt 3.5 auf der Grundlage von Pfahlprobebelastungen auf dem Baufeld oder von vergleichbaren Probebelastungen festzulegen. Wenn keine Pfahlprobebelastungen durchgeführt werden und keine Erfahrungswerte aus unmittelbar vergleichbaren Pfahlprobebelastungen vorliegen, darf der charakteristische axiale Pfahlwiderstand des Einzelpfahls nach DIN 1054 aus allgemeinen Erfahrungswerten bestimmt werden. Ähnliche Festlegungen finden sich in DIN EN 1997-1:2008-10 (EC 7-1).

Allerdings gab es bisher in den Pfahlnormen nur Tragfähigkeitsangaben aus Erfahrungswerten für Bohr- und Rammpfähle, die auch insgesamt aus älteren Untersuchungen stammen. Dies wurde in [79, 80] zum Anlass genommen, für die maßgeblichen Pfahlsysteme Pfahlprobebelastungsergebnisse zu sammeln und diese nach einem einheitlich Schema unter gegenseitiger Abstufung mit der Zielrichtung statistisch auszuwerten, für möglichst viele Pfahlarten Spitzendruck und Mantelreibung für eine praktische Anwendung als „Pfahlwiderstände auf der Grundlage von Erfahrungswerten" bereitzustellen. Die dabei ermittelten Ergebnisse sind in die vom Arbeitskreis AK 2.1 „Pfähle" der DGGT bearbeitete Empfehlung EA-Pfähle [39] eingeflossen.

Nachfolgend sind dazu Grundlagen und ergänzende Hinweise dargestellt sowie die in [39] nur in tabellarischer Form angegebenen Werte für Spitzendruck und Mantelreibung bezüglich der Pfahlsysteme vergleichend wiedergegeben.

Die in [79] durchgeführten Untersuchungen liefern Spannen von Erfahrungswerten für den Pfahlspitzendruck q_b und die Pfahlmantelreibung q_s, in Abhängigkeit von den Baugrundverhältnissen in Form des Sondierwiderstandes der Drucksonde q_c für die Festigkeiten nichtbindiger Böden und der charakteristischen undränierten Scherfestigkeit $c_{u,k}$ bei bindigen Böden für die einzelnen Pfahlsysteme, wobei die Definitionen bezüglich bindiger und nichtbindiger Böden nach DIN 1054:2005-01 zugrunde liegt. Als Datengrundlage wurden für die verschiedenen Pfahlsysteme umfangreiche Datenbanken aus überwiegend statischen aber auch dynamischen Probebelastungen erstellt. Zur Ableitung der Pfahltragfähigkeiten wurden ausschließlich Probebelastungsergebnisse verwendet, die über hinreichende Baugrundaufschlüsse verfügen und somit eine zuverlässige Korrelation zwischen der Baugrundfestigkeit und den Pfahlwiderständen ermöglichen.

Sofern die Pfahlprobebelastungen nicht bis zum Bruch geführt sind, wurde die zugehörige Widerstand-Setzungs-Linie (WSL) mithilfe des Hyperbelverfahrens näherungsweise extrapoliert und somit die Tragfähigkeit $R_{ult,m}$ ($R_{g,m}$) abgeschätzt. Eine weitere Schwierigkeit bei der empirischen Auswertung ist das Aufteilungsverhältnis des Gesamtwiderstandes in den Pfahlfuß- und Mantelwiderstand, siehe hierzu [80].

Bei der weiteren Auswertung wurde die allgemeine Gleichung (2) zugrunde gelegt. Aufbauend auf den qualitativen Zusammenhängen zwischen Baugrundverhältnissen und Pfahlspitzendruck bzw. Pfahlmantelreibung bei einer Korrelationsanalyse wurde in Abhängigkeit des Aufteilungsverhältnisses zwischen Pfahlmantelwiderstand R_s und dem Pfahlfußwiderstand R_b des jeweiligen Pfahlsystems ein Regressionsmodell gebildet. In der Regressionsanalyse wurde der funktionale Zusammenhang zwischen Pfahltragfähigkeitsanteilen und Baugrundverhältnissen iterativ optimiert bis die Differenz zwischen gemessenem und berechnetem Pfahlwiderstand zu null wird:

$$\Delta R_g = \frac{R_{g,m} - R_{g,cal}}{R_{g,m}} \equiv 0 \qquad (30)$$

mit

ΔR_g Differenz zwischen Messwert und Berechnungsergebnis der Gesamttragfähigkeit im Grenzzustand der Tragfähigkeit
$R_{g,m}$ Messwert der Gesamttragfähigkeit aus Probebelastung
$R_{g,cal}$ Berechnungsergebnis der Gesamttragfähigkeit nach Gl. (2)

In gleicher Weise wurde für andere, setzungsabhängige Punkte der WSL verfahren.

3.2 Pfahlgründungen

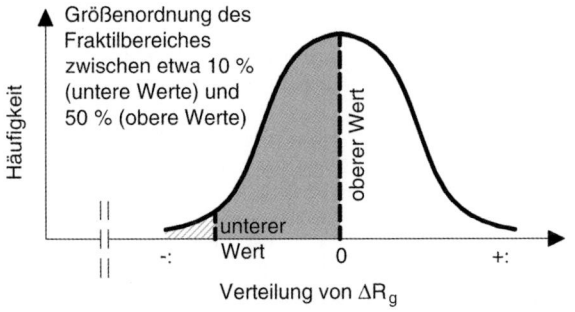

Bild 52. Verteilung und Fraktilbereich der erzielten Ergebnisse für Pfahlwiderstände aus Erfahrungswerten im Vergleich zu Probebelastungsergebnissen (nach [79, 80])

Bekanntlich streuen Bodenkenngrößen aufgrund entstehungsbedingter geologischer Randbedingungen erheblich. Dies gilt auch in besonderem Maße für das Pfahltragverhalten und die Pfahlwiderstände der Tragfähigkeit und Gebrauchstauglichkeit, weil zu den baugrundbedingten Streuungen noch erhebliche herstellungsbedingte Einflüsse hinzukommen können. Da Erfahrungswerte für den Pfahlwiderstand in nur sehr eingeschränkter Weise und nur für wenige Pfahlarten vorliegen, wurden die Streuungen des Pfahltragverhaltens bei den empirischen Auswertungen in [79, 80] durch eine Spanne des Fraktilbereichs berücksichtigt, wie in Bild 52 für den Grenzzustand der Tragfähigkeit dargestellt ist. In den vorstehend genannten Untersuchungen wurden Pfahlwiderstände aus Erfahrungswerten für das 10%-, 20%- und 50%-Fraktil abgeleitet. Für die Anwendung der Erfahrungswerte des 10%-Fraktils bedeutet dies, dass in 90% der Fälle die mit den Erfahrungswerten ermittelte Tragfähigkeit auf der sicheren Seite liegt bzw. die vorhandene Tragfähigkeit nicht überschreitet. Demgegenüber werden bei der Festlegung von charakteristischen Bodenkenngrößen bekanntlich i. d. R. „vorsichtige Mittelwerte" im Bereich des 50%-Fraktils gewählt.

Aufgrund der hier dargestellten Vorgehensweise werden nach [39] die Begriffe unterer und oberer Wert für die 10%- und 50%-Fraktile verwendet. Der angegebene Fraktilbereich, der in Bild 52 grafisch dargestellt ist, kann je nach Probebelastungen und lokalen Randbedingungen kleiner oder auch größer ausfallen und bietet zunächst nur eine Orientierung. Die Anwendung der unteren Erfahrungswerte (Kleinstwerte) sollte nach [39] der Regelfall sein und setzt voraus, dass eine Baugrunduntersuchung in Anlehnung an DIN 4020 vorliegt. Sollten die endgültigen Baugrunduntersuchungen noch nicht zur Verfügung stehen, können die unteren Erfahrungswerte auch für Vorentwürfe Anwendung finden. Über die unteren Werte hinausgehende Pfahlwiderstände, abgestuft in Richtung der oberen Werte der Tabellen, sind nur nach weitergehenden Untersuchungen bzw. Kenntnissen und Erfahrungen zulässig. Weitere Anwendungshinweise finden sich in [39].

3.6.2 Tragfähigkeitsbereiche und Aufteilungsverhältnis

Bild 53 zeigt die ausgewerteten Tragfähigkeitsbereiche zwischen Versuch und vorgeschlagenem Erfahrungsansatz mit den Streuungswolken der Versuche sowie den jeweiligen Mittelwerten (Symbole) und das Aufteilungsverhältnis zwischen Pfahlfuß- und Mantelwiderstand.

Vergleicht man die nachfolgend dargestellten Pfahlspitzendrücke der einzelnen Pfahlsysteme untereinander, so lässt sich ein Zusammenhang zwischen der Art der Pfahlherstellung und der Systeme sowie deren Tragfähigkeiten erkennen. Rammpfähle haben i. Allg. einen größeren Spitzendruck, da infolge des Einrammens in den Baugrund eine Verdrängung und Verdichtung des Bodens unterhalb der Pfahlspitze erfolgt. In nichtbindigen Böden können

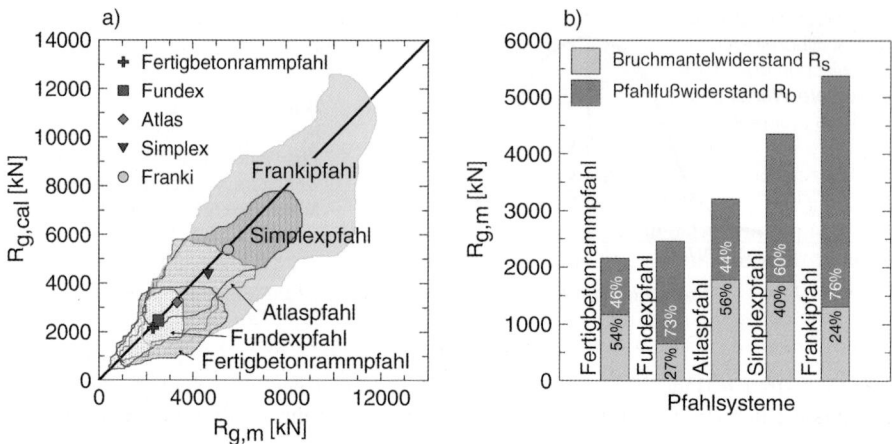

Bild 53. a) Vergleich der Gesamttragfähigkeiten (Symbole = Mittelwerte); b) mittlere Aufteilungsverhältnisse der verschiedenen Pfahlsysteme aus den untersuchten Pfahlprobebelastungen

für Fertigrammpfähle und Simplexpfähle infolge des vergleichbaren Herstellungsverfahrens beider Pfahlsysteme einheitliche Erfahrungswerte angegeben werden. Demgegenüber weisen die Rammpfähle im Unterschied zu anderen Pfahlsystemen eine geringere Bruchmantelreibung auf (s. Abschn. 3.6.5).

Der Verdrängungs- und Verdichtungseffekt des Herstellungsverfahrens von Fundexpfählen, die durch eine drehende und drückende Bewegung abgeteuft werden, führt im Vergleich zu den gerammten Simplexpfählen zu etwas geringeren Erfahrungswerten des Pfahlspitzendrucks. Beide Pfahlsysteme verfügen über eine Pfahlspitze mit Überstand, die nach dem Abteufen als verlorene Spitze im Boden verbleibt. Der Überstand der Pfahlspitze verursacht beim Herstellungsvorgang eine anfängliche Auflockerung des Baugrunds im Pfahlschaftbereich und führt zu einer Reduzierung der Pfahlmantelreibung.

Der Schneidkopf des Atlaspfahls wird als Schraubpfahl analog zu dem Fundexpfahl mit einer drehenden und drückenden Bewegung in den Boden eingebracht. Durch die schraubenförmige Ausbildung des Pfahlschafts können höhere Erfahrungswerte der Mantelreibung erzielt werden.

Bohrpfähle und Teilverdrängungsbohrpfähle weisen aufgrund des Bohrvorgangs und der damit verbundenen Entspannung des Bodens im Pfahlfußbereich im Unterschied zu den übrigen Pfahlsystemen einen geringeren Pfahlspitzendruck auf.

Weitere vergleichende Darstellungen zu den Pfahlwiderständen der untersuchten Pfahlsysteme finden sich in [80].

3.6.3 Charakteristische Widerstands-Setzungs-Linien

3.6.3.1 Fertigrammpfähle und Simplexpfähle

In [190] wird ein Auswerteverfahren für Fertigrammpfähle vorgeschlagen, das zur Konstruktion der Widerstand-Setzungs-Linie einen setzungsabhängigen Spitzendruck bei

3.2 Pfahlgründungen

s/D = s/D_{eq} = 0,035 (D_{eq} = 1,13 · a_s = Ersatzdurchmesser bei quadratischen Pfählen) und den Bruchzustand der Mantelreibung berücksichtigt, welches hier für die Auswertung zu

$$s_{sg^*}[cm] = 0,5 \cdot R_{s,k}(s_{sg^*})[MN] \leq 1[cm] \tag{31}$$

modifiziert wurde. Auf der Grundlage von messtechnisch ausgestatteten statischen Pfahlversuchen, dynamischen Probebelastungen und Vergleichen zwischen Druck- und Zugbelastungsversuchen wurde in [79, 80] das auf Modellversuchen basierende Aufteilungsverhältnis nach [190] modifiziert und ein neuer Ansatz für die Festlegung der Tragfähigkeitsanteile verwendet. Darüber hinaus ist für den Fertigrammpfahl zwischen dem Bruchzustand der Pfahlmantelreibung $R_{s(g)}$ bei s = s_g = s_{sg} und einem ergänzend eingeführten und hier verwendeten Zustand der Mobilisierung der Bruchmantelreibung $R_{s(g^*)}$ bei s = s_{sg^*} zu unterscheiden. Durch die Berücksichtigung eines setzungsabhängigen Mantelreibungsverlaufs ergibt sich für Fertigrammpfähle die Widerstands-Setzungs-Linie nach Bild 54.

Die charakteristische Gesamttragfähigkeit für Fertigrammpfähle ergibt sich demnach aus

$$R_k(s) = R_{b,k}(s) + R_{s,k}(s)$$
$$= \eta_b \cdot q_{b,k} \cdot A_b + \eta_s \cdot \sum_{i=1}^{n}(q_{s,k,i} \cdot A_{s,i}) \tag{32}$$

mit

η_b Anpassungsfaktor Spitzendruck, hier η_b = 1,0
η_s Anpassungsfaktor Pfahlmantelreibung, hier η_s = 1,0

Hierbei sind folgende setzungsabhängige Widerstände zu berücksichtigen

$R_{b,k}$ (s = 0,035 · D_{eq})
$R_{b,k}$ (s_g = 0,10 · D_{eq})
$R_{s,k}$ (s = s_{sg^*})
$R_{s,k}$ (s_g = s_{sg})
mit s_{sg^*} nach Gl. (31)

Damit wurde gegenüber gebohrten Pfahlsystemen hier zusätzlich die Annahme getroffen, dass die Pfahlmantelreibung nach einer ersten Mobilisierungsgröße bei s_{sg^*} im Gebrauchszustand mit Annäherung an den Bruch bei s_{sg} weiter ansteigt, was zu homogeneren statistischen Ergebnissen bei der Auswertung geführt hat.

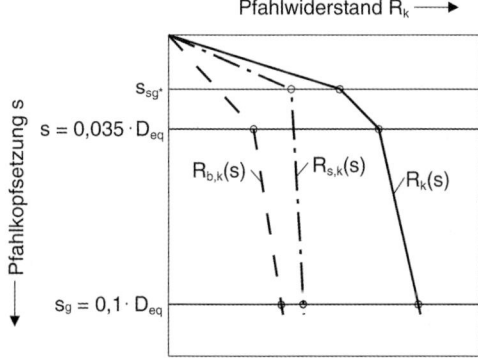

Bild 54. Idealisierte Widerstand-Setzungs-Linie für Fertigrammpfähle nach Gl. (32)

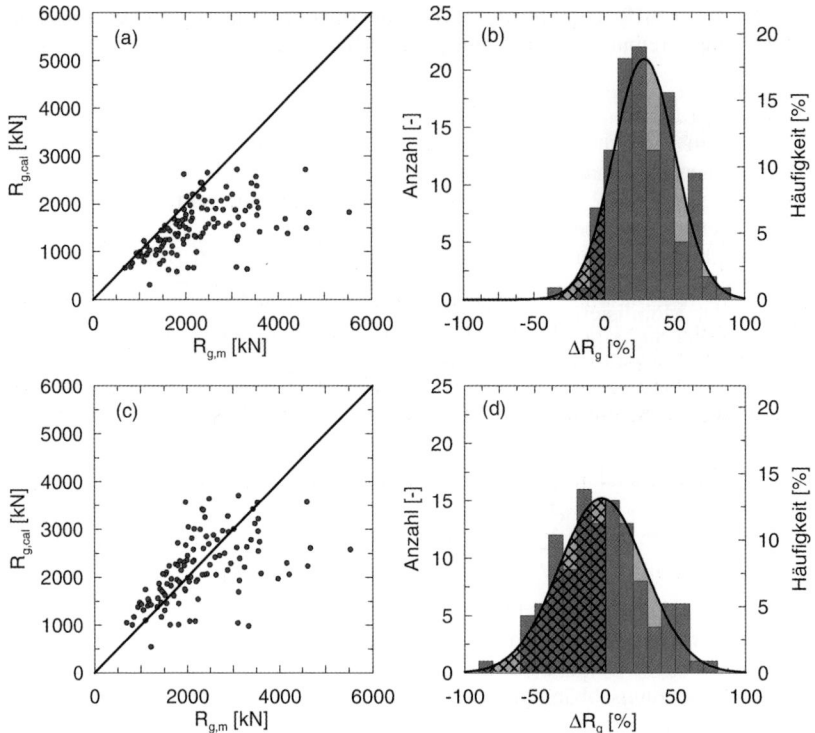

Bild 55. a) Streudiagramm und b) Histogramm für die unteren Erfahrungswerte von Fertigrammpfählen in nichtbindigen Böden im Grenzzustand der Tragfähigkeit; c) und d) für die oberen Erfahrungswerte

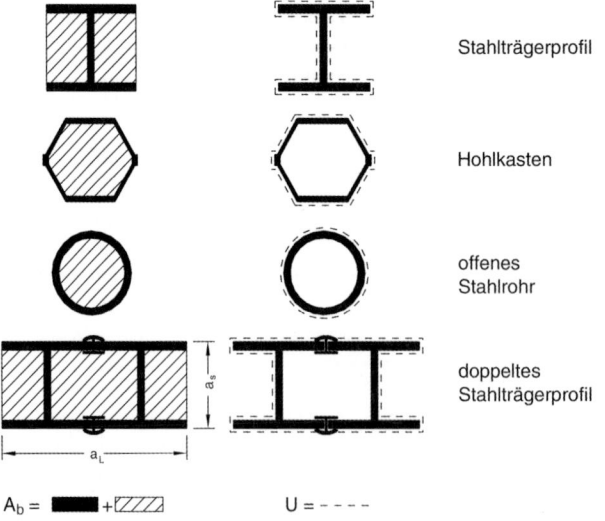

Bild 56. Nennwerte der Pfahlfußflächen und der Pfahlmantelflächen von Stahlprofilpfählen

3.2 Pfahlgründungen

Die Ergebnisse für die in [39] eingeführten unteren und oberen Erfahrungswerte im Grenzzustand der Tragfähigkeit sind in Bild 55 beispielhaft für die ausgewerteten Fertigrammpfähle aus Beton dargestellt.

Weitere Hinweise und Erfahrungswerte für Spitzendruck und Mantelreibung siehe Abschnitte 3.6.4 und 3.6.5.

3.6.3.2 Anpassungsfaktoren für verschiedene Fertigrammpfahlsysteme

Nachfolgend sind die Anpassungsfaktoren nach Gl. (32) für den Pfahlspitzendruck und die Mantelreibung von Fertigrammpfählen zusammengestellt. Die Auswertung erfolgte auf der Grundlage der für Fertigrammpfähle aus Stahlbeton und Spannbeton ermittelten Spitzendruck- und Mantelreibungswerte, für die empirische Anpassungsfaktoren η für weitere Fertigrammpfahlsysteme abgeleitet worden sind. Im Einzelnen werden die Pfahltypen Stahlträgerprofil, doppeltes Stahlträgerprofil, Spundwandprofil, offenes Stahlrohr ($D_b \leq 0{,}80$ m), Hohlkasten, geschlossene Stahlrohre ($D_b \leq 0{,}80$ m) und offenes Stahlrohr ($D_b > 0{,}80$ m) unterschieden.

Die maßgebenden geometrischen Bezugsflächen für Mantelreibung und Spitzendruck sind in Bild 56 dargestellt. Für den Spitzendruck ist bei allen dargestellten Profilen die umrissene Stahlquerschnittsfläche maßgebend. Die Bezugsfläche für die Mantelreibung ist die äußere Mantelfläche. Die Anpassungsfaktoren η sind Tabelle 22 zu entnehmen.

3.6.3.3 Bohrpfähle und Schraubpfähle

Bild 57 zeigt die Elemente der charakteristischen Widerstands-Setzungs-Linie aus Erfahrungswerten bis zu einer Setzung von $s = s_g = s_{ult}$ gemäß Gl. (3) für Bohrpfähle und Schraubpfähle.

Für den charakteristischen Mantelwiderstand $R_{s,k}(s_{sg})$ in MN gilt im Bruchzustand eine Grenzsetzung:

$$s_{sg}[cm] = 0{,}5 \cdot R_{s,k}(s_{sg})[MN] + 0{,}5[cm] \leq 3[cm] \tag{33}$$

Die charakteristische axiale Pfahlwiderstandskraft ist aus dem Ansatz

$$R_k(s) = R_{b,k}(s) + R_{s,k}(s) = q_{b,k} \cdot A_b + \sum_i q_{s,k,i} \cdot A_{s,i} \tag{34}$$

zu ermitteln.

Tabelle 22. Anpassungsfaktoren für Spitzendruck und Mantelreibung η_b bzw. η_s von Fertigrammpfählen unterschiedlicher Profilnormen

Pfahltyp		η_b	η_s
Stahlbeton und Spannbeton		1,00	1,00
Stahlträgerprofil[1] ($h \leq 0{,}50$ m und $h/b_F \leq 1{,}50$)	$s = 0{,}035 \cdot D_{eq}$	$0{,}61 - 0{,}30 \cdot h/b_F$	0,80
	$s = 0{,}10 \cdot D_{eq}$	$0{,}78 - 0{,}30 \cdot h/b_F$	
doppeltes Stahlträgerprofil		0,25	0,80
offenes Stahlrohr und Hohlkasten ($D_b \leq 0{,}80$ m)		0,65	0,80
geschlossenes Stahlrohr ($D_b \leq 0{,}80$ m)		0,80	0,80

[1] h = Höhe des Stahlträgerprofils, b_F = Flanschbreite des Stahlträgerprofils

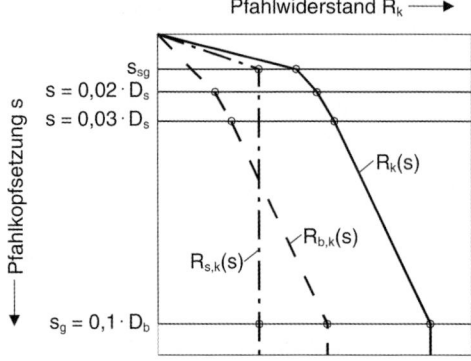

Bild 57. Idealisierte Widerstands-Setzungs-Linie für Bohr- und Schraubpfähle nach Gl. (33)

Die Erfahrungswerte aus [39] dürfen auch für tangierende oder überschnittene Bohrpfahlwände und Schlitzwände verwendet werden, sofern nur die im Kontaktbereich zum Boden wirkenden Nettoflächen für Pfahlspitzendruck und Pfahlmantelreibung angesetzt werden. Als Nettofläche wird dabei eine im Grundriss flächengleiche rechteckförmige Ersatzwand zugrunde gelegt.

Die Gruppe der Verdrängungsbohrpfähle ist untergliedert in Teilverdrängungsbohrpfähle nach DIN EN 1536 und Schraubpfähle (Vollverdrängungsbohrpfähle) nach DIN EN 12699 (s. Abschn. 2.1).

Die verschiedenen Typen der Teilverdrängungsbohrpfähle unterscheiden sich in vielen Merkmalen, sodass eine allgemeingültige Aussage über Erfahrungswerte der Pfahlwiderstände nur bedingt möglich ist. Näherungsweise dürfen für die Ermittlung der charakteristischen Widerstände auf Grundlage von Erfahrungswerten die Werte aus [39] für Bohrpfähle mit einem einheitlichen Faktor 1,15 erhöht werden, wenn der geförderte Boden geringer als das Pfahlvolumen ist.

Die Schraubpfähle werden auch als Vollverdrängungsbohrpfähle bezeichnet. Der Begriff „Bohren" steht für Bodenförderung. Die Bezeichnung Vollverdrängungsbohrpfahl ist damit in sich widersprüchlich, weil Bohren und Vollverdrängung sich begrifflich gegenseitig ausschließen. Obwohl sich die Bezeichnung inzwischen auch in der Fachliteratur etabliert hat, werden die Pfahlsysteme, bei deren Herstellung ein Vortreibrohr statisch, d. h. drehend und/oder drückend, erschütterungsfrei abgeteuft wird und den Boden, insbesondere auch im Einbindebereich der tragfähigen Schicht, vollständig verdrängt, primär als Schraubpfahl bezeichnet. Zur Herstellung der Schraubpfähle finden sich Angaben in DIN EN 12699 und Abschnitt 2.2.7. Durch das statisch drehende Einbringverfahren unterscheiden sich die Schraubpfähle von anderen, dynamisch eingebrachten, vollverdrängenden Systemen wie beispielsweise vorgefertigte Verdrängungspfähle.

Im Wesentlichen werden in Deutschland als Schraubpfähle die Systeme Atlas- und Fundexpfähle (s. Abschn. 2.2.7.2 und 2.2.7.3) bezeichnet.

Hinweise und Erfahrungswerte für Spitzendruck- und Mantelreibung von Bohr- und Schraubpfählen siehe Abschnitte 3.6.4 und 3.6.5.

3.6.3.4 Verpresste Verdrängungs- und Mikropfähle

Falls im Ausnahmefall für Verpressmörtelpfähle (VM-Pfähle), Rüttelinjektionspfähle (RI-Pfähle), verpresste Mikropfähle oder Rohrverpresspfähle keine Probebelastungen ausgeführt

3.2 Pfahlgründungen

werden, darf der charakteristische Pfahlwiderstand $R_{g,k} = R_{ult,k}$ im Grenzzustand der Tragfähigkeit nach Gl. (35)

$$R_{g,k} = R_{s,k} = \sum_i q_{s,k,i} \cdot A_{s,i} \tag{35}$$

ermittelt werden.

Hinweise und Erfahrungswerte für die Bruchmantelreibung von verpressten Verdrängungs- und Mikropfählen siehe Abschnitt 3.6.4 und 3.6.5.

3.6.4 Tabellenwerte für Spitzendruck und Mantelreibung

In [39] sind die aus den zuvor erläuterten empirischen Auswertungen nach [79, 80] ermittelten Erfahrungswerte für Spitzendruck und Mantelreibung in Tabellenform für die Konstruktionspunkte der WSL nach den Bildern 54 und 57 enthalten, unterschieden nach den Pfahlsystemen.

Des Weiteren sind in [39] die Anwendungsgrenzen der Werte und Anwendungsbeispiele enthalten.

3.6.5 Vergleichende Darstellung der Pfahlwiderstände

Im Folgenden sind die Grenz- bzw. Bruchwerte für Pfahlspitzendruck und Pfahlmantelreibung nach den empirischen Auswertungen (s. Abschn. 3.6.1) und [79, 80] für die einzelnen Pfahlsysteme in vergleichender Form grafisch dargestellt. Die Werte sind entsprechend in die Tabellen von [39] eingeflossen.

Ergänzend zu [39] ist in den Bildern 66 und 67 der Pfahlspitzendruck ausgewählter Pfahlarten in norddeutschen Geschiebemergel angegeben. Allerdings ist dafür die Datengrundlage gering.

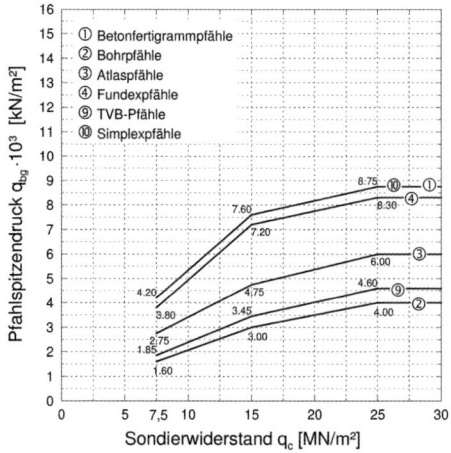

Bild 58. Untere Erfahrungswerte zum Bruchwert des Pfahlspitzendrucks q_b in nichtbindigen Böden (ca. 10%-Fraktil)

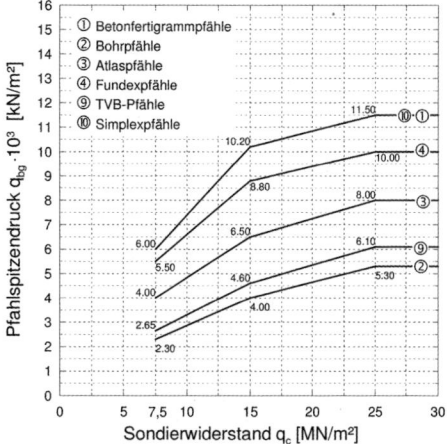

Bild 59. Obere Erfahrungswerte zum Bruchwert des Pfahlspitzendrucks q_b in nichtbindigen Böden (ca. 50%-Fraktil)

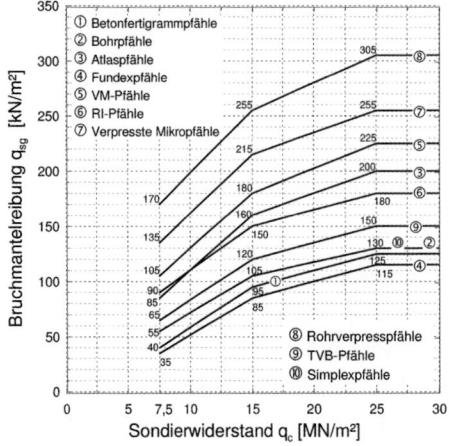

Bild 60. Untere Erfahrungswerte der Bruchmantelreibung q_s in nichtbindigen Böden (ca. 10%-Fraktil)

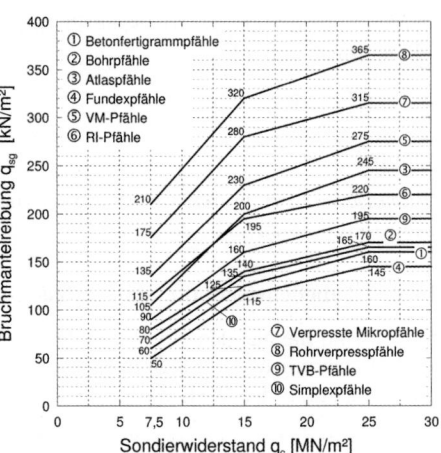

Bild 61. Obere Erfahrungswerte der Bruchmantelreibung q_s in nichtbindigen Böden (ca. 50%-Fraktil)

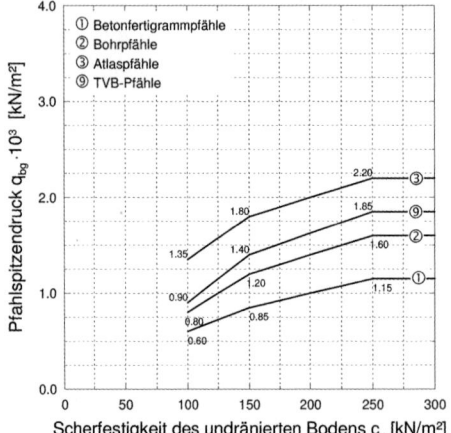

Bild 62. Untere Erfahrungswerte zum Bruchwert des Pfahlspitzendrucks q_b in bindigen Böden (ca. 10%-Fraktil)

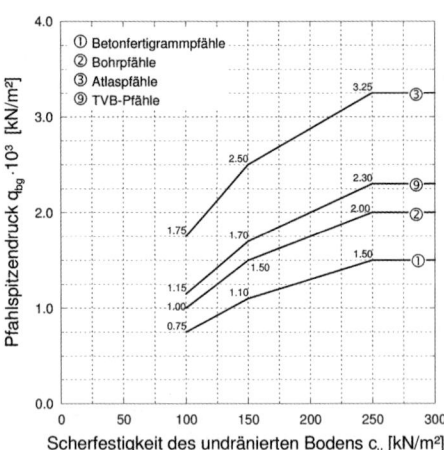

Bild 63. Obere Erfahrungswerte zum Bruchwert des Pfahlspitzendrucks q_b in bindigen Böden (ca. 50%-Fraktil)

3.2 Pfahlgründungen

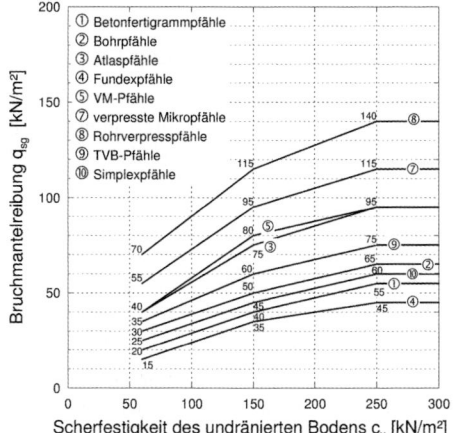

Bild 64. Untere Erfahrungswerte der Bruchmantelreibung q_s in bindigen Böden (ca. 10%-Fraktil)

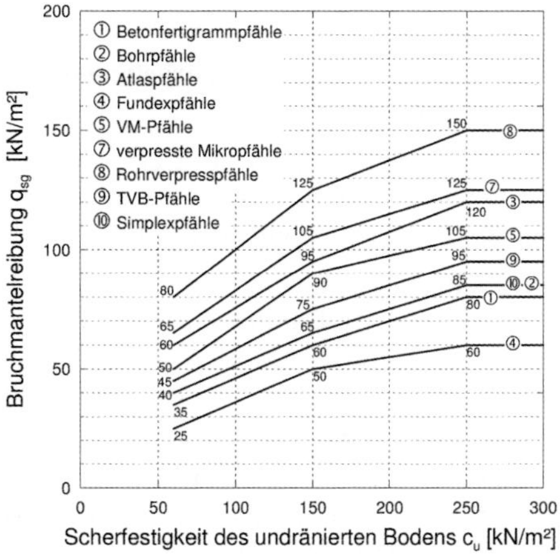

Bild 65. Obere Erfahrungswerte der Bruchmantelreibung q_s in bindigen Böden (ca. 50%-Fraktil)

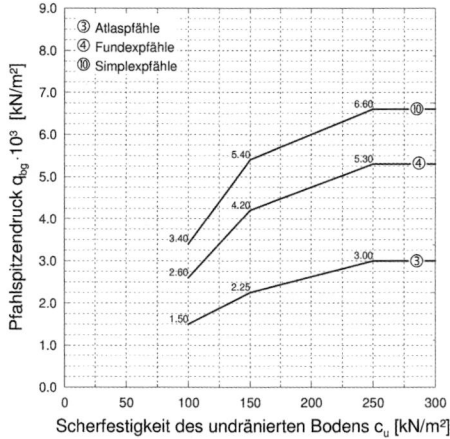
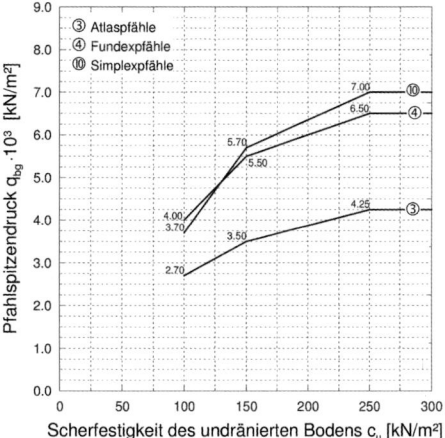

Bild 66. Untere Erfahrungswerte zum Bruchwert des Pfahlspitzendrucks q_b in Geschiebemergel (ca. 10%-Fraktil)

Bild 67. Obere Erfahrungswerte zum Bruchwert des Pfahlspitzendrucks q_b in Geschiebemergel (ca. 50%-Fraktil)

3.6.6 Frankipfähle

3.6.6.1 Allgemeines und Vorgehensweise bei der empirischen Auswertung für die EA-Pfähle

Der Frankipfahl (s. Abschn. 2.2.5) ist ein Ortbetonrammpfahl, der sich durch einen stark vergrößerten Pfahlfuß in Form eines Ellipsoids auszeichnet. Seine Tragfähigkeit wird dadurch maßgeblich über den Pfahlfuß bestimmt (s. Bild 53).

Dieses Pfahlsystem wird in Abhängigkeit des Fußvolumens über Bemessungsnomogramme vordimensioniert. Darüber hinaus ist für die Auswertung nicht wie bisher der Sondierwiderstand q_c der Drucksonde, sondern der Normrammarbeits-Anteil W (Tabelle 23) maßgebend. Dieser ist der Quotient aus der aufgewendeten Rammarbeit auf den letzten 2 m und der Normrammarbeit.

Gemäß [77] lag bisher ein Bemessungsnomogramm für nichtbindige Böden vor. Für die Angaben in [39] wurden etwa 300 Pfahlprobebelastungen in Anlehnung an Abschnitt 3.6.1 neu ausgewertet.

Die geometrische Form des Pfahlfußes eines Frankipfahls ähnelt einem Ellipsoid (Bild 68). Nach dem Einrammen des Rammrohrs kann ein mittlerer Rohrhub von 80 cm angesetzt werden, um die Höhe festzulegen, an welcher der Pfahlfuß in die Mantelfläche übergeht. Diese Größe ist eine näherungsweise Annahme, die verwendet wird, um das Fußvolumen und damit die Pfahltragfähigkeit bestimmen zu können [71].

Tabelle 23. Norm-Rammarbeit W_{norm} bei lotrechten Frankipfählen

Rohrdurchmesser D_s [cm]	Bärgewicht [kN]	Fallhöhe [m]	Anzahl Rammschläge/2 m	Norm-Rammarbeit W_{norm} [kNm]
42	22,0	6,5	125	17.875
51	30,0	6,5	125	24.375
56	37,5	6,5	125	30.469
61	45,0	6,5	125	36.563

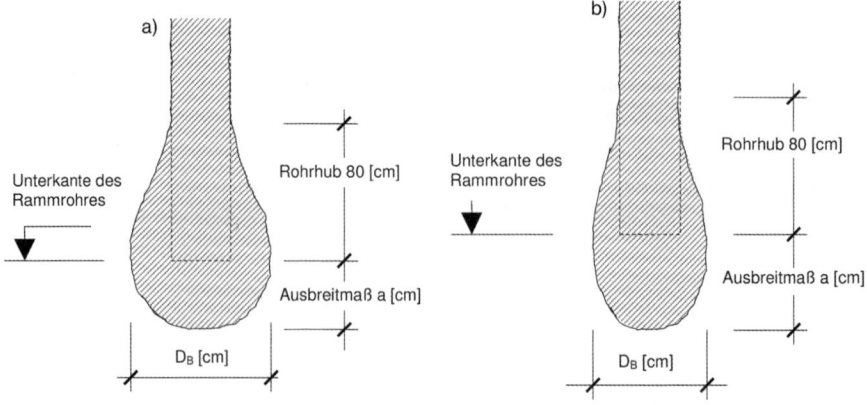

Bild 68. Ermittlung des Austreibmaßes a) in nichtbindigen und b) in bindigen Böden

3.2 Pfahlgründungen

Tabelle 24. Austreibmaß in Abhängigkeit der Rammarbeit in nichtbindigen (nbB) und bindigen Böden (bB) (nach [71])

W [–]		0,4	0,5	0,6	0,7	0,8	0,9	1,0	1,1	1,2	1,3	1,4	1,5	1,6	1,7	1,8	1,9	2,0
nbB	a [cm]	60	54	48	42	37	33	29	26	23	21	19	18	17	16	15	14	13
bB		170	135	110	90	70	55	45	39	35	31	29	27	26	24	22	20	20

Das Maß, um das der Beton beim Austreiben in den Boden eindringt, ist von der Bodenart und der Rammarbeit abhängig. In bindigen Böden ist das Austreibmaß größer (Bild 68). Die Ermittlung des Austreibmaßes a lässt sich aus Tabelle 24 sowohl für nichtbindige (nbB) als auch für bindige (bB) Böden ermitteln. Die Werte für bindige Böden werden ebenso für Geschiebemergel angesetzt.

Die Gesamthöhe H des Pfahlfußes lässt sich mit Gl. (36) bestimmen.

$$H \,[cm] = 80 + a \,[cm] \tag{36}$$

Der Fußdurchmesser D_b und das Fußvolumen V werden in Anhängigkeit von H und dem Fußvolumen V durch folgende Gleichungen ermittelt:

$$D_b = \sqrt{\frac{6 \cdot V}{\pi \cdot H}} \tag{37}$$

$$V = \frac{D_b \cdot \pi \cdot H}{6} \tag{38}$$

Durch Umrechnung erhält man die für die Bemessungsnomogramme notwendige Beziehung zwischen dem Pfahlfußvolumen V und dem zulässigen Pfahlfußwiderstand $R_{b,k} = R_{b,g}$, der Pfahlfußhöhe H und des Pfahlspitzendrucks q_b

$$V = \frac{2}{3} \cdot \frac{R_{b,k} \cdot H}{q_{b,k}} \tag{39}$$

Die Widerstands-Setzungs-Linien werden mit dem Hyperbelverfahren bis zur jeweiligen Grenzsetzung s_g extrapoliert. Diese wurde auch für Frankipfähle nach Gl. (3), allerdings bezogen auf den Schaftdurchmesser D_s, festgelegt.

3.6.6.2 Pfahlwiderstände aus Erfahrungswerten für Frankipfähle

Die Erfahrungswerte der Bruchmantelreibung für Frankipfähle sind in den Tabellen 25 und 26 angegeben und die aus den ausgewerteten Probebelastungen abgeleiteten Erfahrungswerte für Pfahlfußwiderstände und erforderliche Fußvolumen finden sich in den Bildern 69 bis 72. In [39] sind zusätzlich auch Nomogramme für Geschiebemergel enthalten.

Für die Anwendung der Nomogramme wird vorausgesetzt, dass

– auf den letzten zwei Rammmetern der Norm-Rammarbeit-Anteil

$$W = \frac{W_{ist}}{W_{norm}} \geq 0,5 \text{ ist}$$

– Mantelreibung erst oberhalb von 0,8 m über der Rammtiefe gemäß den Tabellen 25 und 26 angesetzt wird.

Tabelle 25. Spannen der Erfahrungswerte für die charakteristische Pfahlmantelreibung $q_{s,k}$ für Frankipfähle in nichtbindigen Böden

Mittlerer Sondierwiderstand q_c der Drucksonde in MN/m²	Bruchwert $q_{s,k}$ der Pfahlmantelreibung in kN/m²
7,5	70–95
15	115–150
≥ 25	135–180

Zwischenwerte können geradlinig interpoliert werden.

Tabelle 26. Spannen der Erfahrungswerte für die charakteristische Pfahlmantelreibung $q_{s,k}$ für Frankipfähle in bindigen Böden

Scherfestigkeit $c_{u,k}$ des undränierten Bodens in kN/m²	Bruchwert $q_{s,k}$ der Pfahlmantelreibung in kN/m²
60	35–45
150	55–70
≥ 250	70–90

Zwischenwerte können geradlinig interpoliert werden.

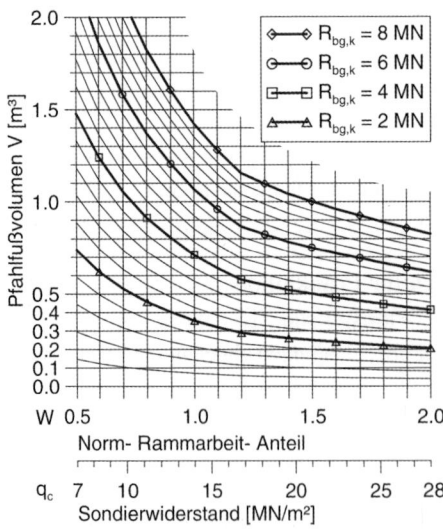

Bild 69. Untere Erfahrungswerte für Pfahlfußwiderstände und erforderliche Fußvolumen von Frankipfählen in nichtbindigen Böden

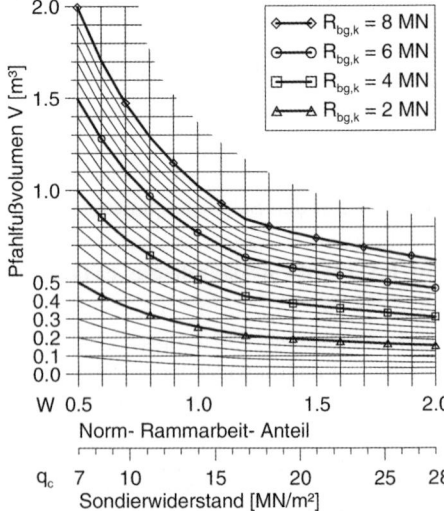

Bild 70. Obere Erfahrungswerte für Pfahlfußwiderstände und erforderliche Fußvolumen von Frankipfählen in nichtbindigen Böden

3.2 Pfahlgründungen

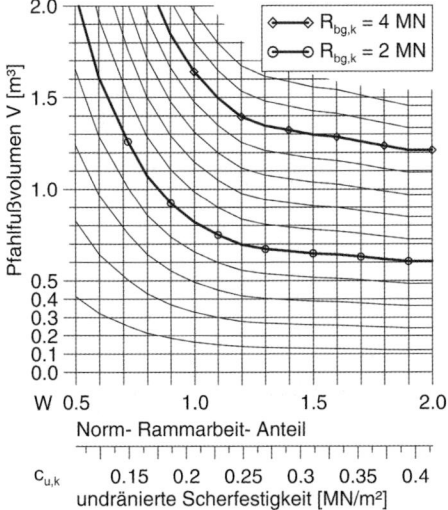

Bild 71. Untere Erfahrungswerte für Pfahlfußwiderstände und erforderliche Fußvolumen von Frankipfählen in bindigen Böden

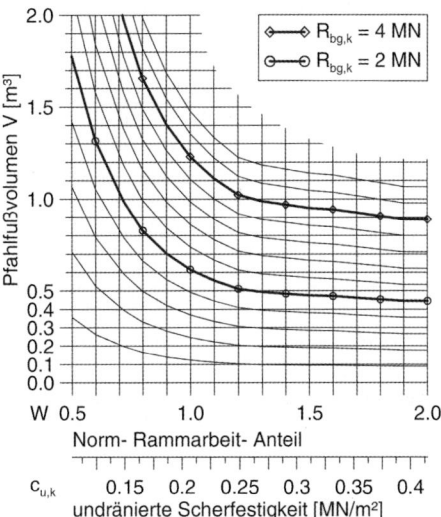

Bild 72. Obere Erfahrungswerte für Pfahlfußwiderstände und erforderliche Fußvolumen von Frankipfählen in bindigen Böden

Bei diesem Pfahlsystem kann im Fuß- und/oder im Schaftbereich des Pfahls vorab eine Bodenverbesserung mithilfe einer Kiesvorverdichtung (KVV) ausgeführt werden. In solchen Fällen ist für die Dimensionierung des Fußvolumens die nach erfolgter KVV beim Wiedereinrammen des Vortreibrohrs geleistete Rammarbeit maßgebend.

Zusammenfassend erfolgt die Bestimmung der Pfahltragfähigkeit in zwei Schritten über die Anpassung des Pfahlfußvolumens in Abhängigkeit von

– dem zu erzielenden Pfahlwiderstand und
– der geleisteten Rammarbeit beim Einrammen des Vortriebrohrs auf den beiden letzten Rammmetern.

Nach der Vordimensionierung mit den Nomogrammen der Erfahrungswerte über den Widerstand der Drucksonde $q_{c,k}$ wird das erforderliche Fußvolumen bzw. der Pfahlfußwiderstand für jeden einzelnen Pfahl bei der Pfahlherstellung über die aus dem Rammarbeitsdiagramm auf den letzten 2 m geleistete Rammarbeit bestimmt.

In [39] findet sich ein Beispiel für die Ermittlung der Pfahlwiderstände von Frankipfählen sowie weitere Hinweise für die Anwendung der Nomogramme.

3.7 Pfahlwiderstände bei Mantel- und Fußverpressungen

Die in Abschnitt 2.5.3 dargestellten Techniken zur Mantel- und Fußverpressung besonders bei Bohrpfählen führen in der Regel zu erheblichen Tragfähigkeitserhöhungen der Pfähle gegenüber unverpressten Pfählen. Besonders wirksam ist die Mantelverpressung. Dies kann begründet werden mit Vorspanneffekten im umgebenden Boden sowie Vergrößerung der Pfahlmantelfläche durch die Aufweitung und einen besonders guten Verbund mit einer

Tabelle 27. Kenngrößen der Pfahlvergütung (nach [128])

Vergütungsart	Mantelverpressung			
Projekt	Kö-Galerie Düsseldorf	Kölnarena	Commerzbank Frankfurt / M.	DLZ Ostkreuz Berlin
Gründungselement	Primärstützen mit Großbohrpfählen	Großbohrpfähle	Großbohrpfähle	Großbohrpfähle
Schaft-Ø	180–240 cm	150 + 180 cm	150 + 180 cm	90, 120, 150 cm
Fuß-Ø	./.	./.	./.	./.
Teufe	26,00–30,00 m	max. 20,00 m	37,60–45,60 m	max. 31,00 m
betonierte Länge	16,00–18,00 m	12,50–18,25 m	36,00–44,00 m	max. 30,00 m
Art / Anzahl der Verpressrohre	Einfachverpressrohr mit je 1 Ventil PVC/PE	Einfachverpressrohr mit je 1 Ventil ¾ Zoll PVC/PE	Einfachverpressrohr mit je 1 Ventil PVC/PE	Einfachverpressrohr mit je 1 Ventil PVC/PE
Ventilabstand	./.	./.	./.	./.
Verpressart	Einfachverpressung	Einfachverpressung	Einfachverpressung	Einfachverpressung
Länge der verpressten Strecke	8,00 m	3,00–7,25 m	8,00–11,00 m	ganze Pfahllänge ab 4 m unter Gelände
Spezifische Fläche je Ventil	2,00+2,50 m²/Ventil	1,50 m²/Ventil	2,00–2,20 m²/Ventil	4,00 m²/Ventil
Druck	min. 20 bar max. 30 bar	min. 20 bar max. 30 bar	max. 30 bar	20–30 bar
Menge	150 l/Ventil	150 l/Ventil	./.	80 l/Ventil
Pumprate	10 l/min	10 l/min	max. 10 l/min	5–10 l/min
max. Hebung	./.	./.	./.	./.
Art der Aufzeichnung	automatischer Druck-/Mengen-schreiber	automatischer Druck-/Mengen-schreiber	automatischer Druck-/Mengen-schreiber	automatischer Druck-/Mengen-schreiber
angesetzte Grenz-mantelreibung	200 kN/m²	100 kN/m²	keine Angabe	Erhöhung der Werte nach DIN 4014 um 100 kN/m²
angesetzter Spitzendruck als Bruchwert	2,00 MN/m²	2,00 MN/m² ohne, 3,10 MN/m² mit Fußverpressung	keine Angabe	keine Angabe
Gebrauchslast	4,0–10,0 MN	./.	10–20 MN inkl. Gebirgsverpressung	5,5–8,0 MN für Ø 120 cm
Setzung unter Gebrauchslast	max. 20 mm	max. 10 mm	max. 50 mm	9–11 mm, bei 3 Probebelastungen gemessen
Bodenart der tragfähigen Schicht	Kiessand, tertiärer Sand	Kiessand	Frankfurter Kalke (Inflatenschichten)	Sand, locker bis dicht gelagert

Verzahnung. Nach [122] haben Ergebnisse von vergleichenden Pfahlprobebelastungen gezeigt, dass durch gezieltes Nachverpressen eine Steigerung des Widerstands am Pfahlmantel um ca. 100 % gegenüber dem unverpressten Pfahl erreicht werden kann.

Für Vorentwürfe kann die Pfahlmantelreibung $q_{s,k}$ von mantelverpressten Bohrpfählen näherungsweise wie für verpresste Mikropfähle (s. Abschn. 3.6.4 und 3.6.5) angesetzt

3.2 Pfahlgründungen

Tabelle 27. (Fortsetzung)

Vergütungsart	Fußverpressung		Kombinierte Fuß- und Mantelverpressung
Projekt	U-Bahn Köln Los M1	Kölnarena	Kölnarena
Gründungselement	Großbohrpfähle	Großbohrpfähle	Großbohrpfähle
Schaft-Ø	90 cm	150 + 180 cm	150 + 180 cm
Fuß-Ø	./.	./.	./.
Teufe	14,10 m	max. 20,00 m	max. 20,00 m
betonierte Länge	12,70 m	12,50–18,25 m	12,50–18,25 m
Art / Anzahl der Verpressrohre	1 Verpressverpressrohr, 1 Entlüftungsverpressrohr, 1 Reserveverpressrohr	1 Verpressverpressrohr, 1 Entlüftungsverpressrohr, ¾ Zoll Stahl	1 + 2
Ventilabstand	./.	./.	./.
Verpressart	Einfachverpressung	Einfachverpressung	Einfachverpressung
Länge der verpressten Strecke	./.	./.	8,00 m
Spezifische Fläche je Ventil	./.	./.	1,50 m²/Ventil
Druck	ca. 35 bar	max. 40 bar	min. 20 bar max. 40 bar
Menge	nach Erford.	ohne Limit	min. 150 l/Ventil bis ohne Limit
Pumprate	0–3 l/min	10 l/min	10 l/min
max. Hebung	1 mm	5 mm	5 mm
Art der Aufzeichnung	Handaufzeichnung	automatischer Druck-/Mengen-schreiber	automatischer Druck-/Mengen-schreiber
angesetzte Grenz-mantelreibung	60 kN/m²	60 kN/m² ohne, 100 kN/m² mit Mantel-verpressung	100 kN/m²
angesetzter Spitzendruck als Bruchwert	2,20 MN/m²	3,10 MN/m²	3,10 MN/m"
Gebrauchslast	keine Angabe	./.	./.
Setzung unter Gebrauchslast	keine, da Kraftschluss gefordert	max. 10 mm	max. 10 mm
Bodenart der tragfähigen Schicht	Kiessand	Kiessand	Kiessand

werden. Bild 73 a fasst Erfahrungswerte für die Mantelreibung im Bruch von mantelverpressten Bohrpfählen zusammen. Des Weiteren zeigt Bild 73 b die Wirkungsweise einer Pfahlfußverpressung, wobei die Fußverpressung eine Bodensetzung Δs unter dem Pfahlfuß zur Spitzendruckmobilisierung vorwegnimmt, die die Pfahlsetzung s(SLS) im Gebrauchszustand deutlich reduziert. Tabelle 27 enthält eine Zusammenstellung von festgestellten Kenngrößen der Pfahlvergütung bei praktischen Projekten.

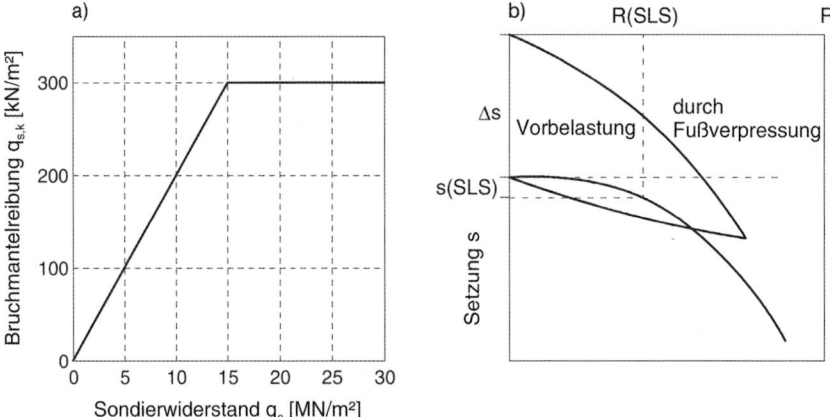

Bild 73. a) Empfohlene Mantelreibung aufgrund von Probebelastungen in nichtbindigen Böden bei mantelverpressten Bohrpfählen (nach [128]); b) Pfahlfußverpressung bewirkt geringere Pfahlsetzungen im Gebrauchszustand (SLS)

3.8 Pfahlwiderstände bei Fels und felsähnlichen Böden

Die Angabe von Erfahrungswerten für den Pfahlspitzendruck und die Mantelreibung von Pfählen im Fels und felsähnlichen Böden ist nur bedingt möglich. Die zugrundeliegenden Pfahlprobebelastungen streuen sehr und insgesamt liegen, im Gegensatz zu Belastungsversuchen im Lockergestein, im Festgestein nur vergleichsweise wenige Versuche vor. Eine weitere Schwierigkeit liegt in der Angabe einer geeigneten und leicht zu bestimmenden felsmechanischen Kenngröße, mit der Erfahrungswerte aus den Pfahlprobebelastungen zu korrelieren sind. Dabei hat sich weitgehend als beschreibende Kenngröße für das Festgestein die einaxiale Druckfestigkeit q_u durchgesetzt. Diese bezieht sich im Wesentlichen aber auf die Gesteinsfestigkeit und weniger auf die Gebirgsfestigkeit und streut bekanntermaßen ebenfalls erheblich. In Bild 74 sind Probebelastungsergebnisse für die Mantelreibung und den Spitzendruck abhängig von q_u aus der Literatur zusammengestellt. Die Darstellungen gehen auf [91] mit Ergänzungen nach [64] zurück. Diesen beiden Literaturhinweisen können auch die Originalquellen entnommen werden.

Ebenfalls in Bild 74 eingetragen ist ein Vorschlag nach [143] entsprechend Gln. (40 a) und (40 b):

$$q_{s1} = 0{,}45 \cdot \sqrt{q_u} \qquad (40\,\text{a})$$

$$q_{b1} = 2{,}5 \cdot q_u \qquad (40\,\text{b})$$

Die charakteristischen Erfahrungswerte aus [39] liegen, wie aus Bild 74 ersichtlich, in der Regel auf der sicheren Seite. Bei größeren Pfahlgründungen empfehlen sich Probebelastungen zur Ermittlung wirtschaftlicher Widerstände.

Besonders schwierig ist die Beurteilung der Pfahltragfähigkeit bei teilentfestigten Gesteinsschichten [152]. In [120] ist der aktuelle Kenntnisstand zum Pfahltragverhalten in festen und veränderlich festen Gestein als Grundlage für die Regelungen in der EA-Pfähle zusammengestellt. Dort finden sich auch Tragfähigkeitsangaben nach anderen Felsklassifizierungen, siehe auch [39].

3.2 Pfahlgründungen

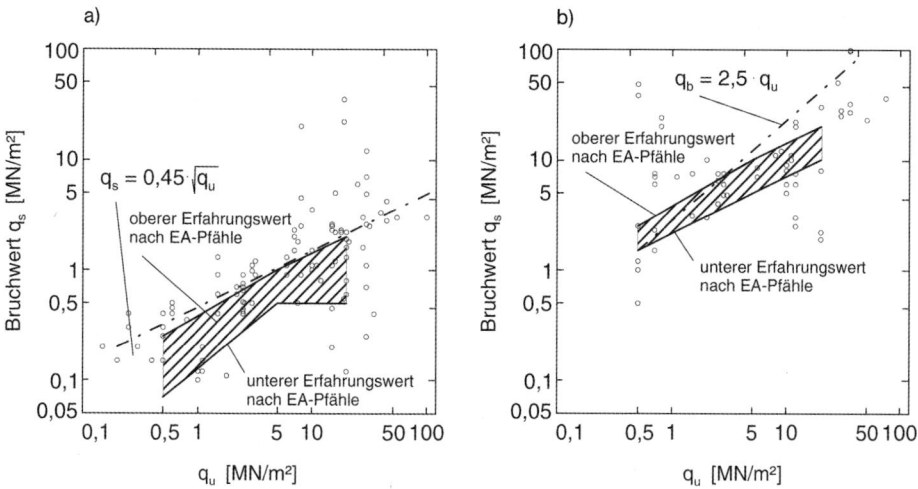

Bild 74. Erfahrungswerte für a) Pfahlmantelreibung q_s und b) Pfahlspitzendruck q_b im Festgestein [64, 91, 143] und Angaben von Spannen (aus [39])

3.9 Einfluss der Einbringeart auf die Tragfähigkeit von Verdrängungspfählen

Bei den vorstehend beschriebenen Tragfähigkeiten von Verdrängungspfählen liegt zugrunde, dass die Pfähle gerammt wurden. Sofern eine Pfahleinbringung mit Vibrationsbären erfolgt, sind i. d. R. deutlich niedrigere Pfahltragfähigkeiten zu erwarten, die allerdings nur bedingt quantifiziert werden können.

In [53] ist ausgeführt, dass einvibrierte Verdrängungspfähle nur 60–70% der Tragfähigkeit vergleichbar gerammter Pfähle aktivieren. Eine ähnliche Angabe mit 60% findet sich in [110] auf der Grundlage von vergleichbaren Probebelastungen. In [13] wird in Mergel von nur 25% des Spitzendrucks und 85% der Mantelreibung sowie in dicht gelagerten Kies von 75% der Mantelreibung berichtet. Angaben für einvibrierte Stahlrohrpfähle enthält [94].

Wenn allerdings die letzten Einbringemeter nach der Vibration im Rammverfahren ausgeführt werden, ist weitgehend wieder die Tragfähigkeit zu erwarten, die vollständig gerammte Pfähle aufweisen [110].

4 Pfahltragverhalten quer zur Pfahlachse und infolge Momenteinwirkungen

4.1 Allgemeines

Mit zunehmend größer werdenden Pfahldurchmessern, z. B. große Stahlrohr-Verdrängungspfähle und besonders Großbohrpfähle, wurden im Gegensatz zu Pfahlrostkonstruktionen mit Schrägpfählen, diese vertikal hergestellten Pfähle auch für Einwirkungen quer zur Pfahlachse verwendet. Dabei kann nach [33] und Bild 75 zwischen Einwirkungen aus „aktiver"

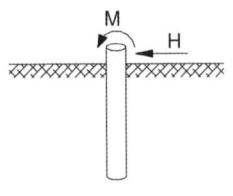
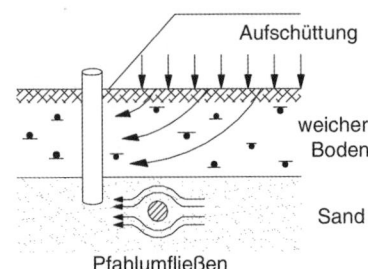

Bild 75. Definition von „aktiver" und „passiver" Pfahlbeanspruchung (nach [33]);
a) „aktive" Pfahlbeanspruchung, b) „passive" Pfahlbeanspruchung

Beanspruchung, z. B. Schnittgrößen am Pfahlkopf aus dem Bauwerk, oder „passiver" Beanspruchung aus dem um den Pfahlschaft fließenden weichen Boden unterschieden werden.

Zur passiven Pfahlbeanspruchung siehe Abschnitt 6.2. Einwirkungen und Widerstände bei aktiven Pfahlbeanspruchungen sind nachfolgend ausgeführt.

Die quer zur Pfahlachse angreifenden Kräfte beanspruchen den Pfahlschaft auf Biegung und werden über die seitliche Bettung des Pfahlschafts in den Baugrund abgetragen. In der Praxis gebräuchlich sind für solche Berechnungen die Dalbentheorie nach [11], die Elastizitätstheorie und die Bettungsmodultheorie. In allen drei Fällen muss das Bodenverhalten teilweise mit empirisch ermittelten Parametern erfasst werden. Zunehmend werden für die Fragestellung auch numerische Berechnungsverfahren verwendet. Ziel der Berechnungen ist die Pfahlbemessung und die Vorhersage der Pfahlkopfverschiebungen und -verdrehungen.

Dabei kann zwischen zwei Grenzfällen, den „kurzen" und „langen" Pfählen unterschieden werden. Bei „kurzen" Pfählen erfährt der Pfahlfuß unter der Belastung Horizontalverschiebungen; bei „langen" Pfählen erreicht die Biegebeanspruchung das Fußende nicht, sodass diese bei Berechnungen als unendlich lang angesehen werden können (siehe z. B. [49]).

Auch die neuen Ausgaben der DIN 1054 unterscheiden zwischen schlankeren biegeweichen Pfählen, die in der Regel mit dem Bettungsmodulverfahren berechnet werden und kurzen, nahezu starren Pfählen, deren Einspannwirkung im Boden sich aus einem räumlichen Erdwiderstandskräftepaar ableiten lässt.

Die Ermittlung von Pfahlwiderständen auf der Grundlage der Elastizitätstheorie finden sich z. B. in [132]. Im Zusammenhang mit Monopile-Gründungen für Windkraftanlagen wird häufig auch das sog. p-y-Verfahren verwendet (s. Abschn. 4.3).

4.2 Bettungswiderstände bei biegeweichen Pfählen

Wie bei Flachgründungen, kann der Pfahl mit der Differenzialgleichung des elastischen Balkens

$$E \cdot I \cdot \frac{d^4 \cdot y(z)}{d \cdot z^2} + \sigma_h(z) \cdot D_s = 0 \tag{41}$$

3.2 Pfahlgründungen

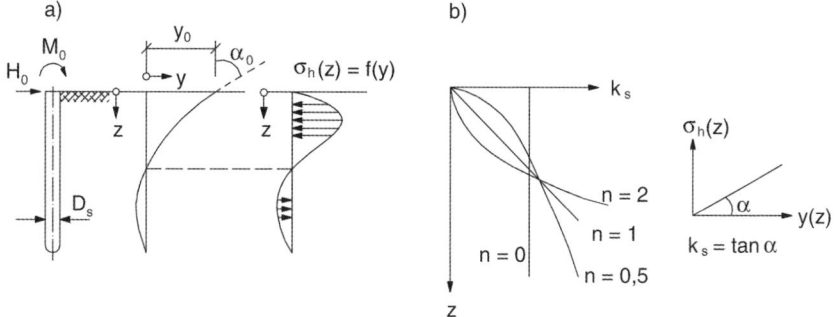

Bild 76. Pfahlberechnung nach dem Bettungsmodulverfahren;
a) Zusammenhang zwischen Pfahlverschiebung y(z) und Bettungsspannung $\sigma_h(z)$,
b) Definition des Bettungsmoduls k_s und Beispiel für Bettungsmodulverläufe über z nach Gl. (43)

beschrieben werden. Dabei gilt der Zusammenhang zwischen der Pfahlverschiebung y und der Horizontalspannung σ_h vor dem Pfahl bekanntlich zu

$$\sigma_h = k_s \cdot y \qquad (42)$$

mit einem Querwiderstand des Pfahls, der durch den Bettungsmodul k_s ausgedrückt werden kann (Bild 76).

Ein pragmatischer Ansatz für die Bettungsmodulverteilung ist gemäß Bild 76 b z. B.

$$k_s = n_h \cdot \left(\frac{z}{D_s}\right)^n \qquad (43)$$

wobei für n_h oftmals der Bettungsmodul in einer Tiefe $z = D_s$ eingesetzt wird.

Das Bettungsmodulverfahren hat gegenüber Verfahren nach der Elastizitätstheorie den Nachteil, dass die Schubspannungen im Boden nicht berücksichtigt werden. Dadurch kann dieser Ansatz für vertikale Pfähle mit Horizontalbeanspruchung in horizontal geschichtetem Boden die Schichtgrenzeneinflüsse besser als mit der Elastizitätstheorie berücksichtigen (Bild 77 b). Im Vertikalschnitt durch Horizontalkraft und Pfahl sind nämlich die Schubspannungen hier in Übereinstimmung mit der Theorie vernachlässigbar klein, weil die horizontalen Deformationsunterschiede längs des Pfahls klein sind. In Querrichtung zum Pfahl setzt die Bettungsmodultheorie allerdings sprunghafte Deformationsänderungen nach Bild 77 a voraus, die der Boden nicht mitmachen kann, weil er entgegen der Theorie in den Ebenen durch die Pfahlseitenflächen Schubspannungen überträgt. Mit einem konstanten, nur von der Bodenart abhängigen Bettungsmodul kann der Einfluss dieser Schubspannungen nicht erfasst werden. In [163, 166] wird empfohlen, diesen Fehler mithilfe der Elastizitätstheorie zu korrigieren; man erhält dann

$$k_s \approx \frac{E_s}{D_s} \qquad (44)$$

was auch in den neueren Ausgaben der DIN 1054 in Anlehnung daran für den charakteristischen Bettungsmodul $k_{s,k}$ empfohlen wird.

Danach ist der Bettungsmodul dem Pfahldurchmesser umgekehrt proportional. Bild 78 zeigt, dass dieses Ergebnis hinsichtlich seiner Linearität zwischen σ_h und y in der Praxis nicht gut

a) Pfahlquerschnitt 1-1

b) Pfahllängsschnitt

Vergleich der tatsächlichen Bodenverformung mit denen nach der Bettungsmodultheorie im Schnitt 1-1

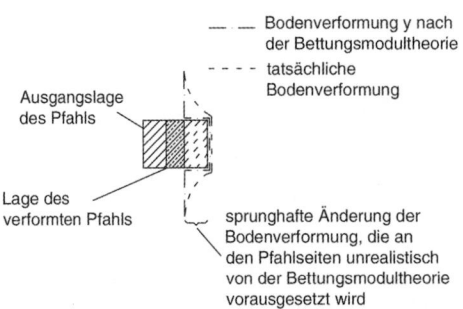
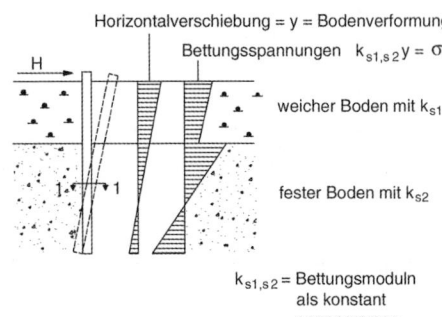

Bild 77. Schematische Darstellung der Bodenformationen nach der Bettungsmodultheorie am starren Pfahl; a) große Abweichungen zwischen Theorie und Wirklichkeit im Pfahlquerschnitt, b) Übereinstimmung im Längsschnitt

1) Nach der Bettungsmodultheorie ist $\sigma_h = k_s \, y$

2) Nach der Elastizitätstheorie ist
$$y \sim \frac{\sigma_h \, D_s}{E_s}$$

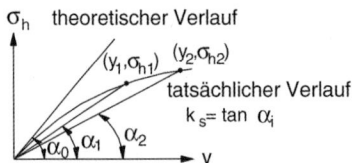
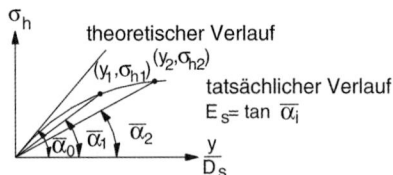

3) Gleichsetzen von 1) und 2) ergibt:
$$k_s = \frac{E_s}{D_s}$$

4) Die Anwendung von Bettungsmodul- und Elastizitätstheorie erfordert die Anpassung von Sekantenmodul $\tan \alpha_i = k_s$ bzw. $\tan \overline{\alpha}_i = E_s$ an aktuelle Messwerte (y_i, σ_{hi})

Bild 78. Möglichkeiten zur Korrektur des Fehlers der Bettungsmodultheorie für Bild 77 a durch Ansatz von $k_s = E_s/D_s$, wobei die Nichtlinearität von k_s und E_s durch Wahl von an Messergebnisse angepassten Sekantenmoduln $\tan \alpha_i$ bzw. $\overline{\alpha}_i$ kompensiert wird

erfüllt wird. Man ist daher zur Ermittlung passender Bettungsmoduln, die dann Sekantenmoduln gemäß Bild 78 sind, auf Probebelastungen angewiesen (s. Abschn. 7.3), wenn es darauf ankommt, dass die horizontalen Pfahlverschiebungen eine bestimmte Grenze mit Sicherheit nicht überschreiten.

Wo es lediglich auf die ausreichende Pfahlbemessung ankommt, kann der Bettungsmodul nach Gl. (44) genau genug ermittelt werden. Bei Berechnungen für geschichteten Baugrund kann diese Formel auf jede Schicht angewendet werden.

3.2 Pfahlgründungen

Bei Bettung von Pfählen in Sand sind Angaben nach [166] für den Bettungsmodul gebräuchlich. Danach wird der Bettungsmodul näherungsweise linear mit der Tiefe zunehmend angesetzt, und es ist

$$k_{s,k}(z) = k_R \cdot \frac{z}{D_s} \qquad (45)$$

mit dem empirischen Hilfswert k_R nach Tabelle 28.

Tabelle 28. Einheitsbettungsmoduln k_R für linear mit der Tiefe zunehmendem Bettungsmodul (nach [166])

Sondierwiderstand q_c (MN/m²)	Bettungsmodul k_R (MN/m³)
5–10	2
10–15	6,5
> 15	18

Wenn das Grundwasser nahe der Geländeoberfläche steht, sind nur 60 % der k_R-Werte anzusetzen.

Wie z. B. in [49] gezeigt, hat eine Verlängerung der Pfähle über die dreifache elastische Länge L* hinaus keine Verbesserungen des Tragverhaltens zur Folge.

Die elastische Länge ist bei k_s = const

$$L^* = \sqrt[4]{\frac{4 \cdot E_p \cdot I}{K_B}} \quad \text{mit} \quad K_B = k_s \cdot D_s \approx E_s \qquad (46)$$

und bei $k_s(z) = k_R \cdot z/D_s$

$$L^* = \sqrt[5]{\frac{E_p \cdot I}{k_R}} \qquad (47)$$

Es sei auch darauf hingewiesen, dass die Größe und Verteilung des charakteristischen Bettungsmoduls $k_{s,k}$ längs des Pfahls im Boden an horizontalen Pfahlprobebelastungen ermittelt werden sollten, wenn die Verformungen der Pfahlgründung für das Tragverhalten des aufgehenden Bauwerks, z. B. durch Zwangbeanspruchungen, von Bedeutung sind und keine Erfahrungen vorliegen. Die Ansätze nach den Gln. (43) bis (45) dürfen angesetzt werden, wenn sie nur der Ermittlung der Schnittgrößen dienen. Für diesen Anwendungsfall ist es nicht erforderlich, Betrachtungen zur Mobilisierung des Bettungs- bzw. Erdwiderstands anzustellen.

Diskussionen über die Größe des Bettungsmoduls ergeben sich bei praktischen Projekten häufig für dynamische oder zyklische Einwirkungen auf den Pfahl. Hierzu siehe Abschnitt 9.4.3.

4.3 Vorgehensweise nach dem p-y-Verfahren

Nach [139] wird beim p-y-Verfahren der Pfahl in gleich große Abschnitte unterteilt. Jeder Pfahlabschnitt erhält dann in seinem Schwerpunkt einen horizontalen Bodenwiderstand, ausgedrückt durch eine nichtlineare Federkennlinie. Die Federkennlinie besteht gemäß [139] im Wesentlichen aus drei Steifigkeitsbereichen, abhängig von der horizontalen Pfahlverschiebung (vgl. Bild 78), wobei Größen für die Verschiebungspunkte $1/60 \cdot D_s$ und $3/80 \cdot D_s$ angegeben sind. Für σ_h nach Bild 78 wird im p-y-Verfahren p verwendet. Der Maximalwert der Federkennlinie bzw. Bettungsreaktion wird durch einen Erdwiderstandsansatz in ähnlicher Form wie in Abschnitt 4.4 dargestellt begrenzt.

Insbesondere im Zusammenhang mit Offshore-Konstruktionen und Monopiles bei Windkraftgründungen wird das p-y-Verfahren in der in [2] dargestellten modifizierten Form angewendet. Bei größeren Durchmessern sind weitere Modifikationen erforderlich für die in [187] Ansätze zu finden sind.

4.4 Querwiderstände bei kurzen starren Pfählen

Die Ermittlung von Querwiderständen kurzer starrer Pfähle basieren in der Regel auf räumlichen Erdwiderstandsansätzen. Das älteste Verfahren ist wohl das für die Berechnung eines unter der Gewässersohle eingespannten Dalbens nach [11]. Ausgehend von den Annahmen nach Bild 79 unter Bildung der Momentensumme um einen Pfahlpunkt in der Tiefe t_0 hat *Blum* [11] folgende Gleichung abgeleitet:

$$\Sigma M_0 = 0: \quad H(h+t_0) - \gamma \cdot K_P \cdot \frac{a_s \cdot t_0^2}{2} \cdot \frac{t_0}{3} - \gamma \cdot K_P \cdot \frac{t_0^3}{2 \cdot 3} \cdot \frac{t_0}{4} = 0$$

$$t_0^4 + 4\left[a_s \cdot t_0^3 - \frac{6 \cdot H}{\gamma \cdot K_P} \cdot (h+t_0)\right] = 0 \tag{48}$$

Durch Probieren bzw. durch grafische Lösung lässt sich t_0 ermitteln. Für die erforderliche Pfahllänge wird oftmals näherungsweise $l = 1,2 \cdot t_0$ gewählt.

Ein verbessertes Verfahren zur Ermittlung der Querwiderstände kurzer Pfähle ist in [75, 76] dargestellt. Darin sind auch Hinweise zur Größenordnung der Pfahlverdrehung und Pfahlkopfverschiebung gegeben.

Bei den genannten Verfahren sind die Widerstände auf quadratische Pfahlabmessungen mit der Breite a_s bezogen. Umrechnungen auf runde Pfähle können nach Gl. (49) vorgenommen werden.

$$D_{s,ers} = \sqrt{\frac{4 \cdot a_s^2}{\pi}}; \quad a_{s,ers} = \sqrt{\frac{\pi \cdot D_s^2}{4}} \tag{49}$$

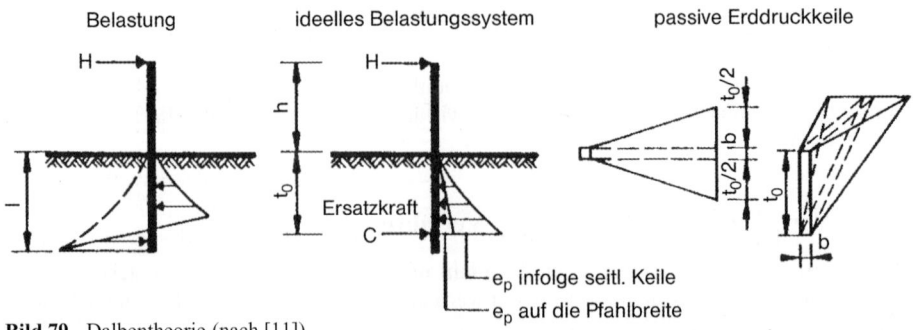

Bild 79. Dalbentheorie (nach [11])

3.2 Pfahlgründungen

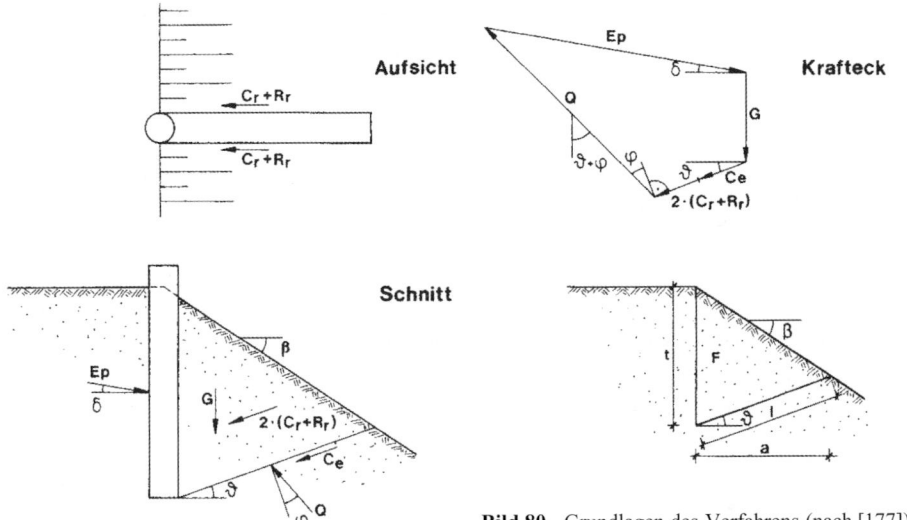

Bild 80. Grundlagen des Verfahrens (nach [177])

Speziell für die Bemessung von Lärmschutzwandgründungen ist in [177] das Verfahren nach Bild 80 vorgeschlagen worden, das auch Eingang in die ZTV-LSW 88 [192] gefunden hat.

Die Ableitung der Widerstände ergibt sich zu

$$E_p = \frac{C \cdot \left[\dfrac{\cos\vartheta}{\sin(\vartheta+\varphi)} + \dfrac{\sin\vartheta}{\cos(\vartheta+\varphi)}\right] + \dfrac{G}{\cos(\vartheta+\varphi)}}{\dfrac{\cos\delta}{\sin(\vartheta+\varphi)} - \dfrac{\sin\delta}{\cos(\vartheta+\varphi)}} \tag{50a}$$

$$E_{ph} = E_p \cdot \cos\delta \tag{50b}$$

mit

b   = Bruchkörperbreite (Pfahlbreite bzw. Durchmesser)
K_0 = Ruhedruckbeiwert $1 - \sin\varphi$
a   = $t/(\tan\vartheta + \tan\beta)$, $l = a/\cos\vartheta$, $F = 0{,}5 \cdot a \cdot t$
C   = $C_e + 2 \cdot (C_r + R_r)$
G   = $F \cdot b \cdot \gamma$, $C_e = l \cdot b \cdot c'$, $C_r = F \cdot c'$
R $\cong 0{,}33 \cdot t \cdot \gamma \cdot K_0 \cdot \tan\varphi' \cdot F$

Unterhalb des Pfahldrehpunktes kann näherungsweise die gleiche Erdwiderstandsgröße wie nach Bild 80 oberhalb angesetzt werden.

Die Verfahren nach den Bildern 79 und 80 liefern als Ergebnis einen Widerstand im Bruchzustand für eine in der Höhe h angreifende Einwirkung $H = H_f$.

Es sei darauf hingewiesen, dass die Darstellung in [192] teilweise widersprüchlich ist und das Global- und Teilsicherheitskonzept vermischt wird, was zu einer sehr niedrigen Gesamtsicherheit führt. Für überwiegend ruhende Belastung sollte bei Ansatz des Teilsicherheitskonzeptes mit faktorisierten Einwirkungen auf der widerstehenden Seite mindestens $\gamma_p = 1{,}4$ zur Verformungsbegrenzung angesetzt werden. Bezüglich größerer zyklischer Lastanteile siehe Abschnitt 9.4.2.

5 Tragfähigkeits- und Gebrauchstauglichkeitsnachweise unter Berücksichtigung der neuen Normung

5.1 Allgemeines

Der Nachweis des Grenzzustandes der Tragfähigkeit bezieht sich bei Pfahlgründungen darauf, dass für die äußere Tragfähigkeit die Pfahlwiderstände aufgrund der gewählten Pfahlabmessungen den Einwirkungen bzw. Beanspruchungen gegenübergestellt werden. Durch Einführung von Teilsicherheitsbeiwerten auf der Seite der Einwirkungen (als Multiplikator) und auf der Seite der Pfahlwiderstände (als Divisor) wird mit diesen Bemessungswerten von Einwirkungen und Widerständen nachgewiesen, dass die Pfahlbeanspruchung ausreichend weit vom Bruchzustand entfernt ist. Ebenso wird bei den inneren Pfahlwiderständen gegen Versagen des Pfahlbaustoffs vorgegangen.

Der Nachweis des Grenzzustandes der Gebrauchstauglichkeit bezieht sich bei Pfahlgründungen auf die Verträglichkeit der unter charakteristischen Einwirkungen sich ergebenden Pfahlsetzungen und Verschiebungen für das aufgehende Bauwerk, wobei die Pfahlverformungen im Gebrauchszustand im aufgehenden Bauwerk auch einen Grenzzustand der Tragfähigkeit durch Zwangsbeanspruchungen hervorrufen können.

Bei den Einwirkungen auf die Pfahlgründungen dürfen die Eigenlasten der Pfähle vernachlässigt werden. Für Nachweise von Zugpfahlverankerungen (s. Abschn. 8.2) werden die Pfahleigenlasten in der Regel berücksichtigt oder pauschal mit der Bodenwichte in den Bodenblock eingerechnet.

Im Folgenden sind Hinweise zum Nachweis der Tragfähigkeit und Gebrauchstauglichkeit unter besonderer Berücksichtigung der neuen Normungsentwicklung (DIN 1054, EC 7-1 usw.) sowie dazu auch einige Hintergründe schwerpunktmäßig für Einzelpfähle dargestellt. Die Nachweise für Pfahlgruppen und kombinierte Pfahl-/Plattengründungen finden sich in Abschnitt 8.

5.2 Einwirkungen und Bemessungssituation

Bei Pfahlgründungen sind nach DIN 1054 bzw. [39] Einwirkungen zu unterscheiden in:

- Gründungslasten, z. B. aus dem Bauwerk,
- grundbauspezifische Einwirkungen, hier besonders Einwirkungen aus dem Baugrund, z. B. negative Mantelreibung nach Abschnitt 6.1, Seitendruck nach Abschnitt 6.2 und Setzungsbiegung nach Abschnitt 6.3 und
- nichtruhende Einwirkungen aus dynamischen, zyklischen und stoßartigen Belastungen nach Abschnitt 9.

Die Gründungslasten, z. B. aus dem aufgehenden Bauwerk, können zu folgenden charakteristischen Einwirkungen auf die Pfähle führen:

$F_{G,k}$ als ständige Einwirkung in axialer Richtung,
$F_{Q,k}$ als veränderliche Einwirkung in axialer Richtung,
$H_{G,k}$ als ständige Einwirkung quer zur Pfahlachse,
$H_{Q,k}$ als veränderliche Einwirkung quer zur Pfahlachse,
$M_{G,k}$ als Moment infolge ständiger Einwirkungen und
$M_{Q,k}$ als Moment infolge veränderlicher Einwirkungen.

Alle genannten charakteristischen Einwirkungen führen zu Beanspruchungen, die von den Pfählen über die „äußere" und die „innere" Pfahltragfähigkeit aufgenommen werden müssen (s. Abschn. 5.1 und 5.3).

3.2 Pfahlgründungen

Neben den Einwirkungen sind für die Pfahlnachweise, wie bei anderen Bauteilen auch, Bemessungssituationen zu berücksichtigen. Dazu sind für die Nachweise nach DIN 1054: 2005-01 die bekannten Lastfälle LF 1, LF 2 und LF 3 sowie für die Nachweise nach DIN EN 1997-1 (EC 7-1)/DIN 1054:2009 bzw. DIN EN 1990 die Bemessungssituationen

BS-P (Persistent situation)
BS-T (Transient situation) und
BS-A (Accidental situation)

zu unterscheiden. Zusätzlich gibt es die Bemessungssituation infolge Erdebeben BS-E. Weitergehende Hinweise finden sich im Kapitel 1.1, Teil 1 des Grundbau-Taschenbuches.

5.3 Grenzzustandsgleichungen

Die aus der aufgehenden Konstruktion bzw. aus dem Baugrund resultierenden charakteristischen Einwirkungen F_k, H_k und M_k auf die Pfähle oder Beanspruchungen E_k sind nach DIN 1054:2005-01 für die Nachweise der Tragfähigkeit (GZ 1B) und Gebrauchstauglichkeit (GZ 2) bzw. nach EC 7-1 für das Verfahren 2* nach Gl. (51a–c) bzw. Gl. (52) mit den entsprechenden Teilsicherheitsbeiwerten in Bemessungswerte umzurechnen.

$$F_d = F_{k,G} \cdot \gamma_G + F_{k,Q} \cdot \gamma_Q \tag{51 a}$$

$$H_d = H_{k,G} \cdot \gamma_G + H_{k,Q} \cdot \gamma_Q \tag{51 b}$$

$$M_d = M_{k,G} \cdot \gamma_G + M_{k,Q} \cdot \gamma_Q \tag{51 c}$$

bzw.

$$E_d = E_{k,G} \cdot \gamma_G + E_{k,Q} \cdot \gamma_Q \tag{52}$$

Der Nachweis für den Pfahl ist erfüllt, wenn die Grenzzustandsgleichungen (53a–c) bzw. (54) jeweils für den Zustand der Tragfähigkeit und der Gebrauchstauglichkeit eingehalten sind.

$$F_d \leq R_{d,F} \tag{53 a}$$

$$H_d \leq R_{d,H} \tag{53 b}$$

$$M_d \leq R_{d,M} \tag{53 c}$$

bzw.

$$E_d \leq R_d \tag{54}$$

Für die einzelnen charakteristischen Werte und Bemessungsgrößen der Pfahlwiderstände R, abhängig von der Beanspruchung, sind nachfolgend vergleichende Ausführungen zusammengestellt und besonders für die Anwendungen nach EC 7-1 einige Hintergründe aufgezeigt, um die Umstellung auf die Vorgehensweise im Zusammenhang mit der neuen Normung bei Pfahlgründungen für die praktische Anwendung zu erleichtern. Dazu sei u. a. auch verwiesen auf Berechnungsbeispiele in [39].

5.4 Bisherige nationale Regelungen und Verfahren des EC 7-1 zur Ableitung von axialen Pfahlwiderständen für Tragfähigkeitsnachweise

5.4.1 Allgemeines

Bis zur Einführung des Teilsicherheitskonzepts der neuen DIN 1054:2005-01 war die Ableitung zulässiger Pfahltragfähigkeiten in Abschnitt 5 der DIN 1054:1976-11 geregelt. Danach war es möglich, die zulässigen Belastungen aus Erfahrungswerten oder Probebelastungen abzuleiten.

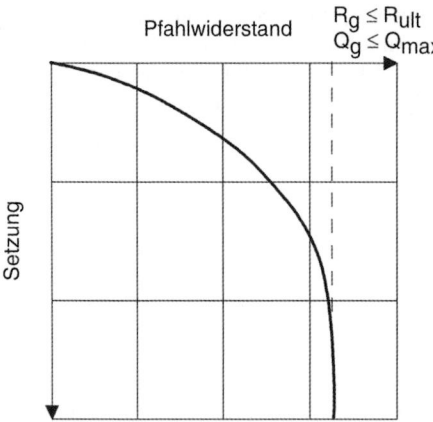

Bild 81. Schematische Darstellung der Widerstands-Setzungs-Linie einer Pfahlprobebelastung mit Angabe der Grenz- und Bruchwiderstände der Tragfähigkeit

Bei Ermittlung aus Probebelastungen ist die Grenzlast als diejenige Last definiert, unter der ein Druckpfahl während einer Probebelastung spürbar versinkt oder ein Zugpfahl sich spürbar hebt. Bei der grafischen Darstellung der Widerstands-Setzungs-Linie (WSL) sind die Grenzlasten als Übergang zwischen flachem und steil abfallendem Ast erkennbar (Bild 81).

Wenn der Verlauf der WSL keinen eindeutigen Aufschluss über die Lage der Grenzlast Q_g bzw. R_g gibt, wird in der Regel Gl. (3) zugrunde gelegt.

Nachfolgend sind zunächst die nach den einzelnen Normen einzuhaltenden Vorgehensweisen und die Sicherheitsbeiwerte zur Ableitung der Pfahlwiderstände zusammengestellt. Dies dient auch als Grundlage für die Darstellung von vergleichenden Untersuchungsergebnissen in Abschnitt 5.5.

5.4.2 Zulässige Belastungen von Pfählen aus Probebelastungen nach DIN 1054:1976-11 (Globalsicherheitskonzept)

Die zulässige Pfahlbelastung zul. Q ergibt sich bekanntlich, indem die Grenzlast Q_g nach Gl. (55) durch eine globale Sicherheit η nach Tabelle 29 dividiert wird.

$$\text{zul. } Q = \frac{Q_g}{\eta} \tag{55}$$

Die Grenzlast Q_g nach DIN 1054:1976-11 entspricht nach DIN 1054:2005-01 dem charakteristischen Wert des Pfahlwiderstands im Grenzzustand der Tragfähigkeit $R_{1,k}$ und nach EC 7-1 dem charakteristischen Wert des Druck- oder Zugwiderstandes des Bodens gegen einen Pfahl im Grenzzustand der Tragfähigkeit $R_{c,k}$ bzw. $R_{t,k}$. Die Gl. (55) der „alten" DIN 1054 gilt gleichermaßen auch zur Ableitung von Pfahlwiderständen für Zugpfähle.

Liegen mehrere Pfahlprobebelastungsergebnisse zur Auswertung vor, und weichen diese nicht mehr als 30% vom Mittelwert ab, so darf nach DIN 1054:1976-11 die Grenzlast Q_g aus dem Mittelwert abgeleitet werden. Weichen der kleinste und/oder der größte Wert mehr als 30% vom Mittelwert ab, wird die zulässige Grenzlast aus dem 1,2-Fachen des Kleinstwertes abgeleitet. Eine Unterscheidung der Lastabtragung der Pfähle in „weiche Systeme" (unabhängig voneinander wirkende Einzelpfähle) oder „starre Systeme" (z. B. Lastabtrag über eine Pfahlkopfplatte) wie in DIN 1054:2005-01 und EC 7-1 liegt nicht vor.

3.2 Pfahlgründungen

Tabelle 29. Globalsicherheitsbeiwerte η nach DIN 1054:1976-11 (dort Tabelle 8) für Pfähle

Pfahlart	Anzahl der unter gleichen Verhältnissen ausgeführten Probebelastungen	Sicherheit bei Lastfall		
		1	2 mindestens	3
Druckpfähle	1	2	1,75	1,5
	≥ 2	1,75	1,5	1,3
Zugpfähle mit Neigungen bis 2:1[1]	1	2	2	1,75
	≥ 2	2	1,75	1,5
Zugpfähle mit einer Neigung bis 1:1[1]	≥ 2	1,75	1,75	1,5
Pfähle mit größerer Wechselbeanspruchung (Zug und Druck)	≥ 2	2	2	1,75

[1] Bei Zugpfählen mit Neigungen zwischen 2:1 und 1:1 ist die Sicherheit in Abhängigkeit vom Neigungswinkel geradlinig zwischen den Werten der Zeilen 3 und 4 zu interpolieren

Des Weiteren enthält die DIN 1054:1976-11 nur Angaben zu statischen Probebelastungen, da erst nach Veröffentlichung der Norm 1976 dynamische Probebelastungen entwickelt worden sind bzw. sich langsam in der Baupraxis etabliert haben.

5.4.3 Axiale Pfahlwiderstände nach DIN 1054:2005-01 (Teilsicherheitskonzept)

5.4.3.1 Grundlagen

Nach der „neuen" DIN 1054 auf der Grundlage des Teilsicherheitskonzeptes wird der charakteristische Widerstand $R_{1,k}$ entweder aus dem Mittelwert der Messergebnisse $\bar{R}_{1m}$ oder dem Mindestwert $R_{1m,min}$ der Messergebnisse nach Gln. (57) und (58) durch Division mit einem Streuungsfaktor ξ (Tabelle 30) bestimmt. Der Streuungsfaktor ist abhängig von der Art der durchgeführten Probebelastung (s. Abschn. 5.4.3.2 und 5.4.3.3), dem Variationskoeffizienten $s_N/\bar{R}_{1m}$ und dem zu gründenden Tragwerk.

Tabelle 30. Streuungsfaktor ξ zur Berücksichtigung von Anzahl und Streuung der Ergebnisse von Pfahlprobebelastungen nach DIN 1054:2005-01 (dort Tabelle 4)

Zahl der Probebelastungen n	Streuungsfaktor ξ		
	Mittelwert $\bar{R}_{1m}$[1]		Kleinstwert $R_{1m,min}$
Spalte 1	Spalte 2	Spalte 3	Spalte 4
	$s_N/\bar{R}_{1m} = 0$	$s_N/\bar{R}_{1m} = 0,25$	
1	–	–	1,15
2	1,05	1,10	1,05
>2	1,00	1,05	1,00

[1] Zwischenwerte dürfen geradlinig interpoliert werden

Tabelle 31. Teilsicherheitsbeiwerte für Widerstände bei Pfahlprobebelastungen und bei Anwendung von Erfahrungswerten nach DIN 1054:2005-01 (dort Tabelle 3)

Widerstand	Formelzeichen	Lastfall		
		LF 1	LF 2	LF 3
GZ 1B: Grenzzustand des Versagens von Bauwerken und Bauteilen				
Pfahldruckwiderstand bei Probebelastung	γ_{Pc}	1,20	1,20	1,20
Pfahlzugwiderstand bei Probebelastung	γ_{Pt}	1,30	1,30	1,30
Pfahlwiderstand auf Zug und Druck aufgrund von Erfahrungswerten	γ_P	1,40	1,40	1,40

Die Bemessungswerte für Pfahldruckwiderstände ergeben sich bekanntlich dann aus

$$R_{1,d} = R_{1,k}/\gamma_{Pc} \tag{56}$$

mit γ_{Pc} aus Tabelle 31. Im Fall der Ableitung von Zugpfahlwiderständen ist γ_{Pc} durch γ_{Pt} zu ersetzen. Sinngemäß ist bei der Ableitung aufgrund von Erfahrungswerten zu verfahren.

5.4.3.2 Charakteristische axiale Pfahlwiderstände aus Ergebnissen statischer Probebelastungen

Die Streuungsfaktoren ξ nach Tabelle 30 sollen Unregelmäßigkeiten in der Pfahlherstellung und im Baugrund berücksichtigen. Darüber hinaus wird zwischen „starren" und „weichen" Systemen unterschieden (s. Abschn. 5.4.2). Im Falle von „starren" Systemen und Variationskoeffizienten $s_N/\bar{R}_{1m}$ unter 0,25 dürfen die Streuungsfaktoren auf den Mittelwert $\bar{R}_{1m}$ der Messergebnisse der Pfahlprobebelastungen bezogen werden (Tabelle 30, Spalte 2 und 3).

$$R_{1,k} = \bar{R}_{1m}/\xi \tag{57}$$

Ist der Variationskoeffizient größer 0,25, also bei größerer Streuung der Ergebnisse mehrerer Probebelastungen, wird der charakteristische Pfahlwiderstand aus dem Kleinstwert $R_{1m,min}$ der vorliegenden Messergebnisse bestimmt (Tabelle 30, Spalte 4).

$$R_{1,k} = R_{1m,min}/\xi \tag{58}$$

Für „weiche" Systeme werden zur Ableitung der Pfahlwiderstände unabhängig vom Variationskoeffizienten immer der Kleinstwert $R_{1m,min}$ nach Gl. (58) und die ξ-Werte nach Tabelle 30, Spalte 4, herangezogen.

5.4.3.3 Charakteristische axiale Pfahlwiderstände aus Ergebnissen dynamischer Probebelastungen

Abhängig von der Art der Kalibrierung der Verfahren zur Auswertung der Messergebnisse sind verschiedene Streuungsfaktoren bei der Ableitung charakteristischer axialer Pfahlwiderstände zu berücksichtigen. Im Einzelnen sind folgende Möglichkeiten zu unterscheiden:

(a) Auswertung nach einem erweiterten Verfahren mit vollständiger Modellbildung, wie z.B. das CAPWAP-Verfahren, Kalibrierung des Verfahrens an statischen Pfahlprobebelastungen am gleichen Baufeld:
Es gelten die Streuungsfaktoren nach Tabelle 30. Allerdings ist von der jeweils doppelten Anzahl n von Probebelastungen auszugehen, wie in Spalte 1 von Tabelle 30 angegeben.

3.2 Pfahlgründungen

(b) Auswertung nach einem direkten Verfahren, wie z. B. das CASE-Verfahren, Kalibrierung des Verfahrens an statischen Pfahlprobebelastungen am gleichen Baufeld:
Es ist ebenfalls von der doppelten Anzahl n der Probebelastungen auszugehen, zusätzlich sind die Streuungsfaktoren ξ um $\Delta\xi = 0{,}1$ zu erhöhen.

(c) Auswertung nach einem erweiterten Verfahren mit vollständiger Modellbildung, Kalibrierung des Verfahrens an statischen Pfahlprobebelastungen an einer anderen, vergleichbaren Baumaßnahme:
Es ist von der doppelten Anzahl n der Pfahlprobebelastungen auszugehen. Die Werte in Tabelle 30 sind um $\Delta\xi$ um 0,05 zu erhöhen.

(d) Auswertung nach einem direkten Verfahren, Kalibrierung des Verfahrens an statischen Pfahlprobebelastungen an einer anderen, vergleichbaren Baumaßnahme:
Es ist von der doppelten Anzahl n der Pfahlprobebelastungen auszugehen. Die Werte in Spalte 4 sind um $\Delta\xi$ um 0,15 zu erhöhen.

(e) Auswertung nach einem erweiterten Verfahren mit vollständiger Modellbildung, Kalibrierung des Verfahrens aufgrund von Erfahrungswerten:
Nur ein erweitertes Verfahren mit vollständiger Modellbildung ist zulässig. Bezüglich der Streuungsfaktoren werden die in Tabelle 30 angegebenen Werte um $\Delta\xi = 0{,}15$ erhöht. Des Weiteren ist die Anzahl n der Probebelastungen zu verdoppeln.

5.4.3.4 Axiale Pfahlwiderstände aus Erfahrungswerten

Entsprechend DIN 1054:2005-01, Abschnitt 8.4 kann der charakteristische axiale Pfahlwiderstand auch auf Grundlage von allgemeinen Erfahrungswerten bestimmt werden, sofern keine Probebelastungen durchgeführt werden bzw. keine Erfahrungswerte aus vergleichbaren Pfahlprobebelastungen vorliegen. Erfahrungswerte von axialen Pfahlwiderständen finden sich in den informativen Anhängen der DIN 1054:2005-01 oder noch detaillierter in [39]. Letztere sind bevorzugt anzuwenden.

5.4.4 Grenzwerte des Druck- und Zugwiderstandes von Pfählen nach EC 7-1

5.4.4.1 Grundlagen

Ähnlich den Regelungen der DIN 1054:2005-01 werden die charakteristischen Grenzwiderstände $R_{c,k}$ bzw. $R_{t,k}$ über Streuungsfaktoren ξ_i (Tabellen 32 und 35) aus den Messwerten der Pfahlprobebelastungen abgeleitet, wobei wiederum verschiedene Versuchsarten berücksichtigt werden.

Für die Ableitung des charakteristischen Grenzwiderstandes bei Druck ($R_{c,k}$) wird nach Gl. (61) oder (63) sowohl der Mittelwert der Messergebnisse einer statischen oder dynamischen Probebelastung ($R_{c,m}$)$_{mitt}$ als auch der Mindestwert ($R_{c,m}$)$_{min}$ durch einen Streuungsfaktor ξ_i dividiert. Der Streuungsfaktor ist abhängig von der Anzahl, bei dynamischen Versuchen auch von der Art der durchgeführten Probebelastung (s. Abschn. 5.4.4.2). Im Fall der Ermittlung des maßgeblichen Zugpfahlwiderstandes ist ($R_{c,m}$)$_{mitt}$ bzw. ($R_{c,m}$)$_{min}$ durch ($R_{t,m}$)$_{mitt}$ bzw. ($R_{t,m}$)$_{min}$ zu ersetzen. Tabelle 32 und 35 (die Klammerwerte) enthalten die von EC 7-1 vorgeschlagenen Streuungsfaktoren. In der Tabelle 35 sind ohne Klammern die für die nationale Anwendung in Deutschland festgelegten Werte enthalten.

Die Bemessungswerte der axialen Pfahlwiderstände ergeben sich aus den Gln. (59 a) und (59 b)

$$R_{c,d} = R_{c,k}/\gamma_t \qquad \text{für den Druckpfahlwiderstand} \qquad (59\,a)$$

$$R_{t,d} = R_{t,k}/\gamma_{s,t} \qquad \text{für den Zugpfahlwiderstand} \qquad (59\,b)$$

mit γ_t und $\gamma_{s,t}$ nach Tabelle 33. Die Indizes und der Wert der Teilsicherheit γ sind ggf. entsprechend Tabelle 33 zu ändern.

Tabelle 32. Streuungsfaktoren ξ zur Ableitung charakteristischer Werte aus Stoßversuchen bzw. dynamischen Pfahlprobebelastungen (Vorschlag des EC 7-1)

ξ für n	≥ 2	≥ 5	≥ 10	≥ 15	≥ 20
ξ_5	1,60	1,50	1,45	1,42	1,40
ξ_6	1,50	1,35	1,30	1,25	1,25

Die ξ-Werte in der Tabelle 32 gelten für dynamische Probebelastungen mit Auswertung nach dem direkten Verfahren.

Die ξ-Werte dürfen mit einem Modellfaktor = 0,85 reduziert werden, wenn die erweiterte Auswertung mit vollständiger Modellbildung angewendet wird.

Wenn unterschiedliche Pfähle in der Gründung vorhanden sind, sollten bei der Wahl der Anzahl n von Versuchspfählen Gruppen gleichartiger Pfähle getrennt berücksichtigt werden.

Tabelle 33. Teilsicherheitsbeiwerte γ_R für Widerstände bei Pfahlgründungen nach EC 7-1 (Zeile 2-5) und nationale Ergänzungsvorschläge (Zeile 6-7)

	Widerstand	Symbol	Werte R2
Pfahlwiderstände aus statischen und dynamischen Pfahlprobebelastungen	Pfahlfußwiderstand	γ_b	1,10
	Pfahlmantelwiderstand (Druck)	γ_s	1,10
	Gesamtwiderstand (Druck)	γ_t	1,10
	Pfahlmantelwiderstand (Zug)	$\gamma_{s,t}$	1,15
Pfahlwiderstände auf Grundlage von Erfahrungswerten[1]	Druckpfähle	$\gamma_b, \gamma_s, \gamma_t$	1,40
	Zugpfähle (nur in Ausnahmefällen)	$\gamma_{s,t}$	1,50

[1] Die Teilsicherheitsbeiwerte für Erfahrungswerte enthalten Modellfaktoren, siehe Abschnitt 5.4.4.2 und 5.5.

Vom Normenausschuss „Pfähle" (NA 005-05-07) wurde beschlossen, hinsichtlich der Pfahlwiderstände die im EC 7-1 vorgeschlagenen Originalwerte der Tabellen A6 bis A8 des EC 7-1 (die obersten 4 Zeilen in Tabelle 33) zu übernehmen, um auch für die europäisch und international agierende Bauindustrie einheitliche Teilsicherheitsbeiwerte zu verwenden.

In Deutschland wird nach EC 7-1, 2.4.7.3.4.3 das Nachweißverfahren 2 (mit der Ausprägung Nachweißverfahren 2*) mit der Kombination von Gruppen von Teilsicherheitsbeiwerten nach Gl. (60) maßgebend.

$$\text{A1 „+" M1 „+" R2} \tag{60}$$

In dieser Gruppe sind die Teilsicherheitsbeiwerte R2 für Verdrängungspfähle, Bohrpfähle und Schneckenbohrpfähle identisch (Tabelle 33).

Die Teilsicherheitsbeiwerte für Bodenkenngrößen betragen für die Gruppe M1 nach Gl. (60) bei Pfahlgründungen 1,0.

3.2 Pfahlgründungen

5.4.4.2 Bestimmung von Grenzwerten des Druckwiderstandes

(a) Grenzwert des Druckwiderstandes aus statischen Probebelastungen:

Als Grenzwert $R_{c,k}$ wird das Minimum nach Gl. (61) maßgebend. Der Streuungsfaktor ξ_1 ist auf den Mittelwert $(R_{c,m})_{mitt}$ und ξ_2 auf den Kleinstwert $(R_{c,m})_{min}$ durchgeführter Pfahlprobebelastungen zu beziehen.

$$R_{c,k} = \text{MIN}\left\{\frac{(R_{c,m})_{mitt}}{\xi_1}, \frac{(R_{c,m})_{min}}{\xi_2}\right\} \tag{61}$$

In Tabelle 35 sind die entsprechenden Streuungsfaktoren für ξ_1 und ξ_2 nach Vorschlag des EC 7-1 dargestellt. Diese beziehen sich auf „weiche" Pfähle. Für „steife" Pfähle dürfen die Zahlenwerte von ξ_1 und ξ_2 durch 1,1 dividiert werden, vorausgesetzt dass ξ_1 nicht kleiner als 1,0 ist. Werte kleiner 1,0 für $\xi_2/1,1$ sind dagegen nicht ausgeschlossen. Die Einteilung in „weiche" und „steife" Pfähle entspricht der bekannten Regelung der DIN 1054:2005-01, dort bezeichnet als „weiche" bzw. „starre" Systeme.

(b) Grenzwert des Zugwiderstandes aus statischen Probebelastungen:

Die Ableitung des Herausziehwiderstandes nach EC 7-1 ist identisch zur Ableitung des Druckwiderstandes (a). Hinsichtlich der Anzahl n der Probelastungen empfiehlt der EC 7-1 mindestens 2 Pfähle zu prüfen. Bei einer großen Anzahl von Pfählen sollten wenigstens 2 % geprüft werden.

(c) Grenzwert des Druckwiderstandes aus den Ergebnissen von Baugrundversuchen:

EC 7-1 enthält in Abschnitt 7.6.2.3 Vorgaben, wie hierbei zu verfahren ist. Dabei sind zwei Vorgehensweisen möglich.

Die Vorgehensweise nach Gleichung 7.8 des EC 7-1 wird in Deutschland im nationalen Anhang ausgeschlossen. Empfohlen wird eine Vorgehensweise nach Gleichung 7.9 des EC 7-1, siehe Gl. (62), die den langjährigen nationalen Erfahrungen in Deutschland entsprechen.

$$R_{b,k} = A_b \cdot q_{b,k} \quad \text{und} \quad R_{s,k} = \sum_i A_{s,i} \cdot q_{s,i,k} \tag{62}$$

Wobei $q_{b,k}$ und $q_{s,k}$ charakteristische Werte des Spitzendrucks und der Mantelreibung in den verschiedenen Schichten sind, die anhand von Baugrunduntersuchungen mit Ergebnissen von Drucksondierungen (nichtbindig Böden) bzw. der undränierten Scherfestigkeit (bindige Böden) z. B. aus [39] entnommen werden können.

Zur Ableitung der Teilsicherheitsbeiwerte nach Tabelle 33 für diesen Anwendungsfall siehe Abschnitt 5.5.

(d) Grenzwert des Druckwiderstandes aus dynamischen Pfahlprobebelastungen:

Bei dynamischen Pfahlprobebelastungen werden Dehnung und Beschleunigung zeitabhängig während des Schlags gemessen. Dadurch lassen sich Aussagen zum Widerstand einzelner Druckpfähle treffen, allerdings sollte das Verfahren zuvor an statischen Pfahlprobebelastungen, die auf dem gleichen Baufeld durchgeführt wurden, kalibriert worden sein. Der Bemessungswert $R_{c,d}$ wird aus den charakteristischen Pfahlwiderständen nach Gl. (59a) mit den Teilsicherheitsbeiwerten nach Tabelle 33 bestimmt. Dabei ist $R_{c,k}$

$$R_{c,k} = \text{MIN}\left\{\frac{(R_{c,m})_{mitt}}{\xi_5}, \frac{(R_{c,m})_{min}}{\xi_6}\right\} \tag{63}$$

Die in EC 7-1 empfohlenen Zahlenwerte für ξ_5 und ξ_6 sind in der Tabelle 32 dargestellt. Im Vergleich zu den Regelungen der DIN 1054:2005-01 wird die Praxis durch das Vorgehen in EC 7-1 stark eingeschränkt. Als nationaler Vorschlag wird das Vorgehen zur Auswertung diesbezüglich präzisiert, sodass auch die Kalibrierung an vergleichbaren Baumaßnahmen und aufgrund von Erfahrungswerten möglich ist (s. auch Tabelle 36, Abschn. 5.6.1).

5.5 Festlegung von Teilsicherheitsbeiwerten für Pfahlwiderstände aufgrund von Erfahrungswerten

In Tabelle 33 sind bereits modifizierte Teilsicherheitsbeiwerte für Pfahlwiderstände auf der Grundlage von Erfahrungswerten (z. B aus [39]) aufgenommen, die von den Teilsicherheitsbeiwerten bei Pfahlprobebelastungen abweichen.

Grundlage dieser Festlegung in der Ergänzungsnorm DIN 1054:2009 ist EC 7-1, dort Anmerkung zu Gleichung 7.9 (hier Gl. 62), wo es heißt:

„Anmerkung: Wenn diese Alternative angewendet wird, kann es erforderlich sein, die im Anhang A empfohlenen Teilsicherheitsbeiwerte γ_b und γ_s durch Modellfaktoren > 1,0 zu korrigieren. Der Wert des Modellfaktors darf im Nationalen Anhang festgelegt werden."

Als Modellfaktoren wurden bei der Bearbeitung der Ergänzungsnorm DIN 1054:2009 die Werte nach Tabelle 34 in Anlehnung an das alte globale Sicherheitskonzept gewählt.

Die Zahlenwerte nach Tabelle 34, Spalte 4 (η_M) und 5 ($\gamma_t/\gamma_{s,t}$) kommen dabei wie folgt zustande:

(a) Druckpfahlwiderstände:

$$\eta_M = \eta/(\gamma_{G,Q} \cdot \gamma_t) = 2,00/(1,40 \cdot 1,10) = 1,30 \tag{64}$$

rückgerechnet ist damit

$$\eta^* = (\gamma_{G,Q} \cdot \gamma_t) = 1,40 \cdot 1,40 = 1,96$$

(b) Zugpfahlwiderstände:

$$\eta_M = \eta/(\gamma_{G,Q} \cdot \gamma_{s,t}) = 2,00/(1,40 \cdot 1,15) = 1,24 \tag{65}$$

gewählt wird einheitlich η_M = 1,30, damit wird $\gamma_{s,t}$ = 1,50. Rückgerechnet ist damit

$$\eta^* = (\gamma_{G,Q} \cdot \gamma_{s,t}) = 1,50 \cdot 1,40 = 2,10$$

Tabelle 34. Modellfaktoren und Sicherheitsbeiwerte für Pfahlwiderstände auf der Grundlage von Erfahrungswerten

Globalsicherheit η (DIN 1054:1976-11)	Teilsicherheit γ_P (DIN 1054:2005-01)	Teilsicherheit $\gamma_t/\gamma_{s,t}$ (EC 7-1)	Modellfaktor η_M (Ergänzungsnorm DIN 1054:2009)	Teilsicherheit modifiziert $\gamma_t/\gamma_{s,t}$ (DIN 1054:2009)
2,00	1,40	1,10/1,15	1,30	1,40/1,50

3.2 Pfahlgründungen

5.6 Ergebnisse von Vergleichsberechnungen mit national angepassten Streuungsfaktoren

5.6.1 Vorgaben

Damit nationale Vorstellungen an Sicherheit und wirtschaftliche Kriterien berücksichtigt werden können, ist es den Mitgliedsländern des Europäischen Komitees für Normung freigestellt, neben den Teilsicherheitsbeiwerten γ auch die Streuungsfaktoren ξ in jeweiligen nationalen Anhängen separat festzulegen. Zur Kalibrierung dieser Streuungsfaktoren wurden in [81] umfangreiche Vergleichsberechnungen mit verschiedenen Streuungsfaktoren ξ durchgeführt, wobei ein Sicherheitsbeiwert η^* abgeleitet werden konnte, der dem bisherigen globalen Sicherheitsbeiwert ähnlich ist. Als Ergebnis dieser Untersuchungen ergaben sich nationale Vorschläge, die in dieser Form mittlerweile Eingang in [123] gefunden haben.

Zur Ableitung statischer und dynamischer Probebelastungsergebnisse gelten die Tabellen 35 (Werte ohne Klammern) und 36 sowie Bild 82.

Neben theoretischen Gegenüberstellungen anhand fiktiver Streuungsfaktoren für die verschiedenen Verfahren nach DIN 1054:1976-11, DIN 1054:2005-01 und EC 7-1 wurden in [81] reale Probebelastungsergebnisse entsprechend ausgewertet (s. Abschn. 5.6.2).

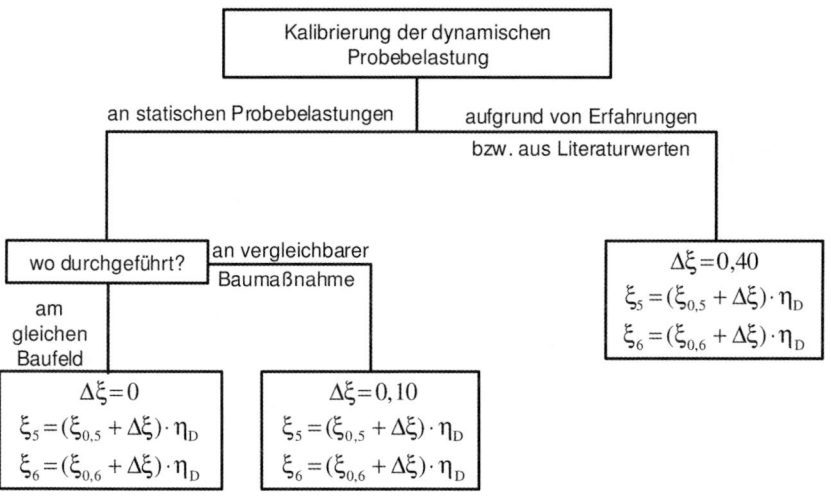

- Für den Modellfaktor gilt:
  - η_D = 1,00 für das direkte Verfahren,
  - η_D = 0,85 für das erweiterte Verfahren mit vollständiger Modellbildung,
  - η_D = 1,10 bzw. 1,20 bei Anwendung von Rammformeln entsprechend Tabelle A 7-2, Fußnote

- Bei Tragwerken, die Lasten von "weichen" zu "steifen" Pfählen umlagern können, darf ξ_5 bzw. ξ_6 durch 1,10 dividiert werden.

Bild 82. Diagramm zum Vorgehen bei der Ableitung der Streuungsfaktoren ξ in Abhängigkeit der Kalibrierung bzw. bei Kalibrierung aufgrund von Erfahrungswerten nach Tabelle 36

Tabelle 35. Streuungsfaktoren ξ zur Ableitung charakteristischer Werte aus statischen Pfahlprobebelastungen; empfohlene Zahlenwerte des EC 7-1 (in Klammern) und nationaler Vorschlag, der Eingang in [123] gefunden hat

ξ für n =	1	2	3	4	≥ 5
ξ_1	1,35 (1,40)	1,25 (1,30)	1,15 (1,20)	1,05 (1,10)	1,00
ξ_2	1,35 (1,40)	1,15 (1,20)	1,00 (1,05)	1,00	1,00

Tabelle 36. Grundwerte ξ_0 mit zugehörigen Erhöhungswerten und Modellfaktoren für Streuungsfaktoren ξ_5 und ξ_6 zur Ableitung charakteristischer Werte aus Stoßversuchen bzw. dynamischen Probebelastungen mit nationalen Ergänzungen

$\xi_{0,i}$ für n =	≥ 2	≥ 5	≥ 10	≥ 15	≥ 20
$\xi_{0,5}$	1,60	1,50	1,45	1,42	1,40
$\xi_{0,6}$	1,50	1,35	1,30	1,25	1,25

n Anzahl der probebelasteten Pfähle
a) Zur Berechnung der Streuungsfaktoren ξ_i gilt: $\xi_i = (\xi_{0,i} + \Delta\xi) \cdot \eta_D$, s. auch Bild 82
b) Für den Erhöhungswert $\Delta\xi$ gilt:
   $\Delta\xi = 0$: für die Kalibrierung dynamischer Auswerteverfahren an statischen Probebelastungsergebnisse auf dem gleichen Baufeld
   $\Delta\xi = 0,10$: für die Kalibrierung dynamischer Auswerteverfahren an statischen Probebelastungsergebnisse an einer vergleichbaren Baumaßnahme
   $\Delta\xi = 0,40$: für die Kalibrierung dynamischer Auswerteverfahren aufgrund belegbarer oder allgemeiner Erfahrungswerte für Pfahlwiderstände z. B. aus [39]. Die Anwendung des direkten Verfahrens, wie z. B. Case- oder TNO-Verfahren ist nicht zulässig.
c) Für den Modellfaktor η_D zur Berücksichtigung des Auswerteverfahrens gilt:
   $\eta_D = 1,00$: bei direkten Auswerteverfahren
   $\eta_D = 0,85$: bei erweiterten Verfahren mit vollständiger Modellbildung
d) Wenn Tragwerke eine ausreichende Steifigkeit und Festigkeit haben, um Lasten von „weichen" zu „steifen" Pfählen umzulagern, dürfen die Zahlenwerte von ξ_5 und ξ_6 durch 1,1 dividiert werden
e) Für den Modellfaktor η_D zur Berücksichtigung von Rammformeln gilt:
   $\eta_D = 1,10$: bei Anwendung einer Rammformel mit Messung der quasi-elastischen Pfahlkopfbewegung beim Rammschlag
   $\eta_D = 1,20$: bei Anwendung einer Rammformel ohne Messung der quasi-elastischen Pfahlkopfbewegung beim Rammschlag
f) Wenn unterschiedliche Pfähle in der Gründung vorhanden sind, sollten bei der Wahl der Anzahl n von Versuchspfählen Gruppen gleichartiger Pfähle getrennt berücksichtigt werden. Dies gilt auch für Bereiche gleichartiger Baugrundverhältnisse innerhalb eines Baufeldes.

5.6.2 Ergebnisauswahl bei Ansatz von realen Probebelastungsergebnissen

5.6.2.1 Allgemeines

Als Beispiele sind im Folgenden reale Pfahlversuche an verschiedenen Pfahlsystemen nach den Verfahren des EC 7-1 [123] ausgewertet und den Ergebnissen der DIN 1054:1976-11 und DIN 1054:2005-01 gegenübergestellt. Die Probebelastungen wurden dabei nach den Gesichtspunkten der Vergleichbarkeit des Pfahltyps und der Baugrundverhältnisse ausgewählt. Datengrundlage sind im Wesentlichen Pfahlprobebelastungsergebnisse aus dem norddeutschen Raum. Darüber hinaus wurden nur Probebelastungsergebnisse von Pfählen mit näherungsweise gleichen Abmessungen verwendet.

3.2 Pfahlgründungen

Die Vergleichsberechnungen wurden für das realistische Verhältnis ständiger und veränderlicher Lasten mit der Einwirkungskombination nach Gl. (66) mit $\gamma_{G,Q} = 1{,}40$ durchgeführt, welches auch zur Anpassung anderer geotechnischer Nachweise auf die Werte des globalen Sicherheitskonzeptes (z. B. in DIN 1054:2005-01) verwendet wurde.

$$\gamma_{G,Q} = \frac{2}{3} \cdot \gamma_G + \frac{1}{3} \cdot \gamma_Q = 1{,}40 \tag{66}$$

Im Folgenden muss bei der Interpretation der Ergebnisse beachtet werden, dass in DIN 1054:1976-11 keine Unterscheidung in verschiedene Tragsysteme bez. der Lastumlagerung berücksichtigt ist. Entsprechend angegebene Vergleichswerte im Falle „weicher" bzw. „steifer" Pfähle, die sich auf das alte Globalsicherheitskonzept beziehen, sind daher identisch.

5.6.2.2 Vergleichsuntersuchungen für statische Probebelastungen

In den Diagrammen sind zum direkten Vergleich die Pfahltragfähigkeiten im Grenzzustand der Tragfähigkeit $R_{c,k}$ nach den Abschnitten 5.4.2 bis 5.4.4 mit durchgezogenen Linien und die zulässigen Belastungen zul. F_k nach Gl. (67)

$$\text{zul. } F_k = \frac{R_k}{\gamma_R \cdot \gamma_{G,Q}} \tag{67}$$

mit ausgefüllten Balken für die untersuchten Baufelder dargestellt. Die Abszisse des Balkendiagramms enthält Angaben zur Anzahl der untersuchten Probebelastungsergebnisse n, dem Variationskoeffizienten und der Abweichung vom Mittelwert ΔR. Die Nummer unter der Abszisse kennzeichnet unterschiedliche Baufelder, die in [81] näher beschrieben sind.

In den Bildern 83 bis 88 sind auszugsweise Ergebnisvergleiche der unterschiedlichen Normenregelungen wiedergegeben, wobei aus Platzgründen außer bei Fertigrammpfählen nur die Diagramme für „steife" Pfähle ausgewählt wurden.

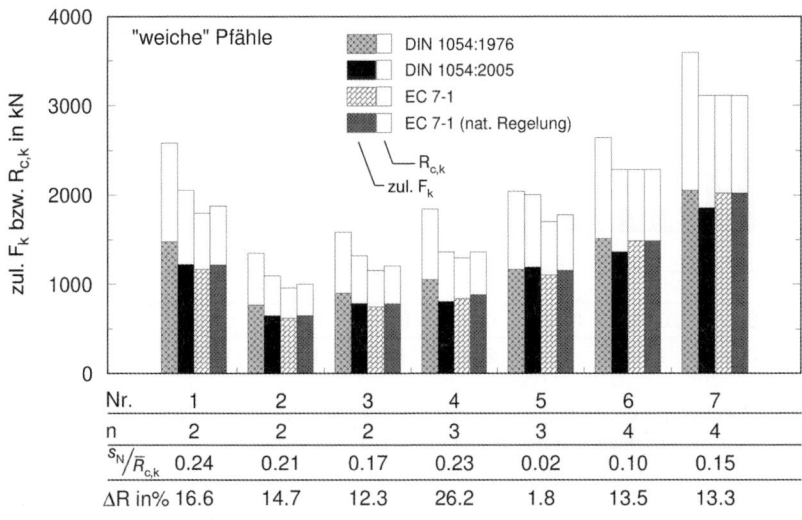

Bild 83. Vergleichende Pfahlwiderstände und zulässige Belastungen von Fertigrammpfählen (Stahlbeton) bei „weichen" Pfählen und $\gamma_{G,Q} = 1{,}40$ aus verschiedenen statischen Probebelastungen

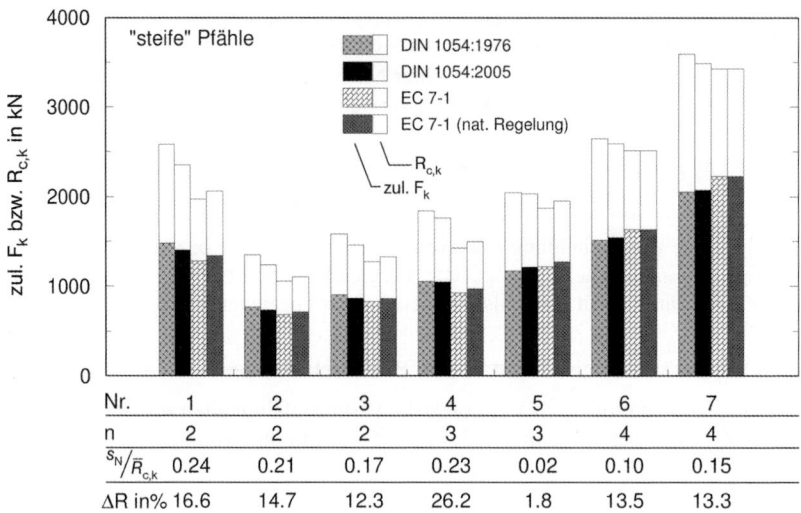

Bild 84. Vergleichende Pfahlwiderstände und zulässige Belastungen von Fertigrammpfählen (Stahlbeton) bei „steifen" Pfählen und $\gamma_{G,Q} = 1{,}40$ aus verschiedenen statischen Probebelastungen

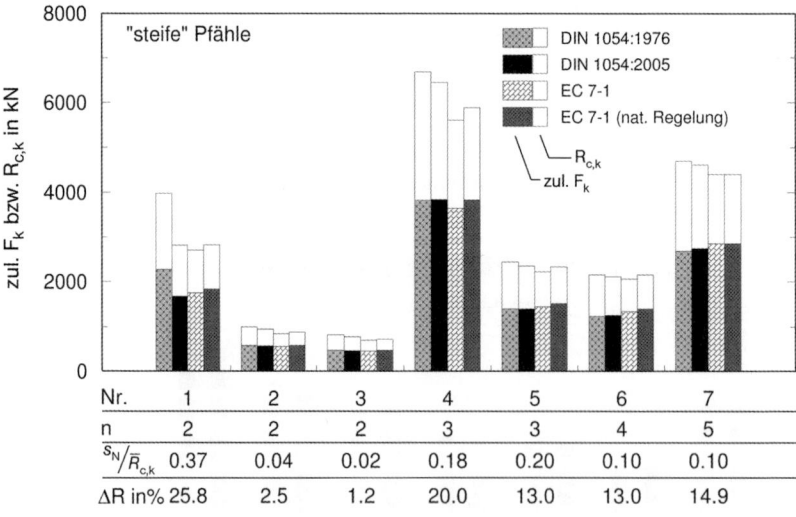

Bild 85. Vergleichende Pfahlwiderstände und zulässige Belastungen von Bohrpfählen bei „steifen" Pfählen und $\gamma_{G,Q} = 1{,}40$ aus verschiedenen statischen Probebelastungsergebnissen

3.2 Pfahlgründungen

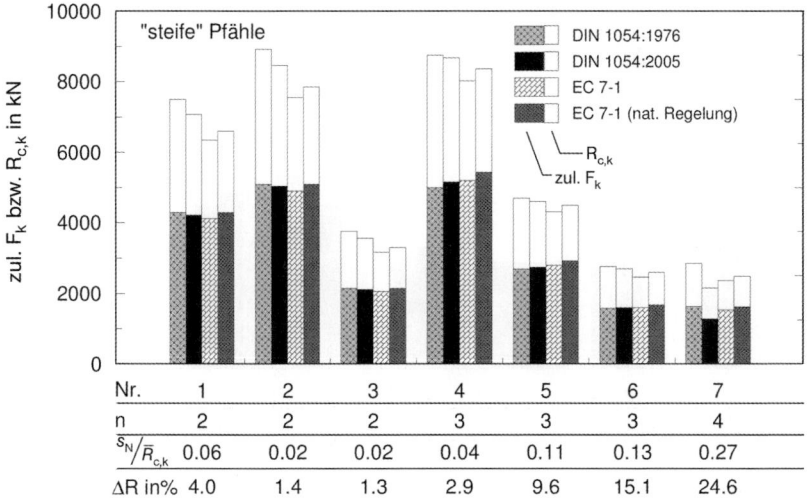

Bild 86. Vergleichende Pfahlwiderstände und zulässige Belastungen von Simplexpfählen bei „steifen" Pfählen und $\gamma_{G,Q} = 1{,}40$ aus verschiedenen statischen Probebelastungsergebnissen

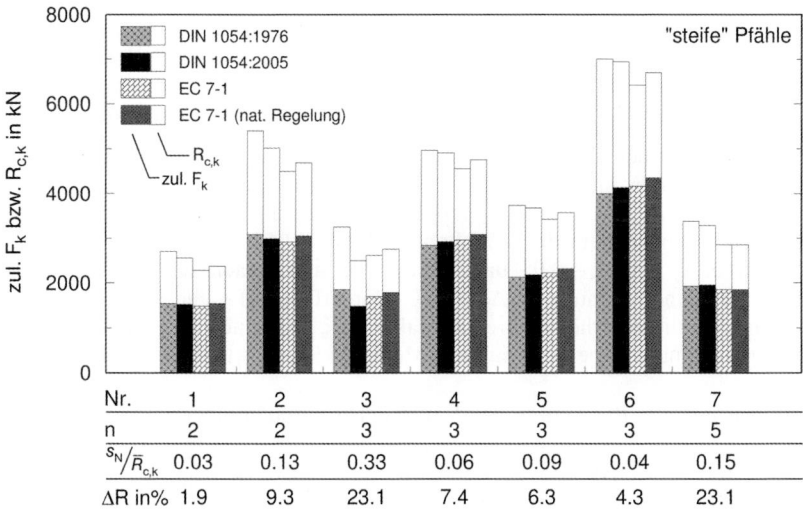

Bild 87. Vergleichende Pfahlwiderstände und zulässige Belastungen von Atlaspfählen bei „steifen" Pfählen und $\gamma_{G,Q} = 1{,}40$ aus verschiedenen statischen Probebelastungsergebnissen

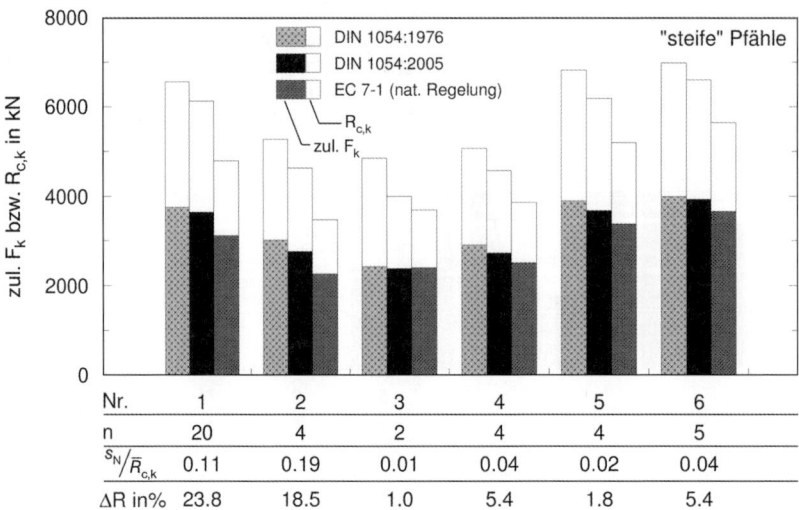

Bild 88. Vergleichende Pfahlwiderstände und zulässige Belastungen von Stahlrohrpfählen bei „steifen" Pfählen und $\gamma_{G,Q} = 1{,}40$ aus verschiedenen dynamischen Probebelastungsergebnissen

5.6.2.3 Vergleichsuntersuchungen für dynamische Probebelastungen

Die Untersuchungen der Pfahlwiderstände auf der Grundlage von dynamischen Pfahlversuchen erfolgte wie ausgeführt ebenfalls für DIN 1054:1976-11, DIN 1054:2005-01 und EC 7-1 (nationaler Vorschlag / Regelung [123]) für „weiche" und „starre" Systeme. Weiterhin sei nochmals darauf hingewiesen, dass DIN 1054:1976-11 keine dynamischen Probebelastungen berücksichtigt, hier also eine Auswertung wie bei statischen Probebelastungen erfolgt ist.

Die untersuchten dynamischen Probebelastungen wurden nach dem CAPWAP-Verfahren, einem erweiterten Verfahren mit vollständiger Modellbildung, ausgewertet. Beispielhaft wurde eine Kalibrierung an vergleichbaren Probebelastungen und Baugrundverhältnissen angenommen. Hierdurch wurde für das Verfahren nach DIN 1054:2005-01 eine Erhöhung der Streuungsfaktoren ξ um $\Delta\xi = 0{,}05$ und für das Verfahren nach EC 7-1 (nationaler Vorschlag / Regelung) eine Erhöhung um $\Delta\xi = 0{,}10$ erforderlich (s. Tabelle 36 und Bild 82). Nach EC 7-1 sind sämtliche, erhöhte Streuungsfaktoren ξ aufgrund des gewählten Verfahrens zur Auswertung nach Tabelle 36 mit dem Modellfaktor $\eta_M = 0{,}85$ zu multiplizieren.

5.6.2.4 Zusammenfassende Bewertung der Vergleichsuntersuchungen

Die national modifizierten Streuungsfaktoren von Tabelle 35 (Werte ohne Klammern) und die Präzisierungen aus Tabelle 36 führen insgesamt bei den nationalen Regelungen in [123] zu etwa vergleichbaren Resultaten wie die bisherige DIN 1054:2005-01. Die Vorzüge des Verfahrens nach EC 7-1 liegen in der konsequenten Verringerung der Streuungsfaktoren mit zunehmender Anzahl der Probebelastungen, wodurch der Aufwand, mehrere Probebelastungen durchzuführen „belohnt" wird. Gleichzeitig ergeben sich bei dieser Herangehensweise keine technisch unplausiblen Sprünge bei der berechneten zulässigen Einwirkung zul. F_k, wie dies in den bisherigen Regelungen der DIN 1054:2005-01 und der DIN 1054:1976-11 der Fall war.

Die einzelnen Vorgehensweisen aus den unterschiedlichen Normen wurden, wie zuvor dargestellt, anhand von zahlreichen realen Probebelastungen aus Projekten überprüft. Danach

3.2 Pfahlgründungen

konnte die Brauchbarkeit der nationalen Vorschläge bzw. zwischenzeitlichen Regelungen zum EC 7-1 [123] im Hinblick auf Sicherheit und Wirtschaftlichkeit bestätigt werden.

Nachfolgend ist die Auswirkung der nationalen Festlegung für die Streuungsfaktoren ξ nochmals zusammenfassend, getrennt nach Art der Probebelastung, beschrieben.

(a) Kalibrierung der Streuungsfaktoren ξ zur Ableitung charakteristischer Werte aus statischen Pfahlprobebelastungen:

Alle Streuungsfaktoren ξ zur Ableitung charakteristischer Werte aus statischen Pfahlprobebelastungsergebnissen wurden im Vergleich zu den ursprünglich in EC 7-1 empfohlenen Werten für die nationale Anwendung im Mittel um 0,05 reduziert (Tabelle 35). Damit ergeben sich sowohl für „weiche" Pfähle als auch für „starre" Pfähle größere zulässige Einwirkungen zul. F_k als für die ursprünglichen Vorgaben des EC 7-1. Aufgrund der Definition, dass ξ_1 für „steife" Pfähle bei Division durch 1,1 nicht kleiner 1,0 werden darf, können sich für n = 4 bzw. 5 Probebelastungen dieselben Ergebnisse mit den ursprünglichen und den angepassten Streuungsfaktoren ξ ergeben. Darüber hinaus zeigt sich für beide Tragsysteme, eine kontinuierliche Zunahme der zulässigen Einwirkungen zul. F_k mit der Anzahl n der durchgeführten Probebelastungen.

Die maximale Anzahl der in DIN 1054:2005-01 berücksichtigten Probebelastungen ist mit n = 2 kleiner als n = 5 bei EC 7-1. Für n = 2 ergeben sich nach EC 7-1, nationaler Vorschlag [123], leicht geringfügigere zulässige Tragfähigkeiten als nach DIN 1054:2005-01. Für n = 5 ergeben sich nach EC 7-1, nationaler Vorschlag im Vergleich zur DIN 1054:2005-01 höhere Tragfähigkeiten, was so auch gewünscht ist.

(b) Kalibrierung der Streuungsfaktoren ξ zur Ableitung charakteristischer Werte aus dynamischen Pfahlprobebelastungen:

Für die Auswertung von Probebelastungsergebnissen, die an statischen Probebelastungen am gleichen Baufeld kalibriert wurden, werden die gleichen, wie ursprünglich von EC 7-1 angegebenen Streuungsfaktoren, national zur Anwendung empfohlen. Mit diesen Streuungsfaktoren werden für eine geringe Anzahl von Probebelastungen etwas niedrigere zulässige Einwirkungen zul. F_k berechnet, als dies bei der Auswertung nach DIN 1054:2005-01 der Fall ist. Bei höherer Anzahl durchgeführter Probebelastungen ergeben sich jedoch höhere zulässige Einwirkungen zul. F_k. Für die Auswertung nach einem erweiterten Verfahren mit vollständiger Modellbildung ergeben sich für n = 5 und geringen Variationskoeffizienten zulässige Einwirkungen zul. F_k in einer Größenordnung, wie sie sich für vergleichbare statische Probebelastungen und n = 2 ergeben. Bei den bezüglich ihrer Ergebnisse mit größerer Unsicherheit behafteten direkten Verfahren ist die Differenz zu vergleichbaren statischen Ergebnissen größer.

Da EC 7-1 die in der nationalen Praxis weit verbreitete Vorgehensweise der Kalibrierung von dynamischen Probebelastungen an statischen Probebelastungen von anderen, aber vergleichbaren Baufeldern sowie anhand von Erfahrungswerten aus der Literatur nicht behandelt, wurden dazu in [81, 123] neue nationale Regelungen in Anlehnung an die DIN 1054:2005-01 mit Modifikationen erarbeitet (s. Tabelle 36 und Bild 82).

Für die Auswertung von Probebelastungsergebnissen, die an statischen Probebelastungen von vergleichbaren Baumaßnahmen kalibriert wurden, werden im Vergleich zu den ursprünglich empfohlenen Streuungsfaktoren für die nationale Anwendung um $\Delta\xi = 0{,}10$ erhöhte Streuungsfaktoren empfohlen. Damit ergeben sich für eine geringe Anzahl von Probebelastungen etwas niedrigere zulässige Einwirkungen zul. F_k, als dies bei der Auswertung nach DIN 1054:2005-01 der Fall ist. Bei höherer Anzahl durchgeführter Probebelastungen ergeben sich etwa die gleichen zulässigen Einwirkungen zul. F_k, die auch entsprechend der Auswertung nach DIN 1054:2005-01 zu erwarten sind. Hinsichtlich der Vergleichbarkeit mit entsprechenden statischen Probebelastungen kann festgestellt werden, dass die erweiterten Verfahren näher an den Ergebnissen statischer Probebelastungen liegen als direkte Verfahren, wobei die zulässigen Einwirkungen zul. F_k aufgrund der größeren Unsicherheiten bei der Kalibrierung an vergleichbaren Baumaßnahmen generell niedriger ausfallen als bei Kalibrierungen am gleichen Baufeld.

Für die Auswertung von Probebelastungsergebnissen, die lediglich aufgrund von Erfahrungswerten kalibriert wurden, werden im Vergleich zu den ursprünglich empfohlenen Streuungsfaktoren national um $\Delta\xi = 0{,}40$ erhöhte Streuungsfaktoren vorgeschlagen. Mit diesem Streuungsfaktor ergeben sich dieselben Ergebnisse, wie bei der Auswertung dynamischer Probebelastungen mit dem direkten Verfahren, die an statischen Probebelastungen von vergleichbaren Baumaßnahmen kalibriert wurden.

5.7 Bestimmung von Pfahlwiderständen nach EC 7-2 (Holländisches Verfahren)

5.7.1 Allgemeines

In EC 7-1 ist in Abschnitt 7.6.2.3 bzw. 7.6.3.3 (Grenzwert des Druckwiderstands bzw. Herauszieh-Widerstands aus den Ergebnissen von Baugrundversuchen) neben der in Abschnitt 3.6 dargestellten Vorgehensweise ein rechnerisches Verfahren nach Gl. (68) enthalten (hier für Druckpfähle dargestellt), welches ebenfalls als Eingangsparameter Drucksondierergebnisse verwendet. Dabei werden die charakteristischen Werte $R_{b,k}$ und $R_{s,k}$ bestimmt aus

$$R_{c,k} = (R_{b,k} + R_{s,k}) = \frac{R_{b,cal} + R_{s,cal}}{\xi} = \frac{R_{c,cal}}{\xi} = \text{MIN}\left\{\frac{(R_{c,cal})_{mitt}}{\xi_3}; \frac{(R_{c,cal})_{min}}{\xi_4}\right\} \quad (68)$$

wo ξ_3 und ξ_4 von der Zahl n der herangezogenen Sondierdiagramme abhängige Streuungsfaktoren sind, die auf die Mittelwerte $(R_{c,cal})_{mitt}$ bzw. auf die Kleinstwerte $(R_{c,cal})_{min}$ angewendet werden.

Die Berechnung von $R_{b,cal}$ und $R_{s,cal}$ findet sich im informativen Anhang von DIN EN 1997-2:2007-10 (EC 7-2), das als „Holländisches Verfahren" bezeichnet werden kann. Nach [123] ist das Verfahren in Deutschland nicht zulässig. Da es aber international Anwendung findet, ist im Abschnitt 5.7.2 ein zahlenmäßiger Vergleich zur deutschen Vorgehensweise nach [39] zusammengestellt. Auf die Darstellung des Verfahrens und der Berechnungsgleichungen wird hier verzichtet und auf EC 7-2 verwiesen.

5.7.2 Vergleich des Berechnungsverfahrens nach EC 7-2 mit der Vorgehensweise in [39]

Das im EC 7-2 als Anhang D.7 enthaltene Berechnungsverfahren zur Ermittlung des Widerstands eines Einzelpfahls basiert auf der holländischen Norm NEN 6743 aus dem Jahre 1993. Das Verfahren beruht auf der Interpretation von q_c-Werten aus Drucksondierungen.

Im Folgenden sind an einem fiktiven Beispiel mit verschiedenen q_c-Verläufen die Tragfähigkeit dreier unterschiedlicher Pfahlsysteme nach dem holländischen Verfahren berechnet und mit den Erfahrungswerten der EA-Pfähle [39] verglichen.

In Bild 89 sind die linearisierten Mittelwerte von fünf fiktiven Drucksondierungen dargestellt. Es wird die Tragfähigkeit eines Fertigrammpfahls (Stahlrohrpfahl), Ortbetonrammpfahls (Simplexpfahl) und eines unverrohrt hergestellten Bohrpfahls untersucht. Die Einbindelänge jedes Pfahls beträgt 10 m, der Durchmesser 0,6 m.

3.2 Pfahlgründungen

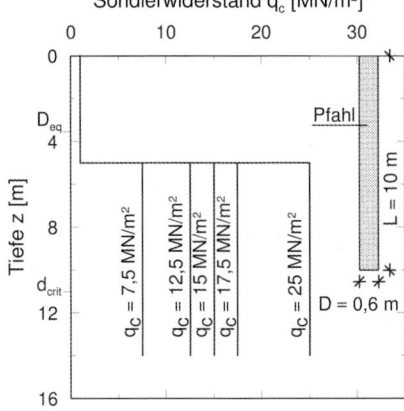

Bild 89. Verlauf der fiktiven Drucksondierungen

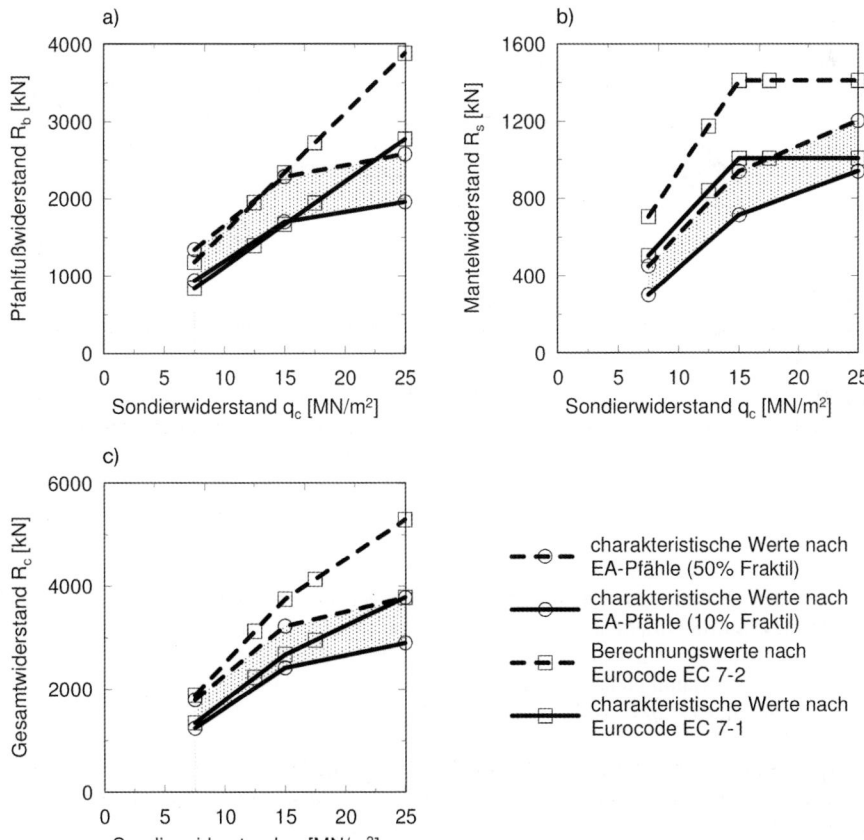

Bild 90. Berechnungsergebnisse für die Pfahltragfähigkeit eines Fertigrammpfahls (geschlossenes Stahlrohr mit $D_b \leq 0{,}8$ m) nach EA-Pfähle und EC 7-2; a) Pfahlfußwiderstand, b) Mantelwiderstand, c) Gesamtwiderstand

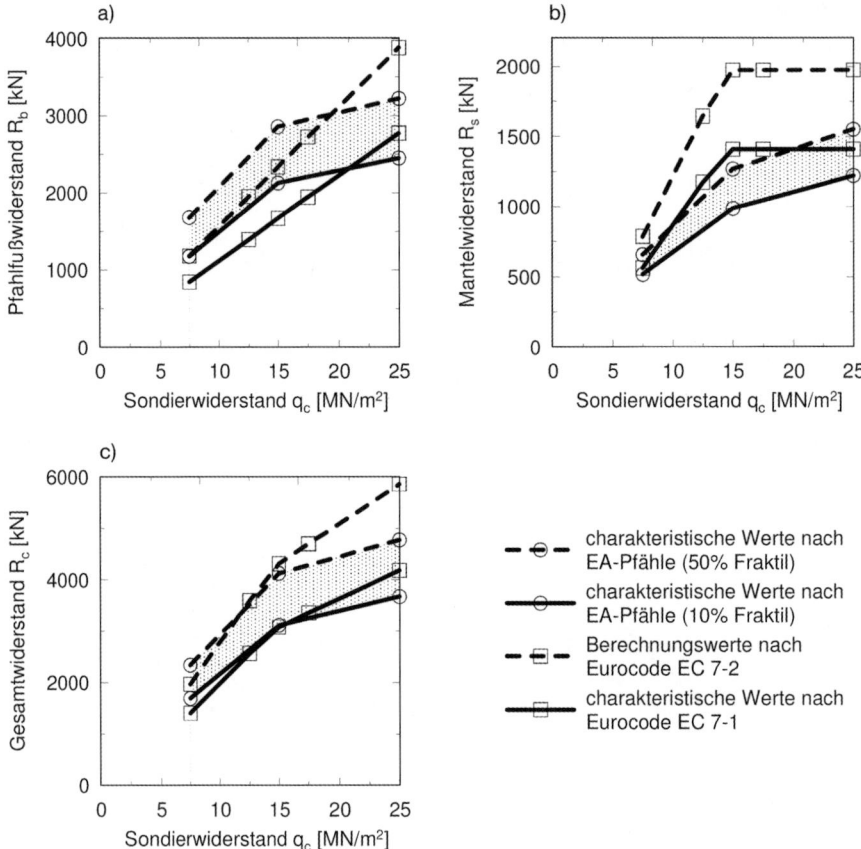

Bild 91. Berechnungsergebnisse für die Pfahltragfähigkeit eines Simplexpfahls nach EA-Pfähle und eines Ortbetonrammpfahls EC 7; a) Pfahlfußwiderstand, b) Mantelwiderstand, c) Gesamtwiderstand

In den Bildern 90 bis 92 sind die Berechnungsergebnisse für die drei untersuchten Pfahlsysteme mit den Erfahrungswerten der EA-Pfähle verglichen. Die Ergebnisse wurden differenziert in Pfahlfußwiderstand, Mantelwiderstand und Gesamttragfähigkeit dargestellt. Die Ergebnisse nach EC 7-2 werden sowohl als Rechengrößen (cal-Werte) als auch nach Gl. (69) durch die Streuungsfaktoren abgemindert und als charakteristische Widerstände dargestellt, siehe Gl. (89) bzw. (69).

$$R_{c,k} = \frac{R_{b,cal} + R_{s,cal}}{\xi} \tag{69}$$

mit

$R_{c,k}$ charakteristischer Druckpfahlwiderstand
$R_{b,cal}$ aus Baugrunduntersuchungen errechneter Pfahlfußwiderstand
$R_{s,cal}$ aus Baugrunduntersuchungen errechneter Pfahlmantelwiderstand
ξ Streuungsfaktor (nach Tabelle A.10, EC 7-1); hier: $\xi = 1{,}40$

3.2 Pfahlgründungen

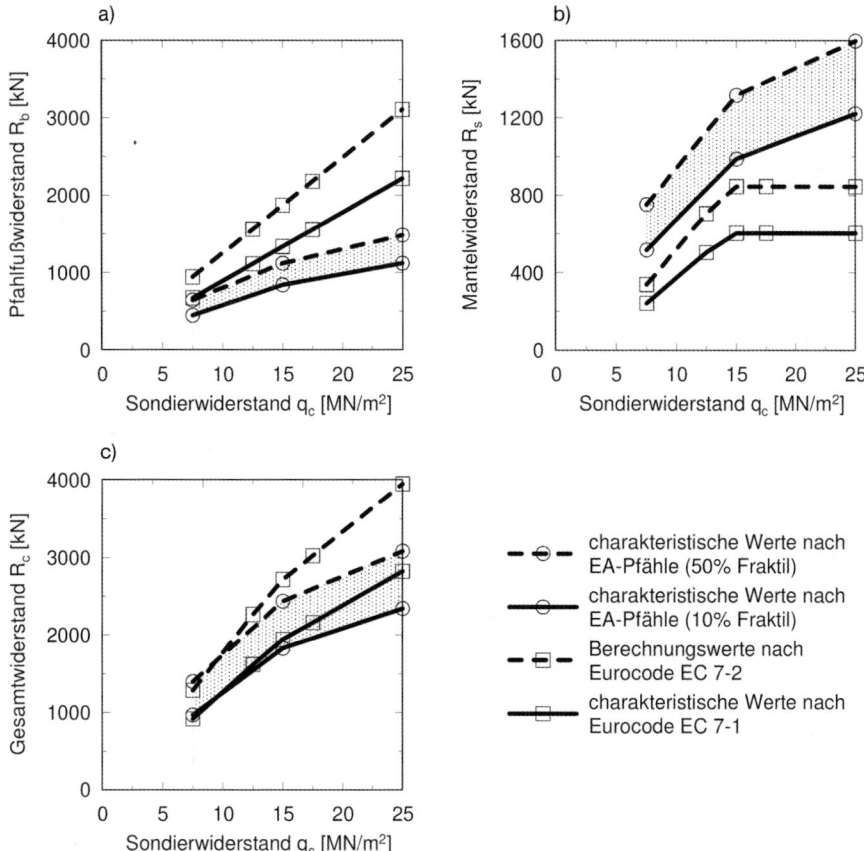

Bild 92. Berechnungsergebnisse für die Pfahltragfähigkeit eines Bohrpfahls nach EA-Pfähle und EC 7; a) Pfahlfußwiderstand, b) Mantelwiderstand, c) Gesamtwiderstand

Im EC 7-2 ist der Begriff Simplexpfahl nicht aufgeführt. Dieser wird dort als Ortbetonpfahl, der durch Rammen eines Stahlrohrs hergestellt und während des Betonierens gezogen wird, umschrieben.

Zusammenfassend lässt sich aufgrund dieser Beispielberechnungen feststellen, dass die Vorgehensweise nach EC 7-2 und EA-Pfähle [39] je nach Pfahlsystem einmal größere Abweichungen bei Pfahlfußwiderstand und beim anderen System bei dem Mantelwiderstand aufweisen.

Allerdings sind bei einem Sondierwiderstand q_c bis 15 MN/m² nur geringe Abweichungen des Gesamtwiderstandes zwischen den charakteristischen Werten nach EC 7-2 und den weiteren Werten der EA-Pfähle vorhanden.

Die größeren Abweichungen der Verfahren für Sondierwiderstände größer q_c = 15 MN/m² resultieren daraus, dass für diesen Festigkeitsbereich in nichtbindigen Böden nur wenige Pfahlprobebelastungen vorliegen und hierfür unterschiedliche Annahmen getroffen werden, die in der Regel auf der sicheren Seite liegen. Abschließend sei darauf hingewiesen, dass bei der relativ einheitlichen holländischen Geologie die Pfähle i. Allg. keine zu große Einbindetiefe in die die Weichschichten unterlagernden Sande aufweisen.

5.8 Weitere Hinweise zu Nachweisen der Tragfähigkeit von Pfählen

5.8.1 Knicksicherheit

(a) Für Pfähle in weichen Böden, hoch liegenden Pfahlrosten und Druckpfählen im Wasser ist die Knicksicherheit nachzuweisen.
(b) In den derzeit vorliegenden Pfahlnormen ist zum Knickversagen und Knicknachweis ausgeführt:
- Nach DIN 4128:1983-04 ist ein Knicksicherheitsnachweis für Pfahldurchmesser $D_s \leq 0{,}30$ m zu führen, wenn die Scherfestigkeit des undränierten weichen Bodens $c_{u,k} \leq 10$ kN/m² beträgt. Dabei ist keine seitliche Stützung des Pfahls anzusetzen.
- Nach DIN 1054:2005-01 ist bei teilweise freistehenden Pfählen und bei Pfählen in weichen Böden mit der Scherfestigkeit $c_{u,k} \leq 15$ kN/m² die Knicksicherheit nachzuweisen.
- Nach DIN 1997-1:2008-10 (EC 7-1) ist in der Regel kein Knicksicherheitsnachweis gefordert, wenn $c_{u,k} > 10$ kN/m² ist.
(c) In mehreren Untersuchungen, u. a. zusammengestellt in [178], wurde gezeigt, dass bei schlanken Pfählen in Bodenschichten mit geringer seitlicher Stützung ein Knickversagen bei ungünstigen Randbedingungen auch dann eintreten kann, wenn die vorstehend genannten Grenzwerte eingehalten werden.

In [178] wird gefordert, bei Mikropfählen nach DIN 14199 in weichen bzw. breiig-flüssigen Böden immer ein Knicksicherheitsnachweis zu führen. Dazu enthält [178] ein Verfahren. Dieses und weitere Hinweise finden sich auch in [39].

5.8.2 Negative Mantelreibung

Je nach Pfahlsetzungen im Vergleich zu den Bodensetzungen in der Weichschicht bei negativer Mantelreibung ist zu entscheiden, ob die Einwirkungen aus negativer Mantelreibung beim Nachweis des Grenzzustandes der Gebrauchstauglichkeit und der Tragfähigkeit bei den Pfählen berücksichtigt werden müssen (s. Abschn. 6.1.5).

5.8.3 Zwangsbeanspruchungen

Aus dem Nachweis der Gebrauchstauglichkeit der Pfahlgründung nach Abschnitt 5.9 können sich infolge von Setzungen oder Setzungsdifferenzen Beanspruchungen ergeben, die einen Grenzzustand der Tragfähigkeit in der aufgehenden Konstruktion hervorrufen können. Für Pfahlgruppen siehe auch Abschnitt 8.1.

5.8.4 Quer zur Pfahlachse belastete Pfähle

Bei quer zur Pfahlachse belasteten Pfählen sind zunächst die Pfahlabmessungen abzuschätzen und damit die charakteristischen Beanspruchungen der Schnittkräfte zu ermitteln, die dann mit den Teilsicherheitsbeiwerten der Einwirkungen entsprechend Abschnitt 5.2 in Bemessungswerte umzuwandeln sind. Die Aufnehmbarkeit der Bemessungswerte der Beanspruchungen ist nach den Materialnormen nachzuweisen. Für kurze, weitgehend „starre" Pfähle ist der Nachweis der Widerstände bzw. die Einspannung im Boden nachzuweisen.

3.2 Pfahlgründungen

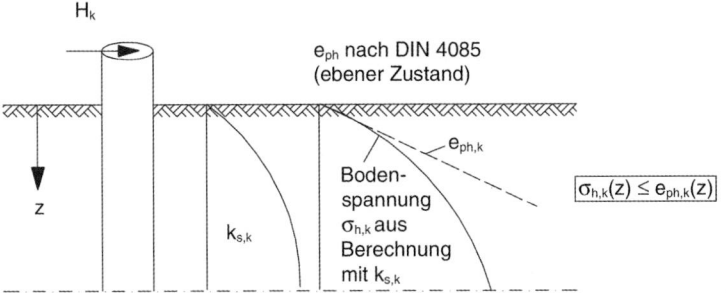

Bild 93. Nachweis der Aufnahme der Bodenspannungen aus der Berechnung mit dem Bettungsmodulverfahren

Für Berechnungen von horizontal belasteten Pfählen nach dem Bettungsmodulverfahren ergeben sich häufig in der Nähe der Geländeoberfläche insbesondere bei nichtbindigen Böden Bettungsspannungen vor dem Pfahl, die lokal höher sind als der Grenzwert des Erdwiderstandes. Wenn die Berechnung dieses ergibt, muss der Bettungsmodul gemäß Bild 93 in der Nähe der Geländeoberfläche abgemindert werden, sodass der charakteristische ebene Erdwiderstand $e_{ph,k}$ nicht überschritten wird.

Weitere Hinweise siehe [39].

5.9 Nachweis der Gebrauchstauglichkeit

Für Nachweise der Gebrauchstauglichkeit gelten die Ausführungen und Gleichungen in Abschnitt 5.3 sinngemäß, wobei i. d. R. die Teilsicherheitsbeiwerte für die Einwirkungen und Widerstände zu $\gamma = 1,0$ gesetzt werden. Vielfach wird der Gebrauchstauglichkeitsnachweis bei Pfählen auch über eine Verformungsbegrenzung (z. B. zulässige Pfahlsetzungen) geführt.

Von besonderer Bedeutung beim Gebrauchstauglichkeitsnachweis ist die Abschätzung von Setzungsdifferenzen zwischen den Einzelpfählen einer Gruppe oder von durch Einzelpfähle oder Pfahlgruppen gestützten Widerstandspunkten eines aufgehenden Tragwerks, die einen Grenzzustand der Tragfähigkeit in der aufgehenden Konstruktion bewirken können.

Herstellungsbedingte Setzungsdifferenzen sind bei Pfählen abhängig von der Größe der Setzungen s und vom Pfahltyp. Die Größenordnungen können nach [49] liegen bei

- Bohrpfahlgründungen: $\Delta s/s \cong 1/3$
- Verdrängungspfahlgründungen: $\Delta s/s \cong 1/4$

Bild 94 zeigt eine Möglichkeit der Abschätzung bei Pfählen im Gebrauchszustand, wobei Bild 94a das bisher übliche Verfahren darstellt, bei der eine zulässige Setzung als Vorgabe aus der Tragwerksplanung zugrunde gelegt wird. Dieses Vorgehen setzt allerdings geringe zu erwartende Setzungsdifferenzen zwischen den Pfählen oder Pfahlgruppen voraus.

Bild 94b beschreibt den Fall von zu erwartenden größeren Setzungsdifferenzen im Gebrauchszustand zwischen den Pfählen oder Pfahlgruppen. Dabei kann die auftretende zwängungserzeugende Setzungsdifferenz mit

$$\Delta s_k = \chi \cdot s_k \qquad (70)$$

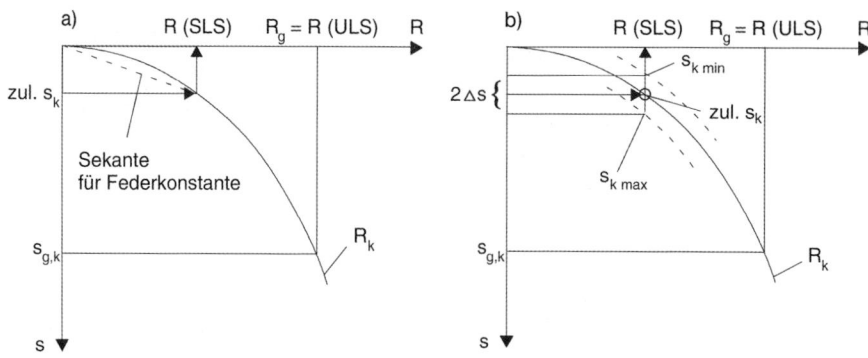

Bild 94. Ableitung der Pfahlwiderstände R(SLS) im Grenzzustand der Gebrauchstauglichkeit abhängig davon, ob geringe oder erhebliche Setzungsdifferenzen zu erwarten sind (nach [39]); a) bei zu erwartenden geringen Setzungsdifferenzen zwischen den Pfählen oder Pfahlgruppen, b) bei zu erwartenden erheblichen Setzungsdifferenzen zwischen den Pfählen oder Pfahlgruppen

abgeschätzt werden. Der Faktor χ ist abhängig von der Pfahlherstellung, der Baugrundschichtung und der Stellung der Pfähle innerhalb der Gründung. Ein Anhaltswert könnte für eine erste Abschätzung $\chi = 0{,}15$ sein, wenn keine weitergehenden Untersuchungen erfolgen.

Die Ermittlung der Pfahlgruppensetzung im Gebrauchszustand und ergänzende Untersuchungen können nach Abschnitt 8.1 vorgenommen werden. Für die Rückwirkung der Einzelpfähle innerhalb der Gruppe auf die aufgehende Konstruktion empfiehlt es sich, das Setzungsverhalten der Pfähle mit Federkonstanten zu beschreiben, die aus der Sekante für den voraussichtlich maßgebenden Belastungsbereich an der WSL der Einzelpfähle abzuleiten sind (Bild 94 a). Weitergehende Hinweise mit Beispielen finden sich in [39].

6 Einwirkungen auf Pfähle aus dem Baugrund

6.1 Negative Mantelreibung

6.1.1 Ursachen und Wirkungsweise

Positive Mantelreibung (s. Abschn. 3) infolge der Relativverschiebung aus größerer Pfahlsetzung gegenüber der Setzung des umgebenden Bodens bewirkt einen Pfahlmantelwiderstand R_s. Demgegenüber führt eine größere Setzung des Bodens in Relation zur Pfahlsetzung zu einer negativen Mantelreibung τ_n, die integriert über die davon betroffene Pfahlmantelfläche eine zusätzliche Längskraftbeanspruchung F_n aus negativer Mantelreibung auf den Pfahl bewirkt. Negative Mantelreibung tritt bei Pfahlgründungen durch weiche, bindige Schichten auf, insbesondere wenn durch eine nachträgliche Aufschüttung im Gelände oder durch eine Grundwasserabsenkung mit einer Setzung dieser Schichten zu rechnen ist (Bild 95). Nach [45] kann negative Mantelreibung bei sensitiven Tonen auch allein durch die Störung des Bodengefüges beim Rammvorgang und die nachfolgende Rekonsolidierung beim Abbau des Porenwasserüberdruckes verursacht werden.

Negative Mantelreibung kann auch infolge Hebungen des Bodens in der Pfahlumgebung bei Zugpfählen eintreten, z. B. Bild 96.

3.2 Pfahlgründungen

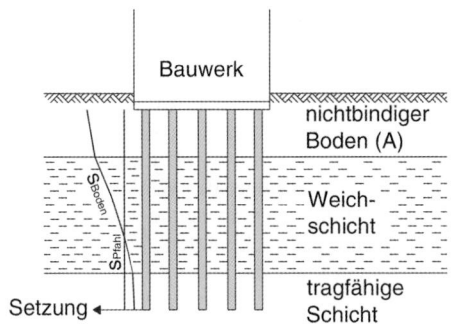

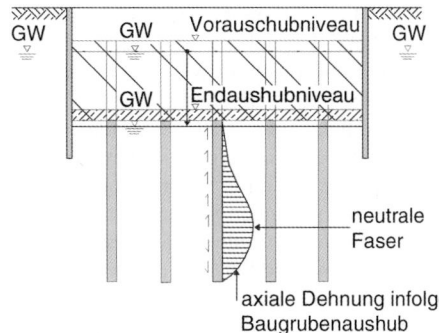

Bild 95. Randbedingungen bei der Entwicklung negativer Mantelreibung infolge einer nichtbindigen Auffüllung (A)

Bild 96. Beispiel zur Beanspruchung von Pfählen durch Hebungen des Bodens in der Pfahlumgebung, hier infolge nachfolgendem Baugrubenaushub (nach [119])

Die Einwirkungen aus negativer Mantelreibung stehen zusammen mit den Einwirkungen auf die Pfähle aus dem Bauwerk und den Pfahlwiderständen abhängig von den Setzungen im Gleichgewicht. Bild 97 zeigt diesen Zusammenhang für zwei Fälle:

- Bei geringen Beanspruchungen F_a aus den Bauwerkslasten und damit geringer Pfahlsetzung s_a und größerem Beanspruchungsanteil F_n aus negativer Mantelreibung reicht der Einfluss von τ_n tief.
- Umgekehrt führt ein großer Beanspruchungsanteil F_b aus den Bauwerkslasten zu größeren Pfahlsetzungen und damit infolge der Relativverschiebung zwischen Boden und Pfahl bald zur Aktivierung der positiven Mantelreibung q_s.

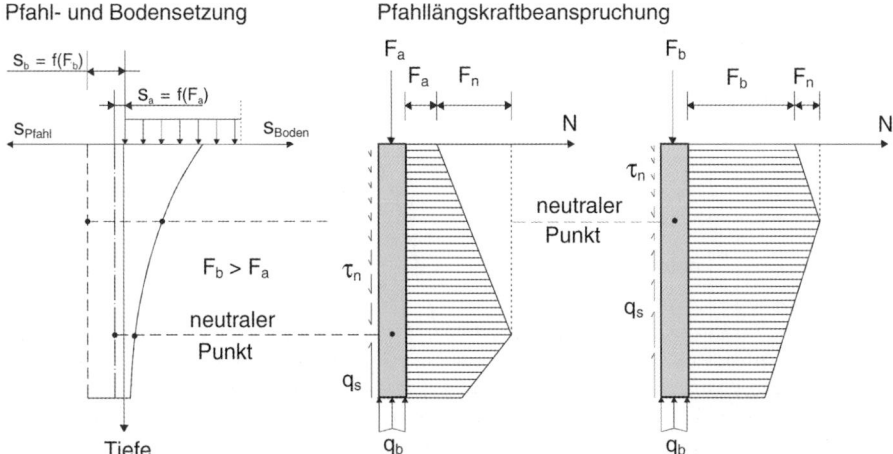

Bild 97. Qualitative Zusammenhänge zwischen Pfahlwiderständen und Beanspruchungen aus Bauwerkslasten und negativer Mantelreibung bei homogenem Baugrund und Definition des neutralen Punktes. Hinweis: Dargestellt ist die Änderung der axialen Pfahlbeanspruchung (nach [77])

Gemäß Bild 97 wird die Grenze zwischen positiver und negativer Mantelreibung als neutraler Punkt bezeichnet. In [45] wird diese neutrale Ebene als eine Übergangszone von negativer und positiver Mantelreibung aufgefasst, wobei der Wechsel der Scherbeanspruchung als linear angenommen wird. Innerhalb dieser Übergangszone ist demnach die Mantelreibung nicht voll mobilisiert. Die Länge der „Zone der neutralen Ebene" ist von der Relativverschiebung zwischen Pfahl und Boden, d. h. dem Schnittwinkel zwischen den Setzungskurven von Pfahl und Boden abhängig (Bild 98). Je geringer der Winkel zwischen den sich schneidenden Setzungskurven ist, desto größer ist die Übergangszone von negativer zu positiver Mantelreibung. Der neutrale Punkt liegt bei Spitzendruckpfählen in der Nähe des Pfahlfußes, wo die Setzung des umgebenden Bodens nicht mehr die volle Reibung mobilisieren kann. Für einen langen Reibungspfahl liegt der neutrale Punkt dagegen etwas oberhalb der Pfahlmitte, wo die Setzungen von Boden und Pfahl gleich groß sind.

Der neutrale Punkt spielt beim Tragverhalten des Pfahls und der Pfahlbemessung bei Vorhandensein von negativer Mantelreibung eine zentrale Rolle. Die größte Beanspruchung des Pfahls in axialer Richtung tritt jeweils im neutralen Punkt auf, da hier die Einwirkungen aus Bauwerkslasten durch die ebenfalls nach unten gerichteten Einwirkungen aus negativer Mantelreibung erhöht werden und bis zu diesem Punkt keine Lastabtragung in den Boden

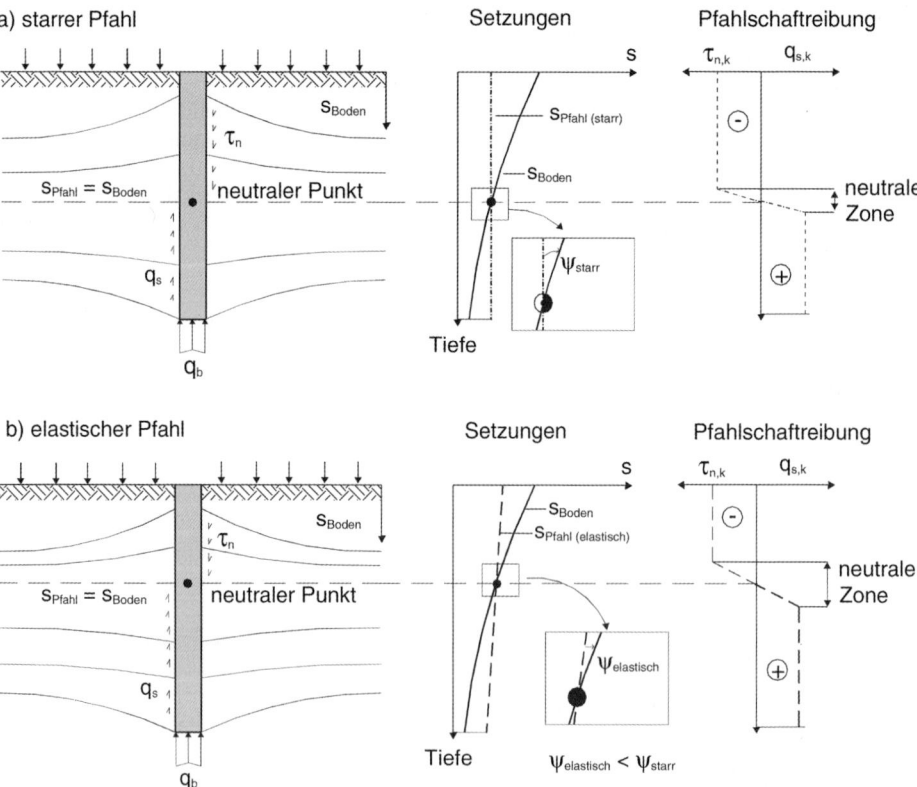

Bild 98. Modellvorstellung zur negativen Mantelreibung und Aktivierung der Pfahlschaftreibung in Abhängigkeit des Schnittwinkels ψ der Setzungskurven bei einem a) starren Pfahl und einem b) elastischen Pfahl (nach [45], aus [78])

3.2 Pfahlgründungen

stattfindet. Somit kann kein Pfahlwiderstand mobilisiert werden. Weiterhin stimmen die Setzungen des Pfahls mit den Setzungen des umgebenden Bodens im neutralen Punkt überein. Dadurch ist die negative Mantelreibung in erster Linie ein Setzungsproblem. Die Einwirkung aus der negativen Mantelreibung auf den Pfahl erhöht dagegen den äußeren Pfahlwiderstand bei entsprechenden Setzungen. So führt eine zusätzlich auf den Pfahl aufgebrachte Einwirkung aus Bauwerkslasten zunächst nicht zu einer Erhöhung des Pfahlfußwiderstandes, sondern reduziert die negative Mantelreibung. Umgekehrt bedeutet dies, dass die negative Mantelreibung aufgrund dieser Reduktion eine Tragreserve für den äußeren Pfahlwiderstand darstellt, ähnlich einer Vorspannung des Bodens. Damit sind Einwirkungen aus negativer Mantelreibung überwiegend nur im Gebrauchslastbereich maßgebend (s. Abschn. 6.1.5).

Nach DIN 1054 bzw. EC 7-1 ist die negative Mantelreibung bei Pfahlgründungen eindeutig als eine ständige Einwirkung definiert, die zu einer zusätzlichen Beanspruchungskomponente F_n auf die Pfähle führt. Eine zutreffende Einschätzung von $\tau_{n,k}$ am Pfahl erfordert die Angabe von

– den Pfahlsetzungen über die Tiefe,
– den Setzungen der Bodenschichten über die Tiefe,
– den Relativverschiebungen und
– ggf. Mobilisierungsfunktionen von $\tau_{n,k}$ und $q_{s,k}$.

Dabei sind im Wesentlichen zwei Ansätze zur Ableitung der charakteristischen negativen Mantelreibung $\tau_{n,k}$ zu berücksichtigen:

- Mit effektiven Spannungen für nichtbindige und bindige Böden:

$$\tau_{n,k} = K_0 \cdot \tan \varphi'_k \cdot \sigma'_v = \beta_n \cdot \sigma' \tag{71}$$

  mit

  σ'_v effektive Vertikalspannung
  K_0 Erdruhedruckbeiwert
  φ'_k charakteristischer Wert des Reibungswinkels der nichtbindigen und bindigen Schichten
  β_n Faktor zur Festlegung der Größe der charakteristischen negativen Mantelreibung für nichtbindige und bindige Böden

  Zur Größenordnung des Faktors β_n nach Angaben in der Literatur siehe Abschnitt 6.1.2. Häufig wird für nichtbindige Böden $\beta_n = 0{,}25$ bis $0{,}30$ verwendet.

- Mit totalen Spannungen für bindige Böden:

$$\tau_{n,k} = \alpha_n \cdot c_{u,k} \tag{72}$$

  mit

  α_n Faktor zur Festlegung der Größe der charakteristischen negativen Mantelreibung für bindige Böden
  $c_{u,k}$ charakteristischer Wert der Scherfestigkeit des undränierten Bodens

  Zur Größenordnung des Faktors α_n aus der Literatur siehe Abschnitt 6.1.3, wobei in der DIN 1054 näherungsweise $\alpha_n = 1$ gesetzt wird und diese Beziehung dort generell für bindige Böden empfohlen wird.

Wenn die Pfähle einer Pfahlgruppe eng stehen, tritt eine Art Gruppenwirkung ein, die die negative Mantelreibung abmindern kann. Hinweise dazu finden sich z. B. in [6, 49].

Tabelle 37. Ausgewählte β_n-Werte für die Berechnung der negativen Mantelreibung mit effektiven Spannungen

Bodenart	β_n	Quelle	Bemerkung
Schluff	0,25	[49]	für Einzelpfähle, empirische Ermittlung
magerer Ton	0,20		
mittlerer Ton	0,15		
fetter Ton	0,10		
gebrochener Fels	0,40	[89]	für einen Einzelpfahl bei Setzungsraten von ca. 10 mm/Jahr
Sand, Kies	0,35		
Schluff	0,30		
Ton, normalkonsolidiert, $w_L \leq 50\%$	0,30		
Ton, normalkonsolidiert, $w_L > 50\%$	0,20		
Kaolin	0,18	[158]	aus Modellversuchen an einem vertikalen Einzelpfahl
weicher Ton	0,24–0,29	[22]	nach Messungen an Stahlpfählen
	0,20		
organische Böden	0,10–0,15 (0,20)		Bohr- (Rammpfähle)
	0,15		Stahlrammpfähle, offen
	0,20		Stahlrammpfahl, geschlossene Spitze
	0,15		Bohrpfahl
bei Pfahlschaftummantelung:			
– Bitumen	0,02		
– Betonitsuspension	0,05		

Tabelle 38. Ausgewählte α_n-Werte für die Berechnung der negativen Mantelreibung mit totalen Spannungen

Bodenart	α_n	Quelle	Bemerkung
sandiger Schluff	0,50–1,70	[43]	Spitzendruckpfahl
	0,65–1,60		geneigter Spitzendruckpfahl
	0,50–1,30		Reibungspfahl
schluffiger Ton	0,27–2,13	[104]	Spitzendruckmodellpfahl
	0,40–0,50		Feldmessung
Ton	0,17–0,22	[134]	Modellpfähle
	0,40–0,61	[45]	Feldversuch
Londoner Ton	0,65–0,85	[167]	lange/kurze Bohrpfähle
	0,50–0,60	[22]	Presspfähle
	0,30		Feldversuche
Ton	1,00	[4]	Rammpfähle
weiche Tone ($c_{u,k}$ = 50 kN/m²)	0,50/0,80/1,00	[19]	Holzpfähle Bohrpfähle Stahlrohrpfähle
Torf	0,42	[30]	Feldmessung
	1,00	[182]	Holzpfähle
–	0,30–1,50	[19]	statistische Auswertung

3.2 Pfahlgründungen

Führt die negative Mantelreibung zu einer Überbeanspruchung der Pfähle oder wird dadurch eine hohe zusätzliche Pfahlanzahl erforderlich, so kann die negative Mantelreibung auch durch konstruktive Maßnahmen vermindert oder abgeschirmt werden. Im Wesentlichen sind dies die Pfahlschaftbeschichtungen, z. B. durch Bitumen oder die Verwendung von Hülsen.

6.1.2 Zum Faktor β_n aus der Literatur

In der Literatur finden sich umfangreiche Angaben zum Faktor β_n nach Gl. (71) zur Abschätzung der Größe der negativen Mantelreibung mit effektiven Spannungen. Tabelle 37 enthält dazu eine Auswahl.

6.1.3 Zum Faktor α_n aus der Literatur

Tabelle 38 enthält eine Auswahl von Literaturangaben zum Faktor α_n zur Abschätzung der Größe der negativen Mantelreibung mit totalen Spannungen.

6.1.4 Ergebnisse von Großversuchen und Bauwerksmessungen

In der Literatur gibt es auch Auswertungen der negativen Mantelreibung aus Großversuchen bzw. Bauwerksmessungen. Nachfolgend ist dazu eine Auswahl in Form der jeweils resultierenden negativen Mantelreibungsspannungen bzw. Mantelreibungskräfte tabellarisch zusammengestellt. Die Versuchsdetails können der genannten Literatur entnommen werden. Die Mantelreibung τ_n wurde dabei in der Regel aus der Pfahlkraftmessung gemittelt zurückgerechnet.

Tabelle 39. Zusammenstellung von Ergebnissen aus Großversuchen und Bauwerksmessungen

Pfahlart (Bez.)[1)]	Geometrie		Bodenart	τ_n [kN/m²]	Quelle	Bemerkung
	Länge [m]	Ø [m]				
SRP, SP	50,00	0,42	weicher Ton, Sand	14	[29]	zeitliche Entwicklung der Mantelreibung durch Konsolidation unter Bodenauflast, Auswirkungen einer Bitumenummantelung
SRP, R	40,00	0,42	weicher Ton	14		
BP, SP	57,70	0,32	Schluff, Ton, Sand	20	[45]	Langzeitmessungen; Mantelreibung hervorgerufen durch natürliche Geländesetzung
BP, SP	59,80	0,32		18		
BP, R	30,50	0,48	Ton	12	[4]	Mantelreibung in Abhängigkeit des Grundwasserpegels; Langzeitmessungen über > 4 Jahre
BP, SP	32,00		Ton, Sand	13		
SRP, R	49,00	0,30	mariner Ton	82	[14]	Entwicklung der Mantelreibung hervorgerufen durch große Oberflächensetzungen unter einer Dammschüttung
SRP, SP	43,00	0,61	Schluff, schluffiger Sand, Sand	191	[43]	Mantelreibungsentwicklung durch Geländesetzung, die durch Grundwassergewinnung hervorgerufen wird; Vergleich offener, geschlossener und geneigter Pfähle
SRP, SP	43,00	0,61		139		
SRP, SP	43,00	0,61		97		
SRP, R	31,00	0,61	Schluff, Sand	89		

Tabelle 39. (Fortsetzung)

Pfahlart (Bez.)[1]	Geometrie		Bodenart	τ_n [kN/m²]	Quelle	Bemerkung
	Länge [m]	⌀ [m]				
HRP, SP	15,52	0,37	Torf, Wiesenkalk, Faulschlamm, Sand	25–32	[182]	Druck- und Zugversuche, Rückrechnung der Mantelreibung
HRP, R	12,35	0,42		23–27		
HRP, SP	19,54	0,36		28–38		
SRP	5,80	0,61	Sandauffüllung	37	[165]	Messung an Pfählen in einer Kaianlage, wobei den Pfählen keine Bauwerklast zugewiesen wurden; negative Mantelreibung durch Geländesetzung hervorgerufen
SRP	15,30	0,61	Sandauffüllung, Klei, Sand	37		
BP	25,00	0,40	weicher – steifer Ton	17	[67]	Untersuchung der Wirksamkeit einer Bitumenummantelung zur Verringerung der negativen Mantelreibung, die durch Konsolidation hervorgerufen wurde
BP, Bitumenummantelung	25,00	0,40		4		
BP	26,00	0,36	schluffige Tone	28	[101]	u. a. 1,5 Jahre Beobachtung der Zunahme der negativen Mantelreibung mit Abnahme des Porenwasserüberdrucks

[1] Es bedeuten: SRP = Stahlrammpfahl, SP = Spitzendruckpfahl, HRP = Holzrammpfahl, BP = Bohrpfahl, R = Reibungspfahl

6.1.5 Berücksichtigung der negativen Mantelreibung bei Trag- und Gebrauchstauglichkeitsnachweisen

Eine nichtbindige Auffüllung über einer Weichschicht kann rechnerisch zu sehr großen Pfahlbeanspruchungen aus negativer Mantelreibung führen, daher sollte die resultierende charakteristische Beanspruchung nicht größer als das Gewicht dieser Schicht angesetzt werden. Diese Regelung ist aber nur sinnvoll für in einer Gruppe eng stehende Pfähle. In der Literatur finden sich weitere Angaben zu Pfahlgruppen, die allerdings wenig einheitlich sind.

DIN 1054 führt aus, dass die negative Mantelreibung $\tau_{n,k}$ nicht größer zu erwarten ist als eine positive Mantelreibung $q_{s,k}$ in vergleichbaren Baugrundschichten.

Für die Bestimmung der Tiefenlage des neutralen Punktes im Grenzzustand der Gebrauchstauglichkeit und somit der Größe der charakteristischen Einwirkung $F_{n,k}$(SLS) wird empfohlen:

- die Verformungen des den Pfahl umgebenden Bodens, in der Regel für den Endzustand, also unter Berücksichtigung von Konsolidations- und Kriechverformungen s_n, mit charakteristischen Größen zu bestimmen.

Im Grenzzustand der Tragfähigkeit wird folgendes Vorgehen zur Ermittlung des neutralen Punktes und somit der Größe der charakteristischen Einwirkung $F_{n,k}$(ULS) empfohlen:

- Festlegung der Setzung s_g des Pfahls im Grenzzustand der Tragfähigkeit mit $s_g = 0,10 \cdot D_b$, sofern nicht genauere Setzungsangaben, z. B. aus Pfahlprobebelastungen vorliegen. Bei anderen Pfahlgeometrien im Querschnitt sollte ein Ersatzdurchmesser angesetzt werden.

3.2 Pfahlgründungen

Ein Verformungsvergleich von s(SLS) bzw. s(ULS) = s_g mit den Setzungen der umgebenden Weichschichten s_n ergibt die jeweilige Lage des neutralen Punktes. Die abgeschätzten Setzungen der Pfähle im Grenzzustand der Tragfähigkeit treten in Wirklichkeit unter den tatsächlich wirkenden Lasten (charakteristische Einwirkungen) nicht auf. Die Nachweisführung in diesem Grenzzustand erfolgt somit auf Grundlage eines fiktiven Verformungszustandes.

Die Bemessungsgrößen ergeben sich aus Multiplikation der charakteristischen Einwirkung aus negativer Mantelreibung zu

$$F_{n,d} = F_{n,k} \cdot \gamma_G \tag{73}$$

In der Regel können aber Einwirkungen aus negativer Mantelreibung keinen echten äußeren Grenzzustand der Tragfähigkeit hervorrufen.

Für den Materialnachweis des Pfahlbaustoffs (innere Pfahltragfähigkeit) ist die Mantelreibung i. d. R. für die Einwirkungskombination aus dem Grenzzustand der Gebrauchstauglichkeit der Pfähle mit $F_{n,k}$(SLS) zu berücksichtigen (ungünstigste Beanspruchung).

Weitere Hinweise und Berechnungsbeispiele siehe [39].

6.2 Seitendruck

Infolge von Bodenbewegungen von weichen Bodenschichten ergeben sich Einwirkungen auf Vertikalpfähle, die durch die waagerechten Bodenbewegungen auf Biegung beansprucht werden. Beispiele für diese Einwirkungsform zeigt Bild 99. Seitendruck auf Pfähle tritt häufig auch bei der Hinterfüllung von Brückenwiderlagern auf Pfählen auf. Die Größe der Einwirkung hängt hierbei u. a. vom Betrag der Bodenbewegung als auch von der Steifigkeit der Pfähle ab.

Unabhängig von der Baugrundschichtung können Seitendruckbeanspruchungen auf die Pfähle vorhanden sein, wenn die Pfähle

– in einer Böschung stehen oder
– einen Geländesprung als Gründungselemente stützen.

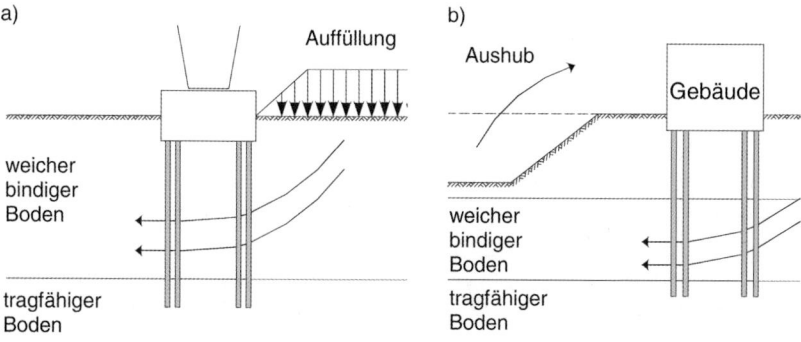

Bild 99. Beispiele für die Ausbildung von Seitendruck auf Pfähle; a) resultierend aus einer Aufschüttung, b) resultierend aus einem Aushub

Pfahlgründungen können auch erst nach längerer Zeit durch die Seitendruckbelastung versagen. Die Ursachen für solche Erscheinungen sind noch nicht eindeutig geklärt. Die auftretenden Verformungen können aber nach ihrem zeitlichem Verlauf unterteilt werden in:

– Volumenkonstante Schubverformungen beim Aufbringen der Last,
– Verformungen infolge Konsolidation des Bodens,
– langfristige Kriechverformungen.

Im Folgenden wird unter Seitendruck auf Pfähle schwerpunktmäßig ein Umfließen von weichen bindigen Böden quer zur Pfahlachse verstanden. Der Seitendruck auf Pfähle ist als ständige Einwirkung einzuordnen, unabhängig davon, wie lange die Einwirkung vorhanden ist.

Sofern bindige Böden mit einer Konsistenzzahl von $I_c < 0{,}50$ oder $c_{u,k} < 25$ kN/m^2 vorhanden sind, bei denen aufgrund der geometrischen oder belastungsbedingten Randbedingungen ein Seitendruck auf die Pfähle nicht ausgeschlossen werden kann, sind stets Untersuchungen bezüglich zusätzlicher Einwirkungen aus Seitendruck durchzuführen. Liegen günstigere als die beschriebenen Verhältnisse vor, so darf die Notwendigkeit einer Pfahlbemessung auf Seitendruck mithilfe einer Geländebruchuntersuchung nach DIN 4084 vorgenommen werden [39]. Im Einzelnen ist dabei wie folgt vorzugehen:

- Durchführung einer Geländebruchberechnung am „entkleideten System" (Bild 100).
- Der die Stützkonstruktion belastende Bemessungserddruck wird gemäß Bild 100 stützend auf das System angesetzt, wobei eine eventuelle veränderliche Einwirkung zu vernachlässigen ist, da diese die Stützkraft erhöht.
- Die Berechnungen sind i. d. R. für den Anfangszustand mit der undränierten Kohäsion für die Weichschichten durchzuführen.

Je nach Ausnutzungsgrad μ des Bemessungswiderstandes kann abgeschätzt werden, ob entsprechende Verformungen in den Weichschichten Seitendruckbeanspruchungen auf die Pfähle bewirken können. Werden die in Tabelle 40 zusammengestellten Grenzwerte eingehalten bzw. unterschritten, darf eine Pfahlbemessung auf Seitendruck entfallen.

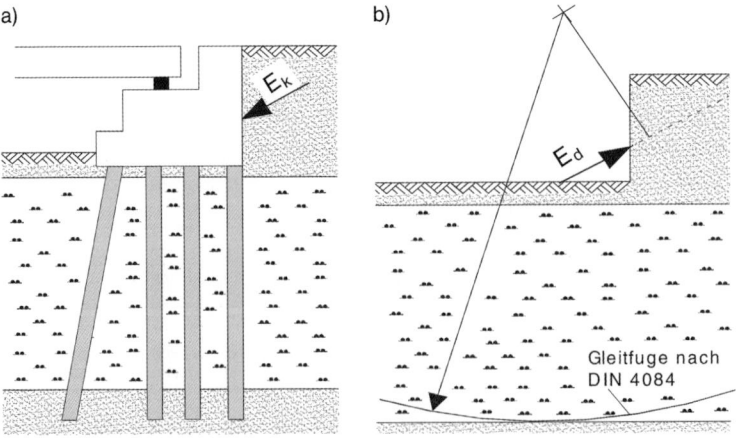

Bild 100. Untersuchung zur Notwendigkeit einer Pfahlbemessung auf Seitendruck, Ansatz der Stützkraft; a) Systembeispiel, b) „entkleidetes System"

3.2 Pfahlgründungen

Tabelle 40. Grenzwerte für den Ausnutzungsgrad des Bemessungswiderstandes μ der Standsicherheit nach DIN 4084 (nach [39])

μ	Weiche Bodenschichten, die ggf. einen Seitendruck auf Pfähle bewirken können
0,80	bindige Böden, insbesondere normal- oder leicht überkonsolidiert mit weicher oder noch ungünstigerer Konsistenz
0,75	stark organische Böden mit V_{gl} > 15% und w > 75%, z. B. Klei, Torf usw.

Die neue DIN 4084 gibt im Abschnitt „Begrenzung der Verformung von Böschungen und Geländesprüngen" bei sehr verformungsanfälligen weichen Böden an, dass allgemein ein Ausnutzungsgrad von $\mu \leq 0{,}67$ einzuhalten ist, um Verformungen zu begrenzen.

Ist eine Pfahlbemessung auf Seitendruck erforderlich, so sind bei der Ermittlung der Einwirkung durch waagerechte Bodenbewegungen i. Allg. zwei Grenzfälle zu betrachten:

- Der charakteristische Fließdruck $p_{f,k}$.
- Der charakteristische resultierende Erddruck Δe_k.

Maßgebend ist der sich ergebende jeweils kleinere Seitendruck auf die Pfähle, wobei die Beanspruchung aus der Fließdrucklast $P_{f,k}$ und der resultierenden Erddrucklast ΔE_k jeweils über die gesamte Einwirkungshöhe zu bestimmen sind (Bild 101). Grundsätzlich ist für jeden Pfahl das Minimum der Gesamteinwirkung als Einwirkungskraft maßgebend, auch wenn einer der im vorherigen Absatz genannten Seitendrücke in Teilabschnitten des Pfahls geringer als der jeweils andere ist.

(a) Ermittlung der charakteristischen Einwirkung aus Fließdruck

Es wird davon ausgegangen, dass die Scherfestigkeit des Bodens ausgeschöpft ist und der plastifizierte Boden den Pfahl umfließt, was näherungsweise bei Verformungswegen von etwa 10% des Pfahldurchmessers angenommen werden kann.

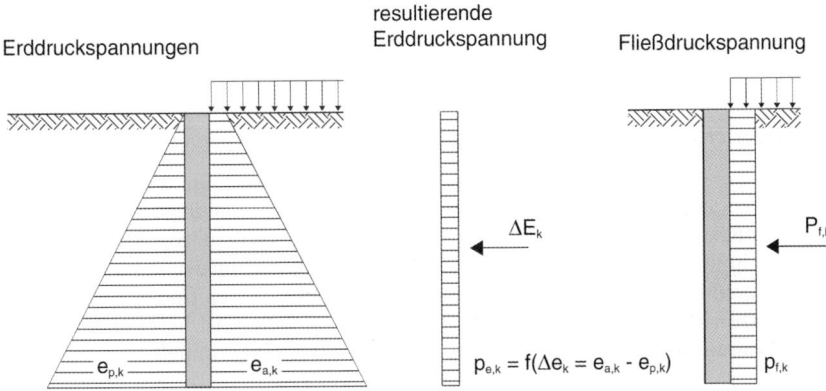

Bild 101. Maßgebliche Gesamtbeanspruchung aus resultierendem Erddruck und Fließdruck bei homogenen Baugrund mit $\varphi_{u,k} = 0$ und $c_{u,k}$ (Beispiel)

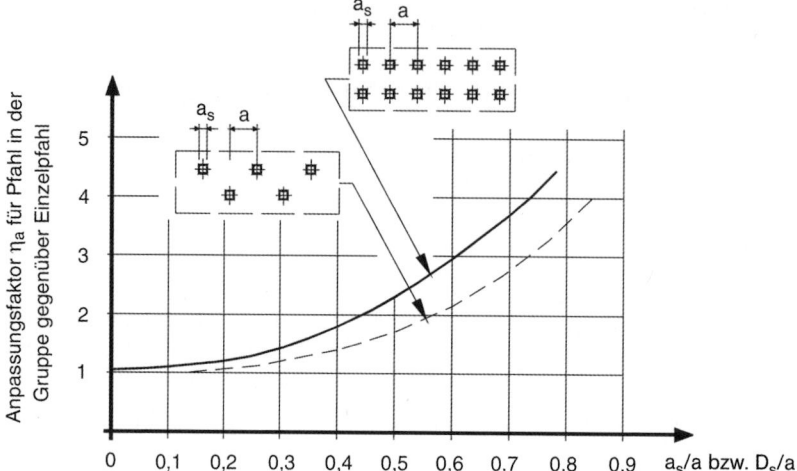

Bild 102. Anpassungsfaktor η_a aus dem Verbauverhältnis (nach [183])

Die Größe der charakteristischen Einwirkung aus Fließdruck quer zur Pfahlachse als Linienlast auf den Einzelpfahl beträgt nach [188]:

$$p_{f,k} = \eta_a \cdot 7 \cdot c_{u,k} \cdot a_s \quad \text{bzw.} \quad \eta_a \cdot 7 \cdot c_{u,k} \cdot D_s \quad [kN/m] \tag{74}$$

mit

a_s Pfahlbreite bei quadratischem Querschnitt bzw. D_s = Pfahldurchmesser bei rundem Querschnitt senkrecht zur Fließrichtung
η_a Anpassungsfaktor für das Verbauverhältnis nach Bild 102

In der Literatur werden anstatt des Faktors 7 auch Werte zwischen 3 und 10 genannt.

Bei Pfahlgruppen ist eine Modifikation des Fließdrucks entsprechend dem Verbauverhältnis nach Bild 102 vorzunehmen.

Bei Pfahlgruppen ist der Fließdruck nach Gl. (74) dabei auf jeden Einzelpfahl voll anzusetzen, es sei denn, die Pfähle stehen in Kraftrichtung außergewöhnlich dicht hintereinander.

(b) Ermittlung der charakteristischen Einwirkung aus dem resultierenden Erddruck

Mit den folgenden Erddruckansätzen wird ein weiterer Grenzwert für die Seitendruckbeanspruchung erfasst, der keinen realen Deformationszustand zur Grundlage hat (Bild 103). Erddruck und Erdwiderstand werden für eine gedachte senkrechte Wand vor und hinter der Pfahlgruppe ermittelt. Dabei ist näherungsweise der Erddruckneigungswinkel δ zu null zu setzen. Eine Abminderung der Erddruckbeanspruchung durch Abschirmung, z.B. durch rückwärtige horizontale Sporne oder überstehende Pfahlkopfplatten, ist nicht in Ansatz zu bringen. Die Erddruckanteile sind zunächst als ebener Erddruck zu ermitteln.

Der charakteristische resultierende Erddruck Δe_k errechnet sich aus der Differenz des aktiven Erddrucks $e_{a,k}$ und des Erdwiderstandes $e_{p,k}$ auf die fiktive senkrechte Wand.

$$\Delta e_k = e_{a,k} - e_{p,k} \tag{75}$$

3.2 Pfahlgründungen

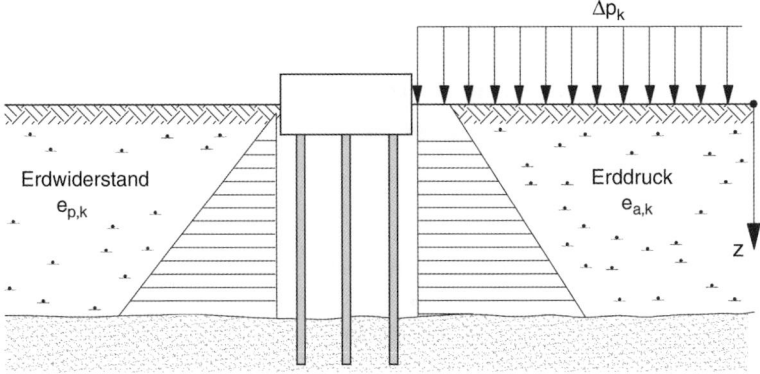

Bild 103. System und Erddruckansatz

Die Berechnung des charakteristischen aktiven Erddrucks erfolgt entweder

- mit undränierten Scherparametern für den Anfangszustand

$$e_{a,k} = \gamma \cdot z + \Delta p_k - 2 \cdot c_{u,k} \tag{76}$$

- mit effektiven Scherparametern für den Endzustand

$$e_{a,k} = (\gamma \cdot z + \Delta p_k) \cdot K_{agh} - 2 \cdot c'_k \cdot \sqrt{K_{agh}} \tag{77}$$

- oder bei teilkonsolidierten Zuständen mit

$$e_{a,k} = (\gamma \cdot z + U_c \cdot \Delta p_k) \cdot K_{agh} + (1 - U_c) \cdot \Delta p_k - 2 \cdot c'_k \cdot \sqrt{K_{agh}} \tag{78}$$

mit

Δp_k Spannungen aus Auflast oder sonstigen Fließdruck erzeugenden Einwirkungen
U_c Konsolidierungsgrad in den Weichschichten infolge Δp_k
γ Wichte des Bodens mit $\gamma = \gamma_r$ über dem Grundwasserspiegel bei wassergesättigtem Boden und $\gamma = \gamma'$ unter dem Grundwasserspiegel

Der charakteristische Erdwiderstand wird für alle Konsolidierungszustände näherungsweise zu

$$e_{p,k} = \gamma \cdot z \cdot K_{pgh} \tag{79}$$

unter Ansatz von $K_{pgh} = 1{,}0$ ermittelt, um die Verformungsverträglichkeit zu gewährleisten.

Fällt die Geländeoberfläche auf der Seite des Ansatzes von Gl. (79) ab, so kann eine sinnvoll idealisierte, horizontale Geländeoberfläche bei der Berechnung des Erdwiderstandes angesetzt werden, von der ab die Ordinate z zählt. Die Größe der charakteristischen Einwirkung quer zur Pfahlachse als Linienlast auf den Einzelpfahl ergibt sich aus dem charakteristischen resultierenden Erddruck Δe_k und der Einflussbreite b_s.

$$p_{e,k} = b_s \cdot \Delta e_k \quad [kN/m] \tag{80}$$

Die Einflussbreite b_s von Δe_k auf den einzelnen Pfahl ist dabei nach [39] zu wählen als das Minimum aus einer der folgenden Bedingungen:

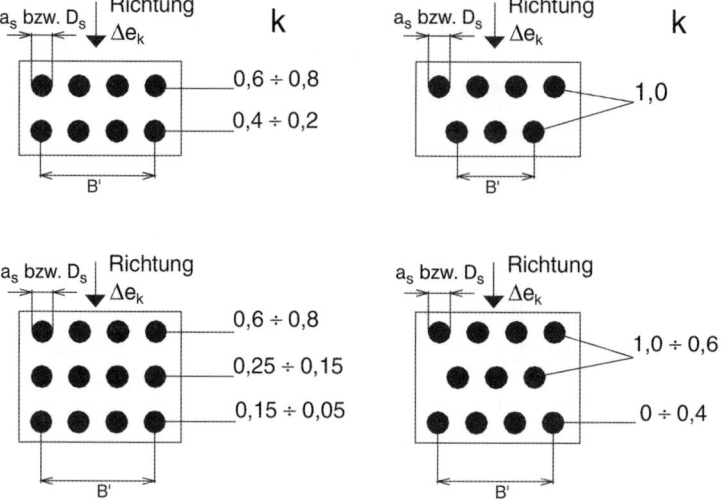

Bild 104. Beiwerte k zur Aufteilung des Seitendrucks auf eine Pfahlgruppe (nach [65])

– dem mittleren Pfahlabstand quer zur Kraftrichtung nach Bild 102,
– der dreifachen Pfahlbreite a_s bzw. dem dreifachen Pfahldurchmesser D_s,
– der Dicke der den Seitendruck erzeugenden Schicht,
– der gesamten Breite der Pfahlgruppe dividiert durch die Anzahl aller Pfähle.

Weiterhin sollte nach [65] überprüft werden, ob gegenüber Gl. (80) in einer Pfahlgruppe mit n_G Pfählen und Pfahlabständen $< 4 \cdot a_s$ bzw. $< 4 \cdot D_s$ die Beanspruchung auf den Einzelpfahl mit der Gleichung

$$p_{e,k} = [(B' + 3 \cdot a_s) \cdot k \cdot \Delta e_k] / n_G \text{ bzw. } [(B' + 3 \cdot D_s) \cdot k \cdot \Delta e_k] / n_G \quad [kN/m] \quad (81)$$

größere Einwirkungen als nach Gl. (80) ergeben, die dann maßgebend sind. Die Bezeichnungen in Gl. (81) ergeben sich aus Bild 104.

Stehen Pfähle oder eine Pfahlgruppe in einer größeren Entfernung l von der einen möglichen Seitendruck erzeugenden Einwirkung, z. B. einer Auffüllung nach Bild 105, so ist näherungsweise eine Seitendruckbeanspruchung auf diese Pfähle nach [65] zu berücksichtigen. Bei entfernt stehenden Pfählen darf die charakteristische Seitendruckbeanspruchung entsprechend Tabelle 41 und den Randbedingungen nach Bild 105 reduziert werden. Die Angaben in Tabelle 41 beziehen sich auf die jeweils in Wirkungsrichtung des Seitendrucks liegenden vorderen Pfähle, wobei vorausgesetzt wird, dass die Pfahlachsabstände $a \leq 4 \cdot a_s$ bzw. $a \leq 4 \cdot D_s$ sind.

Tabelle 41. Entfernungseinfluss auf die Größe der charakteristischen Seitendruckbeanspruchung (nach [65])

Abstand l [m]	10 bis 15		25 bis 40	
Schichtdicke des weichen Bodens h_w [m]	15–30	5–15	15–30	5–15
Reduktion des resultierenden Erddrucks auf %	10–20	5–15	5–15	5

3.2 Pfahlgründungen

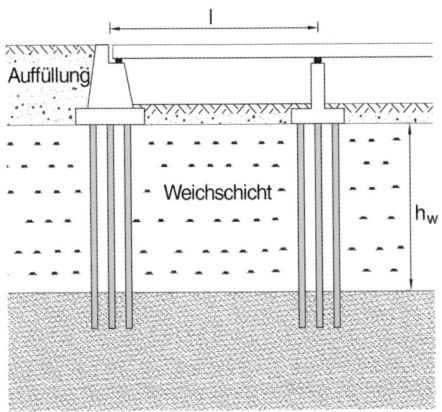

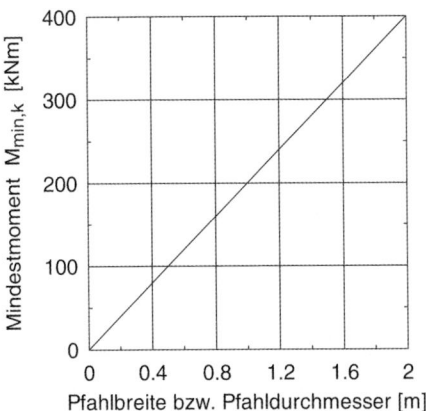

Bild 105. Systemangaben zum Entfernungseinfluss

Bild 106. Charakteristische Mindestmomentenbeanspruchung (nach [65])

Sofern Seitendruck zu berücksichtigen ist, sollte für alle unmittelbar betroffenen bzw. auch für die entfernt stehenden Pfähle eine charakteristische Mindestmomentenbeanspruchung nach Bild 106 aus Seitendruck bei der Pfahlbemessung berücksichtigt werden.

Die Ermittlung der charakteristischen Beanspruchungen der Pfähle quer zur Pfahlachse aus Seitendruck kann z. B. als punktgelagerte Stäbe oder über das Bettungsmodulverfahren aus den ermittelten Einwirkungen $p_{e,k}$ bzw. $p_{f,k}$ erfolgen.

Die Bemessungsbeanspruchungen ergeben sich aus den charakteristischen Beanspruchungen mit dem maßgebenden Teilsicherheitsbeiwert für ständige Einwirkungen.

Zur Verminderung des Seitendrucks können folgende Maßnahmen ergriffen werden:

– Austausch oder Verbesserung des Untergrunds,
– Aufschüttungen vor dem Aufbringen der Pfähle,
– Vorbelastungen,
– Verringerung der Höhen der Geländesprünge,
– Gestalten von flachen Böschungen,
– Anordnung von Mantelpfählen, die Bodendeformationen vom eigentlichen Tragpfahl fernhalten.

6.3 Zusatzbeanspruchung von Schrägpfählen aus Baugrundverformung

Schrägpfähle, die in Bereichen mit setzungsempfindlichen Schichten erstellt wurden, werden oftmals im Zuge der Bauausführung von Geländeaufhöhungen oder anderen zusätzlichen Auflasten durch die eintretende Baugrundsetzung zwangsverformt. Diese Zwangsverformung bewirkt eine zusätzliche Beanspruchung des Schrägpfahls in Form von setzungsinduzierten Biegebeanspruchungen (Setzungsbiegung).

Setzungsbiegung von Schrägpfählen ist bei den Tragfähigkeitsnachweisen angemessen zu berücksichtigen. Hinweise zur Modellvorstellung und Nachweisführung wird in [88] gegeben.

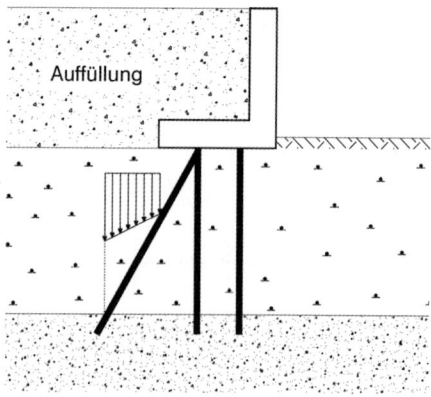

Bild 107. Einwirkungen auf Schrägpfähle

Einwirkungen, die Setzungsbiegung auf die Pfähle hervorrufen, zeigt beispielhaft Bild 107, wobei für die geneigten Pfähle die Einwirkungen der Komponenten aus dem Fließdruck bzw. der Erddruckdifferenz näherungsweise aus der vertikalen Auflastspannung über den geneigten Pfählen für die Einflussbreite pro Pfahl von $3 \cdot D_s \leq 3$ m $\leq$ Pfahlachsabstand ermittelt werden. Die zur Pfahlachse senkrechte Komponente auf die Pfähle kann aber nicht größer als der Fließdruck nach Gl. (74) werden.

6.4 Gründungspfähle in Böschungen und an Geländesprüngen

Zu Beanspruchungen von Gründungspfählen in Böschungen und Geländesprüngen siehe [39].

7 Probebelastungen und Prüfungen von Pfählen

7.1 Allgemeines

Wie bereits ausgeführt (s. Abschn. 3.5) sollten die Pfahlwiderstände möglichst auf der Grundlage von Pfahlprobebelastungen bestimmt werden. Dies erfolgt häufig mit statischen Probebelastungen bei stufenweiser Laststeigerung, wobei eine axiale oder eine quer zur Pfahlachse wirkende Einwirkung aufgebracht werden kann. Bei Verpresspfählen ist die Ausführung von Pfahlprobebelastungen sogar zwingend vorgeschrieben. Zwar sind die Ausführungen von Pfahlprobebelastungen kostenintensiv, doch können sich durch deren Ausführung wirtschaftliche Vorteile ergeben. In jedem Fall erhält man dadurch eine größere Beurteilungssicherheit. Aber auch dynamische Pfahlprüfverfahren gewinnen zur Überprüfung der Integrität und der Pfahlwiderstände zunehmend an Bedeutung.

Vor der Durchführung der Probebelastung ist eine sorgfältige Planung der Pfahlversuche erforderlich. Zunächst ist dafür eine Reihe von Vorinformationen notwendig.

- Der Belastungsversuch ist an Stellen durchzuführen, wo die Bodenbeschaffenheit repräsentativ ist; die Testpfähle müssen in Art und Herstellung den Bauwerkspfählen zumindest ähnlich sein.
- Wie groß und von welcher Art sind die abzutragenden Lasten?
- Tragen axial belastete Pfähle überwiegend durch Spitzendruck oder über Mantelreibung? Dominiert einer der Lastanteile deutlich, so kann die Probebelastung auf diesen Anteil abgestimmt werden.

- Wenn eigens Probepfähle hergestellt werden können, so sind Belastungen bis zu großen Verformungen möglich.

Für jede geotechnisch einheitliche Baugrundsituation und jede Pfahlart sollte mindestens eine statische Probebelastung vorgesehen werden. Feste Regeln für die Mindestzahl von Probebelastungen liegen nicht vor. Nach DIN 1054 sollten bei Mikropfahlgründungen an 3% aller Pfähle jedoch mindestens an zwei Pfählen statische Belastungsversuche ausgeführt werden.

Neben zahlreicher Literatur über Pfahlprobebelastungen sollten bei der praktischen Durchführung der Pfahlprobebelastungen als Regel der Technik die Ausführungen in [39] zugrunde gelegt werden.

7.2 Statische axiale Probebelastungen

7.2.1 Planung und Durchführung

Da die Pfahlprobebelastungsergebnisse in den Gründungsentwurf einfließen sollen, sind die Versuche möglichst vorab durchzuführen. Nach EC 7-1/DIN 1054 dürfen Bauwerkspfähle als Probepfähle verwendet werden, wenn das danach veränderte Tragverhalten bei der Bauwerksgründung berücksichtigt wird. Es wird jedoch empfohlen, für statische Probebelastungen i. d. R. gesondert hergestellte Probepfähle auszuführen.

Bei Fertigverdrängungspfählen ist eine getrennte Erfassung von Pfahlfußwiderstand und Mantelwiderstand mit vertretbarem Aufwand nicht möglich, sondern es wird nur die gesamte Pfahlwiderstandskraft gemessen. Dies geschieht oftmals auch bei einfachen Probebelastungen an Bohr- und Mikropfählen. Besonders bei Bohrpfählen sollte aber möglichst eine getrennte Messung von Spitzendruck und Mantelreibung erfolgen, was mit vertretbarem Aufwand möglich ist. Dabei werden überwiegend die Dehnungsänderungen über die Pfahllänge gemessen und daraus unter Annahme der Querschnittsfläche und eines mittleren E-Moduls der Längskraftverlauf im Pfahl abgeschätzt und daraus dann über die Abmessungen der Pfahlfuß- und Mantelfläche auf den Spitzendruck und die Mantelreibung zurückgerechnet. In [39] sind mögliche Messanordnungen enthalten. Des Weiteren empfiehlt sich der Einbau eines Druckkissens am Pfahlfuß. Ausführungsbeispiele siehe Bild 108.

Bild 108. Messelemente zur Erfassung von Pfahlfußwiderstand und Pfahlmantelwiderstand; links: Druckkissen, darüber eine untere Messebene mit Dehnungsgeber; rechts: instrumentierter Bewehrungskorb

Um eine Beeinflussung des Tragverhaltens des Probepfahls möglichst gering zu halten, sind die Mindestabstände der Pressenwiderlager in [39] einzuhalten. Ausführungsbeispiele zur Belastungseinrichtung zeigt Bild 109.

Sofern zyklische Schwell- und Wechsellasten wirken, kann dadurch das Pfahltragverhalten beeinflusst werden. DIN 1054 empfiehlt eine Prüfung der Probepfähle mit wirklichkeitsgetreuen Lastspannen und Lastwechselzahlen. Besonders Letzteres ist in der Praxis kaum realisierbar. Bild 110 zeigt beispielhaft ein Probebelastungsergebnis, aus dem bereits nach wenigen Belastungszyklen eine Verschlechterung des Pfahlwiderstandes ersichtlich wird. Oftmals reichen 50 bis 100 aufgebrachte Zyklen, um auf die Endverformungen unter der Laststufe extrapolieren zu können. Weitere Hinweise siehe Abschnitt 9.

Bei Verdrängungspfählen ist es auch möglich, eine näherungsweise getrennte Ermittlung von Spitzendruck und Mantelreibung vorzunehmen, indem an einem Probepfahl zunächst eine Zug- und dann eine Druckbelastung ausgeführt wird. Aus der ersten berechnet man den Grenzwert der Mantelreibung bei Zug $q_{s,t}$, aus der zweiten wird dann mit Kenntnis dieses Wertes und der Annahme, dass $q_{s,c}$ (Druck) = $q_{s,t}$ ist, der Spitzendruck q_b berechnet. Wie in [109] gezeigt und in [90] bestätigt, wird die Mantelreibung q_s in Sand jedoch nach einem Richtungswechsel der Pfahlbelastung deutlich kleiner, sodass bei diesem Vorgehen der Spitzendruck q_b zu groß errechnet werden kann, verglichen mit dem Fall, dass der Druck- keine Zugbelastung vorausgegangen wäre. Zu beachtenswerten Fehlern kann dieser Effekt jedoch nur dann führen, wenn der Mantelreibungswiderstand aus Sandbereichen groß im Verhältnis zum gesamten Pfahlwiderstand ist.

Die Belastung erfolgt über hydraulische Pressen (Kontrolle über Kraftmessdosen). Die Verschiebungen werden i. d. R. mit Wegaufnehmern oder Messuhren (0,01 mm Genauigkeit)

a)
b)

Bild 109. Widerlagerkonstruktionen und Belastungseinrichtungen bei axialen Pfahlprobebelastungen; a) statischer Belastungsversuch, b) Belastungseinrichtung für Wechselbelastung

3.2 Pfahlgründungen

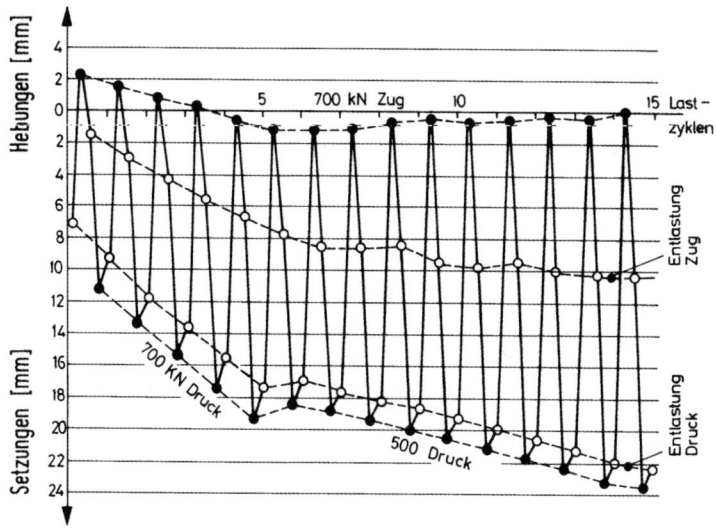

Bild 110. Beispiel für eine Widerstands-Hebungs- bzw. Setzungs-Linie bei Wechselbelastung (nach [82])

über Messbrücken (temperaturanfällig) und unabhängig davon durch Präzisions-Nivellements (0,1 mm Genauigkeit) gemessen.

In Sonderfällen können auch Druckdosen oder Druckstempel im Pfahlfußbereich über die gesamte Pfahlfläche eingebaut werden, die ohne Verwendung von Widerlagerkonstruktionen eine Probebelastung von Mantelwiderstand und Fußwiderstand ermöglichen, wobei jeder dieser beiden Widerstandsanteile dem jeweils anderen als Widerlager dient. Diese Art der Versuchsdurchführung beinhaltet aufwendige Instrumentierungen für die Kraft- und Verschiebungsmessungen und ist für hohe Versuchsanforderungen geeignet sowie für beengte Verhältnisse, bei denen andere Widerlagerkonstruktionen nicht realisierbar sind.

Bei der Ausführung von Probebelastungen nach diesem Verfahren unterscheidet man die Unterteilung des Pfahlschafts in zwei Segmente mit dazwischen liegender hydraulischer Presse als „Single-Level Test" nach Bild 111 a, sowie die Unterteilung in drei oder mehr Segmente mit zwei oder mehreren dazwischen liegenden hydraulischen Pressen als Multi-Level Test nach Bild 111 b. Bei der einfacheren Versuchsdurchführung nach Bild 111 a verläuft die Belastung des Pfahls in zwei entgegensetzten Richtungen (bidirektional). Dabei wird am oberen Segment der Zugwiderstand, am unteren Segment der Druckwiderstand aktiviert. Beim „Multi-Level Test" (Bild 111 b) können durch Aktivieren bzw. Starrschalten der unterschiedlichen Pressenebenen unterschiedliche Beanspruchungen im Pfahl erzeugt werden. Dadurch können z. B. der Spitzendruck (Phase 1) oder die Mantelreibung der Segmente 1 oder 2 (Phase 2 a bzw. 2 b) geprüft werden. Weitere Hinweise und Erfahrungsberichte finden sich in [39] mit ergänzenden Literaturquellen.

Die üblichen Belastungsverfahren bei Pfahlprobebelastungen sind:

– stufenweise Laststeigerung, wobei die nächste Laststufe dann aufgebracht wird, wenn die Verformungen vollständig abgeklungen sind;
– stufenweise Laststeigerung in gleichen Zeiteinheiten, z. B. je eine Stunde.

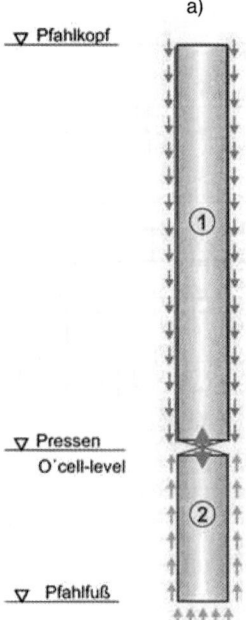
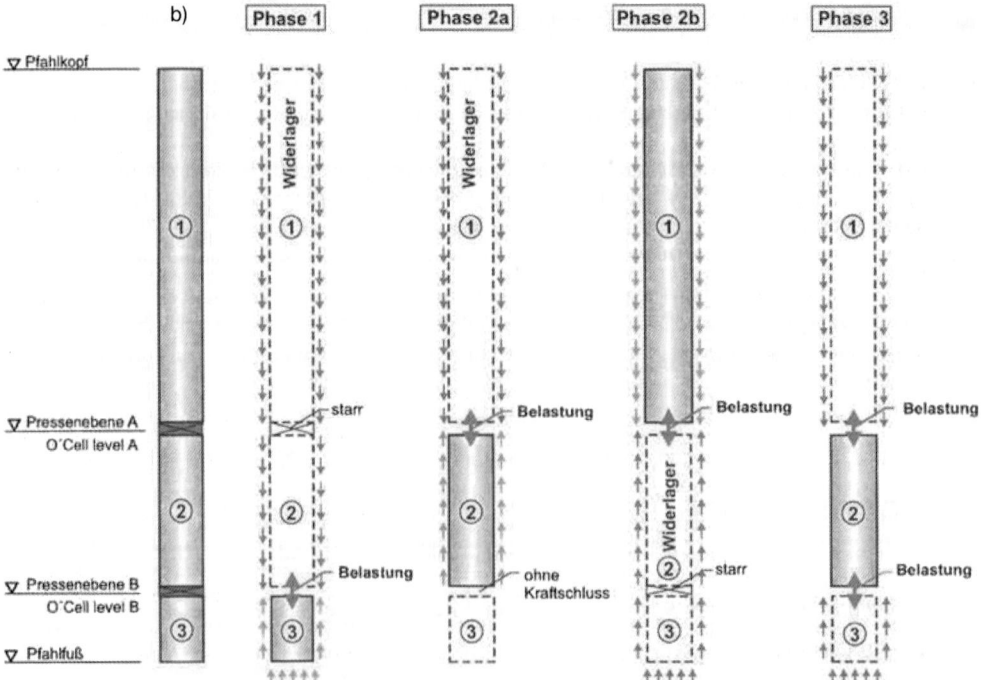

Bild 111. Schema der Pfahleinteilung in Segmente bei der Ausführung von Pfahlprobebelastungen nach dem Osterberg-Verfahren als (a) Single-Level Test und (b) Multi-Level Test (nach [120])

3.2 Pfahlgründungen

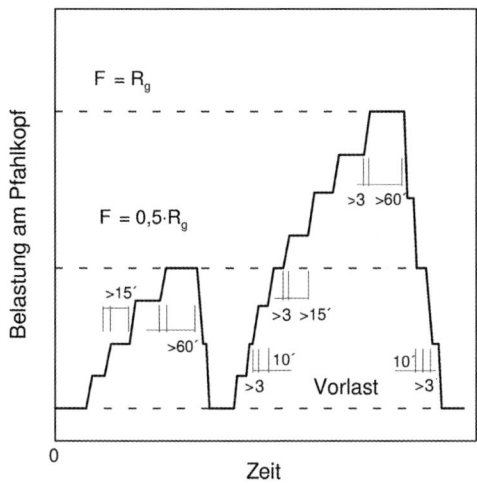

Bild 112. Empfehlung für die Wahl der Belastungsstufe (nach [39])

Nach [39] ist die Zahl der Belastungsstufen so vorzusehen, dass der erwartete Pfahlgrenzwiderstand R_g in etwa 8 gleich großen Belastungsstufen nach Bild 112 erreicht wird. Dabei sollte den regulären Laststufen eine geringere Vorlaststufe (Nullwert) zum Festsetzen der Belastungseinrichtung und zum Abgleich der Verschiebungsmesselemente vorausgehen. Im Gebrauchslastbereich (ca. $0{,}5 \cdot R_g$) sollte eine Entlastungsschleife vorgesehen werden.

Im Gebrauchslastbereich sollte eine längere Wartezeit eingehalten werden, um Kriechverformungen und das Langzeitverhalten erfassen zu können. In höheren Laststufen sollte die Belastungsgeschwindigkeit niedrig gewählt werden, um Kriechverformungen weitgehend abklingen zu lassen. Wenn nur eingeschränkte Zeit zur Verfügung steht, sollte oberhalb der Gebrauchslast zur Ermittlung der Grenzlast ein weggesteuerter Versuch mit konstanter Verschiebungsgeschwindigkeit ausgeführt werden. Für diese CRP-Versuchsart (constant rate of penetration) sollte die Verschiebungsgeschwindigkeit nicht höher als 0,5 mm/min gewählt werden.

Die Messwerterfassung der Belastung und Verschiebung sollte jeweils gleichzeitig und in Intervallen pro Belastungsstufe von 0, 2, 5, 10, 20, 40, 60, 90, 120, 180 min usw. erfolgen, um eine sachgemäße Auftragung der Kriechmaße im halblogarithmischen Maßstab zu ermöglichen.

Es sei nochmals empfohlen, möglichst über den gesamten Belastungsbereich gleiche Wartezeiten je Laststufe einzuhalten. Dadurch ist der Einfluss der jeweils vorangehenden Laststufe auf die folgende vergleichbar. Sofern der Bruch mit der Überwindung eines Strukturwiderstandes im Boden zusammenhängt und sich durch plötzlich deutlich vergrößerte Setzungsgeschwindigkeiten ankündigt, wird das bei Verwendung gleicher Zeitintervalle erkennbar. Andererseits kann es wegen der zum Bruch hin stark zunehmenden Setzungen erforderlich werden, die Laststufen zu verkleinern. Die vorgenannte Anwendung der CRP-Methode erlaubt überwiegend nur die Abschätzung des Pfahlgrenz- bzw. -bruchwiderstandes R_g, wobei die zugehörigen Setzungen zu gering ausfallen können. Um einen Eindruck von der echten Setzungsabhängigkeit der Belastung zu bekommen, wird in [185] empfohlen, eine Laststufe der Probebelastung kraftgesteuert auszuführen, d. h. das Abklingen der Setzungen unter einer Last abzuwarten. Daraus kann abgeleitet werden, wie groß die Setzungsdifferenz zwischen kraft- und weggesteuertem Versuch für gleiche Lasten ist.

7.2.2 Auswertung

Je nach Zielrichtung und messtechnischer Ausstattung der Pfahlversuche sind unterschiedliche Auswertungs- und Darstellungsformen möglich. Bild 113 zeigt eine Übersicht.

Aus den bei Probebelastungen ermittelten Widerstands-Setzungs-Linien bzw. -Hebungs-Linien, ist der axiale Pfahlwiderstand im Bruch- bzw. Grenzzustand R_g bzw. $R_{m,i}$ festzulegen. Die Vorgehensweise bei der Festlegung der Grenzwiderstände ist zwischenzeitlich weitgehend für alle Pfahlarten nach Gl. (82)

$$s_g = s_{ult} = 0,10 \cdot D_b \tag{82}$$

vorzunehmen, sofern bei Probebelastungen von Druckpfählen der Pfahlwiderstand $R_{g,m,i}$ nicht als Grenzwert eindeutig aus der Widerstands-Setzungs-Linie erkennbar ist, oder erst bei größeren Setzungen eintritt.

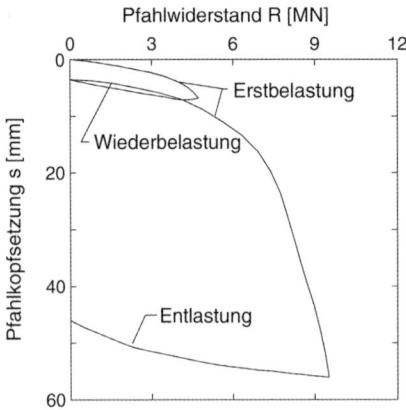

a) Widerstands-Setzungslinie

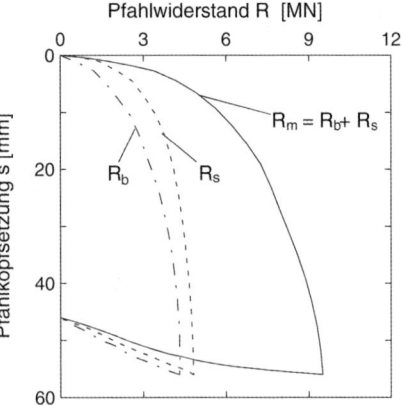

b) Getrennte Darstellung von Pfahlfuß- und Mantelwiderstand

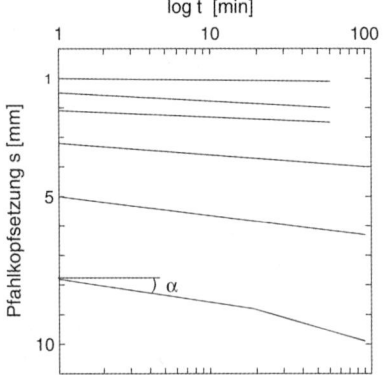

c) Kriechkurven verschiedener Belastungsstufen

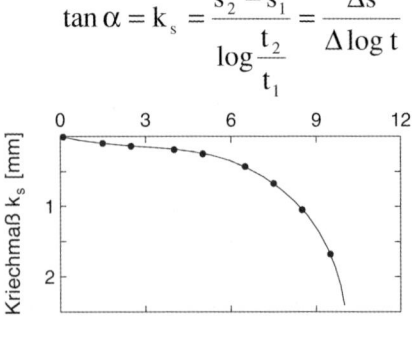

d) Kriechmaßdarstellung

Bild 113. Auswertungs- und Darstellungsformen von Pfahlprobebelastungen (nach [39]); a) Widerstands-Setzungs-Linie, b) getrennte Darstellung von Pfahlfuß- und Mantelwiderstand, c) Kriechkurven verschiedener Belastungsstufen, d) Kriechmaßdarstellung

3.2 Pfahlgründungen

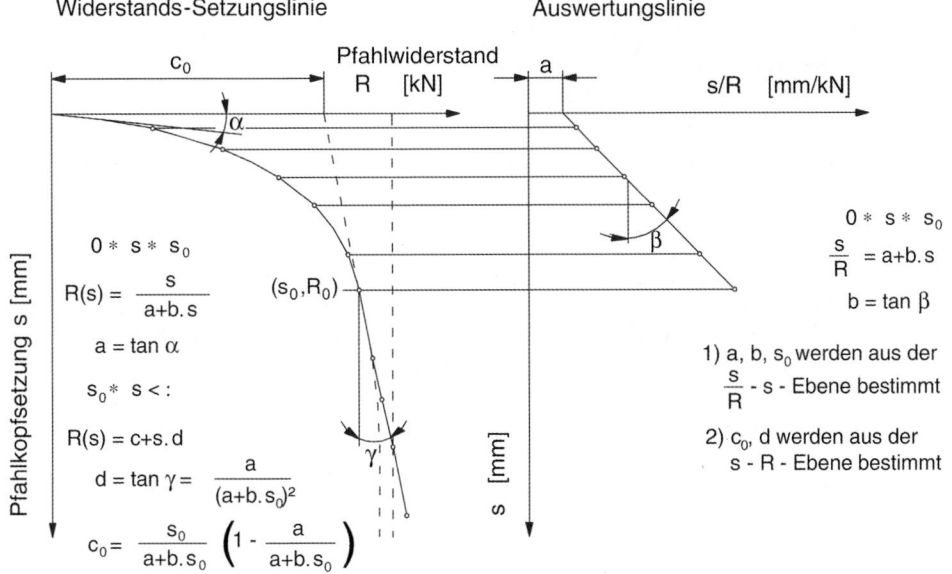

Bild 114. Extrapolation eines Probebelastungsergebnisses mit dem verbesserten Hyperbelverfahren (nach [141])

In [49] findet sich auf der Grundlage von [46] und [175] eine umfangreiche Zusammenstellung von Regeln und Vorschlägen zur Ableitung des Pfahlgrenzwiderstandes, die sich allerdings im Wesentlichen auf kleinere Pfahldurchmesser bis 0,5 m beziehen. Besonders bei Mikropfählen lässt sich Gleichung (82) nicht immer anwenden, da D_b oftmals nicht eindeutig definiert werden kann.

Sofern in Pfahlprobebelastungen nur geringe Setzungen erreicht werden, kann z. B. nach dem Verfahren in [142] gemäß Bild 114 auf den Grenzwiderstand extrapoliert werden.

7.3 Statische horizontale Pfahlprobebelastungen (quer zur Pfahlachse)

Gemäß Abschnitt 4.2 dürfen horizontale Einwirkungen auf die Pfahlgründung, sofern keine geneigten Pfähle ausgeführt werden, über Pfahlbettung im Baugrund abgetragen werden. Für die Schnittgrößenermittlung bei einfachen Konstruktionen sind die Ansätze nach Abschnitt 4.2 ausreichend. Wenn demgegenüber besonders im Gebrauchszustand (SLS) die Pfahlkopfverschiebungen und Verdrehungen genauer ermittelt werden müssen, sollten horizontale Pfahlprobebelastungen ausgeführt werden. Gleichzeitig erhält man damit auch abgesicherte Bettungsmodulansätze für die Pfahlnachweise gegen Materialversagen.

Da die Belastungsversuche im Wesentlichen nur im Gebrauchslastbereich vorgenommen werden, ist deren Aufwand gegenüber vertikalen Pfahlbelastungen deutlich geringer. Es können gesonderte Probepfähle oder auch Bauwerkspfähle verwendet werden. Ebenso sind je nach Fragestellung die messtechnischen Aufwendungen sehr unterschiedlich, z. B. nur Messung der Pfahlkopfverschiebungen oder Messungen bis hin zur Pfahlbiegelinie. Bild 115 zeigt dazu eine mögliche Versuchsanordnung. Weitere Details siehe [39].

Bild 115. Versuchsanordnung und Messeinrichtung für horizontale Pfahlprobebelastungen

Im Folgenden sind einige Grundsätze für die Planung und Ausführung von horizontalen Pfahlprobebelastungen zusammengestellt. Bild 116 zeigt ein Beispiel für die Ergebnisse aus einer horizontalen Pfahlprobebelastung.

(a) Es sollten für die Probebelastungen die gleichen Pfahldurchmesser wie für die Ausführung verwendet werden, da nach Bild 78 in der Regel eine Nichtlinearität im Last-Verschiebungsverhalten vorhanden ist und diese durch Verwendung von Sekantenmoduln linearisiert wird. Eine Übertragung von Versuchsergebnissen mit einem Pfahldurchmesser D_{s0} auf die Ausführung mit D_s nach der Beziehung

$$\frac{k_{s0}}{k_s} = \frac{D_s}{D_{s0}} \tag{83}$$

darf aufgrund der genannten Randbedingungen nur in sehr engen Grenzen erfolgen.

(b) Probepfähle brauchen im Gegensatz zu den Ausführungen nach a) zum Pfahldurchmesser abweichend von den späteren Bauwerkspfählen nicht länger als maximal

$$l_{max} = 4 \cdot L^* \tag{84}$$

hergestellt zu werden, wobei in den bekannten Beziehungen für die elastische Länge L^* der abgeschätzte voraussichtliche Wert für den Bettungsmodul $k_{s,k}$ eingesetzt werden darf.

(c) Bild 117 zeigt beispielhaft Beanspruchungsfälle von Bauwerkspfählen mit Horizontallast und Moment. Demgegenüber wird bei der Pfahlprobebelastung in der Regel nur eine Horizontallast aufgebracht. Das Moment nach Bild 117 kann die Wirkung der Horizontallast verstärken, beispielsweise bei Einzelpfählen oder Pfahlreihen mit einem Lastangriff oberhalb der Geländeoberfläche (Fall A), oder aber verringern, beispielsweise bei Gruppenpfählen, die zusammen mit einer biegesteifen Pfahlkopfplatte ein Rahmensystem bilden

3.2 Pfahlgründungen

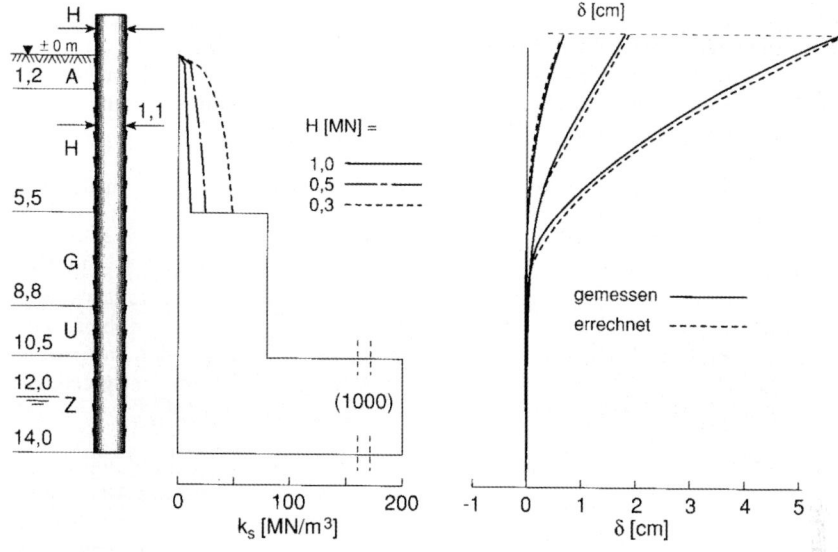

Bild 116. Beispiel für ein horizontales Pfahlprobebelastungsergebnis mit zurückgerechneten Bettungsmoduln (aus [156])

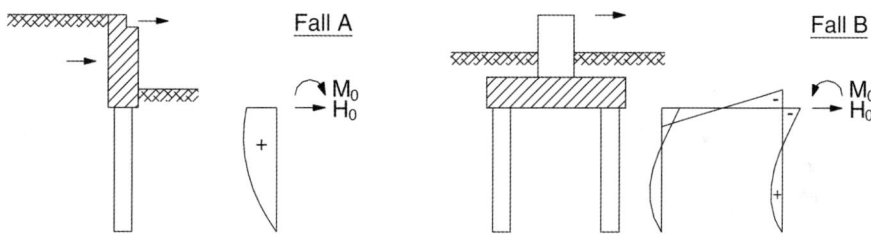

Bild 117. Beispiele von Pfahlkopfbeanspruchungen für praktische Fälle (nach [10])

(Fall B) [10]. Daraus ergibt sich die Forderung, die Größe der horizontalen Versuchskraft so zu wählen, dass etwa gleiche Bodenreaktionen mobilisiert werden wie im Gebrauchszustand.

(d) Bei Pfählen, deren Köpfe später im Bauwerk eingespannt sind, die aber mit frei drehbarem Kopf probebelastet werden, muss die bei Mitwirkung der Einspannung eintretende, unterschiedliche Form der Biegelinie bei der Ermittlung der Versuchslast berücksichtigt werden. Die Versuchslast H_v soll so gewählt werden, dass sich hieraus etwa im Versuch die gleiche Pfahlkopfverschiebung einstellt, wie unter der Wirkung von H_k und M_k im späteren Gebrauchszustand. Mit den Pfahlkopfverschiebungen y_H und y_M infolge Horizontalkraft und Moment der Größe 1 ergibt sich die Beziehung

$$H_v \cdot y_H = H_k \cdot y_H + M_k \cdot y_M = y_H + y_M$$

$$H_v = H_k \cdot \left(1 + \frac{y_M}{y_H}\right) \tag{85}$$

Bei positivem y_M entsprechend Fall A nach Bild 117 ist die Versuchslast H_v gegenüber der im Bauwerk wirkenden Horizontalkraft H_k somit zu vergrößern, bei negativem y_M entsprechend Fall B nach Bild 117 zu vermindern. Zur Festlegung der Versuchslast H_v muss vorab der Verhältniswert y_M/y_H bestimmt werden. Hierzu sind aufgrund von Erfahrungswerten Größe und Verlauf des Bettungsmoduls $k_{s,k}$ abzuschätzen [10].

(e) Die Versuchsbelastung sollte in mindestens fünf gleichen Laststufen bis in den Gebrauchslastbereich erfolgen. Näheres hierzu siehe [39].

(f) Bei horizontal beanspruchten Pfahlgründungen treten häufig Schwell- oder Wechsellasten auf, z. B. aus Lagerreibung und Bremskräften von Brücken sowie Temperaturwirkung. Unter einer Schwellbelastung nehmen die Pfahlkopfverschiebungen erfahrungsgemäß proportional zum Logarithmus der Anzahl der Lastwechsel zu. Die Anzahl der Lastwiederholungen im Versuch soll so groß sein, dass aus den Messergebnissen eine entsprechende Gesetzmäßigkeit abgeleitet werden kann. Siehe auch Abschnitt 9.4.3.

(g) Werden im Pfahlversuch größere Horizontallasten aufgebracht, so kann der Pfahlschaft bereichsweise vom Zustand I in den Zustand II übergehen. Sofern dies bei der Auswertung für den Bettungsmodul nicht berücksichtigt wird, ist dieser zu klein und damit bei der Übertragung auf die Bauwerkspfähle unrealistisch. Nach [9] kann aus dem maximalen Biegemoment und dem Rissmoment ein über die Pfahllänge gemitteltes, wirksames Trägheitsmoment ermittelt werden, das diesen Einfluss in guter Näherung erfasst (Bild 118). Das Biegemoment beträgt nach [39]

$$M_R = f_{ctm} \cdot \pi \cdot D^3 / 32 \tag{86}$$

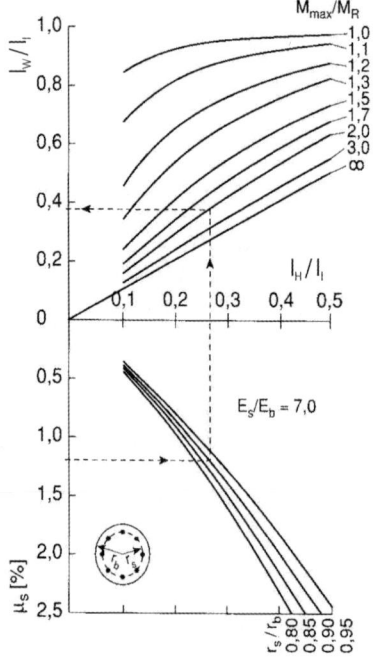

I_w wirksames Trägheitsmoment im Zustand II
I_I Trägheitsmoment im Zustand I
M_{max} maximales Biegemoment
M_R Rissmoment
μ_S $= A_S / A_b =$ Bewehrungsanteil

Bild 118. Wirksame Trägheitsmomente für einen teilweise gerissenen Pfahlschaft aus Stahlbeton bei reiner Biegung (nach [9])

3.2 Pfahlgründungen

Die Betonzugfestigkeit f_{ctm} liegt i. Allg. über dem Wert nach DIN 1045-1 und kann mit

$$f_{ctm} = 2,12 \cdot \ln\left(1 + \frac{f_{cm}}{10}\right) \qquad \text{(ab C55/67)} \tag{87}$$

angenommen werden. Es ist jedoch zu prüfen, ob obere oder untere Grenzwerte des charakteristischen Bettungsmoduls für die Bemessung der Bauwerkspfähle maßgebend sind und ob somit die Übertragung von Probebelastungsergebnissen in diesem Sinne auf der sicheren oder unsicheren Seite liegt.

Bild 116 zeigt beispielhaft ein Probebelastungsergebnis mit zurückgerechneten Bettungsmoduln. Weitere Hinweise zur Auswertung horizontaler Pfahlprobebelastungen mit zahlreichen Beispielen finden sich in [156].

7.4 Dynamische Pfahlprüfung

7.4.1 Anwendung

Eine Alternative zu den aufwendigen axialen statischen Pfahlprobebelastungen sind die dynamischen, zerstörungsfreien Prüfmethoden. Bei der dynamischen Prüfung wird eine dynamische Stoßbelastung auf den Pfahl aufgebracht, die in Abhängigkeit vom dynamischen Verfahren 1% bis 10% des angestrebten Pfahlwiderstandes betragen sollte, jedoch nur einige Millisekunden wirkt. Sie befindet sich mit der beschleunigungsabhängigen Trägheitskraft, der geschwindigkeitsabhängigen Dämpfungskraft und der setzungsabhängigen Bodenwiderstandskraft im Gleichgewicht. Rückschlüsse auf das Tragverhalten sind also theoretisch möglich, wenn der Zusammenhang zwischen der Pfahlbewegung und den Kräften bekannt ist. Gemessen werden der Zeitverlauf der Dehnung im Pfahlschaft und der Beschleunigung; bei der Integritätsprüfung nur der Beschleunigungsverlauf. Dabei können folgende Informationen gewonnen werden:

- Am Gesamtsystem: Einfluss der Eigenschaften von Pfahl, Boden und Rammbär sowie die zeitabhängige Entwicklung des Rammwiderstandes.
- Aus dem Baugrund: das dynamische Rammprotokoll.
- Zum Rammbär: effektive Rammenergie und Wirkungsgrad der Rammung.
- Zur Rammhaube: Verhalten und Steifigkeit.
- Pfahl-Stoßkraftverlauf: Spannungen im Pfahlmaterial, Integrität, statische und dynamische Pfahlwiderstände, Festwachsen des Pfahls im Boden und Effektivität einer Nachrammung.

Der Einsatz der dynamischen Pfahlprüfung wird u. a. in EC 7-1/DIN 1054 und in [39] geregelt. Danach ist es zulässig, die Pfahlwiderstände aus einer dynamischen Pfahlprüfung abzuleiten, wenn i. d. R. eine Kalibrierung durch eine statische Probebelastung eines vergleichbaren Pfahl-Boden-Systems vorliegt. Des Weiteren empfiehlt sich ein Prüfumfang von mindestens 10% aller Pfähle einer Baumaßnahme bzw. mindestens 2 Pfähle je Pfahltyp und Baugrundhomogenbereich.

Alle Auswertungsverfahren basieren auf der eindimensionalen Wellenausbreitungstheorie: durch den Rammschlag oder eine andere dynamische Erregung wird eine Stoßwelle in den Pfahl eingeleitet, je nach Wirkung des Bodens kommt es zu charakteristischen Änderungen dieser Welle. Ein Teil der eingeleiteten Stoßkraft erreicht in der Regel den Pfahlfuß und wird dort als Zugwelle reflektiert. Nach der verstrichenen Zeit T = 2 · L/c (c – Ausbreitungsgeschwindigkeit der Welle [m/s], Materialkonstante) führt die Reflexionswelle zu einer entsprechenden Bewegung am Pfahlkopf, die gemessen werden kann.

Integritätsprüfungen nach dieser Methode dienen der Qualitätssicherung und Überprüfung, siehe Abschnitt 7.4.4.

7.4.2 Dynamische Pfahlprobebelastungen

7.4.2.1 Grundlagen

Wenn beim Rammen das Fallgewicht auf den Pfahlkopf trifft, werden Bewegungen erzeugt. Ist der Pfahl nicht in den Boden eingebunden, sind die Geschwindigkeiten, die durch die Stoßwelle verursacht wurden, proportional der Pfahlkopfkraft:

$$F = \frac{E_b \cdot A_Q}{c} \cdot v \tag{88}$$

mit

v   die der eingeleiteten Kraft proportionale Geschwindigkeit
A_Q Pfahlquerschnittsfläche
c   Ausbreitungsgeschwindigkeit der Welle [m/s]; c = 2L/T

Der Proportionalitätsfaktor $E_b \cdot A_Q/c$ wird als Impedanz Z bezeichnet. Er ist ein Maß für die Pfahlbeschaffenheit und damit auch für den dynamischen Gesamtwiderstand des Pfahls. In der Impedanz ist die Steifigkeit und die Massenverteilung des Pfahls zusammengefasst.

$$Z = E_b \cdot A_Q/c \quad \text{oder} \quad Z = c \cdot \rho \cdot A_Q \tag{89}$$

mit

E_b dynamischer Elastizitätsmodul des Pfahlmaterials, $E_b = c^2 \cdot \rho$
ρ Dichte (Materialkonstante)

Sobald jedoch der Pfahl in den Boden eindringt, wird dieser Bewegung Widerstand durch die Mantelreibung entgegengesetzt. Dadurch verringert sich die Geschwindigkeit des Pfahls und wird somit kleiner als v. Außerdem verursacht die Wirkung der Mantelreibung Refraktionen, die wiederum am Pfahlkopf als Abweichungen der Normalkraft und der Geschwindigkeit von der Proportionalität festgestellt werden können. Die Abweichungen der Geschwindigkeit von der Proportionalität geben demnach an, wie stark ein Pfahl in den Boden eingebunden ist. Die Reflexion der Welle am Pfahlfuß ist somit auch von der Größe der Pfahlfußbewegung und dem durch die Bewegung hervorgerufenen Pfahlfußwiderstand abhängig. Dabei gibt die Pfahlfußreflexion Auskunft über die Größe des Spitzendrucks.

Der totale Eindringwiderstand des Systems Pfahl-Boden kann aus der Fußreflexion, die von Mantelreibung und Spitzendruck abhängt, bestimmt werden.

$$R_{tot} = 1/2 \cdot [(F_1 + Z \cdot v_1) + (F_2 - Z \cdot v_2)] \tag{90}$$

mit

F_1 Kraft des eingeleiteten Stoßes
v_1 Geschwindigkeit des eingeleiteten Stoßes
F_2 gemessene Kraft der Fußreflexion
v_2 Geschwindigkeit der Fußreflexion

Dabei kann die Kraft F(t) aus der gemessenen Dehnung $\varepsilon(t)$ durch die Beziehung

$$F(t) = E_b \cdot A_Q \cdot \varepsilon(t) \tag{91}$$

errechnet werden. Die entsprechenden Geschwindigkeiten v(t) lassen sich aus dem Zeitintegral der gemessenen Beschleunigung a(t) ermitteln.

Bei den direkten Verfahren wird die gesuchte Tragfähigkeit für den statischen Widerstand R_{stat} aus dem totalen Eindringwiderstand R_{tot} berechnet. Es muss der dynamische Anteil R_{dyn}

3.2 Pfahlgründungen

vom Gesamtwiderstand des Bodens, der nur bei der Rammung infolge von Trägheits- und Dämpfungskräften auftritt, abgezogen werden:

$$R_{stat} = R_{tot} - R_{dyn} \tag{92}$$

mit

R_{stat} nutzbarer statischer Widerstand
R_{tot} dynamischer Gesamtwiderstand
R_{dyn} dynamischer Widerstand

Ziel der Messungen von Kraft und Geschwindigkeit am Pfahlkopf ist demnach, den dynamischen Anteil am Widerstand möglichst genau zu bestimmen, sodass der nutzbare statische Pfahlwiderstand bekannt ist. Dafür sind zwei Verfahren gebräuchlich:

- Direkte Verfahren (z.B. CASE, TNO).
- Erweiterte Verfahren mit vollständiger Modellbildung (z.B. CAPWAP, TNOWAVE).

Es sei darauf hingewiesen, dass zwischen den Ergebnissen von dynamischen und statischen Pfahlprobebelastungen erhebliche Unterschiede vorliegen können. Insbesondere dann, wenn in der Praxis keine Kalibrierung der dynamischen Belastungsversuche an statischen vorgenommen wird, was leider in Deutschland häufig der Fall ist.

Die Abweichungen zwischen dynamischen und statischen Prüfungen sind bei Fertigverdrängungspfählen in nichtbindigen Böden geringer als bei Ortbetonpfählen, wobei Letztere häufig Größenordnungen von bis zu ± 15 %, aber teilweise auch über ± 50 % aufweisen können.

Insgesamt wenig befriedigende Ergebnisse werden in bindigen Böden erzielt.

7.4.2.2 Direkte Verfahren

Bei dem CASE-Verfahren wird der dynamische Widerstand R_{dyn} als proportional zur Eindringgeschwindigkeit des Pfahlfußes v_b angenommen:

$$R_{dyn} = J_c \cdot Z \cdot v_b \tag{93}$$

Der Dämpfungsfaktor J_c wird aus statischen Probebelastungen empirisch ermittelt und ist abhängig von Pfahltyp, Pfahllänge, Bodenart und -aufbau. Für Verdrängungspfähle liegen die J_c-Werte i. Allg. in den von Tabelle 42 angegebenen Wertebereichen.

Mit

$$v_b = v_1 + (F_1 - R_{tot})/Z \tag{94}$$

ergibt sich dann der gesuchte Wert R_{stat}.

Tabelle 42. Bandbreite typischer Dämpfungswerte (aus [39])

Boden	J_c
Sand	0,05–0,20
Sandiger Schluff	0,15–0,30
Schluff	0,20–0,45
Schluffiger Ton	0,40–0,70
Ton	0,60–1,10

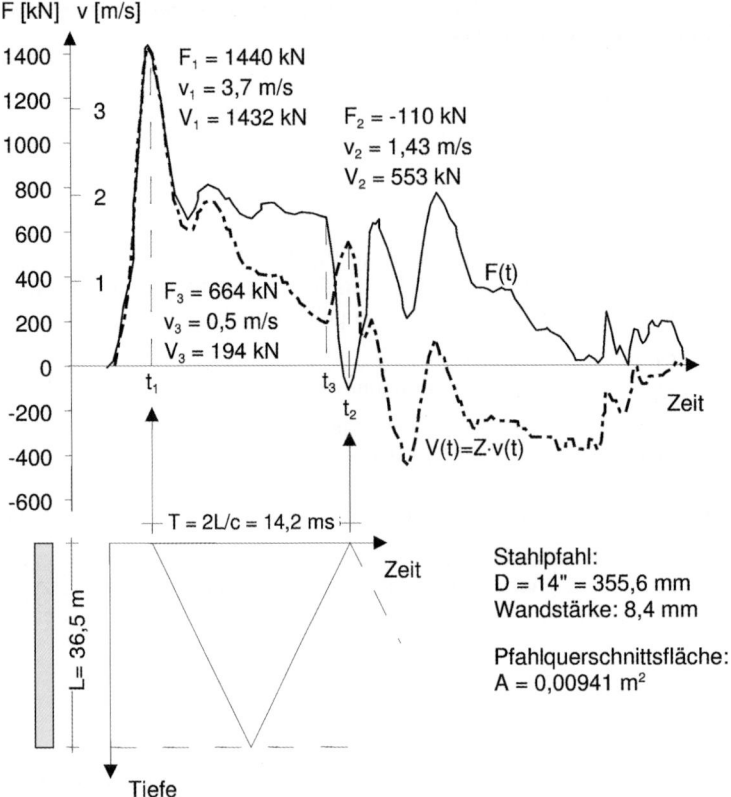

Bild 119. Beispiel für eine Messkurve mit dazugehörigem Laufzeitdiagramm für die statische Tragfähigkeit nach der direkten Methode (aus [39])

Die Anwendung des Verfahrens beschränkt sich auf Pfähle aus homogenem Material und konstantem Querschnitt. Des Weiteren sollte der dynamische Widerstand gegenüber dem statischen klein sein, sodass er den Charakter eines Korrekturgliedes besitzt [156]. Problematisch ist die zuverlässige Festlegung von E_b.

Das nachfolgende Beispiel aus [39] mit dem Prüfergebnis nach Bild 119 soll das Vorgehen beim CASE-Verfahren erläutern.

Geprüft wurde ein in einem Sand-Schluff-Boden stehendes Stahlrohr Ro $355,6 \times 8,4$ ($A_Q = 0,00941$ m²) der Länge L = 36,5 m. Zunächst werden die Materialkonstante c und der dynamische Elastizitätsmodul des Pfahls ermittelt:

$$c = \frac{2 \cdot L}{t_2 - t_1} = \frac{2 \cdot 36,5}{14,2 \cdot 10^{-3}} = 5141 \quad [\text{m/s}]$$

$$E_b = \frac{c^2 \cdot \gamma}{g} = \frac{5141^2 \cdot 78,5 \cdot 10^{-3}}{9,81} = 211493 \quad [\text{MN/m}^2]$$

3.2 Pfahlgründungen

Nachdem die Impedanz bestimmt wurde, kann der totale dynamische Gesamtwiderstand aus den Messergebnissen durch Gl. (90) berechnet werden:

$$Z = \frac{E_b \cdot A}{c} = \frac{211493 \cdot 0,00941}{5141} = 0,387 \quad [\text{MNs/m}]$$

$$R_{tot} = \frac{1}{2}(1440 + 387 \cdot 3,7) + \frac{1}{2}(-110 - 387 \cdot 1,43) = 1104 \quad [\text{kN}]$$

Setzt man Gl. (94) in Gl. (93) ein, ergibt sich mit dem Wert $J_c = 0,2$ aus Tabelle 42 der dynamische Anteil des Gesamtwiderstands:

$$R_{dyn} = 0,2 \cdot 387 \cdot \left(3,7 + \frac{1440 - 1104}{387}\right) = 353,6 \quad [\text{kN}]$$

Damit ist der statisch nutzbare Widerstand errechenbar:

$$R_{stat} = R_{tot} - R_{dyn} = 1104 - 354 = 750 \quad [\text{kN}]$$

Dagegen wird beim TNO-Verfahren der dynamische Widerstand getrennt für den Pfahlmantel $R_{s,dyn}$ und die Spitze $R_{b,dyn}$ mit $R_{dyn} = R_{s,dyn} + R_{b,dyn}$ berechnet. Mit diesem Verfahren steht ein Mittel zur Verfügung, den statischen Widerstand des Mantels und der Spitze zu bestimmen, siehe [39].

7.4.2.3 Erweiterte Verfahren mit vollständiger Modellbildung

Das CAPWAP-Verfahren und das TNOWAVE-Verfahren bieten die Möglichkeit einer erweiterten Auswertung mit vollständiger Modellbildung in einem Iterationsprozess. Berechnet wird das dynamische Verhalten des Pfahls unter dem aufgebrachten Rammschlag auf der Grundlage geschätzter bzw. aus Mess- oder Erfahrungswerten ermittelter Bodenwiderstandswerte. Der statische Widerstandsanteil wird unter Anwendung eines bilinear elasto-plastischen Modells und der dynamische Anteil durch einen linear viskosen Ansatz dargestellt. Der Pfahlmantelwiderstand wird diskretisiert. Als Randbedingung auf das numerische Pfahl-Boden-Modell wird der am Pfahlkopf gemessene Geschwindigkeits-Zeitverlauf aufgetragen. Durch die Gleichgewichtsbedingung am Pfahlkopf in vertikaler Richtung kann die der Geschwindigkeit entsprechende Kraft berechnet werden, die jedoch von den gewählten Bodenkenngrößen (vor allem Steifigkeit und Größtwert des örtlichen Bodenwiderstandes, Dämpfung) abhängig ist. Stimmen errechneter und gemessener Kraftverlauf nicht überein, so werden in darauf folgenden Iterationsschritten die gewählten Bodeneigenschaften solange angepasst, bis beide Kraftverläufe gut übereinstimmen (Bild 120).

Ergebnis der Iteration ist die Festlegung der Mantel- und Fußwiderstandsverteilung. Für eine anschließende Simulation des statischen Belastungsvorgangs und der Berechnung der Widerstands-Setzungs-Linie des Pfahls werden die aus der Iteration gewonnenen statischen Bodenwiderstandskenngrößen herangezogen. Bild 121 zeigt die errechnete Widerstands-Setzungs-Kurve, die grundsätzlich mit dem Übergang in den Versagensast abschließt. Diese ist nicht immer der tatsächliche Grenzwiderstand des Pfahls, sondern der Widerstand, der aufgrund der Pfahlbewegungen unter dem Schlag nachgewiesen wurde. Das Belastungsmodell liefert auch die Widerstands-Setzungs-Linie des Pfahlfußwiderstandes und ermöglicht somit die Rückrechnung auf den Mantelwiderstand.

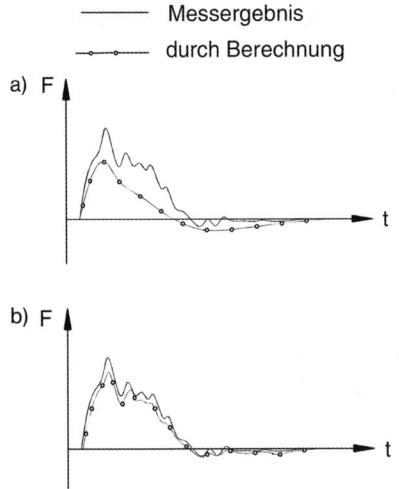
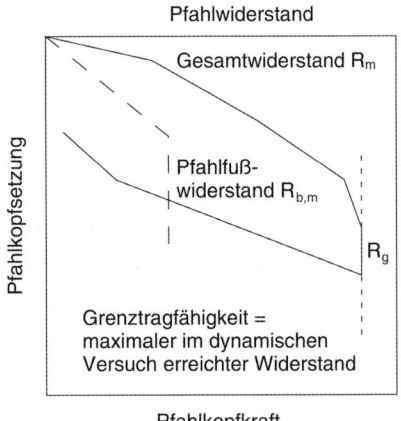

Bild 120. Anpassung der geschätzten Bodenwiderstandswerte; a) erste iterative Anpassung, b) endgültige Festlegung der Bodenwiderstandswerte

Bild 121. Ergebnis einer dynamischen Pfahlprüfung als Widerstands-Setzungslinie

Jedoch sollte die Genauigkeit der Ergebnisse mit einer Sensitivitätsanalyse, d. h. Variierung der gewählten Mantel- und Fußwiderstände und Dämpfungswerte, oder durch eine Signalanpassung über einen längeren Zeitraum (> 4L/c) überprüft werden.

7.4.3 Rapid-Load-Test – Statnamic

Da die dynamischen Pfahlprobebelastungen wegen ihrer wellentheoretischen Grundlagen und der langwierigen Auswertung der gemessenen Beschleunigungs- und Dehnungssignale als mehr indirekte Verfahren in der praktischen Anwendung auf Vorbehalte gestoßen sind, wurden immer wieder Versuche unternommen, dynamische Pfahlprobebelastungen mit direkter Messung der WSL zu entwickeln. Dazu wurde das Statnamic-Verfahren in den 1980er-Jahren in Kanada und Holland entwickelt. Die „statnamische Probebelastung" basiert auf der Beschleunigung einer Reaktionsmasse vom Pfahlkopf weg und der daraus resultierenden Kraft auf den Pfahlkopf. Eine Variante ist die sog. pseudostatische Prüfung, bei der das Fallgewicht durch Federn abgefangen wird. Die genannten Verfahren werden unter dem Oberbegriff „Rapid-Load"-Test zusammengefasst.

Während der Testdurchführung werden die Pfahlkopfbewegungen durch ein optisches Mess-System und die eingeleitete Kraft mit einer Kraftmessdose zeitabhängig erfasst. Der Unterschied zwischen der statnamischen und der dynamischen Probebelastung ist insbesondere durch die Impulsdauer der Lasteinleitung definiert. Bei einer dynamischen Pfahlprobebelastung wird aufgrund der geringen Impulsdauer eine Wellenfront in den Pfahl induziert, deren messtechnische Erfassung und nachfolgende Analyse die Grundlage der Ermittlung der Pfahltragfähigkeit bildet. Die Dauer der Lasteinleitung beim Rapid-Load-Test ist länger. Wellenausbreitungsvorgänge spielen dann bis zu einer Pfahlgrenzlänge eine untergeordnete Rolle, denn es wird angenommen, dass der Pfahl während des gesamten Prüfzeitraums überdrückt ist. Daraus ergibt sich, dass die Belastungsdauer eines Rapid-

3.2 Pfahlgründungen

Load-Tests größer sein soll als das 12-Fache der Laufzeit der Welle vom Pfahlkopf zum Pfahlfuß.

Die verwendeten Massen sollten bei den dynamischen Probebelastungen mindestens 1% des zu erwartenden Pfahlwiderstandes und bei der Statnamic mindestens 5% sein.

Insgesamt versucht die statnamische Probebelastung sich der statischen Probebelastung anzunähern, wobei allerdings auch der Aufwand gegenüber einer dynamischen Probebelastung deutlich größer ist. Nach den bisherigen Erfahrungen zeigen die Vergleiche zwischen statnamischen und statischen Probebelastungen eine relativ gute Übereinstimmung.

Insgesamt ist also noch umstritten, ob statnamische Probebelastungen gegenüber den üblichen dynamischen Pfahlprobebelastungen nach Abschnitt 7.4.2 wirklich eine wesentliche technische Verbesserung mit entsprechend zuverlässigen Ergebnissen darstellen.

Bild 122 zeigt vergleichend statische und statnamische Probebelastungsergebnisse an Teilverdrängungspfählen.

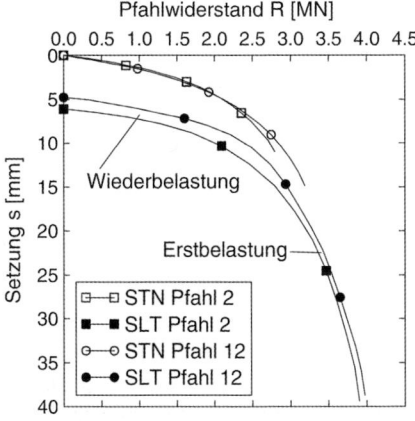

Bild 122. Vergleichende Probebelastungen an Teilverdrängungsbohrpfählen; zuerst statnamisch (STN), danach statisch (SLT)

7.4.4 Integritätsprüfungen

Mit diesem Verfahren kann der Zustand des fertigen Pfahls geprüft werden und somit als Mittel des Qualitätsmanagements bzw. des Nachweises der Brauchbarkeit eingesetzt werden. Dabei interessiert allein das Pfahlmaterial und die Pfahlform. Allerdings können einige Fragen, wie z. B. die Betonüberdeckung nicht geklärt werden. Nach [39] sollte die Prüfung unbedingt dann durchgeführt werden, wenn das Versagen des einzelnen Pfahls für die Sicherheit des Bauwerks entscheidend ist.

Innerhalb der Integritätsprüfung gibt es verschiedene Verfahren, die parallel oder auch kombiniert angewandt werden und eine zweckmäßige Ergänzung zur Tragfähigkeitsprüfung darstellen. Die verbreitetsten sind die High- bzw. Low-Strain-Methode und die Ultraschallprüfungen. Weitere Verfahren werden in [156] genannt, wobei die Qualität der Aussagen und die Kosten sehr unterschiedlich sein können.

Bei der Low-Strain-Integritätsprüfung, auch Hammerschlagmethode (Bild 123 b) genannt, werden die Eigenschaften der untersuchten Pfähle nicht verändert. Dies geschieht durch einen Schlag auf den Pfahlkopf, der dabei eine Stoßwelle erzeugt, die als Druckwelle den

a)  b)

Bild 123. a) Dynamische Pfahlprüfungen an Großbohrpfählen mit 10-t-Fallmasse; b) Integritätsprüfung nach der Low-Strain-Methode

Pfahlschaft durchläuft, am Pfahlfuß reflektiert wird und als Zugwelle zum Pfahlkopf zurück wandert. Beide Wellen werden am Messort mithilfe von Beschleunigungsaufnehmern registriert. Unter normalen Umständen sind diese beiden Signale deutlich erkennbar. Die Grenzen des Anwendungsbereichs sind durch Pfahlmaterial, Baugrund, Betonalter und Pfahllänge bestimmt. Störstellen im Pfahl reflektieren ebenfalls die Wellen. Auf der Zeitachse der Messaufzeichnung kann die Pfahllänge bzw. die Tiefenlage und Art der Diskontinuität aus der Reflexion der Welle für eine angenommene Wellengeschwindigkeit unmittelbar abgelesen werden. Bei einer Impedanzzunahme, d. h. einer Vergrößerung der Querschnittsfläche, Erhöhung des Elastizitätsmoduls o. Ä., ergeben sich Abweichungen des Geschwindigkeits-Zeitverlaufs entgegen der Richtung des eingeleiteten Impulses. Bei einer Abnahme der Impedanz ist die Abweichung der Messkurve auf der gleichen Seite wie der Impuls.

Erfahrungsgemäß ist mit der Hammerschlag-Integritätsprüfung insbesondere bei großformatigen und/oder langen Pfählen und solche, die in unterschiedlich feste Schichten einbinden, (oftmals) keine verlässliche Beurteilung der Ausführungsqualitäten möglich. Zu viele Parameter sind entweder nicht bekannt oder werden durch Annahmen ersetzt. Gründe für die Beurteilungsschwierigkeiten der Hammerschlag-Integritätsprüfung bei großformatigen Pfählen können sein:

- Die Annahme eines über die Pfahllänge konstanten E-Moduls: Variationen um bis zu 50 % sind bei insgesamt durchgehend anforderungsgerechtem Beton nicht unwahrscheinlich (Unterbrechungen der Betonzufuhr, unterschiedliche Eintauchtiefe des Schüttrohrs, Nachfließen beim Ziehen der Verrohrung, Wasserverlust des Betons in saugfähigen Schichten). Da die Variation nicht berücksichtigt werden kann, wird i. d. R. auf Querschnittseinengungen oder -aufweitungen geschlossen.
- Die Abhängigkeit von einem Fußsignal: bei langen Pfählen mit Einbindung in eine tragfähige feste Schicht ist ein Fußsignal häufig nicht erkennbar, weshalb unmaßgebende Zwischensignale überbewertet werden.
- Der Einfluss fester Bodenzonen im Schaftbereich auf die Signale bzw. deren Dämpfung kann ebenfalls nicht eindeutig erfasst werden.

3.2 Pfahlgründungen

Im Gegensatz zu den Low-Strain-Prüfungen sind High-Strain-Integritätsprüfungen rammbegleitend und unterstützen qualitätssichernd den Herstellungsprozess.

Weitere detaillierte Hinweise und bei der Ausführung zu beachtende Punkte finden sich in [39].

Für die Bewertung der Integritätsprüfung sind nach [39] 4 Ergebnisklassen zu berücksichtigen, in die das jeweilige Messsignal (ggf. nach Signalbearbeitung, z. B. durch Filter) einzuordnen ist.

Klasse A1: Der Pfahl ist in Ordnung.

Das Signal weist einen eindeutigen Fußreflex auf und im Signalverlauf sind keine Impedanzrückgänge entlang der Pfahlachse zu verzeichnen. Der Regelquerschnitt ist planmäßig bzw. zeigt ggf. nur positive Impedanzänderungen oder diese liegen in der Toleranzbandbreite. Die Wellengeschwindigkeit liegt in der erfahrungsgemäß zu erwartenden Bandbreite.

Klasse A2: Keine Einschränkung der Gebrauchstauglichkeit erkennbar.

Die Klasse A2 liegt vor, wenn das Mess-Signal Verdickungen anzeigt. Der Pfahlquerschnitt ist damit zwar nicht planmäßig, aber es ist von keiner Einschränkung der Gebrauchstauglichkeit auszugehen. Ebenso, wenn das Signal bei längeren Pfählen durch den Dämpfungseinfluss starke Abweichungen von der Nulllinie zeigt.

Anmerkung: Bei Pfählen, bei denen die Fußreflexion durch Einbindung in eine feste Schicht „geschluckt" ist, kann die Klasse A1 vergeben werden, allerdings sollte auch diese Einschränkung der Aussage in einer Kommentarzeile vermerkt werden.

Klasse A3: Der Pfahl weist eine geringe Qualitätsminderung auf.

Diese Klasse wird vergeben, wenn das Mess-Signal eine eindeutige Impedanzminderung (Querschnittsminderung) und ein deutliches und starkes Fußsignal anzeigt. Die Minderung ist durch eine Wellengleichungsformel oder empirisch abzuschätzen und darf nur ein Viertel des planmäßigen Querschnitts betragen. Die Klasse A3 kann auch aufgrund einer eindeutig von der Baustellennorm abweichenden Wellengeschwindigkeit von über 5 % bis höchstens 10 % vergeben werden. Dies ist in einer Kommentarzeile zu vermerken.

Klasse B: Der Pfahl ist nicht in Ordnung, starke Qualitätsminderung.

Diese Klasse wird vergeben, wenn das Mess-Signal eine eindeutige starke Impedanzminderung (Querschnittsminderung) und ein erkennbares Fußsignal anzeigt bzw. eine unterbrochene Betonsäule vorliegt. Die Minderung ist durch eine Wellengleichungsformel oder empirisch abzuschätzen und beträgt ca. zwei Drittel des planmäßigen Querschnitts. Wenn die Klasse B wegen einer eindeutig zu stark abweichenden Wellengeschwindigkeit (10 % oder mehr) vergeben wird, ist dies in einer Kommentarzeile zu vermerken.

Klasse 0: Signal nicht auswertbar.

Falls es erforderlich ist, nicht auswertbare Signale in einer Klasse zusammenzufassen, sollte die Klasse 0 vergeben werden. Im Allgemeinen sollte aber der Grund für die Nichtauswertbarkeit, meistens schlechter Pfahlkopfbeton oder Riss unmittelbar unter dem Pfahlkopf über die ersten 50 cm, beseitigt werden und eine Nachprüfung vorgenommen werden. Gründe dafür, dass ein Signal nicht auswertbar ist, können sein:

- Pfahlkopf bauseitig nicht sachgemäß vorbereitet, kein homogener Beton im Schlageinleitungsbereich, z. B. Zementschlämpe, Risse, starke Verunreinigungen, loses Material, usw.;
- zu geringes Pfahlalter bzw. zu weicher Kopfbeton;

a) Ordnungsgemäß hergestellter Pfahl (c = 4000 m/s) b) Pfahl mit mehreren Diskontinuitäten

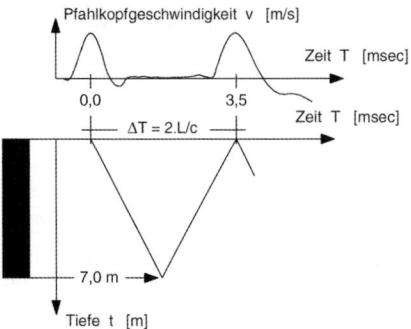
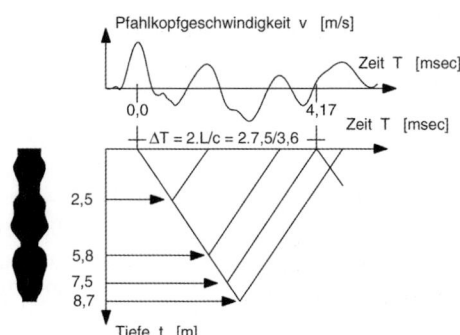

Bild 124. Beispiele von Integritätsprüfung; a) Ordnungsgemäß hergestellter Pfahl (c = 4000 m/s), b) Pfahl mit mehreren Diskontinuitäten

- Messsignal ist durch dominante Schwingungsüberlagerungen, z. B. mitschwingende Bewehrung, nicht zu interpretieren;
- Pfahlkopf ist nicht zugänglich (nicht freigelegt, Kopf unter Wasser, Bewehrung des aufgehenden Bauwerks schon eingebaut, usw.);
- Stärkere Impedanzänderungen z. B. durch das Anbetonieren an Altbauten im Boden (Kanäle, Altfundamente, benachbarte Pfähle) lassen für den darunter liegenden Pfahlteil einen ausreichenden Nachweis nicht zu, und es kann mit den vorhandenen Informationen oder aufgrund fehlender Informationen, z. B. Bodenaufschluss usw., keine schlüssige Erklärung abgeleitet werden.

Bild 124 zeigt ein Beispiel zur Integritätsprüfung. Weitere Messkurven und Auswertebeispiele finden sich in [39].

8 Pfahlgruppen und kombinierte Pfahl-Plattengründungen

8.1 Druckpfahlgruppen

8.1.1 Allgemeines

Hohe Gründungslasten von Bauwerken werden i. d. R. auf mehrere Pfähle verteilt, die als Gruppe unter einer Gründungsplatte oder Pfahlkopfbalken angeordnet sind. Infolge der gegenseitigen Beeinflussung der Pfähle, die als Gruppenwirkung bezeichnet wird, weisen die Gruppenpfähle ein abweichendes Tragverhalten gegenüber Einzelpfählen auf. So kann die Gesamttragfähigkeit einer Pfahlgruppe geringer oder größer als die Summe der Tragfähigkeit einer gleichen Anzahl an Einzelpfählen sein. Die Setzungen der Gruppe weichen dabei bei gleicher Last besonders bei Bohrpfählen von den Setzungen am Einzelpfahl ab.

Bei der Bemessung von Pfahlgruppen ist die Beanspruchung der aufgehenden Konstruktion von besonderer Bedeutung. Dabei ergeben sich wesentliche Beanspruchungen durch

- eine ungleichmäßige Verteilung der Pfahlwiderstände infolge der Gruppenwirkung,
- die sich einstellenden größeren Setzungen infolge der Gruppenwirkung,

3.2 Pfahlgründungen

- auftretende Setzungsdifferenzen zwischen den Pfählen oder Pfahlgruppen sowie
- Berücksichtigung der Nichtlinearität des Widerstands-Setzungs-Verhaltens der Pfähle.

Unterschiedliches Setzungsverhalten von Pfählen führt zu Setzungsdifferenzen, die sich unmittelbar auf die Konstruktion über einer Pfahlgründung auswirken können. Hierbei sind im Wesentlichen zwei Beanspruchungen in der aufgehenden Konstruktion denkbar.

(a) Starre Pfahlkopfplatte (Bild 125 a):

Jede Pfahlgruppe setzt sich infolge der weitgehend starren Pfahlkopfplatte oder der aufgehenden Konstruktion gleichmäßig. Zwischen den Pfahlgruppen kann es zu Setzungsdifferenzen Δs kommen, die wiederum im Überbau Zwangsbeanspruchungen hervorrufen können. Weiterhin kommt es in der jeweiligen Pfahlkopfplatte zu Beanspruchungen infolge unterschiedlicher Reaktionskräfte der Pfähle gemäß ihrer Stellung in der Gruppe.

(b) Biegeweiche Pfahlkopfplatte (Bild 125 b):

Infolge des unterschiedlichen Setzungsverhaltens der Gruppenpfähle abhängig von der Pfahlstellung in der Gruppe kann es zu Zwangsbeanspruchungen in der Pfahlkopfplatte und in dem aufgehenden Bauwerk kommen. Weiterhin ist auch bei diesem Gründungssystem zu untersuchen, ob hier ebenfalls unterschiedliche Pfahlreaktionskräfte abhängig von der Pfahlstellung vorliegen.

Bei biegeweichen Pfahlkopfplatten hängen die Pfahlreaktionen maßgeblich vom Lastbild, d. h. von der Verteilung der Einwirkungen ab. Mit jedem Lastbild ergeben sich sowohl unterschiedliche Setzungen als auch unterschiedliche Widerstände an jedem Gruppenpfahl.

In früherer Zeit wurde z. B. nach [175] davon ausgegangen, dass bei einem Pfahlabstand von 3 bis 3,5 · D eine gegenseitige Beeinflussung im Tragverhalten nicht gegeben ist. Dies trifft bei Pfählen zu, die nur wenige Meter in die tragfähige Schicht einbinden (Spitzendruckpfahl). Bei einem erheblichen Mantelreibungsanteil sind wesentlich größere Pfahlabstände für das Einzelpfahltragverhalten erforderlich (z. B. $a \geq 8 \cdot D$).

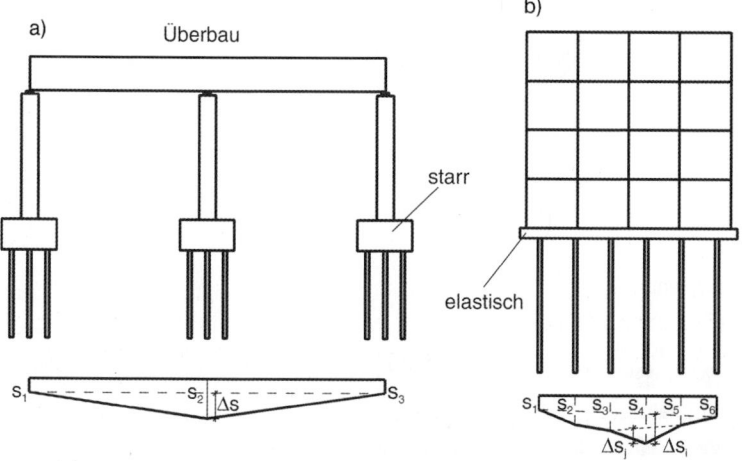

Bild 125. Setzungsdifferenzen bei Pfahlgründungen, Beispiele; a) Brückengründung, b) Gebäudegründung

Faktoren, die das Trag- und Verformungsverhalten von Pfahlgruppen maßgebend beeinflussen, sind u. a.:

- Art der Kopfplatte (weich, starr),
- Pfahltyp und Reihenfolge der Pfahlherstellung,
- Größe und Geometrie der Pfahlgruppe,
- Verhältnis zwischen Pfahldurchmesser und Pfahlabstand,
- Verhältnis zwischen Einbindetiefe und Pfahlgruppenbreite,
- Baugrund.

Im Folgenden ist ein Überblick über den Kenntnisstand zum Pfahlgruppenverhalten zusammengestellt bzw. wird auf Zusammenfassungen in der Literatur verwiesen, wobei wesentliche Ausführungen aus [144, 145] entnommen sind.

8.1.2 Generelles Tragverhalten von Druckpfahlgruppen

Eine zusammenfassende Darstellung zum Verhalten von Druckpfahlgruppen und zu älteren Berechnungsverfahren zur Gruppenwirkung findet sich u. a. auch in [77]. Dazu sind in Bild 126 nochmals die grundlegenden Zusammenhänge zum Pfahlsetzungsverhalten aufgeführt.

Demgegenüber wurde in [118] in kleinmaßstäblichen Modellversuchen festgestellt, dass auch ein Gruppenverhalten vorhanden sein kann, bei dem sich die Gruppenpfähle im Gebrauchslastbereich steifer verhalten als der Einzelpfahl.

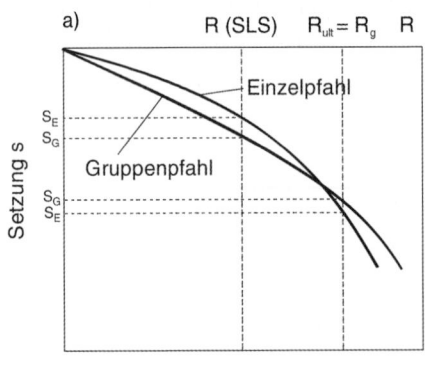
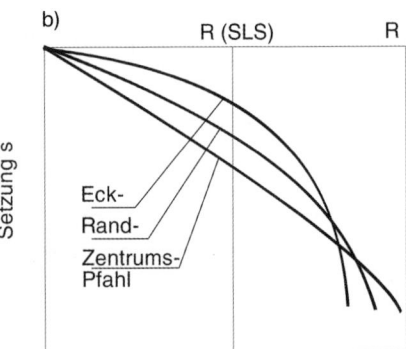
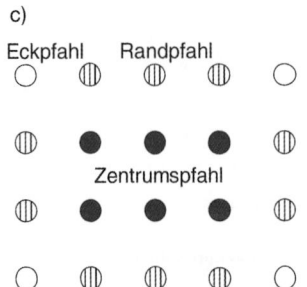

Bild 126. Qualitativer Verlauf des Widerstands-Setzungs-Verhaltens von Einzel- und Gruppenpfählen (nach [77]);
a) Unterschied Einzelpfahl–Gruppenpfahl,
b) Setzungsverhalten abhängig von der Stellung in der Pfahlgruppe,
c) Pfahlkategorien in einer Pfahlgruppe

3.2 Pfahlgründungen

8.1.3 Setzungsverhalten von Pfahlgruppen

Für die Beschreibung des Setzungsverhaltens von Pfahlgruppen existieren eine Vielzahl an Verfahren, die sich hinsichtlich der Berechnungsmethode, den benötigten Eingangsparametern, der Genauigkeit der Ergebnisse und dem Berechnungsaufwand unterscheiden.

In Tabelle 43 sind einige Berechnungsverfahren in folgender Gliederung aufgeführt:

– numerische Verfahren,
– analytische Verfahren,
– äquivalente Ersatzmodelle nach der Elastizitätstheorie,
– empirische Verfahren.

Tabelle 43. Zusammenstellung von Berechnungsverfahren zum Setzungsverhalten von Pfahlgruppen (aus [144])

Verfahren bzw. Literatur	Methode	Bemerkung
Numerische Verfahren		
Poulos/Davis (1980)	BEM, Superposition, Einflussbeiwerte	nichtlineares Pfahltragverhalten
Mandolini/Viggiani (1997)		
Banerjee/Butterfield (1981)	BEM, Abbildung komplette Pfahlgrupppe	nichtlineares Pfahltragverhalten
Banerjee/Discroll (1976)		lineares Tragverhalten
Analytische Verfahren		
Randolph/Wroth (1978)	Superposition, Einflussbeiwerte	elastische Tragverhalten, nur im Gebrauchszustand
Chow (1986)	Superposition, Einflussbeiwerte	nichtlineares Pfahltragverhalten
Guo/Randolph (1997)	Superposition, Einflussbeiwerte	elastisches Pfahltragverhalten
Äquivalente Ersatzmodelle nach der Elastizitätstheorie		
Tiefliegende Flachgründung		
DIN 1054	starre Ersatzebene in Höhe des Pfahlfußes, Ersatzbreite $B'_G = B_G + 2 \cdot 3 \cdot D_S$	
Tomlinson (1994)	Ersatzebene bei 2/3 L, Ausbreitwinkel 1:4	für $\sqrt{\frac{n \cdot a}{L}} < 2$
Einzelpfähle in Ersatzebene		
Hettler (1986)	$s_{G,i} = R_{G,i} \left[\frac{x_s}{EF} + \frac{\beta}{E_B d} \right]$ x_s: tiefe Ersatzebene EF: Dehnsteifigkeit β: empirischer Beiwert $d = \sqrt{\frac{A_b}{\pi}}$	Gruppenpfahl wird als Einzelpfahl berechnet, Ansatz Einzelfundament in Ersatzebene
Hettler (1986)	$s_G = s_E + \sum \frac{R_{E,i}}{\pi \cdot E_B \cdot r_i}$	

Ein übliches Maß für die Beschreibung der gegenseitigen Beeinflussung von Pfählen in einer Gruppe ist die Gruppenwirkung, welche über den Gruppenfaktor beschrieben wird. Der Gruppenfaktor G_s mit Bezug auf das Setzungsverhalten ist definiert als das Verhältnis der Setzungen der Pfahlgruppe s_G zur Setzung eines Einzelpfahls s_E.

$$G_s = s_G/s_E \qquad (95)$$

8.1.4 Tragfähigkeit von Pfahlgruppen

Die Gesamttragfähigkeit einer Pfahlgruppe weicht von der Summe der Tragfähigkeit einer gleichen Anzahl an Einzelpfählen ab. Das Verhältnis zwischen dem Gesamtwiderstand der Pfahlgruppe R_G und der Summe der Pfahlwiderstände einer gleichen Anzahl an Einzelpfählen $n \cdot R_E$ wird als Gruppenfaktor G_R bezeichnet, welcher die Gruppenwirkung zum Tragverhalten und damit bezüglich der Pfahlwiderstände beschreibt.

$$G_R = R_G/(n \cdot R_E) \qquad (96)$$

In Tabelle 44 sind einige Berechnungsansätze für die Tragfähigkeit von Pfahlgruppen zusammengefasst (s. dazu auch [77]).

Tabelle 44. Zusammenstellung von Berechnungsverfahren zur Tragfähigkeit von Pfahlgruppen (aus [144])

Verfahren bzw. Literatur	Methode	Bemerkung
Äquivalente Ersatzmodelle mit empirischen Beiwerten		
Blockversagen		
Valsangkar/Meyerhof (1983)	$R_G = q_s \cdot A_{s,G} + q_b \cdot A_{b,G}$	
Fleming et al. (1992)	$q_s = K_0 \cdot \gamma \cdot L_G \cdot \tan\varphi'$	nichtbindige Böden
Terzaghi/Peck (1961)	$q_b = \gamma \cdot L_G \cdot N_q + \alpha \cdot \gamma \cdot D_b \cdot N_\gamma$	nichtbindige Böden
Meyerhof (1976)	$\alpha = 0{,}5$, N_q, N_γ in Abhängigkeit von φ, $\dfrac{L_G}{D_b}$	Verdrängungspfahl
Berezantzev et al. (1961)	$\alpha = 0{,}44 \div 0{,}85$ in Abhängigkeit von φ, $\dfrac{L_G}{D_b}$ N_q, N_γ in Abhängigkeit von φ	
Skempton (1951)	$q_s \hat{=} c_u$	bindige Böden
Skempton (1951)	$q_b = c_u \cdot N_c$ $= c_u \cdot 5 \cdot \left[1 + 0{,}2 \cdot \dfrac{B_{G,y}}{B_{G,x}}\right] \cdot \left[1 + \dfrac{L_G}{(12 \cdot B_{G,y})}\right]$	bindige Böden
Empirische Verfahren		
Meyerhof (1976)	$R_G = \sum R_{E,i}$	nichtbindige Böden, Verdrängungspfahl
	$R_G = \dfrac{2}{3} \sum R_{E,i}$	nichtbindige Böden, Bohrpfahl
	$R_G = \dfrac{2}{3} \sum R_{E,i}$	bindige Böden

Hinweis: die nicht im Literaturverzeichnis aufgeführten Literaturangaben finden sich in [144].

3.2 Pfahlgründungen

Einen konservativen Ansatz über die Gruppenwirkung G_R enthält die französiche Norm Fascicule N° 62 – Titre V – 1993. Demnach kann auf Grundlage der Converse-Labarre-Gleichung (Gl. 97) die Gruppenwirkung abgeschätzt werden.

$$G_R = 1 - \frac{\arctan(D/a)}{0,5 \cdot \pi} \cdot \left(2 - \frac{1}{n_r} - \frac{1}{n_p}\right) \quad (97)$$

mit

- D   Pfahldurchmesser
- a   Pfahlachsabstand
- n_r Anzahl der Pfahlreihen
- n_p Anzahl der Pfähle in einer Reihe

Neben den hier aufgeführten Verfahren sind numerische und analytische Verfahren, die ein nichtlineares Pfahltragverhalten berücksichtigen, ebenfalls geeignet, das Tragverhalten bis zum Bruch abzubilden (s. Tabelle 43).

8.1.5 Zusammenfassende Bewertung der Berechnungsansätze aus der Literatur für Pfahlgruppen

Die allgemeinste Beschreibung des Trag- und Setzungsverhaltens von Pfahlgruppen gelingt mit der Anwendung von numerischen Verfahren, z. B. der Finite-Elemente-Methode (FEM). Die Abbildung der gesamten Pfahlgruppe unter Einbeziehung von nichtlinearen Stoffgesetzen erlaubt eine Anwendung auf nahezu beliebige Systeme von Pfahlgruppen. Nachteilig an dieser Berechnungsmethode ist der vergleichsweise hohe Aufwand zum Erstellen eines Berechnungsmodells und die benötigte Rechenzeit. Außerdem erfordert es ein hohes Maß an Vorarbeit und erhebliche Erfahrungen des Anwenders mit numerischen Methoden, um mit dieser Berechnungsmethode zuverlässige Ergebnisse erzielen zu können. Ebenso sind die Modelle zu validieren.

Die Eingabe der Modellparameter und der Rechenaufwand sind bei analytischen Berechnungsverfahren gegenüber den numerischen Verfahren mittels FEM oder BEM vergleichsweise gering. Trotzdem können dabei qualitativ vergleichbare Berechnungsergebnisse erreicht werden, solange der vorgesehene Anwendungsbereich eingehalten wird. Allerdings beinhalten diese Verfahren oftmals Eingangsgrößen, die vom Anwender abgeschätzt werden müssen, wie z. B. den Einflussradius eines Pfahls. Bei vergleichbaren Randbedingungen sind für diese Eingangsgrößen meistens allgemeine Beziehungen angegeben, anderenfalls müssen Vorstudien über die richtige Wahl dieser Parameter durchgeführt werden.

Die äquivalenten Ersatzmodelle und empirischen Verfahren erlauben nur eine eher grobe Abschätzung des tatsächlichen Trag- und Setzungsverhaltens einer Flachgründung, wobei bei jedem Verfahren die jeweiligen Anwendungsgrenzen zu beachten sind, welche von den geometrischen Randbedingungen der Pfahlgruppe (wie z. B. Pfahlanzahl, -abstand, -länge) abhängen. Die Anwendung dieser Verfahren ist sinnvoll für Voruntersuchungen oder für Plausibilitätskontrollen bei der Berechnung von komplexen Pfahlgründungen nach anderen Verfahren.

In [61] wird darauf hingewiesen, dass bei Verfahren nach der Elastizitätstheorie die Setzungen oftmals überschätzt werden. Ein weiterer Nachteil dieser Verfahren liegt darin, dass keine Aussage über die Verteilung der Pfahlwiderstände innerhalb der Gruppe getroffen wird. Hiervon ausgenommen ist das Verfahren nach [132], bei dem die Ergebnisse aus Parameterstudien nach der Randelemente-Methode in Bemessungsdiagramme umgesetzt wurden und so eine Handrechnung ermöglicht wird.

8.1.6 Näherungsverfahren zu Tragverhalten und Widerständen von Pfahlgruppen

8.1.6.1 Grundlagen

DIN 1054 empfiehlt zur Berücksichtigung der Pfahlgruppenwirkung im Gebrauchszustand die Modellvorstellung einer tiefergelegten Flachgründung, was aber nur bei überwiegend auf Pfahlfußwiderstand tragenden Pfählen zutreffend ist. Zur Ermittlung der im Allgemeinen oftmals erhöhten Setzungen der Gruppe im Gebrauchszustand, besonders bei langen Bohrpfählen gegenüber dem Einzelpfahl, kann die setzungsbezogene Gruppenwirkung z. B. auch nach der Näherungslösung von [138], siehe auch [105, 131], ermittelt werden.

In [39] wird ein Näherungsverfahren nach [144] bzw. [145] mit Nomogrammen zur Anwendung empfohlen, welches auf der Grundlage von umfangreichen 3-D-FEM-Parameterstudien abgeleitet wurde und das setzungsbezogene und pfahlwiderstandsbezogene Pfahlgruppenverhalten berücksichtigt. Das Verfahren sollte bevorzugt für das Setzungsverhalten und für die Nachweisführung im Grenzzustand der Gebrauchstauglichkeit für Pfahlgruppen verwendet werden. Des Weiteren eignet sich das Verfahren auch für die Ableitung von pfahlpositionsabhängigen charakteristischen Federsteifigkeiten in der Pfahlgruppe als Grundlage für die Ermittlung der charakteristischen Beanspruchung in der Pfahlkopfplatte bzw. aufgehenden Konstruktion und deren Materialnachweise.

8.1.6.2 Gruppenwirkung bezogen auf die Setzungen von Bohrpfahlgruppen

Die mittlere Setzung s_G einer Bohrpfahlgruppe entspricht der mit dem Gruppenfaktor G_s belegten Setzung eines Einzelpfahls infolge der mittleren Einwirkung F_G auf die Gruppenpfähle.

$$s_G = s_E \cdot G_s \tag{98}$$

mit

s_G mittlere Setzung einer Pfahlgruppe
s_E Setzung eines vergleichbaren Einzelpfahls
G_s setzungsbezogener Gruppenfaktor für die mittlere Setzung einer Pfahlgruppe

Der setzungsbezogene Gruppenfaktor G_s für die Ermittlung der mittleren Setzung einer Pfahlgruppe unter einer zentrisch angreifenden vertikalen Gesamteinwirkung ergibt sich zu:

$$G_s = S_1 \cdot S_2 \cdot S_3 \tag{99}$$

mit

S_1 Einflussfaktor Bodenart, Gruppengeometrie (Pfahllänge L, Pfahleinbindetiefe in den tragfähigen Boden d, Pfahlachsabstand a)
S_2 Einflussfaktor Gruppengröße
S_3 Einflussfaktor Pfahlart

In [144] und [39] finden sich umfangreiche Nomogramme zur Bestimmung der setzungsbezogenen Gruppenwirkung für bindige und nichtbindige Böden und detaillierte Hinweise zur Anwendung des Verfahrens mit Beispielen.

8.1.6.3 Widerstände gebohrter Gruppenpfähle

Die Pfahlwiderstände von einzelnen Bohrpfählen in einer Gruppe unter Berücksichtigung der Gruppenwirkung ergeben sich aus dem mit dem Gruppenfaktor belegten Pfahlwiderstand eines Einzelpfahls bei einer Setzung gleich der mittleren Setzung der Pfahlgruppe nach Gl. (100).

3.2 Pfahlgründungen

$$R_{G,i} = R_E \cdot G_{R,i} \tag{100}$$

mit

$R_{G,i}$ Gruppenpfahlwiderstand (i-ter Pfahl)
R_E Pfahlwiderstand eines vergleichbaren Einzelpfahls
$G_{R,i}$ widerstandsbezogener Gruppenfaktor für den i-ten Pfahl einer Gruppe

Der Gruppenfaktor $G_{R,i}$ für die Ermittlung der Widerstände von Gruppenpfählen unter einer zentrisch angreifenden vertikalen Gesamteinwirkung ergibt sich zu:

$$G_{R,i} = \lambda_1 \cdot \lambda_2 \cdot \lambda_3 \tag{101}$$

mit

λ_1 Einflussfaktor Bodenart, Gruppengeometrie (Pfahllänge L, Einbindetiefe in die tragfähige Schicht d, Pfahlachsabstand a, betrachtete Setzung s)
λ_2 Einflussfaktor Gruppengröße
λ_3 Einflussfaktor Pfahlart

Die erforderlichen Nomogramme für die Einflussfaktoren enthalten [144] und [39] mit Anwendungsbeispielen.

8.1.6.4 Verdrängungspfahlgruppen

Zum Tragverhalten von Verdrängungspfahlgruppen liegen noch wenig abgesicherte Erkenntnisse vor. Nachfolgende Hinweise aus [144] und [39]:

- Im Grenzzustand der Tragfähigkeit kann bei Vollverdrängungspfahlgruppen in nichtbindigen Böden ein Gruppenfaktor von $G_R \geq 1,0$ angenommen werden. Für günstige Pfahlabstand-Einbindetiefeverhältnisse von a/d = 0,3 ÷ 0,7 können Gruppenfaktoren bis zu $G_R = 1,50$ auftreten.
- Im Grenzzustand der Gebrauchstauglichkeit sollte bei Vollverdrängungspfahlgruppen in nichtbindigen Böden der Gruppenfaktor bei ungünstigen Pfahlabstand-Einbindetiefe-Verhältnissen mit $G_R < 1,0$ angenommen werden. Als ungünstig können hier Werte von a/d ≤ 0,5 eingestuft werden. Bei günstigen Pfahlabstand-Einbindetiefe-Verhältnissen kann der Gruppenfaktor auch bei $G_R \geq 1,0$ liegen.
- Für Vollverdrängungspfahlgruppen in bindigen Böden sollte ein Gruppenfaktor von $G_R \leq 1,0$ angenommen werden. Dieser könnte bei kleinen Pfahlabstand-Einbindetiefe-Verhältnissen im Bereich von a/d = 0,1 mit $G_R = 0,7$ angesetzt werden. Bindige Böden mit einer höheren Kohäsion des undränierten Bodens von $c_u \geq 100$ kN/m² können ein günstigeres Tragverhalten zeigen, bei dem der Gruppenfaktor ggf. $G_R = 1,0$ beträgt.
- Bei Verdrängungspfahlgruppen in bindigen Böden muss die Möglichkeit einer Reduzierung der Tragfähigkeit infolge Porenwasserdruckerhöhungen durch den Einbringvorgang berücksichtigt werden, die einen vorübergehenden Gruppenfaktor bis zu $G_R = 0,4$ hervorrufen kann. Dieser Effekt kann unter Umständen mehrere Wochen andauern.
- Für die vorgenannten Punkte gilt generell, dass mit steigendem Pfahlabstand-Einbindetiefe-Verhältnis der Gruppenfaktor gegen $G_R = 1,0$ tendiert.
- Teilverdrängungspfahlgruppen können einen geringeren Gruppenfaktor als Vollverdrängungspfähle aufweisen.
- Insgesamt kann davon ausgegangen werden, dass Verdrängungspfahlgruppen i. d. R. ein abweichendes Setzungsverhalten gegenüber Bohrpfahlgruppen aufweisen. Aufgrund der Vorbelastung der Pfahlgruppe, z. B. durch die Rammenergie bei gerammten Verdrängungspfählen und durch den Verspannungseffekt zwischen den Pfählen, ist bei Verdrängungspfahlgruppen zumindest im Bereich der Gebrauchstauglichkeit mit geringeren Setzungen gegenüber Bohrpfahlgruppen zu rechnen.

8.1.6.5 Mikropfahlgruppen

Zum Gruppentragverhalten von verpressten Mikropfahlgruppen liegen noch wenig abgesicherte Erkenntnisse vor. In Anlehnung an die Zugversuche mit Mikropfahlgruppen nach [135] sollten für Mikropfahlgruppen zunächst keine günstigeren Gruppenfaktoren als die für Bohrpfahlgruppen angenommen werden. Ebenfalls ist zu beachten, dass bei Mikropfählen i. d. R. der Bruchzustand bereits bei wesentlich geringeren Setzungen als bei Bohrpfählen erreicht wird.

8.1.6.6 Zusammenfassende Bewertung

In [144] sind mit den vorgestellten numerischen und Näherungs-Verfahren umfangreiche Vergleichsberechnungen durchgeführt worden und besonders die Zwangsbeanspruchungen in der Pfahlkopfplatte infolge Gruppenwirkung untersucht.

Trotz des sehr uneinheitlichen Einflusses der Gruppenwirkung auf die Schnittkräfte in der Pfahlkopfplatte in den Beispielberechnungen lässt sich feststellen, dass

- bei konzentrierten Einwirkungen die relative Schnittkraftzunahme gering ist, wobei in absoluten Werten die Schnittkraftzunahme insbesondere bei Momentenbeanspruchung vergleichsweise hoch ist;
- bei gleichmäßig verteilten Lasten hohe relative Schnittkraftzunahmen zu erwarten sind und in absoluten Werten die Querkräfte vergleichsweise stark zunehmen.

Zusammenfassend ist festzustellen, dass die Berücksichtigung der Gruppenwirkung einen wesentlichen Einfluss auf die Beanspruchung der Pfahlkopfplatte haben kann und besonders bei Bohrpfahlguppen mit einem hohen Mantelreibungsanteil untersucht werden sollte.

8.1.7 Nachweis der Tragfähigkeit von Druckpfahlgruppen

Für Druckpfahlgruppen ist sowohl der Nachweis der Tragfähigkeit für die gesamte Pfahlgruppe als auch für den Einzelpfahl (s. Abschn. 5.3 und 5.4) zu führen.

Zum Nachweis der ausreichenden Sicherheit gegen Versagen einer Druckpfahlgruppe im Grenzzustand der Tragfähigkeit ist die Grenzzustandsbedingung

$$E_{g,d} \leq R_{g,d,G} \tag{102}$$

zu erfüllen.

In Anlehnung an EC 7-1 kann der Gruppenwiderstand näherungsweise als großer Einzelpfahl angenommen werden.

$$R_{g,k,G} = q_{b,k} \cdot \sum A_{b,i} + \sum q_{s,k,j} \cdot A_{s,j}^* \tag{103}$$

mit

$R_{g,k,G}$ charakteristischer Widerstand der gesamten Pfahlgruppe im Bruchzustand ermittelt aus der Abbildung der Pfahlgruppe als großer Ersatzeinzelpfahl

$q_{b,k}$ charakteristischer Wert des Pfahlspitzendrucks im Bruchzustand für den Einzelpfahl

$A_{b,i}$ Nennwert der Pfahlfußflächen der Einzelpfähle i gemäß Bild 127

$q_{s,k,j}$ charakteristischer Wert der Pfahlmantelreibung der Einzelpfähle in der Schicht j bezogen auf die Mantelfläche $A_{s,j}^*$ des Ersatzeinzelpfahls

$A_{s,j}^*$ Nennwert der um die Pfahlgruppe abgewickelten Mantelfläche einer als Ersatzeinzelpfahl abgebildeten Pfahlgruppe gemäß Bild 127

3.2 Pfahlgründungen

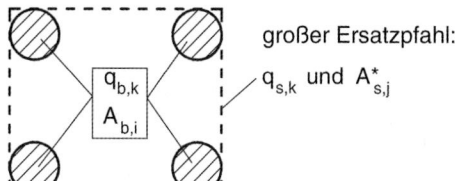

großer Ersatzpfahl:

$q_{s,k}$ und $A^*_{s,j}$

Bild 127. Beispiel für den Ansatz der Widerstandsanteile einer Pfahlgruppe als großer Ersatzeinzelpfahl in der Draufsicht

Die Bemessungswerte des Gruppenwiderstandes $R_{g,d,G}$ ergibt sich nach Gl. (104) zu

$$R_{g,d,G} = R_{g,k,G}/\gamma_P \qquad (104)$$

wobei γ_P der Teilsicherheitsbeiwert nach DIN 1054 oder EC 7-1 für Pfahlwiderstände aus Erfahrungswerten ist. Berechnungsbeispiele siehe [39].

8.2 Zugpfahlgruppen

8.2.1 Allgemeines

Zugpfahlgruppen werden z. B. verwendet bei der Auftriebssicherung von Baugruben- und Docksohlen oder sonstigen Verankerungen. Hinsichtlich der Pfahlwiderstände ist zu unterscheiden zwischen geringem und großem Abstand der Pfähle. Letztere Widerstände können wie Einzelpfähle ermittelt werden.

Bei Zugpfahlgruppen mit geringem Abstand der Pfähle sind für die Ermittlung der Zugpfahlwiderstände zwei Grenzfälle zu betrachten:

- Summe der Widerstände der Einzelzugpfähle über Pfahlmantelreibung gemäß Abschnitt 3.3 und 3.4 bzw. DIN 1054 und EC 7-1.
- Gewichtskraft des von der Zugpfahlgruppe erfassten Bodenvolumens (Bodenkörper) nach Bild 128; bei Grundwasser unter Auftrieb.

In wie weit der Ansatz von Randreibungskräften an den Bodenblock T_B gerechtfertigt ist, muss im Einzelfall betrachtet werden.

In [12] finden sich Hinweise und Erfahrungen mit Zugpfahlverankerungen von Baugrubensohlen unter Wasser sowie Probebelastungsergebnissen an Zugpfahlgruppen.

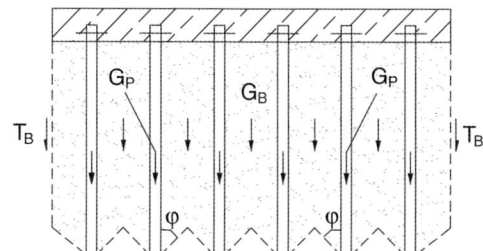

G_B = Gewicht Bodenblock

G_P = Gewicht Pfähle

T_B = Randreibung am Bodenblock

Bild 128. Begrenzung des Erdkörpers für die Gewichtskraft des von der Zugpfahlgruppe erfassten Bodenvolumens

8.2.2 Nachweis des angehängten Bodenkörpers im Grenzzustand der Lagesicherheit

Um eine ausreichende Sicherheit gegen Abheben eines unter Einwirkung von Zugkräften stehenden, mit Zugpfählen verankerten Gründungskörpers oder Bauwerks zu erreichen, ist in Anlehnung an DIN 1054 und [123] nachzuweisen, dass für den Grenzzustand der Lagesicherheit die Bedingung

$$G_{k,dst} \cdot \gamma_{G,dst} + Q_k \cdot \gamma_{Q,dst} \leq G_{k,stb} \cdot \gamma_{G,stb} + G_{E,k} \cdot \gamma_{G,stb} \tag{105}$$

erfüllt ist;

mit

$G_{k,dst}$ charakteristischer Wert ungünstiger ständiger, lotrecht aufwärts gerichteter Einwirkungen
$\gamma_{G,dst}$ Teilsicherheitsbeiwert für ungünstige ständige Einwirkungen
Q_k charakteristischer Wert möglicher veränderlicher, lotrecht aufwärts gerichteter Einwirkungen
$\gamma_{Q,dst}$ Teilsicherheitsbeiwert für ungünstige veränderliche Einwirkungen
$G_{k,stb}$ unterer charakteristischer Wert günstiger ständiger, lotrecht nach unten gerichteter Einwirkungen
$\gamma_{G,stb}$ Teilsicherheitsbeiwert für günstige ständige Einwirkungen
$G_{E,k}$ charakteristische Gewichtskraft des angehängten Bodens gemäß nachfolgender Darstellung

Die Geometrie des angehängten Bodenkörpers und damit die Gewichtskraft $G_{E,k}$ eines durch Zugelemente angehängten Bodenkörpers darf nach DIN 1054 bzw. [123] nach dem Ansatz

$$G_{E,k} = n_G \cdot \left[l_a \cdot l_b \left(L - \frac{1}{3} \cdot \sqrt{l_a^2 + l_b^2} \cdot \cot\varphi \right) \right] \cdot \eta \cdot \gamma \tag{106}$$

entsprechend Bild 129 ermittelt werden;

mit

$G_{E,k}$ charakteristische Gewichtskraft des angehängten Bodens
n_G Anzahl gleicher Zugelemente einer Zugpfahlgruppe
L Länge der Zugelemente
l_a das größere Rastermaß
l_b das kleinere Rastermaß

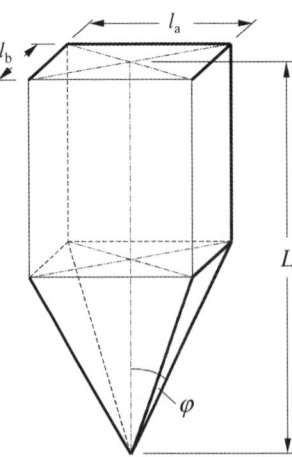

Bild 129. Geometrie des an einem Einzelpfahl angehängten Bodens (aus [123])

3.2 Pfahlgründungen   239

γ   maßgebliche Wichte des angehängten Bodenkörpers
η   Anpassungsfaktor; η = 0,80

Der Körper gilt auch für Randpfähle. Gegebenenfalls ist die Wichte γ ganz oder teilweise durch die Wichte γ' des unter Auftrieb stehenden Bodens zu ersetzen.

Bezüglich anstehender Scherkräfte zusammen mit anderen günstigen Einwirkungen am aufgehenden Bauwerk oder an der Baugrubenwand einer unter Auftrieb stehenden pfahlverankerten Baugrubensohle siehe DIN 1054 bzw. [123].

8.3   Querwiderstände bei Pfahlgruppen

Einwirkungen quer zur Pfahlachse (Horizontallasten) und durch Momente beanspruchte Pfähle tragen die Einwirkungen auch bei Pfahlgruppen entsprechend Abschnitt 4.2 über die seitliche Bettung der Pfähle ab, sofern keine Pfahlrostkonstruktionen mit Schrägpfählen gewählt werden. Die Einzelpfähle von Pfahlgruppen unter einer Pfahlkopfplatte weisen zwar in etwa gleich große horizontale Pfahlkopfverschiebungen auf, beteiligen sich aber in unterschiedlichem Ausmaß an der Aufnahme der auf die Pfahlgruppe wirkenden gesamten Einwirkung. Bild 130 a zeigt Ergebnisse einer horizontal belasteten Pfahlgruppe, aus der die abschirmende Wirkung der Pfähle untereinander hervorgeht.

Nach Vorschlägen in [31] werden oftmals die Pfahlwiderstände der Gruppe, ermittelt über den Bettungsmodul, in Abhängigkeit vom Pfahlabstand in Richtung der horizontalen Einwirkungen vermindert. Und zwar auf 0,25 des für den Einzelpfahl gültigen Bettungsmoduls, wenn der Pfahlabstand $3 \cdot D_s$ ist. Wächst er auf $8 \cdot D_s$ an, dürfen die vollen k_s-Werte für alle Pfähle der Gruppe wie für den Einzelpfahl angesetzt werden. Dabei wird ein Pfahlachsabstand quer zur Einwirkungsrichtung $\geq 2,5\ D_s$ vorausgesetzt. Diese Regeln liefern sichere Ergebnisse und sind international weit verbreitet.

Aus Groß- und Modellversuchen [149, 87] konnte abgeleitet werden, dass erwartungsgemäß die vorderste Pfahlreihe einen stärkeren Pfahlwiderstand aufweist und damit höhere Horizontallasten aufnimmt als die hinteren Pfahlreihen. Innerhalb der Pfahlreihen wurden von den Mittelpfählen weniger Horizontallast gegenüber den Randpfählen aufgenommen. Dies

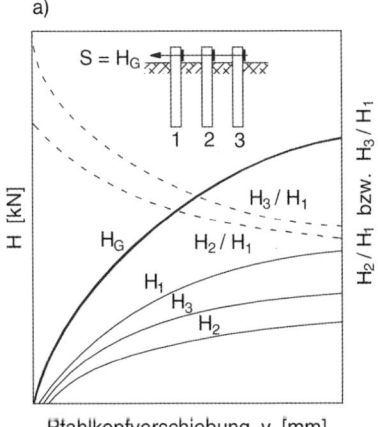
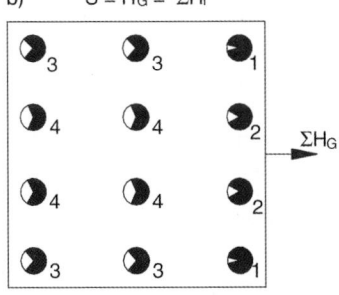

Bild 130. a) Pfahlprobebelastungsergebnisse an horizontal belasteten Pfahlgruppen (Dreierreihe) (nach [149]); b) qualitative Verteilung der gesamten Einwirkung H_G auf die Einzelpfähle der Gruppe (Vollkreis bezeichnet den Einzelpfahlwiderstand) (nach [50])

zeigt Bild 130 b qualitativ. Auf der Grundlage dieser Versuche sind in [39] Berechnungsansätze für die Abminderung der Bettungswiderstände der horizontal belasteten Pfahlgruppe mit einem Berechnungsbeispiel angegeben. Diese Angaben gelten sowohl für gelenkig an eine Pfahlkopfplatte angeschlossene als für in die Pfahlkopfplatte eingespannte Pfähle. Innerhalb der Gruppe erfährt ein Pfahl die abgeminderte Einwirkung $\alpha \cdot H_0$ infolge der verminderten Bettungsreaktion. Der Abminderungsfaktor α hängt von der Position des jeweiligen Pfahls in der Gruppe ab. Bei doppelsymmetrischen Gruppen gleicher Pfähle errechnet sich der Lastanteil H_i, der auf den Pfahl i einwirkt zu

$$H_i/H_G = \alpha_i/\Sigma\alpha_i \quad \text{mit} \quad \alpha_i = \alpha_L \cdot \alpha_Q \tag{107}$$

Die Faktoren α_L und α_Q der Einzelpfähle hängen von den Pfahlabständen (quer zur Einwirkungsrichtung, längs zur Einwirkungsrichtung) und von der Lage des jeweiligen Pfahls in der Pfahlgruppe ab, siehe [39]. Bei großen Pfahlabständen von $a_L/D_s \geq 6$ und $a_Q/D_s \geq 3$ sind α_L und $\alpha_Q = 1$, und damit ist keine Gruppenwirkung gegeben.

8.4 Kombinierte Pfahl-Plattengründung

8.4.1 Allgemeines

Die Kombinierte Pfahl-Plattengründung (KPP) ist ein Gründungskonzept, das besonders bei einer konzentrierten Lasteinleitung, z. B. durch hohe, schlanke Bauwerke, als geotechnische Verbundkonstruktion die gemeinsame Wirkung der drei Gründungselemente Fundamentplatte, Pfähle und Boden berücksichtigt. Dabei sind geringe Bauwerksverformungen von besonderer Wichtigkeit, um den erhöhten Gebrauchstauglichkeitsanforderungen sowie geringeren Setzungsdifferenzen z. B. zwischen Bestandsbauten und dem zu erstellenden Bauwerk Rechnung zu tragen. Zur Lastabtragung werden sowohl die Pfähle als auch die Platte herangezogen, wobei die Tragfähigkeit des oberen, als auch des tieferen Untergrundes genutzt wird. Dadurch kann eine Reduzierung der Setzungen erreicht werden. Die komplexen Interaktionseinflüsse zwischen den einzelnen Elementen der Gründungskonstruktion bestimmen jedoch maßgeblich ihr Tragverhalten.

Wie schon erwähnt, ist die oberste Zielsetzung der KPP eine Verformungsbeschränkung, die auch kostengünstig ist. Weitere positive Effekte sind nach [73]:

- Erhöhung der Gebrauchstauglichkeit bzw. der Tragfähigkeit einer Flachgründung durch Reduzierung der Setzungen und Setzungsdifferenzen und den damit verbundenen Verkantungen.
- Verbesserung der Wirtschaftlichkeit einer Flachgründung durch Reduktion der inneren Beanspruchung der Gründungsplatte.
- Bei exzentrischen oder konzentrierten Einwirkungen: Zentrierung der Widerstände an den maßgeblichen Punkten, sodass die vorhandenen Einwirkungen gezielt abgetragen werden.
- Reduzierung der Hebungen innerhalb und außerhalb der Baugrube während der Ausschachtungsarbeiten, da die Pfähle, soweit sie vor Beginn der Aushubarbeiten hergestellt werden, im Sinne einer Bodenverbesserung die Entspannung des Baugrundes beim Aushub behindern.

Bei Kombinierten Pfahl-Plattengründungen geht es damit im Wesentlichen um die Verbesserung der Gebrauchstauglichkeit der Bauwerksgründung.

Bild 131 a zeigt beispielhaft Gründungskonzepte für schwere Hochhäuser in Frankfurt/Main als Flachgründung, reine Pfahlgründung sowie Kombinierte Pfahl-Plattengründung mit den Bauzeiten und den eingetretenen Setzungen. Die Bilder 131b bis d zeigen Gründungsdetails des Messeturms.

3.2 Pfahlgründungen

a) Anwendung unterschiedlicher Gründungen von Hochhäusern in Frankfurt aus [74]

FG: Flächengründung
KPP: Kombinierte Pfahl - Plattengründung
PG: Pfahlgründung

s : Setzung bei Rohbauende

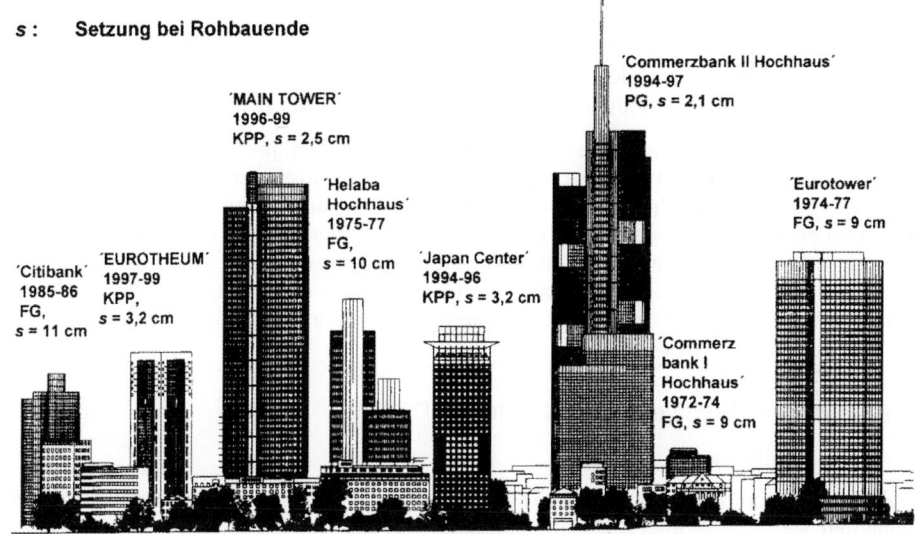

b) Schnitt Messeturm   c) Schnitt Gründung

d) Grundriss Gründungsplatte

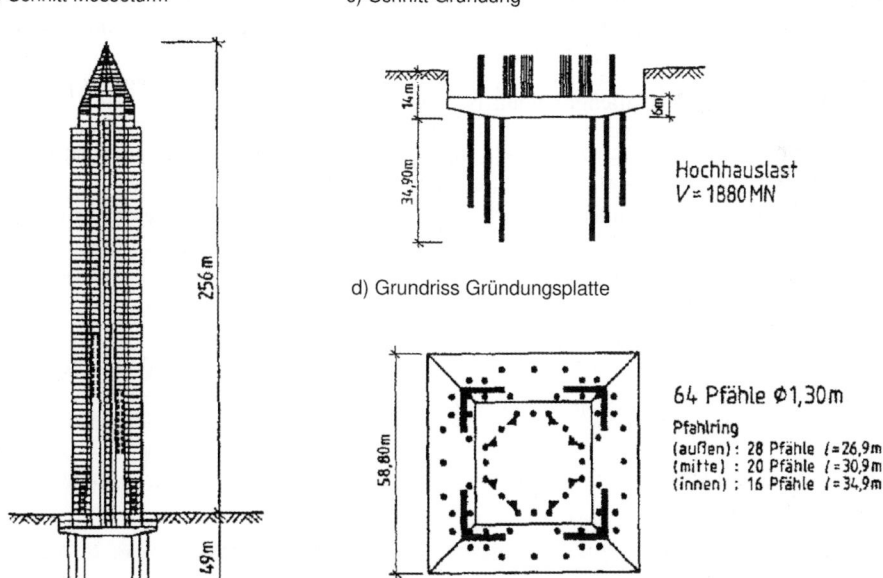

Bild 131. Gründungskonzepte für schwere Hochhäuser in Frankfurt a. M.

Insbesondere der Messeturm in Frankfurt mit 256 m Höhe und 60 Geschossen zeigt hierbei die Möglichkeiten der Kombinierten Pfahl-Plattengründung auf. Unter 7 bis 8 m mächtigen quartären Sanden und Kiesen stehen in mehr als 100 m Tiefe unter Gelände die unter der Bezeichnung „Frankfurter Ton" bekannten tertiären Schichten aus einer unregelmäßig aufgebauten Wechselfolge von Tonen und Tonmergel an, in die Sandbänke und Kalksteinbänke eingelagert sind. Die Festigkeit des Tons nimmt stetig mit der Tiefe von $c_{u,k}$ = 100 kN/m² bis 400 kN/m² in 70 m Tiefe unter der Geländeoberfläche zu. Die zu erwartenden Setzungen wurden für eine Plattengründung mit ca. 40 cm errechnet. Durch die Pfahl-Plattengründung reduziert sich die abgeschätzte Endsetzung auf ca. 15 bis 20 cm.

Insgesamt ist die Gründungsplatte 6 m dick, verjüngt sich aber am Rand auf 3 m. Unter der Gründungsplatte sind 3 etwa konzentrische Pfahlringe mit insgesamt 64 Großbohrpfählen, die 1,3 m dick und zwischen 26,9 m (außen) und 34,9 m (innen) lang sind, angeordnet. Die Pfahlabstände betragen zwischen $3D_s$ bis $6D_s$. Eine Optimierung der Gründung zeigt sich in der Anordnung und der Länge der Pfähle. Die Pfähle stehen zur Mitte enger, was sich günstig auf die Biegebeanspruchung der Platte auswirkt. Um eine gleichmäßige Verteilung der Gebäudelast auf die einzelnen Pfähle, und damit eine bessere Pfahlausnutzung, zu erreichen, wurden die Pfahllängen gestaffelt.

8.4.2 Wirkungsweise und Tragverhalten

8.4.2.1 Grundlagen

Bekanntlich kann die Setzung einer Gründungsplatte als Integral des Quotienten aus Spannung und Steifemodul über die Tiefe dargestellt werden. Das bedeutet, dass in den oberen Schichten des Baugrundes große Spannungen bei vergleichsweise niedrigen Steifemoduln vorliegen. Nach [73] werden dann besonders effektiv Setzungsverminderungen durch eine KPP erzielt, wenn die Steifigkeit des Baugrundes mit der Tiefe zunimmt, was insbesondere bei überkonsolidierten bindigen Böden gegeben ist.

Die Kombinierte Pfahl-Plattengründung ist eine Verbundkonstruktion aus den Elementen Pfähle, Gründungsplatte und Baugrund. Der Gesamtwiderstand dieses Gründungssystems setzt sich aus dem Traganteil der Pfähle und der Gründungsplatte zusammen. Die Gründungsplatte verteilt aufgrund ihrer Biegesteifigkeit die Einwirkungen aus der aufgehenden Konstruktion und weitere äußere Einwirkungen und trägt einen Teil der Gesamteinwirkung direkt über die Sohlspannungen in den Baugrund ab. Der verbleibende Einwirkungsanteil wird in die Pfähle übertragen und über Mantelreibung und Spitzendruck in den Baugrund eingeleitet.

Als Gesamtwiderstand ergibt sich

$$R(s) = \sum_{n=1}^{m} R_{Pfahl,n}(s) + R_{Platte}(s) = R_{c,tot} \tag{108}$$

mit dem Pfahlwiderstand

$$\begin{aligned} R_{Pfahl,n}(s) &= R_{b,n}(s) + R_{s,n}(s) \\ &= q_{b,n}(s) \cdot A_b + \int q_{s,n}(s,z) \cdot \pi \cdot D \, dz \end{aligned} \tag{109}$$

und dem Widerstand der Gründungsplatte

$$R_{Platte}(s) = \int \sigma(s, x, y) \, dA \tag{110}$$

3.2 Pfahlgründungen

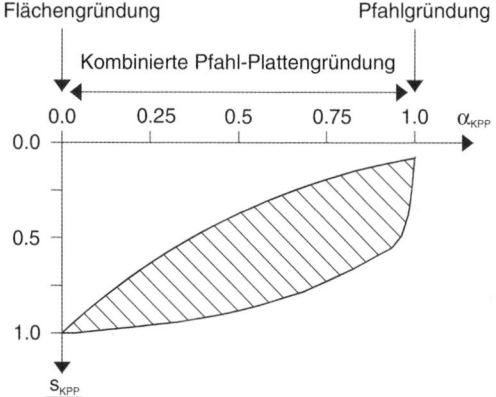

Bild 132. Qualitatives Beispiel für die mögliche Setzungsreduktion einer KPP abhängig vom Pfahl-Platten-Koeffizienten α_{KPP} (aus [39])

Die Bestimmung der einzelnen Widerstandsanteile kann nicht unabhängig voneinander vorgenommen werden, da diese sich in ihrem Tragverhalten gegenseitig beeinflussen. Die wesentlichen Baugrund-Tragwerk-Interaktionen sind im Abschnitt 8.4.2.2 behandelt.

Eine charakteristische Kenngröße für die Tragwirkung einer KPP ist der Pfahl-Platten-Koeffizient α_{KPP}, der nach Gl. (111) mit dem Verhältnis der Summe aller Pfahlwiderstände zum Gesamtwiderstand der Gründung beschrieben wird.

$$\alpha_{KPP}(s) = \frac{\sum_{n=1}^{m} R_{Pfahl,n}(s)}{R(s)} \tag{111}$$

Anhand des Pfahl-Platten-Koeffizienten ist ersichtlich, welcher Anteil des Gesamtwiderstandes über die Pfähle bzw. über die Gründungsplatte aktiviert wird. Der Variationsbereich des Pfahl-Platten-Koeffizienten liegt zwischen $\alpha_{KPP} = 0 \div 1$. Bei einem Pfahl-Platten-Koeffizienten von $\alpha_{KPP} = 1$ liegt eine reine Pfahlgründung vor, bei einem Pfahl-Platten-Koeffizienten von $\alpha_{KPP} = 0$ handelt es sich um eine Flächengründung (Bild 132). Die bisher ausgeführten Kombinierten Pfahl-Plattengründungen wurden in der Regel mit einem Pfahl-Platten-Koeffizienten von $\alpha_{KPP} = 0{,}3 \div 0{,}8$ bemessen [36].

Da es für den Entwurf und die Bemessung einer Kombinierten Pfahl-Plattengründung keine allgemeingültigen und anerkannten Verfahren gibt, sind in Abschnitt 8.4.3 die üblichen Verfahren vergleichend aufgeführt.

Zunächst wurden bei KPP-Gründungen die Pfähle als wegunabhängige Stützung angenommen. Bild 133 zeigt dazu eine Fundamentplatte, die durch zwei Lasten F beansprucht wird. Daraus ergeben sich eine Sohldruckverteilung und eine Plattenbeanspruchung, die vermindert werden soll. Am zweckmäßigsten ist es, Pfähle unter den Einwirkungen anzuordnen. Die Grenzwiderstände R_g werden absichtlich überschritten. Diese Pfähle wirken dann als wegunabhängige Stützungen, deren Widerstände von F abgezogen werden, sodass sich die Sohldrücke und dadurch auch die Plattenbeanspruchung vermindern. Dies stellt aber nur eine grobe Näherung dar.

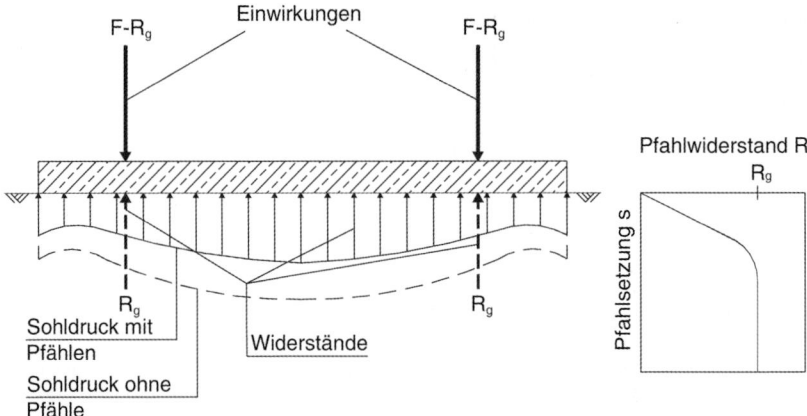

Bild 133. Reduzierung des Sohldrucks durch den Pfahleinfluss (nach [50])

8.4.2.2 Interaktionen und Einflüsse

Bei der rechnerischen Modellierung des Systems KPP sind Interaktionseinflüsse zu berücksichtigen, die in Bild 134 schematisch dargestellt sind.

Folgende Interaktionen sind für die rechnerischen Modellierungen und Widerstandsermittlungen von besonderer Bedeutung.

(a) Einfluss des Setzungswiderstandes im Boden auf das Tragwerk

In [74] sind rechnerisch zwei Pfähle unterschiedlicher Länge ($l_1 = 15$ m, $l_2 = 45$ m) miteinander verglichen und festgestellt, dass bei gleichen Baugrundverhältnissen die über die Pfahltiefe gemittelte Pfahlmantelreibung $\bar{q}_s$ für den langen Pfahl fast den doppelten Wert des kurzen Pfahls erreicht. Dies ist die Folge der mit der Tiefe zunehmenden Überlagerungsspannungen des Bodens. Weitere Untersuchungen zeigen eine fast lineare Abhängigkeit der Größe der Mantelreibung im Grenzzustand von der Tiefe unter der Geländeoberfläche. Das führt zu einer insgesamt wesentlich höheren Pfahltragfähigkeit, die auf die erwähnte Erhöhung des Mantelwiderstands R_s mit der Tiefe zurückzuführen ist. Somit gibt es keinen klaren Grenz- bzw. Bruchwiderstand infolge Erreichen einer Grenzmantelreibung. Das bedeutet auch, dass von der Geländeoberfläche aus durchgeführte Pfahlprobebelastungen an kürzeren Pfählen eher die Untergrenze der Pfahlwiderstände liefern, sobald die Gründungspfähle in größerer Tiefe unter höheren Überlagerungsspannungen des Bodens stehen. Des Weiteren kann der Ansatz der Widerstands-Setzungslinie eines entsprechenden Einzelpfahls zur Dimensionierung eines Gründungspfahls einer KPP zu einer sicherheitsrelevanten Fehleinschätzung der tatsächlich auftretenden Pfahlwiderstände führen. Insbesondere mit Hinblick auf den Durchstanznachweis der Bodenplatte ist eine Unterschätzung der Pfahlwiderstände kritisch. Die Mantelreibung q_s wird i. d. R. über die Pfahltiefe nicht gleichmäßig verteilt, d. h. nicht mit dem gleichen Betrag mobilisiert. Sie ist nichtlinear verteilt und hat bei der KPP ihren Maximalwert in der Nähe des Pfahlfußes. Auf diesen Wert muss die innere Tragfähigkeit der Pfähle ausgelegt werden.

3.2 Pfahlgründungen

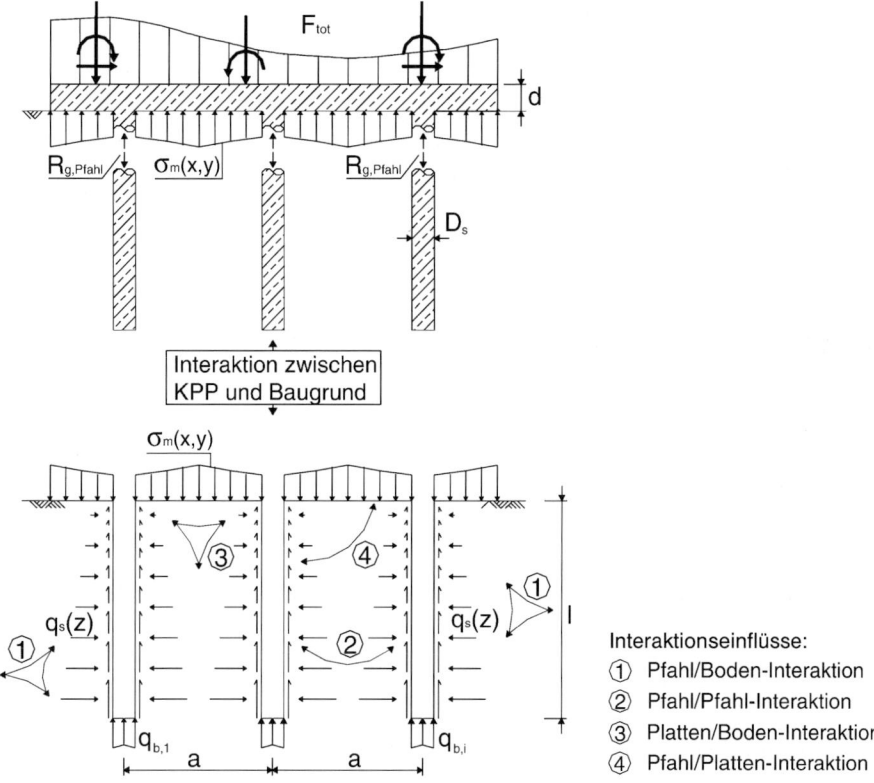

Bild 134. Baugrund/Tragwerk-Interaktionen bei Kombinierter Pfahl-Plattengründung (aus [36]).

(b) Einfluss der Pfahl/Platten-Interaktion

Bekanntlich wird die Größe der Mobilisierung der Pfahlmantelreibung eines Einzelpfahls durch die Relativverschiebungen in der Kontaktzone zwischen dem Pfahlschaft und dem umgebenden Boden und durch die mit der Tiefe zunehmenden Primärspannungen im Boden bestimmt. Vom Pfahlkopf ausgehend tritt mit zunehmender Setzung am Pfahlmantel ein Schervorgang ein. Es wurde jedoch festgestellt, dass der Schervorgang am Mantel, d. h. das Erreichen einer Grenzmantelreibung bei KPP-Pfählen nicht auftritt und sich stattdessen der Pfahlmantelwiderstand R_s mit zunehmenden Setzungen erhöht. Dieser Effekt verstärkt sich bei abnehmendem Pfahlachsabstand. Bei der Pfahl-Plattengründung wird jedoch der Überlagerungsspannungszustand des Bodens auch durch den Einfluss der Fundamentplatte auf das Spannungsniveau im Bodenkontinuum bestimmt. Infolge des durch den Sohldruck unter der Platte erhöhten Bodenspannungszustandes können bei zunehmenden Setzungen im oberen Bereich des Pfahls höhere Mantelreibungswerte mobilisiert werden. Andererseits wird das Tragverhalten der Fundamentplatte ebenfalls durch den Gründungspfahl beeinflusst, wobei nach Bild 135 der Pfahl eine deutliche Reduzierung des Sohldrucks unter der Fundamentplatte insbesondere in der Nähe des Pfahlschafts bewirkt.

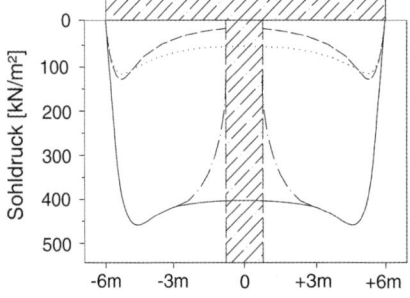

Bild 135. Pfahl/Platten-Interaktion, Einfluss eines Gründungspfahls auf die Verteilung der Sohlnormalspannungen unter der Fundamentplatte (nach [74])

Die Fundamentplatte und die hierüber mobilisierten Sohldrücke führen bei einer KPP generell zu einer Vergleichmäßigung des positionsabhängigen Widerstands-Setzungsverhaltens der Pfähle. Zugleich führt die Fundamentplatte zu einer Verringerung der Pfahlfedersteifigkeiten. Insbesondere zeigen die Pfähle einer KPP bei kleineren Setzungen ein deutlich weicheres Tragverhalten und damit eine geringere Steifigkeit im Vergleich zu den anderen Gründungsformen [36].

(c) Einfluss der Pfahl/Platten und der Pfahl/Pfahl-Interaktion

In [74] findet sich eine vergleichende numerische Studie zum Tragverhalten von Flächengründung, Pfahlgründung und Pfahl-Plattengründung für geometrisch vergleichbare Gründungskörper. Ergebnis dieser Untersuchung ist u. a. die Feststellung einer Setzungsreduktion durch die KPP von 63% gegenüber der Flachgründung und 25% im Vergleich zur Pfahlgruppengründung. Eine Verdopplung des Pfahlachsabstandes a/D_s und damit einer Einsparung von ca. 60% an Pfahlmasse führte zwar zu Setzungszunahmen, bewirkte jedoch gegenüber der Flächengründung noch immer eine Setzungsreduktion von mehr als 50%. Ein weiterer Effekt der Vergrößerung des Pfahlachsabstandes ist die Abnahme des α_{KPP}-Wertes, d.h. mit zunehmender Lasteinwirkung und damit steigenden Setzungen wächst der Lastanteil der Platte signifikant.

Bei einem bezogenen Pfahlachsabstand $a/D_s = 3$ ist das Tragverhalten eines in der Pfahlgruppe, aber auch in der KPP betrachteten Pfahls in starkem Maße von seiner Position innerhalb der Pfahlanordnung abhängig. Er zeigt ein völlig anderes Widerstands-Setzungsverhalten als ein vergleichbarer Einzelpfahl. Insbesondere die Innen- und Zentrumspfähle können durch den Einfluss der Nachbarpfähle deutlich geringere Pfahltragfähigkeiten entwickeln (s. auch Bild 126). Dies ist im Wesentlichen die Folge des unterschiedlichen Mantelwiderstandes R_s, während der Pfahlfußwiderstand R_b vom Pfahlstandort weitgehend unabhängig ist. Mit größer werdendem Pfahlachsabstand verringert sich jedoch die Intensität der Interaktion Pfahl/Pfahl. Ebenfalls in [74] wird für einen ökonomischen Entwurf einer KPP ein bezogener Pfahlabstand $a/D_s = 4,5$ vorgeschlagen, da erst bei größeren Pfahlachsabständen die Tragwirkung der Fundamentplatte sowohl in Hinblick auf den direkten Lastabtrag über die Sohlpressung als auch indirekt im Hinblick auf ihre Tragfähigkeit der Pfähle optimal genutzt werden kann.

In Bild 136 finden sich einige Messergebnisse an KPP-Gründungen. Weitere Hinweise zum Tragverhalten von KPP-Gründungen sind z.B. in [42, 164, 171] enthalten.

3.2 Pfahlgründungen

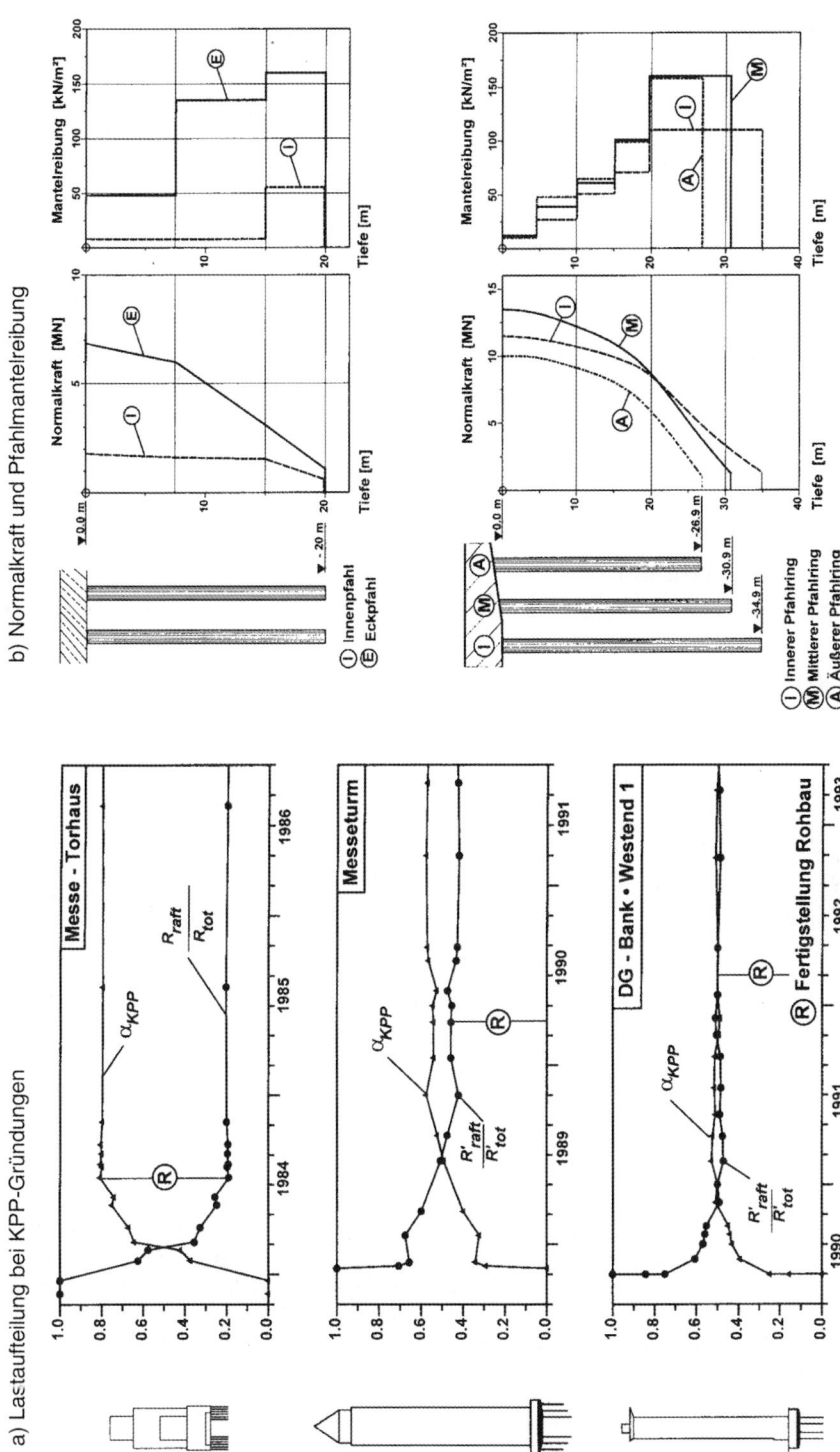

Bild 136. Vergleich des Tragverhaltens schwerer Hochbauten mit unterschiedlichen Gründungen in Frankfurt a. M.;
a) Lastaufteilung bei KPP-Gründungen, b) Normalkraft und Pfahlmantelreibung (nach [74])

8.4.3 Berechnungsverfahren

Für die Berechnung von Kombinierten Pfahl-Plattengründungen wurden in der Vergangenheit eine Reihe von Berechnungsverfahren entwickelt, die sich hinsichtlich ihrer Genauigkeit aber auch ihres Rechenaufwands unterscheiden (Tabelle 45). Eine detaillierte Darstellung dieser Verfahren ist im Rahmen dieses Beitrags nicht möglich. Es wird dazu auf die Literatur

Tabelle 45. Übersicht von Berechnungsansätzen für Kombinierte Pfahl-Plattengründungen (aus [144])

Verfahren bzw. Literatur	Methode	Programmname bzw. Bemerkung
Numerische Verfahren		
Poulos (1994)	Finite-Differenzen-Methode (FDM) Superpositionsverfahren[1]	GARP (nichtlineares Pfahltragverhalten)
Butterfield/Banerjee (1971 b)	Vollständige Randelementmethode (BEM)	
Davis/Poulos (1972)	BEM, Superpositionsverfahren[1] (elastisch-isotrop)	
Gemischte (hybride) Verfahren		
El-Mossallamy (1996)	Platte: FEM Gruppenwirkung: BEM	GARP (nichtlineares Pfahltragverhalten)
Wahrmund (1993)	Pfähle, Platte: FEM Boden: BEM (elastisch-isotrop)	PILESET
Chow (1986)	Modifiziertes hybrides Modell	
O'Neill et al. (1981)	Hybrides Modell	
Hain/Lee (1978)	Platte: FEM, Gründungsfläche: BEM Superpositionsverfahren[1], Baugrund: linear-elastisch oder mit FEM elastisch-plastisch	
Analytische Verfahren		
Lutz (2002)	Superpositionsverfahren[1], linear-elastisch	PILERAFT
Randolph (1983)	Superpositionsverfahren[1], linear-elastisch	PIGLET
El-Mossallamy (1996)	Methode der wegunabhängigen Stützung	
Äquivalente Ersatzmodelle nach der Elastizitätstheorie		
Poulos (1993)	Tiefliegende Ersatzfläche	
Taher (1991)	Modifizierte tiefliegende Ersatzfläche	
Poulos (1993)	Äquivalent dicker Einzelpfahl	
Empirische Verfahren		
	Korrelation zum Tragverhalten des Einzelpfahls aus Labor- und Feldversuchen	
	Berücksichtigung der Gruppenwirkung über empirische Ansätze	

[1] Superpositionsverfahren wird für die Abbildung der Gruppenwirkung angewendet.
Hinweis: Die nicht im Literaturverzeichnis aufgeführten Literaturangaben finden sich in [144].

3.2 Pfahlgründungen

(z. B. [36] bzw. Tabelle 45) verwiesen. In Deutschland sollen empfohlene Berechnungsverfahren zukünftig in eine neue DIN 4018 einfließen.

8.4.4 Vergleich von KPP und Pfahlgruppen

Im Folgenden sind Untersuchungsergebnisse aus der Literatur zum Trag- und Verformungsverhalten von Pfahlgruppen und KPP zusammengestellt und insbesondere die Verteilung der Pfahlwiderstände in Abhängigkeit von der Position in der Gruppe betrachtet. Unterschieden werden die Pfahlkategorien nach Bild 126 c, wobei die inneren Pfähle nochmals in Innen- und Zentrumspfähle aufgeteilt werden. Dabei werden als Zentrumspfähle diejenigen beschrieben, die am dichtesten zur Mitte der Pfahlgruppe stehen. Die Ergebnisse wurden in erster Linie mittels numerischer Berechnungsverfahren gewonnen, die auch in Tabelle 43 und 45 angeführt sind. Die Mehrzahl der Untersuchungen beschreibt den Grenzzustand der Tragfähigkeit. Es liegen aber auch Vergleichswerte für den Grenzzustand der Gebrauchstauglichkeit vor. Die Geometrien der einzelnen Pfahlgruppen unterscheiden sich hinsichtlich Pfahlanzahl, -länge, -durchmesser, -abstand und Bodenkenngrößen. Deshalb kann ein Vergleich nur qualitative Erkenntnisse liefern.

Zur Quantifizierung der Verteilung der Pfahlkräfte innerhalb der Pfahlgruppen sind in Bild 137 die Widerstände bezogen auf den mittleren Pfahlwiderstand

$$\frac{R_i}{\frac{1}{n} \cdot \sum R_n} = \frac{R_i}{R_{mittel}} \tag{112}$$

dargestellt.

Als ein Bruchkriterium bei Pfahlgruppen ist in [184] der Punkt im Widerstands-Setzungsverhalten der Pfahlgruppe angegeben, ab dem die Pfähle zu versinken beginnen, ohne dass es dabei zu einer Zunahme der Einwirkung kommt. Auch kann die Bruchlast als die Einwirkung definiert werden, die beim erstmaligen Erreichen der maximalen Setzungsrate wirkt. Dabei gibt die Setzungsrate das Verhältnis zwischen Last- und Setzungszunahme an. Andere in

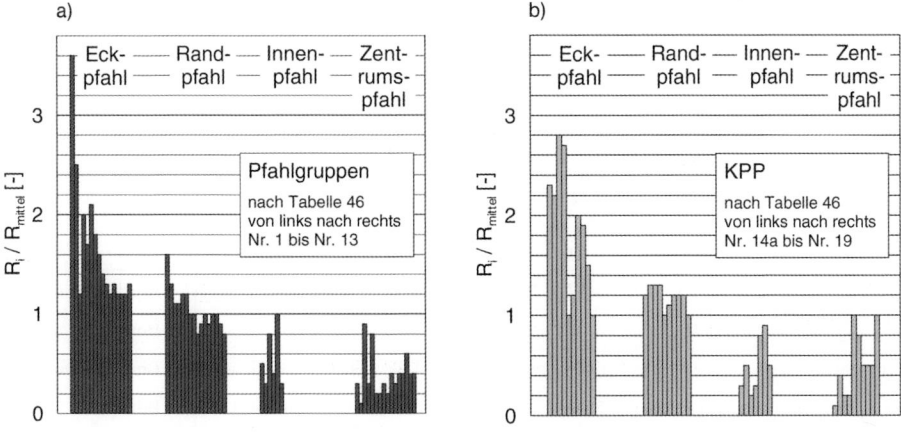

Bild 137. Verteilung der Pfahlwiderstände je nach Stellung innerhalb einer quadratischen Gruppe mit unterschiedlicher Pfahlanzahl; betrachteter Grenzzustand nach Tabelle 46; a) Pfahlgruppen, b) KPP (aus [144])

Tabelle 46. Zusammenstellung von Berechnungen/Versuchen aus der Literatur zur Verteilung der Pfahlwiderstände bei Pfahlgruppen und Kombinierten Pfahl-Plattengründungen (aus [144])

Nr.	Literatur	Gruppengröße	L/D [–]	D [m]	a/D [–]	ν [–]	E_p/E_s [–]	Bodenart	Erreichte Last bzw. Setzung	Pfahlkopfplatte
Pfahlgruppe										
1	El Sharnouby/Novak (1985)	10 × 10	25	0,3	5	0,5	1000	–[1]	Bruch	steif
2a	Hain/Lee (1978)	6 × 6	100	–	8,33	0,5	∞	–[1]	Bruch	steif
2b	Hain/Lee (1978)	6 × 6	100	–	8,33	0,5	∞	–[1]	Bruch	weich
3	El Sharnouby/Novak (1985)	5 × 5	25	0,3	5	0,5	1000	–[1]	Bruch	steif
4	Whitaker (1957)	5 × 5	–	–	4	–	–	Ton	Bruch	steif
5	Poulos/Davis (1980)	5 × 5	–	–	4	–	–	Ton	Bruch	steif
6	Chow (1986)	4 × 4	25	–	10	0,5	6000	–[1]	Bruch	steif
7	Pichumani et al. (1967)	4 × 4	50	0,305	3	–	–	–[1]	50% Grenzlast	steif
8a	Guo/Randolph (1999)	3 × 3	25	–	10	0,5	∞	–[1]	Bruch	steif
8b	Guo/Randolph (1999)	3 × 3	25	–	10	0,5	6000	–[1]	Bruch	steif
9a	O'Neill (1981)	3 × 3	17,7	0,3	3	–	–	Ton	Bruch	steif
9b	O'Neill (1981)	3 × 3	17,7	0,3	3	–	–	Ton	s = 0,03·D	steif
10	Basile (1998)	3 × 3	25	1,0	4	0,5	1000	–[1]	67% Grenzlast	steif
11	Basile (1998)	3 × 3	25	1,0	8	0,5	1000	–[1]		steif
12	Sowers et al. (1961)	3 × 3	–	–	3	–	–	–[1]	50% Grenzlast	steif
13	Pichumani et al. (1967)	3 × 3	50	0,31	3	–	–	–[1]		steif
Kombinierte Pfahl-Plattengründung										
14a	Hain/Lee (1978)	6 × 6	100	–	8,33	0,5	∞	–[1]	Bruch	steif
15a	Russo/Viggiani (1997)	6 × 6	20	1,0	3	0,5	∞	–[1]	Bruch	steif
16a	Russo/Viggiani (1997)	6 × 6	25	1,0	3	0,5	∞	–[1]	Bruch	steif
17a	Russo/Viggiani (1997)	6 × 6	40	1,0	3	0,5	∞	–[1]	Bruch	steif
14b	Hain/ee (1978)	6 × 6	100	–	8,33	0,5	∞	–[1]	Bruch	weich
15b	Russo/Viggiani (1997)	6 × 6	20	1,0	3	0,5	∞	–[1]	Bruch	weich
16b	Russo/Viggiani (1997)	6 × 6	25	1,0	3	0,5	∞	–[1]	Bruch	weich
17b	Russo/Viggiani (1997)	6 × 6	40	1,0	3	0,5	∞	–[1]	Bruch	weich
18	Hanisch et al. (2001)	5 × 5	20	1,5	3	0,25	6000	Ton	Bruch	steif
19	Hanisch et al. (2001)	3 × 3	20	1,5	3	0,25	6000	Ton	Bruch	steif

Hinweis: Die nicht im Literaturverzeichnis aufgeführten Literaturangaben finden sich in [144].

3.2 Pfahlgründungen

Tabelle 46 aufgeführte Autoren geben keine Definition des von ihnen verwendeten Bruchkriteriums an. Bei der Auswertung von vollständigen Widerstands-Setzungslinien wurde die Grenzlast bei einer bezogenen Setzung von $0{,}1 \cdot D$ angenommen.

Die Ergebnisse der in Tabelle 46 aufgeführten Berechnungen bzw. Versuche zur Verteilung der Pfahlwiderstände bei Pfahlgruppen und Kombinierten Pfahl-Plattengründungen sind in den Bildern 137 und 138 dargestellt. Die Pfahlwiderstände werden unterschieden nach der Stellung in der Gruppe in Eck-, Rand-, Innen- und Zentrumspfahl.

Bild 137 a zeigt die generelle Verteilung der Pfahlwiderstände zwischen den einzelnen Pfahlpositionen in einer Pfahlgruppe. Die Pfahlgruppen sind von links nach rechts (Nr. 1 bis 13 je Pfahlstellung) nach der Gruppengröße aufsteigend angeordnet. Bild 137 b ist eine äquivalente Darstellung für KPP. Es ist zu erkennen, dass erwartungsgemäß i. Allg. sowohl bei Pfahlgruppen als auch bei KPP die Eckpfähle die größten, die Zentrumspfähle die kleinsten Widerstände aufweisen. Diese Verteilung der Pfahlwiderstände hängt maßgeblich von der Biegesteifigkeit der Pfahlkopfplatte ab. In Bild 138 a werden die Ergebnisse an identischen Pfahlgruppen und KPP mit jeweils biegesteifer und biegeweicher Pfahlkopfplatte gegenübergestellt. Während bei Systemen mit starrer Pfahlkopfplatte die Eckpfähle mit Abstand die größten Pfahlwiderstände aufweisen, stellt sich bei Systemen mit biegeweicher Pfahlkopfplatte eine homogene Verteilung der Pfahlwiderstände in der Gruppe dar.

In Bild 138 b sind Beispiele für die Verteilung der Pfahlwiderstände in Abhängigkeit vom Grenzzustand aufgeführt. Hieraus lässt sich zunächst kein unmittelbarer Einfluss erkennen, obwohl eine Abhängigkeit von der Verteilung der Pfahlwiderstände und dem betrachteten Grenzzustand zu erwarten ist.

Aus den aufgeführten Berechnungen bzw. Modellversuchen kann keine generelle Aussage über die Verteilung der Pfahlwiderstände in einer Gruppe bzw. KPP abgeleitet werden. Es zeigt sich aber, dass die Verteilung u. a. abhängig ist von folgenden Faktoren:

- Gruppengröße (s. Bild 137),
- Steifigkeit des Überbaus (s. Bild 138 a),
- Höhe der Einwirkung bzw. betrachteter Grenzzustand (s. Bilder 126 und 138 b).

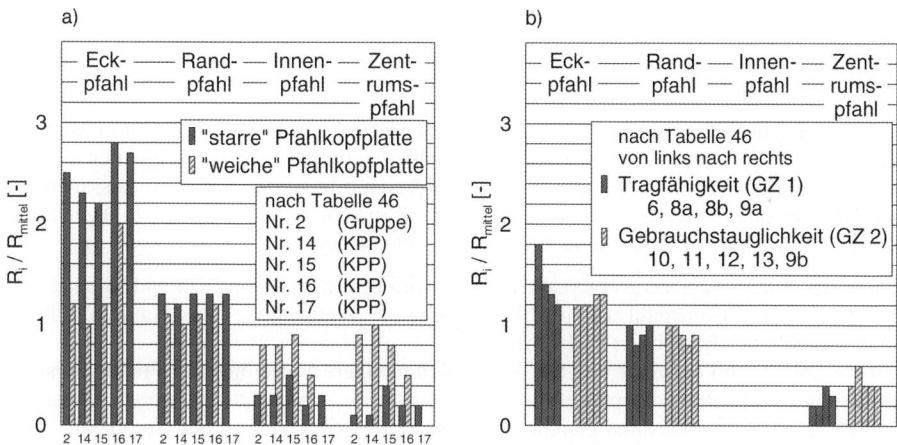

Bild 138. Einflüsse auf die Verteilung der Pfahlkräfte in einer Pfahlgruppe bzw. KPP; a) Pfahlkopfplattensteifigkeit, b) Höhe der Einwirkung bzw. Grenzzustand (aus [144])

Tabelle 47. Pfahlgruppenfaktoren auf Grundlage von numerischen Parameterstudien (nach [36])

Pfahlachs-abstand	Pfahlstandort Pfahllänge	Pfahlgruppenfaktor ζ_i		
		Zentrumspfahl ζ_Z	Randpfahl ζ_R	Eckpfahl ζ_E
Pfahlgruppe				
a/D = 3	L/D = 20	0,10	0,22	0,39
a/D = 6	L/D = 20	0,34	0,45	0,53
a/D = 8,5	L/D = 20	0,53	–	0,92
Kombinierte Pfahl-Plattengründung (KPP)				
a/D = 3	L/D = 10	0,11	0,17	0,26
a/D = 6	L/D = 10	0,33	0,36	0,39
a/D = 3	L/D = 20	0,11	0,19	0,25
a/D = 6	L/D = 20	0,33	0,37	0,39
a/D = 8,5	L/D = 20	0,42	–	0,70
a/D = 3	L/D = 30	0,11	0,20	0,25
a/D = 6	L/D = 30	0,34	0,37	0,39

In [36] werden Pfahlgruppenfaktoren ζ aufgeführt, welche die Pfahlsteifigkeit in Abhängigkeit der Stellung in der Pfahlgruppe bzw. KPP im Gebrauchszustand beschreiben (Tabelle 47).

Die Pfahlsteifigkeit wird definiert als die Pfahlfedersteifigkeit eines Gruppen (KPP)-Pfahls $c_{P,i}$ bezogen auf die Pfahlfedersteifigkeit eines unbeeinflussten Einzelpfahls $c_{P,E}$.

$$\zeta_i = \frac{c_{P,i}}{c_{P,E}} \quad [-] \tag{113}$$

mit

$$c_{P,i} = \frac{R_i}{s} \quad [MN/m]$$

Die Verteilung der Pfahlwiderstände wird von einer Reihe von Faktoren bestimmt, die sich gegenseitig beeinflussen. Daher ist es nicht möglich, quantitative Gesetzmäßigkeiten aus den oben aufgeführten Beispielen abzuleiten. Jedoch können folgende qualitativen Aussagen zur Verteilung der Pfahlwiderstände innerhalb von Pfahlgruppen (s. auch Abschn. 8.1) getroffen werden, wobei zunächst Bohrpfähle zugrunde gelegt werden:

- Die Eckpfähle weisen die größten, die Zentrumspfähle die kleinsten Pfahlwiderstände auf.
- Mit steigender Pfahlanzahl wächst die Differenz der Widerstände zwischen den Pfählen unterschiedlicher Positionen in der Gruppe.
- Eine weiche Pfahlkopfplatte bewirkt eine gleichmäßigere Verteilung der Pfahlwiderstände als eine starre Pfahlkopfplatte.
- Mit steigendem Pfahlabstand gleichen sich die Pfahlwiderstände in der Gruppe an.
- Die qualitative Verteilung der Pfahlwiderstände in Pfahlgruppen und KPP ist vergleichbar. Allerdings treten bei Pfahlgruppen größere Differenzen bei der Pfahlwiderstandsverteilung auf.

3.2 Pfahlgründungen

- Mit steigender Pfahllänge werden die Eckpfähle nach [146] stärker belastet, die Zentrumspfähle werden dementsprechend entlastet. Dieses Verhalten ist nach [36] nicht festzustellen.

8.4.5 Wirtschaftlichkeit der Kombinierten Pfahl-Plattengründung

Die KPP ist eine sehr wirtschaftliche Gründungskonzeption, wenn sie anwendbar ist. Da die Pfahltragfähigkeit i. d. R. zu 100% ausgeschöpft werden kann, beträgt die Einsparung an Pfahlmassen je nach Gründungs- und Optimierungsstrategie im Vergleich zu den reinen Pfahlgründungen nach [73] etwa 60 bis 80%. Das bedeutet, dass die äußere Tragfähigkeit der Pfähle ohne Sicherheit bis zum Bruchzustand weitgehend voll mobilisiert wird. Werden die Setzungen und Schiefstellungen durch eine KPP reduziert, was u. U. gegenüber einer Plattengründung in einer Größenordnung von 50 bis 70% liegt, wird in Hinblick auf die Schadensminimierung ebenfalls ein Beitrag zur Wirtschaftlichkeit dieser Gründungsart geleistet.

8.4.6 Nachweise der Tragfähigkeit und Gebrauchstauglichkeit

Beim Nachweis einer Kombinierten Pfahl-Plattengründung (KPP) im Grenzzustand der Tragfähigkeit ist der Bemessungswert des Gesamtwiderstandes entsprechend [123] mit

$$R_{c,tot,d} = R_{c,tot,k}/\gamma_{R,v} \tag{114}$$

zu bestimmen, wobei der Teilsicherheitsbeiwert $\gamma_{R,v}$ nach DIN 1054 bzw. [123] für den Grundbruchwiderstand anzusetzen ist. Das verwendete Berechnungsverfahren zur Ermittlung des Gesamtwiderstandes $R_{c,tot,k}$ muss die Interaktion zwischen Baugrund, Sohlplatte und Pfählen in ausreichender Weise berücksichtigen. Hinweise hierzu siehe vorstehende Abschnitte. Ein äußerer Nachweis der Einzelelemente Sohlplatte oder Einzelpfähle im Grenzzustand der Tragfähigkeit darf entfallen.

Für den Nachweis im Grenzzustand der Gebrauchstauglichkeit der KPP sind Setzungs- bzw. Verformungsberechnungen mit charakteristischen Größen am Gesamtsystem vorzunehmen und mit zulässigen Setzungsvorgaben zu vergleichen. Daraus können sich für einzelne Bauteile, z. B. die Sohlplatte, Zwangsbeanspruchungen ergeben, die wiederum durch Materialnachweise im Grenzzustand der Tragfähigkeit zu bemessen sind.

9 Verhalten von Pfählen bei nicht ruhenden Einwirkungen

9.1 Allgemeines

Wirken nicht ruhende Einwirkungen auf Pfähle, ist mit einem veränderten Trag- und Verformungsverhalten der Pfähle zu rechnen. DIN 1054 fordert die Berücksichtigung dieses Verhaltens bei der Bemessung von Pfahlgründungen. Die nicht ruhenden Einwirkungen können als dynamische, zyklische oder stoßartige Einwirkungen auftreten. Eine Abgrenzung zwischen den einzelnen Einwirkungen soll bezüglich Pfahlgründungen folgendermaßen verstanden werden:

- Unter dynamischen Einwirkungen sind hochfrequente Einwirkungen zu verstehen, bei denen Trägheitskräfte berücksichtigt werden müssen, da sie das Trag- und Verformungsverhalten maßgebend beeinflussen können.
- Unter zyklischen Einwirkungen sind niederfrequente Einwirkungen zu verstehen, bei denen Trägheitskräfte vernachlässigt werden können. Niederfrequente Einwirkungen liegen in einem Frequenzbereich von etwa 1 bis 2 Hz oder darunter.

- Stoßartige Einwirkungen wirken nur kurze Zeit und wiederholen sich im Vergleich zu dynamischen oder zyklischen Einwirkungen in der Regel nicht bzw. nicht regelmäßig. Die Dauer der Einwirkung überschreitet selten mehrere Sekunden. Trägheitskräfte sind bei stoßartigen Einwirkungen zu berücksichtigen.

Es sei darauf hingewiesen, dass bezüglich des Pfahlverhaltens bei nicht ruhenden Einwirkungen erhebliche Kenntnisdefizite vorliegen und Forschungsbedarf besteht. Die nachfolgenden Ausführungen sind als vorläufige Hinweise zu verstehen. Gleiches gilt für Berechnungsansätze, die alle noch weiter abgesichert und verbessert werden müssen.

9.2 Pfahlverhalten bei zyklisch axialen Einwirkungen

9.2.1 Allgemeines

Neben ständig wirkenden Lasten werden einige Ingenieurbauwerke auch durch nicht ruhende, wiederholt auftretende Lasten infolge Verkehr, Wind oder Wellen beansprucht. Die Gründungskonstruktion dieser Bauwerke (z. B. Türme, Masten oder Offshore-Bauwerke) ist während ihrer Lebensdauer nicht selten mehreren Tausend bis zu Millionen Lastzyklen unterworfen, die zu einer schwierig zu beurteilenden Interaktion des Pfahls mit dem umgebenden Boden führt. Sowohl instrumentierte Versuche an Pfählen in situ [72], als auch kleinmaßstäbliche Modellpfahlversuche, z. B. [1, 84, 100], zeigen, dass sich das Trag- und Verformungsverhalten von zyklisch axial belasteten Pfählen erheblich von dem unter monotoner Belastung unterscheiden kann. Die bodenmechanischen Ursachen für das veränderte Verhalten der Pfähle sind jedoch nicht abschließend geklärt. Die vorhandenen Literaturquellen zum Thema zeigen, dass eine Vielzahl an Einflussparametern das veränderte Verhalten von Pfählen bewirkt. Dies sind im Wesentlichen:

- Bodeneigenschaften:
  Bodenart, Festigkeitsparameter, Lagerungsdichte, Sättigungsgrad, Plastizitätszahl, Konsolidierungsgrad und Spannungszustand.

- Belastungsparameter:
  Belastungsart (Zugschwell-, Druckschwell- oder Wechsellast), zyklische und statische Lastanteile und Anzahl der Lastzyklen.

- Pfahleigenschaften:
  Pfahlsystem, Pfahldurchmesser, Pfahllänge und Rauigkeit der Pfahloberfläche.

Aus der großen Anzahl an Einflussparametern auf das Verhalten eines Pfahls ergibt sich die Schwierigkeit, ein einheitliches Bemessungskonzept für zyklisch axial belastete Pfähle zu entwickeln. Prinzipiell sind bei der Bemessung und Dimensionierung zyklisch axial belasteter Pfähle in der Regel folgende Auswirkungen auf das Verhalten der Pfähle zu berücksichtigen:

- Änderung der Pfahltragfähigkeit mit zunehmender Anzahl der Lastzyklen N.
- Akkumulation der plastischen Verschiebungen des Pfahls mit zunehmender Anzahl der Lastzyklen N.

Die Einwirkungen auf einen zyklisch axial belasteten Pfahl resultieren in der Regel aus einer statischen Grundlast F_{stat} (z. B. dem Eigengewicht der Konstruktion) und aus einer zyklischen Lastspanne F_{zykl} (z. B. einer Verkehrsbelastung). Die zyklischen Einwirkungen können dabei als Schwell- oder Wechsellasten auftreten (Bild 139). Die zyklische Lastspanne ist bei einer Schwellbelastung die Laständerung zwischen minimaler Last F_{min} (meist $F_{min} = F_{stat}$) und maximaler Last F_{max} (Bild 139 a) bei einer Wechselbelastung die Laständerung zwi-

3.2 Pfahlgründungen

a) Schwelllasten

b) Wechsellast

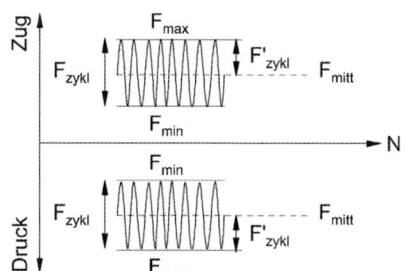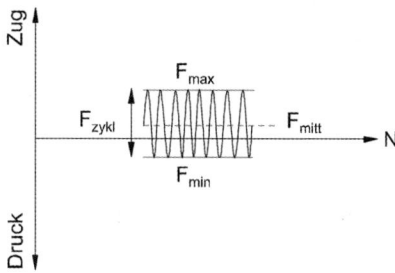

Bild 139. Schematische Darstellung verschiedener zyklischer Belastungsarten auf Pfähle

schen größter Zuglast und größter Drucklast (Bild 139 b). Die maximale Last F_{max} ergibt sich aus der Summe der statischen Grundlast und zyklischen Lastspanne. Die maximale Last kann auch über die mittlere Last F_{mitt} und zyklische Lastamplitude F'_{zykl} bestimmt werden, die als halbe zyklische Lastspanne definiert ist.

9.2.2 Hypothesen für das veränderte Trag- und Verformungsverhalten

In der Literatur werden unterschiedliche Hypothesen aufgestellt, um das veränderte Trag- und Verformungsverhalten infolge der zyklisch axialen Belastung auf Pfähle zu erklären. Die wichtigsten Hypothesen werden nachfolgend vorgestellt, siehe auch [84]:

(a) Abnahme der Pfahlmantelreibung

Die Abnahme der Mantelreibung des Pfahls mit steigender Anzahl der Lastzyklen resultiert aus dem strain-softening in der Kontaktfläche zwischen Pfahlmantel und Boden nach Erreichen der Grenzmantelreibung, siehe z. B. [129].

(b) Umorientierung der Kornstruktur oder von Bodenpartikeln

Die zyklisch axiale Belastung des Pfahls bewirkt in nichtbindigen Böden eine Umorientierung der Kornstruktur in der Nähe des Pfahlmantels und in bindigen Böden eine Umlagerung von Bodenpartikeln in Scherrichtung, sodass es zum Steifigkeitsverlust des Bodens kommt. Der Steifigkeitsverlust ist bei nichtbindigen Böden höher als bei bindigen Böden, die aufgrund der Kompressibilität etwas widerstandsfähiger gegen eine zyklische Entfestigung sind, siehe z. B. [179].

(c) Kornbruch

Die zyklische Belastung des Pfahls bewirkt Schleifvorgänge am Pfahlmantel und führt zum Kornbruch in der Nähe des Pfahlmantels. Dadurch kommt es zu einer Verdichtung des Bodens im Bereich des Pfahlmantels, die zu einer Volumenverminderung und somit zu einer Abnahme der Normalspannung auf den Pfahlmantel führt, siehe z. B. [26].

(d) Fließen von Sandkörnern

Während der Hebungsphase eines zyklisch axial belasteten Pfahls bewegen sich Sandkörner in den unter dem Pfahlfuß entstehenden Hohlraum, womit der Pfahl in der Setzungsphase nicht mehr in seine Ausgangslage zurückkehren kann. Hierdurch kommt es zu einer stetigen Verschiebungszunahme. Zudem bewirkt die Bewegung der Sandkörner eine Spannungs-

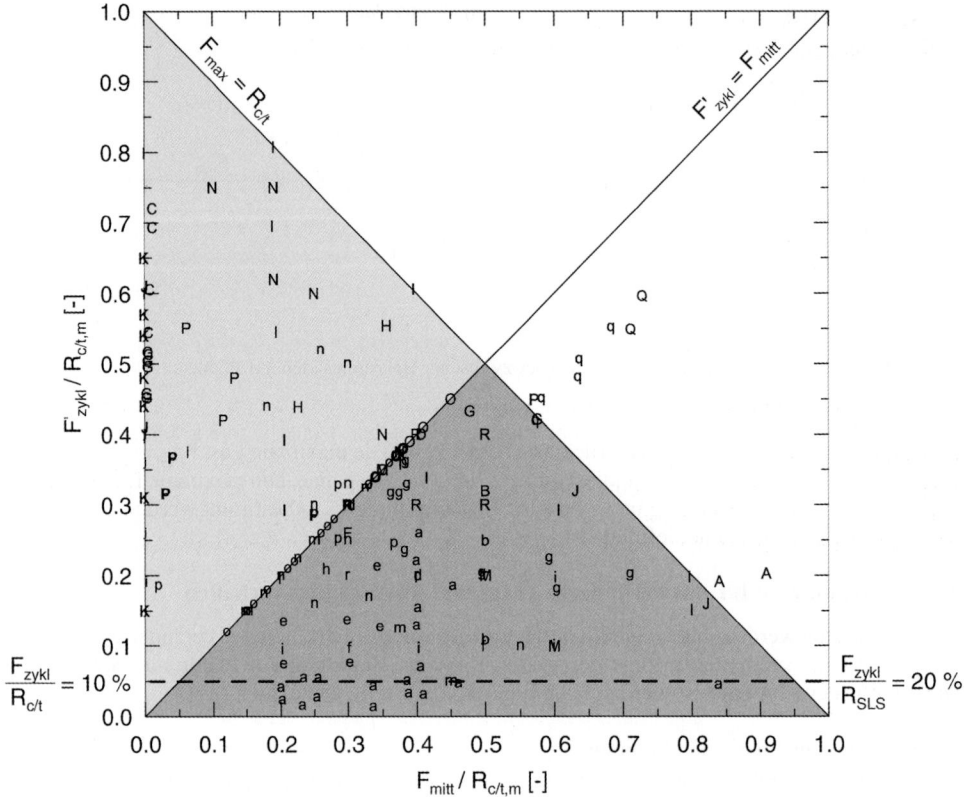

Bild 140. Zusammenfassende Auswertung von Modell- und Feldversuchsergebnissen aus der Literatur (Anmerkung: aus Platzgründen wurden nicht alle Literaturangaben in das Literaturverzeichnis aufgenommen)

3.2 Pfahlgründungen

abnahme im Boden im Pfahlmantelbereich, die vom Pfahlfuß zum Pfahlkopf fortschreitet und ebenfalls zur Verschiebungszunahme beiträgt, siehe z. B. [169].

9.2.3 Zusammenstellung von Versuchsergebnissen aus der Literatur

Die vorliegende Literatur zum Thema zyklisch axial belasteter Pfähle wurde in [84] mit dem Ziel ausgewertet, die Abhängigkeit der Belastungsparameter (Anzahl der Lastzyklen, Belastungsart und statische und zyklische Lastanteile) abhängig von Anzahl der Lastzyklen beim Versagen zu identifizieren. Hierzu wurden die Modell- und Feldversuche in ein Interaktionsdiagramm in Anlehnung aus verschiedenen Darstellungen in der Literatur eingetragen, in dem das Verhältnis der mittleren Belastung F_{mitt} über die zyklische Lastamplitude F'_{zykl} jeweils bezogen auf den statischen charakteristischen Grenzwert des Druckwiderstands R_c oder des Zugwiderstands R_t des Pfahls, nachfolgend als $R_{c/t}$ bezeichnet, dargestellt ist, siehe Bild 140. Die zyklischen Modell- und Feldversuche, die mit unterschiedlichen Lastkombination durchgeführt wurden, liegen in verschiedenen Bereichen des Interaktionsdiagramms. Pfahlversuche, die nicht in den gefärbten Bereichen liegen, wurden mit Lastkombinationen belastet, deren maximale Last größer als die statische Grenztragfähigkeit des Pfahls war. Pfahlversuche im dunkler gefärbten Bereich einschließlich der Diagonalen angrenzend an den heller gefärbten Bereich sind Schwelllastversuche. Pfahlversuche, die durch Großbuchstaben gekennzeichnet sind, führten zum Versagen des Pfahls. Die Anzahl der aufgebrachten Lastzyklen und der Lastzyklen beim Versagen des Pfahls sind in der Legende zu Bild 140 angegeben.

Folgende Erkenntnisse werden aus dem Interaktionsdiagramm nach Bild 140 gewonnen:

- Wechsellastversuche reagieren ungünstiger (kleinere Anzahl der Lastzyklen N_f beim Versagen des Pfahls) auf zyklische Lastanteile als Schwelllastversuche.
- Unterhalb einer zyklischen Lastamplitude von 5 % (zyklische Lastspanne 10 %) des Grenzwertes des Druck- oder Zugwiderstands des Pfahls versagen keine Pfahlversuche. Dieser Wert entspricht etwa dem 20%-Kriterium der DIN 1054:2005-01 und EA-Pfähle [39], bzw. etwa dem 10%-Kriterium aus [123].
- Ein günstigeres Pfahlverhalten ist zu erwarten, je kleiner die zyklische Lastamplitude F'_{zykl}, die mittlere Last F_{mitt} und die Anzahl der Lastzyklen N sind, siehe auch Bild 141.

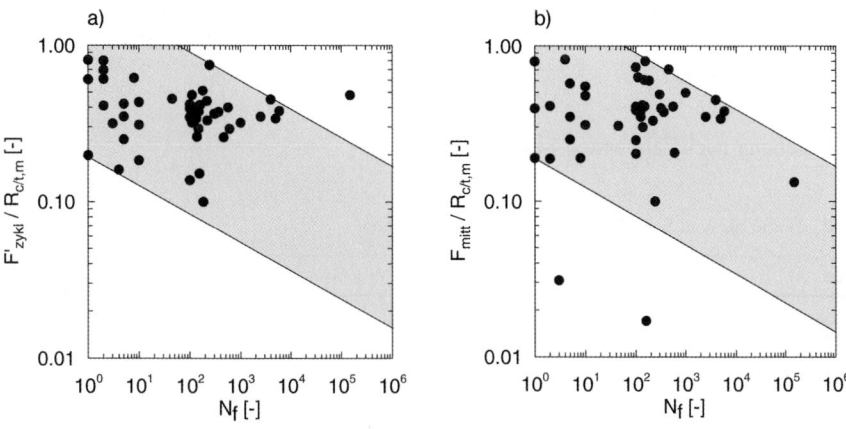

Bild 141. Lastzyklen N_f beim Versagen der Versuche abhängig von a) der zyklischen Lastamplitude, b) der mittleren Last

9.2.4 Empirische Pfahlsetzung/-hebung

Im Folgenden sind sowohl Pfahlsetzungen als auch Pfahlhebungen zusammenfassend als Verschiebungen bezeichnet. Liegen die Schwell- oder Wechsellastanteile unter etwa 20% (10%) des charakteristischen Pfahlwiderstands im Grenzzustand der Gebrauchstauglichkeit (Tragfähigkeit), wird das Trag- und Verformungsverhalten der Pfähle nach DIN 1054: 2005-01, EA-Pfähle [39] und [123] nur vernachlässigbar beeinflusst. Andernfalls ist die zyklische Einwirkung zu berücksichtigen, da mit einer starken Verschlechterung des Trag- und Verformungsverhaltens zu rechnen ist. Untersuchungsergebnisse zeigen, dass eine Verringerung der Pfahltragfähigkeit um bis zu 70% der statischen Grenztragfähigkeit des Pfahls möglich ist, z.B. [72].

Für den Spezialfall von verpressten Mikropfählen oberhalb des Grundwasserspiegels in mitteldicht gelagerten nichtbindigen Böden wurden in [155] Anhaltswerte für zulässige zyklische Lastspannen angegeben, die sich auch in [39] wiederfinden. Dabei wird davon ausgegangen, dass nur zyklische Lastkomponenten vorliegen und die statische Last null ist.

Zur Prognose der Verschiebung eines zyklisch axial belasteten Pfahls wurde in [155] ein empirischer Verschiebungsansatz verwendet. Dabei wird die Verschiebungsrate des Pfahls herangezogen, die als Zunahme der Verschiebung pro Lastzyklus definiert ist. In doppelt-logarithmischer Darstellung der Verschiebungsrate über die Lastzyklen ergibt sich ein linearer Zusammenhang, der in Analogie zur Auswertung von Kriechversuchen, als Potenzansatz nach Gl. (115) formuliert werden kann.

$$\dot{s} = \dot{s}^1 \cdot N^{-\lambda} \tag{115}$$

mit

$\dot{s}$ Verschiebungsrate pro Lastzyklus
$\dot{s}^1$ Verschiebungsrate nach dem ersten Lastzyklus
N   Anzahl der Lastzyklen
λ Neigungsbeiwert, Steigung der linearisierten Kurve der Verschiebungsrate über die Lastzyklen in doppelt-logarithmischer Darstellung

Aus der Verschiebungsrate nach Gl. (115) ergibt sich durch Integration die Verschiebung des Pfahls zu

$$s = s^1 + \frac{\dot{s}^1}{1-\lambda} \cdot (N^{1-\lambda} - 1) \quad \text{für } \lambda \neq 1 \tag{116}$$

oder

$$s = s^1 + \dot{s}^1 \cdot \ln N \quad \text{für } \lambda = 1 \tag{117}$$

mit

s^1 Verschiebung nach dem ersten Lastzyklus

Tabelle 48. Werte für λ in Schwell- und Wechsellastversuchen

Literatur	λ
Chan/Hanna [26]	−7,18 bis 0,88
Karlsrud et al. [72]	−9,64 bis −1,51
Al-Douri/Poulos [1]	0,88 bis 1,17
Schwarz [155]	0,73 bis 0,98
Lehane et al. [98]	−1,06 bis −0,88

3.2 Pfahlgründungen

Zur Berechnung der Verschiebungen des Pfahls ist nach den Gln. (116) und (117) die Ermittlung der Parameter s^1, $\dot{s}^1$ und λ erforderlich. Die Konstante s^1 kann dabei als Verschiebung nach dem ersten Lastzyklus interpretiert werden. Der Wert $\dot{s}^1$ beschreibt die Verschiebungsrate nach dem ersten Lastzyklus. Der Neigungsbeiwert λ bestimmt das Verschiebungsverhalten des Pfahls: für $\lambda \geq 1$ nähert sich die Verschiebung mit zunehmenden Lastzyklen einem konstanten Wert, d. h. es kommt zur zyklischen Beruhigung des Pfahls, für $\lambda < 1$ treten mit zunehmenden Lastzyklen immer größer werdende Verschiebungen auf und es kommt zum Versagen des Pfahls. Tabelle 48 enthält beispielhaft λ-Werte aus Versuchsergebnissen verschiedener Literaturquellen, die in [84] abgeleitet wurden.

9.2.5 Vorläufiges Näherungsverfahren zum Nachweis der Tragfähigkeit und der Gebrauchstauglichkeit zyklisch axial belasteter Pfähle

9.2.5.1 Allgemeines

In der Literatur finden sich nur wenige Verfahren, die zudem erhebliche Näherungen enthalten und auf spezielle Situationen ausgerichtet sind. In Deutschland werden Näherungsverfahren in [83] und [117] vorgeschlagen. Im Folgenden ist darauf aufbauend ein verbessertes, vorläufiges Näherungsverfahren beschrieben.

9.2.5.2 Herleitung einer Bemessungsgleichung

In Bild 142 sind Modell- und Feldversuche einer Literaturauswertung nach [84] und Abschnitt 9.2.3 dargestellt. Die Pfahlversuche in Bild 142 a und b erfolgten in bindigen bzw.

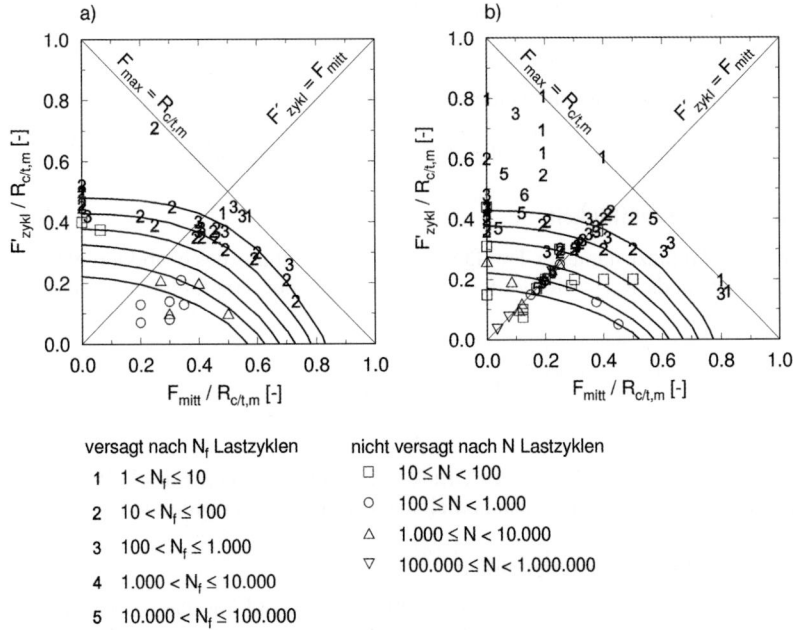

Bild 142. Herleitung der Bemessungsgleichung (118) aus Pfahlversuchen; a) in bindigen Böden, b) in nichtbindigen Böden

Tabelle 49. Werte für κ in Abhängigkeit der Bodenart und Lastzyklen

Lastzyklen N	κ [–]	
	bindige Böden	nichtbindige Böden
10^1	0,48	0,43
10^2	0,43	0,38
10^3	0,38	0,33
10^4	0,33	0,28
10^5	0,28	0,23
10^6	0,23	0,18

nichtbindigen Böden. Dabei ist zu beachten, dass in bindigen Böden überwiegend Feld- und in nichtbindigen Böden überwiegend Modellversuche durchgeführt wurden.

Die Kurven in Bild 142 bilden die Grundlage für die Nachweise in den Grenzzuständen und werden mathematisch durch Gl. (118) beschrieben. Dies findet sich in ähnlicher Form auch in [117], allerdings mit einer kleineren Versuchsbasis.

$$\frac{F'_{zykl}}{R_{c/t}} \leq \kappa \cdot \left(1 - \left(\frac{F_{mitt}}{R_{c/t}} + 0,65 - \kappa\right)^4\right) \tag{118}$$

mit

κ   nach Tabelle 49 in Abhängigkeit der Bodenart und der zu erwartenden Anzahl der Lastzyklen
$R_{c/t}$ statischer Grenzwert des Druck- oder Zugwiderstands des Pfahls

In Gl. (118) sind die Einwirkungen und Widerstände abhängig von der Nachweisführung als charakteristische Werte oder Bemessungswerte anzusetzen. Die aus Bild 142 abgeleiteten κ-Werte sind in Tabelle 49 abhängig von der Bodenart zusammengestellt.

9.2.5.3 Nachweis der Tragfähigkeit

Für den Nachweis im Grenzzustand der Tragfähigkeit ist die Kenntnis des charakteristischen statischen Pfahlwiderstands $R_{c/t,k}$ erforderlich. Der Nachweis der Tragfähigkeit wird nach Gl. (119) geführt.

$$F'_{zykl,d} \leq \kappa \cdot R_{c/t,d} \cdot \left(1 - \left(\frac{F_{mitt,d}}{R_{c/t,d}} + 0,65 - \kappa\right)^4\right) \tag{119}$$

mit

$R_{c/t,d}$ Bemessungswert des Grenzwertes des Druck- oder Zugwiderstands des Pfahls. Wird durch Faktorisierung mit dem Teilsicherheitsbeiwert aus $R_{c/t,k}$ ermittelt (s. Abschn. 5)

9.2.5.4 Nachweis der Gebrauchstauglichkeit

Es wird davon ausgegangen, dass der statische Pfahlwiderstand im Grenzzustand der Gebrauchstauglichkeit aus der Widerstands-Setzungs-/Hebungs-Linie einer statischen Pfahlprobebelastung über ein Setzungskriterium ermittelt wird und somit bekannt ist. Die Beziehung zwischen dem Grenzwert des Druck- oder Zugwiderstands des Pfahls $R_{c/t}$, der ebenfalls

3.2 Pfahlgründungen

aus der Widerstands-Setzungs-/Hebungs-Linie ermittelt wird, und dem Pfahlwiderstand im Grenzzustand der Gebrauchstauglichkeit R_{SLS} kann nach Gl. (120) bestimmt werden.

$$R_{c/t} = \zeta \cdot R_{SLS} \tag{120}$$

mit

ζ Faktor zwischen den bekannten Pfahlwiderständen R_{SLS} und $R_{c/t}$, z. B. aus Widerstands-Setzungs-/Hebungs-Linie

Zur Herleitung der Bemessungsgleichung für den Nachweis im Grenzzustand der Gebrauchstauglichkeit wird Gl. (120) in Gl. (118) eingesetzt. Es gilt

$$\frac{F'_{zykl}}{\zeta \cdot R_{SLS}} \leq \kappa \cdot \left(1 - \left(\frac{F_{mitt}}{\zeta \cdot R_{SLS}} + 0,65 - \kappa\right)^4\right) \tag{121}$$

und somit

$$F'_{zykl} \leq \zeta \cdot R_{SLS} \cdot \kappa \cdot \left(1 - \left(\frac{F_{mitt}}{\zeta \cdot R_{SLS}} + 0,65 - \kappa\right)^4\right) \tag{122}$$

Der Nachweis der Gebrauchstauglichkeit wird nach Gl. (123) geführt.

$$F'_{zykl,k} \leq \zeta \cdot R_{SLS,k} \cdot \kappa \cdot \left(1 - \left(\frac{F_{mitt,k}}{\zeta \cdot R_{SLS,k}} + 0,65 - \kappa\right)^4\right) \tag{123}$$

mit

$R_{SLS,k}$ statischer charakteristischer Wert des Pfahlwiderstands im Grenzzustand der Gebrauchstauglichkeit

9.2.5.5 Berechnungsbeispiel

Anhand eines Beispiels wird das vorgeschlagene Näherungsverfahren zahlenmäßig erläutert. Für einen durch maximal N = 10.000 Lastzyklen auf Druck beanspruchten Bohrpfahl wurde auf Grundlage von Erfahrungswerten der charakteristische Pfahlwiderstand im Grenzzustand der Gebrauchstauglichkeit zu $R_{SLS,k}$ = 1.100 kN und der charakteristische Grenzwert des Druckwiderstands (Bruchwert) zu $R_{c,k}$ = 2.200 kN infolge statischer (ruhender) Einwirkungen ermittelt. Die charakteristische mittlere Last beträgt $F_{mitt,k}$ = 400 kN, die charakteristische zyklische Lastspanne $F_{zykl,k}$ = 400 kN (charakteristische statische Grundlast $F_{stat,k}$ = 200 kN). Es sind exemplarisch die Nachweise in den Grenzzuständen für bindige und nichtbindige Böden zu führen, wobei im Rechenbeispiel die gleichen statischen Pfahlwiderstände in bindigen und nichtbindigen Böden angesetzt werden.

In Tabelle 50 sind die in der Aufgabenstellung genannten und für die Berechnung erforderlichen Rechengrößen zusammengestellt. Die Bemessungswerte wurden aus den charakteristischen Werten durch Faktorisierung mit dem entsprechenden Teilsicherheitsbeiwert erhalten.

Der Nachweis im Grenzzustand der Tagfähigkeit für bindige und nichtbindige Böden wird nach Gl. (119) geführt:

$$300 \text{ kN} < 0,33 \cdot 1.571 \cdot \left(1 - \left(\frac{570}{1.571} + 0,65 - 0,33\right)^4\right) = 406 \text{ kN} \tag{124}$$

$$300 \text{ kN} < 0,28 \cdot 1.571 \cdot \left(1 - \left(\frac{570}{1.571} + 0,65 - 0,28\right)^4\right) = 313 \text{ kN} \tag{125}$$

Der Nachweis ist für bindige sowie nichtbindige Böden erfüllt.

Tabelle 50. Zusammenstellung der erforderlichen Größen für alle Berechnungsbeispiele

Rechengröße			Wert
maximale Anzahl der Lastzyklen: max. N			10.000
Teilsicherheitsbeiwerte Einwirkung	ständig	γ_S	1,35
	veränderlich	γ_Q	1,50
Teilsicherheitsbeiwert Widerstand		γ_t	1,40
$F_{stat,k} / F_{stat,d}$			200 / 270 kN
$F_{zykl,k} / F_{zykl,d}$			400 / 600 kN
$F_{mitt,k} / F_{mitt,d}$			400 / 570 kN
$F'_{zykl,k} / F'_{zykl,d}$			200 / 300 kN
$R_{c,k} / R_{c,d}$			2.200 / 1.571 kN
$R_{SLS,k}$			1.100 kN
Faktor nach Gl. (120): ζ			2,0
κ für bindige Böden nach Tabelle 49			0,33
κ für nichtbindige Böden nach Tabelle 49			0,28

Der Nachweis im Grenzzustand der Gebrauchstauglichkeit für bindige und nichtbindige Böden wird nach Gl. (123) geführt:

$$200\,\text{kN} < 2,0 \cdot 1.100 \cdot 0,33 \cdot \left(1 - \left(\frac{400}{2,0 \cdot 1.100} + 0,65 - 0,33\right)^4\right) = 680\,\text{kN} \quad (126)$$

$$200\,\text{kN} < 2,0 \cdot 1.100 \cdot 0,28 \cdot \left(1 - \left(\frac{400}{2,0 \cdot 1.100} + 0,65 - 0,28\right)^4\right) = 559\,\text{kN} \quad (127)$$

Der Nachweis ist für bindige und nichtbindigen Böden erfüllt.

9.3 Pfahltragverhalten bei dynamisch axialen Einwirkungen

Hochfrequente, dynamische Belastungen können den Pfahlwiderstand erheblich verringern. In ungünstigen Fällen kann es zur Bodenverflüssigung kommen. Andererseits zeigen Untersuchungsergebnisse in [93], dass eine hochfrequente Einwirkung auch zur Tragfähigkeitszunahme führen kann.

Zur Tragfähigkeitsverringerung einvibrierter Pfähle siehe Abschnitt 3.9 und [94].

9.4 Pfahltragverhalten bei zyklisch horizontalen Einwirkungen

9.4.1 Allgemeines

Auch bei horizontalen zyklischen Einwirkungen auf Pfähle kann von einem veränderten Trag- und Verformungsverhalten des Pfahls analog zu axial belasteten Pfählen ausgegangen werden. Die in den Abschnitten 9.2.1 und 9.2.2 genannten Einflussgrößen gelten tendenziell auch bei zyklisch horizontal belasteten Pfählen.

3.2 Pfahlgründungen

Bei zyklischen Einwirkungen ist ein deutlicher Abfall der Bettungsmoduln gegenüber dem Bettungsmodul bei statischen Einwirkungen zu erwarten. In einer älteren Vornormausgabe zur DIN 4014 wurde ausgeführt, dass der Abfall des Bettungsmoduls bei zyklischen gegenüber statischen Einwirkungen bis auf 30 % möglich ist (s. auch Abschn. 9.4.3). Für diese Beanspruchungsform empfiehlt sich aber bei charakteristischen zyklischen Einwirkungsanteilen im Gebrauchszustand von mehr als 20 % gegenüber der charakteristischen ruhenden Einwirkung die Ausführung von Probebelastungen, die die zyklische Beanspruchung möglichst wirklichkeitsgetreu wiedergeben.

Dies ist z. B. bei Bohrpfählen durchaus mit verträglichem Mehraufwand gegenüber statischen Versuchen nach Abschnitt 7.3 möglich. Bereits nach wenigen Lastzyklen lässt sich dabei oftmals auf eine Bettungsmodulreduzierung schließen.

In der Baupraxis sind horizontal zyklisch beanspruchte Pfähle z. B. bei folgenden Gründungsformen vorhanden:

– Gründungspfähle z. B. bei Brücken infolge Beanspruchungen aus Wind, Temperatur usw.;
– Gründungspfähle für Lärmschutzwände;
– Monopile-Gründungen für Offshore-Windkraftanlagen.

9.4.2 Lärmschutzwände

Bei üblichen Beanspruchungen an Straßen oder Autobahnen usw. reichen die in den Regelwerken angegebenen statischen Ersatzlasten für die Bemessung der Pfahlgründung z. B. mit den in Abschnitt 4.4 angegebenen Verfahren aus. Die Pfähle sind aufgrund ihrer Abmessungen kurze, weitgehend starre Pfähle mit geringer Schlankheit.

Im Hochgeschwindigkeitseisenbahnverkehr können bei geringem Abstand von Schienenweg und Lärmschutzwand geschwindigkeitsabhängig erhebliche horizontale Druck- und Sogbelastungen auftreten. Nachfolgend sind dazu aus [136] Versuchsergebnisse und Bemessungsvorschläge beispielhaft wiedergegeben.

Um sowohl die unterschiedlichen Pfahlbelastungen als auch unterschiedliche Trassenlagen (Dammlage bzw. geneigtes Gelände und Geländegleichlage bzw. horizontales Gelände) und Untergrundsituationen (Dammschüttung und bindige gewachsene Böden) abzudecken, wurden an 5 Probepfählen mit einem Durchmesser von D = 65 cm und einer Einbindetiefe zwischen ca. 3,0 und ca. 6,0 m unter GOK Probebelastungen durchgeführt.

Im Bereich des bei den Versuchen vorhandenen Standorts D (Damm) binden die Pfähle in den geschütteten Dammkörper ein. Dabei handelt es sich beim Dammschüttmaterial um einen schwach kiesigen, schluffigen/tonigen bis stark schluffigen/tonigen Sand (Bodengruppe SU/ST und SU*/ST* nach DIN 18196). Nach den Ergebnissen der schweren Rammsondierungen ist der Sand bzw. das Dammschüttmaterial in der Regel dicht bis sehr dicht gelagert ($N_{10} \geq 20{-}25$).

Am Standort G (Geländegleichlage) binden die Probepfähle vollständig in quartäre bindige Böden ein. Dabei handelt es sich vorwiegend um leichtplastische und mittelplastische, quartäre Schluffe und Tone (Bodengruppe TL und TM nach DIN 18196) mit wechselnden Beimengungen von Feinsand und vereinzelt auch Kies. Die Schluffe und Tone weisen eine weiche bis steife Konsistenz auf.

Im Hinblick auf die Beeinflussung des Trag- und Verformungsverhaltens der Gründungspfähle unter wiederholten horizontalen zyklischen Lasten wurden zunächst Wechselbelastungen zur Simulation der Druck-Sog-Wellen infolge Zugverkehr aufgebracht, wobei die

Tabelle 51. Übersicht über die Probepfähle und die durchgeführten Belastungssequenzen (aus [136])

Pfahl-Nr.	Einbindetiefe [m u. GOK]	Höhe der Lasteinleitung [m ü. GOK]	Belastungssequenzen		
			ΔH 1. Stufe [kN]	ΔH 2. Stufe [kN]	ΔH 3. Stufe [kN]
D1	ca. 4,0	ca. 1,5	± 10 kN	±20 kN	± 40 kN
D2	ca. 5,0	ca. 2,5	±20 kN	± 40 kN	± 60 kN
D3	ca. 6,0	ca. 2,5	± 20 kN	± 40 kN	± 60 kN
G1	ca. 3,0	ca. 1,8	±10 kN	±20 kN	± 40 kN
G2	ca. 4,0	ca. 2,5	± 20 kN	± 40 kN	± 60 kN

Bild 143. Horizontale Lasteinleitung in den Pfahl (aus [136])

Bild 144. Auflockerungen und Rissbildungen nach zyklischer Belastung (aus [136])

Amplitude der Druck- und Zuglast in 3 Stufen (Mehrstufentechnik) auf ca. 150–200 % der maximal zu erwartenden Lastamplitude infolge Zugverkehr gesteigert wurde (Tabelle 51). Die Anzahl der Lastzyklen wurde je Belastungssequenz zwischen ca. N = 1.000 bis N = 10.000 Lastzyklen bei einer Frequenz von in der Regel ca. 1 Hz gewählt.

Die Bilder 143 und 144 zeigen Versuchsrandbedingungen. Tabelle 52 enthält die gemessenen Pfahlkopfverformungen nach 1000 Lastzyklen.

Bei halblogarithmischer Auftragung der Pfahlkopfverschiebungen inkl. der Gesamtauslenkung und Pfahlkopfverdrehungen ergibt sich in der Regel näherungsweise eine Gerade, die eine Extrapolation der Messwerte für höhere Lastzyklenanzahlen ermöglicht. Die grund-

3.2 Pfahlgründungen

Tabelle 52. Gemessene Pfahlkopfverschiebung nach 1000 Lastzyklen (aus [136])

Probe-pfahl	Pfahlkopfverschiebung in Druckrichtung [mm][1]				Pfahlkopfverschiebung in Zugrichtung [mm][2]			
	$\Delta H = \pm 10$ kN	$\Delta H = \pm 20$ kN	$\Delta H = \pm 40$ kN	$\Delta H = \pm 60$ kN	$\Delta H = \pm 10$ kN	$\Delta H = \pm 20$ kN	$\Delta H = \pm 40$ kN	$\Delta H = \pm 60$ kN
D1	0,43	0,86	1,84	–	–0,08	–0,44	–1,58	–
D2	–	0,86	2,17	4,04	–	–0,84	–2,08	–2,08
D3	–	0,72	1,80	2,60	–	–0,68	–1,40	–1,68
G1	0,24	0,65	3,76	–	–0,19	–0,53	–2,62	–
G2	–	0,74	2,41	5,81	–	–0,48	–1,80	–3,40

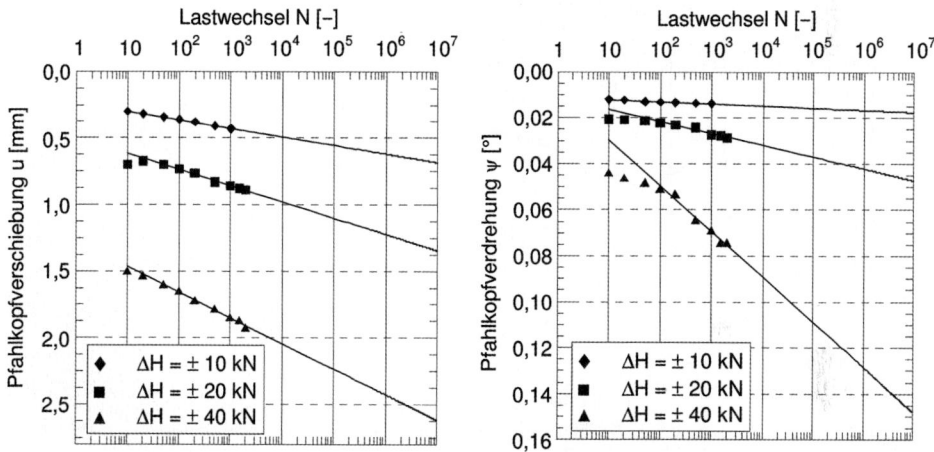

Bild 145. Extrapolierte Pfahlkopfverschiebung und -verdrehung bei zyklischer Belastung, exemplarisch für Pfahl D1 (aus [136])

sätzliche Vorgehensweise bei der Extrapolation ist exemplarisch in Bild 145 für den Probepfahl D1 dargestellt.

Grundsätzlich wurde dabei versucht, eine Extrapolation der Verformungen auf 10.000.000 Lastzyklen vorzunehmen (vgl. Tabelle 53).

Die Auswertungen zeigen somit grundsätzlich, dass die Pfahlkopfverschiebungen am Standort D in Böschungs- bzw. Druckrichtung, wie erwartet, in der Regel größer als in Richtung der NBS-Achse bzw. Zugrichtung sind. Auch am Standort G wurden in Druckrichtung größere Pfahlkopfverschiebungen als in Zugrichtung beobachtet.

Um zu einer abschließenden Bewertung des gewählten Sicherheitsniveaus zu gelangen und um weitere Folgerungen im Hinblick auf die zukünftige Bemessung von Schutzwandgründungen zu ermöglichen, wurden in [136] die extrapolierten Verformungen jeweils

Tabelle 53. Extrapolierte Pfahlkopfverschiebung und -verdrehungen nach 10.000.000 Lastzyklen (in Druckrichtung) (aus [136])

Probepfahl	Extrapolierte Pfahlkopfverschiebung und Extrapolierte Pfahlkopfverdrehung			
	$\Delta H = \pm 10$ kN	$\Delta H = \pm 20$ kN	$\Delta H = \pm 40$ kN	$\Delta H = \pm 60$ kN
D1	0,7 mm / 0,02°	1,4 mm / 0,045°	2,6 mm / 0,15°	–
D2	–	0,9 mm [1]	3,4 mm / 0,093°	9,4 / 0,24°
D3	–	0,9 mm / 0,055°	2,3 mm / 0,115°	[1]
G1	[1]	0,8 mm [1]	9,1 mm / 0,228°	[1]
G2	–	1,2 mm / 0,09°	4,8 mm / 0,18°	7,9 mm [1]

[1] Extrapolation nicht möglich

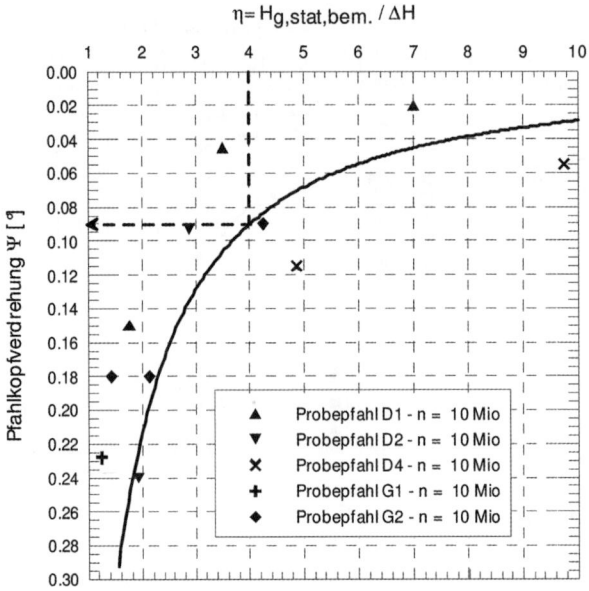

Bild 146. Zusammenfassende Gegenüberstellung der Auswertung des Belastungsverhältnisses zur auftretenden Pfahlverdrehung bezogen auf einen globalen Sicherheitsbeiwert (aus [136])

in Abhängigkeit des Verhältnisses der nach [177] berechneten statischen Grenzlast $H_g = H_{g,stat,cal}$ zu jeweiligen zyklischen Amplitude ΔH ausgewertet (Bild 146). Das Verhältnis zwischen rechnerischer Bruchlast zur tatsächlich auftretenden zyklisch/dynamischen Belastung kann dabei als wirksame Globalsicherheit η zur pauschalen Abdeckung des zyklischen horizontalen Pfahltragverhaltens definiert werden.

Unter Ansatz einer der Bemessung zugrunde liegenden Sicherheit von $\eta = 4$ auf die zyklischen Belastungsamplituden konnte anhand der auf 10 Millionen Lastzyklen extrapolierten Ergebnisse der Pfahlprobebelastungen eine wahrscheinliche mittlere Pfahlkopf-

3.2 Pfahlgründungen

verdrehung von ca. $\psi = 0{,}09°$ in die jeweilige Belastungsrichtung für den längerfristigen Gebrauchszustand abgeleitet werden. Des Weiteren konnten in einer Grenzwertbetrachtung mögliche Pfahlkopfverdrehungen abgeschätzt werden.

In [136] sind für die Bemessungen von Lärmschutzwandgründungen im Eisenbahnbau in Anbetracht der o. g. Problematik vorläufige erhöhte Sicherheiten η_p für zyklisch/dynamische Belastungen in Abhängigkeit von der Fahrgeschwindigkeit empfohlen, wobei für näherungsweise ruhende Belastungen, wie z. B. Windlasten, $\eta_{p,stat} = 2$ angesetzt werden kann.

9.4.3 Bettungsmoduln unter zyklischer Einwirkung

Wie bereits ausgeführt, verändert sich in der Regel der Bodenwiderstand vor dem Pfahl bei zyklisch horizontalen Pfahlbelastungen. Der Bodenwiderstand kann über Bettungsmoduln oder p-y-Kurven ausgedrückt werden.

Die Berechnung von Monopile-Gründungen wird in der Regel in Anlehnung an [2] durchgeführt, in der auch Angaben über Bettungsmoduln und p-y-Kurven zur Baugrundsteifigkeit enthalten sind, die in Stabzugberechnungen Eingang finden. Es bleibt zunächst offen, ob diese für Bohrplattformen abgeleiteten Ansätze unmittelbar auf Windkraftanlagengründungen übertragen werden können. Weiterhin erscheinen Fragen der Gebrauchstauglichkeit der Monopile-Gründung unter sich wiederholender zyklisch-dynamischer Einwirkung aus Wind- und Wellenbelastung noch nicht abschließend untersucht und in den API-Ansätzen nur bedingt enthalten zu sein, die zunächst nur eine Abminderung der Bodenwiderstände infolge Zyklik von 10% angeben.

Die in Stabzugberechnungen (Pfahlmodell) nach [2] einzuführenden p-y-Kurven nach Bild 147 werden definiert über den Bettungsmodul k_s und über die Scherfestigkeit τ_f mit den Scherparametern φ und c.

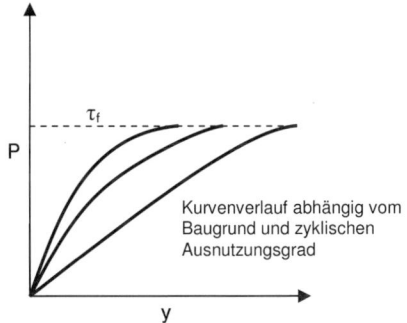

Bild 147. Qualitativer Verlauf von p-y-Kurven

Im Folgenden ist ein vorläufiger Vorschlag, bis weitere abgesicherte Regelungen vorliegen, für die Bestimmung von Bodenwiderständen vor Pfählen unter zyklischen horizontalen Einwirkungen skizziert. Wie dargestellt, lassen sich aus zyklischen Triaxialversuchsergebnissen über die Beziehung $k_s = E_s/D$ näherungsweise Bettungsmoduln ableiten.

Unmittelbar aus z. B. zyklischen Triaxialversuchen kann ein dynamischer E-Modul E_{dyn} je Zyklus und die plastische Verformung $\varepsilon_{cp,N}$ des Bodens abhängig von der Zyklenzahl N bestimmt werden.

Um nun unmittelbar Rückschlüsse auf die für die praktischen Berechnungen der Gründung üblicherweise verwendeten Kenngrößen (siehe oben) zu ziehen, können z. B. Versuchsergebnisse aus zyklischen Triaxialversuchen bei Variation des zyklischen Ausnutzungsgrades X nach Gl. (128) verwendet werden

$$X = \frac{(\sigma_1 - \sigma_3)_{zykl}}{(\sigma_1 - \sigma_3)_{stat,f}} \qquad (128)$$

mit den Indizes zykl = zyklisch, stat = statisch und f = Bruchzustand.

Aus den zyklischen Triaxialversuchen lassen sich für jedes X und für jedes N fiktive E-Moduln E_{pl} bestimmen, die die bleibenden Verformungen mit beschreiben, wenn man für die o. g. Berechnungen näherungsweise trotz plastischer Verformungen die Elastizitätstheorie zugrunde legt. In Bild 148 ist die Vorgehensweise der Ableitung von E_{pl} beispielhaft erläutert. Damit ergeben sich aus den Versuchen (hier ein dicht gelagerter Sand) die fiktiven E-Moduln E_{pl} nach Bild 149.

Mit den beispielhaft angegebenen Werten nach den Bildern 148 und 149 lassen sich zumindest qualitativ folgende Ableitungen für die praktische Berechnungen einer Monopile-Gründung treffen:

- Die Bodensteifigkeit vor dem Pfahl ist abhängig vom Lastfall; dies entspricht einer unterschiedlichen Wellenhöhe (Eingangsparameter für X) und der Wellenhäufigkeit (Eingangsparameter für N).
- Eine Abschätzung in wieweit ein Bettungsmodul $k_s = E_{pl}/D$ für N = 1 auf N >> 1 abgemindert werden muss, wenn damit das Langzeitverhalten (plastische Verformung abhängig von N) berücksichtigt wird.
- Aus Bild 148 den anfänglichen Verlauf von p-y-Kurven im Gebrauchslastbereich.

Weiterhin sei darauf hingewiesen, dass für jeden einzelnen Lastzyklus der Wellenbeanspruchung eine sich erhöhende Steifigkeit zu erwarten ist, siehe z. B. für X = 0,25 Bild 150 aus den hier beispielhaft dargestellten zyklischen Triaxialversuchsergebnissen.

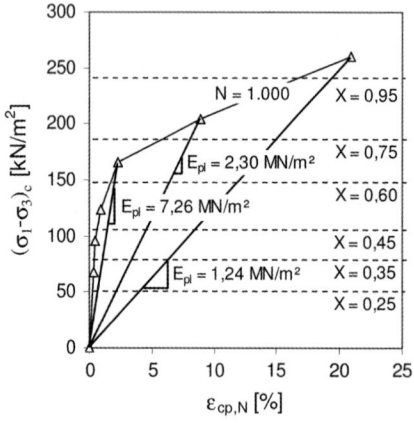
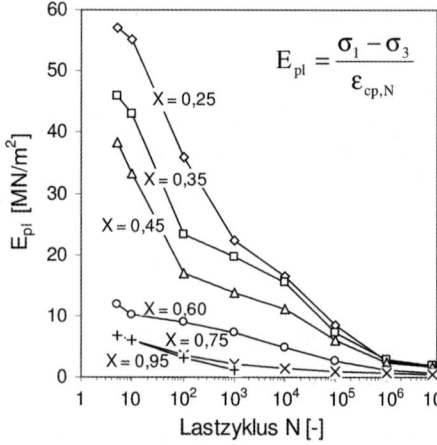

Bild 148. Ermittlung von fiktiven E-Moduln E_{pl} abhängig von der Zyklenzahl N und der zyklischen Ausnutzung X aus zyklischen Triaxialversuchen mit Sand

Bild 149. Fiktive E-Moduln E_{pl} abhängig von der Zyklenzahl N und Ausnutzungsgrad X im halblogarithmischen Maßstab abgeleitet aus Bild 148

3.2 Pfahlgründungen

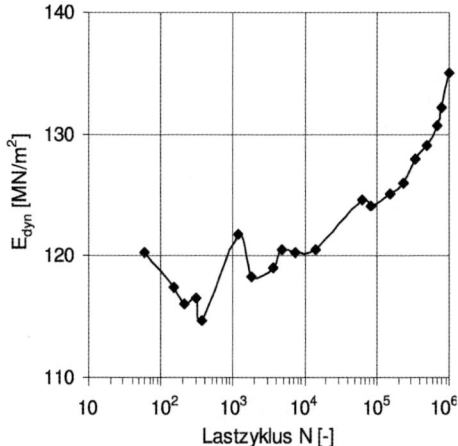

Bild 150. Aus dem elastischen Verformungsanteil eines jeden Zyklus abgeleiteter E-Modul E_{dyn} für $X = 0{,}25$ über die Zyklenzahl N (Beispiel aus den Versuchen nach den Bildern 148 und 149)

Andere Ansätze finden sich z. B. in [187]. Es sei aber nochmals ausdrücklich darauf hingewiesen, dass zu der Thematik noch erheblicher Forschungsbedarf besteht.

9.5 Pfahltragverhalten bei stoßartig horizontalen Einwirkungen

Bei stoßartigen Einwirkungen im Sinne von Anprall-Lasten könnte bisher nach DIN 4014 der charakteristische Bettungsmodul bis zu einem Faktor 3 gegenüber dem statischen Wert erhöht werden. Nach Untersuchungen in [70] können aber während des Stoß- und Bewegungsverlaufs des Pfahls Bodenreaktionen auftreten, deren Größe oberhalb oder unterhalb der statischen Bettungswiderstände liegen kann. In [70] werden die Ursachen für diesen Effekt durch die Betrachtung der Spannungen und Verformungen (p-y-Kurven) über den gesamten Stoßverlauf deutlich. So treten in der Anfangsphase der Pfahlbewegung sehr hohe Bettungsmoduln auf, die sich um einen bestimmten Faktor erhöht gegenüber dem statischen Bettungsmodul einstellen. Die Massenträgheitskräfte und Dämpfungssteifigkeiten des Bodens wirken hierbei der Pfahlbewegung entgegen und bewirken somit den hohen Bettungsmodul. Dies gilt aber nicht über den gesamten Verlauf der Einwirkung. Im Laufe des Stoßprozesses durchwandert die Pfahlbeschleunigung die Nulllage und die Massenkräfte des Bodens wirken nun in Bewegungsrichtung des Pfahls, wodurch die Bettungssteifigkeit wieder verringert wird. Durch die Wirkung einer geschwindigkeitsabhängigen Dämpfung wird dieser Effekt weiter verstärkt, was auch rechnerisch gezeigt werden kann. Bei größeren Verschiebungen des Pfahls sind zusätzliche plastische Verformungen des Bodens zu berücksichtigen. Da diese Erkenntnisse für die praktische Anwendung weiterer Absicherungen bedürfen, empfiehlt die DIN 1054 bis auf weiteres folgendes pragmatische Vorgehen: für Voruntersuchungen darf für dynamische Einwirkungen näherungsweise der gleiche Bettungsmodul wie für statische Einwirkungen verwendet werden. Liegen für vergleichbare Baugrundverhältnisse und Systeme abgesicherte Erfahrungen vor, so darf der Bettungsmodul $k_{s,k}$ bis auf die dreifache Größe des bei statischen Einwirkungen verwendeten Wertes erhöht werden. Siehe hierzu auch [39].

10 Literatur

[1] Al-Douri, R. H., Poulos, H. G.: Predicted and observed cyclic performance of piles in calcareous sand. Journal of Geotechnical Engineering, Vol. 121, Nr. 1, 1995, pp. 1–16.
[2] API – American Petroleum Institut: Recommended Practice for Planning, Designing and Constructing fixed Offshore Platforms – Working Stress Design. RP2A – WSD, 20th Edition, Dallas, 2000.
[3] API RP 2A: American Petroleum Institute; Recommended Practice for Planning, Designing and Constructing Fixed Offshore Platforms, 1989.
[4] Auvinet, G.: Negative Skin Friction in Mexico City Clay. Proc. 10th Intern. Conf. on Soil Mech. and Found. Engineering, Stockholm, 1981, Vol. 2, pp. 599–604.
[5] Bartolomey, A. A., Omelchak, I. M., Ponomaryov, A. B., Bakholdin, B. V.: Calculation of pile foundations on limiting states – Russian practice; Design of Axially Loaded Piles – European Practice; De Cock & Legrand (eds). Balkema, Rotterdam, 1997, pp. 321–336.
[6] Baumgartl: Ein einfaches Rechenmodell für negative Mantelreibung (Plastisches Modell PM). Beiträge zum Symposium Pfahlgründungen. Institut für Grundbau, Boden- und Felsmechanik der TH Darmstadt, 1986, S. 71–76.
[7] Berezantzev, V. G., Khristoforov, V. S., Golubkov, V. N.: Load bearing capacity and deformation of piled foundations; V ICSMFE, Vol. 2, Paris, 1961, pp. 11–15.
[8] Berger, G.: Einfluss der Standzeit auf die Tragfähigkeit gerammter Zugpfähle. Geotechnik 9 (1986), Heft 1, S. 33–36.
[9] Bergfelder, J.: Hilfsmittel zur Auswertung horizontaler Pfahlprobebelastungen. Geotechnik 17 (1994), Heft 3, S. 141–149.
[10] Bergfelder, J., Schmidt, H. G.: Zur Planung und Auswertung von horizontalen Pfahlprobebelastungen. Geotechnik 12 (1989), Heft 2, S. 57–61.
[11] Blum, H.: Wirtschaftliche Dalbenformen und deren Berechnung. Bautechnik 10 (1932), S. 50–55.
[12] Borchert, K.-M., Mönnich, K.-D., Savidis, S., Walz, B.: Tragverhalten von Zugpfahlgruppen für Unterwasserbetonsohlen. Vorträge der Baugrundtagung, DGGT, Stuttgart, 1998, S. 529–557.
[13] Borel, S., Bustamante, M., Gianeselli, L.: Two comparative studies of the bearing capacity of vibratory and impact driven sheet piles. Transvib, Louvain-la-Neuve, 2002, pp. 167–174.
[14] Bozozuk, M.: Downdrag Measurement on a 160-ft floating Pipe Test Pile in Marine Clay. Canadian Geotechnical Journal 5 (1972), pp. 127–136.
[15] Breyer, B., Wellhäuser, R., Vogt, C.: Ermittlung der Pfahltragfähigkeit durch Probebelastungen und numerische Analysen. Tagungsband zum 5. Kolloquium „Bauen in Boden und Fels" in Ostfildern, Technische Akademie Esslingen (TAE), 2006.
[16] Briaud, J.-L., Garland, E.: Loading rate method for pile response in clay; Journal of Geotechnical Engineering 111 (1985), No. 1, pp. 319–335.
[17] Briecke, W.: Erschütterungen vermeiden oder abschirmen. Tiefbau 5 (1993), S. 318–320.
[18] Briecke, W.: Bohr- und Verdrängungspfähle. Tagungsband „Die neue EA-Pfähle". VPI-Seminar 2007 (unveröffentlicht).
[19] Broms, B. T.: Precast piling practice. Thomas Telford Ltd, London, 1981.
[20] Bruce, D. A., Juran, I.: Drilled and Grouted Micropiles. State-of-Practice Review, Vol. 1–4. US DOT, FHWA-RD-96-016 to -019, Washington DC, 1997.
[21] Brucy, F., Meunier, J., Nauroy, J.-F.: Behavior of Pile Plug in Sandy Soils during and after Driving; Proceedings of the 23rd Offshore Technology Conference, OTC 6514, Vol. 1, 1991, pp. 145–154.
[22] Burland, J. B.: Shaft friction of piles in clay-a simple fundamental approach. Ground Engineering 6 (1973), pp. 30–42.
[23] Bustamante, M., Frank, R.: Design of axially loaded piles – French practice; Design of Axially Loaded Piles – European Practice; De Cock & Legrand (eds). Balkema, Rotterdam, 1997, pp. 161–175.
[24] Bustamante, M., Gianeselli, L.: Pile bearing capacity prediction by means of static penetrometer CPT. Proceedings of the Second European Symposium on Penetration Testing, Amsterdam, 1982, pp. 493–500.
[25] Handbook Quay Walls. Centre for Civil Engineering Research and Codes. Balkema, Rotterdam, 2005.

3.2 Pfahlgründungen

[26] Chan, S. F., Hanna, T. H.: Repeated loading on single piles in sand. Journal of the Geotechnical Engineering Division, Vol. 106, GT 2, 1980, pp. 171–188.
[27] Chow, F. C., Jardine, R. J., Brucy, F., Nauroy, J. F.: The effects of time on the capacity of pipe piles in dense marine sand. Proc. 28th Offshore Technology Conference, OTC 7972, 1996, pp. 147–160.
[28] Clark, J. I., Meyerhof, G. G.: The behaviour of piles driven in clay. I. An investtigation of soil stress and pore water pressure as related to soil properties Canadian Geotechnical Journal 9 (1972), pp. 351–373.
[29] Clemente, F. M.: Downdrag on bitumen coated Piles in warm climate. 10th Intern. Conf. on Soil Mech. and Found. Engineering, 1981, pp. 673–676.
[30] Cognan, J. M.: In-situ Measurement of Negative Skin Friction. Ann. Inst. Tech. Bat. Trav. Publ. Nr. 293, Sols/Foundations 89, 1972, pp. 1–12.
[31] Davisson, M. T., Salley: Modell study of laterally loaded piles. Journ. Geot. Eng. Div., ASCE (96), 1970, p. 1605.
[32] De Beer, E.: Méthodes de déduction de la capacité portante d'un pieu à partir des résultats des essais de pénétration. Annales des Travaux Publics de Belgique, Brussels, 1971–1972, No. 4, pp. 191–268; No. 5, pp. 321–353; No. 6, pp. 351–405.
[33] De Beer, E.: Piles subjected to static lateral loades. State-of-the-Art-Report, Spec. Sess. Nr. 10, 9th ICSMFE, Rijksinstizuut voor Grondmechanika, Gent, Tokyo, 1977.
[34] De Beer, E.: Verstärkung von Stahlpfählen. Beiträge zum Symposium Pfahlgründungen. Institut für Grundbau, Boden- und Felsmechanik der TH Darmstadt, 1986, S. 51–58.
[35] Décourt, L., Niyama, S.: Predicted and measured behaviour of displacement piles in residual soils. XIII ICSMFE, New Delhi, India, 1994, pp. 477–486.
[36] DiBt-DGGT-DAfStB: Richtlinie für den Entwurf, die Bemessung und den Bau von Kombinierten Pfahl-Plattengründungen (KPP-Richtlinie), 2000.
[37] Dijkstra, J. ,Broere, W., van Tol, A. F.: Numerical investigation into stress and strain development around a displacement pile in sand. Proceedings of the 6th European Conference on Numerical Methods in Geotechnical Engineering, NUMGE 06, 2006, pp. 595–600.
[38] Döbbelin, J., Rizkallah, V.: Schadensvermeidung bei Baugrubensicherungen, Heft 13. Institut für Bauschadensforschung e. V., Hannover, 1996.
[39] EA-Pfähle: Empfehlungen des Arbeitskreises „Pfähle" Ernst & Sohn, Berlin, 2007.
[40] EAU 2004: Empfehlungen des Arbeitsausschusses „Ufereinfassungen" Häfen und Wasserstraßen, 10. Auflage, Hrsg. HTG und DGGT. Ernst & Sohn, Berlin, 2005.
[41] Eigenbrod, K. D., Hanke, R., Basheer, M. A. J.: Interaction between the bearing and shaft-resistence of piles. Proc. of 54th Canadian Geotechnical Conferende, Session 9, Calgary, 2001.
[42] El-Mossallamy, Y.: Ein Berechnungsmodell zum Tragverhalten der Kombinierten Pfahl-Plattengründung, Heft 13. Institut und Versuchsanstalt für Geotechnik der TH Darmstadt, 1996.
[43] Endo, M.: Negative Skin Friction acting on Steel Pipe Piles in Clay. Proc. 7th Intern. Conf. on Soil Mech. and Found. Engineering, Vol. 2, 1969, pp. 85–92.
[44] Fedders, H.: Anwendung von Großrohrpfählen. Vorträge der Baugrundtagung 1972 in Stuttgart, Spezialsitzung „Pfähle", Stuttgart, 1972, S. 695–722.
[45] Fellenius, B. H.: Down-drag on piles in clay due to negative skin friction. Canadian Geotechnical Journal (1972), pp. 323–337.
[46] Fellenius, B. H.: Test loading of piles and new proof testing procedure. Journ Geot. Eng. Div., ASCE (101), GT 9, 1975, p. 855.
[47] Findlay, J. D., Brooks, N. J., Mure, J. N., Heron, W.: Design of axially loaded piles – United Kingdom practice; Design of Axially Loaded Piles – European Practice; De Cock & Legrand (eds), Balkema, Rotterdam, 1997, pp. 353–376.
[48] Fleming, W. G. K., Weltman, A. J., Randolph, M. F., Elson, W. K.: Piling engineering, 2nd edition. Halsted Press, New York, 1992.
[49] Franke, E.: Pfähle. Grundbau-Taschenbuch, Teil 3, 5. Auflage. Ernst & Sohn, Berlin, 1997.
[50] Franke, E., Lutz, B., El-Mossallamy, Y.: Pfahlgründungen und die Interaktion Bauwerk/Baugrund. Geotechnik 17 (1994), Heft 2, S. 157–172.
[51] Grabe, J., König, F.: Zeitabhängige Traglaststeigerung von Verdrängungspfählen. Tagungsband DGGT-Baugrundtagung 2006, S. 291–298.
[52] Hartung, M.: Qualitätssicherung bei der Pfahlherstellung. Pfahl-Symposium, Mitteilung des Instituts für Grundbau und Bodenmechanik, TU Braunschweig, 1993, Heft 41, S, 261–279.

[53] Hartung, M.: Einflüsse der Herstellung auf die Pfahltragfähigkeit im Sand. Mitteilung des Instituts für Grundbau und Bodenmechanik, TU Braunschweig, 1994, Heft 45.
[54] Heijnen, W. J.: Design of foundations and earthworks, The Netherlands Commemorative 11th International Conference on Soil Mechanics and Foundation Engineering, San Francisco, 1985, pp. 53–70.
[55] Heinonen, J., Hartikainen, J., Kiiskilä, A.: Design of Axially Loaded Piles – Finnish Practice; Design of Axially Loaded Piles – European Practice; De Cock, F. & Legrand, C. (Eds.). Balkema, Rotterdam, 1997, pp. 133–160.
[56] Henke, S., Grabe, J.: Simulation der Pfahleinbringung mittels dreidimensionaler Finite-Elemente Analysen. Vorträge zum 14. Darmstädter Geotechnik-Kolloquium am 15. März 2007. Mitteilungen des Instituts und der Versuchsanstalt für Geotechnik der Technischen Universität Darmstadt, 2007, Heft 76, S. 155–166.
[57] Henke, S., Grabe, J.: Numerische Untersuchungen zur Pfropfenbildung in offenen Profilen in Abhängigkeit des Einbringverfahrens. Bautechnik 85 (2008), Heft 8, S. 521–529.
[58] Herbst, T. F.: Der GEWI-Pfahl, ein modernes Pfahlbauelement. 6. Christian Veder Kolloquium, Institut für Bodenmechanik und Grundbau, TU Graz, 1991.
[59] Herbst, T. F.: International List of References for Micropiles. Int. Society for Micropiles, Venetia, PA, USA 2008 (unveröffentlicht).
[60] Herle, I.: Hypoplastizität und Granulometrie einfacher Korngerüste. Veröffentlichungen des Instituts für Bodenmechanik und Felsmechanik der Universität Fridericiana in Karlsruhe, 1997, Heft 142.
[61] Hettler, A.: Setzungen von vertikalen, axial belasteten Pfahlgruppen in Sand. Bauingenieur 61 (1986), S. 417–421.
[62] Hettler, A.: Der Duktilpfahl. Bauingenieur 65 (1990), S. 319–324.
[63] Hilmer, K.: Schäden im Gründungsbereich. Ernst & Sohn, Berlin, 1991.
[64] Holzhäuser, J.: Experimentelle und numerische Untersuchungen zum Tragverhalten von Pfahlgründungen im Fels. Mitteilungen des Institutes für Geotechnik, TU Darmstadt, 1998, Heft 42.
[65] Horch, M.: Zuschrift zu Seitendruck auf Pfähle. Geotechnik (1980), S. 207.
[66] Hornung, F.: Vorgänge im Frischbeton bei der Entwässerung unter hohem Druck. Dissertation, 1986.
[67] Indraratna, B.: Development of Negative Skin Friction on driven Piles in soft Bangkok Clay. Canadian Geotechnical Journal 29 (1992), pp. 393–404.
[68] Jardine J. R. und Chow, F. C.: New design methods for offshore piles. MTD Publication 96/103, Marine Technology Directorate, London, 1996.
[69] Jardine, R. J., Chow, F. C., Overy, R. F., Standing, J. R.: ICP Design Methods for Driven Piles in Sands and Clays. Thomas Telford, London, 2005.
[70] Jessberger, H. L., Latotzke, J.: Tragverhalten von vertikalen Bohrpfählen unter horizontalen Anprallasten. Forschungsbericht 98-3, Institut für Grundbau und Bodenmechanik, Ruhruniversität Bochum, 1998 (unveröffentlicht).
[71] Jörß: Bemessungskurven für Franki-Pfahlfüße. Neufassung, Franki-Grundbau GmbH, Düsseldorf, 1978.
[72] Karlsrud, K., Kalsnes, B., Nowacki, F.: Response of Piles in Soft Clay and Silt Deposits to Static and Cyclic Axial Loading Based on Recent Instrumented Pile Load Tests. NGI-Publ. Nr. 188, 1992, pp 1–37.
[73] Katzenbach, R.: Zur technisch-wirtschaftlichen Bedeutung der Kombinierten Pfahl-Plattengründung, dargestellt am Beispiel schwerer Hochhäuser. Bautechnik 70 (1993), Heft 3, S. 161–170.
[74] Katzenbach, R., Moormann, Ch., Reul, O.: Ein Beitrag zur Klärung des Tragverhaltens von Kombinierten Pfahl-Plattengründungen (KPP). Pfahl-Symposium, Institut für Grundbau und Bodenmechanik, TU Braunschweig, 1999, S. 261–299.
[75] Kempfert, H.-G.: Zum Trag- und Verformungsverhalten von im Baugrund eingespannten, nahezu starren Gründungskörpern bei ebener und geneigter Geländeoberfläche. Schriftenreihe Fachgebiet Baugrund-Grundbau, Universität Dortmund, 1987, Heft 1.
[76] Kempfert, H.-G.: Dimensionierung kurzer, horizontal belasteter Pfähle. Bauingenieur 64 (1989), S. 201–207.
[77] Kempfert, H.-G.: Pfahlgründungen (Abschnitt 1-7). Grundbau-Taschenbuch, Teil 3, 6. Auflage. Ernst & Sohn, Berlin, 2001, S. 87–206.

3.2 Pfahlgründungen

[78] Kempfert, H.-G.: Negative Mantelreibung bei Pfahlgründungen nach dem Teilsicherheitskonzept. Vorträge zum 12. Darmstädter Geotechnik-Kolloquium. Mitteilungen des Instituts für Geotechnik, TU Darmstadt, 2005, Heft 71, S. 21–31.

[79] Kempfert, H.-G. und Becker, P.: Untersuchungen zum axialen Tragverhalten verschiedener Pfahlsysteme und empirische Ableitung von Pfahlwiderständen für die EA-Pfähle der DGGT. Forschungsbericht FG Geotechnik, Universität Kassel, 2006 (unveröffentlicht).

[80] Kempfert, H.-G. und Becker, P.: Grundlagen und Ergebnisse der Ableitung von axialen Pfahlwiderständen aus Erfahrungswerten für die EA-Pfähle. Bautechnik 84 (2007), Heft 7, S. 441–449.

[81] Kempfert, H.-G., Hörtkorn, F., Becker, P.: Ableitung von Streuungsfaktoren und Teilsicherheitsbeiwerten für Pfahlwiderstände aus Ergebnissen von Probebelastungen und Erfahrungswerten für den Eurocode EC 7-1 – Kalibrierung am bisherigen deutschen Sicherheitsstandard. Forschungsbericht Universität Kassel für das DIBt, IRB Verlag, Stuttgart, 2008.

[82] Kempfert, H.-G., Laufer, J.: Probebelastungen in wenig tragfähigen Böden unter statischer und wechselnder Belastung. Geotechnik 14 (1991), Heft 3, S. 105–112.

[83] Kempfert, H.-G., Thomas, S.: Zum axialen Pfahltragverhalten unter zyklisch-dynamischer Belastung. VDI-Berichte Nr. 1941, 2006, S. 521–535.

[84] Kempfert, H.-G., Thomas, S., Gebreselassie, B.: Untersuchungen zum Pfahltragverhalten unter zyklisch axialer Belastung in bindigen und nichtbindigen Böden. DFG-Forschungsbericht, 2007 (Zwischenbericht, unveröffentlicht).

[85] Kérisel, J.: Foundations profondes en milieux sableux. Proc. 5th ICSMFE, Paris, 1961, Vol. 2, pp. 73–83.

[86] Kłos, J., Tejchman, A.: Analysis of Behaviour of Tubular Piles in Subsoil. Proceedings of the 9th International Conference on Soil Mechanics and Foundation Engineering (ICSMFE), Tokyo, 1977, Vol. 2, pp. 605–608.

[87] Klüber, E.: Tragverhalten von Pfahlgruppen unter Horizontalbelastung. Institut für Grundbau, Boden- und Felsmechanik, TH Darmstadt, 1988, Heft 28.

[88] Kobarg, J.: Setzungsinduzierte Biegebeanspruchungen von Schrägpfählen. Bauingenieur 1 (2001), S. 42–49.

[89] Kolymbas, D.: Pfahlgründungen. Springer-Verlag, Berlin, Heidelberg, 1989.

[90] Koreck, H. W.: Zyklische Axialbelastung. Beiträge zum Symposium Pfahlgründungen. Institut für Grundbau, Boden- und Felsmechanik der TH Darmstadt, 1986, S. 139–144.

[91] Koreck, H. W.: Tragfähigkeit von Bohrpfählen im Fels. Beiträge zur Felsmechanik, Schriftreihe Prüfamt für Grundbau, Boden- und Felsmechanik, TU München, 1987, Heft 10, S. 101–119.

[92] Kraft, L. M.: Computing axial pile capacity in sands for offshore conditions. Marine Technology 9 (1990), pp. 61–92.

[93] Kraft, L. M., Cox, W. R., Verner, E. A.: Pile load tests: Cyclic Loads and Varying load Rates. Journal of the geotechnical engineering division, Vol. 107, No. GT1, 1981, pp. 1–19.

[94] Lammertz, P.: Ermittlung der Tragfähigkeit vibrierter Stahlrohrpfähle in nichtbindigen Boden. Mitteilungen a. d. Fachgebiet Grundbau/Bodenmechanik, Universität Duisburg-Essen, Heft 35, 2008.

[95] Lammertz, P., Richwien, W.: Ermittlung der Tragfähigkeit von vibrierten Stahlrohrpfählen. Pfahl Symposium, Mitteilungen des Instituts für Grundbau und Bodenmechanik der TU Braunschweig, 2007, Heft 84, S. 311–330.

[96] Lehane, B. M.: Design of axially loaded piles – Irish practice; Design of Axially Loaded Piles – European Practice; De Cock & Legrand (eds). Balkema, Rotterdam, 1997, pp. 203–218.

[97] Lehane, B. M., Gavin, K. G.: Base Resistance of Jacked Pipe Piles in Sand. Journal of Geotechnical and Geoenvironmental Engineering 127 (6), 2001, pp. 473–480.

[98] Lehane, B. M., Jardine, R. J., Mc Cabe, B. A.: Pile group tension cyclic loading: Field test programme. Kinegar N. Ireland, Imperial College Consultants (ICON), Research Report No. 101, 2003, pp. 1–42.

[99] Lehane, B. M., Schneider, J. A., Xu, X.: CPT Based Design of Driven Piles in Sand for Offshore Structures. Report GEO: 05341, Geomechanics Group, Department of Civil Engineering, The University of Western Australia, 2005.

[100] LeKouby, A., Canou, J., Dupla, J. C.: Behaviour of model piles subjected to cyclic axial loading. Cyclic Behaviour of Soils and Liquefaction Phenomena. Balkema, Rotterdam, 2004, pp. 159–166.

[101] Leung, C. F.: Performance of precast driven Piles in Marine Clay. Journal of Geotechnical Engineering117 (1991), pp. 637–657.
[102] Linder, W.-R.: Zum Eindring- und Tragverhalten von Pfählen in Sand. Dissertation TU Berlin, 1977.
[103] Linder, W.-R. und Siebke, H.: Kommentar zu DIN EN 1536 (Bohrpfähle). Beuth Verlag, Berlin, 2004.
[104] Little, J. A.: Downdrag on Piles: Review and recent Experimentation; Vertical and Horizontal Deformations of Foundations and Embankments. Proceeding of Settlement Conf., 1994, pp. 1805–1825.
[105] Lutz, B., El-Mossallamy, Y., Richter, Th.: Ein einfaches, für die Handrechnung geeignetes Berechnungsverfahren zur Abschätzung des globalen Last-Setzungsverhaltens von Kombinierten Pfahl-Plattengründungen. Bauingenieur 81 (2006), S. 61–66.
[106] Mahutka, K.-P., König, F., Grabe, J.: Numerical modelling of pile jacking, driving and vibratory driving. Numerical Modelling of Construction Processes in Geotechnical Engineering for Urban Environment. Taylor & Francis Group, London, 2006, pp. 235–246.
[107] Mandolini, A.: Design of axially loaded piles – Italian practice; Design of Axially Loaded Piles – European Practice, De Cock & Legrand (eds). Balkema, Rotterdam, 1997, pp. 219–242.
[108] Martin, R. E., Seli, J. J., Powell, G. W., Bertoulin, M.: Concrete pile design in Tidewater Virginia. Journal of Geotechnical Engineering, Vol. 113, No. 6, 1987, pp. 568–585.
[109] Mazurkiewicz, B.: Research works on pile behavior. Proc. 1th Baltic CSMFE, Gdansk, 1975.
[110] Mazurkiewicz, B.: Einfluss von Rammgeräten auf die Tragfähigkeit von Stahlbetonpfählen. Beiträge Pfahlsymposium 1986. Eigenverlag TH Darmstadt, S. 31–36.
[111] McClelland, B.: Design of deep penetrating piles for ocean structures. Journ. Geot. Eng. Div., ASCE (100), GT 7, 1974, pp. 705–747.
[112] Meißner, H.: Empfehlungen des Arbeitskreises „Numerik in der Geotechnik" der Deutschen Gesellschaft für Erd- und Grundbau e. V. Geotechnik 14 (1991), S. 1–10.
[113] Meißner, H., Wibel, A. R.: Sandverformungen und Spannungsverteilungen in der Umgebung von Bohrpfählen. Vortragsband der Baugrundtagung Frankfurt, DGEG Essen, 1974, S. 449–470.
[114] Mets, M.: The bearing capacity of a single pile – Experience in Estonia; Design of Axially Loaded Piles – European Practice, De Cock & Legrand (eds). Balkema, Rotterdam, 1997, pp. 115–132.
[115] Meyerhof, G. G.: Bearing capacity and settlement of pile foundations. Joun. Geot. Eng. Div., ASCE (102), GT 3, 1976, pp. 195–228.
[116] Meyerhof, G. G.: Scale effects of ultimate pile capacity; Journal of Geotechnical Engineering, ASCE (109), No. 1, 1983, pp. 797–806.
[117] Mittag, J., Richter, T.: Beitrag zur Bemessung von vertikal zyklisch belasteten Pfählen. Festschrift zum 60. Geburtstag von Prof. Dr. -Ing. Hans-Georg Kempfert. Schriftenreihe Geotechnik, Universität Kassel, 2005, Heft 18, S. 337–354.
[118] Möhrchen, N.: Zur Grenzlast eine Druckpfahls – Untersuchungen für den Einzel- und den Gruppenpfahl, Berichte aus Bodenmechanik und Grundbau der Bergischen Universität Wuppertal FB Bauingenieurwesen, Band 26, 2003.
[119] Moormann, C.: Zur Tragwirkung und Beanspruchung von Gründungspfählen beim Baugrubenaushub. Pfahlsymposium; Mitteilungen des Institutes für Grundbau und Bodenmechanik, Technische Universität Braunschweig, 2003, Heft 71, S. 351–378.
[120] Moormann, C.: Pfahltragverhalten in festen und veränderlich festen Gesteinen. In: Festschrift zum 60. Geburtstag von Prof. Dr. -Ing. Hans-Georg Kempfert. Schriftenreihe Geotechnik, Universität Kassel, 2005, Heft 18, S. 257–280.
[121] Muhs, H.: Versuche mit Bohrpfählen, 2. Auflage. Bauverlag, Wiesbaden/Berlin, 1967.
[122] Nendza, H., Placzek, D.: Die Erhöhung der Pfahltragfähigkeit durch gezieltes Nachverpressen – Stand der Erfahrungen. Vortragsband Baugrundtagung, Hamburg, 1988, DGEG, S. 323–340.
[123] Normenhandbuch zu DIN EN 1997-1:2008-10: Geotechnische Bemessung – Allgemeine Regeln, und DIN 1054:2009: Ergänzende Regelungen zu DIN EN 1997-1, 2009.
[124] O'Neill, M. W., Reese, L. C.: Behavior of bored piles in Beaumont clay. Journ. Geot. Eng. Div., ASCE (98), 1972, p. 195.
[125] Paik, K.-H., Lee, S.-R.: Behavior of Soil Plugs in Open-Ended Model Piles Driven into Sands. Marine Georesources and Geotechnology 11 (1993), pp. 353–373.

3.2 Pfahlgründungen

[126] Paik, K.-H., Salgado, R., Lee, J., Kim, B.: Behavior of Open- and Closed-Ended Piles Driven into Sands. Journal of Geotechnical and Geoenvironmental Engineering, Vol. 129, Issue 4, 2003, pp. 296–306.
[127] Paikowsky, S. G., of Lowell, U.: The Mechanism of Pile Plugging in Sand; Proceedings of the 22nd Offshore Technology Conference, OTC 6490, Vol. 4, 1990, pp. 593–604.
[128] Placzek, D: Mantel- und Fußverpressung zur Tragfähigkeitserhöhung von Bohrpfählen – aktueller Stand der Erfahrungen. Schriftenreihe Geotechnik, Universität Kassel, 2005, Heft 18, S. 275–290.
[129] Poulos, H. G.: Cyclic axial loading analysis of piles in sand. Journal of Geotechnical Engineering 115, No. 6, 1989, pp. 836–852.
[130] Poulos, H. G.: Pile behaviour – theory and application. Géotechnique 39 (1989), pp. 365–415.
[131] Poulos, H. G.: Spannungen und Setzungen im Boden. Grundbau-Taschenbuch, Teil 1, 6. Auflage, Kap. 1.6, S. 255–305. Ernst & Sohn, Berlin, 2001.
[132] Poulos, H. G., Davis, E. H.: Pile foundation analyses and design. J. Wiley & Sons, 1980.
[133] Prakash, S., Sharma, H. D.: Pile foundations in engineering practice. J. Wiley & Sons, 1989.
[134] Puri, V. K.: Negative Skin Friction on coated and ancoated Model Piles. Proc. Int. Conf. on Piling and Deep Found, Stresa, Italy. Balkema, Rotterdam, 1991, pp. 627–632.
[135] Rackwitz, F.: Numerische Untersuchungen zum Tragverhalten von Zugpfählen und Zugpfahlgruppen in Sand auf Grundlage von Pfahlprobebelastungen. Veröffentlichung des Grundbauinstitutes der TU Berlin, Heft 32, 2003.
[136] Raithel, M.: Lärmschutzwände auf horizontal belasteten Pfählen bei zyklisch/dynamischen Einwirkungen – Versuchsergebnisse und Berechnungsansätze. Schriftenreihe Geotechnik, Universität Kassel, 2005, Heft 18, S. 21–34.
[137] Randolph, M. F., Carter, J. P., Wroth, C. P.: Driven piles in clay – the effects of installation and subsequent consolidation; Géotechnique 29, No.4 (1979), p. 361–393.
[138] Randolph, M. F., Wroth, C. P.: Analysis of deformation of vertically loaded piles. AS-CE J. GE Div. 104 (1978), pp 1465–1488.
[139] Reese, L., Cox, W. R., Koop, F. D.: Analysis of laterally loaded piles in sand. 6th Annual Offshore Techn. Conference, Houston, 1974, pp. 473–483.
[140] Richwien, W.: Pfropfenbildung in offenen Stahlprofilen. Beiträge zum Symposium Pfahlgründungen 12. und 13. März in Darmstadt. Mitteilungen des Instituts für Grundbau, Boden- und Felsmechanik der TH Darmstadt, 1986, S. 59–64.
[141] Rollberg, D.: Bestimmung des Verhaltens von Pfählen aus Sondier- und Rammergebnissen. Forschungsbericht aus Bodenmechanik und Grundbau, FBG 4, TH Aachen, 1976.
[142] Rollberg, D.: Zur Bestimmung der Pfahltragfähigkeit aus Sondierungen. Bauingenieur 60 (1985), S. 25–28.
[143] Rowe, R. K., Armitage, H. H.: Theoretical solutions for axial deformations of drilled shafts in rock. Canadian Geotechnical Journal, Vol. 24, No. 1 (1987), pp. 114–125.
[144] Rudolf, M.: Beanspruchung und Verformung von Gründungskonstruktionen auf Pfahlrosten und Pfahlgruppen unter Berücksichtigung des Teilsicherheitskonzepts. Schriftenreihe Geotechnik, Universität Kassel, Heft 17, 2005.
[145] Rudolf, M., Kempfert, H.-G.: Setzungen und Beanspruchungen bei Gründungen auf Pfahlgruppen. Bautechnik 83, Heft 9 (2006), S. 618–625.
[146] Russo, G., Viggiani, C.: Some aspects of numerical analysis of piles rafts. ICSMFE, Hamburg, 1997, pp. 1125–1128.
[147] Schanz, T.: Aktuelle Entwicklungen bei Standsicherheits- und Verformungsberechnungen in der Geotechnik. Geotechnik 29, Nr. 1 (2006), S. 13–27.
[148] Schenck, W.: Pfahlgründungen. Grundbau-Taschenbuch, 2. Auflage. Ernst & Sohn, Berlin, 1966.
[149] Schmidt, H. G.: Horizontale Gruppenwirkung von Pfahlreihen in nichtbindigen Böden. Geotechnik 1 (1984), S. 1–6.
[150] Schmidt, H. G.: Großbohrpfähle mit Mantelverpressung. Bautechnik 73 (1996), S. 169–174.
[151] Schmidt, H. G., Seitz, J.: Grundbau. Beton-Kalender 1998, Teil 3. Ernst & Sohn, Berlin, 1998.
[152] Schmidt, H.-H., Seidel, J. P. und Haberfield, C. M.: Tragfähigkeit von Bohrpfählen in festen Böden und Fels. Bautechnik 76 (1999), S. 795–800.
[153] Schram Simonsen, A., Athanasiu, C.: Design of axially loaded piles – Norwegian practice; Design of Axially Loaded Piles – European Practice, De Cock & Legrand (eds); Balkema, Rotterdam, 1997, pp. 267–289.

[154] Schröder, E.: S-Verfahren: Zur Abschätzung der äußeren Tragfähigkeit (Grenzlast) von gerammten Betonfertigpfählen in nichtbindigen Böden. Hamburg, 1996 (unveröffentlicht).
[155] Schwarz, P.: Beitrag zum Tragverhalten von Verpresspfählen mit kleinem Durchmesser unter axialer zyklischer Belastung. Schriftenreihe von Lehrstuhl und Prüfamt für Grundbau, Bodenmechanik und Felsmechanik der Technischen Universität München, 2002, Heft 33.
[156] Seitz, J. M., Schmidt, H. G.: Bohrpfähle. Ernst & Sohn, Berlin, 2000.
[157] Semple, R. M., Rigden, W. J.: Shaft capacity of driven pipe piles in clay. Ground Engineering, 1986, pp. 11–19.
[158] Shibata, T., Sekiguchi, H., Yukitomo, H.: Model test and analysis of negative friction acting on piles. Soils and Foundation 22 (1982), pp. 29–39.
[159] Shioi, Y., Fukui, J.: Application of N-value to design of foundations in Japan. Proceedings of the 2nd European Symposium on Penetration Testing, Amsterdam, 1982, pp. 159–164.
[160] Skempton, A. W.: The bearing capacity of clays. Proc.of the Building Research Congress, Div. I, London, 1951, p. 180.
[161] Skempton, A. W.: Cast in-situ bored piles in London clay. Geotechnique 9 (1959), p. 158.
[162] Skov, R.: Pile foundation – Danish design methods and piling practice; Design of Axially Loaded Piles – European Practice; De Cock & Legrand (eds). Balkema, Rot-terdam, 1997, pp. 101–113.
[163] Smoltczyk, H. U.: Die Einspannung im beliebig geschichteten Baugrund. Bauingenieur 38 (1963), S. 388–396.
[164] Sommer, H., Katzenbach, R., De Benedittus, C.: Last-Verformungsverhalten des Messeturmes Frankfurt/ Main. Vorträge der Baugrundtagung, DGEG, Karlsruhe, 1990, S. 371–397.
[165] Steinfeld und Partner: Bericht zur Auswertung der Messergebnisse an der Kaimauer am Norderloch, 2001 (unveröffentlicht).
[166] Terzaghi, K.: Evaluation of coefficients of subgrade reaction. Geotechnique 15 (1955), p. 297.
[167] Tomlinson, M. J.: Pile design and construction practice, 4th edition, E & FN Spon, Chapman & Hall, London, 1994.
[168] Touma, Reese, L. C.: Behaviour of bored piles in sand. Journ. Geot. Eng. Div., ASCE (100), GT 7, 1974, pp. 749–761.
[169] Turner, J. P., Kulhawy, F. H.: Drained uplift capacity of drilled shafts under repeated axial loading; Journal of Geotechnical Engineering116, No. 3 (1990), pp. 470–491.
[170] Uhlendorf, H.-J., Lerch, U.: Tragverhalten von Großrohrrammpfählen. Bautechnik 66 (1989), Heft 9, S. 319–322.
[171] Van Impe, W. F., De Clercq, Y.: Ein Interaktionsmodell für Pfahl-Plattengründungen. Geotechnik 17 (1994), S. 61–73.
[172] Van Weele, A. F., Schellingerhout, A. J.: Effiziente Rammung von Fertigbetonpfählen. Geotechnik 17 (1994), S. 130–140.
[173] Vermeer, P. A., Bernecker, O., Weirich, T.: Schraubpfähle: Herstellung, Tragfähigkeit und numerische Modellierung. Bautechnik 85 (208), Heft 2, S. 133–139.
[174] Vesic, A. S.: Bearing capacity of deep foundations in sand. Highway Research Record 39 (1963), p. 112.
[175] Vesic, A. S.: Principles of pile foundation disign. Soil Mechanics Series Nr. 38, 1975, Duke University, School of Engg., Durham, N. C.
[176] Vesic, A. S., Clough, G. W.: Behaviour of granular materials under high stresses. Proc. ASCE (94), SM 3, 1968, p. 661.
[177] Vogt, N.: Vorschlag für die Bemessung der Gründung von Lärmschutzwänden. Geotechnik 11 (1988), Heft 4, S. 210–214.
[178] Vogt, N., Vogt, S., Kellner C.: Knicken von schlanken Pfählen in weichen Böden. Bautechnik 82 (2005), Heft 12, S. 889–902.
[179] Vucetic, M., Dobry, R.: Effect of soil plasticity on cyclic response. Journal of Geotechnical Engineering, Vol. 177, No. 1, 1991, pp. 89–107
[180] Walter, L.: Einbringen und Wiedergewinnen von Rammprofilen. Tiefbau 3 (1994), S. 142–154.
[181] Wehnert, M., Vermeer, P. A.: Numerische Simulation von Probebelastungen an Großbohrpfählen. Tagungsband zum 4. Kolloquium „Bauen in Boden und Fels" in Ostfildern, Technische Akademie Esslingen (TAE), 2004, S. 555–565.
[182] Weiß, K.: Pfahlversuche zur Ermittlung der Größe der negativen Mantelreibung in organischen Böden. Mitt. Degebo, TU Berlin, Heft 30, 1974, S. 34–40.

3.2 Pfahlgründungen

[183] Wenz, K.-P.: Über die Größe des Seitendrucks auf Pfähle in bindigen Erdstoffen. Institut für Boden- und Felsmechanik der Universität Karlsruhe, Heft 12, 1963.
[184] Whitaker, T.: Experiments with model piles in groups. Géotechnique 7, No. 4, 1957, S. 147–167.
[185] Whitaker, T., Cooke, R. W.: An investigation of the shaft and base resistance of large bored piles in London clay. Proc. of the Symposium on Large Bored Piles, London, 1966, pp. 7–49.
[186] White, D. J., Schneider, J. A., Lehane, B. M.: The Influence of Effective Area Ratio on Shaft Friction of Displacement Piles in Sand. Proceedings of the International Symposium on Frontiers in Offshore Geotechnics. Balkema, Rotterdam, 2005, pp. 741–747.
[187] Wiemann, J.: Bemessungsverfahren für horizontal belastete Pfähle – Untersuchungen zur Anwendbarkeit der p-y Methode. Mitt. Fachgebiet Grundbau und Bodenmechanik, Universität Duisburg-Essen, Heft 33, 2007.
[188] Winter, H.: Fließen von Tonböden. Eine mathematische Theorie und ihre Anwendung auf den Fließwiderstand von Pfählen. Veröffentlichung des Instituts für Boden- und Felsmechanik, Universität Karlsruhe, Heft 82, 1979.
[189] Witt, K. J., Wolff, T., Hassan, A.: Experimentelle Untersuchungen zum Tragverhalten von Tiefgründungen in Dubai (V. A. E.). Vorträge zum 14. Darmstädter Geotechnik-Kolloquium am 15. März 2007. Mitteilungen des Instituts und der Versuchsanstalt für Geotechnik der Technischen Universität Darmstadt, 2007, Heft 76, S. 29–44.
[190] Witzel, M.: Zur Tragfähigkeit und Gebrauchstauglichkeit von vorgefertigten Verdrängungspfählen in bindigen und nichtbindigen Böden. Schriftenreihe Geotechnik, Universität Kassel, Heft 15, 2004.
[191] Wolffersdorff von, P.-A.: A hypoplastic relation for granular materials with a predefined limit state surface. Mechanics of Cohesive-Frictional Materials, Vol. 1, 1996, pp. 251–271.
[192] ZTV–LSW 88 Ergänzungen: Entwurfs- und Berechnungsgrundlagen für Bohrpfahlgründungen und Stahlpfosten von Lärmschutzwänden an Straßen. Forschungsgesellschaft für Straßen- und Verkehrswesen, Köln, 1997.

3.3 Spundwände

*Werner Richwien, Hans-Uwe Kalle, Karl-Heinz Lambertz,
Karl Morgen und Hans-Werner Vollstedt*

1 Spundwandbauwerke

1.1 Allgemeines

Spundwandbauwerke bestehen aus einzelnen, untereinander durch Schlösser verbundenen, ins Erdreich eingetriebenen biege- und knicksteifen Elementen, den Spundbohlen. Sie werden als Stützbauwerke für Geländesprünge mit teilweise sehr großen Höhen, als Baugrubenwände und als Ufer- und Umschlagbauwerke im See- und Hafenbau eingesetzt. Spundwandbauwerke werden durch Erd- und Wasserdruck belastet, können aber auch lotrechte Lasten aus Überbauten übertragen.

Als Baustoff von Spundwandbauwerken dominiert seit vielen Jahrzehnten Stahl mit einem gegenwärtigen Jahresverbrauch von über 2,0 Mio t/a weltweit. In Sonderfällen werden auch Spundbohlen aus Stahlbeton, Spannbeton und aus Holz verwendet.

Die Spundwandbauweise hat sich über Jahrzehnte als eine sichere und wirtschaftliche Bauweise mit einem breiten Anwendungsspektrum im Ingenieurbau und insbesondere im Hafenbau und im Wasserbau erwiesen. Das gilt insbesondere für Spundwandbauwerke aus Stahlspundbohlen.

Wellenförmige Stahlspundwände werden aus U- oder Z-förmigen Einzelbohlen gebildet, die in der Regel aus statischen und rammtechnischen Gründen zu Doppel- oder Dreifachbohlen zusammengezogen und gemeinsam eingebracht werden. Die Schlösser innerhalb der Einbringeinheit werden bei U-Bohlen zum Erreichen der Verbundwirkung durch Verpressen oder Verschweißen kraftschlüssig miteinander verbunden. Bei Z-Bohlen ist das nicht erforderlich, weil die im Rücken der Wand liegenden Schlösser bei einachsiger Biegung keine Schubkräfte zur Gewährleistung der vollen Verbundwirkung übertragen müssen (s. hierzu DIN EN 1993-5:2005).

Stahlspundwände aus wellenförmigen Einzelprofilen können damit im Gegensatz zu Spundwänden aus Holz (Abschn. 1.2.3) und Stahlbetonprofilen (Abschn. 1.2.2) in der Wandebene Quer- und Zugkräfte übertragen und haben damit einen statischen Vorteil. Die Quersteifigkeit der wellenförmigen Spundwände wird durch zusätzliche Konstruktionselemente wie Gurte, Holme und aussteifende Überbauten zusätzlich erhöht.

Neben den wellenförmigen Spundwänden aus U- und Z-Bohlen kommen insbesondere bei den hohen Kaimauern in Seehäfen, aber auch bei tiefen Baugruben, die sog. kombinierten Wände (Kombiwände) zum Einsatz. Diese Wände werden aus schweren und langen Tragbohlen und dazwischen leichten und meist kürzeren Füllbohlen gebildet und haben wegen der schweren Tragbohlen eine hohe Steifigkeit und Tragfähigkeit, sodass auch große Geländesprünge standsicher und dauerhaft überwunden werden.

Die Entwicklung der Stahlspundwandbauweise wurde maßgebend durch Anforderungen aus dem Wasser- und Hafenbau bestimmt. Heute wird diese Bauweise in vielen Bereichen des Bauwesens mit Erfolg eingesetzt. Das gilt insbesondere für Bauwerke des Ingenieurtiefbaus, des Verkehrswegebaus, beim Bau von Wasserstraßen und des Hochwasserschutzes sowie für Bauhilfsmaßnahmen im Tiefbau. Daneben haben sich Spundwände auch im Umweltschutz z. B. als Dichtwände und zur Einkapselung von Altlasten bewährt.

Die technischen und wirtschaftlichen Vorteile sowie die freie Verfügbarkeit von Stahlspundwandprofilen aller Abmessungen haben für eine weite Verbreitung der Spundwandbauweise bei Baugrubenumschließungen vor allem unter schwierigen Bedingungen gesorgt. Bei Baugruben im innerstädtischen Bereich sind oft Bauweisen erforderlich, bei denen die Profile mit vertretbaren Schall- und Erschütterungsemissionen eingebracht werden.

Als nahezu erschütterungsfrei und lärmarm gilt das Einbringen der Spundbohlen durch das sog. Einpressen in den Baugrund (s. hierzu E 212, EAU [2]). Auch hat sich in den letzten Jahren das Einvibrieren von Spundbohlen, ggf. mit Spülhilfe, als schnelles und erschütterungsarmes Einbringverfahren durchgesetzt. Allerdings müssen gegebenenfalls die Einflüsse der Spülhilfe auf den Neigungswinkel des Erddrucks und Erdwiderstandes berücksichtigt werden (s. E 203, EAU [2]).

Die relativ einfach herzustellende Dichtigkeit der Spundwände (s. DIN EN 12063 [1] bzw. E 117 [2]) erlaubt ihren Einsatz vor allem auch für Baugruben im Grundwasser und im freien Wasser.

1.2 Baustoffe für Spundwandbauwerke

1.2.1 Stahlspundwände

Die Stahlspundwandbauweise hat in den letzten Jahrzehnten eine stürmische Weiterentwicklung erfahren, sodass heute für jeden Verwendungszweck geeignete Profilformen in der erforderlichen Materialgüte zur Verfügung stehen (s. Abschn. 3, Tabelle 1). Mit der Vielfalt der Spundbohlenformen und den daraus herstellbaren Wandsystemen sowie einer ausgereiften Geräte- und Einbringtechnik ist es dem planenden Ingenieur möglich, für nahezu alle Aufgaben und Bauwerksabmessungen eine technisch und wirtschaftlich anspruchsvolle Lösung unter Verwendung von Spundwandprofilen aus Stahl zu entwickeln.

Problematisch kann der Einsatz von Stahlspundwänden in einem Umfeld mit hoher Korrosionsgefahr (s. E 35, EAU [2]) sein, z. B. bei Umschlaganlagen für chemische Produkte oder in tropischen Gewässern. Daneben sind Stahlspundwände durch Sandschliff gefährdet, wenn etwa in fließenden Gewässern ein hoher Sandanteil mitgeführt wird (s. E 23, EAU [2]).

1.2.2 Stahlbeton- und Spannbetonspundwände

Prinzipiell eignen sich auch Spundwände aus Stahl- oder Spannbeton für viele bauliche Aufgaben wie Uferbauwerke und auch für den temporären Einsatz bei Baugrubenumschließungen. Allerdings fehlt ihnen der kraftschlüssige Verbund der einzelnen Profile untereinander. Die relativ schweren Profile verursachen gegenüber der Stahlspundwand einen erhöhten Transport- und Rammaufwand.

Die Nut- und Federausbildung kann so gestaltet werden, dass auch eine Dichtung eingebracht werden kann, der hierfür erforderliche Aufwand ist aber erheblich. Ein nachträgliches Abdichten von Fehlstellen in der Wand ist möglich, z. B. durch Hochdruckinjektionen (HDI). Spundwände aus Stahl- und Spannbeton bleiben aber vor allem aus wirtschaftlichen Gründen Sonderaufgaben vorbehalten, z. B. in Ländern ohne eigene Stahlproduktion oder in Fällen, in denen Stahlspundbohlen wegen der Korrosionsgefahr oder der Gefahr von Sandschliff nicht eingesetzt werden können.

Hilti & Jehle Grundbau GmbH & Co
Hirschgraben 20 | A-6800 Feldkirch | Austria | Tel./Phone +43 5522 3454-0 | www.hilti-jehle.at

Ihr Partner im Spezialtiefbau
Your partner for specialist foundations

Anwendungsbereiche: Ortbetonvibrationspfähle | Kies-, Sand-, Schotterpfähle | VdW Bohrpfähle | Bohrpfahlwände Schneckenbohrpfähle | Teilverdrängerbohrpfähle | Vollverdrängerbohrpfähle | Spundwände Stahlträgerprofile | Baugrubensicherung

Product overview: *Displacement cast in place pile (DCIP) | Gravel and sand columns | Double rotary head drilling Bored pile walls | Continuous flight augur piles | Part displacement piles | Displacement bored piles | Sheet pile walls | Steel beams and profiles | Construction pit protection*

ONLINE-FACHWÖRTERBUCH FÜR BAUINGENIEURE
ONLINE DICTIONARY FOR CIVIL ENGINEERS

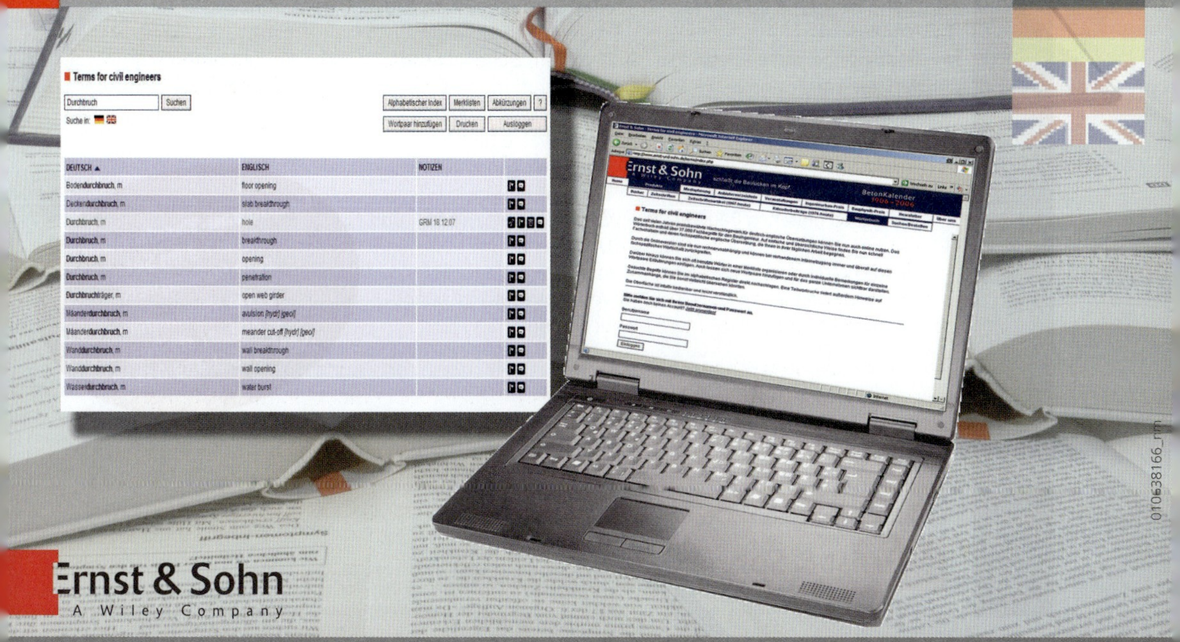

Ernst & Sohn
A Wiley Company

37.000 Fachbegriffe Deutsch <-> Englisch   37.000 terms English <-> German

TEST IT AND BUY A LICENCE: www.ernst-und-sohn.de/terms

BUCHEMPFEHLUNGEN

Das Kompendium der Geotechnik

Hrsg.: Karl Josef Witt

Abb. vorläufig

Teil 1:
Geotechnische Grundlagen
7. überarb. u. aktualis. Auflage
2008. 838 Seiten,
557 Abb., Gb.
€ 179,–*/ sFR 283,–
ISBN 978-3-433-01843-9

Inhalt:
- Sicherheitsnachweise im Erd- und Grundbau
- Baugrunderkundung im Feld
- Eigenschaften von Boden und Fels – ihre Ermittlung im Labor
- Statistische und probabilistische Bearbeitung von Baugrunddaten
- Stoffgesetze von Böden
- Erddruck
- Stoffgesetze und Bemessungsverfahren im Festgestein
- Bodendynamik
- Numerische Verfahren der Geotechnik
- Geodätische Überwachung von geotechnischen Bauwerken
- Geotechnische Messverfahren
- Massenbewegungen im Fels

Teil 2:
Geotechnische Verfahren
7., überarb. u. aktualis. Auflage
2009. ca. 850 Seiten,
ca. 500 Abb., Gb.
€ 179,-*/ sFr 283,-
ISBN: 978-3-433-01845-3

Inhalt:
- Erdbau
- Baugrundverbesserung
- Injektionen
- Unterfangungen und Nachgründungen
- Bodenvereisung
- Verpressanker
- Bohrtechnik
- Horizontalbohrungen und Rohrvortrieb
- Rammen, Ziehen, Pressen, Rütteln
- Grundwasserströmung - Grundwasserhaltung
- Abdichtungen und Fugen im Tiefbau
- Geokunststoffe im Erd- und Grundbau
- Ingenieurbiologische Verfahren zur Böschungssicherung

Teil 3:
Gründungen
7., überarb. u. aktualis. Auflage
2009. ca. 940 Seiten,
ca. 500 Abb., Gb.
€ 179,- */ sFr 283,-
ISBN: 978-3-433-01846-0

Inhalt:
- Flachgründungen
- Pfahlgründungen
- Spundwände
- Gründungen im offenen Wasser
- Baugrubensicherung
- Pfahlwände, Schlitzwände, Dichtwände
- Gründung in Bergbaugebieten
- Erschütterungsschutz
- Stützbauwerke und konstruktive Hangsicherungen

Grundbau-Taschenbuch Teile 1-3 im Set zum Sonderpreis
2009. Gebunden.
€ 483,-*/ sFr 763,-
ISBN: 978-3-433-01847-7

Ernst & Sohn
Verlag für Architektur und
technische Wissenschaften GmbH & Co. KG

www.ernst-und-sohn.de

Für Bestellungen und Kundenservice:
Verlag Wiley-VCH   Telefon: +49(0) 6201 / 606-400
Boschstraße 12
69469 Weinheim   Telefax: +49(0) 6201 / 606-184
E-Mail: service@wiley-vch.de

* Der €-Preis gilt ausschließlich für Deutschland
006224106_my Irrtum und Änderungen vorbehalten.

1.2.3 Holzspundwände

Holzspundwände spielen bei Ingenieurbauten wegen der beschränkten Abmessungen der Profile nur eine untergeordnete Rolle. Sie eignen sich vor allem als Fußspundwände vor Uferböschungen, für Molenbauwerke und Anleger in Sportboothäfen. Holzspundwände unterliegen dem natürlichen Fäulnisprozess, wenn sie nicht ständig unter Wasser liegen. Sie müssen daher im Tidegebiet stets unter dem Niedrigwasserspiegel liegen, wenn sie über längere Zeit Bestand haben sollen. Beim Einsatz im Seewasser besteht die Gefahr des Befalls durch die Bohrmuschel und die Bohrassel. Die Rammung von Holzspundwänden ist nur in hindernisfreien Böden mit nicht zu hoher Lagerungsdichte möglich.

1.2.4 Pfahlwände, Schlitzwände und Dichtungswände

Pfahlwände und Schlitzwände eignen sich gleichfalls für die Bildung von geschlossenen Wänden im Ingenieurbau. Sie werden aber nicht aus vorgefertigten Bauteilen zusammengesetzt, sondern vor Ort durch Betonieren von aneinander gereihten oder überschnittenen einzelnen Pfählen hergestellt. Pfahl- und Schlitzwände werden hier nicht behandelt.

Dichtungswände können als Spundwände ausgebildet werden, sie binden vollständig in den Untergrund ein und nehmen ausschließlich Lasten aus Wasserüberdruck und ggf. Lastunterschiede aus Erddruck beiderseits der Wand auf.

2 Regelwerke zu Spundwandbauwerken

2.1 DIN EN 12063, Spundwandkonstruktionen

Spundwandkonstruktionen werden in DIN EN 12063 [1] behandelt. Diese Norm enthält Anforderungen und Empfehlungen zu Planung und Ausführung von bleibenden oder temporären Spundwandkonstruktionen und gibt Hinweise zur Handhabung von Geräten und Materialien. Sie behandelt lediglich Stahlspundwände aus Wellenprofilen, kombinierte Spundwände aus Stahlprofilen und Holzspundwände. Der nationale Anhang (NA) dieser Norm enthält informativ spezielle Empfehlungen zu verschiedenen baupraktischen Aspekten wie Handhabung und Lagerung, Schweißen, Einbringen und Einbringverfahren sowie Rammhilfen.

2.2 DIN EN 10248 und DIN EN 10249, Warmgewalzte Spundbohlen und kaltgeformte Spundbohlen

Die DIN EN 10248:1995 „Warmgewalzte Spundbohlen aus unlegierten Stählen" mit Teil 1: „Technische Lieferbedingungen" und Teil 2: „Grenzmaße und Formtoleranzen" sowie DIN EN 10249:1995 „Kaltgeformte Spundbohlen aus unlegierten Stählen" mit Teil 1: „Technische Lieferbedingungen" und Teil 2: „Grenzmaße und Formtoleranzen" befinden sich seit langem in der Überarbeitung und liegen in ihren europäisch verabschiedeten Endfassungen als Entwurf DIN EN 10248:2006 [6, 7] und Entwurf DIN EN 10249:2006 [9, 10] bereits seit Mai 2006 vor. Sie werden aller Voraussicht nach erst nach der Veröffentlichung dieser Auflage des Grundbautaschenbuchs als DIN EN erscheinen.

Dennoch sei hier bereits darauf verwiesen, dass insbesondere die neue DIN EN 10248 den Regelungsumfang der derzeitigen Norm überschreiten wird. Sie wird u. a.

– die zusätzliche Stahlsorte S 460 GP enthalten,

– die Grenzwerte des Kohlenstoffequivalentes CEVmax der einzelnen Stahlsorten ausweisen und
– als Ergänzung zur DIN EN 1993-5 die Ermittlung der Festigkeitseigenschaften von Verpresspunkten bei U-Spundbohlen vorschreiben.

Derzeit steht der Verabschiedung von DIN EN 10248 vor allem die noch nicht geregelte Behandlung von außereuropäischen Profilen mit Schlossverbindungen, die nicht zur Untersuchungsreihe der Bemessungsnorm DIN EN 1993-5 gehörten, entgegen.

2.3 DIN EN 1993-5, Pfähle und Spundwände

Die DIN EN 1993-5:2007 „Bemessung und Konstruktion von Stahlbauten, Teil 5: Pfähle und Spundwände" ist eine europäisch harmonisierte Stahlbaubemessungsnorm, die die Bemessung von Spundwandprofilen nach dem Teilsicherheitskonzept regelt. Sie behandelt die Ermittlung der charakteristischen Grenztragfähigkeiten über die Klassenzuordnung der einzelnen Spundbohlentypen in Abhängigkeit von Stahlsorten und Querschnittsschlankheiten. Je nach Klassenzuordnung können die im Stahlbau üblichen Bemessungsverfahren elastisch/elastisch elastisch/plastisch und plastisch/plastisch angewandt werden.

2.4 Empfehlungen des Arbeitsausschusses „Ufereinfassungen" Häfen und Wasserstraßen, EAU 2004

Der Arbeitsausschuss Ufereinfassungen ist ein gemeinsamer Ausschuss der Hafentechnischen Gesellschaft (HTG) und der Deutschen Gesellschaft für Geotechnik (DGGT), der mit dem Ziel der Vereinfachung und Vereinheitlichung der Berechnung und Gestaltung von Ufereinfassungen eingerichtet wurde. Da die Spundwandbauweise bei diesen Bauwerken sehr verbreitet ist, enthält die EAU 2004 zahlreiche Regelungen für Entwurf, Berechnung, Bemessung, Ausschreibung, Vergabe, Bauausführung und Unterhaltung von Ufereinfassungen. Insbesondere im Kapitel 8 sind praktische Erfahrungen zu den Spundwandbauweisen aufgeführt und es werden die Nachweise für Spundwandbauwerke behandelt bzw. auf die entsprechenden Nachweisnormen ergänzend verwiesen.

Die Empfehlungen der aktuellen 10. Auflage der Sammelveröffentlichung EAU 2004 sind bei der EG-Kommission unter der Nummer 2004/305/D notifiziert, d. h. die EAU 2004 ist ein in der Europäischen Union anerkanntes technisches Regelwerk. Für den Geschäftsbereich der Wasser- und Schifffahrtsverwaltung wurde die EAU 2004 vom Bundesministerium für Verkehr, Bau- und Wohnungswesen mit Erlass vom 8.2.2005 als technische Baubestimmung eingeführt und ist bei einschlägigen Bau- und Unterhaltungsmaßnahmen anzuwenden. Die EAU 2004 ist Ende 2005 ebenfalls erschienen als 8. englischsprachige Ausgabe „Recommendations of the Committee for Waterfront Structures – Harbours and Waterways".

Die Empfehlungen der EAU werden laufend fortgeschrieben, die Ergebnisse werden in den Technischen Jahresberichten jeweils in der Zeitschrift „Bautechnik" veröffentlicht. Die aktuelle EAU 2004 setzt in den empfohlenen Nachweisen das in EC 7 und DIN 1054 vorgegebene Konzept der Teilsicherheitsbeiwerte vollständig um.

Seit April 2009 liegt die EAU 2004 auch als digitale Version vor, die bis dahin verabschiedeten inhaltlichen Änderungen sind eingearbeitet, in Zukunft erforderliche Änderungen und Weiterentwicklungen werden nach der jeweiligen Einspruchsfrist ebenfalls eingearbeitet, sodass die digitale EAU stets den aktuellen Regelungsstand wiedergibt.

Den Fortschritt erleben.

Liebherr-Werk Nenzing GmbH
P.O. Box 10, A-6710 Nenzing/Austria
Tel.: +43 50809 41-473
Fax: +43 50809 41-499
crawler.crane@liebherr.com
www.liebherr.com

LIEBHERR
The Group

FACHLITERATUR FÜR BAUINGENIEURE

Witt, K. J. (Hrsg.)
**Grundbau-Taschenbuch
Teil 1: Geotechnische Grundlagen**
2009. 7. überarb. u. aktualis. Auflage.
838 S., 574 Abb., Geb.
€ 179,– / sFr 283,–
ISBN: 978-3-433-01843-9

Teil 2: Geotechnische Verfahren
7., überarb. u. aktualis. Auflage.
2009. ca. 850 S., ca. 500 Abb., Geb.
€ 179,– / sFr 283,–
ISBN: 978-3-433-01845-3

Teile 1–3 im Set – zum Sonderpreis
€ 483,– / sFr 763,–
ISBN: 978-3-433-01847-7

**Teil 3: Gründungen und
geotechnische Bauwerke**
7., überarb. u. aktualis. Auflage.
2009. ca. 940 S., ca. 500 Abb. Geb.
€ 179,– / sFr 283,–
ISBN: 978-3-433-01846-0

Möller, G.
Geotechnik – Grundbau
2006. 498 Seiten.
Broschur. € 57,– / sFr 91,–
ISBN: 978-3-433-01856-9

Möller, G.
Geotechnik – Bodenmechanik
2007. 424 Seiten.
Broschur. € 57,– / sFr 91,–
ISBN: 978-3-433-01858-3

Ziegler, M.
**Geotechnische Nachweise nach
DIN 1054 – Einführung in Beispielen**
2., überarbeitete Auflage 2005.
277 Seiten. Broschur. € 53,– / sFr 85,–
ISBN: 978-3-433-01859-0

Bergmeister, K. / Wörner, J.-D. (Hrsg.)
**Beton-Kalender 2008
Schwerpunkte: Konstruktiver Wasserbau,
Erdbebensicheres Bauen, DIN 1055**
2007. 1126 Seiten, Gebunden.
€ 165,– / sFr 261,–
ISBN: 978-3-433-01839-2

ÖGG Österreichische Gesellschaft
für Geomechanik (Hrsg.)
Chefredakteur: Dr.-Ing. Helmut Richter
Geomechanik und Tunnelbau
Fachzeitschrift. 2. Jahrgang 2009.
6 Ausgaben pro Jahr. € 115,– / sFr 177,–
ISSN 1865-7362

Ernst & Sohn (Hrsg.)
Chefredakteur:
Dr.-Ing. Doris Greiner-Mai
Bautechnik
Fachzeitschrift. 86. Jahrgang 2009.
12 Ausgaben pro Jahr. € 399,– / sFr 656,–
ISSN 1865-7362

Wilhelm **Ernst & Sohn**
Verlag für Architektur und
technische Wissenschaften GmbH & Co. KG

www.ernst-und-sohn.de

Bestellungen und Kundenservice:

Verlag Wiley-VCH
Boschstraße 12
69469 Weinheim
Deutschland

Tel.: +49(0) 6201 / 606-400
Fax: +49(0) 6201 / 606-184
E-Mail: service@wiley-vch.de

Irrtum und Änderungen vorbehalten. Alle € Preise gelten ausschließlich für Deutschland.
Bücher: Preise inkl. MwSt zzgl. Versand, Zeitschriften: Preise ohne MwSt inkl. Versand.

3.3 Spundwände

2.5 Empfehlungen des Arbeitskreises „Baugruben" (EAB, 4. Auflage)

Die EAB [4] befasst sich insbesondere mit dem Einsatz von Spundwänden für Baugruben.

2.6 Sonstige Vorschriften und Handbücher

Neben den zuvor genannten Empfehlungswerken existieren zahlreiche ZTVs Zusätzliche Technische Vertragsbedingungen, von denen hier nur die **ZTV-W LB214 für Spundwände, Pfähle, Verankerungen** als eine die Spundwände betreffende Vorschrift genannt sei.

Außerdem gibt es Handbücher für die Bemessung von Spundwandbauwerken, die von den Spundwandherstellern herausgegeben werden. Obgleich diese sich weitgehend auf die EAU, die EAB und andere Technische Regelwerke stützen, sind sie mit ihrer zugespitzten Darstellung eine wertvolle Ergänzung für die praktische Arbeit, zumal sie das jeweils aktuelle und verfügbare Profilsortiment der einzelnen Hersteller enthalten. Planung und Bau von Spundwandbauwerken wird außerdem im „Handbook Quay Walls"[5] umfassend behandelt.

3 Spundwandprofile, Stahlsorten

3.1 Spundwandprofile

Die Vielzahl der im In- und Ausland gewalzten Spundwandprofile und Verankerungsteile unterscheiden sich durch die Form der Einzelbohlen, die Schlossausbildung, die statischen Querschnittswerte und durch die Kombinationsmöglichkeiten der Profile untereinander. Eine Auswahl der zz. gängigsten Profile ist Tabelle 1 zu entnehmen.

Man unterscheidet generell zwischen den
- kaltgeformten Spundwänden aus U-, Z- und Omega-Profilen, Tab. 1, Zeile 1–3,
- warmgewalzten Spundwänden aus U- und Z-Profilen, Tab. 1, Zeile 4 u. 5,
- Verbundwänden (Tab. 1, Zeile 6),
- kombinierten Wänden (Tab. 1, Zeile 7–12),
- Trägerpfahlwänden (Tab. 1, Zeile 13).

3.1.1 Stahlspundwandformen

Man unterscheidet bei Wänden aus Wellenprofilen grundsätzlich zwischen Wänden ohne schubfeste Schlossverbindung und solchen mit schubfester Schlossverbindung, Letztere werden auch Verbundwände genannt.

Verbundwände werden in der Regel durch sinnvolles Aneinanderfügen gebräuchlicher Profile oder durch angeschweißte Verbindungsschlösser gebildet. Durch die Verbundwirkung entsteht eine höhere Biegesteifigkeit (Tabelle 1, Zeile 6). Soll mit vollem Verbund gerechnet werden, muss sich der Gesamtquerschnitt auch tatsächlich an der Aufnahme der Hauptbeanspruchung beteiligen können. Hierfür muss sowohl der Nachweis für die Momenten- als auch für die Querkraftaufnahme geführt werden. Außerdem ist, abhängig vom Tragsystem, die Einleitung der waagerechten Kräfte in das Haupttragsystem nachzuweisen. Für die Ermittlung der bei der Bemessung benötigten Querschnittswerte ist E 103 der EAU [2] zu beachten. Verbundwände können bei vergleichsweise geringem Gewicht hohe elastische Biegewiderstande von bis zu 11.000 cm^3/m gewährleisten. Sie haben dann aber z. B. im Vergleich mit den kombinierten Wänden relativ geringe Steifigkeiten, daraus können Nachteile beim Einbringen entstehen.

Tabelle 1. Übersicht Spundwandprofile

	Bez.	Wandform, Profile	Technische Daten							Zeile	$W_{Pl.}$ [cm³/m]
			Widerstands-moment W [cm³/m]	Gewicht G [KG/m²]	Trägheits-moment I [cm⁴/m]	Abmessungen					
						b [mm]	h [mm]	t [mm]	s [mm]		
Kaltgeformte Spundbohlen nach DIN EN 10249	Wellenförmige Spundwände	PAL; KL	$112 \leq W \leq 605$	$29 \leq G \leq 100$	500 bis 4600	660, 700, 711	89–152	s = t 3–9		1	≤ Klasse 3
		PAU, Omega	$404 \leq W \leq 1063$	$42 \leq G \leq 100$	5100 bis 16.000	804, 813, 922	251–297	s = t 4–8		2	
		PAZ	$600 \leq W \leq 1628$	$52 \leq G \leq 96$	8000 bis 34.000	725, 807, 744	269–409	s = t 5–8		3	
	Wellenförmige Spundwände	Larssen, PU, AU, GU	$500 \leq W \leq 3200$	$70 \leq G \leq 210$	4000 bis 72.000	400, 500, 600, 700, 750	150–450	7,5–20	6,4–12	4	1400 bis 3700
		Hoesch, AZ	$1100 \leq W \leq 5000$	$99 \leq G \leq 253$	14.000 bis 121.000	575, 580, 630, 670, 675, 700, 770	150–450	8,5–20	8,4–16	5	1400 bis 5800
	Verbundwände	Jagged Wall, Larssen	$2575 \leq W \leq 8560$	$110 \leq G \leq 270$	112.000 bis 495.000	708–1135	750–1174			6	3300 bis 11.000
Warmgewalzte Spundbohlen nach DIN EN 10248	Kombinierte Wände	HZ, PSp	2000 (Einzeltragpfahl) bis 21.000 (Doppeltragpfahl)	$180 \leq G \leq 500$	44.000 bis 1.140.000	1200 – 1540	370–1100	a [mm] Einzel-pfähle 1600 bis 2060	a [mm] Doppel-pfähle 2000 bis 2525	7	systemabhängig
		HZ, PSp	2000 (Einzeltragpfahl) bis 21.000 (Doppeltragpfahl)	$180 \leq G \leq 500$	44.000 bis 1.140.000	1200 – 2250	370–1100	a [mm] Einzel-pfähle 1600 bis 2060	a [mm] Doppel-pfähle 2000 bis 3235	8	
		Rohrwand mit U-Bohle	6000 bis 19.000	abhängig von Rohr-durchmesser und Wanddicke	abhängig von Rohr-durchmesser und Füllbohlen-breite	1200 – 2250	h = Rohr-durch-messer	a [mm] abhängig von Rohrdurch-messer und Füllbohlen		9	
		Rohrwand mit Z-Bohle	6000 bis 19.000	abhängig von Rohr-durchmesser und Wanddicke	abhängig von Rohr-durchmesser und Füllbohlen-breite	1150 – 1540	h = Rohr-durch-messer	a [mm] abhängig von Rohrdurch-messer und Füllbohlen		10	
		Kastenpfahlwand	4000 bis 12.500	$215 \leq G \leq 350$	190.000 bis 1.200.000	1200 – 2250	Pfahlhöhe nach statischer Erfordernis	a [mm] Einzel-pfähle 1600 bis 3000		11	
		CAZ	2000 bis 6190	$147 \leq G \leq 265$	60.000 bis 300.000	1150 – 1540	600–1000	a [mm] 2420 bis 3080		12	
	Trägerpfahlwand	Trägerpfahlwand	5950 bis 44.120	$352 \leq G \leq 932$	124.000 bis 2.451.000	400–938	370–1100			13	abhängig von Steg- und Flanschschlankheit

3.3 Spundwände

Die Widerstandsmomente (elastisch und plastisch) der aus Wellenprofilen gebildeten Wände (Wellenwände) sind durch die marktüblichen Profilgrößen begrenzt. Mit diesen Wänden sind die oft sehr hohen Geländesprünge z. B. im See- und Hafenbau nicht realisierbar.

Mit **kombinierten Wänden** können elastische Biegewiderstände von bis 21.000 cm³/m erreicht werden. Sie haben hohe Steifigkeiten und lassen sich daher leichter einbringen als Verbundwände. Durch den Wechsel von langen, schweren Tragbohlen aus I-förmigen Trägerprofilen oder Rohren mit kürzeren und leichteren Zwischenbohlen (Tabelle 1, Zeilen 7–13) werden bei den hohen Tragfähigkeiten die wirtschaftlichsten Verhältnisse von Masse zu Biegesteifigkeit erzielt. Ausbildung, Berechnung und Einbau kombinierter Stahlspundwände sind in E 7, EAU [2] grundsätzlich behandelt.

Bei den kombinierten Wänden werden die Hauptbeanspruchungen den Tragbohlen zugewiesen (s. DIN EN 1993-5, Abschn. 5.5.4 (2)). Die Überleitung des Wasserüberdrucks und ggf. Erddrucks in die Tragbohlen erfolgt durch die Zwischenbohlen. Sie bilden im Allgemeinen gleichzeitig auch den vorderen Abschluss der Uferwand. Beispiele für die Querschnitte kombinierter Stahlspundwände sind in den Bildern der Zeilen 7–13, Tabelle 1 aufgeführt.

Die Zwischenbohlen können sowohl zur Wasserseite als auch zur Bodenseite angeordnet werden. Bei Uferwänden, die keine besonderen Fender erhalten, werden die Zwischenbohlen wegen der dann geringeren Gefahr einer Beschädigung durch anlegende Schiffe häufig zur Bodenseite angeordnet. Die Zwischenbohlen der kombinierten Kastenpfahlwände in Tabelle 1, Zeile 11, bestehen in der Regel aus den gleichen Profilformen wie die Abschlusselemente der Tragbohlen. Diese Wände haben dann eine ebene Anlegefläche und sind auf den ersten Blick nicht als kombinierte Spundwände zu erkennen.

Die Tragbohlen von kombinierten Spundwänden können durch aufgezogene und angeschweißte Schlösser verstärkt werden. Außerdem kann ihr Widerstandsmoment durch aufgeschweißte Lamellen dem Momentenverlauf angepasst werden. Diese Maßnahme kann bei hoch beanspruchten Wänden und hohen Geländesprüngen notwendig werden.

In Empfehlung E 7 der EAU [2] sind Grenzwerte für die Füllbohlenbreite angegeben, für die ein statischer Nachweis der Zwischenbohlen nicht erforderlich ist. Bei darüber hinausgehenden Füllbohlenbreiten und Wasserdrücken ist die Aufnahme von Erd- und Wasserdruck nachzuweisen.

Die Aufnahme der Anschlusskräfte aus auf die Füllbohlen wirkendem Wasserüberdruck- und ggf. Erddruck muss nachgewiesen werden (DIN EN 1993-5, Anhang D, Abschn. D.1.2)

Neben den Profilen mit großer Biegesteifigkeit nach Tabelle 1 werden auch „Flachstähle mit Schlössern" (Bild 1) unter dem Begriff Stahlspundbohlen geführt.

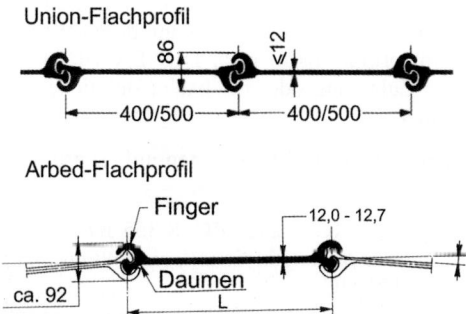

Bild 1. Flachprofile

Die 400 bis 500 mm breiten Flachprofile besitzen nur eine geringe Biegesteifigkeit, eignen sich aber zur Aufnahme von Zugkräften in der Profilquerrichtung. Diese Profile werden für große, erdumschließende Kreiszellen von Fangedämmen benötigt (E 100, EAU [2]). Hier können sie in Abhängigkeit von der Stahlsorte und der Verdrehbarkeit im Schloss Zugkräfte quer zur Profilachse von bis zu 5000 kN/m (Bruchlast) aufnehmen.

3.2 Stahlsorten

Die in Tabelle 2 aufgeführten Stahlsorten sind für warmgewalzte Stahlspundwände gebräuchlich.

Tabelle 2. Spundwandstahlsorten warmgewalzter Stahlspundbohlen aus unlegierten Stählen nach prDIN EN 10248-1:2006 [6, 7]

Spundwand Stahlsorte	Mindestzugfestigkeit f_u [N/mm²]	Mindeststreckgrenze f_y [N/mm²]	Mindestbruchdehnung auf Messlänge von $L_0 = 5{,}65 \sqrt{S_o}$ A [%]	Bisherige Bezeichnung
S 240 GP	340	240	26	StSp 37
S 270 GP	410	270	24	StSp 45
S 320 GP [a]	440	320	23	–
S 355 GP	480	355	22	StSp S
S 390 GP [b]	490	390	20	–
S 430 GP [b]	510	430	19	–
S 460 GP [a], [c]	530	460	17	–

Bei Stahlsorten mit einer Mindeststreckgrenze oberhalb 355 MN/m² sollte in der BRD gemäß EAU:2004; Abs. 8.1.6.1 eine bauaufsichtliche Zulassung vorliegen.
[a] Zurzeit liegt keine allgemeine bauaufsichtliche Zulassung vor.
[b] Die bauaufsichtliche Zulassung des Instituts für Bautechnik liegt vor, jedoch haben nicht alle Spundwandlieferanten den Zulassungsbescheid erwirkt.
[c] gemäß DIN EN 10248-1:2006 (D) Entwurf
So: Anfangsquerschnitt der Probe innerhalb der Versuchslänge
A [%]: Mindestbruchdehnung

In Sonderfällen ist es möglich, zur Aufnahme großer Biegemomente auch Stahlsorten mit Streckgrenzen bis zu 500 N/mm² einzusetzen. Die höhere Festigkeit ist dann durch Werkszeugnis, Abnahmeprüfungszeugnis oder Abnahmeprüfprotokoll nach DIN EN 10204 [8] nachzuweisen. Eine allgemeine bauaufsichtliche Zulassung oder die bauaufsichtliche Zustimmung im Einzelfall wird auch hier erforderlich.

Für kaltgeformte Spundbohlen führt die Europäische Norm 7 Stahlsorten auf. Diese sind gemäß:

- DIN EN 10025-2, Tabelle 12 die Stahlsorten: S 235 JRC, S 275 JRC, S 355 JOC
  (warmgewalzte unlegierte Baustähle, Techn. Lieferbedingungen für unlegierte Baustähle)
- DIN EN 10149-2 die Stahlsorten: S 355 MC, S 420 MC
  (thermomechanisch gewalzte Stähle mit hoher Streckgrenze, zum Kaltumformen geeignet)

- DIN EN 10149-3 die Stahlsorten: S 355 NC, S 420 NC
  (*normalisierend gewalzte Stähle mit hoher Streckgrenze, zum Kaltumformen geeignet*)

In der Regel werden kaltgeformte Spundbohlen nur in den zuvor genannten Stahlgüten der DIN EN 10025-2 geliefert.

3.3 Gütevorschriften für Spundwandstähle

Die folgenden Gütenormen gelten für Stahlspundbohlen, Stahlrammpfähle und Stahlkanaldielen. Diese Vorschriften enthalten die technischen Lieferbedingungen, Grenzabmaße und Formtoleranzen für warm- und kaltgewalzte Spundbohlen aus unlegierten Stählen.

- prDIN EN 10248-1:2006: Warmgewalzte Spundbohlen aus unlegierten Stählen, Teil 1: Technische Lieferbedingungen [6].
- prDIN EN 10248-2:2006: Warmgewalzte Spundbohlen aus unlegierten Stählen, Teil 2: Grenzabmaße und Formtoleranzen [7].
- prDIN EN 10249-1:2006: Kaltgeformte Spundbohlen aus unlegierten Stählen, Teil 1: Technische Lieferbedingungen [9].
- prDIN EN 10249-2:2006: Kaltgeformte Spundbohlen aus unlegierten Stählen, Teil 2: Grenzabmaße und Formtoleranzen [10].

Wichtig für das Einbringen der Bohlen und die Qualität des Spundwandbauwerks sind die Schlossformen und hier insbesondere die Bewegungsmöglichkeiten der Bohlen in den Schlössern und das Verhakungsmaß (a–b), damit wird die Differenz zwischen Schlosshakenbreite a und Schlossöffnung b bezeichnet. In E 67 der EAU [2] sind Bespiele bewährter Schlossformen und Mindestwerte des Verhakungsmaßes (a–b) enthalten. Diese Schlossformen entsprechen den bei der Erstellung der DIN EN 1993-5 für die Zuordnung der Tragfähigkeitsklassen untersuchten Schlossformen.

Ist das *Schlossspiel* zu gering, lassen sich die Bohlen schwer einbringen und es besteht die Gefahr, dass die Schlösser beim Rammen heiß laufen und plastisch verformt werden, die Bohlen laufen dann aus den Schlössern. Ist das *Verhakungsmaß* zu gering, besteht ebenfalls die Gefahr, dass die Bohlen bei ungleichmäßigem Eindringwiderstand aus den Schlössern laufen, wenn sich die Schlösser aufbiegen und die Verhakung nicht mehr gewährleistet ist.

Es ist für die Abgrenzung der Gewährleistung zwischen dem Lieferanten der Spundwandprofile und der bauausführenden Firma unabdingbar, dass die angelieferten Bohlen auf der Baustelle hinsichtlich der Schlosstoleranzen und der zulässigen Grenzabweichungen der Geradheit überprüft werden und ungeeignete Bohlen zurückgewiesen werden (E 98 der EAU).

4 Grundlagen der Spundwandnachweise

4.1 Sicherheitskonzept, Teilsicherheitsbeiwerte

Das Versagen eines Bauwerks kann sowohl durch Überschreiten des Grenzzustands der Tragfähigkeit (GZ 1, Bruch im Boden oder in der Konstruktion, Verlust der Lagesicherheit) als auch des Grenzzustands der Gebrauchstauglichkeit (GZ 2, zu große Verformungen) eintreten. Diese beiden Versagensformen sind auch für Spundwandbauwerke nachzuweisen.

In DIN 1054 [11] werden für die Nachweise des Grenzzustandes GZ1 (Grenzzustände der Tragfähigkeit) drei Fälle unterschieden:

GZ 1A: Grenzzustand des Verlustes der Lagesicherheit,

GZ 1B: Grenzzustand des Versagens von Bauwerken und Bauteilen,

GZ 1C: Grenzzustand des Verlustes der Gesamtstandsicherheit
(nach Nachweisverfahren 3 von EC 7).

Die zu diesen 3 Lastfällen von der EAU empfohlenen Teilsicherheitsbeiwerte sind in den Tabellen 3 und 4 wiedergegeben. Abweichend von DIN 1054 enthält Tabelle 3 für den Grenzzustand GZ 1B im LF 3 $\gamma_G = 1,0$ (statt $\gamma_G = 1,1$). Die Regelung trägt der Tatsache Rechnung, dass mit diesen Teilsicherheitsbeiwerten bemessene Spundwandbauwerke und Bauteile von Spundwandbauwerken eine hinreichende Standsicherheit haben.

In Sonderfällen können nach EAU für die Biegebemessung der Spundwand für den Wasserdruck gegenüber den Werten der Tabellen 3 und 4 reduzierte Teilsicherheitsbeiwerte $\gamma_{Ep,red}$ und $\gamma_{G,red}$ verwendet werden (s. Abschn. 5.2.2 und 5.2.3).

Beim Nachweis der Grenzzustände 1B und 1C nach DIN 1054 wird eine ausreichende Duktilität des aus Baugrund und Bauwerk bestehenden Gesamtsystems vorausgesetzt (DIN 1054, 4.3.4).

Tabelle 3. Teilsicherheitsbeiwerte für Einwirkungen bei den Grenzzuständen der Tragfähigkeit und der Gebrauchsfähigkeit für ständige und vorübergehende Situationen (Tabelle 0-1, EAU 2004 [2])

Einwirkung bzw. Beanspruchung	Formelzeichen	Lastfall		
		LF 1	LF 2	LF 3
GZ 1A: Grenzzustand des Verlustes der Lagesicherheit				
Günstige ständige Einwirkungen (Eigengewicht)	$\gamma_{G,stb}$	0,95	0,95	0,95
Ungünstige ständige Einwirkungen (Auftrieb)	$\gamma_{G,dst}$	1,05	1,05	1,00
Strömungskraft bei günstigem Untergrund	γ_H	1,35	1,30	1,20
Strömungskraft bei ungünstigem Untergrund	γ_H	1,80	1,60	1,35
Ungünstige veränderliche Einwirkungen	$\gamma_{Q,dst}$	1,50	1,30	1,00
GZ 1B: Grenzzustand des Versagens von Bauwerken und Bauteilen				
Ständige Einwirkungen allgemein	γ_G	1,35	1,20	1,00
Wasserdruck bei bestimmten Randbedingungen[a]	$\gamma_{G,red}$	1,20	1,10	1,00
Ständige Einwirkungen aus Erdruhedruck	γ_{E0g}	1,20	1,10	1,00
Ungünstige veränderliche Einwirkungen	$\gamma_{Q,dst}$	1,50	1,30	1,10
GZ 1C: Grenzzustand des Verlustes der Gesamtstandsicherheit				
Ständige Einwirkungen	γ_G	1,00	1,00	1,00
Ungünstige veränderliche Einwirkungen	γ_Q	1,30	1,20	1,00
GZ 2: Grenzzustand der Gebrauchstauglichkeit				
$\gamma_G = 1,00$ für ständige Einwirkungen bzw. Beanspruchungen				
$\gamma_Q = 1,00$ für veränderliche Einwirkungen bzw. Beanspruchungen				

[a] Entsprechend DIN 1054, Abschnitt 6.4.1 (7), dürfen bei Ufereinfassungen, bei denen größere Verschiebungen schadlos aufgenommen werden können, die Teilsicherheitsbeiwerte γ_G für Wasserdruck wie angegeben herabgesetzt werden, wenn die Voraussetzungen nach Abschnitt 8.2.0.3 gegeben sind.

4.2 Einwirkungen und Widerstände

4.2.1 Einwirkungskombinationen

Spundwandbauwerke werden vor allem durch Erd- und Wasserüberdruck, aber auch durch lotrechte Nutzlasten aus Kranen und durch horizontale Lasten aus der bestimmungsgemäßen Nutzung des Bauwerks belastet. Hierzu zählen im See- und Hafenbau insbesondere auch Trossenzüge an Pollern und Haltekreuzen, Anlegedruck, Schiffstoß, Eisstoß und Eisdruck und Wellendruck. Baugrubenwände werden aus Geländeauflasten aus Baugeräten und Baustoffen beansprucht. Die jeweiligen Lastgrößen können der EAU [2] sowie der EAB [4] entnommen werden.

Gleichzeitig mögliche Einwirkungen werden zu Einwirkungskombinationen (EK) wie folgt zusammengefasst:

- *Regel-Kombination EK 1:*
  Ständige sowie während der Funktionszeit des Bauwerks regelmäßig auftretende veränderliche Einwirkungen.

Tabelle 4. Teilsicherheitsbeiwerte für Widerstände bei den Grenzzuständen der Tragfähigkeit für ständige und vorübergehende Situationen (Tabelle 0-2, EAU 2004 [2])

Widerstand	Formelzeichen	Lastfall		
		LF 1	LF 2	LF 3
GZ 1B: Grenzzustand des Versagens von Bauwerken und Bauteilen				
Bodenwiderstände				
Erdwiderstand	γ_{Ep}	1,40	1,30	1,20
Erdwiderstand bei der Ermittlung des Biegemoments [a]	$\gamma_{Ep,red}$	1,20	1,15	1,10
Grundbruchwiderstand	γ_{Gr}	1,40	1,30	1,20
Gleitwiderstand	γ_{Gl}	1,10	1,10	1,10
Pfahlwiderstände				
Pfahldruckwiderstand bei Probebelastung	γ_{Pc}	1,20	1,20	1,20
Pfahlzugwiderstand bei Probebelastung	γ_{Pt}	1,30	1,30	1,30
Pfahlwiderstand auf Druck und Zug aufgrund von Erfahrungswerten	γ_P	1,40	1,40	1,40
Verpressankerwiderstände				
Widerstand des Stahlzuggliedes	γ_M	1,15	1,15	1,15
Herausziehwiderstand des Verpresskörpers	γ_A	1,10	1,10	1,10
Widerstände flexibler Bewehrungselemente				
Materialwiderstand der Bewehrung	γ_B	1,40	1,30	1,20
GZ 1C: Grenzzustand des Verlustes der Gesamtstandsicherheit				
Scherfestigkeit				
Reibungswinkel tan φ' des dränierten Bodens	γ_φ	1,25	1,15	1,10
Kohäsion c' des dränierten Bodens und Scherfestigkeit c_u des undränierten Bodens	γ_c, γ_{cu}	1,25	1,15	1,10
Herausziehwiderstände				
Boden- bzw. Felsnägel, Ankerzugpfähle	γ_N, γ_Z	1,40	1,30	1,20
Verpresskörper von Verpressankern	γ_A	1,10	1,10	1,10
Flexible Bewehrungselemente	γ_B	1,40	1,30	1,20

[a] Abminderung ausschließlich bei der Ermittlung des Biegemoments. Entsprechend DIN 1054, Abschnitt 6.4.2 (6) dürfen bei Ufereinfassungen, bei denen größere Verschiebungen schadlos aufgenommen werden können, die Teilsicherheitsbeiwerte γ_{Ep} für Erdwiderstand wie oben angegeben herabgesetzt werden, wenn die Voraussetzungen nach Abschnitt 8.2.0.2 gegeben sind.

- *Seltene Kombination EK 2:*
  Außer den Einwirkungen der Regel-Kombination seltene oder einmalige planmäßige Einwirkungen.

- *Außergewöhnliche Kombination EK 3:*
  Außer den Einwirkungen der Regel-Kombination eine gleichzeitig mögliche außergewöhnliche Einwirkung insbesondere bei Katastrophen oder Unfällen.

4.2.2 Erddruck und Erdwiderstand

In der Regel wirkt auf die relativ biegeweichen Spundwandbauwerke der aktive Erddruck als Einwirkung, im Erdauflager wirkt der Erdwiderstand. Die Ermittlung von Erddruck und Erdwiderstand ist in DIN 4085 [12] geregelt. Besondere Fälle der Erddruckermittlung im Falle von Spundwandbauwerken werden in der EAU 2004 [2] behandelt:

- Erddruck auf Spundwände vor Pfahlkonstruktionen (E 45),
- Erddruck aus steilen Böschungen (E 198),
- Erddruck bei wassergesättigten nicht- bzw. teilkonsolidierten, weichen bindigen Böden (E 130),
- Einfluss des strömenden Grundwassers auf Erddruck und Erdwiderstand (E 114).

Sollen waagerechte Verformungen einer Spundwand beschränkt werden, müssen die Nachweise mit erhöhtem aktiven Erddruck geführt werden (EAB, EB 22 [4]).

4.2.3 Wasserüberdruck und Strömungsdruck, Einfluss auf Erddruck und Erdwiderstand

Wird ein Spundwandbauwerk nicht umströmt, wirkt der hydrostatische Wasserüberdruck $w_{ü}$ aus der Wasserspiegeldifferenz beiderseits der Wand. Der Wasserüberdruck $w_{ü}$ errechnet sich bei einer Wasserspiegeldifferenz $h_{wü}$ zwischen dem Außenwasser und dem zugehörigen Wasserspiegel hinter der Wand und der Wichte γ_w des Wassers für den Fall der nicht umströmten Wand zu

$$w_{ü} = h_{wü} \cdot \gamma_w$$

Die maßgebenden Wasserstände in Gebieten ohne Tidehub und im Tidegebiet können den Bildern E 19-1 und E 19-2 aus E 19 der EAU [2] für die verschiedenen Lastfälle entnommen werden. Der Wasserüberdruck kann durch eine Entwässerung der Hinterfüllung begrenzt werden.

Wird ein Spundwandbauwerk umströmt, bewirkt der Potenzialabbau entlang der Stromlinien eine zum Wandfuß abnehmende Wasserüberdruckverteilung. Dieser Einfluss kann bei kleinen Wasserspiegeldifferenzen vernachlässigt werden, im Falle großer Wasserspiegeldifferenzen sollte er aber auch wegen des Einflusses auf den Erddruck und den Erdwiderstand im Interesse einer möglichst genauen Erfassung der tatsächlichen Einwirkungen genauer untersucht werden. Dazu ist die Umströmung in einem Strömungsnetz zu modellieren, aus dem Strömungsnetz können dann die Standrohrspiegelhöhen, die Strömungsgradienten i und die Wasserdrücke ermittelt werden (E 114 der EAU [2])

Die Strömungskraft ist eine Massenkraft, die sich dem Bodeneigengewicht überlagert. Sie bewirkt eine Änderung der Wichte des durchströmten Bodens um den Betrag $\Delta\gamma' = i \cdot \gamma_w$, hier ist i die Gradiente der Strömung und γ_w die Wichte von Wasser. Auf der Erddruckseite ist die Strömung von oben nach unten gerichtet, daher wird hier die Wichte des Bodens vergrößert. Auf der Erdwiderstandsseite ist die Strömung von unten nach oben gerichtet, dadurch wird

3.3 Spundwände   291

die Wichte verringert. Durch die Umströmung der Wand wird also der Erddruck erhöht und der Erdwiderstand verringert. Diese Zusammenhänge sind in E 114 der EAU [2] im Detail erläutert und geregelt. Insbesondere die Verringerung des Erdwiderstands durch die Strömungskräfte kann für die Einbindetiefe der Spundwände bemessungswirksam sein.

4.3 Lastfälle

Die Lastfälle (LF) ergeben sich für den Grenzzustand GZ 1 aus den Einwirkungskombinationen in Verbindung mit den Sicherheitsklassen (SK) bei den Widerständen. Es werden unterschieden:

- Lastfall LF 1:
  Regel-Kombination EK 1 in Verbindung mit Zustand der Sicherheitsklasse SK 1. Der Lastfall LF 1 entspricht der „ständigen Bemessungssituation" nach DIN 1055-100.

- Lastfall LF 2:
  Seltene Kombination EK 2 in Verbindung mit Zustand der Sicherheitsklasse SK 1 oder Regel-Kombination EK 1 in Verbindung mit Zustand der Sicherheitsklasse SK 2. Der Lastfall LF 2 entspricht der „vorübergehenden Bemessungssituation" nach DIN 1055-100.

- Lastfall LF 3:
  Außergewöhnliche Kombination EK 3 in Verbindung mit Zustand der Sicherheitsklasse SK 2 oder seltene Kombination EK 2 in Verbindung mit Zustand der Sicherheitsklasse SK 3. Der Lastfall LF 3 entspricht der „außergewöhnlichen Bemessungssituation" nach DIN 1055-100.

Tabelle 5. Zusammenführung von Einwirkungskombinationen (EK) und Sicherheitsklassen (SK) zu Lastfällen (LF)

Einwirkungs-kombinationen	Sicherheitsklassen [SK]		
	SK 1	SK 2	SK 3
EK 1	LF 1	LF 2	(–)
EK 2	LF 2	LF 2/3 [a]	LF 3
EK 3	(–)	LF 3	SF [b]

[a] LF 2/3 s. (EB 24) und (EB 79) EAB 4. Auflage
[b] Sonderfall EK 3 mit SK 3 $\gamma_F = \gamma_E = \gamma_R = 1{,}0$

Für Ufereinfassungen sind die Lastfalleinstufungen in E 18 der EAU, Abschnitt 5.4, geregelt.

4.4 Grenzzustände

4.4.1 Grenzzustand GZ 1: Grenzzustand der Tragfähigkeit

Der rechnerische Nachweis ausreichender Standsicherheit erfolgt grundsätzlich für den Grenzzustand 1 (GZ 1) mithilfe von Bemessungswerten (Index d) für Einwirkungen bzw. Beanspruchungen und Widerstände. Die Bemessungswerte ergeben sich aus den charakteristischen Werten (Index k) der Einwirkungen bzw. Beanspruchungen und Widerstände wie folgt:

- Die charakteristischen Einwirkungen bzw. Beanspruchungen werden mit Teilsicherheitsbeiwerten multipliziert,
  z. B. $E_{a,d} = E_{a,k} \cdot \gamma_G$ (Erddruckanteil aus ständigen Lasten);

- Die charakteristischen Widerstände werden durch die Teilsicherheitsbeiwerte dividiert, z. B. $E_{p,d} = E_{p,k}/\gamma_{Ep}$ (Erdwiderstand) im GZ 1B oder $c'_d = c'_k/\gamma_c$ (effektive Kohäsion) im GZ 1C.

Der charakteristische Wert einer Kenngröße ist der in Berechnungen zu verwendende oder eingeführte Wert einer im Allgemeinen streuenden physikalischen Größe, z. B. des Reibungswinkels φ' oder der Kohäsion c' bzw. der undränierten Scherfestigkeit c_u, eines Bauteilwiderstandes, z. B. der Herausziehkraft eines Ankerpfahles oder der Erdwiderstandskraft vor dem Fuß einer Spundwand. Er ist der auf der sicheren Seite liegende vorsichtig angesetzte Erwartungswert des Mittelwerts. Er wird nach DIN 1054 festgelegt.

Der Sicherheitsnachweis wird nach folgender Grundgleichung geführt:

$$E_d \leq R_d$$

E_d ist der Bemessungswert der Einwirkungen bzw. Beanspruchungen, der sich aus den charakteristischen Werten der Einwirkungen bzw. Beanspruchungen, multipliziert mit den jeweiligen Teilsicherheitsbeiwerten ergibt (z. B. Fundamentlast)

R_d ist der Bemessungswert der Widerstände, der sich als Funktion der charakteristischen Widerstände des Bodens oder von konstruktiven Elementen, dividiert durch die zugehörigen Teilsicherheitsbeiwerte, nach dem jeweiligen Berechnungsverfahren ergibt (z. B. Grundbruch)

Die anzusetzenden Teilsicherheitsbeiwerte sind den Tabellen 3 und 4 sowie den entsprechenden Baustoff- und Bauteilnormen zu entnehmen. Für Uferbauwerke sind in der EAU [2] teilweise abweichende Teilsicherheitsbeiwerte vorgesehen.

4.4.1.1 Grenzzustand GZ 1A: Grenzzustand des Verlustes der Lagesicherheit

Für Nachweise des Grenzzustandes GZ 1A wird wie folgt vorgegangen:

a) Im ersten Schritt werden aus den charakteristischen Einwirkungen die Bemessungswerte der Einwirkungen ermittelt. Dabei wird zwischen günstig und ungünstig wirkenden Einwirkungen unterschieden. Widerstände treten bei der Bestimmung einer Lagesicherheit (GZ 1A) nicht auf.
b) In einem zweiten Schritt werden die Bemessungswerte der günstig und ungünstig wirkenden Einwirkungen einander gegenübergestellt und die Einhaltung der jeweiligen Grenzzustandsbedingung nachgewiesen. Weiteres siehe DIN 1054 [11].

4.4.1.2 Grenzzustand GZ 1B: Grenzzustand des Versagens von Bauwerken und Bauteilen

Für Nachweise des Grenzzustands GZ 1B bietet sich folgendes Vorgehen an:

a) In einem ersten Schritt werden die charakteristischen Einwirkungen auf das gewählte statische System angesetzt und damit die charakteristischen Beanspruchungen (z. B. Schnittgrößen) ermittelt.
b) In einem zweiten Schritt werden die charakteristischen Beanspruchungen mit den Teilsicherheitsbeiwerten für Einwirkungen in Bemessungswerte der Beanspruchungen, die charakteristischen Widerstände zu Bemessungswerten der Widerstände umgerechnet.
c) In einem dritten Schritt werden die Bemessungswerte der Beanspruchungen den Bemessungswiderständen gegenübergestellt und es wird gezeigt, dass die Grenzzustandsgleichung für den untersuchten Bruchmechanismus erfüllt ist.

Dieses Verfahren geht davon aus, dass in der Regel eine linear-elastische Berechnung möglich ist. Bei der Berechnung der Standsicherheit nichtlinearer Probleme im GZ 1B

3.3 Spundwände

wird auf DIN 1054, Abschnitt 4.3.2 (3) verwiesen. Danach dürfen die aus der ungünstigsten Kombination von ständigen und veränderlichen Einwirkungen ermittelten Beanspruchungen in jeweils einen Anteil aus ständigen Einwirkungen und einen Anteil aus veränderlichen Einwirkungen aufgeteilt werden.

4.4.1.3 Grenzzustand GZ 1C: Grenzzustand des Verlustes der Gesamtstandsicherheit

Für Nachweise der Standsicherheit des Grenzzustandes GZ 1C wird wie folgt vorgegangen:

a) Im ersten Schritt werden aus den charakteristischen Einwirkungen auf den zu untersuchenden Bruchmechanismus die Bemessungswerte der Einwirkungen ermittelt.
b) Im zweiten Schritt werden die charakteristischen Scherfestigkeiten und ggf. Bauteilwiderstände mit den Teilsicherheitsbeiwerten für Widerstände in Bemessungswiderstände umgerechnet.
c) Im dritten Schritt wird gezeigt, dass die Grenzzustandsgleichung mit den Bemessungswerten von Einwirkungen und Widerständen für den untersuchten Bruchmechanismus erfüllt ist.

4.4.2 Grenzzustand GZ 2: Nachweis der Gebrauchstauglichkeit

Verformungsnachweise sind für alle Bauteile zu führen, deren Funktion durch Verformungen beeinträchtigt oder aufgehoben werden kann.

Die Verformungen werden mit den charakteristischen Werten der Einwirkungen und Bodenreaktionen berechnet und müssen geringer sein als die für eine einwandfreie Funktion des Bauteils oder Gesamtbauwerks zulässigen Verformungen. Gegebenenfalls ist mit oberen und unteren Grenzwerten der charakteristischen Werte zu rechnen.

Insbesondere bei den Verformungsnachweisen muss der zeitliche Verlauf der Einwirkungen berücksichtigt werden, um auch kritische Verformungszustände während verschiedener Betriebs- und Bauzustände zu erfassen.

4.5 Geotechnische Kategorien

Die Mindestanforderungen an den Umfang geotechnischer Untersuchungen orientiert sich an der Geotechnischen Kategorie (GK), der das jeweilige Bauwerk zugeordnet wird. Die Geotechnischen Kategorien sind in DIN 1054, 4.2 definiert. *Spundwandbauwerke sind grundsätzlich der Geotechnischen Kategorie GK 2, bei schwierigen Baugrundverhältnissen der Geotechnischen Kategorie GK 3 zuzuordnen.* Gemäß dieser Einstufung sind die geotechnischen Untersuchungen für Spundwandbauwerke stets einem Fachplaner für Geotechnik zu übertragen.

5 Berechnung von Spundwandbauwerken

5.1 Allgemeine Hinweise

Maßgebenden Einfluss auf die Berechnung von Spundwandbauwerken hat das gewählte statische System der Uferwand. Dieses wird durch die Anforderungen an Ausrüstungselemente und Querschnittsgestaltung bestimmt. Die betrieblichen Anforderungen der See- und Binnenhäfen sind in E 6 der EAU 2004 ausführlich behandelt. Daraus ergeben sich meist einfach verankerte, im Boden voll bzw. teilweise eingespannte Stützwandkonstruktionen, in E 119, Abschnitt 6.5.2 der EAU auch für Binnenhäfen.

E 55 der EAU empfiehlt, bei der Festlegung der Spundwandeinbindetiefe außer den Anforderungen aus den Tragfähigkeitsnachweisen auch konstruktive, ausführungstechnische, betriebliche und wirtschaftliche Belange zu berücksichtigen. Vorhersehbare spätere Vertiefungen der Hafensohle und eine evtl. Gefahr durch Kolkbildung unterhalb der Berechnungssohle müssen berücksichtigt werden, ebenso die Sicherheit gegen Geländebruch, Grundbruch, hydraulischen Grundbruch und Erosionsgrundbruch. Die letztgenannten Anforderungen führen im Allgemeinen zu Einbindetiefen der Spundwand, die zumindest eine teilweise Einspannung erlauben.

Bei einfach verankerten Uferwänden wird durch die Wahl einer zumindest teilweisen Einspannung das meist bemessungsrelevante Feldmoment erheblich reduziert, sodass es sich der Größe des Einspannmoments nähert. Dies ermöglicht eine wirtschaftlichere Ausnutzung der Wandprofile als im Fall der freien Auflagerung der Wand im Boden.

Die Wahl eines höheren Einspanngrades führt zwangsläufig zu einer größeren Profillänge, der aber durch gestaffelte Einbindung (E 41 der EAU) in gewissen Grenzen begegnet werden kann.

Die Standsicherheitsnachweise für Spundwandbauwerke müssen alle für das Bauwerk relevanten Randbedingungen berücksichtigen.

Eingangswerte der Nachweise sind der Entwurfswert der Sohltiefe (Berechnungssohle), die Bodenschichtung und die charakteristischen Bodenkenngrößen, die maßgebenden Wasserstände, die charakteristischen Werte aller Einwirkungen sowie die Lastfälle. Diese Eingangswerte sind oft nicht scharf abzugrenzen und sollten demzufolge mit einer gewissen Streubreite in die Nachweise eingehen. Der Einfluss dieser Streuung der Eingangswerte ist für die Bauteilabmessungen oft wichtiger als die Genauigkeit der zahlenmäßigen Berechnung.

5.2 Nachweis von Spundwänden nach den Empfehlungen des Arbeitsausschusses „Ufereinfassungen", EAU 2004

Der Arbeitsausschuss Ufereinfassungen hat es sich seit nunmehr fast 60 Jahren zur Aufgabe gemacht, die konstruktive Ausbildung und die Berechnung von Spundwandbauwerken für Ufereinfassungen zu vereinfachen und zu vereinheitlichen. Durch die Einführung der hierzu von der EAU vorgelegten Empfehlungen als Technische Baubestimmung im Geschäftsbereich der Wasser- und Schifffahrtsverwaltung haben die EAU-Empfehlungen seit langem eine über den Bereich der Ufereinfassungen hinausgehende Bedeutung für die Berechnung von Spundwandbauwerken. Daher wird die von der EAU vorgeschlagene Nachweisführung für Spundwandbauwerke auch über den engeren Gültigkeitsbereich der EAU hinaus allgemein angewandt.

5.2.1 Teilsicherheitsbeiwerte für Beanspruchungen und Widerstände

Bei der Berechnung von Spundwandbauwerken sowie von Ankerwänden und -platten von Rundstahlverankerungen sind für Nachweise im GZ 1B zunächst die Teilsicherheitsbeiwerte nach Tabelle 3 und 4 maßgebend. Abweichend davon werden in der EAU für Spundwandbauwerke im See- und Hafenbau unter bestimmten Bedingungen aber auch reduzierte Teilsicherheitsbeiwerte empfohlen. Diese beruhen auf langjährigen Erfahrungen, sie sind insbesondere dadurch gerechtfertigt, dass bei Spundwandbauwerken in der Regel größere Wandverformungen schadlos möglich und teilweise erwünscht sind als bei anderen Bauwerken.

5.2.2 Teilsicherheitsbeiwerte für die Ermittlung des Bemessungswerts für das Biegemoment

Unter bestimmten Bedingungen darf für die Ermittlung des Bemessungswerts des Biegemoments ein reduzierter Teilsicherheitsbeiwert $\gamma_{Ep,red}$ für den Erdwiderstand gemäß Tabelle 6 angesetzt werden.

Tabelle 6. Reduzierte Teilsicherheitsbeiwerte $\gamma_{Ep,red}$ für den Erdwiderstand bei Ermittlung der Biegemomente (Tabelle E 215-1, EAU 2004 [2])

GZ 1B	LF 1	LF 2	LF 3
$\gamma_{Ep,red}$	1,20	1,15	1,10

Die Bedingungen für die reduzierten Teilsicherheitsbeiwerte sind in folgenden Fällen erfüllt:

- Unterhalb der rechnerischen Geländeoberfläche vor dem Stützbauwerk – im weiteren Verlauf „Berechnungssohle" genannt – stehen Böden an, für die Klassifizierungsmerkmale nach Tabelle A3, DIN 1055-2 [13] gelten:
  (1) Nichtbindiger Boden muss mindestens eine mittlere Festigkeit aufweisen. Diese ist gegeben, wenn die Lagerungsdichte D für Böden mit einer Ungleichförmigkeit $U \leq 3$ zwischen $0,30 \leq D < 0,50$ liegt, für Böden mit $U > 3$ muss die Lagerungsdichte $0,45 \leq D < 0,65$ sein. Der Sondierspitzendruck q_c in diesen Böden ist $7,5 \leq q_c < 5$.
  (2) Bindiger Boden muss mindestens eine steife Konsistenz ($0,75 \leq I_C < 1,00$) nach DIN 18122, Teil 1 [14] aufweisen.
  Eine Umlagerung des aktiven Erddrucks nach Abschn. 5.2.5 erfolgt bis zur Berechnungssohle.

- Ab einer Kote, die tiefer liegt als der Entwurfswert der Sohltiefe (Berechnungssohle), stehen Böden von mindestens mittlerer Festigkeit bzw. steifer Konsistenz (Definition wie vor) an. Erst unterhalb dieser Tiefenkote – im weiteren Verlauf „Trennebene" genannt – dürfen die reduzierten Teilsicherheitsbeiwerte angesetzt werden. Die weichen bzw. gering festen Bodenschichten zwischen dem Entwurfswert der Sohltiefe (Berechnungssohle) und Trennebene dürfen nur als Auflast p_0 auf die Trennebene angesetzt werden. Die Umlagerung des aktiven Erddrucks einschließlich einer großflächigen Geländeauflast von bis zu 10 kN/m² erfolgt in diesem Fall bis zur Trennebene statt bis zum Entwurfswert der Sohltiefe (Berechnungssohle, Bild 2).

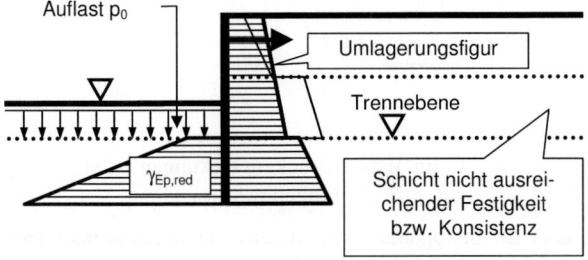

Bild 2. Lastbild für die Ermittlung der Biegemomente mit reduzierten Teilsicherheitsbeiwerten bei Böden mit nicht ausreichender Festigkeit bzw. Konsistenz zwischen Berechnungssohle und Trennebene (Bild E 215-1, EAU [2])

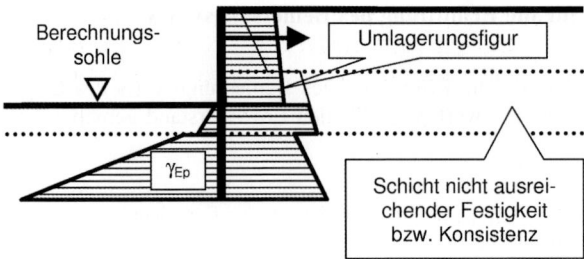

Bild 3. Lastbild für die Ermittlung der Biegemomente mit nicht reduzierten Teilsicherheitsbeiwerten bei Böden mit nicht ausreichender Festigkeit bzw. Konsistenz unterhalb der Berechnungssohle (Bild E 215-2, EAU [2])

Sind die genannten Randbedingungen für den Ansatz des reduzierten Teilsicherheitsbeiwerts $\gamma_{Ep,red}$ erfüllt, darf für die Ermittlung des Bemessungswerts des Biegemoments der Einspanngrad für die volle Ausnutzung der mit nicht herabgesetztem Teilsicherheitsbeiwert ermittelten Bohlenlänge angesetzt werden. Die mit $\gamma_{Ep,red}$ ermittelten Schnittkräfte/Beanspruchungen sind für den Nachweis der Spundwand maßgebend.

Wenn auf die Anwendung der herabgesetzten Teilsicherheitsbeiwerte $\gamma_{Ep,red}$ verzichtet wird, ist die Erddruckumlagerungsfigur entsprechend Bild 3 bis auf die Tiefe der Berechnungssohle zu führen.

Stehen unterhalb der Berechnungssohle ausschließlich Böden an, die einen reduzierten Teilsicherheitsbeiwert $\gamma_{Ep,red}$ nicht zulassen, muss die Berechnung der Biegemomente mit den nicht herabgesetzten Teilsicherheitsbeiwerten γ_{Ep} durchgeführt werden. Die Umlagerung des aktiven Erddrucks einschließlich einer großflächigen Geländeauflast bis zu 10 kN/m² erfolgt in diesem Fall bis zur Berechnungssohle.

5.2.3 Teilsicherheitsbeiwert für den Wasserdruck

Unter bestimmten Bedingungen darf der Teilsicherheitsbeiwert γ_G für den Wasserdruck (ständige Einwirkung im GZ 1B nach Tabelle 3) in Anlehnung an DIN 1054, Abschnitt 6.4.1 (7) im LF 1 und LF 2 auf die Werte der Tabelle 7 reduziert werden.

Tabelle 7. Reduzierte Teilsicherheitsbeiwerte $\gamma_{G,red}$ für Wasserdruckeinwirkungen (Tabelle E 216-1, EAU 2004 [2])

GZ 1B	LF 1	LF 2	LF 3
$\gamma_{G,red}$	1,20	1,10	1,00

Diese Reduzierung der Teilsicherheitsbeiwerte für Wasserdruckeinwirkungen ist nur zulässig, wenn mindestens eine der drei nachfolgenden Bedingungen erfüllt ist:

- Es liegen fundierte Messwerte über die betragsmäßige und zeitliche Abhängigkeit zwischen Grund- und Außenwasserständen als Absicherung des in die Berechnung eingehenden Wasserdrucks sowie als Basis zur Einstufung in die Lastfälle LF 1 bis LF 3 vor.
- Bandbreite und Auftretenshäufigkeit der Wasserstände und damit des Wasserdrucks werden auf der sicheren Seite liegend numerisch modelliert. Die Ergebnisse der Model-

3.3 Spundwände

lierung sind, beginnend mit der Herstellung der Spundwand, durch Messungen (Beobachtungsmethode) zu überprüfen. Stellen sich dabei größere Messwerte ein als vorhergesagt, müssen die der Bemessung zugrunde gelegten Werte durch geeignete Maßnahmen wie Dränagen, Pumpenanlagen etc. gewährleistet werden.
- Es liegen Randbedingungen vor, die den auftretenden Wasserstand auf einen Maximalwert begrenzen, wie dies z. B. bei den Spundwandoberkanten von Hochwasserschutzwänden durch Begrenzung der Stauhöhe der Fall ist. Hinter der Spundwand eingebaute Dränagen sichern im Sinne dieser Festlegung nicht die eindeutige Begrenzung des Wasserstandes.

5.2.4 Teilsicherheitsbeiwert für den Bauteilnachweis „Stahlspundwand"

Die Teilsicherheitsbeiwerte für den Bauteilnachweis „Stahlspundwand" sind der DIN EN 1993-5, Abschnitt 5.1.1 (4) zu entnehmen. Gemäß nationalem Anhang zur DIN EN 1993-5, Abschnitt 3.5 sind die relevanten Teilsicherheitsbeiwerte γ_{M0}, γ_{M1} und γ_{M2} der DIN EN 1993-1-1/NA zu entnehmen. Dort sind sie für die BRD wie folgt festgelegt:

$\gamma_{M0} = 1{,}00$

$\gamma_{M1} = 1{,}10$

$\gamma_{M2} = 1{,}25$

5.2.5 Erddruck

Für die relativ weichen Spundwandbauwerke mit ihren ebenfalls relativ nachgiebigen Verankerungen ohne Vorspannung ist der Ansatz des aktiven Erddrucks gerechtfertigt. Die klassische Verteilung des aktiven Erddrucks muss für die Spundwandnachweise über die Höhe H_E umgelagert werden. Die Höhe H_E ist in den Bildern 4 und 5 definiert, sie bezeichnet den Abstand zwischen Spundwandoberkante und Trennebene (Bild 4) bzw. zwischen Überbau und Berechnungssohle (Bild 5).

Eine Erddruckumlagerung ist nicht zulässig, wenn sich nach Abzug des Kohäsionsanteils vom aktiven Erddruck gegenüber dem nicht umgelagerten Erddruck kleinere Beanspruchun-

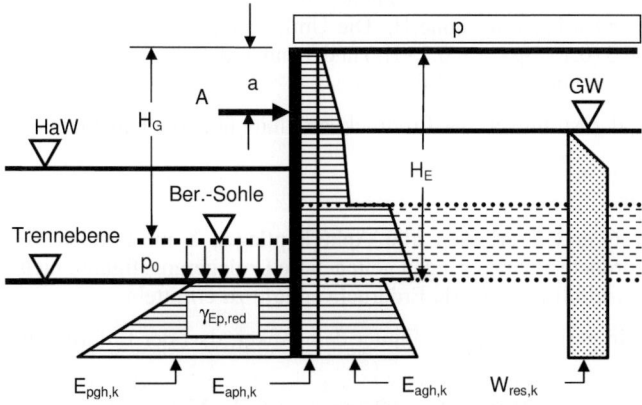

Bild 4. Beispiel 1: Umlagerungshöhe H_E und Ankerpunktlage a bei Ermittlung der Biegemomente mit $\gamma_{Ep,red}$ (Bild E 77-1, EAU [2])

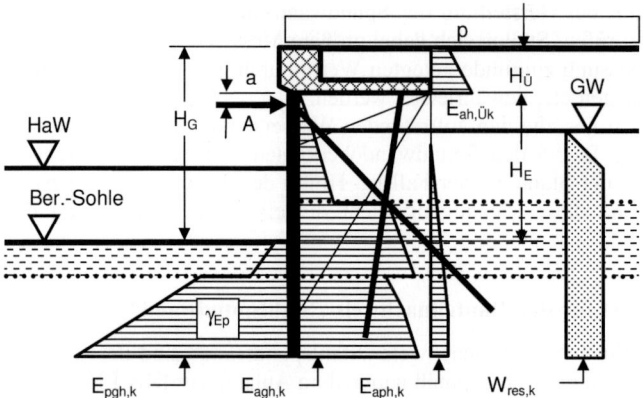

Bild 5. Beispiel 2: Umlagerungshöhe H_E und Ankerpunktlage a bei Ermittlung der Biegemomente mit γ_{Ep} (Bild E 77-2, EAU [2])

gen der Verankerung ergeben. Dies ist z. B. beim Herstellverfahren „Abgrabung" bei wechselnden Bodenschichten möglich, wenn für bindige Schichten im Bereich der Umlagerungshöhe H_E der umzulagernde Gesamterddruck durch den Abzug des Kohäsionsanteils erheblich reduziert wird und so die umgelagerten Erddruckordinaten im Verankerungsbereich kleiner sind als ohne Umlagerung.

Das Verhältnis des Abstands a des Ankers vom Spundwandkopf bzw. vom Überbau zur Umlagerungshöhe H_E dient als Kriterium zur Fallunterscheidung für die Umlagerungsfiguren nach den Bildern 6 und 7.

5.2.5.1 Erddruckumlagerung

Die Erddruckumlagerung ist in Abhängigkeit von der jeweiligen Bauweise (Herstellverfahren) vorzunehmen. Dabei wird das Verfahren „Abgrabung vor der Wand" (Fall 1 bis 3, Bild 6) und das Verfahren „Verfüllung hinter der Wand" (Fall 4 bis 6, Bild 7) unterschieden. Innerhalb der beiden Bauweisen ergibt sich die empfohlene Umlagerung in Abhängigkeit des Ankerkopfabstandes a von der Umlagerungshöhe H_E. Die Umlagerungsfiguren der Fälle 1 und 4 ($0 \leq a \leq 0{,}1 \cdot H_E$), 2 und 5 ($0{,}1 \cdot H_E < a \leq 0{,}2 \cdot H_E$) und 3 und 6 ($0{,}2 \cdot H_E < a \leq 0{,}3 \cdot H_E$) unterscheiden sich in den oberen und unteren Ordinaten.

In den Bildern 6 und 7 ist e_m der Mittelwert der Erddruckverteilung über die Umlagerungshöhe H_E:

$$e_m = e_{ahm,k} = E_{ah,k}/H_E$$

Die Lastfiguren der Bilder 6 und 7 erfassen alle Ankerkopflagen a im Bereich von $a \leq 0{,}30 \cdot H_E$. Für tiefer angeordnete Verankerungen gelten diese Umlagerungsfiguren nicht, es sind für den jeweiligen Einzelfall zutreffende Erddruckverläufe zu ermitteln.

Liegt die Geländeoberfläche in geringem Abstand unter dem Anker, darf der Erddruck für a = 0 umgelagert werden.

Die Lastfiguren Fall 1 bis Fall 3 in den Bildern 6 und 7 gelten unter der Voraussetzung, dass sich der Erddruck auf die steiferen Auflagerbereiche umlagern kann. Dadurch bildet sich zwischen Ankerpunkt und Bodenauflager ein „vertikales Erddruckgewölbe" aus. Der Erd-

3.3 Spundwände

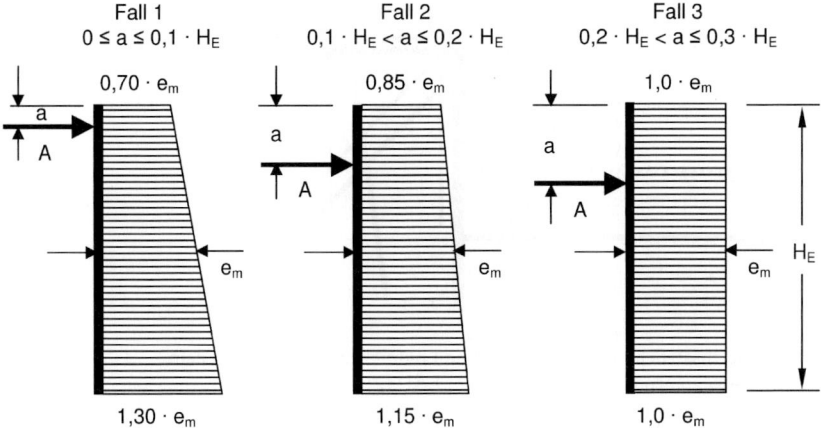

Bild 6. Erddruckumlagerung für das Herstellverfahren „Abgegrabene Wand" (Bild E 77-3, EAU [2])

druck darf demzufolge z. B. nicht umgelagert werden, wenn die Spundwand zwischen Gewässersohle und Verankerung zwar hinterfüllt wird, aber anschließend vor der Wand nicht so tief gebaggert wird, dass dadurch eine ausreichende zusätzliche Durchbiegung entsteht. Als Anhaltswert für eine ausreichende Baggertiefe kann ca. ein Drittel der Umlagerungshöhe $H_{E,0}$ des ursprünglich vorhandenen Systems entsprechend Bild 8 angenommen werden.

Eine Erddruckumlagerung ist ebenfalls nicht zulässig, wenn hinter der Spundwand bindiger Boden ansteht, der noch nicht konsolidiert ist. Außerdem ist eine Erdruckumlagerung nicht zulässig, wenn die Wanddurchbiegung zwischen Anker und Fußauflager nicht groß genug ist. Das kann z. B. bei Schlitzwänden der Fall sein. Im Zweifelsfall ist zu prüfen, ob die Verschiebung des Fußauflagers zur Mobilisierung des Erdwiderstands für die Erddruckumlagerung nach dem Verfahren „Abgrabung" Fall 1 bis Fall 3 ausreicht.

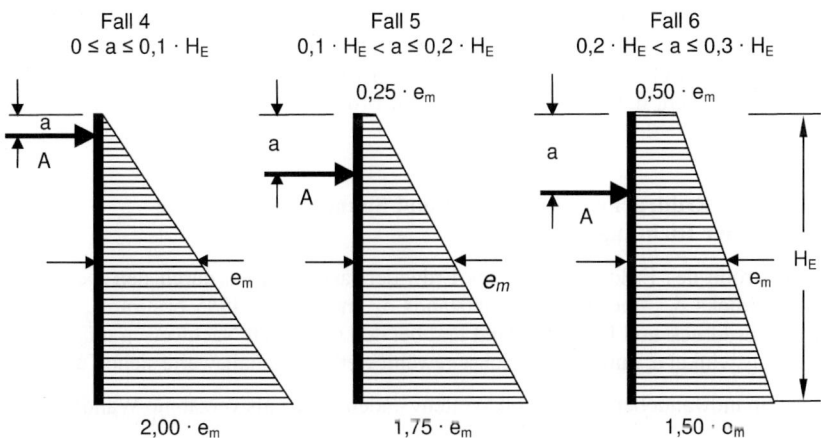

Bild 7. Erddruckumlagerung für das Herstellverfahren „Hinterfüllte Wand" (Bild E 77-4, EAU [2])

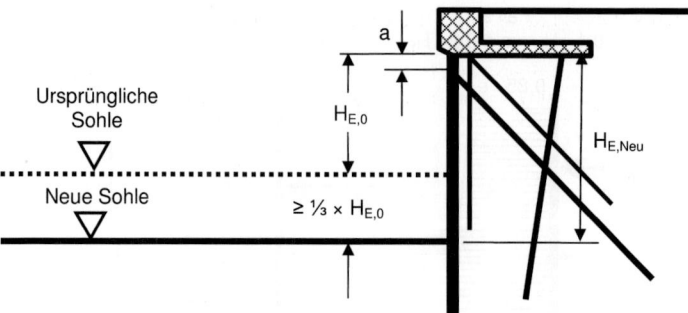

Bild 8. Erforderliche zusätzliche Baggertiefe für eine Erddruckumlagerung nach dem Herstellverfahren „Abgegrabene Wand" (Bild E 77-5, EAU [2])

Ist der Ansatz der Umlagerungsfiguren für das Herstellverfahren „Abgegrabene Wand" nach Bild 6, Fälle 1 bis 3, aus einem der vorgenannten Gründe nicht zulässig, darf der Erddruck nach den Fällen 4 bis 6 des Herstellverfahrens „Hinterfüllte Wand" (Bild 7) umgelagert werden.

5.2.6 Erdwiderstand

Der Erdwiderstand wird bei der Spundwandberechnung nach EAU mit dem Ansatz von *Blum* [34] mit einer über die Einbindetiefe linearen Verteilung in die Berechnung eingeführt. Gleichzeitig wird aus Gleichgewichtsgründen eine Ersatzkraft C angesetzt.

Das für die Ermittlung der Einbindelänge erforderliche charakteristische Bodenauflager $B_{h,k}$ wird dabei durch den mobilisierten Erdwiderstand $E_{ph,mob}$ gebildet, der einen zum charakteristischen Erdwiderstand $E_{ph,k}$ affinen Verlauf aufweisen muss und nicht umgelagert werden darf.

5.2.7 Bettung

Eine einfach verankerte Spundwand kann auch unter Ansatz einer horizontalen Bettung als Bodenauflager berechnet werden. Dabei ist zu beachten, dass die Bodenreaktionsspannung $\sigma_{h,k}$ in der Berechnungssohle infolge charakteristischer Einwirkungen nicht größer sein darf als die charakteristischen, d. h. maximal möglichen, Erdwiderstandsspannungen $e_{ph,k}$ (DIN 1054, Gl. (47)).

5.2.8 Ansatz der Erddruckneigungswinkel und Spundwandnachweise in vertikaler Richtung

Richtung und Größe des Erddrucks und des Erdwiderstands werden durch den Neigungswinkel des Erddrucks $\delta_{a,k}$ und des Erdwiderstands $\delta_{p,k}$ nach DIN 4085 bestimmt. Bei der Ermittlung von Erddruck und Erdwiderstand und bei den statischen Nachweisen müssen die Erddruckneigungswinkel $\delta_{a,k}$ und $\delta_{p,k}$ zunächst gewählt werden. Anhaltswerte siehe Tabelle 8.

Unbehandelte Spundwandoberflächen von Wellenwänden gelten als verzahnte Wandflächen.

Im Bereich vorbehandelter Oberflächen müssen die Neigungswinkel auf $|\delta| \leq 1/2 \cdot |\delta|$ reduziert werden. Das gilt insbesondere auch dann, wenn an den Spundwandflächen

3.3 Spundwände

Tabelle 8. Neigungswinkel des aktiven Erddrucks $\delta_{a,k}$ und des Erdwiderstands $\delta_{p,k}$

Wandbeschaffenheit	Neigungswinkel $\delta_{a,k}$ des aktiven Erddrucks	Neigungswinkel $\delta_{p,k}$ des Erdwiderstands
Verzahnte Wand	$\|\delta_{a,k}\| \leq 2/3 \cdot \varphi'_k$ [a]	$\|\delta_{p,k}\| \leq \varphi'_k$
Raue Wand	$\|\delta_{a,k}\| \leq 2/3 \cdot \varphi'_k$ [a]	$\|\delta_{p,k}\| \leq \varphi'_k - 2{,}5°$ und $\|\delta_{p,k}\| \leq 27{,}5°$
Weniger raue Wand	$\|\delta_{a,k}\| \leq 1/2 \cdot \varphi'_k$	$\|\delta_{p,k}\| \leq 1/2 \cdot \varphi'_k$
Glatte Wand	$\delta_{a,k} = 0$	$\|\delta_{p,k}\| = 0$

[a] DIN 4085 erlaubt auch $\delta_a = \varphi$

Die Kalibrierung der EAU-Teilsicherheiten erfolgte jedoch mit 2/3 φ, daher wird dies als Größtwert beibehalten.

Schmierschichten angenommen werden müssen, z. B. weil bindige Böden beim Rammen mit nach unten gezogen werden oder die Profile mit Spülhilfe einvibriert werden. Höhere Wandreibungswinkel sind nachzuweisen.

Neigungswinkel $\delta_{C,k}$ der Ersatzkraft C_k

Für im Boden eingespannte Wände wird nach dem Berechnungsverfahren von *Blum* [34] zur Aufnahme der Ersatzkraft C_k die Bodenreaktion unterhalb des theoretischen Fußpunkts TF auf der Einwirkungsseite herangezogen. Die zur Aufnahme dieser Reaktionskraft zusätzlich erforderliche Tiefe ist nach E 56, Abschnitt 8.2.9 der EAU [2] als Zuschlag Δt_1 zur Einbindetiefe t_1 zu berechnen. Die bei dieser Ermittlung anzusetzende Wirkungsrichtung der Ersatzkraft C_k ist unter dem Winkel $\delta_{C,k}$ gegen die Horizontale geneigt.

Der Neigungswinkel $\delta_{C,k}$ der Ersatzkraft C_k in den Grenzen

$$-2/3 \cdot \varphi'_k \leq \delta_{C,k} \leq +1/3 \cdot \varphi'_k$$

angesetzt werden, jedoch in Abhängigkeit von der Wandbeschaffenheit nicht größer als die in Tabelle 8 angegebenen Grenzwerte für $\delta_{p,k}$.

Nachweis der Vertikalkomponente des mobilisierbaren Erdwiderstands

Der Ansatz des minimalen Neigungswinkels $\delta_{p,k}$ und der damit verbundene Nachweis des *mobilisierbaren Erdwiderstandes* ist durch den Nachweis des „Vertikalen Gleichgewichts"

$$V_k = \Sigma V_{k,i} \geq B_{v,k}$$

am System für die *charakteristischen Einwirkungen* zu führen. Durch diesen Nachweis wird sichergestellt, dass sich der für die Berechnung gewählte Neigungswinkel $\delta_{p,k}$ des Erdwiderstands auch tatsächlich einstellen kann.

Dabei ist als $\Sigma V_{k,i}$ (↓) die *minimale* von oben nach unten gerichtete, charakteristische Vertikalkraftsumme der jeweiligen Einwirkungskombination (ohne Berücksichtigung etwaiger veränderlicher lotrechter Einwirkungen [kN/m]) incl. des Vertikalkraftanteils der Ersatzkraft C_k anzusetzen und der sich aus dem gewählten Neigungswinkel $\delta_{p,k}$ des mobilisierbaren Erdwiderstandes B_k ergebende, von unten nach oben gerichteten Resultierenden des Erdwiderstandes $B_{v,k}$ (↑) gegenüberzustellen.

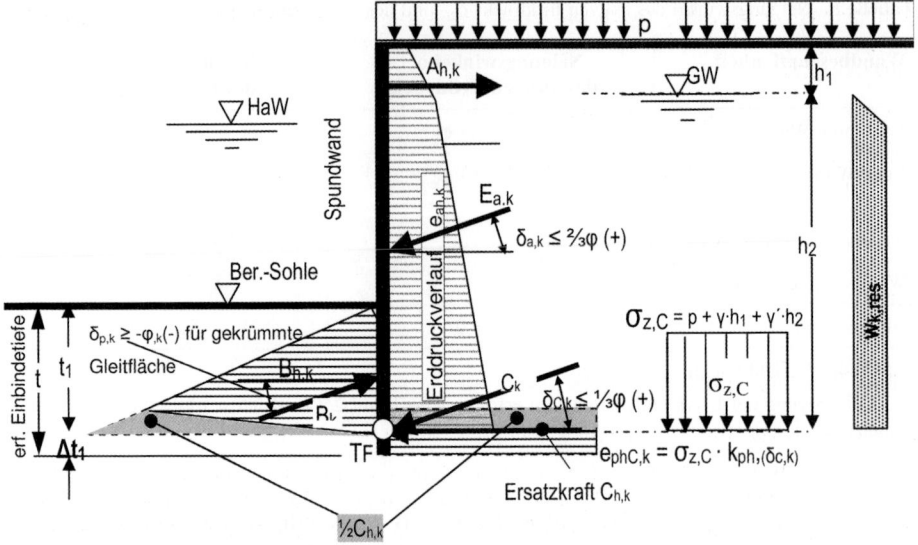

Bild 9. Einwirkungen, Auflager- und Bodenreaktionen einer im Boden eingespannten Spundwand nach dem Verfahren von *Blum* [34]

Hierbei muss beachtet werden, dass sich nach dem Ansatz von *Blum* eine zu große Ersatzkraft C_k ergibt. Bei Berücksichtigung des tatsächlichen Verlaufs der stützenden Bodenreaktion B_k tritt die Ersatzkraft C_k nur in etwa der halben rechnerischen Größe auf. Gleichzeitig ist das zugehörige Bodenauflager B_k um eben diesen Wert geringer (Bild 9).

Um diesen Fehler auszugleichen, wird der Horizontalkraftanteil der Bodenreaktion B_k und der der Ersatzkraft C_k um ½ $C_{h,k}$ reduziert und die sich aus diesen Größen ergebenden Vertikalanteile in den Nachweis eingesetzt. Diese Vorgehensweise wird in EB 9 der EAB [2] als *genauerer Nachweis* bezeichnet.

Es gilt für die tatsächlichen Bodenreaktionen:

$B^*_{h,k} = B_{h,k} - {}^1\!/_2\, C_{h,k}$

$C^*_{h,k} = {}^1\!/_2\, C_{h,k}$

Bei geschichteten Böden mit r Schichten bis zur Tiefe des theoretischen Fußpunkts TF gilt gemäß EAU Abschnitt 8.2.4.3 (2):

$$B^*_{v,k}(\uparrow) = \sum_{i=1}^{r} B_{hi,k} \cdot \tan \delta_{pi,k} - {}^1\!/_2\, C_{h,k} \cdot \tan \delta_{pr,k}$$

(mit: $\delta_{pr,k}$ im Theor. Fußpunkt „TF")

Hierbei dürfen Vertikalkomponenten $V_{Q,k}$ von Beanspruchungen infolge nach unten gerichteter veränderlicher Einwirkungen Q nicht angesetzt werden, wenn sie keine nennenswerten Bodenauflagerkomponenten $B_{v,k}$ hervorrufen. Dies gilt zum einen für Beanspruchungen, die unmittelbar am Wandkopf auftreten, z. B. die Auflagerkräfte $F_{Qv,k}$ des Überbaus infolge der Einwirkungen aus Kran und Stapellasten. Zum anderen gilt dies auch für die Vertikal-

3.3 Spundwände

komponenten $\Delta A_{Qvi,k}$ derjenigen nach unten gerichteten Ankerkraftanteile, die infolge horizontaler, veränderlicher Einwirkungen im Wandkopfbereich bzw. oberhalb der Ankerlage auftreten, z. B.

- Kranseitenstoß und Sturmverriegelung,
- Pollerzug,
- Erddruck infolge veränderlicher Einwirkungen auf den Wandbereich oberhalb der Ankerlage.

Ist dieser Nachweis nicht erfüllt, ist der Neigungswinkel des Erdwiderstands $\delta_{p,k}$ anzupassen und eine Neubestimmung der Bohlenlänge und der Beanspruchungen mit angepasstem $\delta_{p,k}$ durchzuführen.

5.2.9 Erdstatische Spundwandnachweise

5.2.9.1 Nachweis des horizontalen Bodenauflagers

Es ist nachzuweisen, dass ein Bruch des Bodens im Erdwiderstandsbereich infolge der Horizontalkraftbeanspruchung $B_{h,d}$ aus dem Bodenauflager über die Einbindelänge t nicht auftritt. Dieser Nachweis erfolgt im GZ 1B mit den lastfallabhängigen Teilsicherheitsbeiwerten für die Beanspruchungen (Tabelle 3 und ggf. Tabelle 7) und für die Widerstände (Tabelle 4 und ggf. Tabelle 6).

Er ist erfüllt, wenn

$$B_{hg,k} \cdot \gamma_G + B_{hq,k} \cdot \gamma_Q \leq E_{ph,k} / \gamma_{Ep}$$

wobei gilt:

$E_{ph,k}$ Resultierende des Erdwiderstandes aus dem *Blum*'schen Verfahren (*ohne den Korrekturabzug $1/2\ C_{h,k}$ gemäß Abschnitt 5.2.9.2*)

γ_{Ep} Teilsicherheitsbeiwert für den Erdwiderstand, der nur zur Ermittlung des Biegemoments durch $\gamma_{Ep,red}$ gemäß Tabelle 6, Abschnitt 5.2.2 ersetzt werden darf, wenn die dort genannten Bedingungen erfüllt sind

γ_G Teilsicherheitsbeiwert für ständige Bodenauflagerbeanspruchungen, der durch $\gamma_{G,red}$ gemäß Tabelle 7, Abschnitt 5.2.3 ersetzt werden darf, wenn die dort genannten Bedingungen erfüllt sind

γ_Q Teilsicherheitsbeiwert für veränderliche Bodenauflagerbeanspruchungen

Dieser Nachweis entspricht der Ermittlung der erforderlichen Einbindelänge t.

Der Rammtiefenzuschlag Δt_1 für die Ersatzkraft C_k nach dem *Blum*'schen Verfahren ergibt sich zu:

$$\Delta t_1 = {}^1/_2\ C_{h,k} / e_{phC,k}$$

5.2.9.2 Nachweis der vertikalen Tragfähigkeit

Neben dem Nachweis der horizontalen Tragfähigkeit des Bodenauflagers muss auch der Nachweis der vertikalen Tragfähigkeit (Nachweis gegen „Versinken") geführt werden. Der Nachweis der vertikalen Tragfähigkeit ist mit den *Bemessungswerten der Einwirkungen und Widerstände* zu führen. Hierbei ist nachzuweisen, dass die Summe V_d ($\downarrow$) der nach unten wirkenden Bemessungswerte aller Vertikallasten in der Wand höchstens so groß ist wie die Summe der Bemessungswerte der Widerstände R_d ($\uparrow$)

$$V_d = \Sigma V_{i,d} \leq \Sigma R_{i,d}$$

- Für Summe V_d (↓) sind *alle* von oben nach unten gerichteten charakteristischen Einwirkungen mit den Teilsicherheitsbeiwerten γ_G und γ_Q zu multiplizieren, und zwar getrennt nach ständigen und veränderlichen Einwirkungen.
- Für Summe R_d (↑) sind die von unten nach oben gerichteten, charakteristischen Widerstände, wie z. B. Spitzenwiderstand, Mantelreibung, und die unter dem Neigungswinkel δ_B wirkenden charakteristischen Vertikalkomponenten des Erdwiderstandes $B^*_{h,k}$ (s. Abschnitt 5.2.8.) und der Ersatzkraft $C^*_{h,k}$ (s. 5.2.8.) durch Teilsicherheitsbeiwerte zu dividieren. Während für Mantelreibungs- und Spitzenwiderstand in Anlehnung an die Pfahlbemessung die Teilsicherheiten γ_P bzw. γ_{Pc} angesetzt werden, ist für $B^*_{h,k}$ und $C^*_{h,k}$ der Ansatz des lastfallabhängigen Teilsicherheitsbeiwertes γ_{Ep} (= 1,4; 1,3; 1,2) anstelle des etwas größeren lastfallunabhängigen Teilsicherheitsbeiwertes γ_P = 1,40 gerechtfertigt, weil γ_P für Widerstände aus Erfahrungswerten abgeleitet wird, hier aber die rechnerischen Bodenreaktionen $B^*_{h,k}$ und $C^*_{h,k}$ als Widerstand angesetzt werden.

Der Arbeitsausschuss Ufereinfassungen empfiehlt für diesen Nachweis im Technischen Jahresbericht 2009, Teil 1 [35] die folgende Vorgehensweise:

Der Nachweis ist unabhängig von den Relativverschiebungen zwischen Wand und aktivem sowie passivem Gleitkeil und geht von einer eigenen Modellvorstellung aus.

Danach wird angenommen, dass die Relativverschiebung der Wand (nach unten) gegenüber dem Baugrund größer ist als sie zur vollen Mobilisierung der Fußauflagerkräfte erforderlich wäre. Dann können für die im Nachweis der horizontalen Tragfähigkeit ermittelten Horizontalkräfte $B^*_{h,k}$ und ggf. $C^*_{h,k}$ (*Blum*) an der Spundwand für den ersten Nachweisschritt

1. die materialabhängigen maximal möglichen Reibungskräfte mit dem Neigungswinkel δ_B mobilisiert werden. Der Neigungswinkel δ_B kann den Maximalwert des negativen Neigungswinkels ($\delta_{p,k}$ nach Abschn. 5.2.8) erreichen. Für diesen Nachweis darf angenommen werden, dass durch die Relativverschiebung eine Mantelreibung auf den Wirkungsflächen von $B^*_{h,k}$ und $C^*_{h,k}$ mobilisiert wird.

Somit gilt im ersten Nachweisschritt:

$$V_d = \Sigma V_{d,i} = \Sigma V_{Q,k} \cdot \gamma_Q + \Sigma V_{G,k} \cdot \gamma_G \tag{1}$$

und

$$R_d = R_{Bv,d} + R_{Cv,d} = (B^*_{h,k} + C^*_{h,k}) \tan \delta_{B,k} / \gamma_{Ep} \tag{2}$$

wobei: $\delta_B \geq -\varphi_k$

mit: $B^*_{h,k}$ und $C^*_{h,k}$ nach Abschnitt 5.2.8.1, falls *Blum*-Berechnung

alternativ: $R_{S,d(alt)} = q_{s,k} \cdot A_s / \gamma_{P(c)}$

mit: $A_S = (t_1 + 2 \cdot \Delta t_1) \, l_S$ mit l_S = einseitige Abwicklungslänge der Wand

2. Zusätzlich können ggf. Reibungskräfte an nicht durch Erddruck oder Erdwiderstand beaufschlagten Flächen mobilisiert werden. Dies ist z. B. bei den Tragpfählen von kombinierten Wänden an den innenliegenden Steg- und Flanschflächen der Fall, wenn hier keine Ramm-Fußverstärkung mit aufgeschweißten Stegblechen erfolgt und der Tragpfahl ohne Spülhilfe eingebracht wird (Bild 11).

3.3 Spundwände

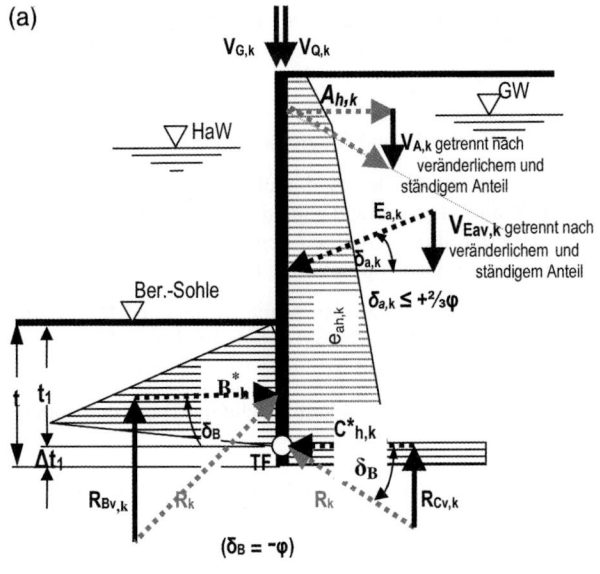

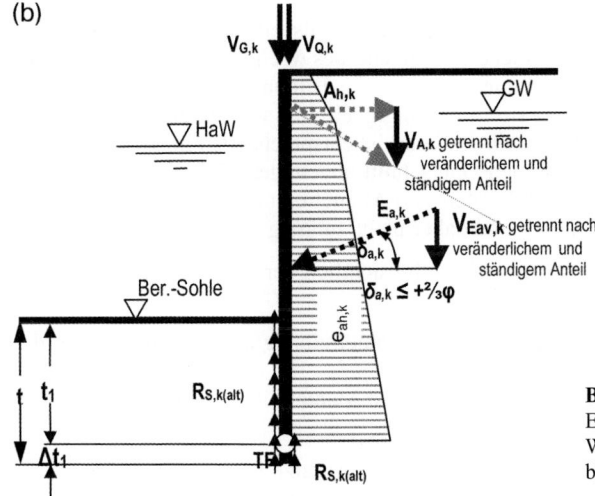

Bild 10. a) Charakteristische vertikale Einwirkungen und Widerstände an der Wand, 1. Nachweisschritt;
b) alternativ: Mantelreibung

Bild 11. Reibungskräfte an nicht durch Erddruck oder Erdwiderstand beanspruchten Flächen, hier bei Tragpfahlinnenflächen ohne Fußverstärkung

Die Berücksichtigung dieser Flächen erhöht den Widerstand der „Vertikalen Tragfähigkeit" nach Gl. (2) um den Anteil:

$$R_{S,d(innen)} = A_{S,innen} \cdot q_{S,k} / \gamma_{P(c)}$$

mit: $A_{S,innen}$ = Abwicklung der inneren Flansch- und Stegreibfläche

3. Ist der gemäß 1. und 2. geweckte vertikale Widerstand nicht ausreichend, wird bei weiterer Vertikalverschiebung der Wand der Fußwiderstand in der Aufstandsfläche mobilisiert. Es wird angenommen dass der aktive Gleitkeil den Bewegungen zur Mobilisierung der o. g. Kräfte ohne Veränderung der Erddruckkraft folgt.

Auch kann durch Verlängerung der Wand ein zusätzlicher Mantelwiderstand R_s auf eine die erforderliche Wandlänge überschreitende Zusatzlänge unterhalb der rechnerischen Unterkante in Ansatz gebracht werden (Bild 12 a und b)

Dieser erhöht den Widerstand der „Vertikalen Tragfähigkeit" nach Gl. (2) um den Anteil:

$$R_{b,d} = A_b \cdot q_{b,k} / \gamma_{P(c)}$$

mit: $A_b = n \cdot A_s$

$$\Delta R_{S,d(tz)} = q_{s,k} \cdot \Delta A_s / \gamma_{P(c)}$$

mit: $\Delta A_S = t_Z \cdot l_S$ mit l_s = beidseitige Abwicklungslänge der Wand

Bei Wellenwänden gemäß EAU, Abschnitt 8.11.2 gilt als ein auf der sicheren Seite liegender Wert für A_b die 6- bis 8-fache Stahlfläche des Wellenwandprofils. Bei kastenförmigen Profilen bis 400 mm Kantenlänge ist die Bildung eines Pfropfens wahrscheinlich. Bei größeren Profilen ist sie in Abhängigkeit vom Rammverfahren möglich. Bei einer Pfropfenbildung wird Spitzendruck über die entsprechende Fußaufstandsfläche und Mantelreibung über den umrissenen Querschnitt abgetragen. Der gleichzeitige Ansatz von Spitzendruck unter einem Pfropfen und Mantelreibung über die Abwicklung eines Stahlprofils ist nicht verträglich und daher nicht zulässig.

Sofern keine Probebelastungen vorliegen, sind hinsichtlich der Ausbildung eines Pfropfens die beiden Ansätze

– Spitzendruck unter dem Stahlquerschnitt und Mantelreibung auf der Abwicklung des Stahlprofils und
– Spitzendruck unter der umrissenen Fußfläche und Mantelreibung auf der umrissenen Fläche des Stahlprofils

vergleichend zu untersuchen. Der kleinere der beiden Ansätze ist maßgebend.

Sofern keine Pfropfenbildung erfolgt, kann im Innern von *geschlossenen* Profilen (z. B. Rohren) Mantelreibung wirken. Diese Reibungswerte sind im Allgemeinen wegen der anderen Spannungsverhältnisse geringer als diejenige auf den Außenflächen der Profile und dürfen nur nach entsprechender Bestätigung durch einen **Sachverständiger für Geotechnik** angesetzt werden.

Wenn keine Probebelastungen vorliegen, dürfen für den Spitzenwiderstand unter Wänden mit Rechteckquerschnitt oder pfahlähnlichen Tragelementen mit geschlossenem Querschnitt empirische Werte gemäß EA-Pfähle (dort: Abschnitt 5.4.2(5)) angesetzt werden.

Als Spitzenwiderstand unter wellenförmigen Stahlspundwänden und unter offenen Profilen ohne Pfropfenbildung darf der Spitzenwiderstand von an dieser Stelle ausgeführten Drucksondierungen eingesetzt werden. Voraussetzung ist, dass der Tragpfahl zumindest in den letzten drei Metern ohne Spülhilfe eingebracht wurde.

3.3 Spundwände

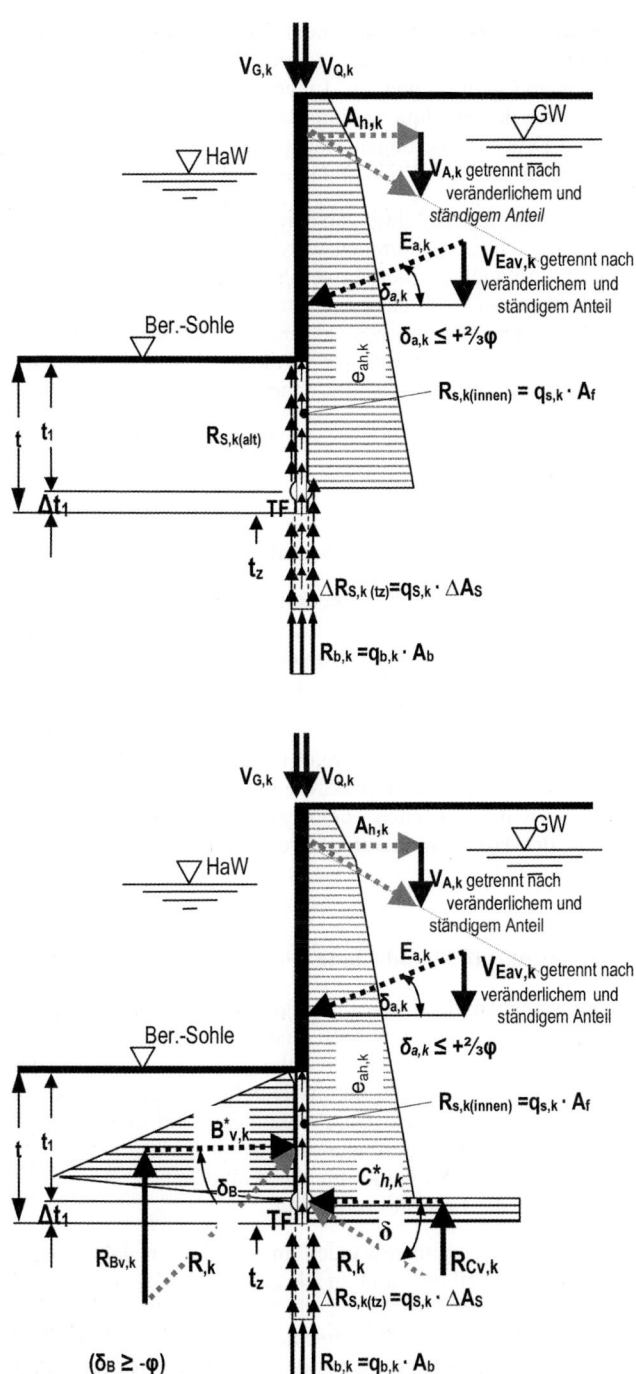

Bild 12. Charakteristische vertikale Einwirkungen und Widerstände an der Wand, 2. und 3. Nachweisschritt

Bei kombinierten Wänden dürfen unterhalb der Zwischenbohlen die nicht durch die Auflagerkräfte B und C beanspruchten Flächen der Tragprofile zur Abtragung von Mantelreibung und Spitzenwiderstand genutzt werden. Liegen keine Probebelastungen vor, darf als Spitzenwiderstand unter der Stahlquerschnittsfläche der Spitzenwiderstand von an dieser Stelle ausgeführten Drucksondierungen eingesetzt werden. Für die Mantelreibung dürfen empirische Werte gemäß EA-Pfählen angesetzt werden.

4. Können die Vertikallasten von den mit diesen Relativverschiebungen geweckten Widerständen (Nachweisschritte 1 bis 3) nicht aufgenommen werden, dringt die Wand noch tiefer in den Boden ein. Dadurch wird auch auf der aktiven Seite Reibung entgegen der Verschiebungsrichtung (nach oben) geweckt, so dass sich ein negativer Neigungswinkel δ_a einstellt. Die damit verbundene Vergrößerung des aktiven Erddrucks erfordert eine Neubemessung der Konstruktion. Auf den Nachweis der vertikalen Tragfähigkeit unter Ansatz eines negativen Erddruckneigungswinkels sollte daher in der Regel verzichtet werden.

5.3 Sonderfälle der Spundwandberechnung

5.3.1 Einfach verankerte Spundwände mit großem Überankeranteil

Aus statischen und wirtschaftlichen Gründen wird die Verankerung, vor allem bei Wänden mit hohem Geländesprung, oft nicht unmittelbar am Kopf der Wand, sondern in einem gewissen Abstand unterhalb des Kopfes angeschlossen. Dadurch verringern sich bei der einfach verankerten Wand die Spannweite und somit auch das Feldmoment und das Einspannmoment. Außerdem stellt sich eine erhöhte Erddruckumlagerung ein (s. Abschn. 5.2.5).

Der Wandbereich oberhalb des Ankers (Überankeranteil) erhält in solchen Fällen häufig am Kopf eine zusätzliche Hilfsverankerung. Sie hat die Aufgabe, die Lage des Spundwandkopfs zu sichern. Die Hilfsverankerung wird im statischen Hauptsystem nicht berücksichtigt. Gesichtspunkte für die Anordnung der Hilfsverankerung, ihre Ausbildung, Berechnung und Bemessung enthält E 133 der EAU [2].

5.3.2 Mehrfach gestützte bzw. verankerte Spundwände

Mehrfach gestützte bzw. verankerte Spundwände kommen häufig bei tiefen Baugruben vor. Die aufeinander folgenden Steifenlagen oder Anker werden aushubbegleitend eingebaut, was erst nach entsprechend tiefem Aushub bzw. auch dem Absenken des Wasserstands in der Baugrube möglich ist. Damit erleidet die Spundwand bereits Durchbiegungen, bevor die Steifen oder Anker eingebaut werden können. Diese Durchbiegungen sind in statischem Sinne Verschiebungen der Auflager, die Lastumlagerungen und damit Umlagerungen der Biegebeanspruchung sowie der Anker- bzw. Steifenkräfte zur Folge haben. Außerdem beeinflussen die Auflagerverschiebungen die Erddruckverteilung.

Die bei mehrfach gestützten/verankerten Baugrubenwänden in den letzten Jahrzehnten gewonnenen Erfahrungen zur Erddruckverteilung sind in *Weißenbach* [15] ausführlich dokumentiert und ausgewertet und werden in der EAB [4] stetig fortgeschrieben. Sie bieten eine Auswahl fallbezogener Belastungsfiguren für die verschiedensten Anwendungsfälle von mehrfach gestützten bzw. verankerten Spundwänden. Für den Standsicherheitsnachweis von mehrfach ausgesteiften Baugruben wird auf EB 10 der EAB verwiesen. Der bei Ufereinfassungen gelegentlich auftretende Sonderfall der zweifach verankerten Uferspundwand ist E 134 der EAU [2] behandelt.

5.3.3 Berechnung der Spundwand als elastisch gebettetes Tragsystem

Bei der Bemessung von Spundwandbauwerken mittels Bettungsmodulverfahren lassen sich Einbindetiefe, Beanspruchungen und Gebrauchstauglichkeit nachweisen. Wesentliche Voraussetzung dafür, dass mit diesem Berechnungsverfahren zutreffende Schnittgrößen und Verformungen ermittelt werden, ist die wirklichkeitsnahe Festlegung der Bettung hinsichtlich Größe und Verteilung über die Tiefe. Die Ermittlung der Bettungsverteilung ist komplex und setzt Erfahrungen mit Spundwandbauwerken und eine zutreffende Einschätzung der Bodeneigenschaften voraus. Der Ansatz der Bettung über die Einbindetiefe wird durch den Größtwert des Erdwiderstandes begrenzt (vgl. Bild EB 102-1 der EAB) sowie Abschnitt 5.2.7.

Bei zutreffender Wahl des Bettungsmoduls können mit diesem Berechnungsansatz z. B. die Einflüsse verschiedener Bauzustände, mehrerer Ankerlagen bzw. Abstützungen, einer Vorspannung von Ankern und Steifen usw. erfasst werden. EB 102 der EAB liefert über die dort angegebenen Literaturverweise sowie in Anhang A 5 Anhaltswerte für mittlere Bettungsmodule einer durchlaufenden Wand.

5.3.4 Berechnung der Spundwand nach dem Traglastverfahren (Grenztragfähigkeiten)

DIN EN 1993-5 lässt für Stahlspundwandbauwerke u. a. auch eine *plastisch-plastische* Bemessung, also eine Bemessung nach dem Traglastverfahren zu. Eine solche Bemessung, die sowohl die plastische Querschnittstragfähigkeit als auch die plastische Systemtragfähigkeit (*bei statisch unbestimmten Systemen*) ausnutzt, kann in Sonderfällen auch für Ufereinfassungen sinnvoll sein.

Dies erfordert aber die Wahl von Spundwandprofilen, die gemäß DIN EN 1993-5, Tabelle 5-1 der Tragfähigkeitsklasse 2 zugeordnet werden können und durch den Nachweis ausreichender Rotationskapazität auch die plastischen Systemreserven aktivieren, d. h. den Klasse-1-Profilen im Sinne der DIN EN 1993 zuzuordnen sind.

Dies gelingt nur mit einigen warmgewalzten Wellenwandprofilen der U- und Z-Reihe (Tabelle 1, Zeile 4–6).

Kaltgeformte Stahlspundwände (Tabelle 1, Zeile 1–3) erreichen oft nicht einmal die Tragfähigkeitsklasse 3 gemäß DIN EN 1993-5, Tabelle 5-1. Sie können im günstigsten Fall nur *elastisch – elastisch* berechnet werden.

Die I-förmigen Tragpfähle der kombinierten Wände (Tabelle 1, Zeile 7–12) überschreiten meistens die in DIN EN 1993-1, Tabelle 5.2 einzuhaltenden Grenzschlankheiten der Klasse-2-Profile aufgrund ihrer b/t-Verhältnisse bei druckbeanspruchtem Steg und Flansch i. d. R., sodass diese Wandkonstruktionen nur *elastisch – elastisch* nachgewiesen werden können.

Im Regelfall werden bei warmgewalzten Wellenwänden nur die Verfahren der *elastisch-elastischen* bzw. der *elastisch-plastischen* Bemessung angewandt.

Für eine *plastisch-plastische* Bemessung von Ufereinfassungen fehlen derzeit u. a. noch Erfahrungen zur Erddruckverteilung infolge Schnittkraftumlagerung zur Ausnutzung der Systemreserven. Die klassischen Erddruckverteilungen und die Erddruckumlagerungsfiguren der EAU dürfen einer *plastisch-plastischen* Berechnung nicht zugrunde gelegt werden. Ob und ggf. wie eine *plastisch-plastische* Bauteilbemessung durchgeführt wird, ist stets mit dem Bauherrn abzustimmen (DIN EN 1993-5 NA, 3.6). Nach [32] und [33] kommt eine Berechnung von Spundwandbauwerken nach dem plastisch-plastischen Verfahren wohl nur für Extremfälle, d. h. SK3 in Kombination mit EK3 infrage.

5.4 Bauteilnachweis „Stahlspundwand"

Stahlprofile werden gemäß der europäisch harmonisierten Stahlbaunormen (EN 1993-1 bis -9) hinsichtlich ihrer Tragfähig- und Gebrauchstauglichkeit nachgewiesen. Für Spundwandprofile gilt die EN 1993-5, die bereits seit Juli 2007 als DIN EN 1993-5 eingeführt ist und mit dem nationalen Anhang DIN EN 1993-5 NA:2008 die Belange des deutschen Stahlbaus berücksichtigt.

5.4.1 Tragfähigkeitsklassen / Nachweisverfahren

Gemäß Tabelle 5-1 dieser Norm (Tabelle 9) können die warm gewalzten und kalt geformten U- und Z-förmigen Spundwandprofile in Abhängigkeit von ihren Flanschschlankheiten b_f/t_f und unter Berücksichtigung eines Stahlsortenkoeffizienten ϵ in 4 Tragfähigkeitsklassen eingeteilt werden. Die Klassenzuordnung der I-förmigen Spundwandträger der kombinierten Wände (s. Tabelle 1, Zeile 7–13) erfolgt in Anlehnung an die „Hochbauträger" nach DIN EN 1993-1, Tabelle 5-2. Dabei sind neben der Flanschschlankheit auch die des Steges sowie die Druckspannungsverteilung über den Querschnitt zu berücksichtigen.

Spundbohlen der Stahlgüten bis S 355 GP können zumindest der Klasse 3 zugeordnet werden, für diese Profilklasse ist nur das elastisch-elastische Nachweisverfahren zulässig. Wenn die Profile geringere Schlankheiten aufweisen, können sie der Profilklasse 2 zugeordnet werden. In diesem Fall sind auch elastisch-plastische Nachweisverfahren zulässig. Haben die Klasse-2-Profile eine ausreichende Rotationskapazität, das ist die Fähigkeit der Schnittkraft- und Beanspruchungsumlagerung, werden sie zu Klasse-1-Profilen und auch plastisch-plastische Nachweisverfahren (Traglastverfahren) sind erlaubt.

Es muss dann aber nachgewiesen werden, dass die Rotationsbeanspruchung aus dem gewählten statischen System mit den γ-fachen Einwirkungen kleiner/gleich der Rotationskapazität des gewählten Profils ist. Die Rotationskapazität kann gemäß DIN EN 1993-5, Anhang C, Abschnitt C.1.2 ermittelt werden. Die Rotationsbeanspruchung kann nach DIN EN 1993-5, Anhang C, Abschnitt C.2 bestimmt werden

5.4.2 Tragfähigkeitsnachweis / Bauteilwiderstände

Der Tragfähigkeitsnachweis des Bauteils Stahlspundwand ist für GZ 1B mit den gemäß Abschnitt 5 ermittelten Bemessungswerten der Beanspruchungen E_d zu führen und lautet:

$$E_d \leq R_d$$

5.4.2.1 Biegespannungsnachweis

Für U- und Z-förmige Spundbohlen ist DIN EN 1993-5, Abschnitt 5 zu beachten. Danach ist E_d der Bemessungswert des beanspruchenden Biegemomentes M_{Ed}, also gilt:

$$E_d = M_{Ed}$$

R_d ist der durch die Bemessungswerte der beanspruchenden Querkraft (V_{Ed}) und der beanspruchenden Normalkraft (N_{Ed}) abgeminderte Bemessungswert des widerstehenden Biegemomentes $M_{Rd,V,N}$. Der Nachweis hat somit die Form:

$$M_{Ed} \leq M_{Rd,V,N}$$

Der zunächst unabgeminderte „Startwert" des Bemessungswiderstandes M_{Rd} ist:

$$M_{Rd} = \beta_B \cdot W \cdot f_{y,k} / \gamma_{M0}$$

3.3 Spundwände

mit

β_B Abminderungsfaktor für U-Bohle, siehe Tabelle 9
W Widerstandsmoment der Bohle bei:
   Klasse 1 + 2: W_{pl}
   Klasse 3: W_{el}
$f_{y,k}$ Mindeststreckgrenze der Stahlgüte
γ_{M0} Teilsicherheitsbeiwert Bauteil Stahl, siehe Abschnitt 5.2.4

M_{Rd} wird entsprechend den Beanspruchungsverhältnissen $V_{Ed}/V_{pl,Rd}$ und $N_{Ed}/N_{pl,Rd}$ gemäß DIN EN 1993-5, Abschnitt 5.2.2 auf $M_{Rd,V,N}$ abgemindert.

Tabelle 9. Abminderungsfaktoren für U-Bohlen gemäß Tabelle 1 DIN EN 1993-5/NA

Typ U-Bohle	Anzahl Anker/ Streifen	Bodenart Festigkeit / Konsistenz	Abminderungsfaktoren	
			β_B	β_D
Einzelbohle (oder Mehrfachbohle ohne Schlossverbund)			0,6	0,4
Doppelbohle (im Mittelschloss auf ganzer Länge schubfest verbunden)	0	locker bis mitteldicht breiig bis weich	0,7	0,6
		dicht bis sehr dicht steif bis fest	0,8	0,7
	1	locker bis mitteldicht breiig bis weich	0,8	0,7
		dicht bis sehr dicht steif bis fest	0,9	0,8
	≥ 2	locker bis mitteldicht breiig bis weich	0,9	0,8
		dicht bis sehr dicht steif bis fest	1,0	0,9

5.4.2.2 Biegeknicknachweis

Bei den U- und Z-förmigen Spundbohlen ist nach Abschnitt 5.2.3, DIN EN 1993-5 ein Stabilitätsnachweis zu führen, wenn

$N_{Ed}/N_{cr} > 0{,}04$

Darin ist N_{cr} die von der Knicklänge ℓ und der Steifigkeit EI der Spundbohle abhängige kritische Knicklast mit

$N_{cr} = EI \cdot \beta_D \cdot \pi^2 \cdot / \ell^2$

Stabilitätsnachweis:

$$\frac{\Sigma N_{E,i,d}}{\kappa N_{pl}(\gamma_{M0}/\gamma_{M1})} + 1{,}15 \frac{\Sigma M_{E,i,d}}{M_{V,Rd}(\gamma_{M0}/\gamma_{M1})} \leq 1{,}0$$

γ_{M0}, γ_{M1} Teilsicherheitsbeiwert Bauteil Stahl (s. Abschnitt 5.2.4)

Abschließend sei auf [31] verwiesen, in der die Nachweisführung für Stahlspundwände detailliert erläutert wird.

6 Nachweis der Spundwandverankerungen und der Zubehörteile

6.1 Allgemeines zu Ankern und Ankerpfählen, Gurtung, Bolzen- und Ankerkopfplatten

Spundwandbauwerke müssen in der Regel zur Aufnahme der Horizontalkräfte aus Erd- und Wasserdruck sowie den Kräften aus dem Überbau, Pollerzug und Schiffstoß, verankert werden. Als Anker werden sowohl verlegte Anker wie Rundstahlanker eingesetzt, daneben aber auch Ankerpfähle der unterschiedlichsten Bauarten.

Gurtung, Gurtbolzen und Gurtbolzenplatten haben gemeinsam die Aufgabe, die Auflagerkräfte aus der Spundwand in die Verankerung (Pfähle/Anker) zu übertragen. Sie sollen gemäß E 30 der EAU mindestens für die Tragfähigkeit der Anker bemessen werden. Damit wird sichergestellt, dass die Verankerung versagt, bevor die Anschlüsse versagen, weil Letzteres ohne Vorankündigung erfolgt.

6.2 Nachweis der Verankerungselemente

6.2.1 Verankerungselemente aus Stahl

6.2.1.1 Nachweise der Stahlgurtung

Die Gurte der Spundwandbauwerke übertragen die Einwirkungen auf die Wand in die Anker. Außerdem steifen sie die Wand aus und erlauben eine Ausrichtung in der Wandflucht. Bei Uferwänden werden die Gurte in der Regel als Zuggurte (Bild 13) ausgebildet, d. h. sie liegen hinter der Wand und stören daher nicht den Umschlagbetrieb.

Die Gurtung ist nach DIN 18800 nachzuweisen (E 20, EAU). Der Nachweis nach DIN 18800 hat die beabsichtigte Folge, dass der Biegespannungsnachweis für den Gurt mit einem höheren Teilsicherheitsbeiwert ($\gamma_M = 1{,}10$) erfolgt als nach dem nationalen Anhang der DIN EN 1993-1 ($\gamma_{M0} = 1{,}00$). Zusätzlich empfiehlt E 30, EAU, Abschnitt 8.4.2.3, die Teilsicherheitsbeiwerte der DIN 18800 um 15 % zu erhöhen. Damit sollen die quantitativ nicht fassbaren Beanspruchungen aus Schiffstoß und dem Ausrichten der Wand nach dem Einbau pauschal berücksichtigt werden.

Somit ergibt sich für den Nachweis der Gurtung und der Gurtbolzen der Teilsicherheitsbeiwert des Bauteilwiderstandes im GZ 1B zu $\gamma_{M,Gurt} = 1{,}10 \cdot 1{,}15 = 1{,}27$.

Der Bemessungswert der Momentenbeanspruchung $M_{Ed,Gurt}$ darf gemäß EAU, Abschnitt 8.4.2.4 als $M_{Ed,Gurt} = q_d \cdot l^2/10$ ermittelt werden. Das ist das Stützmoment eines mindestens 3-feldrigen Durchlaufträgers mit gleichen Feldweiten unter einer Gleichlast q_d bei elastischer Schnittkraftermittlung.

Die Gleichlast q_d ist die Traglast $Z_{Anker} = A_{Anker} \cdot f_{y,k\,Anker}$ des gewählten Ankers oder Ankerpfahls. Da der Ankernachweis (= Ankerwahl) für teilsicherheitsbehaftete Einwirkungen erfolgt, müssen in Z_{Anker} schon alle ständigen und alle ungünstig wirkenden veränderlichen Einwirkungen enthalten sein. Unter dieser Voraussetzung erlaubt DIN 18800 die Berücksichtigung eines Kombinationsfaktors $\psi = 0{,}9$, womit sich dann q_d zu

$$q_d = 0{,}9 Z_{Anker} / L_{Feld}$$

ergibt.

Mit der so ermittelten Gurtbelastung q_d werden dann die Bemessungswerte der Beanspruchungen (Schnittkräfte) am elastischen System ermittelt.

3.3 Spundwände

Der Gurtnachweis gilt bei doppelsymmetrischen Querschnitten und einachsiger Biegung um die y-Achse ohne Querkraftbeanspruchung ($Vz_{,d} = 0$) als erbracht, wenn:

$$\sigma_{E,d} / \sigma_{R,d} \leq 1$$

mit: $\sigma_{E,d} = M_{Ed,Gurt} / W_{el,Gurt} + N_{Ed,Gurt} / A_{Gurt}$

bzw. bei vorh. Querkraft ($Vz_{,d} > 0$), wenn

$$\sigma_{v,d} / \sigma_{R,d} \leq 1$$

mit: $\sigma_{v,d} = \sqrt{(\sigma^2 + 3\tau^2)}$

$\sigma = \sigma_{E,d}$

$\tau = (Vz_{,d} \cdot Sy) / (I_y \cdot s)$

$\sigma_{R,d} = f_{y,k} / \gamma_{M,Gurt}$ mit $\gamma_{M,Gurt} = 1{,}27$ (gemäß EAU s. oben)

$f_{y,k}$ Mindeststreckgrenze der Stahlsorte des Gurtes

6.2.1.2 Nachweise von Gurtbolzen und Rundstahlankern

Gurtbolzen und Rundstahlanker sind gemäß E 20, 8.2.6.3 der EAU [2] nach DIN EN 1993-5, Abschnitt 7.2 zu bemessen, jedoch mit einem Kerbbeiwert $k_{t^*} = 0{,}55$ statt $k_t = 0{,}9$ und der Kernquerschnittsfläche A_{Kern} statt der Spannungsquerschnittsfläche A_s.

Mit der Reduzierung des Kerbfaktors $k_t = 0{,}90$ nach DIN EN 1993-5 auf $k_t^* = 0{,}55$ werden evtl. Zusatzbeanspruchungen infolge des Ankereinbaus unter nicht idealen Einbaubedingungen und des rauen Baustellenbetriebes und daraus resultierende unvermeidliche Biegebeanspruchungen des Gewindeteils berücksichtigt. Unbeschadet davon ist es aber weiterhin erforderlich, konstruktive Maßnahmen zur ausreichend frei drehbaren Lagerung des Ankerkopfes vorzusehen.

Die in DIN EN 1993-5, Abschnitt 7.2.4 geforderten Zusatznachweise für die Gebrauchstauglichkeit sind wegen des gewählten niedrigen Kerbfaktors k_t^* und bei den üblichen Aufstauchverhältnissen zwischen Schaft- und Gewindedurchmesser nicht erforderlich.

Bei Rundstahlverankerungen braucht der Fall „Ausfallen eines Ankers" nicht berücksichtigt zu werden, weil die mit dem reduzierten Kerbfaktor k_t^* bemessenen Rundstahlanker eine ausreichende Traglastreserve gegenüber Zusatzbeanspruchungen aus dem Einbau haben.

Rundstahlanker können geschnittene, gerollte oder warm gewalzte Gewinde nach E 184, Abschnitt 8.4.8 der EAU [2] aufweisen. Aufstauchungen der Enden von Ankerstangen für die Gewindebereiche und Hammerköpfe sowie Rundstahlanker mit Gelenkaugen sind zulässig, wenn die in Abschnitt 8.2.6.3 der EAU [2] genannten Bedingungen erfüllt werden (damit liegt der berechnete Bemessungswert des Profilwiderstands auf der sicheren Seite).

Anker werden im Allgemeinen vorwiegend ruhend beansprucht. Schwellbeanspruchungen treten bei Ankern nur in seltenen Sonderfällen auf (Abschn. 8.2.6.1 (2) der EAU [2]).

Werkstoffe für Rundstahlanker und Gurtbolzen sind in Tabelle 2 aufgeführt. Diese entsprechen den Werkstoffen für Rundstahlanker gemäß E 67, Abschn. 8.1.6.4 der EAU [2].

Das Nachweisformat für die Grenzzustandsbedingung der Tragfähigkeit nach DIN EN 1993-5 lautet

$$Z_d \leq R_d$$

Die Bemessungswerte für Ankerbeanspruchung und -widerstand sind gemäß EAU [2] mit den folgenden Größen zu ermitteln:

Z_d Bemessungswert der Ankerbeanspruchung

$$Z_d = Z_{G,k} \cdot \gamma_G + Z_{Q,k} \cdot \gamma_Q$$

$Z_{d,B}$ Bemessungswert der Bolzenbeanspruchung

$$Z_{d,B} = q_d \cdot a_{Bolzen}$$

mit q_d gemäß Abschnitt 6.1.1 und a_{Bolzen} = Abstand der Gurtbolzen untereinander

R_d Bemessungswert des Anker- und Bolzenwiderstandes

$$R_d = \min [F_{tg,Rd}; F^*_{tt,Rd}]$$

$F_{tg,Rd}$ $A_{Schaft} \cdot f_{y,k} / \gamma_M$
$F^*_{tt,Rd}$ $k_t^* \cdot A_{Kern} \cdot f_{ua,k} / \gamma_{Mb}$
A_{Schaft} Querschnittsfläche im Schaftbereich
A_{Kern} Kernquerschnittsfläche im Gewindebereich
$f_{y,k}$ Streckgrenze
$f_{ua,k}$ Zugfestigkeit
γ_M Teilsicherheitsbeiwert $\gamma_M = 1{,}10$ nach DIN 18800 im Ankerschaft
k_t^* Kerbfaktor = 0,55
γ_{Mb} $\gamma_{Mb} = 1{,}25$ nach DIN 18800 für Gewindequerschnitt A_{Kern}

Für die Ausführung und Bemessung von Spundwandverankerungen mit Verpressankern gilt DIN 1054 mit DIN EN 1537.

6.2.1.3 Nachweise der Platten für Gurtbolzen und Rundstahlanker

Zur Bestimmung der erforderlichen Plattenabmessung (Breite b_a und Höhe h_a) ist der Widerstand der Spundbohle gegen die Einleitung der Anker-/Bolzenkraft in den Flansch mittels Ankerplatte nachzuweisen.

Plattenabmessungen b_a und h_a

1. Erfolgt der Ankeranschluss über eine Gurtung hinter der Wand – *Zuggurt* – (Bild 13) oder ohne Gurtung (Bild 14), darf dieser wie unter (3) in Abschnitt 7.4.3 der DIN EN 1993-5 nachgewiesen werden.

Schubwiderstand des Flansches:

$$F_{Ed} \leq R_{Vf,Rd}$$

mit

F_{Ed} Bemessungswert der lokalen quergerichteten Kraft, die in den Flansch eingeleitet wird
$R_{Vf,Rd}$ Bemessungswert des Schubwiderstandes des Flansches unter der Ankerplatte

$$R_{Vf,Rd} = 2{,}0 \cdot (b_a + h_a) \cdot t_f \cdot (f_{y,k} / \sqrt{3}) / \gamma_{M0}$$

wobei:

b_a Ankerplattenbreite
h_a Ankerplattenhöhe, jedoch $h_a \leq 1{,}5\, b_a$
$f_{y,k}$ Streckgrenze der Spundwandstahlsorte
t_f Flanschdicke

3.3 Spundwände

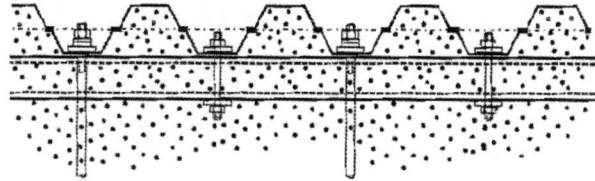

Bild 13. Bolzen-Ankerplattenanschluss bei Zuggurt

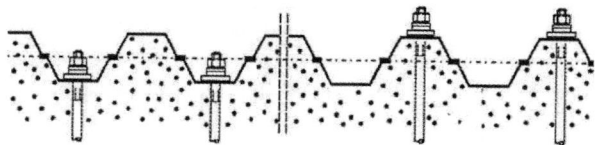

Bild 14. Bolzen-Ankerplattenanschluss ohne Gurtung

Zugwiderstand des Steges:

$$F_{Ed} \leq R_{tw,Rd}$$

mit

$R_{tw,Rd}$ Bemessungswert des Zugwiderstandes von 2 Stegen

$$R_{tw,Rd} = 2\,h_a\,t_w\,f_{y,k}/\gamma_{M0}$$

wobei:

t_w Stegdicke

Anschlüsse bei Z-Bohlen

Bei Z-Bohlen kann gemäß DIN EN 1993-5, NA ein doppelter Gurtbolzenanschluss mit Lasteinleitungsplatten gleicher Abmessung in den Flanschen jeder Einzelbohle vorgenommen werden. Auch der Anschluss eines Ankers oder eines Einzelgurtbolzens mit einer schlossüberbrückenden Anschlussplatte, die auf in den Flanschrändern liegenden Distanzleisten ruht, ist ausführbar (Bild 15).

Für beide Fälle sind die Nachweise wie folgt vorzunehmen:

- Für den Nachweis der Plattenbreite b_a ist die Ersatzbreite b_{a2} nach Bild 15 einzusetzen.
- Für den Schubwiderstand des Flansches $R_{Vf,Rd}$ ist der Nachweis für die einzelne Lasteinleitungsplatte eines Anschlusses nach Bild 10 d mit halber Kraft je Doppelbohle auf der Einwirkungsseite F_{Ed} zu führen. Bei der Ermittlung des Bemessungswertes des Schubwiderstandes ist anstelle von b_a dann nur die Breite b_g einer Einzelplatte anzusetzen. Beim Anschluss mit aufgeständerter Platte ist der Nachweis mit voller Kraft je Doppelbohle zu führen und bei der Ermittlung des Schubwiderstandes ist für b_a die Ersatzbreite b_{a2} anzusetzen.
- Für den Zugwiderstand des Steges $R_{tw,Rd}$ ist der Nachweis nach DIN EN 1993-5:2007-07, Gl. (7.6) mit der vollen Kraft je Doppelbohle auf der Einwirkungsseite F_{Ed} zu führen.

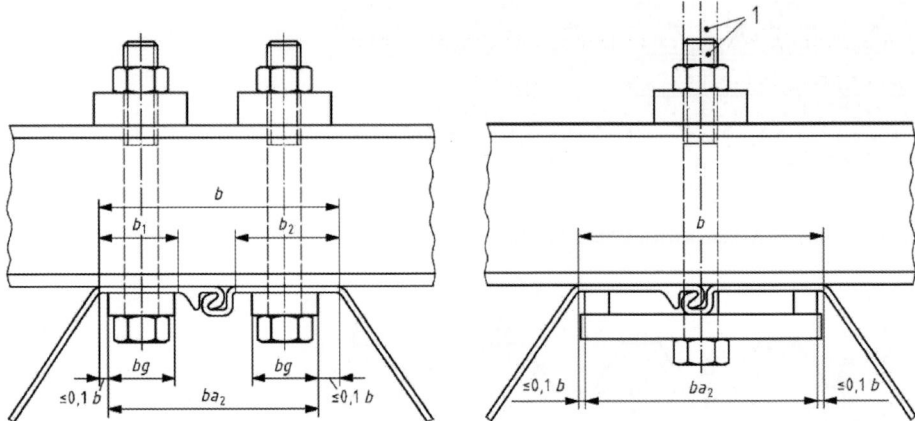

Bild 15. Bolzen-Ankerplattenanschluss bei Z-Bohlen mit Zuggurt gemäß Bilder 13 und 14

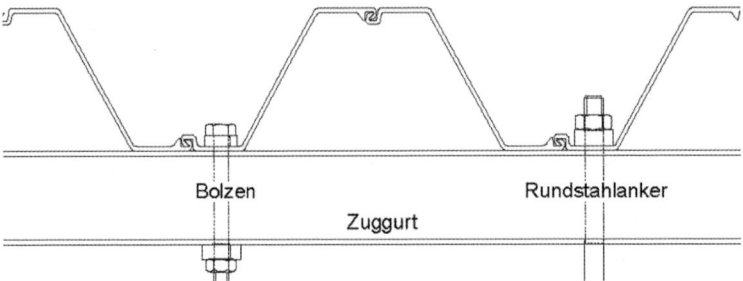

Bild 16. Exzentrischer Bolzen-Ankerplattenanschluss bei Z-Bohlen mit Zuggurt

Wird bei Z-Bohlen aus Wirtschaftlichkeitsgründen, d. h. zur Vermeidung von Doppelbohrungen oder Schlossdurchbohrungen, ein exzentrischer Anschluss von Bolzen oder Anker gewählt (Bild 16), kann das zuvor beschriebene Nachweisverfahren zur Plattendimensionierung nicht mehr angewandt werden. Für diesen Fall kann auf durch Versuche abgesicherte Berechnungsverfahren zurückgegriffen werden [25–27].

2. Erfolgt der Ankeranschluss über eine Gurtung vor der Wand – *Druckgurt* – (Bild 17) darf wie unter (4) in Abschnitt 7.4.3 der DIN EN 1993-5 nachgewiesen werden.

Der Nachweis der Bohlenbeanspruchung im Ankeranschlussbereich kann entfallen, wenn:

$$F_{Ed} \leq 0{,}5 \; R_{C,Rd}$$

Bei $F_{Ed} > 0{,}5 \; R_{C,Rd}$ lautet der Nachweis:

$$F_{Ed}/R_{C,Rd} + 0{,}5 \cdot M_{Ed}/M_{C,Rd} \leq 1{,}0$$

3.3 Spundwände

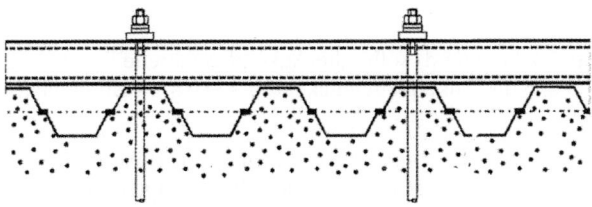

Bild 17. Ankeranschluss mit Druckgurt

Für den Widerstand $R_{C,Rd}$ ist der kleinste Wert der Stegwiderstände $R_{e,Rd}$ und $R_{p,Rd}$ maßgebend.

$$R_{C,Rd} \leq \begin{cases} R_{e,Rd} = \varepsilon/4e \cdot (s_S + 4{,}0\, s_{ec}) \cdot \sin\alpha \cdot (t_w^2 + t_f^2) \cdot f_{y,k}/\gamma_{M0} \\ R_{p,Rd} = \chi \cdot R_{p0}/\gamma_{M0} \end{cases}$$

mit:

χ = $0{,}06 + 0{,}47/\lambda \leq 1{,}0$

λ = $\sqrt{(R_{p0}/R_{cr})}$

R_{cr} = $5{,}42 \cdot E \cdot t_w^3/C$

R_{p0} = $\sqrt{2} \cdot \varepsilon \cdot f_{y,k} \cdot t_w \cdot \sin\alpha \{s_S + t_f \cdot \sqrt{(2b \cdot \sin\alpha/t_w)}\}$

e Exzentrizität der Lasteinleitung in den Steg
   mit $e = r_0 \cdot \tan(1/2\,\alpha) - 1/2\, t_w/\sin\alpha \geq 5{,}0$ mm

$f_{y,k}$ Streckgrenze der Spundwandstahlsorte

ε = $\sqrt{(235/f_{y,k})}$ mit $f_{y,k}$ [N/mm²]

t_f Flanschdicke

t_w Stegdicke

b Flanschbreite der Spundbohle (s. Tabelle 7)

c Steglänge

α Stegwinkel

r_0 Außenradius der Ecke zwischen Flansch und Steg

s_{ec} $2 \cdot \pi \cdot r_0 \cdot \alpha/180$ mit a [°]

s_S Länge der Lasteinleitungsbreite nach EN 1993-1-5, 6.3. Wenn die Gurtung aus zwei Teilen besteht, z.B. bei zwei U-Profilen, ist s_S die Summe beider Teile zuzüglich des kleinsten Wertes aus dem Abstand zwischen den zwei Teilen oder der Länge s_{ec}

M_{Ed} Bemessungswert des Biegemoments an der Stelle der Anker- oder Aussteifungskraft

$M_{c,Rd}$ Bemessungswert des Biegewiderstandes der Spundbohle nach Abschnitt 5.4.2.1. unter Berücksichtigung der Interaktioneinflüsse von V_{Ed} und N_{Ed}

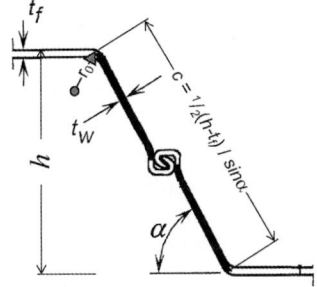

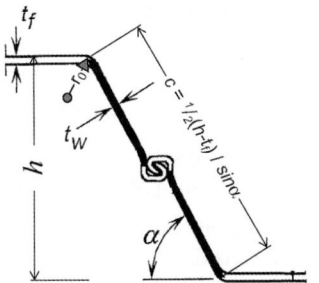

Wenn eine Ankerplatte auf dem Wellenberg für die Einleitung einer Ankerkraft in die Stege nach Bild 14) verwendet wird, gilt der vorstehende Nachweis nur unter der Bedingung, dass die Ankerplattenbreite b_a größer als die Flanschbreite b ist, um eine zusätzliche Exzentrizität e zu vermeiden.

Plattenabmessungen d_a

Gemäß DIN EN 1993-5, Abschnitt 7.4.3 c) und d) sollte die Ankerplattenbreite $b_a \geq 0{,}8 \cdot b$ (b = Flanschbreite der Spundbohle) und die Ankerplattendicke $d_a \geq 2 \cdot t_f$ (t_f = Flanschdicke) sein.

Der Nachweis kann mit dem Bemessungswert des Plattenwiderstandes in Höhe der Lochschwächung $\varnothing_a$ (Durchgang Anker/Bolzen) erfolgen und ergibt sich bei geneigtem Anker zu:

$$M_{Ed} \leq M_{c,Rd,N}$$

mit

$$M_{c,Rd,N} = 1/4 \cdot h_a^2 \, (b_a - \varnothing_a) \cdot (1 - N_{Ed}/N_{pl,Rd})/\gamma_{M0}$$

N_{Ed} Bemessungswert der Vertikalkomponente aus Ankerneigung
$N_{pl,Rd}$ Bemessungswert des plastischen Querschnittswiderstandes
    = $A_{red} \cdot f_{y,k}$ mit $A_{red} = h_a \cdot (b_a - 1/4 \cdot \pi \cdot \varnothing_a^2)$
$f_{y,k}$ Stahlsorte der Platte
h_a, b_a Plattenabmessung gemäß vorigem Abschnitt
d_a Plattendicke $\geq 2 \cdot t_f$ (t_f = Flanschdicke der Spundwand)
$\varnothing_a$ Lochdurchmesser für Bolzen/Anker
M_{Ed} Bemessungswert der Beanspruchung der Platte
    = $1/4 \cdot H_{Ed}/A_{red} \cdot h_a$
H_{Ed} Bemessungswert der Horizontalkomponente des Ankers/Bolzens

6.2.2 Verankerungselemente aus Stahlbeton

Stahlbeton wird in der Regel nur für die Spundwandgurte eingesetzt. Stahlbeton-Spundwandgurte werden in E 59, EAU [2] behandelt. Sie können als Balken auf elastischer Bettung nachgewiesen werden. Der Bettungsmodul ist dabei den Bodenverhältnissen und der Lastverteilung durch die Ankerwand anzupassen.

Stahlbetongurte werden bei Verankerungen mit Schrägpfählen zum Ausgleich von unplanmäßigen Spundwandlagen und in der Regel bei Ankerwänden angewendet. Sie können dort auch benutzt werden, um zu schwache Ankerwände aus Stahlspundbohlen zu verstärken. In solchen Fällen müssen auch die Biegebeanspruchungen in lotrechter Richtung nachgewiesen werden

6.2.3 Nachweis der Standsicherheit in der tiefen Gleitfuge (Ankerlänge)

Der Nachweis der Standsicherheit für die tiefe Gleitfuge erfolgt im GZ 1B auf der Grundlage der von *Kranz* [24] vorgeschlagenen Vorgehensweise.

Mit diesem Nachweis wird die Länge der Anker bestimmt. In E 10 der EAU [2] ist dieser Nachweis für verschiedene Arten der Verankerung und verschiedene Bodenschichtungen im Einzelnen beschrieben. In Bild 18 wird er für den Fall einer frei aufgelagerten, mit einer Ankerwand bzw. -platte verankerten Spundwand und in Bild 19 für den Fall einer Pfahlverankerung gezeigt.

Die tiefe Gleitfuge wird durch eine Gerade angenähert, die im Fall der frei aufgelagerten Wand vom theoretischen Fußpunkt F der Wand zum Fußpunkt der Ankerwand D geführt wird (Bild 18). Das Verfahren kann mit hinreichender Genauigkeit auch auf den Fall der unten eingespannten Wand angewendet werden, in diesem Fall wird als rechnerischer Fußpunkt der Wand der Querkraftnullpunkt im Einspannbereich gewählt. Im Falle von

3.3 Spundwände 319

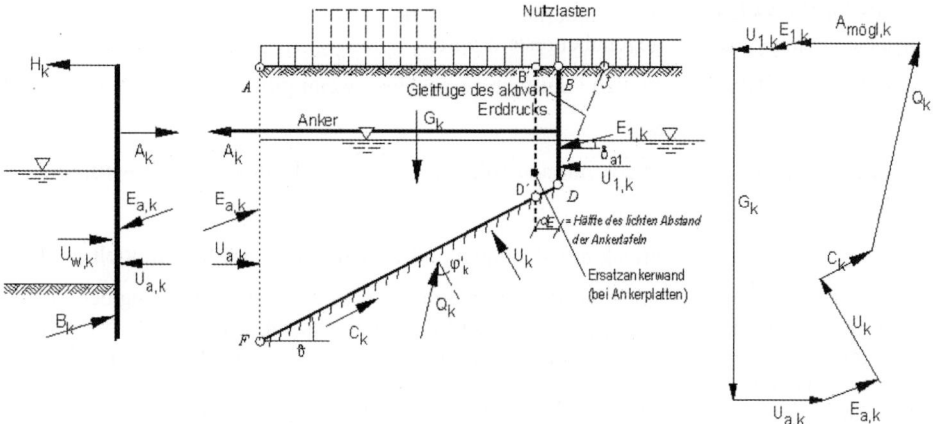

Bild 18. Nachweis der Standsicherheit in der tiefen Gleitfuge für eine Verankerung mit Ankerwand bzw. -platte

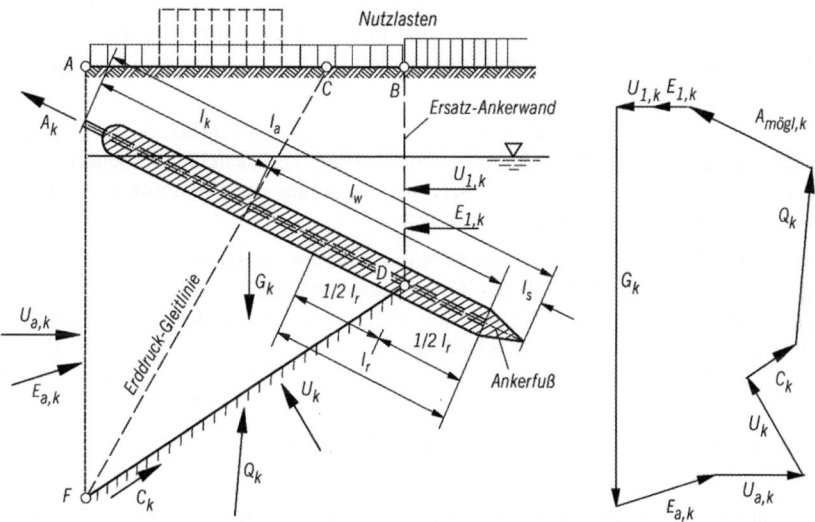

Bild 19. Nachweis der Standsicherheit in der tiefen Gleitfuge bei Pfählen und Verpressankern (als Beispiel: VM- Pfahl)

Ankerpfählen und Verpressankern (Bild 19) führt die tiefe Gleitfuge zum Schwerpunkt der Krafteinleitung der Anker, der z.B. in der Mitte der Krafteinleitungsstrecke angenommen wird. Von dort führt eine fiktive Ersatzankerwand senkrecht zur Geländeoberfläche. Die tiefe Gleitfuge hat den Winkel ϑ zur Horizontalen.

Aus dem Gleichgewicht der Kräfte am Bodenkörper FDBA bzw. FD'B'A ergibt sich die mögliche charakteristische Ankerkraft $A_{mögl,k}$, die durch den Teilsicherheitsbeiwert γ_{Ep} dividiert und dem Produkt aus den charakteristischen Ankerkräften $A_{G,k}$ aus ständigen

Einwirkungen und $A_{Q,k}$ aus veränderlichen Einwirkungen mit den zugehörigen Teilsicherheitsbeiwerten γ_G und γ_Q gegenübergestellt wird.

Die Standsicherheit in der tiefen Gleitfuge ist gegeben, wenn gilt:

$$A_{G,k} \cdot \gamma_G \leq A_{mögl,k} / \gamma_{Ep}$$

wobei $A_{mögl,k}$ aus dem Krafteck mit ausschließlich ständigen Lasten ermittelt wird, und

$$A_{G,k} \cdot \gamma_G + A_{Q,k} \cdot \gamma_Q \leq A_{mögl,k} / \gamma_{Ep}$$

wobei $A_{mögl,k}$ aus dem Krafteck mit ständigen und veränderlichen Lasten ermittelt wird.

Dem Nachweis liegt die Modellvorstellung zugrunde, dass durch die Einleitung der Ankerkraft in den Boden ein Bruchkörper hinter der Stützwand entsteht, der durch die Stützwand, die Ankerwand und die tiefe Gleitfuge begrenzt ist [24]. Dabei wird der maximal mögliche Scherwiderstand in der tiefen Gleitfuge ausgenutzt, während der Grenzwert für die Fußauflagerkraft noch nicht erreicht wird. $A_{mögl,k}$ ist die charakteristische Ankerkraft, die von dem Gleitkörper FDBA bei voller Ausnutzung der Scherfestigkeit des Bodens höchstens aufgenommen werden kann. Die Sicherheitsdefinition über die Ankerkraft hat daher eine Stellvertreterfunktion für die Ausnutzung der Scherfestigkeit des Bodens.

Wie bei allen sonstigen Erddruckansätzen wird das Momentengleichgewicht durch diesen Ansatz nicht überprüft, weil die Spannungsverteilung in den Grenzflächen des Gleitkörpers nach den Bildern 18 und 19 nicht in den Nachweis eingeht. Die eigentlich gekrümmte tiefe Gleitfuge im Boden wird durch die Verbindungsgerade DF mit ausreichender Genauigkeit angenähert.

Will man bei zur Spundwand abfallendem Grundwasserspiegel den Einfluss des strömenden Grundwassers auf die Standsicherheit in der tiefen Gleitfuge berücksichtigen, benötigt man ein Strömungsnetz nach E 113, Abschnitt 4.7 zur Ermittlung der Wasserdrücke auf die Stützwand, die Ankerwand und die tiefe Gleitfuge.

Zum Nachweis der Standsicherheit bei nicht konsolidierten, wassergesättigten bindigen Böden, bei wechselnden Bodenschichten, bei unterer Einspannung der Spundwand, bei eingespannter Ankerwand und bei Verankerung mit Ankerplatten, Zugpfählen und Verpressankern wird auf E 10 der EAU [2] verwiesen.

6.2.4 Sicherheit gegen Aufbruch des Verankerungsbodens bei Ankerwänden/-platten

Um den Aufbruch des Verankerungsbodens und damit das nach oben gerichtete Nachgeben einer Ankerplatte oder einer Ankerwand zu vermeiden, muss nachgewiesen werden, dass die Bemessungswerte der widerstehenden waagerechten Kräfte von Unterkante Ankerplatte oder Ankerwand bis Oberkante Gelände mindestens gleich oder größer sind als die Summe aus dem waagerechten Anteil des Bemessungswertes der Ankerkraft, dem waagerechten Anteil des Bemessungswertes des Erddrucks auf die Ankerwand und einem etwaigen Wasserüberdruck auf die Ankerwand.

Erddruck- und Erdwiderstand an der Ankerwand oder an Ankerplatten (aufgelöste Ankerwand) werden nach DIN 4085 [12] ermittelt. Eine Nutzlast darf nur dort angesetzt werden, wo sie auf den Nachweis der Sicherheit gegen Aufbruch des Verankerungsbodens ungünstig wirkt. Das ist im Regelfall nur hinter der Ankerwand oder den Ankerplatten der Fall. Der Grundwasserstand ist in seiner ungünstigsten Höhenlage anzusetzen. Der Neigungswinkel des Erdwiderstands vor der Ankerwand darf nur in einer solchen Größe angesetzt werden, dass das Gleichgewicht in lotrechter Richtung einschließlich Eigenlast und Erdauflast erfüllt wird (Nachweis $\Sigma V = 0$ an der Ankerwand).

Bei Verankerungen an einzelnen Ankerplatten ist ein kritischer Ankerplattenabstand a_{crit} für eine berechtigte Annahme der Ersatzankerwand einzuhalten [23].

6.2.5 Geländebruch

Die vorgenannten Untersuchungen ersetzen nicht den Nachweis der Sicherheit gegen Geländebruch. Die Sicherheit gegen Geländebruch ist vor allem dann nachzuweisen, wenn unter dem Bauwerk gering tragfähige Bodenschichten anstehen oder hinter der Verankerung hohe Lasten aufgenommen werden müssen. Der Nachweis der Sicherheit gegen Geländebruch ist nach DIN 4084-100 [22] zu führen.

Bei nicht ausreichender Sicherheit gegen Geländebruch muss die Wand tiefer in den Boden einbinden oder die Verankerung weiter hinter die Wand reichen. Gegebenenfalls kann auch eine Pfahlrostkonstruktion erforderlich sein (E 78 und E 170, EAU [2]).

6.3 Gestaltung von Ankerwänden und -platten sowie Ankeranschlüssen

Die Ausbildung und Abstützung der üblichen Stahlgurte geht aus den Bildern 20 und 21 hervor. Zusätzlich wird auf E 29 und E 30, EAU [2] verwiesen.

Ankerwände aus Stahlspundbohlen können nach E 42 der EAU [2] als Doppelbohlen mit gestaffelter Einbindung ausgeführt werden. Bei Wanddurchbrüchen muss die Verkleinerung des Widerstandsmoments berücksichtigt werden.

Bei frei aufgelagerten Ankerwänden oder -platten wird der Anker in der Regel in der Mitte der Höhe der Wand oder der Platte an einen Stahl- oder Stahlbetongurt angeschlossen (E 152 und E 50, EAU [2]). Dieser überträgt die Ankerkraft als Linienlast in die Ankerwand. Die lotrechte Komponente der Ankerkraft wird direkt in die Ankerwand übertragen.

Bei tragfähigem Baugrund im Bereich der Verankerung genügt eine verhältnismäßig geringe Ankerwandhöhe. Bei weichen bindigen Böden ist oft eine große Ankerwandhöhe erforderlich. Ob in diesen Böden überhaupt mit einer Ankerwand oder -platte verankert werden darf, ist vor allem von der Größe der zu erwartenden waagerechten Ankerpunktverschiebung abhängig, die sich aus der waagerechten Ankerwandverschiebung und aus der Ankerwanddurchbiegung zusammensetzt. Außerdem sind in diesen Böden auch die Setzungen der Ankerwand zu berücksichtigen (E 50 der EAU [2]).

Es ist nicht immer möglich, die Anker so tief anzuordnen, dass sie mittig an der Ankerwand angeschlossen werden können. Die Berechnung der Ankerwand erfolgt in diesen Fällen wie für eine im Boden eingespannte, unverankerte Spundwand im Grenzzustand GZ 1B. Die Ankerkraft der zu verankernden Spundwand geht dann als charakteristischer Wert der einwirkenden Zugkraft in die Nachweise ein. Näheres regelt die Empfehlung E 152 der EAU [2].

Obere Hilfsanker, die nur eine zu große Durchbiegung des Spundwandkopfs verhindern sollen, werden nach E 133, EAU [2] angeordnet und berechnet. In gleicher Weise können auch Polleranker behandelt werden, wenn der Pollerzug auch in der Hauptverankerung berücksichtigt wird.

Die Hauptankerkräfte werden nach Abschnitt 5 berechnet und die Elemente der Verankerung werden nach Abschnitt 6 bemessen. Werden konstruktiv stärkere Anker als statisch erforderlich eingebaut, so sind die Anschlüsse für die Grenztraglast des Ankers zu bemessen.

Anker müssen stets gelenkig an die Spundwand und an die Ankerwand angeschlossen werden, weil sonst die Stützmomente aus den Wänden in den Anker übertragen werden. Bild 20 zeigt einen Ankeranschluss eines Rundstahlankers an eine Spundwand über einen hinter der Wand liegenden Gurt (Zuggurt); in Bild 21 ist der Gurt als Druckgurt ausgebildet. Zuggurte werden mit kräftigen Gurtbolzen angeschlossen, bei der Montage liegen sie auf Konsolen an der Wand auf. Druckgurte können bei der Montage durch leichte Gurtaufhängungen gehalten werden, der Anschluss erfolgt durch Montagebolzen. Bild 23 zeigt einen Direktanschluss eines Rundstahlankers an eine kombinierte Spundwand über Hammerkopf und Betonplombe. Die Gelenkfunktion übernimmt hier eine ballig ausgebildete Hammerkopfkontaktfläche auf einer einbetonierten planen Auflagerplatte. Der erforderliche Drehwinkel des Ankers wird durch ein geräumig ausgelegtes Schutzrohr bis Hinterkante Spundwandprofil gewährleistet.

Auch an der Ankerwand kann ein Stahlbetongurt eingesetzt werden, Ankerende und Gelenk unterscheiden sich bei dieser Lösung prinzipiell nicht von der Ausbildung bei Stahlgurten. Wichtig ist auch hier, dass die freie Drehbarkeit des Ankers durch ein ausreichend bemessenes Schutzrohr gewährleistet ist (Bild 24).

Wenn sich Anker mit dem umgebenden Boden setzen, können zusätzliche Ankerkräfte entstehen, sofern die Anker dabei auf Zug beansprucht werden. Das ist der Fall, wenn die rechnerische Bogenlänge des Ankers größer ist als die Summe der elastischen Dehnung des Ankers und des Spiels in den Anschlüssen. Diese Zusatzkräfte werden vermieden, wenn die Anker überhöht eingebaut werden, sodass sie nach abgeschlossener Setzung etwa ihre Solllage einnehmen. Eine andere Möglichkeit die Zusatzkräfte in den Ankern zu vermeiden, besteht darin, den Boden im Bereich der Verankerung zu verdichten und so Setzungen und Sackungen zu minimieren. Die punktweise Unterstützung der Anker durch Pfahlreihen führt in Grenzfällen zu großen zusätzlichen Stützmomenten in den Ankern und ist daher nicht zu empfehlen. Diese Bauweise ist aber unvermeidbar, wenn die Anker vor der Auffüllung des Geländes verlegt werden müssen. Es ist zu prüfen, ob die Unterstützung der Anker in diesen Fällen nach Einbau und Verdichtung der Hinterfüllung rückgebaut werden kann.

Wenn wegen der Setzungen große Ankerdurchbiegungen zu erwarten sind, können vorgespannte patentverschlossene Stahlkabelanker als Ankerglieder gewählt werden. Hinweise zum Vorspannen der Anker enthält E 151 der EAU [2].

3.3 Spundwände

6.3.1 Beispiele für Ankeranschlüsse an eine Spundwand mit Stahlgurtung

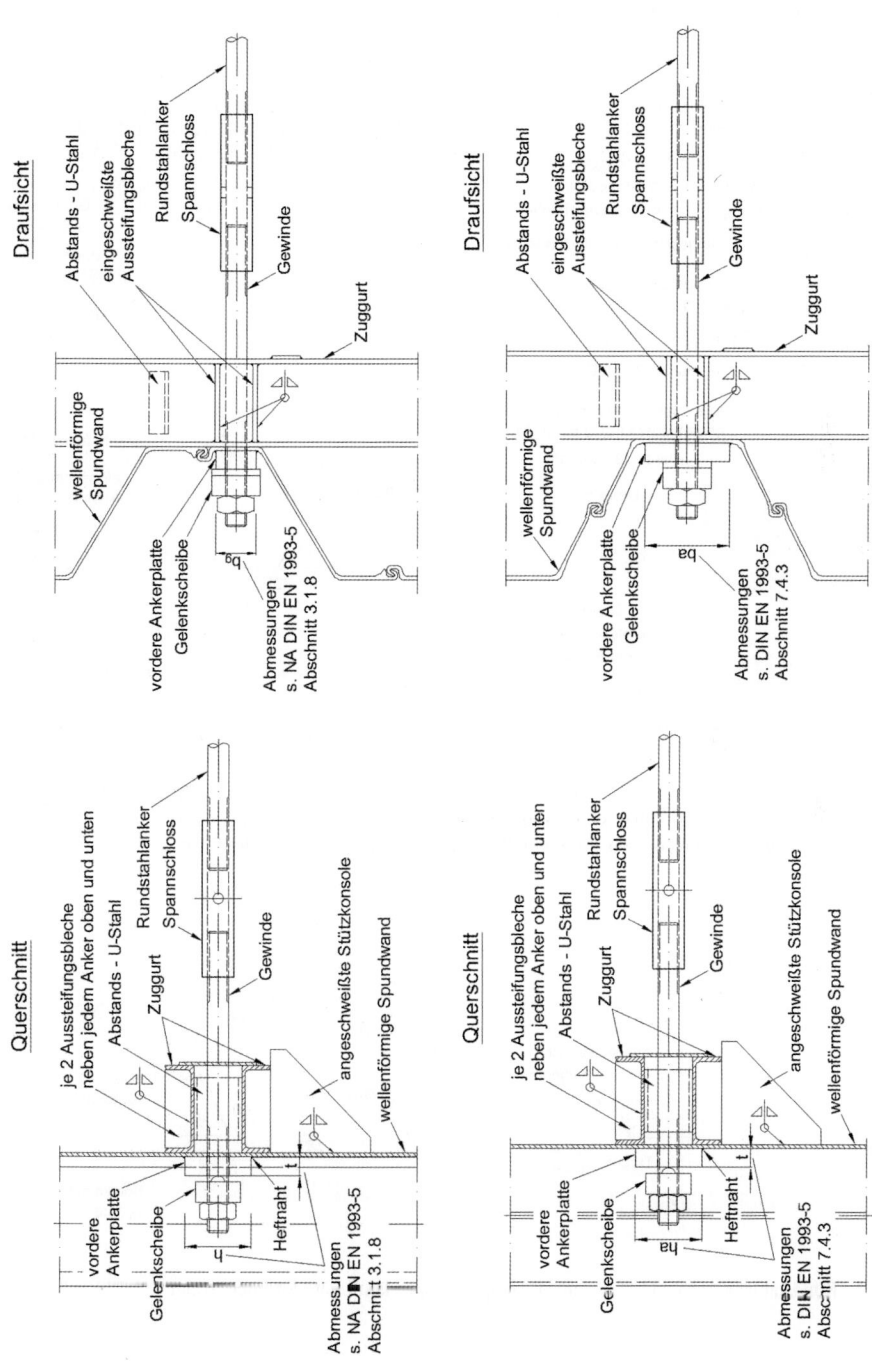

Bild 20. Rundstahlankeranschluss an Wellenspundwand, Zuggurt; oben: Z-Bohle mit exzentrischem Anschluss, unten: U-Bohle mit zentrischem Anschluss

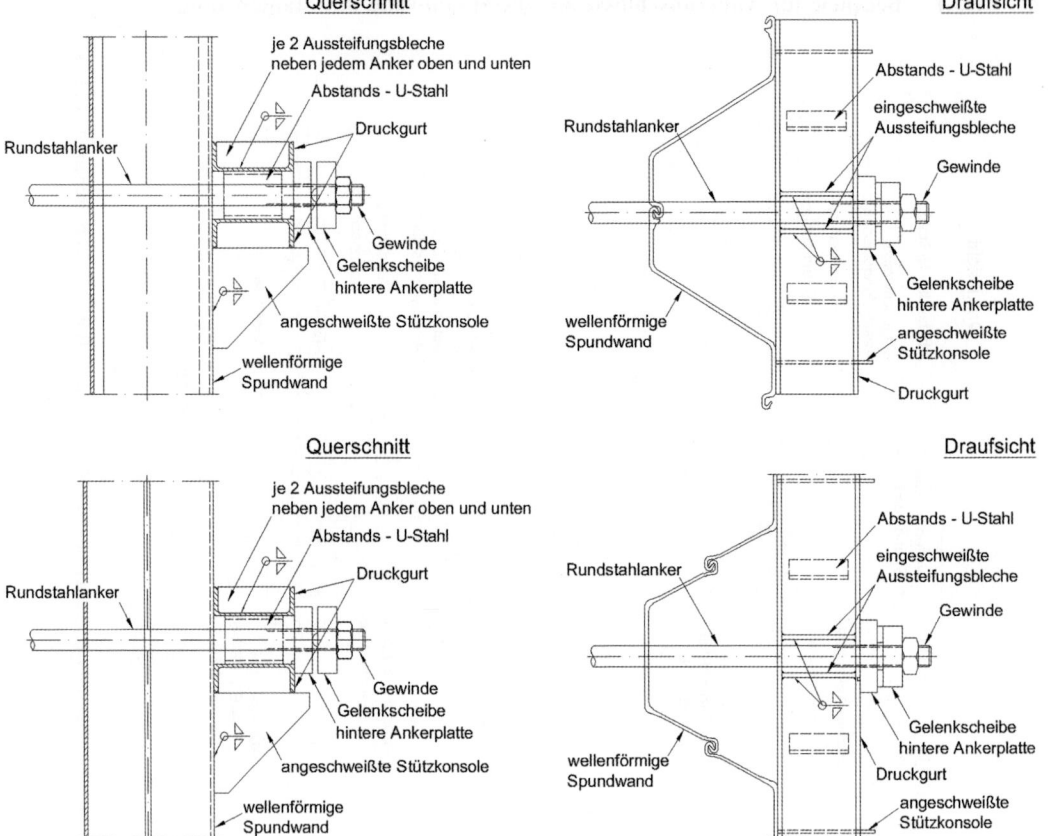

Bild 21. Anschluss Rundstahlanker an die Ankerwand/-tafel, Druckgurt;
oben: Z-Bohle mit zentrischem Anschluss, unten: U-Bohle mit zentrischem Anschluss

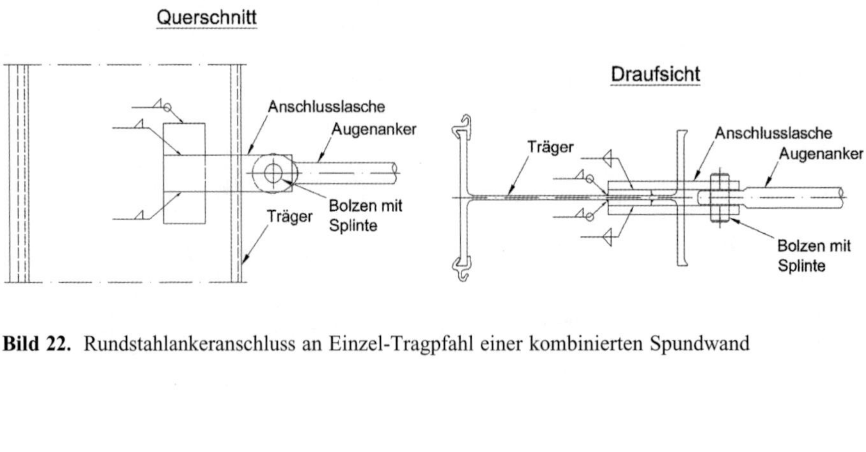

Bild 22. Rundstahlankeranschluss an Einzel-Tragpfahl einer kombinierten Spundwand

6.3.2 Beispiele für Ankeranschlüsse an Spundwänden mit Betongurtung

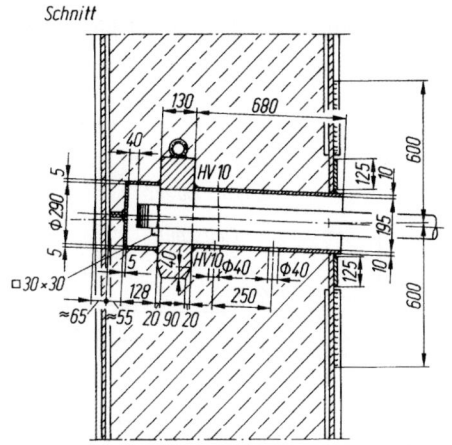
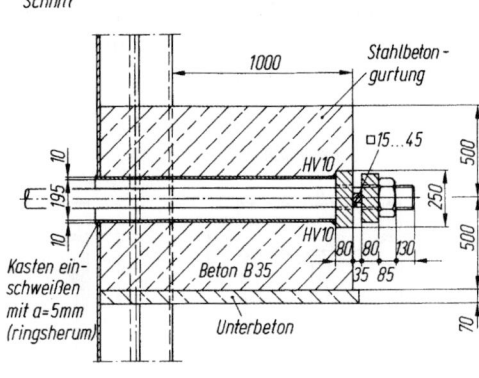
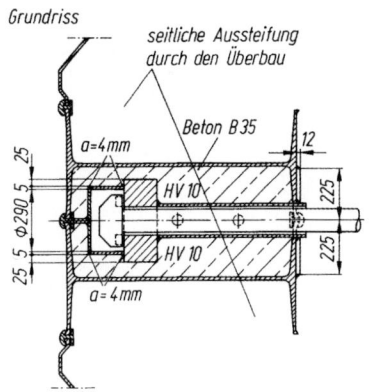
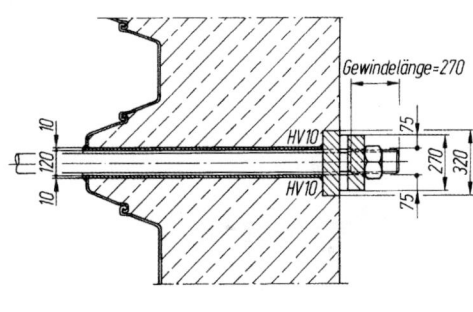

Bild 23. Ankeranschluss an eine kombinierte Spundwand

Bild 24. Anschluss an eine Ankerwand mit Stahlbetongurt

6.4 Beispiele für Holmausbildungen aus Stahl und Stahlbeton

Holme haben die Aufgabe, das obere Spundwandende auszusteifen und so abzudecken, dass der Umschlagbetrieb ohne Eigengefährdung und Gefährdung des Holms bzw. der Uferspundwand erfolgt. Außerdem ist der Abgleitgefahr für das Personal zu begegnen. Zu diesem Zweck sind z. B. gewalzte Holmplatten nach Bild 25 mit einem Gleitschutz auf der Fläche versehen. Ablauföffnungen werden nach Bedarf ggf. vor Ort eingearbeitet. Im Übrigen wird auf E 95 [2] der EAU [2] verwiesen.

Wird ein besonderer Schutz gegen das Unterfassen von Kranhaken gefordert, werden Holmausführungen nach den Bildern 26 und 27 angewendet.

6.4.1 Stahlholme

Für diese Holme sind verschiedene Standardausführungen entwickelt worden, sie können den Handbüchern der Spundwandlieferwerke entnommen werden. Bild 25 zeigt beispielhaft einige der gebräuchlichsten Profile.

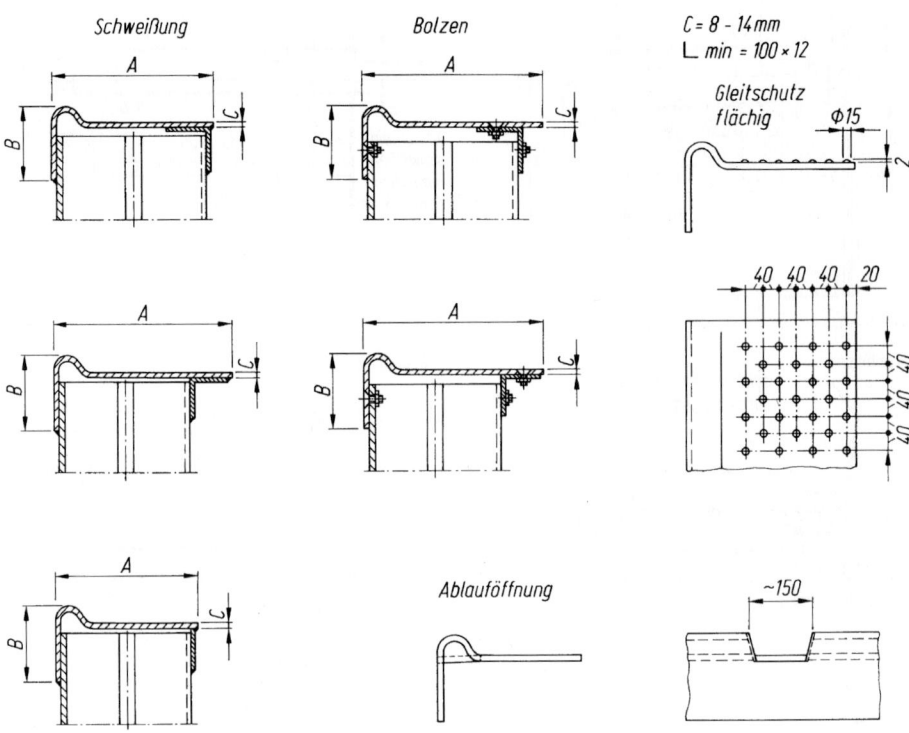

Bild 25. Gewalzte oder gepresste Stahlholme mit Wulst, durch Schweißung oder mit Bolzen angeschlossen

6.4.2 Holme aus Stahlbeton

Stahlbetonholme müssen kräftig ausgebildet und biegesteif an die Spundwand angeschlossen werden (Bild 26). Sie werden wie Gurte berechnet, in Fällen mit unmittelbaren Kranauflasten auch für die lotrechten Einwirkungen. In den Nachweisen ist die Nachgiebigkeit der Anker sowie der Einfluss von Schiffsstoß besonders zu berücksichtigen. In den Pollerbereichen werden die Stahlbetonholme zur Einleitung der Pollerzugkräfte verstärkt. Stahlbetonholme erlauben einen einfachen Einbau der Polleranschlusskonstruktionen. Auch schwere Poller können so an die Spundwand angeschlossen werden. Am Übergangsbereich von Stahl auf Beton auf der Wasserseite ist die Korrosionsgefahr besonders hoch. Dem kann begegnet werden, indem die Stahlbetonholme hinter dem Spundwandkopf angeordnet werden. Weitere Hinweise enthalten E 129 und E 94, EAU [2].

3.3 Spundwände

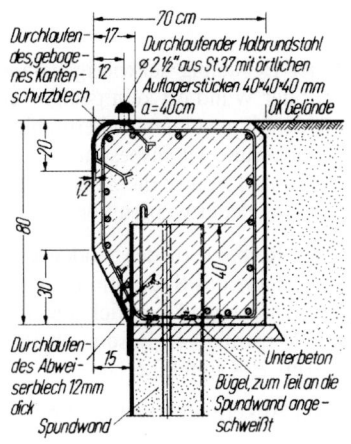

Bild 26. Holm aus Stahlbeton

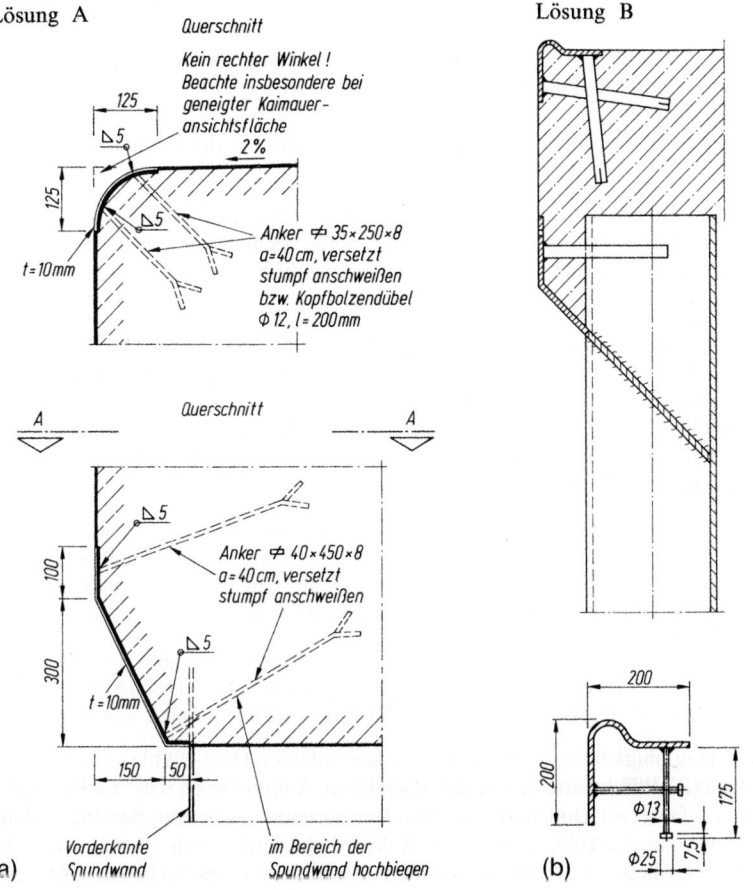

Bild 27. Kantenschutz bei Stahlbetonholmen

6.5 Gestaltung von Ankerpfahlanschlüssen

Oft sind Ankerwände oder Ankerplatten wegen vorhandener Bebauung schwierig herzustellen. Bei Ufereinfassungen steht im oberen Bereich hinter der Wand oft kein geeigneter Verankerungsboden an. In diesen Fällen müssen die Uferwände mit geneigten Ankerpfählen oder Verpressankern verankert werden. Diese Art der Verankerung ist insbesondere bei hohen Geländesprüngen oft technisch und wirtschaftlich vorteilhaft, weil so die Ankerkräfte in tiefer liegende Bodenschichten mit höherer Tragfähigkeit eingeleitet werden können.

Ankerpfähle und Verpressanker leiten die Ankerlasten über Reibung in den Boden ein. Grundsätzlich kommen alle Ankerpfahl- und Verpressankersysteme des Spezialtiefbaus für die Verankerung von Spundwandbauwerken infrage. Einen vollständigen Überblick über die verschiedenen Ankerpfahl- und Verpressankerarten und ihre konstruktiven Besonderheiten enthalten EAU [2], Kapitel 9 und Grundbau-Taschenbuch, Teil 2, Kapitel 2.6.

Die Bilder 28 bis 29 zeigen Beispiele für den Anschluss von Ankerpfählen an die Spundwand.

Bei einer Verankerung des Spundwandbauwerks mit schräg nach unten geneigten Ankerpfählen wirkt auf die Wand aus den landseitigen Einwirkungen eine nach unten gerichtete Ankerkraftkomponente. Diese wird im Erdauflager durch die unter dem Neigungswinkel δ_B wirkende lotrechte Komponente des Erdwiderstands aufgenommen (s. Abschn. 5.2.8.2). Eine solche Ankeranordnung unterstützt somit die Aktivierung eines großen Neigungswinkels δ_p des mobilisierbaren Erdwiderstands (s. Abschn. 5.2.8.1). Das kann für die Wandbemessung günstig sein, wenn sonst keine lotrechten Lasten in der Wand zu übertragen sind.

Da Ankerpfähle im Vergleich zum Spundwandbauwerk biegeweich sind, können Ankerpfähle auch bei biegesteifem Anschluss an die Wand als frei drehbar berechnet werden. Den Anschluss eines hochbelasteten Stahlankerpfahls an eine kombinierte Spundwand über eine Stahlbetonplombe zeigt beispielhaft Bild 30.

Ist wegen ungünstiger Bodenschichtung eine Biegebelastung des Ankers aus der Setzung des Bodens zu erwarten, kann es zur Vermeidung der damit verbundenen Momentenbelastung der Wand zweckmäßig sein, den Ankerpfahl mit einfachen oder auch doppelten Laschengelenken anzuschließen (E 145, EAU [2]). Beispiele solcher Anschlüsse zeigen die Bilder 31 bis 33. Auf jeden Fall muss die Querkraftübertragung vom Ankerpfahl auf die Spundwand rechnerisch und konstruktiv berücksichtigt werden.

Stahlankerpfähle können an eine Stahlspundwand auch biegesteif angeschlossen werden. In diesem Fall müssen nicht nur die Stahlpfähle und die Verbindungsglieder, sondern auch die Spundwand in der Lage sein, die eingeleiteten Kräfte aufzunehmen. Es ist daher eine möglichst großflächige Krafteinleitung mit voller Querschnittsdeckung erforderlich.

Für Spundwandverankerungen mit Verpressankern wird auf die Datenblätter der Hersteller sowie auf das Kapitel 2.6 „Verpressanker" im Teil 2 des Grundbau-Taschenbuches verwiesen. Verpressanker an Uferbauwerken sind in der Regel als Daueranker auszubilden.

Eine relativ hohe Tragfähigkeit kann mit Verpressmantelpfählen (VM-Pfähle) und mit Rüttelinjektionspfählen (RI-Pfähle) erreicht werden. Bei diesen Ankerpfählen wird der Reibungsverbund zwischen Pfahl und Boden durch eine Vermörtelung während der Herstellung verbessert. Hinweise zur Tragfähigkeit dieser Ankerpfähle finden sich in Kapitel 9 der EAU [2]. Bild 34 zeigt beispielhaft die konstruktive Ausbildung eines VM-Pfahls. Die den Rammschaft bildenden zusammengeschweißten U-Stähle sind während der Rammung das Verpressrohr und beim fertigen Pfahl die Bewehrung. Weiteres hierzu siehe E 66, EAU [2].

3.3 Spundwände

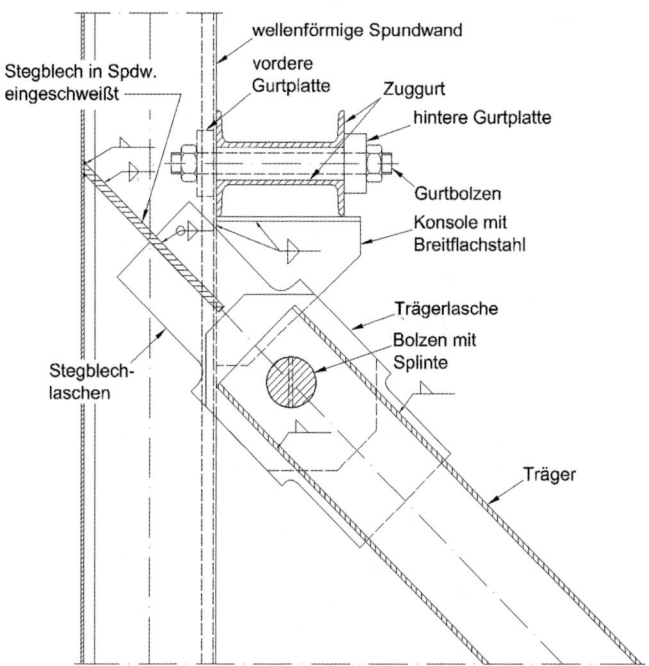

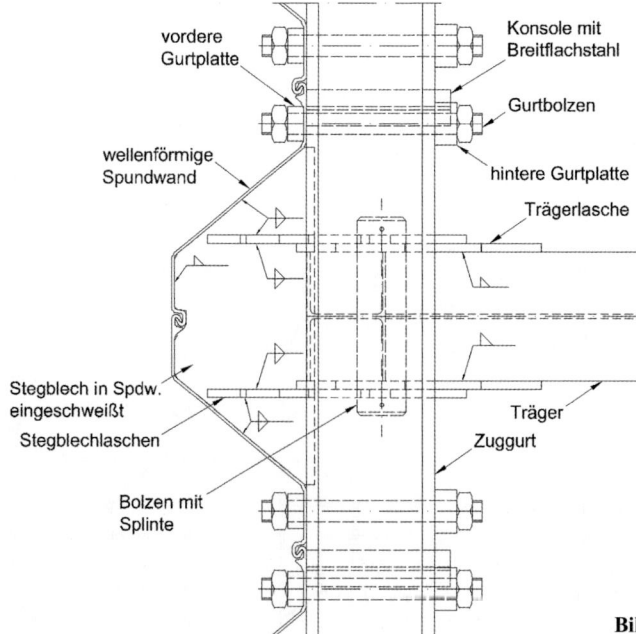

Bild 28. Schrägpfahlanschluss an Wellenwand (unterhalb Wandkopf)

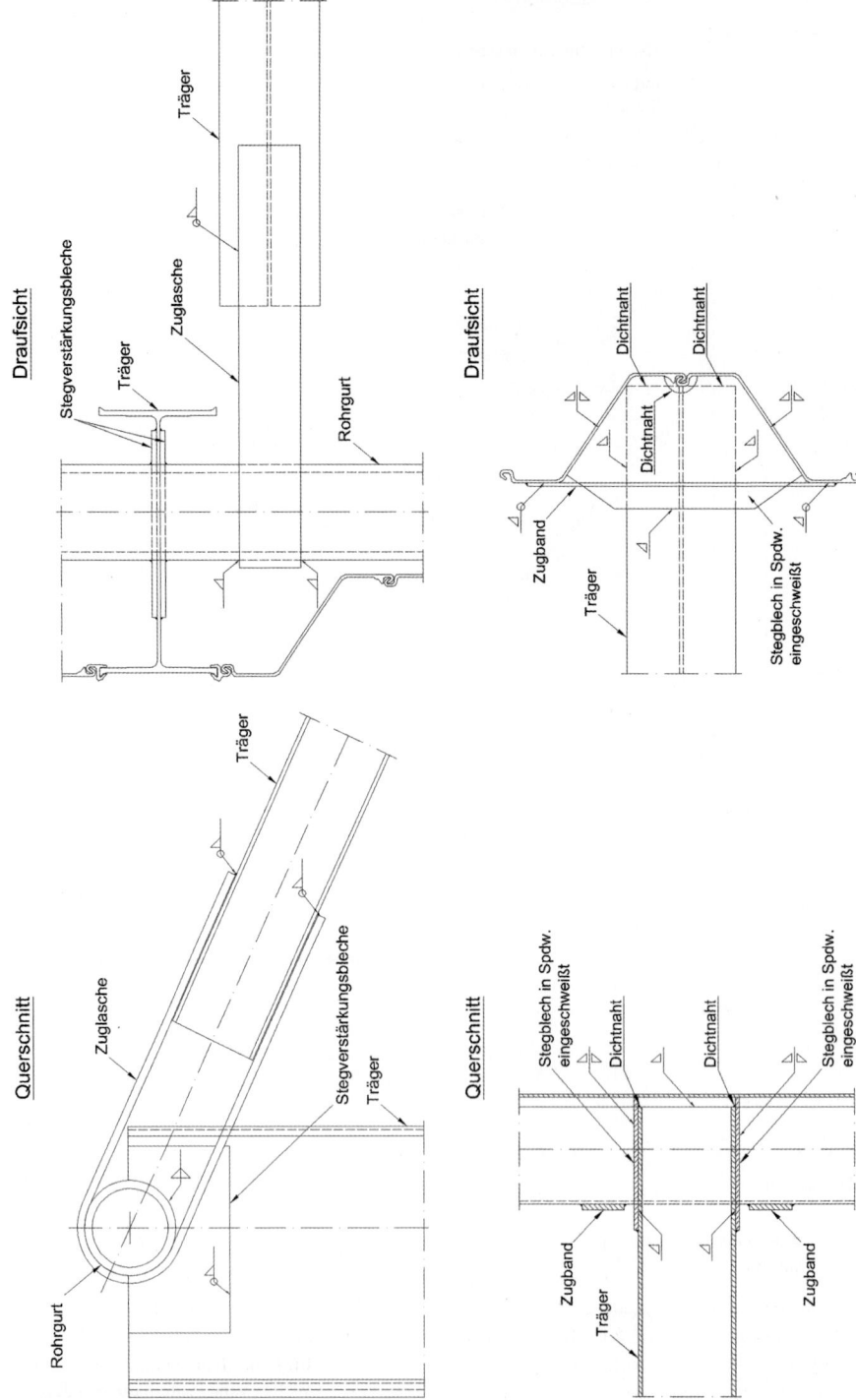

Bild 29. Anschluss Klappanker; oben: an Einzel-Tragpfahl mittels Rohrgurt, unten: an Ankertafel mittels Schottblechen

3.3 Spundwände

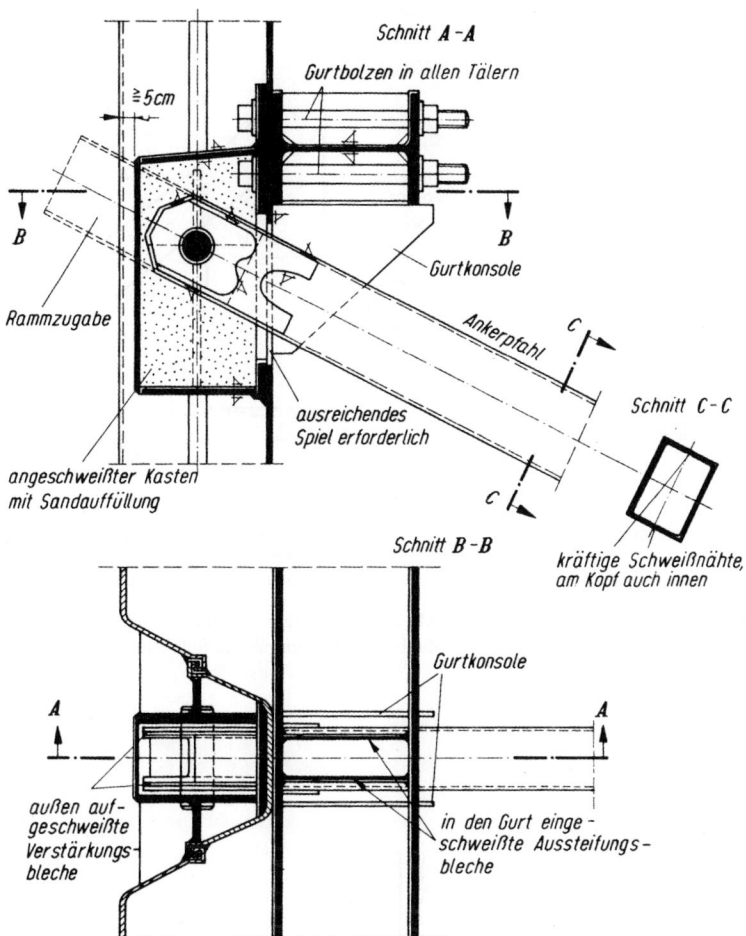

Bild 30. Gelenkiger Anschluss eines Stahlankerpfahls an eine schwere Stahlspundwand mit Gelenkbolzen

Ankerpfähle müssen gegen Korrosion geschützt werden. Sofern kein kathodischer Schutz vorgesehen ist, wird der Querschnitt vor allem bei gerammten Ankerpfählen um die Korrosionsrate vergrößert, eine Beschichtung würde beim Rammen beschädigt werden. Bei Verpressankern gelten die Anforderungen von DIN 4125 [16] als Mindestaufwand zum Korrosionsschutz. Bei einbetonierter schlaffer Bewehrung (Betonstahl, Stäbe, Rohre) im Gültigkeitsbereich von DIN 4128 [17] ist die dort angegebene Betondeckung mindestens einzuhalten.

Eine besondere Bauform der Verankerung von Uferwänden im Wasser, die nach dem Rammen hinterfüllt werden, sind die sog. Klappankerpfähle (Bild 29). Bei diesen handelt es sich um komplett vorgefertigte Stahlzugelemente, die aus einem Stahlprofil und einer Ankertafel bestehen. Sie werden über Wasser kraftschlüssig mit der Uferwand verbunden und auf die Gewässersohle abgesetzt. Anschließend werden zunächst der Bereich Ankertafel und dann die Uferwand hinterfüllt. Einzelheiten hierzu siehe Ziff. 9.2.3.1 der EAU [2].

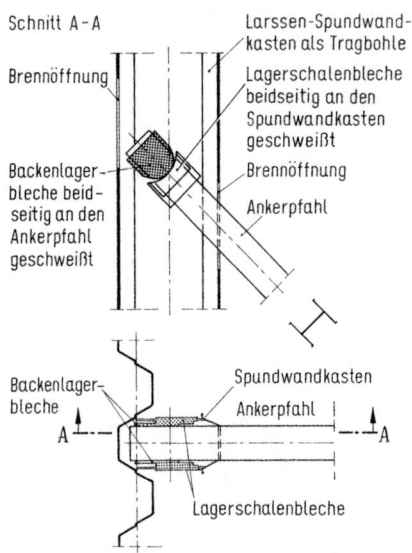

Bild 31. Gelenkiger Anschluss eines Stahlankerpfahls an eine kombinierte Stahlspundwand durch Backenlager/Lagerschalen

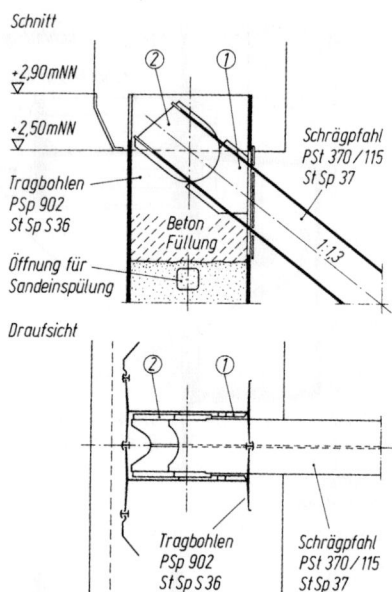

Bild 32. Gelenkiger Anschluss eines Stahlankerpfahls an eine kombinierte Stahlspundwand

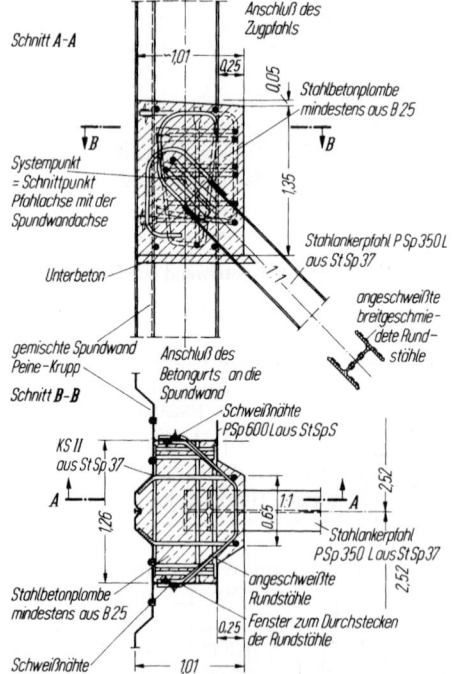

Bild 33. Ankeranschluss mit Stahlbetonplombe

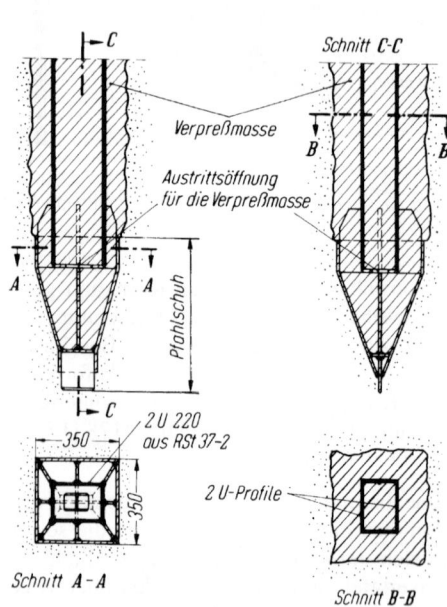

Bild 34. Fußausbildung eines Rammverpresspfahls

3.3 Spundwände

7 Empfehlungen zu Konstruktion und Bauausführung

7.1 Rammtiefe

Die Rammtiefe von Spundwandbauwerken ergibt sich primär aus der statischen Berechnung und aus funktionalen Vorgaben, daneben sind aber auch konstruktive und baubetriebliche Aspekte zu beachten. Von besonderer Bedeutung ist bei Uferbauwerken erfahrungsgemäß die Option einer späteren Vertiefung der Gewässersohle, die dann aber auch bereits in den Nachweisen berücksichtigt werden muss. Der Möglichkeit einer Kolkbildung wird im Rahmen der Nachweise durch einen angemessenen Zuschlag zur Berechnungstiefe Rechnung getragen. Maßgebend für die Rammtiefe kann außerdem die Sicherheit gegen Geländebruch, Grundbruch, hydraulischen Grundbruch und Erosionsgrundbruch sein.

Die Einbindetiefe von Wellenwänden kann sowohl im Falle der freien Auflagerung des Spundwandfußes als auch bei Einspannung gestaffelt werden. Hierzu enthalten E 55 und E 41 der EAU [2] Empfehlungen.

7.2 Spundwandneigung

In der Regel werden Spundwandbauwerke lotrecht ausgeführt.

Bei Baugrubenwänden kann unter bestimmten Umständen aber auch eine von der Lotrechten abweichende Wandneigung erforderlich sein, etwa um einen unmittelbaren Anschluss an die bestehende Bebauung zu ermöglichen.

Aus konstruktiven Gründen kann es zweckmäßig sein, einer planmäßig lotrechten Wand bei der Rammung eine geringe Neigung von etwa 100 : 1 bis 50 : 1 zur Landseite hin zu geben, die die späteren Ankerverschiebungen ausgleicht. Unter voller Belastung steht diese Wand dann lotrecht.

Im See- und Hafenbau wird das Spundwandbauwerk gelegentlich unter dem Überbau zurückgesetzt und zugleich zur Landseite hin geneigt angeordnet. Ziel dieser Bauweise ist eine Reduzierung der erodierenden Wirkung des Propellerstrahls, der so nicht direkt auf die Gewässersohle gelenkt wird. Mit dieser Bauweise sind bereits Neigungen bis 3,5 : 1 ausgeführt worden. Bei Konstruktionen dieser Art sind vor allem im Tidegebiet Fender und Reibepfähle so anzuordnen, dass Schiffe nicht unter den Überbau geraten können.

7.3 Profil und Baustoff

Maßgebend für die Wahl der Bauart und des Profils eines Spundwandbauwerks sind neben den statischen Erfordernissen und wirtschaftlichen Gesichtspunkten vor allem die Beanspruchungen beim Einbringen. Wird eine schwere Rammung erwartet, wird in der Regel eine höhere Stahlgüte (s. Tabelle 2) bevorzugt, um plastische Verformungen der Profilköpfe zu vermeiden. Daneben kann bei Bauwerken im Wasser die Dichtheit der Schlossverbindungen ausschlaggebend sein. Grundsätzlich gilt, dass unter sonst gleichen Bedingungen steifere Profile leichter einzubringen sind als weiche.

Flachprofile nach Bild 1 haben nur einen sehr geringen Biegewiderstand. Ihre Stärke ist die Aufnahme von großen Zugkräften (2000 bis 5500 kN/m) in den Schlössern je nach Stahlgüte. Sie finden deshalb hauptsächlich Anwendung für Zellenfangedämme, sowohl für Ufereinfassungen als auch für Baugrubeneinschließungen (Abschn. 8.3, EAU [2]). Zellenfangedämme sind allein durch eine geeignete Zellenfüllung ohne Gurt und Verankerung standsicher, selbst wenn bei felsigem Untergrund ein Einbinden der Wände in den Baugrund nicht möglich ist.

Zellenfangedämme können als Ufereinfassungen wirtschaftlich sein, wenn große Wassertiefen, d. h. hohe Geländesprünge, mit großen Bauwerkslängen zusammentreffen und wenn eine Verankerung nicht möglich oder nicht wirtschaftlich ist. Der Mehrbedarf an Spundwandfläche kann in diesen Fällen u. U. durch die Gewichtsersparnis der leichteren und kürzeren Spundwandprofile und durch den Wegfall von Gurten und Ankern aufgewogen werden.

7.4 Stahlsorte

Die statischen Beanspruchungen des Bauwerks, die Anforderungen aus der Rammung sowie die Anforderungen aus dem Betrieb des Bauwerks sind maßgebend bei der Wahl der Stahlsorte. Gebräuchlich sind bei warmgewalzten Spundwandprofilen die Stahlsorten der Tabelle 2.

Im Regelfall empfiehlt sich der Einsatz von mindestens S 355 GP, da das Verhältnis der Tragfähigkeit zu den Kosten günstiger ist als bei der Stahlsorte S 240 GP. Füllbohlen von kombinierten Spundwänden werden wegen ihrer geringeren statischen Beanspruchung in der Regel in S 240 GP hergestellt.

Für den mehrmaligen Einsatz von Stahlspundbohlen ist nur die Stahlsorte S 355 GP zugelassen. Weitere Hinweise zu den Stahlsorten enthält E 34, EAU [2].

Der prozentuale Gewichtszuwachs von Profil zu Profil innerhalb der Profilreihen liegt bei den Wellenprofilen zwischen 10 und 20%, der prozentuale Zuwachs des Widerstandsmoments liegt zwischen 15 und 25%. Daraus folgt, dass der Ersatz eines Spundwandprofils aus S 240 GP durch das nächstkleinere Profil aus S 355 GP oder gar S 430 GP stets wirtschaftlicher ist und zugleich eine zusätzliche Traglastreserve ermöglicht. Es muss jedoch im Einzelfall geprüft werden, ob dann die Wanddicken noch ausreichend sind und die Durchbiegung innerhalb der Grenzen für die Gebrauchstauglichkeit bleibt. Auch ist sicherzustellen, dass sich das leichtere Profil noch einbringen lässt.

In Einsatzfällen mit starkem Korrosionsangriff, beispielsweise im Seewasser, sind die zu erwartenden Abrostungsraten in die Auswahl der Stahlsorte einzubeziehen. In diesen Fällen können die Festigkeitsvorteile der höherwertigen Stahlsorten wegen der für den Korrosionsschutz vorzuhaltenden Querschnittsreserven in der Regel nicht genutzt werden.

7.5 Hinweise zu wellenförmigen Spundwänden

Wellenförmige Spundwände sind für Baugruben und Ufereinfassungen sowie bei Verkehrsbauten und im Deponiebau sehr verbreitet.

Die in U- und Z-Form hergestellten Einzelbohlen haben eine Breite von 500 bis 750 mm bzw. 575 bis 770 mm (s. Tabelle 1, Zeile 4 und 5). Da die Stahlspundbohlen im Regelfall als Doppelbohlen eingebracht werden, ergibt sich daraus eine Systembreite der Rammelemente von 1000 bis 1500 mm bei U-Bohlen und 1150 bis 1540 mm bei Z-Bohlen.

In Sonderfällen können auch Drei- oder Vierfachbohlen hergestellt und eingesetzt werden. Die Einzelbohlen werden im Werk zusammengezogen und entweder verpresst oder mit einer Schlossverschweißung E 103 [2] versehen. Hinweise zum Einrammen enthält E 118, EAU [2].

In Sonderfällen, z. B. bei Auflagen hinsichtlich Lärm- und Erschütterungen beim Einbringen, müssen die Profile mit Spundwandpressen eingebracht werden (E 212, EAU [2]). Die meisten der marktüblichen Einpressgeräte erlauben allerdings nur das Einpressen von

Einzelbohlen. Eine aus U-förmigen Einzelbohlen hergestellte Wand ist nach E 103, EAU [2] aber nur dann eine Verbundwand mit der vollen Biegetragfähigkeit und Steifigkeit, wenn die Schubkraftaufnahme in den Schlössern gewährleistet werden kann (s. Abschn. 5.4.2.1). Das ist beim Einbringen von Einzelbohlen aber nicht der Fall, daher muss die Verbund-Biegetragfähigkeit mit $\beta_B = 0{,}6$ und die Verbund-Steifigkeit mit $\beta_D = 0{,}4$ gemäß Tabelle 10 abgemindert werden.

Bei Z-förmigen Profilen, liegen die Schlösser im Spundwandrücken, also in der Randfaser der Wand. Hier ist die Schubkraftbeanspruchung gleich null, sodass eine Wand aus Z-förmigen Profilen auch beim Einbringen als Einzelbohlen mit der vollen Tragfähigkeit und Steifigkeit einer durchlaufenden, kraftschlüssig verbundenen Wand gerechnet werden darf (DIN EN 1993-5, Abschn. 5.2.2 (2)).

7.6 Hinweis zu kombinierten Spundwänden

Der Einsatz kombinierter Stahlspundwände liegt vorwiegend im Seehafenbereich, wo große Geländesprünge zu überwinden sind. Zugleich sind von der Wand in der Regel hohe Lasten aus dem Umschlagbetrieb aufzunehmen.

Die Tragbohlen kombinierter Wände müssen besonders maßhaltig eingebracht werden, damit die Zwischenbohlen im zweiten Durchgang schadensfrei eingebracht werden können. Die einschlägigen Vorschriften [1] geben Ausführungstoleranzen für die Lage- und Richtungsgenauigkeit der Tragbohlen von kombinierten Wänden nicht an, empfehlen aber, vorab Ausführungstoleranzen festzulegen, deutlich kleiner als bei den wellenförmigen Spundwänden (Ziff. 7.8), damit für die Überwachung der Bauausführung eindeutige Qualitätskriterien vorliegen. Die Einhaltung der Rammtoleranzen muss sehr sorgfältig überwacht werden (E 105, EAU).

Bei schwimmender Rammung können die notwendigen engen Rammtoleranzen wegen des Wellen- und Windangriffs auf die Rammeinheit vor allem im Küstenbereich oft nicht eingehalten werden. Das kann auch bei Baustellen an stark befahrenen Wasserstraßen so sein, wo Schwallwellen und die Dünung eine ruhige Arbeitsposition des schwimmenden Geräts nicht zulassen. In diesen Fällen muss die Rammung von stabilen Rammgerüsten oder von Hubinseln aus erfolgen.

Erfahrungsgemäß können die engen Toleranzen für das Rammen der Tragbohlen von kombinierten Spundwänden auch bei Böden ohne Hindernisse nur dann eingehalten werden, wenn beim Rammen einige Regeln beachtet werden. Dazu gehört, dass die Tragbohlen beim Rammen sowohl in Wandebene als auch quer zur Wandebene in zwei verschiedenen Höhenebenen in Rammgerüsten geführt werden und dass auch der Rammbär am Mäkler geführt wird (E 104, EAU). Die Tragbohlen dürfen wegen der Verdichtungswirkung beim Rammen nicht fortlaufend gerammt werden, sondern müssen im Pilgerschritt eingebracht werden (E 104).

Wenn die erforderliche Rammgenauigkeit, z. B. wegen schwer rammbarer Böden absehbar nicht eingehalten werden kann, müssen die Tragbohlen und auch die Zwischenbohlen mit Rammhilfe eingebracht werden (E 183 und E 203, EAU). In Sonderfällen kann es zweckmäßig sein, die Rammtrasse vor dem Rammen aufzulockern und Rammhindernisse zu räumen.

Wenn es trotz aller Sorgfalt nicht gelungen ist, Schlossschäden zu vermeiden, müssen diese saniert werden. Dabei muss sowohl die statische (Kraftschluss in der Wandebene) wie auch die funktionale Gebrauchstauglichkeit (Dichtigkeit) der Wand wieder hergestellt werden (E 167, EAU).

7.7 Gepanzerte Spundwände

Die Entwicklung in der Binnenschifffahrt, insbesondere die Einführung der Schubschifffahrt, hat zu erhöhter Beanspruchung der Ufer von Binnenwasserstraßen und -häfen geführt. Daher wird vor allem in Schleusenvorhäfen, in engen Hafeneinfahrten und an Molenköpfen eine glatte Uferfläche oder eine Abschirmung der Spundwandtäler gefordert. Diese Forderung kann mit sog. gepanzerten Stahlspundwänden erfüllt werden (EAU 2004, E 176).

7.8 Einbringen von Spundbohlen und Toleranzen

Erfolg und Maßhaltigkeit des Rammens hängen vor allem von der sorgfältigen Auswahl des Profils, dessen Maßhaltigkeit, einer sorgfältigen Arbeit und der Überwachung der Ausführung ab. Auch die Auslegung des Rammgeräts ist für die Wirtschaftlichkeit und die Genauigkeit der Rammung von Bedeutung. So muss die Rammenergie des eingesetzten Bären in einem vernünftigen Verhältnis zur Masse des Rammelements stehen. Ideal ist ein Massenverhältnis von rd. 1:1 und das Rammelement muss hinreichend steif sein, um die Rammenergie aufzunehmen und in den Boden abzutragen. Der Rammbär wie auch das Rammelement müssen sicher geführt werden.

Staffelweises oder fachweises Einbringen von wellenförmigen Spundbohlen ist empfehlenswert und mitunter einer fortlaufenden Einbringung vorzuziehen [28]. Bei kombinierten Wänden empfiehlt E 104 der EAU [2] für das Einbringen der Tragbohlen den Großen oder den Kleinen Pilgerschritt.

Bei Landrammungen sind nach DIN 12063 lotrechte Rammabweichungen von 1 % der Rammtiefe bei normalen Bodenverhältnissen einzuhalten. Im Falle einer Rammung mit schwimmendem Gerät sind es 1,5 % der Rammtiefe, bei schwierigem Baugrund 2 % der Rammtiefe. Die Rammabweichung ist am oberen Meter des Rammelements zu messen. Die Lageabweichung des Spundbohlenkopfes senkrecht zur Wand darf bei Landrammungen 75 mm und bei Wasserrammungen 100 mm nicht überschreiten. Weitere Hinweise zum Einbringen wellenförmiger Spundwände und zur Einhaltung der vorgenannten Toleranzen enthält E 118 der EAU.

In der Praxis ergeben sich mit diesen Toleranzen allerdings oft Anpassungsprobleme, sodass im Einzelfall zu prüfen ist, ob die Toleranzen enger gefasst werden müssen. Das gilt insbesondere für kombinierte Wände (vgl. Abschn. 7.6). Daher müssen beim Rammen von kombinierten Wänden die maximal zulässigen Rammabweichungen in Abstimmung mit der bauausführenden Firma festgelegt werden. Für den Fall der Überschreitung der zulässigen Rammabweichungen sind Maßnahmen verbindlich zu vereinbaren, z. B. das Ziehen und erneute Rammen einzelner Profile.

7.8.1 Lotrechte Belastbarkeit von Spundwänden

Die Aufnahme lotrechter Lasten durch Spundwände ist insbesondere dann erforderlich, wenn Stahlbetonüberbauten auf dem Spundwandbauwerk auflagern und so Lasten aus dem Umschlagbetrieb in die Spundwand eingeleitet werden. Lotrechte Lasten sind außerdem aus Schrägpfahlverankerungen aufzunehmen. Durch Kranbahnen werden die Spundwände direkt belastet, insbesondere Containerbrücken bewirken durch ihre hohen Eigenlasten sehr hohe lotrechte Dauerlasten in den Spundwänden. Demgegenüber sind die veränderlichen Lasten eher gering. Das gilt auch für Spundwände als Gründungselemente von Brückenwiderlagern.

Für die Einleitung der Vertikallasten in den Spundwandkopf sind Auflagerkonstruktionen in Form sog. Schneidenlagerungen [18] entwickelt worden. Die Auswirkungen einer Axiallast

3.3 Spundwände

in der Spundwandachse ist im Tragfähigkeitsnachweis nach DIN EN 1993-5, Abschnitt 5.2.3 [3] zu berücksichtigen. Binden die Spundwände genügend tief in den tragfähigen Untergrund ein, lässt sich nach E 33 [2] bzw. Abschnitt 5.2.8.2 der axiale Widerstand der Spundwand im Einspannbereich bestimmen. Die anzusetzende Spitzendruckfläche kann im günstigsten Falle von der Umhüllenden des Wandquerschnittes ausgehen [15], [20].

8 Ausführungsbeispiele von Uferwänden in Stahlspundwandbauweise

8.1 Allgemeines

Im Laufe der Zeit haben sich typische Bauweisen von Uferwänden mit örtlichen Unterschieden herausgebildet. Die nachfolgenden Beispiele sind insofern Variationen der gleichen grundsätzlichen Entwurfsüberlegungen.

In Seehäfen mit ihren oft sehr großen Geländesprüngen und zugleich hohen Lasten hat sich die Bauweise der lotrechten Spundwand mit aufgelagertem Stahlbetonüberbau durchgesetzt. Der Stahlbetonüberbau nimmt die Lasten aus dem Umschlagbetrieb und auch Horizontallasten aus Pollerzug und Schiffsstoß auf und leitet sie über die vordere Spundwand und dahinter angeordnete Gründungspfähle in den Baugrund ein. Damit wirkt auf das durch Ankerpfähle rückverankerte Spundwandbauwerk nur der (zudem noch abgeschirmte) Erddruck aus den Bodeneigenlasten und ggf. Wasserüberdruck. Die Spundwand selbst ist in der Regel eine kombinierte Wand, weil die trotz Erddruckabschirmung und direkter Einleitung der Umschlaglasten in den Baugrund noch immer sehr großen Biegebeanspruchungen von Wellenwänden nicht aufgenommen werden können.

In Binnenhäfen mit Wasserspiegelschwankungen wird der Geländesprung im unteren Bereich im Allgemeinen durch eine Spundwand überbrückt. Im oberen Bereich sind verschiedene Konstruktionsweisen denkbar. Eine aufgesetzte Böschung ist ebenso gebräuchlich, wie eine Fortführung der Spundwand nach oben oder eine gesondert gegründete Stahlbetonwand. Maßgeblich wird die Uferkonstruktion dadurch beeinflusst, ob die Kranbahn die Uferwand direkt belastet oder eine separate Gründung erhält.

Mit dem Fortschreiten der Schiffs- und Umschlagstechnik ergibt sich oft die Notwendigkeit, bestehende Uferwände den neuen Erfordernissen anzupassen. Das erfordert in der Regel, die Sohltiefe zu vergrößern und das Bauwerk für höhere Betriebslasten zu ertüchtigen. Daneben ergibt sich oft die Notwendigkeit, altersbedingte Unzulänglichkeiten zu sanieren. Die Lösungsmöglichkeiten für diese Aufgaben sind vielfältig und ergeben sich vor allem aus den jeweiligen Randbedingungen.

8.2 Containerkaje Bremerhaven

Bild 35 zeigt einen Querschnitt durch einen 2007 in Betrieb genommenen Abschnitt der Containerkaje in Bremerhaven, direkt an der Weser (CT 4).

Der bis NN rd. − 16,00 m anstehende Kleiboden wurde zunächst durch Wesersand ersetzt. Die Kajenkonstruktion besteht aus einem ca. 22 m breiten Stahlbetonüberbau, der auf Stahlpfählen aufgelagert ist. Die Kaje besteht wasserseitig aus einer kombinierten Peiner Spundwand aus Doppelbohlen PSp 1001 und PSp 1016S mit Zwischenbohlen PZa 675-12. Diese Wand wurde von einer Hubinsel aus gerammt. Von einer zweiten Hubinsel aus wurden die Schrägpfähle PSt 600/159 gerammt. Nach Herstellung eines stahlbaumäßigen Pfahl-

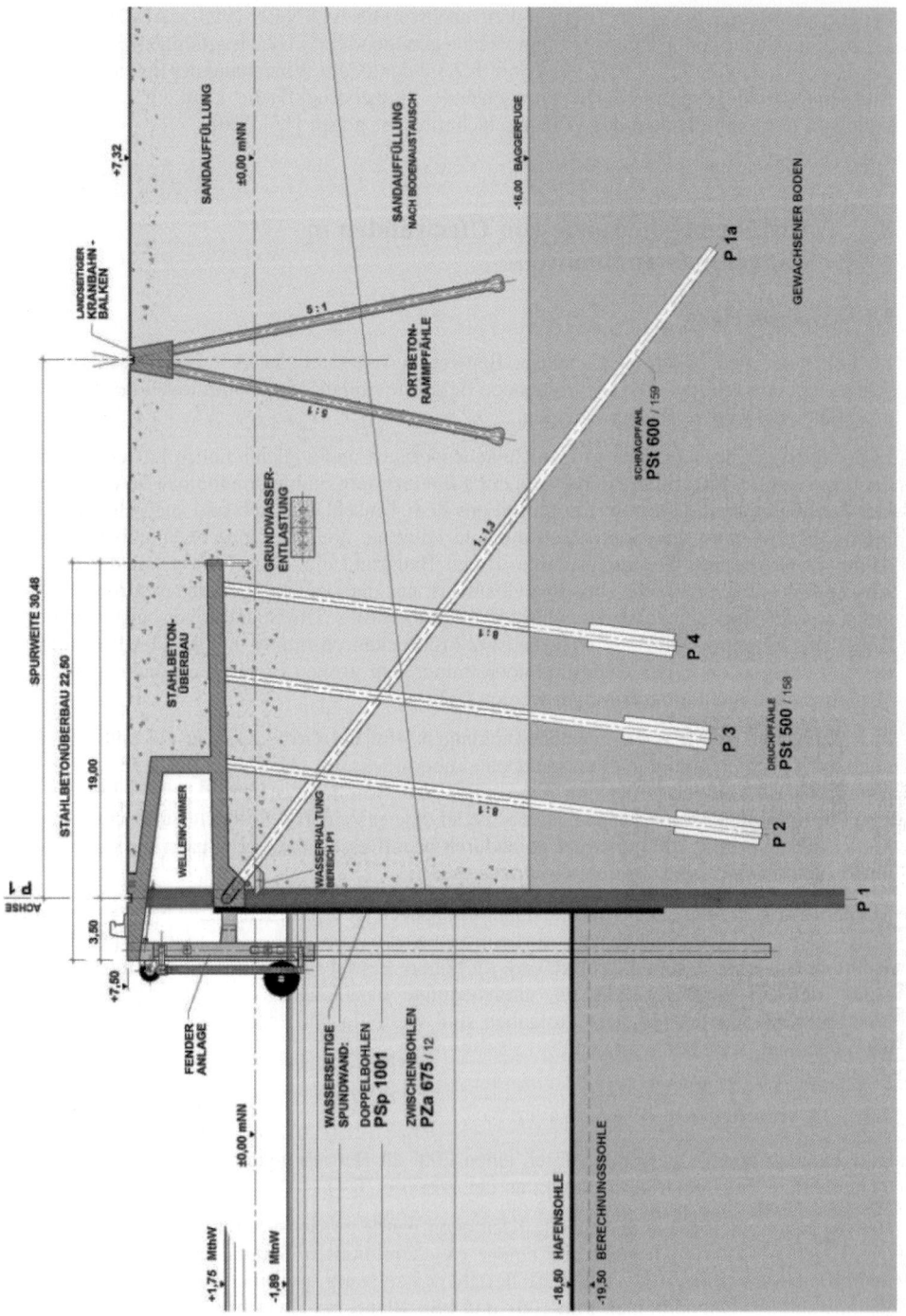

Bild 35. Neubau Containerkaje in Bremerhaven

Tiefwasserhafen Jade-Weser-Port
Kompetenz im Hafen- und Küstenbau

JOSEF MÖBIUS BAU-AKTIENGESELLSCHAFT
Brandstücken 18 · D-22549 Hamburg
Tel.: +49 (0)40- 800 90 3-0 · Fax: +49 (0)40- 800 48 10 · E-Mail: kontakt@moebiusbau.de
WWW.MOEBIUSBAU.DE

BUCHEMPFEHLUNG

Girmscheid, G.
Baubetrieb und Bauverfahren im Tunnelbau
2., aktualisierte Auflage
2008. 713 S., 536 Abb., 108 Tab.
Gebunden.
€ 149,- / sFr 235,-
ISBN: 978-3-433-01852-1

* Der €-Preis gilt ausschließlich für Deutschland.
Irrtum und Änderung vorbehalten.
008128016_my

Baubetrieb und Bauverfahren im Tunnelbau
2., aktualisierte Auflage
Wirtschaftlich und sicher bauen mit dem richtigen Bauverfahren

In dem vorliegenden Buch werden ausgehend von der geologischen Situation Verfahren vorgestellt und alle zu beachtenden Arbeitsschritte aus der Sicht des Baubetriebs erläutert. Bei der Festlegung von Straßentrassen und Bahnstrecken werden heute umweltverträgliche Lösungen gefordert. Dies hat dazu geführt, daß der Tunnelbau im Fels- und Lockergestein einen großen Aufschwung erlebt. Obwohl die Entscheidung für Tunnelbauwerke, z. B. im Innenstadtbereich, hohe Kosten verursacht, akzeptiert man diese, um unabhängiger von der bestehenden Infrastruktur zu werden. Sowohl die technischen Möglichkeiten als auch die Anforderungen an diese Ingenieurdisziplin sind vielfältiger als früher. Für die Durchführung von Tunnelbauprojekten haben damit die Verfahrensauswahl und baubetriebliche Abwicklung einen hohen Stellenwert erhalten.
Bei der Planung und Durchführung von modernen Tunnelbauwerken wird das vorliegende Buch ein hilfreiches Arbeitsmittel sein.

www.ernst-und-sohn.de

Ernst & Sohn Verlag für Architektur und technische Wissenschaften GmbH & Co. KG
Für Bestellungen und Kundenservice: Verlag Wiley-VCH, Boschstraße 18, D-69469 Weinheim
Tel.: +49(0)6201 606-400, Fax: +49(0)6201 606-184, E-Mail: service@wiley-vch.de

Praxishandbücher zur Geotechnik!

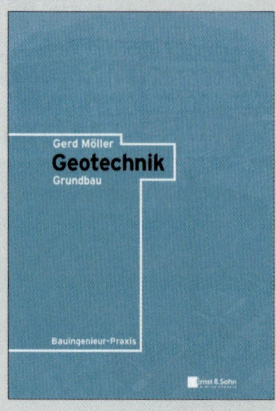

Gerd Möller

Geotechnik - Grundbau

Reihe: Bauingenieur-Praxis
2006. 498 S. 390 Abb. 38 Tab. Br.
€ 57,-* / sFr 91,-
ISBN 978-3-433-01856-9

Das Buch führt prägnant und übersichtlich in die Methoden der Gründung und der Geländesprungsicherung ein und gibt dem Leser bewährte Lösungen an die Hand. Die Darstellung der Berechnung und Bemessung anhand zahlreicher Beispiele ist eine unverzichtbare Orientierungshilfe in der täglichen Planungs- und Gutachterpraxis.

Aus dem Inhalt:

Zur Neufassung von DIN 1054 – Frost im Baugrund – Baugrundverbesserung – Flachgründungen – Pfähle – Pfahlroste – Verankerungen – Wasserhaltung – Stützmauern – Spundwände – Pfahlwände – Schlitzwände – Aufgelöste Stützwände - Europäische Normung in der Geotechnik

Gerd Möller

Geotechnik - Bodenmechanik

Reihe: Bauingenieur-Praxis
2007. 424 S. 304 Abb. 82 Tab. Br.
€ 57,-* / sFr 91,-
ISBN 978-3-433-01858-3

Der Titel „Geotechnik – Bodenmechanik" vermittelt alle wichtigen Aspekte über den Aufbau und die Eigenschaften des Bodens, die bei der Planung und Berechnung sowie bei der Begutachtung von Schäden des Systems Bauwerk-Baugrund zu berücksichtigen sind. Die zahlreichen Beispiele und Darstellungen basieren auf dem aktuellen technischen Regelwerk.

Aus dem Inhalt:

Einteilung und Benennung von Böden - Wasser im Baugrund - Geotechnische Untersuchungen - Bodenuntersuchungen im Feld – Laborversuche – Spannungen und Verzerrungen – Sohldruckverteilung – Setzungen – Erddruck – Grundbruch – Böschungs- und Geländebruch – Auftrieb, Gleiten und Kippen

Ernst & Sohn
Verlag für Architektur und
technische Wissenschaften GmbH & Co. KG

www.ernst-und-sohn.de

Für Bestellungen und Kundenservice:
Verlag Wiley-VCH   Telefon: +49(0) 6201 / 606-400
Boschstraße 12   Telefax: +49(0) 6201 / 606-184
69469 Weinheim   E-Mail: service@wiley-vch.de

* Der €-Preis gilt ausschließlich für Deutschland
001826056_my Irrtum und Änderungen vorbehalten.

anschlusses der Schrägpfähle wurde die Spundwand bis auf NN + 3,0 m, d. h. ein hochwasserfreies Niveau, hinterfüllt. Die Gründungspfähle des Stahlbetonüberbaus wurden von Land aus gerammt. Der Stahlbetonüberbau wurde aus Ortbeton hergestellt. Die integrierte Wellenkammer verhindert das Überschlagen von Wellen auf die Hafenbetriebsfläche. Mit einer Höhe der Oberkante von NN + 7,50 m ist die Kaje gleichzeitig Landesschutzdeich.

Die Spundwand ist wasserseitig durch einen vierlagigen Anstrich aus einkomponentigem Polyurethan passiv gegen Korrosion geschützt. Außerdem wird für die gesamte Konstruktion ein kathodischer Korrosionsschutz betrieben. Im Abstand von ca. 25 m landseitig hinter der Kaje wird der Binnenwasserstand durch eine Grundwasserentlastung gehalten.

8.3   Containerterminal Altenwerder, Hamburg

Mit der starken Ausweitung des Containerverkehrs müssen die Hafenanlagen ständig den geänderten Anforderungen angepasst werden. Dazu wurde in Hamburg in den Jahren 1999 bis 2002 als weitere Containerumschlagsanlage das Terminal Altenwerder mit einer Kaimauer von insgesamt 1400 m Länge in 2 Bauabschnitten gebaut (Bild 36).

Die neue Kaimauer Ballinkai ist als teilweise hinterfüllte Spundwandkonstruktion konzipiert. Die rechnerische Geländesprunghöhe ist 28,30 m, die Gesamtbreite des Überbaus 21,40 m, die Breite der Kranspur ist 35,00 m. Die Hafensohle liegt auf NN − 16,70 m. Die kombinierte Spundwand besteht aus Arbed Doppelbohlen HZ 975-24 mit Füllbohlen AZ18-10. Die Spundwandelemente wurden wegen befürchteter Rammhindernisse aus einer Gerölllage im Übergangsbereich zum Geschiebemergel nicht auf gesamter Tiefe gerammt, sondern in einen flüssigkeitsgeschützten Schlitz eingestellt und anschließend mindestens 4 m nachgerammt, um die erforderliche vertikale Tragfähigkeit sicherzustellen. Beim Ausheben des Schlitzes wurde die Gerölllage beseitigt. Die Spundwand ist gegenüber der Kaivorderkante um rund 4 m zurückversetzt, um die Kolkgefahr aus Propellerstrahleinwirkungen zu verringern. Der Spundwandkopf ist auf Einzelrohrpfählen Ø 1219,2/16 mm aufgelagert. Der lastabschirmende Stahlbetonüberbau ruht auf Ortbetonrammpfählen mit 51 cm Durchmesser.

Zur Verringerung des auf die Wand wirkenden Erd- und Wasserdrucks enden die Zwischenbohlen bei NN − 1,50 m, d. h. etwa in der Höhe des Tideniedrigwassers. So entsteht unter dem Überbau ein zum Wasser geböschter Hohlraum. Die hintere Begrenzung des Hohlraumes wird durch eine Spundwandschürze gesichert. Die gesamte Konstruktion ist mit Schrägpfählen Arbed HTM 600/136 verankert.

8.4   Seehafen Rostock, Pier II

Die in den 1960er-Jahren als Teil des Handelshafens errichteten Liegeplätze 34–37 an der Ostseite der Pier II im Seehafen Rostock hatten ca. 2005 die Grenze ihrer Lebensdauer erreicht und mussten z. T. für den Hafenumschlag gesperrt werden. Zusätzlich bestand die Forderung nach einer größeren nutzbaren Wassertiefe (− 13,00 m HN) und dem möglichen Einsatz von Hafenmobilkränen für den allgemeinen Stück- und Schüttgutumschlag. Somit entschloss sich der Hafen zu einer abschnittweisen Erneuerung der ca. 700 m langen Kaianlagen in drei Bauabschnitten ab 2008.

Die vorhandene Spundwand wurde durch eine ca. 2 m vorgerammte kombinierte Stahlspundwand (Bild 37) ersetzt. Wegen der sehr dicht gelagerten Sandschichten mit größeren Steineinschlüssen, die beim Rammen der Spundwandwand Schlosssprengungen erwarten lassen, und der z. T. erschütterungsempfindlichen Randbebauung der Kaianlagen, erfolgte

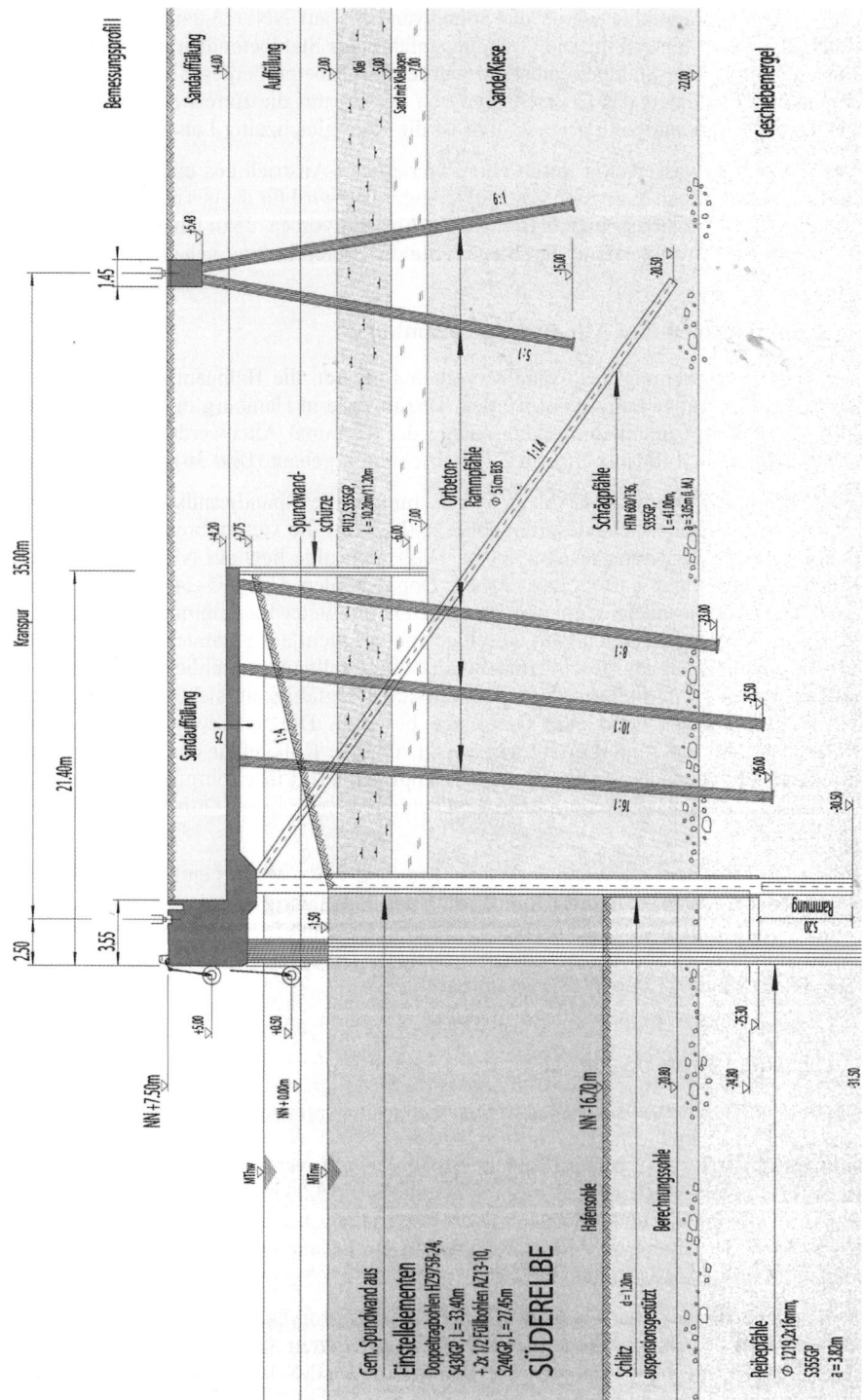

Bild 36. Neubau der Kaimauer Ballinkai für den Containerterminal Altenwerder in Hamburg

3.3 Spundwände

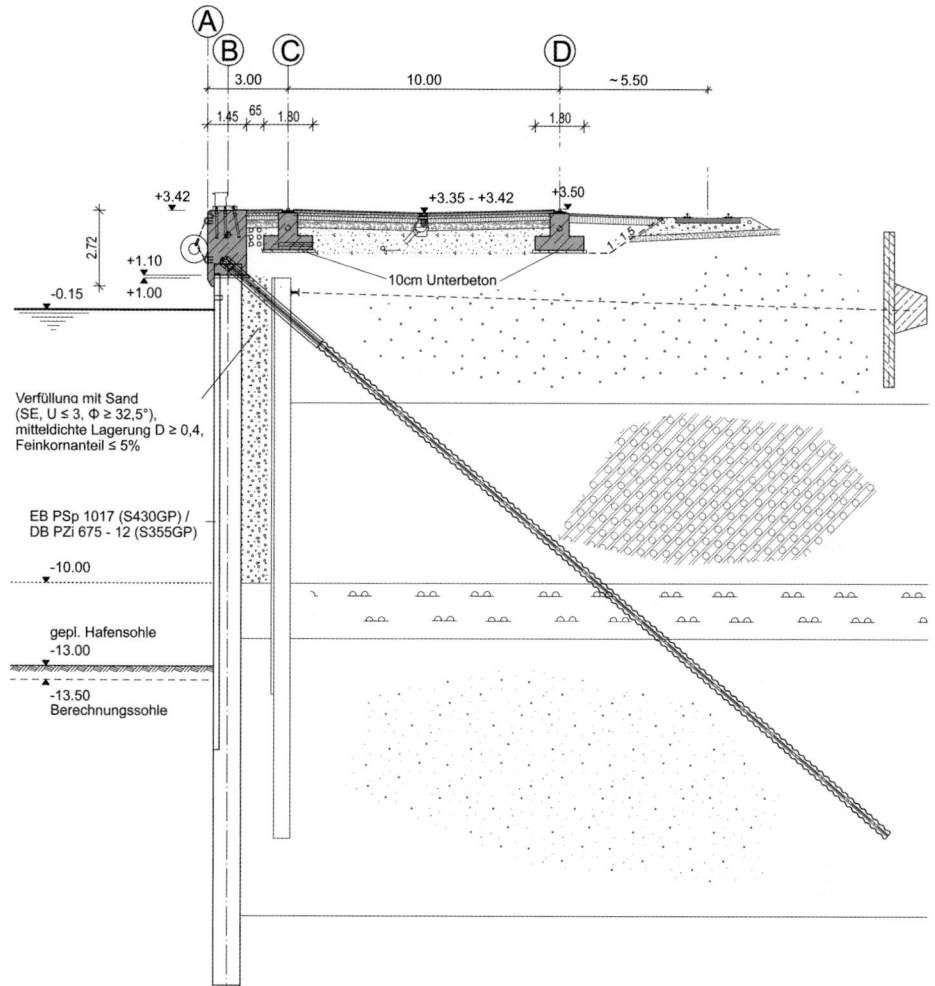

Bild 37. Pier II im Seehafen Rostock

ein vorheriger Bodenaustausch im Bereich der Rammtrasse durch verrohrte Räumungsbohrungen mit einem Durchmesser von 1200 mm.

Zur Verankerung der Spundwände wurden Verpresspfähle nach DIN 4128 System GEWI als Daueranker eingesetzt. Im freien Wasser wurden für die Pfähle Stahlschutzrohre eingesetzt, welche ca. 80 cm in den vorhandenen Boden einbinden. Durch die Wahl eines Bohrpfahlsystems zur Rückverankerung konnten bei Bedarf Hindernisse aus vorhandenen Altkonstruktionen sowie größere Steinhindernisse im Baugrund mit Spezialbohrkronen durchbohrt werden. Die Verpresspfähle wurden gelenkig an die aus zwei durchgängigen U-Profilen bestehende Spundwandgurtung angeschlossen.

Der Kaiholm wurde als Stahlbetonholm auf der neu zu errichtenden Spundwand ausgeführt. Die Kaioberkante liegt bei +3,42 m HN und ermöglicht somit die Fortführung der vorhandenen Krangleise auf HN + 3,50 m. Angepasst an das Spundwandraster wurde für den Kaioberbau ein Blockraster von 31,11 m festgelegt. Der Kaiholm hat eine einheitliche Standardbreite von 1,45 m mit einer Reduzierung auf 1 m Breite im Bereich der ELT-Gruben, die landseitig an den Kaiholm angeschlossen sind.

Die land- und wasserseitigen Kranbahnbalken wurden entsprechend der neuen Achslage der Kranschienen (Spurbreite: 10,0 m) auf den anstehenden und durch die Vornutzung bereits vorbelasteten Boden flach gegründet.

8.5 Hafenbecken C, Duisburg-Ruhrort

Der Umschlag hochwertiger und schwerer Güter erfordert auch in Binnenhäfen senkrechte Ufer von der Hafensohle bis zur hochwasserfreien Betriebsebene. Beim Ausbau des Südufers des Hafenbeckens C in Duisburg-Ruhrort in den Jahren von 1987 bis 1989 wurde hierfür eine kombinierte Bauweise gewählt. Die Uferwand besteht aus einer Spundwand, die aber nur bis etwa 1 m über Mittelwasser reicht (Bild 38). In diese Wand sind im Abstand von 22 m Anlegepfähle LV 25 integriert. Dahinter wird der Geländesprung durch eine rd. 6 m hohe und 0,8 m dicke Stahlbetonwand gesichert, die auf Bohrpfählen mit 1,0 m Durchmesser in der Spundwandfußebene gegründet ist. Diese Wand ist zugleich Auflager der vorderen Kranbahnschiene. Diese Konstruktion wurde gewählt, weil sie die Anlage von Schrägtreppen ermöglicht, die bei den stark wechselnden Wasserständen sicheren Landgang erlauben.

Die 14,25 m bzw. 15,25 m langen Spundbohlen, Profil Larssen 25, St Sp S, sind mit einer Neigung von 100:1 gerammt. Die Spundwand liegt im Grundriss etwa 40 m vor einer alten Uferkonstruktion. Der Zwischenraum wurde mit kiessandigem Boden verfüllt, daher konnte die Spundwand mit einer horizontalen Rundstahlverankerung, Durchmesser 4", mit 23,75 m Länge im Abstand von 3,00 m verankert werden. Die rückliegende Stahlbetonwand ist ebenfalls durch Rundstahlanker und Ankerwand rückverankert. Um die Durchbiegung der Anker zu minimieren wurde die Verfüllung hochgradig verdichtet. Aufgrund der Erfahrungen mit dieser Bauweise würde man heute einen größeren Abstand der Spundwand von der Stahlbetonwand wählen und die obere Stahlbetonwand 2-fach rückverankern.

8.6 Containerterminal Burchardkai, Hamburg

Der Containerterminal Burchardkai ist einer der größten Containerterminals Hamburgs. Im Zuge eines umfassenden Modernisierungsprogramms wurden bestehende Kailiegeplätze des Burchardkais durch Vorbau zu drei neuen Liegeplätzen mit einer Gesamtlänge von 1100 m ausgebaut, die den neuesten Anforderungen gerecht werden.

Die Kaimauer des Liegeplatzes 2 greift das in Hamburg bewährte Konzept der überbauten Böschung auf. Ein ca. 22 m breiter Stahlbetonüberbau ist auf einer wasserseitigen Reihe von freistehenden Reibepfählen, der rückverankerten gemischten Stahlspundwand und mehreren Reihen von Ortbetonrammpfählen aufgelagert (Bild 39). Eine Spundwandschürze sichert den entstehenden Hohlraum unter dem Stahlbetonüberbau landseitig. Während die wasserseitige Kranschiene für die Containerbrücken in den Kaikopf integriert ist, ruht die landseitige Schiene der 35 m breiten Kranspur auf einem separat gegründeten Kranbahnbalken landseitig der alten Kaianlagen.

Die Hauptspundwand besteht aus Doppelbohlen Arbed HZ 975D-24 mit Füllbohlen Arbed AZ25 und wurde mäklergeführt mit einem Rammbär ICH S 90 vorgerammt und freireitend

3.3 Spundwände

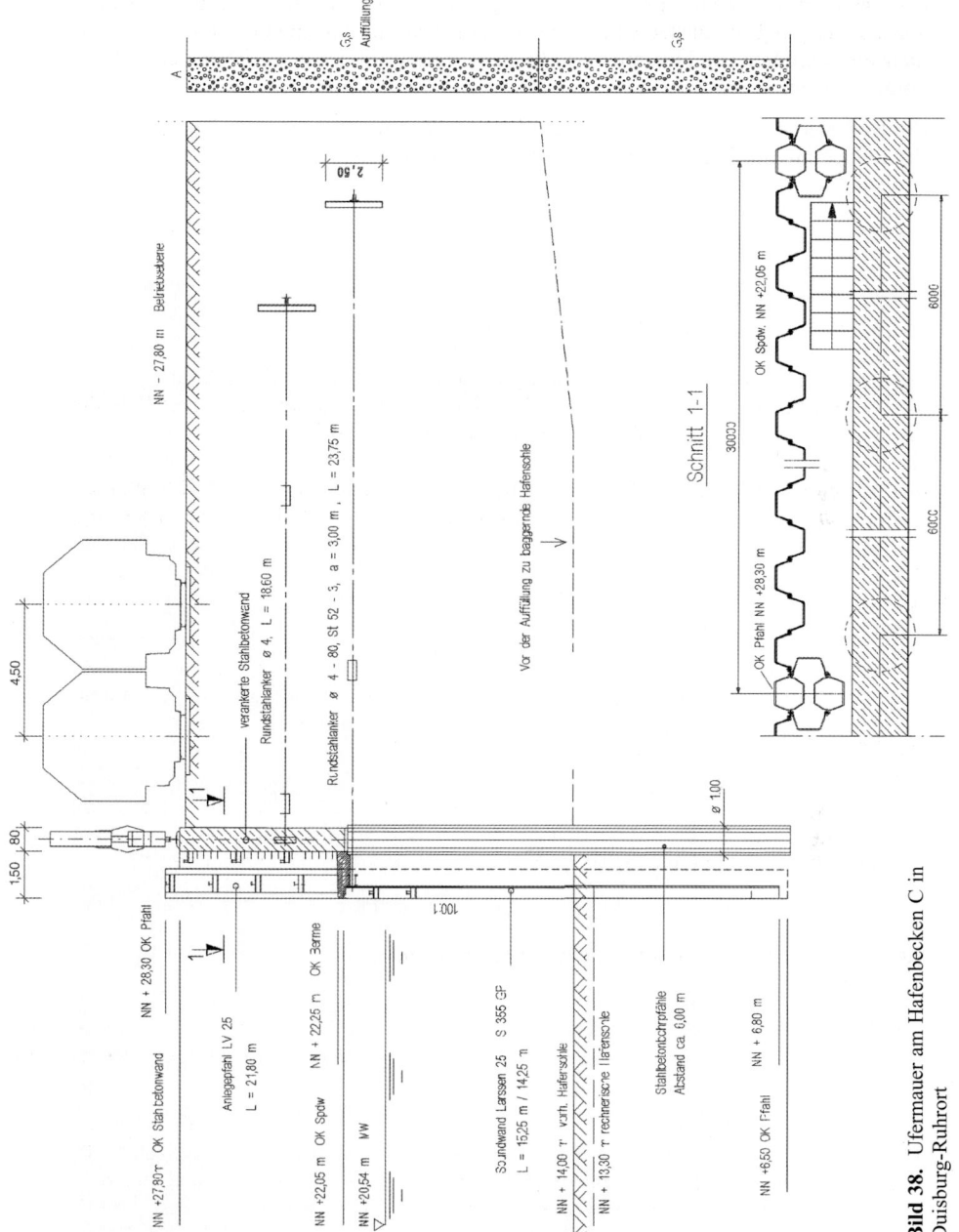

Bild 38. Ufermauer am Hafenbecken C in Duisburg-Ruhrort

mit einem Rammbär Menck MHV 280 auf Endtiefe gebracht. Zuvor wurde wegen der sehr dichten Lagerung der anstehenden Böden und massiven Steinen und Findlingen im Übergang zwischen Sand und Glimmerschluff ein verrohrter Bodenaustausch in der Rammtrasse vorgenommen.

Zur Reduzierung der Lärmbelastung wurden die schweren Rammungen der Tragbohlen und der Reiberohre im Schutze eines Faltenbalgs ausgeführt.

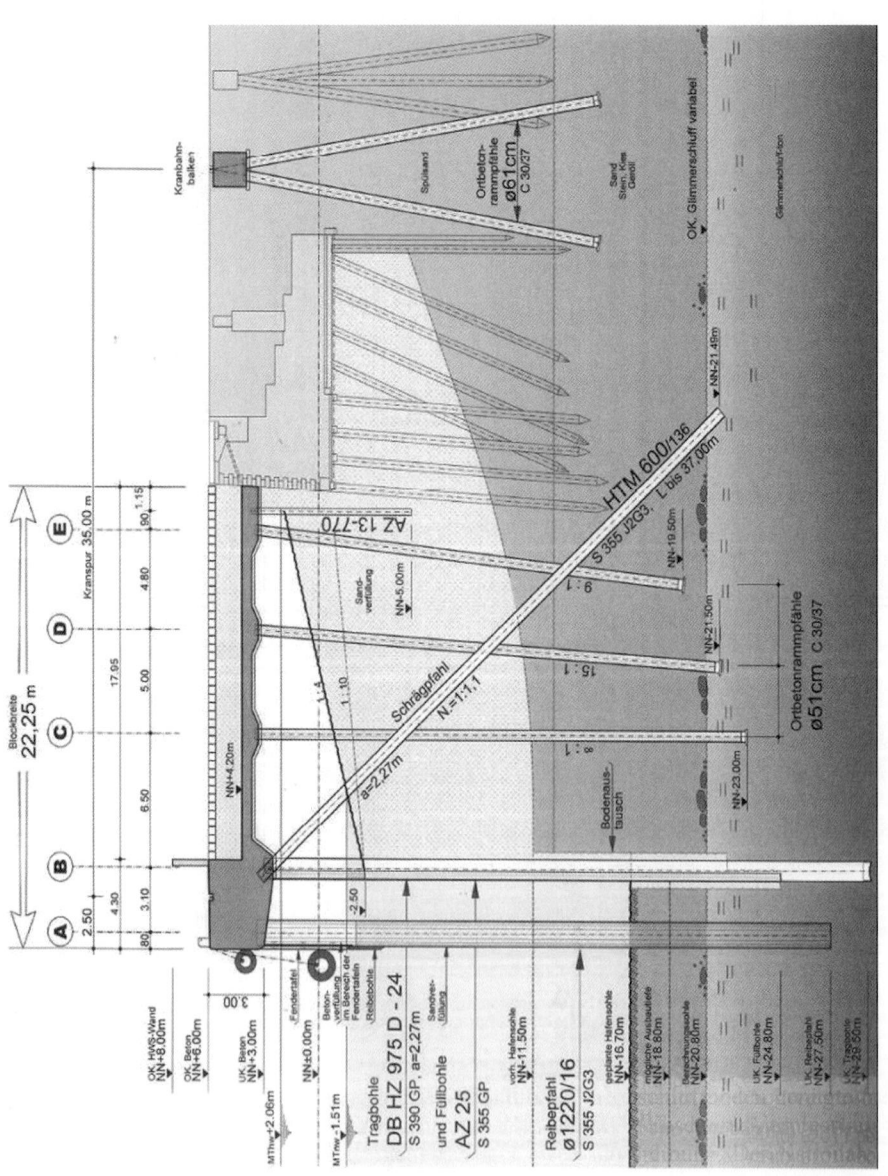

Bild 39. Vorbau vor der Ufermauer am Burchardkai in Hamburg

8.7 Holz- und Fabrikenhafen, Bremen

Bild 40 zeigt eine in den Jahren 1990 bis 1991 auf der Nordseite des Holz- und Fabrikenhafens in Bremen durchgeführte Kajensanierung mit gleichzeitiger Sohlenvertiefung. Die bisherige Kaje ließ nur eine Hafensohle von NN – 8,20 m zu. Sie wurde durch eine im Abstand von etwa 2 m vorgerammte kombinierte Stahlspundwand mit einer Absetztiefe von NN – 20,50 m ersetzt, sodass abhängig von den Erfordernissen, eine Sohle von NN – 10,00 m bzw. von NN – 12,00 m möglich ist. Die Kajenoberkante liegt bei NN + 4,40 m, damit beträgt die Geländesprunghöhe nun rd. 15 m bzw. 17 m.

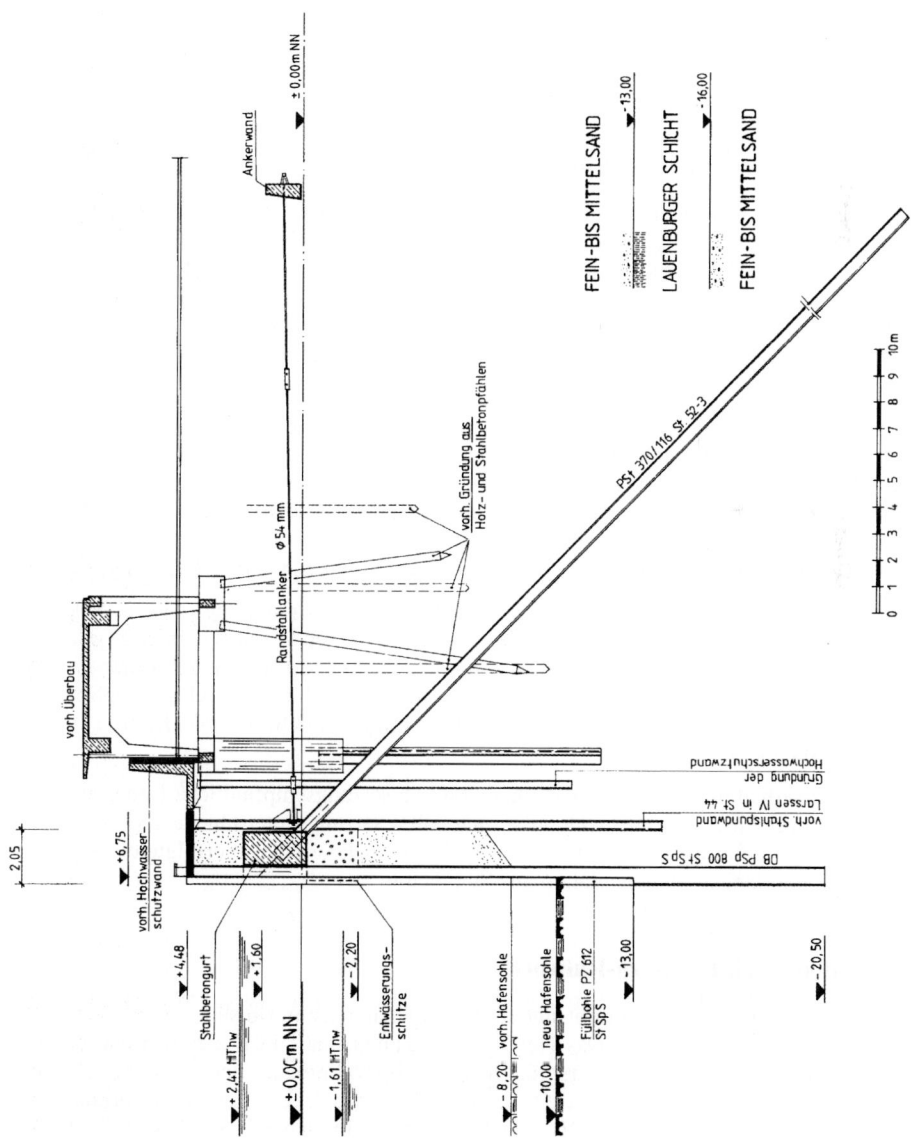

Bild 40. Vorbau vor einer Kaje im Holz- und Fabrikenhafen in Bremen

Die vorgerammte Wand ist eine kombinierte Spundwand mit Tragbohlen PSp 800 und Füllbohlen PZ 612, die mit Schrägpfählen PSt 370/116 rückverankert ist. Die Ankerpfähle mussten durch die landseitigen Gründungspfähle aus Stahl, Stahlbeton und Holz der dort seit Anfang des Jahrhunderts errichteten Hochbauten ohne Beschädigung der Bauwerke und der Ankerpfähle hindurch gerammt werden. Hierzu wurde zunächst in jeder Schrägpfahlachse vorab bis zur Gründungsebene der vorhandenen Pfähle vorgebohrt. Die Schrägpfähle wurden dann von einer Hubinsel aus gerammt.

Vor dem Öffnen der vorhandenen Spundwand zum Durchführen der Schrägpfähle wurde der Boden hinter der Wand mit einer Wasserglaslösung verfestigt, um das Ausfließen des Bodens bei abfallendem Tidewasserspiegel zu vermeiden.

Da der Abstand der Schrägpfähle nicht mit dem Achsabstand der Tragbohlen (a = 2,16 m) übereinstimmt, erfolgt der Anschluss der Schrägpfähle an die Spundwand über einen Stahlbetongurt.

8.8 Seehafen Wismar, Liegeplätze 13 bis 15

Der Südkai im Wismarer Hafen wurde 2002/2003 mit dem Neubau einer ca. 500 m langen Kaianlage für den Umschlag von massenhaften Stückgütern zu einer modernen Umschlaganlage umgestaltet. Durch den Neubau wurde ein Umschlag mit höheren Belastungen und größeren Wassertiefen ermöglicht, zugleich entstanden durchgängige Lager- und Kaiflächen und der Hochwasserschutz wurde verbessert. Der Hafenumschlag erfolgt im nördlichen Bereich des Südkais (Bild 41) mit Mobilkränen, im südlichen Teil werden Portalkräne eingesetzt.

Die Kaianlage wurde auf der gesamten Länge neu hergestellt. Sie besteht aus einer einfach verankerten kombinierten Stahlspundwand, mehreren landseitig gelegenen Pfahlreihen und einem Überbau aus Stahlbeton. Die vorhandene Kaikonstruktion (tiefgegründetes Stahlbetonpfahlrost mit überbauter Böschung) konnte aufgrund ihres desolaten Zustands und der zu geringen Traglasten für eine Lastabtragung der neuen Kaimauer nicht mehr verwendet werden und wurde, soweit störend, für die Errichtung der neuen Kaimauer zurückgebaut.

Die Spundwand wurde durch Verpresspfähle nach DIN 4128 (Neigung 1:1, ca. 900 kN Gebrauchslast, Abstand 3,20 m) verankert. Im Bereich des freien Wassers wurden Stahlhüllrohre vorgesehen. Der Anschluss der Anker erfolgte gelenkig an einer aus 2 Profilen U 320 bestehenden durchgängigen Gurtung. Nach der Verankerung und Rückverfüllung der Spundwand erfolgte der Einbau von Ortbetonrammpfählen mit anschließender blockweiser Betonierung der Stahlbetonkaiplatte.

Die Baugrundverhältnisse im Hafenbereich sind durch setzungsempfindliche Bodenschichtungen gekennzeichnet. Zur Vermeidung sprunghafter Setzungsunterschiede zwischen der tiefgegründeten Kaikonstruktion und den anschließenden Hafenflächen erfolgte die Anordnung von ca. 4 m langen Schleppplatten aus Stahlbeton.

8.9 Hafenkanal, Duisburg-Ruhrort

Aus der Sohlerosion des Rheins ergibt sich für die Hafenanlagen in Duisburg regelmäßig die Notwendigkeit einer Vertiefung. Das Nordufer des Hafenkanals in Duisburg-Ruhrort mit einer Länge von etwa 1300 m war ursprünglich (1905–1908 erbaut) eine Schwergewichtsmauer auf einer Brunnengründung. Bereits im Jahre 1936 musste das Ufer durch Vorrammen einer Spundwand (Profil Krupp K III) gesichert werden. Im Jahre 1980 musste das Ufer

3.3 Spundwände

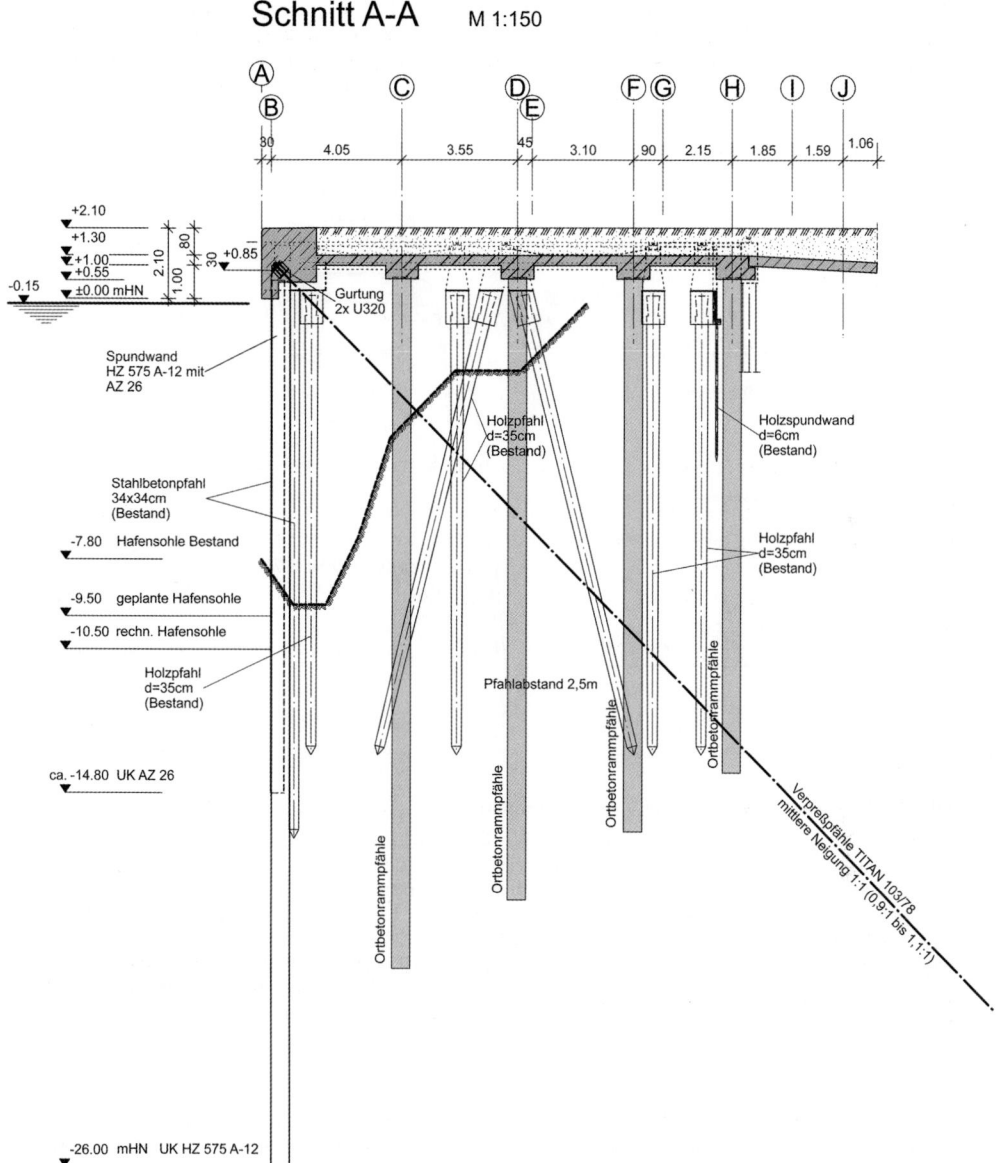

Bild 41. Seehafen Wismar, Kaimauer der Liegeplätze 13 bis 15

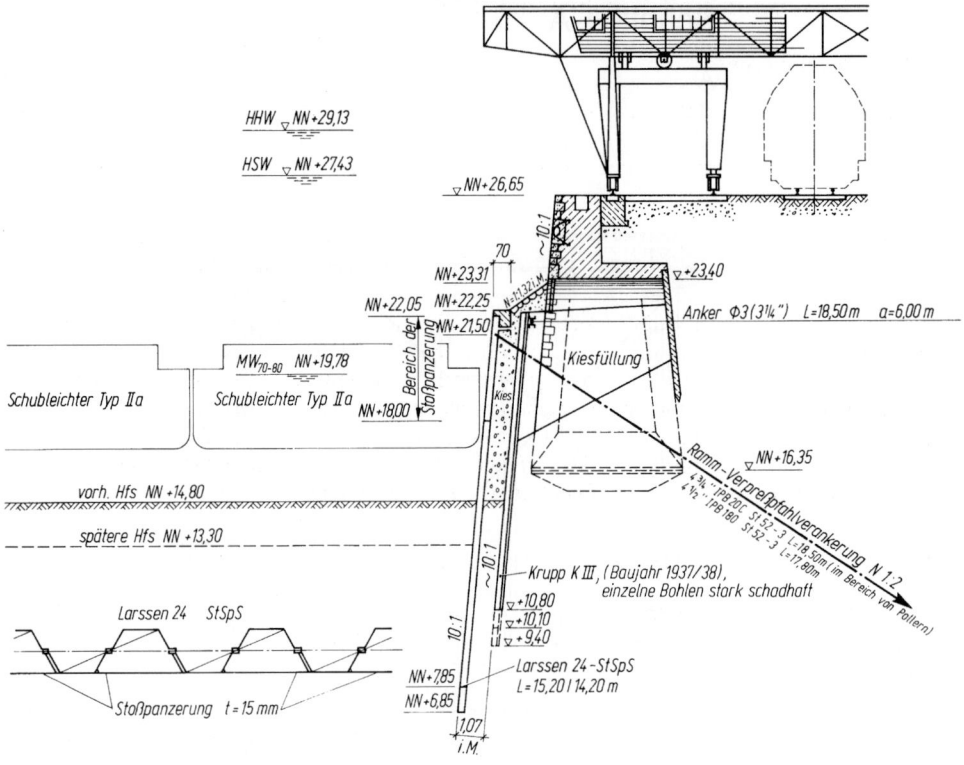

Bild 42. Ufermauer am Hafenkanal in Duisburg-Ruhrort

erneut ausgebaut werden, weil die Hafensohle um weitere 1,70 m auf NN + 13,30 m tiefer gelegt werden musste (Bild 33).

Vor die 10:1 geneigte vorhandene Spundwand aus dem Jahr 1936 wurde im Abstand von etwa 1,25 m eine neue Spundwand Profil Larssen 24 in St Sp S in gleicher Neigung gerammt. Die Länge der Bohlen beträgt abwechselnd 14,20 m und 15,20 m. Die Talbohlen wurden auf den oberen 4 m mit einer bündig eingeschweißten Stoßpanzerung versehen. Die Spundwandtäler sind mit Beton verfüllt.

Die Ankerpfähle mussten sowohl die alte Spundwand als auch die Brunnengründung der Schwergewichtsmauer durchdringen. Gewählt wurden Rammverpresspfähle IPB 180 bzw. IPB 200 in St 52-3 mit schraubbarem Pfahlschuh. Die Gesamtlänge der Pfähle beträgt 17,80 m bzw. 18,50 m bei einer Neigung von 1:2.

Der Raum zwischen alter und neuer Spundwand wurde mit Kies verfüllt. Den oberen Abschluss bilden ein Betonholm und eine sich daran anschließende Pflasterböschung.

9 Korrosion und Korrosionsschutz

9.1 Allgemeines

Nach den bisherigen Erfahrungen haben Spundwandbauwerke in Häfen und an Wasserstraßen bei sorgfältiger und sinnvoller Auswahl des Baustoffs und der Profilabmessungen eine Lebensdauer, die höher ist als das übliche Verkehrsalter dieser Bauwerke. Zur Wahl und Eignung der Baustoffe von Spundwandbauwerken siehe Abschnitt 1.3 sowie E 34 und E 22, EAU [2].

Erfahrungswerte zu den Korrosionsraten von Stahlspundwänden und zum Korrosionsschutz sind in E 35, EAU, enthalten. E 46 EAU gibt Erfahrungswerte zum mittleren Verkehrsalter von Ufereinfassungen, das wegen des oft raschen Wechsels der verkehrstechnischen Anforderungen häufig wesentlich kürzer ist als die bauliche Lebensdauer. Allerdings ist zu beachten, dass die Korrosionsgefahr für Uferbauwerke aus Stahl in den letzten Jahren vor allem wegen der verbesserten Wasserqualität in Flüssen und Häfen erheblich zugenommen hat. So kann die Abrostung von Stahlspundwänden besonders in Nord- und Ostsee bereits nach einer Standzeit von 20 bis 30 Jahren so groß sein, dass die Standsicherheit und die Gebrauchstauglichkeit der Bauwerke eingeschränkt werden. Diese Entwicklung spiegelt sich in den Erfahrungswerten der E 35 noch nicht in vollem Umfang wieder.

9.2 Korrosionserwartung bei Stahlspundwänden

Die atmosphärische Korrosion oberhalb der Spritzwasserzone ist im Allgemeinen gering. Höhere Abtragungsgeschwindigkeiten ergeben sich bei salzhaltiger Atmosphäre sowie bei anderen stahlaggressiven Medien in der Luft.

Im Süßwasser liegt im Normalfall eine geringe Korrosionsbelastung vor. Die Hauptangriffszone ist der Bereich kurz unterhalb des Wasserspiegels. Höhere Korrosionsbelastungen sind zu erwarten bei Wasseraggressivität und wechselnden Wasserspiegeln sowie im Spritzwasserbereich.

Die Korrosionsrate ist in aggressivem Wasser und vor allem in Meerwasser am höchsten, hier vor allem in der Niedrigwasserzone. In Abhängigkeit von weiteren Einflussfaktoren (Temperatur, chemische Belastung, Mikroben, mechanische Beanspruchung, Streuströme) können die Korrosionsraten sehr stark streuen. E 35 der EAU [2] gibt Bemessungswerte der Wanddickenverluste durch Korrosion in verschiedenen Medien für Entwurf und Ausführungsplanung an.

Im Boden ist die Korrosionsrate im Allgemeinen sehr gering. Besondere Untersuchungen sind im Falle von stark aggressiven Böden wie z. B. Torf nötig.

9.3 Korrosionsschutz von Stahlspundwänden

Schon bei der Planung einer Stahlspundwand für dauernde Nutzung sind die Korrosion und der mögliche Korrosionsschutz in die konstruktiven Überlegungen einzubeziehen. Besonders wertvoll sind in diesem Zusammenhang lokale Erfahrungen im Umfeld des geplanten Bauwerks (E 35, EAU).

Voraussetzung sind Untersuchung der Aggressivität von Wasser und Boden nach den einschlägigen Vorschriften. Ausschlaggebend für die jeweils erforderlichen Korrosionsschutzmaßnahmen ist die Nutzungsdauer des Bauwerks.

Grundsätzlich muss beim Korrosionsschutz zwischen dem aktiven und dem passiven Korrosionsschutz unterschieden werden.

Unter aktivem Korrosionsschutz versteht man die Beeinflussung des Korrosionsvorgangs mit dem Ziel, die Intensität der Korrosion möglichst weitgehend zu verringern oder die Auswirkungen zu minimieren. Folgende Verfahren des aktiven Korrosionsschutzes werden unterschieden:

Kathodischer Korrosionsschutz (KKS)

Die Korrosion von Stahl kann durch einen Elektronenüberfluss unterbunden werden. Dieser wird durch einen Schutzstrom (Gleichstrom) erzeugt (Fremdstromanlage) oder galvanisch bereitgestellt (Anlage mit Opferanoden).

Kathodische Korrosionsschutzanlagen kommen hauptsächlich zur Anwendung zum Schutz von Spundwänden, die starkem Korrosionsangriff im Tidebereich ausgesetzt sind. Zur Wahl der geeigneten KKS-Anlage siehe Veröffentlichungen des Fachausschusses „Korrosionsfragen" der HTG [21].

Die konstruktive Auslegung einer kathodischen Korrosionsschutzanlage sowie ihre Bemessung erfolgt in der Regel durch Fachfirmen.

Anwendung korrosionsträger Stähle

Die Anwendung legierter Stähle für Spundwandbauwerke ist unüblich und in der Regel unwirtschaftlich.

Korrosionsschutzgerechte Gestaltung und Bemessung von Stahlspundwandbauwerken

Viele Korrosionsschäden lassen sich vermeiden, wenn einige konstruktive Regeln bei der Planung und Ausführung beachtet werden. Ohne Anspruch auf Vollständigkeit werden im Folgenden Lösungen für einige hinsichtlich der Korrosion kritische Bereiche von Spundwandbauwerken angesprochen.

Spundwandkopf

Meist bindet der Spundwandkopf in einen Betonholm oder Betonüberbau ein, der im Beton liegende Bereich ist dann gegen Korrosion ausreichend geschützt. Korrosionsgefährdet bleibt allerdings vor allem auf der Wasserseite der Übergang zum nicht einbetonierten Stahl. Es ist daher bei Uferbauwerken, insbesondere an Gewässern mit erhöhtem Korrosionspotenzial (Salzwasser, Brackwasser) zweckmäßig, den Stahlbetonholm zur Vermeidung von Korrosionsschäden vollständig hinter die bis zur Kajenoberkante geführte Spundwand zu legen. Damit bleibt die Wasserseite der Spundwand für Unterhaltungsmaßnahmen zugänglich. Sofern die Spundwand mit einem Stahlholm abgedeckt wird, ist dieser so zu gestalten, dass sich keine Wasserlachen bilden. Wenn Spundwand und Holm beschichtet werden, ist bei der Konstruktion darauf zu achten, dass alle Flächen für Inspektion und Ausbesserung der Beschichtung gut zugänglich sind.

Ist eine Holmabdeckung (Beton oder Stahl) aus statischen oder anderen Gründen nicht erforderlich, so muss der Spundwandkopf sorgfältig mit Sand hinterfüllt werden, ggf. ist die Oberfläche zu befestigen.

Spundwandverankerung

Rundstahlanker haben ein günstiges Verhältnis zwischen Oberfläche und Querschnitt. Damit ist der Einfluss der Abrostung auf die Tragfähigkeit relativ gering. Ein konstruktiver Korrosionsschutz durch Überdimensionierung verursacht nur geringe Mehrkosten.

3.3 Spundwände

Die Verankerung kann hinter oder vor der Wand angeschlossen werden. Die Ankeranschlüsse sind sorgfältig abzudichten. Bei Verwendung von Stahlpfählen als Anker ist darauf zu achten, dass waagerechte Flächen vermieden werden.

Bei Stahlkabelankern ist der Korrosionsschutz von besonderer Bedeutung, weil die Querschnitte dieser Anker sehr hoch ausgelastet werden.

Hinterfüllung des Spundwandbauwerks

Unmittelbar hinter der Spundwand ist Sand einzubauen, denn dieser schützt den Stahl vor fortschreitender Korrosion durch Bildung einer Verkrustung, unter der die Korrosion nicht weiter fortschreitet (E 187, EAU [2]). Im übrigen Bereich der Hinterfüllung sind möglichst durchlässige Böden einzubauen, um Stauwasserandrang zu vermeiden.

Die befestigte Oberfläche hinter der Uferwand sollte von der Spundwand weg entwässert werden.

Zur Unterstützung der Entwässerung aus der Hinterfüllung kann eine Dränage vorteilhaft sein (E 32, EAU [2]).

Bemessung mit Abnutzungsvorrat

Alle Bauteile, die statisch nicht voll ausgelastet sind, können so dimensioniert werden, dass eine hinreichende Querschnittsreserve für Abrostungen vorgehalten wird. Im Bereich des maximalen Biegemoments von Spundwänden ist diese Art des Korrosionsschutzes begrenzt, deshalb sollte die maximale Momentenbeanspruchung nicht im Bereich des größten Korrosionsangriffs liegen.

Beim **passiven Korrosionsschutz** wird der Stahl durch eine Beschichtung gegen Korrosion geschützt. Eine Beschichtung auf der Basis von organischen Polymeren ist die am häufigsten gewählte passive Korrosionsschutzmaßnahme. Von besonderer Bedeutung für die Ausführung des Korrosionsschutzes ist DIN 55928 T 8, 9, Korrosionsschutz von Stahlbauten durch Beschichtung und Überzüge. Diese Norm ist als Grundnorm konzipiert und ersetzt die Vielzahl der in der Bundesrepublik Deutschland bestehenden Vorschriften, Richtlinien und Merkblätter.

Die Auswahl der Beschichtung und der Schichtdicke richten sich nach den Beanspruchungen und nach der Verkehrsdauer des Bauwerks. Ein wesentlicher Faktor für die Lebensdauer einer Beschichtung ist die Qualität der Oberfläche. Für die meisten Beschichtungen ist der Norm-Reinheitsgrad Sa 2½ erforderlich. Staub, Fett und Feuchtigkeit müssen vor der Beschichtung beseitigt werden. Üblicherweise erhalten die gestrahlten Flächen, je nach Anforderung, eine oder mehrere Grundbeschichtungen von 50 bis 180 µm sowie eine oder mehrere Deck- und Schlussbeschichtungen von 200 bis 400 µm. Es dürfen nur zugelassene Beschichtungsstoffe verwendet werden.

Gebräuchlich sind Beschichtungsstoffe auf Epoxydharzbasis (zweikomponentig) sowie Polyurethanbasis (i. d. R. einkomponentig). Während zum Aufbringen von zweikomponentigen Beschichtungsstoffen die Verarbeitungsbedingungen (Temperatur, Luftfeuchtigkeit) teilweise schwer einzuhalten sind, ist dies bei einkomponentigen Polyurethananstrichen, die zur Aushärtung Luftfeuchtigkeit benötigen, erheblich einfacher.

Für den Bereich der Wasserstraßen hält die BAW (Bundesanstalt für Wasserbau) Listen vor, in denen die zugelassenen Beschichtungssysteme für „Binnengewässer, Im 1" [29] und für „Meerwasser und Böden, Im 2/3" [30] aufgeführt sind.

Sollen Anstriche zusammen mit kathodischem Korrosionsschutz verwendet werden, ist auf die Verträglichkeit des Anstrichs mit dem Schutzstrom zu achten, je nachdem, ob Süßwasser,

Brackwasser oder Salzwasser vorliegt. Informationen hierzu sind über den HTG-Ausschuss „Korrosionsfragen" erhältlich.

In vielen Fällen ist die Beschichtung auf der Baustelle nicht oder nur mit größerem Aufwand möglich. Die Spundwand muss nach dem Ausbaggern von anhaftenden Erdresten gereinigt und Schlossfugen müssen abgedichtet werden, bevor die mindestens dreilagige Korrosionsschutzbeschichtung aufgebracht wird. Die Unzugänglichkeit der Bauteile, unberechenbare Witterungseinflüsse, die schwierige Erreichbarkeit gefährdeter Bereiche, die Beeinträchtigung der Beschichtung durch Schichtenwasser, welches aus den Schlossfugen austreten kann, und viele andere Einwirkungen stehen einer sicheren Korrosionsschutzbeschichtung von Spundwänden auf der Baustelle entgegen. Daher ist es stets empfehlenswert, die Spundbohlen bereits im Werk zu beschichten und auf der Baustelle evtl. lediglich eine Schlussbeschichtung vorzunehmen.

Abschließend sind an den eingebauten Stahlelementen und Spundwänden Ausbesserungen von Schadstellen der Beschichtung vorzunehmen, die beim Transport und beim Einbau unvermeidbar sind.

Der Korrosionsschutz durch Feuerverzinkung von Stahlspundbohlen, wie von der Deutschen Bahn AG verlangt, hat im Wasserbau wegen der befürchteten Schwermetallbelastung keine Bedeutung.

10 Literatur

[1] DIN EN 12063:1999-05: Ausführung von besonderen geotechnischen Arbeiten (Spezialtiefbau) – Spundwandkonstruktionen.
[2] Empfehlungen des Arbeitsausschusses „Ufereinfassungen", Häfen und Wasserstraßen, der Hafenbautechnischen Gesellschaft e. V. und der Deutschen Gesellschaft für Erd- und Grundbau e. V., EAU 2004, 10. Auflage. Ernst & Sohn, Berlin 2005.
[3] DIN EN 1993-5:2007-07: Bemessung und Konstruktion von Stahlbauten; Teil 5: Pfähle und Spundwände.
[4] Empfehlungen des Arbeitskreises „Baugruben" EAB, 4. Auflage. Ernst & Sohn, Berlin 2005.
[5] Handbook Quay Walls, Centre of Civil Engineering Research and Codes (CUR), CUR publication 211-E, Balkema. ISBN 0-415-36439-6.
[6] E DIN EN 10248-1:2006: Warmgewalzte Spundbohlen aus unlegierten Stählen; Teil 1: Technische Lieferbedingungen.
[7] E DIN EN 10248-2:2006: Warmgewalzte Spundbohlen aus unlegierten Stählen; Teil 2: Grenzabmaße und Formtoleranzen.
[8] DIN EN 10204:2005-01: Metallische Erzeugnisse – Arten von Prüfbescheinigungen.
[9] E DIN EN 10249-1:2006-05: Kaltgeformte Spundbohlen aus unlegierten Stählen; Teil 1: Technische Lieferbedingungen.
[10] E DIN EN 10249-2:2006-05: Kaltgeformte Spundbohlen aus unlegierten Stählen; Teil 2: Grenzabmaße und Formtoleranzen.
[11] DIN 1054:2005.01: Baugrund – Sicherheitsnachweise im Erd- und Grundbau.
[12] DIN 4085:1007-10: Baugrund: Berechnung des Erddrucks.
[13] E DIN 1055-2:2007-01: Einwirkungen auf Tragwerke; Teil 2: Bodenkenngrößen.
[14] DIN 18122-1:1997-07: Baugrund, Untersuchung von Bodenproben – Zustandsgrenzen (Konsistenzgrenzen); Teil 1: Bestimmung der Fließ- und Ausrollgrenze
[15] Weißenbach, A.: Baugruben; Teil I: Konstruktion und Bauausführung, 1975; Teil II: Berechnungsgrundlagen, 1975; Teil III: Berechnungsverfahren, 1977. Ernst & Sohn, Berlin, München, Düsseldorf.
[16] DIN EN 1537:2001-01: Ausführung von besonderen geotechnischen Arbeiten (Spezialtiefbau) – Verpreßanker; Deutsche Fassung EN 1537:1999.

- [17] DIN EN 14199:2005-05: Ausführung von besonderen geotechnischen Arbeiten (Spezialtiefbau) – Pfähle mit kleinen Durchmessern (Mikropfähle); Deutsche Fassung EN 14199:2005.
- [18] Deutsches Institut für Bautechnik: Hoesch-Schneidenlagerung auf Stahlspundbohlen, Zulassung Z-15.6-34.
- [19] DIN 18800-01:2008-11: Stahlbauten; Teil 1: Bemessung und Konstruktion.
- [20] Radomski, H.: Untersuchungen über den Einfluss der Querschnittsform wellenförmiger Spundwände auf die statischen und rammtechnischen Eigenschaften. Mitteilungen des Instituts für Wasserwirtschaft, Grundbau und Wasserbau der Universität Stuttgart, Heft 10, 1968.
- [21] Kathodischer Korrosionsschutz im Wasserbau, 2. Auflage 1989. Hafenbautechnische Gesellschaft e. V.
- [22] DIN 4084:2009-01: Baugrund – Geländebruchberechnungen.
- [23] Erdwiderstand auf Ankerplatten, Jahrbuch der Hafenbautechnischen Gesellschaft, Band 12 1930/1931.
- [24] Über die Verankerung von Spundwänden, 2. Auflage. Ernst & Sohn, Berlin 1953.
- [25] Exzentrische Lasteinleitung in Z-Bohlen. Endbericht mit Bemessungskonzept, Lehrstuhl für Stahlbau, RWTH Aachen, November 2002.
- [26] Bestimmung der Ankerplattenabmessungen bei Spundwandbauwerken. Endbericht, Lehrstuhl für Stahlbau, RWTH Aachen, Februar 2004.
- [27] Exzentrische Verankerung von AZ-Spundwänden, ArcelorMittal Commercial RPS, Luxemburg 2004.
- [28] Rammfibel für Stahlspundbohlen, TESPA (Technical European Sheet Piling Association), 1993.
- [29] Liste der zugelassenen Systeme I (für Binnengewässer, Im 1) nach den „Richtlinien für die Prüfung von Beschichtungssystemen für den Korrosionsschutz im Stahlwasserbau" (RPB) der Bundesanstalt für Wasserbau (BAW) vom Januar 2001, 19. Ausgabe, Stand: Februar 2006.
- [30] Liste der zugelassenen Systeme II (für Meerwasser und Böden, Im 2/3) nach den „Richtlinien für die Prüfung von Beschichtungssystemen für den Korrosionsschutz im Stahlwasserbau" (RPB) der Bundesanstalt für Wasserbau (BAW) vom Januar 2001, 19. Ausgabe, Stand: Februar 2006.
- [31] Kalle, H.-U.: Bemessung von Stahlspundwänden gemäß EN1993-5. HANSA International Maritime Journal, 142. Jahrgang Nr. 6, 2005.
- [32] Brinch Hansen, J., Earth Pressure Calculation, The Danish Technical Press 1953.
- [33] Grabe, W.: Anwendung der Fließgelenktheorie auf Baugruben. Bautechnik 85 (2008) Heft 7. Ernst & Sohn, Berlin.
- [34] Blum, H.: Einspannungsverhältnisse bei Bohlwerken. Ernst & Sohn, Berlin, 1931.
- [35] EAU, Technischer Jahresbericht 2009, Teil 1. Die Bautechnik, Heft 12/2008. Ernst & Sohn, Berlin.

3.4 Gründungen im offenen Wasser

Jacob Gerrit de Gijt und Kerstin Lesny

1 Allgemeines

Behandelt werden im Folgenden Gründungen, die mindestens zum Zeitpunkt der Bauausführung rings von Wasser umgeben sind, einerlei ob in stehenden oder in fließenden Gewässern, im Binnenland oder auf See, ob in nur wenigen Metern Wassertiefe oder in mehreren hundert Metern. Im Bereich des Binnenlandes handelt es sich dabei vor allem um Bauwerke in Flüssen (z. B. Brückenpfeiler, Tunnel, Schleusen), im Bereich der Küsten um Hafen- und Kaianlagen und im Bereich des freien Wassers um Bauwerke zur Rohstoffgewinnung (z. B. Erdölplattformen), Leuchttürme oder in jüngster Zeit um Offshore-Windenergieanlagen. Der grundlegende Unterschied zum Bauen auf dem Festland liegt in der wesentlich größeren Bedeutung der Wasserverhältnisse. Beim Bauen an Land muss im Normalfall die Änderung des Grundwasserstandes nur mittelfristig unter dem Einfluss der Jahreszeiten und des Wetters berücksichtigt werden. Vor allem im Bereich der Küsten kann dagegen der Wasserstand sehr kurzfristig wechseln. Durch die Gezeitenwirkung können gegebenenfalls in kurzer Zeit gewaltige Wassermassen versetzt werden, was zu Strömungen und damit zu Belastungen wechselnder Stärke und Richtung führt.

Im Bereich des offenen Seegebietes macht sich auch der unter dem Einfluss des Windes aufbauende Seegang und die nachlaufende Dünung bemerkbar. Hinzu kommen Nebel und u. U. auch die Einwirkung des Eises auf das Bauwerk und die Bauausführung; ferner die Beeinträchtigung des Bauablaufs und die Risiken durch die Schifffahrt und schließlich die Veränderungen der Gewässersohle (Kolke, Verlagerung von Tiefwasserinnen, Sandwanderungen u. Ä.), die entweder von Natur aus oder infolge der Baumaßnahme auftreten. Jeder künstliche Eingriff im Meer, an der Küste oder im Flussbereich wirkt sich sofort auf das Verhalten des Wassers aus. Das gilt nicht nur für das Bauwerk im fertigen Zustand, sondern ebenso für alle Bauzwischenzustande (z. B. Verengung und Veränderungen der Fließräume durch eine Abspundung, künstliche Inseln oder eingeschwommene Fertigteile).

Für die Auswahl des Gründungsverfahrens ist daher zu beachten, ob das zu erstellende Bauwerk an der Küste – aber auf dem Land – (onshore), in Küstennähe im Wasser (at-shore) oder im freien Wasser (offshore) liegt. Bestimmende Faktoren sind dann die Wassertiefen, die Untergrundverhältnisse, die Exposition gegenüber See- und Wettereinflüssen, die Zugänglichkeit für Mensch und Material, die verfügbare Bauzeit und schließlich das verfügbare bzw. aufgrund der vorliegenden Randbedingungen einsetzbare Großgerät, wie z. B. Pontons, Schuten, Schlepper, Schwimmkrane, Nassbagger, Hubinseln, Bohr- und Rammgerät.

Die Untergrundverhältnisse entscheiden dabei erstrangig, ob Flachgründungen möglich oder Tiefgründungen erforderlich sind. Alle anderen Merkmale bestimmen vorwiegend das zu verwendende Bauverfahren. Hierbei ist ausschlaggebend, ob und in welchem Umfang ein Bauverfahren gegen See- und Wettereinflüsse unempfindlich sein muss oder eine Vorfertigung von Bauteilen oder ganzen Baukörpern verlangt werden muss.

Grundbau-Taschenbuch, Teil 3: Gründungen und geotechnische Bauwerke
Herausgegeben von Karl Josef Witt
Copyright © 2009 Ernst & Sohn, Berlin
ISBN: 978-3-433-01846-0

Eine lange Bauzeit birgt immer die Möglichkeiten und die Gefahr von Störungen infolge von Schlechtwetter, das auf offener See einen wesentlich gravierenderen Einfluss auf den Baufortschritt haben kann als auf dem Festland. Je mehr sich der Bauort vom Festland entfernt, desto mehr wird daher von den Möglichkeiten einer Vorfertigung Gebrauch gemacht und desto größere Einheiten werden vorgefertigt.

Bild 1 zeigt schematisch die verschiedenen Verfahren für Gründungen im offenen Wasser:
- für die Flächengründung pfeilerartiger Baukörper,
- für Pfahlgründungen.

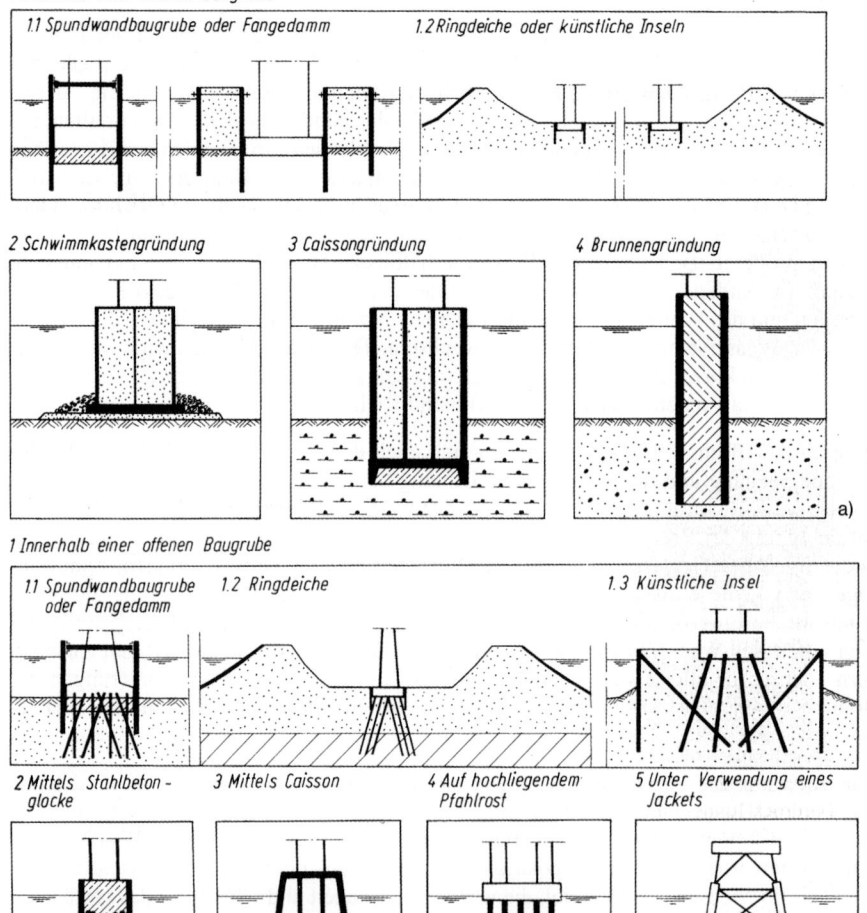

Bild 1. Gründungsarten im offenen Wasser; a) Flächengründungen, b) Pfahlgründungen

Sie wollen ein Offshore-Projekt realisieren?

IMS berät und unterstützt Sie in allen Phasen Ihres Projektes
- Machbarkeitsstudien und Vorentwürfe
- Entwurf und Ausführungsplanung von Gründungsstrukturen
- Entwurf und Ausführungsplanung von Offshore-Umspannwerken
- Genehmigungsverfahren nach BSH-Standard Konstruktion/Baugrund
- Baubegleitende Beratung
- Installations- und Rückbaukonzepte
- Kollisionsanalysen nach BSH-Standard Konstruktion, Anhang 1

IMS hat über 30 Jahre Erfahrung in der Offshore-Technologie
IMS ist ein interdisziplinäres Team aus 40 Ingenieuren

IMS Offshore-Technologie

IMS Ingenieurgesellschaft mbH
Stadtdeich 7 · 20097 Hamburg · GERMANY
info@ims-ing.de · www.ims-ing.de

BOOK RECOMMENDATION

Maidl, B. et al.
Hardrock Tunnel Boring Machines
2008. 356 pages with
255 figures, 37 Tab. Hardcover.
€ 89,–
ISBN: 978-3-433-01676-3

Hardrock Tunnel Boring Machines

This book covers the fundamentals of tunneling machine technology: drilling, tunneling, waste removal and securing. It treats methods of rock classification for the machinery concerned as well as legal issues, using numerous example projects to reflect the state of technology, as well as problematic cases and solutions. The work is structured such that readers are led from the basics via the main functional elements of tunneling machinery to the different types of machine, together with their areas of application and equipment. The result is an overview of current developments.

Close cooperation among the authors involved has created a book of equal interest to experienced tunnelers and newcomers.

Ernst & Sohn
Verlag für Architektur und
technische Wissenschaften GmbH & Co. KG

www.ernst-und-sohn.de

For order and customer service:

Verlag Wiley-VCH
Boschstraße 12
69469 Weinheim
Deutschland

Telefon: +49(0) 6201 / 606-400
Telefax: +49(0) 6201 / 606-184
E-Mail: service@wiley-vch.de

BUCHEMPFEHLUNG

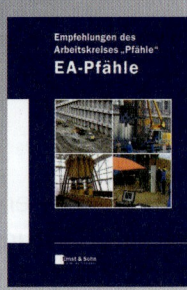

Empfehlung Pfahlgründungen – EA-Pfähle
Hrsg.: Deutsche Gesellschaft für Geotechnik e. V.
2007. 350 S. 250 Abb. Gb.
€ 89,–*/sFr 142,–
ISBN: 978-3-433-01870-5

Das Handbuch über Pfahlgründungen!

Pfahlgründungen sind eine der wichtigsten Gründungsarten. Das Buch gibt einen vollständigen und umfassenden Überblick über Pfahlsysteme. Ausführlich werden Entwurf, Berechnung und Bemessung von Einzelpfählen, Pfahlrosten und Pfahlgruppen nach dem neuen Sicherheitskonzept gemäß DIN 1054 erläutert. Zahlreiche Berechnungsbeispiele verdeutlichen die Thematik. Ebenfalls werden Kenntnisse über die Herstellverfahren und Probebelastungen vermittelt. Die Empfehlung spiegelt den Stand der Technik wider und hat Normencharakter.

Die Herausgeber:
Der Arbeitskreis AK 2.1 „Pfähle" der Deutschen Gesellschaft für Geotechnik (DGGT) setzt sich aus ca. 20 Fachleuten aus Wissenschaft, Industrie, Bauverwaltung und Bauherrenschaft zusammen und arbeitet in Personalunion auch als Normenausschuss „Pfähle" des NABau.

Empfehlungen des Arbeitskreises „Baugruben" (EAB)
4. Auflage
Hrsg.: Deutsche Gesellschaft für Geotechnik e. V.
2006. 304 S. 108 Abb. Gb.
€ 53,-*/sFr 85,-
ISBN: 978-3-433-02853-7

Das Handbuch über Baugruben!

Ein Standardwerk für alle mit der Planung und Berechnung von Baugrubenumschließungen betrauten Fachleute.

Baugrubenkonstruktionen sind von der Umstellung vom Globalsicherheitskonzept auf das Teilsicherheitskonzept erheblich betroffen. In der vorliegenden 4. Auflage der EAB wurden alle bisherigen Empfehlungen auf der Grundlage von DIN 1054 Ausgabe 2005 auf das Teilsicherheitskonzept umgestellt, die von dieser Umstellung nicht betroffenen Empfehlungen wurden überarbeitet sowie neue Empfehlungen zum Bettungsmodulverfahren, zur Finite-Elemente-Methode und zu Baugruben in weichen Böden aufgenommen.
Im Anhang sind alle wichtigen zahlenmäßigen Festlegungen zusammengefasst, die in anderen Regelwerken enthalten sind. Die Empfehlungen haben normenähnlichen Charakter.

Ernst & Sohn
Verlag für Architektur und
technische Wissenschaften GmbH & Co. KG

Für Bestellungen und Kundenservice:
Verlag Wiley-VCH
Boschstraße 12, 69469 Weinheim
Telefon: +49(0) 6201 / 606-400
Telefax: +49(0) 6201 / 606-184
E-Mail: service@wiley-vch.de

Fax-Antwort an +49 (0)30 47031 240

	ISBN	Titel	Preis
	978-3-433-01870-5	Empfehlung Pfahlgründungen – EA-Pfähle	89,00 € / sFr 142,–
	978-3-433-02853-7	Empfehlungen des Arbeitskreises „Baugruben" (EAB)	53,- € / sFr 85,-

Firma	
Name, Vorname	UST-ID Nr. / VAT-ID No.
Straße/Nr.	Telefon
Land – PLZ Ort	

Datum/Unterschrift

* € Preise gelten ausschließlich für Deutschland. Irrtum und Änderungen vorbehalten.   005617076_my

1.1 Verwendbare Planungsunterlagen

Der mit Gründungen in Planung und Ausführung betraute Bauingenieur muss wissen, welche Planungsunterlagen im Einzelfall herangezogen werden können. Für den Bereich, der über das für Festlandbauten übliche Maß hinaus geht, folgt hier eine Übersicht über einige verwendbare Planunterlagen:

- **Seekarten**
  - Übersichtskarten (Übersegler)
  - Ozeankarten 1 : 8 000 000 bzw. 1 : 12 000 000 (z. B. Atlantik)
  - Segelkarten 1 : 300 000
  - Küstenkarten 1 : 100 000
  - Spezialkarten, Fischereikarten u. Ä. 1 : 50 000
  - Hafenpläne 1 : 10 000

Neue Ausgaben erscheinen erst dann, wenn das Kartenbild infolge zahlreicher Nachträge oder Änderungen veraltet ist. Die Berichtigungen werden laufend in den wöchentlich erscheinenden „Nachrichten für Seefahrer" bekannt gegeben.

Seekarten enthalten u. a. Angaben über Wassertiefen (mit Tiefenlinien), Beschaffenheit des Meeresgrundes (Ankerplätze, Angaben zum Ankergrund), Untiefen und besondere Strömungen. Die Tiefenangaben in den deutschen Seekarten werden in Meter unter Seekartennull KN angegeben.

Bei Benutzung fremdländischer Seekarten ist daher als Erstes festzustellen, in welcher Einheit (Meter, Faden und/oder Fuß) die Tiefen angegeben sind. Die Entfernungen auf See werden in Seemeilen [sm] gemessen: 1 sm = 1 Bogenminute am Großkreis des Äquators = 1,853 km.

- **Seehandbücher zur Küstennavigation**
  herausgegeben vom Bundesamt für Seeschifffahrt und Hydrographie, Hamburg
  Teil A: Schifffahrtsangelegenheiten
  Teil B: Naturverhältnisse – Klima und Wetter – Seegang – Eisverhältnisse – Bodenbedeckung – Missweisung – Salzgehalt und Temperatur – Wasserversetzung – Wasserstände – Gezeiten – Einfluss des Windes – Strömungen – Gezeitenströme
  Teil C: Küstenkunde und Segelanweisungen

Nachträge oder Ergänzungen erscheinen alle 2 Jahre; die Seehandbücher selbst in größeren Zeitabständen.

- **Leuchtfeuerverzeichnisse**
  jährlich herausgegeben vom Bundesamt für Seeschifffahrt und Hydrographie, Hamburg

- **Nachrichten für Seefahrer**
  herausgegeben vom Bundesamt für Seeschifffahrt und Hydrographie, Hamburg (wöchentlich mit den einschlägigen Berichtigungen)

- **Tidekalender**
  jährlich herausgegeben vom Bundesamt für Seeschifffahrt und Hydrographie, Hamburg

- **Gezeiten-Tafeln, Band 1: Europäische Gewässer; Band 2: Übrige Gewässer**
  (erscheint jährlich)

- **Hafenhandbücher**
  nach Wasserstraßen geordnet, herausgegeben vom Deutschen Segel-Verband
- **Deutscher Küsten-Almanach**
  Nachschlagebuch für Berufs- und Sportschifffahrt auf den Deutschen Seeschifffahrtsstraßen (erscheint seit 1973 jährlich)
- **Deutsche Gewässerkundliche Jahrbücher**
  herausgegeben vom Landesamt für Wasserhaushalt und Küsten Schleswig-Holstein in Kiel für die Küstengebiete der Nord- und Ostsee (jährlich seit 1969). Sie enthalten Verzeichnisse der Pegel und der täglichen Wasserstände mit den Hauptzahlen im und außerhalb des Tidegebiets, die Dauerzahlen der Wasserstände und die mittleren Tidekurven für die Nordseehäfen von Emden bis List.

1.2 Belastungsannahmen

Aus den in Abschnitt 1.1 gemachten Vorgaben müssen dann die Lastangaben für das Bauwerk in jedem Einzelfall abgeleitet werden, und zwar in Ergänzung zu den auch sonst anzusetzenden Einwirkungen aus Eigengewicht, Verkehr, Erdbeben usw. Bei Gründungen im offenen Wasser sind dies speziell z. B.:

- Wasserdrücke bei wechselnden Wasserständen:
  MThw – mittl. Tidehochwasser
  MTnw – mittl. Tideniedrigwasser
  HHW – höchstes je gemessenes Hochwasser
  MHW – mittl. Hochwasser (Mittel über einen Zeitraum)
  HW – Hochwasser
  MW – Mittelwasser
  NW – Niedrigwasser
  MNW – mittl. Niedrigwasser (Mittel über einen Zeitraum)
  NNW – niedrigstes je gemessenes Niedrigwasser oder auch in Verbindung mit einem Tidehub
  HHThw – Höchstes je beobachtetes Gezeitenhochwasser NNTnw – niedrigstes je beobachtetes Gezeitenniedrigwasser usw.

  Wegen der anzusetzenden Differenzwasserdrücke wird auf [89], Empfehlungen 58, 65 und 165, verwiesen.

- Strömungsdrücke (meist nur von untergeordneter Bedeutung)

- Wellendrücke
  Eine für die Praxis ausreichende Darstellung der „Bemessungswelle" findet man in [89], Abschnitt 5.6; Angaben zur Quantifizierung des Wellendrucks auf lotrechte Wände in [89], Abschnitt 5.7, auf Pfahlbauwerke in [89], Abschnitt 5.10. Bei Offshore-Bauwerken in der nördlichen Nordsee muss mit Wellen bis zu 31 m (Jahrhundertsturm) gerechnet werden [6]:
  – Wasserdrücke unter Deckwerken: s. [89], Abschnitt 12
  – Sohlenveränderungen durch Kolke
  Unter einem Kolk versteht man eine durch Strömungen und Wirbelströmungen verursachte örtliche Auswaschung einer Gewässersohle, die z. B. durch Eintauchen eines Hindernisses (z. B. Pfeiler), durch die Grundnähe eines absinkenden Schwimmkastens oder in flachen Gewässern durch Schiffsschraubeneinwirkungen verursacht werden kann. Kolke an Bauwerken können Tiefen von bis zu einem Mehrfachen des Pfeilerdurchmessers erreichen; bei Gerinnen hinter befestigten Flächen bis zu einem Mehrfachen der Wassertiefe.

3.4 Gründungen im offenen Wasser

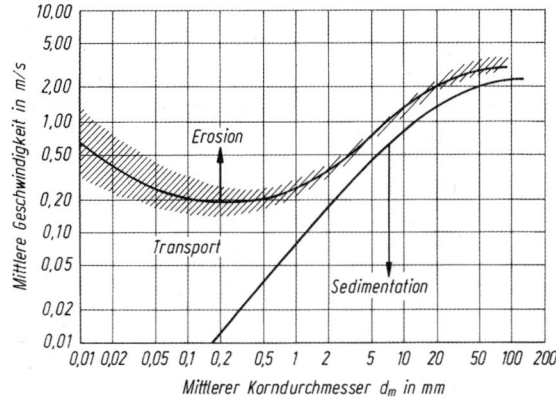

Bild 2. Hjulström-Diagramm für die Stabilität einer stationär angeströmten Gewässersohle

Bild 2, das sog. *Hjulström-Diagramm*, gibt für eine gleichmäßige stationäre großflächige Anströmung näherungsweise die Beziehung zwischen mittlerer Geschwindigkeit und dem kritischen Korndurchmesser eines lose geschütteten oder gelagerten Haufwerks an, bei dem die beschriebenen Sohlenveränderungen zu erwarten sind. Wenn durch ein Hindernis kleineren Durchmessers, z. B. ein Pfahl, örtlich Turbulenz erzeugt wird, wird die Sohle aber auch schon bei wesentlich kleineren mittleren Geschwindigkeiten instabil. Als Sohlensicherung kommen dann Schüttungen grobkörnigen Materials, Kolkschutzmatten oder auch Unterwasserbeton oder -asphalt infrage [37, 51, 92].

- Schiffsdruck; Schiffsstoß
  Die Größe der Anlegedrücke wird durch die maßgebenden Schiffsabmessungen, die Anlegegeschwindigkeit, die Fenderung und das Elastizitätsverhalten zwischen Bauwerk und Schiffswand bestimmt. Bei Kaimauern in Seehäfen empfiehlt [89], Abschnitt 5.2, den Anlegedruck eines Schiffes als Druckkraft in gleicher Größe anzusetzen wie die entsprechende Poller-Zugkraft nach [89], Abschnitt 5.12.2. Wenn Baukörper aber unmittelbar an einer Fahrrinne stehen, muss auch eine Kollision als Katastrophen-Lastfall statisch berücksichtigt werden. So sind z. B. bei Rheinbrücken folgende Lasten zu berücksichtigen:
  – für Pfeiler im Bereich der dem Schiffsverkehr dienenden Wasserflächen in Fahrtrichtung 30 MN, senkrecht dazu 15 MN;
  – für Pfeiler in sonstigen Wasserflächen in Fahrtrichtung 0,6 MN, senkrecht dazu 0,3 MN, jeweils 1,5 m über dem höchsten Schifffahrtswasserstand (Bundesminister für Verkehr).

- Eisdruck: (s. a. 6. Aufl., Teil 1, 1.14)
  Die Erfahrung zeigt, dass der Eisdruck in Mitteleuropa vornehmlich bei Gewässern ohne nennenswerten Tidehub und geringer Strömungsgeschwindigkeit (z. B. Ostsee) zum Bemessungslastfall werden kann.

Weitere Angaben und Verfahren findet man z. B. in [6, 51, 90, 92–94].

Für Arbeiten an und auf dem Wasser spielt die Wettervorhersage des Deutschen Wetterdienstes (hier Seewetteramt Hamburg) eine entscheidende Rolle, ebenso wie die Dienste des Bundesamtes für Seeschifffahrt und Hydrographie in Hamburg (Gezeiten-, Windstau-, Sturmflut- und Eisnachrichtendienst). Im Seegebiet der Deutschen Bucht z. B. treten selbst in den Sommermonaten meist nur in einem Drittel der Zeit Wetterlagen mit Windstärken unter 4 ein. Außerdem gibt es kaum eine zusammenhängende Periode, in der nicht mit einem Sturm gerechnet werden müsste.

Tabelle 1. Beaufort-Skala

	Wind				Seegang		
Stärke	Bezeichnung	Geschwindigkeit		Druck in N/m^2	Stärke	Bezeichnung	Wellenhöhe in m
		in m/s	in Knoten je Std.				
0	Windstille oder sehr leiser Zug	0–1,3	0–2,5	0–2	0	vollkommen glatte See	0
1	leiser Zug	3,6	7,0	15	1	sehr ruhige See	< 1
2	flaue Brise	5,8	11,3	41	2	ruhige See	1–2
3	leichte Brise	8,0	15,6	77	3	leicht bewegte See	2–3
4	mäßige Brise	10,3	20,0	126	4	mäßig bewegte See	3–4
5	frische Brise	12,5	24,3		5	ziemlich grobe See	4–5
6	steife Brise	15,2	29,6		6	grobe, unruhige See	6–7
7	harter Wind	17,9	34,8		7	hohe See	8–9
8	stürmischer Wind	21,5	41,8				
9	Sturm	25,0	48,6		8	sehr hohe See	10–12
10	starker Sturm	29,1	56,6	1 025			
11	schwerer Sturm	33,5	65,1	1 357	9	heftige Sturmsee gewaltig schwere See	> 12
12	Orkan	40,2	78,1	1 955			

Eine für den Bauablauf hinreichend zuverlässige Wetterprognose ist in der Deutschen Bucht nur für ca. 48 h möglich. Tabelle 1 gibt dazu die qualitative Definition der Windstärken. Wetterlagen mit mehr als Windstärke 6 sind i. d. R. für den Bauablauf ungünstig. Diese Umstände erzwingen ein Bauverfahren, das

– weitgehend vorgefertigte Teile verwendet;
– bei kurzfristiger Sturmwarnung leicht unterbrochen werden kann;
– auch bei Windstärken bis etwa 6 noch fortgeführt werden kann;
– über längere Zeit unabhängig von einer Landstation und Versorgungsfahrten ist und möglichst in einer Sommersaison mit den Arbeiten auf See abschließt.

1.3 Bemessung und Herstellung

Grundlegend unterscheidet sich der gründungstechnische Nachweis nicht von dem eines Bauwerks auf dem Land. Für die Standsicherheit sind ebenfalls Gleiten, Kippen, Grundbruch und das Setzungsmaß nachzuweisen. Aufgrund der Randbedingungen sind jedoch einige Besonderheiten zu berücksichtigen:

- Die horizontalen Kräfte bei meerestechnischen Konstruktionen sind im Gegensatz zu Bauten auf dem Land wesentlich größer (näherungsweise um den Faktor 10) [6].
- Aufgrund der hochliegenden Angriffspunkte in Höhe der Wasseroberfläche (z. B. Wellen und Schiffsstoß) oder höher (z. B. Wind), führt dies zu großen Momenten in der Konstruktion und gegebenenfalls zu ungleichmäßigen Bodenpressungen.
- Die vertikalen statischen Lasten sind bei den meisten Konstruktionen im offenen Wasser infolge des Auftriebs relativ gering und über eine konstruktive Ballastierung oder Auftriebskörper steuerbar. Die Verminderung der effektiven vertikalen Gründungslasten und die höheren horizontalen Beanspruchungen führen dazu, dass sich bei Bauten im offenen Wasser häufig die Gleitsicherheit als der entscheidende gründungstechnische Nachweis ergibt. Abhilfe können hier z. B. Stahlträger oder Schürzen aus Spundwandprofilen an der

3.4 Gründungen im offenen Wasser

Bauwerkssohle schaffen, die sich unter dem Bauwerksgewicht in den Boden drücken und so für eine Verdübelung sorgen.
- Bei der Wahl der Gründung und der gesamten Konstruktion muss berücksichtigt werden, dass die Vorbereitung eines Gründungsplanums im offenen Wasser nicht die Qualität einer „Erdbaustelle" erreichen kann. Alle Arbeiten können oft nur mithilfe von Tauchern, häufig bei sehr schlechten Sichtverhältnissen, überprüft werden. Aus diesem Grund werden viele Bauwerke nach dem Absenken zunächst behelfsmäßig mit geringer Belastung z. B. auf Hilfsfundamente abgesetzt. Der verbleibende Zwischenraum zwischen Bauwerkssohle und Gründungsfläche wird anschließend mit Sand oder einem Mörtel verpresst. Nach der Verfüllung kann die endgültige Belastung, z. B. durch eine weitere Ballastierung, aufgebracht werden.
- Bei abzusenkenden Fertigteilen muss u. U. mit Versatzmaßen gegenüber den geplanten Absetzstellen gerechnet werden. Bei massiven Bohrplattformen haben sich aufgrund eines „Aquaplaningeffekts" (Bild 3) zwischen Absenkteil und Boden während des Absenkens kurz vor dem Aufsetzen auf den Boden Versatzmaße von bis zu 84 m ergeben (Beryl-Plattform [23]). Bei Bauwerken in Flüssen und flachen Gewässern können solche Versatze durch Schlepper oder über am Ufer verankerte Winden verhindert und genaue Positionen gewährleistet werden.

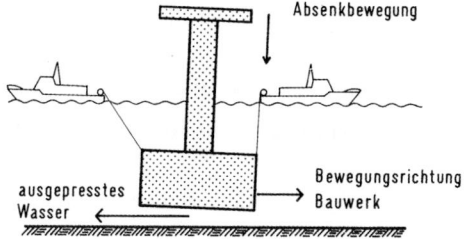

Bild 3. Aquaplaningeffekt während des Absenkvorgangs (Schema)

- Bauwerke in offenen Gewässern, speziell auf offener See, sind neben den Extrembelastungen (z. B. aus einer maximalen Wellenhöhe oder Erdbeben) planmäßig den Belastungen aus periodischen Wind- und Wellenlasten unterschiedlicher Angriffsrichtungen ausgesetzt (s. a. Abschnitt 1.2). Die Lasteinwirkungen auf die Gründung aus Seegang sind in den meisten Fällen zyklischer Natur, diejenigen infolge Erdbeben dynamischer Natur. Diese Einwirkungen können zu einer Verschlechterung des Tragverhaltens der Gründung führen, bedingt durch eine Akkumulation plastischer Verformungen im Boden. Dieser Prozess kann vor allem bei dicht gelagerten nichtbindigen bzw. bei überkonsolidierten bindigen Böden mit einer Entfestigung des Bodens einhergehen, wodurch die Akkumulation der Verformungen beschleunigt wird. Vor allem bei locker gelagerten nichtbindigen bzw. normalkonsolidierten bindigen Böden führt die zyklische Belastung häufig zu einer Verfestigung des Bodens. Dadurch kann sich möglicherweise eine Stabilisierung des Verformungszustands einstellen.
Gerade bei hohen Lastfrequenzen (insbesondere infolge Erdbeben), bei feinsandigen oder auch leicht schluffigen Böden und großen Gründungsabmessungen (wie bei Schwergewichtsfundamenten) kann es zudem zu einer Akkumulation von Porenwasserüberdruck kommen, wenn wegen der geringen Durchlässigkeit der Böden und langen Entwässerungswegen der Porenwasserüberdruck nicht schnell genug abgebaut wird. Im Extremfall werden dann die effektiven Spannungen im Boden zu null reduziert, der Boden verflüssigt sich. In diesem Fall ist der Boden nicht mehr tragfähig und es kommt zum Versagen der Gründung.

2 Geräte für das Bauen auf See

2.1 Wichtigste Geräte

Für das Errichten eines Bauwerks im offenen Wasser, mindestens aber für die Einrichtung eines festen Standorts zur Durchführung von notwendigen Gründungsarbeiten, werden schwimmende Geräte benötigt. Diese werden entweder mithilfe von Schleppern oder mit Eigenantrieb auf die gewünschte Position gebracht. Die Geräte bestehen aus einem Schwimmkörper und einer Arbeitseinrichtung. Die am häufigsten verwendeten sind:

- *Ponton:* Schwimmkörper in Form eines flach im Wasser liegenden Stahlblechkastens, als Arbeitsplattform ohne Aufbauten.
- *Schute:* Zwillingsschwimmkörper mit mittig angeordnetem Transportbehälter, gewöhnlich mit Bodenentleerung. Kein Eigenantrieb.
- *Küstenmotorschiff:* wie Schute, aber mit Eigenantrieb.
- *Schwimmbagger:* Ponton mit aufgesetztem Bagger (s. a. Abschnitt 2.3).
- *Schwimmkran:* Ponton mit aufgesetztem Hebegerät (Bild 4).
- *Schwimmramme:* Ponton mit aufgesetzter Rammeinrichtung (Tabelle 2).
- *Hubinsel:* Ponton mit absenkbaren Beinen und Klettervorrichtung für die Arbeitsbühne (s. a. Abschnitt 2.2).
- *Schwimmende Insel:* Weiterentwicklung des einfachen Pontons (Bild 5).
- *Nassbagger:* Schwimmkörper mit Vorrichtungen zum Lösen und Fördern von Lockermaterial (s. a. Abschnitt 2.3).
- *Kabel-/Rohrleger:* Geräte zum Schlitzen und sofortigen Wiederverfüllen der Gewässersohle (s. a. Abschnitt 2.4).
- *Blockleger:* Küstenmotorschiff zum Versetzen von Steinblöcken (s. a. Abschnitt 2.5).

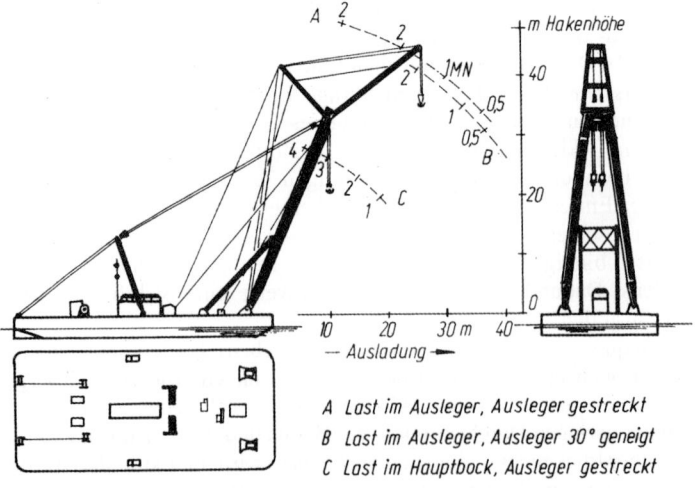

A Last im Ausleger, Ausleger gestreckt
B Last im Ausleger, Ausleger 30° geneigt
C Last im Hauptbock, Ausleger gestreckt

Bild 4. Schwimmkran „Magnus"

3.4 Gründungen im offenen Wasser

Bild 5. Schwimmende Insel als Arbeitsplattform (Werksbild: Heerema)

Tabelle 2. Schwimmrammen

Ramme – Größe		20		30		45	67,5	
Konstruktionsgewicht								
der Ramme mit Bär	t	23		33		48	73	
Pfahlgewicht	t	3		5		8	13	
Ballast	t	23		33		48	73	
Heizöl für 3 Wochen	t	8		11		15	20	
Speisewasser								
(5 x Kesselfüllung)	t	5		7,5		10	15	
Kesselwasser im Kessel	t	1		1,5		2	3	
Pontoneigengewicht	t	55	50	60	78	100	130	170
Gesamtgewicht Q	t	118	113	151	170	231	327	367
Pontonmindestgröße								
Länge L	m	26	16	22	20	25	30	25
Breite B	m	7	7	8,8	10	8,6	8,5	15
Seitenhöhe H	m	1,5	2,2	1,5	2,15	2,3	2,5	2,5
Quaderinhalt								
(L · B · H)	m³	274	250	290	430	495	640	940
Tragfähigkeit rd.	t	135	125	145	215	250	320	470
Tiefgang leer	m	0,30	0,45	0,31	0,39	0,47	0,51	0,45
$t = \dfrac{Q}{LB}$ komplett LB mit Ramme	m	0,65	1,01	0,78	0,85	1,08	1,28	0,98

2.2 Hubinsel

Bild 6 zeigt als Beispiel eine Hubinsel mit 6 Beinen, die auch als Vorrats- und Ballasttanks benutzt werden können. Der Vorteil solcher Hubinseln liegt darin, dass sie sowohl als Transportmittel für Fertigteile und Baustelleneinrichtungen als auch als Baustellenplattform verwendet werden können. Bei Erreichen der Bauposition mit Schlepperhilfe werden die

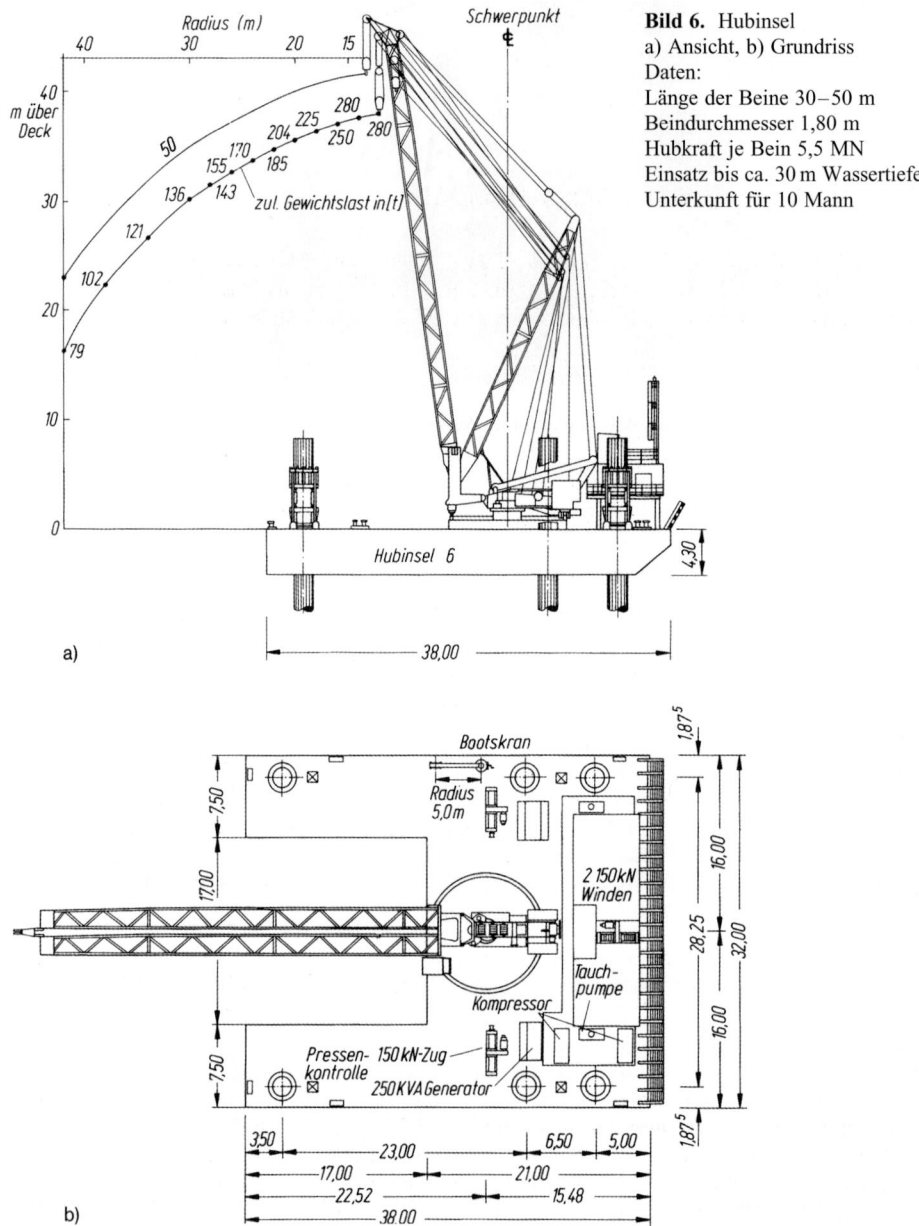

Bild 6. Hubinsel
a) Ansicht, b) Grundriss
Daten:
Länge der Beine 30–50 m
Beindurchmesser 1,80 m
Hubkraft je Bein 5,5 MN
Einsatz bis ca. 30 m Wassertiefe
Unterkunft für 10 Mann

3.4 Gründungen im offenen Wasser

Beine auf Grund fallen gelassen und unter dem Eigengewicht der Insel solange in den Grund eingedrückt, bis der nötige Eindringwiderstand mobilisiert ist.

Dann muss die Insel so weit aus dem Wasser herausgehoben werden, dass auch die größte Welle unter der Plattform durchlaufen kann, ohne sie vertikal anzuheben.

Der Inselkörper ist als Stau- und Ballastraum nutzbar. Größere Hubinseln haben außerdem in den Aufbauten Einrichtungen zur Unterbringung der Baustellenbesatzung.

Die Standsicherheit und Schwimmstabilität der Hubinsel muss für jeden Einsatzfall und für die verschiedenen Bauzustande statisch nachgewiesen werden. Außerdem ist die erforderliche Schlepperleistung aus dem Formwiderstand des Schwimmkörpers und der geforderten Schleppgeschwindigkeit zu berechnen.

3 Gründungen in offener Baugrube

Im flachen Wasser ist das Herstellen einer offenen und trockenen Baugrube in einem ausgesteiften Spundwandkasten (s. a. Kapitel 3.3) die Normalausführung. An die Stelle der Spundwand tritt, wenn die Gewässersohle z. B. nicht rammfähig ist, der Fangedamm.

Alle Bauvorgänge werden an Ort und Stelle abgewickelt; das Verfahren ist daher auf See nur anzuwenden, wenn sich die Baustelle in einer geschützten Lage mit relativ geringer Wassertiefe befindet.

Bei Bauwerken, die eine größere Fläche beanspruchen, kann es sich lohnen, eine künstliche Insel aufzuschütten, die durch einen Ringdeich gegen Hochwasser geschützt werden muss. Der Ringdeich muss – wenn geeignete spülfähige Sande für den Deichkern und die Insel in angemessener Tiefe und Entfernung gewonnen werden können – nach den auch sonst für Landesschutzdeiche gültigen Grundsätzen aufgebaut werden

Eine Insel aus Sand aufzuspülen, ist auch aus Gründen der schnellen und wirtschaftlichen Herstellung und deswegen notwendig, damit das Grundwasser auf der Insel abgesenkt werden kann. Solche künstlichen Inseln sind im Wattenmeer wiederholt angelegt worden, so in Holland beim Delta-Projekt und an der deutschen Küste beim Sperrwerkbau und bei Sielbauwerken.

Korngröße und Körnungslinie des Spülsands sollen eine schnelle Wasserabgabe gewährleisten, damit der Boden sofort belastbar und befahrbar wird. Man wird natürlich versuchen, den Sand in der Nähe mit einem leistungsfähigen Saugbagger zu gewinnen, damit er über eine schwimmende, als Gelenkkette mit Schwimmhilfen konstruierte Spülleitung direkt an die Einbaustelle gebracht werden kann.

Wichtig ist bei der Inselbauweise die ungehinderte Zugänglichkeit und gesicherte Versorgung, was am besten durch eine feste Verbindung zum Land über einen Damm oder eine Hilfsbrücke zu erreichen ist. So bestand diese Verbindung z. B. beim Eidersperrwerk aus einer einspurigen 12-t-Transportbrücke von 904 m Länge, die über dem Schifffahrtsweg eine lichte Höhe von 19 m über NN erreichte und für Einzelfahrzeuge bis zu 23 t Gesamtgewicht befahrbar war. Die 10 m langen Brückenträger aus Stahl wurden in Kiel vorgefertigt, in einem Transport auf einem Prahm durch den Nordostseekanal geschleppt bis zur Baustelle und mithilfe eines Schwimmkrans innerhalb von 3 Tagen auf zuvor gerammte Joche aus Rohrpfählen $\varnothing$ 762 mm vollständig montiert. Die Joche waren für 1 MN Eisdruck in ihrer Längsrichtung bemessen und wurden gegen Sandschliff auf der Gewässersohle durch übergestülpte Stahlbeton-Fertigrohre geschützt.

Ein kleines Beispiel für eine Inselgründung ist der Leuchtturm Friedrichsort, der sehr kollisionsgefährdet an der engsten Stelle der Kieler Bucht steht. Tragfähiger Baugrund, d. h. ausreichend dicht gelagerter Sand, steht dort erst in 24 m Tiefe an. Eine Tiefgründung auf Pfählen war daher angebracht, zumal sie den Turm auch unabhängig von Veränderungen der Meeressohle machte (Sandwanderung!). Andererseits war es schwierig, auch noch den Eisschub von 750 kN/m durch die Pfähle abzuleiten. Dies führte zu der Lösung, eine rd. 1500 m^2 große Sandinsel innerhalb einer verankerten Spundwandeinfassung aufzuspülen, die im Bauzustand die Arbeiten erheblich erleichterte und im Endzustand gleichzeitig als Kollisionsschutz dienen konnte.

Die zur Kolkbildung führende Sandwanderung beim Einbau von Hindernissen ist ein beträchtliches Risiko und beginnt unter ungünstigen Umständen schon beim Rammen einer Spundwand für eine Insel oder einen Fangedamm, wie das in Bild 7 dargestellte Beispiel vom Bau des Elbehafens Brunsbüttel zeigt: Bei einer Unterbrechung des Rammvorgangs für 1 Monat entstand am Kopfende der Wand innerhalb eines Tages ein 8 m tiefer Kolk, d. h. bis zu Sohle der Auskofferungsbaugrube.

Ein weiteres Beispiel für eine Inselgründung ist die in den Jahren 1985–1987 für die Firmen Texaco (heute RWE-DEA) und Wintershall gebaute Offshore-Plattform-Mittelplatte im Wattenmeer vor der schleswig-holsteinischen Küste [32, 35]. Die Bohr- und Ölförderinsel mit einer Länge von 95 m und einer Breite von 70 m wurde als Spundwandkasten, bereichsweise in Fangedammbauweise, mit eingeschlossenem Hafenbecken hergestellt und mit Sand aufgefüllt (Bild 8).

Diese Konstruktion wurde anstelle einer Ringdeichlösung gewählt, da sie nur eine geringe Breite beansprucht, sodass der Tideströmung ein möglichst geringes Hindernis entgegengesetzt wird. Im Außenbereich der Insel wurde eine etwa 50 m breite Sohlenbefestigung zum Schutz gegen Auskolkungen angelegt. Sie besteht aus einem 30 m breiten starren Deckwerk aus vollvergossenen Schüttsteinen, an das sich ein 20 m breites flexibles Deckwerk anschließt.

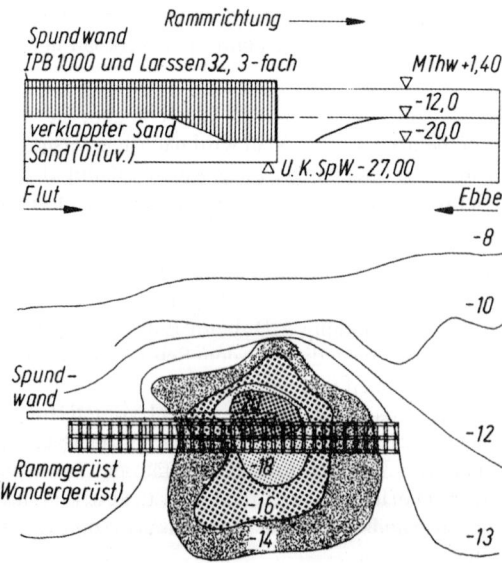

Bild 7. Elbehafen Brunsbüttel; Kolkbildung nach einer Rammpause von einem Monat

3.4 Gründungen im offenen Wasser

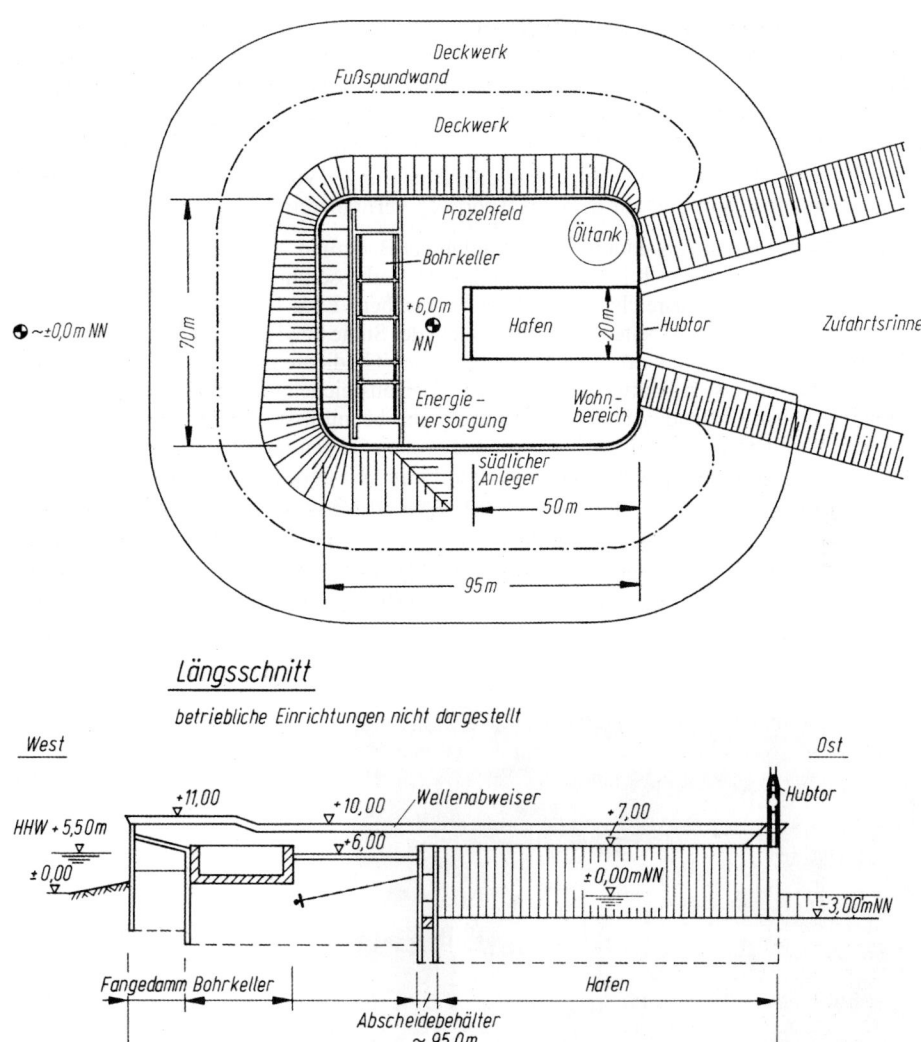

Bild 8. Offshore-Plattform-Mittelplatte; Insel-Draufsicht und Schnitt im Bereich des Bohrkellers [35]

Für die Durchführung der Bauarbeiten wurden Pontons und Arbeitsschiffe mit geringem Tiefgang verwendet, die bei Niedrigwasser auf dem Wattboden trockenfallen konnten.

Zunächst wurden die Spundwände gerammt, die im Bauzustand in Teilbereichen durch Hilfsböcke gestützt wurden. In einer ersten Schüttstufe wurde der Sand bis etwa in Höhe der Ankerlage eingebaut. Dieser wurde mit Tiefenrüttlern im Raster von etwa 1,0/1,2 m bis auf den Wattboden verdichtet. Nach dem Einbau der Anker wurden die oberen Sandschichten in Lagen von 50–75 cm eingebaut und mit Rüttelwalzen verdichtet. Im Schutze der durch die Spundwände und Fangedämme gebildeten Baugrube wurden der Bohrkeller und andere Stahlbetoneinbauten zur Aufnahme der Ausrüstung hergestellt.

4 Schwimmkastengründungen

Ein im Seebau häufiges Gründungsverfahren besteht darin, schwimmfähige Stahlbetonkästen in einer dockartigen Baugrube oder auf einem Uferstück vorzufertigen, zum Schwimmen zu bringen, zur Baustelle zu schleppen und dort abzusenken. Wie das Beispiel der Ekofisk-Bohrplattform (Bild 9) zeigt, sind die Abmessungen von Schwimmkästen nur durch die am Herstellungsort und auf dem Transportweg verfügbaren Wassertiefen begrenzt.

Voraussetzung für ihre Anwendung ist ein tragfähiger Baugrund. Wenn er nicht vorhanden ist, kann man prüfen, ob es sich lohnt, ihn durch eine Verbesserung oder einen Austausch des ungeeigneten Bodens ausreichend tragfähig zu machen. Eine Erschwernis sind die unter Wasser auszuführenden Arbeiten zur Vorbereitung der Sohle bzw. zur Schaffung einer ebenen oder (bei Verkehrsbauwerken) in einer vorgegebenen Gradiente geneigten Aufstandsfläche. Da bei Schwimmkästen häufig das Einhalten einer ausreichenden Gleitsicherheit und das Vermeiden einer klaffenden Fuge die Abmessungen beeinflusst, kommt der konstruktiven Vorsorge für einen kraftschlüssigen Verbund zwischen Kasten und Baugrund große Bedeutung zu. Daher werden Schwimmkästen auch in Form von Druckluftsenkkästen gebaut oder als Brunnen, bei denen die Sohle erst nach Absetzen örtlich unter Wasser einbetoniert wird.

Auch für die Kombination des Schwimmkastens mit einer Unterwasser-Pfahlgründung gibt es zahlreiche Beispiele, wobei die Pfähle entweder vorweg oder nach dem Absetzen des Schwimmkastens, der dann als Gerüst und Führung für die Pfahlherstellung dient, in den Boden eingebracht werden.

Bild 9. Ekofisk-Öltank; Betonieren im Schwimmzustand [17]

4.1 Vorbereiten der Sohle

Die Vorbereitung der Gewässersohle an der Stelle, wo der Kasten abgesetzt werden muss, kann in vielfältiger Weise geschehen je nach Wassertiefe, Zustand der Sohle, exponierter Lage der Baustelle und geforderter Genauigkeit. An sie sollten keine übergroßen Forderungen gestellt werden. Bei steinigem oder felsigem Untergrund wird zweckmäßigerweise eine mindestens 30 cm, besser 50–70 cm dicke Schüttsteinlage aufgebracht, die mithilfe von Lehren abgeglichen wird. Große Steinhindernisse müssen entweder beiseite gezogen oder mit Taucherhilfe in handgroße Bruchstücke zersprengt werden.

Für das Absetzen von Konstruktionen in größerer Wassertiefe, d. h. 30 m und mehr, werden möglichst horizontal ebene Stellen bevorzugt, wobei der Kraftschluss zwischen Kasten und Sohle durch Füllung mit Unterwasserbeton oder Injizieren eines stabilen Mörtels wie Colcrete hergestellt wird.

Genauer abgeglichene Sohlbettungen werden bei langgestreckten Bauwerken wie z. B. Kaimauern notwendig. Hier wird – s. a. [89], Abschnitt 10.5 – durch Abbaggern ein Vorplanum geschaffen, das dann durch eine Sand- oder Kiesschüttung nachreguliert wird, wobei entweder (siehe z. B. Abschnitt 4.5) besondere Abziehmethoden unabhängig von der Tide für größere Genauigkeit sorgen oder der Sand nachträglich unter die Sohle gespült wird. Im letzteren Fall setzt man den Kasten auf Hilfsfundamente und reguliert seine genaue Höhenlage auf ihnen mit Pressenhilfe (s. Abschnitt 4.8).

Die aus Sand oder Kies bestehende Sohle muss ausreichend gegen Erosion gesichert werden, siehe dazu die Beispiele.

4.2   Bau der Schwimmkästen

Schwimmkästen werden vorwiegend in Stahlbeton, Stahl oder einer gemischten Bauweise hergestellt. Spannbeton käme allenfalls für den Schwimmkasten während des Transportzustands infrage, wo eine dünne Wandschale gefordert sein könnte; doch stellt man bei der Durchrechnung meist fest, dass die Beanspruchungen des Kastens – zumal er nicht vollständig wasserundurchlässig zu sein braucht – auch von schlaffer Bewehrung aufzunehmen sind.

Der Bau der Schwimmkästen geschieht an Land, wofür es mehrere Verfahren gibt:

- In einem Trockendock, einer Dockschleuse oder einem Schwimmdock können Schwimmkästen je nach Drempeltiefe in voller Höhe oder teilweise hergestellt werden. Bei Stahlbetonkästen wird z. B. der untere Abschnitt betoniert, die Schalung für den oberen Abschnitt aufgesetzt, das Dock geflutet, der Kasten an einen geeigneten Liegeplatz geschwommen und dort der obere Abschnitt aufbetoniert.

- In einem selbstgebauten Erddock, d. h. einer ufernahen Baugrube, die mittels Wasserhaltung trockengelegt wird (Bild 10).
  Zum Ausschwimmen muss dann der Erdkörper zwischen Ufer und Baugrube weggebaggert werden. Bei einer erneuten Nutzung wird das Dock gewöhnlich durch eine Spundwand geschlossen, die dann beim zweiten Ausschwimmen wieder gezogen wird.

- Auf einer bestehenden oder eigens zu errichtenden Helling-Anlage.
  Die Schwimmkästen werden möglichst auf Rollwagen oder Schlitten errichtet, die eine oben waagerechte Bühne haben, um die Montage- und Schalarbeiten zu vereinfachen.

- Kleinere Einheiten können auch auf einer Kaimauer gebaut und mit Schwimmkranhilfe ins Wasser gesetzt werden.

- Auf einer Hängebühne, die mit wachsender Bauhöhe von einem Gerüst aus abgesenkt wird, wobei der Auftrieb entlastend wirkt.

- Auf einem großen Schwimmponton, der nach Fertigstellen des Schwimmkastens durch einseitiges Fluten in Schräglage zum Schwimmen gebracht wird (Bild 11).

- Auf einem kleinen Schwimmponton, der etwa die Grundrissabmessungen des Schwimmkastens hat, mit diesem eine Einheit bildet und mit wachsender Bauhöhe immer tiefer ins Wasser eintaucht. Nach der Fertigstellung des Kastens wird er durch Fluten gelöst [5].

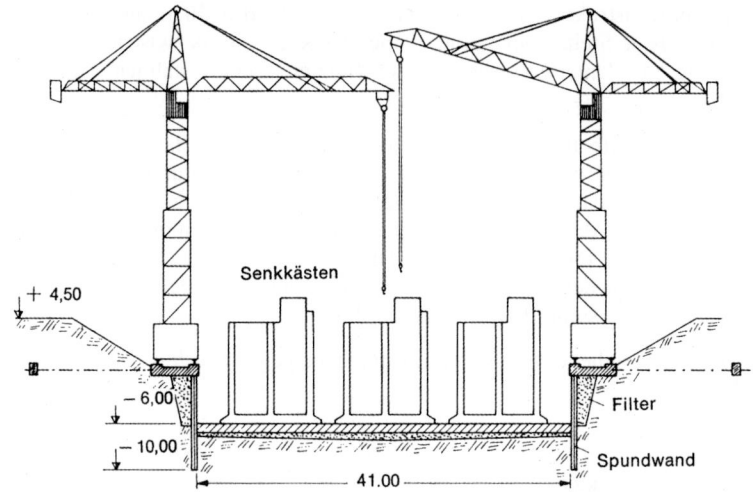

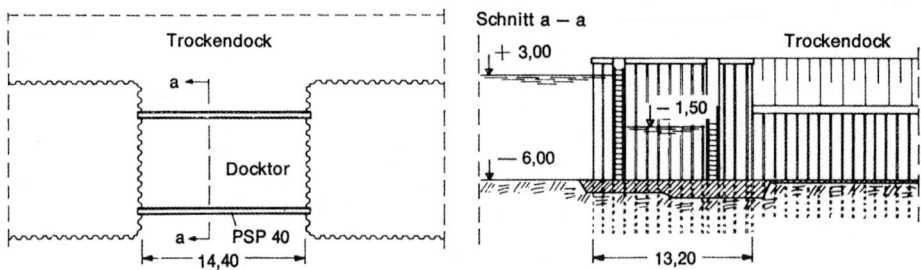

Bild 10. Beispiel für ein Baudock mit Docktor für mehrfache Nutzung [36]

- Ein besonders einfaches und billiges Verfahren ist (Bild 12): Auf einem Uferstreifen, der im Zuge der Baumaßnahme sowieso weggebaggert werden muss, werden die Kästen parallel zum Ufer nebeneinander betoniert, entweder liegend mit der Sohle zum Wasser oder auch stehend. Das Ufer wird dann soweit abgebaggert, dass sich der Kasten schräg stellt und von selbst ins Wasser gleitet. Voraussetzung ist, dass der wegzubaggernde Boden Sand ohne größere bindige Einschlüsse ist, weil sich dann bei geschicktem Einsatz eines Eimerketten-Schwimmbaggers oder auch Grundsaugers der Boden so lösen lässt, dass eine natürliche Helling entsteht, auf der die Kästen langsam abgleiten. An sich stellt sich dabei ein Böschungswinkel von 25°–30° ein, doch kann es vorkommen, dass der Sand unter dem wasserseitigen Kastenfuß bei zu schnellem Gleiten infolge örtlicher Porenwasserüberdrücke verstärkt nachgibt, sodass sich der Kasten stärker neigt und Kippgefahr besteht. Deswegen ist es zweckmäßig, durch eine rückhaltende Vertäuung dafür zu sorgen, dass der Gleitvorgang genügend langsam vonstatten geht.

- Ein weiteres Verfahren ist von schwedischen Ingenieuren seit Ende der 1950er-Jahre beim Leuchtturmbau häufig angewendet worden. Der Kasten wird in einem Hafen auf einem hochliegenden Pfahlrost aus vielen, nicht zu dicken Holzpfählen nahe einer Kaimauer betoniert und ausgerüstet. Durch Absprengen der Schrägpfahle auf der dem Hafenbecken

3.4 Gründungen im offenen Wasser   371

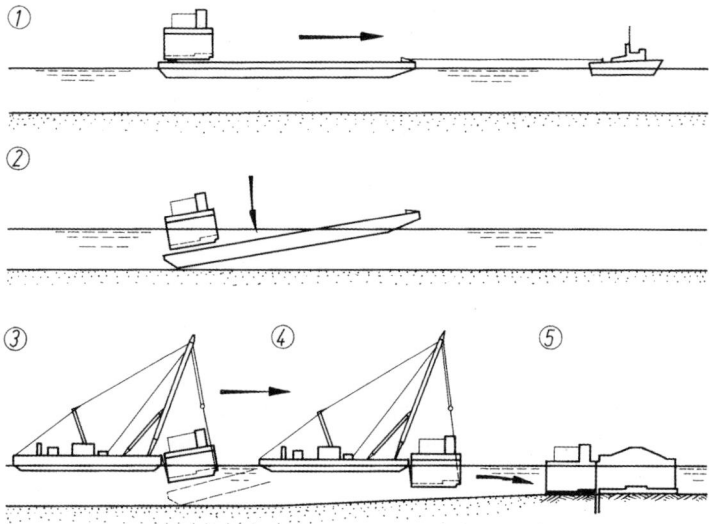

Bild 11. Einbau eines vorgefertigten Baukörpers als Schwimmkasten.
1 Einschwimmen, 2 Absenken des Pontons, 3 Übernahme durch den Schwimmkran, 4 Positionieren, 5 Absetzen auf Auflagerbalken

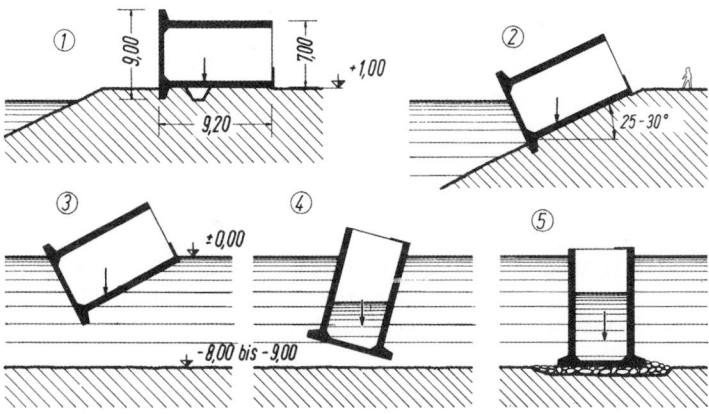

Bild 12. Herstellen, Zuwasserlassen und Aufrichten von Schwimmkästen mittels Abbaggern eines Uferstreifens

zugekehrten Pfahlrostseite und Anbringen von Seilzügen mit Kräften bis zu 1,4 MN, z. B. durch Winden auf der gegenüber liegenden Hafenseite, wird der Stapellauf eingeleitet und schließlich der Pfahlrost abgebrochen.

Die Leuchtturm-Kästen hatten in diesem Zustand ein Gesamtgewicht von rd. 1500 t. Die Wahl des Verfahrens wird in erster Linie durch Größe und Gewicht des Kastens, seine Schwimmtiefe, die Anzahl der zu bauenden Einheiten und die örtlichen Verhältnisse und Möglichkeiten bestimmt, wobei die Risiken und der zeitliche und materielle Aufwand in den Kostenvergleich eingehen.

4.3 Schlepptransport

Herstellort und Einbauort können bei Schwimmkästen u. U. weit voneinander entfernt liegen, weil sie wegen ihrer kompakten Bauweise in der Handhabung sehr robust sind. Sie sind besonders schwimmstabil und können auch bei Seegang über weite Strecken gefahrlos geschleppt werden. Sie müssen aber für den Seetransport besonders ausgerüstet werden. An Stirn- und Längsseiten werden z. B. schwere Stahl-Ösen eingebaut, die zur Aufnahme des Schleppgeschirrs (Hahnepot usw.) dienen. Sie sollten durch Reibehölzer vor Beschädigungen gesichert und so hoch angeordnet werden, dass sie von Deck aus belegt werden können und auch bei Dünung und Seegang frei zugänglich bleiben. Die Kästen sollten außerdem seefest abgedeckt werden, z. B. durch einen kräftigen Holzbohlenbelag, auf dem eine Lage Bitumenpappe aufgeklebt wird. Auch eine Lenz-Einrichtung sollte an Bord genommen werden, ebenso Positionslampen, Radarreflektor usw. Gewöhnlich wird von der Seeberufsgenossenschaft und der Versicherung ein Schleppen über See nur bei Windstärken unter 3–4 zugelassen. Das lässt sich aber je nach dem Seegebiet und der Dauer der Überführung oft nicht einhalten. Bei der seemännischen Sicherung eines Schwimmkastens sollte man sich daher auf extreme Wetterlagen einstellen.

Große Sorgfalt ist im Übrigen beim Schlepp selbst angebracht. Wegen der Relativbewegungen von Schlepper und Schwimmkasten bei Seegang, vor allem bei Dünung und vorbeifahrenden Schiffen, muss für eine ausreichend elastische Schleppverbindung gesorgt werden, um die großen Massenkräfte gefahrlos ausgleichen zu können: je höher die See, desto länger die Leinen. So wurden z. B. für die Überführung der etwa 2000 t schweren Schwimmkästen für die Westmole in Helgoland 1955 bei 2 Schleppern von je 750 kW als Seeschleppleinen 100 m Stahldrahtseil und 100 m Nylon-Tauwerk ausgefahren. Bei eng begrenztem, ruhigem Fahrwasser, z. B. in Seekanälen, werden die Leinenverbindungen verkürzt und 1–2 Steuerschlepper, die dann meist längsseits des Schwimmkastens gehen, zusätzlich eingesetzt.

In den Jahren 1968–70 wurden die Schwimmkästen für den etwa 1 km langen Schutzdamm von Fontvieille (Monaco) zur Landgewinnung [43] sowie für die 815 m lange Mole im Hafen von Marsa el Brega in Libyen in Genua gebaut und über 2500 km Entfernung mit einem 4000-PS-Hochseeschlepper in zwei bis drei Wochen, je nach See- und Wetterbedingungen, zur Baustelle geschleppt [27]. Dabei wurden keine Schlepp-Ösen verwendet, sondern eine biegsame, 42 mm dicke Stahltrosse um einen Schwimmkasten ganz herumgelegt und gegen Verrutschen gesichert (Bild 13). Wegen der Gefahr des Durchscheuerns wurden die Ecken abgerundet und mit entsprechend geformten Stahlplatten gepanzert. Für den Notfall wurde außer der Haupttrosse eine 36 mm dicke Reserveleine angebracht.

Schwimmkästen können auch unbedenklich durch Fluten auf ein Zwischenlager abgesetzt und damit Wartezeiten gefahrlos überbrückt werden.

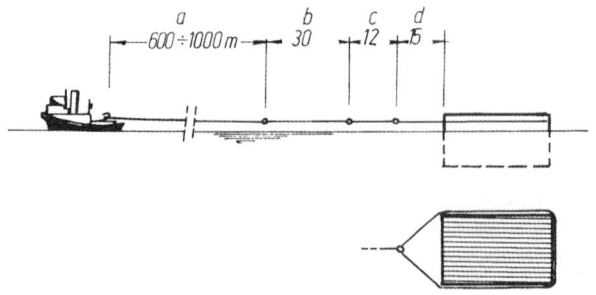

Bild 13. Schwimmkastentransport von Genua nach Libyen [27]; a) Stahltrosse, b) Nylontrosse, c) Kette, d) Stahltrosse

3.4 Gründungen im offenen Wasser

Vor der Ankunft des Schwimmkastens auf seiner Position muss diese eingemessen und durch Bojen gekennzeichnet werden. Nach dem Erreichen der Position wird der Kasten durch 8 Ankerleinen festgelegt und mit Windenhilfe ausgerichtet. Auch für die Ankersteine dieser Leinen muss vorweg gesorgt werden, d. h. die Steine müssen verlegt und durch eine Boje markiert werden.

Schwimmstabilität

Konstruiert wird möglichst so, dass der Kasten eine waagerechte Schwimmlage bekommt, andernfalls kann die Schwimmlage durch Ballastieren verbessert werden, ebenso die Schwimmstabilität. Gerade für längere Seewege ist das richtige Ballastieren wichtig. In diesen Fällen wird am besten mit Sand, Kies, Steinen, Betonfertigteilen, Ausrüstungsteilen, Magerbeton, also mit Massen ballastiert, die sich bei Seegang nicht oder wenigstens nicht so rasch verlagern wie der viel einfacher zu handhabende Wasserballast. Letzterer ist nur anwendbar, wenn die Masse des Wasserballasts durch Schotte unterteilt wird, sodass der Schwimmkasten innen eine zellenartige Struktur bekommt, die auch statisch erwünscht ist. Man erkennt die Zuverlässigkeit einer bestimmten Art von Ballast, wenn man für den Schwimmkasten die Schwimmstabilität nachweist.

Ein Schwimmkörper taucht so tief ins Wasser und nimmt dabei eine solche Lage ein, dass die resultierende Vertikalkraft aus seinem Eigengewicht, Verkehrs- und sonstigen Zusatzlasten nach Größe und Angriffspunkt von der entgegenwirkenden resultierenden Auftriebskraft A kompensiert wird, die gleich dem verdrängten Wasservolumen V, multipliziert mit der Wichte γ_w ist. Man bezeichnet eine Schwimmlage als stabil, wenn der Schwimmkörper bei den im Wasser unvermeidlichen Auslenkungen aus der Ruhelage stets ein in die Ruhelage zurückdrehendes Moment erfährt.

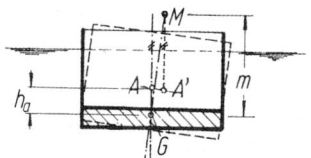

Bild 14. Ermittlung der Kentersicherheit von Schwimmkörpern

Dies ist z. B. immer dann gegeben, wenn der Gewichtsschwerpunkt G tief liegt, d. h. unterhalb des Auftriebsschwerpunkts A (Bild 14). Wenn bei einer Auslenkung A nach A' wandert, wirkt das Kräftepaar {G; A'} immer stabilisierend, und je höher A über G liegt, desto stabiler ist die Lage. Bei jedem Auslenkungswinkel gibt es einen Punkt M, das „Metazentrum", als Schnittpunkt des Lotes durch A mit der Schwimmachse durch G. Wenn G, wie das bei Schwimmkästen oft der Fall ist, höher liegt als A, sind auch noch stabile Lagen möglich, nämlich dann, wenn M ausreichend hoch liegt. Zum Stabilitätsnachweis berechnet man deswegen die „metazentrische Höhe"

$$m = \frac{1}{V} \cdot (I - \sum I_w) - h_a \qquad (1)$$

Hierin bedeuten:

I Trägheitsmoment der durch den Kastenumriss aus der Wasserfläche ausgeschnittenen Figur um die durch ihren Schwerpunkt gehende Achse, parallel zur Schlingerachse

I_w Trägheitsmoment einer im Innern des Kastens vorhandenen freien Wasseroberfläche, sonst wie bei I

V   Verdrängungsvolumen
h_a Abstand AG: positiv, wenn G über A liegt

Man erhält also 2 Metazentren je nachdem, ob ein Schlingern um die Längs- oder die Querachse geprüft wird. Das System ist stabil, solange m > 0 ist, doch muss für m ein Mindestwert von einigen Dezimetern eingehalten werden.

Je geringer m ausfällt, desto größer ist die Schlingerzeit T („Rollperiode"), die sich mit dem aus I abzuleitenden Trägheitsradius i nach [25] proportional zu dem Verhältnis i/m ergibt (i-Trägheitsradius). Für das günstige Trimmen eines Schwimmkastens muss ein Kompromiss zwischen konkurrierenden Einflussgrößen gefunden werden:

– für die Stabilität im Wasser soll m groß sein;
– für die Lenkbarkeit und ruhige Lage im Wasser soll T groß, d. h. m klein sein;
– zur Verminderung des Kenter-Risikos durch resonanzähnliches Aufschaukeln sollte m nicht zu groß sein;
– wenn m groß ist, lässt sich der Schwimmkasten schwer auslenken und nimmt unter Umständen viel Wasser auf.

Eine Optimierung durch Rechnung ist wegen der vielen Unwägbarkeiten nicht möglich. Im Schrifttum finden sich für m empfohlene Werte zwischen 0,20 m und 0,80 m, am häufigsten um 0,30 m.

In wichtigen Fällen und bei komplizierten Bauformen sollten die Schwimmeigenschaften durch Modellversuche vorher untersucht werden, etwa um den Stabilitätsumfang zu kennen, das ist die äußerste Neigung, bevor der Kasten kentert. Nach der Fertigstellung prüft man die Rollperiode des Schwimmkastens durch eine künstliche Auslenkung und das nachfolgende Ausschwingen und kontrolliert, ob sie hinreichend weit abgestimmt ist im Vergleich zu der zu erwartenden Welle (Beispiel: Nordsee 15 s für eine 30 m hohe Welle). Man kann dann noch nachträglich die Schwimmstabilität durch konstruktive Maßnahmen, zusätzlichen Ballast oder Schwimmhilfen, verbessern.

Schleppwiderstand

Der bei einer Bewegung eines Schwimmkörpers relativ zum Wasser entstehende „Schiffswiderstand" hängt von der Reibung an der Oberfläche des Körpers, vom Verdrängungswiderstand und von dem Energieverlust durch Erzeugung von Eigenwellen ab und ist nicht berechenbar, sondern kann allenfalls in grober Näherung abgeschätzt werden. Die Quaderform der Schwimmkästen ist besonders ungünstig, insbesondere der rechteckige Längsschnitt. Das Vorsetzen einer Bugspitze nutzt wenig. Wichtiger wäre es, das Heck mit einer Spitze zu versehen, weil die Wirbelbildung hinter einem gerade abgeschnittenen Heck der Grund ist, warum ein Schwimmkasten ohne Steuerschlepper nicht auf Kurs gehalten werden kann. Bei der Abschätzung des Schleppwiderstands kann man setzen:

$$W_f = 2{,}8 \cdot \gamma_w \cdot (v^2/2g) \cdot A c_w \qquad (2)$$

Hierin sind:

V [m/s]   die Schleppgeschwindigkeit, die bei 6–10 km/h [1,6–2,8 m/s] liegt
A [m^2]   die Widerstandsfläche in der Projektion
γ_w [kN/m^3]   die Wichte des Wassers
c_w [–]   ein Formbeiwert

Die erforderliche Schlepperleistung N [kW] ist dann rd. 5,5 W_f.

4.4 Absenken

Zum Absenken eines Schwimmkastens wird meist mit Wasser ballastiert. Die Zellenwände müssen dazu mit Schiebern ausgerüstet werden, die von oben bedient werden können, sodass ein gleichmäßiges Fluten und damit ein Aufsetzen des Kastens in genau horizontaler Lage gewährleistet ist. Wasserballast hat auch den Vorteil, dass kurzfristig wieder gelenzt und damit die Lage des Kastens korrigiert werden kann.

Wenn das Wasser beim Einschwimmvorgang genügend tief ist, sollte der Kasten vor dem Absenken so weit vorballastiert werden, dass das eigentliche Absetzen auf Grund nur noch wenig Zeit erfordert. Im Tidegebiet kann man z. B. den Kasten bei Stau-Hochwasser einschwimmen, ausrichten und festlegen. Wenn das Wasser anschließend fällt, genügt es zunächst, den Kasten auf seiner Position und in der Waage zu halten. Erst kurz vor dem Aufsetzen (Kontrolle aller 4 Ecken) wird Wasserballast voll zugegeben, der nach dem Aufsetzen noch weiter erhöht wird, sodass der Kasten auch bei nachfolgender Flut und eventuell einsetzendem Seegang sicher sitzen bleibt. Die endgültige Füllung der Schwimmkasten-Zellen sollte dann möglichst schnell folgen.

Die Fluteinrichtung wird so ausgelegt, dass die Sinkgeschwindigkeit mindestens 3, besser 4 bis 6 cm/min beträgt. Bei dieser Geschwindigkeit setzt ein Kasten stoßfrei auf der Sohle auf. Äußerste Aufmerksamkeit ist bei der Annäherung an das Sohlbett geboten, damit nicht durch die Dünung oder die Wellen vorbeifahrender großer oder schneller Schiffe der Kasten ungleichmäßig aufsetzt und sich dadurch unter Umständen schief stellt und die vorbereitete Sohle beeinträchtigt. Schwierig ist das Absetzen eines Schwimmkastens im Anschluss an einen bereits gesetzten. Da das nur bei vollkommen ruhigem Wasser vorgenommen werden kann, ergeben sich bei Seebaustellen, z. B. Molen, Wellenbrecher, gelegentlich erhebliche Verzögerungen.

Während schwimmende Senkkästen für Brückenpfeiler oder Seezeichen mit zunehmender Absenktiefe an Stabilität zunehmen, weil sie immer die Wasserfläche durchstoßen, d. h. I immer vorhanden ist, werden Tauchkörper wie etwa die Schwimmkästen für Unterwassertunnel labil, sobald sie untertauchen (I = 0), d. h. sie können ihre räumliche Lage nur behalten, solange G und A genau lotrecht übereinander gehalten werden können (Bild 14), was praktisch nicht möglich ist. Diese Kästen müssen daher beim Absenken von feststehenden Gerüsten oder schwimmenden Einrichtungen aus gehalten und geführt werden, (s. Abschnitt 4.8.2).

4.5 Schwimmkästen als Ufereinfassungen

Hierzu gibt [89] eine Empfehlung E 79. Beispiele für Schwimmkästen als Ufermauern sind in Deutschland selten; so wurde das Verfahren z. B. 1961–65 beim Bau der Seeschleuse in Cuxhaven angewandt. Dagegen findet man in den Niederlanden z. B. 12 km Ufermauern in dieser Bauweise.

Beim Bau der Cuxhavener Seeschleuse wurde der untere Teil der Schwimmkästen in einem Trockendock am Nord-Ostsee-Kanal gebaut, der obere schwimmend aufbetoniert. Dann wurden die Kästen nach Cuxhaven geschleppt und dort auf einem durch Bodenaustausch verbesserten Untergrund abgesetzt. Dazu wurde zuvor der bis zu 6 m dicke Klei mittels Eimerkettenbagger grabenförmig ausgebaggert und durch Sand ersetzt. Auf diesen folgte ein etwa 50 cm dickes Kiesbett, das mit einem Unterwasser-Schütt- und Planiergerät in einem Arbeitsgang in voller Breite geschüttet und abgezogen wurde. Schüttkasten, Zwischensilo und Abziehbohle waren starr unter einem Rammunterwagen befestigt, der auf einem beidseitig gerammten Hilfsgerüst lief. Das Verfahren lieferte ein völlig ebenes und geschlossenes Kiesbett. Ein ähnliches Verfahren zeigt Bild 15.

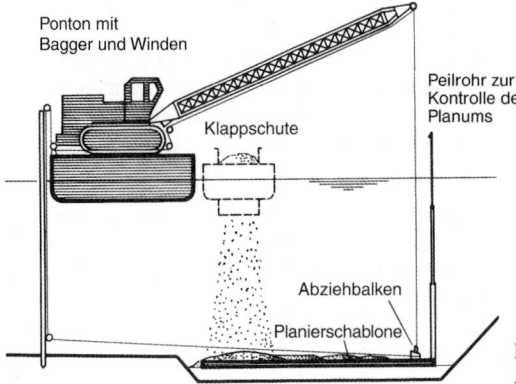

Bild 15. Beispiel für Planiervorrichtung mit Abziehbohle [36]

Nach dem Absetzen und Füllen der Kästen setzten diese sich während der ersten beiden Monate um 60–120 mm (an den 4 Ecken gemessen); die nachlaufenden Setzungen betrugen abnehmend im Mittel 1 mm/Monat. Der Stahlbeton-Überbau wurde nach dem Abklingen der Setzungen betoniert.

Der Sand für die Hinterfüllung wurde eingespült, nachdem vorher die beiden außenliegenden Fugenkammern mit Mischkies geeigneter Körnung gefüllt waren und der Kastenfuß mit einer 2,5 m dicken Kiesvorschüttung 0/100 mm gesichert war. Wegen starken Schlickfalls mussten alle Arbeitsgänge in kurzer Folge erledigt, gelegentlich musste sogar nachgebaggert werden.

Beim Bau des neuen Hafens Damman, Saudi-Arabien (1976–80) kam die Schwimmkastenbauweise für 3900 m Kaimauer (199 Kästen zu je 20 m, Gewicht bis zu 2700t) wegen der Möglichkeit einer industriemäßigen Fertigung mit einer Wochenleistung von 100 m infrage. Bild 16 zeigt die Arbeitsphasen. Die Schwimmkästen wurden nur im landseitigen Teil mit Sand gefüllt, da der wasserseitige als Wellenkammer zur Energieverdichtung dienen soll.

4.6 Schwimmkästen für Molen und Wellenbrecher

Nach dem allgemein anerkannten Grundsatz, dass eine steile Mole den Wellen am besten widersteht, wenn

– das Gewicht der Einzelteile so groß wie möglich ist;
– ein fugenloser Aufbau das Eindringen der Wellen in den Baukörper verhindert, sodass keine Sprengwirkung entsteht;
– die einzelnen Baukörper auch in Längsrichtung gut miteinander verbunden sind, sodass sich Stöße auf eine große Breite verteilen;
– die Sohlfuge zuverlässig gesichert ist,

bietet sich die Schwimmkastenbauweise bei Molen und Wellenbrechern besonders an. Der Molenkörper soll dabei so tief unter dem Ruhewasserspiegel gegründet werden, dass eine Erosion unter dem Wandfuß nicht zu befürchten ist. Bei sehr tiefem Wasser ergibt sich hieraus eine gemischte Bauweise aus einem Steindamm und einem massiven Molenkopf. Die Dammkrone wird so tief gelegt, dass die in dieser Tiefe noch zu erwartende Energie des Wassers sie nicht beschädigt, und muss sorgfaltig abgeglichen werden, am besten durch Taucher.

Für einen so tiefliegenden Dammkörper ist eine Staffelung in Zonen unterschiedlicher Steingrößen nicht mehr erforderlich; vielmehr wird ein breites Kornverteilungsband an-

3.4 Gründungen im offenen Wasser

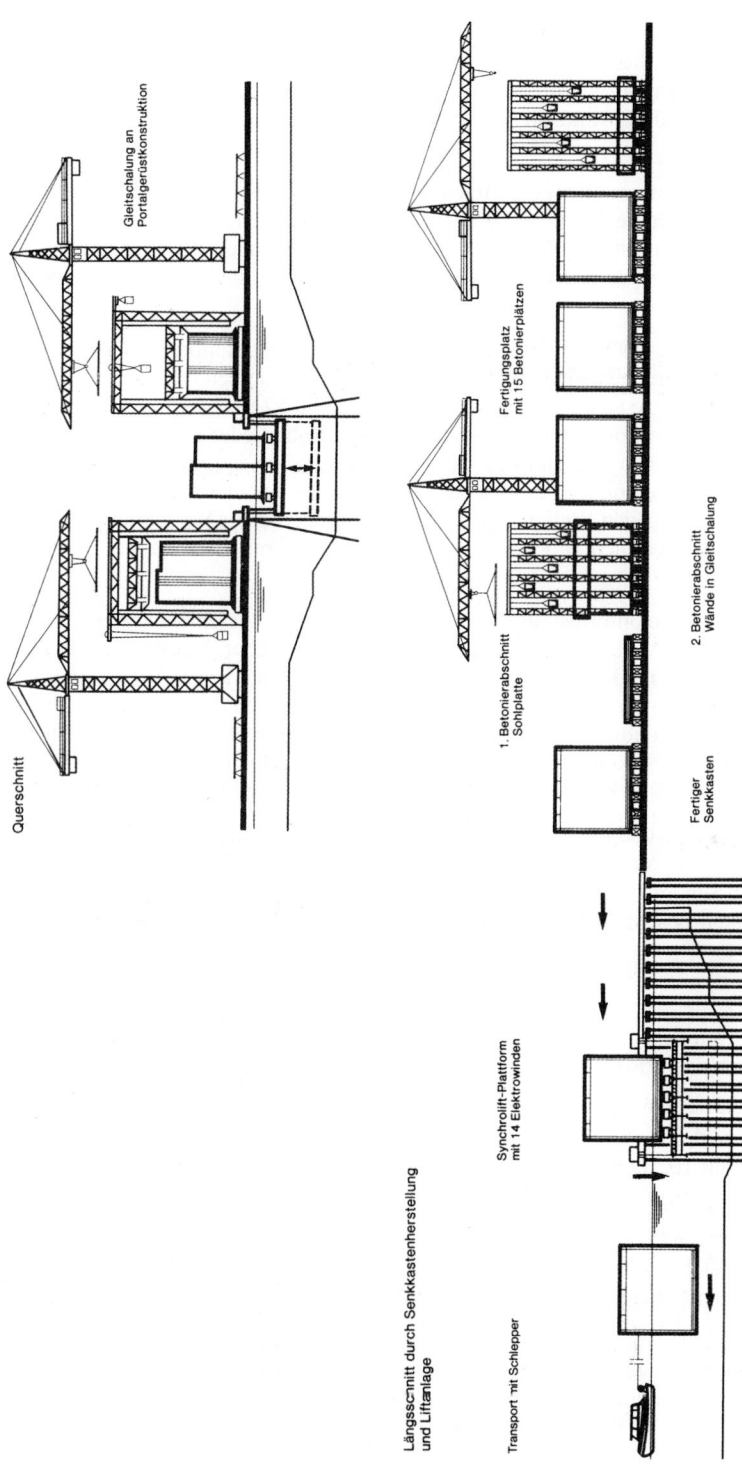

Bild 16. Hafen Damman; Absenken der Senkkästen (Werksbild: Ph. Holzmann AG)

gestrebt, um eine dichte Lagerung zu erzielen und damit die Setzungen unter der dynamischen Wirkung der Wellen möglichst klein zu halten. Die seeseitige Berme vor der Mauer sollte aber breit genug sein, um notfalls darauf noch eine Stein- oder Block-Vorlage zum Schutz gegen Grundseen und die vor der Mauer abwärts gerichtete Strömung aufbringen zu können.

In dieser Bauweise werden vor allem die Molenköpfe errichtet, bei denen mit Rücksicht auf die Schifffahrt die senkrechte Begrenzung der ohnehin schmalen Hafeneinfahrten bis zur Schifffahrtstiefe erwünscht ist, um Beschädigungen der vorstehenden Böschungen zu verhindern. Wegen der hier zu erwartenden umlaufenden Strömung ist ihr Fuß immer gegen Auskolkung zu schützen.

Wenn für die Deckschicht des Steindamms nicht genügend Natursteinblöcke in erreichbarer Nähe zu finden oder zu brechen sind, werden Blocksteine aus Stahlbeton hergestellt, die so geformt sein sollten, dass sie sich miteinander verzahnen. Bild 17 [31] zeigt die Vielfalt der hierfür bisher entwickelten Formen. Gegenüber einfachen Kuben oder kompakten Blöcken haben die Formsteine ein sehr viel günstigeres Verhältnis von bewegungseinleitender Kraft zum Eigengewicht, d. h. sie können bei gleicher Wellenenergie leichter gehalten werden als jene. Ihre Standsicherheit gegen Wellenangriff hängt nicht nur von der Verzahnung, sondern auch von der Reibung zwischen Blöcken und vor allem von ihrer Effizienz bei der Energievernichtung ab.

Seit 2002 ist der Xbloc Betonformstein patentiert, der von der BAM entwickelt wurde und international vertrieben wird. Die Vorzüge des Xbloc gegenüber bereits vorhandenen Betonformsteinen liegen in dem geringeren Gewicht und der stärkeren Verklammerung der einzelnen Elemente untereinander. Das geringere Betonvolumen der Deckschicht bietet darüber hinaus auch in ökonomischer Hinsicht Vorteile. Der Aufbau einer Deckschicht mit Xbloc Steinen ist in Bild 18 exemplarisch dargestellt. Der Xbloc Betonformstein hat sich seit 2004 weltweit in zahlreichen Küstenschutz- und Hafenbauprojekten bewährt.

Während also Natursteine und kubische Blöcke nur durch ihr Gewicht wirken, ist es z. B. bei Tetrapoden Gewicht und Verzahnung, bei den Tribars Gewicht und gegenseitige Reibung und bei den Dolossen mehr die Verzahnung als das Gewicht. Man kann und soll sie deswegen relativ steil böschen.

Angaben über die Bemessung von Deckwerken mit schweren Betonformsteinen sind in [94] enthalten.

Die Entscheidung für eine aus Damm und Schwimmkasten kombinierte Bauweise hängt vor allem davon ab, ob das erforderliche Steinschüttmaterial in erreichbarer Nähe gewonnen werden kann.

Die Schwimmkastenbauweise kann auch mit der Blockbauweise verglichen werden (s. [12, 91], Abschnitt 10.7), die in Ländern, wo ein Mangel an Facharbeitern die Schwimmkastenbauweise infrage stellt, durchaus eine Alternative sein kann.

Ein besonderes Anwendungsgebiet finden Schwimmkästen in den Niederlanden beim Schließen von Seedeichen oder beim Verbau von unter Gezeiteneinfluss stehenden Meeresarmen oder Mündungsgebieten (Deltaplan), wobei zwischen geschlossenen und sog. Durchlass-Schwimmkästen oder Gitter-Senkkästen unterschieden wird.

Geschlossene Kästen sind naturgemäß nur dort anwendbar, wo der Tidehub nicht allzu groß, etwa unter 2 m, ist und die zu schließende Öffnungsweite unter etwa 100 m bleibt. Dem damit immer verbundenen Risiko kann dann durch eine entsprechend leistungsfähige Geräteausstattung der Baustelle begegnet werden.

3.4 Gründungen im offenen Wasser

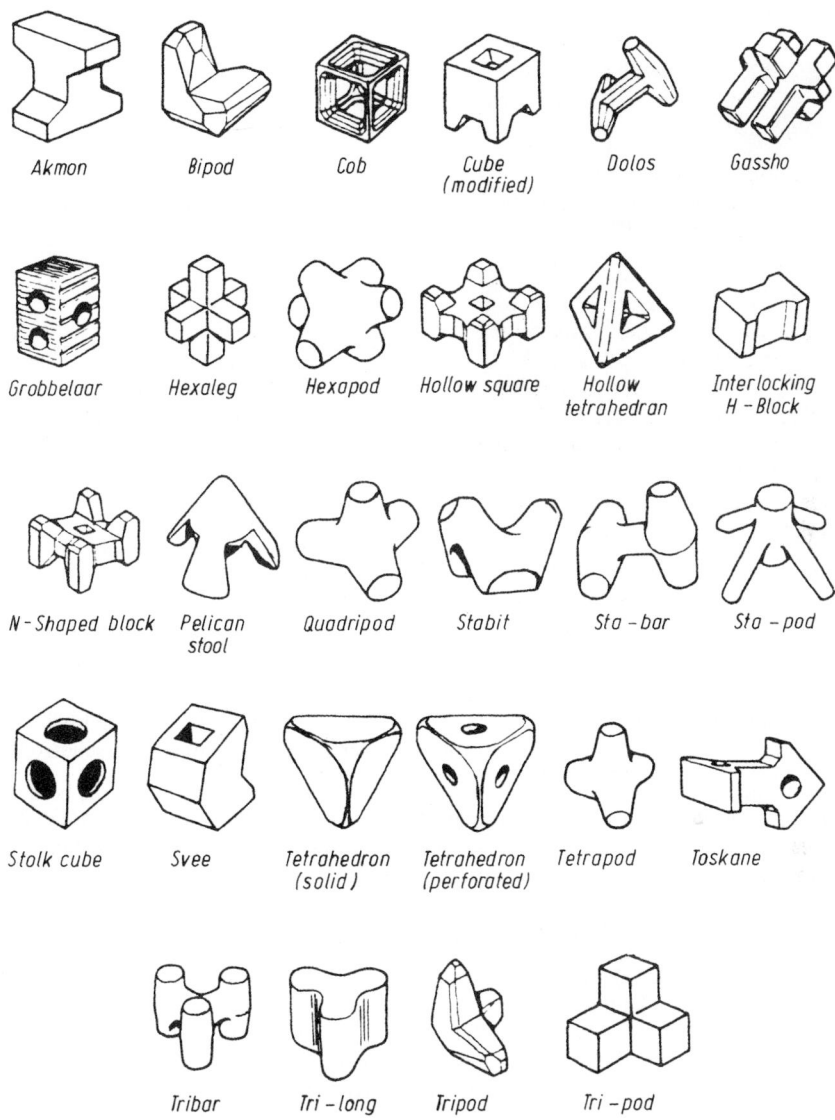

Bild 17. Beton-Formsteine zur Sicherung von Wellenbrechern [31]

Die Kästen werden auf einem waagerechten und ebenen Unterwasserbett (Drempel) abgesetzt, dessen Tiefe von der zulässigen Strömungsgeschwindigkeit, aber auch wirtschaftlichen Überlegungen im Hinblick auf ein Kostenminimum für das aus Damm und Aufbauten bestehende Gesamtbauwerk abhängt. Damm und Auflagerbett müssen gegen Unterläufigkeit und Erosion zuverlässig gesichert sein. Das geschieht noch immer am besten durch Sinkstücke mit Steinschuttung. Gerade die Erfahrungen beim Deltaplan haben die Technologie großflächiger Sinkstücke erheblich reformiert [8]: Sie bestehen aus einer Gewebelage (maximale Filterwirkung bei Minimierung der Verstopfungsgefahr) mit darauf gebundenen

Bild 18. Deckschicht unter Einsatz von Xbloc Betonformsteinen [53]

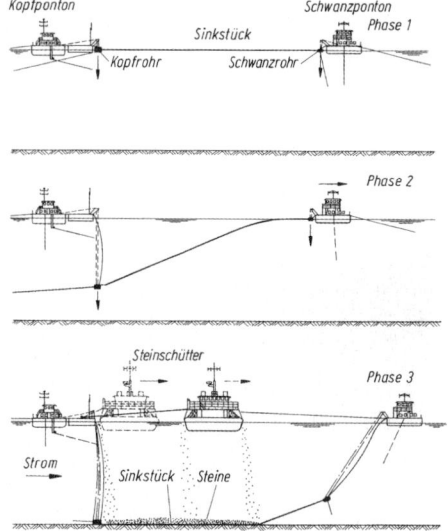

Bild 19. Niederländisches Verfahren zur Sinkstückherstellung [8]

Reisig-Faschinen, die der Matte im Transportzustand genügend Steifigkeit und Schwimmvermögen geben und sie beim Steinwurf im Einbauzustand vor Beschädigungen schützen.

Der Einbau wurde in der in Bild 19 gezeigten Weise mechanisiert: Pontons halten die beiden Enden der Matte fest. Durch Ablassen von einer Ankersteinkette (Phase 2) wird die Matte an einem Ende auf Grund gezogen, sodass der Steinbewurf von einem schwimmenden Behälter (Steinschütter, Phase 3) aus erfolgen kann.

Schwimmstücke sind die gebräuchlichste und vermutlich auch in Zukunft billigste Art, bewegliche Sohlen zu stabilisieren: Nach Bild 2 kommt Feinsand schon bei Wassergeschwindigkeiten um 15 cm/s in Bewegung, Grobkies bei der 100-fachen Geschwindigkeit. Schwere Steine bis zu 200 kg Masse halten einer Strömung bis zu 4,5 m/s stand. Die Schwimmstücke eignen sich je nach Qualität ihres Aufbaus für Strömungen zwischen 4,0 und 5,5 m/s. Die Schwelle zum Aufsetzen des Schwimmkastens sollte also so tief gelegt werden, dass diese Geschwindigkeit auch bei extremen Gezeitenwasserhöhen nicht überschritten wird. Aus der Vorgabe der Strömungsgeschwindigkeit von 4,5 m/s resultieren nach niederländischer Erfahrung die eingangs genannten Grenzen für die Anwendung geschlossener Kästen.

Wenn der Tidehub bei großen Flussöffnungen mit Weiten bis 2000 m auf 2–3 m ansteigt, sind offene Durchlass-Schwimmkästen angebracht, bei denen in der Endphase des Deichschlusses Strömungsgeschwindigkeiten von 5,5 m/s erreicht werden. Diese Kästen erhalten üblicherweise ein Längen-/Breiten-Verhältnis von 3:1 bis 4:1, wobei 60 m Länge nicht überschritten werden. Zur besseren Gleitsicherheit erhalten sie an der Sohle oft Rippen in Längsrichtung, die in die Bettung eindrücken sollen.

Die Unterwasser-Schwelle liegt in der Regel 10–15 m unter Wasser. Die durch den Schüttvorgang unregelmäßige Drempelfläche wird durch eine Sauberkeitsschicht aus Kies und Steinen ausgeglichen und muss einmal überwintern.

3.4 Gründungen im offenen Wasser

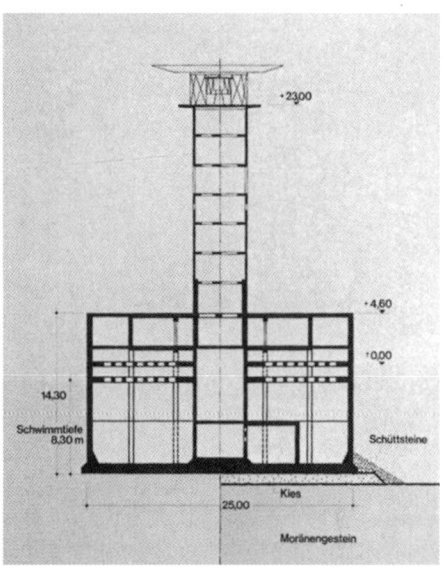

Bild 20. Gitter-Senkkästen für den Deichschluss beim Deltaplan, Niederlande

Bild 21. Leuchtturm Sjaellands Reff; Querschnitt. Links: Schwimmzustand; rechts: Endzustand

Die Kästen haben Durchflussöffnungen, die durch Schieber geschlossen werden können, sodass das Wasser während des Absetzens und Vollspülens der Kästen eine Durchflussmöglichkeit behält. Erst wenn die Kästen gefüllt und eingeschüttet sind, werden die Schieber geschlossen. Bild 20 gibt einen Eindruck von der Konstruktion.

4.7 Schwimmkästen für Leuchttürme, Offshore-Plattformen und Behälter

4.7.1 Leuchtturm Sjaellands Reff, Dänemark (1970/71)

Während in Skandinavien bei Leuchttürmen im flachen oder geschützten Wasser die konventionelle Schwimmkastenbauweise angewendet wird, wobei der eigentliche Turm auf dem zuvor abgesetzten und gesicherten Gründungskasten aufgebaut wird, rüstet man bei exponierten Standorten die Schwimmkästen vollständig aus, sodass auf der vorgesehenen Position fast fertige Bauwerke abgesetzt werden können.

Bild 21 zeigt als Beispiel hierfür den Leuchtturm Sjaellands Reff, der das Feuerschiff Kattegat Südwest ersetzte. Der Turm wurde in einem Trockendock im Hafen Aalborg gebaut und am Kai liegend mit allen technischen Einrichtungen ausgerüstet, dann auf Position geschleppt und durch Sandballast abgesetzt.

Die Wassertiefe an der Einbaustelle betrug 9,7 m. Während des Schleppens hatte der Turm einen Tiefgang von 8,3 m. Der Baugrund bestand dort aus einer sehr verfestigten Moräne, deren Oberfläche durch eine Kiesschüttung abgeglichen wurde. Als Kolkschutz wurden Schüttsteine um den Bauwerksfuß eingebracht.

Durch Entfernen des Sandballasts im Schwimmkasten soll ein späteres Aufschwimmen und Versetzen des Turms auf eine andere Position möglich bleiben.

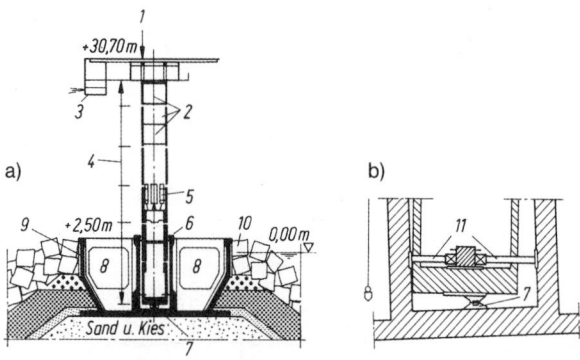

Bild 22. Leuchttürme vor dem Europoort;
a) Schnitt, b) Schema der Vorrichtung zum lotrechten Richten

4.7.2 Leuchttürme vor Europoort, Niederlande (1973/74)

Ähnlich wie in Abschnitt 4.7.1 wurden 1973/74 die beiden Leuchttürme an der Einfahrt zum Europoort, etwa 5 km in der See, hergestellt. Sie wurden jeweils in den Kopf der Nord- und Südmole eingebunden. Die Standorte sind besonders starken Gezeitenströmungen, Wind und hochgehenden Wellen der Nordsee ausgesetzt. Wegen der nicht auszuschließenden Gefahr nachlaufender ungleichmäßiger Setzungen und damit Schiefstellungen wurden die Türme so konstruiert, dass sie nachträglich neu gerichtet werden können (Bild 22). Die Schwimmkästen haben einen Durchmesser von 25 m und sind 12,5 m hoch. Sie wurden an der Küste auf einem Ponton mit 10 000 t Tragfähigkeit gebaut und mit diesem zu ihren Standorten geschleppt [49].

4.7.3 Leuchtturm Prince Shoal, Kanada (1962/64)

Beim Bau des kanadischen Leuchtturms Prince Shoal wurde für die Gründung ein Stahlblech-Schwimmkasten verwendet. Der Turm ersetzte ein Feuerschiff im St. Lorenz-Strom etwa 115 sm östlich von Quebec.

An der Einbaustelle herrschten sehr komplexe Strömungsverhältnisse. Beim Übergang vom steigenden zum fallenden Wasser gab es z. B. keine Stauwasserzeit und zu bestimmten Zeiten traten außerdem gegenläufige Strömungsrichtungen an der Oberfläche und Sohle auf. Außerdem musste mit starkem Schwall und häufigen örtlichen Nebeln gerechnet werden, wodurch die Arbeiten hatten unterbrochen werden müssen.

Berechnungsgrundlagen: rechn. Wellenhöhe 7,6 m, Eisstoß 4,85 MN/m Durchmesser, Windgeschwindigkeiten bis 160 km/h, Strömungsgeschwindigkeit bis 3,1 m/s; Erdbebenlast.

Der Baugrund bestand aus eiszeitlich vorbelastetem sandigen Geschiebemergel von großer Lagerungsdichte. Entwurf und Ausführung berücksichtigten die besonderen örtlichen Verhältnisse durch einen als Schwergewichtskonstruktion konzipierten Gründungskörper: ein Senkkasten aus einem 13 mm Stahlblech-Mantel und einer 2,4 m dicken Stahlbeton-Bodenplatte, um den für den Schwimmzustand erforderlichen Tiefgang von 6,9 m zu erhalten (Bild 23).

Der untere Teil des Senkkastens verjüngt sich nach oben beträchtlich, wodurch die horizontalen Eis- und Wellenlasten deutlich reduziert werden konnten. Mit der Form des Kegelstumpfes wird außerdem das Aufbrechen des Eises begünstigt. Der obere, umgekehrt konisch angesetzte Teil schwingt dagegen weit aus, sodass Spritzwasser im Aufenthaltsbereich des Turms vermieden wird.

3.4 Gründungen im offenen Wasser 383

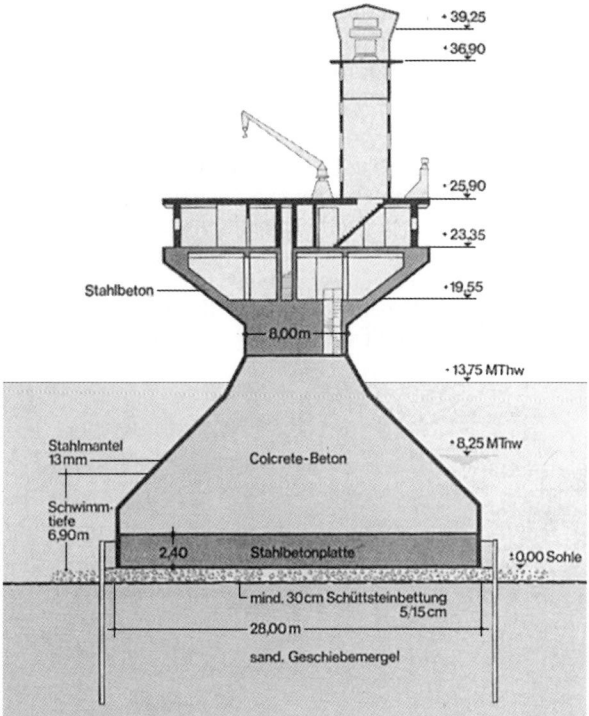

Bild 23. Leuchtturm Prince Shoal (Querschnitt)

Der Gründungskörper diente gleichzeitig als Baustellenplattform bei der Montage des Überbaus und der Laterne. Außerdem wurde von ihm aus um den Fuß eine 9 m lange Stahlspundwand gerammt, um die Sohlplatte wegen der durch den Turm erhöhten Strömungsgeschwindigkeit vor Unterspülungen zu sichern, obwohl sich der gewachsene Boden vor dem Einbau des Turms als erosionssicher erwiesen hatte. Die als Profilausgleich vorgesehene Schüttsteinbettung wurde sicherheitshalber auch außerhalb der Spundung noch einige Meter ausgedehnt.

Der Schwimmkasten wurde mit Colcrete-Beton gefüllt. Um beim Absenken gezielt mit Wasser ballastieren zu können, war der untere Teil des Kastens durch Zwischenwände in 4 Quadranten aufgeteilt. Für das Absenken hatte man die Zeit von 2 Stunden vor bis 2 Stunden nach Niedrigwasser einer Nipptide ausgewählt, doch ließen sich die Absenkarbeiten wegen vielerlei äußerer Einflüsse nicht planmäßig ausführen.

4.7.4 Leuchtturm Kish Bank, Irland (1963/65)

Ein anderes Verfahren, um die Arbeiten auf See möglichst einzuschränken, besteht in der Teleskop-Schwimmkasten-Bauweise, die in den 1960er-Jahren bei einer ganzen Reihe schwedischer Leuchttürme angewendet wurde. Es hat den Vorteil, dass die Gesamthöhe der Konstruktion während des Baus, Schleppens und Absenkens teleskopartig auf eine verhältnismäßig geringe Höhe zusammengeschoben wird. So ist die schwimmende Einheit nicht kopflastig und hat eine gute Schwimmstabilität.

Der ausfahrbare Teil, also der eigentliche Leuchtturm, kann während des Hochfahrens lotrecht und zentrisch ausgerichtet werden, bevor er durch Ausbetonieren des Zwischenraums fest mit dem Gründungskasten verbunden wird. Durch ihren nach unten abschnittsweise zunehmenden Durchmesser erhält die Konstruktion eine Form, die dem Prinzip der Schwergewichtsgründung entspricht.

In dieser Weise wurde auch der Leuchtturm auf der Kish-Bank, 10 sm östlich von Dublin in der Irischen See, errichtet (Bild 24). Das Anheben des inneren Schwimmkastens erfolgte nach dem Absetzen durch Einpumpen von Wasser in den Innenraum des äußeren Kastens: die Hubgeschwindigkeit betrug etwa 1,5 m/h. Nach Erreichen der Sollhöhe wurden beide Kästen durch Ausbetonieren der seitlichen Zwischenräume fest miteinander verbunden. Erst danach erhielt der unter dem inneren Kasten verbliebene Raum seine Kiesfüllung, während der äußere Raum durch zementinjizierten Kies verfüllt wurde [13].

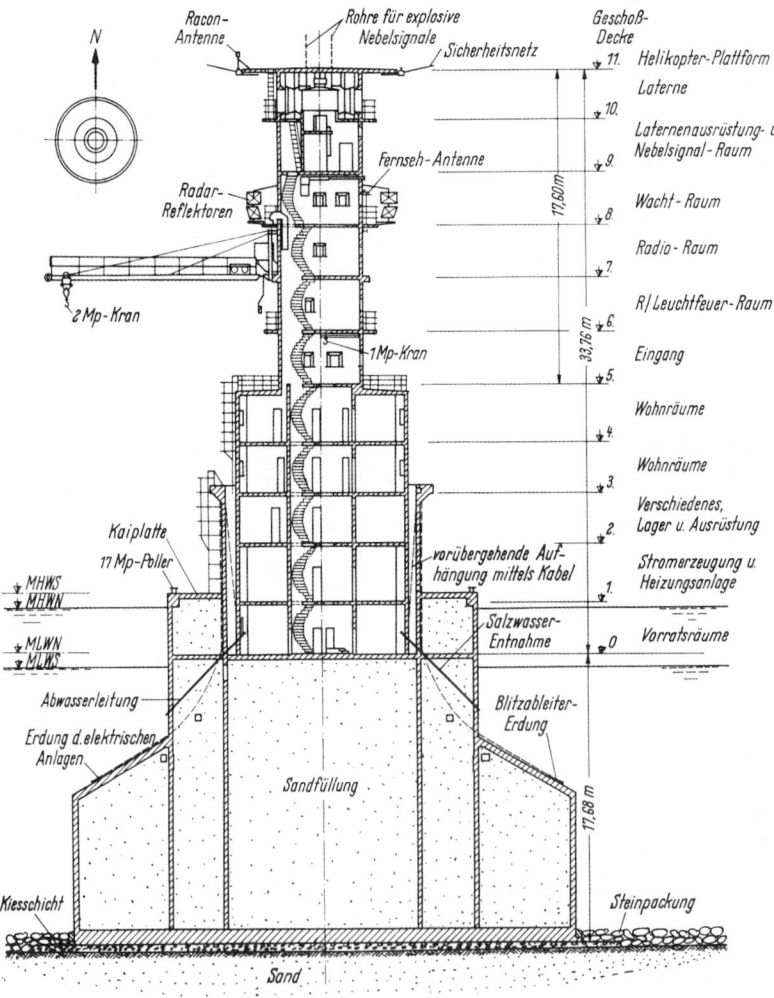

Bild 24. Leuchtturm auf der Kish Bank (Querschnitt) [13]

3.4 Gründungen im offenen Wasser

4.7.5 Forschungsplattform Nordsee (1974/75)

Die Forschungsplattform „Nordsee" wurde etwa 40 sm nordwestlich von Helgoland als bewohnbarer Stützpunkt in etwa 30 m Wassertiefe in kombinierter Stahl-/Stahlbetonbauweise auf einer Flachgründung errichtet. Der Baugrund war ein sandiger, geklüfteter Geschiebemergel von 5 m Dicke unter einer dünnen Sandschicht; darunter standen eiszeitlich vorbelastete Sande an, unterbrochen von einer Geröllschicht. Der vorteilhafte Umstand, dass dieser Geschiebemergel eine waagerechte und sehr ebene Oberfläche hatte und dank seiner Festigkeit vor örtlichen Kolkungen und großflächigen Sohlenveränderungen schützte, sprach für eine Flachgründung auf der Sohle.

Die Plattform besteht aus 4 Teilen – Decks, einem zweiteiligen Stahlrohr-Fachwerk [44] und einer achteckigen, innen mit hohlen Zellen versehenen Grundplatte –, die unabhängig voneinander vorgefertigt wurden. Bild 25 stellt die Bauphasen dar.

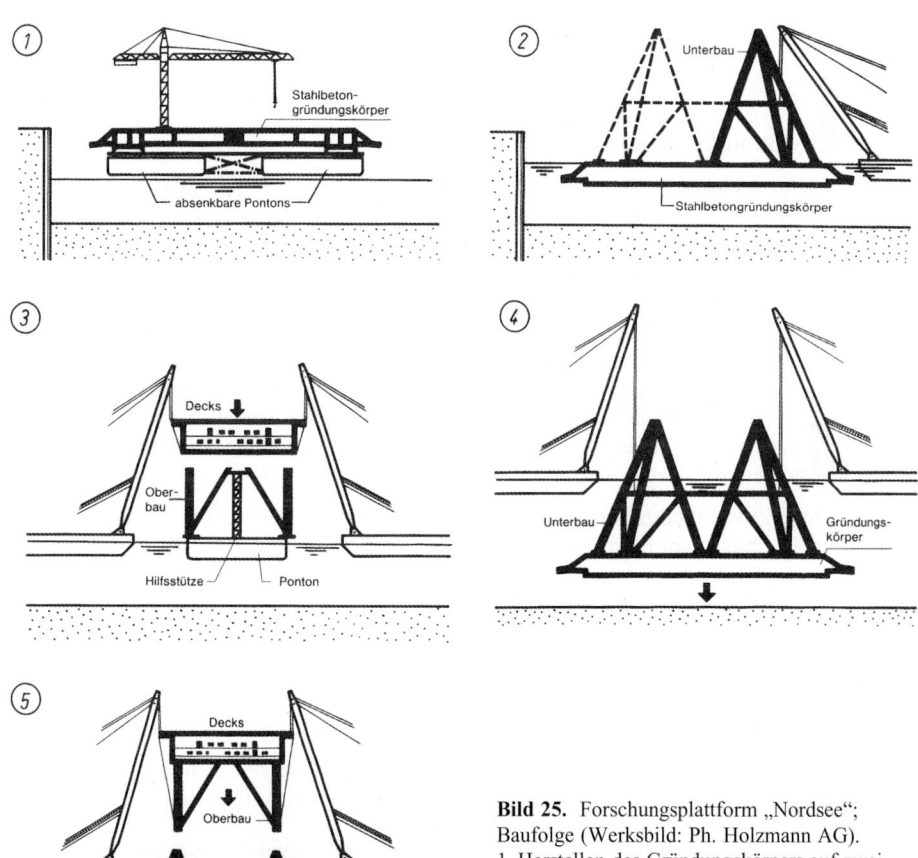

Bild 25. Forschungsplattform „Nordsee"; Baufolge (Werksbild: Ph. Holzmann AG).
1 Herstellen des Gründungskörpers auf zwei absenkbaren Pontons
2 Montage des Unterbaus auf schwimmendem Gründungskörper
3 Montage des Oberbaus, Aufsetzen der Decks
4 Absenken von Gründungskörper und Unterbau
5 Aufsetzen von Oberbau und Decks

Die hohle Grundplatte von 4,5 m Hohe und 75 m ⌀, zur Verbesserung der hydrodynamischen Anströmverhältnisse mit angeschrägten Kanten, hatte einen achteckigen Grundriss und war schwimmfähig. Auf ihr wurde der untere Teil des Stahlrohr-Fachwerks montiert.

Mit 2 Zugschleppern von 1050 kW und 1 Steuerschlepper von 750 kW wurde der Unterbau mit 7 km/h zum Standort geschleppt und dort mithilfe von 3 Magnus-Schwimmkranen (5 MN Tragkraft) auf Grund gesetzt. Dabei wurden so viele Zellen geflutet, dass eine abwärts gerichtete Last von 10 MN zur Verfügung stand. Das Absenken dauerte 20 h. Der beim Absetzen eines großflächigen Grundkörpers gefürchtete Aquaplaning-Effekt (s. a. Abschnitt 1.3) konnte durch kontrolliertes Fieren vermieden werden. Vor dem Absetzen des Schwimmkörpers wurden die auf der Sohle festgestellten Findlinge (bis zu 2 m^3 groß) durch Unterwassersprengungen in handliche Teile zerlegt.

Nach dem Absetzen wurden die restlichen Zellen geflutet, damit die Standsicherheit des Bauwerks auch bei einer Belastung durch eine 25 m hohe Jahrhundertwelle gewährleistet werden kann. Der Verbund zwischen Grundplatte und Sohle wurde durch Auspressen der dafür vorgesehenen Hohlräume in der Unterfläche der Grundplatte mit Kontraktorbeton hergestellt.

4.8 Schwimmkästen für Unterwassertunnel

Ein besonderes Anwendungsgebiet der Schwimmkasten-Bauweise ist der Bau von Unterwassertunneln, die im Lockergestein in geringer Tiefe unter einer Gewässersohle liegen sollen. Die Überdeckung solcher Tunnel soll vor allem das Risiko der Beschädigung der Tunneldichtung durch schleifende Anker o. Ä. beseitigen. Deswegen wird der Tunnel in der Regel in einen Unterwassergraben gelegt, der mit Nassbaggern ausgehoben wird und eine Ausgleichsschicht aus Sand erhält, die entweder vorweg bereits eingeschüttet und glatt abgezogen oder nach dem Absetzen der Tunnelstücke auf Hilfslager nachträglich zwischen Tunnelsohle und Grabenoberflache eingespült wird. Kritisch kann bei Schlickfall im Gewässer die unvermeidliche Zwischenzeit vor dem Absetzen der Tunnelstücke werden, weil die ausgehobene Rinne wie ein unterseeisches Absetzbecken für die im Wasser transportierten Feststoffe wirkt.

Umfangreiche Zusammenstellungen von in den letzten neun Jahrzehnten gebauten Unterwassertunneln findet man bei [7] und [19]. Ferner wird auf den Tagungsband [40] hingewiesen.

Die Besonderheit des Unterwassertunnelbaus liegt:

- in der Notwendigkeit, mehrere Tunnel-Absenkstücke unter Wasser zu verkoppeln;
- in den Lastfällen „Wracklast" (Last eines gesunkenen Schiffes an irgendeiner Stelle der Tunneldecke) und „Temperatur" (Bewegung einer Tunnelstück-Gelenkkette auf reibender Unterlage in gekrümmter Trasse);
- in der Lösung des provisorischen und endgültigen Abdichtungsproblems;
- in der Regel in der nach dem Absenken herzustellenden Sandauflagerung.

Bei sehr vielen Tunneln wurde der Sand in einem etwa 1 m hohen Raum zwischen Tunnel- und Baggersohle durch einen Spülarm mit Sand unterspült. Die Entwicklung geht jedoch dahin, den Sand durch die Tunnelsohle zu injizieren (sand-flow-Verfahren [19, 22]). Dazu wird das Spülgut in einer am Ufer liegenden Spülschute aufbereitet und über die im Tunnel verlegten Spülleitungen zu den in Abständen von etwa 20 m angeordneten, durch die Tunnelsohle hindurchgeführten Spüldüsen gefördert, die z. B. mit Kugelventilen als Verschluss für die Demontage der Rohrleitungen und die Herstellung der endgültigen Abdich-

3.4 Gründungen im offenen Wasser

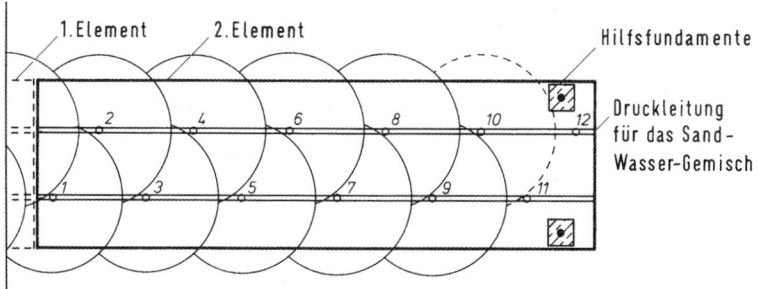

Bild 26. Sand-flow-Verfahren, Schematische Darstellung der Unterspülkuchen; die Nummerierung kennzeichnet die Reihenfolge der Herstellung [22]

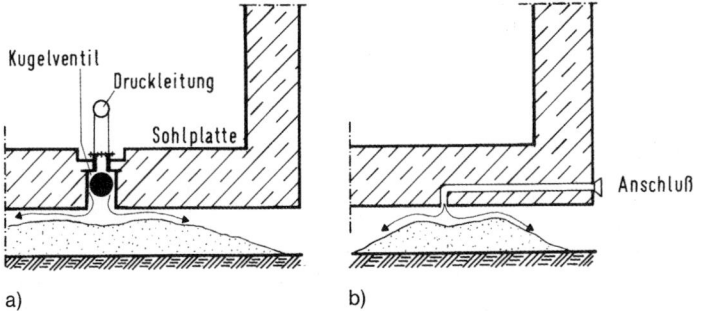

Bild 27. Spüldüse mit Kugelventil und Aufbau des Sandkuchens; a) Zuleitung von innen (Schema), b) Zuleitung von außen

tung ausgerüstet werden (Bilder 26 und 27). Wesentlicher Vorteil dieses Verfahrens ist, dass während des Unterspülens der Schiffsverkehr durch schwimmendes Gerät oberhalb des Tunnels nicht behindert wird.

Wenn es der Schiffsverkehr und die Strömung des Gewässers zulassen, können Rohrleitungen in die Tunnelsohle einbetoniert werden, durch die dann von außen von schwimmendem Gerät aus der Sand zugeführt wird (Bild 27 b), sodass keine Kugelventile erforderlich sind.

4.8.1 IJ-Tunnel in Amsterdam

Der Untergrund unter der Sohle des Flusses IJ in Amsterdam besteht aus sehr weichen Sedimenten. Ein flach gegründeter Tunnel hätte trotz seines geringen Gewichts allein aus der Überschüttung schon so große Setzungen erwarten lassen, dass man den größeren Teil des Tunnels von 786 m Länge auf Pfähle gründete [46]. Dazu wurden Großbohrpfähle Ø 1,08 m nach dem Ausbaggern einer flachen Rinne von einer Hubinsel aus so hergestellt, dass sie kurz über der Baggersohle endeten. Wie Bild 28 zeigt, wurden die Pfähle nur im Kopfbereich bewehrt. Das Pfahlkopfjoch wurde mittels Taucherglocke hergestellt, die von einem katamaranähnlichen Schwimmkörper aus abgelassen wurde.

Jedes der 9 Tunnelstücke ruht auf 4 Pfahljochen; die Blockfugen befinden sich zentrisch über solchen Jochen. Die Tunnelstücke wurden bis auf 1 % Auftrieb ballastiert und dann mit Winden, deren Umlenkrollen an den Pfahljochen befestigt waren, auf provisorische Lager

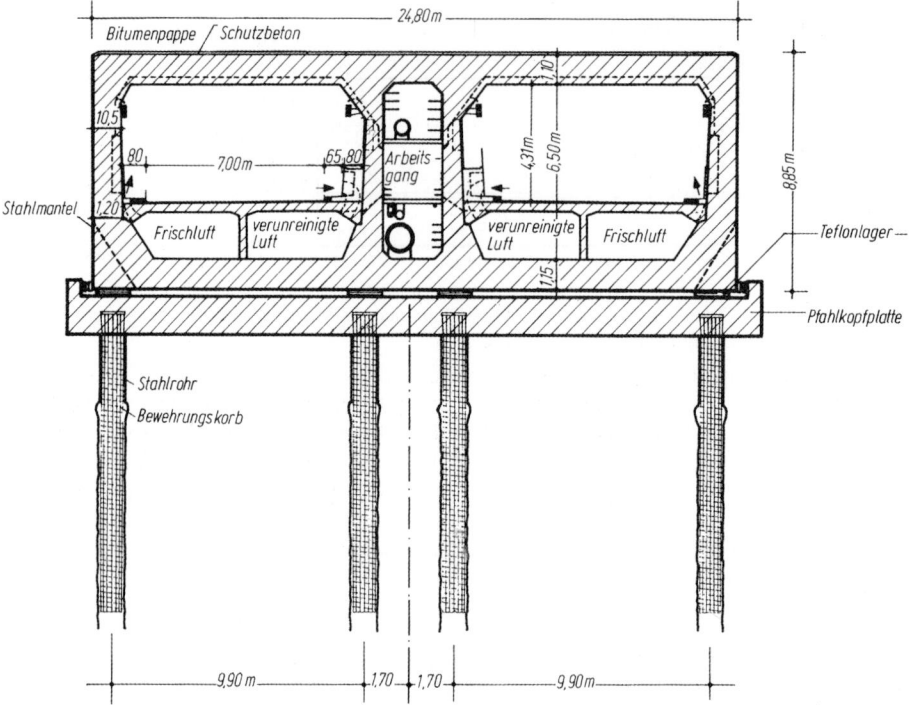

Bild 28. IJ-Tunnel, Amsterdam; Querschnitt am Pfahljoch (Werksbild: Ph. Holzmann AG)

gezogen, mit Pressenhilfe gerichtet, angekoppelt und schließlich auf ihre 24 endgültigen Teflon-Lager dadurch umgesetzt, dass der Raum zwischen Tunnelsohle und Lageroberfläche verpresst wurde.

Beim Ankoppeln muss die Fuge zwischen zwei Tunnelstücken so weit provisorisch abgedichtet werden, dass der Fugenraum ausgepumpt werden und die endgültige Dichtung eingebaut werden kann. Beim IJ-Tunnel wurde ein erstmalig 1957 beim Deas-Island-Tunnel entwickeltes Verfahren übernommen: Das Absenkstück hat eine umlaufende Dichtungsleiste aus einem Gummiprofil. Nach dem Absetzen zieht man das Senkstück mit einem Haken so nah zu dem bereits verlegten heran, dass die Gummidichtung durch Aufpumpen die Fuge schließt. Wenn dann der Fugenraum leergepumpt wird, presst der auf der freien Tunnelendfläche wirksam werdende Wasserdruck die Senkkästen zusammen.

4.8.2 Elbtunnel in Hamburg

Die Flussunterquerung erfolgte beim Bau des 2. Elbtunnels in Hamburg durch eine Gelenkkette von 8 je 132 m langen Senkkästen mit je 46 000 m^3 Rauminhalt, die in einer ausgebaggerten Rinne flach gegründet wurden [45]. Bild 29 zeigt den Absenkvorgang. Der Schwimmkasten erhielt zwei Richttürme, von denen aus die Innenräume des Schwimmkastens betreten werden konnten. Von ihnen aus wurde der Absenk- und Einrichtungsvorgang gesteuert. Die Besonderheit lag in diesem Fall darin, dass der Tunnel zunächst eine Zweipunktlagerung hatte und erst nach dem Ankoppeln und Fugenschließen eine flächenhafte Lagerung durch Unterspülen von Sand erhielt.

3.4 Gründungen im offenen Wasser

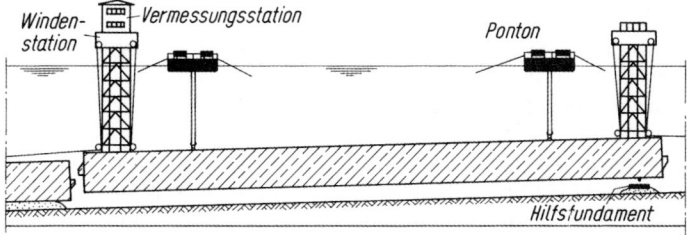

Bild 29. Absenkeinrichtungen beim 2. Elbtunnel Hamburg [1]

Die Höhenjustierung besorgten hydraulische Pressen, die aus der Tunnelsohle beim Abstützen auf die Hilfsfundamente ausgefahren werden konnten (Bild 30). Hier ist auch die Hakenkonstruktion schematisch dargestellt, mit deren Hilfe der erste Fugenschluss über das Gummiprofil hergestellt wurde. Dann wurde das Wasser aus der Fugenkammer in die Ballastkammer umgepumpt und die Druckvorspannung aus dem Wasserdruck auf die Stirnfläche erzeugt (Bild 31).

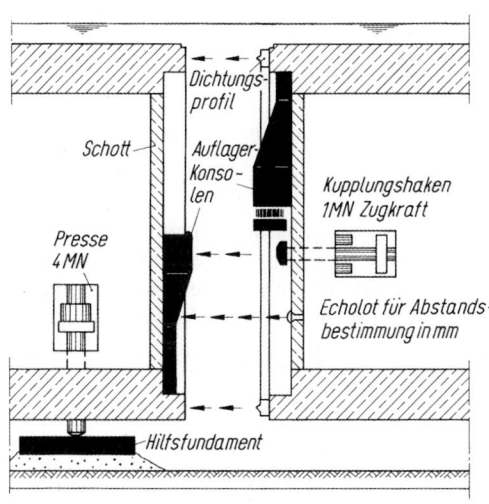

Bild 30. Elbtunnel Hamburg; Koppelvorrichtung und Lagerung auf einem Hilfsfundament [1]

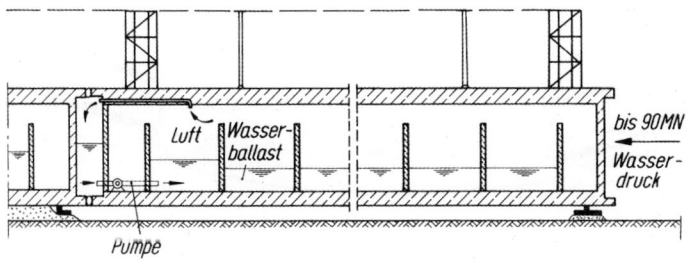

Bild 31. Elbtunnel Hamburg; Fugenschluss durch Auspumpen der Fugenkammer [1]

4.8.3 Emstunnel bei Leer

Der Emstunnel bei Leer wurde im Strombereich wie der Elbtunnel in Hamburg im Einschwimm- und Absenkverfahren, in den Uferbereichen in offenen, durch sturmflutsichere Deiche geschützte Baugruben hergestellt [34, 39]. In einem ebenfalls durch Deiche eingefassten Baudock im Deichvorland in unmittelbarer Nachbarschaft zur Tunneltrasse wurden 5 Tunnelelemente mit einer Länge von 127,5 m, einer Breite von 27,5 m und einer Höhe von 8,4 m gebaut. Das Absenkgewicht betrug ca. 28 000 t. Der Transport der Elemente aus dem Baudock zur Ausrüstungspier und zur Absenkstelle erfolgte durch Verhol-Winden, die auf den beiden Absenkpontons installiert waren. Die Seile wurden an Festpunkten an Land und im Strombereich angeschlagen. Das Umlegen der Seile auf die Festpunkte erfolgte mithilfe eines Schleppers.

Der Transport längs der Tunneltrasse erfolgte durch an Land aufgestellte Winden. Der Transport eines Elementes von der Ausrüstungspier an die Absenkstelle und das Absenken selbst konnten in etwa 24 Stunden durchgeführt werden. Die Sperrung der Ems für den Schiffsverkehr wurde jeweils für 48 Stunden beantragt.

Das Einschwimmen und Absenken sowie das Unterspülen der Tunnel-Elemente mit Sand wurde unerwartet durch starken Schlickeintrieb in das geöffnete Baudock und in die Baggerrinne behindert. Das Aufschwimmen des ersten Tunnelelementes schlug zunächst fehl, da sich im Einkorn-Unterbeton unter dem Element wegen des durch erhebliche Schlick-Ablagerungen neben dem Tunnelelement behinderten Wasserzutritts ein Druckausgleich nicht einstellen konnte. Erst nach Beseitigung des Schlicks konnten die Elemente planmäßig aufgeschwommen werden. In der zum Absenken mit einem Feinschnitt durch einen Schneidkopfsaugbagger vorbereiteten Baggerrinne setzte sich in sehr kurzer Zeit während und nach der Absenkphase wieder Schlick ab, sodass die Sandunterspülung erst nach Räumung des Schlicks unter den Tunnelelementen mit einem sogenannten Schlickhobel sehr viel später als geplant ausgeführt werden konnte.

Die Schlickablagerungen entstanden aus einer Suspension (Bild 32) mit einer Dichte >1,05 t/m^3, die größer war als die vorgesehene rechnerische Absenkdichte der Tunnelelemente, sodass der Suspensionsspiegel, der durch Echolotmessungen erkennbar war, ständig durch einen Saugbagger abgesenkt werden musste, um ein ungewolltes Aufschwimmen der Elemente zu verhindern.

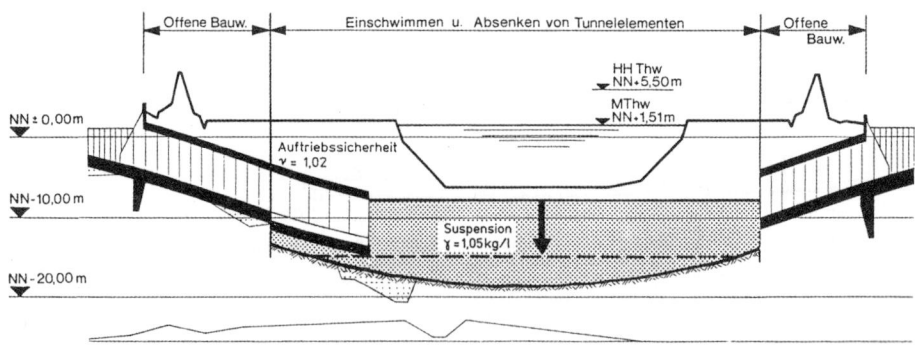

Bild 32. Emstunnel; Schlick in Suspension in der Einschwimmrinne [39]

3.4 Gründungen im offenen Wasser

4.8.4 Öresund-Tunnel

Die neue Landverbindung über den Öresund zwischen Dänemark und Schweden besteht aus einem Tunnel, einer künstlichen Insel und einer Brücke. Die Länge des Tunnels ist 3510 m, seine Breite 42 m und seine Höhe 8,6 m. Für die Gründung der Tunnel-Segmente wurde eine neue Technik entwickelt.

Die Tunnel-Segmente (Länge 175,25 m, Gewicht 55 000 t) wurden in einem Baudock gebaut und mit Schlepperhilfe in eine vorbereitete Rinne abgesenkt.

Die Rinne wurde vorweg gebaggert und mit einer Sauberkeitsschicht versehen, die mit der sog. Scrader-Technik eingebracht wurde. Das Verfahren besteht darin, dass von einem Spezialschiff (Bild 33) aus durch ein Schüttrohr mit laufender automatischer Höheneinstellung der Füllsand geschüttet wurde (siehe dazu die Bilder 34 und 35) [26].

Bild 33. Spezial-Schiff für die Scrading Technik (Werksbild Boskalis)

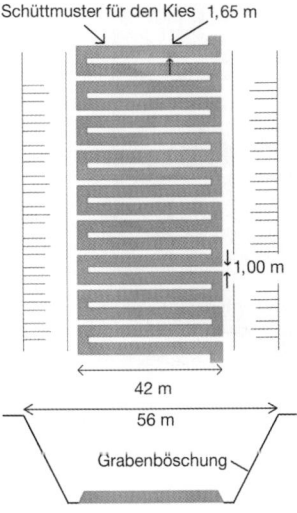

Bild 34. Öresund-Tunnel; Herstellung der Tunnelbettung mittels Scrading

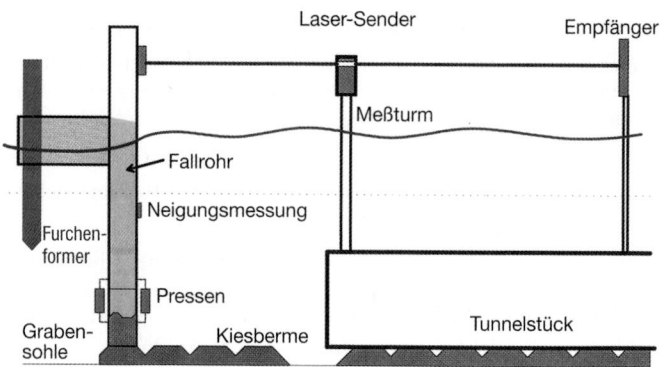

Bild 35. Mess-System für das Scrading-Verfahren

4.8.5 Absenktunnel Busan, Süd-Korea

Der Tunnel ist ein Teil der Verbindung zwischen Busan, der wichtigsten Hafenstadt des Landes und der Insel Geoje (Bild 36). Diese Verbindung ist notwendig, um die Reisezeit zwischen Busan und Geoje zu verkürzen. Sie hat eine Gesamtlänge von ca. 8 km und besteht aus zwei Brücken mit einer Länge von insgesamt 4,5 km und einem Absenktunnel mit einer Länge von 3,2 km.

Der Absenktunnel wurde aus 18 Elementen konstruiert. Die Tunnelelemente mit einer Länge von 180 m, einer Breite von 26,5 bis 28,5 m und einer Höhe von 10 m wurden an Land hergestellt. Das Gewicht eines Elements beträgt 48.000 Tonnen.

Der Baugrund besteht aus einem sehr weichen Ton mit einer Dicke von 50 m.

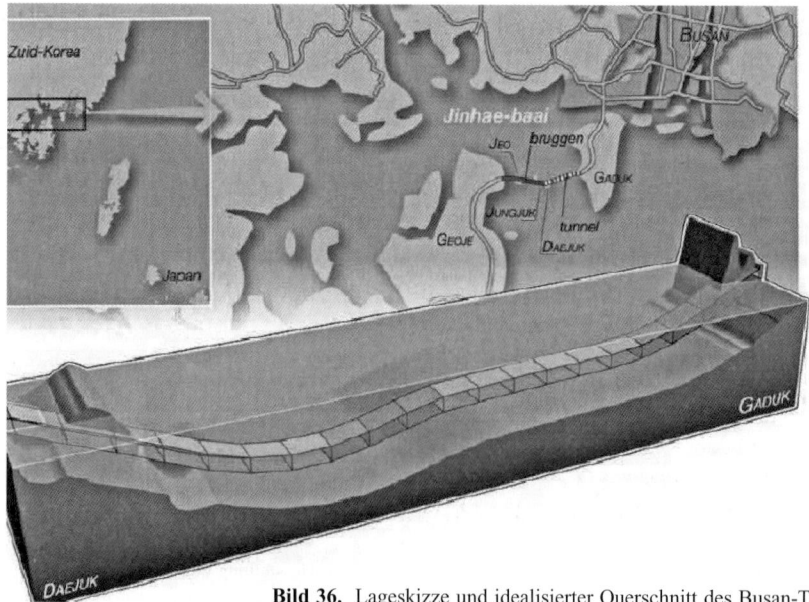

Bild 36. Lageskizze und idealisierter Querschnitt des Busan-Tunnels [54]

3.4 Gründungen im offenen Wasser

Vor dem Absenken der Tunnelelemente wurde ein Graben gebaggert. Der Baugrund wurde mit vermörtelten Schottersäulen verbessert, die wegen der Erdebengefährdung nicht bis in den tragfähigen Fels abgesetzt wurden. Bild 36 zeigt eine Lageskizze und einen schematischen Querschnitt des Tunnels.

Zur Absenkung der Tunnelelemente wurde durch die niederländische Firma Mergor ein dynamisches Positionierungssystem entwickelt und weltweit patentiert (Bild 37)

Das System umfasst zwei treibende Plattformen, die über Seile und Sauganker im Meeresboden verankert werden. Das Positionierungssystem besteht aus zwei hydraulisch bewegbaren Armen pro Element. Die Position zwischen den Elementen wird unter Wasser gemessen und mit einer speziellen Seilkonstruktion justiert. Die Präzision dieses komplexen Absenkvorgangs beträgt 5 cm.

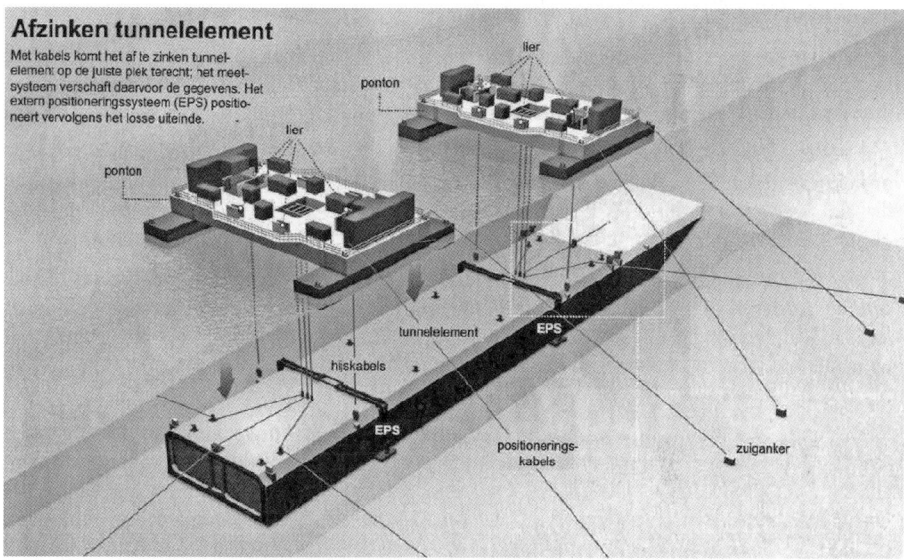

Bild 37. Systemskizze zum Absenken der Tunnelelemente [54]

5 Senkkastengründungen

Allgemeine Hinweise zu diesem Gründungsverfahren können Kapitel 3.3 der 6. Auflage des Grundbau-Taschenbuchs, Teil 3 entnommen werden. Im Folgenden werden Gesichtspunkte des Seebaus und einige Ausführungsbeispiele ergänzt. Sie beschränken sich auf Senkkästen, die nicht selbst schwimmen können, die also mit Hilfseinrichtungen transportiert und abgesenkt werden müssen. Dagegen werden selbst-schwimmende Senkkästen hier zu den in Abschnitt 4 behandelten Bauverfahren gerechnet.

Senkkastengründungen werden beim Bau von Türmen oder Pfeilern im offenen Wasser überwiegend dort angewendet, wo mit Veränderungen der Gewässersohle, etwa im Bereich der Flussmündungen, gerechnet werden muss, eine Kollision mit Schiffen nicht ausgeschlossen werden kann oder der tragfähige Untergrund mit einer Pfahlgründung nicht erreichbar ist.

Abgesehen von Baustellen in Ufernähe (s. a. [89], Abschnitt 10.9) und im flachen Wasser, wo der Senkkasten auf einer künstlichen Insel gebaut und abgesenkt werden kann, wird man bemüht sein, den Senkkasten ganz oder teilweise an Land oder in einer Dockbaugrube vorzufertigen und ihn auf einem Ponton an die Einbaustelle zu bringen, wo er in einem Führungsgerüst abgesenkt wird. Hubinseln sind dort zweckmäßig, wo sich der Absenkvorgang voraussichtlich über einen größeren Zeitraum erstreckt, die Baustelle besonders exponiert liegt und größere Gewichte zu bewältigen sind. Das Absenkverfahren richtet sich nach der Wassertiefe und der erforderlichen Gründungstiefe – bei Gründungstiefen unter 30 m kann z. B. noch mit dem Druckluftverfahren gearbeitet werden – und nach den zu durchörternden Bodenschichten. Wenn es sich um nicht- oder schwachbindige Böden handelt, kann der Boden durch Spülhilfe gelockert und im Innern des Senkkastens abgesaugt werden (Mammutpumpe, Saugpumpe). Eine Absenkhilfe kann allein schon durch einen ständig aufrecht erhaltenen Wasserüberdruck im Kasteninnern erreicht werden. Das Absenken wird zudem durch die Kolkbildung bei Annäherung des Kastens an die Sohle erleichtert. Kleinere Durchmesser, meist Brunnenrohre, können im Sandboden auch insgesamt eingespült werden.

Der Spülvorgang versetzt den Sand um den Absenkkörper in einen flüssigen Zustand. Sobald die Spülung abgestellt wird, verschwindet der Strömungsdruck und das Material fällt in einen stabilen Ruhezustand, wenn auch ohne allzu große Lagerungsdichte, zurück.

Man wird aber die lockere Lagerung des Sandes in Kauf nehmen und statt einer Nachverdichtung lieber die Absenktiefe etwas vergrößern, da eine Nachverdichtung, wenn sie wirksam werden soll, für die Einspannung des Senkkörpers einen Bereich mit der Ausdehnung von etwa dem doppelten Durchmesser neben dem Senkkörper erfassen müsste.

Geringe Schluffanteile bis zu 30% behindern das Spülen noch nicht so stark, dass seine Wirkung verloren geht, da die Schluffe beim Spülvorgang von der Strömung weggetragen werden. Dagegen kann ein Tonanteil von wenigen Prozenten bereits eine echte Kohäsion bewirken, die dazu führt, dass sich die Strömung lokale Wege bahnt, ohne einen gleichmäßig über das Volumen verteilten Strömungsdruck aufzubauen.

Dünne bindige Schichten aus Klei oder Mergel können meist vom Senkkörper durchstoßen werden. Bei dickeren Einlagerungen aus kohäsivem Boden muss darauf geachtet werden, dass sich der Senkkörper nicht in einer solchen Schicht aufhängt, während die Bodenförderung im Innern weitergeht und voreilt, weil es dann zu weitreichenden Aushöhlungen unter der bindigen Schicht kommen kann. Wenn dann der Kasten schließlich weiter einsinkt, stellt er sich unter Umständen schief oder es kommt in der Umgebung des Senkkastens zu nachlaufenden Setzungen. Auch die Einspannung des Senkkastens kann durch unentdeckte Hohlstellen unter bindigen Einlagerungen vermindert wirksam sein, sodass das Bauwerk bei Sturm unter dem periodischen Welleneinfluss, unterstützt durch den wechselnden Einfluss der Gezeitenströmung, zu „arbeiten" beginnt. Dagegen kann man die Wellenenergie während des Absenkens zum Teil als Absenkhilfe wirken lassen.

Sobald das Absenkziel erreicht ist, beginnt die möglichst rasche Füllung des Senkkastens entweder durch Vollspülen mit Sand oder durch Betonieren unter Wasser oder durch ein kombiniertes Verfahren. Das Betonieren unter Wasser erfolgt mit Schüttrohren im „Kontraktorverfahren" (engl.: tremie concrete) oder durch Injizieren von Zementmörtel in ein vorweg eingebautes Steingerüst (Colcrete; in USA: Prepact).

Da der Unterwasserbeton nicht verdichtet wird und ein großes Ausbreitmaß erwünscht ist, muss der Zementanteil auf 300–350 kg/m^3 erhöht werden, je nachdem, ob Füller zugesetzt werden oder nicht.

Vor dem Betonieren muss bei Gewässern mit Schlickfall die Sohle abgesaugt werden; kleinere Schlammablagerungen in Dezimeterdicke können in Kauf genommen werden,

3.4 Gründungen im offenen Wasser

weil der schwere Frischbeton den Schlamm verdrängt und aufschwimmen lässt. Das Gemisch aus Zementschlämme und Bodenschlamm setzt sich auf der Betonoberfläche ab und muss vor dem Einbringen einer weiteren Frischbetonschüttung entfernt werden.

Beim Kontraktorverfahren kommt es auf die richtige Rezeptur des Betons im Hinblick auf Steiggeschwindigkeit und Auslauffläche an. Gewöhnlich setzt man bei Flächen über 100 m^2 mehrere Schüttrohre an. Die entstehende Schüttoberfläche ist etwas geneigt und muss, falls das erforderlich ist, unter Wasser glattgezogen werden. Wegen der erwähnten Verunreinigung der Frischbetonoberfläche ist es aber vorzuziehen, die unregelmäßige Oberfläche unter Wasser zu lassen, wie sie ist, und erst nach dem Auspumpen des Senkkastens nachzuarbeiten.

Die Dicke einer Unterwasserbetonsohle sollte aus herstellungstechnischen Gründen nicht geringer als 1 m sein. Maßgebend ist aber in der Regel der statische Nachweis für den Bauzustand „Senkkästen leer, voller Sohlwasserdruck": Die unbewehrte Sohlplatte muss dann Zugspannungen aufnehmen, die den in den Betonbestimmungen vorgegebenen Wert nicht überschreiten dürfen. Zwar gibt es technisch auch die Möglichkeit [24], in den frisch geschütteten Beton eine Biegebewehrung einzubauen, doch dürfte es bei ausgedehnten Sohlplatten wirtschaftlicher sein, sie durch Bodenanker oder Zugpfähle zu sichern.

5.1   Leuchtturm „Alte Weser" (1960/63)

Der Turmkörper aus Stahl wurde bei den Kieler Howaldtswerken in 3 Sektionen vorgefertigt (Bild 38): Turmfuß mit unterem Schaftteil, konischer oberer Schaftteil und der Deckaufbau mit dem Leuchtfeuer. Der aus Stahlblech bestehende Senkkasten mit dem Leichtbetonballast und der Abschlussplatte aus Stahlbeton auf dem Ballast wurde mithilfe einer Hubinsel (siehe auch Bild 6) in 2 Teilen zur Baustelle transportiert, wo die Teile aufeinandergesetzt wurden. Alle weiteren Baumaßnahmen wie das Absenken des Turmschafts, das Lösen und Fördern des Bodens und das Ausbetonieren wurden an Ort und Stelle von der Hubinsel aus durchgeführt.

Der Turm steht an einer Stelle, an der die durch den Gezeitenwechsel verursachten Strömungen Geschwindigkeiten bis zu 2,2 m/s haben, was weitreichende Sandwanderungen mit metertiefen Sohlenveränderungen verursacht. Daher wurde vor Baubeginn eine 90 m/90 m große Sohlensicherung aus Buschwerkmatten, beschwert mit 300 kg/m^2 Steinen, ausgelegt. Die Matten waren 50 m/10 m groß und wurden so angeordnet, dass eine Öffnung für den Turm blieb (Bild 39). Wegen des Aquaplaning-Effekts war die planmäßige Lage allerdings nur sehr grob erreichbar.

Auch wurde während des Absenkens eine Kolkbildung beobachtet, die schon einsetzte, als die Brunnenschneide noch 2 m über der Sohle stand. Die größte Kolktiefe betrug 6 m auf der Südseite. Der Kolk erleichterte zwar das Absenken, erschwerte aber den statischen Nachweis für die Standsicherheit des Turmschafts im Bauzustand. Kurz bevor die Schneide Sohlberührung bekam, wurde die Spülung an der Schneide (Bild 40) in Betrieb gesetzt. Die Spülrohre wurden in die Bewehrung für den Beton im Fußkegel eingerechnet [47].

Der Sand wurde mit einer Sandpumpe gefördert, die auf einer im Turmschaft schwimmenden Plattform installiert wurde [15]. Mit dem vorgesehenen Verfahren gelang die Absenkung bis zur Kote −21,6 m NN. Da die Spülung in der Schlussphase aus Gründen der Standsicherheit nicht mehr benutzt werden konnte und in dieser Tiefe eine bei den Bohrungen nicht erkannte bindige Einlagerung angetroffen wurde, musste dann mit Taucherhilfe der Fußbereich freigeräumt werden, während die Absenkung des Turmschafts durch die Arbeit der Wellen während eines zweiwöchigen Sturms bis zur vorgesehenen Tiefe von −22,07 m geleistet wurde. Eine weitergehende Absenkung wurde dann durch das Betonieren der Sohle gestoppt.

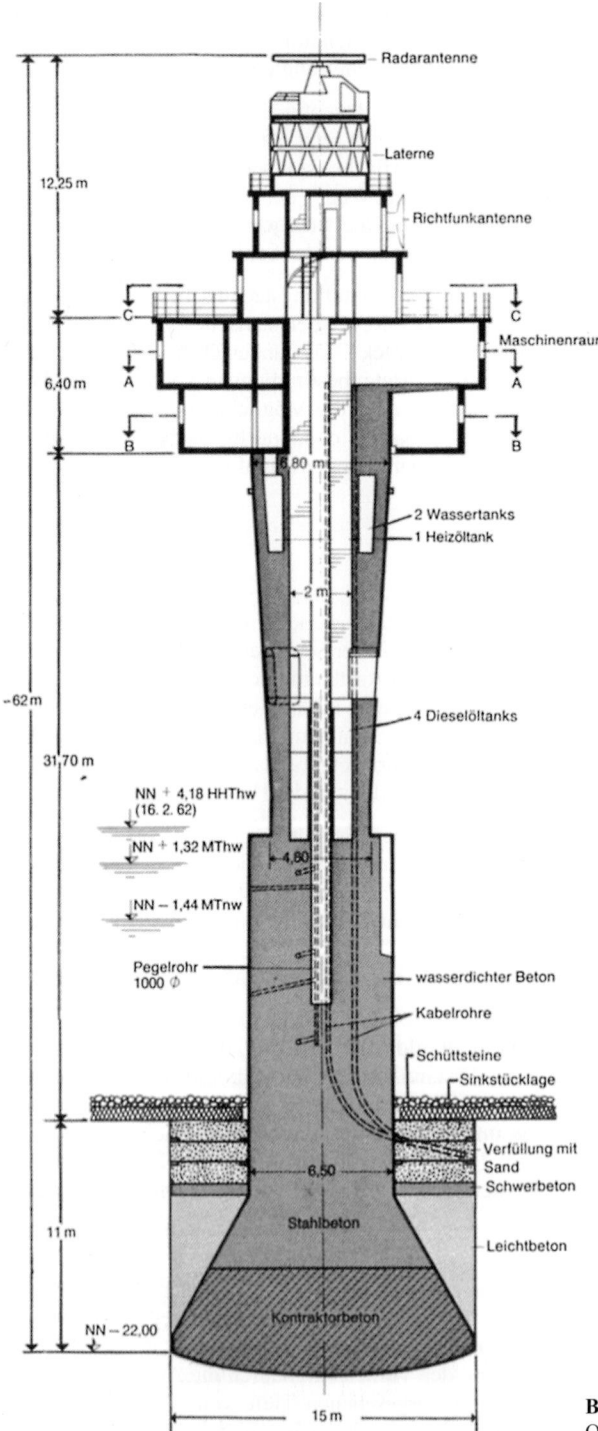

Bild 38. Leuchtturm „Alte Weser"; Querschnitt

3.4 Gründungen im offenen Wasser

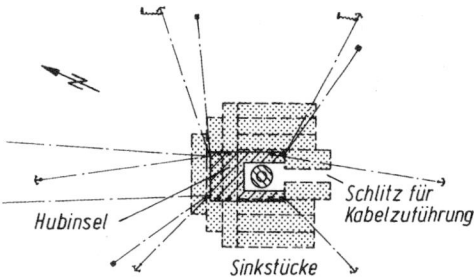

Bild 39. Leuchtturm „Alte Weser";
Sohlensicherung durch Sinkstücke

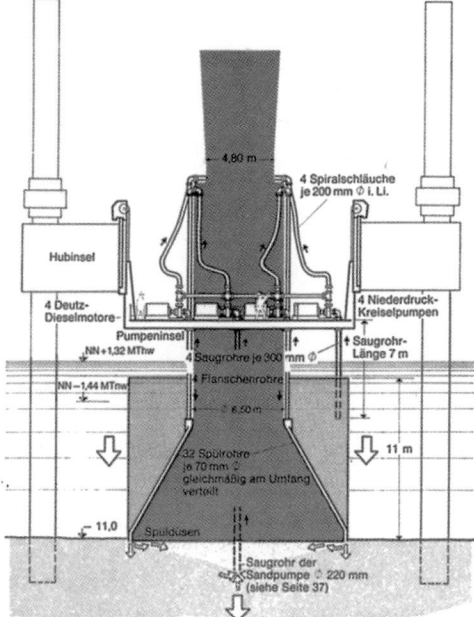

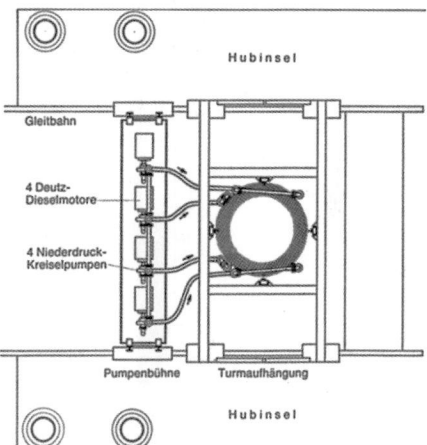

Bild 40. Leuchtturm „Alte Weser";
Spüleinrichtung beim Absenken
(Werksbild: Ph. Holzmann AG)

5.2 Leuchtturm „Großer Vogelsand" (1973/74)

Dieser Turm ersetzte die Feuerschiffe Elbe 2 und 3 in der Außenelbe [11]. Bild 41 zeigt den Turm- und Baugrundquerschnitt. Da vorwiegend Sande unterschiedlicher Korngröße anstehen, musste mit Auskolkungen bis NN 12 m gerechnet werden. Die statisch erforderliche Wanddicke des Rohres wurde mit Rücksicht auf die Korrosion um 10 mm auf 40 mm im Bereich des freien Wassers erhöht und außerdem ein kathodischer Korrosionsschutz vorgesehen. Um Kolkungen vorzubeugen, wurde die Sohle mit Sinkstücken auf einer Fläche von 100 m/100 m – mit einer Aussparung für den Turm – gesichert. Mit Rücksicht auf die risikoreiche Bauausführung in der Außenelbe und auf Tragkraft und Hakenhöhe des verfügbaren Schwimmkrans wurde der Turm an Land in 4 Sektionen vorgefertigt und ausgerüstet: Rohr mit Spülvorrichtung (2,15 MN), Versorgungsteil (0,93 MN), Turmschaft mit Kopf (3,15 MN) und Landedeck. Transport, Aufstellen und Montage geschahen mithilfe des Schwimmkrans in verhältnismäßig kurzer Zeit. Die Spülvorrichtung bestand aus 24 Spül-

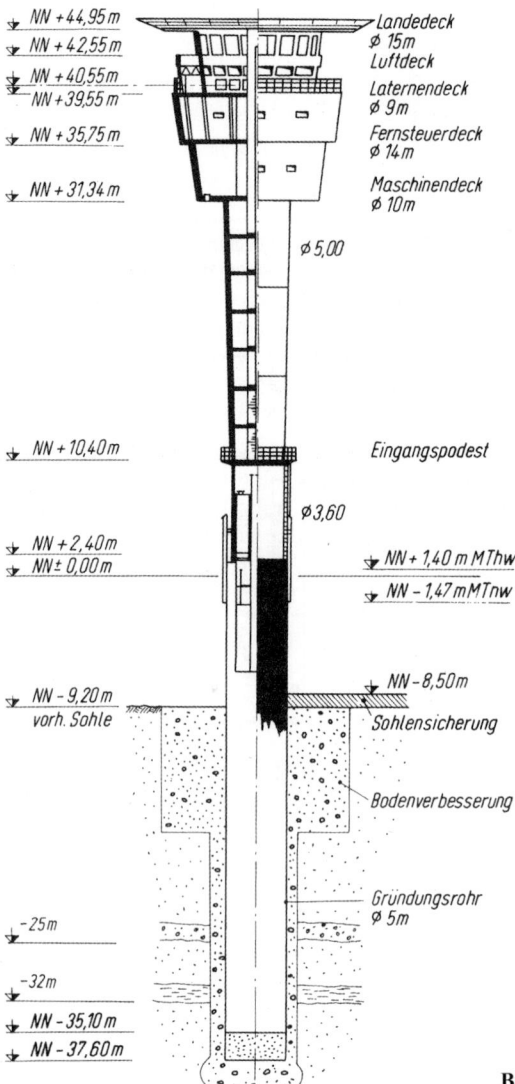

Bild 41. Leuchtturm „Großer Vogelsand" [11]

rohren (3″), die außen am Rohrmantel angeordnet waren und von einer Ringleitung am Kopf versorgt wurden, wobei das ganze System auf und ab verschieblich war. Ein zweiter Verteilerring mit 8 Luftlanzen verstärkte die Spülwirkung, sodass auch die bindigen Zwischenschichten durchfahren werden konnten. Nach Beendigung des Einspülens wurde der Boden um das Rohr rüttelverdichtet. Danach erfolgte der Bodenaushub bis −35,10 m NN und das Schütten von Unterwasserbeton bis zu der für die Auftriebsicherheit im Bauzustand erforderlichen Kote −9 m NN. Danach wurde das Rohr ausgepumpt, der bis zu 6 m tiefe Kolk mit abgestuftem Steinmaterial verfüllt und die Sohlensicherung aus Kupferhüttenschlacke aufgebracht.

6 Pfahlgründungen

In Ergänzung zu Kapitel 3.2 und zu Abschnitt 7 „Offshore-Windenergieanlagen" werden hier noch für den Seebau spezifische Erfahrungen und Beispiele gebracht.

Die Pfahlgründung eines Seebauwerks wird in der Regel sowohl hinsichtlich der Herstellung als auch des Materialaufwands die wirtschaftlichste Lösung sein, wenn es möglich ist, die Pfähle frei durchs Wasser zu führen und erst außerhalb des Wassers durch einen Überbau zu verbinden (Beispiel: Bohrtürme). Allerdings sind Pfähle empfindlich gegen Stoßlasten (Kollisionen, Eis) und Sandschliff, sodass für Dauerbauwerke eine im freien Wasser massive Lösung bevorzugt wird. Wenn die Sohle aus einem nicht tragfähigen weichen Boden besteht, wird man massive Brücken- oder Turmpfeiler auf einen Pfahlrost absetzen: Auch die Kombination aus Pfahl- und Senkkastengründung kann immer noch wirtschaftlicher sein als eine reine Senkkastengründung; sie hat allerdings im Vergleich zu jener den Nachteil, dass sie auf äußere Momente und Horizontalkräfte meist weicher reagiert.

Wenn die örtlichen Verhältnisse eine Pfahlgründung in offener Baugrube mit Wasserhaltung ausschließen, bietet sich die Verwendung von vorgefertigten Stahlbetonglocken an, d. h. ein unten offener Stahlbetonkasten wird entweder über eine bereits gerammte Pfahlgruppe gestülpt und auf diese oder die Gewässersohle abgesetzt, oder er wird zuerst auf Grund gesetzt und als Bau- und Führungsgerüst für die Pfahlherstellung verwendet (Bild 42). Der

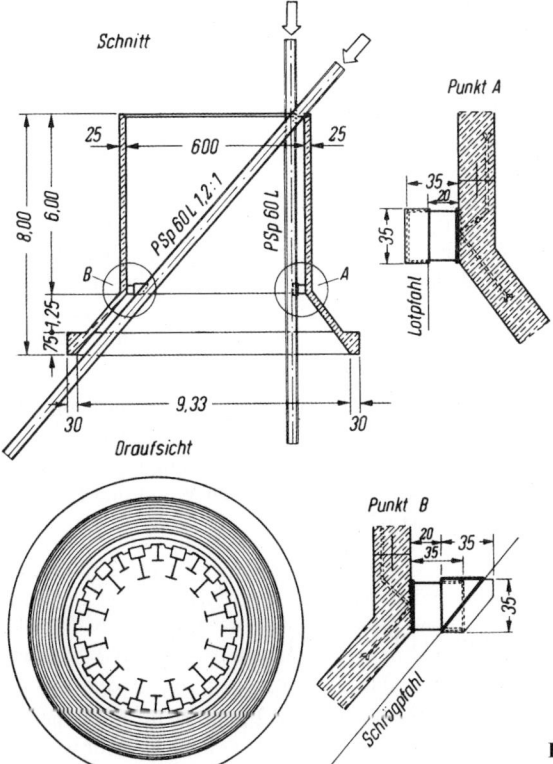

Bild 42. Leuchtturm Kalkgrund; Pfahlrammung in Stahlbetonglocke [14]

Freibord des Kastens muss über den höchsten zu erwartenden Wasserspiegel unter Berücksichtigung des Seegangs und der Wellen vorbeifahrender Schiffe hinausreichen. Mit Kontraktorbeton wird dann die Sohle des Kastens hergestellt, sodass er ausgepumpt werden kann, damit die weiteren Arbeiten in einer trockenen Baugrube erfolgen können. Dieses Verfahren beschränkt sich wegen des Fertigteil-Gewichts auf Wassertiefen bis etwa 10 m. Bei größeren Tiefen muss man die Unterwasser-Pfahlgründung mit einer Schwimmkasten- oder Senkkastenlösung verbinden, siehe das Beispiel in Bild 43.

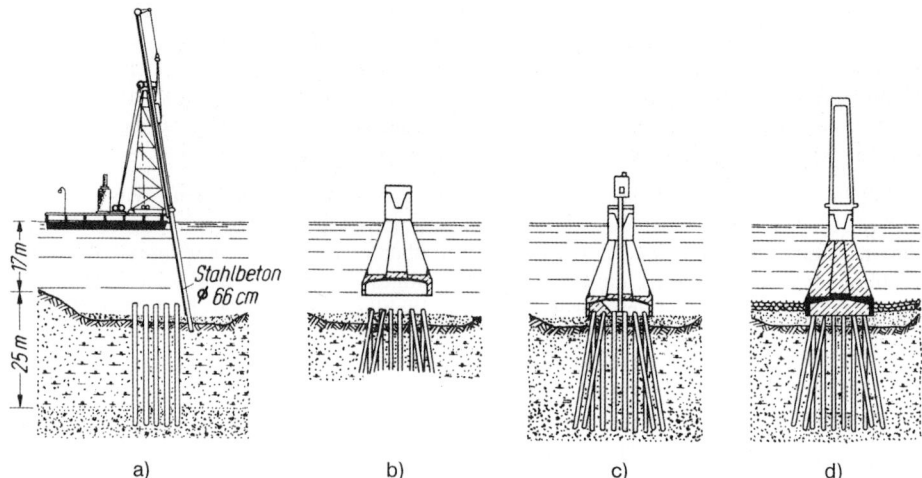

Bild 43. Tejo-Brücke (Portugal); Bauzustände beim Pfeilerbau

Wenn die Glocke auf der Sohle abgesetzt werden soll, muss diese ausreichend tragfähig sein oder durch Faschinenlagen, Steinschüttungen u. Ä. vorbereitet sein. Die Setzungsbewegung der Glocke stört das Festwerden des Kontraktorbetons nicht. Eher hat die Setzung des Frischbetons auf einem weichen Untergrund Bedeutung, und man muss insbesondere verhüten, dass der Kontraktorbeton in einer Art von hydraulischem Grundbruch unter der Kante des Kastens ausfließt, etwa mittels einer Steinschüttung oder einer Lage Sackbeton außen um den Kastenrand herum.

Da das Auspumpen des Kastens zu einem Zeitpunkt erfolgt, wo der Unterwasserbeton noch kriecht, braucht eine Undichtigkeit des Betonpfropfens nicht befürchtet zu werden, wenn die Innenwände des Kastens einen leichten Anzug mit einer geringen Verengung des Profils nach oben haben. Die Erfahrung zeigt, dass die Arbeitsfuge zwischen Wand und Kontraktorbeton durch den äußeren Wasserdruck verpresst wird.

6.1 Köhlbrand-Hochbrücke, Hamburg (1971–1975)

Bereits beim Bau einer Autobahnbrücke über den Nord-Ostsee-Kanal 1967–1969 war das Gründungsverfahren mit der Kombination von Senkkästen und Pfahlrost für die Brückenpfeiler angewendet worden (Bild 44), wobei sich gezeigt hatte, dass es auch bei sehr weichen Deckschichten der Gewässersohle ging, wenn man die Pfähle vorweg rammte und auf

3.4 Gründungen im offenen Wasser

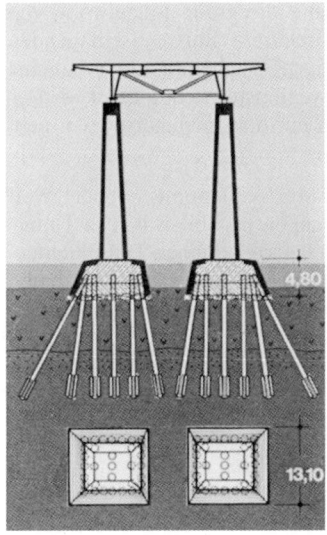

Bild 44. Pfeiler der Autobahnbrücke über den Nord-Ostsee-Kanal

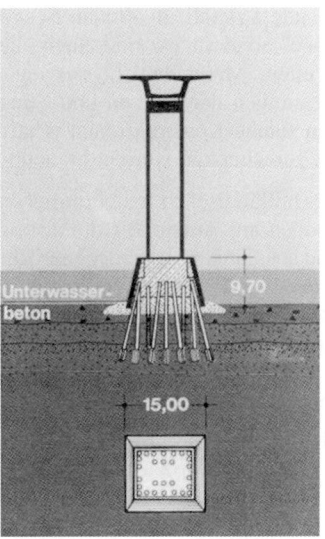

Bild 45. Köhlbrand-Hochbrücke in Hamburg; Pfeilergründung [34]

4 Lotpfählen Lagerpunkte für das Absetzen der Glocke einrichtete. Vor Einbringen des Unterwasserbetons wurde zwischen den Pfählen mit Taucherhilfe eine Buschmatte verlegt.

Daher wurde dieses Bauprinzip auch auf eine Reihe von Pfeilern der Kohlbrand-Hochbrücke in Hamburg angewendet (Bild 45). Hier bestand der Untergrund der Sohle aus nacheiszeitlichen weichen Sedimenten, unter denen eiszeitlich vorbelastete Sande als tragende Schicht ab etwa −12 m NN folgten. Die Pfähle wurden mit einer Schwimmramme MR 40 und einem Rammbär MRB 500 gerammt. Die auf einem Ponton vorgefertigten Stahlbetonglocken (30 cm Wanddicke) wogen 3,4 MN und wurden mit einem Schwimmkran zum Pfahlrost transportiert und abgesetzt.

6.2 Leuchtturm Goerée, Niederlande (1971)

Für Wassertiefen über 20 m wurde in den USA ein Pfahlgründungsverfahren entwickelt, das aus einem Führungsgerüst („jacket" oder „template") im Bereich des Wassers und den durch diese Führung gerammten Stahlpfählen besteht. Das Gerüst ist eine vollgeschweißte starre Rahmenkonstruktion aus Stahlrohren hochfester und korrosionsarmer Qualität, das außerdem kathodischen Rostschutz erhält. Da man gewöhnlich versucht, mit nur 4 Eckpfählen auszukommen, müssen diese sehr große Lasten tragen und deswegen sehr tief in den Boden gebracht werden. Meist geschieht dies durch sehr schwere Rammbäre, die für den Bau von Bohr- und Leuchtfeuerplattformen überhaupt erst entwickelt wurden; gelegentlich auch durch Vorbohren und Einstellen von Innenpfählen [30].

Der künftige Standort einer Station kann wegen der Schwierigkeiten der Pfahlgründung nur auf Grund sehr genauer Untersuchungen des Meeresgrundes und des Schichtenaufbaus im Boden festgelegt werden.

Der maßgebende Lastfall in offenen Seegebieten ist nicht nur die große Einzelwelle von 12–15 m Höhe, sondern es sind auch die periodisch an mehrere Stützen schlagenden kleineren Wellen. Man versucht deswegen, die Wellenangriffsflächen durch möglichst kleine Abmessungen der Stützen und Streben auf das Notwendigste zu beschränken. Dadurch werden solche Konstruktionen relativ weich und sind nur dort anwendbar, wo nicht mit Eisdruck gerechnet zu werden braucht.

Beim Bau des holländischen Leuchtturms wurde das geschilderte Verfahren verwendet, weil der Meeresboden am Aufstellort durch rasche Sandwanderungen instabil war. Der Untergrund bestand aus Sanden verschiedener Korngröße mit eingelagerten dünnen Tonschichten. Die Wassertiefe war 25 m, die Wellenhöhe maximal 16,4 m über SKN. Während Jacket und Leuchtfeuerdeck auf einem Leichter zur Baustelle gebracht wurden, wurden die Arbeiten am Ort mit einer schwimmenden Werkstatt (Lange 180 m, Breite 12,9 m, Tiefe 10 m) ausgeführt, die mit einem Drehkran (6 MN Tragkraft bei 27 m Ausladung, 8 MN Tragkraft bei festem Stand) ausgestattet war.

Bild 46 zeigt die Konstruktion des Turms. Die 4 Eckrohre mit ∅ 1,07 m haben eine Wanddicke von 12,5 mm. An den Knotenpunkten vergrößern sie sich auf 31,5 mm und in der Spritzwasserzone wegen der Korrosionsgefahr um weitere 6,5 mm. Die 4 Gründungspfähle (∅ 993 mm) werden mit 8 MN Druck und 5 MN Zug beansprucht; ihre Rammtiefe ist 35,5 m. Bei wechselnden Wanddicken von 38, 25, 28,5 und 32 mm haben sie ein Gewicht von 5,2 MN.

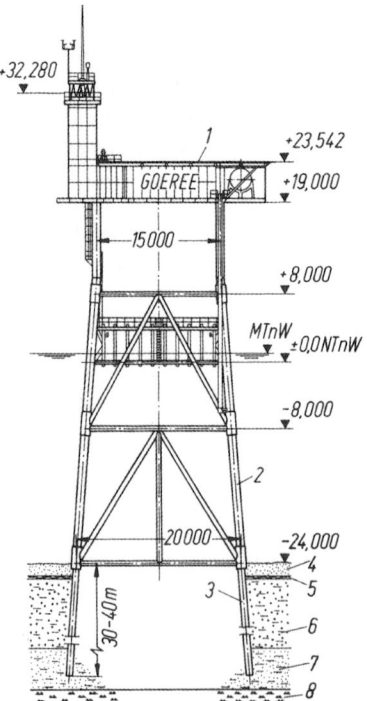

Bild 46. Leuchtturm Goerée, Niederlande [16]

3.4 Gründungen im offenen Wasser 403

Gerammt wurde ohne Schwierigkeiten mit Offshore-Rammbären MRBS im Aufsteckmakler mit 0,75; 1,5 und zuletzt 2,5 MN Fallgewicht [16].

6.3 Bohrplattform Cognac, USA (1978)

Eine der seinerzeit tiefsten Plattform-Gründungen in 316 m Wassertiefe wurde von der Shell-Oil-Company 20 km südlich der Mississippi-Mündung mit einem Stahlgewicht von 64 000 t errichtet. Die zurzeit tiefste Gründung mit 412 m ist die 1988 in gleicher Bauart wie die Cognac-Plattform gebaute Bullwinkle-Plattform im Golf von Mexiko [28].

Das Bauprinzip entspricht dem in Abschnitt 6.2 beschriebenen mit dem Unterschied, dass das Jacket mit 30 m hohen Führungsrohren wegen der enormen Wassertiefe nicht als über die Wasserfläche hinausragender Turm gebaut werden konnte, sondern als Unterwasser-Sektion, auf die dann nach der Pfahlrammung die folgenden Sektionen aufgesetzt wurden. Auch die Rammung musste deswegen unter Wasser ausgeführt werden (140 m Rammtiefe), wofür eigens und erstmalig ein unter Wasser arbeitender Rammbär entwickelt wurde. Wie die Schemaskizzen in Bild 47 zeigen, wurde die räumliche Lage der abzusenkenden Sektionen und jedes einzelnen Pfahles durch Ankerleinen reguliert, die über Ankersteine am Grund zu den Winden an Deck der schwimmenden Montagebühnen liefen. Die absinkenden Bauteile erhielten Schallsender und Fernsehsonden mit Scheinwerfern zum Anleuchten der planmäßigen Zielpunkte. Die Schallsignale wurden mit Computerhilfe ausgewertet und in Steuerbefehle an die Winden umgesetzt [2].

Neben diesen Stahlkonstruktionen mit Pfahlgründungen werden gegenwärtig auch andere Verfahren eingesetzt. Da die zu erreichenden Wassertiefen immer größer werden, geht man zu schwimmenden Produktions-Plattformen über, die mit Zugkabeln an Pfahlgründungen (Pfahllängen bis zu 100 m) im Meeresboden verankert werden.

Eine andere Methode besteht in der Errichtung von nachgiebigen, sehr schlanken Turmbauwerken, die dem dynamischen Wasserdruck elastisch nachgeben, wobei Dämpfer eine Überbeanspruchung verhindern (engl.: Compliant Tower [20]).

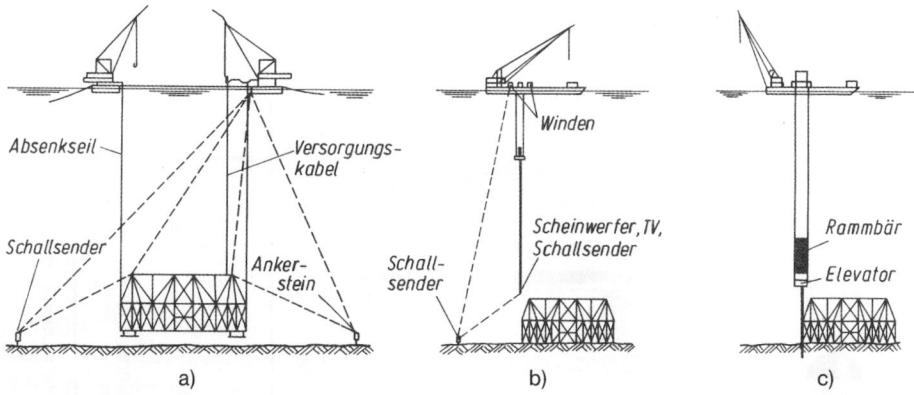

Bild 47. Bohrplattform Cognac, USA [2]

6.4 Saugpfahlmethode

Die Saugpfahlmethode [38] wird seit den letzten fünf Jahren immer mehr für die Installation von Offshore-Konstruktionen eingesetzt (Bild 48). Das Prinzip (Bild 49) besteht darin, den Pfahl durch Erzeugen eines inneren Unterdrucks im Boden abzusenken, sodass kein Rammen erforderlich ist. Das Einbauverfahren ist in Bild 50 dargestellt.

Anwendungsbeispiele sind:

- die Alba Phase IIB Development Subsea Injection Facilities mit 4 Zugpfählen (Bild 51)
- eine Messplattform für die Maas-Ebene mit drei Zugpfählen (Bilder 50 und 52)
- eine sich selbst aufbauende Plattform (SIP) (Bild 53)

Die Zugpfahltechnik eignet sich für unterschiedliche Bodenverhältnisse wie lockeren und dichten Sand und sehr weiche Tone.

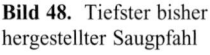

1195 m Tiefe

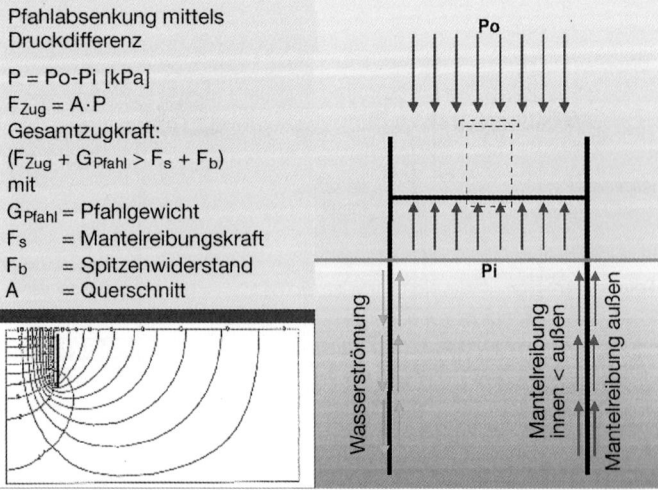

Bild 48. Tiefster bisher hergestellter Saugpfahl

Bild 49. Prinzip der Saugpfahltechnik

3.4 Gründungen im offenen Wasser

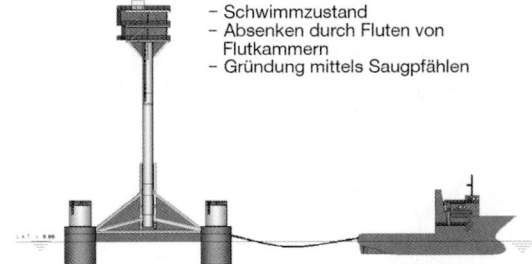

- Schwimmzustand
- Absenken durch Fluten von Flutkammern
- Gründung mittels Saugpfählen

Bild 50 a. Bauzustände der Saugpfahltechnik

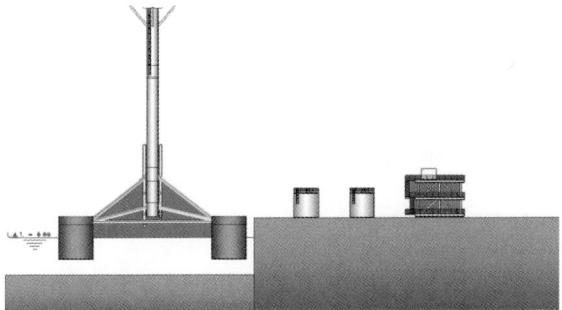

Bild 50 b. Herstellung der einzuschwimmenden Teile

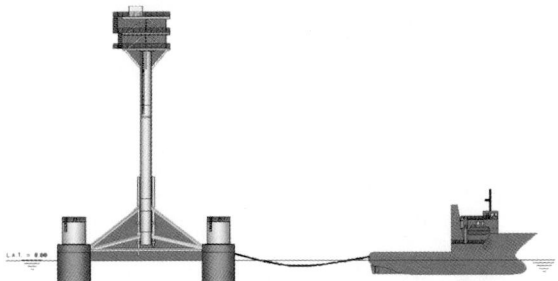

Bild 50 c. Transportzustand

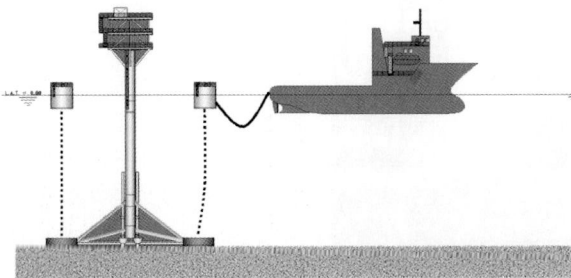

Bild 50 d. Einbau und Entfernung der Schwimmkörper

Bild 51. Alba Phase IIB (Werksfoto: Suction Pile Technology)

Bild 52. Messplattform für die Maasebene (Werksfoto: Ingenieursbureau Gemeentewerken Rotterdam)

3.4 Gründungen im offenen Wasser

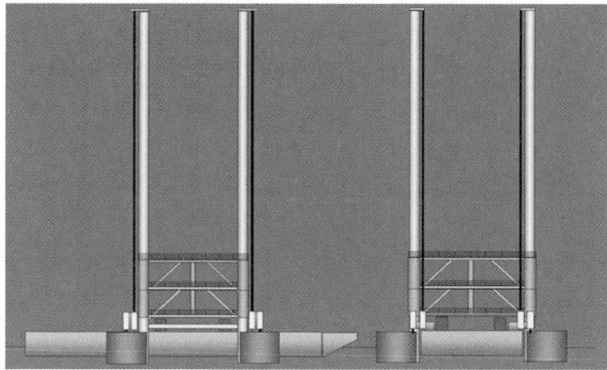

Bild 53. SIP Plattform

7 Gründungen für Offshore-Windenergieanlagen

7.1 Stand der Nutzung der Offshore-Windenergie in Europa und Planungsrandbedingungen

Vor dem Hintergrund ständig steigender Energiekosten gewinnt die Stromerzeugung aus erneuerbaren Energien zunehmend an Bedeutung. Die Windenergie nimmt dabei einen hohen Stellenwert ein, jedoch sind die Ausbaumöglichkeiten an Land mittlerweile in vielen Ländern begrenzt. Aus diesem Grund werden zunehmend küstennahe Gebiete, aber auch Gebiete in größerer Entfernung zur Küste erschlossen. Vorreiter der Nutzung der Offshore-Windenergie waren Dänemark und die Niederlande, aber auch in Schweden, Großbritannien und Irland sind mittlerweile Offshore-Windparks errichtet worden. Tabelle 3 enthält eine Übersicht über die derzeit (Stand August 2008) betriebenen Windparks. Diese Parks wurden überwiegend in geringer Entfernung zur Küste von weniger als 10 km und damit in vergleichsweise geringen Wassertiefen von bis zu 25 m errichtet. Das Demonstrationsprojekt Beatrice ist das erste Projekt, das in größerer Entfernung und damit in größerer Wassertiefe von rd. 45 m errichtet wurde. Der Windpark Horns Rev ist bislang der größte Park mit 80 Anlagen, die übrigen Parks haben deutlich weniger Anlagen. Zudem sind derzeit weitere acht Windparks außerhalb Deutschlands mit einer Gesamtleistung von rd. 1300 MW im Bau. Über 40 Windparks sind dort außerdem in Planung, die Fertigstellung ist bis etwa 2018 vorgesehen. Die überwiegende Zahl dieser Windparks wird in Großbritannien, aber auch in Schweden, Irland, Belgien, den Niederlanden und Dänemark errichtet. Dabei handelt es sich zum Teil um weitere Ausbaustufen bereits existierender Parks.

Die Randbedingungen für die in Deutschland geplanten Offshore-Windparks sind sehr viel ungünstiger. Grund dafür ist, dass die Planungsgebiete in der Nord- und Ostsee vorwiegend in der ausschließlichen Wirtschaftszone (AWZ) liegen. Diese schließt sich an die 12-Seemeilenzone an und ist im Wesentlichen mit dem deutschen Festlandsockel identisch (Bilder 54 und 55). Die Anlagen in der AWZ liegen rd. 25–100 km von der Küste entfernt. Die Wassertiefe ist mit rd. 20–40 m deutlich größer als im küstennahen Bereich.

Für die Genehmigung der Windparks in der AWZ nach der Seeanlagenverordnung ist das Bundesamt für Seeschifffahrt und Hydrographie (BSH) zuständig. Innerhalb der 12-See-

Tabelle 3. In Betrieb befindliche Windparks in Europa*

Windpark	Größe	Entfernung [km]	Wassertiefe [m]
Vindeby/DK 1991	11 × 0,45 MW	1,5–3	2,5–5
Lely/NL 1994	4 × 0,5 MW	0,8	4–5
Tunø Knob/DK 1995	10 × 0,5 MW	6	3–5
Dronten/NL 1996	28 × 0,6 MW	0,3	1–2
Bockstigen/SWE 1998	5 × 0,55 MW	4	6
Blyth/GB 2000	2 × 2 MW	1	6 (5 m Tide)
Middelgrunden/DK 2001	20 × 2 MW	2–3	2–6
Utgrunden/SWE 2001	7 × 1,5 MW	12	7–10
Yttre Stengrund/SWE 2001	5 × 2 MW	5	8
Horns Rev/DK 2002	80 × 2 MW	14–20	6–14
Ronland-Jütland/DK 2003	8 x 2–2,3 MW	k. A.	k. A.
Samsø/DK 2003	10 × 2,3 MW	3,5	11–18
Frederikshaven/DK 2003	4 × 2,3–3 MW	0,5	1
Rødsand/Nysted/DK 2003	72 × 2,3 MW	9	6–10
Arklow Bank/IRL 2003	7 × 3,6 MW	7–12	5
North Hoyle/GB 2003	30 × 2,0	7–8	12 (8 m Tide)
Kentish Flats/GB 2005	30 × 3,0 MW	8,5–10	5
Scroby Sands/GB 2004	30 × 2 MW	2,3	k. A.
Barrow/GB 2006	30 × 3 MW	7	15–20
Moray Firth (Beatrice)/GB 2006	1 × 5 MW	25	45
OWEZ/NL 2006	36 × 3 MW	10–18	18
Bilbao Harbour/E 2006	5 × 20 MW	k. A.	k. A.
Burbo/GB 2007	25 × 3,6 MW	10	1–8
Lillgrund/SWE 2007	48 × 2,3 MW	10	10
Q7-WP/NL 2008	60 × 2 MW	23	19–24

* Internetrecherche – Stand 08/2008

meilenzone liegt die Zuständigkeit bei den Ministerien der Anrainerländer bzw. deren nachgeordneten Behörden. Die Genehmigung erfolgt nach den jeweiligen Bauvorschriften.

Zum gegenwärtigen Zeitpunkt (Stand August 2008) sind in der Nordsee 17 Windparks in der AWZ genehmigt, in der 12-Seemeilenzone ein Windpark sowie eine einzelne Anlage und eine Anlage wurde nearshore gebaut. In der Ostsee sind drei Windparks in der AWZ genehmigt, während in der 12-Seemeilenzone zwei Windparks genehmigt sind und eine Einzelanlage

MENCK

Weil der Wind auf offener See stärker und beständiger weht, als an Land, liegt die Zukunft der Windkraft vor den Küsten. Das stellt extreme Anforderungen an die Fundamente der Anlagen. Auf der soliden Basis von vierzig Jahren Erfahrung in der Installation von Offshore-Anlagen hat MENCK jetzt im ersten deutschen Offshore-Windpark alpha ventus sechs Tripod- und sechs Jacket-Fundamente mit jeweils drei bzw. vier Pfählen sicher verankert.

Unsere Hydraulikhämmer-Komplett-Systeme

- liefern eine Schlagenergie von 100 kJ bis 3000 kJ in verschiedenen Hammergrößen
- arbeiten nach einem doppelt wirkenden Prinzip (hydraulisch beschleunigter Fallkörper)
- sind unterwasserfähig bis 2000 m und tiefer
- rammen Monopiles bis 5,2 m OD (größere in Planung)
- verankern Tripods und Jackets zuverlässig
- bieten Systeme zur Minderung des Rammschalls
- kommen mit Engineering, Logistik und Projektmanagement aus einer Hand.

Wer den Wind nutzen will, muss ihm standhalten! Bauen Sie auf MENCK.

Immer dem Wind nach

info@menck.com
Germany +49 (0) 4191-911-0
www.menck.com

an ACTEON company

YOUR SUCCESS – BASED ON MENCK

BETON-KALENDER

Grundlagen, Beispiele, Normen

Schwerpunkte: Konstruktiver Hochbau / Aktuelle Massivbaunormen

Beton-Kalender 2009
Hrsg.: Bergmeister, K./ Wörner, J.-D./Fingerloos, F.

2008. 1457 S., 1075 Abb., 297 Tab. Gb.
€ 165,–* / sFr 261,–
Fortsetzungspreis:
€ 145,–* / sFr 229,–
ISBN 978-3-433-01854-5

Schwerpunkte: Konstruktiver Wasserbau / Erdbebensicheres Bauen

Beton-Kalender 2008
Hrsg.: Bergmeister, K./ Wörner, J.-D.

2007. 1160 S. 745 Abb. 262 Tab. Gb.
€ 165,–* / sFr 261,–
Fortsetzungspreis:
€ 145,–* / sFr 229,–
ISBN 978-3-433-01839-2

Schwerpunkte: Verkehrsbauten / Flächentragwerke

Beton-Kalender 2007
Hrsg.: Bergmeister, K./ Wörner, J.-D.

2006. 1428 S. 1033 Abb. 247 Tab. Gb.
€ 165,–* / sFr 261,–
Fortsetzungspreis:
€ 145,–* / sFr 229,–
ISBN 978-3-433-01833-0

Schwerpunkte: Turmbauwerke / Industriebauten

Beton-Kalender 2006
Hrsg.: Bergmeister, K./ Wörner, J.-D.

2005. 1360 S. 1069 Abb. 260 Tab. Gb.
€ 165,–* / sFr 261,–
Fortsetzungspreis:
€ 145,–* / sFr 229,–
ISBN 978-3-433-01672-5

Schwerpunkte: Tunnelbauwerke / Fertigteile

Beton-Kalender 2005
Hrsg.: Bergmeister, K./ Wörner, J.-D.

2004. 1348 S. 1057 Abb. 258 Tab. Gb.
€ 165,–* / sFr 261,–
Fortsetzungspreis:
€ 145,–* / sFr 229,–
ISBN 978-3-433-01670-1

Schwerpunkte: Brücken / Parkhäuser

Beton-Kalender 2004
Hrsg.: Bergmeister, K./ Wörner, J.-D.

2003. 1156 S. 836 Abb. 239 Tab. Gb.
€ 165,–* / sFr 261,–
Fortsetzungspreis:
€ 145,–* / sFr 229,–
ISBN 978-3-433-01668-8

Preis für Fortsetzungsbezieher: Sparen Sie jährlich 20,– €*!

* Der €-Preis gilt ausschließlich für Deutschland
Irrtum und Änderungen vorbehalten.

Ernst & Sohn
Verlag für Architektur und
technische Wissenschaften GmbH & Co. KG

www.ernst-und-sohn.de

Für Bestellungen und Kundenservice:
Verlag Wiley-VCH
Boschstraße 12
69469 Weinheim
Deutschland

Telefon: +49(0) 6201 / 606-400
Telefax: +49(0) 6201 / 606-184
E-Mail: service@wiley-vch.de

3.4 Gründungen im offenen Wasser

nearshore gebaut wurde. In allen Windparks sind große Stückzahlen von bis zu mehreren hundert Anlagen pro Park in späteren Ausbauphasen geplant. Um Erfahrungen mit dem Bau und Betrieb von Offshore-Windparks unter den gegebenen Randbedingungen zu sammeln, wird in dem Gebiet des geplanten Windparks Borkum West, d. h. 45 km nördlich von Borkum in einer Wassertiefe von rd. 30 m zunächst das Testfeld Alpha-Ventus mit 12 Anlagen errichtet.

Abgesehen von den in Abschnitt 1.3 dargestellten Randbedingungen der Bemessung und Herstellung von Gründungen im offenen Wasser werden im Folgenden einige für den Bau von Offshore-Windenergieanlagen relevante Besonderheiten erläutert.

Offshore-Windenergieanlagen werden für einen Zeitraum von rd. 20 bis 25 Jahren ausgelegt. Ihre Gründung wird oft für zwei Generationen von Anlagen bemessen, ihre Lebensdauer beträgt damit rd. 50 Jahre. Danach müssen alle baulichen Anlagen einschließlich der Gründung so rückgebaut werden, dass von ihnen keine Beeinträchtigung des Schiffverkehrs, des Fischfangs oder der Umwelt ausgeht.

Folgende Lasteinwirkungen auf die Gründung von Offshore-Windenergieanlagen müssen bei der Bemessung berücksichtigt werden:

– Umwelteinwirkungen,
– Lasten aus dem Betrieb der Anlage.

Die Umwelteinwirkungen resultieren aus Seegang (Wellen, Strömung), aus Wind und, vorrangig in den Ostseegebieten, aus Eis. Die Einwirkungen sind standortspezifisch zu

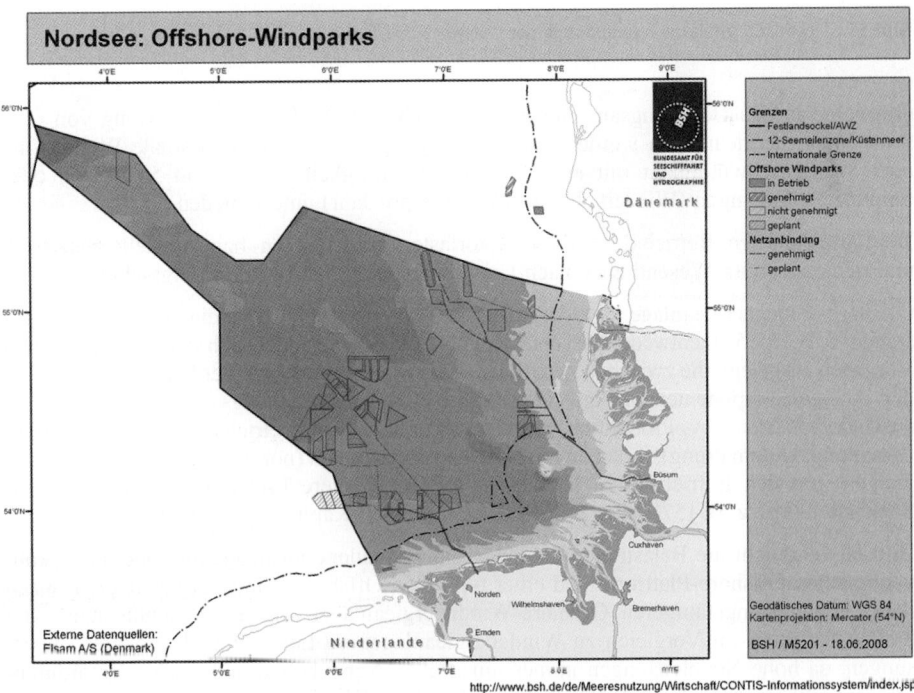

Bild 54. Übersicht Offshore-Windparks in der Nordsee (Karte BSH)

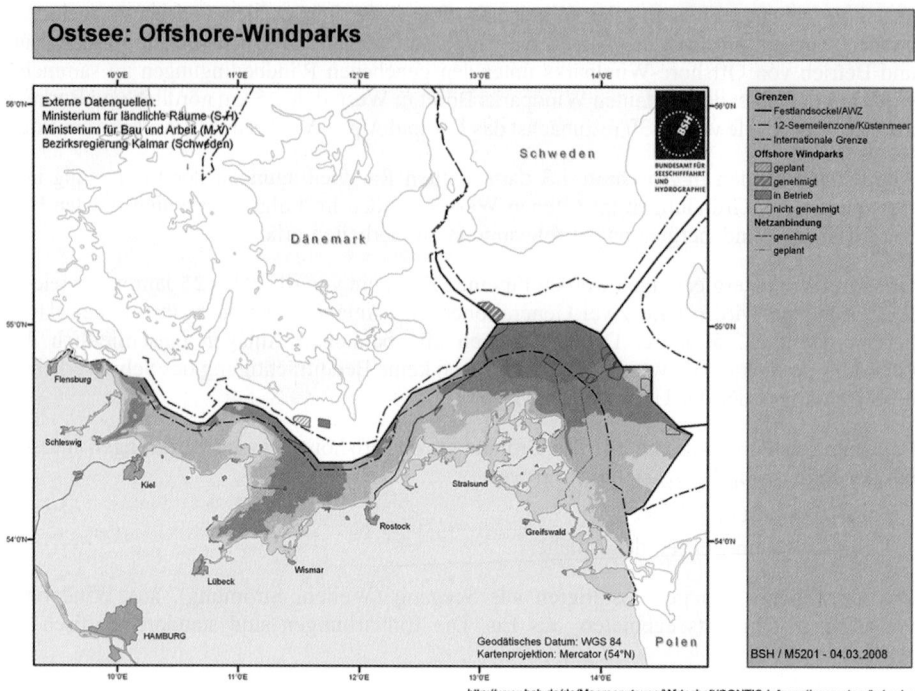

Bild 55. Übersicht Offshore-Windparks in der Ostsee (Karte BSH)

ermitteln (zu den Belastungsannahmen vgl. Abschnitt 1.2). Bei der Bemessung von Offshore-Windenergieanlagen werden Extrembedingungen (z. B. eine maximale Wellenhöhe oder Windgeschwindigkeit mit einer Wiederkehrhäufigkeit von 1 × in 50 Jahren) oder normale Bedingungen (Wiederkehrhäufigkeit 1 × pro Jahr) unterschieden.

Die Lasten aus dem Betrieb der Anlage (Rotorlasten) sind anlagen- bzw. herstellerspezifisch und richten sich im Wesentlichen nach Leistungsregelung und Überlastungsschutz.

Offshore-Windenergieanlagen werden nach den Vorgaben der zuständigen Zertifizierungsstellen (z. B. [55, 56]) entweder für verschiedene Typenklassen oder nach standortspezifischen Vorgaben ausgelegt, die zwischen Zertifizierer und Planer vereinbart werden. Die Bemessung der Anlagenkomponenten erfolgt für unterschiedliche Bemessungssituationen (Betriebszustände wie Stand by, Produktion, Start up und Shut down, Betriebsstörungen, Transport, Errichtung, Unterhaltung), in denen die Umwelteinwirkungen (normale bzw. extreme Bedingungen) mit den Betriebslasten überlagert werden. Weitere Einwirkungen sind ggf. aus Schiffsstoß (vgl. z. B. [57]) oder Erdbeben (vgl. Band 1, Kapitel 1.8) zu berücksichtigen.

Bild 56 vergleicht die Belastungssituationen einer Windenergieanlage an Land, einer konventionellen Offshore-Plattform und einer typischen Offshore-Windenergieanlage. Danach haben die leistungsfähigeren Offshore-Windenergieanlagen mit einer Nennleistung von 3 MW und mehr im Vergleich zu Windenergieanlagen an Land deutlich größere Abmessungen, da hohe Nennleistungen immer mit großen Nabenhöhen und großen Rotordurchmessern einhergehen. Zusätzlich müssen bei Offshore-Windenergieanlagen die hydrodynamischen Einwirkungen sowie ggf. Eisbelastung auf die Gründung berücksichtigt werden.

3.4 Gründungen im offenen Wasser

Im Vergleich zu Plattformen der Erdöl- bzw. Erdgasindustrie sind die Wassertiefen in den Planungsgebieten zwar gering, aber die schlanken hohen Windenergieanlagen haben nur ein geringes Eigengewicht. Die horizontalen Umwelteinwirkungen erzeugen im Vergleich dazu sehr große Lastneigungen und wegen der hohen Lastangriffspunkte (Wassertiefe plus Nabenhöhe) eine extrem hohe Lastausmitte (vgl. Bild 56) und damit eine hohe Biegemomentenbelastung bezogen auf die Meeresbodenoberfläche. Hinzu kommt, dass Offshore-Windenergieanlagen im Gegensatz zu Offshore-Plattformen sehr viel nachgiebiger sind, sodass das dynamische Verhalten für die Bemessung der Struktur von großer Bedeutung ist.

Weiterhin erfordert die große Anzahl der Anlagen pro Windpark eine möglichst weitreichende Vorfertigung an Land und eine Logistik, die auf die Verfahrensschritte Vorfertigung, Transport, Installation und den späteren Rückbau abgestimmt sein muss. Die erforderliche Gerätetechnik, Transportmittel sowie die notwendigen Produktionsstätten, Lagerflächen und Dockkapazitäten in den Häfen müssen in erforderlichem Umfang zur Verfügung stehen. Der Transport und die einsetzbaren Transportmittel (Schiffe, Schlepper) sind auf die vorhandene Wassertiefe auf der gesamten Fahrstrecke abzustimmen. Der Transport der Anlagen und ihre Installation am Standort sind allerdings erheblich von den Witterungsbedingungen abhängig. Insgesamt steht für derartige Arbeiten nur ein begrenztes Zeitfenster pro Jahr zur Verfügung, wie in Bild 57 exemplarisch anhand der witterungsbedingten Ausfallzeiten in der nordwestlichen Nordsee dargestellt ist. Aber auch innerhalb dieses Zeitfensters bleiben Transport und Geräteeinsatz abhängig vom Seegang, was vor allem wegen der hohen Vorhaltekosten auf See problematisch ist.

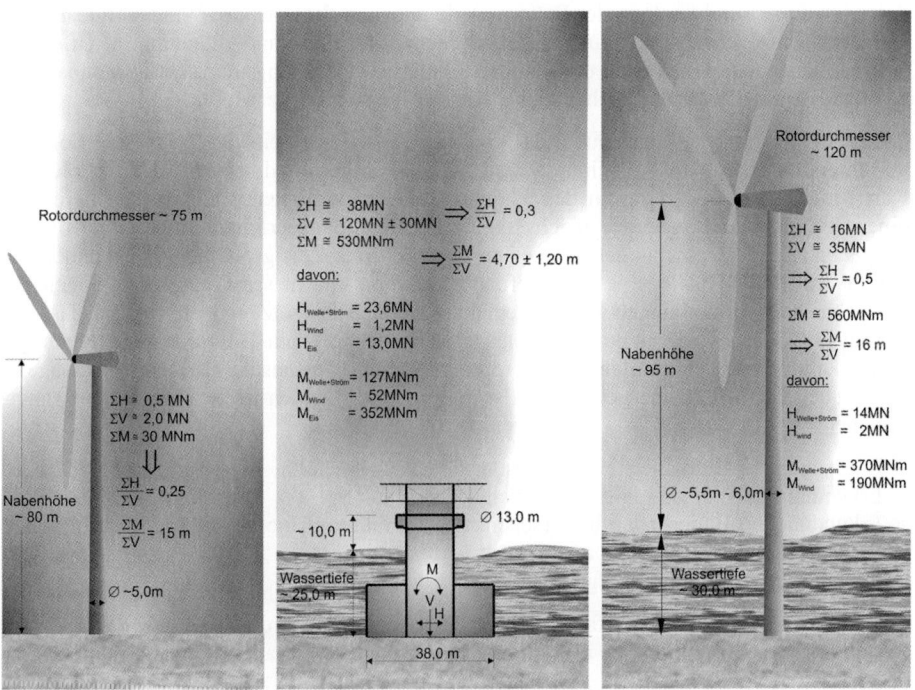

Bild 56. Belastungssituation einer typischen Windenergieanlage an Land (links), einer Ölplattform (Mitte) und einer typischen Offshore-Windenergieanlage (rechts) [58]

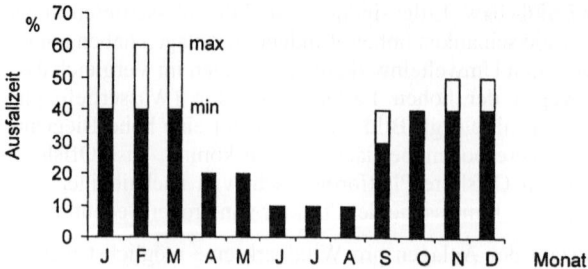

Bild 57. Witterungsbedingte Ausfallzeiten für Arbeiten in der nordwestlichen Nordsee [59]

7.2 Baugrunderkundungen

Entwicklung, Errichtung, Betrieb und Rückbau von Offshore-Windparks in der deutschen AWZ, die in den Zuständigkeitsbereich des BSH fallen, müssen dem Standard „Konstruktive Ausführung von Offshore-Windenergieanlagen" des BSH (kurz: Standard Konstruktion) [60] genügen. Der Standard Konstruktion regelt die in den jeweiligen Phasen vorzulegenden Nachweise und Genehmigungen und bindet sowohl die Regelwerke der Zertifizierungsstellen (wie [55, 56]) als auch die einschlägigen DIN-Normen ein. Bei den Anlagen innerhalb der 12-Seemeilenzone finden Letztere unmittelbar Anwendung. Hinsichtlich der Baugrunderkundungen verweist der Standard Konstruktion auf den Standard „Baugrunderkundung für Offshore-Windenergieparks" des BSH [61] (kurz: Standard Baugrund), der Mindestanforderungen an Art und Umfang der Baugrunderkundungen für Offshore-Windenergieanlagen enthält. Nachfolgend werden einige Besonderheiten der Baugrunderkundung im Offshore-Bereich behandelt, denen auch der Standard Baugrund Rechnung trägt. Darüber hinaus sei auf Band 1 des Grundbau-Taschenbuchs, Kapitel 1.3 und 1.4 verwiesen.

Offshore-Windparks nehmen ein Areal von mehreren Hektar ein. Da Bohr- und Sondierverfahren nur punktuelle Aufschlüsse des Baugrunds liefern und bisher kaum großräumige Kartierungen des Baugrunds in den Planungsgebieten verfügbar sind, werden bereits in einem frühen Planungsstadium geophysikalische Erkundungsverfahren eingesetzt. Mit geophysikalischen Untersuchungen können in relativ kurzer Zeit große Areale erkundet und bereits frühzeitig Risikogebiete identifiziert werden. Auf dieser Grundlage können die geotechnischen Erkundungen besser geplant werden. Dies setzt jedoch voraus, dass die geophysikalischen Untersuchungsergebnisse an geotechnischen Bohrungen im Planungsgebiet kalibriert und fortlaufend re-interpretiert werden. Ansonsten bleibt ihre Aussagefähigkeit begrenzt. Folgende geophysikalische Verfahren werden nach ihrem Zweck unterschieden:

– Erkundung der Bathymetrie: Vermessungslot, Fächerecholot,
– Erkundung der Topographie: Seitensichtsonar,
– Erkundung des Baugrundaufbaus (seismische Verfahren): Boomer, Sparker, Chirp Sonar, Pinger, Airgun, Watergun u. a.,
– Ortung von Wracks etc.: Magnetometer.

Die Anforderungen an die Verfahren sind in Teil B des Standards Baugrund [61] definiert. Die Verfahren selbst sind z. B. in [62] oder [63] erläutert (vgl. auch Band 1, Kapitel 1.3).

Die Baugrunderkundungen werden von Bohrschiffen oder von Hubinseln aus durchgeführt. Hinsichtlich der Anforderungen an den Einsatz einer Hubinsel wird auf Abschnitt 2.2 verwiesen. Bild 58 zeigt die Hubinsel ME-JB 1 der Firma Muhibbah Marine Engineering

3.4 Gründungen im offenen Wasser

Bild 58. Hubinsel ME-JB 1 der Muhibbah Marine Engineering (Foto: Rizkallah + Partner GmbH)

bei den Erkundungsarbeiten im Planungsgebiet des Offshore-Windparks Arkonabecken-Südost. Hubinseln werden für jeden Einsatz mit der jeweils erforderlichen Bohr- und Sondiertechnik ausgestattet, sodass die Erkundungen wie an Land durchgeführt werden können, sofern die Hubinseln weit genug „aufgejackt" werden kann (vgl. Abschnitt 2.2).

Bohrschiffe hingegen können in deutlich größeren Wassertiefen eingesetzt werden, allerdings nur bei moderatem Seegang. Sie verfügen über spezielle Bohr- und Sondiereinrichtungen, die auf die Anwendungen im Offshore-Bereich abgestimmt sind. Die Bohrungen werden in der Regel als Rotationsbohrung mit Spülhilfe ohne fortlaufende Gewinnung von Bodenproben abgeteuft. Die Probengewinnung erfolgt abschnittsweise aus der Bohrlochsohle mit speziellen Probeentnahmegeräten als Druckkern- oder Rammkernproben.

Sondierungen werden im Offshore-Bereich in der Regel als Drucksondierungen entweder kontinuierlich von der Meeresbodenoberfläche oder abschnittsweise von der Bohrlochsohle ausgeführt. Andere Sondierverfahren (z. B. Bohrlochrammsondierung, Flügelsondierung) sind möglich. Zur Vermeidung des Ausknickens des Sondiergestänges im Wasser wird eine Stützverrohrung (*Casing*) bis zur Meeresbodenoberfläche angeordnet. Die von einer Hubinsel oder einem Bohrschiff erreichbaren Sondiertiefen sind durch das verfügbare Widerlager sowie die Eigenschaften des Baugrunds begrenzt. Dies gilt insbesondere für die kontinuierliche Drucksondierung. Als zusätzlicher Reaktionsrahmen wird daher häufig ein Ballastblock auf der Meeresbodenoberfläche abgesetzt. Reicht dessen Kapazität nicht aus, muss der sondierte Bereich überbohrt werden, um in größere Tiefen zu gelangen. Bild 59 zeigt die Bohrung, Probenentnahme und Sondierung in der Bohrlochsohle von einem Bohrschiff aus unter Einsatz eines Ballastblocks.

Die Belastung der Gründung von Offshore-Windenergieanlagen ist überwiegend zyklischer Natur (vgl. Abschnitte 1.3 und 7.1.2). Daraus resultiert oft eine komplexe Interaktion von Gründung und Boden, die eine Bemessung in zwei Stufen erfordert. Im ersten Schritt wird die Gründung für das maßgebende Extremereignis dimensioniert, das als quasi-statische Belastung idealisiert wird. Dieser Bemessungsschritt liefert die Hauptabmessungen der Gründung. In einem zweiten Schritt wird ihr Betriebsverhalten unter fortwährender zyklischer Belastung beurteilt. Dieser Schritt umfasst zunächst eine Untersuchung des Festig-

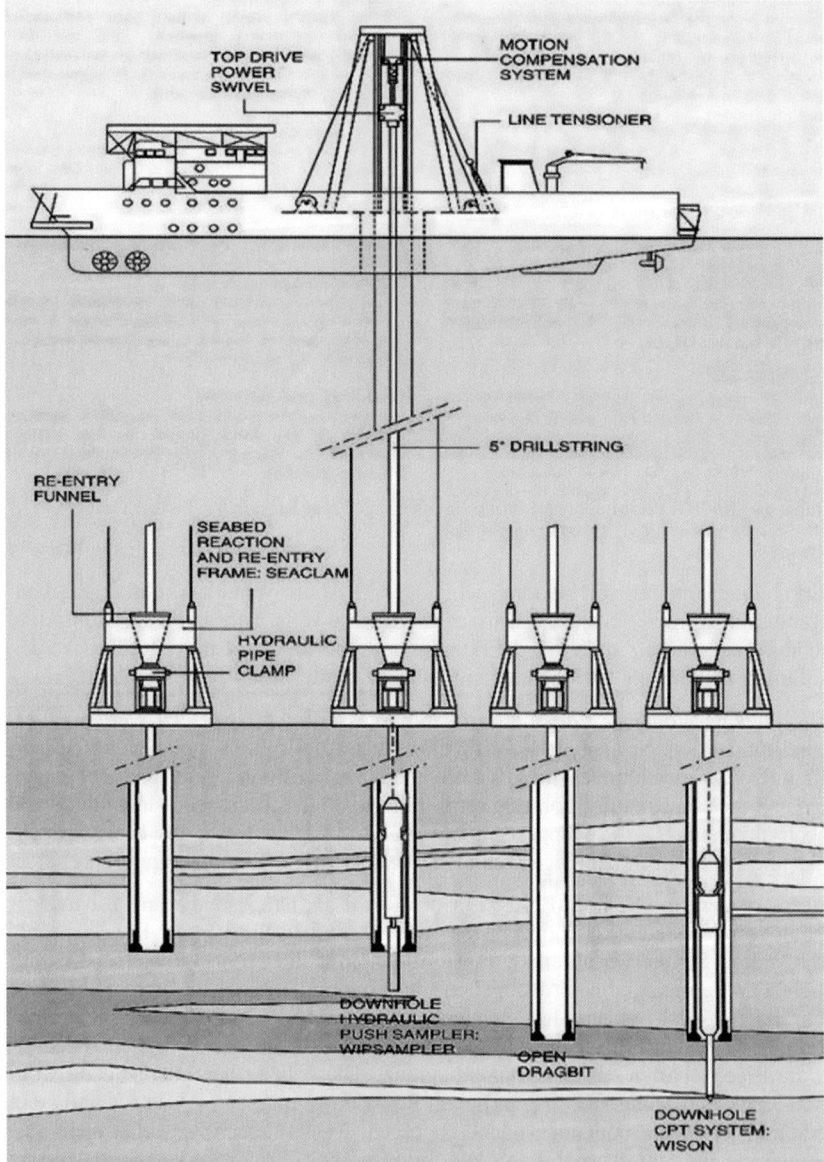

Bild 59. Baugrunderkundung mit einem Bohrschiff: Bohrung, Probenentnahme und Drucksondierung im Bohrloch (Skizze: Fugro Offshore Geotechnics)

keits- und Formänderungsverhaltens der im lastabtragenden Bereich anstehenden Böden. Diese Ergebnisse müssen dann in geeigneter Weise auf das Systemverhalten des gewählten Gründungskonzepts übertragen werden. Verbindliche Regelungen für derartige Untersuchungen gibt es derzeit jedoch noch nicht (vgl. zu dieser Thematik u. a. [58, 61] sowie [64–71]).

7.3 Gründungskonzepte

Die derzeit diskutierten Gründungskonzepte für Offshore-Windenergieanlagen orientieren sich vorwiegend an den klassischen Plattformgründungen der Erdöl- und Erdgasindustrie und sind in Bild 60 zusammengestellt. Bisher wurden vorwiegend Monopile- und Schwergewichtsgründungen realisiert.

Tabelle 4 zeigt eine Gegenüberstellung dieser Gründungsvarianten im Hinblick auf ihre prinzipielle Eignung unter verschiedenen Anforderungen und Randbedingungen.

Es ist jedoch zu beachten, dass eine abschließende Bewertung nur im Einzelfall möglich ist. Vor allem der in Tabelle 4 angegebene Grenzwert für die Wassertiefe ist lediglich eine Richtgröße. Zwar hat die Wassertiefe unmittelbar Einfluss auf die Gründungsbelastung und damit auf ihre Abmessungen, jedoch hängt es in hohem Maße von den vorhandenen Baugrundeigenschaften ab, ob eine gleichermaßen technisch und wirtschaftlich optimale Ausführung einer bestimmten Gründung möglich ist.

Tabelle 4. Vergleich der Gründungskonzepte

Anforderungen	Monopile	Jacket/Tripod	Schwergewichtsgründung	Saugrohrgründung
Wassertiefe	< 30 m	< > 30 m	< 30 m (ggf. auch mehr)	< > 30 m
Baugrund – nichtbindig – bindig	+ –	+ ±	+ ±	+ –
Einfluss Kolkbildung	–	±	–	±
Eisbelastung	–	±	+	±
Gefahr für Schiff bei Kollision	+	–	–	±
Grad der Vorfertigung	±	±	+	±
Platzbedarf für Vorfertigung	+	–	–	+
Einfluss auf dynamisches Verhalten der Struktur	–	+	+	±
Aufwand für Transport	+	–	–	+
Aufwand für Installation vor Ort	±	±	±	±
Rückbau	+	–	–	±
Baukosten	+	–	–	±

+ vergleichsweise gut,   – vergleichsweise schlecht,   ± neutral

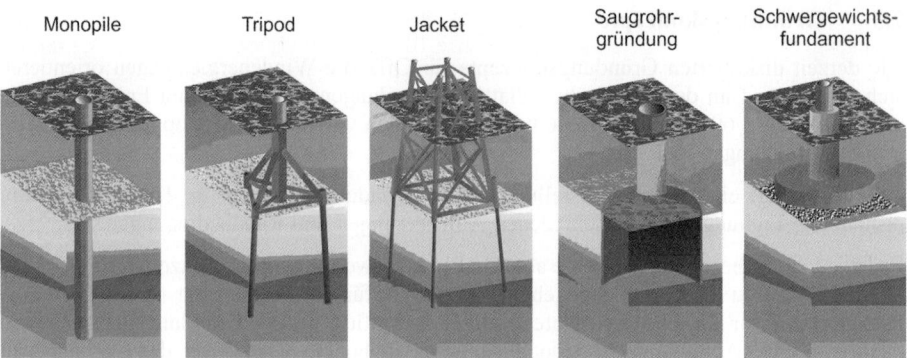

Bild 60. Gründungskonzepte für Offshore-Windenergieanlagen [66]

7.3.1 Monopiles

Monopiles werden werkseitig vorwiegend aus Stahl vorgefertigt. Der Transport zum Standort erfolgt in der Regel mit Transportbargen, die Pfähle können aber auch einzeln oder im Verbund mit versiegelten Öffnungen schwimmend zur Einbringstelle geschleppt werden. Monopiles werden in der Regel durch Rammung in den Baugrund eingebracht (Bild 61). Durch entsprechende Adapter für die Rammhauben sind derzeit Durchmesser bis zu 6 m

Bild 61. Monopilegründung – Offshore Windpark Egmond an Zee (Foto: Mammoet van Oord)

Bild 62. Installation des Transition Piece – Offshore Windpark Egmond an Zee (Foto: Mammoet van Oord)

möglich, sofern die Baugrundeigenschaften das Einbringen durch Rammung erlauben. Grundsätzlich kann ein Monopile auch durch Bohren oder durch kombinierte Rammung und Bohrung eingebracht werden. Der Einfluss des Rammvorgangs auf die Pfahltragfähigkeit wird z. B. in [72] diskutiert.

Der Anschluss des Monopiles an den Turm erfolgt oberhalb der Wasserspiegellinie über ein Zwischenstück, das sog. Transition Piece (Bild 62), das mit einer Zugangsplattform, ggf. einer Bootslandemöglichkeit und den Kabelkanälen für die Unterwasserkabel ausgerüstet ist. Über das Zwischenstück kann ein Neigungsausgleich zwischen Monopile und Turm vorgenommen werden. Die Verbindung zwischen Monopile und Zwischenstück wird verpresst, der Anschluss an den Turm erfolgt in der Regel über eine Ringflanschverbindung (zur Ausführung dieser Anschlüsse z. B. [73]).

Ein Monopile wird überwiegend durch Horizontallasten und Biegemomente mit variierender Lastrichtung belastet. Die Lastabtragung in den Baugrund erfolgt damit über seitliche Bettung, die vor allem die oberen Bodenschichten beansprucht. Monopiles werden in der Regel als schlanke Pfähle bemessen, um die Pfahlkopfverformungen zu begrenzen, und erfordern daher eine ausreichende Einspannung im Baugrund und damit eine ausreichend große Pfahleinbindelänge. Das Verformungsverhalten einer Monopile-Gründung wird in diesem Fall maßgeblich durch den Pfahldurchmesser beeinflusst, der bei Monopiles mindestens 4 m, bei ungünstigen Randbedingungen aber auch bis zu 8 m betragen kann. Die Wandstärke des Pfahls ist dagegen von untergeordneter Bedeutung.

Die Bemessung eines Monopiles erfolgt nach dem im anglo-amerikanischen Raum verbreiteten p-y-Verfahren. In diesem Verfahren wird kein konstanter Bettungsmodul angesetzt wie beim klassischen Bettungsmodulverfahren (vgl. Band 3, Kapitel 3.3), sondern für typische Böden eine nichtlineare Beziehung zwischen der lokalen Bettungsspannung p und der lokalen horizontalen Pfahlverschiebung y, die sog. p-y-Kurve, definiert (vgl. [55, 56, 74]). Dem Einfluss der Pfahlgeometrie, der gerade bei Monopiles entscheidend ist, wird in dem p-y-Verfahren jedoch nur unzureichend Rechnung getragen. Durch eine Modifizierung des p-y-Verfahrens zur besseren Berücksichtigung des Einflusses großer Pfahldurchmesser konnte seine Anwendbarkeit grundsätzlich nachgewiesen werden [75]. Die Prognose der Pfahlverformungen ist momentan jedoch noch nicht abschließend verifiziert, vor allem da Vergleichsmessungen an Prototypen fehlen.

7.3.2 Schwergewichtsgründung

Schwergewichtsgründungen für Offshore-Windenergieanlagen werden vorwiegend als Schwimmkästen aus Stahlbeton, Stahl oder in Verbundbauweise an Land vorgefertigt, zum Standort verbracht, dort abgesenkt und ballastiert. Herstellung, Transport und Installation erfolgen nach der in Abschnitt 4.7 beschriebenen Vorgehensweise. Bild 63 zeigt die Fundamente für den Offshore-Windpark Lillgrund (Schweden). Die Fundamente sind im Bereich um und oberhalb der Wasserspiegellinie konusartig aufgeweitet, um die im Bereich der Ostsee zu erwartende Eisbelastung zu reduzieren. Der Turm wird auf dem Konus über die in Bild 63 zu sehende Ringflanschverbindung an das Fundament angeschlossen. In Bild 64 ist die Installation der Fundamente am Standort mit einer Barge dargestellt.

Schwergewichtsgründungen erfordern einen ausreichend tragfähigen Baugrund unterhalb der Fundamentsohle bis in eine Tiefe, die dem ein- bis zweifachen Fundamentdurchmesser entspricht. Bei den zu erwartenden Fundamentdurchmessern liegt diese Tiefe immerhin bei etwa 20 bis 50 m. Weiterhin ist für einen kraftschlüssigen Kontakt zwischen Bauwerkssohle und Baugrund ein Einebnen der Meeresbodenoberfläche, die Aufbringung einer Bettungsschicht und ggf. das Verpressen der Sohlfuge erforderlich. Häufig werden entlang der

Bild 63. Schwergewichtsfundamente für den Offshore-Windpark Lillgrund
(Foto: HOCHTIEF Construction AG)

Bild 64. Installation der Schwergewichtsfundamente im Offshore-Windpark Lillgrund
(Foto: HOCHTIEF Construction AG)

Fundamentunterkante Schürzen angeordnet, die beim Absetzen durch das Eigengewicht der Struktur in den Baugrund eindringen. Diese Schürzen erleichtern einerseits das Verpressen der Sohlfuge, andererseits verhindern sie eine Unterspülung des Fundaments. Gerade deshalb darf bei Fundamenten ohne Schürzen nach den Regelungen des Germanischen Lloyds [55] keine klaffende Fuge auftreten.

Die Bemessung eines Schwergewichtsfundaments für das Extremereignis erfolgt nach den einschlägigen Bemessungsverfahren für Flachgründungen (vgl. Band 3, Kapitel 3.1) und umfasst stets die Nachweise gegen Grundbruch, Gleiten, Kippen und Auftrieb sowie eine Berechnung der Fundamentverschiebungen und -verdrehungen. Da die Biegemomentenbelastung sehr groß und damit die effektiv an der Lastabtragung beteiligte Fläche sehr klein ist, wird eine ausreichende Tragfähigkeit nur über einen sehr großen Durchmesser gewährleistet. Gleichzeitig jedoch müssen durch ein ausreichendes Eigengewicht die hohen Auftriebskräfte überdrückt werden. Daraus resultieren insgesamt große Bauwerksmassen.

3.4 Gründungen im offenen Wasser   419

7.3.3 Jacket und Tripod

Jackets, Tripods und vergleichbare Strukturen sind aufgelöste Gründungskörper vorwiegend aus Stahl, die an Land vorgefertigt und zum Standort geschleppt werden. Dort werden sie in der Regel über Pfähle im Baugrund verankert, die durch Hülsen an den Beinen der Struktur geführt werden. Um eine vollständige Krafteinleitung zu gewährleisten, wird der Kontakt Hülse-Pfahl verpresst.

Über die Pfahlgründung können die Lasten in größere Tiefen abgetragen werden, wenn oberflächennah kein tragfähiger Baugrund ansteht. Grundsätzlich sind aber auch andere Verankerungsmöglichkeiten denkbar. Die aufgelöste Struktur bewirkt eine Lastverteilung, sodass die Abmessungen der eigentlichen Gründungselemente im Gegensatz zu kompakten Gründungen klein bleiben. Gerade bei Jackets wird zudem eine hohe Steifigkeit der Struktur erzielt. Daher sind diese Gründungen vor allem für größere Wassertiefen geeignet. Bild 65 zeigt das Jacket für die Demonstrationsanlage Beatrice einschließlich des Anschlusselements für den Turm.

In Bild 66 ist eine Tripod-Konstruktion dargestellt. Die in der Regel geschweißten Knoten eines Tripods werden aus statischen Gesichtspunkten unter Wasser angeordnet, weshalb die Wassertiefe nicht zu gering sein darf. Die Hauptknoten sind bei diesem Konzept allerdings sehr großen Belastungen ausgesetzt. Eine weniger kompakte Struktur ist demgegenüber der Gründungstyp Tripile (Bild 67), bei dem der Hauptknoten oberhalb des Meereswasserspiegels angeordnet ist. Die drei Gründungspfähle werden an dieser Stelle über ein aus Flachstahlelementen geschweißtes Stützkreuz mit der Turmstruktur verbunden. Die Verbindung zwischen Stützkreuz und den Pfählen wird verpresst.

Bild 65. Jacket-Struktur für die 5-MW-Demonstrationsanlage Beatrice
(Fotos: Scaldis smc (links), REpower Systems AG (rechts))

Bild 66. Tripod Gründung
(Foto: WeserWind GmbH)

Bild 67. Tripile Konzept
(Foto: BARD Engineering GmbH)

Das Tragverhalten der Pfähle wird im Wesentlichen durch axiale Druck-Zug Wechselbelastung charakterisiert. Je nach konstruktiver Auslegung müssen zudem Horizontallasten und Biegemomente aufgenommen werden. Zur Bemessung axial belasteter Pfahlgründungen verweisen die Regelungen des Germanischen Lloyds [55] auf die in [74] angegebenen Verfahren, wonach bei den Ansätzen zur Ermittlung der Mantelreibung zwischen Verfahren auf Basis der totalen Spannungen (α-Methode), der effektiven Spannungen (β-Methode) sowie einer Kombination beider Verfahren (λ-Methode) unterschieden wird. Vergleiche mit den Ergebnissen von Pfahlprobebelastungen haben jedoch gezeigt, dass die mit diesen Verfahren ermittelten Pfahlwiderstände zum Teil erheblichen Streuungen unterliegen (vgl. [76, 77]). Dies war der Anlass für die Entwicklung von Verfahren, in denen die Pfahltragfähigkeit aus Felduntersuchungen, vornehmlich aus Drucksondierungen, abgeleitet wird (z. B. [76–78]). Die Anwendbarkeit dieser Verfahren ist jedoch noch nicht abschließend bestätigt. Die Erfahrungswerte nach DIN 1054 sind hier aufgrund der grundsätzlich anderen Randbedingungen nicht anwendbar.

7.3.4 Saugrohrgründungen

Auch für die Gründung von Offshore-Windenergieanlagen wurde das bereits in Abschnitt 6.4 vorgestellte Prinzip einer Saugrohrgründung erfolgreich getestet. Bild 68 zeigt den Prototyp eines sog. Suction Buckets, d. h. eines Monopods, der die gesamte Belastung aus der Anlage aufnimmt. Möglich ist aber auch die Verankerung eines Jackets oder Tripods im Baugrund über Saugrohre. Die Installation einer Saugrohrgründung verläuft nach dem in Abschnitt 6.4 erläuterten Verfahren. Im Endzustand entspricht das Tragverhalten einer Saugrohrgründung je nach konstruktiver Auslegung (Verhältnis Höhe/Durchmesser) den klassischen Gründungsvarianten Schwergewichtsfundament, Pfahl oder Zuganker.

Gegenüber einem klassischen Schwergewichtsfundament hat ein Suction Bucket den Vorteil, dass durch die Schürzen die Gründungsebene in tiefere Zonen verlagert wird. Dies erhöht die Sicherheit gegen Grundbruch und Gleiten, setzt aber voraus, dass ein vollständiger Kontakt zwischen Saugrohr und Boden besteht. Bei aufgelösten Strukturen tritt bei Zug in Abhängigkeit von der Frequenz der Belastung und den Dränagerandbedingungen ein Unterdruck im Saugrohr auf, der durch die Kavitation des Porenwassers begrenzt ist. Bei bindigen Böden kann dieser Unterdruck nennenswert zu der aufnehmbaren Zugkraft beitragen. In nichtbindigen Böden wird dieser Unterdruck in Abhängigkeit von der Lagerungsdichte durch Dilatanz erzeugt, geht bei entsprechender Belastungsdauer jedoch infolge Dränage verloren. Das Tragverhalten von Saugrohrgründungen wird z. B. in [79–83] behandelt.

3.4 Gründungen im offenen Wasser

Bild 68. Prototyp einer Saugrohrgründung für eine Offshore-Windenergieanlage vor Frederikshavn [84]

7.4 Kolkschutz

Die Installation eines Bauwerks auf oder im Meeresboden stellt eine erhebliche Störung des dynamischen Gleichgewichts zwischen strömendem Wasser und dem Sediment dar. Die Ausbildung eines Kolks im Nahbereich des Bauwerks ist die Folge (Bild 69). Ein Kolk hat unmittelbar Einfluss auf das Tragverhalten der Gründung, so reduziert er z. B. die Einspannlänge von Pfählen oder die Einbindetiefe von Saugrohrgründungen. Die Sohlfläche von Schwergewichtsfundamenten wird unterspült, sodass der kraftschlüssige Kontakt verloren geht. Überlagert und verstärkt werden diese Prozesse durch das Systemverhalten der Gründung unter den zyklischen Einwirkungen aus Wind, Wellen und Strömung.

Die Abschätzung der Kolkabmessungen ist mit großen Unsicherheiten behaftet (zur Bewertung z. B. [58]). Gerade für den Offshore Bereich, also unter dem Einfluss von Wellen und Tide bei variierender Lastrichtung, liegen nur wenige Erfahrungen vor. Vor diesem Hintergrund besteht bislang nur die Möglichkeit, die Gründung unter Einrechnung der etwa zu erwartenden Kolktiefe zu bemessen oder Kolkschutzmaßnahmen anzuordnen (vgl. [55]).

Bild 69. Globaler Kolk im gesamten Gründungsbereich und lokale Kolke an den Beinen einer Jacket-Konstruktion [85]

Beide Strategien erfordern jedoch eine fortlaufende Überwachung [61]. Die Berücksichtigung eines Kolks in der Bemessung kann zudem zu sehr unwirtschaftlichen Gründungsabmessungen führen, während ein Kolkschutz Unterhaltungsarbeiten verursacht, die sich bei den großen Stückzahlen der Windparks in hohen Kosten niederschlagen.

Gängige Kolkschutzmaßnahmen sind z. B. Steinschüttungen oder geotextile Container, die jedoch keine Filterwirkung besitzen und nicht unbedingt lagestabil sind. Besser geeignet sind daher mineralische oder geotextile Filter, die mechanisch und hydraulisch stabil ausgebildet werden müssen. Problematisch bleibt aber stets der Bauwerksanschluss und die äußeren Randbereiche des Kolkschutzes, an denen Kontakterosion auftreten kann.

7.5 Ausblick

Die Bemessung und konstruktive Auslegung von Gründungen für Offshore-Windenergieanlagen ist nach dem heutigen Stand der Technik grundsätzlich möglich. Wegen der z. T. erheblichen Unsicherheiten in den Bemessungsansätzen sowie den Unwägbarkeiten in der Bauausführung können die einzelnen Planungsphasen jedoch noch nicht optimiert werden. Es ist aber zu erwarten, dass auf Basis zukünftiger Erfahrungen die bisherigen Lösungen weiterentwickelt werden und damit langfristig eine ausreichende Wirtschaftlichkeit der Offshore-Windparks erreicht werden kann.

Über die vorstehend vorgestellten Gründungsarten hinaus werden derzeit weitere Konzepte diskutiert. So sind z. B. gerade für große Wassertiefen schwimmende Gründungen denkbar [86, 87]. Auch besteht die Möglichkeit, eine Offshore-Windenergie mit einer zusätzlichen Anlage zur Gewinnung der Energie aus Wellen und Strömung zu kombinieren [88].

8 Literatur

[1] Baubehörde Hamburg: Neuer Elbtunnel in Hamburg. Informationsbroschüre 1969.
[2] Beisel, T.: Cognac – die größte Offshore-Plattform der Welt. Der Bauingenieur 55 (1980), 13–14. Kurzbericht über amerikan. Veröff. in Civil Engineering 49 (1979), 53–56.
[3] Bjerrum, L.: Geotechnical problems involved in foundations of structures in the North Sea. Géotechnique 23 (1973), 319–358.
[4] Boswell, L. F. et al.: Mobile Offshore Structures. Elsevier Applied Science, London/New York 1988.
[5] Carlstrom, C. G.: The Iron Ore Port of Narvik. Proc. XXIV. Int. Navigation Congress Leningrad, Section II (Ocean Navigation), 1977.
[6] Clauss, G., Lehmann, E., Östergaard, C.: Meerestechnische Konstruktionen. Springer-Verlag, Berlin, Heidelberg, New York 1988.
[7] Culverwell, D. R.: World List of Immersed Tubes. Tunnels & Tunnelling 20 (1988), 53–58 und 85–88.
[8] De Bokx, H. P.: Die Bedeutung des Delta-Planes für den Schutz der niederländischen Küste. Jahrbuch Hafenbautechn. Gesellschaft 36 (1977/78), 257–264.
[9] Digre K. A. et al.: Ursa TLP, Tendon and Foundation Design, Fabrication, Transportation and TLP Installation, Offshore Technology Conference OTC 10736.
[10] Digre K. A. et al.: Dredgers of the World. Oilfield Publications, England 1999.
[11] Gerlach, W., Gursch, P.-H., Hirschfeld, K.: Bau und Konstruktion des Leuchtturmes „Großer Vogelsand" in der Außenelbe. Die Bautechnik 53 (1976), 211.
[12] Gomes, N. et al.: Quay wall of a container shipping terminal. Proc. XXIV. Int. Navigation Congress Leningrad, Sect.II (1977), 207–209.
[13] Hansen, F.: Neuer Leuchtturm auf der Kish-Bank, Irland. Beton- und Stahlbetonbau 62 (1967), 81–87.

3.4 Gründungen im offenen Wasser

[14] Hartung. W.: Bau des Leuchtturmes „Kalkgrund" vor der Flensburger Förde. Die Bautechnik 42 (1965), 73–78.
[15] Hauschopp, G.: Der Bau des Leuchtturmes „Alte Weser". Baumaschine u. Bautechnik 11 (1964), 389–400.
[16] Hoogenberk, P. J.: Die Leuchtfeuer-Plattform „Goerée" vor der holländischen Küste. Acier – Stahl – Steel (1972), 305–312.
[17] Jensen, P.: Meeres-Ölbehalter Ekofisk. Vorträge Betontag 1973, 222–238.
[18] Knapper, K.: Rohrdüker nach dem Vibro-Einspülverfahren in hartem Tonmergel verlegt. Der Bauing. 40 (1965), 28–33.
[19] Kretschmer, M., Fliegner, E.: Unterwassertunnel in offener und geschlossener Bauweise. Ernst & Sohn, Berlin 1987.
[20] Koeijer D. M., et al.: Installation of the Baldpate Compliant Tower. Offshore Technology Conference 1999, 10919.
[21] Lambregts F. J. M., Dusby J. D., Mooybroek B. J.: Gravel Bed Foundation for Tunnel Elements. CEDA Dredging Days, November 1999, 18–19.
[22] Lingenfelser, H.: Ein neues wirksames Sandspülverfahren für Flachengründungen unter Wasser. Vorträge Baugrundtagung Mainz 1980, 523–538.
[23] Mazurkiewicz, B. K.: Offshore Platforms and Pipelines. Series on Rock and Soil Mechanics, Vol. 13, Trans Tech Publications 1987.
[24] Meldner V.: Erfahrungen mit neuen Techniken im Unterwasserbetonbau. Vorträge Betontag 1977, 428–432.
[25] Müller-Krauss, J.: Handbuch für die Schiffsführung, Bd. 2, 2. Auflage. Springer-Verlag, Berlin, Göttingen, Heidelberg 1979.
[26] Nelissen R. F. J., van Raalte G. H., Bodegom D. A.: Multipurpose Scrading Concept: New Technology for Seabed Treatment. Terre et Aqua 71 (1998).
[27] Panunzio, V., Grimaldi, F.: Reinforced concrete caissons for break-waters (a);gravity structures (b). Proc. XXIV. Intern. Navigation Congress Leningrad, Section II, (a) 110–113, (b) 117–121.
[28] Pasternak, H.: In Texas entsteht die größte Offshore-Plattform der Welt. Kurzer Technischer Bericht, Bauingenieur 63 (1988), 62.
[29] PIANC (Permanent International Association of Navigation Congresses): Economic Methods of Channel Maintenance. Supplement to Bulletin No. 67 (1989).
[30] Prasser, H.: Leuchtturmbauten an der amerikanischen Atlantikküste. Baumaschine u. Bautechnik 14 (1967), 288–291.
[31] Price, W. A.: Einige Gedanken über Wellenbrecher. Jahrbuch Hafenbautechn. Gesellschaft 36 (1977/78), 257–264.
[32] Quast, P.: Gründung der künstlichen Insel Mittelplate. Vorträge Baugrundtagung Hamburg 1988, 79–98.
[33] Rabe, D et al.: Planung und Ausschreibung des Emstunnels bei Leer. Bauingenieur 64 (1989), 279–310.
[34] Rabe, J., Baumer, H.: Die Gründungen und Pfeiler der Köhlbrandbrücke. Die Bautechnik 52 (1975), 181–197.
[35] Ralf, H.-J.: Pilotprojekt Mittelplate. Beton 3/86 (1986), 91–96.
[36] Ramm, H.: Der Bau des Seehafens Sheiba in Kuwait. Vorträge Betontag Berlin 1967, 1–19.
[37] Raudkivi, A. J.: Loose Boundary Hydraulics, 3rd Edition Pergamon Press, Oxford 1990.
[38] Riemers M.: Suction Pile Technology. Offshore Visie July/August 1999.
[39] Rodatz, W., Salzmann, H.: Tunnel der Autobahn A28/31 unter der Ems bei Leer. Vorträge Baugrundtagung Hamburg 1988, 239–252.
[40] Royal Institution of Engineers in the Netherlands: Immersed Tunnels. Delta Tunnelling Symposium Amsterdam 1978.
[41] Schenck,W.: Ozeanographie und Seebau. Jahrbuch Hafenbautechn. Ges. 32 (1969/71), 111–160.
[42] Schenck, W.: Seebautechnische Aufgaben und neuzeitliche Möglichkeiten ihrer Lösung. Jahrbuch Hafenbautechn. Ges. 33 (1972/73), 97–120.
[43] Scheuch, G.: Schützdamm in Monaco zur Landgewinnung aus dem Meer. Beton 24 (1974), 329331.
[44] Schulz, H., Hiller, H.: Der Stahlrohr-Unterbau der Forschungsplattform „Nordsee". Techn. Mitteilungen Krupp 34 (1976), 93–107.

[45] Sievers, W.: Elbtunnel E 3-Stromstrecke – Besondere Erfahrungen bei der Bauausführung. Vorträge Baugrundtagung Frankfurt/Main-Höchst 1974, 309–342.
[46] Simons, H.: Über die Gründung und Ausführung des IJ-Tunnels in Amsterdam. Vorträge Baugrundtagung Berlin 1964, 391–416.
[47] Smoltczyk, H.-U.: Statische und konstruktive Fragen beim Bau des Leuchtturmes „Alte Weser". Die Bautechnik 41 (1964), 203–212.
[48] Stiksma, K., Oud, H. J. C., Tan, G. L., Schout, A.: Tunnels in Nederland, ondergrondse transportschakels. Holland Book Sales, NL5700, AA Helmond, 1987.
[49] Van der Meer, T. G., Slagter, J. C., Hirs, J. A., Langeveld, J. M.: Beacons for a world port. Proc. Internat. Navigation Congress Leningrad 1977, II, 147–155.
[50] Veldman, H., Lagers, G.: 50 years offshore. Veldman Bedrijfsontwikkeling, Sittard, The Netherlands, 1997.
[51] Wagner, P.: Meerestechnik. Ernst & Sohn, Berlin 1990.
[52] Welte, A.: Ein neuer Laderaumsaugbagger. Handbuch Hafenbau Umschlagtechnik XXII (1977), 95–101.
[53] Muttray, M., Reedijk, B., Klabbers, M.: Development of an innovative breakwater armour unit. http://www.xbloc.com/htm/downloads.php
[54] Tunnelelementen afzinken in een baai van 55 m diep. De Ingenieur nummer 10/11, jaargang 120, 4. juli 2008.
[55] Germanischer Lloyd Windenergie: Guideline for the Certification of Offshore Wind Turbines. Rules and Guidelines – IV Industrial Services, Edition 2005.
[56] Det Norske Veritas Classification A/S: Design of Offshore Wind Turbine Structures. Offshore Standard DNV-OS-J101, 2004.
[57] Biehl, F., Lehmann, E.: Rechnerische Bewertung von Fundamenten von Offshore Windenergieanlagen bei Kollisionen mit Schiffen. Abschlussbericht, Institut für Schiffstechnische Konstruktionen und Berechnungen, Technische Universität Hamburg-Harburg, 2004.
[58] Lesny, K.: Gründung von Offshore-Windenergieanlagen – Werkzeuge für Planung und Bemessung. Habilitationsschrift, Fakultät für Ingenieurwissenschaften, Abteilung Bauwissenschaften, Universität Duisburg-Essen, 2008.
[59] Fugro-McClelland: UK Offshore Site Investigation and Foundation Practices. Offshore Technology Report – OTO 93024, Fugro-McClelland Ltd., 1993.
[60] Bundesamt für Seeschifffahrt und Hydrographie: Standard Konstruktive Ausführung von Offshore-Windenergieanlagen. BSH Nr. 7005, Hamburg und Rostock, 2007.
[61] Bundesamt für Seeschifffahrt und Hydrographie: Standard Baugrunderkundung für Offshore-Windenergieparks – 1. Fortschreibung. BSH Nr. 7004, Hamburg und Rostock, 2008.
[62] Jones, E. W. J.: Marine Geophysics. Verlag Wiley & Sons, Chichester, 1999.
[63] Fugro: Geophysical & Geotechnical Techniques for the Investigation of Near-Seabed Soils & Rocks. Fugro NV, 2001.
[64] Grabe, J., Dührkopp, J., Mahutka, K.-P.: Monopile-Gründungen von Offshore-Windenergieanlagen zur Bildung von Porenwasserüberdrücken aus zyklischer Belastung. Bauingenieur 79, Heft 9 (2004), 418–423.
[65] Wichtmann, T.: Explicit Accumulation Model for Non-Cohesive Soils under Cyclic Loading. Schriftenreihe des Institutes Grundbau und Bodenmechanik, Heft 38, Hrsg. T. Triantafyllidis, Ruhr-Universität Bochum, 2005.
[66] Lesny, K., Richwien, W., Hinz, P.: Bemessung von Gründungen für Offshore-Windenergieanlagen. 5. Symposium Offshore-Windenergie, Bau- und umwelttechnische Aspekte, Hannover, 2007.
[67] Andersen, K. H., Lauritzsen, R.: Bearing Capacity for Foundations with Cyclic Loads. Norwegian Geotechnical Institute, Publication No. 175, Oslo, 1988.
[68] Karlsrud, K., Nadim, F., Haugen, T.: Piles in Clay under Cyclic Axial Loading – Field Tests and Computational Modelling. Norwegian Geotechnical Institute, Publication No. 169, Oslo, 1987.
[69] Poulos, H. G.: Cyclic Stability Diagram for Axially Loaded Piles. Journal of Geotechnical Engineering, 114, No. 8 (1988), 877–895.
[70] Long, J. H., Vanneste, G.: Effects of Cyclic Lateral Loads on Piles in Sand. Journal of Geotechnical Engineering, 120, No. 1 (1994), 225–244.
[71] Stewart, H. E.: Permanent Strains from Cyclic Variable-Amplitude Loadings. Journal of Geotechnical Engineering, 112, No. 6 (1986), 646–660.

[72] Kooistra, A., Oudhof, J., Kempers, M. W.: Heivermoeiing van paalfunderingen bij offshore windpark Egmond aan Zee. GEOtechniek, Juli 2008, S. 36–41.
[73] Schaumann, P., Kleineidam, P.: Tragstruktur-Turm. In: Bau- und umwelttechnische Aspekte von Offshore Windenergieanlagen, Gigawind Jahresbericht 2003, 91–126, Universität Hannover.
[74] American Petroleum Institute: Recommended Practice for Planning, Designing and Constructing Fixed Offshore Platforms. Working Stress Design, 2000.
[75] Wiemann, J.: Bemessungsverfahren für horizontal belastete Pfähle – Untersuchungen zur Anwendbarkeit der p-y Methode. Mitteilungen aus dem Fachgebiet Grundbau und Bodenmechanik der Universität Duisburg-Essen, Heft 33, Hrsg. W. Richwien, Verlag Glückauf, Essen, 2007.
[76] Lehane, B. M., Schneider, J. A., Xu, X.: A Review of Design Methods for Offshore Driven Piles in Siliceous Sand. UWA Report GEO 05358, 2005.
[77] Jardine, R. J., Chow, F. C., Overy, R., Standing, J.: ICP Design Methods for Driven Piles in Sands and Clays. Thomas Telford, London, 2005.
[78] Kolk, H. J., Baaijens, A. E., Vergobbi, P.: Results from Axial Load Tests on Pipe Piles in Very Dense Sands: The EURIPIDES JIP. In: Frontiers in Offshore Geotechnics, Hrsg. S. Gourvenec, M. Cassidy, Taylor & Francis Group, London, 661–667, 2005.
[79] Tjelta, T. I.: Geotechnical Aspects of Bucket Foundations Replacing Piles for the Europipe 16/11-E Jacket. Proceedings of the 26th Offshore Technology Conference, Houston, Texas, Paper No. OTC 7379, 73–82, 1994.
[80] Bye, A., Erbrich, C. T., Rognlien, B., Tjelta, T. I.: Geotechnical Design of Bucket Foundations. Proceedings of the 27th Offshore Technology Conference, Houston, Texas, Paper No. OTC 7793, 869–883, 1995.
[81] Kelly, R. B., Byrne, B. W., Houlsby, G. T., Martin, C. M.: Pressure Chamber Testing of Model Caisson Foundations in Sand. Department of Engineering Science, University of Oxford, Thomas Telford, London, 2003.
[82] Houlsby, G. T., Kelly, R. B., Huxtable, J., Byrne, B. W.: Field Trials of Suction Caissons in Clay for Offshore Wind Turbine Foundations. Géotechnique, 55, No. 4 (2005), 287–296.
[83] Byrne, B. W.: Investigations of Suction Caissons in Dense Sand. Ph. D Thesis, Magdalen College, University of Oxford, 2000.
[84] Ibsen, L. B.: Development of the Bucket Foundation for Offshore Wind Turbines, a Novel Principle. 3. Symposium Offshore-Windenergie, Bau- und umwelttechnische Aspekte, Hannover, 2004.
[85] Whitehouse, R. J. S.: Scour at Marine Structures – A Manual for Practical Applications. Thomas Telford, London, 1998.
[86] van Butterfield, S., Musial, W., Jonkman, J., Sclavounos, P.: Engineering Challenges for Floating Offshore Wind Turbines. National Renewable Energy Laboratory, Conference Paper NREL/CP-50038776, 2007.
[87] van Veizen, T.: Dobbermolens. Techno! No. 2, April/Mei 2008, 40–41.
[88] Lesny, K., Friedhoff, B.: Hydrodynamische und geotechnische Aspekte bei der Planung und Bemessung kombinierter Windenergie- und Tideströmungsanlagen. 2. Deutsches Meeresenergieforum, 25. April 2008, ISET e. V., Kassel.

Empfehlungen und Normen

[89] Empfehlungen des Arbeitsausschlusses „Ufereinfassungen" Hafen und Wasserstraßen EAU 2004, 10. Auflage. Ernst & Sohn, Berlin 2004.
[90] American Petroleum Institute: Recommended Practice for Planning, Designing and Constructing Fixed Offshore Platformworking Stress Design, 20th edition, 1993.
[91] British Standard Code of Practice for Maritime Structures BS 6349, Part 5, Recommendations for dredging and land reclamation. BSI 1989.
[92] CERC: Shore Protection Manual, Vol. II. Dep. Army Waterways Experimental Station 1984.
[93] Det Norske Veritas: Rules for Classification of Fixed Offshore Platform, Foundations (1992).
[94] Empfehlungen für die Ausführung von Küstenschutzwerken. Die Küste, Heft 36 (1981).

Bilfinger Berger ist ein führender international tätiger Bau- und Dienstleistungskonzern. Als Multi Service Group bietet das Unternehmen im In- und Ausland ganzheitliche Lösungen in den Bereichen Immobilien, Industrieservice und Infrastruktur. Die Bilfinger Berger Spezialtiefbau GmbH steht für Komplettlösungen rund um Baugruben, Stützbauwerke, Tiefgründungen und Lärmschutzwände – von der Planung bis zur Ausführung. Darüber hinaus profitieren unsere Kunden vom spezifischen Know-how der Messtechnik sowie des Technischen Büros. Der Bilfinger Berger Spezialtiefbau ist, neben Tunnelbau, Brückenbau, Verkehrswegebau sowie dem Geräte- und Infrastrukturservice, eine der spezialisierten Einheiten, deren Kompetenzen im Ingenieurbaubereich liegen.

Bilfinger Berger
Spezialtiefbau GmbH
Goldsteinstraße 114 | 60528 Frankfurt
www.spezialtiefbau.bilfingerberger.de

The Multi Service Group.

BUCHEMPFEHLUNG

Martin Ziegler
Geotechnische Nachweise nach DIN 1054
Reihe: Bauingenieur-Praxis
2005. 292 S., 153 Abb., 34 Tab., Br.
€ 53,-* / sFr 85,-
ISBN 978-3-433-01859-0

Beispielsammlung nach Geotechnik-Normen

Zu den wichtigsten Regelungen der neuen Normen in der Geotechnik sind in dem vorliegenden Buch Beispiele vorgeführt und erläutert. Ausgehend vom neuen Sicherheitskonzept werden die Einwirkungen und Widerstände sowie die wichtigsten Regelungen zum Baugrund und seiner Untersuchung vorgestellt.
Diese Beispielsammlung behandelt alltägliche Aufgaben aus der Geotechnik und ermöglicht ein schnelles Einarbeiten in die Nachweisführung nach den neuen Geotechnik-Normen.

Über den Autor:

Univ.-Prof. Dr.-Ing. Martin Ziegler ist Inhaber des Lehrstuhls für Geotechnik an der RWTH Aachen.
Davor war er viele Jahre in unterschiedlichen Bereichen bei einer großen Baufirma tätig.

* Der €-Preis gilt ausschließlich für Deutschland.
Irrtum und Änderung vorbehalten.
003736036_my

www.ernst-und-sohn.de

Ernst & Sohn Verlag für Architektur und technische Wissenschaften GmbH & Co. KG
Für Bestellungen und Kundenservice: Verlag Wiley-VCH, Boschstraße 12, D-69469 Weinheim
Tel.: +49(0)6201 606-400, Fax: +49(0)6201 606-184, E-Mail: service@wiley-vch.de

3.5 Baugrubensicherung

Anton Weißenbach und Achim Hettler

1 Konstruktive Maßnahmen zur Sicherung von Baugruben und Leitungsgräben

1.1 Nicht verbaute Baugruben und Gräben

Nicht verbaute Baugruben und Gräben mit durchgehend senkrechten Wänden ohne besondere Sicherung sind nach DIN 4124 „Baugruben und Gräben" und der Unfallverhütungsvorschrift „Bauarbeiten" entsprechend Bild 1 a nur bis zu einer Tiefe von 1,25 m zulässig, wobei die anschließende Geländeoberfläche bei nichtbindigen und weichen bindigen Böden nicht steiler als 1:10, bei mindestens steifen bindigen Böden nicht steiler als 1:2 geneigt sein darf. In steifen oder halbfesten bindigen Böden sowie bei Fels darf bis zu einer Tiefe von 1,75 m ausgehoben werden, wenn der mehr als 1,25 m über der Sohle liegende Bereich der Wand unter einem Winkel β ≤ 45° abgeböscht (Bild 1 b) oder durch Teilverbau gesichert wird (Bild 1 c) und die Geländeoberfläche nicht steiler als 1:10 ansteigt.

Bei Tiefen von mehr als 1,25 m bzw. 1,75 m sind unverbaute Baugruben und Gräben so abzuböschen, dass niemand durch abrutschende Massen gefährdet wird. Erd- und Felswände dürfen nicht unterhöhlt werden. Trotzdem entstandene Überhänge sowie beim Aushub freigelegte Findlinge, Bauwerksreste, Bordsteine, Pflastersteine und dergleichen, die abstürzen oder abrutschen können, sind unverzüglich zu beseitigen. Steile Böschungen sowie Böschungen, aus denen sich einzelne Steine, Felsbrocken, Findlinge, Fundamentreste und dergleichen lösen können, müssen durch Fangnetze gesichert oder regelmäßig überprüft und ggf. abgeräumt werden. Dies gilt insbesondere nach längeren Arbeitsunterbrechungen, nach starken Regen- oder Schneefällen, nach dem Lösen größerer Erd- oder Felsmassen, bei einsetzendem Tauwetter und nach Sprengungen.

Die Böschungsneigung von nicht verbauten Baugruben und Gräben richtet sich unabhängig von der Lösbarkeit des Bodens nach dessen bodenmechanischen Eigenschaften unter Berücksichtigung der Zeit, während derer sie offen zu halten sind, und nach den äußeren

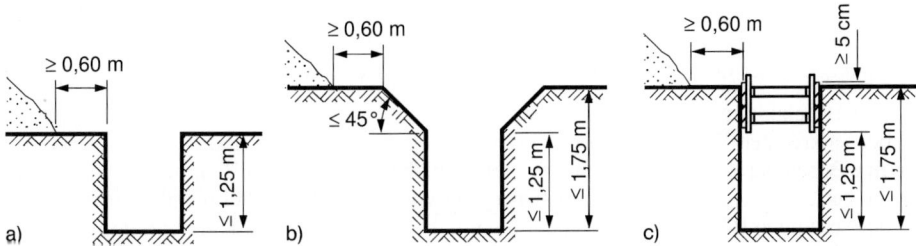

Bild 1. Gräben bis 1,75 m Tiefe mit senkrechten Wänden; a) Graben mit durchgehend senkrechten Wänden, b) Graben mit abgeböschten Kanten, c) teilweise gesicherter Graben

Einflüssen, die auf die Böschung wirken. Ohne rechnerischen Nachweis der Standsicherheit dürfen folgende Böschungswinkel nicht überschritten werden:

β = 45° bei nichtbindigen oder weichen bindigen Böden,
β = 60° bei steifen oder halbfesten bindigen Böden,
β = 80° bei Fels.

Als Fels können ggf. auch felsartige, in bodenmechanischem Sinne feste bindige Böden angesehen werden, wenn sich unter der Einwirkung von Oberflächenwasser ihre Festigkeit nicht vermindert.

Geringere Wandhöhen als 1,25 m bzw. 1,75 m oder flachere Böschungen als angegeben sind vorzusehen, wenn besondere Einflüsse die Standsicherheit der Baugrubenwand gefährden. Solche Einflüsse können z. B. sein:

– Störungen des Bodengefüges wie Klüfte oder Verwerfungen,
– zur Einschnittssohle hin einfallende Schichtung oder Schieferung,
– nicht oder nur wenig verdichtete Verfüllungen oder Aufschüttungen,
– erhebliche Anteile an Seeton, Beckenschluff oder organischen Bestandteilen,
– Grundwasserabsenkung durch offene Wasserhaltung,
– Zufluss von Schichtenwasser,
– nicht entwässerte Fließsandböden,
– Verlust der Kapillarkohäsion eines nichtbindigen Bodens durch Austrocknen,
– Erschütterungen aus Verkehr, Rammarbeiten, Verdichtungsarbeiten oder Sprengungen.

Darüber hinaus kann die Oberfläche einer Böschung durch Wasser, Trockenheit oder Frost gefährdet werden. Am ungünstigsten wirken sich die Niederschläge aus. Dabei ist es jedoch selten der unmittelbar auf die Böschung fallende Regen, der ihre Standsicherheit bedroht. Selbst einen gewaltigen Gewitterregen übersteht eine Baugrubenböschung i. Allg. ohne größeren Schaden. Lediglich im unteren Bereich hoher Böschungen bilden sich im Laufe der Zeit kleinere Erosionsrinnen, die sich aber vermeiden lassen, indem man die Böschung mit Plastikfolien abdeckt, sie mit Zementmilch oder Bitumen bespritzt oder eine Betonschicht aufbringt, ggf. mit einer Bewehrung aus Baustahlmatten. Befindet sich jedoch neben der oberen Böschungskante eine Geländemulde, in der sich größere Wassermengen sammeln, dann läuft das angestaute Wasser an der niedrigsten Stelle der Böschungsschulter über, nagt sie dabei an, erweitert diese Stelle immer mehr und reißt schließlich sturzbachartig eine tiefe Rinne in die Böschung. Besteht diese Gefahr, dann legt man an diesen Stellen Rinnen an, die das Regenwasser unmittelbar einer Wasserhaltungsanlage zuführen. Ähnliche Verhältnisse liegen vor, wenn oberhalb eines Baugrubeneinschnittes eine größere geneigte Fläche anschließt. Hier sollte das ankommende Oberflächenwasser in einem Abfanggraben mit dichter Sohle oberhalb der Baugrubenböschung gesammelt und dem Vorfluter oder der Wasserhaltungsanlage zugeleitet werden.

Die Standsicherheit unverbauter Wände ist rechnerisch nach DIN 4084 „Geländebruchberechnungen" oder durch Sachverständigengutachten nachzuweisen, wenn

– eine Böschung mehr als 5 m hoch ist,
– bei senkrechten Wänden die o. g. Voraussetzungen nicht erfüllt sind,
– eine Böschung steiler ist als oben angegeben, wobei allerdings bei Baugruben und Gräben, die betreten werden, eine Böschungsneigung von mehr als 80° bei nichtbindigen oder bindigen Böden bzw. von mehr als 90° bei Fels auf keinen Fall zulässig ist,
– die oben angegebenen Böschungswinkel wegen störender Einflüsse nicht angewendet werden dürfen, die zulässige Wandhöhe bzw. die zulässige Böschungsneigung jedoch nicht nach vorliegenden Erfahrungen zuverlässig festgelegt werden kann,

BUCHEMPFEHLUNG

Haack, A./Emig, K.-F.
Abdichtungen im Gründungsbereich und auf genutzten Deckenflächen
2 Auflage
2002. XX, 566 S. 372 Abb. 31 Tab Gb.
€ 139,–* / sFr 220,–
ISBN 978-3-433-01777-7

Abdichtung von Bauwerken

Wasser am Eindringen in Bauwerke zu hindern ist eine Aufgabe, mit der sich sowohl Architekten, Ingenieure als auch die ausführenden Firmen befassen müssen. Bei dieser Problematik ist der erdbedeckte Bereich eines Bauwerks von besonderer Bedeutung.

Das Buch zeigt Möglichkeiten und Methoden zur Abdichtung erdbedeckter Flächen sowie genutzter Decken (u. a. Parkdecks, Terassen, Balkone). Es stellt die Erscheinungsformen des Wassers im Baugrund vor, erläutert die Dränung und beschreibt detailliert praxisgerechte Abdichtungssysteme auf Grundlage der DIN 18195, Teil 1–10.

Ausführlich wird auf Fragen der Sanierung schadhafterBauwerke durch Verpress- und Vergelungsarbeiten eingegangen. Dabei wird auf mögliche Fehler, deren Konsequenzen und Vermeidung hingewiesen. Ein bewährtes, umfassendes und praxisbezogenes Buch zur Thematik!

Ernst & Sohn
Verlag für Architektur und
technische Wissenschaften
GmbH & Co. KG

Für Bestellungen und Kundenservice:
Verlag Wiley-VCH
Boschstraße 12
69469 Weinheim
Telefon: +49(0) 6201 / 606-400
Telefax: +49(0) 6201 / 606-184
E-Mail: service@wiley-vch.de

€ Der € Preise gelten ausschließlich für Deutschland.
Irrtum und Änderungen vorbehalten.

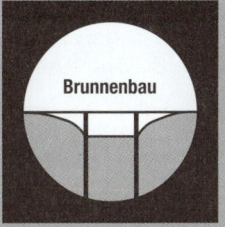

Grund-
wasserabsenkung
Geothermiebohrungen
Grundwassermeßstellen
Bohrpfähle · Pfahlwände
Erd- und Felsanker
Baugrubenverbau
Rohrvortrieb
u.v.m.

A d o l f K e l l e r
Spezialtiefbau GmbH
Steinbach · Poststr. 24
76534 Baden-Baden
Tel. 07223/5115-0
Fax 07223/5115-90
www.keller-spezialtiefbau.de

BUCHEMPFEHLUNG

Kindmann, R./Kraus, M.
Finite-Elemente-Methoden im Stahlbau
2007. XI, 382 Seiten, 256 Abb.,
46 Tab. Broschur.
€ 57,–*/sFr 91,–
ISBN: 978-3-433-01837-8

Die Finite-Elemente-Methode (FEM) bildet heute in der Praxis der Bauingenieure ein Standardverfahren zur Berechnung von Stahltragwerken.
Das Buch enthält eine Einführung in die Grundlagen der FE-Modellierung von Stäben, Stab- und Raumfachwerken und Hinweise für ihre Anwendung bei baupraktischen Aufgabenstellungen. Für die Beurteilung des Verformungsverhaltens und der Spannungsverteilung in dünnwandigen Querschnitten, wie bspw. im Brückenbau, bietet die Methode zahlreiche Vorteile.

Die Autoren:
Univ.-Prof. Dr.-Ing. Rolf Kindmann lehrt Stahl- und Verbundbau an der Ruhr-Universität Bochum und ist Gesellschafter der Ingenieursozietät Schürmann-Kindmann und Partner, Dortmund.
Dr.-Ing. Matthias Kraus ist wissenschaftlicher Mitarbeiter am Lehrstuhl.

Für:
Für praktisch tätige Bauingenieure und Studierende gleichermaßen werden alle notwendigen Berechnungen für die Bemessung von Tragwerken anschaulich dargestellt.

Ernst & Sohn
Verlag für Architektur und
technische Wissenschaften GmbH & Co. KG

Für Bestellungen und Kundenservice:
Verlag Wiley-VCH
Boschstraße 12
69469 Weinheim
Telefon: +49(0) 6201 / 606-400
Telefax: +49(0) 6201 / 606-184
E-Mail: service@wiley-vch.de

Fax-Antwort an +49 (0)30 47031 240

978-3-433-01837-8	Finite-Elemente-Methoden im Stahlbau	57,– €

Firma		
Name, Vorname		UST-ID Nr. / VAT-ID No.
Straße/Nr.		Telefon
Land – PLZ	Ort	

Datum/Unterschrift

* € Preise gelten ausschließlich für Deutschland. Preise inkl. MwSt. zzgl. Versand. Irrtum und Änderungen vorbehalten.

- vorhandene Gebäude, Leitungen, andere bauliche Anlagen oder Verkehrsflächen gefährdet werden können,
- das Gelände neben der Graben- bzw. Böschungskante stark ansteigt oder unmittelbar neben dem Schutzstreifen von 0,60 m eine stärker als 1:2 geneigte Erdaufschüttung bzw. Stapellasten von mehr als 10 kN/m² zu erwarten sind,
- Straßenfahrzeuge mit Gesamtgewichten und Achslasten nach der Straßenverkehrszulassungsordnung (StVZO) sowie Baumaschinen oder Baugeräte bis zu 12 t Gesamtgewicht nicht einen Abstand von mindestens 1,00 m zwischen der Außenkante der Aufstandsfläche und der Baugruben- bzw. Grabenkante einhalten,
- Straßenroller und andere Schwertransportfahrzeuge sowie Bagger oder Hebezeuge von mehr als 12 t bis zu 40 t Gesamtgewicht nicht einen Abstand von mindestens 2,00 m zwischen der Außenkante der Aufstandsfläche und der Baugruben- bzw. Grabenkante einhalten.

Böschungen, die steiler geneigt sind als oben angegeben, müssen regelmäßig überprüft und ggf. abgeräumt werden. Dies gilt insbesondere nach längeren Arbeitsunterbrechungen, nach starken Regen- oder Schneefällen, nach dem Lösen größerer Erd- oder Felsmassen, bei einsetzendem Tauwetter und nach Sprengungen.

1.2 Grabenverbau

1.2.1 Waagerechter Grabenverbau

Baugruben und Gräben sind zu verbauen, wenn nicht nach den Angaben des Abschnitts 1.1 gearbeitet wird. Für die Gräben, die zur Herstellung von Leitungen und Kanälen benötigt werden, kann der waagerechte Grabenverbau nach Bild 2 verwendet werden. Er ist zweckmäßig und wirtschaftlich, wenn der Graben nicht zu breit und nicht zu tief ist und wenn die zahlreichen Steifen den Arbeitsvorgang nicht zu sehr behindern. Damit der Graben mit waagerechten Bohlen gesichert werden kann, muss der Boden so standfest sein, dass er mindestens auf die Tiefe einer Bohlenbreite frei abgeschachtet werden kann, ehe die nächste

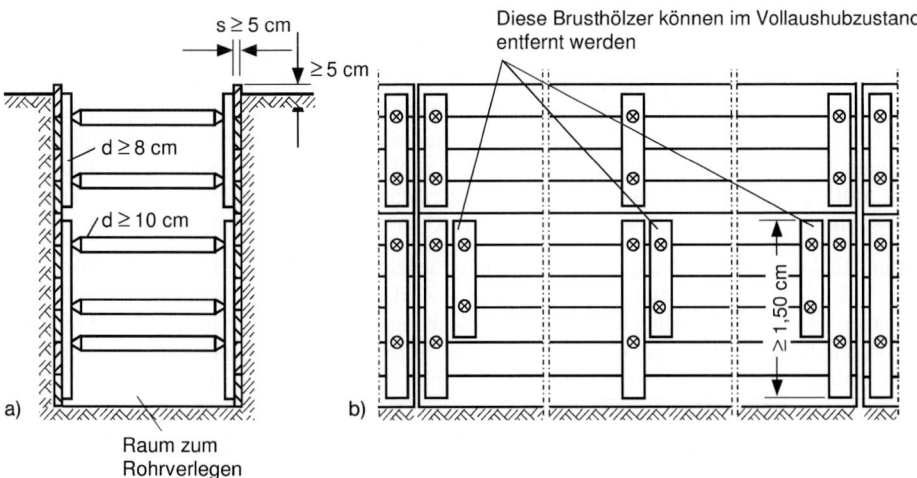

Bild 2. Waagerechter Grabenverbau (ohne Darstellung der Befestigungsmittel); a) Querschnitt, b) Längsschnitt

Bohle eingezogen wird. Das Freilegen des Bodens auf eine größere Tiefe als zwei Bohlenbreiten ist nicht zulässig. Die freigelegte Stelle darf nur kurzfristig unverkleidet bleiben.

Mit dem Einbau der Bohlen ist spätestens zu beginnen, wenn die Tiefe von 1,25 m erreicht ist.

Die Bohlen müssen feldweise gleich lang sein und durch senkrechte Aufrichten – auch Brusthölzer oder Laschen genannt – gefasst werden, die in Bohlenmitte und in der Nähe der Bohlenenden angeordnet sind. Der sog. Blattstoß – ein einziger Aufrichter, der über die anstoßenden Enden benachbarter Bohlen greift – ist nicht zulässig. Die Aufrichter müssen mindestens von zwei Steifen gestützt werden. In trockenen oder gleichkörnigen nichtbindigen Böden, bei denen die Gefahr des Ausrieselns besteht, sowie in Feinsand- und Schluffböden, bei denen Fließerscheinungen zu befürchten sind, müssen die Aufrichter jeweils von der Geländeoberfläche bis zur Baugrubensohle durchlaufen, um einem Einsturz der Baugrube vorzubeugen. Zur Aussteifung von Aufrichtern verwendet man Rundholzsteifen oder stählerne Kanalstreben (Bild 3). Sie sind gegen seitliches Verschieben und gegen Herabfallen zu sichern. Bei den Kanalstreben aus Stahl sind dazu die Ecken der Endplatten zu Krallen aufgebogen, die sich in das Holz der Aufrichter eindrücken. Holzsteifen werden in der Regel durch Spitzklammern gesichert.

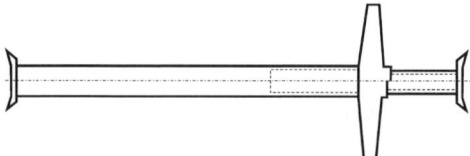

Bild 3. Leichte Kanalstrebe für den waagerechten Grabenverbau

Die Tragfähigkeit der üblichen Brusthölzer 8 cm × 16 cm bzw. 12 cm × 16 cm lässt nur einen verhältnismäßig kleinen Kragarm zu, sodass i. Allg. nur Rohre bis zu einem Durchmesser von 40 bzw. 60 cm verlegt werden können. Soll auch bei größeren Rohren der waagerechte Grabenverbau beibehalten werden, dann müssen nach dem Erreichen der Baugrubensohle stärkere Brusthölzer oder besondere Aussteifungsrahmen eingebaut werden, die den unteren Bereich der Baugrube steifenfrei halten. Die Aussteifungsrahmen bestehen aus zwei HE-B-Trägern, einer Steife und einem Zuggurt mit Spannschloss [136]. Damit lässt sich ein Arbeitsraum von 1 bis 2 m Höhe freihalten. Hierzu siehe auch DIN 4124 „Baugruben und Gräben". Zum Ausbau der Bohlen beim Verfüllen der Baugrube werden die Aussteifungsrahmen abschnittsweise höher gesetzt, bis die im oberen Bereich eingebauten Brusthölzer und Steifen allein ausreichen. Eine gegenseitige Störung der Brusthölzer und der Aussteifungsrahmen tritt nicht ein, wenn sie versetzt nebeneinander angeordnet werden.

Beim Rückbau darf die Baugrubenverkleidung abschnittsweise entfernt werden, sobald sie durch das Verfüllen der Baugrube entbehrlich wird. Die Bohlen sind i. Allg. einzeln auszubauen, sodass ein Einbrechen oder eine Sackung des Bodens vermieden wird. Soweit erforderlich, sind entsprechende Umsteifungen vorzunehmen oder zusätzliche Aufrichter und Steifen einzubauen, um die jeweils noch verbleibenden Bohlen zu sichern.

Auf einen Standsicherheitsnachweis für die Einzelteile kann verzichtet werden, wenn der Normverbau nach DIN 4124 „Baugruben und Gräben" verwendet wird. Lediglich die Tragfähigkeit der verwendeten Kanalstreben ist anhand der Herstellerangaben zu belegen. Im Übrigen finden sich in dieser Norm alle erforderlichen Angaben über Mindestabmessungen und Güteanforderungen für Bohlen, Aufrichter und Steifen.

1.2.2 Senkrechter Grabenverbau

Sofern ein großer freier Arbeitsraum zwischen der untersten Aussteifung und der Baugrubensohle benötigt wird oder der Boden nicht so standfest ist, dass nach dem abschnittsweisen Ausschachten jeweils Bohle um Bohle waagerecht eingebaut werden kann, dann kann es zweckmäßig sein, zum Verkleiden eines Leitungsgrabens einen senkrechten Grabenverbau nach Bild 4 anzuordnen. Sofern sich dabei die Bohlen nicht von vorneherein in voller Länge einbringen lassen, rammt man sie mit dem Fortschreiten der Ausschachtung jeweils weiter nach. Bei trockenen, locker gelagerten nichtbindigen Böden sowie bei weichen bindigen Böden, die einen waagerechten Verbau nicht zulassen, müssen die Bohlen in jedem Bauzustand so weit in den Untergrund einbinden bzw. dem Aushub folgend nachgetrieben werden, dass ein Aufbruch ausgeschlossen ist. Wird der senkrechte Verbau bei Böden angewendet, die auch ein Verkleiden mit waagerechten Bohlen zulassen, dann kann auf eine Einbindung in den Untergrund verzichtet werden, es sei denn, dass sie aus statischen Gründen erforderlich ist.

Holzbohlen kommen als Verkleidung der Grabenwand i. Allg. nur infrage, wenn sie dem Aushub nachfolgen können. Stählerne Kanaldielen müssen in ihrer ganzen Länge die gleiche Form haben und nach dem Eintreiben an die benachbarten Dielen gut anschließen. Verbeulte oder verbogene Dielen dürfen nicht verwendet werden. Das Gleiche gilt für Leichtspundwände, Tafelprofile, Rammbleche und dergleichen. Besteht Gefahr, dass die unvermeidbaren Ritzen den anstehenden Boden in den Graben eindringen lassen, so sind sie durch Holzwolle o. Ä. zu verschließen. Ist die Baugrube tiefer, als die Holzbohlen oder Kanaldielen lang sind, dann muss der Verbau in Staffeln eingebracht werden (Bild 5). Die dabei eintretende Verengung der Baugrube lässt sich durch Pfändung vermeiden. Die Bohlen oder Kanaldielen werden dazu schräg nach außen geneigt eingetrieben. Die Gurthölzer bzw. Gurtträger müssen der Neigung der Bohlen und Kanaldielen angepasst und geneigt eingebaut werden. Diese Ausführungsart ist unter dem Namen „Kölner Verbau" bekannt.

Gurt- bzw. Rahmenhölzer und Gurtträger sind durch Hängeeisen, Ketten oder andere gleichwertige Vorrichtungen an der Baugrubenwand anzuhängen. Sind die Holzbohlen oder

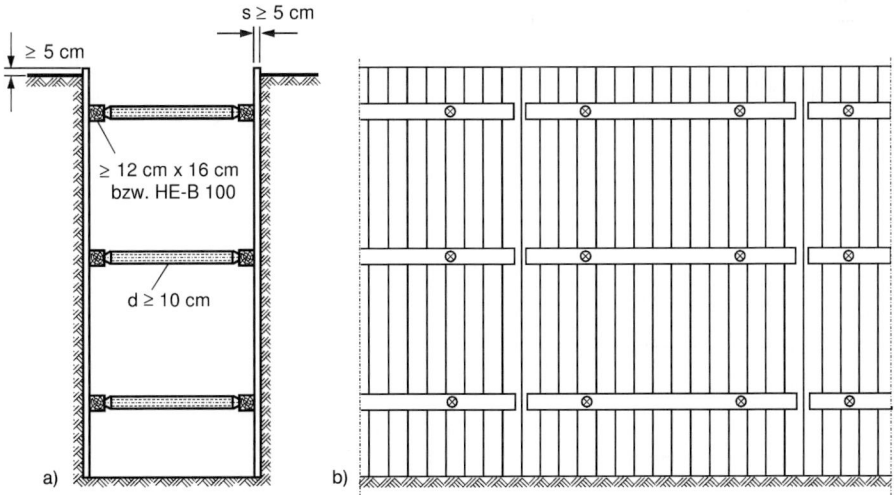

Bild 4. Senkrechter Grabenverbau (ohne Darstellung der Befestigungsmittel); a) Querschnitt, b) Längsschnitt

Bild 5. Senkrechter Grabenverbau mit gestaffelten Kanaldielen (Foto: Hoesch AG, Dortmund)

Kanaldielen nicht in der Lage, das Eigengewicht der Gurthölzer und der Steifen in den Untergrund abzutragen, dann sind in Geländehöhe Unterlagshölzer anzuordnen und die Gurthölzer an ihnen aufzuhängen. Die Unterlagshölzer müssen in die Geländeoberfläche eingelassen oder mit Material eingeebnet werden.

Als Steifen werden i. Allg. Rundhölzer oder Kanalstreben verwendet (Bild 6). Rundhölzer werden oft mit Bügeln aus entsprechend gebogenem Rundstahl am Außenflansch von HE-B-Gurten aufgehängt und von oben verkeilt. Klinkt man die Rundhölzer am Auflager aus oder nagelt man überstehende Laschen auf, so kann man sie mit der so entstehenden Nase auf den Gurt auflegen, muss dafür aber Schwierigkeiten beim Verkeilen in Kauf nehmen. Wirtschaftlich und in der Handhabung bequem sind Kanalstreben und Holzsteifen mit Universalspindeln, wenn sie mit Auflagerwinkeln versehen sind. Allerdings müssen die Auflagerwinkel so verstellbar sein, dass Steifenachse und Stegachse des Gurtes in der gleichen Höhe liegen. Eine Grobeinstellung der Kanalstreben lässt sich innerhalb gewisser Grenzen durch Steckbolzen und eine Feineinstellung durch die Spindel erzielen.

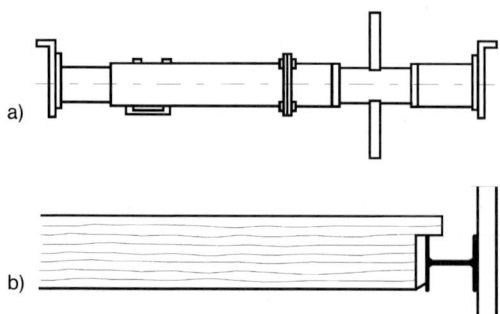

Bild 6. Aussteifungsmittel für den senkrechten Grabenverbau;
a) Kanalstrebe, b) Holzsteife mit angeschnittener Auflagernase

3.5 Baugrubensicherung

Üblicherweise werden die Dielen eines senkrechten Verbaus erst gezogen, wenn der Graben vollständig verfüllt ist und die Aussteifungsrahmen ausgebaut sind. Der entstehende Spalt von einigen Millimetern Dicke wird dabei hingenommen. Soll eine einwandfreie Verzahnung zwischen Füllboden und Grabenwand erzielt werden, z.B. mit Rücksicht auf die Bemessung von Rohrleitungen, dann dürfen die einzelnen Dielen nur abschnittsweise und jeweils nur so hoch gezogen werden, dass im freigelegten Teil des Grabens der Füllboden lagenweise eingebracht und verdichtet werden kann. Bei Gräben neben Gebäuden belässt man die Kanaldielen auf der Hausseite in der Regel im Boden.

Wenn der Normverhau nach DIN 4124 „Baugruben und Gräben" verwendet wird, kann auf einen Standsicherheitsnachweis verzichtet werden. Lediglich die Tragfähigkeit der verwendeten Kanalstreben ist anhand der Herstellerangaben zu belegen. Im Übrigen enthält diese Vorschrift alle erforderlichen Angaben über Mindestabmessungen und Güteanforderungen für die Einzelteile des Verbaus.

1.2.3 Grabenverbaugeräte

In vorübergehend standfesten Böden dürfen Gräben von mehr als 1,25 m Tiefe maschinell ohne Abböschung oder Verbau ausgehoben werden, sofern dadurch weder Personen, Gebäude, Leitungen noch andere bauliche Anlagen gefährdet werden. Diese Gräben dürfen jedoch erst betreten werden, nachdem unter besonderen Sicherheitsmaßnahmen ein fachgerechter Grabenverbau eingebracht ist. Als vorübergehend standfest wird ein Boden bezeichnet, wenn der freigelegte Bereich der Grabenwand in der kurzen Zeit, die zwischen dem Beginn der Ausschachtung und dem Einbringen des Verbaus verstreicht, keine wesentlichen Einbrüche aufweist. Dies ist in aller Regel nur bei mindestens steifen bindigen Böden und felsartigen Böden der Fall. Die Forderung nach besonderen Sicherheitsmaßnahmen ist erfüllt, wenn der Verbau unter Einsatz von Geräten eingebracht wird, die von der Prüf- und Zertifizierungsstelle im BG-PRÜFZERT der Fachausschüsse Bau (BAU) und Tiefbau (TB) der Berufsgenossenschaft der Bauwirtschaft in sicherheitstechnischer Hinsicht überprüft und als geeignet beurteilt worden sind, und die Betriebsanleitungen sowie die Forderungen der genannten Prüfstelle zur Gewährleistung der Arbeitssicherheit eingehalten werden.

Die technische Entwicklung der Grabenverbaugeräte begann mit den Verbauhilfsgeräten, in deren Schutz von oben her ein herkömmlicher waagerechter oder senkrechter Verbau eingebracht wurde, bevor der Graben selbst betreten wurde. Es folgten fertige Verbaueinheiten, die vom Bagger in den offenen Graben eingesetzt und dann von innen her gegen die Grabenwände gedrückt wurden. Beide Verfahren setzen voraus, dass die Grabenwände zumindest so lange auf voller Aushubtiefe stehen bleibt, bis der Verbau in der Lage ist, die Stützung zu übernehmen. Für Böden, die nur über eine geringe Höhe vorübergehend standfest sind, wurden im nächsten Entwicklungsschritt Verbaueinheiten aus großformatigen Stahlverbauplatten und Kanalstreben entwickelt, die im Absenkverfahren eingebracht werden können. Beim herkömmlichen Absenkverfahren werden die beiden gegenüberliegenden Verbauplatten jeweils abwechselnd dem Aushub folgend entsprechend Bild 7 in den Boden gedrückt. Damit sich die mit diesem Bauvorgang verbundene abwechselnde Verengung und Ausweitung der Verbaueinheit in vertretbaren Grenzen hält, ist die zulässige Strebenneigung auf maximal 1:20 begrenzt worden. Um zu verhindern, dass sich die Verbaueinheit beim Absenken im Boden einklemmt, werden die Streben zu Beginn der Absenkung entsprechend Bild 8 so eingestellt, dass der Abstand der Platten unten größer ist als oben. Die Folge davon ist eine Auflockerung des anstehenden Bodens, die erheblich über das Maß hinausgeht, welches beim herkömmlichen waagerechten oder senkrechten Grabenverbau zu erwarten ist. Die verschiedenen im Einsatz befindlichen Gerätetypen lassen sich wie folgt einteilen:

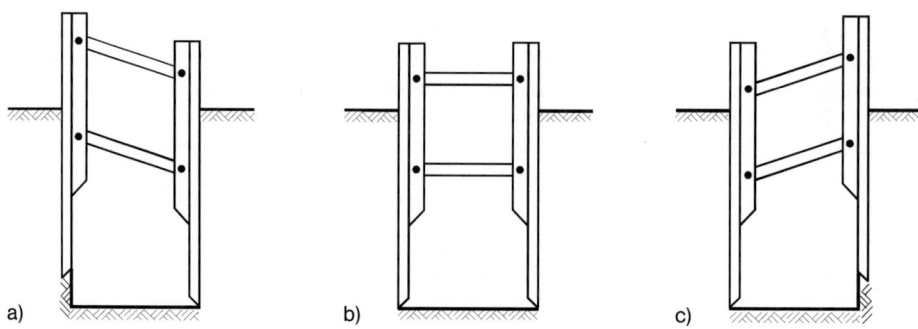

Bild 7. Absenkverfahren mit großformatigen Stahlverbauplatten;
a) rechte Seite abgesenkt, b) beide Seiten gleich tief, c) linke Seite abgesenkt

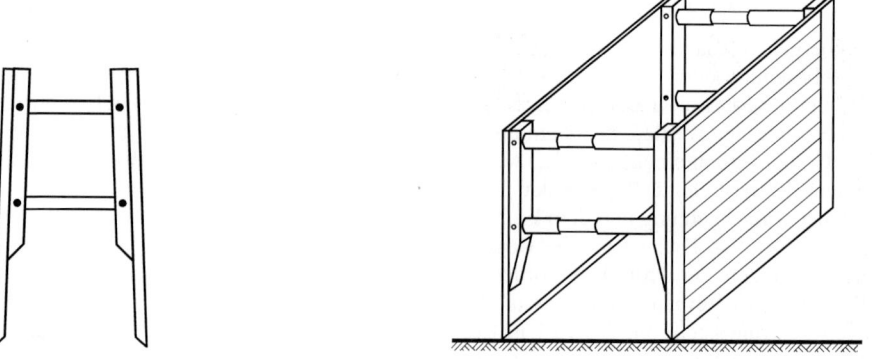

Bild 8. Voreinstellung der Verbaueinheit   **Bild 9.** Randgestützte Stahlverbauplatten

1. Bei den unmittelbar gestützten Verbauplatten bilden die Platten mit den senkrechten Traggliedern und den Kanalstreben eine Einheit. Sie eignen sich entsprechend ihrer Höhe insbesondere für Grabentiefen bis zu etwa 2,5 m, größere Tiefen sind möglich, wenn im Zuge des weiteren Aushubs Aufsatzstücke aufgesetzt werden. Eine natürliche Grenze für die erreichbare Tiefe setzen die Reibungskräfte, die beim Eindrücken und später beim Ziehen der Platten überwunden werden müssen. Für das Absenkverfahren sind nur randgestützte Platten zugelassen (Bild 9).
2. Beim Einfachgleitschienenverbau sind Kanalstreben und senkrechte Tragglieder zu rahmenförmigen Einheiten zusammengefasst. Die senkrechten Tragglieder sind als Gleitschienen ausgebildet, in denen die Verbauplatten geführt werden (Bild 10). Da die Gleitschienen und die Verbauplatten in getrennten Arbeitsgängen in den Boden gedrückt werden, sind die zu überwindenden Reibungskräfte geringer als bei den unmittelbar gestützten Verbauplatten. Dadurch sind mithilfe von Aufsatzteilen größere Grabentiefen erreichbar.
3. Beim Doppelgleitschienenverbau sind in den senkrechten Traggliedern zwei Nuten angeordnet, sodass die Verbauplatten in zwei verschiedenen Ebenen geführt werden können (Bild 11). Auf diese Weise beschränken sich die Kräfte beim Eindrücken bzw. beim Ziehen der Platten auf den Anteil von maximal der halben Grabentiefe. Damit können Gräben bis zu 6 m Tiefe verbaut werden.

3.5 Baugrubensicherung

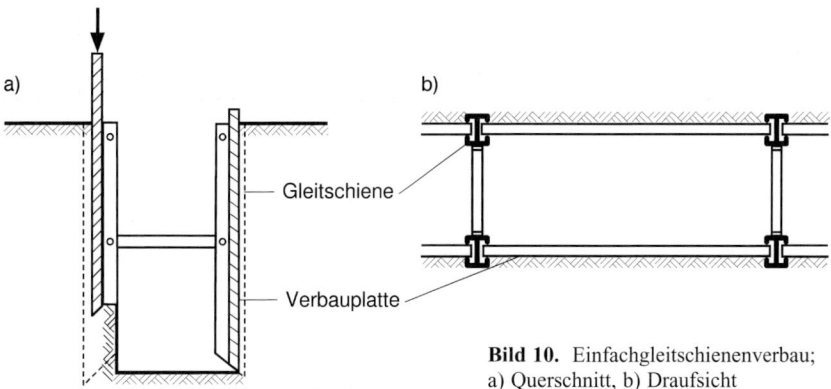

Bild 10. Einfachgleitschienenverbau;
a) Querschnitt, b) Draufsicht

Bild 11. Doppelgleitschienenverbau
(Foto: KVH Verbautechnik GmbH, Heinsberg)

Um die mit dem Einsatz von Verbaueinheiten verbundenen Probleme zu verringern, sind folgende Neuentwicklungen auf den Markt gekommen:

a) Der Umgang mit den schweren Stahlteilen fordert den Einsatz von kräftigen Hydraulikbaggern. Durch den Einsatz von Aluminium können die Einzelteile für Gräben bis 2 m Tiefe von Hand bewegt werden, bei Grabentiefen bis zu 3 m genügt der Einsatz von Kleinbaggern. Dies ist insbesondere bei beengten Platzverhältnissen von Vorteil.

b) Auch beim Doppelgleitschienenverbau sind wegen der großen Reibungskräfte, die beim Eindrücken und beim Rückbau der Platten zu überwinden sind, nur begrenzte Baugrubentiefen erreichbar. Der Anwendungsbereich wurde durch die Entwicklung von Dreifachgleitschienen auf etwa 9 m erweitert.

c) Der im Bild 7 beschriebene Bauvorgang führt insbesondere im Zusammenwirken mit der leicht A-förmigen Voreinstellung der Platten bzw. der Gleitschienen nach Bild 8 zu einer Auflockerung des Bodens, wodurch benachbarte Leitungen, ggf. auch Bauwerke, beschädigt werden. Durch die Entwicklung von Gleitschienenverbaugeräten mit senkrecht beweglichen, rechtwinkligen Aussteifungsrahmen wird eine parallele Führung der Verbauplatten in den Gleitschienen erzwungen und eine Auflockerung des Bodens vermieden. Je nach Hersteller werden die Aussteifungsrahmen als Laufwagen, Rollenschlitten oder Fahrwagen bezeichnet. Das System als Ganzes nennt sich Linearverbau, Parallelverbau oder Rollenschlittenverbau.

Eine Mischung zwischen Verbauhilfsgerät und fertiger Verbaueinheit stellen die Dielenkammer-Elemente dar, die etwas unterhalb der Geländeoberfläche als feste Aussteifungsrahmen eingebaut, aber von oben her mit Kanaldielen bestückt werden (Bild 12). Je nach Tiefe sind noch weitere waagerechte Gurtungen oder eine Einbindung im Boden unterhalb der Baugrubensohle erforderlich.

Schwierigkeiten treten in der Regel bei kreuzenden Leitungen auf. Wenn diese nicht vorübergehend umgelegt werden können, verbleibt zwangsläufig zwischen den Verbaueinheiten eine Lücke, die in herkömmlicher Weise mit waagerechtem Verbau geschlossen werden muss. Auch die Stirnseiten der Grabenabschnitte sind zu verbauen, wenn nicht die Voraussetzungen für das Anlegen einer steilen Böschung vorliegen. Dafür sind bei den Gleitschienenverbaugeräten mit beweglichen Aussteifungsrahmen besondere Eckschienen entwickelt worden, in denen Verbauplatten abgesenkt werden können. Mit diesen Eckschienen lassen sich auch rechtwinklige Schächte herstellen.

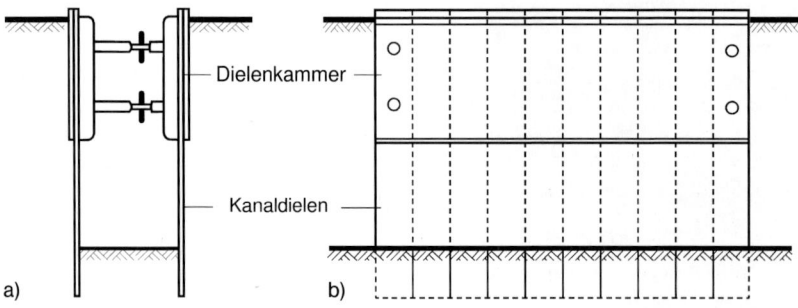

Bild 12. Dielenkammerelemente; a) Querschnitt, b) Längsschnitt

1.3 Spundwandverbau

Im Unterschied zu dem in Abschnitt 1.2 beschriebenen senkrechten Verbau mit Holzbohlen, stählernen Kanaldielen oder Leichtspundwänden ist der Spundwandverbau wegen des Ineinandergreifens der Schlösser annähernd wasserdicht und wegen des großen Widerstandsmoments der Bohlen in der Lage, große Stützweiten zu überbrücken. Im Allgemeinen werden U- und Z-Profile verwendet (s. Kapitel 3.3). Die bei Ufereinfassungen darüber hinaus gebräuchlichen Profile wie Verbundwände in Winkelform, Trägerpfahlwände und die kombinierten Spundwände trifft man bei Baugrubenumschließungen nur selten an. Wegen ihrer guten Rammeigenschaften werden oft U-Profile bevorzugt. Allerdings ist bei diesen Bohlen die Aufnahme der Schubspannungen in den Schlössern nicht immer sichergestellt. Vor allem dann, wenn die Bohlen in tonigem Boden gerammt werden, ist mindestens jedes zweite Schloss zu verschweißen, um die Übertragung größerer Schubspannungen sicherzustellen. Bei einer Rammung in Kies-, Sand- oder Grobschluffböden genügte früher zur Aufnahme der auftretenden Schubspannungen oft die werkseitige Verpressung der Schlösser, bei geringer Schubbeanspruchung sogar die Schlossreibung. Der Nationale An-

3.5 Baugrubensicherung

hang zur DIN EN 1993-5 „Bemessung und Konstruktion von Stahlbauten – Teil 5: Pfähle und Spundwände" setzt hier jedoch neuerdings deutlich strengere Maßstäbe.

Bei der Wahl des Spundwandprofils für Baugrubenumschließungen muss man nicht nur die statische Ausnutzung und die Rammfähigkeit berücksichtigen, sondern auch die Wiedergewinnung und die Wiederverwendungsmöglichkeit. Man wird also schwere Profile nur wählen, wenn feststeht, dass die Spundwände öfter verwendet werden können. Die Wiederverwendungsfähigkeit ist bei Stählen höherer Güte größer als bei Spundwandstahl S240 GP, bei dickwandigen Profilen größer als bei dünnwandigen. Bei langjährigem Einsatz an einer Stelle besteht die Gefahr, dass eine Spundwand nicht wieder gezogen werden kann. Die nichtbindigen Böden neigen zum Verkrusten, die bindigen zum Ankleben.

Steifen und Anker dürfen nur gegen Zangen oder Gurte gesetzt werden, sofern nicht jede Spundwandwelle für sich verankert wird. Als Gurtungen kommen i. Allg. nur U- bzw. HE-B-Walzprofile, U-Profil-Spundbohlen oder Stahlbetonbalken infrage. Stahlbetonbalken bieten den Vorteil, dass sie sich der Wellenform der Spundwände und den auftretenden Verrammungen zwanglos anpassen. Bei Gurten aus Stahl werden Ramm-Ungenauigkeiten durch Stahlplatten, eingeschweißte Stege, Stahlkeile oder Beton ausgeglichen, soweit es für eine einwandfreie Kraftübertragung erforderlich ist. Die Gurte werden entweder auf Konsolen aufgelegt oder an Ketten, Rundstäben oder Flacheisen aufgehängt, die ihrerseits am Spundwandkopf eingehakt sind. Die Steifen werden entweder auf Konsolen aufgelegt, die unter dem Gurt angeschweißt sind, oder auf Nasen, die aufgeschweißt sind (Bild 13).

Außer den allgemein üblichen Steifen aus Rundholz, HE-B- und HZ-Profilen (früher PSp) sind verschiedentlich schon Stahlrohre (Bild 14), Gitterstreben und Stahlbetonbalken als Aussteifung verwendet worden. Rohre weisen ein günstiges Verhältnis von Trägheitsmoment zu Gewicht auf und eignen sich daher besonders gut als Steifen mit großer Knicklänge. Gitterstreben mit drei oder vier Längsprofilen sind in den Abmessungen nicht begrenzt, jedoch in der Herstellung aufwendig. Stahlbetonbalken können nach Erreichen der jeweiligen Aushubtiefe unmittelbar auf die Baugrubensohle betoniert werden. Sie können wirtschaftlich sein, wenn sie in das Bauwerk einbezogen werden oder wenn anderenfalls Stahlprofile verwendet werden müssten, deren Wiederverwendung fraglich ist.

Der Spundwandverbau ist bei größeren Tiefen verhältnismäßig teuer und überdies wenig anpassungsfähig. Vorhandene Leitungen müssen umgelegt werden, Hindernisse im Boden können die Bohlen aus dem Schloss reißen. Spundwände werden daher als Baugrubenverbau i. Allg. nur angeordnet, wenn offenes Wasser abgehalten werden muss bzw. vorhandenes Grundwasser nicht abgesenkt werden kann oder nicht abgesenkt werden darf.

Im Allgemeinen wird man stets versuchen, die Spundwände nach Fertigstellung des Bauwerks wiederzugewinnen. Die Gefahr, dass die Spundwand am Beton einer gegen sie

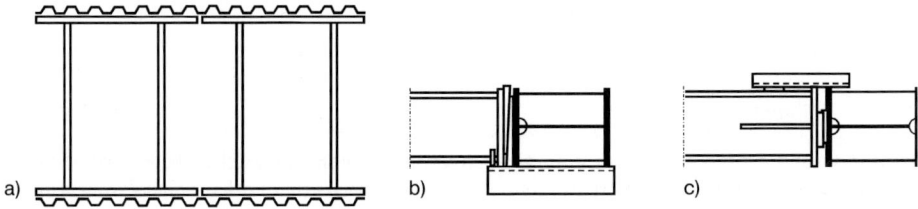

Bild 13. Ausgesteifte Spundwandbaugrube; a) Grundriss, b) Steifenauflagerung auf Konsolen, c) Steifenauflagerung auf angeschweißter Nase

Bild 14. Abgespundete Tunnelbaugrube; City-S-Bahn Hamburg, Baulos Binnenalster (Foto: Bundesbahndirektion Hamburg)

geschütteten Bauwerkssohle haftet, kann durch Anheften einer Papplage vor dem Betonieren leicht beseitigt werden. Das Ziehen fällt leichter, wenn Doppelbohlen verwendet werden, die nicht verpresst oder verschweißt sind. Beim Ziehen wird dann als Einheit wie beim Rammen die Doppelbohle gewählt, aber gegenüber dem Rammvorgang um eine Einzelbohle versetzt. Damit wird erreicht, dass sich die Bohlen nicht in den beim Rammen benutzten Schlösser lösen müssen. Die Schlösser, in denen die Bohlen paarweise im Werk zusammengezogen worden sind, weisen eine erheblich geringere Reibung auf, da beim Rammen keine die Verkrustung fördernden Bodenteilchen eindringen. Gegebenenfalls können auch Einzelbohlen gezogen werden, sofern sie nicht verpresst oder verschweißt worden sind. Im Untergrund festsitzende Bohlen lassen sich durch einige Schläge mit dem Rammhammer lockern. Ist es nicht mehr möglich, eine Spundwand im Ganzen zu ziehen, dann kann es in Einzelfällen zweckmäßig sein, sie gegen das fertige Bauwerk abzusteifen, im Schutze dieser Hilfsabsteifung in Höhe der Baugrubensohle durchzubrennen und nach dem Verfüllen nur den oberen Teil zu ziehen. Lassen die örtlichen Verhältnisse das Abschneiden und Ziehen voraussichtlich nicht zu, dann wird besser auf den Arbeitsraum verzichtet und die Spundwand in das Bauwerk einbezogen.

Weitere Angaben, z. B. zur Handhabung, zum Schweißen und zum Einbringen von Spundbohlen und zum Abdichten von Schlossfugen siehe DIN EN 12063 sowie die Handbücher der Spundwandhersteller.

1.4   Trägerbohlwände

Ist der waagerechte oder senkrechte Grabenverbau wegen der zahlreichen Steifen nicht geeignet und der Spundwandverbau nicht erforderlich, weil etwa vorhandenes Grundwasser auf andere Weise beseitigt oder von der Baugrube ferngehalten werden kann, dann wird i. Allg. die Trägerbohlwand – auch „Berliner Verbau" genannt – gewählt. Sie besteht aus senkrechten Traggliedern im Abstand von etwa 1 bis 3 m und einer waagerecht gespannten

3.5 Baugrubensicherung

Ausfachung (Bild 15). In der ursprünglichen Form, die beim Bau der Berliner U-Bahn in den Jahren um die Jahrhundertwende entwickelt wurde, handelte es sich um gerammte I-Träger mit dazwischen eingekeilten Holzbohlen. Die vielfältigen Anwendungsmöglichkeiten und die hervorragende Anpassungsfähigkeit an örtliche Gegebenheiten haben bis zum heutigen Tag eine Vielzahl von Abwandlungen entstehen lassen.

Anstelle der quer zur Stegachse verhältnismäßig weichen und daher leicht verlaufenden I-Profile werden vielfach HE-B-Profile und HZ-Profile (früher PSp) gerammt oder mit einem Schwingbär eingerüttelt. Wenn die beim Rammen entstehenden Erschütterungen und Geräusche vermieden werden sollen oder wenn harte Schichten anstehen, die sich nicht durchrammen lassen, dann kann es zweckmäßig sein, die Bohlträger in vorgebohrte Löcher zu setzen. In diesem Fall können nicht-rammfähige Profile verwendet werden, z.B. auch doppelte U-Profile. Diese bieten sich insbesondere dann an, wenn die Bohlträger einzeln, ohne tragende Gurtungen und ohne überstehende Ankerköpfe, verankert werden sollen. Der verbleibende Raum zwischen Träger und Bohrlochwandung wird mit Kalkmörtel, Magerbeton oder sandigem Material verfüllt. Hat der Träger später größere Vertikalkräfte aufzunehmen, dann rammt man ihn im Bohrloch um ein entsprechendes Maß unter die Baugrubensohle, versieht ihn mit einer Fußplatte oder betoniert ihn ein. Auch das Einrammen des Trägers in einen zuvor in das Bohrloch eingefüllten Frischbeton-Pfropfen ist zweckmäßig (s. auch Abschn. 4.3). In diesem Falle sind wie bei Bohrpfählen die Bedingungen von DIN 1054 und die Empfehlungen des Arbeitskreises „Pfähle" [34] zu beachten.

Die Empfehlungen des Arbeitskreises „Baugruben" [32] verlangen bei Baugruben bis zu 10 m Tiefe eine Mindesteinbindetiefe der Träger von 1,50 m unter der Baugrubensohle, sofern sich aus dem Standsicherheitsnachweis nicht ohnehin ein größeres Maß ergibt. Vielfach reicht die Einbindetiefe von 1,50 m jedoch nicht aus, um den erforderlichen Erdwiderstand zu wecken oder die aus Auflasten oder aus der Wandreibung herrührende Vertikalkraft in den Untergrund abzuleiten. Andererseits kann auf das Einbinden der Träger in den Untergrund verzichtet werden, wenn die unterste Steifen- oder Ankerlage verhältnismäßig dicht über der Baugrubensohle angeordnet wird und keine Vertikalkräfte abzutragen sind (s. Abschn. 3.2.3).

Bild 15. Mit Trägerbohlwänden verkleidete Tunnelbaugrube; U-Bahn-Neubau Hamburg, Baulos Straßburger Straße (Foto: A-Z-Foto, Ad. Hugo van der Zyl, Hamburg)

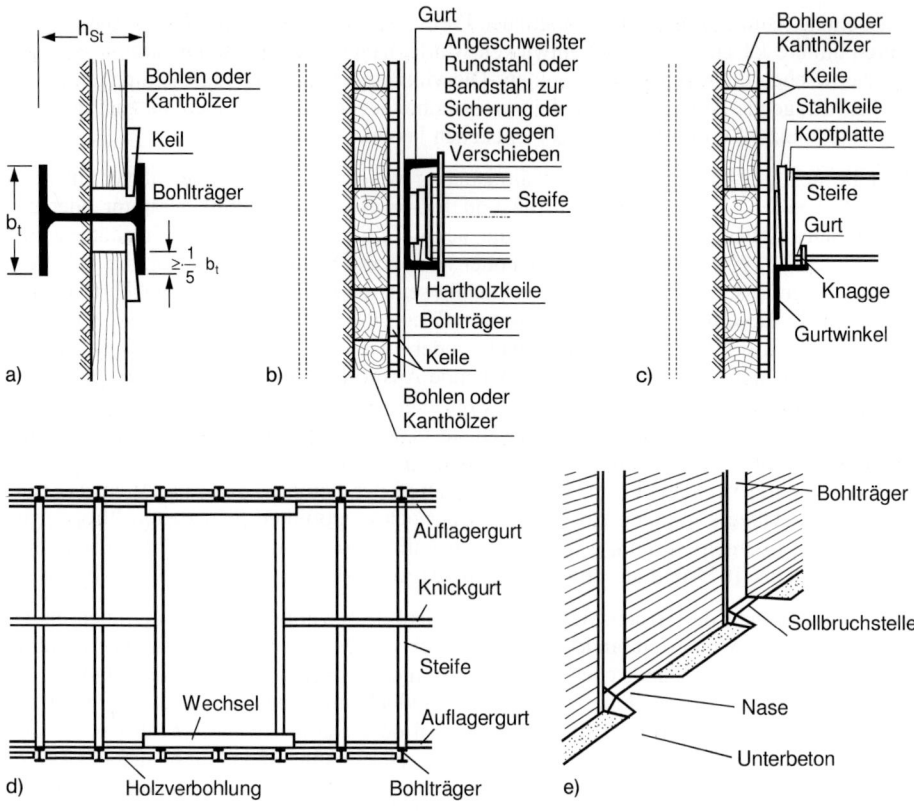

Bild 16. Einzelheiten einer Trägerbohlwand; a) Verkeilung der Bohlen, b) Auflagerung von Holzsteifen, c) Auflagerung von Stahlsteifen, d) Baggerloch, e) Abstützung gegen den Unterbeton

Besonders zahlreich sind die Möglichkeiten, die Wand zwischen den Bohlträgern zu verkleiden. Es gibt kaum ein Material, das dafür nicht schon verwendet worden wäre: Holzbohlen, Kantholz, Eisenbahnschwellen, Rundholz, Kanaldielen, HE-B-Träger, Stahlbeton und Spritzbeton. Auch großformatige Stahlverbauplatten nach Abschnitt 1.2.3 sind schon eingesetzt worden. Die Einzelteile der Ausfachung müssen so lang sein, dass sie auf jeder Seite mindestens auf einem Fünftel der Flanschbreite aufliegen (Bild 16 a). Sie sind i. Allg. mit Keilen oder anderen gleichwertigen Mitteln fest und unverschiebbar gegen den Boden zu pressen. Die Ausfachung muss stets mit dem Aushub fortschreitend eingebracht werden. Mit dem Einbringen ist spätestens zu beginnen, wenn eine Aushubtiefe von 1,25 m erreicht ist. Der Einbau der weiteren Ausfachung darf hinter dem Aushub i. Allg. nur um 0,50 m, bei steifen oder halbfesten Böden, z. B. bei Lehm und Mergel, höchstens um 1,00 m zurück sein. Beim Antreffen von örtlich begrenzten, wenig standfesten Böden, z. B. bei locker gelagertem, einkörnigem, trockenem Sand, bei sandfreiem Kies und bei Bodenarten, die etwas zum Fließen neigen, kann es erforderlich sein, die Höhe der Abschachtung auf die Höhe der Einzelteile der Ausfachung zu beschränken. Besteht die Gefahr, dass die Bohlen abrutschen, z. B. bei locker gelagerten nichtbindigen Böden oder bei geschichteten Böden mit Einlagerungen von weichen bindigen Böden oder Fließsand (enggestufter, wassergesättigter Feinsand), so sind sie durch aufgenagelte Laschen oder Hängestangen zu sichern. Das gleiche gilt

3.5 Baugrubensicherung

unabhängig vom anstehenden Boden immer dann, wenn der Abstand benachbarter Bohlträger mit der Tiefe zunimmt. Sofern die Gefahr besteht, dass die Keile sich lockern und herausfallen, und ein erneutes Festsetzen nicht möglich ist, sind sie durch Leisten zu sichern. Eine nur teilweise Verkleidung des freigelegten Bodens oder gar ein völliger Verzicht auf die Ausfachung ist nur im Bereich von Fels zulässig und da auch nur, wenn sichergestellt ist, dass keine Felsbrocken sich lösen und herabfallen können. Gegebenenfalls sind zwischen den Bohlträgern Drahtnetze anzubringen.

Wenn in der Nähe von Gebäuden, Leitungen oder anderen baulichen Anlagen die Bewegungen der Baugrubenwand und des Bodens weitgehend verhindert werden sollen, sind die Einzelteile der Ausfachung möglichst mit einer Vorbiegung einzubauen. Zu diesem Zweck wird der Boden mit einer gekrümmten Lehre abgeschabt. Beim Einschlagen der Keile, die in diesem Falle zweckmäßig paarweise eingesetzt werden, können sich dann die Einzelteile der Ausfachung entsprechend ihrer rechnerischen Belastung durchbiegen, ohne dass sich der Boden völlig entspannt. Im Allgemeinen wird es zweckmäßig sein, die Ausfachung spätestens dann einzubringen, sobald die Wand auf eine Höhe von 0,50 m freigeschachtet ist. Wird bei standfesten bindigen Böden eine Ausfachung aus Stahlbeton verwendet, so kann meist auf die Vorwegnahme der Durchbiegung verzichtet werden. In diesem Fall liegt die Ausfachung so dicht am Boden an, wie es mit einzeln eingebrachten Teilen aus Holz, Stahl oder Stahlbeton nie erreicht werden kann.

Dagegen ist eine Verbohlung mit Eisenbahnschwellen oder Rundhölzern ausgeschlossen, weil ein sattes Anliegen am Boden auch bei einer Vorbiegung nicht zustande kommt. Auch die Verwendung von vorgehängten Bohlen nach den Bildern 17 bzw. 18 kommt nicht infrage, wenn eine Auflockerung des Bodens vermieden werden muss. Hierzu siehe auch [145], Abschnitt 1.6.

Bild 17. Trägerbohlwand mit vorgehängten Bohlen (Foto: Baubehörde Hamburg)

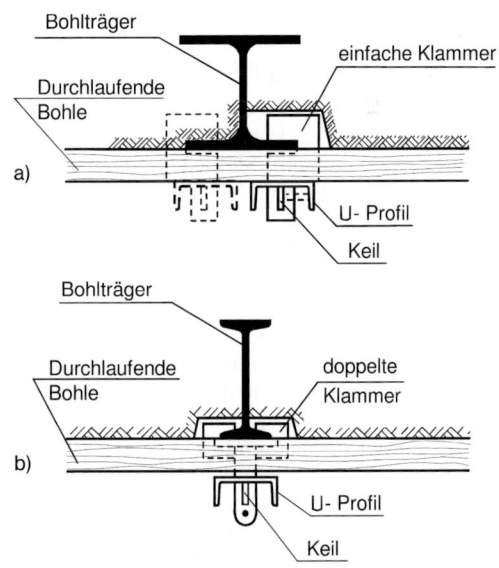

Bild 18. Einzelheiten einer Trägerbohlwand mit vorgehängten Bohlen;
a) Befestigung der Bohlen mit einfachen Klammern
b) Befestigung der Bohlen mit doppelten Klammern

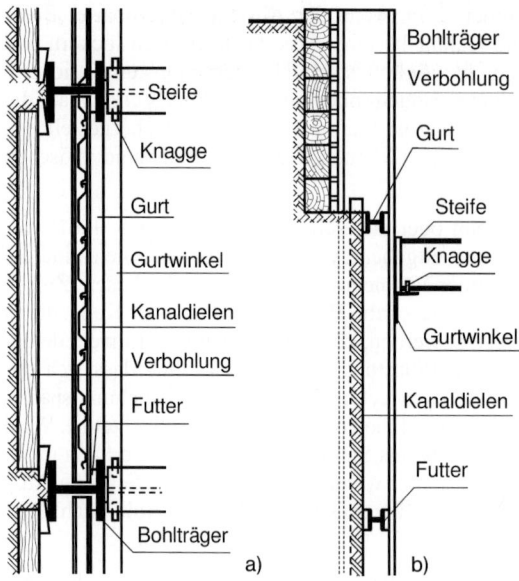

Bild 19. Trägerbohlwand mit Kanaldielenausfachung; a) Grundriss, b) Querschnitt

Bei Baugruben, die in Bodenschichten einschneiden, welche zum Fließen neigen und sich nur schwer oder gar nicht entwässern lassen, können bei der Verwendung von Trägerbohlwänden erhebliche Schwierigkeiten entstehen. Man umgeht sie, wenn man von vornherein im standfesten Bereich die Ausbohlung hinter die rückwärtigen Trägerflansche setzt und im Bereich der weichen Schichten zwischen den Bohlträgern Kanaldielen einrammt oder einpresst. Gehalten werden diese Kanaldielen von waagerechten Gurten aus leichten Stahlträgern, die mit dem Aushubfortschritt zwischen den Bohlträgern eingebaut werden (Bild 19).

Zur Aussteifung gegenüberliegender Bohlträger werden oft Rundholzsteifen verwendet, solange der Abstand etwa 8 bis 10 m nicht überschreitet. Rundholzsteifen müssen an den Enden abgefasst sein. Sie liegen zumeist in Gurten aus U-Profilen, die an die Bohlträger angeschraubt oder angeschweißt sind, über die gesamte Baugrubenlänge durchlaufen und somit den seitlichen Abstand der Bohlträger sichern (Bild 16 b). Nach der Verkeilung, zu der grundsätzlich Hartholzkeile verwendet werden sollen, sind die Steifen durch Anbringen von Winkelstücken oder Stahlstäben gegen Verschieben zu sichern. Das Abheben verhindern bereits die Flansche des Gurtes. Bei Baugrubenbreiten von mehr als 10 m werden die Abmessungen von Holzsteifen i. Allg. zu groß. Man wählt dann Stahlsteifen aus HE-B-oder HZ-(PSp)-Profilen. Zur Auflagerung dienen Gurtwinkel, deren Flansch zur Aufnahme der Keile und der Kopfplatten breit genug ist und darüber hinaus noch genügend Platz lässt für die Anordnung von Knaggen, welche die Steife gegen Abheben, Verschieben und Verdrehen sichern (Bild 16 c). Bei sehr kleinen oder sehr unregelmäßigen Bohlträgerabständen kann es zweckmäßig sein, die Steifen unabhängig von der Anordnung der Bohlträger gegen biegesteife Gurte zu setzen, die ihrerseits mehrere Bohlträger abstützen, ähnlich wie dies bei verankerten Wänden stets der Fall ist und auch bei Baggerlöchern (Bild 16 d) in der Regel erforderlich ist. Diese Gurte sind in der oberen Baugrubenhälfte zumindest einmal in Längsrichtung miteinander zu verbinden. Werden die Steifen unmittelbar zwischen gegenüberliegenden Bohlträgern angeordnet, dann ist wenigstens ein Gurt in der oberen Hälfte der Baugrubenwand auf größere Abschnitte der Baugrube zug- und druckfest durchzuführen. Das Gleiche gilt bei verankerten und bei nicht gestützten Bau-

BUCHEMPFEHLUNG

Komplexe Strukturen – leicht berechnet!

Leitfaden zur fehlerfreien Anwendung im Ingenieurbüro

Die Finite-Elemente-Methode ist heute ein Standardverfahren zur Berechnung komplexer Tragstrukturen, jedoch in der praktischen Anwendung auf Stabwerke und insbesondere auf Querschnitte nicht unproblematisch. Für die Beurteilung des Verformungsverhaltens und der Spannungsverteilung in dünnwandigen Querschnitten bietet die Methode jedoch zahlreiche Vorteile.

Das Buch enthält eine Einführung in die Grundlagen der FE-Modellierung von Stäben, Stab und Raumfachwerken und Hinweise für ihre Anwendung bei baupraktischen Aufgabenstellungen.

Rolf Kindmann, Matthias Kraus
Finite-Elemente-Methoden im Stahlbau
Reihe: Bauingenieurpraxis
2007. XI, 382 S. 256 Abb. 46 Tab. Br.
€ 57,–* / sFr 91,–
ISBN: 978-3-433-01837-8

Die Finite-Elemente-Methode – ein Standardverfahren für jeden Ingenieur

Die erhebliche Steigerung der Rechenleistung und die Verbesserung der Software in den letzten Jahren haben dazu geführt, dass die einfachen, überschaubaren statischen Berechnungen weitgehend verdrängt wurden und alles rechenbar scheint. Die Anwendung von Rechenprogrammen im Betonbau ist jedoch nicht unproblematisch.

Anhand praxisrelevanter Beispiele aus dem Hoch- und Ingenieurbau werden Fragen der numerischen Abbildung von Betontragwerken, die dabei auftretenden Probleme und mögliche Fehlerquellen erläutert.

Günter Rombach
Anwendung der Finite-Elemente-Methode im Betonbau
Fehlerquellen und ihre Vermeidung
2., überarbeitete Auflage
2006. XVI, 320 S. 294 Abb. 33 Tab. Br.
€ 59,–* / sFr 94,–
ISBN: 978-3-433-01701-2

Blackbox Computerprogramm?

Dieses Buch entwickelt ein fundiertes Verständnis und die nötige Sicherheit für die Anwendung der modernen Methoden der Baustatik. Es ist eine systematische Auswahl derjenigen Methoden getroffen worden, die heute unverzichtbares Fachwissen darstellen. Die theoretischen Grundlagen werden komprimiert dargestellt, dabei werden für die algorithmischen Grundlagen keine Einschränkungen getroffen, der Fokus ist jedoch auf Stabtragwerke gerichtet.

Mehr als 40 Rechenbeispiele decken ein breites Spektrum von anwendungsorientierten Aufgaben und Lösungen ab.

Wolfgang Graf, Todor Vassilev
Einführung in computerorientierte Methoden der Baustatik
Grundlagen, Anwendung, Beispiele
2006. VIII, 359 S. 233 Abb. 16 Tab. Br.
€ 59,–* / sFr 94,–
ISBN: 978-3-433-01857-6

Ernst & Sohn
Verlag für Architektur und
technische Wissenschaften GmbH & Co. KG

www.ernst-und-sohn.de

Für Bestellungen und Kundenservice:
Verlag Wiley-VCH
Boschstraße 12
69469 Weinheim
Telefon: +49(0) 6201 / 606-400
Telefax: +49(0) 6201 / 606-184
E-Mail: service@wiley-vch.de

* Der €-Preis gilt ausschließlich für Deutschland
004637026_my Irrtum und Änderungen vorbehalten.

BGG Consult
BAUGRUNDERKUNDUNG - GEOMECHANIK - GEOHYDROLOGIE

WIEN
WOLFSBERG
HOHENEMS

BGG Consult ist eine Ziviltechnikergesellschaft, die auf den Fachgebieten der Geotechnik, Geologie und Hydrogeologie tätig ist. Das interdisziplinär zusammengesetzte Team aus Bauingenieuren, Geologen und Kulturtechnikern kann auf eine jahrzehntelange Erfahrung bei der Bearbeitung zahlreicher Bauvorhaben für die Öffentliche Hand und für private Auftraggeber zurückgreifen und gewährleistet somit unseren Kunden eine fachlich fundierte Beurteilung des Baugrundes und eine qualifizierte Beratung während der Planung und Bauausführung eines Projektes.

BGG Consult Dr. Peter Waibel ZT-GmbH
Mariahilfer Str. 20, 1070 Wien - Tel.: +43/1/524 29 80 - waibel@bgg.at - www.bgg.at

Koralmbahn / Österreich | Autobahn M6 / Ungarn | Flughafen-Tower / Wien

BUCHEMPFEHLUNG

Der Teufel steckt im Detail: Verbindungen

Zentrale Themen des Buches sind geschweißte und geschraubte Verbindungen im Stahl- und Verbundbau. Darüber hinaus werden auch andere Verbindungstechniken bzw. Verbindungsmittel behandelt, wie z. B. Kontakt, Kopfbolzendübel, Setzbolzen, Niete, Augenstäbe, Bolzen, Hammerschrauben, Zuganker, Dübel und Ankerschienen. Auf die Methoden und Vorgehensweisen zur Bemessung und konstruktiven Durchbildung der Verbindungen wird ausführlich eingegangen. Neben den allgemeingültigen Grundlagen werden die Regelungen der DIN 18800 und der Eurocodes behandelt und Erläuterungen zum Verständnis gegeben. Zahlreiche Konstruktions- und Berechnungsbeispiele zeigen die konkrete Anwendung und Durchführung der Tragsicherheitsnachweise.

Kindmann, R. / Stracke, M.
Verbindungen im Stahl- und Verbundbau
2., aktualisierte Auflage
2009. 458 S. 334 Abb. 72 Tab. Br.
€ 55,–* / sFr 88,–
ISBN: 978-3-433-02916-9

* Der €-Preis gilt ausschließlich für Deutschland.
Irrtum und Änderung vorbehalten.
001014026_my

Ernst & Sohn Verlag für Architektur und technische Wissenschaften GmbH & Co. KG
Für Bestellungen und Kundenservice: Verlag Wiley-VCH, Boschstraße 12, D-69469 Weinheim

www.ernst-und-sohn.de   Tel.: +49(0)6201 606-400, Fax: +49(0)6201 606-184, E-Mail: service@wiley-vch.de

grubenwänden. Zur Verkürzung der Stützweite können die Bohlträger nach Bild 16 e über entsprechende Nasen gegen den Unterbeton abgestützt werden. Diese Nasen erhalten eine Sollbruchstelle, damit später beim Ziehen der Bohlträger keine Bewegung auf das Bauwerk oder seine Abdichtung übertragen wird, und sie erhalten nach oben zum Bohlträger hin eine Verdickung, damit einerseits die Kontaktspannungen verringert und andererseits die Auflagerkräfte exzentrisch in den Unterbeton eingeleitet werden. Die exzentrische Krafteinleitung ist insbesondere dann von Bedeutung, wenn der Unterbeton über die ganze Baugrubenbreite frei gespannt ist und gegen Ausknicken gesichert werden muss. Die hierbei erforderliche Dicke von 15 bis 20 cm bei größeren Baugruben kann auf 7 bis 10 cm verringert werden, sofern der Unterbeton erst dann zur Aussteifung herangezogen wird, wenn er durch die Sohle des Bauwerks belastet ist.

Eine mit der Trägerbohlwand vergleichbare Konstruktion stellt der sog. „Essener Verbau" zur Sicherung steiler Böschungen dar. Entsprechend der jeweiligen Standfestigkeit des anstehenden Bodens werden kleinere oder größere Bereiche der Böschung freigelegt und abschnittsweise mit Doppel-U-förmigen Trägern rückverankert (s. Bild 80). Die zwischen den Trägern verbleibenden Flächen müssen gegen Erosion geschützt werden. Je nach Eigenschaften des anstehenden Bodens eignen sich dafür Folien, Maschendraht, Baustahlgewebe oder Spritzbeton [101].

1.5 Massive Verbauarten

Bei größeren Baugrubentiefen kommen von den bisher genannten Verbauarten nur Spundwände und Trägerbohlwände infrage. Darüber hinaus werden zunehmend massive Verbauarten eingesetzt, insbesondere Schlitzwände und Bohrpfahlwände (s. Kapitel 3.6 „Pfahlwände, Schlitzwände, Dichtwände"). Sie bieten folgende Vorzüge:

– Die mit dem Rammen von Stahlspundwänden verbundene Belästigung der Umgebung durch Lärm und Erschütterungen wird weitgehend vermieden.
– Schlitz- und Bohrpfahlwände können tiefer geführt werden als gerammte Wände; Schichten, die zum Durchrammen zu hart sind, werden durchmeißelt.
– Die Wände geben dem Erdreich nur geringe Verformungsmöglichkeiten; dies wirkt sich besonders günstig bei Baugruben in unmittelbarer Nähe von Bauwerken aus.
– Die Wände widerstehen gleichzeitig dem Erd- und dem Wasserdruck; eine Grundwasserabsenkung kann in vielen Fällen unterbleiben.

Bei ausgesteiften Schlitzwänden werden in der Regel Gurte angeordnet (Bild 20), die auf Konsolen aufgelagert oder am Wandkopf aufgehängt sind. Wird jedoch eine entsprechende Querbewehrung eingelegt, dann kommt zusammen mit der Verdübelungswirkung an den Lamellenfugen eine längsverteilende Wirkung zustande, die es erlaubt, auf die Gurtung zu verzichten. Bei verankerten Schlitzwänden ist der Verzicht auf Gurtungen die Regel. Oft werden Aussparungen angeordnet, in denen die Ankerköpfe verschwinden.

Bohrpfahlwände (Bild 21) bestehen in der Regel aus Stahlbetonpfählen; es sind aber auch schon anstelle der Bewehrung HE-B-Träger einbetoniert oder die Bohrrohre im Boden belassen und ausbetoniert worden. Legt man Wert auf eine geschlossene und annähernd wasserdichte Wand, dann stellt man zunächst nur jeden zweiten Pfahl her und setzt dann in einem zweiten Arbeitsgang die fehlenden Pfähle so dazwischen, dass sie die im ersten Arbeitsgang hergestellten Pfähle anschneiden. Bewehrt werden nur die im zweiten Arbeitsgang hergestellten Pfähle. Wenn es auf die Verbundwirkung und die weitgehende Wasserdichtigkeit nicht ankommt, verzichtet man auf die Überschneidung und setzt die Pfähle unmittelbar nebeneinander. Den Übergang zur Trägerbohlwand erhält man mit der aufgelösten Pfahlwand, bei der die Pfähle auf Lücke gesetzt und die Zwischenräume mit

Bild 20. Ausgesteifte Schlitzwandbaugrube; S-Bahn München, Baulos Rosenheimer Straße (Foto: Dyckerhoff & Widmann AG, München)

Bild 21. Verankerte Bohrpfahlwände als Baugrubenverkleidung; Funkhaus-Neubauten München (Foto: Held & Francke Bau-AG, München)

Spritzbeton verkleidet werden. Wie die Untersuchungen von *Toth* (s. [113]) zeigen, genügt hierbei je nach Bodenart, Baugrubentiefe und Pfahldurchmesser auch bei lichten Abständen von 0,50 bis 1,50 m oft eine konstruktive Verkleidung, die nur das Aufweichen bindigen Bodens oder das Herauslösen von Gesteinsbrocken verhindern soll, jedoch keinen Erddruck aufzunehmen braucht.

Oft ist es unzweckmäßig, Schlitz- und Bohrpfahlwände bis zur Erdoberfläche zu führen, besonders dann, wenn sie nach Abschluss der Bauarbeiten teilweise entfernt werden müssten. Soweit es die Platzverhältnisse zulassen, böscht man die Baugrube im oberen Bereich ab und ordnet eine Berme an. Ist dies nicht möglich, so kann man leichte Trägerprofile in die

3.5 Baugrubensicherung

Schlitz- oder Pfahlwände einbetonieren und den Bereich bis zur Geländeoberfläche ausbohlen. Dieser Verbau lässt sich später leicht entfernen. Gegenüber Spundwänden und Trägerbohlwänden wirtschaftlich konkurrenzfähig sind Schlitz- und Pfahlwände i. Allg. aber nur, wenn sie als tragendes Glied in das zu erstellende Bauwerk einbezogen werden [126]. In anderen Fällen können nur besondere örtliche Verhältnisse, z. B. Boden- und Grundwasserverhältnisse, Anforderungen hinsichtlich Lärm- und Erschütterungsschutz oder Verformungsbeschränkungen, ihre Verwendung rechtfertigen.

Insbesondere im Zusammenhang mit Gebäudeunterfahrungen sind außer Schlitzwänden und Bohrpfahlwänden als massive Verbauarten

- die Stabwand,
- die Unterfangungswand,
- die Düsenstrahlwand,
- die chemisch verfestigte Erdwand und
- die Frostwand

entwickelt worden. Hierzu siehe die Kapitel 2.4 „Unterfangungen und Nachgründungen", 2.3 „Injektionen" und 2.5 „Bodenvereisung".

Der Grundgedanke der Unterfangungsbauweise ist bei der Elementwand nach Bild 22 übernommen worden. Hierbei wird das anstehende Erdreich jeweils auf eine Höhe von 1 bis 2 m und eine Breite von 4 bis 5 m freigelegt und mit Stahlbeton verkleidet. Die einzelnen Wandelemente werden durch Verpressanker gegen das Erdreich gedrückt und durch Betonstahl untereinander verbunden. Die an der Oberkante der Wandelemente beim Einfüllen des Betons entstehenden durchlaufenden Konsolen werden entweder zur Auflagerung von Bauwerksdecken verwendet oder entfernt [84]. Das Freilegen so großer Flächen ist nur zulässig, wenn die Standsicherheit des Bodens im Bauzustand nachgewiesen und während der Arbeiten laufend überprüft wird. Die Elementwand kommt somit nur bei mindestens steifen bindigen Böden und bei felsartigen Böden infrage.

Bild 22. Sicherung einer Baugrube mit Elementwänden; Neubau der Unfallversicherungsgesellschaft Winterthur in Winterthur (Foto: Stump Bohr AG)

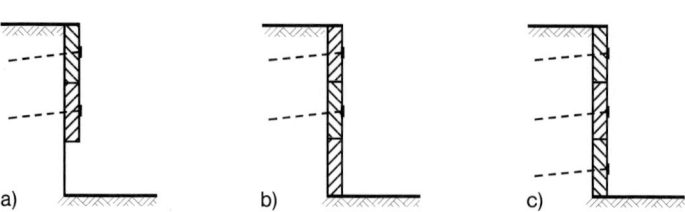

Bild 23. Bodenvernagelung; a) freigelegte Baugrubenwand, b) Spritzbetonsicherung, c) Vernagelung

Eine Weiterentwicklung der vollflächigen Elementwand stellt die aufgelöste Elementwand zur Verkleidung steiler Böschungen dar (s. Bild 81). Die Stützung des Bodens wird hierbei von verankerten Stahlbetonplatten übernommen, die Sicherung der Böschungsoberfläche gegen Erosion durch eine vorher aufgebrachte, bewehrte Spritzbetonschale [24, 130]. Bei günstigen Bodenverhältnissen kann es auch ausreichen, die freigelegten Flächen zwischen den Platten nachträglich mit unbewehrtem Spritzbeton abzudecken. Wenn mit dem Auftreten von Schichtwasser zu rechnen ist, müssen Spritzbetonschalen mit Austrittsöffnungen versehen oder mit einer Filterschicht unterlegt werden, damit das Wasser ordnungsgemäß abgeführt werden kann. Sinngemäß gilt das Gleiche für die Bodenvernagelung nach Bild 23, die sich von der vollflächigen oder aufgelösten Elementwand im Wesentlichen dadurch unterscheidet, dass an die Stelle der vorgespannten Verpressanker nicht vorgespannte Bodennägel aus Stahl oder Kunststoff treten. Bei der erforderlichen Anzahl von bis zu 2 Bodennägeln je Quadratmeter genügt zur Sicherung des freigelegten Bodens eine 10 bis 15 cm dicke Spritzbetonschicht mit einer leichten Baustahlgewebebewehrung [58, 110].

Zur Verfestigung von Erdwänden durch Injektionen oder Gefrieren siehe Kapitel 2.3 und 2.5.

1.6 Mixed-in-Place-Wände

Bei der sog. „Tiefreichenden Bodenstabilisierung", im englischen Sprachraum als „Deep Soil Mixing (DSM)" bezeichnet, entsteht aus dem anstehenden Boden durch Zugabe von Zement, Wasser und ggf. weiteren Stoffen ein verbessertes Bodenmaterial. Das Verfahren wird vielseitig eingesetzt, z.B. zur Baugrundverbesserung [108] oder zur Dichtwandherstellung (*Tolponicki* [120]). Eine Übersicht geben *Tolponicki* und *Trunk* [121].

Als „Mixed-in-Place-Verfahren (MIP)" kommt die Tiefreichende Bodenstabilisierung auch bei Baugrubenwänden zum Einsatz. Vom Tragsystem her vergleichbar mit MIP-Wänden ist die Trägerbohlwand mit Spritzbetonausfachung. Jedoch ist das Bauverfahren völlig unterschiedlich. Zunächst wird ein Mixed-in-Place-Schlitz hergestellt (Bild 24). Dabei werden häufig Geräte mit 3-fach-Schnecken eingesetzt. Zur verbesserten Homogenisierung wird im sog. doppelten Pilgerschrittverfahren gearbeitet, d. h. nach Herstellung der Primär- und Sekundärlamellen werden deren Überschneidungsbereiche in zwei zusätzlichen Lamellen noch einmal überbohrt. Danach folgt wieder eine Primärlamelle (Bild 25). Nach der Fertigstellung des Schlitzes werden die Träger eingebaut (Bild 24 c). Verwendet werden z.B. HE-B-Profile oder auch Gitterträger. Bild 26 zeigt ein ausgeführtes Beispiel einer MIP-Wand mit Gurtung und obenliegenden Steifen zur Sicherung einer 8,55 m tiefen Baugrube.

3.5 Baugrubensicherung

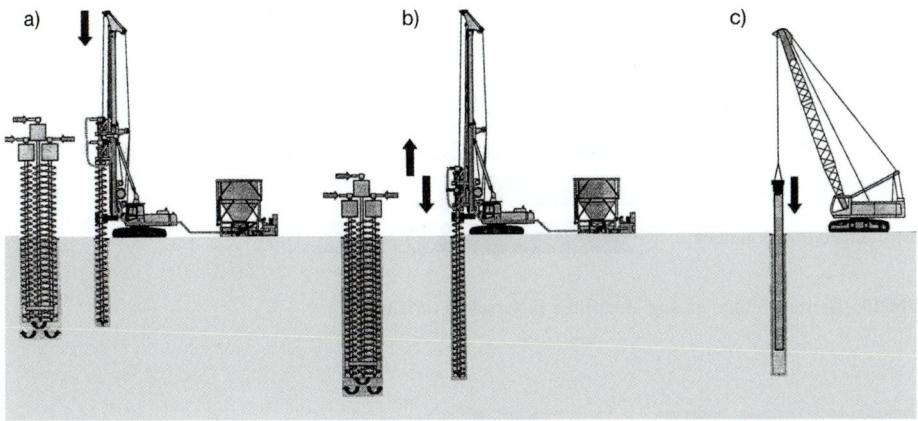

Bild 24. Herstellung von Mixed-in-Place-Wänden (nach Bauer Spezialtiefbau GmbH, Schrobenhausen); a) Einrichtung des Bohrgerätes am Bohransatzpunkt und Abbohren der Dreifachschnecke unter Suspensionszugabe, b) Mischen und Homogenisieren des Schlitzes durch Variieren der Schneckendrehrichtung und Auf- und Absenken des Anbauschlittens, c) Einbau der Träger durch Einstellen bzw. Einrütteln in den frischen MIP-Schlitz

---

BUCHEMPFEHLUNG

Häupl, P.
Bauphysik – Klima Wärme Feuchte Schall
Grundlagen, Anwendungen, Beispiele, Aktiv in Mathcad
2008. 594 Seiten,
642 Abb., 75 Tab., Geb.
€ 89,– / sFr 142,–
ISBN 978-3-433-01842-2

Bauphysik – Klima Wärme Feuchte Schall

Klimagerecht Bauen: das heißt volle Gewährleistung der Funktionssicherung, wie hygienisch optimales Raumklima bzw. Einhaltung von Produktionsbedingungen, und der Eigensicherung von Gebäuden, wie z. B. Vermeidung von Feuchteschäden an Bauteilen, unter gegebenen außenklimatischen Bedingungen.

Das vorliegende Buch ist klassisch gegliedert in die Teile Klima, Wärme, Feuchte, Schall, es weicht aber im Einzelnen und in den Vermittlungsmethoden von eingefahrenen Wegen ab und ist somit keine Wiederholung gängiger oder bewährter Literatur. Bauphysikalische Normen sind aufgrund der intensiven Wissensschöpfung kurzlebig. Es wird deshalb sparsam darauf Bezug genommen.

Alle bauphysikalischen Zusammenhänge sind mittels und in der einfachen Software Mathcad formuliert. Für den unter Zeitdruck lernenden und praktizierenden Ingenieur sind die verwendeten Gleichungen leicht verständlich und meist näherungsweise aus den physikalischen Grundgesetzen abgeleitet. Dies betrifft zahlreiche bekannte, aber auch viele neue, weit über das Normenniveau hinaus gehende und dennoch praktikable und plausible Aussagen und Anwendungen. Obgleich auf allen Gebieten der Bauphysik Software-Tools auf der Basis numerischer Simulationsverfahren vorliegen, beruht der Schwerpunkt dieses Buches auf geschlossenen analytischen Darstellungen der wesentlichen Sachverhalte. Eine CD mit allen programmierten analytischen Gleichungen lauffähig ab Mathcad 2001 Professional ist beigefügt und kann zum Rechnen, grafischen und tabellarischen Darstellen, Vorbemessen und Planen genutzt werden.

Ernst & Sohn Verlag für Architektur und technische Wissenschaften GmbH & Co. KG

* Der € Preise gelten ausschließlich für Deutschland. Irrtum und Änderungen vorbehalten.

Für Bestellungen und Kundenservice:
Verlag Wiley-VCH
Boschstraße 12,
69469 Weinheim

Telefon: +49(0) 6201 / 606-400,
Telefax: +49(0) 6201 / 606-184,
E-Mail: service@wiley-vch.de

Primärlamelle

nächste Primärlamelle

Sekundärlamelle

erste Zusatzlamelle

zweite Zusatzlamelle

übernächste Primärlamelle

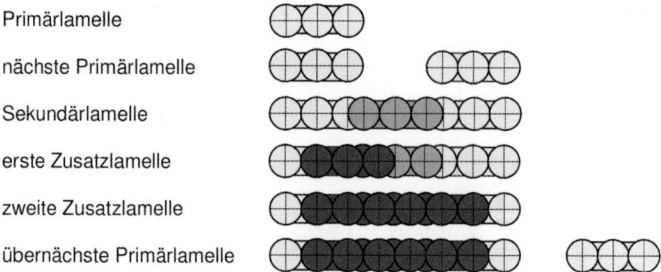

Bild 25. Herstellabfolge im sog. doppelten Pilgerschrittverfahren

Bild 26. Ausführungsbeispiel einer MIP-Wand (nach Bauer Spezialtiefbau GmbH, Schrobenhausen)

Wie bei Trägerbohlwänden mit Spritzbetonausfachung ohne Bewehrung kann bei MIP-Wänden der Bereich zwischen den Trägern als gewölbeartiges Tragwerk modelliert werden. Gemäß einer bauaufsichtlichen Zulassung vom Juni 2002 wird für das erhärtete Gemisch aus Boden- und Bindemittel die Festigkeit wie für einen Beton der Güte B5 gefordert. Dies entspricht einer Nennfestigkeit β_{w28} von 5 N/mm². Auf dieser Grundlage kann der Nachweis für das Gewölbe geführt werden.

MIP-Wände können eine Alternative sein zu Dichtwänden mit eingestellter Spundwand, zu Spundwänden und zu Trägerbohlwänden mit Holzausfachung, insbesondere bei verlorenem Verbau. Vorteile sind eine relativ erschütterungsarme Herstellung. Im Vergleich zu Trägerbohlwänden mit herkömmlicher Holzausfachung sind die Verformungen geringer. Dies rechtfertigt den Ansatz eines erhöhten aktiven Erddrucks, wenn zusätzlich die Wand annähernd unnachgiebig gestützt wird.

2 Berechnungsgrundlagen

2.1 Lastannahmen

Die zur Ermittlung des Erddrucks und des Erdwiderstands erforderlichen Bodenkenngrößen sind nach DIN 4020 „Geotechnische Untersuchungen für bautechnische Zwecke" festzulegen. Wenn die vorhandenen Bohrergebnisse oder Erfahrungen ausreichen, die anstehenden Böden eindeutig in die vorgegebenen Bodengruppen einzuordnen, dürfen die in den Empfehlungen des Arbeitskreises Baugruben (EAB) [32], Anhänge A3 und A4 angegebenen Werte für Wichten und Scherfestigkeiten zugrunde gelegt werden. Die Anwendung der angegebenen Bandbreiten für die Werte der Scherfestigkeit setzt allerdings voraus, dass der Entwurfsverfasser bzw. der Fachplaner über Sachkunde und Erfahrung in der Geotechnik verfügt. Anderenfalls dürfen nur die jeweils kleinsten Werte verwendet werden. Diese unteren Werte sind so vorsichtig gewählt, dass es sich bei größeren Baugruben i. Allg. in wirtschaftlicher Hinsicht lohnt, Bodenuntersuchungen vornehmen zu lassen und die im Labor festgestellten Werte zugrunde zu legen. Zu beachten ist hierbei, dass die Scherfestigkeit vorbelasteter bindiger Böden durch Haarrisse oder Klüfte stark herabgesetzt sein kann. Grundsätzlich darf jedoch die Kohäsion bindiger Böden in die Berechnung einbezogen werden, wenn der Boden in seiner Lage ungestört ist und beim Durchkneten nicht breiig wird, also wenigstens eine weiche Konsistenz aufweist. Hat allerdings die Kohäsion des Bodens einen ausschlaggebenden Einfluss auf die Standsicherheit des Verbaus, dann sind Verlauf, Mächtigkeit und Konsistenz der bindigen Schichten beim Aushub zu überprüfen. Im Übrigen ist bei bindigen und felsartigen Böden auch zu prüfen, ob aufgrund von Versuchen oder örtlichen Erfahrungen damit zu rechnen ist, dass sich der Erddruck infolge der Quellfähigkeit des Bodens, durch Einwirkung von Frost oder aus anderen Gründen mit der Zeit über den entsprechend den bodenmechanischen Kenngrößen ermittelten Betrag hinaus vergrößern kann. Die Kapillarkohäsion nichtbindiger Böden darf berücksichtigt werden, sofern sie durch Austrocknen oder Überfluten während der Bauzeit nicht verloren gehen kann. Im Unterschied zur 3. Auflage der Empfehlungen des Arbeitskreises „Baugruben" werden in der 4. Auflage [32] in Abhängigkeit von der Kornverteilung und dem Sättigungsgrad Werte bis $c_{c,k} = 8$ kN/m² angegeben.

Zur Berücksichtigung von ruhenden oder beweglichen Lasten geben die Empfehlungen EB 55 und EB 56 des Arbeitskreises „Baugruben" [32] folgende Ansätze:

1. Die auf Baustellen vorkommenden Stapellasten werden i. Allg. durch eine unbegrenzte Flächenlast von $p_k = 10$ kN/m² erfasst. Werden größere Erdmassen oder größere Mengen von schweren Baumaterialien in unmittelbarer Nähe der Baugrube gelagert, sind genauere Untersuchungen anzustellen.
Als Ersatzlast für den nach der Straßenverkehrs-Zulassungs-Ordnung (StVZO) in der Fassung vom 07.02.2004 (37. StVOÄndVO) allgemein zugelassenen Straßen- und Baustellenverkehr mit Lastkraftwagen, Sattelkraftfahrzeugen und Lastzügen genügt eine unbegrenzte Flächenlast von $p_k = 10$ kN/m² nur, wenn eine feste Fahrbahndecke vorhanden ist und zwischen den Aufstandsflächen der Räder und der Hinterkante der Baugrubenwand ein Abstand von mindestens 1,00 m verbleibt. Bei einem geringeren Abstand ist entweder von den einzelnen Radlasten auszugehen oder die Flächenlast entsprechend Bild 27 in einem Streifen von 1,50 m Breite unmittelbar neben der Baugrubenwand je nach Abstand um $q'_k = 10$ bis 40 kN/m² zu erhöhen.
Die Lastausbreitung im Straßenbelag bzw. die Vergrößerung der Aufstandsflächen durch Einsinken der Räder ist bei diesen Ansätzen bereits berücksichtigt.
2. Sofern die Baugrubenwand im Ausstrahlungsbereich der Lasten von Schienenfahrzeugen liegt, sind die Ersatzlasten nach den Vorschriften des jeweiligen Verkehrsbetriebes

anzusetzen. Ein Schwingbeiwert braucht dabei nicht berücksichtigt zu werden. Bei Straßenbahnen genügt der Ansatz einer unbegrenzten Flächenlast von $p_k = 10$ kN/m², sofern zwischen den Schwellenenden und der Baugrubenwand ein Abstand von mindestens 0,60 m eingehalten wird. Fliehkräfte und Seitenstoß sind ggf. zu berücksichtigen.
3. Wird gegen die Baugrubenwand ein Schrammbord abgestützt, so ist auf diesen nach EB 55, Absatz 5 ein waagerechter Seitenstoß anzusetzen. Bei der Bemessung des Schrammbordes ist der Seitenstoß dem Regelfall nach EB 24, Absatz 3, bei der Bemessung der Baugrubenkonstruktion dem Sonderfall nach EB 24, Absatz 4 zuzuordnen.

Weitaus ungünstiger als Straßen-, Schienen- und Baustellenverkehr wirken sich die Belastungen aus Baggern und Hebezeugen aus. Die Empfehlung EB 57 enthält Angaben zu den anzusetzenden Ersatzlasten sowohl bei Baugeräten auf Raupenfahrwerk als auch bei gummibereiften Baugeräten mit nicht mehr als zwei Achsen sowie bei Baugeräten auf Schwellengleisen. Je nach Abstand und Gesamtgewicht der Baugeräte sind Ersatzlasten bis zu $q'_k = 150$ kN/m² auf Breiten zwischen 1,5 und 3,0 m zusätzlich zur unbegrenzten Flächenlast $p_k = 10$ kN/m² anzusetzen.

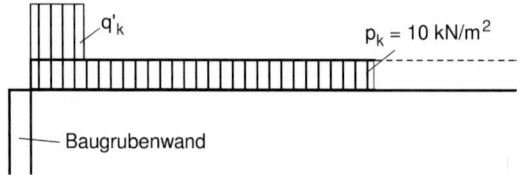

Bild 27. Ersatzlasten für Straßen-, Schienen-, Baustellenverkehr, Bagger und Hebezeuge

Bei einer genaueren Untersuchung des Einflusses von Baggern und Hebezeugen auf Größe und Verteilung des Erddrucks sind alle maßgebenden Stellungen des Unterwagens und des Auslegers zu berücksichtigen. Der Anteil des Gesamtgewichts auf den beiden stark belasteten Rädern in Abhängigkeit von der Auslegerstellung geht aus der Empfehlung EB 57 hervor. Die auf die jeweils geringer belasteten Räder bzw. Raupenketten entfallenden Lasten sind durch die unbegrenzte Flächenlast $p_k = 10$ kN/m² erfasst, die neben den stark belasteten Rädern bzw. neben der stark belasteten Raupenkette anzusetzen ist.

Bei der Bemessung von Steifen ist nach EB 56, Absatz 5 neben der Eigenlast und der Normalkraft eine lotrechte Nutzlast von mindestens $q'_k = 1,0$ kN/m zur Berücksichtigung nicht vermeidbarer Lasten aus Baubetrieb, leichten Abdeckungen, Laufstegen, Verbänden und Ähnlichem anzusetzen, sofern nicht größere lotrechte Lasten vorgesehen sind. Waagerechte Nutzlasten, z. B. aus Verbänden oder aus der Abstützung von Schalungen, sind bei der Bemessung von Steifen stets zu berücksichtigen. Beim Leitungsgrabenbau mit senkrechtem oder waagerechtem Verbau bzw. bei Trägerbohlwänden mit vorgehängten Bohlen ist eine Belastung der Steifen durch Nutzlasten nicht zulässig.

2.2 Erddruck bei nicht gestützten, im Boden eingespannten Baugrubenwänden

Bei nicht gestützten, im Boden eingespannten Baugrubenwänden stellt sich entsprechend Bild 45 b eine Drehung um einen tief gelegenen Punkt ein. Eine solche Drehung ist die Grundlage der klassischen Erddrucktheorie. In Anlehnung an die Angaben des Kapitels 1.6 „Erddruck" erhält man bei senkrechter Wand und waagerechtem Gelände die waagerechten Komponenten des Erddrucks infolge von Bodeneigengewicht, großflächigen Nutzlasten und Kohäsion zu

3.5 Baugrubensicherung

$$e_{agh,k} = \gamma_k \cdot K_{agh} \cdot h \tag{1}$$

$$e_{aph,k} = p_k \cdot K_{agh} \tag{2}$$

$$e_{ach,k} = -c'_k \cdot K_{ach} = -c'_k \cdot \frac{2 \cdot \cos\varphi'_k \cdot \cos\delta_{a,k}}{[1 + \sin(\varphi'_k + \delta_{a,k})]} \cong 2 \cdot c'_k \cdot \sqrt{K_{agh}} \tag{3}$$

In den meisten Fällen können die benötigten Erddruckbeiwerte K_{ach} bzw. K_{agh} aus Tafeln oder Diagrammen entnommen werden, siehe auch [49, 59, 137]. Der Erddruckneigungswinkel kann in Abhängigkeit von der Rauigkeit der Wand, von der Relativverschiebung zwischen Wand und Boden bzw. von der Wahl der Gleitflächenform zwischen $\delta_{a,k} = +\varphi'_k$ und $\delta_{a,k} = -\varphi'_k$ liegen. Hierzu siehe auch DIN 4085 „Berechnung des Erddrucks". Im Regelfall wird er zu $\delta_{a,k} = +\,^{2}/_{3}\,\varphi'_k$ angenommen.

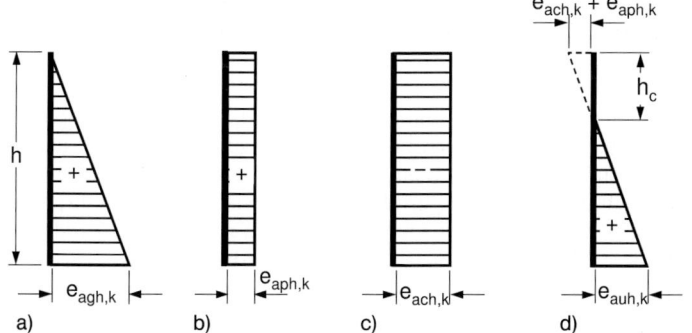

Bild 28. Erddruckermittlung bei $e_{aph,k} < |e_{ach,k}|$; a) Erddruck infolge von Bodeneigengewicht, b) Erddruck infolge von Nutzlast, c) Erddruck infolge von Kohäsion, d) Erddrucküberlagerung

Überlagert man die drei Erddruckkomponenten, so erhält man eine Beziehung, die im oberen Bereich der Wand eine Zugspannung liefert, sofern $e_{aph,k} < |e_{ach,k}|$. Der Belastungsnullpunkt liegt entsprechend Bild 28 bei

$$h_c = \frac{e_{ach,k} + e_{aph,k}}{\gamma_k \cdot K_{agh}} = \frac{2 \cdot c'_k - p_k \cdot \sqrt{K_{agh}}}{\gamma_k \cdot \sqrt{K_{agh}}} \tag{4}$$

Der Erddruck am Fuß der Wand hat die Größe

$$e_{auh,k} = \gamma_k \cdot K_{agh} \cdot (h - h_c) \tag{5}$$

Da die Kohäsion in Wirklichkeit nur zum Abbau vorhandener Druckspannungen, nicht aber darüber hinaus wirksam werden kann, müssen die rechnerischen Zugspannungen bei der Ermittlung des Erddrucks außer Ansatz bleiben. Man erhält somit die wirksame Erddrucklast zu

$$E_{ah,k} = \frac{1}{2} \cdot e_{auh,k} \cdot (h - h_c) = \frac{1}{2} \cdot \gamma_k \cdot K_{agh} \cdot (h - h_c)^2 \tag{6}$$

Im Fall $e_{aph,k} > |e_{ach,k}|$ entstehen keine rechnerischen Zugspannungen. Es ist dann

$$E_{ah,k} = \left(\frac{1}{2} \cdot e_{agh,k} + e_{aph,k} + e_{ach,k}\right) \cdot h \tag{7}$$

Die Ansätze gelten nur für einheitlichen Boden. Bei geschichtetem Boden ist sinngemäß zu verfahren.

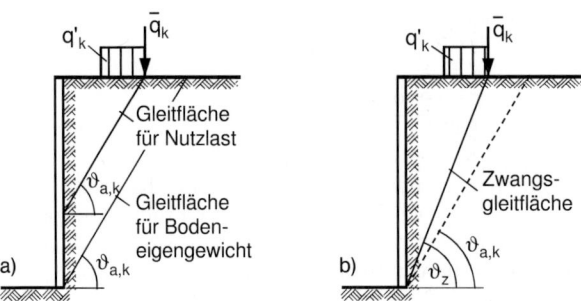

Bild 29. Gleitflächenausbildung bei der Ermittlung der Gesamtlast des aktiven Erddrucks aus Bodeneigengewicht und Nutzlast; a) Gleitflächen unter dem Winkel $\vartheta_{a,k}$, b) Zwangsgleitflächen unter dem Winkel ϑ_z

Im Grundsatz macht man bei der Erddruckermittlung keinen Unterschied zwischen Spundwänden und Trägerbohlwänden. Während jedoch bei Spundwandberechnungen der unterhalb der Baugrubensohle wirkende Erddruck voll angesetzt wird, weist man bei der Untersuchung von Trägerbohlwänden diesen Teil des Erddrucks dem zwischen den Bohlträgern möglichen Erdwiderstand zur Aufnahme zu. Bei Trägerbohlwänden geht also der Erddruck unterhalb der Baugrubensohle i. Allg. nicht in das Lastbild ein (s. Abschn. 4.1).

Bei stark bindigen Böden kann sich auch bei Ausschluss der rechnerischen Zugspannungen ein sehr kleiner oder gar kein Erddruck ergeben. In solchen Fällen ist die Baugrubenwand für einen rechnerischen Mindesterddruck zu bemessen, den man unter der Annahme eines kohäsionslosen Bodens nach [32] mit dem Ersatzreibungswinkel $\varphi_{Ers,k} = 40°$ ermittelt. Auch bei der Ermittlung des Erddrucks infolge von großflächigen Nutzlasten bis $p_k = 10$ kN/m^2 ist von diesem Wert auszugehen.

Gemäß EB 6, Absatz 5 (s. Abschn. 3.4) sind bei nicht gestützten, nur im Boden eingespannten Baugrubenwänden zur Ermittlung des aktiven Erddrucks aus Linien- oder Streifenlasten auch Zwangsgleitflächen zu untersuchen (Bild 29). Dies betrifft auch nachgiebig gestützte Wände, vgl. auch Kapitel 1.6 „Erddruck" und DIN 4085.

2.3 Erddruck bei einmal gestützten Baugrubenwänden

Nur bei Baugrubenwänden, die sich um einen tief gelegenen Punkt drehen, erhält man die klassische Erddruckverteilung nach Abschnitt 2.2. Um einen tief gelegenen Punkt drehen sich in der Regel nur unten eingespannte, nicht abgestützte Baugrubenwände und einmal ausgesteifte oder rückverankerte Baugrubenwände, sofern diese Aussteifung oder Verankerung sehr nachgiebig ist. Doch auch im Falle der nachgiebig gestützten Wand tritt der mit der Tiefe zunehmende Erddruck nur dann auf, wenn es sich um eine starre Wand, zum Beispiel um eine Schlitzwand, eine Pfahlwand oder eine stark dimensionierte Spundwand handelt. Kann sich die Wand zwischen der oberen Stützung und dem Bodenauflager nennenswert durchbiegen, so wird sich auch bei nachgiebig gestützten Wänden eine gewisse Erddruckumlagerung einstellen. Es ist dann, wie durch die Untersuchungen von *Ohde* [82] bekannt ist, eine Erddruckverteilung nach Bild 30 c zu erwarten. Noch stärker ist die Umlagerung des Erddrucks, wenn die Wand unterhalb der Geländeoberfläche fest gestützt wird. Die Durchbiegung der Wand im Feld bewirkt ein Zurückdrehen des Wandkopfs, wodurch oberhalb der Stützung Erdwiderstand geweckt wird. Die Erscheinung wird durch ein gewisses Nachgeben

3.5 Baugrubensicherung

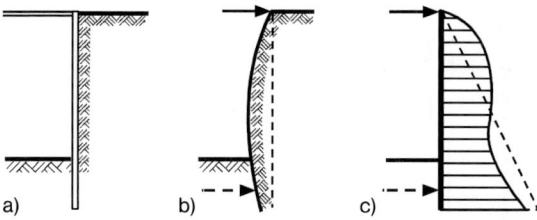

Bild 30. Erddruckumlagerung bei einer einmal in Höhe der Geländeoberfläche gestützten Spundwand; a) Schnitt durch die Baugrube, b) Verformung der Wand, c) zu erwartende Erddruckverteilung

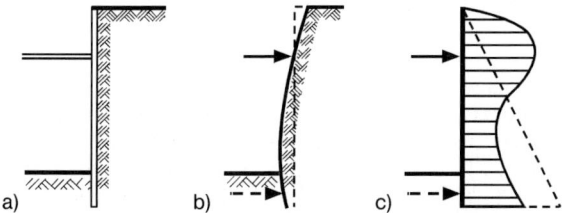

Bild 31. Erddruckumlagerung bei einer einmal unterhalb der Geländeoberfläche gestützten Spundwand; a) Schnitt durch die Baugrube, b) Verformung der Wand, c) zu erwartende Erddruckverteilung

des Wandfußes noch verstärkt. Man erhält dadurch eine Erddruckverteilung nach Bild 31 c. Hierzu siehe auch [19–21].

Zur Berücksichtigung der bei Spundwänden, Schlitzwänden, Pfahlwänden oder ähnlichen senkrechten Verbauarten beobachteten Erddruckumlagerungen nach den Bildern 30 c und 31 c in der praktischen Bemessung ermittelt man zunächst den klassischen aktiven Erddruck nach Abschnitt 2.2 (Bild 32 b). Diese Erddruckfigur darf in eine einfache Lastfigur umgewandelt werden. Zweckmäßigerweise beschränkt man die Umlagerung bis zur Aushubsohle (Bild 32 c), sofern nicht Gründe vorliegen, die eine Erddruckumlagerung aus dem Bereich unterhalb der Aushub- bzw. Baugrubensohle nach oben erwarten lassen. Diese umgelagerte Lastfigur soll der in Wirklichkeit zu erwartenden Erddruckverteilung möglichst entsprechen.

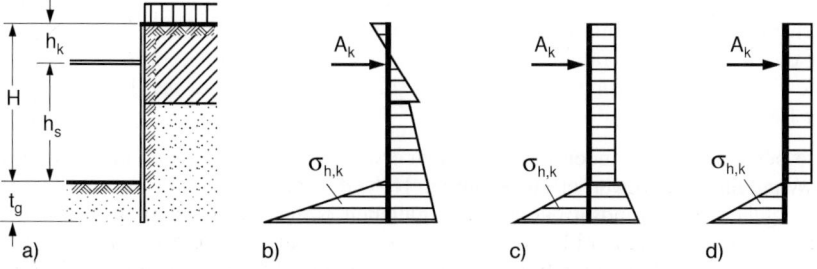

Bild 32. Lastbildermittlung bei einmal gestützten Baugrubenwänden; a) Schnitt durch die Baugrube, b) Erddruck und Bodenreaktionen, c) Lastbild bei Spundwand, d) Lastbild bei Trägerbohlwand

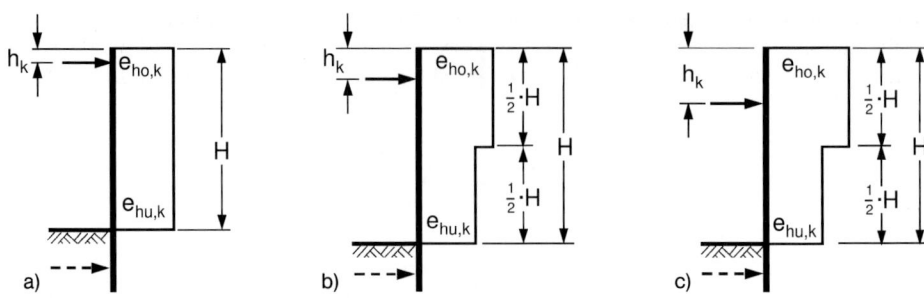

Bild 33. Wirklichkeitsnahe Lastfiguren für einmal gestützte Spundwände und Ortbetonwände nach [32], EB 70; a) Stützung bei $h_k \leq 0{,}1 \cdot H$, b) Stützung bei $0{,}1 \cdot H < h_k \leq 0{,}2 \cdot H$, c) Stützung bei $0{,}2 \cdot H < h_k \leq 0{,}3 \cdot H$

Unterhalb der Tiefe, bis zu der umgelagert wird, bleibt die klassische, mit der Tiefe zunehmende Erddruckverteilung erhalten (Bild 32 c).

Bei mitteldicht oder dicht gelagertem nichtbindigem Boden bzw. bei steifem oder halbfestem bindigem Boden dürfen die wirklichkeitsnahen Lastfiguren aus den Empfehlungen des Arbeitskreises Baugruben [32] angesetzt werden. Liegt die Stützung in Geländehöhe oder nur wenig darunter bis $h_k \leq 0{,}1 \cdot H$, ergibt sich eine Rechteckverteilung (Bild 33 a). Wird die Stützung noch tiefer angeordnet, werden abgestufte Rechtecke vorgeschlagen mit $e_{ho,k} : e_{hu,k} \geq 1{,}2$ im Bereich $0{,}1 \cdot H < h_k \leq 0{,}2 \cdot H$ (Bild 33 b) bzw. mit $e_{ho,k} : e_{hu,k} \geq 1{,}5$ im Bereich $0{,}2 \cdot H < h_k : \leq 0{,}3 \cdot H$ (Bild 33 c).

Diese Angaben zur Wahl einer wirklichkeitsnahen Lastfigur gelten nur bei einer festen Stützung der Wand. Bei einer nachgiebig gestützten Wand liegt die Erddruckresultierende tiefer. Das Gleiche gilt für locker gelagerte nichtbindige und weiche bindige Böden. In diesen Fällen kommen auch andere Lastfiguren infrage. Hierzu siehe [138, 143].

Die Erddruckverteilungen nach den Bildern 30 c und 31 c gelten für Spundwände und vergleichbare senkrechte Verbauarten. Bei Trägerbohlwänden und waagerechtem Grabenverbau liegen etwas andere Verhältnisse vor:

a) Die Bohlen werden jeweils erst eingezogen, wenn die Wand abschnittsweise freigeschachtet worden ist. In diesem Zustand kann in Höhe der Baugrubensohle bei waagerechtem Verbau gar kein Erddruck wirksam sein und bei Trägerbohlwänden nur ein geringer Erddruck, der sich infolge einer Gewölbebildung im Erdreich mit einer Abstützung auf die Bohlträger ergibt.

b) Der flächenhafte Baugrubenverbau reicht nur bis zur Baugrubensohle. Auf einen waagerechten Verbau können unterhalb der Baugrubensohle gar keine Erddruckkräfte wirken und auf die Träger einer Trägerbohlwand nur sehr geringe Erddruckkräfte (s. Abschn. 4.1). Die Erddruckumlagerung beschränkt sich somit weitgehend auf den Bereich oberhalb der Baugrubensohle.

Es sind also bei Trägerbohlwänden Lastfiguren zu erwarten, deren Ordinaten in der oberen Hälfte der Wand ihren Größtwert erreichen und in Höhe der Baugrubensohle auf sehr kleine Werte zurückgehen. Im Grundsatz können die gleichen einfachen Lastfiguren verwendet werden wie bei Spundwänden. Im Unterschied zu Spundwänden reichen die Lastfiguren bei Trägerbohlwänden jedoch, vom Sonderfall des Abschnitts 4.1 abgesehen, nur bis zur Baugrubensohle, und sie erfassen auch nur den Erddruck von der Geländeoberfläche bis zur Baugrubensohle (Bild 32 d). Bei einer festen Stützung und bei mitteldicht oder dicht gelagertem nichtbindigem bzw. bei steifem oder halbfestem bindigem Boden empfiehlt es sich, die Lastfiguren des Bildes 33 im Grundsatz genauso zu wählen wie bei Spundwänden und Ortbetonwänden, dabei allerdings das Verhältnis $e_{ho,k} : e_{hu,k} = 1{,}50$ bis $2{,}00$ zugrunde zu legen [32].

Es gibt keine Anzeichen dafür, dass in Bezug auf die Erddruckverteilung ein wesentlicher Unterschied besteht zwischen im Boden eingespannten und im Boden frei aufgelagerten Baugrubenwänden. Die Lastfiguren des Bildes 33 gelten daher gleichermaßen für Spundwände und Trägerbohlwände, unabhängig davon, ob diese im Boden eingespannt oder frei aufgelagert sind.

Hinter Baugrubenwänden, die sich nicht um einen tief gelegenen Punkt drehen, tritt die Kohäsion auf der vollen Länge der Gleitfläche auf, ohne dass damit rechnerische Zugspannungen im Boden verbunden sind. Im Gegensatz zu den nicht gestützten, nur im Boden eingespannten Baugrubenwänden kann daher bei den ausgesteiften oder fast unnachgiebig verankerten Baugrubenwänden die Wirkung der effektiven Kohäsion voll in Rechnung gestellt werden, sofern der bindige Boden wenigstens eine steife oder halbfeste Konsistenz aufweist. Für die Erddruckermittlung ist somit in der Regel Gl. (7) auch dann maßgebend, wenn dabei negative Spannungen ermittelt werden.

Für die Gesamtlast des Erddrucks gilt dann der Ansatz

$$E_{ah,k} = E_{agh,k} + E_{aph,k} + E_{ach,k} \tag{8}$$

Hierbei darf jedoch der Mindesterddruck nach Abschnitt 2.2 im Allgemeinen nicht unterschritten werden. Nur wenn aufgrund örtlicher Erfahrungen ein geringerer Erddruck erwartet werden kann und die Beanspruchungen der Baugrubenkonstruktion durch Messungen überprüft werden, darf ein kleinerer Bemessungserddruck angesetzt werden. Mindestens ist jedoch der Erddruck anzusetzen, der sich mit dem Ersatzreibungswinkel $\varphi_{Ers,k} = 45°$ ergibt.

2.4 Erddruck bei mehrmals gestützten Baugrubenwänden

Die Größe der Erddrucklast kann auch bei mehrfach gestützten Baugrubenwänden nach den Angaben des Abschnitts 2.3 ermittelt werden, auch im Hinblick auf den Mindesterddruck.

Bei den zweimal ausgesteiften oder verankerten Baugrubenwänden hängt die Erddruckverteilung in starkem Maße von der Anordnung der Steifen oder Anker sowie vom Bauvorgang ab. Die Erddruckresultierende liegt umso höher, je höher die untere Stützung und je tiefer die obere Stützung angeordnet ist. Doch spielt auch der Bauvorgang eine erhebliche Rolle. Wird der Boden jeweils nur so weit ausgehoben, wie es zum Einbau der Steifen- oder Ankerlage erforderlich ist, dann wird diese einen größeren Anteil des Erddrucks an sich ziehen, als wenn – im Rahmen des statisch Zulässigen – der Boden tiefer ausgehoben wird. Bei Spundwänden, Schlitzwänden, Pfahlwänden und senkrechtem Verbau ist im Übrigen die Umlagerung geringer als bei Trägerbohlwänden und waagerechtem Verbau. Bei mitteldicht oder dicht gelagerten nichtbindigen Böden oder mindestens steifen bindigen Böden kommen für Trägerbohlwände die in den Bildern 34a bis c, für Spundwände, Schlitzwände, Pfahlwände und senkrechten Verbau die in den Bildern 35a bis c zusammengestellten wirklichkeitsnahen Lastfiguren infrage. Dies gilt unabhängig davon, ob die Wand im Boden eingespannt oder frei aufgelagert ist oder ob sie – bei genügend tief liegender unterer Stützung – im Fall von Trägerbohlwänden und waagerechtem Verbau nur bis zur Baugrubensohle reicht. Bei locker gelagerten nichtbindigen Böden und bei weichen, stark schluffigen oder tonigen Böden kann die Erddruckresultierende sehr tief liegen. Dann kommt insbesondere ein Dreieck infrage. Im Grenzfall trifft die klassische Erddruckverteilung zu [143].

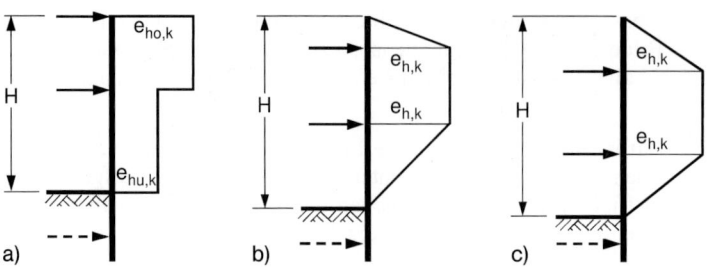

Bild 34. Wirklichkeitsnahe Lastfiguren für zweimal gestützte Trägerbohlwände nach [32], EB 69; a) hohe Anordnung der Stützungen, b) mittlere Anordnung der Stützungen, c) tiefe Anordnung der Stützungen

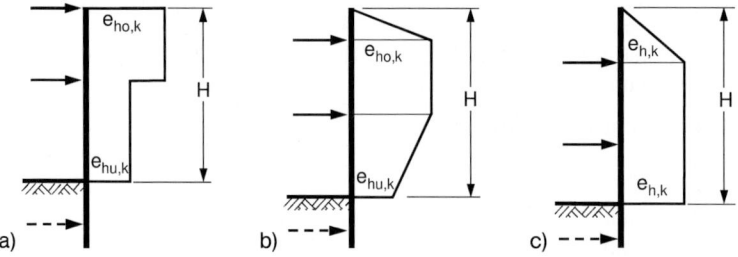

Bild 35. Wirklichkeitsnahe Lastfiguren für zweimal gestützte für Spundwände und Ortbetonwände nach [32], EB 70; a) hohe Anordnung der Stützungen, b) mittlere Anordnung der Stützungen, c) tiefe Anordnung der Stützungen

Bei den dreimal oder öfter gestützten Baugrubenwänden erhält man näherungsweise eine Parallelbewegung der Wand und damit eine Erddruckbelastung, die im oberen Bereich etwas größer ist als der klassische Erddruck und im unteren Bereich etwas kleiner. Die Erddruckresultierende liegt im Falle der Trägerbohlwand, des waagerechten Verbaus und des nicht im Untergrund einbindenden senkrechten Verbaus zwischen $0{,}40 \cdot H$ und $0{,}60 \cdot H$, im Fall von Schlitzwänden, Pfahlwänden, Spundwänden und vergleichbaren senkrechten Verbauarten zwischen $0{,}35 \cdot H$ und $0{,}55 \cdot H$. Hierzu siehe [138]. Bei mitteldicht oder dicht gelagerten nichtbindigen Böden und bei bindigen Böden von steifer oder halbfester Konsistenz kommen im Wesentlichen – unabhängig von der Art der Stützung – die in den Bildern 36 und 37 dargestellten wirklichkeitsnahen Lastbilder infrage. Im Einzelnen lässt sich dazu Folgendes angeben:

– Die Resultierende liegt bei nichtbindigen Böden und bei steifen bis halbfesten bindigen Böden höher als bei weichen bindigen Böden.
– Die Resultierende liegt höher, wenn die Steifen aus einem Stück bestehen und fest verkeilt werden, als wenn sie – bei breiten Baugruben – mehrmals gestoßen sind.
– Die Resultierende liegt höher, wenn die Anker annähernd auf die volle rechnerische Last vorgespannt werden, als wenn sie stark nachgeben können.
– Die Resultierende liegt höher, wenn in der oberen Wandhälfte mehr Steifen angeordnet sind als in der unteren Wandhälfte. Vor allem Steifen, die dicht über der Aushubsohle eingebaut sind, haben kaum noch Einfluss auf die Erddruckverteilung.

3.5 Baugrubensicherung

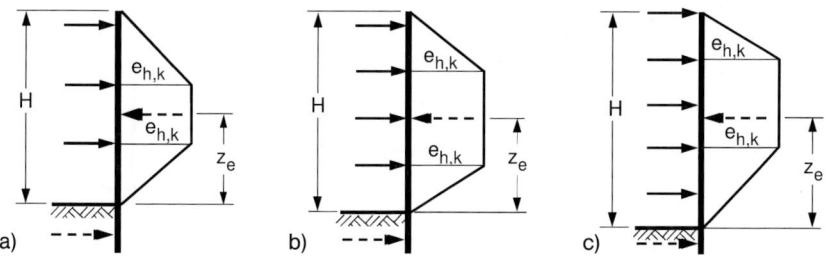

Bild 36. Wirklichkeitsnahe Lastfiguren für dreimal oder öfter gestützte Trägerbohlwände nach [32], EB 69; a) dreimal gestützte Wand, b) viermal gestützte Wand, c) fünfmal gestützte Wand

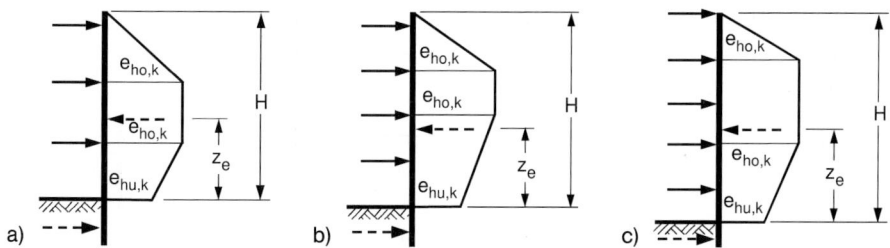

Bild 37. Wirklichkeitsnahe Lastfiguren für dreimal oder öfter gestützte Spundwände und Ortbetonwände nach [32], EB 70; a) dreimal gestützte Wand, b) viermal gestützte Wand, c) fünfmal gestützte Wand

Dabei besteht kein wesentlicher Unterschied
– zwischen dem Verhalten von nichtbindigen Böden und dem Verhalten von steifen oder halbfesten bindigen Böden,
– zwischen ausgesteiften und verankerten Baugrubenwänden, sofern durch konstruktive Maßnahmen, z. B. durch das teilweise Vorspannen der Anker dafür gesorgt wird, dass die Verformungen der verankerten Wand etwa gleich sind den Verformungen der ausgesteiften Wand.

Bei geschichtetem Boden richtet sich die Erddruckverteilung in gewissem Maß nach der Scherfestigkeit des Bodens. Dabei kann näherungsweise von der an Trägerbohlwänden gemachten Erfahrung ausgegangen werden, dass sich bei dem Aushub, der dem Einbau einer Steifenlage folgt, der neu hinzukommende Erddruck vornehmlich auf die zuletzt eingebaute Steifenlage konzentriert [140, 141]. Dementsprechend erhält man im Fall einer zweimal ausgesteiften Trägerbohlwand

– eine starke Konzentration des Erddrucks auf die obere Steifenlage nach Bild 38, wenn der zusätzliche Erddruck der unteren Schicht verhältnismäßig klein ist,
– eine starke Konzentration des Erddrucks auf die untere Steifenlage nach Bild 39, wenn der zusätzliche Erddruck der unteren Schicht verhältnismäßig groß ist.

In den Bildern 38 und 39 ist der Regelfall zugrunde gelegt worden, dass der Erddruck im bindigen Boden wegen der großen Kohäsion kleiner ist als im nichtbindigen Boden. Ist der Erddruck des bindigen Bodens ausnahmsweise größer, dann ist sinngemäß zu verfahren.

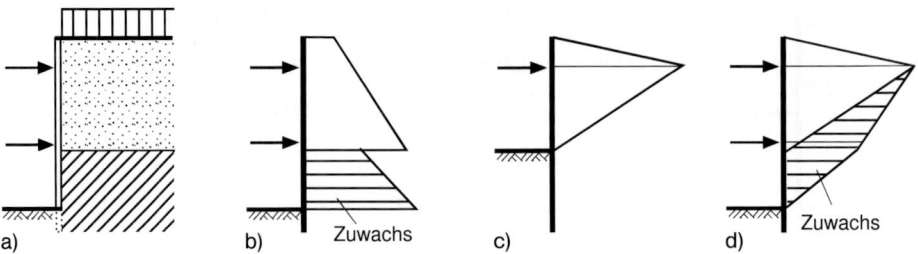

Bild 38. Erddruckverteilung bei unten liegender bindiger Schicht; a) Baugrubenwand und Bodenschichtung, b) klassischer Erddruck, c) Erddruck im Vorbauzustand, d) Erddruck im Vollaushubzustand

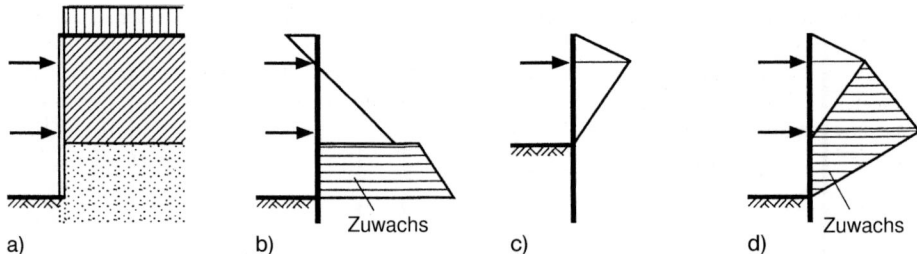

Bild 39. Erddruckverteilung bei oben liegender bindiger Schicht; a) Baugrubenwand und Bodenschichtung, b) klassischer Erddruck, c) Erddruck im Vorbauzustand, d) Erddruck im Vollaushubzustand

Die im Einzelfall auftretende Erddruckverteilung hängt von vielen Faktoren ab. Die gewählte Lastfigur kann daher nur eine Annäherung der wirklich auftretenden Erddruckfigur sein. Mit Schwankungen bis zur Größenordnung von $\Delta z_a = \pm 0{,}05 \cdot H$ muss immer gerechnet werden. Es hat daher keinen Sinn, allzu detaillierte Lastfiguren anzusetzen. Zu bevorzugen sind Lastfiguren, deren Knickpunkte so gelegt werden, dass die mit den Stützungspunkten zusammenfallen. Aus diesem Grunde ist die trapezförmige Lastfigur von *Terzaghi* und *Peck* [118] mit der starren Festlegung der Knickpunkte nicht zu empfehlen. Auch die Lastfigur von *Lehmann* [71, 72] sollte den Stützungspunkten angepasst werden. Damit vereinfacht sich die Berechnung erheblich, ohne dass die Zuverlässigkeit des Ergebnisses beeinträchtigt wird. Sofern Zweifel bestehen, welche Lastfigur im Einzelfall zutreffend ist, sind Messungen am Verbau vorzunehmen. Hierzu siehe [32], EB 31 bis EB 37. Ist dies nicht möglich, so sind Vergleichsrechnungen mit verschiedenen möglichen Lastfiguren durchzuführen. Insbesondere gilt dies für ausgesteifte Baugrubenwände. Bei verankerten Baugrubenwänden mit vorgespannten Ankern hat diese Frage keine so große Bedeutung, weil dem Boden durch die Vorspannung eine vorgegebene Erddruckverteilung aufgezwungen wird.

Legt man der Berechnung einer ausgesteiften Baugrubenwand unabhängig von der Stützung anstelle einer wirklichkeitsnahen Lastfigur ein Rechteck zugrunde, dann erhält man teilweise zu geringe Auflagerkräfte. Dementsprechend sind die mit dem Erddruckrechteck ermittelten Auflagerkräfte und Querkräfte im Bereich der oberen Lage entsprechend zu vergrößern. Hierzu siehe die Angaben in [143].

2.5 Erddruck infolge von Baugeräten und Schwerlastfahrzeugen

Nach Abschnitt 2.1 wird die Belastung der Geländeoberfläche durch Straßen-, Schienen- und Baustellenverkehr sowie durch Bagger und Hebezeuge mit der unbegrenzten Flächenlast $p_k = 10$ kN/m² ausreichend genau erfasst, sofern gewisse Mindestabstände von der Baugrubenwand eingehalten werden. Da diese Ersatzlast nur die allgemeine Erhöhung des Erddrucks aus Bodeneigengewicht zum Ausdruck bringt, ist es zulässig, den durch sie verursachten zusätzlichen Erddruck als ständige Einwirkung zu behandeln, in die Umlagerung einzubeziehen und nach den Abschnitten 2.3 und 2.4 Lastfiguren zu wählen, die in Höhe der Geländeoberfläche mit der Lastordinate $e_h = 0$ beginnen. Nur bei nicht gestützten Wänden beginnt die Erddruckfigur mit der Lastordinate $e_{aph,k}$ entsprechend Gl. (2).

Werden die in Abschnitt 2.1 genannten Mindestabstände nicht eingehalten, so ist unmittelbar neben der Baugrubenwand entsprechend Bild 27 zusätzlich eine Streifenlast q'_k anzusetzen. Bei der Ermittlung des Erddrucks für diese Streifenlast ist grundsätzlich zu unterscheiden zwischen gestützten und nicht gestützten Baugrubenwänden. Bei nicht gestützten Baugrubenwänden ist i. Allg. zu überprüfen, ob eine Zwangsgleitfläche von der Hinterkante des Laststreifens zum Fußpunkt der Wand (Bild 40c) einen größeren Gesamterddruck liefert als die unter dem Winkel ϑ_a ansteigende Gleitfläche (Bild 40a). Im einen Fall erhält man die Erddruckverteilung nach Bild 40b, im anderen die Erddruckverteilung nach Bild 40d. Bei den gestützten Baugrubenwänden kann als Näherung stets eine Gleitflächenbildung nach Bild 40a angenommen werden. Der Winkel $\vartheta_{a,k}$ kann aus Tabellen entnommen werden, z. B. in [137]. Die durch die Streifenlast q'_k verursachte Erddrucklast ergibt sich zu

$$E_{aq'h,k} = K_{agh} \cdot q'_k \cdot b'_g \cdot \tan \vartheta_{a,k} \qquad (9)$$

An sich gehört zu den Gegebenheiten des Bildes 41a eine Erddruckgleichlast mit der Ordinate

$$e_{aq'h,k} = \frac{E_{aq'h,k}}{b'_q \cdot \tan \vartheta_{a,k}} = K_{agh} \cdot q'_k \qquad (10)$$

nach Bild 41b. Man sollte sie jedoch nur wählen, wenn der Erddruck infolge von Bodeneigengewicht, Kohäsion und unbegrenzter Flächenlast als durchgehende oder abgestufte

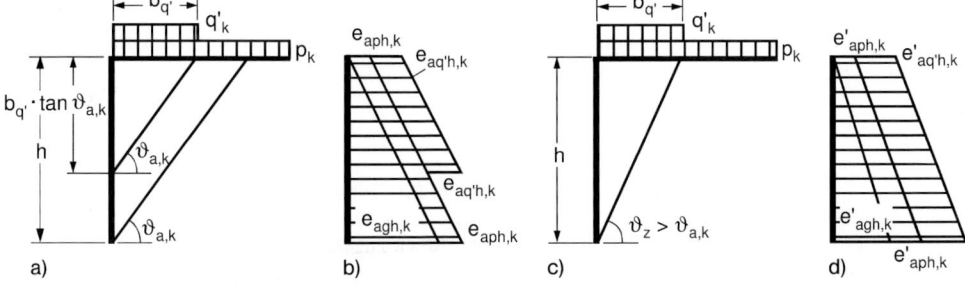

Bild 40. Erddruck infolge einer Streifenlast bei nicht gestützter Baugrubenwand; a) Ausbildung von Gleitflächen unter dem Winkel $\vartheta = \vartheta_{a,k}$, b) Erddruckverteilung bei parallelen Gleitflächen unter dem Winkel $\vartheta = \vartheta_{a,k}$, c) Zwangsgleitfläche unter dem Winkel $\vartheta_z > \vartheta_{a,k}$, d) Erddruckverteilung bei Zwangsgleitflächen

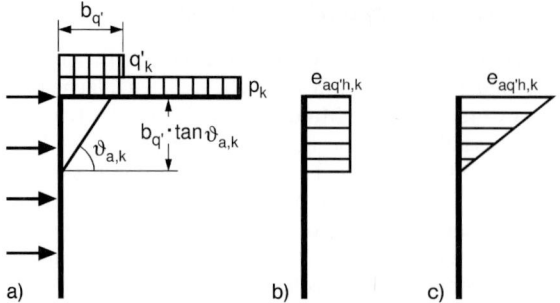

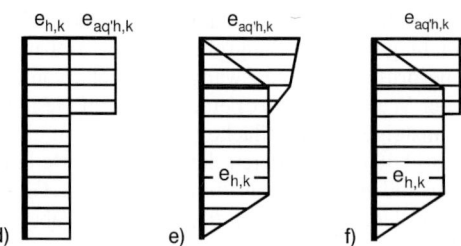

Bild 41. Erddruck infolge einer an der Baugrubenwand beginnenden Streifenlast bei gestützter Baugrubenwand; a) Stützung und Belastung der Baugrubenwand, b) Erddruck infolge einer Streifenlast als Rechteck, c) Erddruck infolge einer Streifenlast als Dreieck, d) Lastbild bei rechteckförmiger Grundfigur, e) und f) Lastbilder bei trapezförmiger Grundfigur

rechteckförmige Lastfigur angesetzt wird (Bild 41 d). Bei Lastfiguren, die in Höhe der Geländeoberfläche mit $e_{h,k} = 0$ oder mit $e_{h,k} = e_{aph,k}$ beginnen, sollte der Erddruck infolge der Streifenlast q'_k entsprechend Bild 41 c als auf der Spitze stehendes Dreieck mit einer doppelt so großen Ordinate angesetzt werden. Man erhält dann eine Lastfigur nach Bild 41 d und vermeidet eine Unterbemessung der Baugrubenkonstruktion im oberen Bereich der Wand. Im Interesse einer Vereinfachung der Schnittgrößenermittlung ist auch eine Lastfigur nach Bild 41 f zulässig.

Sofern bei einer genaueren Untersuchung von den Einzellasten der Fahrzeuge, Bagger oder Hebezeuge ausgegangen wird, darf entsprechend [32], EB 3, zur Ermittlung des Erddrucks eine Einzellast bzw. eine begrenzte Flächenlast entsprechend Bild 42 a in eine Ersatzstreifenlast umgewandelt und dabei die Ausstrahlung der Last in der Waagerechten näherungsweise mit 45° angenommen werden. Überschneiden sich die Wirkungen benachbarter Lasten, so darf nach Bild 42 b vereinfachend von einer gemeinsamen Aufstandsfläche der beiden Lasten ausgegangen werden. Weitere Einzelheiten siehe [32], EB 3.

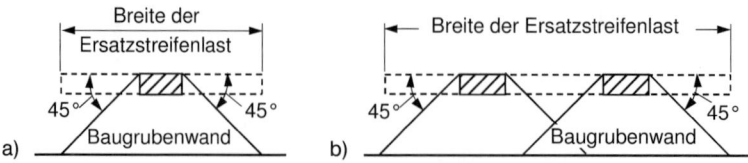

Bild 42. Umwandlung von begrenzten Flächenlasten in Streifenlasten; a) einzelne Last, b) zwei Lasten

3.5 Baugrubensicherung

Die Erddrucklast aus der Ersatzstreifenlast q'_k im Abstand a'_q von der Wand (Bild 43) erhält man zu

$$E_{aq'h,k} = K_{aqh} \cdot q'_k \cdot (a_q - a'_q) \tag{11}$$

wobei für $\vartheta = \vartheta_{a,k}$:

$$K_{aqh} = \frac{\sin(\vartheta_{a,k} - \varphi'_k) \cdot \cos\delta_{a,k}}{\sin(90 - \vartheta_{a,k} + \varphi'_k + \delta_{a,k})} \tag{12}$$

Zahlenwerte für K_{aqh} sind der Tabelle 1 zu entnehmen. Im Übrigen darf bei bindigen Böden der Einfluss der Kohäsion berücksichtigt werden, soweit dadurch bei nicht gestützten Baugrubenwänden rechnerische Zugspannungen abgebaut werden. Die Untersuchung von Zwangsgleitflächen kann bei gestützten Baugrubenwänden entfallen.

Tabelle 1. Erddruckbeiwerte K_{aqh} zur Ermittlung des Erddrucks aus Linienlasten bei senkrechter Wand und waagerechter Geländeoberfläche

$\delta_{a,k} =$	$\varphi'_k =$												
	15°	17,5°	20°	22,5°	25°	27,5°	30°	32,5°	35°	37,5°	40°	42,5°	45°
0°	0,767	0,735	0,714	0,669	0,637	0,606	0,577	0,547	0,521	0,494	0,466	0,439	0,414
+2,5°	0,699	0,677	0,650	0,627	0,601	0,574	0,550	0,524	0,500	0,475	0,449	0,425	0,401
+5°	0,646	0,630	0,610	0,590	0,569	0,548	0,525	0,502	0,480	0,458	0,436	0,413	0,390
+7,5°	0,600	0,590	0,575	0,559	0,541	0,521	0,503	0,483	0,462	0,441	0,421	0,400	0,380
+10°	0,563	0,555	0,546	0,532	0,516	0,499	0,482	0,464	0,445	0,427	0,407	0,388	0,369
+12,5°	0,528	0,525	0,517	0,504	0,494	0,479	0,463	0,447	0,431	0,412	0,395	0,378	0,359
+15°	0,502	0,498	0,492	0,483	0,472	0,459	0,447	0,431	0,416	0,399	0,384	0,366	0,350
+17,5°		0,437	0,469	0,460	0,452	0,442	0,429	0,416	0,402	0,387	0,373	0,357	0,341
+20°			0,447	0,442	0,434	0,425	0,414	0,402	0,389	0,375	0,361	0,348	0,332
+22,5°				0,424	0,418	0,409	0,400	0,389	0,376	0,364	0,351	0,337	0,322
+25°					0,402	0,393	0,384	0,376	0,364	0,352	0,341	0,328	0,314
+27,5°						0,379	0,371	0,363	0,353	0,342	0,331	0,318	0,306
+30°							0,358	0,350	0,342	0,332	0,321	0,310	0,298
+32,5°								0,339	0,330	0,321	0,312	0,301	0,290
+35°									0,320	0,311	0,303	0,293	0,283
+37,5°										0,301	0,294	0,285	0,274
+40°											0,283	0,275	0,266
+42,5°												0,258	0,257
+45°													0,250
+2/3·φ	0,563	0,534	0,508	0,483	0,459	0,436	0,414	0,393	0,372	0,353	0,334	0,317	0,298

Die Verteilung der Erddrucklast $E_{aqh,k}$ kann sowohl bei gestützten als auch bei nicht gestützten Baugrubenwänden entsprechend Bild 43 a vorgenommen werden. Dabei sollte eine Erddruckgleichlast von der Größe

$$e_{aq'h,k} = \frac{E_{aq'h,k}}{a'_q \cdot \tan \vartheta_{a,k} - a'_q \cdot \tan \varphi'_k} \tag{13}$$

gewählt werden, wenn der Erddruck infolge von Bodeneigengewicht, Kohäsion und großflächigen Nutzlasten als durchgehendes oder abgestuftes Rechteck angesetzt wird, und ein Erddruckdreieck nach Bild 43 c mit der doppelten Ordinate, wenn eine Lastfigur gewählt worden ist, bei der die Lastordinaten im oberen Bereich der Wand mit der Tiefe zunehmen. Man erhält dann durch Überlagerung die Lastfiguren entsprechend Bild 43 d und e. Zur Vereinfachung darf die Lastfigur nach Bild 43 e in eine Lastfigur nach Bild 43 f umgewandelt werden.

Bei einmal gestützten, im Boden eingespannten Baugrubenwänden und bei mehrfach gestützten Baugrubenwänden kann die Ermittlung der durch Baugeräte oder schwere Fahrzeuge bedingten zusätzlichen Beanspruchungen einen Rechenaufwand verursachen, der durch das Ergebnis nicht gerechtfertigt wird. Die Untersuchungen dürfen daher auf die oberen Teile des Baugrubenverbaus wie Verbohlung, Bohlträger, Spundwand und erste Steifen- oder Ankerlage beschränkt bleiben, wenn erkennbar ist, dass die übrigen Teile des Baugrubenverbaus nur unwesentlich betroffen sind. Die gegenüberliegende Wand einer ausgesteiften Baugrube ist für die gleichen Schnittgrößen zu bemessen, sofern nicht bei elastischen Baugrubenkonstruktionen die Konzentration des Reaktionserddrucks auf die

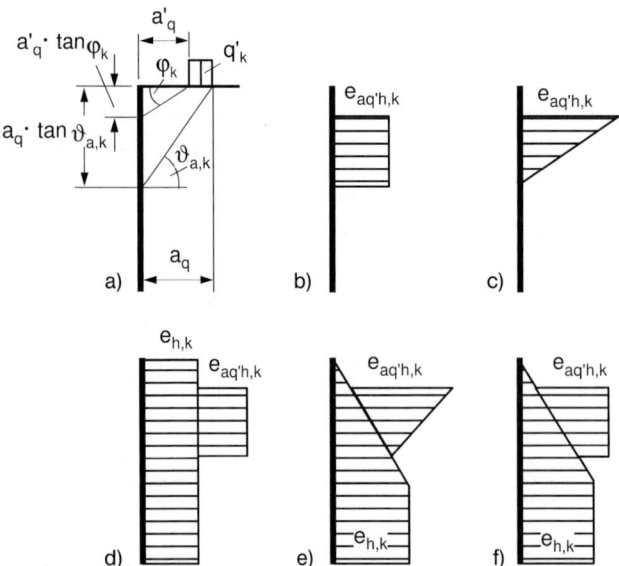

Bild 43. Erddruck infolge einer im Abstand a'_q von der Baugrubenwand beginnenden Streifenlast bei gestützter oder nicht gestützter Baugrubenwand; a) Lastausbreitung und Gleitflächenausbildung, b) Erddruck als Rechteck, c) Erddruck als Dreieck, d) Lastbild bei rechteckförmiger Grundfigur, e) Lastbild bei dreieckförmiger Grundfigur, f) vereinfachtes Lastbild bei dreieckförmiger Grundfigur

Stützpunkte nachgewiesen wird. Die Verstärkung der Ausfachung einer Trägerbohlwand auf der gegenüberliegenden Seite ist nicht erforderlich.

Die Ansätze nach den Gln. (9) bis (13) beruhen auf der klassischen Erddrucktheorie. Veröffentlichte [61, 62, 140–143] und nicht veröffentlichte Messergebnisse deuten darauf hin, dass sie in der Regel auf der sicheren Seite liegen. Bei Linienlasten $\bar{q}_k$ ist in Gl. (11) der Ausdruck $q'_k \cdot (a_q - a'_q)$ durch $\bar{q}_k$ zu ersetzen. Die Erddruckverteilung ergibt sich sinngemäß [137, 138].

2.6 Erddruck in Rückbauzuständen

Beim abschnittsweisen Verfüllen von Baugruben verringert sich die vorhandene Baugrubentiefe Zug um Zug. Dies darf jedoch nicht zum Anlass genommen werden, als Belastung der Baugrubenwand nur die Größe der Erddrucklast anzusetzen, die jeweils der erreichten geringeren Baugrubentiefe entspricht. Im Allgemeinen ist vielmehr davon auszugehen, dass der bei der größten Aushubtiefe auftretende Erddruck seiner Größe nach in allen Rückbauzuständen voll erhalten bleibt. Es ist für den Spannungszustand hinter einer Baugrubenwand gleichgültig, ob die vorhandene Aussteifung oder Verankerung durch eine andere Aussteifung oder Verankerung, durch ein starres Bauwerk oder durch eine Verfüllung mit Boden ersetzt wird, sofern dabei keine Bewegung der Wand eintritt. Mit Rücksicht auf benachbarte bauliche Anlagen und Leitungen versucht man in der Regel, Wandbewegungen beim Rückbau zu vermeiden. Dies wird durch folgenden Arbeitsvorgang erreicht:

1. Das Bauwerk wird abschnittsweise jeweils bis dicht unter die nächste Steifen- oder Ankerlage erstellt.
2. In geringem Abstand unterhalb dieser Steifen- oder Ankerlage werden vor ihrem Ausbau Hilfssteifen gegen das Bauwerk gesetzt oder der Arbeitsraum wird bis in diese Höhe verfüllt.

Das Bauwerk muss natürlich in der Lage sein, die auftretenden Belastungen aufzunehmen. Dies ist in der Regel ohne Verstärkung des Bauwerks möglich, wenn die Steifen- oder Ankerlagen jeweils unmittelbar über den Bauwerksdecken angeordnet werden. Gegebenenfalls sind die Bauwerkswände vorübergehend gegeneinander auszusteifen. In allen diesen Fällen ist nicht damit zu rechnen, dass beim Ausbau der Steifen oder beim Entspannen der Anker eine nennenswerte Verringerung des Erddrucks eintritt. Es ist also in der Regel bei den Rückbauzuständen die Lastfigur beizubehalten, die für den Vollaushubzustand ermittelt worden ist. Eine Änderung von Größe und Verteilung des Erddrucks ist nur zu erwarten, wenn

– beim Ausbau einer Steifen- oder Ankerlage eine große Stützweite entsteht und eine deutliche Durchbiegung der Wand auftritt,
– beim Ausbau der obersten Steifen- oder Ankerlage eine nicht gestützte, im Boden eingespannte Baugrubenwand entsteht.

Die Verminderung des Erddrucks ist von der Durchbiegung der Wand abhängig. Bei Trägerbohlwänden kann näherungsweise davon ausgegangen werden, dass die Gesamtlast des neuen unteren Feldes bis zu 40 % abnimmt, wenn die Durchbiegung mindestens 0,2 ‰ der Stützweite beträgt. Bei einer kleineren Durchbiegung verringert sich dieser Prozentsatz entsprechend, bei einer größeren Durchbiegung bleibt es bei einer maximalen Verringerung um 40 % [140, 141].

Ansonsten ist, solange noch wenigstens eine Steifen- oder Ankerlage eingebaut bleibt, eine grundlegende Veränderung des Erddrucks nur zu erwarten, wenn die Steifen gelöst, entlastet und neu verkeilt werden [60]. Im Übrigen gelten diese Angaben uneingeschränkt auch für

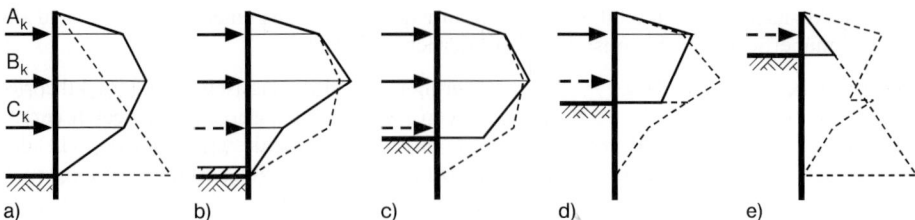

Bild 44. Umlagerung und Abbau des Erddrucks in den Rückbauzuständen einer dreifach ausgesteiften Trägerbohlwand; a) Vollaushubzustand, b) nach Ausbau der Steifenlage C mit Stützung durch Unterbeton, c) nach Ausbau der Steifenlage C mit Stützung durch Arbeitsraumverfüllung, d) nach Ausbau der Steifenlage B, e) nach Ausbau der Steifenlage A

verankerte Trägerbohlwände und sinngemäß für Spundwände. Bei Ortbetonwänden reichen die Durchbiegungen in der Regel nicht aus, um nennenswerte Erddruckumlagerungen hervorzurufen. Lediglich beim Ausbau der obersten Lage neigt sich die Wand stark vornüber und der umgelagerte Erddruck nimmt im oberen Bereich der Wand schlagartig sowohl der Größe als auch der Verteilung nach auf den klassischen, zur Drehung um den Fußpunkt gehörenden Erddruck ab. Bild 44 zeigt beispielhaft die möglichen Erddruckumlagerungen bei einer dreifach ausgesteiften Trägerbohlwand. Weitere Einzelheiten siehe [143].

Abgesehen von den Besonderheiten im Erddruckansatz wird jeder Rückbauzustand ohne Rücksicht auf die vorhergegangenen Bauzustände für sich berechnet. Soweit es nicht im Widerspruch zu den Angaben dieses Abschnitts steht, gelten für die verschiedenen Stützungsmöglichkeiten die Angaben in den Abschnitten 2.3 und 2.4. Wird der Erddruck nur im Rückbauzustand als durchgehende Gleichlast angesetzt, obwohl eine andere Lastfigur zutreffender wäre, so sind stets Zuschläge auf die ermittelten Auflagerkräfte erforderlich. Wird dagegen die rechteckige Lastfigur anstelle einer wirklichkeitsnäheren Lastfigur bereits beim Vollaushubzustand zugrunde gelegt, darf auf Zuschläge verzichtet werden, hierzu siehe die Angaben in [143].

2.7 Ansatz des Erdwiderstands

Sofern die unterste Steifen- oder Ankerlage einer Baugrube nicht dicht über der Aushubsohle liegt, muss der Boden unterhalb der Aushubsohle als Auflager herangezogen werden. Zumindest vor dem Einbau einer Steifen- oder Ankerlage tritt in der Regel dieser Zustand auf. Zur Ermittlung des passiven Erddrucks

$$e_{ph,k} = e_{pgh,k} + e_{pch,k} = \gamma_k \cdot K_{pgh} \cdot t + c'_k \cdot K_{pch} \tag{14}$$

und des Erdwiderstands, d. h. der Resultierenden des passiven Erddrucks

$$E_{ph,k} = E_{pgh,k} + E_{pch,k} = \frac{1}{2} \cdot \gamma_k \cdot K_{pgh} \cdot t^2 + c'_k \cdot K_{pch} \cdot t \tag{15}$$

vor einer durchgehenden Wand bei Annahme ebener bzw. gekrümmter Gleitflächen siehe Kapitel 1.6 „Erddruck" [49]. Den Erdwiderstand vor einzelnen Bohlträgern erhält man nach *Weißenbach* [137] mit den in der Tabelle 2 in Abhängigkeit von dem Verhältnis

$$f_t = \frac{b_t}{t} \tag{16}$$

angegebenen Beiwerten ω_R und ω_K aus der Gleichung

3.5 Baugrubensicherung

$$E^*_{ph,k} = \frac{1}{2} \cdot \gamma_k \cdot \omega_R \cdot t^3 + 2 \cdot c_k \cdot \omega_K \cdot t^2 = \frac{1}{2} \cdot \gamma_k \cdot \omega_{ph} \cdot a_t \cdot t^2 \qquad (17)$$

Mit b_t ist die Bohlträgerbreite, mit t die Einbindetiefe und mit a_t der Bohlträgerabstand bezeichnet. Will man die für die Berechnung von Spundwänden abgeleiteten Verfahren auf die Berechnung von Trägerbohlwänden anwenden, dann muss der Erdwiderstand vor den Bohlträgern in den Erdwiderstand vor einer fiktiven durchgehenden Wand umgerechnet werden. Man erhält aus der Gl. (17) unter der Voraussetzung, dass sich die Erdwiderstandskräfte vor den einzelnen Bohlträgern nicht überschneiden, für den ideellen Erdwiderstandsbeiwert die Beziehung

$$\omega_{ph} = \frac{2 \cdot E^*_{ph,k}}{\gamma_k \cdot t^2 \cdot a_t} \qquad (18)$$

Im Falle kohäsionslosen Bodens fällt in der Gl. (17) das zweite Glied weg. Damit lässt sich die Gl. (18) vereinfachen:

$$\omega_{ph} = \frac{\omega_R \cdot t}{a_t} \qquad (19)$$

Die in Tabelle 2 angegebenen Beiwerte ω_K sind in [134] nur für nichtbindigen Boden abgeleitet worden. Wenn sie auf bindige Böden angewendet werden, ist eine Abminderung auf die Hälfte angebracht. Wie die Versuche von *Schäfer* [92] zeigen, wird sonst der

Tabelle 2. Beiwerte zur Ermittlung des Erdwiderstands vor Bohlträgern [134, 137]

a) Erdwiderstandsbeiwerte ω_R

$f_t = \dfrac{b_t}{t}$	$\varphi'_k =$											
	15°	17,5°	20°	22,5°	25°	27,5°	30°	32,5°	35°	37,5°	40°	42,5°	45°
0,05	0,40	0,48	0,59	0,72	0,90	1,13	1,44	1,71	2,09	2,57	3,16	3,96	5,00
0,10	0,57	0,67	0,83	1,02	1,28	1,59	2,04	2,42	2,96	3,63	4,47	5,59	7,07
0,15	0,69	0,82	1,02	1,25	1,56	1,95	2,50	2,97	3,63	4,45	5,48	6,85	8,66
0,20	0,80	0,95	1,17	1,45	1,80	2,26	2,88	3,43	4,19	5,14	6,32	7,91	10,00
0,25	0,90	1,06	1,31	1,62	2,02	2,52	3,22	3,83	4,68	5,74	7,07	8,84	11,20
0,30	0,98	1,16	1,44	1,77	2,21	2,76	3,53	4,20	5,13	6,29	7,75	9,69	12,20

b) Erdwiderstandsbeiwerte ω_K

$f_t = \dfrac{b_t}{t}$	$\varphi'_k =$											
	15°	17,5°	20°	22,5°	25°	27,5°	30°	32,5°	35°	37,5°	40°	42,5°	45°
0,05	0,98	1,08	1,20	1,34	1,51	1,70	1,94	2,14	2,41	2,73	3,10	3,55	4,09
0,10	1,39	1,53	1,69	1,90	2,14	2,41	2,75	3,03	3,41	3,86	4,38	5,02	5,78
0,15	1,70	1,88	2,07	2,32	2,62	2,95	3,37	3,71	4,18	4,73	5,36	6,14	7,08
0,20	1,97	2,17	2,40	2,68	3,03	3,41	3,89	4,29	4,83	5,47	6,19	7,09	8,18
0,25	2,20	2,42	2,68	3,00	3,39	3,81	4,35	4,79	5,40	6,11	6,93	7,93	9,15
0,30	2,41	2,66	2,93	3,29	3,71	4,17	4,76	5,25	5,91	6,69	7,59	8,69	10,00

Kohäsionsanteil des Erdwiderstands zu groß angenommen, sofern sich die Erdwiderstandskräfte vor den einzelnen Bohlträgern nicht überschneiden.

Die Angaben in Tabelle 2 gelten für den Fall einer behinderten Vertikalbewegung des Bohlträgers, d. h. die nach oben gerichtete Vertikalkomponente des Erdwiderstands muss durch entsprechende Vertikalanteile, z. B. aus aktivem Erddruck oder aus Ankerkräften, ausgeglichen werden können (s. Abschn. 4.2). Entsprechende Erddruckbeiwerte wurden in [137] auch für den Fall einer unbehinderten Vertikalbewegung entwickelt. Erddruckbeiwerte bei beliebiger Neigung des Erdwiderstands können durch Interpolation ermittelt werden.

Das Verfahren der DIN 4085:2007-02 beruht auf derselben Grundlage, unterscheidet sich nur in der Schreibweise und führt praktisch zu gleichen Ergebnissen.

Überschneiden sich bei verhältnismäßig kleinem Trägerabstand die ermittelten Erdwiderstandskräfte vor den einzelnen Bohlträgern, so ist der ideelle Erdwiderstandsbeiwert ω_{ph} im Falle kohäsiven Bodens aus dem Ansatz

$$\omega_{ph} = \frac{b_t}{a_t} \cdot K_{pgh}(\delta_{p,k} \neq 0) + \frac{a_t - b_t}{a_t} \cdot K_{pgh}(\delta_{p,k} = 0) + \frac{2 \cdot c'_k}{\gamma_k \cdot t} \cdot K_{pch}(\delta_{p,k} \neq 0) \qquad (20)$$

zu ermitteln. Bei kohäsionslosem Boden entfällt das dritte Glied dieser Gleichung. Wird außerdem $\delta_{p,k} = 0$, so erhält man $K_{pgh} = K_{pg}$. Im Allgemeinen aber ist der Wandreibungswinkel zwischen Bohlträger und Boden nach [137] bei behinderter Vertikalbewegung zu

$\delta^*_{p,k} = -(\varphi'_k - 2{,}5°)$ bei Böden mit $\varphi'_k \leq 30°$

$\delta^*_{p,k} = -27{,}5°$ bei Böden mit $\varphi'_k \geq 30°$

anzunehmen (in [32], EB 89, Absatz 5 liegt mit $\delta_k \leq 30°$ ein Schreibfehler vor). Die in diesem Fall kleinsten und somit maßgebenden Erdwiderstandsbeiwerte können z. B. nach *Pregl/Sokolowski* ermittelt werden, s. Kapitel 1.6 „Erddruck" [49] und DIN 4085.

Bei ausreichend großen Bohlträgerabständen ist die Wahrscheinlichkeit, dass sich die Erdwiderstandskräfte überschneiden, gering. Ist der Erdwiderstand vor Bohlträgern in nichtbindigem Boden mit voller Wandreibung ermittelt worden, dann genügt ein lichter Abstand zwischen den Bohlträgern, der gleich der Einbindetiefe ist. Bei $\delta_{p,k} = 0$ genügt sogar ein lichter Abstand, der halb so groß ist wie die Einbindetiefe. Immer bei bindigen Böden und außerdem dann, wenn die genannten Abstände unterschritten werden, ist zu überprüfen, ob eine Überschneidung der Erdwiderstandskräfte auftritt. Bei freier Auflagerung der Wand im Boden ist dazu der ideelle Erdwiderstandsbeiwert sowohl nach Gl. (18) bzw. Gl. (19) als auch nach Gl. (20) zu ermitteln. Der kleinere Wert ist maßgebend. Im Falle einer Einspannung im Boden ist sinngemäß vorzugehen.

Beim Nachweis der Standsicherheit müssen nach Abschnitt 3.1 die Beanspruchungen mit einem Teilsicherheitsbeiwert erhöht, die Widerstände mit einem Teilsicherheitsbeiwert verringert werden. Zusätzlich muss gewährleistet sein, dass die Verschiebung oder die Verdrehung der Wand im Gebrauchszustand keinen für das Gesamtsystem unzuträglichen Wert annimmt. Wie die bisher vorliegenden Messungen und Erfahrungen zeigen, reicht bei Spundwänden, Schlitzwänden, Pfahlwänden und senkrechtem Verbau in mitteldicht oder dicht gelagerten nichtbindigen Böden der übliche Teilsicherheitsbeiwert $\gamma_{Ep} = 1{,}30$ im Lastfall LF2 gegen den Grenzzustand in Verbindung mit dem zugehörigen Teilsicherheitsbeiwert $\gamma_G = 1{,}20$ i. Allg. aus, um die auftretenden Wandbewegungen in erträglichen Grenzen zu halten. Bei Bohlträgern dagegen ist ein Anpassungsfaktor $\eta_{Ep} = 0{,}80$ einzuführen, wenn die Verschiebungen und Verdrehungen nicht größer werden sollen als bei Spund-

3.5 Baugrubensicherung

wänden. Eine Verringerung des Mobilisierungsgrads μ kann erforderlich werden bei sehr locker gelagerten nichtbindigen Böden, bei weichen bindigen Böden und bei organischen Böden.

Im Grenzzustand und bei freier Auflagerung im Boden liegt die Resultierende des Erdwiderstands infolge von Bodeneigengewicht nach der klassischen Erddrucktheorie im Falle der durchgehenden Wand bei einem Drittel der Wandhöhe und im Falle der Bohlträger zwischen einem Drittel und einem Viertel. Im Gebrauchszustand, wenn der Erdwiderstand vor Bohlträgern effektiv nur zur Hälfte und der Erdwiderstand vor Spundwänden höchstens zu zwei Dritteln in Anspruch genommen wird, liegt die Resultierende des Erdwiderstands höher. Bei durchgehenden Wänden in nichtbindigen Böden und allgemein bei Trägerbohlwänden kann ihr Abstand von der Wandunterkante näherungsweise mit

$$z_p = 0{,}40 \cdot t \tag{21}$$

angenommen werden. Bei Spundwänden, Schlitzwänden und Pfahlwänden in bindigen Böden darf mit

$$z_P = 0{,}50 \cdot t \tag{22}$$

gerechnet werden. Die Empfehlungen des Arbeitskreises „Baugruben" [32] lassen es zu, auch bei gestützten Baugrubenwänden in mindestens mitteldicht gelagerten nichtbindigen Böden oder mindestens steifen bindigen Böden bei der Ermittlung der Einbindetiefe und der Schnittgrößen von dieser Lage der Resultierenden bzw. einer bilinearen Verteilung des passiven Erddrucks auszugehen. Wird, z. B. aus programmtechnischen Gründen, vereinfachend eine mit der Tiefe geradlinig zunehmende Verteilung zugrunde gelegt wird, dann dürfen die Schnittgrößen sowohl bei Spundwänden als auch bei Trägerbohlwänden mit einer verkürzten Einbindetiefe ermittelt werden, die sich mit dem reduzierten Teilsicherheitsbeiwert $\gamma_{Ep,red} = 1{,}00$ ergibt. Einzelheiten dazu s. [32], EB 82, Absatz 1 b) und die dortigen Verweise auf EB 14, EB 25, EB 19 sowie EB 26. Der ggf. erforderliche Anpassungsfaktor $\eta_{Ep} = 0{,}80$ bei Trägerbohlwänden bleibt davon unberührt.

Sollen die Bodenreaktionen am Wandfuß genauer erfasst werden, kann auf das Bettungsmodulverfahren und die Methode der Finiten Elemente zurückgegriffen werden (s. Abschn. 3.3 und 3.5).

3 Verfahren zur Ermittlung von Schnittgrößen und Einbindetiefen

3.1 Teilsicherheitskonzept nach DIN 1054:2005-01

Ein wesentlicher Baustein bei der Ermittlung von Schnittgrößen und Einbindetiefen sowie beim Nachweis der Gleichgewichtsbedingungen ist das vorgegebene Sicherheitskonzept. Die folgenden Angaben beziehen sich auf das Teilsicherheitskonzept der DIN 1054:2005-01, Abschnitt 4.3.2, Absatz (2), das auf dem Verfahren 2 nach DIN EN 1997-1:2008-10 (Eurocode 7-1) beruht. Danach werden die Teilsicherheitsbeiwerte nicht auf die charakteristischen Einwirkungen, sondern auf die mit charakteristischen Einwirkungen ermittelten Beanspruchungen angewendet. Beim Erdwiderstand wird nicht die charakteristische Scherfestigkeit abgemindert, sondern die mit der charakteristischen Scherfestigkeit ermittelte Kraft.

Der sich daraus ergebende Ablauf von Berechnung und Bemessung einer Konstruktion lässt sich wie folgt beschreiben:

1. Das Bauwerk wird entworfen, es werden die Grundabmessungen gewählt, es wird das statische System festgelegt, z.B. eine einmal gestützte, im Boden frei aufgelagerte Spundwand.
2. Die charakteristischen Größen $S_{k,i}$ der Einwirkungen werden ermittelt, z.B. die Lasten aus Eigengewicht, aktivem Erddruck, erhöhtem aktivem Erddruck, Wasserdruck und Verkehrslasten sowie ggf. die charakteristischen Vorverformungen.
3. An dem vorgegebenen System werden die charakteristischen Schnittgrößen $E_{k,i}$, z.B. Querkräfte, Auflagerkräfte und Biegemomente ermittelt, und zwar in allen Schnitten durch die Konstruktion und in den Berührungsflächen zwischen der Konstruktion und dem Boden, die für die Bemessung maßgebend sind, und das, soweit erforderlich, getrennt nach den Ursachen.
4. Es werden die charakteristischen Widerstände $R_{k,i}$ ermittelt, getrennt
   – nach den Widerständen der Konstruktionsteile und
   – nach den Widerständen des Bodens.
   Widerstände der Konstruktionsteile sind z.B. Widerstände gegen Druckkräfte, Zugkräfte Schubkräfte und Biegemomente, in der Regel ermittelt aus den charakteristischen Materialkenngrößen und dem Materialquerschnitt.
   Widerstände des Bodens sind z.B. Erdwiderstand, Grundbruchwiderstand, Pfahlwiderstand, Herausziehwiderstand von Ankern und Bodennägeln, ermittelt durch Rechnung, Probebelastung oder aufgrund von Erfahrungswerten.
5. Es werden in jedem maßgebenden Schnitt durch die Konstruktion sowie in den Berührungsflächen zwischen Konstruktion und Boden die Beanspruchungen und Widerstände ermittelt, die jeweils für die Bemessung maßgebend sind:
   – zum einen in Form von Bemessungsschnittgrößen

$$E_{k,i} = E_{G,k,i} \cdot \gamma_G + E_{Q,k,i} \cdot \gamma_Q \tag{23}$$

indem die charakteristischen Schnittgrößen $E_{k,i}$ mit den Teilsicherheitsbeiwerten γ_G für ständige bzw. γ_Q für veränderliche Einwirkungen multipliziert werden;
   – zum anderen in Form von Bemessungswiderständen

$$R_{d,i} = R_{k,i} / \gamma_R \tag{24}$$

indem die charakteristischen Widerstände $R_{k,i}$ mit den Teilsicherheitsbeiwerten γ_R für das jeweilige Material, z.B. Stahl, Stahlbeton oder Boden dividiert werden.
6. Mit den ermittelten Bemessungsschnittgrößen und Bemessungswiderständen wird in jedem maßgebenden Schnitt die Einhaltung der Grenzzustandsbedingung

$$E_d = \Sigma E_{d,i} \leq \Sigma R_{d,i} = R_d \tag{25}$$

nachgewiesen.
7. Sofern die Grenzzustandsbedingung nicht erfüllt ist, sind die Abmessungen entsprechend zu vergrößern. Wenn ein unwirtschaftlicher Sicherheitsüberschuss abgebaut werden soll, dürfen die Abmessungen entsprechend verringert werden. Ein Maßstab dafür ist der Ausnutzungsgrad

$$\mu = E_d / R_d \leq 1 \tag{26}$$

8. Mit den Verformungen, die zusammen mit den charakteristischen Schnittgrößen ermittelt worden sind, kann die Gebrauchstauglichkeit überprüft bzw. nachgewiesen werden. Dadurch kann der Nachweis der Gebrauchstauglichkeit mit derselben Berechnung wie

3.5 Baugrubensicherung

beim Nachweis der Standsicherheit geführt werden. Ein zusätzlicher Rechengang, wie er im übrigen Konstruktiven Ingenieurbau erforderlich ist, kann in der Regel entfallen.

Im Fall der Baugrubenkonstruktionen ergibt sich dabei im Grundsatz folgender Arbeitsablauf:

a) Festlegung von Art und Höhenlage der Stützungen und der Art der Auflagerung im Boden.
b) Ermittlung der waagerechten Komponenten der charakteristischen Erddrücke aus Bodeneigengewicht und Nutzlasten.
c) Ermittlung der Auflagerkraft $B_{h,k}$ im Boden, getrennt nach ständigen und veränderlichen Einwirkungen.
d) Nachweis der Einbindetiefe mit Bemessungswerten unter Ansatz der waagerechten Komponente des Erdwiderstands.
e) Nachweis der Vertikalkomponente des mobilisierten Erdwiderstands.
f) Nachweis der Abtragung von Vertikalkräften in den Untergrund.
g) Ermittlung der Biegemomente, Normal- und Querkräfte.
h) Bemessung der Einzelteile.

Jeder dieser Schritte kann zur Folge haben, dass ein vorangegangener Schritt wiederholt werden muss.

Für die Ermittlung der Auflagerkraft $B_{h,k}$ im Boden nach c) sind im Grundsatz sowohl die Einbindetiefe als auch die Bodenreaktionen $\sigma_{ph,k}$ zu iterieren, bis die Abmessungen gefunden sind, bei denen sich für den Nachweis nach d) ein Ausnutzungsgrad nahe bei $\mu = 1$ ergibt. Es empfiehlt sich daher, eine Vorbemessung mit Bemessungseinwirkungen und Bemessungswiderständen vorzunehmen, bei der c) und d) zusammengefasst werden.

Zu erwähnen ist noch, dass es üblich ist, die Schnittgrößen und Verformungen stets mit der Mindest-Einbindetiefe zu ermitteln, die für eine freie Auflagerung bzw. für eine volle bodenmechanische Einspannung erforderlich ist, auch wenn die Wand aus anderen Gründen, z. B. zur Abtragung von Vertikalkräften oder zur Verhinderung einer Umströmung, tiefer geführt wird.

3.2 Statisch bestimmte Systeme

3.2.1 Nicht gestützte, im Boden eingespannte Wände

Nicht gestützte, im Boden eingespannte Baugrubenwände werden allgemein nach dem Verfahren von *Blum* [11] berechnet. Es geht davon aus, dass sich die Wand infolge der Erddruckbelastung nach Bild 45 b um einen tief gelegenen Punkt dreht und dabei durch ein Kräftepaar gestützt wird, das sich infolge der mobilisierten Bodenreaktionen nach Bild 45 c einstellt. Nach *Blum* vereinfacht man die auf beiden Seiten der Wand auftretenden Erddruckfiguren durch Hinzufügen von zwei Erddruckflächen nach Bild 45 d in das besser zur rechnerischen Behandlung geeignete Lastbild nach Bild 45 e mit dem aktiven Erddruck $e_{ah,k}$, den Bodenreaktionen $\sigma_{ph,k}$ und der Ersatzkraft $C_{h,k}$. Im ersten Berechnungsdurchlauf werden nur die waagerechten Komponenten der Einwirkungen und der Bodenreaktionen zugrundegelegt. Die senkrechten Komponenten folgen in späteren Berechnungsgängen.

Wegen der durch das Teilsicherheitskonzept vorgegebenen strengen Trennung von Einwirkungen und Widerständen ist es nicht mehr möglich, den Erddruck mit dem abgeminderten Erdwiderstand zu überlagern und nach dem Verfahren von *Blum* gezielt die Einbindetiefe zu ermitteln. Stattdessen geht die neue DIN 1054 davon aus, dass zunächst ein System vorgegeben wird und dafür nach Abschnitt 3.1 die Einhaltung der Grenzzustandsbedingungen

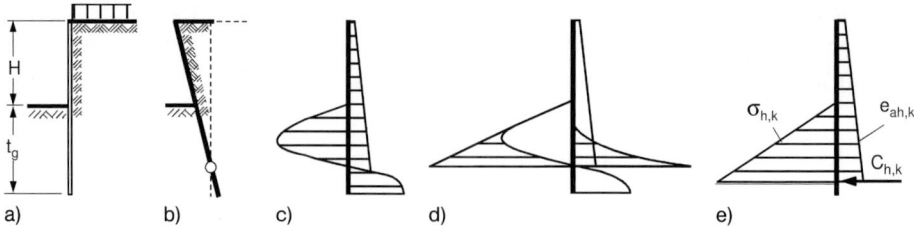

Bild 45. Einspannung nach *Blum* bei nicht gestützten, im Boden eingespannten Baugrubenwänden; a) Schnitt durch die Baugrube, b) Verdrehung der Wand, c) aktiver Erddruck und Bodenreaktionen, d) Ergänzung der Erddruckfiguren, e) aktiver Erddruck, Bodenreaktionen und Ersatzkraft $C_{h,k}$

nachgewiesen wird. Dabei ist allerdings das statische System nach Bild 45 e unvollständig, weil nur ein einziger Auflagerpunkt definiert ist. Für die praktische Anwendung wird daher entweder

- nach Bild 46 b die Bodenreaktion $\sigma_{ph,k}$ durch eine Auflagerkraft $B_{h,k}$ ersetzt, die im Schwerpunkt der vorgegebenen Verteilung des Erdwiderstands angreift, oder es wird
- nach Bild 46 c und d im theoretischen Fußpunkt eine Volleinspannung angenommen, bei der sich jedoch das Einspannmoment zu $M_{Ch,k} = 0$ ergeben muss.

Da sich mit der Annahme einer Auflagerkraft $B_{h,k}$ eine unzutreffende Momentenlinie ergibt, kommt sie nur für Vorberechnungen zur Ermittlung der Einbindetiefe infrage. Für die Ermittlung der charakteristischen Schnittgrößen ist stets der Ansatz des Einspannmoments $M_{Ch,k} = 0$ maßgebend. Gegen das feste Auflager anstelle der Resultierenden der Bodenreaktion spricht auch, dass die Tangente an die Biegelinie im theoretischen Fußpunkt eine leichte Neigung hat, die der Verdrehung der Wand nach Bild 45 b widerspricht. Beim Ansatz der vollen Einspannung dagegen erhält man eine senkrechte Tangente, was der Wirklichkeit näher kommt und sich seit Jahrzehnten bewährt hat. Wie die Bilder 46 c und 46 d zeigen, sind allerdings in beiden Fällen in der Regel zwei getrennte Rechnungen erforderlich, weil der Erddruck aus einer großflächigen Auflast $p_k = 10$ kN/m² den ständigen Einwirkungen zugeordnet wird, der Erddruck aus den darüber hinausgehenden Auflasten q_k dagegen zu den veränderlichen Einwirkungen. Allerdings lässt sich dieser doppelte Rechenaufwand vermeiden, wenn man im Vorweg die Auflast q_k mit dem Faktor

$$f = \gamma_Q / \gamma_G \tag{27}$$

vergrößert, dem Erddruck aus Bodeneigengewicht und großflächiger Nutzlast überlagert und die damit ermittelten Schnittgrößen nur noch mit dem Teilsicherheitsbeiwert γ_G multipliziert. Im Lastfall LF 2, der in der Regel für Baugrubenkonstruktionen maßgebend ist, ergibt sich aus den Teilsicherheiten für den Grenzzustand GZ 1B der Wert $f = 1{,}30/1{,}20 = 1{,}08$.

Zunächst wird durch Vorermittlung oder durch Schätzung die Einbindetiefe t_1 von der Baugrubensohle bis zum theoretischen Fußpunkt festgelegt. Anschließend werden die charakteristischen Reaktionskräfte $B_{Gh,k}$ und $B_{Qh,k}$ aus dem Momentengleichgewicht $\Sigma M_C = 0$ um den theoretischen Fußpunkt bestimmt. Die Auflagerkräfte $C_{Gh,k}$ und $C_{Q,k}$ ergeben sich dann aus dem Gleichgewicht der Horizontalkräfte.

Mit der Annahme des Neigungswinkels $\delta_{p,k}$ kann auch der im Grenzzustand mögliche Erdwiderstand $E_{ph,k}$ ermittelt werden. Unter Verwendung der Teilsicherheitsbeiwerte γ_G und γ_Q für die Einwirkungen sowie γ_{Ep} für den Erdwiderstand erhält man die Bemessungsgrößen:

3.5 Baugrubensicherung

$$B_{Gh,d} = B_{Gh,k} \cdot \gamma_G \tag{28 a}$$

$$B_{Qh,d} = B_{Qh,k} \cdot \gamma_Q \tag{28 b}$$

$$E_{ph,d} = E_{ph,k} / \gamma_{Ep} \tag{28 c}$$

Mit diesen Bemessungsgrößen wird nachgeprüft, ob die Grenzgleichgewichtsbedingung

$$B_{h,d} = B_{Gh,d} + B_{Qh,d} \leq E_{ph,d} \tag{29}$$

erfüllt ist. Wenn Gl. (29) nicht erfüllt oder der Ausnutzungsgrad $\mu = B_{h,d} / E_{ph,d}$ unwirtschaftlich und daher nicht hinnehmbar ist, dann muss iteriert werden, bis die gewünschte Genauigkeit erreicht ist. Damit ist dann die Bestätigung erbracht, dass die zuletzt zugrunde gelegte Einbindetiefe t_1 auch für die Schnittgrößenermittlung maßgebend ist.

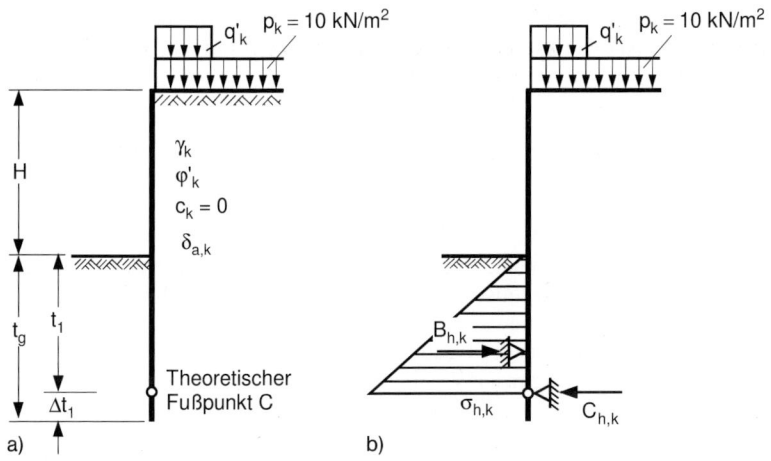

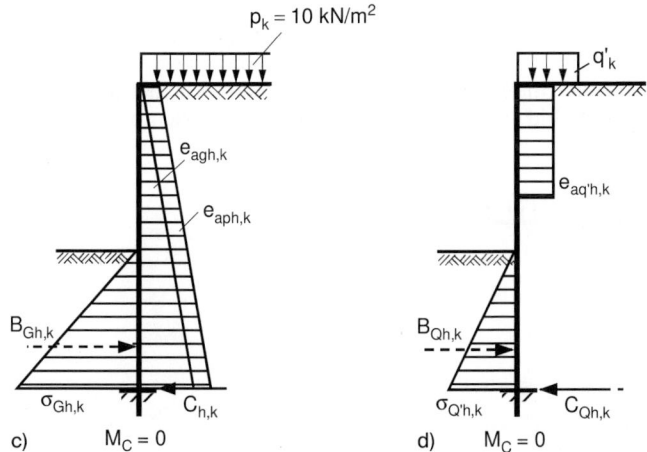

Bild 46. Statisches System bei nicht gestützten, im Boden eingespannten Spundwänden und Ortbetonwänden; a) Querschnitt mit Auflast, b) statisches System mit zwei festen Auflagern, c) statisches System mit Einspannung nach *Blum* für Erddruck aus Bodeneigengewicht und großflächiger Auflast, d) statisches System mit Einspannung nach *Blum* für Erddruck aus begrenzter Auflast

Der Nachweis der Einbindetiefe t_1 ist allerdings erst dann vollständig abgeschlossen, wenn nachgewiesen ist, dass der gewählte Neigungswinkel $\delta_{p,k}$ für den Erdwiderstand und damit die Horizontalkomponente E_{ph} tatsächlich aktiviert werden kann (sog. inneres Gleichgewicht der Vertikalkräfte, s. Abschn. 4.2). Gegebenenfalls ist eine erneute Berechnung erforderlich. Die gesamte Einbindetiefe t_g ergibt sich aus der Länge t_1 bis zum theoretischen Fußpunkt und einem Zuschlag Δt_1, um die Ersatzkraft C in den Boden einleiten zu können. Es ist üblich, sie im Regelfall ohne genaueren Nachweis näherungsweise zu

$$\Delta t_1 = 0{,}20 \cdot t_1 \tag{30}$$

anzunehmen. Genauer ist der Nachweis nach *Lackner* (Bild 47), der bei guten Bodenverhältnissen eine geringere Einbindetiefe zulässt, bei weniger guten Bodenverhältnissen und bei Baugruben im Wasser jedoch eine größere Einbindetiefe verlangt.

Unter Verwendung der Teilsicherheitsfaktoren γ_G und γ_Q für die Beanspruchungen und γ_{Ep} für die Widerstände erhält man danach die zusätzliche Einbindetiefe Δt_1 zu

$$\Delta t_1 \geq \frac{C_{Gh,k} \cdot \gamma_G + C_{Qh,k} \cdot \gamma_Q}{2 \cdot \left[(g_k + p_k) \cdot K_{pgh,C} + e_{pch,k}\right] \cdot \dfrac{1}{\gamma_{Ep}}} \tag{31}$$

Hierbei bedeuten:

g_k die Summe aller charakteristischen Spannungen aus Bodeneigengewicht von der Geländeoberfläche bis zum theoretischen Fußpunkt unter Berücksichtigung der Bodenschichtung und ggf. des Grundwassers

p_k die charakteristische Nutzlast auf der Geländeoberfläche

$K_{pgh,C}$ der beim Nachweis der Gleichgewichtsbedingung $\Sigma V = 0$ nach Abschnitt 4.2 maßgebende, mit dem Erddruckneigungswinkel $\delta_{C,k}$ nach Bild 64 b ermittelte Erdwiderstandsbeiwert

$e_{pch,k}$ der passive Erddruck infolge von Kohäsion bei bindigem Boden unterhalb des theoretischen Fußpunkts

Ein kleinerer Wert als $\Delta t_1 = 0{,}10 \cdot t_1$ ist jedoch nach [32], EB 26, Absatz 6 nicht zulässig.

Sind alle Nachweise für die letztlich maßgebende Einbindetiefe t_1 erbracht, dann können aus den Kräften $B_{Gh,k}$ und $B_{Qh,k}$ nach Bild 46 die zugehörigen Bodenreaktionen $\sigma_{Gh,k}$ und $\sigma_{Qh,k}$

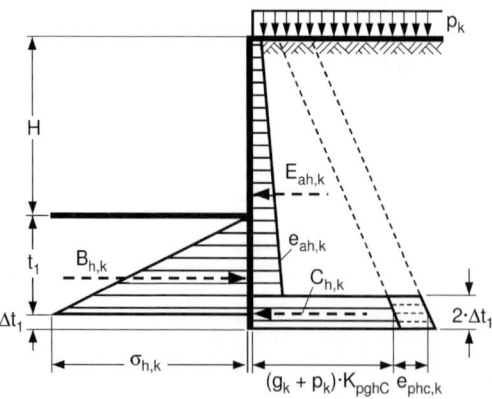

Bild 47. Aufnahme der Kraft $C_{h,k}$ am Fuß einer im Boden eingespannten Wand nach *Lackner* [69]

3.5 Baugrubensicherung

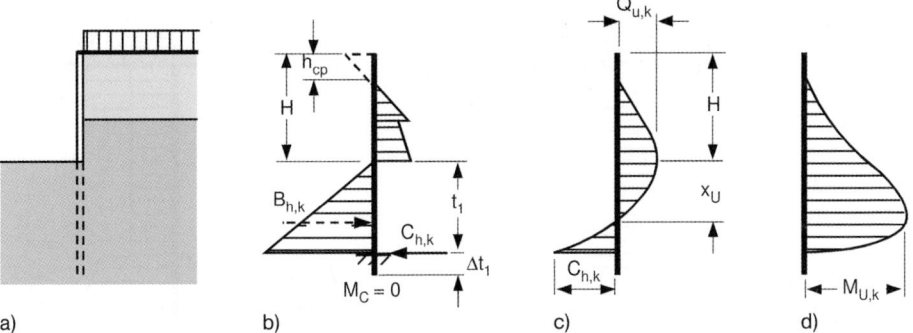

Bild 48. Ermittlung der Einbindetiefe und der Schnittgrößen an einer nicht gestützten, im Boden eingespannten Trägerbohlwand; a) Baugrubenquerschnitt, b) Lastbild, c) Querkräfte, d) Biegemomente

ermittelt werden. Damit lassen sich die Biegemomente und die Verformungen bestimmen und alle weiteren Bemessungsnachweise führen.

Der für Spundwände und Ortbetonwände dargestellte Berechnungsgang gilt analog auch für Trägerbohlwände. Da der Erddruck unterhalb der Baugrubensohle, sofern der Nachweis nach Abschnitt 4.1 nichts anderes ergibt, bei der Ermittlung von Schnittgrößen und Einbindetiefen nicht berücksichtigt wird, erhält man ein vereinfachtes Lastbild (Bild 48).

Wie eingangs bereits zum Ausdruck gebracht worden ist, geht der angegebene Rechengang davon aus, dass die Einbindetiefe t_1 von der Baugrubensohle bis zum theoretischen Fußpunkt im Vorweg durch Vorermittlung oder durch Schätzung festgelegt wird. Sofern das verwendete Rechenprogramm die Vorermittlung nicht bereits enthält, bieten sich für den Einsatz vorhandener Rechenprogramme auf der Grundlage des Globalsicherheitskonzepts im Lastfall LF 2 folgende Wege an:

a) Es werden die charakteristischen Werte des Erddrucks zugrunde gelegt; der charakteristische Wert des Erdwiderstands wird mit dem Globalsicherheitsbeiwert η_p abgemindert. Sofern dieser nicht mit $\eta_p = 1,50$ voreingestellt ist, empfiehlt es sich, mit $\eta_p = 1,60$ zu rechnen.
b) Die charakteristischen Werte des Erddrucks werden mit den Teilsicherheitsbeiwerten γ_G bzw. γ_Q vergrößert, der charakteristische Wert des Erdwiderstands wird mit dem Teilsicherheitsbeiwert γ_{Ep} abgemindert. Der Globalsicherheitsbeiwert wird zu $\eta_p = 1$ gesetzt.

Im ersten Fall erhält man einen Näherungswert für t_1, der beim Nachweis nach Gl. (29) ggf. noch verbessert werden muss. Im zweiten Fall erfüllt das Ergebnis bereits die Forderung der Grenzzustandsbedingung der Gl. (29). In formaler Hinsicht ist jedoch zusätzlich der Nachweis nach Gl. (29) zu erbringen.

3.2.2 Einmal gestützte, im Boden frei aufgelagerte Wände

Bei den einmal gestützten, im Boden frei aufgelagerten Wänden wird zunächst die Einbindetiefe geschätzt oder durch eine Vorberechnung ermittelt. Als unterer Auflagerpunkt wird in der Regel der Schwerpunkt der Bodenreaktionen festgelegt, wobei nach Abschnitt 2.7 die klassische Verteilung oder die im Gebrauchszustand maßgebende Verteilung gewählt werden darf. Anschließend werden die charakteristischen Auflagerkräfte $B_{Gh,k}$ und $B_{Qh,k}$ aus dem Momentengleichgewicht $\Sigma M_C = 0$ um den Auflagerpunkt A bestimmt.

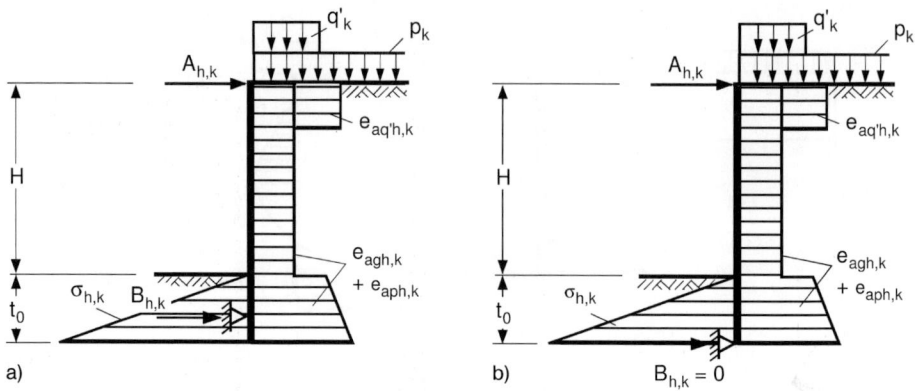

Bild 49. Auflagerbedingungen bei einer einmal gestützten, im Boden frei aufgelagerten Wand; a) festes Auflager in Höhe der Resultierenden der Bodenreaktion, b) festes Auflager in Höhe des Wandfußes

Die Auflagerkräfte $A_{Gh,k}$ und $A_{Qh,k}$ ergeben sich dann aus dem Gleichgewicht der Horizontalkräfte (Bild 49).

In Bild 50 ist das Ergebnis der Berechnung einer einmal gestützten Schlitzwand mit freier Auflagerung im Boden bei geschichtetem Boden dargestellt [148]. Dabei wird die klassische Erddruckverteilung nach [32], EB 70 in eine abgestufte Rechtecklastfigur umgewandelt. Die Umlagerung bis zum Wandfuß wird hier gewählt, um mit einer möglichst geringen Einbindelänge auszukommen. Eine ggf. mögliche Vergrößerung der Fußverschiebung wird in Kauf genommen. Damit ist allerdings nur zu rechnen, wenn die Bodenreaktionen größer sind als der Erdruhedruck vor Aushub der Baugrube. Im vorliegenden Fall wird angenommen, dass diese Bodenreaktionen ein Abbild des rechnerischen passiven Erddrucks darstellen. Die charakteristischen Biegemomente, Querkräfte und Auflagerkräfte sowie die Biegelinie ergeben sich dann nach den bekannten Regeln der Statik (s. Bilder 50 e bis 50 g. Die Normalkräfte an der Stelle der größten Biegemomente erhält man unabhängig von der gewählten Lastfigur zu

$$N_{A,k} = Q_{A,k} \cdot \tan \delta_{a,k} \qquad (32)$$

am Auflager A und

$$N_{F,k} = A_k \cdot \tan \delta_{a,k} \qquad (33)$$

an der Stelle des größten Feldmoments $M_{F,k}$.

Dass die Einbindetiefe ausreichend gewählt worden ist, ergibt sich aus dem Nachweis, dass entsprechend der Grenzzustandsbedingung (29) der Bemessungswert der Auflagerkraft $B_{h,d}$ nicht größer ist als der Bemessungswert $E_{ph,d}$ des Erdwiderstands.

Strenggenommen ist eine freie Auflagerung nur dann gegeben, wenn $B_{h,d}$ genau so groß ist wie $E_{ph,d}$. Ist der Ausnutzungsgrad $\mu = B_{h,d} / E_{ph,d}$ kleiner als eins, dann lässt sich die Fußeinbindung auch als Auflager mit Teileinspannung interpretieren, bei dem der Bemessungswert des Erdwiderstands voll ausgeschöpft wird (s. Abschn. 3.3).

In Bild 50 c werden vereinfachend die in Wirklichkeit über die Einbindetiefe verteilten Bodenreaktionen nach Bild 50 d in Form eines festen Auflagers durch die Resultierende ersetzt. Dem steht nichts entgegen, sofern nur Auflagerkräfte ermittelt werden. Sofern aber auch die Biegemomente nach Bild 50 e und die Verformungen nach Bild 50 g genauer

3.5 Baugrubensicherung

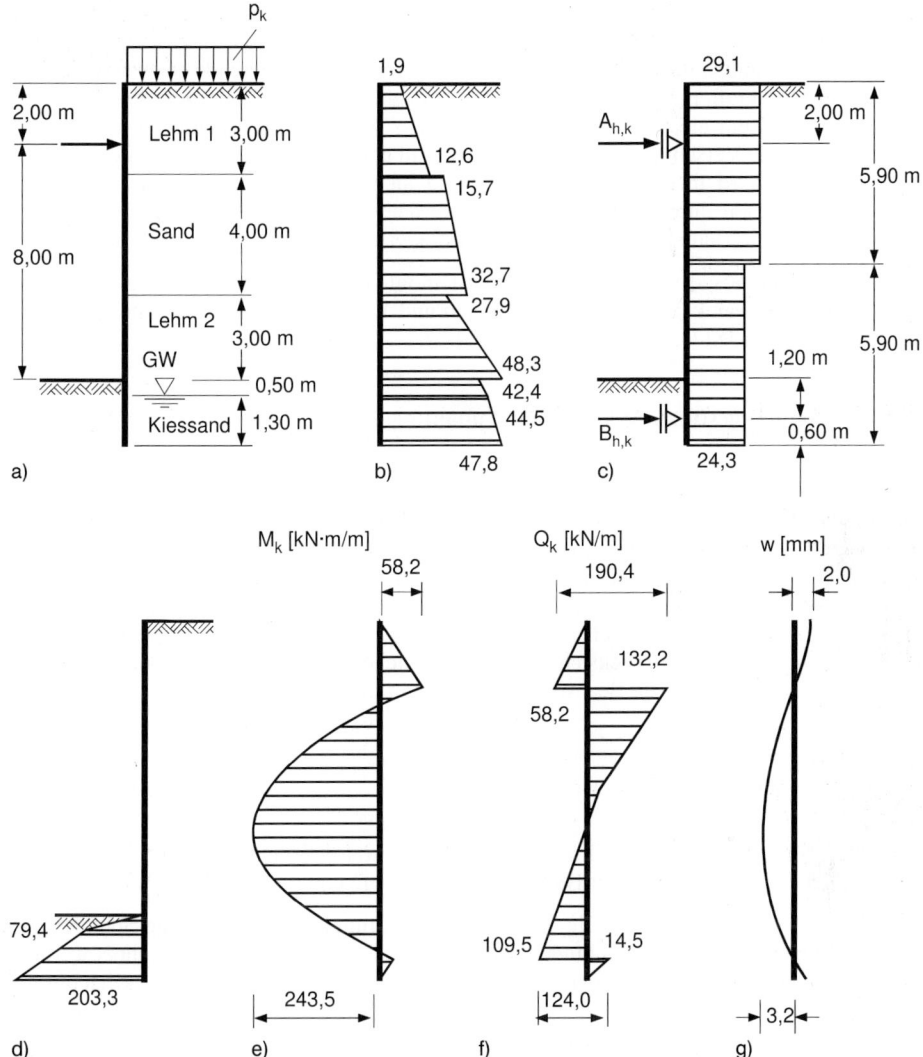

Bild 50. Ermittlung der Einbindetiefe und der Schnittgrößen bei einer einmal gestützten, im Boden frei aufgelagerten Schlitzwand [148]. a) Schnitt durch Baugrube und Bodenschichtung, b) klassische Erddruckfigur, c) umgelagerte Erddruckfigur, d) Bodenreaktionen, e) Biegemomente, f) Querkräfte, g) Biegelinie

benötigt werden, ist das Ergebnis unbefriedigend, weil sich nach Bild 50 e im Fußbereich ein Kragmoment und nach Bild 50 g eine Rückdrehung ergibt, was nicht möglich ist. Der Fehler kann auf zwei Wegen behoben werden:

a) Am rechnerischen Fußauflager wird mithilfe einer Mobilisierungsfunktion für den Erdwiderstand die Wandfußverschiebung in die Rechnung eingebracht, Einzelheiten siehe [51]. Ist die rechnerische Fußverschiebung größer als die rechnerische Rückdrehung, dann verbleibt als Ergebnis eine Verschiebung in Richtung zur Baugrube hin. Am unzutreffenden Kragmoment ändert sich zwar nichts, doch ist dies unerheblich, weil das für die Bemessung maßgebende Biegemoment oberhalb der Baugrubensohle und damit außerhalb des Bereichs auftritt, in dem eine verteilte Last durch die Resultierende ersetzt worden ist.

b) Die Auflagerkraft $B_{h,k}$ wird durch die statisch gleichwertige Verteilung der Bodenreaktionen und ein unverschiebliches Auflager am Wandfuß nach Bild 49 b ersetzt. Dadurch wird die Verschiebung am Wandfuß zu null und das Kragmoment in Bild 50 e wird vermieden. Wird dieses Modell von Anfang an gewählt, dann muss die Größe der Bodenreaktionen durch Iteration ermittelt werden. Das maßgebende Kriterium für die Iteration ist die Bedingung, dass sich die Auflagerkraft zu $B_{h,k} = 0$ ergeben muss.

Eine darüber hinausgehende Verbesserung ist möglich, wenn der Wandfuß mit Bettung modelliert wird. Dann können Bodenreaktionen und Verschiebungen kompatibel miteinander verknüpft werden (s. Abschn. 3.4).

3.2.3 Zweimal gestützte Wände ohne Fußauflager

Besonders einfach wird die Berechnung, wenn bei zweimal gestützten Wänden kein Erdauflager vorhanden ist. Dies ist der Fall, wenn der Verbau in Höhe der Baugrubensohle endet. Dann erhält man ein statisch bestimmtes System mit bekannten Auflagerpunkten, bei dem die Schnittgrößen leicht bestimmt werden können. Das Gleiche gilt auch dann noch, wenn die Bohlträger, Spundwände oder Kanaldielen zwar in den Untergrund einbinden, die vorhandene Einbindetiefe jedoch geringer ist als die für ein voll wirksames Auflager erforderliche Tiefe t_0. In diesem Fall dürfen die möglichen Bodenreaktionen $\sigma_{h,k}$ als äußere Last in die Berechnung eingeführt werden. Unter Berücksichtigung der Teilsicherheitsbeiwerte γ_{Ep} für den Erdwiderstand sowie γ_G und γ_Q für die Beanspruchungen erhält man näherungsweise

$$\sigma_{h,k} \leq \frac{e_{ph,k}}{\gamma_{Ep} \cdot \left(\frac{2}{3} \cdot \gamma_G + \frac{1}{3} \cdot \gamma_Q\right)} \qquad (34)$$

als Ansatz für den maximal mobilisierbaren passiven Erddruck. Genauer ist die Überprüfung der möglichen charakteristischen Bodenreaktion mithilfe einer Mobilisierungsfunktion.

Die Größe des Erddrucks ist i. Allg. mit $\delta_{a,k} = 0$ zu ermitteln. Auch wenn die Spundwände und Bohlträger in den Boden einbinden, darf die Wand vereinfachend so berechnet werden, als reiche sie nur bis zur Baugrubensohle. Im Unterschied zu der Wand, die wirklich nur bis zur Baugrubensohle reicht, kann aber in diesem Fall der Erddruck mit Wandreibung ermittelt und angesetzt werden, sofern die Einbindetiefe wenigstens 1,50 m beträgt und soweit die Ableitung der Vertikalkomponente des Erddrucks entsprechend Abschnitt 4.3 nachgewiesen werden kann. Allerdings ist dann auch die Normalkraft in der Wand zu ermitteln und bei der Bemessung zu berücksichtigen.

3.3 Statisch unbestimmte Systeme

Es ist allgemein üblich, mehrfach gestützte Baugrubenwände nach den bekannten Regeln der Durchlaufträgerstatik zu berechnen. Dabei legt man folgende Vereinfachungen zugrunde:

a) Jeder Bauzustand wird für sich untersucht, ohne Rücksicht auf die vorhergegangenen Bauzustände.
b) Der Einfluss der unterschiedlichen Auflagernachgiebigkeiten auf die Schnittgrößen wird vernachlässigt.
c) Die vermutlich auftretende Erddruckverteilung wird durch eine einfache Lastfigur ersetzt.

3.5 Baugrubensicherung

Es ist nicht zu erwarten, dass Schnittgrößen, die mit solchen Vereinfachungen ermittelt werden, einen großen Genauigkeitsgrad erreichen. Die Spannungszustände im Baugrubenverbau und im Boden sind in jedem Bauzustand beeinflusst von allen vorhergegangenen Bauzuständen. Viele Faktoren sind zufälliger Natur und nicht vorherbestimmbar. Trotzdem brauchen zumindest bei Bohlträgern und Spundwänden keine Bedenken zu bestehen. Werden bei diesen Traggliedern einzelne Stellen bis zur Fließgrenze beansprucht, dann treten Fließgelenke auf, die eine Umlagerung der Biegemomente bewirken. Dadurch werden die Auswirkungen unzutreffender Berechnungsannahmen auf ein erträgliches Maß begrenzt. Obwohl bei massiven Verbauteilen aus Stahlbeton diese Überlegungen nur bedingt gelten, wird bei Pfahlwänden und Schlitzwänden in der Regel ebenso verfahren.

Dreimal oder öfter gestützte Wände ohne Auflagerung im Boden können nach den bekannten Regeln der Durchlaufträgerstatik untersucht werden. Das Gleiche gilt auch dann noch, wenn diese Wände zwar in den Untergrund einbinden, die vorhandene Einbindetiefe jedoch geringer ist als die für ein voll wirksames Auflager erforderliche Mindest-Einbindetiefe t_0 und der mobilisierbare Erdwiderstand als Einwirkung angesetzt wird (s. Abschn. 3.2.3). Voraussetzung dafür ist, dass die erforderliche Mindest-Einbindetiefe für freie Auflagerung vorher zutreffend geschätzt oder durch eine Vorberechnung bestimmt wird.

Bei einmal oder öfter gestützten Wänden mit Auflagerung im Boden ist im Hinblick auf das statische System zu unterscheiden nach

a) frei aufgelagerten Wänden (Bild 51 a),
b) teilweise eingespannten Wänden (Bild 51 b),
c) bodenmechanisch voll eingespannten Baugrubenwänden (Bild 51 c).

Bei allen drei Systemen wird eine feste Stützung am tatsächlichen Wandfuß bzw. im theoretischen Fußpunkt (s. Abschn. 3.2.1) angenommen.

Bei einer freien Auflagerung nach Bild 51 b wird der Wandfuß nur durch Bodenreaktionen $\sigma_{ph,k}$ auf der Baugrubenseite gestützt; die Auflagerkraft am Wandfuß muss sich aus der Berechnung zu $C_{h,k} = 0$ ergeben (Bild 51 a). Bei einer teilweisen Einspannung (Bild 51 b) wird über die Ersatzkraft $C_{h,k}$ ein rückdrehendes Moment erzeugt, wodurch sich die Neigung der Biegelinie am Wandfuß im Vergleich zu einer freien Auflagerung verringert. Ist das rückdrehende Moment so groß, dass im theoretischen Fußpunkt C, wo die Ersatzkraft $C_{h,k}$ angreift, eine senkrechte Tangente der Biegelinie erreicht wird, dann spricht man von einer

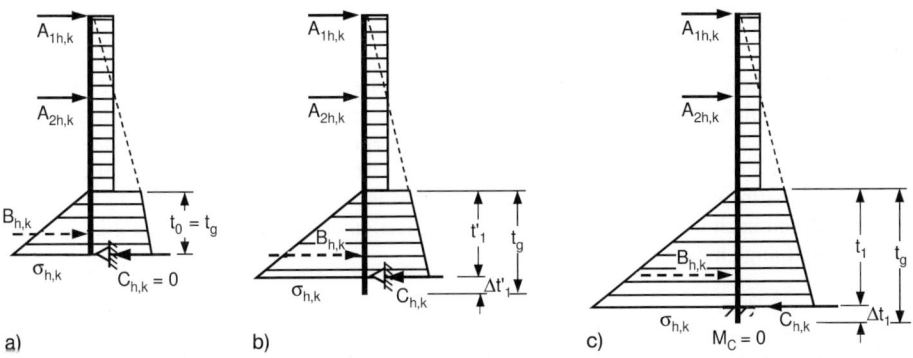

Bild 51. Fußauflagerung bei gestützten Baugrubenwänden; a) freie Auflagerung, b) teilweise Einspannung, c) volle bodenmechanische Einspannung

vollen bodenmechanischen Einspannung bzw. einer Einspannung nach *Blum*. Deren Besonderheit ist, dass sich aus der Berechnung das Einspannmoment $M_{C,k} = 0$ ergeben muss (Bild 51 c). Je nach Ausnutzungsgrad der Bodenreaktion kann der Wandfuß bei gleicher Einbindetiefe frei aufgelagert, teilweise eingespannt oder voll eingespannt sein. Insofern hängt die Art der Auflagerung vom Ausnutzungsgrad $\mu = B_{h,d} / E_{ph,d}$ ab:

– Die kleinstmögliche Einbindetiefe t_0 für eine freie Auflagerung ergibt sich, wenn der Bemessungswert der Bodenreaktionen zu 100 % ausgenutzt ist.
– Die kleinstmögliche Einbindelänge t_1 bis zum theoretischen Fußpunkt bei einer vollen bodenmechanischen Einspannung erhält man, wenn der Bemessungswert der Bodenreaktionen zu 100 % ausgenutzt ist.

In beiden Fällen ergibt sich der Bemessungswert der Resultierenden der Bodenreaktionen zu $B_{h,d} = E_{ph,d}$. Somit wird der Bemessungswert $E_{ph,d}$ des Erdwiderstands voll mobilisiert und die Grenzzustandsbedingung nach Gl. (29) gerade noch erfüllt. Es ist allerdings zu beachten, dass eine Einspannwirkung i. Allg. nur bei Trägerbohlwänden, Spundwänden und senkrechtem Kanaldielenverbau zustande kommt. Pfahlwände und Schlitzwände sind dafür in der Regel zu steif.

Folgt man der Vorgehensweise der DIN 1054:2005-01 in Abschnitt 3.1, dann muss die Einbindetiefe iterativ ermittelt werden. Dabei wird die Einbindetiefe zunächst geschätzt. Bei einer freien Auflagerung muss gleichzeitig der mögliche Erdwiderstand voll ausgenutzt sein und die Auflagerkraft am Wandfuß muss sich zu $C_{h,k} = 0$ ergeben. Bei einer vollen bodenmechanischen Einspannung gibt es keine Begrenzung der Auflagerkraft $C_{h,k}$, stattdessen muss sich das Einspannmoment zu $M_{C,k} = 0$ ergeben. Dies erfordert eine doppelte Iteration.

Einfacher ist eine Vorermittlung von t_0 und t_1, indem man die Bemessungswerte der Erddrücke, getrennt nach ständigen und veränderlichen Einwirkungen, als Belastung aufbringt und für die Bodenreaktionen den Bemessungswert des Erdwiderstands ansetzt. Bei einer freien Auflagerung ist die Einbindetiefe solange zu variieren, bis die Auflagerkraft am Wandfuß in Bild 51 a den Wert $C_{h,d} = 0$ annimmt. Bei der bodenmechanischen Einspannung muss das Einspannmoment in Bild 51 c zu $M_{C,d} = 0$ werden.

Bei einer Teileinspannung nach Bild 51 b ist eine Vorermittlung nicht erforderlich, da die theoretische Einbindetiefe t'_1 entsprechend den örtlichen Gegebenheiten innerhalb der Grenzen $t_0 < t'_1 < t_1$ frei gewählt werden kann. Sofern die beiden Grenzwerte t_0 und t_1 nicht bekannt sind, kann die Einhaltung dieser Bedingung anhand der Momentenlinie und der Biegelinie überprüft werden. Eine Teileinspannung liegt vor, wenn im theoretischen Fußpunkt ein negatives Biegemoment auftritt und die Neigung der Tangente nicht senkrecht steht.

Bei der freien Auflagerung ist die ermittelte Einbindetiefe t_0 gleichzeitig auch die erforderliche Gesamteinbindetiefe (s. Abschn. 3.2.2). Bei der teilweisen und bei der vollen bodenmechanischen Einspannung dagegen muss die vorgegebene Einbindetiefe t'_1 bzw. t_1 zur Aufnahme der Ersatzkraft $C_{h,k}$ verlängert werden (s. Abschn. 3.2.1). Für eine volle bodenmechanische Einspannung erhält man näherungsweise die gesamte Einbindetiefe, indem man die Wand nach Gl. (31) um 20 % verlängert. Bei einer Teileinspannung ergibt sich die zusätzliche Länge näherungsweise zu

$$\Delta t'_1 \approx 0,20 \, t'_1 \tag{35}$$

In beiden Fällen ist eine genauere Ermittlung nach dem Ansatz von *Lackner* möglich (s. Abschn. 3.2.1), der bei guten Bodenverhältnissen einen geringeren Einbindetiefenzuschlag zulässt. Sinngemäß muss er aber bei einer Teileinspannung mindestens 10 % von t'_1 be-

3.5 Baugrubensicherung

tragen. Bei weniger guten Bodenverhältnissen und bei Baugruben im Wasser ergibt sich aus Gl. (31) jedoch eine größere Einbindetiefe. In diesen Fällen ist die Anwendung dieses Ansatzes zwingend.

Sind die Einbindetiefen t_0, t_1 bzw. t'_1 festgelegt, dann können alle erforderlichen Nachweise wie bei statisch bestimmten Systemen mit charakteristischen Einwirkungen geführt werden (s. Abschn. 3.1 und 3.2). Zu beachten ist, dass die Einbindetiefen t_0 und t_1 auch von der veränderlichen Belastung abhängen und daher streng genommen für jede Lastkombination neu zu ermitteln sind. Dabei ist letztlich entscheidend, wo sich der Erddruck aus veränderlichen Einwirkungen auswirkt. Wenn er das unterste Feld belastet, dann vergrößert er die Einbindetiefe, verringert aber möglicherweise die Schnittgrößen an anderer Stelle. Dieser Fall ist dann für die Festlegung der Einbindetiefe maßgebend. Für andere Lastkombinationen, die für die ungünstigsten Schnittgrößen maßgebend sind, ist die gewählte Einbindetiefe größer als unbedingt erforderlich. Ob man dann mit einer geringeren Bodenreaktion rechnet als beim Nachweis der Einbindetiefe, eine geringere als die vorhandene Einbindetiefe zugrundelegt oder ob man die zusätzliche Einspannwirkung berücksichtigt, ist dem Entwurfsverfasser anheimgestellt.

Bei der Wahl des Auflagers nach Bild 51a ergibt sich am Fußpunkt der Wand die Verschiebung zu $s = 0$. Soll analog zu der in Abschnitt 3.2.2 beschriebenen Vorgehensweise eine Korrektur der Wandfußverschiebung mithilfe einer Mobilisierungsfunktion erfolgen, dann ist bei statisch unbestimmten Systemen zu beachten, dass im Gegensatz zu statisch bestimmten Systemen eine Stützensenkung zu einer Veränderung von Auflagerkräften und Schnittgrößen führt. Dies bedingt eine zusätzliche iterative Vorgehensweise. Einfacher ist deshalb, bei statisch unbestimmten Systemen den Wandfuß mit Bettung zu berechnen, wenn das Verformungsverhalten genauer beschrieben werden soll.

3.4 Bettungsmodulverfahren

3.4.1 Grundlagen

Will man die Verschiebungen des Wandfußes und die Wechselwirkung von Wand und Boden genauer erfassen als mit dem Trägermodell auf unnachgiebigen Auflagern, dann bietet sich das Bettungsmodulverfahren an. Dabei wird die Bodenreaktion in der Regel durch nicht miteinander gekoppelte Federn ersetzt. Der Vorteil dieser Methode liegt darin, dass die Größe der Bodenreaktion und die Verschiebungen wirklichkeitsnah abgebildet werden können. Gleichzeitig ist der Aufwand für die statische Berechnung begrenzt und der Einfluss von verschiedenen Parametern lässt sich übersichtlich erfassen. Die Hauptschwierigkeit des Verfahrens liegt darin, die Federkennlinien so festzulegen, dass die damit errechneten Verschiebungen und Biegemomente der Wirklichkeit möglichst nahe kommen. Dabei sind u. a. folgende Punkte zu beachten:

– Die tatsächliche Beziehung zwischen Verschiebung und Bodenreaktion ist nichtlinear.
– Je nach Wandbewegungsart, z. B. Parallelbewegung, Drehung um den Fußpunkt oder Drehung um den Kopfpunkt ergeben sich andere Federkennlinien.
– Durch Gewölbewirkungen kommt es zu Erddruckumlagerungen und die Federkennlinien sind in Wirklichkeit miteinander gekoppelt.
– Der Ausgangsspannungszustand hat einen großen Einfluss auf die Federkennlinien und muss in Betracht gezogen werden.

Trotz der notwendigen Vereinfachungen ist das Verfahren mittlerweile soweit entwickelt, dass es in vielen Fällen befriedigende Ergebnisse liefert und einen Fortschritt beim Nachweis der Gebrauchstauglichkeit bedeutet.

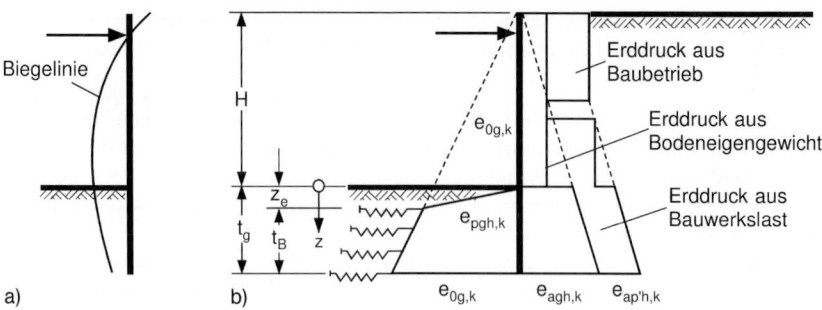

Bild 52. Lastbild für elastische Bettung bei nichtbindigem Boden ohne Verschiebungsnullpunkt; a) Wandverformung, b) Lastbild

Ausgehend von der Arbeit von *Rifaat* im Jahre 1935 [89] wurde das Verfahren immer mehr vervollkommnet [2, 26, 73, 80, 98, 105, 119]. Zahlentafeln [103, 151] spielen heute kaum noch eine Rolle. Sie wurden weitgehend verdrängt durch den Einsatz moderner EDV-Programme, die Balken mit verschiedenen Bettungsansätzen beinhalten. Neu hinzugekommen sind nichtlineare Ansätze, z. B. [4, 10, 70, 125, 158]. Schäden waren der Anlass für *Weißenbach/Gollub* [146], sich intensiv mit der Größe des Bettungsmoduls k_s auseinanderzusetzen. Ihre Untersuchungen zeigen, dass in der Praxis angewendete Werte von $k_s = 60$ MN/m³ und mehr oft unrealistisch und viel zu groß sind.

In den letzten Jahren hat sich auch der Arbeitskreis Baugruben eingehend mit dem Bettungsmodulverfahren auseinandergesetzt und in der 4. Auflage der EAB [32] die Empfehlung EB 102 herausgegeben. Gemäß EB 102, Absatz 1 darf das Verfahren zum Nachweis der Einbindetiefe, bei der Ermittlung der Schnittgrößen und teilweise auch beim Nachweis der Gebrauchstauglichkeit angewendet werden.

Eine wichtige Rolle spielt der Ansatz des Ausgangsspannungszustandes. Systematische Untersuchungen zeigen (z. B. [47, 51]), dass ohne Berücksichtigung der Vorbelastung aus dem Gewicht des Baugrubenaushubs die Wandfußverschiebungen rechnerisch viel zu groß werden. Nach EB 102 darf als Ausgangsspannungszustand der Erdruhedruck, berechnet ab Geländeoberfläche, angesetzt werden (Bild 52). Dabei hat man die Vorstellung, dass während des Aushubs die Vorspannung im Untergrund erhalten bleibt, solange die waagerechte Spannung die Größe $\sigma_h = K_{ph} \cdot \sigma_v$ nicht überschreitet. Dementsprechend wird die Ausgangsspannung ab Baugrubensohle auf den passiven Erddruck begrenzt. Dadurch kann sich erst ab der Tiefe

$$z_e = \frac{K_0}{K_{ph} - K_0} \cdot \frac{p_{v,k}}{\gamma_k} \tag{36}$$

eine Bettungsreaktion entwickeln. Dabei bezeichnet p_v die Auflastspannung in Höhe der Baugrubensohle vor dem Aushub, K_0 den Erdruhedruckbeiwert, K_{ph} den Erdwiderstandsbeiwert und γ_k die Wichte des Bodens unterhalb der Baugrubensohle.

Aus Plausibilitätsgründen wurde von *Besler* [10] vorgeschlagen, den K_{ph}-Wert für den Erddruckneigungswinkel $\delta_{p,k} = 0$ zu ermitteln. In der Regel wird jedoch der Erdwiderstand mit negativem Neigungswinkel angesetzt, wobei die Grenze durch das Gleichgewicht der Vertikalkräfte gegeben ist. In einem solchen Fall müsste nun streng genommen zwischen der

3.5 Baugrubensicherung

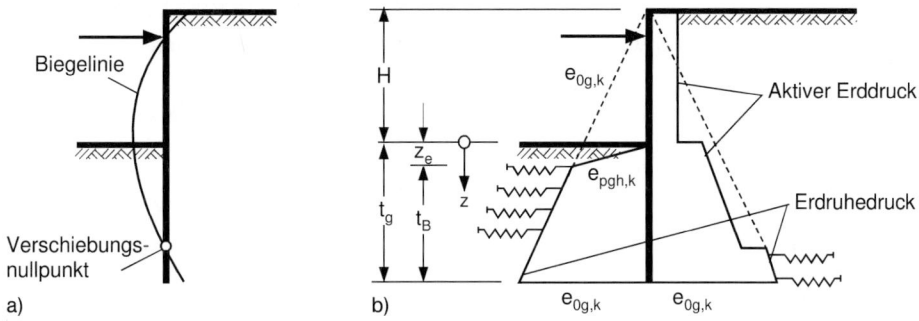

Bild 53. Lastbild für elastische Bettung bei nichtbindigem Boden mit Verschiebungsnullpunkt; a) Wandverformung, b) Lastbild

Ausgangslinie für K_{ph} bei $\delta_{p,k} = 0$ und der möglichen Grenzlinie für $\delta_{p,k} < 0$, die größere Erdwiderstandsspannungen ermöglicht, auch eine Bettung ansetzen.

Liegt der Schnittpunkt zwischen Erdruhedruck und passivem Erddruck unterhalb des Wandfußes, dann ist eine Berechnung mit dem Bettungsmodulverfahren nicht mehr möglich. In diesem Fall steht die größtmögliche Bodenreaktion ohne nennenswerte Verschiebung zur Verfügung. Sie darf ggf. als Einwirkung angesetzt werden, z. B. in dem Fall, der im Abschnitt 3.2.3 behandelt wird.

Um einen Sprung der Bodenreaktionen an der Stelle z_e zu umgehen und das Verfahren nicht unnötig kompliziert zu machen, wurde in [51] vorgeschlagen, die Begrenzungslinie ab Baugrubensohle mit demselben Neigungswinkel $\delta_{p,k}$ zu ermitteln, der auch für den Nachweis der Einbindetiefe angesetzt wird.

Unterhalb der Tiefe z_e wird die Mobilisierung der Bodenreaktionen durch Bettungsfedern simuliert. Auf der Erdseite werden die Einwirkungen wie beim Trägermodell auf unnachgiebigen Auflagern angesetzt. In einigen Ländern, z. B. in Frankreich wird auch der aktive Erddruck durch Federn simuliert. In der Regel genügen jedoch bereits minimale Verformungen, um den aktiven Erddruck zu erreichen, sodass sich der Ansatz von Bettungsfedern erübrigt. Hinzu kommt, dass beim aktiven Erddruck oft sehr große Erddruckumlagerungen beobachtet werden, die mit einem Bettungsmodell nur schwer erfasst werden können. Allerdings gibt es Grenzfälle wie z. B. sehr steife, verankerte Schlitzwände, bei denen nur sehr kleine Bewegungen auftreten. In diesen Fällen sollte überprüft werden, ob ein erhöhter aktiver Erddruck angesetzt werden muss.

Kommt es bei großer Einbindetiefe und biegsamen Wänden zu einer Rückdrehung der Wand mit einem Verschiebungsnullpunkt (Bild 53 b), dann ist es naheliegend, unterhalb des Verschiebungsnullpunktes auch auf der Erdseite den Erdruhedruck anzusetzen (Bild 53 c).

Die unterhalb des Schnittpunktes von Erdruhedruck und Erdwiderstand hervorgerufene Bodenreaktion darf an keiner Stelle den passiven Erddruck $e_{ph,k}$ überschreiten, d. h. die Summe aus Ausgangsspannung $e_{0gh,k}$ und durch Bettung hervorgerufene Bodenreaktion $\sigma_{Bh,k}$ muss die Bedingung

$$e_{0gh,k} + \sigma_{Bh,k} \leq e_{ph,k} \tag{37}$$

erfüllen. Mithilfe moderner Programme bringt die Umsetzung von Gl. (37) keine besonderen Schwierigkeiten mit sich.

Zusätzlich darf der Bemessungswert der Resultierenden $B_{h,d}$ aus den Bodenreaktionen vor dem Wandfuß nicht größer werden als der Bemessungswert $E_{ph,d}$ des resultierenden passiven Erddrucks.

Unter Beachtung der Ausgangsspannung und der Begrenzung durch den passiven Erddruck $e_{ph,k}$ ergibt sich als einfachste Federkennlinie zur Beschreibung der Bettung ein bilinearer Ansatz nach Abschnitt 3.4.2.

Nichtlineare Bettungsansätze werden in Abschnitt 3.4.3 behandelt. Die Anwendung auf nichtgestützte, im Boden eingespannte Wände und auf gestützte Wände wird im Abschnitt 3.4.4 beschrieben. Abschnitt 3.4.5 beinhaltet den Nachweis der Einbindetiefe. Dabei sind einige Besonderheiten zu beachten.

3.4.2 Bilinearer Ansatz

Unter Beachtung der Begrenzung durch den passiven Erddruck $e_{ph,k}$ ergibt sich als einfachste Federkennlinie der bilineare Ansatz nach Bild 54. Der charakteristische Bettungsmodul $k_{sh,k}$ entspricht der Geradenneigung. Die unterhalb von z_e über den Erdruhedruck hinausgehende Bodenreaktion $\sigma_{Bh,k}$ ergibt sich in Abhängigkeit von der horizontalen Verschiebung s_h aus

$$\sigma_{Bh,k} = k_{sh,k} \cdot s_h \tag{38}$$

Zur Bestimmung des Bettungsmoduls stehen verschiedene Möglichkeiten zur Verfügung.

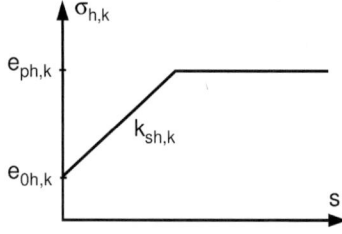

Bild 54. Bilinearer Ansatz für die charakteristische Bodenreaktion $\sigma_{h,k}$ in Abhängigkeit von der Verschiebung s

Als einfachste Näherung darf der Bettungsmodul aus dem horizontalen Steifemodul $E_{sh,k}$ abgeleitet werden. Mit der Vorstellung, dass sich vor der Wand ein Schichtpaket der Dicke t_g zusammendrückt, erhält man nach *Gudehus* [39]

$$k_{sh,k} = \frac{E_{sh,k}}{t_B} \tag{39}$$

Dabei wird näherungsweise die von der Bettung erfasste Tiefe t_B nach Bild 52a angesetzt. Dreht sich die Wand stark zurück und erreicht einen Verschiebungsnullpunkt, dann bildet der Verschiebungsnullpunkt die untere Grenze für den gebetteten Bereich.

Bei gerammten Bohlträgern wird in Anlehnung an DIN 1054 „Sicherheitsnachweise im Erd- und Grundbau" anstelle von t_B die Flanschbreite b angesetzt. Somit erhält man

$$k_{sh,k} = \frac{E_{sh,k}}{b} \tag{40}$$

Für Bohlträger, die in vorgebohrte Löcher eingesetzt und im Fußbereich einbetoniert werden, ist der Bohrlochdurchmesser D maßgebend. Die Gültigkeit des Ansatzes in Gl. (40) wird beschränkt auf rechnerische Verschiebungen bis höchstens $s = 0{,}03\,b$ bzw. $s = 0{,}03\,D$.

Außerdem dürfen die Verschiebungen maximal 20 mm betragen und der Durchmesser D bzw. die Breite b ist auf 1 m zu beschränken.

Der Steifemodul $E_{sh,k}$ sollte in dem zu erwartenden Spannungsbereich ermittelt werden. Häufig ist nur der Steifemodul $E_{s,k}$ für Setzungsberechnungen und damit für vertikale Beanspruchungen bekannt. Zur Berücksichtigung der in der Regel größeren Nachgiebigkeit in horizontaler Richtung schlagen *Weißenbach/Gollub* eine Abminderung von $E_{s,k}$ auf bis zu 50 % vor [146].

Für den Sonderfall eines Trägers der Breite b in homogenem Sand darf nach *Terzaghi* [115] der geradlinig mit der Tiefe z zunehmende Ansatz

$$k_{sh,k} = C_b \cdot \frac{z}{b} \tag{41}$$

verwendet werden mit

$C_b = 2 \text{ MN/m}^3$ bei lockerer Lagerung (42 a)

$C_b = 6 \text{ MN/m}^3$ bei mitteldichter Lagerung (42 b)

$C_b = 18 \text{ MN/m}^3$ bei dichter Lagerung (42 c)

Steht Grundwasser an, dann sind die Werte auf 60 % herabzusetzen. Der Ansatz in Gl. (41) mit den Parametern in Gl. (42) stimmt sehr gut mit nichtlinearen Bettungsansätzen und Ergebnissen aus Modellversuchen überein [48].

Für durchlaufende Wände in Sand hat *Besler* auf der Grundlage von Modellversuchen mittlere Bettungsmodule in Abhängigkeit vom Ausnutzungsgrad des resultierenden Erdwiderstandes und der Lagerungsdichte abgeleitet [10, 47]. Die Werte der Tabelle 3 gelten für feuchten Sand. Bei Böden unter Auftrieb sind die Werte zu halbieren.

Für bindige Böden mit steifer bis halbfester Konsistenz stehen die Werte der Tabelle 4 zur Verfügung. Die Berechnung mit den Tabellenwerten erfolgt iterativ. Zunächst wird der Mobilisierungsgrad

$$\bar{\mu} = \frac{\text{mob} E_{ph,k}}{E_{ph,k}} \tag{43}$$

geschätzt und der entsprechende Tabellenwert in die Berechnung eingeführt. Die ermittelten Bodenreaktionen $\sigma_{ph,k}$ werden integriert zur resultierenden Auflagerkraft $B_{h,k}$, wobei sowohl die Ausgangsspannungen als auch die Bettungsspannungen berücksichtigt werden.

Tabelle 3. Bettungsmodul bei nichtbindigem Boden in Abhängigkeit von der Lagerungsdichte und vom Mobilisierungsgrad nach *Besler* [10]

Mobilisierungsgrad	Lagerungsdichte		
	locker	mitteldicht	dicht
mob $E_{ph,k}$: $E_{ph,k}$ = 25 %	15,0 MN/m³	30,0 MN/m³	60,0 MN/m³
mob $E_{ph,k}$: $E_{ph,k}$ = 37,5 %	3,0 MN/m³	6,0 MN/m³	12,0 MN/m³
mob $E_{ph,k}$: $E_{ph,k}$ = 50 %	1,2 MN/m³	2,5 MN/m³	5,0 MN/m³
mob $E_{ph,k}$: $E_{ph,k}$ = 75 %	0,5 MN/m³	1,0 MN/m³	2,0 MN/m³

Tabelle 4. Bettungsmodul bei bindigem Boden für steife bis halbfeste Konsistenz nach *Wittlinger* [155]

Mobilisierungsgrad	Bettungsmodul
mob $E_{ph,k} : E_{ph,k} = 25\%$	9,0 MN/m^3
mob $E_{ph,k} : E_{ph,k} = 37,5\%$	5,0 MN/m^3
mob $E_{ph,k} : E_{ph,k} = 50\%$	3,0 MN/m^3
mob $E_{ph,k} : E_{ph,k} = 75\%$	2,0 MN/m^3

Aus $B_{h,k}$ und $E_{ph,k}$ wird ein verbesserter Mobilisierungsgrad $\bar{\mu}_v = B_{h,k} / E_{ph,k}$ ermittelt und daraus wiederum ein verbesserter mittlerer Bettungsmodul. Der Berechnungsvorgang wird solange fortgesetzt, bis sich die Verschiebungen der Wand in zwei aufeinanderfolgenden Berechnungsschritten mit genügender Genauigkeit angenähert haben.

In [32, 144], EB 102 wird eine weitere Möglichkeit zur Bestimmung des Bettungsmoduls vorgeschlagen. Grundlage ist eine Widerstands-Verschiebungs-Beziehung für den Erdwiderstand (Bild 55). Zunächst wird die Resultierende im Ausgangszustand ermittelt. Bei unvorbelasteter Baugrubensohle erhält man aus dem theoretischen Erdruhedruck, berechnet ab Baugrubensohle, den Wert $E_{0,k}$ mit der zugehörigen Verschiebung $s = 0$. Unter Berücksichtigung einer Vorbelastung p_v an der Baugrubensohle erhält man die Resultierende des verbliebenen Erdruhedrucks in Bild 53 b zu

$$E_{v,k} = K_0 \cdot \left[\gamma_k \cdot \frac{t_g^2}{2} + p_v \cdot \left(t_g - \frac{z_e}{2}\right)\right] \qquad (44)$$

wobei die zugehörige Verschiebung s_V beträgt.

Zunächst wird der Mobilisierungsgrad $\bar{\mu}$ und damit der mobilisierte charakteristische Erdwiderstand mob $E_{ph,k}$ bzw. die Resultierende aus den Bettungsspannungen $B_{Bh,k}$ geschätzt. Aus mob $E_{ph,k}$ und $E_{0,k}$ bzw. $E_{v,k}$ lässt sich, wie in Bild 55 dargestellt, der zugehörige Sekantenmodul $k_{sh,k}$ ermitteln. Der Berechnungsvorgang erfolgt dann iterativ analog wie bei der Anwendung der Tabellenwerte von *Besler* (s. Tabelle 3). In jedem Rechenschritt ergibt sich jeweils ein verbesserter Wert für die Resultierende $B_{Bh,k}$ aus den Bettungsreaktionen. Das Verfahren auf der Grundlage einer Widerstands-Verschiebungs-Linie stößt an

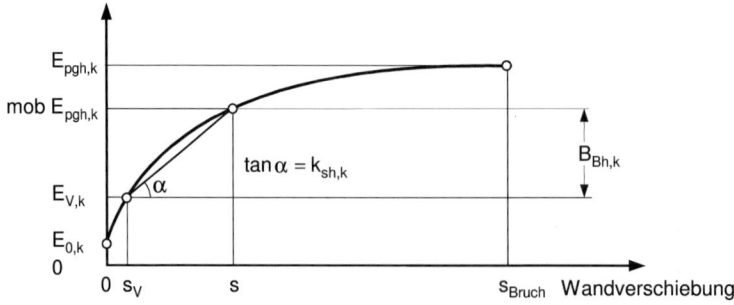

Bild 55. Ermittlung des Bettungsmoduls aus der Widerstands-Verschiebungs-Beziehung

3.5 Baugrubensicherung

seine Grenzen, wenn der Mobilisierungsgrad gering ist oder wenn sich im Bereich des Wandfußes ein Verschiebungsnullpunkt einstellt. Wie Vergleichsberechnungen zeigen, darf in diesen Fällen keine große Genauigkeit erwartet werden.

In der Regel darf von einem konstanten Bettungsmodul ausgegangen werden. Bei großer Einbindetiefe kann es zweckmäßig sein, einen mit der Tiefe zunehmenden Bettungsmodul anzunehmen oder den Bettungsmodul mit der Tiefe abzustufen.

3.4.3 Nichtlineare Bettungsansätze

Zu unterscheiden ist zwischen Ansätzen für den resultierenden, mobilisierten Erdwiderstand und Ansätzen für die lokale Bettungsspannung in Abhängigkeit von der lokalen Wandverschiebung. Durch das in Abschnitt 3.4.2 vorgestellte Verfahren zur Ermittlung des Bettungsmoduls aus einer Widerstands-Verschiebungs-Beziehung lassen sich auch Vorschläge wie von *Laumanns* [70], *Vogt* [125] oder *Bartl* [4], – dies entspricht dem Verfahren der DIN 4085 „Berechnung des Erddrucks" – für den resultierenden mobilisierten Erdwiderstand in Abhängigkeit von einer charakteristischen Verschiebung der Wand zur Berechnung von gebetteten Trägern anwenden.

Genauer ist es, wenn man die lokale Bettung ansetzt. Dafür ist z. B. der Vorschlag von *Vogt* [125] geeignet.

Der Ansatz von *Besler* [10] weist den Vorteil auf, dass zum einen die Wandbewegungsart und zum anderen die für die Anwendung auf Baugrubenwände wichtige Vorbelastung aus dem Gewicht des Aushubs berücksichtigt werden können.

Einzelheiten zu den Bettungsansätzen s. Kapitel 1.6 im Teil 1 des Grundbau-Taschenbuches und die dort zitierte Literatur.

3.4.4 Anwendung auf gestützte Wände

Die Anwendung des Bettungsmodulverfahrens auf nicht gestützte Wände ist zurzeit noch nicht praxisreif. Bei gestützten Wänden hängt die Wandfußbewegung sehr stark von der Biegesteifigkeit der Wand, der Nachgiebigkeit des Bodenauflagers und der Einbindetiefe ab. Bild 56a z. B. zeigt die Biegelinie einer einfach gestützten, relativ biegesteifen Wand. Die Hauptbewegungsform ist im Wesentlichen eine Drehung um den Verankerungspunkt. Die Wandfußbewegung ab Baugrubensohle lässt sich als Kombination einer Parallelbewegung mit einer Kopfpunktdrehung beschreiben. Bei zunehmender Einbindetiefe und bei einer eher biegeweichen Wand ändert sich das Verformungsbild (Bild 56b). Es kommt zu einer Rückdrehung und die Wandfußbewegung setzt sich aus einer Parallelverschiebung und einer Drehung um den Fußpunkt zusammen. Bei langen, biegeweichen Wänden erhält man die Biegelinie nach Bild 56c. Zwischen Baugrubensohle und erstem Verschiebungsnullpunkt ähnelt die Bewegung einer reinen Drehung um den Fußpunkt. Falls noch ein weiterer, tieferliegender Verschiebungsnullpunkt auftritt, kann die Biegelinie zwischen den Nullpunkten in etwa durch die typische Form für einen Balken auf zwei Stützen beschrieben werden. Die in Bild 56 dargestellten Bewegungen zeigen, dass alle Bewegungsformen möglich sind. Streng genommen müsste der Bettungsansatz an die Wandbewegung angepasst und iterativ gerechnet werden.

Diese Vorgehensweise wäre jedoch für die Praxis viel zu aufwendig und zu umständlich. Grundlagenuntersuchungen haben gezeigt, dass man wirklichkeitsnahe Ergebnisse mit einem lokalen Ansatz für Parallelverschiebung erzielen kann [10, 47]. Ein solcher Ansatz ist bei gestützten Wänden auch unterhalb eines möglichen Verschiebungsnullpunkts ausreichend.

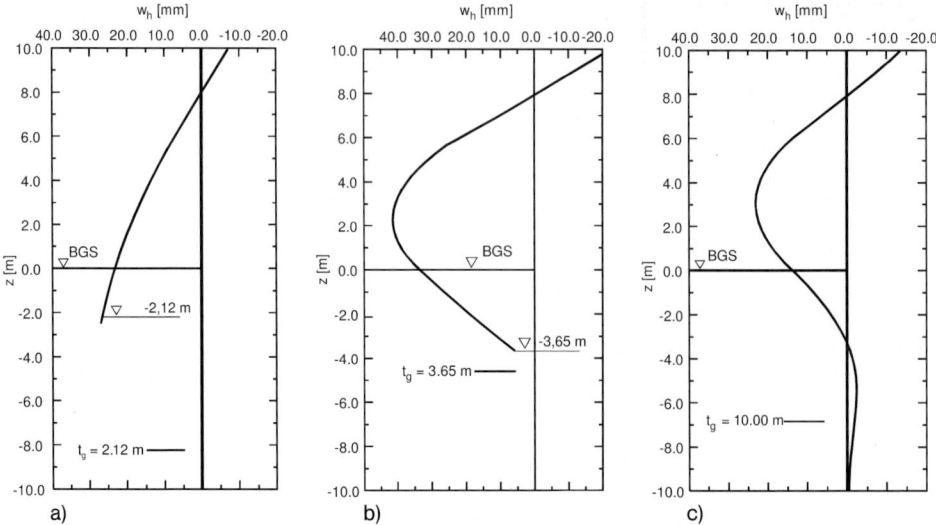

Bild 56. Wandbewegungsformen in Abhängigkeit von Länge und Steifigkeit der Wand;
a) relativ steife Wand, b) biegeweiche Wand mit Rückdrehung, c) lange Wand

Dadurch vereinfacht sich das Verfahren, und es wird zugleich praxistauglich. Bei nicht gestützten, im Boden eingespannten Wänden dagegen hängt die Gleichgewichtslage sehr stark von dem Ansatz unterhalb des Drehpunktes ab. In diesem Fall sind besondere Überlegungen notwendig [1].

3.4.5 Nachweis der Einbindetiefe

Zum Nachweis der Einbindetiefe werden die charakteristischen Bodenreaktionen $\sigma_{ph,k}$ von der Baugrubensohle bis zum Wandfuß zur resultierenden Auflagerkraft $B_{Bh,k}$ aufintegriert:

$$B_{Bh,k} = \int_0^{t_g} \sigma_{ph,k} \cdot dz \qquad (45)$$

Erreicht die Wandverschiebung am Fuß einen Nullpunkt in der Tiefe t_1, dann ist anstelle von t_g in Gl. (45) die Tiefe t_1 einzusetzen.

Die Auflagerkraft setzt sich aus der verbliebenen Erdruhedruckkraft $E_{V,k}$ und der Resultierenden $B_{Bh,k}$ aus den Bettungsspannungen zusammen (Bild 57).

$$B_{h,k} = B_{Bh,k} + E_{V,k} \qquad (46)$$

Wegen der unterschiedlichen Teilsicherheitsbeiwerte γ_G und γ_Q muss die Resultierende $B_{Bh,k}$ aufgespalten werden in einen Anteil $B_{BGh,k}$ aus ständigen Einwirkungen und $B_{BQh,k}$ aus veränderlichen Einwirkungen. Selbst im einfachsten Fall einer bilinearen Federkennlinie gilt nicht mehr eine lineare Superposition. Näherungsweise darf $B_{BQh,k}$ durch Subtraktion des Anteils $B_{BGh,k}$ aus ständigen Einwirkungen von der Gesamtreaktion $B_{Bh,k}$ ermittelt werden

$$B_{BQh,k} = B_{Bh,k} - B_{BGh,k} \qquad (47)$$

3.5 Baugrubensicherung

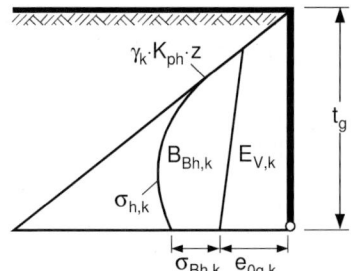

Bild 57. Anteile der Auflagerkraft

Unter Verwendung der Teilsicherheitsbeiwerte γ_G für ständige Einwirkungen und γ_Q für veränderliche Einwirkungen ergibt sich der Bemessungswert der resultierenden Auflagerkraft aus

$$B_{Bh,d} = B_{BGh,k} \cdot \gamma_G + B_{BQh,k} \cdot \gamma_Q \tag{48}$$

Der Anteil aus den veränderlichen Einwirkungen lässt sich auch unmittelbar der Resultierenden aus den Bettungsspannungen $B_{Bh,k}$ zuordnen. Spaltet man $B_{Bh,k}$ auf in einen Anteil $B_{BGh,k}$ aus ständigen Einwirkungen und $B_{BQh,k}$ aus veränderlichen Einwirkungen lautet Gl. (48)

$$B_{h,d} = E_{V,k} \cdot \gamma_G + B_{BGh,k} \cdot \gamma_G + B_{BQh,k} \cdot \gamma_Q \tag{49}$$

Zum Nachweis, dass eine ausreichende Sicherheit gegen Aufbruch des Bodens vor dem Wandfuß vorhanden ist, muss die Bedingung

$$B_{h,d} \leq E_{ph,d} \tag{50}$$

erfüllt sein.

Bei der Ermittlung des Bemessungswerts $E_{ph,d}$ des resultierenden Erdwiderstands stellt sich die Frage, welche Wandbewegungsart zugrunde gelegt werden soll. Je nach Biegesteifigkeit der Wand, Nachgiebigkeit des Bodens am Wandfuß, Einbindelänge der Wand, Ansatz von Einwirkungen und Widerständen sowie den Stützbedingungen können sich unterschiedliche Bewegungsformen des Wandfußes ausbilden (s. Bild 56). Dies bedeutet, dass man strenggenommen den Erdwiderstand in Abhängigkeit der Wandbewegungsart ermitteln müsste. In vielen Fällen darf jedoch der Erdwiderstand bei einer Parallelbewegung angesetzt werden, s. auch Kapitel 1.6 im Teil 1 des Grundbau-Taschenbuches.

Bei Trägerbohlwänden sind wegen der räumlichen Tragwirkung einige Besonderheiten zu beachten. Der verbleibende Erdruhedruck kann nur auf der Trägerbreite b wirken und anstelle des ebenen Erdwiderstands ist der räumliche Erdwiderstand $E_{ph,k}^*$ anzusetzen. Die resultierende Auflagerkraft darf nicht pro Meter Wandlänge in die Bemessungsgleichung eingesetzt, sondern muss auf den Bohlträger bezogen werden. Mit der auf den Bohlträger bezogenen resultierenden Auflagerkraft $B_{rh,k}^*$ aus Bettungsspannungen $\sigma_{Bph,k}$ ergibt sich die auf den Bohlträger bezogene Auflagerkraft $B_{h,k}^*$ zu

$$B_{h,k}^* = B_{Bh,k}^* + b \cdot E_{V,k} \tag{51}$$

Die Grenzzustandsbedingung lautet

$$B_{h,d}^* = B_{Bh,d}^* + b \cdot E_{V,d} \leq E_{ph,d}^* \tag{52}$$

Sowohl bei durchlaufenden Wänden als auch bei Trägerbohlwänden ist zu beachten, dass der bei der Ermittlung des charakteristischen Erdwiderstands angesetzte Erddruckneigungswinkel $\delta_{p,k}$ durch das Gleichgewicht der Vertikalkräfte nachgewiesen werden muss (s. Abschn. 4.2).

3.5 Berechnung mit dem Traglastverfahren

Einen ersten Schritt zur Anwendung des Traglastverfahrens stellt die Momentenumlagerung nach [32], EB 11 dar. Sie ist insbesondere dann von Interesse, wenn bei Rückbauzuständen große rechnerische Stützmomente an der Stützung neben dem durch den Ausbau von Steifen oder Ankern entstandenen größeren Feld auftreten. In solchen Fällen ist es bei Spundwänden und Trägerbohlwänden zulässig, den Anteil des Biegemoments, der über das rechnerisch zulässige Maß hinausgeht, entsprechend Bild 58 umzulagern. Die Auswirkungen auf die Biegemomente in den benachbarten Feldern und an den benachbarten Auflagerpunkten sind nachzuweisen. Nach der Momentenumlagerung dürfen die zulässigen Beanspruchungen an keiner Stelle überschritten werden. Bei Baugrubenwänden aus Stahlbeton darf die Momentenumlagerung ebenfalls vorgenommen werden; soweit die in DIN 1045 „Tragwerke aus Beton, Stahlbeton und Spannbeton, Teil 1: Bemessung und Konstruktion" angegebenen Bedingungen eingehalten werden.

Wie im Abschnitt 3.2 bereits gezeigt worden ist, legt man der Berechnung mehrfach gestützter Baugrubenwände nach der Elastizitätstheorie Voraussetzungen zugrunde, die in Wirklichkeit nur selten erfüllt sind. Man verlässt sich dabei darauf, dass sich im Grenzfall beim Erreichen der Fließgrenze an einzelnen Stellen des Tragwerks Fließgelenke bilden und die Biegemomente auf noch nicht voll ausgenutzte Teile des Tragwerks umlagern. Es ist naheliegend, bei statisch unbestimmt gelagerten Spundwänden, Trägerbohlwänden und Walzprofilgurten das Auftreten von Fließgelenken von vornherein in die Berechnung einzubeziehen und somit ein Traglastverfahren anzuwenden, s. [32], EB 27. In der Regel ist damit eine etwas günstigere Bemessung möglich.

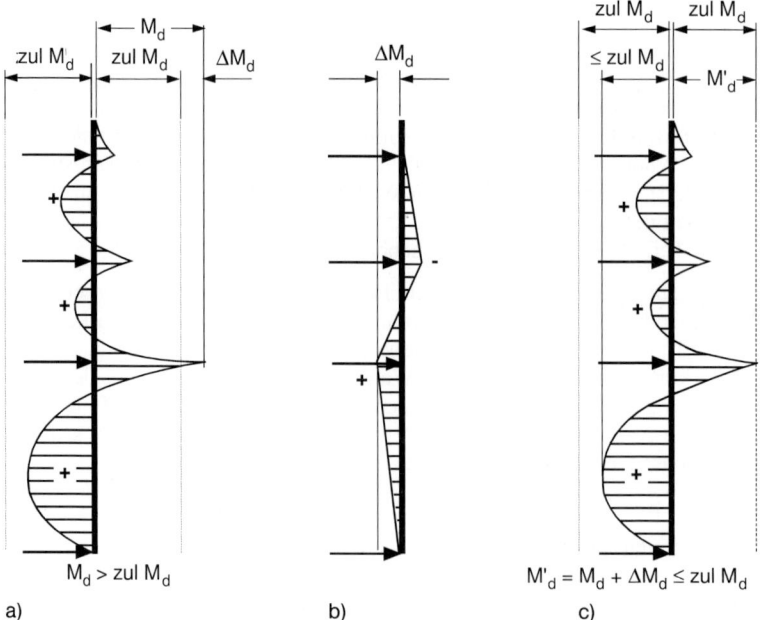

Bild 58. Umlagerung von Biegemomenten an Spundwänden und Bohlträgern;
a) ursprüngliche Momentenverteilung, b) Momentenumlagerung, c) geänderte Momentenverteilung

3.5 Baugrubensicherung 489

Eine vereinfachte Form des Traglastverfahrens ist ausführlich bei *Weißenbach* [138] behandelt. Das dort beschriebene Verfahren stützt sich allerdings auf das Globalsicherheitskonzept und eignet sich somit nur für eine Vorbemessung.

3.6 Finite-Elemente-Methode

3.6.1 Einführung

Bei Baugrubenkonstruktionen reichen in der Regel die klassischen Methoden zum Nachweis der Gebrauchstauglichkeit und der Tragfähigkeit völlig aus. In einer Reihe von Fällen stoßen sie jedoch an ihre Grenzen, und es bietet sich an, die Finite-Elemente-Methode (FEM) einzusetzen. Nach [32], EB 103, Absatz 2 können numerische Berechnungen für Baugrubenkonstruktionen nach der FEM insbesondere dann zweckmäßig sein, wenn aufgrund geometrischer Randbedingungen oder schwieriger Baugrundverhältnisse die Anwendung herkömmlicher Stabstatik in Verbindung mit vereinfachten Lastansätzen zu unzureichenden Ergebnissen führt oder wenn besondere Anforderungen an die Berechnungsergebnisse gestellt werden. Hierbei kann es sich z. B. um folgende Fälle handeln:

– Baugrubenwände mit Stützbedingungen, für die eine zuverlässige Bestimmung von Größe und Verteilung des Erddrucks nicht möglich ist, z. B. bei nachgiebigen Ankern und flexibler Wand;
– Baugruben mit schwierigen geometrischen Abmessungen, z. B. einspringende oder ausspringende Ecken sowie gestaffelte Baugrubenwände mit einer Bermenbreite, die eine zuverlässige Bestimmung von Größe und Verteilung des Erddrucks mit herkömmlichen Annahmen nicht erlaubt;
– Baugrubenkonstruktionen, bei denen eine wirklichkeitsnahe Erfassung der Wirkungen aus Aushub, Steifen- oder Ankervorspannung auf die Erddruckumlagerung und die Verschiebungen der Baugrubenwand gefordert wird;
– Baugrubenkonstruktionen, bei denen eine wirklichkeitsnahe Erfassung der Sickerströmung und der zugehörigen Wasserdrücke erforderlich ist;
– Baugruben neben Gebäuden, Leitungen, anderen baulichen Anlagen oder Verkehrsflächen.

Die FEM hat sich in den vergangenen Jahren zu einem Standardwerkzeug des geotechnischen Ingenieurs entwickelt. In der Fachliteratur existiert eine Vielzahl von Publikationen zum Thema der Berechnung von Baugrubenwänden mit numerischen Verfahren, sowohl bezüglich der Ermittlung von Verformungen als auch in der Untersuchung des Grenzzustands der Tragfähigkeit. Eine – wenn auch begrenzte – Literaturübersicht geben *Hettler* und *Schanz* [55], vgl. auch *Weißenbach/Hettler/Simpson* [149]. Stoffgesetze für Böden werden ausführlich von *Kolymbas* und *Herle* im Kapitel 1.5, Teil 1 des Grundbau-Taschenbuches behandelt. Numerische Verfahren der Geotechnik werden vertieft bei *von Wolffersdorff* und *Schweiger* in Kapitel 1.9 des Teils 1 dargestellt.

3.6.2 Vorgaben aus Regelwerken

Der Nachweis der Sicherheit bei Anwendung der FEM ist eng verknüpft mit den Vorgaben der europäischen und der nationalen Normung, s. *Schuppener/Ruppert* [102] und *Heibaum/Herten* [46]. Auf europäischer Ebene sieht die Euronorm DIN EN 1997-1:2005 (Eurocode 7-1) drei Nachweisverfahren vor. In Deutschland hat man sich weitgehend für das Verfahren 2 entschieden, s. DIN 1054:2005-01 „Sicherheitsnachweise im Erd- und Grundbau". Dabei werden die Teilsicherheitsbeiwerte auf die charakteristischen Beanspruchungen und die charakteristischen Widerstände angewendet. Im Verfahren 3 dagegen werden die Scherparameter tan φ' und c' abgemindert. Verfahren 1 ist eine Kombination aus Verfahren 2 und 3 und damit in der Regel aufwendiger.

Die Anwendung des Verfahrens 2 beim Nachweis des Grenzzustandes des Versagens von Bauwerken und Bauteilen, der als Grenzzustand GZ 1B bezeichnet wird, ist in Abschnitt 4.3.2 der DIN 1054:2005-01 ausführlich beschrieben. Dabei wird nicht vorgegeben, mit welchem theoretischen Ansatz die charakteristischen Beanspruchungen zu ermitteln sind. Es liegt im Ermessen des Anwenders, eine geeignete Methode auszuwählen. Insofern ist auch ohne ausdrückliche Erwähnung die FEM mit eingeschlossen. Außer dem Nachweis der Geländebruchsicherheit, der dem Grenzzustand GZ 1C und damit dem Verfahren 3 zugeordnet ist, und dem inneren Gleichgewicht der Vertikalkräfte, der mit charakteristischen Größen geführt wird, sind alle für Baugrubenwände maßgeblichen Nachweise dem Grenzzustand GZ 1B zugeordnet. Folglich ist eine φ-c-Reduktion, vom Geländebruchnachweis abgesehen, bei Anwendung der FEM nach deutscher Normung nicht zulässig. Aus diesem Grund ist eine Anpassung vieler Software-Pakete erforderlich und wünschenswert, weil bisher in vielen Programmen nur eine φ-c-Reduktion besonders einfach zu bewerkstelligen und die Ermittlung von charakteristischen Bodenreaktionen in vorgegebenen Schnitten eher umständlich ist.

In Anlehnung an DIN 1054 hat *v. Wolffersdorff* [156] ein Konzept zur Anwendung der FEM beim Nachweis der Tragfähigkeit gemäß Grenzzustand GZ 1B entwickelt:

– Vorgabe der charakteristischen Werte für die Einwirkungen,
– Entwurf für Bauteilabmessungen bzw. Dimensionierung des Bauwerks mit konventionellen Berechnungsmethoden nach GZ 1B,
– Berechnung der charakteristischen Beanspruchungen mit der Finite-Elemente-Methode, ggf. Optimierung der Bauteilabmessungen,
– Berechnung der Bemessungsbeanspruchungen mit Teilsicherheitsbeiwerten gemäß GZ 1B,
– Tragfähigkeitsnachweise gemäß GZ 1B.

In den meisten Fällen wird es dabei sinnvoll sein, den Entwurf der Bauteilabmessungen zunächst mit konventionellen Berechnungsmethoden durchzuführen. Der große Vorteil der deutschen Vorgehensweise und damit des Verfahrens 2 liegt darin, dass mit derselben FEM-Berechnung wie beim Nachweis der Tragfähigkeit auch die Gebrauchstauglichkeit, d. h. der Grenzzustand GZ 2 nach DIN 1054 nachgewiesen werden kann:

– Vorgabe der charakteristischen Werte für die Einwirkungen,
– Dimensionierung des Bauwerkes mit konventionellen Berechnungsmethoden oder mit Finite-Elemente-Methode nach GZ 1B,
– Berechnung von Verformungen (und von charakteristischen Beanspruchungen) mit der Finite-Elemente-Methode,
– Nachweise der Gebrauchstauglichkeit (Verformungsnachweise) GZ 2.

Bereits 2003 veröffentlichte der Arbeitskreis Baugruben einen Entwurf der Empfehlung EB 103, „Anwendung der Finite-Elemente Methode" auf der Grundlage des Globalsicherheitskonzepts, s. *Weißenbach* [144], der später an das Teilsicherheitskonzept angepasst wurde und 2006 in die 4. Auflage der EAB [32] aufgenommen wurde. Beide Fassungen stehen in Übereinstimmung mit DIN 1054:2005-01.

Die Empfehlungen des AK 1.6 „Numerik in der Geotechnik" der DGGT, s. *Meißner* [75] und *Schanz* [94], enthalten keine Festlegungen für ein bestimmtes Nachweisverfahren.

Überlegungen in Österreich gehen dahin, bei der Anwendung der FEM auch das Verfahren 3 zuzulassen, auch wenn in herkömmlichen Nachweisen das Verfahren 2 gefordert ist. Dabei wird eine sorgfältige Überprüfung der Plausibilität der Ergebnisse für zwingend erforderlich gehalten, weil sich ggf. signifikante Änderungen im Systemverhalten ergeben können und unrealistische Bemessungssituationen möglich sind. Beispielsweise kann sich bei mehrfach

3.5 Baugrubensicherung 491

gestützten Baugrubenwänden eine Druck- statt einer Zugbeanspruchung ergeben. Diese Argumentation war von deutscher Seite Anlass, das Verfahren 3 außer beim Böschungs- oder Geländebruch nicht zuzulassen.

3.6.3 Hinweise zur Anwendung

Die Anwendung der FEM und die Festlegung der darin benutzten Stoffgesetze erfordern besondere Sorgfalt und Erfahrung sowie spezielle bodenmechanische Kenntnisse. Hierzu wird auf die Empfehlungen des Arbeitskreises „Numerik in der Geotechnik" verwiesen, s. *Schanz* [93, 94] und *Meißner* [75].

EAB [32], EB 103, Absatz 3 ordnet Berechnungen mit der FEM in der Regel der Geotechnischen Kategorie GK 3 nach DIN 1054 zu. Es wird empfohlen:

- Für die Planung der erforderlichen Untersuchungen und die Überwachung der fachgerechten Ausführung der Aufschlüsse sowie der Feld- und Laborversuche ist ein Sachverständiger für Geotechnik im Sinne von DIN 4020 bzw. ein Fachplaner im Sinne von DIN 1054 einzuschalten, der über die erforderliche Fachkunde verfügt und entsprechende Erfahrungen besitzt.
- Von dem Sachverständigen für Geotechnik bzw. dem Fachplaner wird erwartet, dass er unter Berücksichtigung der Aufgabenstellung und der örtlichen Baugrundsituation, z. B. der Vorbelastung, der granulometrischen Eigenschaften und der Lagerungsdichte des Bodens, ein Stoffgesetz empfiehlt, das eine wirklichkeitsnahe Ermittlung des Spannungs- und Verschiebungszustandes ermöglicht.

In Fachkreisen besteht weitgehend Einigkeit über die derzeitigen Anwendungsmöglichkeiten der FEM im Grundbau, siehe *Heibaum* [45], *von Wolffersdorff* [156], *Schanz* [93], vgl. auch *Heibaum/Herten* [46] sowie *Hettler/Schanz* [55]:

- Die Berechnungen sollten, den deutschen Normenvorstellungen folgend, auf der Grundlage von charakteristischen Bodenkenngrößen erfolgen.
- Aus den Berechnungen mit charakteristischen Bodenkenngrößen werden die für die Nachweise charakteristischen Beanspruchungen ermittelt.
- Es werden die klassischen Bruchursachen und Bruchmodelle zugrundegelegt.
- Die Nachweise für den Grenzzustand der Tragfähigkeit erfolgen mit dem Verfahren 2, d. h. für den Grenzzustand GZ 1B, mit Ausnahme des Geländebruchs.
- Sofern Zweifel bestehen an der Modellierung der Widerstände mit der FEM für den Grenzzustand der Tragfähigkeit, sollte auf klassische Bruchmodelle zurückgegriffen werden.

Beim Nachweis der Einbindetiefe zeigen sich die Vorteile des Verfahrens 2 nach Abschnitt 3.6.2 besonders deutlich. Das Verfahren 3 mit einer φ-c-Reduktion kommt zu einer völlig anderen Verteilung von einwirkenden Erddrücken und Bodenreaktionen vor dem Wandfuß und kann damit zu unrealistischen Fußauflagerkräften führen. Unklar ist auch, wie bei einer φ-c-Reduktion das Gleichgewicht der Vertikalkräfte und damit der mögliche Neigungswinkel beim Erdwiderstand angesetzt werden und wie die Verformungsfigur am Wandfuß im Hinblick auf eine mögliche Abminderung des Erdwiderstands interpretiert werden soll. Bei einer FEM-Berechnung mit charakteristischen Bodenkenngrößen lassen sich diese Fragen einfacher klären.

Besonders einfach ist der Nachweis der Vertikalkomponente des mobilisierten Erdwiderstands nach [32], EB 9, Absatz 1, der mit charakteristischen Vertikalkräften geführt wird. Die FEM-Berechnung mit charakteristischen Bodenkenngrößen gewährleistet auch das Gleichgewicht dieser Vertikalkräfte und somit ist der Nachweis direkt erbracht (s. auch

EB 103, Abs. 11). Der vorhandene Neigungswinkel δ_B der Fußauflagerkraft ergibt sich aus der FE-Berechnung und wird bei der Ermittlung des Erdwiderstands als Erddruckneigungswinkel zugrundegelegt. Dabei geht man beim Bruch von der Vorstellung aus, dass die geneigte Auflagerkraft erhöht wird und damit auch die Vertikalkomponente B_v. Dadurch bleibt der Neigungswinkel δ_B der Auflagerkraft und auch δ_p beim Erdwiderstand erhalten. Ein Beispiel dazu ist bei *Heibaum* und *Herten* zu finden [46].

Nur bedingt übertragen von den klassischen Trägermodellvorstellungen lassen sich die Begriffe „Freie Auflagerung", „Eingespannte Wand", und „Teilweise eingespannte Wand". Eine Einspannung oder eine Teileinspannung lässt sich bei der FEM anhand der Momentenlinie identifizieren, vgl. [56]. Dies ist jedoch beim Nachweis nicht unmittelbar von Bedeutung. Durch Integration der charakteristischen, horizontalen Bodenreaktionen $\sigma_{ph,k}$ vor dem Wandfuß über die Einbindetiefe t erhält man die Horizontalkomponente der charakteristischen Auflagerkraft

$$B_{h,k} = \int_0^t \sigma_{ph,k} \cdot dz \tag{53}$$

Die erforderliche Aufteilung von $B_{h,k}$ in einen Anteil $B_{Gh,k}$ aus ständigen Einwirkungen und $B_{Qh,k}$ aus veränderlichen Einwirkungen darf durch Differenzbildung der Auflagerkräfte aus Gesamtlast und aus ständigen Einwirkungen durchgeführt werden (vgl. [32], EB 103, Abs. 9). Dies stellt wegen der Nichtlinearität der FEM eine Näherung dar, die aber für praktische Zwecke ausreichend ist.

Unter Berücksichtigung der Teilsicherheitsbeiwerte γ_G, γ_Q und γ_{EP} lautet der Nachweis

$$B_{Gh,k} \cdot \gamma_G + B_{Qh,k} \cdot \gamma_G \leq E_{ph,k} / \gamma_{Ep} \tag{54}$$

Neben dem Erddruckneigungswinkel $\delta_{p,k}$ ist bei der Ermittlung von $E_{ph,k}$ auch die Art der Wandbewegung zu berücksichtigen. Nach DIN 4085 „Berechnung des Erddrucks" bzw. nach [32], EB 103, Absatz 10, muss der für eine Parallelbewegung ermittelte Erdwiderstand bei einer Drehung der Wand um den Fußpunkt entsprechend abgemindert werden. Aus FE-Berechnungen erhält man häufig kombinierte Wandfußbewegungen, die z. B. aus der Überlagerung einer Parallelbewegung mit einer Fußpunktdrehung entstehen. Für diesen Fall darf nach DIN 4085 unter bestimmten Bedingungen der Erdwiderstand bei einer Parallelbewegung angesetzt werden. Dies gilt auch, sofern sich im Bruchzustand eine Drehung der Wand um einen hochliegenden Punkt einstellen kann. Hierbei ist eine entsprechende Änderung im 1. Nachdruck der 4. Auflage der EAB von 2007 vorgenommen worden, s. auch Kapitel 1.6 im Teil 1.

Es ist naheliegend, den charakteristischen Erdwiderstand $E_{ph,k}$ in Gl. (54) auch mit der FEM zu ermitteln. Um dem geforderten Grenzzustand GZ 1B Rechnung zu tragen, muss die einwirkende charakteristische Kraft unter Beibehaltung der Neigung bis zum Bruch erhöht werden. Zu beachten ist außerdem die Wandbewegungsart und eine entsprechende Begrenzung des möglichen Neigungswinkels an der Kontaktfläche Wand/Boden. In Anbetracht des erforderlichen Aufwands ist es jedoch sinnvoll, in Standardfällen $E_{ph,k}$ konventionell zu ermitteln. Wünschenswert wäre es, die vorhandene FEM-Software entsprechend zu erweitern, weil eine φ-c-Reduktion in diesem Fall nicht zielführend ist.

Aus derselben FEM-Berechnung wie beim Nachweis der Einbindetiefe auf der Grundlage von charakteristischen Bodenkenngrößen ergeben sich die charakteristischen Schnittgrößen, die zum Nachweis der Tragfähigkeit von Bauteilen benötigt werden. Aufgrund der Nichtlinearität der FEM und des Nachweisformats, das eine Aufspaltung in Anteile aus ständigen und veränderlichen Einwirkungen erfordert, sind einige besondere Gesichtspunkte zu beachten.

3.5 Baugrubensicherung

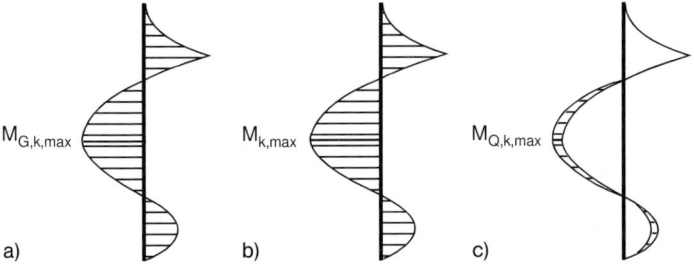

Bild 59. Beispiel für die näherungsweise Ermittlung der Biegemomente M_Q durch Differenzbildung nach v. *Wolffersdorff* [156]; a) charakteristische Biegemomente infolge ständiger Einwirkungen, b) charakteristische Biegemomente infolge ständiger und veränderlicher Einwirkungen, c) charakteristische Biegemomente infolge veränderlicher Einwirkungen

Näherungsweise darf z. B. der Anteil $M_{Q,k}$ der charakteristischen Biegemomente aus veränderlichen Einwirkungen durch Differenzbildung aus den charakteristischen Biegemomenten M_k der Gesamtlast und den Werten $M_{G,k}$ aus ständigen Einwirkungen ermittelt werden:

$$M_{Q,k} = M_k - M_{G,k} \tag{55}$$

vgl. [32], EB 82, Absatz 4.

Bild 59 zeigt ein Beispiel für eine einfach verankerte Trägerbohlwand mit ständigen und veränderlichen Einwirkungen nach *von Wolffersdorff* [156]. Falls die Maximalwerte der charakteristischen Biegemomente $M_{G,k}$ und M_k nicht wie in Bild 59 a und b etwa in derselben Tiefe liegen, sind bei sehr hohen Anforderungen an die Genauigkeit gesonderte Überlegungen zur Ermittlung des maximalen Bemessungswertes erforderlich, weil streng genommen nicht der Maximalwert M_k maßgebend ist, sondern der Maximalwert

$$M_d = M_{G,d} + M_{Q,d} \tag{56}$$

vgl. EB 82, Absatz 5. Für den Fall, dass keine entsprechenden EDV-Programme zur Verfügung stehen, bietet EB 104, Absatz 6 eine Reihe von Vereinfachungen an.

Ein Geländebruch ist bei Baugruben nur in Ausnahmefällen von Bedeutung (vgl. [32], EB 10, Abs. 3). Nach deutschen Vorschriften ist der Geländebruchnachweis für den Grenzzustand GZ 1C zu führen, d. h. die Scherparameter $\tan \varphi'$ und c' sind entsprechend abzumindern. Dazu eignet sich die FEM in hervorragender Weise. In vielen Software-Paketen ist die für Nachweise erforderliche φ-c-Reduktion bereits enthalten.

Ein wesentliches Einsatzgebiet für die FEM ist der Nachweis der Gebrauchstauglichkeit, insbesondere bei nichtlinearem Bodenverhalten, komplexer Geometrie und schwierigen Randbedingungen. Die Berechnung der Verformungen erfolgt mit charakteristischen Bodenkenngrößen. Hohe Anforderungen sind an die verwendeten Stoffgesetze zu stellen, s. *Schanz* [94]. Verschiedene jüngste Untersuchungen betonen die Notwendigkeit der Berücksichtigung der erhöhten Steifigkeit bei kleinen Dehnungen, um wirklichkeitsnahe Prognosen zu erhalten.

Beispielhaft zeigt Bild 60 den Vergleich von Messungen mit den Ergebnissen aus FEM-Berechnungen nach *Benz* [7] für eine dreifach ausgesteifte Baugrube in Rupelton. Sollen die Setzungsmulde und die horizontalen Wandverschiebungen der Bohrpfahlwand wirklichkeitsnah ermittelt werden, reicht das einfache Hardening-Soil-Modell (Hs, Original) nicht aus. Eine wesentliche Verbesserung bringt die Erhöhung der Steifigkeit bei kleinen Deh-

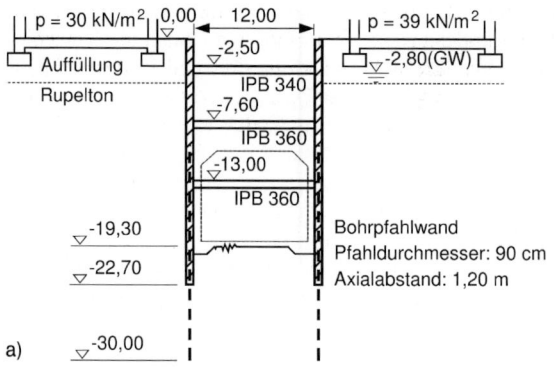

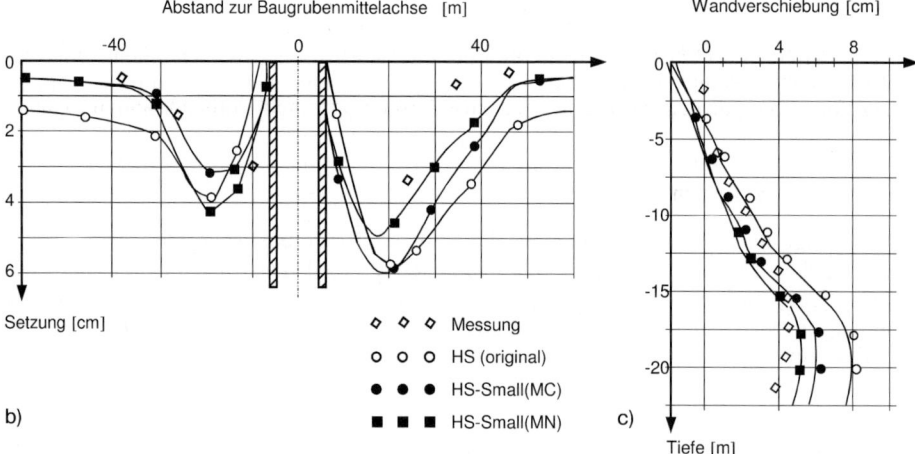

Bild 60. Vergleich von Messungen mit FEM-Ergebnissen ohne und mit Berücksichtigung der erhöhten Steifigkeit bei kleinen Dehnungen nach *Benz* [7]; a) Geometrie der Baugrube, b) Geländesetzung, c) horizontale Wandverformungen

nungen im HS-Small(MC)-Modell [8]. Noch genauer ist das HS-Small (MN)-Modell mit der Matsuoka-Nokai-Grenzbedingung, die für die praktische Anwendung aber sehr komplex ist.

Weitere Anwendungsmöglichkeiten z. B. beim Erddruckansatz, bei der Berechnung von Ankerwiderständen, beim Nachweis der Vertikalkräfte werden ausführlich bei *Heibaum/ Herten* [46] sowie bei *Hettler/Schanz* [55] diskutiert.

3.6.4 Nachweis der Gebrauchstauglichkeit

Der Nachweis der Gebrauchstauglichkeit hat in den letzten Jahren einen deutlich höheren Stellenwert bekommen, wie z. B. ein Vergleich der DIN 1054:2005-01 mit der Vorgängernorm aus dem Jahre 1976 zeigt.

Bei Baugruben braucht in vielen Fällen kein gesonderter Nachweis der Gebrauchstauglichkeit geführt zu werden. Dazu wird in [32], EB 83, Absatz 1 ausgeführt:

3.5 Baugrubensicherung

„Die Regelungen in den Abschnitten 5 und 6 stellen sicher, dass bei mindestens mitteldicht gelagerten nichtbindigem Boden und bei mindestens steifem bindigem Boden die Verschiebungen des Fußauflagers einer mehrfach gestützten Wand klein sind und in der Größenordnung mit den Bewegungen und Verformungen der übrigen Baugrubenwand übereinstimmen. Die darüber hinausgehenden Regelungen in den Empfehlungen EB 20, EB 22 und ggf. EB 23 begrenzen die zu erwartenden Verformungen so stark, dass Schäden an benachbarten Bauwerken weitgehend vermieden werden. In der Regel erübrigen sich somit besondere Untersuchungen über die Größe der Verformungen und Verschiebungen. Sofern jedoch in besonders gelagerten Fällen die Gefahr besteht, dass Verformungen und Verschiebungen der Baugrubenwand trotz der genannten Maßnahmen die Standsicherheit oder Gebrauchsfähigkeit von benachbarten Bauwerken oder Anlagen beeinträchtigen, ist der Nachweis der Gebrauchstauglichkeit entsprechend Grenzzustand GZ 2 nach DIN 1054 zu erbringen."

EB 83, Absatz 2 sieht das Erfordernis zum Nachweis der Gebrauchstauglichkeit insbesondere

– bei Baugruben neben sehr hohen, schlecht gegründeten oder in schlechtem baulichen Zustand befindlichen Bauwerken,
– bei Baugruben mit sehr geringem oder ohne Abstand zu einem vorhandenen Gebäude,
– bei Baugruben neben Bauwerken bei gleichzeitig hohem Grundwasserstand (s. [37, 146]),
– bei Baugruben neben Bauwerken, die in weichem bindigem Boden gegründet sind,
– bei Baugruben neben Bauwerken, die einen besonders großen Anspruch an die Beibehaltung der Ruhelage stellen, z. B. wegen der Empfindlichkeit von Maschinen,
– bei Baugruben neben empfindlichen Anlagen im Sinne von EB 20, Absatz 8,
– bei Baugruben mit einer steiler als 35° geneigten Verankerung,
– bei Baugruben ohne Arbeitsraum, bei denen der Freiraum für das Bauwerk unzulässig eingeengt werden könnte.

Beim Nachweis der Gebrauchstauglichkeit werden nach EB 83, Absatz 3 zwei Fälle unterschieden:

„Sofern die Verformungen der Wand genauer erfasst werden sollen, die Auswirkungen auf die Umgebung dagegen eher untergeordnet sind, kann durch Verbesserungen des statischen Systems z. B. durch Erfassung der Nachgiebigkeit der Anker, Berücksichtigung der Vorverformungen in den verschiedenen Bauzuständen und Ansatz der Bettungsreaktion im Boden die Genauigkeit der Verformungsprognosen erhöht werden.

Sofern sowohl die Verformungen der Wand als auch die des umgebenden Bodens bestimmt werden sollen, sind numerische Untersuchungen, z. B. mit der Methode der Finiten Elemente unter Berücksichtigung des Ausgangsspannungszustandes erforderlich."

Im ersten Fall genügt es somit, durch Verbesserung der klassischen Verfahren, den Nachweis der Gebrauchstauglichkeit zu führen. Dies stellt für die Praxis eine große Erleichterung dar. Im zweiten Fall, wenn die Umgebung wesentlich betroffen ist, muss auf numerische Methoden zurückgegriffen werden. Dies bedeutet einen erhöhten Aufwand. Hierzu wird auf Abschnitt 3.6 verwiesen.

Trotz aller Fortschritte bei der FEM bleiben noch Lücken bei den zur Verfügung stehenden Modellen. Auswirkungen aus den Herstellvorgängen selbst können bisher, von einigen Sonderfällen abgesehen, noch nicht modellmäßig prognostiziert werden. In EB 83, Absatz 10 heißt es dazu:

„Nicht erfasst sind Bewegungen durch Auflockerung oder Verdichtung des Bodens bei der Herstellung der Baugrubenwand, z. B.:

- Bodenauflockerungen vor dem Einziehen der Bohlen einer Trägerbohlwand,
- Bodenentzug beim Bohren, Nachsackung des Bodens infolge des Überschnittes der Bohrkrone,
- Entspannung des Bodens bei Druckabfall in der Suspension einer Schlitzes für eine Schlitzwand,
- Sackungen des Bodens infolge von Bodenentzug beim Bohren von Ankern,
- Verdichtung des Bodens beim Rammen der Ankerverrohrung,
- Entspannung des Bodens durch Hohlraumbildung beim Ziehen von Spundbohlen.

Soweit sich diese Auswirkungen nicht durch technische Maßnahmen vermeiden lassen, sind die Auswirkungen auf die Gebrauchstauglichkeit der Wand näherungsweise abzuschätzen."

Hier besteht dringend das Erfordernis, dass die Wissenschaft entsprechende Methoden entwickelt.

4   Nachweis der Gleichgewichtsbedingungen

4.1   Aufnahme des Erddrucks unterhalb der Baugrubensohle bei Trägerbohlwänden

Bei der Untersuchung von Spundwänden und Ortbetonwänden wird der Erddruck von Geländeoberfläche bis Wandunterkante in die Berechnung einbezogen. Es wird die Größe der Auflagerkräfte bestimmt und nachgewiesen, dass die Steifen, die Anker und ggf. der Erdwiderstand unterhalb der Baugrubensohle bei Einhaltung bestimmter Sicherheitsbeiwerte in der Lage sind, diese Kräfte aufzunehmen. Damit ist bei Spundwänden die Gleichgewichtsbedingung $\Sigma H = 0$ erfüllt. Das Gleiche gilt für Trägerbohlwände, wenn der Erddruck bis zum Trägerfuß berücksichtigt wird. Im Allgemeinen wird jedoch der Erddruck bei Trägerbohlwänden nur bis zur Baugrubensohle angesetzt und dabei unterstellt, dass der nicht ausgenutzte Erdwiderstand zwischen den Bohlträgern den unterhalb der Baugrubensohle wirkenden Erddruck aufnimmt. Die in der Berechnung vernachlässigte Kraft ergibt sich zu

$$\Delta E_{ah,k} = \left(e_{auh} + \frac{1}{2} \cdot \gamma_k \cdot K_{agh} \cdot t\right) \cdot t \qquad (57)$$

Der Ansatz trifft für im Boden frei aufgelagerte und für im Boden eingespannte Trägerbohlwände gleichermaßen zu. Im einen Fall ist als Tiefe t der Abstand t_0 von Baugrubensohle bis Trägerunterkante, im anderen Fall der Abstand t_1 von der Baugrubensohle bis zum Angriffspunkt der theoretischen Ersatzkraft C_k einzusetzen. Mit $e_{auh,k}$ ist die Erddruckordinate bezeichnet, mit welcher der aktive Erddruck ab Baugrubensohle beginnt.

In der gleichen Richtung wie die vernachlässigte Erddruckkraft $\Delta E_{ah,k}$ wirkt die Auflagerkraft $B_{h,k}$ aus dem Bohlträger. Zur Aufnahme dieser beiden Kräfte steht der Erdwiderstand $E_{ph,k}$ einer in der Bohlträgerebene gedachten durchgehenden Wand zur Verfügung. Es ist für den Grenzzustand GZ 1B nachzuweisen, dass die Summe aus den Bemessungswerten $E_{ah,d}$ und $B_{h,d}$ nicht größer ist als der Bemessungswert $E_{ph,d}$ des gesamten zur Verfügung stehenden Erdwiderstands:

$$B_{h,d} + \Delta E_{ah,d} = (B_{Gh,k} \cdot \gamma_G + B_{Qh,k} \cdot \gamma_Q) + (\Delta E_{ahG,k} \cdot \gamma_G + \Delta E_{ahQ,k} \cdot \gamma_Q) \leq E_{ph,d} \qquad (58)$$

Man erhält die Bemessungswerte der Auflagerkraft $B_{h,d}$, des vernachlässigten Erddrucks und des Erdwiderstands aus den charakteristischen Größen durch Multiplikation mit den Teilsicherheitsbeiwerten γ_G und γ_Q bzw. durch Division mit dem Teilsicherheitsbeiwert γ_{Ep}.

3.5 Baugrubensicherung

Gegebenenfalls ist bei Baugruben neben Gebäuden der in [32], EB 22, Absatz 6 genannte Anpassungsfaktor $\eta_{Ep} = 0,60$ auch hier zu berücksichtigen

Bei der Ermittlung des Erdwiderstands darf i. Allg. der Erddruckneigungswinkel mit $\delta_{p,k} = -\varphi'_k$ angenommen werden, da in der gedachten Druckfläche in der Bohlträgerebene Boden gegen Boden ansteht; hierzu siehe [32], EB 15. Auch die Überlegung, dass die Gleitfläche auf der Erddruckseite der Wand ohne Knick oder Sprung in die Gleitfläche auf der Erdwiderstandsseite übergehen muss, bestätigt diese Auffassung. Der dabei auf der Erdwiderstandsseite auftretende Winkel des Gleitflächenansatzes gehört zum Erddruckneigungswinkel $\delta_{p,k} = -\varphi'_k$.

Sofern unterhalb der Baugrubensohle mitteldicht oder dicht gelagerter nichtbindiger Boden ansteht, darf i. Allg. auf den Nachweis nach Gl. (58) verzichtet werden, wenn bei im Boden frei aufgelagerten Trägerbohlwänden die Einbindetiefe t_0, bei im Boden eingespannten Trägerbohlwänden die Einbindetiefe t_1 die Bedingung

$$t \geq 0,25 \cdot H \tag{59}$$

erfüllt. In diesen Fällen ist der nach Gl. (58) geforderte Nachweis fast immer erfüllt. Nur wenn der Erdwiderstand mit $\delta_{p,k} = 0$ ermittelt wurde, Grundwasser ansteht, der Achsabstand a_t der Bohlträger kleiner ist als das Fünffache der Trägerbreite b, oder wenn ungewöhnlich große Lasten neben der Baugrubenkante angesetzt werden, ist ein Nachweis erforderlich. Bei Reibungswinkeln $\varphi'_k \geq 32,5°$ genügt auch eine geringere Einbindetiefe [138].

Steht unterhalb der Baugrubensohle bindiger Boden an, so ist das Gleichgewicht $\Sigma H = 0$ stets nachzuweisen. Da die räumliche Wirkung beim Anteil der Kohäsion am Gesamtwiderstand größer ist als beim Anteil des Eigengewichts, nutzen die Bohlträger im bindigen Boden den möglichen Erdwiderstand besser aus als im nichtbindigen Boden. Damit verbleibt in der Regel nur noch wenig Rest-Erdwiderstand zur Aufnahme des vernachlässigten Erddrucks $\Delta E_{ah,k}$. Bei bindigem Boden ist daher der Nachweis nach Gl. (58) oft nicht möglich.

Lässt sich mit der Einbindetiefe t_0 oder t_1, die sich aus der Berechnung der Bohlträger ergibt, der Nachweis $\Sigma H = 0$ nicht erbringen, dann ist die Standsicherheit der Baugrubenwand nicht gewähr-leistet. Folgende Möglichkeiten bieten sich an:

1. Die unterste Stützung der Trägerbohlwand wird so tief angeordnet, dass auf ein Auflager im Boden verzichtet werden kann. Die Einbindetiefe ergibt sich dann nur aus der Bedingung, dass die senkrechten Kräfte aufgenommen werden müssen.
2. Bei der Ermittlung des zulässigen Erdwiderstands vor den Bohlträgern wird ein Anpassungsfaktor $\eta < 1$ eingeführt. Dadurch ergibt sich eine größere Einbindetiefe und die Auflagerkraft $B_{h,k}$ nimmt einen kleineren Anteil des möglichen Gesamterdwiderstands in Anspruch. Die Einbindetiefe wird so weit vergrößert, bis sich der Nachweis nach Gl. (58) erbringen lässt. Die Berechnung der Bohlträger ist mit der neuen Einbindetiefe zu wiederholen.
3. Die Trägerbohlwand wird wie eine Spundwand berechnet. Der Erddruck unterhalb der Baugrubensohle wird dann in der Berechnung berücksichtigt. Man erhält dadurch eine größere Einbindetiefe.
4. Der Erddruck von der Baugrubensohle bis zur Unterkante der Bohlträger wird in die Umlagerung einbezogen. Man erhält dann ein stärkeres Bohlträgerprofil und stärkere Steifen bzw. Anker.

Bei der zuletzt genannten Lösung geht man davon aus, dass sich eine gekrümmte Gleitfläche ausbildet, die durch den Fußpunkt der Bohlträger verläuft. Die bis zu diesem Punkt ermittelte Erddrucklast wird auf die gesamte Bohlträgerlänge umgelagert. Dieser Ansatz entspricht den theoretischen Überlegungen für den Fall, dass sich der Fußpunkt einer Wand nach vorne bewegt. Man kann sich durchaus vorstellen, dass teilweise eine Umlagerung des Erddrucks $\Delta E_{ah,k}$ aus dem Bereich der Einbindelänge der Bohlträger auf die Bereiche oberhalb der Baugrubensohle stattfindet.

4.2 Nachweis der Vertikalkomponente des mobilisierten Erdwiderstands

Entsprechend den Angaben in Abschnitt 3 ergibt sich die ausreichende Einbindetiefe einer Baugrubenwand aus dem Nachweis, dass entsprechend der Grenzzustandsbedingung (29) der Bemessungswert der Auflagerkraft $B_{h,d}$ nicht größer ist als der Bemessungswert $E_{ph,d}$ des Erdwiderstands. Da die Einbindetiefe somit bei einem größeren Erdwiderstand geringer gewählt werden kann, besteht in der Regel ein großes Interesse daran, den Absolutwert des negativen Erddruckreibungswinkels $\delta_{p,k}$ möglichst groß zu wählen. Dieser Wert ist aber an zwei Bedingungen gebunden: Zum einen muss die Oberfläche der Wand genügend rau sein, zum anderen müssen die von oben nach unten gerichteten Einwirkungen ausreichend groß sein. Dementsprechend ist nach [32], EB 9 und nach Abschnitt 10.6.3 der DIN 1054 „Sicherheitsnachweise im Erd- und Grundbau" nachzuweisen, dass die Summe ΣV_k der nach unten geneigten Kräfte mindestens gleich groß ist wie die Vertikalkomponente $B_{v,k}$ der charakteristischen Auflagerkraft B_k:

$$\Sigma V_k \geq B_{v,k} \tag{60}$$

Zu den Vertikalkräften gehört das Eigengewicht G_k der Konstruktion und die Vertikalkomponente der charakteristischen Erddruckkraft $E_{a,k}$, die sich aus dem charakteristischen Neigungswinkel $\delta_{a,k}$ und der Horizontalkomponente $E_{ah,k}$ zu

$$E_{av,k} = E_{ah,k} \cdot \tan \delta_{a,k} \tag{61}$$

ergibt. Günstig von oben nach unten wirkend kann außerdem bei einer bodenmechanischen Einspannung die Vertikalkomponente $C_{v,k}$ der charakteristischen Ersatzkraft C_k angesetzt werden (Bild 61), deren Neigung allerdings auf $\delta_{C,k} \leq 1/3\, \varphi'_k$ zu begrenzen ist, sofern keine weiteren Vertikalkräfte wirksam sind. Die Erklärung dafür folgt weiter unten.

Die Vertikalkomponente $B_{v,k}$ der Auflagerkraft ergibt sich analog zu Gl. (61) aus der charakteristischen Horizontalkomponente $B_{h,k}$ und dem gewählten Neigungswinkel $\delta_{B,k} = \delta_{p,k}$. Bei geneigten Ankern kommt noch die Vertikalkomponente $A_{v,k}$ der charakteristischen Ankerkraft A_k hinzu. Unter Verwendung von Bild 61 wird aus der Gl. (60) für im Boden eingespannte Trägerbohlwände, Spundwände oder Ortbetonwände

$$G_k + E_{av,k} + A_{v,k} + C_{v,k} \geq B_{v,k} \tag{62}$$

Die Vertikalkomponenten in Gl. (62) können aus den charakteristischen Einwirkungen und den Auflagerkräften $B_{h,k}$ sowie $C_{h,k}$ berechnet werden, die beim Nachweis der Einbindetiefe anfallen. Ein zweiter Berechnungsvorgang bzw. eine Iteration ist nicht notwendig. Formal beschreibt Gl. (60) keinen Grenzzustand, sondern eine Gleichgewichtsbedingung. Aus diesem Grund treten beim Nachweis nach Gl. (60) auch keine Teilsicherheitsbeiwerte auf.

Gl. (60) entspricht dem sog. vereinfachten Nachweis des inneren Gleichgewichts der Vertikalkräfte nach dem Globalsicherheitskonzept [138]. Der Zweck des Nachweises liegt darin, dass der negative Neigungswinkel $\delta_{p,k}$ und damit die günstig wirkende Komponente $E_{pv,k}$ nicht überschätzt wird. Überträgt man den sog. genaueren Nachweis auf das Teilsicherheitskonzept, dann ergibt sich

$$G_k + E_{av,k} + \frac{1}{2} \cdot C_{v,k} \geq \left(B_{h,k} - \frac{1}{2} \cdot C_{h,k} \right) \cdot \tan |\delta_{p,k}| \tag{63}$$

3.5 Baugrubensicherung

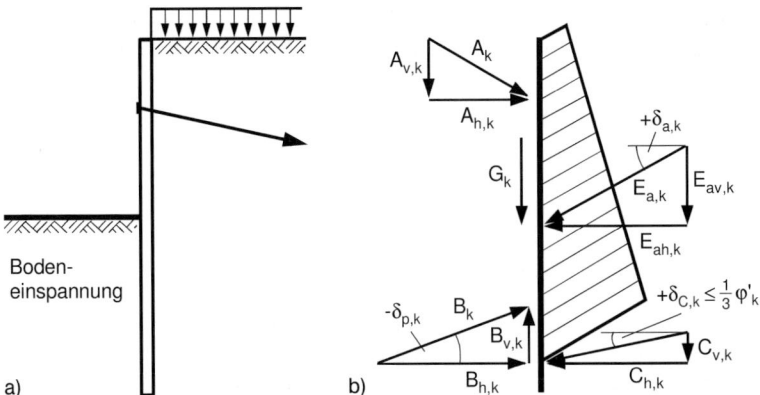

Bild 61. Nachweis der Vertikalkomponente der Bodenreaktion bei Einspannung im Boden; a) Baugrubenquerschnitt, b) Kräftespiel

Im Rahmen des Globalsicherheitskonzepts genügte nach den bisherigen Fassungen der EAB nur beim vereinfachten Nachweis eine Sicherheit $\eta = 1{,}0$, während beim genaueren Nachweis $\eta = 1{,}50$ einzuhalten war. Auf die Einführung entsprechender Teilsicherheitsbeiwerte in DIN 1054 „Sicherheitsnachweise im Erd- und Grundbau" wurde jedoch verzichtet. Zum einen bestanden seit jeher Zweifel an der Notwendigkeit dieses Sicherheitsbeiwerts. Zum anderen war bei der Umstellung auf das Teilsicherheitskonzept die Einführung eines entsprechenden Teilsicherheitsbeiwertes nicht möglich, weil sich der untersuchte Fall weder mit dem Grenzzustand GZ 1A noch mit dem Grenzzustand GZ 1B verbinden ließ. Die naheliegende Folgerung war, den Nachweis als reine Gleichgewichtsbedingung zu behandeln und auf einen Sicherheitsbeiwert ganz zu verzichten. Auch ein Anpassungsfaktor wäre unter diesen Umständen nicht sinnvoll gewesen.

Der vereinfachte Nachweis enthält eine versteckte Sicherheit, weil in der dreieckförmigen Erdwiderstandsfigur ein in Wirklichkeit nicht vorhandener Anteil steckt, dessen Vertikalkomponente durch günstig wirkende, äußere Vertikalkräfte abgedeckt werden muss. Lässt sich trotzdem belegen, dass die von oben nach unten wirkenden Vertikalkräfte mindestens so groß sind wie die Vertikalkomponente der Auflagerkraft B, dann ist der erforderliche Nachweis $\Sigma V_k = 0$ erbracht. Lässt er sich auf diese Weise nicht erbringen, dann kann der genauere Nachweis gewählt werden. Führt auch er nicht zum gewünschten Ergebnis, dann muss der Neigungswinkel des Erdwiderstandes herabgesetzt werden.

Bei im Boden frei aufgelagerten Wänden entfällt der Beitrag der Ersatzkraft C_k (Bild 62). Aus Gl. (62) wird

$$G_k + E_{av,k} + A_{v,k} \geq B_{v,k} \tag{64}$$

Vertikalkräfte aus veränderlichen Einwirkungen dürfen nicht berücksichtigt werden, wenn sie den Nachweis $\Sigma V_k = 0$ günstig beeinflussen.

Bei einer nicht gestützten, im Boden eingespannten Wand kann der Nachweis entfallen, wenn $\delta_{C,k} = -\delta_{p,k} = \delta_{a,k} = +1/3 \cdot \varphi'_k$ gesetzt wird. Größere Neigungswinkel als $\delta_{C,k} = +1/3 \cdot \varphi'_k$ sind i. Allg. jedoch nicht möglich, weil sonst die mit positivem Neigungswinkel zu ermittelnde Erdwiderstandskraft C verschwindend kleine Werte annimmt und damit das Gleichgewicht der waagerechten Kräfte mit dem üblichen Einbindetiefenzuschlag $\Delta t = 0{,}20 \cdot t_1$ nicht

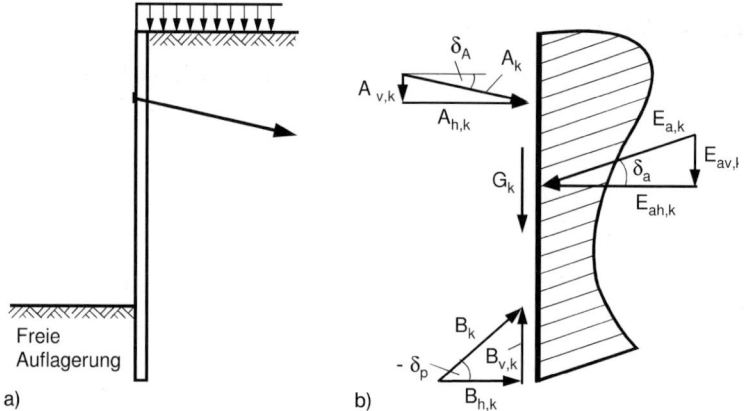

Bild 62. Nachweis der Vertikalkomponente der Bodenreaktion bei freier Auflagerung im Boden; a) Baugrubenquerschnitt, b) Kräftespiel

vorhanden ist. Setzt man $\delta_{C,k} = +1/3 \cdot \varphi'_k$ und $\delta_{a,k} = 2/3 \cdot \varphi'_k$, so darf i. Allg. bei nicht gestützten Spundwänden höchstens $\delta_{p,k} = -1/2 \cdot \varphi'_k$ gewählt werden. Steht oberhalb der Baugrubensohle schmieriger bindiger Boden mit $\delta_{a,k} = 0$ an, dann ist der Erddruckneigungswinkel $|-\delta_{p,k}| < 1/3 \cdot \varphi'_k$ zu setzen. Das Gleiche kann auch erforderlich sein, wenn die Wand hauptsächlich durch Wasserdruck belastet ist.

Bei einmal gestützten, im Boden frei aufgelagerten Wänden und bei einmal gestützten, im Boden eingespannten Wänden genügt meist schon die mit einer waagerechten Stützung verbundene Entlastung des Auflager- bzw. Einspannbereichs, um das Gleichgewicht der senkrechten Kräfte nach Gl. (62) auch bei Ansatz des Erddruckneigungswinkels $\delta_{p,k} = -\varphi'_k$ führen zu können. Wenn darüber hinaus die Wand durch eine geneigte Verankerung gehalten wird, dann wird die hierbei auftretende Vertikalkomponente der Ankerkraft A_k so groß, dass nicht nur $\delta_{p,k} = -\varphi'_k$, sondern ggf. auch $\delta_{C,k} = -\varphi'_k$ gesetzt werden kann. Nach *Lackner* (s. Abschn. 3.2.1) lässt sich dann ein kleinerer Rammtiefenzuschlag errechnen als $\Delta t = 0{,}20 \cdot t_1$. Unter diesen Umständen und immer dann, wenn noch eine zusätzliche ständige Auflast aus einer Baugrubenabdeckung hinzukommt, kann die Summe der von oben nach unten gerichteten Vertikalkräfte so groß sein, dass der Nachweis der Abtragung der Vertikalkräfte in den Untergrund nach Abschnitt 4.3 geführt werden muss. Der Nachweis nach Gl. (62) kann dann entfallen.

Diese Angaben gelten für Spundwände, Schlitzwände und Pfahlwände. Bei Trägerbohlwänden lässt sich fast immer der Nachweis der Vertikalkomponente des mobilisierten Erdwiderstands führen, auch wenn sie nicht gestützt sind. Zwar kann der Erddruckneigungswinkel beim Erdwiderstand mit $|\delta_{p,k}| = \varphi'_k - 2{,}5°$, höchstens mit $\delta_{p,k} = 27{,}5°$, angenommen werden, auf der anderen Seite aber kommt der räumliche Anteil des Erdwiderstands vor einem Bohlträger teilweise ohne Wirkung der Wandreibung zustande (s. Abschn. 2.7). Bei kohäsionslosem Boden hat die Vertikalkomponente der stützenden Auflagerkraft B_k etwa die Größe

$$B_{v,k} \cong \frac{1}{3} \cdot B_{h,k} \cdot \tan \delta_{p,k} \cong \frac{1}{6} \cdot B_{h,k} \tag{65}$$

Damit lässt sich in der Regel der Nachweis nach Gl. (60) leicht erbringen, sofern der aktive Erddruck mit Wandreibung ermittelt werden darf. Nur bei bindigem Boden können in dieser Hinsicht Schwierigkeiten auftreten.

4.3 Abtragung von Vertikalkräften in den Untergrund

Sofern die Summe der von oben nach unten wirkenden Vertikalkräfte wesentlich größer ist als die Vertikalkomponente des Erdwiderstands bzw. größer als die Summe der Vertikalkomponenten der Einspannkräfte im Boden, ist nachzuweisen, dass der Überschuss an senkrechten Kräften sicher in den Untergrund abgeleitet wird. Dazu muss nachgewiesen werden, dass entsprechend der Grenzzustandsbedingung

$$V_d \leq R_d \tag{66}$$

die Summe V_d der Bemessungswerte der von oben nach unten gerichteten Komponenten der Einwirkungen höchstens so groß ist wie die Summe R_d der Bemessungswerte der Widerstände.

Die Einwirkungen bestehen aus:

G_k Eigengewicht der Konstruktion
$E_{agv,k}$ Vertikalkomponente des charakteristischen Erddrucks aus Bodeneigengewicht
$E_{apv,k}$ Vertikalkomponente des charakteristischen Erddrucks aus unbegrenzter Flächenlast
$E_{aqv,k}$ Vertikalkomponente des charakteristischen Erddrucks aus veränderlichen Einwirkungen
$A_{Gv,k}$ Vertikalkomponente der Anker- bzw. Steifenkräfte aus ständigen Einwirkungen
$A_{Qv,k}$ Vertikalkomponente der Anker- bzw. Steifenkräfte aus veränderlichen Einwirkungen
P_k Zusätzliche Vertikalkomponente aus veränderlichen Einwirkungen

Für den Fall ohne geneigte Steifen oder Anker lautet die Grenzzustandsbedingung

$$G_k \cdot \gamma_G + E_{agv,k} \cdot \gamma_G + E_{apv,k} \cdot \gamma_G + E_{aqv,k} \cdot \gamma_Q + P_k \cdot \gamma_Q \leq R_{1,k} / \gamma_P \tag{67}$$

Dabei bezeichnet $R_{1,k}$ die charakteristische Grenztragfähigkeit der Wände oder Bohlträger. Der zugeordnete Teilsicherheitsbeiwert für Pfahlwiderstände aufgrund von Erfahrungswerten ist $\gamma_P = 1{,}40$ unabhängig vom Lastfall. Bei geneigten Ankern oder Steifen müssen die Einwirkungen in Gl. (67) entsprechend ergänzt werden.

Bei Bohlträgern ergibt sich der charakteristische Widerstand $R_{1,k}$ aus dem Ansatz

$$R_{1,k} = \frac{R_{1,k}^*}{a_t} \tag{68}$$

Die Grenztragfähigkeit von einzelnen Bohlträgern setzt sich aus Fußwiderstand $R_{b1,k}$ und Mantelwiderstand $R_{s1,k}$ zusammen:

$$R_{1,k}^* = R_{b1,k} + R_{s1,k} = A_b \cdot q_{b1,k} + A_s \cdot q_{s1,k} \cdot t_w \tag{69}$$

wobei A_b die Fußfläche, A_s die Mantelfläche und t_w die wirksame Einbindetiefe bezeichnet.

Für den charakteristischen Spitzenwiderstand $q_{b1,k}$ unter dem Fuß und die Mantelreibung $q_{s1,k}$ am Umfang F_s lassen sich in Anlehnung an *Weißenbach* [138] für gerammte Bohlträger folgende Werte für die Grenztragfähigkeit ableiten:

$$q_{b1,k} = 600 + 120 \cdot t_w \ (kN/m^2) \tag{70}$$

$$q_{s1,k} = 60 \ kN/m^2 \tag{71}$$

Berücksichtigt man, dass bei der Ermittlung der Mantelreibungsfläche die Rückseite der Bohlträger nicht mitgerechnet werden darf, dann lassen sich mit diesen Werten für die Grenzmantelreibung und den Spitzenwiderstand die Grenztragfähigkeiten für beliebige

Profile ermitteln, sofern die Bedingung $h_{St} \cong b_t$ eingehalten ist. Dies ist bei allen HE-B-Profilen bis HE-B 300 der Fall. Nach *Schenck* kann eine ausreichende Pfropfenbildung auch noch bei Profilen bis HE-B 400 angenommen werden, sofern die Träger ausreichend tief in den tragfähigen Boden eingerammt worden sind. Bei größeren Profilen als HE-B 400 nimmt der Spitzenwiderstand ab. Näherungsweise kann angenommen werden, dass beim Profil HE-B 1000 mit dem Verhältnis $hs_t : b_t = 3{,}33$ nur noch Mantelreibung allein wirksam ist. Interpoliert man geradlinig zwischen den mit Mantelreibung und mit vollem Spitzenwiderstand für den Trägerpfahl HE-B 400 ermittelten Werten und den für den Trägerpfahl HE-B 1000 mit Mantelreibung allein ermittelten Werten, so erhält man die in der Tabelle 5 angegebenen Widerstände $R_{1,k}$ im Grenzzustand GZ 1B. Das Einschweißen von zusätzlichen Rippen zur Erzielung der vollen Verspannung kommt bei Bohlträgern i. Allg. nicht infrage.

Bei den Normalprofilen und den Europaprofilen mit Seitenverhältnissen im Bereich von $h_{St} : b_t = 2$ bis 3 darf ein Spitzenwiderstand nicht in Rechnung gestellt werden. Berechtigt ist es allerdings, den Wert der Grenzmantelreibung von $q_{s1,k} = 60$ kN/m² anzusetzen, da auch bei schlanken Profilen eine gewisse Pfropfenbildung in den inneren Ecken stattfindet. Man erhält damit die in der Tabelle 5 zusammengestellten Werte für die Grenztragfähigkeit.

Die Gln. (70) und (71) wurden aus Pfahlprobebelastungen unter der Voraussetzung abgeleitet, dass die Pfähle mindestens 5 m tief im tragfähigen Boden einbinden. Bei Bohlträgern kann darauf verzichtet werden, wenn die Träger auf die letzten 5 m durch tragfähigen Boden gerammt und erst beim Aushub der Baugrube teilweise freigelegt werden. Als wirksame Einbindetiefe t_w zur Ermittlung der Tragfähigkeit darf jedoch nur der Abstand t_g von der Baugrubensohle bis zur Trägerunterkante abzüglich 0,50 m angesetzt werden, s. auch EAB, Anhang 10:

$$t_w = t_g - 0{,}50 \text{ m} \tag{72}$$

Allerdings sollte eine Einbindetiefe $t_g = 3{,}00$ m nicht unterschritten werden, wenn außer der Eigenlast der Baugrubenverkleidung und der Vertikalkomponente des Erddrucks weitere senkrechte Lasten abzutragen sind, z. B. Auflagerkräfte von Hilfsbrücken und Baugrubenabdeckungen, Lasten aus Kranbahnen oder Vertikalkräfte aus geneigten Verankerungen. Sind nur Vertikalkräfte aus Wandeigenlast und Erddruck aufzunehmen, dann darf die Einbindetiefe nach [32], EB 7 bis auf $t_g = 1{,}50$ m verringert werden. Geringere Einbindetiefen sind i. Allg. nur vertretbar, wenn lediglich die Eigenlast der Wand aufzunehmen ist.

Werden Bohlträger in vorgebohrte Löcher gestellt, dann hängt ihre Tragfähigkeit weitgehend von der Fußausbildung ab:

a) Bohlträger ohne besondere Fußausbildung schneiden bei Belastung in den Untergrund ein und sind nicht in der Lage, neben der Eigenlast der Wand nennenswerte Kräfte in den Untergrund abzuleiten.

b) Bohlträger, die in einen noch weichen Betonpfropfen eingerammt oder mit einer Fußplatte versehen auf ein Mörtelbett abgesetzt werden, sind in Bezug auf ihre Tragfähigkeit als gebohrte Pfähle nach DIN 1054:2005-01, Abschnitt 8.4.4 mit dem zugehörigen Anhang B anzusehen. Vor dem Einbringen des Betons muss gewährleistet sein, dass durch etwa in das Bohrloch eingedrungenes Sickerwasser keine Entmischung eintreten kann.

c) Bohlträger, die von der Bohrlochsohle bis zur Baugrubensohle einbetoniert werden, sind in Bezug auf ihre Tragfähigkeit ebenfalls als Bohrpfähle nach DIN 1054:2005-01, Abschnitt 8.4.4 mit dem zugehörigen Anhang B anzusehen, sofern beim Herstellen der Bohrung und beim Einbringen des Betons die bei der Herstellung von Pfählen erforderliche Sorgfalt aufgebracht und durch geeignete Maßnahmen sichergestellt wird, dass die Kraft aus dem Bohlträger einwandfrei in den Betonkörper übertragen wird.

3.5 Baugrubensicherung

Tabelle 5. Grenzlast $R_{1,k}$ (in kN) von gerammten Bohlträgern in ausreichend fest gelagertem Boden in Abhängigkeit von der nutzbaren Einbindetiefe t_w (in m)

h_{St} in mm	HE-B-Profile					IPE-Profile					I-Profile				
	1,00	2,00	3,00	4,00	5,00	1,00	2,00	3,00	4,00	5,00	1,00	2,00	3,00	4,00	5,00
140	56	100	145	189	234										
160	66	118	169	220	271										
180	77	135	193	251	309										
200	89	154	218	283	348	42	84	126	168	210	40	80	121	161	201
220	101	173	244	316	388	46	92	139	185	231	44	88	132	176	220
240	113	192	271	350	429	50	101	151	202	252	48	96	144	192	239
260	127	213	299	385	471						52	103	155	206	258
270						57	113	170	227	284					
280	140	234	327	421	514						55	110	165	220	275
300	155	256	356	457	558	63	126	189	252	315	59	117	176	234	293
320	162	265	369	473	577						62	124	186	248	310
330						68	137	205	274	342					
340	168	275	382	489	596						65	131	196	262	327
360	175	285	395	505	616	74	148	221	295	369	69	138	207	276	345
380											72	145	217	290	367
400	188	305	421	538	654	80	161	241	322	402	76	152	228	304	380
425											80	161	241	321	402
450	187	308	430	551	672	88	176	265	353	441	85	169	254	338	423
475											89	178	267	356	445
500	186	312	438	564	690	96	192	288	384	480	93	187	280	373	467
550	185	316	446	577	708	104	208	311	415	519	102	204	306	408	510
600	184	319	455	590	726	112	223	335	446	558	111	221	332	443	554
650	182	323	463	604	744										
700	181	326	472	617	762										
800	179	334	488	643	798										
900	176	341	505	670	834										
1000	174	348	522	696	870										

Zur Ermittlung der Tragfähigkeit von Pfählen mit quadratischer Fußplatte sowie zur Berücksichtigung des Einflusses des Grundwasserstands, der Mantelreibung und des Mindestabstands siehe [138].

Die in [32], Anhang A 10 zu EB 85 angegebenen charakteristischen Widerstände und die daraus entsprechend Tabelle 5 abgeleiteten Grenztragfähigkeiten setzen voraus, dass ausreichend dicht gelagerte nichtbindige Böden oder annähernd halbfeste bindige Böden anstehen. Als ausreichend dicht wird ein nichtbindiger Boden in diesem Zusammenhang angesehen, wenn entweder seine Lagerungsdichte den Wert $D \geq 0{,}40$ bei gleichförmigem Boden mit $U < 3$ bzw. $D \geq 0{,}55$ bei ungleichförmigem Boden mit $U \geq 3$ aufweist oder wenn bei Drucksondierungen ein Spitzendruck von mindestens 10 MN/m^2 nachgewiesen wird. Lässt sich im Einzelfall nachweisen, dass ein besonders dicht gelagerter Boden vorliegt, dann dürfen die angegebenen Werte um 25 % vergrößert werden. Bei geringeren Lagerungsdichten sind Probebelastungen vorgeschrieben. Bei Bohlträgern ist es nach [138] vertretbar, auf Probebelastungen zu verzichten und stattdessen die Grenztragfähigkeitswerte der Tabelle 5 wie folgt abzumindern:

– auf 70 % bei mitteldichter Lagerung,
– auf 40 % bei lockerer Lagerung,
– auf 20 % bei sehr lockerer Lagerung.

Bei bindigen Böden mit nicht annähernd halbfester Konsistenz erhält man erfahrungsgemäß nur etwa 10 bis 30 % der in Tabelle 5 angegebenen Grenztragfähigkeitswerte. In diesem Fall sind Konstruktionen und Lastansätze zu wählen, bei denen außer der Eigenlast der Wand keine weiteren Lasten in den Untergrund abgetragen werden müssen.

Für Spundwände fehlen entsprechende Angaben über die Tragfähigkeit. Im Allgemeinen ist es jedoch zulässig, bei Spundwänden den Fußwiderstand mit dem Spitzenwiderstand $q_{b1,k}$ nach Gl. (70) ermitteln und die Mantelreibung auf der Baugrubenseite der Wand mit $q_{s1,k}$ = 60 kN/m^2. Die in Gl. (69) einzusetzende wirksame Fußfläche bei Spundwänden darf nach [32], EB 85, Absatz 3 b) in Anlehnung an *Weißenbach* und *Radomski* ermittelt werden [138, 87]. Sofern dies zu günstigeren Werten führt, darf nach EB 84, Absatz 2 d) auf der Baugrubenseite der Spundwand an die Stelle des Mantelwiderstands die Vertikalkomponente der Auflagerkraft B_k gesetzt werden. Auf der Erdseite der Spundwand dagegen kann keine Last in den Untergrund abgetragen werden, wenn der aktive Erddruck mit positiver Wandreibung angesetzt wird. Ähnliche Überlegungen gelten für Schlitzwände und Bohrpfahlwände. Für Ortbetonwände dürfen die charakteristischen Widerstände wie für Bohrpfähle nach DIN 1054:2005-01, Abschnitt 8.4.4 mit dem zugehörigen Anhang B (s. auch EB 85, Absatz 2 a) ermittelt werden. Bei geringen Einbindetiefen darf der Fußwiderstand auch nach DIN 4017 „Berechnung des Grundbruchwiderstands von Flachgründungen" berechnet werden.

4.4 Sicherheit gegen Aufbruch der Baugrubensohle

Der Nachweis der Sicherheit gegen Aufbruch der Baugrubensohle ist dann von Bedeutung, wenn verhältnismäßig tiefe Baugruben in weichen oder tonigen Böden auszuheben sind und die geschlossene Baugrubenverkleidung nur bis zur Baugrubensohle reicht oder nur wenig in den Boden unterhalb der Baugrubensohle einbindet. Es besteht dann die Gefahr eines Grundbruchs mit einer Ausbildung von Gleitflächen entsprechend Bild 63.

Durch die Einführung des Teilsicherheitskonzepts musste der von *Weißenbach* [138] entwickelte Nachweis entsprechend angepasst werden [32, 54]. Während beim Globalsicherheitskonzept noch eine direkte Bestimmung der Aushubtiefe für den Grenzzustand möglich

3.5 Baugrubensicherung

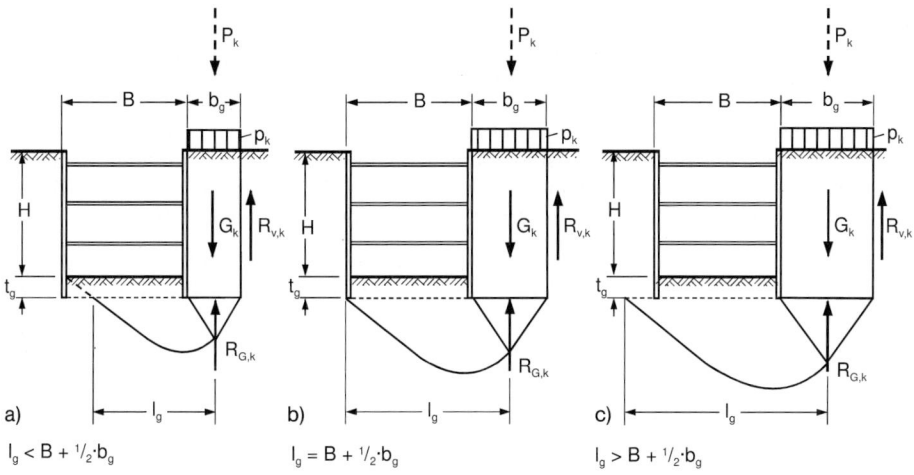

Bild 63. Aufbruch der Baugrubensohle bei einheitlichem Boden;
a) $l_g < B + {}^1/_2\, b_g$, b) $l_g = B + {}^1/_2\, b_g$, c) $l_g > B + {}^1/_2\, b_g$

war, muss beim Teilsicherheitskonzept iterativ die maßgebliche Breite gesucht werden. Der Nachweis zählt zum Grenzzustand GZ 1B.

Nach [32], EB 10, Absatz 1 ist dabei wie folgt vorzugehen:

a) Maßgebend sind die Kräfte an einem Bodenkörper der Breite b_g. Einwirkungen sind das Gewicht G_k des Bodenkörpers und ggf. Auflasten P_k. Widerstände sind die seitliche Vertikalkraft $R_{v,k}$ und der Grundbruchwiderstand $R_{Gr,k}$ nach DIN 4017 „Berechnung des Grundbruchwiderstands von Flachgründungen" für den belasteten Streifen der Breite b_g (Bild 63).

b) Es ist mit den Bemessungswerten die Grenzzustandsbedingung

$$G_d + P_d \leq R_{v,d} + R_{Gr,d} \tag{73}$$

zu erfüllen. Dabei ist die Breite b_g nach [54, 138] solange zu variieren, bis sich das Maximum für den Ausnutzungsgrad

$$\mu = \frac{G_d + P_d}{R_{v,d} + R_{Gr,d}} \tag{74}$$

ergibt.
Es sind nur solche Fälle zu untersuchen, bei denen der Aufbruchkörper innerhalb der Baugrube liegt (Bild 63 a) oder gerade die gegenüberliegende Seite erreicht (Bild 63 b). Im Fall schmaler Baugruben (Bild 63 c) braucht die Breite nicht variiert zu werden siehe [54, 138].

c) Zu beachten sind die Beschränkung des Reibungsbeiwertes bei der Bestimmung des Reibungsanteils bei $R_{v,k}$ und die Besonderheiten für schmale Baugruben [138].

d) Die Bemessungswerte $R_{v,d}$ und $R_{Gr,d}$ ergeben sich aus den charakteristischen Werten $R_{v,k}$ und $R_{Gr,k}$ durch Division mit dem Teilsicherheitsbeiwert γ_{Gr} für Grundbruch.

Vereinfachungen ergeben sich bei rein kohäsiven Böden ohne Reibung, s. [32], EB 99, Absatz 2. Weitere Einzelheiten zum Nachweis und Beispiele s. *Hettler* und *Stoll* [54].

Die Auswertungen von *Weißenbach* auf der Grundlage des Globalsicherheitskonzepts zeigen, dass die zulässige Baugrubentiefe sehr schnell mit dem Reibungswinkel zunimmt. Dementsprechend verliert die Kohäsion mit zunehmendem Reibungswinkel an Einfluss. Bei einem Reibungswinkel $\varphi'_k = 20°$ genügt schon eine Kohäsion von einigen kN/m², um das Gleichgewicht zu gewährleisten. Auch bei $c'_k = 0$ ist in diesem Fall ein Sohlaufbruch nur zu befürchten, wenn unterhalb der Baugrubensohle Grundwasser ansteht. Bei Reibungswinkeln $\varphi'_k \geq 25°$ ist ein Sohlaufbruch auch dann nicht mehr möglich. Bei allen nichtbindigen Böden kann daher die Untersuchung der Sicherheit gegen Aufbruch der Sohle entfallen.

Lässt sich der Nachweis der Aufbruchsicherheit der Sohle bei einer nur bis zur Baugrubensohle reichenden Baugrubenverkleidung nach Gl. (73) nicht führen, dann ist eine Verbauart zu wählen, die eine ausreichende Einbindung t_g (Bild 63) in den Untergrund zulässt. Die Auflast $\gamma_k \cdot t_g$ belastet dabei den aufbrechenden Bodenkeil und erhöht die Grenztiefe, bei der ein Grundbruch auftreten kann, hierzu siehe [138].

Bei Feinsand- und Schluffböden, die unter Wasserüberdruck stehen und daher zum Fließen neigen, ist die Baugrubensohle stets aufbruchgefährdet, wenn die geschlossene Baugrubenverkleidung nur bis zur Baugrubensohle reicht. Falls der Boden nicht durch eine Vakuumentwässerung trockengelegt werden kann, ist in solchen Fällen ein senkrechter Grabenverbau oder eine Spundwand anzuordnen und die Sicherheit gegen hydraulischen Grundbruch nachzuweisen (s. Abschn. 5.7).

Unabhängig von der Art des anstehenden Bodens kann es zweckmäßig sein, die zu erwartende Hebung der Baugrubensohle zu untersuchen. Diese Hebungen werden verursacht

- durch die Ausdehnung des Bodens unterhalb der Baugrubensohle infolge der Aushubentlastung [138],
- durch die waagerechte Zusammendrückung des Bodens unterhalb der Baugrubensohle infolge der zu erwartenden Wandbewegungen, insbesondere bei verankerten Wänden [78, 79].

Im Wesentlichen hängen die zu erwartenden Hebungen von den Abmessungen, der Tiefe und den Bodenverhältnissen unterhalb der Sohle der Baugrube ab. Bei Baugrubentiefen von 10 bis 20 m und guten Bodenverhältnissen ist in der Mitte der Baugrube mit Hebungen in der Größenordnung von mehreren Zentimetern zu rechnen [38, 104, 107, 123]. Bei Baugrubentiefen über 20 m und weniger günstigen Bodenverhältnissen kann die Größenordnung von mehreren Dezimetern erreicht werden [17]. An den Rändern der Baugrube ist die Hebung geringer. Sie kann jedoch auch die Baugrubenwand und den hinter ihr anstehenden Boden erfassen [111].

5 Untersuchung besonderer Baugrubenkonstruktionen

5.1 Baugruben mit besonders großen Abmessungen

5.1.1 Besonders breite Baugruben

Zu jeder Aussteifungsart gehört eine größte Baugrubenbreite, die ohne besondere Maßnahmen nicht überschritten werden kann. Wenn man von den Kanalbaugruben absieht, die i. Allg. nicht breiter sind als 4 m und mit den üblichen Kanalstreben oder mit Rundholz ausgesteift werden, ergeben sich bei der Verwendung von Holzsteifen und Stahlsteifen in statischer und wirtschaftlicher Hinsicht gewisse Grenzen für die erreichbare Baugrubenbreite:

3.5 Baugrubensicherung

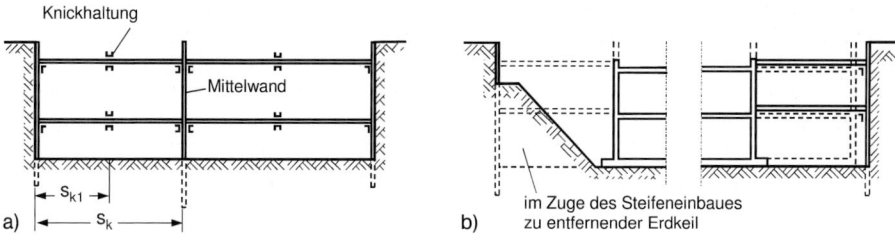

Bild 64. Besonders breite Baugruben; a) Anordnung von Mittelwänden und Knickhaltungen, b) Absteifungen gegen einen im Schutze von Böschungen erstellten Mittelteil des Bauwerks

- Rundholzsteifen bis etwa 10 m Baugrubenbreite,
- HE-B-Stahlsteifen ohne Knickhaltung bis etwa 15 m Baugrubenbreite,
- HE-B-Stahlsteifen mit Knickhaltung bis etwa 22 m Baugrubenbreite,
- Stahlrohrsteifen oder Gitterträger bis etwa 30 m Baugrubenbreite.

Die angegebenen Baugrubenbreiten können bei Anordnung einer Mittelwand nach Bild 64 a verdoppelt, bei Anordnung von zwei Mittelwänden verdreifacht werden. Die Standsicherheit solcher Mittelwände ist statisch nachzuweisen. Man nimmt dazu entsprechend DIN 4124 „Baugruben und Gräben" bzw. nach EAB [32], EB 52 Absatz 9, als Bemessungslast 1% der Summe der in den angeschlossenen Steifen vorhandenen Normalkräfte an. Außerdem ist entsprechend EAB [32], EB 56, in einer Höhe von 1,20 m über der jeweiligen Aushubsohle eine waagerechte Einzellast von $H = 100$ kN in beliebiger Richtung zu berücksichtigen, sofern keine konstruktive Sicherung gegen den Anprall von Baugeräten angeordnet ist. Sind zur Verkürzung der Knicklänge zwei oder mehrere dieser Konstruktionen nebeneinander angeordnet, so ist jede einzeln für die angegebenen Lasten zu bemessen. Das Gleiche gilt für gemeinsame Verbände: Geschweißte Anschlüsse sind wegen der möglichen Zwängungen für das Doppelte der so errechneten Lasten zu bemessen.

Die ermittelten Längskräfte müssen durch entsprechende Verbände in das Erdreich abgeleitet werden. Bei langgestreckten Baugruben kommen dafür zwei Möglichkeiten infrage: entweder die Anordnung von waagerechten Verbänden in der Steifenebene und senkrechten Verbänden an den Baugrubenwänden oder die Anordnung von senkrechten Verbänden in der Ebene der Mittelwand. Im ersten Fall werden die Längskräfte in die Baugrubenwände und von dort auf das Erdreich übertragen, im zweiten Fall wirken die Mittelwände im Bereich der Auskreuzung als starre Scheiben und übertragen die Längskraft in den Untergrund unterhalb der Baugrubensohle (Bild 64 a). Die dabei entstehenden Druck- und Zugpfahlwirkungen in den Mittelwandträgern sind mit den rechnerisch ermittelten Zug- und Druckkräften aus einer angenommenen Schräglage 1:100 der Steifen zu überlagern. Die Nichtbeachtung der räumlichen Stabilität von Mittelwänden war die entscheidende Ursache des aufsehenerregenden Einsturzes eines Teils der Baugrube der Berliner S-Bahn im Jahr 1935 [30, 86].

Wenn man die mit der Anordnung von Mittelwänden verbundenen Schwierigkeiten vermeiden will, bietet sich die im Bild 64 b dargestellte Lösung an: Zunächst wird nur der Mittelteil der Baugrube ausgehoben, die Baugrubenwände kragen zum Teil aus und werden im Übrigen durch Böschungen gestützt, die am Rand der Baugrube stehen bleiben.

Sobald der Mittelteil des Bauwerks fertiggestellt ist, werden die Baugrubenwände gegen diesen Mittelteil abgesteift. Anschließend kann der Bereich zwischen den Baugrubenwänden und dem Bauwerksmittelteil ausgehoben und fertiggestellt werden. Baubetrieblich ist diese

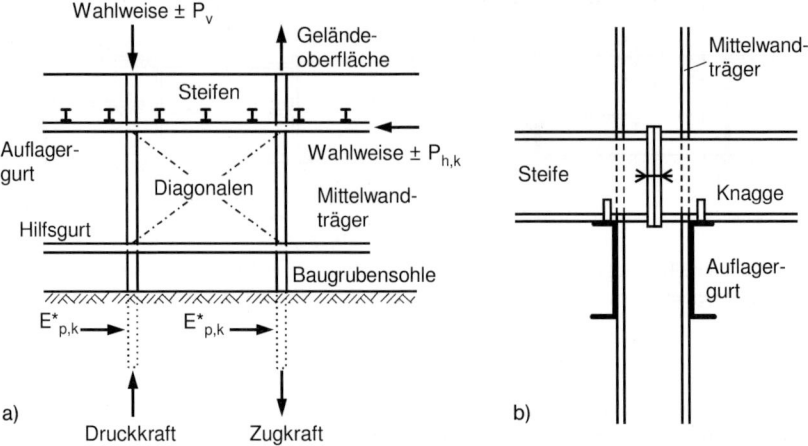

Bild 65. Einzelheiten einer Mittelwand zur Verkürzung der Knicklänge der Steifen;
a) einwirkende Kräfte, b) Detail der Steifenauflagerung

Lösung nicht sehr günstig, da der zweite Arbeitsgang zeitlich vom ersten abhängig ist. Sie kann aber immer noch günstiger sein als die Anordnung von Schrägsteifen nach Abschnitt 5.4. Wesentlich einfacher sind in dieser Hinsicht verankerte Baugrubenwände, sofern eine Verankerung möglich ist.

5.1.2 Besonders tiefe Baugruben

Bei tiefen Baugruben kann die Herstellung der Baugrubenwände mit Schwierigkeiten verbunden sein, insbesondere bei Spundwänden und Trägerbohlwänden. Auch bei verdichtungswilligen und hindernisfreien Böden sind i. Allg. nur Rammtiefen bis etwa 20 m erreichbar. Wenn sich die Spundwände und Bohlträger bei tiefen Baugruben nicht bis zur erforderlichen Tiefe unter die vorgesehene Baugrubensohle rammen lassen, stehen folgende Möglichkeiten zur Auswahl:

– Man verzichtet auf die Einbindung der Rammträger in den Boden unter der Baugrubensohle und rechnet das untere Ende als Kragarm.
– Man setzt die Bohlträger in vorgebohrte, unter Umständen unverrohrte Löcher und rammt überhaupt nicht oder nur noch einen Teil der Länge.
– Man verwendet anstelle von Bohlträgern die Mantelrohre von Bohrpfählen, an die laufend mit dem Aushub Flansche angeschweißt werden.
– Man ordnet eine Bohrpfahlwand oder eine Schlitzwand an.
– Man wählt eine gestaffelte Baugrube.

Die im ersten Fall genannte Verkürzung der Rammträger führt dazu, dass keine Vertikalkräfte in den Untergrund abgeleitet werden können. Der aktive Erddruck muss somit für den Erddruckneigungswinkel $\delta_{a,k} = 0$ ermittelt werden. Diese Lösung empfiehlt sich auch aus einem anderen Grund: Bei Baugruben und Tiefen von mehr als 15 m wird die rechnerische Normalkraft in den Spundwänden und Bohlträgern sehr groß und die Ableitung in den Untergrund schwierig. Außerdem wirkt sich bei der Bemessung der Spundwände oder Bohlträger die Normalspannung aus der Vertikalkomponente des Erddrucks bei großen Baugrubentiefen sehr stark aus. Oft ist es für die Bemessung der Baugrubenver-

3.5 Baugrubensicherung

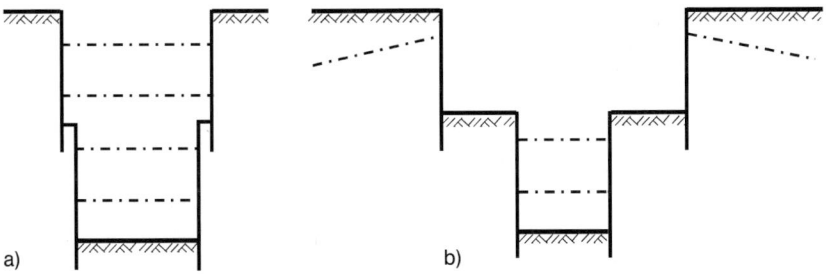

Bild 66. Gestaffelte Baugruben; a) schmale Berme, beide Staffeln ausgesteift, b) breite Berme, obere Staffel verankert, untere Staffel ausgesteift

kleidung günstig, auf eine Einbindung der Wand in den Untergrund zu verzichten, den Erddruckneigungswinkel mit $\delta_{a,k} = 0$ anzusetzen und die damit verbundene rechnerische Erhöhung des Erddrucks um 10 bis 20 % in Kauf zu nehmen. Die gleichen Überlegungen gelten auch für Bohlträger, die in vorgebohrte Löcher gesetzt werden und für die Mantelrohre von Bohrpfählen, die anstelle von Bohlträgern angeordnet werden. Bei Bohrpfahlwänden und Schlitzwänden spielt die Frage der Aufnahme von Vertikalkräften i. Allg. keine Rolle.

Gestaffelte Baugruben können entsprechend den Gegebenheiten und Erfordernissen aus Spundwänden, Ortbetonwänden und Trägerbohlwänden kombiniert werden. Nachteilig ist bei der Herstellung von Ortbetonwänden bzw. beim Rammen einer zweiten Spundwandstaffel, dass die bereits eingebaute Aussteifung im oberen Teil der Baugrube laufend umgesetzt werden muss. Bei Trägerbohlwänden kann dies umgangen werden, indem die Träger jeweils zwischen den Steifen der oberen Staffel angeordnet werden. Alle diese Probleme lassen sich bei größeren Baugruben vermeiden, wenn der obere Teil der Baugrube nach Bild 66b verankert wird. Zu beachten ist, dass die Erschütterungen beim Rammen der zweiten Staffel die Standsicherheit der bis dahin erstellten Baugrubenkonstruktion beeinträchtigen können. Im Allgemeinen wird man nicht mehr als zwei, höchstens drei Staffeln wählen. Werden sie entsprechend Bild 66a unmittelbar voreinander angeordnet, dann ist der Erddruck wie für eine von oben bis unten durchgehende Wand zu ermitteln. Bei größerem Abstand der Staffeln kann es zweckmäßig sein, zur Ermittlung der Erddrucklast eine genauere Untersuchung mit gebrochenen oder gekrümmten Gleitflächen vorzunehmen. Auch auf die Verteilung des Erddrucks kann der Abstand der Staffeln Einfluss haben. Je größer dieser Abstand, desto geringer ist die Ordinate des umgelagerten Erddrucks in Höhe der Berme. Sofern eine entsprechende Untersuchung bei größerem Abstand ergibt, dass bei getrennter Ermittlung die Erddruckkraft auf die obere Wand und die Erddruckkraft auf die untere Wand zusammen größer sind als die Erddruckkraft bei Annahme einer durchgehenden Gleitfläche, dann sind die beiden Wände bei der Ermittlung von Größe und Verteilung des Erddrucks jeweils für sich zu behandeln. Eine Auflagerkraft am Fuß der oberen Wand ist allerdings als zusätzliche Belastung der unteren Wand anzusetzen. Dabei kann jedoch eine entsprechende Lastausbreitung im Untergrund angenommen werden, sofern keine feste Verbindung zwischen dem Fuß der oberen Wand und dem Kopf der unteren Wand besteht.

5.2 Baugruben mit besonderem Grundriss

5.2.1 Quadratische und rechteckige Baugruben

Grundsätzlich können quadratische und rechteckige Baugruben wie langgestreckte Baugruben konstruiert und berechnet werden. Im Allgemeinen werden bei Trägerbohlwänden an den Ecken jeweils zwei Bohlträger angeordnet (Bild 67 a). Da diese doppelten Eckträger jeweils nur durch ein halbes Bohlenfeld belastet sind, genügen dafür Bohlträgerprofile, deren Widerstandsmoment bis zur Hälfte geringer sein darf als das Widerstandsmoment der übrigen Bohlträger. Die andere mögliche Lösung, die Anordnung jeweils eines auf Doppelbiegung beanspruchten Bohlträgers an den Ecken, setzt eine Verringerung der Stützweite in der schwachen Achse voraus, sofern auf die ganze Länge bzw. Breite der Baugrube der gleiche Erddruck angesetzt wird. Bei nachgiebigen Wänden wie Spundwänden und Trägerbohlwänden ist es allerdings vertretbar, den Erddruck an den Baugrubenecken abzumindern, da sich die Gleitkeile an diesen Stellen gegenseitig behindern (Bild 68 a). Eine vorsichtige Abschätzung der Reibungskräfte, die dadurch geweckt werden, führt zu dem Vorschlag nach Bild 68 b, den Erddruck von $e_{h,k} = 0$ an der Baugrubenecke geradlinig zunehmen zu lassen und erst im Abstand $0{,}20 \cdot H$ den vollen rechnerischen Wert anzusetzen. Bei einer Baugrubentiefe $H = 10$ bis 15 m entspricht das einer Breite von $2{,}0$ bis $3{,}0$ m, also dem üblichen Bohlträgerabstand. Für Baugruben, deren Tiefe deutlich kleiner ist als die Breite bzw. Länge, ergibt sich bei einer genaueren Untersuchung nach *Walz* [129] die Breite, auf welcher der Erddruck abgemindert werden darf, etwa zu $\leq 0{,}30 \cdot H$. Hierzu siehe auch [32], EB 75. Unabhängig von der Anordnung der Eckträger lassen sich die auftretenden Auflagerkräfte der Eckträger i. Allg. durch die winkel- oder U-förmigen Gurte übertragen, die zur Auflagerung der Steifen erforderlich sind. Auch bei Spundwänden und beim senkrechten Grabenverbau können die angeordneten Gurte aus Holz, Stahl oder Stahlbeton zusätzlich zum Biegemoment auch die Längskraft aufnehmen und auf die gegenüberliegende Baugrubenseite übertragen (Bild 67 b).

An den wenig nachgiebigen Ecken von Baugruben, die mit Schlitzwänden oder überschnittenen Bohrpfahlwänden verkleidet sind, ist davon auszugehen, dass annähernd der Erdruhedruck erhalten bleibt. Die Abminderung des Erddrucks infolge der räumlichen Wirkung ist daher im mittleren Bereich der Baugrubenseiten zu erwarten. Dementsprechend darf hier nach EB 75 auf einer Länge von $0{,}40 \cdot H$ bis $0{,}60 \cdot H$ der Erddruck auf die Hälfte abgemindert werden. Zweckmäßiger dürfte es sein, diese Länge und den anteiligen Erddruck zu vergrößern. Wird z. B. der Erddruck nur auf 75 % abgemindert, dann erhält man eine Länge von $0{,}80 \cdot H$ bis $1{,}20 \cdot H$, auf welcher der abgeminderte Erddruck anzusetzen ist.

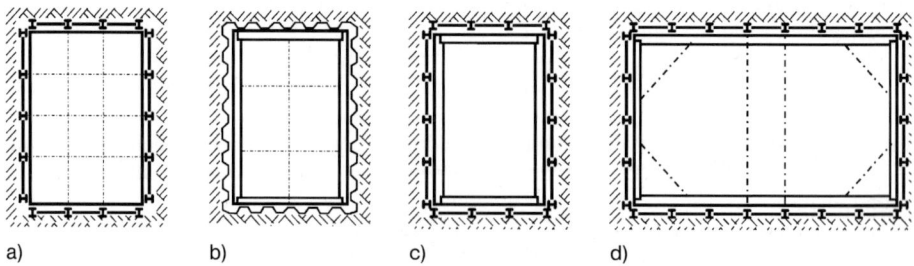

Bild 67. Rechteckige Baugruben; a) Bohlträger gegeneinander ausgesteift, b) Spundwandgurte gegeneinander ausgesteift, c) steifenfreie Baugrube, d) mit Diagonalsteifen und Normalsteifen ausgesteifte Baugrube

3.5 Baugrubensicherung

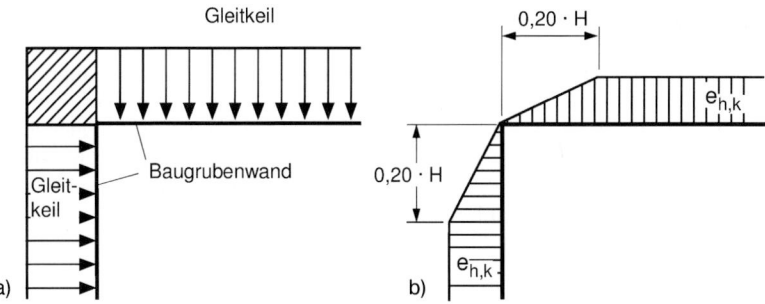

Bild 68. Abminderung des Erddrucks an Baugrubenecken; a) Ausbildung von Gleitkeilen, b) wirksamer Erddruck

Durch die gegenseitige Abstützung der jeweils gegenüberliegenden Baugrubenwände erhält man eine schachbrettartige Aussteifung der Baugrube. Im Allgemeinen wird man dafür sorgen, dass die Vertikalkräfte aus Eigenlasten und Nutzlast der Aussteifung durch die Steifen mit der kürzeren Spannweite abgetragen werden. Darüber hinaus ist es in den meisten Fällen zweckmäßig, die Knicklänge der Steifen herabzusetzen, indem man sie an den Kreuzungspunkten miteinander verbindet. Bei einer Stahlbetonaussteifung ist dies besonders einfach, da sich die Bauteile in einer Ebene durchkreuzen können (Bild 69). Bei einer Stahlaussteifung ist die Anordnung in einer Ebene i. Allg. unwirtschaftlich, da die Steifen in der einen Richtung stückweise zwischen die Steifen der anderen Richtung eingepasst werden müssen. In diesem Fall ist es zweckmäßig, die Steifen so in zwei Ebenen einzubauen, dass die Flansche sich berühren. Zur Herabsetzung der Knicklänge genügt eine einfache Schraubverbindung zwischen den Trägerflanschen. Bei Holzsteifen lässt sich eine solche Verbindung ebenfalls durch einen im Kreuzungspunkt angeordneten Schraubenbolzen herstellen. Gegebenenfalls müssen Unebenheiten durch Futterstücke ausgeglichen werden.

Oft behindert die im Bild 67 b gezeigte schachbrettartige Anordnung der Steifen den Bauvorgang. In solchen Fällen wird man versuchen, die jeweils auf einer Seite angreifenden

Bild 69. Mit Stahlbeton ausgesteifter Anfahrschacht für einen Schildvortrieb; Elbtunnel Hamburg, Los 11, Elbhang (Foto: Ph. Holzmann AG)

Erddruckkräfte zusammenzufassen und konzentriert zur gegenüberliegenden Baugrubenseite zu leiten. Eine steifenfreie Baugrube erhält man, wenn man an allen vier Seiten der Baugrube kräftige Gurte anordnet (Bild 67 c). Bei größeren Abmessungen der Baugrubenseiten scheidet diese Lösung allerdings aus. Es ist dann mit der Anordnung von Gurten, Fachwerkträgern, Diagonalsteifen und rechtwinklig zur Baugrubenwand verlaufenden Steifen die jeweils günstigste Lösung zu ermitteln. Besonders vorteilhaft ist die im Bild 67 d gezeigte Grundform einer mit normalen Steifen und kopfbandartigen Diagonalsteifen ausgesteiften Baugrube. Im Übrigen sind zahlreiche Kombinationen möglich.

5.2.2 Baugrubenstirnwände

Sofern langgestreckte Baugruben nicht rampenförmig auslaufen, brauchen sie an ihren Enden einen Abschluss. Lassen sich die Stirnwände nicht abböschen oder verankern, dann müssen geeignete Abfangekonstruktionen vorgesehen werden. Bei Baugruben mit geringer Tiefe und geringer Breite reichen dafür i. Allg. einfache Biegeträger nach Bild 70 a aus, die in jeder Steifenlage angeordnet und wie die Auswechslungen an Baggerlöchern berechnet werden. Bei größeren Baugrubenabmessungen kann ein Sprengwerk nach Bild 70 b bzw. 70 c oder ein Fachwerkträger nach Bild 70 d erforderlich werden. Für die Aufnahme der Auflagerkräfte kommen folgende Möglichkeiten infrage:

– Übertragung durch Reibung von der Baugrubenwand in das Erdreich,
– Übertragung in eigens dafür angeordneten Nischen in das Erdreich.

Bei der Ableitung der Stirnwandkräfte durch Diagonalsteifen nach Bild 70 b bzw. 70 c kann eine Bodenreaktion geweckt werden, welche die Längswand örtlich stärker beansprucht als der wirksame aktive Erddruck. Auch bei der Ableitung der Stirnwandkräfte in seitlich angeordneten Nischen ist zu untersuchen, ob dadurch der Erddruck auf die Baugrubenlängsseiten vergrößert wird. Diese Gefahr ist bei rechtwinklig angeordneten Nischen nach Bild 70 d größer als bei schiefwinklig angeordneten Nischen nach Bild 70 c. Gegebenenfalls sind diese nach außen gerichteten Kräfte durch Zugglieder aufzunehmen.

Den geringeren Aufwand verursacht i. Allg. die Ableitung des Stirnwanderddrucks auf die Baugrubenlängsseiten. Die aus den Biegegurten, Sprengwerken oder Fachwerkträgern der Stirnwandabfangungen punktförmig abgegebenen Kräfte müssen durch entsprechend bemessene Gurte in die Längswände abgeleitet werden. Bei Trägerbohlwänden genügt allerdings die Anordnung von Gurten in der jeweiligen Höhenlage der Abfangekonstruktionen oft nicht. Liegen diese in der Höhe weit auseinander, dann ist durch zusätzliche Gurte und Verbände dafür zu sorgen, dass die angreifenden Kräfte gut auf die Wand verteilt werden,

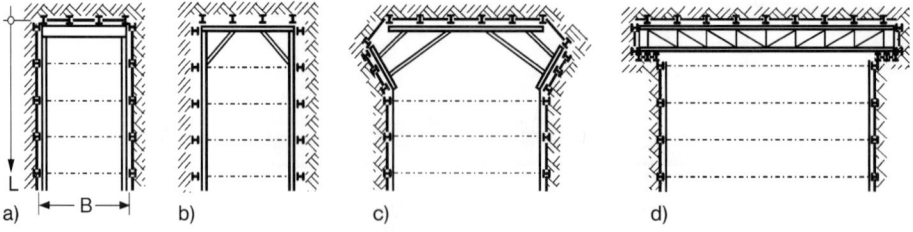

Bild 70. Stirnwandabfangungen; a) Biegeträger mit Ableitung der Längskräfte in die Längswände, b) Sprengwerk mit Ableitung der Längskräfte in die Längswände, c) Sprengwerk mit Ableitung der Längskräfte in schräg angeordneten Nischen, d) Fachwerkträger mit Ableitung der Längskräfte in rechtwinklig angeordneten Nischen

ohne die Bohlträger allzu sehr in der schwachen Achse auf Biegung zu beanspruchen. Wenn die Verbände an der Baugrubenwand so angeordnet sind, dass sie nur auf Zug beansprucht werden, eignen sich dafür Flachstähle, die den Arbeitsraum nur unwesentlich einengen. Auf jeden Fall aber müssen an den Gurten Knaggen oder Schraubverbindungen angebracht werden, welche die Längskräfte in die Einzelteile der Wände einleiten. Dies gilt auch für die einzelnen Bohlen einer Spundwand, die sich anderenfalls ziehharmonikaartig in Längsrichtung zusammendrücken ließen. Die Flachstahlverbände können entfallen, da die Bohlen infolge der weitgehend schubfesten Verbindungen in den Schlössern wie eine Scheibe wirken. Sinngemäß das Gleiche gilt für Schlitzwände und für Bohrpfahlwände mit überschnittenen Pfählen, nicht aber für aufgelöste Bohrpfahlwände, die in dieser Hinsicht wie Trägerbohlwände zu behandeln sind.

Ebenso wie die Einleitung der Längskräfte in die Baugrubenwand ist auch die Abtragung der Längskräfte von der Baugrubenwand in das anliegende Erdreich nachzuweisen. Bei Spundwänden, Bohrpfahlwänden und bei Trägerbohlwänden, deren Bohlen hinter den vorderen Flanschen der Träger verkeilt sind, erhält man die für die Abtragung der Stirnwandkräfte erforderliche Wandlänge L bei waagerechtem Gelände näherungsweise aus dem Ansatz

$$L \approx B / \tan \delta_{L,k} \tag{75}$$

Mit B wird hier die Breite der Stirnwand bezeichnet. Der Längsreibungswinkel darf hierbei höchstens zu $\delta_{L,k} = 2/3 \cdot \varphi'_k$ angenommen werden, wenn der Erddruck auf die Baugrubenwand mit dem Erddruckneigungswinkel $\delta_{a,k} = 2/3 \cdot \varphi'_k$ ermittelt worden ist. Die Resultierende aus den beiden Winkeln ergibt sich dann zu $\delta_{max} \approx \varphi'_k$, das ist der größtmögliche Wandreibungswinkel, der nur bei sehr rauen Wänden auftreten kann. Bei Schlitzwänden und bei Trägerbohlwänden, bei denen die Bohlen hinter den rückwärtigen Flanschen von Bohlträgern verkeilt werden, sind dementsprechend kleinere Werte für den Längsreibungswinkel $\delta_{L,k}$ anzunehmen, ggf. auch für den Erddruckneigungswinkel $\delta_{a,k}$. Im Übrigen berücksichtigt Gl. (75) den Fall, dass der Erddruck bei unterschiedlicher Belastung der Geländeoberfläche auf der Stirnwand bis zu 30 % größer sein kann als der Erddruck auf den Baugrubenlängsseiten. Wird ein rechnerischer Nachweis geführt, dann ist, mit den Teilsicherheitsbeiwerten für den Grenzzustand GZ 1B, folgende Grenzzustandsbedingung maßgebend:

$$E_{GhB,k} \cdot B \cdot \gamma_G + E_{QhB,k} \cdot B \cdot \gamma_Q \leq 2 \cdot E_{GhL,k} \cdot L \cdot \tan \delta_{L,k} / \gamma_{Ep} \tag{76}$$

Mit $E_{GhB,k}$ wird hier der Erddruck aus Bodeneigengewicht auf die Stirnwand bezeichnet, mit $E_{QhB,k}$ der Erddruck aus Nutzlasten auf die Stirnwand, mit $E_{GhL,k}$ der Erddruck aus Bodeneigengewicht auf die Längswand. Mit der Unterscheidung von $E_{GhB,k}$ und $E_{GhL,k}$ wird der Fall erfasst, dass der Erddruck auf die Längswand mit zunehmendem Abstand von der Stirnwand in Abhängigkeit von der Baugrubentiefe größer oder kleiner wird.

5.2.3 Baugrubenverbreiterungen

Ähnliche Überlegungen wie bei der Ableitung von Stirnwandkräften in die Baugrubenlängswände lassen sich bei Baugruben anstellen, die sich trompetenförmig erweitern. Der größte zulässige Winkel $\beta_{s,d}$ zwischen Steifenachse und Längswand ergibt sich zu

$$\tan \beta_{s,d} \approx \tan \delta_{L,k} / \gamma_G \cdot \gamma_{Ep} \tag{77}$$

Für die verschiedenen Formen der konstruktiven Ausbildung von Baugrubenverbreiterungen lassen sich damit folgende Regeln aufstellen:

Erweitert sich eine Baugrube nach Bild 71 a dergestalt, dass die eine Seite der Baugrube gerade durchläuft und die andere unter dem Winkel β_L zu ihr steht, so dürfen die Steifen

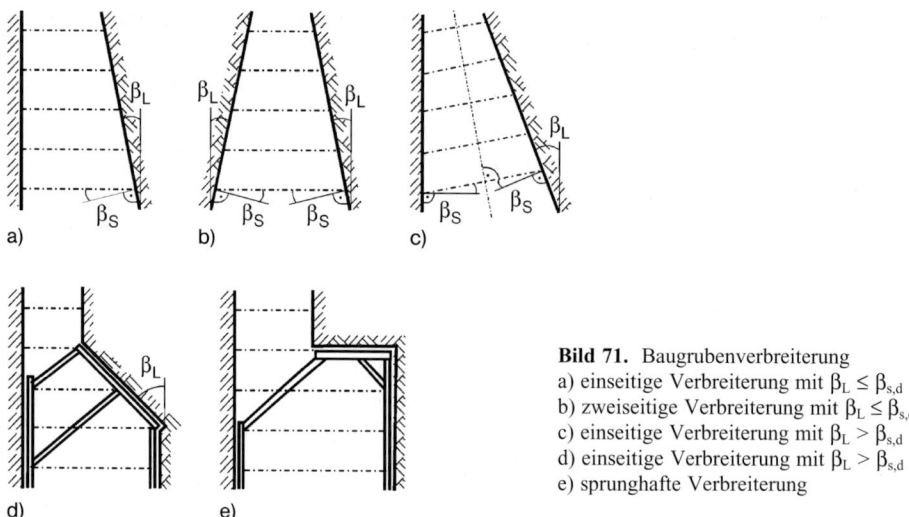

Bild 71. Baugrubenverbreiterung
a) einseitige Verbreiterung mit $\beta_L \leq \beta_{s,d}$
b) zweiseitige Verbreiterung mit $\beta_L \leq \beta_{s,d}$
c) einseitige Verbreiterung mit $\beta_L > \beta_{s,d}$
d) einseitige Verbreiterung mit $\beta_L > \beta_{s,d}$
e) sprunghafte Verbreiterung

rechtwinklig zur durchgehenden Baugrubenwand gesetzt werden, sofern der Winkel $\beta_{s,d}$ zwischen der Steifenachse und der Baugrubenwand die durch Gl. (77) gegebene Bedingung einhält. Das Gleiche gilt bei einer Baugrube nach Bild 71 b, deren Wände jeweils den Winkel β_L mit der geradlinig durchlaufenden Achse einschließen. Die Bedingung der Gl. (77) gilt in diesem Fall für jede Baugrubenseite. Ist bei einer einseitigen Baugrubenerweiterung der Winkel β_L größer als der Winkel $\beta_{s,d}$, so lässt sich die Baugrube ohne großen Aufwand sichern, wenn die Steifen rechtwinklig zur Baugrubenachse angeordnet werden (Bild 71 c). Die Steifen treffen dann auf keine der beiden Baugrubenseiten rechtwinklig auf.

Nimmt die Baugrubenbreite mit der Länge stärker zu, als es die Gleichung $\beta_L \leq 2 \cdot \beta_{s,d}$ erlaubt, dann wird man – sofern nicht eine Rückverankerung infrage kommt – die Steifen rechtwinklig zur durchlaufenden Wand anordnen und die Verbreiterung als Stirnwandabfangung behandeln. Zwischen einer Baugrubenverbreiterung unter dem Winkel $\beta_L > 2$ Stirnwandabfangung behandeln. Zwischen einer Baugrubenverbreiterung unter dem Winkel $\beta_L > 2 \cdot \beta_{s,d}$ nach Bild 71 d und einer sprunghaften Baugrubenverbreiterung nach Bild 71 e ist somit kein grundsätzlicher Unterschied. In beiden Fällen muss der in Längsrichtung der Baugrube wirkende Erddruck durch eine geeignete Konstruktion aufgenommen und in das Erdreich abgeleitet werden $\beta_{s,d}$ nach Bild 71 d und einer sprunghaften Baugrubenverbreiterung nach Bild 71 e ist somit kein grundsätzlicher Unterschied. In beiden Fällen muss der in Längsrichtung der Baugrube wirkende Erddruck durch eine geeignete Konstruktion aufgenommen und in das Erdreich abgeleitet werden.

Die Anordnung der Steifen nach Bild 71 a bis c wirkt sich nicht auf die Beanspruchung der Baugrubenwand aus. Anders ist dies bei einer Baugrube nach Bild 71 d oder e. In diesen Fällen ergibt sich zwangsläufig jeweils im Bereich der Knickpunkte oder auf der gegenüberliegenden Seite eine Konzentration der Belastung. Da die Kräfte auf beiden Enden einer Steife im Gleichgewicht sein müssen, wird bei ungleichen Feldweiten jeweils auf der Baugrubenseite, an der die Steifen zusammenlaufen, Erdwiderstand geweckt. Bei Trägerbohlwänden kann man diesen Umstand auf einfache Weise berücksichtigen, indem man an beiden Enden einer Steife die gleichen Bohlträger anordnet. Bei Spundwänden kann es erforderlich werden, im Bereich solcher Spannungskonzentrationen ein stärkeres Profil zu wählen. Bei Schlitzwänden wird man die betreffenden Lamellen, bei Bohrpfahlwänden die betreffenden Pfähle stärker bewehren.

Sofern bei Baugruben nach Bild 71a bis c die Steifen unter einem Winkel β_s an der Baugrubenwand auftreffen, der höchstens gleich ist dem nach Gl. (77) ermittelten Winkel $\beta_{s,d}$, werden rechnerisch keine Kräfte in Längsrichtung der Baugrubenwand auf andere Bereiche der Baugrube abgeleitet. In Wirklichkeit ist es durchaus möglich, dass eine gewisse Umlagerung der Kräfte stattfindet. Der Grund kann in wechselnden Festigkeitseigenschaften des Bodens, in einem ungleichen Ankeilen der Steifen, in einem ungleich satten Anliegen der Bohlen am Erdboden und anderen nicht vermeidbaren Ungenauigkeiten der Ausführung liegen. Bei Spundwänden ist dies ohne Belang, da sie eine ausreichende Steifigkeit in Längsrichtung besitzen. Bei Trägerbohlwänden sollten dagegen stets konstruktive Verbände an der Baugrubenwand angeordnet werden.

5.2.4 Kreisförmige Baugruben

Bei kreisförmigen Baugruben reicht es i. Allg. aus, den gleichen Erddruck wie auf die unendlich lange Wand anzusetzen und Spundwände oder Bohlträger und Bohlen dafür zu bemessen, sofern die Tiefe im Verhältnis zum Durchmesser klein ist. Bei kreisförmigen Baugruben, deren Tiefe größer ist als ihr Durchmesser, liegt der räumliche Erddruck deutlich unter dem Erddruck nach der klassischen Erddrucktheorie, sofern die Baugrubenkonstruktion ausreichend nachgiebig ist, um die räumliche Wirkung zustande kommen zu lassen. Näherungsweise kann der Erddruckansatz wie folgt gewählt werden:

a) Bei unnachgiebigen Systemen, z. B. bei einem Kreis aus Schlitzwandelementen oder überschnittenen Bohrpfählen, kann als oberer Grenzwert die Erdruhedrucklast E_0 infrage kommen. Als unterer Grenzwert kann eine Erddrucklast von der Größe $E_k = 1/2 \cdot (E_{0,k} + E_{aR,k})$ angenommen werden. Mit E_{aR} wird hier die räumliche aktive Erddrucklast nach der modifizierten Elementscheibentheorie nach *Walz/Hock* [172, 128] bezeichnet.
b) Bei annähernd unnachgiebigen Systemen, z. B. bei durch Aussteifungsringen gestützten Spundwänden und nicht überschnittenen Bohrpfahlwänden, kann als oberer Grenzwert eine Erddrucklast von der Größe $E_k = 1/2 \cdot (E_{0,k} + E_{aR,k})$, als unterer die räumliche Erddrucklast $E_{aR,k}$ nach der modifizierten Elementscheibentheorie angesehen werden.
c) Bei wenig nachgiebigen Systemen, z. B. bei durch Aussteifungsringen gestützten Trägerbohlwänden mit Bohlenausfachung, kann als oberer Grenzwert eine Erddrucklast $E_{aR,k}$ nach der modifizierten Elementscheibentheorie, als unterer Grenzwert eine Erddrucklast nach dem vereinfachten Ansatz von *Beresanzew* [6] angesehen werden.
d) Bei stark nachgiebigen Systemen, z. B. bei Baugrubenwänden, die nicht durch Ringe gestützt, sondern nur im Boden eingespannt sind, darf die Erddrucklast nach dem vereinfachten Ansatz von *Beresanzew* ermittelt werden.
e) Anstelle der modifizierten Elementscheibentheorie von *Walz/Hock* darf bei nichtbindigen Böden auch der Ansatz von *Steinfeld* [109] gewählt werden, sofern die Umhüllende der möglichen Erddruckverteilungen zugrunde gelegt wird.

Der Ringverspannungsfaktor ist bei der Ermittlung des räumlichen Erddrucks nach der modifizierten Elementscheibentheorie mit $K_y = 0{,}5$ anzusetzen, wenn der obere Grenzwert gesucht wird, dagegen mit $K_y = 1{,}0$ bei der Ermittlung des unteren Grenzwertes. Sinngemäß gelten beim Ansatz nach *Steinfeld* die Ringverspannungsfaktoren $\lambda_s = 0{,}7$ und $\lambda_s = 1{,}0$.

Der Ausbau mit Tübbingen oder mit Spritzbeton kann je nach Abschachthöhe und Standfestigkeit des anstehenden Bodens als wenig nachgiebiges System oder als annähernd unnachgiebiges System angesehen werden. Das Gleiche gilt für Trägerbohlwände mit einer Betonausfachung, die eine ringförmige Lastabtragung sicherstellt. Bei unnachgiebigen

Systemen ist anzunehmen, dass die Verteilung des Erddrucks nur wenig von der geradlinigen Zunahme mit der Tiefe abweichen wird. Liegen jedoch die Voraussetzungen für das Auftreten des aktiven Erddrucks vor, dann ist die Gesamtlast des räumlichen aktiven Erddrucks sinngemäß wie bei ebenen Baugrubenwänden über die Wandhöhe zu verteilen. In Zweifelsfällen empfiehlt es sich, mit zwei Grenzverteilungen zu rechnen und für die Bemessung der Einzelteile die jeweils größeren Schnittgrößen zugrunde zu legen.

Unvorhergesehene Abweichungen von der Radialsymmetrie, z.B. Inhomogenitäten des Bodens, die in den Bodenaufschlüssen nicht erkannt worden sind, oder unplanmäßige geometrische Imperfektionen, sind beim Lastansatz zu erfassen. Näherungsweise darf dazu ein radial wirkender, nach einer Cosinus-Funktion verteilter Erddruck aus einer einseitigen Nutzlast $p_k = 10$ kN/m² angesetzt werden. Soweit die Belastung aus Verkehr oder Baubetrieb über die durchgehende Gleichlast $p_k = 10$ kN/m² hinausgeht, brauchen nur tatsächlich mögliche Laststellungen berücksichtigt zu werden. Wird der Erddruck aus Bodeneigengewicht als Erdruhedruck angesetzt, dann darf auch der Erddruck aus Nutzlast nach der Theorie des elastischen Halbraums ermittelt werden; wird beim Erddruck aus Bodeneigengewicht der Mittelwert zwischen dem Erdruhedruck und dem aktiven Erddruck angesetzt, dann gilt dies auch für den Erddruck aus Nutzlast.

Die infolge einer einseitigen Belastung auftretenden Bodenreaktionen sind entsprechend der Wechselwirkung zwischen dem Last-Verformungsverhalten der Baugrubenkonstruktion und dem Last-Verformungsverhalten des Bodens anzusetzen. Näherungsweise darf unter Verzicht auf die seitlichen Bettungsreaktionen auf der gegenüberliegenden Seite ein Erddruck von gleicher Größe und Verteilung wie auf der Lastseite zugrunde gelegt werden. Bei höheren Ansprüchen an die Genauigkeit der ermittelten Schnittgrößen und Verformungen, z.B. bei Baugruben neben Bauwerken, sind genauere Verfahren anzuwenden. Sofern das Bettungsmodulverfahren zugrunde gelegt wird und keine genaueren Untersuchungen vorliegen, darf der Bettungsmodul näherungsweise aus dem Ansatz $k_{s,k} = E_{s,k} / r$ dem Steifemodul des Bodens und dem Außenradius der Baugrube ermittelt werden. Größere Werte als mob $e_{ph} = 1/2 \cdot e_{ph}$ für den Widerstand des Bodens sind jedoch in der Regel nicht zulässig.

Sofern sich die Baugrubenwand als geschlossener Kreis aus überschnittenen Bohrpfählen (Bild 72) oder aus Stahlbetonringen bzw. als Polygon aus Schlitzwandlamellen zusammensetzt, kann eine zusätzliche Aussteifungskonstruktion in der Regel entfallen.

Bild 72. Kreisförmige Baugrube aus überschnittenen Bohrpfählen; VEW Zinkhütte Dortmund (Foto: Wiemer & Trachte, Dortmund)

3.5 Baugrubensicherung

In allen anderen Fällen empfiehlt sich die Anordnung von Druckringen aus Stahl oder Stahlbeton. Für eine Auflagerkraft A_k pro m Breite erhält man die Druckkraft im Aussteifungsring zu

$$N_{R,k} = A_k \cdot R_a \tag{78}$$

wobei mit R_a der Radius der Außenseite der Baugrubenwand bezeichnet ist. Um Biegemomente infolge von ausmittigem Kraftangriff zu vermeiden, wird man i. Allg. bei Spundwänden und senkrechtem Verbau die Gurte genau kreisförmig herstellen. Bei der Stützung von Trägerbohlwänden ist es dagegen zweckmäßig, den Aussteifungsring als Polygon herzustellen, dessen Knickpunkte jeweils vor den Bohlträgern liegen. Biegemomente im Gurt sind dann nur noch möglich, wenn der aktive Erddruck von der einen Seite größer ist als von der anderen, z. B. wegen einseitiger Nutzlast. In der Regel ist jedoch der Einfluss der Nutzlast verhältnismäßig gering. Es genügt schon eine ganz geringe Zusammendrückung des Aussteifungsrings in der stärker belasteten Achse, um durch eine entsprechende Ausweitung in der Querrichtung die erforderliche Bodenreaktion zu wecken. In Zweifelsfällen können im Übrigen gelenkartige Unterbrechungen im Aussteifungsring angeordnet werden, um größere Biegemomente zu vermeiden.

5.3 Baugruben mit unregelmäßigem Querschnitt

5.3.1 Baugruben am Hang

Schneidet eine Baugrube einen Hang etwa rechtwinklig zur Fall-Linie an, so entsteht ein unsymmetrischer Baugrubenquerschnitt. Die Baugrubenwand auf der Talseite ist niedriger als die Baugrubenwand auf der Bergseite. Gleichgewicht ist nur vorhanden, wenn durch eine Aussteifung auf der Talseite eine ausreichend große Bodenreaktion geweckt wird. Die dafür maßgebenden Bedingungen lassen sich am Beispiel der einmal ausgesteiften Baugrube zeigen (Bild 73 a).

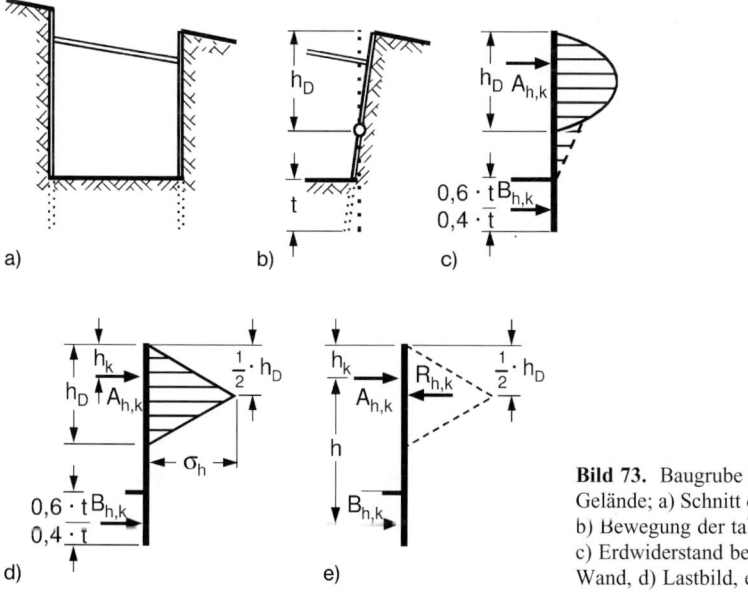

Bild 73. Baugrube in geneigtem Gelände; a) Schnitt durch die Baugrube, b) Bewegung der talseitigen Wand, c) Erdwiderstand bei der talseitigen Wand, d) Lastbild, e) statisches System

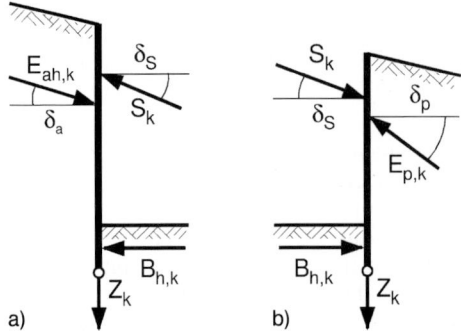

Bild 74. Nachweis der Sicherheit gegen Herausziehen der Baugrubenwand; a) bergseitige Wand, b) talseitige Wand

Die Berechnung der bergseitigen Baugrubenwand unterscheidet sich nicht wesentlich von der Berechnung einer Baugrubenwand in waagerechtem Gelände. Abgesehen von dem größeren Erddruckbeiwert bei ansteigendem Gelände ist nur die Nachgiebigkeit der talseitigen Baugrubenwand auf die Bewegung der bergseitigen Baugrubenwand und ihr Einfluss auf die Erddruckverteilung zu berücksichtigen. Gegebenenfalls können diese Wirkungen durch eine Vorspannung der Steifen ausgeglichen werden. Hinzu kommt allerdings der Nachweis, dass die Wand nicht durch die Vertikalkomponente der Steifenkraft aus dem Boden gezogen wird. Dies kann bei Trägerbohlwänden und Spundwänden der Fall sein, wenn die Neigung $\delta_{S,k}$ der Steifen größer ist als zwei Drittel des Erddruckneigungswinkels $\delta_{a,k}$ beim aktiven Erddruck (Bild 74 a). Hierzu siehe Abschnitt 5.4.

Für die Berechnung der talseitigen Baugrubenwand dagegen sind neue Gesichtspunkte maßgebend. Hier drückt die Steife den oberen Teil der Wand talwärts. Die Wand dreht sich entsprechend Bild 73 b um einen Punkt im unteren Teil der Wand und weckt oberhalb des Drehpunkts die Bodenreaktion σ_h und unterhalb der Baugrubensohle die Auflagerkraft B_h (Bild 73 c). Man erhält damit näherungsweise das Lastbild entsprechend Bild 73 d, bei dem die Bodenreaktion zu einem symmetrischen Dreieck vereinfacht wird.

Aus der Gleichgewichtsbedingung $\Sigma M = 0$ um den unteren Auflagerpunkt ergibt sich mit den Bezeichnungen des Bildes 73 e die erforderliche Bodenreaktionskraft zu

$$R_{h,k} = R_{Gh,k} + R_{Qh,k} = \frac{(A_{Gh,k} + A_{Qh,k}) \cdot h}{h + h_k - \frac{1}{2} \cdot h_D} \tag{79}$$

Der zur Verfügung stehende Erdwiderstand ergibt sich mit der größtmöglichen Ordinate

$$e_{ph,k} = \frac{1}{2} \cdot \gamma_k \cdot K_{ph} \cdot h_D \tag{80}$$

aus dem Ansatz

$$E_{ph,k} = \frac{1}{4} \cdot \gamma_k \cdot K_{ph} \cdot h_D^2 \tag{81}$$

Der Erdwiderstandsbeiwert K_{ph} ist für fallendes Gelände zu ermitteln. Hierzu siehe die Tabellen nach *Krey* in [67] und in Kapitel 1.10 „Erddruckermittlung", nach *Caquot/Kérisel/Absi* in [25] oder in [143].

Sofern die Größe von h_D durch eine Vorberechnung bekannt ist, kann mit diesen Angaben der Standsicherheitsnachweis

3.5 Baugrubensicherung

$$R_{h,d} \leq E_{ph,d} \tag{82}$$

geführt werden. Muss die Größe von h_D durch Iteration bestimmt werden, dann ist es zweckmäßig, die Gln. (79) und (81) mit den Teilsicherheitsbeiwerten für den Grenzzustand GZ 1B in der Grenzzustandsbedingung

$$A_{Gh,k} \cdot \gamma_G + A_{Qh,k} \cdot \gamma_Q \leq \left(\frac{1}{4} \cdot \gamma_k \cdot K_{ph} \cdot h_D^2\right) \cdot \frac{h + h_k - \frac{1}{2} \cdot h_D}{h} \cdot \gamma_{Ep} \tag{83}$$

zusammenzuführen. Der aktive Erddruck zwischen Drehpunkt und Baugrubensohle kann vernachlässigt werden. Ist h_D und damit die Lage des Drehpunkts gefunden, dann erhält man die Schnittgrößen nach den bekannten Regeln der Statik. Im Übrigen lassen sich diese Überlegungen auch auf mehrfach ausgesteifte Baugruben und auf Baugruben in bindigem Boden anwenden.

Insbesondere bei Trägerbohlwänden und Spundwänden ist zu prüfen, ob die Wand infolge der Vertikalkomponente der Bodenreaktion aus dem Boden gezogen werden kann und ob dies durch Zugkräfte im Einbindebereich verhindert werden muss. Dies kann der Fall, sein, wenn die Neigung $\delta_{S,k}$ der Steifen geringer ist als der Erddruckneigungswinkel $\delta_{p,k}$ beim Erdwiderstand (Bild 74 b). Hierzu siehe Abschnitt 5.4 unter dem Gesichtspunkt, dass der Erdwiderstand $E_{p,k}$ an die Stelle der Steifenkraft S tritt. Gegebenenfalls lässt sich das Problem auch durch eine Verringerung Erddruckneigungswinkels δ_p lösen.

5.3.2 Nebeneinander angeordnete Baugruben

Ähnliche Verhältnisse wie bei einer Baugrube in geneigtem Gelände liegen vor, wenn zwei Baugruben verschiedener Tiefe ineinander übergehen (Bild 75 a). In diesem Fall untersucht man zunächst die tiefere Baugrubenseite und weist dann nach, dass die Steifenkräfte auf der anderen Seite aufgenommen werden. Dafür gelten die gleichen Ansätze wie bei einer Baugrube am Hang nach Bild 73. Ein anderer Weg muss gewählt werden, wenn eine ausgesteifte Baugrube untersucht werden soll, in deren unmittelbarer Nähe eine geböschte Baugrube ausgehoben worden ist (Bild 75 b). In diesem Fall ist sowohl die mögliche Größe als auch die Verteilung der Bodenreaktionen auf der zur geböschten Baugrube hin gelegenen Seite der ausgesteiften Baugrube zu untersuchen. Eine genaue Ermittlung der Bodenreaktionen ist nicht möglich. Es wird aber allgemein als ausreichende Näherung angesehen, für verschiedene Punkte der Wand eine Ermittlung des Erdwiderstands nach *Culmann*, im Falle bindigen Bodens nach dem erweiterten Verfahren von *Schmidt* [96] vorzunehmen, die Summenlinie aufzutragen und aus dem Ergebnis auf die Verteilung des Erdwiderstands zu schließen. Anstelle dieser grafischen Verfahren kann zur Ermittlung des Erdwiderstands

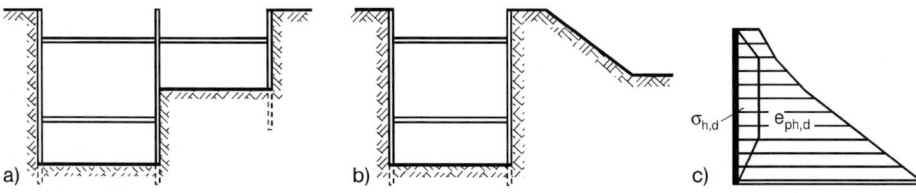

Bild 75. Nebeneinander angeordnete Baugruben; a) ineinander übergehende Baugruben verschiedener Tiefe, b) geböschte Baugruben neben einer ausgesteiften Baugrube, c) Gegenüberstellung des erforderlichen und des möglichen Erdwiderstands

auch das analytische Verfahren von *Minnich/Stöhr* [77] angewandt werden. Zu beachten ist bei der Ermittlung des Erdwiderstands die unterschiedliche Richtung der Erddruckneigungswinkel. Maßgebend dafür ist in den einzelnen Bereichen der Wand die Relativbewegung zwischen Baugrubenwand und Gleitkeil.

Hat man mit der Annahme einer Parallelverschiebung die Größe und Verteilung des Erdwiderstands auf der zur Nachbarbaugrube hin gelegenen Wandseite ermittelt, dann ist nachzuweisen, dass auf der gesamten Wandhöhe an keiner Stelle der Grenzzustand erreicht wird. Näherungsweise nimmt man dazu ohne Rücksicht auf die tatsächliche Steifenanordnung den auf der äußeren Baugrubenseite wirkenden Erddruck als Belastung der inneren Wand an. Die mögliche Konzentration der Spannungen im Bereich der Steifen wird dabei vernachlässigt. Es ist nun nachzuweisen, dass in jedem Punkt der Wand ein ausreichender Abstand zum Grenzzustand vorhanden ist (Bild 75 c). An der schwächsten Stelle sollte ein Ausnutzungsgrad von etwa $\mu = \sigma_{h,d}/e_{ph,d} = 0{,}50$ nicht überschritten werden, wenn auf der gegenüberliegenden Wandseite mit voller Erddruckumlagerung gerechnet werden soll. Lässt sich diese Sicherheit nicht nachweisen, dann sind entweder die Steifen entsprechend vorzuspannen oder es ist anzunehmen, dass die Erddruckumlagerung nicht voll wirksam wird. Je größer der Ausnutzungsgrad ist, umso mehr nähert sich die wirksame Belastung der äußeren Baugrubenwand der klassischen Erddruckverteilung. Im Grenzfall, bei mit der Tiefe geradlinig zunehmendem Erddruck auf der äußeren Baugrubenseite, genügt als Nachweis der Sicherheit auf der inneren Wandseite die Einhaltung eines Ausnutzungsgrades von $\mu = 1$ entsprechend der früher maßgebenden Globalsicherheit von $\eta_p = 1{,}5$.

5.3.3 Geneigte oder verspringende Baugrubensohle

Nicht immer kann die Sohle einer Baugrube waagerecht von der einen bis zur anderen Seite ausgehoben werden; oft sind es Bauzustände, die ein Verspringen oder wenigstens teilweise ein Abböschen der Sohle erzwingen. So kann es bei dem im Bild 76 a dargestellten Fall erforderlich sein, die Aushubsohle vor dem Einbau der Steifenlage parallel zu dieser Steifenlage anzuordnen, damit sich der statische Nachweis für die bergseitige Wand für den Zustand vor dem Einbau der Steifenlage erbringen lässt. Die Berechnung ist – abgesehen von den unterschiedlichen Erdwiderstandsbeiwerten – die gleiche wie bei Baugruben mit waagerechter Sohle. Bei größeren Neigungen der Sohle wird eine ausreichende Stützwirkung allerdings nur erreicht, wenn der Boden eine gewisse Kohäsionsfestigkeit besitzt. Eine Schwierigkeit tritt auf, wenn der Erdwiderstand vor Bohlträgern ermittelt werden soll, da keine Beiwerte ω_R und ω_K für geneigte Bodenoberfläche vorliegen. Näherungsweise ist es zulässig, die Erdwiderstandsbeiwerte ω_R unmittelbar im Verhältnis des Erdwiderstandsbei-

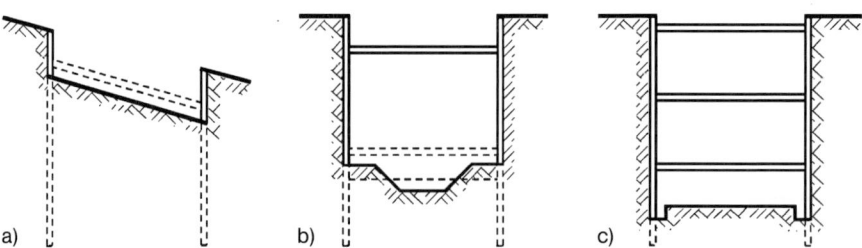

Bild 76. Baugruben mit nicht durchgehend waagerechter Sohle; a) geneigte Sohle bei Anordnung geneigter Steifen, b) Bermen in der Baugrubensohle, c) Drängräben in der Baugrubensohle

3.5 Baugrubensicherung

werts $K_{ph(\beta \neq 0)}$ für geneigtes Gelände zum Erdwiderstandsbeiwert $K_{ph(\beta \neq 0)}$ für waagerechtes Gelände umzurechnen. Beim Erdwiderstandsbeiwert ω_K ist die Wurzel aus dem Verhältniswert maßgebend.

Häufig wird eine Baugrubenwand im Zustand vor dem Einbau einer Steifenlage durch eine Berme gestützt (Bild 76 b). Dieser Fall tritt fast immer auf, wenn der beim Ausheben der Baugrube gelöste Boden durch Planierraupen in Längsrichtung zu den Baggerstellen geschoben werden soll. Würde man den Boden nur jeweils wenig mehr ausheben, als es zum Einbau einer Steifenlage erforderlich ist, dann wäre dieser Bauvorgang nach dem Einbau einer Steifenlage nicht mehr möglich.

Aus diesem Grunde hat es sich vielfach eingebürgert, vor dem Einbau der Steifen in der Baugrubenmitte einen Schlitz auszuschieben und seitlich davon Bermen stehen zu lassen. Bei einer genauen Untersuchung ist nachzuweisen, dass der Erdwiderstand des Bodens im Bereich der Berme in der Lage ist, der Wand ein sicheres Auflager zu bieten. Man ermittelt dazu den Erdwiderstand nach dem Verfahren von *Culmann,* bei bindigem Boden mit der Erweiterung von *H. Schmidt* [96]. Bei verhältnismäßig schmalen Bermen reduziert sich diese Untersuchung auf die Ermittlung der Scherkräfte in einer waagerechten Gleitfläche nach Bild 77 a.

Es gilt dann

$$E_{ph,k} = G_k \cdot \tan \varphi'_k + b \cdot c'_k \tag{84}$$

Bei Trägerbohlwänden ist der Erdwiderstand der Berme geringer als bei Spundwänden, da nicht eine geschlossene Wand, sondern nur eine Reihe von Einzelträgern gegen das Erdreich drückt. Die entsprechende Abminderung ergibt sich näherungsweise aus einem Vergleich mit einer Bohlträgerreihe in waagerechtem Gelände. Man ermittelt dazu den Erdwiderstand vor einer Bohlträgerreihe und setzt ihn ins Verhältnis zum Erdwiderstand vor einer durchgehenden Wand. Oft steht der Aufwand, mit dem der Erdwiderstand einer Berme ermittelt wird, in keinem angemessenen Verhältnis zum Erfolg. Dies trifft z. B. zu, wenn ein Bauzustand nachzuweisen ist, der aller Voraussicht nach nicht die ungünstigsten Beanspruchungen für die Baugrubenwand und ihre Aussteifung erwarten lässt. Für solche Fälle hat es sich als ausreichend erwiesen, eine Ersatzebene einzuführen, die in halber Höhe der Berme liegt. Bei durchschnittlichen Bodenverhältnissen und bei einer Tiefe des Schlitzes von nicht mehr als 2,00 m reicht diese Vereinfachung aus, sofern eine Bermenbreite von 1,00 m nicht unterschritten wird.

Sehr oft werden nach Erreichen der endgültigen Baugrubensohle an beiden Seiten der Baugrube Dränleitungen verlegt (Bild 76 c). Die dazu erforderlichen Gräben erhalten etwa

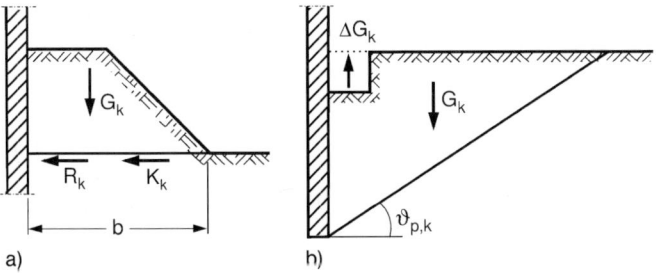

Bild 77. Erdwiderstand bei Bermen und Drängräben; a) Berme, b) Drängraben

die Abmessungen 30 cm × 30 cm. Die Abminderung des Erdwiderstands infolge dieser Gräben wird leicht überschätzt. Der gesamte Erdwiderstand reduziert sich näherungsweise auf

$$\mathrm{red}\, E_{ph,k} = E_{ph,k} \cdot \frac{G_k - \Delta G_k}{G_k} \tag{85}$$

wenn die Änderung der Gleitflächenneigung nicht berücksichtigt wird. Vernachlässigt man beim statischen Nachweis das Vorhandensein des Drängrabens, so liegt der Fehler i. Allg. in einer noch nicht bedeutsamen Größenordnung.

5.4 Zur Baugrubensohle abgestützte Baugrubenwände

Bei Baugruben geringer Tiefe ist es naheliegend, eine nicht gestützte, nur im Boden eingespannte Wand anzuordnen. Voraussetzung dafür ist jedoch, dass sich in dem zu sichernden Geländesprung keine Gebäude oder Rohrleitungen befinden, die durch die zwangsläufig auftretende Bewegung der Wand gefährdet werden könnten. Größere Baugrubentiefen als 6 m wird man allerdings nur in Sonderfällen ohne Absteifung oder Verankerung zu bewältigen versuchen.

Eine andere Möglichkeit, einseitig verbaute Baugruben zu sichern, ist die Schrägabsteifung auf die Baugrubensohle. Bei kleineren Tiefen genügt eine Absteifung, bei größeren Tiefen wird man zwei Absteifungen wählen. Sie können zu einem gemeinsamen Widerlager geführt oder etwa parallel zueinander angeordnet werden. Sehr beliebt ist die Schrägabsteifung allerdings nicht, da sie den maschinellen Baubetrieb behindert und auch manchen anderen Bauvorgang umständlich gestalten kann, z. B. das Herstellen der Sohlenabdichtung, das Einschalen, Bewehren und Betonieren der Sohle und der Wände.

Die Verteilung des Erddrucks auf schräg abgesteifte Baugrubenwände hängt in starkem Maße von der Nachgiebigkeit der Stützung und der Steifigkeit der Wand ab. Sie kann von der klassischen Erddruckfigur im Falle der nachgiebigen Stützung einer steifen Wand bis zur starken Erddruckumlagerung wie bei waagerechter Aussteifung reichen, die bei wenig nachgiebiger Stützung und biegeweicher Wand zu erwarten ist, z. B. wenn die Steifen leicht vorgespannt werden. Im Übrigen sind für die Standsicherheit von schräg abgesteiften Baugrubenwänden folgende Bedingungen maßgebend:

a) Die Baugrubenwand darf nicht aus dem Boden gezogen werden.
b) Die Steifenkräfte müssen in die Baugrubensohle abgeleitet werden können.

Das Problem, dass die Baugrubenwand aus dem Boden gezogen werden könnte, stellt sich nur, wenn die nach oben gerichtete Vertikalkomponente S_v der Steifenkraft größer ist als die nach unten gerichtete Vertikalkomponente E_{av} der Erddruckkraft und gleichzeitig das Eigengewicht der Wand einen untergeordneten Einfluss hat. Dies kann insbesondere bei Spundwänden und Trägerbohlwänden der Fall sein. Es liegt im Grundsatz die gleiche Situation wie bei der bergseitigen Wand einer Baugrube, die nach Abschnitt 5.3.1 parallel zu den Höhenschichtlinien eines Hangs verläuft. Mit den Bezeichnungen in Bild 74a ist für den Nachweis $\Sigma V = 0$ die Grenzzustandsgleichung

$$S_{Gv,k} \cdot \gamma_G + S_{Qv,k} \cdot \gamma_Q - (G + E_{agv,k} + E_{apv,k}) \cdot \gamma_{G,inf} \leq Z_k / \gamma_P \tag{86}$$

maßgebend. Sie geht davon aus, dass bei diesem Bruchmodell die Vertikalkomponenten $S_{Gv,k}$ und $S_{Qv,k}$ als ungünstige ständige bzw. veränderliche Einwirkungen sind, G, $E_{agv,k}$ und $E_{apv,k}$ günstige ständige Einwirkungen. Unabhängig davon, ob die erforderliche Zugkraft Z in Form einer Vertikalkomponente B_v der unteren Auflagerkraft oder als Mantelreibung R_1 in den Untergrund abgetragen wird, wird sie im Sinne der DIN 1054 als Pfahlbeanspruchung

3.5 Baugrubensicherung

behandelt. Daher wird bei diesem Nachweis der Teilsicherheitsbeiwert $\gamma_{G,inf}$ verwendet. Wird beim Nachweis der Abtragung in den Untergrund die Zugkraft Z_k als Vertikalkomponente B_v gewertet, dann ist zu beachten, dass sich dies ungünstig auf die Größe des Erdwiderstands auswirkt. Um dies zu vermeiden, wird in der Praxis gern der Erddruckneigungswinkel zu $\delta_p = 0$ gewählt und die Abtragung der Zugkraft Z rechnerisch als Mantelreibung einer zusätzlichen Einbindetiefe zugewiesen. Zum Ansatz der Mantelreibung bei Zugbeanspruchung siehe Abschnitt 6.6. Die früher in DIN 4026 „Rammpfähle" geforderte Mindesteinbindelänge von 5 m für Zugpfähle wird in DIN 1054 „Sicherheitsnachweise im Erd- und Grundbau" nicht mehr erwähnt, doch sollte das Maß von 3 m auf keinen Fall unterschritten werden.

Bei Ortbetonwänden ergibt sich das Eigengewicht aus den Abmessungen und der Wichte des Betons. Bei Trägerbohlwänden und Spundwänden ist in diesem Sinne nur das Gewicht der Bohlträger und der Ausfachung bzw. des nackten Spundwandprofils anzusetzen. Es ist aber vertretbar, bei Bohlträgern zumindest die Mantelreibung an den hinter der Verbohlung zur Verfügung stehenden Stegflächen und die inneren Flanschflächen anzusetzen. Noch wirksamer ist es, entsprechend dem Ansatz des Erddrucks auf die durchgehende Fläche auf der Rückseite der Bohlträger und Spundwände die zwischen dieser Fläche und der Verbohlung bzw. der Innenseite der Spundwandwellen liegenden Erdkörper zumindest teilweise als zusätzliches Gewicht in den Nachweis einzubringen. In diesem Fall wird der Nachweis gegen Herausziehen der Wand in der Regel ohne zusätzliche Einbindetiefe möglich sein.

Für die Aufnahme der Kräfte aus den Schrägsteifen kommen folgende Möglichkeiten infrage:
– die Abstützung auf ein Teilstück eines Bauwerks (Bild 78 a),
– die Abstützung gegen das Erdreich (Bild 78 b),
– die Abstützung auf einen Stützpfahl (Bild 78 c).

Auf ein Bauwerk wird i. Allg. von beiden Seiten her abgestützt. In diesem Fall heben sich die Kräfte auf und es ist kein weiterer Standsicherheitsnachweis zu erbringen. Drücken die Schrägsteifen dagegen nur von einer Seite her auf das Bauwerk, dann ist nachzuweisen, dass die Schubkräfte in den Untergrund abgetragen werden können. Falls dazu die Reibung zwischen Bauwerk und Baugrund nicht ausreicht, müssen entweder entsprechende Nocken oder sogar Schrägpfähle unter dem Bauwerk angeordnet werden.

Bei der Abstützung gegen das Erdreich erhält man verhältnismäßig tiefe Gräben. Da die Lastverteilungskonstruktionen i. Allg. rechtwinklig zur Steifenachse angeordnet werden, ist der Erddruckneigungswinkel $\delta_p = 0$. Den Erdwiderstand erhält man nach *Krey* (siehe [67],

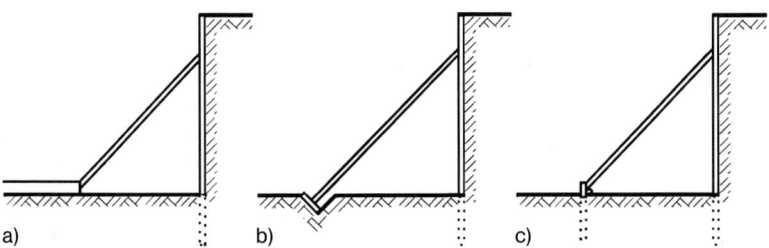

Bild 78. Mit Schrägsteifen abgestützte Baugrubenwände; a) Abstützung auf ein Teilstück eines Bauwerks, b) Abstützung gegen das Erdreich, c) Abstützung auf einen Stützpfahl

Kapitel 1.10 „Erddruckermittlung"), nach *Caquot/Kèrisel/Absi* in [25] oder in [143]. Die Ermittlung des Erdwiderstands mit ebenen Gleitflächen ist in diesem Falle nicht mehr zulässig.

Ist die Absteifung gegen einen Bauwerksteil nicht möglich und die unmittelbare Abstützung gegen das Erdreich nicht erwünscht, so besteht die Möglichkeit der Abstützung auf Stützpfähle, sog. „Tote Männer". Der Berechnung von Stützpfählen können die Gedanken zugrunde gelegt werden, die im Abschnitt 3.2,1 bereits im Zusammenhang mit der Berechnung von eingespannten Trägerbohlwänden genannt worden sind.

5.5 Verankerte Baugrubenwände

5.5.1 Verankerungskonstruktionen

In zunehmendem Maße werden die Wände von einseitig verbauten Baugruben verankert. Im Wesentlichen kommen dafür folgende Systeme infrage:

- eingespannte Ankerwände oder Stützpfähle (Bild 79 a),
- zentrisch gelagerte Ankerwände oder Ankerplatten (Bild 79 b),
- Verpressanker (Bild 79 c),
- stark geneigte Schrägpfähle (Bild 79 d).

Eingespannte Ankerwände und Stützpfähle bieten sich an, wenn eine Wand etwa in Geländeoberfläche verankert werden soll. Bei der Berechnung mittig gefasster Ankerwände oder Ankerplatten darf näherungsweise der volle Erdwiderstand wie bei einer bis zur Geländeoberkante reichenden Wand angenommen werden. Bei senkrechter Ankerwand oder senkrechten Ankerplatten und waagerecht angeordneten Ankern ist der Erddruckneigungswinkel i. Allg. mit $\delta_{p,k} = 0$ anzunehmen, da als Vertikalkraft nur die Eigenlast der Wand wirkt und daher anders die Bedingung $\Sigma V = 0$ nicht nachgewiesen werden kann. Auf jeden Fall aber ist der Einfluss der Vertikalkomponente zu berücksichtigen, wenn die Anker nicht waagerecht angeordnet sind oder die Ankerwand nicht senkrecht steht. Schon eine geringe Neigung der

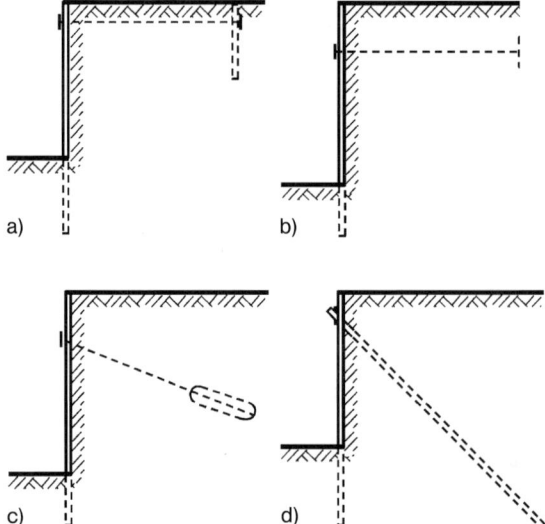

Bild 79. Verankerte Baugrubenwände; a) Verankerung mit eingespannten Ankerwänden oder Stützpfählen, b) Verankerung mit zentrisch gefassten Ankerwänden oder Ankerplatten, c) Verankerung mit verpressten Erdankern, d) Verankerung mit glatten oder verpressten Schrägpfählen

3.5 Baugrubensicherung

Anker kann die Größe des Erdwiderstands stark beeinflussen. Bei waagerecht angeordneten Ankern lässt sich die Größe des Erdwiderstands vor Ankerplatten unabhängig davon, ob sie bis zur Geländeoberfläche reichen oder nicht, wie bei Bohlträgern nach *Weißenbach* [134] ermitteln. Für den Fall $\varphi' = 32{,}5°$ können der Berechnung auch die Beiwerte von *Buchholz* [23] zugrundegelegt werden.

Bemessung, Ausführung und Prüfung von Verpressankern für vorübergehende Zwecke richten sich nach DIN 4125 „Verpressanker; Kurzzeitanker und Daueranker" (s. auch Kapitel 2.6 „Verpressanker"), solange sie noch bauaufsichtlich eingeführt ist. Darüber hinaus ist die DIN EN 1537 „Verpressanker" zu beachten, soweit sie nicht zu DIN 4125 im Widerspruch steht. Bei Verpressankern aus Vorspannstählen können die elastischen Längenänderungen die Größenordnung von mehreren Zentimetern erreichen. Eine Vorspannung ist somit unerlässlich. Dabei wird es i. Allg. als unbequem, zu aufwendig und auch als nicht unbedingt erforderlich empfunden, die Verankerung in jedem Bauzustand auf die jeweils rechnerisch auftretende Kraft vorzuspannen. Man begnügt sich stattdessen damit, die Anker nach dem Einbau auf eine Kraft vorzuspannen, die im Fall der Bemessung für aktiven Erddruck bei 80% der im Vollaushubzustand zu erwartenden größten Belastung liegt. Bei den Ankern im oberen Bereich der Baugrube nimmt man dabei an, dass sich mit dem weiteren Aushub der rechnerische Kraftanstieg einstellen wird. Beim jeweils untersten Anker dagegen sollte bereits auf die volle rechnerische Last vorgespannt werden, weil der dann noch folgende Aushub in der Regel keinen großen Einfluss mehr auf die Zunahme der Ankerkraft hat. Bei der Bemessung für einen erhöhten aktiven Erddruck oder den Ruhedruck sind alle Anker auf 100% der rechnerischen Last im Vollaushub vorzuspannen.

Außer den Verpressankern kommen – vor allem bei Baugrubentiefen von etwa 5 bis 10 m – geneigte Rammpfähle aus I-, HE-B- oder PSp-Profilen oder aus einzelnen Spundwandbohlen als Verankerung infrage. Besonders einfach ist ihr Anschluss an einer Trägerbohlwand, wenn hinter jedem Bohlträger ein Schrägpfahl angeordnet wird. Allerdings ist diese Lösung nur möglich, wenn die Baugrubenwand in Höhe der Geländeoberfläche gestützt werden kann. Soll die Stützung tiefer erfolgen, so müssen die Zugpfähle jeweils neben den Bohlträgern angeordnet und die Kräfte durch entsprechende Gurtkonstruktionen übertragen werden. Wenn die Tragfähigkeit glatter Zugpfähle nicht ausreicht, hilft die Verwendung von Flügelpfählen oder von gerammten Verpressmantelpfählen (VM-Pfähle, früher MV-Pfähle) weiter.

5.5.2 Berechnung

Größe und Verteilung des Erddrucks auf verankerte Baugrubenwände hängen in erster Linie davon ab, ob und ggf. mit welchen Kräften die Anker vorgespannt und festgelegt werden. Innerhalb gewisser Grenzen kann durch entsprechende Anordnung und Vorspannung der Anker jede beliebige Erddruckverteilung erzwungen werden. Allerdings gehört zu jeder Erddruckverteilung eine bestimmte Wandverformung. Bei dreimal oder öfter verankerten Baugrubenwänden erhält man z. B. eine Parallelbewegung nur dann, wenn eine etwa rechteck- oder trapezförmige Lastfigur gewählt wird. Im Übrigen kommen oft zwei Grenzfälle infrage:

– die größtmögliche Erddruckumlagerung wie bei ausgesteiften Baugrubenwänden,
– die klassische Erddruckfigur wie bei nicht gestützten, nur im Boden eingespannten Baugrubenwänden.

Sofern Wandbewegungen möglichst vermieden werden sollen, z. B. bei Baugruben neben Bauwerken, wird man in der Regel neben einem erhöhten Erddruck die größtmögliche Erddruckumlagerung wählen. Sofern Bewegungen der Wand und Setzungen des Bodens

Bild 80. Sicherung einer Böschung mit „Essener Verbau"; U-Bahn Essen, Baulos 4/5, Kruppstraße (Werkfoto: Hochtief AG)

Bild 81. Sicherung einer Böschung mit verankerten Stahlbetonplatten; U-Bahn Stuttgart, Haltestelle Schloßplatz (Foto: Krista Boll, Stuttgart)

in Kauf genommen werden können oder an Ankerlänge gespart werden soll, kommt die klassische Lastfigur infrage, z. B. bei verankerten Böschungssicherungen nach Bild 80 oder 81.

Die Schnittgrößenermittlung richtet sich nach den Angaben des Abschnitts 3. Außer der Vertikalkomponente der Erddrucklast sind beim Spannungsnachweis die durch die geneigte Verankerung hervorgerufenen Vertikalkräfte zu berücksichtigen. Von großer Bedeutung ist bei Baugruben mit geneigter Verankerung der Nachweis $\Sigma V = 0$ entsprechend Abschnitt 4.3. Gegebenenfalls ist der Erddruckneigungswinkel $\delta_{a,k}$ herabzusetzen oder negativ einzusetzen. In diesem Falle sind die Auswirkungen auf die Erddruckgröße zu verfolgen.

3.5 Baugrubensicherung   527

5.5.3 Nachweis der Gesamtstandsicherheit

Bei verankerten Wänden ist stets die erforderliche Länge der Anker zunächst anzunehmen und dann nachzuweisen, dass die gewählten Längen ausreichen. Dazu ist der Nachweis der Standsicherheit des Gesamtsystems zu führen. Im Grundsatz sind zwei verschiedene Bruchzustände möglich:

a) Der Wandfuß weicht aus, die Wand dreht sich um einen hochgelegenen Punkt und das gesamte System, bestehend aus Baugrubenwand, Verankerung und Erdboden rutscht als Ganzes auf einer durchgehenden gekrümmten Gleitfläche ab. Es liegt ein Geländebruch vor (Bild 82 a).

b) Die Anker geben nach, die Wand dreht sich um einen tiefgelegenen Punkt, es bilden sich – vornehmlich vom Ankerkörper ausgehend – nach oben und unten Bruchfugen im Boden aus, der Boden gerät in einen plastischen Zustand und rutscht in den verschiedenen Bruchfugen ab. Es liegt ein Bruch in der tiefen Gleitfuge vor (Bild 82 b).

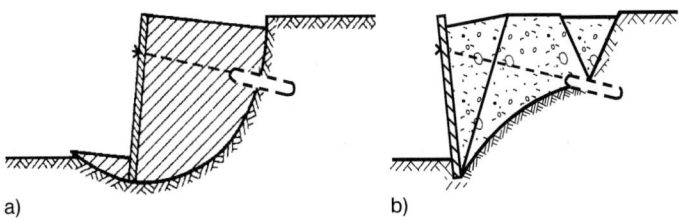

Bild 82. Mögliche Bruchzustände bei einmal verankerten Baugrubenwänden;
a) Gleitflächenausbildung beim Geländebruch, b) Gleitflächenausbildung beim Bruch in der tiefen Gleitfuge

Grundsätzlich sind beide Möglichkeiten zu untersuchen und ausreichende Ankerlängen nachzuweisen. Im Normalfall ist allerdings in der Regel der Nachweis der Standsicherheit in der tiefen Gleitfuge maßgebend. Dagegen kann der Geländebruchnachweis die größeren Ankerlängen ergeben, wenn

– die Rückseite der Wand stark zum Erdreich hin geneigt ist,
– das Gelände hinter der Wand ansteigt,
– das Gelände vor der Wand abfällt,
– unterhalb des Wandfußes ein Boden mit geringer Tragfähigkeit ansteht,
– im steilen Bereich der Gleitfläche besonders große Lasten wirken.

Für den Nachweis der Sicherheit gegen Geländebruch gilt DIN 4084 „Geländebruchberechnungen". Hierzu siehe auch [32], EB 45. Zum Nachweis der Standsicherheit in der tiefen Gleitfuge siehe [32], EB 44. Bei einmal verankerten Wänden ist der obere Ausgangspunkt der tiefen Gleitfuge im Schwerpunkt der Verpressstrecke anzunehmen. Bei zweimal verankerten Baugrubenwänden sind in Anlehnung an *Ranke/ Ostermayer* [88] folgende zwei Gleitfugen zu untersuchen:

– die durch den oberen Anker vorgegebene Gleitfuge (Bild 83 a),
– die durch den unteren Anker vorgegebene Gleitfuge (Bild 83 b).

Bei mehr als zweimal verankerten Wänden ist jeder Ankerschwerpunkt einmal als oberer Ausgangspunkt der tiefen Gleitfuge anzunehmen.

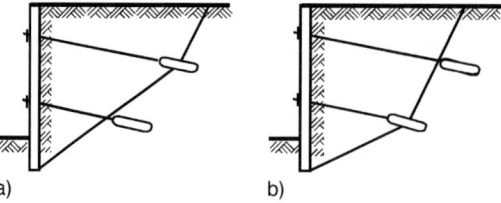

Bild 83. Untersuchung verschiedener tiefer Gleitflächen bei einer zweimal verankerten Baugrubenwand; a) Gleitfläche durch die Verpressstrecke des oberen Ankers, b) Gleitfläche durch die Verpressstrecke des unteren Ankers

Beim Ansatz der Ankerkräfte ist zu unterscheiden, ob der Schwerpunkt eines geschnittenen Ankers innerhalb oder außerhalb der Gleitfuge liegt:

a) Liegt der Schwerpunkt eines Ankers auf oder innerhalb der untersuchten Gleitfuge, so ist die zugehörige Ankerkraft beim Standsicherheitsnachweis zu berücksichtigen.
b) Liegt der Schwerpunkt eines Ankers außerhalb der untersuchten Gleitfuge, so ist die zugehörige Ankerkraft beim Standsicherheitsnachweis nicht zu berücksichtigen. In diesem Falle wird die Ankerkraft nur durch den Ankerkörper hindurchgeleitet, ohne ihn zu belasten oder zu stützen.

Bei der Beurteilung der Frage, wo ein Anker geschnitten wird, ist nicht von der Ersatzankerwand, sondern von der zum Erddruck auf die Ersatzankerwand gehörenden Gleitfläche auszugehen.

Als unterer Ausgangspunkt für die tiefe Gleitfuge ist bei im Boden frei aufgelagerten Spundwänden der Fußpunkt der Wand, bei im Boden eingespannten Spundwänden der Querkraftnullpunkt anzunehmen. Das Gleiche gilt für Schlitzwände, Pfahlwände und auch für Trägerbohlwände. Dass bei der Schnittgrößenermittlung an Trägerbohlwänden der aktive Erddruck i. Allg. nur bis zur Baugrubensohle angesetzt wird, steht damit nicht im Widerspruch. Der unterhalb der Baugrubensohle angreifende Erddruck wird unmittelbar dem Erdwiderstand zum Abtragen zugewiesen, statt – wie bei der geschlossenen Wand – auf dem Umweg über die Wand. Wird tatsächlich oder nur rechnerisch auf eine Einbindung der Baugrubenwand in den Untergrund verzichtet, z. B. bei Unterfangungswänden, beim Essener Verbau, bei geschlossenen oder aufgelösten Elementwänden oder bei Trägerbohlwänden, bei denen sich der Nachweis $\Sigma H = 0$ nicht erbringen lässt, dann ist nach [32], EB 44 der Fußpunkt in der Tiefe anzunehmen, in der die unterhalb der Baugrubensohle angreifende Erddruckkraft vom unverminderten Erdwiderstand aufgenommen werden kann.

5.5.4 Ermittlung von Verformungen und Verschiebungen

Wie aus bisherigen Erfahrungen hervorgeht, sind bei verankerten Baugrubenwänden, insbesondere in bindigen Böden, Wandbewegungen auch dann nicht mit Sicherheit ausgeschlossen, wenn Baugrubenwände und ihre Verankerungsteile für einen erhöhten aktiven Erddruck oder für den Erdruhedruck bemessen und vorgespannt werden. Maßgebend hierfür sind die Bewegungen des Erdkörpers, der fangedammartig von der Baugrubenwand und von den der Kraftübertragung dienenden Konstruktionsteilen eingeschlossen ist [123, 152]. Die Vorspannung der Anker kann zwar eine seitliche Ausdehnung dieses Erdkörpers verhindern, nicht aber Verschiebungen und Verzerrungen. Außerdem kann eine hohe Vorspannung zu einer starken seitlichen Zusammendrückung des Erdkörpers und zu besonders starken Setzungen hinter dem Verankerungsbereich führen. Im Wesentlichen setzen sich die Wandbewegungen aus folgenden Anteilen zusammen:

a) aus der elastischen Verformung der Wand,
b) aus einer Verkantung des fangedammartigen Erdkörpers,

3.5 Baugrubensicherung

c) aus einer Schubverzerrung des Erdkörpers und des darunter anstehenden Bodens,
d) aus einer waagerechten Verschiebung infolge Zusammendrücken des Bodens unterhalb der Baugrubensohle,
e) aus einer zusätzlichen Entspannungsbewegung infolge der Baugrundentlastung beim Bodenaushub.

Die Verkantung lässt sich durch eine Setzungsberechnung ermitteln. Auf die Anteile b) und d) wirkt sich die Hebung der Baugrubensohle infolge Aushubentlastung aus. Im Übrigen können die zu erwartenden Bewegungen anhand von Veröffentlichungen, z.B. [16, 79, 90, 124] abgeschätzt werden.

Bei nichtbindigen Böden sind die aus der Fangedammwirkung herrührenden waagerechten Wandbewegungen in der Regel gering und damit für angrenzende Bauwerke i.Allg. unschädlich. Bei bindigen Böden dagegen sind je nach Zustandsform und plastischem Verhalten wesentlich größere Verformungen möglich [79, 90], insbesondere bei tiefen Baugruben von großer Länge oder Breite.

Ergibt eine entsprechende Untersuchung, dass bei einer nach den üblichen Regeln verankerten Baugrubenwand unzuträgliche Wandbewegungen zu erwarten sind, dann sind entsprechende Maßnahmen zu treffen, z.B.

- eine Verlängerung der Anker,
- der Ersatz von wenigstens einer Ankerlage durch eine Aussteifung,
- Ersatz der Anker durch Steifen in einigen Baugrubenquerschnitten zur Schaffung von Festpunkten,
- die Herstellung von Baugrube und Bauwerk in kurzen Abschnitten.

Soweit Anker durch Steifen ersetzt werden, sind diese für eine wesentlich höhere Last zu bemessen als es ihrem Anteil an der rechnerischen Erddrucklast entspricht.

5.6 Bewegungsarme Baugrubenwände neben Bauwerken

5.6.1 Konstruktion

Werden Baugrubenwände ohne besondere Vorkehrungen hergestellt, dann besteht die Gefahr, dass an benachbarten Bauwerken Schäden auftreten, die von einer einseitigen Setzung zur Baugrube hin herrühren. Eine besonders große Gefährdung geht in dieser Hinsicht von den im Boden eingespannten, weder ausgesteiften noch verankerten Baugrubenwänden aus, die eine Kopfbewegung in der Größenordnung von 10 ‰ der Wandhöhe erreichen. Aber auch bei ausgesteiften, für aktiven Erddruck bemessenen Wänden können die bei nichtbindigen Böden bzw. steifen bis halbfesten bindigen Böden üblicherweise auftretenden Verformungen in der Größenordnung von 1 ‰ der Wandhöhe ausreichen, um unmittelbar hinter der Wand Setzungen von etwa 2 ‰ der Wandhöhe auszulösen. Diese Setzungen klingen in nichtbindigen Böden je nach Art der Wandbewegung erst in einer Entfernung vom 0,6- bis 2,0-Fachen der Baugrubentiefe auf null aus. Bei verankerten Baugrubenwänden und bei ausgesteiften Baugruben in weichen bis steifen bindigen Böden kann sowohl die Setzung als auch die Reichweite ein Mehrfaches dieser Werte annehmen [85, 123, 152]. Will man die dadurch zu erwartenden Schäden an benachbarten Bauwerken vermeiden, so müssen Auflockerungen des Bodens und Verformungen der Baugrubenwände möglichst gering gehalten werden. Beim waagerechten Grabenverbau nach Abschnitt 1.2.1 ist dies nur in begrenztem Maße möglich. Der senkrechte Grabenverbau nach Abschnitt 1.2.2 ist im Grundsatz geeignet, sofern der Boden aufgrund seiner Beschaffenheit nicht durch die Überdeckungsstöße der Dielen austreten kann, die Dielen ausreichend steif sind und die Kanalstreben kräftig angespannt werden.

Dies gilt sinngemäß auch für diejenigen Grabenverbaugeräte nach Abschnitt 1.2.3, bei denen Kanaldielen oder Leichtspundwände eingesetzt werden bzw. bei denen eine gleichzeitige Absenkung und Parallelführung der gegenüberliegenden Verbauplatten erzwungen wird. Die übrigen Verfahren nach Abschnitt 1.2.3 scheiden bei Baugruben neben Gebäuden wegen der starken Auflockerung des Bodens aus. Bei Trägerbohlwänden nach Abschnitt 1.4 dagegen stehen verschiedene Maßnahmen zur Verfügung:

a) Wandbewegungen vor dem Einbau von Steifen oder Ankern lassen sich verringern, indem die erste Lage in Höhe der Geländeoberfläche oder nur wenig darunter eingebaut und die Baugrube jeweils nur so weit ausgehoben wird, wie es zum Einbau der Steifen oder Anker unbedingt erforderlich ist.
b) Eine Auflockerung des Bodens beim Einbringen der Ausfachung lässt sich weitgehend vermeiden, indem der Boden jeweils nur so weit ausgehoben wird, wie es für den Einbau der jeweils nächsten Bohle erforderlich ist. Die zu erwartende Durchbiegung der Bohlen kann durch die in Abschnitt 1.4 genannten Maßnahmen vorweggenommen werden.
c) Die elastischen Verformungen der senkrechten Tragglieder der Baugrubenwände lassen sich verringern durch die Verwendung besonders biegesteifer Profile und durch die Anordnung geringer Abstände zwischen den Steifen- oder Ankerlagen.
d) Die Schlupfbewegungen an den Übertragungsstellen, die elastische Dehnung von Ankern und die Nachgiebigkeit von Verankerungskörpern kann man durch eine entsprechende Vorspannung der Steifen und Anker ausgleichen.
e) Eine zu große Bewegung des Wandfußes wird durch eine entsprechende Anordnung der Steifen- oder Ankerlagen und durch die Einführung eines erhöhten Sicherheitsbeiwerts beim Nachweis der Aufnahme der Auflagerkraft vermieden.

Die erforderlichen Maßnahmen richten sich nach dem Abstand, der Gründungstiefe, dem baulichen Zustand und der Setzungsempfindlichkeit des Bauwerks, nach der Baugrubentiefe und nach den Bodenverhältnissen. Besondere Maßnahmen gegen die Auflockerung des Bodens sind immer dann vorzusehen, wenn örtlich ein kohäsionsloser, einkörniger und daher ausgesprochen rolliger Sand oder Kies, eine Fließsandschicht oder weicher bindiger Boden ansteht. Beispielsweise kann bei Böden, die zum Ausfließen oder Ausrieseln neigen, die waagerechte Ausfachung durch eine senkrechte, vor dem Aushub eingebrachte Ausfachung ersetzt werden (s. Bild 19). Damit wird auch ein ungleichmäßiges Anliegen der Ausfachung am Erdreich vermieden. Die Durchbiegung der Gurte kann durch entsprechendes Verkeilen gegen die Ausfachung unschädlich gemacht werden. Bei größerem Umfang ist die Anordnung von Schlitzwänden, Bohrpfahlwänden und ggf. auch von Spundwänden zweckmäßig. Wenn dies aus Platzgründen erforderlich ist, können Pfahlwände, wie im Bild 84 zu sehen, bis zu 12° geneigt angeordnet werden. Bei besonders empfindlichen Bauwerken kann auch eine Unterfangung nach Kapitel 2.4 „Unterfangungen und Unterfahrungen", durch eine Verfestigung des Bodens durch Zementinjektionen bzw. chemische Mittel nach Kapitel 2.3 „Injektionen", durch eine im Düsenstrahlverfahren hergestellte Unterfangungswand oder durch eine Vereisung nach Kapitel 2.5 „Bodenvereisung" angebracht sein. Unabhängig von der gewählten Baugrubenkonstruktion kann es immer zweckmäßig sein, die Standsicherheit eines benachbarten Gebäudes durch geeignete Sicherungsmaßnahmen zu verbessern, z. B. durch das Einziehen von Ankern, Ausmauern von Öffnungen und dergleichen.

Feste Regeln dafür, welche Maßnahmen im Einzelfall zu treffen sind, lassen sich nicht angeben. Sofern gute Bodenverhältnisse vorliegen und sich das benachbarte Bauwerk in einem guten baulichen Zustand befindet, dürften i. Allg. die zu Tabelle 6, linke Spalte, gehörenden Maßnahmen ausreichen. Dagegen kann es bei sehr empfindlichen Bauwerken, z. B. bei sehr hohen, sehr schweren oder bei baufälligen Bauwerken angebracht sein, sich an

3.5 Baugrubensicherung

Bild 84. Sicherung eines Gebäudes durch eine geneigte Bohrpfahlwand;
U-Bahn München, Baulos Kolumbusstraße (Foto: Prof. Dr.-Ing. Weinhold, München)

Tabelle 6, rechte Spalte, zu orientieren. Ungünstige Bodenverhältnisse können auch bei großem Abstand des Bauwerks aufwendige Maßnahmen erzwingen.

Mit ϑ_F ist in Tabelle 6 der Winkel bezeichnet, den die Verbindungslinie zwischen der Fundamentecke und dem Schnittpunkt von Baugrubenwand und Baugrabensohle mit der Waagerechten einschließt (Bild 85 a). Ist dieser Winkel kleiner als 60°, so ist es bei wenig empfindlichen Bauwerken i. Allg. zulässig, die Baukonstruktion für den aktiven Erddruck zu bemessen. Der Erddruck kann in der Regel auf der Grundlage ebener Gleitflächen nach dem Verfahren von *Culmann* ermittelt werden [96]. Bei besonders großen Bauwerkslasten und ungünstig geschichtetem Boden kann es jedoch im Einzelfall erforderlich sein, die Größe des Erddrucks auf der Grundlage gebrochener oder gekrümmter Gleitflächen zu ermitteln. Hierzu siehe [137]. Zur Vereinfachung der Berechnung ist es zweckmäßig, die Anteile des Erddrucks aus Bodeneigenlast, großflächigen Nutzlasten und Bauwerkslasten, die oberhalb der Baugrubensohle auftreten, unter Berücksichtigung der Kohäsion zusammenzufas-

Tabelle 6 Konstruktive Maßnahmen an Baugruben neben Bauwerken

Unempfindliches Bauwerk	Konstruktive Maßnahmen	Empfindliches Bauwerk
$\vartheta_F < 30°$	Keine besonderen Maßnahmen	$\vartheta_F < 15°$
$30° < \vartheta_F < 45°$	Vorspannung der Holzbohlen	$15° < \vartheta_F < 30°$
$45° < \vartheta_F < 60°$	Mäßige Vorspannung der Steifen bzw. Anker	$30° < \vartheta_F < 45°$
$60° < \vartheta_F < 75°$	Starke Vorspannung der Steifen bzw. Anker	$45° < \vartheta_F < 60°$
$\vartheta_F > 75°$	Anordnung einer Schlitzwand oder Pfahlwand	$60° < \vartheta_F < 75°$
	Unterfangung des Bauwerks	$\vartheta_F > 75°$

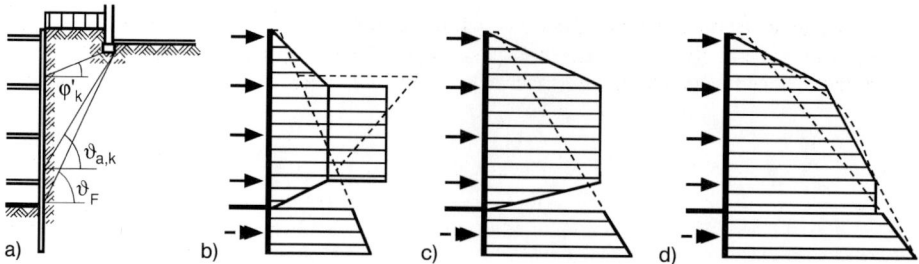

Bild 85. Baugrube neben einem Bauwerk; a) Schnitt durch die Baugrube, b) einfacher aktiver Erddruck, c) erhöhter aktiver Erddruck, d) Erdruhedruck

sen und in eine Lastfigur umzuwandeln, die keine plötzliche Änderung der Erddruckordinate aufweist oder bei der die plötzliche Änderung der Erddruckordinate im Bereich eines Auflagerpunkts liegt (Bild 85 b). Dabei ist im Hinblick auf die Erddruckumlagerung zu unterscheiden zwischen geringem Abstand und großem Abstand der Bebauung, je nachdem, ob das Bauwerk im Gleitkeil aus Bodeneigengewicht liegt oder nicht (s. [32], EB 28 und EB 29). Beim Nachweis $\Sigma H = 0$ nach Abschnitt 4.1 ist ein unterhalb der Baugrubensohle auftretender Erddruck aus Bauwerkslast zu berücksichtigen.

5.6.2 Berechnung

Werden ausgesteifte oder verankerte Baugrubenwände im Bereich von Bauwerken für den aktiven Erddruck bemessen, so dürfen die zu erwartenden Wandbewegungen nur in geringem Umfang begrenzt werden. Weitergehende Maßnahmen als eine Vorbiegung der Bohlen und ein mäßiges Vorspannen der Steifen sind nicht zulässig. Bei Spundwänden und Ortbetonwänden dürfen die Steifen höchstens bis zu 30%, bei Trägerbohlwänden höchstens bis zu 60% der im Vollaushubzustand zu erwartenden Kraft vorgespannt werden. Abgesehen vom untersten dürfen vorgespannte Anker höchstens mit 80% der beim Vollaushubzustand zu erwartenden Stützkraft festgelegt werden. Es ist damit zu rechnen, dass durch diese Maßnahmen die Wandbewegung auf etwa die Größe begrenzt wird, die zum Auslösen des Grenzwertes des aktiven Erddrucks erforderlich ist. Sollen Steifen oder Anker stärker vorgespannt werden, dann ist ein erhöhter aktiver Erddruck anzusetzen. Wie die Erfahrung zeigt, genügt es in den meisten Fällen, als Berechnungserddruck den Mittelwert zwischen dem Ruhedruck und dem aktiven Erddruck anzusetzen. In einfachen Fällen kann der Berechnungserddruck aus 25% Erdruhedruck und 75% aktivem Erddruck zusammengesetzt werden. Über einen Berechnungserddruck aus 75% Ruhedruck und 25% aktivem Erddruck wird man nur in seltenen Ausnahmefällen hinausgehen. Bei großem Abstand der Bebauung ist der Erddruck aus der Bauwerkslast entsprechend der Theorie des elastischen Halbraums bzw. nach der klassischen Erddrucktheorie zu ermitteln und in der gewählten Zusammensetzung des Berechnungserddrucks zu berücksichtigen. Bei kleinem Abstand der Bebauung ist nur der Berechnungserddruck aus Bodeneigengewicht in dieser Weise zu ermitteln und zusammenzusetzen; für den Berechnungserddruck aus der Bauwerkslast ist in diesem Fall nach [32], EB 22 der aktive Erddruck einzusetzen.

Im Allgemeinen kann bei ausgesteiften oder verankerten Baugrubenwänden angenommen werden, dass bei einem Berechnungserddruck, der zwischen dem aktiven Erddruck und dem Erdruhedruck liegt, ebenso eine Umlagerung auftritt wie beim aktiven Erddruck. Der Berechnungserddruck aus Bodeneigengewicht und großflächigen Nutzlasten bis zu $p_k = 10$ kN/m²

3.5 Baugrubensicherung

darf daher unter Berücksichtigung der Kohäsion als Ganzes behandelt und in eine einfache Lastfigur umgewandelt werden, deren Knickpunkte oder Lastsprünge im Bereich der Auflagerpunkte liegen. Der Umlagerungsbereich reicht in der Regel bis zur Baugrubensohle. Werden nur die im Einflussbereich der Bauwerkslast liegenden Steifen oder Anker vorgespannt, so ist der Erddruck stärker in diesem Bereich konzentriert anzunehmen (Bild 85 c). Das ist besonders dann zu empfehlen, wenn durch das Vorspannen von Steifen im oberen Bereich der Baugrubenwand eine Gefahr für die benachbarten Kellerwände hervorgerufen würde, und immer dann, wenn unterhalb oder oberhalb des Einflussbereichs der Bauwerkslast größere Abstände der Steifen- oder Ankerlagen vorgesehen sind als im Einflussbereich der Last selbst. Im Übrigen ist der Nachweis $\Sigma H = 0$ bei Trägerbohlwänden nach Abschnitt 4.1 auch dann zu führen, wenn der Berechnungserddruck zwischen dem aktiven Erddruck und dem Erdruhedruck liegt. Der unterhalb der Baugrubensohle wirkende Erddruck ist dazu im gleichen Verhältnis aus dem aktiven Erddruck und dem Erdruhedruck zusammenzusetzen wie der oberhalb der Baugrubensohle wirkende Erddruck. Reicht der Einfluss der Bauwerkslast bis unter die Baugrubensohle, so ist dies zu berücksichtigen (s. [32], EB 22).

So wie für jeden Bauzustand der Berechnungserddruck und die Schnittgrößen neu ermittelt werden, müssten strenggenommen auch die Steifen- oder Ankerlagen auf die jeweils neue Last vorgespannt werden. Im Allgemeinen wird aber darauf verzichtet. In den meisten Fällen dürfte es zulässig sein, jede Steifen- oder Ankerlage sofort nach ihrem Einbau auf die Kraft vorzuspannen, die ihr beim Vollaushubzustand zukommt. Nur dann, wenn bei den Vorbauzuständen ungünstige Stützweiten oder Einspannungsverhältnisse auftreten, kann es angebracht sein, zunächst auf einen kleineren Erddruck vorzuspannen und erst vor dem Einbau der untersten Lage und dem dann folgenden Restaushub auf die im Vollaushubzustand auftretenden Kräfte nachzuspannen. Um etwa möglichen Schwierigkeiten aus dem Wege zu gehen, sollte die gewählte Erddruckfigur des Vorbauzustands an keiner Stelle größere Erddruckordinaten aufweisen als die für den Vollaushubzustand maßgebende Erddruckfigur.

Fast immer reicht es aus, die Baugrubenwand für einen erhöhten aktiven Erddruck zu bemessen. Die damit verbundenen geringen Wandbewegungen sind, wie die vorliegenden Erfahrungen zeigen, i. Allg. unbedenklich. Nur in Ausnahmefällen, z. B. bei Baugruben neben sehr hohen, schlecht gegründeten oder in schlechtem baulichem Zustand befindlichen Bauwerken, kann es gerechtfertigt sein, durch konstruktive Maßnahmen eine Wandbewegung so weit wie irgend möglich zu verhindern und der Bemessung der Baugrubenwand den vollen Erdruhedruck des ungestörten Bodens zugrunde zu legen, auch wenn keine Gewähr dafür besteht, dass dadurch keine Setzungsschäden auftreten werden. Wenn überhaupt, dann ist die annähernde Erhaltung des Erdruhedrucks aber nur zu erwarten, wenn

– bei Schlitzwänden das Grundwasser sehr tief ansteht oder abgesenkt wird und keine Einzelfundamente unmittelbar neben dem Schlitz liegen,
– bei Bohrpfahlwänden das Bohrrohr dem Aushub stets vorauseilt und die Pfähle sich überschneiden,
– bei Spundwänden ein sehr steifes Profil gewählt wird,
– der Boden durch Verpressung mit Zement oder mit chemischen Mitteln oder durch Vereisung verfestigt wird, oder
– im Düsenstrahlverfahren eine Unterfangungswand hergestellt wird

und darüber hinaus ganz allgemein die Steifen- oder Ankerlagen in verhältnismäßig engem Abstand angeordnet und entsprechend vorgespannt werden.

Zur Ermittlung des Erdruhedrucks aus Bodeneigengewicht siehe [39], Kapitel 1.5 „Erddruck" und [32], EB 18. Der Erddruck aus Bauwerkslast wird allgemein nach der Theorie des elastischen Halbraums angesetzt. Die von *Fröhlich* abgeleiteten Gleichungen zur Ermittlung der Spannungen, die im elastischen Halbraum infolge von Punktlasten, Linienlasten und Streifenlasten in waagerechter und senkrechter Richtung wirken, sind in [65] zu finden. Einfacher ist die Berechnung mithilfe der Angaben in [32, 57 137]. Bei der Wahl des Konzentrationsfaktors genügt es, zwei Fälle zu unterscheiden:

a) Die Annahme eines Konzentrationsfaktors 3 ist angebracht, wenn der Elastizitätsmodul und damit der Steifemodul des Baugrunds in allen Richtungen konstant ist. Das ist annähernd der Fall bei vorbelasteten Böden.
b) In allen übrigen Fällen kann der Konzentrationsfaktor mit 4 angenommen werden. Dies entspricht einem mit der Tiefe linear zunehmenden Steifemodul des Baugrunds.

Bei den annähernd bewegungsfreien Baugrubenwänden liegt die Erddruckverteilung für jeden Bauzustand fest. Man kann daher sowohl bei ausgesteiften als auch bei verankerten Baugrubenwänden in jedem Bauzustand die Steifen und Anker sofort für den vollen rechnerischen Erdruhedruck vorspannen. Im Allgemeinen ist es jedoch nicht möglich, auch den Wandfuß völlig bewegungsfrei zu halten. Aus diesem Grunde ist es vielfach üblich, den Erdruhedruck von der untersten Stützung ab nicht mehr mit der Tiefe zunehmend, sondern nach [32], EB 23 als konstant anzunehmen. Im Übrigen ist es stets zulässig, das Erddruckbild so zu vereinfachen, dass bei gleichbleibender Größe der Erddrucklast eine Lastfigur entsteht, die keine sprunghafte Änderung der Erddruckordinate aufweist (Bild 85 d), oder bei der eine sprunghafte Änderung der Erddruckordinate im Bereich eines Auflagerpunkts liegt. Der Einfluss des Erddrucks aus Bauwerkslasten darf hierbei nicht überbewertet werden. Messungen an einer fast unnachgiebig ausgesteiften Versuchsbaugrube [40] und an einer starren Modellwand [106] zeigen, dass sowohl im Hinblick auf die Größe als auch auf die Verteilung des Erddrucks aus Linienlasten gewisse Abweichungen von der Theorie möglich sind. Auf keinen Fall aber ist es erforderlich, den Erddruck aus Bauwerkslast nach dem „Spiegelungsprinzip" zu verdoppeln [116], wenn das Bauwerk zum Zeitpunkt der Herstellung der Baugrube schon vorhanden ist.

Insbesondere bei der Bemessung der Baugrubenkonstruktion für einen erhöhten aktiven Erddruck oder gar für einen Erdruhedruck steht der Gedanke im Hintergrund, Bewegungen und Verformungen des Erdreichs weitgehend zu verhindern. Während dies im Hinblick auf die Herstellung der Wand durch die Wahl eines geeigneten Bauverfahrens und im Hinblick auf die Stützungen durch das Vorspannen von Steifen und Ankern sichergestellt wird, stehen im Bereich der Einbindung der Wand in den Untergrund kaum konstruktive Maßnahmen zur Verfügung. Hier müssen die Beanspruchungen des Bodens begrenzt werden:

a) Zur Begrenzung der waagerechten Verschiebungen des Wandfußes wird in [32], EB 22 empfohlen, bei mitteldicht oder dicht gelagerten nichtbindigen oder mindestens steifen bindigen Böden im Falle von Trägerbohlwänden den Bemessungserdwiderstand mit dem Anpassungsfaktor $\eta_{Ep} \leq 0{,}6$ bzw. im Falle von Spundwänden und Ortbetonwänden mit dem Anpassungsfaktor $\eta_{Ep} \leq 0{,}8$ zu multiplizieren. Steht weicher bindiger Boden an, dann ist eine Konstruktion zu wählen, bei der keine Stützung durch den Boden benötigt wird.
b) Sofern aufgrund von Probebelastungen eine charakteristische Widerstands-Setzungs-Linie zur Verfügung steht, können die zu erwartenden Setzungen der Baugrubenwand abgeschätzt und im Hinblick auf ihre Verträglichkeit mit dem Bauwerk bewertet werden. Zumindest aber sollten beim Nachweis, dass die aus den Bauwerkslasten herrührende Vertikalkomponente des Erddrucks durch Wandreibung auf die Wand übertragen und von dieser in den Untergrund abgeleitet werden können, die mit den Teilsicherheitsbeiwerten für den Lastfall LF 2 ermittelten Bemessungswiderstände mit einem Anpassungsfaktor von $\eta_{Gl} = \eta_P \leq 0{,}8$ abgemindert werden. Lässt sich damit der Standsicherheitsnachweis nicht erbringen, dann ist die Aufrechterhaltung des ursprünglichen Spannungszustandes nicht gewährleistet und somit der Ansatz des Erdruhedrucks nicht gerechtfertigt.

3.5 Baugrubensicherung

Bei ausgesteiften Baugruben erhält man mit den hier genannten konstruktiven Maßnahmen und rechnerischen Nachweisen i. d. R. nur geringe, unter Umständen gar keine Bewegungen oder im oberflächennahen Bereich sogar Bewegungen der Wand gegen das Erdreich. Auch die zu erwartenden Setzungen sind somit gering. Bei verankerten Baugrubenwänden sind jedoch infolge der Fangedammwirkung zusätzliche Bewegungen möglich, die sich auch durch den Ansatz des Erdruhedrucks nicht vermeiden lassen. Zwar kann man mit den in Abschnitt 5.5.4 genannten Ansätzen die zu erwartenden Wandbewegungen abschätzen, es ist aber nur sehr begrenzt möglich, die zu erwartenden Setzungen des Bauwerks vorherzusagen. Durch die jüngsten Entwicklungen der Finite-Elemente-Methode hat man jedoch neuerdings ein Mittel in der Hand, welches hier weiterhelfen kann (s. Abschn. 3.6 und 3.7).

5.7 Baugruben im Wasser

5.7.1 Großflächig abgesenktes Grundwasser

Baugruben im Grundwasser können wie Baugruben im Trockenen behandelt werden, wenn es gelingt, das Grundwasser bis unter die Baugrubensohle abzusenken (Bild 86 a). Bei gut durchlässigen Böden verläuft die Spiegellinie so flach, dass sie weitgehend unter den Gleitflächen liegt, die für die Ermittlung des Erddrucks und, bei verankerten Baugrubenwänden, für den Nachweis der Standsicherheit in der tiefen Gleitfuge maßgebend sind. Das Absenkziel liegt in der Regel 0,30 bis 0,50 m unterhalb der Baugrubensohle. Bei der Ermittlung des Erdwiderstands wird man ebenfalls von diesem Wert ausgehen, auch wenn in der Nähe der Brunnen die Absenkung tiefer reicht.

Bei geschichtetem Boden ist eine einwandfreie Absenkung des Grundwasserspiegels oft nicht möglich. In solchen Fällen kann es zweckmäßig sein, die Baugrube mit Spundwänden, Schlitzwänden oder Pfahlwänden einzufassen und damit die ungenügend entwässerten Schichten abzusperren (Bild 86 c). Es tritt dann ein Strömungsgefälle von den ungenügend

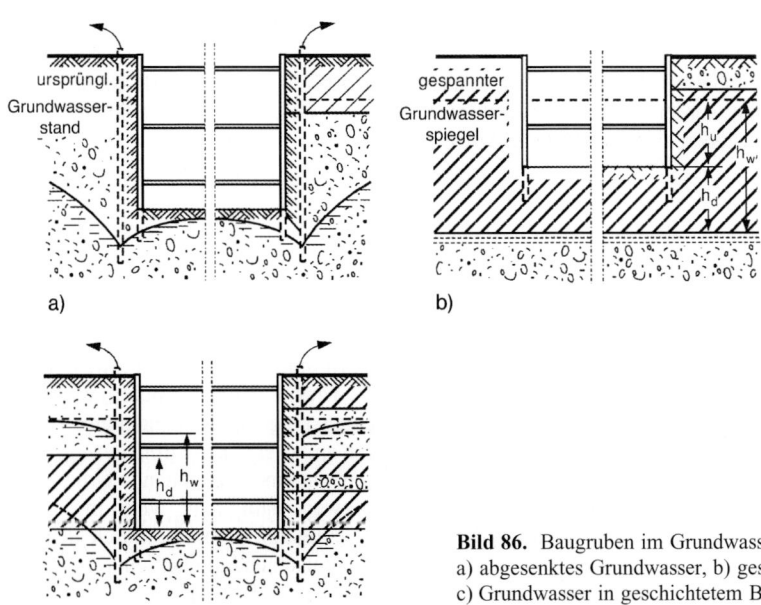

Bild 86. Baugruben im Grundwasser;
a) abgesenktes Grundwasser, b) gespanntes Grundwasser, c) Grundwasser in geschichtetem Boden

entwässerten zu den entwässerten Schichten auf. Im Bereich der durchströmten Schichten vergrößert sich dadurch die Belastung der Wand ganz erheblich.

Die erforderliche Absenkung des Grundwassers kann sich auf weiche bindige Bodenschichten ungünstig auswirken, da durch das Absenken des Grundwasserspiegels der Auftrieb entfällt. Die dadurch verursachte Zunahme des Gewichts wirkt sich ähnlich aus wie eine Belastung der Geländeoberfläche und verursacht u. U. erhebliche Setzungen, wodurch auch weiter entfernt stehende Gebäude in Mitleidenschaft gezogen werden können. In solchen Fällen kann die Anordnung einer Injektionsschicht nach Bild 88 d oder einer Unterwasserbetonsohle nach Bild 88 e erforderlich werden.

5.7.2 Hydraulischer Grundbruch

Schneidet eine Baugrube in bindige Bodenschichten ein, so kann – abgesehen von der Ableitung des Niederschlagswassers – eine Wasserhaltung oft entfallen, auch wenn das Grundwasser oberhalb der Baugrubensohle ansteht. Wenn dieser Grundwasserstand durch gespanntes Grundwasser verursacht wird, das in einer tiefer gelegenen Sand- oder Kiesschicht ansteht (Bild 86 b), dann entsteht im bindigen Boden unterhalb der Baugrubensohle das Strömungsgefälle

$$i = \frac{h_w - h_d}{h_d} = \frac{h_{\ddot{u}}}{h_d} \tag{87}$$

Dadurch vermindert sich (mit γ_w = Wichte des Wassers) die Wichte des durchströmten Bodens unabhängig von der Größe des Durchlässigkeitsbeiwerts k um den Anteil

$$\Delta\gamma_k = i \cdot \gamma_w \tag{88}$$

Der Erdwiderstand vor einer durchlaufenden Wand oder vor einer Bohlträgerreihe kann daher nur mit einer entsprechend verminderten Wichte des Bodens ermittelt werden. Erreicht das Strömungsgefälle die Größenordnung $i \approx 1$, dann wird der Boden unterhalb der Baugrubensohle gewichtslos und bricht in Form eines hydraulischen Grundbruchs hoch. Gegen diesen Zustand muss entsprechend der Grenzzustandsbedingung

$$S'_k \cdot \gamma_H \leq G'_k \cdot \gamma_{G,stb} \tag{89}$$

mit den Teilsicherheitsbeiwerten für den Grenzzustand GZ 1A eine ausreichende Standsicherheit nachgewiesen werden. Die Strömungskraft S'_k und das Gewicht G'_k des Bodenkörpers unter Auftrieb ergeben sich dabei aus den Ansätzen

$$S'_k = \Delta\gamma_w \cdot V \tag{90 a}$$

$$G'_k = \gamma'_k \cdot V \tag{90 b}$$

(γ'_w = Wichte des Bodens unter Auftrieb). Da das Volumen V in beiden Fällen gleich ist, kürzt es sich weg, wenn die Gln. (90 a) und (90 b) in Gl. (89) eingesetzt werden.

Gegebenenfalls muss der Grundwasserspiegel entsprechend entspannt werden, entweder durch eine Grundwasserabsenkungsanlage oder durch Überlaufbrunnen, die das Grundwasser unbehindert bis zur Baugrubensohle hochsteigen lassen, von wo aus es dann abgepumpt wird. Sind in den Untergrund nur dünne wasserführende Schichten eingelagert, dann kann es erforderlich werden, Unterdruckbrunnen oder Vakuum-Lanzen einzusetzen, die trotz geringer Filterfläche genügend viel Wasser aus diesen Schichten saugen, um eine ausreichende Druckentlastung herbeizuführen. Diese Maßnahmen können auch zweckmäßig sein, wenn in der bindigen Schicht Einlagerungen aus Schluff oder Feinsand enthalten sind, die durch den Überdruck des Wassers nach oben gespült werden. Die hierbei entstehenden Quellen können durch rückschreitende Erosion die Baugrubensohle gefährden (s. [32], E 114).

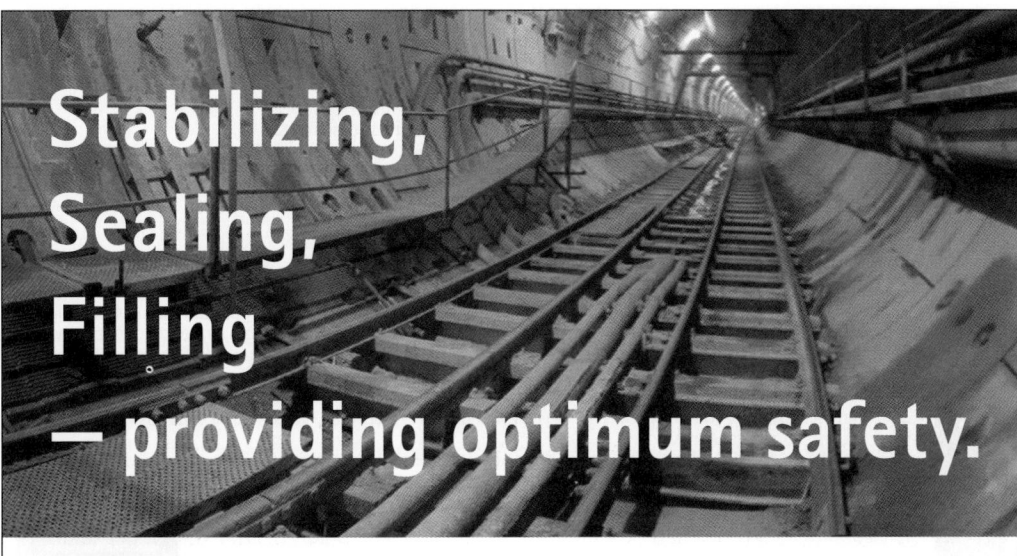

Stabilizing, Sealing, Filling
– providing optimum safety.

WEBAC®
Consolidation Line

WEBAC® Chemie GmbH
Fahrenberg 22
22885 Barsbüttel/Hamburg • Germany
Tel.: +49 (0)40 670 57-0
Fax: +49 (0)40 670 32 27
info@webac.de • www.webac.de

Qualitätssicherung im Spezialtiefbau

Theodoros Triantafyllidis
Planung und Bauausführung im Spezialtiefbau
Teil 1: Schlitzwand- und Dichtwandtechnik
2003. 335 Seiten,
240 Abbildungen.
Gebunden.
€ 73,-* / sFr 117,-
ISBN 978-3-433-02859-9

Das Buch behandelt praktische Aufgabenstellungen und Probleme des Spezialtiefbaus. Es wendet sich an Fachleute, die sich bislang hauptsächlich mit dem Entwurf und theoretischen Fragestellungen des Spezialtiefbaus befasst haben sowie an Mitarbeiter bauausführender Tiefbaufirmen, die theoretisches Hintergrundwissen benötigen. Ziel ist, mehr Sensibilität für die Qualitätssicherung in diesem Bereich zu wecken und aufzuzeigen, dass die Sicherung der Qualität nicht erst bei der Bauausführung anfangen darf, sondern Teil des Entwurfs und der Planung sein muss. Das Buch ist ein Leitfaden für die Bauausführung im Spezialtiefbau.

Über den Autor:

Prof. Dr.-Ing. habil. T. Triantafyllidis ist seit 1998 Universitätsprofessor am Lehrstuhl für Grundbau und Bodenmechanik der Ruhr-Universität Bochum. Zuvor war er bei Tiefbauunternehmen im In- und Ausland in leitender Funktion tätig.

* Der €-Preis gilt ausschließlich für Deutschland

Ernst & Sohn
Verlag für Architektur und
technische Wissenschaften GmbH & Co. KG

Für Bestellungen und Kundenservice:
Verlag Wiley-VCH
Boschstraße 12
69469 Weinheim
Telefon: (06201) 606-400
Telefax: (06201) 606 184
Email: service@wiley-vch.de

Ernst & Sohn
A Wiley Company
www.ernst-und-sohn.de

BUCHEMPFEHLUNGEN

Bergmeister, K. / Wörner, J.-D. / Fingerloos, F. (Hrsg.)
Beton-Kalender 2009
**Schwerpunkte: Aktuelle Massivbaunormen
Konstruktiver Hochbau**

2008. 1457 S., 1075 Abb., 297 Tab. Hardcover
€ 165,–* / sFr 261,–
Fortsetzungspreis:
€ 145,–* / sFr 229,–
ISBN: 978-3-433-01854-5

Von hohem Aktualitätsgrad im Bereich der Massivbaunormen ist die vollständig abgedruckte konsolidierte Fassung von DIN 1045 von August 2008 einschließlich DIN EN 206-1 mit Einarbeitung aller Berichtigungen und Änderungen. Zusammen mit den DAfStb-Richtlinien „Massige Bauteile aus Beton" und „Belastungsversuche an Betonbauwerken" steht dem Nutzer das komplette aktuelle Regelwerk mit Kommentar zu,r Verfügung.
Unter dem Schwerpunktthema Konstruktiver Hochbau behandelt der Beton-Kalender alle wichtigen Elemente der Tragwerksplanung von Gebäuden einschließlich Bauen mit Fertigteilen, Verankerung von Fassaden, konstruktiver Brandschutz und Gründungen.
Das Bauen im Bestand bildet einen wesentlichen Anteil der planerischen Tätigkeit, daher werden die Tragwerksplanung im Bestand, Schadensanalyse, Ertüchtigung und Monitoring ausführlich dargestellt.

Fingerloos, F. (Hrsg.)
Historisch technische Regelwerke für den Beton-, Stahlbeton- und Spannbetonbau
Bemessung und Ausführung

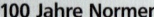

2009. 1326 Seiten. Gebunden.
€ 59,–* / sFr 94,–
ISBN: 978-3-433-02925-1

100 Jahre Normen
Bei der Beurteilung der Standsicherheit von bestehenden baulichen Anlagen sind Informationen über die früher verwendeten Baustoffe und Bemessungskonzepte von wesentlicher Bedeutung. Es fällt dem mit Bestandsbauten befassten Ingenieur nicht immer leicht, die bei der Errichtung oder während des Nutzungszeitraums der Bauwerke maßgebenden Regelwerke zu identifizieren und zu beschaffen. Herausgeber und Verlag haben auf den umfangreichen Fundus der in den Beton-Kalendern abgedruckten Bestimmungen zurückgegriffen und diese, ergänzt um die Standards der ehemaligen DDR, als Reprint in dem vorliegenden Buch zusammengefasst. Es enthält technische Regelwerke, die von 1904 bis 2004 in Deutschland gültig waren und sich unmittelbar mit der Bemessung und Ausführung der Beton-, Stahlbeton- und Spannbetonbauwerke im Hochbau befassten. Für die Verbesserung der Gebrauchstauglichkeit sind eine chronologische Übersicht der historischen Bestimmungen und ein umfangreiches Stichwortverzeichnis beigegeben.

Deutscher Beton- und Bautechnik-Verein e.V. (Hrsg.)
Beispiele zur Bemessung nach DIN 1045-1
Band 1: Hochbau

3., aktualisierte Auflage
2009. 340 Seiten, 280 Abb. Gebunden.
€ 59,–* / sFr 94,–
ISBN: 978-3-433-02926-8

Die neue Normengeneration für den Betonbau mit DIN 1045 Teile 1–4 und DIN EN 206-1 wurde im Jahr 2002 bauaufsichtlich eingeführt. Für die Einarbeitung in das Regelwerk legt der Deutsche Beton- und Bautechnik-Verein E. V. eine aktualisierte Beispielsammlung vor. Sie enthält für die gängigsten Bauteile im Hochbau zwölf vollständig durchgerechnete Beispiele nach der 2008 neu herausgegebenen Bemessungsnorm. Alle Beispiele können auf andere Bemessungs- und Konstruktionsaufgaben übertragen werden; sie sind ausführlich behandelt, um viele Nachweismöglichkeiten vorzuführen.
Die Sammlung vermittelt Praktikern und Studenten fundierte Kenntnisse der Nachweisführung nach dem neuen Regelwerk und dient als unentbehrliches Hilfsmittel bei der Erstellung prüffähiger statischer Berechnungen im Stahlbeton- und Spannbetonbau.
Die 3., vollständig überarbeitete Auflage berücksichtigt die Neuausgabe von DIN 1045-1, August 2008 und den aktuellen Stand der Normenauslegung.

www.ernst-und-sohn.de

Ernst & Sohn
Verlag für Architektur und
technische Wissenschaften
GmbH & Co. KG

Für Bestellungen und Kundenservice:
Verlag Wiley-VCH, Boschstraße 12, 69469 Weinheim
Telefon: +49(0) 6201 / 606-400, Telefax: +49(0) 6201 / 606-184,
E-Mail: service@wiley-vch.de

* € Preise gelten ausschließlich für Deutschland. Irrtum und Änderungen vorbehalten.

3.5 Baugrubensicherung

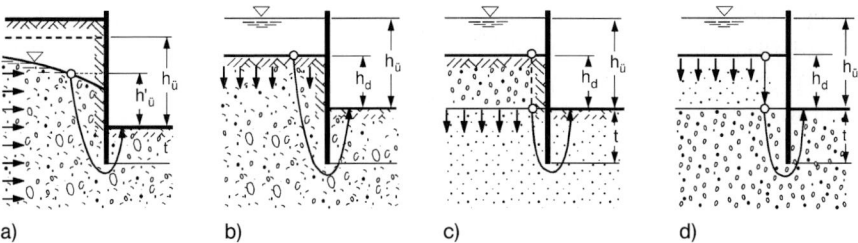

Bild 87. Umströmung einer Baugrubenspundwand; a) Baugrube im Grundwasser, gleichmäßig durchlässiger Boden, b) Baugrube im offenen Wasser, gleichmäßig durchlässiger Boden, c) Baugrube im offenen Wasser, Boden oben durchlässiger als unten, d) Baugrube im offenen Wasser, Boden unten durchlässiger als oben

Lassen die Umstände eine Grundwasserabsenkung unterhalb der Baugrubensohle nicht zu, dann ist die geschlossene Wand möglichst bis in eine tiefergelegene bindige Schicht zu führen, um dem Wasser den Zugang von unten her zu versperren. Anderenfalls besteht ebenfalls die Gefahr eines hydraulischen Grundbruchs, insbesondere bei Baugruben im offenen Wasser (Bild 87 b). Es tritt infolge des Wasserüberdrucks $h_ü$ eine Umströmung der Spundwand ein. Das mittlere Druckgefälle ergibt sich zu

$$i_m = \frac{h_ü}{h_d + 2 \cdot t} \tag{91}$$

Hierbei wird der Abbau des Druckgefälles unterhalb der Baugrubenwand vernachlässigt. Der Ansatz liegt somit bei breiten und zugleich langen Baugruben in der Regel auf der sicheren Seite. Genauer erhält man das Druckgefälle mit

$$h_w = h_d + t \tag{92}$$

entsprechend Bild 87 b nach *Bent Hansen* (s. [31], E 114) aus den Ansätzen

$$i_a = +\frac{0{,}70 \cdot h_ü}{h_w + \sqrt{h_w \cdot t}} \text{ auf der Wasserseite} \tag{93}$$

$$i_p = +\frac{0{,}70 \cdot h_ü}{t + \sqrt{h_w \cdot t}} \text{ auf der Baugrubenseite} \tag{94}$$

Das strömende Wasser gibt unabhängig von der Durchlässigkeit des Bodens den Strömungsdruck an den Boden ab, vergrößert die Wichte des Bodens auf der Außenseite der Wand und verringert sie auf der Innenseite. Im Grenzfall wird der Boden unterhalb der Baugrubensohle gewichtslos und bricht hoch. Gegen diesen Zustand muss analog zum vorherigen Beispiel anhand der Grenzzustandsbedingung (89) eine ausreichende Sicherheit nachgewiesen werden. Dabei ist die destabilisierende Strömungskraft mit

$$S'_k = i_p \cdot \gamma_w \cdot V \tag{95}$$

einzusetzen. Am Ansatz der stabilisierenden Eigengewichtskraft G'_k nach Gl. (90 b) ändert sich nichts.

Besonders gefährdet durch hydraulischen Grundbruch sind Bodenschichten aus Feinsand und Grobschluff. Bei ihnen ist nach [32], EB 61 die Forderung nach Ansatz eines Teilsicherheitsbeiwertes $\gamma_H = 1{,}80/1{,}60/1{,}35$ je nach Lastfall angemessen. Das Gleiche gilt für locker gelagerten Boden ganz allgemein. Bei mitteldicht oder dicht gelagertem Sand und bei Kies genügt dagegen der Ansatz eines Teilsicherheitsbeiwertes γ_H = 1,35/1,30/1,20 je nach Lastfall.

Schwer zu bestimmen ist die wirklich vorhandene Grundbruchsicherheit bei bindigen Böden. Näherungsweise lässt sie sich ermitteln, indem man die Zugfestigkeit des Bodens in die Rechnung einführt. Allerdings ist diese nur schwer zuverlässig zu bestimmen. Außerdem setzt eine solche Rechnung einen homogenen Boden voraus; geringe Einlagerungen von Sand oder Schluff können die Zugfestigkeit örtlich auf null herabsetzen.

Die Gln. (93) und (94) gelten für den Fall, dass die Breite B der Baugrube um ein Vielfaches größer ist als der Druckhöhenunterschied $h_ü$. Ist dies nicht der Fall, dann steht dem innerhalb der Baugrube aufsteigenden Wasser ein wesentlich kleinerer Durchflussquerschnitt zur Verfügung als dem von außen her zuströmenden Wasser. Dadurch wird ein großer Teil des Druckhöhenunterschiedes innerhalb der Baugrube abgebaut mit der Folge, dass das Druckgefälle i_a kleiner und das Druckgefälle i_p größer wird. Für diesen Fall hat *McNamee* [74] Kurventafeln zur Bestimmung des Druckgefälles aufgestellt, siehe [143].

Das Druckgefälle und die Gefahr des hydraulischen Grundbruchs wird von einer Reihe weiterer Faktoren wie Schichtung, Baugrubengeometrie und dem Unterschied zwischen offenem Wasser und Grundwasser beeinflusst [143]. Ungünstig sind weniger durchlässige Schichten unterhalb der Baugrubensohle wie in Bild 87 c. Der Einfluss der Baugrubenform auf die Strömungsverhältnisse und die Sicherheit gegen hydraulischen Grundbruch wurde von *Davidenkoff* und *Franke* [27, 28] untersucht. Hierzu siehe auch [99].

Bei Baugruben im Grundwasser ist die Gefahr des hydraulischen Grundbruchs deshalb geringer, weil das Wasser nicht mit dem größtmöglichen Druckgefälle auf dem kürzesten Weg von oben in den Boden einströmen kann wie bei Baugruben im offenen Wasser, sondern von der Seite her gespeist werden muss. Es bildet sich daher eine Absenkungskurve aus und der Wasserüberdruck an der Baugrubenwand ist geringer als beim nicht abgesenkten Grundwasser (Bild 87 a).

In den bisherigen Ansätzen ist unterstellt worden, dass die wasserführende Schicht bis in eine sehr große Tiefe reicht. Ist die Dicke dieser Schicht gering, dann ergibt sich unterhalb des Wandfußes ein besonders geringer Durchflussquerschnitt, der einen erheblichen Teil des Druckhöhenunterschiedes aufzehrt. Die Folge davon ist eine Verringerung des Druckgefälles auf der Baugrubenseite und damit eine Vergrößerung der Sicherheit gegen hydraulischen Grundbruch (s. [74]).

Die hier vorgeschlagenen, teilweise vereinfachten Berechnungsansätze reichen i. Allg. für die Ansprüche der Praxis aus. Bei einer genaueren Untersuchung ist das Strömungsdruckgefälle rechnerisch entsprechend der Potentialtheorie mit EDV-Programmen auf der Grundlage von finiten Elementen oder finiten Differenzen oder zeichnerisch mithilfe der Konstruktion eines Strömungsnetzes zu ermitteln und auf die möglichen Bruchkörper anzusetzen, s. [31], E 114 und [32], EB 61 sowie *Odenwald/Herten* [81] und *Hettler* [50].

Ergibt die Untersuchung keine ausreichende Sicherheit gegen hydraulischen Grundbruch, so stehen im Wesentlichen folgende Maßnahmen zur Auswahl:

– eine Verlängerung der Wand,
– eine teilweise oder volle Grundwasserabsenkung oder Grundwasserentspannung,
– das Aufbringen eines Belastungsfilters,
– die Anordnung von Pumpbrunnen oder Überlaufbrunnen innerhalb der Baugrube,
– die Herstellung einer undurchlässigen Schicht im Untergrund,
– die Herstellung einer wasserdichten Baugrubensohle aus Unterwasserbeton,
– die Anwendung von Druckluft.

3.5 Baugrubensicherung

Belastungsfilter (Bild 88 a) werden entweder unter Wasser oder in schmalen Streifen eingebracht, die durch eine gewisse Gewölbebildung im Untergrund aufbruchsicher sind, wenn jeweils daneben der bereits eingebrachte Filter und der noch nicht voll ausgehobene Boden als Auflast wirkt. Das aufsteigende Wasser läuft in der Filterschicht zu den an den Seiten angeordneten Dränrohren hin. Bei der Ermittlung des Erdwiderstands ist der Boden oberhalb des sich einstellenden Grundwasserspiegels mit der Wichte γ_k des feuchten Bodens in die Berechnung einzuführen, der Boden darunter mit der abgeminderten Wichte des von unten nach oben durchströmten Bodens. Günstig wirkt sich in dieser Hinsicht die Anordnung von Überlaufbrunnen aus: Das nach oben strömende Wasser sammelt sich darin, wird in Pumpensümpfe geleitet und abgepumpt (Bild 88 b). Der Boden unterhalb der Baugrubensohle bleibt von der Strömung verschont und behält die Wichte γ_k. Werden die Brunnen als Pumpbrunnen oder als Vakuumbrunnen ausgebildet, dann ist der Boden unterhalb der Baugrubensohle grundwasserfrei und mit der Wichte γ_k wirksam (Bild 88 c). Bei der Anordnung von Pumpbrunnen oder Überlaufbrunnen innerhalb der Baugrube kann ein Nachweis der Sicherheit gegen hydraulischen Grundbruch entfallen, da auf den Boden unterhalb der Baugrubensohle keine aufwärts gerichteten Strömungskräfte einwirken.

Sehr wirkungsvoll, allerdings teuer, ist die Abdichtung des Untergrunds mithilfe von Injektionen (Bild 88 d). Wird die Aufbruchsicherheit unter der Annahme nachgewiesen, die verpresste Schicht sei wasserdicht, dann ist die Eigenlast G_k des wassergesättigten Bodens und der verpressten Schicht dem vollen, auf die verpresste Schicht wirkenden Wasserdruck A_k gegenüberzustellen. In diesem Falle handelt es sich um ein Auftriebs-

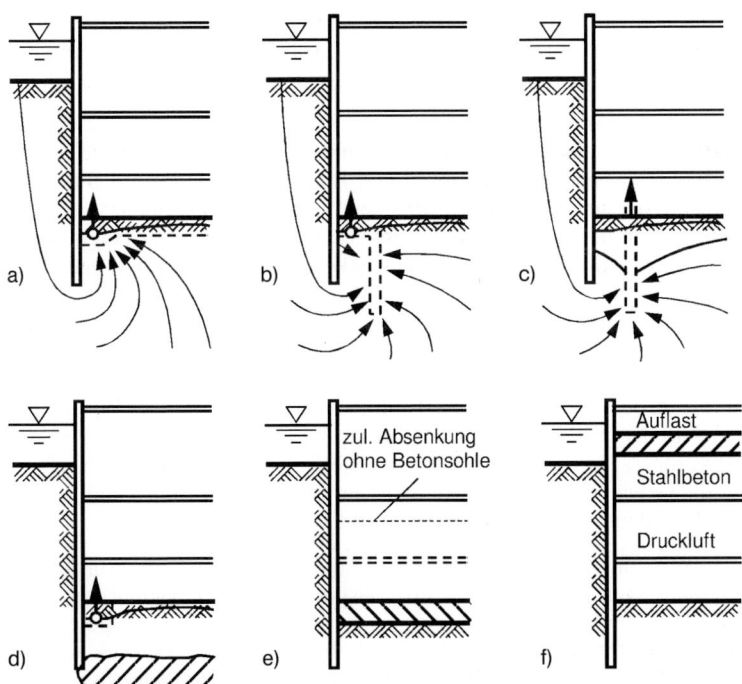

Bild 88. Maßnahmen gegen hydraulischen Grundbruch; a) Auflastfilter, b) Überlaufbrunnen, c) Pumpbrunnen, d) undurchlässige Schicht, e) Unterwasserbetonsohle, f) Druckluft

problem, bei dem nachzuweisen ist, dass im Grenzzustand GZ 1A die Grenzzustandsbedingung

$$A_k \cdot \gamma_{G,dst} \leq G_{k,stb} \cdot \gamma_{G,stb} \qquad (96)$$

erfüllt ist. Die beiden genannten Teilsicherheitsbeiwerte sind in DIN 1054 „Sicherheitsnachweise im Erd- und Grundbau" zunächst aus EN 1997-1 (EC 7-1) übernommen, dann aber mit der Berichtigung 2 an die Regelungen in DIN EN 1990 und DIN 1055-100 angepasst worden. Das Ergebnis ändert sich aber dadurch nur unwesentlich. Die rechnerische Globalsicherheit in den Lastfällen LF 1 und LF 2 von bisher

$$\eta = \gamma_{G,dst} / \gamma_{G,stb} = 1,00/0,90 = 1,111$$

verringert sich nur unwesentlich auf

$$\gamma_{G,dst} / \gamma_{G,stb} = 1,05/0,95 = 1,105$$

und liegt damit immer noch geringfügig über dem früheren Globalsicherheitsbeiwert von $\eta = 1,10$. Die gleichzeitig vorgenommene Erhöhung des Teilsicherheitsbeiwerts für ungünstige veränderliche Einwirkungen von $\gamma_{Q,dst} = 1,00$ auf $\gamma_{Q,dst} = 1,50/1,30/1,00$ wirkt sich in der Praxis nicht aus, weil nach DIN 1054 der Wasserdruck aus verschiedenen möglichen Wasserspiegelhöhen stets zu den ständigen Einwirkungen gezählt wird.

Wird die Situation nach Bild 88 d als Strömungsproblem angesehen, dann ist die Eigenlast des unter Auftrieb stehenden Bodens und der ebenfalls unter Auftrieb stehenden Dichtungsschicht dem Wasserüberdruck gegenüberzustellen, der sich aus der Differenz des Wasserstands innerhalb und außerhalb der Baugrube ergibt. In diesem Fall ist die Grenzzustandsbedingung (89) in Verbindung mit den Gln. (91 a) und (91 b) maßgebend. Das Ergebnis ist in beiden Fällen etwa das gleiche. Im Übrigen wirkt es sich in beiden Fällen günstig aus, wenn das Wasser innerhalb der Baugrube nur so weit abgesenkt wird, wie es unbedingt erforderlich ist.

Insbesondere bei Baugruben im offenen Wasser nach Bild 88 a ist es für die Sicherheit gegen hydraulischen Grundbruch und für eine zutreffende Ermittlung der Schnittgrößen außerordentlich wichtig, dass zwischen Baugrubenwand und Boden auch dann ein dichter Anschluss erhalten bleibt, wenn sich die Wand infolge der Wasserdruckbelastung durchbiegt oder verschiebt. Keine Gefahr besteht in dieser Hinsicht erfahrungsgemäß bei Baugruben in Kies, Kiessand oder Sand, weil diese Böden unter Wasser keine Kohäsion besitzen und daher nachrutschen, sowie bei weichen bis steifen tonigen Böden, weil diese sich bei seitlicher Entlastung stark ausdehnen. In einigen Fällen kann jedoch zwischen Baugrubenwand und Boden ein Spalt entstehen, in dem sich der volle hydrostatische Wasserdruck einstellt, z. B. wenn der Boden durch eine Reihe von Pfählen daran gehindert wird, der Bewegung der Baugrubenwand zu folgen, oder wenn hinter der Baugrubenwand ein felsartiger Boden oder ein halbfester bindiger Boden mit geringem Tongehalt ansteht, der aufgrund seiner Scherfestigkeit zumindest vorübergehend ohne Stützung standfest ist. Bei ausgesprochen schluffigen Böden besteht die Gefahr, dass sich in dem Spalt ein Gemisch aus Boden und Wasser bildet, das wie eine Flüssigkeit mit erhöhter Wichte wirkt.

Eine weitere Möglichkeit für eine Gefährdung der Aufbruchsicherheit, insbesondere in locker gelagerten, feinkörnigen Böden, ist der Erosionsgrundbruch. Er beginnt mit einer verstärkten örtlichen Strömung an der Baugrubensohle, setzt sich durch Ausspülen von Bodenteilchen schlauchartig fort und führt schließlich beim Erreichen einer stark wasserführenden Schicht oder des offenen Wassers zu einem plötzlichen Wassereinbruch (s. [31], E 116). Eine ähnliche Wirkung kann entstehen, wenn in wenig durchlässigen, leicht bindigen Bodenschichten tief in den Untergrund reichende, wasserführende Hohlräume vorhanden sind, z. B. schlecht verfüllte Bohrlöcher oder Löcher, die nach dem Ziehen von Pfählen entstanden sind. In diesem Fall sucht sich das Wasser unter hohem Druck ebenfalls einen schlauchartigen Weg zur Baugrubensohle.

Sowohl das Entstehen eines Spalts zwischen Baugrubenwand und Boden als auch die Ausbildung eines Erosionsgrundbruchs sowie die Auswirkung einer durch Hohlräume verkürzten Sickerstrecke lassen sich nur durch konstruktive Maßnahmen ausgleichen, z.B. durch eine zweite Spundwand oder durch eine seitliche Schüttung aus Sand oder Kiessand in Form eines Fangedamms. Entscheidend ist dabei, den unmittelbaren und in der Menge unbegrenzten Zufluss aus dem offenen Wasser zu unterbinden.

5.7.3 Erd- und Wasserdruck bei umströmten Wänden

Sofern auf eine Absenkung des Grundwassers verzichtet und durch geeignete Maßnahmen eine Umströmung des Spundwandfußes unterbunden wird, ist bei der statischen Untersuchung der Baugrubenwände der volle hydrostatische Wasserdruck anzusetzen. Bei umströmten Baugrubenwänden dagegen ist es zulässig, den durch das Strömungsgefälle verursachten Druckabfall in Rechnung zu setzen, wenn dafür die Erhöhung des Erddrucks berücksichtigt wird. Die Verringerung des Erdwiderstands darf auf keinen Fall vernachlässigt werden. Man erhält im Fall einer Baugrube im offenen Wasser nach Bild 89a die im Bild 89b dargestellte Verteilung des Wasserdrucks und die im Bild 89c dargestellte Verteilung des Erddrucks, sofern gleichmäßig durchlässiger Boden ansteht. Gegebenenfalls kann die auftretende Erddruckumlagerung berücksichtigt werden. Meist ist jedoch der Anteil des Erddrucks ohne die Vergrößerung infolge des Strömungsdrucks an der Gesamtbelastung verhältnismäßig klein, sodass sich die Untersuchung kaum lohnt. Einfacher ist es in diesem Fall, die ermittelten Auflagerkräfte an den von der Umlagerung betroffenen Stellen mit einem kleinen Zuschlag zu versehen.

Sofern wegen der Einbindung der Wand in eine undurchlässige Schicht oder aus Gründen der Vereinfachung in Anlehnung an [31], E 19, auf der Außenseite der Wand kein Druckabfall und auf der Innenseite der Wand keine Druckzunahme infolge von Strömungsdruck angesetzt wird, dann erhält man aus der Überlagerung des äußeren und des inneren Wasserdrucks unterhalb der Baugrubensohle eine rechteckförmige resultierende Wasserdruckbelastung. Ihr Einfluss kann so groß sein, dass auch bei guten Baugrundverhältnissen eine Zusammendrückung des Bodens unterhalb der Baugrubensohle in der Größe von mehreren Zentimetern auftritt (s. *Weißenbach/Gollub* [146]). Dies kann insbesondere bei verankerten Baugrubenwänden zu Schäden an benachbarten Bauwerken führen.

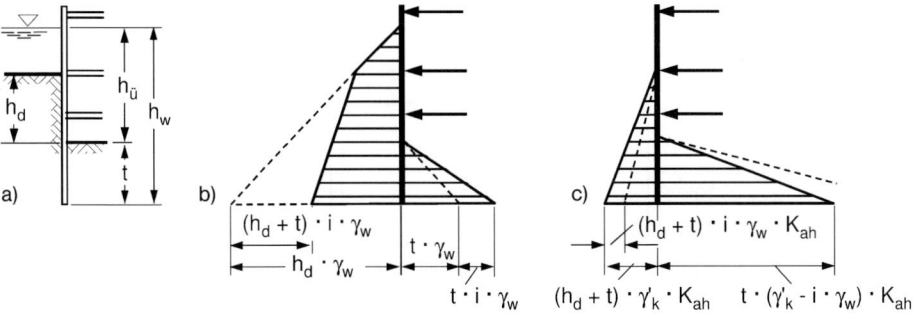

Bild 89. Lastbildermittlung bei einer umströmten Baugrubenspundwand im offenen Wasser; a) Schnitt durch die Baugrube, b) Wasserdruck, c) Erddruck und Erdwiderstand

5.7.4 Grundwasserschonende Bauweisen

Grundwasserschonende Bauweisen haben in den letzten Jahren vor allem im innerstädtischen Bereich Absenkungsmaßnahmen immer mehr verdrängt. Dafür gibt es eine Reihe von Gründen: Der Grundwasserschutz lässt häufig größere Eingriffe aus folgenden Gründen nicht zu:

a) Größere Absenkungsmaßnahmen können Wasserwerke und damit die Wasserversorgung beeinträchtigen.
b) Absenkungen des Grundwasserspiegels können in Verbindung mit setzungsweichen Schichten zu Schäden führen, vor allem an historischer Bausubstanz. Biologische Zersetzungsprozesse bei alten Pfahlgründungen können beschleunigt werden.
c) Die Vegetation kann beeinträchtigt werden.
d) Kontaminiertes Grundwasser muss in der Regel vor der Ableitung gereinigt werden, was sehr hohe Kosten mit sich bringen kann. Häufig ist der Verursacher nicht bekannt oder nicht greifbar.

Als Alternative werden die Baugruben im Schutz einer Grundwasserabsperrung hergestellt, was in der Regel die Lage des Grundwasserspiegels verhältnismäßig wenig beeinträchtigt. Als vertikale Dichtelemente stehen z. B. zur Verfügung (s. Abschn. 1.3 und 1.5):

– Bohrpfahlwände,
– Schlitzwände,
– Spundwände,
– kombinierte Spund- und Dichtwände,
– Dichtwände in Kombination mit Böschungen und natürlichen Grundwasserstauern.

Die Absperrung der Sohle ist ebenfalls nach unterschiedlichen Verfahren möglich. Am einfachsten und kostengünstigsten sind natürliche Stauer, z. B. durchgehende Ton- und Schluffschichten sowie unverwitterter Fels, die in nicht allzu großen Tiefen anstehen. Die

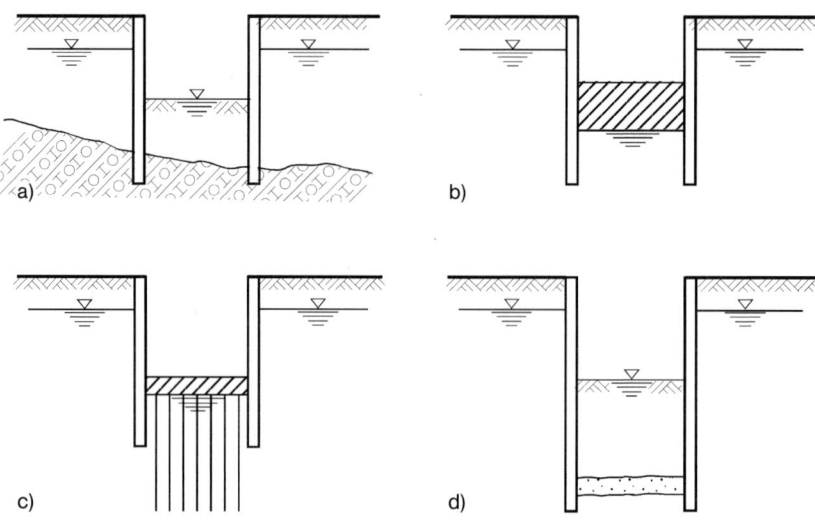

Bild 90. Sohlabdichtungssysteme nach *Borchert* [13]; a) natürliche Dichtsohle aus bindigem Boden, b) hochliegende Sohle ohne Verankerung, c) hochliegende verankerte Sohle, d) tiefliegende Sohle

3.5 Baugrubensicherung

vertikalen Dichtelemente werden dabei bis in die natürliche Dichtsohle hineingebaut (Bild 90 a). Weitere Sohlabdichtungssysteme sind:

- hochliegende Sohlen ohne Verankerung (Bild 90 b),
- hochliegende Sohlen mit Verankerung (Bild 90 c),
- tiefliegende Sohlen (Bild 90 d).

Hochliegende Sohlen ohne Verankerung werden hauptsächlich aus Unterwasserbeton hergestellt. Aus wirtschaftlichen Gründen darf der Wasserüberdruck allerdings in der Regel 3 m nicht übersteigen [13]. Weitere Varianten sind Düsenstrahlsohlen und, in Sonderfällen, Frostkörper. Durch eine Verankerung können die hochliegenden Sohlen auch bei großem Wasserüberdruck noch wirtschaftlich gebaut werden. Günstiger sind allerdings in diesen Fällen tiefliegende Injektionssohlen aus Weichgel- und Zement- bzw. Feinstzementsuspensionen. Tabelle 7 gibt einen Überblick über Vor- und Nachteile verschiedener Systeme. Zu beachten ist dabei, dass Weichgelsohlen nicht überall von den Wasserschutzbehörden zugelassen werden.

Unterwasserbetonsohlen werden üblicherweise nicht bewehrt. Neuerdings wird aber auch Stahlfaserbeton eingesetzt. Der Arbeitsablauf bei der Herstellung ist in Bild 91 dargestellt. Das Betonieren kann nach verschiedenen Verfahren, z.B. dem Kontraktor- oder dem Hydroventilverfahren erfolgen. Nach dem Leerpumpen der Baugrube muss die nicht verankerte Sohle den Auftrieb aufnehmen. Maßgebend für den Standsicherheitsnachweis ist die Grenzzustandsbedingung (96). Als zusätzliche Auftriebssicherung stehen zur Verankerung der Sohle üblicherweise Rüttelinjektionspfähle und Verpressanker zur Verfügung. Die Pfähle werden dabei vor dem Betonieren der Sohle von einem Ponton aus hergestellt. Die Verpressanker dagegen werden nach dem Betonieren, aber vor dem Leerpumpen abgeteuft. Zum rechnerischen Nachweis von verankerten Sohlen siehe DIN 1054 und die Hinweise von

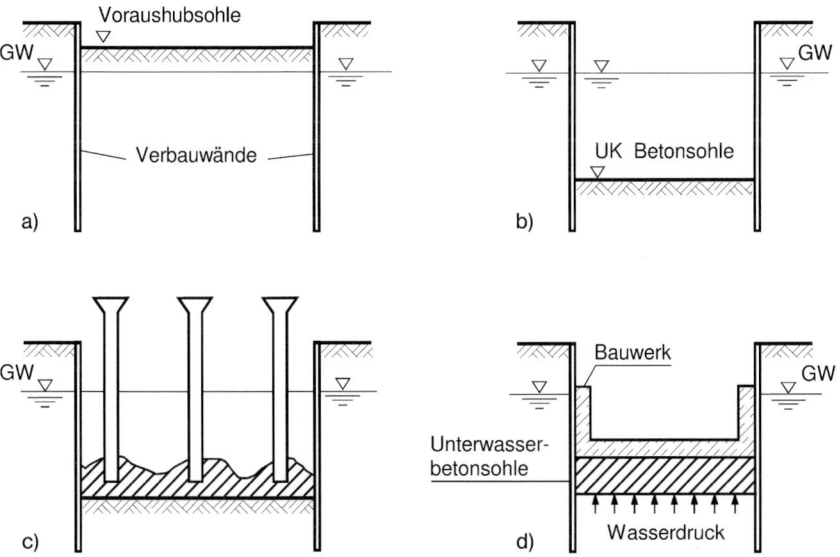

Bild 91. Arbeitsablauf bei Unterwasserbetonsohlen (ohne Darstellung der Stützung) nach *Schnell* [100]; a) Aushub im Trockenen, b) Aushub unter Wasser, c) Einbau des Unterwasserbetons, d) Erstellen des Bauwerks im Trockenen

Tabelle 7 Vergleich verschiedener Sohlabdichtungssysteme (nach *Borchert* [13])

	Ausführungsgrenzen	Tiefenlage UK T_s bzw. T_w	Durchlässigkeit	Risiken Undichtigkeiten	Risiken Sohlaufbruch	GW-Beeinflussung durch Baustoffe	Beeinflussung der GW-Strömung	Kosten
Hochliegend unverankert								
Unterwasserbetonsohle	h < 3 m Wirtschaftlichkeit	Sohle t + h Wand t + d_s + 2 m	gering	gering	gering	sehr gering (Beton)	gering (Wände)	mittel
Düsenstrahlsohle	h < 3 m Wirtschaftlichkeit	Sohle und Wand t + h × 2,2	mittel	hoch	mittel	gering (Zementsuspension)	gering (Wände)	mittel
Hochliegend verankert								
Unterwasserbetonsohle	h < 17 m Wandbemessung	Sohle t + d_s Wand t + ≈ 5 m	gering	gering	mittel	sehr gering (Beton)	mittel (Wände)	hoch
Düsenstrahlsohle	h < 8 m Verankerung	Sohle t + ≈ 2 m Wand t + ≈ 5 m	mittel	hoch	hoch	gering (Zementsuspension)	mittel (Wände)	sehr hoch
Tiefliegende Düsenstrahlsohle	h < 10 m Bohrgenauigkeit	Sohle/Wand 1,23 × h + t	mittelhoch	hoch	gering	gering (Zementsuspension)	hoch	sehr hoch
Tiefliegende Injektionssohle								
Zement	nur Kiese und h < 10 m	Sohle und Wand 1,22 × h + t	mittelhoch	hoch	gering	gering (Zementsuspension)	hoch	günstig
Feinstzement	nur Fein- und Mittelsande h < 10 m	1,22 × h + t	mittelhoch	hoch	gering	gering (Feinstzementsuspension)	hoch	sehr hoch
Weichgel	keine bindigen Böden und Kiese h < 10 m	1,25 × h + t	gering	mittel	gering	mittel (Weichgel)	hoch	günstig
Systemmaße								

3.5 Baugrubensicherung

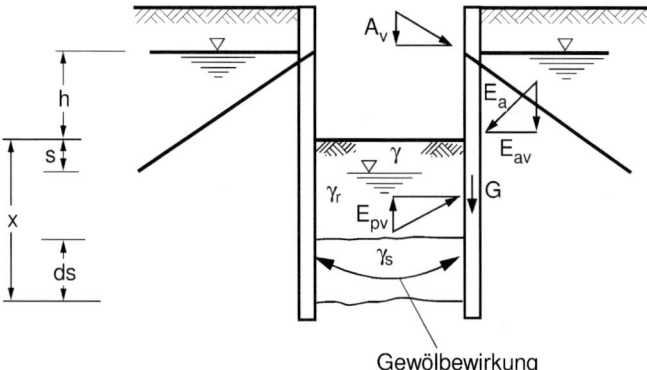

Bild 92. Tief liegende, im Düsenstrahlverfahren hergestellte Betonsohle mit Ansatz einer Gewölbewirkung (nach *Borchert* [13])

Morgen/Hettler [53]. Neben den hier vorgestellten Arbeitsabläufen und Konstruktionen sind noch weitere Varianten möglich, z.B. mit Bewehrung oder Einbindung in die seitlichen Dichtelemente.

Die Dicke von unbewehrten Sohlen ohne Verankerung liegt etwa zwischen 1 und 4 m; verankerte Sohlen haben Dicken zwischen 1 bis 3 m. Die Unterwasserbetonsohlen sind nicht völlig wasserdicht. Üblich sind Durchlässigkeitsbeiwerte zwischen $k = 10^{-8}$ bis 10^{-10} m/s [100].

Alternativ kann eine hochliegende rückverankerte Sohle auch im Düsenstrahlverfahren hergestellt werden. Allerdings sind nur Wasserdruckdifferenzen bis etwa 8 m möglich, weil die Verbundspannungen zwischen Verankerungselementen und Sohle verhältnismäßig gering sind. Mit der üblichen Dicke von 1,5 m ergeben sich Zugkräfte pro Pfahl oder Anker von etwa 230 kN. Bei tiefliegender Düsenstrahlsohle und Baugrubenbreiten von mehr als 16 m können nach [13] zum Nachweis der Auftriebssicherheit unter Ansatz eines Gewölbes zusätzliche Vertikalkräfte aus Wandreibung, Wandgewicht und Verankerungen der seitlichen Dichtelemente angesetzt werden (Bild 92). Dadurch ist eine Verringerung der Tiefenlage um bis zu 4 m möglich.

Wichtig bei den Düsenstrahlsohlen ist eine sorgfältige Herstellung mit einer guten Überschneidung der einzelnen Säulen, um eine geringe Wasserdurchlässigkeit zu erreichen. Hier liegen beträchtliche Risiken. Von Vorteil ist, dass das Düsenstrahlverfahren in fast allen Böden angewendet werden kann. Die erreichbare Durchlässigkeit liegt bei $k \leq 10^{-7}$ m/s.

Tiefliegende Injektionssohlen aus Zement- oder Feinstzementsuspension bzw. aus Weichgel brauchen in der Regel keine hohe Festigkeit aufzuweisen, da sie nur dichtende Funktion übernehmen. Die Tiefenlage ergibt sich mit den Bezeichnungen in Bild 93 aus dem Nachweis der Auftriebssicherheit nach der Grenzzustandsbedingung (96).

Im Gegensatz zum Düsenstrahlverfahren wird bei der Injektion das Korngefüge kaum verändert, weil die Suspensionen in die Poren eingepresst werden. Einzelheiten siehe [68]. Dadurch ist der Anwendungsbereich beschränkt: Zementinjektionen auf Kiese und Sande, Feinstzementinjektionen auf Fein- und Mittelsande und Weichgelinjektionen auf Fein- bis Grobsande. Eine völlige Wasserdichtigkeit ist durch die vorgestellten Trogbauweisen nicht zu erreichen. Untersuchungen von *Borchert* [13] an Berliner Baugruben haben ergeben, dass

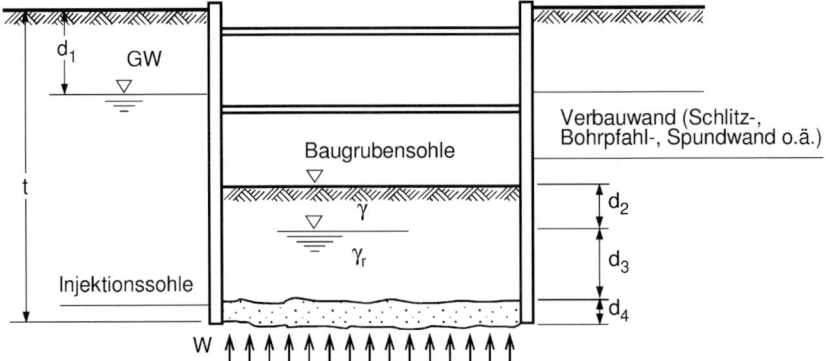

Bild 93. Erforderliche Tiefenlage von Injektionssohlen (nach *Schnell* [100])

der Restwasserzufluss an den Wänden etwa 2 m^3/h je 1000 m^2 und an den Sohlen pro m Wasserdruckdifferenz etwa 0,5 bis 2 m^3/h je 1000 m^2 beträgt.

Eine weitere Variante, grundwasserschonend zu bauen, besteht darin, die Baugrube nach oben luftdicht abzuschließen und die Arbeiten unter Druckluft ähnlich wie bei einem Senkkasten auszuführen (Bild 88 f). Dabei ist nachzuweisen, dass die Eigenlast von Decke und seitlicher Konstruktion einschließlich deren Seitenreibung ausreicht, um dem Luftdruck zu widerstehen.

Alle vorgestellten Verfahren beeinflussen mehr oder weniger den Grundwasserstrom und die Grundwasserqualität. Die Veränderungen im Grundwasserstrom sind in der Regel gering; die kleinen Restwassermengen führen kaum zur Absenkung des Grundwasserspiegels. Dagegen kann sich der p_h-Wert des Wassers stark ändern. Bei Weichgel wird Natronlauge freigesetzt mit entsprechenden negativen Auswirkungen im Grundwasser. Aber auch Zementinjektionen und das Düsenstrahlverfahren führen in Strömungsrichtung zu Veränderungen des ph-Wertes, allerdings in geringerem Ausmaß. Eine ausführliche Diskussion erfolgt in [6].

5.8 Baugruben in felsartigen Böden

Sofern die in Abschnitt 1.1 genannten Bedingungen für die Anordnung einer Felsböschung nicht eingehalten werden können oder der erforderliche Platz dafür nicht zur Verfügung steht, sind die Baugrubenwände ganz oder teilweise zu verkleiden und auszusteifen oder zu verankern. Größe und Verteilung des Drucks auf verkleidete und gestützte Baugrubenwände in geklüftetem Fels sind im Wesentlichen abhängig von Neigung, Abstand, Oberflächenform und Durchtrennungsgrad der Kluftflächen, von der wirksamen Scherfestigkeit der Kluftfüllung und vom Kreuzungswinkel zwischen Fall- bzw. Streichrichtung und Baugrubenwand. Dabei können sich die im ungestörten Zustand vorhandenen Eigenschaften des Gesteins durch äußere Einflüsse verändern. So können z. B.

– durch Sprengungen verursachte Erschütterungen;
– durch den Zutritt von Luft oder Wasser bzw. durch Entspannungsbewegungen des Gesteins verursachte Zerfallserscheinungen oder Quellerscheinungen;
– durch Druckumlagerungen verursachte Änderungen des Porenwasserdrucks in der Kluftfüllung und ein damit verbundenes plastisches Fließen

3.5 Baugrubensicherung

einen Einfluss auf Größe und Verteilung des Gebirgsdrucks ausüben. Außerdem spielt der Bauvorgang eine wesentliche Rolle bei der Entwicklung des Drucks auf verkleidete und gestützte Baugrubenwände.

Die Baugrubenverkleidung und ihre Abstützung sind so auszubilden, dass Bewegungen möglichst vermieden werden. Alle stützenden Teile sind unverzüglich nach dem Freilegen des Gebirges einzubauen und satt an das freigelegte Gestein anzuschließen. Auf diese Forderungen ist deshalb besonders zu achten, weil Messungen und Beobachtungen gezeigt haben, dass – im Gegensatz zum Verhalten von Lockergestein – durch progressiven Bruch die Größe des Gebirgsdrucks erheblich zunehmen kann, wenn Bewegungen auftreten. Die Kraft, mit der ein Felsanschnitt gestützt werden muss, damit dieser progressive Bruch nicht zustande kommt, wird als Gebirgsstützkraft bezeichnet. Die Einwirkung des Gebirges auf den Baugrubenverbau wird im Folgenden entsprechend [32], EB 39 als Gebirgsdruck bezeichnet. Ist die Baugrubenwand vollflächig verkleidet und kann nicht für eine Ableitung von anfallendem Kluftwasser gesorgt werden, so ist zusätzlich auch der Druck des Kluftwassers zu berücksichtigen.

Bei der Ermittlung des Gebirgsdrucks ist von den vorgegebenen Trennflächen auszugehen. Zu unterscheiden sind hierbei i. W. folgende Gleitflächenarten:

– in vorhandenen durchgehenden Schichtfugen verlaufende Gleitflächen (Bild 94 a),
– parallel zu nicht durchgehenden Klüften verlaufende Gleitflächen (Bild 94 b),
– treppenförmig in Schichtflächen und Kluftflächen verlaufende Gleitflächen (Bild 95).

Bei durchgehenden Gleitflächen, die entsprechend Bild 94 a in einer Schichtfläche verlaufen, ist die Restscherfestigkeit des gerissenen Gesteins in der Gleitfläche maßgebend, bei unterschiedlichen Gesteinen die Restscherfestigkeit der jeweils schwächeren Schicht. Diese

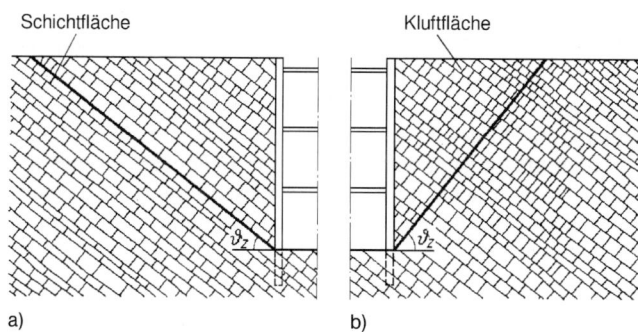

Bild 94. Durchgehende Gleitflächen bei Baugruben in nicht standfestem Fels;
a) Gleitfläche in einer Schichtfläche,
b) Gleitfläche parallel zu den Kluftflächen

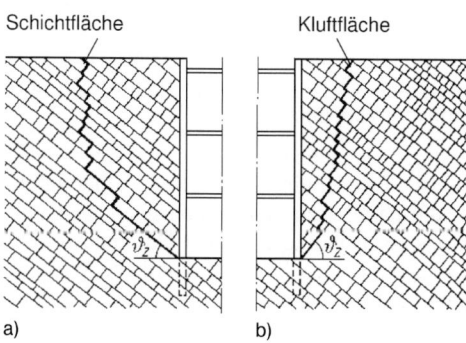

Bild 95. Treppenförmige Gleitflächen bei Baugruben in nicht standfestem Fels;
a) Gleitbewegung in Schichtflächen,
b) Gleitbewegung in Kluftflächen

kann ggf. nur einige Millimeter dick und zu Lockergestein zerfallen sein und als Gleitschicht zwischen den festeren Gesteinsschichten wirken.

Bei Gleitflächen, die entsprechend Bild 94 b parallel zu den Kluftflächen verlaufen, ist anzustreben, dass in allen Bauzuständen durch eine entsprechend ausgebildete Verkleidung und Stützung der Baugrubenwand in den Trennflächen keine Bewegungen auftreten und somit die Materialbrücken nicht durchtrennt werden. In diesem Fall ist für die Ermittlung des Gebirgsdrucks die Gesteinsscherfestigkeit in den Materialbrücken maßgebend. Liegen diese Voraussetzungen nicht vor, dann muss davon ausgegangen werden, dass infolge unvermeidbarer Bewegungen die Materialbrücken durchtrennt werden. Es sind dann für die Ermittlung des Gebirgsdrucks die Scherfestigkeit der Kluftfüllung im Bereich der vorhandenen Klüfte und die Restscherfestigkeit der Materialbrücken nach ihrer Durchtrennung anteilig maßgebend. Bei hohem Durchtrennungsgrad ist die Scherfestigkeit der Kluftfüllung allein maßgebend. In jedem Fall ist darüber hinaus nachzuweisen, dass auch der aus einer abgetreppten Gleitfläche nach Bild 95 sich ergebende Gebirgsdruck vom Verbau aufgenommen werden kann. Maßgebend für deren Ermittlung ist die Scherfestigkeit der Kluftfüllung. Liegen dafür keine genaueren Untersuchungen vor, dann kann der Reibungswinkel der Kluftfüllung nach [32], EB 39 in Abhängigkeit von der Kornzusammensetzung wie folgt abgeschätzt werden:

$\varphi'_k = 30°$ bei sandiger Kluftfüllung,
$\varphi'_k = 20°$ bei schluffiger Kluftfüllung,
$\varphi'_k = 10°$ bei toniger Kluftfüllung.

Auf den Ansatz einer Kohäsion ist in der Regel zu verzichten. Bei Kluftfüllungen aus reinem Ton, oder aus schmierigen Ton-Schluff-Gemischen und bei nicht konsolidierten, unter Porenwasserdruck stehenden Kluftfüllungen kann es erforderlich werden, die Scherfestigkeit mit $\varphi'_k = 0$ anzunehmen.

Verläuft im Grundriss die Fall-Linie rechtwinklig bzw. die Streichlinie parallel zur Baugrubenwand, so können die gleichen Berechnungsansätze verwendet werden wie bei der Ermittlung des Erddrucks aus Bodeneigenlast bei Annahme einer Zwangsgleitfläche unter dem Winkel ϑ_z. Eine Wandreibung darf dabei nur angenommen werden, wenn eine einwandfreie Abtragung der Vertikalkräfte in den Untergrund gewährleistet ist. Unabhängig davon sollte ein rechnerischer Mindestbemessungserddruck auf die Baugrubenverkleidung nicht unterschritten werden, der sich in Anlehnung an den Mindesterddruck bei Lockergestein mit $\varphi_{Ers} = 40°$ ergibt, wenn keine begleitenden Messungen ausgeführt werden, bzw. mit $\varphi_{Ers} = 45°$, wenn solche Messungen vorgesehen werden.

Über die Verteilung des Gebirgsdrucks auf verkleidete und gestützte Baugrubenwände ist durch Messungen bislang wenig bekannt. In [32], EB 40 wird empfohlen, sowohl bei ausgesteiften als auch bei verankerten Baugrubenwänden als Lastfigur ein durchgehendes Rechteck zu wählen und die damit ermittelten Querkräfte, Auflagerkräfte und Normalkräfte unabhängig von der Art der Baugrubenverkleidung um 30 % zu erhöhen. Darüber hinaus ist es zweckmäßig, alle Steifen bzw. Anker vorzuspannen und bei der rechnerischen Last festzulegen, um damit dem Gestein die angenommene Druckverteilung aufzuzwingen und dabei gleichzeitig einer Entfestigung des Gesteins vorzubeugen.

Der Widerstand des Gebirges vor dem Fuß einer durchgehenden Baugrubenwand kann analog zum Gebirgsdruck ermittelt werden. Maßgebend ist entweder eine Gleitfläche in einer durchgehenden Schichtfläche oder eine Gleitfläche, die parallel zu nicht durchgehenden Kluftflächen verläuft. Für den Widerstand des Gebirges vor Bohlträgern ist der Durchmesser des Bohrlochs maßgebend, welches in der Regel auszubetonieren ist. Eine räumliche Wirkung darf nur in Rechnung gestellt werden, wenn Durchtrennungsgrad, Kluftdichte, Kluftfüllung

3.5 Baugrubensicherung 549

und Kluftrichtung dies rechtfertigen. Ohne besonderen Nachweis darf als Ersatzbreite für die räumliche Wirkung nicht mehr als die Hälfte der Einbindetiefe, höchstens jedoch das Zweifache des Bohrlochdurchmessers bei ausbetonierten Bohrlöchern angesetzt werden. Außerdem ist zu prüfen, ob aufgrund vorgegebener Trennflächen Verschneidungen auftreten, die vom Bohlträger bzw. vom ausbetonierten Bohrloch aus nach oben zur Baugrubensohle verlaufen. Die dadurch gebildeten Teilgleitkörper können – vor allem bei geringer Einbindetiefe – für die Ermittlung des Gesteinswiderstands maßgebend sein.

5.9 Baugruben in weichen Böden

5.9.1 Allgemeines

Baugruben in weichen Böden zählen zu den schwierigsten Bauaufgaben im Grundbau. In der 4. Auflage der Empfehlungen des Arbeitskreises Baugruben [32] ist diesem Thema das umfangreichste Kapitel gewidmet. Die Empfehlungen gelten für Baugruben, bei denen weicher, feinkörniger, ggf. mit organischen Bestandteilen durchsetzter Boden ansteht, z. B. Seeton und Beckenschluff. Außerdem können auch aufgeweichte Geschiebelehme und Auelehme sowie organische Böden wie Seekreide, Faulschlamm, Mudden, Klei und zersetzter Torf infrage kommen. Die Böden sind in der Regel normalkonsolidiert, teilweise aber auch unter Eigengewicht noch nicht vollständig auskonsolidiert. Jede der nachfolgend genannten Bodeneigenschaften für sich allein lässt in der Regel darauf schließen, dass ein weicher Boden im Sinne der EAB [32] vorliegt:

– eine breiige oder flüssige Konsistenz entsprechend einer Zustandszahl $I_C < 0{,}50$ nach DIN 18122-1 „Baugrund – Untersuchung von Bodenproben – Zustandsgrenzen (Konsistenzgrenzen) – Teil 1: Bestimmung der Fließ- und Ausrollgrenze",
– eine Scherfestigkeit des undränierten Bodens $c_{u,k} \leq 20$ kN/m²,
– eine große Erschütterungsempfindlichkeit (Sensitivität), bestimmt durch das Verhältnis von Bruchscherfestigkeit zu Restscherfestigkeit beim Flügelsondenversuch oder
– ein Wassergehalt von
  $w \geq 35\,\%$ bei weichem Boden ohne organische Bestandteile bzw.
  $w \geq 75\,\%$ bei weichem Boden mit organischen Bestandteilen.

Folgende Bodeneigenschaften geben einen Hinweis darauf, dass ein weicher Boden im Sinne der EAB [32] vorliegen kann:

– eine weiche Konsistenz entsprechend einer Zustandszahl $0{,}75 > I_C \geq 0{,}50$ nach DIN 18122-1,
– eine Scherfestigkeit des undränierten Bodens 40 kN/m² $\geq c_{u,k} \geq 20$ kN/m²,
– eine vollständige oder nahezu vollständige Wassersättigung,
– eine Neigung zum Fließen,
– leicht plastische Eigenschaften nach DIN 18196 „Bodenklassifikation für bautechnische Zwecke",
– thixotrope Eigenschaften oder
– ein Gehalt an organischen Bestandteilen.

Die Entscheidung, dass es sich im Einzelfall um einen weichen Boden im Sinne der EAB [32] handelt, sollte nicht von einem einzelnen der genannten Kriterien abhängig gemacht werden. Sofern jedoch zwei Kriterien erfüllt sind, ist in der Regel davon auszugehen, dass ein weicher Boden vorliegt. In allen Fällen wirkt es sich erschwerend aus, wenn in die weichen Böden Schichten oder Bänder aus durchlässigerem Boden, z. B. aus Feinsand, eingelagert sind, die unter Porenwasserüberdruck stehen, unabhängig davon, ob dieser schon vor Beginn der Baumaßnahme vorhanden war oder sich erst im Zuge von Aushubarbeiten bzw. Absenkungsmaßnahmen einstellt.

5.9.2 Böschungen

Böschungen in weichen Böden dürfen nach [32], EB 91 ohne rechnerischen Standsicherheitsnachweis bis zu einer Baugrubentiefe von 3,00 m mit einer Neigung bis zu $\beta = 45°$ angelegt werden, sofern

- die Scherfestigkeit des undränierten Bodens mindestens $c_{u,k} = 20$ kN/m² beträgt;
- wasserführende Schichten oder Bänder entwässert werden;
- das Gelände neben der Böschungskante nur in begrenztem Maß durch Verkehr, Baubetrieb oder Aufschüttungen belastet wird;
- eine sich an die Böschung anschließende Berme nicht durch waagerechte Auflagerkräfte aus einer Baugrubenwand belastet wird;
- keine starken Erschütterungen aus Verkehr, Rammarbeiten, Verdichtungsarbeiten oder Sprengungen auftreten;
- keine Gebäude, Leitungen, andere bauliche Anlagen oder Verkehrsflächen gefährdet werden.

Darüber hinaus gibt EB 91 an,

- unter welchen Bedingungen bei kurzfristigen Bauzuständen i. Allg. keine besonderen Sicherungsmaßnahmen erforderlich sind;
- bei welchen Verhältnissen der Aushub nur streifenweise mit unmittelbar folgender Böschungssicherung vorgenommen werden darf;
- mit welchen verschärften Randbedingungen im Hinblick auf die anzusetzenden Teilsicherheitsbeiwerte entsprechend DIN 4084 „Geländebruchberechnungen" die Böschungsstandsicherheit nachzuweisen ist.

5.9.3 Verbaukonstruktionen

Ist wegen der Baugrubentiefe, wegen der Platzverhältnisse, mit Rücksicht auf Gebäude, Leitungen oder andere bauliche Anlagen oder aus anderen Gründen in einem weichen Boden die Anordnung einer Böschung nicht möglich, dann ist die Baugrube zu verkleiden und soweit wie möglich auszusteifen oder durch eine Verankerung zu sichern. Als Baugrubenverkleidung kommen nur Wände infrage, bei deren Herstellung weder im umgebenden weichen Boden noch an baulichen Anlagen nennenswerte Setzungen und waagerechte Bewegungen zu erwarten sind. Die Gefahr von Setzungen und waagerechten Bewegungen besteht, wenn beim Einbringen bzw. Herstellen der Wand der Boden verflüssigt oder entzogen wird. Im Wesentlichen sind bei Baugruben in weichen Böden Spundwände, Bohrpfahlwände und Schlitzwände geeignet. Trägerbohlwände und aufgelöste Pfahlwände mit einer im Zuge des Aushubes eingebrachten waagerechten Ausfachung zwischen den Pfählen sind als Baugrubenverkleidung in weichem Boden in der Regel ungeeignet. Trägerbohlwände mit einer senkrechten Ausfachung aus Kanaldielen dagegen können bei sorgfältiger Ausführung durchaus infrage kommen. Zu den drei wichtigsten Verfahren werden in [32], EB 92 die nachfolgenden Hinweise gegeben:

Beim Einbringen von Spundwänden ist darauf zu achten, dass Erschütterungswirkungen auf benachbarte Gebäude möglichst gering gehalten werden. Die Anhaltswerte für Schwinggeschwindigkeiten nach DIN 4150-3 „Erschütterungen im Bauwesen – Einwirkungen auf bauliche Anlagen" sind bei den oben beschriebenen Randbedingungen in der Regel zu hoch, weil auf weichem Boden flach gegründete benachbarte Gebäude häufig bereits Verformungen erlitten haben, die mit einem erhöhten inneren Spannungszustand verbunden sind, und die Gebäude daher nur noch geringe Verformungsreserven aufweisen. Außerdem können erschütterungsempfindliche Böden infolge von Porenwasserdruckanstieg Festigkeitsverluste bis hin zur Verflüssigung erleiden.

3.5 Baugrubensicherung

Im Einzelnen werden in EB 92 weitere Hinweise gegeben

- zum Rammen mithilfe von Schlagbären,
- zum Einrüttelverfahren,
- zum Einpressverfahren.

Für die Herstellung von Bohrpfahlwänden gilt DIN EN 1536 „Spezialtiefbau; Bohrpfähle". Darüber hinaus werden in EB 92 weitere Hinweise gegeben

- zur Herstellung der einzelnen Pfähle einer Bohrpfahlwand im Hinblick auf ein vergrößertes Voreilmaß des Bohrrohrs, auf die Ausbildung der Bohrkrone und auf die Vermeidung einer Sogwirkung auf die Bohrlochsohle;
- zu den möglichen Ausführungsarten einer Bohrpfahlwand mit überschnittenen Pfählen, mit Zwickeldichtpfählen und als tangierende Bohrpfahlwand mit nachträglichem Verschließen der Lücken während des Aushubs;
- zu den damit verbundenen Möglichkeiten, die Bohrpfahlwand gegen Durchtreten von Wasser und Boden zu sichern;
- zu den Voraussetzungen, die gegeben sein müssen, um unverrohrte, durch Suspension gestützte Bohrungen herzustellen und unmittelbar gegen den Boden zu betonieren.

Für die Herstellung von Schlitzwänden und die hierbei zu führenden Nachweise gilt DIN 4126 „Ortbeton-Schlitzwände; Konstruktion und Ausführung", solange sie noch in der Fassung 1986 bauaufsichtlich eingeführt ist. Außerdem ist die DIN EN 1538 „Spezialtiefbau; Schlitzwände" zu beachten, soweit sie nicht zu DIN 4126 im Widerspruch steht. Darüber hinaus werden in EB 92 weitere Hinweise gegeben

- zum Abstand zu benachbarten Gebäuden, insbesondere zu hochbelasteten Giebelfundamenten;
- zu Besonderheiten beim Nachweis der Schlitzstabilität bei weichen Böden;
- zur möglichen Vergrößerung des Suspensionsdrucks;
- zur Überprüfung der zweckmäßigen Zusammensetzung der Stützflüssigkeit an einem Probeschlitz.

Außerdem wird in EB 92 empfohlen,

- das gewählte Einbring- bzw. Herstellungsverfahren vor oder mit Beginn der Bauarbeiten auf dem vorgesehenen Baugrundstück, aber in größerer Entfernung von der vorhandenen Nachbarbebauung, probeweise einzusetzen und anhand von parallel durchgeführten Untersuchungen zu optimieren;
- beim Einsatz von Ankern das Ankerherstellungsverfahren darauf auszurichten, dass ein Entzug, eine Aufweichung oder eine Entfestigung des Bodens vermieden wird;
- unabhängig von der Art der gewählten Verbaukonstruktion die Arbeitsebene so herzustellen, dass der weiche Boden beim Betrieb der Baugeräte seine Tragfähigkeit nicht verliert und nicht ins Fließen gerät.

5.9.4 Bauvorgang

Bei Baugruben in weichen Böden ist wegen der zu erwartenden Verschiebungen

- eine bodenmechanische Einspannung einer nicht gestützten Baugrubenwand allenfalls im ersten Vorbauzustand mit sehr geringer Aushubtiefe und
- eine freie Auflagerung einer gestützten Baugrubenwand unterhalb der Aushubsohle auch nur in begrenztem Umfang

möglich. Daher sind nach [32], EB 93 je nach Baugrubentiefe und Baugrubenabmessungen sowie Baugrund- und Grundwasserverhältnissen die nachfolgend beschriebenen Vorgehens-

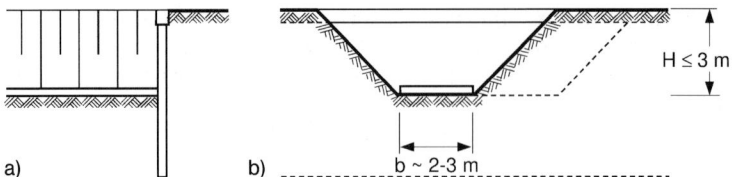

Bild 96. Nicht gestützte Baugrubenwand in weichem Boden nach Einbau des ersten Unterbetonstreifens; a) Längsschnitt, b) Querschnitt

weisen zweckmäßig. Sie gehen von dem ungünstigsten Fall aus, dass im Grundsatz von Geländeoberfläche bis weit unter die Aushubsohle weicher Boden ansteht. Liegen teilweise günstigere Bodenverhältnisse vor, dann dürfen die erforderlichen Maßnahmen entsprechend angepasst werden.

Unabhängig von der Baugrubentiefe ist bei Spundwänden im Vorweg ein umlaufender Kopfbalken in Form einer Gurtung oder eines Holms anzuordnen, der in der Lage ist, Erddruckkräfte aus dem Bereich des jeweils freigelegten Streifens auf die benachbarten Bereiche umzulagern. Außerdem dient er zur Begrenzung der zu erwartenden Kopfverschiebungen. In dieser Hinsicht besonders günstig ist es, diesen Kopfbalken als Gurtung für eine Steifenlage in Geländehöhe auszubilden. Das Gleiche gilt für Ortbetonwände, wenn nicht durch konstruktive Maßnahmen verhindert wird, dass sich die einzelnen Schlitzwandlamellen bzw. die Einzelpfähle unterschiedlich bewegen können.

Bei Baugruben geringer Tiefe, in der Regel bis zu 3 m, und bei nicht zu großer Flächenausdehnung kann wie folgt vorgegangen werden:

a) Im Rahmen einer Tagesleistung wird in Höhe der zukünftigen Baugrubensohle ein etwa 2 bis 3 m breiter, seitlich abgeböschter Graben parallel zur Schmalseite der Baugrube ausgehoben und unterhalb der Gründungsebene des späteren Gebäudes ein aussteifender Unterbetonstreifen hergestellt.

b) Durch fortschreitende Ausführung der Unterbetonstreifen nach Bild 96 ergibt sich eine Betonscheibe, welche die Baugrubenwände in Höhe der Baugrubensohle gegeneinander aussteift. In den Eckbereichen der Baugrube kann es zweckmäßig sein, die Unterbetonstreifen diagonal anzuordnen.

c) Zeigen sich bei dieser Bauweise Kopfbewegungen der Baugrubenwand, die nicht hingenommen werden können, dann ist
 – der Graben mit senkrechten Wänden herzustellen und zu verbauen,
 – in Geländehöhe eine Aussteifung anzuordnen oder
 – die Kernbauweise zu wählen.

Gegebenenfalls kann es zweckmäßig und ausreichend sein, nach und nach in größerem Abstand voneinander mehrere Unterbetonstreifen in verbauten Gräben herzustellen und damit eine wirksame Aussteifung gegenüberliegender Baugrubenwände zu erzielen, bevor die dazwischen liegenden Unterbetonstreifen in einseitig geböschten Gräben ergänzt werden.

Bei Baugruben mittlerer Tiefe, in der Regel bei 3 bis 5 m, muss in zwei oder mehr Aushubstufen streifenweise eine verformungsarme Aussteifungskonstruktion eingebaut werden. Sofern der Grundriss der Baugrube dies erlaubt, kann dabei unmittelbar gegen die jeweils gegenüberliegende Wand ausgesteift werden. Der Bauvorgang spielt sich dann im Grundsatz wie folgt ab:

3.5 Baugrubensicherung

a) Sofern die oberste Steifenlage nicht bereits im Zusammenhang mit einem Kopfbalken etwa in Geländehöhe eingebaut wird, sondern tiefer, dann kann in einem ersten Schritt der Boden streifenweise bis zur Aushubsohle des ersten Vorbauzustandes ausgehoben und jeweils eine Steife eingebaut werden.
b) Anschließend kann der Boden streifenweise bis zur endgültigen Aushubsohle ausgehoben und jeweils ein aussteifender Unterbetonstreifen hergestellt werden.
c) Sofern eine zweite Steifenlage oder mehrere weitere Steifenlagen vorgesehen sind, wiederholt sich der Arbeitsvorgang nach Absatz a), bevor der letzte Arbeitsgang nach Absatz b) die Aushubphase abschließt.

Im Bild 97 ist eine einmal ausgesteifte Baugrubenwand im Zustand nach Einbau des ersten Unterbetonstreifens dargestellt.

Bei der Herstellung der Unterbetonstreifen ist Folgendes zu beachten:

a) Der aussteifende Unterbeton sollte mit Rücksicht auf eine schnelle Erhärtung und auf einen zügigen Arbeitsablauf mit schnellabbindendem Zement hergestellt werden.
b) Die Dicke des Unterbetons richtet sich nach dem statischen Nachweis, sollte aber 0,20 m nicht unterschreiten.
c) Erforderlichenfalls sind die Unterbetonstreifen zu bewehren.

Sind die beschriebenen Bauvorgänge wegen zu großer Grundrissabmessungen der Baugrube nicht möglich, dann ist die Kernbauweise zu wählen und wie folgt vorzugehen:

a) In einem ersten Schritt wird in einer abgeböschten oder verkleideten Baugrube der zentrale Teil der Gründungsplatte des Bauwerks bzw. dessen Untergeschoss hergestellt. Bei der abgeböschten Baugrube müssen dabei genügend breite Bermen für eine zuverlässige und verformungsarme Stützung der Haupt-Baugrubenwand verbleiben.
b) In einem zweiten Schritt wird eine Zwischenaussteifung gegen den im zentralen Bereich fertiggestellten Gründungskörper vorgenommen, die Berme streifenweise entfernt und die aussteifende Sohle gegen die Baugrubenwände verlängert. Auf diese Weise erhält die Wand nach und nach eine durchgehende Stützung in Höhe der Baugrubensohle.

Bei Baugruben großer Tiefe, in der Regel mehr als 5 m, in tiefreichendem weichem Boden kann es erforderlich sein, ein Fußauflager der Baugrubenwand im Vorwege durch eine aussteifende Sohle zu schaffen, die z.B. mit dem Düsenstrahlverfahren [64, 83] hergestellt wird. Die Stützung der Baugrubenwände oberhalb der Baugrubensohle erfolgt im Zuge des Aushubvorgangs durch Steifen, ggf. durch Anker oder mithilfe der Kernbauweise.

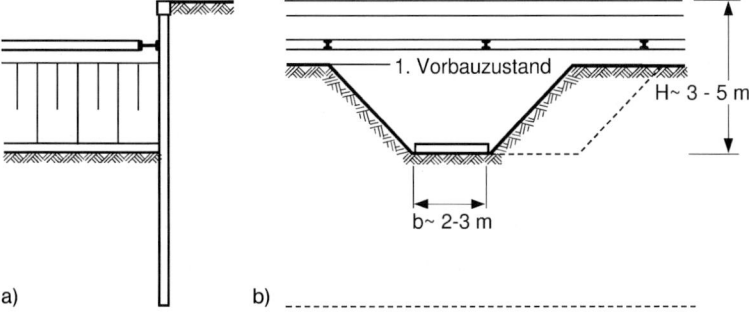

Bild 97. Einmal gestützte Baugrubenwand in weichem Boden nach Einbau des ersten Unterbetonstreifens; a) Längsschnitt, b) Querschnitt

Weiche Böden sind besonders empfindlich gegen dynamische Beanspruchungen und gegen Änderungen des Ausgangsspannungszustands infolge von Baugrubenaushub. Um der Gefahr eines Bodenfließens zu begegnen, darf der weiche Boden unmittelbar auf der Aushubebene nicht befahren, bei extremen Verhältnissen nicht einmal ungeschützt betreten werden. Der Aushub muss immer von einem höheren Niveau aus erfolgen. Sofern dies in Teilbereichen nicht möglich ist, muss ein ausreichend dickes Arbeitsplanum geschüttet werden, um den weichen Boden zu schützen.

Weiche Böden und besonders Böden mit Bänderung unter dem Grundwasserspiegel neigen stark zum Fließen. Bauvorgänge mit vorübergehender Zuhilfenahme von Böschungen und Bermen lassen sich dann oftmals nur mit einer Stabilisierung des weichen Bodens, z. B. durch Vakuumbrunnen bzw. Vakuumlanzen, verwirklichen [18]. Hierzu siehe [32], EB 100, Absatz 3 und Absatz 4.

Alle Aus- und Umsteifungsmaßnahmen sind verformungsarm, in der Regel mithilfe hydraulischer Pressen, in kleinen Teilabschnitten vorzunehmen, da sich in weichen Böden Bodengewölbe nicht zuverlässig ausbilden können und Spannungsumlagerungen im Boden unmittelbar mit Wandverschiebungen verbunden sind.

Bei Baugruben in weichen Böden besteht stets die Gefahr des Aufbruchs der Baugrubensohle und des hydraulischen Grundbruchs. Dadurch kann der Boden in der Baugrube starke Hebungen erfahren, der Boden außerhalb der Baugrube starke Setzungen. Um der damit verbundenen Gefahr von Setzungsschäden an benachbarten baulichen Anlagen zu begegnen, ist je nach Randbedingungen eine der folgenden Maßnahmen oder eine Kombination dieser Maßnahmen zu treffen:

– Erstellung des Bauwerks in kleinen Abschnitten wie für Baugruben mittlerer Tiefe angegeben,
– Verlängerung der Wand über das für eine Fußabstützung erforderliche Maß hinaus nach unten,
– Ausführung eines streifenweise eingebrachten Unterbetons als Gewölbe oder als bewehrter Biegebalken von Verbauwand zu Verbauwand,
– Verankerung eines streifenweise eingebrachten Unterbetons, einer streifenweise eingebrachten Sohlplatte oder einer vorweg im Düsenstrahlverfahren hergestellten Sohle mit Zugpfählen.

Da sich das Verhalten von Baugrubenkonstruktionen in weichem Boden und die Verformungen des außerhalb der Baugrube liegenden Bodens nicht mit der erforderlichen Zuverlässigkeit vorhersagen lassen, ist es unabdingbar, von Anbeginn der Arbeiten an die Einzelteile der Baugrubenkonstruktion, den Boden und die benachbarten baulichen Anlagen zu beobachten und Messungen durchzuführen. Hierzu siehe auch [32], EB 31 bis EB 37, und DIN 4123 „Ausschachtungen, Gründungen und Unterfangungen im Bereich bestehender Gebäude". Zeigen die Messungen, dass im Hinblick auf benachbarte Gebäude, Leitungen, andere bauliche Anlagen oder Verkehrsflächen unzulässig große Bewegungen zu erwarten sind, dann ist das Bauverfahren umzustellen oder es sind zusätzliche Maßnahmen zu treffen.

Eine Kombination verschiedener Maßnahmen zur Sicherung einer Baugrube in weichem Boden zeigt Bild 98.

5.9.5 Scherfestigkeit

Für die Erkundung des Baugrunds im Zusammenhang mit Baugruben in weichen Böden ist in der Regel die geotechnische Kategorie GK 3 nach DIN 4020 „Geotechnische Untersuchungen für bautechnische Zwecke" zugrunde zu legen und ein Sachverständiger für

3.5 Baugrubensicherung

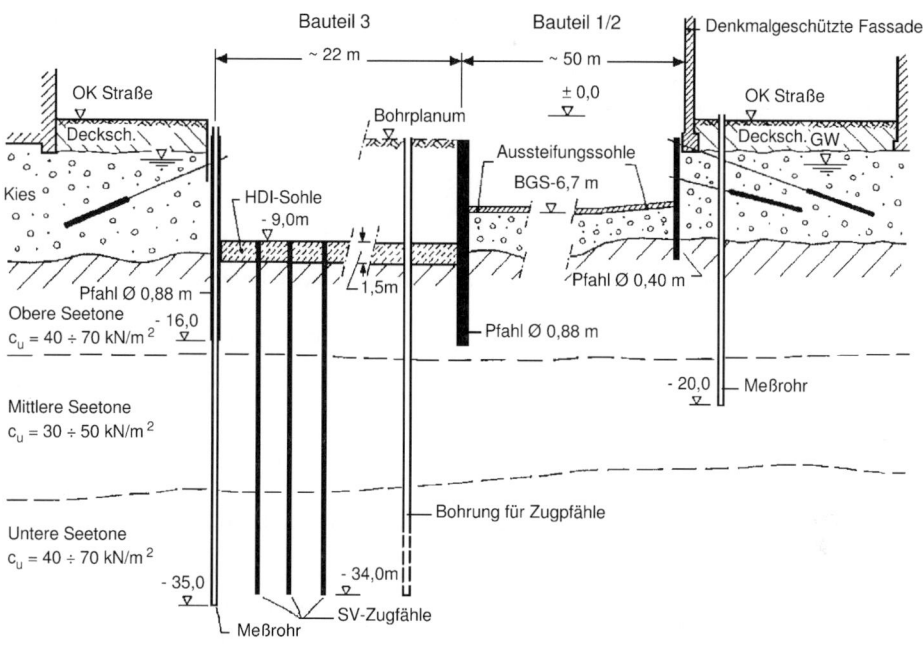

Bild 98. Schnitt durch die Baugrube Karstadt in Rosenheim [83]

Geotechnik einzuschalten. Er hat zu klären und anzugeben, ob der anstehende weiche Boden unter seinem Eigengewicht bereits konsolidiert ist bzw. ob durch vorhergegangene Baumaßnahmen ein Porenwasserüberdruck entstanden ist, oder ob durch die Veränderungen beim Aushub der Baugrube in maßgebenden Bereichen des Bodens ein Porenwasserüberdruck zu erwarten ist. Aufgrund dieser Feststellungen ergibt sich dann im Einzelfall die Entscheidung, ob die Berechnung auf der Grundlage der Scherfestigkeit des dränierten oder des undränierten Bodens durchzuführen ist. Häufig sind annähernd dränierte Randbedingungen zu erwarten. Eine rechnerische Berücksichtigung von undränierten Zuständen ist somit in der Regel nicht erforderlich.

Entsprechend den Randbedingungen im Scherversuch ist zu unterscheiden zwischen

- der Scherfestigkeit des dränierten Bodens mit den Parametern φ'_k und c'_k,
- dem Winkel der Gesamtscherfestigkeit $\varphi'_{s,k}$ des dränierten Bodens,
- der Scherfestigkeit des undränierten Bodens mit den Parametern $\varphi_{u,k}$ und $c_{u,k}$, wobei in der Regel $\varphi_{u,k} = 0$ angenommen wird.

Zur Bestimmung der Scherfestigkeit von sehr weichen, gering plastischen Böden sind diese Versuche nur bedingt geeignet. Daher werden in der Regel zusätzlich zu den üblichen Baugrunderkundungsmaßnahmen und Laborversuchen bei Baugruben in weichen Böden die örtliche Scherfestigkeit $c_{u,k}$ des undränierten Bodens durch Flügelsondierungen ermittelt. Einzelheiten zur Festlegung der Scherfestigkeit $c_{u,k}$ sind in [32], EB 94 angegeben. Unabhängig davon, ob im Anwendungsfall ein Porenwasserüberdruck zu erwarten ist oder nicht, sind jedoch die Ergebnisse von Berechnungen, die unmittelbar auf der Scherfestigkeit $c_{u,k}$ beruhen, unbefriedigend und nicht zielführend. Die Ermittlung von Erddruck und Erdwiderstand ergibt unglaubwürdige Ergebnisse, weil

– bis zu einer von der Größe $c_{u,k}$ abhängigen Tiefe, in der Regel mehr als 1 m, rechnerisch kein Erddruck wirksam ist,
– Erddruck und Erdwiderstand wegen des üblichen Ansatzes $\varphi_{u,k} = 0$ in gleicher Weise mit der Tiefe zunehmen und dadurch bei zunehmender Einbindetiefe im Boden die rechnerische Sicherheit gegen Versagen des Fußauflagers immer kleiner wird.

Dementsprechend gehen die in [32], EB 95 vorgeschlagenen Regelungen davon aus, dass die Scherfestigkeit stets als Reibungswinkel angesetzt wird, entweder

– in Form des im Scherversuch ermittelten oder aus der Scherfestigkeit $c_{u,k}$ abgeleiteten Winkels der Gesamtscherfestigkeit $\varphi'_{s,k}$ im Fall, dass kein Porenwasserüberdruck zu berücksichtigen ist, oder
– in Form eines Ersatzreibungswinkels ers $\varphi'_{s,k}$ auf der Grundlage der Scherfestigkeit $c_{u,k}$, im Fall, dass Porenwasserüberdruck zu berücksichtigen ist.

Einzelheiten dazu sind in [32], EB 94 geregelt.

5.9.6 Angaben zur Berechnung

Als Ausgangspunkt für die Untersuchung einer Baugrubenwand in weichem Boden ist wie bei anderen Böden der Erdruhedruck anzusehen. Für den Erdruhedruckbeiwert eines unter Eigengewicht konsolidierten Bodens werden in [32], EB 95 empirische Näherungsansätze wiedergegeben, die vom Reibungswinkel, von der Plastizitätszahl bzw. vom Wassergehalt an der Fließgrenze ausgehen. Eine Auswertung dieser Ansätze ergibt Erdruhedruckbeiwerte von $K_0 = 0{,}45$ bis etwa $K_0 = 0{,}85$. Der Ansatz des Erdruhedrucks als größtmöglicher Erddruck ist allerdings nur sinnvoll, wenn aufgrund des gewählten Bauvorgangs am Wandkopf und in Höhe der Aushubsohle eine Wandbewegung so gut wie ganz vermieden wird. Dies kann der Fall sein, wenn

– eine Pfahlwand oder eine Schlitzwand angeordnet wird,
– bereits von der Geländeoberfläche aus im Düsenstrahlverfahren oder durch Bodenverfestigung eine aussteifende Sohlplatte hergestellt wird und
– die erste Steifenlage ohne nennenswerten Voraushub eingebaut und vorgespannt wird.

Bei der Anordnung von Spundwänden kommt wegen deren Verformbarkeit nur ein erhöhter aktiver Erddruck infrage. Ohne die im Vorweg eingebrachte Sohlplatte ist immer vom Ansatz des geradlinig mit der Tiefe zunehmenden aktiven Erddrucks auszugehen. Bei starker Vorspannung der Steifen kann allenfalls eine mäßige Erddruckumlagerung nach oben erzwungen werden. Bei der Ermittlung der Erddrucklast darf unterstellt werden, dass zwischen Baugrubenwand und Boden eine Adhäsion wirksam ist. Vereinfachend ist es zulässig, anstelle dieser Adhäsion den Erddruckneigungswinkel $\delta_{a,k} = 1/3 \cdot \varphi'_k$ anzusetzen, wobei für φ'_k der Winkel der Gesamtscherfestigkeit $\varphi'_{s,k}$ bei konsolidiertem Boden bzw. der Ersatzreibungswinkel ers $\varphi_{s,k}$ bei nicht konsolidiertem Boden zugrunde zu legen ist. Bei sehr kleiner Scherfestigkeit kann der aktive Erddruck größer werden als der Erdruhedruck. In diesem Fall darf für die Ermittlung der Wandbelastung der Erdruhedruck zugrunde gelegt werden.

Sofern keine Möglichkeit besteht oder keine Maßnahmen ergriffen werden, um eine tiefliegende, durchlässige Schicht zu entwässern, ist damit zu rechnen, dass wassergesättigter weicher Boden unter Auftrieb steht und ein hydrostatischer Wasserdruck wirksam ist. Wenn die Wand in eine tragfähige, undurchlässige Schicht einbindet, ist wie üblich der charakteristische Wasserdruck auf den beiden Seiten der Wand zu überlagern, sodass nur noch der resultierende Wasserdruck als Einwirkung wirksam ist. Als Näherung darf dieser Ansatz auch zugrunde gelegt werden, wenn die Wand nicht in eine undurchlässige Schicht ein-

3.5 Baugrubensicherung

bindet. Bei einer genaueren Untersuchung wird nach [32], EB 63 die Umströmung der Wand berücksichtigt. Die Auswirkungen auf Erddruck und Erdwiderstand werden in [32], EB 97 für Bauzustände mit bzw. ohne aussteifende Sohlplatte dargestellt. Sofern die Setzungen infolge einer Aufschüttung oder einer Bauwerksgründung neben der geplanten Baugrube noch nicht abgeklungen sind und dementsprechend ein Porenwasserüberdruck wirkt, ist der hydrostatische Wasserdruck auf der ganzen wirksamen Höhe um den Porenwasserüberdruck zu vergrößern. Es kann außerdem ein natürlicher Porenwasserüberdruck z. B. bei ausgedehnten Sandbändern oder aus artesischer Herkunft vorhanden sein.

In der Regel unterliegt der Grundwasserspiegel jahreszeitlichen Schwankungen. Wegen des außerordentlich ungünstigen Einflusses, den der Wasserüberdruck auf die Ermittlung der Einbindetiefe und der Schnittgrößen der Baugrubenwand ausübt, wird in [32], EB 100 empfohlen, den Grundwasserspiegel durch eine außerhalb der Baugrube angeordnete Ringdränung auf den niedrigsten aus der Vergangenheit bekannten Stand abzusenken.

Wegen der zu erwartenden Kopfbewegungen ist eine volle bodenmechanische Einspannung im weichen Boden nur bei geringer Aushubtiefe möglich. Sie reicht allenfalls aus, um den Aushub vor dem Einbau von Steifen oder Ankern zu ermöglichen. Sofern die Baugrube nicht abgeböscht werden kann, ist somit immer von einer Stützung der Baugrubenwand etwa in Geländehöhe auszugehen. Bei der Ermittlung der Schnittgrößen und beim Nachweis der ausreichenden Einbindetiefe werden folgende Fälle unterschieden:

– Bauzustände ohne aussteifende Sohle,
– Bauzustände mit einer streifenweise im Zuge des Aushubes eingebrachten aussteifenden Sohle,
– Bauzustände mit einer im Vorweg von der Geländeoberfläche aus eingebrachten aussteifenden Sohle.

In Bauzuständen ohne aussteifende Sohlplatte ist ein Gleichgewicht der waagerechten Kräfte nur zu erreichen, wenn vor dem Wandfuß eine Bodenreaktion in Anspruch genommen wird. Sie wird geradlinig mit der Tiefe zunehmend angenommen. Der als Bezugsgröße für die maximal aufnehmbare Bodenreaktion zugrunde gelegte Erdwiderstand darf ebenso wie der aktive Erddruck mit dem Winkel der Gesamtscherfestigkeit $\varphi'_{s,k}$ bzw. mit dem Ersatzreibungswinkel ers $\varphi_{s,k}$ ermittelt werden. Hierbei darf anstelle einer Adhäsion vereinfachend der Erddruckneigungswinkel $\delta_{p,k} = -1/3 \cdot \varphi_k$ angesetzt werden, sofern nicht der Nachweis $\Sigma V = 0$ dies verbietet., z.B. bei den Gegebenheiten des Bildes 99. Mit Rücksicht auf den Gebrauchszustand ist zur Begrenzung der Wandverschiebung der über den Erdruhedruck hinausgehende Anteil des Erdwiderstands mit dem Anpassungsfaktor $\eta_p \leq 0{,}75$ abzumindern.

In Bauzuständen mit einer im Vorweg oder im Zuge des Aushubvorgangs streifenweise eingebrachten aussteifenden Sohlplatte wird das Gleichgewicht der Kräfte in erster Linie durch den Druckwiderstand der Sohlplatte sichergestellt. Im Übrigen können auf der Baugrubenseite außer dem erhalten gebliebenen Erdruhedruck unterhalb der Sohlplatte auch Bodenreaktionen auftreten, z.B. bei einer großen Belastung infolge des Erddrucks aus Gebäudelasten, bei großem Wasserüberdruck oder bei starker Vorspannung der Steifen bzw. Anker. Hierzu werden in [32], EB 95 EB 96 und EB 98, eingehende Vorschläge für den Ansatz der Bodenreaktion angeboten, auch der Ansatz von elastischer Bettung. Darüber hinaus enthalten die Empfehlungen EB 98, EB 99 und EB 101 eine Reihe von weiteren Hinweisen, z.B.:

a) Wegen des großen Einflusses auf die Schnittgrößen sind in der Regel in jedem Bauzustand zumindest die rechnerischen Vorverformungen der Baugrubenwand und ihre Auswirkungen in Form von Auflagerpunktverschiebungen in Höhe der jeweils nächsten Stützung in den folgenden Bauzuständen zu berücksichtigen.

b) Für die Bauzustände, die sich nach Einbau einer Steifenlage in Höhe der Geländeoberfläche örtlich und zeitlich begrenzt einstellen, werden Angaben über die Führung der erforderlichen Standsicherheitsnachweise gegeben, darüber hinaus aber auch die Ausführungsbedingungen genannt, bei deren Einhaltung auf den rechnerischen Nachweis verzichtet werden darf.
c) Für den Nachweis der Sicherheit gegen Aufbruch der Baugrubensohle gelten im Grundsatz die Angaben im Abschnitt 4.4. In EB 99 werden sie modifiziert für den Fall $\varphi_{u,k} = 0$.
d) Bei hochliegendem Grundwasserstand sind insbesondere Baugruben, bei denen der weiche Boden unmittelbar unterhalb der Baugrubensohle ansteht, stark durch hydraulischen Grundbruch gefährdet.
e) Bei Baugruben in durchgehend weichem Boden und bei Baugruben, bei denen der weiche Boden unmittelbar unterhalb der Baugrubensohle ansteht, ist der Nachweis der Geländebruchsicherheit mit einem deutlich unter $\mu = 1$ liegenden Ausnutzungsgrad zu führen. Die Normalkraft und der Widerstand gegen Abscheren oder Anheben einer aussteifenden Sohlplatte dürfen als günstig wirkend im Nachweis berücksichtigt werden.
f) Bei verankerten Baugrubenwänden ist die Standsicherheit in der tiefen Gleitfuge nach EB 44 nachzuweisen. Dabei ist zu beachten, dass sich bei Baugruben in einem Boden, in dem tragfähige Schichten und weiche Schichten abwechseln, eine tiefe Gleitfuge einstellen kann, die nicht geradlinig vom Schwerpunkt der Verpressstrecke zum Fußpunkt der Wand verläuft, sondern auf größere Länge durch eine waagerechte Gleitfläche in einer der weichen Schichten unterbrochen ist.
g) Bei Baugruben, bei denen die weiche Schicht nach Bild 99 unterhalb des Wandfußes ansteht und somit die Ausbildung eines Fußauflagers in der Deckschicht möglich ist, ist Folgendes zu beachten:
 – Bei der Ermittlung des aktiven Erddrucks ist der Erddruckneigungswinkel mit $\delta_{a,k} = 0$ anzusetzen, weil die Abtragung von Vertikallasten in den Untergrund nicht sichergestellt ist.
 – Bei ausgesteiften Baugruben nach Bild 99a ist der Nachweis der ausreichenden Einbindetiefe in der tragfähigen Deckschicht zu erbringen. Dabei ist der Erddruckneigungswinkel zu $\delta_{p,k} = 0$ anzusetzen, damit nicht rechnerisch eine Gleitfläche durch den weichen Boden maßgebend wird.
 – Bei verankerten Baugrubenwänden nach Bild 99b ist eine ausreichende Gleitsicherheit nachzuweisen. Für den Gleitwiderstand ist der kleinere von zwei möglichen Widerständen maßgebend, entweder die Reibungskraft $R_{t,k}$ oder die Kohäsionskraft K_k.

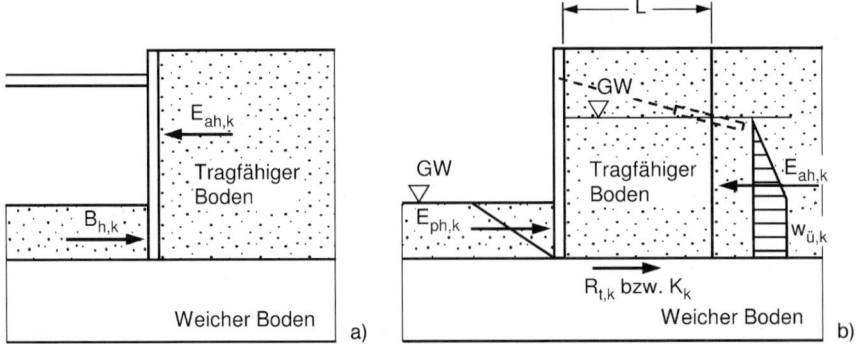

Bild 99. Baugrube mit weichem Boden unterhalb des Wandfußes; a) ausgesteifte Wand, b) verankerte Wand

3.5 Baugrubensicherung

Insbesondere bei der verankerten Wand kann ein Ausnutzungsgrad $\mu < 1{,}0$ erforderlich sein, um die zu erwartenden Verschiebungen zu begrenzen.

h) In EB 100 werden die Wasserhaltungsmaßnahmen beschrieben, die innerhalb der Baugrubenumschließung erforderlich bzw. zulässig sind.

i) In EB 101 werden zusammenfassend alle Maßnahmen aufgelistet, mit denen die Gebrauchstauglichkeit der Baugrubenkonstruktion sichergestellt werden kann.

5.9.7 Wasserhaltungsmaßnahmen

a) Bei weichen Böden sind erhebliche Setzungen zu erwarten, wenn das Grundwasser so weit abgesenkt wird, dass die Wirkung des Auftriebs verloren geht und das Gewicht des wassergesättigten Bodens wirksam wird. Eine Absenkung außerhalb der Baugrubenumschließung, ggf. auch eine Entspannung des Grundwasserspiegels, ist daher nur innerhalb eng gezogener Grenzen zulässig. Dabei sind weitreichende Sandbänderungen zu berücksichtigen.

b) In der Regel unterliegt der Grundwasserspiegel jahreszeitlichen Schwankungen. Wegen des außerordentlich ungünstigen Einflusses, den der Wasserüberdruck auf die Ermittlung der Einbindetiefe und der Schnittgrößen der Baugrubenwand ausübt, empfiehlt es sich, den Grundwasserspiegel durch eine außerhalb der Baugrube angeordnete Ringdränung auf den niedrigsten aus der Vergangenheit bekannten Stand abzusenken. Es darf in der Regel davon ausgegangen werden, dass der Boden bei diesem Stand konsolidiert ist.

c) Innerhalb einer verkleideten Baugrube ist es in der Regel zulässig, eingelagerte Bänder aus Feinsand oder Grobschluff zu entwässern bzw. den vorhandenen gespannten Wasserspiegel abzusenken. Dabei sollten die Brunnen oberhalb des Fußes der Baugrubenwand enden, um nach außen reichende Auswirkungen der Absenkung möglichst gering zu halten. Hierfür sind Vakuumfilterbrunnen einzusetzen, wenn eine Schwerkraftentwässerung nicht ausreicht oder wenn zusätzlich ein Verfestigungseffekt erzielt werden soll.

d) Der örtliche Einsatz von Vakuumlanzen zur Stabilisierung von Böschungen, z. B. beim Herstellen der Gräben zum Einbringen von Unterbetonstreifen ist in der Regel im Hinblick auf benachbarte bauliche Anlagen unbedenklich.

e) Restschichtwasser und Oberflächenwasser sollten stets durch eine filterstabile Flächendränung nach DIN 4095 „Dränung zum Schutz baulicher Anlagen" in Pumpensümpfe abgeleitet werden. Die Pumpensümpfe sind so lange in Betrieb zu halten, bis ein Aufschwimmen der Bauwerkssohle nicht mehr möglich ist.

f) Die Wirkungen der Wasserhaltungsmaßnahmen innerhalb und außerhalb der Baugrube sind laufend zu überwachen.

6 Bemessung der Einzelteile

6.1 Bohlen, Brusthölzer und Gurte aus Holz

Für die Bohlen, Brusthölzer und Gurte des waagerechten Normverbaus nach Bild 2 und des senkrechten Normverbaus nach Bild 4 kann ein statischer Nachweis entfallen, wenn die in DIN 4124 „Baugruben und Gräben" angegebenen Abmessungen eingehalten werden und die angegebenen Bedingungen in Bezug auf die anstehenden Bodenarten und die zulässigen Belastungen neben der Baugrube erfüllt sind. In allen anderen Fällen ist ein Standsicherheitsnachweis zu erbringen. Hierbei ist in der Regel von den in den Abschnitten 2.1 bis 2.5 beschriebenen Lastansätzen auszugehen. Die dabei ermittelte größte Ordinate der klassischen Erddruckverteilung bei einer nicht gestützten Wand bzw. die größte Ordinate einer dreieckförmigen Lastfigur bei einer gestützten Wand darf nach [32], EB 47 um ein Drittel abgemindert werden.

Der maßgebende Berechnungserddruck wird bei waagerecht angeordneten Bohlen i. Allg. unter Vernachlässigung der Vertikalkomponente als Gleichlast angesetzt. Die Stützweite ergibt sich beim waagerechten Grabenverbau aus dem Abstand der Brusthölzer. Zu beachten ist, dass dieser Abstand sich bei Umsteifvorgängen ändert. Bei der Trägerbohlwand mit vorgehängten Bohlen ergibt sich die maßgebende Stützweite aus der Anordnung der Befestigungsklammern. Bei der üblichen Trägerbohlwand, bei der die Bohlen oder Kanthölzer hinter den Flanschen verkeilt sind (Bild 16 a), ist die maßgebende Stützweite l_s kleiner als der Abstand a_t der Bohlträger. Bezeichnet man die Breite der Bohlträgerflansche mit b_t, so erhält man

$$l_s = a_t - \frac{4}{5} \cdot b_t \qquad (97)$$

Sofern die Bohlen in diesem Fall ohne Vorbiegung hinter den baugrubenseitigen Flanschen eingebaut werden, bildet sich von Bohlträger zu Bohlträger ein Gewölbe, welches den Druck auf die Bohlen stark vermindern kann. Die noch verbleibende Belastung kann nach *Karstedt* [63] ermittelt werden. Nach [32], EB 47 darf von diesen Ansätzen aber nur Gebrauch gemacht werden, wenn

– ein mitteldicht oder dicht gelagerter nichtbindiger Boden oder ein mindestens steifer bindiger Boden ansteht;
– die Bohlträger eingerammt werden oder bei in Bohrlöcher gestellten Bohlträgern das Verfüllungsmaterial so gut verdichtet wird, dass eine kraftschlüssige Verbindung zwischen den Bohlträgern und dem anstehenden Erdreich entsteht;
– die Ausfachung ohne Vorbiegung, aber satt am Boden anliegend, hinter den baugrubenseitigen Flanschen eingebaut wird.

Die Abminderung des Berechnungserddrucks durch die Gewölbebildung ist beachtlich. Hinzu kommt, dass nach [32], EB 47 eine Lastfigur gewählt werden darf, bei der die größte Ordinate an den Bohlenenden auftritt. Die Forderung, bei der Bemessung von Holzbohlen die Vertikalkomponente des Erddrucks zu berücksichtigen, verliert erheblich an Bedeutung, wenn zur Ausfachung Hölzer verwendet werden, deren Breite größer ist als die Dicke. Dies wird besonders deutlich, wenn bei günstigen Verhältnissen Bohlen von 6 oder 7 cm ausreichen. Bei einer üblichen Bohlenbreite von etwa 20 cm kann dann die Vertikalkomponente des Erddrucks vernachlässigt werden. Das Gleiche gilt für Ausfachungen mit Kanaldielen und bei Ausfachungen aus Stahlbeton.

Ein rechnerischer Nachweis der beim Prüfen, Überspannen oder Lösen von Steifen oder Ankern auftretenden Beanspruchungen der Ausfachung ist nicht erforderlich. Während der Ausführung dieser Arbeiten ist jedoch das Verhalten der Ausfachung zu beobachten. Eine schlechte Verdichtung des Verfüllungsmaterials in den Bohrlöchern kann dazu führen, dass die Bohlträger beim Anspannen von Ankern zum Boden hingezogen werden und die Bohlen sich dadurch bis zum Bruch verformen.

Die für Berechnung und Bemessung benötigten Materialkenngrößen und Teilsicherheitsbeiwerte richten sich nach DIN 1052-1 „Holzbauwerke; Bemessung und Ausführung". Im Einzelnen wird auf Folgendes hingewiesen:

a) Die angegebenen Materialkenngrößen und Teilsicherheitsbeiwerte setzen die Verwendung von neuen oder neuwertigen Hölzern voraus.
b) Der Modifikationsfaktor zur Berücksichtigung der Nutzungsklasse und der Klasse der Lasteinwirkungsdauer darf zu $k_{mod} = 1{,}00$ angenommen werden.

Die Festlegung des Modifikationsfaktors ist den unterschiedlichen Gegebenheiten bei Holzbauwerken einerseits und Baugrubenverkleidungen andererseits angemessen. Bei der Festlegung der charakteristischen Festigkeit von Holz in DIN 1052 musste davon ausgegangen werden, dass im Einzelfall die Tragfähigkeit von Holzbauteilen durch das Vorhandensein von Ästen sehr stark herabgesetzt und dass durch das Versagen eines einzelnen Bauteils ein ganzes Bauwerk gefährdet werden kann. Hinzu kommt bei Bauteilen aus Holz die Gefahr eines Nachlassens der Tragfähigkeit infolge äußerer Einflüsse wie Witterung oder Schädlingsbefall. Auf die Verkleidung von Baugruben treffen die genannten Bedingungen nur zu einem kleinen Teil zu. Wie durch die Erfahrung und durch Messungen bekannt ist, treten die größten Beanspruchungen in der Regel schon beim Einbau der Bohlen und Kanthölzer auf. Ist ihr Querschnitt durch Äste über Gebühr geschwächt, so zeigt sich dies gleich beim Einbau, und die Teile können sofort ausgewechselt werden. Im Übrigen ist ein Austausch oder eine Verstärkung von Bohlen, Aufrichtern und Gurten fast zu jeder Zeit möglich. Es war daher bereits vor der Einführung des Teilsicherheitskonzepts üblich, die nach DIN 1052 bei dauernder Durchfeuchtung geforderte Abminderung der zulässigen Spannungen unberücksichtigt zu lassen und außerdem die zulässigen Spannungen zu erhöhen bzw. Vereinfachungen bei der Ermittlung der Schnittgrößen zuzulassen. Anders ließen sich die seit Jahrzehnten bewährten Abmessungen der im Kanalbau üblichen Bohlen, Aufrichter und Gurte rechnerisch nicht nachweisen.

Für Vorbemessungen kann die erforderliche Bohlendicke in Abhängigkeit vom Bohlträgerabstand und vom zulässigen Erddruck, der hier dem charakteristischen Erddruck entspricht, aus dem Bild 86 im Kapitel 3.4 „Baugruben" der 6. Auflage des Grundbau-Taschenbuchs entnommen werden.

6.2 Bohlträger, Spundbohlen und Kanaldielen aus Stahl

Die Bemessung von Bohlträgern, Spundbohlen und Kanaldielen aus Stahl richtet sich nach DIN 18800-1 „Stahlbauten – Bemessung und Konstruktion" und ggf. nach DIN 18800-2 „Stahlbauten – Stabilitätsfälle", solange sie noch bauaufsichtlich eingeführt sind. Darüber hinausgehende Regelungen für Bohlträger und Spundwände sind in DIN EN 1993-5 enthalten.

Im Hinblick auf die Bemessung nach DIN 18800-1 ist in Anlehnung an [32], EB 48 und EB 49 Folgendes zu beachten:

a) Bei der Bemessung von Bohlträgern und Spundbohlen darf die Eigenlast der Baugrubenkonstruktion vernachlässigt werden.
b) Bei der Bemessung von Bohlträgern sind stets neben den Normalspannungen auch die Schubspannungen und die Vergleichsspannungen nachzuweisen. Bei Spundbohlen, deren Schlösser in den Flanschen liegen, genügt wegen der verhältnismäßig dicken Stege der Nachweis der Normalspannungen, es sei denn, die Wände werden überwiegend durch Wasserdruck belastet. In diesem Fall können auch die Schubspannungen für die Tragfähigkeit des Profils maßgebend werden.
c) Doppelte U-Profile sind in ausreichend engem Abstand durch Bindebleche auf der Baugruben- und auf der Erdseite zu verbinden. Auf einen Nachweis der Torsionsspannungen darf verzichtet werden, wenn der Bindeblechabstand nicht größer gewählt wird als 1,50 m.
d) Ein Nachweis der Flanschbiegung infolge der Auflagerkräfte der Ausfachung kann bei Doppel-T- und bei U-Profilen in der Regel entfallen.
e) Bei Wellenspundwänden, deren Schlösser in der Null-Linie liegen, ist ein rechnerischer Nachweis der Schubkraftübertragung zumindest dann zu erbringen, wenn
  – die Spundwand im offenen Wasser angeordnet ist oder zu einem nennenswerten Teil durch Torf, Klei, Mudde oder stark tonige Böden eingebracht wird,

– die Schlösser vor dem Einbringen zur Verringerung der Schlossreibung mit Fett, Öl, Bentonit oder eine Dichtungsmasse geschmiert werden bzw. durch andere Maßnahmen vor dem Eindringen von Bodenteilchen geschützt werden oder
 – die Verbindungen zwischen den einzelnen Bohlen nicht die Toleranzmaße nach der Empfehlung E 97 des Arbeitsausschusses „Ufereinfassungen" [31] einhalten.

In diesen Fällen reicht die Schlossreibung, die in anderen Fällen durch eingedrungene Sand- oder Schluffkörner verstärkt wird, nicht zur Schubkraftübertragung aus. Es ist dann jedes zweite Schloss zu verpressen oder zu verschweißen. Hierzu siehe [138]. Der Nationale Anhang zu DIN EN 1993-5 „Bemessung und Konstruktion von Stahlbauten – Pfähle und Spundwände" stellt deutlich höhere Anforderungen. Bis zur bauaufsichtlichen Einführung ist dies zumindest dann zu beachten, wenn die Anwendung dieser Norm im Bauvertrag vereinbart ist.

f) Gegenüber Dauerbauwerken wird bei Bohlträgern und Baugrubenspundwänden oft gebrauchtes Material verwendet wird. Dies ist wie folgt zu berücksichtigen:
 – Schwächungen der Flansche durch Löcher und Schweißnähte quer zur gezogenen oder gedrückten Faser sind beim Spannungsnachweis zu berücksichtigen, sofern sie im Bereich größerer Biegemomente liegen.
 – Schwächungen des Stegs durch Löcher sind zu berücksichtigen, sofern sie im Bereich größerer Querkräfte liegen.
 – Schwächungen infolge von Abrostung auf dem gesamten Umfang der Spundbohlen und Bohlträger sind durch einen entsprechenden Abzug von den vollen Querschnittswerten zu berücksichtigen.

Bei wiederholter Verwendung von Bohlträgern muss i. Allg. angenommen werden, dass im Bereich größerer Biegemomente zufällig Löcher vorhanden sein können, die im Zuge eines früheren Einsatzes der Träger gebohrt worden sind. Es genügt aber der Abzug von zwei Löchern in einem der beiden Flansche. Dass gleichzeitig im gegenüberliegenden Flansch Löcher vorhanden sind, ist i. Allg. unwahrscheinlich.

Im Hinblick auf den Stabilitätsnachweis nach DIN 18800-2 ist in Anlehnung an [32], EB 48 und EB 49 Folgendes zu beachten:

a) Sofern außer der Eigenlast der Baukonstruktion und der Vertikalkomponente des Erddrucks weitere Vertikalkräfte abzutragen sind, z. B. aus dem Erddruck, sowie aus Baugrubenabdeckungen, Hilfsbrücken oder geneigten Verankerungen, so ist, insbesondere für einfach gestützte Baugrubenwände und für die Rückbauzustände von mehrfach gestützten Baugrubenwänden, der Stabilitätsnachweis zu erbringen.

b) Bei Wellenspundwänden ist ein Ausweichen der gedrückten Gurte i. Allg. nicht maßgebend, da sie durch die beidseitig anschließenden Stege daran gehindert werden. Auch bei Bohlträgern kann diese Voraussetzung als erfüllt angesehen werden, wenn die Bohlen hinter den vorderen Flanschen verkeilt werden. Die sichtbaren Bohlträgerflansche werden dann in den gedrückten Bereichen durch die Gurte und die Bohlen gegen Ausknicken gesichert, die rückwärtigen Flansche durch das umgebende Erdreich. In diesen Fällen genügt der Tragfähigkeitsnachweis nach DIN 18800-1. Sind die Bohlen hinter den rückwärtigen Flanschen eingebaut, dann sind die Flansche nicht ausreichend gegen Ausknicken und die Stege nicht ausreichend gegen Ausbeulen gesichert, und es ist der Stabilitätsnachweis nach DIN 18800-2 zu erbringen, sofern keine besonderen Maßnahmen getroffen werden. Da durch das Anbringen entsprechender Aussteifungsbleche die Wiederverwendbarkeit der Träger stark beeinträchtigt wird, verzichtet man i. Allg. auf solche Maßnahmen.

6.3 Gurte, Auswechslungen und Verbandstäbe aus Stahl

Bei Spundwänden ist es üblich, die Auflagerkräfte der Bohlen auf Gurte zu übertragen und diese gegeneinander auszusteifen oder im Erdreich zu verankern. Durchlaufende Gurte werden dabei nach Möglichkeit so gestützt, dass die Biegemomente über den Auflagerpunkten etwa gleich groß sind. Auf diese Weise lässt sich eine wirtschaftliche Bemessung erzielen. Bei nur zweimal gestützten Gurten kann es zweckmäßig sein, die Kraglänge so klein zu wählen, dass das Feldmoment größer wird als das Kragmoment. In der Regel sind nämlich nur im Bereich der Feldmitten die Biegespannungen maßgebend, an den Auflagern dagegen die Schub- und Vergleichsspannungen. Sinngemäß das Gleiche gilt für Ortbetonwände. Auch bei Trägerbohlwänden werden auf Biegung beanspruchte Gurte angeordnet, zumindest an den Baggerlöchern. Bei geringem Abstand der benachbarten Bohlträger und immer dann, wenn ein Längstransport des Aushubbodens zu den Baggerlöchern nicht möglich oder nicht wirtschaftlich ist, kann es auch zweckmäßig sein, auf die gesamte Länge der Baugrube jede zweite Steife oder sogar zwei von jeweils drei Steifen durch Gurte auszuwechseln.

Für die Bemessung von Gurten, die vorwiegend auf Biegung beansprucht sind und bei denen durch eine ausreichende Anzahl von Stegaussteifungen die gedrückten Flansche gegen Ausweichen gesichert sind, richtet sich die Bemessung nach DIN 18800-1 „Stahlbauten – Bemessung und Konstruktion". Oft wird man bei Gurten die Anordnung von Stegaussteifungen auf die Punkte beschränken, an denen die Steifenkräfte übertragen werden, in den Feldmitten aber darauf verzichten. Die Flansche sind dann nicht ausreichend gegen Ausweichen gesichert. Somit ist zusätzlich DIN 18800-2 „Stahlbauten – Stabilitätsfälle" zu beachten. Im Übrigen gilt [32], EB 51.

Sofern keine Längskräfte abzutragen sind, brauchen die Gurte bei Spundwänden i. Allg. nicht durchgehend verbunden zu sein. Spundwandbohlen sind infolge ihrer gegenseitigen Verhakung in sich steif und zugfest und benötigen keine konstruktiven Sicherungen. Bei Trägerbohlwänden dagegen dienen die Gurte, abgesehen von ihrer Funktion als Biegeträger oder als Auflager für die Steifen, folgenden Zwecken:

- sie sichern den Abstand der einzelnen nebeneinanderstehenden Bohlträger,
- sie verhindern, dass sich die einzelnen Bohlträger verdrehen,
- sie bilden beim Ausfall einer Steife oder eines Ankers ein Hängewerk und halten den gefährdeten Bohlträger.

Die Sicherung des Abstands und das Verhindern einer Verdrehung von Bohlträgern sind sehr wichtige Aufgaben. Schon verhältnismäßig kleine Bewegungen der Bohlträger genügen, um den Bohlen das ohnehin so knappe Auflager von nur einem Fünftel der Flanschbreite zu nehmen und ein Bohlenfeld einbrechen zu lassen. Die dafür erforderlichen Bewegungen können z. B. dadurch verursacht werden, dass ein Bagger mit Raupenfahrwerk gegen den Trägerkopf stößt oder eine Planierraupe Verfüllungsmaterial über die Baugrubenkante schiebt und dabei den Trägerkopf erfasst. Zumindest ein Gurt im oberen Bereich der Baugrubenwand muss daher stets durchlaufend zug- und druckfest ausgebildet werden, auch bei nur im Boden eingespannten, nicht gestützten Trägerbohlwänden. Sofern nicht aus statischen Gründen oder mit Rücksicht auf die erforderliche Auflagerbreite für Steifen größere Abmessungen gewählt werden müssen, sollte konstruktiv ein Querschnitt von 5 cm^2 bei Baugruben bis 5 m, ein Querschnitt von 10 cm^2 bei größeren Baugrubentiefen nicht unterschritten werden. Ein solches Profil ist dann auch in der Lage, beim Ausfall einer Steife oder eines Ankers vorübergehend als Sicherung zu dienen. Um zu verhindern, dass die Bohlträgerflansche ausknicken oder sich verdrehen, sind die Gurte jeweils an den Rändern der Flansche anzuschrauben oder anzuschweißen. Ist in Sonderfällen ein rechnerischer

Standsicherheitsnachweis zu führen, so darf der Gurt entsprechend Lastfall LF 3 unter Berücksichtigung aller Reserven der Tragkonstruktion und des Bodens, z. B. mit Berücksichtigung der Gewölbebildung im Boden und mit voller Ausnutzung der Streckgrenze des Stahls bemessen werden.

6.4 Steifen

Steifen sind die am meisten gefährdeten Teile der Baugrubenkonstruktion. Sie sind die festen Punkte, auf die sich der Erddruck bei einer Durchbiegung der Wand konzentriert. Hinzu kommt, dass gerade die Steifen leicht unbeabsichtigten und in der statischen Berechnung nicht berücksichtigten Beanspruchungen ausgesetzt sind: Temperaturwirkungen, senkrechte Belastungen durch Stapellasten, waagerechte und schräg gerichtete Kräfte durch Anprall eines Baggerkorbes und durch Stöße bei Materialtransporten. Zudem handelt es sich bei der Beanspruchung von Steifen um Stabilitätsfälle, die keine Reserven kennen.

Die genannten Gesichtspunkte erlauben es nicht, bei der Bemessung von Steifen mit Hinweis auf den Bauzustand das Sicherheitsniveau abzusenken, insbesondere nicht bei Steifen aus Stahl. Aus diesem Grund sind nach [32], EB 52, Absatz 12, beim Nachweis der Tragfähigkeit von Steifen die Teilsicherheitsbeiwerte für den Lastfall LF 1 zugrunde zu legen. Unabhängig davon ist bei Rundholzsteifen nach DIN 1052-1 „Holzbauwerke; Bemessung und Ausführung" allgemein eine Erhöhung der charakteristischen Bruchspannungen um 20 % zulässig. Begründen lässt sich eine solche Festlegung damit, dass bei Rundholzsteifen keine Schwächung durch angeschnittene Äste oder durch Schnitte schräg zur Faser vorliegt und daher die bei Schnittholz erforderlichen hohen Sicherheitsbeiwerte nicht erforderlich sind.

Ein Sonderfall liegt vor, wenn die Steifen ganz oder wenigstens annähernd für den Erdruhedruck bemessen werden (s. Abschn. 5.6). In diesem Fall ist eine Vergrößerung der Steifenkraft durch Erddruckwirkungen nicht zu erwarten. Es kann daher bei der Ermittlung der Bemessungsbeanspruchungen nach DIN 1054 von der Herabsetzung des Teilsicherheitsbeiwerts $\gamma_G = 1{,}35$ auf $\gamma_{E0g} = 1{,}20$ Gebrauch gemacht werden. Im Übrigen ist nachzuweisen, dass die allgemein zugelassenen Beanspruchungen nicht überschritten werden, wenn anstelle des mit der Tiefe zunehmenden Ruhedrucks der umgelagerte aktive Erddruck auftritt. Die Erhöhung der möglichen Beanspruchung wirkt sich daher nur auf die in der unteren Baugrubenhälfte liegenden Steifen aus.

Bei der Bemessung der Steifen werden die Kräfte zugrunde gelegt, die sich aus der Schnittgrößenermittlung am Gesamtsystem ergeben. Bestehen Zweifel, ob eine gewählte Lastfigur für einzelne Steifenlagen ausreichend sichere Auflagerkräfte ergibt, so sind hierfür angemessene Zuschläge zu machen. In jedem Fall zu berücksichtigen ist die Biegebeanspruchung infolge von Steifeneigenlast und von Nutzlasten. Als Nutzlasten kommen bei größeren Baugruben infrage: Laufstege, Arbeitsbühnen, vorübergehende Lagerung von Schalung und Bewehrung, angehängte Laufschienen für Längstransporte, kleinere Versorgungsleitungen. Im Allgemeinen werden diese Einflüsse durch Ansatz einer Nutzlast $p_k = 1{,}0$ kN/m zusätzlich zur Eigenlast ausreichend erfasst. Waagerechte Belastungen, z. B. aus der Abstützung von Schalungskonstruktionen, sind stets gesondert anzusetzen.

Hauptsächlich werden drei Arten von Steifen verwendet:

– verstellbare Kanalstreben,
– Holzsteifen mit oder ohne Spindelkopf,
– Steifen aus Walzprofilen oder Rohren.

Eine Zusammenstellung von Kanalstreben mit den bei zweifacher Sicherheit zulässigen Belastungen in Abhängigkeit von der Ausziehlänge ist in Tabelle 11 im Kapitel 3.6

„Baugruben" der 5. Auflage des Grundbau-Taschenbuchs enthalten. Diese Kanalstreben sind anhand der „Grundsätze für die Prüfung der Arbeitssicherheit von Aussteifungsmitteln für den Leitungsgrabenbau" von der Tiefbau-Berufsgenossenschaft geprüft worden. Ältere, nicht geprüfte Kanalstreben dürfen nicht mehr eingesetzt werden. Für Spindelköpfe können die zulässigen Belastungen aus Tabelle 12 entnommen werden.

Bei der Bemessung von Rundholzsteifen braucht eine Ausmittigkeit des Kraftangriffs i. Allg. nicht berücksichtigt zu werden. Zwar lässt sich eine zentrische Krafteinleitung keineswegs sicherstellen, die Tragfähigkeitsreserven von Rundholzsteifen lassen aber die Vernachlässigung dieses Einflusses als gerechtfertigt erscheinen. Für Vorbemessungen kann der erforderliche Steifendurchmesser in Abhängigkeit von der Knicklänge und der zulässigen Druckkraft, die hier der charakteristischen Druckkraft entspricht, aus Bild 87 im Kapitel 3.4 „Baugruben" der 6. Auflage des Grundbau-Taschenbuchs entnommen werden.

Die für Aussteifungen verwendeten HE-B- und PSp-Profile erhalten in der Regel an beiden Enden Kopfplatten, die etwa halb so breit sind wie die Steifen. Werden die Keile in Querrichtung eingeschlagen, dann lässt sich zwar eine Ausmittigkeit der Krafteinleitung in der Stegebene vermeiden, es besteht dann aber die Gefahr einer Ausmittigkeit quer zur Stegebene. Für den Einbau bequemer ist die senkrechte Anordnung der Keile, weil sich der eine Keil mit dem breiten Ende auf den Gurt absetzen lässt, während der andere leicht von oben nachgeschlagen werden kann. Die Möglichkeit einer in der Stegebene exzentrischen Krafteinteilung ist bei der Bemessung zu berücksichtigen. Nach [32], EB 52, ist mit folgenden zusätzlichen Ausmittigkeiten in der Lotrechten zu rechnen:

– mit einer Ausmittigkeit von einem Sechstel der Trägerhöhe bei Walzprofilen bzw. des Rohrdurchmessers bei Rohren ohne Endzentrierung,
– mit einer Ausmittigkeit von einem Zehntel des Rohrdurchmessers bei Rohren mit Endzentrierung.

Die Ausmittigkeit ist zur Durchbiegung hinzuzuzählen. Bei größeren Knicklängen verliert dieser Fall jedoch an Bedeutung. Es überwiegt dann die Gefahr des Biegedrillknickens.

Bei Steifenlängen bis etwa 10 m ist es zweckmäßig, auf Knickhaltungen zu verzichten. Bei Baugruben von etwa 10 bis 20 m Breite kann es wirtschaftlich sein, Knickhaltungen etwa in Steifenmitte anzuordnen und damit die Gefahr des Knickens aus der Stegebene heraus und die Gefahr des Biegedrillknickens abzumindern. Dadurch wird die Tragfähigkeit der Steifen zum Teil erheblich gesteigert, und es wird vor allem die erreichbare Steifenlänge vergrößert. Dabei braucht die Knickhaltung entgegen der Darstellung im Bild 100 a keineswegs genau in Steifenmitte zu liegen. *Schmidt* [96] gibt im Fall von HE-B-Profilen, bei denen Biegedrillknicken maßgebend ist, für das Verhältnis

$$f_s = \frac{s_{k1}}{s_k} \tag{98}$$

folgende zulässigen Werte an:

$f_s = 0{,}70$ bei HE-B 100 bis HE-B 160
$f_s = 0{,}64$ bei HE-B 180 bis HE-B 300
$f_s = 0{,}60$ bei HE-B 320 bis HE-B 340
$f_s = 0{,}55$ bei HE-B 360 bis HE-B 380

Bei den PSp-Profilen ist die zulässige Ausmittigkeit der Knickhaltung von der Steifenlänge abhängig (s. hierzu [96]).

Insbesondere bei Stahlsteifen kann sich die tägliche und die jahreszeitliche Änderung der Temperatur ungünstig auf die Beanspruchung auswirken, da die von steigenden Temperaturen verursachte Ausdehnung durch die Baugrubenwände und den dahinter anstehenden Boden teilweise behindert wird. Temperatureinwirkungen brauchen jedoch nach [32], EB 52 i. Allg. nur

- bei Langzeitbaustellen mit großen, jahreszeitlich bedingten Temperaturschwankungen,
- bei Verwendung von schlanken Stahlsteifen aus I-Profilen ohne Anordnung von Knickhaltungen,
- bei Verwendung kurzer Stahlsteifen mit Knickhaltungen und relativ unnachgiebigen Widerlagern, z. B. bei felsartigem Boden oder bei Ortbetonwänden

untersucht zu werden. Hierzu siehe [3]. Auf den Nachweis darf verzichtet werden

- bei HE-B-Stahlsteifen für Trägerbohlwände,
- beim Grabenverbau mit Kanalstreben,
- bei Holzsteifen.

In diesen Fällen decken die üblichen Erddruckansätze und die Differenz der Teilsicherheitsbeiwerte zwischen den Lastfällen LF 1 und LF 2 bzw. LF 2/3 die Steifenkrafterhöhung infolge Temperatureinwirkungen erfahrungsgemäß ausreichend ab.

Der Einfluss von Frost ist bei schmalen Baugruben zu berücksichtigen, sofern in frostgefährdetem Boden mit einem starken Anstieg der Steifenkräfte beim Gefrieren des Bodens zu rechnen ist.

Für Vorbemessungen kann das erforderliche Steifenprofil in Abhängigkeit von der Knicklänge und der zulässigen Druckkraft, die hier der charakteristischen Druckkraft entspricht, aus den Bildern 88 und 89 im Kapitel 3.4 „Baugruben" der 6. Auflage des Grundbau-Taschenbuches entnommen werden.

6.5 Verbauteile aus Beton und Stahlbeton

Auf Biegung beanspruchte Bauteile aus Stahlbeton kommen in Form von Spritzbeton, eingeschaltem Beton und Betondielen zwischen Bohlträgern anstelle der sonst üblichen Holzbohlen von Trägerbohlwänden als Schlitzwand, Pfahlwand oder Unterfangungswand sowie als Gurtung bei Spundwänden, Schlitzwänden und Pfahlwänden vor. Hinzu kommt die Anwendung von Stahlbeton zum Herstellen aufbruchsicherer Baugrubensohlen bei Baugruben im Wasser.

Im Grundsatz gilt für alle diese Bauweisen die DIN 1045-1 „Tragwerke aus Beton, Stahlbeton und Spannbeton – Bemessung und Konstruktion". Sonderregelungen dazu gibt es

- für Pfahlwände in DIN EN 1536 „Ausführung spezieller geotechnischer Arbeiten (Spezialtiefbau) – Bohrpfähle",
- für Schlitzwände in DIN 4126 (1986) „Ortbeton-Schlitzwände – Konstruktion und Ausführung", solange sie noch bauaufsichtlich eingeführt ist, und DIN EN 1538, soweit sie nicht zu DIN 4126 (1986) im Widerspruch steht.

Die Regelungen zur Herstellung und Konstruktion von Schlitzwänden sowie zu Standsicherheitnachweisen für suspensionsgefüllte Schlitze befinden sich in Überarbeitung. Am Ende wird es die DIN 4126 „Schlitzwände – Nachweis der Standsicherheit" und die überarbeitete DIN EN 1538 „Ausführung von besonderen geotechnischen Arbeiten (Spezialtiefbau) – Schlitzwände" mit klar getrennten Aufgabengebieten geben. Unabhängig davon sind auch jetzt schon folgende Hinweise in [32], EB 50 gegeben:

a) Neben der Abminderung des rechnerisch größten Stützenmoments nach EB 11 darf an allen Stützpunkten eine Ausrundung der Momentenlinie vorgenommen werden, sofern

3.5 Baugrubensicherung

versteckte Balken oder Gurte aus Stahlbeton angeordnet werden. Bei Gurten aus Walzprofilen darf nur dann die volle Breite des Flansches als Unterstützung angesetzt werden, wenn die Flansche durch Stegaussteifungen in ausreichendem Maße gegen Ausweichen gesichert sind und ein vorhandener Abstand zwischen Gurt und Baugrubenwand ausbetoniert wird.

b) Bei der Ermittlung der Schubbewehrung sind Schlitzwandelemente, deren Dicke größer ist als ein Fünftel der Breite, als Balken zu behandeln, sofern die einzelnen Elemente nicht kraftschlüssig miteinander verdübelt sind. Schlitzwandelemente, die mehrere Bewehrungskörbe innerhalb einer Elementlänge umfassen und in einem Arbeitsgang fugenlos betoniert werden, gelten als kraftschlüssig verdübelt.

Bei getrennt hergestellten Schlitzwandelementen kann eine ausreichende Verdübelung beispielsweise durch geeignete Profilierung der Abstellfugen erreicht werden.

c) Beim Nachweis der Verankerungslänge sind die Verbundbedingungen im Sinne der DIN 1045-1:2001-07, Abschnitt 12.4 für die waagerechten Bewehrungsstäbe stets als mäßig, für die senkrechten Bewehrungsstäbe als gut einzustufen.

d) In der Regel ist ein Nachweis zur Beschränkung der Rissbreite bei Ortbetonwänden nicht erforderlich, wenn bei der baulichen Durchbildung die erforderliche Mindestbewehrung nach DIN 1045-1:2001-07, Abschnitt 13 eingehalten wird. Ein Nachweis ist erforderlich, wenn
  – die Umgebungsbedingungen der Expositionsklasse XA 3 nach DIN 1045-1:2001-07, Tabelle 3 berücksichtigt werden müssen,
  – die Umgebungsbedingungen der Expositionsklassen XS und XA nach DIN 1045-1:2001-07, Tabelle 3 berücksichtigt werden müssen und der für die Bewehrung maßgebende Bauzustand planmäßig länger als 2 Jahre dauert,
  – die Ortbetonwände Bestandteile eines Dauerbauwerks werden.

6.6 Erdanker und Zugpfähle

Bei Verankerungen sind stets zwei Nachweise zu erbringen:

– Der Ankerstahl muss in der Lage sein, mit ausreichender Sicherheit die Ankerkraft aufzunehmen.
– Die Ankerkraft muss mit ausreichender Sicherheit in den Untergrund übertragen werden.

Für die Bemessung und Prüfung vorgespannter Verpressanker gilt DIN 4125 (1990) „Verpreßanker; Kurzzeitanker und Daueranker", solange sie noch bauaufsichtlich eingeführt ist (hierzu siehe auch Kapitel 2.6 „Verpressanker"). Danach darf die Tragfähigkeit der Verpresskörper nur auf der Grundlage von Eignungsprüfungen an Ort und Stelle bzw. in einem vergleichbaren Baugrund festgelegt werden. Darüber hinaus ist die DIN EN 1537 „Ausführung von besonderen geotechnischen Arbeiten (Spezialtiefbau) – Verpressanker" zu beachten, soweit sie nicht zu DIN 4125 im Widerspruch steht. In DIN 1054 (2005) sind die Regelungen für Bemessung und Prüfung, die in DIN 4125 auf dem Globalsicherheitskonzept beruhen, für das Teilsicherheitskonzept umgeschrieben worden. Eine Regelung, die in DIN 4125 (1990) enthalten und nicht übernommen worden war, wurde durch die Berichtigung 3 nachträglich in die DIN 1054 (2005) eingebracht:

„Die Bemessungswerte der Beanspruchungen von Verpressankern und Mikropfählen im Vollaushubzustand einer Baugrube sind aus den charakteristischen Beanspruchungen durch Multiplikation mit den Teilsicherheitsbeiwerten für den Lastfall LF 1 nach Tabelle 2 zu ermitteln. Dies gilt unabhängig davon, dass die Bemessung in den vorangegangenen Bauzuständen und in den Rückbauzuständen ebenso wie die Bemessung der übrigen Teile mit den Teilsicherheitsbeiwerten für den Lastfall LF 2 erfolgt."

Für nicht vorgespannte Anker und Zugpfähle ist DIN 18800-1 „Stahlbauten; Bemessung und Konstruktion" maßgebend. Der Nachweis, dass die Ankerkraft mit ausreichender Sicherheit in den Untergrund abgeleitet wird, kann nur bei Verankerungseinrichtungen, die auf der Wirkung des Erdwiderstands beruhen, z. B. bei Ankerwänden, Ankerplatten oder Verankerungspfählen (Stützpfahl, „Toter Mann"), nach den bekannten Regeln der Erdstatik berechnet werden (s. Abschn. 5.4). In allen anderen Fällen ist der Nachweis der Tragfähigkeit im Grundsatz durch Probebelastungen zu führen. Bei stark geneigten Zugpfählen, das können Verdrängungspfähle (Rammpfähle), Verdrängungspfähle mit Mantelverpressung oder verpresste Mikropfähle sein, ist der mit einer Probebelastung verbundene Aufwand im Hinblick darauf, dass es sich bei einer Baugrubenkonstruktion um einen verhältnismäßig kurzen Bauzustand handelt, oft verhältnismäßig groß. In der Situation nach Bild 73, wo die bergseitige Baugrubenwand im Einbindebereich auf Zug beansprucht wird, und bei der mit Schrägsteifen abgestützten Baugrubenwand nach Bild 78 ist eine sinnvolle Probebelastung für den Bereich der Fußeinbindung gar nicht möglich. Es liegen somit begründete Ausnahmefälle vor, in denen man sich mit einer rechnerischen Bestimmung der Grenztragfähigkeit aufgrund von Erfahrungswerten begnügen darf. Für Bohrpfähle und sinngemäß für Bohlträger, die in vorgebohrte Löcher gesetzt und im Fußbereich einbetoniert werden, finden sich im informativen Anhang B zu DIN 1054 folgende Werte für die Mantelreibung in nichtbindigem Boden:

$q_{s,k} = 40$ kN/m² bei einem mittleren Spitzenwiderstand der Drucksonde von
$q_c \geq 5$ MN/m²

$q_{s,k} = 80$ kN/m² bei einem mittleren Spitzenwiderstand der Drucksonde von
$q_c \geq 10$ MN/m²

$q_{s,k} = 120$ kN/m² bei einem mittleren Spitzenwiderstand der Drucksonde von
$q_c \geq 15$ MN/m²

Die entsprechenden Werte für bindigen Boden sind wie folgt angegeben:

$q_{s,k} = 25$ kN/m² bei einer Scherfestigkeit des undränierten Bodens von
$c_{u,k} \geq 25$ kN/m²

$q_{s,k} = 40$ kN/m² bei einer Scherfestigkeit des undränierten Bodens von
$c_{u,k} \geq 100$ kN/m²

$q_{s,k} = 60$ kN/m² bei einer Scherfestigkeit des undränierten Bodens von
$c_{u,k} \geq 200$ kN/m²

Diese Werte sind identisch mit denen in DIN 4014 (1990) „Bohrpfähle", die bis zu ihrer Ablösung durch die neue DIN 1054 bauaufsichtlich eingeführt war. Sie gelten auch dann, wenn die Pfähle unverrohrt mit Stützflüssigkeit hergestellt werden, und sie gelten auch für Zugpfähle. Die in DIN 1054 angegebenen Zahlenwerte stimmen auch annähernd mit den Werten überein, die sich aus den zwischenzeitlich erschienenen Empfehlungen des Arbeitskreises „Pfähle" (EA-Pfähle) [34] ergeben (s. auch Kapitel 3.2 „Pfahlgründungen"), allerdings mit dem Hinweis, dass sie für Zugpfähle durch einen Sachverständigen für Geotechnik bestätigt und ggf. abgemindert werden sollten. Da sie sich aber seit Erscheinen der DIN 4014 (1990) in der Praxis bewährt haben und in den Tabellen der EA-Pfähle als unterste Werte der jeweiligen Spannen genannt sind, darf unterstellt werden, dass sie ausreichend weit auf der sicheren Seite liegen.

Für gerammte Verdrängungspfähle aus Stahlträgerprofilen werden in DIN 1054 weder für Druck- noch für Zugbeanspruchung Angaben zur Mantelreibung im Grenzzustand der Tragfähigkeit gemacht. In der DIN 4026 (1975) „Rammpfähle", die bis zu ihrer Ablösung durch die neue DIN 1054 im Jahr 2005 unverändert 30 Jahre lang maßgebend und auch bauaufsichtlich eingeführt war, ist für gerammte Zugpfähle, die in mindestens ausreichend

3.5 Baugrubensicherung

tragfähigem nichtbindigem Boden oder mindestens annähernd halbfestem bindigem Boden stehen, eine zulässige Mantelreibung von zul $q_s = 25$ kN/m² auf der abgewickelten Fläche angegeben. Mit einer nach DIN 1054 (1975), Tabelle 8, angenommenen zweifachen Sicherheit ergibt sich daraus der Wert von $q_s = 50$ kN/m² im Grenzzustand. Der gleiche Wert findet sich auch bis zur 9. Auflage aus dem Jahr 1990 in den Empfehlungen des Arbeitsausschusses „Ufereinfassungen" (EAU). Somit ist auch für gerammte Bohlträger und Spundwände ein Vergleich mit den Werten möglich, die sich aus den Empfehlungen des Arbeitskreises „Pfähle" (EA-Pfähle) [34] für Fertigpfähle mit Vollquerschnitt ergeben, allerdings mit dem Hinweis, dass sie für Stahlträgerprofile auf 80 % abgemindert werden müssen. Damit erhält man folgende Mindestwerte für die Mantelreibung in nichtbindigem Boden:

$q_{sk} = 0,80 \cdot 40$ kN/m² $= 32$ kN/m²   bei $q_c \geq 7,5$ MN/m²
$q_{sk} = 0,80 \cdot 95$ kN/m² $= 76$ kN/m²   bei $q_c \geq 15$ MN/m²
$q_{sk} = 0,80 \cdot 125$ kN/m² $= 100$ kN/m²   bei $q_c \geq 25$ MN/m²

Die entsprechenden Werte für bindigen Boden ergeben sich wie folgt:

$q_{sk} = 0,80 \cdot 20$ kN/m² $= 16$ kN/m²   bei $c_{u,k} \geq 60$ kN/m²
$q_{sk} = 0,80 \cdot 40$ kN/m² $= 32$ kN/m²   bei $c_{u,k} \geq 150$ kN/m²
$q_{sk} = 0,80 \cdot 55$ kN/m² $= 44$ kN/m²   bei $c_{u,k} \geq 250$ kN/m²

Geht man davon aus, dass ein ausreichend tragfähiger nichtbindiger Boden durch einen Spitzenwiderstand der Drucksonde von $q_c \geq 10$ MN/m² und ein annähernd halbfester bindiger Boden durch die Scherfestigkeit $c_{u,k} \geq 150$ kN/m² gekennzeichnet ist, dann ergibt sich aus den in EA-Pfähle angegebenen Werten eine Grenzmantelreibung von

$q_{s,k} = 47$ kN/m²   für nichtbindigen Boden bzw.
$q_{s,k} = 32$ kN/m²   für bindigen Boden

Damit ist es ohne Weiteres gerechtfertigt, bei mitteldicht gelagertem nichtbindigem Boden mit dem herkömmlichen Wert von $q_{s,k} = 50$ kN/m² zu rechnen. Bei annähernd halbfestem bindigem Boden dagegen ist ohne Probebelastung höchstens noch ein Wert von $q_{s,k} = 35$ kN/m² zu verantworten. Bei steifem bindigem Boden mit einer Scherfestigkeit des undränierten Bodens von $c_{u,k} \geq 100$ kN/m² ist die Mantelreibung auf $q_{s,k} = 25$ kN/m² herabzusetzen, bei einer Scherfestigkeit des undränierten Bodens von $c_{u,k} \geq 60$ kN/m² auf $q_{s,k} = 20$ kN/m².

Die empfohlenen Werte beziehen sich auf die Abwicklung des Profilquerschnitts. Es ist vertretbar, sie auch bei Spundwänden zugrunde zu legen. Allerdings liegen neuerdings Untersuchungsergebnisse vor, die für die Mantelreibung einen Anpassungsfaktor $\eta_s = 0,45$ anstelle von $\eta_s = 0,80$ als angemessen scheinen lassen [5]. Angesichts der jahrzehntelangen guten Erfahrungen mit den bisherigen Ansätzen sollte man daraus aber keine voreiligen Schlüsse ziehen.

Ganz allgemein ist der Hinweis in EA-Pfähle zu beachten, wonach die dort für Verdrängungspfähle angegebenen Werte zur Tragfähigkeit nur für gerammte Pfähle gelten. Bei einvibrierten Pfählen hat sich eine deutliche Verringerung der Tragfähigkeit gezeigt.

Für verpresste Mikropfähle sind im informativen Anhang D zu DIN 1054 „Sicherheitsnachweise im Erd- und Grundbau" folgende Werte für die Mantelreibung angegeben:

$q_{sk} = 200$ kN/m²   für Mittel- und Grobsand
                         bei einem Spitzenwiderstand der Drucksonde von $q_c \geq 10$ MN/m²

$q_{sk} = 150$ kN/m²   für Sand und Kiessand
                         bei einem Spitzenwiderstand der Drucksonde von $q_c \geq 10$ MN/m²

$q_{sk} = 100$ kN/m² für bindigen Boden
bei einer Scherfestigkeit des undränierten Bodens von $c_{u,k} \geq 150$ kN/m²

Die Werte von $q_{sk} = 150$ kN/m² für nichtbindigen Boden und von $q_{sk} = 100$ kN/m² bei bindigem Boden werden durch die EA-Pfähle als untere Werte sehr gut bestätigt. Jedoch sollen auch sie nur in Ausnahmefällen angewendet werden. In der Regel sind für verpresste Mikropfähle Probebelastungen vorzunehmen.

An dieser Stelle ist anzumerken, dass die Anhänge zur DIN 1054, die hier wiedergegeben werden, nur informativen Charakter haben und baurechtlich nicht verbindlich sind, obwohl der Normtext selbst bauaufsichtlich eingeführt ist. Auch für die richtige Anwendung der EA-Pfähle [34] trägt der Anwender die Verantwortung. Wenn er nicht selbst über die erforderliche Sachkunde und Erfahrung verfügt, muss er einen Fachplaner bzw. einen Sachverständigen in die Festlegungen einbinden, der mit der Tragfähigkeit von Pfählen

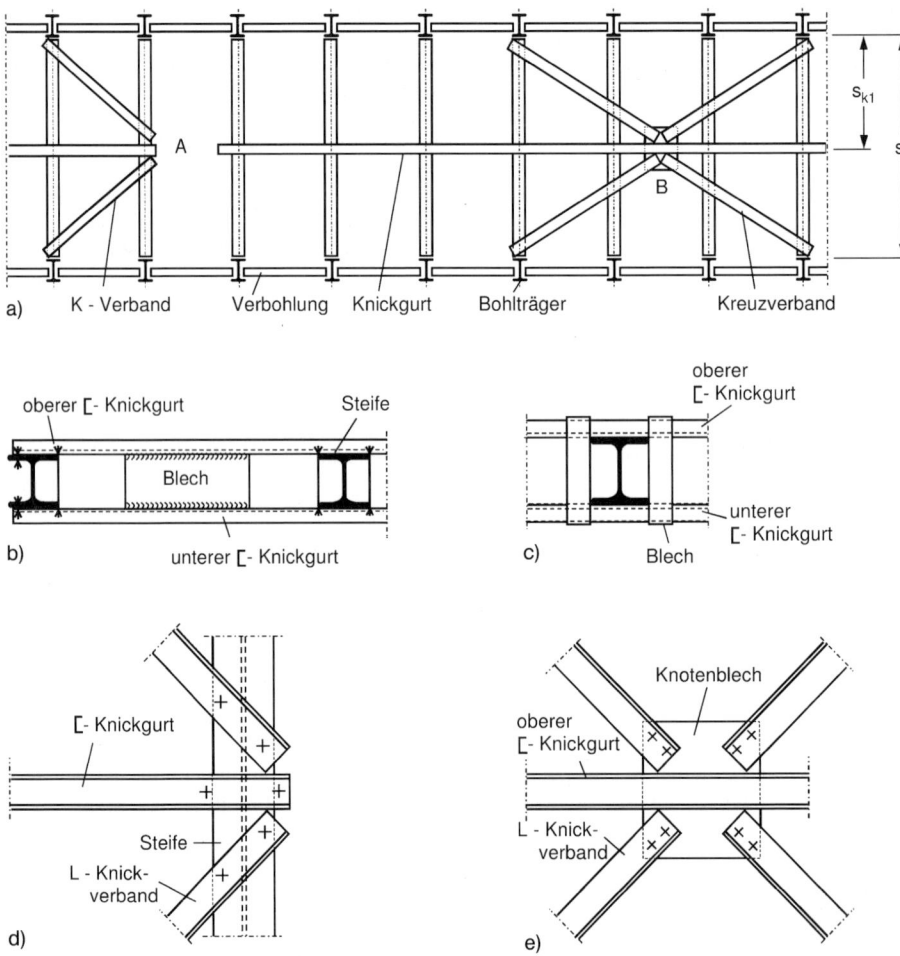

Bild 100. Einzelheiten von Knickverbänden; a) Gesamtübersicht, b) Verbindung der Knickgurte, c) Festhaltung einer Steife, d) Knoten A, e) Knoten B

vertraut ist. Dies ist auch erforderlich, wenn mit besseren als den hier angegebenen Mindestwerten gerechnet werden soll.

Die wirksame Länge eines gerammten oder verpressten Zugpfahls errechnet sich vom Pfahlfuß bis zur Erddruck-Gleitfläche, wenn durchgehend tragfähige Schichten vorhanden sind, oder vom Pfahlfuß bis zur Grenze der tragfähigen Schicht, falls diese tiefer liegt als der Schnittpunkt von Ankerachse und Gleitfläche. Bei Baugrubenwänden, die auf Zug beansprucht werden (s. Abschn. 5.3 und 5.4), darf als wirksame Länge nur das Maß t_n nach Gl. (72) zugrundegelegt werden.

6.7 Verbände, Anschlüsse und Verbindungsmittel

Die zur Sicherung langer Stahlsteifen gegen Ausknicken erforderlichen Längsgurte nach Bild 100 a müssen an der Ober- und Unterseite der Steifen angeordnet werden. Das Gleiche gilt auch für die zugehörigen Kreuz- oder K-Verbände, sofern die Gurte nicht durch Diagonalstäbe oder durch eingeschweißte Bleche (Bild 100 b) unverschieblich miteinander verbunden sind. Damit nicht sämtliche Steifen durch Bohrungen oder Schweißnähte beschädigt werden, können sie durch Laschen (Bild 100 c) oder durch entsprechende Schraubenbolzen gefasst werden, die unmittelbar neben den Flanschen der Steifen die beiden Gurte miteinander verbinden. Lediglich die Diagonalstäbe werden unmittelbar mit den Steifen verbunden (Bild 100 d), sofern nicht Knotenbleche angeordnet sind (Bild 100 e), (s. auch [41]).

Eine Baugrubenkonstruktion verformt sich laufend in den verschiedenen Bauzuständen. Aus diesem Grund sollten Anschlüsse an Knotenpunkte nach Möglichkeit durch Schraubenverbindungen hergestellt werden, da sie ein großes Verformungsvermögen besitzen und daher nicht so leicht überbeansprucht werden können. Bei geschweißten Anschlüssen sind wegen ihrer Unnachgiebigkeit große Nebenspannungen zu erwarten. Zum Ausgleich dafür ist beim statischen Nachweis das Doppelte der errechneten Stabkräfte zugrunde zu legen.

7 Literatur

[1] Al-Akel, S.: Beitrag zur Berechnung von eingespannten starren Stützkonstruktionen in kohäsionslosem Boden. Institut für Geotechnik, TU Dresden, Mitteilungen, Heft 14, 2005.
[2] Andres, F.: Beanspruchung vertikaler Pfähle unter Horizontalschub. Schweizer Bauzeitung 84 (1966), S. 826–830.
[3] Arz, P. u. a.: Abschnitt „Grundbau" im Beton-Kalender 1991. Ernst & Sohn, Berlin 1991.
[4] Bartl., U.: Zur Mobilisierung des passiven Erddrucks in kohäsionslosem Boden. Institut für Geotechnik TU Dresden, Mitteilungen, Heft 12, 2004.
[5] Becker, P., Kempfert, H.-G.: Zum Stand der vertikalen Tragfähigkeit von Spundwandprofilen aus Erfahrungswerten. Geotechnik 31 (2008), S. 35–40.
[6] Berensanzew, VG.: Earth Pressure an Cylindrical Retaining Walls. Proc. Brussels Conf. on Earth Pressure Problems 11 (Bruxelles 1958), S. 21. Hierzu siehe auch: Kezdi, A.: Erddrucktheorien. Springer-Verlag, Berlin, Göttingen, Heidelberg 1962.
[7] Benz, Th.: Small-Strain Stiffness of Soils and its Numerical Consequences, Heft 55. Insitut für Geotechnik, Universität Stuttgart, 2007.
[8] Benz, Th.; Schwab; R.; Vermeer, P.: Zur Berücksichtigung des Bereichs kleiner Dehnungen in geotechnischen Berechnungen. Bautechnik 84 (2007), S. 749–761.
[9] Besler, D.: Einfluss von Temperaturerhöhungen auf die Tragfähigkeit von Baugrubensteifen. Bautechnik 71 (1994), S. 582–590.
[10] Besler; D.: Wirklichkeitsnahe Erfassung der Fußauflagerung und des Verformungsverhaltens von gestützten Baugrubenwänden. Schriftenreihe des Lehrstuhls „Baugrund-Grundbau" der Universität Dortmund, Heft 22, 1998.

[11] Blum, H.: Einspannungsverhältnisse bei Bohlwerken. Ernst & Sohn, Berlin 1931.
[12] Böhme, M.: Auswirkungen von Baugruben mit Weichgel – oder Betonsohlen auf die Grundwasserqualität – in Baumaßnahmen im Grundwasser. Erich Schmidt Verlag, 1996.
[13] Borchert, U.-M.: Dichtigkeit von Baugruben bei unterschiedlichen Sohlen-Konstruktionen – Lehren aus Schadensfällen. VDI Verein Deutscher Ingenieure, Jahrbuch 1999, VDI Verlag, Düsseldorf 1999.
[14] Brackemann, F.: Verankerung von Stahlspundwänden mittels gerammter Stahl- und MV-Pfähle. Baumaschine und Bautechnik 13 (1966), S. 283–288.
[15] Breth, H.; Stroh, D.: Das Verformungsverhalten des Frankfurter Tons beim Aushub einer tiefen Baugrube und bei der anschließenden Belastung durch ein Hochhaus. Vorträge der Baugrundtagung 1974 in Frankfurt/Main-Hoechst, S. 51–70, Diskussion S. 71–98. Deutsche Gesellschaft für Erd- und Grundbau e. V., Essen 1975.
[16] Breth, H.; Stroh, D.: Ursachen der Verformungen im Boden beim Aushub tiefer Baugruben und konstruktive Möglichkeiten zur Verminderung der Vorformungen von verankerten Baugruben. Der Bauingenieur 51 (1976), 81–88.
[17] Breth, H.; Stroh, D.; Wanninger, R.: Untersuchungen über die zulässige Aushubtiefe von Baugruben im steifplastischen Ton. 6. Europäische Konferenz für Bodenmechanik und Grundbau, März 1976 in Wien. Konferenzberichte Band 1.2, S. 617–624.
[18] Breymann, H.: Tiefe Baugruben in weichplastischen Böden. 7. Ch. Veder Kolloquium, TU Graz 1992.
[19] Bent Hansen, siehe Brinch Hansen; J., Hessner, J.: Geotekniske Beregninger. Teknisk Forlag, Kopenhagen 1959, S. 56.
[20] Briske, R.: Erddruckverlagerung bei Spundwandbauwerken, 2. Auflage. Ernst & Sohn, Berlin 1957.
[21] Briske, R.: Anwendung von Erddruckumlagerungen bei Spundwandbauwerken. Die Bautechnik 34 (1957), S. 264–271 und 376–380.
[22] Briske, R.: Anwendung von Druckumlagerungen bei Baugrubenumschließungen. Die Bautechnik 35 (1958), S. 242–244 und 279–281.
[23] Buchholz, W.: Erdwiderstand auf Ankerplatten. Jahrbuch der Hafenbautechnischen Gesellschaft 1930/31, Berlin. Hierzu siehe auch Kap. 1.10 „Erddruck" und [28], Abschnitt 1.7.
[24] Burger, A.; Rogowski , E.: Neues Stadtbahnkonzept. Baupraxis 1977, S. 6–14.
[25] Caquot, A.; Kérisel, J.; Absi; E.: Tables de Butee et de Poussee. Gauthier-Villars, Paris, Brüssel, Montreal 1973.
[26] Christow; C. K.: Zur Berechnung von im Boden eingespannten Pfählen und Wänden nach Prof. Snitko. Die Bautechnik 43 (1966), Heft 3, S. 83–90 und Heft 6, S. 196–199. Zuschrift: Die Bautechnik 45 (1968), S. 143–144.
[27] Davidenkoff, R.; Franke, L.: Untersuchung der räumlichen Sickerströmung in eine umspundete Baugrube in offenen Gewässern. Die Bautechnik 42 (1965), S. 298–307.
[28] Davidenkoff, R.; Franke, L.: Räumliche Sickerströmung in eine umspundete Baugrube im Grundwasser. Die Bautechnik 43 (1966), S. 401–409.
[29] Deutscher Ausschuss für Stahlbau: Richtlinien zur Anwendung des Traglastverfahrens im Stahlbau. DASt-Richtlinie 008. Stahlbau-Verlags-GmbH, Köln 1973.
[30] Dischinger, F.: Die Ursachen des Einsturzes der Baugrube der Berliner Nord-Süd-S-Bahn in der Hermann-Göring-Straße. Der Bauingenieur 18 (1937), S. 107–112.
[31] Empfehlungen des Arbeitsausschusses „Ufereinfassungen", 10. Auflage. Ernst & Sohn, Berlin 2004.
[32] Empfehlungen des Arbeitskreises „Baugruben" der Deutschen Gesellschaft für Erd- u. Grundbau e. V., 4. Auflage. Ernst & Sohn, Berlin 2006, korrigierte Fassung 2007.
[33] Empfehlungen des Arbeitskreises „Baugruben" auf der Grundlage des Teilsicherheitskonzeptes, EAB-100, Deutsche Gesellschaft für Geotechnik. Ernst & Sohn, Berlin 1996.
[34] Empfehlungen des Arbeitskreises „Pfähle", herausgegeben von der Deutschen Gesellschaft für Geotechnik e. V. (DGGT). Ernst & Sohn, Berlin 2007.
[35] Gaibl, A.; Ranke, A.: Belastung starrer Verbauwände. Bauingenieur-Praxis, Heft 79. Ernst & Sohn, Berlin, München, Düsseldorf 1973.
[36] Gollub, P.: Baugruben in weichen Böden: Ausführung. 3. Stuttgarter Geotechnik Symposium, Baugruben in Locker- und Felsgestein, 1997. Hrsg. P. A. Vermeer.

3.5 Baugrubensicherung

[37] Gollub, P., Klobe, B.: Tiefe Baugruben in Berlin: Bisherige Erfahrungen und geologische Probleme. Geotechnik 19 (1995), S. 121–131.

[38] Gruber; N.; Koreck, H.: Das Bauvorhaben Hypo-Bank in München. 6. Europäische Konferenz für Bodenmechanik und Grundbau, März 1976 in Wien. Konferenzberichte Band 1.2, S. 625–632.

[39] Gudehus, G.: Erddruckermittlung. Grundbau-Taschenbuch, Teil 1, Kapitel 1.10, 5. Auflage. Ernst & Sohn, Berlin, 1996..

[40] Günther, M.: Die U-Bahn von Lyon. Die Bautechnik 56 (1979), S. 73–77.

[41] Haack, A.: Baugruben-Sicherung. Merkblatt 161 der Beratungsstelle für Stahlverwendung, Düsseldorf 1979.

[42] Haugwitz, H.; Pulsfort, M.: Pfahlwände, Schlitzwände, Dichtwände. Grundbau-Taschenbuch, Teil 3, Kapitel 3.5, 7. Auflage. Ernst & Sohn, Berlin, 2009.

[43] Heeb, A.; Schurr, E.; Bonz, M. et al.: Erddruckmessungen am Baugrubenverbau für Stuttgarter Verkehrsbauwerke. Die Bautechnik 43 (1966), S. 208–216.

[44] Heibaum, M.: Zur Frage der Standsicherheit verankerter Stützwände auf der tiefen Gleitfuge. Mitteilungen Institut Grundbau Bodenmechanik und Felsbau, TH Darmstadt, Nr. 27 (1987), S. 176.

[45] Heibaum, M.: Klassische Rechenmodelle und FEM-Berechnungen für Nachweise nach DIN 1054. Bundesanstalt für Wasserbau, Kolloquium „Anwendung der Finite-Elemente-Methode", Karlsruhe, Februar 2008.

[46] Heibaum, M.; Herten, M.: Finite-Elemente-Methode für geotechnische Nachweise nach neuer Normung? Bautechnik 84 (2007), S. 627–635.

[47] Hettler, A.; Besler, D.: Zur Bettung von gestützten Baugrubenwänden in Sand. Bautechnik 78 (2001), S. 89–100.

[48] Hettler, A.: Sekantenmoduln bei horizontal belasteten Pfählen in Sand, berechnet aus nichtlinearer Bettungstheorie. Geotechnik 9, 1986.

[49] Hettler, A.: Erddruck. Grundbau-Taschenbuch,Teil 1, Kapitel 1.6, 7. Auflage. Ernst & Sohn, Berlin.

[50] Hettler, A.: Hydraulischer Grundbruch: Literaturübersicht und offene Fragen. Bautechnik 85 (2008), S. 578–584.

[51] Hettler, A.; Vega-Ortiz, S.; Gutjahr, St.: Nichtlinearer Bettungsansatz von Besler bei Baugrubenwänden. Bautechnik 82 (2005), S. 593–604.

[52] Hettler, A.; Maier, Th.: Verschiebungen des Bodenauflagers bei Baugruben auf der Grundlage der Mobilisierungsfunktion von Besler. Bautechnik 81 (2004), S. 323–336.

[53] Hettler, A.; Morgen, K.: Nachweis der Sicherheit gegen Aufschwimmen bei Baugruben mit verankerten Betonsohlen. Bautechnik 85 (2008), S. 374–380.

[54] Hettler, A.; Stoll, Ch.: Nachweis des Aufbruchs der Baugrubensohle nach der neuen DIN 1054:2003-01, Bautechnik 81 (2004), S. 562–568.

[55] Hettler, A.; Schanz, T.: Zur Anwendung der Finite-Elemente-Methode bei Baugrubenwänden, Bautechnik 85 (2008), S. 603–615.

[56] Hettler, A.; Mumme, B.; Vega Ortiz, S.: Berechnung von Baugrubenwänden mit verschiedenen Methoden: Trägermodell, nichtlineare Bettung, Finite-Elemente-Methode. Bautechnik 83 (2006), S. 35–45.

[57] Hilmer, K.: Horizontaler Erddruck infolge lotrechter Einzel-, Linien- und Flächenlasten. Veröffentlichungen des Grundbauinstituts der Landesgewerbeanstalt Bayern, Heft 20, Nürnberg 1972.

[58] Hilmer, K.: Kontrollmessungen an einer vernagelten Wand. Bautechnik 64 (1987), S. 37–40.

[59] Hoesch AG Westfalenhütte: Spundwand-Handbuch Berechnung. Dortmund.

[60] Jonuscheit, G.-P.; Acker, K. P.: Wendeschleife der S-Bahn Stuttgart. Die Tiefbau-Berufsgenossenschaft 90 (1978), S. 508–515.

[61] Jüterbock: Uferwände in Häfen am Unterlauf des Rheins. Erdstatische und konstruktive Fragen. Vorträge der Baugrundtagung 1970 in Düsseldorf, S. 109–135 und 136–142. Deutsche Gesellschaft für Erd- und Grundbau e. V., Essen 1971.

[62] Kany, M.; Jänke, S.: Versuche am waagerechten Grabenverbau nach DIN 4124. Veröffentlichungen des Grundbauinstituts der Landesgewerbeanstalt Bayern, Heft 22, Nürnberg 1973, sowie Berichte aus der Bauforschung, Heft 82. Ernst & Sohn, Berlin 1973.

[63] Karstedt, J.: Ermittlung eines aktiven Erddruckbeiwertes für den räumliche Erddruckfall bei rolligen Böden. Tiefbau Ingenieurbau Straßenbau 1978, Heft 4, S. 258.

[64] Katzenbach, R.; Floss, R.; Schwarz, W.: Neues Baukonzept zur verformungsarmen Herstellung tiefer Baugruben in weichem Seeton. Vorträge der Baugrundtagung 1992 in Dresden. Deutsche Gesellschaft für Geotechnik e. V., S. 13–31.
[65] Kollbrunner, C. E.: Fundation und Konsolidation, Bd. I. S.D. V., Zürich 1946.
[66] Kolymbas, D.; Herle, I.: Stoffgesetze für Böden. Grundbau-Taschenbuch, Teil. 1, 7. Auflage. Ernst & Sohn, Berlin 2008.
[67] Krey, H.; Ehrenberg, J.: Erddruck, Erdwiderstand und Tragfähigkeit des Baugrundes. Ernst & Sohn, Berlin 1936.
[68] Kutzner; C.: Injektionen im Baugrund. Enke-Verlag, Stuttgart 1991.
[69] Lackner, E.: Spundwände. Grundbau-Taschenbuch, Teil 1, 2. Auflage, S. 409–494. Ernst & Sohn, Berlin, München 1966.
[70] Laumanns, Q.: Verhalten einer ebenen, im Sand eingespannten Wand bei nichtlinearen Stoffeigenschaften des Bodens.Mitteilung Heft 7, Baugrundinstitut Stuttgart.
[71] Lehmann, H.: Die Verteilung des Erdangriffs an einer oben drehbar gelagerten Wand. Die Bautechnik 20 (1942), S. 273–282.
[72] Lehmann, H.: Der Einfluss von Auflasten auf die Verteilung des Erdangriffs an Baugrubenwänden. Die Bautechnik 21 (1943), S. 21–24.
[73] Mayer, L.: Aufnahme von Momenten und Horizontalkräften durch im Boden elastisch eingespannte Pfähle. Beton- und Stahlbetonbau 64 (1969), Heft 2, S. 47–52.
[74] McNamee, J.: Seepage into a Sheeted Excavation. Geotechnique 1 (1949), Nr. 4.
[75] Meißner, H.: Numerik in der Geotechnik – Baugruben. Geotechnik 25, Nr. 1, S. 44–56.
[76] Merkblatt über den Einfluss der Hinterfüllung auf Bauwerke (FGSV 526). Forschungsgesellschaft für Straßen- und Verkehrswesen, Arbeitsgruppe Erd- und Grundbau, Ausgabe 1994.
[77] Minnich, H.; Stöhr, G.: Analytische Lösung des zeichnerischen Culmann-Verfahrens zur Ermittlung des passiven Erddrucks. Die Bautechnik 58 (1981), S. 197–202.
[78] Nendza, H.; Klein, K.: Bodenverformung beim Aushub tiefer Baugruben. Haus der Technik – Vortragsveröffentlichung, Heft 314, Essen 1973.
[79] Nendza, H.; Klein, K.: Bodenverformungen beim Aushub tiefer Baugruben. Straße Brücke Tunnel 26 (1974), S. 231–239.
[80] Neumayer, F.: Verfahren zur Berechnung in den Boden eingespannter Pfähle. Der Bauingenieur 43 (1968), S. 162–166.
[81] Odenwald, B.; Herten, M.: Hydraulischer Grundbruch: Neue Erkenntnisse. Bautechnik 85 (2008), S. 585–595.
[82] Ohde, J.: Zur Theorie des Erddrucks unter besonderer Berücksichtigung der Erddruckverteilung. Die Bautechnik 16 (1938), S. 150–159, 176–180, 241–245, 331–335, 480–487, 570–571 und 753–761.
[83] Ostermayer, H.; Gollub, P.: Baugrube Karstadt in Rosenheim. Vorträge der Baugrundtagung 1996 in Berlin. Deutsche Gesellschaft für Erd- und Grundbau e. V., S. 341–360.
[84] Otta, L.: Verankerte Elementwände. Druckschrift der Stump Bohr AG, Zürich, bzw. Stump-Bohr GmbH Ismaning bei München. Sonderdruck aus Straße und Verkehr, Heft 12, 1973.
[85] Peck, R. B.: Deep Excavations and Tunneling in Soft Ground. Proceedings 7. International Conference and Soil Mechanics and Foundation Engineering, Mexico-City 1969. State-of-the-Art-Volume, S. 225–290.
[86] Press, H.: Baugrubenherstellung. Grundbau-Taschenbuch, Teil 1, 1. Auflage. Ernst & Sohn, Berlin 1955.
[87] Radomski, H.: Untersuchungen über den Einfluss der Querschnittsform wellenförmiger Spundwände auf die statischen und rammtechnischen Eigenschaften. Mitteilungen Institut für Wasserwirtschaft, Grundbau und Wasserbau, Universität Stuttgart, Heft 10 (1968).
[88] Ranke, A. H.; Ostermayer, H.: Beitrag zur Stabilitätsuntersuchung mehrfach verankerter Baugrubenumschließungen. Die Bautechnik 45 (1968), S. 341–350.
[89] Rifaat, J.: Die Spundwand als Erddruckproblem. Mitteilungen des Instituts für Baustatik der ETH Zürich, Heft 5. Leemann, Leipzig und Zürich 1935.
[90] Romberg, W.; Breth, H.: Messungen an einer verankerten Wand. Vorträge der Baugrundtagung 1972 in Stuttgart, S. 807–823 und 876.
[91] Schäfer, R.; Triantafyllidis, T.: Auswirkung der Herstellungsmethoden auf den Gebrauchszustand von Schlitzwänden in weichen bindigen Böden. Bautechnik 81 (2004), S. 880–889.

3.5 Baugrubensicherung

[92] Schäfer, J.: Erdwiderstand vor schmalen Druckflächen im rheinischen Schluff. Schriftenreihe des Fachgebietes „Baugrund-Grundbau" der Universität Dortmund, Heft 2, Dortmund 1990.
[93] Schanz, T.: Aktuelle Entwicklungen bei Standsicherheits- und Verformungsberechnungen in der Geotechnik. Geotechnik 29 (2006), S. 13–27.
[94] Schanz, T.: Standsicherheitsberechnungen von Baugruben – Berechnungsbeispiele. Beiblatt zu Empfehlung Nr. 4 des Arbeitskreises 1.6 „Numerik in der Geotechnik". Geotechnik 29 (2006), S. 359–368.
[95] Schmidt, H.: Verwendung von IPB- und PSp-Stahl als Baugrubensteifen beim U-Bahn-Bau in Hamburg und ihre Bemessung. Der Stahlbau 32 (1963), S. 46–51.
[96] Schmidt, H.: Culmannsche E-Linie bei Ansatz von Reibung und Kohäsion. Die Bautechnik 43 (1966), S. 80–82 und Zuschrift: Die Bautechnik 45 (1968), S. 36.
[97] Schmidt, H. G.; Seitz, J.: Grundbau. In: Beton-Kalender, Teil 1. Ernst & Sohn, Berlin 1998.
[98] Schmidt, H. G.: Beitrag zur Ermittlung der horizontalen Bettungszahl für die Berechnung von Großbohrpfählen unter waagerechter Belastung. Der Bauingenieur 46 (1971), S. 233–237.
[99] Schmitz, St.: Hydraulische Grundbruchsicherheit bei räumlicher Anströmung. Mitteilungen aus dem Fachgebiet Grundbau und Bodenmechanik der Universität Gesamthochschule Essen, Heft 16 (1989).
[100] Schnell, W.: Verfahrenstechnik zur Sicherung von Baugruben. Teubner, Stuttgart 1995.
[101] Schönrock, R.; Täubert, W.: Planung und Ausführung der Bauwerke für den Straßentunnel des Ruhrschnellweges in Essen. Bau und Bauindustrie 29 (1965), S. 1167–1171.
[102] Schuppener, B.; Ruppert, F.: Zusammenführung von europäischen und deutschen Normen Eurocode 7, DIN 1054 und DIN 4020. Bautechnik 84, S. 636–640.
[103] Sherif, G.: Elastisch eingespannte Bauwerke. Ernst & Sohn, Berlin 1974.
[104] Skopek, J.: Elastische Hebung der Sohle von tiefen Baugruben. 6. Europäische Konferenz für Bodenmechanik und Grundbau, März 1976 in Wien. Konferenzberichte Band 1.2, S. 657–662.
[105] Smoltczyk, H. U.: Die Einspannung im beliebig geschichteten Baugrund. Der Bauingenieur 38 (1963), S. 388–396.
[106] Smoltczyk, U.; Vogt, N.; Hilmer, K.: Lateral earth pressure due to surcharge loads. Proc. 7. Europ. Conf. Soil Mech. Found. Eng. 1979, Vol. 2, S. 131–139. Brighton, London, 1979.
[107] Sommer, H.: Verformungsmessungen an Pfahlwänden. Vortragsband zum Symposium „Stand von Normung, Bemessung und Ausführung von Pfählen und Pfahlwänden", München 1977, S. 219–223. Deutsche Gesellschaft für Erd- und Grundbau e.V., Essen 1979.
[108] Sondermann, W.; Wehr, W.: Trockenpulver-Einmischtechnik (TET) als Baugrundverbesserung für einen 500 m langen Hafendamm. Tagungsband Baugrundtagung Mainz 2002. Deutsche Gesellschaft für Geotechnik.
[109] Steinfeld, K.: Über den Erddruck auf Schacht- und Brunnenwandungen. Vorträge der Baugrundtagung 1958 in Hamburg, S. 111–126. Deutsche Gesellschaft für Erd- und Grundbau e.V., Hamburg 1959.
[110] Stocker, M.; Gäßler, G.: Ergebnisse von Großversuchen über eine neuartige Baugrubenwand-Vernagelung. Tiefbau, Ingenieurbau, Straßenbau 21 (1979), S. 677–682.
[111] Stroh, D.; Katzenbach, R.: Der Einfluss von Hochhäusern und Baugruben auf die Nachbarbebauung. Der Bauingenieur 53 (1978), S. 281–286.
[112] Szechy, K.: Der Grundbau, 2. Band, 1. Teil: Die Baugrube. Springer-Verlag, Wien, New York 1965.
[113] Taschenbuch für den Tunnelbau 1980, Abschnitt C: „Baugruben". Verlag Glückauf, Essen 1979.
[114] Taschenbuch für den Tunnelbau 1990, Abschnitt C: „Baugruben", S. 126–131. Verlag Glückauf, Essen 1979.
[115] Terzaghi, K.: Evaluation of coefficients of subgrade reaction. Géotechnique 15 (1955), pp. 297–326
[116] Terzaghi, K.: Verankerte Spundwände. VEB Verlag Technik, Berlin 1957.
[117] Terzaghi, K., deutsche Bearbeitung von Jelinek, R.: Theoretische Bodenmechanik. Springer-Verlag, Berlin, Göttingen, Heidelberg 1954.
[118] Terzaghi, K., Peck, R. B., deutsche Bearbeitung von Bley, A.: Die Bodenmechanik in der Baupraxis. Springer-Verlag, Berlin, Göttingen, Heidelberg 1961.
[119] Titze, E.: Über den seitlichen Bodenwiderstand bei Pfahlgründungen. Mitteilungen aus dem Gebiet des Wasserbaues und der Baugrundforschung, Heft 14. Ernst & Sohn, Berlin 1943.

[120] Topolnicki, M.: Herstellung von Dichtwänden in alten Deichen in Polen mit dem Verfahren der Tiefen Bodenvermörtelung (DMM), Bemessungsanalysen und Ausführungsbeispiele. Sonderheft zur Bautechnik, Hochwasserschutz Spezial. Ernst & Sohn, Januar 2003.

[121] Topolnicki, M.; Trunk, U.: Einsatz der Tiefreichenden Bodenstabilisierung im Verkehrswegebau für Baugrundverbesserungen und Gründungen. Geotechnik-Tag an der TU-München, Februar 2006.

[122] Trade-ARBED: Spundwand-Handbuch, Teil 1: Grundlagen. Luxembourg 1986.

[123] Ulrichs, K. R.: Ergebnisse von Untersuchungen über Auswirkungen bei der Herstellung tiefer Baugruben. Tiefbau, Ingenieurbau, Straßenbau 21 (1979), S. 706–715.

[124] Ulrichs, K. R.: Untersuchungen über das Trag- und Verformungsverhalten verankerter Schlitzwände in rolligen Böden. Die Bautechnik 58 (1981), S. 124–132.

[125] Vogt, N.: Erdwiderstandsermittlung bei monotonen und wiederholten Wandbewegungen in Sand. Baugrundinstitut Stuttgart, Mitteilung 22, 1984..

[126] Wagner, H.: Verkehrs- und Tunnelbau, Band 1: Planung, Entwurf und Bauausführung. Ernst & Sohn, Berlin, München 1968.

[127] Walz, B.; Hock, K.: Berechnung des räumlichen aktiven Erddrucks mit der modifizierten Elementscheibentheorie. Bericht Nr. 6 der Forschungs- und Arbeitsberichte aus den Bereichen Grundbau, Bodenmechanik und Unterirdisches Bauen an der Bergischen Universität – GH Wuppertal, März 1987.

[128] Walz, B.; Hock, K.: Berechnung des räumlichen aktiven Erddrucks auf die Wandungen von schachtartigen Baugruben. Taschenbuch für den Tunnelbau. Verlag Glückauf, Essen 1988.

[129] Walz, B.: Erddruckabminderung an einspringenden Baugrubenecken. Bautechnik 71 (1994), S. 90–95.

[130] Wanninger, K.; Seitz, E.: Aufgelöste Elementwand als Baugrubensicherung. Die Tiefbau-Berufsgenossenschaft 1978, S. 4–8.

[131] Wanoschek, R.; Breth, H.: Auswirkung von Hauslasten auf die Belastung ausgesteifter Baugrubenwände. Straße Brücke Tunnel 24 (1972), S. 197–200.

[132] Weber, K.: Zum Tragverhalten einer verankerten Baugrubenwand. Dissertation. Fakultät Bauingenieur- und Vermessungswesen der Universität Stuttgart, 1996.

[133] Weinhold, H.; Kleinlein, H.: Berechnung und Ausführung einer schrägen Bohrpfahlwand als Gebäudesicherung. Der Bauingenieur 44 (1969), S. 223–239.

[134] Weißenbach, A.: Der Erdwiderstand vor schmalen Druckflächen. Die Bautechnik 39 (1962), S. 204–211.

[135] Weißenbach, A.: Berechnung von mehrfach gestützten Baugrubenspundwänden und Trägerbohlwänden nach dem Traglastverfahren. Straße Brücke Tunnel 21 (1969), S. 17–23, 38–42, 67–74 und 130–136.

[136] Weißenbach, A.: Baugruben, Teil I: Konstruktion und Bauausführung. W. Ernst & Sohn, Berlin, München, Düsseldorf 1975.

[137] Weißenbach, A.: Baugruben, Teil II: Berechnungsgrundlagen. W. Ernst & Sohn, Berlin, München, Düsseldorf 1975.

[138] Weißenbach, A.: Baugruben, Teil III: Berechnungsverfahren. W. Ernst & Sohn, Berlin, München, Düsseldorf 1977.

[139] Weißenbach, A.: Programmierbare Erdwiderstandsbeiwerte. Taschenbuch für den Tunnelbau 1985, Abschnitt C „Baugruben", S. 50–51. Verlag Glückauf, Essen 1984.

[140] Weißenbach, A.: Auswertung der Berichte über Messungen an ausgesteiften Trägerbohlwänden in nichtbindigem Boden. Schriftenreihe des Fachgebietes „Baugrund-Grundbau" der Universität Dortmund, Heft 3, 1991.

[141] Weißenbach, A.: Auswertung der Berichte über Messungen an ausgesteiften Trägerbohlwänden in bindigem Boden. Schriftenreihe des Fachgebietes „Baugrund-Grundbau" der Universität Dortmund, Heft 8, 1993.

[142] Weißenbach, A.: Auswertung der Berichte über Messungen an Trägerbohlwänden mit vorgespannten Steifen. Schriftenreihe des Fachgebietes „Baugrund-Grundbau" der Universität Dortmund, Heft 17, 1994.

[143] Weißenbach, A.: Baugruben. Grundbau-Taschenbuch, Teil 3, Kapitel 3.6, 5. Auflage. Ernst & Sohn, Berlin 1997.

3.5 Baugrubensicherung

[144] Weißenbach, A.: Empfehlungen des Arbeitskreises „Baugruben" zur Anwendung des Bettungsmodulverfahrens und der Finite-Elemente-Methode. Bautechnik 80 (2003), S. 75–80.

[145] Weißenbach, A.: Berichte über Messungen an ausgesteiften Trägerbohlwänden bei wechselnder Schichtenfolge. Schriftenreihe des Fachgebietes „Baugrund-Grundbau" der Universität Dortmund, Hefte 27 bis 29, 2008.

[146] Weißenbach, A.; Gollub, P.: Neue Erkenntnisse über mehrfach verankerte Ortbetonwände bei Baugruben in Sandboden mit tiefliegender Injektionssohle, hohem Wasserdruck und großer Bauwerkslast. Bautechnik 72 (1995), S. 780–799.

[147] Weißenbach, A.; Hettler, A.: Baugruben. Grundbau-Taschenbuch, Teil 3, Kapitel 3.4, 6. Auflage. Ernst & Sohn, Berlin 2001.

[148] Weißenbach, A.; Hettler, A.: Berechnung von Baugruben nach der neuen DIN 1054. Bautechnik 80 (2003), S. 857–874.

[149] Weißenbach, A.; Hettler, A.; Simpson, B.: Stability of Excavations. Geotechnical Engineering Handbook, Bd. 3, 1. Auflage. Ernst & Sohn, Berlin 2003.

[150] Weißenbach, A.; Kempfert, H.-G.: German national report on „Braced excavation in soft ground". Proceedings for the International Symposium on Underground Constructions in Soft Ground in New Delhi, India, 1994, pp. 9–12.

[151] Werner, H.: Biegemomente elastisch eingespannter Pfähle. Beton- und Stahlbetonbau 65 (1970), S. 39–43.

[152] Wiechers, H.: Meßprogramm zur Erfassung von umweltbeeinträchtigenden Auswirkungen von Baugruben. Tiefbau, Ingenieurbau, Straßenbau 21 (1979), S. 691–706.

[153] Wildner, H.; Kleist, F.; Strobel, T.: Das Mixed-in-Place-Verfahren für permanente Dichtungswände im Wasserbau. Wasserwirtschaft (89), S. 2–8.

[154] Windels, R.: Berechnung von Bohlwerken mit geradlinig begrenzten Erddruckflächen nach dem Traglastverfahren. Die Bautechnik 40 (1963), S. 339–345.

[155] Wittlinger, M.: Ebene Verformungsuntersuchungen zur Weckung des Erdwiderstandes bindiger Böden. Institut für Geotechnik der Universität Stuttgart, Mitteilung 35, 1994.

[156] v. Wolffersdorff, P. A.: Wie soll die FEM in geotechnische Bemessungsvorschriften einfließen? Workshop Bemessen mit Finite-Elemente-Methode, TU Hamburg-Harburg, Veröffentlichung des Instituts für Geotechnik, Nr. 14, S. 133–133, s. auch Bundesanstalt für Wasserbau, Kolloquium „Anwendung der Finite-Elemente-Methode", Februar 2008.

[157] v. Wolffersdorff, P. A.; Schweiger, H.: Numerische Verfahren der Geotechnik. Grundbau-Taschenbuch, Teil 1, 7. Auflage. Ernst & Sohn, Berlin 2008.

[158] Ziegler, M.: Berechnung des verschiebungsabhängigen Erddrucks in Sand. Veröffentlichungen des Instituts für Bodenmechanik und Felsmechanik der Universität Karlsruhe, Heft 101, 1996.

3.6 Pfahlwände, Schlitzwände, Dichtwände

Hans-Gerd Haugwitz und Matthias Pulsfort

1 Pfahlwände

1.1 Anwendungsbereich

Pfahlwände werden hauptsächlich als Baugrubensicherung verwendet. Aufgrund der hohen Wandsteifigkeit und den damit verbundenen geringen Verformungen eignen sie sich besonders als eine steife, verformungsarme Verbauart z. B. vor benachbarten Bauwerken oder erdverlegten Leitungen, die setzungsempfindlich sind.

Pfahlwände werden für temporäre und permanente Zwecke eingesetzt. Überschnittene Bohrpfahlwände werden auch als wassersperrende Variante, aber meist nur für den temporären Einsatz, verwendet. Sie eignen sich auch für Schachtbauwerke und permanente Hangsicherungen.

Als Dichtwände haben sich Pfahlwände im Wasserbau und als Grundwasserschutzbauwerke auf dem Sanierungssektor bewährt. Es gibt aber auch Ausführungen, bei denen Pfahlwände mit Verfüllung eines geeigneten Materials als tiefe Dränwände oder reaktive Wände zur Grundwasserreinigung Anwendung finden.

Pfahlwände werden in der Regel vertikal ausgeführt. Sie können auch mit besonderen Maßnahmen bis zu einer Neigung von ca. 1:10 gegen die Vertikale hergestellt werden, wenn die Bodenbedingungen dies erlauben.

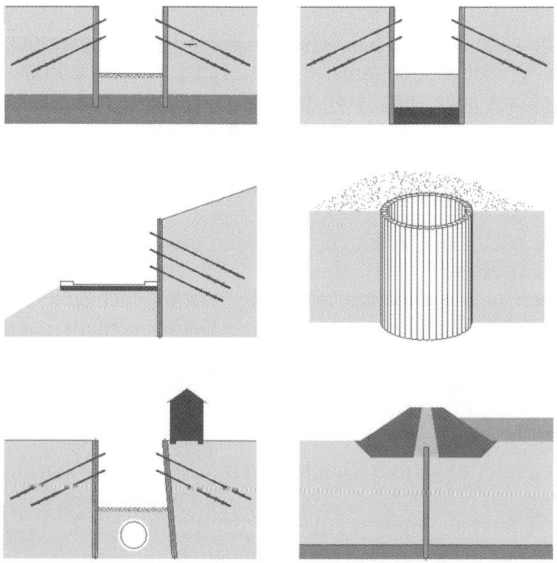

Bild 1. Anwendungsbeispiele für Pfahlwände

Grundbau-Taschenbuch, Teil 3: Gründungen und geotechnische Bauwerke
Herausgegeben von Karl Josef Witt
Copyright © 2009 Ernst & Sohn, Berlin
ISBN: 978-3-433-01846-0

Bild 2. Pfahlwand als Schachtbauwerk

Pfahlwände werden mit Pfahldurchmessern zwischen 270 und 1500 mm hergestellt. Die maximalen Tiefen richten sich meist nach der Wirtschaftlichkeit und den Genauigkeitsanforderungen.

Nach DIN EN 1536, Abs. 7.2 sind für Einzelpfähle max. 2,0 % Bohrabweichung zugelassen. Für Pfahlwände können nach Abs. 7.3 höhere Genauigkeiten verlangt werden. Diese können dann zwischen 0,5 und 1,5 % Lotabweichung liegen. Hieraus ergeben sich in der Regel noch sinnvolle Pfahlwandtiefen bis ca. 25 m. Je höher die Genauigkeitsanforderungen sind, desto höher werden die notwendigen Zusatzmaßnahmen und Aufwendungen bei der Herstellung (s. Abschn. 1.7 „Qualitätssicherung").

1.2 Vorteile

- Verformungsarm: Die Horizontalbewegung kann bei entsprechender Rückverankerung auf ca. 1 bis 2 ‰, bezogen auf die Wandhöhe, begrenzt werden. Bei aufgelösten Pfahlwänden hängt die Horizontalbewegung aber stark von der Art und Qualität der Ausfachung ab, sodass hier höhere Verformungen von 1,5 bis 4 ‰ zu erwarten sind.
- Wassersperrend: überschnittene Bohrpfahlwände (s. Abschn. 6).
- Felseinbindung: Herstellen von Bohrpfahlwänden auch in mittelharten bis harten Felsarten möglich.
- Erschütterungsarme Herstellung: Je nach Bohrverfahren ist nur mit geringen Erschütterungen auf benachbarte Bauwerke zu rechnen.
- Schonend: Das Risiko von Setzungen an benachbarten Gründungen ist bei fachgerechter Ausführung, wegen der Herstellung aus Einzelpfählen, minimal. Gegebenenfalls kann durch eine Mantelverpressung eine mögliche Bohrauflockerung zurückgestellt werden.
- Wirtschaftlich: Eine Pfahlwand kann auch konstruktiv in das neu zu errichtende Gebäude integriert werden, da sie in der Lage ist, neben Horizontallasten auch Vertikallasten abzutragen.
- Platzsparend: Die Pfahlwand kann auch mit kleinen Durchmessern (270 bis 400 mm) in nur geringem Abstand (10 bis 20 cm) vor bestehenden Gebäuden und Fundamenten, auch überschnitten, hergestellt werden. Unterfangungen werden so häufig vermieden. Eine weitere Variante der Platzeinsparung ist auch mit Halbpfählen möglich.

3.6 Pfahlwände, Schlitzwände, Dichtwände

- Anpassungsfähig: Im Grundriss sind beinahe alle geometrischen Formen ausführbar. Aussparungen in der Pfahlwand (z.B. kreuzende Leitungen) sind einfach durch Weglassen eines Pfahls herstellbar. Die dabei entstehende Öffnung ist dann mit Injektionen zu schließen.

1.3 Nachteile

- Preislich liegt eine Pfahlwand über den Kosten einer Trägerbohlwand und einer Spundwand, sofern die Bohlen wieder gezogen werden sollen. Im Verhältnis zur Schlitzwand liegen die Kosten in etwa auf demselben Niveau, wobei die Kosten einer Pfahlwand bei größeren Ausführungsflächen meist die Kosten einer Schlitzwand übersteigen.
- Die Ausführungstiefe ist aufgrund der Bohrabweichungen meist begrenzt.
- Aufgrund der hohen Fugenanzahl ergeben sich viele Möglichkeiten des unplanmäßigen Wasserzutritts.

1.4 Vorschriften und Empfehlungen

Es gelten folgende deutsche und europäische Normen:

- DIN 1054:2005-01: Baugrund – Sicherheitsnachweise im Erd- und Grundbau.
- DIN EN 1536:1999-06: Ausführung von besonderen geotechnischen Arbeiten (Spezialtiefbau) – Bohrpfähle.
- DIN 18301:2006-10: Bohrarbeiten.
- DIN 18303:2002-12: Verbauarbeiten.
- DIN 18331:2006-10: Betonarbeiten.

1.5 Zweck und Wandarten

Eine Pfahlwand dient hauptsächlich folgenden Zwecken:

- Statisch: Abtragen von Horizontallasten (Erddruck, Wasserdruck) und Vertikallasten.
- Konstruktiv: Verhindern der Entspannung des Bodens und von Bodeneinbrüchen, wenn Pfähle als Ausfachung zwischen tragenden Wandelementen eingesetzt werden.
- Wasserabdichtend: Zurückhalten von Wasser (Baugruben) und Einkapseln von Kontaminationen im Baugrund.
- Wasserführend: Gezieltes Ableiten von Grund- und Sickerwasser, wenn z.B. Einkornmaterial als Verfüllung einer Pfahlwand oder reaktives Füllmaterial eingebaut wird.
- Abschirmend: Unter Umständen kann eine Pfahlwand auch als unterirdische Abschirmwand dienen, um Gebäude vor Schwingungen im Boden oder Horizontalbelastungen aus bergbaulich bedingten Pressungen zu schützen.

Grundsätzlich lassen sich Pfahlwände in drei Kategorien aufteilen:

(1) aufgelöste Pfahlwand,
(2) tangierende Pfahlwand,
(3) überschnittene Pfahlwand.

- Eine aufgelöste Pfahlwand besteht aus einzelnen Bohrpfählen, die im Abstand von ca. 1,5 bis 3,5 m hergestellt werden. Der Zwischenraum wird meist mit einer Spritzbetonausfachung im Zuge des Aushubs abschnittsweise gesichert. Ortbeton oder Holz, wie auch vorab hergestellte Mixed-in-Place-Elemente, kommen gelegentlich ebenfalls als Ausfachung zur Ausführung. Die Ausfachung kann entweder bewehrt und auf Biegung

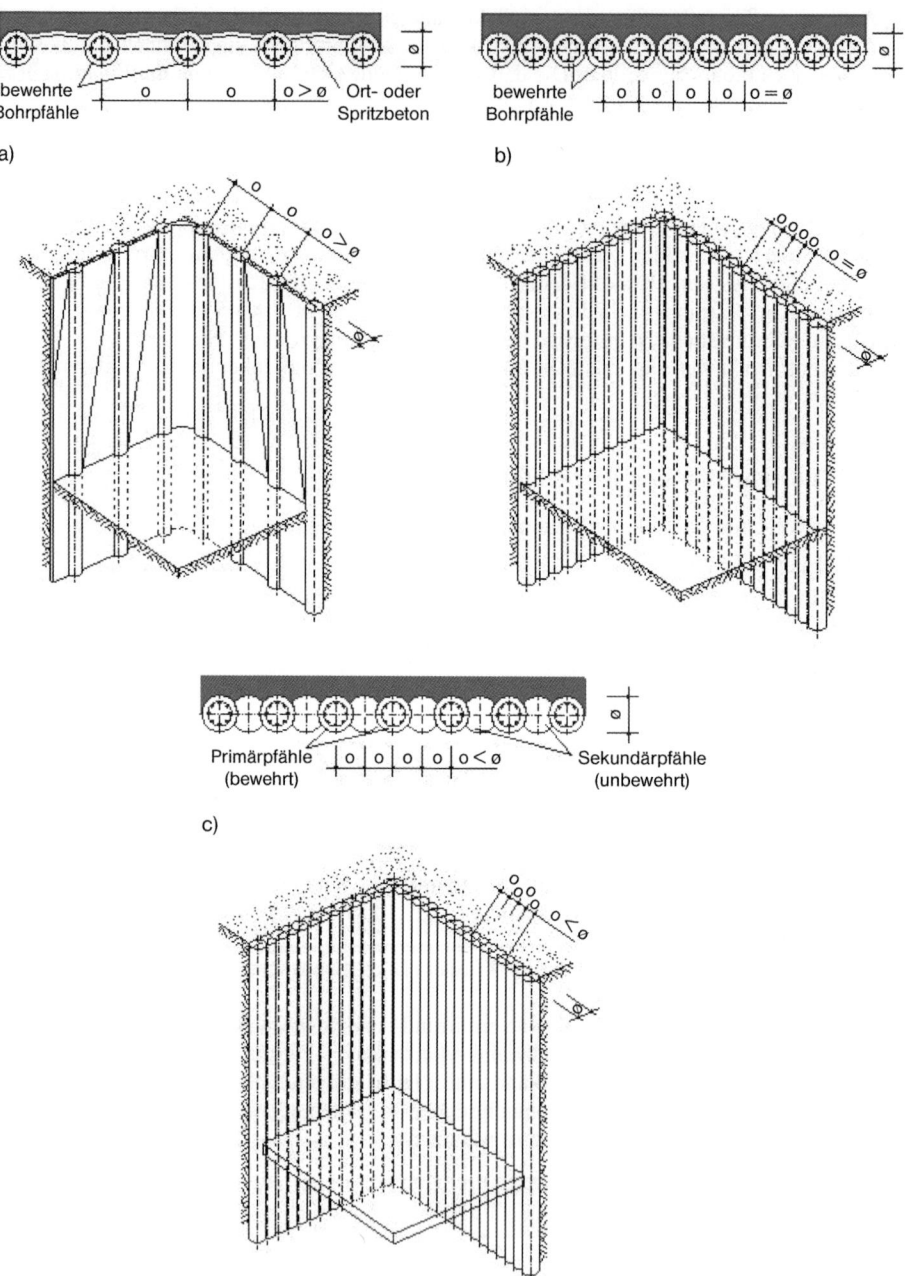

Bild 3. Pfahlwandtypen; a) aufgelöste Pfahlwand, b) tangierende Pfahlwand, c) überschnittene Pfahlwand

3.6 Pfahlwände, Schlitzwände, Dichtwände

bemessen oder unbewehrt unter Berücksichtigung der Gewölbewirkung hergestellt werden. Falls eine Rückverankerung notwendig ist, wird jeder Pfahl verankert. Dieser Wandtyp ist nicht wasserdicht herstellbar. Grundwasserabsenkungen und/oder Filterelemente hinter der Ausfachung sind notwendig.

- Eine tangierende Pfahlwand besteht aus dicht nebeneinander stehenden, bewehrten Pfählen. Hierdurch entsteht eine hohe Biegesteifigkeit. Aus Herstellungsgründen betragen die lichten Abstände in Abhängigkeit des anstehenden Bodens ca. 2 bis 10 cm. Bei einer notwendigen Rückverankerung ist meist ein vorgesetzter Gurt erforderlich oder es werden Anker in die Zwischenräume (Zwickel) der Pfähle gesetzt. Auch dieser Wandtyp gilt nicht als wasserdichte Verbauart. Es sind dieselben Maßnahmen nötig, wie bei der aufgelösten Pfahlwand.

- Eine überschnittene Pfahlwand besteht aus unbewehrten und bewehrten Pfählen, die in einem bestimmten Achsabstand, der immer kleiner ist als der Bohrdurchmesser, hergestellt werden. Maßgebend hierfür ist das Überschneidungsmaß, welches in der Regel 10 bis 20% des Pfahldurchmessers beträgt. Die zu wählende Größe des Überschneidungsmaßes hängt ab vom Bohrverfahren, dem Wasserdruck, der horizontalen Gewölbekraft und der möglichen Lotabweichung. Der wesentliche Gesichtspunkt ist aber die zulässige und herstellungsbedingt mögliche Bohrtoleranz in Verbindung mit der Wandtiefe, um bei geforderter Wasserdichtigkeit, diese Eigenschaft zu erfüllen. Hier ergibt sich zwangsläufig, dass ab einer bestimmten Wandtiefe, einem vorgegebenen Überschneidungsmaß und zulässiger Bohrtoleranz eine „überschnittene" Pfahlwand planmäßig undicht wird, da die Pfähle ab dieser Tiefe auseinander laufen, obwohl alle Vorgaben eingehalten werden. Bild 4 verdeutlicht dies.

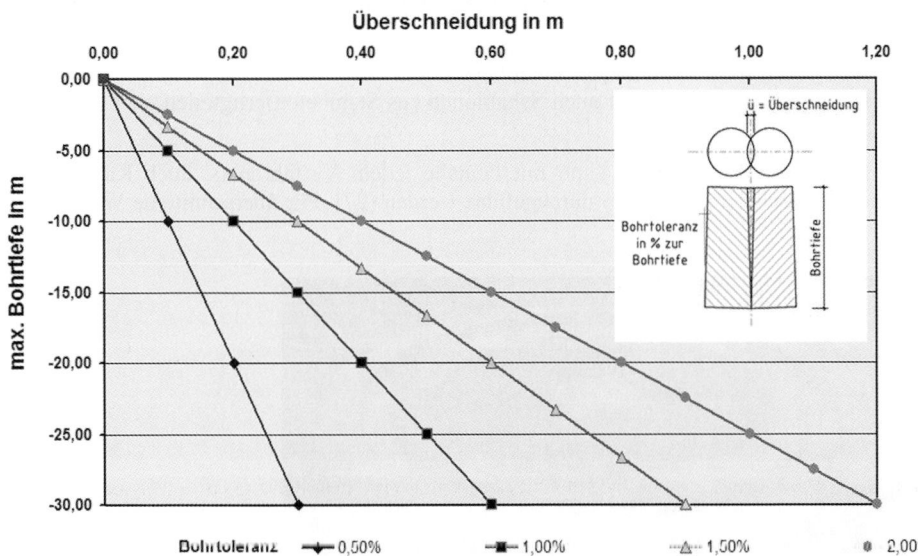

Bild 4. Max. Pfahlwandtiefe in Abhängigkeit der Überschneidung und Bohrtoleranz

Primärpfähle mit der Bohrreihenfolge 1–3–5–7–9

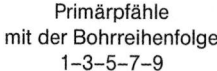

Sekundärpfähle mit der Bohrreihenfolge 2–4–6–8

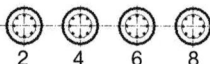

Fertige überschnittene Pfahlwand

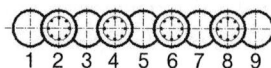

Bild 5. Pilgerschrittverfahren

Die überschnittene Wand wird im Pilgerschrittverfahren hergestellt. Die Primärpfähle bleiben wegen des späteren Einschneidens unbewehrt. Die Sekundärpfähle sollen nach nur wenigen Tagen gebohrt werden, um das Einschneiden in den noch nicht voll ausgehärteten Beton der Primärpfähle zu erleichtern. Die Betonfestigkeit der benachbarten Primärpfähle soll etwa gleich sein, da sonst ein Verlaufen des Sekundärpfahls aus der Vertikalen nicht auszuschließen ist.

Die Primärpfähle haben statisch nur eine ausfachende Wirkung und können somit auch mit einem Beton geringerer Festigkeit hergestellt werden, was besonders für das spätere Einschneiden der Sekundärpfähle von Vorteil ist.

1.6 Herstellung

Zur Herstellung von überschnittenen Wänden sind Bohrschablonen notwendig, um das gewählte Überschneidungsmaß im Bohransatzpunkt sicherzustellen und die Verrohrung zu führen. Bei tangierenden Wänden können Schablonen erforderlich sein, bei aufgelösten Wänden sind sie zu empfehlen.

Bohrschablonen werden meist aus leicht bewehrtem Ortbeton mit einer Höhe von 0,40 bis 0,80 m hergestellt. Es gibt aber auch Schablonen aus Stahlbetonfertigteilen oder aus Stahlelementen.

Das Bohren der Einzelpfähle kann mit beinahe jedem Verfahren (s. auch Kap. 2.6 im Grundbau-Taschenbuch, Teil 2) durchgeführt werden [27]. Für überschnittene Wände sind

Bild 6. Bohrschablone für überschnittene Pfahlwand

3.6 Pfahlwände, Schlitzwände, Dichtwände

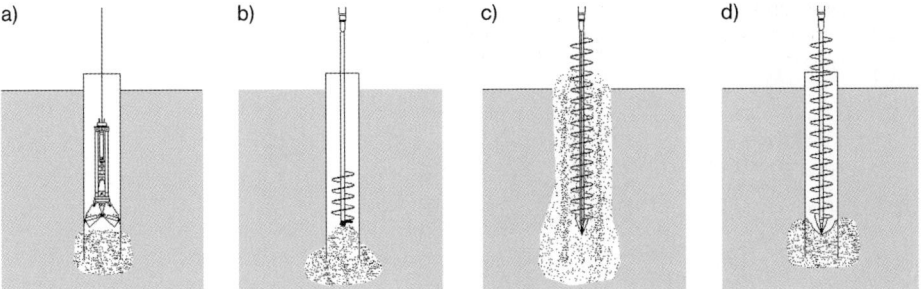

Bild 7. Verfahren der Pfahlherstellung; a) mit Greifer, b) mit Schnecke oder Kastenbohrer im Drehbohrverfahren, c) mit durchgehender Bohrschnecke, d) mit durchgehender Bohrschnecke und Verrohrung (Doppelkopf-System)

jedoch verrohrte Bohrungen oder solche mit durchgehender Endlosschnecke sinnvoll, um das Einschneiden sicher zu gewährleisten. Bei besonderen Anforderungen an die Vertikalität ist eine Messung der Lotabweichung vor dem Betonieren anzuraten, gerade wenn eine bestimmte Wasserdichtigkeit gefordert wird.

Allgemein gelten die üblichen Regeln für die Herstellung von Bohrpfählen, wie sie z. B. in der DIN EN 1536 beschrieben sind.

Die Bewehrung ist in der Regel kreissymmetrisch angeordnet. Bei gesonderter Überwachung hinsichtlich der Einbaugenauigkeit kann auch ein unsymmetrischer Bewehrungskorb zum Einsatz kommen, falls dies aus wirtschaftlichen Gründen sinnvoll ist. In Sonderfällen können exzentrische Vorspannglieder mit nachträglichem Verbund eingebaut werden, um große Momente, z. B. am Pfahlkopf, aufnehmen zu können.

Unterhalb des Grundwassers bzw. unter Stützsuspension erfolgt das Betonieren nach dem Kontraktorverfahren, im trockenen Bohrloch nach Abschnitt 8.3.2 der DIN EN 1536 mit kurzem Schüttrohr.

Für die Betongüte der statisch tragenden Pfähle ist in der Regel ein C 20/25 nach DIN EN 206 erforderlich.

1.7 Qualitätssicherung

Neben den Regeln der allgemeinen Pfahlherstellung [60] ist bei Pfahlwänden besonders zu achten auf

- die Kontrolle der Vertikalität der Bohrung.
  Durch exakt baubegleitende und dokumentierte Vermessung der Führung von Bohrrohren bzw. Bohrschnecken und/oder nachträgliche Vermessung der eingebrachten Bohrrohre mit Neigungssonden o. Ä., muss insbesondere bei hohen Anforderungen an Dichtigkeit und Bohrtoleranz die Vertikalität geprüft werden, um bei Abweichungen reagieren zu können.
  Hierzu stehen verschiedene Möglichkeiten der Bohrlochvermessung zur Verfügung.
  Bei suspensionsgestützten Pfählen verwendet man nach Abschluss der Bohrung eine am Seil hängende Ultraschallsonde, die den Abstand zur Bohrlochwandung in den Messebenen quer und längs zur Wandachse misst.

Bild 8. Vertikalitätsmessung eines Bohrlochs mit Seilneigungsmessgerät

Bei verrohrt gebohrten Pfählen kommen Messsysteme auf Inklinometerbasis zur Ausführung. Hierbei wird ein Messgerät mit Seilwinde und Inklinometer zunächst mittig auf das Bohrrohr aufgesetzt. Ein Messseil ist zentrisch mit einem Zentrierschlitten verbunden. Mithilfe der Winde wird der Zentrierschlitten zu den einzelnen Messtiefen abgelassen. Über das Inklinometer wird dann die Neigung des Seils zwischen Zentrierschlitten und Messeinrichtung am Bohrkopf in zwei zueinander senkrecht stehenden Ebenen gemessen. Aus der Tiefenlage des Zentrierschlittens und den Neigungswerten wird die Auslenkung des Seils in Höhe des Messquerschnitts und damit die Neigung des Bohrrohrs in der Messtiefe errechnet.

Ebenso gibt es eine Variante dieses Systems mit dem Unterschied, dass das Inklinometer direkt im Messschlitten eingebaut ist, und die entsprechende Neigung dort gemessen wird.

- die Verwendung von Bewehrungskörben mit ausreichend steifen Aussteifungsringen und Abstandhaltern, besonders bei permanenten Wänden.

- die zuverlässige Markierung bei der Verwendung von exzentrischen Bewehrungskörben.

- das ausreichende Überbetonieren bezogen auf die Soll-Pfahlwandoberkante bei Leerbohrungen. Besonders beim Betonieren eines Pfahls im Kontraktorverfahren kann der Beton im Kopfbereich von schlechter Qualität sein. Meist ist ein Maß von 50 cm Überbeton besonders bei organischen und weichen bindigen Böden nicht ausreichend, hier kann auch bis zu 1,50 m und darüber notwendig werden. Weiterhin ist bei größeren Leerbohrstrecken (> 2,0 m) darauf zu achten, dass der Bewehrungskorb ausreichend lang, über das Sollmaß hinaus, eingebaut wird, da die Bohrlochsohle meist nur in Dezimetergenauigkeit hergestellt und damit der Bewehrungskorb in die exakte Höhenlage nicht eingebaut werden kann. Die in DIN EN 1536, 8.2.6.4 geforderten Einbautoleranzen lassen sich bei Leerbohrung nicht immer einhalten. Dies ist ebenso wie auch das Überbetonieren bei der Planung zu berücksichtigen.

2 Schlitzwände

2.1 Anwendungsbereich

Schlitzwände sind Wände im Baugrund aus Stahlbeton, Beton oder anderen meist zementgebundenen Stoffen, die statische und/oder abdichtende und/oder abschirmende Aufgaben haben [77, 79]. Sie eignen sich für temporäre und permanente Zwecke.

3.6 Pfahlwände, Schlitzwände, Dichtwände

Folgende Hauptanwendungsgebiete sind:

- Baugruben
  Die Sicherung von Geländesprüngen wie Baugruben, Schächten oder Stützwänden ist wohl die häufigste Anwendung von Schlitzwänden. Sie gelten als verformungsarm, können für große Tiefen hergestellt werden und sind für wasserdichte Bauaufgaben geeignet. Die Abtragung von Horizontal- wie von Vertikalkräften ist möglich.

- Dichtwände
  Hierzu zählen die Abdichtung des Untergrundes unter Staubauwerken, die Abdichtung eines Staudammkerns, aber auch die Umschließung von Altlasten und Industrieanlagen [45].

Schlitzwände werden vertikal ausgeführt. Die Wanddicken liegen zwischen 0,40 und 2,00 m. Mit Schlitzwandfräsen sind allerdings auch Wanddicken bis 3,00 m ausführbar. Mit aufgelösten Querschnitten (T- oder Doppel-T-Lamellen) sind auch erheblich höhere Biegesteifigkeiten erzielbar.

Die übliche Arbeitslänge des Aushubwerkzeugs liegt zwischen 2,50 und 3,40 m. Es werden aber auch Werkzeuge mit einer Länge von 1,80 m und 4,20 m eingesetzt.

Die üblichen Tiefen liegen zwischen 20 und 40 m, erreichbar sind mit Schlitzwandfräsen jedoch auch 100 bis 150 m.

Nach DIN 4126 ist eine Lotabweichung von 1,5% der Wandtiefe bzw. ± 10 cm zulässig.

Die Vertikalität kann bei entsprechenden Mehraufwendungen und technischer Ausrüstung sowie günstigen Baugrundbedingungen auf 0,5% Genauigkeit eingehalten werden. Dies gelingt aber meist nur mit steuerbaren Hydraulikgreifern oder Schlitzwandfräsen.

2.2 Vorteile

- Verformungsarm: Die Horizontalverformung kann bei entsprechender Rückverankerung oder Aussteifung auf ca. 1 bis 2 ‰, bezogen auf die Wandhöhe, begrenzt werden.
- Wassersperrend: siehe Abschnitt 6.
- Schonend: Schlitzwände können beinahe unmittelbar vor Gebäuden hergestellt werden. Hierbei entstehen nur geringe Erschütterungen.
- Wirtschaftlich: Schlitzwände können konstruktiv in ein Gebäude einbezogen werden, da sie in der Lage sind, neben Horizontallasten auch sehr hohe Vertikallasten abzutragen. Die Bewehrung kann optimiert und asymmetrisch angeordnet werden, versteckte Horizontalgurte und Ankerdurchführungen sind dadurch möglich.
- Platzsparend: Schlitzwände können nahezu ohne große Zwischenräume vor Gebäuden oder Fundamenten abgeteuft werden.
- Sicher: Durch die vergleichsweise geringe Anzahl von Fugen ist die Schlitzwand als wassersperrende Baugrubenwand/Dichtungswand bis 25 m Tiefe nahezu konkurrenzlos.
- Einsatz unter beengten Verhältnissen: Besonders mit speziellen Fräsen können auch sehr tiefe Schlitzwände hergestellt werden.

2.3 Nachteile

- Aufwendige Baustelleneinrichtung: Im Vergleich zu Spundwänden oder Pfahlwänden ist besonders bei kleineren Baumaßnahmen das notwendige Equipment für die Herstellung und Aufbereitung der Stützsuspension sehr kostenintensiv.

- Kostspielige Entsorgung: Gebrauchte Stützflüssigkeit sowie das mit Suspension vermischte Aushubmaterial müssen meist gesondert transportiert und entsorgt werden.
- Aussparungen für querende Leitungen oder Kanäle sind nur aufwendig herzustellen.

2.4 Vorschriften und Empfehlungen

Es gelten folgende deutsche und europäische Normen:

- DIN 4126:1986-08: Schlitzwände – Ortbetonschlitzwände.
- DIN EN 1538:2000-07: Ausführung von besonderen geotechnischen Arbeiten (Spezialtiefbau) – Schlitzwände (derzeit in Überarbeitung, vorauss. Neuerscheinung 2009).
- DIN 4127:1986-08: Schlitzwandtone für stützende Flüssigkeiten; Anforderungen, Prüfverfahren, Lieferung, Güteüberwachung.
- DIN 18313:2002-12: Schlitzwandarbeiten mit stützenden Flüssigkeiten (derzeit in Überarbeitung, vorauss. Neuerscheinung 2009).
- DIN 18303:2002-12: Verbauarbeiten.

2.5 Zweck

Eine Schlitzwand dient hauptsächlich folgenden Zwecken:

- statisch: Abtragen von Horizontallasten (Erddruck, Wasserdruck) und ggf. Vertikallasten;
- wasserabdichtend: Zurückhalten von Wasser (Baugruben) und Einkapseln von Kontaminationen im Baugrund;
- abschirmend: als Barriere gegen dynamische Schwingungsausbreitung im Boden.

2.6 Wandarten

Schlitzwände lassen sich hinsichtlich des Lösens und Förderns des anstehenden Bodens sowie nach unterschiedlichen Systemen der Wandherstellung in verschiedene Typen unterteilen:

2.6.1 Art des Lösens und Fördern des Bodens

2.6.1.1 Gegreiferte Wand

Bei einer gegreiferten Schlitzwand kann das Lösen und Fördern des Schlitzgutes prinzipiell wie folgt ausgeführt werden:

- mit Tieflöffelbagger: Je nach Gerätetyp können Breiten von 40 bis 80 cm bis zu Tiefen von ca. 10 m hergestellt werden. Dies ist aber stark von den anstehenden Bodenverhältnissen abhängig.
- mit Seilgreifer: Hierbei wird nochmals unterschieden zwischen mechanischen und hydraulischen Greifern. Hydraulische Greifer haben eine höhere Schließkraft und sind besonders bei harten und dicht gelagerten Bodenformationen von Vorteil. Übliche Tiefen liegen bei 30 bis 50 m; nur mit zusätzlichen Maßnahmen werden auch größere Tiefen erreicht, wenn die Toleranzen nachweislich eingehalten werden können.

2.6.1.2 Gefräste Wand

Bei einer gefrästen Schlitzwand wird der anstehende Baugrund meist durch zwei sich gegenläufig drehende, hydraulisch angetriebene Schneidräder gelöst. Direkt über den Schneidrädern ist eine Pumpe installiert, die das Fräsgut, bestehend aus dem Gemisch von Stützflüssigkeit

3.6 Pfahlwände, Schlitzwände, Dichtwände

Bild 9. Seilgreifer, hydraulisch **Bild 10.** Seilgreifer, mechanisch

Bild 11. Schlitzwandfräse **Bild 12.** Schlitzwandfräse für den Einsatz mit beschränkter Höhe

und gelöstem Boden an die Geländeoberfläche transportiert und weiterleitet in die Separierungsanlage. Dort wird der Boden von der Stützflüssigkeit mit Zyklonen und Sieben getrennt und separat ausgeworfen. Die zurückgewonnene Stützflüssigkeit wird wieder in den Fräskreislauf eingeführt. Mit entsprechender Fräsradbestückung können sehr harte Boden- und Felsformationen gelöst werden. Frästiefen von 150 m wurden schon erreicht [62].

2.6.2 System der Wandherstellung

2.6.2.1 Zweiphasen-Verfahren

Die große Mehrzahl der Schlitzwandherstellungen erfolgt im Zweiphasenverfahren. Der Aushub erfolgt im Schutz einer nicht erhärtenden Stützflüssigkeit, der ersten Phase. Diese kann im Extremfall nur aus Wasser bestehen, in der Regel wird aber eine Bentonit-(Ton)Suspension verwendet. In bestimmten Fällen kommen auch Polymer-Flüssigkeiten zum Einsatz.

Nach Erreichen der Endtiefe kann es je nach Aufladung der Stützflüssigkeit mit Boden erforderlich sein, diese zu regenerieren oder komplett auszutauschen, um die weiteren Arbeiten mangelfrei fortzusetzen.

Anschließend werden in die Stützflüssigkeit ein Bewehrungskorb oder andere Tragelemente eingestellt. Im Kontraktorverfahren wird dann die Stützflüssigkeit durch den eingebrachten Beton oder Erdbeton (2. Phase) von unten nach oben verdrängt und ausgetauscht. Dieses Verfahren wird für alle bewehrten und betonierten Wände, aber auch für unbewehrte Dichtungswände im Zweiphasenverfahren eingesetzt.

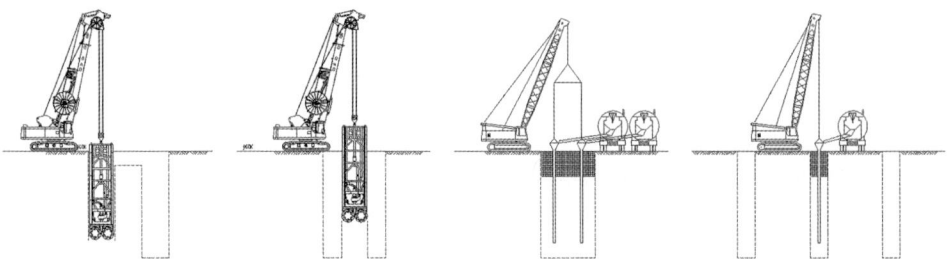

Bild 13. Herstellen einer gefrästen Schlitzwand im Pilgerschrittverfahren

2.6.2.2 Einphasen-Verfahren

Bei diesem Verfahren dient die eingesetzte selbsterhärtende Stützflüssigkeit nicht nur dazu, den Schlitz während der Herstellung zu stützen, sondern bildet auch gleichzeitig den endgültigen Wandbaustoff (also nur eine Phase). Die Suspension wird nicht mehr ausgetauscht. Es handelt sich hierbei meist um verzögert erhärtende Suspensionen (Dichtwandmasse) auf Zementbasis mit möglichen Beimischungen von Tonen (meist Bentonit), Steinmehl, Flugaschen und Ähnlichem.

3.6 Pfahlwände, Schlitzwände, Dichtwände

Das Einphasenverfahren kommt bei folgenden Aufgaben zur Anwendung:

a) ohne statische Funktion:

- Dichtungsschlitzwände: Hier ist das klassische Einsatzgebiet des Einphasen-Verfahrens. Die Wand übernimmt hierbei nur reine Dichtungsaufgaben, um Wasser z. B. von Baugruben zurückzuhalten, oder aber Wässer aus einem kontaminierten Standort nicht nach außen dringen zu lassen. Je nach Aufgabe werden hier sehr hohe Ansprüche an die eingesetzten Baustoffe, deren Aufbereitung und Verarbeitung gestellt, besonders bei aggressiven Wässern [61].

- Kombinierte Schlitzdichtwand: Zur Einkapselung von Altlasten werden besonders hohe Anforderungen an die Dichtigkeit einer Schlitzwand gestellt, besonders an die Diffusion von chemischen Substanzen im Untergrund. Als zusätzliche Dichtung werden vornehmlich Kunststoffdichtungsbahnen aus PEHD [67] mit 2 bis 5 mm Dicke in die frische Einphasen-Wand eingebracht. Dies geschieht entweder mithilfe von Montagerahmen oder durch Einziehen von großen Rollen. Die einzelnen Bahnen von 2 bis 5 m Breite werden an den Rändern durch Verschweißen oder Schloss-Konstruktionen miteinander wasserdicht verbunden. Bisher wurden mit diesem Verfahren Tiefen bis zu 30 m erreicht. Neben PEHD-Dichtungsbahnen gibt es auch Sonderkonstruktionen aus Metall- oder Glaselementen.

b) mit statischer Funktion:

- Dichtwand mit eingestellter Spundwand: Diese Anwendung kommt hauptsächlich bei dichten Baugruben zum Tragen. Nach Fertigstellung der Dichtwand werden in die noch nicht erhärtete Suspension Spundwandbohlen eingestellt [67]. Diese übernehmen dann die statische Funktion einer Verbauwand. Während des Baugrubenaushubs wird die erhärtete Suspension an der Luftseite der Spundwand entfernt. Dieses System kommt auch zur Anwendung, wenn die dichtende Wirkung der Wand sehr tief reichen muss, die statische aber mit einer kürzeren Spundwand ausreichend gewährleistet werden kann. Weiterhin ist das Verfahren der eingestellten Spundwand dann sinnvoll, wenn aus Umweltgründen nicht gerammt oder gerüttelt werden darf.

- Dichtwand mit eingestellten Trägern: hier werden meist HEB- oder Doppel-U-Profile bzw. Betonfertigteilelemente in die noch nicht erhärtete Suspension nach statischen

Bild 14. Dichtwand mit eingestellter Spundwand

Bild 15. Dichtwand mit eingestellten Trägern

Bild 16. Dichtwand mit PEHD-Kunststoffdichtungsbahn

Erfordernissen in Abständen von 1,5 bis 3,0 m eingestellt. Die erhärtete Suspension, die dann eine ausreichende Festigkeit aufweisen muss, übernimmt als horizontal gespanntes Gewölbe zwischen den Trägern die Aufgabe der wasserdichten Ausfachung. Auf die Notwendigkeit einer gewissenhaften Nachbehandlung der erhärteten Suspension gegen Austrocknung und/oder Frosteinwirkung (konstruktive Maßnahmen z. B. durch Abhängen mit einer isolierenden Doppelfolie) wird hingewiesen.

- Beton-Fertigteilwand: Nach dem Aushub wird im Fußbereich der Wand die Suspension gegen einen Beton ausgetauscht. Anschließend wird ein bewehrtes Betonfertigteilelement in den Schlitz eingehoben, in Endlage gebracht und an der Leitwand fixiert. Nach Erhärten des Betons im Fußbereich und der Stützflüssigkeit kann die Wand freigelegt und die erhärtete Suspension an der Luftseite des Fertigteils entfernt werden.

2.7 Herstellung

2.7.1 Leitwand

Eine sorgfältig geplante und hergestellte Leitwand ist für alle Schlitzwandvarianten eine Notwendigkeit, um die Qualität und Mangelfreiheit von Anfang an zu gewährleisten.

Einer Leitwand werden folgende Funktionen zugeordnet:

- Sicherstellen der Genauigkeit der Wandansatzlinie.
- Führung für das Aushubwerkzeug.
- Aufnahme des Erddruckes im oberen, geländenahen Bereich der Wand, da hier der Stützflüssigkeitsdruck nicht vorhanden oder zu gering ist.
- Sichere Kontrolle und Niveauhaltung des Stützflüssigkeitsspiegels.
- Trog für die Stützflüssigkeit, falls der Spiegel aus statischen Gründen über dem Geländeniveau gehalten werden muss (z. B. bei sehr hoch anstehendem Grundwasser).
- Auflager zum Halten für Einbauteile (z. B. Bewehrungskörbe, Spundwandprofile, etc.).
- Auflager für Ziehgeräte zum Ziehen von Fugen-Abschalelementen.
- Sicherungselement für das Personal, um nicht seitlich in den Schlitz zu rutschen.

Leitwände werden in der Regel als rechteckige Stahlbetonwände oder Winkelstützwände mit einer Höhe von ca. 0,70 bis 1,50 m und einer Dicke von ca. 0,20 bis 0,40 m aus Ortbeton oder aus Fertigteilen mit Ortbetonergänzung hergestellt. Auch andere geometrische Formen und Materialien können eingesetzt werden. Der lichte Abstand zwischen den gegenüberliegenden Leitwänden sollte ca. 3 bis 5 cm größer sein als die Breite des Aushubwerkzeugs.

Die Leitwände sind meist Bauhilfsmaßnahmen und werden nach Fertigstellung der Schlitzwand wieder abgebrochen. Bei reinen Dichtwänden wird die Leitwand aber auch oft noch als Bestandteil des Dichtwandkopfes mit herangezogen.

Um Leitwandeinbrüche und Auskolkungen unmittelbar unter der Leitwand zu vermeiden, muss der Boden unter und hinter den Leitwänden gut verdichtet und der Suspensionsspiegel ständig auf Sollstand gehalten werden. Weiterhin sind die Leitwände in regelmäßigen Abständen z. B. mit Kanthölzern gegenseitig abzustützen, um die genaue Lage zu erhalten und ein Verschieben oder Verdrehen der Wände zu vermeiden.

Bild 17. Leitwand zur Schlitzwandherstellung

2.7.2 Stützflüssigkeit

Die Stützflüssigkeit hat die Aufgabe, den beim Schlitzen entstandenen Hohlraum zu stabilisieren und das Einströmen von Grundwasser in den Schlitz zu unterbinden.

Beim Zweiphasen-Verfahren kann diese im Extremfall aus Wasser bestehen, üblicherweise sind aber Ton(Bentonit)-Suspensionen zur Stabilisierung der Wände erforderlich. In sehr feinkörnigen Böden können auch Polymerlösungen eingesetzt werden.

Die meist verwendeten Bentonitsuspensionen stellen eine thixotrope Flüssigkeit dar, die eine gewisse zustandsbezogene Scherfestigkeit besitzen. Die Anforderungen für den Einsatz dieser Materialien sind in DIN 4127 „Schlitzwandtone für stützende Flüssigkeiten" festgelegt. Weitere Herstellungs-, Prüf- und Qualitätsvorgaben sind der DIN EN 1538 und DIN 4126 zu entnehmen.

Das Anmischen der Stützflüssigkeit geschieht mit entsprechenden Chargen- oder Durchlaufmischern, die in der Lage sind, in kurzer Zeit große Mengen Suspension aufzubereiten. Die Frischsuspension soll in Vorratsbehältern ca. 6 bis 8 Stunden ausquellen. Aus den Vorratsbehältern wird dann die Suspension entsprechend dem Arbeitsfortschritt in den Schlitz gepumpt. Aus Sicherheitsgründen sollte mindestens das Zweifache des theoretisch geplanten Schlitzvolumens bevorratet werden, um bei plötzlichem Suspensionsverlust einem Schlitzeinsturz vorzubeugen.

Um gebrauchte Stützflüssigkeit nicht aufwendig und teuer entsorgen zu müssen, sondern sie vielmehr wieder in den Arbeitsprozess zurückzuführen, ist eine Regenerierung mit möglichst guter Trennung von Suspension und Bodenmaterial erforderlich. Mit entsprechenden Entsandungsanlagen (Rüttelsiebe, Zyklone) ist ein Ausscheiden der festen Bestandteile bis zu Korngrößen von 0,06 bis 0,12 mm möglich. Mit aufwendigeren Anlagen (mehrerer Zyklonstufen, Zentrifugen, Dekanter) ist eine Trennung bis 0,03 mm möglich.

Als Baustelleneinrichtungsfläche werden für leistungsintensive Schlitzwandbaustellen schnell 500 m² und mehr erforderlich.

Beim Einphasenverfahren können fertig hergestellte Trockenmischungen (Compounds) verwendet werden, die vor Ort mit Wasser angemischt werden. Alternativ ist das Zusammen-

Bild 18. Entsandungsanlage

3.6 Pfahlwände, Schlitzwände, Dichtwände

Bild 19. Mischanlage mit Silo und Vorratsbehälter für die Herstellung und Bevorratung der Stützflüssigkeit

mischen aller Einzelkomponenten in einer vor Ort aufgebauten Mischanlage möglich; dabei ist eine geeignete Mischreihenfolge zu beachten.

2.7.3 Aushub

Der Aushub eines Schlitzes erfolgt entweder intermittierend mit einem Tieflöffel bzw. Greifer oder kontinuierlich mit einer Schlitzwandfräse.

Beim Aushub mit Tieflöffel oder Greifer wird der gelöste Baugrund von der stützenden Suspension derart getrennt, dass man die Suspension aus dem Aushubwerkzeug soweit wie möglich Ablaufen lässt. Trotzdem verbleibt immer noch ein großer Teil der Suspension im Aushubmaterial. Dies kann dann beim Transport und der Deponierung zu größeren Schwierigkeiten und höheren Kosten führen, sowohl bei einer Einphasen- als auch einer Zweiphasenwand.

Beim Einsatz einer Schlitzwandfräse wird die verwendete Suspension nicht nur als Stützflüssigkeit verwendet, sondern auch als Transportmedium für den gelösten Baugrund. Das durch die Fräsräder gelöste Erdreich wird mit der Suspension vermischt und durch die über den Fräsrädern angeordnete Pumpe nach oben in eine Regenerierungsanlage transportiert. Die volumenmäßige Aufladung mit Feststoffen liegt zwischen ca. 10 und 20%.

Hier erfolgt dann die Trennung zwischen Aushubmaterial und Suspension. Das separierte Material ist meist gut entwässert und enthält nur noch geringe Suspensionsreste.

Beide Verfahren haben ihre Vorteile:

- Greifer
  - vergleichsweise geringer Platzbedarf,
  - günstige Baustelleneinrichtung,
  - geringere Kosten bei kleineren Wandflächen (< 8000 m^2),
  - geringere Kosten bei gut lösbaren Böden ohne Meißelarbeit,
  - geringere Kosten bei Wandtiefen kleiner 30 bis 40 m,
  - schneller Wechsel erforderlicher Werkzeuge (Greifer, Meißel);
- Fräse
  - sehr hohe Leistung,
  - nahezu erschütterungsfreie Arbeitsweise,

- sehr große erreichbare Tiefen (> 100 m),
- hohe Genauigkeit bezüglich der Vertikalitätsabweichungen,
- relativ gute Leistungen auch im Fels,
- günstige Entsorgung des Aushubmaterials und höhere Einsatzquote der Stützflüssigkeit,
- Überschneiden von Nachbarlamellen ohne Fugenabstellelemente, dadurch bessere Fugenausbildung und bessere Führung.

Die Herstellung einer Schlitzwand erfolgt in Lamellen begrenzter Länge. Die Abmessung des jeweils verwendeten Aushubwerkzeugs bestimmt die kleinste Länge einer Lamelle. Je nach statischem Nachweis der Standsicherheit für den offenen Schlitz können aber auch große Lamellenlängen von 10 bis 15 m möglich sein. Solche Lamellen werden dann mit mehreren Aushubstichen hergestellt. An den jeweiligen Enden einer Lamelle werden nach Fertigstellung Fugenabstellelemente (s. Abschn. 2.7.4) in den Schlitz eingestellt, um den Anschluss zur benachbarten Lamelle zu gewährleisten.

Lamellen, die in den anstehenden Baugrund ohne direkten Kontakt zu benachbarten Lamellen hergestellt und mit Abschalelementen versehen werden, nennt man Primärlamellen oder auch Anfänger. Lamellen, die unmittelbar zwischen vorhandene Lamellen hergestellt werden und somit keine Abschalelemente benötigen, werden als Sekundärlamellen oder Schließer bezeichnet. Dazwischen befinden sich sog. Läuferlamellen mit jeweils nur einem Abschalelement.

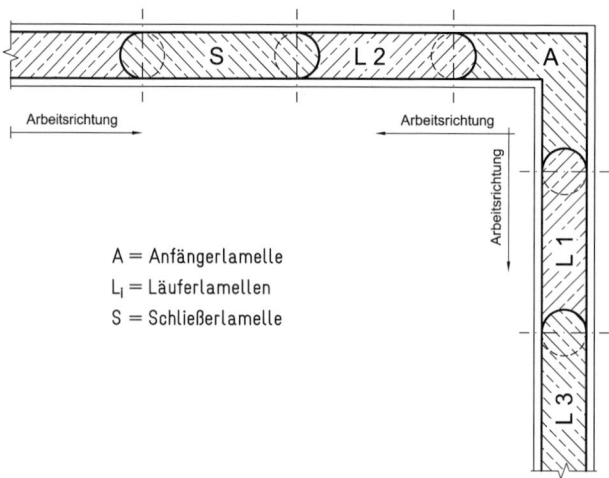

Bild 20. Herstellungsablauf für eine gegriffene Schlitzwand im Läuferverfahren

2.7.4 Fugen und Abstellkonstruktion

Aufgrund der lamellenweisen Herstellung der Schlitzwände ergibt sich zwangsläufig eine gewisse Anzahl von Arbeitsfugen, die problematisch sowohl hinsichtlich der Dichtungsfunktion als auch der Standsicherheit der einzelnen, gerade geöffneten Lamelle werden können. Die einzelnen Wandelemente müssen deshalb definiert voneinander getrennt und mit einem Fugensystem ausgestattet werden. Dieses soll dann eine weitgehende Wasserdichtigkeit gewährleisten. Die Ausbildung der verschiedenen Fugenkonstruktionen birgt herstellungsbedingte Schwierigkeiten, die qualitätsbestimmend für eine Schlitzwand sind. Eine rissefreie Ausführung großer zusammenhängender Wandflächen aus Beton ist wegen

3.6 Pfahlwände, Schlitzwände, Dichtwände

der zu erwartenden Schwindverkürzungen ohne Dehnungsfugen nicht möglich. Bei Schlitzwänden erfahren die Fugen auch Beanspruchungen quer zur Schlitzwand, z. B. infolge des abschnittsweisen Bodenaushubs der Baugrube, unterschiedlicher Verformungseigenschaften angrenzender Bodenschichten und unterschiedlicher Belastungen an der Geländeoberfläche.

Deshalb ist die Ausbildung der Fugen entsprechend ihrem endgültigen Zweck sorgfältig zu planen und qualitätsbewusst auszuführen.

Bei Wänden, die im Zweiphasenverfahren hergestellt werden, ist systembedingt ein Bentonitfilm von einigen Millimetern (2 bis 8 mm) im Fugenbereich nicht auszuschließen. Dies gilt für alle Fugensysteme.

Generell ist eine Schlitzwandfuge auch bei sorgfältigster Ausführung nicht zu vergleichen mit einer Fuge, die oberirdisch im Stahlbetonbau unter ganz anderen Bedingungen hergestellt werden kann. Es entstehen immer sog. „kalte" Fugen, bei denen frischer Beton gegen bereits abgebundenen Beton stößt.

Zurzeit haben sich prinzipiell vier verschiedene Fugensysteme herausgebildet, die zur Ausführung kommen:

- Abstellrohre aus Stahl
  Die Verwendung von Abstellrohren ist eine sehr preisgünstige und einfache Art eine Schlitzwandfuge auszubilden. Sie kann bis auf große Tiefen hergestellt werden. Die Wanddicke sollte dabei 1,00 m nicht überschreiten. Aufgrund des kreisrunden Querschnittes ergibt sich ein längerer Sickerweg, der die Wasserdurchlässigkeit der Fuge verringert.
  Für Wanddicken ab 1,20 m kommen Flachfugen zur Anwendung, die aus einzelnen Schüssen mit Langlochverbindung zusammengesetzt werden.
  Das Ziehen der Abstellrohre muss zum richtigen Zeitpunkt, d. h. wenn der Beton zwar eine ausreichende Festigkeit erreicht hat, aber noch nicht vollständig abgebunden ist, durchgeführt werden (üblicherweise nach 3 bis 4 Stunden).

- Stahlbetonfertigteile
  Die Fugenkonstruktion mit Fertigteilen ist relativ einfach und ermöglicht durch entsprechende Profilierungen eine gute Fugenverzahnung. Das hohe Eigengewicht garantiert eine ausreichende Lagesicherheit im suspensionsgestützten Schlitz, gleichzeitig wird jedoch auch die Einsatztiefe beschränkt. Da diese Elemente in der Schlitzwand verbleiben, entstehen hierbei systembedingt zwei Trennfugen, sodass der Fugenanteil und damit das Risiko potenzieller Undichtigkeiten etwas erhöht werden.

- Fugenbänder
  Die Verwendung von Fugenbändern bietet eine gute Möglichkeit, eine hohe Wasserdichtigkeit zu erlangen. In einem trapezförmigen Abschalelement wird dazu ein Fugenband hälftig eingebaut und somit beim Betonieren in die Vorläuferlamelle eingebunden. Bei ausreichender Betonfestigkeit wird das Abschalelement in die suspensionsgestützte Folgelamelle gezogen und so die andere Hälfte des Fugenbandes freigelegt. Durch Betonieren der Nachbarlamelle wird das Fugenband in diese eingebunden. Somit werden beide Lamellen durch ein vertikales Fugenband wasserdicht verbunden.

- Überfräsen
  Das Überfräsen der Fugen ist einfach und sowohl bei Einphasenwänden als auch betonierten Zweiphasenwänden möglich. Sobald der Beton einer Vorläuferlamelle ausreichend erhärtet ist, kann die Anschlusslamelle hergestellt werden. Dabei wird die Kontaktstelle zur Vorläuferlamelle um ca. 10 bis 30 cm überfräst und ergibt somit eine raue Oberfläche, die eine gute Verzahnung zur nachfolgenden Lamelle garantiert.

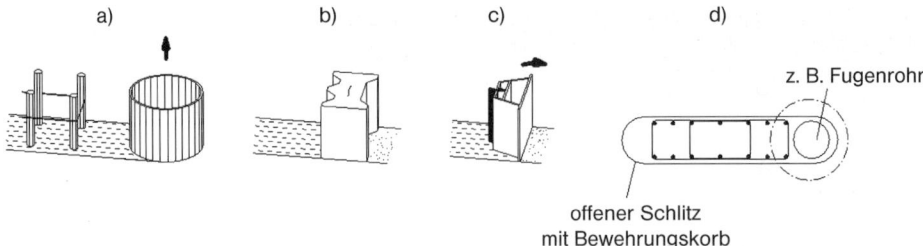

Bild 21. Fugensysteme zwischen 2 Schlitzwandelementen; a) mit Abstellrohr, b) mit Betonfertigteil, c) mit Fugenbändern (System CWS)

Bild 22. Abstellrohre als Fugensystem

Bild 23. Flachfuge

Bild 24. Fertigteilelementfuge

3.6 Pfahlwände, Schlitzwände, Dichtwände

Bild 25. CWS-Fuge mit Fugenband

Da das Fräsverfahren erschütterungsarm ist, wird ein Nachfallen von Erdreich in den Schlitz vermindert und potenzielle Undichtigkeitsstellen durch Erdnester im Beton weitestgehend vermieden.

Beim Zweiphasenverfahren verbleibt aber systembedingt ein Bentonitfilm (2 bis 8 mm) in den überfrästen Fugen. Dies beeinträchtigt aber die Dichtigkeit nicht.

Beim Einphasenverfahren ist auch ein Übergreifern der Vorläuferlamelle möglich.

2.7.5 Bewehren der Zweiphasenwand

Vorgaben zur Bewehrungsanordnung sind der DIN EN 1538 und DIN 4126 zu entnehmen; dabei sind aus Gründen des Betonflusses größere Mindestabstände einzuhalten als beim üblichen Stahlbetonbau. Die Bewehrungsanordnung ist entscheidend für die Qualität einer Schlitzwand, besonders hinsichtlich der Dichtigkeit. Bei der Wahl der Abstandhalter, der Konstruktion und Ausbildung von Aussparungen und Anschlussbewehrungen ist auf den möglichst ungehinderten Betonfluss und die vollständige Verdrängung der Suspension durch den Frischbeton zu achten, damit sich keine Nester bilden, die dann zu Undichtigkeiten und Fehlstellen im Beton führen können. Aus diesem Grund muss eine Bewehrungskonzentration vermieden werden. Bewehrungskörbe werden an der Leitwand aufgehängt. Sie dürfen nicht auf der Schlitzsohle abgesetzt werden. Bei hoher Betoniergeschwindigkeit, geringem Bewehrungsgrad und einem hohen Anteil an Aussparungskörpern muss der Korb sogar gegen Auftrieb ausreichend an der Leitwand befestigt werden (s. Bild 26).

Auch vorgespannte Schlitzwände sind schon ausgeführt worden (siehe z. B. [49]).

2.7.6 Betonieren der Zweiphasenwand

Für statisch beanspruchte Stahlbeton-Schlitzwände wird in der Regel ein Beton der Güte C 20/25 nach DIN EN 206 in besonders fließfähiger Konsistenz verwendet (Ausbreitmaß: 57 bis 63 cm). Für Dichtwände ist ein Erdbeton mit einem Ausbreitmaß von 55 bis 60 cm erforderlich. Das Betonieren selbst geschieht im Kontraktorverfahren. Bei Lamellenlängen > 6 m ist mit mehreren Schüttrohren gleichzeitig zu betonieren, um ein gleichmäßiges Ansteigen des Betonspiegels zu gewährleisten. Die Steiggeschwindigkeit der Frischbetonoberfläche im Schlitz darf 3 m/h nicht unterschreiten. Durch regelmäßiges Loten der Betonoberkante und Bilanzieren mit der eingebauten Betonmenge ist ein Nachweis des Steigverhaltens zu führen. Bei Eckelementen ist mit mindestens 2 Schüttrohren der Beton einzubauen (s. Bild 27).

Bild 26. Bewehrungskorb mit Aussparungskörpern

Bild 27. Betonieren einer Schlitzwand

2.8 Baustoffe

2.8.1 Wände im Zweiphasenverfahren

Stützflüssigkeit

Die Stützflüssigkeit dient zur temporären Sicherung eines Erdschlitzes. Sie kann im Extremfall nur aus Wasser bestehen, in der Regel werden aber Suspensionen mit Tonen eingesetzt. Hierzu eignen sich besonders in der Natur vorkommende Natriumbentonite oder aktivierte Calziumbentonite. Sie besitzen ein günstiges thixotropes Verhalten und führen zu einer hohen statischen Fließgrenze. Die Qualitätsanforderungen an Bentonitsuspensionen sind in DIN EN 1538, DIN 4126 und DIN 4127 beschrieben.

Die Mischung einer Bentonitsuspension als Stützflüssigkeit besteht bezogen auf 1 m³ Frischsuspension in der Regel [38] aus

 30– 60 kg Bentonit
940–970 kg Wasser

Hierbei entsteht eine Suspensionsdichte von 1.015 bis 1.030 g/l, mit einer Auslaufzeit aus dem Marshtrichter von 30 bis 50 s.

Beton

Beton für Schlitzwände, die statische wie auch dichtende Funktionen erfüllen sollen, müssen der DIN 1045 bzw. DIN EN 206 entsprechen. Es wird mindestens ein Beton C 20/25

3.6 Pfahlwände, Schlitzwände, Dichtwände

eingesetzt, dessen Konsistenz wegen der besonderen Einbautechnik allerdings von DIN 1045 abweicht (s. DIN 4126).

Bewehrung

Die verwendete Stahlbewehrung muss DIN 488 entsprechen. Weiterhin sind die besonderen Vorgaben in DIN 4126 hinsichtlich der zulässigen Stababstände zu beachten.

In besonderen Fällen können auch Bewehrungskörbe aus Glasfaser eingesetzt werden. Dies ist z. B. dann der Fall, wenn ein maschineller Tunnelvortrieb aus einem Anfahrschacht heraus durch die Schlitzwand erfolgen soll, um das Durchtrennen der Bewehrung verschleißfrei durchführen zu können.

Dichtwandbaustoff

Wird eine Dichtwand im Zweiphasenverfahren hergestellt, wird meist ein sog. Erdbeton verwendet. Dieser besteht aus Wasser, Bentonit, Zement, Füller (Tonmehl, Gesteinsmehl) sowie Gesteinskörnung (Sand und Kies). Je nach Anforderung an den Baustoff werden auch noch Additive beigegeben, die bestimmte Eigenschaften für den Einbau- und/oder Endzustand der Wand bewirken. Hierfür sind spezielle Eignungsuntersuchungen erforderlich, die längere Zeit in Anspruch nehmen können.

Eine Standardrezeptur für 1 m³ Dichtwandmasse setzt sich wie folgt zusammen:

   0– 30 kg Bentonit
   0–160 kg Tonmehl
 170–300 kg Zement
   0–200 kg Steinmehl
 600–950 kg Sand
 300–500 kg Kies
 350–500 kg Wasser

Bei Dichtwänden, die in kontaminierten oder zementangreifenden Wässern eingesetzt werden, sind besondere Zementsorten oder andere Bindemittel erforderlich.

2.8.2 Wände im Einphasenverfahren

Bei einer Einphasenwand übernimmt die erhärtete Stützflüssigkeit gleichzeitig auch die Funktion des endgültigen Dichtwandbaustoffs. Dieser Baustoff besteht im Allgemeinen aus Wasser, Zement und Bentonit [34].

Als Bentonite sind besonders alkalibeständige und somit zementstabile Sorten zu verwenden. Die Bindemittel bestehen entweder aus Zementen nach DIN 1164 bzw. ENV 197 oder aus besonders für Abdichtungszwecke konzipierten Spezialbindemitteln, wie z. B. hochgeschlackten Zementen. Standardrezepturen bestehen aus:

  25– 40 kg Bentonit
  70–300 kg Zement
 890–910 kg Wasser

Häufig werden auch Fertigtrockenmischungen verwendet, die aus Tonen und Spezialbindemitteln bestehen und auf der Baustelle nur noch mit Wasser angemischt werden müssen.

Solche Rezepturen können wie folgt aussehen:

 180–300 kg Fertigmischung
 890–940 kg Wasser

2.9 Eigenschaften

2.9.1 Konstruktive Wand

- Festigkeits- und Verformungseigenschaften: Die Festigkeits- und Verformungseigenschaften einer Schlitzwand aus Stahlbeton müssen den Anforderungen von DIN 1045 bzw. DIN EN 206 genügen.
  Die Betonqualität muss den statischen Anforderungen entsprechen, soll nach DIN 4126 aber rechnerisch nicht höher als für eine Betongüte C 20/25 angesetzt werden.

- Wasserdichtigkeit: siehe Abschnitt 6.

2.9.2 Dichtungsschlitzwand/Dichtwand

Dichtigkeit

Eine Dichtungsschlitzwand soll eine möglichst geringe Wasserdurchlässigkeit aufweisen, dabei aber auch eine gewisse Plastizität, durch die geringe Deformationen der Wand ohne Rissbildung möglich sind. Dies kann auftreten z. B. im Kern von Staudämmen während des Einstauvorgangs oder bei einer Untergrundabdichtung während der Dammschüttung.

Die Durchlässigkeit des reinen Dichtwandmateriales sollte kleiner als $k = 10^{-9}$ m/s sein und ist für die meisten Anwendungsfälle ausreichend. Mit hoch feststoffreichen Dichtmassen können Durchlässigkeiten deutlich unterhalb von $k = 10^{-11}$ m/s [8, 12] erreicht werden.

Die Dichtigkeit der Wand hängt aber nicht nur vom verwendeten Baustoff, sondern vielmehr von der Ausführung und besonders von der Anzahl der Fugen und der Fugenqualität ab [17]. Die Durchlässigkeit der Wand selbst liegt deshalb in einem Bereich von $k = 10^{-8}$ m/s bis 10^{-7} m/s. Weiterhin sind die Aussagen in Abschnitt 6 zu beachten.

Zu Langzeiteffekten siehe [53] und [78].

Druckfestigkeit

Bei Zweiphasenwänden aus Erdbeton werden je nach Zementgehalt Festigkeiten von 5 N/mm² erreicht. Die Druckfestigkeiten von Einphasenwänden liegen zwischen 0,3 und 1,5 N/mm². Zu beachten ist hierbei, dass sich die Druckfestigkeit sehr stark zeitverzögert entwickelt; häufig ist nicht die Druckfestigkeit nach 28 Tagen Erhärtungsalter maßgebend, sondern nach 56 oder 112 Tagen. Allerdings muss schnell eine gewisse Frühfestigkeit erreicht werden, um rechtzeitig ein Anschneiden der Sekundärlamellen zu ermöglichen. Dabei soll aber eine zu hohe Endfestigkeit vermieden werden, um die Duktilität des Dichtwandbaustoffes auch noch über Jahre hin nicht zu beeinträchtigen.

Erosionsbeständigkeit

Abgebundene Dichtmassen werden dann als erosionsstabil definiert, wenn ihre Endfestigkeit mindestens so groß ist, dass Feststoffe nicht durch den Strömungsdruck gelöst und mit der flüssigen Phase durch die Poren des umgebenden Bodens abtransportiert werden. Dies bedeutet, dass mit steigender Druckfestigkeit, geringerer Durchlässigkeit sowie abnehmenden Gradienten die Erosionsbeständigkeit steigt. Mischungen mit einer 28-Tage-Druckfestigkeit von mindestens 0,5 N/mm² und einem k-Wert $< 10^{-9}$ m/s gelten bei hydraulischen Gradienten $i < 50$ im Allgemeinen als ausreichend erosionsstabil, auch gegenüber grobkörnigen Böden wie Kiessand [10, 16].

Zur Beurteilung der Erosionsbeständigkeit eignen sich auch Lysimeterversuche mit Durchströmung der Dichtwandmasse über einem Filter, die aber viel Zeit in Anspruch nehmen können [21, 59].

2.10 Qualitätssicherung

Im Folgenden wird auf einige wichtige Qualitätsmerkmale hingewiesen, die vor, während und nach der Herstellung überwacht werden sollen (Hinweise für eine geeignete Protokollführung sind DIN EN 1538 zu entnehmen).

Zweiphasenwand

- Zusammensetzung, Dichte, Sandgehalt, Fließgrenze und pH-Wert der Stützsuspension während des Schlitzens, unmittelbar vor und zum Ende des Betoniervorgangs entsprechend DIN EN 1538 bzw. DIN 4126;
- Vertikalität und Kontinuität der Schlitzwandelemente;
- Betonüberdeckung der Bewehrung durch Abstandhalter;
- Konsistenz und Qualität des Betons oder Erdbetons;
- Ausbildung der Elementfugen;
- Kontrolle des Betonsteigverhaltens.

Einphasenwand

- Zusammensetzung, Dichte, Auslaufzeit aus dem Marshtrichter, Absetzmaß, Filtratwasserabgabe, Fließgrenze und Verarbeitungszeit der Dichtwandsuspension;
- Vertikalität und Kontinuität der Wand;
- Prüfung der erhärteten Dichtwandmasse nach 28, 56 bzw. 112 Tagen Erhärtungszeit durch Bestimmung der
  - Druckfestigkeit nach DIN 18136,
  - Durchlässigkeit nach DIN 18130.

  Die Proben werden aus der frischen Suspension entnommen, in Zylinderformen gegossen und bis zur Prüfung luftdicht bzw. unter Wasser bei konstanter Temperatur gelagert.
- Eignungsprüfung bei Einsatz einer nicht erprobten Dichtwandmasse [29] oder bei aggressiven Boden/Grundwasserverhältnissen vor Beginn des Projekts.

3 Mixed-in-Place-Wände

3.1 Anwendungsbereich

Unter der Bezeichnung „Mixed-in-Place" (MIP) versteht man ein Verfahren, mit dem einzelne Säulen oder längere Wandelemente durch Vermörtelung des anstehenden Bodens mit einer Zement- oder Zement-Bentonit-Suspension an Ort und Stelle hergestellt werden können. Mithilfe von Mischwerkzeugen, die in den anstehenden Boden eingebracht werden (siehe Bild 28), wird ein definiertes Bodenvolumen (bestimmt durch die Länge und den Durchmesser der Mischwerkzeuge) mit einer vorab bestimmten Menge an Zement- oder Zement-Bentonit-Suspension zu einer homogenen und selbsterhärtenden Masse verarbeitet.

Durch das Lösen des Bodens und die gleichzeitige Verfüllung des Porenvolumens mit einer Suspension während des Löse- und Mischprozesses wird quasi ein Erdbeton – ähnlich feststoffreich wie eine Zweiphasen-Dichtwandmasse – hergestellt.

Mischwerkzeuge können Endlosschnecken, Paddel oder Fräsräder sein.

Durch die Aneinanderreihung und Überschneidung von Mixed-in-Place Einzelelementen können entsprechende Mixed-in-Place-Wände hergestellt werden. Sie eignen sich für temporäre und permanente Zwecke.

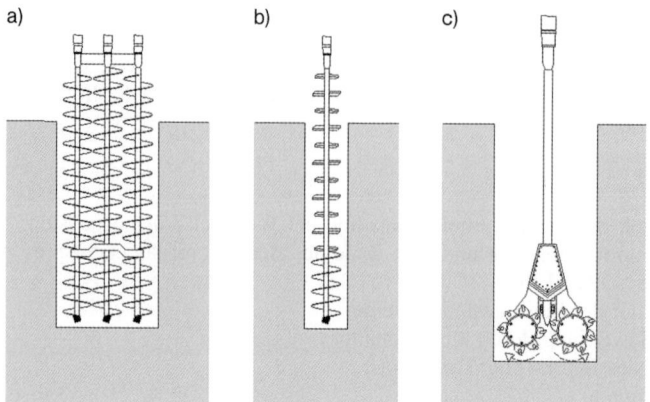

Bild 28. Mischwerkzeuge für die Herstellung von Mixed-in-Place-Wänden;
a) Endlosschnecke, b) Paddel, c) Fräse

Je nach erreichbarer Festigkeit und Geometrie des mit bindemittelhaltiger Suspension vermischten Bodens, ergeben sich folgende Hauptanwendungsgebiete:

Dichtwände

Mixed-in-Place-Wände werden hauptsächlich für Dichtwände im Hochwasserschutz, Dammertüchtigungen und Baugruben eingesetzt, aber auch zur Umschließung von Altlasten. Wenn sie in natürliche Stauer einbinden sollen, so sind vorab unbedingt ausreichende Untersuchungen hinsichtlich des Höhenverlaufs der wasserundurchlässigen Schicht zu ermitteln, um eine ausreichende Einbindetiefe zu gewährleisten. Dies muss deshalb geschehen, da bei allen Verfahren kein Bohrgut aus der Einbindetiefe gefördert wird und somit eine Überprüfung der Einbindung mit Inaugenscheinnahme des Bodenaushubs aus dem Stauerhorizont ausscheidet [5, 25, 52].

Baugruben

Werden im statisch erforderlichen Abstand vertikale Tragelemente, z. B. Stahlprofile oder eingerüttelte Bewehrungskörbe (analog der DIN EN 1536, Abs. 8.2.6.5) eingebaut, können Mixed-in-Place-Wände auch statisch konstruktive Funktionen z. B. als Verbauwand übernehmen. Diese sind relativ verformungsarm, da die Ausfachung zwischen den Tragelementen nicht nachträglich im Zuge des Aushubs erstellt werden muss, sodass eine Entspannung des Bodens durch diesen Arbeitsgang entfällt. Aufgrund des meist wasserundurchlässigen Erdbetons können dichte Baugruben hergestellt werden.

Immobilisierung

Hierbei wird eine auf die vorhandene Situation abgestimmte Bindemittelsuspension in den anstehenden Baugrund eingebracht, die die Schadstoffe bindet und somit ein weiteres Ausbreiten der Kontamination verhindert. Eine ökonomisch sinnvolle Anwendung ist vor allem dann gegeben, wenn zur sonst üblicherweise ausgeführten Auskofferung und Beseitigung der Kontaminationsherde umfangreiche Spezialtiefbaumaßnahmen erforderlich würden.

Gründungselemente

Mit dem Mixed-in-Place-Verfahren lassen sich zylinder- bzw. scheibenförmige Gründungselemente herstellen. Die dabei erzielbaren Druckfestigkeiten von 5 bis 15 MN/m² ergeben

3.6 Pfahlwände, Schlitzwände, Dichtwände

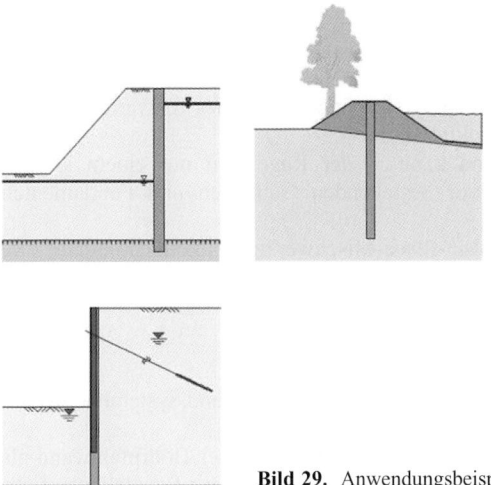

Bild 29. Anwendungsbeispiele für den Einsatz von Mixed-in-Place-Wänden

Gründungselemente, die je nach Abmessungen innere Tragfähigkeiten von 500 bis 2500 kN aufweisen können. Diese Elemente werden meist als unbewehrte Gründungskörper zur Abtragung von Einzel- bzw. Linienlasten herangezogen. In überwiegend bindigen Böden wird durch das Lösen und anschließende Durchmischen mit einer Zementsuspension der Boden örtlich derart verbessert, dass bei entsprechendem Raster eine deutliche Bodenstabilisierung und -verbesserung eintritt.

Die Wanddicken liegen üblicherweise zwischen 0,40 und 1,00 m, Die erreichbaren Tiefen sind je nach Verfahren sehr unterschiedlich; sie liegen zwischen 8,00 und 30,00 m und sind stark abhängig von den anstehenden Bodenverhältnissen. Mixed-in-Place-Wände werden nur vertikal hergestellt. Mit entsprechender Sorgfalt, technischer Ausrüstung und günstigen Baugrundbedingungen können Lotabweichungen von ca. 1,0% bezogen auf die Wandhöhe eingehalten werden. Bei Einsatz des CSM-Systems können auch 0,5% erreicht werden.

3.2 Vorteile

- Geringes Bohrgut: Da beim Mixed-in-Place-Verfahren der anstehende Boden als Wandbaustoff integriert wird, fällt nur sehr wenig, meist überhaupt kein Bohrgut an, welches abgefahren werden muss.
- Ressourcenschonend, umweltfreundlich: Bei der Herstellung einer Mixed-in-Place-Wand werden nur ca. 10 bis 15% der Material- und Bohrguttransporte erforderlich, verglichen mit einem konventionellen Verbau oder Dichtungsschlitzwänden. Besonders in Gebieten, die nur eine geringe Verkehrsbelastung zulassen, macht sich dies stark bemerkbar.
- Verformungsarm: Im Vergleich zu Verbauwänden, deren Horizontal-Ausfachung erst im Zuge des Aushubs eingezogen werden kann (z.B. Trägerbohlwände, aufgelöste Pfahlwände) ergeben sich wesentlich geringere Verformungen (horizontal ca. 1,5 bis 3 ‰ bezogen auf die Wandhöhe).
- Wassersperrend: siehe Abschnitt 6.
- Erschütterungsarme Herstellung: Da bei allen Mixed-in-Place-Verfahren die Mischwerkzeuge drehend in den Boden eingebracht werden, entstehen nur sehr geringe Erschütterungen.

- Wirtschaftlich: Dichtwände mit Wandtiefen zwischen 8 bis 16 m können als MIP-Wände in der Regel wesentlich preiswerter hergestellt werden als mit konventionellen Verfahren. Dies gilt ebenso bei Verbauwänden, die nicht nur statische Funktionen, sondern auch wasserdichte Aufgaben zu übernehmen haben. Besonders trifft dies für verlorene, also nicht mehr zu entfernende Verbaukonstruktionen zu.
- Platzsparend: Eine Mixed-in-Place-Wand kann in der Regel mit nur einem kleinen Zwischenraum von ca. 20 bis 30 cm vor bestehenden Gebäuden und Fundamenten hergestellt werden.
- Anpassungsfähig: Je nach Art des Mixed-in-Place-Mischwerkzeugs können beinahe alle geometrischen Formen im Grundriss hergestellt werden.

3.3 Nachteile

- Begrenzte Ausführungstiefe: Die Ausführungstiefen sind geräte- und systembedingt im Vergleich zu Schlitzwänden eingeschränkt.
- Baustelleneinrichtung: Im Verhältnis zu einer Trägerbohlwand oder Bohrpfahlwand als Baugrubenverbau ist für eine MIP-Wand eine etwas umfangreichere Baustelleneinrichtung zu kalkulieren. Neben dem eigentlichen Mixed-in-Place-Gerät ist immer eine Mischanlage für die Herstellung der Suspension erforderlich.

3.4 Vorschriften und Empfehlungen

Ein direktes Normenwerk für das Mixed-in-Place-Verfahren gibt es zurzeit nicht. Neben allgemeinen bauaufsichtlichen Zulassungen für die verschiedenen Mixed-in-Place-Verfahren sind folgende einschlägigen Normen zu beachten:

- DIN EN 14679:2005-07: Ausführung von besonderen geotechnischen Arbeiten (Spezialtiefbau) – Tiefreichende Bodenstabilisierung.
- DIN 4093: Entwurf und Bemessung von Bodenverfestigungen (Herstellung mit Düsenstrahl-, Deep-Mixing- oder Injektions-Verfahren (voraussichtlich 2009).
- DIN-Fachbericht zu DIN EN 14679 (voraussichtlich 2009).
- Allgemeine bauaufsichtliche Zulassungen des Deutschen Institutes für Bautechnik, Berlin (firmen- und systembezogen). z. B. Bauer, Z 34.26-200 (DIBt).

3.5 Wandarten

Grundsätzlich können Mixed-in-Place-Wände nach ihrem Anwendungszweck in 3 Kategorien eingeteilt werden:

Dichtwände

Hier stehen nur die abdichtenden Eigenschaften einer Mixed-in-Place-Wand im Vordergrund. Haupteinsatzgebiet sind Dammdichtungen (Hochwasserschutz) und Einkapselungen von kontaminierten Standorten.

Verbauwände

In Abhängigkeit des anstehenden Bodens, der Qualität und Quantität der eingemischten Suspension können Mixed-in-Place-Wände auch statische Funktionen übernehmen. Es handelt sich hierbei meist um die Abtragung von Erddruck über horizontale Gewölbewirkung zwischen vertikalen biegesteifen Konstruktionselementen (Stahlträger, Bewehrungskörbe, Stahlbetonfertigteile, Bohrpfähle), die in die MIP-Wand im Zuge deren Her-

3.6 Pfahlwände, Schlitzwände, Dichtwände

Bild 30. Mixed-in-Place-Wand als Dammabdichtung

Bild 31. Mixed-in-Place-Wand als Verbau

stellung mit eingebracht werden. Bei geringen Wandhöhen können die MIP-Wände auch ohne vertikale Konstruktionselemente als Schwergewichtsmauern, ggf. mit Rückverankerung hergestellt werden.

Wassersperrende Verbauwände

Da Mixed-in-Place-Wände nicht nur dichtende, sondern auch statische Aufgaben übernehmen können, liegt es nahe, diese auch als wasserdichte Baugrubenumschließungen einzusetzen. Sie können somit Pfahl- und Schlitzwände in geeigneten Bodenverhältnissen ersetzen. Dann übertragen sie auch den Wasserdruck auf die vertikalen Konstruktionselemente.

Bei Dammabdichtungen werden in Bereichen, bei denen eine Überflutung des Damms nicht ausgeschlossen werden kann, ebenfalls biegesteife Elemente eingebaut, um somit in solchen Fällen die Standsicherheit des Damms nicht zu gefährden.

3.6 Art des Lösens und Durchmischen des Bodens

Mixed-in-Place-Wände können mit unterschiedlichen Verfahren hergestellt werden. Je nach Herstellungsart ergeben sich auch die speziellen Anwendungsgebiete, die auch baugrundabhängig betrachtet werden müssen.

Nur die Kombination aus entsprechend abgestimmter Mischtechnik mit dem anstehenden Baugrund ergibt das gewünschte Ergebnis. Nicht jedes Verfahren ist für alle Aufgaben gleichermaßen technisch und wirtschaftlich geeignet.

3.6.1 Mixen mit durchgehender Schnecke

Die Herstellung von Mixed-in-Place-Wänden kann mit Einfachschnecken oder auch mit einem Mehrfachschneckensystem erfolgen.

Bei Verwendung einer **Einfachschnecke** wird diese nahezu erschütterungsfrei unter gleichzeitiger Zugabe der gewählten Suspension in den anstehenden Boden bis auf Endtiefe eingedreht. Dabei ist zu beachten, dass der anstehende Boden nur aufgeschnitten, aber nicht gefördert wird. Die Zugabe der Suspension erfolgt durch das hohle Seelenrohr der Schnecke. An der Bohrspitze tritt dann die Suspension aus und wird mit dem gelösten Boden bei sich drehender Schnecke vermischt. Um eine homogene Durchmischung von Boden und Suspension zu erzielen, wird die Drehrichtung der Schnecke mehrfach gewechselt bei gleichzeitigem Auf- und Abfahren des Anbauschlittens. Das Ergebnis dieser Vorgehensweise ist ein aufgrund der Schneckengeometrie vorgegebener, mit Boden und verwendeter Suspension vermischter Erdkörper. Analog zu Abschnitt 1 (Pfahlwände) können somit aus den einzelnen zylindrischen MIP-Säulen aufgelöste, tangierende und überschnittene Wände hergestellt werden.

Beim **Mehrfachschneckensystem** liegt der Unterschied zum Einfach-Schneckenverfahren darin, dass hierbei meist drei in Reihe angeordnete Endlosschnecken Verwendung finden. Der Achsabstand der Schnecken untereinander ist nur wenige Zentimeter größer als der Nenndurchmesser der Einzelschnecken. Diese Schnecken werden über drei getrennt steuerbare Hydraulik-Drehmotoren angetrieben. Somit kann durch Änderung der Drehrichtung der einzelnen Schnecken eine optimale Durchmischung des anstehenden Bodens und der ver-

Bild 32. Herstellen eines Verbaus aus Mixed-in-Place-Einzelelementen mit eingestellten Stahlträgern

3.6 Pfahlwände, Schlitzwände, Dichtwände

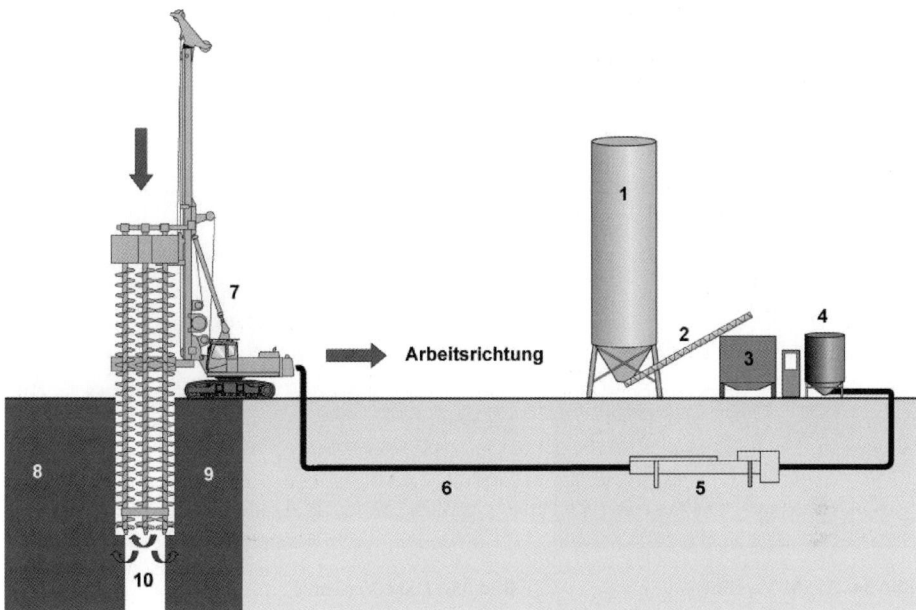

Bild 33. Herstellung einer Mixed-in-Place-Wand mit einem Dreifach-Schneckensystem.
1) Silo, 2) Förderschnecke, 3) Mischer, 4) Vorratsbehälter, 5) Suspensionspumpe, 6) Suspensionsleitung zum MIP-Gerät, 7) MIP-Gerät, 8) fertige MIP-Wand, 9) fertiger Primärstich, 10) Herstellung des Sekundärstiches

wendeten Suspension erreicht werden. Die Suspension wird hierbei immer durch das Seelenrohr der mittleren Schnecke in den Untergrund eingebracht. Das Ergebnis dieses Verfahrens ist ein mit Boden und Suspension vermischter prismatischer Erdkörper, dessen Größe vom Durchmesser der verwendeten Schnecken und vom Ausmaß der Penetration der Suspension in den umgebenden Boden abhängt.

Der Vorteil des Dreifach-Schneckenverfahrens liegt darin, dass die Schnecken über der gesamten Wandtiefe vorhanden sind und sich somit wegen der unterschiedlichen Drehrichtung eine vertikale Suspensionsströmung und gute Durchmischung über die komplette Wandhöhe ergibt. Auf diese Weise entsteht eine recht gleichmäßige Zusammensetzung des Wandbaustoffs über die gesamte Tiefe, da hierbei unterschiedliche Bodenschichten zu einem beinahe homogenen Material verarbeitet werden. Die Anzahl der Fugen bei Wänden mit abdichtender Funktion ist weiterhin nur ein Drittel der Fugen bei Einfachmischwerkzeugen.

3.6.2 Mixen mit Paddeln und Mischköpfen

Die Herstellung von Mixed-in-Place-Wänden kann auch mit Mischwerkzeugen, die spezielle Paddel, schneckenähnliche Anfänger oder Mischköpfe besitzen, durchgeführt werden.

Der Unterschied zu den Endlosschneckenverfahren besteht darin, dass die Mischwerkzeuge nicht durchgehend über die gesamte Bohrtiefe an den Gestängen angebracht sind, sondern lediglich am unteren Ende auf eine Länge von ca. 1,50 bis 3,00 m verteilt angeordnet werden.

Bild 34. WSM-Verfahren   **Bild 35.** DSM-Verfahren

Je nach Hersteller existieren verschiedene Systeme mit unterschiedlichsten Mischköpfen, die in ihrer Form und Anzahl variieren.

Bei dem WSM-Verfahren (Wet-Speed-Mixing) wird ein Bohrgestänge mit einem der Art des anstehenden Bodens angepassten Mischkopf bis auf die vorgesehene Endteufe niedergebracht und der Boden beim Ein- und Ausdrehen mit Suspension vermischt, die durch das Bohrgestänge bis zum Mischwerkzeug gepumpt wird. Meist wird nur ein Bohrgestänge mit einem Mischkopf eingesetzt. Damit entstehen runde Einzelsäulen, die je nach verwendetem Mischkopf verschiedene Durchmesser aufweisen können. Durch unterschiedliche Aneinanderreihung der Bohrungen können aufgelöste, tangierende und überschnittene Wände hergestellt werden [1].

Eine weitere Möglichkeit, Mixed-in-Place-Wände zu erstellen, bietet das DSM-Verfahren (Deep Soil Mixing) [63, 64]. Seine Ursprünge stammen aus Japan. Für dieses Verfahren bestehen verschiedene Varianten, die ein mechanisches Vermischen des anstehenden Baugrundes mit verschiedenen Suspensionen, aber auch trockenen Bindemitteln ermöglichen. Bei Verwendung von Suspensionen aus Wasser, Zement und anderen Bindemitteln spricht man von der „nassen" Methode (wet-DSM). Werden nur trockene Bindemittel, wie gelöschter oder ungelöschter Kalk, Zement oder gemahlene Hochofenschlacke verwendet, wird dies als „trockene" Methode (dry-DSM) bezeichnet. Diese kann nur dann eingesetzt werden, wenn der anstehende Boden unter Grundwasser steht oder einen ausreichend hohen Wassergehalt aufweist. Dieses Verfahren ist in Skandinavien weit verbreitet. Die „nasse" Methode ist hinsichtlich der anstehenden Bodenverhältnisse wesentlich flexibler einsetzbar. Neben Bodenverbesserungsmaßnahmen und pfahlartigen Gründungen können auch Dichtwände, auch mit statischer Funktion, hergestellt werden.

Hierbei werden ein oder mehrere Bohrgestänge (meist 2 bis 4), die als Anfänger ein Paddelsystem besitzen, gleichzeitig über getrennte Bohrantriebe in den anstehenden Baugrund eingebracht. Die zu vermischende Suspension wird über Hochdruckspülköpfe jeweils

3.6 Pfahlwände, Schlitzwände, Dichtwände

Bild 36. SMW-Verfahren

in die Bohrgestänge gepumpt und tritt an den Paddelwerkzeugen aus. Die Durchmischung des Bodens findet beim Abteufen und Wiederziehen des Bohrgestänges bei gleichzeitiger Rotation des Mischwerkzeugs statt. Durch elektronische Überwachung der Dreh und Vorschubgeschwindigkeit und der eingebrachten Suspensionsmenge pro Zeiteinheit während der Produktion werden erforderliche Qualitätsansprüche gewährleistet.

Beim SMW-Verfahren (Soil-Mixing-Wall) werden drei leicht überschnitten nebeneinander liegende Schneckenabschnitte an entsprechenden Bohrgestängen in den Boden gedreht, um somit mit der gleichzeitig eingebrachten Suspension eine Mixed-in-Place-Lamelle zu erstellen. Die beiden äußeren Gestänge schneiden gegenläufig drehend vor, während die mittlere Schnecke etwas nach oben versetzt nachläuft. Während des Schneideprozesses wird dem gelösten Boden ständig aus radial vom Zentrum weg verlaufenden Düsen Suspension zugeführt, um ihn zu vermischen. Um die Überschneidung der drei Gestänge zu gewährleisten, ohne dass die Schnecken miteinander kollidieren, verjüngen sich die äußeren Schnecken im unteren Bereich der mittleren Schnecke. Durch darüber ineinander greifende Mischpaddel wird eine relativ homogene Mischung über die ganze Breite des Schlitzes erreicht. Wie auch bei den anderen Verfahren ist eine elektronische Maschinenregelung und Dokumentation für eine einwandfreie Qualität erforderlich.

Bei über die gesamte Bohrtiefe hinweg homogenen Bodenverhältnissen sind die Ergebnisse der Verfahren mit über die gesamte Mischstrecke durchgehenden Schnecken und solchen mit nur am unteren Ende des Bohrgestänges angebrachten Mischwerkzeugen etwa gleichwertig.

Liegen aber sehr inhomogene, stark geschichtete Bodenformationen vor, ist das Mischergebnis mit einem über die gesamte Mischstrecke versehenen Werkzeug homogener als dies nur bei kurzen, auf Teillängen angebrachten Mischwerkzeugen möglich ist. Bei Bauaufgaben, die über die Tiefe relativ gleichmäßige homogene Wandeigenschaften bei stark geschichteten Bodenverhältnissen erfordern, erscheint daher der Einsatz durchgehender Mischwerkzeuge, wie z. B. Endlosschnecken, sinnvoller.

Der Vorteil der Verwendung von Mischwerkzeugen, die jeweils nur am Anfang des Bohrgestänges angebracht werden, liegt darin, dass im Verhältnis relativ kleine Bohrgeräte mit begrenzter Antriebsleistung eingesetzt werden können, da das notwendige Drehmoment zur Überwindung der Gesamtscherwiderstände am Bohrstrang erheblich geringer ist als wenn die Mischelemente sich über die gesamte Länge erstrecken.

3.6.3 Mixen mit Fräsrädern

Bei den bisher beschriebenen Mixed-in-Place-Verfahren wird der anstehende Baugrund durch um eine vertikale Achse rotierende Mischwerkzeuge mit Suspension vermischt. Beim Mixen mit Fräsrädern wird der Boden dagegen mit um horizontale Achsen drehenden Werkzeugen gelockert und durch deren Drehbewegung in situ mit einer zugegebenen selbsterhärtenden Suspension zu einem Erdbeton aus Boden und Zement vermischt.

Das Hauptanwendungsgebiet dieser Technik liegt in der Herstellung von statisch wirksamen Dichtwänden mit vertikalen Konstruktionselementen, die dann schwere wassersperrende Konstruktionen wie Ortbeton-Schlitzwände, Pfahlwände oder Spundwände ersetzen können.

3.6.3.1 Cutter Soil Mixing (CSM)

Das Verfahren des Cutter Soil Mixing (CSM) ist aus der Frästechnik für die Herstellung von Schlitzwänden entstanden. Wie bei einer Schlitzwandfräse drehen sich zwei Fräsräder in entgegengesetzter Richtung und lösen dabei den anstehenden Boden. Die bindemittelhaltige Suspension wird über eine zentrale Öffnung zwischen die Fräsräder gepumpt und durch deren Drehbewegung mit dem gelösten Boden vermischt. Damit eine wirklich homogene Mischung entsteht und nicht unzerkleinerte Bodenklumpen die Qualität des entstehenden Baustoffs im MIP-Körper verschlechtern, werden Räumer-Platten eingesetzt, die den Boden mit den Fräszähnen durchkämmen, etwaige Bodenklumpen zerkleinern und eine echte Zwangsmischung des Erdbetons bewirken [3, 7].

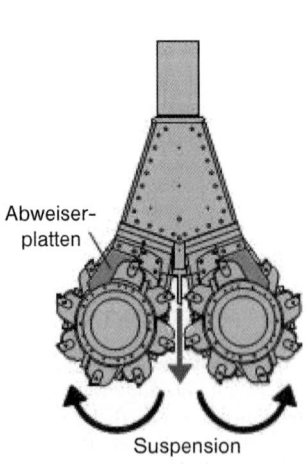

Bild 37. Systemdarstellung des CSM-Verfahrens   **Bild 38.** CSM Geräteeinheit

3.6 Pfahlwände, Schlitzwände, Dichtwände

Bild 39. Modifizierte Grabenfräse für das FMI-Verfahren

Die Mischeinheit wird an einer Bohrstange geführt. In der Hohlseele der Bohrstange sind die Suspensionsleitung und die Hydraulikleitungen zur Antriebsversorgung der Mischeinheit angeordnet. Aufgrund der biege- und torsionssteifen Bohrstange können Mixed-in-Place-Wände mit geringer Lotabweichung erstellt werden. Wegen der integrierten Messsysteme sind Abweichungen sofort erkennbar und können durch gezielte Steuerung der einzelnen Fräsräder korrigiert werden.

Weiterhin lässt sich eine vertikale Vorschubkraft durch die Fräseinheit aktivieren, sodass auch Böden mit hoher Kohäsion bzw. felsartigem Charakter gelöst und aufgemischt werden können. Dies ist ein entscheidender Vorteil gegenüber den sonstigen Mixed-in-Place-Verfahren, die schon bei geringen Felsfestigkeiten an ihre Grenzen stoßen.

3.6.3.2 Fräs-Misch-Injektion (FMI)

Mit dem Fräs-Misch-Injektions-Verfahren (FMI) [55] können Untergrundverfestigungen wie auch Dichtwände durch Einfräsen von Bindemitteln in den anstehenden Baugrund hergestellt werden. Mit einer speziell modifizierten Grabenfräse wird dazu Suspension, meist aus Zement und Bentonit, mit dem Lockergestein vermischt. Hierbei wird der anstehende Baugrund gleichmäßig über die gesamte Schlitztiefe in einem Arbeitsgang durch die Grabenfräse gelöst und zugleich mit der Bindemittelsuspension durchmischt. Diese Suspension wird über angeordnete Auslassventile am tiefsten Punkt des Fräsbaums verpumpt.

So kann eine Dichtwand ohne systembedingte Fugen in einem Zug „endlos" hergestellt werden, allerdings nur in Tiefen bis zu 9,5 m. Die Herstellgeschwindigkeit ist sehr hoch (60 bis 80 m²/h). Wegen des relativ hohen Aufwandes der Baustelleneinrichtung ist das Verfahren erst bei größeren Flächen (> 3000 m²) wirtschaftlich sinnvoll.

3.7 Herstellung

Bei der Herstellung von Mixed-in-Place-Wänden werden in der Regel keine Schablonen oder Leitwände eingesetzt. Meist wird ein Vorlaufgraben angelegt, der dann zum einen die Überschusssuspension und zum anderen den mit Suspension vermischten, verdrängten Boden aufnehmen soll. Dieser Vorlaufgraben gibt auch den Verlauf der herzustellenden Wand vor.

Mixed-in-Place-Wände können nicht in jeder Bodenart sinnvoll und damit auch erfolgreich hergestellt werden. Da der anstehende Baugrund der entscheidende Baustoff für Mixed-in-Place-Wände ist, muss vorab immer geprüft werden, ob dieser für die geplante Aufgabe geeignet ist.

Bild 40. Vorlaufgraben bei der Herstellung von Mixed-in-Place-Wänden

Im Allgemeinen bieten Böden mit Kornverteilungen zwischen Feinsand und Grobkies die besten Voraussetzungen für eine qualitativ hochwertige Wand. Allerdings können auch bindige Schichten, sofern deren Anteil bezogen auf die Wandhöhe nicht zu hoch ist, mit eingemischt werden, ohne die geforderte Qualität allzu stark einzuschränken. Die Grenzen hierfür hängen von dem verwendeten Verfahren ab. Verfahren, die systembedingt eher eine horizontale Durchmischung des Bodens mit der Suspension vornehmen, ergeben bei unterschiedlichem Bodenaufbau in der Regel eine weniger homogene Wand als Verfahren mit eher vertikalem Mischsystem.

Bei Antreffen von Schichten aus bindigen Böden entscheiden zum einen die Eigenschaften des bindigen Materiales selbst (mehr oder weniger gut mischbar) und zum anderen die Schichtstärke der bindigen Schicht im Verhältnis zu der Gesamthöhe des herzustellenden Mixed-in-Place-Körpers über das gewünschte Ergebnis. Deshalb sind in solchen Fällen zusätzliche Eignungsuntersuchungen hinsichtlich der erzielbaren Festigkeit und Dauerhaftigkeit in allen Schichtbereichen notwendig. Dies gilt auch für den Einsatz des Verfahrens bei Bodenverhältnissen mit „starkem" oder „sehr starkem" chemischen Angriff nach DIN 4030 sowie bei organischen Böden.

3.7.1 Mix-Suspension

Für das Mixed-in-Place-Verfahren können verschiedene Suspensionen je nach den erforderlichen Gegebenheiten und Anforderungen verwendet werden. Der Wasser-/Bindemittelwert kann sich dabei in einem Bereich von $w/z = 0,5$ bis $3,5$ bewegen. Für statisch tragende Verbauelemente werden meist Zementsuspensionen eingesetzt, die je nach Erfordernis noch mit Zusatzmitteln versehen werden. Zur Herstellung von Dichtwänden werden Suspensionen aus Zement, Bentonit und Steinmehl verwendet. Auch Fertigmischungen verschiedener Hersteller wurden schon erfolgreich eingesetzt.

Das Anmischen der Suspension geschieht mit Durchlaufmischern, die in der Lage sind, die erforderlichen Mengen je nach verwendeten Mixed-in-Place-Verfahren in kurzer Zeit aufzubereiten. Aus den Vorratsbehältern wird dann die Suspension in die Mischwerkzeuge zu den entsprechenden Austrittsöffnungen gepumpt.

3.6 Pfahlwände, Schlitzwände, Dichtwände   615

Hierbei ist darauf zu achten, dass die festgesetzte Suspensionseinbaumenge je m³ fertigem Mixed-in-Place-Körper in Abhängigkeit des jeweiligen Arbeitsfortschritts kontrolliert eingebracht wird. Wird im Verhältnis zum gelösten und vermischten Boden zu viel Suspension eingepumpt, entsteht ein übermäßiger Auswurf in Form von Rücklaufsuspension und verdrängten, mit Suspension vermischtem Boden. Ist der Arbeitsfortschritt entsprechend zu hoch, wird zu wenig Suspension mit dem gelösten Boden vermischt. Deshalb ist eine Überwachung und Steuerung zwischen Arbeitsfortschritt (gelöster Boden je Zeiteinheit, z. B. m³/min) und Suspensionsverbrauch (erforderliche Suspension je m³ gelöster Boden, z. B. l/m³) zwingend erforderlich. Die hierbei erzeugten Daten sind zu speichern und Grundlage für eine erfolgreiche Qualitätssteuerung.

3.7.2 Herstellungsablauf

3.7.2.1 Mixen mit durchgehender Schnecke

Bei der Verwendung von Einfachschnecken werden Dicht- oder Verbauwände analog des Herstellungsablaufs von Pfahlwänden ausgeführt. Für Verbauzwecke sind aufgelöste, tangierende und überschnittene Systeme möglich. Dichtwände müssen immer als überschnittene Version ausgeführt werden (s. Abschn. 1.5).

Während des Abbohrens und Ziehens der Schnecke wird der anstehende Boden aufgemischt und durch das hohle Seelenrohr der Schnecke die Bindemittelsuspension eingebaut.

Die Bohrtiefen liegen maximal bei ca. 25 m, allerdings lässt sich nur bis ca. 20 m Tiefe eine überschnittene Wand herstellen. Die Bohrdurchmesser können von 400 bis 1200 mm variiert werden. Die Bohrleistungen liegen je nach Bodenverhältnissen und äußeren Randbedingungen (Bohrplanum, freie Arbeitshöhe und Schwenkkreis etc.) zwischen 150 m/AT und 300 m/AT.

Bei der Herstellung von Dicht- und Verbauwänden mit Dreifachschnecken handelt es sich meist um lamellenweise erstellte, durchgehende Wände. Auch hier wird während des Abbohrens und Ziehens der Schnecken der anstehende Boden aufgemischt und durch das hohle Seelenrohr der mittleren Schnecke die Bindemittelsuspension eingebaut. Um eine homogene Durchmischung des Bodens zu erzielen, können die Drehrichtungen der Schnecken einzeln variiert werden, während hierbei zusätzlich noch der Anbauschlitten auf- und abgefahren wird.

Die Herstellung der MIP-Lamellen erfolgt im sog. „Doppelten Pilgerschrittverfahren" [15]. Hierbei werden die Überschneidungsbereiche von Primär- und Sekundärlamelle nochmals überbohrt.

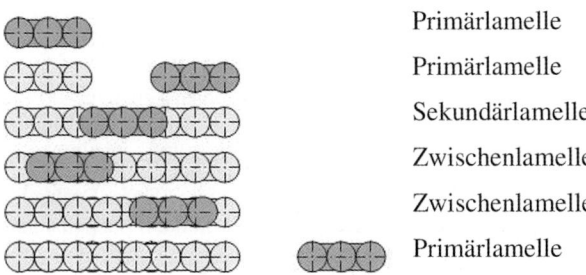

Bild 41. Doppelter Pilgerschritt bei Mixed-in-Place-Wänden mit Dreifach-Schnecken

Mixed-in-Place-Wände mit Dreifach Schnecken können mit folgenden technischen Spezifikationen hergestellt werden:

Lamellenstärke	Lamellenlänge	max. Wandtiefe
370 mm	1200 mm	ca. 9,0 m
550 mm	1700 mm	ca. 16,0 m

Die Herstellleistungen liegen je nach Bodenverhältnissen und äußeren Randbedingungen zwischen 12 und 25 m²/h.

3.7.2.2 Mixen mit Paddeln und Mischköpfen

Sollen Mixed-in-Place-Wände jeweils nur mit einem Bohrgestänge und entsprechendem Paddel- oder Mischkopfsystem hergestellt werden, erfolgt dies analog zu Pfahlwänden (s. Abschn. 1). Die Einzelelemente können für eine aufgelöste, tangierende oder überschnittene Wand angeordnet werden. Bei ausreichendem Abstand können die pfahlähnlichen Elemente nacheinander hergestellt werden; ausreichend bedeutet dabei, dass eine Beeinflussung auf bereits hergestellte Elemente ausgeschlossen ist (z. B. Absinken oder Überlaufen des fertigen Mix-Materialspiegels). Bei kleineren Abständen werden wie im Pilgerschrittverfahren zunächst die Primärelemente (Arbeitsablauf 1-3-5-7-… oder bei schlechteren Bodenverhältnissen mit geringer Scherfestigkeit und Steifigkeit auch 1-5-9-13-…/3-7-11-15-…) abgeteuft. Anschließend werden die dazwischen liegenden Sekundärelemente hergestellt, wenn eine ausreichende Festigkeit der Primärelemente erreicht ist.

Je nach verwendetem Mischkopf können Durchmesser von 400 bis 1200 mm erstellt werden. Die Bohrtiefe ist geräteabhängig und kann bis zu 20 m erreichen. Lotabweichungsmessungen sind besonders bei Tiefen ab 10 m sinnvoll und zur Herstellung von Dichtwänden als Qualitätskontrolle unverzichtbar.

Die Herstellleistung beträgt je nach Durchmesser, Bodenverhältnissen und äußeren Randbedingungen zwischen 25 und 45 m/h.

Kommen Systeme mit mehreren Paddeln und Mischköpfen zur Anwendung, werden meist durchgehende Wände aus einzelnen Lamellen begrenzter Länge hergestellt. Zunächst werden nur Primärelemente ausgeführt und dann erst die dazwischen liegenden Sekundärelemente in einem zweiten Durchgang (einfacher Pilgerschritt). Die Überschneidung der Elemente beträgt mindestens 10 cm, muss aber mit zunehmender Tiefe vergrößert werden, um ein ausreichendes Überschneidungsmaß zur Gewährleistung einer durchgehenden Wand und der geforderten Dichtigkeit zu erhalten. Je nach den Qualitätsanforderungen, den Bodenverhältnissen und der Wandtiefe kann die Ausführung im sog. doppelten Pilgerschritt (s. Abschn. 3.7.2.1) erforderlich werden.

Mit den verschiedenen Paddel- und Mischkopfsystemen können Wandstärken von 400 bis 1000 mm hergestellt werden. Die „Lamellenlängen" variieren je nach Anzahl und Durchmesser der verwendeten, nebeneinander liegenden Bohrgestänge zwischen 800 und 3000 mm.

Die elektronische Überwachung der Produktionsdaten wie Lotabweichung, Tiefe, Drehzahl, Drehmoment, Vorschubkraft, Vorschubgeschwindigkeit und eingebrachten Suspensionsmengen sind zur Qualitätslenkung erforderlich.

Die Herstellleistungen können je nach Durchmesser, Bodenverhältnissen und äußeren Randbedingungen zwischen 10 und 30 m²/h schwanken.

3.7.2.3 Cutter Soil Mixing (CSM)

Zur Herstellung von Mixed-in-Place-Wänden mit dem CSM-Verfahren wird zunächst ein größerer Graben zur Aufnahme der Überschusssuspension benötigt. Die Abmessungen hängen von den jeweiligen Baustellenbedingungen ab; in der Regel ist ein ca. 1,20 m breiter und 0,8 m tiefer Graben sinnvoll. Das Mischwerkzeug, bestehend aus 2 Fräsrädern, wird mit möglichst kontinuierlicher Geschwindigkeit bei gleichzeitiger Zugabe der erforderlichen Suspensionsmenge in den Boden eingefahren. Die Drehrichtung der Fräsräder kann variiert werden, wobei die Drehrichtung von unten nach außen bevorzugt wird. Die Vorschubgeschwindigkeit des Mischwerkzeugs und die Zugabemenge an Suspension werden so gesteuert, dass eine plastische Bodenmasse entsteht, die ein problemloses Einfahren und Ziehen des Werkzeugs ermöglicht. Typische Eindringgeschwindigkeiten betragen 20 bis 60 cm/min.

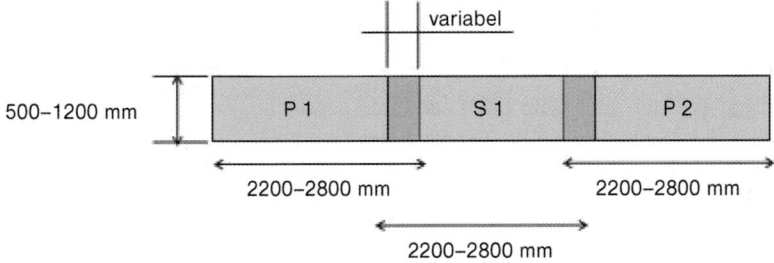

Bild 42. Herstellungsablauf beim CSM-Verfahren

Typ 1	Typ 2	Typ 3
nicht bindiger, sandiger Boden in Kombination mit kurzen Räumerplatten	nicht bindiger oder toniger, schluffiger bindiger Boden in Kombination mit langen Räumerplatten	harter, dicht gelagerter Boden, kiesig mit Steinen kurze, lange oder keine Räumerplatte

Bild 43. Unterschiedliche Fräsradtypen beim CSM-Verfahren

In der Regel werden hierbei ca. 70% der gesamten Suspensionsmenge eingepumpt. Der ggf. anfallende Rückfluss aus Boden und Suspension wird im Aufnahmegraben oder in einem Absetzbecken aufgefangen. Während der Ziehphase wird die restliche Suspensionsmenge in den Boden eingemischt. Die Ziehgeschwindigkeit kann hierbei höher gewählt werden als die Vorschubgeschwindigkeit beim Abteufen, da der Großteil der Suspension bereits während der Eindringphase in den Boden eingemischt wurde.

Zur Herstellung einer durchgehenden Wand werden die Einzelelemente im Pilgerschrittverfahren hergestellt. Benachbarte Elemente können unmittelbar nach Fertigstellung „frisch-in-frisch" angeschnitten werden. Nach Arbeitsunterbrechungen (Wochenende, Feiertage o. Ä.) erlaubt die Frästechnik auch ein problemloses Anschneiden von angesteiften Nachbarelementen.

Die mit Cutter Soil Mixing erreichbaren Wandtiefen liegen je nach verwendetem Gerät zwischen 12 und 30 m. Die Lamellenlängen von 2,2 bis 2,8 m können je nach Bedarf mit Fräsrädern von 500 bis 1200 mm Breite erstellt werden.

3.7.2.4 Fräs-Misch-Injektion (FMI)

Die Herstellung von Wänden nach dem FMI-Verfahren geschieht systembedingt in einem Zug. Es entsteht somit ein Endlosschlitz, dessen Länge lediglich durch Arbeitszeitunterbrechungen beschränkt ist. Auch bei diesem Verfahren wird zunächst ein Vorlaufgraben erstellt, um Überschusssuspension und Mischgut aufzufangen.

Eine Fräswelle, auf der die Schneidflügel durch zwei Kettensysteme bewegt werden, wird in Richtung der Fahrerkabine gesteuert. Die Fräsachse kann bis 80° gegen die Vertikale geneigt werden und wird hinter dem Gerät hergezogen. Dabei wird der Boden nicht gefördert, sondern in situ mit Zementsuspension vermischt. Die Fahrgeschwindigkeit muss hierbei in Verbindung mit der Frästiefe und Suspensionsmenge genau gesteuert werden. Die einzubringende Suspensionsmenge liegt zwischen 50 und 150 m^3/h. Deshalb ist eine leistungsfähige Mischanlage mit entsprechenden Pumpen erforderlich. Die Dicke der MIP-Wand kann zwischen 0,35 und 1,00 m variiert werden, die derzeitige max. Frästiefe beträgt 9,50 m.

3.7.3 Bewehren

Um Mixed-in-Place-Wände auch für konstruktive Aufgaben verwenden zu können, ist der Einbau von vertikalen, biegesteifen Konstruktionselementen erforderlich, wie z. B.:

- Trägerprofile nach DIN 1025/1026 bzw. DIN EN 10024/10034,
- Körbe aus Bewehrungsstahl nach DIN 488 bzw. DIN EN 10080,
- Stahlbetonfertigteile.

Die Bewehrungselemente müssen unmittelbar nach Beendigung des Mixvorgangs eingebracht werden, um den begrenzten Widerstand der frischen MIP-Masse zu nutzen. Je nach den anstehenden Bodenverhältnissen kann es auch erforderlich sein, dass die Bewehrung eingerüttelt werden muss. Meist ist dies aber nur eine unterstützende Maßnahme, da normalerweise die Bewehrung schon durch das Eigengewicht oder unterstützt durch vertikales Drücken bis auf Endtiefe eingebracht werden kann. Eine Führung an der Geländeoberfläche ist ratsam, um Schiefstellungen oder ein unkontrolliertes Abtauchen zu verhindern. Werden besondere Genauigkeitsanforderungen an die Einbaulage der Bewehrung gestellt, hat sich der mäklergeführte Einbau mit einem separaten Gerät und geringer Rüttelenergie bewährt. Weiterhin ist darauf zu achten, dass die Wanddicke mindestens 5 bis 10 cm größer ist als die einzubauende Bewehrung, um geometrische Einbauwiderstände und somit ein Abweichen außerhalb der eigentlichen Wand zu vermeiden.

3.6 Pfahlwände, Schlitzwände, Dichtwände

Bild 44. Korb aus Bewehrungsstahl

3.8 Baustoffe

Bei Mixed-in-Place-Wänden ist der anstehende Baugrund der entscheidende Zuschlagstoff. Deshalb sind erhöhte Anforderungen an Baugrunduntersuchungen und Beschreibungen zu stellen, um in Kombination mit den geeigneten Bindemitteln eine der Bauaufgabe gerechte Lösung zu finden. Die Anzahl der Aufschlüsse muss gewährleisten, dass die Baugrundbeschreibung ein durchgehendes klares Bild des Untergrundes entlang der Wandachse ergibt. Neben der normgemäßen Beschreibung der einzelnen Bodenschichten und den zugehörigen Kornverteilungskurven sind vor allem Lagerungsdichte, Porenanteil, Gehalt an organischen Substanzen, Grundwasserverhältnisse, chemische Verunreinigungen wichtige Informationen.

Spätestens vor Ausführungsbeginn sollten Mischversuche im Labor mit in situ entnommenen Bodenproben und der vorgesehenen Suspension durchgeführt werden, um das Abbindeverhalten sowie die zeitliche Entwicklung der Festigkeitszunahme zu prüfen. Dabei ist auch die Verträglichkeit der geplanten Suspensionsrezeptur mit kontaminierten oder organischen Böden relativ einfach zu erkennen.

Ergebnis dieser Eignungsprüfungen ist neben der optimalen Suspensionsrezeptur auch die Angabe der erforderlichen Einbaumenge pro m³ gemischten Bodens.

Die Suspension, die für die Herstellung von Mixed-in-Place-Wänden verwendet wird, besteht im Regelfall aus Zement, Bentonit, Wasser und ggf. Zusatzmitteln (Verflüssiger, Verzögerer) und Zusatzstoffen (Steinmehl, Flugasche).

Tabelle 1. Richtwerte für Mischungen

	Dichtwand	Verbauwand
Zement	250–550 kg/m³ Suspension	800–1.200 kg/m³ Suspension
Bentonit	15–70 kg/m³ Suspension	15–50 kg/m³ Suspension
w/z-Wert	1,5–3,5	0,5–1,5
Zementgehalt im behandelten Boden	70–200 kg/m³ Boden	200–450 kg/m³ Boden

Als Bentonite werden besonders alkalibeständige und somit zementstabile Sorten verwendet. Das Bindemittel besteht aus Zementen nach DIN 1164 bzw. DIN EN 197, meist Portlandzement oder Hochofenzement CEM III/B 32,5. Als Richtwerte können die Mischungen für MIP-Massen zum Einsatz bei Dicht- und Verbauwänden aus Tabelle 1 angenommen werden.

3.9 Eigenschaften

Wasserdichtigkeit

Der Durchlässigkeitsbeiwert k_F von erhärteten Proben aus entsprechenden Mixed-in-Place-Wänden liegt im Mittel je nach anstehendem Boden zwischen $1 \cdot 10^{-10}$ m/s und $11 \cdot 10^{-8}$ m/s. Die Systemdurchlässigkeit der gesamten Wand unter Berücksichtigung von Fugen und Inhomogenitäten liegt in einem Bereich von $k = 10^{-8}$ bis 10^{-7} m/s.

Druckfestigkeit

Bei Verbauwänden werden entsprechend den Anforderungen Druckfestigkeiten in einer Größenordnung von 5 bis 15 MN/m² erreicht. Dies hängt selbstverständlich immer von dem vorhandenen anstehenden Baugrund (= „Zuschlagstoff") ab. Bei Abdichtungsmaßnahmen werden andere Eigenschaften verlangt. Die Druckfestigkeit sollte < 1 MN/m² sein, um eine ausreichende Plastizität des erhärteten Materials zu gewährleisten. Der Steifemodul der ausgehärteten MIP-Masse liegt bei ca. 120 bis 200 MN/m².

Erosionsbeständigkeit

Wie schon in Abschnitt 2.9.2 für Dichtwände beschrieben steigt mit höheren Festigkeiten > 0,3 N/mm², geringer Durchlässigkeit $k < 10^{-9}$ m/s und begrenztem Gradienten i die Erosionsbeständigkeit an. Somit sind i. Allg. Mixed-in-Place-Wände mit diesen Eigenschaften als erosionssicher zu bezeichnen.

Frostsicherheit

In der Regel sind Mixed-in-Place Wände nicht frostsicher. Entscheidend hierfür ist der in dem Mixed-in-Place Körper enthaltene Zuschlag (= Boden). Ist das anstehende Bodenmaterial vorwiegend sandig und kiesig, ist eher eine gewisse Frostsicherheit gegeben, als wenn bindige Bodenformationen eingemischt werden. Analog zu den im Schlitzwandverfahren hergestellten Dichtwänden (s. Abschn. 2.6.2.2) reichen meist geringe konstruktive Maßnahmen aus, um eine für vorübergehende Bauzustände ausreichende Frostsicherheit des Gesamtsystems zu gewährleisten.

Schwindmaß

Mixed-in-Place-Massen haben aufgrund ihres höheren w/z-Werts im Vergleich zu Normalbeton ein höheres Schwindmaß. Dieses ist aber immer noch erheblich geringer als bei Einphasen-Dichtwandmassen oder Schmalwandmassen, da der wesentlich höhere Feststoffanteil und das aus dem eingemischten Boden entstehende Korngefüge eine Kornmatrix erzeugen, die in einer feststoffärmeren Suspension nicht vorhanden ist.

3.10 Qualitätssicherung

Je nach Anwendungszweck sind wie vorab beschrieben verschiedene Parameter zur Herstellung einer Mixed-in-Place-Wand festzulegen. Diese werden dann im Rahmen der Fremd- und Eigenüberwachung auf der Baustelle überprüft.

3.6 Pfahlwände, Schlitzwände, Dichtwände

Folgende Prüfungen sind in der Regel in Anlehnung an die Empfehlungen des Arbeitskreises „Geotechnik der Deponien und Altlasten" (GDA-Empfehlungen) erforderlich:

- Druckfestigkeit: je 1000 m³ Mixed-in-Place-Körper einer Serie von gegossenen Probekörpern (4 Einzelproben) aus den frisch hergestellten Mixed-in-Place-Wänden, mindestens zwei Serien je Bauvorhaben.
- Dichte: mindestens 4-mal je Arbeitsschicht an Proben aus der frisch hergestellten Mixed-in-Place-Wand.
- Zusammensetzung und Eigenschaften der verwendeten Ausgangsstoffe (Zement, Bentonit, Wasser, Fertigmischung, etc.).
- Eigenschaften der zuzugebenden Frischsuspension.
- Erfassung der zeitlichen Entwicklung der Eigenschaften der Mixed-in-Place-Masse.
- Spannungs-Verformungs-Verhalten des erhärteten Erdbetons.
- Wasserdurchlässigkeit der erhärteten Mixed-in-Place-Masse.

Zur Einhaltung der geforderten Eigenschaften einer Mixed-in-Place-Wand gehören nicht nur die Untersuchungen an dem erzeugten Erdbeton, sondern auch die Kontrollen bei der Herstellung selbst. Hierunter werden gerätetechnische Parameter verstanden, die die Qualität eines Mixed-in-Place-Körpers entscheidend beeinflussen können. Deshalb sind folgende Parameter mit einem installierten Messdatenerfassungssystem in Abhängigkeit von der Zeit zu dokumentieren:

– eingebrachte Suspensionsmenge,
– Durchflussmenge an Suspension in Abhängigkeit der Bohrtiefe,
– Herstellzeit mit Angabe des Tiefenverlaufs,
– Drehgeschwindigkeit/Vorschubgeschwindigkeit,
– Lotabweichung.

4 Schmalwände

4.1 Anwendungsbereich

Als Schmalwände werden Dichtwände geringer Wandstärke bezeichnet, bei denen das mit selbsterhärtender Dichtwandmasse gefüllte Wandvolumen nicht durch Austausch des Bodens, sondern durch seitliche Bodenverdrängung hergestellt wird [2, 23, 26, 48]. Dieses Verfahren ist im Vergleich zu den im Schlitzwandverfahren mit Bodenaushub hergestellten Dichtwänden sehr wirtschaftlich und wird sowohl für temporäre Zwecke (Abdichtung von frei geböschten oder mit einem vertikalen, wasserdurchlässigen Verbau gesicherten Baugruben) eingesetzt als auch für permanente Abdichtungen (z. B. zur Sicherung von Deichen und Staudämmen gegen mögliche Durch- bzw. Unterströmung) sowie zum Grundwasserschutz auf Industriestandorten oder bei der Einkapselung von Altlasten und Deponien.

Schmalwände werden vertikal hergestellt, indem dabei eine Stahlprofil-Bohle oder ein Tiefenrüttler mit angeschweißten Seitenflügeln in den Boden einvibriert und anschließend beim Ziehen der durch die Bodenverdrängung entstandene Hohlraum mit erhärtender Dichtwandmasse verpresst wird. Die Nenndicke der Schmalwand – vorgegeben von der den Boden verdrängenden Rüttelbohle – liegt üblicherweise bei 8 bis 10 cm, die tatsächliche Wanddicke hängt von der Bodenart ab und ist i. d. R. größer (Bild 45). Vorsicht ist allerdings in sandigen Böden mit Ungleichförmigkeitsgrad $U < 5$, die der Gefahr einer Bodenverflüssigung durch die verfahrensbedingten Erschütterungen unterliegen, sowie in schluffigen Böden geboten, da es in solchen Böden zum Eindrücken des supensionsgestützten Hohlraums und damit zu Fehlstellen in der Wand kommen kann.

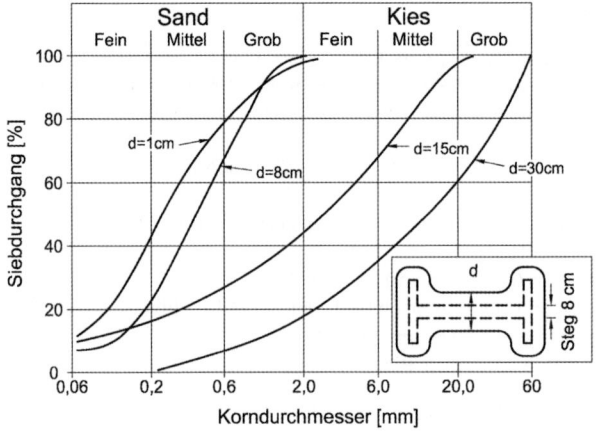

Bild 45. Einfluss der Bodenart auf die Wanddicke von Schmalwänden [58]

4.2 Vorteile

- Wirtschaftlich: durch große Tagesleistungen und geringen Materialverbrauch.
- Vielseitig einsetzbar: in fast allen mit Vibrationsrammverfahren rammbaren Bodenarten.
- Wassersperrend: geringe Wasserdurchlässigkeit durch feststoffreiche Dichtwandmasse führt zu geringen Leckagemengen, besonders bei geringen hydraulischen Gradienten.
- Umweltfreundlich: nur natürliche Baustoffe und Bindemittel auf Zementbasis werden in den Untergrund eingebracht.

4.3 Nachteile

- Die mögliche Ausführungstiefe ist auf ca. 25 m (unter günstigen Bedingungen auch 30 m) begrenzt.
- Der Einsatz ist auf mit Vibrationsrammverfahren rammbare Bodenarten beschränkt.
- Das Einbinden der Schmalwand in festen Fels ist nicht möglich.
- In erschütterungs- und fließempfindlichen Bodenarten ist die Ausführung risikoreich, da sich bei Herstellung des Folgestiches der vorangehend hergestellte Stich stellenweise wieder schließen kann. In solchen Böden sind besondere Maßnahmen erforderlich.
- Die Erschütterungseinwirkungen auf Nachbargebäude können – abhängig von der Entfernung und der Bodenschichtung – beträchtlich sein.

4.4 Vorschriften und Empfehlungen

Ausdrückliche Vorschriften für die Ausführung von Schmalwänden sind in Deutschland derzeit nicht vorhanden, in DIN EN 1538 ist diese Art von Wänden im Gültigkeitsbereich ausdrücklich ausgeschlossen. Bei der Planung und Ausführung von Schmalwänden sollten jedoch folgende Richtlinien und Empfehlungen beachtet werden:

- Dichtungselemente im Wasserbau. DVWK-Merkblatt 215 (1990). Verlag Paul Parey, Hamburg und Berlin.
- Empfehlungen des Arbeitsausschusses „Geotechnik der Deponien und Altlasten" – GDA (1997). Deutsche Gesellschaft für Geotechnik. Verlag Ernst & Sohn, Berlin
- Handbuch der Österreichischen Dichtwandtechnologie (Juni 2007). Hrsg. Österreichische Gesellschaft für Geomechanik, Salzburg.

4.5 Zweck und Wandarten

Der Schmalwand wird ausschließlich eine abdichtende Funktion gegenüber dem Grundwasser, jedoch keinerlei statische Funktion – weder zur Aufnahme von Horizontal- noch von Vertikalkräften zugewiesen. Bezüglich der Bauverfahrenstechnik sind zu unterscheiden:

- Mit einem Vertikalrüttler wird eine Rüttelbohle, bestehend aus einem am Fuß verstärkten Walzträgerprofil (HEB 600 bis HEB 1000) in den Boden eingerüttelt und anschließend der beim Ziehen der Bohle frei werdende Hohlraum über eine bis zum Bohlenfuß angebrachte Rohrleitung mit einer erhärtenden Dichtwandmasse verpresst.
- Mit einem aus der Bodenverbesserung bekannten Tiefenrüttler, der für diese Anwendung mit zwei diametral abgeordneten Flügeln ausgerüstet ist, wird beim Abteufen ein Hohlraum geschaffen, das beim Zurückziehend des Rüttlers mit der erhärtenden Dichtwandmasse verpresst wird. Diese Wandart ist nur in für Tiefenrüttler geeigneten Bodenarten einsetzbar.

4.6 Herstellung der Rüttel-Schmalwand

4.6.1 Mit Vertikalrüttler (s. Kapitel 2.7, Teil 2)

Die einzelnen Einstiche mit der Rüttelbohle werden aus einem Vorlaufgraben (Tiefe ca. 0,5 m, Breite in Abhängigkeit des verwendeten Profils) zur optischen Wandführung und als Vorlaufreservoir für die Dichtwandmasse heraus abgeteuft.

Der Vertikalrüttler und die Rüttelbohle werden an einem Mäkler geführt. Die Einzelstiche werden kontinuierlich in Läuferanordnung hergestellt und überlappen sich meist „frisch in frisch" um die einfache Flanschbreite; zur Führung der Bohle ist rückwärtig meist ein Schwert angeschweißt, das die Bohle entlang des Vorläufereinstiches führen und eine ausreichende Überlappung sicherstellen soll. Einzelheiten zur speziellen Ausrüstung und zum Verfahrensablauf sind in [58] nachzulesen.

Als Variante kann das sog. *Vibrosol-Verfahren* [6] angesehen werden, bei dem die Bodenverdrängung durch eine Düsenstrahlinjektion unterstützt wird, mit der der Boden über eine am Fuß der Rüttelbohle angebrachte Düse vorgeschnitten wird, sodass die notwendige

Bild 46. Herstellung einer Schmalwand im Rüttelverfahren mit Vertikalrüttler

Vibrationsenergie der nachlaufenden Rüttelbohle geringer wird. Beim Ziehen der Bohle wird über eine zweite, rückwärtige Düse ein Zudrücken der hergestellten Wandstärke verhindert. Dieses Verfahren ist vor allem in verflüssigungsgefährdeten Böden geeignet.

4.6.2 Mit Tiefenrüttler (s. Kapitel 2.1, Teil 2)

Der Tiefenrüttler ist ein torpedo-artiger Kreisschwinger mit vertikaler Antriebswelle und einem Durchmesser von ca. 30 cm und einer Länge über beide angeschweißten Flügel von ca. 1,0 bis 1,3 m. Die Breite der Flügel beträgt ca. 6 bis 8 cm. Die verfügbare Antriebsleistung dieser Rüttler ist geringer als beim Vertikalrüttler am Bohlenkopf, sodass auch die Anwendungsgrenzen für geeignete Böden enger gesteckt sind. Bedingt durch die Kreisschwingung besteht bei größeren Tiefen die Gefahr eines Verdrehens des Rüttlers und damit einer Diskontinuität in der fertigen Wand [58].

4.7 Baustoffe

Die Schmalwandmasse bzw. Dichtwandmasse für Schmalwände wird – ähnlich wie eine Einphasen-Dichtwandmasse (s. Abschn. 2.8.2) – hergestellt aus:

- Wasser,
- Bentonit oder Tonmehl,
- hydraulisches Bindemittel (Norm-Zemente oder Spezial-Bindemittel),
- Füller (z. B. Steinmehl, ggf. auch Flugasche).

Gegenüber der Dichtwandmasse für gegriffene Dichtwände im Einphasenverfahren kann und soll bei der Schmalwandmasse ein größerer Feststoffgehalt vorgesehen werden (Mindestdichte der fertigen Mischung 1,5 g/m³), nur bei Kurzzeitmaßnahmen und bei geringen hydraulischen Gradienten (i < 50) kann eine Verringerung der Suspensionsdichte vertretbar sein [24]. Neben dem Zusammenmischen aus den angegebenen Einzelkomponenten auf der Baustelle ist auch der Einsatz von Fertig-Trockenmischungen üblich, die auf der Baustelle nur noch mit Wasser anzumischen sind. Einzelheiten zur Rezeptur und zu typischen Mischungsverhältnissen wurden in [58] angegeben.

4.8 Eigenschaften

Wasserdichtigkeit

Erhärtete Schmalwandmassen erreichen Durchlässigkeitsbeiwerte $k_F < 10^{-8}$ m/s, d. h. in der Größenordnung von gering durchlässigen, bindigen Böden; Bohrkerne aus der erhärteten Wand können infolge Feststoffaufnahme bei der Herstellung noch geringere Durchlässigkeiten aufweisen. Unter Berücksichtigung des großen Fugenanteils ist bei entsprechender Sorgfalt der Ausführung jedoch meist nur eine Systemdurchlässigkeit der Gesamtwand $k_F < 10^{-7}$ m/s erreichbar.

Druckfestigkeit

Die einaxiale Druckfestigkeit der erhärteten Schmalwandmasse nach 28 Tagen Erhärtungsalter ist mit der Rezeptur einstellbar und liegt üblicherweise in der Größenordnung von 0,3 bis 1,2 MN/m².

Erosionssicherheit

Für diese Prüfung kann als Index-Versuch der sog. Pin-Hole-Test eingesetzt werden, der in den GDA-Empfehlungen beschrieben ist. Für temporäre Abdichtungsmaßnahmen (< 2 Jahre)

3.6 Pfahlwände, Schlitzwände, Dichtwände

reicht eine einaxiale Druckfestigkeit von $q_x > 0{,}3$ MN/m² und eine Durchlässigkeit von $k_F < 10^{-7}$ m/s bei einem hydraulischen Gradienten $i < 200$ für die Schmalwandmasse aus, wenn der abfilternde Boden aus Kiessand besteht [10].

4.9 Qualitätssicherung

Entscheidend für die Kontinuität und die Systemdurchlässigkeit einer Schmalwand sind eine einwandfreie Vertikalität der Einstiche und eine ausreichende Überlappung der einzelnen Stiche zur Sicherstellung einer kontinuierlichen Wand.

Die dazu festzulegenden und zu überwachenden Herstellungsparameter und die in Eignungsprüfungen sowie im Rahmen der Eigen- und Fremdüberwachung bei der Ausführung durchzuführenden Kontrollen an der einzusetzenden Schmalwandmasse in frischem und erhärteten Zustand sind in [58] zusammengestellt.

5 Die Flüssigkeitsstützung von Erdwänden

5.1 Stützflüssigkeiten

Als stützende Flüssigkeiten zur Stützung von Erdwänden können folgende verwendet werden:

Tonsuspensionen (i. Allg. Bentonitsuspensionen)

Bentonit ist ein quellfähiger Ton, der zu wesentlichen Anteilen aus dem Mineral Montmorillonit besteht. Der Montmorillonitkristall, der jeweils ca. 15 bis 20 dreischichtige, dünne Silikatlamellen [11] enthält, quillt in Wasser um ein Mehrfaches seines ursprünglichen Volumens auf, wobei sich durch das Anmischen die einzelnen Silikatlamellen in der Suspension in Form einer sog. „Kartenhausstruktur" anordnen und über wässrige „Brücken" durch elektrostatische Bindungskräfte miteinander „verbunden" sind. In ihrer Gesamtheit wirken sich diese Kontakte als eine geringe Scherfestigkeit der Suspension aus, die Fließgrenze τ_F [N/m²] genannt wird. Die erforderliche Fließgrenze zur Ausführung von Schlitzwänden beträgt je nach dem zu stützenden, anstehenden Boden (s. Abschn. 5.5) ca. 3 N/m² $\leq \tau_F \leq 30$ N/m². Die Größe der Fließgrenze einer Bentonitsuspension ist abhängig vom Tongehalt und der Bentonitsorte.

Bei Rührbewegungen in der Suspension wird ein Teil der o. g. Verbindungs-„Brücken" zerstört, wodurch die Fließgrenze reduziert wird; diese Kontakte bauen sich aber mit der Zeit wieder auf, wenn die Bentonitsuspension in Ruhe bleibt. Dieser reversible Vorgang der zeitweiligen Reduzierung der Scherfestigkeit der Bentonitsuspension durch Verformungsarbeit und ihres Wiederaufbaus bei Ruhe wird „Thixotropie" genannt. Hinsichtlich der Aufbereitung von Bentonitsuspensionen siehe Abschnitt 2.7.2 und [46, 47].

Bentonit-Zement-Suspensionen

Bei der Ausführung von Schlitzdichtwänden im Einphasenverfahren (z. B. bei reinen Dichtungsschlitzwänden/Dichtwänden oder solchen mit statischer Funktion durch eine eingestellte Spundwand oder eingestellte Träger) wird eine selbsthärtende Bentonit-Zement-Suspension als Stützflüssigkeit verwendet, die im Schlitz verbleibt und nach der Phase der Flüssigkeitsstützung der Erdwand dort hydraulisch erhärtet. Eine solche Bentonit-Zement-Suspension weist eine aus Fließgrenze und höherem Zähigkeitsanteil (Viskosität) bestehende Scherfestigkeit auf.

Polymerflüssigkeiten

Technisch interessant ist der Einsatz von Polymeren vor allem in feinkörnigen Böden, durch deren Einmischen in Wasser die Viskosität erhöht wird, ohne dass gleichzeitig eine Eigenfestigkeit der Polymerflüssigkeit im Sinne einer Fließgrenze wie bei einer reinen Bentonitsuspension entsteht. Die Größe der Viskosität ist jedoch – im Gegensatz zu einer Newton'schen Flüssigkeit – nicht konstant, sondern fällt mit wachsender Fließbewegung (d. h. mit wachsendem Schergeschwindigkeitsgefälle) ab. Bei geringem Geschwindigkeitsgefälle sind die langen Molekülketten ineinander verschlungen, sodass die Flüssigkeit eine hohe Viskosität aufweist; mit zunehmendem Geschwindigkeitsgefälle entwirren sich die Molekülketten und regeln sich parallel zur Fließrichtung ein, was zu einer verminderten inneren Reibung und damit einer geringeren Viskosität führt (sog. strukturviskoses Verhalten) [57].

Wasser

Eine Stützung der Erdwände eines Schlitzwandgrabens mit Wasser gelingt nur bei besonders günstigen Bedingungen (d. h. vor allem sehr gering wasserdurchlässigen Böden), wenn das Wasser trotz fehlender Fließgrenze und geringer Viskosität nur mit einer begrenzten Geschwindigkeit aus dem Schlitz in den umgebenden Boden versickern kann.

5.2 Stützkraft einer Flüssigkeit und Standsicherheitsnachweise

Derzeit sind die zugehörigen Normen, in denen Vorschriften und Empfehlungen zum Nachweis der Standsicherheit von suspensionsgestützten Erdwänden geregelt sind (DIN EN 1538, DIN 4126), in grundlegender Überarbeitung, sodass konkret nur auf die bisherigen Fassungen bzw. die aktuellen Entwurfsfassungen Bezug genommen werden kann. (mit dem Erscheinen der Neufassungen ist ca. 2009/2010 zu rechnen). Im Entwurf E DIN 4126 (01/2004) war die Formulierung der zu führenden Standsicherheitsnachweise bereits an das Teilsicherheitskonzept im Sinne von DIN 1054 (01/2005) angepasst worden, sodass die dort vorgenommenen Sicherheitsdefinitionen voraussichtlich auch in der zukünftigen Fassung der verbleibenden „Rumpfnorm" DIN 4126-neu beibehalten werden.

Nach Auffassung dieser Normen steht zur Stützung des Bodens an einer suspensionsgestützten Erdwand nur die Differenz zwischen der hydrostatischen Druckkraft der Stützflüssigkeit im Schlitz S_H (bzw. im Bohrloch) und der des Grundwassers W im Boden zur Verfügung (sog. verfügbare Stützkraft S_W). Für eine flüssigkeitsgestützte Erdwand sind daher nach E DIN 4126 bzw. nach DIN V 4126-100 folgende (Standsicherheits-)Nachweise zu führen:

- Der mit einem Teilsicherheitsbeiwert $\gamma_{G,stb} = 0{,}95$ abgeminderte hydrostatische Druck der stützenden Flüssigkeit muss in jeder beliebigen Tiefe größer als der Druck des Grundwassers sein (Sicherheit gegen Zutritt von Grundwasser in den Schlitz und gegen Verdrängen der stützenden Flüssigkeit).
- Der statisch erforderliche Flüssigkeitsspiegel darf auch bei größeren Flüssigkeitsverlusten (z. B. beim Anschneiden von grobporigen Schichten mit einer erheblichen Eindringtiefe der Suspension) nicht unterschritten werden.
- Die Flüssigkeitsdruckdifferenz muss auf das Korngerüst „ordnungsgemäß" übertragen werden. E DIN 4126 spricht hier von der Sicherheit gegen Abgleiten von Einzelkörnern oder Korngruppen, auch Nachweis der „inneren" Standsicherheit genannt.
- In jeder Tiefe der suspensionsgestützten Erdwand muss die oben erläuterte verfügbare, mit einem Teilsicherheitsbeiwert $\gamma_{G,stb} = 0{,}90$ abgeminderte Stützdruckkraft S_W größer sein als die durch das Auftreten von Gleitflächen im Boden ausgelöste Erddruckkraft; Nachweis der „äußeren" Standsicherheit).

3.6 Pfahlwände, Schlitzwände, Dichtwände

Nach der europäischen Norm DIN EN 1538 – Ausführung von besonderen geotechnischen Arbeiten (Spezialtiefbau), Schlitzwände – ist die Standsicherheit eines Schlitzes während der Aushubphase unter zwei Aspekten zu beurteilen:

- Stabilität der Bodenkörner an den Schlitzwandungen (oben als „innerer" Standsicherheitsnachweis bezeichnet).
- Gesamtstabilität des Aushubs (oben als Nachweis der „äußeren" Standsicherheit bezeichnet).

In den nachfolgenden Abschnitten 5.4 und 5.5 werden die Nachweise der inneren und äußeren Standsicherheit näher erläutert.

5.3 Mechanismen der Übertragung der Flüssigkeitsdruckdifferenz auf das Korngerüst

5.3.1 Übertragung durch Normalspannungen

Die Übertragung der Flüssigkeitsdruckdifferenz $\Delta p = p_F - p_W$ zwischen Suspension und Grundwasser auf das Korngerüst über Normalspannungen bedarf der Ausbildung einer nur gering wasserdurchlässigen Membran auf der Oberfläche der zu stützenden Erdwand. In der Stützflüssigkeit müssen Feststoffpartikel suspendiert sein, die größer sind als der Durchmesser der Porenkanäle des Bodens, sodass sie an der Oberfläche der Erdwand zu einem weitgehend wasserundurchlässigen „äußeren Filterkuchen" abgefiltert werden (Bild 47). Diese Art der Stützkraftübertragung findet bei Einsatz von Bentonit- oder Bentonit-Zement-Suspensionen als Stützflüssigkeit an feinkörnigen Böden ($d_{10} \leq 0{,}2$ mm) statt. Auch Polymerflüssigkeiten können einen äußeren Filterkuchen bilden, wenn sie z. B. durch den vorangegangenen Aushubvorgang mit entsprechend feinen Feststoffpartikeln aufgeladen sind.

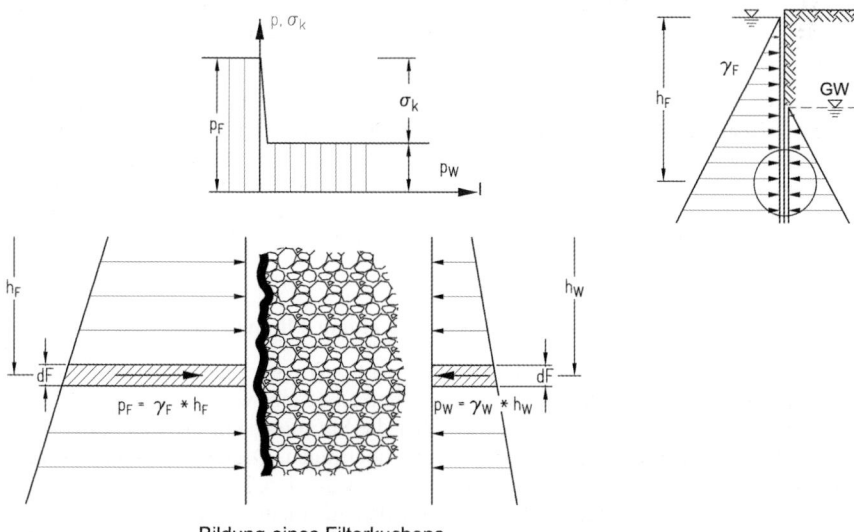

Bildung eines Filterkuchens

Bild 47. Ausbildung eines äußeren Filterkuchens

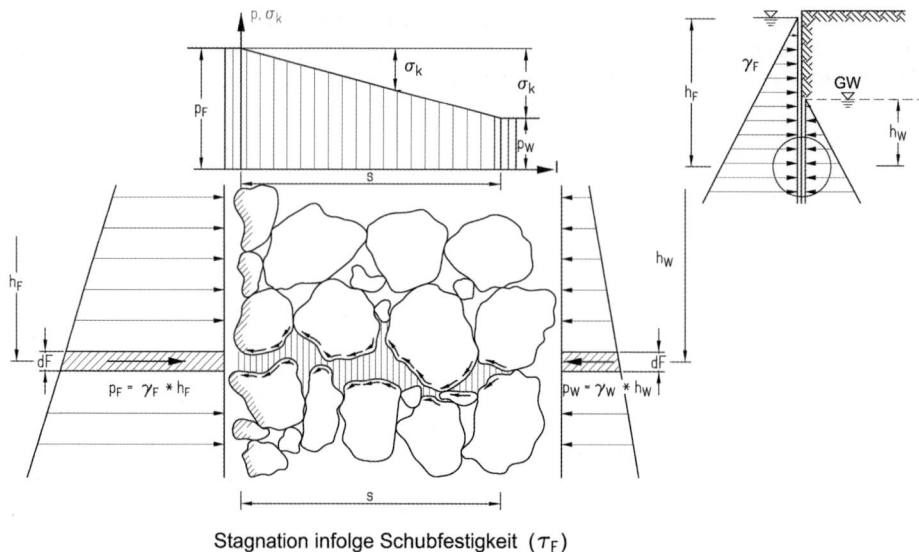

Stagnation infolge Schubfestigkeit (τ_F)

Bild 48. Stagnation der Suspension im Korngerüst entlang der Eindringtiefe

5.3.2 Übertragung durch (statische) Schubspannungen

Die Übertragung der Flüssigkeitsdruckdifferenz auf das Korngerüst durch (statische) Schubspannungen setzt voraus, dass die stabile, homogene Stützflüssigkeit eine gewisse, wenn auch nur geringe Scherfestigkeit (Fließgrenze τ_F) besitzt [69]. Beim Anschneiden der Erdwand während des Schlitzaushubs wird die Stützflüssigkeit zunächst in die gewundenen Porenkanäle des Bodens hineingedrückt. Die Suspension hält sich mit Schubspannungen von der Größe der Fließgrenze an den Porenkanalwandungen, d. h. an den Kornoberflächen, fest (Bild 48). Wenn die Eindringtiefe s der Suspension in den Porenkanal so groß geworden ist, dass das über die Porenkanaloberfläche gebildete Integral der Schubspannungen mit der Differenzdruckkraft zwischen Suspension und Grundwasser im Gleichgewicht steht, stagniert die Suspension, d. h. sie bleibt im Porenkanal stecken. Die Druckdifferenz zwischen Suspension und Grundwasser wird nach dieser Modellvorstellung durch Schubspannungen gleichmäßig über die Eindringlänge an das Korngerüst abgegeben und steht an deren Ende voll als effektive Horizontalspannung σ_k im Korngerüst zur Stützung der Erdwand zur Verfügung.

5.3.3 Übertragung durch Schubspannungen aus einem Fließvorgang

Rein viskose Stützflüssigkeiten ohne Fließgrenze (z. B. Wasser oder Polymerlösungen) fließen beim Anschneiden einer Erdwand in die Porenkanäle ein, wobei sich die Eindringlänge s ständig vergrößert. Die Stützkraft wird über die Strömungskraft (dynamisch) längs der sich mit der Zeit verändernden Eindringstrecke übertragen. Dieser Mechanismus wird bei Stützung der Erdwand mit Polymerflüssigkeiten, die keine Fließgrenze entwickeln, oder mit Wasser wirksam; die zeitabhängige Stützkraftübertragung kann nach einem Ansatz von *Steinhoff* [57] abgeschätzt werden. Wegen der sich ständig vergrößernden Eindringlänge kann die innere und äußere Standsicherheit der suspensionsgestützten Erdwand nur für eine begrenzte Zeit nachgewiesen werden. Die Ermittlung der Zeit mit noch ausreichender

3.6 Pfahlwände, Schlitzwände, Dichtwände

Standsicherheit erfordert vor allem die Kenntnis der Fließkurve der Polymerlösung und der Durchlässigkeit des Bodens. Hinsichtlich der Berechnungsgleichung für die Zeit ausreichender Standsicherheit und deren Herleitung wird auf die genannte Literatur verwiesen. DIN EN 1538 bestimmt, dass Polymerflüssigkeiten – möglicherweise mit einem Zusatz von Bentonit – als stützende Flüssigkeit nur aufgrund früherer Erfahrungen unter ähnlichen oder ungünstigeren geotechnischen Bedingungen oder nach einem Großversuch auf der Baustelle verwendet werden dürfen (DIN EN 1538, Abschn. 6.3.2).

5.3.4 Übertragung durch Schubspannungen aus einem Fließvorgang in einem gering durchlässigen Bereich

Als Sonderfall einer stützenden Flüssigkeit ist eine nicht stabile Feststoffsuspension (z. B. aus Ton und Wasser bestehend, wobei Wasser und suspendierte Feststoffe als leicht trennbar betrachtet werden) anzusehen. Bei derartigen Suspensionen kann ein gegenüber Wasser gering durchlässiger Bereich in der zu stützenden Erdwand entstehen, wenn die suspendierten Feststoffpartikel mit der Suspension in das Korngerüst einströmen und an Engstellen des Porensystems hängen bleiben (Bild 49). Hierdurch werden die Porenkanäle weiter verengt, neue Partikel bleiben hängen, sodass sich der Porenraum bis in eine gewisse Tiefe mechanisch mit den ursprünglich in der Stützflüssigkeit suspendierten feinen Feststoffteilchen zusetzt (Kolmation). Als Folge dieses Vorgangs entsteht eine gering durchlässige Bodenzone der Dicke s, in der die Flüssigkeitsdruckdifferenz zwischen dem hydrostatischen Druck des Wasser-Feststoff-Gemisches im Schlitz und dem des Grundwassers durch die Strömungskraft des durch diesen Bereich durchströmenden, abgefilterten Wassers auf das Korngerüst übertragen wird. Das Entstehen dieser gering durchlässigen Bodenzone ist empfindlich abhängig von verschiedenen Einflussgrößen. Auch ist ihre Dicke kaum abschätzbar, sodass dieses Prinzip nicht planmäßig bei der Flüssigkeitsstützung von Erdwänden angewendet werden sollte.

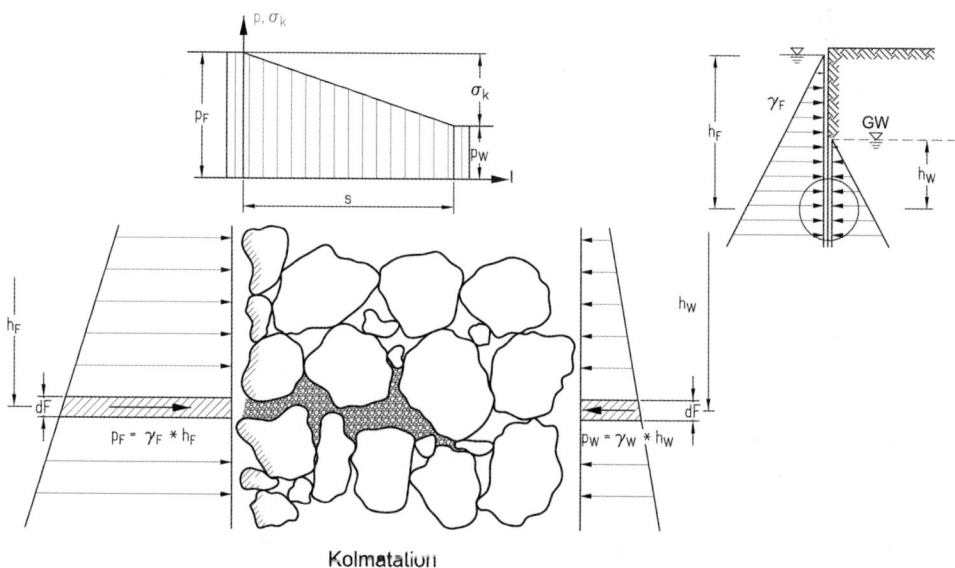

Bild 49. Örtliches Zusetzen des Porenraums im Korngerüst infolge Kolmatation

5.3.5 Stützung bei hydraulisch „geschlossenen" Systemen

In den Fällen, die in den Abschnitten 5.3.1 bis 5.3.4 beschrieben sind, findet ein Fließen von Stützflüssigkeit bzw. von aus der Stützflüssigkeit abgefiltertem Wasser aus dem offenen Schlitz in den Boden hinein als zur Stützung der Erdwand notwendiger physikalischer Vorgang statt. Der Boden ist dabei gegenüber der Stützflüssigkeit ein hydraulisch „offenes" System. Eine stützende Wirkung der Flüssigkeit kommt aber dann nicht zustande, wenn deren hydrostatischer Druck auf ein hydraulisch „geschlossenes", wassergesättigtes System einwirkt. Mit dem Anschneiden eines derartigen geschlossenen Systems durch den Schlitzwandgreifer wird nämlich ein Porenwasserüberdruck in den mit Wasser gefüllten Bodenporen in identischer Größe wie der Druck der Stützflüssigkeit entstehen, sodass die für eine Stützung des Korngerüstes wirksame Druckdifferenz zu null wird. Dies kann z. B. in wassergesättigten Sandlinsen geschehen, die von einem nur sehr gering wasserdurchlässigen bindigen Boden eingeschlossen sind. Beim Anschneiden solcher Linsen wird der Sand demzufolge in den Schlitz hinein auslaufen. Das Entstehen eines Porenwasserüberdrucks kann auch bei wassergesättigten, weichen bindigen Böden beobachtet werden, es sei denn, es wird so langsam geschlitzt, dass sich der Porenwasserüberdruck immer wieder abbaut, was in der Regel aber technisch nicht zum Ziel führt.

5.4 Nachweis der „inneren" Standsicherheit

5.4.1 Versuchsschlitz

Nach DIN EN 1538 muss „die Standsicherheit des Schlitzes auf der Grundlage vergleichbarer Erfahrung, aufgrund rechnerischer Standsicherheitsnachweise oder durch Versuchsschlitze auf der Baustelle bestimmt werden. Wenn die vergleichbare Erfahrung als unzureichend anzusehen ist, muss die zweite oder dritte Möglichkeit angewendet werden" (Zitat aus DIN EN 1538, Abschn. 7.2). Wird der Standsicherheitsnachweis über die Ausführung von Versuchsschlitzen geführt, müssen beim Entwurf der auszuführenden Probeschlitze zusätzlich Sicherheitsbeiwerte berücksichtigt werden (siehe z. B. [43]). Der in DIN V 4126-100 erläuterte rechnerische Nachweis der „inneren" Standsicherheit einer suspensionsgestützten Erdwand ist mit dem nachfolgend dargestellten Versagensmechanismus begründet.

5.4.2 Erscheinungsform des „inneren" Versagens

Die folgenden Ausführungen behandeln nur den in Abschnitt 5.3.2 erläuterten Mechanismus der Stützkraftübertragung, da der Mechanismus nach Abschnitt 5.3.1 ein „inneres" Versagen durch die membranartige Stützdruckübertragung ausschließt und bei den Mechanismen nach den Abschnitten 5.3.3 und 5.3.4 das innere Versagen theoretisch-rechnerisch noch nicht ausreichend geklärt ist. Der nachfolgend dargestellte, schon in [58] dargestellte Grenzzustand geht von einem Versagen auf einer Gleitfläche aus (kinematische Methode), wohingegen *Müller-Kirchenbauer* [35] die Nachweisgleichung der DIN V 4126-100 auf der Grundlage der statischen Methode mit einer an den Schlitz angrenzenden plastifizierten Bodenzone herleitet. Eine nicht ordnungsgemäße Übertragung der Stützkraft auf das Korngerüst, d. h. ein „inneres" Versagen, liegt dann vor, wenn die über die Schubkräfte pro Einheitslänge der Eindringstrecke übertragene Stützkraft so klein ist, dass dünne Schollen des an der Erdwand anstehenden Bodens auf vertikalen, im unteren Bereich zum Schlitz hin gekrümmten Gleitflächen abrutschen und in der Stützsuspension absinken (Bild 50).

Bei homogenem Boden kann dies zu einem „rückschreitenden" Einsturz des Schlitzwandgrabens führen. Ist nur in einer Bodenschicht begrenzter Mächtigkeit die innere Standsi-

3.6 Pfahlwände, Schlitzwände, Dichtwände

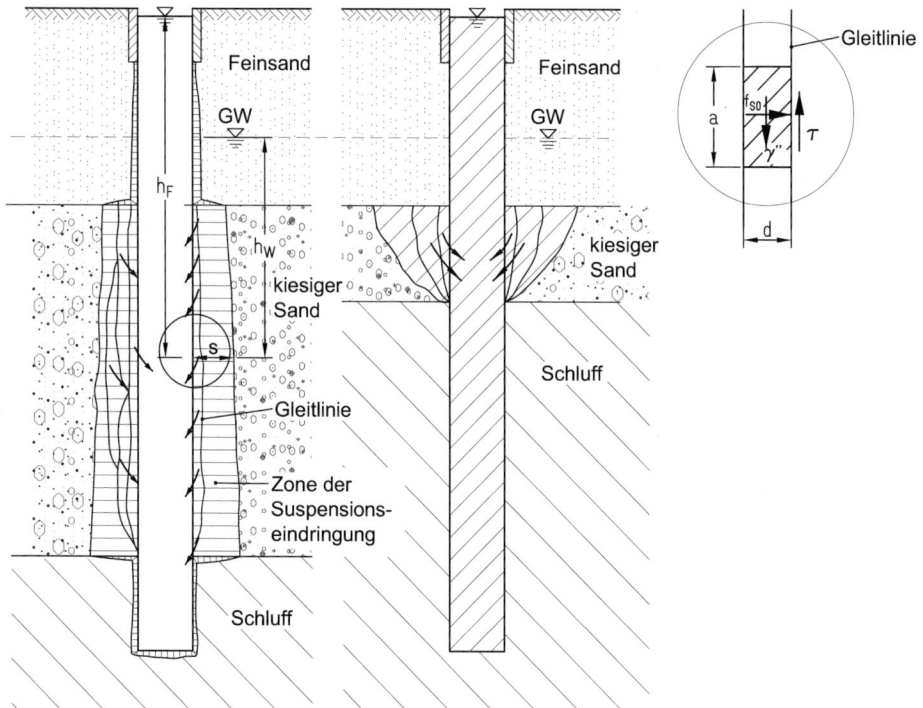

Bild 50. Grenzzustand der Tragfähigkeit im Boden bei nicht ausreichender „innerer" Standsicherheit

cherheit nicht gegeben, entsteht eine sägezahnartige Erweiterung des Schlitzes mit einer steilen Böschung (Bild 50 rechts), deren ausreichend standsichere Neigung sich nach [35] abschätzen lässt.

5.4.3 Notwendiges Druckgefälle

Der pro Längeneinheit des Eindringbereiches der Suspension auf das Korngerüst übertragene horizontale Druck („Druckgefälle") berechnet sich zu

$$f_{S0} = \frac{\Delta p}{s} \quad [kN/m^3] \tag{1}$$

mit

- f_{so} Druckgefälle (DIN V 4126-100) im Eindringbereich der Suspension
- Δp Differenzdruck zwischen Stützsuspension und Druck des Grundwassers an einem Punkt der flüssigkeitsgestützten Erdwand [kN/m²]
- s Tiefe der Eindringung der Suspension in den Boden an der betrachteten Stelle der flüssigkeitsgestützten Erdwand [m]

Gemäß Bild 50 ergibt sich aus der Gleichgewichtsbetrachtung an einem Element der auf der vertikalen Gleitfläche potenziell abrutschenden Bodenscholle das Druckgefälle f_{s01}, bei dem der rechnerische Grenzzustand des inneren Standsicherheitsversagens erreicht wird, zu:

$$f_{S01} = \frac{\gamma''}{\tan \varphi_d} \quad [kN/m^3] \tag{2}$$

mit

γ'' Wichte des Bodens unter (Suspensions-)Auftrieb: $\gamma'' = (\gamma_s - \gamma_F) \cdot (1 - n)$
n   Porenanteil des Bodens
γ_s Kornwichte des Bodens
γ_F Wichte der stützenden Flüssigkeit
φ_d Design-Wert des Reibungswinkels des zu stützenden Bodens, zu ermitteln aus dem charakteristischen Wert mit $\tan \varphi_d = \tan \varphi_k / \gamma_\varphi$ für $\gamma_\varphi = 1{,}15$ (Grenzzustand GZ 1C im Lastfall 2 nach DIN 1054)

Diese Beziehung ist für rein rollige Böden hergeleitet; auch bindige Böden in diese Betrachtung einzubeziehen, d. h. einen Kohäsionssummanden zu berücksichtigen, ist wenig sinnvoll, da sich bei diesen wegen der kleinen Porendurchmesser dieser Böden meist ein „äußerer" Filterkuchen (s. Abschn. 5.3.1) ausbildet und ferner die Kohäsion das Abrutschen von dünnen Schollen verhindert.

5.4.4 Nachweisgleichung und Druckgefälle der Suspension

Zur Einhaltung einer ausreichenden Sicherheit gegen „inneres" Versagen einer flüssigkeitsgestützten Erdwand ist nachzuweisen, dass die Bedingung

$$f_{S0} \geq \gamma_{G,dst} \cdot f_{S01} \quad [kN/m^3] \tag{3}$$

erfüllt ist. Dabei ist

$\gamma_{G,dst} = 1{,}0$
   Teilsicherheitsbeiwert für ungünstige ständige Einwirkungen im Grenzzustand GZ 1A, Lastfall 1 oder 2 nach DIN 1054.

Während die Kennwerte zur Berechnung von f_{s01} aus der Baugrunduntersuchung bekannt sind, kann zur Bestimmung von f_{s0} auf die Versuche von *Ruppert* [47] (Bild 51) zurückgegriffen werden. Für verschiedene Boden- und Bentonitsorten wurde das Druckgefälle f_{s0} in Abhängigkeit von der Fließgrenze der Suspension τ_F [N/m²] und der Porengröße des Bodens – für die als Kennwert die Korngröße d_{10} [mm] (Korndurchmesser bei 10% Siebdurchgang) gewählt wurde – experimentell ermittelt zu

$$f_{S0} = a \cdot \eta_F \cdot \tau_F / d_{10} \quad [kN/m^3] \tag{4}$$

mit

a   Steigungsfaktor der Regressionsgeraden in Bild 51
$\eta_F = 0{,}60$ Anpassungsfaktor für die Schwankungen der Fließgrenze während des Schlitzaushubs und wegen des vereinfachten Messverfahrens auf der Baustelle
τ_F Fließgrenze der Suspension [kN/m²]
d_{10} Korndurchmesser bei 10% Siebdurchgang [m]

Aufgrund der Versuchsergebnisse von *Ruppert* [47] wird in DIN V 4126-100 der Proportionalitätsfaktor a – auf der sicheren Seite – zu a = 2,0 festgesetzt, sodass gilt:

$$f_{S0} = 1{,}2 \cdot \tau_F / d_{10} \quad [kN/m^3] \tag{5}$$

Für selbsterhärtende Suspensionen kann in Gl. (5) statt 1,2 auch 2,0 eingesetzt werden. Da die Fließgrenze nach dem Durchrühren einer Suspension einer zeitabhängigen thixotropen Verfestigung unterliegt, muss eine maßgebende „Ruhezeit" definiert werden, nach der die in Gl. (5) einzusetzende Fließgrenze gemessen wird. In der DIN V 4126-100 wird als maßgebend die Fließgrenze τ_F nach einer Minute Ruhezeit festgelegt.

3.6 Pfahlwände, Schlitzwände, Dichtwände

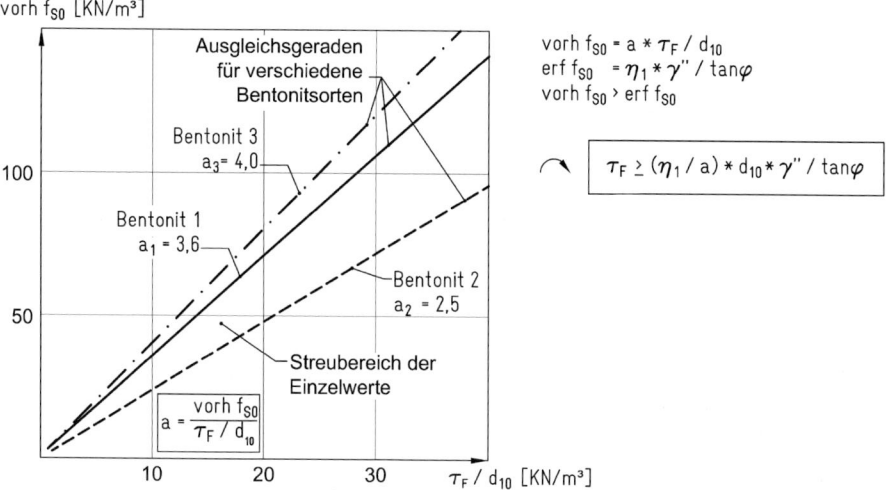

Bild 51. Druckgefälle f_{s0} als Funktion von τ_F/d_{10} (nach *Ruppert* [47])

Die Fließgrenze einer Suspension kann auf der Baustelle mit dem Kugelharfengerät oder genauer mit dem Pendelgerät [76] bestimmt werden. Beide Geräte und die Versuchsdurchführung sind in DIN V 4126-100 beschrieben.

5.4.5 Auswirkungen des Suspensionsdrucks

Besonders bei großen Ausschachtungstiefen bzw. bei hohen Suspensionsüberdrücken (z. B. durch tief liegenden Grundwasserspiegel oder eine hohe Suspensionsdichte wie bei Dichtwandmassen) kann es beim Aushubvorgang durch den zunehmenden, auf die Sohle wirkenden Suspensionsdruck zu Schwierigkeiten mit dem Lösen des Bodens an der Schlitzsohle kommen. Vor allem bei weitgehend membranartiger Stützdruckübertragung wachsen die effektiven Vertikalspannungen σ_3 im Boden proportional zum hydrostatischen Stützdruck an, sodass die beim Lösen des auszuschachtenden Bodens zu überwindende Scherfestigkeit bzw. die dazu wie zum Lösen des Bodens aufzubringende Horizontalspannung σ_1 nach der Mohr-Coulomb'schen Fließbedingung ebenfalls anwächst (s. Bild 52).

Dieser Effekt wird z. B. in [80] als „Pseudoverfestigung" bezeichnet und kann dazu führen, dass z. B. ein Feinsand eine so hohe Scherfestigkeit erreicht, dass er von üblichen Greifern mit ca. 200 kN Einsatzgewicht mit den dadurch begrenzten Schließkräften nur noch durch sukzessives „Aufschürfen" der Sohle oder gar nicht mehr gelöst werden kann. In solchen Fällen kann der Einsatz von überschweren Greifern oder Hydraulikgreifern erforderlich werden. Beim Einsatz von Fräsen ist die Behinderung der Aushubarbeit durch diesen Effekt geringer.

5.5 Nachweis der „äußeren" Standsicherheit

5.5.1 Erscheinungsform des „äußeren" Versagens

Reicht bei einer gewissen Aushubtiefe des Schlitzes die wirksame Stützdruckkraft der Suspension nicht aus, bricht ein im Wesentlichen monolithischer Bodenkörper auf einer

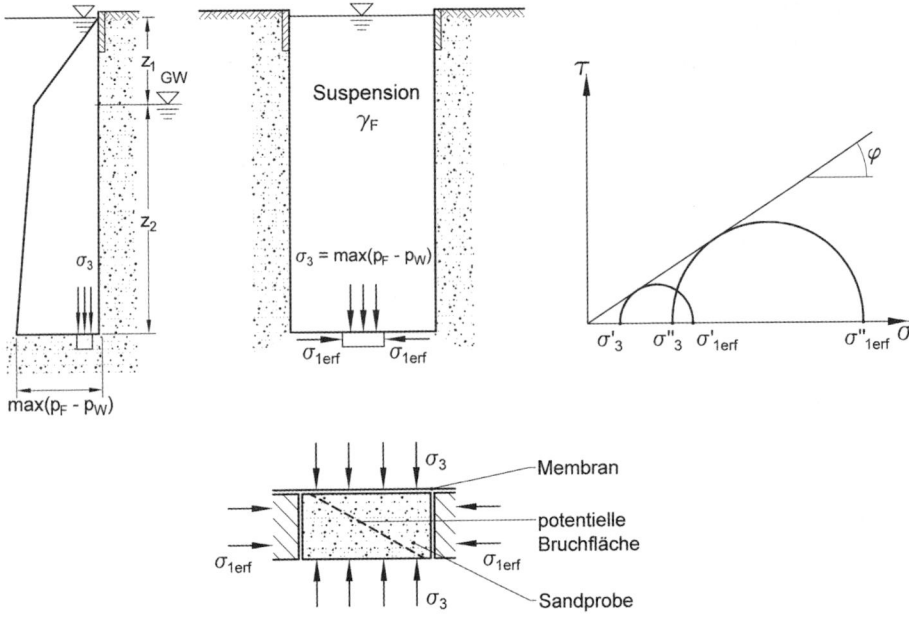

Bild 52. Effekt der „Pseudoverfestigung" des zu lösenden Bodens an der Schlitzsohle

mehr oder weniger gekrümmten Gleitfläche in den Schlitzwandgraben hinein und drückt diesen zu (Bild 53). Dieses Bruchversagen kann entweder

– als ein räumliches Geländebruchproblem angesprochen werden, wobei gemäß DIN V 4084-100 die Scherfestigkeitskennwerte abzumindern und die wirksame Suspensionsdruckkraft als charakteristische Größe einzuführen ist, oder
– als räumliches Erddruckproblem aufgefasst werden. Hierbei wird die vom abgleitenden Bodenmonolithen ausgelöste Erddruckkraft E_{ahk} als Einwirkung mit einem Teilsicherheitsbeiwert γ_E vergrößert. Ausreichende Standsicherheit gegen „äußeres" Versagen ist nachgewiesen, wenn dieser Bemessungswert der Einwirkung gleich oder kleiner ist als der Bemessungswert des Widerstandes, wobei Letztgenannter die mit einem Teilsicherheitsbeiwert γ_H verminderte wirksame Stützdruckkraft S_{wk} ist:

$$\gamma_{G,dst} \cdot E_{ahk} \leq S_{wk} \cdot \gamma_{G,stb} \qquad (6)$$

$\gamma_{G,dst} = 1{,}00$ Teilsicherheitsbeiwert für ungünstige ständige Einwirkungen im Grenzzustand GZ 1A, Lastfall 1 oder 2 nach DIN 1054

$\gamma_{G,stb} = 0{,}90$ Teilsicherheitsbeiwert für günstige ständige Einwirkungen im Grenzzustand GZ 1A, Lastfall 1 oder 2 nach DIN 1054.

$E_{ah,k}$ charakteristischer Wert der aktiven räumlichen Erddruckkraft; sofern Lasten aus baulichen Anlagen zu berücksichtigen sind, ist diese Erddruckkraft im Sinne eines erhöhten aktiven Erddrucks mit dem Anpassungsfaktor $\eta_0 = 1{,}20$ zu erhöhen

$S_{W,k} = S_{H,k} - W_k$ charakteristischer Wert der wirksamen hydrostatischen Stützkraft

3.6 Pfahlwände, Schlitzwände, Dichtwände

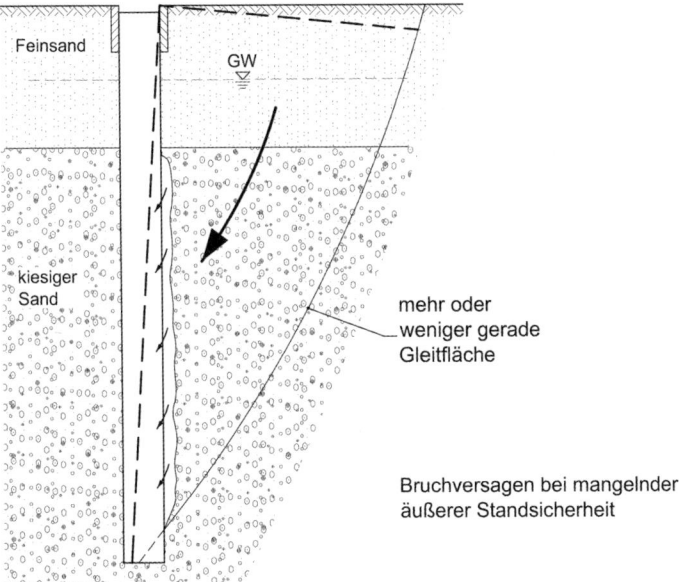

Bild 53. Grenzzustand der Tragfähigkeit im Boden bei nicht ausreichender „äußerer" Standsicherheit

Das oben beschriebene Bruchversagen kann bei jeder Aushubtiefe des Schlitzes auftreten, sodass die Bedingung der Gl. (6) für alle Aushubtiefen bis zur Endtiefe erfüllt sein muss.

Während vorstehende Überlegungen zunächst grundsätzlich den Nachweis ausreichender Sicherheit gegen äußeres Versagen einer flüssigkeitsgestützten Erdwand erläutern sollen, kann nach DIN EN 1538, Abschnitt 7.2 der Nachweis im konkreten Fall auf der Grundlage vergleichbarer Erfahrungen, aufgrund von Berechnungen oder durch Versuchsschlitze auf der Baustelle geführt werden (s. auch Abschn. 4.4.1).

5.5.2 Befreiung vom Standsicherheitsnachweis

Zunächst sollte geprüft werden, ob eine konkrete Situation nicht einem in der DIN V 4126-100 beschriebenen Regelfall entspricht, bei dem ein Standsicherheitsnachweis nicht erforderlich ist. Diese Regelfälle sind allgemein als „vergleichbare Erfahrungen" einzustufen.

5.5.3 Die wirksame Stützdruckkraft beim rechnerischen Standsicherheitsnachweis

Beim rechnerischen Nachweis ist für eine gewählte Aushubtiefe zunächst die wirksame Stützdruckkraft S_{wk} als charakteristische Größe zu berechnen. Hierfür wird ein Schnitt zwischen Suspension und flüssigkeitsgestützter Erdwand geführt, der hinter der Leitwand bis zur Geländeoberfläche geht. Die wirksame Stützdruckkraft für die momentane Schlitzaushubtiefe t ergibt sich dann aus der

– hydrostatischen Druckkraft der Suspension von Leitwandunterkante bis zur betrachteten Aushubtiefe t,
– abzüglich der Druckkraft des Grundwassers in diesem Bereich,

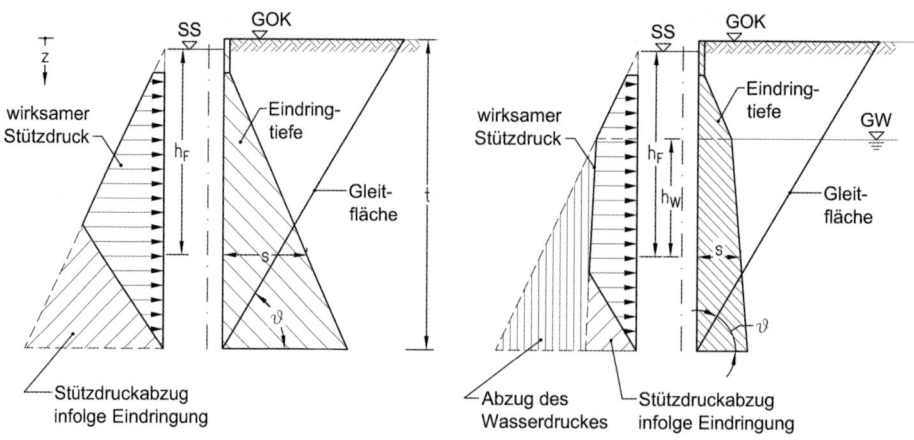

Bild 54. Stützdruck-Abminderung bei Suspensionseindringung in den Boden

- zuzüglich der Erddruckkraft E_{LW} zwischen Leitwand und Boden (bei gegeneinander ausgesteiften Leitwänden darf diese Kraft bis zur Höhe des Erdruhedruckes angesetzt werden),
- abzüglich des Anteils der Stützdruckkraft, der über das Druckgefälle außerhalb des monolithischen Gleitkörpers auf das Korngerüst übertragen wird.

Die letztere Abminderung kann nach Berechnung der Eindringlänge s der Suspension aus

$$s = \Delta p / f_{so}$$

mit

Δp Druckunterschied zwischen Suspension und Grundwasser
$f_{so} = 1{,}2 \cdot \tau_F / d_{10}$ (siehe Gl. 5)

gemäß Bild 54 erfolgen.

Die Abminderung der Stützkraft darf vernachlässigt werden, wenn

- „der Stützkraftverlust infolge Eindringung der stützenden Flüssigkeit in den Boden ≤ 5 % ist oder
- überall $f_{so} > 200$ kN/m³ ist." (Zitat aus DIN V 4126-200, Abschn. 7.4.2).

Ersatzweise kann auf die Abminderung der Stützkraft infolge Eindringung verzichtet werden, wenn stattdessen die wirksame Stützkraft mit einem Anpassungsfaktor η_2 abgemindert wird, der je nach dem vorhandenen Druckgefälle f_{so} zwischen 0,70 und 0,85 liegt.

5.5.4 Die räumliche Erddruckkraft beim rechnerischen Standsicherheitsnachweis

In der DIN V 4126-100 wird für den rechnerischen Standsicherheitsnachweis der Weg der Erddruckbetrachtung (s. Abschn. 5.5.1) beschritten, sodass für die momentane Aushubtiefe des Schlitzes der charakteristische Wert der Erddruckkraft E_{ahk} zu bestimmen ist. Da der Schlitzwandgraben eine begrenzte Länge l bei hierzu relativ großer Tiefe t hat, kann von der Ausbildung eines „Gewölbes" im Boden ausgegangen werden, das – im Grundriss betrachtet – die flüssigkeitsgestützte Erdwand „überspannt". Die Gewölbebildung hat zur Folge,

3.6 Pfahlwände, Schlitzwände, Dichtwände

- dass sich im Bruchzustand ein Gleitkörper mit räumlich gekrümmter Bruchfläche – eine sog. Bruchmuschel – ausbildet, wie sie z. B. in Modellversuchen beobachtet werden kann, und
- dass die auf die flüssigkeitsgestützte Wand (Abmessungen t · l) einwirkende Erddruckkraft kleiner ist als der Coulomb'sche Erddruck. Demzufolge werden die Erddruckspannungen unterlinear mit der Tiefe zunehmen.

Auch bei flüssigkeitsgestützten Bohrungen liegt ein räumlicher Erddruckzustand, allerdings mit radialsymmetrischen Randbedingungen, vor.

Beim rechnerischen Nachweis der „äußeren" Standsicherheit einer flüssigkeitsgestützten Erdwand kann die Erddruckabminderung infolge der genannten Gewölbebildung berücksichtigt werden. Berechnungsverfahren zur Ermittlung dieser abgeminderten Erddruckkraft werden als „räumliche Erddrucktheorien" bezeichnet, von denen eine größere Anzahl mit zusätzlichen Varianten veröffentlicht ist [12, 13, 18, 19, 30, 31, 39, 40, 51, 70, 75]. Eine Übersicht der Verfahren mit Angabe der wichtigsten Gleichungen findet sich in [22, 36, 66] und [70–72].

DIN V 4126-100 empfiehlt, zur Berechnung der räumlichen Erddruckkraft ein prismatisches Berechnungsmodell gemäß Bild 55 zu verwenden. Hierbei werden in den dreieckförmigen Stirnflächen gleitflächenparallele Schubkräfte eingeführt, die – wie unschwer am Krafteck erkennbar wird – die Erddruckkraft verkleinern. Zur Berechnung dieser Schubkräfte aus dem Integral von Schubspannungen muss eine Annahme hinsichtlich der Größe des sog. operativen Seitendruckparameters K_y, der die auf den Stirnflächen des Erdkeils angreifende Normalspannung σ_y mit der Vertikalspannung σ_z verknüpft, getroffen werden (gemäß DIN V 4126-100 darf $k_y = k_0 = 1 - \sin \varphi$ gewählt werden). Ferner muss die Größe und der Verlauf der Vertikalspannung σ_z angesetzt werden. Hierfür wählt die DIN V 4126-100 einen bilinearen Ansatz gemäß Bild 55; empfehlenswert ist auch ein der Silotheorie folgender σ_z-Verlauf.

Da der Gleitflächenwinkel ϑ des prismatischen Bruchkörpers zur Auffindung der maximalen Erddruckkraft (numerisch) variiert werden muss, empfiehlt sich die Verwendung eines Rechenprogramms (z. B. [66, 70]).

Die Beurteilung, ob der Schlitz bei Erreichen der betrachteten Aushubtiefe t rechnerisch ausreichend standsicher ist, erfolgt mit Gl. (6). Da die DIN V 4126-100 die Größe des Teilsicherheitsbeiwertes γ_H mit $\gamma_H = 1,0$ festlegt, kann aus Gl. (6) der in der Schlitzaushubtiefe t vorhandene Teilsicherheitsbeiwert $\gamma_E = E_{ahk}/S_{wk}$ bestimmt werden. Durch Wiederholung des erläuterten Berechnungsgangs für verschiedene Schlitzaushubtiefen ist diejenige Tiefe mit dem Kleinstwert min γ_E als maßgebend zu finden; min γ_E muss größer sein als der in DIN V 4126-100 angegebene erforderliche Teilsicherheitsbeiwert.

Die Berechnung der räumlichen Erddruckkraft bei flüssigkeitsgestützten Bohrungen kann nach den Verfahren von [9, 37, 56, 72, 73] erfolgen.

Bei abgewinkelten, nicht ebenen Schlitzwandlamellen kann der Standsicherheitsnachweis nach [65] geführt werden.

5.6 Bauliche Anlagen neben suspensionsgestützten Erdwänden

Bei Flachgründungen wird hinsichtlich der Form der Gründungskörper zwischen Streifenfundamenten, die parallel zum Schlitz verlaufen, und Einzelgründungen zu unterscheiden sein. Senkrecht auf die Schlitzwand stoßende Wände und vor allem Gebäudeecken bedürfen jeweils gesonderter Untersuchungen und häufig auch vor der Herstellung der Schlitzwand durchzuführender konstruktiver Sicherungsmaßnahmen. Ebenso ist die Standsicherheit von

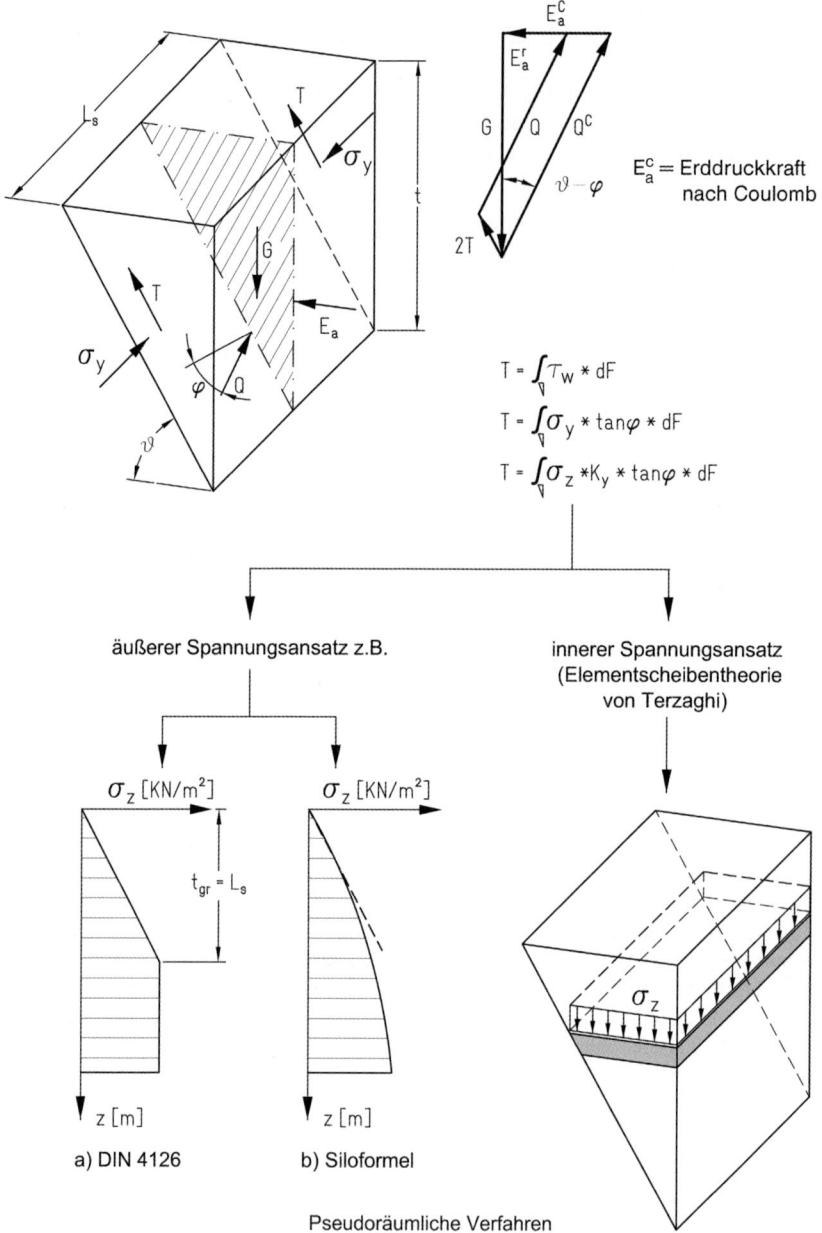

Bild 55. Prismatisches Bruchkörpermodell zur Ermittlung des räumlichen aktiven Erddrucks $E_{ah,k}$

3.6 Pfahlwände, Schlitzwände, Dichtwände

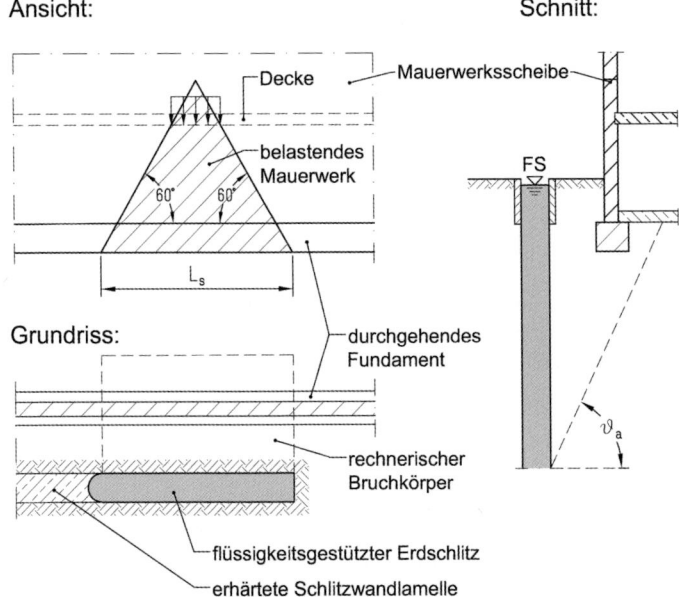

Bild 56. Ansatz zur Abminderung der wirksamen Gebäudelasten in einer aufgehenden Wandscheibe

Tiefgründungen, neben denen flüssigkeitsgestützte Erdschlitze ausgehoben werden, im Einzelfall sorgfältig zu überprüfen und nachzuweisen.

Werden die bei mehrgeschossigen Wohn- oder Geschäftsgebäuden in der Gründungssohle auftretenden Wandlasten von parallel zum Schlitz verlaufenden Streifenfundamenten beim Nachweis der „äußeren" Standsicherheit voll auf das Bruchkörpermodell aufgebracht, ist in der Regel rechnerisch eine ausreichende Sicherheit nicht nachweisbar. Der Aushub einer suspensionsgestützten Schlitzwandlamelle ist aber mit den Vorgängen bei der Herstellung der handwerklichen Unterfangung einer Gebäudewand vergleichbar. Daher kann bei einer durchgehend tragfähigen Gründung von einer Umlagerung der Lasten infolge der Scheibenwirkung in der aufgehenden Wand ausgegangen werden, sodass die Gründung im Bereich der auszuhebenden Schlitzwandlamelle deutlich entlastet wird. Für die Ermittlung der in der Gründungssohle unter Berücksichtigung der Scheibenwirkung noch aufzunehmenden Lasten werden üblicherweise Verfahren wie beispielsweise das in Bild 56 dargestellte angewendet.

Die Überlegungen zur Umlagerung von Lasten in der aufgehenden Wand legen es nahe, die durch den flüssigkeitsgestützten Schlitzwandaushub verursachten Setzungen eines Streifenfundamentes als gering einzustufen.

Der in der DIN V 4126-100 geforderte höhere Teilsicherheitsbeiwert γ_E, der bei in der Nähe der Schlitzwand vorhandenen baulichen Anlagen nachzuweisen ist, berücksichtigt zwar einerseits ein höheres Sicherheitsbedürfnis, soll aber andererseits auch zu einer Verringerung der ohnehin geringen Deformationen beitragen.

Gebaudestützen und Stiele von rahmenartigen Tragwerken sind in der Regel auf Einzelfundamenten gegründet. Wird die Tragfähigkeit der Gründungszone seitlich unter einem

Einzelfundament durch einen flüssigkeitsgestützten Schlitz geschwächt, ist eine Umlagerung von Lasten über die Gebäudekonstruktion nur eingeschränkt möglich und kann unmittelbar zu Schäden führen, da hiermit in der Regel größere Deformationen verbunden sind. Daher sind sowohl die Tragfähigkeit von Einzelfundamenten neben suspensionsgestützten Erdschlitzen [30, 41] als auch die mit dem Aushub eines Schlitzes verbundenen Setzungen der Einzelgründung im Rahmen der Entwurfsplanung abzuschätzen. Letzteres ist für Fundamente neben Einzelschlitzen mit dem von *Walz* und *Happe* [74] entwickelten rechnerischen Ansatz recht einfach möglich [14].

Nach [32] ist eine wirklichkeitsnahe Ermittlung der Verformungen des Bodens während der Schlitzwandherstellung mithilfe von Finite-Elemente-Berechnungen bei Verwendung des hypoplastischen Stoffgesetzes mit Berücksichtigung der intergranularen Dehnung möglich (siehe auch [33]). Hiermit ist auch der Einfluss der Arbeitsabfolge beim Aushub mehrerer Schlitze auf die Größe der Deformationen rechnerisch erfassbar.

6 Wasserdichtigkeit von massiven Stützwänden

6.1 Anforderungen

Wasserdichtigkeit ist schon dem Ausdruck nach ein nicht steigerbarer, sondern absoluter Begriff: entweder ist eine Wand wasserdicht oder sie ist es nicht. Allgemein muss daher von vornherein darauf hingewiesen werden, dass Schlitzwände, Pfahlwände ebenso wie auch Dichtwände nicht absolut wasserdicht hergestellt werden können. Vielmehr kann lediglich von einer mehr oder weniger gut wassersperrenden Funktion ausgegangen werden, indem die Wand über eine geringere oder größere Systemdurchlässigkeit verfügt.

Die endliche Durchlässigkeit ist schon dadurch bedingt, dass Risse in jeder längeren und vor allem in horizontaler Richtung nicht durchgehend bewehrten Betonwand systembedingt unvermeidlich sind. Ursache sind Bewegungen quer zur Wand (infolge unterschiedlicher Beanspruchung) und längs der Wand (infolge Schwindverkürzung des Betons). Hinzu kommen die vielen konstruktiv bedingten vertikalen Fugen, in denen Bentonitreste (Schlitzwand) bzw. Bodenreste (Pfahlwand) nicht ausgeschlossen werden können. Diese können – auch nach längerer Wasserdichtigkeit – zu Wasserwegigkeiten führen, die z. B. durch luftseitiges Austrocknen der „Fugenfüller" verursacht werden. Die Durchlässigkeit einer solchen Wand wird überwiegend von der Qualität der Fugen zwischen den Einzelelementen bestimmt.

Eine eindeutige Definition, die in einer Norm, speziell auch noch für Schlitz- oder Pfahlwände, niedergelegt ist, ist in Deutschland nicht vorhanden. Ersatzweise ist daher der heutige Stand der Technik heranziehen, nach dem drei Kategorien zu unterscheiden sind:

– „vollständig trocken" (Kellerwände für Lager-, Aufenthalts- und Betriebsräume),
– „weitgehend trocken" (Räume mit temporärer Nutzung),
– „kapillar durchfeuchtet".

Bei sach- und normgemäßer Ausführung kann eine Schlitzwand unter der letztgenannten Kategorie eingestuft werden. Damit ist sie als einschalige Bauweise geeignet für z. B. permanente Bauwerke wie Tiefgaragen oder Verkehrstunnel ohne Frostgefährdung, bei denen diese Art der Durchfeuchtung hingenommen werden kann. Folgende Definition soll für eine „kapillare Durchfeuchtung" gelten:

„Die Wand darf unter normalen Raum- und Klimabedingungen und entsprechender Belüftung einzelne feuchte Stellen oder Flecken mit stehenden Wassertropfen (Schweißperlen) aufweisen, jedoch kein rinnendes oder tropfendes Wasser, d. h. die kapillare Durchfeuchtung

3.6 Pfahlwände, Schlitzwände, Dichtwände

sollte kleiner als die Verdunstung sein. Undichte Stellen mit tropfendem oder rinnendem Wasser müssen, soweit der Verwendungszweck dies erfordert, abgedichtet werden."

Diese Definition ist für die Praxis ausreichend klar und hat sich als gut handhabbar erwiesen.

Zahlenangaben über zulässige Wasserdurchtrittsmengen für Schlitz- oder Pfahlwände, bezogen auf bestimmte Wandflächen, sind sehr problematisch und nicht genau messbar.

Für Anforderungen der Kategorien „vollständig trocken" oder „weitgehend trocken" müssen dichte Bauteile gesondert vor Schlitz- oder Pfahlwände errichtet werden (zweischalige Bauweise).

Werden Schlitz- oder Pfahlwände nur temporär, z. B. zur Sicherung einer Baugrube eingesetzt, so sind zusätzlich meist noch wasserrechtliche Auflagen zu beachten, die dann den Begriff „wasserdicht" mit definieren. Je nach Anforderung werden z. B. Vorgaben von 1,5 bis 5,0 l/s pro 1000 m² wasserbenetzter Fläche unabhängig vom hydraulischen Gradienten i festgelegt. Man sollte ein solches Kriterium jedoch abhängig vom hydraulischen Gradienten machen, um Schwankungen des Wasserspiegels und die zu wählende Stärke einer künstlichen Sohlabdichtung bzw. der wassersperrenden Wand zu berücksichtigen.

Die getrennte Quantifizierung der Systemdurchlässigkeit von Baugrubenwand und Baugrubensohle ist ausgesprochen schwierig, da die innerhalb des Trogs zu entnehmende Wassermenge immer die Summe aus beiden Anteilen darstellt. Bei einer künstlichen Abdichtungssohle mit definierter Dicke d ist für die Baugrubensohle der hydraulische Gradient $i = \Delta H/d$ weitgehend konstant, sodass sich bei bekannter Durchlässigkeit der Abdichtungssohle k_f die Wassermenge q_s über die Sohle rechnerisch von der Gesamtwassermenge q abtrennen lässt; die Differenzwassermenge $q_w = q - q_s$ tritt demnach durch die Baugrubenwand durch und ist proportional zur Systemdurchlässigkeit der Baugrubenwand.

Eine Klassifizierung des Grades der Zuverlässigkeit und der Dauerhaftigkeit der Abdichtungswirkung speziell für Schlitzwände steht inzwischen mit der österreichischen Richtlinie „Dichte Schlitzwände" zur Verfügung. Danach werden 5 Anforderungsklassen für die Wasserundurchlässigkeit von Schlitzwänden, getrennt nach Sichtfläche als Außenwände und der Einbindefläche unter der Baugrubensohle definiert:

A_S „vollständig trocken" (Sonderräume und Lager für besonders feuchtigkeitsempfindliche Güter),
A_1 „weitgehend trocken" (Verkehrsbauwerke und Haustechnikräume mit besonderen Anforderungen, Aufenthaltsräume, Lager, Hauskeller),
A_2 „leicht feucht" (Garagen, Haustechnikräume, Verkehrsbauwerke),
A_3 „feucht" (Garagen mit Zusatzmaßnahmen, z. B. Entwässerungsrinnen),
A_4 „nass" (einzelne rinnende Wasseraustrittsstellen).

Die Anforderungen der Sonderkategorie A_S (vollständig trocken) sind mit einer einschaligen Schlitzwand nicht zu erfüllen, sodass dafür immer eine wasserdruckhaltende Innenschale notwendig ist. Auch für die Kategorie A_1 (weitgehend trocken) ist eine solche Innenschale erforderlich, wenn der wirksame Wasserdruck nicht kleiner als 5 m Wassersäule bleibt.

Für die Anforderungsklassen A_2 bis A_3 werden in der österreichischen Richtlinie „Dichte Schlitzwände" drei verschiedene Konstruktionsklassen $SKon_S$, $SKon_1$ und $SKon_2$ für „dichte Schlitzwände" in einschaliger Bauweise beschrieben, mit denen sich in Abhängigkeit vom anstehenden Wasserdruck von 5 bis 15 m Druckhöhe die dort quantifizierte begrenzte Wasserdurchlässigkeit sicherstellen lässt. Dabei ist vor allem der Bewehrungsgrad zur Rissbreitenbeschränkung, die Wandstärke, die Betonqualität und die Fugenausbildung von Bedeutung und nicht nur die Ausführungsqualität der Schlitzwandarbeiten.

6.2 Nachweis der Dichtigkeit

Die Systemdichtigkeit einer Dichtwand wird üblicherweise durch Ausführung eines Probekastens nachgewiesen, in dem nach Erhärten der Dichtwandmasse ein Pumpversuch mit Ermittlung der zu entnehmenden Wassermenge zur Sicherstellung eines vorgegebenen Absenkziels vorgenommen wird. Dabei sollen die Aushubgeräte und die vorgesehene Rezeptur der Dichtwandmasse ebenso wie die geplante Fugenkonstruktion zwischen den einzelnen Lamellen unter Berücksichtigung der tatsächlichen Bodenverhältnisse einer großmaßstäblichen Eignungsprüfung unterzogen werden. Sinngemäß kann ein solcher Großversuch auch auf ganze mit Stahlbeton-Schlitzwänden oder Bohrpfahlwänden verbaute Trogbaugruben übertragen werden.

Die erforderlichen Abmessungen des Probekastens werden durch die Länge des vorgesehenen Aushubwerkzeugs (z.B. Maulweite des geöffneten Schlitzwandgreifers) vorgegeben; Breite und Länge des Probekastens müssen mindestens jeweils zweimal dieser Länge entsprechen, um insgesamt auf jeder Kastenseite eine vertikale Lamellenfuge abzubilden. Die Ecken des Probekastens sind dabei jeweils in einer Lamelle aus zwei Greifereinstichen auszuheben. So entstehen jeweils zwei Anfänger- und zwei Schließerlamellen (s. Bild 57).

Je m² Dichtsohle und m Wasserdrucksäule (hydraulischer Gradient i) bezogen auf die Dichtsohle haben sich Werte zwischen 1,5 und 3,0 als erzielbar je nach den anstehenden Baugrundverhältnissen und Dichtsohlensystemen ergeben.

6.3 Ausführung und Auswertung eines Pumpversuches

Innerhalb des Probekastens werden ein oder zwei Förderbrunnen hergestellt, aus denen eine ausreichend große Wassermenge entnommen werden kann. Die Kontrolle des Absenkziels erfolgt über mehrere Pegelbohrungen innerhalb und außerhalb des Probekastens.

Die abgepumpte Wassermenge q [m³/h] wird dabei regelmäßig protokolliert, bis ein stationärer Zustand mit gleichbleibendem Innen-Wasserstand erreicht ist. Dieser Zustand wird meist erst nach mehreren Tagen Pumpzeit erreicht. Auch die gesamte entnommene Wassermenge Q wird über eine geeichte Wasseruhr festgehalten. Die Pegelstände innerhalb des Probekastens können über die Grundfläche um bis zu 1 m differieren.

Die im stationären Zustand zum Halten des Absenkziels noch abzupumpende Wassermenge q [m³/h] setzt sich zusammen aus:

q_1 Zustrom durch die von außen mit Wasser benetzte Dichtwandfläche,
q_2 Zustrom durch die Baugrubensohle,
q_3 Niederschlag auf die Grundfläche des Probekastens im Beobachtungszeitraum.

Entscheidend für die Auswertung des Pumpversuchs und die Beurteilung der Systemdurchlässigkeit der Wand ist die Einschätzung des Zustroms über die Baugrubensohle q_2. Dieser Anteil kann aus der insgesamt gepumpten Wassermenge nicht direkt separiert werden und ist daher rechnerisch abzuschätzen, wobei die zugehörige Durchlässigkeit des Bodens in der Baugrubensohle getrennt in einem geeigneten Pumpversuch zu ermitteln ist. Aus der so reduzierten, durch die Wand eindringenden Wassermenge $q_1 = q - q_2 - q_3$ [m³/s] lässt sich der System-Durchlässigkeitsbeiwert k_F ermitteln:

$$k_F = \frac{q_1}{(A_{WüGW} \cdot i_{mW} + A_{WuGW} \cdot i_{uW})} \qquad (7)$$

3.6 Pfahlwände, Schlitzwände, Dichtwände

mit

$A_{WüGW}$ benetzte Wandfläche oberhalb des abgesenkten Grundwasserstandes [m²]
i_{mW} mittlerer Gradient oberhalb des abgesenkten Grundwasserstandes [–]
A_{WuGW} benetzte Wandfläche unterhalb des abgesenkten Grundwasserstandes bis zur abdichtenden Bodenschicht [m²]
i_{uW} hydraulischer Gradient auf der benetzten Wandfläche unterhalb des abgesenkten Grundwasserstandes [–]

Nach Abschalten der Brunnen im Inneren des Probekastens steigt der Wasserspiegel zeitverzögert wieder an, wobei in dieser Phase die Spiegelhöhe in Abhängigkeit von der Zeit gemessen werden sollte. Die unabhängig von der stationären Phase mögliche Auswertung

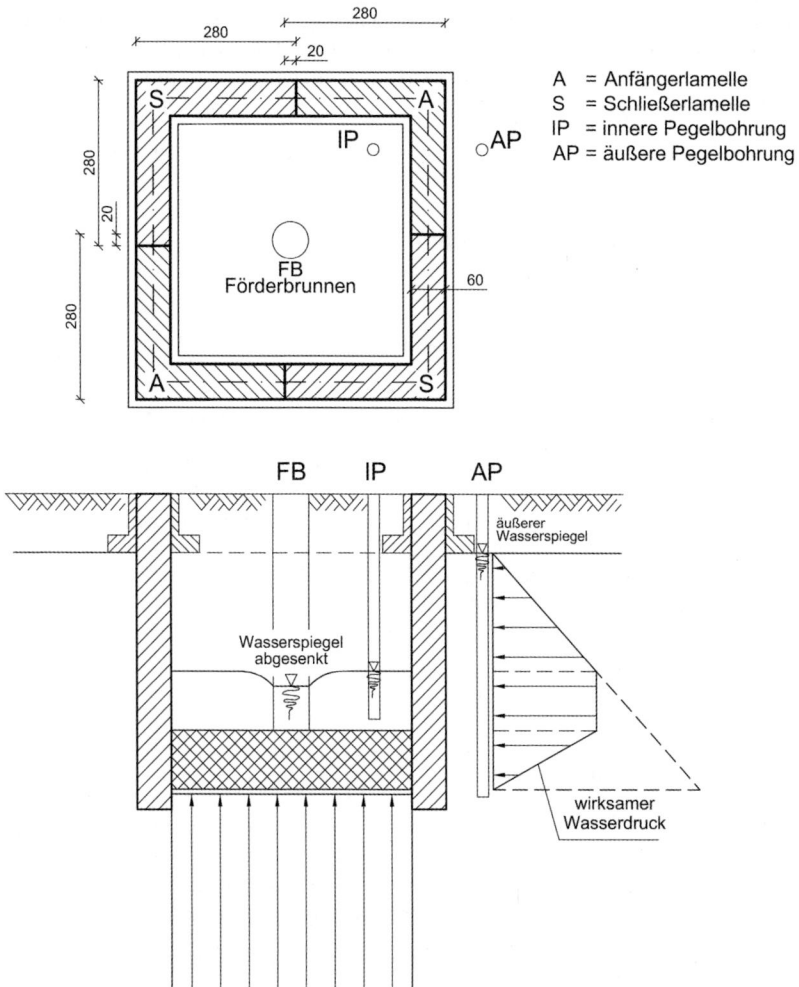

Bild 57. Lamellenanordnung und Querschnitt durch einen Dichtwand-Probekasten

dieser Daten „mit abnehmender Druckhöhe" bezüglich der Systemdurchlässigkeit setzt aber voraus, dass das Porenvolumen des entwässerten Bodens, das im Zuge des Wiederanstiegs gefüllt wird, zumindest näherungsweise bekannt ist. Eine Abschätzung dieses Volumens ist aus der Bilanzierung der Gesamtwassermenge vom Beginn des Pumpversuchs bis zum Erreichen der stationären Phase möglich, da darin neben dem instationär zunehmenden Zustrom q_l durch die Wandfläche auch die ursprünglich im gesättigten Porenvolumen gebundene Wassermenge enthalten ist. Man muss aber davon ausgehen, dass der Porenraum des ursprünglich vollständig wassergesättigten Bodens im Absenkbereich aufgrund kapillarer Saugspannungen im ungesättigten Zustand nicht vollständig entwässert wurde.

Sinngemäß kann diese Art der Auswertung eines Pumpversuchs als Großversuch auch auf ganze Baugruben angewendet werden, die mit Stahlbeton-Schlitzwänden, Bohrpfahlwänden oder Mixed-in-Place-Wänden wassersperrend verbaut sind. Dabei ist dieser Lastfall „Pumpversuch" vor einem möglichen Baugrubenaushub bei der statischen Berechnung und der Verformungsprognose für die Baugrube zu berücksichtigen, da in diesem Zustand noch keine stützenden Anker oder Absteifungslagen zur Verfügung stehen und zur Stützung der Baugrubenwand gegenüber dem äußeren Wasserdruck die elastischen Bettung des inneren Bodens mobilisiert werden muss.

7 Vorschriften und Empfehlungen

7.1 Vorschriften

DIN EN 1536:1999-06: Ausführung spezieller geotechnischer Arbeiten (Spezialtiefbau) – Bohrpfähle.

DIN EN 1538:2000-07: Ausführung spezieller geotechnischer Arbeiten (Spezialtiefbau) – Schlitzwände.

DIN 4126:1986-08: Schlitzwände – Ortbetonschlitzwände.

DIN V 4126-100:1996-04: Schlitzwände – Berechnung nach dem Konzept mit Teilsicherheitsbeiwerten.

DIN 4127:1986-08: Schlitzwandtone für stützende Flüssigkeiten; Anforderungen, Prüfverfahren, Lieferung, Güteüberwachung.

DIN 18313:1996: Schlitzwandarbeiten mit stützenden Flüssigkeiten – VOB, Teil C.

7.2 Empfehlungen und Richtlinien

Dichtungselemente im Wasserbau. DVWK-Merkblatt 215 (1990). Verlag Paul Parey, Hamburg und Berlin.

Empfehlungen des Arbeitsausschusses „Geotechnik der Deponien und Altlasten" – GDA (1997). Deutsche Gesellschaft für Geotechnik. Ernst & Sohn, Berlin.

Empfehlungen des Arbeitsausschusses „Ufereinfassungen" – EAU (2004). Ernst & Sohn, Berlin.

Empfehlungen des Arbeitskreises „Baugruben" – EAB, 4. Auflage (2006). Ernst & Sohn, Berlin.

3.6 Pfahlwände, Schlitzwände, Dichtwände

Richtlinie Dichte Schlitzwände (Dezember 2002). Hrsg.: Österreichische Vereinigung für Beton- und Bautechnik, Wien.

Handbuch der Österreichischen Dichtwandtechnologie (Juni 2007). Hrsg. Österreichische Gesellschaft für Geomechanik, Salzburg.

8 Literatur

[1] ABI GmbH: Wet Speed-Mixing, WSM Bodenmischverfahren. Eigenverlag, 2005.
[2] Arz., P.: Erfahrung mit der Herstellung von Schmalwänden. Mitteilungen des Instituts für Grundbau und Bodenmechanik, TU Braunschweig, Heft 23, 1987.
[3] Arzberger, M., Mathieu, F., Jena, M.: CSM – Ein innovatives Verfahren zur Herstellung von Dicht- und Baugrubenwänden. Innovationspreis des Deutschen Baumaschinentages 2004. WISSENSPORTALbaumaschine.de 2, 2004.
[4] Baldauf, H., Timm, U.: Betonkonstruktionen im Tiefbau. Ernst & Sohn, Berlin, 1988.
[5] Banzhaf, P., Seidel, A.: Die Bauverfahren zur Deichsanierung. Tiefbau (2004), Heft 10.
[6] Bauer, F., Volk, D.: Ein verbessertes Schmalwand-Dichtwand-System – die Vibrosolwand. Vorträge der Baugrundtagung in Köln, S. 351–360. Hrsg.: Deutsche Gesellschaft für Geotechnik, Essen, 1994.
[7] BAUER Maschinen GmbH: CSM Cutter-Soil-Mixing. Produktinformation 49, 2005.
[8] Blinde, A., Blinde, J.: Durchlässigkeit und Diffusion von Einphasen-Dichtwandmassen. Festschrift K.-H. Heitfeld. Mitteilungen zur Ingenieurgeologie und Hydrogeologie, RWTH Aachen, Heft 32, 1988.
[9] Beresanzew, V. G.: Earth Pressure on Cylindrical Retaining Walls. Proc. Brussels Conf. on Earth Pressure Problems II, 1958. Hierzu siehe auch: Kezdi, A.: Erddrucktheorien. Springer-Verlag, Berlin, Göttingen, Heidelberg, 1962.
[10] Düllmann, H., Heitfeld, K.-H.: Erosionsbeständigkeit von Dichtwänden unterschiedlicher Zusammensetzung, Vorträge der Baugrundtagung Braunschweig, 1982.
[11] Fahn, R.: Was ist Bentonit? Vortrag bei einer Schlitzwandtagung. Sonderdruck der Südchemie AG, München, 1967.
[12] Geil, M.: Untersuchungen der physikalischen und chemischen Eigenschaften von Bentonit-Zement-Suspensionen im frischen und erhärteten Zustand. Mitteilungen des Instituts für Grundbau und Bodenmechanik, TU Braunschweig, Heft 28, 1989.
[13] Gußmann, P., Lutz, W.: Schlitzstabilität bei anstehendem Grundwasser. Geotechnik 4, (1981), S. 70–81.
[14] Happe, Th.: Entwicklung eines empirisch-mathematischen Verfahrens zur Abschätzung der Setzungen von Einzelfundamenten neben suspensionsgestützten Schlitzen begrenzter Länge. Bericht Nr. 16, Grundbau, Bodenmechanik und Unterirdisches Bauen. Fachbereich Bautechnik, Bergische Universität – GH Wuppertal, 1996.
[15] Haugwitz, H-G., Seidel, A.: Mixed-in-Place-Verfahren. Vorträge zum 7. Darmstädter Geotechnik-Kolloquium, 2000.
[16] Heitfeld, M.: Geotechnische Untersuchungen zum mechanischen und hydraulischen Verhalten von Dichtwandmassen bei hohen Beanspruchungen. Mitteilungen zur Ingenieurgeologie und Hydrogeologie. RWTH Aachen, Heft 33, 1989.
[17] Horn, A.: In-situ-Prüfung der Wasserdurchlässigkeit von Dichtwänden, Geotechnik 9 (1986), S. 37–38.
[18] Huder, J.: Stability of bentonite slurry trenches with some experiences in Swiss practice. 5th ECSMFE, Madrid, 1972, S. 517–522.
[19] Karstedt, J.: Untersuchungen zum aktiven, räumlichen Erddruck in rolligem Boden bei hydrostatischer Stützung der Erdwand. Veröffentlichung des Grundbauinstitutes der TU Berlin, Heft 10, 1989.
[20] Karstedt, J: Schadensursachen bei Schlitzwandarbeiten. Tiefbau, Ingenieurbau, Straßenbau 22, (1980), Heft 8, S. 688–691.

[21] Karstedt, J., Ruppert, F.: Zur Erosionsbeständigkeit von Dichtungsschlitzwänden. Tiefbau, Ingenieurbau, Straßenbau (1982), Heft 11, S. 667–671.
[22] Kilchert, M., Karstedt, J.: Schlitzwände als Trag- und Dichtungswände. Band 2: Standsicherheitsberechnung von Schlitzwänden nah DIN 4126. Beuth-Verlag, Berlin, Köln, 1984.
[23] Kirsch, Rüger: Die Rüttelschmalwand – Ein Verfahren zur Baugrundabdichtung. Vorträge Baugrundtagung Nürnberg. Deutsche Gesellschaft für Erd- und Grundbau e. V., Essen, 1976, S. 439–459.
[24] Kleist, F., Strobl, T.: Die Fließgrenze von Schmalwand-Suspensionen und die Auslaufzeit aus dem Marsh-Trichter. Geotechnik (1998), Heft 2.
[25] Kleist, F., Wildner, H., Strobl, T.: Das Mixed-in-Place-Verfahren für permanente Dichtungswände im Wasserbau. Wasserwirtschaft (1999), Heft 5.
[26] Knappe, P.: Die gerammte Schlitzwand – ein neues Verfahren der Dichtwandherstellung, Mitteilungen des Instituts für Grundbau und Bodenmechanik, TU Braunschweig, Heft 23, 1987.
[27] Kolymbas, D.: Pfahlgründungen. Springer-Verlag, Berlin, 1989.
[28] Kuhn, R.: Die Anwendung des ETMO-Verfahrens auf Stauraumabdichtungen. Vorträge der Baugrundtagung, Essen, 1962, S. 285–300.
[29] Landesanstalt für Umweltschutz Baden-Württemberg: Sicherung von Altlasten mit Schlitz- oder Schmalwänden. Handbuch Altlasten und Grundwasserschadensfälle, 1995.
[30] Lee, S. D.: Untersuchungen zur Standsicherheit von Schlitzen im Sand neben Einzelfundamenten. Mitteilungen des Institutes für Geotechnik, Stuttgart, Heft 27, 1987.
[31] Lutz, W.: Tragfähigkeit des geschlitzten Baugrundes neben Linienlasten. Mitteilungen des Baugrund-Institutes Stuttgart, Heft 19, 1983.
[32] Mayer, P.-M.: Verformung und Spannungsänderungen im Boden durch Schlitzwandherstellung und Baugrubenaushub. Veröffentlichungen des Instituts für Bodenmechanik und Felsmechanik der Universität Fridericiana in Karlsruhe, Heft 51, 2000.
[33] Mayer, P.-M., Gudehus, G., Nußbaumer, M.: Bodenverformungen bi Herstellung und Freilegung von Schlitzwänden. Vorträge zur Baugrundtagung Hannover, 2000, S. 141–146.
[34] Meseck, H.: Mechanische Eigenschaften von mineralischen Dichtwandmassen. Mitteilungen des Instituts für Grundbau und Bodenmechanik, TU Braunschweig, Heft 25, 1987.
[35] Müller-Kirchenbauer, H.: Stability of slurry trenches. Proc. 5th ECSMFE Madrid, 1972, S. 543–553.
[36] Müller-Kirchenbauer, H., Walz, B., Kilchert, M.: Vergleichende Untersuchungen der Berechnungsverfahren zum Nachweis der äußeren Standsicherheit suspensionsgestützter Erdwände. Veröffentlichung des Grundbauinstitutes der TU Berlin, Heft 5, 1979.
[37] Müller-Kirchenbauer, H.: Zur Herstellung von Großbohrpfählen mittels Suspensionsstützung. Geotechnik 1 (1978), S. 43–50.
[38] Nußbaumer, M.: Beispiele für die Herstellung von Dichtwänden im Schlitzwandverfahren. Mitteilungen des Instituts für Grundbau und Bodenmechanik, TU Braunschweig, Heft 23, 1987.
[39] Piaskowski, A., Kowalewski, Z.: Application of Thixotropic Clay Suspensions for Stability of Vertical Sides of Deep Trenches without Strutting. 6th ICSMFE Montreal, III, 1965, S. 563–564.
[40] Prater, E. G.: Die Gewölbewirkung der Schlitzwände. Der Bauingenieur 48 (1973), S. 125–131,
[41] Pulsfort, M.: Untersuchungen zum Tragverhalten von Einzelfundamenten neben suspensionsgestützten Erdwänden begrenzter Länge. Bericht Nr. 4, Grundbau, Bodenmechanik und Unterirdisches Bauen. Fachbereich Bautechnik, Bergische Universität – GH Wuppertal, 1986.
[42] Pulsfort, M., Waldhoff, P., Walz, B.: Bearing capacity and settlement of individual foundations near slurry supported excavations. 12th ICSMFE, Rio de Janeiro, 1989, S. 1511–1514.
[43] Pulsfort, M., Waldhoff, P., Hoppe, H.-J., Wunsch, R.: Straßentunnel Lilla Bommen, Göteborg: Schlitzwandbaugrube in weichen Tonsedimenten. Vorträge der Baugrundtagung Mainz, Deutsche Gesellschaft für Geotechnik, Essen, 2002, S. 47–51.
[44] Raabe, E.-W., Toth, S.: Herstellung von Dichtwänden und Dichtwandsohlen mit dem Soilcreteverfahren. Mitteilungen des Instituts für Grundbau und Bodenmechanik, TU Braunschweig, Heft 23, 1987.
[45] Radl, F., Kiefl, M.: Umschließung einer Großdeponie in Theorie und Praxis. Tiefbau Berufsgenossenschaft (1989), Heft 5, S. 344–356.
[46] Ruppert, F.-R.: Mischen von Bentonitsuspensionen. Baumaschine und Bautechnik 25 (1978), Heft 10, S. 532–538.

3.6 Pfahlwände, Schlitzwände, Dichtwände

[47] Ruppert, F.-R.: Bentonitsuspensionen für die Schlitzwandherstellung. Tiefbau, Ingenieurbau, Straßenbau (1980), Heft 8, S. 684–686.
[48] Ruppert, F.-R., Rickfels, J., Knappe, P.: Neuartige Herstellung von Dichtwänden mit dem Verdrängungsverfahren. Baumaschine und Bautechnik (1988), Heft 2, S. 34–37.
[49] Sartorius, G.: Baugrubensicherung mit vorgespannten Schlitzwänden. Mitteilungen der Schweiz. Ges. für Boden- und Felsmechanik (1975), Nr. 92.
[50] Schiechtl, H. u. a.: Schmaldichtwände am Lech. Wasserwirtschaft (1986), Heft 76, Nr. 12.
[51] Schneebeli, G.: La stabilité des tranchées forées en présence de boue. Etanchments et Foundation Spéciales, 1964.
[52] Schumacher, N., Maurer, C.: Herstellen von Dichtwänden zum Hochwasserschutz. Vorträge zum 15. Darmstädter Geotechnik-Kolloquium, 2008.
[53] Schweitzer, F.: Die langzeitige Wasserdurchlässigkeit von Dichtwänden und deren Prognose. Geotechnik 11 (1988), S. 153–157.
[54] Seitz, J. M., Schmidt, H.-G.: Bohrpfähle. Ernst & Sohn, Berlin, 2000.
[55] Sidla & Schönberger Spezialtiefbau GmbH (2006): Dichtwandherstellung im Fräs-Misch-Injektions-Verfahren (kurz: FMI-Verfahren). Eigenverlag.
[56] Steinfeld, K.: Über den Erddruck auf der Schaft- und Brunnenwandungen. Vorträge der Baugrundtagung, Hamburg, S. 111–124. Deutsche Gesellschaft für Erd- und Grundbau e. V., 1958.
[57] Steinhoff, J.: Standsicherheitsbetrachtung für polymergestützte Erdwände. Bericht Nr. 13, Grundbau, Bodenmechanik und Unterirdisches Bauen, Fachbereich Bautechnik, Bergische Universität – GH Wuppertal, 1993.
[58] Stocker, M., Walz, B.: Pfahlwände, Schlitzwände, Dichtwände. Grundbau-Taschenbuch, Teil 3, 6. Auflage, S. 397–439. Ernst & Sohn, Berlin 2001.
[59] Strobl, T.: Ein Beitrag zur Erosionssicherheit von Einphasen-Dichtungswänden. Wasserwirtschaft 72 (1982), S. 269–272.
[60] Strobl, T.: Erfahrungen über die Untergrundabdichtung von Talsperren. Wasserwirtschaft 79 (1989), Heft 7/8.
[61] Stroh, D., Sasse, T.: Beispiele für die Herstellung von Dichtwänden im Schlitzwandverfahren. Mitteilungen des Instituts für Grundbau und Bodenmechanik, TU Braunschweig, Heft 23, 1987.
[62] Teschemacher, P., Stötzer, E.: Entwicklung der Fräsen in der Schlitzwandtechnik. Vorträge Baugrundtagung, Karlsruhe, 1990, S. 249–266.
[63] Topolnlckl, M.: Herstellung von Dichtwänden in alten Deichen in Polen mit dem Verfahren der Tiefen Bodenvermörtelung (DMM) – Bemessungsanalysen und Ausführungsbeispiele. Erweiterte Version eines Beitrages in der Sonderausgabe „Hochwasserschutz Spezial". Ernst & Sohn, Berlin, 2003.
[64] Topolnlckl, M., Trunk, U.: Einsatz der Tiefreichenden Bodenstabilisierung im Verkehrswegebau für Baugrundverbesserung und Gründungen. Vortrag auf dem Geotechnik-Tag an der TU-München, 2006.
[65] Triantafyllidis, Th., König, D., Sonntag, M.: Standsicherheit von nicht-ebenen, suspensionsgestützten Erdschlitzen. Bautechnik 78 (2001), Heft 2, S. 133–154.
[66] Triantafyllidis, Th.: Planung und Ausführung im Spezialtiefbau, Teil 1: Schlitzwand- und Dichtwandtechnik. Ernst & Sohn, Berlin, 2004.
[67] Unterberg, J.: Dichtwand mit eingestellter Stahlspundwand und Versuche mit Dichtungsbahnen aus Kunststoff im Bergsenkungsgebiet. Vorträge Baugrundtagung Nürnberg, 1986, S. 87–112.
[68] VERTREN, Berechnungsprogramm auf der Grundlage der Veröffentlichung Walz/Pulsfort, 1989. Verfügbar bei IGW-Ingenieurgesellschaft für Geotechnik mbH, Uellendahl 70, 42109 Wuppertal.
[69] Walz, B.: Grundlagen der Flüssigkeitsstützung von Erdwänden. 4. Christian Veder Kolloquium, Graz, 1989.
[70] Walz, B., Pulsfort, M.: Rechnerische Standsicherheit suspensionsgestützter Erdwände. Tiefbau, Straßenbau 25 (1983), Heft 1, S. 4–7 und Heft 2, S. 82–86.
[71] Walz, B,. Hock, K.: Berechnung des räumlichen aktiven Erddrucks mit der modifizierten Elementscheibentheorie. Bericht Nr. 6, Grundbau, Bodenmechanik und Unterirdisches Bauen, Fachbereich Bautechnik, Bergische Universität – GH Wuppertal, 1987.
[72] Walz, B., Hock, K.: Berechnung des räumlichen Erddrucks auf die Wandungen von schachtartigen Baugruben. Taschenbuch für den Tunnelbau. Verlag Glückauf, Essen, 1988.

[73] Walz, B., Hock, K.: Räumlicher Erddruck auf Senkkästen und Schächte – Darstellung eines einfachen Rechenansatzes. Die Bautechnik 65 (1988), S. 199–204.
[74] Walz, B., Happe, Th.: Estimation of settlement of isolated footings next to suspension supported earth slits. XIVth ICSMFE, Hamburg, 1997.
[75] Washbourne, J.: The three-dimensional stability analysis diaphragm wall excavations. Ground Engineering 17 (1984), No. 4, S. 24–29.
[76] Weiss, F.: Die Standfestigkeit flüssigkeitsgestützter Erdwände. Bauingenieur-Praxis, Heft 70. Ernst & Sohn, Berlin,München, 1967.
[77] Weiss, F.: Stand der Schlitzwandbauweise – Neuere Erkenntnisse für Planung und Ausführung. Festschrift zum 65. Geburtstag von Prof. Dr. -Ing. R. Jelinek, München, 1979.
[78] Weiss, F.: Abschätzung der Lebensdauer von Dichtwänden in betonangreifenden Wässern. Süd-Chemie-Tagung, Essen, 1981.
[79] Weiss, F., Winter, K.: Schlitzwände als Trag- und Dichtungswände. Band 1: Erläuterungen zu den Schlitzwandnormen DIN 4126, DIN 4127, DIN 18313. Beuth Verlag, Berlin, Köln, 1985.
[80] Landesanstalt für Umweltschutz Baden-Württemberg: Materialien zur Altlastenbearbeitung, Heft 23: Sicherung von Altlasten mit Schlitz- oder Schmalwänden. Karlsruhe, 1995 (www.xfaweb.baden-wuerttemberg.de/xfaweb/direkt/xml.pl?page=/alfaweb).

3.7 Gründungen in Bergbaugebieten

Dietmar Placzek

1 Einleitung

Bei der Gewinnung von Rohstoffen (Kohle, Salz, Erz u. a.) im untertägigen Bergbau (Bild 1) senken sich die hangenden Gebirgsschichten über dem Abbauhohlraum, in dessen Folge es an der Tagesoberfläche zu Senkungen, Senkungsmulden, Horizontalverschiebungen, trichter- und grabenförmigen Einbrüchen, Erdstufen und Erdspalten kommen kann. Diese können zu Schäden, den dann sog. Bergschäden, an Gebäuden, an der Infrastruktur (Verkehrs-, Ver-

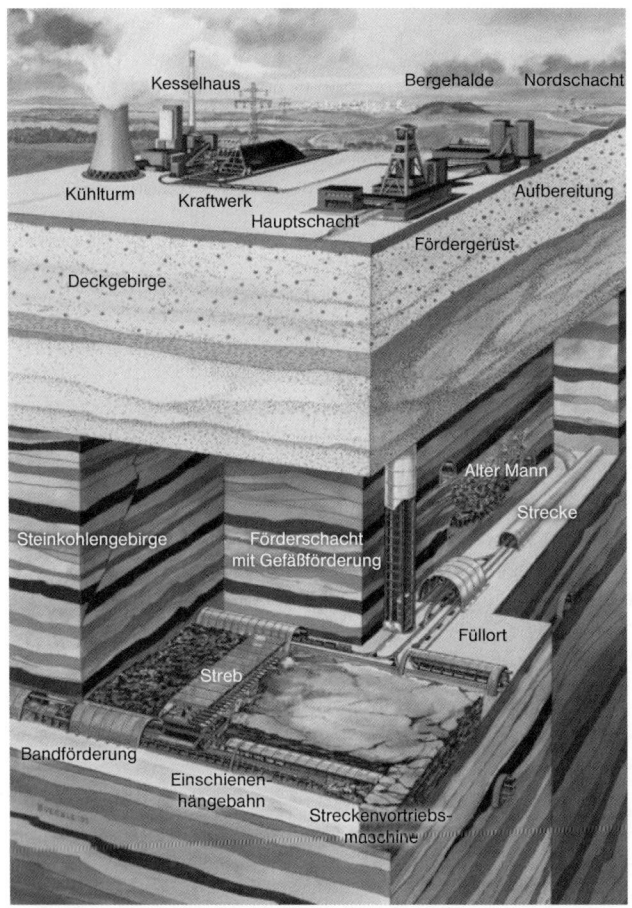

Bild 1. Schnitt durch ein Steinkohlebergwerk (Quelle: Steinkohlenbergbau in Deutschland, Hrsg.: Gesamtverband des deutschen Steinkohlenbergbaus)

Bild 2. Tagebau im Rheinischen Braunkohlerevier

und Entsorgungseinrichtungen usw.), an forst- und landwirtschaftlich genutzten Flächen führen. Insbesondere die dichtbesiedelten Steinkohlereviere an der Ruhr und der Saar sind hiervon betroffen. Aber auch der Abbau von Salz, Erz und anderen Rohstoffen führt bei ähnlichen Bewegungsvorgängen zu vergleichbaren Auswirkungen an der Tagesoberfläche.

Auch die im Zusammenhang mit den Tagebauen, z.B. für die Braunkohlegewinnung (Bild 2), notwendigen vorlaufenden Grundwasserspiegelabsenkungen und die damit verbundenen Geländesenkungen können zu Bergschäden führen.

Seit dem Auftreten der ersten Bergschäden Mitte des 19. Jahrhunderts war und ist es Ziel, diese unter Aufrechterhaltung des Abbaus der Lagerstätte auch unter dicht bebauter Geländeoberfläche so gering wie möglich zu halten und Gebäude sowie die Infrastruktur durch geeignete Maßnahmen gegenüber auftretenden Bodenbewegungen zu sichern.

Die Bergschadenkunde ist das Lehrgebiet, das sich mit den Bewegungsabläufen über Abbaufeldern befasst. Die Bewertung der bergbaulichen Bodenbewegungen in Bezug auf die Bebauung und die daraus resultierende Festlegung von baulichen Maßnahmen gegenüber Abbaueinwirkungen wird als „Bergschadensicherung" bezeichnet.

Die Bewegungsabläufe über Abbaufeldern werden vom Markscheider ermittelt und beschrieben. Er gibt aufgrund von Messungen und Berechnungen unter Beachtung der bergbaulichen betrieblichen Planung die Größenordnung, Richtung und den zeitlichen Ablauf der Bodenbewegungen an. Der geotechnische Sachverständige hat zu klären, welche Beanspruchungen durch die Bodenbewegungen unter Berücksichtigung der mechanischen Eigenschaften des Untergrundes auf das Bauwerk einwirken. Der Tragwerksplaner muss prüfen, ob diese Beanspruchungen vom Bauwerk schadensfrei aufgenommen werden können bzw. welche konstruktiven Maßnahmen in Abstimmung mit dem geotechnischen Sachverständigen zu treffen sind, um eine Schadensfreiheit bzw. Schadensminderung zu erreichen.

In der Bergschadenkunde wird zwischen Abbauen in größerer Teufe und oberflächennahen Abbauen unterschieden. Als oberflächennaher Abbau wird i.Allg. ein Abbau mit einer Teufenbegrenzung von 100 bis 150 m bezeichnet. Die Einwirkungen auf die Tagesoberfläche aus diesem Bereich können in ihrer Auswirkung intensiver sein als Bodenbewegungen aus Bergbau in größerer Teufe. Für den Abbau in der obersten Zone des oberflächennahen Bereiches wurde der Begriff des tagesnahen Bergbaus eingeführt. Die dabei auftretenden Bodenbewegungen folgen nicht den Gesetzmäßigkeiten, wie sie für Abbaue in größerer Teufe gelten. Hier können zusätzliche Phänomene, wie z. B. Tagesbrüche, auftreten.

Mit dem Rückgang des Bergbaus an der Ruhr, der Saar und in Mitteldeutschland sind zahlreiche untertägige Hohlräume und Tagesöffnungen (z. B. Schächte) ebenso wie alte Tagebaue, Tagebaurestlöcher und dergleichen des Altbergbaus zurückgeblieben, die im Hinblick auf eine neue Nutzung und Bebauung zu untersuchen und zu beurteilen sind. Auch hier können Bodenbewegungen auftreten, die denen des oberflächennahen Abbaus vergleichbar sind.

2 Bodenbewegungen

2.1 Bodenbewegungen bei untertägigen Abbauen

2.1.1 Bewegungsvorgänge über Abbauen in größerer Teufe

Durch den Abbau eines Flözes (Bild 3) tritt eine Absenkung der hangenden Gebirgsschichten und Deckschichten über dem Abbaufeld ein (Bild 4). Bei einem harmonischen Abbau ohne geologische Störungen entsteht hierdurch an der Geländeoberfläche eine Senkungsmulde (Trogtheorie nach *Lehmann* [8]).

Mit der Ausbildung der Senkungsmulde an der Geländeoberfläche geht eine räumliche Bewegung der einzelnen Bodenteilchen in Richtung auf den Abbau- bzw. Senkungsschwerpunkt einher (Bild 5). Hierdurch treten neben vertikalen auch horizontale Verschiebungen an der Geländeoberfläche auf, die eine Längung bzw. Kürzung der Flächen verursachen und damit Zerrungen bzw. Pressungen an einem Bauwerk hervorrufen können.

Im Bereich der sattelförmigen Krümmung sind Längungen und bei der muldenförmigen Krümmung Kürzungen zu erwarten. Die Senkungsmulde wird gekennzeichnet durch den Bruchwinkel β, der das Maximum der Zerrungen aufzeigt, und durch den Grenzwinkel γ, über den keine Verformungen hinausgehen und der damit den Einwirkungsbereich an der Geländeoberfläche begrenzt. Bruch- und Grenzwinkel sind abhängig von der Beschaffenheit

Bild 3. Abbau eines Steinkohleflözes mittels eines Walzenschrämladers (Quelle: Fa. Gebr. Eickhoff Maschinenfabrik und Eisengießerei, Bochum)

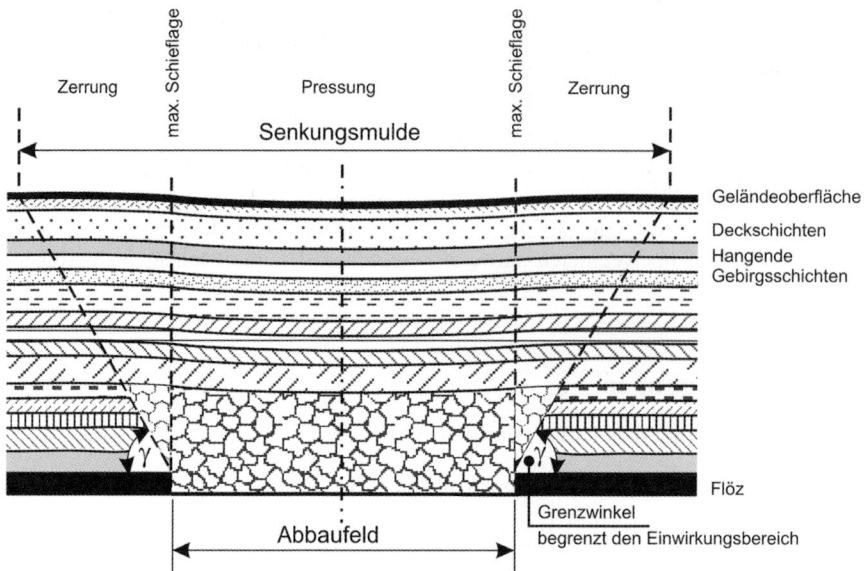

Bild 4. Absenkung der hangenden Gebirgsschichten über dem Abbaufeld mit Senkungsmulde an der Geländeoberfläche

des Gebirges, dem Einfallen der Schichten und dem Durchbauungsgrad. Bei flacher Lagerung schwankt der Grenzwinkel γ je nach Gebirgszustand zwischen 40 und 75 gon und liegt im Ruhrrevier meist zwischen 55 gon (50°) und 72 gon (65°).

Die Größenordnung der Senkungen wie auch die Form der Senkungsmulde hängen von verschiedenen Faktoren ab. Im Einzelnen sind dies neben der Gesamtmächtigkeit (Dicke) der abgebauten Flöze und deren Teufenlage insbesondere die Größe der Abbaufläche, der Durchbauungsgrad und die Abbauart. Beim Bruchbau, d. h. Abbau ohne Verfüllung der Hohlräume, betragen die Geländesenkungen, sofern eine Vollfläche erreicht wird, etwa 90 % der Dicke der abgebauten Flöze. Beim Versatzbau, d. h. Abbau mit Verfüllung der Hohlräume mittels Versatz (Verfüllmaterial), betragen die Geländesenkungen hingegen nur noch etwa 45 bis 55 % der Mächtigkeit der abgebauten Flöze. Um eine Abbauvollfläche handelt es sich, wenn die unter dem Grenzwinkel γ vom Punkt P über der Abbaumitte ausgehenden Begrenzungslinien die Abbaukante schneiden (Bild 5).

Die mit der muldenförmigen Senkung der Geländeoberfläche zusammenhängenden Bewegungskomponenten gehen aus Bild 6 hervor. Neben diesen Bewegungskomponenten treten bei flächenhafter Betrachtung der Senkungsmulde auch noch in vertikaler Richtung Verwindungen sowie in horizontaler Richtung Drehkrümmungen und Torsionen auf.

Von Interesse ist auch der zeitliche Verlauf der Senkungen und der übrigen Bewegungskomponenten der Senkungsmulde. Er ist im Ruhrgebiet etwa wie folgt:

1.	2.	3.	4.	5. Jahr nach Abbauende
75	15	5	3	2 % der Gesamtsenkung

Bei diesen Prozentzahlen handelt es sich um Anhaltswerte, die entsprechend der Teufe des Abbaus, der Schichtenfolge und des Durchbauungsgrades auch anders verteilt sein können.

3.7 Gründungen in Bergbaugebieten

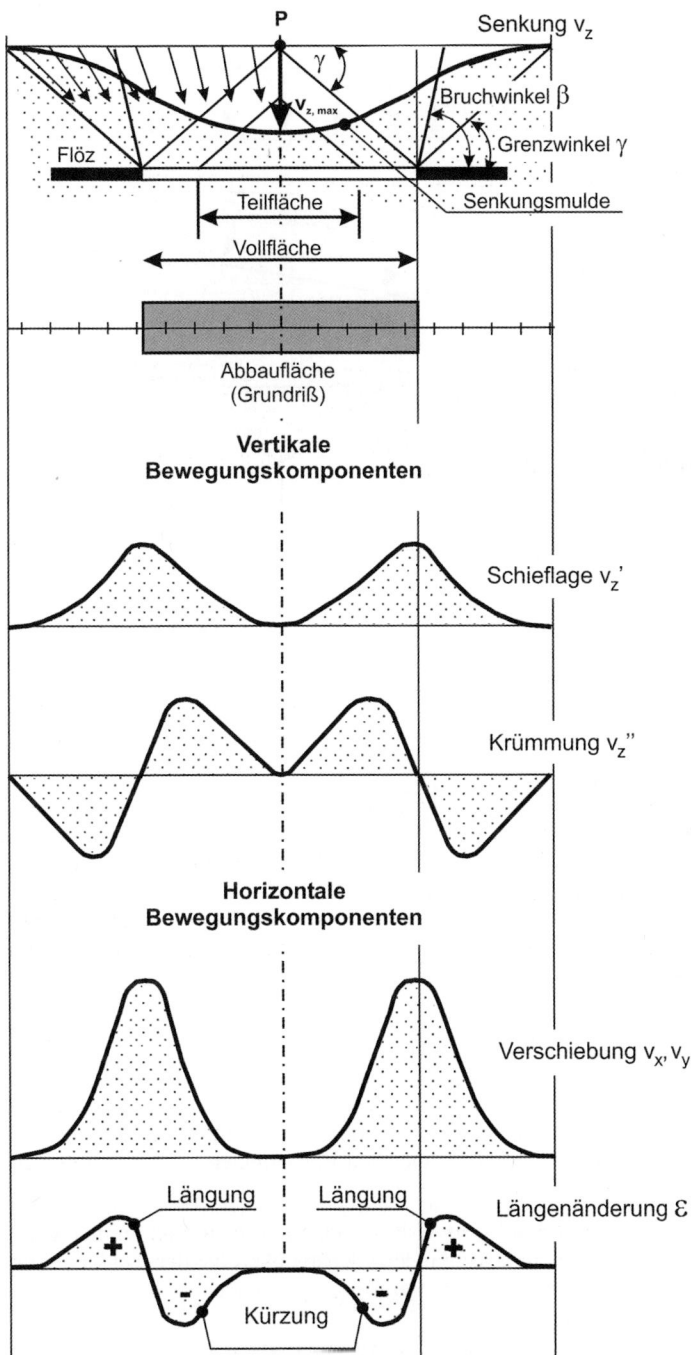

Bild 5. Einwirkungen auf die Geländeoberfläche bei Abbau einer Vollfläche in horizontaler Lagerung [8]

Vertikale Bewegungskomponenten

Senkung

v_z [mm]

Schieflage

$v_z' = \dfrac{v_{z1} - v_{z2}}{l}$ [mm/m]

Krümmung

$v_z'' = \dfrac{1}{\rho_z}$

ρ_z = Krümmungsradius [m]

Horizontale Bewegungskomponenten

Verschiebung

v_x, v_y [mm]

Längenänderung
(Längung +; Kürzung -)

$\varepsilon = \pm \left(\dfrac{v_{x2} - v_{x1}}{l_x}\right) \left[\dfrac{mm}{m}\right]$

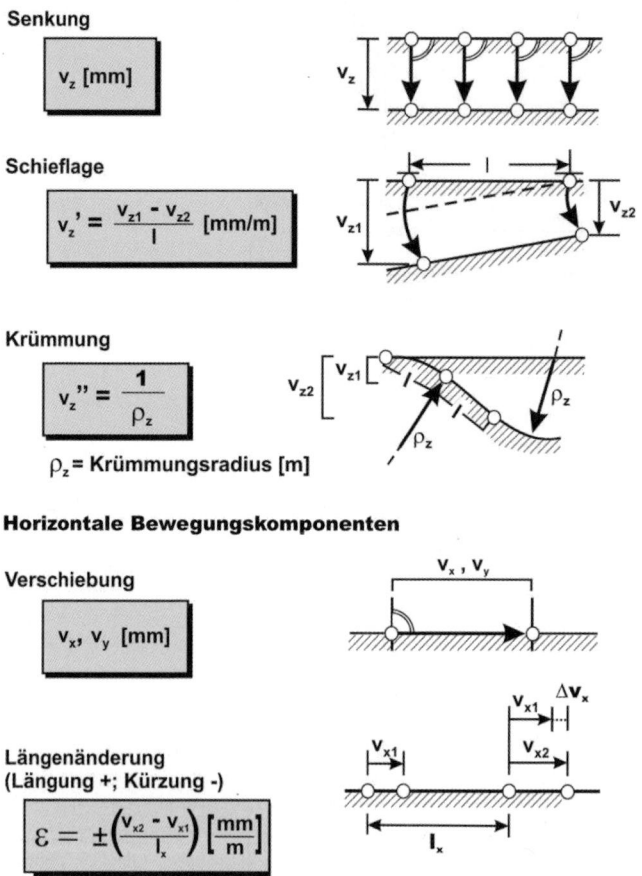

Bild 6. Vertikale und horizontale Bewegungskomponenten der Senkungsmulde

Bei der Bewertung des Senkungsvorgangs muss beachtet werden, dass jeder Punkt an der Geländeoberfläche eine räumliche Bewegung mitmacht. In der Regel wird beim Abbau unter einem Punkt an der Geländeoberfläche dieser zunächst in die Zerrungszone fallen. Bei fortschreitendem Abbau gelangt er dann in die Pressungszone. Bei später sich wiederholendem Abbau wird der Punkt die gleichen Bewegungen nochmals mitmachen.

Durch geologische Störungen oder auch durch einseitigen Abbau mehrerer Flöze an einer Markscheide kann auf eng begrenztem Raum eine Konzentration der maximalen Bodenbewegung und ggf. eine damit verbundene Unstetigkeit in der Senkungskurve auftreten (Bild 7). In solchen Bereichen ist die Aussage über bautechnisch auswertbare Bewegungselemente äußerst schwierig, wenn nicht unmöglich.

Seit einiger Zeit treten im nördlichen Ruhrgebiet durch Längungen (Zerrungen) hervorgerufene konzentrierte Bodenbewegungen parallel zur Abbaufläche auf, die sich an der Tagesoberfläche deutlich als Erdspalten bzw. Erdstufen in dm-Größe zeigen können.

3.7 Gründungen in Bergbaugebieten

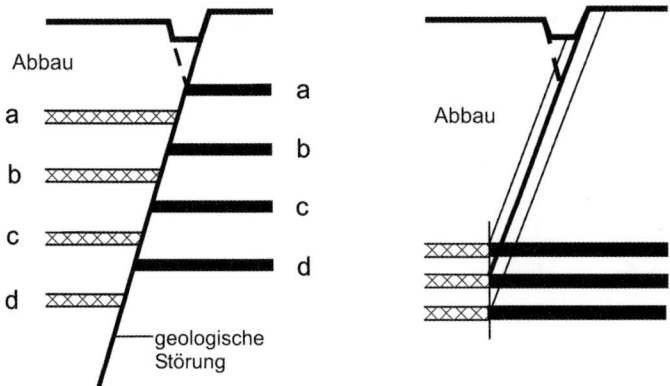

Bild 7. Stufen- und treppenförmige Senkungen über einer geologischen Störung oder bei einseitigem Abbau

Vor allem im Gebiet des Niederrheins mit oberflächennahen Kiesschichten bilden sich Erdstufen ohne horizontalen Versatz aus. Im mittleren und östlichen Ruhrgebiet mit den dort bereichsweise anstehenden oberflächennahen fließfähigen Sand- und sandigen Schluffschichten im Wechsel mit Kalksandsteinbänken können Erdspalten entstehen, in die Bodenmaterial nachfließen kann. Erdstufen und Erdspalten können vereinzelt oder auch paarweise parallel mit einem gegenseitigen Abstand von etwa 30 bis 50 m (Störungszone) auftreten.

2.1.2 Bewegungsvorgänge über oberflächennahen Abbauen

Über die unterschiedlichsten Auswirkungen von oberflächennahen Abbauen auf die Geländeoberfläche wurden in den letzten Jahrzehnten umfangreiche Erfahrungen gesammelt. Eine Unsicherheit besteht bei der Bestimmung der Lage und Teufe des nicht kartierten, vor z. T. mehr als 100 Jahren getätigten Abbaus und des „wilden" Abbaus, der insbesondere in den Nachkriegsjahren der Eigenversorgung der Bevölkerung diente und zumeist von der Tagesoberfläche aus erfolgte. Bei solchen Unsicherheiten sind Erkundungsbohrungen erforderlich, die angepasst an die Gebirgsverhältnisse auszuführen sind und ggf. auch gleich zur Sanierung des instabilen Gebirges genutzt werden können. Die bisher gewonnenen Erfahrungen lassen folgende Aussagen zu:

- Die Trogtheorie nach *Lehmann* kann auch auf den oberflächennahen Abbaubereich, jedoch mit steilem Grenzwinkel, übertragen werden.
- Fand ein Abbau in dem obersten, im sog. tagesnahen Bereich statt, unterscheiden sich die Einwirkungen auf die Tagesoberfläche wesentlich von denen des tieferen Abbaus. Noch lange nach der Hohlraumbildung können hier Tagesbrüche und Erdfälle entstehen (Bild 8). Bei einem Tagesbruch reicht die Bruchzone bis zur Geländeoberfläche. Es liegt ein Erdfall vor, wenn durch Wasser Bodenschichten in tiefere Hohlräume oder Bruchzonen einfließen (Stofftransport) und an der Geländeoberfläche ein Trichter entsteht. Aufgrund umfangreicher und systematischer Untersuchungen haben *Hollmann* und *Nürenberg* [4] Kennlinien über die Auswirkung von tagesnahem Abbau aufgestellt. Unterhalb der von ihnen aufgezeigten Grenzteufen läuft der Bruch über einem Hohlraum aus. Aus den Hangendschichten fällt dabei so viel Material nach, bis sich wieder ein stabiles Steingerüst – jetzt jedoch mit größerem Hohlraumgehalt (Porenvolumen) – gebildet hat.

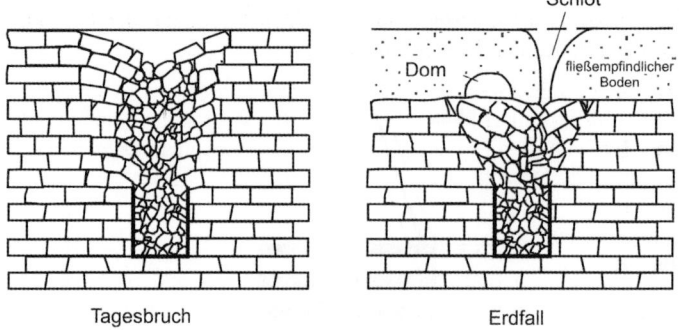

Bild 8. Einwirkungen des tagesnahen Abbaus auf den Baugrund und die Geländeoberfläche

Die Höhe T der Bruchzone infolge des Verbruchs eines alten, ehemals offenstehenden Abbauhohlraums der Höhe d bei nicht standfestem Gebirge kann gemäß Bild 9 abgeschätzt werden. Für das dargestellte Beispiel ist die Höhe der Bruchzone T 3,5-mal größer als die Höhe des Abbauhohlraums, wenn sich das Porenvolumen der Hangendschichten über dem ehemaligen Hohlraum infolge des Verbruchs von 0,10 auf 0,30 vergrößert.

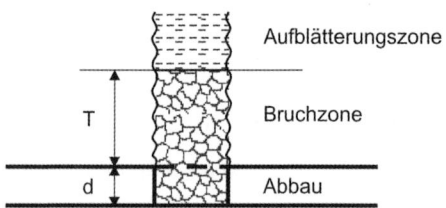

Porenvolumen

- vorher: $n_1 = 0{,}10$
- nach Verbruch: $n_2 = 0{,}30$

$$\Delta n = 0{,}20$$

$$d + T \cdot 0{,}10 = (d + T) \cdot 0{,}30$$

$$0{,}7\,d = 0{,}20\,T$$

Bruchzone: $T = \dfrac{0{,}70}{0{,}20}\,d = 3{,}5\,d$

Bild 9. Abschätzung der Höhe T der Bruchzone

2.2 Bodenbewegungen bei Tagebauen

2.2.1 Bewegungsvorgänge durch Abbau

Durch den Tagebau, der z. B. bei der Gewinnung von Braunkohle in Deutschland schon Tiefen bis 200 m erreicht, um die abbauwürdigen Braunkohleflöze zu gewinnen, werden nicht nur an der Gewinnungsstätte selbst, sondern auch in ihrem Umfeld Bodenbewegungen ausgelöst. Allein durch die Gewinnung der Braunkohle und dem Entfernen der Aushubmassen treten infolge der Entspannung der tieferen Bodenschichten Hebungen der Geländeoberfläche auch außerhalb des Randes der Tagebaufläche auf.

Der Standsicherheit der Tagebauböschungen kommt unter diesem Gesichtspunkt eine große Bedeutung zu, bestehen doch insbesondere beim Tagebaubetrieb Risiken im Hinblick auf mögliche Rutschungen und Spaltenbildungen, die außerhalb der Abbaufläche Bodenbewegungen auslösen können.

2.2.2 Bewegungsvorgänge durch Sümpfungen

Zur Gewinnung der Rohstoffe im Tagebau, wie z. B. der Braunkohle, die bis in große Tiefe abgebaut wird, ist zur Trockenhaltung der Tagebaue eine Absenkung des Grundwassers bis unter die tiefste Abbausohle und auch so weit im Umfeld notwendig, damit die Tagebauböschungen ausreichend stabil gehalten werden können. Die Braunkohle selbst steht zwischen unterschiedlichen Bodenschichten (Kies, Sand, Ton, Schluff) an, in denen das Grundwasser entweder frei zirkuliert oder auch gespannt ist.

Durch die Absenkung des Grundwassers und die damit einhergehende Spannungserhöhung im Boden sind infolge der hieraus resultierenden Zusammendrückungen der einzelnen Bodenschichten Senkungen der Geländeoberfläche, z. B. im rheinischen Braunkohlerevier von 2 bis 3 m und im ostdeutschen von rund 1 m aufgetreten. Wenngleich die Senkungen i. Allg. einen stetigen Verlauf haben, können doch geologische Störungen und insbesondere oberflächennah eingelagerte Torf- und Schlufflinsen größere Senkungsunterschiede auf engem Raum entstehen lassen, die zu einer Beanspruchung der Bauwerke und der Infrastruktur führen.

3 Einfluss der Bewegungsvorgänge auf die Gründung der Bauwerke

Die zuvor genannten vertikalen und horizontalen Bewegungskomponenten (s. Bild 6) eines Bewegungsvorgangs wirken sich unterschiedlich auf die Bauwerkskonstruktion und somit auch auf die Nutzung der Bauwerke aus. Sie verlangen daher auch unterschiedliche Sicherungsmaßnahmen.

3.1 Einfluss einer Senkung

Eine gleichmäßige Senkung erzeugt keine zusätzlichen Spannungen in der Bauwerkskonstruktion und bleibt daher auch bei Entwurf und Bemessung des Bauwerks unberücksichtigt. Sie hat jedoch Einfluss auf die Vorflutverhältnisse und kann einen relativen Anstieg des Grundwasserspiegels mit sich bringen (Bild 10).

Gerät dabei die Bauwerksgründung in die Nähe des Grundwasserspiegels oder taucht sie sogar darin ein, so wird hierdurch ggf. nicht nur die Gebrauchsfähigkeit (z. B. Durchfeuchtungen), sondern auch die Standsicherheit nachteilig berührt (z. B. Grundbruch, Auftrieb).

3.2 Einfluss einer Schieflage

Aus einer unterschiedlichen Senkung entsteht bei einer reinen Starrkörperverdrehung für das Bauwerk eine Schieflage, deren Maximum am Übergang zwischen der konvex und konkav gekrümmten Senkungsmulde auftritt. Mit der damit verbundenen Kippung entstehen neben den

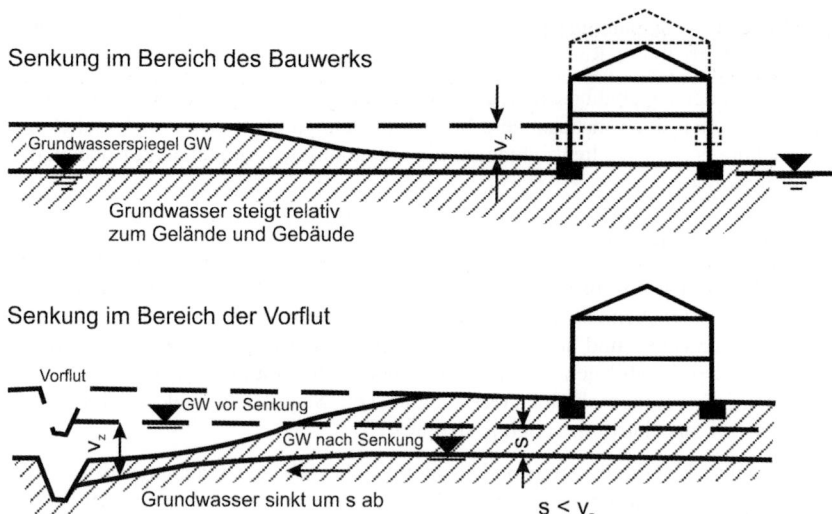

Bild 10. Wirkung einer Geländesenkung

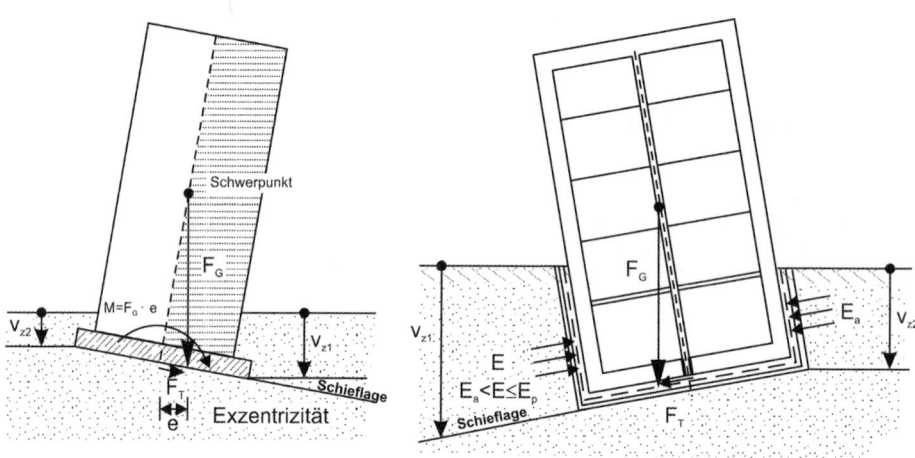

Bild 11. Wirkung einer Schieflage bei schlanken Gebäuden und Bauwerken in Dichtungswannen

sonst vertikalen Kräften (Einwirkungen aus Eigengewicht, Nutzlasten u. a.) zusätzliche horizontale Kraftkomponenten, die bei relativ schlanken Bauwerken, wie Schornsteinen und Silos, oder auch bei Bauwerken, die in einer Dichtungswanne stehen, zu beachten sind (Bild 11).

Darüber hinaus ist in jedem Fall die Gebrauchsfähigkeit des Bauwerks unter Berücksichtigung der Anforderungen aus seiner Nutzung (z. B. Aufzüge, Werkmaschinen und Fertigungsstraßen, Kraftwerkskessel, Behälter u. a.) zu untersuchen.

Schieflagen von mehr als 1 % können bereits die Nutzung von üblichen Bauwerken wesentlich beeinträchtigen.

3.3 Einfluss einer Krümmung

Die Krümmung stellt mathematisch die 2. Ableitung der Senkung v_z innerhalb der Gründungsfläche dar und erzeugt Biegemomente in der Bauwerkskonstruktion. Die Größe dieser Beanspruchung ist abhängig von der Biege- und Verwindungssteifigkeit der konstruktiv zusammenhängenden Bauteile. Während ein ideal biegeweiches Bauwerk ohne zusätzliche Beanspruchung der Krümmung folgt, entstehen für ein biegesteifes Gebäude infolge der unterschiedlichen Krümmung aus der Sattel- bzw. Muldenlage Freilagen (Bild 12).

Je nach Abbaurichtung können für biegesteife Bauwerke sehr unterschiedliche Auflagerbedingungen entstehen. Form und Ausmaß der Freilagen (Hohl- und Kraglagen) sind nicht nur abhängig von der Abbaurichtung, sondern auch von der Zusammendrückbarkeit des Untergrundes. Bei wenig zusammendrückbarem Untergrund können Spannungskonzentrationen entstehen.

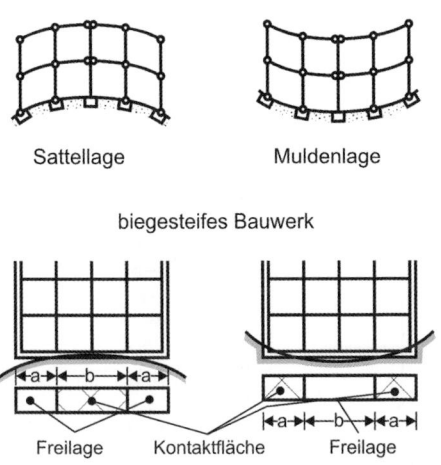

Bild 12. Wirkung einer Krümmung bei einem biegeweichen und bei einem biegesteifen Bauwerk

Biegeweiche und auch biegesteife Bauwerke sind jedoch als Grenzfälle anzusehen. Die meisten Hochbauten in Ziegelbauweise oder Stahlbetonskelettkonstruktion besitzen eine Steifigkeit, die zwischen biegeweich und biegesteif liegt. Diese Bauwerke können der Krümmung bis zu einem bestimmten Maß folgen, ohne Schaden zu nehmen.

3.4 Einfluss einer Längenänderung

Eine Längenänderung kann sowohl eine Längung als auch eine Kürzung des Baugrundes innerhalb der Bauwerksgrundfläche sein. Je nach ihrer Wirkung auf das Bauwerk werden in der Bergschadenkunde die durch Längenänderungen hervorgerufenen Kräfte als Zerrungen bzw. Pressungen bezeichnet. Die konvexe Form der Senkungsmulde (Sattel) bewirkt die Längung und die konkave Form (Mulde) die Kürzung. Durch die Relativverschiebungen zwischen Baugrund und Bauwerk/Bauwerksgründung entstehen Reibungskräfte in den Sohl- und Seitenflächen und Erdwiderstände vor den Stirnseiten der in den Boden einbin-

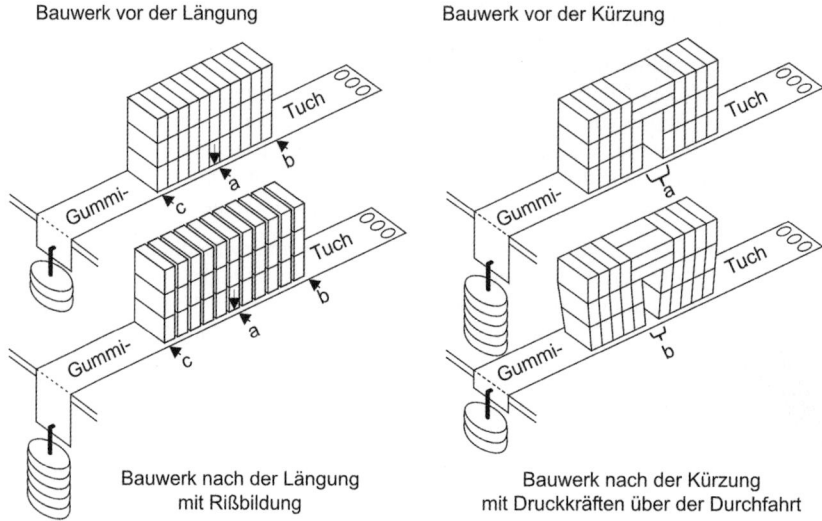

Bild 13. Einfluss einer Längung und einer Kürzung im Modell

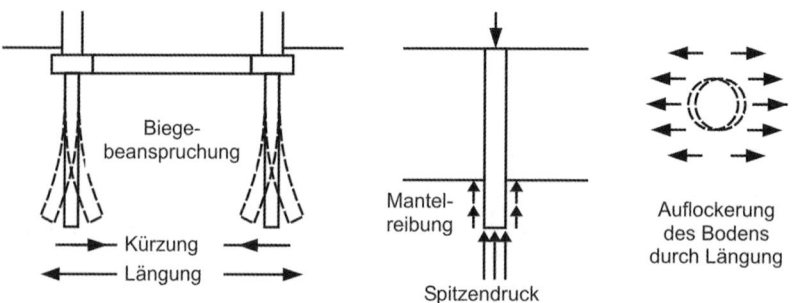

Bild 14. Einfluss der Längung und der Kürzung auf eine Pfahlgründung

denden Bauwerkswände. Bild 13 gibt modellhaft den Einfluss der unterschiedlichen Längenänderungen auf Bauwerke bei achsparalleler Längung und Kürzung wieder.

Einen besonders negativen Einfluss kann eine Längenänderung auf eine Pfahlgründung haben. Bei konstruktivem Verbund der einzelnen Pfahlköpfe tritt eine Biegebeanspruchung auf, für die die Pfähle meist nicht bemessen sind und somit ihre Tragfähigkeit verlieren können. Weiterhin muss beachtet werden, dass sich bei einer Längung die wirksame Mantelreibung erheblich vermindern kann (Bild 14).

3.5 Einfluss der Bodenbewegungen bei tagesnahen Abbauen

Bei tagesnahen Abbauen können je nach Tiefenlage der Hohlräume und Aufbau des Untergrundes Tagesbrüche und Erdfälle entstehen (Bild 15). Sie treten zeitlich unabhängig und meist plötzlich nach Überschreiten der Tragfähigkeit der letzten Gewölbebildung auf. Für

3.7 Gründungen in Bergbaugebieten

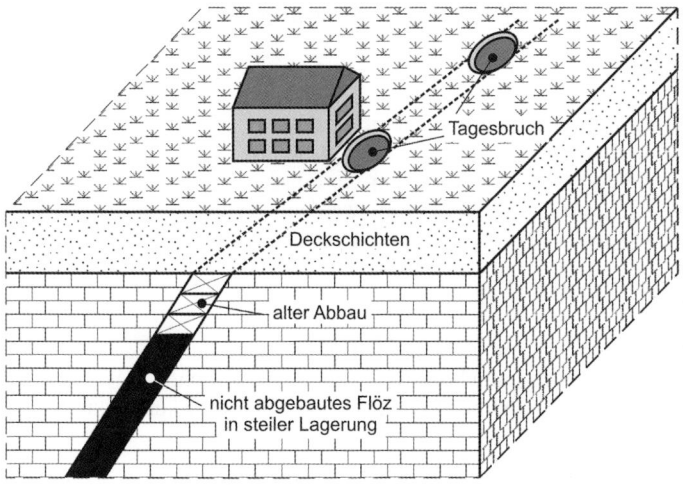

Bild 15. Tagesbruch bei tagesnahem Abbau

die Bauwerke stellen sich Krag- und Hohllagen ein. Die Beanspruchung der Bauwerke ist weniger abhängig von der Tiefe, jedoch entscheidend abhängig von der Lage und der flächenhaften Ausdehnung der Senkungsmulde in der Gründungsebene.

3.6 Einfluss konzentrierter Bodenbewegungen

Die bei Abbauen in größerer Teufe in der Zone maximaler Zerrungen auftretenden konzentrierten Bodenbewegungen können nach neueren Erkenntnissen je nach Baugrundaufbau, Lage des Grundwasserspiegels, Abbaufolge u. a., wie bei tagesnahen Abbauen zu Erdfällen führen. Hieraus folgen örtlich begrenzte, jedoch relativ große Krag- und Hohllagen für darüber stehende Bauwerke, für die diese nicht bemessen sind bzw. werden können.

3.7 Einfluss von durch Bergbau induzierten Erschütterungen

Durch den Abbaubetrieb selbst oder aber als Folge des Abbaus können Erschütterungen ausgelöst werden, die an der Tagesoberfläche auf Bauwerke und Menschen in Bauwerken einwirken. Die durch Bergbau induzierten Erschütterungen können durch den schlagartigen Einsturz hangender Gebirgsschichten über dem Abbauhohlraum oder durch schlagartige Spannungsumlagerung im Bereich einer geologischen Störung entstehen und wie ein Erdbeben (Einsturzbeben) auf die Tagesoberfläche einwirken. Auch bei der plötzlichen Entlastung von Gebirgsschichten und Sprengungen beim Lösen des Gebirges zur Gewinnung der Rohstoffe sind derartige Erschütterungen nicht auszuschließen.

Diese dynamischen Einwirkungen können ähnlich wie Erdbeben in Abhängigkeit von ihrer Intensität bzw. Stärke eingeordnet und für die Auslegungen der baulichen Anlagen zugrunde gelegt werden. So lagen die bisher gemessenen stärksten bergbaulichen Erschütterungen im rheinischen Braunkohlerevier bei einer Magnitude (Richter-Skala) von 2,4 (1986), im Ruhrgebiet von 3,0 (1983) und im Saarland von 4,0 (2008).

4 Bauliche Maßnahmen bei Abbauen in größerer Teufe

4.1 Arten der Sicherung

Art und Umfang der Sicherungsmaßnahme richten sich nach Art und Größe der Bodenverformungen, nach Standsicherheit und Gebrauchsfähigkeit des Bauwerks sowie nach Bedeutung und Empfindlichkeit der Bauwerksnutzung und damit nicht zuletzt nach wirtschaftlichen Gesichtspunkten. Zunächst muss geprüft werden, ob die durch die Art und Nutzung bedingte Bauwerkskonstruktion den zu erwartenden Bodenverformungen folgen kann.

Hierbei unterscheidet man in

– biegesteife Bauwerke, die in ihrer Form erhalten bleiben; es treten nur Verformungen im Rahmen der noch aufnehmbaren Spannungen auf und
– biegeweiche Bauwerke, die ohne Überbeanspruchung der Bauwerkskonstruktion den Verformungen des Baugrundes folgen.

Im Weiteren ist zu klären, ob die vorgegebene Bauwerkskonstruktion und die Nutzung des Gebäudes es zulassen bzw. verlangen, die Sicherungsmaßnahmen nach

– dem Widerstandsprinzip, wobei alle durch die Bodenbewegungen verursachten Kräfte vom Bauwerk aufgenommen werden, oder
– dem Ausweichprinzip, wobei das Bauwerk die Bodenbewegungen mitmacht und dabei keine oder nur geringe, d. h. zulässige Beanspruchungen erfährt,

festzulegen [6].

Je nach Forderung an die Nutzung des Bauwerks im Zusammenhang mit einer Wirtschaftlichkeitsberechnung kann gewählt werden entweder

– eine Vollsicherung, bei der als höchste Sicherungsstufe die Bauwerkskonstruktion i. Allg. so steif ausgelegt wird, dass beliebige Bodenbewegungen lediglich Formänderungen innerhalb der elastischen Grenzen der Baustoffe hervorrufen und durch Nachrichten (Anheben) die Wiederherstellung der ursprünglichen Lage erreicht werden kann, oder
– eine Teilsicherung, bei der zumeist Maßnahmen nur gegen eine maßgebliche Bodenbewegung i. Allg. gegen Längenänderungen mit ausreichender Sicherheit ergriffen, weitere Schäden allerdings toleriert und nach Schadenseintritt wieder repariert werden.

4.2 Grundsätzliches zur Anordnung und Ausbildung der Bauwerke

Schon bei der Aufstellung des Bebauungsplans ist sowohl auf die geologischen Verhältnisse als auch auf die zu erwartenden, durch den Abbau bedingten Verformungen Rücksicht zu nehmen. Die Längsseiten der Bauwerke sollen möglichst parallel zur Streichrichtung der Flöze angeordnet werden, da sich hieraus die geringste Beanspruchung ergibt. Gedrungene Baukörper sind weniger schadensanfällig als langgestreckte, die ggf. durch Fugen in Abständen von 20 bis 30 m zu unterteilen sind (Bild 16).

Gründungen müssen mitunter von der darüber liegenden Konstruktion getrennt werden, um einen ungünstigen Einfluss durch die Verzahnung mit dem Baugrund zu verhindern (Bild 17).

Die gewählten Baustoffe sollen für die wechselnden Beanspruchungen durch den Bergbau besonders geeignet sein. Weiche, elastische Bauelemente sind bei der Sicherung nach dem Ausweichprinzip vorteilhafter als spröde oder Bauelemente mit einem großen Trägheitsmoment. Falls die Nutzung des Bauwerks es zulässt, sollte ein statisch bestimmtes System

3.7 Gründungen in Bergbaugebieten

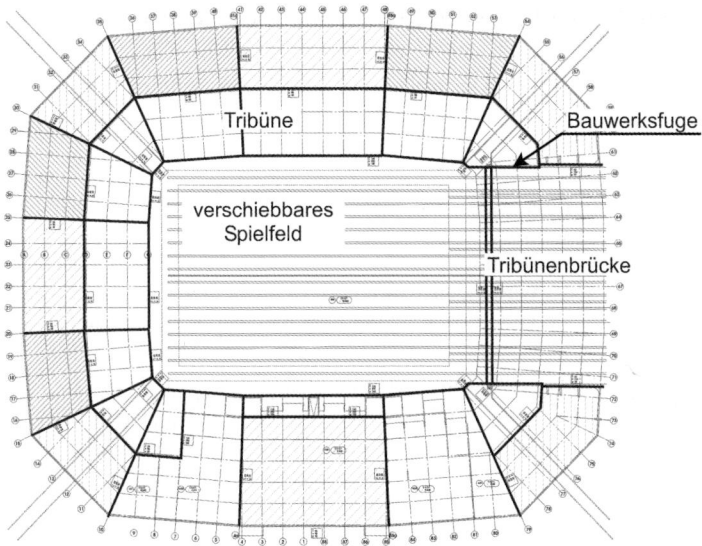

Bild 16. Bergschadensicherung durch Aufteilen eines Bauwerks mittels Fugen bei der Arena „Auf Schalke" in Gelsenkirchen

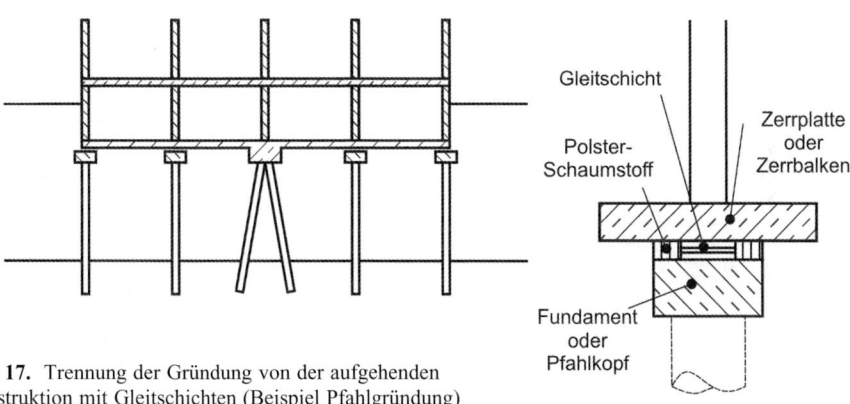

Bild 17. Trennung der Gründung von der aufgehenden Konstruktion mit Gleitschichten (Beispiel Pfahlgründung)

gewählt werden, damit ein möglichst geringer Widerstand gegen Verformungen erreicht und Zwangsbeanspruchungen möglichst klein gehalten werden können.

4.3 Tragfähigkeit und Gebrauchsfähigkeit bei Einwirkungen des Bergbaus

Bauwerke, die den Einwirkungen des Bergbaus unterliegen, sind in getrennter statischer Berechnung für den Lastfall „Bergbaueinwirkungen" zu untersuchen und zu bemessen. Grundlage hierfür bilden die „Richtlinien für die Ausführung von Bauten im Einflussbereich des untertägigen Bergbaus" [1]. Im Allgemeinen wird hier im Hinblick auf die Tragfähigkeit eine höhere Ausnutzung der mechanischen Werkstoffeigenschaften, in Ausnahmefallen sogar bis zu deren vollen Ausnutzung, zugelassen. Hierüber ist jedoch unter Berücksichtigung der Gebrauchsfähigkeit des Bauwerks und seiner Konstruktion in jedem Einzelfall zu entscheiden.

So verlangen bewegungsempfindlichere Konstruktionen oder Baudenkmäler eine andere Auslegung in statisch konstruktiver Hinsicht unter Beachtung von Tragfähigkeit und Gebrauchsfähigkeit als Neubauten mit modernen Werkstoffen.

4.4 Maßnahmen gegen Schieflagen

Wenn keine genauen Angaben über die möglichen zu erwartenden Schieflagen vorliegen, sollten die Bauteile neben den sonst wirkenden Kräften auch für beliebig gerichtete waagerechte Kräfte bemessen werden, deren Größe 1% aller über dem betrachteten Querschnitt angreifenden Vertikalkräfte beträgt.

Bei Überschreiten der für die Nutzung des Bauwerks noch zulässigen Schieflage sind die Auflager nachzurichten. Am besten gelingt dies bei der Dreipunktlagerung (Bild 18). In anderen Fällen sind bei biegesteifen Bauwerken unter dem Fundamentrost mehrere Pressenkammern vorzusehen.

Diese Vollsicherung kann auch bei biegeweichen Bauwerken erreicht werden, wenn sämtliche Stützen nachstellbar gemacht werden, was i. Allg. eine statisch bestimmte Konstruktion erfordert.

4.5 Maßnahmen gegen Krümmungen

Nach [1] soll allgemein für Sattellage ein Krümmungsradius von $\rho_z = 2000$ m und für Muldenlage von $\rho_z = 5000$ m angenommen werden, wenn nicht nach besonderen Angaben mit geringeren Krümmungsradien gerechnet werden muss. Statisch bestimmte Bauwerks-

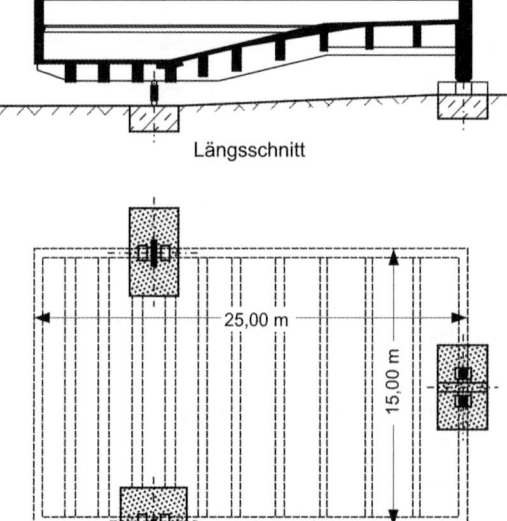

Bild 18. Schwimmbecken mit Dreipunktlagerung, bei der alle drei Auflager unter der Beckenwandung angeordnet sind [6]

3.7 Gründungen in Bergbaugebieten

Quelle		ρ_z [m]	Δs [cm]	
Terzaghi	(1948)	72·L ... 170·L	$\dfrac{L}{550}$ ...	$\dfrac{L}{1350}$
Leussink	(1954)	72·L ... 170·L	$\dfrac{L}{550}$ ...	$\dfrac{L}{1350}$
Russische Normen	(1955)	31·L ... 62·L	$\dfrac{L}{250}$ ...	$\dfrac{L}{500}$
Meyerhoff	(1955)	62·L	$\dfrac{L}{500}$	
Skempton	(1957)	76·L	$\dfrac{L}{600}$	
Rausch	(1955)	125·L	$\dfrac{L}{1000}$	
Burland et al.	(1978)	20·L ... 125·L	$\dfrac{L}{150}$ ...	$\dfrac{L}{1000}$

L in [m]

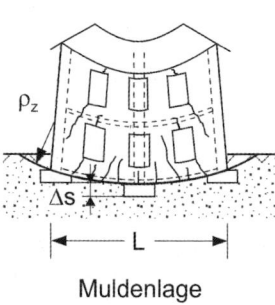

Muldenlage

Bild 19. Zulässiger Setzungsunterschied – zulässiger Krümmungsradius

konstruktionen bzw. Bauwerke mit geringer Steifigkeit sollten grundsätzlich angestrebt werden, wenn die Nutzung des Gebäudes es zulässt. Je geringer die Bauwerkssteifigkeit, umso geringer die Beanspruchungen (Ausweichprinzip).

Zunächst ist zu klären, ob die zu erwartende Krümmung für die geplante Bauwerkskonstruktion unschädlich ist. Einen Anhalt hierfür gibt Bild 19 für eine Muldenlage. Danach liegt bei normalen Hochbauten – Ziegelmauerwerk mit Stahlbetondecke oder Stahlbetonskelettbauten – die zulässige Durchbiegung im Mittel bei

$$\Delta s = \frac{L}{800}$$

was einem noch zulässigen Krümmungsradius von

$$\rho_z = 100 \cdot L \quad \text{(bei üblichen Bauwerksabmessungen } \rho_z = 1000 \ldots 3000 \, m)$$

$$\left(\Delta s = \frac{L^2}{8 \cdot \rho_z} \right)$$

entspricht. Bei Stahlskelettbauten (Industriebauten) sind die zulässigen Durchbiegungen noch größer bzw. der zulässige Krümmungsradius noch geringer. Es muss aber darauf geachtet werden, dass bei statisch bestimmten Systemen bzw. nachgiebiger Konstruktion die Auflagerbedingungen für Zwischendecken und Dacheindeckung ausreichend gewahrt bleiben. Bauwerke reagieren auf eine Sattellage zumeist empfindlicher, sodass der zulässige Krümmungsradius deutlich größer sein kann als der für eine Muldenlage.

Bei biegesteifen Bauwerken sind alle Lagerungsmöglichkeiten (Krag- und Hohllagen der Bauwerksgründung) zu untersuchen. Zur Ermittlung der Spannungsverteilung bieten sich das Bettungsmodulverfahren bzw. das Steifemodulverfahren an.

Je unnachgiebiger der Baugrund ist, desto eher entstehen Spannungskonzentrationen und größere Hohl- und Kraglagen. Durch Anordnung von Polsterschichten und durch die Wahl kleiner Fundamentflächen mit hohen Sohldrücken können die Lagerungsbedingungen vergleichmäßigt bzw. verbessert und die Hohl- und Kraglagen vermindert werden.

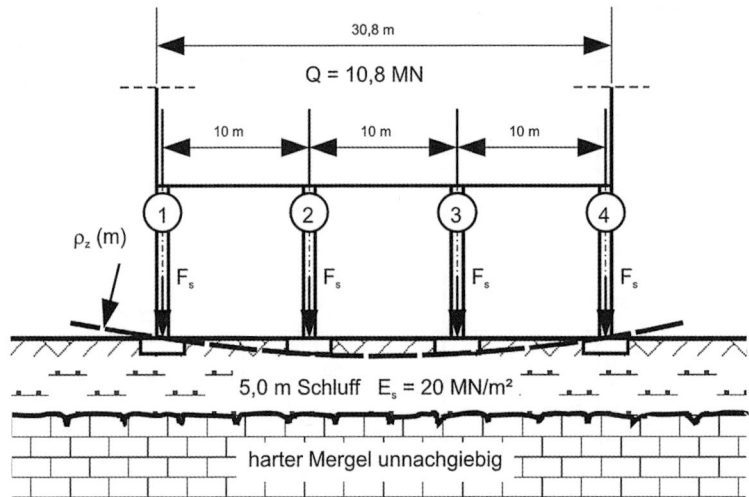

Sohldruck bei Fundamentabmessungen a/b = 3,0×3,0 m : σ_0 = 0,3 MN/m²
Sohldruck bei Fundamentabmessungen a/b = 2,0×2,0 m : σ_0 = 0,68 MN/m²

Radius ρ_z (m)	Stützenkraft F_s (MN)			
	Achse			
	①	②	③	④
∞	2,7 (2,7)	2,7 (2,7)	2,7 (2,7)	2,7 (2,7)
10.000	3,2 (3,0)	2,2 (2,4)	2,2 (2,4)	3,2 (3,0)
5.000	3,7 (3,3)	1,7 (2,1)	1,7 (2,1)	3,7 (3,3)
3.000	4,4 (3,7)	1,0 (1,7)	1,0 (1,7)	4,4 (3,7)
2.000	5,4 (4,2)	0 (1,2)	0 (1,2)	5,4 (4,2)
1.000	(5,4)	(0)	(0)	(5,4)

Einfluss der Schichtdicke bei ρ_z = 5000 m				
Schichtdicke des Schluffes (m)	Stützenkraft F_s (MN)			
	Achse			
	①	②	③	④
5,0	3,7	1,7	1,7	3,7
3,0	3,9	1,5	1,5	3,9
1,0	5,2	0,2	0,2	5,2

( ) bei Fundamentabmessungen 2,0 × 2,0 m und σ_0 = 0,68 MN/m²

Bild 20. Sohldruckverlagerung bei Krümmung (Muldenlage)

Im Bild 20 ist ein Berechnungsbeispiel für ein biegesteifes Silogebäude aufgeführt, das den Einfluss höherer Sohldrücke unter den Randfundamenten auf die Lastumlagerung bei verschiedenen Krümmungsradien aufzeigen soll.

Durch die Wahl kleinerer Fundamentabmessungen von 2,0 m × 2,0 m und dem damit verbundenen höheren Sohldruck von σ_0 = 0,68 MN/m² ist die Lastumlagerung nur halb so groß wie bei größeren Fundamenten mit einem in der Regel geringeren Sohldruck von σ_0 = 0,3 MN/m². Hierbei muss erwähnt werden, dass bei der Wahl wesentlich höherer Sohldrücke als dem zulässigen Sohldruck die Grenztragfähigkeit des Baugrundes besonders sorgfältig untersucht werden muss, damit durch Bruchverformungen bereits im Grenzzustand der Gebrauchsfähigkeit keine unkontrollierbaren Setzungen auftreten.

Weiterhin ist aus Bild 20 zu entnehmen, dass bei geschichtetem Aufbau die setzungsausgleichende, weniger feste Bodenschicht in möglichst großer Dicke erhalten bleiben sollte.

3.7 Gründungen in Bergbaugebieten

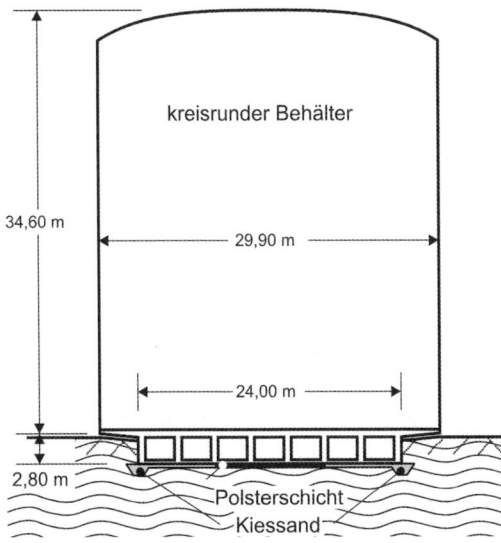

Bild 21. Bergschadensicherung für einen Ammoniakbehälter bei sattelförmiger Krümmung

Die Nachgiebigkeit des Baugrundes bringt bei steifen Bauwerken nahezu gleiche Lagerungsbedingungen, wie sie bei weniger steifen Systemen und festem Baugrund zu erwarten sind.

Besonders kritisch sind die Sattellagen und die damit verbundenen Kraglagen bei Flächengründungen. Um einen besseren Setzungsausgleich zu schaffen, sollte nach Möglichkeit von der Flächengründung abgegangen werden. Hier bietet sich ein Kreisringfundament an, das ebenfalls für relativ hohe Sohldrücke bemessen wird. Dieses kann, wie bei dem Beispiel eines Behälterfundamentes gemäß Bild 21 auch durch Anordnung einer Polsterschicht in Flächenmitte erreicht werden. Für den im Bild 21 dargestellten Behälter wurden durch statische Berechnungen für die Lastfälle mit und ohne Bergbaueinfluss nahezu gleich große Einwirkungen erreicht.

Eine Verminderung der Beanspruchung steifer Bauwerke kann auch durch Anordnung von Fugen erreicht werden. Die Fugen sind jedoch so breit zu wählen, dass bei der konkaven Krümmung (Muldenlage) keine Kräfte übertragen werden bzw. bei der konvexen Krümmung (Sattellage) eine ausreichende Überdeckungsbreite der Fugenverkleidung vorhanden ist. Die für eine Krümmung erforderliche Fugenbreite errechnet sich gemäß Bild 22, wobei die erforderliche Fugenbreite bei Längenänderungen (Kürzungen) noch gesondert zu berücksichtigen ist:

$$\Delta L = a \cdot \frac{h}{\rho_z}$$

4.6 Maßnahmen gegen Längungen (Zerrungen)

Die mit den Längungen verbundenen Relativverschiebungen zwischen Baugrund und Bauwerksgründung rufen horizontal gerichtete Scherkräfte (Zerrungen) hervor, die, wenn Gleitschichten fehlen, nahezu unabhängig von der Größe der Verschiebungen, jedoch wesentlich abhängig von der Auflast und der Scherfestigkeit des Bodens sind. Bei geringen Sohldrücken treten in bindigen Böden wegen des Kohäsionsanteils größere Scherkräfte als in nicht-

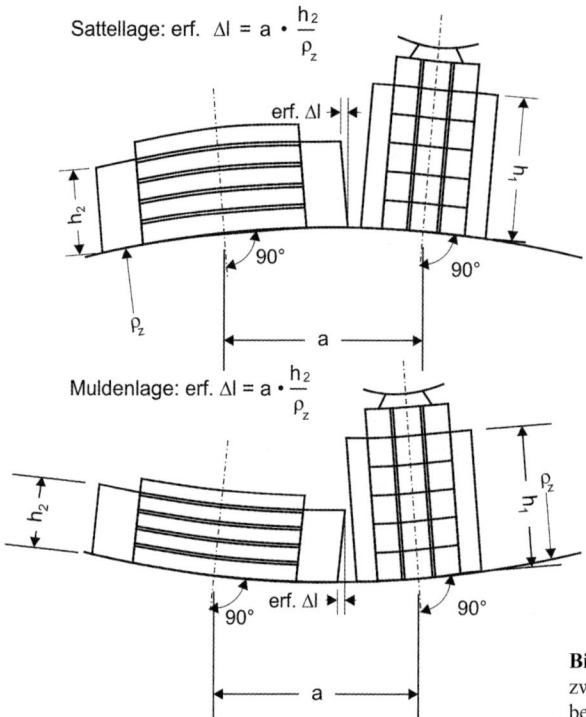

Bild 22. Erforderliche Fugenbreite zwischen verschiedenartigen Baukörpern bei Krümmungen

bindigen Böden, z. B. in Sanden, auf. Für diesen Fall sollte bindiger Boden in geringer Schichtdicke durch Sand ersetzt werden, sodass innerhalb der Sohlfuge nur Reibungskräfte wirken. Weiterhin ist zu beachten, dass bei sehr kleinen Auflasten – wie bei Stützmauern und Fahrbahnbefestigungen – durch den Gefügewiderstand der Reibungskoeffizient μ wesentlich größer sein kann als bei größeren Auflasten.

Die Reibungskräfte können durch Fugen wesentlich vermindert werden. Die Fugen müssen jedoch so weit gewählt werden, dass alle Längenänderungen (Längung und Kürzung) unter Beachtung der zeitlichen Folge und auch die Krümmungen (Sattel- und Muldenlage) keinen Kontakt (einwandfreie Raumfugen) zwischen den einzelnen Baukörpern hervorrufen. Mögliche Fugenausbildungen mit der Abdeckung des jeweiligen Hohlraums gehen aus Bild 23 hervor.

Bei Stahlskelettkonstruktionen kann durch Pendelstützen die Übertragung von Reaktionskräften vermindert bzw. aufgehoben werden (Bild 24).

Bei Streifen- und Flächengründungen muss geprüft werden, ob unter Berücksichtigung der Scherfestigkeit des Untergrundes die möglichen Reibungskräfte vom Bauwerk aufgenommen werden oder ob eine zusätzliche Bewehrung und/oder eine Gleitschicht erforderlich ist.

Für Längungen bis 2 ‰ erübrigt sich dann eine zusätzliche Zerrsicherung durch die Bewehrung, wenn – wie in Abschnitt 4.3 beschrieben – die Tragfähigkeit des Bewehrungsstahls voll ausgenutzt wird. Kann dies im Hinblick auf die Gebrauchsfähigkeit nicht zugelassen werden, sind Bauwerke mit großer Bewegungsempfindlichkeit vorhanden oder treten größere Längungen als 2 ‰ auf, ist die Anordnung von Gleitschichten zur Verminderung der

3.7 Gründungen in Bergbaugebieten

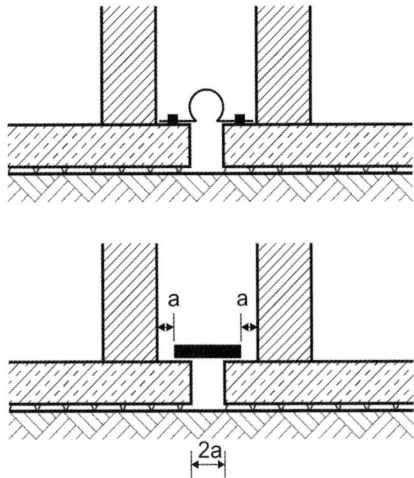

Bild 23. Fugenausbildungen; Abdeckung des Hohlraums zwischen zwei Fundamentplatten [6]

Zerrkräfte zweckmäßig und üblich. Anstelle der früher verwendeten Gleitmittel Graphit oder Molykote werden heute häufiger zweilagige Folien mit Siliconfett-Schmierung gewählt. Deren Reibungskoeffizient liegt in Abhängigkeit vom Sohldruck in folgender Größenordnung:

Doppelfolie (PE) mit Siliconfett $\quad \mu \sim 0{,}35$ für $\sigma \leq 50$ kN/m²
$\quad\quad\quad\quad\quad\quad\quad\quad\quad\quad\quad\quad \mu \sim 0{,}10$ für $\sigma > 500$ kN/m²

Kostengünstig sind zweilagig unbesandete Bitumenbahnen, die sich bei hohen Drücken ($\sigma \approx 0{,}5$ MN/m²) und bei geringen Verformungsgeschwindigkeiten in der Gleitfuge viskoelastisch verhalten. Der obere Grenzwert der Scherspannungen beträgt dann $\tau \approx 50$ kN/m².

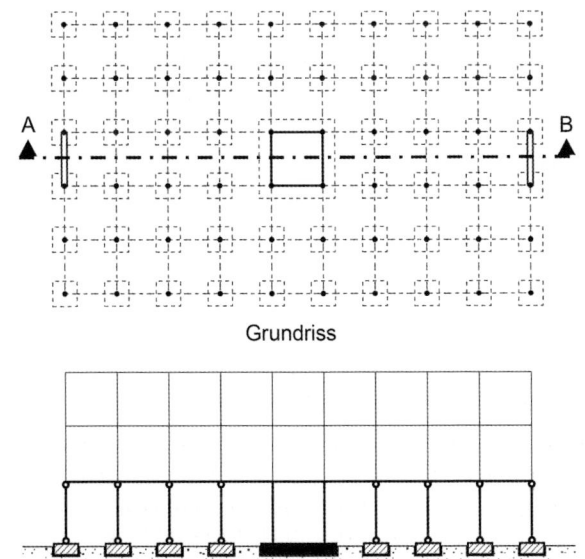

Bild 24. Freie Verschiebbarkeit der Fundamente ohne Wandausfachung im Erdgeschoss mit Aussteifung in der Mitte (nach [6])

4.7 Maßnahmen gegen Kürzungen (Pressungen)

Bei einer Kürzung der Gründungsfläche entstehen neben Reibungskräften (Druckkräfte) in den Sohlflächen auch Erdwiderstandskräfte vor den Stirnflächen (Bild 25). Der volle Erdwiderstand ist wegen der dafür erforderlichen Relativverschiebung i. Allg. nicht zu erwarten. Aufgrund von Messungen erfordert der Maximalwert des Erdwiderstandes Wandverschiebungen in der Größenordnung von 1/10 h (locker gelagerte bzw. weiche Böden) bis 1/50 h (dicht gelagerte bzw. halbfeste Böden). Die Abhängigkeit des jeweils wirkenden Erdwiderstandes vom Verschiebungsweg geht näherungsweise aus Bild 26 hervor.

Mithilfe von FEM-Berechnungen [11] für unterschiedliche Einwirkungsgrößen von bergbaulichen Kürzungen von 2 bis 20 ‰ konnte gezeigt werden, dass die ermittelten Horizontalspannungen erst bei 10 ‰ Kürzung die Größe des Erdwiderstandes bei einem Sand und Ausschaltung der Wandreibung ($\delta = 0$) erreichen.

Der Erdwiderstand vor den im Boden einbindenden Bauwerkswänden kann durch Polsterschichten zum Teil erheblich vermindert werden. Je nach Zusammendrückbarkeit werden die bei einer Kürzung zu erwartenden Relativverschiebungen zwischen Bauwerk und Baugrund innerhalb der Polsterschichten „aufgezehrt". Weichplastischer Ton, Kesselasche oder Schlacke, Schlackenwolle und vor allem Torf wurden hierfür verwendet. Ihre Zusammendrückbarkeit ist jedoch wesentlich vom Einbau und von der Lagerungszeit abhängig.

Für eine große, gleichmäßige und vom Einbauverfahren möglichst unabhängige Zusammendrückbarkeit bieten sich Polsterungen durch Schaumstoffplatten aus Polystyrol (z. B. Poresta) oder Polyethylen (z. B. Ethafoam) an, die auch als Dämmstoffe verwendet werden. Diese Materialien besitzen die sonst vorhandene Anfangsfestigkeit nicht und weisen damit auch im unteren Spannungsbereich geringe Steifemoduln auf (Bild 27). Bei wiederkehrenden Einwirkungen eignen sich am besten Schaumstoffplatten aus Polyethylen.

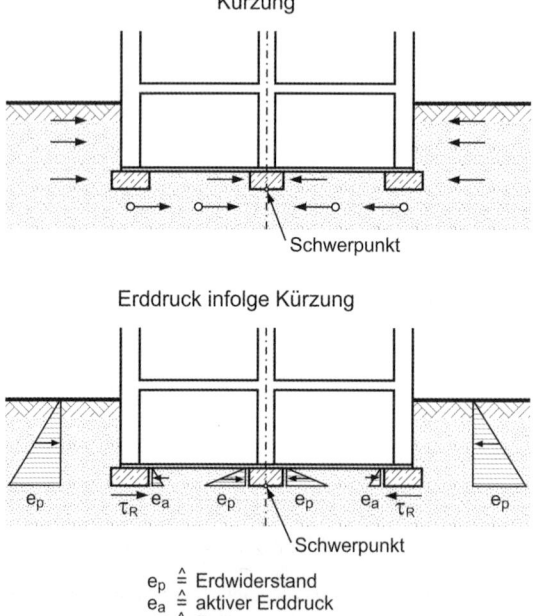

Bild 25. Erdwiderstand e_p auf senkrechte Flächen des Bauwerks durch Kürzung

3.7 Gründungen in Bergbaugebieten

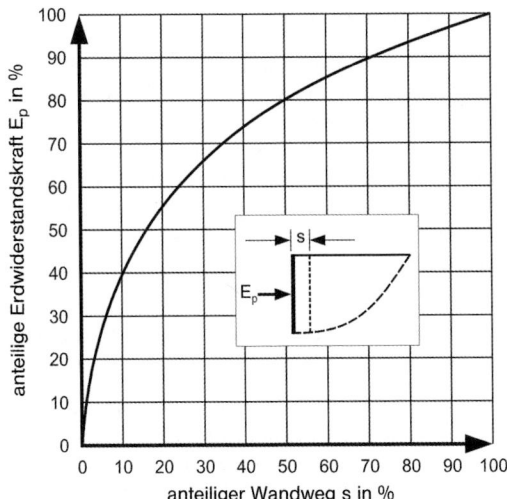

Bild 26. Abhängigkeit der Erdwiderstandskraft E_p vom Verschiebungsweg s

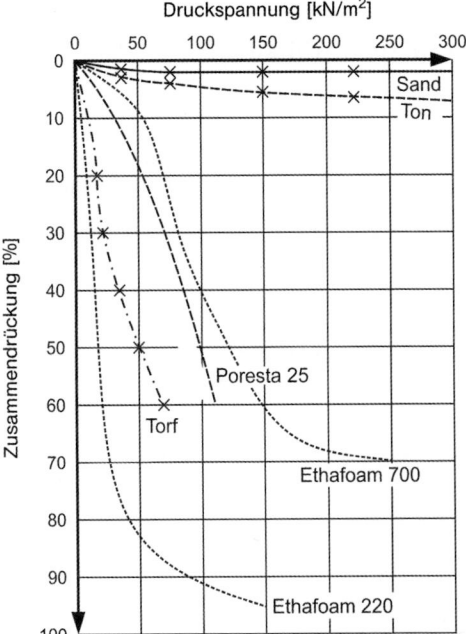

Bild 27. Zusammendrückungsverhalten unterschiedlichen Polstermaterials

Zu beachten ist in einigen Fällen auch das zeitliche Verformungsverhalten des Schaumstoffs, da z. B. bei Poresta die Verformung erst mit einer zeitlichen Verzögerung eintritt.

Es empfiehlt sich daher in jedem Fall wegen der Vielfalt der zur Verfügung stehenden Materialien, das Drucksetzungs- und Zeitsetzungsverhalten durch Versuche zu bestimmen.

4.8 Maßnahmen bei konzentrierten Bodenbewegungen

Können keine Änderungen des Abbaus, z. B. Versatzbau, versetzte Baufeldgrenzen usw., vorgenommen werden, ist eine Stabilisierung des Bodens, verbunden mit einem Massenausgleich, in der Regel dann unumgänglich, wenn Bauwerke, öffentliche Verkehrsflächen u. Ä. hiervon betroffen sind. Hierzu kann, wie in Abschnitt 5.3 dargestellt, der Baugrund mit Zement und Dämmer verfüllt bzw. auch unter hohem Druck verpresst (Feststoff-Einpresstechnik FEP) werden. Ziel ist es in erster Linie, eine ausreichende Druck- und Scherfestigkeit des Baugrundes wiederherzustellen und – wenn möglich – eine Vorspannung zu erzeugen. Gegebenenfalls können hierdurch auch Bauwerksbewegungen stillgesetzt bzw. zurückgestellt werden.

Daneben ist auch eine konstruktive Sicherung der Bauwerke durch Einbau von Hydraulikpressen und/oder Federkörpern möglich, für die das Bauwerk eine ausreichende Steifigkeit besitzen oder erhalten muss.

Grundsätzlich gilt, dass bei derartigen konzentrierten Bodenbewegungen zusätzlich zu den o. g. Maßnahmen eine kontinuierliche Beobachtung der Boden-Bauwerks-Bewegungen notwendig wird, z. B. durch das Anlegen von Messlinien quer zu den Störungszonen außerhalb des Bauwerkes und Kontrolle der Bauwerksbewegungen auch an den Pressen bzw. Federkörpern.

5 Bauliche Maßnahmen bei tagesnahen Abbauen

5.1 Arten der Sicherung

Bei tagesnahen Abbauen, die Tagesbrüche oder Erdfälle erwarten lassen, sind für die Gründungsflächen Krag- und Hohllagen möglich. Nach den bisherigen Beobachtungen erfassen diese in der Regel kurzfristig und örtlich begrenzt auftretenden Senkungen meist eine Fläche mit einem Durchmesser von 3 bis 6 m. Da diese Geländesenkungen nicht genau zu umgrenzen sind (Bild 28), müssen Bauwerke im gefährdeten Bereich grundsätzlich gesichert werden. Entweder werden die Bauwerke für nach der Erfahrung abgeschätzte Krag- und Hohllagen bemessen oder der Untergrund wird so saniert, dass Senkungen aus tagesnahem Abbau nicht möglich bzw. für das Bauwerk unschädlich sind.

Bild 28. Plötzlich aufgetretener Tagesbruch bei tagesnahem Abbau

5.2 Sicherung der Bauwerke

Welche baulichen Maßnahmen konstruktiv geeignet und wirtschaftlich sind, ist abhängig von der Teufenlage des Abbaus, bezogen auf die Gründungssohle des Gebäudes. Ist das Liegende des abgebauten Flözes relativ dicht unter der Gründungsebene, bietet sich eine pfeilerartige Gründung oder Pfahlgründung der Bauwerke auf dem ungestörten Gebirge an. Je nach Größe der Bauwerke liegt die wirtschaftliche Grenze für die Pfeilerlängen bei 10 bis 15 m, für die Pfahllängen bei 10 bis 30 m. Gegebenenfalls kann ein Teil des Bauwerks auskragend ausgebildet werden (Bild 29).

Liegt der Hohlraum in einer Tiefe, die Pfeiler- oder Pfahlgründungen im ungestörten Gebirge unwirtschaftlich werden lässt, besteht die Möglichkeit, die Gebäude gegenüber den zu erwartenden Geländeverformungen für entsprechende Krag- und Hohllagen zu bemessen. Dadurch erhält das Bauwerk eine sog. Vollsicherung. Vom Bauen in Dolinengebieten her hat sich auch für Bauwerke in tagesbruchgefährdeten Gebieten eine Bemessung für Kraglagen von 3 m und Hohllagen von 6 m bewährt (Bild 30).

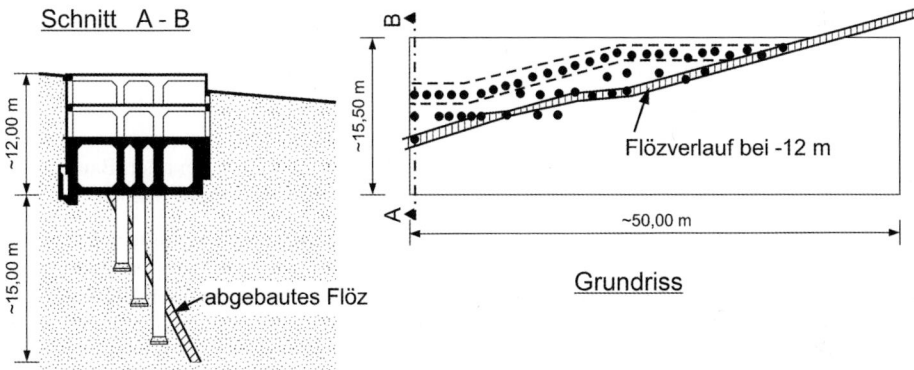

Bild 29. Hohlkastengründung des Thyssen-Hochhauses in Essen mit Großbohrpfählen auf dem Liegenden des abgebauten Flözes

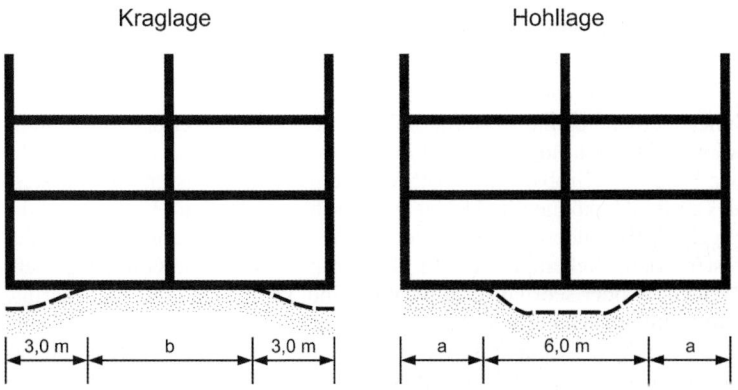

Bild 30. Vorschlag zur Bemessung von Bauwerken für Krag- und Hohllagen

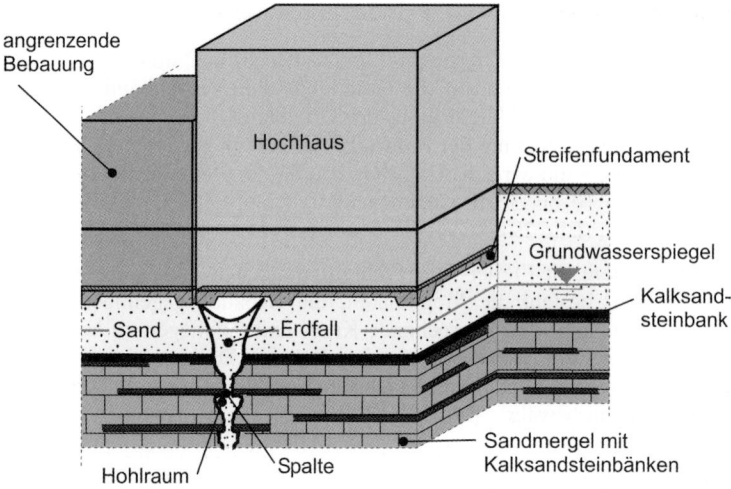

Bild 31. Erdfälle unter einer dichten Hochhausbebauung im nördlichen Ruhrgebiet

Die danach vorzunehmende Aussteifung der Bauwerke kann praktisch bei allen Bauwerken mit einem Kellergeschoss ohne großen wirtschaftlichen Aufwand erreicht werden.

Bei schweren Bauten sollte das gesamte Kellergeschoss in Stahlbeton ausgeführt werden und mit der Decke eine konstruktive Einheit bilden. Bei leichten Bauwerken (1- bis 2-geschossige Wohnhäuser) genügt es i. Allg. die Wände lediglich bis zur Brüstung der Kellerfenster in Stahlbeton zu erstellen. Alle Türöffnungen im Kellergeschoss sind rahmenartig auszubilden und alle Stahlbetondecken durchlaufend und möglichst kreuzweise zu bewehren.

In den Fällen, in denen der Abbau mit Sicherheit tiefer gelegen hat als 15 m, jedoch noch oberhalb der Grenzteufe von 30 m, kann bei 1- bis 2-geschossigen Bauwerken als Sicherungsmaßnahme evtl. allein die Bewehrung und rostartige Verbindung der Fundamente mit kreuzweise bewehrten und mit Ringankern versehenen Geschossdecken für ausreichend angesehen werden. Analog kann unter gleichen bergbaulichen Verhältnissen bei statisch bestimmten, verformungsunempfindlichen Skelettbauwerken verfahren werden. Eine Nachrichtbarkeit von Kranschienen ist jedoch dann vorzusehen. Gleiches gilt für Fahrschienen und Fahrwege.

Sicherungsmaßnahmen werden ebenfalls erforderlich, wenn Erdfälle unter den Gründungsflächen auftreten können. Dies ist möglich, wenn in der Gründungssohle fließempfindliche Bodenschichten, wie Sand oder Grobschluff, anstehen, die in das aufgerissene Kluftsystem des Felsuntergrundes einfließen können (Bild 31). Dieser schwer erfassbare Einfluss auf die Lagerungsbedingungen des Gebäudes verlangt in der Regel eine Tiefgründung des Gebäudes bis auf den standfesten, nicht fließempfindlichen Untergrund. Falls diese Gründungsmaßnahmen technisch schwierig oder sehr kostenaufwendig sind, kann auch eine flächenartige Verpressung zur „Abdichtung" des Felshorizonts vorgenommen werden. Eine Verpressung des Untergrunds wird auch dann erforderlich, wenn eine Tagesbruchgefahr besteht und das Gebäude aufgrund seiner Konstruktionsart nicht ausgesteift werden kann.

5.3 Stabilisierung des Untergrundes durch Einpressungen

5.3.1 Allgemeines

Durch das Verfüllen und Einpressen von hydraulischen Bindemitteln (z. B. Zement, Dämmer o. Ä.) soll das durch den Abbau gestörte Gebirge stabilisiert werden. Es geht nicht um das Schließen jeglicher Hohlräume, wie z. B. im Talsperrenbau zur Abdichtung des Untergrundes, sondern um das Herstellen verschiebungsfreier Kontakte instabiler Baugrundbereiche.

Zur Planung und Ausführung der Verfüll- und Einpressarbeiten muss der Untergrund auf seine Lagerungsart und seinen Hohlraumgehalt hin erkundet werden. Hierzu genügt i. Allg. die Kenntnis von Schichtenverlauf und Lage des Hohlraums. Spülbohrungen und die genaue Aufzeichnung von dabei auftretenden Spülverlusten sind unverzichtbar.

Bei der Ausführung sind die Erkenntnisse aus der Untergrunderkundung und die Feststellungen bei der Verfüllung und der Einpressung von hydraulischen Bindemitteln (Verfüll-, Verpressmenge, Verpressdruck u. a.) fortlaufend zu vergleichen und die Stabilisierungsarbeiten erforderlichenfalls anzupassen.

5.3.2 Einpressverfahren

Die Einpressungen können nach zwei Verfahren erfolgen. Beim ersten Verfahren wird die Bohrung bis auf die endgültige Sicherungstiefe abgeteuft und in mehreren Stufen „von unten nach oben" verpresst. Die Abgrenzung der einzelnen Verpressstufen erfolgt durch einen Kopfpacker (Einfachpacker). Da bei tagesnahem Abbau das Gebirge aufgelockert ist, besteht trotz Packer die Gefahr einer Umläufigkeit, sodass in der Regel das zweite Einpressverfahren von „oben nach unten" zur Anwendung kommt. Bei diesem Verfahren wird stufenweise mit dem Bohrvortrieb verpresst. Hierfür muss ein mindestens 2,0 m langes Standrohr, das – wenn möglich – 0,5 bis 1,0 m in einen festeren Untergrund oder die Felsoberfläche einbindet, gesetzt werden. Vor Beginn der eigentlichen Einpressarbeiten muss das Standrohr mit dem Untergrund satt mit Zementleim oder einem anderen geeigneten hydraulisch abbindenden Gemisch aus Zement/Dämmer, Sand und Wasser vergossen werden.

Zur Überwachung der Arbeiten sind Einpressdruck, Verpressdauer und Anzahl der Einpresschargen und damit die Verpressmenge zu messen und kontinuierlich über die Tiefe aufzuzeichnen. Die Tiefenabschnitte der einzelnen Einpressbereiche richten sich nach dem Hohlraumgehalt des Gebirges und sollten 5 m nicht überschreiten. Falls jedoch durch totalen Spülverlust beim Bohren oder durch das Durchfallen des Bohrers ein größerer Hohlraum aufgezeigt wird, ist der Bohrvortrieb zu unterbrechen und die erbohrte Strecke als gesonderte Stufe zu verfüllen und zu verpressen.

Die Abstände der Einpressbohrungen richten sich sowohl nach den Abmessungen des Bauwerks als auch nach der Art der Sicherung. Bei einer pfeilerartigen Stabilisierung des Untergrundes unter streifen- oder flächenförmig gegründeten Bauwerken wird der Abstand von der wirtschaftlichen Bemessung der aufgehenden Bauwerkskonstruktion für die freitragende Ausbildung zwischen den einzelnen Einpressstellen bestimmt. Er dürfte i. Allg. etwa bei 5 bis 7 m liegen. Bei einer Skelettkonstruktion können ggf. größere Abstände gewählt werden. Für eine Flächenverpressung sollte der Abstand der Einpressstellen nicht größer als 5 m sein. Dies gilt sowohl für eine Tiefenverpressung zur Sanierung des gestörten Gebirges bis zur Grenztiefe des tagesbruchgefährdeten Bereichs als auch für eine oberflächennahe Verpressung zur Verhinderung von Erdfällen bei fließempfindlicher Überdeckung des gestörten Gebirges.

Für das Setzen der Stahlrohre, zum Durchörtern des zu sanierenden Gebirges und zum Aufbohren der bereits verpressten Stufen wird das gleiche Bohrgerät verwendet. Hier haben sich die sog. Vollkronen-Dreh-Spülbohrungen bewährt.

Das Einpressmaterial ist in einem Mischbehälter, der mit einem Rührwerk versehen ist, ständig zu mischen, damit kein Absetzen des instabilen Mischgutes eintritt. Das Material wird von dem Rührwerk über Pumpen und ein Rohr- oder Schlauchleitungssystem zur Einpressstelle gedrückt. Die dabei auftretenden Drücke sind automatisch zu messen und mit der Verpressmenge kontinuierlich aufzuzeichnen.

5.3.3 Einpressgut

Das Einpressgut besteht in der Regel aus einem Gemisch aus Bindemittel (z. B. Zement, Dämmer o. Ä.) und Wasser, dem ggf. Sand, Bentonit oder auch ein sog. Erstarrungsbeschleuniger zugefügt werden kann. Das Mischungsverhältnis ist auf den Hohlraumgehalt des gestörten Gebirges abzustimmen, der durch die Aufnahmemengen gekennzeichnet wird. Wurden beim Bohren keine nennenswerten Hohlräume festgestellt, sollte stets mit einer dünnflüssigen Mischung begonnen werden, der nach Überschreiten einer bestimmten Einpressmenge eine dickflüssigere Mischung folgt (Tabelle 1). Bei größeren Hohlräumen sind diese zunächst durch reine Sand- bzw. Grobkorneinspülungen zu schließen.

Tabelle 1. Zusammensetzung des Einpressgutes in Abhängigkeit von der Einpressmenge

Einpressmenge/ Aufnahmemenge	Mischung	Zusammensetzung	W/B-Wert
0 – 1000 l	I	Zement	1,0 … 1,2
1000 – 2000 l	II	Zement (+ 1–2 % Bentonit)	0,5 … 1,0
2000 – 4000 l	III	Zement + 60–80 % Sand	1,0 … 1,2
		+ 3–4 % Bentonit	
4000 – 5000 l	IV	Zement + 200 % Sand	1,4 … 2,0
		+ 4–5 % Bentonit	

W/B-Wert = Wasser-/Bindemittelwert

5.3.4 Einpressvorgang

Der Einpressvorgang darf nicht unterbrochen werden, da sonst durch Absetzen des Einpressgutes Störungen auftreten. Die Mischung sollte nach Möglichkeit in Abhängigkeit von der Einpress- bzw. Aufnahmemenge erfolgen. Um den Sicherungsbereich nicht unnötig auszuweiten, hat sich die Begrenzung der Einpressmenge pro Verpressstufe bewährt. Falls durch diese Beschränkung bei dem ersten Verpressvorgang keine Schließung der Hohlräume erreicht wird, d. h. kein Verpressdruck aufgebaut werden kann, muss nach dem Abbinden des verpressten Materials die gleiche Verpressstufe aufgebohrt und nachverpresst werden.

Die Nachverpressung kann direkt mit einer dickflüssigeren Mischung erfolgen. Auch hierbei ist die Einpressmenge zu begrenzen. Gegebenenfalls ist zur Stabilisierung des Hohlraumes

3.7 Gründungen in Bergbaugebieten

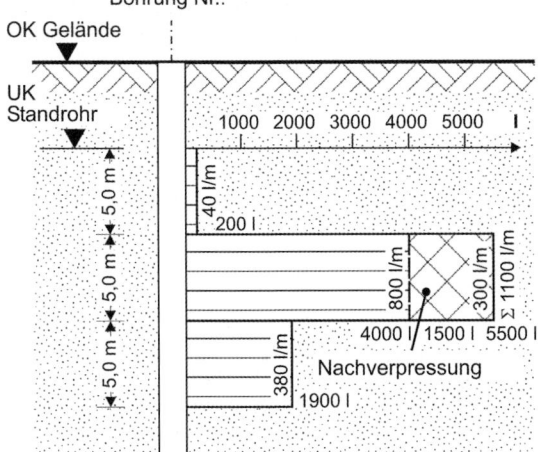

Bild 32. Grafische Darstellung der Aufnahmemenge

eine weitere Nachverpressung vorzunehmen. Falls auch bei dem 3. Verpressvorgang innerhalb einer Verpressstufe kein Druck aufgebaut werden kann, ist neben dieser Einpressbohrung in einem Abstand von 1 bis 2 m eine weitere Einpressbohrung anzusetzen.

Der Einpressdruck muss mindestens so groß sein, dass die Reibungsverluste im Leitungssystem überwunden werden. Er darf ferner nicht so groß sein, dass die Deckschicht angehoben wird. Letzteres ist hauptsächlich bei einer oberflächennahen Einpressung zu beachten. Da nicht der Untergrund abgedichtet werden soll, ist ein Verpressdruck von 2 bar i. Allg. ausreichend. Das Gebirge kann als gesichert angesehen werden, wenn ein Verpressdruck von 2 bar 10 Minuten lang gehalten werden kann.

5.3.5 Bewertung und Dokumentation der Einpressarbeiten

Die Ergebnisse der Bohr- und Einpressarbeiten sind in Form von Einpressdiagrammen aufzuzeichnen. Aus diesen Aufzeichnungen ist deutlich zu erkennen, in welchen Bereichen größere Störungen vorliegen. Ferner kann aus den Aufzeichnungen die erreichte Stabilisierung des Untergrundes abgelesen werden. Eventuell sind anhand dieser Ergebnisse noch weitere Einpressungen vorzunehmen. Bild 32 zeigt eine graphische Darstellung der Messergebnisse an einer Einpressstelle.

5.3.6 Stabilisierung des Untergrundes durch Einbau von Bewehrung

In Bereichen mit Tagesbruch- oder Erdfallgefahr ist die Sicherung der Infrastruktur an der Geländeoberfläche auch mit dem Einbau von Bewehrungen aus Geokunststoffen erreichbar, wenn über die Auflagerungsbedingungen der Bewehrungsränder bzw. die möglichen geometrischen Abmessungen des Tagesbruchs oder des Erdfalls und die Bewegungsabläufe ausreichende Kenntnisse vorliegen. Die Bewehrung soll in diesen Fällen das plötzliche Durchschlagen eines Hohlraums bis an die Tagesoberfläche verhindern, wenngleich auch große, aber noch tolerable Deformationen auftreten können.

Diese Art der Sicherung hat sich z. T. auch bei der Überbrückung von Erdstufen und Erdspalten bewährt (Bild 34). Im Hinblick auf den Einsatz derartiger Sicherungselemente sind jedoch vielfältige Erfahrungen über den Ablauf eines Tagesbruchs bzw. eines Erdfalles erforderlich, damit mit empirischen Berechnungsansätzen die zutreffenden Bewehrungen gewählt und eingebaut werden können. Hierbei ist insbesondere die mittragende Wirkung des Bodens in Verbindung mit den z. T. hochzugfesten Geokunststoffen zu berücksichtigen.

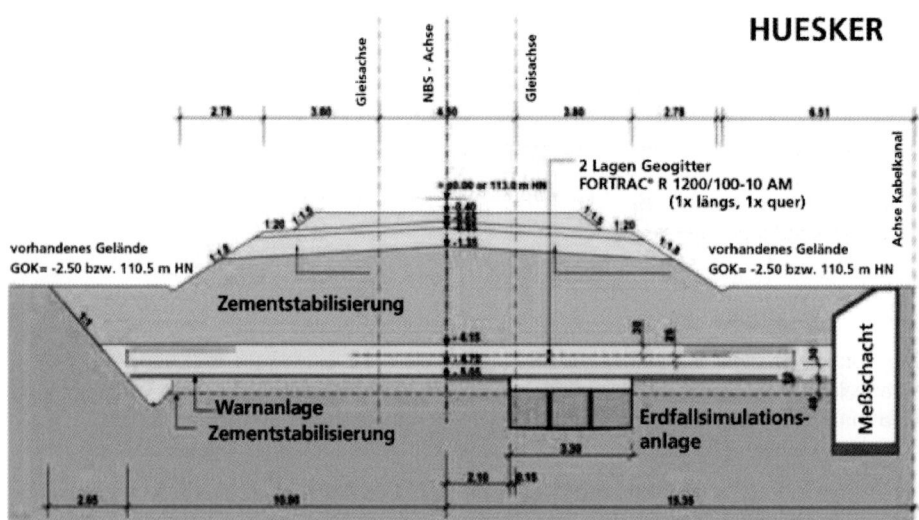

Bild 33. Erdfallsicherung mit Geogittern und Warnanlage auf der NBS Erfurt-Leipzig/Halle, Knoten Gröbers [15]

Bild 34. Bergbauliche Sicherung im Bereich einer Erdstufe mit hochfesten Geogittern und Warnanlage [15]

3.7 Gründungen in Bergbaugebieten

6 Maßnahmen bei Tunneln

6.1 Allgemeines

Die bergbaulichen Einwirkungen und die Sicherungsmaßnahmen für Hochbauten sind grundsätzlich auch auf Tunnelbauwerke zu übertragen. Da diese Bauten voll im Baugrund liegen, stehen beim Lastfall „bergbauliche Einwirkungen" Bauwerk und Baugrund in Wechselbeziehung zueinander. Eine Sicherung nach dem Widerstandsprinzip würde sehr große und nicht ausreichend genau zu erfassende Reaktionskräfte verursachen.

Folglich wird zur Sicherung gegen Bergschäden das Ausweichprinzip angewandt. Dabei muss gewährleistet werden, dass der Betrieb nicht oder in Ausnahmen nur kurzfristig beeinträchtigt wird. Um dem zu entsprechen, sind Baumaterialien zu verwenden, die auch unter Wechselbelastung eine hohe Verformbarkeit besitzen und bei Überbeanspruchung relativ einfach ausgebessert werden können. Spundwandbauwerke haben sich bei vergleichbaren Anwendungen gut bewährt.

6.2 Ausführungsmöglichkeiten

Bei Tunneln in offener Bauweise werden genau diesen o.g. Anforderungen folgend Spundwandprofile mit ausgeprägtem Deformationsverhalten eingesetzt. Sie können ggf. in Kombination mit außenliegenden Polsterschichten durch ihre große Verformbarkeit den Beanspruchungen aus den bergbaubedingten Bodenbewegungen ausweichen und so unter Aufrechterhaltung von Standsicherheit und Gebrauchsfähigkeit die Tunnelnutzung gewährleisten.

Beim Stadtbahnbau in Gelsenkirchen wurden für die in offener Bauweise errichteten Streckenabschnitte eingespannte Rahmen aus Spundwandprofilen mit offener Tunnelsohle und wellenförmig ausgebildete Korbbogen-Decken aus Gussstahl mit hohem Deformationsvermögen eingesetzt (Bild 35).

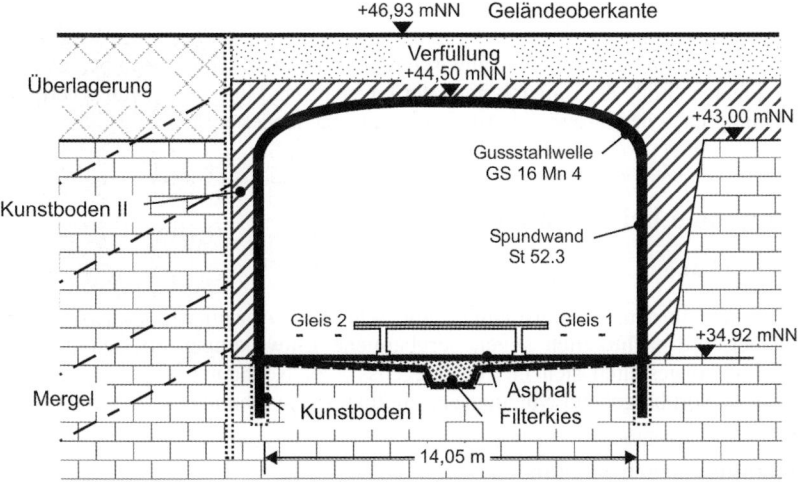

Bild 35. Aus Stahlelementen zusammengesetzter Tunnelquerschnitt (eingespannter Spundwandprofil-Rahmen mit offener Sohle und Korbbogen-Decke aus Gussstahl) für die Stadtbahn Gelsenkirchen (offene Bauweise) [12]

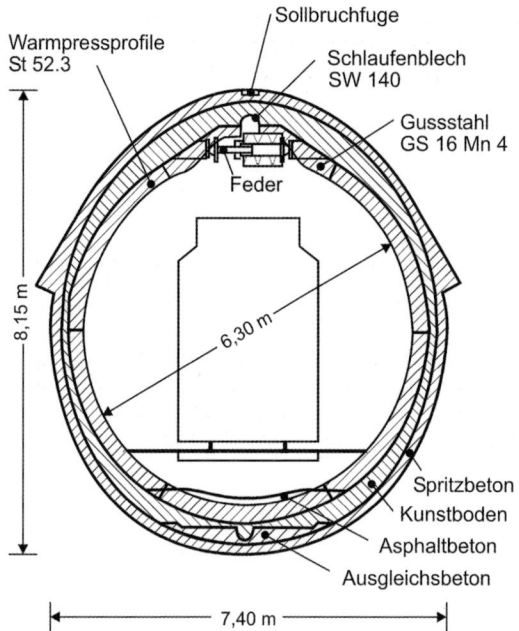

Bild 36. Aus wellenförmigen Stahlprofilen zusammengesetzter Tunnelquerschnitt. Warmpressprofile mit Firstelement aus Gussstahl und aktivem Federelement für die Stadtbahn Gelsenkirchen (geschlossene Bauweise) [12]

Für die in geschlossener Bauweise aufzufahrenden Streckenabschnitte wurden bei den parallelen Einzeltunneln mit Innendurchmessern von 6,30 m kreis- und wellenförmige Stahlprofile (Warmpressprofile) und ein Gussstahlelement in der Firste gewählt (Bild 36). Im festen Mergel wurden als aktive Ausgleichselemente zusätzlich Tellerfedern in einem Abstand von 1,2 m eingebaut.

Die aufgeführten Lösungen beziehen sich auf Bereiche, die relativ große bergbauliche Einwirkungen (Längenänderungen bis +/− 10 mm/m) erfahren. Bei geringen Einwirkungen können die sonst außerhalb bergbaulicher Einwirkungen eingesetzten Bauweisen beibehalten werden, indem je nach Größe der Einwirkungen der Fugenabstand in Längsrichtung verkürzt und in Querrichtung nach dem Ausweichprinzip ein entsprechendes System gewählt wird.

7 Maßnahmen bei vorhandener Bebauung

7.1 Vorbemerkung

Den Neubauten steht in den Ballungsräumen eine sehr hohe Anzahl bereits bestehender Bauten gegenüber, die nachträglich gegen bergbauliche Einwirkungen zu sichern sind. Bauliche Maßnahmen gestalten sich hier im Gegensatz zu Neubauten schwieriger, weil damit zumeist auch vorübergehend Nutzungseinschränkungen verbunden sein können.

7.2 Maßnahmen gegen Senkungen

Bei Senkungen der Geländeoberfläche kann der Grundwasserspiegel relativ zum Bauwerk ansteigen (s. Bild 10). Hierdurch kann nicht nur ein Sohlwasserdruck entstehen und die Auftriebssicherheit bzw. Grundbruchsicherheit herabgesetzt, sondern auch ein Wasserdruck auf die Kellerwände hervorgerufen oder verstärkt werden. Bauwerke sind vor diesem Hintergrund nachträglich gegen Auftrieb (z. B. Verstärkung der Sohlplatten, Verankerung o. Ä.) und Grundbruch sowie gegen Feuchtigkeit bzw. Wasserdruck (Verstärkung der Kellerwände, wasserdruckhaltende Außenisolierung u. a.) zu sichern.

7.3 Maßnahmen gegen überwiegend vertikale, ungleichmäßige Bodenbewegungen

Bei baulichen Maßnahmen in und an bestehender Bebauung muss stets entschieden werden, ob im Hinblick auf die zu erwartenden Bodenbewegungen nur der dann zu erwartende Bauwerkszustand erhalten (Konservierung) oder das Bauwerk wieder in seine Ausgangslage zurückgestellt (Rückstellung) werden soll. In Abhängigkeit von der jeweiligen überwiegend vertikalen, ungleichmäßigen Bodenbewegung können dann die in Tabelle 2 angegebenen Sicherungsmaßnahmen erfolgen, wobei unterschieden ist in Maßnahmen am Bauwerk (ggf. mit vorübergehender Einschränkung der Bauwerksnutzung) und außerhalb des Bauwerks (i. Allg. ohne Nutzungseinschränkung).

Ein Beispiel für eine nachträgliche Gebäudeanhebung zum Ausgleich einer Schieflage (Starrkörperverdrehung) mittels Hydraulikpressen zeigt Bild 37.

Tabelle 2. Bauliche Maßnahmen für bestehende Bebauung bei überwiegend vertikalen, ungleichmäßigen Bodenbewegungen

Bodenbewegung	Sicherungsmaßnahmen			
	am Bauwerk		außerhalb des Bauwerks	
	Konservierung	Rückstellung	Konservierung	Rückstellung
Schieflage (Starrkörperverdrehung)	Ausgleichsmaßnahmen: – Fußboden (z. B. Estrich, Kunstboden) – Wand (z. B. Putz, Verkleidung) – Decke (z. B. Abhängung)	Nachgründung und Hebung wie bei Senkungsunterschied bzw. Krümmung	Baugrundstabilisierung und Bauwerksstabilisierung	Baugrundstabilisierung und Hebung
Senkungsunterschied	Nachgründung: – Bohrpfähle – Verpresspfähle – Hochdruckinjektion – Bodenvermörtelung – Unterfangungen	Nachgründung und Hebung durch: – Hydraulikpressen – Druckkissen – Federkörper – Lasthalteanlage	Baugrundstabilisierung: – Injektionen – Hochdruckinjektion als Feststoffinjektion und Bodenvermörtelung Bauwerksstabilisierung: – Bohrpfähle – Verpresspfähle – Bodenvermörtelung Unterfangungen	Baugrundstabilisierung und Hebung durch: – Hochdruckinjektion
Krümmung	wie vor Fugenanordnung	wie vor Bauwerksaussteifung	wie vor	wie vor

Bild 37. Beseitigung einer Schieflage durch Gebäudeanhebung mittels Hydraulikpressen

7.4 Maßnahmen gegen überwiegend horizontale Bodenbewegungen

Ähnlich wie bei überwiegend vertikalen, ungleichmäßigen Bodenbewegungen können auch mögliche bauliche Maßnahmen für die bestehende Bebauung bei überwiegend horizontalen Bodenbewegungen angegeben werden (Tabelle 3).

Die Bilder 38 und 39 zeigen zwei typische nachträgliche bautechnische Maßnahmen zur Sicherung der vorhandenen Bauwerke gegen Kürzungen (Pressungen). In beiden Fällen können die Maßnahmen außerhalb der Bauwerke ohne Nutzungseinschränkung ausgeführt werden.

Bild 38. Nachträgliche Herstellung einer Dehnungsfuge durch Aufsägen der Brandmauern bei einer Reihenbebauung

3.7 Gründungen in Bergbaugebieten

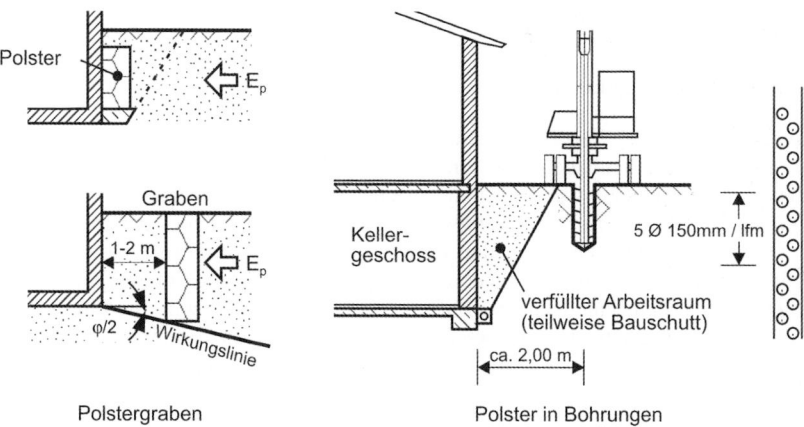

Bild 39. Reduktion des Erddrucks aus Kürzungen auf die Kellerwände durch Herstellung einer Deformationszone (Polster) [14]

Tabelle 3. Bauliche Maßnahmen für bestehende Bebauung bei überwiegend horizontalen Bodenbewegungen

Bodenbewegung	Sicherungsmaßnahmen			
	am Bauwerk		außerhalb des Bauwerks	
	Konservierung	Rückstellung	Konservierung	Rückstellung
Längungen (Zerrungen)	Nachgründung: – Zugplatte – Zugbalken – Zugbalkenrost Verankerung: – Zuganker – Zugglieder Gleitebenen in der Gründungsfuge: – Folien – Lager Rissinjektionen	Verankerung und Verspannung durch: – Zuganker – Zugglieder	Bauwerksstabilisierung: – Zugbalken und Zugbalkenrost (z. B. Microtunnelbauweise)	Bauwerksstabilisierung und Verschiebung in der Gründungsfuge durch: – Gleitlagerung – Hydraulikpressen
Kürzungen (Pressungen)	Nachgründung: – Druckplatte – Druckbalken – Druckbalkenrost Wandverstärkungen mit Aussteifung Ausbildung von Bewegungsfugen zwischen einzelnen Bauteilen	Sanierung und Sicherung erdberührter Bauteile durch: – Rissinjektionen – Wandverschiebung – Wanderneuerung – Polsterung (außen)	Bauwerksabschirmung: – Polsterbohrung – Polstergräben Bauwerksstabilisierung: – Druckbalken und Druckbalkenrost (z. B. Microtunnelbauweise) Ausbildung von Bewegungsfugen zwischen einzelnen Bauwerken	Entspannungsmaßnahmen durch: – Bohrungen – Gräben – Fugen zwischen einzelnen Bauwerken

8 Folgewirkungen stillgelegten Bergbaus

8.1 Grubenwasserspiegelanstieg

Nach vollständiger Einstellung der Wasserhaltungen für die Abbaufelder steigt das Grubenwasser nicht nur in den Grubenbauen, sondern auch in die durch die Abbaue entstandenen aufgelockerten Hangendschichten und über die offenen Schächte bis zum oberen Grundwasser auf. Gleiches gilt auch für den Grundwasserspiegelanstieg der rückgebauten Tagebaue. Hiermit verbunden sind die durch den Porenwasserdruck/Auftrieb hervorgerufenen Hebungen. Über die Größe der zu erwartenden Hebungen liegen für die tiefen Abbaufelder der Steinkohlereviere bislang nur wenige Erfahrungen vor. Bestimmt wird sie durch eine Vielzahl von Faktoren (Grubenwasseranstiegshöhe, Grubenwasseranstiegsbereich, Abbaumächtigkeit, Durchbauungsgrad usw.), insbesondere aber von den mechanischen Eigenschaften des durch den getätigten Abbau veränderten Baugrundes.

Nach den bisher vorliegenden Erfahrungen ist bei einem Grubenwasserspiegelanstieg davon auszugehen, dass Bodenbewegungen ohne nennenswerte zeitliche Verzögerung eintreten. Möglicherweise treten zu Beginn noch leichte Senkungen ein, da die stark aufgelockerten Hangendschichten unter Wassereinfluss noch sacken können, bis sich ein stabiles Korngerüst eingestellt hat, das dann angehoben wird (Bild 40).

Die größten Hebungen werden an den Stellen der größten Senkungen erwartet, ohne deren Größe allerdings zu erreichen. So rechnet man in den unterschiedlichen Bergbauregionen Deutschlands mit Hebungen im Bereich von wenigen Promille bis etwa 3 Prozent der gemessenen Senkungen. Diese wenigen Dezimeter Hebung sind i. Allg. für Bauwerke unschädlich, wenn sie großräumig auftreten und daher keine großen Hebungsunterschiede im Grubenwasserspiegelanstiegsbereich erwarten lassen. Sie sind nur dort von Bedeutung und können hier zu Bergschäden führen, wo infolge des Abbaus auch schon in früherer Zeit auf kurzer Entfernung große Senkungsunterschiede auftraten. Dies ist im Bereich tektonischer oder durch Bergbau hervorgerufener Störungen zu erwarten.

Daneben spielen auch die Qualität der Grubenwässer und ihr Einfluss auf die chemische Zusammensetzung des Grundwassers und der Vorfluter eine entscheidende Rolle für die wasserwirtschaftliche Bewertung des Grubenwasseranstiegs [17].

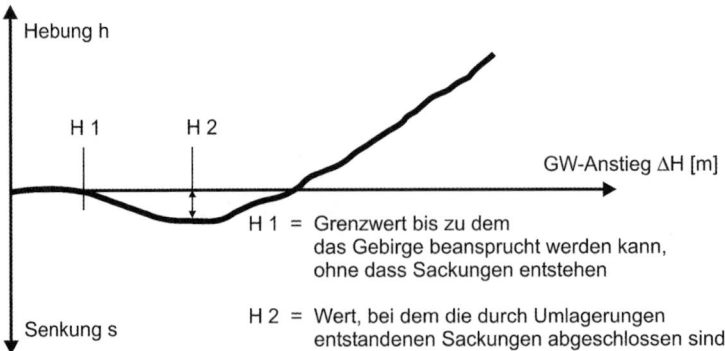

Bild 40. Mögliche Auswirkungen eines Grubenwasserspiegelanstiegs auf die Geländeoberfläche

8.2 Ausgasung

Im Steinkohlenbergbau wird beim Aufschluss einer Lagerstätte das in der Kohle gebundene Methan im Grubengas frei und sicher über die Wetterführung bis an die Tagesoberfläche und von hier kontrolliert abgeführt. Nach Einstellung der Bewetterung und gezielter Grubengasabführung wird nach Stilllegung der Bergwerke durch den Anstieg des Grubenwassers das in den Abbauen sich sammelnde Grubengas an die Tagesoberfläche gedrückt. Steigt das Grubenwasser weiter an, wird die Ausgasung dann unterbunden, wenn der Wasserdruck größer wird als der Gasdruck.

Mit der Ausgasung von Methan ist insbesondere bei gasdurchlässigen Deckschichten oder nur geringer Deckschichtdicke zu rechnen. Hier sind nicht selten Vegetationsschäden zu beobachten. Viel gravierender ist die Tatsache, dass Methan in Verbindung mit Luft hochexplosive Gasgemische bilden kann. Treten unkontrollierte Ausgasungen im Bereich von Bauwerken auf, so sind geeignete Schutzmaßnahmen (Gasdränungen, Gasabsauganlagen u. a.) für die Bauwerke zu ergreifen (Bild 41). Ebenso kann die langfristige Nutzung des Methangases über vorhandene Schächte oder Bohrungen auch nach Stilllegung des Bergbaus zu einer kontrollierten Abführung an der Tagesoberfläche führen.

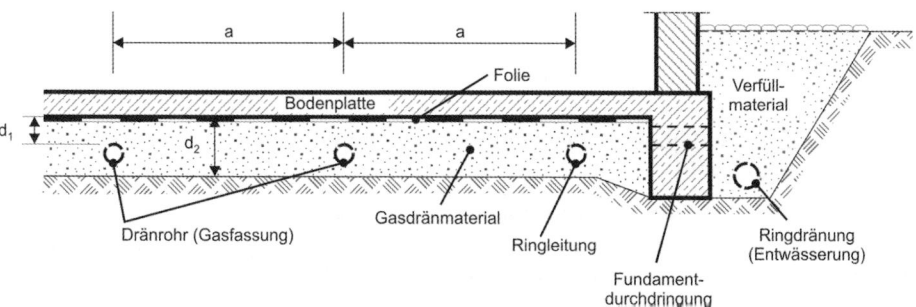

Bild 41. Gasdränung für eine kontrollierte Abführung des Grubengases [16]

9 Pseudobergschäden

9.1 Vorbemerkung

Schäden, die denen der Bergschäden ähnlich sind, aber nicht durch Bergbau hervorgerufen wurden, werden als Pseudobergschäden bezeichnet. Hier zu differenzieren ist i. Allg. schwierig, insbesondere dann, wenn sich die Einflüsse räumlich und zeitlich überlagern.

Bei den Pseudobergschäden wird unterschieden in die konstruktiv bedingten, durch Mängel bei der Planung und Bauausführung oder durch Materialfehler hervorgerufenen Bauwerksschäden und in die Schäden, die durch Änderung des Grundwasserspiegels und/oder der Bodenfeuchtigkeit eintreten können.

9.2 Geländesenkungen durch Grundwasserspiegelabsenkung

Eine Grundwasserspiegelabsenkung kann natürlich (Absinken des Grundwassers in trockenen Jahreszeiten) oder künstlich (Grundwasserspiegelabsenkung für ein Baugrube u. a.) bedingt sein. Durch die Absenkung des Grundwassers wird die Bodenspannung um den Betrag des Auftriebsverlustes erhöht. Mit dieser Spannungszunahme sind auch Zusammendrückungen der einzelnen Bodenschichten verbunden, die summiert an der Geländeoberfläche eine Senkung erzeugen. Gleiche Senkungen führen zu keiner zusätzlichen Beanspruchungen für Bauwerke. Ungleichmäßige Senkungen, wie sie z. B. im Bereich einer kleinräumigen Grundwasserabsenkung durch einen Absenkbrunnen (Bild 42) oder bei wechselnden Baugrundverhältnissen (Bild 43) entstehen, sind dagegen nicht selten Ursache für einen Bauwerksschaden, der einem Bergschaden gleicht [19].

9.3 Geländesenkungen durch Trocknung (Schwinden)

Die z. B. durch Sonneneinstrahlung oder durch andere thermische Einflüsse ausgelöste Trocknung führt zu einer Wassergehaltsabnahme und bewirkt bei bindigen Böden eine Volumenverminderung. Dieser Vorgang wird als Schwinden bezeichnet und durch Kapillarkräfte hervorgerufen [18]. Voraussetzung hierfür ist die Verdunstung des Porenwassers an der Schichtgrenze des bindigen Bodens. Eine Verdunstung des Porenwassers ist jedoch nur dann möglich, wenn die relative Feuchte der angrenzenden Porenluft bzw. der Umgebungsluft kleiner als 1 ist und somit keine Wasserdampfsättigung der Luft vorliegt.

Da sich die Trocknungsvorgänge i. Allg. im Bauwerksbereich je nach Exposition zur Sonneneinstrahlung unterschiedlich einstellen, können hierdurch extrem unterschiedliche Geländesenkungen hervorgerufen werden, die zu großen Beanspruchungen im Bauwerk führen und hier Schäden verursachen können.

9.4 Geländesenkungen infolge chemischer und/oder biologischer Zersetzung (Schrumpfen)

Unter Zersetzung ist die chemische und/oder biologische Reaktion verschiedenster Substanzen mit und ohne Sauerstoff zu verstehen. Bei organischen Böden führt die Zersetzung zu Volumenänderungen, die Geländesenkungen hervorrufen können. Die Zersetzungsprozesse werden überwiegend durch Mikroorganismen (biologische Zersetzung) in teilweise oder vollständig wassergesättigten Böden bestimmt, da für eine reine chemische Zersetzung i. Allg. Umgebungstemperaturen von über 85 °C erforderlich sind.

3.7 Gründungen in Bergbaugebieten

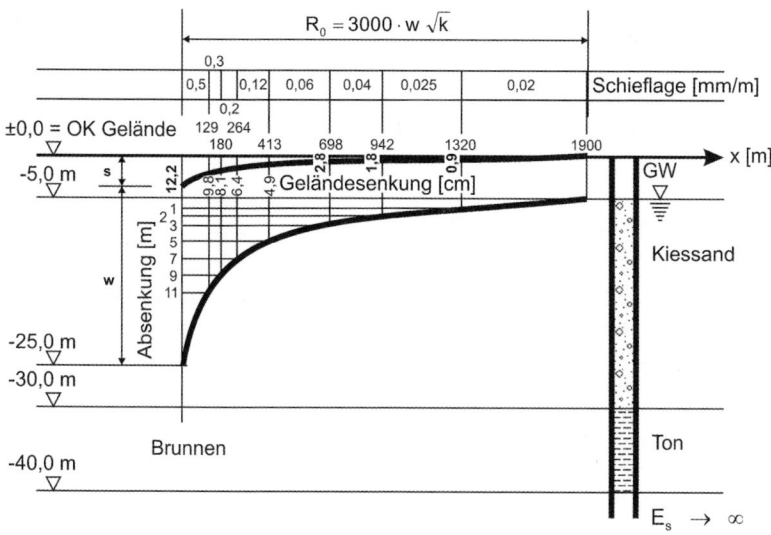

Bild 42. Geländesenkungen infolge einer Grundwasserspiegelabsenkung durch einen Einzelbrunnen

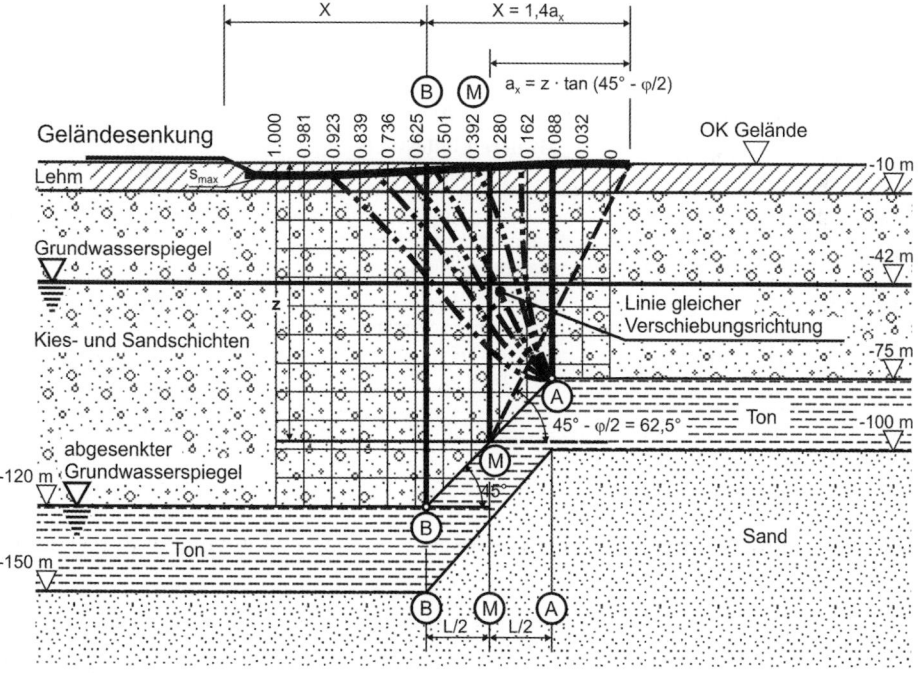

Bild 43. Geländesenkungen infolge einer großräumigen Grundwasserspiegelabsenkung im Bereich eines geologischen Sprungs

Die Verformungsabläufe sind abhängig vom organischen Gehalt (Glühverlust), der wirksamen Bodenspannung und der Zeitdauer des Zersetzungsvorganges bzw. dem Zersetzungsgrad. Die Verformungen können auf engem Raum sehr stark schwanken und so zu extremen Senkungsunterschieden und sehr kleinen Krümmungsradien für Bauwerke führen. Sie gleichen sehr häufig bergbaubedingten Schäden.

9.5 Geländesenkungen infolge Bewuchses (meteorologische und vegetative Ursachen)

Der Boden oberhalb des Grundwassers erhält im Wesentlichen aus Niederschlägen seinen Wasserzufluss. In diesen Bodenzonen und im Bereich der Grundwasserspiegelschwankungen kann vorhandener Bewuchs (Pflanzen, Bäume), insbesondere während der Vegetationsperiode (in Mitteleuropa: Monate Mai bis September) bei Trockenheit oder nur mäßigem Niederschlag dem Boden so viel Wasser entziehen, dass hierdurch Senkungen an der Geländeoberfläche auftreten. Der Einfluss von Bewuchs auf die Bodenfeuchte kann z. T. sogar stärker sein als die verschiedensten meteorologischen Faktoren wie Sonnenscheindauer, Lufttemperatur, relative Luftfeuchte und Wind.

Nach Untersuchungen von *Biddle* [20] können die in der Tabelle 4 angegebenen Einflusstiefen und Reichweiten verschiedener Baumarten als Anhalt dienen, bis zu denen durch den Bewuchs merkliche Wassergehaltsreduktionen im bindigen Untergrund zu erwarten sind. Danach besitzen Pappeln die größte Einflusstiefe mit 3,5 m und die größte Reichweite mit 25 m. Bauwerke in diesem Bereich können durch den Einfluss des Bewuchses auch unterschiedliche Geländesenkungen erfahren und damit Schäden erleiden.

Tabelle 4. Mittlere Einflusstiefen und Reichweiten verschiedener Baumarten in tonigen Böden [20]

Baumart	Mittlere Einflusstiefe [m]	Mittlere Reichweite [m]
Pappel	3,50	25
Linde	2,00	15
Rosskastanie	1,50	12
Birke	1,50	10
Zypresse	1,50	8

10 Literatur

[1] Richtlinien für die Ausführung von Bauten im Einflussbereich des untertägigen Bergbaus. Fassung April 1953. Ministerialblatt für das Land Nordrhein-Westfalen, Ausgabe A.1716–1726 (1963).
[2] Drisch, L., Schürken, J.: Bewertung von Bergschäden und Setzungsschäden an Gebäuden. Theodor Oppermann Verlag, 1995.
[3] Hollmann, F., Hülsmann, K. H., Schöne-Warnefeld, G.: Bergbau und Baugrund. Probleme der bergbaulichen Einwirkung auf die Tagesoberfläche am Beispiel des Bergbaus im Niederrheinisch-Westfälischen Industriegebiet (Ruhrgebiet). Berichte zum Zweiten Kongress der Internationalen Gesellschaft für Felsmechanik, Belgrad 1970, Bd. 3, Th. 8-15, S. 1–20.
[4] Hollmann, F., Nürenberg, R.: Der „Tagesnahe Bergbau" als technisches Problem bei der Durchführung von Baumaßnahmen im Niederrheinisch-Westfälischen Steinkohlengebiet. Mitteilungen der Westfälischen Berggewerkschaftskasse 30, Bochum, 1972, 39 S.
[5] Kratzsch: Bergschadenkunde, 5. Auflage. Deutscher Markscheider-Verein e.V., Herne, 2008.
[6] Luetkens, O.: Bauen im Bergbaugebiet. Springer-Verlag, Berlin, Göttingen, Heidelberg, 1957.
[7] Nendza, H., Placzek, D.: Gründungen in Bergbaugebieten. Grundbau-Taschenbuch, Teil 3, Kapitel 3.11, 5. Auflage. Ernst & Sohn, Berlin, 1997.
[8] Niemczyk, O.: Bergschadenkunde. Verlag Glückauf, Essen, 1949.
[9] Placzek, D., Weber, U.: Protection and sanitation of old buildings and architectural monuments in cases of externall y induced soil movements. Proceedings X. European Conference on Soil Mechanics and Foundation Engineering, Florence, 1991, Vol. II, S. 825–830.
[10] Schmidbauer, J.: Gründungen im Bergsenkungsgebiet. Grundbau-Taschenbuch, Teil 1, 2. Auflage. Ernst & Sohn, Berlin, München, 1966.
[11] Schmidt-Schleicher, H.: Wechselwirkung zwischen Boden und Bauwerk aus bergbaulicher Einwirkung. Der Prüfingenieur, 1997.
[12] Tunnelbau in Stahlbauweise. Technischer Bericht der Philipp Holzmann AG, Mai 1983.
[13] Verkehrstunnel in Bergsenkungsgebieten. Berichte aus dem Institut für Konstruktiven Ingenieurbau der Ruhr-Universität Bochum, Heft 15, 1973.
[14] Weber, U.: Untersuchungen zur Wirtschaftlichkeit prophylaktischer Sicherungsmaßnahmen, die zur Vermeidung von Bergschäden infolge von Pressungen durch den untertägigen Steinkohlebergbau an Hochbauten eingesetzt werden. Mitteilungen aus dem Fachgebiet Baubetrieb und Bauwirtschaft, Heft 5, Universität Essen, 1986.
[15] Fa. Huesker Synthetic GmbH: Eine außergewöhnliche Lösung für extreme Anforderungen: Bau eines Eisenbahn-Knotenpunktes für die Hochgeschwindigkeitszüge in einem erdfallgefährdeten Bergbaugebiet. Huesker Report, 2008.
[16] Placzek, D., Meyer-Riester, J.: Explosibles Gemisch. Methangas beeinflusst die Planung nicht nur in Bergbaugebieten. Deutsches Ingenieurblatt, August 2005.
[17] Grigo, W., Welz, A., Heitfeld, M.: Technische Herausforderungen in Folge eines großräumigen Rückgangs des Steinkohlenbergbaus an der Ruhr. Markscheidewesen, Heft 3/2007, S. 89–101. VGE Verlag.
[18] Placzek, D.: Untersuchungen über das Schwindverhalten bindiger Böden bei der Trocknung unter natürlichen Randbedingungen. Mitteilungen aus dem Fachgebiet Grundbau und Bodenmechanik der Universität Essen, Heft 3, 1982.
[19] Nendza, H.: Bodenverformungen infolge einer Grundwasserabsenkung. Haus der Technik – Vortragsveröffentlichungen, Heft 333, S. 19–25. Vulkan-Verlag Dr. W. Classen, Essen, 1974.
[20] Biddle, P. G.: Patterns of soil drying and moisture deficit in the vicinity of trees on clay soils. Geotechnique 33 (1983), No. 2, pp. 107–126.
[21] Meier, J., Meier, G.: Modifikation von Tagesbruchprognosen. Geotechnik (2005), Heft 2, S. 119–125.

3.8 Erschütterungsschutz

Christos Vrettos

1 Allgemeines, Begriffsbestimmungen

Der Erschütterungsschutz ist eines der wichtigsten Anwendungsgebiete der Bodendynamik im Grundbau. Erschütterungen entstehen durch Bautätigkeiten, ober- oder unterirdischen Schienen- und Straßenverkehr sowie Maschinen der industriellen Fertigung. Über den Boden und die Fundamente gelangen sie in benachbarte Bauwerke und können sich dort störend bemerkbar machen oder gar zu Schäden an Bauwerken sowie an Geräten und anderen empfindlichen Einrichtungen führen. In Bild 1 sind typische Erschütterungsquellen dargestellt.

Die Problematik des Erschütterungsschutzes wurde in Deutschland sehr früh angegangen, sodass heute der Stand von Wissenschaft und Technik sehr fortgeschritten ist und ausgereifte Regelwerke zur Verfügung stehen. Das vorhandene Wissen ist jedoch in vielen Fachpublikationen gestreut. Im vorliegenden Beitrag wird versucht, die wesentlichen Aspekte praxisnah zusammenzustellen.

Erschütterungen sind mechanische Schwingungen fester Körper im Bereich 1…80 (315) Hz mit potenziell schädigender oder belastender Wirkung (Definition gem. DIN 4150). Als Körperschall hingegen werden Schwingungen der Bausubstanz im bauakustischen Bereich von 16…2000 (4000) Hz bezeichnet. Oft wird in der Literatur der Begriff Körperschall auch als Synonym für die Erschütterungen verwendet. Der innerhalb eines Gebäudes infolge des Körperschalls entstehende Luftschall (Schwingungsanregung von Decken und Wänden mit der damit verbundenen Schallabstrahlung) wird sekundärer Luftschall genannt. Die Abstrahlung von Erschütterungen wird als Emission, der Eintrag in eine Struktur als Immission und die Übertragung der Schwingungsenergie über den Baugrund als Transmission bezeichnet.

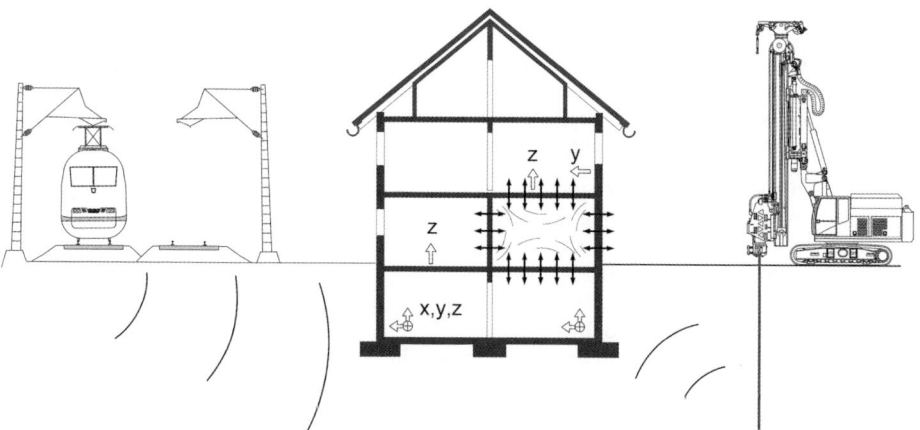

Bild 1. Erschütterungseinwirkungen

Erschütterungen im Bauwesen werden in der DIN 4150 behandelt. Es wird dabei zwischen Einwirkungen auf Menschen in Gebäuden und Einwirkungen auf Gebäude selbst unterschieden. Die Ursachen von Erschütterungen müssen unterteilt werden in:

– kurzzeitige, einmalige Erschütterungen (z. B. Sprengarbeiten),
– länger andauernde Erschütterungen (z. B. zeitlich begrenzte Bauarbeiten),
– ständig auftretende Erschütterungen (z. B. Produktionsmaschinen),
– Erschütterungen infolge Straßen- und Schienenverkehr.

Letztere werden in der DIN 4150 als gesonderter Fall betrachtet.

Die Auswirkungen auf Bauwerke im Sinne der Nachweise der Gebrauchstauglichkeit sind Risse im Putz, übermäßige Verformungen, beschleunigte Alterungserscheinungen sowie Fundamentsetzungen. Hierzu gibt die DIN 4150-3 Anhaltswerte und Messverfahren zur Ermittlung der Schädigungsgefahr für das Gebäude an.

Die Einwirkungen auf Menschen werden auf der Basis des Wahrnehmungsvermögens beim Menschen festgelegt, welches von mehreren physiologischen aber auch psychologischen Faktoren abhängt. Die Intensität der Wahrnehmung wird bestimmt durch die Amplitude der kinematischen Größen (Schwingweg, -geschwindigkeit und -beschleunigung), die Dauer der Schwingeinwirkung sowie den Frequenzgehalt. Die Ermittlung des zulässigen Erschütterungspegels erfolgt nach DIN 4150-2 anhand einer relativ aufwendigen, jedoch eindeutig festgelegten Prozedur.

Eine weitere Kategorie von Erschütterungen betrifft die Auswirkung auf Anlagen oder Geräte in benachbarten Gebäuden. Hierzu existiert jedoch kein Regelwerk. Der zulässige Erschütterungspegel hängt von speziellen Anforderungen an die betrachteten Anlagen und Geräte, deren Standort bezüglich der Erschütterungsquelle sowie den Struktureigenschaften und Lagerungsverhältnissen des Gebäudes selbst ab. In der Regel muss hierzu eine Referenzmessung in Kombination mit einer rechnerischen oder experimentellen Ermittlung einer Übertragungsfunktion durchgeführt werden.

Bezüglich der relevanten kinematischen Größe für die Beurteilung von Erschütterungen kann Folgendes zusammengefasst werden: Die subjektive Wahrnehmung von mechanischen Schwingungen beim Menschen ist im Frequenzbereich von 1 bis 10 Hz annähernd proportional zur Schwingbeschleunigung, während im Bereich von 10 bis 100 Hz eine lineare Abhängigkeit zur Schwinggeschwindigkeit beobachtet worden ist [1]. In den DIN-Normen wird einheitlich die Schwinggeschwindigkeit als Beurteilungsgröße herangezogen. Als Begründung gibt DIN 45669-1 an, dass auch bei der Beanspruchung einzelner Bauteile in Gebäuden infolge stationärer, aber auch transienter Erregungen eine näherungsweise lineare Korrelation zur Schwinggeschwindigkeit und Spannung nachweisbar ist. Weiterhin lässt sich aus dem Zeitsignal der Schwinggeschwindigkeit auch bei Schwingungsgemischen der zeitliche Verlauf des Schwingweges und der Schwingbeschleunigung berechnen.

Alternativ zur Verwendung der kinematischen Größe (Geschwindigkeit) als Erschütterungskenngröße wird oft in Anlehnung an die Akustik der Schnellepegel L_v angegeben:

$$L_v = 20 \cdot \log\left(\frac{v}{v_0}\right) \text{ in dB} \tag{1}$$

wobei v der Effektivwert der Schwingschnelle in mm/s und $v_0 = 5 \cdot 10^{-5}$ mm/s die Bezugsschnelle sind. In Pegeldarstellung erfolgt auch die Angabe der Wirksamkeit von Minderungsmaßnahmen mittels des Einfügungsdämmmaßes (Schnellepegeldifferenz).

Als sekundärer Luftschall wird der von den sechs Raumbegrenzungsflächen abgestrahlte Luftschall bezeichnet, als Körperschall hingegen die Schwingungen der Begrenzungsflä-

3.8 Erschütterungsschutz

chen, d. h. die Ursache für den Sekundärschall. Sekundärer Luftschall wird als Schalldruckpegel L_p dargestellt:

$$L_p = 20 \cdot \log\left(\frac{p}{p_0}\right) \text{ in dB} \tag{2}$$

wobei p der Schalldruck und $p_0 = 2 \cdot 10^{-5}$ Pa ein Referenzdruck (normierte Hörschwelle) sind. Zur Erfassung der je nach Frequenz (Tonhöhe) unterschiedlichen Empfindlichkeit des menschlichen Ohres wird eine sog. „A-Filterung" vorgenommen. Man spricht dann vom A-bewerteten Schallpegel mit der Kennzeichnung dB(A).

Die Angabe der frequenzmäßigen Zusammensetzung eines Signals erfolgt bei Immissionen häufig mit der Bandbreite „Terz" als Terzspektrum. Es stellt durch Summation die Schwingungsenergie dar, die in ein Intervall mit der Breite einer Terz fällt [2].

Während Maschinen eine kontrollierbare Erregungscharakteristik aufweisen, hängen die Merkmale der Erschütterungsquellen bei ober- und unterirdischen Verkehrswegen von dem Zugtyp und der Oberbauform sowie von den Eigenschaften des Baugrundes als Übertragungsmedium ab. Die Interaktion mit dem Baugrund ist ebenfalls von großer Bedeutung bei Erschütterungen während des Einbringens von Spundwandelementen oder Pfählen.

Während die Methoden zur Beurteilung der Erschütterungseinwirkungen inzwischen ausgereift sind und allgemein akzeptierte Kriterien aufgestellt worden sind, stellt die Prognose des Erschütterungsniveaus in Gebäuden nach wie vor eine schwierige und komplexe Aufgabe dar. Praxisnahe Prognoseverfahren bestehen aus einer Kombination von Messungen und numerischen Berechnungen. Letztere werden insbesondere dann eingesetzt, wenn Messungen nicht möglich und/oder Unsicherheiten bei der Quantifizierung der Erschütterungsübertragung durch den Baugrund bis zum Gebäudefundament bestehen bzw. Ausführungsvarianten zu untersuchen sind.

2 Beurteilung von Erschütterungseinwirkungen

2.1 Einwirkung von Erschütterungen auf Menschen

In der deutschen Baunormung wird die Einwirkung von Erschütterungen auf Menschen in Gebäuden in der DIN 4150-2 geregelt. Andere Regelwerke, die auch Schwingungen einzelner Körperteile betrachten, sind die VDI-Richtlinie 2057 sowie die ISO 2631. Eine Übersicht zu den unterschiedlichen Beurteilungsgrößen wird bei [3] gegeben. Im Gegensatz zur Norm ISO 2631, bei der als Beurteilungsgröße die Beschleunigung verwendet wird, ist die bevorzugte Ausgangsgröße nach DIN 4150-2 weiterhin die Schwinggeschwindigkeit. In der Praxis wird für die Beurteilung von Schwingungen in Wohnungen oder vergleichbar genutzter Räumen infolge Verkehr, Bau- oder Anlagenbetrieb die DIN 4150-2 verwendet, während Schwingungen an Arbeitsplätzen mit innerbetrieblicher Verursachung nach VDI 2057 bewertet werden.

Grundlage für die Beurteilung nach DIN 4150-2 ist das gemessene Signal an der Stelle der stärksten Schwingungseinwirkung: Für die vertikale Komponente ist dies in der Regel die Mitte eines Deckenfeldes. Die Messung der horizontalen Komponenten kann auch an anderen Stellen, z. B. dicht am aufgehenden Mauerwerk erfolgen.

Die Frequenzabhängigkeit der Schwingungswahrnehmung von Menschen bei niedrigen Frequenzen (unterhalb von etwa 10 Hz) wird in der DIN 4150-2 näherungsweise durch eine Filterfunktion berücksichtigt, welche durch die sog. KB-Bewertung nach Gl. (3) erfolgt:

$$|H_{KB}(f)| = \frac{1}{\sqrt{1 + (f_0/f)^2}} \qquad (3)$$

wobei f die Frequenz ist und $f_0 = 5{,}6$ Hz. Mittels dieser Bewertung erhält man dann aus dem Schwinggeschwindigkeitssignal v(t) das frequenzbewertete Erschütterungssignal KB(t):

$$KB(t) = v(t) \cdot |H_{KB}| \qquad (4)$$

Frequenzen oberhalb von 80 Hz werden durch einen Filter abgeschnitten, da diese keinen nennenswerten Beitrag zur Wahrnehmung liefern. Von dem so frequenzbewerteten Signal wird dann als gleitender Effektivwert die bewertete Schwingstärke $KB_F(t)$ gebildet:

$$KB_F(t) = \sqrt{\frac{1}{\tau} \int_{\xi=0}^{t} e^{-\frac{t-\xi}{\tau}} \cdot KB^2(\xi) \, d\xi} \qquad (5)$$

mit ξ als Integrationsvariable und $\tau = 125$ ms. Der Index F steht für das englische Wort „fast", Abkürzung für $\tau = 125$ ms. $KB_F(t)$ berücksichtigt somit zu jedem Zeitpunkt t alle zurückliegenden Signalanteile mit zeitlich exponentiell abklingendem Gewicht.

Der während der Beurteilungszeit erreichte Maximalwert wird als maximale bewertete Schwingstärke KB_{Fmax} bezeichnet und ist eine wichtige Beurteilungsgröße.

Bei Einwirkungen von täglich kurzer Dauer wird zusätzlich die sog. Beurteilungs-Schwingstärke KB_{FTr} ermittelt. Hierzu werden die Zeitabschnitte, während derer Erschütterungen auftreten, in Teilabschnitte von jeweils 30 s Dauer aufgeteilt und der quadratische Mittelwert – der sog. Taktmaximal-Effektivwert KB_{FTm} – aus den jeweiligen maximalen KB_F-Werten dieser Teilabschnitte KB_{FTi} berechnet:

$$KB_{FTm} = \sqrt{\frac{1}{N} \sum_{i=1}^{N} KB_{FTi}^2} \qquad (6)$$

Die Beurteilungs-Schwingstärke KB_{FTr} errechnet sich aus

$$KB_{FTr} = KB_{FTm} \sqrt{\frac{T_e}{T_r}} \qquad (7)$$

wobei N die Anzahl der Takte, T_e die tatsächliche Einwirkungszeit und T_r die Beurteilungszeit sind. Es gilt: $T_r = 16$ h tags und 8 h nachts.

Bei der Berechnung von KB_{FTm} sind alle Werte $KB_{FTi} < 0{,}1$ zu null zu setzen, da dieses Erschütterungsniveau kaum wahrnehmbar ist. Die entsprechenden Takte gehen jedoch mit ihrer Anzahl N in die Berechnung ein.

Liegt von den Einwirkungen tags ein Teil 1 der Dauer T_{e1} außerhalb der Ruhezeiten nach DIN 4150-2, Abs. 3.7.4 und ein Teil 2 der Dauer T_{e2} innerhalb, dann errechnet sich KB_{FTr} aus:

$$KB_{FTr} = \sqrt{\frac{1}{T_r} \left(T_{e1} \cdot KB_{FTm1}^2 + 2 \cdot T_{e2} \cdot KB_{FTm2}^2 \right)} \qquad (8)$$

wobei die Ruhezeiten mit dem Gewichtsfaktor 2 beaufschlagt werden, um der erhöhten Störungswirkung Rechnung zu tragen.

3.8 Erschütterungsschutz

Die Beurteilung erfolgt nach einem mehrstufigen Verfahren unter Berücksichtigung der drei Anhaltswerte A_u, A_o und A_r, die in Abhängigkeit von dem Einwirkungsort (Wohngebiet, Gewerbegiet, etc.) und der Zeit (tags/nachts) in DIN 4150-2 angegeben sind (Tabelle 1). Zuerst wird die maximale bewertete Schwingstärke in den drei Raumrichtungen ermittelt. Danach wird der größte dieser Werte KB_{Fmax} mit den Anhaltswerten verglichen:

- Ist der ermittelte KB_{Fmax}-Wert kleiner oder gleich dem unteren Anhaltswert A_u, sind die Anforderungen der Norm erfüllt.
- Ist der ermittelte KB_{Fmax}-Wert größer als der obere Anhaltswert A_o, sind die Anforderungen der Norm nicht eingehalten.
- Für selten auftretende und kurzzeitige Einwirkungen sind die Anforderungen der Norm eingehalten, wenn KB_{Fmax} kleiner oder gleich A_o ist.
- Bei häufigen Einwirkungen mit $KB_{Fmax} \leq A_o$ ist die Beurteilungs-Schwingstärke KB_{FTr} zu ermitteln. Ist $KB_{FTr} \leq A_r$, dann sind die Anforderungen der Norm ebenfalls eingehalten.

Tabelle 1. Anhaltswerte für die Beurteilung von Erschütterungen in Wohnungen und vergleichbar genutzten Räumen, aus DIN 4150-2

Einwirkungsort	Tags			Nachts		
	A_u	A_o	A_r	A_u	A_o	A_r
Industriegebiete	0,4	6	0,2	0,3	0,6	0,15
Gewerbegebiete	0,3	6	0,15	0,2	0,4	0,1
Kern-, Misch-, Dorfgebiete	0,2	5	0,1	0,15	0,3	0,07
Reine und allgemeine Wohngebiete, Kleinsiedlungsgebiete	0,15	3	0,07	0,1	0,2	0,05
Besonders schutzbedürftige Einwirkungsorte in dafür ausgewiesenen Sondergebieten (z. B. Krankenhäuser)	0,1	3	0,05	0,1	0,15	0,05

Das dargestellte Beurteilungsverfahren ist grundsätzlich für alle Arten von Erschütterungen anwendbar. Sonderregelungen für sehr seltene Einwirkungen (z. B. Sprengungen in Steinbrüchen), für den Schienenverkehr sowie für Erschütterungen infolge Baubetrieb sind in der DIN 4150-2 beschrieben. Das Verfahren wird ebenfalls im Rahmen von Prognoseberechnung für das Erschütterungsniveau angewandt, indem anstelle des gemessenen Signals das numerisch simulierte verwendet wird.

2.2 Einwirkung von sekundärem Luftschall auf Menschen

Zur Beurteilung werden verschiedene Kenngrößen verwendet [4]. Aus dem zeitvariablen Schalldruckpegelverlauf $L_p(t)$ wird der äquivalente Dauerschallpegel L_{peq}, der auch als Mittelungspegel L_{pm} bezeichnet wird, ermittelt:

$$L_{peq} = 10 \cdot \log \left[\frac{1}{T} \int_0^T \frac{p^2(t)}{p_0^2} dt \right] \text{ in dB} \qquad (9)$$

Da die Schallimmissionen meistens aus mehreren Ereignissen (Schienenverkehr) bestehen, wird zusätzlich der mittlere Maximalpegel der Ereignisse ermittelt:

$$L_{p\max,m} = 10 \cdot \log \frac{1}{N} \sum_{i=1}^{N} 10^{L_{p\max,i}/10} \tag{10}$$

wobei N die Anzahl der Ereignisse und $L_{p\max,i}$ die einzelnen Maximalpegel sind. Diese energetische Mittelung führt dazu, dass hohe Pegel stärker berücksichtigt werden, als dies bei einer linearen Mittelung der Fall wäre. Die Betrachtung erfolgt über einen bestimmten Zeitraum, z. B. 16 Tagesstunden. Bei der Zeitbewertung des Schallsignals wird meistens die Einstellung „fast" (F) gewählt und eine A-Frequenzbewertung vorgenommen, sodass zur genauen Bezeichnung der Index AF hinzugefügt werden muss $L_{pAF\max,m}$.

Beim Schienenverkehr wird der Beurteilungspegel für die Tages- und die Nachstunden aus dem Mittelungspegel (äquivalenter Dauerschallpegel) unter evtl. Berücksichtigung eines Abschlags (Schienenbonus) ermittelt [4].

Die Beurteilung des sekundären Luftschalls ist bis dato weder gesetzlich festgelegt noch in einer DIN-Norm oder VDI-Richtlinie angegeben. Als Anhaltswerte für den zumutbaren Schallinnenpegel in Räumen können die aus den Vorgaben der 24. BImSchV ableitbaren Richtwerte angesetzt werden. Dabei wird als Pegel der äquivalente Dauerschallpegel L_{pAeq} über die Beurteilungszeit tags und nachts herangezogen:

Schlafräume 30 dB(A); Wohnräume 40 dB(A); Büros 45 dB(A)

In der VDI-Richtlinie 2719 werden Anhaltswerte für in Aufenthaltsräume von außen eindringenden Schall genannt, die nicht überschritten werden sollten. Sie bilden die Grundlage für das erforderliche Schalldämmmaß der Fenster. Wird angenommen, dass der von den Raumbegrenzungsflächen abgestrahlte Sekundärluftschall nicht stärker sein soll als der von außen eindringende direkte Luftschall, können die Anhaltswerte nach VDI 2719 zur Beurteilung angesetzt werden (vgl. Tabelle 2). Für Neubauten wird die Einhaltung der unteren Grenzen angestrebt.

Tabelle 2. Anhaltswerte für Innenschallpegel nach VDI 2719

	Äquivalenter Dauerschallpegel L_{pAeq}	Mittlerer Maximalpegel $L_{pAF\max,m}$
Schlafräume (in der lautesten Nachtstunde) • in reinen und allgemeinen Wohngebieten, Krankenhaus- und Kurgebieten • in allen übrigen Gebieten	 25…30 30…35	 35…40 40…45
Wohnräume tags • in reinen und allgemeinen Wohngebieten, Krankenhaus- und Kurgebieten • in allen übrigen Gebieten	 20…35 35…40	 40…45 45…50
Kommunikations- und Arbeitsräume tags • Unterrichtsräume, ruhebedürftige Einzelbüros, wissenschaftliche Arbeitsräume, Bibliotheken, Konferenz und Vortragsräume, Arztpraxen, Operationsräume, Kirchen • Büros für mehrere Personen • Großraumbüros, Gaststätten, Läden	 30…40 35…45 40…50	 40…50 45…55 50…60

3.8 Erschütterungsschutz

In der TA-Lärm werden unabhängig von der Lage und Nutzung folgende Immissionsrichtwerte für Innenräume genannt:

tags 35 dB(A); nachts 25 dB(A)

Diese Werte sind als äquivalenter Dauerschallpegel L_{pAeq} (Mittelungspegel) zu verstehen. Einzelne kurzzeitige Geräuschspitzen (L_{pAFmax}-Werte) dürfen die vorgenannten Immissionsrichtwerte um nicht mehr als 10 dB(A) überschreiten. Obwohl die TA-Lärm nur für Anregung aus gewerblichen Anlagen gilt, wird sie oft für die Beurteilung des tieffrequenten sekundären Luftschalls aus unterirdischen Schienenverkehrswegen angesetzt.

Weitere Vorschläge zu Anhaltswerten werden in [5] zusammengestellt. Über die Handhabung in der Schweiz wird in [6] berichtet, wobei Zielwerte in Abhängigkeit von der erwünschten Komfortstufe vorgeschlagen werden.

Die Zusammenhänge zwischen Erschütterungsimmissionen und sekundärem Luftschall sind sehr komplex und eine messtechnische Erfassung ist aufwendig. Deswegen wird meistens eine rechnerische Abschätzung vorgenommen. Eine Möglichkeit ist die Anwendung der folgenden frequenzabhängigen Beziehung bei Annahme eines diffusen Schallfeldes

$$L_{pA}(f) = L_{vA}(f) + 10 \cdot \log (4 \cdot S/A(f)) + 10 \cdot \log \sigma(f) \quad \text{in dB(A)} \tag{11}$$

wobei L_{pA} der A-bewertete spektrale Schalldruckpegel im Raum, L_{vA} der A-bewertete spektrale Körperschallschnellepegel der Raumbegrenzungsflächen, S die Größe der schwingungserregten Fläche, A die äquivalente Absorptionsfläche des Raumes und σ der Abstrahlgrad sind. Die einzelnen Parameter können anhand von raumakustischen Erfahrungswerten ermittelt werden.

Eine weitere Alternative beruht auf einer Regressionsrechnung von Ergebnissen umfangreicher Untersuchungen in Wohngebäuden bei Schienenverkehr mit S- und Fernbahnen [7]. Als Eingangsgröße für den Körperschall wird der in Fußbodenmitte des betrachteten Raums gemessene, energetisch gemittelte Terzschnellepegel verwendet. Repräsentative Messergebnisse sind in Bild 2 dargestellt. Die Unterscheidung nach Zuggattungen ergab nur geringfügige Veränderungen, sodass lediglich eine Trennung nach Deckentyp (Beton- und Holzbalkendecke) vorgenommen wurde. Die resultierenden spektralen Korrelationen werden durch Gl. (12) beschrieben, wobei f_T die Terz-Mittenfrequenz ist und C_1 und C_2 frequenzabhängig nach Tabelle 3 bestimmt werden:

$$L_{pA}(f_T) = C_1(f_T) + C_2(f_T) \cdot L_{vA}(f_T) \quad \text{in dB(A)} \tag{12}$$

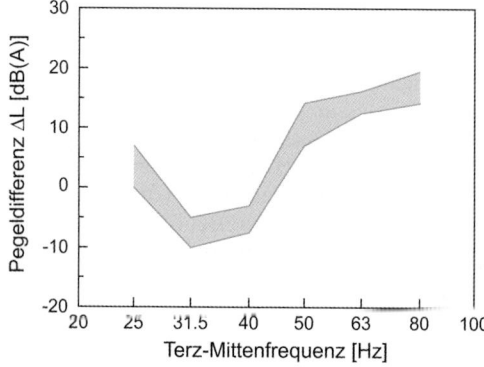

Bild 2. Spektrale Pegeldifferenz ΔL zwischen dem sekundären Luftschallpegel und dem Körperschallschnellepegel eines repräsentativen Raums mit Betondeckenaufbau bei Anregung durch Fernbahn [7]

Tabelle 3. Konstanten zu Gl. (12) [7]

Terz-Mittenfrequenz [Hz]	Betondecken		Holzdecken	
	C_1 [dB(A)]	C_2 [–]	C_1 [dB(A)]	C_2 [–]
25	32,4	0,418	32,6	0,446
32	28,0	0,501	29,3	0,528
40	28,8	0,506	25,3	0,615
50	25,3	0,557	20,0	0,660
63	22,6	0,595	22,6	0,543
80	23,7	0,597	26,8	0,463

Durch Bildung der Summenpegel kann anschließend der mittlere Maximalpegel für jede Anregungsart (Zugtyp) berechnet werden. Diese mittleren Maximalwertpegel werden den Anhaltswerten der VDI 2719 gegenübergestellt. Die unter Berücksichtigung der Einwirkungszeiten berechneten Mittelungspegel können anhand der Vorgaben der 24. BImSchV bewertet werden.

Bei der vereinfachten Methode hingegen wird eine einzige Beziehung nach Gl. (12) über den gesamten Frequenzbereich verwendet mit den folgenden Konstanten [7]:

- Betondecken: C_1 = 15,8 dB(A); C_2 = 0,60
- Holzbalkendecken: C_1 = 19,9 dB(A); C_2 = 0,47

2.3 Einwirkung von Erschütterungen auf Gebäude

Die Beurteilung der Wirkung von Erschütterungen auf Bauwerke und auf Bauteile sowie die Aufstellung von Schädigungskriterien ist in der Praxis schwierig [8, 9]. Meistens zeigt sich diese Wirkung durch Risse im Putz bzw. durch Abreißen von Trenn- und Zwischenwänden. Die Beeinträchtigung der Standsicherheit von Bauwerken oder die Verminderung der Tragfähigkeit von Decken ist eher bei älteren Bauwerken zu erwarten. Die eindeutige Identifikation der Ursache von sichtbaren Schäden ist schwierig, da neben Erschütterungsimmissionen und erschütterungsbedingten Setzungen des Bodens auch andere Einflüsse eine Rolle spielen, wie z. B. ungleichmäßige Setzungen, Quellen und Schrumpfen des Bodens bei wesentlichen Änderungen dessen Wassergehalts, thermische Dehnungen von Bauteilen. Die Beweisaufnahme in Form einer Risskartierung vor und nach Erschütterungsereignissen ist in diesem Sinne sehr hilfreich.

Da eine rechnerische Prognose mit vielen Unsicherheiten behaftet ist, erfolgt die Beurteilung von Bauwerkserschütterungen meistens anhand von Messungen der Erschütterungsimmissionen. Diese werden an den Gebäudefundamenten, in der Deckenebene des obersten Vollgeschosses und auf Geschossdecken durchgeführt. Die Erschütterungsimmissionswerte werden dann mit empirischen Anhaltswerten, die man auf der Basis von zahlreichen Erschütterungsmessungen in Regelwerken festgelegt hat, verglichen. Bei Einhaltung dieser Anhaltswerte ist das Eintreten von Schäden im Sinne einer Verminderung des Gebrauchswertes nicht zu erwarten. Als Beurteilungsgrößen werden maximale Schwinggeschwindigkeiten in Abhängigkeit des Frequenzinhaltes herangezogen.

3.8 Erschütterungsschutz

Diese Anhaltswerte sind hauptsächlich von der Art der Baustruktur, den Bodeneigenschaften, der Charakteristik der Schwingungserregung (Frequenz, Einwirkungsdauer) und anderen Parametern, die zurzeit noch nicht quantifizierbar sind, abhängig. Die ausgewiesenen Werte variieren somit von Land zu Land, teilweise auch stark.

Die DIN 4150-3 unterscheidet in kurzzeitige Erschütterungen (z. B. infolge Rammarbeiten) sowie in Dauererschütterungen (z. B. Vibrationsrammen). Die Unterscheidung betrifft vornehmlich die Gefahr einer durch die Einwirkung entstehenden Resonanz von Bauteilen (z. B. Decken).

Bei *kurzzeitigen Erschütterungen* dienen als Beurteilungsgrundlage für das Gesamtbauwerk nach DIN 4150-3 Messwerte der Schwingungen am Fundament in allen Raumrichtungen und zusätzlich auch die Messwerte der beiden horizontalen Schwingungskomponenten auf der obersten Deckenebene. Es wird nach den Spitzenwerten der Einzelkomponenten der Schwinggeschwindigkeit (und nicht nach den Effektivwerten) v_i beurteilt. Diese Werte werden dann in Abhängigkeit von der Gebäudeart und der Frequenz der Erschütterung mit den Anhaltswerten nach Tabelle 1 der DIN 4150-3 verglichen (Tabelle 4). Bei Einhaltung dieser Anhaltswerte sind erfahrungsgemäß keine Schäden im Sinne einer Verminderung der Gebrauchstauglichkeit zu erwarten. Die Ermittlung der maßgebenden Frequenz aus dem gemessenen Zeitsignal wird beispielhaft in Anhang D, DIN 4150-3 erläutert.

Zur Beurteilung von Deckenschwingungen in Gebäuden gibt die DIN 4150-3 für impulsartige Erschütterungen einen Anhaltswert von 20 mm/s für die Vertikalkomponente der Schwinggeschwindigkeit an. Der Maximalwert wird in der Regel in der Deckenmitte gemessen.

Tabelle 4. Anhaltswerte für die Schwinggeschwindigkeit v_i zur Beurteilung der Wirkung von Erschütterungen nach DIN 4150-3

	Gebäudeart	Anhaltswerte für die Schwinggeschwindigkeit v_i in mm/s				
		kurzzeitige Erschütterungen				Dauererschütterungen, oberste Deckenebene, horizontal
		Fundament Frequenzen [Hz]			oberste Deckenebene, horizontal	
		1…10	10…50	50…100 [a]	alle Frequenzen	alle Frequenzen
1	Gewerbe-, Industriebauten	20	20…40	40…50	40	10
2	Wohngebäude u. Ä.	5	5…15	15…20	15	5
3	Besonders erschütterungs-empfindliche und erhaltenswerte Gebäude (nicht Zeile 1 und 2)	3	3… 8	8…10	8	2,5

[a] Bei Frequenzen über 100 Hz dürfen mindestens die Anhaltswerte für 100 Hz angesetzt werden.

Unterschieden nach Baustoffen gibt die DIN 4150-3 Anhaltswerte für die maximal zulässigen Erschütterungen für erdverlegte, nach heutigem Stand der Technik hergestellte Rohrleitungen vor. Die Werte variieren zwischen 100 mm/s für Stahl, geschweißt und 50 mm/s für Mauerwerk und Kunststoff.

Bei *Dauererschütterungen* besteht die Gefahr von Resonanzschwingungen im gesamten Bauwerk. Die Maximalwerte treten in der Regel in der obersten Deckenebene auf. Bei Anregung der Bauwerke in Oberschwingungen können die Maximalwerte auch in anderen Ebenen erreicht werden. Die niedrigste Eigenfrequenz f_1 in [Hz] mehrgeschossiger Gebäude in horizontaler Richtung kann durch folgende Beziehung abgeschätzt werden [10], DIN 4150-3:

$$f_1 \approx 10/n \tag{13}$$

wobei n die Anzahl der Stockwerke ist. Obige Gleichung sollte für $n \geq 5$ verwendet werden.

Zur Beurteilung gibt DIN 4150-3, Tabelle 3 nach Gebäudeart unterschiedene Anhaltswerte vor. Für Wohngebäude beträgt dieser 5 mm/s für die größte Horizontalkomponente in der obersten Deckenebene.

Eigenfrequenzen von gängigen Decken liegen meistens oberhalb 10 Hz und können in Abhängigkeit von den Auflagerungsbedingungen berechnet werden [10, 11]. Anhaltswerte für den Resonanzfrequenzbereich sind:

- Holzbalkendecken: 9 bis 12 Hz, seltener 8 bis 15 Hz.
- Stahlbetondecken für Wohn- und Geschäftshäuser: 15 bis 25 Hz, seltener 10 bis 35 Hz.
- Stahlbetondecken, weit gespannt, im Industriebau: 7 bis 10 Hz, seltener 5 bis 15 Hz.

Zusatzspannungen infolge resonanznaher Biegeschwingungen können nach DIN 4150-3 abgeschätzt werden. Der Anhaltswert für vertikale Deckenschwingungen bei Gebäuden nach Zeilen 1 und 2 der Tabelle 4 beträgt 10 mm/s.

Anhaltswerte für Rohrleitungen sind gegenüber den Werten für kurzzeitige Erschütterungen auf die Hälfte reduziert.

Eine differenziertere Betrachtung wird bei der Schweizer Norm SN 640312 a verfolgt, indem auch der Zustand des betreffenden Gebäudes berücksichtigt wird. Dabei wird nach Empfindlichkeitsklassen des Gebäudes, Häufigkeit des Auftretens und Frequenzinhalt unterschieden (vgl. Tabellen 5 a bis 5 c). Die Erschütterungen werden über den maximalen Wert v_{Rmax} des Partikelgeschwindigkeits-Vektors beurteilt. Die in der SN 640312 a angegebenen Werte sind Richtwerte und keine Grenzwerte. Werden diese vereinzelt um weniger als 30 % überschritten, ist noch nicht mit Schäden, die eine Wertminderung des Gebäudes bedeuten, zu rechnen. Erst bei Überschreiten dieser Richtwerte – auch vereinzelt – um 100 % ist aufgrund der Erfahrung mit einer erhöhten Schadenswahrscheinlichkeit zu rechnen. Ein Überschreiten der Richtwerte um das Zwei- bis Dreifache führt fast sicher zu Schäden [12]. Die niedrigsten Richtwerte gelten für den unteren der drei Frequenzbereiche (< 30 Hz), da in diesem Bereich häufig die Eigenfrequenzen von Bauteilen und die Erregerfrequenzen von Maschinen liegen.

3.8 Erschütterungsschutz

Tabelle 5 a. Richtwerte für bauliche Anlagen in Funktion von Empfindlichkeitsklasse und Einwirkungshäufigkeit gemäß Schweizer Norm SN 640312a

Empfindlichkeitsklasse	Häufigkeit der Einwirkung	Richtwerte in mm/s maßgebende Frequenzen		
		< 30 Hz	30...60 Hz	> 60 Hz
(1) sehr wenig empfindlich	gelegentlich häufig permanent	Bis zu den 3-fachen Werten der Empfindlichkeitsklasse (3)		
(2) wenig empfindlich	gelegentlich häufig permanent	Bis zu den 2-fachen entsprechenden Werten der Empfindlichkeitsklasse (3)		
(3) normal empfindlich	gelegentlich häufig permanent	15 6 3	20 8 4	30 12 6
(4) erhöht empfindlich	gelegentlich häufig permanent	Zwischen den Richtwerten der Klasse (3) und der Hälfte davon		

Tabelle 5 b. Häufigkeit der Einwirkungen während der gesamten Beurteilungsperiode: Jedes Überschreiten des 0,7-fachen Richtwertes des Bauwerkes gilt als Einwirkung (aus SN 640 312 a)

Häufigkeitsklassen	Anzahl der Ereignisse	Typische Erschütterungsquellen
gelegentlich	wesentlich kleiner als 1000	– Sprengungen – Verdichtungsgeräte und Vibrationsrammen, wenn sie nur beim Starten und Abstellen größere Schwingungen erzeugen
häufig		– Häufige Sprengungen – Schlag- und Vibrationsrammen – Verdichtungsgeräte – Abbauhämmer bei gelegentlichem Einsatz – Notstromgruppen, die häufig in Betrieb genommen werden
permanent	wesentlich größer als 100 000	– Verkehr – Fest installierte Maschinen – Abbauhämmer bei längerem Einsatz

Tabelle 5 c. Empfindlichkeitsklassen nach SN 640 312 a

Empfindlichkeits-klassen	Hochbau	Tiefbau
(1) sehr wenig empfindlich		– Brücken in Stahlbeton oder Stahl – Stützbauwerke aus Stahlbeton, Beton oder massivem Mauerwerk – Stollen, Tunnel, Kavernen, Schächte in Festgestein oder gut verfestigtem Lockergestein – Kran- und Maschinenfundamente – offen verlegte Rohrleitungen
(2) wenig empfindlich	– Industrie- und Gewerbebauten in Stahlbeton oder Stahlkonstruktion, in der Regel ohne Mörtelverputz – Silos, Türme, Hochkamine in Massivbauweise ohne Mörtelverputz oder Stahlkonstruktion, Gittermasten Voraussetzung: Die Bauwerke sind nach den allgemeinen Regeln der Baukunde gebaut und sind sachgerecht unterhalten	– Kavernen, Tunnel, Schächte, Rohrleitungen in Lockergestein – unterirdische Parkbauten – Werkleitungen (Gas, Wasser, Kanalisation, Kabel), im Boden verlegt – Trockenmauern
(3) normal empfindlich	– Wohnbauten mit Mauerwerk in Beton, Stahlbeton oder künstlichen Bausteinen – Bürogebäude, Schulhäuser, Spitäler, Kirchen mit Mauerwerk oder künstlichen Bausteinen mit Mörtelputz Voraussetzung: Die Bauwerke sind nach den allgemeinen Regeln der Baukunde gebaut und sind sachgerecht unterhalten	– Quellfassungen – Reservoire – Gusseisenleitungen – Kavernen, Zwischendecken und Fahrbahndecken in Tunneln – empfindliche Kabel
(4) erhöht empfindlich	– Häuser, Gips- oder Hourdisdecken – Riegelbauten – neu erstellte und frisch renovierte Bauten der Klasse (3) – historische und geschützte Bauten	

Die Österreichische Norm ÖNORM S 9020 trifft Festlegungen zur Beurteilung von Sprengerschütterungen in mehreren Stufen. Die Gebäude werden in vier Klassen eingeteilt und zulässige Richtwerte für die maximale resultierende Schwinggeschwindigkeit $v_{R,max}$ am Fundament werden definiert (Tabelle 6). Werden diese eingehalten, so sind keine für das Bauwerk schädlichen dynamischen Spannungen zu erwarten. Dieser Nachweis entspricht der Beurteilungsstufe 2. Werden diese Richtwerte überschritten, so gilt Stufe 3 und zusätzlich werden auch die dynamischen Eigenschaften des Baugrundes ermittelt und zur Beurteilung herangezogen. In Abhängigkeit von der gemessenen Geschwindigkeit von Longitudinalwellen c_L werden die Werte der Tabelle 6, die für $c_{L0} = 500$ m/s gelten, um den Betrag von ca. $0{,}06 \cdot v_{R,max} \, (c_L/c_{L0} - 1)$ erhöht. Sind auch dann die Erschütterungen stärker, muss eine Beurteilung mittels Spannungsermittlung (Stufe 4) durchgeführt werden.

3.8 Erschütterungsschutz

Tabelle 6. Richtwerte der zulässigen maximalen resultierenden Schwinggeschwindigkeit nach ÖNORM S 9020

Klasse	Gebäudetyp	$v_{R,max}$ [mm/s]
I	Industrie- und Gewerbebauten: Stockwerkrahmen (mit oder ohne Kern) mit tragender Konstruktion aus Stahl oder Stahlbeton, Wandscheibenbauten, ingenieurmäßige Holzkonstruktionen	30
II	Wohnbauten: Stockwerkrahmen, Wandscheibenbauten, Gebäude mit Decken aus Ortbeton, aufgehendes Mauerwerk aus Betonsteinen, Ziegeln mit Zement- oder Kalkmörtel	20
III	Gebäude mit geringerer Rahmensteifigkeit als bei I und II	10
IV	besonders erschütterungsanfällige denkmalgeschützte Gebäude	5

Die Britische Norm British Standard BS 7385 gibt an, dass kosmetische Rissbildung (Risse im Putz) in Wohngebäuden bei einer maximalen Schwinggeschwindigkeit von 15 mm/s bei 4 Hz auftreten kann. Dieser Wert steigt auf 20 mm/s bei 15 Hz an und erreicht dann ab 40 Hz einen Wert von 50 mm/s. Für Frequenzen unterhalb von 4 Hz wird die Einhaltung einer maximalen Verschiebung von 0,6 mm empfohlen. Geringe Schäden sind bei doppelt so starken Erschütterungen möglich, während nennenswerte Schäden erst bei dem Vierfachen der obigen Grenzwerte zu erwarten sind. Zur Beurteilung wird der Maximalwert in einer der drei Raumrichtungen herangezogen. Bei Dauererschütterungen können obige Werte bis zu 50 % reduziert werden. Die Norm BS 5228-4 behandelt Erschütterungen infolge Pfahlherstellung und gibt an, dass bei Einhaltung der als konservativ bezeichneten Grenzwerte nach Tabelle 7 keine Schäden an der Struktur zu erwarten sind.

Tabelle 7. Empfohlene Werte der maximalen Schwinggeschwindigkeit nach BS 5228-4

Gebäudeart	v_{max} [mm/s]	
	Intermittierende Anregung	Kontinuierliche Anregung
Wohngebäude in gutem Zustand	10	5
Wohngebäude mit wesentlichen Defekten	5	2,5
Industriegebäude – leichte und nachgiebige Konstruktion	20	15
Industriegebäude – schwere und steife Konstruktion	30	15

Der Eurocode 3, Teil 5 in der Fassung von 1998 enthält ebenfalls Empfehlungen, die im Wesentlichen den Vorgaben des Britischen Standards BS 5228-4 entsprechen. Es wird dort erwähnt, dass bei Einhaltung dieser Grenzwerte auch Schäden kosmetischer Natur mit geringer Wahrscheinlichkeit auftreten werden.

In den USA werden oft die für Sprengungen entwickelten USBM-Kriterien [13] auch für Erschütterungen bei der Pfahlherstellung verwendet. Die zulässige maximale Schwinggeschwindigkeit im Boden steigt mit der Frequenz an. Differenzierte Vorschläge findet man in [8] und [14]: Für Entfernungen kleiner als 25 m werden konstante Werte der maximalen Schwinggeschwindigkeit vorgeschrieben: 12 mm/s für historische und ältere Bauwerke, 25 mm/s für neuere Wohnbauten, 50 mm/s für Industriegebäude und Brücken.

Bei kürzeren Objektentfernungen werden frequenzabhängige Grenzwerte vorgeschrieben, die bis ca. 20 Hz annähernd konstante Werte von ca. 25 mm/s aufweisen und dann im Log-log-Diagramm linear ansteigen. Die Erfahrung zeigt, dass bei Pfahleinbringung keine Schäden zu erwarten sind, solange die Entfernung zum Pfahl größer als 15 m bei 15 m langen Pfählen bzw. gleich der Pfahllänge für Pfähle länger als 15 m ist [14].

Die Schwedische Norm SS 25211 behandelt Erschütterungen infolge der Herstellung von Pfählen, Spundwänden, Aushub- und Verdichtungsarbeiten und macht eine viel genauere Differenzierung als die übrigen Normen. Die angegebenen empirischen Grenzwerte für die

Tabelle 8 a. Grundwert der Schwinggeschwindigkeit v_0 in mm/s nach SS 25211

Baugrund	Einbringen von Pfählen und Spundwänden, Aushubarbeiten	Bodenverdichtung
Ton, Schluff, Sand oder Kies	9	6
Moräne	12	9
Fels	15	12

Tabelle 8 b. Korrekturfaktor F_b in Abhängigkeit vom Gebäudetyp nach SS 25211

Klasse	Gebäudetyp	F_b
1	schwere Konstruktionen wie Brücken, Ufermauern, Verteidigungsbauwerke etc.	1,70
2	Industrie- oder Bürogebäude	1,20
3	übliche Wohngebäude	1,00
4	besonders empfindliche Gebäude sowie Gebäude von hohem Wert oder Strukturelemente mit großen Spannweiten, z. B. Kirchen oder Museen	0,65
5	historische Gebäude in empfindlichem Zustand sowie bestimmte empfindliche Ruinen	0,50

Tabelle 8 c. Korrekturfaktor F_m in Abhängigkeit vom Baumaterial nach SS 25211

Klasse	Material	F_m
1	Stahlbeton, Stahl oder Holz	1,20
2	unbewehrter Beton, Mauerwerk, Betonblöcke mit Hohlräumen, Elemente aus Leichtbeton	1,20
3	leichte Betonblöcke und Mörtel	0,75
4	Kalkstein, Kalk-Sandstein	0,65

Tabelle 8 d. Korrekturfaktor F_g in Abhängigkeit von der Gründungart nach SS 25211

Klasse	Gründungsart	F_g
1	Plattengründung	0,60
2	Gebäude auf Mantelreibungspfählen	0,80
3	Gebäude auf Spitzendruckpfählen	1,00

vertikale Komponente der Schwinggeschwindigkeit v beziehen sich auf die tragenden Gründungselemente von Gebäuden und werden nach folgender Beziehung abgeschätzt:

$$v = v_0 \cdot F_b \cdot F_m \cdot F_g \tag{14}$$

wobei v_0 der Grundwert der Schwinggeschwindigkeit in mm/s ist, und F_b, F_m und F_g Korrekturfaktoren für den Gebäudetyp, das Material der Baukonstruktion und die Gründungart sind. Der Grundwert v_0 ist in Abhängigkeit des anstehenden Bodens und der Erschütterungsursache in Tabelle 8 a angegeben. Die Korrekturfaktoren sind in den Tabellen 8 b bis 8 d zusammengestellt.

Bei der Anwendung obiger Empfehlungen sowie der nachfolgend angegebenen Prognoseformeln sollte stets auf die Definition der maximalen Schwinggeschwindigkeit geachtet werden. Im Allgemeinen werden vier unterschiedliche Werte verwendet:

– vertikale Komponente,
– Maximalwert aus allen drei Komponenten,
– wahre Resultierende als Maximalwert der Vektorsumme,
– Pseudo-Resultierende als Wurzel der Summe der Quadrate der einzelnen Maximalwerte.

Letztere ist typischerweise je nach Wellenform ca. 20 bis 50% größer als die wahre Resultierende, die wiederum ca. 20% kleiner als die maximale Komponente ist. Die Verwendung ausschließlich der vertikalen Komponente wird nicht empfohlen, da oft eine der horizontalen Komponenten am größten ist.

Neben den direkten Einwirkungen aus Erschütterungen sind – insbesondere bei locker gelagerten Sanden – die indirekten Einwirkungen zu berücksichtigen. Die Klärung der damit verbundenen physikalischen Phänomene ist weiterhin Gegenstand der Forschung, sodass nur vereinzelt diesbezüglich Empfehlungen vorliegen [15]. Am Beispiel von Rammarbeiten wird im informativen Anhang der DIN 4150-3 ein Bereich neben dem Fundament als sackungsgefährdet bezeichnet, der über den Abstand und die Tiefe des Rammgutes im Vergleich zur Fundamentunterkante definiert wird. Der Beeinflussungswinkel bezüglich der Horizontalen beträgt dabei unter Wasser 45° und über Wasser 60°. Numerische Simulationen unter Zugrundelegung eines realistischen Bodenmodells zeigen, dass diese Werte sinnvoll sind [16]. Eine umfangreiche Untersuchung zu Setzungen infolge Rammarbeiten in [17] ergab, dass schon bei Bodenschwinggeschwindigkeiten von 2,5 mm/s nennenswerte Setzungen bei locker bis mitteldicht gelagerten Sanden entstehen können.

3   Messung von Erschütterungen

Ein wesentlicher Bestandteil der Erschütterungsbeurteilung und -prognose betrifft die Messung der Erschütterungen sowohl bei der Quelle als auch beim Empfänger (Boden bzw. Bauwerk). Gemessen wird der zeitabhängige Verlauf der Schwinggeschwindigkeit v(t) in mm/s in der vertikalen und in den beiden horizontalen Raumkomponenten. Hierfür werden geeichte und normierte Sensoren verwendet. Die üblicherweise eingesetzten Sensoren sind entweder linearisierte Geophone (elektrodynamisches Prinzip) oder Beschleunigungsaufnehmer (in eine Raumrichtung sensibilisierte Piezokristalle). Die Anforderungen an die Sensoren betreffen eher die Linearität als die Empfindlichkeit. Das analoge Signal der Sensoren wird einer Tiefpassfilterung mit dem sog. Anti-Aliasing-Filter unterzogen und falls erforderlich verstärkt, bevor es dann durch einen Analog-Digital-Wandler in digitale Daten umgewandelt und aufgezeichnet wird. Die Bit-Zahl des Wandlers (üblich sind 16-Bit) bestimmt dessen Auflösungsvermögen. Da an mehreren Messpunkten und teilweise in allen drei Raumkomponenten gemessen wird, ist eine mehrkanalige Messapparatur erforderlich [18]. Neben der durchgängigen Registrierung besteht die Möglichkeit der digitalen Aufzeichnung, erst wenn das Schwingungsniveau einen vorgegebenen Triggerwert überschreitet. Das Ausschalten von Störquellen sollte gewährleistet sein. Die Anzeige von Triggerüberschreitungen erfolgt durch optische/akustische Signale. Letztere Technik wird zusammen mit einer Fernabfrage über Funk bei der Dauerüberwachung von Einzelereignissen über längere Zeiträume eingesetzt, z. B. Überwachung von Erschütterungen bei Abrissarbeiten oder bei bergmännischer Auffahrung von Tunneln. Konzepte zur Erschütterungsüberwachung bei Baumaßnahmen sowie Anforderungen an die Messtechnik werden in [19] vorgestellt.

Die Auswertung der Messdaten erfolgt im Zeit- oder im Frequenzbereich. Im ersten Fall wird das Signal als Zeitreihe belassen. Daraus kann leicht der Maximalwert ermittelt werden. Mehrere Normen, wie z. B. die DIN 4150, schreiben jedoch sog. Effektivwerte vor: Es sind gleitende Mittelwerte über ein Zeitfenster der Länge T unter Anwendung einer bestimmten Gewichtungsfunktion w. Die Signalwerte werden innerhalb des Zeitfensters quadriert, mit w multipliziert und schließlich gemittelt. Durch sukzessives Verschieben des Fensters um jeweils einen Zeitschritt Δt entsteht das neue Signal, der sog. gleitende Effektivwert. In den Normen hat die Wichtungsfunktion w (als Fenster bezeichnet) eine Exponential- oder eine Rechteckform, wobei die Unterschiede bei realen Signalen gering sind. Meistens wird Erstere angewandt.

Bei der rechnerischen Integration zur Bestimmung des Zeitverlaufs des Weges tritt der Nulllinien-Fehler (vgl. mit der Konstanten bei der Integration) auf, sodass – insbesondere bei kleinen Amplituden – das Weg-Zeit-Signal kaum erkennbar ist. Mittels einer Nulllinien-Korrektur kann dies behoben werden.

Durch die Darstellung eines Erschütterungssignals im Frequenzbereich lassen sich die Beiträge der einzelnen Frequenzen erkennen. Dies ist besonders hilfreich bei der Interpretation bzw. der Prognose des Verhaltens von Böden und Bauwerken. Als mathematisches Hilfsmittel bedient man sich der diskreten Fourier-Transformation. Bei realen Erschütterungssignalen tritt dabei der Leck-Effekt auf, der zu einer Verbreiterung und Verschmierung des Frequenzspektrums führt. Durch die Verwendung einer geeigneten Fensterfunktion (z. B. Hanning-Fenster) lässt sich der Effekt vermindern, aber nicht eliminieren.

Ein Punkt von praktischem Interesse betrifft die Reduktion von unerwünschten Störfrequenzen, z. B. bei der Bestimmung der Eigenfrequenz einer Decke. Durch Wiederholung der Messung und Addition aller Amplitudenspektren mit anschließender Mittelwertbildung werden die zufälligen Störschwingungen reduziert und die systematisch auftretenden (systembedingten) Eigenschwingungen verstärkt.

Messketten, wie oben beschrieben, sowie flexible bzw. modulare Auswerteprogramme zur Signalanalyse sind heute Stand der Technik und werden von verschiedenen Anbietern vertrieben. Zur Durchführung von normgerechten Schwingungsmessungen sind zunächst die Anforderungen an die Messtechnik gemäß DIN 45669 einzuhalten. Dort wird als bevorzugte Messgröße die Schwinggeschwindigkeit angegeben, da anhand dieser die Beurteilung der Erschütterungseinwirkungen gemäß DIN 4150 sowohl für bauliche Anlagen als auch für Menschen in Gebäuden erfolgt.

Bei Schienenverkehrserschütterungen werden für die weitere Auswertung aus den Messwertregistrierungen die Signalabschnitte entnommen, bei denen die maximalen Schwingungspegel bzw. der stationäre Anteil der Vorbeifahrt auftreten. Dabei wird darauf geachtet, dass bei der Auswahl der entsprechenden Zeitabschnitte nur eindeutige Verkehrssituationen erfasst werden, d. h. keine wesentlichen Überlagerungen der Erschütterungsemissionen aus Schienenverkehr und Anregung aus den Bauarbeiten innerhalb/in der Nähe des Gebäudes vorliegen. Eine klare Abtrennung von Anregungen aus Straßenverkehr sollte ebenfalls angestrebt werden.

Eine direkte Messung des sekundären Luftschalls innerhalb eines Raums ist kaum praktikabel. Ebenso schwierig ist es, die Anteile aus direkt einfallenden Luftschall und indirektem Luftschall infolge Körperschall zu trennen. Beim einfachen Verfahren werden aus dem Gesamtschallpegel im Rauminneren die aus Körperschall herrührenden, hauptsächlich verantwortlichen Terzbänder mithilfe von Frequenzanalysen herausgefiltert. Beim genaueren Verfahren wird ein Messsystem bestehend aus je einem Mikrofon im Außenbereich und im Inneren des betrachteten Raums installiert und der sekundäre Luftschallpegel aus den spektralen Außen- und Innenschallpegeln und dem spektralen Schalldämmmaß der Fassade ermittelt. Geeignete Mess- und Auswertungsprozeduren werden in [7, 20] beschrieben. Eine kombinierte Messung des Körperschalls mit dem sekundären Luftschall macht eine vollständige Analyse möglich.

4 Prognose von Erschütterungen

In der Praxis ergibt sich die Notwendigkeit von Prognosen am häufigsten in Zusammenhang mit der Projektierung von ober- oder unterirdischen Schienenverkehrswegen, aber auch bei der Optimierung von Geräten bei Baustellenbetrieb. Eine zuverlässige Prognose erfordert die Abbildung der komplizierten dynamischen Wechselwirkungen vom Emissions- zum Immissionsort. Diese Aufgabe wird sinnvollerweise durch eine Kombination von Messungen und theoretischen Modellen der Erschütterungsausbreitung in Boden und Bauwerk bewältigt. Während Erschütterungen aus Baubetrieb einerseits kurzzeitig wirken und andererseits durch die Wahl des Bauverfahrens (z. B. Vibrieren statt Rammen bei Spundwänden) hinsichtlich des Erschütterungseintrags optimiert werden können, sind die dynamischen Kräfte, die über den Gleisoberbau als Erschütterungsenergie in den Untergrund abgegeben werden, durch unterschiedliche Anregungsmechanismen am System Fahrzeug/Schiene bedingt, sodass deren Merkmale einer großen Variation unterliegen. Nachfolgend werden vorerst Prognosemodelle für den Schienenverkehr vorgestellt, anschließend wird auf die Problematik der Rammerschütterungen eingegangen.

4.1 Erschütterungen infolge von Schienenverkehr

4.1.1 Allgemeines

Die Erschütterungsausbreitung in der Nähe einer Bahntrasse (Bild 1) kann in sechs Bereiche unterteilt werden:

(1) Schienenanregung und Einleitung in den Baugrund,
(2) Weiterleitung durch den Baugrund,
(3) Einleitung in das Fundament,
(4) Übertragung vom Fundament auf die Außenmauer,
(5) Übertragung von Außenmauer zu den Geschossdecken,
(6) sekundärer Luftschall infolge der Abstrahlung des Körperschalls.

Entlang des Übertragungswegs vom Gleis zu den Gebäudefundamenten schwächen sich die Erschütterungen infolge Abstrahlungs- und Materialdämpfung ab. Weiterhin reduziert sich das Erschütterungsniveau beim Übergang vom Boden auf das eingebettete Fundament, bedingt durch die kinematische Interaktion mit dem umliegenden Boden. Die Erschütterungen des Gebäudefundaments erreichen dann die oberen Stockwerke. Infolge des Eigenschwingverhaltens der Geschossdecken und der Wände werden sie dadurch mehr oder weniger verstärkt. Die angeregten Deckeneigenschwingungen sind schließlich die Größen, die es zu prognostizieren und zu beurteilen gilt, unter Einbeziehung des abgestrahlten sekundären Luftschalls. Eine Zusammenstellung der Übertragungsmechanismen und der wichtigsten Einflussparameter gibt Tabelle 9 wieder [21].

Tabelle 9. Ausbreitungsmechanismen und zugehörige Einflussparameter [21]

Abschnitt	Ausbreitungsphänomen	Einflussparameter
(1) Schiene – Trasse	Umsetzung der Belastung in eine Erschütterung	Schienentyp, Unterbau, Baugrund
(2) Trasse – Freifeld	Ausbreitung einer begrenzten linienförmigen Erschütterung im geschichteten Halbraum	Gleislage (offene Strecke, Tunnel, Damm, Einschnitt), Baugrund, Distanz
(3) Freifeld – Fundament	Ankopplung der Freifeldschwingung an das Gebäude	Baugrund, Gebäudemasse, Kontaktfläche, Gebäudesteifigkeit
(4) Fundament – Außenmauer	Schwingungsanregung der Außenmauern	Masse der Stockwerke, Steifigkeit der vertikalen Tragelemente
(5) Außenmauer – Geschossdecke	Schwingungsanregung der Geschossdecke	Deckensteifigkeit, Deckeneigenfrequenz, Massenverteilung, Dämpfung
(6) Geschossdecke – Körperschall	Abstrahlung der Vibrationen als Luftschall, Reflexion und Absorption von Luftschall	Decken- und Wandabmessungen, Oberflächenbeschaffenheit, Abstrahleffizienz, Absorption

Die Erschütterungsausbreitung kann mittels Übertragungsfunktionen oder in Pegelschreibweise formuliert werden. Bei der ersten Variante wird die Antwort am Immisionsort als kinematische Größe, z. B. Schwinggeschwindigkeit v(f), dadurch bestimmt, dass die Erregung am Emissionsort (z. B. Kraft P(f) auf Gleisoberkante) mit einer Reihe von frequenzabhängigen Übertragungsfunktionen $H_i(f)$ multipliziert wird, die das Schwingungsübertragungsverhalten des Oberbausystems, des Untergrunds als Ausbreitungsmedium, des Übergangs vom Untergrund auf die Gebäudefundamente sowie die Ausbreitung im Gebäude wiedergeben.

$$v(f) = P(f) \cdot \prod_i H_i(f) \qquad (15)$$

In der Praxis wird oft das Emissionsspektrum an der Quelle $v_Q(f)$ in Form eines Schwinggeschwindigkeitsspektrums angegeben bzw. gemessen und das Ausbreitungsgesetz als Produktgesetz mittels vier Übertragungsspektren formuliert:

$$v(f) = v_Q(f) \cdot [V_1 \cdot V_2 \cdot V_3 \cdot V_4] \qquad (16)$$

wobei v(f) die Veränderungen entlang des Übertragungswegs wiedergeben: V_1 infolge der Wechselwirkung mit der direkten Umgebung der Quelle, V_2 infolge der geometrischen und hysteretischen Dämpfung im Boden sowie möglicher Störungen bzw. Schichtung entlang des Ausbreitungswegs bis zu den Gebäudefundamenten, V_3 die Veränderungen beim Übergang vom Boden in das Gebäude und V_4 diejenigen infolge der Ausbreitung im Gebäude selbst. Soll lediglich das Erschütterungsniveau beurteilt werden, ist die Ermittlung der Effektivwerte der Schwinggeschwindigkeiten ausreichend, vgl. Bestimmung von KB_{FTm}.

Da meistens auch eine Beurteilung des sekundären Luftschalls verlangt wird, findet die Berechnung des ihn verursachenden Körperschalls als Schnellepegel an den Terzmittenfrequenzen f_T statt, sodass dann sowohl v_Q als auch V_i als Terzspektren ermittelt werden müssen. Da der Luftschall als Pegel angegeben wird, ist es zudem sinnvoll, die Erschütterungsübertragung als Summen-Gesetz mit Pegeldifferenzen zu formulieren:

$$L_v(f_T) = L_{v,E}(f_T) + \sum_i L_{ki}(f_T) \tag{17}$$

wobei $L_v(f_T)$ das Immissionsspektrum als Schwingschnellespektrum im Gebäude auf einer Decke, $L_{v,E}(f_T)$ das Emissionsspektrum und $\sum_i L_{ki}(f_T)$ die Summe aller Korrekturpegel für die Anregung und die Ausbreitung darstellen. Letztere können somit sowohl negative als auch positive Werte annehmen.

Zur Verdeutlichung des unterschiedlichen Verhaltens der einzelnen Komponenten der Erschütterungskette sowie der Veränderung der Erschütterungscharakteristik entlang des Ausbreitungsweges werden in Bild 3 Ergebnisse von Schwingungsmessungen an einem Gebäudekomplex in Berlin, entlang dessen Grundstücksgrenze ein oberflächennaher U-Bahntunnel (Unterkante ca. 6,7 m unter GOK) verläuft, gezeigt [22]. Das Gebäude mit den Grundrissabmessungen ca. 75 m × 75 m hat 8 Ober- und 3 Untergeschosse und ist gegründet in Sand. Die Baugrubensicherung erfolgte mittels 23 m tiefer Schlitzwände, die durch Fugen von dem Kellertragwerk getrennt sind. Der lichte Abstand zwischen Gebäude und Tunnel beträgt ca. 3,5 m. Gemessen wurde an der Tunnelwand, im Untergeschoss an der Kellerwand zum U-Bahntunnel sowie auf verschiedenen Deckenfeldern des 2. Untergeschosses, Erdgeschosses und des 2. bzw. 6. Obergeschosses. Der dichte Straßenverkehr konnte aus den Messungen nicht eliminiert werden. Die KB_{Fmax}-Werte (vertikal) nach DIN 4150 betrugen: 2. UG: 0,14; EG: 0,14; 2. OG: 0,09; 6. OG: 0,10. Die zugehörigen Maximalwerte der vertikalen Schwinggeschwindigkeit betrugen 0,21/0,29/0,17/0,17 mm/s. Bild 3 a zeigt die mittleren Amplitudenspektren an repräsentativen Messpunkten, die in einer Entfernung von ca. 12…16 m vom Gebäuderand liegen. In Bild 3 b sind die zugehörigen gemittelten Terzspektren dargestellt. Zum Vergleich sind auch die Messergebnisse an der Wand des U-Bahntunnels angegeben. Frequenzbereiche mit stärkeren Amplituden entsprechen:

– bei ca. 10 Hz den Straßenverkehrserschütterungen,
– bei 15 bis 40 Hz der tieffrequenten Anregung durch die U-Bahn,
– bei ca.70 Hz der hochfrequenten Anregung durch die U-Bahn.

Man erkennt, dass hauptsächlich die hochfrequenten Anteile bei 60…80 Hz mit zunehmender Stockwerkszahl abnehmen, sodass bei den Decken des 6. OG die tieffrequenten Schwingungen im Bereich der Deckeneigenfrequenzen dominieren.

4.1.2 Spektrales Prognoseverfahren

Die Prognose erfolgt frequenzabhängig, üblicherweise in Form von Terzspektren, auf der Grundlage von Gl. (16) bzw. (17). Ausgangspunkt ist ein Emissionsspektrum, das für einen vorgegebenen Zugtyp mit definierter Fahrtgeschwindigkeit auf einem Standard-Oberbau auf einem definierten Boden (oder Tunnel) in einer vorgegebenen Entfernung von der Gleismitte angesetzt wird. Dieses Grundspektrum wird nacheinander mit Übertragungsspektren multipliziert, die folgende Einflüsse berücksichtigen: Anregungscharakteristik am Gleis, Oberbauform mit zugehörigem Einfügungsdämmmaß, Ausbreitung durch den Boden, Übertragung vom Boden auf Gebäudefundament, Übertragung im Gebäude sowie Umwandlung in sekundären Luftschall.

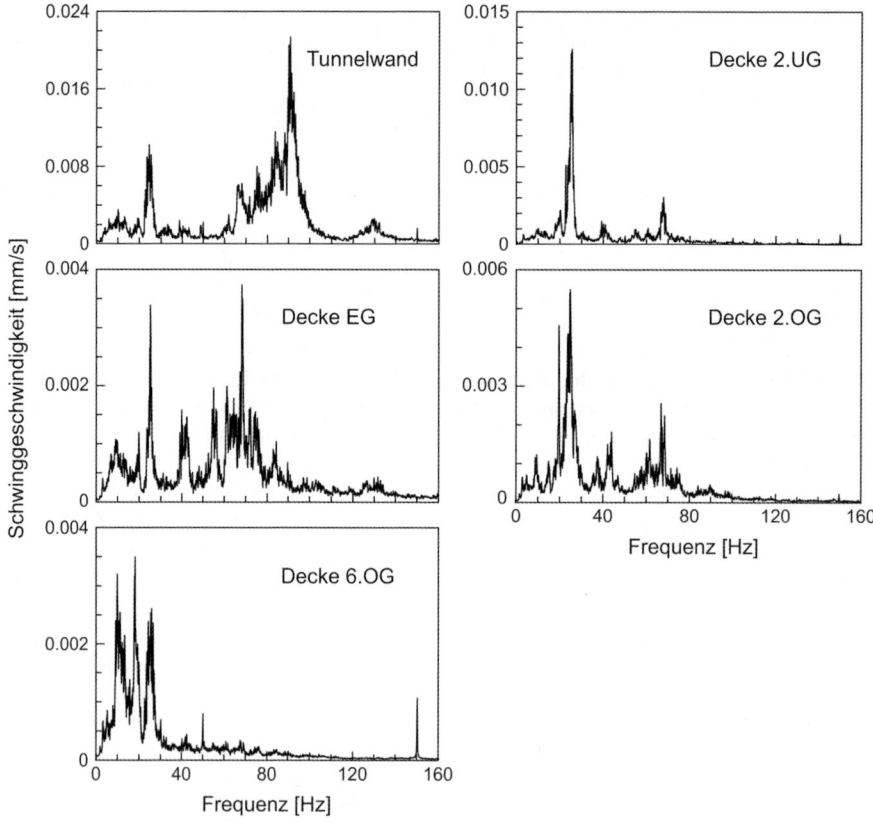

Bild 3 a. Gemessene mittlere vertikale Amplitudenspektren der Schwinggeschwindigkeit an der Tunnelwand und in verschiedenen Deckenebenen im benachbarten Gebäude [22]

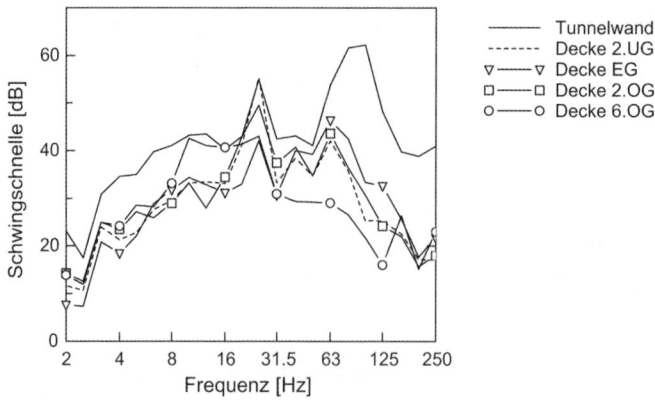

Bild 3 b. Terzspektren der Schwinggeschwindigkeit an der Tunnelwand und in verschiedenen Deckenebenen im benachbarten Gebäude [22]

3.8 Erschütterungsschutz

Im Bereich der **Emission** entsteht die dynamische Erregung durch die Wechselwirkung von Fahrzeug und Fahrweg. Da häufig abgesicherte Daten über die Anregungscharakteristik fehlen, werden entweder projektbezogene Messungen durchgeführt oder Messergebnisse aus vergleichbaren Situationen herangezogen. Messorte zur Kennzeichnung der Emission bei Strecken im Geländeniveau, Damm, Einschnitt, Brücken oder Tunnel werden in DIN 45672-1 festgelegt. Die Größe der von einem Zug ausgelösten Erschütterungen hängt im Wesentlichen von der Geschwindigkeit und dem Gewicht des Zuges sowie vom Zustand der Schienen und Radlaufflächen ab. Beispiele typischer Zeitverläufe von U-Bahn-Vorbeifahrten zusammen mit der Darstellung im Frequenzbereich sind in Bild 4 dargestellt.

In der Praxis wurden sowohl das Fahrzeug und der Oberbau als auch der Untergrund und die Streckenführung als maßgebliche Einflussgrößen identifiziert. Fahrzeugrelevante Einflussparameter sind Fahrtgeschwindigkeit, Achslasten, unabgefederte Radsatzmasse, Achsabstand, Drehgestellabstand, Störstellen an der Fahrfläche (Flachstelle, Riffel) sowie Radunwuchten. Diese Parameter sind zudem abhängig von der Fahrzeugart, d. h. Züge des Fernverkehrs (ICE, IC, Güterzug) oder des Nahverkehrs (S-Bahn, U-Bahn). Die Einflussgrößen des Oberbaus betreffen die Störstellen am Gleis (Weichen, Kreuzungen, Schweiß- und Isolierstellen), den Stützpunktabstand sowie Hohlstellen beim Schotteroberbau. Der Fahrweg wiederum wird charakterisiert durch die Art des Oberbaus mit dessen Steifigkeit, Dämpfung und Masse, die Streckenführung (Gerade, Kurve, ober- oder unterirdisch) sowie durch die Topografie (Einschnitt oder Damm).

Infolge der dynamischen Wechselwirkungseffekte spielen die Steifigkeit und die Dämpfung des Unterbaus und des Untergrundes eine entscheidende Rolle auf die dynamischen Kräfte: Diese nehmen mit steigender Fahrweg- und/oder Untergrundsteifigkeit zu, wobei erwar-

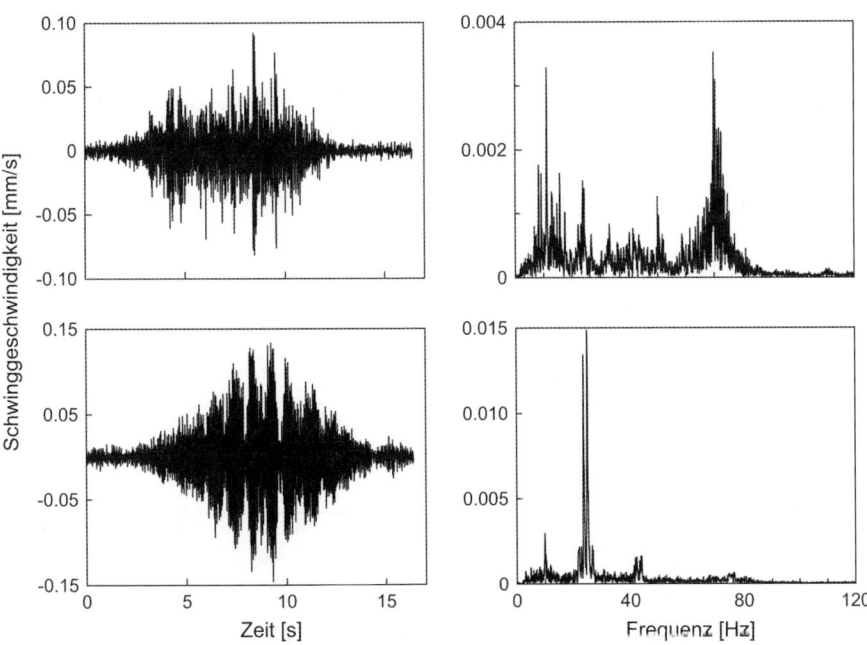

Bild 4. Typische gemessene Signale bei U-Bahnen in Berlin [22]

tungsgemäß der Einfluss beim Schotteroberbau generell von größerer Bedeutung als bei der Festen Fahrbahn ist.

In den letzten Jahrzehnten wurden mehrere Studien durchgeführt, sodass heute ausreichende Klarheit zu den Erregungsmechanismen und den Einflussgrößen besteht. Eine Darstellung würde den Rahmen dieses Beitrags sprengen, sodass der Leser an die Fachliteratur verwiesen wird [23–27].

Die bei Schotteroberbau und Fester Fahrbahn aus dem Zusammenwirken von Fahrzeug, Oberbau und Untergrund sich einstellenden Hauptanregungsfrequenzen weisen gewisse Unterschiede auf: Bei den tieffrequenten Erschütterungen ist die Feste Fahrbahn schwingungsärmer als der Schotteroberbau wegen der geringeren Gleislagefehler und der günstigeren Achslastverteilung. Bei hohen Frequenzen sind dagegen die Erschütterungen der Festen Fahrbahn stärker. Typische Terzspektren der gemessenen Schwinggeschwindigkeiten infolge einer ICE-3-Vorbeifahrt mit einer Fahrtgeschwindigkeit von 250 km/h sind in Bild 5 für Schotteroberbau bzw. Feste Fahrbahn an zwei Standorten dargestellt. Darin erkennt man deutlich die stärkere Amplitudenabnahme der höheren Frequenzen, die sich als fächerförmiges Aufspreizen der einzelnen Spektren oberhalb von 32 Hz darstellt [28].

Die Benutzung von Emissionsspektren in Form einer Schwinggeschwindigkeit $v_0(f)$ der Bodenpartikel in einer definierten Entfernung (z. B. 8 m) hat den Nachteil, dass diese von den jeweiligen Baugrundverhältnissen abhängen. Sinnvoller ist stattdessen, von Vornherein ein Achslast-Emissionsspektrum $P(f)$ zu bestimmen und für die Prognose an verschiedenen Orten bereitzuhalten. Die zugehörige Übertragungsfunktion $P(f)/v_0(f)$ kann entweder direkt gemessen oder mittels eines geeigneten, kalibrierten Rechenmodells zurückgerechnet werden [28]. Typische Achslastspektren für Schotteroberbau und Feste Fahrbahn sind in Bild 6 dargestellt, woraus die Größenordnung von 1 kN der Standardzuganregung feststellbar ist.

Bei Tunnelstrecken spielt die relative Steifigkeit des Tunnels zu der des umliegenden Bodens eine dominante Rolle. Die Anregbarkeit (Emission) eines Tunnels wird durch die Admittanz beschrieben. Sie ist der Kehrwert der Impedanz. Messungen der Admittanz an Tunnelbau-

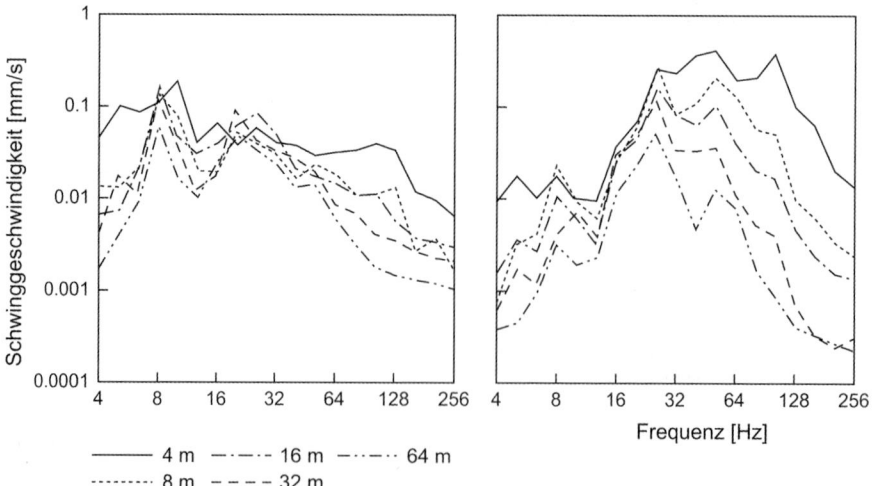

Bild 5. Gemessene Erschütterungen bei Vorbeifahrt eines ICE 3 mit v = 250 m/s bei verschiedenen Entfernungen vom Gleis; Schotteroberbau (links) und Feste Fahrbahn (rechts) [28]

3.8 Erschütterungsschutz

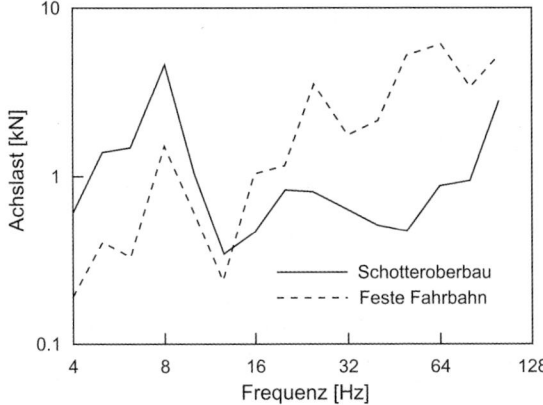

Bild 6. Rückgerechnetes Achslastspektrum für eine ICE-3-Vorbeifahrt bei v = 250 m/s [28]

werken in Berlin-Mitte an identischen Baugrundverhältnissen zeigen deutlich die Abhängigkeit von der Bauart (Bild 7) [29]: Der bergmännisch erstellte, einschalige Tunnel in Tübbingbauweise ergab eine fast 10-fach höhere Admittanz als der in offener Bauweise erstellte rechteckige Tunnel. Es ist deutlich erkennbar, dass der vergleichbar leichtere Tübbingtunnel schwingungsempfindlicher ist.

Im Bereich der **Transmission** wird das entstehende Wellenfeld durch die Quellengeometrie, den Frequenzgehalt und die Eigenschaften des Baugrundes beeinflusst. Die im Rad-Schiene-Kontaktbereich entstehenden dynamischen Kräfte stellen für das Gleis eine sich bewegende stoßartige Anregung dar. Dadurch entsteht in einer ausreichenden Entfernung ein Wellenfeld, das dem einer Linienquelle ähnelt. Die numerische Simulation des Schwingverhaltens eines Schwellenrostes auf dem Baugrund ist exemplarisch in Bild 8 visualisiert [30].

Zur Quantifizierung der Erschütterungsübertragung durch den Boden ist es sinnvoll, zwischen dem Nahfeld, wo die Quellencharakteristik das Wellenfeld stark beeinflusst, und dem Fernfeld, wo eine freie Wellenausbreitung stattfindet, zu unterscheiden. Ein Bezugsabstand r_1 legt den Übergang zwischen Nah- und Fernfeld fest. Zur Beschreibung des Nahfeldes sind besondere rechnerische oder experimentelle Untersuchungen erforderlich. Im Fernfeld, lässt

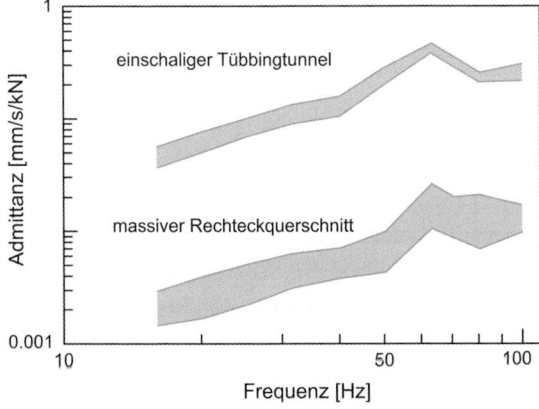

Bild 7. Gemessene Admittanzen bei zwei unterschiedlichen Tunnelbauarten in Berliner Sand (Mittelwerte) [29]

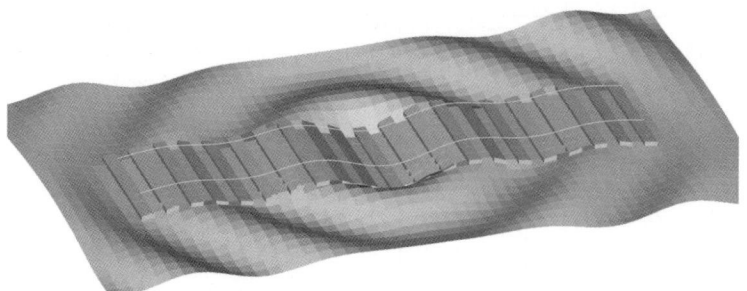

Bild 8. Wellenfeld bei harmonischer Schienenerregung eines mit dem Baugrund gekoppelten Schwellenrostes [30]

sich die Amplitude der Schwinggeschwindigkeit v im Abstand r von der Erschütterungsquelle mittels der Gleichung nach *Mintrop* [31]

$$\frac{v}{v_1} = \left(\frac{r}{r_1}\right)^{-n} e^{-\alpha(r-r_1)} \tag{18}$$

näherungsweise beschreiben. Darin sind v_1 die Amplitude der Schwinggeschwindigkeit im Bezugsabstand r_1, n ein von der Wellenart, Quellengeometrie und Schwingungsart abhängiger Exponent und α ein Abklingkoeffizient. Der Faktor $(r/r_1)^{-n}$ beschreibt die geometrische Amplitudenabnahme. Die zusätzliche Amplitudenreduktion infolge Materialdämpfung wird durch den Faktor $e^{-\alpha(r-r_1)}$ beschrieben. Es gilt $\alpha \approx 2\pi D/\lambda$, wobei λ die Wellenlänge und D das Dämpfungsverhältnis sind. D hängt von der Bodenart ab und variiert für den in der Praxis auftretenden Bereich von kleinen Dehnungsamplituden zwischen 2 und 5 % für Lockergestein, während für Fels niedrigere Werte beobachtet werden [32, 33].

Beim Exponenten n wird unterschieden zwischen [32]:

- Quellentyp geometrisch: Punktquelle oder Linienquelle,
- Quellentyp zeitlich: harmonisch/stationär oder impulsförmig,
- Wellenart: Raumwelle oder Oberflächenwelle.

Eisenbahnzüge z. B. können als eine Reihe von Punktquellen (ausgedehnte Quelle mit nicht phasengleicher Anregung) dargestellt werden, für die der Exponent n im Fernfeld zwischen 0,3 und 0,5 liegt, DIN 4150-1. Bei unterirdischem Schienenverkehr werden infolge des schwächeren Abklingens der Raumwellen Werte zwischen 0,6 und 0,9 beobachtet. Weitere Einflussparameter sind die Schichtung des Bodens sowie die inhärente Druckabhängigkeit der Bodensteifigkeit.

Die Frequenzabhängigkeit der Absorption führt dazu, dass bei gleichem Abstand zur Erschütterungsquelle Schwingungen höherer Frequenz stärker gedämpft werden als solche einer niedrigeren Frequenz. Dies wirkt sich auf den sekundären Luftschall maßgeblich aus. Bei Tragwerksdecken gilt somit, dass mit zunehmender Entfernung von der Trasse die den sekundären Luftschall im Wesentlichen beeinflussenden Frequenzen stärker abnehmen als die tieferen Frequenzen, die für die Erschütterungen maßgebend sind.

Ergebnisse von numerischen Parameterstudien zum Einfluss der Baugrundsteifigkeit auf die Amplitudenabnahme sind in Bild 9 dargestellt [34]. Bei weichem Boden mit einer Scherwellengeschwindigkeit $v_S = 100$ m/s nehmen die höherfrequenten Amplituden infolge der Dämpfung von 2,5 % stark mit der Entfernung ab. Dadurch ergibt sich bei weichem Boden

3.8 Erschütterungsschutz

ein eher tieffrequenter Schwerpunkt der Spektren, während bei steifem Boden die höheren Frequenzen dominieren. Die Kurven für den Fall einer weichen Schicht auf steifem Halbraum verdeutlichen die frequenzabhängige Eindringtiefe der maßgebenden Oberflächenwelle: Bei niedrigen Frequenzen spiegelt das Wellenfeld die Eigenschaften des steifen Halbraums wider, während bei hohen Frequenzen die Eigenschaften der weichen Schicht dominieren. Vergleiche von Messungen und Prognoseberechnungen für typische ICE-Vorbeifahrten zeigen eine gute Übereinstimmung [34]. Bei der Berechnung der Kurven in Bild 9 wird die Lastverteilung über die ganze Zuglänge durch die Anzahl der Achslasten, welche gleichmäßig auf die Zuglänge verteilt werden, nachgebildet. Zuerst wird die Bodenantwort auf jede dieser als ortsfest betrachteten Achslasten berechnet und anschließend die einzelnen Anteile als Quadratsummenwurzel aufaddiert.

Topografische Unregelmäßigkeiten (Dämme, Einschnitte usw.) wirken generell zerstreuend auf die Ausbreitung der Wellen, sodass in einigen Frequenzbereichen eine erhöhte Amplitudenabnahme angesetzt werden kann [35, 36]. Parameterstudien in [35] zeigen, dass beim Einschnitt im Vergleich zu ebenerdigen Strecken eine Reduktion der Amplituden ab ca. 15 Hz beobachtet wird. Ab 30 Hz erreicht dieser Abminderungsfaktor Werte zwischen 0,5 und 0,2 (Bild 10). Bei Trassierung auf dem Damm ist die Reduktion stärker, je steiler die

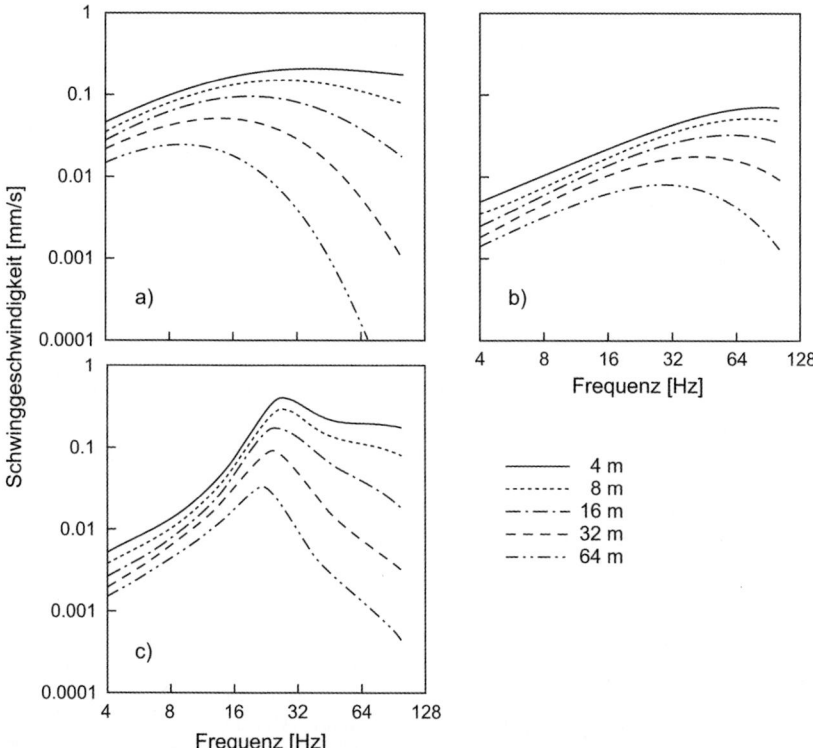

Bild 9. Einfluss der Baugrundsteifigkeit auf die Transmission [34]. Schwinggeschwindigkeiten infolge einer Standard-Zuganregung (40 Achsen mit jeweils 1 kN auf 250 m Länge): a) homogener Boden mit $v_S = 100$ m/s; b) homogener Boden mit $v_S = 200$ m/s; c) 2 m dicke Schicht mit $v_S = 100$ m/s auf Halbraum mit $v_S = 200$ m/s

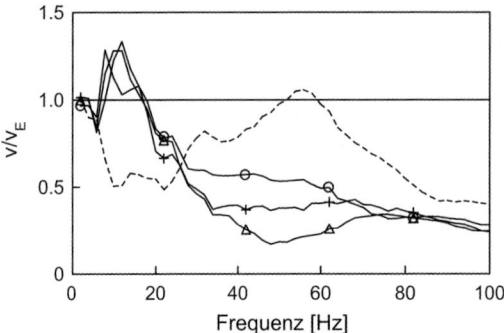

Bild 10. Einfluss der Topografie auf die Schwingungsamplitude. 5 m tiefe Einschnitte mit verschiedenen Böschungsneigungen: ○ 1:2, △ 1:1, + 2:1; – – – 5 m hoher Damm mit verschiedenen Böschungsneigungen (Mittelwert); —— ebenerdiges Referenzgleis mit $v = v_E$, [35]

Böschung ist. Darüber hinaus ist die Minderung stärker von der Frequenz abhängig als beim Einschnitt. Als Anhaltswert kann ein Abminderungsfaktor von 0,5 bis 0,6 angesetzt werden.

Da Erschütterungseinwirkungen von neu zu errichtenden Bahntrassen messtechnisch nicht erfasst werden können, wird auf vorhandene Messergebnisse an einer Strecke (Referenzmessort) mit vergleichbaren Randbedingungen zurückgegriffen. Das gesamte Übertragungsmodell sollte in der Lage sein, diese definierte Situation wiederzugeben. Die wichtigste Komponente ist hierbei die Erschütterungsausbreitung im Transmissionsbereich Trasse/Fundament. An Ausbaustrecken wird im Rahmen der Beweissicherung messtechnisch das bestehende Erschütterungsniveau am Immissionsort erfasst.

Beim **Übergang** der Erschütterungen vom umgebenden Boden auf das Bauwerk bestimmt das dynamische Verformungsverhalten des Bauwerks, ob die Erschütterungen verstärkt oder abgemindert werden. Die Schnittstelle wird durch die Gründung definiert. Einflussparameter für diese dynamische Boden-Bauwerk-Wechselwirkung sind, neben der Frequenz, die Eigenschaften des umgebenden Bodens (Verformungsmodul, Dämpfungskapazität) sowie die Geometrie der Gründungskörper und deren Einbettungsverhältnisse in den Boden. Die relative Steifigkeit zwischen Boden und Bauwerk samt seiner Gründung bestimmt die Größe und den dominanten Frequenzbereich der dynamischen Antwort. So sind z. B. Gründungen auf Einzel- und Streifenfundamenten generell als aufgelöste, weiche Flachgründungen anzusehen, während Platten-, Pfahl- und Pfahl-Plattengründungen steifere Gründungsarten sind. Beim Übergang auf starre Strukturen werden Schwingungen aufgrund der kinematischen Wechselwirkung verringert, während der Übergang auf weiche Gebäudestrukturen zu einer Abminderung infolge der Bauwerksträgheit führt. Der betroffene Frequenzbereich ist von der Steifigkeit abhängig.

Angaben zu frequenzabhängigen Übertragungsfunktionen zwischen Boden und Fundament sind selten in der Fachliteratur. Aus einer Auswertung von Messergebnissen an mehreren Gebäuden werden in [37] die in Bild 11 dargestellten Übertragungsspektren ermittelt. Die niedrigen Faktoren sind den schweren Gebäuden zugeordnet. Ähnliche Kurven liefert eine Auswertung von Messberichten der Deutschen Bahn in [26] mit Mittelwerten von ca. 0,67 für Frequenzen f < 16 Hz, abnehmend bis 0,37 bei 31,5 Hz und wieder zunehmend auf 0,67 bei 63 Hz (Bild 12). Bemerkenswert ist, dass sowohl in [37] als auch in [26] das Minimum bei ca. 31,5 Hz, d. h. in der Nähe der Eigenfrequenz der untersuchten Betondecken, erreicht wird.

3.8 Erschütterungsschutz

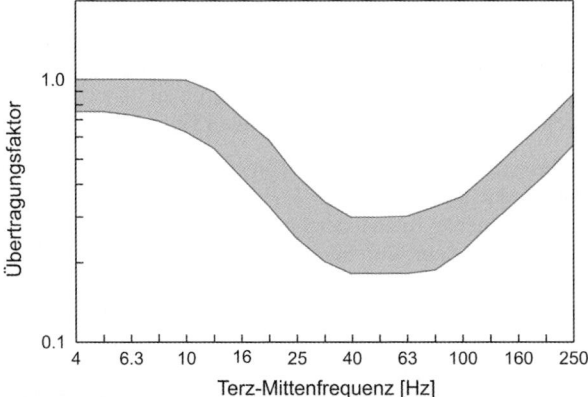

Bild 11. Übertragungsfaktor der Schwinggeschwindigkeit beim Übergang vom Boden auf das Fundament. Schwere Gebäude liegen im unteren Wertebereich [37]

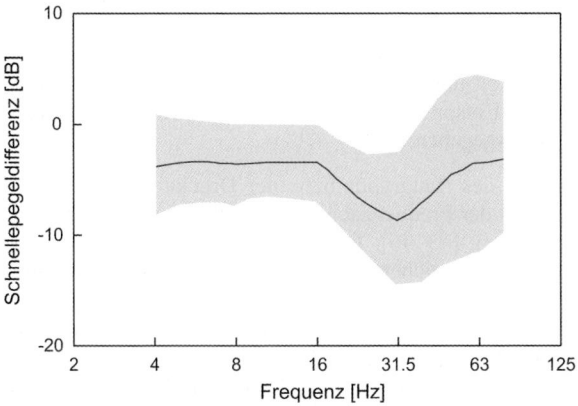

Bild 12. Terz-Schnellepegeldifferenz Fundament/Boden bei der Übertragung von Erschütterungen auf Gebäude. Mittelwert und Standardabweichung aus Messungen der DB an 135 zwei- und dreigeschossigen Gebäuden [26]

Eine genauere Abbildung der Wechselwirkung erfolgt mittels eines Feder-Dämpfer-Modells, wobei die Federn die Nachgiebigkeit des Bodens und die Dämpfer die Abstrahlung der Schwingungsenergie beschreiben. Gängige Lösungen betreffen Fundamente auf der Baugrundoberfläche. Die dynamischen Steifigkeitsfunktionen werden als Produkt der statischen Werte (sehr niedrige Frequenzen) und frequenzabhängiger Funktionen ermittelt [32, 33]. Eine Einbettung der Gründungskörper in den Boden bewirkt eine Erhöhung der Steifigkeit aufgrund der erhöhten Kontaktfläche zum umgebenden Baugrund, aber auch der mit der Tiefe generell zunehmenden Bodensteifigkeit. Der erste Effekt führt zu einer deutlichen Erhöhung der Abstrahlungsdämpfung. Formeln zur Abschätzung des Einflusses der Einbettung finden sich in [38]. Es zeigt sich, dass der Anstieg der Fundamentsteifigkeit stark vom Schwingungsmodus abhängt: Während bei vertikalen Schwingungen dieser Anstieg ca. 30% beträgt, kann bei Kippschwingungen ein Anstieg auf das 4-Fache des Wertes für ein Oberflächenfundament erfolgen. Gleiches gilt für die Dämpfungswerte.

Ein weiterer Effekt der Einbettung betrifft die Weiterleitung der Erschütterungen in das Gebäude. Die Einbettung führt zu einer verstärkten Anregung der Decken und Wände in höheren Frequenzbereichen. Die Versteifung des Systems, insbesondere der aufgehenden Wände, führt zu einer phasengleichen Anregung der Decken und dadurch zu höherfrequenten Gebäudeeigenformen, sodass sich die Deckenamplituden erhöhen [39].

Bezüglich der gegenseitigen Beeinflussung der einzelnen Fundamentkörper existieren nur wenige Studien [40, 41]. Die Abnahme der Steifigkeit einer Fundamentgruppe mit kleiner werdendem Abstand der einzelnen Fundamente zueinander hängt neben den Bodeneigenschaften zusätzlich von der Frequenz bzw. dem Verhältnis zwischen dem äquivalenten Durchmesser der Fundamentgruppe und der Scherwellenlänge der Anregung ab [41]. Ist die Scherwellenlänge kleiner als der äquivalente Radius der Fundamentgruppe, beträgt die Steifigkeit der Gruppe ca. die Summe der einzelnen Steifigkeiten. Bei größeren Scherwellenlängen reduziert sich infolge der Wechselwirkung die Gesamtsteifigkeit. Als Grenzfall wird bei sehr niedrigen Frequenzen und verschwindendem Fundamentabstand die Gesamtsteifigkeit durch Multiplikation der Steifigkeit des Einzelfundaments mit der Wurzel der Fundamentanzahl angegeben. In einer ersten Näherung wird der Einfluss der Wechselwirkung in Abhängigkeit vom Verhältnis der tatsächlichen Fundamentfläche ΣA_F zur Grundrissfläche des Gebäudes A_B ermittelt. Korrekturfaktoren für den Fall von auf Einzelfundamenten gegründeten Skelettbauten werden hier aus den Ergebnissen in [42] für $\Sigma A_F/A_B \geq 0,25$ approximiert: $k/k_B = 1,08 - \exp(-2,5(\Sigma A_F/A_B)); c/c_B = 0,03 + 0,9 \cdot (\Sigma A_F/A_B)^{2,8}$, wobei k_B und c_B die Werte der Federsteifigkeit und Dämpfungskonstante für ein äquivalentes Kreisfundament des Radius $\sqrt{A_B/\pi}$ sind. Entsprechende Ergebnisse für Streifenfundamente und Fundamentroste werden in [41, 42] angegeben.

Der Einfluss einer expliziten Schichtung des Baugrunds bzw. der Druckabhängigkeit des Verformungsmoduls zeigt sich sowohl bei der Frequenzabhängigkeit der Fundamentsteifigkeit als auch bei der Abstrahlungsdämpfung [43–46]. Je steifer die Unterlage der Bodenschicht, desto kleiner ist die Dämpfung in der weicheren Schicht. Die Schichtresonanz führt zu einer Verringerung der Fundamentsteifigkeit in diesem Frequenzbereich.

Bei wenig tragfähigem Baugrund werden Pfahlgründungen eingesetzt. Bei Pfahlgruppen unter statischer vertikaler Belastung ist die Steifigkeit eines Pfahls in der Gruppe erheblich kleiner als die eines allein stehenden Pfahls. Numerische Untersuchungen an vertikal schwingenden Pfahlgruppen zeigen ein – im Vergleich zum Einzelpfahl – stark frequenzabhängiges Verhalten. Die statischen Steifigkeiten werden durch Anwendung von frequenzabhängigen Interaktionsfaktoren, die abhängig vom Pfahlabstand und der Wellengeschwindigkeit im Boden ermittelt werden, multipliziert [47–49].

Die **Weiterleitung** der Erschütterungen innerhalb des Gebäudes wird hauptsächlich durch dessen Steifigkeit bestimmt. Stark ausgesteifte Gebäude führen in guter Näherung Starrkörperbewegungen aus, sodass die Geschossdecken in einem einheitlichen Schwingungsmodus angeregt werden. Resonanzüberhöhungen treten im Bereich der Gesamtbauwerks- und in den Deckeneigenfrequenzen auf. Bei aufgelösten Bauwerksstrukturen treten zusätzliche Überhöhungen infolge der Wechselwirkungen der einzelnen Bauteile auf. Hinzu kommt der Einfluss der phasenverschobenen Anregung einzelner Gebäudeteile. Zur Quantifizierung dieser Effekte ist eine Berechnung an einem adäquaten Ersatzsystem erforderlich.

Werden vereinfacht alle Wände und Stützen eines Bauwerks zu einem fußpunkterregten Stab zusammengefasst, kann die Variation der auftretenden Schwingungen über die Gebäudehöhe abgeschätzt werden. Anhand von Messungen wird in [50] eine Reduktion über die Höhe (KB-Wert von 0,07 mm/s im 1. OG auf 0,04 mm/s im 7. OG) ermittelt, während in [51] eine Zunahme über die Gebäudehöhe festgestellt wird. Das unterschiedliche Verhalten ist auf die

3.8 Erschütterungsschutz

Höhe und Steifigkeit der untersuchten Gebäude in Zusammenhang mit der Materialdämpfung zu suchen.

Ein einfaches Modell zur praxisnahen Berechnung des Schwingverhaltens des Gesamtbauwerks wird bei [51] vorgestellt (Bild 13). Die Mittelwand des Gebäudes mit den anschließenden Decken wird herausgeschnitten. Das Verhalten der aufgehenden Bauwerksstruktur wird durch einen longitudinal schwingenden Stab beschrieben. Die Decken werden als transversal schwingender Balken modelliert. Schließlich wird die Deckenschwingung mit dem Stabmodel der Wand gekoppelt, sodass sämtliche Wechselwirkungen zwischen Decken, Wänden, Fundament und Boden erfasst werden. Im Stabmodell für die Wandschwingungen werden die Decken durch eine Erhöhung der Wandmasse um eine frequenzabhängige Deckenmasse berücksichtigt [52]. In [53] werden weitere Berechnungsmodelle vorgestellt, wie z. B. die Starrkörperapproximation ohne/mit eingehängten Substrukturen oder die Theorie der Wellenfortpflanzung.

Die Berechnungen an dem gekoppelten System in [51] zeigen bei den Deckenschwingungen eine deutliche Reduktion der Resonanzüberhöhungen, die durch die Nachgiebigkeit und die Abstrahlungsdämpfung des Bodens bedingt ist.

Das Schwingungsverhalten eines Gebäudes lässt sich in erster Näherung durch ein einfaches Starrkörpermodell erfassen [53]: Die Übertragungsfunktion der Decken wird durch zwei Resonanzüberhöhungen charakterisiert, sodass ein fußpunkterregter Zweimassen-Schwinger zur Wiedergabe dieses Verhaltens ausreichend ist. Die verschiedenen beobachteten Effekte können durch geeignete Wahl der Kennwerte der einzelnen Systemkomponenten simuliert werden. Das in Bild 14 dargestellte, prinzipielle Übertragungsverhalten einer Geschossdecke weist zwei Frequenzen f_1 und f_2 mit einer deutlichen Überhöhung der Eingangsschwingung auf. Die erste Frequenz f_1 entspricht der Gesamtbauwerkseigenfrequenz, die von der dynamischen Fundamentsteifigkeit definiert wird. Diese wiederum wird von den Bodeneigen-

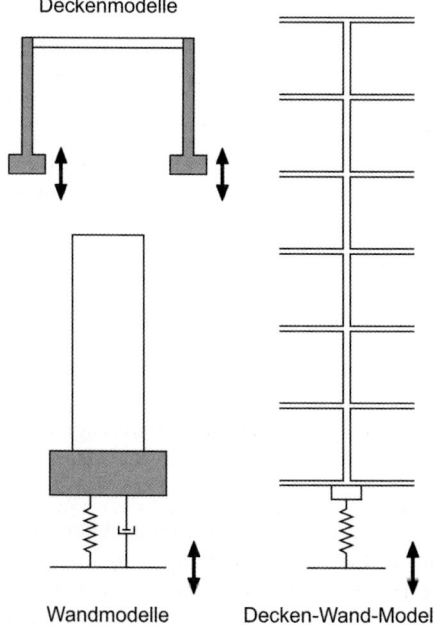

Bild 13. Teilsysteme eines vereinfachten Gebäudemodells (nach [51])

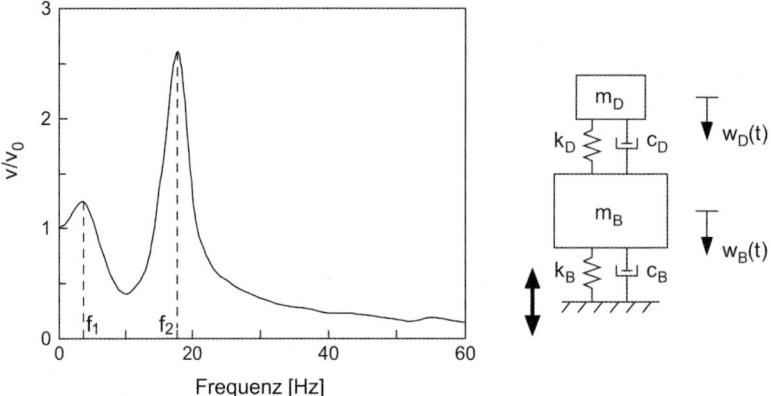

Bild 14. Typischer Frequenzgang der Überhöhungsfunktion einer Geschossdecke (links) und vereinfachtes Zwei-Massen-Modell (rechts)

schaften, der Einbettung und der Geometrie des Fundamentsystems bestimmt. Die zugehörige Überhöhung v/v_0 (f_1) hängt von der Abstrahldämpfung durch das Fundamentsystem ab.

Die zweite Frequenz f_2 wird der Deckeneigenfrequenz zugeordnet und durch die Auflagerbedingungen, die Deckenmasse, -geometrie und -steifigkeit sowie die angeregte Eigenform bestimmt. Die Resonanzüberhöhung bei f_2 hängt von der Materialdämpfung der Strukturelemente, der Bauwerks- und Fundamentnachgiebigkeit, der Weiterleitung durch das Gesamtbauwerk, der Höhenlage sowie einer evtl. auftretenden phasenverschobenen Anregung der Deckenauflager ab.

Die einzelnen Systemparameter lassen sich wie folgt bestimmen: Feder und Dämpfungskonstante k_B, c_B werden für die Grundrissabmessungen des Gebäudes in Abhängigkeit von der Frequenz und den Baugrundeigenschaften nach den in [38] zusammengestellten Lösungen berechnet, wobei für aufgelöste Fundamentformen Korrekturfaktoren nach [41, 42] (siehe oben) angewandt werden. Die Gesamtbauwerksmasse m_B enthält die Deckenmasse m_D. Die Deckenparameter k_D, c_D lassen sich nach den gängigen Verfahren der Baudynamik errechnen [1].

Alternativ zur obigen vereinfachten Darstellung kann die Modellierung des Bauwerks auch mithilfe der Finite-Elemente-Methode (FEM) erfolgen. Hierzu stehen verschiedene Detaillierungsstufen zur Verfügung, die in Abhängigkeit von dem Anforderungsniveau an den Erschütterungsschutz ausgewählt werden [54].

Bei der vereinfachten Abbildung als *ebenes* System werden repräsentative Gebäudequerschnitte untersucht [42, 51, 54]. Die einzelnen als Balken abgebildeten Geschossdecken werden in ihrer Steifigkeit und Masse derart berücksichtigt, dass die aus einer dreidimensionalen Berechnung ermittelten Eigenformen bzw. Eigenfrequenzen und auch die statischen Durchbiegungen erhalten bleiben. Die Berechnung wird im Frequenzbereich durchgeführt, sodass für die Boden-Fundament-Wechselwirkung frequenzabhängige Feder- und Dämpferkonstanten eingesetzt werden können.

Bei der aufwendigeren, *räumlichen* Berechnung wird das gesamte Gebäude abgebildet [42, 54, 55]. Diese Modelle erlauben auch das Aufbringen einer räumlich variablen und phasenverschobenen Anregung. Sind die zugehörigen Algorithmen direkt im Zeitbereich formuliert, kann die Berücksichtigung von frequenzabhängigen Steifigkeitsfunktionen für die einzelnen

Fundamente (Auflager) durch das Aufbringen mehrerer Feder- und Dämpferelemente realisiert werden [56]. Dies ist jedoch nur praktikabel für den Grenzfall eines homogenen Bodens. Für geschichtete Böden ist die Bestimmung der entsprechenden Kennwerte kompliziert. Da für die translatorischen Freiheitsgrade (vertikal, horizontal) die Variation mit der Frequenz nicht so stark ist, wird oft in der Praxis mit konstanten Werten für Feder und Dämpfer gerechnet. Der Vergleich ebener und räumlicher Modelle in [54] anhand eines Projektes zeigte, dass 2-D- und 3-D-Modelle die wesentlichen Einflüsse beschreiben können.

Die Effekte der Erschütterungseinleitung in Gebäude sowie die der Erschütterungsausbreitung im Inneren von Gebäuden können zum Zwecke der Vordimensionierung näherungsweise mithilfe eines von der Deutschen Bahn vorgeschlagenen **pauschalen Prognoseverfahrens** erfasst werden [57]. Hierzu werden die aus Schwingungsmessungen ermittelten Emissionsspektren mit pauschalen Funktionen beaufschlagt. Das Verfahren berücksichtigt die Bauwerkseigenschaften lediglich durch die Unterscheidung nach Beton- oder Holzbalkendecken und nach Anzahl der Geschosse. Die angegebenen, auf die Resonanzfrequenz des betrachteten Fußbodens bezogenen, spektralen Übertragungsfunktionen stellen Mittelwerte aus einer Vielzahl von Erschütterungsmessungen dar. Die Deckenresonanzfrequenzen werden in einem Frequenzbereich von 16 bis 50 Hz terzweise variiert, um den maximalen Immissionswert zu erhalten. Zur Abschätzung des sekundären Luftschalls können dann z. B. die Gln. (12) und (13) oder die in [57] angegebenen Formeln verwendet werden.

4.1.3 Vollständige numerische Modelle

Durch die Weiterentwicklung numerischer Methoden ist es heute möglich, die Bereiche der Erregung und Transmission durch den Boden sowie die Wechselwirkung Boden-Fundament-Gebäude räumlich zu erfassen. Für den Bereich der Emission wird die dynamische Wechselwirkung zwischen Fahrzeug und Gleis mittels diskreter Systeme erfasst. Geeignete Modelle für die Gleiskomponenten und die relevanten Fahrzeugkomponenten werden in [58] beschrieben. Die Boden-Bauwerk-Wechselwirkung berücksichtigt auch eingebettete Strukturen oder Tunnelbauwerke. Die zugehörigen numerischen Verfahren bestehen aus einer Kopplung von verschiedenen Algorithmen, die für die einzelnen Teilbereiche am besten geeignet sind: Halbraumlösungen für bewegte Lasten, Finite-Elemente-Methoden für finite Strukturen, Randelemente-Methoden oder semi-analytische Halbraumlösungen für die Wellenausbreitung [30, 59–63] bzw. spezielle Spektral-Elemente zur Abbildung von weit ausgedehnten Gebieten [64] oder spezielle Transformationen für periodische Systeme [65, 66].

4.2 Erschütterungen infolge von Baubetrieb

4.2.1 Allgemeines

Die in der geotechnischen Praxis am häufigsten angetroffenen Erschütterungen mit Gebäudeschädigungspotential betreffen Vibrations- und Schlagrammungen in Zusammenhang mit dem Einbringen von Spundwandbohlen oder Pfählen [67]. Die Beschreibung des Penetrationsvorgangs und der dabei entstehenden Wellenausbreitungsphänomene ist sehr schwierig und nach wie vor Forschungsgegenstand [68–70]. Bezüglich der Quelle bestehen zu den oben behandelten Verkehrserschütterungen folgende, wesentliche Unterschiede:

- Wegen der großen Verformungen in direkter Quellennähe wird eher die eingeleitete Energie als eine kinematische Größe zur Charakterisierung angewandt.
- Die Quelle entspricht hinsichtlich der Ausbreitungscharakteristik einer Punktquelle mit veränderlicher Einwirkungstiefe.
- Die Dauer der Erschütterungen kann intermittierend transient oder kontinuierlich sein.

In der Praxis wird auf einfache Näherungsverfahren bzw. empirische Beziehungen zurückgegriffen [14, 71]. Weitere Erschütterungsquellen stellen Sprengungen [8], Oberflächen- und Tiefenverdichtung sowie Tunnelvortriebsarbeiten [72] dar. Typische Aufzeichnungen sowie qualitative Angaben zu den Einflussparametern der Erschütterungsquelle und des Abklingverhaltens entlang des Übertragungswegs sind in DIN 4150-1 zu finden.

4.2.2 Rammarbeiten

Die Vibrationsrammung ist besonders gut geeignet bei locker bis mitteldicht gelagerten Sanden und Kiesen. Wichtigste Kenngröße ist das statische Moment. Die Drehzahlen reichen bei kleinen Rüttlern mit einem statischen Moment von ca. 30 kgm bis ca. 3000/min (Frequenz 50 Hz), während schwere Rüttler mit statischem Moment bis 200 kgm oft nur eine Frequenz von bis zu 30 Hz erreichen. Bei Betriebsfrequenzen über 35 Hz spricht man von Hochfrequenz-Rüttlern. Das Erschütterungsniveau wird maßgeblich vom statischen Moment und der gesamten schwingenden Masse (Rammgut und Vibrator) und weniger von der Frequenz bestimmt.

Bei Schlagrammung entsteht eine transiente Schlagfolge, die von der Antriebscharakteristik abhängig ist. Freifallbäre arbeiten bis ca. 60 Schläge pro Minute, während Schnellschlaghämmer 100 bis ca. 400 Schläge erreichen. Das Spektrum der erzeugten Schwingung hängt von den Bodeneigenschaften ab. Der Rammvorgang wird als eine Folge von kurzzeitigen Einzelereignissen betrachtet, sodass (außer bei Schnellschlaghämmern und weit gespannten Holzdecken) keine Resonanzeffekte bei Geschossdecken erwartet werden.

Die für die Prognose in der Praxis angewandte Methode entspricht dem in Abschnitt 4.1.1 beschriebenen Verfahren mittels Pauschalwerten. Für die Abnahme der Schwingungsamplitude mit der Entfernung entlang des Transmissionswegs wird Gl. (18) angesetzt. Bezüglich des Wertes des Abklingkoeffizienten α in 1/m werden Böden nach [73] in vier Klassen in Abhängigkeit von der SPT-Schlagzahl eingeteilt. Bei 5 Hz werden empfohlen:

- weicher Boden ($N_{SPT} < 5$): $\alpha = 0{,}01 - 0{,}03$
- fester Boden ($5 < N_{SPT} < 15$): $\alpha = 0{,}003 - 0{,}01$
- harter Boden ($15 < N_{SPT} < 50$): $\alpha = 0{,}0003 - 0{,}003$
- sehr harter Boden Fels ($N_{SPT} > 50$): $\alpha < 0{,}0003$

Bei 50 Hz werden für die ersten drei Klassen die 10-fachen Werte empfohlen.

Die Anwendung von Gl. (18) eignet sich besonders für das Fernfeld. Da jedoch bei Rammarbeiten oft das Nahfeld von Bedeutung ist, wird vereinfachend in der Praxis die Abnahmefunktion nach Gl. (18) durch eine globale Potenzfunktion der Entfernung von der Erregerquelle r approximiert,

$$v = k \cdot r^{-n} \tag{19}$$

wobei k und n Konstanten sind [74].

Da meistens kein Referenzwert für das Erschütterungsniveau in einer definierten Entfernung vorliegt, wird als Bezugswert der theoretische Wert der eingeleiteten Energie E verwendet. Aus der Erfahrung mit Sprengerschütterungen wird hierzu die Entfernung r durch $r/E^{1/2}$ ersetzt, wobei E die kinetische Energie der transienten Erschütterungsquelle ist [74]. Alternativ kann als Normungsgröße die kubische Wurzel der Energie $E^{1/3}$ verwendet werden [8, 75, 76].

3.8 Erschütterungsschutz

Auf Grundlage der o. g. Annahmen erfolgt in der Praxis die Auswertung von Messungen bzw. die Prognose des Erschütterungsniveaus im Boden nach folgender Gleichung:

$$v(r) = k\left(\frac{\sqrt{E}}{r}\right)^n \tag{20}$$

E wird üblicherweise in kNm, r in m und v in mm/s angegeben. Bei Schlagrammen entspricht E der Rammenergie pro Rammschlag gemäß Herstellerangaben bzw. bei einfachen Freifallhämmern wird sie aus der Fallhöhe h und der Masse m der frei fallenden Ramme ($E = m \cdot g \cdot h$) berechnet. Bei Vibrationsrammen erfolgt die Bestimmung von E aus der Energie pro Umdrehung als Quotient zwischen Leistung W und Betriebsfrequenz f des Vibrators ($E = W/f$) gemäß den Herstellerangaben.

In der internationalen Fachliteratur findet man mehrere, gut dokumentierte Studien zu Rammerschütterungen. Bei jeder dieser Arbeiten wird auch eine Approximation der gemessenen Abklingkurven mittels einer geeigneten Formel genannt, wobei jedoch die Bodenverhältnisse nur schwer miteinander vergleichbar sind und in den meisten Fällen die tatsächlich eingeleitete Rammenergie nur grob abgeschätzt werden konnte. Stellvertretend werden hier die Arbeiten in [77] bis [90] erwähnt. Einige gängige Empfehlungen aus der Fachliteratur werden nachfolgend zusammengestellt. Sie beziehen sich auf die Freifeldschwingungen. Dabei ist zu berücksichtigen, dass meistens die horizontale Entfernung Pfahl-Beobachtungspunkt angesetzt wird und dabei die variable Entfernung während des Einbringens sowie die übliche Tiefenzunahme des Eindringwiderstands nicht separat erfasst werden.

Eine auf einer großen Datenbank basierende Studie wird in [80] vorgestellt. Darin werden Beziehungen in Abhängigkeit von der Überschreitungswahrscheinlichkeit angegeben. Es wird empfohlen, die Werte einer Ausgleichskurve anzusetzen, die um das Maß der Standardabweichung höher als die Mittelwertkurve liegt. Dies entspricht einer Überschreitungswahrscheinlichkeit von 31%. Es wird jeweils die vertikale Schwingungskomponente betrachtet. Im Gegensatz zu Gl. (20), die im Log-log-Diagramm eine lineare Beziehung ergibt, wird dort eine quadratische Beziehung angesetzt:

$$\log v = -k_1 + k_2 \log(\sqrt{E}/r) - k_3 \log^2(\sqrt{E}/r) \tag{21}$$

wobei E die Rammenergie in Nm (Schlagrammung) bzw. Nm pro Zyklus (Vibrationsrammung) ist und r die horizontale Entfernung bezeichnet. Für die Konstanten wird empfohlen [80]:

Vibrationsrammung: $k_1 = 0{,}213$; $k_2 = 1{,}64$; $k_3 = 0{,}334$

Schlagrammung: $k_1 = 0{,}296$; $k_2 = 1{,}38$; $k_3 = 0{,}234$

Eine Vereinfachung obiger Beziehung in der Form von Gl. (20) wird in [91] angegeben, wobei als Schwinggeschwindigkeit die Resultierende aus allen drei Komponenten verwendet wird ($v = v_{res}$):

- Für hohes Vertrauen, dass die prognostizierten Werte nicht überschritten werden, gilt:
  Vibrationsrammung: $k = 1{,}8$, $n = 1$
  Schlagrammung: $k = 1{,}5$, $n = 1$

- Für ein wahrscheinlicheres Schwingungsniveau gilt:
  Vibrationsrammung: $k = 1{,}0$, $n = 0{,}95$
  Schlagrammung: $k = 0{,}76$, $n = 0{,}87$

Die Form der Gl. (20) verwendet der British Standard BS 5228-4. Als Beurteilungsgröße wird dabei die vertikale Schwingungskomponente verwendet ($v = v_v$) und als Entfernung r die direkte Entfernung zwischen dem Pfahlfuß und dem Beobachtungspunkt angesetzt: Das

Schwingungsniveau wird erwartungsgemäß nicht maßgeblich überschritten in den meisten Fällen, wenn: Vibrationsrammung: k = 1,0, n = 1; Schlagrammung: k = 0,75, n = 1.

Eine weitere Prognosegleichung für Vibrationsrammungen von Spundwandbohlen basiert auf zahlreichen Messungen der BAW [83]. Für die Freifeldschwingung wurde aus Regressionsrechnungen ermittelt:

$$v_i = 10{,}9 \cdot M^{2/3} / r^{1{,}38} \text{ (Mittelwert)} \tag{22}$$

wobei v_i die maximale Schwinggeschwindigkeit der Komponente mit dem größten Wert in mm/s, M das statische Moment in kgm und r die horizontale Entfernung in m sind. Für eine lediglich 5%ige Überschreitungswahrscheinlichkeit wird der Mittelwert mit 2,69 multipliziert. Obige Beziehung schließt das Durchfahren der Resonanzfrequenz des Systems Vibrator-Bohle-Boden beim An- und Auslauf ein. Für Vibratoren mit variablen Unwuchten, die kräftefrei anfahren und auslaufen und mit einer festen Frequenz arbeiten, wird der Faktor in obiger Gleichung kleiner sein.

Für Schlagrammungen findet man in [92] eine Auswertung von mehreren Versuchen für Rammsysteme mit Schlagenergien E von 12 bis 90 kNm. Der dort angegebene statistische Mittelwert wird hier durch folgende Gleichung approximiert:

$$v_i = 0{,}47 \frac{\sqrt{E}}{r^{1{,}15}} \tag{23}$$

mit v_i in mm/s, E in Nm und r in m. Für eine 5%-Überschreitungswahrscheinlichkeit werden die Werte nach Gl. (23) mit 2,8 multipliziert.

In obigen Prognosegleichungen wird der Einfluss des Baugrundes nur global erfasst. Eine Differenzierung wird bei einer älteren Fassung des Eurocode 3, Teil 5 aus dem Jahr 1998 vorgenommen. Dort wird n = 1 in Gl. (20) angesetzt und folgende empirische Werte für k empfohlen: Für Vibrationsrammung k = 0,7; für Schlagrammung k = 0,5 bei weichem bzw. lockerem Untergrund bzw. k = 1 bei sehr steifem bzw. dichtem Untergrund. Für v wird dabei v_{Res}, der Spitzenwert der Resultierenden aus allen drei Komponenten verwendet.

Auf dieser Basis und unter Berücksichtigung von neueren Daten aus der Fachliteratur wird in [72] folgende Gleichung für Schlagrammungen mit E = 1,5...85 kNm empfohlen:

$$v_{Res} = k_p \frac{\sqrt{E}}{\bar{r}^{1{,}3}} \tag{24}$$

wobei $\bar{r}$ die direkte Entfernung Pfahlfuß-Beobachtungspunkt ist und k_p wie folgt bestimmt wird:

- Rammen bis zur Tiefe, in der der Pfahl aufgrund eines zu hohen Eindringwiderstands zum Stillstand kommt: k_p = 5.
- Pfahlrammung durch:
  - feste bindige oder dichte rollige Böden: k_p = 3;
  - steife/halbfeste bindige oder mitteldichte rollige Böden: k_p = 1,5;
  - weiche bindige oder lockere rollige bzw. organische Böden: k_p = 1.

Für Vibrationsrammungen mit Energiewerten E = 1,2...10,7 kNm wird in [72] die folgende Beziehung empfohlen:

$$v_{Res} = \frac{k_v}{\bar{r}^\delta} \tag{25}$$

mit v_{Res} in mm/s und δ = 1,3 für den gesamten Rammvorgang, δ = 1,2 für An- und Auslauf, δ = 1,4 für die stationäre Phase. Die Konstante k_v wird in Abhängigkeit von der Über-

3.8 Erschütterungsschutz

schreitungswahrscheinlichkeit angegeben: $k_v = 60$ für 50% (Mittelwert), 126 für 33,3% und 266 für 5%.

Obige Prognosegleichungen beziehen sich jeweils auf die Bodenerschütterungen unter Freifeldbedingungen. Die Übertragung der Erschütterung auf das Gebäudefundament und weiter innerhalb des Gebäudes erfolgt anhand von pauschalen Faktoren. In [78] wird für den Übertragungsfaktor Boden-Fundament $k_{B-F} = 0,2$ bis 0,5 für Freifallrammen, 0,2 bis 0,7 für Dieselrammen angegeben. Für Vibrationsrammungen wird in [83] $k_{B-F} = 0,7$ ermittelt. Für Schlagrammungen zeigt die Auswertung der Diagramme aus [92] die bei stoßartigen Belastungen infolge der Veränderung des Frequenzinhaltes der Erschütterungen auf dem Ausbreitungsweg erwartete Variation des Übertragungsfaktors mit der Entfernung: $k_{B-F} = 0,3/0,4/0,5$ bei 4/20/90 m.

Für den Übertragungsfaktor Fundament-Decke k_{F-D} werden in [83] je nach Dämpfung Werte zwischen 8 und 15 ermittelt, während in [78] niedrigere Werte von 3 bis 8 angegeben werden. Man vergleiche, dass der maximale Wert bei harmonischer Erregung nach DIN 4150-1 $k_{F-D} = 1/2D$ beträgt, wobei D ein integrales Dämpfungsmaß ist mit Werten für Stahlbetondecken zwischen 2 und 5%, was rechnerische Übertragungsfaktoren von 10 bis 25 ergibt. In der Praxis haben sich für k_{F-D} Werte von ca. 10 bis 15 für harmonische und von ca. 5 für stoßartige Anregungen als realistisch erwiesen.

Alternativ kann die Erschütterungsprognose direkt für die Gebäudefundamente formuliert werden. Aus einer Auswertung umfangreicher Messdaten der Landesgewerbeanstalt Bayern (LGA) und einer Regressionsanalyse stellt [93] empirische Prognosegleichungen in Abhängigkeit von der Überschreitungswahrscheinlichkeit Pü auf. Folgende allgemeine Gleichung wird angesetzt für die Abnahme der maximalen Schwinggeschwindigkeitskomponente des Fundaments v_{iF} mit der horizontalen Entfernung r:

$$v_i^F = k \frac{\sqrt{E}}{r} \qquad (26)$$

mit v_i^F in mm/s, E in Nm und r in m. Für Vibrationsrammung ergeben sich: $k = 0,25$, für Pü = 50% (Mittelwert) und $k = 0,53$ für Pü = 5%. Die Werte erfassen Geräte der Energieklassen E = 3…8 kNm.

Für Schlagrammung wurden Messdaten von Dieselbären mit maximalen Schlagenergien pro Rammschlag von 31 kNm und 67 kNm berücksichtigt. Es ergeben sich: $k = 0,078$ für Pü = 50% (Mittelwert) und $k = 0,113$ für Pü = 5%.

Für das Herstellen von Ortbetonrammpfählen (Franki-Pfähle) werden in [86] Ergebnisse von verschiedenen Bauwerksschwingungen zusammengestellt und eine konservative Ausgleichkurve für die Abnahme der maximalen Schwinggeschwindigkeit mit der Entfernung angegeben. Letztere wird hier durch folgende Gleichung approximiert:

$$v_i^F = \frac{15}{r^{0,5}}$$

mit v_i^F in mm/s und r in m.

4.2.3 Baugrundverbesserung

Hierzu existieren Angaben hauptsächlich zur Vibrationsverdichtung. In [72] wird anstatt eines Energieterms die maximale vertikale Schwingwegamplitude A einer Vibrationswalze als maßgebenden Parameter für das Erschütterungsniveau verwendet. Der Vorschlag in [72] für eine Prognosegleichung unterscheidet zwischen stationärem Betrieb der Walze mit der Betriebsfrequenz und Schwingungen beim An- und Auslauf:

Stationärer Zustand:

$$v_{Res} = k_s \sqrt{n} \left[\frac{A}{r+w} \right]^{1,5} \tag{27 a}$$

An- und Auslauf:

$$v_{Res} = k_t \sqrt{n} \left[\frac{A^{1,5}}{(r+w)^{1,3}} \right] \tag{27 b}$$

wobei v_{Res} in mm/s die Resultierende der Bodenschwinggeschwindigkeit, n die Anzahl der Bandagen, w die Bandagenbreite in m und A die nominelle Schwingungsamplitude in mm sind. Die Konstanten k_s und k_t werden in Abhängigkeit von der Überschreitungswahrscheinlichkeit Pü angegeben: k_s = 75 und k_t = 65 für Pü = 50% (Mittelwert); k_s = 276 und k_t = 177 für Pü = 5%.

Die Prognosegleichung in [93] bezieht sich auf die Fundamentschwingungen und verwendet als Parameter für die Anregungsstärke das Betriebsgewicht G der Walze:

$$v_i^F = k \frac{\sqrt{G}}{r} \tag{28}$$

mit v_i^F in mm/s, G in Mg und r in m. Die Regressionsrechnung für Geräte mit G von 6,5...12,6 Mg liefert: k = 4,31 für Pü = 50% (Mittelwert); k = 9,72 für Pü = 5%. Dieselbe Gleichung kann auch für Vibrationsplatten verwendet werden [93].

Für dynamische Verdichtung wird in [94] folgende Beziehung vorgeschlagen:

$$v_{Res} \leq 92 \left[\frac{\sqrt{m \cdot h}}{r} \right]^{1,7} \tag{29}$$

wobei v_{Res} die maximale Schwinggeschwindigkeit im Boden in mm/s, m das Fallgewicht in Mg, h die Fallhöhe in m und r die Entfernung in m sind.

Ergebnisse von Schwingungsmessungen im Zuge von Rütteldruck- und Rüttelstopfverdichtungsmaßnahmen werden in [95] ausgewertet und in Form der Gl. (26) approximiert, wobei E die Nennenergie pro Schwingungsperiode in Nm ist. Für den Proportionalitätsfaktor wird angegeben: k = 0,326, für Pü = 50% (Mittelwert) und k = 0,73 für Pü = 2,25%.

Erschütterungen, die in Zusammenhang mit der Rüttelstopfverdichtung entstehen, wurden in [72] untersucht. Unter Zugrundelegung von Gl. (25) ergibt sich δ = 1,4 und k_v = 33 für Pü = 50%, k_v = 95 für Pü = 5%.

4.2.4 Tunnelvortrieb

Hierzu existieren nur wenige Studien. Beim Einsatz von Tunnelbohrmaschinen (TBM) ist die resultierende maximale Schwinggeschwindigkeit im Allgemeinen gering (< 10 mm/s) mit Abklingraten vergleichbar mit denen aus anderen Baubetriebsaktivitäten [96]. Bei einer Entfernung von ca. 50 m werden Erschütterungen aus der TBM kaum wahrnehmbar sein und Schäden an Gebäuden sind nicht zu erwarten. Bild 15 vergleicht das Erschütterungsniveau bei verschiedenen Vortriebsverfahren bzw. Arbeitsvorgängen [97]. Deutlich erkennbar ist der Einfluss des Baugrunds, der wiederum in Zusammenhang mit der Vortriebsmethode steht. Von allen Bauvorgängen lösen Sprengungen im konventionellen Tunnelvortrieb die stärksten Erschütterungen aus, die daher auch die größte Reichweite besitzen und somit auch Bauwerksschäden außerhalb des unmittelbaren Nahbereichs hervorrufen können.

3.8 Erschütterungsschutz

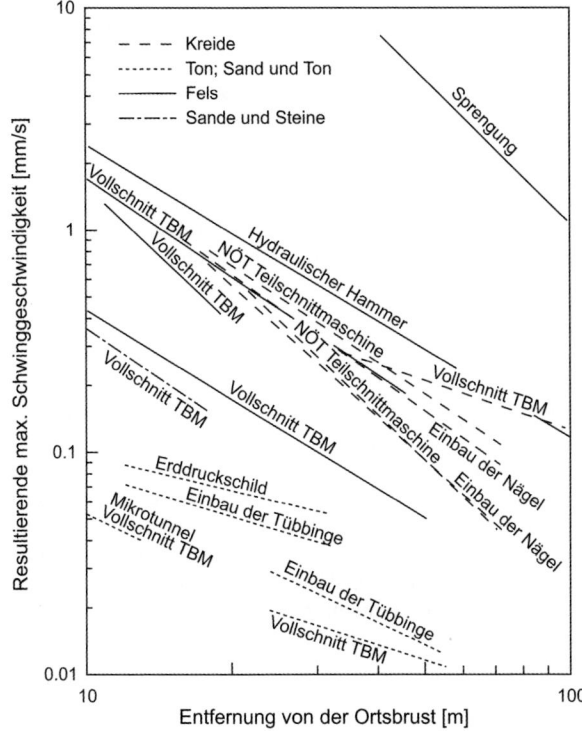

Bild 15. Resultierende maximale Schwinggeschwindigkeit bei Erschütterungen infolge Tunnelvortriebsarbeiten für verschiedene Baugrundverhältnisse [97]

Empirische Beziehungen zur Prognose haben die Form

$$v_{Res} = \frac{k}{\bar{r}^n} \tag{30}$$

wobei v_{Res} in mm/s einzusetzen ist und $\bar{r}$ die direkte Entfernung in m zwischen Quelle und Beobachtungspunkt ist. Die Studie in [72] gibt als konservative, obere Schranke k = 180 und n = 1,3 an und erwähnt gleichzeitig, dass bei weichen Böden der Faktor k bis zu einer Zehnerpotenz kleiner sein kann.

In [96] wird eine grobe Einteilung zur Anwendung bei der Vordimensionierung in Abhängigkeit von der Größe von TBM/Schild und den Baugrundverhältnissen vorgeschlagen. Mit n = 1,4 erhält man daraus für

- Fels oder dichten rolligen Boden und
  - mittleren Durchmesser k ≥ 48,
  - kleinen Durchmesser 6 ≤ k ≤ 48;
- steifen bindigen Boden und kleinen Durchmesser k ≤ 6.

Eine Auswertung neuerer Daten in [98] ergibt für harten Fels: n = 1,4 und k = 54 für Pü = 50 % (Mittelwert) bzw. k = 450 für Pü = 5 %.

5 Reduktion von Erschütterungen

5.1 Allgemeines

Werden beim Ist-Zustand bzw. bei der prognostizierten zukünftigen Situation die Richtwerte der Erschütterungen überschritten, müssen Verbesserungs- und Sanierungsmaßnahmen vorgenommen werden. Es sind generell Maßnahmen an der Quelle, entlang des Übertragungswegs oder an dem zu schützenden Objekt möglich. Dauerhafte konstruktive Maßnahmen werden bei Erschütterungen infolge von Maschinenbetrieb sowie infolge von Verkehr infrage kommen. Hierzu stehen heute ausgefallene und inzwischen technisch ausgereifte Lösungen zur Verfügung.

5.2 Maßnahmen an der Quelle

5.2.1 Erschütterungen infolge von Baubetrieb

Erschütterungen infolge von Baubetrieb sind vorübergehend, sodass sich die Maßnahmen auf die Optimierung des Verfahrens bzw. die Auswahl eines geeigneten Gerätes beschränken werden: bei Sprengausbruch durch Verringerung der Abschlagslänge, kontrollierte Sprengung mit optimierter Zündfolge [8, 99]. Beim Einbringen von Spundwänden durch Optimierung der Arbeitsfrequenz mithilfe von Vorversuchen, Verringerung der statischen Unwuchten, Einsatz von modernen, variablen, hochfrequenten Vibratoren mit im Betrieb automatisch verstellbaren Unwuchten, Anwendung von Einbringhilfen in Form einer Vorbohrung oder des Rüttelspülverfahrens bzw. durch die Wahl eines erschütterungsarmen Verfahrens mittels Spundwandpresse [100].

5.2.2 Erschütterungen infolge von Maschinenbetrieb

Die Primärmaßnahmen bestehen darin, die dynamischen Kräfte an der Maschine selbst durch Massenausgleich und Auswuchten zu reduzieren. Die Sekundärmaßnahmen stellen die eigentliche Schwingungsisolierung dar. Ziel bei der Auslegung ist, einen ausreichenden Abstand zu Resonanzphänomenen zu erreichen. Grundsätzlich kann eine Maschine hoch- oder tiefabgestimmt werden. Als Tiefabstimmung bezeichnet man den Fall, bei dem die Grundfrequenz des Unterbaus f_0 deutlich kleiner als die Betriebsfrequenz der Maschine f ist. Bei einer Hochabstimmung liegt f_0 deutlich über der größten noch wesentlichen Frequenz der dynamischen Last der Maschine. Die Theorie ist in [2, 10] erläutert.

Eine Tiefabstimmung erfolgt durch Verringerung der Steifigkeit der Maschinenaufstellung durch Untersetzen nachgiebiger elastischer Elemente, DIN 4024-1. Üblicherweise wird f > (2,5…4) f_0 gewählt, wobei die Betriebsfrequenz der Maschine oberhalb ca. 4…6 Hz liegen sollte [10]. Durch diese Abstimmungsart werden einerseits die Reaktionskräfte stark reduziert, andererseits wird das System weicher und die Schwingungsamplituden größer. Zur Sicherstellung der Funktionsfähigkeit der Maschine wird eine Verkleinerung der Amplitude des Fundaments und der Maschine durch eine Vergrößerung der Fundamentmasse erreicht. Diese sog. Beruhigungsmasse verändert nicht die Größe der nach unten übertragenen Reaktionskraft [2]. Es ist außerdem sicherzustellen, dass beim Durchfahren der Grundfrequenz und höherer Eigenfrequenzen des Unterbaus keine unzulässig hohen Amplituden entstehen. Hierzu ist ggf. eine zusätzliche Dämpfung vorzusehen. Zum Einsatz kommen Stahlfeder- sowie Elastomer-Elemente [101].

Eine Hochabstimmung (starre Aufstellung, DIN 4024-2) kommt meistens in Betracht, wenn eine Tiefabstimmung infolge der vorgegebenen Erregerfrequenz nicht möglich ist. Die

3.8 Erschütterungsschutz

dynamischen Kräfte auf die Unterkonstruktion können nicht kleiner als die statische Last werden. Da ein mit der Maschine verbundenes Bauwerk bzw. Bauteil nicht beliebig steif ausgebildet werden kann, ist diese Abstimmungsart für Werte der obersten maßgebenden Harmonischen der dynamischen Last kleiner ca. 20 Hz beschränkt [10]. Bei der Ermittlung der Grundfrequenz steifer Bauwerke ist der Einfluss der Nachgiebigkeit des Bodens zu berücksichtigen. Gegebenenfalls muss durch eine Pfahlgründung bzw. eine Baugrundverbesserung die Steifigkeit erhöht werden.

Bei Maschinen mit Impulsanregung kommt in erster Linie eine Tiefabstimmung infrage [10]. Der Maximalwert der übertragenen Restkraft ist proportional zur Eigenfrequenz f_0: $F_R = I(1+\varepsilon) 2\pi f_0$, wobei I der Erregerimpuls und ε die Stoßzahl ($\varepsilon = 0$ für plastischen und $\varepsilon = 1$ für elastischen Stoß) sind [3].

Weitere Hinweise zur Auslegung von Maschinenfundamenten findet man in [101–103]. Fundamente, die ohne zusätzliche Abfederung direkt auf dem Baugrund gegründet werden, werden in [104] behandelt.

5.2.3 Erschütterungen infolge von unter- und oberirdischem Verkehr

Durch den Ausbau der Verkehrsinfrastruktur, werden S- und U-Bahnen unterirdisch in geringer Tiefe durch dicht besiedelte Gebiete geführt. Während früher Schutzmaßnahmen einzelne Objekte betrafen, werden zunehmend ganze Stadtquartiere in geringer Tiefe durchquert, sodass sich häufig Erschütterungsschutzmaßnahmen über längere Streckenabschnitte ausdehnen. Die Maßnahmen richten sich an den jeweiligen Oberbautyp und beruhen im Wesentlichen auf der Verwendung diskreter oder flächenhafter Lagerelemente. Der Wirkungsgrad einer Maßnahme wird durch das Einfügungsdämmaß (oder Dämmleistung) beschrieben: Es gibt an, wie sich ein pauschaler Einzelwert (z. B. Luftschallpegel) oder ein Spektrum (z. B. Terzspektrum der Schwinggeschwindigkeit) infolge einer bestimmten Maßnahme (z. B. Einbau eines elastischen Elements im Oberbau) verändert. Das Einfügungsdämmaß ist keine Eigenschaft des konstruktiven Isolierelements, sondern bezieht sich auf eine Referenzsituation, die von den Eigenschaften des anstehenden Untergrunds, des Oberbausystems und des Fahrzeugs bestimmt wird.

Gemeinsames Merkmal aller Maßnahmen ist die elastische Lagerung des Fahrwegs, die durch folgende Einbauten realisiert werden kann:

- Masse-Feder-Systeme (MFS) auf Flächenlager,
- Masse-Feder-Systeme (MFS) auf Einzel- oder Streifenlagern,
- Unterschottermatten (USM),
- spezielle Schwellenschuhe, Schwellenbesohlung,
- spezielle Zwischenplatten an der Schienenbefestigung,
- elastische Schienenlager.

In den Bildern 16 bis 20 sind Prinzipskizzen dieser Systeme dargestellt. Repräsentative Frequenzgänge der Dämmwirkung werden in Bild 21 gegenübergestellt.

Maßnahmen zur Reduktion sind am effektivsten bei **unterirdischen Strecken**, wegen der wohl definierten Lagerung des Gleises auf einer relativ unnachgiebigen Unterlage (Tunnelschale). Bei den sog. Masse-Feder-Systemen wird der gesamte Oberbau unter Verwendung von Zwischenmassen elastisch gelagert. Diese bestehen aus Beton in Form von Platten oder Trögen, die sich zwischen Schiene und Federelement befinden. Die Feder können Einzellager aus Stahl oder Elastomer, Streifenlager bzw. Flächenlager in Form von Elastomermatten sein. Bei schotterlosem Oberbau wird die abgefederte Masse als Stahlbetonplatte ausgebildet, deren Dicke aus den Anforderungen hinsichtlich Abstimmfrequenz und Verfor-

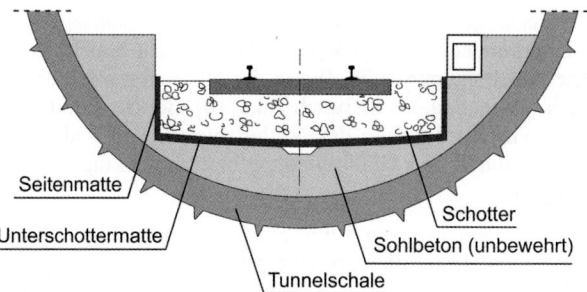

Bild 16. Schotteroberbau im Tunnel mit Unterschottermatte (Prinzipskizze)

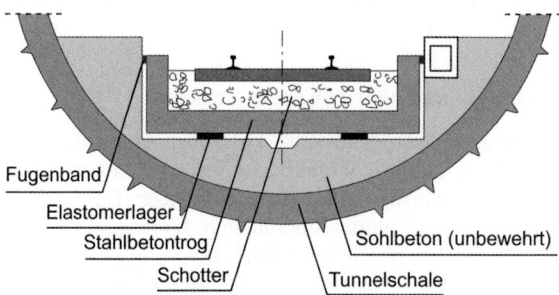

Bild 17. Schotteroberbau in Trogbauweise im Tunnel als Masse-Feder-System mit Elastomer-Streifen (Prinzipskizze)

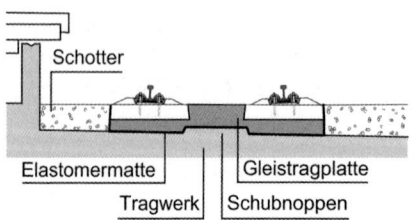

Bild 18. Feste Fahrbahn auf vollflächigen Elastomerlagern (Prinzipskizze)

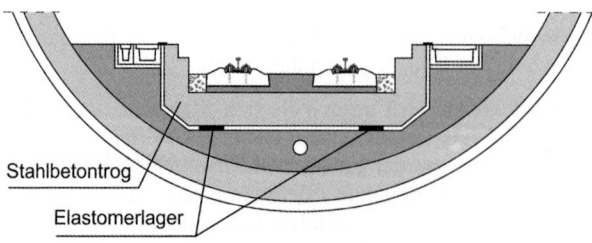

Bild 19. Feste Fahrbahn in Trogbauweise im Tunnel mit Masse-Feder-System aus elastischen Streifenlagern (Prinzipskizze)

3.8 Erschütterungsschutz

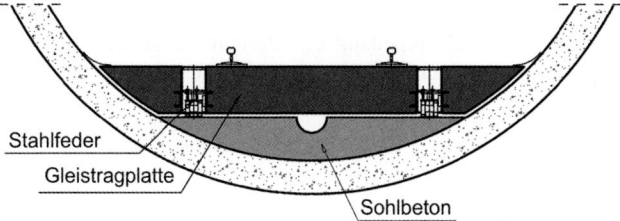

Bild 20. Schotterloser Oberbau auf Stahlschraubenfedern als schweres Masse-Feder-System (Prinzipskizze)

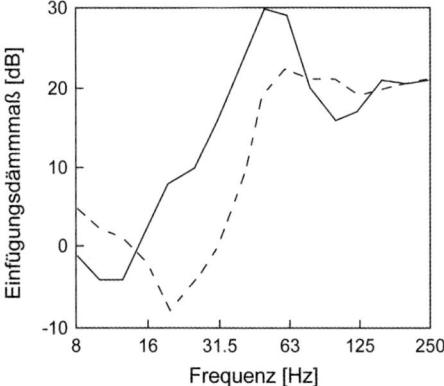

Bild 21. Einfügedämmmaß einer Unterschottermatte (USM) und eines als Masse-Feder-System (MFS) ausgebildeten schotterlosen Oberbaus, jeweils gemessen an der Tunnelwand [26]
– – – USM: S-Bahn-Tunnel München
——— MFS: Flughafentunnel Frankfurt

mungsverhalten gewählt wird. Durch den Einbau von Schraubenfederelementen vollständig innerhalb der Fahrbahnplatte kann die Höhe des Oberbaus und dadurch auch der Tunnelquerschnitt deutlich verringert werden. Bei Schottergleisen wird ein Stahlbetontrog hergestellt, in dem das normale Schottergleis eingebettet ist. Die Plattenlängen variieren je nach Bauart, wobei große Plattenlängen schwingungstechnisch vorteilhaft sind. Masse-Feder-Systeme mit Schotteroberbau benötigen mehr Bauhöhe und sind deshalb weniger wirtschaftlich. Außerdem liefert der Schotter keinen Beitrag zur Biegesteifigkeit der Gleistragplatte und der Schotter besitzt nur 75 % der Dichte von Beton. Bei identischen Anforderungen an die zulässige Krümmung der Gleistragplatte und an die Abstimmfrequenz kann ein Masse-Feder-System mit Fester Fahrbahn deshalb mit deutlich geringerer Bauhöhe realisiert werden.

Bei diskreter Lagerung erfolgt die Modellierung in guter Näherung mittels eines Einmassenschwingers auf Feder und Dämpfer auf starrer Unterlage. Eine Minderung der Anregung findet erst oberhalb eines Abstimmungsverhältnisses (Erregerfrequenz zu Eigenfrequenz) $> \sqrt{2}$ statt, d. h. dass z. B. bei einem 7 Hz Masse-Feder-System die Frequenzen ab 10 Hz reduziert werden. Die Eigenfrequenz wird aus $f_0 = (1/2\pi)\sqrt{(k/m)}$ aus der Federsteifigkeit k und der aufliegenden Masse m bestehend aus der anteiligen Zwischenmasse und der unabgefederten effektiven Radsatzmasse berechnet. Die Nachgiebigkeit der Unterkonstruktion bleibt somit unberücksichtigt.

Bei Anordnung von Unterschottermatten direkt unterhalb der Schotterschicht erfolgt die Berechnung des Einfügedämmmaßes anhand eines Modells, bestehend aus dem oberhalb der

Matte anstehenden System aus Radsatz, Schiene, Schwelle und Schotter mit der Impedanz Z_i, gelagert auf der Unterschottermatte mit der Impedanz Z_M. Darunter folgt die Unterlage mit der Abschlussimpedanz Z_T, die im Falle einer Tunnelsohle im Vergleich zu Z_i sehr groß ist [26]:

$$\Delta L_e = 20 \cdot \lg\left[1 + \frac{i \cdot \omega/s_M}{1/Z_i + 1/Z_T}\right] \text{ [dB]} \tag{31}$$

Darin sind i die imaginäre Einheit, ω die Kreisfrequenz und s_M die komplexe Steifigkeit der Matte mit

$$s_M = \tilde{s}_M \cdot S_w \cdot (1 + i \cdot d_M) \tag{32}$$

wobei $\tilde{s}_M$ die dynamische Steifigkeit und d_M die Dämpfung der Matte sind, und S_w eine wirksame Fläche, die aus dem wirksamen Lastkegel unterhalb der Schwelle berechnet wird [105].

Für die Quellimpedanz wird näherungsweise angesetzt:

$$\frac{1}{Z_i} = \frac{i \cdot \omega}{s_S}\left[1 - \left(\frac{\omega_0}{\omega}\right)^2\right] \tag{33}$$

Darin sind s_S die Schottersteifigkeit und ω_0 eine Resonanzfrequenz, die für üblichen Gleisrost und Schotterbett nach der Beziehung $\omega_0 \approx \sqrt{s_S/m}$ berechnet wird, wobei m die abgefederte Radsatzmasse ist. Die Anwendung von Gl. (33) für typische Werte der Mattensteifigkeit $s_M = 55 (1 + i \cdot 0{,}2)$ in MN/m und Schotterschicht $s_S = 500 (1 + i \cdot 0{,}5)$ in MN/m ergibt eine gute Übereinstimmung mit Messungen für Frequenzen oberhalb von ca. 8 Hz. Darunter zeigt die Messung eine deutliche Dämmleistung, während gemäß Berechnungsmodell die Dämmleistung verschwindet [26]. In einem anderen Projekt zeigen die Messungen höhere Dämmleistungen über den gesamten Frequenzbereich [106].

Durch Einsatz eines großen Schwingungsgenerators kann vor der Inbetriebnahme des Tunnels der Schienenverkehr simuliert werden und eine Optimierung der Isoliermaßnahme, die von den Baugrundverhältnissen und der Lage des Tunnels abhängt, anhand von Messungen an ausgewählten Gebäuden an der Oberfläche vorgenommen werden [107].

Die praktisch realisierbaren Abstimmfrequenzen f_0 lauten: Elastische Schienenbefestigung $f_0 \geq 30$ Hz; elastische Schwellenlager $f_0 \geq 25$ Hz; Unterschottermatten $f_0 \geq 15$ Hz; Masse-Feder-Systeme $f_0 \geq 5$ Hz. Die Wirksamkeit nimmt mit steigender Abstimmfrequenz ab.

Masse-Feder-Systeme (MFS) in Trogbauweise, wie oben beschrieben, können bezüglich ihrer Masse und Dämmwirkung folgendermaßen klassifiziert werden:

- leichtes MFS   mit m < 4 t/m, f_0 > 15 Hz
- mittleres MFS   mit m < 8 t/m, f_0 < 14 Hz
- schweres MFS   mit m > 8 t/m, f_0 < 10 Hz

Eine weitere Einteilungsmöglichkeit lautet: schweres MFS mit $f_0 = 5\ldots12$ Hz; leichtes MFS mit $f_0 = 12\ldots18$ Hz.

Der Vergleich von tieffrequenten Masse-Feder-Systemen ($f_0 < 10$ Hz) und Unterschottermatten zeigt, dass die Dämmwirkung im Frequenzbereich von ca. 20 bis 63 Hz aufgrund der wesentlich tieferen Abstimmung der Masse-Feder-Systeme beträchtlich größer ist. Bei höheren Frequenzen zeigen beide Systeme die gleiche Dämmwirkung. Schwere MFS stellen somit die Maßnahme für die direkte Reduktion des Erschütterungsniveaus dar, wogegen mit

3.8 Erschütterungsschutz

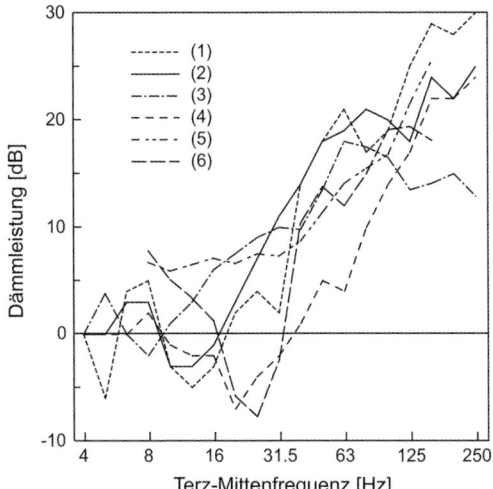

Bild 22. Typische Frequenzgänge der Dämmleistung von Masse-Feder-Systemen (MFS) [106].
MFS Einzellager: (1) Bochum-Langendreer, (2) Rämistrasse, (3) NBS Köln-Rhein/Main;
MFS Flächenlager: (4) First Church, (5) Kaponig-F3, (6) Melk

leichten (hochfrequenten) Masse-Feder-Systemen bzw. Unterschottermatten in der Regel der Sekundärluftschallschutz betrieben wird.

Eine vergleichende Auswertung gebauter Masse-Feder-Systeme wird in [106] vorgenommen: Systeme mit einer Abstimmfrequenz $f_0 < 10$ Hz wurden nur durch Einzellagern realisiert, mit $f_0 < 7$ Hz nur mit Stahlfedern. Zwischen 10 und 15 Hz wurden Systeme mit Einzellagern, Streifenlagern sowie flächig gelagerte MFS-Systeme erfasst. Über 15 Hz sind alle Systeme flächig oder auf Streifen gelagert. Typische Frequenzgänge der Einfügedämmmaße der untersuchten Systeme sind in Bild 22 dargestellt. Mit tieffrequenten, (schweren) Masse-Feder-Systemen kann ein Dämmmaß von 15 bis 20 dB bei 50 Hz erreicht werden. Sehr wirksame mittelfrequente Systeme können ebenfalls diesen Wirkungsgrad zeigen. Die Dämmleistung hochfrequenter (leichter) Masse-Feder-Systeme bei 50 Hz liegt deutlich niedriger. Erkennbar ist in vielen Fällen auch die Eigenfrequenz des Masse-Feder-Systems, wo die Dämmleistung ein Minimum erreicht und danach steil ansteigt. Bei den tieffrequenten Masse-Feder-Systemen liegt dieses Minimum im Terzband von 10 oder 12,5 Hz. Die Dämmleistung pendelt unterhalb der Eigenfrequenz mit relativ großer Streuung um 0 dB.

Gemessene Dämmleistungskurven von Unterschottermatten sind ebenfalls in [106] gegenübergestellt (Bild 23). Diese haben folgende charakteristische Eigenschaften:

– minimale Dämmleistung in den Terzbändern 20 bis 40 Hz,
– absolutes oder lokales Maximum der Dämmleistung in den Terzbändern 63 bis 100 Hz,
– beste Wirksamkeit in den hohen Frequenzen bei Tunnel im Fels,
– geringe Verstärkung im Eigenfrequenzbereich.

Beim Vergleich „vorher – nachher" darf nicht außer Acht gelassen werden, dass in Verbindung mit dem Einbau der Matten meistens eine Erneuerung des Gleises bzw. des Schotterbettes erfolgt und dadurch auch eine Verminderung des Erschütterungsniveaus erzielt wird.

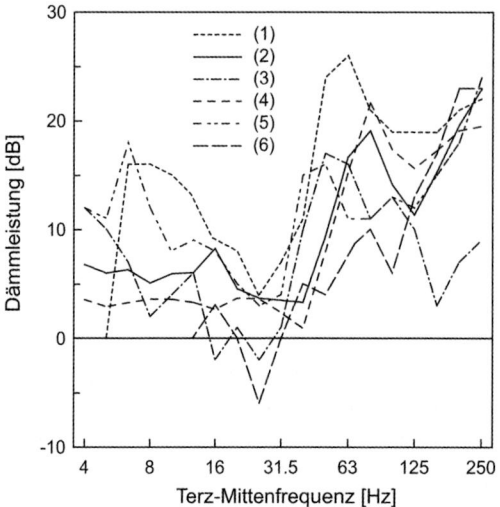

Bild 23. Typische Frequenzgänge der Dämmleistung von Unterschottermatten [106]: (1) Stadttunnel Aarau, (2) St. Aubin, (3) Rosenbergtunnel, (4) Vaumarcus, (5) Stadttunnel Zug, (6) Limmatunterquerung

Die Anwendung der obigen Arten von Minderungsmaßnahmen werden in den folgenden Arbeiten projektbezogen beschrieben: Masse-Feder-Systeme mit Elastomerlager bei [26, 108–115]; Masse-Feder-Systeme mit Schraubenfederelementen in [116–118]; Unterschottermatten in [26, 119, 120].

Bei **oberirdischen Strecken** sind – wegen der Nachgiebigkeit des Planums und der natürlichen Variabilität der Baugrundeigenschaften – die Effekte der Wechselwirkung zwischen Oberbau und Untergrund nur schwer mit hinreichender Genauigkeit zu quantifizieren. Durch Planumsverbesserungen und/oder den Einbau zusätzlicher Tragschichten (Asphalt, Beton) eventuell in Verbindung mit Unterschottermatten lässt sich das Erschütterungsniveau verringern. Bei Anwendung von Unterschottermatten müssen diese aus fahrdynamischen Gründen und zur Sicherstellung der erforderlichen Schotterstabilität eine gewisse Mindeststeifigkeit gewährleisten. Zusätzlich muss eine seitliche Abstützung des Schotters eingebaut werden. Zur Begrenzung der Schienenspannungen und Einsenkungen muss die Steifigkeit des Unterbaus – abhängig von Achslasten und Maximalgeschwindigkeit des Zugverkehrs – vorgegebene Mindestwerte einhalten. Hierzu existieren nur wenige Projektbeispiele bzw. Versuchsstrecken. Derartige Lösungen haben – wegen der geminderten Wirkung im Vergleich zu Tunnelstrecken und der meist geringen Anzahl von betroffenen Gebäuden in der Umgebung – ein hohes Kosten-Nutzen-Verhältnis. Zudem ist bei offenen Strecken eher der primäre Luftschall maßgebend, während bei Tunneln infolge der meist großen Untergrundsteifigkeit der sekundäre Luftschall dominiert.

Bei schotterlosen Oberbauarten für Bahn bzw. Tramlinien auf festem Untergrund können Masse-Feder-Systeme eingebaut werden [110]. Eine interessante Lösung wurde bei der Straßenbahn in Basel realisiert: Der Erschütterungsschutz erfolgt durch ein schweres Masse-Feder System von 5 Hz bestehend aus einer auf Stahlfedern gelagerten schweren Betonplatte. Da neben den tiefen auch sehr hohe Frequenzen unterdrückt werden mussten, wurden zusätzlich als leichtes MFS zwischen Gleisbeton und Hauptplatte Elastomermatten eingebaut [121].

3.8 Erschütterungsschutz

Eine weitere Minderungsmaßnahme stellt der Einbau elastischer Elemente dar: Elastische Zwischenlagen mit einer definierten Steifigkeit direkt unter dem Schienenfuß bei Schotteroberbau-Systemen; Hochelastische Zwischenplatten bei Feste-Fahrbahn-Systemen; Schwellensohlen an der Schwellenunterseite beim Schotteroberbau. Die Abstimmfrequenzen sind aufgrund der geringen Masse hoch und die Dämmleistung gering. Die genaue Wirkungsweise ist noch nicht ausreichend erforscht [26, 122].

5.3   Maßnahmen auf dem Übertragungsweg im Boden

Gezielte konstruktive Maßnahmen entlang des Übertragungswegs im Boden sind oftmals relativ teuer, sodass sie – wie auch die verhältnismäßig geringe Anzahl von Anwendungen beweist – nur im Einzelfall angezeigt sind. Da der Großteil der erzeugten Energie in Form von Rayleighwellen abgestrahlt wird, ist es naheliegend, den Übertragungsweg an der Oberfläche (bis zu einer Tiefe von ca. 15 m) mithilfe von Schlitzen, die entweder offen bleiben oder verfüllt werden, zu unterbrechen [123, 124]. Die damit verbundenen Wellenausbreitungsphänomene wurden anhand von mehreren analytischen Studien systematisch untersucht [35, 125–128] und durch Modellversuche ergänzt [124, 129, 130].

Es hat sich gezeigt, dass offene Schlitze einen bedeutend besseren Abschirmeffekt erzielen als steife Wände. Der maximale Isolierungseffekt einer Abschirmung im Übergang zwischen zwei elastischen Medien (Reflexion der Schwingungsenergie) ergibt sich aus folgender Beziehung für eine normal zur Trennfläche einfallende Raumwelle:

$$E_{Refl} = \frac{(I_2 - I_1)^2}{(I_2 + I_1)^2} \qquad (34)$$

wobei I_1 die Impedanz des umgebenen Bodens und I_2 die Impedanz des Abschirmmaterials ist. Als Impedanz wird das Produkt aus Dichte und Wellenausbreitungsgeschwindigkeit bezeichnet. Ein offener Schlitz ($I_2 \ll I_1$) entspricht einem hohen Impedanzunterschied und bewirkt daher einen viel größeren Isolierungseffekt als z. B. eine steife Wand ($I_2 > I_1$).

Der Abschirmeffekt wird oft als Abschirmfaktor A_R angegeben, wobei die mittlere reduzierte vertikale Amplitude längs einer senkrecht zum Schlitz verlaufenden Messachse mit der ursprünglichen Amplitude verglichen wird [124, 131]:

$$A_R = \frac{\text{Amplitude mit Abschirmung}}{\text{Amplitude ohne Abschirmung}}$$

Die Mittelung der Amplitude hinter dem Isolierkörper erfolgt üblicherweise über eine Entfernung gleich der 5-fachen Rayleighwellenlänge λ_R. Die relevanten geometrischen Parameter sind die Breite b und Tiefe t des Schlitzes. Bei einem schmalen, offenen Schlitz ergibt sich die in Bild 24 dargestellte Variation von A_R mit der normierten Tiefe t/λ_R. Bei einer Schlitztiefe von mindestens einer Rayleighwellenlänge liegt der Abschirmfaktor A_R bei 0,2. Der Einfluss der Poissonzahl ist unwesentlich. Bei verfüllten Schlitzen ist der maßgebende Einflussparameter die auf das Quadrat der Rayleighwellenlänge bezogene Querschnittsfläche des Schlitzes oder Störkörpers, $\bar{A} = b \cdot t/(\lambda_R)^2$. Ergebnisse numerischer Berechnungen liegen auf einem schmalen Band, das in Bild 24 als Kurve dargestellt ist. A_R nimmt mit wachsender bezogener Tiefe der Betonwand zu, und zwar umso stärker, je breiter der Störkörper ist. Demnach hat eine schlanke, tiefe Wand dieselbe Abschirmwirkung wie eine flache Platte an der Erdoberfläche, wenn diese Einbauten dieselbe Querschnittsfläche aufweisen.

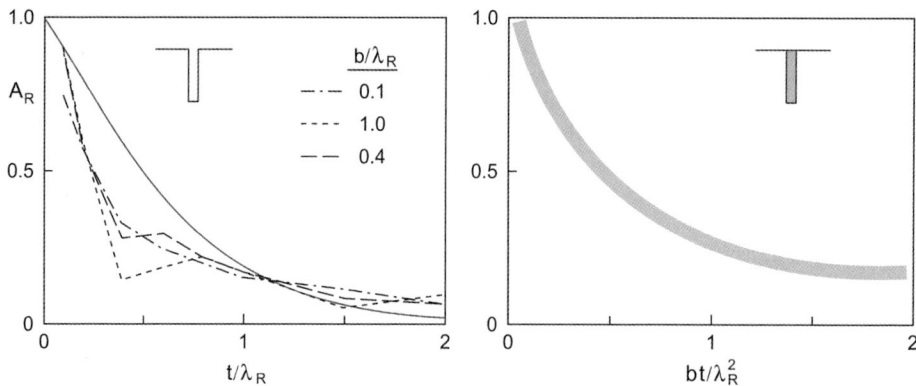

Bild 24. Amplitudenreduktionsfaktor für einen offenen Schlitz nach [126] (links) und für einen Betonkörper nach [124] (rechts). Im linken Bild stellt die durchgezogene Linie die vereinfachte Lösung nach [123] dar

Die Abschirmwirkung nimmt bei Verringerung des Abstands zur Wellenquelle zu. Rückt eine tiefe Wand bis auf eine Entfernung von $\lambda_R/5$ an das schwingende Fundament heran, kann es zu einer Verbesserung der für das Fernfeld geltenden Abschirmwirkung um bis zu 40 % kommen [124].

Die auch bei gleichmäßig gelagerten Böden beobachtete Zunahme der Steifigkeit mit der Tiefe führt zu Refraktionen in den tiefer liegenden steiferen Bodenschichten, infolge dessen die erforderliche Schlitztiefe größer als beim homogenen Boden ist. Betroffen ist insbesondere die horizontale Komponente der Schwingungsamplitude (Bild 25) [128]. Bei geschichteten Böden müssen gesonderte Untersuchungen durchgeführt werden, da Schwingungen bestimmter Frequenzen verstärkt werden können. Man beachte, dass bei der Dimensionierung einer Vibrationsabschirmungsmaßnahme bei der Schlitztiefe sowohl die Wellenlänge der Bodenschwingungen als auch die Eigenfrequenz (Resonanzfrequenz) des beeinflussten Objekts berücksichtigt werden müssen.

Die baupraktische Realisierung von offenen Schlitzen ist kaum möglich, da die Standsicherheit von offenen Schlitzen im Lockergestein nicht ausreichend ist. Mit Flüssigkeit (Wasser oder Bentonit) gefüllte Schlitze können in bebauten Gebieten als dauerhafte Lösung nicht angewendet werden. Nachgiebiges Verfüllmaterial, wie z. B. Styropor, hat zwar im unbelasteten Zustand geringes Raumgewicht und niedrige Steifigkeit, wird jedoch durch den Erddruck im Schlitz zusammengepresst und in seiner Steifigkeit erhöht, und verliert dadurch einen Großteil der Abschirmwirkung.

Ein bereits erprobtes Verfahren zur Herstellung eines permanenten Bodenschlitzes mit niedriger Impedanz bis zu großen Tiefen basiert auf dem Konzept der gasgefüllten Abschirmmatten [131]. Die Abschirmmatten bestehen aus einem Geotextilgewebe mit horizontalen Taschen, in die Zylinder aus flexiblem Plastik-Aluminium-Laminat eingeführt werden. Vor dem Einbau werden die einzelnen Zylinder mit Gas gefüllt und danach versiegelt. Der Gasdruck wird dem Erddruck individuell angepasst. Die Anordnung der Zellen im Geotextilgewebe ergibt einander vertikal überlappende Zellen. Die Abschirmmatten werden in Bodenschlitze eingebaut, die mit einer selbst erhärtenden Suspension aus Zement und Bentonit gefüllt sind. Es bildet sich somit eine Art Dichtwand, deren Eigenschaften einem steifen Tonboden entsprechen. Aus einer größeren Zahl von Messungen in

3.8 Erschütterungsschutz

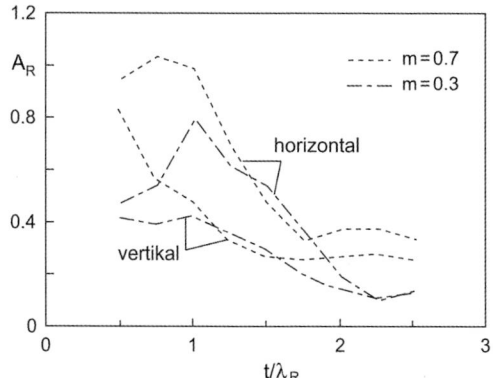

Bild 25. Amplitudenreduktionsfaktor für einen offenen Schlitz im Boden, dessen Schubmodul G mit der Tiefe z zunimmt; $G(z) = G_0 (1+m \cdot z)$ mit $G_0 = 24{,}8$ MPa, m variabel, Dichte $\rho = 1{,}8$ Mg/m^3, Poissonzahl $\nu = 0{,}33$, bei einer Frequenz $f = 50$ Hz [128]

verschiedenen Böden in natürlichem Maßstab wird in [131] gefolgert, dass ein Faktor $A_R = 0{,}3\ldots 0{,}5$ erwartet werden kann, sofern der Schlitz mindestens eine Rayleighwellenlänge tief ist.

Eine weitere, praktikable und kostengünstige Alternative wurde neulich in [132] vorgeschlagen: Als Isoliermaterial wird ein spezielles Zweikomponenten-Kunstharz verwendet, das ohne Bodenaushub in den Boden durch Injektion eingebracht wird. Erste Versuche bestätigten die Anwendbarkeit und Wirksamkeit des Verfahrens.

5.4 Maßnahmen am Gebäude

Schutzmaßnahmen an Gebäuden erfolgen in Form einer Gebäudeabfederung mit einer Änderung der Auflagerverhältnisse und somit auch des Schwingverhaltens. Sie werden erforderlich bei unmittelbarer Nähe des Gebäudes zur Bahntrasse bzw. bei direkter Tunnelüberbauung, da meistens eine Veränderung der Immissionssituation des Gebäudes durch Variation der Decke nur begrenzt möglich ist [133–136]. Als Abschirmelemente kommen speziell dimensionierte Stahlfedern oder Elastomerlager infrage. Die Steifigkeit des Dämmmaterials ergibt sich aus den zulässigen statischen Kontaktspannungen und Verformungen, wobei die Verteilung der abzutragenden Lasten möglichst gleichmäßig sein sollte und sich somit an den verschiedenen Positionen in etwa die gleiche Einfederung einstellt.

Diese Lager werden meist in einer zuvor definierten, horizontalen Trennfuge im Gebäude angeordnet, z. B. an der Unterkante der Kellerdecke. In Bereichen unterhalb des Grundwassers, müssen Abdichtungsmaßnahmen vorgesehen werden.

Flächige oder streifenförmige Elastomerlager werden meistens gegen sekundären Luftschall verwendet. Die Abstimmfrequenz variiert je nach Materialsteifigkeit und Mattendicke zwischen 8 und 25 Hz, wodurch Schwingungen ab ca. 30 Hz abgemindert werden können. Mit bewehrten Elastomelagern als Punktlager können Abstimmfrequenzen von etwa 5 bis 8 Hz erreicht werden und geben bei U-Bahnen einen ausreichenden Schutz hinsichtlich der Einwirkung auf Menschen. Bei tieffrequenter Anregung sind dagegen Stahlfederelemente mit Abstimmfrequenzen von 3…5 Hz erforderlich. Die Stahlfedern besitzen definierte Steifigkeiten in allen Raumrichtungen, sodass auch Horizontalkräfte, z. B. aus Wind, aufgenommen werden können. Wegen der geringen inneren Dämpfung der Stahlfedern werden parallele, viskose Dämpferelemente eingebaut. Die Stahlfedern können vorgespannt installiert und nach Fertigstellung des Gebäudes gelöst werden. Dadurch wird gewährleistet, dass die Federelemente während der Bauphase praktisch einer starren Lagerung entsprechen und bereits die Höhe haben, die unter voller Last entsteht [137].

Zusätzlich können die im Erdreich liegenden Gebäudewände mittels Elastomermatten vom Erdreich entkoppelt werden [120]. Weiterhin besteht die Möglichkeit, unterhalb der Kellersohle Elastomermatten anzuordnen [138]. Dadurch wird zwar ein Schutz des Kellers erzielt, die Wirkung in den Geschossen ist jedoch geringer im Vergleich zum Einbau von Einzellagern unter der Kellerdecke. Demgegenüber ist der Herstellungsaufwand verhältnismäßig gering. Bedingt durch die nachgiebige Lagerung ist in diesem Fall die erzielbare Dämmwirkung eher durch das Verhältnis der komplexen Steifigkeiten (insbesondere der Dämpfungsparameter) von Baugrund und Elastomermatte als durch eine Abstimmfrequenz bestimmt.

6   Literatur

[1] Bachmann, H., Ammann, W. J., Deischl, F. et al.: Vibration Problems in Structures; Practical Guidelines. Birkhäuser, Basel, Boston, Berlin, 1995.
[2] Kramer, H: Angewandte Baudynamik. Ernst & Sohn, Berlin, 2007.
[3] Guggenberger, J., Müller, G. H.: Erschütterungen. In: Taschenbuch der Technischen Akustik (Hrsg.: Müller, G., Möser, M.), S. 767–798. Springer-Verlag, Berlin, 2004.
[4] Gottlob, D., Vogelsang, B.: Beurteilung von Schallimmissionen – Vorschriften – Normen – Richtlinien. In: Taschenbuch der Technischen Akustik (Hrsg.: Müller, G., Möser, M.), S. 103–148. Springer-Verlag, Berlin, 2004.
[5] Krüger, F.: Sekundärschall – Prognose und Bewertung. VDI-Berichte Nr. 1941, S. 85–102, 2006.
[6] Rutishauser, G.: Erschütterungsschutz in der Schweiz, Entwicklung und Zukunft – Immissionsrichtwerte und technische Anforderungen. VDI-Berichte Nr. 1941, S. 695–706, 2006.
[7] Said, A., Grütz, H.-P., Garburg, R.: Ermittlung des sekundären Luftschalls aus dem Schienenverkehr. Lärmbekämpfung 53/1 (2006), S. 12–18.
[8] Dowding, C. H.: Construction Vibrations. Prentice Hall, Upper Saddle River, 1996.
[9] Massarsch, K. R., Broms, B. B.: Damage criteria for small amplitude ground vibrations. Proc. Second Int. Conf. on Recent Advances in Geotechnical Earthquake Engineering and Soil Dynamics, St. Louis, Missouri, 1991, Vol. 2, pp. 1451–1459.
[10] Bachmann, H., Ammann, W.: Schwingungsprobleme bei Bauwerken – durch Menschen und Maschinen induzierte Schwingungen. Int. Assoc. for Bridge and Structural Engineering (IABSE), Zürich, 1987.
[11] Flesch, R.: Baudynamik praxisgerecht, Bd. I: Berechnungsgrundlagen. Bauverlag, Wiesbaden, Berlin, 1993.
[12] Studer, J. A., Laue, J., Koller, M. G.: Bodendynamik – Grundlagen, Kennziffern, Probleme und Lösungsansätze. Springer-Verlag, Berlin, 2007.
[13] Siskind, D. E., Stagg, M. S., Kopp, J. W., Dowding, C. H.: Structure Response and Damage Produced by Ground Vibration from Surface Mine Blasting. Report of Investigations 8507, United States Bureau of Mines, Washington, 1980.
[14] Woods, R. D.: Dynamic Effects of Pile Installation on Adjacent Structures. Synthesis of Highway Practice 253, National Academy Press, Washington, D. C., 1997.
[15] Massarsch, K. R.: Settlements and damage caused by construction-induced vibrations. In: Wave 2000. Wave propagation – Moving load – Vibration reduction (Eds.: Chouw, N., Schmid, G.), pp. 299–315, Balkema, Rotterdam, 2000.
[16] Mahutka, K.-P., Grabe, J.: Zur Abschätzung von Erschütterungen und Sackungen in der Umgebung von Rammarbeiten. VDI-Berichte Nr. 1941, S. 71–84, 2006.

3.8 Erschütterungsschutz

[17] Lacy, H. S., Gould, J. P.: Settlement from pile driving in sands. In: Vibration Problems in Geotechnical Engineering (Eds.: Gazetas, G., Selig, E. T.), pp. 152–173. ASCE, New York, 1985.

[18] Rosenquist, M. O.: Schwingungsmessungen. In: Angewandte Baudynamik (Hrsg.: Kramer, H.), S. 241–261. Ernst & Sohn, Berlin, 2007.

[19] Schalk, M., Henkel, F.-O., Lerzer, M.: Erschütterungsüberwachung bei Baumaßnahmen. Bautechnik 81 (2004), S. 268–278.

[20] Trombik, P.: Erschütterungen und abgestrahlter Körperschall entlang unter- und oberirdischen Bahnstrecken. In: Vibrationen: Ursachen, Messung, Analyse und Maßnahmen. D-A-CH Tagung, Zürich, SIA-SGEB D079, S. 49–56, 1991.

[21] Ziegler, A., Zach, A., Rutishauser, G., Trombik, P.: Erschütterungsimmissionen bei Bahnlinien – VIBRA 1-2-3: Systematische Verknüpfung von Messungen mit Berechnungen. In: Aktuelle Probleme des Erdbebeningenieurwesens und der Baudynamik, 4. D-A-CH Tagung, Graz, S. 35–48, 1995.

[22] GuD Geotechnik und Dynamik GmbH: Persönliche Mitteilung, 2008.

[23] Huber, G.: Erschütterungsausbreitung beim Rad/Schiene-System. Veröffentlichung des Instituts für Bodenmechanik und Felsmechanik der Universität Karlsruhe, Heft 115, 1988.

[24] Melke, J.: Erschütterungen und Körperschall des landgebundenen Verkehrs. Prognose und Schutzmaßnahmen. Landesamt für Immissionsschutz Nordrhein-Westfalen, Materialien Nr. 22, Essen, 1995.

[25] Rücker, W. F., Auersch, L., Said, S., Krüger, M.: Reduzierung von Schienenverkehrserschütterungen, D-A-CH Tagung, SGEB/DGEB/OeGE, S. 117-122, 1997.

[26] Wettschureck, R. G., Hauck, G., Diehl, R. J., Willenbrink, L.: Geräusche und Erschütterungen aus dem Schienenverkehr. In: Taschenbuch der Technischen Akustik (Hrsg.: Müller, G., Möser, M.), S. 483–584. Springer-Verlag, Berlin, 2004.

[27] Auersch, L.: Schottergleis und Feste Fahrbahn. Fahrzeug-Fahrweg-Dynamik und Erschütterungsemissionen – Komplexe Messungen und Berechnungen. EI – Eisenbahningenieur 57/4 (2006), S. 8–18.

[28] Rücker, W., Auersch, L., Gerstberger, U., Meinhardt, C.: Praxisgerechtes Prognoseverfahren für Schienenverkehrserschütterungen. Schlussbericht zum BMBF-Vorhaben Nr. 19U0039B, BAM, Berlin, 2006.

[29] Jaquet, T., Heiland, D., Rutishauser, G., Garburg, R.: Nord-Süd-Verbindung in Berlin – Baudynamik bei 15 km Masse-Feder-Systemen. EI – Eisenbahningenieur 57/9 (2006), S. 54–64.

[30] Faust, B., Sarfeld, W., Fritsche, M.: Numerische Simulation eines Überrollvorganges für ein Gleissystem auf geschichtetem Baugrund. Vorträge der Baugrundtagung 1998 in Stuttgart, S. 445–455, 1998.

[31] Bornitz, G.: Über die Ausbreitung der von Großkolbenmaschinen erzeugten Bodenschwingungen in die Tiefe. J. Springer, Berlin, 1931.

[32] Deutsche Gesellschaft für Geotechnik e. V. (DGGT): Empfehlungen des Arbeitskreises Baugrunddynamik, 2002.

[33] Vrettos, C.: Bodendynamik. In: Grundbau-Taschenbuch, Teil 1: Geotechnische Grundlagen, S. 451–500. Ernst & Sohn, Berlin, 2008.

[34] Gerstberger, U., Auersch, L., Meinhardt, C., Rücker, W.: Ein einfach handhabbares Prognoseprogramm für Schienenverkehrserschütterungen. VDI-Berichte Nr. 1941, S. 19–28, 2006.

[35] Auersch, L., Said, S., Rücker, W. F.: Schwingungsminderung zwischen Quelle und Empfänger. VDI-Berichte Nr. 1941, S. 425–434, 2006.

[36] Tamborek, A: Erschütterungsausbreitung vom Rad/Schiene-System bei Damm, Einschnitt und Ebene. Veröffentlichung des Instituts für Bodenmechanik und Felsmechanik der Universität Karlsruhe, Heft 127, 1992.

[37] Rutishauser, R. Vibrations of traffic, from the source to the recipient – the problem of resonances. In: 7. Congrès Français d' Acoustique (CFA) und 30. Deutsche Jahrestagung für Akustik (DAGA), Strasbourg, pp. 1083–1084, 2004.

[38] Gazetas, G.: Foundation Vibrations. In: Foundation Engineering Handbook (Ed.:Fang, H. Y.), pp. 553–593. Van Nostrand Reinhold, New York, 1991.

[39] Rücker, W., Said, S.: Einwirkung von U-Bahnerschütterungen auf Gebäude; Anregung, Ausbreitung und Abschirmung. In: Workshop Wave '94, Wave Propagation and Reduction of Vibrations (Eds.: N. Chouw, N., Schmid, G.), S. 59–78. Ruhr Universität Bochum, 1994.

[40] Triantafyllidis, T., Neidhart, T.: Diffraction effects between foundations due to incident Rayleigh waves. Earthquake Engng. Struct. Dyn. 18 (1989), pp. 815–835.
[41] Auersch, L. Zur praxisorientierten Berechnung der Steifigkeit und Dämpfung von Fundamenten und Fahrwegen. In: D-A-CH Tagung Erdbebenwesen und Baudynamik, Innsbruck (Hrsg.: Niederwanger, G.), S. 225–232, 2001.
[42] Meinhardt, C.: Einflussgrößen für das Schwingungsverhalten von Gebäuden zur Prognose von Erschütterungsimmissionen, Dissertation, Technische Universität Berlin, 2008.
[43] Wong, H. L., Luco, J. E.: Tables of impedance functions for square foundation on layered media. Soil Dynamics & Earthq. Eng. 4 (1985), pp. 64–81.
[44] Gucunski, N., Peek, R.: Vertical vibrations of circular flexible foundations on layered media. Soil Dynamics & Earthq. Eng. 12 (1993), pp. 183–192.
[45] Waas, G., Werkle, H.: Schwingungen von Fundamenten auf inhomogenem Baugrund. In: VDI-Berichte Nr. 536, S. 349–366, 1984.
[46] Vrettos, C.: Vertical and rocking impedances for rigid rectangular foundations on soils with bounded nonhomogeneity. Earthquake Engng. Struct. Dyn. 28 (1999), pp. 1525–1540.
[47] Gazetas, G., Fan, K., Kaynia, A. M., Kausel, E.: Dynamic interaction factors for floating pile groups. J. Geotech. Eng. Div. ASCE 117 (1991), pp. 1531–1548.
[48] Kaynia, A. M., Kausel, E.: Dynamics of piles and pile groups in layered soil media. Soil Dynamics & Earthq. Eng. 10 (1991), pp. 386–401.
[49] Gazetas, G., Makris, N.: Dynamic pile-soil-pile interaction. Part I: Analysis of axial vibration. Earthquake Engng. Struct. Dyn. 20 (1991), pp. 115–132.
[50] Ziegler, A.: VIBRA-1-2-3: A software package for ground borne vibration and noise prediction. In: Structural Dynamics – Eurodyn 2005 (Eds.: Soize, C., Schuëller, G. I.), pp. 613–618. Millpress, Rotterdam, 2005.
[51] Auersch, L., Said, S., Schmid, W., Rücker, W.: Erschütterungen im Bauwesen: Messergebnisse an verschiedenen Gebäuden und eine einfache Berechnung von Fundament-, Wand- und Deckenschwingungen (Teil 1 und 2). Bauingenieur 79 (2004), S. 185–192 und S. 291–299.
[52] Grundmann, H.: Zur Abschirmung von Bauwerken gegenüber Fußpunktanregung. Bauingenieur 57 (1982), S. 143–149.
[53] Grundmann, H., Müller, G.: Erschütterungseinleitung in Bauwerke und Maßnahmen zur Reduzierung von Erschütterungen und sekundären Luftschallemissionen. Bauingenieur 69 (1994), S. 129–137.
[54] Richter, T., Appel, S.: FEM-Berechnungen als bodenmechanisches Prognosemodell am Beispiel von Bebauungen am Potsdamer und Leipziger Platz. In: FEM in der Geotechnik – Qualität, Prüfung, Fallbeispiele. Veröffentlichung des Arbeitsbereiches Geotechnik und Baubetrieb, TU Hamburg-Harburg, Heft 10, 2005, S. 169–179.
[55] Hebener, H. L., Achilles, S.: Schwingungsdämmung für den Neubau der SAT.1 Zentrale in Berlin. In: D-A-CH Tagung Entwicklungsstand in Forschung und Praxis auf den Gebieten des Erdbebeningenieurwesens, der Boden- und Baudynamik, Berlin (Hrsg,: Savidis, S. A.), S. 179–190, 1999.
[56] Wolf, J. P.: Spring-dashpot-mass models for foundation vibrations. Earthquake Engng. Struct. Dyn. 26 (1997), pp. 931–949.
[57] Deutsche Bahn AG: Körperschall- und Erschütterungsschutz – Leitfaden für den Planer, 1996.
[58] Knothe, K.: Gleisdynamik. Ernst & Sohn, Berlin, 2001.
[59] Savidis, S. A., Hirschauer, R., Bode, C., Bergmann, S.: Dynamische Wechselwirkung zwischen Schienenfahrwegen und dem geschichteten Untergrund unter Berücksichtigung von Nichtlinearitäten. Vorträge der Baugrundtagung 2000 in Hannover, S. 285–292, 2000.
[60] von Estorff, O., Firuziaan, M., Friedrich, K. et al.: A three-dimensional FEM/BEM model for the investigation of railway tracks. In: Wave 2002. Wave propagation – Moving load – Vibration reduction (Eds.: Chouw, N., Schmid, G.), pp. 157–171. Swets & Zeitlinger, Lisse, 2003.
[61] Kaynia, A., Madshus, C., Zackrisson, P.: Ground vibration from high-speed trains: prediction and countermeasure. J. Geotech. Geoenviron. Eng. ASCE 126 (2000), pp. 531–537.
[62] Takemiya, H., Bian, X. C.: Substructure simulation of inhomogeneous track and layered ground dynamic interaction under train passage. J. Eng. Mech. 131 (2005), pp. 699–711.
[63] Lai, C. G., Callerio, A., Faccioli, E., Martino, A.: Mathematical modelling of railway-induced ground vibrations. In: Wave 2000. Wave propagation – Moving load – Vibration reduction (Eds.: Chouw, N., Schmid, G.), pp. 99–110. Balkema, Rotterdam, 2000.

3.8 Erschütterungsschutz

[64] Paolucci, R., Spinelli, D.: Ground motion induced by train passage. J. Eng. Mech. ASCE 132 (2006), pp. 201–210.
[65] Clouteau, D., Elhabre, M. L., Aubry, D.: Periodic BEM and FEM-BEM coupling. Comput. Mech. 25 (2000), pp. 567–577.
[66] Chebli, H., Othman, R., Clouteau, D. et al.: 3D periodic model for soil-structure dynamic interaction: common physical features and numerical rules. In: Proc. 11th Int. Conf. Soil Dynamics and Earthquake Engineering, Berkeley, 2004, pp. 790–797.
[67] Müller-Boruttau, F. H.: Erschütterungen beim Spundwandbau: Einwirkung auf Menschen, Bauwerke und technische Einrichtungen. Bauingenieur 71 (1996), S. 33–39.
[68] Dierssen, G.: Ein bodenmechanisches Modell zur Beschreibung des Vibrationsrammens in körnigen Böden. Veröffentlichung des Instituts für Bodenmechanik und Felsmechanik der Universität Karlsruhe, Heft 133, 1994.
[69] Mahutka K.-P.: Zur Verdichtung von rolligen Böden infolge dynamischer Pfahleinbringung und durch Oberflächenrüttler. Veröffentlichung des Instituts für Geotechnik und Baubetrieb der TU Hamburg-Harburg, Heft 15, 2008.
[70] Ramshaw, C. L., Selby, A. R., Bettess, P. : Computed ground waves due to piling. In: Geotechnical Earthquake Engineering and Soil Dynamics III (Eds.: Dakoulas, P., Yegian, M.), pp. 1484–1495. ASCE, Reston, VA, 1998.
[71] Massarsch, K. R., Fellenius, B. H.: Ground vibrations induced by impact pile driving. In: Proc. 6th Int. Conf. on Case Histories in Geotechnical Earthquake Engineering, Arlington, VA, 2008.
[72] Hiller, D. M., Crabb, G. I.: Groundborne vibration caused by mechanised construction works. TRL Report 429, Transport Research Laboratory, 2000.
[73] Woods, R. D., Jedele, L. P.: Energy-attenuation relationships from construction vibrations. In: Proc. Symposium on Vibration Problems in Geotechnical Engineering (Eds.: Gazetas, G., Selig, E. T.), pp. 229–246. ASCE, New York, 1985.
[74] Wiss, J. F.: Construction vibrations: State-of-the-art. J. Geotech. Eng. Div., ASCE 107 (1981), pp. 167–181.
[75] Ambraseys, N. R., Hendron, A. J., Jr.: Dynamic behavior of rock masses. In: Rock Mechanics in Engineering Practice (Eds.: Stagg, K. G., Zienkiewicz, O. C.), pp. 203–227. John Wiley & Sons, London, 1968.
[76] Kolymbas, D.: Sprengungen im Boden. Bautechnik 69 (1992), S. 424–431.
[77] Clough, G. W., Chameau, J.-L.: Measured effects of vibratory sheetpile driving. J. Geotech. Eng. Div., ASCE 106 (1980), pp. 1081–1099.
[78] Rücker, W., Karstedt, J.: Schwingungsmessungen beim Rammen von Stahlspundwänden. In: Symposium Messtechnik im Erd- und Grundbau, München, DGEG, S. 49–55, 1983.
[79] Bendel, H., Trombik, P. (1991): Erschütterungen durch Baustellen und Verkehr – Prognosen, Messungen, Maßnahmen. In: Vibrationen: Ursachen, Messung, Analyse und Maßnahmen. D-A-CH Tagung, Zürich, SIA-SGEB D079, S. 117–122, 1991.
[80] Attewell, P. B., Selby, A. R., O' Donnell, L.: Estimation of ground vibration from driven piling based on statistical analyses of recorded data. Geotechnical and Geological Engineering 10 (1992), pp. 41–59.
[81] Linehan, P. W., Longinow, A., Dowding, C. H.: Pipe response to pile driving and adjacent excavation. J. Geotech. Eng., ASCE 118 (1992), pp. 300–316.
[82] Savidis, S. A., Fritsche, M., Vrettos, C., Grabe, J.: Erschütterungen bei einer Probebammung für eine Gassperre. Baumaschine und Bautechnik 41 (1994), S. 320–325.
[83] Palloks, W., Zierach, R.: Zum Problem der Prognose von Schwingungen und Setzungen durch Pfahlrammungen mit Vibrationsbären. Mitteilungsblatt der Bundesanstalt für Wasserbau Nr. 72 (1995), S. 48–55.
[84] Kim, D.-S., Lee, J.-S.: Source and attenuation characteristics of various ground vibrations. In: Geotechnical Earthquake Engineering and Soil Dynamics III (Eds.: Dakoulas, P., Yegian, M.), pp. 1507–1517. ASCE, Reston, VA, 1998.
[85] Gerasch, W.: Einfluss der Impedanz und der Entfernung auf die Schwingungsamplituden im Boden beim Rammen von Spundbohlen und Pfählen. In: Entwicklungsstand in Forschung und Praxis auf den Gebieten des Erdbebeningenieurwesens, der Boden- und Baudynamik. Vortragsband der D-A-CH, Tagung, Berlin, S. 115–118, 1999.

[86] Brieke, W.: Der Einsatz von Ortbetonrammpfählen mit Innenrammung in der Nähe bestehender Bauwerke. In: Pfahlsymposium 1999, Mitteilungen des Instituts für Grundbau und Bodenmechanik, Technische Universität Braunschweig, Heft 60, S. 107–126, 1999.

[87] Athanasopoulos, G. A., Pelekis, P. C.: Ground vibrations from sheetpile driving in urban environment: measurements, analysis and effects on buildings and occupants. Soil Dynamics & Earthq. Eng. 19 (2000), pp. 371–387.

[88] Rockhill, D. J., Bolton, M. D., White, D. J.: Ground-borne vibrations due to press-in piling operations. In: British Geotechnical Association International Conference on Foundations, Dundee, pp. 743–756, 2003.

[89] Hajduk, E. L., Ledford, D. L., Wright, W. B.: Pile driving vibration energy-attenuation relationships in the Charleston, South Carolina area. In: Proc. 5th Int. Conf. on Case Histories in Geotechnical Earthquake Engineering, New York, paper no. 4.25, 2004.

[90] Holtzendorff, K., Rosenquist, M. O.: Auswirkungen von Erschütterungen auf den Herrentunnel Lübeck infolge unterschiedlicher Rammverfahren. VDI-Berichte Nr. 1941, S. 105–120, 2006.

[91] Attewell, P. B.: Tunnelling Contracts and Site Investigation. Chapman & Hall, London, 1995.

[92] Palloks, W.: Prognose und Begutachtung von Erschütterungen. Vortrag im Seminar Erschütterungsprobleme bei Baumaßnahmen, Bundesanstalt für Wasserbau, Ilmenau, 2004.

[93] Achmus, M., Kaiser, J., Wörden, F.-T.: Bauwerkserschütterungen durch Tiefbauarbeiten. Mitteilungen des Instituts für Grundbau, Bodenmechanik und Energiewasserbau der Universität Hannover, Heft 61, 2005.

[94] Mayne, P. W.: Ground vibrations during dynamic compaction. In: Vibration Problems in Geotechnical Engineering (Eds.: Gazetas, G., Selig, E. T.), pp. 247–265. ASCE, New York, 1985.

[95] Achmus, M., Wehr, J., Spannhoff, T.: Bauwerks- und Bodenerschütterungen im Zuge von Tiefenrüttlungen. In: Vorträge zum 3. Hans Lorenz Symposium, Veröffentlichung des Grundbauinstitutes der Technischen Universität Berlin, Heft 41, S. 169–179, 2007.

[96] Flanagan, R. F.: Ground vibration from TBMs and shields. Tunnels and Tunnelling 25/10 (1993), pp. 30–33.

[97] Hiller, D. M., Bowers, K. H.: Groundborne vibrations from mechanised tunnelling works. In: Proceedings of Tunnelling '97, Institution of Mining and Metallurgy, London, pp. 721–735, 1997.

[98] Benslimane, A., Anderson, D. A., Munfakh, N., Zlatanic, S.: Ground borne vibrations of the East Side Access Project Manhattan segment: issues and impacts. In: Underground Space Use: Analysis of the Past and Lessons for the Future, Vol. 1 (Eds.: Erdem, Y., Solak, T.), pp. 449–454. Taylor & Francis, London, 2005.

[99] Kolymbas, D.: Tunnelling and Tunnel Mechanics – A Rational Approach to Tunnelling. Springer-Verlag, Berlin, Heidelberg, 2005.

[100] Drees, G.: 100 Jahre Spundwandbauweise – Spundwandprofile und Rammgeräte effektiv eingesetzt. Tiefbau 46 (2002), S. 312–317.

[101] Meltzer, G.: Schwingungsabwehr bei Maschinenaufstellungen. In: Technischer Lärmschutz – Grundlagen und praktische Maßnahmen zum Schutz vor Lärm und Schwingungen von Maschinen (Hrsg.:Schirmer, W.), S. 306–355. Springer-Verlag, Berlin, Heidelberg, 2006.

[102] Klein, G., Klein, D.: Maschinenfundamente. In: Grundbau-Taschenbuch, Teil 3: Gründungen (Hrsg.: Smoltczyk, U.), S. 653–693. Ernst & Sohn, Berlin, 2001.

[103] Hüffmann, G., Nawrotzki, P., Uzunoglu, T.: Statische und dynamische Berechnung von Turbinenfundamenten aus Stahlbeton. Beton- und Stahlbetonbau 100 (2005), S. 886–896.

[104] Stummeyer, H.-J.: Dynamische Auslegung von Maschinenfundamenten ohne Abfederung. Bautechnik 78 (2001), S. 181–186.

[105] Wettschureck, R. G., Kurze, U. J.: Einfügungsdämmaß von Unterschottermatten. Acustica 58 (1985), S. 177–182.

[106] Rutishauser, G., Huber P.: Bestehende Systeme. Vorträge zur Fachtagung Lärm und Erschütterungsarmer Oberbau – LEO, Wien, 2003.

[107] Steinhauser, P.: Zur Vorhersage und Reduktion von Erschütterungsemissionen beim Tunnelbau und -betrieb. Felsbau 19/5 (2002), 121–132.

[108] Eisenmann, J.: Körperschallemissionen und Schutzmaßnahmen. EI – Eisenbahningenieur 54/6 (2003), S. 30–36.

[109] Jaquet, T., Heiland, D., Flöttmann, H.: Tiefabgestimmtes Masse-Feder-System bei der Flughafenanbindung Köln/Bonn. ETR – Eisenbahntechnische Rundschau 53/6 (2004), S. 382–391.

3.8 Erschütterungsschutz

[110] Lenz, U.: Planung und Bau von Masse-Feder-Systemen für Schienenverkehrswege. Bautechnik 78 (2001), S. 783–794.

[111] Zimdahl, M.: U 55: Technische und logistische Herausforderungen beim Fahrwegbau. EI – Eisenbahningenieur, Februar (2008), S. 15–19.

[112] Haag, J., Gloor, M., Rutishauser, G.: Erschütterungsschutz im Tunnel der SBB-Neubaustrecke Zürich–Thalwil. ETR – Eisenbahntechnische Rundschau 54/6 (2005), S. 363–370.

[113] Enoekl, V., Lenz, U.: Erstes Masse-Feder-System auf einer HGV-Strecke. ETR – Eisenbahntechnische Rundschau 52 (2003), S. 527–538.

[114] Pichler, D., Schilder, R., Steinhauser, P., Kopp, E.: Masse-Feder-Systeme auf Streifen- oder Flächenlagern? Systematische Untersuchungen am Beispiel der Versuchsstrecke Birgltunnel. VDI-Berichte Nr. 1941, S. 707–717, 2006.

[115] Steinhauser, P., Lang, J., Österreicher, M., Berger, P.: Schutz des Wiener Musikvereins-Gebäudes gegen Schall- und Erschütterungsimmissionen der U-Bahn. ETR – Eisenbahntechnische Rundschau (2005), S. 216–226.

[116] Lenz, U.: Immissionsgerechte Planung des Umbaus der Stadtbahnanlage in Frechen. Verkehr und Technik 53/2 (2000), S. 63–67 und S. 93–96.

[117] Jaquet,T., Hüffmann, G.: Ausbildung eines tieffrequenten Masse-Feder-Systems mittels Stahlfederelementen bei U- und Vollbahnen als Schutz gegen Erschütterungen und Körperschalleinwirkungen. VDI Berichte Nr. 1345, S. 143–160, 1997.

[118] Wagner, H.-G.: Attenuation of transmission of vibrations and ground-borne noise by means of steel supported low-tuned floating track beds. In: Proceedings of the 2002 World Metro Symposium, Taipei, Taiwan, 2002.

[119] Achilles, S., Wettschureck, R. G: Track isolation in a light rail tunnel in downtown Berlin. 7. Congrès Français d'Acoustique (CFA) und 30. Deutsche Jahrestagung für Akustik (DAGA), Strasbourg, 2004.

[120] Ralbovský, M., Flesch, R.: Reduction of railway-induced vibrations in the case of a house with 10 Hz floor eigenfrequency. EURODYN 2005 (Eds.:Soize, C. and Schueller, G. I.), pp. 631–634. Millpress, Rotterdam, 2005.

[121] Lardi, R., Rentsch, L., Schmied, E.: Casino Basel – Tramgleissanierung. TEC21, Dossier 2 (2007), S. 22–26.

[122] Müller-Boruttau, F. H., Breitsamter, N.: Zur Dimensionierung elastischer Elemente des Oberbaus. ETR – Eisenbahntechnische Rundschau 53, Heft 1/2 (2004), S. 45–54.

[123] Dolling, H. J.: Abschirmung von Erschütterungen durch Bodenschlitze. Bautechnik 5 (1970) S. 151–158 und S. 193–204.

[124] Haupt, W.: Erschütterungsabschirmung im Boden. VDI-Berichte Nr. 2063, S. 299–312, 2009.

[125] Haupt, W.: Wave propagation in the ground and isolation measures. Proc. 3rd Int. Conf. Recent Advances in Geotech. Earthq. Eng. & Soil Dyn., Rolla, pp. 985–1016, 1995.

[126] Beskos, D. E., Dasgupta, B., Vardoulakis, I. G.: Vibration isolation using open or filled trenches; Part 1: 2-D homogeneous soil. Computational Mech. 1 (1986), pp. 43–63.

[127] Dasgupta, B., Beskos, D. E., Vardoulakis, I. G.: Vibration isolation using open or filled trenches; Part 2: 3-D homogeneous soil. Computational Mech. 6 (1990), pp. 129–142.

[128] Leung, K. L., Vardoulakis, I. G., Beskos, D. E., Tassoulas, J. L.: Vibration isolation by trenches in continuously nonhomogeneous soil by the BEM. Soil Dynamics & Earthq. Eng. 10 (1991), pp. 172–179.

[129] Woods, R. D.: Screening of surface waves in soils. J. Soil Mech. Found. Div. ASCE 94 (1986), pp. 951–979.

[130] Al-Hussaini, T. M., Ahmad, S., Baker, J. M.: Numerical and experimental studies on vibration screening by open and in-filled trench barriers. In: Wave 2000. Wave propagation – Moving load – Vibration reduction (Eds.: Chouw, N., Schmid, G.), pp. 241–250. Balkema, Rotterdam, 2000.

[131] Massarsch, K. R.: Mitigation of traffic-induced ground vibrations. Keynote lecture. In: Proc. 11th Int. Conf. Soil Dynamics and Earthquake Engineering, Berkeley, 2004, pp. 22–31.

[132] Sadegh-Azar, P., Ziegler, M.: Wirksame Erschütterungsreduktion durch einfach herzustellende Isolierkörper im Boden. Bauingenieur 84 (2009), S. 101–109.

[133] Haupt, W., Köhler, W.: Gebäudeisolierung gegen U-Bahn-Erschütterungen. Bautechnik 67 (1990), S. 159–166.

[134] Hüffmann, G., Reinsch, K.-H.: Bearings with high vertical flexibility. In: Structural Bearings (Eds.: Eggert, H., Kauschke, W.), pp. 64–86. Ernst & Sohn, Berlin, 2002.
[135] Lenz, U.: Körperschallisolierende Gebäudeabfederung. Bautechnik 73 (1996), S. 702–710.
[136] Talbot, J. P., Hunt, H. E. M.: Isolation of buildings from rail-tunnel vibration: a review. Building Acoustics 10 (2003), pp. 177–192.
[137] Jaquet, T., Heiland, D.: Tieffrequente Bauwerksentkopplungen als Schutz gegen Erschütterungen. VDI-Berichte Nr. 1145, S. 143–156, 1994.
[138] Appel, S.: Dimensionierung einer elastischen Gebäudelagerung am Beispiel der Townhouses in Berlin. Bauingenieur 92 (2008), S. 61–69.

Normen und Richtlinien

DIN 4024-1:1988-04: Maschinenfundamente; Elastische Stützkonstruktionen für Maschinen mit rotierenden Massen.

DIN 4024-2:1991-04: Maschinenfundamente; Steife (starre) Stützkonstruktionen für Maschinen mit periodischer Erregung.

DIN 4150-1:2001-6: Erschütterungen im Bauwesen; Teil 1: Vorermittlung von Schwingungsgrößen.

DIN 4150-2:1999-6: Erschütterungen im Bauwesen; Teil 2: Einwirkungen auf Menschen in Gebäuden.

DIN 4150-3:1999-2: Erschütterungen im Bauwesen; Teil 3: Einwirkungen auf bauliche Anlagen.

DIN 45669-1:1995-06: Messung von Schwingungsimmissionen; Teil 1: Schwingungsmesser; Anforderungen, Prüfung.

DIN 45669-2:2005-06: Messung von Schwingungsimmissionen; Teil 2: Messverfahren.

DIN 45672-1:1991-09: Schwingungsmessungen in der Umgebung von Schienenverkehrswegen; Messverfahren.

SN 640 312 a: Erschütterungseinwirkungen auf Bauwerke. Schweizerische Normenvereinigung SNV, Zürich, 1992.

ÖNORM S 9020:1986-08-01: Bauwerkserschütterungen; Sprengerschütterungen und vergleichbare impulsförmige Immissionen. Österreichisches Normungsinstitut, Wien, 1986.

BS 7385-1:1990: Evaluation and measurement for vibration in buildings; Part 1: Guide for measurement of vibrations and evaluation of their effects on buildings. British Standards Institution, London, 1990.

BS 7385-2:1993: Evaluation and measurement for vibration in buildings. Guide to damage levels from groundborne vibration. British Standards Institution, London, 1993.

BS 5228-4:1992: Noise and vibration control on construction and open sites; Part 4: Code of practice for noise and vibration control applicable to piling operations. British Standards Institution, London, 1993.

SS 25211: Vibration and shock – Guidance levels and measuring of vibrations in buildings originating from piling, sheet-piling, excavating and packing to estimate permitted vibration levels. Swedish Institute for Standards, 1999.

ISO 2631: Mechanische Schwingungen und Stöße – Bewertung der Einwirkung von Ganzkörper-Schwingungen auf den Menschen, Teile 1 bis 5. International Organization for Standardization, Genf, Schweiz, 1997–2004.

3.8 Erschütterungsschutz

Eurocode 3: Bemessung und Konstruktion von Stahlbauten; Teil 5: Pfähle und Spundwände. Deutsche Fassung ENV 1993-5:1998.

VDI-Richtlinie 2057: Einwirkung mechanischer Schwingungen auf den Menschen. Verein Deutscher Ingenieure, Düsseldorf, 2002–2007.

VDI-Richtlinie 2719: Schalldämmung von Fenstern und deren Zusatzeinrichtungen. Verein Deutscher Ingenieure, Düsseldorf, August 1987.

Vierundzwanzigste Verordnung zur Durchführung des Bundes-Immissionsschutzgesetzes (Verkehrswege-Schallschutzmaßnahmenverordnung – 24. BImSchV) vom 04.02.1997.

Technische Anleitung zum Schutz gegen Lärm. Sechste Allgemeine Verwaltungsvorschrift zum Bundes-Immissionsschutzgesetz (TA Lärm) vom 26.08.1998.

Neu:
GeoMega™
die erste vollsynthetische Verbindung

Bewehrte Erde
Sustainable Technology

Das Bauverfahren „Bewehrte Erde" (La Terre Arm‍
ist als eine der bedeutensten Innovationen im Ber‍
der Geotechnik anzusehen.

→ 36 Mio. m² errichtete Oberfläche (1968-200‍
→ über 50 m hohe, vertikale Wände
→ Kosten- und Zeiteinsparungen gegenüber he‍
kömmlichen Bauweisen (i.A. 20-30%)

Unsere Leistungen
- Machbarkeitsstudien, Variantenuntersuchungen
- Vor- und Ausführungsplanungen inkl. statischen Berechnungen
- Lieferung der Systemkomponenten
- Montageanleitungen für die verschiedenen Systeme
- Einweisung der bauausführenden Firma vor Ort

Außenhautelemente wahlweise aus
- Stahlbetonfertigteilen (versch., geometrische Forme‍ z.B. TerraClass™, Oberflächengestaltung, ggf. inklusi‍ Schallabsorptionsschicht)
- Stahlgitterelementen
- Stahlblechen

Bewehrungsbänder wahlweise aus
- verzinktem Stahl (z.B. HAR 45x5 mm²)
- unverzinktem Stahl
- Kunststoff (PE/Polyester oder PVA)

Anwendungsmöglichkeiten
- vertikale Stützwände in sämtlichen Bereichen (Straßenbau, Eisenbahnstreckenbau, Industriebau)
- Brückenwiderlager
- Portalausbildung bei TechSpan™ - Tunnel

Bewehrte Erde
Ingenieurgesellschaft mbH
Hittfelder Kirchweg 2
21220 Seevetal

Tel. 0049 (0) 4105 - 66 48 16
Fax 0049 (0) 4105 - 66 48 77

info@bewehrte-erde.de
www.bewehrte-erde.de

3.9 Stützbauwerke und konstruktive Hangsicherungen

Heinz Brandl

1 Einleitung

Der Schwerpunkt dieses Beitrages liegt auf konstruktiven Lösungsmöglichkeiten und auf Ausführungsbeispielen. Grundsätzliche Berechnungsansätze sowie Dimensionierungshinweise werden zwar gegeben, jedoch nur in Einzelfällen theoretische Details zur Erdstatik angeführt. Außerdem besteht im Rahmen der Europäischen Harmonisierung der Normenwerke nach wie vor ein Schwebezustand, der sich – etwa bei den Teilsicherheitskonzepten – vor allem in der Geotechnik auswirkt. Hinsichtlich detaillierter Bemessungsverfahren sei daher auf die zitierte Literatur verwiesen.

Konventionelle Stützmauern (Schwergewichtsmauern, Winkelstützmauern, Konsolmauern) und Spundwände werden im vorliegenden Beitrag nicht behandelt; diesbezüglich sei auf frühere Ausgaben des Grundbau-Taschenbuches hingewiesen. Auch auf den Einfluss eventueller Auflasten, welche bergseits der Stützkonstruktion wirken, wird nicht eingegangen: dieser ist rechnerisch elementar erfassbar (Erddruckansätze, Geländebruchuntersuchungen etc.).

Entsprechend der Vielfalt an möglichen Stützkonstruktionen zur Sicherung von Hängen unterscheiden sich auch die Dimensionierungsmethoden. Wesentliche Einflussfaktoren sind:

- die Situierung und der Zweck der Stützkonstruktion,
- die vertretbaren Risiken,
- die Streuung der Boden- und Felskennwerte,
- die Verformungsmöglichkeiten bzw. zulässige Verformung der Stützkonstruktion.

Dementsprechend sollten auch die für Hangsicherungen zu fordernden Sicherheitsfaktoren nicht in ein starres Schema gezwängt werden. Vor allem bei Rutschhängen wird man sich in vielen Fällen zwangsläufig mit niedrigeren Beiwerten begnügen müssen als sonst üblich. Außerdem lassen sich Deformationen häufig schon mit $F = 1{,}1$ zum Abklingen bringen, weshalb eine allzu große Sicherheit in solchen Fällen aus wirtschaftlichen Erwägungen nicht angebracht erscheint. Entscheidend für die Wahl eines vertretbaren Sicherheitsfaktors ist letztlich auch die Genauigkeit der Kenntnisse (Umfang der Bodenerkundungen etc.) und vor allem die relative Erhöhung des Sicherheitsfaktors bei Hängen, welche sich annähernd im Grenzgleichgewicht befinden und deren tatsächliche Stabilität nur grob abschätzbar ist. In diesem Sinne sollten die in den folgenden Abschnitten angeführten Sicherheitsfaktoren nicht als feste Regel angesehen werden, sondern nur als Anhaltspunkt.

Bei der Sanierung von Rutschungen führen „normgemäße" rechnerische Standards und Sicherheitsfaktoren (globale Werte von $F \geq 1{,}3$ bis $1{,}5$) häufig nicht nur zu unwirtschaftlichen Lösungen, sondern sind technisch gar nicht erzielbar. Die Forderung nach einer „absoluten Sicherheit", wie sie von Medien oder Politikern nach Schadensfällen immer wieder erhoben wird, ist illusorisch. Der Geotechniker muss in solchen Situationen klar widersprechen. Dies gilt ebenso für die Sicherung bzw. Sanierung von Rutschhängen, die oft nur schrittweise zweckmäßig und wirtschaftlich ist, was eine semi-empirische Dimensionierung von Stützbauwerken und die Beobachtungsmethode erfordert. Dabei sind auch eventuelle Verstärkungsmaßnahmen so rechtzeitig einzuplanen, dass deren Ausführung im Bedarfsfall unverzüglich beginnen kann („Schreibtischladenprojekte", Notfallpläne).

2 Entwurfs- und Dimensionierungsmethoden

2.1 Allgemeines

In diesem Abschnitt werden nur grundsätzliche bzw. allgemein gültige Hinweise gegeben. Details finden sich in den folgenden, den jeweiligen Stützkonstruktionen gewidmeten Abschnitten; außerdem sei auf die sonstigen einschlägigen Kapitel dieses Buches verwiesen.

Bei der Dimensionierung von Hangsicherungen sollte man sich stets darüber im Klaren sein, dass hier sowohl im statischen System als auch im Baustoff (Boden, Fels) eine wesentlich größere Problematik liegt als in anderen Sparten des Ingenieurbaus. Gerade im Grund- bzw. Erdbau, wo die Materialeigenschaften ohnehin stärker streuen als bei künstlichen Baustoffen, wird aber noch dazu mit kleineren Sicherheitsfaktoren gerechnet, weil ansonsten viele Bauwerke aus wirtschaftlichen Gründen undurchführbar wären. Vor allem im Bauzustand sind die Sicherheiten oft dermaßen niedrig, dass sie mit konventionellen Berechnungsmethoden kaum mehr nachgewiesen werden können.

2.2 Konventionelle Methode

Das konventionelle Vorgehen beim Entwurf und bei der Dimensionierung von Stützbauwerken sowie aufgelösten Hangsicherungen basiert im Wesentlichen auf der Ermittlung jener Kräfte, welche vom Untergrund auf die Konstruktion übertragen werden. Dies erfolgt bevorzugt nach der Erddrucktheorie und/oder mittels Geländebruchuntersuchungen.

Die meisten Stützbauwerke, welche zur Hangsicherung dienen, weisen eine ausreichend große Bewegungsmöglichkeit bzw. Verformbarkeit auf, um den aktiven Erddruck zu ermöglichen. In der Bemessungspraxis wird man daher im Allgemeinen mit der Coulomb'schen Gleitkeiltheorie zurechtkommen. Allerdings sind stets mögliche Erddruckumlagerungen zu beachten, z. B. bei verankerten Wänden, in Steilhängen etc. In Hängen, welche sich annähernd im Grenzgleichgewicht befinden, kann sich ein erhöhter Kriech- oder Staudruck auf der Rückseite des Stützbauwerks aufbauen, welcher sogar den Erdruhedruck deutlich überschreitet [7]. Für den Sonderfall, dass die Böschungsneigung β gleich dem Reibungswinkel φ sei, wird die auf das Stützbauwerk wirkende Seitendruckkraft

$$E_{Kr} = m(\varphi) \cdot \gamma \cdot \frac{h^2}{2} \cdot \cos\varphi$$

h   Mauerhöhe
γ   Wichte
φ   Reibungswinkel

Der Faktor $m(\varphi)$ kann aus Bild 1 entnommen werden, das auf theoretischen Grundlagen und umfangreichen Baustellenmessungen basiert [7, 45]. Daraus ist ersichtlich, dass der Kriechdruck mit zunehmender Hangneigung deutlich über den aktiven Grenzwert ansteigt und überdies stark von der Verformbarkeit bzw. Bewegungsmöglichkeit des Bauwerkes abhängt. Der schraffierte Bereich in Bild 1 hat sich als Dimensionierungsgrundlage bereits seit Jahren gut bewährt.

Ihr Geoprojekt
in besten Händen!

Beratung | Planung | Prüfung
www.wup-geoprojekt.de

witt & partner
▼geoprojekt

BUCHEMPFEHLUNG

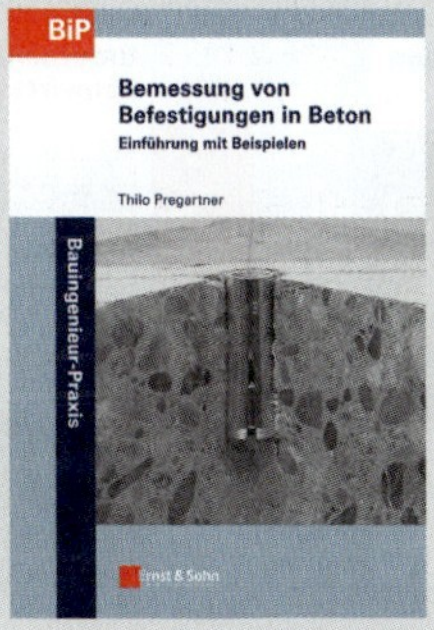

Pregartner, T.
Bemessung von Befestigungen in Beton.
Einführung mit Beispielen
2009. 377 S., 143 Abb., 65 Tab., Br.
€ 55,–* / sFr 88,–
ISBN: 978-3-433-02930-5
Neuerscheinung!

Bemessung von Befestigungen in Beton

Die Bemessung von Befestigungen in Beton wird in der Praxis nahezu ausschließlich mit Programmen realisiert, die von Herstellern zur Verfügung gestellt werden. Damit ist die einfache Bemessung für unterschiedliche Randbedingungen möglich und anhand von Vergleichsrechnungen können ein optimales Befestigungselement für die vorliegende Situation gefunden und der Auslastungsgrad maximiert werden. Der theoretische Hintergrund dieser Bemessungsverfahren ist komplex und basiert zum Teil auf empirischen Gleichungen und bruchmechanischen Ansätzen. Daher werden in diesem Buch die Bemessungsverfahren für Befestigungen in Beton anschaulich und Schritt für Schritt erklärt und an Praxisbeispielen verdeutlicht. Auf die wissenschaftlichen Hintergründe der einzelnen Berechnungsformeln wird dabei nur so wenig wie nötig eingegangen. Somit können computergestützte Ergebnisse besser interpretiert und beliebige Anwendungsfälle auch ohne Unterstützung von Rechenprogrammen bewältigt werden.

* Der €-Preis gilt ausschließlich für Deutschland.
Irrtum und Änderung vorbehalten.
0110109016_my

www.ernst-und-sohn.de

Ernst & Sohn Verlag für Architektur und technische Wissenschaften GmbH & Co. KG
Für Bestellungen und Kundenservice: Verlag Wiley-VCH, Boschstraße 12, D-69469 Weinheim
Tel.: +49(0)6201 606-400, Fax: +49(0)6201 606-184, E-Mail: service@wiley-vch.de

Aktuelles aus allen Bereichen der Ingenieurpraxis im Bauwesen

Ernst & Sohn - Zeitschriften für...

... Wärme-, Feuchte-, Schall- und Brandschutz

... den gesamten Ingenieurbau

... Beton-, Stahl-beton- und Spannbetonkonstruktionen

... Ingenieurgeologie, Fels- und Bodenmechanik, Tunnelbau

... technologische Innovation und architektonische Tradition

... Stahl-, Verbund- und Leichtmetallkonstruktionen

The international journal covering all aspects of steel construction research and practice

... Bauunternehmer zu den Themen Steuern, Recht und Unternehmensführung

Zeitschrift bestellen oder ein kostenloses Probeheft anfordern unter:
www.ernst-und-sohn.de/zeitschriften

Wilhelm Ernst & Sohn
Verlag für Architektur und
technische Wissenschaften
GmbH & Co. KG

Rotherstr. 21, 10245 Berlin
Tel. +49(0)30 47031 200
info@ernst-und-sohn.de

3.9 Stützbauwerke und konstruktive Hangsicherungen

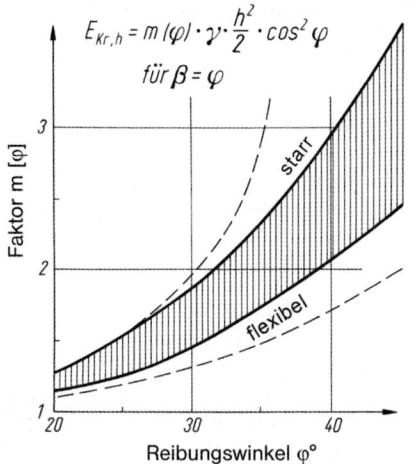

Bild 1. Vervielfältigungsfaktor $m(\varphi) = m(\beta)$ für die Ermittlung des Kriechdruckes E_{Kr} auf Stützbauwerke in Hanglage: semi-empirische Zusammenhänge in Abhängigkeit von der Bauwerkssteifigkeit.
Schraffierter Bereich: Ergebnisse zahlreicher Bauwerksmessungen seit 1973.
Grenzgleichgewicht: Böschungswinkel β = Reibungswinkel φ (bzw. Ersatzreibungswinkel $\bar{\varphi}$).
Gestrichelte Grenzkurven: theoretische Extremwerte

Streng theoretisch handelt es sich bei der vorstehenden Formel um eine aus dem 2. Rankine'schen Sonderfall für kohäsionslose Böden abgeleitete Beziehung. Die Erfahrung und Baustellenmessungen lehren jedoch, dass diese auch bei Böden mit Kohäsion mit einer für die Praxis hinreichenden Genauigkeit verwendet werden kann, wenn sich die Böschung im Grenzgleichgewicht des Kriechens befindet. Dabei wird von der Näherungsannahme ausgegangen, dass der Böschungswinkel β gleich einem fiktiven Scherwinkel $(\bar{\varphi})$ sei, in welchem eventuelle Kohäsionsanteile (und sogar Wirkungen des Strömungsdruckes) enthalten sind.

Seit dem Jahre 1970 laufende Langzeitbeobachtungen und Baustellenmessungen haben gezeigt, dass der vorstehende Ansatz des Kriechdruckes und Bild 1 realitätsnahe Werte liefern. Dementsprechend ist es z. B. günstiger, Brücken in Kriechhängen mittels flexibler, oberhalb des Brückenpfeilers angeordneter Schutzschalen vom Erddruck abzuschirmen (s. Bild 144). Auf starre Konstruktionen wirkt hingegen der erhöhte Kriechdruck gemäß Bild 1 (siehe z. B. Bild 150). Je nach Untergrundverhältnissen, Geländeneigung etc. stellt sich meist innerhalb von 10 bis 20 Jahren ein stationärer Zustand ein, der unterhalb des theoretischen Grenzwertes des passiven Erddruckes liegt.

2.3 Semi-empirische Methode

Standsicherheitsuntersuchungen von hohen Böschungen und Anschnitten in heterogenem Untergrund oder verwittertem, klüftigem Fels werden weniger durch die Wahl der Berechnungsverfahren, sondern vielmehr von den Annahmen über die Boden- bzw. Felskennwerte und die Sickerwasserverhältnisse beeinflusst. Vor allem im Bergland, im Bereich geologischer Störungszonen etc. streuen aber diese Parameter vielfach auf engstem Raum dermaßen, dass erdstatische oder felsmechanische Berechnungen nur als Grenzwertbetrachtungen zweckmäßig erscheinen und dementsprechend auch nur grobe Anhaltspunkte liefern. Wegen der Steilheit der Hänge und der Unsicherheit über die jeweils ungünstigen Wasser- und Bodenverhältnisse ist vielfach eine echte Standsicherheit im üblichen Sinne rechnerisch nicht nachweisbar. Als Stütz- und Sicherungssystem sind daher möglichst solche flexiblen Bauweisen anzustreben, mit denen man sich über Kontrollmessungen schrittweise technisch und wirtschaftlich optimal an örtlich unterschiedliche Bergdrücke, Hangbewegungen und

Baugrundverhältnisse anpassen kann. Es wäre volkswirtschaftlich nicht vertretbar, bei derartigen Hängen gleich vom Beginn an stets die aufwendigsten Stützsysteme zu errichten. Vielmehr muss besonders im Straßen- und Autobahnbau in Gebirgstälern mit kilometerlangen rutschverdächtigen Steilböschungen zwangsläufig mit „kalkuliertem Risiko" gearbeitet werden, indem bei bedeutend niedrigeren Baukosten und -zeiten eventuelle Ergänzungsarbeiten (und vertretbare Schäden) in Kauf genommen werden; diese kommen per saldo wesentlich billiger als die im Vorhinein „absolut sicher" dimensionierten Konstruktionen. Die Möglichkeit eventueller Verstärkungsmaßnahmen muss daher bereits im Planungsstadium berücksichtigt werden (z. B. bei der Anordnung bzw. Austeilung der Anker; Einlegen von Hüllrohren für eventuelle Zusatzanker etc.).

Die Grundlage dieser semi-empirischen Dimensionierung, welche zunächst von plausibel ansehbaren Berechnungen auszugehen hat, bilden umfangreiche Messungen und Kontrollen am Stützbauwerk und im Gelände von Baubeginn an (z. B. geodätisch; Ankerkräfte; Extensometer und Inklinometer). Je kritischer das Bauwerk bzw. die generellen Sicherheitsverhältnisse sind, desto eher sollten diese Beobachtungen auch nach Bauvollendung fortgesetzt werden (zumindest sporadisch); sie dienen dann zur langfristigen Überwachung. Diese semi-empirische Dimensionierung bzw. Beobachtungsmethode hat sich seit 40 Jahren unter schwierigsten geotechnischen Bedingungen bewährt [7, 9].

Die Bilder 2 und 3 demonstrieren beispielhaft, welche Kosteneinsparungen bei der Sicherung eines Rutschhanges mittels der semi-empirischen Dimensionierung der Stützmaßnahmen unter Zugrundelegung der Beobachtungsmethode möglich sind. Allerdings war hier ein relativ hohes kalkuliertes Risiko zu übernehmen, weil unweit der Böschungskrone erhaltungswürdige Bauerngehöfte standen. Das Fallbeispiel veranschaulicht außerdem, dass eine optimale Sanierung von Rutschungen in der Regel mehrere Sicherungsmaßnahmen umfasst:

Im Zuge eines großräumigen Hanganschnittes kam es während des Baues einer Autobahn auf ca. 150 m Länge zu Bewegungen, die progressiv bergwärts wanderten. Als Sofortmaßnahme

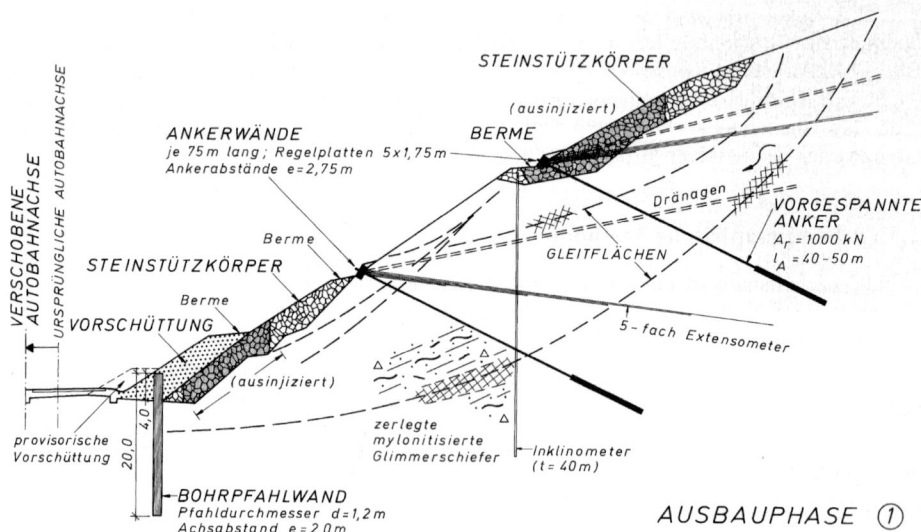

Bild 2. Rutschungssanierung eines bis 50 m hohen Hanganschnittes, der beim Autobahnbau in Bewegung kam; 1. Ausbaustufe

Spezialtiefbau in Europa – www.stump.de

Beratung • Planung • Ausführung

Daueranker und Kurzzeitanker bis 12.500 kN Prüflast • Stahlrohr-Verpresspfähle
Stahlbeton-Verpresspfähle • GEWI-Verpresspfähle • HLV®-Pfähle • Bohrträgerverbau
Ortbetonpfähle • Spritzbeton-Arbeiten • Boden- und Felsnägel • Zement-Injektionen
Feinstzement-Injektionen • Kunstharz-Injektionen • Chemikal-Injektionen
DSV-Verfahren Stump Jetting • Elektro-Osmose • Mauerwerk- und Betonsanierung
Aufschlussbohrungen • Bodenstabilisierungssäulen • Bodenvereisung

Freilichtbühne Karl-May-Festspiele, Bad Segeberg:
Sicherung der Kalkfelsen mit Nägeln System Stump unter Berücksichtigung anspruchsvoller Naturschutzauflagen

Zentrale Ismaning
Tel. 089/960701-0 • Fax 089/963151
ZN Langenfeld
Tel. 02173/27197-0 • Fax 02173/27197-990
ZN Hannover
Tel. 0511/94999-300 • Fax 0511/499498
GS Colbitz
Tel. 039207/856-0 • Fax 039207/856-50

ZN Berlin
Tel. 030/754904-400 • Fax 030/754904-420
ZN München
Tel. 089/960701-0 • Fax 089/965623
ZN Chemnitz
Tel. 0371/262519-0 • Fax 0371/262519-30

Tochterunternehmen in Tschechien und Polen

BUCHEMPFEHLUNG

Band I:
Ramm- und Bohrgeräte (LRB)
2008. 380 S. 300 Abb. in Farbe, Gb.
€ 129,– / sFr 204,–
ISBN: 978-3-433-02904-6

Band II: Bohrgeräte und Hydroseilbagger (LB und HS)
2009. ca. 340 S. 300 Abb. Gb.
ca. € 129,–* / sFr 204,–
ISBN: 978-3-433-02933-6
Erscheint August 2009

Liebherr-Werk Nenzing GmbH (Hrsg.)
Spezialtiefbau
Kompendium Verfahrenstechnik und Geräteauswahl

Die Verfahren und die Gerätetechnik des Spezialtiefbaus haben sich in den letzten Jahren rasant fortentwickelt. Die Anwendung der komplexen Techniken erfordert spezielle Kenntnisse und praktischeErfahrung. So ist es heute sowohl für Anwender als auch für Hersteller von Spezialtiefbaugeräten schwierig geworden, den Überblick über den Stand der Technik auf diesem Gebiet zu behalten. Das vorliegende Kompendium gibt eine umfassende Übersicht über die Verfahren und ihre Anwendungsgebiete. Im Einzelnen werden die Herstelltechniken von Gründungskonstruktionen und ihre Anwendungsbereiche mit denentsprechenden Gerätekomponentenaufgezeigt. Dabei wird im Detail auf die Besonderheiten der Verfahren und die Wahl der Gerätetechnik eingegangen. Aus der intensiven Zusammenarbeit von Ingenieuren, Technikern, Geräteherstellern und Anwendern entstand somit ein Hilfsmittel für die Planung und die Ausführung von Grundbaumaßnahmen.

Erscheint auch in Englisch im September 2009, ISBN 978-3433-02932-6

Set-Preis fuer Band I und Band II zum Sonderpreis
ISBN 978-3-433-02934-3
€ 189,- / sFr 299,-

* Der €-Preis gilt ausschließlich für Deutschland.
Irrtum und Änderung vorbehalten.
0108309016_my

www.ernst-und-sohn.de

Ernst & Sohn Verlag für Architektur und technische Wissenschaften GmbH & Co. KG
Für Bestellungen und Kundenservice: Verlag Wiley-VCH, Boschstraße 12, D-69469 Weinheim
Tel.: +49(0)6201 606-400, Fax: +49(0)6201 606-184, E-Mail: service@wiley-vch.de

3.9 Stützbauwerke und konstruktive Hangsicherungen

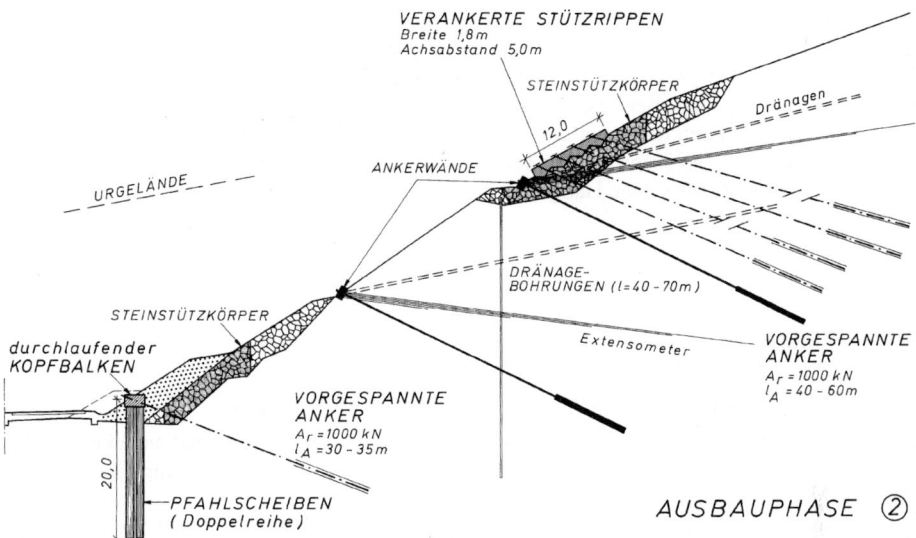

Bild 3. 2. Ausbaustufe zu Bild 2: Vorsorgliche Planung eventueller Verstärkungsmaßnahmen für den Fall zunehmenden Hangschubes

wurden von den bereits früher vorsorglich angeordneten Bermen aus Dränagebohrungen vorgetrieben und gleichzeitig abschnittsweise ein massiver, teilweise vermörtelter Steinstützkörper am Böschungsfuß hergestellt. Zusätzlich erfolgten eine Vorschüttung als Gegengewicht und eine Abrückung der Autobahntrasse vom Hang. Die Böschungskrone wurde mit einem teilweise vermörtelten Steinstützkörper gesichert, um progressiv rückschreitende, oberflächennahe Rutschbewegungen im Hang zustoppen. Die Sicherheit gegenüber tiefreichenden Geländebrüchen wurde durch Ankerwände auf den Bermen und durch eine Pfahlwand am Böschungsfuß erzielt (Bild 2).

Da die Bodenaufschlüsse teilweise sehr geringe Restscherwinkel ergeben hatten, musste vorsorglich auch eine eventuell später notwendig werdende Verstärkung der Stützmaßnahmen geplant werden. Falls nämlich der Reibungswinkel in den Gleitflächenprogressiv auf das Minimum des Restscherwinkels abgefallen wäre, hätten die in Bild 2 skizzierten Sicherungen nicht mehr ausgereicht. Die eventuelle zweite Ausbaustufe ist in Bild 3 dargestellt: Die jederzeit möglichen Verstärkungsmaßnahmen umfassen Ankerrippen im oberen Böschungsbereich und eine zweite Pfahlreihe, welche mittels eines verankerten Kopfbalkens mit den bereits abgeteuften Pfählen zu einer Verbundkonstruktion zu koppeln wäre. Die seit dem Jahre 1985 laufenden Beobachtungen und Kontrollmessungen zeigten, dass die 1. Ausbaustufe bislang ausreichte. Im Bedarfsfall könnte die 2. Ausbaustufe sehr rasch ausgeführt werden, ohne den Autobahnbetrieb zu behindern.

3 Stützwände

Hierbei handelt es sich überwiegend um Stützbauwerke in Ortbeton, aus vorgefertigten Platten oder um Kombinationen aus beiden. Bei Düsenstrahlkörpern wird der vergütete Boden als Tragelement herangezogen. Gemeinsames Merkmal ist die gelenkige oder eingespannte Lagerung des Wandfußes im Untergrund; die Seitendruckkräfte werden überwiegend über Erdwiderstand oder Verankerungen in den Untergrund abgeleitet, teilweise auch über die Wandsohle. Zudem besteht bei sämtlichen derartigen Stützkonstruktionen die Möglichkeit, den Boden- bzw. Felsabtrag vom bestehenden Gelände aus nach unten durchzuführen. Dadurch kann der erforderliche Geländesprung sehr schonend hergestellt werden, und das Risiko des Auslösens von Rutschungen sinkt. Derartige Konstruktionen empfehlen sich daher besonders für solche Hänge, deren Standsicherheit nahe dem Grenzgleichgewicht liegt.

3.1 Pfahlwände

3.1.1 Grundsätzliche Konzeptionen (siehe auch Kapitel 3.5)

Die üblichen Pfahlwände bestehen aus Bohrpfählen mit einem Durchmesser zwischen 60 und 150 cm. Rammpfähle (z. B. Holzpfähle für Katastropheneinsätze) oder dünne Injektionsbohrpfähle etc. werden nur in Sonderfällen verwendet.

Pfahlwände sind vor allem dann empfehlenswert, wenn die Gefahr besteht, dass tiefreichende Gleitflächen grundbruchartig unterhalb des Böschungsfußes verlaufen oder aktiviert werden können. Die grundrissliche Anordnung der Pfähle hängt von jenen Seitendruckkräften ab, welche der Einzelpfahl zu übernehmen hat. Die in Bild 4a–f skizzierten Grundrisse zeigen Lösungsmöglichkeiten für zunehmende Wandbeanspruchung.

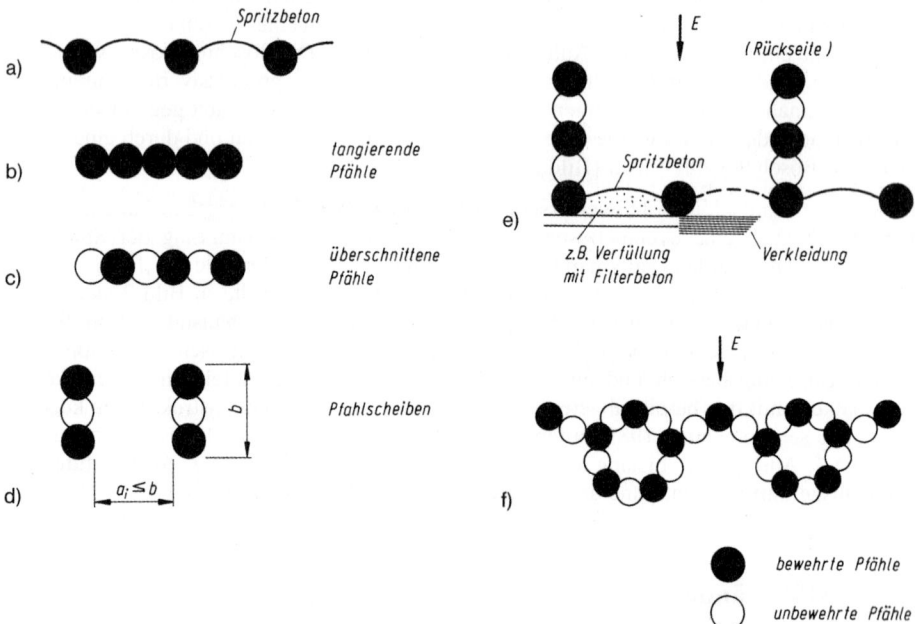

Bild 4. Verschiedene Arten von Pfahlwänden, je nach erforderlichem Widerstandsmoment; Bohrpfähle, Durchmesser $d \geq 60$ cm (meist 0,9–1,2 m; bei a) und b) bis 1,8 m). Diverse Möglichkeiten für die Verkleidung der Ansichtsfläche sind in e) angedeutet

3.9 Stützbauwerke und konstruktive Hangsicherungen

Bei relativ geringen Seitenkräften bzw. gutem Untergrund reichen Einzelpfähle aus, wobei der Zwischenraum im freistehenden Bereich in der Regel mit Spritzbeton gesichert werden sollte. Das Gewölbe wirkt im einfachsten Fall nur als Oberflächenversiegelung, ansonsten hat es auch eine tragende Funktion. In beiden Fällen sind jedenfalls Entwässerungsstutzen einzulegen, um den Aufbau eines Wasserdruckes auf die Wandrückseite zu vermeiden. Die Einzelpfähle müssen den vollen Kämpferschub der Spritzbetongewölbe aufnehmen, somit den gesamten Erddruck. Für den Erdwiderstand kann nur bei entsprechend großem Pfahlabstand eine räumliche Wirkung in Rechnung gestellt werden, ansonsten sind ebene Verhältnisse anzusetzen.

Während eine Pfahlwand aus tangierenden Pfählen (Bild 4 b) durchgehend bewehrt werden kann, ist dies bei überschnittenen nur bei jedem zweiten Pfahl möglich (Bild 4 c). Eine Mischform zwischen tangierender und überschnittener Pfahlwand entsteht, wenn zwischen Pfählen mit geringem Abstand Düsenstrahlsäulen hergestellt werden. Dies gewährleistet einen kraftschlüssigen Verbund, das aufwendige Überschneiden der Pfähle entfällt, und außerdem ist eine axiale Längsbewehrung der Düsenstrahlelemente möglich.

Pfahlscheiben aus tangierenden oder überschnittenen Pfählen verlaufen senkrecht zur Wandvorderfläche und sind nach Möglichkeit in der Falllinie des Hanges anzuordnen (Bild 4 d, e). Vor allem überschnittene Pfähle mit hohem Schubverband wirken statisch als Monolith mit einem großen gemeinsamen Widerstandsmoment in der Falllinie. Bei der Dimensionierung kann der Grundriss der Pfahlscheiben näherungsweise durch fiktive Rechtecksflächen ersetzt werden. Der lichte Abstand zwischen den Pfahlscheiben ist so zu wählen, dass sich im Untergrund noch ein Gewölbe dazwischen ausbildet (z. B. Bild 4 d). Zur Dimensionierung der Pfahlscheiben hat sich unter anderem die „Palisadentheorie" recht gut bewährt (s. Abschn. 3.1.3.6).

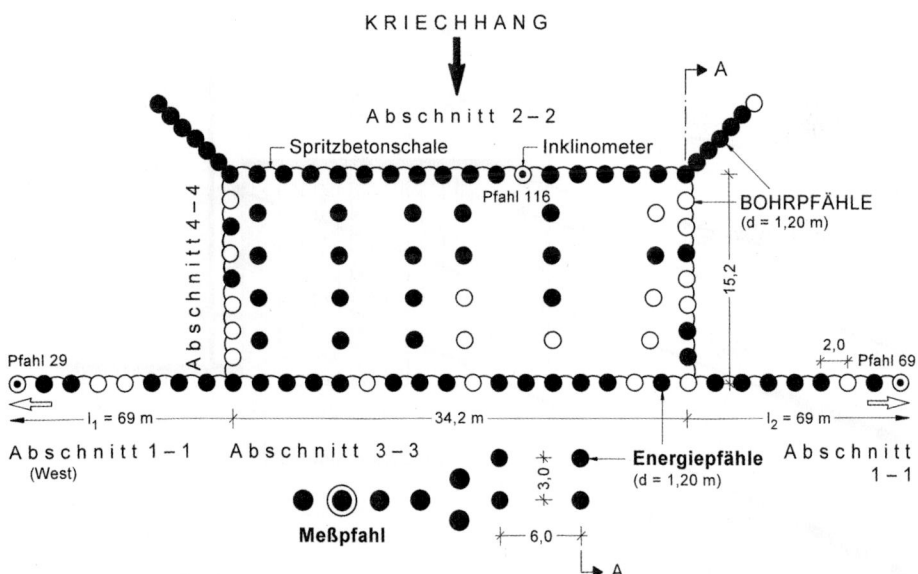

Bild 5. Bergseitiger, zentraler Grundrissbereich eines großen Rehabilitationszentrums in einem Kriechhang. Konstruktive Hangsicherung und teilweise Gründung mittels Energiepfählen für geothermische Heizung und Kühlung. Weiß gekennzeichnete Pfähle ohne Absorberleitungen

Falls die Pfähle in Form geschlossener Kreiszellen versetzt werden, ergibt sich eine Stützwand mit besonders großem Widerstandsmoment (Bild 4 f). Je nach Steifigkeit des umschlossenen Bodenkerns wirkt dieser mehr oder weniger gemeinsam mit den Pfählen; die Wand stellt somit erdstatisch einen Verbundkörper dar. Die Verbundwirkung und somit die Tragfähigkeit der Stützkonstruktion kann durch eine Vergütung des Bodenkernes mittels des Düsenstrahlverfahrens deutlich erhöht werden.

Eine umweltschonende und zugleich wirtschaftliche Neuentwicklung bildet die geothermische Nutzung von (erd-)statisch ohnehin erforderlichen Pfählen oder Pfahlwänden zur Heizung oder Kühlung von Bauwerken [18, 74]. Dabei werden in die Bewehrungskörbe von Stahlbetonpfählen HDPE-Rohre eingebunden, in denen eine Flüssigkeit (meist Wasser) zirkuliert. Zum Heizen ist der Einsatz einer Wärmepumpe erforderlich, zum Kühlen kann in der Regel das mit Bodentemperatur in den Pfählen zirkulierende Wasser genutzt werden.

Bild 5 zeigt einen Ausschnitt des Grundrisses eines neuen Rehabilitationszentrums in Oberösterreich, das in einem instabilen Hang zu errichten war. Zur Hangsicherung, als Baugrubenwände und teilweise auch zur Gründung dienten 175 Großbohrpfähle (d = 1,2 m), die als „Energiepfähle" ausgebildet wurden (Bild 6). Der Untergrund besteht vorwiegend aus sandigen bis tonigen Schluffen: Hanglehm, darunter zerklüftete tertiäre Sedimente mit örtlich stark unterschiedlichem Hangwasservorkommen. Seit April 1997 läuft die geothermische Heizung bzw. Kühlung des Objektes und bildet – ebenso wie bereits zahlreiche andere „Energiegründungen" und „Energiewände" – einen wertvollen Beitrag zum Umweltschutz.

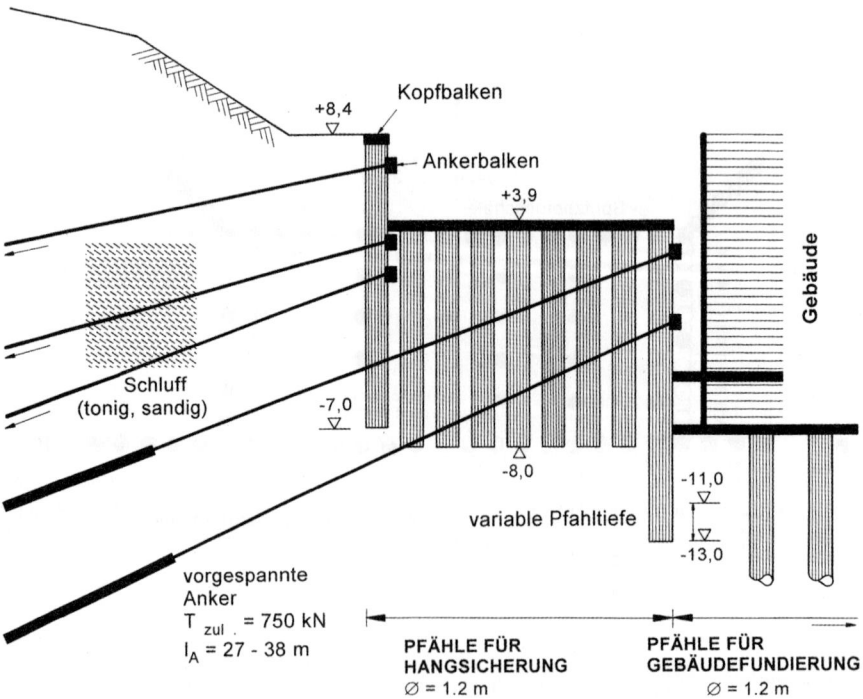

Bild 6. Teilansicht der verankerten Wand aus Energiepfählen – gemäß Schnitt A–A in Bild 5

3.9 Stützbauwerke und konstruktive Hangsicherungen

3.1.2 Ausführungsbeispiele

Zur Aktivierung des Erdwiderstandes benötigen seitlich beanspruchte Pfähle stets eine gewisse Verformung bzw. Verschiebung. Bei der Sicherung von Rutschhängen mittels Pfählen ist daher zu beachten, dass die Bewegungen der instabilen Zone zunächst noch weitergehen, allerdings gebremst. In kritischen Fällen ist somit eine Kombination von Pfählen mit vorgespannten Verankerungen zweckmäßig. In der Regel werden dann die Pfähle mit einem Stahlbeton-Kopfbalken verbunden und dieser rückverhängt. Falls die Pfahlwand gleichzeitig einen Geländesprung zu sichern hat, können auch mehrlagige Verankerungen erforderlich sein, wie in den Bildern 7 bis 9 dargestellt.

Der für den nördlichen Portalbereich des Karawanken-Tunnels der Karawanken-Autobahn erforderliche Hangabschnitt liegt in einer geologischen Großstörung und außerdem in einer Erdbebenzone (Karawanken-Nordrandstörung). Unter heterogenem Hangschutt stehen dort tektonisch stark beanspruchte Dolomite (mit Myloniten) und Tonschiefer mit Rutschharnischen an. Zur Sicherung des ca. 30 m hohen Hanganschnittes wurde eine aufgelöste Bohrpfahlwand konzipiert, die – im Gegensatz zu einer glatten Ankerwand – auch schallabsorbierend wirkt. Die Unterteilung der großen Wandhöhe durch zwei Bermen erleichterte die Bauarbeiten wesentlich. Außerdem sind auch Kontrollen, Erhaltungsarbeiten und eventuelle spätere Verstärkungsmaßnahmen (zum Beispiel Zusatzanker) leichter möglich. Der oberste Wandabschnitt besteht aus begrünbaren Raumgitter-Stützkonstruktionen, und die darunter situierten Bohrpfähle (d = 0,9 m) binden in den steil abtauchenden mürben Fels ein. Nahe dem Tunnelportal geht die Wand in aufgelöste Stützkonstruktionen aus stehenden

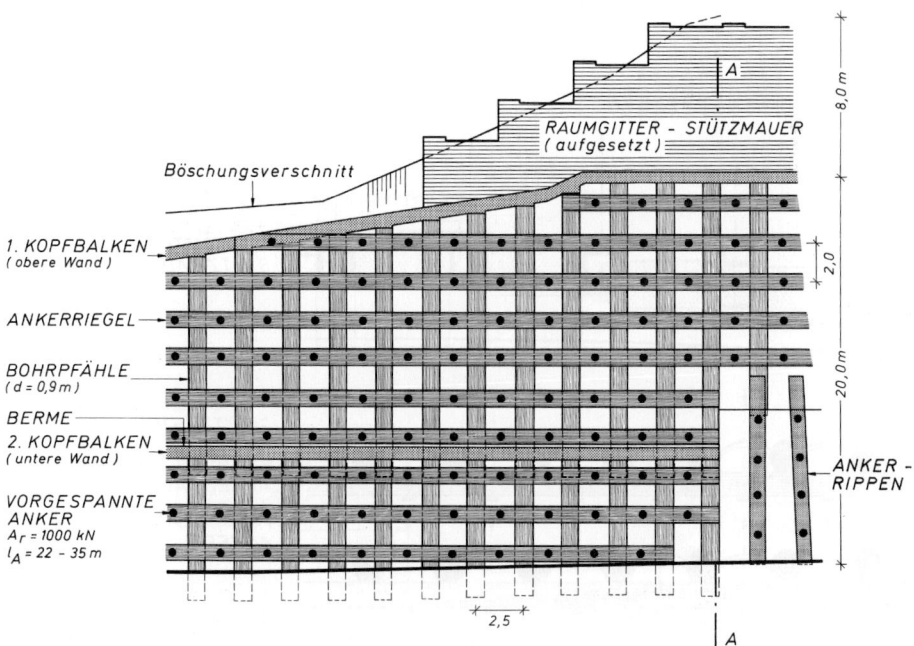

Bild 7. Teilansicht der 95 m langen Stützkonstruktion beim Nordportal des Karawanken-Autobahntunnels. Die Fugen in den Kopfbalken der aufgelösten Pfahlwände und in den Ankerbalken sind nicht eingetragen

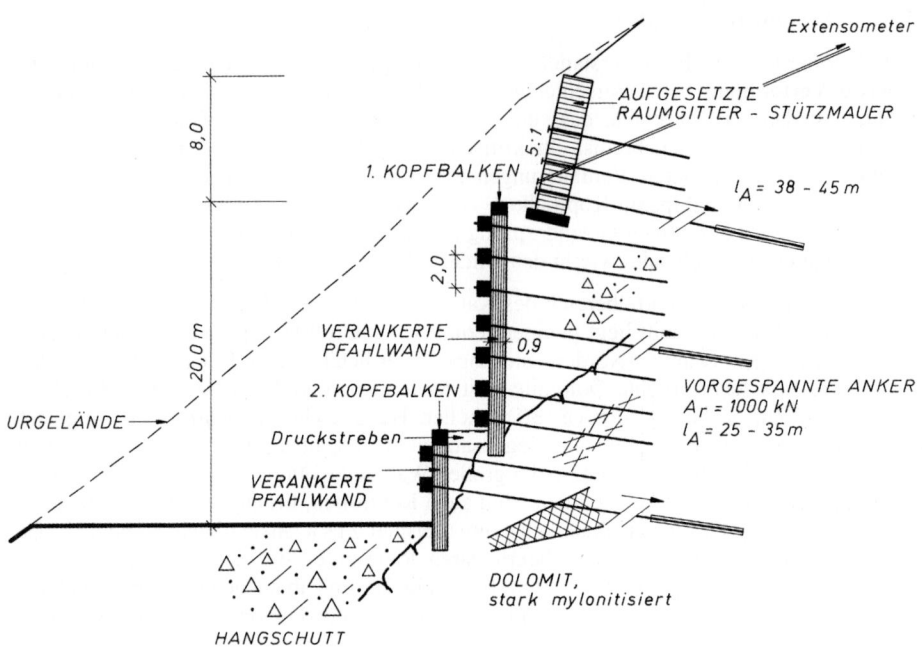

Bild 8. Querschnitt A–A zu Bild 7

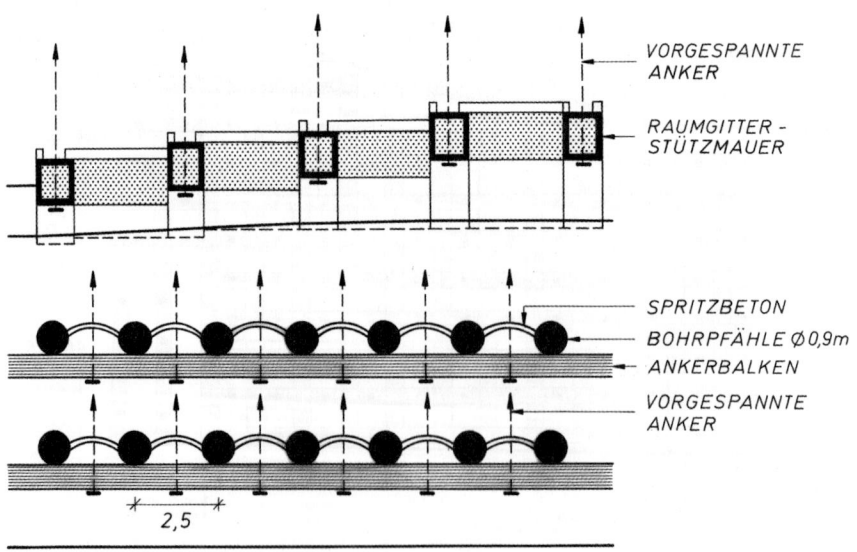

Bild 9. Ausschnitt des Grundrisses zu den Bildern 7 und 8

3.9 Stützbauwerke und konstruktive Hangsicherungen

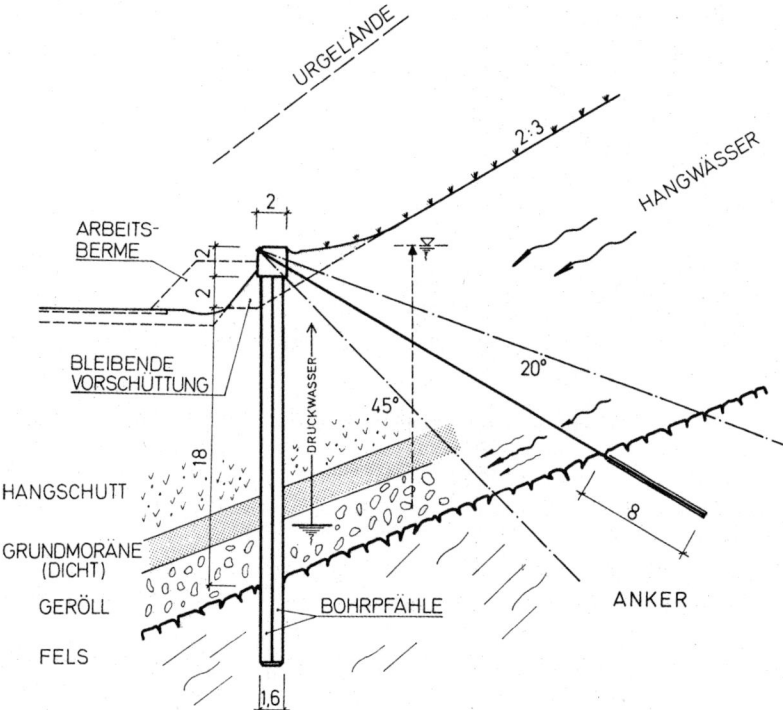

Bild 10. Stabilisierung eines Rutschhanges mit verankerter Wand aus Pfahlscheiben

Ankerrippen und horizontalen Ankerbalken über. Die freien Zwischenfelder sind bei der Pfahlwand grundsätzlich mit bewehrtem Spritzbeton gesichert (Mindestdicke 15 cm), ansonsten nur örtlich je nach Bedarf (Felszerlegung, Mylonitisierung). Entwässerungsstützen verhindern den Aufbau unzulässiger Hangwasserdrücke auf die Stützkonstruktion.

Im Regelfall wird bei Pfahlwänden nach der Fertigstellung der Pfähle der talseits gelegene Boden oder Fels ausgehoben, um den Geländesprung herzustellen. Ausnahmen bilden Fußsicherungen von Rutschhängen, bei welchen der Großteil der Stützwand unsichtbar im Untergrund verbleibt (Bilder 10 und 11). Während der Aushubphase können bei Bedarf schrittweise in einzelnen Etagen vorgespannte Anker versetzt werden (Bild 12). Eine Ver-

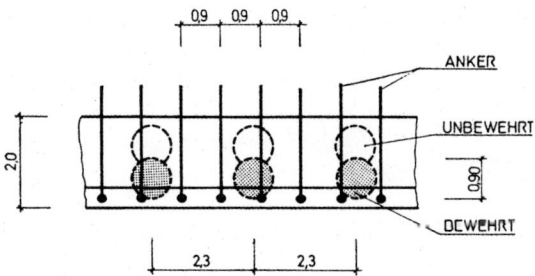

Bild 11. Grundriss zu Bild 10

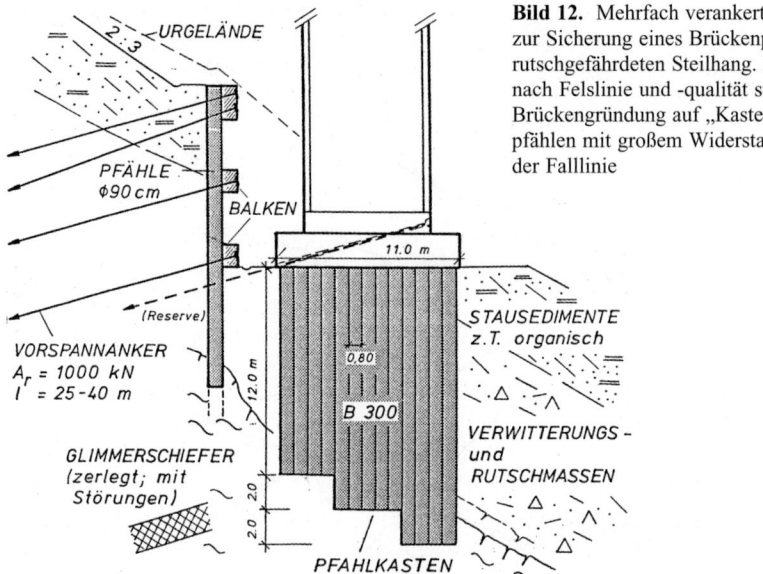

Bild 12. Mehrfach verankerte Pfahlwand zur Sicherung eines Brückenpfeilers in einem rutschgefährdeten Steilhang. Pfahltiefen je nach Felslinie und -qualität stark variabel. Brückengründung auf „Kasten" aus Bohrpfählen mit großem Widerstandsmoment in der Falllinie

ankerung ist oft wirtschaftlicher als die Anordnung von mehr Pfählen größerer Durchmesser und Tiefe. Je nach Schichtaufbau des Untergrundes sind auch Kombinationen zwischen Pfahlwänden und aufgelösten Stützkonstruktionen möglich.

Außerdem können Stahlbetonwände oder Fertigteilkonstruktionen auf Pfahlwände gelenkig aufgesetzt bzw. mit diesen biegesteif verbunden werden (s. Bild 13 und Abschnitt 7.1).

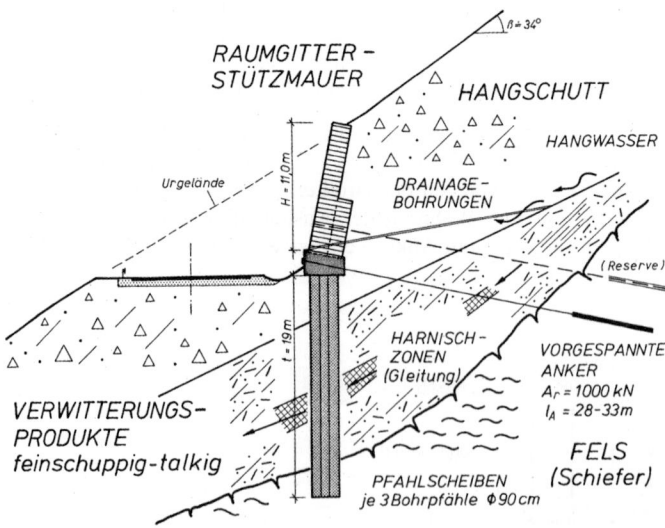

Bild 13. Stütz- und Sicherungsmaßnahmen in einem Rutschhang. Kombination von steifen und flexiblen Stützelementen

3.9 Stützbauwerke und konstruktive Hangsicherungen

Bei Pfahlwänden, die einen Geländesprung abstützen und ein- oder mehrlagig verankert sind, können Ankerkräfte entweder über einzelne Stahlbetonblöcke oder über (abschnittsweise) durchlaufende Stahlbetongurte übertragen werden. Ersteres wird für vorübergehende Zwecke (Baugrubenwände) häufig bevorzugt. Für permanente Bauwerke sind Gurte („Ankerbalken" etc.) empfehlenswerter, weil sie eine bessere Lastverteilung gewährleisten und aussagekräftige Kontrollmessungen ermöglichen. Dabei entstehen allerdings statisch hochgradig unbestimmte Systeme, wenn die Gurte über mehrere Felder durchlaufen. Derartige Trägerroste bieten zwar den Vorteil, dass sie Spannungen besser umlagern können als statisch bestimmte Konstruktionen, andererseits besteht ein erhöhtes Risiko unkontrollierter Rissbildung. Bei stark heterogenem Untergrund sollten daher die Gurte mittels Bewegungsfugen unterteilt werden.

In stark rutschgefährdeten Hängen und bei sehr wechselhaftem Untergrund sollten Pfahlwände in der Regel einen durchlaufenden Kopfbalken aus Stahlbeton erhalten. Diese biegesteife Verbindung dient zur Aufnahme örtlicher Spannungsspitzen; sie sollte in Horizontalabständen von ca. 10–20 m Bewegungsfugen aufweisen. Bild 14 zeigt als Beispiel eine Rutschung an einer Autobahn innerhalb einer markanten geologischen Störungszone. Der Restscherwinkel der talkigen Verwitterungsprodukte betrug nur $\varphi_r = 10° \div 15°$.

In Bild 15 sind die Sanierungsmaßnahmen dargestellt, wobei der Schwerpunkt auf einer 112 m langen verankerten Pfahlwand lag. Ähnlich Bild 4 d wurden Pfahlscheiben (in der Falllinie) versetzt. Diese in Achsabständen von 2,8 m angeordneten Elemente bestehen aus jeweils zwei tangierenden, voll bewehrten Großbohrpfählen, welche aus Termingründen noch während andauernder Hangbewegungen abgeteuft werden mussten. Auf dem durchgehenden Stahlbetonriegel (Pfahlkopfbalken) wurde eine Stützmauer mit gelenkiger Lagerung aufgesetzt (Bild 16). Die Bewegungsmöglichkeit reduziert den oberflächennahen Erddruck; im Bedarfsfall kann dieser Wandaufbau jederzeit mittels langer Vorspannanker verankert werden.

Durchlaufende Pfahlkopfbalken sind auch bei beengten Platzverhältnissen empfehlenswert. So dient in Bild 15 der Stahlbetonriegel zugleich als Weg.

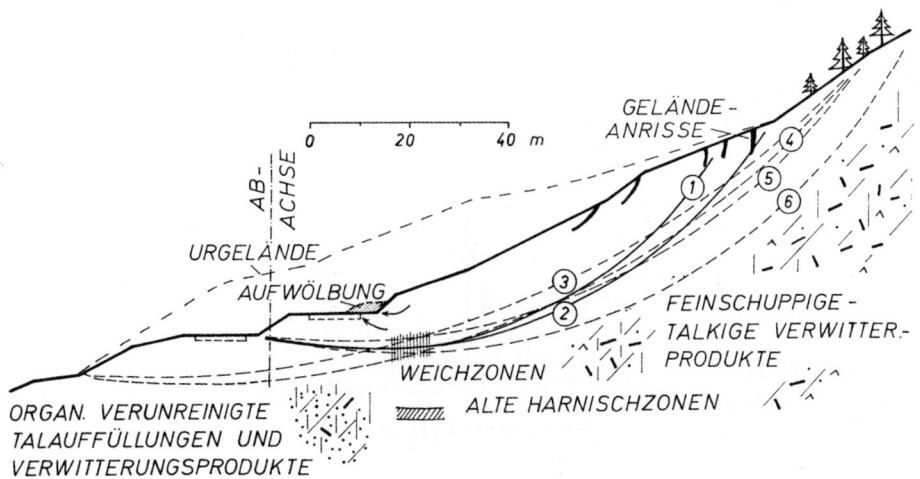

Bild 14. Rutschung entlang einer Autobahn in Hanglage. Situation und Gleitflächenannahmen 1–6

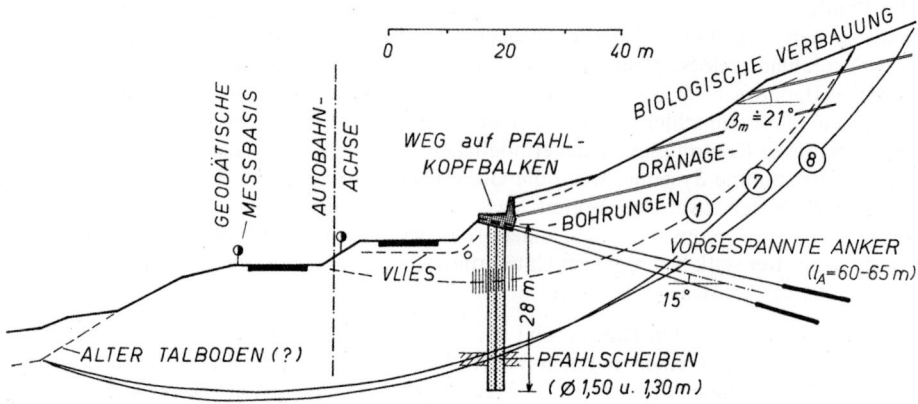

Bild 15. Sanierungsmaßnahmen zu Bild 14. Maßgebende Gleitflächen 1, 7, 8.
β_m = mittlere Böschungsneigung nach Geländekorrektur

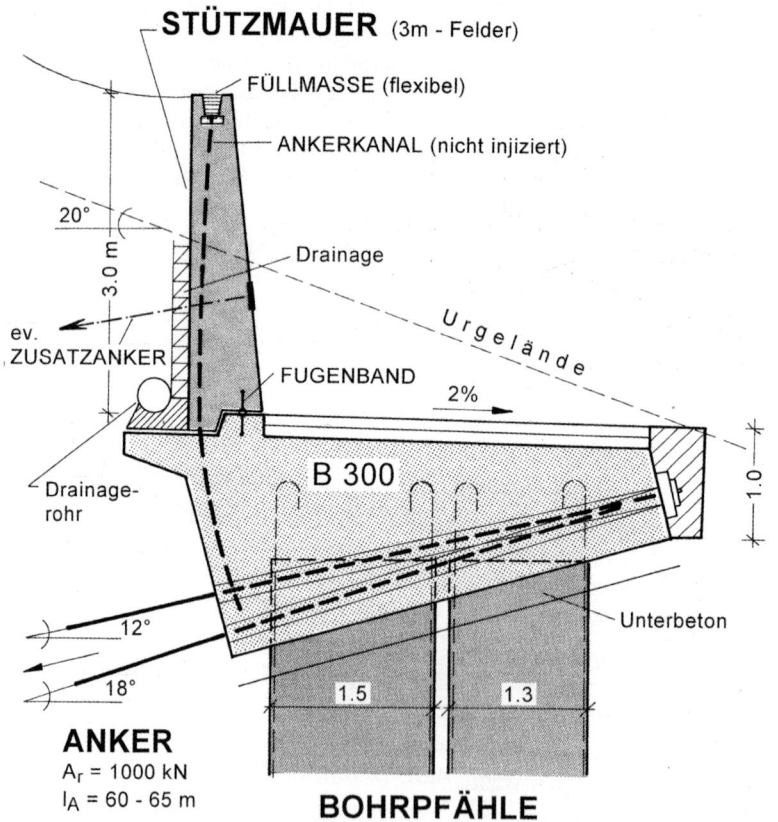

Bild 16. Detail zu Bild 15: Pfahlwand mit gelenkig aufgesetztem Stahlbeton-Kopfbalken zur Reduktion des oberflächennahen Erddruckes; zusätzliche Verankerungsmöglichkeit für den Bedarfsfall

3.9 Stützbauwerke und konstruktive Hangsicherungen

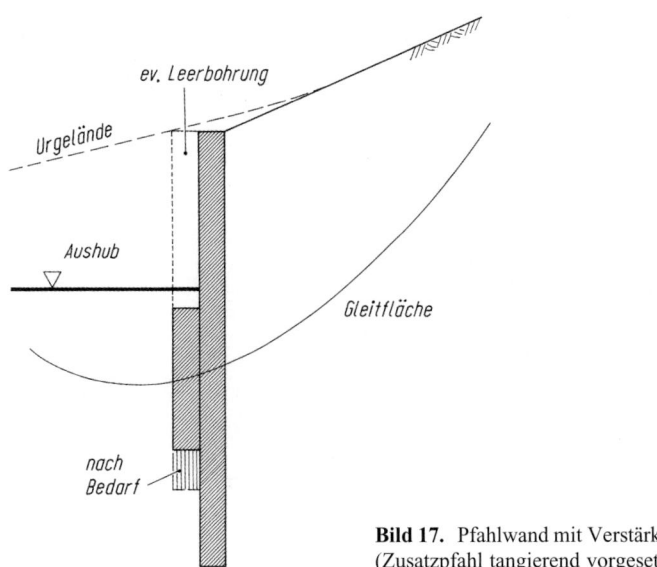

Bild 17. Pfahlwand mit Verstärkung im Bereich der Gleitfläche (Zusatzpfahl tangierend vorgesetzt)

Auf Pfahlwände aufgesetzte Stahlbetonwände kommen vor allem dann zur Anwendung, wenn der abzustützende Geländesprung durch eine nachträgliche Auffüllung geschaffen werden soll.

Die in Bild 17 dargestellte Lösung liegt statisch zwischen Wänden aus Einzelpfählen und Pfahlscheiben. Dabei wird die Stützwand nur dort verstärkt, wo ihre Beanspruchung am größten ist. Solche Konstruktionen haben sich bei Rutschhängen und beengten Platzverhältnissen bewährt.

In stark wasserführenden Hängen kann es vorteilhaft sein, einzelne „Fenster" innerhalb der Pfahlwand freizulassen oder in Abständen von ca. 4,5 bis 6 m Sickerpfähle (aus Filterbeton oder -kies) anzuordnen.

Eine außergewöhnliche Stützkonstruktion ist in den Bildern 18 und 19 dargestellt. Für die Herstellung der 186 m hohen Sperre Zillergründl war eine ca. 60 m tiefe Baugrube auszuheben. Ein bis 26 m hoher Geländesprung wurde durch eine Bohrpfahlwand abgestützt,

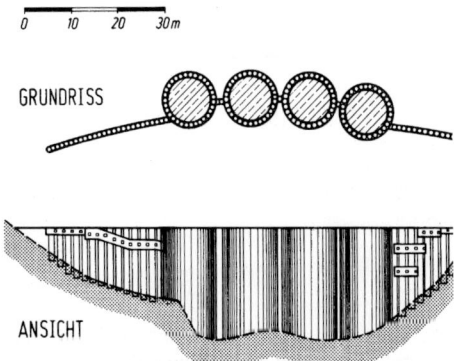

Bild 18. Baugrubenumschließung für die Sperre Zillergründl: verankerte einfache Bohrpfahlwand und Bohrpfahlwand mit Kreiszellenform

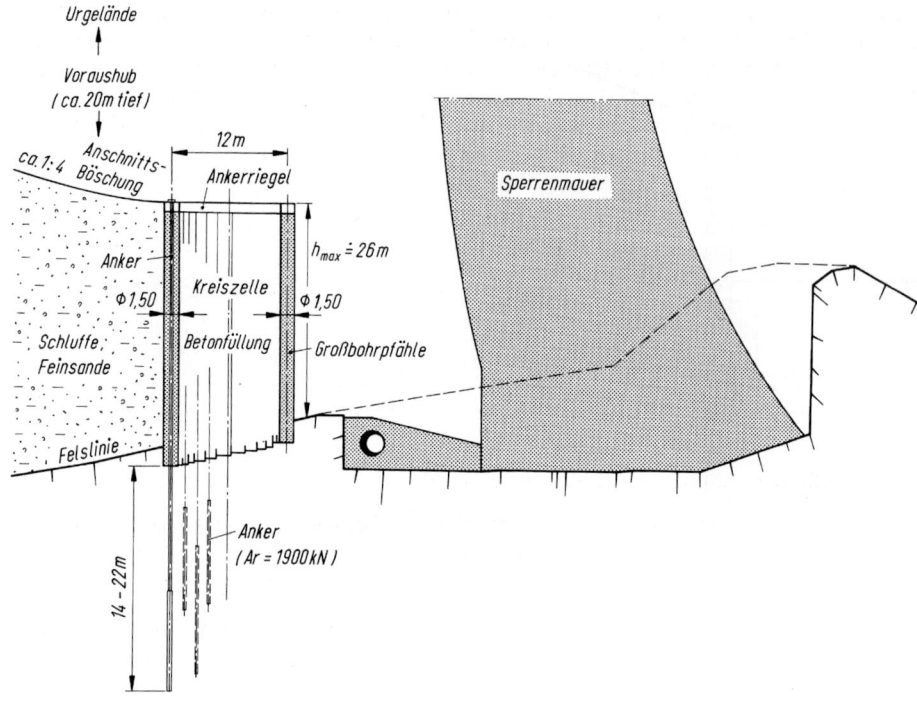

Bild 19. Querschnitt zu Bild 18

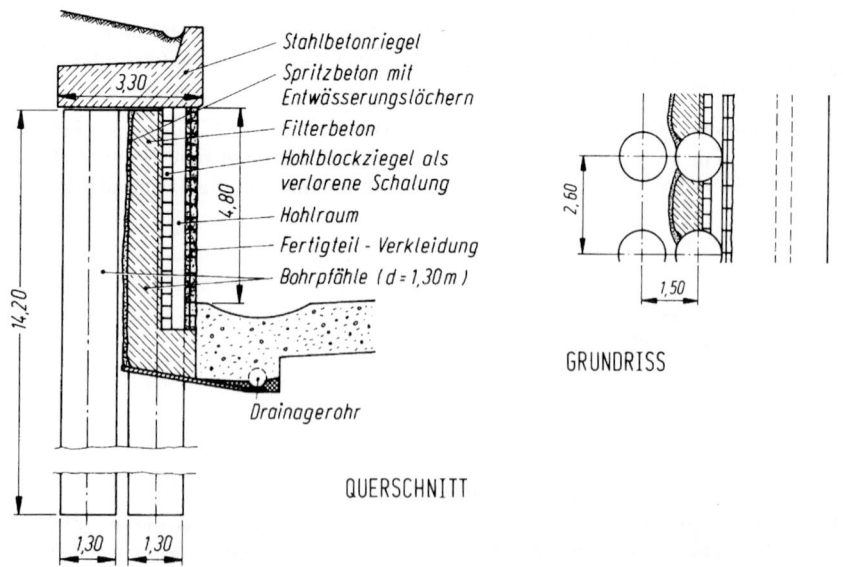

Bild 20. Detail einer verkleideten Pfahlwand am Fuße eines durchnässten Rutschhanges

welche am höchsten Bereich aus Kreiszellen bestand. Die überschnittenen abgeteuften Großbohrpfähle (d = 1,50 m) waren unbewehrt. Aus dem Querschnitt ist ersichtlich, dass der Boden in den Zellen durch Beton ersetzt und die Schwergewichtskörper durch vertikale Anker niedergespannt wurden. Erst durch diese Maßnahmen konnten die außergewöhnlich großen Erd- und Wasserdrücke aufgenommen und eine ausreichende Gleit- und Kippsicherheit der Stützkonstruktion gewährleistet werden. Seitlich der Kreiszellen bestand die Baugrubenumschließung aus einfachen Pfahlwänden mit Verankerungen (Bild 18).

Bei aufgelösten Pfahlwänden oder Wänden aus Pfahlscheiben ist eine Verkleidung der Ansichtsfläche meist unumgänglich. Je nach Boden- bzw. Felseigenschaften, Sickerwasserverhältnissen, Seitendruckkräften, Wandhöhe etc. bestehen verschiedenste Ausführungsmöglichkeiten:

- Belassen der Spritzbetongewölbe ohne Zusatzmaßnahmen (Bild 4 e, rechts),
- nur einfache Verkleidungswand, z. B. Fertigteilelemente (Bild 4 e, Mitte),
- Spritzbetongewölbe und luftseitige Verkleidungswand; Verfüllungen des Zwischenraumes mit Filterbeton oder Boden (Bild 4 e, links).

Ein ausgeführtes Beispiel im Detail zeigt Bild 20.

Sonderfälle von Pfahlwänden sind die „Stabwände", welche aus Injektionsbohrpfählen (z. B. „Wurzelpfählen") mit sehr geringem Durchmesser und großer Mantelreibung bestehen. Dabei handelt es sich von der Wirkung her um Verbundkörper im Sinne einer bewehrten Erde oder Bodenvernagelung (s. Abschn. 5.3).

3.1.3 Berechnung und Bemessung

3.1.3.1 Allgemeines

Bei der Bemessung einer Pfahlwand ist zu beachten, dass der Bruch auf drei verschiedene Arten eintreten kann:

- Versagen des Bodens in der Gleitzone:
  Der Widerstand entspricht dem passiven Erddruck (räumlich bei Einzelpfählen oder Pfahlscheiben, entlang der ganzen Wand bei engem Pfahlabstand).
- Versagen der Pfähle durch Biegung:
  Der Biegebruch kann z. B. ähnlich einem Dübel berechnet werden, wobei meist von einer beidseitigen Einspannung und der Ausbildung plastischer Gelenke ausgegangen wird. Weitere Gedankenmodelle sind jene nach der Bettungstheorie und nach der Biegelinientheorie.
- Versagen der Pfähle durch Abscheren:
  Ein Scherbruch kann bei fester Einspannung in kompaktes Material bzw. bei Vorhandensein einer markanten Trennfläche im Untergrund auftreten. Erfahrungsgemäß ist dieser Bruchmechanismus nur bei kurzen bzw. gedrungenen Pfählen (oder Brunnen) von Bedeutung.

Für die Bemessung der Pfähle ist der kleinste dieser Widerstände maßgebend.

Bei der Ermittlung der aktiven Kräfte ist durch bodenmechanische Voruntersuchungen zu klären, ob es sich eher um ein Erddruckproblem im klassischen Sinne handelt oder um ein Geländebruchproblem. Überdies kann sich in instabilen Hängen ein erhöhter Kriechdruck aufbauen. Im Zweifelsfall sind daher sämtliche Möglichkeiten zu prüfen bzw. durchzurechnen (Grenzwertuntersuchungen). In der Praxis hat es sich bewährt, zumindest bei kritischen Projekten nicht nur die Berechnungsansätze, sondern auch die Berechnungsmethoden zu variieren. Da sämtliche Theorien zwangsläufig von Idealisierungen bzw. Näherungen ausgehen und zudem die Bodenkennwerte (und Wasserverhältnisse) stets mehr oder minder streuen, erscheinen Parameterstudien vor allem bei rutschgefährdeten Hängen angebracht. Für die Einengung der plausiblen Ergebnisse und die Festlegung der sich daraus ergebenden konstruktiven Maßnahmen sind einschlägige Erfahrungen und ingenieurmäßiges Feingefühl unumgänglich. Dabei spielen die generelle Situation, der Zweck des Stützbauwerkes, die vertretbaren Risiken etc. eine wesentliche Rolle.

Nachstehend werden einige gängige Berechnungsverfahren angeführt, wobei keine generellen Präferenzen bestehen, wohl aber gewisse Anwendungsgrenzen. Im Übrigen wird auf [31] und [40] hingewiesen.

3.1.3.2 Erddruckverfahren

Die auf den Pfahl wirkenden Kräfte werden nach der Erddrucktheorie angesetzt. Je nach Verformung von Pfahl bzw. Boden sind zwischen aktivem Erddruck, Erdruhedruck und Kriechdruck sämtliche Zwischenwerte möglich. In Sonderfällen kann sogar ein Silodruck auftreten, der noch kleiner als der aktive Grenzwert ist (Bild 21).

Im Allgemeinen kann mit hinreichender Genauigkeit eine dreiecksförmige Erddruckverteilung angenommen werden. Verankerungen der Pfahlwand führen hingegen zu Erddruckumlagerungen; aus Sicherheitsgründen empfiehlt sich dann die Umwandlung des Erddruck-Lastbildes in ein Trapez oder Rechteck (s. auch Kap. 3.5).

Als Bodenreaktion tritt ein durch den Erdwiderstand verursachtes Kräftepaar auf, das eine Einspannung bewirkt und dessen Mobilisierungsgrad stark von den Wandverformungen und der Nachgiebigkeit des Bodens abhängt. Sowohl aktiver als auch passiver Erddruck wirken – je nach Pfahlabstand – eben oder räumlich (Bild 22, oben). Die Problematik bei der quantitativen Erfassung der räumlichen Wirkung wird in der Praxis häufig durch die Näherungsannahmen einer fiktiven „Einflussbreite" b' für den Einzelpfahl umgangen (s. hierzu auch Kap. 3.2 und [40, 79]). Insgesamt kann natürlich die Summe der Erddrücke auf die Einzelpfähle nie größer werden als die Erddruckresultierende auf eine geschlossene Wand.

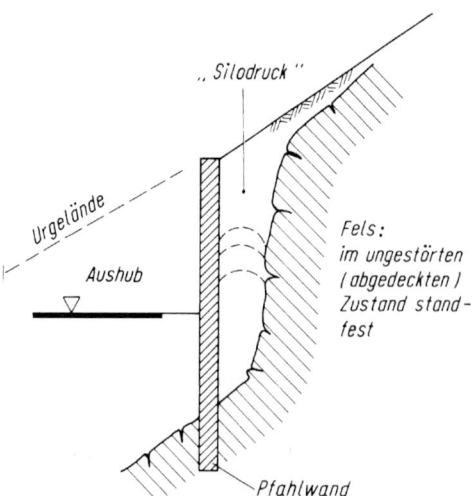

Bild 21. Sonderfall der Silodruckverhältnisse hinter einer Pfahlwand

3.9 Stützbauwerke und konstruktive Hangsicherungen 765

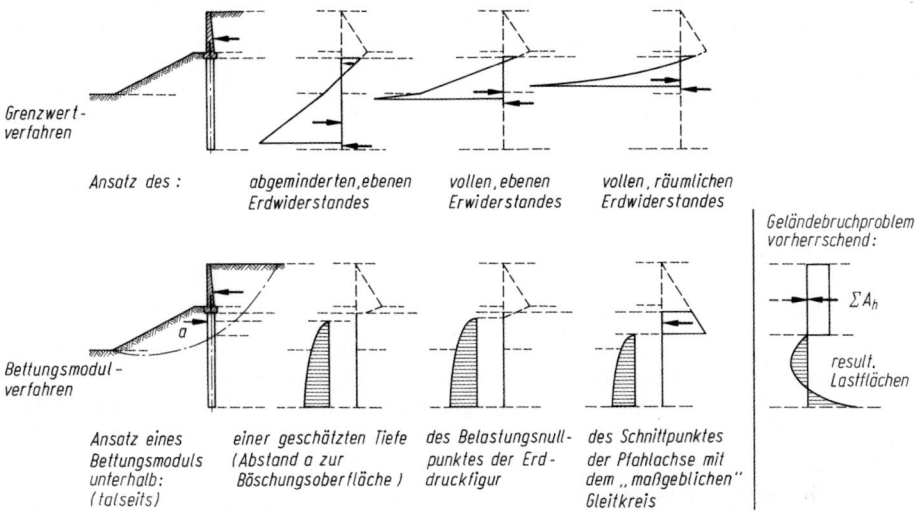

Bild 22. Übliche Berechnungsannahmen für lotrechte Großbohrpfähle mit Horizontallasten an Geländesprüngen und Böschungen (z. T. [80] erweitert). Schematisiert: parabolischer Verlauf des Bettungsmoduls nur beispielhaft angenommen. ΣA_h = Rückhaltekräfte, die zur ausreichend sicheren Abstützung des Hanges in den Gleitkörper eingeleitet werden müssen (Geländebruchverfahren); auch als erforderliche Ankerkräfte interpretierbar

Falls das Gelände talseits der Stützwand steil abfällt, ist es aus Sicherheitsgründen empfehlenswert, den Erdwiderstand erst ab einer gewissen Tiefe anzusetzen. Dies hängt davon ab, ob ein Abgleiten der oberflächennahen Bodenschicht durch Rutschung bzw. Erosion möglich ist, oder ob nur klaffende Spalten zu befürchten sind (leichte Kriechbewegungen, Solifluktion) (Bild 23).

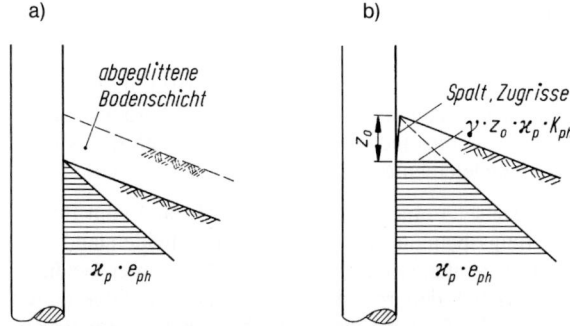

Bild 23. Ansatz des Erdwiderstandes bei einer Pfahlwand in einem Steilhang;
a) oberflächennahe Bodenschicht kann durch Rutschung oder Erosion verloren gehen,
b) klaffender Spalt bzw. Zugrisse in der instabilen Deckschicht (geotechnische Auflast vorhanden bleibend).
χ_p Abminderungsfaktor, je nach Boden, Steifigkeit der Wand und zulässigen Verformungen

Bei sehr kurzen Bohrpfählen oder gedrungenen Brunnen handelt es sich um starre Stützelemente, die bei Beanspruchung aus dem Hangschub nur eine Rotation und Translation erfahren. Ein Beispiel für den einfachen Ansatz findet man in Kapitel 3.1 und bei [86]. Neuere Untersuchungen des Erdwiderstandsproblems, wie [99], zielen auf die Einführung einer einfach zu handhabenden Mobilisierungsfunktion für den Erdwiderstand, da zu seiner vollen Weckung erheblich größere Verschiebungen im Boden erforderlich sind, als der Gebrauchszustand erlaubt. Nach DIN 1054 (2005) war äußerstenfalls der halbe Erdwiderstand zugelassen, doch ist auch das oft gar nicht ausnutzbar.

Sofern im Untergrund keine klare Schichtabgrenzung vorliegt, empfiehlt es sich – im Sinne von Grenzwertstudien – unterschiedliche Lagerungsbedingungen des Pfahl- bzw. Brunnenfußes statisch zu untersuchen (gelenkig – teilweise Einspannung – volle Einspannung).

Da das Erddruckverfahren von Grenzzuständen ausgeht, sind keine genaueren Angaben über die Verformungen im Gebrauchszustand möglich. Im Allgemeinen werden diese bei Stützbauwerken für Hänge ohnehin nur von untergeordnetem Interesse sein, sodass dieser Nachteil der Berechnungsmethode nicht gravierend ist.

3.1.3.3 Bettungsmodulverfahren

Diese Berechnungsmethode geht von der fiktiven Annahme aus, dass die stützende Bodenreaktion der horizontalen Verschiebung der Pfahlwand proportional sei. Somit werden bei der Bemessung auch die Verformungen berücksichtigt. Der solcherart ermittelte Querkraftverlauf im Bereich der Gleitfläche unterscheidet sich zwangsläufig von jenem der einfachen Balkenstatik (z. B. Bild 25).

Die Problematik besteht in den quantitativen (Näherungs-)Annahmen hinsichtlich der Wechselwirkung Boden – Pfähle bzw. in der schwierigen Erfassung des Bettungsmoduls. Dieser hängt nicht nur von den Bodeneigenschaften, sondern auch von der Größe und Dauer der Belastung der Lastfläche (Pfahldurchmesser) und dem Geländeverlauf ab. Da aber der Bettungsmodul bei der Berechnung der Schnittkräfte einer im Boden eingespannten, statisch bestimmten Pfahlwand nur mit der 4. bis 5. Wurzel eingeht, wirkt sich der Einfluss eventueller Fehleinschätzungen dieses Bodenparameters nicht so gravierend aus. Die Bemessung selbst ist daher nicht so empfindlich, wie die Berechnung der Verschiebungswerte. Der Verlauf des Bettungsmoduls entlang der Pfahltiefe beeinflusst das Rechenergebnis erfahrungsgemäß stärker als die im Ermessungsspielraum liegenden Schwankungen seiner Grenzwerte. Auch der Nullpunkt des Bettungssatzes (meist fiktiv; Bild 22, unten) spielt eine Rolle.

Ein weiterer Nachteil des Bettungsmodulverfahrens besteht theoretisch darin, dass es – im Gegensatz zur Elastizitätstheorie – die Schubspannungen im Boden nicht berücksichtigen kann. Für horizontal beanspruchte Wände ist dies jedoch belanglos, weil sich die Abweichungen von der Wirklichkeit nur bei Einzelelementen in der Querrichtung auswirken.

Die Anwendung der Bettungsmodultheorie setzt einen ausreichenden Abstand vom Bruchzustand voraus. Deshalb sollten die Bettungsspannungen kleiner als der Erdwiderstand sein. Wie Vergleichsrechnungen immer wieder zeigten, sind die obersten Meter unter Geländeoberfläche besonders kritisch. Dies erklärt sich dadurch, dass das Bettungsmodulverfahren eigentlich nur dann angebracht ist, wenn die Spannungen deutlich kleiner als im Bruchzustand sind. Falls die theoretischen Bettungspressungen örtlich den passiven Grenzwert überschreiten, müssen entweder der Verlauf oder die Größe des Bettungsmoduls modifiziert werden. Stillschweigende Annahmen einer entsprechenden Erddruckumlagerung – wie es manchmal praktiziert wird – können riskant sein (Bild 24). Bei steil von der Stützwand abfallendem Gelände ist sinngemäß zu Bild 23 auch die Bettung erst ab einer gewissen Tiefe

3.9 Stützbauwerke und konstruktive Hangsicherungen

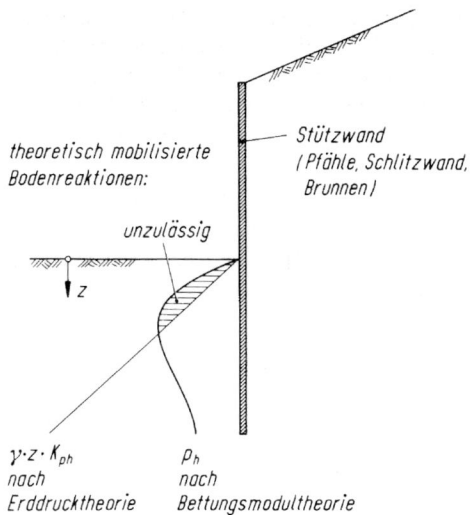

Bild 24. Vergleich der Bodenspannungen auf der Erdwiderstandsseite von Pfahlwänden, Brunnenwänden etc. Falls die aus der Bettungsmodultheorie errechneten Pressungen die passiven Erddruckspannungen überschreiten, sind sie zu kappen oder ein anderer Verlauf bzw. Wert des Bettungsmoduls anzunehmen oder mögliche (räumliche) Erddruckumlagerungen zu untersuchen

anzusetzen. Insgesamt sind an Geländesprüngen und Böschungen verschiedene Berechnungsannahmen üblich (Bild 22, unten).

Variationen in der theoretischen Idealisierung der Pfahlbettung (elastoplastische Auflagerungen, Federstäbe etc.) führen zwangsläufig auch zu unterschiedlichen Ergebnissen. Da durch Federstäbe die in Wirklichkeit kontinuierliche Bettung im Boden nur angenähert wird, muss die Unterteilung bei einem Stabwerkprogramm umso feiner werden, je schlanker der Pfahl bzw. Brunnen ist. Andererseits sind bei schlanken Baukörpern die Kopfverformungen und das Maximalmoment praktisch unabhängig von den Lagerungsbedingungen der Sohle. Letztere spielen aber bei gedrungenen Pfählen oder Brunnen eine Rolle, wobei drei Möglichkeiten bestehen:

– horizontal verschieblich, gelenkig gelagert;
– fest, gelenkig gelagert;
– voll eingespannt.

Die auf der aktiven Seite von Stützwänden angreifenden Kräfte können entweder nach der Erddrucktheorie oder dem Geländebruchverfahren ermittelt werden.

3.1.3.4 Geländebruchverfahren

Bei diesem Verfahren wird der die Stützwand belastende Hangschub nicht aus den Grenzzuständen der Erddrucktheorie ermittelt, sondern mittels einer Geländebruchuntersuchung, z. B. nach DIN 4084.

Die Horizontalbeanspruchung der Stützwand ergibt sich aus der Differenz zwischen den horizontalen Komponenten der aktiven und widerstehenden Kräfte. Die gewünschte Sicherheit des Hanges gegen eine Bewegung lässt sich in den Scherparametern berücksichtigen.

Eine andere, allgemein anwendbare Berechnungsmethode besteht darin, jene Rückhaltekräfte zu ermitteln, welche zur Stabilisierung bzw. ausreichend sicheren Abstützung des Hanges in den Gleitkörper eingeleitet werden müssen (ΣA_h in Bild 22, rechts). Das Verfahren bietet den Vorteil, dass bei der Bemessung der Stützwand eventuelle Verankerungen gleichzeitig mit berücksichtigt werden können. Die Rückhaltekräfte werden näherungsweise als dreieck- bis rechteckförmig verteilte Seitendrücke auf den oberhalb der Gleitfläche gelegenen Wandabschnitt angesetzt. Je steifer die Wand ist, desto höher liegt der Angriffspunkt der Resultierenden. Bei Böschungsneigungen von $\beta \geq 35°$ und bei Kriechhängen sollte der resultierende Hangschub aus Sicherheitsgründen in halber Höhe zwischen Wandkrone und Durchtritt der Gleitfläche angenommen werden.

Die Bodenreaktionen im Gleitkörper und im darunter liegenden, unbewegten Untergrund können entweder nach der Erddrucktheorie oder dem Bettungsmodulverfahren abgeschätzt werden. Die Schnittkräfte der Stützwand errechnen sich dann nach den einschlägigen statischen Methoden (Balkenstatik, Stabwerkprogramme etc.).

3.1.3.5 Dübeltheorie

Die Ausbildung eines „Dübels" ist theoretisch denkbar, indem an zwei überbeanspruchten Stellen A und B beidseits der Gleitfläche die Biegefestigkeit der Pfahlwand nacheinander überwunden wird [54].

Es wird ein beidseits gleichartig eingespanntes Dübelelement angenommen. Die Einspannung sei durch die resultierenden Kräfte R angezeigt (Bild 25). Die Dübeldeformationen hängen einerseits vom Gelenkabstand ab und andererseits von der erforderlichen Querschnittsrotation zur Mobilisierung des Biegemomentes: Da die Wechselwirkung Boden-/Pfahlverformung und die daraus resultierende Belastung unbekannt sind, wird näherungsweise eine konstante Beanspruchung p vorausgesetzt. Im Sinne eines Ersatzbalkenverfahrens gelten somit für den Teil AC des Dübels folgende Gleichgewichtsbedingungen:

Querkraft im Punkt C: $S = Q_{max} = p \cdot \dfrac{l}{2}$

Moment um Punkt A: $M = \dfrac{p \cdot l^2}{8}$

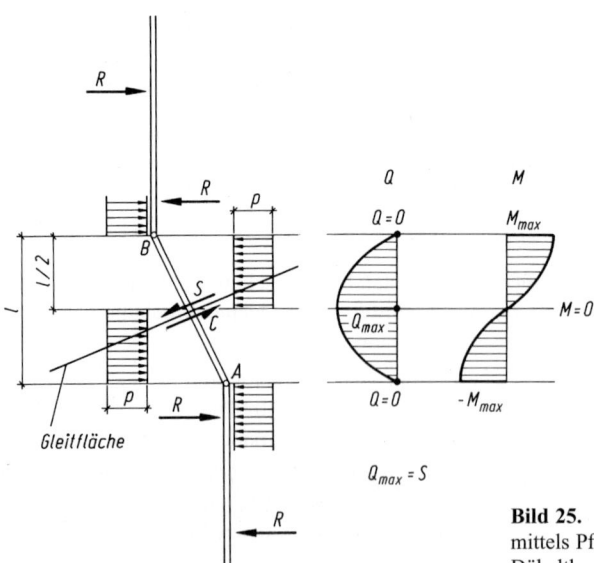

Bild 25. Stabilisierung eines Rutschhanges mittels Pfählen; Pfahlbemessung nach der Dübeltheorie [54]

3.9 Stützbauwerke und konstruktive Hangsicherungen

Daraus ergibt sich der Schubwiderstand des Dübels

$$S = \sqrt{2pM}$$

wobei

$$M \leq F \cdot M_{zul}$$

gilt

F   Sicherheitsfaktor
M_{zul} zulässiges Biegemoment des Pfahles bzw. der Pfahlwand

Somit wird S unabhängig vom (unbekannten) Gelenkabstand l.

Als Beanspruchung p ist bei geschlossenen Wänden der passive Erddruck in der Tiefe der Gleitfläche anzusetzen:

$$p = e_p$$

Für weiter auseinander stehende Einzelpfähle kann p aus der Grenzbelastung des Bodens errechnet werden [54]:

$$p = d_q \cdot d \cdot K_0 \cdot q \cdot N_q$$

wobei $p \leq e_p \cdot a$ sein muss.

Hierbei ist

$d_q = 1 + 0{,}035 \cdot \tan\varphi \cdot (1 - \sin\varphi)^2 \cdot \arctan(t/d)$ Tiefenfaktor
$N_q = e^{\pi \cdot \tan\varphi} \cdot \tan^2\left(45° + \frac{\varphi}{2}\right)$ Tragfähigkeitsfaktor
$K_0 = 1 - \sin\varphi$ Erdruhedruckbeiwert
$q = \gamma \cdot t$ Überlagerungsdruck
d   Pfahldurchmesser
a   Achsabstand der Pfähle

Zusammenfassend ist festzustellen, dass die vorstehende Dübeltheorie zwar von groben Idealisierungen ausgeht, für die Praxis jedoch durchaus brauchbare Resultate liefert. Die im Nahbereich der Gleitfläche tatsächlich auftretenden Spannungen und Verformungen hängen von einer Vielzahl von Parametern ab, wobei die Steifigkeitsverhältnisse bzw. das Widerstandsmoment der Stützelemente eine entscheidende Rolle spielen.

Die Geländebruchsicherheit nach der Verstärkung durch eine Stützwand (mit dem Schubwiderstand S in der Gleitfläche), welche im allgemeinen Fall noch verankert sein kann (Vorspannkraft A), wird z. B. gemäß den Bildern 25 und 26

$$F = \frac{\sum T + A \cdot \sin(\vartheta + \delta) \cdot \tan\varphi + S \cdot \cos\vartheta_s}{\sum G \cdot \sin\vartheta - A \cdot \cos(\vartheta + \delta)}$$

wobei $\sum T$ die Summe der Bodenwiderstände und $G \cdot \sin\theta$ die Summe der antreibenden Kräfte ist.

Weitere Dimensionierungsansätze liefert die Dübeltheorie nach *Gudehus/Schwarz* [42]. Da sie nicht für Stützwände, sondern für Pfahlroste bzw. eigentliche Hangverdübelungen in rutschgefährdeten bzw. kriechenden Böschungen konzipiert ist, wird sie in Abschnitt 5.4 behandelt.

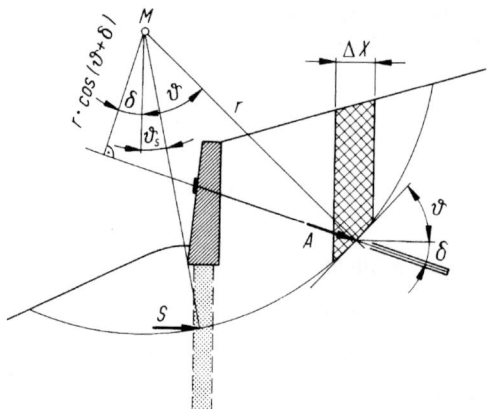

Bild 26. Geländebruchuntersuchung einer verankerten Stützmauer (allgemeiner Fall).
A Ankerkraft,
S Schubwiderstand der „Dübel"
(Pfähle, Brunnen, Schlitzwände etc.)

3.1.3.6 Palisadentheorie

Die in den Abschnitten 3.1.3.1 bis 3.1.3.5 angeführten Bemessungshinweise gelten in erster Linie für offene oder geschlossene Wände aus Einzelpfählen (oder Schlitzwände). Für die Dimensionierung von Scheiben aus Pfählen (siehe z. B. Bild 4 d und e) oder Schlitzwände hat sich unter anderem die „Palisadentheorie" seit Jahren recht gut bewährt.

In Bild 27 ist der allgemeine Fall dargestellt, wonach eine Pfahlscheibe sowohl durch Horizontalkräfte und Momente in ihrer Längsrichtung als auch durch Vertikalkräfte beansprucht sei. Bei dem an der Stirnfläche angreifenden Erddruck kann es sich um das theoretische Minimum des aktiven Grenzwertes oder um einen erhöhten Kriechdruck handeln. Unter der Annahme, dass die einzelnen Pfähle untereinander monolithisch verbunden seien, vermag die „statische Scheibe" in ihrer Längsrichtung sehr große Lasten in den Untergrund zu übertragen.

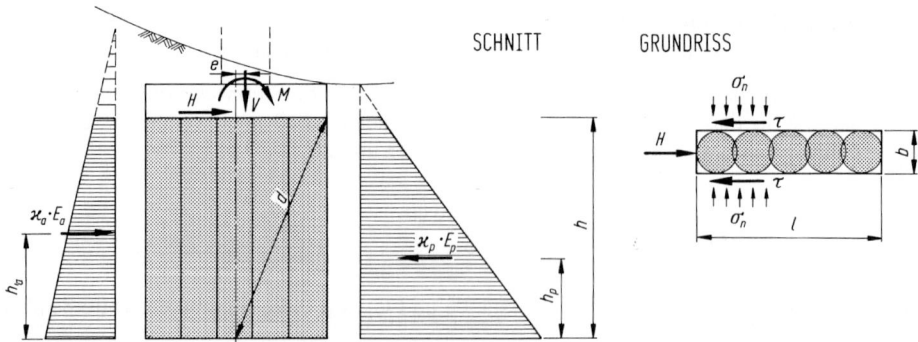

Bild 27. Bemessung von Pfahlscheiben nach der Palisadentheorie.
χ_a Erhöhungsfaktor auf der aktiven Seite ($\chi_a \geq 1,0$) z. B. bei Kriechhängen
χ_p Abminderungsfaktor auf der passiven Seite ($\chi_p \leq 1,0$ – je nach Verformungsempfindlichkeit der Konstruktion): bei bloßen Hangsicherungen in der Regel $\chi_p = 1$ vertretbar

3.9 Stützbauwerke und konstruktive Hangsicherungen

Die Scheibe erfährt durch die angreifende Belastung eine Verschiebung und Verdrehung in der Längsrichtung; dabei werden folgende Kräfte mobilisiert:

- an den Seitenflächen: Scherkräfte;
- an der vorderen Stirnfläche: Erdwiderstand, Scherkräfte werden vernachlässigt;
- an der Sohlfläche: Druck- und Scherkräfte.

Der Grad der Mobilisierung bzw. die Verteilung der Spannungen hängen von der Größe der Verformungen ab. Demnach handelt es sich um ein mehrfach statisch unbestimmtes System, und es müssten entsprechende Verformungsbedingungen in die Berechnung miteinbezogen werden.

Für die Praxis ist jedoch die Näherungsannahme zulässig, dass die Mobilisierung der jeweiligen Spannungen stets in gleichem Maße erfolge. Somit können die als Reaktion auf die äußeren Belastungen auftretenden Spannungen bzw. Kräfte bei voller Mobilisierung aus den Gleichgewichtsbedingungen ermittelt werden [35].

a) Scherspannungen zwischen Boden und Seitenflächen

Auf beiden Seitenflächen der Scheibe seien die Scherspannungen (oder „Reibungsspannungen") τ vorhanden, welche einer Drehung der Scheibe entgegenwirken. Gemäß Bild 28 werden sie tangential an die Drehkreise ihrer Wirkungspunkte angenommen. Die Scheibenfläche S wird in die Einzelfläche S1 und S2 unterteilt, wobei die Trennungslinie durch den angenommenen Drehpunkt verläuft. Die Integration der Momente der Reibungskräfte $\tau \cdot dF = \tau \cdot r \cdot d\alpha \cdot dr$ um den Drehpunkt D ergibt für die Scheibenfläche S1:

$$M_{\tau,\text{einseitig},S1} = \tau \left[\int_{a=0}^{\alpha_1} \int_{\tau=0}^{\frac{l_1}{\cos\alpha}} r^2 \cdot d\alpha \cdot dr + \int_{\alpha=\alpha_1}^{\frac{\pi}{2}} \int_{r=0}^{\frac{h}{\sin\alpha}} r^2 \cdot d\alpha \cdot dr \right] =$$

$$= \frac{\tau}{6} \left[2l_1 \, hd_1 + l_1^3 \, \ln\frac{h+d_1}{l_1} + h^3 \, \ln\frac{l_1+d_1}{h} \right]$$

bei beidseitiger Wirkung von τ ergibt sich

$$M_{\tau,\text{beidseitig},S1} = \frac{\tau}{3} \left[2l_1 \, hd_1 + l_1^3 \, \ln\frac{h+d_1}{l_1} + h^3 \, \ln\frac{l_1+d_1}{h} \right]$$

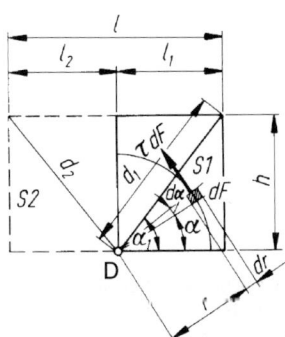

Bild 28. Palisadentheorie für Pfahl- oder Schlitzwandscheiben [35]. Unterteilung der Scheibe S in Einzelfällen S1 und S2; die Trennlinie verläuft durch den angenommenen Drehpunkt D

Für die Teilfläche S2 ist die Rechnung analog durchzuführen. Die Summe der Teilmomente liefert jenes Gegenmoment M_τ, welches die Scheibe auf den Boden übertragen kann. Das kleinste M_τ ergibt sich aus der (sichersten) Annahme, dass der Drehpunkt D in der Sohlenmitte läge:

$$M_\tau = \frac{2}{3}\tau\left[l \cdot h \cdot d + \frac{l^3}{8} \cdot \ln\frac{2(h+d)}{l} + h^3 \cdot \ln\frac{l+2d}{2h}\right]$$

für $l_1 = l_2 = \frac{1}{2}$

Die Horizontalkomponente der Scherkräfte beträgt für den Drehpunkt D in Sohlenmitte:

$$H_\tau = \tau \cdot \left[l \cdot \left(d - \frac{1}{2}\right) + 2h^2 \cdot \ln\frac{l+2d}{2h}\right]$$

Die Vertikalkomponente ist null.

Die mobilisierbaren Scherspannungen können bei geschichtetem Untergrund annähernd als schichtweise konstant angesetzt werden. Untere Grenzwerte ergeben sich aus den Ruhedruckbedingungen:

$\tau = \sigma_n \cdot \tan \delta$ Wandreibungswinkel $\delta \leq \varphi$
$\sigma_n \triangleq \sigma_h = K_0 \cdot \sigma_v$ Erdruhedruckbeiwert $K_0 = 1 - \sin\varphi$
σ_v Vertikalspannung des Bodens in Schichtmitte

Als Erfahrungswerte können die aus (vertikalen) Probebelastungen für Pfähle oder Schlitzwände gewonnenen Daten mit vertretbarer Näherung herangezogen werden. Diese liegen überwiegend deutlich über den rechnerisch ermittelten Scherspannungen.

b) Erddrücke an den Stirnseiten

Die Erddrücke an den Stirnseiten werden von folgenden Faktoren beeinflusst:

– Untergrund- und Geländeverhältnisse,
– Bewegung der Scheiben,
– Geometrie der Scheiben (Breite, gegenseitiger Abstand).

In der Regel werden mehrere Scheiben nebeneinander angeordnet, wobei sich die in Bild 29 dargestellten Abmessungen größenordnungsmäßig in der Praxis gut bewährt haben. Bei sehr

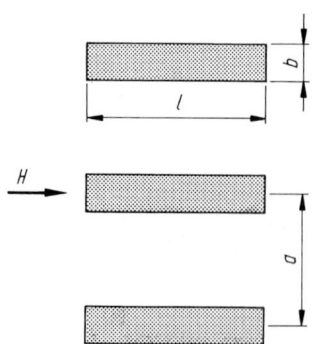

Bild 29. Gruppen von Pfahl- oder Schlitzwandscheiben mit überwiegender Horizontalbelastung (H).
Günstiger Achsabstand a erfahrungsgemäß: $3b \leq a \leq (l + b)$

3.9 Stützbauwerke und konstruktive Hangsicherungen

weichem Untergrund können fallweise noch engere Scheibenabstände erforderlich sein, wenn ein „Durchfließen" des Bodens zu verhindern ist oder besonders große Erdwiderstandskräfte benötigt werden [62]. Infolge der Gewölbeausbildungen im Untergrund sollte für den aktiven Erddruck (bzw. Kriechdruck) mit einer erhöhten Einflussbreite der Scheiben (≤ 3 b) oder wie für eine geschlossene Wand gerechnet werden. Der an der Stirnseite aktivierte Erdwiderstand wirkt ebenfalls räumlich, kann aber in seiner Gesamtheit selbstverständlich nicht größer werden als der Grenzwert für den ebenen Fall, also je 1 lfm geschlossener Wand; somit je Scheibe maximal $e_p \cdot a$.

Bei weiter auseinander stehenden Scheiben kann durch eine hammerkopfartige Verstärkung an der Stirnfront der Erdwiderstand deutlich erhöht werden (siehe z. B. Bild 37 b).

c) Sohlspannungen

Die durch Momente und Vertikalkräfte hervorgerufenen Normalspannungen in der Gründungssohle sind durch die Grundbuchspannung begrenzt. Die in der Sohlenebene der Scheibe aufnehmbare Horizontalkraft entspricht dem Wert

$$H_\sigma = A_\sigma \cdot b \cdot \tan \delta$$

A_σ Spannungsfläche der Druckspannung
b Scheibenbreite
δ Sohlreibungswinkel ($\delta \leq \varphi$)

Die zulässige Momentenbeanspruchung in der Sohlfuge (M_σ) ergibt sich elementar aus der Spannungsermittlung (Trapezverfahren) und dem Widerstandsmoment der Scheiben.

d) Einspanntiefe

Der Nachweis der erforderlichen Einspanntiefe wird geführt, indem man die Momentengleichung um den Bezugpunkt D (in Sohlmitte) aufstellt. Die mobilisierbaren Momente müssen mit einer entsprechenden Sicherheit F die Momente infolge der äußeren Belastung kompensieren.

In der Regel ergibt sich bei Stützscheiben folgende Momentenbeanspruchung:

– treibende Momente $H \cdot h + \chi_a \cdot E_a \cdot h_a + M$
– rückhaltende Momente $M_\tau + \chi_p \cdot E_p \cdot h_p + M_\sigma$

Der Sicherheitsfaktor wird definiert als

$$F_{vorh} = \frac{M_\tau + \chi_p \cdot E_p \cdot h_p + M_\sigma}{H \cdot h + \chi_a \cdot E_a \cdot h_a + M} \geq F_{erf} = 1{,}5$$

Falls zusätzlich auch nennenswerte Vertikalkräfte wirken, wird ein Teil der Reibungswiderstände des Bodens, und zwar lotrechte Spannungen τ_v, bereits für die vertikale Tragkraft der Scheiben verbraucht. Da aber eine exakte Ermittlung der jeweiligen Komponenten (τ_h, τ_v) nicht möglich ist, wird von der idealisierenden Annahme ausgegangen, dass die seitlichen Reibungskräfte gänzlich zur Aktivierung des Gegenmomentes M, dienen. Die Vertikallasten werden demnach voll in die Sohlenfuge abgetragen gedacht.

Der rechnerische Nachweis erfolgt in der Form, dass zunächst überprüft wird, ob die Momente M_τ und $(\chi_p) \cdot E_p \cdot h_p$ schon allein eine entscheidende Grundbruchsicherheit von $F \geq 1{,}5$ gewährleisten können. Ist dies nicht der Fall, muss das Restmoment ΔM in der Sohlfuge abgetragen werden:

$$\Delta M = V \cdot e + H \cdot h + M - (M_\tau + \chi_p \cdot E_p \cdot h_p) \cdot 1/F_{erf}$$

e) Verbundwirkung

Die monolithische Wirkung von Scheiben aus Pfählen oder Schlitzwandelementen setzt voraus, dass die in den Fugen auftretenden Schubspannungen übertragen werden können, ohne dass es zu einer gegenseitigen Verschiebung der Elemente kommt. Somit sind von der statischen Konzeption her Schlitzwände oder überschnittene Bohrpfähle am besten geeignet. Falls tangierende Großbohrpfähle verwendet werden, müssen sie mit einem gemeinsamen Stahlbeton-Kopfbalken oder dgl. biegesteif verbunden werden, um diese Voraussetzungen in noch vertretbarem Ausmaß zu erfüllen. Andernfalls kann nur beschränkt mit einem gemeinsamen Widerstand der Einzelelemente gerechnet werden; den unteren Grenzwert bildet die algebraische Summe der Widerstandsmomente der Einzelpfähle.

Bei in Einzelpfähle aufgelösten Stütz„scheiben" ist der Gruppenwirkungseffekt zu berücksichtigen, der von *Schmidt* [81] untersucht wurde und für den *Franke* [34] einen Berechnungsvorschlag gemacht hat.

3.1.3.7 Sonstiges

Beim *Biegelinien-Verfahren* handelt es sich um eine vorwiegend theoretisch fundierte Bemessung langer Pfähle in Rutschhängen (siehe [42]).

Mittels *numerischer Berechnungsmethoden* können die Spannungs-Verformungsbeziehungen des Untergrundes zutreffender beschrieben werden als nach dem Bettungsmodulverfahren oder unter der Annahme eines linear-elastischen Materials. Trotzdem bleibt das Problem, dass es im Allgemeinen nicht ausreicht, den Pfahl im gegebenen Verschiebungsfeld zu betrachten. Da nämlich die Pfähle auf die Bewegungen reagieren, ändern sich die Eingabedaten. Darüber hinaus ist das Verschiebungsfeld im Allgemeinen nicht genau bekannt. Der wesentliche Vorteil der Numerik liegt somit nicht in einer „exakten" Lösung, sondern in der Möglichkeit aufschlussreicher Parameterstudien. Für die routinemäßige Bemessungspraxis wird sie bislang nur in Sonderfällen herangezogen.

Falls die Schubübertragung zwischen den Pfählen einer Pfahlscheibe mit Kopfriegel unsicher bzw. unzureichend ist, empfiehlt es sich u. a., diese – zumindest grenzwertmäßig – als ebenen Rahmen zu berechnen. Außerdem sollten dann auch verschiedene Bettungssysteme untersucht werden: die Art der horizontalen Stützung (elastisch – fest) beeinflusst zwangsläufig sowohl den Querkraftverlauf als auch den Momentenverlauf in den Pfählen.

Abschließend sei hervorgehoben, dass die Dimensionierung von Stützwänden in rutschgefährdeten Hängen aus zwei Gründen problematisch ist:

– Unsicherheiten beim Ansatz der Bodenkennwerte,
– theoretische Idealisierungen in den Berechnungshypothesen.

Aus diesem Grunde sind Parameterstudien und vergleichende Gegenüberstellungen unterschiedlicher erdstatischer bzw. felsmechanischer Verfahren vielfach empfehlenswert. Darüber hinaus sollten vor allem bei kritischen Hangsicherungen *Kontrollmessungen* an der Konstruktion und im Gelände vorgenommen werden. Diese dienen zunächst zur Sicherheitsüberwachung; zudem verbessern einschlägige Datensammlungen die Treffsicherheit der Berechnungen bei zukünftigen Stützbauwerken.

3.2 Brunnenwände

Brunnenwände können als Pfahlwände mit sehr großen Pfahldurchmessern angesehen werden. Den aufzunehmenden Seitendruckkräften entsprechend sind im Allgemeinen elliptische Querschnitte vorzuziehen (Bild 30). Die Herstellung derartiger Brunnen erfolgt in der

3.9 Stützbauwerke und konstruktive Hangsicherungen

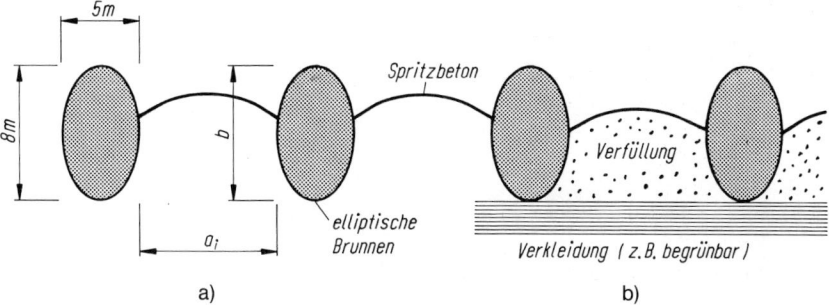

Bild 30. Schematisierter Grundriss einer Brunnenwand: Abmessungen nur als Beispiel für große Erddrücke und Wandhöhen: $a_i \leq b$ als erster Richtwert meist zweckmäßig Spritzbeton mit Bewehrung (Baustahlmatten) und Entwässerungslöchern.
a) Wand ohne weitere Maßnahmen,
b) Wand mit Verkleidung aus Fertigteilen etc. Falls eine begrünbare Raumgitterkonstruktion vorgesetzt wird („Grünwände"), ist eine Verfüllung des Zwischenraumes erforderlich

Regel durch Abteufen von Schächten mit einer Spritzbetonsicherung der Wandungen: Dicke ca. 5–30 cm (meist 10–20 cm), häufig mit Baustahlmatten bewehrt (1–3 Lagen) – je nach Brunnendurchmesser, Boden- bzw. Felseigenschaften, Wasserzutritt, Aushubtiefe etc. Anstelle von Baustahlmatten kommt in zunehmendem Maße Faserspritzbeton zum Einsatz, was den Arbeitsablauf unter beengten Schachtbedingungen erleichtert.

Der lichte Abstand der Brunnen sollte i. Allg. höchstens gleich der längeren Hauptachse der Querschnittsellipse sein (Bild 30). Der zwischen den Brunnen freistehende Boden oder Fels wird in der Regel mit Spritzbeton abzudecken sein, dessen Dicke und Bewehrung (Baustahlmatten) von den Bodeneigenschaften und den Gewölbekräften abhängen, die in die Brunnen abzutragen sind. Als Erfahrungswerte werden mindestens d = 15 cm veranschlagt. Sinngemäß wie bei den Pfahlwänden müssen auch hier die Spritzbetonbögen mit Entwässerungsstutzen versehen werden. Die Brunnenwand kann schließlich weitgehend unbehandelt belassen (Bild 30 a) oder verkleidet werden (Bild 30 b).

Unverkleidete Brunnenwände bilden sehr markante, optisch ansprechende Bauwerke. Zerklüfteter Fels bleibt beim Freilegen der Stahlbetonbrunnen meist am Spritzbeton haften, und kann witterungsbeständig „verkieselt" werden. Außerdem besteht die Möglichkeit, den freien Raum zwischen den Brunnen zu begrünen, sodass die Wand in ihrer Gesamtheit sehr aufgelöst und überdies schallabsorbierend wirkt (Bilder 31 und 32).

Ähnlich den Pfahlwänden können auch Brunnenwände verankert oder mit anderen Sicherungs- bzw. Stützmaßnahmen kombiniert werden (Bilder 32 und 33). In besonders kritischen, steilen Rutschhängen sind die Brunnen sogar in mehreren Horizonten zu verankern (sinngemäß Bild 153).

Zur Dimensionierung der Brunnen und Ermittlung der Schnittkräfte können neben Geländebruchuntersuchungen die Erddrucktheorie und/oder das Bettungsmodulverfahren herangezogen werden. Vor allem bei mehrfacher Verankerung sind Erddruckumlagerungen in Rechnung zu stellen. Die Ermittlung der widerstehenden Kräfte ist erfahrungsgemäß viel problematischer als die Abschätzung der aktiven (zur Rutschung treibenden). Da unterschiedliche Rechenannahmen das Ergebnis meist ziemlich signifikant beeinflussen (z. B. Verlauf der Bettungszahl k_s, weniger der Absolutbetrag!), und sowohl Erddruck- als auch Bettungsmodulverfahren von theoretischen Vereinfachungen und Idealisierungen ausgehen, ist eine vergleichende, kritische

Bild 31. a) Teilansicht einer fertig gestellten Brunnenwand in einem steilen, verwitterten Rutschhang: Länge ca. 400 m, Höhe über der Autobahnfahrbahn 17 m, Fußeinbindung bis 23 m; elliptische Brunnen (8,0 × 5,0 m) dauerhaft verkieselt (atmungsaktiv); Person als Größenvergleich.
b) Wand in bereits verwachsenem Zustand (auslaufender Endbereich)

Bewertung der beiden Dimensionierungsmethoden empfehlenswert. Vor allem bei Stützkonstruktionen in rutschgefährdeten Hängen sollten folgende Hinweise beachtet werden:

– Grenzwertuntersuchungen mit variablen Parametern,
– Vergleich der Rechenergebnisse nach beiden Methoden.

Im Allgemeinen sind die Ansätze des Erdwiderstandes vom bodenmechanischen Standpunkt aus eindeutiger als die Bettungsverhältnisse. Die Verformungen der Stützwand sind nämlich meist nur von zweitrangiger Bedeutung. Der Bettungsmodul hingegen ist keineswegs eine „Bodenkonstante", sondern hängt von einer Vielzahl von Einflüssen ab und ist wesentlich schwieriger zu bestimmen als etwa die Scherparameter.

Einer der Vorteile von Brunnenwänden ist die horizontale Lastabtragung in die Sohlfuge. Über Momentenbeanspruchung und Sohlreibung können zusätzlich zur Seitenbettung Anteile des Hangschubes übernommen werden. Weitere Vorteile bestehen in der großflächigen Überprüfbarkeit des Untergrundes im Zuge des Schachtaushubes und in der ausgezeichneten

3.9 Stützbauwerke und konstruktive Hangsicherungen

Anpassungsfähigkeit an örtliche Inhomogenitäten bzw. Laständerungen (z. B. durch Vertiefung, Fußaufweitung, Injektionen und/oder Vernagelungen des Bodens bzw. Fels vom Schacht aus). Außerdem können die Brunnen zur gezielten, tiefreichenden Hangentwässerung herangezogen werden (vgl. Bild 155).

Fallweise werden die Schächte nicht voll ausbetoniert, sondern nur mit aussteifenden Stahlbetonringen versehen. Von diesen Schächten aus erfolgen tiefreichende Verankerungen und Dränagebohrungen, deren Köpfe zwecks Kontrolle und Wartung permanent zugänglich bleiben.

Auch das Einbringen eventueller Zusatzanker ist dann jederzeit möglich. Solche offen bleibenden Brunnen können auch mit einer Wandung aus Bohrpfählen oder Schlitzwandelementen hergestellt werden.

Brunnenwände mit konstruktiven Verstärkungen

Bei Brunnenwänden, welche unter besonders großer Seitenbeanspruchung stehen, bieten sich neben Verankerungen diverse konstruktive Verstärkungen aus Stahlbeton an. Dazu zwei Beispiele aus der Praxis.

Bild 32. Kombinierte Anker- und Brunnenwand (Länge = 265 m, Höhe = 22 m) für eine Autobahn in steilem Rutschhang. Teilansicht (auslaufender Endbereich) der in Bild 33 dargestellten Konstruktion. Elliptische Brunnen (8 × 5 m) an der sichtbaren Mantelfläche dauerhaft verkieselt. Spritzbetongewölbe zwischen den Brunnen wurde bis auf Unterbauplanum der Autobahn geführt; somit freie Standhöhe der Brunnen im Bauzustand ca. 13 m. Bei einer Einbindetiefe bis ca. 27 m ergaben sich demnach Schachttiefen bis ca. 40 m. Zwecks Bepflanzung: Fußmauer aus hohlraumreicher Steinschlichtung vorgesetzt und Räume zwischen den Brunnen mit humosem Erdreich verfüllt (auf Filterkies). Anfangsphase der Begrünung ca. 2 Jahre nach Bauende

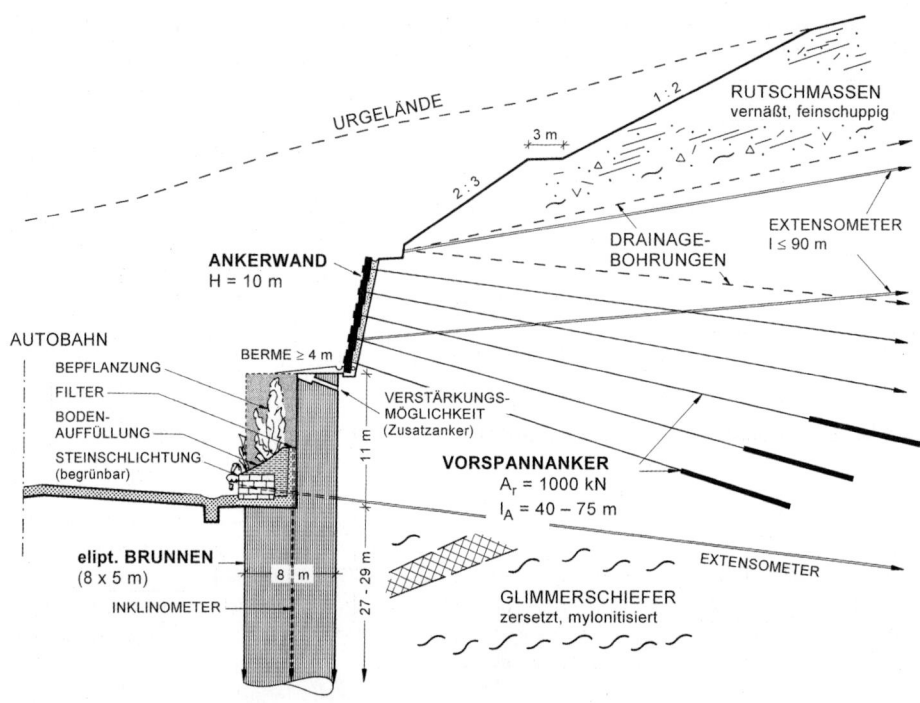

Bild 33. Aufwendige Stützmaßnahmen in einem hochgradig rutschgefährdeten Hang: Ankerwand (geschlossene „Elementwand"), darunter Brunnenwand mit Begrünung zwischen den Brunnen (s. Bilder 30 und 32)

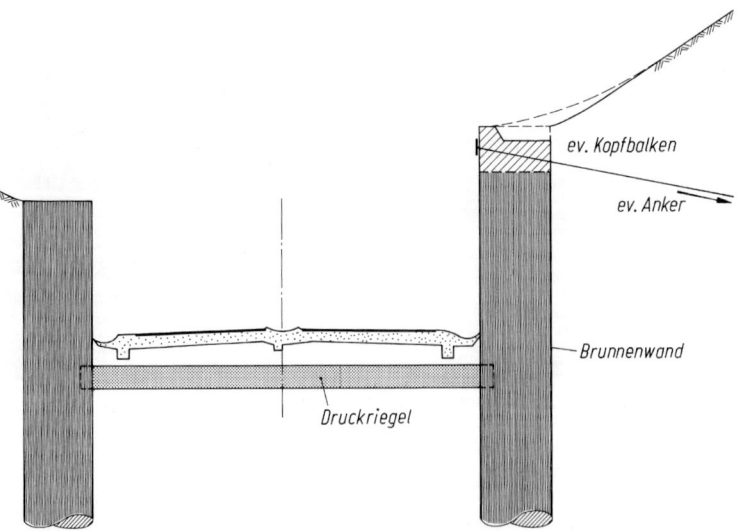

Bild 34. Brunnenwände mit aussteifenden Stahlbeton-Druckriegeln am Fuß eines hochgradig rutschgefährdeten Einschnittes

3.9 Stützbauwerke und konstruktive Hangsicherungen

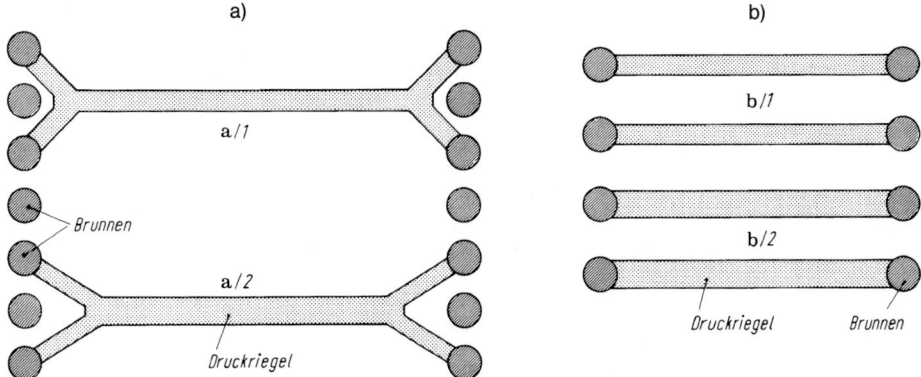

Bild 35. Diverse Ausführungsvarianten zu Bild 34

Falls in Einschnitten beide Hänge hochgradig rutschgefährdet sind, können unterhalb der Aushubsohle massive Druckriegel von einer Wand zur anderen verlegt werden (Bilder 34 und 35). Diese Methode hat sich besonders in solchen Fällen bewährt, wo weitere Wandverschiebungen praktisch ausgeschlossen werden sollten – z. B. im unmittelbaren Nahbereich von Brücken. Die Konstruktion ist dann auf vollen „Staudruck" bzw. Kriechdruck (s. Abschn. 2.2), im Grenzfall sogar auf Erdwiderstand, zu bemessen.

Bei Lawinengalerien werden die Stützbauwerke nicht nur vom Hangschub beansprucht, sondern auch durch die großen Horizontalkräfte aus Lawinen- und Murenabgängen. Anstelle massiver, tief in den Untergrund einzubindender Stützscheiben bzw. Brunnen bieten sich hier aufgelöste Konstruktionen mit schrägen Druckriegeln an (siehe z. B. Bild 36). Statisch

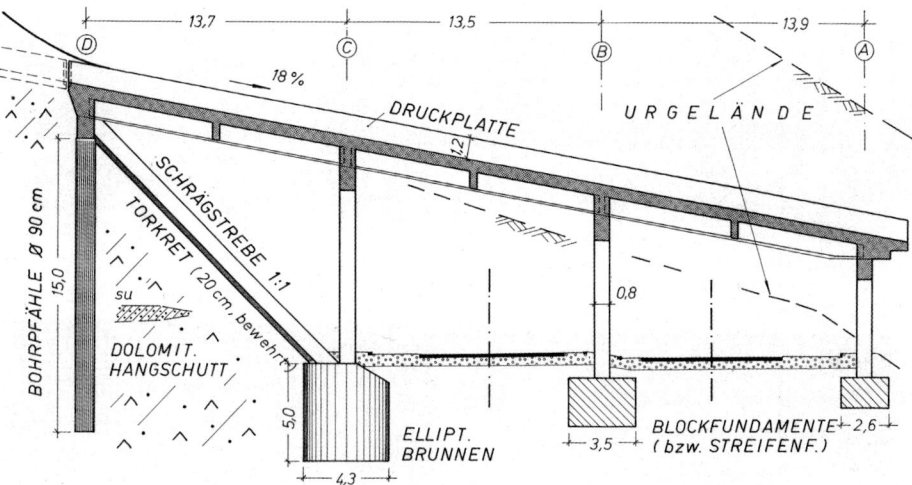

Bild 36. Lawinengalerie im Steilhang: Aufnahme großer Horizontalkräfte aus Lawinen- und Murenabgängen durch schräge Druckriegel und elliptische Brunnen; Pfähle zur Hangverdübelung

handelt es sich um Dreiecksgesparre, durch welche der Seitenschub vom Lawinendach günstiger in die Gründung abgetragen wird. Zwischen den Riegeln ist die Böschung je nach Erfordernis zu verkleiden (z. B. Spritzbeton) oder mit Ankerplatten zu sichern.

3.3 Schlitzwände

Schlitzwände (s. auch Kap. 3.6) werden zur Abstützung von Hängen relativ selten verwendet; die Hauptursache hierfür liegt in der Herstellung. Ausnahmen bilden z. B. Anschnitte vernässter Hänge, wenn die Baugrubenwand definitiv in das Gebäude integriert werden soll.

Bei hohen Seitendruckkräften haben sich Konstruktionen mit großem Widerstandsmoment in der Falllinie bewährt (Bild 37):

a) Wände mit gezahntem Grundriss.
b) Wandscheiben mit hammerkopfartigen Verstärkungen am Hangfuß. Vor diesen Verbreiterungen wird der räumliche Erdwiderstand geweckt.
c) Durchlaufende Wände mit scheibenartigen Verstärkungen an der Erdseite.
d) Wände mit zellenförmigem Grundriss; falls die umschlossenen Bodenkerne durch Injektion verfestigt werden, entsteht ein Verbundkörper mit besonders großem Tragvermögen.

Bei unregelmäßigem Geländeverlauf eignen sich aufgelöste Wände aus einzelnen T-Elementen zur Hangsicherung (Bild 38). Bild 39 zeigt verankerte Schlitzwandelemente in einem Rutschhang, für dessen Stabilisierung auch zahlreiche Entwässerungsmaßnahmen erforderlich wurden.

Die Querwand der T-förmigen Stützelemente kann je nach Erfordernis tal- oder bergseits angeordnet werden.

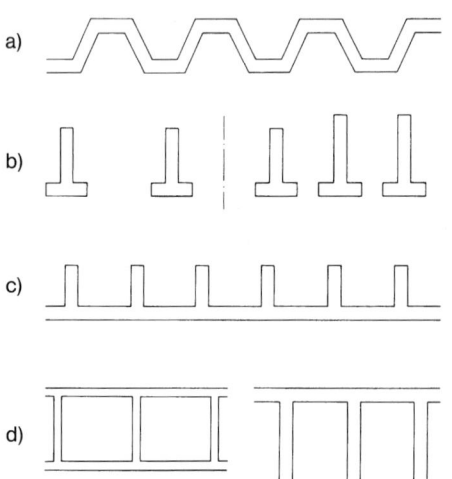

Bild 37. Schlitzwände mit erhöhtem Widerstandsmoment (schematisch)

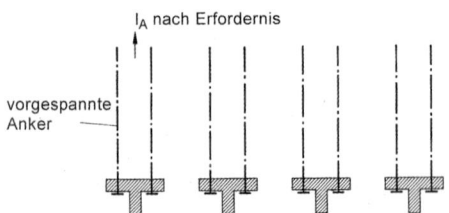

Bild 38. Sicherung eines Rutschhanges mit verankerten T-förmigen Schlitzwand-Elementen (Grundriss) (vgl. auch Bild 39)

3.9 Stützbauwerke und konstruktive Hangsicherungen   781

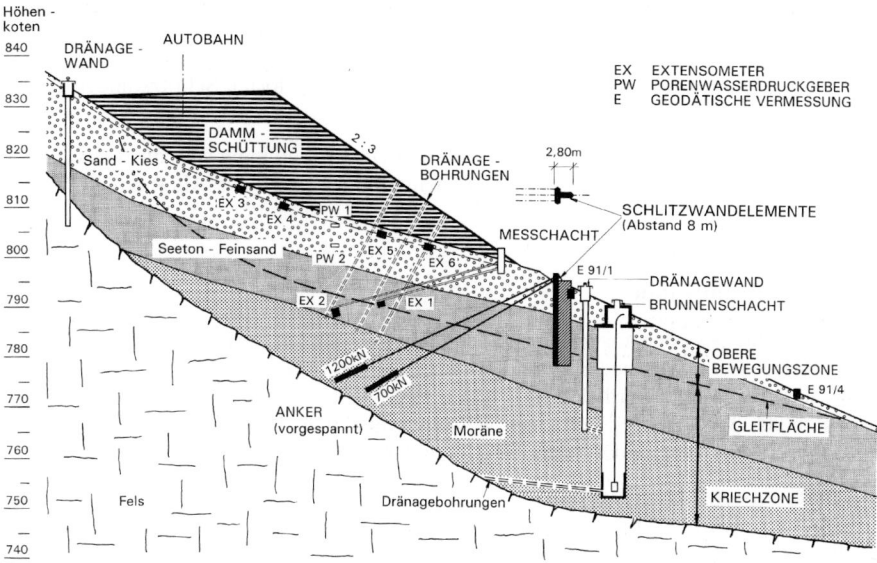

Bild 39. Verankerte Schlitzwandelemente und sonstige Maßnahmen zur Abstützung eines Autobahndammes in einem instabilen Hang [72]; oberflächennahe Rutschzone, darunter tiefreichende Kriechzone

Ein wesentlicher Vorteil ist der schubfeste Verbund innerhalb der einzelnen Elemente der Schlitzwände. Um einen Staudruck aus dem Hang zu vermeiden, müssen in die zugänglichen Wandflächen Entwässerungsstutzen (Rohre) eingebaut werden; bei den zur Gänze im Untergrund liegenden, geschlossenen Wandabschnitten sind einzelne „Fenster" freizulassen. Kombinationen mit aufgesetzten Stahlbetonwänden sind ohne Weiteres möglich (Bild 40).

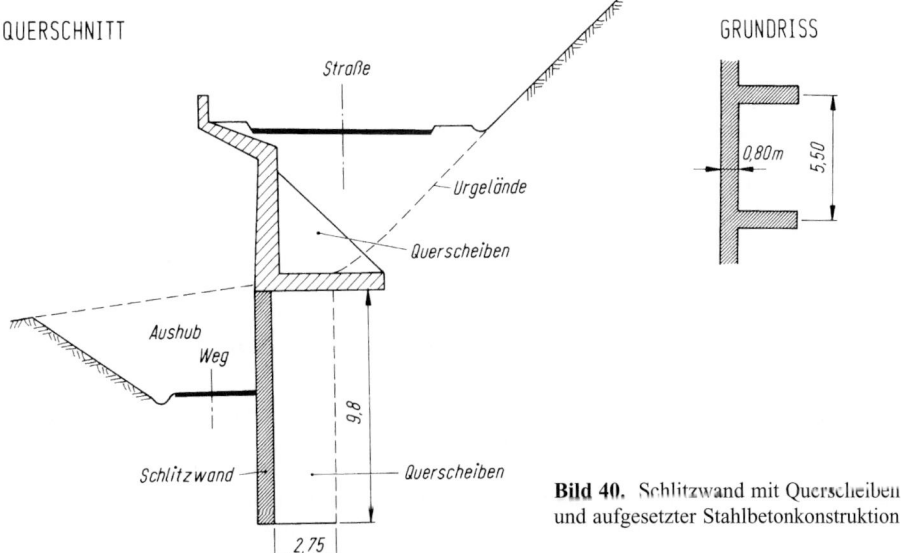

Bild 40. Schlitzwand mit Querscheiben und aufgesetzter Stahlbetonkonstruktion

Vorgespannte Schlitzwände haben sich vor allem zur Aufnahme größerer Biegemomente bewährt.

Die Berechnung und Bemessung von geschlossenen oder aufgelösten Schlitzwänden erfolgt sinngemäß wie bei Pfahlwänden (s. Abschn. 3.1.3).

In Rutschhängen mit stark Montmorillonit-haltigem Untergrund kann sich die Verwendung von Stützsuspensionen auf Bentonitbasis als nachteilig erweisen. Als Alternative kommen polymere Stützflüssigkeiten infrage.

3.4 Düsenstrahlwände

Düsenstrahlwände bestehen aus tragenden Scheiben oder Säulen, welche mittels des Düsenstrahlverfahrens (Jet Grouting, Soilcrete, Hochdruckinjektion, Hochdruckbodenvermörtelung [24, 63]) hergestellt werden. Ähnlich den Pfahl- oder Brunnenwänden sind auch bei dieser Methode die freien Sichtflächen des zwischen den Tragelementen anstehenden Bodens mittels Spritzbeton oder durch Verkleidungen zu sichern.

Im Gegensatz zu konventionellen Injektionen handelt es sich beim Düsenstrahlverfahren um eine Hochdruckinjektion. Dabei wird (Bentonit-)Zement-Suspension oder Wasser mit und ohne Luftzusatz unter sehr großem Druck (bis etwa 1000 bar) durch eine Düse über ein Bohrgestänge in den Untergrund gepresst. Der Schneidstrahl weist an der Düse Geschwindigkeiten bis ca. 200 m/s auf. Der anstehende Boden wird regelrecht zerschnitten und teilweise über den Bohrlochringraum an die Geländeoberfläche hochgespült. Gleichzeitig vermischt sich gelöster Boden mit der eingebrachten Suspension und erhärtet zu einer homogenen Masse. Je nach Bewegung der Düseneinrichtung entstehen Tragkörper in Scheiben- oder Säulenform, welche im Bedarfsfall auch zu einer geschlossenen Wand verbunden werden können.

Das Verfahren ist praktisch für alle Lockerböden geeignet und hat sich auch für künstliche Auffüllungen, Schuttmassen und dgl. bereits bewährt. Die Tiefenkapazität reicht derzeit – je nach Untergrund – bis ca. 70 m; für konstruktive Hangsicherungen kommen jedoch derartig extreme Schlankheitsgrade nicht infrage.

Die Festigkeit der Stützkörper ist i. Allg. geringer als die von Beton (ca. 3–12 MN/m^2 je nach Boden); teilweise werden aber auch Zylinderdruckfestigkeiten von ca. 20–25 MN/m^2 erreicht. In Sonderfällen kann eine Längsbewehrung eingebracht werden (Bild 41). Unverankerte Düsenstrahlelemente sind demnach nicht für große Seitendruckkräfte geeignet. Dieses Verfahren bildet jedoch eine wirtschaftliche Alternative für einfachere Fälle und hat sich in Verbindung mit anderen Sicherungs- und Stützmaßnahmen auch in kritischen Rutschhängen schon bewährt (Bild 42).

Bild 43 zeigt eine 34,3 m hohe verankerte Düsenstrahlwand, die in zwei Phasen für einen 30 m tiefen Ausschnitt am Fuße eines mehr als 1000 m hohen Berges errichtet wurde [28]. Der Untergrund bestand aus lockerem, heterogenem Hangschutt, der Findlinge bis 5 m Länge und bindige Einschlüsse enthielt. Wegen angrenzender Bebauungen musste die Baugrubenwand äußerst verformungsarm konzipiert werden.

Außerdem sollte zwischen dem Neubau und der Baugrubenwand ein bestimmter Lichtraum frei bleiben, sodass diese zugleich als permanente Stützwand auszubilden war. Die Düsenstrahlwand wurde in zwei Phasen hergestellt, wobei Bohrtiefen von jeweils ca. 20 m erforderlich waren. Der obere Wandbereich besteht aus vertikalen Jet-Säulen (d ≥ 1,5 m), wogegen die unteren Wandelemente von einem Zwischenplanum aus schräg einzubringen waren. Beim folgenden Baugrubenaushub wurden die Überprofile abgetragen und die

3.9 Stützbauwerke und konstruktive Hangsicherungen   783

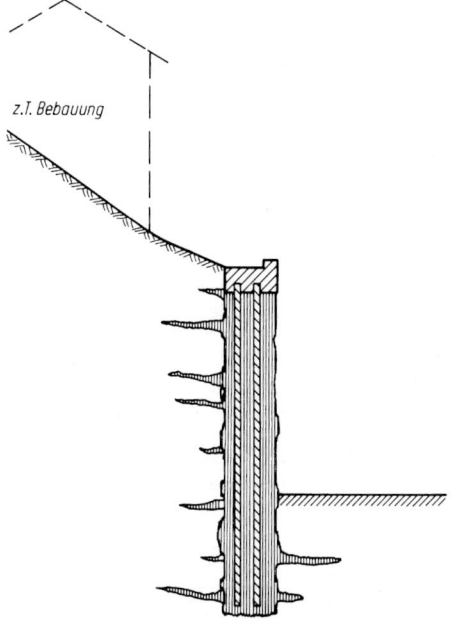

Bild 41. Düsenstrahlwand (Jet Grouting, Hochdruckinjektion, Hochdruckbodenvermörtelung) mit Längsbewehrung und Kopfbalken

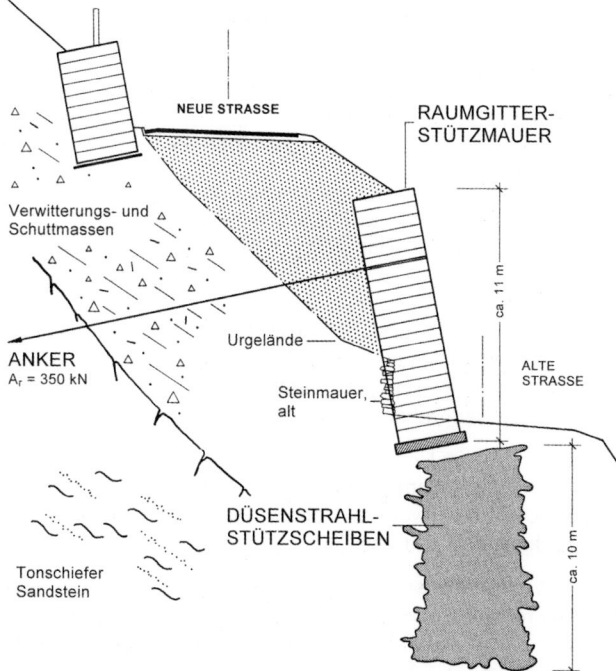

Bild 42. Düsenstrahl-Stützscheiben (Jet Grouting) zur Erhöhung der Geländebruchsicherheit eines instabilen Steilhanges für einen Straßenneubau. Kombination mit verankerten Raumgitterstützmauern

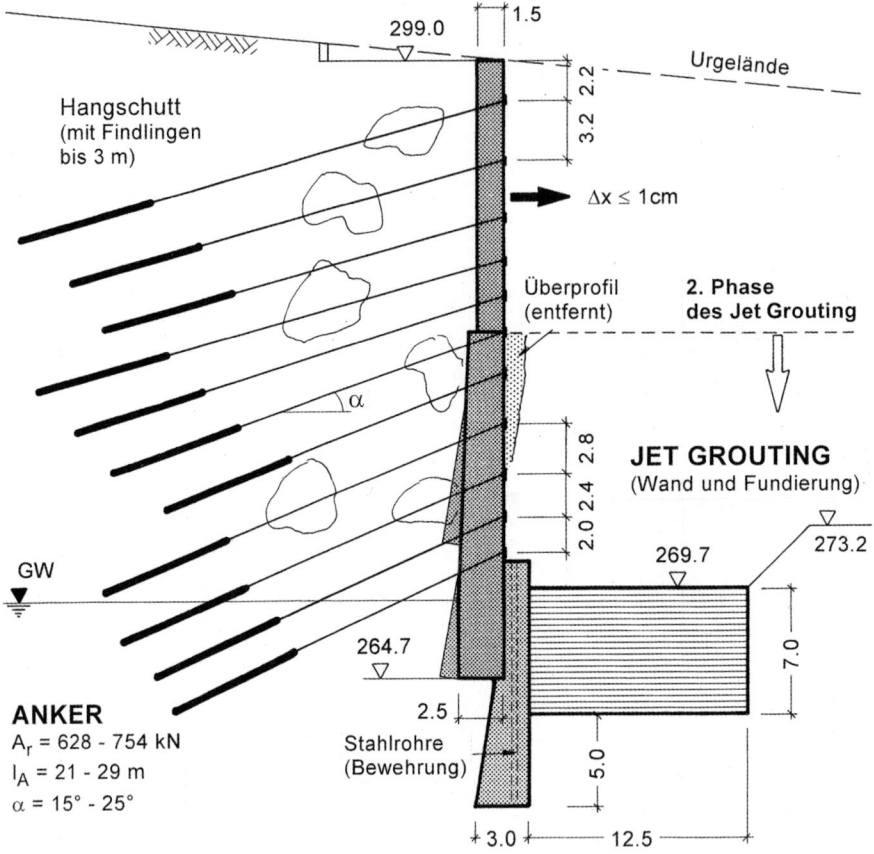

Bild 43. Querschnitt einer ca. 34 m hohen Düsenstrahlwand für eine 30 m tiefe Baugrube in Hanglage (nach [28]). Stahlbeton-Verteilerbalken der 11 Ankerlagen (Permanentanker) nicht eingetragen.
Dick umrandet: statisch in Rechnung gestellter Wandquerschnitt

Wandfläche mit einlagig bewehrtem Spritzbeton gesichert. Die Aufnahme des seitlichen Erddruckes erfolgt mittels vorgespannter Permanentanker in elf Etagen; zur Lastverteilung dienen Stahlbetongurte. Zur Fußsicherung der Düsenstrahlwand wurde ein weiterer Düsenstrahlkörper vorgesetzt, der 12 m unter die Baugrubensohle reichte. Die Wandauslenkungen betrugen nur $\Delta x \leq 1$ cm.

Düsenstrahlkörper können mittlerweile auch beliebig geneigt – bis zur Horizontalen (bzw. leicht steigend) – hergestellt werden. Dadurch erweiterte sich das Anwendungsgebiet auch auf Hangverdübelungen und -vernagelungen (s. Abschn. 5.2.3).

3.5 Rippenwände

Rippenwände haben sich aus aufgelösten, lokalen Felssicherungen entwickelt, werden aber in zunehmendem Maße auch für die Abstützung von Einschnittsböschungen in Lockermassen verwendet. Voraussetzung für diese Sicherungsmethode ist, dass der örtliche Hang-

3.9 Stützbauwerke und konstruktive Hangsicherungen

anschnitt während der Bauzeit zumindest kurzfristig standsicher bleibt. Das wichtigste Tragelement bilden verankerte Stahlbeton-Rippen aus Ortbeton oder Fertigteilen; die dazwischen verbleibenden Felder werden mehr oder weniger gesichert, und zwar in Abhängigkeit von folgenden Faktoren:

- Fels- bzw. Bodeneigenschaften (inkl. Hangwasserverhältnissen),
- Höhe und Neigung der Wand,
- lichter Abstand der Rippen,
- Langzeitverhalten, ästhetische Aspekte etc.

Falls der anstehende Fels nur wenig verwitterungsanfällig ist, können die freien Flächen unbehandelt bleiben; bei flacher Neigung der Rippen (in Lockermassen) wird eine Begrünung erforderlich. In beiden Fällen handelt es sich daher um „aufgelöste" Stützkonstruktionen und noch nicht um Stützwände oder -mauern im engeren Sinne. Voraussetzung hierfür ist, dass sich im Untergrund Gewölbe zwischen den Rippen ausbilden; letztere haben den vollen Erddruck bzw. Gewölbeschub zu übernehmen.

Bei klüftigem, verwittertem Fels, Boden und/oder steilerer Anschnittsneigung müssen die freien Felder zwischen den verankerten Rippen („Ankerrippen") gesichert werden; damit erhält die Stützkonstruktion zunehmend wandartigen Charakter. Folgende Maßnahmen haben sich – je nach Seitenschub des Hanges und Witterungsempfindlichkeit des Untergrundes – bewährt:

- bloße Versiegelung der Anschnittsflächen mit (bewehrtem) Spritzbeton (Bild 44, Fall 1);
- Herstellung von Spritzbetongewölben mit unterschiedlichen Bogenstichen bzw. Ansatzpunkten der Kämpfer (Bild 44, Fall 2 a). Die Spritzbetongewölbe sollten möglichst nach der Stützlinie geformt sein;
- Spritzbetongewölbe mit Vernagelungen des Anstehenden (Bild 44, Fall 2 b);
- Ankerrippen kombiniert mit Nagelwänden unterschiedlicher Tragfähigkeit (Bild 44, Fall 3);
- Ankerrippen kombiniert mit Raumgitterelementen, wobei die Verfüllung der Felder entweder mit Boden (Bild 44, Fall 4 a) oder mit Beton, bewehrt (Bild 44, Fall 4 b) erfolgen kann.

Im Falle der Varianten 1 und 2 haben die Rippen den vollen Erddruck zu übernehmen bzw. ausschließlich die Geländebruchsicherheit zu gewährleisten. Eine Boden- bzw. Felsvernagelung trägt hingegen zur Erddruckaufnahme und Verbesserung der Geländebruchsicherheit ebenfalls mit bei; die Ankerrippen haben daher im Fall 3 nur die Differenzkräfte zu übernehmen. Ausfachungen von Rippenwänden mit Raumgitter-Elementen haben sich seit Jahren gut bewährt [11]. Zur Herstellung der Rippen können z. B. Raumgitter-Fertigteile als verlorene Schalung für den Ortbeton verwendet werden. Das Raumgitter überträgt Querkräfte in die Sohlfuge (Erddruckaufnahme) (Bild 44, Fall 4).

Die Rippen werden je nach Erfordernis unterschiedlich verankert (Bild 44): Maßgebend für die Bemessung sind Geländebruchanalysen und Erddruckermittlungen. Dabei ist zu beachten, dass keine Ausführungsvariante eine ausgeglichene Erddruckverteilung in der Wandlängsrichtung aufweist. Je schwächer die Felder abgestützt und je stärker die Rippen verankert sind, desto ausgeprägter ist die Spannungskonzentration an der Rückseite letzterer. Dies gilt besonders für den Fall, dass die Ankerkraftresultierende größer ist als die Erddruckresultierende (E_a oder E_0), also bei ursprünglich sehr geringer Geländebruchsicherheit (vgl. Bild 68).

Die Dicke und Bewehrung des Spritzbetons richtet sich nach geotechnischen und statischen Erfordernissen. Die Mindestdicke sollte bei bloßer Versiegelung 5 cm betragen und steigt für bewehrten Spritzbeton auf $d \geq 7{,}5$ bis 10 cm. Das gängigste Maß für tragende Gewölbe

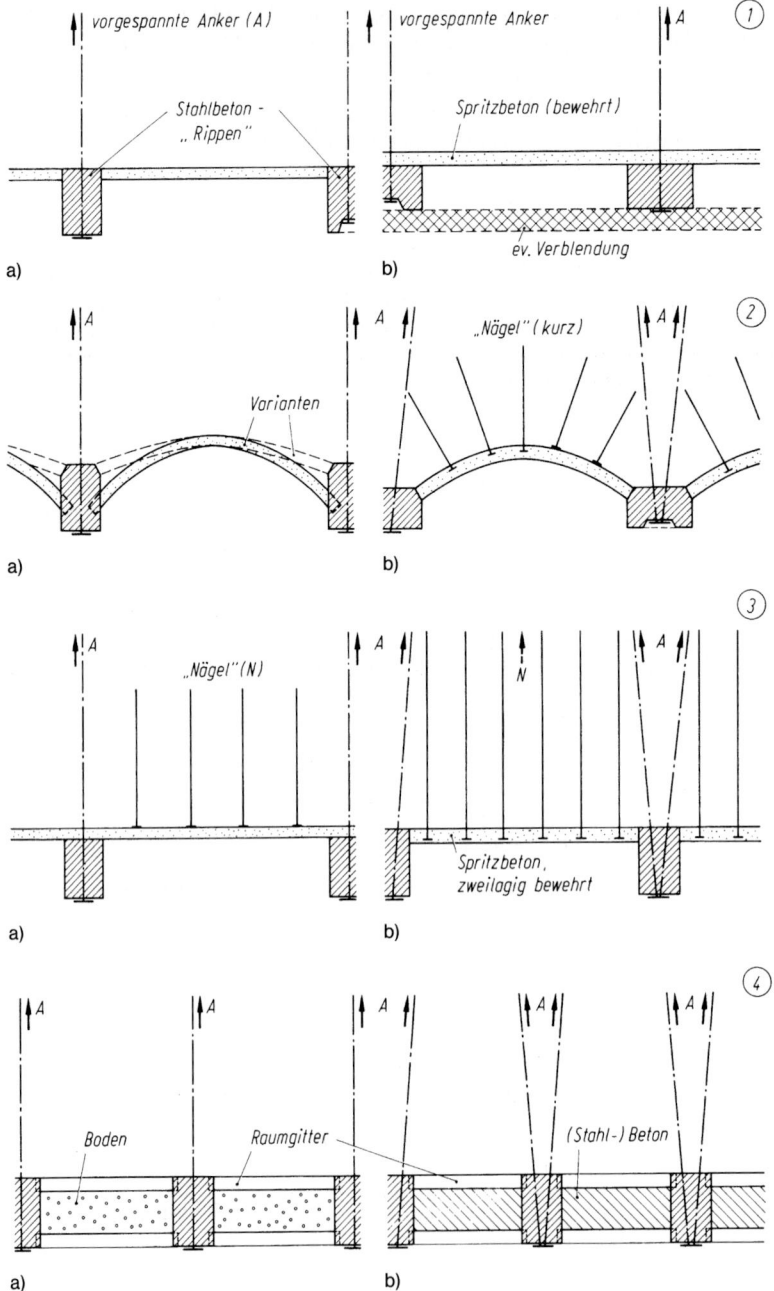

Bild 44. Ausführungsvarianten von „Rippenwänden" (schematisch); zahlreiche Kombinationsmöglichkeiten (vgl. z. B. Untergliederungen auch innerhalb von a) und b)). Verankerte Stahlbeton-Stützpfeiler („Rippen") als Haupttragelement: Anker vorgespannt und mit Dauer-Freispielwirkung.
(1) Leichteste Ausführung, (3 b) stärkste Ausführung (in Verbindung mit Nagelwänden), (4) Ankerrippen in Verbindung mit Raumgitterkonstruktionen

3.9 Stützbauwerke und konstruktive Hangsicherungen

beträgt ca. d = 20 bis 30 cm (zweilagig mit Baustahlgitter bewehrt). Anstelle des Spritzbetons kann auch abgeschalter Ortbeton in den Zwischenfeldern angeordnet werden.

Hohe Stützrippen weisen oft 5 bis 10 Anker auf. Falls die Stahlbetonelemente statisch als Durchlaufträger konzipiert sind, dürfen die Anker nur stufenweise und möglichst gleichmäßig auf ihre volle Gebrauchslast angespannt werden. Wenn mit sehr ungleichmäßigen Bewegungen der Ankerköpfe zu rechnen ist (heterogener Untergrund), empfiehlt sich die Ausbildung von Fugen zur Unterteilung der Stützrippen in statisch bestimmte Einzelabschnitte.

Die in Bild 44 skizzierten Varianten 1 bis 3 werden manchmal noch verblendet, um die Optik der Wand zu verbessern und den Spritzbeton etwas zu schützen. Als Verkleidung kommen Steinmauerwerk, Betonfertigteile, (begrünbare) Raumgitter-Elemente etc. infrage. Dies erschwert allerdings die Kontrollmöglichkeit der Entwässerungsstutzen oder -schlitze im Spritzbeton und der vorgespannten Anker.

3.6 Ankerwände („Elementwände")

Ankerwände werden bevorzugt als Stützkonstruktion für steile und rutschgefährdete Hänge verwendet. Sie eignen sich besonders für die semi-empirische Dimensionierung, da die Ankerkräfte meist relativ problemlos erhöht oder reduziert werden können, und zwar in Anpassung an die Ergebnisse von Kontrollmessungen. Grundlegende Voraussetzung hierfür ist die Verwendung vorgespannter Anker mit Freispielwirkung. Ein weiterer Vorteil ist die Herstellung solcher Wände in Abschnitten von oben nach unten (Bild 45). Bei besonders kritischen Verhältnissen wird sogar innerhalb einer Etage nur in versetzt angeordneten

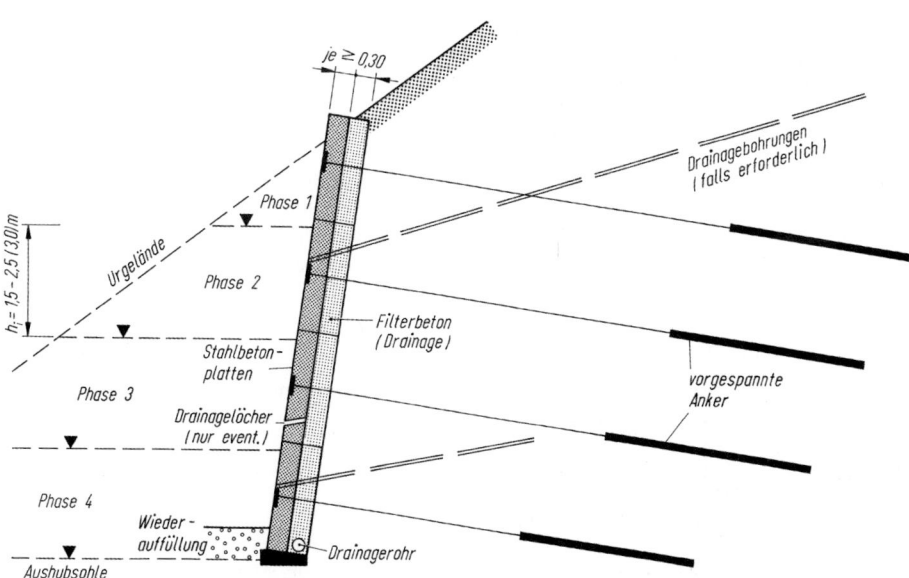

Bild 45. Herstellung einer Ankerwand („verankerte Elementwand") in Etagen von oben nach unten (Prinzipskizze). Die jeweilige Abtragstiefe entspricht etwa der Plattenhöhe und hängt von der Böschungsstabilität ab

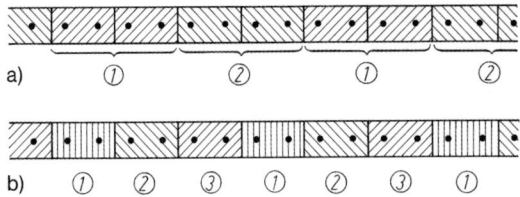

Bild 46. Abschnittsweise Herstellung einer Ankerwand innerhalb einer Etage (Prinzipskizze). Bauphasen 1 bis 3 je nach Länge der Elemente und Böschungsstabilität

Abschnitten gearbeitet, sodass der Hangfuß „schachbrettartig" abgegraben und gesichert wird (Bild 46).

Damit sinkt die Querentspannung des Hanges auf ein Minimum und daher auch das Risiko des Auslösens von Rutschungen während der Bauarbeiten an der Stützwand. Im Gegensatz zu Pfahl- oder Brunnenwänden werden sehr rasch wirksame Rückhaltekräfte aufgebracht. Ein weiterer Vorteil der Ankerwände liegt darin, dass der erforderliche Arbeitsraum und die eingesetzten Geräte relativ klein sind, sodass solche Stützbauwerke auch in unwegsamem Gelände hergestellt werden können.

Langzeitbeobachtungen und Kontrollmessungen an einer Vielzahl verankerter Stützbauwerke haben gezeigt, dass Verankerungen ein verlässliches, dauerhaftes Konstruktionselement bilden, sofern sie sorgfältig hergestellt werden und einen entsprechenden Korrosionsschutz aufweisen. Daueranker haben zumindest einen doppelten Korrosionsschutz zu erhalten (s. Kap. 2.6 im Grundbau-Taschenbuch, Teil 2). In der ersten Hälfte der Siebzigerjahre wurden zahlreiche Daueranker nur mit einfachem Korrosionsschutz eingebaut. Obwohl sie überwiegend bis heute einwandfrei funktionsfähig sind, ist dies kein stichhaltiges Argument gegen das Erfordernis eines doppelten Korrosionsschutzes bei Daueankern (aus Gründen von Kosteneinsparungen). Bei aggressivem Grundwasser sind Sondermaßnahmen zu treffen (z. B. Kunstharzmörtel statt Zementmörtel bei stärker sulfathaltigen Wässern), sofern nicht überhaupt auf vorgespannte Daueranker zu verzichten ist.

3.6.1 Geschlossene Ankerwände

Geschlossene Ankerwände sind flächenhafte Stützkonstruktionen, deren Ankerplatten Mann an Mann stehen (oder liegen). Die aus Stahlbeton bestehenden Platten weisen je nach Untergrundverhältnissen, Stabilität des Hanges, Abstand der Anker und ausführungstechnischen bzw. wirtschaftlichen Gegebenheiten folgende Abmessungen auf:

Höhe: 1,5 bis 3,0 m (meist 2 bis 2,5 m)

Länge: 2 bis 8 m (meist 4 bis 6 m)

Dicke: ≥ 30 cm (je nach statischem Erfordernis und Ausbildung der Ankerköpfe)

Anzahl der Anker pro Platte:
1 bis 3 (4)
bei Ortbetonplatten meist 2
bei Fertigteilplatten meist 1

Mittlere Wandneigung:
1:10 oder flacher
Aus herstellungstechnischen Gründen werden die Platten häufig steiler versetzt, jedoch in den einzelnen Etagen gegeneinander abgetreppt, um das Betonieren zu erleichtern (Bild 47).

3.9 Stützbauwerke und konstruktive Hangsicherungen 789

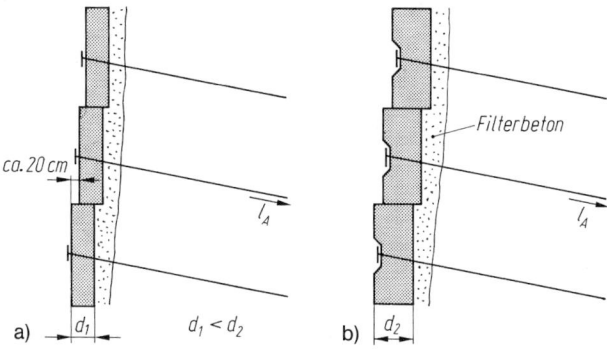

Bild 47. Detail einer geneigten Ankerwand: abgetreppte Anordnung der Platten, um das Betonieren (Ortbetonplatten) bzw. die Montage (Fertigteilplatten) zu erleichtern. Ankerköpfe hervorstehend (a) oder in Platten versenkt (b). Plattendicke je nach statischem Erfordernis

Die Platten können vorgefertigt sein oder aus bewehrtem Ortbeton oder Fertigteilbeton (Bild 48) bestehen. Durch eine Strukturierung der Betonoberfläche lässt sich die Optik verbessern; auch Kletterpflanzen finden dann leichter Halt. An der Rückseite geschlossener Ankerwände muss ein mindestens 20–50 cm dicker Filterbeton eingebracht werden, um eine ausreichende Entwässerung des Hangfußes zu gewährleisten (s. Bild 45).

Bild 48. Detail zu Bild 47 a: 7,3 m hohe Ankerwand aus Fertigteilplatten; Ankerköpfe im Bauzustand

Bei der Herstellung von Ortbetonplatten ist die Vorderfläche des Filterbetons eigens abzuschalen, bei Fertigteilplatten können diese zugleich als Schalung dienen. Die Ankerköpfe können entweder in den Stahlbetonplatten versenkt angeordnet werden oder vorstehen (Bilder 47 und 48).

Die bodenmechanischen Standsicherheitsnachweise für eine Ankerwand umfassen im Wesentlichen:

- Erddruckermittlungen,
- Untersuchung der Gesamtstabilität (bei kurzen Ankern) z. B. nach der Methode von *Kranz* bzw. deren verbesserte Modifikationen (s. DIN 4084),
- Geländebruchuntersuchungen.

Vor allem bei steilen, rutschgefährdeten Hängen sind in erster Linie die Geländebruchuntersuchungen für die Festlegung der theoretisch erforderlichen Ankerlängen maßgebend. Definitiv sollten die Ankerlängen allerdings erst an der Baustelle festgelegt werden, und zwar je nach den örtlich angetroffenen Untergrundeigenschaften. Dazu sind einige Ankerbohrungen als Kernbohrungen abzuteufen, welche die früheren Aufschlüsse zu ergänzen haben.

Da Ankerwände meist eine Vielzahl von relativ eng stehenden Ankern aufweisen, sollten deren Längen in jeder Etage gestaffelt werden, um örtlich konzentrierte Krafteinleitungen in den Untergrund zu vermeiden. Als unterstes Richtmaß wäre zumindest die halbe Krafteinleitungslänge zu veranschlagen. Außerdem sollte der gegenseitige Abstand der Verpresskörper mindestens 1,5 m betragen. Unter Berücksichtigung unvermeidbarer Bohrungenauigkeiten erfordert dies bei langen Ankern entsprechend größere Abstände der Ankerköpfe.

Ein zu geringer Abstand der Verpressstrecken und deren unsachgemäße Injektion mit großen Verpressmengen können nicht nur das Trag-Verformungsverhalten der Konstruktion negativ beeinflussen, sondern auch die Geländebruchsicherheit verschlechtern, falls Wasserwegigkeiten im Hang signifikant blockiert werden. Es bauen sich dann u. U. unkontrollierte und hohe Wasserdrücke auf [102]. Außerdem können zu hohe Verpressdrücke bei ungünstigem Trennflächengefüge den Gebirgsverband empfindlich stören und die Kräfte in bereits gespannten Ankern stark erhöhen.

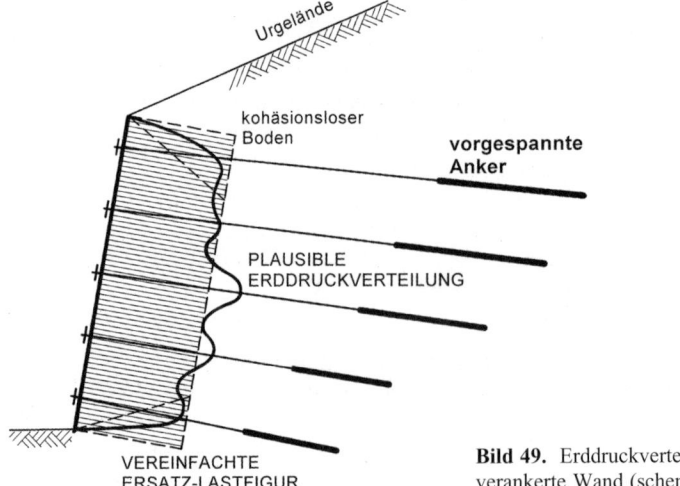

Bild 49. Erddruckverteilung auf eine mehrfach verankerte Wand (schematisiert)

3.9 Stützbauwerke und konstruktive Hangsicherungen

In der Praxis wird meist eine annähernd rechteckförmige Erddruckverteilung auf die Rückseite von mehrlagig verankerten Wänden angenommen (Bild 49). Die vorgespannten Anker werden daher bevorzugt in einem regelmäßigen Raster versetzt. Da es sich bei Ankerwänden um weich gefederte Tragsysteme handelt, passt sich die tatsächliche Erddruckverteilung nach geringen Differenzverschiebungen im Erdkörper erfahrungsgemäß weitgehend der kalkulierten an. Zu Ausnahmen kommt es, wenn im Untergrund örtliche Störungszonen, Schwächestellen, Diskontinuitäten etc. in sehr ausgeprägter Form vorliegen [15].

Falls der Bruch in der „tiefen Gleitfuge" maßgebend ist, kann es bei einer sehr engen Anordnung der Verpressanker infolge der Gruppenwirkung zu einem Absinken der aufnehmbaren Ankerkraft kommen. Dieser Effekt tritt vor allem bei hoher Lagerungsdichte des Untergrundes und langen Ankern auf. Erfahrungsgemäß sollten daher die Haftstrecken von Dauerankern in der Regel einen seitlichen Mindestabstand von ca. 1,5 m aufweisen (je nach Boden- bzw. Felsverhältnissen, Längen und Gebrauchslasten der Anker- und Zielgenauigkeit der Ankerbohrungen).

Ankerwände haben sich im Alpenraum seit etwa 1970 bestens bewährt, wobei sie Höhen bis ca. 40 m und einige hundert Meter an Einzellänge erreichten [9, 10]. Kombinationen mit anderen Stützkonstruktionen sind meist problemlos möglich (Bild 33). Bei hohen Wänden sind Bermen anzuordnen. Dies erleichtert die Durchführung von Kontrollmessungen sowie die Erhaltung und ist für eventuelle Verstärkungsmaßnahmen (Zusatzanker) praktisch unerlässlich.

Das folgende *Ausführungsbeispiel* soll Entwurf, Baumaßnahmen und Kontrollmessungen illustrieren:

Für den Autobahnbau wurde am Fuß eines ca. 800 m hohen Hanges, der sich nahe dem Grenzgleichgewicht befand, ein 45 m hoher Anschnitt mit einer 350 m langen Stützmauer erforderlich. Umfangreiche Voruntersuchungen ergaben einen sehr großen Streubereich der Boden- bzw. Felskennwerte. Außerdem zeigte sich, dass bereits geringe Änderungen der Bemessungswerte der Scherparameter φ_d und c_d die erforderlichen Ankerkräfte A außerordentlich stark beeinflussten, und zwar:

$\Delta \varphi_d = 1°$ ... $\Delta A \doteq 1100$ kN/m

$\Delta c_d = 10$ kN/m² ... $\Delta A \doteq 1100$ kN/m

Tatsächlich variierte der Reibungswinkel in einer Bandbreite von ungefähr $\Delta \varphi = 15°$ und konnte außerdem bei größeren Schubverformungen progressiv auf einen noch geringeren Restscherwinkel φ_r absinken. Es wurde daher im gefährdetsten Hangabschnitt auf 250 m Länge eine 17 m hohe Ankerwand vorgesehen. Die Dimensionierung erfolgte semi-empirisch, und zwar mit Geländebruchuntersuchungen als ersten Anhaltspunkten.

Die Kontrollmessungen umfassten die Überwachung einiger repräsentativer Wandquerschnitte (z. B. Bilder 50 und 51). Sie wiesen bereits zu einer relativ frühen Bauphase auf die Notwendigkeit hin, mehrere und längere Anker zu versetzen. Die endgültigen Rückhaltekräfte umfassten 800 Vorspannanker mit Längen von $l_A = 24$ bis 70 m, insgesamt $\sum l_A = 35000$ m; die Summe der Ankerkräfte variierte in den einzelnen Wandabschnitten zwischen $\sum A = 2450$ und 3700 kN/m.

Nach den In-situ-Messungen während der Bauzeit war die Möglichkeit einer Reaktivierung von fossilen Gleitflächen, welche tief unter das Autobahnplanum reichten, nicht mit Sicherheit auszuschließen. Es wurde daher vorsorglich eine Wand aus Großbohrpfählen am Fuße der Ankerwand geplant (Bild 52). Im Bedarfsfall hätte sie kurzfristig hergestellt werden können, doch wurde diese Verstärkungsmaßnahme bislang nicht notwendig.

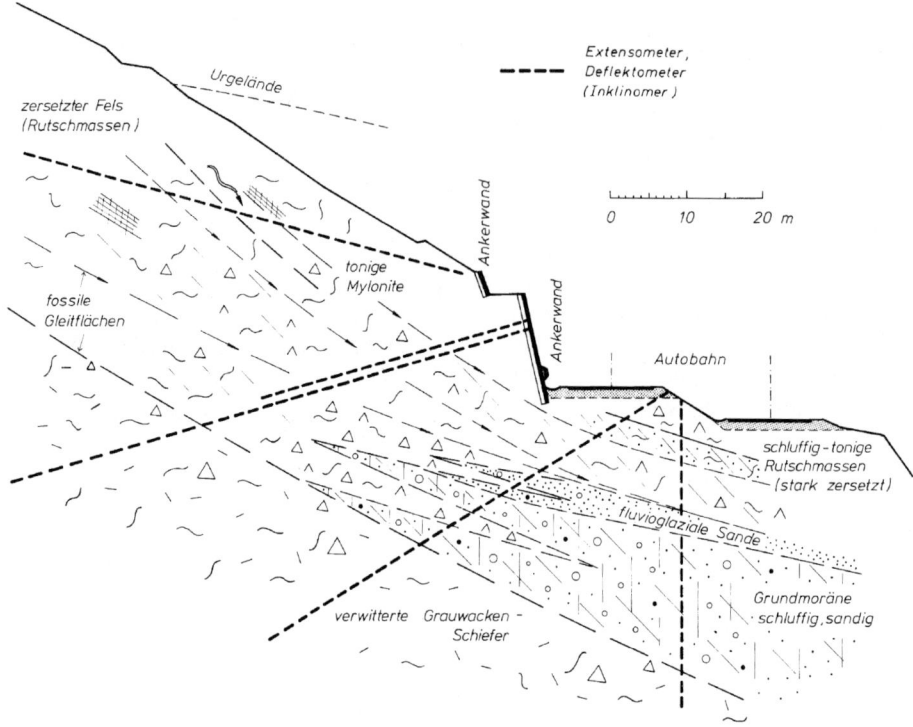

Bild 50. Geotechnisches Querprofil mit einer Ankerwand für einen Autobahneinschnitt in einem Rutschhang (vorgespannte Anker nicht eingetragen)

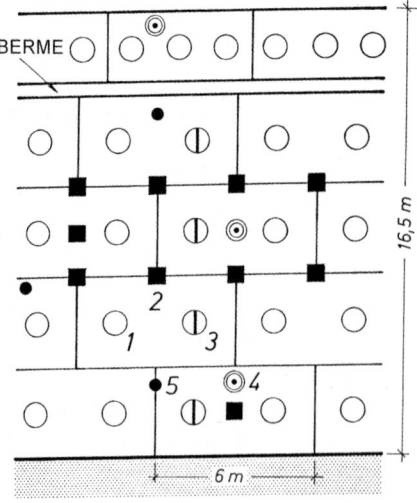

Bild 51. Teilansicht einer semi-empirisch dimensionierten Ankerwand mit Messprofil zu Kontrollzwecken (zu Bild 50): 1 Standardanker, 2 Zusatzanker, 3 Messanker, 4 Mehrfachextensometer, 5 Dränagebohrungen (bis 70 m).
Zusatzanker (bis 70 m Länge) wurden in der Bauphase entlang eines kritischen Wandabschnittes aufgrund von Messungen erforderlich

3.9 Stützbauwerke und konstruktive Hangsicherungen

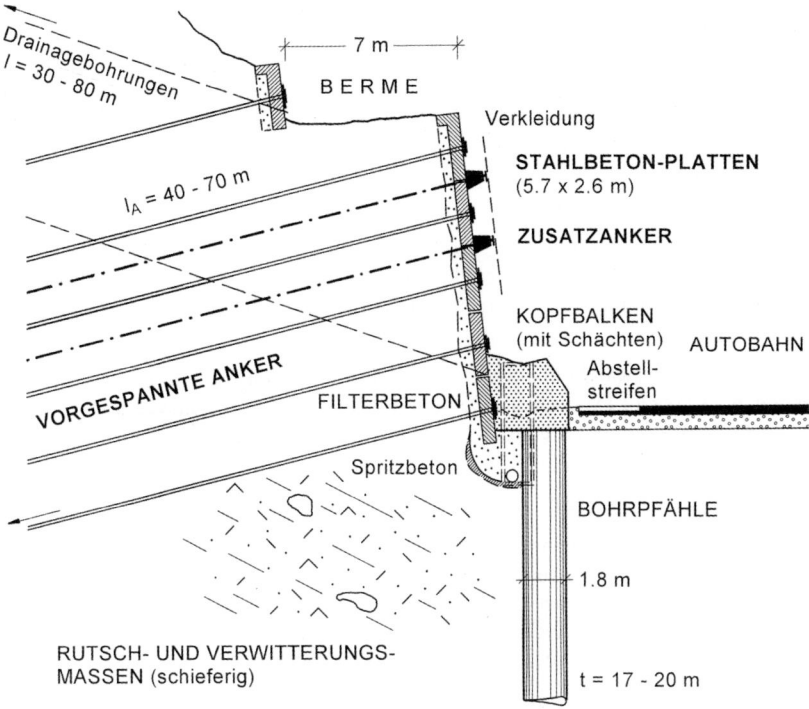

Bild 52. Verstärkungsmöglichkeit der in den Bildern 50 und 51 dargestellten Ankerwand mittels einer Pfahlwand, falls die Kontrollmessungen auf tiefreichende Fußrutschungen hinweisen sollten

Die rechtzeitige Vorausplanung eventuell erforderlicher Verstärkungsmaßnahmen bei Stützbauwerken in rutschgefährdeten Hängen ist ein wesentliches Merkmal der semi-empirischen Dimensionierung bzw. der Beobachtungsmethode.

3.6.2 Aufgelöste Ankerwände

Beim sog. *„Baukastensystem"* werden gemäß semi-empirischer Dimensionierung in der ersten Bauphase nur so wenige Stützplatten vorgesehen, wie nach erdstatischen bzw. felsmechanischen Grenzwertuntersuchungen vertretbar ist. Der dazwischen frei stehende Untergrund erhält eine einfache Verkleidung oder biologische Verbauung (Boden), oder er bleibt überhaupt unbehandelt (Fels). Die Stahlbetonplatten sind allerdings so auszuteilen, dass sie im Bedarfsfall zu einer geschlossenen Wand ergänzt werden können. Die günstigsten Abmessungen der Einzelelemente hängen nicht nur von geotechnischen Gesichtspunkten ab, sondern auch von solchen der Bauausführung: von kleinen Fertigteilplatten (z. B. 1 × 1 m) bis zu großflächigen Ortbetonplatten (z. B. 2,5 × 6 m, liegend oder stehend).

Das insgesamt sehr wirtschaftliche Baukastensystem erfordert neben den üblichen geotechnischen Vorerkundungen besonders sorgfältige Kontrollmessungen zumindest während der Bauzeit und einige Jahre danach. Da vorübergehend ein erhöhtes kalkuliertes Risiko zu übernehmen ist, kommen solche Lösungen im Nahbereich bestehender Verbauungen kaum infrage.

Eine aufgelöste „*Elementwand*" ist dann vorteilhaft, wenn die Seitendruckkräfte bzw. die Hangschubkräfte nicht so groß sind, dass sie eine geschlossene Ankerwand erfordern. Die Elementwand besteht aus Fertigteilplatten (i. Allg. 1–2 m^2 Stahlbeton), welche meist in einem einheitlichen Raster versetzt werden und jeweils nur einen Anker aufweisen. Als Zugglied kommen schlaffe Erd- oder Fels-„Nägel" ebenso infrage wie längere, vorgespannte Injektionsanker. Die Zwischenräume sind meist mit Spritzbeton zu sichern (Bild 53). Gegebenenfalls werden die Wände auch ohne Spritzbeton ausgeführt, wenn der Boden oder Fels an sich standfest ist.

Die Vorteile dieser Elementwände sind ihre große Flexibilität, die rasche Herstellung und die geringen Baukosten. Darüber hinaus ermöglichen örtliche Wechsel in den Ankerkräften eine gezielte Anpassung an inhomogenen Untergrund und unterschiedliche Lasten (z. B. angrenzende Bebauung).

Die für geschlossene Ankerwände üblichen Stabilitätsuntersuchungen sind bei aufgelösten Elementwänden zu ergänzen: Da die Spritzbetonabdeckung der freien Flächen meist relativ schwach ist, muss bei Böden auch eine ausreichende Sicherheit in horizontaler Richtung nachgewiesen werden.

Im Einzelnen ist nachzuweisen [75]:

- Die äußere Sicherheit: ob die Geländebruchsicherheit des gesamten Anker-Wand-Systems ausreicht; dazu werden in der Regel nur Bruchflächen betrachtet, die außerhalb des zusammengespannten Bodenkörpers verlaufen (s. a. DIN 4084).
- Die innere Sicherheit: Dazu werden Bruchflächen untersucht, welche innerhalb des Anker-Wand-Systems verlaufen, etwa in der tiefen Gleitfuge.
- Die Sicherheit gegen unzulässige Verformungen: Hierzu sind Vergleichswerte und entsprechende Baustellenerfahrungen bzw. -messungen erforderlich.
- Die lokale Sicherheit einer Platte gegen Gleiten und Grundbruch: Von den im Untergrund möglichen drei Bruchfiguren hinter jedem Element ist die Bruchrichtung mit der geringsten Bruchspannung maßgebend (Bild 53).
  Näherungsweise wird von einem ebenen Formänderungszustand ausgegangen und der Berechnung ein Analogon zum Grundbruch von Flachfundamenten zugrunde gelegt. Die Ergebnisse liegen daher gegenüber räumlichem Bruch auf der sicheren Seite.
  Zu beachten ist, dass die Wirkung der Schwerkraft sowohl die Form des Gleitlinienfeldes als auch den Spannungsverlauf verändert.
- Bei ungesichertem Zwischenraum muss auch noch die lokale Sicherheit des Bodens gegen Ausbrechen nachgewiesen werden. Hierzu wird auf den Vorschlag in [88] hingewiesen.

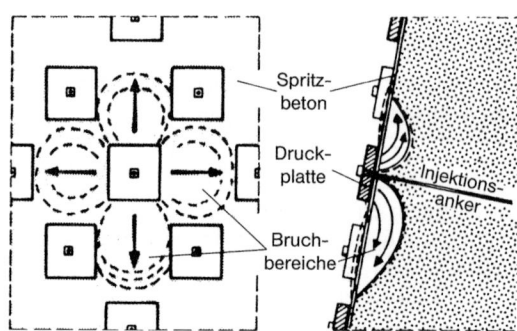

Bild 53. Aufgelöste Elementwand; Bruchfiguren an einer Ankerplatte [75]

3.7 Futtermauern

Futtermauern, auch Verkleidungsmauern genannt, haben die Aufgabe, das Ausbrechen einzelner Steine bzw. Felspartien aus den Flächen einer an und für sich ausreichend standfesten Böschung zu verhindern. Es handelt sich dabei um Nachbrüche, welche unter dem Einfluss der Zeit, insbesondere der Frostwirkung, immer weiter schreiten würden.

Einen Überblick über grundsätzliche Konstruktionsformen gibt Bild 54. Sämtliche Mauertypen setzen voraus, dass der standfeste Fels oder (verfestigte) Boden in der Anschnittsfläche oder zumindest in relativ geringer Tiefe ansteht. Die Schwierigkeiten der Berechnungen liegen einerseits im Erkennen der Felsablösungen und eventueller Bewegungsbahnen, andererseits in der gegenseitigen Beeinflussung von Ankerzugkraft, Mauersteifigkeit und Auflagerreaktion [71]. Gemäß Bild 55 kann für eine Futtermauer angenommen werden, dass die hinter den schraffierten Felskeilen steckenden Kluftkörper nicht abgleiten, wenn erstere gehalten werden.

Demnach wird die Standsicherheit einer vorgesetzten bzw. angemauerten Wand

$$F = \frac{R + K \cdot \sin(\vartheta + \alpha) - G_M \cdot \sin \vartheta}{T}$$

Durch die Anordnung zahlreicher, relativ eng gesetzter Anker erhält man die angeheftete Futtermauer. Aus der gestrichelt eingetragenen Figur des Kräfteplanes in Bild 55 wird deutlich, mit welch geringen Ankerkräften (A) das Gleichgewicht trotz stark verringerten Mauergewichtes (G_{M2}) hergestellt werden kann. Dementsprechend müssen die Anker nur wenig in das standfeste Gebirge einbinden, weshalb hierfür sehr kurze Zugglieder (auch als „Nägel" bezeichnet) ausreichen. Im Gegensatz zur Bodenvernagelung soll aber bei angehefteten Futtermauern eine Vorspannung aufgebracht werden, um ein beginnendes Abgleiten der Felskeile grundsätzlich zu verhindern.

Die angeheftete bzw. angenagelte Futtermauer stellt nicht nur statisch, sondern auch geotechnisch die günstigste Mauerform dar, weil sie eine bessere Anpassung an örtliche Gegebenheiten und eine günstigere Kraftübertragung ermöglicht als vorgesetzte oder (einfach) verankerte Mauern. Letztere bilden den Übergang zu verankerten Stützmauern, welche bei nicht ausreichend standfestem Fels oder Boden zur Anwendung kommen. In diesem Fall werden Anker mit großen Längen und Vorspannkräften versetzt, und zwar in einem oder mehreren Horizonten.

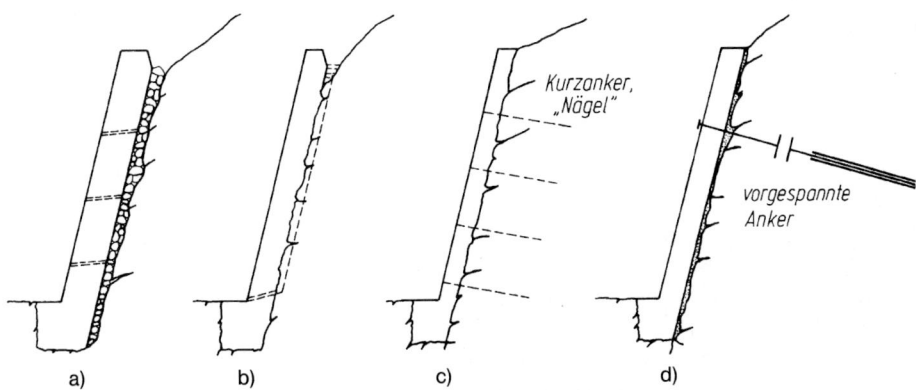

Bild 54. Bauarten von Futtermauern im Fels (in Anlehnung an [66]);
a) vorgesetzte, b) anbetonierte, c) angeheftete, d) verankerte Futtermauer

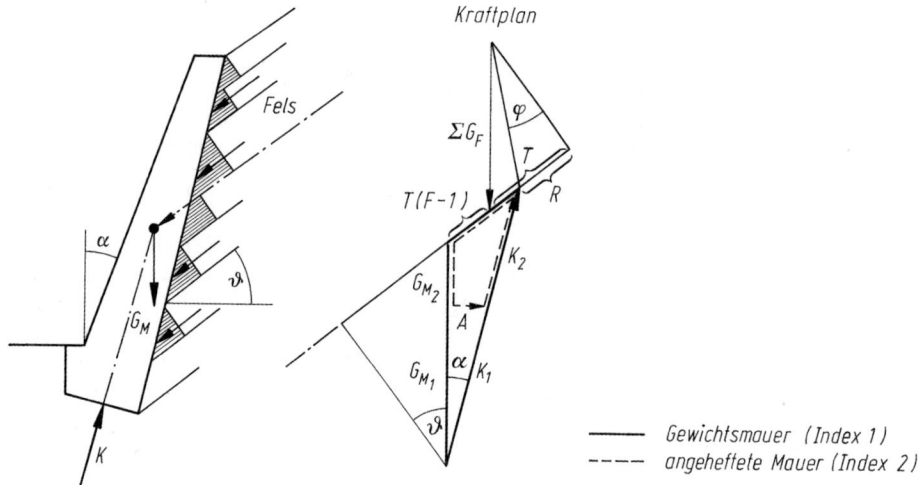

Bild 55. Standsicherheitsanalyse einer Futtermauer zur Verkleidung von zerklüftetem Fels [71]; Vergleich unterschiedlicher Mauertypen:

G_{M1} Gewicht einer unverankerten „Gewichtsmauer"
G_{M2} Gewicht einer „angehefteten" Mauer
A Ankerkräfte
$\Sigma\,G_F$ Gewicht der schraffierten Felskeile
T · F hangauswärts (tangential) gerichtete Gewichtskomponente der sich möglicherweise lösenden Felsmasse ($\Sigma\,G_F$), vermehrt um den Sicherheitszuschlag F
K Reaktionskraft in der Fundamentsohle

Häufig werden – in Anpassung an die örtlichen Felseigenschaften – verkleidende und stützende Konstruktionselemente kombiniert. Im Beispiel des Bildes 56 sind es eine angeheftete Futtermauer und mehrfach verankerte Stützrippen. Vielfach besteht die Verkleidung nur aus bewehrtem Spritzbeton; dabei ist jedoch zu bedenken, dass derartige Oberflächenversiegelungen im Laufe der Zeit vor allem durch die Sprengwirkung des Frostes schadhaft werden können.

Anschnitte, bei denen der anstehende Fels von Lockermassen oder Fels-Verwitterungsprodukten überlagert wird, erfordern boden- und felsmechanische Überlegungen. In solchen Fällen haben sich meist hoch liegende Verankerungen bewährt (Bild 57).

Auf eine sorgfältige Entwässerung von Futtermauern ist besonders zu achten, weil sich sonst bergseits ein Staudruck aufbauen kann. Diese kann erfolgen durch

– Entwässerungsöffnungen in der Mauer,
– Entwässerungsschlitze in der Mauer,
– Entwässerungsschlitze an der Rückseite der Mauer,
– Filterbeton an der Rückseite der Mauer,
– Abschlauchungen etc.

Vor allem bei angehefteten Mauern sollte auch aus Gründen einer gleichmäßigen Bettung Filterbeton eingebaut werden: je nach Größe der Mauerfläche und des Wasserandranges ca. 0,15–0,40 m dick.

3.9 Stützbauwerke und konstruktive Hangsicherungen

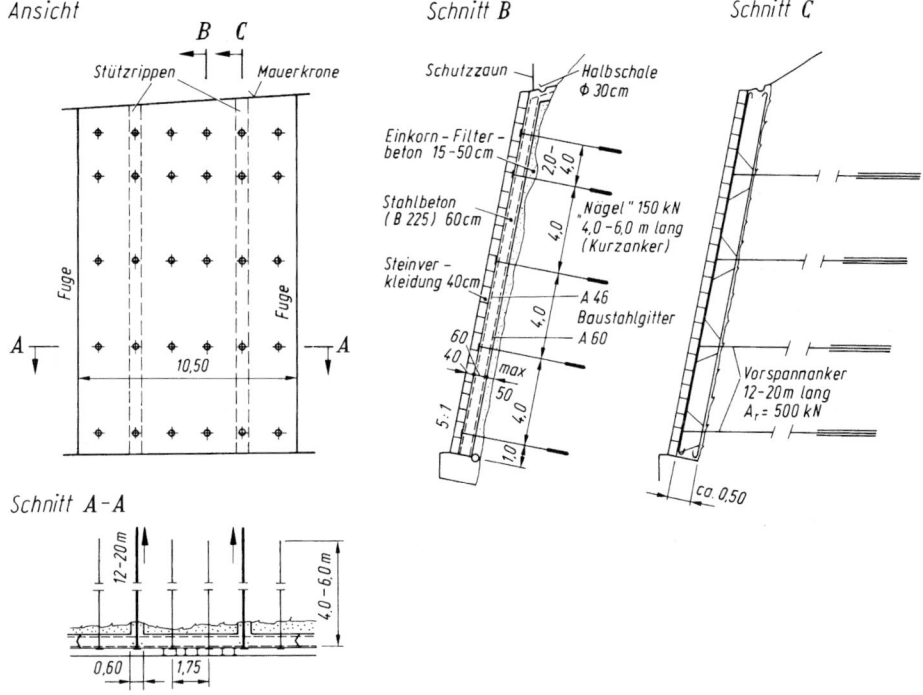

Bild 56. Sicherung einer Felsböschung durch die Kombination einer angehefteten Futtermauer (Schnitt B) mit mehrfach verankerten Stützrippen (Schnitt C) (nach *Pacher*)

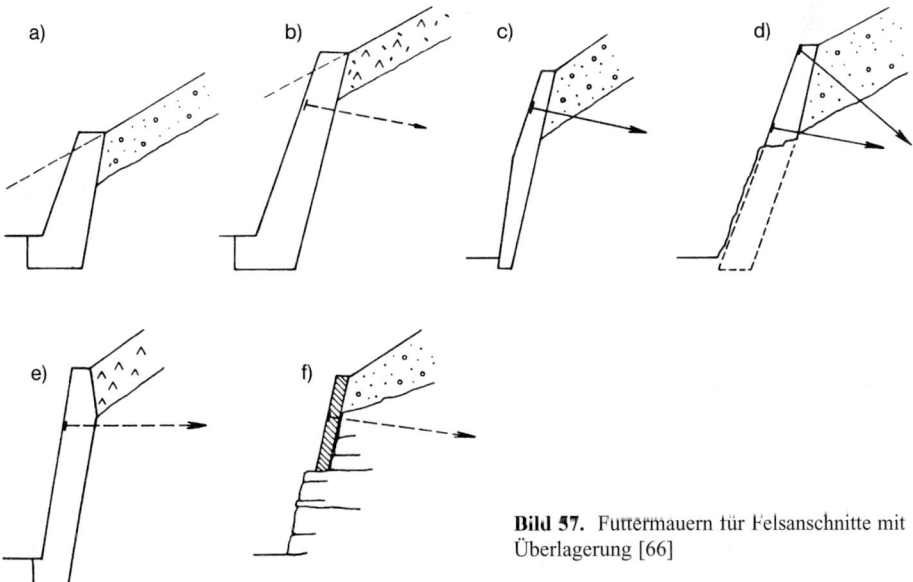

Bild 57. Futtermauern für Felsanschnitte mit Überlagerung [66]

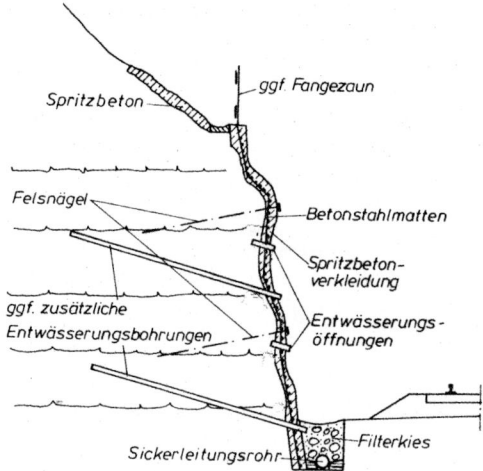

Bild 58. Spritzbetonversiegelung anstelle einer Futtermauer (Systemskizze aus Ez VE11 der DB 1980)

Sofern der Fels nicht zu sehr frostgefährdet ist und keine größeren Gleitkeile ausbrechen können, bilden Spritzbetonversiegelungen eine wirtschaftliche Alternative zu konventionellen Futtermauern (Bild 58):

- Spritzbetondicke ca. 10–25 cm,
- ein- oder zweilagig bewehrt mit Baustahlgitter (Betonstahlmatten),
- Felsnägel zur örtlichen Felssicherung und Befestigung der Bewehrung.

Fels und Spritzbeton verhalten sich erfahrungsgemäß auch bei extremen Temperaturwechseln weitgehend monolithisch.

4 Stützmauern nach dem Verbundprinzip (stützmauerartige Verbundkonstruktionen)

4.1 Allgemeines

Als Stützmauern im engeren Sinne gelten Stützbauwerke, bei denen die Seitendruckkräfte zu einem hohen Prozentsatz über die Sohle in den Untergrund abgeleitet werden. Allerdings bestehen fließende Übergänge zu Stützwänden, da auch Stützmauern relativ schlank ausgebildet und verankert sein können. Stützmauerartige Verbundkonstruktionen stellen Bauwerke dar, bei denen einerseits Fertigteilelemente sowie „Anker" oder „Bewehrungsglieder", und andererseits der Boden (Füllung oder natürlich gewachsen) zu einer gemeinsamen Tragwirkung herangezogen werden. Somit zählen auch die in fünf angeführten Bauweisen (Bodenvernagelungen und -verdübelungen) zum überwiegenden Teil zu den Verbundkonstruktionen. Während aber dort der natürliche, gewachsene Boden bewehrt wird, behandelt dieser Abschnitt Verbundbauweisen mit Füllböden.

Zur Unterscheidung der diversen Bodenbewehrungen können im Wesentlichen vier Kriterien herangezogen werden:

- die vorherrschende Beanspruchung der Bewehrung (Zugkräfte oder/und Scherkräfte),
- die Art der Lastabtragung von den Bewehrungselementen in den Boden (über Erdwiderstand, Reibung),

3.9 Stützbauwerke und konstruktive Hangsicherungen

- die Art und das Material der Bewehrung,
- die Bauausführung.

Die grundlegend unterschiedlichen Methoden bei der Bauausführung sind:

- Die Bewehrung des lagenweise geschütteten Füllmaterials (z. B. die klassische Bewehrte Erde, Schlaufenwände, Stützbauwerke mit Geokunststoffen etc.).
- Die Bewehrung des gewachsenen Bodens (z. B. Bodenvernagelung; Verdübelung mit Pfählen, Stahlstäben oder Injektionsrohren).

Wie in Bild 59 a schematisch skizziert, ist bei der Herstellung von Stützmauern in Hanglage im ersten Fall ein entsprechend tiefer Geländeanschnitt erforderlich, und der Wandaufbau erfolgt – konventionell – von unten nach oben. Im anderen Fall wird abschnittsweise von oben nach unten gearbeitet (Bild 59 b), was für instabile Hänge oder bei Platzmangel von Vorteil ist.

Völlig anders sind hingegen ausgesprochene Ankerwände mit langen, vorgespannten Injektionsankern zu sehen, wie sie z. B. bei aufwendigen Hangsicherungen vorkommen [6, 9, 10]. Derartige Stützkonstruktionen können nicht mehr als Verbundkörper idealisiert werden. Vielmehr handelt es sich um relativ dünne, rückverhängte Stahlbetonwände mit überwiegender Plattenwirkung.

Die Außenhaut von Stützmauern bzw. Stützbauwerken nach dem Verbundprinzip besteht aus Fertigteilelementen (Platten, Trögen, Raumgitterelementen, Profilschalen etc.) oder aus Geokunststoffen, Gabionen, Stahlgittermatten, Autoreifen etc. Verkleidungen mit Spritzbeton, Mauerwerk, Steinschlichtungen etc. können ebenfalls vorgenommen werden, wie auch Kombinationen unterschiedlichster Systeme. Somit ist eine vielfältige Strukturierung und meist auch eine Bepflanzung möglich, was derartigen Konstruktionen einen großen architektonischen Gestaltungsspielraum lässt und eine ästhetische Optik verleiht. Entlang von stark befahrenen Straßen muss die Verkleidung Frost-Tausalz-beständig sein; bei Verwendung von Beton ist eine Mindestgüte von B 35 und eine entsprechende Betondeckung (meist ≥ 4 cm) einzuhalten.

Jene verbundartigen Stützmauersysteme, welche – ähnlich wie die NEW-Wand – auf dem Konstruktionsprinzip der „Toter-Mann-Verankerung" (auch „Totmann-Verankerung") ba-

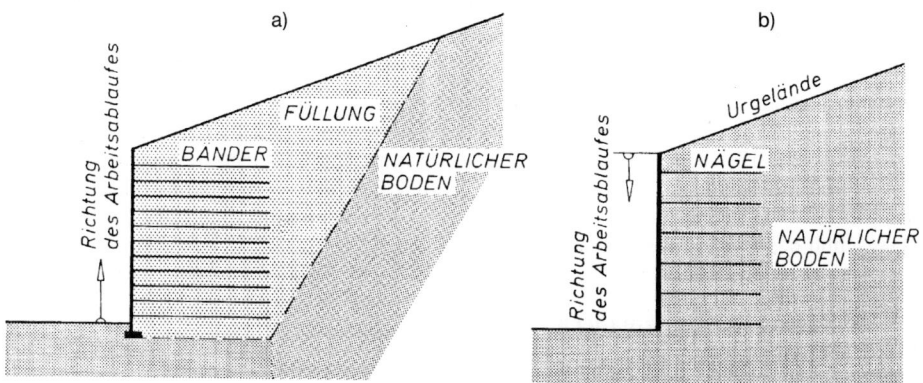

Bild 59. Stützkonstruktion nach dem Boden-Bewehrung(Anker)-Verbundprinzip; grundsätzliche Unterschiede im Arbeitsablauf; a) Mauerherstellung von unten nach oben (z. B. Bewehrte Erde), b) Mauerherstellung von oben nach unten (z. B. Bodenvernagelung)

sieren, weisen als luftseitige Außenhaut sowie erdseitige Ankerkörper verschiedenste Sonderelemente auf: diverse Fertigteile, Schalen, Rohrstücke, Ankerplatten, (gebogene) Stahlstäbe, Kunststoffstäbe oder Autoreifen.

Das generelle Schema der Standsicherheitsnachweise ist für sämtliche Stützbauwerke nach dem Verbundprinzip gleichartig, somit auch für Bodenvernagelungen. Die Unterschiede liegen lediglich in den detaillierten Bruch- und Verformungsmechanismen. Nachzuweisen sind die Grenzzustände der Tragfähigkeit und die Grenzzustände der Gebrauchstauglichkeit. Erstere umfassen die äußere Standsicherheit (Gesamttragfähigkeit des Bodens) und die innere Standsicherheit (Bemessung von Bauteilen). Die Gebrauchstauglichkeit bezieht sich auf zulässige Ausmittigkeit, Setzungen und Verschiebungen. Die jeweiligen Sicherheitsnachweise können auf globalen Sicherheitsdefinitionen (wie bisher) oder auf Teilsicherheitsmodellen (wie in Zukunft) basieren. Die neuen Sicherheitskonzepte im Rahmen der europäischen Harmonisierung sind derzeit noch nicht in allen Belangen definitiv. Während für globale Sicherheitsfaktoren langjährige Erfahrungen existieren, ist dies für Teilsicherheitsfaktoren noch nicht der Fall. Die Festlegung erfolgt daher so, dass das bewährte Sicherheitsniveau erhalten bleibt (siehe auch Kapitel 1.1 im Grundbau-Taschenbuch, Teil 1).

Stützkonstruktionen nach dem Verbundprinzip sind nicht nur wirtschaftlich, sondern weisen in der Regel eine Reihe weiterer Vorteile auf:

- Rasche, einfache und weitgehend witterungsunabhängige Herstellung, und zwar auch in sehr unwegsamem Gelände.
- Gute Anpassungsmöglichkeiten an örtlich unregelmäßige Gelände-, Erddruck- und Auflastverhältnisse (problemlose Abtreppungen oder Höhenstaffelungen der Mauern).
- Hohe Verformungsunempfindlichkeit der gelenkigen Konstruktionen in vertikaler und horizontaler Richtung.
- Gute Entwässerung der Hinterfüllung (z. B. durch stark saugende Steckhölzer).
- Naturnaher Verbau und optisch ansprechende Gestaltung (Begrünbarkeit): manche Wände verwachsen dermaßen (auch durch natürlichen Samenanflug), dass die Konstruktion schließlich nicht mehr sichtbar ist.
- Umweltfreundlichkeit.
- Bindung von Emissionsstoffen der Kraftfahrzeuge.
- Schallabsorption.
- Teilweise Verwertung von Abfallstoffen (als Füllmaterial und als Ausgangsprodukt für diverse Raumgitter- und Verkleidungselemente) bei relativ geringer statischer Beanspruchung.

In der Aufstandsfläche von flexiblen Stützbauwerken nach dem Verbundprinzip wirkt eine Sohlspannung, die wesentlich gleichmäßiger ist als bei vergleichbaren massiven Konstruktionen [11, 12, 20, 68]. Dementsprechend besitzen Kippmomente relativ geringe Einflüsse, und die Setzungsdifferenzen werden kleiner. Flexible Verbundkonstruktionen sind daher für Bauwerke auf weichem Untergrund oder in Hängen mitörtlich stark variierendem Hangschub besonders gut geeignet.

4.2 Raumgitter-Stützmauern

4.2.1 Allgemeines

Wegen des außerordentlichen Aufschwungs, den die Raumgitter-Konstruktionen über viele Jahre erfahren haben, wird nachfolgend näher auf diese Bauweise eingegangen. Für weitere Details sei auf [11] verwiesen.

3.9 Stützbauwerke und konstruktive Hangsicherungen 801

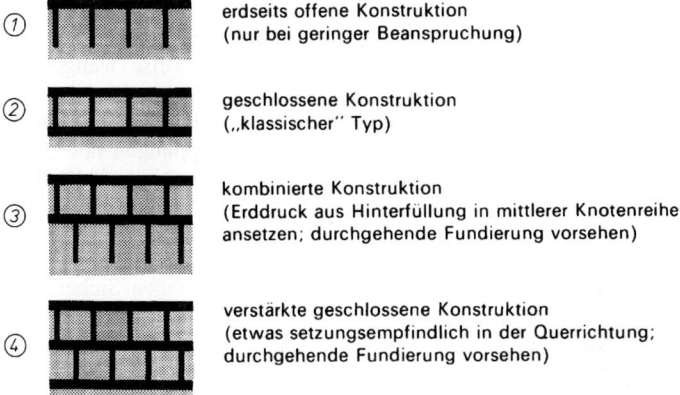

Bild 60. Verschiedene Grundtypen von Raumgitter-Stützmauern, zusammengesetzt aus zwei (oder mehr) Regelelementen; schematisierte Grundrisse

Raumgitter-Stützmauern bestehen aus Fertigteilelementen, welche nach einem Baukastensystem derart aufeinander gelagert werden, dass sie ein räumliches Gitter bilden. Die Zellen dieses Gitters sind mit Boden zu verfüllen, wodurch ein tragender Verbundkörper entsteht. In Sonderfällen kann anstelle des Bodens auch Beton oder Müllkompost eingebaut werden. Einige markante Grundrisse des klassischen Systems der Raumgitter-Stützmauern sind in Bild 60 dargestellt.

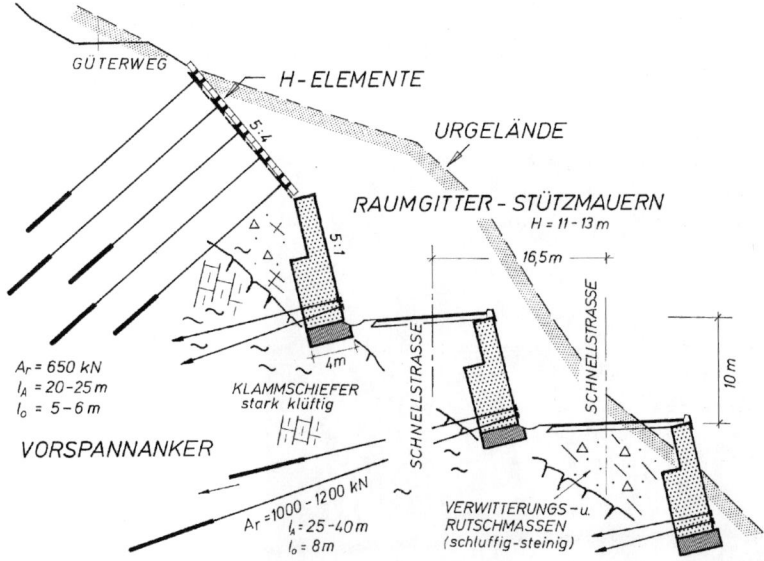

Bild 61. Höhengestaffelte Herstellung einer Schnellstraße in einem instabilen Steilhang. Verankerte Raumgitter-Stützmauern und böschungsparallele verankerte Stahlbeton-Fertigelemente zur Sicherung. Unterer Bereich jeder zweiten Raumgitter-Zelle (Rahmenturm gemäß Bild 67) bewehrt, ausbetoniert und verankert

Vorläufer der heutigen Raumgitter-Stützmauern sind gitterartige Holzkonstruktionen, welche im Alpenraum seit Jahrhunderten verwendet werden („Krainerwände" in Österreich und Süddeutschland). Beton- bzw. Stahlbeton hat allerdings die Holzbauweise weitgehend verdrängt; fallweise bestehen die Fertigteile sogar aus Stahl oder Recyclingstoffen (Abfallverwertung). Mauerhöhen bis ca. 25 m (abgetreppt sogar bis 50 m) sind durchaus erreichbar, da das Baukastensystem nahezu beliebige Verbreiterungen oder Abtreppungen des Querschnittes ermöglicht, und auch Verankerungen haben sich bewährt. Bild 61 zeigt beispielhaft

Bild 62. 6 m hohe Raumgitter-Stützmauer aus dem Jahre 1973: Kopfauslenkungen und Ausbauchungen von $\Delta x \leq 1{,}5$ m infolge großräumiger Rutschungen im Steilhang. (Trotz scheinbarer Ähnlichkeit wesentliche Abweichungen vom höherwertigen System „Ebenseer")

Bild 63. Wie Bild 62, doch Zone mit stärkster Ausbauchung in etwa halber Wandhöhe. Verstärkung der Stützkonstruktion mittels vorgesetzter Ankerwand (lange vorgespannte Daueranker)

3.9 Stützbauwerke und konstruktive Hangsicherungen

den Einsatz von Raumgitter-Stützmauern entlang einer geologischen Großstörung in einem steilen Rutschhang. Im Nahbereich ober- und unterhalb der Konstruktionen verlaufen zwei Eisenbahn-Hauptlinien.

Die wesentlichen Vorteile der Raumgitter-Stützmauern sind bereits im Abschnitt 4.1 angeführt. Hierzu kommt die relativ einfache Reparatur- und Verstärkungsmöglichkeit, falls die Wand durch äußere Einflüsse beschädigt wurde. Die Bilder 62 und 63 zeigen beispielhaft einen durch eine Rutschung ausgelösten Schadensfall, bei der die Raumgitter-Stützmauer Horizontalverformungen bis ca. 1,5 m erlitt und größere Verschiebungen mitmachte, ohne dass das Bauwerk versagte. Eine benachbarte massive (konventionelle) Stützmauer stürzte dagegen um. Die Sicherung der deformierten Raumgitterstützmauer erfolgte durch Vorsetzen eine Ankerwand (Bild 63).

Die vielfachen Vorteile und die Umweltfreundlichkeit der Raumgitterkonstruktionen haben seit etwa 1975 zu einer außerordentlichen Ausweitung ihres Anwendungsgebietes geführt: als Stützbauwerke, Lärmschutzwände, für Bachverbauungen, Lawinen- und Steinschlagsicherungen, gärtnerische Gestaltungen etc. Aufgrund ihrer raschen Herstellbarkeit, teilweise sehr großen Flexibilität (je nach System) und guten Wasserdurchlässigkeit (je nach Verfüllung) kommen die sog. „Krainerwände" häufig bei der Sicherung steiler Hangabschnitte, durchnässter und rutschgefährdeter Böschungen zur Ausführung, um so mehr als im Bedarfsfall auch eine Verankerung mit Vorspannankern möglich ist.

Dementsprechend wurden seit den Siebzigerjahren eine Reihe unterschiedlicher Systeme und Fabrikate entwickelt. Die Auswahl erstreckt sich von Kasettenwänden aus Stahlblechen

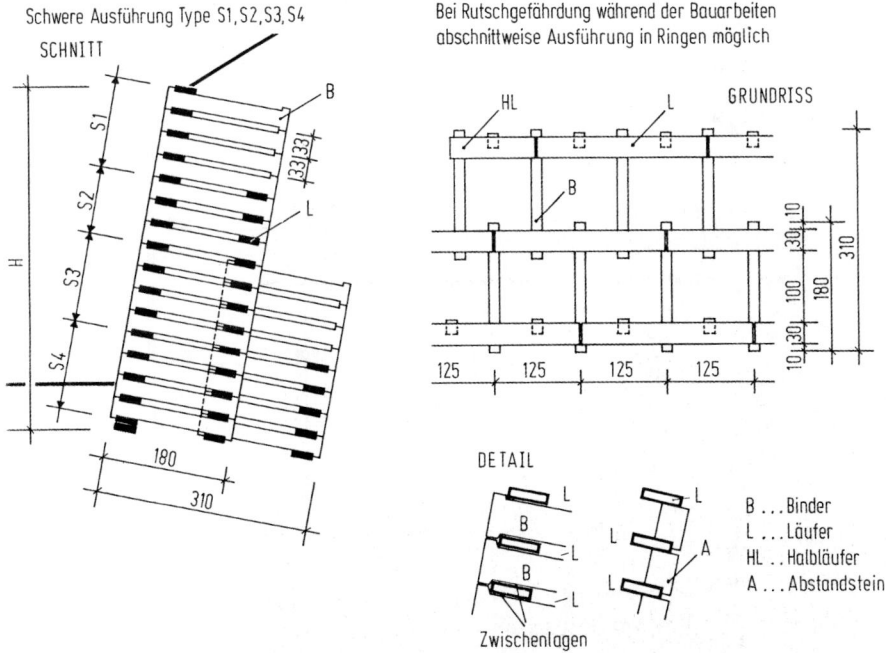

Bild 64. Raumgitter-Stützmauer, System „Ebenseer": gelenkige Anordnung von Längselementen (Läufern) und Querelementen (Bindern mit Hammerköpfen). Darstellung der Grundtypen S1 bis S4 (sinngemäß Bild 60); Abstandsteine und besonderes Fundament nach Erfordernis

bis zu begrünbaren Böschungssicherungen aus besonderen Formsteinen, deren Trag- und Verformungsverhalten deutlich anders ist als das der „klassischen" Raumgitter-Stützmauern. Hierzu kommen Sonderlösungen für enge Kurvenradien, Eck- und Endausbildungen.

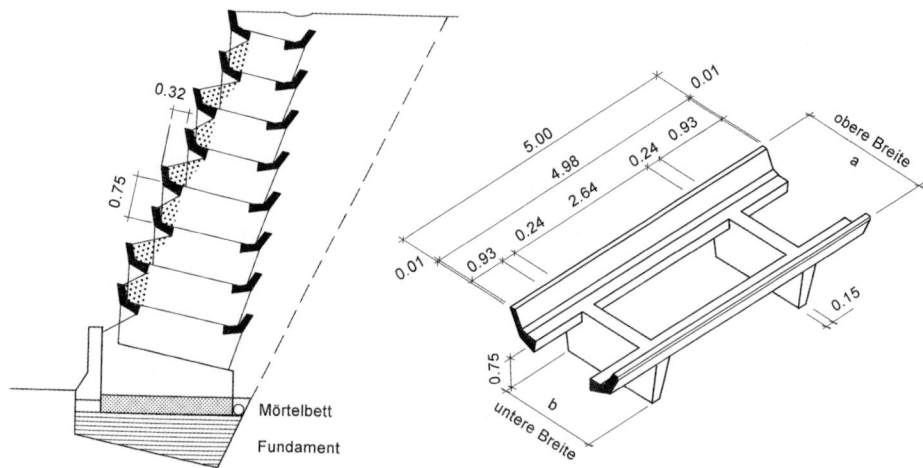

Bild 65. Raumgitter-Stützmauer, System „Evergreen". Standard-Abmessungen der Fertigteile (a, b, variabel: a = 0,67 bis 4,21 m; b = 0,43 bis 3,74 m) und Querschnitt mit variabler Breite

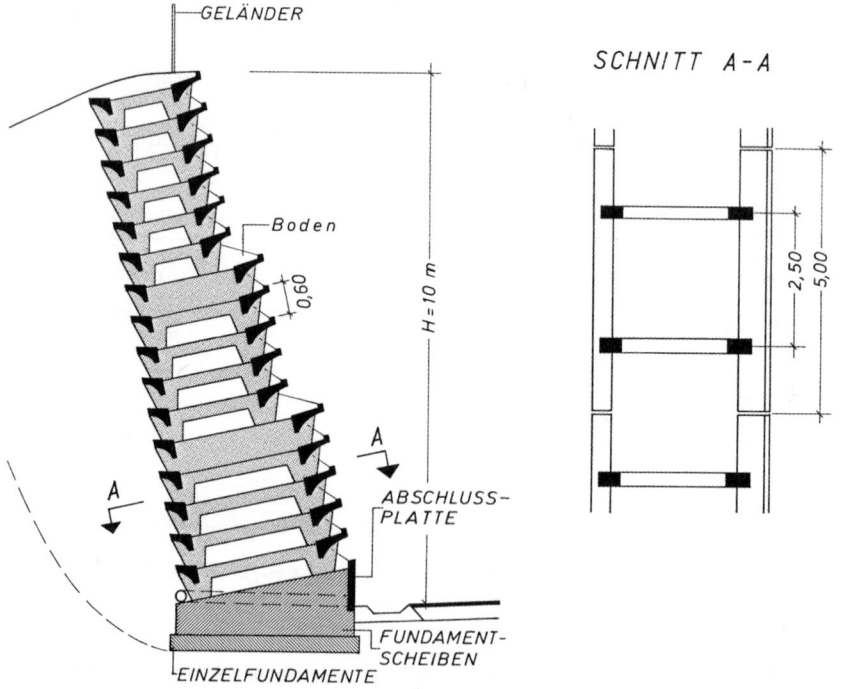

Bild 66. Raumgitter-Stützmauer, System „Dywidag" („Biowall")

3.9 Stützbauwerke und konstruktive Hangsicherungen

Bei den im engeren Sinn als Raumgitter-Stützmauern zu bezeichnenden Standardsystemen sind im Wesentlichen zwei Hauptgruppen zu unterscheiden:

- Gelenkige Systeme, bestehend aus Längselementen (Läufern) und Querelementen (Bindern), z. B. Bild 64: das ist die „klassische" Bauweise.
- Steife Systeme, bestehend aus Rahmen (Längsriegel, Querriegel), z. B. Bild 65.

Zwischen diesen beiden Extremen gibt es je nach Konstruktionsdetails sämtliche Übergänge [11] (siehe z. B. die Bilder 66 und 67).

Hierzu kommen raumgitterähnliche Konstruktionen, z. B. aus vertikalen Lisenen mit horizontal eingelegten Betonelementen. Die Zwischenräume können bepflanzt und die Lisenen verankert werden. Die Bemessung erfolgt analog zu den Raumgitterkonstruktionen [65].

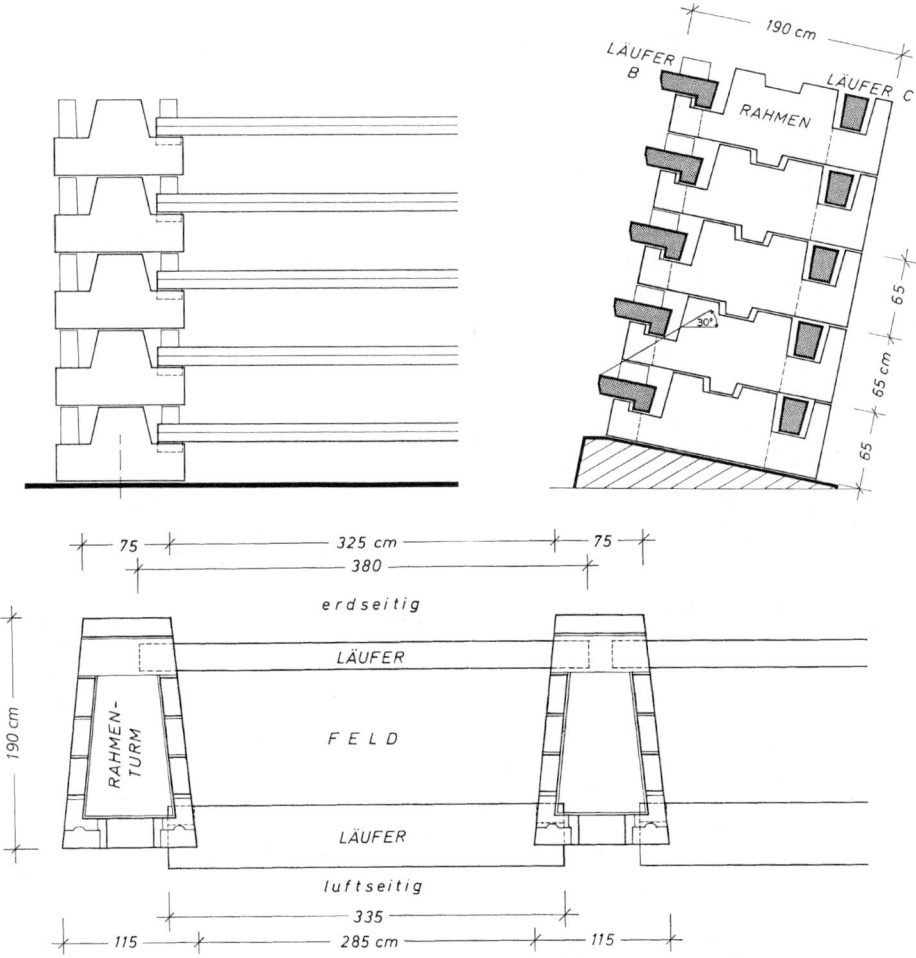

Bild 67. Raumgitter-Stützmauer, System „Alpine-neu". Rahmentürme und Felder (Ansicht, Querschnitt und Grundriss). Grundrisse der „Alpine-Standard" aus Bild 75 ersichtlich. Bei sehr hohen Wänden und starkem Hangschub werden die Rahmentürme voll ausbetoniert und mit vorgespannten Ankern rückverhängt

4.2.2 Berechnung und Bemessung

Es werden nur die Standardsysteme behandelt, also Gitterkonstruktionen mit geschlossenen Zellen. Die Raumgitter-Stützmauer wird einerseits als fiktive Schwergewichtsmauer aufgefasst (Monoliththeorie), andererseits als eine Reihe von Silozellen (Silotheorie); auf ihre Rückseite wirken der Erddruck und eventuell Verkehrslasten.

4.2.2.1 Erddruckansätze

Der Erddruck auf die Rückseite von Raumgitter-Stützmauern ist mit hinreichender Genauigkeit sinngemäß wie bei geschlossenen Wänden ansetzbar. Im Regelfall kann vom aktiven Grenzzustand ausgegangen und die Coulomb'sche Gleitkeiltheorie gewählt werden. Bei steilem Gelände (etwa Böschungsneigung $\beta \geq 35°$) oder Kriechhängen empfiehlt es sich, die Erddruckresultierende aus Sicherheitsgründen in halber Wandhöhe anzunehmen; auch bei engem Hinterfüllungsbereich oder bei einer Verankerung kann die Erddruckresultierende höher als im unteren Drittelpunkt der Wand liegen.

Verkehrslasten und Geländeauflasten sind wie für vergleichbare konventionelle Stützmauern anzusetzen.

Der Wandreibungswinkel von Raumgitter-Stützmauern ist wesentlich größer als jener massiver Betonmauern. Er hängt vom Verhältnis der Bodenfläche zur Gesamtfläche je Laufmeter erdseitiger Wand sowie von deren konstruktiver Ausbildung ab und variiert für die gängigen Fabrikate mit relativ weiten Öffnungen zwischen den Läufern zwischen $0{,}75\,\varphi \leq \delta \leq \varphi$. Für die Praxis kann mit hinreichender Genauigkeit das Diagramm in Bild 68 der Erddruckberechnung zugrunde gelegt werden. Es wurde aus umfangreichen Modellversuchen und Baustellenmessungen abgeleitet [11].

In rutschgefährdeten Hängen werden öfter einige Zellen der Raumgitter-Stützmauern in der unteren Zone oder auf volle Höhe ausbetoniert (und verankert), siehe z. B. Bild 61. In diesem Fall kommt es zu Konzentrationen des Erddruckes an der Rückfläche dieser steifen Tragkörper. Außerdem werden in der Hinterfüllung Reaktionskräfte von den eingeleiteten Ankervorspannungen geweckt. Die Erddruckumlagerungen sind besonders dann ausgeprägt, wenn zur Erzielung einer ausreichenden Geländebruchsicherheit sehr hohe Ankerkräfte eingeleitet werden müssen – z. B. bei hohen Wänden in kriechenden Steilhängen (Bild 69). Umfangreiche Messergebnisse enthält [11].

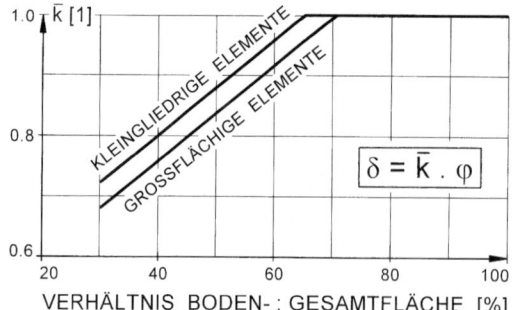

Bild 68. Wandreibungswinkel δ von Raumgitter-Stützmauern als Funktion des Verhältnisses Bodenfläche zur Gesamtfläche (Öffnungsverhältnis) und der Gliedrigkeit (Verzahnung) an der Wandrückseite.
φ = Reibungswinkel des Ver- bzw. Hinterfüllungsmaterials

3.9 Stützbauwerke und konstruktive Hangsicherungen

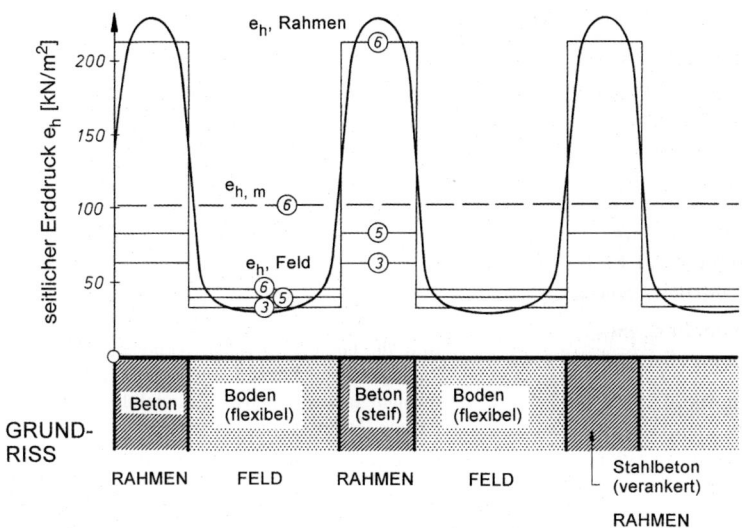

Bild 69. Seitliche Erddruckverteilung auf die Rückseite einer 21 m hohen Raumgitter-Stützmauer in instabilem Steilhang. Rahmentürme (wie Bild 75 bzw. sinngemäß Bild 67) ausbetoniert und in 7 Etagen verankert, wobei die Vorspannkräfte jeweils A_r = 1000 bis 1200 kN betragen. Messwerte in den Bauphasen 3, 5 und 6 mit Wandhöhen von 13,5 m, 16,5 m und 21 m dargestellt für eine idealisierte Rechtecksverteilung.

$e_{h,m}$ fiktive mittlere Erddruckspannung auf die gesamte Mauerfläche
           (unter Berücksichtigung der Bodenreaktion auf die Ankerkräfte)
$e_{h, Rahmen}$ mittlere Erddruckspannung auf Rahmen
$e_{h, Feld}$ mittlere Erddruckspannung im Feld

4.2.2.2 Monoliththeorie

Bei dieser Grenzwertbetrachtung wird die Raumgitter-Stützmauer als massiver Verbundkörper aufgefasst. Die Bemessung erfolgt sinngemäß wie bei Schwergewichtsmauern, doch kann der Sicherheitsnachweis gegenüber Kippen häufig entfallen. Vor allem bei gelenkigen Gitterkonstruktionen ist die Normalspannungsverteilung in den Horizontalschnitten wesentlich ausgeglichener als bei starren Monolithen. Ein Versagen durch Kippen konnte bisher nur unter besonderen Bedingungen beobachtet werden (z. B. Wandhinterfüllung mit bindigem Boden und Wasserstau); ansonsten kommt es nur scharenweise zu einem Ausbauchen der Fertigteile (s. Bild 76). Infolge der Verformbarkeit der Raumgitter-Stützmauern bleibt bei zunehmender Seitendruckkraft der Angriffspunkt der Resultierenden länger im Kern, und es kommt erst später zu einem Klaffen der Fuge als nach der klassischen Theorie.

Eine völlig konträre Grenzwertbetrachtung liefert die „Fachwerktheorie", wonach die Raumgitter-Stützmauer als gelenkiges „Kurbelviereck" angesehen wird (Bild 70). Die tatsächlichen Verhältnisse pendeln je nach Konstruktionstyp und Bauausführung zwischen diesen beiden Extremen.

Das Gedankenmodell des quasi-monolithischen Mauerquerschnittes beschreibt zwar nicht die im Verbundkörper herrschenden Spannungsverhältnisse. Die darauf basierenden Nachweise haben jedoch den Vorteil der Einfachheit und liegen zudem nach allen bisher vorliegenden Erfahrungen auf der sicheren Seite, ohne unwirtschaftlich zu sein.

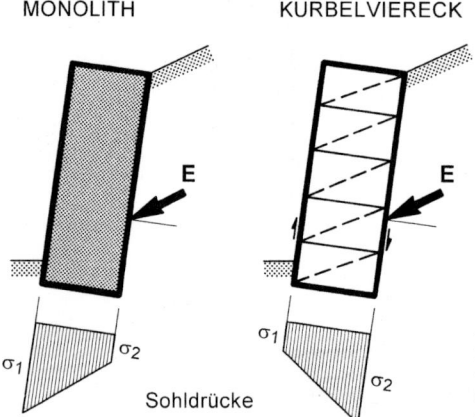

Bild 70. Grenzwertmäßiges Tragverhalten von Raumgitter-Stützmauern und zugehörige Sohlspannungen (hypothetisch); Monolith – Kurbelviereck (Fachwerk)

4.2.2.3 Silotheorie

Die innerhalb der Verfüllung des Raumgitters wirksamen Zellendrücke können näherungsweise nach der Silotheorie berechnet werden (Bild 71). Der Silodruck ist zwar in einem horizontalen Querschnitt der Zelle keineswegs konstant, sondern verläuft in der Regel konvex (Bild 72): die Verfüllung setzt sich stärker als das Fertigteilgitter (aktiver Fall). Außerdem sind vor allem bei geneigten Mauern (Regelfall) die Silodrücke an der Luftseite deutlich kleiner als im Zelleninneren. Dennoch kann in der Praxis hinreichend genau mit einem Mittelwert gerechnet werden. Für den allgemeinen Fall von Reibungsböden mit geringer Kohäsion c gilt für den vertikalen Zelleninnendruck $\bar{p}_{vz}$

$$\bar{p}_{vz} = \left(\gamma_v - c \cdot \frac{U}{A}\right) \cdot z_0 \cdot \left(1 - e^{-z/z_0}\right)$$

$$z_0 = \frac{A}{U} \cdot \frac{1}{K \cdot \tan \delta_s}$$

A Zellenquerschnitt, innen
U innerer Umfang
γ_v Wichte der Verfüllung
φ Reibungswinkel der Verfüllung
K Erddruckbeiwert (in der Silotheorie auch als Silodruckbeiwert λ bezeichnet)
δ_s innerer Wandreibungswinkel, je nach Relativbewegungen und Raumgitter-System; im Allgemeinen $\delta_s = 2/3\,\varphi$

Für c = 0, K = 1 – sin φ und δ_s = 2/3, φ wird $\bar{p}_{vz}$ zu p_{vz} (Standardfall).

z_0 ist bei kohäsionslosem Verfüllmaterial jene ideelle Wandtiefe, in welcher der geostatische Druck $\gamma_v \cdot z$ gleich groß wie der maximale Silodruck (asymptotischer Grenzwert) ist. Es gilt also $p_{vz,max} = \gamma_v \cdot z_0$ (Bild 71).

Nach den Ergebnissen umfangreicher Modellversuche und Baustellenmessungen sind die Siloparameter δ_s und K (Seitendruckbeiwert) über die Mauerhöhe keineswegs konstant. In der Praxis können jedoch im Regelfall einheitliche Werte der Bemessung zugrunde gelegt werden: Für K ist dies in geschlossenen Zellen mit hinreichender Genauigkeit der Erdruhedruckbeiwert $K_0 = 1 - \sin \varphi$. Der innere Wandreibungswinkel liegt im Mittel um $\delta_s = 2/3\varphi$,

3.9 Stützbauwerke und konstruktive Hangsicherungen

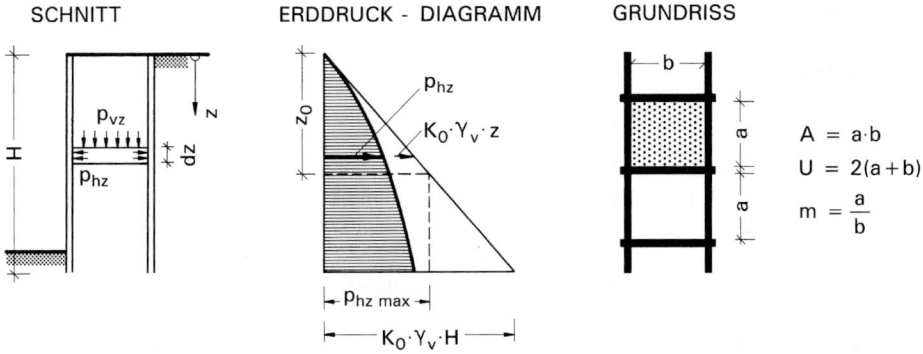

Bild 71. Ermittlung des Silodruckes in den Zellen von Raumgitter-Stützmauern.
K_0 Erdruhedruckbeiwert

wenn die theoretisch vorausgesetzte aktive Relativbewegung zwischen Verfüllung und Raumgitter stattfindet. Falls keine Gründung vorgesehen wird, sondern die Fertigteile unmittelbar auf dem Untergrund aufliegen, sind Vergleichsstudien mit kleinerem δ_s zweckmäßig, um die erhöhten Spannungen auf die Innenseiten der Längselemente abschätzen zu können.

Als Sonderfälle sind direkte Belastungen der Zellenoberfläche (p_0) anzusehen und erdseitige Abtreppungen des Mauerquerschnittes: Es stellt sich dann in den breiteren unteren Zellen ein erhöhter Silodruck ein (siehe [11] und Bild 75).

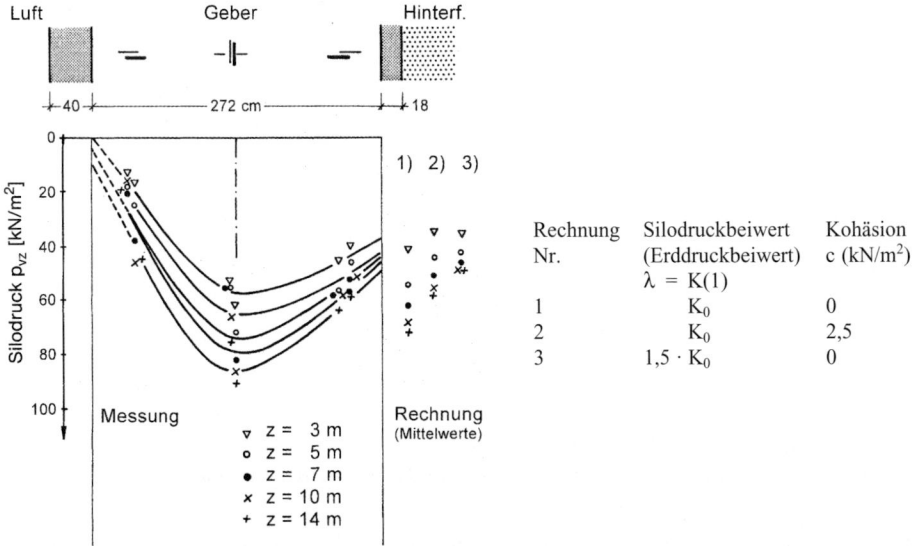

Bild 72. Zelleninnendrücke in einer 21 m hohen Raumgitter-Stützmauer (tan α = 5:1); Verlauf der Silodrücke $\bar{p}_{vz}$ über den Zellenquerschnitt in verschiedenen Messhorizonten (Tiefen z unter Mauerkrone); Vergleich mit den Rechenergebnissen nach der Silotheorie mit variablen Siloparametern (nur $\gamma_v = 19{,}5$ kN/m³ und $\varphi = 35°$ als konstant angenommen)

Für die Bemessung der Fertigteile wird der Horizontaldruck p_{hz} maßgebend. Für eine beliebige Zellenhöhe z (bzw. Tiefe unter der Mauerkrone) gilt

$$p_{hz} = p_{vz} \cdot K_0$$
$$P_{wz} = P_{hz} \cdot \text{tg } \delta_s = p_{vz} \cdot K_0 \cdot \text{tg } \delta_s$$

Die Integration der an den Zellwänden auftretenden Wandreibungsdrücke p_{wz} über die gesamte Fläche der Zellenwände liefert die Wandreibungskraft G_1 in der allgemeinen Form

$$G_1 = a \cdot b \cdot (\gamma_v \cdot z - p_{vz})$$

Die Erddrücke aus Verfüllung und Hinterfüllung liefern z. B. für das erdseitige Längselement (Läufer, Riegel etc.) das in Bild 73 dargestellte Belastungsbild:

$$q_3 = (d_1 + d_2) \cdot (e_{hz} - p_{hz})$$
$$q_4 = (d_1 + d_2) \cdot (e_{vz} + p_{wz}) + q \cdot b_L$$

Auf die Querelemente (Binder) wirkt die Wandreibung innerhalb der Raumgitter-Zellen, da sich waagerechte Drücke p_{hz} gegenseitig aufheben. Dazu kommt eine Längskraft N, welche durch die Längselemente eingeleitet wird (Bild 74).

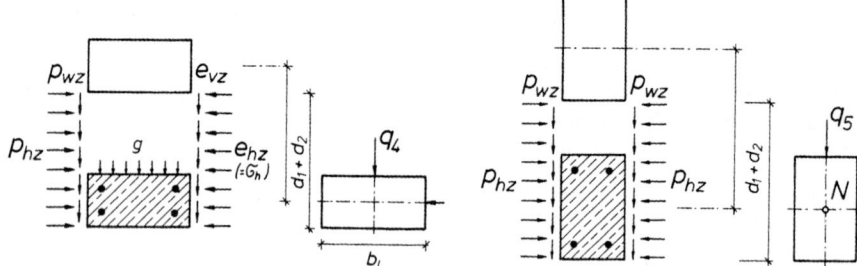

Bild 73. Belastung der bergseitigen Längselemente (Läufer etc.) einer Raumgitter-Stützmauer

Bild 74. Belastung der Querelemente (Binder etc.) einer Raumgitter-Stützmauer

Aus Rationalisierungsgründen empfiehlt es sich vielfach, die Fertigteile generell auf den maximalen Silodruck $p_{vz,max}$ zu bemessen (d. i. für $z \to \infty$), damit diese universell einsetzbar sind. Maßgebend ist ferner die vertikale Mauer; in sogenannten „Schrägsilos" treten geringere Zelleninnendrücke auf.

4.2.3 Sicherheitsnachweise

Es ist sowohl die äußere als auch die innere Standsicherheit der Raumgitter-Stützmauer zu überprüfen.

Der Nachweis der äußeren Standsicherheit erfolgt nach der Monoliththeorie, und zwar auch für die Schnittfugen zwischen den Fertigteilen. Falls ausreichend durchlässiges Verfüllmaterial eingebaut wird, muss ein äußerer Wasserdruck auf die Mauerrückseite nicht in Rechnung gestellt werden. Bei der Überprüfung der Geländebruchsicherheit sind allerdings eventuelle Strömungsdrücke im Hang zu berücksichtigen.

3.9 Stützbauwerke und konstruktive Hangsicherungen

Der Nachweis der inneren Standsicherheit umfasst die Untersuchung des lokalen Kräfteflusses und aller Bauwerksteile.

Neben den bei der statischen Bemessung der Fertigteile einzuhaltenden Sicherheitsfaktoren für den Stahlbeton sind also folgende Sicherheitsnachweise zu führen:

- Grundbruchsicherheit:
  Diese kann konventionell nach DIN 4017 nachgewiesen werden (Spannungskonzentrationen unter Fertigteilen vernachlässigbar).
- Gleitsicherheit:
  Sie ist in maßgebenden Schnittfugen nach DIN 1054 nachzuweisen (siehe auch [64]).
- Kippsicherheit:
  Die Sicherheit gegen Kippen ist bei steifen Konstruktionen um eine Drehachse am luft- oder erdseitigen Fuß der Mauer nachzuweisen. Die Bestimmung der Lage der Resultierenden im statisch wirksamen Wandquerschnitt wird auch in anderen maßgebenden Schnittfugen verlangt [64].
- Geländebruchsicherheit:
  Diese ist wie für konventionelle Stützkonstruktionen gemäß DIN 4084 nachzuweisen, allerdings in mehreren Horizontalschnitten. Erfahrungsgemäß ist die Geländebruchsicherheit von Raumgitter-Stützmauern knapp oberhalb des Fußpunktes am geringsten. Bei mehrreihigen Konstruktionen stellt der Querschnittswechsel einen kritischen Punkt dar (Bild 75); hierzu kommt eine örtlich größere Fertigteilbeanspruchung durch zusätzliche Silodrücke. Zur Erzielung einer hohen Sicherheit gegen Durchscheren des Verbundkörpers ist Verfüllmaterial mit möglichst hohem Reibungswinkel zu verwenden. Der Verlauf der Gleitfläche durch die Wand ist durch deren Scharfugen gegeben.
- Sicherheit gegen Abheben der erdseitigen Fertigteile:
  Dabei handelt es sich um den Nachweis der klaffenden Fuge, welcher die frühere Kippsicherheit ersetzt. Demnach muss die Resultierende aus ständigen Lasten in den maßgebenden Schnittfugen innerhalb der ersten Kernweite der Mauer verlaufen.

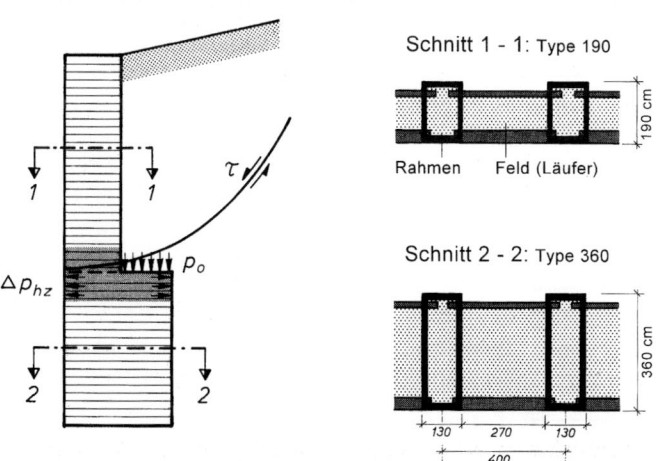

Bild 75. Kritische Zone von erdseits abgetreppten Raumgitter Stützmauern (Beispiel mit Rahmen und Läufern); geringste Geländebruchsicherheit (Durchscheren der Wand) und um Δp_{hz} erhöhter Silodruck infolge der Bodenauflast p_0

- Sicherheit gegen Überschreitung der zulässigen axialen Knotenkräfte:
  Dieser Nachweis erfolgt zweckmäßig durch einen Vergleich der rechnerisch vorhandenen Druckkräfte mit den in Eignungsversuchen 1:1 bestimmten Bruchlasten.
- Sicherheit gegen Abscheren der Knoten:
  Die Horizontalkräfte in den Fertigteilknoten sind über Reibung und Schub aufzunehmen. Die Querelemente (Binder, Querriegel) sind daher je nach Konstruktion auch auf ein Versatzmoment gemäß Bild 76 zu bemessen.

Je nach Raumgitter-Konstruktion und den möglichen Relativverschiebungen zwischen Boden und Fertigteilen ergeben sich unterschiedliche Spannungszustände, die ihrerseits wieder die Nachweise der inneren Standsicherheit des Systems beeinflussen. Weitere Parameter sind Bodenkennwerte (z. B. vorübergehendes Auftreten einer „scheinbaren" Kohäsion, Frost-Tau-Einwirkungen usw.). Einbaumethode und Verdichtungsgrad der Verfüllung, Setzungen des Untergrundes, Wandneigung usw. Aus diesen Gründen empfiehlt sich die Durchführung von Grenzwertuntersuchungen, indem jeweils maximale und minimale Silowirkung den Bemessungen zugrunde gelegt wird.

So sind z. B. die maximalen Knotenkräfte unter der Voraussetzung zu berechnen, dass im Extremfall das Verfüllgewicht zur Gänze über das Fertigteil-Gitter abgetragen wird. Auch für die Binderbiegung liefert dieser Lastfall die ungünstigsten Werte.

Für die Bemessung der Läufer hingegen ist die minimale Silowirkung (also größter Zelleninnendruck $\bar{p}_{vz}$ bzw. $\bar{p}_{hz}$) maßgebend: Aufgrund umfangreicher Messungen an Modellen und Baustellen kann selbst unter ungünstigen Bedingungen der Mittelwert $1/2 \cdot (p_{vz} + \gamma_v \cdot z)$ als völlig ausreichend angesehen werden, sofern nicht nach dem modifizierten Verfahren mit $p_{vz}(\chi)$ gemäß *Brandl* [11] gerechnet wird. Beide Ansätze berücksichtigen, dass die Spannungen keineswegs linear mit der Tiefe zunehmen. Da die Silodrücke im luftseitigen Bereich der Verfüllung durchwegs kleiner sind als in Zellenmitte oder erdseits ([11]; z. B. Bild 72), liegen vorstehende Bemessungsansätze vor allem für die vorderen Läufer, insbesondere bei geneigten Wänden, auf der sicheren Seite. Generell empfiehlt es sich, den Silodruck $\bar{p}_{vz}$ umso größer anzusetzen, je stärker sich das Raumgitter setzen kann (z. B. bei sparsamer Gründung, sehr verformbaren, dicken Zwischenplättchen). Der untere Grenzwert des Seitendruckes beträgt nahezu $p_{hz,min} = 0$ für die luftseitigen Längselemente und lockere Verfüllung. Bei den erdseitigen Längselementen kann $p_{hz,min}$ gleich p_{hz} nach den konventionellen Annahmen der Silotheorie gesetzt werden.

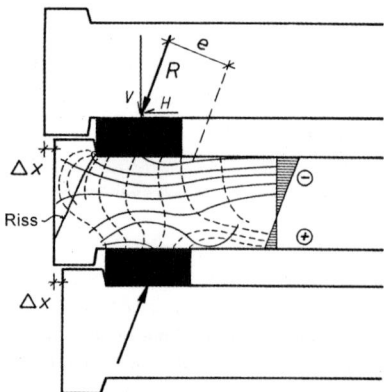

Bild 76. Beanspruchung der luftseitigen Knoten einer Raumgitter-Stützmauer; Versatzmoment (R · e), Trajektorienverlauf und Rissbild

3.9 Stützbauwerke und konstruktive Hangsicherungen

In den obersten 2 m der Zellenverfüllung können manchmal erhöhte Seitendrücke infolge der Verdichtung als bleibend auftreten. Es empfiehlt sich, derartige Zwängungen durch einen vergrößerten Silodruckbeiwert bei der Bemessung der Fertigteile zu berücksichtigen, etwa $\bar{p}_{hz} = (1,5 \div 2,0) \cdot K_0 \cdot p_{vz}$ je nach Verfüllboden und Verdichtungsgrad.

Bei statisch unbestimmten Systemen sollte zumindest in exponierten Lagen eine Temperaturdifferenz von ±10 °C zwischen den luft- und erdseitigen Längselementen berücksichtigt werden.

Auch für den Nachweis der Gleitsicherheit in den maßgebenden Schnittfugen sind Grenzwertuntersuchungen angebracht:

– Abtragung des gesamten Bodengewichtes der Verfüllung über das Raumgitter (100 % Lastumlagerung),
– 20 % Lastumlagerung über das Raumgitter.

Dabei muss ein Reibungsbeiwert gewählt werden, der für die Knotenauflagerungen plausibel ist. Eine Abminderung durch verformbare Zwischenlagen ist zu beachten. Bei Mörtelbettungen kann ein Reibungsbeiwert in Rechnung gestellt werden, der einem Wert Beton auf Beton entspricht.

4.2.4 Ausführungshinweise

Bei Wandhöhen über 6 m sollte grundsätzlich ein über den gesamten Mauerquerschnitt durchgehendes Streifenfundament vorgesehen werden. Eine Gründung unmittelbar auf Sohleelementen ist nur bei niedrigen Stützmauern und gutem, gleichmäßigem Untergrund vertretbar. Falls kein Fundament angeordnet wird, können die Silodrücke deutlich über den theoretischen Mittelwert nach der Silotheorie ansteigen: Ursache hierfür ist die Reduktion der Relativbewegungen zwischen Verfüllung und Raumgitter, weil sich Letzteres ebenfalls noch setzt; dieser Effekt wird daher umso ausgeprägter sein, je zusammendrückbarer der Untergrund ist. Weiter können dann größere Setzungsdifferenzen innerhalb des Raumgitters zu Zwängungsspannungen führen.

Auf ein sorgfältiges Hantieren mit den Fertigteilen ist besonderer Wert zu legen; beschädigte Elemente müssen ausgeschieden werden.

Um eine gleichmäßige, flächenhafte Übertragung der Knotenkräfte bzw. eine elastische Bettung der Elemente zu gewährleisten und Betonabplatzungen zu vermeiden, empfiehlt es sich, an den Kreuzungspunkten der Fertigteile verformbare Plättchen einzulegen oder eine flächenhafte Mörtelbettung vorzusehen. Dadurch kann auch eine unerwünschte Einspannwirkung reduziert und die Flexibilität der Konstruktion erhöht werden. Zu beachten ist allerdings, dass der Reibungsbeiwert der verformbaren Einlagen mit zunehmender Normalspannung (auf einen Grenzwert) absinkt.

Die Verfüllung der Raumgitterzellen hat lagenweise zu erfolgen (25–50 cm) und ist gut zu verdichten (ca. $D_{Pr} = 95\% \div 97\%$ der einfachen Proctordichte in Zellenmitte), um eine entsprechende Verbundwirkung und hohe Scherfestigkeit der Raumgitter-Stützmauer zu gewährleisten. Erhöhte Verdichtungserddrücke sind jedoch zu vermeiden. Je nach System ist spätestens nach dem Aufschlichten von 2 bis 4 Fertigteilscharen zu verfüllen. Das Größtkorn soll im Regelfall 1/6 der kleinsten Zellenseite bzw. 1/2 Schüttlage nicht überschreiten, der Feinkornanteil ca. 15 Gewichtsprozent < 0,06 mm. Zur Erzielung einer möglichst großen Sicherheit gegen Geländebruch bzw. Durchscheren der Wand sind Böden mit hohem Reibungswinkel einzubauen. Korngemische mit $\varphi < 25°$ sind nur beschränkt geeignet. In dynamisch beanspruchten Raumgitter-Konstruktionen sollen gleichkörnige

Sande und Kiese möglichst nicht eingebaut werden. Im luftseitigen Randbereich der Zellen empfiehlt sich eine humose Abdeckung, um die Begrünbarkeit zu erleichtern.

Die Verfüllung der Zellen und Hinterfüllung der Stützmauer sollen möglichst gleichzeitig erfolgen, um die Verformungen der Verbundkonstruktion gering zu halten. Bei einer nachträglichen Hinterfüllung treten größere Kopfauslenkungen auf. Die einschlägigen Richtlinien für das Hinterfüllen von Bauwerken gelten sinngemäß auch hier: Verdichten in Lagen, keine schweren Verdichtungsgeräte in unmittelbarer Wandnähe (um örtliche Erddruckerhöhungen bzw. Zwängspannungen zu vermeiden); Entwässerungen etc.

Die Betongüte der Fertigteile muss mindestens B35 betragen. Außerdem dürfen nur frostbeständige Zuschläge verwendet werden; entlang von Straßen ist gegebenenfalls auf eine ausreichende Beständigkeit gegen Tausalze zu achten. Die Mindestabmessung der Fertigteile sollte 10 cm sein, die Betondeckung der Bewehrung je nach klimatischer Beanspruchung mindestens 2,5 bis 3 cm.

Die Wandneigung von Raumgitter-Konstruktionen sollte mindestens 10:1 betragen, besser jedoch 5:1, um die Begrünung zu erleichtern. Diese wird auch von der Öffnungsweite zwischen den Längselementen und deren Querschnittsform (z. B. Trogläufer) beeinflusst [11]. Weitere Hinweise zur Bepflanzung enthält [64].

4.2.5 Sonderkonstruktionen

Mehrreihige Raumgitter-Stützmauern haben sich vor allem bei hohen Geländesprüngen und Erddrücken bewährt; Abtreppungen bei unregelmäßigem Geländeprofil. Die *Querschnittsverbreiterung* bzw. *-abtreppung* kann entweder luft- oder erdseits erfolgen; die dabei entstehenden einspringenden Ecken sind konstruktiv besonders zu behandeln (z. B. Unterlagselemente, Ausbetonieren von Teilbereichen etc.).

Raumgitter-Stützmauern mit Sporn (Kragplattenmauern) dienen zur Abschirmung des Erddruckes aus der Hinterfüllung. Der Sporn muss – je nach Zellenquerschnitt – mindestens 5 Fertigteilscharen hoch sein, um voll wirksam zu werden. Auch geschlossene Stahlbetonplatten kommen zur Anwendung.

Bei *erdseits offenen Raumgitter-Stützmauern* werden die erdseitigen Längselemente aus Wirtschaftlichkeitsgründen weggelassen. Es treten nur beschränkt Silodruckverhältnisse auf, und das Trag-Verformungsverhalten der Konstruktion ist deutlich schlechter als bei Mauern mit allseits geschlossenen Zellenquerschnitten. Solche Systeme eignen sich daher nur für untergeordnete Zwecke oder als Aufsatz auf geschlossene Konstruktionen. Hierfür werden sie aus Gründen der Wirtschaftlichkeit relativ häufig verwendet.

Die Bemessungen kann unter Zugrundelegung einer fiktiv reduzierten, statisch wirksamen Mauerbreite erfolgen oder nach dem Gedankenmodell der Bewehrten Erde (*Brandl* [11]). In beiden Fällen wird davon ausgegangen, dass die Querelemente als „Reibungsanker" wirken.

Raumgitter-Stützmauern mit Zugbändern weisen entweder einzelne schlaffe Zugglieder in der Hinterfüllung auf oder Bandeinlagen im Sinne der Bewehrten Erde. Vor allem im letzteren Fall wird die Geländebruchsicherheit bzw. die Sicherheit gegen Durchscheren der Stützkonstruktion entscheidend erhöht.

Verankerte Raumgitter-Stützmauern sind besonders bei Hanganschnitten und Böschungssicherungen in rutschgefährdetem, steilem Gelände mit stark streuenden Boden- und Sickerwasserverhältnissen von Interesse (z. B. Bild 61). Dort kommt flexiblen Stützbauten mit relativ einfacher Verstärkungsmöglichkeit eine erhöhte Bedeutung zu. Letztere besteht z. B.

darin, dass Hüllrohre in einzelne ausbetonierte Zellen eingelegt werden; im Bedarfsfall können durch diese Hüllrohre Zusatzanker eingebracht werden.

Nähere Hinweise und weitere Sonderlösungen (samt Ausführungsbeispielen) sowie Ergebnisse von Baustellenmessungen sind in [11] zu finden.

4.3 In sich verankerte Mauern

Derartige Konstruktionen wirken statisch nach dem Prinzip des „Toten Mannes". Die luftseitigen Elemente der Stützmauer werden über Verbindungsstäbe, Zugbänder oder Schlaufen an erdseitig verlegten Ankerelementen rückverhängt (Bild 77).

Schlaufenkonstruktionen dominieren, wobei die Schlaufen die Horizontalkräfte nur zu einem minimalen Anteil über Reibung in den Untergrund übertragen: maßgebend ist vielmehr der räumliche Erdwiderstand vor den erdseitigen Verankerungskörpern. Daher können diese Zugelemente kürzer ausgebildet werden und übernehmen dennoch größere Kräfte als bei der Bewehrten Erde. Die Schlaufen bestehen aus verzinktem Stahl oder Geokunststoff.

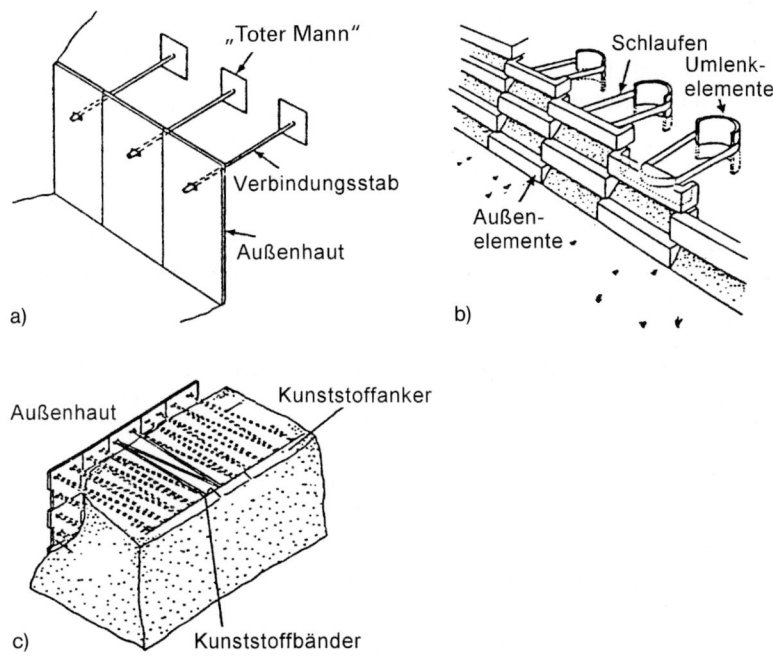

Bild 77. In sich verankerte Stützmauern nach dem „Toter Mann"-Prinzip.
a) konventionell
b) Schlaufenwand (NEW-System)
c) Geokunststoff-Wand mit schräg geführten polymeren Zugbändern und Ankerstäben

4.3.1 Schlaufenwand („NEW"-System)

Prinzip, Herstellung

Die begrünbare Schlaufenwand wird seit 1977 vor allem in Österreich, Belgien und England eingesetzt [12]. Das Prinzip geht aus Bild 77 b hervor. Demnach besteht die konstruktive Einheit aus einem winkelförmigen Stahlbetonelement („Wandelement"), einem halbkreisförmigen Ankerelement („Umlenkelement", z. B. halbe Betonrohre) und der Ankerschlaufe. Bei freistehenden Konstruktionen (z. B. Lärmschutzwällen, Rampen) werden die winkelförmigen Wandelemente beidseits angeordnet und durch das schlaufenförmige Zugglied verbunden. Letzteres besteht in zunehmendem Maße aus Geotextilien, um Korrosionsprobleme zu vermeiden.

Die Betonelemente werden lose aufeinandergeschichtet, und zwar mit verformbaren Zwischenlagen in den waagerechten Fugen, um Zwängungen, die zu Rissen oder Abplatzungen führen könnten, zu vermeiden. Besonders bewährt haben sich bituminierte Weichfaserplatten von ca. 1 cm Dicke. Das Füllmaterial ist lagenweise mit Walzen oder Rüttelplatten zu verdichten. Ansonsten sind keine besonderen Bodeneigenschaften zur Abtragung von Reibungskräften erforderlich.

Der eigentliche Mauerkörper besteht somit aus verdichtetem Boden, der durch die Fertigteile und Zugbänder am Ausweichen gehindert und dadurch zu einer gemeinsamen Tragwirkung herangezogen wird. Im Regelfall sind keine eigenen Fundamente und keinerlei Ortbetonarbeiten erforderlich. Die Art des Maueraufbaues und die variablen Breiten bieten eine gute Anpassungsfähigkeit an örtlich unterschiedliche Gelände- und Bodenverhältnisse sowie seitliche Auflasten (Bild 78). Außerdem ist die gelenkige Konstruktion weitgehend setzungs-

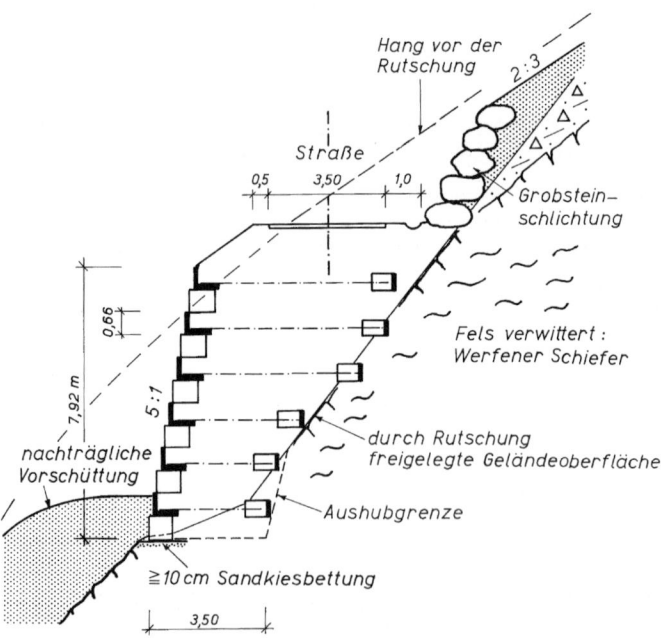

Bild 78. Schlaufenwand (NEW-System) zur Wiederherstellung einer Straße nach einer Rutschung in einem Steilhang

3.9 Stützbauwerke und konstruktive Hangsicherungen

unempfindlich und verträgt auch relativ große horizontale Verformungsdifferenzen, z. B. in Rutschzonen. Je nach Füllmaterial besteht auch eine gute Entwässerung, und schließlich können die zwischen den Winkelelementen verbleibenden Zwischenräume begrünt werden.

Trag-Verformungsverhalten

Aus Modellversuchen und zahlreichen Baustellenmessungen geht hervor, dass sich die Schlaufenwand unter Seitendruckbelastung wie folgt verhält:

- Bei Hinterfüllung und gleichzeitiger Geländeauflast führt die Mauer eine Art Kippbewegung mit nur kleiner Verschiebung des Fußpunktes aus. Da die einzelnen Lagen annähernd horizontal bleiben, sich die Fertigteile vielmehr herausschieben, bedeutet dies, dass der Verbundkörper nicht als reiner Monolith kippt.
- Die Konstruktion zeigt einen guten inneren Zusammenhalt, vor allem in den unteren Lagen, wo durch die größere Vertikallast die Verbundwirkung zwischen den Fertigteilen und dem Füllboden verbessert wird (Schlaufenvorspannung).
- Ein Versagen der Mauer erfolgt durch ein Auflösen von den obersten Lagen her und kündigt sich durch große Verformungen an.

Berechnung und Bemessung

Prinzipiell ist von zwei Grenzwertbetrachtungen auszugehen:

- Monoliththeorie: Der Verbundkörper wird quasi als Monolith betrachtet, was bei relativ schmalen Mauern gerechtfertigt erscheint. Der Erddruck wird auf die rechnerische Mauerrückseite (also auf die erdseitigen Umlenkelemente) angesetzt, und zwar nach *Coulomb* für einen Wandreibungswinkel $\delta = \varphi$. Die Sicherheitsnachweise sind dabei mit einer fiktiven, rechnerisch reduzierten Wandbreite zu führen.
- Betrachtung der Mauervorderseite als verankerte Wand bei großer Mauerbreite oder bei Dammquerschnitten: Der Erddruck wird hierbei auf die luftseitigen Wandelemente angesetzt, aus Sicherheitsgründen jedoch mit $\delta = 0$, da die Relativbewegungen zwischen Fertigteilen und Verfüllung häufig nicht ausreichen, um die volle Wandreibung zu aktivieren. Dieses Verfahren ist insbesondere dann zu wählen, wenn sich bei der Rechnung nach der Monoliththeorie ein rückwärts drehendes Moment ergibt.

Für untergeordnete Zwecke und kleine Wände sind die NEW-Ausführungen bereits standardisiert. Sobald jedoch besondere geotechnische und erdstatische Bedingungen vorliegen oder bei Mauerhöhen über ca. 3 m, handelt es sich um Ingenieurbauwerke, bei denen nicht nur die Qualität der einzelnen Fertigteile bzw. Baustoffe für sich zu beachten ist, sondern auch die Konstruktion in ihrer Gesamtheit.

Sicherheitsnachweise

Sinngemäß wie bei den Raumgitter-Stützmauern sind auch bei den Schlaufenwänden die „äußere" und „innere" Stabilität nachzuweisen. Für den ersten Fall reichen die konventionellen Verfahren der Bodenmechanik aus:

- Grundbruchsicherheit (DIN 4017),
- Gleitsicherheit (DIN 1054),
- Geländebruchsicherheit (DIN 4084).

Ein eigener Nachweis der Kippsicherheit ist nicht erforderlich. Die Resultierende aller ständigen Lasten soll stets im statisch wirksamen Kern liegen.

Der rechnerische Ansatz des Wasserdruckes ist nicht erforderlich, wenn das Verfüllungsmaterial eine gute Entwässerungswirkung gewährleistet (Regelfall). Unabhängig davon ist bei Stützmauern in durchnässten Hängen der Einfluss des Strömungsdruckes auf die Gesamtstandsicherheit zu untersuchen.

Der Nachweis der inneren Stabilität bezieht sich in erster Linie auf die Bemessung der Zugbänder.

Nach der Monoliththeorie sind die aus dem Mauereigengewicht und den äußeren Belastungen resultierenden Vertikalspannungen in verschiedenen Höhenlagen zu ermitteln (näherungsweise trapezförmige Sohldruckverteilung). Dem sich daraus ergebenden Seitendruck im Verfüllmaterial müssen die Zugbänder das Gleichgewicht halten. Dieser kann bei der üblichen Wandausbildung mit versetzt angeordneten Wandelementen und dazwischen freien Bodenoberflächen hinreichend genau mit dem aktiven Erddruckbeiwert für $\delta = \varphi$ errechnet werden. Nach der anderen Grenzwertbetrachtung wird der auf die Wandvorderseite wirkende Erddruck (mit $\delta = 0$) gleich direkt den Zugbändern der jeweiligen Lage zugemessen. Die Kraft pro Zugglied wird demnach:

$$\left. \begin{array}{l} Z = K_{ah} \cdot \sigma_1 \cdot \Delta A \quad (\text{für } \delta = \varphi) \\ Z = K_a \cdot \gamma_v \cdot z \cdot \Delta A \quad (\text{für } \delta = 0) \end{array} \right\} \text{maßgebend ist der größere Wert}$$

K_a aktiver Erddruckbeiwert
z Tiefenlage der Zugglieder unterhalb der Mauerkrone
γ_v Wichte des Verfüllmaterials
σ_1 vordere Kantenpressung (fiktiver Rechenwert)
ΔA auf ein Zugglied entfallender Anteil der Wandfläche

Ausführungshinweise

Das Größtkorn soll 2/3 der Schütthöhe nicht übersteigen. Die Schütthöhe hat sich nachdem Boden, der Leistungsfähigkeit der Verdichtungsgeräte und nach der Höhe der Winkelelemente zu richten. Wenn der Füllboden größere Steine enthält, sind diese so zu verteilen, dass sie sich ohne Bildung schädlicher Hohlräume in die Schüttung einbetten.

Als grundsätzlich geeignet kann man alle nicht organisch verunreinigten grobkörnigen bzw. gemischtkörnigen Böden mit höchstens 15% < 0,06 mm Korngröße bezeichnen. Bei derartigen Böden ist im Allgemeinen eine ausreichende Dränagewirkung gewährleistet; trotzdem ist – wie bei konventionellen Stützmauern – durch konstruktive Maßnahmen auf eine ausreichende Entwässerung des Wandkörpers und der anschließenden Bereiche zu achten.

Böden mit mehr als 15% Kornanteil feiner als 0,06 mm sind bedingt geeignet. In diesem Fall sind besondere Maßnahmen und Untersuchungen erforderlich, und zwar in Bezug auf Entwässerung, Frostverhalten, Verformungseigenschaften und statische Berechnung. Gegebenenfalls kann eine Sandwich-Bauweise zweckmäßig sein, bei der abwechselnd Lagen aus feuchtem, bindigem Material und grobkörnigem, gut entwässerndem Boden eingebaut werden. Dies hat sich als günstiger erwiesen als ein (aufwendiges) Durchmischen des Schüttmaterials.

Die Zugbänder bestehen bevorzugt aus Geotextilschlaufen; die Verbindungen werden vernäht oder mit Seilklemmen fixiert. Die Ankerschlaufen sind gegen besondere Beanspruchungen während des Bauzustandes, z. B. durch Überfahren mit schweren Baumaschinen oder Fahrzeugen, zu schützen. Dies erfolgt beispielsweise durch

a) Überdecken der Bänder mit Sand bzw. einem Sand-Kies-Gemisch von $d \leq 30$ mm, und zwar allseits um mindestens 10–15 cm.
b) Anordnung kleiner Gräben in der jeweils obersten Schüttlage. Nach Einlegen der Bänder sind die Gräben mit einem Material wie unter a) zu verfüllen.

c) Ummantelung von Zugbändern aus Geotextilien mit einem Kunststoff-Drän als Schutz und dauerhaften Wasserableitung. Die Wasserströmung entlang der Geotextilbänder ist ohne Einfluss auf das Langzeitverhalten der Garne.

Durch die Maßnahmen a) bis c) bilden sich Dränagen, durch die Wasser aus der Verfüllung in gezielter Richtung unschädlich abfließen kann. Dadurch können eine zu hohe Feuchtigkeit im Erdkörper bzw. Porenwasserdrücke verhindert werden. Ferner bietet diese Maßnahme die Möglichkeit, bei nassen, bindigen Böden den Schüttvorgang zu beschleunigen und schließlich wird die Begrünung der Wandvorderfläche begünstigt.

Das Schüttgut für die Verfüllung ist lagenweise einzubauen und zu verdichten. Schütthöhe und Anzahl der Arbeitsübergänge beim Verdichten sind auf die Wirkung der Verdichtungsgeräte, die Bodenart und auf die Höhe der Fertigteile abzustimmen. Die Verdichtung mit schwerem Verdichtungsgerät soll etwa 1,0 m hinter den Winkelelementen beginnen und nach innen fortschreiten. Dadurch wird erreicht, dass die Winkelelemente in ihrer Lage bleiben und dass die Zugbänder etwas vorgespannt werden. Sodann sind der etwa 1,0 m breite Streifen entlang der Winkelelemente und der Hohlbereich um die Umlenkelemente mit einem leichten Gerät sorgfältig und gleichmäßig zu verdichten.

Die Verfüllung und die Hinterfüllung sind auf einen Verdichtungsgrad von

$$D_{Pr} = 97\% \div 100\%$$

der einfachen Proctordichte zu verdichten: 100 % für weitgestufte sandige Kiese sowie Mischböden und in Entfernungen über ca. 1 m von den Fertigteilen. Einzelne Abweichungen bis 92 % können toleriert werden. Im Nahbereich der luftseitigen Fertigteile darf die Verdichtung nur schwach sein (kleines Gerät!).

4.3.2 Stützmauern aus Autoreifen

Jährlich fallen eine Unmenge abgenützter Autoreifen an, deren Lagerung problematisch ist. Diese Abfallprodukte haben noch relativ große Festigkeiten, entsprechend den Stahl- und Fasereinlagen in biologisch nicht abbaubarem Gummi. Am Beispiel einer Rutschungssanierung wird nachfolgend die Verwendung dieser Abfallprodukte für eine Stützmauer gezeigt [25]. Es soll damit eine Anregung für das Recycling überschüssiger Materialien gegeben werden.

An einer wichtigen Verbindungsstraße, welche auf einer 15 m hohen Dammschüttung verläuft, trat eine 70 m breite Rutschung in der unter 1:1,4 geneigten Böschung ein; die Gleitfläche verlief von der Dammkrone aus.

Im Zuge detaillierter Variantenstudien für die Sanierung erwies sich die Autoreifen-Wand als billigste Lösung. Gemäß Bild 79 wurde abschnittsweise in den bestehenden Dammkörper eingeschnitten, die Stützmauer hergestellt und schließlich eine böschungsverflachende Schüttung aus höherwertigem Material (sandiger Kies) aufgebracht. Auch überschüssige Reifen wurden in die Kiesschüttung verlegt; ihr Verfestigungseffekt blieb jedoch in den erdstatischen Berechnungen unberücksichtigt.

Die Schüttung wurde lagenweise verdichtet und mit Mutterboden abgedeckt. Nach der Begrünung sind die aus der Böschung herausragenden Teile der Autoreifen nahezu überwachsen.

Die breite Schüttung wurde erdstatisch als fiktive Schwergewichtsmauer aufgefasst; die Berechnung der Geländebruchsicherheit erfolgte mittels Gleitkreisen, die oberhalb und durch die Stützkonstruktion verliefen. Die erdseitigen Verankerungen waren auf ausreichende Sicherheit gegen Herausziehen zu bemessen; die Zugbänder gegen Bruch.

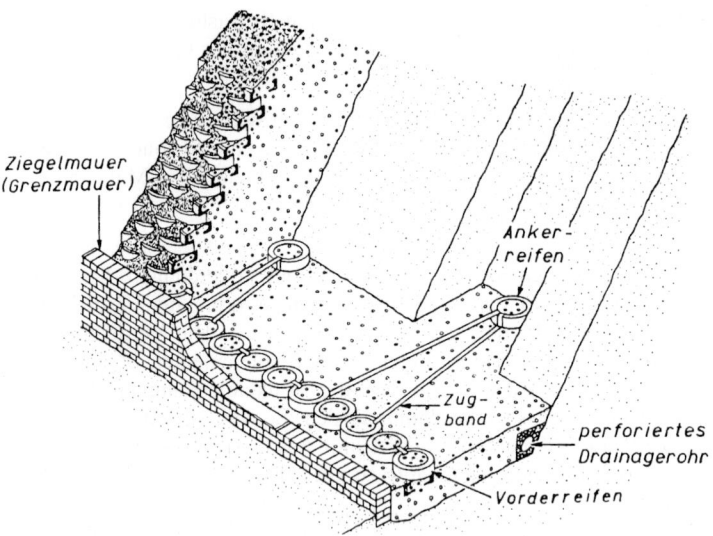

Bild 79. Sanierung einer Böschungsrutschung mittels einer Stützmauer aus Autoreifen am Hangfuß [25]. Die Ziegelmauer ist freistehend (Altbestand) und gehört nicht zum Stützbauwerk

Die Arbeiten waren innerhalb 14 Tagen fertiggestellt, die Gesamtkosten für die Autoreifen-Wand betrugen nur ca. 25 % jener einer konventionellen Stützmauer.

Weitere Konstruktionsmöglichkeiten für Stützmauern aus Autoreifen finden sich in [12]. Derartige Stützbauwerke bilden häufig bereits einen Übergang zur „Bewehrten Erde", vor allem dann, wenn die Autoreifen großflächig über die gesamte Schüttfläche verlegt werden. Dabei hat es sich bewährt, die Autoreifen aufzuschneiden und benachbarte Ringe mittels Zugbändern oder Schlaufen zu verbinden.

4.4 Bewehrte Erde

4.4.1 Allgemeines

Allgemein wird unter dem Begriff „Bewehrte Erde" ein Verbundkörper aus Boden und „Bewehrung" verstanden. Diese Bewehrung kann aus Mikropfählen, Injektionsrohren, Stahl- oder Kunststoffstäben (Anker, Bodennägel), Reibungsbändern, Matten, Gittern und vielseitigen Formen von Geokunststoffen etc. bestehen, welche in verschiedenster Art und Richtung eingebracht werden; dementsprechend unterschiedlich ist auch ihre Beanspruchung.

Bei der Bewehrten Erde („Terre Armée") im klassischen Sinn handelt es sich um jene Form von Stützbauwerken, welche vom französischen Ingenieur *Henri Vidal* in den sechziger Jahren entwickelt wurde [98]. Darunter ist ein Boden mit eingelegten Bewehrungsbändern zu verstehen, die Zugkräfte aufnehmen und diese über Reibung in den Boden abtragen. An der Luftseite wird die Bewehrte Erde durch eine Außenhaut aus Stahlbeton-Fertigteilen, Stahlblechen oder Stahlgittermatten abgeschlossen, an welche die Bewehrungsbänder anzuschließen sind (Bild 80). Eine Außenhaut aus feuerverzinkten oder unverzinkten Stahlgittermatten ermöglicht eine durchgehende Begrünung. Zum Trennen, Filtern und als Erosionsschutz dienen Geotextilien, die dem Wurzelwerk einen zusätzlichen Halt geben. Die Begrünung erfolgt in der Regel durch Hydroaussaat.

3.9 Stützbauwerke und konstruktive Hangsicherungen

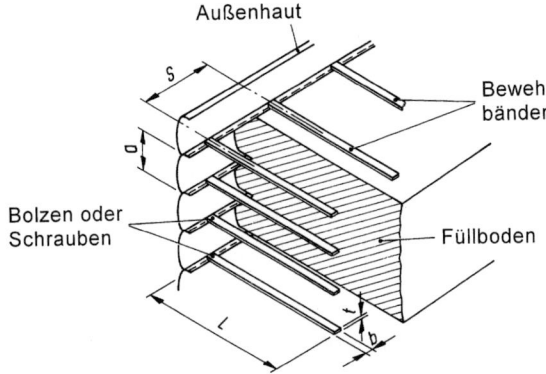

Bild 80. Konstruktionsprinzip der klassischen Bewehrten Erde. Beispiel mit Außenhaut aus Stahlprofilschalen. Massive Außenhaut (mit ästhetischer Profilierung) oder begrünbarer Wandabschluss (aus Stahlgittermatten etc.) ebenfalls möglich

Die Bewehrungsbänder bestanden anfänglich aus glatten Flachbändern; heute werden fast ausschließlich warmgewalzte Stahlbänder mit Querrippen und Querschnittsverdickungen im Anschlussbereich verwendet. Der Korrosionsschutz erfolgt durch Feuerverzinkung oder durch thermisches Aufspritzen einer Zink-Aluminium-Verbindung, in Ausnahmefällen auch durch organische Beschichtungen [68]. Zusätzlich müssen Bewehrungsbänder und -laschen einen Korrosionszuschlag in Abhängigkeit von der gewünschten Gebrauchsdauer und vom Standort der Konstruktion (im Wasser, außerhalb vom Wasser) zur statisch erforderlichen Dicke aufweisen [65].

Weltweit wurden bis heute mehr als 34 Millionen m^2 Stützbauwerke nach dem klassischen System „Bewehrte Erde" errichtet, und zwar bei mehr als 43 000 Einzelprojekten; jährlich kommen 2 Millionen m^2 hinzu. Außerdem kann die Terre-Armée-Bauweise mittlerweile auf mehr als 40 Jahre Erfahrung zurückblicken. Dabei hat sich gezeigt, dass keine Probleme mit der Dauerhaftigkeit derartiger Stützkonstruktionen auftreten, wenn die anerkannten Bemessungs- sowie Ausführungsregeln eingehalten werden. Dies verdeutlichen u. a. solche sicherheitsrelevanten Beispiele wie die 40 m hohen Wände im dicht besiedelten Hong Kong, die 56,3 m hohen Wände in Japan oder eine 12 km lange Stützwand für die zweite Start- und Landebahn des Flughafens Sydney, die auf einer Aufschüttung im offenen Meer errichtet wurde.

4.4.2 Berechnung und Bemessung

Die Berechnung umfasst die Untersuchung der äußeren und inneren Standsicherheit. Im ersten Fall wird der Verbundkörper als „Quasi-Monolith" idealisiert; die Nachweise sind daher wie bei einer konventionellen Schwergewichtsmauer zu führen. Bei Stützbauwerken in Hanglage ist besonders auf eine ausreichende Geländebruchsicherheit zu achten, wobei zur Abschätzung von Verschiebungen auch kinematische Verfahren zweckmäßig sein können (Bild 99). Die Ermittlung der inneren Stabilität dient zur Bemessung der Geometrie des Bewehrten Erdkörpers, der Bewehrungsbänder und der Außenhaut.

In [65] wird das neue Konzept mit den Teilsicherheitsbeiwerten aufgegriffen. Dies löst das in [2] angewandte Prinzip mit globalen Sicherheitsbeiwerten ab. Die in [65] dargestellten Neuerungen wurden bereits in [103] in Auszügen veröffentlicht.

Äußere Standsicherheit

Die für den Nachweis der äußeren Stabilität des Bewehrten Erdkörpers notwendigen Standsicherheitsuntersuchungen sind nach der Monoliththeorie, somit wie für konventio-

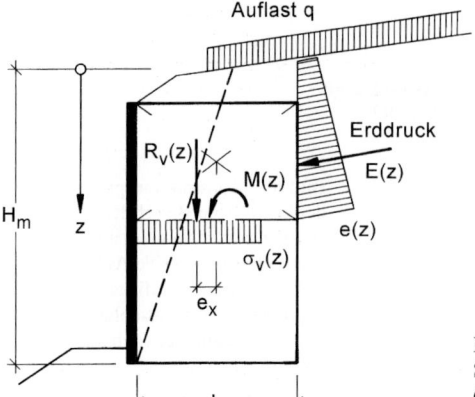

Bild 81. Nachweis der äußeren (und inneren) Standsicherheit bei der klassischen Bewehrten Erde (idealisiert nach [67])

nelle massive Stützbauwerke, durchzuführen. Dabei ist von folgenden geometrischen Abmessungen und Einbindetiefen auszugehen (vgl. Bilder 80 und 81):

- Mindestbandlänge:
  $L = 0,7\ H$

- Mindesteinbindetiefe:
  0,1 H für horizontales Gelände
  0,2 H für geneigtes Gelände

Folgende Nachweise sind gemäß [2, 30, 65, 68] zu erbringen:

- Grundbruchsicherheit (DIN 4017, Blatt 2)
- Gleitsicherheit (DIN 1054)
- Geländebruchsicherheit (DIN 4084, Blatt 1)
- Sicherheit gegen Kippen bzw. Begrenzung der Exzentrizität der Sohlspannungsresultierenden (DIN 1054): resultierende Kraft aus ständiger Last im Kern.

Auf die Rückseite des Bewehrten Erdkörpers wird im Regelfall der Coulomb'sche Erddruck parallel zur Geländeoberfläche angesetzt (Wandreibungswinkel δ_a = Böschungswinkel β).

Außerdem müssen die für das Bauwerk verträglichen Verformungen nachgewiesen werden (Gebrauchstauglichkeit), wobei das günstige Setzungsverhalten der „Bewehrten Erde" eine Rolle spielt. Ähnlich wie bei anderen flexiblen Stützbauwerken nach dem Verbundprinzip ist die Sohlspannungsverteilung und somit auch der geometrische Setzungsverlauf gleichmäßiger als bei massiven Stützmauern. Derartige Konstruktionen können daher relativ große Setzungen und Setzungsunterschiede bzw. Winkelverdrehungen mitmachen. Eine Außenhaut aus Fertigteilplatten ist in der Lage, Setzungsdifferenzen bis 1% ohne konstruktive Schäden aufzunehmen. Eine Außenhaut aus Stahlgittermatten ist noch unempfindlicher, wie zahlreiche Beispiele zeigen.

Innere Standsicherheit

Die Nachweise zur Gewährleistung der inneren Stabilität umfassen

– die Bemessung der Bewehrungsbänder und den Nachweis des Anschlusses der Bewehrungsbänder an die Außenhaut,
– den Sicherheitsnachweis gegen Herausziehen der Bänder.

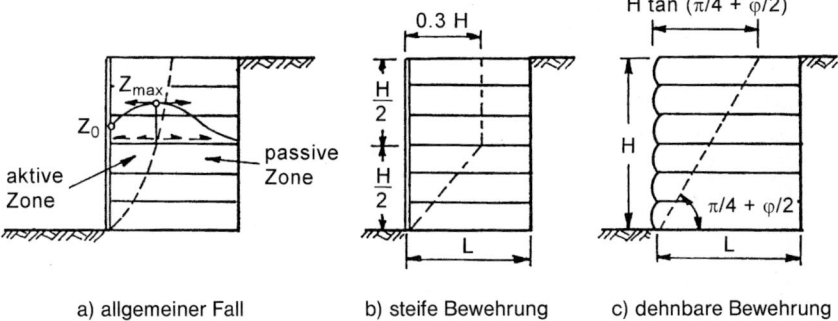

a) allgemeiner Fall b) steife Bewehrung c) dehnbare Bewehrung

Bild 82. Linie der maximalen Zugkräfte in einem Stützkörper aus bewehrtem Füllmaterial (Boden, Recyclingprodukt etc.). Allgemeiner Fall und Idealisierung je nach Dehnsteifigkeit der Bewehrung [77]

Das Tragverhalten einer Stützmauer aus Bewehrter Erde und der innere Verformungsnachweis unterscheiden sich grundlegend von Ankerwänden oder verankerten Pfahlwänden, Futtermauern etc. Sinngemäß wie bei geokunststoffbewehrten Stützbauwerken (s. Abschn. 4.5) und bei Nagelwänden (s. Abschn. 5.1) hängen Form und Größe des aktiven Bereiches hinter der Außenhaut von der Dehnsteifigkeit der Bewehrung ab.

Für den Nachweis der inneren Stabilität kann hinreichend genau von der klassischen Erddrucktheorie mit einem aktiven Gleitkeil innerhalb des bewehrten Bodenkörpers ausgegangen werden. Als Wandreibungswinkel ist – im Gegensatz zu früher – $\delta > 0$ zulässig (max. 2/3 φ), was sich aus Großversuchen ableiten ließ. Der Einfluss von Geländeauflasten oder geneigten Oberflächen kann konventionell berechnet werden. Der Ansatz eines Wasserdruckes auf die Außenhaut ist in der Regel nicht erforderlich; dies setzt allerdings eine einwandfreie Entwässerung voraus.

Zahlreiche Modell- und Baustellenmessungen haben bestätigt, dass die maximale Zugkraft in der Bewehrung nicht unmittelbar hinter der Außenhaut auftritt, sondern in einem Abstand, der nach unten zu immer kleiner wird. Am Wandfuß wirkt die Maximalzugkraft unmittelbar hinter der Wand. Dies gilt prinzipiell für dehnsteife und sehr dehnfähige Bewehrungen gleichermaßen. Ein signifikanter Unterschied liegt hingegen im Kurvenverlauf des geometrischen Ortes der maximalen Zugkraft und der Gleitflächen (Bild 82). Die Dehnsteifigkeit wirkt sich auch auf die Erddruckverteilung aus.

Die Linie der maximalen Bandzugkräfte wird bei glatten Bändern der Gleitfläche des aktiven Erddruckes gleichgesetzt. Dies entspricht relativ dehnbaren Bewehrungseinlagen in Bild 82. Gerippte Bänder bewirken hingegen geringere Verformungen, sodass – ähnlich wie bei wenig dehnbaren Bewehrungen – im obersten Mauerbereich ein erhöhter Erddruck auftritt (vgl. Bilder 83, 94 und 95).

Im Regelfall wird bei klassischen Bewehrte Erde-Konstruktionen an der Geländeoberfläche der Erdruhedruckbeiwert K_0 in Rechnung gestellt, der dann mit der Tiefe allmählich auf den aktiven Grenzwert K_a absinkt. Der erhöhte aktive Erddruck lässt sich auch als Folge eines Verdichtungserddruckes interpretieren, wobei gemäß [2] $z_0 = 0,5\ H_m$ gesetzt wird. Mittlerweile erfolgte eine praxisgerechtere Modifizierung auf $z_0 = 0,4\ H_m$ bzw. $z_0 = 6$ m [68], wobei die Konstruktionshöhe H_m auch die Überschüttung teilweise mit einbezieht (Bild 83). Als rechnerisch maßgebend ist der größere Wert von z_0 anzusehen. Die Reibungsbeiwerte der Bewehrungsbänder in den obersten 6 m der Wand sind aufgrund des dilatanten Verhaltens des körnigen Füllmaterials ebenfalls erhöht (Bild 83).

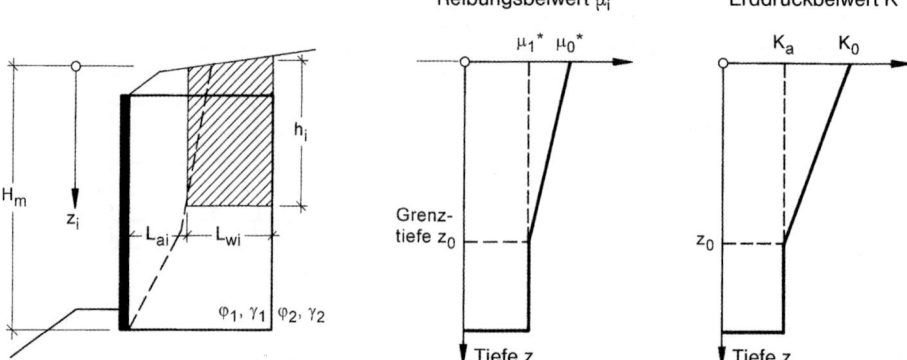

Bild 83. Verlauf des Bandreibungsbeiwertes und des Erddruckbeiwertes über die Mauerhöhe und wirksame Überschüttungshöhe über den Bändern einer klassischen Bewehrten Erde [67].
h_i = mittlere Überschüttungshöhe, L_{ai} = Bandlänge im aktiven Bereich der Lage i, L_{wi} = Bandlänge im widerstehenden Bereich der Lage i, somit „wirksame" Bandlänge

Der unmittelbar an der Rückseite der Außenhaut wirksame Erddruck ist wesentlichkleiner als der aktive Grenzwert. Im Regelfall wird daher für die Anschlusskräfte eine Zugkraft von nur 0,75 bis 0,85 · Z_{max} angenommen; dieser Wert kann bei sehrflexibler Außenhaut noch kleiner werden.

In der Praxis wird der Nachweis der inneren Standsicherheit wie folgt geführt [65, 68]:

- An der Rückseite der Außenhaut wird für den Regelfall der gerippten Bänder folgende Erddruckverteilung angenommen: oberhalb der Grenztiefe z_0 (meist 6 m) ein erhöhter aktiver Erddruck, darunter der aktive Grenzwert (Bild 83). Bei glatten Bändern kann über die gesamte Wandhöhe der aktive Erddruck in Rechnung gestellt werden:

$$e(z) = K(z)\,\sigma_v(z) + \sigma_h(z)$$

$\sigma_v(z)$ wirksame Vertikalspannung in der Tiefe z (s. Bild 81)
$\sigma_h(z)$ Horizontalspannungsanteil in der Tiefe z infolge auf den Stützkörper aufgebrachter äußerer Horizontallasten
$e(z)$ Erddruck auf die Außenhaut in der Tiefe z
$K(z)$ Erddruckbeiwert in der Tiefe z

$$\sigma_v(z) = \frac{R_v(z)}{L(z) - 2e_x} + \sigma_{vq}(x, z) \quad \text{Näherung einer gleichmäßigen Vertikalspannung}$$

$R_v(z)$ resultierende Vertikalkraft in der Tiefe z
$L(z)$ Bewehrungsbandlänge in der Tiefe z

$$e_x = \frac{M(z)}{R_v(z)} \quad \text{Ausmittigkeit der Resultierenden } R_v$$

$M(z)$ Kippmoment bezogen auf den Schwerpunkt der Aufstandsfläche des Stützkörpers in der Tiefe z.
σ_{vq} Vertikalspannungsanteil infolge konzentrierter vertikaler Auflasten auf dem Stützkörper unter Berücksichtigung der Spannungsausbreitung im Untergrund

$K = K_0(z_0 - z)/z_0 + K_a z/z_0 \qquad$ für $0 \leq z \leq z_0$
$K = K_a \qquad\qquad\qquad\qquad\qquad$ für $z \geq z_0$

3.9 Stützbauwerke und konstruktive Hangsicherungen

$K_0 = 1 - \sin \varphi_1$ Ruhedruckbeiwert des Füllbodens
K_a aktiver Erddruckbeiwert nach *Coulomb*
z_0 Grenztiefe des Verdichtungserddruckes (meist 6 m)

- Die Erddruckverteilung wird abschnittsweise aufsummiert und als maximale Zugkraft Z_m den in Abschnittsmitte liegenden Bändern zugewiesen:

$$Z_{mi} = (e(z_i) \, \Delta H)/n$$

ΔH vertikaler Bewehrungsbandabstand
n Anzahl der Bewehrungsbänder pro Meter Wand in Wandlängsrichtung

- Mit der maximalen Zugkraft wird das Band bemessen, was den erdstatisch erforderlichen Netto-Querschnitt ergibt (noch ohne Korrosionszuschlag):

- Der Nachweis des Bewehrungsbandanschlusses an die Außenhaut wird mit einer abgeminderten Anschlusskraft Z_0 geführt. Der Abminderungsfaktor α_i ist abhängig von der Steifigkeit der Außenhautelemente und von der Tiefe z (s. Bild 84):

$$Z_{oi} = \alpha_i \cdot Z_{mi}$$

$\alpha_i = \alpha_{io}$ für $0 \leq z_i \leq 0{,}6 \, H_m$

$$\frac{1 - \alpha_i}{1 - \alpha_{io}} = 2{,}5 \left(1 - \frac{z_i}{H_m}\right) \quad \text{für } 0{,}6 \, H_m \leq z_i \leq H_m$$

$\alpha_{io} = 0{,}75$ für eine flexible Außenhaut (z. B. Stahlgittermatten oder elliptische Stahlprofilbleche)
$\alpha_{io} = 0{,}85$ für eine Außenhaut mittlerer Steifigkeit (z. B. Betonfertigteilplatten)
$\alpha_{io} = 1{,}00$ für eine starre Außenhaut (z. B. über die volle Wandhöhe durchgehende Betonplatten)

- Mit Hilfe der Linie der maximalen Zugkräfte (Bild 84) kann für jedes Bewehrungsband die wirksame Länge L_W vermittelt werden, über welche die Bandkräfte mittels Reibung in den Untergrund abgetragen werden:

$L_{ai} = 0{,}3 \, H_m - z/6$ für $0 < z < 0{,}6 \, H_m$

$L_{ai} = (H_m - z)/2$ für $0{,}6 \, H_m < z < H_m$

$L_{wi} = L - L_{ai}$

- Für jedes Bewehrungsband ist nachzuweisen, dass die maximalen Zugkräfte mit ausreichender Sicherheit in den Untergrund eingeleitet werden können (Sicherheit gegen Herausziehen der Bänder, s. Bilder 83 und 84):

$$\frac{Z_{ri}}{\gamma_A} = \gamma \cdot Z_{mi}$$

Z_{ri} charakteristischer Herausziehwiderstand
Z_{mi} charakteristische maximale Zugkraft
γ_A Teilsicherheitsbeiwert für Herausziehwiderstand der Stahlbewehrungselemente [65]
γ Teilsicherheitsbeiwert für Einwirkungen und Beanspruchungen

und $Z_{ri} = 2 \, b \, \mu_i^* \, L_{wi} \, \gamma \, h_i$ Herausziehwiderstand des Bandes i

b Breite des Bewehrungsbandes
μ_i^* Reibungsbeiwert in der Bewehrungsbandlage i
L_{wi} wirksame Bandlänge
h_i mittlere Überschütthöhe im Bereich der wirksamen Bandlänge (wobei näherungsweise $h_i = z_i$ setzbar)

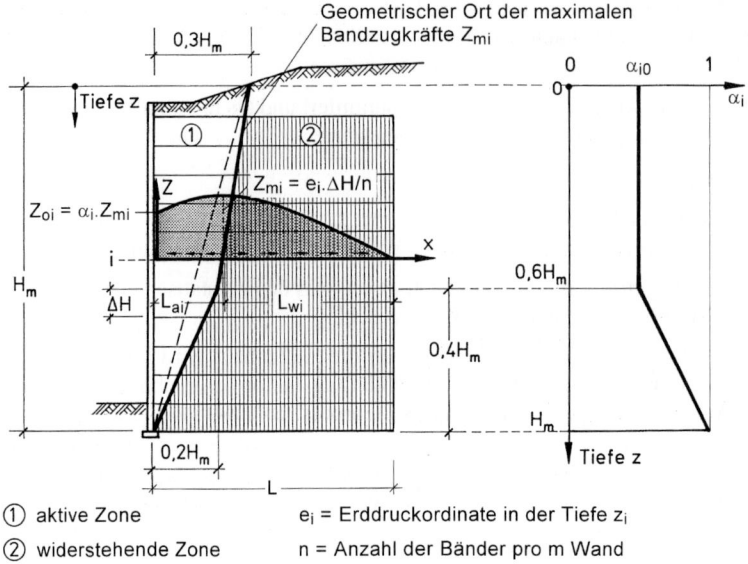

① aktive Zone e_i = Erddruckordinate in der Tiefe z_i
② widerstehende Zone   n = Anzahl der Bänder pro m Wand

Bild 84. Nachweis der Sicherheit gegen Herausziehen der Bänder bei der Bewehrten Erde [67]. Abminderungsfaktor α_i für die Anschlusskraft Z_0 an der Außenhaut

Die Reibungsbeiwerte μ_i^* sind sowohl vom Typ als auch von der Tiefenlage des Bewehrungsbandes abhängig (s. Bild 83):

$\mu_i^* = \mu_0^* (h_0 - h_i)/h_0 + \mu_1^* h_i/h_0$ für $h_i < h_0$
$\mu_i^* = \mu_1^*$ für $h_i \geq h_0$ mit $h_0 \doteq z_0$ (= 6 m)

Tabelle 1. Rechnerische Reibungsleitwerte μ^* der Bewehrungsbänder von Bewehrte-Erde-Stützbauwerken [65, 68]

	Bandtyp	μ_0^*	μ_1^*
1	glatte Bänder	0,50	0,50
2	gerippte Bänder	1,2 + log U mit: U = d_{60}/d_{10} Ungleichförmigkeitszahl	tan φ_1

4.4.3 Ausführungshinweise und Beispiele

Der Untergrund muss nach den anerkannten Regeln des Erdbaus vorbereitet werden. Die Außenhaut wird auf ein unbewehrtes Streifenfundament (C12/15) gestellt. Der Füllboden ist in 0,3–0,4 m hohen Lagen einzubringen und möglichst gleichmäßig zu verdichten. Je nach Bodenart sind folgende Verdichtungsgrade (bezogen auf die einfache Proctordichte) und Verformungsmoduln zu fordern:

- sandige, schluffige Böden $D_{Pr} \geq 97\%$, $E_{v2} \geq 45$–80 MN/m^2
- kiesige Böden $D_{Pr} \geq 100\%$, $E_{v2} \geq 60$–100 MN/m^2

3.9 Stützbauwerke und konstruktive Hangsicherungen

Die Qualität der Verdichtung und damit des Verbundkörpers kann durch den Einsatz der walzenintegrierten flächenhaften Verdichtungskontrolle (FDVK) deutlich verbessert werden [19].

Unmittelbar hinter der Außenhaut soll in einem ca. 1 m breiten Streifen nur mit leichtem Gerät verdichtet werden (ebenfalls möglichst gleichmäßig); die vorstehenden Mindestwerte für Verdichtungsgrad und Verformungsmodul sind hier nicht zu fordern.

Der Füllboden selbst soll folgende bodenmechanische Eigenschaften aufweisen [65]:

- Kornverteilung: Korn < 0,063 mm weniger als 15 %
  Korn > 100 mm weniger als 25 %
  Größtkorn d_{max} = 250 mm
- keine organischen bzw. aggressiven Bestandteile
- Witterungsbeständigkeit und hohe Wasserdurchlässigkeit

Hierzu kommen diverse bodenchemische Anforderungen zur Gewährleistung der Dauerhaftigkeit der Bewehrungsbänder. In erster Linie sind dies der pH-Wert und der spezifische Bodenwiderstand des Verfüllbodens sowie dessen Chlorid- und Sulfatgehalt. Dabei sind für Bewehrungsbänder aus feuerverzinktem Stahl folgende Grenzwerte einzuhalten:

- pH-Wert > 5 und < 10
- spezifischer Bodenwiderstand > 1000 Ohm · cm
- Chloridgehalt (Cl^-) < 200 ppm
- Sulfatgehalt (SO_4^-) < 1000 ppm

Falls Schüttmaterial verwendet wird, mit dem noch keine Erfahrung vorliegt, oder mit aggressiven Grundwässern oder Gasen zu rechnen ist, sind entsprechende bodenmechanische und bodenchemische Untersuchungen erforderlich.

Besteht die Gefahr, dass nachträglich korrosionsfördernde Substanzen in den Erdkörper eindringen und an die Stahlbänder gelangen, so muss dies durch bauliche Maßnahmen dauerhaft verhindert werden. Dies kann z. B. durch Anordnung einer Kunststoff-Folie geschehen (Bild 87). Ferner ist darauf zu achten, dass keine leitende Verbindung der Zugbänder mit anderen Metallteilen unterschiedlichen elektrischen Potentials besteht (auch Anlagen der Energieversorgung oder bei Gefahr von Streuströmen).

Nähere Hinweise zur klassischen Bauweise der Bewehrten Erde sind in [65] enthalten.

Gestaffelt angeordnete Stützbauwerke aus bewehrter Erde ermöglichen die Nutzbarmachung, Überbrückung und Abstützung relativ steiler Hänge, wie die Bilder 85 und 86 demonstrieren.

Aufgrund ihrer geringen Verformbarkeit eignen sich Konstruktionen aus Bewehrter Erde auch für die Abstützung von Eisenbahnanlagen, und zwar direkt unter Bahngleisen. Bild 87 zeigt ein Ausführungsbeispiel für die EXPO 2000/S-Bahn Hannover. Für eine Bahndammerweiterung auf weichen Schluffen wurde eine Bewehrte-Erde-Konstruktion von 3600 m² errichtet. Die Höhendifferenz zwischen Gelände und Dammschulter betrug 5–6 m, der tragfähige Untergrund stand erst in 6–7 m Tiefe an. Gegenüber konventionellen Lösungen mit Stahlspundwänden, Bohrpfählen, Ankern etc. wurden Kosteneinsparungen über 30 % erzielt.

Bewehrte Erde-Stützkörper besitzen eine sehr hohe Belastbarkeit. Sie sind daher auch als Brückenwiderlager geeignet (Bild 88), und zwar vor allem für statisch bestimmte Tragwerke. Bei statisch empfindlichen bzw. mehrfeldrigen Brückensystemen und weichem, heterogenen

Bild 85. Autobahnzu- und -abfahrt in einem steilen Hang. Gestaffelt angeordnete Stützbauwerke aus klassischer Bewehrter Erde (Terre Armée, Reinforced Earth)

3.9 Stützbauwerke und konstruktive Hangsicherungen

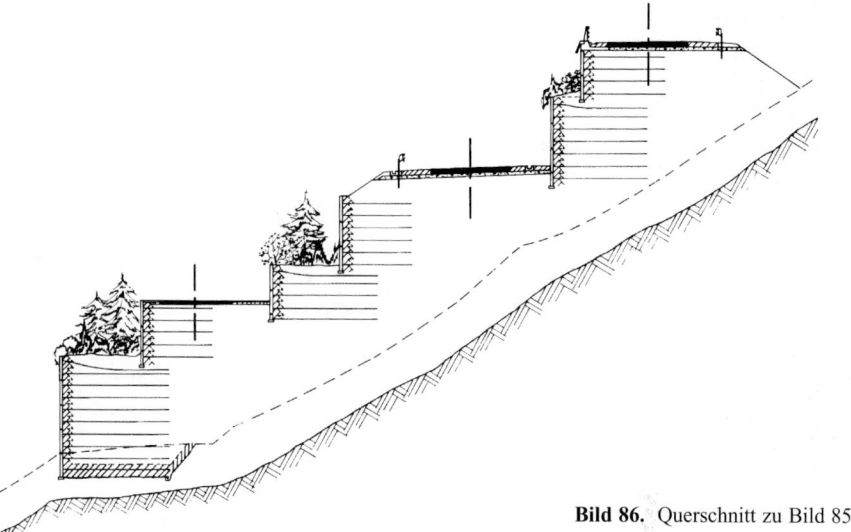

Bild 86. Querschnitt zu Bild 85

Untergrund empfehlen sich nachstellbare Lager. Bei Einfeldbrücken auf weichem Untergrund können mit dieser Bauweise die störenden Setzungsdifferenzen zwischen Brückenwiderlager und anschließender Dammschüttung minimiert werden; Schlepplatten sind nicht erforderlich. Die flexible Konstruktion ist in der Lage, große Setzungen bzw. Setzungsdifferenzen schadlos mitzumachen.

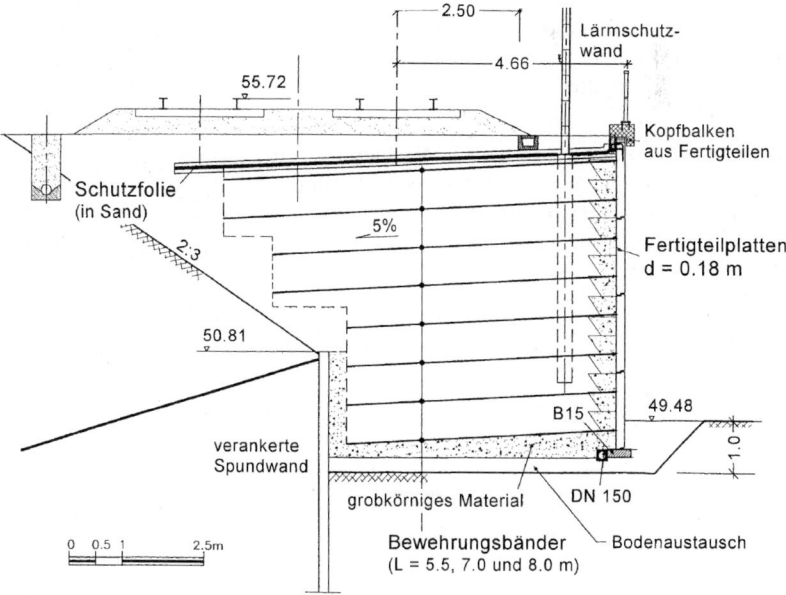

Bild 87. Beispiel für Bewehrte Erde als Stützkörper unter Eisenbahngleisen [94]

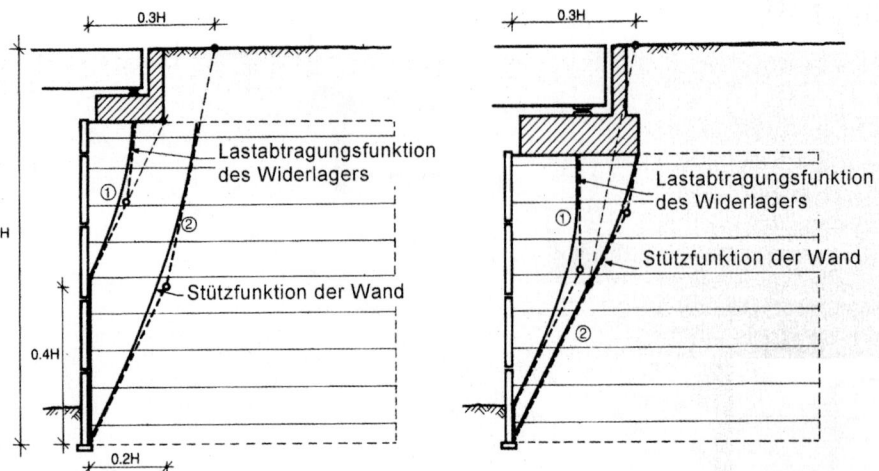

Bild 88. Brückenwiderlager aus Bewehrter Erde. Potentielle Gleitflächen je nach Form des Auflagers und Lasteinbringung [98]

4.5 Geokunststoffbewehrte Stützkonstruktionen

4.5.1 Allgemeines

In Anlehnung an die konventionellen Stützbauwerke aus Bewehrter Erde wurden zunächst die „Polsterwände" entwickelt. Es handelt sich ebenfalls um bewehrte Erde, doch bestehen sowohl die Verankerungselemente als auch die Außenhaut aus Geotextilien (meist Vliese oder Gewebe). Im Regelfall werden die Zugeinlagen an der Luftseite umgeschlagen, wodurch sich ein polsterähnliches Aussehen ergibt (Bilder 89 und 90). Mittlerweile werden in zunehmendem Maße Geogitter eingesetzt; aber auch Geo-Verbundstoffe kommen zur Anwendung.

Sichtflächen aus Geokunststoffen weisen zwei Nachteile auf: die Problematik der UV-Stabilität über lange Zeiträume und die Gefährdung durch Anprall von Fahrzeugen sowie durch Vandalismus. Sie erhalten daher häufig eine Verkleidung („Außenhaut" bzw. „facing"). Diese kann aus bewehrtem Spritzbeton, aus Fertigteilplatten oder -trögen, aus begrünbaren

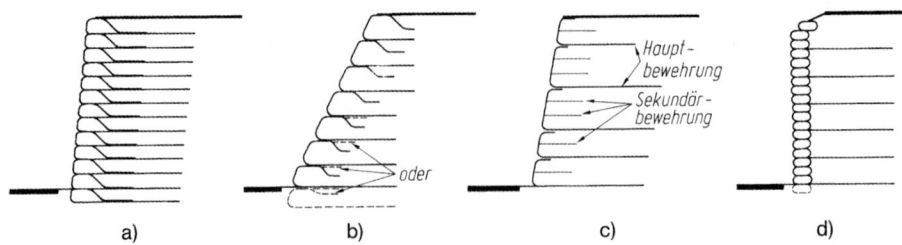

Bild 89. Einige typische Querschnitte von geokunststoffbewehrten Stützkonstruktionen ohne zusätzliche Außenhautelemente. a) bis c) werden mit (lagenweise versetzbarer) Schalung errichtet; bei d) dienen Säcke als verlorene Schalung

Geokunststoff bewehrte Steilböschungen

Polyslope ist ein System zur Errichtung von Geokunststoff bewehrten Erdstützkonstruktionen. Es besteht aus TenCate Polyfelt Rock Bewehrungs-produkten, sowie - je nach Ausführung - aus Stahlgittermatten und Erosionsschutz-produkten. Die Oberflächengestaltung kann den ästhetischen und architektonischen Gegebenheiten angepasst werden.

Polyslope S - begrünte Steilböschung

Vector Wall - bewehrte Stützmauer mit Steinschlichtung

 ist jetzt TENCATE

TENCATE GEOSYNTHETICS AUSTRIA GMBH
Schachermayerstrasse 18   Tel. +43 732 6983 0   service.at@tencate.com
A-4021 Linz, Austria   Fax +43 732 6983 5353   www.tencate.com

materials that make a difference

BUCHEMPFEHLUNG

Bergmeister, K. et al.
Schutzbauwerke gegen Wildbachgefahren
Grundlagen, Entwurf und Bemessung, Beispiele
2009. 220 S. 193 Abb. 50 Tab. Gb.
€ 49,90* / sFr 80,-
ISBN: 978-3-433-02945-9

Die Wildbachverbauung umfasst die Gesamtheit aller Maßnahmen, die in oder an einem Wildbach oder in seinem Einzugsgebiet ausgeführt werden, um insbesondere das Bachbett und die angrenzenden Hänge zu sichern, Hochwasser und Feststoffe schadlos abzuführen und die Wirkung von Hochwasserereignissen auf ein zumutbares Ausmaß zu senken.
Die Konzeption und Bemessung von Schutzbauwerken stellt besondere Anforderungen an den Planer und erfordert umfassende Kenntnisse der in den Einzugs- und Risikogebieten ablaufenden Prozesse. Technische Standards für die Planung und Ausführung sind nur lückenhaft vorhanden. Außerdem finden die einschlägigen Normen der Hydrologie, des Wasserbaus, des konstruktiven Betonbaus und der Geotechnik Anwendung. In diesem Buch werden die wichtigsten Grundlagen und Regeln für die Planung, Konstruktion, Bemessung und Errichtung von Schutzbauwerken der Wildbachverbauung zusammengefasst. Es gibt einen Überblick über die grundlegenden Wildbachprozesse und die davon ausgehenden Einwirkungen, enthält eine funktionale und konstruktive Systematik der Schutzbauwerke, stellt die hydrologischen, hydraulischen und statischen Grundlagen des Entwurfs und der Bemessung dar, fasst die wichtigsten Bautypen, ihre Bauteile und Funktionsorgane zusammen und enthält ausgeführte Beispiele. Wesentliche Teile diesesn Titels sind auch im Beton-Kalender 2008 enthalten.

*Der €-Preis gilt ausschließlich für Deutschland.
Irrtum und Änderung vorbehalten.
0114109026_my

www.ernst-und-sohn.de

Ernst & Sohn Verlag für Architektur und technische Wissenschaften GmbH & Co. KG
Für Bestellungen und Kundenservice: Verlag Wiley-VCH, Boschstraße 12, D-69469 Weinheim
Tel.: +49(0)6201 606-400, Fax: +49(0)6201 606-184, E-Mail: service@wiley-vch.de

STAHLBAU – DIE KALENDER (Hrsg. U. Kuhlmann)

Grundlagen, Beispiele, Normen

Schwerpunkte: Stabilität

Stahlbau-Kalender 2009

2009. 1038 S., 817 Abb., 149 Tab., Gb.
€ 135,–* / sFr 213,–
Fortsetzungspreis:
€ 115,–* / sFr 182,–
ISBN: 978-3-433-02909-1

Schwerpunkte: Dynamik / Brücken

Stahlbau-Kalender 2008

2008. XV, 1064 S., 761 Abb., 237 Tab., Gb.
€ 135,–* / sFr 213,–
Fortsetzungspreis:
€ 115,–* / sFr 182,–
ISBN: 978-3-433-01872-9

Schwerpunkt: Werkstoff

Stahlbau-Kalender 2007

2007. XII, 762 S. 515 Abb., 176 Tab., Gb.
€ 135,–* / sFr 213,–
Fortsetzungspreis:
€ 115,–* / sFr 182,–
ISBN: 978-3-433-01834-7

Schwerpunkt: Dauerhaftigkeit

Stahlbau-Kalender 2006

2006. XI, 829 S., 450 Abb., 80 Tab., Gb.
€ 135,–* / sFr 213,–
Fortsetzungspreis:
€ 115,–* / sFr 182,–
ISBN: 978-3-433-01821-7

Schwerpunkte: Verbindungen

Stahlbau-Kalender 2005

2005. X, 980 S., 885 Abb., 146 Tab., Gb.
€ 135,–* / sFr 213,–
Fortsetzungspreis:
€ 115,–* / sFr 182,–
ISBN 978-3-433-01721-0

Stahlbau – die Zeitschrift

Stahlbau

Chefredakteur:
Dr.-Ing. K.-E. Kurrer
Erscheint monatlich.
Jahresabonnement
ab 1. September 2009:
€ 399,–* / sFr 656,–
Preis ohne MwSt. inkl. Versand

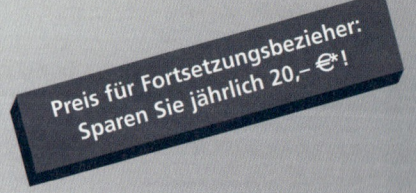

Preis für Fortsetzungsbezieher: Sparen Sie jährlich 20,– €*!

Ernst & Sohn Verlag für Architektur und technische Wissenschaften GmbH & Co. KG

Für Bestellungen und Kundenservice:
Verlag Wiley-VCH Boschstraße 12, 69469 Weinheim
Telefon: +49(0) 6201 / 606-400,
Telefax: +49(0) 6201 / 606-184,
E-Mail: service@wiley-vch.de

Ernst & Sohn
A Wiley Company

www.ernst-und-sohn.de

* Der € Preise gelten ausschließlich für Deutschland. Irrtum und Änderungen vorbehalten.
002225096_bc

3.9 Stützbauwerke und konstruktive Hangsicherungen   831

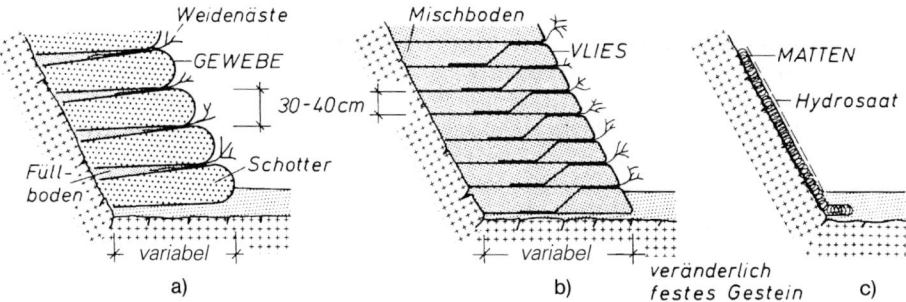

Bild 90. Beispiele für Stütz- bzw. Verkleidungsmaßnahmen aus begrünbaren Geokunststoffwänden; Breiten je nach Untergrund, Verfüllboden und Geokunststoff

Tragelementen, Baustahlgitter etc. bestehen. Auch Kombinationen mit Raumgittern haben sich bewährt, wobei verschiedenste Anschlüsse entwickelt wurden.

Als Bewehrungseinlagen von Geokunststoffen kommen primär folgende Materialien infrage (s. auch Kapitel 2.12 im Grundbau-Taschenbuch, Teil 2).

– Gitter,
– Gewebe,
– Vliese,
– Matten bzw. Maschen,
– Geo-Verbundstoffe (z. B. gitterverstärkte Vliese, Raschelware).

Folgende Polymere dienen als Ausgangsmaterialien für Geokunststoffe (Reihung alphabetisch und nicht gewichtet):

– Aramid   (AR)
– Polyamid   (PA)
– Polyester   (PET)
– Polyethylen   (PE, PEHD, PELD)
– Polypropylen   (PP)
– Polyvinylalkohol   (PVA)

Die Geokunststoffe werden bevorzugt über die gesamte Grundrissfläche je Einbaulage verlegt, können aber auch in Form von Streifen eingebaut werden. Sie sind wasserdurchlässig und weisen folgende Vorteile auf:

• Keine Korrosionsprobleme wie bei Stahlbändern, allerdings muss für die Außenhaut UV-beständiges Material verwendet oder der Geokunststoff imprägniert bzw. abgedeckt werden.
• Die Herstellung eines eigenen Streifenfundamentes für die Außenhaut ist nicht erforderlich. Doch sollte in der Regel auch die Geokunststoffwand eine Gründungstiefe von $t \geq 0{,}1$ h aufweisen.
• Die sehr flexiblen Konstruktionen sind ausgesprochen unempfindlich gegenüber Setzungsdifferenzen. Es ist daher keine Winkelverdrehung der Außenhaut nachzuweisen.
• Der Reibungsbeiwert µ zwischen Geokunststoff und Füllboden kann durch besondere Formgebung bzw. Oberflächengestaltung der Bewehrungseinlagen erhöht werden. Je nach Fabrikat und Bodeneigenschaften wird er mit zunehmender Schütthöhe kleiner, größer oder bleibt konstant. Anstelle des Reibungsbeiwertes wird auch der „Verbundbeiwert" herangezogen. Dieser ergibt sich aus dem Verhältnis des Reibungswinkels Geokunststoff/Füllboden zum Reibungswinkel des Füllbodens.

- Durch das Umschlagen der Bewehrungseinlagen an der Luftseite der Wand entfallen die Probleme des Bandanschlusses; eine eigene Außenhaut ist dann nicht erforderlich.
- Geokunststoffe können begrünt werden. Dafür kommen besonders hohlraumreiche, räumlich wirksame Matten und weitmaschige Gitter oder Gewebe infrage. Aber auch Stützbauwerke aus Vliesen sind biologisch verbaubar (Bild 90). Hierfür eignen sich humuslose Besämungen (z. B. Hydrosaat), Einlagen von Gehölzstecklingen in die Horizontalfugen [87] usw. Die Geotextilien können durchaus durchwurzelt werden; der Bewuchs wird schließlich so dicht, dass diese kaum mehr erkennbar sind.

4.5.2 Bemessung

Bei der Bemessung von Geokunststoffwänden sollte zunächst die Verformungsverträglichkeit von Füllboden und eingebetteter Bewehrung abgeschätzt werden. Gemäß Schema des Bildes 91 tritt das Maximum der mobilisierten Reibung beim Großteil der körnigen Füllböden bei etwa 3–6 % Dehnung ein [64], bei bindigen Füllböden bei etwa 5–10 %. In diesem Bereich ist daher die erforderliche Zugkraft der Bewehrung am kleinsten. Geokunststoffe mit hoher Anfangssteifigkeit erhalten somit größere Kräfte, auf die sie zu bemessen sind. Aber auch sehr dehnfähige Bewehrungseinlagen, die ein Absinken der Scherfestigkeit in Richtung Restscherfestigkeit ermöglichen (Post-failure-Verhalten in Bild 91), erfordern letztlich höhere Zugkräfte, um ein Versagen des Verbundkörpers zu verhindern. Gleiches gilt für Bewehrungen mit großer (Langzeit-) Kriechdehnung. In diversen Bemessungsansätzen für Geokunststoffwände wird bereits für die unverformte Konstruktion ein „mobilisierter Reibungswinkel" (φ_0) angenommen [64]. Dieser physikalisch nicht korrekte Ansatz soll Einbaubedingungen bzw. eine anisotrope „Kohäsion" simulieren.

Die Spannungs-Dehnungs-Eigenschaften der diversen Geokunststoffe variieren in sehr weiten Grenzen. Somit besteht die Möglichkeit, durch die Auswahl entsprechender Fabrikate möglichst optimal auf die bodenmechanischen Erfordernisse und auf die Verformungsverträglichkeit innerhalb des Systems einzugehen. Im Allgemeinen ist eine nicht zu dehnsteife Arbeitslinie gemäß Bild 92 zu empfehlen, d. h. eine größere Dehnbarkeit schon bei relativ kleinen Spannungen, was bei der lagenweisen Verdichtung des Stützkörpers und bei frühen Bauzuständen meist vorteilhaft ist. An diese anfängliche Verformungsphase soll eine Verfestigungsphase folgen, um bei weiter anwachsendem Seitendruck zu große Wandverformungen zu vermeiden. Eine solche Arbeitslinie ermöglicht ein rasches Absinken des Erddruckes auf die aktiven Grenzwerte und einen hohen Mobilisierungsgrad des Reibungswiderstandes des Bodens bereits in frühen Bauzuständen.

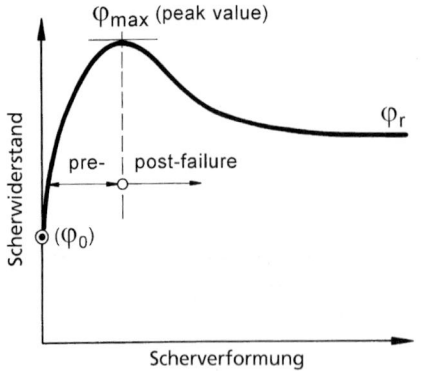

Bild 91. Zusammenhang zwischen Scherwiderstand und Scherverformung (bzw. Dehnung) eines verdichteten Füllbodens für Geokunststoffbewehrte Stützkörper. Schema für den Einbauzustand

BOOK RECOMMENDATION

The History of the Theory of Structures

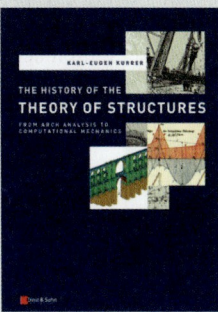

Kurrer, K.-E.
**The History of the Theory of Structures
From Arch Analysis to Computational Mechanics**
2008. 848 pages with 500 figures, Hardcover.
€ 119.-*/sFr 188.-
ISBN: 978-3-433-01838-5

This book traces the evolution of theory of structures and strength of materials - the development of the geometrical thinking of the Renaissance to become the fundamental engineering science discipline rooted in classical mechanics. Starting with the strength experiments of Leonardo da Vinci and Galileo, the author examines the emergence of individual structural analysis methods and their formation into theory of structures in the 19th century.

For the first time, a book of this kind outlines the development from classical theory of structures to the structural mechanics and computational mechanics of the 20th century. In doing so, the author has managed to bring alive the differences between the players with respect to their engineering and scientific profiles and personalities, and to create an understanding for the social context.

Brief insights into common methods of analysis, backed up by historical details, help the reader gain an understanding of the history of structural mechanics from the standpoint of modern engineering practice.

A total of 175 brief biographies of important personalities in civil and structural engineering as well as structural mechanics plus an extensive bibliography round off this work.

This book really is a gift to all civil engineers.
Find out what you always wished to know about structural analysis.

With foreword by Prof. Ekkehard Ramm

Ernst & Sohn
A Wiley Company
www.ernst-und-sohn.de

Ernst & Sohn Verlag für Architektur und technische Wissenschaften GmbH & Co. KG
Fax order and Customer Service: Verlag Wiley-VCH, Boschstraße 12, D-69469 Weinheim
Tel.: +49(0)6201 606-400, Fax: +49(0)6201 606-184, E-Mail: service@wiley-vch.de

007137096_my

Genau geplant. Genauso gemacht.

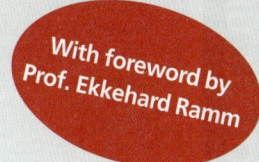 **HUESKER**

HUESKER Ingenieure unterstützen Sie bei der Umsetzung Ihrer Bauprojekte. Umfassendes Know-how und langjährige Erfahrung ermöglichen die detailgetreue Ausführung und sorgen für reibungslose Abläufe. Verlassen Sie sich auf die Produkte und Lösungen von HUESKER.

**HUESKER Geokunststoffe –
aus Erfahrung zuverlässig.**

www.huesker.com

HUESKER Synthetic GmbH
48712 Gescher

Tel.: + 49 (0) 25 42 / 701 - 0
info@huesker.de

ERD- UND GRUNDBAU | STRASSEN- UND VERKEHRSWEGEBAU | WASSERBAU | UMWELTTECHNIK

MAUERWERK – AKTUELL UND UMFASSEND

Mauerwerk-Kalender 2009

Jäger, W. (Hrsg.)
Mauerwerk-Kalender 2009
Schwerpunkt: Ausführung von Mauerwerk
2008. 872 S., 648 Abb., 200 Tab. Geb.
€ 135,- / sFr 213,-
Fortsetzungspreis:
€ 115,- / sFr 182,-
ISBN: 978-3-433-02908-4

Unter dem Schwerpunktthema Ausführung behandelt der Mauerwerk-Kalender deren Grundsätze sowie insbesondere die Ausführung von Lehmmauerwerk, von zweischläfigem Mauerwerk und das Projektmanagement mit Ausschreibung und Kontrolle.
Die Beitragsreihe über Instandsetzung und Ertüchtigung wird mit Mauerwerkstrockenlegung und Kellersanierung und der Tragfähigkeitsermittlung von historischen Mauerwerkskonstruktionen fortgesetzt.
Die Kommentare zu E DIN 1053-1 und zum Europoide 6 aus erster Hand geben Sicherheit in der Planung.

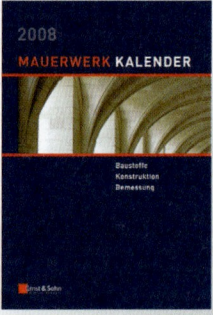

Jäger, W. (Hrsg.)
Mauerwerk-Kalender 2008
Schwerpunkte: Abdichtung und Instandsetzung Lehmmauerwerk
2007. 822 Seiten. 464 Abb. 235 Tab. Geb.
€ 135,–/sFr 213,–
Fortsetzungspreis:
€ 115,–/sFr 182,–
ISBN: 978-3-433-01871-2

Mauerwerk – die Zeitschrift

Mauerwerk
Redaktion: Dr.-Ing. Wolfram Jäger
Erscheinungsweise 6 x jährlich
Jahres-Abo: € 148,–*/sFr 209,–
Studenten-Abo: € 61,–*/sFr 80,–
ISSN 1432-3427
Alle Preise inkl. MwSt., inkl. Versandkosten

Die Zeitschrift „Mauerwerk" führt wissenschaftliche Forschung, technologische Innovation und architektonische Tradition des Mauerwerkbaus in allen Facetten zusammen. Veröffentlicht werden Aufsätze und Berichte zu Mauerwerk in Forschung und Entwicklung, europäischer Normung und technischen Regelwerken, bauaufsichtlichen Zulassungen und Neuentwicklungen, historischen und aktuellen Bauten in Theorie und Praxis.

Weiterhin aktuell

Ernst & Sohn
Verlag für Architektur und
technische Wissenschaften GmbH & Co. KG

www.ernst-und-sohn.de

Für Bestellungen und Kundenservice:
Verlag Wiley-VCH
Boschstraße 12
69469 Weinheim
Deutschland

Telefon: +49(0) 6201 / 606-400
Telefax: +49(0) 6201 / 606-184
E-Mail: service@wiley-vch.de

* Der €-Preis gilt ausschließlich für Deutschland
004214086_bc Irrtum und Änderungen vorbehalten

3.9 Stützbauwerke und konstruktive Hangsicherungen

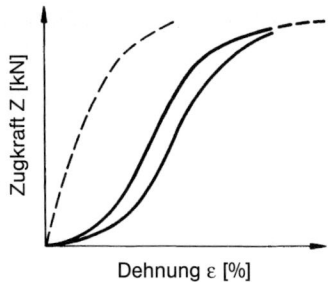

Bild 92. Arbeitslinien von Geotextilien für Stützbauwerke (schematisch).
– – – steifes Verhalten
——— verformbares Verhalten mit einer Verfestigungsphase (i. Allg. zweckmäßiger)

Dehnsteife Geokunststoffe mit einem hohen Anfangsmodul weisen bei einer Kraftaufnahme von 5% der Bruchlast Dehnungen unter 0,2% auf. Bei neu entwickelten geschweißten Geogittern aus Polyester-Flachstäben liegen die Dehnungen bei 5% Kraftaufnahme unter 0,1% (ca. 0,07%). Neuartige geraschelte Geogitter aus Aramid besitzen ebenfalls nur minimale Dehnungen [1]. Mit solchen Bewehrungen lassen sich bereits während früher Bauphasen die Verformungen minimieren. Die üblichen Bemessungsfestigkeiten für den Endzustand einer Stützkonstruktion liegen allerdings bei etwa 25 bis 40% der Bruchlast. Dementsprechend gibt es dehnsteife Geokunststoffe, die bei etwa 50–60% der Bruchlast nur 1,5% Dehnung aufweisen.

Solche dehnsteifen Geokunststoffe eignen sich für besonders verformungsarme Stützkonstruktionen, bei denen die Bewehrungseinlagen relativ hohe Kräfte zu übernehmen haben (z. B. unter Eisenbahngleisen oder als Widerlager von statisch empfindlichen Brücken). Allerdings sollte bei der Bemessung von Stützkonstruktionen mit einer derart dehnsteifen Bewehrung von einem reduzierten Reibungswinkel für den Füllboden ausgegangen werden: $\varphi_o \leq \varphi_{calc} < \varphi_{max}$ (gemäß Bild 91).

Im Gegensatz zu den dehnsteifen Produkten kommen die stärker dehnfähigen bevorzugt dort zum Einsatz, wo die Verformungen des Stützkörpers nur von untergeordneter Bedeutung sind. Dabei handelt es sich primär um „Polsterwände" aus Vliesen mit einem relativ gutmütigen Spannungs-Verformungsverhalten: sie sind robust gegenüber Einbau-Beanspruchungen, und ein eventuelles Versagen erfolgt nicht abrupt, sondern kündigt sich durch große Verformungen an. Vliese sind auch verformungsverträglicher mit bindigen Füllböden, und schließlich kann die örtliche Dränagewirkung derartiger Bewehrungseinlagen den Abbau von Porenwasserdrücken begünstigen. Letzteres ermöglicht sogar einen beschleunigten Schüttvorgang bei der Verwendung nasser, bindiger Füllböden (z. B. bei rasch erforderlicher Fußabstützung von Rutschhängen mit örtlich vorhandenen Böden).

Die Verbundwirkung und Interaktion von Füllboden und Geokunststoffbewehrung hängt stark von spezifischen Produkteigenschaften ab, die bei der üblichen Bemessung keine Berücksichtigung finden. Knotensteife Gitterbewehrungen verhalten sich z. B. wesentlich anders als Gewebebewehrungen. Produkte, die einen hohen Anfangsmodul, eine geringe Kriechneigung und eine gewisse Vorspannung aufweisen, bewirken ein völlig anderes Tragfähigkeits-Verformungsverhalten der Konstruktion als etwa stark dehnfähige Vliese. Weiter kann die Art der Verlegung der Bewehrung für das Verbundbauwerk von größerem Einfluss sein als im Labor ermittelte Unterschiede der Moduln. Schließlich unterscheidet sich das Spannungs-Verformungs-Verhalten der Geokunststoffe im eingebetteten Zustand deutlich von jenem, wie es im Labor-Zeitversuch (einaxial, z. B. nach EN ISO 10319) ermittelt wird. In-situ-Messungen haben z. B. bei Vliesen eine signifikante Erhöhung der Höchstzugkraft und Reduktion der Dehnungen ergeben.

Dementsprechend führt die konventionelle, für alle Produkte gleichermaßen anzuwendende Bemessung von geokunststoffbewehrten Stützkonstruktionen in bestimmten Fällen zu einer Überdimensionierung. Sorgfältig hergestellte Bauwerke mit besonders hochwertigen Geokunststoffen besitzen daher hohe (zusätzliche) Sicherheitsreserven. So ergaben diverse In-situ-Belastungsversuche Gebrauchs- und Bruchlasten, die teilweise um eine Zehnerpotenz über den rechnerischen Grenzwerten liegen. Weiter zeigten Großversuche, dass bis etwa 70 % der Bruchlast Verformungen eintraten, die die Gebrauchslast nicht beeinträchtigten (z. B. [95]). Der Verformungsnachweis für die geokunststoffbewehrte Konstruktion kann daher in der Regel entfallen, wenn deren Ausnutzungsgrad entsprechend gering ist. Dies lässt sich durch die Annahme eines nach den Erfahrungen ausreichenden Sicherheitsabstandes zum Bruchzustand erreichen [27].

Sinngemäß wie bei der konventionellen Bewehrten Erde sind auch bei geokunststoffbewehrten Stützkonstruktionen folgende Sicherheitsnachweise zu führen:

– äußere Standsicherheit,
– innere Standsicherheit,
– örtliche Stabilität der Wandelemente.

In Bild 93 sind diverse Beanspruchungs- bzw. Versagensformen für den allgemeinen Fall eines geokunststoffbewehrten Erdkörpers mit modularer Außenverkleidung dargestellt, die konstruktiv mit der Bodenbewehrung verbunden ist. Die luftseitigen Fertigteilelemente können auch so konzipiert sein, dass sie selbst einen nennenswerten Lastanteil übernehmen (z. B. bei Raumgitterkonstruktionen mit bewehrter Hinterfüllung). Ergänzend zu Bild 93 ist bei Stützbauwerken in Hanglage oder bei geböschter Hinterfüllung auch der Nachweis der Böschungs- bzw. Geländebruchsicherheit zu führen.

Wenn die Bewehrungseinlagen konstruktiv an Außenwandelemente angeschlossen sind oder direkt in die Außenhaut übergehen, können die Last- und Erddruckannahmen sowie Sicherheitsdefinitionen der klassischen Bewehrten Erde sinngemäß herangezogen werden, allerdings unter Berücksichtigung diverser Abminderungsfaktoren. Ferner ist zu unterscheiden, ob die Bewehrungseinlagen nur sehr wenig oder stark dehnbar sind. Dies beeinflusst sowohl den Verlauf des geometrischen Ortes der maximalen Zugkraft in der Bewehrung (Bild 82) als auch die Erddruckansätze. Bei stärker dehnbaren Bewehrungen kann sich der aktive Grenzzustand einstellen (mit linearer zunehmender Verteilung des Erddruckes mit der Tiefe; Bild 94). Bei nur gering dehnfähigen Bewehrungen empfiehlt die bisherige EBGEO [27] eine Modifizierung gemäß Bild 95. Letztlich hängt aber der gewählte Erddruckansatz auch von den zulässigen Horizontalverformungen der Stützkonstruktionen ab.

Falls die Bewehrungseinlagen ähnlich wie Bodennägel oder Kurzanker wirken, ist der Sicherheitsnachweis für die tiefe Gleitfuge angebracht. Als erdstatische Sicherheitsdefinition wird bisher, d. h. bei Anwendung des globalen Sicherheitskonzepts, verwendet:

$$F = \frac{Z_{Br}}{Z_n}$$

Z_{Br} Traglast des von der tiefen Gleitfuge eingeschlossenen Erdkörpers
Z_n vorhandene Zugkraft in der betrachteten Bewehrungseinlage

Gleichgewichtsbetrachtungen an möglichen Gleitkörpern (kinematische Verfahren) sind zu empfehlen, vor allem bei hohen konzentrierten Lasten über dem bewehrten Bereich. Sie haben sich weitgehend unabhängig von der Art der Bewehrungseinlagen eingebürgert und bewährt (Bild 96, vgl. auch Bild 112). Im allgemeinen Fall sind sowohl die Lage des Punktes B (somit der Winkel α) als auch die Gleitflächenwinkel β so lange zu variieren, bis sich der niedrigste Sicherheitsfaktor ergibt.

ÄUSSERE STANDSICHERHEIT

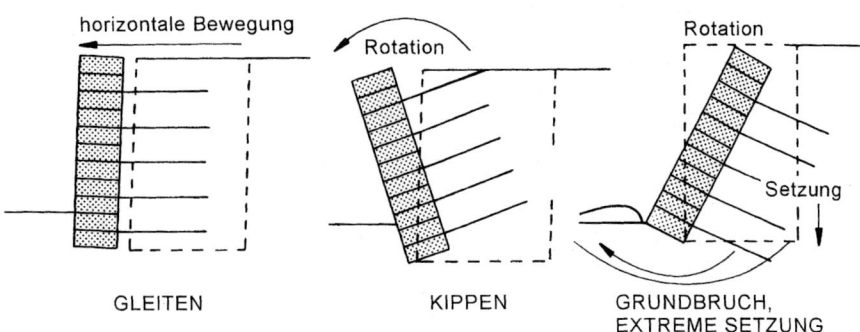

INNERE STANDSICHERHEIT

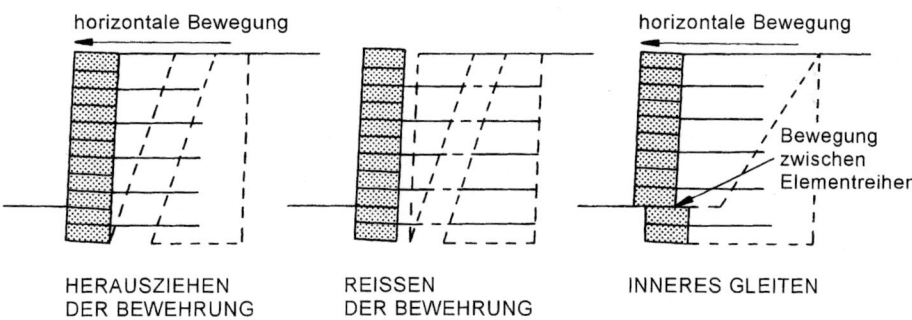

ÖRTLICHE STABILITÄT DER WANDELEMENTE

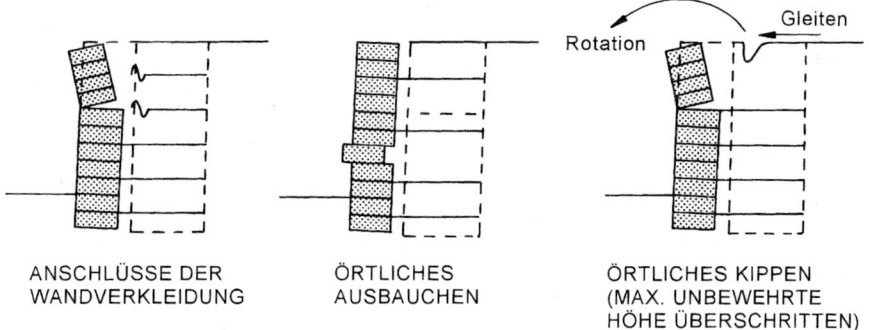

Bild 93. Sicherheitsnachweise für modulare Stützmauern aus bewehrtem Boden und einer konstruktiv integrierten Außenhaut aus Fertigteilelementen

Für eine annähernd vertikale Wand mit konstantem Querschnitt und einer Belastung unmittelbar hinter dem Ende der Bewehrung zeigt Bild 97 den ungünstigsten Bruchmechanismus. Dieser hat sich aus einer Mehrzahl von theoretischen Versagensmöglichkeiten sowohl in Modellversuchen als auch bei Baustellenbeobachtungen als repräsentativ erwiesen. Demnach bilden die Enden der Zugeinlagen die vertikale Begrenzung des Bruchkörpers

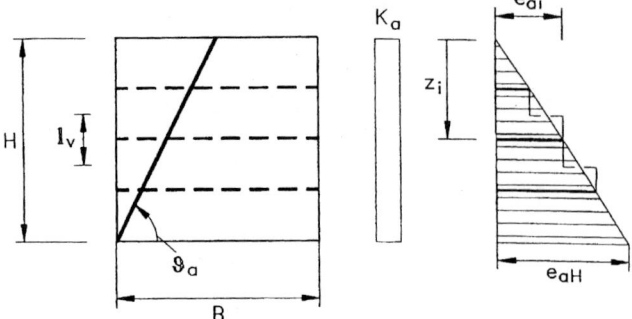

Bild 94. Gleitlinie und Erddruckansatz für eine bewehrte Stützkonstruktion mit stärker dehnbaren Bewehrungen [27]

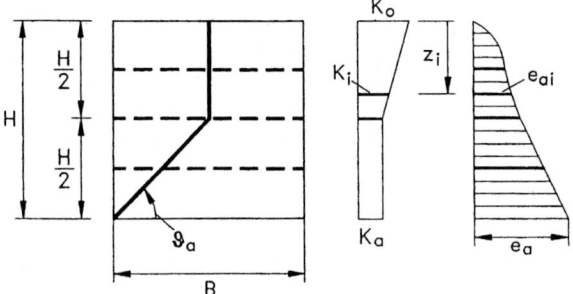

Bild 95. Gleitlinie und Erddruckansatz für eine bewehrte Stützkonstruktion mit wenig dehnbaren Bewehrungen [27]

im oberen Wandbereich. Falls die Zugeinlagen unter Einzel- oder Streifenlasten reichen, wird die Bruchfigur maßgebend von den Fundamentabmessungen beeinflusst; das Schema bleibt jedoch grundsätzlich unverändert. Die tatsächlichen Gleitflächen weichen vom polygonalen Bruchkörpersystem häufig etwas ab: sie verlaufen ausgerundeter (z. B. Bild 98).

Das idealisierte Rechenmodell bei einem Translationsmechanismus mit ebenen Gleitfugen (vgl. auch [38]) liefert zwar hinreichend genaue Ergebnisse, doch empfiehlt es sich, im Sinne von Grenzwert- bzw. Parameterstudien auch Gleitkreise oder logarithmische Spiralen als Bruchflächen zu untersuchen (z. B. im Sinne von DIN 4084 nach *Bishop* und *Janbu*).

Die zulässige Zugbeanspruchung unter Langzeitbedingungen, somit die Bemessungsfestigkeit der Bewehrungseinlagen, hängt nicht nur vom Sicherheitsfaktor ab, sondern auch von geokunststoffspezifischen Abminderungsfaktoren (A_1 bis A_5). Im Allgemeinen gilt:

$$Z_{zul,L} = Z_K / [A_1 \cdot A_2 \cdot A_3 \cdot A_4 \cdot A_5) \cdot \eta_B]$$

Z_K Kurzzeitfestigkeit (gemäß DIN EN ISO 10321)
A_1 für Kriechen bzw. Zeitstandsverhalten
A_2 für Beschädigung der Geokunststoffe beim Transport und Einbau
A_3 für Verbindungen der Bauteile
A_4 für Umgebungseinflüsse (Witterung, Chemikalien, Mikroorganismen, Tiere)
A_5 für dynamische Einflüsse

3.9 Stützbauwerke und konstruktive Hangsicherungen

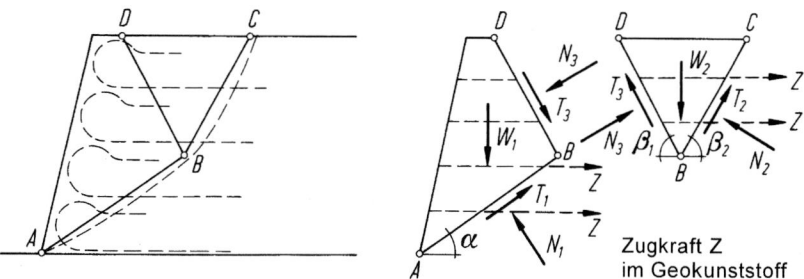

Bild 96. Untersuchungen der inneren Stabilität eines mit Geotextilien oder anderen Kunststoffen bewehrten Erdkörpers („Polsterwände" etc.); konventionell-statische und kinematische Verfahren. Variation der Gleitflächenformen und der Punkte B sowie der Winkel β_1, β_2 zur Ermittlung eines minimalen globalen Sicherheitsfaktors

Diese Abminderungsfaktoren können auch als eine Art von Teilsicherheitsbeiwerten interpretiert werden. Dementsprechend kann der (zusätzliche) Teilsicherheitsbeiwert η_B relativ gering gewählt werden. So empfahl z. B. DIN 1054-100 für den Lastfall 1 $\eta_B = 1{,}4$ und für den Lastfall 2 (Bauzustände) $\eta_B = 1{,}3$ zu verwenden. Der Faktor berücksichtigt u. a. mögliche Abweichungen in der Bauwerksgeometrie und mögliche Abweichungen der charakteristischen In-situ-Werte des Geokunststoffes gegenüber den im Labor ermittelten Werten. Nähere Angaben enthalten [27, 57, 96].

Bei Stützbauwerken in Hanglage oder mit belasteter Hinterfüllung bzw. Böschung bilden kinematische Verfahren eine wertvolle Ergänzung für den Nachweis der Böschungs- bzw. Geländebruchsicherheit. Dies gilt vor allem für Gleitkörper, die aus mehreren Teilgleitkörpern bestehen. Außerdem ermöglichen derartige Methoden eine Abschätzung des Verformungsbildes (z. B. Bild 99; siehe auch ÖNORM B 4433). Dabei wird im ersten Berechnungsschritt ein kinematisch möglicher Bruchmechanismus festgelegt und es werden die Relativ- und Absolutverschiebungen zwischen den einzelnen Teilgleitkörpern mit Hilfe eines Verschiebungsplanes ermittelt. Im zweiten Rechenschritt werden zunächst die Richtungen der Reibungskräfte Q aufgrund der ermittelten Relativverschiebungen bestimmt. Ihre

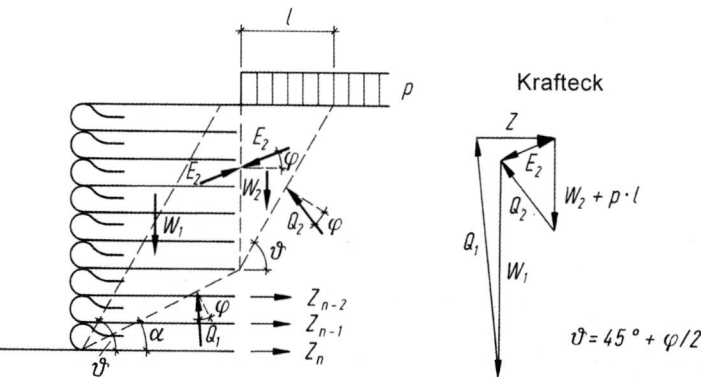

Bild 97. Ungünstigster Bruchmechanismus für annähernd vertikale Geokunststoffwände mit Geokunststoff-Zugelementen gleicher Länge. Z = Summe der wirksamen Zugkräfte (im Krafteck)

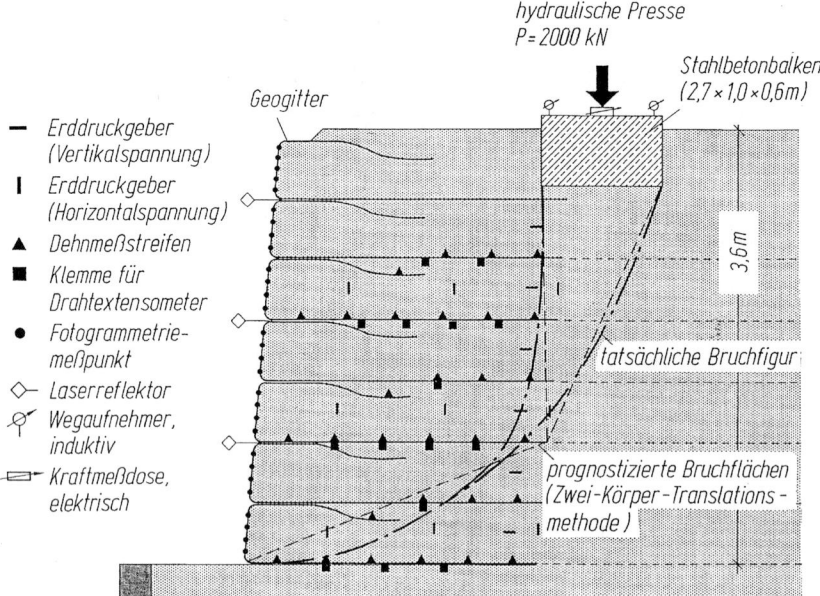

Bild 98. Ergebnisse eines großmaßstäblichen Belastungsversuches an einer Geokunststoffwand aus Geogitter [105]

Neigung beträgt ± φ zu den Gleitflächennormalen. Das Krafteck wird sich im Allgemeinen nicht schließen, weil kein Grenzgleichgewicht herrscht. Dieses kann durch Ansetzen einer z. B. vertikal wirkenden fiktiven Hilfskraft P' erzeugt werden. Um das Grenzgleichgewicht herzustellen, werden die Scherparameter durch Variation von η entsprechend

$$\tan \varphi' = \frac{\tan \varphi}{\eta} \quad \text{und} \quad c' = \frac{c}{\eta}$$

so lange modifiziert, bis P' gleich null ist. Beide Rechenschritte können jeweils analytisch oder grafisch durchgeführt werden. Durch iterative Abminderung der den einzelnen Gleitflächenabschnitten zugeordneten Scherparameter φ und c zu φ' und c' wird das Gleichgewicht zwischen den angreifenden Lasten und den Schnittkräften hergestellt und letztlich der Sicherheitsfaktor η ermittelt.

Dieses kinematische Verfahren kann auch mit Teilsicherheitsbeiwerten durchgeführt werden [15, 19]. Dabei ist die Wahrscheinlichkeit unterschiedlicher Versagensformen abzuschätzen: z. B. Zunahme der äußeren Last P, Abnahme der Scherfestigkeit entlang einer Gleitfläche (in Richtung Restscherfestigkeit: $c \rightarrow c_r = 0$; $\varphi \rightarrow \varphi_r$).

Die Zugelemente müssen ausreichende Sicherheitsfaktoren gegenüber Reißen bzw. Herausziehen aufweisen. Bei Geokunststoffen ist das Langzeitverhalten (Kriechmaß) besonders zu beachten. Dementsprechend wird der Sicherheitsfaktor gegenüber Bruch in der Regel größer gewählt als bei Zuggliedern aus Stahl [12]. Bei schwer belasteten vertikalen Stützbauwerken sollte unabhängig von $Z_{zul,L}$ auch die Kriechdehnung der Bewehrung zwischen Bauende und Ende der Gebrauchsdauer (z. B. 100 Jahre) begrenzt werden (z. B. auf ≤ 1%). Bei Konstruktionen, bei denen die Größe der Langzeitformungen keine nennenswerte Rolle spielt, können auch wesentlich größere Kriechdehnungen toleriert werden.

3.9 Stützbauwerke und konstruktive Hangsicherungen

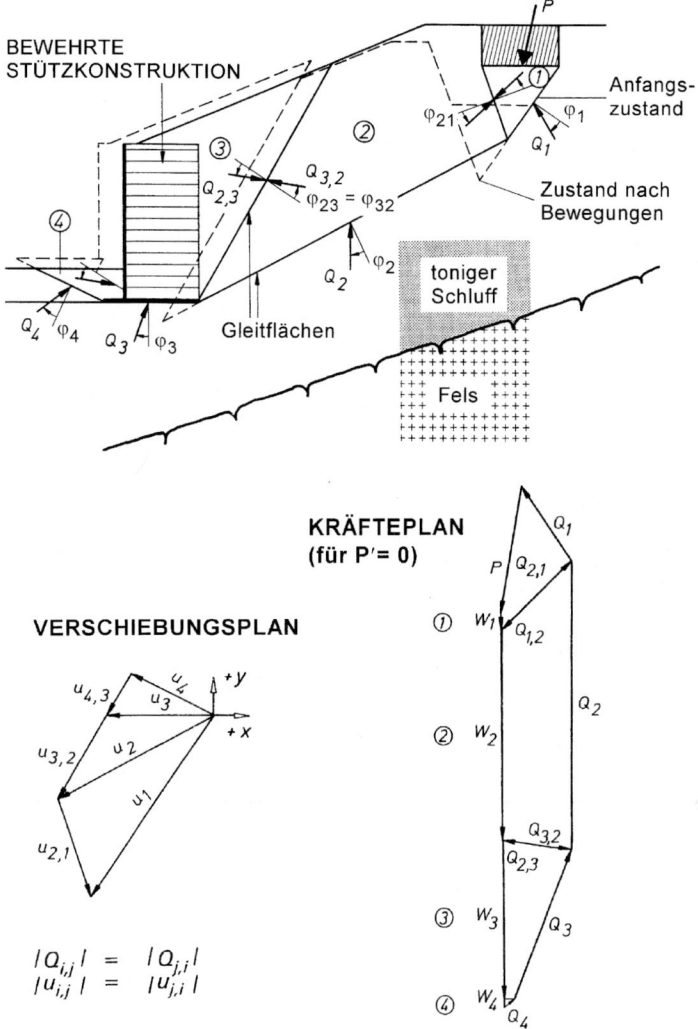

Bild 99. Kinematische Methode (Gleitkörper-Verfahren) für den Nachweis der Geländebruchsicherheit von Stützkonstruktionen aus bewehrtem Boden. Schema nach ÖNORM B 4433 mit einem möglichen Bruchmechanismus aus vier Teilgleitkörpern
P äußere Last
Q_i resultierende Reaktionskräfte an den Gleitebenen
φ_i Reibungswinkel entlang der Gleitebenen
W_i Gewicht der quasi-monolithischen Gleitkörper

Sonderfälle stellen Abstützungen von witterungsempfindlichem Fels dar, welche überwiegend eine verkleidende Funktion haben (siehe z.B. Bild 90). Die Breite derartiger Konstruktionen hängt vom Felszustand, der Frosteindringtiefe und den Materialkennwerten des gewählten Geotextils ab; sie beträgt im Allgemeinen zwischen knapp 1 m bis 2,5 m. Die Bemessung erfolgt meist nach Erfahrungswerten.

4.5.3 Anforderungen und Ausführungshinweise

Für die geotechnischen Anforderungen an den Füllboden von geokunststoffbewehrten Stützkonstruktionen gelten im Wesentlichen die gleichen Grundsätze wie für die konventionelle Bewehrte Erde (s. Abschn. 4.4.3). Dies betrifft vor allem die Kornzusammensetzung und die Verdichtung, wobei in zunehmendem Maße auch bindige Böden Verwendung finden. Die bodenchemischen Anforderungen richten sich nach dem Rohmaterial der Geokunststoffe, nach der Funktion des Bauwerkes und dem Risikopotential. Falls industrielle Nebenprodukte, kalk- bzw. zementstabilisierte Böden oder Betonbruch verwendet werden, oder wenn mit aggressiven Wässern oder Gasen zu rechnen ist, muss die Verträglichkeit von Füllmaterial und Bewehrung nachgewiesen werden.

Die einzelnen Schüttlagen sind je nach Erfordernis in Höhen von 30–50 (60) cm einzubringen und ausreichend zu verdichten. Infolge der Verformbarkeit der meisten Geokunststoffe (vor allem von Vliesen) kann häufig auch nahe der Luftseite der Wände relativ schweres Verdichtungsgerät eingesetzt werden. Die Qualität der Verdichtung und damit des Verbundkörpers kann durch den Einsatz der walzenintegrierten flächenhaften Verdichtungskontrolle (FDVK) entscheidend verbessert werden [19].

Der Einbau von ausgesprochenen kohäsionslosen, insbesondere gleichkörnigen Füllböden ist ungünstig: Werden z. B. Löcher in die Außenhaut geschnitten, so fließt kohäsionsloser Boden aus und es kann sogar zu einem Versagen der Konstruktion kommen. Falls daher gewaltsame Beschädigungen der Geokunststoffwand zu befürchten sind, empfiehlt sich eine Abdeckung der verletzbaren Außenhaut (je nach Wandneigung: Spritzbeton, bewehrt mit Baustahlmatten; Boden und Bepflanzung; Fertigteile etc).

Die Kunststoffe müssen folgende mechanischen und chemischen Eigenschaften aufweisen, um ein entsprechendes Langzeitverhalten zu gewährleisten (siehe auch Empfehlungen EBGEO [27]):

– beständig gegen mechanische Beschädigung beim Einbau (Robustheit),
– wasserdurchlässig (zur Verhinderung des Aufstaus von Wasser),
– begrenzte Kriechtendenz unter konstanter Belastung,
– beständig gegen Witterungseinflüsse und ultraviolette Bestrahlung,
– beständig gegen Mikroorganismen, organische Stoffe und gegen Wasser- sowie Luftverunreinigungen.

Diese Anforderungen können von einem hohen Prozentsatz jener Kunststoffe, die heute hergestellt werden, erfüllt werden. Die bisherigen Baustellenerfahrungen und auch die Ergebnisse mehrjähriger Großversuche sind durchaus positiv. Vorsicht ist allerdings bei stark alkalischem oder saurem Milieu geboten.

Vorbeanspruchungen der Geokunststoffe (z. B. mechanische Beschädigung, Bewitterung, Dauerzugbeanspruchung) können sich auf eine gleichzeitige oder anschließende chemische Beanspruchung auswirken. Geokunststoffe sind daher mit entsprechender Sorgfalt zu transportieren, zu lagern und einzubauen. Besonderes Augenmerk ist auf ein wellenfreies Verlegen nach dem Abrollen zu legen; ein leichtes Straffen/Anspannen der Geokunststoff-Bewehrung verbessert das Tragfähigkeits-Verformungsverhalten der Stützkonstruktion z. T. erheblich.

Vor allem im oberen Bereich geokunststoffbewehrter Stützkonstruktionen werden häufig eine lange Primärbewehrung und eine kurze Sekundärbewehrung alternierend eingebaut (siehe z. B. Bilder 89c und 101). Letztere ist statisch nicht erforderlich, sondern dient lediglich zur Stabilisierung der Steilböschung.

3.9 Stützbauwerke und konstruktive Hangsicherungen

Die bisherigen Baustellenerfahrungen lehren, dass ein Versagen von geokunststoffbewehrten Stützkonstruktionen kaum auf ein Manko an innerer Stabilität zurückzuführen ist, sondern meist auf eine Unterschätzung der äußeren Standsicherheit (Grund- und Geländebruch). Die tatsächliche Beanspruchung der Geokunststoffe ist im Allgemeinen wesentlich geringer als sich nach den klassischen Theorien (basierend auf Gleichgewichtsmodellen) errechnet. Die Diskrepanz ist umso größer, je hochwertiger das Schüttmaterial ist und je besser dieses verdichtet wird. Dies bestätigten zahlreiche Großversuche und Baustellenmessungen gleichermaßen. Außerdem hängen die tatsächlichen Bauwerksverformungen nur in geringem Maß von den im Streifenzugversuch gemessenen Dehnungen der Geokunststoffe ab. Der Verbundkörper besitzt nämlich ein wesentlich günstigeres Spannungs-Dehnungs-Verhalten, sodass auch relativ stark dehnbare Vliese für Geokunststoffwände verwendet werden können, ohne dass es zu besonders großen Bauwerksdeformationen kommt.

4.5.4 Ausführungsbeispiele

Stützkonstruktionen mit einer Bewehrung aus Geokunststoffen werden in zunehmendem Maße unter schwierigsten geotechnischen und topografischen Bedingungen eingesetzt: Die erzielbaren Höhen sind nahezu unbegrenzt, sie passen sich schadlos an Setzungsunterschiede an und erweisen sich als sehr widerstandsfähig gegenüber Erdbeben.

Geokunststoffbewehrte Stützmauern aus dehnsteifen Gittern haben sich sogar unter stark befahrenen Eisenbahngleisen bewährt.

Bild 100 zeigt ein 28 m hohes Stützbauwerk mit einer Bewehrung aus Geogitter. Es wurde in beengter Hanglage für eine neue Autobahn errichtet, und zwar anstelle einer vertikalen Ankerwand aus Betonfertigteilen [56]: Der Bau der mehr als 1 km langen Konstruktion begann im Juni 1998 und war Ende Oktober bereits beendet.

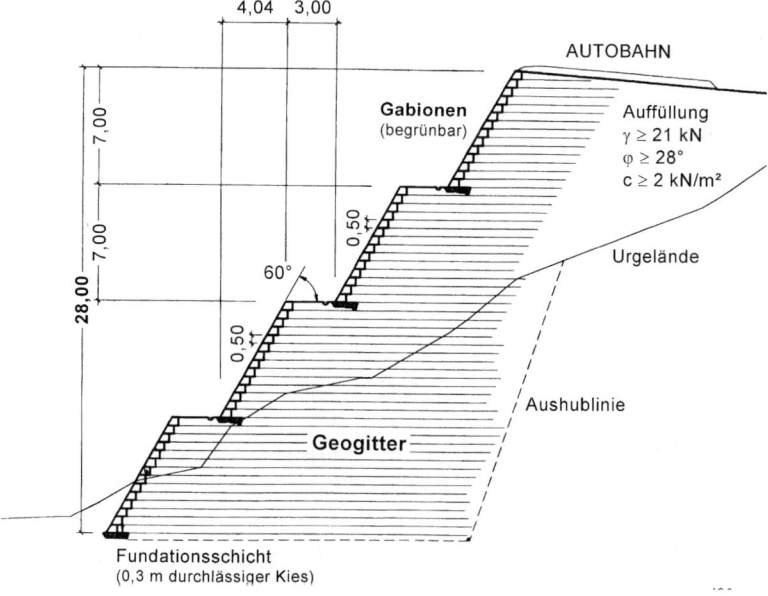

Bild 100. Mit Geogittern bewehrter 28 m hoher und 1 km langer Stützkörper aus Boden für eine Autobahn [56]. Außenhaut aus begrünbaren Gabionen

Der Hang bestand aus tertiären Tonablagerungen mit Linsen steiniger Schwemmmaterialien. Die Sedimente waren in Oberflächennähe verwittert und teilweise leicht wasserführend. Dementsprechend erwiesen sich jene Gleitflächen für die Dimensionierung und Bemessung der Stützkonstruktion als maßgebend, die sowohl durch den gewachsenen Untergrund bzw. die unbewehrte Hinterfüllung als auch durch den bewehrten Stützkörper verliefen. Derartige kombinierte Gleitflächen, die für den Nachweis der äußeren und inneren Stabilität gleichermaßen maßgebend sind, werden in der Praxis manchmal ignoriert.

Die Bewehrung besteht aus Polyester-Geogittern mit einer Zugfestigkeit von Z_k = 20–150 kN/m, die lagenweise in 0,5 m vertikalen Abständen eingebaut wurden. Die Außenwand besteht aus Gabionen (6,3 m lange Körbe aus Stahlgitter), die ein Vegetationsgitter aus Glasfaser enthalten und luftseitig mit besämtem Humus, dahinter mit gut verdichtbarem Boden verfüllt sind. Das Vegetationsgitter schützt die Samen bis zum Keimen und bewirkt einen langfristigen Erosionsschutz. Die Wand wurde unmittelbar nach Fertigstellung bewässert und war daher innerhalb kurzer Zeit grün verwachsen.

Bild 101 zeigt ebenfalls eine hohe bewehrte Stützkonstruktion, die unter beengten Platzverhältnissen herzustellen war. Dabei musste im Fußbereich eine bestehende 2–9 m hohe Stützwand als unbelastete Sichtverkleidung erhalten bleiben. Dementsprechend wurde die kunststoffbewehrte Erde im unteren Drittel als „Erddruckfänger" ausgebildet [49]. Die 350 m lange Konstruktion weist eine Haupt- und Nebenbewehrung aus Geogittern auf, die

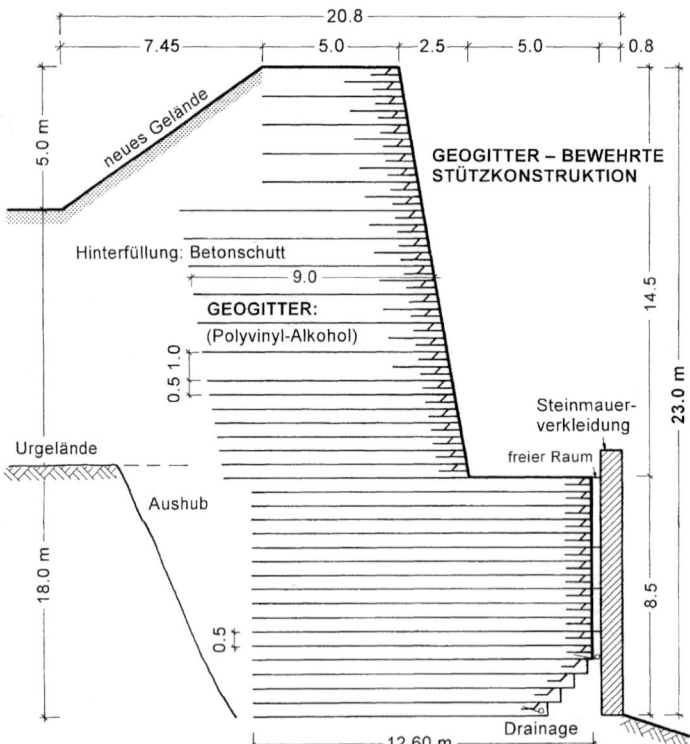

Bild 101. 23 m hohes Stützbauwerk aus Betonrecycling, bewehrt mit Geogitter aus basenstabilem Polyvinylalkohol [49]

3.9 Stützbauwerke und konstruktive Hangsicherungen

an der Böschungsfront umgeschlagen wurden. Hinter der alten Mauer wurde ein 0,2 m breiter Spalt freigelassen, um bei möglichen Verformungen eine Lastübertragung zu vermeiden. Die bestehende Mauer ist an die neue Konstruktion lediglich mit Geogittern punktuell angeheftet. Der Füllboden des bewehrten Stützbauwerkes besteht aus Betonrecycling der Körnung 0/45 mm, der auf einen Verdichtungsgrad von $D_{Pr} \geq 100\%$ der einfachen Proctordichte zu verdichten war. Aufgrund des basischen Milieus wurden Gitter aus hochzugfestem Polyvinylalkohol eingesetzt. An der unter ca. 80° geneigten Böschungsfläche der geokunststoffbewehrten Stützkonstruktion wurde ein speziell auf den Standort und den gewünschten Bewuchs abgestimmtes Bodensubstrat eingebaut. Den luftseitigen Abschluss bildet eine Erosionsschutzmatte mit integrierter Raseneinsaat.

Optimale Lösungen zur Stabilisierung von Rutschungen enthalten meist eine Kombination mehrerer Maßnahmen. Das in Bild 102 dargestellte Projekt bildet ein derartiges Beispiel, aufbauend auf einem Stützbauwerk aus Geokunststoff:

– Polsterwand mit Vlies-Bewehrung als kräftige Fußsicherung des Rutschhanges,
– flächenhafte Bodenauswechselung mit Geländeabtreppung und Kiesschüttung in den unteren 2/3 der Böschungshöhe,
– Bodenauswechselung und Steinschlichtung mit Fußabstützung (beide vermörtelt) im oberen Böschungsbereich,
– Winkelstützmauer auf Betonscheiben an der Böschungskrone zur Abstützung des Straßenkörpers,
– bergseitiger Entwässerungsschlitz und Oberflächendränagen.

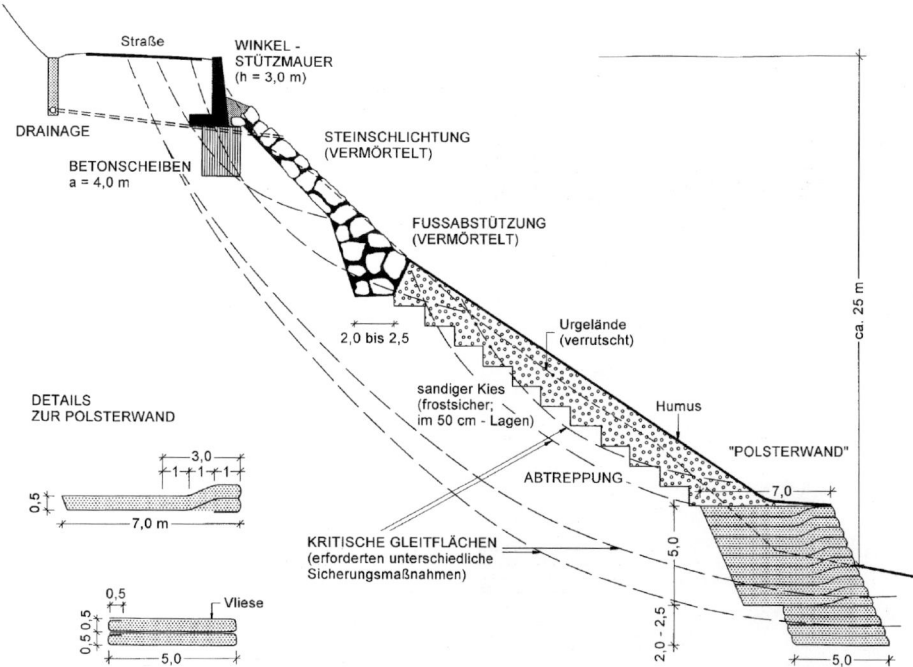

Bild 102. Fußsicherung eines Rutschhanges mittels Stützbauwerk aus vliesbewehrter Erde („Polsterwand"). Beispiel für ein Zusammenwirken mehrerer Stütz- und Sicherungsmaßnahmen in Anpassung an bereits vorhandene und noch mögliche Gleitflächen (progressive Bruchgefahr)

Die Beispiele der Bilder 100 bis 102 verdeutlichen, dass geokunststoffbewehrte Stützbauwerke in Hanglage häufig einen relativ tiefen Anschnitt erfordern. Dies gilt sinngemäß auch für die klassische Bewehrte Erde. Bei der Stabilisierung von aktiven Rutschhängen (insbesondere mit geringem Restscherwinkel) bedeutet dies ein erhöhtes Risiko, es sei denn, das Bauwerk wird lediglich als Hangfußabstützung ohne nennenswerten Anschnitt vorgesetzt.

Bild 103 zeigte eine 34 m hohe geokunststoffverstärkte Stützkonstruktion zur Sicherung eines Straßenabschnitts in Österreich. Trotz einer Neigung von 2:1 konnte die Ansichtsfläche mittels Spritzbegrünung dicht begrünt werden. Das Stützsystem besteht aus hochzugfesten Geoverbundstoffen (Gittern), Vliesen und Schalungsgittern. Die Relativbewegungen des im Fußbereich nur 4 m breiten Stützkörpers zum umgebenden Fels werden seit dem Jahr 2005 mittels Geodetect-Streifen mit 5 integrierten Dehnmessstreifen überwacht.

Weitere derartige Projekte wurden in den Jahren 2000 bis 2008 wiederholt beim Bau des Egnatia Odos Highway in Griechenland errichtet [20]. Diese Autobahn verläuft über weite Strecken entlang instabiler Hänge, in unwegsamem Steilgelände und in starken Erdbebenzonen. Aufgrund eines ca. 100 m hohen Hanganschnitts kamen mehr als 13 Mio. m^3 in Bewegung und eine nennenswerte Verschiebung der Autobahntrasse war nicht mehr möglich. Daher wurde in den Jahren 2007 bis 2008 in Hanglage ein Gegengewichtsdamm von nahezu 3 Mio. m^3 bis 135 m Höhe errichtet. Dieser ist örtlich mit Geokunststoffen bewehrt und stützt sich am Fuß auf einen weiteren mit Geokunststoffen bewehrten Schüttkörper, der ähnlich einer Gewölbestaumauer einen Großteil der Horizontalkräfte in die Flanken des sich dort verengenden Hangs bzw. Tals einleitet.

Darüber hinaus wurden in zahlreichen Fällen geplante Hängebrücken und Talübergänge durch geokunststoffbewehrte Dämme mit einer Höhe von 30 bis 60 m ersetzt. Diese erfordern geringere Bau- und Erhaltungskosten als Brücken und verhalten sich vor allem bei Erdbeben günstiger [20].

Bild 103. Detailansicht einer mit Geokunststoffen bewehrten 34 m hohen Stützkonstruktion im Anfangsstadium der Begrünung.

3.9 Stützbauwerke und konstruktive Hangsicherungen

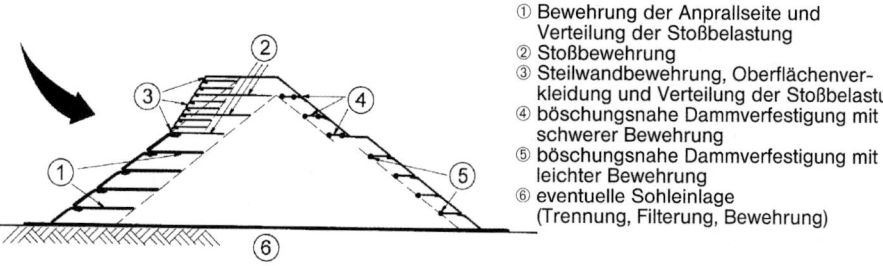

Bild 104. Beispiel eines mit Geokunststoffen bewehrten Schutzdammes gegen Felssturz, Lawinen und Muren. Möglichkeiten verschiedener Bewehrungselemente (schematisch)

Siedlungsgebiete und Verkehrsflächen, die von Lawinen, Muren oder großräumigen Felsstürzen bedroht sind, erfordern oft aufwendige Schutzmaßnahmen, die in vielen Fällen gleichzeitig zur Hangsicherung dienen (vgl. z. B. Bild 143). Neben Galerien oder anderen konstruktiven Stützbauwerken kommen auch flexibel reagierende Dämme zur Anwendung. Derartige Bauwerke werden primär durch stoßartige dynamische Lasten beansprucht, wobei gleichzeitig statische Lasten und örtliche Porenwasserdrücke auftreten. Zur Verbesserung des Tragfähigkeits-Verformungs-Verhaltens und als Dämpfungselemente hat sich die Bewehrung mittels Geokunststoffen bewährt. Diese ermöglichen auch eine steile Ausbildung der bergseitigen Böschungsfläche, wodurch ein möglichst großer Auffangraum für Lawinen, Muren und Felssturz gewonnen wird. Bild 104 zeigt schematisch einige Beispiele der Bewehrung von Schutzdämmen. Theoretische Grundlagen sowie Bemessungsansätze sind in [19] enthalten.

4.6 Stützmauern aus Gabionen

Gabionen werden auch als Drahtschotterkörbe oder Steinkörbe bezeichnet. Ihre Struktur besteht aus einer sechseckigen Masche, die durch die Doppeldrillung der Drähte erzielt wird, was das Öffnen des Netzes bei unvorhergesehenem Bruch eines Drahtes verhindert. Die Zugfestigkeit des Drahtes variiert zwischen 450 und 500 MN/m^2 [21]. Dieser ist aus Gründen des Korrosionsschutzes stets feuerverzinkt, im Bedarfsfall auch mit Kunststoff ummantelt, seine Dicke beträgt 2,4 bis 3,0 mm. Das Füllmaterial muss aus witterungsbeständigem Gestein bestehen und eine möglichst gleichmäßige Körnung aufweisen (in der Regel etwa 80 bis 200 mm). Je Fabrikat sind verschiedene Standardmaschentypen und Abmessungen der quaderförmigen Elemente üblich:

Breite: 1,0 m
Höhe: 0,5 bis 1,0 m
Länge: 1,5 bis 4,0 m

Darüber hinaus gibt es sehr schmale Typen („Matratzen"), die starke Verformungen erleiden und i. Allg. nur für Verkleidungen verwendet werden.

Das Drahtgeflecht der Gabionen wird zusammengelegt in Bündeln geliefert, an der Baustelle geöffnet und dann längs aller Kanten zusammengebunden, um die gewünschte Form zu erhalten. Nach der Verfüllung werden die Deckel umgelegt und entlang sämtlicher Kanten zusammengebunden, wodurch schließlich ein „monolithischer" Block entsteht. Gabionenmauern erhalten entweder luft- oder erdseits eine Abtreppung (Bild 105); die üblichen Wandneigungen variieren zwischen α = 0 bis 10°. Dabei werden die Drahtkörbe mit versetzten Fugen übereinander geschlichtet.

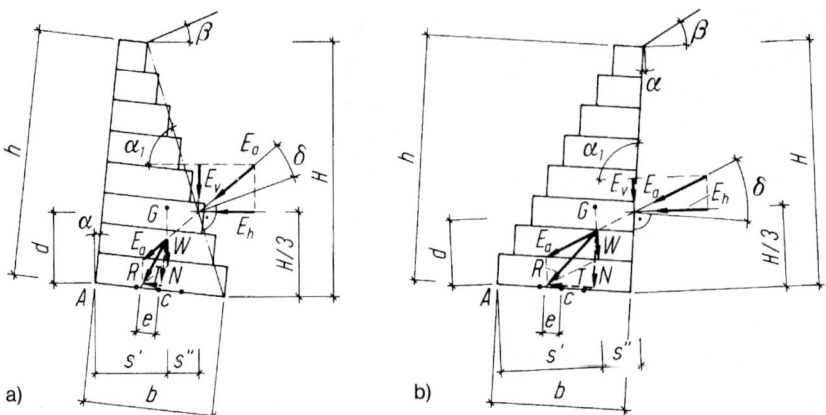

Bild 105. Stützmauern aus Gabionen mit Ansatz der Kräfte;
a) Mauer mit erdseitiger Abtreppung, b) Mauer mit luftseitiger Abtreppung

Die wichtigsten Merkmale von Bauwerken aus Gabionen sind:

- gute Anpassung an unregelmäßige Geländeoberflächen,
- hoher Widerstand gegen Druck- und Zugbeanspruchung, gute Anpassung an Kraftänderungen,
- Flexibilität und ausgeprägtes Verformungsvermögen,
- Durchlässigkeit,
- Wirtschaftlichkeit, einfache Herstellbarkeit,
- Begrünbarkeit.

Die zellförmige Struktur der Gabionen wirkt wie eine Bewehrung und erhöht den Widerstand der Konstruktion gegen jede Art von Beanspruchung. Infolge ihrer Flexibilität können derartige Stützkonstruktionen größere Setzungsdifferenzen oder unterschiedliche Seitenkräfte aus dem Hangschub ohne Bruch aufnehmen (Bild 106). Infolge ihrer ausgezeichneten Dränageeigenschaften wirken Gabionen in vernässten Hängen stabilisierend. Allerdings sind Filterschichten aus sandigem Kies oder filterstabile Geotextilien an den Grenzflächen zum Boden einzubauen.

Hinsichtlich des Langzeitverhaltens von Gabionen existieren in Italien [21] und Österreich positive Beispiele seit etwa 1890. Im Laufe der Jahrzehnte kam es meist zu einem Einspülen von Boden und zu einem kräftigen natürlichen Bewuchs, sodass die Funktion der Stützkörper trotz verschlechterter Drahteigenschaften erhalten blieb.

Die Bemessung von Stützmauern aus Gabionen erfolgt sinngemäß wie bei Schwergewichtsmauern. Der Zugwiderstand des Stahldrahtnetzes wird vernachlässigt und stellt somit eine zusätzliche Sicherheitsreserve dar. Aufgrund der Verformbarkeit der Stützmauer kann mit hinreichender Genauigkeit der aktive Erddruck angesetzt werden. Die Berücksichtigung eines Wasserdruckes auf die Mauerrückseite ist nicht erforderlich.

Es sind folgende Nachweise zu führen:

- Sicherheit gegen Kippen (konventionell um den vorderen Fußpunkt A; s. Bild 105),
- Sicherheit gegen Gleiten in der Sohlfuge,
- Sicherheit gegen Grundbruch: trotz der starken Verformbarkeit der Gabionen wird näherungsweise das Spannungstrapezverfahren zur Ermittlung der Sohldruckverteilung (Kantenpressungen) herangezogen.

3.9 Stützbauwerke und konstruktive Hangsicherungen

Bild 106. Verformte Gabionenbauten infolge zunehmender Erddrücke in einem Rutschhang [21]

Die Gleitsicherheit in den Horizontalfugen zwischen den Gabionenelementen ist nur in Sonderfällen zu untersuchen (z. B. ausgeprägte Gleitzone im Kriechhang).

Der Nachweis der inneren Stabilität erübrigt sich erfahrungsgemäß; vorauszusetzen ist allerdings eine dichte Verfüllung der Gabionen.

Mauern mit erdseitiger Abtreppung besitzen zwar eine größere Kippsicherheit, da auch das Bodengewicht auf die Treppenstufen stabilisierend wirkt. Andererseits erfordern solche Konstruktionen eine größere Aushubtiefe im Hang. Für bergseitige Böschungssicherungen sind daher luftseits abgetreppte Gabionenmauern zweckmäßiger; für die Abstützung von Schüttungen (z. B. Dammfußsicherungen) werden hingegen erdseitige Abtreppungen bevorzugt verwendet.

Die Gründungstiefe sollte mindestens 0,8 m betragen und weitgehend frostsicher sein (zumindest bei Frost-Tau-gefährdetem Untergrund). Bei bindigem Boden oder sehr witterungsempfindlichem Fels u. dgl. sollte ein 0,2 bis 0,3 m dickes, konstruktiv bewehrtes Streifenfundament hergestellt werden; außerdem ist ein Dränagerohr zu verlegen, um ein Aufweichen der Gründungssohle zu verhindern.

Alternativen zu den konventionellen Drahtschotterkörben bilden in zunehmendem Maße Gabionen aus Geokunststoffen (Gitter, Netze, Maschen). Außerdem besteht die Möglichkeit, die Hinterfüllung lagenweise zu bewehren, womit sich sehr tragfähige Konstruktionen ergeben. Als Filter zwischen grobkörnigem Füllmaterial der Gabionen und feinkörnigem Hang haben sich ebenfalls Geokunststoffe (Filtervliese) bewährt. Gabionen aus Geokunststoffen werden häufig im Wasserbau (s. Kap. 2.12 im Grundbau-Taschenbuch, Teil 2) verwendet.

4.7 Stützbauwerke aus verfestigtem oder verpacktem Boden

Stützmauern bzw. -bauwerke aus *Bodenverfestigungen mit Kalk oder Zement* sind seit langem bekannt. Durch die Zugabe derartiger Bindemittel steigen sowohl der Reibungswinkel als auch die Kohäsion des Bodens. In zunehmendem Maße wird auch inertes *Recyclingmaterial* für Stützkörper verwendet.

Stützkörper aus lagenweise eingebauten und verdichteten kalkstabilisierten Böden werden häufiger ausgeführt als solche aus Zementverfestigungen. Bereits geringe Kalkbeigaben (ca. 1,5 Gew.%) erhöhen den Reibungswinkel signifikant, doch sollte die Mindestdosierung aus arbeitstechnischen Gründen ca. 3,0 Gew.% nicht unterschreiten. Branntkalk ist – vor allem bei (zu) feuchtem Schüttmaterial – wirkungsvoller als Kalkhydrat, erfordert jedoch Schutzvorkehrungen gegen Verätzungen der Arbeiter. Stützkörper aus zementverfestigten Böden (oder Recyclingprodukten) weisen zwar eine höhere Druck- und Scherfestigkeit auf als kalkstabilisierte Bauwerke, doch ist ihre Herstellung wesentlich diffiziler. Auch bei Zementverfestigungen sollten mindestens 3 Gew.% des Bindemittels beigegeben werden. Bei geringerer Dosierung ist eine ausreichende, annähernd homogene Verteilung des Bindemittels im Erdkörper erfahrungsgemäß kaum gewährleistet.

Neben Stützbauwerken aus lagenweise eingebauten stabilisierten Böden oder künstlichen Korngemischen werden zunehmend solche aus In-situ-Verfestigungen errichtet (Mixed in Place, Cutter Soil Mixing, Deep Mixing etc.). Dabei haben sich vor allem scheibenartige Konstruktionen mit einem hohen Widerstandsmoment in der Falllinie des Hangs bewährt. Mit diesen Verfahren lassen sich kritische Bauphasen bei temporären Hanganschnitten weitgehend vermeiden.

Eine Besonderheit bilden Erdkörper, welche durch die Einmischung synthetischer Fasern verfestigt werden (*textiler Boden* bzw. *Texsol*). Dabei werden Endlosfäden aus Kunststoff kontinuierlich dem natürlichen Boden beigemischt (ca. 0,1 bis 0,2 Gew.%). Die Lieferung der Fasern an die Baustelle erfolgt auf Rollen. Der in situ aufbereitete Boden wird über ein Förderband an den Einbauort transportiert, wo gleichzeitig die Endlosfäden zugegeben werden (ca. 20 m/s). Das Ergebnis ist eine deutliche Erhöhung der Kohäsion bei gleichzeitiger Zunahme der zulässigen Verformungen; der Reibungswinkel des Bodens bleibt hingegen unverändert. Die Qualität der Fasern (i. Allg. Polyester) und deren Prozentsatz an Beimischung hängen von den Eigenschaften des natürlichen Bodens und dem Zweck des Stützbauwerkes ab.

Die Querschnitte von Stützmauern aus synthetisch verfestigter Erde können relativ schlank gestaltet werden – etwa Schwergewichtsmauern vergleichbar. Darüber hinaus sind mit diesem Verfahren auch völlig unregelmäßig geformte Stützkörper herstellbar, wie sie z. B. bei der Sanierung von Rutschungen vorkommen. Die meist unter 60° bis 70° (75°) geneigten Wandvorderflächen können begrünt werden und wirken daher optisch sehr ansprechend. Einschlägige Entwicklungsdaten sind [61] zu entnehmen.

Als „verpackter Boden" werden Konstruktionen bezeichnet, bei denen in Schläuche, Container oder Matratzen aus Geokunststoff körniges Material (meist Sand) eingefüllt wird. Dadurch entstehen pralle Körper, ähnlich Sandsäcken, die zu Stützkonstruktionen geschichtet werden. Diese Bauweise hat sich als rasches Stabilisierungsmittel bei Rutschungen, vor allem aber im temporären und permanenten Küstenschutz bewährt. Als Verpackungsmaterial werden bevorzugt mechanisch verfestigte und vernadelte, UV-stabile Vliese verwendet, wobei spezielle hochfeste und flexible Nahtformen erforderlich sind, um den diversen Lastfällen in den Bauzuständen und im Endzustand zu widerstehen. Durch Verwendung äußerst dehnfähiger Vliese werden kritische Spannungskonzentrationen vermieden. Großanwendungen erfolgen derzeit beim Bau des künstlichen Riffs an der Gold Coast in Australien, wo bis zu 400 t schwere geotextile Sandcontainer mit einer Länge von 20 m und mit Durchmessern von 3,0 bis 4,8 m eingebaut werden [47, 48].

5 Bodenvernagelungen und Bodenverdübelungen

Bei Bodenvernagelungen (bzw. Felsvernagelungen) handelt es sich um Stützkonstruktionen, die als Verbundkörper wirken. Sie können daher sowohl als Bewehrte Erde im weiteren Sinne als auch als „Verdübelungen" aufgefasst werden. Als Bewehrung des gewachsenen

3.9 Stützbauwerke und konstruktive Hangsicherungen

Bodens dienen Stahl- und Kunststoffstäbe (in der Regel schlaffe, fallweise auch vorgespannte Anker), Injektionskörper samt belassenen Injektionsrohren und Pfähle. Nägel sind primär auf Zug beansprucht, können aber auch Scherkräfte aufnehmen. Bei der Bemessung von Konstruktionen für dauerhafte Zwecke darf der Scherwiderstand allerdings nur dann in Rechnung gestellt werden, wenn der Korrosionsschutz nicht gefährdet ist (z. B. bei Felsnägeln, die nur geringen Scherverschiebungen unterliegen).

Verdübelungen basieren auf dem Ansatz des vollen Scherwiderstandes, vor allem bei Stahlbetonpfählen.

5.1 Nagelwände

5.1.1 Allgemeines

Als Nagelwände werden Stützkörper bezeichnet, welche aus drei Elementen bestehen (Bild 107):

– dem anstehenden Boden oder Fels,
– der Bewehrung aus Nägeln bzw. Ankern,
– einer Außenhaut an der Wandvorderseite (Spritzbeton, meist bewehrt; Fertigteilelemente; Betonwand; Gabionen etc.).

Bild 107. Anwendungsmöglichkeiten der Bodenvernagelung (Standardformen der Nagelwände)

Die gängigen Nagelwände weisen meist einheitliche Längen und Neigungen der Nägel auf. Das ist jedoch nicht zwingend für diese Bauweise; vielmehr kann und soll die Geometrie der Nagelung durchaus den Boden- bzw. Felseigenschaften, dem Verlauf der kritischen Gleitflächen und den unterschiedlichen Kräften angepasst werden (Bild 108).

Eine Kombination der Nägel mit langen, vorgespannten Injektionsankern ist möglich und hat sich auf zahlreichen Baustellen bewährt (z. B. Bild 44).

Boden- bzw. Felsvernagelungen werden seit etwa 1970 im österreichischen Alpenraum häufig angewendet. Das vorerst nur auf Erfahrungen und auf semi-empirischen Bemessungsansätzen basierende Verfahren wurde im Rahmen mehrjähriger Forschungsprogramme verfeinert z. B. [77, 91] und gehört aufgrund der mittlerweile sehr positiven Langzeiterfahrungen bereits zum allgemeinen Stand der Technik. Nagelwände finden nicht nur zur Sicherung von instabilen Hängen, Hanganschnitten oder Dammböschungen, sondern auch für Baugrubenwände, und zwar zur Verstärkung alter Stützmauern, Verwendung.

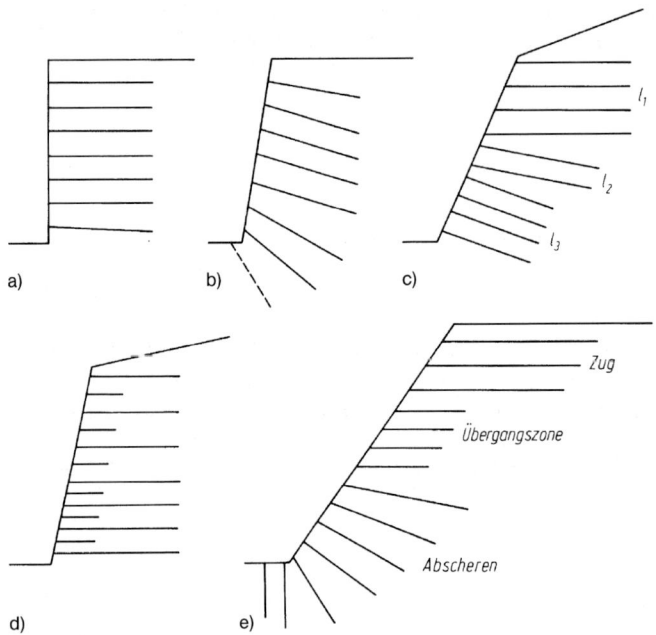

Bild 108. Unterschiedliche Nagelgeometrien von Nagelwänden in Anpassung an die örtlichen Verhältnisse. Überwiegende Beanspruchungsart der Nägel in e) angedeutet

5.1.2 Sonderformen von Ankern für Bodenvernagelungen

Neben *ausbaubaren Ankern bzw. Nägeln* sind auch *selbstbohrende Systeme* für die Herstellung von Ankern, Nägeln und Pfählen zu erwähnen. Ausgangsmaterial der Tragglieder selbstbohrender Systeme sind dickwandige Rohre, die mit verlorenen Bohrkronen drehschlagend in den Boden eingebracht werden. Selbstbohrsysteme dominieren für temporäre Maßnahmen; für Permanentzwecke ist der erforderliche doppelte Korrosionsschutz herstellungsbedingt nicht immer einwandfrei erreichbar.

Dränageanker

Dränageanker (z. B. Drill-Drän-Anker) sind eine Neuentwicklung, bei der Hangwasser bereits im Tiefsten gefasst und dann drucklos abgeleitet wird. Sie werden daher steigend eingebaut (meist unter 10° zur Horizontalen), und zwar mit einem wasserdurchlässigen Ankermörtel (ca. $k = 10^{-4}$ m/s). Bei heterogenem Untergrund und unregelmäßigen Hangwasserverhältnissen empfiehlt sich eine rasterförmige Anordnung der Dränageanker, jeweils zwischen den konventionellen Boden- bzw. Felsnägeln. Hauptanwendungsgebiete der Dränageanker sind Baugrubensicherungen [104], doch können sie auch für permanente Stützbauwerke eingesetzt werden.

Energieanker

„Energieanker" können zum Heizen und Kühlen von Bauwerken, Straßenkonstruktionen, Bahnsteigen herangezogen werden. Dabei werden Boden- bzw. Felsanker („Nägel") nicht nur als statisch-konstruktive Elemente von Bodenvernagelungen, sondern auch als Erdwärmesonden herangezogen. Damit lassen sich Synergien zwischen umweltfreundlicher Erdwärmenutzung und geotechnisch erforderlichen Bauteilen erzielen [69]. Als Energieanker eignen sich prinzipiell alle Ankertypen, deren Ankerstange als Rohr ausgeführt ist bzw. die einen genügend großen Querschnitt für einen Flüssigkeitsdurchsatz (Absorberfluid) aufweisen.

5.1.3 Herstellung

Die Herstellung ähnelt prinzipiell jener der Ankerwände (vgl. Bilder 45 und 109). Demnach wird der Boden (oder Fels) in einzelnen Etagen von oben nach unten ausgehoben und die freigelegte Wandfläche rasch mit Spritzbeton gesichert. Anstelle eines mit Baustahlgitter bewehrten Spritzbetons kann auch Fasersspritzbeton verwendet werden. Die Dicke des Spritzbetons beträgt ca. 8–15 cm für vorübergehende Zwecke und ca. 15–25 cm für bleibende Wände. Zur Vermeidung unzulässiger Wasserdrücke muss der Spritzbeton einen entsprechenden Raster von Dränageöffnungen erhalten. Bei Dauerbauwerken hat es sich auch bewährt, anstelle des Spritzbetons einen normalen bewehrten Ortbeton zu verwenden, dessen Ansichtsfläche aus ästhetischen Gründen abgeschalt wird. In den Wintermonaten (Frostperioden) stellt dies vor allem aus arbeitstechnischen Gründen eine Alternative zum Spritzbeton dar.

Die Höhe der einzelnen Etagen beträgt je nach Standfestigkeit des Untergrundes bzw. Rutschgefährdung des Hanges ca. $1,0 \div 1,5$ (2) m. Die Nägel bestehen im Allgemeinen aus Betonrippenstahl oder Stabstahl mit aufgerolltem Gewinde mit einem Stabdurchmesser von 16–63,5 mm (meist 20–32 mm). Zugglieder aus Feinkornbaustählen oder kunststoffgebundenen Glasfasern werden ebenfalls verwendet. Glasfasernägel bieten zwar die Vorteile der Korrosionsbeständigkeit, des geringen Gewichtes und der leichten Biegbarkeit, dem stehen jedoch als Nachteile die höheren Kosten und die Empfindlichkeit auf Querkraftbeanspruchung gegenüber. Verbundanker aus Geokunststoffschlaufen und Injektionskörpern umgehen ebenfalls Korrosionsprobleme. Dabei werden in Bohrlöcher (meist 100–150 mm $\varnothing$) zwei Schlaufen aus hochmodulgem Polyester mit einer Polyethylenbeschichtung eingeführt und dann die Bohrlöcher mit Zementmörtel ausinjiziert [97].

Bei der klassischen Nagelwand werden die Nägel im Allgemeinen erst nach dem Erhärten des Spritzbetons in den Boden eingebracht. Dies kann durch Bohren, Rammen, Spülen, Vibration oder Hineinschießen erfolgen, wobei das Bohren überwiegt. Für temporäre Zwecke werden in zunehmendem Maße selbstbohrende Nägel/Anker verwendet. Der in Bild 109 skizzierte Arbeitsablauf kann dahingehend abgeändert werden, dass zunächst die Nägel versetzt und erst dann die Spritzbetonschale aufgebracht wird. Bei Anschnitten in wenig standfestem Untergrund erhöht dies jedoch das Risiko lokaler Ausbrüche.

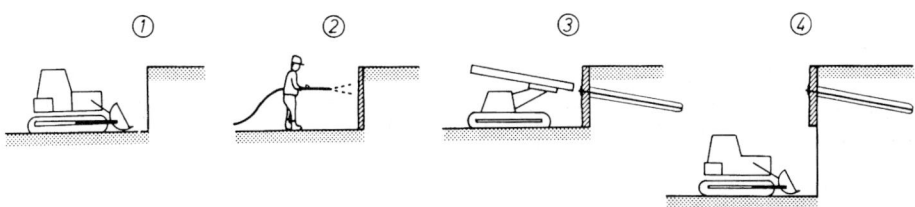

Bild 109. Herstellung einer Nagelwand („Bodenvernagelung" von oben nach unten). Systemskizze der Arbeitsphasen: (1) Abtrag etagenweise, (2) Aufbringen von Spritzbeton (bewehrt), (3) Versetzen der Anker (Nägel), (4) weiterer Abtrag (in Etagen von ca. 1–2 m Höhe)

Zur Gewährleistung eines ausreichenden Verbundes zwischen Nagel und Boden wird der durch die Bohrung entstandene Ringraum mit Zementmörtel gefüllt oder verpresst. Nach dem Erhärten des Zementmörtels ist der Nagelkopf mit der Spritzbetonhaut kraftschlüssig, jedoch ohne Vorspannung, zu verbinden. Unmittelbar darauf kann eine neue Lage ausgehoben werden.

Für kritische Fälle sind oft Nägel/Anker mit rascher bzw. sofortiger Wirkung unerlässlich. Hierfür haben sich Kunstharzklebeanker und Expansionsanker (z. B. System Swellex) besonders bewährt. Letzteres sind Stahlrohre, die mit gefaltetem Querschnitt (ähnlich dem griechischen Omega) in Bohrlöcher eingebracht und dann mit Wasser unter hohem Druck (ca. 300 bar) weitgehend auf Kreisform aufgepresst werden. Dadurch passt sich der Nagelquerschnitt der Bohrlochwandung an, und es entsteht sofort ein intensiver Verbund. Derartige Systeme haben sich vor allem für zerlegten, verwitterten Fels und bei kritischen Anschnitten sowie bei tiefen Baugruben bewährt. Sie kommen primär bei schwierigen Bauzuständen zum Einsatz, da sie sofort belastbar sind.

Im Regelfall entspricht die Länge der Nägel etwa dem 0,5- bis 0,7-Fachen der Wandhöhe und zwar je nach Boden- bzw. Felseigenschaften, geometrischen Verhältnissen und äußeren Lasten. Bei rutschgefährdeten Hängen können wesentlich längere Nägel erforderlich werden, bei hohen Wänden sind Längenabstufungen in den einzelnen Etagen zweckmäßig. Die Nageldichte beträgt in der Regel etwa 0,4–2,0/m^2 Wandfläche (Rastermaß ca. 0,7–1,5 m).

Wird die Bodenvernagelung als bleibendes Stützbauwerk verwendet, so sind die Nägel ähnlich wie bei Dauerankern gegen Korrosion zu schützen. Der Nagelkopf wird mit Spritzbeton überdeckt.

Neben dieser Standardausführung sind folgende Varianten gebräuchlich:

– zuerst Einbringen der Nägel (ohne Kraftschluss des Nagelkopfes) und erst dann Aufbringen des Wandbetons,
– Stahlbeton mit abgeschalter Sichtfläche anstelle des Spritzbetons.

Sämtliche Ausführungen bieten gegenüber konventionellen Stützmauern den Vorteil, dass bei der Herstellung kein zusätzlicher Bodenaushub hinter der Wand erforderlich ist.

5.1.4 Trag- und Verformungsverhalten

Bei ausreichender Nageldichte verhalten sich Bodenvernagelungen unter äußerer Belastung wie ein Monolith. Aufgrund der Verbundwirkung sind die Verformungen der Nagelwände relativ gering; sie liegen in der Größenordnung von 1 bis 3 Promille der Wandhöhe (siehe z. B. Bild 110).

Neben dem quasi-monolithischen Tragverhalten weisen Nagelwände auch eine Verbundwirkung auf, die statisch ähnlich einem vertikalen Fachwerkträger interpretiert werden kann: Die Nägel bilden die Zugelemente, und im Boden dazwischen bilden sich Druckdiagonalen. Diese Idealisierung gibt eine Erklärung für die in der Praxis und in Modellversuchen nachgewiesene Tatsache, dass die Bodenvernagelung auch dann zu einer signifikanten Tragfähigkeitserhöhung des Stützkörpers führt, wenn praktisch sämtliche Nägel innerhalb des theoretisch aktiven Erddruckkeiles nach *Rankine* liegen.

Im Gegensatz zu den Zugband-Einlagen der Bewehrten Erde können die Stahl- bzw. Kunststoffnägel sowohl Zugkräfte als auch Scherkräfte und Biegemomente übernehmen. Die axialen Nagelkräfte liegen meist im Bereich von $Z = 50$–300 kN je Nagel.

3.9 Stützbauwerke und konstruktive Hangsicherungen

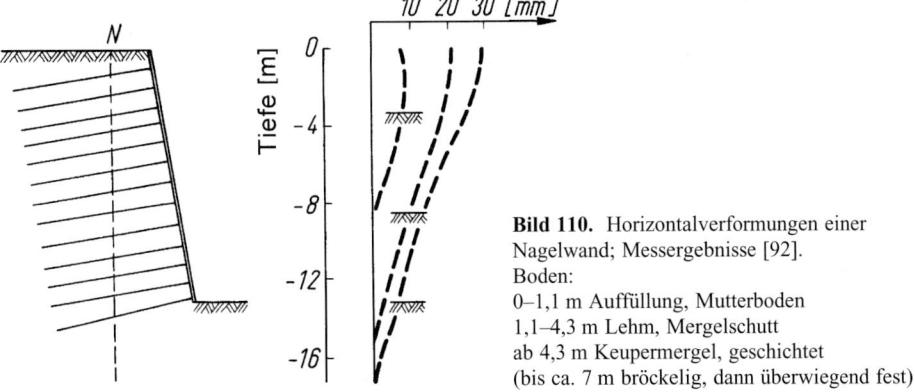

Bild 110. Horizontalverformungen einer Nagelwand; Messergebnisse [92].
Boden:
0–1,1 m Auffüllung, Mutterboden
1,1–4,3 m Lehm, Mergelschutt
ab 4,3 m Keupermergel, geschichtet
(bis ca. 7 m bröckelig, dann überwiegend fest)

5.1.5 Berechnung und Bemessung

Die Berechnung umfasst die Untersuchung der äußeren und inneren Standsicherheit. Dabei kann im Regelfall der aktive Erddruck zugrunde gelegt werden. Der Ansatz eines Wasserdruckes auf die Außenhaut ist meist nicht erforderlich, doch setzt dies voraus, dass in einem ausreichend dichten Raster Entwässerungsstutzen durch den Spritzbeton (oder Stahlbeton) führen; auch Entwässerungsschlitze haben sich bewährt.

Äußere Stabilität:

Da sich die Nagelwand bei Belastung wie ein Verbundkörper verhält, können die Standsicherheitsnachweise nach der Monoliththeorie, somit wie für konventionelle massive Stützmauern, geführt werden.

Innere Stabilität:

Zur Bemessung der Nägel wird eine Gleichgewichtsbetrachtung an den möglichen Gleitkörpern vorgenommen. Vom bodenmechanischen Standpunkt sind mehr Nägel von geringerer Tragfähigkeit vorteilhaft, da mit der Nageldichte die Verbundwirkung des Stützkörpers steigt. Herstellungsmäßig empfehlen sich weniger Nägel mit entsprechend größerer Tragfähigkeit. Die Bemessung hat somit technische und wirtschaftliche Aspekte zu berücksichtigen.

Die bisherige Sicherheitsdefinition vergleicht die vorhandene Nagelkraft mit der erforderlichen (Bild 111 a). Der zugehörige Sicherheitsfaktor beträgt $F_1 = 2$ für den Endzustand und $F_1 = 1,5$ für den Bauzustand. Der Bruchmechanismus und der Kräfteansatz für den Fall einer Geländeauflast gehen aus Bild 112 hervor. Für Grenzbereiche ist dieses Verfahren theoretisch nicht ganz zufrieden stellend.

Eine wirklichkeitsnähere Bemessung erfolgt durch einen Vergleich von vorhandenem und erforderlichem Reibungswinkel (Bild 111 b). Demnach wird der Sicherheitsfaktor aus der Gegenüberstellung der haltenden zu den treibenden Kräften in der jeweils betrachteten Gleitfuge abgeleitet. Da diese Kräfte vom Reibungswinkel φ abhängen, ergibt sich schließlich:

$$F_2 = \frac{\tan \varphi_{vorh}}{\tan \varphi_{erf}}$$

Der zu dieser Definition gehörende erforderliche Beiwert ist kleiner als bisher: $F_2 \geq 1,4$ für den Endzustand und $F_2 \geq 1,3$ für den Bauzustand.

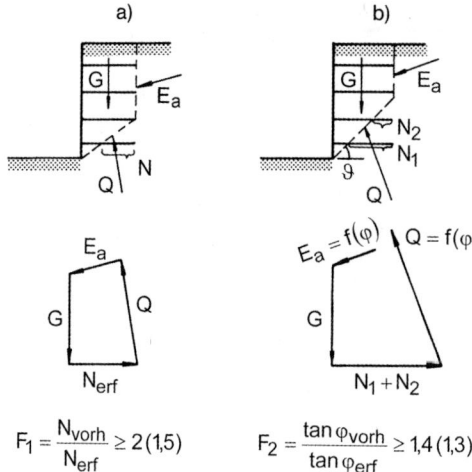

Bild 111. Innere Stabilität einer Nagelwand (Bodenvernagelung). Sicherheitsdefinitionen zur Bemessung der Zugglieder (Nägel) [92]; erforderliche Sicherheitsfaktoren F_1 bzw. F_2 während der Bauzeit reduzierbar (Klammerwert für Lastfall 2 nach DIN 1054)

$$F_1 = \frac{N_{vorh}}{N_{erf}} \geq 2\,(1{,}5) \qquad F_2 = \frac{\tan\varphi_{vorh}}{\tan\varphi_{erf}} \geq 1{,}4\,(1{,}3)$$

Die verschiedenen Sicherheitsdefinitionen können zu signifikanten Unterschieden im Berechnungsergebnis führen, wie Bild 113 beispielhaft zeigt. Theorie bzw. Rechenverfahren und dabei erforderlicher Sicherheitskoeffizient sind daher stets aufeinander abzustimmen, bzw. ist das Partialsicherheitskonzept auch hier künftig anzuwenden. Hierbei bieten kinematische Verfahren den Vorteil, dass auch Bewegungsvorgänge abgeschätzt werden können (siehe z. B. Bilder 99 und 113).

Die haltenden und treibenden Kräfte sind insgesamt eine Funktion der Bodenparameter (γ, φ, c), eventueller Geländeauflasten (p) und der Haftspannungen τ der Nägel im Boden. Im Sinne partieller Sicherheitsanalysen besteht die Möglichkeit, jeden einzelnen dieser Parameter mit einem Teilsicherheitsfaktor zu beaufschlagen. Bei der Dimensionierung werden dann die theoretischen Gleitkörper und der Querschnitt der Nagelwand (insbesondere

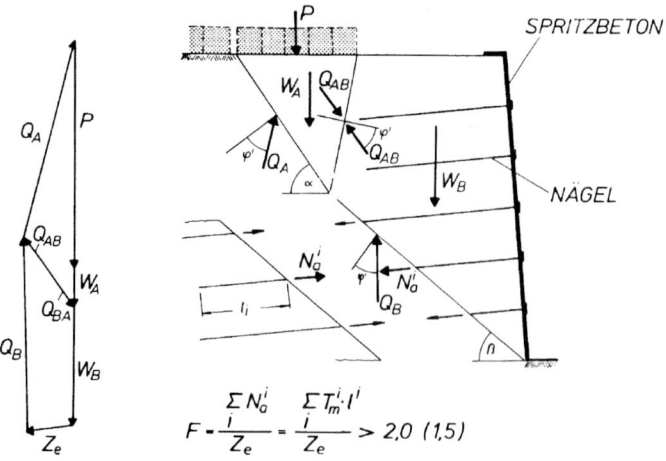

Bild 112. Schema für den Standsicherheitsnachweis einer Nagelwand mit Geländeauflast [91]

3.9 Stützbauwerke und konstruktive Hangsicherungen

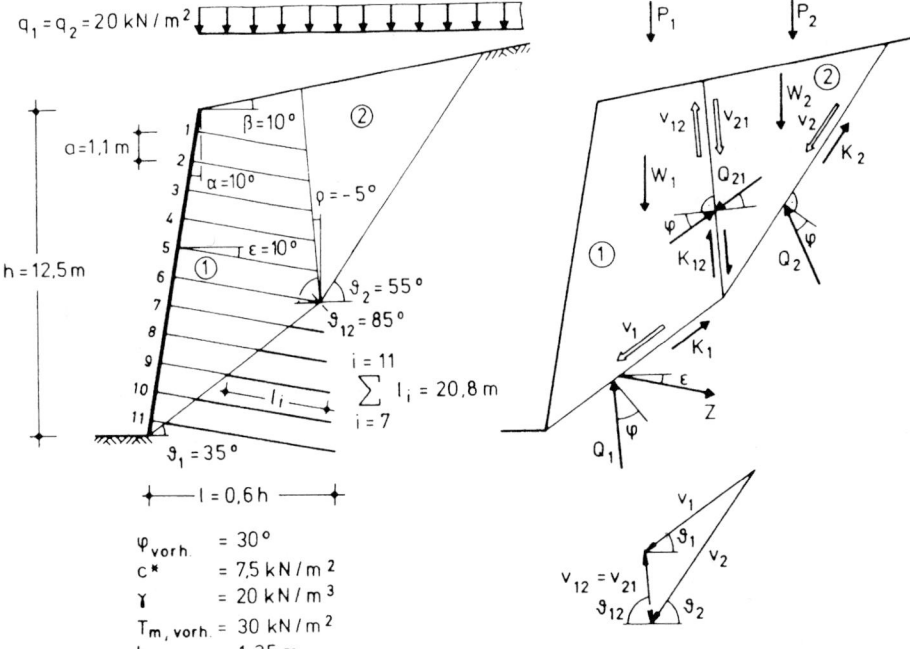

a) System mit Bodenkennwerten

b) Kräfte am System und Hodograph

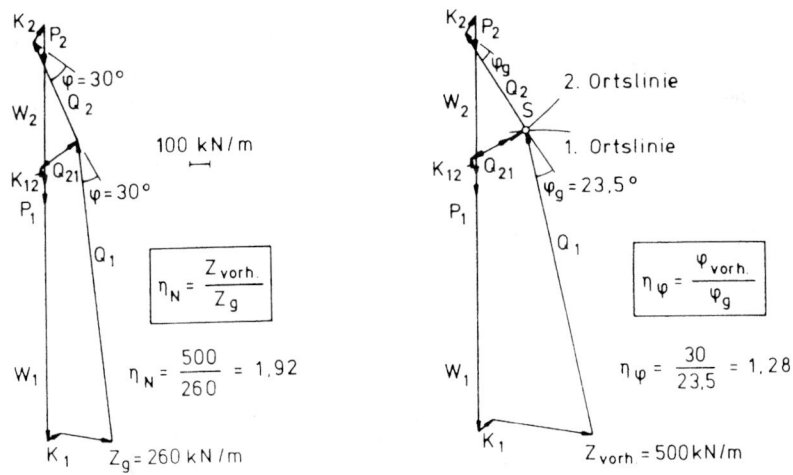

c) Krafteck, geschlossen mit Z_g

d) Krafteck, geschlossen mit φ_g

Bild 113. Vernagelter Geländesprung im Grenzzustand [38]. Beispiel mit Translationsmechanismus aus zwei Bruchkörpern und unterschiedlichen Sicherheitsdefinitionen.
η Sicherheitsfaktoren (F)
v_i Verschiebungsvektoren entlang der ebenen Gleitfugen des Bruchkörpersystems

Nagellängen) so lange variiert, bis sich für den Bruchzustand ein Gleichgewicht zwischen den haltenden und treibenden Kräften ergibt. Es gilt somit

$$\frac{\text{haltende Kräfte}}{\text{treibende Kräfte}} = \frac{f(\gamma, \varphi, c; \ p; \ \tau)}{f(\gamma, \varphi, c; \ p)} = 1,0$$

Der totale Sicherheitsfaktor kann allerdings auf diese Weise nicht ermittelt werden. Es ist zwar das theoretisch sauberste Verfahren, setzt allerdings genauere Voruntersuchungen voraus, um plausible Werte für die partiellen Sicherheitsfaktoren festlegen zu können.

Diverse Zulassungsbescheide fordern die Untersuchung von Zweikörper-Bruchmechanismen (Gleitkörperuntersuchungen) für die maßgebenden Bauzustände und den Endzustand. Dies kann z. B. nach den Bildern 112 und 113 oder sinngemäß nach den Bildern 96 und 97 erfolgen.

Gängige, erprobte Programme zur Berechnung der Geländebruchsicherheit können mit hinreichender Genauigkeit ebenfalls zur Dimensionierung von Vernagelungen herangezogen werden, sofern sich Nägel- bzw. Ankerkräfte berücksichtigen lassen.

Der innere Sicherheitsbeiwert der Nägel muss $\eta = 1,75$ gegenüber der Fließgrenze β_S des Stahles bzw. $\eta = 2,0$ gegenüber der Bruchgrenze von Stahlfasernägeln betragen, und zwar bezogen auf die aus den geotechnischen Standsicherheitsberechnungen erhaltene maximale Nagelkraft.

Zur Überprüfung der vorhandenen Nagelkräfte sind an der Baustelle bei 2 % ÷ 5 % der Nägel Ausziehversuche durchzuführen.

Die Spritzbetonschale wird nach DIN 1054 bemessen, wobei ein reduzierter Erddruck angesetzt werden kann (üblicherweise nur 85 %). Als Wandreibungswinkel auf die Rückseite der Außenhaut ist $\delta = 0$ in Rechnung zu stellen. Dieses Vorgehen ähnelt dem der Bewehrten Erde gemäß Abschnitt 4.4.

Bei flächenhaften Vernagelungen von Böschungen werden in der Regel längere Nägel in größerem Abstand versetzt als bei konventionellen Nagelwänden. Die relativ flach eingebrachten Nägel weisen entweder Kopfplatten auf oder enden unter der Geländeoberfläche und übertragen die Haltekraft über Mantelreibung in den Rutschkörper. Derartige Maßnahmen, die die Geländeoberfläche frei von störenden Konstruktionselementen halten, setzen zweierlei voraus: die Lage der Gleitfläche ist bekannt, und der zu sichernde Gleitkörper verhält sich wie ein starrer Körper [102]. Folgende Sicherheitsdefinition hat sich vor allem für graphische Verfahren bewährt:

$$F = \frac{\text{haltende Kräfte in der Gleitfuge im Grenzzustand } + \text{ Nagelkräfte}}{\text{widerstehende Kräfte in der Gleitfuge im Grenzzustand}}$$

5.2 Injektionsvernagelungen, Injektionsverdübelungen

5.2.1 Niederdruckinjektion

Dabei handelt es sich neben der Verfestigung in erster Linie um eine Art Vernagelung bzw. Verdübelung des anstehenden Bodens. Neben Zementinjektionen haben sich auch solche auf Silikatbasis bzw. Kombinationen bewährt; die Injektionsrohre (Durchmesser 1,5–2,5 Zoll) verbleiben hierbei im Untergrund. Die Injektionsdrücke liegen in der Regel unter 15 bar; bei stärkeren Leitungswiderständen können allerdings insgesamt auch größere Drücke erforderlich werden. Die perforierten Stahlrohre werden bislang vorwiegend vertikal in einem bestimmten Raster eingebracht (meist 1,5–2,5 m), teilweise auch geneigt, um die Verbundeigenschaften des verfestigten Bodens zu verbessern.

3.9 Stützbauwerke und konstruktive Hangsicherungen

Bild 114 zeigt die blockweise ausgeführte Injektionsverfestigung und Vernagelung eines Rutschhanges [46]: zur Wiederherstellung der Böschungsstabilität waren 54 in 4 hangparallelen Reihen angeordnete Injektionsblöcke mit einer Zementmenge von rd. 800 t erforderlich. In Bild 115 ist die Verfestigung des Abrissbereiches einer Großrutschung (ca. 700 m Länge) dargestellt, welche progressiv nach oben weiter zu schreiten drohte.

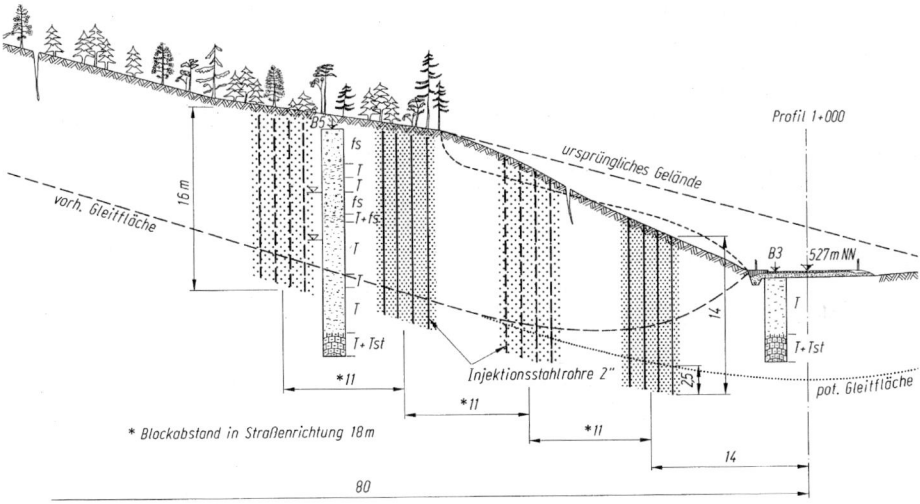

Bild 114. Stabilisierung eines Rutschhanges mit blockweisen Chemikal-Zement-Injektionen und gleichzeitiger Vernagelung durch verbleibende Injektionsrohre; scheibenartige Wirkung [46]

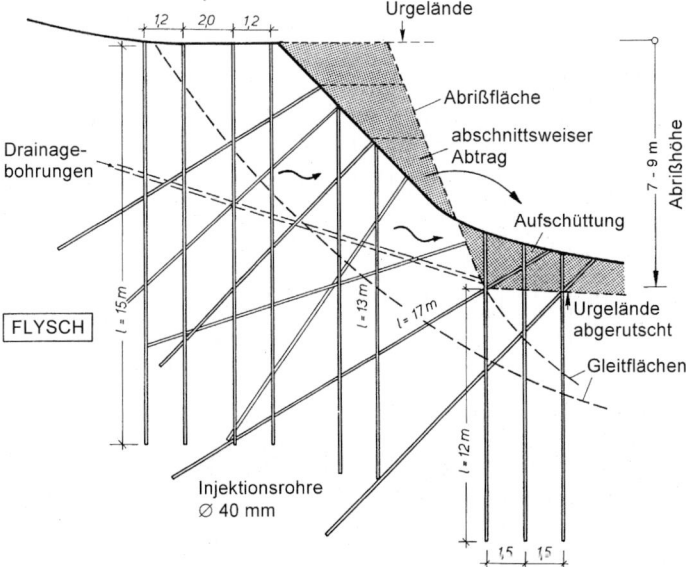

Bild 115. Querschnitt im Abrissbereich einer Rutschung mit Sicherungsmaßnahmen; gefächerte Niederdruckinjektionen mit (scheibenartiger) Verdübelung, Dränagebohrungen und Erdarbeiten

Bild 116 zeigt schließlich eine solche Stützkonstruktion als (unzureichende) Variante zur kombinierten Anker- und Brunnenwand des Bildes 33 für jene Hangprofile, wo die Rutschgefährdung zwar nicht so eklatant war, aber dennoch mit relativ großem Hangschub gerechnet werden musste. Sicherungselemente, die primär als vertikale Kleindübel wirken, können in solchen Fällen progressiv versagen (langfristiger Dominoeffekt).

Das Versagen derartiger Injektions-Stützkörper kann in Form einer Blockgleitung erfolgen (bei vorwiegend monolithischem Verhalten) oder durch Bruch der auf Abscheren bzw. Biegung beanspruchten Injektionslanzen. Die Seitenbettung der Rohre und Injektionskörper und ihr Gruppeneffekt sind in der Praxis schwierig abzuschätzen. Deshalb wird die Annahme einer fiktiven Kohäsion als Dimensionierungsparameter meist bevorzugt. Dieser Rechenwert bildet die Grundlage von Geländebruchuntersuchungen; er ist mittels Großversuchen im Laboratorium oder an der Baustelle zu bestimmen.

So wurden bei einem 2×2 m Raster von Injektionsrohren (d = 4 cm) in Großversuchen Erhöhungen der fiktiven Kohäsion von c = 10–50 kN/m^2 gemessen. Der Reibungswinkel blieb erwartungsgemäß nahezu unverändert.

Der Verlauf der tatsächlichen Gleitfläche muss für die Bemessung der Stützkörper nicht unbedingt bekannt sein: Bei einer Dimensionierung der Querschnitte und des Rasters (Dichte) der Nägel nach der Monoliththeorie und mit einer fiktiven Kohäsion des vergüteten

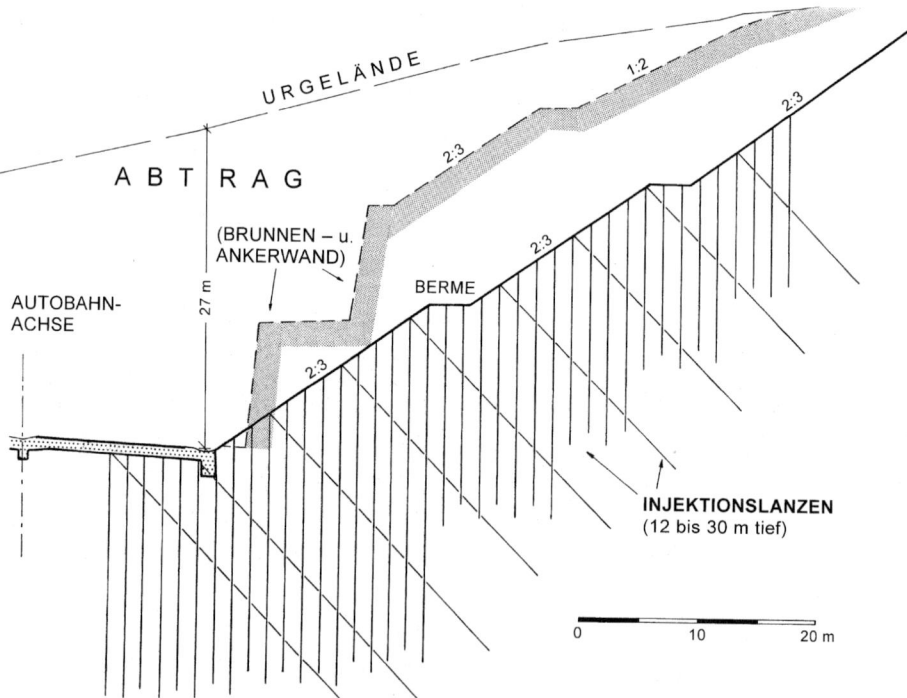

Bild 116. Verdübelung bzw. Vernagelung einer instabilen Einschnittsböschung mittels Niederdruckinjektionen und verbleibenden Injektionslanzen (blockartige Untergrundverbesserung); Variante zum Bild 33 im Bereich der weniger kritischen Zonen (Ausführung gemäß Bild 33 gestrichelt angedeutet)

3.9 Stützbauwerke und konstruktive Hangsicherungen

Bodenblocks ist er von sekundärer Bedeutung, und für die Bestimmung der Nagellänge reicht es im Allgemeinen aus, die hypothetisch ungünstigsten Gleitflächen mittels Geländebruchanalysen zu ermitteln. Inklinometermessungen sind natürlich stets vorteilhaft.

Grundsätzlich kann auch die Dübeltheorie zur Bemessung der ausgepressten Injektionslanzen herangezogen werden. Dabei ist zu beachten, dass es sich bei dieser Baumethode um Dübel mit sehr kleinem Durchmesser handelt, welche der Kriechbewegung eines Hanges nur auf einige Dezimeter ihrer Länge widerstehen. Die weiter oberhalb der Gleitfläche gelegenen Rohrabschnitte sind daher nahezu wirkungslos. Dem Grenzfall des abgescherten Dübels steht ein Versagen des Bodens infolge unzureichender Seitenbettung gegenüber; bei weichem, bindigem Untergrund kann die Dübelbeanspruchung nicht größer als der Fließdruck sein (z. B. [100]).

Vertikale Dübel setzen voraus, dass auch relevante Querkräfte übernommen werden können. Dies trifft bei dünnen Nägeln kaum zu, weshalb sie bevorzugt geneigt eingebracht werden sollten. Sie wirken dann primär als Zugelemente. Bild 117 zeigt die Sanierung einer Autobahnrutschung mittels Nagelungen und bis zu 100 m langen Entwässerungsbohrungen [58]. Die maßgebende Gleitfläche reichte bis 18 m Tiefe und wurde mittels Inklinometern erkundet. Der Hangwasserspiegel verlief hangparallel ca. 6 m unter Gelände. Die Nägel bestehen aus Verpresspfählen Ø 120 mm mit einem dickwandigen Injektions-Stahlrohr als Zentralbewehrung. Sie nehmen primär Zugkräfte auf, aktivieren aber auch Scherkräfte im Bereich der Gleitzone. Zur Erzielung eines wirksamen Schubverbundes zwischen Nägeln und Boden wurden Verdichtungsinjektionen mit Zementsuspension bis ca. 7 bar vorgenommen. Die rechnerisch zulässige Mantelreibung der als Zuganker konzipierten Nägel wurde an Hand von Zugversuchen festgelegt. Ein derartiger Bemessungsmodus ist bodenmechanisch klarer als die auf quasi-monolithischen Blöcken basierende Dübeltheorie.

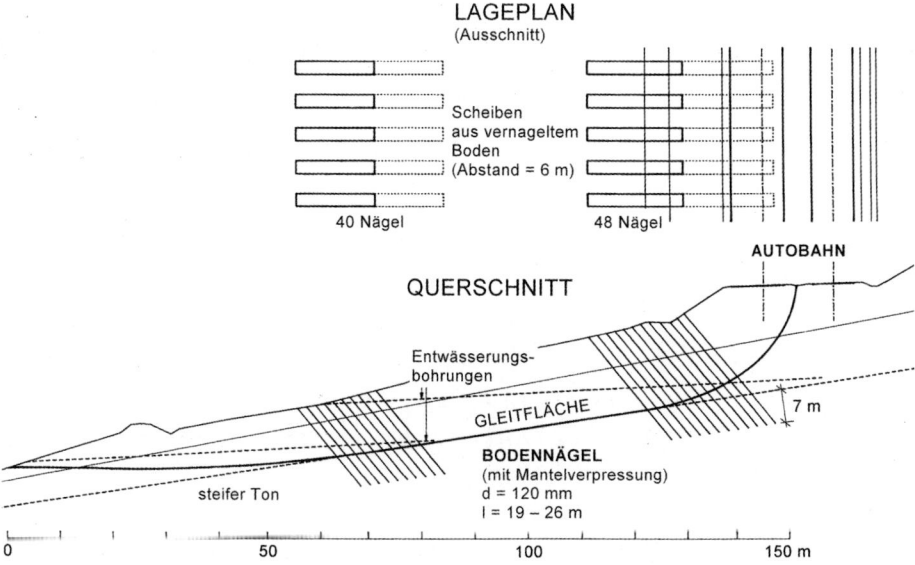

Bild 117. Sicherung eines Rutschkörpers mittels Injektionsvernagelung und Entwässerungsbohrungen [58]

Vertikale Stütz- bzw. Dübelscheiben aus Injektionsrohren und verfestigtem Boden sind allerdings einfacher herstellbar und kürzer als geneigte mit den an sich wirkungsvolleren Schrägnägeln. Es ist daher für jeden Einzelfall das technisch-wirtschaftliche Optimum zu suchen, wobei anstelle der Injektionsrohre auch Gewi-Anker/Pfähle mit Injektionsleitung als Bewehrungselemente in Frage kommen. Nachverpresssysteme zur Erhöhung der Mantelreibung der Stahlzugglieder und der Verbund- bzw. Blockwirkung haben sich ebenfalls bewährt. Das Einführen von Stahlstäben in die Injektionsrohre bildet eine weitere Verstärkungsmöglichkeit.

Injektionsvernagelungen bzw. Injektionsverdübelungen eignen sich vor allem für gut injizierbare Böden, wurden aber auch in tertiären tonig-schluffigen Sedimenten und Feinkornreichen, schieferigen Fels-Verwitterungsprodukten mit Erfolg verwendet [7]. Die maximale Tiefe der Vernagelung beträgt bislang ca. 30 m. Kopfplatten werden nur in Sonderfällen angebracht, z. B. bei relativ seicht liegender Gleitfläche.

5.2.2 Düsenstrahlverfahren

Während die Methode des „Soil Fracturing" für die Stabilisierung bzw. Abstützung rutschgefährdeter Hänge nur sehr beschränkt geeignet ist, bietet das Düsenstrahlverfahren (auch Jet Grouting, Hochdruckinjektion, Hochdruckbodenvermörtelung oder Soilcrete eine interessante Alternative zu konventionellen Stütz- und Sicherungsmaßnahmen. Die Anwendungsmöglichkeit konnte vor allem dadurch erweitert werden, dass die verfestigten Säulen nunmehr in jeder Neigung herstellbar sind. Neben den Düsenstrahlwänden (s. Abschn. 3.4) kommen somit blockartige Verfestigungen, Stützscheiben oder Verdübelungen (Bild 118) infrage. Letztere bilden einen Übergang zu Abschnitt 5.4 und können sinngemäß wie Verdübelungen mit Pfählen dimensioniert werden. Das Einbringen einer Längsbewehrung (Stahlstäbe oder Rohre) hat sich vor allem bei der Stabilisierung von Kriechhängen bewährt. Außerdem können Düsenstrahlkörper auf Grund ihrer hohen Festigkeit mit vorgespannten Ankern rückverhängt werden.

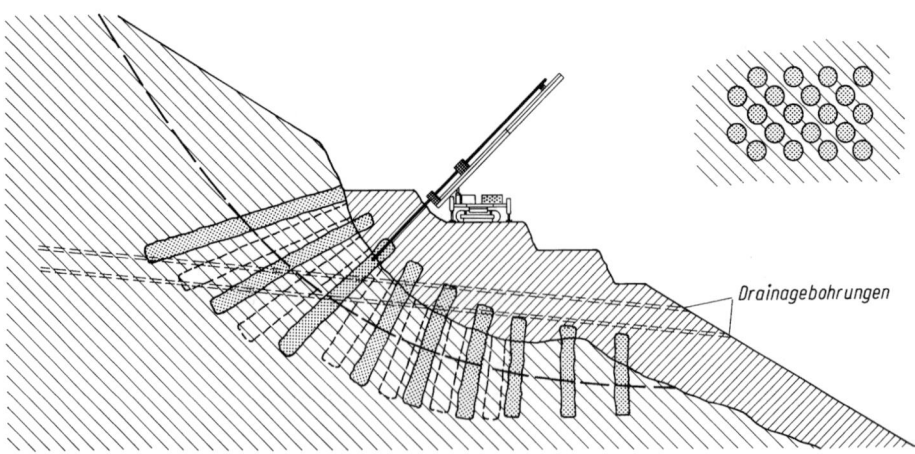

Bild 118. Sanierung einer Rutschung mittels Injektionsverdübelung: Säulen nach den Düsenstrahlverfahren (Jet Grouting)

5.3 Stabwände

5.3.1 Herstellung

Stabwände bestehen aus dünnen Injektionsbohrpfählen (z. B. „Wurzelpfählen"), welche in mehreren hintereinander liegenden Reihen angeordnet sind und sowohl Vertikalkräfte als auch Seitendruckkräfte aufnehmen können (Bild 119). Die Pfähle werden meist vertikal abgeteuft, doch sind auch Stabwände aus Schrägpfählen möglich (Bild 120). „Geflechte" aus schrägen, einander kreuzenden Wurzelpfählen, wie sie vor allem in Italien seit langem für Hangsicherungen und Stützbauwerke verwendet werden, waren die Vorläufer der „Stabwände". Besonders gut eignen sich solche Konstruktionen für eine nachträgliche Vertiefung des Planums vor bestehenden Stützmauern.

Die Stabwände sind in der Regel mit horizontalen Streichbalken versehen und verankert. An der Sichtfläche erhalten sie eine Spritzbetonverkleidung (Bild 119). Die Pfähle werden relativ neu gesetzt, sodass in Verbindung mit ihrer großen Mantelreibung statisch ein Bewehrter Erdkörper entsteht; die Verbundwirkung kann gegebenenfalls durch eine Bodeninjektion noch verbessert werden.

Stabwände eignen sich für Stützbauwerke unter beengten Platzverhältnissen und wenn Bohrhindernisse zu erwarten sind. Das Hauptanwendungsgebiet liegt allerdings bei Bauwerksunterfangungen [6]. Der gängigste Pfahldurchmesser beträgt d = 20 cm.

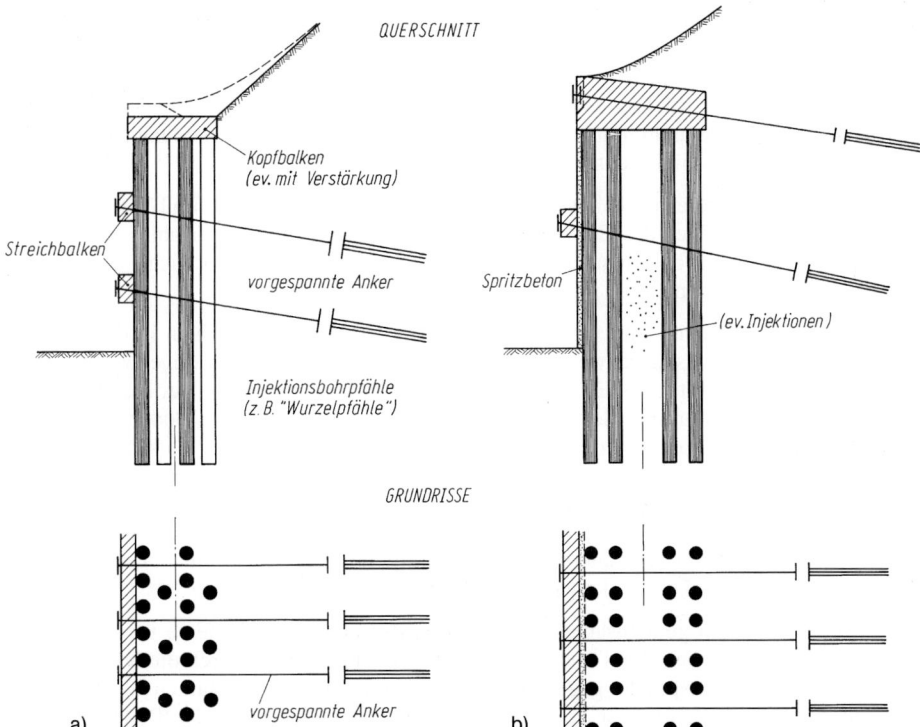

Bild 119. Stabwände aus vertikalen Wurzelpfählen, verankert; diverse Ausführungsmöglichkeiten (schematisch)

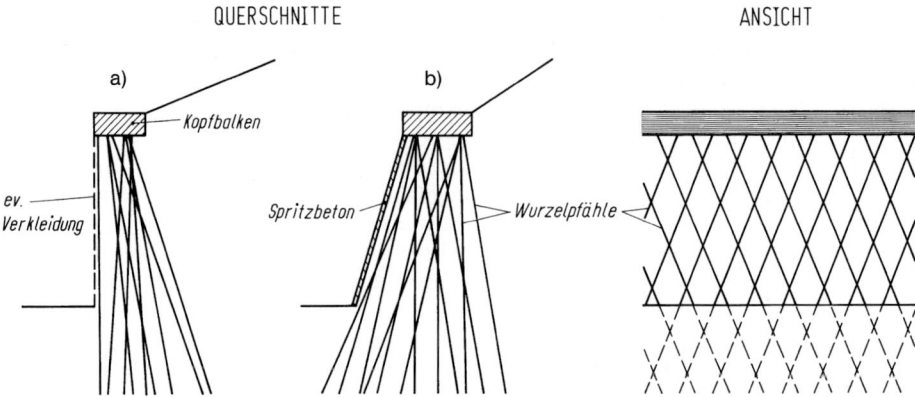

Bild 120. Stabwände aus einander kreuzenden Wurzelpfählen; unverankertes „Geflecht"

5.3.2 Berechnung und Bemessung

Die aus einer Vielzahl von schlanken Einzelpfählen und dem dazwischen verbleibenden Boden bestehende Stabwand wird als quasi-monolithischer Tragkörper aufgefasst, auf den ähnlich wie bei einer geschlossenen Pfahlwand die äußeren Kräfte anzusetzen sind. Damit kann die erforderliche Einbindetiefe in den Untergrund konventionell berechnet werden. Als Grenzwerte kommen freie Auflagerung bzw. volle Einspannung des Fußes infrage. Der Erddruck wird auf der Rückseite der erdseitigen Pfahlreihe angesetzt (fiktive Mauerbegrenzung); als mittlerer Wandreibungswinkel ist entsprechend der großen Mantelreibung der Injektionsbohrpfähle mindestens $\delta = 2/3\varphi$ vertretbar.

Liegen die Einbindetiefe der Stabwand und die zugehörige Lagerungsart im Untergrund fest, können die Schnittgrößen des Bauwerks elementar ermittelt werden. Anzahl, Durchmesser und Bewehrung der Pfähle hängen neben eventuellen Axiallasten vorwiegend vom aufzunehmenden Biegemoment ab.

Derzeit erfolgt die Bemessung von Stabwänden aus Injektionsbohrpfählen in der Bundesrepublik Deutschland fast durchweg derart, dass eine geschlossene Wand angenommen wird, wobei die Tragfähigkeit jedes Einzelpfahles für sich nachzuweisen ist. Bei diesem Ansatz bleibt die tragende Wirkung des zwischen den Pfählen verbliebenen Bodens unberücksichtigt, sodass obere Grenzwerte für die Bemessung erhalten werden. Tatsächlich bilden jedoch Pfähle und Boden einen quasi-monolithischen Balken mit einem gemeinsamen Widerstandsmoment. Die Stabwand stellt somit einen Bewehrten Erdkörper dar, dessen Tragfähigkeit ähnlich wie beim Stahlbetonbalken mit Druck- und Zugeinlagen abgeschätzt werden kann. Der Boden wird hierbei als Beton aufgefasst, und zwar unter Ausschluss der Zugspannungen, die Pfähle wirken als Bewehrung.

Voraussetzung für ein gemeinsames Trägheitsmoment der Einzelelemente ist eine ausreichende Haftung zwischen Pfahl und anstehendem Boden; diese ist durch die hohe Mantelreibung der Pressbetonpfähle gegeben. Zur Erhöhung des gemeinsamen Widerstandsmomentes empfiehlt es sich, die einzelnen Pfahlreihen vorwiegend in den Randzonen und nicht im Bereich der Nullachse der Stabwand anzuordnen. Der lichte Mindestabstand zwischen zwei Einzelpfählen sollte gleich dem Pfahldurchmesser sein, da sich ansonsten ihre Wirkungsbereiche zu sehr überschneiden.

3.9 Stützbauwerke und konstruktive Hangsicherungen

Unter der Annahme der Gültigkeit der Bernoulli-Hypothese (Ebenbleiben der Querschnitte) kann das auf den Stabwanderquerschnitt wirkende äußere Moment M_{max} in jeweils gleichgroße Druck- und Zugkräfte zerlegt werden, welche die Pfahlreihen nur mehr axial beanspruchen. Damit ergibt sich ein unterer Grenzwert für die Belastung des Einzelpfahles.

Für die Praxis empfiehlt es sich, einen Teil der äußeren Biegemomente in jeweils gleichgroße Druck- und Zugkräfte aufzuteilen [5]. Das tatsächlich von den Einzelpfählen aufzunehmende Maximalmoment M'' liegt somit zwischen den Grenzwerten

$$0 < M'' < M_{max}$$

worin

$M'' = 0$ volle Schubübertragung
$M'' = M_{max}$ keine Schubübertragung
M_{max} maximales Biegemoment je Wandlaufmeter

Das volle Biegemoment M_{max} wird mit einem Faktor $\bar{\alpha}$ abgemindert, der ähnlich wie beim verdübelten Balken ein Maß für den Wirkungsgrad des Verbundes darstellt:

$$M'' = \bar{\alpha} \cdot M_{max} \qquad 0 \leq \bar{\alpha} \leq 1$$

Das reduzierte Teilmoment M'' ist von den Pfählen direkt aufzunehmen, der übrige Anteil des Biegemomentes kann in Axialkräfte zerlegt werden:

$$M_{max} - M'' = M_{max} \cdot (1 - \bar{\alpha})$$
$$D = -Z = \frac{M_{max}}{z} \cdot (1 - \bar{\alpha})$$

z   Hebelarm der inneren Kräfte

Der Tragfähigkeitsnachweis für den Einzelpfahl ist somit wie folgt zu führen:

$$(1) \quad P''_{ei} = \frac{V}{n} + \frac{D_i}{m_i} \leq P_{zul} \quad (\text{Druck})$$

$$= \frac{V}{n} - \frac{Z_i}{m_i} \leq P_{zul} \quad (\text{Zug})$$

wobei sich D_i, Z_i ergeben aus:

$$(1 - \bar{\alpha}) \cdot M_{max} = \sum_{i=1}^{k} D_i \cdot z_i = -\sum_{i=1}^{k} Z_i \cdot z_i$$

V   Vertikalbelastung der Stabwand (z. B. bei Bauwerksunterfangungen)
n   Gesamtanzahl der Pfähle pro Laufmeter Wand
m_i Anzahl der Pfähle innerhalb der i-ten Pfahlreihe (pro Laufmeter Wand)
k   Anzahl der Pfahlreihen in Stabwandlängsrichtung

und $2\dfrac{D_i}{z_i} = 2\dfrac{|Z_i|}{z_i} = \text{const}$ (näherungsweise linearere Spannungsverteilung)

$$(2) \quad M'' = \frac{\bar{\alpha} \cdot M_{max}}{n} = M_{zul}$$

Der empirische Faktor $\bar{\alpha}$ („Verbundfaktor") hängt von mehreren Parametern ab:

– Bodeneigenschaften,
– Pfähle (Art, Durchmesser, gegenseitige Abstände, Mantelreibung),
– Vorhandensein von Streichbalken, Kopfbalken,
– Verankerungen,
– Injektionen (des Bodens zwischen den Pfählen).

Der Fall $\bar{\alpha} = 0$ wird praktisch nicht eintreten, da sogar beim Stahlbetonbalken infolge Sekundärbiegung eine Spannungserhöhung bis zu 3 % in der Bewehrung auftreten kann. Daher empfiehlt es sich, aus Sicherheitsgründen auch bei vollem Verbund $\bar{\alpha} \geq 0{,}1$ anzunehmen und das auf den Einzelpfahl entfallende effektive Biegemoment durch Stahleinlagen aufzunehmen.

Falls über den gesamten Querschnitt ein Verbund gegeben ist, stellt sich eine Spannungs-Verformungsverteilung gemäß Bild 121 ein. Die in der Regel nur sehr kleine Schubübertragung zwischen zentralem Bodenkern und Pfahlreihen kann durch zwischengesetzte Pfähle und/oder Injektionen verbessert werden.

Liegt zwischen den in den Randzonen der Stabwand eingebrachten Pfahlreihen ein Erdkern, dessen Breite den drei- bis fünffachen Pfahldurchmesser d überschreitet, so sind die Biegemomente jeweils auf zwei benachbarte, eng stehende Pfahlreihen aufzuteilen und zu zerlegen (Bild 122). Die Stabwand besteht in diesem Fall aus zwei voneinander unabhängigen Tragkörpern, für die der Sicherheitsnachweis getrennt zu führen ist.

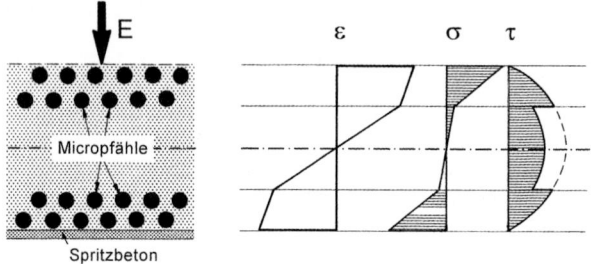

Bild 121. Grundriss einer durch Erddruck belasteten Stabwand aus zwei Pfahldoppelreihen mit Verbundwirkung entlang des gesamten Querschnittes. Spannungsverteilung und Verformungsbild. Schubübertragung durch mittleren Bodenkern mittels Injektionen oder zusätzlichen Pfahlreihen verbesserbar. Analogie zum druck- und zugbewehrten Stahlbetonbalken

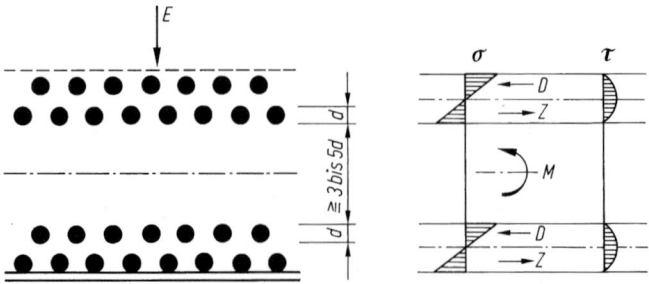

Bild 122. Grundriss einer Stabwand aus zwei unabhängigen Pfahldoppelreihen (vgl. [55]). Zerlegung des angreifenden Momentes M in axiale Druck- und Zugkräfte

3.9 Stützbauwerke und konstruktive Hangsicherungen   865

Aufgrund der Wahl des Abminderungsfaktors $\bar{\alpha}$, der durch Modellversuche erfasst und durch Baustellenmessungen (näherungsweise) rückgerechnet werden kann, stellen vorstehende Bemessungsgrundsätze ein semi-empirisches Verfahren dar. Damit sind jene theoretischen Widersprüche vertretbar, die sich daraus ergeben, dass einerseits eine lineare Spannungsverteilung zur Ermittlung der anteiligen inneren Druck- und Zugkräfte angenommen wird, andererseits jedoch infolge mangelnder Schubübertragung im Erdkern die Querschnitte nicht mehr eben bleiben.

Die bodenmechanischen Annahmen werden nicht nur durch Großversuche an horizontal belasteten Pfahlgruppen, sondern auch durch die Baustellenerfahrung erhärtet. Sie werden umso besser zutreffen, je schlanker die Pfähle sind und je größer deren Mantelreibung ist. Die Pfahlrauigkeit ist in tonigen Böden im Allgemeinen geringer als bei kohäsionslosem Material; dem steht jedoch die höhere Eigenfestigkeit bindiger Böden gegenüber.

5.4 Dübelwände, Hangverdübelungen

5.4.1 Allgemeines

Für Hangverdübelungen im weitesten Sinne kommen von Kleinbohrpfählen (z. B. Wurzelpfähle, d = 10–25 cm) bis zu Großbohrpfählen sämtliche Pfahldurchmesser infrage, ferner Schlitzwandelemente und schließlich großkalibrige Brunnen. Von der Anordnung der Stützelemente her weisen sowohl teilweise oder ganz geschlossene Wände als auch Einzelelemente eine Dübelwirkung auf.

Dübelwände und Hangverdübelungen aus Pfählen oder Schlitzwänden können auch zur geothermischen Energienutzung (Heizung und/oder Kühlung) von Bauwerken herangezogen werden [17, 74].

Sonderfälle stellen die Injektionsverdübelungen dar, bei welchen das Stahlrohr im Untergrund verbleibt (s. Abschn. 5.2). Von der Wirkung und der Bemessung können sie sinngemäß wie Kleinbohrpfähle behandelt werden. Es handelt sich um Kleindübel von ca. 5–20 cm Durchmesser. Schließlich sei noch erwähnt, dass manchmal auch Rammpfähle aus Holz, Stahl oder Stahlbeton zur Verdübelung von Rutschungen dienen; sie kommen vor allem bei weichen Böden und Katastropheneinsätzen infrage.

Im Einzelnen sollen als Dübelwände bzw. Hangverdübelungen im engeren Sinne bevorzugt solche Konstruktionen verstanden werden, welche aus raster- bzw. reihenförmig angeordneten Pfählen oder Brunnen bestehen. Dabei ist je nach Schlankheit bzw. Steifigkeit der Dübel ein sehr unterschiedliches Verformungsverhalten zu berücksichtigen (Bild 123): Kleindübel widerstehen nur auf geringe Länge (ca. ≤ 1 m) einer Kriechbewegung; die darüber gelegenen Teile des Dübels sind daher nahezu kraftlos. Im Gegensatz dazu verkanten sich gedrungene Großdübel. Nach den Untersuchungen von *Gudehus* [42] beträgt der wirtschaftlich optimale Dübeldurchmesser zur wirkungsvollen Bremsung eines Kriechhanges ungefähr ein Zehntel der Gleitflächentiefe ab Gelände. Bei erhöhtem Risiko oder wenn nur geringe Verformungen zulässig sind, werden entsprechend größere Dübeldurchmesser und Einspanntiefen erforderlich. Eine allgemein gültige, generelle Empfehlung kann daher nicht gegeben werden.

Die Summe der Widerstandsmomente vieler Kleindübel ist in der Regel deutlich kleiner als das Widerstandsmoment weniger Großdübel. Ausnahmen bilden lediglich solche Verdübelungen, bei denen (evtl. durch Zusatzmaßnahmen, z. B. Injektionen) ein derart hoher Verbund mit dem Untergrund erzielt wird, dass der vergütete Block wie ein quasi-Monolith mit gemeinsamer Nullachse für Boden und Dübel angesehen werden kann. Andernfalls besteht bei Kleindübeln das Risiko, dass sie progressiv versagen. Dieser „Domino"- oder „Reißverschluss"-Effekt tritt erfahrungsgemäß eher langfristig auf (nach 3–5 Jahren).

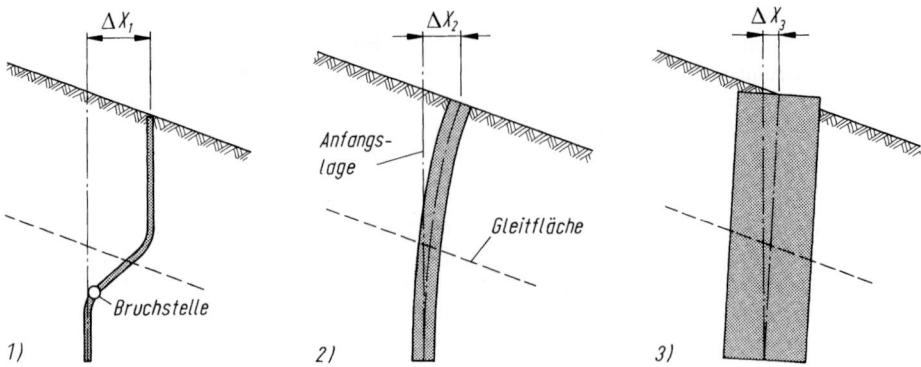

Bild 123. Verformungsbild von Dübeln in Kriechhängen
(1) Kleindübel (d ≤ 20 cm)
(2) normaler Dübelquerschnitt
(3) Großdübel (d > 1,5 m bzw. elliptischer Brunnen)

Vor allem bei Pfahldurchmessern zwischen d = 60 cm und 150 cm hat es sich bewährt, diese Bodendübel am Kopf mit einem Stahlbetonrost biegesteif zu verbinden. Der Trägerrost kann horizontal liegen oder der Böschung angepasst sein. Statisch günstig sind fachwerkartig verbundene Druckriegel. Derartige Konstruktionen eignen sich besonders für die Fußsicherung rutschgefährdeter Hänge (Bild 124). Sie bieten unter anderem den Vorteil einer gleichmäßigeren Kraftverteilung auf die Pfähle, was das System unempfindlicher gegenüber Änderungen im statischen Ansatz macht. Andererseits werden Kopfverbindungen aus optischen bzw. umweltfreundlichen Gründen manchmal weggelassen oder die Pfahlköpfe unter der Geländeoberfläche angeordnet bzw. mit Boden überdeckt.

Bei der *Berechnung* ist zu unterscheiden, ob die Pfähle je nach Schlankheit und gegenseitigem Abstand überwiegend eine Einzelwirkung oder eine Gruppenwirkung aufweisen. Im ersteren Fall ergibt sich die Gesamttragfähigkeit der Stützkonstruktion aus der algebraischen Summe der Tragfähigkeit der Einzelpfähle; im zweiten Fall beeinflussen sich die Pfähle gegenseitig (enger Abstand, Kopfverbindungen).

Zu beachten ist, dass die für die Bemessungsschnittkräfte maßgebende Belastung der Dübel von mehreren Faktoren abhängt:

- Bodenkennwerte,
- Standsicherheit des Hanges (inkl. eventueller Strömungsdrücke),
- Geometrie und Bewegungsgeschwindigkeit des Gleitkörpers,
- Relativbewegung Dübel – Boden,
- Abmessung der Dübel (insbesondere Schlankheitsgrad),
- Steifigkeitsverhältnisse Dübel – Boden,
- Einbindetiefe der Dübel in den stabilen, nicht bewegten Untergrund,
- vertretbare Risiken bzw. angestrebte „Restgeschwindigkeit" eines Kriechhanges nach der Verdübelung.

Diese Einflussparameter können bei den diversen Lastansätzen bzw. Theorien nur teilweise berücksichtigt werden. Vielfach sind Iterationen erforderlich. Man muss sich daher stets darüber im Klaren sein, dass die Rechenergebnisse mehr oder minder nur Näherungen darstellen.

3.9 Stützbauwerke und konstruktive Hangsicherungen

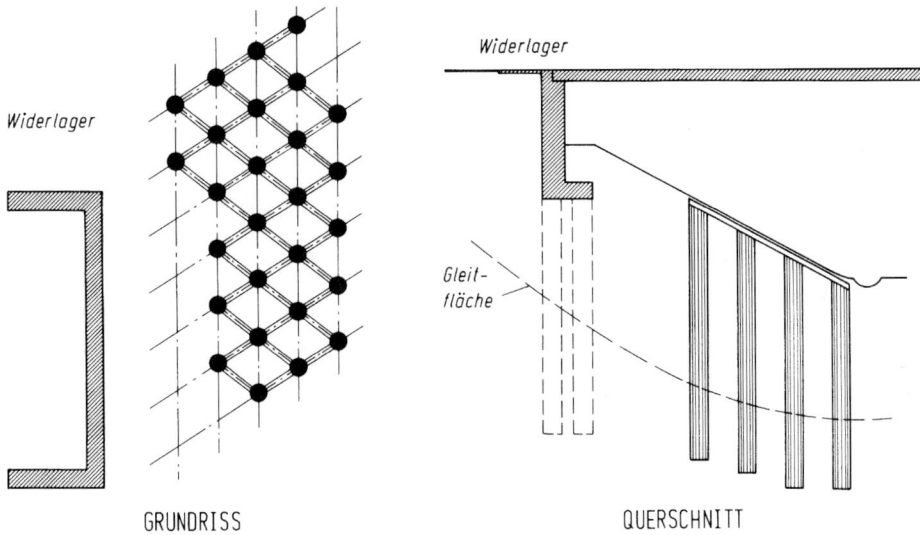

Bild 124. Sicherung eines Brückenwiderlagers im Rutschhang (nach [89]).
27 Großbohrpfähle (d = 1,50 m, Tiefe 22 m) mit biegesteifer Verbindung der Pfahlköpfe durch einen Stahlbetonrost (fachwerkartige Aussteifung aus Druckriegeln von – 0,5 × 0,5 m Querschnitt)

Trotzdem ist die Forderung nach hohen Sicherheitsfaktoren meist nicht gerechtfertigt und vor allem unwirtschaftlich: Erfahrungsgemäß reicht eine Erhöhung des Sicherheitsfaktors gegen Böschungsbruch von $F \leq 1,0$ auf $F = 1,05$ bis $1,15$ aus, um Rutschungen zu stabilisieren. Bei ausgesprochenen Kriechhängen kann vielfach nicht einmal mit aufwendigsten technischen Maßnahmen ein völliger Bewegungsstillstand erzwungen werden. In solchen Fällen muss man sich auf eine örtliche Abschirmung gefährdeter Bauwerke begrenzen oder „schwimmend" in der Kriechmasse bauen [6–9].

5.4.2 Berücksichtigung der Kriechgeschwindigkeit des Bodens

Das Festigkeitsverhalten von Böden hängt bekanntlich von der Verformungsgeschwindigkeit ab, und zwar wächst der Schubwiderstand mit steigender Abschergeschwindigkeit. Das viskose Stoffverhalten ist bei wassergesättigten Tonen besonders ausgeprägt, tritt aber auch bei gemischtkörnigen Böden mit Ton-Schluff-Beimengungen auf. In der Praxis wird dieser Bodeneigenschaft insofern Rechnung getragen, als in Rutschbereichen mit größerer Kriechgeschwindigkeit die Sicherungsmaßnahmen örtlich stärker auszubilden sind als in den übrigen Hangabschnitten [7, 9].

Für ausgesprochene Kriechhänge (mit Bewegungsgeschwindigkeit an der Oberfläche zwischen etwa 0,1 mm und 5 cm pro Monat im Jahresmittel) hat *Gudehus* [41, 42] ein Bemessungsverfahren für Pfahldübel entwickelt, welches das geschwindigkeitsabhängige Festigkeitsverhalten bindiger Böden berücksichtigt. Der Seitendruck auf die Pfähle wird bis zum Erreichen des Fließdruckes etwa proportional der Relativbewegung zwischen Pfahl und Boden angenommen. Die Dübel werden statisch-bodenmechanisch als elastisch gebettete Balken in tonigem Boden aufgefasst, und die Bettungsmoduln oberhalb und unterhalb der Gleitzone schichtweise konstant angenommen. Die zusätzlichen Widerstände an den Gleitkörperrändern und Pfahllängskräfte werden vernachlässigt und alle Dübel als gleich tragend angenommen

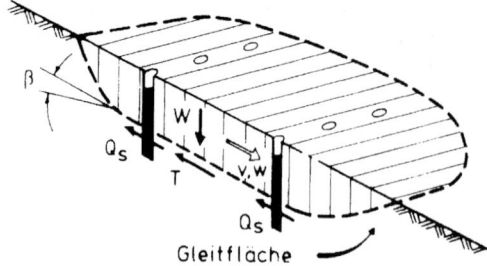

Bild 125. Verdübelung einer Gleitscholle; Berücksichtigung der Kriechgeschwindigkeit [42]
v Kriechgeschwindigkeit,
w Verschiebung des gleitenden Erdkörpers

[42]. Ferner wachse die Querkraft Q_s proportional zur Verschiebung w_0 des Erdkörpers vom Zeitpunkt t = 0 an. Der Boden in der Gleitfläche ist und bleibt im Grenzzustand.

Mit den Bezeichnungen des Bildes 125 und dem logarithmischen Zähigkeitsgesetz für bindige Böden von *Gudehus* und *Leinenkugel* [39] ergibt sich die Dübelanzahl

$$n_D = \frac{I_v \cdot \ln(v_0/v_1) \cdot W \cdot \sin\beta}{Q_s} \quad (1)$$

I_v Zähigkeitsindex, etwa zwischen 0,01 und 0,06 aus Triaxialversuchen mit Geschwindigkeitssprüngen; für Voruntersuchungen näherungsweise aus Bild 126 entnehmbar
v_0 Kriechgeschwindigkeit des Bodens vor der Stabilisierung
v_1 Kriechgeschwindigkeit des Bodens nach der Stabilisierung
$W \cdot \sin\beta$ Schubwiderstand in der Gleitfuge (hangparallele Komponente des Gewichtes)
Q_s Querkraft der Dübel

Infolge der Querkraft der Dübel n_D wird die Schubkraft in der Gleitfuge auf

$$T = W \cdot \sin\beta - n_D \cdot Q_s$$

reduziert, wodurch die Kriechgeschwindigkeit von v_0 auf v_1 abnimmt. Die Relation v_0/v_1 ist beim Entwurf der Sicherungsmaßnahmen je nach vertretbaren Risiken zu wählen.

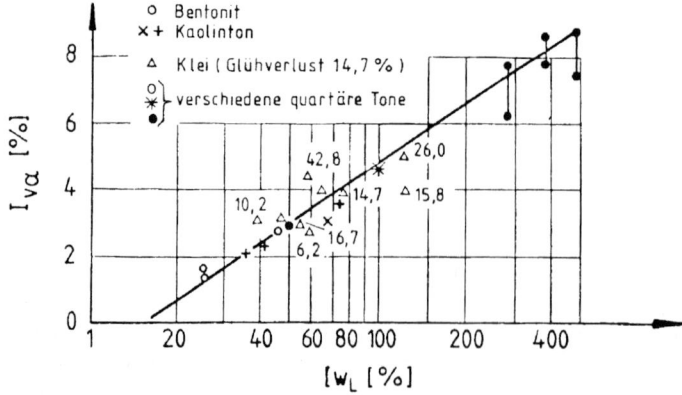

Bild 126. Zusammenhang zwischen dem Viskositätsindex $J_{v\alpha}$ (auch „Zähigkeitsindex" J_v) und der Fließgrenze w_L [39]

3.9 Stützbauwerke und konstruktive Hangsicherungen

Der Pfahl (bzw. Dübel) ist durch seine Längen h_o und h_u ober- und unterhalb der Gleitzone beschrieben; die zugehörigen elastischen Längen nach der Bettungsmodul-Theorie seien l_o und l_u:

$$l_o = \sqrt[4]{\frac{E \cdot J}{k_{so}}}, \quad l_u = \sqrt[4]{\frac{E \cdot J}{k_{su}}} \tag{2}$$

$E \cdot J$ = Biegesteifigkeit des Pfahles

Es werden drei Sonderfälle betrachtet:

- Großdübel $h_o/l_o < 1$,   oft auch $h_u/l_u < 1$
- Kleindübel $h_o/l_o > 3$,   oft auch $h_u/l_u > 3$
- optimaler Dübel h_o/l_o und h_u/l_u liegen zwischen 1 und 3

Zur Anwendung dieser Theorie benötigt man nur die Querkraft Q_s und das Maximalmoment max M; sie sind in Bild 127 dimensionslos dargestellt. Die für die Dübelanzahl maßgebende Querkraft nimmt nicht zu, wenn h_u/l_u bzw. h_o/l_o etwa 3 übersteigt, weil dann der Dübel unten bzw. oben bereits voll eingespannt ist. Das Maximalmoment ändert sich bei $h_u/l_u > 3$ und $h_o/l_o > 3$ ebenfalls nicht. Ist der Dübel unten nicht voll eingespannt, kann es oberhalb der Gleitfläche auftreten (gestrichelte Kurven in Bild 127).

Zur Bemessung sind neben den Baugrunddaten die erlaubte Geschwindigkeit v_1 und die Verschiebung w_1 nach der Bremszeit t_1 vorzugeben. Man wählt einen Pfahlquerschnitt und ermittelt dessen Biegesteifigkeit $E \cdot J$ sowie das zulässige Biegemoment zul M. Dann werden die elastischen Längen l_o und l_u aus Gl. (2) errechnet. Die Abschnittslängen h_o und h_u sind zu wählen; $h_o > l_o$ und $h_u > l_u$ ist anzustreben. Mit Q_s aus Bild 127 liefert Gl. (1) die Dübelanzahl n_D.

Im Allgemeinen erscheint es zweckmäßig, dass max M nach Bild 127 zul M gerade erreicht. Durch Variation der Dübelquerschnitte und -längen ergibt sich ein Kostenminimum. Die zur Bodenverschiebung (Hangbewegung) w_1 gehörende „Bremszeit" t_1 folgt aus

$$t_1 = \frac{w_1}{v_0 \cdot \ln(v_0/v_1)} \cdot \left(\frac{v_0}{v_1} - 1\right) \tag{3}$$

Damit kann jene Zeitspanne abgeschätzt werden, innerhalb der sich ein Kriechhang soweit stabilisiert, dass die Verformungen auf ein vertretbares Maß sinken.

Diese lineare Theorie gilt nur, solange die Relativverschiebung Boden-Dübel den zum Fließdruck gehörenden Wert nicht überschreitet. Andernfalls ist als Seitendruck p der volle Fließdruck in Rechnung zu stellen, und zwar

$$p_f = K_f \cdot c_u \cdot d \quad (= H_F \text{ in Bild 128 a})$$

worin:

K_f dimensionsloser Faktor
c_u undränierte Scherfestigkeit
d Dübeldurchmesser

Weiter ist die in [41] gegebene Empfehlung, dass max M ~ zul M sein solle, etwas einzugrenzen: Wenn nämlich der Untergrund zu einem progressiven Verlust der Scherfestigkeit neigt, können erfahrungsgemäß Langzeitschäden auftreten. So zeigten scheinbar stabilisierte Hänge nach 4 bis 8 Jahren neuerlich eine kritische Zunahme der Kriechbewegungen. Untersuchungen ergaben, dass konform mit einem allmählichen Absinken der Scherfestigkeit der bindigen Böden starke Verschiebungen bzw. Verformungen der Dübel aufgetreten waren. Bei Böden mit geringem Restscherwinkel, in welchen die Tendenz zu progressiven

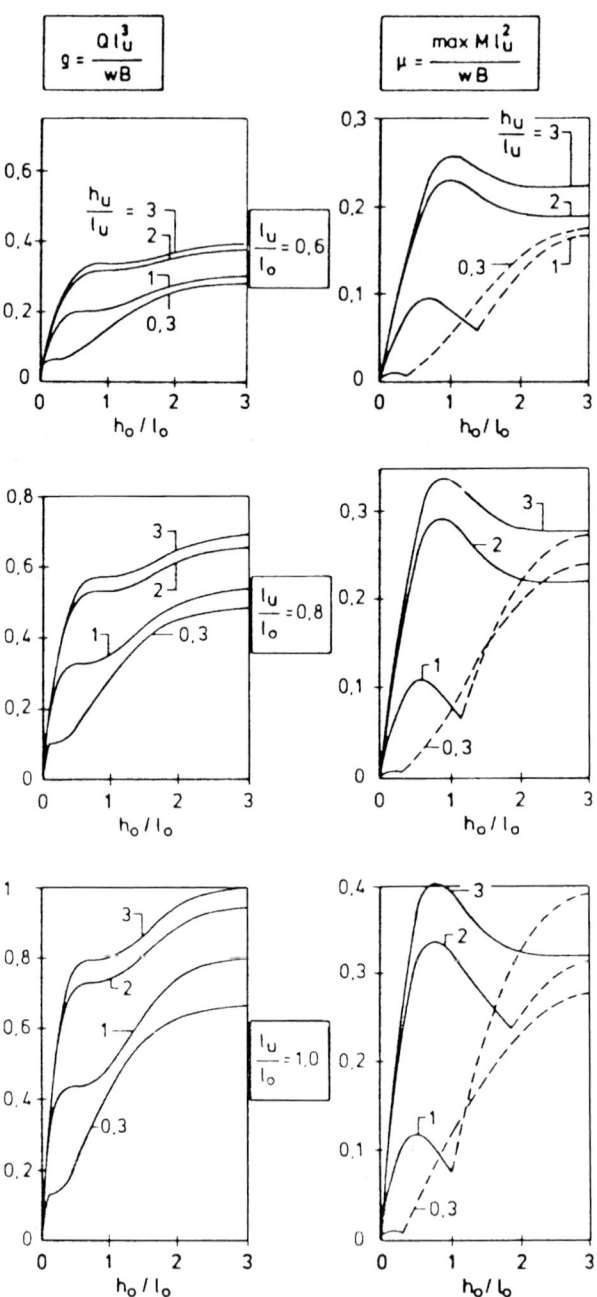

Bild 127. Diagramme zur Ermittlung der maximalen Querkraft Q und des maximalen Biegemomentes M von Pfahldübeln nach der linearen Theorie [41].
Gestrichelte Kurven: Dübel unten nicht voll eingespannt.
B = EJ = Biegesteifigkeit des Dübels (bei konstantem Querschnitt)
w = Verschiebung des Erdkörpers nach dem Einbringen der Dübel

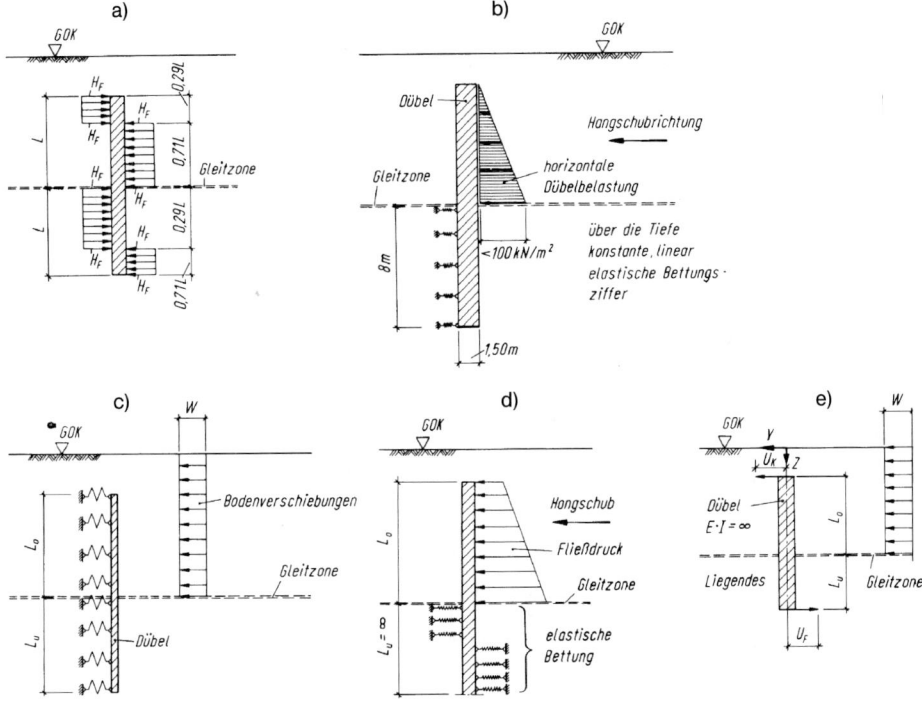

Bild 128. Unterschiedliche Last- und Bettungsansätze für Hangverdübelungen (nach [89]).
a) Ansatz nach *Brinch/Hansen/Lundgren* [22]: starre Dübel, auf die über die gesamte Länge der volle Fließdruck wirkt.
b) „Konventioneller" Ansatz mit Erddruckbelastung und Bettung nach dem Federmodell.
c) Ansatz nach *Ito/Matsui/Hong* [55]: Kopfverschiebung und maximale Schnittkräfte des Dübels aus Differenzialgleichung des Biegestabes.
d) Ansatz nach *Schwarz* [83]: Lösung aus der Differenzialgleichung des Biegestabes für endlich lange Dübel, tiefenkonstante Bodenverschiebungen (Blockrutschung) und variable Bettungsmodulen.
e) Ansatz nach *Sommer/Buczek* [90]: starre Dübel, Blockrutschung, Hyperbel als Belastungsfunktion

Brüchen besonders groß ist, sind daher zusätzliche Sicherheitsreserven bei der Dübelbemessung erforderlich.

Beim Großdübel überwiegt die Verkantung. Der Fließdruck des Bodens und das Tragmoment des Pfahles werden meist nicht erreicht, was diverse Baustellenmessungen auch bestätigen. Der Kleindübel hingegen verbiegt sich s-förmig auf beiden Seiten der Gleitzone: In einer Entfernung von über ca. l_o bzw. l_u von dieser entsteht kaum ein Seitendruck, d. h. der Dübel verschiebt sich dort nahezu wie der Boden, und es wirkt schon nach einer geringen Verschiebung der Fließdruck. Die Kleindübel tragen daher nur in einem eng begrenzten Bereich nahe der Gleitzone (Bild 123). Beim optimalen Dübel schließlich werden Boden- und Pfahlfestigkeit durch Verkantung und Verbiegung möglichst gut ausgenutzt.

Neben diesen theoretischen Aspekten spielen in der Praxis auch Fragen der Bauausführung und des Langzeitverhaltens eine Rolle. Erfahrungsgemäß sind Großdübel häufig auch dann empfehlenswert, wenn die Festigkeiten nicht voll ausgenutzt werden: z. B. in unwegsamem Gelände (schwierige Auf- bzw. Umstellung von Pfahlgeräten), bei günstiger Herstellungstiefe für Brunnen (mit Spritzbetonsicherung), bei Böden mit geringem Restscherwinkel, zur Vermeidung unvertretbar großer Langzeitverformungen etc. Darüber hinaus bildet die Kraftaufnahme in der Sohlfuge (Moment, Sohlreibung) eine zusätzliche Sicherheitsreserve von Dübeln mit großem Querschnitt.

Abschließend sei vermerkt, dass die vorstehende theoretische Behandlung von Kriechhängen zwangsläufig Unsicherheiten enthält, weil die Vorgänge in der Natur wesentlich komplexer sind, als sie sich mathematisch darstellen lassen. Die Dübel müssen daher so stabil dimensioniert werden, dass ein Versagen im Sinne eines „Reißverschlusseffektes" bzw. „Dominoeffektes" auszuschließen ist. Dies erfordert in der Praxis vielfach größere Pfahldurchmesser (als rein rechnerisch) und/oder einen besonders raschen Baufortschritt (wenn die anfängliche Kriechgeschwindigkeit sehr groß ist); siehe z. B. [6].

5.4.3 Verfahrensvergleiche

Einen Überblick über Last- bzw. Bettungsansätze für Hangverdübelungen gibt Bild 128. Dabei sei vor allem auf den Hyperbelansatz hingewiesen, der von *Sommer* und *Buczek* [90] im Rahmen eines umfangreichen Forschungsauftrages entwickelt wurde [89, 90]. Es handelt sich dabei um steife Dübel, welche bei diesem Lastansatz idealisiert als starr angenommen werden und im Vergleich zu den Dübelverschiebungen nur geringe Verformungen erleiden (Biegesteifigkeit näherungsweise EI $\gg$). Weiter wird vorausgesetzt, dass die Bodenverschiebung im Bereich der Verdübelung konstant über die Tiefe sei (Blockrutschung). Als Belastungsfunktion wird eine Hyperbel gewählt, in welcher die Einflüsse der Bodenkennwerte, des Dübeldurchmessers und des Dübelabstandes auf die horizontale Dübelbelastung enthalten sind. In Abhängigkeit von den Relativverschiebungen Boden-Dübel bzw. der Einspannung des Dübels werden drei Lastfälle behandelt (Bild 129): Kopf- und/oder Fußeinspannung. Die Dübelbelastung errechnet sich über die Arbeitslinie des Bodens.

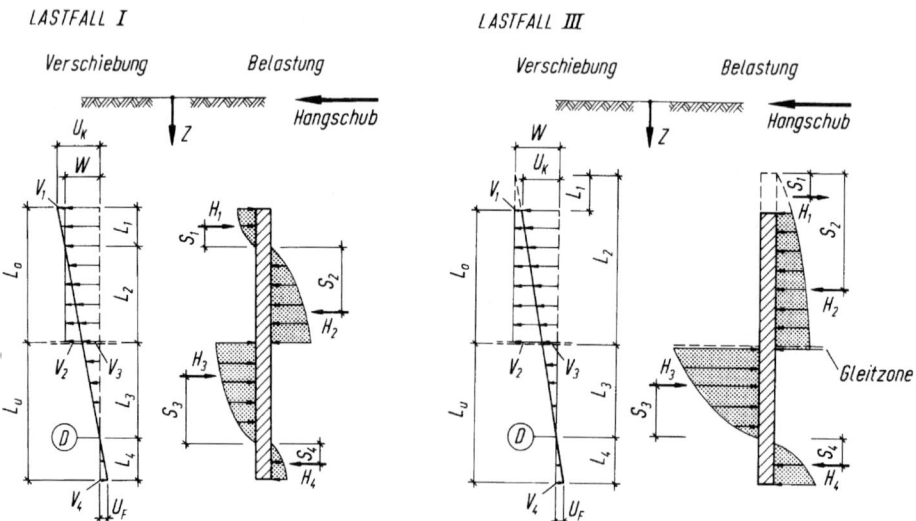

Bild 129. Hyperbelansatz für steife Dübel [89]. Detail zu Bild 128 e Dübelverschiebung, Bodenverschiebung, Dübelbelastung und Resultierende der Belastung. D = Drehpunkt der Dübelachse. Lastfall I: Dübel mit Fuß- und Kopfeinspannung; Lastfall III: Dübel nur mit Fußeinspannung

3.9 Stützbauwerke und konstruktive Hangsicherungen

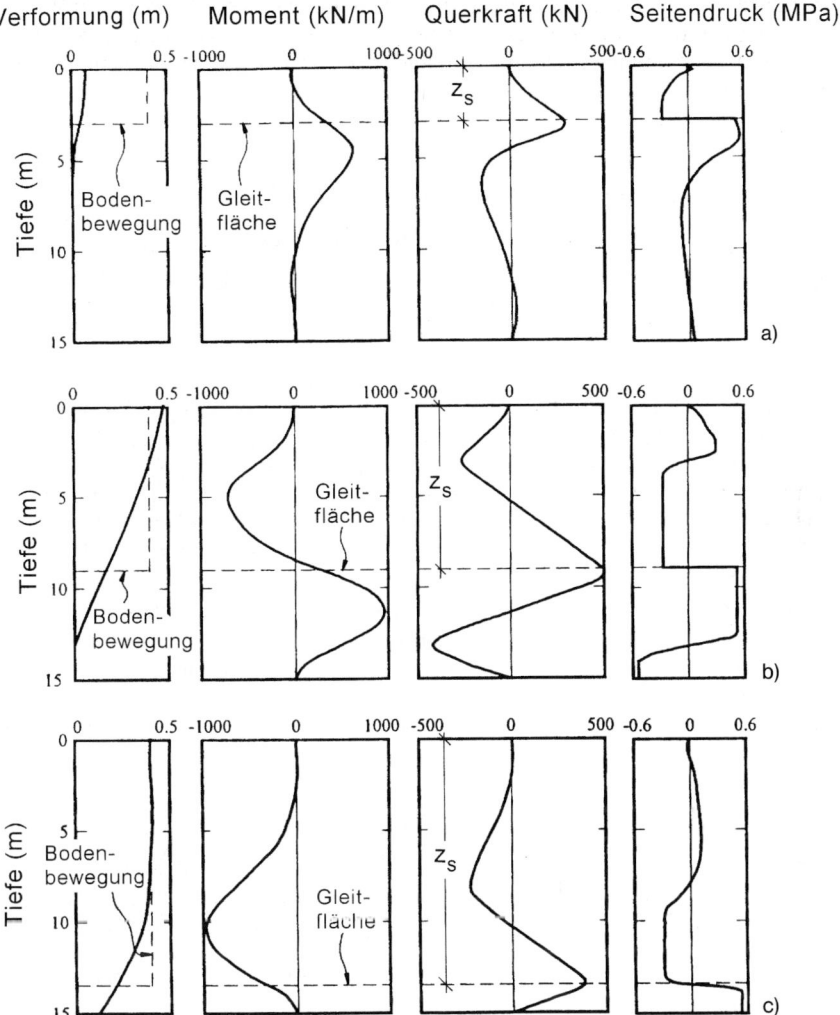

Bild 130. Verformungsverhalten, Schnittkräfte und Seitendruck von Pfählen zur Verdübelung eines Rutschhanges. Beispiel für 0,4 m Bodenbewegung, doch unterschiedliche Mächtigkeit der Gleitzone (z_s); Pfahllänge einheitlich L = 15 m [73]
a) seichte Rutschung in Fließzustand ($z_s/L = 0,2$)
b) mitteltiefe Rutschung ($z_s/L = 0,6$)
c) tiefreichende Rutschung ($z_s/L = 0,9$)

Der detaillierte Berechnungsablauf und die einschlägigen Formelpakete für den Hyperbelansatz können [89, 90] entnommen werden.

Der Einfluss der Tiefenlage einer Gleitfläche und der Einbindetiefe relativ schlanker Pfähle auf deren Schnittkräfte und Verformungsverhalten hat *Poulos* [73] systematisch untersucht. Gemäß Bild 130 unterscheidet er drei Beanspruchungsfälle bzw. Versagensmechanismen:

- Seichte Rutschung, bei der der plastische Boden um die Pfähle fließt (Bild 130 a).
- Tiefliegende Rutschung und nur geringfügige Einbindung der Pfähle in den stabilen Untergrund. Der Rutschkörper schiebt die Pfähle teilweise auch durch die tiefere Bettung, sodass der Erdwiderstand in der stabilen Zone voll mobilisiert wird (Bild 130 c).
- Zwischenzustand, bei dem in beiden Schichten ein Erdwiderstand mobilisiert wird (Bild 130 b).

Die Vergleichsrechnungen des Bildes 130 gehen von folgenden Annahmen aus:

- Stahlrohrpfähle der Länge L = 15 m mit 0,5 m Außendurchmesser und 15 mm Wanddicke.
- Toniger Boden mit c_u = 30 kN/m² in der oberen Zone und c_u = 60 kN/m² in der unteren („stabilen") Zone.
- Konstante Bodenbewegung von Δx = 0,4 m entlang der gesamten instabilen Zone (bis zur jeweiligen Tiefe z_s).

Aus Bild 130 geht klar hervor, dass die größte Querkraft stets in Höhe der Gleitfläche auftritt. Bei seichter Fließrutschung (a) stellt sich das Maximalmoment unterhalb der Gleitfläche ein, und die Pfahlverformung ist deutlich kleiner als die Bodenbewegung. Im Fall (c) tritt das Maximalmoment oberhalb der Gleitfläche auf, Pfahlverformung und Bodenbewegung sind dort annähernd gleich. Beim Zwischenzustand (b) treten ober- und unterhalb der Gleitfläche relativ große Momente auf, und die Kopfauslenkung der Pfähle kann sogar die Bodenbewegung überschreiten.

Besonders aufschlussreich ist der Vergleich von Rechenergebnissen mit Messwerten (z. B. Tabelle 2). Die Gegenüberstellungen bestätigen die Erfahrungstatsache, dass keines der gängigen Verfahren ausschließlich auf der sicheren Seite liegende Rechenergebnisse für die

Tabelle 2. Vergleichende Gegenüberstellung verschiedener Rechenverfahren und der Messresultate bei den Hangverdübelungen „Stahlberg" und „Dautenheim" [89]

Verfahren, Lastansatz	Querkraft in der Gleitzone Q_s (%)[1]		Maximales Biegemoment M_{max} (%)[2]		Dübelkopfverschiebung x (%)[1]	
	Stahlb.	Dautenh.	Stahlb.	Dautenh.	Stahlb.	Dautenh.
Brinch/Hansen/Lundgren [22]	186	314	34	260	–	–
Ito/Matsui/Hong [55]	472	78	780	176	579	86
Fukuoka [36]	–	–	70	106	40	49
Schwarz [83]	42	59	28	52	93	96
Sommer/Buczek [90]	91	114	82	82	93	96
Messung	100	100	–	–	100	100
Technische Daten:			„Stahlberg"		„Dautenheim"	
Dübeldurchmesser			3 m		1,5 m	
Dübelabstand			9 m		5 m	
Einbindelänge der Dübel oberhalb der Gleitfuge			15 m		8 m	
Einbindelänge der Dübel unterhalb der Gleitfuge			5 m		8 m	

[1] Bezogen auf die Messungen.
[2] Bezogen auf das Bruchmoment des Dübels.

Schnittkräfte und Verformungen der Dübel liefert. Daher empfiehlt es sich, bei der Dimensionierung von Hangverdübelungen stets nach zwei oder mehreren Hypothesen zu rechnen, um die Auswirkungen der theoretischen Idealisierungen auf das Ergebnis besser abschätzen zu können. Ebenso sind die Auswirkungen einer Streuung der Bodenkennwerte mittels Parameterstudien zu untersuchen. Die Wahl der endgültigen Lösung bzw. der konstruktiven Maßnahmen erfordert daher einschlägige Erfahrung und ingenieurmäßiges, geotechnisches Feingefühl. Eine übertriebene Rechengenauigkeit ist in der Praxis meist fehl am Platz. Vielmehr sind besonders in kritischen Situationen Kontrollmessungen unerlässlich, um das tatsächliche Verhalten einer Stützkonstruktion mit den bodenmechanischen bzw. erdstatisch-theoretischen Annahmen vergleichen zu können.

5.4.4 Gruppenwirkung

Dübel sind im Grundriss möglichst so anzuordnen, dass der kriechende Boden nicht dazwischen durchfließt. Je weicher daher der Boden ist, desto kleiner muss der Pfahlabstand senkrecht zur Fließrichtung sein.

Je geringer der gegenseitige Abstand der Dübel ist, desto eher stellt sich eine Gruppenwirkung im engeren Sinne ein. Mehrreihige bzw. rautenförmige Anordnungen von Pfählen oder biegesteife Verbindungen der Pfahlköpfe (z. B. durch einen Trägerrost, s. Bild 124) bewirken ebenfalls eine gegenseitige Beeinflussung der einzelnen Tragelemente.

Die rechnerische Erfassung dieser Wechselwirkungen ist nur größenordnungsmäßig möglich (s. auch Kap. 3.2). Häufig wird in grober Näherung angenommen, dass alle Dübel, welche von der Gleitfläche durchschnitten werden, gleichzeitig ihren maximalen Widerstand leisten. Tatsächlich tritt aber der Bruch häufig progressiv ein, indem eine Pfahlreihe nach der anderen versagt, sodass der gesamte Widerstand der Konstruktion keineswegs gleichzeitig geweckt wird.

Im allgemeinen Fall sind die auf Pfahlgruppen wirkenden Seitendrücke nach zwei Verfahren zu untersuchen: auf der Grundlage des resultierenden Erddruckes (eventuell mit erhöhtem Kriech- bzw. Staudruck) und infolge des Fließdruckes (bei weichen, bindigen Böden). Bei eng stehenden Pfählen wird das Tragverhalten im Vergleich zum frei stehenden Einzelpfahl verschlechtert, weil sich die Kraftausbreitungsbereiche vor den Pfählen (Erdwiderstandszonen) überschneiden. Die räumliche Kraftausbreitung – Ursache für die gegenseitige Beeinflussung der Gruppenpfähle – kann mit der Bettungsmodultheorie nicht erfasst werden.

Resultierender Erddruck

Infolge der Gruppenwirkung steigt der Seitendruck („Staudruck") auf die bergseitigen Einzelpfähle stärker an. Andererseits werden die talseitigen Pfähle vom Hangschub etwas abgeschirmt und dementsprechend geringer beansprucht. Somit ist auch die Druckbeanspruchung in der Falllinie des Hanges unterschiedlich. Eine plausible Aufteilung der auf die gesamte Länge der Verdübelung („Dübelwand") wirkenden resultierenden Erddruckkraft kann grob vereinfacht nach Bild 131 bzw. nach [81] und [33] erfolgen.

Demnach gilt für den resultierenden Erddruck

$$\Delta e = e_a - \text{cal } e_{p'}$$

wobei:

$e_a = \gamma \cdot z \cdot K_a + \Delta p - 2c \cdot \sqrt{K_a}$
cal e_p rechnerischer Erdwiderstand
K_a aktiver Erddruckbeiwert
Δp Geländeauflast

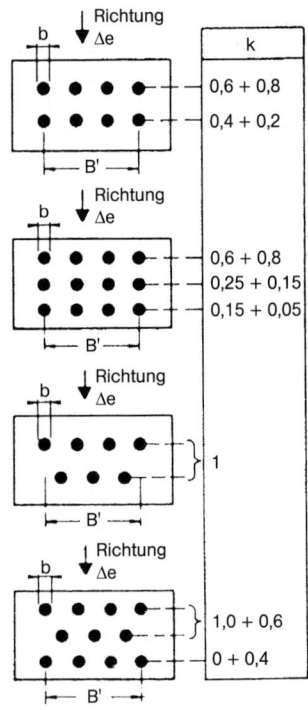

Δe resultierender Erddruck
k   Beiwerte des Lastanteils
n   Pfahlanzahl, für die der angesetzte Beiwert k gilt
E_h die auf den Einzelpfahl entfallende Belastung
B' Achsabstand der Randpfähle; B = B' + 3b

Bild 131. Seitendruck auf Pfahlgruppen mit Pfahlabständen ≤ 4 b (in bindigen Böden); Erddruck-Aufteilung je nach Geometrie des Pfahlrostes [51, 79]

Die auf den Einzelpfahl entfallende Belastung ergibt sich zu

$$E_h = \frac{1}{n} \cdot B \cdot k \cdot \Delta e$$

Dieser Vorschlag wurde zwar für Pfahlroste gemäß Bild 132 konzipiert, ist aber erfahrungsgemäß auch für Pfähle in Kriech- bzw. Rutschhängen verwendbar, sofern diese durch einen Trägerrost oder Druckriegel u. dgl. an den Köpfen biegesteif verbunden sind. Andernfalls wird die bergseitige Pfahlreihe durch den vollen Seitendruck beansprucht.

Beim Bau österreichischer Autobahnen hat sich eine sehr ähnliche Aufteilung des resultierenden seitlichen Erddruckes auf die einzelnen Pfähle von Pfahlgruppen seit etwa 1970 gut

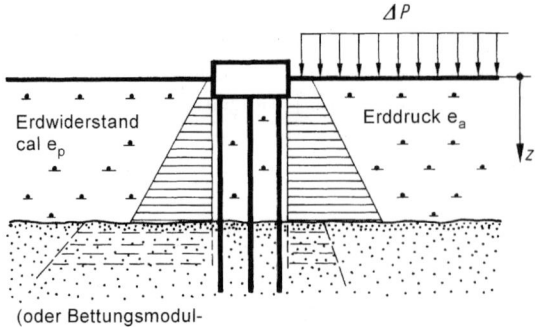

Bild 132. Rechnerischer Erddruckansatz auf seitlich beanspruchte Pfähle in bindigen Böden (obere Schicht)

bewährt, und zwar auch bei gemischtkörnigen Böden und Myloniten bzw. feinkornreichen Fels-Verwitterungsprodukten [9]. Detaillierte Hinweise zur Gruppenwirkung von Brunnen (Großdübel) enthält [14]. Derartige Stützkonstruktionen werden bevorzugt zur Gründung von Hangbrücken in instabilen Böschungen verwendet.

Die Bodenreaktionen unterhalb der Gleitfläche können nach dem Bettungsmodulverfahren oder ebenfalls nach der Erddrucktheorie ermittelt werden (im Bild 132 liniert angedeutet). Dabei ist zu beachten, dass der mobilisierte Erdwiderstand in seiner Gesamtheit nicht größer werden kann als die Erddrücke auf der treibenden Seite (Kriechdruck, aktiver Erddruck). Sobald die Gleichgewichtsbedingung $\Sigma H = 0$ in einer gewissen Pfahltiefe erreicht ist, müssen die tiefer gelegenen Erdwiderstandsanteile erdstatisch entsprechend gekappt (oder überhaupt vernachlässigt) werden.

Fließdruck

Bei weichen bindigen Böden sind nicht nur die Seitendrücke aus dem resultierenden Erddruck, sondern auch jene infolge des Fließdruckes p_f zu ermitteln. Der auf die Pfahllänge bezogene Fließdruck kann näherungsweise nach den Empfehlungen des Arbeitskreises „Pfähle" der DGEG veranschlagt werden [79, 31]. Allerdings liegt die horizontale Dübelbelastung bei Großbohrpfählen und Brunnen in der Praxis fast durchwegs deutlich unterhalb des theoretischen Fließdruckes.

Zusammenfassung

Zusammenfassend ist festzustellen, dass je nach der Verbaugeometrie von Dübelgruppen (meist Pfähle) ziemlich unterschiedliche statische und zeitliche Stabilisierungswirkungen erzielt werden können, selbst wenn das Verbauverhältnis und die Krafteinleitung identisch sind. Die im Bild 131 angeführten Lastaufteilungen bzw. Lastannahmen bilden nur eine grobe Näherung, denn im Einzelnen wird die Gruppenwirkung von mehreren Parametern beeinflusst, wie z. B.

– Gruppengröße,
– Pfahlkopfabstand,
– Lagerung des Pfahlkopfes und des Pfahlfußes (frei, gelenkig, eingespannt),
– Verhältnis der Pfahllängen innerhalb der bewegten und unbewegten Zonen,
– Steifigkeit und Mantelreibung der Pfähle,
– Schlankheitsgrad der Pfähle,
– Lastbild der angreifenden Horizontalkräfte und Höhenlage ihrer Resultierenden,
– Einfluss der Pfähle auf die Querdehnung des Bodens,
– Schichtverlauf und Inhomogenitäten des Untergrundes,
– Bodenkennwerte.

Anhaltspunkte über die Auswirkungen einzelner Einflussgrößen geben [32] und [73]. Aufgrund der zahlreichen, einander gegenseitig beeinflussenden Parameter erscheint eine übertriebene Rechengenauigkeit in der Praxis nicht angebracht. Das Hauptaugenmerk sollte vielmehr auf Parameterstudien, Grenzwertuntersuchungen und konstruktiv zweckmäßige Entwürfe gelegt werden. Letztere sollten auch ein Beobachtungsschema zur Langzeitkontrolle und letztlich sogar Verstärkungsmöglichkeiten für den Bedarfsfall enthalten.

5.4.5 Kriechhänge aus gemischtkörnigen oder kohäsionslosen Böden

Für gemischtkörnige oder gar kohäsionslose Böden (z. B. Hangschutt) sowie für bodenartige Fels-Zersetzungsprodukte sind Dübelbemessungen auf der Basis der $\varphi = 0$ Analyse (undränierte Scherfestigkeit c_u) ungeeignet. Steile Berghänge befinden sich aber häufig im kritischen

Grenzgleichgewicht oder in einem Kriechzustand. In solchen Fällen spielt die Verformungsgeschwindigkeit nicht jene Rolle wie bei Tonen. Die Berechnung kann näherungsweise nach den in Abschnitt 3.1.3 angeführten Verfahren erfolgen. Dabei ist in der Regel ein erhöhter Kriechdruck (vgl. Abschn. 2.2) anzusetzen und meist von (annähernd hangparallelen) Gleitebenen auszugehen. Anhaltspunkt zur mechanischen Abschätzung jenes maximalen Seitendruckes, welcher im Bruchzustand auf einen Pfahl wirken kann, erhält man ähnlich wie bei wassergesättigten Tonen ($\varphi = 0$ – Analyse) auch bei Reibungsböden ($\varphi, c \neq 0$) durch eine Grundbruchbetrachtung für den als vertikales Fundament idealisierten Pfahl [22, 23].

In der Praxis sind bei kohäsionslosen oder gemischtkörnigen Böden endstatisch durchgehend wirkende Stützwände mit Verankerungen oder Vernagelungen (also Zugglieder) den Bodenverdübelungen meist vorzuziehen. Von der Konstruktion her muss es sich aber dabei keineswegs um geschlossene Wände handeln.

5.4.6 Beispiele

Boden- und Felsverdübelungen werden manchmal als dichtes Geflecht ausgeführt, das den Untergrund quasi zu einem Monolith verfestigt. Bild 133 zeigt ein derartiges Beispiel mit Wurzelpfählen, bei dem der instabile, übersteilte Bereich um einen Brückenpfeiler gesichert wurde.

Ergänzend zu den Beispielen in Abschnitt 3.1 ist im Bild 134 die mehrreihige Verdübelung eines Rutschhanges mittels Bohrpfählen dargestellt. Der Hang weist Restscherwinkel von $\varphi_r = 4°-8°$ auf und versteilt unterhalb jener Flachstrecke, die die Autobahn samt Zubringern

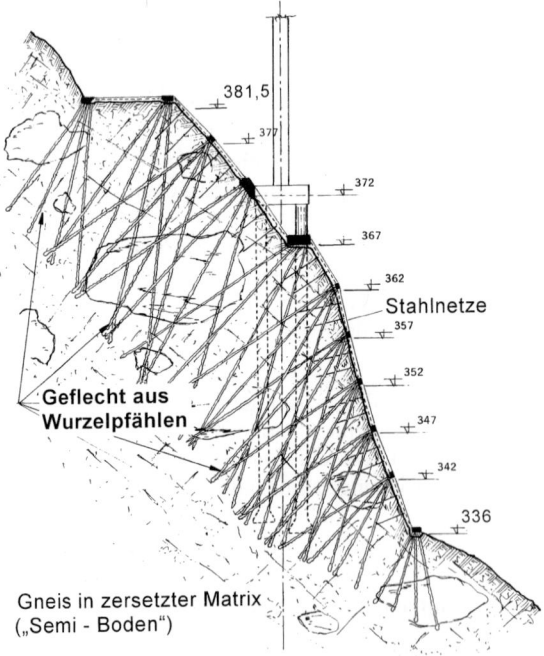

Bild 133. Vernagelung bzw. Verdübelung eines instabilen Steilhanges aus völlig zerlegtem Fels im Nahbereich eines Brückenpfeilers; Geflecht aus Wurzelpfählen [62]

3.9 Stützbauwerke und konstruktive Hangsicherungen

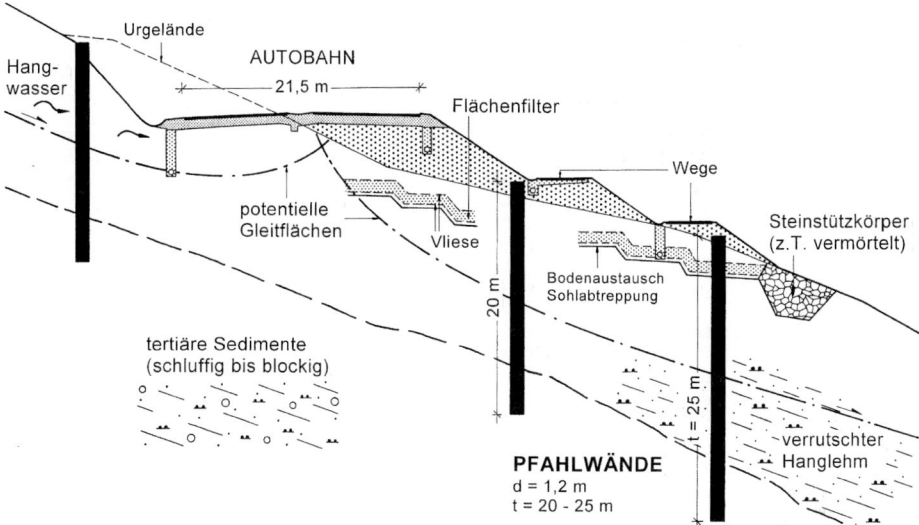

Bild 134. Mehrreihige Verdübelung eines Rutschhanges mittels Großbohrpfählen. Restscherwinkel entlang glänzender Rutschharnische nur $\varphi_r = 4°–8°$

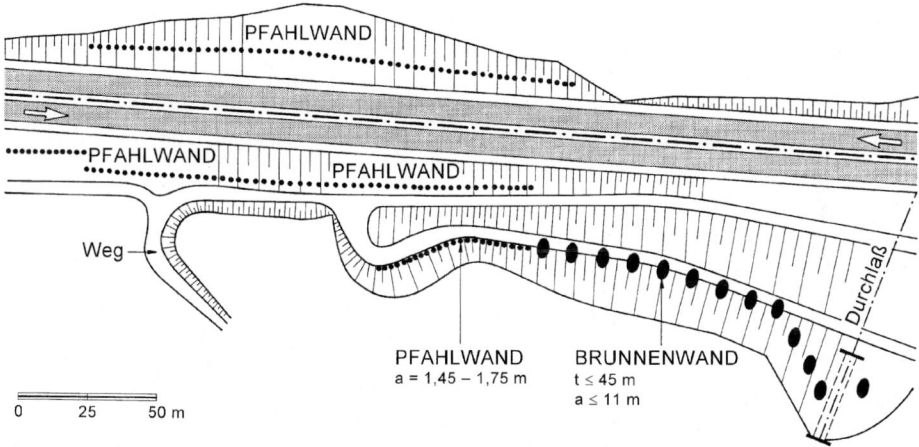

Bild 135. Mehrreihige Verdübelungen eines schon vor Beginn des Autobahnbaues in Bewegung befindlichen Rutschhanges (Ausschnitt)

trägt. In einigen Bereichen mussten die Pfahlwände in Form von Pfahlscheiben bis 30 m Tiefe hergestellt werden, um eine ausreichende Geländebruchsicherheit zu erzielen. Hierbei ergaben sich stellenweise Probleme beim Ziehen der Verrohrung, da der Hang bereits vor Baubeginn in Kriechbewegung war.

Bild 135 zeigt den Ausschnitt einer Autobahnstrecke in einem ca. 1 km langen Hangabschnitt, der ebenfalls schon vor Baubeginn tiefgründig in Bewegung war. Auch hier

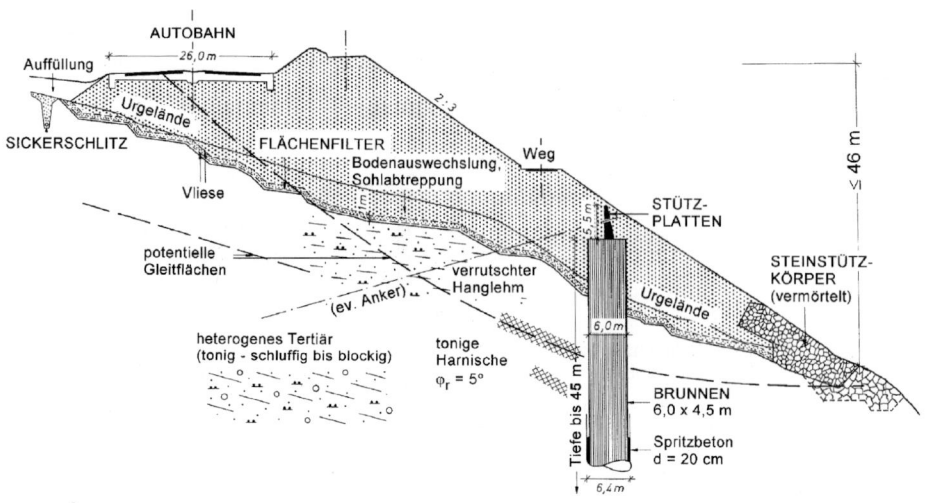

Bild 136. Querschnitt im Endbereich der Brunnenwand, wo der Rutschhang durch einen tiefen Graben zusätzlich geschwächt war (zu Bild 135). Möglichkeit für Zusatzanker („Notfallplan")

wurden Restscherwinkel von $\varphi_r = 4°–10°$ gemessen und immer wieder glänzende Rutschharnische festgestellt. Die Verdübelung erfolgte mit drei Reihen aufgelöster Pfahlwände und einer Brunnenwand. Die stark bewehrten Stahlbeton-Brunnen weisen einen elliptischen Brutto-Querschnitt (inkl. Spritzbeton) von ca. $6,4 \times 4,9$ m und eine Tiefe bis 45 m auf (Bild 136). An ihrem Kopf sitzt jeweils eine Stahlbetonplatte(biegesteife Verbindung). Diese Platten sind zwar vom Damm eingeschüttet, aber problemlos zugänglich, um im Bedarfsfall jederzeit vorgespannte Verstärkungsanker durch die hierfür vorbereiteten Hüllrohre einbauen zu können.

Die für den Brunnenaushub erforderliche Spritzbetonsicherung der Schachtwandung wurde in der statischen Berechnung der Dübel aus Sicherheitsgründen vernachlässigt. Trotz einer Querschnittsfläche von ca. 25 m² handelt es sich bei den tiefen Brunnen um schlanke Dübel, die sich seit 1985 nach der idealen Biegelinie eines fußeingespannten Pfahles wie Kragträger verformen. Die zwischen 1998 und 2009 eingetretenen zusätzlichen Kopfauslenkungen betrugen allerdings nur mehr $\Delta x \leq 2$ cm.

Theoretisch angenommene und tatsächlich eintretende Belastungsschemen sowie Versagensmechanismen von Hangverdübelungen weichen in der Praxis mehr oder minder voneinander ab, da die Rechenansätze zwangsläufig von Idealisierungen ausgehen. Die Berechnungen bzw. Bemessungen sollten daher stets von zwei oder mehreren Hypothesen ausgehen, und auch bei der Bauausführung sollte dies bedacht werden. Bild 137 zeigt beispielhaft die unsachgemäße Verdübelung eines Hanges, wie sie manchmal zu beobachten ist: Nach dem Eintreten einer tiefreichenden Rutschung zur Zeit t_1 wurde der Fuß dieses Hanges mit Großbohrpfählen verdübelt, deren Bemessung ausschließlich nach der Dübeltheorie erfolgte. Demnach erschien es ausreichend, die Pfähle nur im Bereich der relevanten Querkraftübertragung in Stahlbeton herzustellen. Oberhalb dieser Zone wurde beim Ziehen der Verrohrung lediglich anstehender Boden eingefüllt, um Kosten zu sparen. Die Folge war letztlich eine weitere Rutschung im großräumig plastifizierten Gleitkörper, und zwar im Bereich der „Leerbohrung" oberhalb der ausbetonierten Pfahlabschnitte.

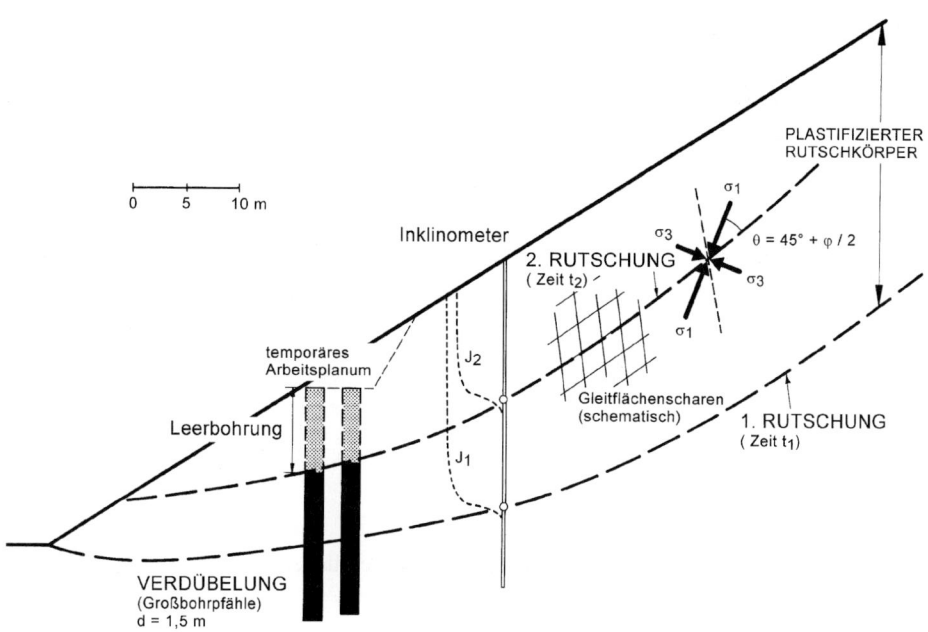

Bild 137. Unsachgemäße Verdübelung eines instabilen Hanges mit Bohrpfählen, die nach Eintritt der 1. Rutschung trotz der Sicherungsmaßnahmen Folgerutschungen innerhalb der großräumigen, zerlegten Gleitmasse ermöglichte

5.4.7 Sicherheiten, Kontrollmessungen

Die Berechnung der Verdübelung von Rutsch- und Kriechhängen enthält zweifellos noch größere Unsicherheiten als die Dimensionierung konventioneller Pfahl- oder Brunnenwände; dies betrifft vor allem die Gruppenwirkung der „Dübel". Die Problematik liegt weniger in den theoretischen Ansätzen bzw. Idealisierungen als in einer möglichst zutreffenden Erfassung der Eingabedaten.

Bei der Stabilisierung von Rutschhängen reicht erfahrungsgemäß häufig eine nur geringe Erhöhung des Standsicherheitsfaktors aus (um etwa 5–15 % relativ), um die Bewegungen weitgehend zum Stillstand zu bringen. Bei vielen Kriechhängen wird man sich hingegen aus wirtschaftlichen Gründen damit begnügen, die Bewegungen auf ein noch vertretbares Maß zu reduzieren. Bei Hangbrücken oder Masten in instabilen Böschungen genügen meist eng begrenzte örtliche Sicherungen, welche das Bauwerk weitgehend vom Hangschub abschirmen ([9, 10, 14] und Abschn. 7.3).

Kritisch wird es dann, wenn die Gefahr besteht, dass der Schubwiderstand in der Gleitzone allmählich auf die Restscherfestigkeit des Bodens absinkt ($\varphi \rightarrow \varphi_r$; $c \rightarrow c_r = 0$). In solchen Fällen sollten die Bewegungen möglichst rasch reduziert oder gar zum Stillstand gebracht werden, weil sonst die Sanierungskosten exorbitant ansteigen können – und zwar bis auf ein Vielfaches jener ursprünglichen Kosten, die noch bei maximaler Scherfestigkeit des Bodens aufgelaufen wären. Dabei ist zu beachten, dass die Sicherungsmaßnahmen bei einem Rutsch- bzw. Kriechhang erfahrungsgemäß nicht sofort, sondern erst mit einer gewissen zeitlichen Verzögerung wirksam werden [6].

Aus Vorstehendem geht hervor, dass die meisten Hangverdübelungen durch Kontrollmessungen überwacht werden sollten, vor allem

– bei einer rechnerischen Geländebruchsicherheit unter etwa F = 1,2,
– bei Großprojekten,
– bei Projekten, wo zu große Verformungen (oder gar ein Versagen) zu schweren Folgeschäden führen würden,
– bei örtlich stark streuenden Bodenkennwerten und unsicheren Hangwasserverhältnissen.

Als Kontrollmessungen kommen bevorzugt infrage:

– geodätische Kontrollen (vektoriell),
– Extensometer,
– Inklinometer,
– fallweise Dehnmessstreifen (an der Bewehrung der Dübel),
– seltener Erddruckgeber (am ehesten bei Brunnen).

6 Aufgelöste Stützkonstruktionen

Die aufgelösten Stützkonstruktionen umfassen im Wesentlichen

– Steinstützkörper,
– Stützscheiben,
– flächenhafte Hangsicherungen,
– örtliche Sicherungen.

Zu den *flächenhaften* Hangsicherungen zählen z. B. Spritzbeton (mit und ohne Bewehrung), Felsverkleidungen mit Raumgittern, Böschungssprossen (z. B. Bild 138), Gitterroste, Trägerroste und Roste aus Fertigteil-Elementen.

Die *örtlichen* Sicherungen haben überwiegend eine Stütz- und Haltefunktion und werden fast ausschließlich im Felsbau verwendet; der Verkleidungseffekt ist meist nebensächlich. Falls diese Stützelemente in größerer Anzahl und in relativ engem Abstand versetzt werden, entsteht letztlich wiederum eine flächenhafte Sicherung oder eine Wand (im Bedarfsfall verkleidet). Die Übergänge sind daher fließend. Sonderfälle für örtliche Stützmaßnahmen bilden die Sicherungen von Bauwerken in Hängen (s. Abschn. 7.3).

Bild 138. Böschungssprossen zur Oberflächensicherung erosionsempfindlicher Böschungen; im Bedarfsfall Nagelung an den Kreuzungspunkten des Diagonalrasters

3.9 Stützbauwerke und konstruktive Hangsicherungen

Zu den derzeit gebräuchlichsten Sicherungen für Felsböschungen gehören:

- Seilzäune, Drahtnetze, Stahlbänder, Baustahlgitter: vernagelt oder lose hängend.
- Verdübelungen, Nagelungen, Verankerungen: häufig in Verbindung mit den nachfolgend angeführten Maßnahmen.
- Spritzbetonsicherungen: meist bewehrt, häufig mit Felsnägeln angeheftet; diese können eine Zug- oder Dübelwirkung haben.
- Plomben, Knaggen, Abstrebungen, Gurte: aus (bewehrtem) Beton, zur Abstützung überhängender oder lockerer Felsteile, vielfach verankert.
- Ankerblöcke, in Rastern angeordnet.
- Pfeiler, Rippen (in der Falllinie angeordnet) aus Stahlbeton, verankert: zur Sicherung überhängender bzw. lockerer Felsteile und/oder zur Erhöhung der Geländebruchsicherheit.
- Balken („Riegel"), Platten: aus Stahlbeton, verankert; häufig entlang von Bermen.
- Stützgewölbe: aus Steinmauerwerk, Massenbeton oder Stahlbeton.

Hierzu kommen Kluft- bzw. Hohlraumverfüllungen, Injektionen, Wurzelpfähle usw., wodurch die Standfestigkeit von Felsböschungen ebenfalls verbessert werden kann.

Einige Beispiele gebräuchlicher Felssicherungen sind in Bild 139 schematisch zusammen gefasst. In exponierten Lagen ist die Ausführung derartiger Stützmaßnahmen äußerst beschwerlich.

Die *Berechnungen* haben nach den Grundsätzen der Boden- bzw. Felsmechanik zu erfolgen (s. Kapitel 1.15 im Grundbau-Taschenbuch, Teil 1, 6. Aufl.). Während bei Lockermassen Erddruck- und Geländebruchberechnungen überwiegen, sind beim Fels vor allem die in Bild 140 dargestellten Bruchmechanismen zu untersuchen. Je nach Diskontinuitäten, Kluft-

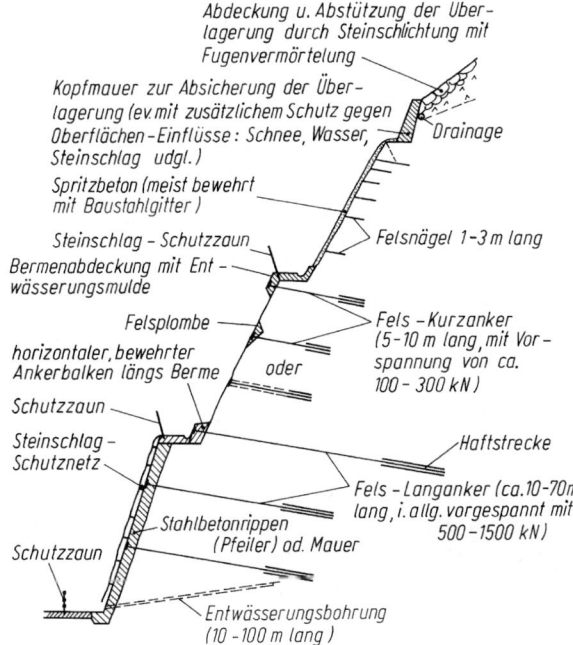

Bild 139. Beispiele gebräuchlicher Felssicherungen: Systemskizze (nach [4], modifiziert)

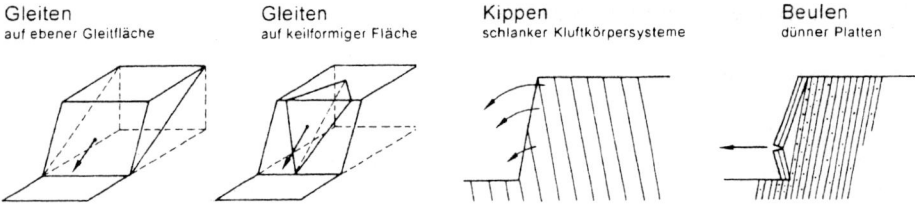

Bild 140. Geometrische Erscheinungsformen elementarer Bruchmechanismen von Felsböschungen in Abhängigkeit von der Raumstellung vorhandener Trennflächen [59]

füllungen etc. sind diverse Kombinationen der verschiedenen Versagensformen ebenfalls möglich. Das Hauptproblem besteht hierbei weniger in den theoretischen Ansätzen, sondern in den Unsicherheiten bzw. Streuungen der Eingabeparameter (Felsverband, Scherfestigkeit, Wassereinwirkungen, zeitliche Einflüsse etc.). Je kleiner die örtliche Sicherung ist, desto eher handelt es sich statisch um ein räumliches Problem; mit zunehmender Flächenausdehnung der Stützmaßnahmen können die Berechnungen auf den ebenen Fall idealisiert und somit vereinfacht werden.

Bei tiefen Einschnitten oder hohen Anschnitten kommt es häufig zu einer Absenkung des Grund- bzw. Hangwasserspiegels. Geänderte Auftriebskräfte und die vom Sickerwasser auf den Fels übertragenen Strömungskräfte können einen wesentlichen Einfluss auf die Standsicherheit einer Felsböschung und somit auch auf die erforderlichen Stütz- und Sicherungsmaßnahmen haben. Der Einfluss von Diskontinuitäten, Inhomogenitäten und anisotroper Felsdurchlässigkeit auf die Potentialverteilung, Filtergeschwindigkeit und auf die Sickerwassermenge lässt sich letztlich nur numerisch abschätzen. Ein derartiger rechnerischer Aufwand wird allerdings nur in Sonderfällen angebracht sein.

Insgesamt ist festzustellen, dass besonders bei örtlichen Hangsicherungen eine übertriebene Rechengenauigkeit und verfeinerte Berechnungsmethoden nicht angebracht erscheinen. Für die Praxis genügen vielmehr einfache, überschaubare Gedankenmodelle. Die Bemessung sollte auf der Basis von Parameter- bzw. Grenzwertuntersuchungen erfolgen, wobei die Erfahrungen und das ingenieurmäßig-geotechnische Einfühlungsvermögen ebenfalls eine wesentliche Rolle spielen.

Der optimale *Arbeitsablauf* an der Baustelle hängt von mehreren Faktoren ab: Generell ist ein möglichst rasches Sichern von Anschnittsböschungen anzustreben, um Auflockerungen zu vermeiden (vor allem, wenn sie Rutschungen auslösen könnten). Die Stützmaßnahmen sind daher – unmittelbar dem Abtrag folgend – von oben nach unten herzustellen. In Ausnahmefällen hat es sich aber auch bewährt, frische Felsanschnitte über eine Winter-Frühjahrs-Saison ungesichert zu belassen und zu beobachten. Auf diese Weise können instabile Zonen besser erkannt und danach gezielte Stütz- und Sicherungsmaßnahmen festgelegt werden. Dieses Vorgehen bedingt allerdings ein Arbeiten von unten nach oben, was bei hohen Geländesprüngen vorweg einzukalkulieren ist: Planung von Arbeitsbermen, geländegängiges Bohrgerät, Einsatz von Pumpbeton, hohe Spezialkräne usw.

Besondere Erschwernisse ergeben sich dann, wenn hohe steile Felsböschungen nachträglich gesichert werden müssen. Derartige Arbeiten stellen höchste Anforderungen an die Mannschaft und das Gerät und sollten Spezialfirmen überlassen bleiben.

3.9 Stützbauwerke und konstruktive Hangsicherungen

7 Sonstige Stützkonstruktionen

7.1 Sonderformen, Kombinationen

Neben den bisher beschriebenen Arten von Stützmauern, -wänden und aufgelösten Stützkonstruktionen bestehen eine Reihe weiterer Lösungsvarianten und vielfache Kombinationsmöglichkeiten. Die konstruktive Ausbildung von Hangsicherungen und Stützbauwerken hängt von so vielen Faktoren ab, dass nahezu jedes größere Bauvorhaben ein Unikat darstellt. Die grundlegenden Elemente, Konzeptionen und Berechnungsmethoden sind zwar vielfach ähnlich, die Detailausführungen und Kombinationen der diversen Maßnahmen können jedoch stark variieren. Gerade auf dem Gebiet der Stützkonstruktionen bzw. Hangsicherungen steht dem Grundbauingenieur ein weites Betätigungsfeld konstruktiver Phantasie offen. Dabei sind Analogien zu Baugrubenumschließungen unverkennbar: manche Methoden, welche ursprünglich für Hangsicherungen entwickelt wurden, bewähren sich auch zur Abstützung von Baugrubenwänden und umgekehrt.

Im Einzelnen werden als Ergänzung zu den gängigen Konstruktionen einige Beispiele angeführt, welche als Anregung für Sonderlösungen dienen können:

– Gewölbemauern mit Strebepfeilern (im Bedarfsfall verankert) (Bild 141),
– Stützmauern mit vorauseilenden Sicherungen (Bild 142),
– Pfahlböcke,
– Pfahlstühle (rahmenartige, biegesteife Konstruktionen),
– ausgesteifte Stützwände und -mauern (z. B. Druckriegel unterhalb einer Straße; Schrägstreben (siehe Bilder 34 bis 36),
– Hangsicherungen mit Wurzelpfählen oder anderen Kleinbohrpfählen.

Zu den vorstehenden Sicherungsmaßnahmen kommen vielfache Kombinationsmöglichkeiten von aufgelösten und/oder geschlossenen Stützkonstruktionen.

Im Fels sollten künstliche Böschungen und Stützkonstruktionen den vorhandenen Strukturen (Bankungen, Trennflächen bzw. Kluftscharen, Störungen etc.) möglichst angepasst werden. Außerdem wirkt die Auflockerung streng geometrischer Formen meist abwechslungsreich und naturnah (z. B. Bild 85).

Jegliche Böschungssicherung gewinnt an Ästhetik und häufig auch an Sicherheit (gegenüber Oberflächenerosion, Gleitung oberflächennaher Zonen etc.), wenn sie mit einer Grünverbauung gekoppelt wird (z. B. Bild 32). Während in Böden häufig auch stark wassersaugende Tiefwurzler erwünscht sind (Dränage- und Dübelwirkung), sollten sich Grünverbauungen im Fels auf Rasenpolster beschränken, weil besonders Bäume durch Wurzelsprengung die Felsauflockerung fördern und überdies leicht von Windwurf erfasst werden können.

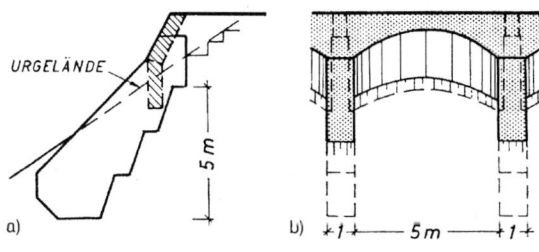

Bild 141. Gewölbemauer mit Strebepfeilern (im Bedarfsfall verankert); a) Querschnitt, b) Ansicht

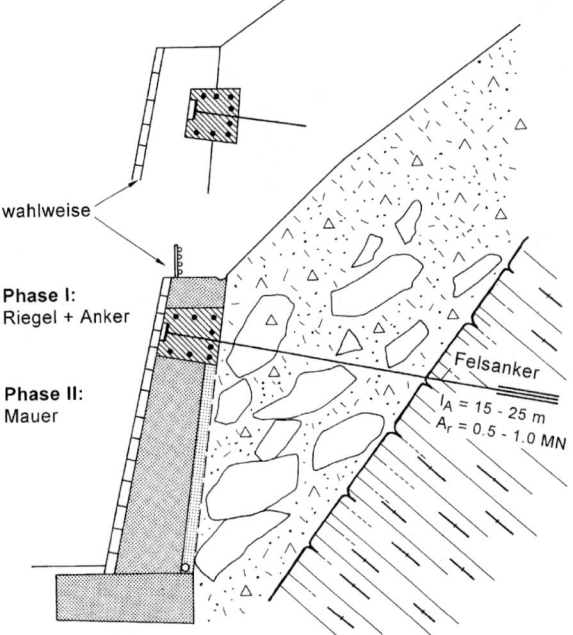

Bild 142. Stützmauer mit vorauseilender Sicherung [4]. Bauphase I: teilweiser Bodenabtrag und sofortige Hangsicherung mit einem Ankerbalken (Riegel + Anker). Bauphase II: gesamter Bodenabtrag und Herstellung der eigentlichen Mauer

7.2 Galerien

Bei diesen Sonderbauwerken kommt zum Problem der eigentlichen Böschungssicherung bzw. Hangabstützung noch jenes plausibler Lastannahmen aus Muren- und Lawinenschub. Bei Murenabgängen tritt eine Bodenverflüssigung ein, und der wirksame Scherwinkel der Rutschmassen sinkt auf einen sehr geringen Wert. Außerdem sind dynamische Einwirkungen zu berücksichtigen, was im Allgemeinen mit hinreichender Genauigkeit durch den Ansatz statischer Ersatzlasten erfolgen kann.

Hauptkonstruktionselemente von Galerien sind meist Rahmen, fachwerkartige Gespärre, Druckriegel, Einfeldträger oder Platten- bzw. Durchlauftragwerke und Gewölbe. Die großen Horizontalkräfte können unter anderem wie folgt in den Untergrund abgeleitet werden (z. B. Bilder 36 und 143):

- bergseitige Winkelstützmauern,
- Fundamentroste,
- Brunnengründungen bzw. Brunnwände,
- Pfahlwände,
- Pfahl- oder Schlitzwandscheiben (in der Falllinie),
- Verankerungen.

3.9 Stützbauwerke und konstruktive Hangsicherungen

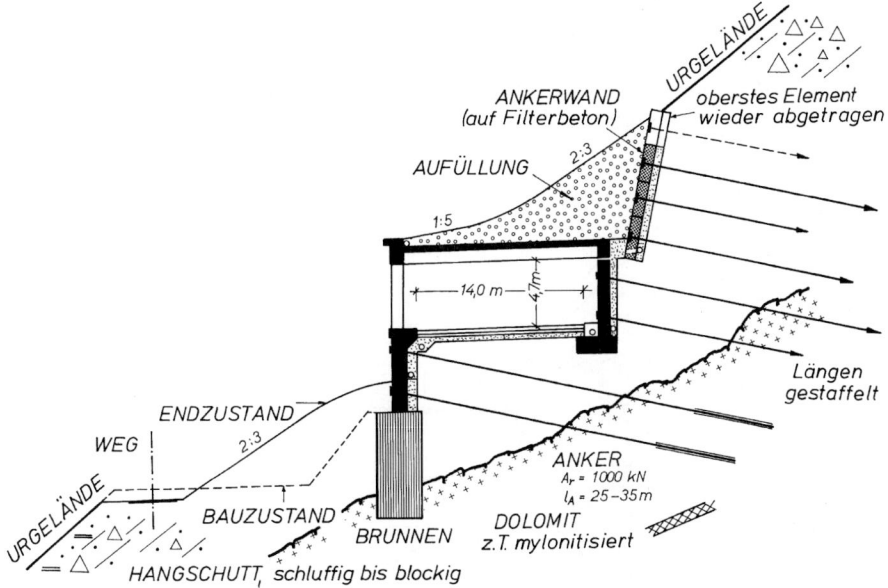

Bild 143. Lawinengalerie im Steilhang: Aufnahme großer Horizontalkräfte aus Hangschub, Lawinen und Murenabhängen durch vorgespannte Injektionsanker und Brunnen

7.3 Sicherung von Hangbrücken

Bei Gründungen von Brücken, Leitungsmasten etc. in steilen, rutschgefährdeten Böschungen sind sowohl die eigentlichen Hangsicherungen im Gelände als auch besondere konstruktive Maßnahmen an den Fundamenten und Stützen erforderlich; deren gegenseitige Beeinflussung ist in fels- bzw. bodenmechanischer, statischer und konstruktiver Hinsicht zu berücksichtigen.

Die Gründung von Brücken in steilen und/oder rutschgefährdeten Hängen wird meist auf Brunnen, Scheiben oder Pfählen erfolgen. In vielen Fällen müssen die Brückenpfeiler bzw. -fundamente durch Schutzwände oder andere Stützmaßnahmen von den Seitenkräften rutschender Hangmassen abgeschirmt werden [9, 14].

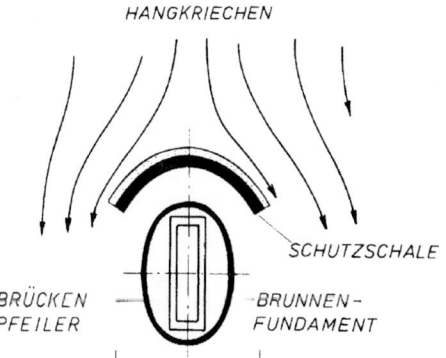

Bild 144. Schutzschale (auf Filterbeton) um einen Brückenpfeiler zur Aufnahme des Hangschubes; flexibles System (schematisch)

Bei Einzelpfeilern oder Schutzschalen bzw. Schutzwänden begrenzter Breitenausdehnung liegen etwas andere Gleitdruckverhältnisse vor als bei einer durchgehenden Wand: Hier sind auch die seitlichen Reibungskräfte zu berücksichtigen, sodass der „Staudruck" (s. Abschn. 2.2) an dem umströmten Bauwerk je nach Geländeneigung, Geometrie und Untergrundverhältnissen etwa 1,2 bis 2,0 $E_{Kr} \cdot B$ betragen kann (Bild 144). Die räumliche Wirkung ist

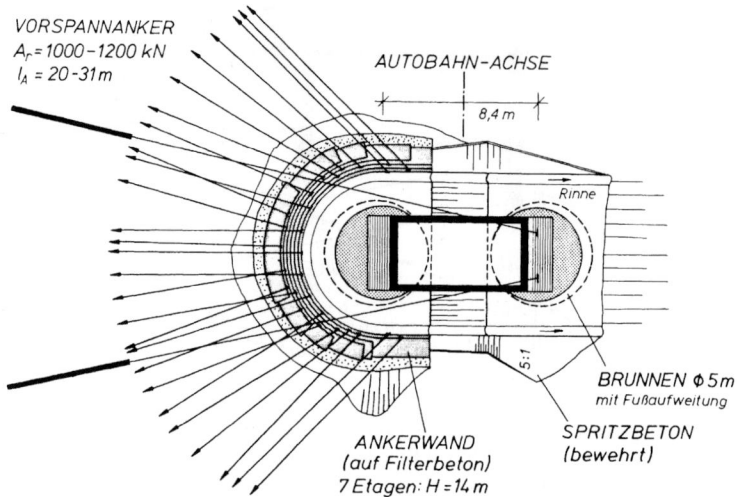

Bild 145. Grundriss eines Brückenpfeilers, welcher auf einem Brunnenpaar (mit biegesteifem Kopfriegel) gegründet und durch eine Schutzschale (gekrümmte Ankerwand) vor unzulässigem Hangschub abgeschirmt ist

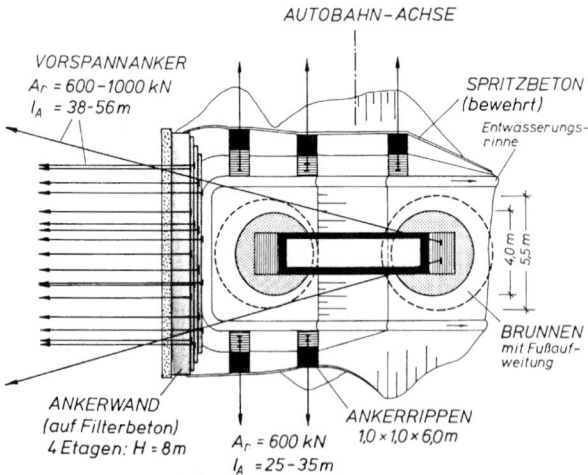

Bild 146. Grundriss eines Brückenpfeilers, welcher auf einem Brunnenpaar (mit biegesteifem Kopfriegel) gegründet und durch eine gerade Ankerwand vor unzulässigem Hangschub abgeschirmt ist. In der Längsrichtung der Brücke übernehmen verankerte Stahlbetonrippen (mit Spritzbeton in den Zwischenfeldern) den Erddruck von Gleitschollen

3.9 Stützbauwerke und konstruktive Hangsicherungen

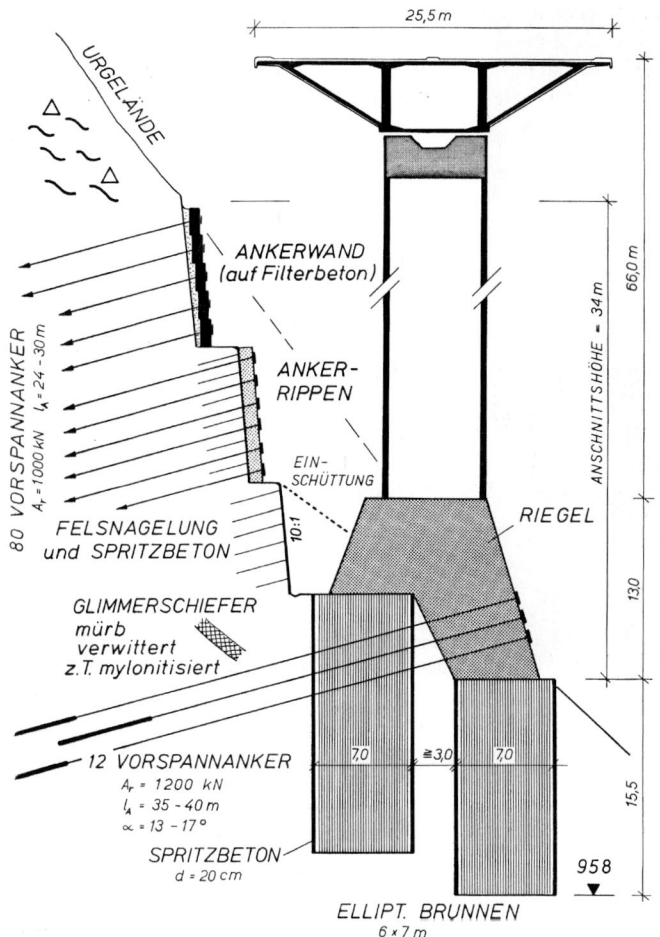

Bild 147. Hangsicherung und Gründung eines Brückenpfeilers in rutschgefährdetem Steilhang von ca. 500 m Höhe (in Anpassung an die örtlichen Felseigenschaften)

auch mittels einer vergrößerten fiktiven Einflussbreite mathematisch darstellbar. Derartige Schutzschalen können aus bewehrtem Spritzbeton, Ankerrippen, geschlossenen Ankerwänden oder Kombinationen daraus bestehen (Bilder 145 bis 147); je nach Geländeverhältnissen und Hangschub weisen sie im Grundriss unterschiedliche Krümmungen auf. Die Stützelemente werden schrittweise (in Etagen) von oben nach unten hergestellt und jeweils sofort verankert; dadurch sinkt die Gefahr einer Rutschungsauslösung auf ein Minimum.

Vorteilhaft ist zweifellos eine konstruktive Trennung der Stützmaßnahmen (z. B. Ankerwände) vom eigentlichen Ingenieurbauwerk (Brückenpfeiler etc.); siehe Bilder 144 bis 149. Horizontalverformungen, welche für das Tragwerk bereits unzulässig wären, können von flexiblen Ankerwänden und dergleichen noch ohne weiteres aufgenommen werden. Auch sind – infolge der Kontrollmessungen – eventuelle Verstärkungsmaßnahmen so rechtzeitig möglich, dass das Hauptbauwerk nicht beeinflusst wird.

Bild 148. Ansicht zu Bild 147. Oberes Brunnenpaar bereits betoniert, unteres in Arbeit. Beginn eines Schachtaushubes erst nach Fertigstellung des jeweiligen Nachbarbrunnens

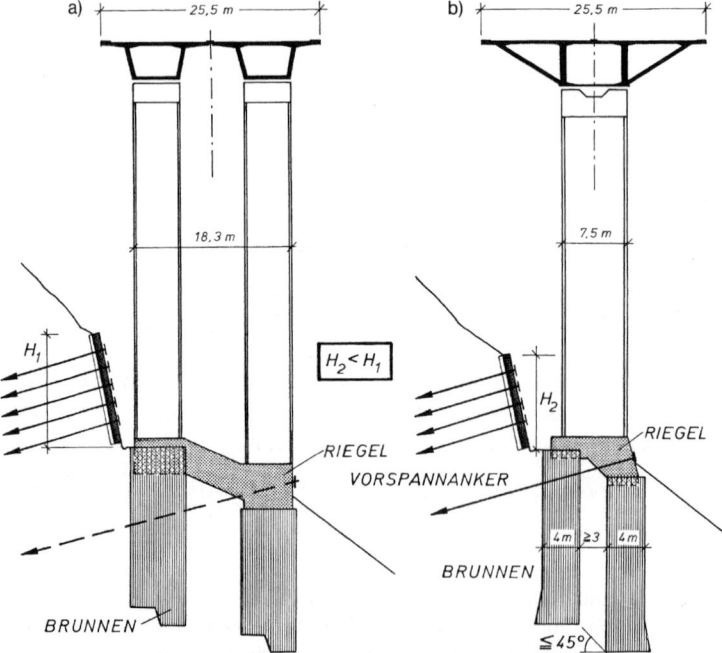

Bild 149. Ausführungsvarianten für die Gründung und Sicherung von Brückenpfeilern in rutschgefährdeten Steilhängen: vom Bauwerk getrenntes flexibles System der Hangsicherung

3.9 Stützbauwerke und konstruktive Hangsicherungen

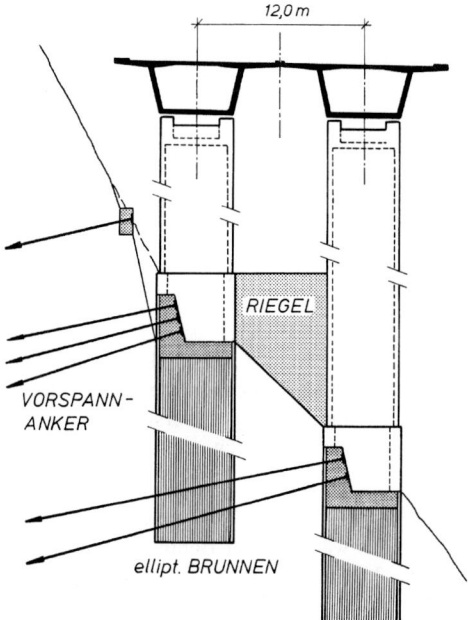

Bild 150. Hangsicherung unmittelbar vor den Brückenpfeilern (starres System; erhöhter Staudruck)

Falls jedoch die zur Aufnahme des Hangschubes erforderlichen Anker überwiegend in den Pfeilerfüßen liegen, ist mit größeren Staudrücken und Sicherheitsfaktoren zu rechnen (Bild 150); außerdem sind die Messkontrollen zu verschärfen. So wurden etwa bei der in Bild 150 schematisch dargestellten Hangbrücke, welche vor allem in den diversen Bauzuständen sehr empfindlich gegenüber Verformungen war, horizontale Erddruck-Beiwerte bis $K_h = 4{,}0$ in Rechnung gestellt. Dabei handelt es sich um die theoretisch maximalen Kriechbeiwerte gemäß Abschnitt 2.2.

Als Stützmaßnahmen kommen – je nach Gefährdungsgrad – folgende Varianten infrage:

- Spritzbetonsicherung (bewehrt) mit und ohne Vernagelungen;
- Gewölbeschalen (bewehrter Spritzbeton mit Erd- oder Felsnägeln) und massiven Kämpfern mit Vorspannankern;
- verankerte Stahlbetonrippen und/oder Balken (mit Spritzbeton in den Zwischenfeldern);
- geschlossene Ankerwände, im Grundriss gerade oder gekrümmt (s. Bilder 145 und 146);
- Pfahlwände (mit und ohne Verankerung), (vgl. z. B. Bild 12).

Als Brückengründungen in kritischen Hängen haben sich generell *Brunnenpaare* bewährt, welche am Kopf mit einem kräftigen Stahlbetonriegel biegesteif verbunden sind. Die so entstehende Rahmenkonstruktion besitzt ein sehr großes Widerstandsmoment in der Falllinie (s. Bilder 145 bis 150). Weitere Ausführungsvarianten sind zum Beispiel:

"Knopfloch"-Gründungen

Falls keine echte Rutschgefahr mit progressiver Bruchbildung besteht (geringer Restscherwinkel φ_r), sondern es sich nur um einen langsam kriechenden Hang handelt, können die Erddruckkräfte von einem Brückenpfeiler (Seilbahnmast, E-Mast etc.) durch „Knopflöcher" abgeschirmt werden: Hierbei wird der Pfeiler im Schutz einer Hohlellipse aus bewehrtem

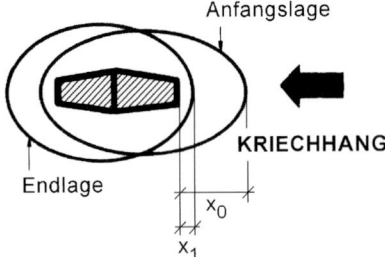

Bild 151. Prinzip der „Knopfloch"-Gründung eines Brückenpfeilers (oder Seilbahnstütze, E-Mast) in einem Kriechhang. Exzentrisch abgeteufter, offen bleibender flexibler Schacht schirmt den bis zur Gleitfläche geführten Pfeiler vom Hangschub ab und bewegt sich allmählich zum Pfeiler hin.
In der deformierten Endlage ist $x_1 \ll x_0$

Spritzbeton oder Stahlbetonringen (meist mit horizontalen Fugen) bis zur Unterkante der instabilen Schichten geführt. In kritischen Fällen haben sich Verstärkungen der Schale durch stehende Ankerrippen bewährt [7, 9]. Die eigentliche Gründung beginnt erst unterhalb der Kriechzone. In der Trennfläche muss der Schacht eine Fuge aufweisen, um Differenzbewegungen zu ermöglichen.

Der Lichtraum zwischen exzentrisch positioniertem Brückenpfeiler und bergseitiger Schachtwandung muss mindestens so groß sein wie das während der Benutzungsdauer der Brücke zu erwartende horizontale Bewegungs- bzw. Verformungsmaß des Schachtes. Gemäß Bild 151 verringert sich der bergseitige Lichtraum zwischen Schachtwandung und freistehendem Pfeiler im Laufe der Jahre von x_0 auf x_1. Mit $x_1 \rightarrow 0$ endet die Lebensdauer des Bauwerkes, sofern nicht rechtzeitig vorher Sicherungsmaßnahmen vorgenommen werden.

Brunnenscheiben

Anstelle von Fundamentverankerungen sind auch Gründungsscheiben möglich, indem in der Falllinie mehrere Brunnen hintereinander hergestellt werden; durch biegesteife Verbindungen wird ein statisch gemeinsam wirkendes Widerstandsmoment erzielt. Gemäß [7] hängt der in Rechnung zu stellende Erddruck von den möglichen (räumlichen) Gleitflächen im Kriechhang ab. Anstelle der seitlichen Reibungskräfte wird z. T. auch mit einer fiktiven Einflussbreite des ebenen Erddruckes gerechnet.

Gründungskästen (aus Bohrpfählen oder Schlitzwänden)

Wenn der Fels von sehr weichen, wasserführenden rutschgefährdeten Böden größerer Mächtigkeit überlagert ist, können Brunnenschächte nur unter hohem Aufwand und Risiko abgeteuft werden. In solchen Fällen haben sich Pfahlkästen (evtl. Schlitzwandkästen) mit hohem Widerstandsmoment gegenüber Hangschub und Fließ- bzw. Staudruck bewährt. Hierbei handelt es sich um vertikale Gründungskästen aus überschnittenen, allenfalls tangierenden Bohrpfählen (meist $d = 90 \div 120$ cm) mit aussteifenden Querschotten (siehe z. B. Bild 12).

Halbbrücken

Bei sehr steilem Gelände und breiten Autobahnquerschnitten oder mehreren parallel verlaufenden Verkehrswegen sind sogenannte Halbbrücken meist die wirtschaftlichste Lösung: Hierbei liegen die bergseitigen Fahrbahnen im Anschnitt bzw. auf Schüttungen (mit Stützmauer), die talseitigen auf einer Brücke (Bilder 152 und 153). Auf diese Weise werden übermäßig hohe Hanganschnitte vermieden und der Erddruck gestaffelt übernommen.

3.9 Stützbauwerke und konstruktive Hangsicherungen

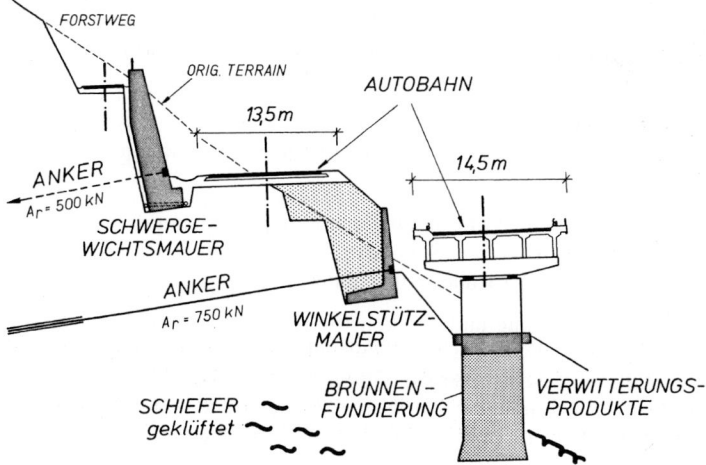

Bild 152. Halbbrücke in rutschgefährdetem Hang

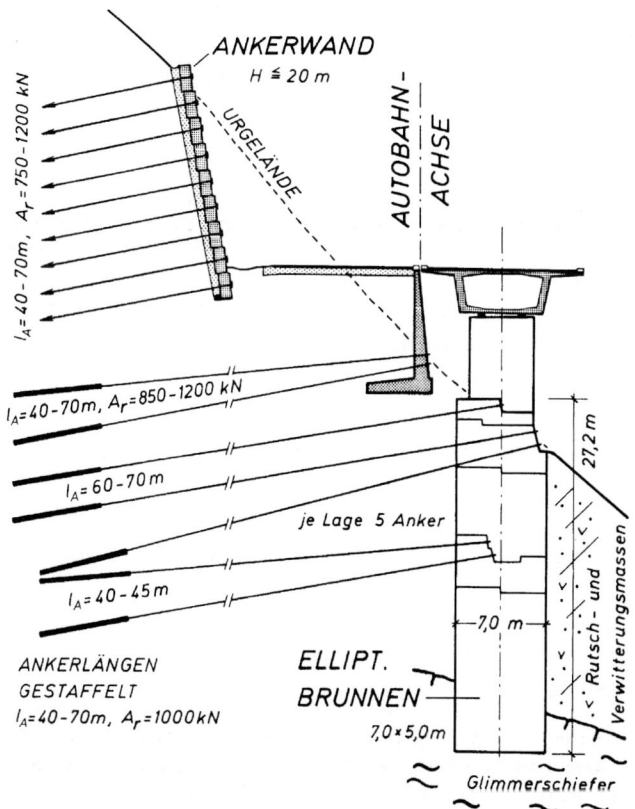

Bild 153. Halbbrücke in extrem rutschgefährdetem, durchnässtem Steilhang

Bei verankerten hinterfüllten Stützmauern oder Brückenwiderlagern darf die Vorspannkraft in den Ankern nur schrittweise auf die endgültige Gebrauchslast erhöht werden, und zwar in Anpassung an folgende, von den diversen Bauzuständen abhängige Faktoren:

– Hinterfüllungshöhe der Stützmauer,
– Bewegungsmöglichkeit der Stützmauer,
– zu erwartende Setzungsunterschiede zwischen Stützmauer und Hinterfüllung,
– Geländebruchsicherheit.

In der Regel empfiehlt es sich, die volle Vorspannung erst möglichst spät aufzubringen. In Rutschhängen, die zu einem raschen Abfall der Scherfestigkeit in Richtung Restscherfestigkeit tendieren, ist hingegen ein möglichst frühes Aufspannen angezeigt.

Unabhängig von der Ausführungsvariante und den konstruktiven Details sollten in rutschverdächtigen Hängen und bei empfindlichen Bauwerken stets entsprechende Reserven bzw. Möglichkeiten zur Verstärkung vorgesehen werden. Überdies ist auf die Durchführung von Kontrollmessungen besonderer Wert zu legen. Details und zahlreiche Ausführungsbeispiele sowie Daten zum Langzeitverhalten sind [9, 10, 14] zu entnehmen.

8   Begleitende Maßnahmen

Konstruktive Hangsicherungen sind stets in Verbindung mit einer zweckmäßigen Böschungsgestaltung und einer wirkungsvollen Entwässerung zu konzipieren. Erst das aufeinander abgestimmte Zusammenwirken aller Maßnahmen liefert ein technisch-wirtschaftliches Optimum.

8.1   Bermen

Bei hohen Hanganschnitten sollten stets *Bermen* angeordnet werden, deren Höhenabstände von folgenden Faktoren abhängen:

– Standsicherheit des Hanges,
– Stabilität der Böschungsoberfläche (Felsverwitterung, Bodenerosion etc.),
– Fels- bzw. Bodeneigenschaften,
– Böschungsneigung,
– Gesamthöhe,
– Geometrie des Anschnittes (z. B. Verlauf der Nivellette in der Längsrichtung),
– Zugänglichkeit der Bermen,
– Ästhetik.

Dementsprechend variieren in der Praxis die Bermenabstände zwischen ca. 8 und 20 m, wobei das Optimum erfahrungsgemäß bei 12 bis 15 m liegt.

Aus theoretischen und spannungsoptischen Untersuchungen ist zwar bekannt, dass es dadurch zu örtlichen Spannungskonzentrationen (Kerbspannungen) kommt, doch sind diese für die Standsicherheit der Böschungen in der Regel nur von untergeordneter Bedeutung. Andererseits erleichtern die Bermen die Erhaltungsarbeiten und sind bei semiempirischen Dimensionierungen von Sicherungen in kritischen Hängen unbedingt erforderlich, um die Zugangsmöglichkeit und den Arbeitsraum für eventuelle Verstärkungsmaßnahmen oder Sanierungen zu haben. Auch als Auffangraum für Steinschlag und abwitternden Fels sind sie wertvoll. Bei Böden wirken Bermen erfahrungsgemäß oft als Auffangraum bzw. Bremszone für oberflächennahe Rutschungen. Dementsprechend sollte die Bermenbreite mindes-

3.9 Stützbauwerke und konstruktive Hangsicherungen

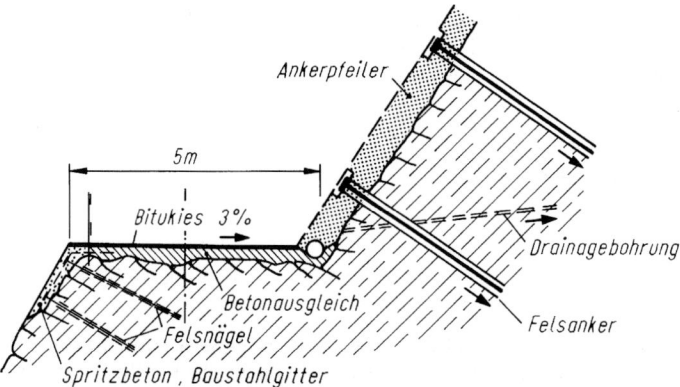

Bild 154. Bermensicherung in einer Einschnittsböschung aus zerklüftetem, witterungsempfindlichem Fels; Berme zugleich als Wirtschaftsweg wirkend

tens 3 m betragen. Die Fläche ist geneigt auszubilden, um eine einwandfreie Entwässerung zu gewährleisten. Im Allgemeinen ist eine hangauswärtige Neigung zweckmäßiger als eine zum Berg geneigte Bermenfläche mit Rinne. Letztere setzt eine kontinuierliche Wartung voraus; andernfalls besteht die Gefahr, dass Wasserstauungen lokale Rutschungen auslösen.

Bei klüftigem, zerhacktem Fels sind die Bermen entsprechend zu sichern, um sie langzeitlich zu erhalten: Bild 154 zeigt die Verwendung einer Berme als befestigten Wirtschaftsweg; in diesem Fall ist eine Neigung zum Berg empfehlenswert.

8.2 Entwässerungen

Konstruktive Stützelemente bilden nur einen Aspekt bei Hangsicherungen. Auf wirkungsvolle Entwässerungen ist gleichermaßen Wert zu legen, da sie die Böschungsstabilität vielfach sehr wesentlich beeinflussen.

Bei baulichen Eingriffen in die Natur sind Hangvorentwässerungen, welche schon vor Beginn der eigentlichen Bauarbeiten durchgeführt werden, sehr zu empfehlen. Dadurch können vernässte Hänge schon frühzeitig stabilisiert werden, und das Risiko von Rutschungen (ausgelöst durch den späteren Erdbau) sinkt. Allerdings ist eine derartige Präventivmaßnahme vielfach aus organisatorischen Gründen leider nicht möglich.

Neben Oberflächenentwässerungen haben sich in der Praxis vor allem Sickerschlitze, Tiefdränschlitze und Dränagebohrungen bewährt. In Sonderfällen können auch Entwässerungsschächte sowie -stollen zweckmäßig sein und evtl. von diesen aus weitere Dränagebohrungen. Sogar massive Stahlbetonbrunnen eignen sich für dauerhafte tiefliegende Entwässerungen. Falls beim Schachtaushub konzentrierte Hangwässer zutreten, sind diese abzuschlauchen und zu einer Sammelstelle im untersten Brunnenbereich zu führen. Die Ausleitung kann über Pumpen oder Dränagebohrungen, begrenzt auch mittels Siphonen erfolgen (Bild 155). Dränagebohrungen kommen nur bei steilem Gelände sowie ausreichender Vorflut infrage und können sowohl aus dem Brunnen heraus oder als Zielbohrungen von außen in die Brunnen gebohrt werden.

Entwässerungsbohrungen sind vor allem dann wirkungsvoll, wenn ein Hang tiefgreifend durchnässt ist, konzentrierte Wasseradern oder sogar artesische Wässer führt. In stark

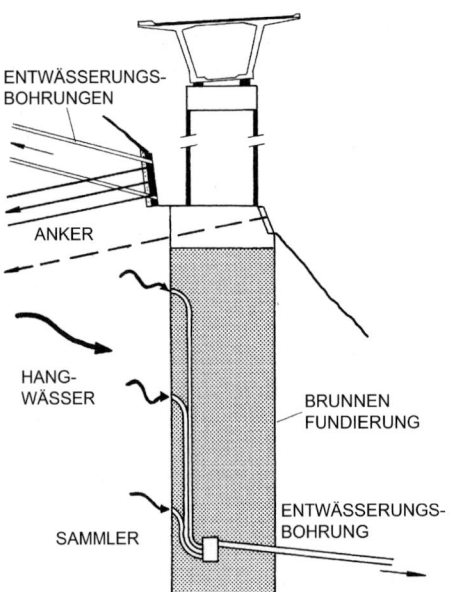

Bild 155. Sicherungs- und Gründungsmaßnahmen für eine Hangbrücke in steilem durchnässten Gelände. Tiefreichende Entwässerung von den Gründungsbrunnen aus. Örtlich konzentrierte Hangwässer bereits beim Abteufen der Schächte abgeschlaucht, dann Leitungen im Fundamentbeton eingebunden. Auch bei Brunnenwänden möglich

aktiven Rutschhängen hat es sich bewährt, die Bohrungen möglichst im Winter – am besten als Vorentwässerung – vorzutreiben, da in dieser Zeit die Bewegungen meist kleiner und daher nur geringere Rohrverdrückungen (bzw. -ausfälle) zu erwarten sind; Schmelz- und Niederschlagswässer des folgenden Frühjahres können dadurch besser abgeleitet werden. Der Auslauf von Dränagebohrungen, die permanent funktionstüchtig bleiben sollen, ist nach Möglichkeit unterhalb eines Wasserspiegels zu legen (z. B. in einem kleinen Auffangbecken). Dadurch lässt sich die Gefahr von allmählichen Verlockerungen etc. deutlich reduzieren.

Falls nicht ausgesprochene Wasserhorizonte vorliegen, schüttet meist nur ein geringer Prozentsatz derartiger Bohrungen: erfahrungsgemäß kann bereits eine Fündigkeitsquote von über 20 bis 30 % als Erfolg gewertet werden. Die Wirksamkeit der Dränagebohrungen liegt weniger in der Menge des abgeleiteten Hangwassers, sondern vor allem in einer Versteilung der Resultierenden des Strömungsdruckes; dadurch wird die Standsicherheit der Böschung entscheidend verbessert.

Beispiele für diverse Entwässerungsmaßnahmen sind in [6, 8, 9] und im Abschnitt 3.7 zu finden.

8.3 Kontrollmessungen

Abschließend sei nochmals auf die Bedeutung von *Kontrollmessungen* in kritischen Hängen und an hohen, verankerten Stützkonstruktionen hingewiesen. Aufgrund der diversen theoretischen Idealisierungen bei den Berechnungsverfahren, insbesondere aber wegen der häufig stark streuenden Boden- bzw. Felskennwerte und der Unsicherheiten in den Strömungsverhältnissen, sind genaue Berechnungen kaum möglich. Die messtechnische Kontrolle soll möglichst frühzeitig einsetzen (stichprobenweise bereits vor Baubeginn) und stets mehrere, voneinander unabhängige Systeme erfassen. Erfahrungsgemäß führt nur eine

3.9 Stützbauwerke und konstruktive Hangsicherungen

Übereinstimmung (insbesondere Spannungen = Verformungen) zu verlässlichen Aussagen, da stets mit Störeinflüssen, Inhomogenitäten des Untergrundes oder gar Beschädigungen von Messvorrichtungen etc. zu rechnen ist.

Kontrollmessungen dienen nicht nur zur Beweissicherung und zur Abschätzung des Tragfähigkeits-Verformungsverhaltens der Stützkonstruktionen bzw. der gesicherten Hänge, sondern auch zur Optimierung der Erhaltungsarbeiten und eventueller Verstärkungsmaßnahmen. Sie sind als Grundlage realistischer Sicherheitsnachweise unerlässlich.

9 Literatur

[1] Alexiew, D., Sobolewski, J., Pohlmann, H.: Projects and optimized engineering with geogrids from ‚non-usual' polymers. Proceedings 2nd European Geosynthetics Conference (IGS), Vol. 1. Italian Geotechnical Society (Roma), Bologna, 2000.
[2] Bedingungen für die Anwendung des Bauverfahrens „Bewehrte Erde"(Ausgabe 1985). Der Bundesminister für Verkehr, Bonn. Verkehrsblatt-Verlag.
[3] Bley, A.: Sicherung von Hängen und Böschungen gegen Rutschungen durch Tiefdränschlitze. Baugrundtagung 1976 in Nürnberg. Deutsche Gesellschaft für Erd- und Grundbau, Essen, 1976.
[4] Brandecker, H.: Die Gestaltung von Böschungen in Lockermassen und im Fels. Forschungsberichte der Forschungsgesellschaft für das Straßenwesen, Heft 3, Wien, 1971.
[5] Brandl, H.: Die Bemessung vertikal und horizontal belasteter Stabwände aus Pfählen. Der Bauingenieur (47), 1972, S. 89–96.
[6] Brandl, H.: Die Sicherung von hohen Anschnitten in rutschgefährdeten Verwitterungsböden. Proceedings 6th ECSMFE, Wien 1976, Vol. 1.1, S. 19–28.
[7] Brandl, H.: Erd- und Kriechdrucktheorie für Rutschhänge (mit praktischen Anwendungen) und Generalbericht „Standfestigkeit natürlicher und künstlicher Böschungen". Proc. 6. Donau-Europäische Konferenz für Bodenmechanik und Grundbau, Varna, 1980.
[8] Brandl, H.: Hohe Dämme anstelle von Straßen- und Autobahnbrücken. Heft 73 der Schriftenreihe der Forschungsgesellschaft f. d. Straßenwesen, Wien, 1980/81.
[9] Brandl, H., Brandecker, H.: Autobahnbau unter extremen geotechnischen Bedingungen. Mitteilungen für Grundbau, Bodenmechanik und Felsbau, Heft 1/1982. Technische Universität Wien, 1982.
[10] Brandl, H.: Sicherung von Felsböschungen und Gründung in diesen. Rock Mechanics, Suppl. 12. Springer-Verlag, Wien, 1982.
[11] Brandl, H.: Tragverhalten und Dimensionierung von Raumgitterstützmauern (Krainerwänden), Heft 141, Wien, 1980.
Raumgitter-Stützmauern: Großversuche, Baustellenmessungen, Anwendungsbeispiele, Berechnung, Konstruktion, Bauausführung, Heft 208, Wien, 1982.
Systeme von Raumgitter-Stützmauern; Erdseits offene Raumgitter-Stützmauern; Schadensfälle an Raumgitter-Stützmauern, Heft 251/Teil 1 und 2, Wien, 1984.
Schriftenreihe „Straßenforschung" des Bundesministeriums für Bauten und Technik – Forschungsgesellschaft f. d. Straßenwesen, Wien. Vertrieb: Forschungsges. f. Straßenwesen, Wien
[12] Brandl, H., Dalmatiner, J.: Stützmauer System „NEW" (und ähnliche Konstruktionen). Heft 280 der Schriftenreihe „Straßenforschung" des Bundesministeriums für Bauten und Technik – Forschungsgesellschaft f. d. Straßenwesen, Wien, 1986.
[13] Brandl, H.: Retaining walls and other restraining structures. Ground Engineer's Reference Book (ed. F. G. Bell). Butterworth, London, 1987.
[14] Brandl, H., Dalmatiner, J.: Brunnengründungen von Bauwerken in Hängen, Heft 352. Geotechnische Baustellenmessungen und (Langzeit-)Überwachung von Hangbrücken und Talübergängen, Heft 353. Schriftenreihe „Straßenforschung" des Bundesministeriums für wirtschaftliche Angelegenheiten – Forschungsgesellschaft f. d. Straßenwesen, Wien, 1988.
[15] Brandl, H.: Retaining structures for rock masses. In: Engineering in Rock Masses (ed. F. G. Bell). Butterworth-Heinemann, Oxford/London, 1992.

[16] Brandl, H.: Geotechnische Maßnahmen zur Sicherung von Rutschhängen. 8. Christian Veder Kolloquium, Technische Universität Graz, 1993.
[17] Brandl, H.: Piles and diaphragm walls for heat transfer from and into the ground. Proceedings 3rd Intern. Geotechnical Seminar on Deep Foundations on Bored and Auger Piles, Gent, 1998. Balkema, Rotterdam, 1998.
Energy foundations and other thermo-active ground structures. Rankine Lecture, Geotechnique, Vol. LVI, No. 2, March 2006. The Institution of Civil Engineers, London.
[18] Brandl, H.: Ground support – reinforcement, composite structures. Proceedings Intern. Conference on Geotechnical & Geological Engineering „GeoEng 2000". Australian Geotechnical Society, Melbourne, 2000
[19] Brandl, H., Adam, D.: Special application of geosynthetics in geotechnical engineering. Proceedings 2nd European Geosynthetics Conference (IGS), Vol. 1. Italian Geotechnical Society (Roma), Bologna, 2000.
[20] Brandl, H.: Stützende und zu stützende Bauwerke in labilen Hängen. 4th Colloquium Rock Mechanics – Theory and Practice. Proceedings, Technische Universität Wien, 2008.
[21] Branzanti, M., Agostini, R.: Gabionenbauten. Mitteilungen der Schweizerischen Gesellschaft für Boden- und Felsmechanik, Heft 103, Zürich, 1981.
[22] Brinch/Hansen/Lundgren: Hauptprobleme der Bodenmechanik. Springer-Verlag, Berlin, Göttingen, Heidelberg, 1960, S. 266–268.
[23] Brinch/Hansen, J.: The Ultimate Resistance of Rigid Piles Against Transversal Forces. Geoteknisk Institut, Bulletin Nr. 12, Copenhagen, 1961.
[24] Coomber, D. M., Wright, P. W.: Jet Grouting at Felixstowe Docks. Ground Engineering 17, July 1984, S. 19–24.
[25] Dalton, D. C.: Tyre retaining wall on the M62. Ground Engineering 15, Januar 1982, S. 41–43.
[26] De Beer, E.: The Effects of Horizontal Loads on Piles, due to Surcharge or Seismic Effects. IX ICSMFE, Speciality Session, Vol. 3, pp. 547–558, Tokyo, 1977.
[27] „EBGEO"-Empfehlungen für Bewehrungen aus Geokunststoffen. Deutsche Gesellschaft für Geotechnik (DGGT). Ernst & Sohn, Berlin, 1997 und Entwurf 2008/2009.
[28] Falk, E.: Jet Grouting als Hauptelement einer 30 m hohen Baugrubensicherung. 8. Darmstädter Geotechnik-Kolloquium, Darmstadt, 2001.
[29] Fedders, H.: Seitendruck auf Pfähle durch Bewegungen von weichen, bindigen Böden. Empfehlung für Entwurf und Bemessung. Geotechnik 1 (1978), S. 100–104.
[30] Floss, R., Thamm, B. R.: Entwurf und Ausführung von Stützkonstruktionen aus bewehrter Erde. Tiefbau, Heft 2/1977.
[31] Franke, E., Schuppener, B.: Horizontalbelastung von Pfählen infolge seitlicher Erdauflasten. Geotechnik 5 (1982), S. 189–197.
[32] Franke, E., Klüber, E.: Vertikalpfähle – einzeln und in Gruppen – unter aktiven Horizontal- und Momentenbelastungen. Geotechnik 7 (1984), S. 7–26.
[33] Franke, E.: Discussion. Proceedings XI. ICSMFE, Session 4 A, B, Vol. 5, San Francisco, 1985.
[34] Franke, E.: Group action between vertical piles under horizontal loads. In: Deep Foundations on Bored and Auger Piles (ed. W. F. van Impe). Balkema, Rotterdam, Brookfield, 1988.
[35] Fröhlich, O. K.: Anwendung von Palisadenwänden zur Übertragung von Seitenschüben auf den Untergrund. Mitteilungen des Institutes für Grundbau und Bodenmechanik an der Technischen Hochschule (Universität) Wien, Heft 2, 1959.
[36] Fukuoka, M.: The Effects of Horizontal Loads on Piles Due to Landslides. IX. ICSMFE, Proceedings of the Speciality, Session 10, pp. 27–42, Tokyo, 1977.
[37] Gässler, G., Gudehus, G.: Soil Nailing – Some Aspects of a New Technique. Proc. X. ICSMFE, Vol. 3, pp. 665–670, Stockholm, 1981.
[38] Gäßler, G.: Vernagelte Geländesprünge – Tragverhalten und Standsicherheit. Heft 108 der Veröffentlichungen des Institutes für Bodenmechanik und Felsmechanik der Universität Fridericiana, Karlsruhe, 1987.
[39] Gudehus, G., Leinenkugel, H. J.: Fließdruck und Fließbewegung in bindigen Böden: Neue Methoden. Vorträge der Baugrundtagung 1978 in Berlin. Deutsche Gesellschaft für Erd- und Grundbau, Essen, 1978.
[40] Gudehus, G.: Erddruckermittlung. In: Grundbau-Taschenbuch, Teil 1, 6. Auflage, S. 420. Ernst & Sohn, Berlin, 2001.

3.9 Stützbauwerke und konstruktive Hangsicherungen

[41] Gudehus, G.: Seitendruck auf Pfähle in tonigen Böden. Geotechnik 7 (1984), S. 73–84.
[42] Gudehus, G., Schwarz, W.: Stabilisierung von Kriechhängen durch Pfahldübel. Vorträge der Baugrundtagung 1984 in Düsseldorf, S. 669–681.
[43] Graßhoff, H., Siedek, P., Floss, R.: Handbuch Erd- und Grundbau, Teil 1. Werner-Verlag, Düsseldorf, 1982.
[44] Günther, K., Schoeberl, P.: Großbohrpfähle als Tragelemente einer außergewöhnlichen Stützkonstruktion. Vorträge der Baugrundtagung 1984 in Düsseldorf, S. 393–406.
[45] Haefeli, R.: Zur Erd- und Kriechdrucktheorie. Mitteilungen aus der Versuchsanstalt für Wasserbau an der Eidgen. Techn. Hochschule, Heft 9, ETH Zürich, 1945.
[46] Häusler, F.: Hangsicherung am Gelben Berg. Wasser + Abwasser bau-intern 5/1979.
[47] Heerten, G., Saathoff, F., Stelljes, K.: Geotextile Bauweisen ermöglichen neue Strategien im Küstenschutz. Geotechnik 2/2000.
[48] Heerten, G., Jackson, A., Restall, S., Saathoff, F.: New developments with mega sand containers of nonwoven needle-punched geotextiles for the construction of coastal structures. ICCE 2000 – 27th International Conference on Coastal Engineering, Sydney, 2000.
[49] Herold, A., Alexiew, D.: Die Bauweise KBE (kunststoffbewehrte Erde) – Eine wirtschaftliche Alternative? 3. Österreichische Geotechniktagung. Österreichischer Ingenieur- und Architekten-Verein, Wien, 2001.
[50] Hilmer, K.: Baugrundverbesserung durch Bewehrung. „LGA Rundschau" 80–1 und Heft 40 der Veröffentlichungen des Grundbauinstitutes der Landesgewerbeanstalt Bayern, Nürnberg.
[51] Horch, M.: Zuschrift zu „Seitendruck auf Pfähle durch Bewegungen von weichen bindigen Böden". Geotechnik 4 (1980), S. 207–208.
[52] Hoy, G., Artmann, S., Herold, A.: Ansätze zur Begrünung geokunststoffbewehrter Stützkonstruktionen. Geotechnik 2/2000.
[53] Huder, J., Duerst, R.: Safety Considerations for Cut in Unstable Slope. Proc. X. ICSMFE, 3, pp. 431–436, Stockholm, 1981.
[54] Huder, J.: Stabilisierung von Rutschungen mittels Ankern und Pfählen. Schweizer Ingenieur u. Architekt, Heft 16/1983 und Heft 120 der Mitteilungen des Institutes für Grundbau und Bodenmechanik, ETH Zürich, 1983.
[55] Ito, T., Matsui, T., Hong, W. P.: Design method for the stability analysis of the slope with landing pier. Soils and Foundations, 19 (4), pp. 43–57, 1979.
Extended design method for multi-row stabilising piles against landslide. Soils and Foundations, 22 (1), pp. 1–13, 1982.
[56] Jaecklin, F. P.: Sehr hohe gitterarmierte Stützmauer. Schweizer Ingenieur und Architekt, Nr. 20/1999.
[57] Jaecklin, F. P.: Bemessung von Stützbauwerken aus bewehrtem Boden. Schweizer Ingenieur und Architekt, Nr. 29/30/2000.
[58] Jerabek, K.: BAB A70, Bamberg–Bayreuth, Hangrutsch zwischen AS Thurnau und KS Kulmbad. Seminar Erdbau, LGA Nürnberg, 1995.
[59] John, K. W., Reuter, G., Spang, R. M.: Kippen als Bruchmechanismus in Felsböschungen. Berichte der 2. Nat. Tagung für Ing.-Geologie, Fellbach, 1979, S. 183–198.
[60] Jones, C. J. F. P.: The development and use of polymeric reinforcements in reinforced soil. In: Thepractice of soil reinforcing in Europe (ed. T. S. Ingold). Thomas Telford, 1995.
[61] Khay, M.; Matichard, Y.; Yoshioka, A.: Contrôle de la mise en oeuvre du matèriau sol-fibres Texsol et de ses caractèristiques en place. Bulletin de liaison des Laboratoires des Ponts et Chaussèes, No. 174, Paris, 1991.
[62] Lizzi, F.: Practical engineering in structurally complex formations. Int. Symposium on „The Geotechnics of Structurally Complex Formations", Vol. I, pp. 327–333. Associazione Geotecnica Italiana, Capri, 1977.
[63] Mc Gown, A.: The behaviour of geosynthetic reinforced soil systems in various geotechnical applications. Proceedings 2nd European Geosynthetics Conference (IGS), Vol. 1. Italian Geotechnical Society (Roma), Bologna, 2000.
[64] Merkblatt für den Entwurf und die Herstellung von Raumgitterwänden und -wällen. Forschungsgesellschaft für Straßen- und Verkehrswesen, Köln, 2006.
[65] Merkblatt für den Entwurf und die Bemessung von Stützkonstruktionen aus stahlbewehrten Erdkörpern. Forschungsgesellschaft für Straßen- und Verkehrswesen, Köln, 2009.

[66] Müller, L.: Der Felsbau, Bd. 1: Theoretischer Teil. Enke Verlag, Stuttgart, 1963.
[67] Muth, G.: Tragverhalten und Bemessung von Bewehrte Erde Stützkonstruktionen auf weichem, setzungsempfindlichem Untergrund. 11. Christian Veder Kolloquium, Technische Universität Graz, 1996.
[68] Muth, G.: Bewehrte Erde – Stand der Technik und Ausführungsbeispiele. Technische Akademie Esslingen, 1997, 1998, 1999.
[69] Oberhauser, A., Adam, D., Hosp, M., Kopf, F.: Der Energieanker – Synergien bei der Nutzung eines statisch konstruktiven Bauteils. Österr. Ingenieur- und Architekten-Zeitschrift, 151. Jg., Heft 4–6/206, S. 97–102.
[70] Ostermayer, H.: Verpressanker. Grundbau-Taschenbuch, Teil 2, 6. Auflage, Kap. 2.5. Ernst & Sohn, Berlin, 2001.
[71] Pacher, F.: Über die Berechnung von Felssicherungen, verankerter Stützmauern und Futtermauern. Geologie und Bauwesen, Heft 1/1957, Wien.
[72] Podlesak, K.: Die Tauernautobahn im Abschnitt Salzburg-Hüttau vor der Gesamtfertigstellung. Festschrift zum 42. Österr. Straßentag, 1980, S. 19–21.
[73] Poulos, H. G.: Design of slope stabilizing piles. Proceedings Slope Stability Engineering, Vol. 1 (eds. Yagi, Yamagami, Jiang), Japan. Balkema, Rotterdam, 1999.
[74] Preg, R., Adam, D.: Geothermische Energiebewirtschaftung mit Pfählen. 2. Österreichische Geotechniktagung. Österreichischer Ingenieur- und Architekten-Verein, Wien, 1999.
[75] Raisch, D.: Stabilitätsuntersuchungen zur aufgelösten Elementwand im bindigen Lockergestein. Bauingenieur 54 (1979), S. 299–306.
[76] Rüegger, R.: Deformationsmessungen an geotextilarmierter Stützkonstruktion mit dem Textmour-System. Schweizer Baublatt Nr. 72 vom 6.9.1991.
[77] Schlosser, F. et al.: Soil Nailing Recommendations. French National Research, Project Clouterre, Presse de l'ENPC, Paris, 1991.
[78] Schlosser, F.: Soil improvement and reinforcement. Proceedings XIV ICSMGE, Hamburg 1997. Balkema, Rotterdam, 1997.
[79] Schmiedel, U.: Seitendruck auf Pfähle. Bauingenieur 59 (1984), S. 61–66.
[80] Schmidt, H. G.: Beitrag zur Berechnung lotrechter Großbohrpfähle an Geländesprüngen und Böschungen für planmäßige, waagrechte Belastung. Der Bauingenieur 48 (1973), S. 41–46.
[81] Schmidt, H. G.: Group Action of Laterally Loaded Bored Piles. Proceedings X. ICSMFE, II, Stockholm 1981, pp. 833–837.
[82] Schodts, P. A.: Design and behaviour of Reinforced Earth soil structures on soft foundations. British Geotechnical Society, 1990.
[83] Schwarz, W.: Verdübelung toniger Böden. Heft 105 der Veröffentlichungen des Institutes für Boden- und Felsmechanik, Universität Karlsruhe, 1987.
[84] Simac, M. R., Bathurst, R. J., Berg, R. R., Lothspeich, S. E.: National Concrete Masonry Association Segmental Retailing Wall Design Manual: 250. National Concrete and Masonry Association. Herdon, Virginia, USA, 1993.
[85] Smith, I. M., Segrestin, P.: Inextensible reinforcements versus extensible ties – FEM comparative analysis of reinforced or stabilized earth structures. Proc. Earth Reinforcement Practice, Kyushu, Japan, 1992. Balkema, Rotterdam, 1992.
[86] Smoltczyk, H. U.: Statische und konstruktive Fragen beim Bau des Leuchtturmes „Alte Weser". Die Bautechnik 41 (1964), S. 203–212.
[87] Smoltczyk, H. U., Malcharek, K.: Naturgerechte Sicherung von Steilböschungen. Geotechnik 7 (1984), S. 117–129.
[88] Smoltczyk, H. U.: Zur Berechnung der rückverhängten Erdwand. Geotechnik 7 (1984), S. 214.
[89] Sommer, H.: Stabilisierung von Kriechhängen mit steifen Elementen – Vergleich von Bemessungsmethoden und Messungen im Hang. Forschungsbericht Bundesminister für Verkehr (BMV) F. A., Nr. 05.071 G81 M. Gesamthochschule Kassel, 1986.
[90] Sommer, H., Buczek, H.: Zur Stabilisierung von Rutschungen in Tonhängen mit biegesteifen Elementen – Berechnung nach dem Hyperbelansatz. Heft 1 der Mitteilungen des Fachgebietes Grundbau, Boden- und Felsmechanik, Universität – GH Kassel, 1987.
[91] Stocker, M., Körber, G. W., Gässler, G., Gudehus, G.: Soil Nailing. Colloque Int. sur le Reinforcements des Soils, Paris, 1979, pp. 469–474.

3.9 Stützbauwerke und konstruktive Hangsicherungen

[92] Stocker, M.: Nagelwände. Seminar „Stützkonstruktionen" der Techn. Akademie Wuppertal. Nürnberg 1983 und Wien 1984.
[93] Stocker, M.: Hangsicherung und Rutschungssanierung. Der Bohrpunkt, Nr. 14, Schrobenhausen 1984, S. 4–12.
[94] TAI/Bewehrte Erde Ingenieurges.: EXPO 2000/S-Bahn Hannover. Stützwände Hannover Leinhausen (unveröffentlicht).
[95] Thamm, B. R., Krieger, J., Krieger, B.: Full scale test on a geotextile reinforced retaining structure. Proc. of 4th Int. Conf. on Geotextiles, Geomembranes and Related Products, The Hague, The Netherlands, 1990, Vol. 1, pp. 3–8.
[96] Thamm, B.: Berechnung und Dimensionierung von Erdkörpern mit Bewehrungseinlagen aus Geokunststoffen. Geotechnik 20 (1997), Heft 2.
[97] Turner, M. J.: Trial soil wall using Perma Nail corrosion-free soil nails. Ground Engineering, Nov. 1999.
[98] Vidal, H.: Die bewehrte Erde. Annales de l'Institut Technique du Batiment et des Travaux Publics, Supplèment au no. 299, Nov. 1972.
[99] Vogt, N.: Erdwiderstandsermittlung bei monotonen und wiederholten Wandbewegungen in Sand. Mitteilungen Baugrundinstitut Stuttgart, Nr. 22, 1984.
[100] Wenz, K. P.: Über die Größe des Seitendruckes auf Pfähle in bindigen Erdstoffen. Heft 12 der Veröffentlichungen des Instituts für Bodenmechanik und Grundbau, Technische Hochschule Karlsruhe, 1963.
[101] Wichter, L., Gudehus, G.: Injektionsverdübelungen. Tiefbau-Ingenieurbau-Straßenbau, Heft 2/1984.
[102] Wichter, L., Meiniger, W.: Verankerungen und Vernagelungen im Grundbau. Ernst & Sohn, Berlin, 2000.
[103] Wichter, L., Brüggemann, M.: Bewehrte Erde – Eine weltweite Erfolgsgeschichte. Straße und Autobahn (2007), Heft 3.
[104] Wietek,B.: Tiefe Baugrube mit Spritzbeton und Drainageankern. Heft 25 der VÖBU, Wien, 2008.
[105] Zanzinger, H.: Großmaßstäblicher Modellversuch einer Polsterwand aus Gittergewebe und Sand. Heft 62 der Veröffentlichungen des Grundbauinstitutes der Landesgewerbeanstalt Bayern, Nürnberg, 1992.

Stichwortverzeichnis

A
Abbau 650
Abbauart 652
Abbaufeld 651
Abklingkoeffizient 714, 722
Abminderungsfaktoren 836
Abnahmefunktion 722
Abrutschen von Fundamenten 17
Abschalelemente 596
Abschirmfaktor 735
Abschirmmatten 736
Abschirmwirkung 735 f.
Absenken 375
Absenkhilfe 394
Absenkverfahren 390, 394
Abstellkonstruktion 596
Abstellrohre 597
Abstimmfrequenz 729, 735 ff.
Abstimmungsverhältnis 731
Achslast-Emissionsspektrum 712
Achslastspektrum, Feste Fahrbahn 712
Admittanz 712 f.
Anfahrschacht 511
Anfänger 596
Anfangssetzung 44
Anker 312
– ausbaubare 850
– nicht vorgespannter 568
– selbstbohrende 850
Ankeranschlüsse
– an eine kombinierte Spundwand 325
– Beispiele 323 f.
– Gestaltung 321
Ankerkopfplatten 312
Ankerkräfte 791
Ankerpfahlanschlüsse, Gestaltung 328
Ankerpfähle 312
Ankerplatten 524, 794
– Gestaltung 321
Ankerpunktlage 297
Ankerrippen 786
Ankerwände 524, 787
– aufgelöste 793
– geschlossene 788
– – Ausführungsbeispiele 791
– Gestaltung 321
Anlegedruck eines Schiffes 359
Anprallasten 28

Anschluss 571
– bei Z-Bohlen 315 ff.
– Klappanker 330
– Stahlankerpfahl, gelenkiger 331
Aquaplaningeffekt 361
Arbeitsfugen 596
Aufbruch
– der Baugrubensohle
– – Nachweis der Sicherheit 504 ff.
– – weiche Böden 554
– des Verankerungsbodens 320
Auflagerung, freie 474, 478
Aufsägen 682
Auftriebskörper 360
Auftriebssicherheit 680
Ausgasung 685
Aussteifung 674
Auswechslungen 563
Ausweichprinzip 662

B
Ballastierung 360 f., 373, 383
Bandreibungsbeiwerte 824
Baugruben
– am Hang 517
– Berechnungsgrundlagen 449 ff.
– besonders breite 506 f.
– besonders tiefe 508 f.
– einseitig verbaute 522
– geneigte oder verspringende Sohle 520
– gestaffelte 509
– im offenen Wasser 540
– im Wasser
– – großflächig abgesenktes Grundwasser 535 ff.
– in felsartigen Böden 546 ff.
– in geneigtem Gelände 517
– in nicht standfestem Fels 547
– in weichen Böden 549
– kreisförmige 515 ff.
– mit besonderem Grundriss 510 f.
– mit besonders großen Abmessungen 506 ff.
– mit unregelmäßigem Querschnitt 517 ff.
– neben Bauwerken
– – konstruktive Maßnahmen 531
– nebeneinander angeordnete 519
– nicht verbaute 427 f.

– quadratische 510
– rechteckige 510
– Rückbau 430
– tiefe 508
– verschiedener Tiefe 519
Baugrubenstirnwände 512
Baugrubenverbreiterung 513, 514
Baugrubenwand 784
– bewegungsarme
– – Berechnung 532 ff.
– – Konstruktion 529 ff.
– – neben Bauwerken 529 ff.
– bodenmechanisch voll eingespannte 477
– einmal gestützte
– – Erddruck 452 ff.
– – Lastbildermittlung 453
– in weichem Boden
– – Berechnung 556 ff.
– mehrmals gestützte
– – Erddruck 455 ff.
– Nachweis der Sicherheit gegen Herausziehen 518
– nicht gestützte, im Boden eingespannte
– – Erddruck 450 ff.
– verankerte 524 ff.
– – Berechnung 525
– – Verformungen 528
– – Verschiebungen 528
– Verankerungskonstruktionen 524
– zur Baugrubensohle abgestützte 522 ff.
Baugrundsteifigkeit
– Einfluss 714
– Einfluss auf Plattengründung 58
Baugrundverbesserung 729
Baugrundverformungen, Grenzwerte 5
Bauteilnachweis „Stahlspundwand" 297, 310
Bauteilwiderstände 310
Bauweise, geschlossene 680
Beaufort-Skala 360
Begleitmaßnahmen 894
Begrünung 776 f., 814, 844
Belastbarkeit von Spundwänden, lotrechte 336
Belastung, zyklische 41
Belastungsfilter 539
Bemessung
– bewehrte Erde 821
– Bohlen 559
– Brusthölzer 559
– geokunststoffbewehrte Stützkonstruktionen 832
– Gurte 563
– – aus Holz 559
– Rundholzsteifen 565
– Stabwände 862

Bemessungsschnittkräfte 866
Bemessungswelle 358
Bemessungswert 478
Bentonit 590
Bentonitsuspension 625
Bentonit-Zement-Suspension 625
Beobachtungsmethode 750
Berechnung, Spundwand 293 ff.
– als elastisch gebettetes Tragsystem 309
– nach dem Traglastverfahren 309
Berechnungsbeispiel
– Fundament 33
– Plattengründung 57
Berechnungserddruck durch Gewölbebildung 560
Berechnungsmodell, Schwingverhalten des Gesamtbauwerks 719
Bergbaueinwirkungen 663
Bergschäden 649
Bergschadenkunde 650
Bergschadensicherung 650
Bergsporn (Stützmauer) 6
Berliner Verbau 438
Bermen 29, 894
Bettung 300
– elastische
– – Lastbild 480
– – mit Verschiebungsnullpunkt 481
– lokale 485
Bettungsansätze 871
– bilinearer Ansatz 482
– nichtlineare 482, 485
Bettungsmodul 51
– Abhängigkeit vom Mobilisierungsgrad 483
– Abhängigkeit von der Lagerungsdichte 483
– Auswirkungen 57
– – auf die Biegebeanspruchung einer Bodenplatte 61
– bei bindigem Boden 484
– Bohlträger 482
– Größe und Verteilung 54
– nach *Besler* 483
– Veränderlichkeit 57
– Widerstands-Verschiebungs-Beziehung 484
Bettungsmodulverfahren 53, 766
– Ausgangsspannungszustand 480
– gestützte Wände 485
– Grundlagen 479
– Nachweis der Einbindetiefe 486
Bettungsmodulverteilung 58, 63
Bewegungskomponenten 654
Bewehrte Erde 820 ff.
– Ausführungshinweise 826

Stichwortverzeichnis

– Beispiele 826
Bewehrungen aus Geokunststoffen 677
Bewehrungskörbe aus Glasfaser 601
Biegeknicknachweis 311
Biegemoment 863, 870
Biegespannungsnachweis 310
Bindemittel 676
Blockbauweise 378
Blockfundament 15
Blockleger 362
Blocksteine 378
Blum, Verfahren 469
Boden, weicher 549
– Bauvorgang 551 ff.
– Böschungen 550
– einmal gestützte Baugrubenwand 553
– nicht gestützte Baugrubenwand 552
– Scherfestigkeit 554
– Verbaukonstruktionen 550
Boden-Bauwerks-Bewegungen 672
Boden-Bauwerk-Wechselwirkung 721
Bodenbewegungen 651
Bodenbewehrung 798
Bodenfließen, weiche Böden 554
Bodenfrost 48
Bodenplatten
– über Hohlräumen 63
– Zeitsetzungen 63
Bodenreaktion (Fundament) 8
Bodenreaktionen 478
Bodenverdübelung 848 ff.
Bodenverflüssigung 361
Bodenvernagelung 446, 848 ff.
Bohlen
– Bemessung 559, 561,
– gerammte 569
Bohransatzpunkt 584
Bohrlochrammsondierung 413
Bohrlochvermessung 585
Bohrpfähle 77 f., 94 ff.
– Fußverbreiterung 98
– Herstellungsverfahren 95
– Probleme und Schäden 99
Bohrpfahlwände 443, 542
– überschnittene 579
Bohrschablonen 584
Bohrschiffe 413
Bolzenplatten 312
Böschung, Gleitsicherheitsrisiko 18
Böschungswinkel 428
Bruchbau 652
Bruchkörperformen 24
Bruchwinkel 651
Bruchzone 656
Brückenpfeiler in Steilhängen 888
Brückenwiderlager 830

Brunnenscheiben 892
Brunnenwände 774 ff.
Brusthölzer, Bemessung 559

C

Calziumbentonite 600
Colcrete 369, 383, 394
Complient Tower 403
CWS-Fuge mit Fugenband 599

D

Dämmwirkung 729
Dämpferelemente, viskose 738
Dämpfungsverhältnis 714
Dauererschütterungen 700, 703
Dauerschallpegel, äquivalenter 695
Deckenschwingungen, Beurteilung 699
Deckwerk 358, 366, 378
Deformationszone 683
Dehnungsfuge 682
Dekanter 594
Deltaplan 378 f., 381
Dichtelemente, vertikale 543
Dichtwand 586
– in Kombination mit Böschungen 542
– mit eingestellten Trägern 591 f.
– mit eingestellter Spundwand 591
– mit PEHD-Kunststoffdichtungsbahn 592
Dimensionierungsmethoden für Stützbauwerke 748 ff.
Dock 369
Doloss 378
Doppelbohlen 335
Dränageanker 850
Dränagebohrungen 750 f., 778, 787, 792 f., 857, 883, 895 f.
Dränleitungen 521
Drei- und Vierfachbohlen 335
Dreipunktlagerung 664
Druckluft 539, 546
Druckriegel 778
Drucksetzungsverhalten 671
Drucksondierungen 413
Dübel, Gruppenwirkung 875
Dübeldurchmesser 866, 869
Dübelgruppen 877
Dübeltheorie 768
Dübelwände 865 ff.
Düsenstrahlverfahren 545, 860
Düsenstrahlwand 445, 782 ff.
Durchbauungsgrad 652
Durchbiegung 665
Durchfeuchtung, kapillare 640
Durchlässigkeit 642

Durchlässigkeitsbeiwert 642
Durchlass-Schwimmkasten 378, 380

E
Eigenfrequenz
– Decken 700
– Masse-Feder-System 733
Eimerketten-Schwimmbagger 370
Einbettung 718
Einbindetiefe
– Nachweis 472
– Teilsicherheitskonzept nach DIN 1054:2005-01 467 ff.
– Vorermittlung 470
Eindringtiefe von Frost 49
Einflusstiefe 688
Einfügedämmmaß 731, 733
Einphasenverfahren 601
Einphasenwand 595
Einpressarbeiten 675
Einpressverfahren 675
Einpressvorgang 676
Einspanntiefe 773
Einspannung
– im Baugrund 31
– nach *Blum* 470, 478
– volle bodenmechanische 478
Einwirkungen
– auf Tragwerke 3
– exzentrische 21 f.
Einwirkungskombinationen 289
Einzelfundamente
– Ausführung 14
– Planung 4 ff.
Einzelpfähle, Tragverhalten 117
Eisbelastung 417
Eisdruck 3, 359
Ekofisk 368
Elastomerlager 737
Elastomermatten 729, 734, 738
Elementwände 445, 787, 792
– aufgelöste 794
Emission 691
Energieanker 850
Energiepfähle 753 f.
Entwässerung 796
Entwässerungen 781, 895
Erdanker 567
Erddruck 290, 297, 449
– an Baugrubenecken 511
– erhöhter, aktiver 532
– infolge von Baugeräten und Schwerlastfahrzeugen 459
– infolge einer Streifenlast 459 ff.
– resultierender 875
– Rückbauzustände 463

Erddruckansatz 836, 876, 806
Erddruckbeiwerte aus Linienlasten 461
Erddruckneigungswinkel 300
Erddrucktheorien, räumliche 637
Erddruckumlagerung 298, 453, 790, 807
Erddruckverfahren 764
Erddruckverteilung 454
– bei geschichtetem Boden 457
Erdfall 655
Erdfallsicherung 678
Erdruhedruck
– aus Bauwerkslast 533
– aus Bodeneigengewicht 533
– Linienlasten 534
– Punktlasten 534
– Streifenlasten 534
Erdspalten 655
erdstatische Spundwandnachweise 303
Erdstufen 655
Erdwand 445
Erdwand, suspensionsgestützte 626
Erdwiderstand 290, 300, 449, 670, 765
– als günstige Einwirkung 14
– Bemessungswert 487
– räumliche Tragwirkung 487
– vor Bohlträgern, Beiwerte 464
Eosionsgrundbruch 540
Ersatzkraft C, Nachweis nach *Lackner* 472
Ersatzlasten 450
Erschütterungen 691
– auf Bauwerke 698
– aus der TBM 726
– Ausbreitung 707 f.
– Einwirkung auf Menschen 693
– Immissionen 697
– infolge von Baubetrieb 721
– infolge von Maschinenbetrieb 728
– infolge von Pfählen, Spundwänden 704
– infolge von Tunnelvortriebsarbeiten 727
– kurzzeitige 699
– Messung 705
– Pegel, zulässiger 692
– Übertragung auf Geländefundament 725
– Überwachung 706
– Prognose 707 ff.
– Reduktion 728 ff.
Essener Verbau 443
Verbauarten, massive 443
Essener Verbau 526
exzentrische Einwirkung 21 f.

F
Fahrwegsteifigkeit 711
Fangedamm 365, 366
Feder-Dämpfer-Modell 717
Feder- und Dämpfungskonstante 720

Federkörper 672
Feldmoment 474
Felssicherungen 798, 882, 883
Felsverdübelungen 878
Felsvernagelung 848 ff.
FEM 720 f.
– eingespannte Wand 492
– Ermittlung der Biegemomente 493
– freie Auflagerung 492
– Gebrauchstauglichkeit 493
– Hinweise zur Anwendung 491
– Nachweis der Tragfähigkeit 490
– teilweise eingespannte Wand 492
– Vorgaben aus Regelwerken 489
Fernfeld 713
Feste Fahrbahn 712, 730
Feststoff-Einpresstechnik FEP 672
Filterkuchen 627
Finite-Elemente-Methode *siehe auch* FEM 720 f.
Finite-Elemente-Modelle 53
Flächengründungen 1, 50 ff.
– Bettungsmodulverfahren 53
– Finite-Elemente-Modelle 53
– Steifemodulverfahren 53
Flachfuge 598
Flachgründung 1 ff.
– Bruchkörperformen 24
– Entwurfsgrundlagen 2 f.
– geotechnische Kategorie 2
– geotechnische Nachweise 15 ff.
– unsymmetrische Bodenverdrängung 42
– Wirtschaftlichkeit 5
Flachprofile 285
Fließdruck 871, 877
Fließgrenze 600
Fließsandböden 428
Flügelsondierung 413
Formbeiwerte 25
Formsteine 378
Fräsräder 612
Frostschutz 48
Frostwand 445
Füllboden 813, 828
Füllbohlen 279
Fugen 596 ff., 667
– kalte 597
– klaffende 9
Fugenabstellelemente 596
Fugenbänder 597
Fugenbreite 667
Fundamente
– abgestufte 29
– Einfluss benachbarter 26
– Grundrissformen 6
– hydraulische Nachweise 16

– Rechenbeispiele 33
– mit unregelmäßigen Grundrissen 21
Fundamentkörper, gegenseitige Beeinflussung 718
Fundamentlasten, Einwirkungsdauer 4
Fundamentquerschnittformen 14
Fundamentrost 664
Fundamentsohlfläche, schräg 29
Fußauflager 475
Fußauflagerung 477
Fußwiderstand 501
Futtermauern 795 ff.

G
Galerien 779, 886
Gasabsauganlagen 685
Gasdränungen 685
Gebäudeabfederung 737
Gebäudeanhebung 681
Gebirgsdruck 547
– Verteilung 548
Gebrauchstauglichkeit 494 f.
Gefügewiderstand 668
Gelände, geneigt 29
Geländebruch 321, 493
Geländebruch 493
Geländebruchsicherheit 30, 527, 769, 839
Geländebruchverfahren 767
Geländesenkungen infolge Bewuchses 688
geokunststoffbewehrte Stützkonstruktionen 830 ff.
– Ausführungsbeispiele 841
– Ausführungshinweise 840
Geotechnische Kategorien 293
geotechnische Nachweise 15 ff.
Gesamtstandsicherheit 30
– Nachweis 527 ff.
geschlossene Bauweise 680
Gewässerkundliche Jahrbücher 358
Gewässersohle, Erosion 369
Gewölbewirkung 583
Gezeiten-Tafel 357
Gitter-Senkkasten 378
Gleichgewichtsbedingungen
– Aufnahme des Erddrucks unterhalb der Baugrubensohle 496 ff.
– Nachweis 496 ff.
Gleitflächen
– bei geneigter Fundamentbelastung 24
– parallel zu den Kluftflächen 548
Gleitfuge, tiefe
– bei frei aufgelagerten Spundwänden 528
– bei im Boden eingespannten Spundwänden 528
– einmal verankerte Wände 527
– zweimal verankerte Baugrubenwände 527

Gleitkörper-Verfahren 839
Gleitmittel 669
Gleitschicht 663
– tiefliegende 18
Gleitsicherheit 16
Gleitsicherheitsrisiko 18
Grabenfräse 613
Grabenverbau
– Dielenkammer-Elemente 436
– Doppelgleitschienenverbau 434
– Einfachgleitschienenverbau 434
– senkrechter 431
– Verbauplatten 434
– waagerechter 429
Grabenverbaugeräte 433
Greifer 595
Grenzfundament 28
Grenzlast von gerammten Bohlträgern 503
Grenzteufe 675
Grenztragfähigkeit von Bohlträgern 501
Grenzwinkel 651
Grenzzustände 291 ff.
Grenzzustandsbedingung 468
Grubenwasserspiegelanstieg 684
Gründung
– Bergbau 649 ff.
– im offenen Wasser 356
– pfeilerartige 673
Gründungskästen 892
Grundbruch
– Bruchkörperlänge 27
– geschichteter Baugrund 29
– hydraulischer 536
Grundbruchnachweis
– analytischer 19
– bei unregelmäßiger Sohlflächenform 22
Grundbruchsicherheit 18, 680
Grundbruchwiderstand 19
Grundwasserabsenkungsanlage 536
grundwasserschonende Bauweise 542
Grundwasserspiegelabsenkung 686
Gütevorschriften für Spundwandstähle 287
Gurtbolzen 313
Gurte 563
– Bemessung 559
Gurtung 312

H

Hafenhandbuch 358
Hahnepot 372
Halbbrücken 892
Halbpfähle 580
Hangbrücken, Sicherung 887
Hangsicherung, schrittweise 751

Hangverdübelung 865 ff.
– Ausführungsbeispiele 878
– Berechnungsvergleiche 874
– Schnittkräfte 873
– Verfahrensvergleiche 872
Hebungen 49, 684
– der Baugrubensohle 506
Helling 369
Herstellverfahren „Abgegrabene Wand" 299
Herstellverfahren „Hinterfüllte Wand" 299
Hjulström-Diagramm 359
Hochabstimmung 728
Hohllagen 661
Hohlraum 673
Hohlraumgehalt 676
Holländisches Verfahren 188
Holmausbildungen, Beispiele 325
Holzbohlen 431
Horizontalkraft, exzentrische 17
Hubinsel 364
Hydraulikpressen 672, 681
hydraulische Nachweise 16
hydraulischer Gradient 641

I

Immissionen 691, 697
Immobilisierung 604
Impedanz 712
Injektionen 539
– Ausführungsbeispiele 857, 859
Injektionssohlen, tiefliegende 545
Injektionsverdübelung 856 ff.
Injektionsvernagelung 856 ff.
Inklinometer 586
Inselbauweise 365
Integritätsprüfung 225 ff.
Interaktion
– horizontale 51, 65
– vertikale 50
Interaktionsfaktoren für Pfahlgruppen 718

J

Jackets 401, 419
Jahrhundertwelle 386

K

kalte Fugen 597
Kanaldielen 432
– Bemessung 561
Kanalstrebe 430
Kapillarkohäsion 428
kathodischer Korrosionsschutz 397, 350
KB-Bewertung 693
Kentersicherheit 373
Kernweite 11
kinematische Methode 839

Stichwortverzeichnis

Kippsicherheitsnachweis 9
klaffende Fuge 9
Klappanker, Anschluss 330
Klappankerpfähle 331
Knickhaltung 565
Knicksicherheit 192
Knickverbände 570
Knopfloch-Gründungen 891
Köcherfundament 15
Kolk 358, 366, 395
Kolkschutz 359, 421 f.
Kolkschutzmaßnahmen 422
Kolktiefe 422
Kollisionsschutz 366
Kombinationen 885
Kombinationsbeiwerte 40
kombinierte Anker- und Brunnenwand 777
kombinierte Pfahl-Plattengründung 240 ff.
Konservierung 681, 683
Kontraktorbeton 386, 400
Kontraktorverfahren 394 f., 585 f.
Kontrollmessungen 881, 896
Körperschall 691 f.
Korrosionserwartung bei Stahlspund-
  wänden 349
Korrosionsschutz 397
– kathodischer 397
– passiver 351
– von Stahlspundwänden 349
korrosionsträge Stähle 350
KPP und Pfahlgruppen 249 ff.
Kraglagen 661
Kreisfundament 13
Kreisringfundament 13
Kriechdruck 749
Kriechgeschwindigkeit 867 f.
Kriechhänge 877
Kriechmaß 838
Krümmung 651, 659
Krümmungsradius 664
Kürzung 651, 659
Küsten-Almanach 358
Küstenmotorschiff 362

L
Laderaumsaugbagger 424
Lamellen 596
Längenänderung 659
Längung 651, 659
Lastfälle 291
Lastfiguren, wirklichkeitsnahe
– dreimal oder öfter gestützte Trägerbohl-
  wände 457
– dreimal oder öfter gestützte Spund- und
  Ortbetonwände 457
– zweimal gestützte Spundwände 456

– zweimal gestützte Trägerbohlwände 456
Lastneigungsbeiwerte 23
Läuferlamellen 596
Leerbohrungen 586
Leitungsgraben
– nicht verbauter 427 f.
– senkrechter Grabenverbau 431
Leuchtturm 381 ff.
Luftschall, sekundärer 691 f., 714, 721,
  737
– Beurteilung 696
– Einwirkung auf Menschen 695
– Messung 707
Lysimeterversuche 602

M
Mantelreibung 501
– negative 192, 194
Maschinenfundamente 729
Masse-Feder-System 729, 731 f., 734
Materialdämpfung 714
Mauer, angeheftete 796
Mauern, in sich verankerte 815
max. Bohrtiefe, überschnittene Pfahlwand
  583
Membrangründungen 66
Messlinien 672
Metazentrum 373
Methode der kinematischen Elemente 21
MFS 732
Mikropfähle 78, 104, 567 ff.
– Anwendungsgebiete 106
– Duktilpfahl 112
– GEWI-Pfahl 110
– Herstellungsmerkmale 104
– Mikropfahlsysteme 107
– TITAN-Pfahl 112
– verpresste, Mantelreibung 569
Mindesterddruck 452
MIP-Wand 606
Mixed-in-Place-Wände 446, 603 ff.
– Baustoffe 619
– Cutter Soil Mixing (CSM) 612, 617
– Dichtwände 606
– doppelter Pilgerschritt 615
– Dreifach-Schneckenverfahren 609
– Druckfestigkeit 620
– DSM-Verfahren (Deep Soil Mixing) 610
– Einfachschneckensystem 608
– Eigenschaften 620
– Endlosschnecke 604, 611
– Erosionsbeständigkeit 620
– Fräse 604
– Fräs-Misch-Injektion (FMI) 613, 618
– Frostsicherheit 620
– Herstellung 447

– Mehrfachschneckensystem 608
– Mischwerkzeuge für die Herstellung 604
– Mixen mit durchgehender Schnecke 608, 615
– Mixen mit Fräsrädern 612
– Mixen mit Paddeln und Mischköpfen 609, 616
– Paddel 604, 609
– Qualitätssicherung 620
– Schwindmaß 620
– SMW-Verfahren (Soil-Mixing-Wall) 611
– Überschneidung 616
– Verbauwände 606
– wassersperrende Verbauwände 607
– Wasserdichtigkeit 620
– WSM-Verfahren (Wet-Speed-Mixing) 610
– Mix-Suspension 614
Mobilisierungsfunktion 475
Mobilisierungsgrad 483
Molenkopf 376
Monoliththeorie 807
Monopiles 416
Muldenlage 659, 664

N
Nachrichten für Seefahrer 357
Nachverpressung 676
Nachweis
– der Dichtigkeit 642
– der vertikalen Tragfähigkeit 303
– der Vertikalkomponente der Bodenreaktion
– – bei Einspannung 499
– – bei freier Auflagerung 500
– der Vertikalkomponente des mobilisierten Erdwiderstands 301, 498 ff.
– des Grenzzustandes
– – Verfahren 2 490
– des horizontalen Bodenauflagers 303
– erdstatischer Spundwandnachweis 303
– Gebrauchstauglichkeit 494
– geotechnischer 15 ff.
– Gesamtstandsicherheit 527 ff.
– Gleichgewichtsbedingungen 496 ff.
– Grundbruch 19
– hydraulischer 16
– von verankerten Sohlen 543
Nachweisverfahren 310
Nagelwand
– Bemessung 853
– Herstellung 851
– Stabilität 853
– Tragverhalten 852
– Verformungsverhalten 852
Nagelwände 849 ff.
Nahfeld 713

Nassbagger 362
Natriumbentonite 600
Neigungswinkel der Ersatzkraft 301
Niederdruckinjektion 856
Nomogramm ausmittig belastetes Rechteck 12
Normalkräfte 474
Nulllinie 10
numerische Verfahren, Ermittlung der Pfahltragfähigkeit 139

O
Oberbau, schotterloser 731
Offshore-Windenergie 407
Offshore-Windenergieanlagen 412
– 12-Seemeilenzone 407
Offshore-Windparks 407
Ortbetonrammpfähle 725
– Haftverbundpfahl 88
– Innenrohrrammung 85
– Kopframmung 85
Osterberg-Verfahren 212

P
Palisadentheorie 770
PEHD-Dichtungsbahnen 591
Pfahlarten 77 ff.
Pfahleinbringung 704
Pfahlgeflecht 862
Pfahlgründung 399 ff., 673, 729
Pfahlgruppen 228 ff., 249 ff., 876
– Bohrpfahlgruppen 234
– Druckpfahlgruppen 228
– Mikropfahlgruppen 236
– Querwiderstände 239
– Setzungsverhalten 231
– Tragfähigkeit 232, 236
– Verdrängungspfahlgruppen 235
– Zugpfahlgruppen 237
Pfahlkästen 758
Pfahlmantelreibung 124, 129, 134, 139
Pfahl-Plattengründung, kombinierte 240 ff.
– Berechnungsverfahren 248
– Nachweise 253
– Wirkungsweise und Tragverhalten 242 ff.
– Wirtschaftlichkeit 253
Pfahlprobebelastungen, dynamische 220
– direkte Verfahren 221
– erweiterte Verfahren 223
– horizontale 215
Pfahlscheiben 752 ff., 770
– verankerte 757
Pfahlspitzendruck 124, 129, 133, 139
Pfahltragfähigkeit, Ermittlung 139

Pfahltragverhalten bei nicht ruhenden
  Einwirkungen 253
– dynamisch axiale Einwirkungen 262
– stoßartig horizontale Einwirkungen 269
– zyklisch axiale Einwirkungen 254,
– zyklisch horizontale Einwirkungen 262
Pfahltragverhalten quer zur Pfahlachse
  165 ff.
– bei kurzen starren Pfählen 170
– Bettungswiderstände 166 ff.
– p-y-Verfahren 169
– Querwiderstände bei Pfahlgruppen 239
Pfahltragverhalten, zeitabhängiges 142
Pfahlverformungen 873
Pfahlwände 579 ff., 752 ff.
– aufgelöste 443, 581 f.
– Ausführungsbeispiele 755
– Bemessung 763 ff.
– Lotabweichung 580, 585
– Qualitätssicherung 585
– tangierende 582 f.
– überschnittene 582 ff.
– unsymmetrischer Bewehrungskorb 585
– verankerte 756
– verkleidete 762
Pfahlwandtypen 582
Pfahlwiderstände
– aus Erfahrungswerten
– – Anpassungsfaktoren 153
– – bei Fels und felsähnlichen Böden 164
– – Bohrpfähle 153
– – Grundlagen 147
– – Fertigrammpfähle 150
– – Frankipfähle 158 ff.
– – Mikropfähle 154
– – Schraubpfähle 153
– – Simplexpfähle 150
– – Teilverdrängungsbohrpfähle 154
– – vergleichende Darstellung 155 ff.
– – Vollverdrängungsbohrpfähle 154
– aus Probebelastungen 146
– – dynamische 147
– – statische 146
– – Streuungsfaktor 146
– bei einvibrierten Pfählen 165
– empirische Verfahren 123
– erdstatische Verfahren 133
– Maßnahmen zur Erhöhung
– – Gebirgsinjektionen 116
– – Pfahlfußausrammung 114
– – Pfahlfußerweiterung 114
– – Pfahlfußverpressung 114, 161
– – Pfahlmantelverpressung 114, 161
– – Untergrundinjektionen 116
– nach EC 7-2 (Holländisches Verfahren)
  188

– α-Methode 127
– ω-Methode 124
– β-Verfahren 134
Pfahlzellen 761
Pfropfenbildung 135
Pilgerschritt, einfacher 616
Pilgerschrittverfahren 584, 616
Pisa-Turm 48
Platten 50
– für Gurtbolzen und Rundstahlanker 314
Plattenabmessungen 318
Plattengründung
– Berechnungsbeispiel 57
– Wirtschaftlichkeit 51
Poller-Zugkraft 359
Polster 683
Polsterschichten 665, 667, 670
Polsterwände 830
Polymerflüssigkeiten 590, 626
Ponton 362
Prepact 394
Pressiometerverfahren 19
Pressungen 651, 659
Pressungszone 654
Primärlamellen 596
Primärpfähle 584
Primärsetzung, Konsolidationszeit 47
Probebelastungen, statische axiale 209 ff.
Probekasten 642
Prognoseverfahren für Erschütterungen
– pauschales 721
– spektrales 709
Pseudobergschäden 686
Pumpversuch 642
p-y-Kurve 417
p-y-Verfahren 417

Q
Qualitätskontrolle 116
Qualitätssicherung 116
Querkraft 870

R
Rammabweichungen 336
Rammarbeiten 705
Rammerschütterungen 723
Rammtiefe 333
Rammverpresspfahl 332
Randdruckspannung 13
Räumer-Platten 612
Raumgitter-Stützmauern 800
– Bemessung 806
– gestaffelte 801
Rayleighwellenlänge 735
Rechteckfundament bei Dreiecklast 43
Reibungskoeffizient 669

Reibungskräfte 304
Reibungswinkel 791
Reichweite 688
Resonanzfrequenz 721
Resonanzschwingungen 700
Resonanzüberhöhungen 718, 720
Restscherwinkel 751, 759, 881
Restschwerfestigkeit 547
Ringdeich 365
Rippenwände 784 ff.
Rohrleger 362
Rollperiode 374
Rotationsbohrung mit Spülhilfe 413
Rückbauzustände 463
– Umlagerung und Abbau des Erddrucks 464
Rückstellung 681, 683
Rüttelinjektionspfähle (RI-Pfähle) 154
Rundholzsteifen, Vorbemessung 565
Rundstahlanker 313
Rundstahlankeranschluss 323 f.

S

Sachverständiger für Geotechnik 306
Sackbeton 400
Sand-flow-Verfahren 386 f.
Sandinsel 366
Sandpumpe 395
Sandschliff 365, 399
Sattellage 659, 664
Saugbagger 365, 390
Saugpfahltechnik 404 f.
Saugrohrgründung 420
Schalldruckpegel 693
Scheibenwirkung 639
Scherspannungen 771
Schichtung des Baugrunds, Einfluss 718
Schieflage 657
Schienenlager, elastische 729
Schiffsstoß 359
Schlagrammen 723
Schlagrammung 722 ff.
Schlaufenwand 816
– Ausführungshinweise 818
– Bemessung 817
Schlepptransport 372
Schleppwiderstand 374
Schleuderbetonpfähle 82
Schlickeintrieb 390
Schlickfall 376, 386, 394
Schließer 596
Schlingern 374
Schlitz, offener 735
Schlitztiefe 736
Schlitzwände 542, 586 ff., 780 ff.
– ausgesteifte 443

– Dichtigkeit 602
– Druckfestigkeit 602
– Einphasen-Verfahren 590
– einmal gestützte, im Boden frei aufgelagerte 475
– Erosionsbeständigkeit 602
– Fugen 597
– gefräste Wand 588
– gegreiferte Wand 588
– Leitwand 593
– Lotabweichungen 587
– Mischanlage 595
– Separierungsanlage 590
– Stützflüssigkeit 594
– verankerte 443, 781
– Zweiphasen-Verfahren 590
Schlitzwandfräse 587, 589, 595
Schmalwände 621 ff.
– Druckfestigkeit 624
– Erosionssicherheit 624
– feststoffreiche Dichtwandmasse 622
– Masse 625
– Qualitätssicherung 625
– Rüttelbohle 623
– Stahlprofil-Bohle 621
– Tiefenrüttler 621
– Tongehalt 625
– Vertikalrüttler 623
– Vibrosol-Verfahren 623
– Viskosität 625
– Wasserdichtigkeit 624
Schneidkopfsauger 390
Schnellepegel 692
Schnittgrößen
– charakteristische 468
– Teilsicherheitskonzept nach DIN 1054:2001-01 467 ff.
Schotteroberbau 712
Schrägpfahlanschluss an Wellenwand 329
Schrägpfähle 524
Schrägsteifen 523
Schrumpfen 686
Schürzen 418
Schute 355, 362, 386
Schutzdamm 845
Schutzschalen 890
Schwachstellen, Überbrückung 63
Schwellenbesohlung 729
Schwellenschuhe 729
Schwergewichtsgründungen 417
Schwimmbagger 362, 370
Schwimmende Insel 362 f.
Schwimmkasten 362, 368, 375 f. 386
– als Ufereinfassung 375
– Transport 372
Schwimmkran 362

Stichwortverzeichnis 913

Schwimmramme 362
Schwimmstabilität 373
Schwinden 686
Schwingstärke 694
Schwingungen 693
Schwingungsverhalten eines Gebäudes 719
Scrader-Technik 391
Seebauwerk 399
Seehandbuch 357
Seekarte 357
Seilgreifer 588 f.
Seitendruck 201 ff., 876
Sekundärlamellen 596
Sekundärpfähle 584
semi-empirische Methode 749 ff.
Senkkasten 382, 394 f.
Senkkastengründung 393, 399
senkrechter Grabenverbau, gestaffelte Kanaldielen 432
Senkungen 49, 657, 684
Senkungsmulde 651
Setzung 39
– säkulare 48
– sekundäre 48
– zulässige 45 f.
Setzungsberechnung, Diagramme 40
Setzungsbiegung 207
Setzungsprognose 41, 48
Setzungsrisse 47
Setzungsunterschied 665
Sicherheit 794, 881
– absolute 747
– gegen Aufschwimmen 16
– gegen hydraulischen Grundbruch 538
Sicherheitsklassen (SK) 291
Sicherheitskonzept 287
Sicherheitsnachweise 817, 835, 846, 853
Sicherungsmaßnahmen 662, 681, 683
Signale bei U-Bahnen, gemessene 711
Silodruck 764, 808
Silotheorie 637, 808
Sinkstück 379, 380, 397
Sohlabdichtungssysteme 543 f.
Sohldruckverlagerung 666
Sohldruckverteilung 7 ff.
Sohlensicherung 359, 397 f.
Sohlfläche, schräge 18
Sohlspannungen 773
Sonderformen 885
Spannbetonpfähle 82
Spitzendruck 121
Spitzenwiderstand 306, 501
Sprengerschütterungen 722
Spüleinrichtung beim Absenken 397
Spülhilfe 394, 413
Spülleitung 365, 386

Spülverluste 675
Spund- und Dichtwände, kombinierte 542
Spundbohlen 279
– Bemessung 561
– Einbringen 336
– Zubehörteile 312
Spundwandbauweise 279
Spundwandbauwerke 279 ff.
– Berechnung 293 ff.
Spundwandberechnung 309
Spundwände 542
– Ausführungsbeispiele 337
– – Containerkaje Bremerhaven 337
– – Containerterminal Altenwerder, Hamburg 339
– – Containerterminal Burchardkai, Hamburg, 342
– – Hafenbecken C, Duisburg-Ruhrort 342
– – Hafenkanal, Duisburg-Ruhrort 346
– – Holz- und Fabrikenhafen, Bremen 345
– – Seehafen Rostock, Pier II 339
– – Seehafen Wismar, Liegeplätze 13 bis 15 346
– Baustoff 333
– Berechnung 293 ff.
– Belastbarkeit 336
– einmal gestützte, wirklichkeitsnahe Lastfiguren 454
– gerammte 569
– gepanzerte 336
– kombinierte 281, 285
– Korrosion und Korrosionsschutz 349
– mehrfach verankerte 306
– nicht gestützte, im Boden eingespannte 471
– Profil 333
– Stahlsorte 334
Spundwandnachweis, erdstatische 303
Spundwandneigung 333
Spundwandprofile 283
Spundwandstahl, Gütevorschriften 287
Spundwandverankerungen, Nachweis 312
Spundwandverbau
– Anker 437
– Rammeigenschaften 436
– Spundwandprofil 437
– Steifen 437
Stabilisierung des Hohlraums 676
Stabilisierungsarbeiten 675
Stabilitätskontrolle, turmartige Bauten 30
Stabwände 445, 861 ff.
Stahlankerpfahl, Anschluss 331
Stahlbetonfertigpfähle 81
Stahlbetonglocke 399, 401
Stahlbetonholme 326
Stahlfederelemente 737

Stahlgurtung 312
Stahlholme 326
Stahlpfähle 79
Stahlsorten 286
Stahlspundwand,
Stahlspundwände 280
– Bauteilnachweis 297
– Korrosionserwartung 349
– korrosionsschutzgerechte Gestaltung
 und Bemessung 350
– wellenförmige 279
Stahlsteifen
– Vorbemessungen 566
Standsicherheit 821
– für den offenen Schlitz 596
– in der tiefen Gleitfuge 318 f.
Standsicherheitsnachweis 854
Starrkörperverdrehung 681
statisch bestimmte Systeme 469 ff.
statisch unbestimmte Systeme 476
Statnamic 224
Steifemodulverfahren 53
Steifen
– aus Rohren 564
– aus Walzprofilen 564
– Bemessung 564
– Einfluss von Frost 566
– HE-B-Profile 565
– Holzsteifen mit oder ohne Spindelkopf
 564
– Kanalstreben 432
– Knickhaltung 565
– PSp-Profile 565
– Rundhölzer 432
– Temperatureinwirkungen 566
– verstellbare Kanalstreben 564
Steifigkeitsfunktionen
– dynamische 717
– frequenzabhängige 720
Steilhanggründung 889
Steindamm 376, 378
Stirnwandabfangungen 512
Strömungsdruck 290, 394
Strömungskraft 537
Stützbauwerke aus verfestigtem oder
 verpacktem Boden 847
Stützbauwerke, Dimensionierungsmethoden
 748 ff.
Stützflüssigkeit 588, 593, 595, 600, 625
– äußere Standsicherheit 626
– Druckgefälle 631
– Eindringtiefe 628
– Filterkuchen 627
– Fließgrenze 626
– Fließkurve 629
– Gewölbebildung 636

– innere Standsicherheit 626
– Kolmation 629
– Kugelharfengerät 633
– Membran 627
– Pendelgerät 633
– Pseudoverfestigung 633
– Schergeschwindigkeitsgefälle 626
– Suspensionsüberdrücke 633
– Viskosität 626
– wirksame Stützdruckkraft 635
Stützkonstruktionen
– aufgelöste 882 ff.
– geokunststoffbewehrte 830 ff.
– – Ausführungsbeispiele 841
– – Ausführungshinweise 840
– kombinierte 756
– sonstige 885 ff.
Stützkraftübertragung 630
Stützmauerköpfe, gelenkige 760
Stützmauern
– aufgesetzte 758
– aus Autoreifen 819
– aus Gabionen 845 f.
– Ausführungshinweise 813
– Fertigteile 803, 810
– modulare 835
– Sicherheitsnachweise 810
– Sonderkonstruktionen 815
– verankerte 770
Stützscheiben 772, 783
Stützwände 751 ff.
– aufgelöste 786
Sturmstärke 360
Suction Buckets 420
Sümpfungen 657
Suspension 588
Suspensionsdichte 600
Systemdurchlässigkeit 640, 642

T
Tagebau 650
Tagesbruch 655
Teileinspannung 478
Teilsicherheitsbeiwerte
– für das Biegemoment 295
– für den Wasserdruck 296
– für Einwirkungen 288
– für Widerstände 289
– reduzierte 295
Teilsicherung 662
Teilverdrängungsbohrpfähle 98
Teleskop-Schwimmkasten-Bauweise 383
Template 401
Terre Armée 820
Terzmittenfrequenzen 709
Terzspektrum 693

Testfeld Alpha-Ventus 409
Tetrapode 378
Teufenlage 673
Tidekalender 357
Tiefabstimmung 728 f.
Tonsuspension 625
Topografie, Einfluss auf Erschütterungen 716
Tragbohlen 279
Trägerbohlwand 438
– Einzelheiten 440
– Gurte 442
– Kanaldielenausfachung 442
– maßgebende Stützweite 560
– nicht gestützte, im Boden eingespannte 473
– Rundholzsteifen 442
– vorgehängte Bohlen 441
Trägerrost 50
Tragfähigkeits- und Gebrauchstauglichkeits- nachweise von Pfählen 172 ff.
– axiale Pfahlwiderstände nach DIN 1504:2005-01 175
– Ergebnisse von Vergleichsberechnungen 181 ff.
– Gebrauchstauglichkeit 193
– Grenzlast 174
– Grenzwerte von Pfählen nach EC 7-1 177
– Grenzzustandsgleichungen 173
– negative Mantelreibung 200
– quer zur Achse belastete Pfähle 192
– zulässige Belastungen von Pfählen nach DIN 1054:1976-11 174
Tragfähigkeitsbeiwerte 20
Tragfähigkeitsklassen 310
Tragfähigkeitsnachweis 310
Traglastverfahren, Momentenumlagerung 488
Tragverhalten von Einzelpfählen 117
Transition Piece 417
Transmission 691
Trennflächen 547
Tribar 378
Tripile 419
Tripods 419
Trockenmischungen (Compounds) 594
Trogtheorie 651, 655
Tunnel in offener Bauweise 679
Tunnelbohrmaschinen 726
Tunneldichtung 386

U
Überankeranteil 307
Überfräsen 597
Überlaufbrunnen 536
Überschneidungsmaß 584

Übertragungsfaktor, Fundamentdecke 725
Übertragungsfunktion 712
– frequenzabhängige 716
Übertragungsspektren 708
Übertragungsverhalten einer Geschossdecke 719
Ultraschallsonde 585
Umlagerungshöhe 297
Unterdruckbrunnen 536
Unterfangungswand 445
Untergrundsteifigkeit 711
Unterschottermatten 729
Unterwasserbetonsohlen 539
– Arbeitsablauf 543
Unterwasserschwelle 380
Unterwassertunnel 375, 386
unverbaute Wände, Standsicherheit 428

V
Vakuumlanzen 536
Verbände 571
Verbandstäbe 563
Verbauteile aus Beton und Stahlbeton 566
Verbindungsmittel 571
Verbundfaktor 864
Verbundkonstruktionen 798
Verbundwände 283
Verbundwirkung 774
Verdichtung, dynamische 726
Verdichtungsgrad 819, 827
Verdrängungspfähle 77, 79
– Mantelreibung 568
Verdrängungspfähle, verpresste
– Einbringhilfen 90
– Rohrverpresspfähle 85
– Rüttelinjektionspfähle 84, 154
– Verpressmörtelpfähle 83, 154
Verdübelung, mehrreihige 879
Verfahren 1 nach DIN EN 1997-1 34
Verfahren 2 nach DIN EN 1997-1 35
Verfahren 2* 36, 38
Verfahren 3 nach DIN EN 1997-1 38
Verfüllarbeiten 675
Verfüllen 675
Verkantung 42
Verkantungsfaktor 44
Verpressanker 524 f.
– vorgespannter 567
Verpressdauer 675
Verpressmenge 675
Verpressmörtelpfähle (VM-Pfähle) 154
Verpressung 674
Versatzbau 652
Verstärkungen 792
Versuchsschlitz 630

Vertikalität 585
Vertikalkräfte
– Abtragung in den Untergrund 501 ff.
– genauerer Nachweis 498
– Nachweis 498
– vereinfachter Nachweis 498
Vibrationsrammen 699, 722 ff.
Vibrationsrammverfahren 622
Vibrationsverdichtung 725
Viskositätsindex 868
Vollsicherung 662
Vollverdrängungsbohrpfähle 91 ff.
– Atlaspfahl 92
– Fundexpfahl 93

W

Wände
– einmal gestützte, im Boden frei aufgelagerte 473
– frei aufgelagerte 477
– nicht gestützte, im Boden eingespannte 469
– teilweise eingespannte 477
– umströmte, Erd- und Wasserdruck 541
– unverbaute 428
– zweimal gestützte, ohne Fußauflager 476
Wandreibungswinkel 806
Wandverformungen 802
Wasser-/Bindemittelwert 676
Wasserballast 373, 375
Wasserdichtigkeit 640
Wasserdruck unter Deckwerk 358
Wasserhaltungsmaßnahmen, weiche Böden 559
Wasserüberdruck 290
Wechselwirkung
– benachbarter Fundamente 26
– Boden-Bauwerk, dynamische 716
– Fahrzeug/Fahrweg 710

– kinematische 716
Wellenbrecher 375, 376, 379
Wellenprofile 281
Wellenspundwände 562
Wetterprognose 360
Widerstände
– charakteristische 468
– des Gebirges 548
– vor Bohlträgern 548
Widerstandsprinzip 662
Windstärke 360
Winkelverdrehungen, Schadenskriterien 46
Wirtschaftszone, ausschließliche 407
Wracklast 386
Wurzelpfähle 861

Z

Z-Bohlen 279
Zeitsetzung 47
Zeitsetzungsverhalten 671
Zelleninnendrücke 809
Zentrifugen 594
Zerrbalken 663
Zerrplatte 663
Zerrungen 651, 659
Zerrungszone 654
Zugbänder 818
Zugfundamente 66
Zugkräfte 823
Zugpfähle 567
– gerammte 568
Zusammendrückungsverhalten 671
Zweiphasenverfahren 594, 597, 600 f.
Zweiphasenwand 595
– Betonieren 599
– Bewehren 599
Zwischenplatten an der Schienenbefestigung 729
Zyklone 590, 594

Inserentenverzeichnis

	Seite
Adolf Keller Spezialtiefbau GmbH, 76534 Baden-Baden	428 a
BAUER Spezialtiefbau GmbH, 86529 Schrobenhausen	VI e
Bewehrte Erde Ingenieurgesellschaft mbH, 21220 Seevetal	746
BGG Consult Dr. Peter Waibel ZT-GmbH, 1070 Wien, Österreich	442 b
Bilfinger Berger Spezialtiefbau GmbH, 60528 Frankfurt	426
Brückner Grundbau GmbH, 45141 Essen	A 7
CDM Consult GmbH, 44793 Bochum	VI a
Centrum Pfähle GmbH, 22047 Hamburg	74 a
DC-Software Doster & Christmann GmbH, 80997 München	VI f
DMT GmbH & Co. KG, 45307 Essen	Lesezeichen
Dr.-Ing. Paproth GmbH & Co. KG, 47717 Krefeld	VI e
FRANKI Grundbau GmbH & Co. KG, 21220 Seevetal	A 2
Friedrich Ischebeck GmbH, 58256 Ennepetal	VI c
GKT Spezialtiefbau GmbH, 22525 Hamburg	74 b
GTC Ground-Testing Consulting Nord GmbH & Co. KG, 30173 Hannover	A 6
HILTI & JEHLE GmbH, 6800 Feldkirch, Österreich	280 a
HUESKER Synthetic GmbH, 48712 Gescher	832 a
IMS Ingenieurgesellschaft mbH, 20097 Hamburg	356 a
Interfels GmbH, 48455 Bad Bentheim	VI b
JACBO Pfahlgründungen GmbH, 48465 Schüttorf	72
Josef Möbius Bau-Aktiengesellschaft, 22549 Hamburg	338 a
König GmbH, 21683 Stade	76 a
Kurt Fredrich Spezialtiefbau GmbH, 27511 Bremerhaven	A 4
Laumer GmbH & Co. CSV Bodenstabilisierung KG, 84232 Massing	A 3
Liebherr-Werk Nenzing GmbH, 6710 Nenzing, Österreich	282 a
MAST Grundbau GmbH, 40764 Langenfeld	76 b
MENCK GmbH, 24568 Kaltenkirchen	408 a
Naue GmbH & Co. KG, 32339 Espelkamp-Fiestel	Lesezeichen
Stump Spezialtiefbau GmbH, 85737 Ismaning	750 a
TenCate Geosynthetics Austria GmbH, 4021 Linz, Österreich	830 a

ThyssenKrupp GfT Bautechnik, 45143 Essen	Lesezeichen
w&p geoprojekt GmbH, 99423 Weimar	748a
WEBAC® Chemie GmbH, 22885 Barsbüttel	536a
WTM Engineers GmbH, 20095 Hamburg	A 1